주관 및 시행처 한국방송통신전파진흥원

2024

저자 | 수·재·비

유튜브 선생님에게 배우는

Engineer Information Communication

정보통신기사

필기 과외노트

1권 통신이론, 정보통신공학

기출유형에 따른 핵심이론

2010~2023년 기출유형문제 수록

저자 직강 유튜브 무료 동영상 강의 제공

NAVER 카페 cafe.naver.com/specialist1 검색

본 도서는 항균잉크로 인쇄하였습니다.

SD에듀
(주)시대고시기획

PROFILE

저자_수.재.비

- KT Enterprise 부문 제안/수행본부 데이터 제안/수행 담당 팀장(현재)
- ICT 폴리텍대학교 유선/이동통신망 강의
- 차세대 네트워크 선도연구시범망 총괄 PM(NIA, 2024~2027)
- 6G 표준화 과제 기획위원(IITP, 2023)
- 초연결지능형 연구개발망 총괄 PM(NIA, 2021~2023)
- KT 전문강사/Meister(2017~2020)
- 주요 기업 및 공공기관 Project PM
  - 경찰청, 우정사업정보센터, 서울지방경찰청, 건강보험공단, 심사평가원, 삼성SDS 등
- 패스트레인 교육원 전문 강사
- 삼성SDS 전송망 강의(2014~2015)
- 해외통신망 설계, 구축(방글라데시, 르완다, 튀니지 등)
- 초고속 국가망 통신망 구축(1998~2000)

[자격사항]

정보통신기술사, 정보통신기술자(특급), 정보통신감리원(특급),
정보통신기사, 무선설비기사, 방송통신기사, 정보처리기사,
네트워크관리사, 직업능력개발훈련교사, PRINCE2, IoT 지식능력검정

편 집 진 행 | 박종옥 · 한주승
표지디자인 | 김도연
본문디자인 | 양혜련 · 고현준

2024 SD에듀 유선배 정보통신기사 필기 과외노트

Always **with you**

사람의 인연은 길에서 우연하게 만나거나 함께 살아가는 것만을 의미하지는 않습니다.
책을 펴내는 출판사와 그 책을 읽는 독자의 만남도 소중한 인연입니다.
SD에듀는 항상 독자의 마음을 헤아리기 위해 노력하고 있습니다. 늘 독자와 함께하겠습니다.

NAVER 카페
수재비 정보통신 Cafe ID:

※ 위 QR 코드에 연결된 카페에 가입 후, 도서 페이지에 있는 작성란에 Cafe ID를 적고 사진을 찍어 올려주시면 새싹에서 일반멤버로 등업됩니다.

저는 정보통신공학을 전공하고 대우통신에서부터 현재 KT에 이르기까지 20년 이상 현장에서 유, 무선통신 관련 업무를 담당하고 있습니다.

정보통신은 기본 이론에서부터 최신 기술까지 범위가 넓고 관련 신기술은 지속적으로 발전하고 있습니다.

그렇기에 정보통신기사 시험은 기본 이론과 빠르게 변화하는 신기술 동향까지 시험에 출제되고 있어 수험생 입장에서는 막막하고 힘들 수 있습니다.

본 교재는 대학생, 수험생, 정보통신 현장에서 근무하고 있는 모든 분들에게 도움이 되고자 하는 마음으로 집필하였습니다.

누가 읽어도 쉽게 이해가 되도록 2010년 이후 기출문제를 분야별로 철저히 분석하였고 1차 객관식, 2차 단답형, 서술형 문제 및 일부 응용 문제도 대비할 수 있도록 구성하였습니다. 지면의 한계로 인해 담지 못한 내용이나 출간 이후 발견되는 오류 등은 하단의 네이버 Cafe 및 Youtube에서 확인하실 수 있습니다.

본 수험서가 정보통신기사 자격증 취득과 향후 정보통신기술사 자격증 준비에 초석이 되길 희망합니다.

전체 내용을 감수해 주신 동료 정보통신기술사와 묵묵히 지원해 주는 나의 소중한 가족 희, 랑, 승 및 출간의 기회를 주신 SD에듀 편집부 직원분들에게 감사드립니다.

수불석권(手不釋卷)의 마음으로
네이버 Cafe cafe.naver.com/specialist1
Youtube www.youtube.com/@specialist1

손(手) 끝에서 시작하는 재미있는 비법
수.재.비 드림

"(Proverbs 16:9) In Their Hearts Humans Plan Their Course, But The Lord Establishes Their Steps."

시험안내

❖ 정확한 시험 일정 및 세부사항에 대해서는 시행처에서 반드시 확인하시기 바랍니다.

수행직무

정보통신 관련 공학적 이론지식과 기술을 바탕으로 정보통신시스템의 설계, 구축, 운영 및 유지보수에 관한 직무수행

응시료

- 필기: 18,800원
- 실기: 21,900원

응시자격 및 경력인정 기준

- 산업기사 취득 후 + 실무경력 1년
- 기능사 취득 후 + 실무경력 3년
- 동일 및 유사 직무분야의 다른 종목 기사 등급 이상의 자격 취득자
- 대졸(관련학과)
- 전문대졸(3년제/관련학과) 후 + 실무경력 1년
- 전문대졸(2년제/관련학과) 후 + 실무경력 2년
- 기술훈련과정 이수자(기사수준)
- 기술훈련과정 이수자(산업기사수준) 이수 후 + 실무경력 2년
- 실무경력 4년 등

세부응시자격

- 산업기사 등급 이상의 자격을 취득한 후 응시하려는 종목이 속하는 동일 및 유사 직무분야에서 1년 이상 실무에 종사한 사람
- 기능사 자격을 취득한 후 응시하려는 종목이 속하는 동일 및 유사 직무분야에서 3년 이상 실무에 종사한 사람
- 응시하려는 종목이 속하는 동일 및 유사 직무분야의 다른 종목의 기사 등급 이상의 자격을 취득한 사람 직무분야별 학과
- 관련학과의 대학 졸업자 등 또는 졸업 예정자 대학관련학과
- 3년제 전문대학 관련학과 졸업자 등으로서 졸업 후 응시하려는 종목이 속하는 동일 및 유사 직무분야에서 1년 이상 실무에 종사한 사람
- 2년제 전문대학 관련학과 졸업자 등으로서 졸업 후 응시하려는 종목이 속하는 동일 및 유사 직무분야에서 2년 이상 실무에 종사한 사람
- 동일 및 유사 직무분야의 기사 수준 기술훈련과정 이수자 또는 그 이수 예정자
- 동일 및 유사 직무분야의 산업기사 수준 기술훈련과정 이수자로서 이수 후 응시하려는 종목이 속하는 동일 및 유사 직무분야에서 2년 이상 실무에 종사한 사람
- 응시하려는 종목이 속하는 동일 및 유사 직무분야에서 4년 이상 실무에 종사한 사람
- 외국에서 동일한 종목에 해당하는 자격을 취득한 사람

우대정보

■ 법령에서의 국가기술자격자 우대

국가기술자격 관련법	건설산업기본법에 의한 건설업 등록을 위한 기술인력(산업환경설비공사업)
	정보통신공사업법에 의한 정보통신공사업 등록을 위한 기술인력

■ 채용 시 국가기술자격자 우대
국가기술자격법령에서 정한 자격증소지자가 당해분야 시험에 응시할 경우 가산 비율(공무원임용 시험령 제31조 제2항 관련)

채용계급	가산비율
6 · 7급, 기능직 기능 7급 이상	5%
8 · 9급, 기능직 기능 8급 이하	5%

※ 가산대상 자격증이 2 이상 중복되는 경우에는 본인에게 유리한 것 하나만을 가산함
※ 매 과목 4할 이상 득점자에게만 가산
※ 가산 특전은 필기시험 시행 전일까지 취득한 자격증에 한함

시험방법

시험과목	1. 정보통신일반 2. 정보통신기기 3. 정보통신네트워크 4. 정보시스템운용 5. 컴퓨터일반 및 정보설비기준
검정방법	객관식 4지 선다형, 과목당 20문항(과목당 30분)
합격기준	100점을 만점으로 하여 과목당 40점 이상, 전과목 평균 60점 이상

시험일정

회차	필기시험 원서접수	필기시험	합격자 발표
제1회	2.19(월)~2.22(목)	3.4(월)~3.24(일)	3.29(금)
제2회	6.3(월)~6.7(금)	6.17(월)~7.7(일)	7.12(금)
제4회	9.9(월)~9.12(목)	9.23(월)~10.20(일)	10.25(금)

※ 시행지역 10개(CBT) : 서울(2), 부산(1), 인천(1), 대전(1), 광주(1), 대구(1), 전주(1), 원주(1), 제주(1)

구성과 특징

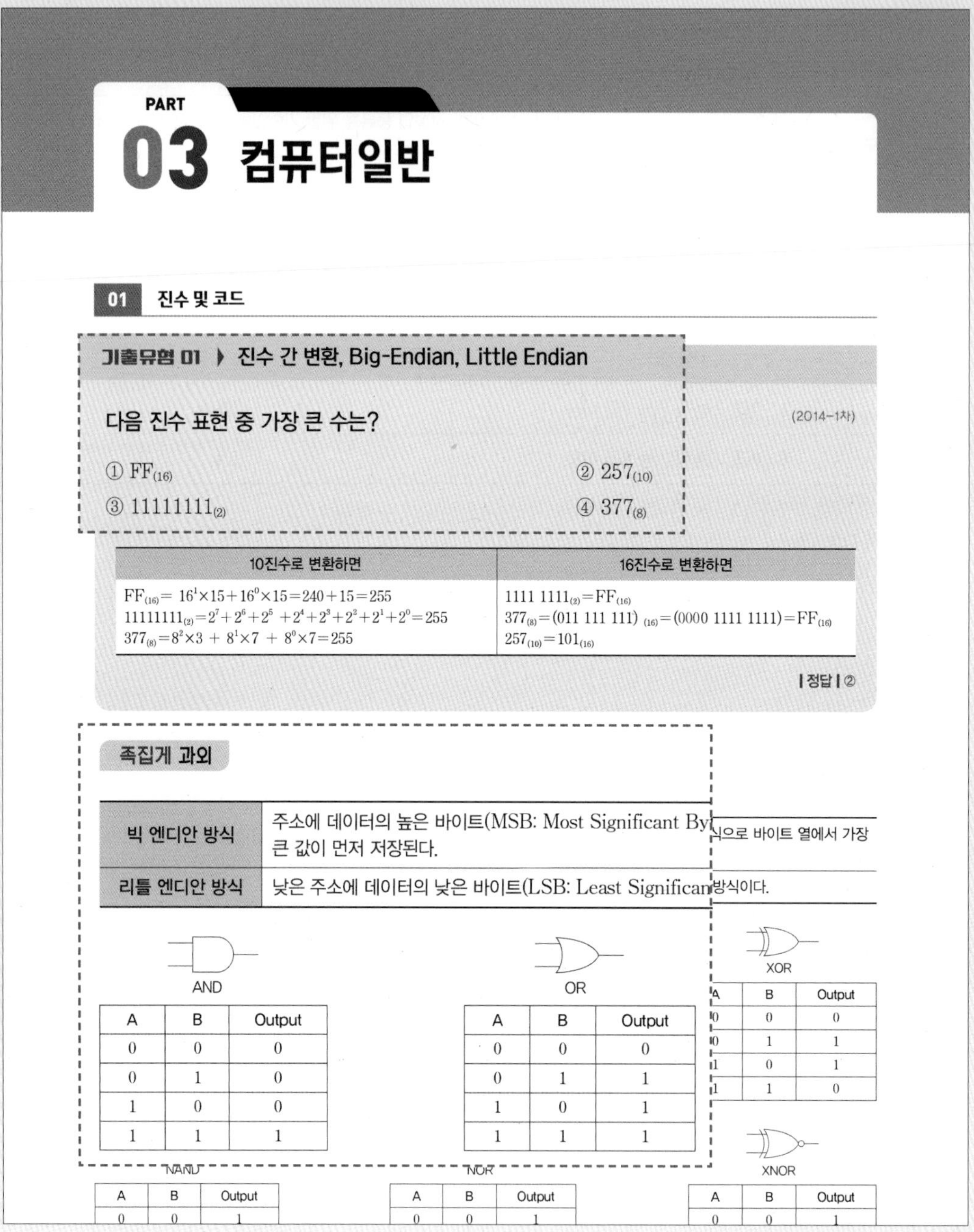

PART

03 컴퓨터일반

01 진수 및 코드

기출유형 01 ▶ 진수 간 변환, Big-Endian, Little Endian

다음 진수 표현 중 가장 큰 수는? (2014-1차)

① $FF_{(16)}$ ② $257_{(10)}$

③ $11111111_{(2)}$ ④ $377_{(8)}$

10진수로 변환하면	16진수로 변환하면
$FF_{(16)}= 16^1\times15+16^0\times15=240+15=255$ $11111111_{(2)}=2^7+2^6+2^5+2^4+2^3+2^2+2^1+2^0=255$ $377_{(8)}=8^2\times3+8^1\times7+8^0\times7=255$	$1111\ 1111_{(2)}=FF_{(16)}$ $377_{(8)}=(011\ 111\ 111)_{(16)}=(0000\ 1111\ 1111)=FF_{(16)}$ $257_{(10)}=101_{(16)}$

| 정답 | ②

족집게 과외

빅 엔디안 방식	주소에 데이터의 높은 바이트(MSB: Most Significant By식으로 바이트 열에서 가장 큰 값이 먼저 저장된다.
리틀 엔디안 방식	낮은 주소에 데이터의 낮은 바이트(LSB: Least Significan방식이다.

AND

A	B	Output
0	0	0
0	1	0
1	0	0
1	1	1

OR

A	B	Output
0	0	0
0	1	1
1	0	1
1	1	1

XOR

A	B	Output
0	0	0
0	1	1
1	0	1
1	1	0

NAND

A	B	Output
0	0	1

NOR

A	B	Output
0	0	1

XNOR

A	B	Output
0	0	1

대표 기출유형과 족집게 과외

방대하게만 느껴지는 이론! 어떻게 출제되는지 재빠른 확인이 가능하도록 기출문제를 분석하여 195개의 대표 기출유형을 수록하였습니다. 족집게 과외를 통해 유사한 유형의 기출문제도 내 것으로 만들 수 있습니다.

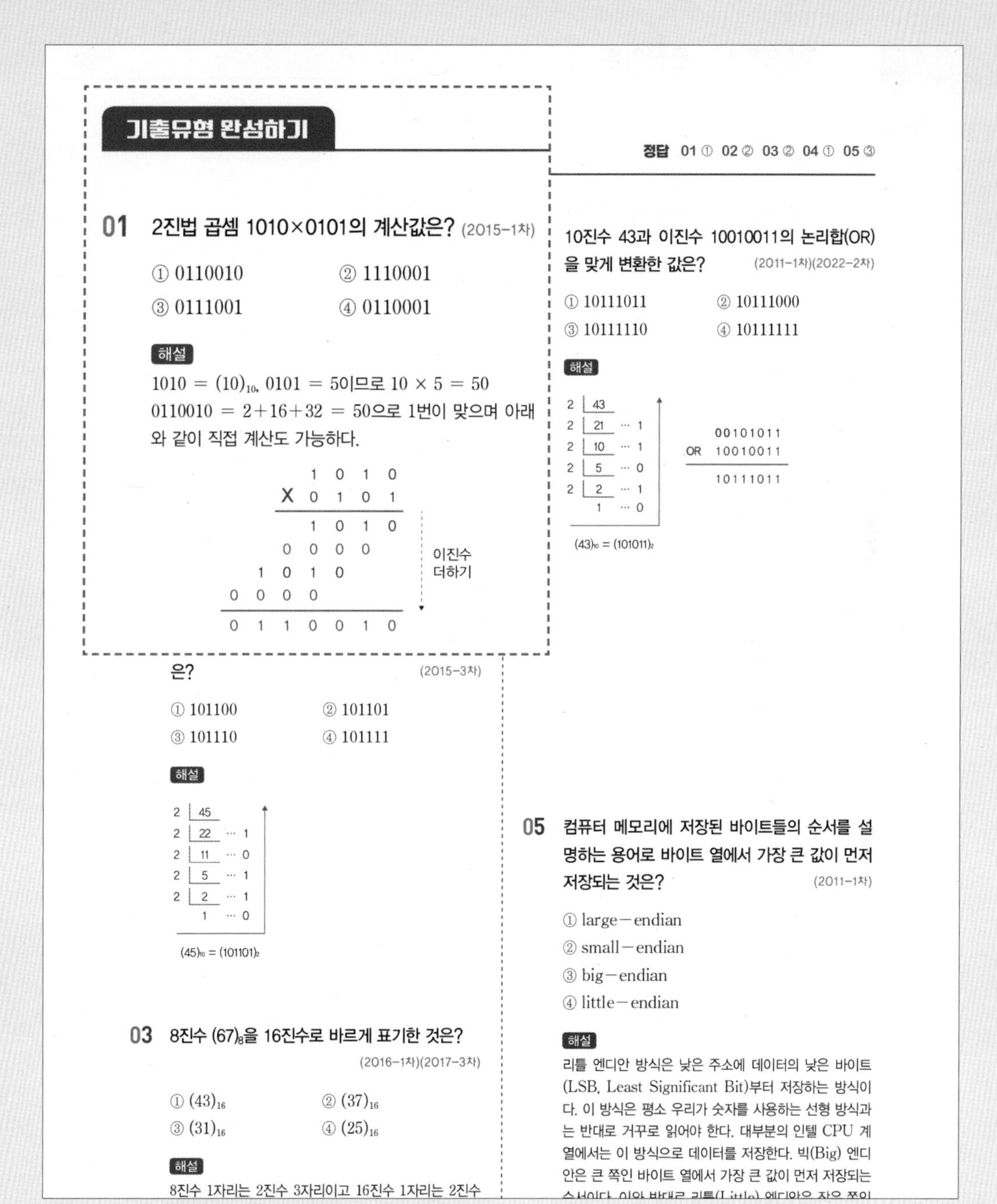

기출유형 완성하기

정답 01 ① 02 ② 03 ② 04 ① 05 ③

01 2진법 곱셈 1010×0101의 계산값은? (2015-1차)

① 0110010 ② 1110001
③ 0111001 ④ 0110001

해설

$1010 = (10)_{10}$, $0101 = 5$이므로 $10 \times 5 = 50$
$0110010 = 2+16+32 = 50$으로 1번이 맞으며 아래와 같이 직접 계산도 가능하다.

```
          1 0 1 0
      X   0 1 0 1
      -----------
          1 0 1 0
        0 0 0 0
      1 0 1 0        이진수
    0 0 0 0          더하기
    -------------
    0 1 1 0 0 1 0
```

은? (2015-3차)

① 101100 ② 101101
③ 101110 ④ 101111

해설

```
2 | 45
2 | 22  … 1
2 | 11  … 0
2 |  5  … 1
2 |  2  … 1
     1  … 0
```

$(45)_{10} = (101101)_2$

03 8진수 $(67)_8$을 16진수로 바르게 표기한 것은? (2016-1차)(2017-3차)

① $(43)_{16}$ ② $(37)_{16}$
③ $(31)_{16}$ ④ $(25)_{16}$

해설

8진수 1자리는 2진수 3자리이고 16진수 1자리는 2진수

10진수 43과 이진수 10010011의 논리합(OR)을 맞게 변환한 값은? (2011-1차)(2022-2차)

① 10111011 ② 10111000
③ 10111110 ④ 10111111

해설

```
2 | 43
2 | 21  … 1
2 | 10  … 1
2 |  5  … 0
2 |  2  … 1
     1  … 0
```

$(43)_{10} = (101011)_2$

```
     00101011
OR   10010011
-------------
     10111011
```

05 컴퓨터 메모리에 저장된 바이트들의 순서를 설명하는 용어로 바이트 열에서 가장 큰 값이 먼저 저장되는 것은? (2011-1차)

① large－endian
② small－endian
③ big－endian
④ little－endian

해설

리틀 엔디안 방식은 낮은 주소에 데이터의 낮은 바이트(LSB, Least Significant Bit)부터 저장하는 방식이다. 이 방식은 평소 우리가 숫자를 사용하는 선형 방식과는 반대로 거꾸로 읽어야 한다. 대부분의 인텔 CPU 계열에서는 이 방식으로 데이터를 저장한다. 빅(Big) 엔디안은 큰 쪽인 바이트 열에서 가장 큰 값이 먼저 저장되는 순서이다. 이와 반대로 리틀(Little) 엔디안은 작은 쪽이

같은 유형의 문제를 모아 기출유형 완성하기

많은 문제를 푸는 것보다 중요한 것은 한 문제를 정확히 파악하고 이해하는 것입니다. 빈틈없는 학습이 가능하도록 같은 유형의 실제 기출문제를 모아 수록했습니다. 문제 옆 기출 연도 표기를 통해 문제은행 방식의 시험에서 해당 문제가 처음으로 출제되었던 회차를 확인할 수 있습니다.

이 책의 목차

1권

PART 1 통신이론

PART 2 정보통신공학

2권

PART 3 컴퓨터일반

PART 4 정보설비기준

PART 5 최신기출문제

PART 1
통신이론

PART

01 통신이론

01 통신이론

기출유형 01 ▸ 푸리에 급수, 푸리에 변환

비주기적인 임의의 파형의 주파수 스펙트럼을 해석하는 방법으로 가장 적절한 것은? (2019-1차)

① 퓨리에 급수로 해석한다.
② 펄스 열로 표시한다.
③ 델타함수 열로 해석한다.
④ 퓨리에 변환으로 해석한다.

해설

푸리에 변환은 시간이나 공간에 대한 함수를 시간 또는 공간 주파수 성분으로 변환하는 것으로 비주기적인 임의의 파형의 주파수 스펙트럼을 해석하는 방법이다. 조제프 푸리에가 열전도에 대한 연구에서 열 방정식의 해를 구할 때 처음 사용되었다.

| 정답 | ④

족집게 과외

파스발(Parseval) 정리에 의해 신호 $f(t)$가 시간영역에서 갖는 에너지 또는 전력은 주파수 영역에서의 에너지 또는 전력과 동일하다.

시간과 주파수 동일 증명	평균값 구하기
$W_{1\Omega}=\int_{-\infty}^{\infty}f^2(t)dt$ $W_{1\Omega}=\int_{-\infty}^{\infty}f^2(t)\left[\frac{\pi}{2}\int_{-\infty}^{\infty}F(\omega)e^{jwt}dw\right]dt$ $=\frac{1}{2\pi}\int_{-\infty}^{\infty}\int_{-\infty}^{\infty}f(t)F(\omega)e^{jwt}dwdt$ $=\frac{1}{2\pi}\int_{-\infty}^{\infty}F(\omega)\left[\int_{-\infty}^{\infty}f(t)e^{-j(w)t}dt\right]dw$ $=\frac{1}{2\pi}\int_{-\infty}^{\infty}F(\omega)F(-\omega)dw$ $=\frac{1}{2\pi}\int_{-\infty}^{\infty}F(\omega)F*(\omega)dw$ $=\frac{1}{2\pi}\int_{-\infty}^{\infty}\lvert F(\omega)\rvert^2dw$ 이를 통해 시간 영역에서의 평균 전력은 '푸리에 계수'의 크기 제곱의 총합이나 주파수 영역에서의 평균 전력과 같다는 것이다.	Fourier 급수는 아래와 같고 $f(x)=\frac{a_0}{2}+\sum_{n=1}^{\infty}\left(a_n\cos\frac{n\pi x}{\lambda}+b_n\sin\frac{n\pi x}{\lambda}\right)$ 양변을 제곱하고 급수의 주기 2λ로 나누면 $<f^2>=\frac{1}{2\lambda}\int_{-\lambda}^{+\lambda}1\{f(x)\}^2dx$ $=\frac{1}{2\lambda}\int_{-\lambda}^{+\lambda}\left[\frac{a_0}{2}+\sum_{i=1}^{n}\left(a_n\cos\frac{n\pi x}{\lambda}+b_n\sin\frac{n\pi x}{\lambda}\right)\right]^2dx$ 이 되고 sin과 cos 제곱의 평균은 $\frac{1}{2}$이므로 • $\frac{a_0}{2}$에 대한 제곱의 평균$=\left(\frac{a_0}{2}\right)^2$ • $a_n\cos nx$에 대한 제곱의 평균$=\frac{1}{2}\left(a_1^2+a_2^2+a_3^2+\cdots\right)$ • $b_n\sin nx$에 대한 제곱의 평균$=\frac{1}{2}\left(b_1^2+b_2^2+b_3^2+\cdots\right)$ • $a_nb_m\cos nx\sin mx$와 관련된 교차항에 대한 평균$=0$
$\int_{-\infty}^{\infty}\lvert f(x)\rvert^2dx=\int_{-\infty}^{\infty}\lvert F(s)\rvert^2ds.$	파스발의 정리에 의해서 Power Spectrum의 수학적 표현은 좌측과 같다.

더 알아보기

푸리에 급수에 대해 파스발 이론은 푸리에 급수는 계수들의 정보로 표현될 수 있음을 알 수 있다. 주기 함수의 내적(Inner Product)은 푸리에 계수 사이의 내적과 일정한 관계를 보이는 것으로 푸리에 급수를 통해서 전체는 부분의 합임을 알 수 있다. 이를 통해 부분은 전체를 구성하는 기본적인 성분인 것으로 파스발의 정리를 통해서 어떤 함수의 형태를 가지고 있는 물질 즉, 전자기파와 같은 비물질계에도 구성하는 다양한 기본 성질이 포함된 것이다. 이것은 향후 양자역학에서도 어떤 원자의 에너지의 스펙트럼에 대한 부호가 수학적으로 해석됨을 의미한다.

❶ 푸리에 급수(Fourier Series)

㉠ 푸리에 급수는 수학과 신호 처리에서 주기적인 함수를 사인 및 코사인 함수들의 합으로 표현하는 기본 개념으로 19세기 초 프랑스의 수학자 조셉 푸리에에 의해 처음 도입되었다.

- 주기 T를 갖는 주기적 함수 $f(x)$의 일반적인 푸리에 급수는 다음과 같이 표현된다.

$$f(x)=\frac{a_0}{2}+\sum_{n=1}^{\infty}\left(a_n\cos\left(\frac{2\pi nx}{T}\right)+b_n\sin\left(\frac{2\pi nx}{T}\right)\right)$$

- 여기서 a_0는 주기 T 동안 함수 $f(x)$의 평균값이며 다음과 같이 주어진다.

$$a_0=\frac{1}{T}\int_{-T/2}^{T/2}f(x)dx$$

- a_n과 b_n은 각각 코사인 및 사인 항의 계수이며 다음과 같이 주어진다.

$$a_n=\frac{2}{T}\int_{-T/2}^{T/2}f(x)\cos\left(\frac{2\pi nx}{T}\right)dx$$
$$b_n=\frac{2}{T}\int_{-T/2}^{T/2}f(x)\sin\left(\frac{2\pi nx}{T}\right)dx$$

이러한 계수는 주기적 함수 $f(x)$를 이루는 개별 사인 및 코사인 구성 요소의 진폭과 위상을 나타낸다.

㉡ 푸리에 급수는 신호 처리, 공학, 물리학 및 음악 등 다양한 분야에서 주기 신호를 분석하고 합성하는 데 유용한 도구로서 급수의 한정된 항 수를 사용하여 주기적 함수를 근사할 수 있으며, 항 수를 증가시킬수록 푸리에 급수 근사는 원래 함수에 점점 가까워져서 항 수가 많을수록 근사의 정확도가 향상된다.

㉢ 푸리에 급수는 주기적 함수에만 적용된다. 비주기 함수의 경우 푸리에 변환의 개념을 사용하는데, 이는 무한 구간에 걸쳐 적분하는 것을 포함하는 것으로 푸리에 변환은 함수를 사인파들의 합으로 표현하는 아이디어를 비주기 함수에까지 확장한 것이다.

❷ 푸리에 변환(Fourier Transform)

㉠ 주파수 영역에서 신호를 분석하는 데 사용되는 수학적인 도구로, 시간영역의 신호를 주파수 영역으로 변환하는 과정을 의미하며 이를 통해 주어진 시간영역 신호를 다양한 주파수 성분들로 분해하고, 주파수 영역에서의 특성을 파악할 수 있다. 이러한 변환은 푸리에 급수를 비주기 함수에 적용한 것으로 볼 수 있다.

- 연속 시간 신호의 푸리에 변환은 다음과 같이 정의된다.

$$F(\omega)=\int_{-\infty}^{\infty}f(t)\cdot e^{-i\omega t}dt$$

• 여기서 $F(\omega)$는 주파수 영역에서의 신호를 나타내는 함수로, 푸리에 변환된 결과이다.

$f(t)$	시간 영역에서의 원래 신호로, 변환하고자 하는 신호
ω	각 주파수 성분을 나타내는 각주(rad/s)로, 주파수 영역에서의 독립 변수
$e^{-i\omega t}$	오일러 공식에 의한 복소 지수 함수

㉡ 이산 시간 신호의 경우에도 이산 푸리에 변환(Discrete Fourier Transform, DFT)이라고 불리는 변환이 있으며, 이는 이산 시간에서의 신호를 이산 주파수 영역으로 변환한다. 또한 이산 푸리에 변환의 빠른 계산을 위해 고안된 고속 푸리에 변환(Fast Fourier Transform, FFT) 알고리즘이 널리 사용되고 있다. 푸리에 변환은 다양한 분야에서 활용되며, 주파수 분석, 필터링, 신호 복구, 이미지 처리, 통신 시스템, 음성 처리, 음악 분석 등에 널리 사용되는 중요한 수학적 도구이다.

Cosine 함수 변환	Sine 함수 변환
$\cos(2\pi At)=\dfrac{e^{i2\pi At}+e^{-i2\pi At}}{2}$	$\sin(2\pi At)=\dfrac{e^{i2\pi At}-e^{-i2\pi At}}{2i}$
$G(f)=\Im\{\cos(2\pi At)\}=\int_{-\infty}^{\infty}\dfrac{e^{i2\pi At}+e^{-i2\pi At}}{2}e-^{-i2\pi ft}dt$ $=\dfrac{1}{2}\left[\int_{-\infty}^{\infty}e^{i2\pi At}e^{-i2\pi ft}dt+\int_{-\infty}^{\infty}e^{-i2\pi At}e^{-i2\pi fj}dt\right]$ $=\dfrac{1}{2}[\delta(f-A)+\delta(f+A)]$	$\Im\{\sin(2\pi At)\}=\dfrac{1}{2i}[\delta(f-A)+\delta(f+A)]$
$\cos\omega_0 t \Leftrightarrow \pi[\delta(\omega+\omega_0)+\delta(\omega-\omega_0)]$	$\sin\omega_0 t \Leftrightarrow j\pi[\delta(\omega+\omega_0)+\delta(\omega-\omega_0)]$
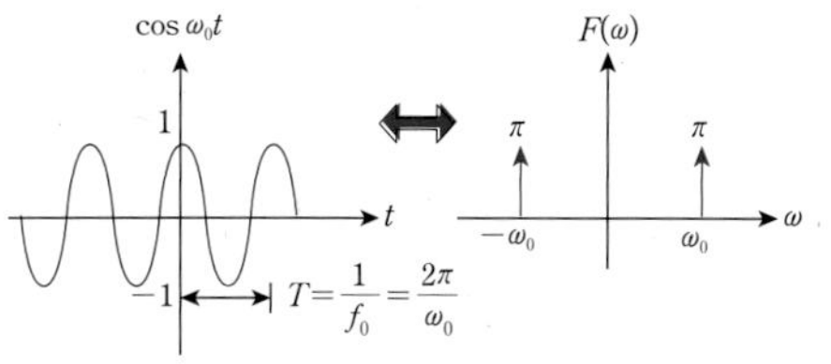 $\cos\omega_0 t$, 1, -1, t, $T=\dfrac{1}{f_0}=\dfrac{2\pi}{\omega_0}$; $F(\omega)$, π, π, $-\omega_0$, ω_0, ω [Cosine 파의 푸리에 변환 쌍]	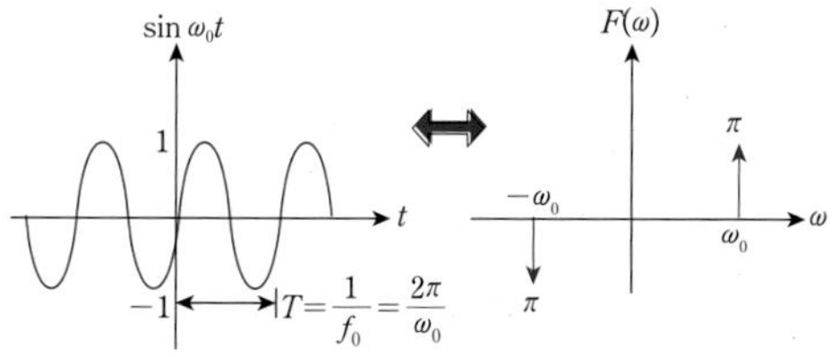 $\sin\omega_0 t$, 1, -1, t, $T=\dfrac{1}{f_0}=\dfrac{2\pi}{\omega_0}$; $F(\omega)$, π, $-\omega_0$, ω_0, π, ω [Sine 파의 푸리에 변환 쌍]
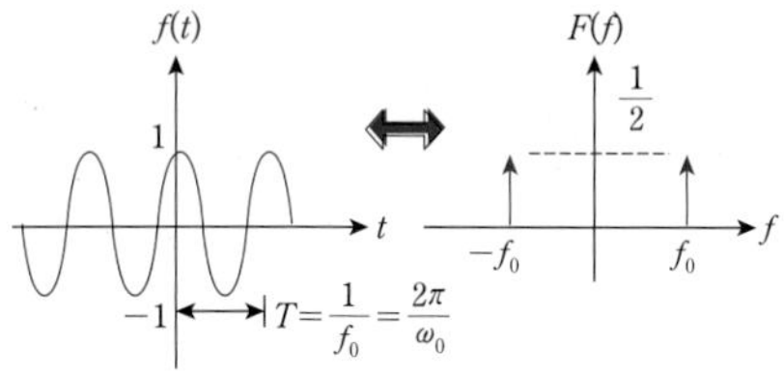 $f(t)$, 1, -1, t, $T=\dfrac{1}{f_0}=\dfrac{2\pi}{\omega_0}$; $F(f)$, $\dfrac{1}{2}$, $-f_0$, f_0, f [주파수 기준 Cosine 파의 푸리에 변환] 시간영역 크기 1은 주파수 영역 절반 크기	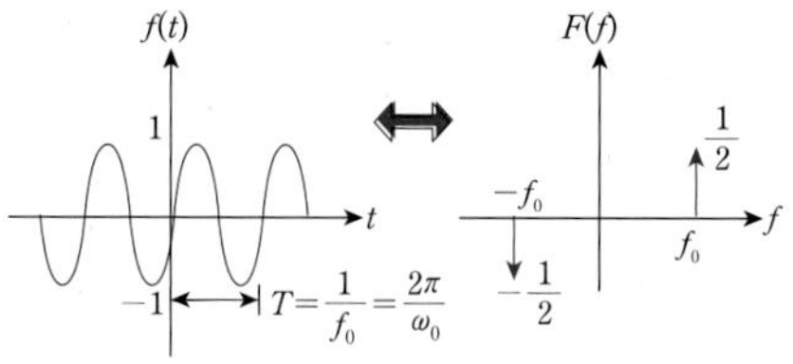 $f(t)$, 1, -1, t, $T=\dfrac{1}{f_0}=\dfrac{2\pi}{\omega_0}$; $F(f)$, $\dfrac{1}{2}$, $-f_0$, f_0, $-\dfrac{1}{2}$, f [주파수 기준 Sine 파의 푸리에 변환] 시간영역 크기 1은 주파수 영역 절반 크기

$$F(t)=\frac{1}{2\pi}\int_{-\infty}^{\infty}F(\omega)e^{-i\omega t}dw \Leftrightarrow F(\omega)=\int_{-\infty}^{\infty}f(t)e^{i\omega t}dt$$

❸ Fourier 급수와 Fourier 변환의 비교

구분	푸리에 급수	푸리에 변환
적용 영역	주기적인 함수	비주기적인 함수
표현	사인파 함수들의 합	복소 사인파 함수들의 연속적인 스펙트럼
영역	시간영역	주파수 영역
입력 신호 요구사항	주기적, 잘 정의된 주기성	주기적 또는 비주기적
표현 유형	이산 주파수 집합(고조파)	연속적인 주파수 범위
입력 신호 유형	연속적인 신호	연속적 또는 이산적인 신호(DFT 또는 FFT)

❹ 기본적인 Fourier Transform

1) 주파수 영역 대비 시간영역 변환

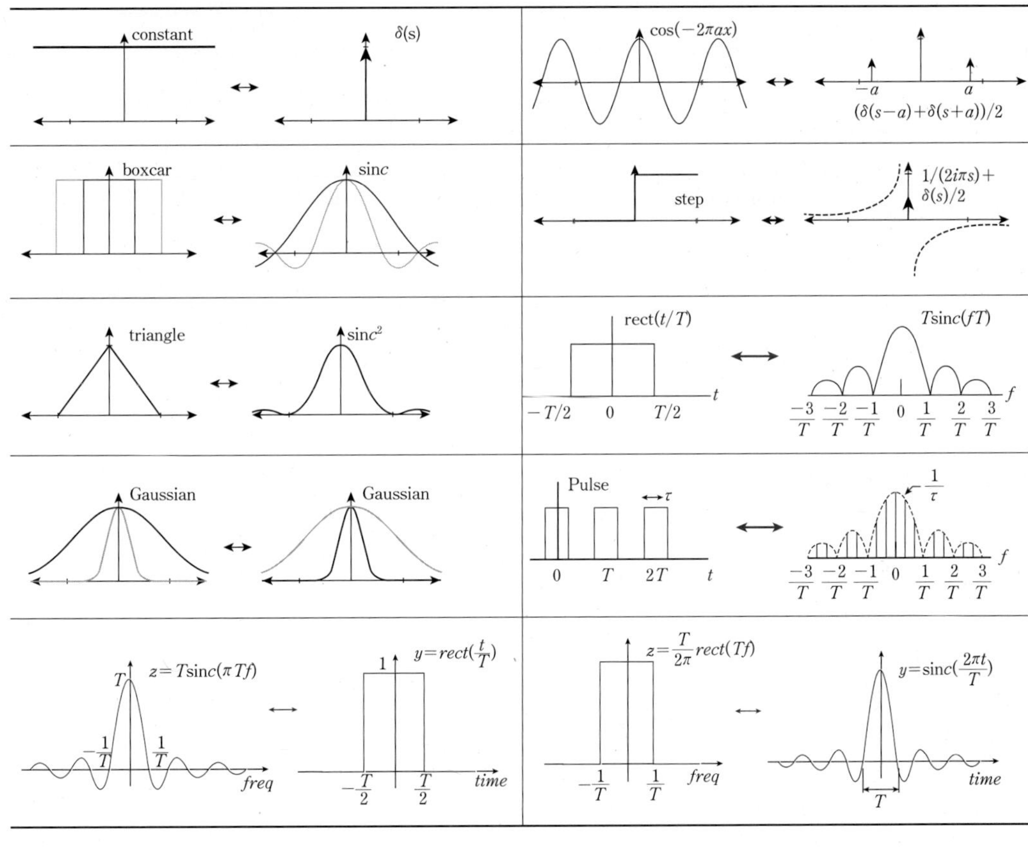

2) 시간영역과 주파수 영역에서의 Fourier 변환에 표

시간영역: $x(t)$	주파수 영역: $X(j\omega)$
$e^{-at}u(t)\ (a>0)$	$\frac{1}{a+j\omega}$
$e^{bt}u(-t)\ (b>0)$	$\frac{1}{b-j\omega}$
$u\left(t+\frac{1}{2}T\right)-u\left(t-\frac{1}{2}T\right)$	$\frac{\sin(\omega T/2)}{\omega/2}$
$\frac{\sin(\omega_b t)}{\pi t}$	$[u(\omega+\omega_b)-u(\omega-\omega_b)]$
$\delta(t)$	1
$\delta(t-t_d)$	e^{-jwt_d}
$u(t)$	$\pi\delta(\omega)+\frac{1}{j\omega}$
1	$2\pi\delta(\omega)$
$e^{jw_0 t}$	$2\pi\delta(\omega-\omega_0)$
$A\cos(\omega_0 t+\phi)$	$\pi Ae^{j\phi}\delta(\omega_1-\omega_0)+\pi Ae^{-j\phi}\delta(\omega+\omega_0)$
$\cos(\omega_0 t)$	$\pi\delta(\omega-\omega_0)+\pi\delta(\omega-\omega_0)$
$\sin(\omega_0 t)$	$-j\pi\delta(\omega-\omega_0)+j\pi\delta(\omega+\omega_0)$
$\sum_{k=-\infty}^{\infty} a_k e^{jw_0 t}$	$\sum_{k=-\infty}^{\infty} 2\pi a_k\delta(\omega-k\omega_0)$
$\sum_{n=-\infty}^{\infty}\delta(t-nT)$	$\frac{2\pi}{T}\sum_{k=-\infty}^{\infty}\delta(\omega-\frac{2\pi}{T}k)$

❺ 파형별 실효값과 평균값

구분	파형	최대값	실효값	평균값
정현파		V_m	$\frac{V_m}{\sqrt{2}}$	$\frac{2V_m}{\pi}$
반파 정현파		V_m	$\frac{V_m}{2}$	$\frac{V_m}{\pi}$
구형파		V_m	V_m	V_m
반파 구형파		V_m	$\frac{V_m}{\sqrt{2}}$	$\frac{V_m}{2}$
삼각파		V_m	$\frac{V_m}{\sqrt{3}}$	$\frac{V_m}{2}$
톱니파		V_m	$\frac{V_m}{\sqrt{3}}$	$\frac{V_m}{2}$

기출유형 완성하기

정답 01 ④ 02 ②

01 비주기적인 임의의 파형의 주파수 스펙트럼을 해석하는 방법으로 가장 적절한 것은? (2012-2차)(2019-1차)

① 퓨리에 급수로 해석한다.
② 펄스 열로 표시한다.
③ 델타함수 열로 해석한다.
④ 퓨리에 변환으로 해석한다.

해설

구분	푸리에 급수	푸리에 변환
적용 영역	주기적인 함수	비주기적인 함수
표현	사인파 함수들의 합	복소 사인파 함수들의 연속적인 스펙트럼
영역	시간영역	주파수 영역
입력 신호 요구사항	주기적, 잘 정의된 주기성	주기적 또는 비주기적
표현 유형	이산 주파수 집합(고조파)	연속적인 주파수 범위
입력 신호 유형	연속적인 신호	연속적 또는 이산적인 신호 (DFT 또는 FFT)

02 신호 $x(t)$의 푸리에 변환을 $x(f)$라고 할 때, 다음 함수의 푸리에 변환으로 맞는 것은? (2022-2차)

$$x(t)\cos 2\pi f_0 t$$

① $-\frac{1}{2}X(f-f_0)+\frac{1}{2}X(f+f_0)$
② $\frac{1}{2}X(f-f_0)+\frac{1}{2}X(f+f_0)$
③ $\frac{1}{2}X(f-f_0)-\frac{1}{2}X(f+f_0)$
④ $-\frac{1}{2}X(f-f_0)-\frac{1}{2}X(f+f_0)$

해설

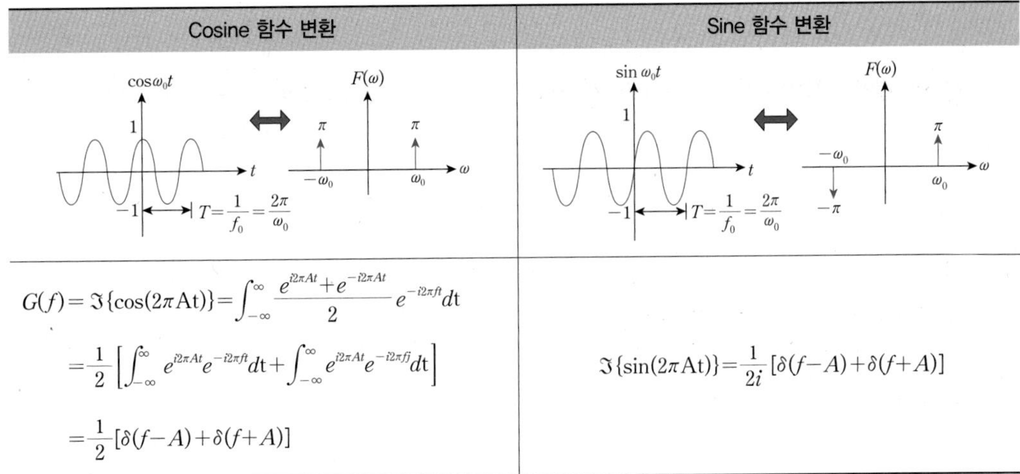

Cosine 함수 변환	Sine 함수 변환
$\cos\omega_0 t$, 1, −1, t, $T=\frac{1}{f_0}=\frac{2\pi}{\omega_0}$ ⟷ $F(\omega)$: π at $-\omega_0$, π at ω_0	$\sin\omega_0 t$, 1, −1, t, $T=\frac{1}{f_0}=\frac{2\pi}{\omega_0}$ ⟷ $F(\omega)$: $-\pi$ at $-\omega_0$, π at ω_0
$G(f)=\Im\{\cos(2\pi At)\}=\int_{-\infty}^{\infty}\frac{e^{i2\pi At}+e^{-i2\pi At}}{2}e^{-i2\pi ft}dt$ $=\frac{1}{2}\left[\int_{-\infty}^{\infty}e^{i2\pi At}e^{-i2\pi ft}dt+\int_{-\infty}^{\infty}e^{i2\pi At}e^{-i2\pi fj}dt\right]$ $=\frac{1}{2}[\delta(f-A)+\delta(f+A)]$	$\Im\{\sin(2\pi At)\}=\frac{1}{2i}[\delta(f-A)+\delta(f+A)]$

정답 03 ① 04 ②

03 주기 신호의 주파수 스펙트럼 형태는? (2022-2차)

① 선 스펙트럼
② 연속 스펙트럼
③ 사각 스펙트럼
④ 정현 스펙트럼

해설

선 스펙트럼은 기체가 채워진 방전관에 높은 전압을 걸어 주면 기체의 종류에 따라 고유한 색깔의 빛을 낸다. 이 빛을 분광기로 관찰하면 특정한 파장의 빛만 밝은 선으로 띄엄띄엄 나타난다. 이러한 스펙트럼을 선 스펙트럼이라고 한다.

Cosine 함수 변환	Sine 함수 변환

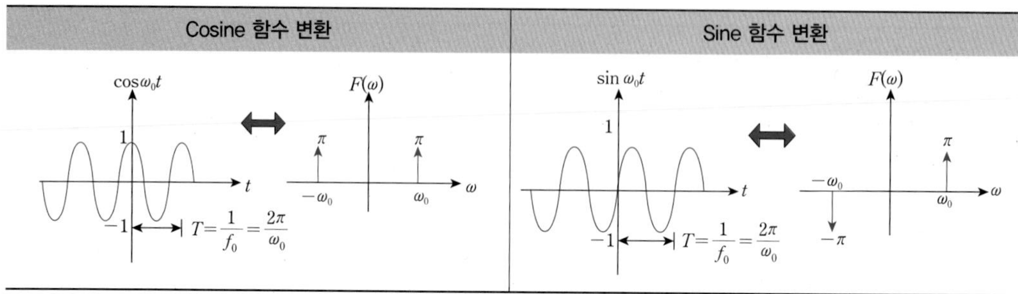

위와 같이 Cosine과 Sine에 대한 주기신호의 선 스펙트럼을 볼 수 있다.

04 신호의 전압이 $V(t)=4+5\cos 20\pi t+3\sin 30\pi t[V]$이고, 저항이 1Ω일 때 평균전력은 몇 $[W]$인가? (2015-1차)(2018-1차)(2021-3차)

① $23[W]$
② $33[W]$
③ $43[W]$
④ $53[W]$

해설

파스발(Parseval) 정리에 의해 신호 $f(t)$가 시간영역에서 갖는 에너지 또는 전력은 주파수 영역에서의 에너지 또는 전력과 동일하다. $5\sin(x)$의 진폭은 5이다. 함수의 진폭을 제곱하고 그 값을 2로 나누면 사인 함수의 평균 전력이 된다.

$V(t)=4+5\cos 20\pi t+3\sin 30\pi t[V]$의 평균 전력은 $4^2+\frac{5^2}{2}+\frac{3^2}{2}=16+12.5+4.5=33[W]$가 된다.

정답 05 ①

05 주기전압신호(Periodic Voltage Signal)의 푸리에 급수(Fourier Series) 계수(C_n), 스펙트럼이 그림과 같이 주어졌을 때 Parseval 정리를 이용하여 평균 전력 $[kW]$을 구하면? (2023-3차)

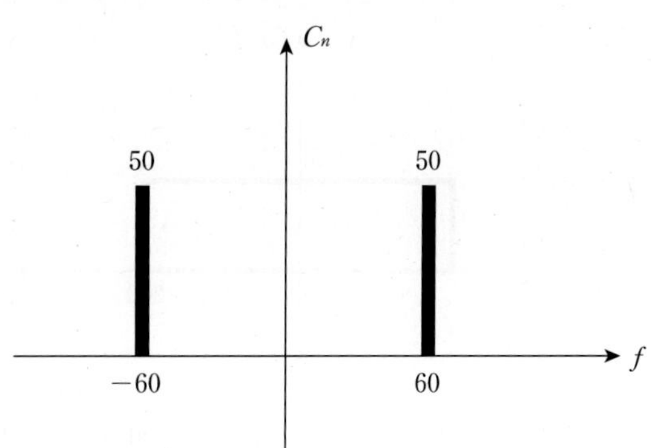

① $5[kW]$
② $10[kW]$
③ $50[kW]$
④ $100[kW]$

해설

크기가 50이라는 것은 시간축에서는 100의 크기라는 의미이다.

$100\cos\omega t$가 원래 함수이므로 파스발(Parseval) 정리에 의해 신호 $f(t)$의 평균 전력은 $\frac{100^2}{2}=5{,}000=5[kW]$

정답 06 ②

06 전송신호가 $s(t)=2\cos(2\pi 100t)+6\cos(2\pi 150t)$이고 다음과 같은 전력 스펙트럼 밀도(PSD) $G_n(f)$를 갖는 잡음 $n(t)$이 인가될 때 신호대 잡음비(SNR)로 옳은 것은? (2023-3차)

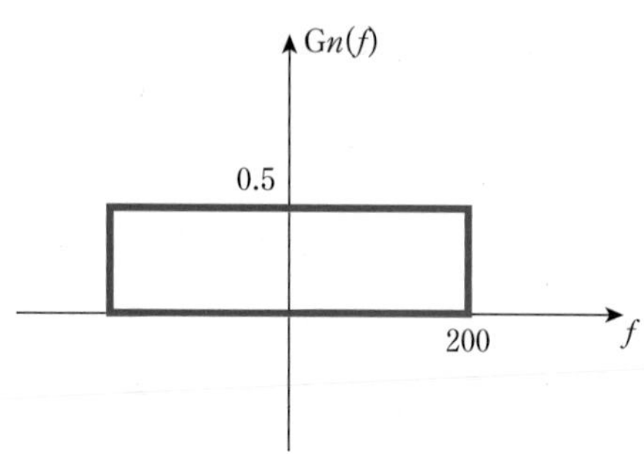

① -20[dB]
② -10[dB]
③ 0[dB]
④ 10[dB]

해설

신호의 PSD는 $\left(\frac{2^2}{2}\right)+\left(\frac{6^2}{2}\right)=2+18=20$[W]

Fourier 변환

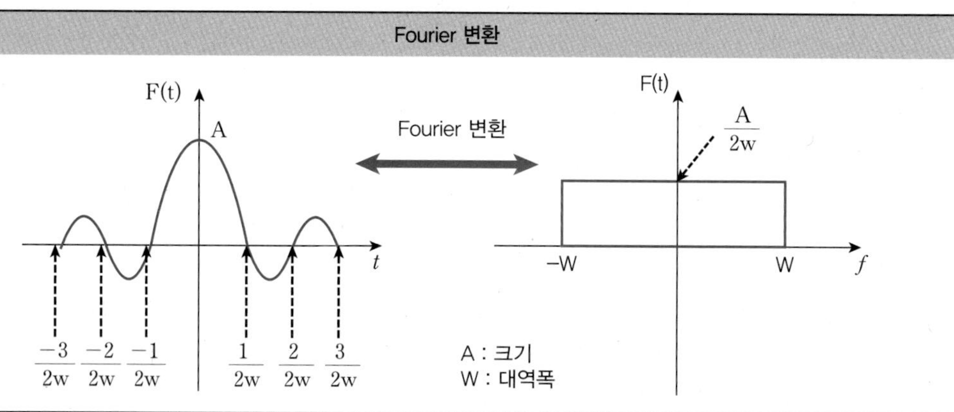

$A\sin c(2Wt) \Leftrightarrow \frac{A}{2W}rect\left(\frac{f}{2W}\right)$에서 $\frac{A}{2W}=0.5$이고, W가 200이므로 A(크기)가 200이 된다.

즉, 잡음의 PSD$=rect=$(함수)의 크기는 200이 된다.

그러므로 시간영역에서는 $200\sin c(2\times 200t)$에서 Noise의 크기는 200이다. 또는 아래와 같이 해도 동일하다.

잡음 PSD$=$잡음전력 스펙트럼 밀도[W/Hz]$\times$대역폭[Hz]$=0.5\times 400=200$[W]

신호대 잡음비(SNR)$=10\log\frac{S}{N}=10\log\frac{20}{200}=10\log 10^{-1}$

이어서 -10[dB]가 된다.

기출유형 02 ▶ Nyquist 정리, Shannon 정리

샤논(Shannon)의 정리인 채널 통신용량(C)의 식을 바르게 표현한 것은? (단, B: 대역폭, S: 신호전력레벨, N: 잡음전력레벨) (2010-2차)

① $C=2B\log_2(1+S/N)$
② $C=B\log_2(1+S/N)$
③ $C=2\mathrm{B}\log_{10}(1+S/N)$
④ $C=\mathrm{B}\log_{10}(1+S/N)$

해설

Shannon**의 채널용량**(Channel Capacity)
정해진 오류 발생률 내에서 채널을 통해 최대 전송할 수 있는 정보량으로 측정 단위는 초당 전송되는 비트 수가 된다. 샤논의 채널용량은 잡음이 없다면 임의 대역폭에서도 채널용량을 거의 무한으로 할 수 있으나, 잡음이 있다면 대역폭을 아무리 증가시켜도 채널용량을 크게 할 수 없다는 것이다.

| 정답 | ②

족집게 과외

- 대역폭↑ 신호↑ 잡음↓ → 채널용량↑
- 전송로에 단위 시간당 전달할 수 있는 최대 전송률을 Shannon의 채널용량이라 한다.
- Oversampling $\frac{S}{N_q}=6n+1.8+10\log(d)$, d는 Oversampling 계수(Double의 의미)

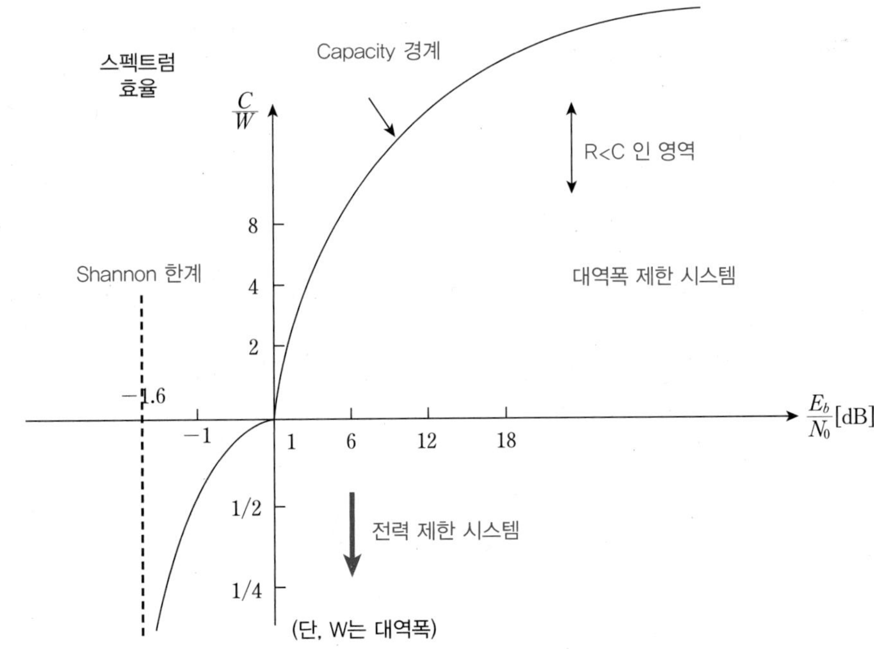

더 알아보기

샤논의 채널 용량 공식 의미, $C=B\log_2(1+\frac{S}{N})$

정보율(R) $>C$	어떠한 인코딩 기술을 사용한다 하더라도 에러가 반드시 존재한다.
정보율(R) $<C$	적절한 인코딩 기술을 사용하면 오류 최소화가 가능하다.
상관관계	대역폭(B)↑, 신호(S)↑, 잡음(N)↓ → 채널용량(C) ↑
잡음이 없다면	$N\rightarrow 0$에 근접, $S/N\rightarrow 0$이므로, 임의 대역폭에서도 채널용량을 거의 무한으로 할 수 있다.
잡음이 있다면	$N\rightarrow\infty$, $S/N\rightarrow 0$에 근접하므로 대역폭을 아무리 증가시켜도 채널용량을 크게 할 수가 없다.

C=채널용량(bps), B=대역폭(Bandwidth)(Hz), $\frac{S}{N}$=신호 대 잡음비(dB)

대역폭 증가는 선형적($n*2$, $n*3$, $n*4$ …)으로 채널용량이 증가하지만 신호의 증가는 대수적(log)으로 채널용량이 증가한다.

❶ 샤논의 채널 용량 공식

㉠ 잡음이 없다면 임의 대역폭에서도 채널용량을 거의 무한으로 할 수 있으나, 잡음이 존재하여 대역폭을 아무리 증가시켜도 채널용량을 크게 할 수 없다는 것을 의미한다.

$$C=B\log_2(1+\frac{S}{N})=B\frac{\log_{10}(1+\frac{S}{N})}{\log_{10}2}$$

㉡ 채널 용량을 늘리기 위해서 전송 대역폭(B)과 신호대 잡음비($\frac{S}{N}$)의 관계가 나오게 된다. 위 식은 잡음이 존재하는 곳에서 신뢰할 만한 통신이라는 이론적 한계치를 제시한 것이다.

❷ 나이퀴스트 주파수(Nyquist Frequency), 나이퀴스트 이론(Nyquist Theorem)

㉠ 나이퀴스트 주파수는 디지털 신호 또는 파형으로 나타낼 수 있는 최고 주파수이다. 해리 나이퀴스트라는 이름은 1920년대에 처음으로 이 개념을 설명한 스웨덴계 미국인 물리학자의 이름을 따서 지어졌다.

㉡ 신호는 그 신호에 포함된 가장 높은 진동수의 2배에 해당하는 빈도로 일정한 간격으로 샘플링하면 원래의 신호로 복원할 수 있으며 이를 위한 주파수가 나이퀴스트 주파수이다.

㉢ 샘플링 정리에 따르면, 원래의 신호를 정확하게 재구성되기 위해서는 원래 신호에서 가장 높은 주파수 성분의 최소 2배의 속도로 신호를 샘플링해야 한다는 것으로 이것은 나이퀴스트 주파수가 샘플링 속도의 절반임을 의미한다.

㉣ 예를 들어 신호가 44.1kHz(CD 품질 오디오에 사용되는 샘플링 속도)로 샘플링되는 경우 디지털 신호에서 정확하게 나타낼 수 있는 최고 주파수는 22.05kHz이다. 신호에 더 높은 주파수 성분이 있으면 나이퀴스트 주파수 아래의 주파수 범위로 다시 앨리어싱(중첩 또는 겹침)되어 신호 왜곡이 발생하는 것이다.

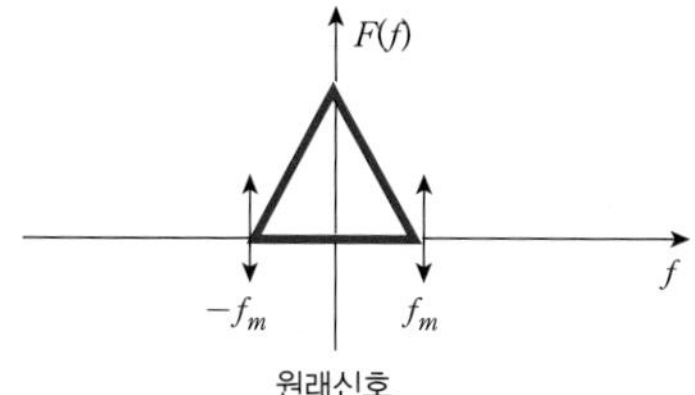

원래신호

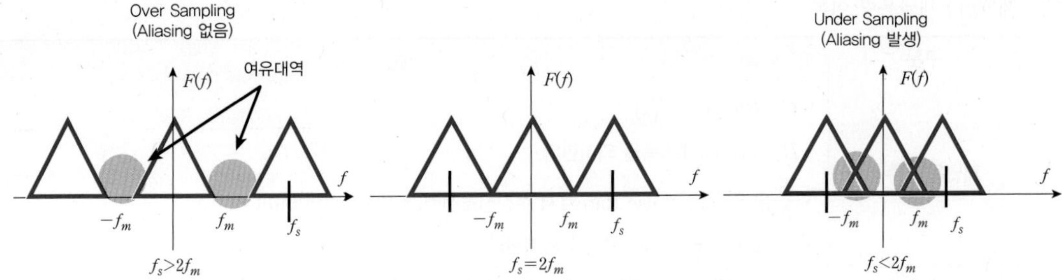

㉤ 나이퀴스트 주파수는 디지털 신호 처리 및 통신 시스템에서 중요한 고려 사항으로, 정보 손실 없이 전송 또는 기록할 수 있는 신호의 대역폭에 제한을 설정하기 때문이다. 즉, 나이퀴스트 주파수는 신호를 복원했을 때 기존 아날로그 신호의 유실 없이 복원되기 위해서는 얼마만큼의 신호를 샘플링해야 하는가에 대한 주파수가 된다.

㉥ 샘플링 이론(Sampling Theorem)에 따르면, 그 신호가 포함하고 있는 가장 빠른 주파수의 2배 이상으로 샘플링해야 하며 이것을 바로 나이퀴스트 주파수라고 한다. 나이퀴스트 정리는 특히 통신, 오디오 및 비디오 처리, 이미지 처리와 같은 분야에서 디지털 신호 처리에 중요하게 사용되고 있다.

❸ 샤논의 이론

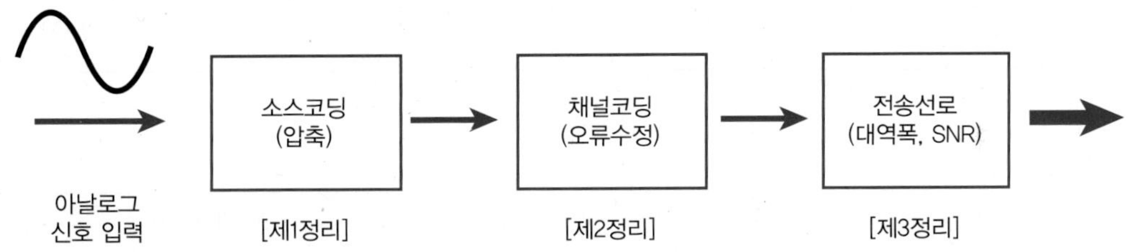

1) 제1정리 소스코딩 이론

구분	내용
수식	$L \geq H(s)$ • L은 소스코딩 이후 평균부호길이 값, $H(s)$는 이 원소스의 엔트로피이다. • $H(s)$는 다음과 같이 표현된다. $H(s)=\sum_{i=0}^{i=1}\text{Pilog2}(\frac{1}{P_i})[\text{bits}]$
의미	• 소스코딩을 통한 원래 신호의 압축 한계는 그 원신호의 엔트로피 값과 같다. • 소스코딩방식을 제시하지 않았지만 평균 부호길이의 이론적 한계치를 제시한 것이다

2) 제2정리 소스코딩 이론

정보율(R) $>C$	어떠한 인코딩 기술을 사용한다 하더라도 에러가 반드시 존재한다.
정보율(R) $<C$	적절한 인코딩 기술을 사용하면 오류 최소화가 가능하다.
상관관계	대역폭(B)↑, 신호(S)↑, 잡음(N)↓ → 채널용량(C) ↑
잡음이 없다면	$N\rightarrow 0$에 근접, $S/N\rightarrow\infty$이므로, 임의 대역폭에서도 채널용량을 거의 무한으로 할 수 있다.
잡음이 있다면	$N\rightarrow\infty$, $S/N\rightarrow 0$에 근접하므로 대역폭을 아무리 증가시켜도 채널용량을 크게 할 수가 없다.

3) 제3정리 채널용량 이론

구분	내용
채널용량 수식	• $C=B\log_2(1+\frac{S}{N})$ • B는 가용한 대역폭을 의미한다. • $\frac{S}{N}$은 Singal Noise Rate로서 수신신호전력과 잡음전력의 비이다. • C(Capacity)는 채널용량을 의미한다.
주요 의미	• 전송채널의 전송용량을 대역폭(B), 에너지(SNR) 관점에서 정의한 것이다. • 주어진 채널을 통해 신뢰성 있게 전송이 가능한 최대 정보량을 의미한 수식이다.

4) 샤논의 이론 비교

구분	소스코딩	채널코딩	채널용량
이론	제1정리	제2정리	제3정리
수식	$L \geq H(s)$	$R<C$	$B\log_2(1+\frac{S}{N})$
의미	소스코딩의 한계치	채널코딩의 한계치	채널용량의 한계치
응용	허프만코딩, DPCM, ADM	RS코드, BCH, LDPC, Polar 코드	QPSK, QAM

❹ 비교

구분	Shannon 정리	Nyquist 정리
개념	신호와 잡음에 대한 채널용량 계산을 위한 수식이다. 전송로에 단위 시간당 전달할 수 있는 최대 전송률을 Shannon의 채널용량이라고 한다.	모든 신호는 가장 높은 진동수의 2배로 샘플링해야 원래의 신호를 완벽하게 보낼 수 있다. 샘플링 정리라하며 아날로그 신호의 디지털화에 사용된다.
수식	$C=B\log_2(1+\frac{S}{N})[bps]$	$C=2B\log_2 M[bps]$
해석	• C: 채널용량(bps) • B: 전송채널의 대역폭 • $\frac{S}{N}$: 신호 대 잡음비	• C: 채널용량(bps) • B: 전송채널의 대역폭 • M: 진수

01 다음 중 Shannon의 채널용량의 공식으로 알맞은 것은? (단, B: 대역폭, C: 채널용량, S: 신호, N: 잡음) (2011-3차)(2013-3차)

① $C=B\times\log_2(1+\frac{S}{N})[bps]$

② $C=2B\times\log_2\frac{S}{N}[bps]$

③ $C=2B\times\log_2(1+\frac{S}{N})[bps]$

④ $C=B\times\log_2(\frac{S}{N})$

해설

- C=채널용량(bps), B=대역폭(Bandwidth)(Hz)
- $\frac{S}{N}$=신호 대 잡음비(dB)
- 대역폭↑ 신호↑ 잡음↓ → 채널용량↑

02 다음 중 통신속도와 채널용량에 대한 설명으로 맞는 것은? (2014-1차)(2016-3차)

① 변조속도는 통신회선에 1초 동안 전송할 수 있는 비트 수이다.

② 신호속도는 1분 동안에 통신회선에 전달할 수 있는 비트 수이다.

③ 전송속도는 1분 동안에 통신회선에 전송할 수 있는 문자 수이다.

④ 전송로에 단위 시간당 전달할 수 있는 최대 전송률을 Shannon의 채널용량이라고 한다.

해설

구분	Shannon 정리	Nyquist 정리
개념	신호와 잡음에 대한 채널용량 계산을 위한 수식이다. 전송로에 단위 시간당 전달할 수 있는 최대 전송률을 Shannon의 채널용량이라고 한다.	모든 신호는 가장 높은 진동수의 2배로 샘플링해야 원래의 신호를 완벽하게 보낼 수 있다. 샘플링 정리라하며 아날로그 신호의 디지털화에 사용된다.
수식	$C=B\log_2(1+\frac{S}{N})$ [bps]	$C=2B\log_2 M[bps]$
해석	• C: 채널용량(bps) • B: 전송채널 대역폭 • $\frac{S}{N}$: 신호 대 잡음비	• C: 채널용량(bps) • B: 전송채널 대역폭 • M: 진수

03 다음 중 채널용량에 대한 설명으로 옳지 않은 것은? (2015-2차)(2022-1차)

① 통신용량이라고도 하며 단위로는 [bps]를 사용한다.

② 수신측에 전송된 정보량은 상호 정보량의 최대치이다.

③ 채널용량을 증가시키기 위해서는 대역폭을 줄이고 S/N비를 증가시켜야 한다.

④ 잡음이 있는 채널에서는 Shannon의 공식을 사용하여 채널용량을 계산한다.

해설

$C=B\log_2(1+\frac{S}{N})$

- 채널용량을 증가시키기 위해서는 대역폭을 늘리고 S/N비를 증가시켜야 한다.
- 대역폭↑ 신호↑ 잡음↓ → 채널용량↑

정답 04 ② 05 ② 06 ① 07 ②

04 최대 전송률을 예상할 수 있는 나이퀴스트(Nyquist) 공식으로 맞는 것은? (단, C는 채널용량, B는 전송채널의 대역폭, M은 진수, S/N은 신호 대 잡음비)

(2012-1차)(2015-2차)(2016-1차)(2020-2차)

① $C=B\times\log_2(M)$
② $C=2\times B\times\log_2(M)$
③ $C=B\times\log_2(M\times 1+S/N)$
④ $C=2\times B\times\log_2(M\times(1+S/N))$

해설

$C=B\log_2(1+\frac{S}{N})$은 샤론의 정리이다. 신호를 주파수 영역으로 표현했을 때 가장 빠른 주파수 성분을 $f_{max}(f_m)$라 한다면, 신호 내에 있는 유효한 정보를 디지털로 모두 표현하기 위해서는 적어도 f_{max}의 2배 이상으로 샘플링해야 한다. 즉, 가장 빠른 주파수의 2배 이상으로 샘플링해야 한다는 것이다.

05 채널의 대역폭이 1,000[Hz]이고 신호 대 잡음비가 3일 경우 채널용량은 얼마인가?

(2012-3차)(2015-1차)(2020-2차)(2022-2차)

① 1,500[bit/sec]
② 2,000[bit/sec]
③ 2,500[bit/sec]
④ 3,000[bit/sec]

해설

$C=B\log_2(1+\frac{S}{N})[bps]$
$=1{,}000\log_2(1+3)=2{,}000[\text{bit/sec}]$

06 정보통신망에서 채널용량은 샤논의 정리와 나이퀴스트의 전송률에 의해 정리할 수 있는데 샤논과 나이퀴스트 정리에서 채널용량과 전송률을 높이기 위한 공통점은 무엇인가? (2012-1차)

① 대역폭
② 수파수
③ 데이터의 비트 수
④ 신호 대 잡음비

해설

나이퀴스트 정리 $C=2B\log_2M[bps]$

샤론정리 $C=2B\log_2(1+\frac{S}{N})[bps]$이므로 B인 대역폭이 공통점이다.

07 다음 중 엘리에싱(Aliasin) 현상이 발생하는 원인으로 알맞은 것은? (2015-3차)

① 나이퀴스트 주파수보다 높게 하여 표본화할 경우 발생한다.
② 나이퀴스트 주파수보다 낮게 하여 표본화할 경우 발생한다.
③ 나이퀴스트 주파수로 표본화했을 경우 발생한다.
④ 나이퀴스트 주기보다 짧게 하여 표본화할 경우에 발생한다.

해설

나이퀴스트 이론에서 보내고자 하는 신호는 그 신호에 포함된 가장 높은 주파수의 2배에 해당하는 빈도로 일정한 간격으로 샘플링하면 원래의 신호로 복원할 수 있다는 샘플링 이론이다. 그보다 적게 하는 경우 엘리어싱인 장애가 발생한다.

08 18[kHz]까지 전송할 수 있는 PCM 시스템에서 요구되는 Nyquist 표본화 주파수는? (2019-3차)

① 9[kHz]
② 18[kHz]
③ 36[kHz]
④ 72[kHz]

해설
Analog Signal → PAM(Pulse Amplitude Modulation), 표본화 주파수 $f_s \geq 2f_m$ 18[kHz]×2배 = 36[kHz]이다.

09 다음 중 나이퀴스트(Nyquist) 표본화 주파수(f_s)로 알맞은 것은? (2016-1차)

① $f_s = 2fm$
② $f_s < 2fm$
③ $f_s \geq 2fm$
④ $f_s \leq 2fm$

해설
나이퀴스트 이론에서 보내고자 하는 신호는 그 신호에 포함된 가장 높은 주파수의 2배에 해당하는 빈도로 일정한 간격으로 샘플링하면 원래의 신호로 복원할 수 있다는 샘플링 이론이다. 일반적인 신호는 아날로그 신호인데, 컴퓨터가 처리할 수 있으려면 디지털 신호로 바꿔줘야 하며 이러한 디지털 신호로 바꿔주는 과정에서 신호의 손실이 없어야 일반적인 신호와 가까운 신호로 얻을 수 있다. 아날로그 신호를 디지털화하는 과정을 ADC(Analog to Digital Conversion)라 한다.

10 정보 전송률 R과 채널용량 C 간의 관계가 옳은 것은? (2023-1차)

① $R < C$이면, 채널부호를 이용해 에러율을 임의로 작게 할 수 있다.
② $R < C$이면, 모뎀을 이용해 에러율을 임의로 작게 할 수 있다.
③ $R > C$이면, 채널부호를 이용해 에러율을 임의로 작게 할 수 있다.
④ $R > C$이면, 모뎀을 이용해 에러율을 임의로 작게 할 수 있다.

해설
샤론의 정보화 이론 제 2정리: 채널 코딩 이론

구분	내용
수식	$R < C$, R은 정보전송율(bps), C는 채널용량(bps)
의미	어떤 조건에서 오류 확률을 임의로 줄 일 수 있는 부호화 및 변조 기법이 반드시 존재한다. • $R > C$: 보내고자 하는 정보량이 채널용량보다 크다면 에러가 발생한다. • $R < C$: 전송정보량이 채널용량보다 작을 때는 신뢰할 수 있는 통신이 가능한 채널 코딩방식이 존재한다.

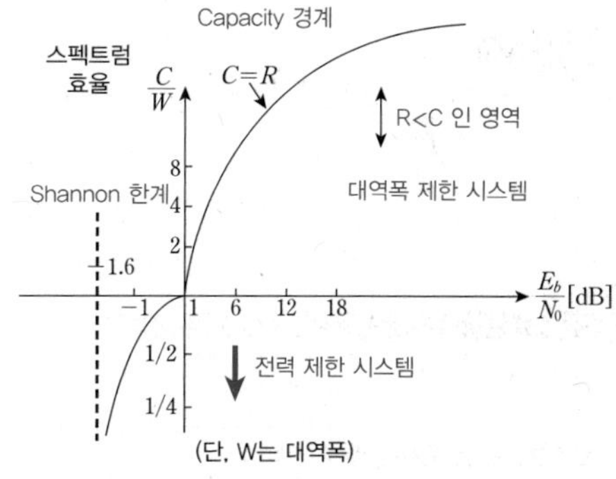

기출유형 03 ▶ PCM(Pulse Code Modulation)

PCM 단계 중에서 연속적인 아날로그 신호를 입력으로 받아 불연속적인 진폭을 갖는 펄스를 생성하는 과정에 해당되는 것은? (2021-3차)

① 표본화 ② 양자화 ③ 부호화 ④ 압축기

해설

표본화는 연속적인 신호를 주기적인 신호 진폭의 크기로 표현하는 것으로 전체 신호 입력 파형에서 표본을 뽑아내는 것을 표본화라 한다.

| 정답 | ①

족집게 과외

- Nyquist Sampling 이론에 따라 아날로그 최고주파수의 최소 2배 이상으로 샘플링한다.
- Analog Signal → PAM(Pulse Amplitude Modulation) 표본화 주파수 $f_s \geq 2f_m$

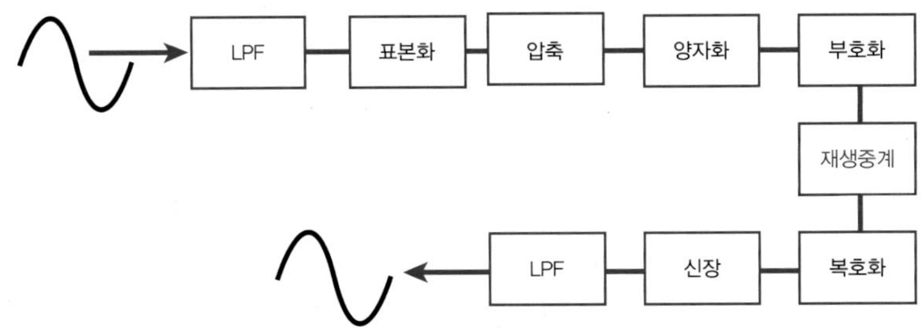

더 알아보기

구분	내용	
LPF	앞단 LPF	표본화 전에 아날로그 신호에 포함되어있는 고조파 성분을 제거한다.
	뒷단 LPF	복호화된 PCM으로부터 원래의 아날로그 신호를 찾아낸다.
표본화	연속적인 신호를 주기적인 신호 진폭의 크기로 표현하는 것으로 입력 파형에서 표본을 뽑아내는 것이다.	
압축과 신장	Compression + Expanding, 큰 입력 신호는 작게 하고, 작은 입력 신호는 크게 양자화하고 수신측에서는 반대되는 특성을 제공한다.	
양자화	표본화를 통해 얻은 PAM을 이산적인 값인 Digital로 변환시키는 것이다.	
부호화	양자화가 끝난 신호를 1과 0의 Pulse의 조합 대응시키는 것이다.	
재생 중계기	개념	변형된 PCM 신호를 원형으로 재생하여 전달하는 장치이다.
	Reshaping	감쇠와 잡음에 의해 왜곡된 파형을 증폭기 통해 $\frac{S}{N}$비를 개선시킨 것이다.
	Retiming	수신 파형으로부터 클록을 추출하여 파형의 위상을 재생시키는 것이다.
	Regenerating	재생된 Timing 파로 표본화해서 1과 0을 식별한 후 재생시키는 것이다.
복호화	수신된 PCM에서 PAM 신호를 찾아내는 것이다.	

❶ PCM(Pulse Code Modulation)

PCM(Pulse Code Modulation) 샘플링은 오디오 신호와 같은 아날로그 신호를 디지털로 표현하는데 사용되는 방법이다. 일정한 간격으로 아날로그 신호의 진폭을 샘플링한 다음 각 샘플을 특정 디지털 값으로 양자화하여 동작한다. PCM 과정을 간단히 요약하면 다음과 같다.

㉠ 아날로그 신호를 일정 시간 간격으로 검출, 표본화, 양자화 부호화한다.

㉡ 표본화, 양자화, 부호화한 후 디지털 신호로 변환시킨다.

㉢ 전화(음성) 등의 연속적으로 변화하는 아날로그 정보를 디지털 정보인 펄스 부호로 바꾸어서 전송하고 수신측에서는 다시 원래의 아날로그 정보로 변환한다.

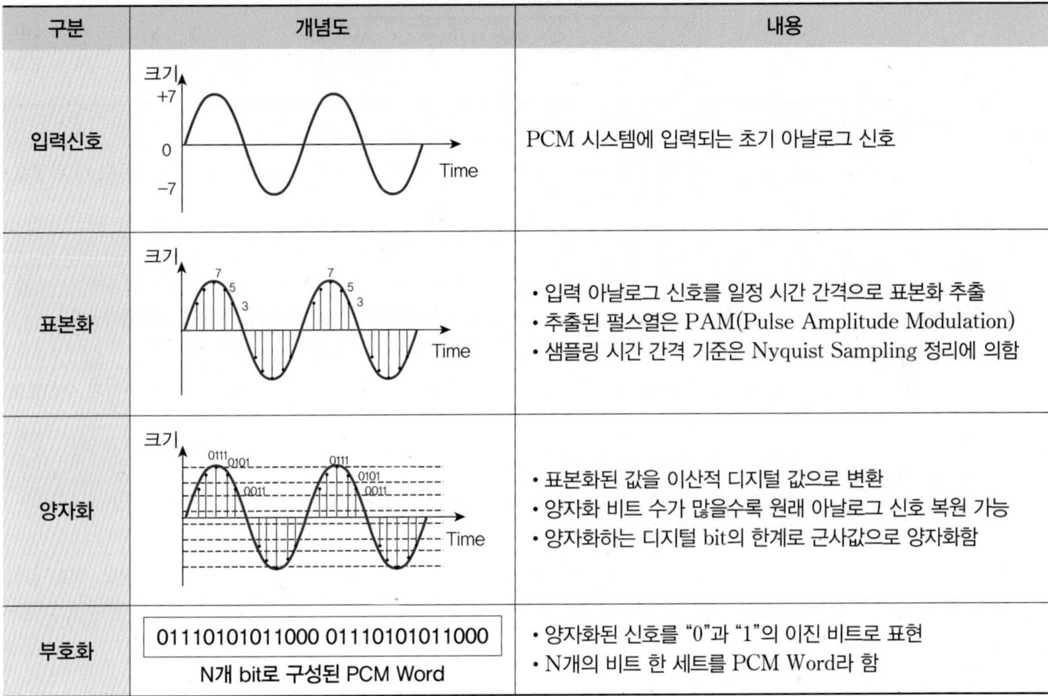

구분	개념도	내용
입력신호	크기 +7 0 −7 Time	PCM 시스템에 입력되는 초기 아날로그 신호
표본화	크기 7 5 3 7 5 3 Time	• 입력 아날로그 신호를 일정 시간 간격으로 표본화 추출 • 추출된 펄스열은 PAM(Pulse Amplitude Modulation) • 샘플링 시간 간격 기준은 Nyquist Sampling 정리에 의함
양자화	크기 0111 0101 0011 0111 0101 0011 Time	• 표본화된 값을 이산적 디지털 값으로 변환 • 양자화 비트 수가 많을수록 원래 아날로그 신호 복원 가능 • 양자화하는 디지털 bit의 한계로 근사값으로 양자화함
부호화	01110101011000 01110101011000 N개 bit로 구성된 PCM Word	• 양자화된 신호를 "0"과 "1"의 이진 비트로 표현 • N개의 비트 한 세트를 PCM Word라 함

❷ PCM 처리의 특징

㉠ 페이딩(Fading), 전송로의 손실, 레벨변동 등의 영향에 강하다.

㉡ 왜곡, 잡음, 누화에 강하며 저품질의 전송로를 사용할 수 있다.

㉢ 점유주파수 대역폭이 넓어 광대역 전송로가 필요하다.

㉣ 단국 장치의 가격이 싸다.

㉤ 고주파 이용률이 저하되며, 고주파에 있어 전송손실 및 누화가 증대한다.

㉥ PCM 특유의 잡음이 발생할 수 있다.

❸ PCM 처리 과정

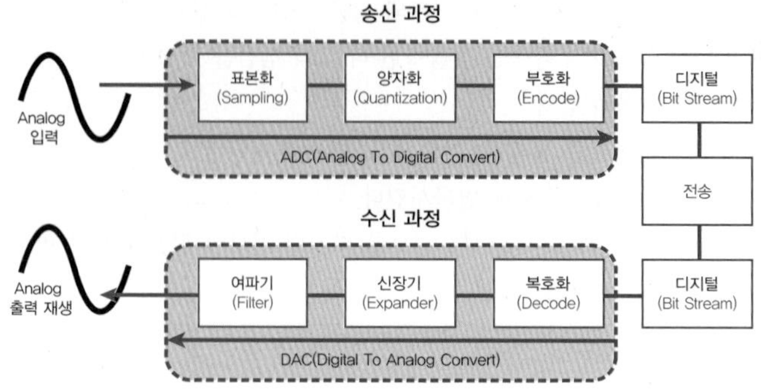

구분	내용	
LPF (Low Pass Filter)	앞단 LPF	표본화 전에 아날로그 신호에 포함되어있는 고조파 성분을 제거하여 표본화 시 발생될 수 있는 Aliasing을 방지한다.
	뒷단 LPF	복호화된 PCM으로부터 원래의 아날로그 신호를 찾아낸다.
표본화(Sampling)	아날로그 신호는 정기적으로 샘플링되며, 각 샘플은 특정 시점의 신호 진폭을 나타낸다. 연속적인 신호를 주기적인 신호 진폭의 크기로 표현하는 것으로 입력 파형에서 표본을 뽑아내는 작용을 표본화라 한다. Analog signal → PAM(Pulse Amplitude Modulation), 표본화 주파수 $f_s \geq 2f_m$	
압축과 신장 (Companding)	Compression+Expanding 큰 입력신호는 작게 하고, 작은 입력 신호는 크게 양자화하고 수신측에서는 반대되는 특성을 제공한다. • 일정한 $\frac{S}{N}$(신호 대 잡음비) 비를 얻을 수 있다. • 선형양자화를 수행하면서 비선형 양자화의 효과가 있다. • 양자화 Step 수를 줄일 수 있을 뿐만 아니라 PCM 전송 품질을 향상시킨다.	
양자화 (Quantizing)	• 각 샘플은 PCM 시스템의 비트 깊이에 따라 결정되는 특정 디지털 값으로 양자화된다. 비트 깊이는 각 샘플을 표현하는 데 사용되는 비트 수를 나타내며, 비트 깊이가 높을수록 디지털 표현의 정확도와 충실도가 향상된다. • 표본화를 통해 얻은 PAM을 이산적인 값(Digital 수량)으로 변환시키는 것이다. $M=2^n$, M: 양자화 계단 수, n: 양자화 시 사용하는 bit 수 예 8bit의 양자화 레벨 수 = 2^8 = 256 level	
부호화 (Encoding)	양자화된 디지털 값은 이진 코드로 인코딩되며 양자화가 끝난 신호를 1과 0의 Pulse의 조합 대응시키는 것이다. Digital 신호이기 때문에 잡음의 영향을 거의 받지 않는다.	
재생중계기 (Repeater)	개념	감쇠, 왜곡 및 위상천이 등 전송로에서 받은 방해에 의하여 변형된 PCM 신호를 원형으로 재생하여 전달하는 장치이다.
	Reshaping	파형등화, Equalization, 등화증폭, 성형: 전송도중 감쇠와 잡음에 의해 왜곡된 파형을 등화기와 증폭기에 통과시켜 $\frac{S}{N}$ 비를 개선시킨 파형으로 재생시킨다.
	Retiming	타이밍 재생: 수신파형으로부터 클록을 추출하여 다시 Timing 파를 만들어서 파형의 위상을 재생 시키는 역할을 한다.
	Regenerating (식별재생)	재생된 Timing 파를 가지고 수신파형을 순간적으로 표본화함으로써 1과 0을 식별한 후 재생시키는 역할을 한다.
복호화 (Decoding)	수신된 PCM으로부터 PAM 신호를 찾아내는 것으로 복호화를 수행하는 장치를 복호기(Decoder)라 한다.	

정답 01 ④ 02 ④ 03 ④ 04 ③

01 펄스부호변조(PCM) 방식에서 아날로그 신호를 디지털 신호로 변환시키는 과정을 바르게 나타낸 것은? (2013-3차)

① 표본화 → 양자화 → 부호화 → 압축
② 표본화 → 부호화 → 양자화 → 압축
③ 표본화 → 양자화 → 압축 → 부호화
④ 표본화 → 압축 → 양자화 → 부호화

해설

PCM(Pulse Code Modulation)은 아날로그 신호를 디지털로 변환하는 방법이다.

- 펄스코드변조(PCM) 순서: 표본화(Sampling) → (압축) → 양자화(Quantizing) → 부호화(Encoding) → 수신측(복호화) 이다.
- PCM으로 변환된 디지털 신호는 디지털 전송이나 저장에 사용될 수 있으며, 이후 DAC(디지털-아날로그 변환) 프로세스를 통해 다시 아날로그 신호로 재구성될 수 있다.

02 다음 중 아날로그 신호를 디지털 신호로 변환하여 전송매체로 전송하기 위한 과정으로 옳은 것은? (2023-2차)

① 표본화 - 부호화 - 양자화 - 펄스발생기 - 통신채널
② 펄스발생기 - 부호화 - 표본화 - 양자화 - 통신채널
③ 표본화 - 양자화 - 통신채널 - 펄스발생기
④ 표본화 - 양자화 - 부호화 - 펄스발생기 - 통신채널

해설

- 펄스코드변조(PCM) 순서: 송신측은 표본화 → (압축) → 양자화 → 부호화 → 수신측(복호화)이다.

펄스발생기를 통해서 P32T PCM 단국장치를 통해 전달된다. 즉, 아날로그-디지털 부호화 방식인 PCM(Pulse Code Modulation) 송신측 과정은 표본화(Sampling) → (압축) → 양자화(Quantization) → 부호화(Encoding)이다. PCM 32채널 단국장치를 통해 음성급 아날로그 데이터 신호를 PCM 방식으로 2,048kbps(E1급)로 시분할 다중화 또는 역다중화한 후 통신 채널을 통해 전송한다.

03 다음 중 펄스부호변조(PCM) 통신방식의 특징으로 옳지 않은 것은? (2016-3차)

① PCM 특유의 고유잡음이 발생한다.
② 누화에 강하다.
③ S/N 비가 좋다.
④ 변조회로가 단순하고 가격이 저가이다.

해설

④ 변조 회로가 단순하고 가격이 저가이다. → PCM에는 변조 회로가 별도 필요 없다.

펄스부호변조(PCM) 통신방식의 특징

PCM 특징
• 페이딩(Fading), 전송로의 손실, 레벨 변동 등의 영향에 강하다. • 왜곡, 잡음, 누화에 강하며 저품질의 전송로를 사용할 수 있다. • 점유주파수 대역폭이 넓어 광대역 전송로가 필요하다. • 단국 장치의 가격이 싸다. • 고주파 이용률이 저하되며, 고주파에 있어 전송 손실 및 누화가 증대한다. • PCM 특유의 잡음이 있다.

변조란 데이터 전송 시에 최적의 전기 신호로 변환하는 것으로 변조 방식은 크게 아날로그 변조, 디지털 변조, 펄스 변조, 스펙트럼 확산의 4가지로 분류된다.

04 다음 중 누화, 잡음, 왜곡 등의 발생률이 낮고 전송특성의 질이 저하된 선로에 적합한 다중화 방식은? (2011-3차)

① AM 주파수분할 다중화
② FM 주파수분할 다중화
③ PCM 시분할 다중화
④ PM 주파수분할 다중화

해설

PCM 다중화 전송방식으로 Analog 신호에 대한 낮은 전송특성을 Digital로 변환하여 누화나 잡음 왜곡 등에 대한 보상을 함으로서 신호를 좀 더 안정적으로 보낼 수 있다.

정답 05 ② 06 ① 07 ③ 08 ④ 09 ③

05 PCM 파를 수신하여 원래의 신호로 복원하기 위한 필터로 적합한 것은? (2010-3차)

① 고역 통과 필터 ② 저역 통과 필터
③ 대역 통과 필터 ④ 대역 차단 필터

해설

앞단 LPF	표본화 전에 아날로그 신호에 포함되어있는 고조파 성분을 제거하여 표본화 시 발생될 수 있는 엘리어싱(Aliasing)을 방지한다.
뒷단 LPF	복호화된 PCM으로부터 원래의 아날로그 신호를 찾아낸다.

06 다음 중 PCM 신호 수신 시 사용되는 필터로 적합한 것은? (2011-1차)

① LPF ② HPF
③ BPF ④ BEF

해설

- PCM 파를 수신하여 원래의 신호로 복원하기 위한 필터를 사용한다.
- LPF(Low Pass Filter)는 차단 주파수 이하의 주파수만 통과시키므로 PCM에서 신호 수신에 사용이 된다.

07 표본화 정리에 의하면 주파수 대역이 60[Hz]~3.6[kHz]인 신호를 완전히 복원하기 위한 표본화 주기는? (2012-1차)(2015-3차)(2021-1차)

① 1/60초 ② 1/3.6초
③ 1/7,200초 ④ 1/6,800초

해설

Nyquist Sampling 이론에 따라 아날로그 최고 주파수의 최소 2배 이상으로 샘플링한다.

Analog Signal → PAM(Pulse Amplitude Modulation), 표본화 주파수 $f_s \geq 2f_m$

주파수 대역이 60[Hz]~3.6[kHz]이므로 최고주파수 $f_m = 3.6$[kHz], $f_s \geq 2 \times 3.6[kHz] = 7.2[kHz]$

$$\frac{1}{2 \times 3.6k} = \frac{1}{7{,}200}[sec]$$

08 5[kHz]의 음성 신호를 재생시키기 위한 표본화 주기는? (2012-2차)(2020-1차)(2021-2차)(2022-1차)

① 225[μs] ② 200[μs]
③ 125[μs] ④ 100[μs]

해설

표본화 주파수 $f_s \geq 2f_m$, 5KHz×2배=10kHz이며 시간과 주파수는 반비례 관계이다.

$$\frac{1}{2 \times 5 \times 10^3} = 10^{-4} = 100 \times 10^{-6} = 100[\mu s]$$

※ k(kilo)$=10^3$, c(centi)$=10^{-2}$, μ(micro)$=10^{-6}$, n(nano)$=10^{-9}$

09 다음 중 디지털 데이터를 아날로그 신호로 변조하는 방식이 아닌 것은? (2010-2차)

① ASK ② QAM
③ PCM ④ DPSK

해설

PCM은 아날로그 신호를 일정 시간 간격으로 검출, 표본화, 양자화 부호화 한다.

변조 분류	신호파 (정보원)	반송파 (통신망 신호전송 형태)	주요 사용	명칭
연속파 Analog 변조	Analog	Analog	AM, FM, PM	아날로그 변조
펄스 (불연속) Analog 변조	Analog	Digital	PAM, PPM, PWM	시분할 변조
연속파 Digital 변조	Digital	Analog	ASK, FSK, PSK, QAM	디지털 변조
펄스 (불연속) Digital 변조	Digital	Digital	PCM, PNM	디지털 신호 변조

정답 10 ③ 11 ③ 12 ④ 13 ① 14 ③

10 **다음 중 누화, 잡음, 왜곡 등의 발생률이 낮고 전송특성의 질이 저하된 선로에 적합한 다중화 방식은?** (2011-3차)

① AM 주파수분할 다중화
② FM 주파수분할 다중화
③ PCM 시분할 다중화
④ PM 주파수분할 다중화

해설
PCM 다중화 전송방식으로 Analog 신호에 대한 낮은 전송특성을 Digital로 변환하여 누화나 잡음 왜곡 등에 대한 보상을 함으로써 신호를 좀 더 안정적으로 보낼 수 있다.

11 **다음 중 디지털 데이터를 아날로그 신호로 변조하는 방식이 아닌 것은?** (2010-2차)

① ASK ② QAM
③ PCM ④ DPSK

해설
PCM은 아날로그 신호를 디지털 신호로 변환하기 위한 것으로 표본화, 양자화, 부호화의 과정을 거친다.

12 **다음 중 펄스부호변조(PCM) 통신방식의 특징으로 옳지 않은 것은?** (2016-3차)

① PCM 특유의 고유잡음이 발생한다.
② 누화에 강하다.
③ S/N 비가 좋다.
④ 변조회로가 단순하고 가격이 저가이다.

해설
펄스부호변조(PCM) 통신방식 특징
- 페이딩(Fading), 전송로의 손실, 레벨변동 등의 영향에 강하다.
- 왜곡, 잡음, 누화에 강하며 저품질의 전송로를 사용할 수 있다.
- 점유주파수 대역폭이 넓어 광대역 전송로가 필요하다.
- 단국 장치의 가격이 싸다.
- 고주파 이용률이 저하되며, 고주파에 있어 전송손실 및 누화가 증대한다.
- PCM 특유의 잡음이 있다.

13 **다음 중 불연속 레벨 변조에 해당되는 것은?** (2011-1차)

① PCM
② AM
③ PM
④ FM

해설
PCM(Pulse Code Modulation) 방식
시시각각 변화하는 음성 신호와 텔레비전 등의 영상 정보 신호(아날로그 신호)를 일정한 간격으로 분할하여 1이나 0으로 부호화하여 전송하고, 수신하거나 재생할 때에는 다시 아날로그 신호로 변형해서 정보를 얻는 방법이다.
PCM은 이전에 아날로그 신호를 디지털 신호로 변환하기 위한 것으로 표본화, 양자화, 부호화의 과정을 거친다.

14 **다중통신과 비교하여 PCM 다중통신의 특징으로 적합하지 않은 것은?** (2010-2차)

① 지터 잡음이 생긴다.
② 점유 주파수 대역폭이 넓다.
③ 고가의 여파기가 필요하고 장치가 크다.
④ 전송로의 잡음이나 누화 등의 영향이 적다.

해설
펄스부호변조(PCM) 통신방식 특징
- 페이딩(Fading), 전송로의 손실, 레벨변동 등의 영향에 강하다.
- 왜곡, 잡음, 누화에 강하며 저품질의 전송로를 사용할 수 있다.
- 점유주파수 대역폭이 넓어 광대역 전송로가 필요하다.
- 단국 장치의 가격이 싸다.
- 고주파 이용률이 저하되며, 고주파에 있어 전송손실 및 누화가 증대한다.
- PCM 특유의 잡음이 있다.

15 PCM 단계 중에서 연속적인 아날로그 신호를 입력으로 받아 불연속적인 진폭을 갖는 펄스를 생성하는 과정에 해당되는 것은?

(2012-2차)(2021-3차)

① 표본화
② 양자화
③ 부호화
④ 압축기

해설

- 아날로그 신호를 표본화 → 양자화 → 부호화한다.
- 표본화: 연속적인 아날로그 신호를 입력으로 받아 불연속적인 진폭을 갖는 펄스를 생성하는 과정

16 다음 중 Broadband 전송방식이 아닌 것은?

(2020-3차)

① ASK
② FSK
③ QAM
④ PCM

해설

구분	베이스 밴드 (Baseband)	브로드 밴드 (Broadband)
장비	CSU/DSU	Modem
의미	기저대역전송	변송에 의한 전송
대역	협대역	광대역
속도	저속	상대적 고속
변조	AMI/CMI	ASK/FSK/PSK/QAM
의미	Digital → Digital	Digital Data → Analog 신호

17 신호를 표본화하여 전송한 후 수신측에서 신호를 복원하면 진폭과 위상이 약간 변화되는데 이러한 현상을 무엇이라 하는가?

(2015-2차)

① 개구 효과(Aperture Effect)
② 양자화 잡음(Quantizing Noise)
③ 페이딩(Fading)
④ 도플러 효과(Doppler Effect)

해설

Analog 신호를 디지털 신호로 표본화하는 과정에서 PAM(Pulse Amplitude Modulation)을 거쳐 신호의 반올림을 해서 일부 신호는 버리거나 올려야 한다. 이러한 과정에서 오차가 발생하며 수신측에서 진폭과 위상이 원신호 대비 변경될 수 있는 것을 개구 효과라 한다. 이를 최소화하기 위해 압축 특성을. E1은 A−law(A=87.6, 13절선), T1은 μ−law(μ=255, 15절선) 방식을 적용해서 오차를 최소화한다.

개구 효과(Aperture Effect)

- 적은 간극(개구면)을 통해 나온 빛이나 전자의 주사 빔의 재생 화상에 퍼짐이 생기는 효과이다.
- 아날로그 신호를 표본화하여 얻은 펄스가 어느 정도 폭을 가지기 때문에 원신호가 일그러지는 것이다.

18 다음 중 음성 신호의 특성에 대해 잘못 설명한 것은?

(2020-1차)

① 인간의 효과적인 의사 전달 수단이다.
② 인간의 가청 주파수는 20~20,000[Hz]이다.
③ 인간의 발성기관의 진동을 전기적인 신호로 변환한 것을 음성 신호라 한다.
④ 음성 신호의 주요 정보는 5[kHz] 이상의 주파수 대역에 존재한다.

해설

사람의 귀로 들을 수 있는 음파의 주파수는 사람에 따라 또는 음의 크기에 따라 다르지만 보통 20Hz~20kHz인 것으로 간주되고 있다. 이 대역을 가청 주파수대(Audio Frequency Band)라 한다.

19 입력 신호가 $x(t)=10\cos 8000\pi t$와 같이 주어졌을 때 Aliasing이 나타나지 않는 이상적인 최소 표본화 주파수는? (2020-2차)(2022-2차)

① 16,000
② 8,000
③ 4,000
④ 2,000

해설

표본화 주파수 $f_s \geq 2f_m$, $x(t)=10\cos 8000\pi t$이므로 $2\pi t$에 해당하는 것이 $8{,}000\pi t$이므로 보내고자 하는 주파수 $f=4{,}000$이 되고, 이 주파수를 두 배 이상으로 Sampling 해야 하므로 $f_s \geq 2f$가 되어 8,000Hz가 된다.

20 다음 중 표본화 주파수가 높은 경우를 적절하게 표현한 것은? (2016-1차)(2017-3차)

① 초당 샘플 수가 낮다.
② 전송하려는 정보의 양이 적다.
③ 요구되는 채널 용량이 커진다.
④ 초당 프레임 수가 낮다.

해설

표본화 주파수가 높다는 것은 ($\frac{1}{T} \propto f$), 시간 간격이 조밀하다는 것이다. 그러므로 시간영역을 기준으로 초당 샘플 수가 많고(높고), 전송하려는 정보의 양이 많고, 초당 프레임 수가 높고 전체적으로 요구되는 채널 용량이 커진다.

21 다음 중 엘리에싱(Aliasing) 현상이 발생하는 원인으로 알맞은 것은? (2020-1차)

① 나이퀴스트 주파수보다 높게 하여 표본화할 경우 발생한다.
② 나이퀴스트 주파수보다 낮게 하여 표본화할 경우 발생한다.
③ 나이퀴스트 주파수로 표본화했을 경우 발생한다.
④ 나이퀴스트 주기보다 짧게 하여 표본화할 경우에 발생한다.

해설

나이퀴스트 이론이란, 신호는 그 신호에 포함된 가장 높은 진동수의 2배에 해당하는 빈도로 일정한 간격으로 샘플링하면 원래의 신호로 복원할 수 있다는 샘플링 이론이다. 그보다 적게 샘플링하는 경우 엘리어싱(Aliasing)인 장애나 Noise가 발생한다.

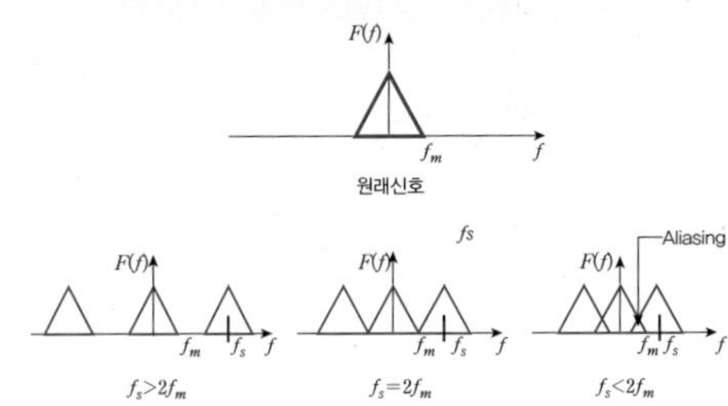

22 다음 중 PAM(Pulse Amplitude Modulation) 변조 방식에 대한 설명으로 틀린 것은? (2023-3차)

① PAM 신호를 장거리로 송신하는 경우에 아날로그 광대역증폭기가 필요하다.
② 잡음에 매우 강하여 PAM 신호가 잡음에 영향을 받지 않는다.
③ PAM 변조기로 on－off 스위치를 이용하여 비교적 간단하게 구성할 수 있다.
④ PAM 복조기는 저역통과필터를 사용하여 회로를 구성할 수 있다.

해설

② 잡음에 매우 약해서 PCM 변환해서 보내야 한다. 즉, 잡음에 영향을 많아서 Nyquist 주파수 이상으로 변조해서 보내야 원신호를 재생할 수 있다.

- PAM(펄스 진폭 변조): 파형점 크기로 펄스 진폭에 변화를 주는 '펄스 변조' 방식이다.

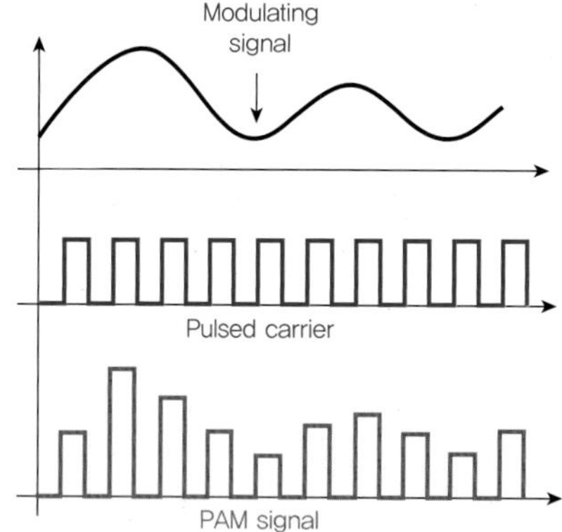

- 아날로그 PAM 신호: 표본화 과정에서 아날로그 신호를 샘플링하여 구해진 아날로그 PAM 신호로서 디지털 신호라기 보다는 아날로그 신호로 간주되며 아날로그 PAM 신호 자체는 신호 전송에 잘 사용되지 않고 PCM 전송을 위한 중간 단계로 주로 사용한다. 일반적으로 아날로그 PAM 신호를 양자화하고 부호화하며 PCM 신호라는 디지털 이진 부호 열이 된다.

23 다음 중 통신 신호의 부호화 방식이 다른 것은? (2023-3차)

① DPCM(Differential Pulse Code Modulation)
② APCM(Adaptive Pulse Code Modulation)
③ APC(Adaptive Predictive Coding)
④ ADM(Add Drop Multiplexer)

해설

③ APC(Adaptive Predictive Coding): 적응 예측 부호화 방식으로 음성 신호 부호화의 한 방식이다. PCM에 의한 디지털과 신호의 비트 수(64kbps)를 줄이기 위해 연구되고 있는 것 중의 하나이다(연구되고 있고 확정정인 방식은 아님).
④ ADM(Add Drop Multiplexer): 디지털 전송망에서 회선 간에 서로 다른 계위신호들의 분기/결합을 제공하는 것으로 내부에 스위치 및 다중화 요소를 갖춘 디지털 다중화 전송장치이다.

※ 최종 ③, ④번이 정답 처리됨. ADM(Adaptive Delta Modulation)이면 정답을 ③으로 해야 한다.

기출유형 04 ▸ 양자화 잡음(Quantization Noise, Quantization Error)

PCM에서 양자화 잡음을 경감시키는 방법과 거리가 먼 것은? (2010-3차)

① 양자화 스텝 수 증가
② 압축과 신장
③ 비직선 양자화
④ 부호 비트 수의 감소

해설

부호화 비트 수가 감소하면 표본화율이 낮아져서 양자화 잡음이 증가된다.

- 양자화 잡음을 경감 방법: Oversampling, 양자화 스텝 수 M을 증가, 비선형 양자화를 한다.
- 압신방식: 진폭이 적은 곳은 신장, 진폭이 큰 곳은 압축하는 방식이다.

| 정답 | ④

족집게 과외

Oversampling $\frac{S}{N_q}=6n+1.8+10\log(d)$, d는 Oversampling 계수(Double의 의미)

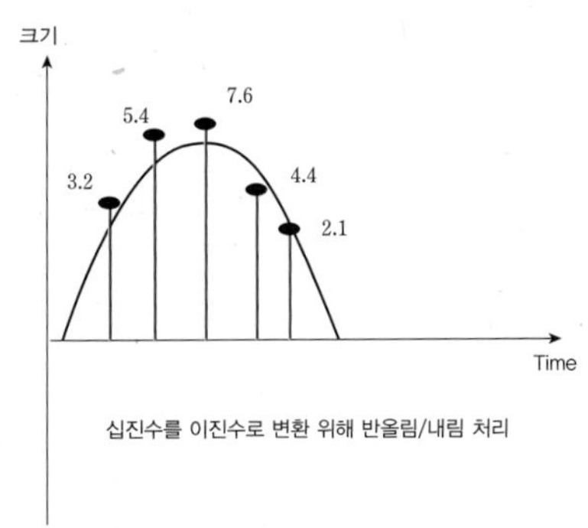

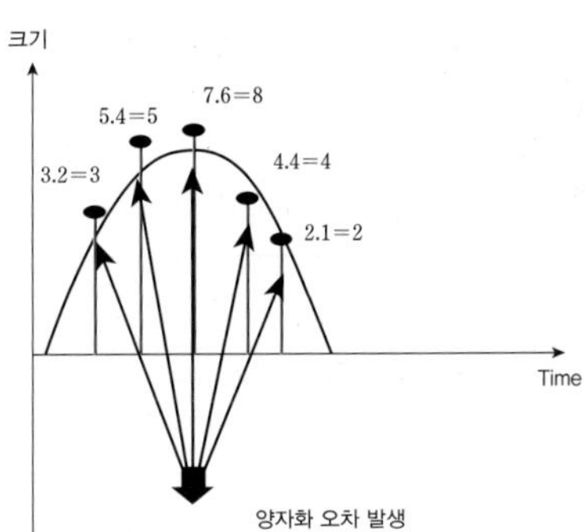

더 알아보기

양자화는 아날로그 신호처럼 연속적인 진폭값을 디지털의 유한한 수의 진폭값에 대응하는 것으로 연속적으로 변화하는 어떤 값을 불연속적인 대표값으로 나타내는 것이다.

구분	내용
양자화 잡음	양자화 과정에서 양자화된 파형과 원파형의 오차가 발생되는데 이 오차를 양자화 잡음이라 한다.
PCM 주요 잡음	Q(양자화 파형) − S(원파형)로 PCM의 주된 잡음이 된다.
Step Size	양자화 Step Size가 작을수록 양자화 잡음은 줄어 들지만 양자화하는데 필요한 스텝 수가 많아져서 부호화 비트 수가 증가하게 된다.
양자화 레벨	$M=2^n$(n: bit 수)
양자화 잡음 전력	$N=\frac{\triangle^2}{12}$(△: 양자화 스텝 폭)
양자화 잡음비	$\frac{S}{N_q}=6n+1.8$[dB](n: bit 수), 1bit 증가할 때마다 신호 대 잡음비가 6[dB] 증가하여 '6dB 법칙'이라 한다.

❶ 양자화 잡음(Quantization Noise)

㉠ 양자화는 연속 아날로그 신호 진폭을 가장 가까운 디지털 값으로 반올림하는 방법으로 디지털 신호는 제한된 수의 값만 가질 수 있는 반면 아날로그 신호는 연속적인 범위 내의 어떤 값도 가질 수 있기 때문에 잡음이 발생하는 것이다.

㉡ 아날로그 신호가 양자화될 때 디지털 신호는 원래의 아날로그 신호를 완벽하게 나타내지 않을 수 있으며 원래 아날로그 신호와 양자화된 디지털 신호 사이의 불일치를 양자화 오류 또는 양자화 잡음이라 한다.

㉢ 양자화 잡음은 아날로그 신호의 디지털 표현에서 더 많은 비트를 사용하여 줄일 수 있으며 더 많은 비트를 사용할수록 디지털 표현은 더 정교화될 것이다. 그러나 더 많은 비트를 사용하면 디지털 시스템의 저장 및 처리 요구사항도 증가한다. 따라서 디지털 표현의 정확성과 이를 처리하는 데 필요한 계산 자원 사이에 절충이 이루어져야 한다.

❷ 양자화 잡음비 개선 방법

구분	내용
Oversampling	Sampling 주파수를 Nyquist 비율 보다 높여서 양자화한다.
양자화 스텝 수 증가	양자화 스텝 수 M을 증가시킨다(스텝 사이즈를 줄인다). (스텝 수를 2배할 때마다 $\frac{S}{N}$비는 6dB 개선)
비선형 양자화	입력 신호 레벨이 작을 때는 양자화 스텝 사이즈를 작게, 입력 신호 레벨이 클 때는 양자화 스텝 사이즈를 크게 한다.
압신방식	진폭이 적은 곳은 신장, 진폭이 큰 곳은 압축을 사용함으로써 비선형 양자화와 동일한 효과를 얻을 수 있다.

❸ 양자화 방식의 종류

구분	내용
선형 양자화	입력 신호 레벨에 관계없이 동일한 스텝 사이즈로 양자화한다.
비선형 양자화	작은 신호 레벨은 작은 스텝 크기로, 큰 신호 레벨은 큰 스텝 크기로 양자화한다.
적응형 양자화	• 입력 신호의 기울기에 따라 양자화 스텝 크기를 증가 또는 감소시키는 방식이다. • ADM, ADPCM에 적용하면 $\frac{S}{N}$비가 양호해지나 시스템 구성이 복잡해진다.
Dither 장비	양자화 간격의 $\frac{1}{3}$보다 작은 백색잡음을 삽입하여 양자화 왜곡을 경감시키는 기술이다.

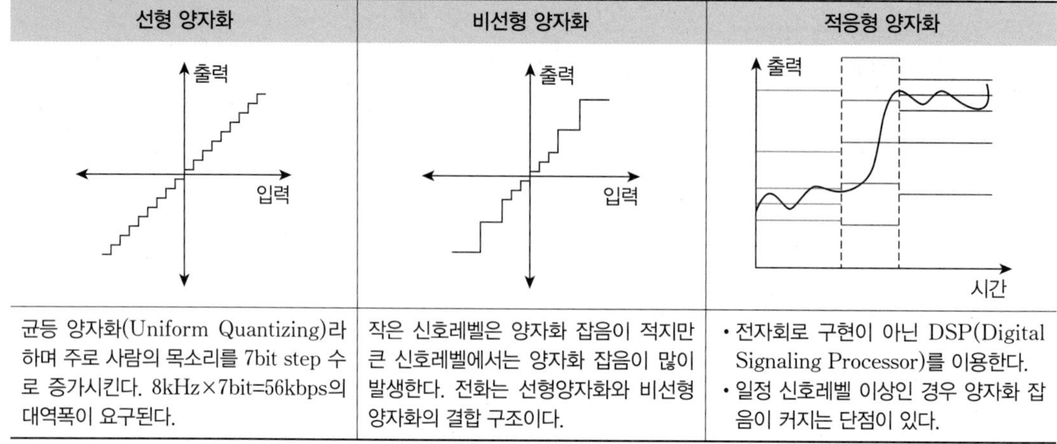

선형 양자화	비선형 양자화	적응형 양자화
균등 양자화(Uniform Quantizing)라 하며 주로 사람의 목소리를 7bit step 수로 증가시킨다. 8kHz×7bit=56kbps의 대역폭이 요구된다.	작은 신호레벨은 양자화 잡음이 적지만 큰 신호레벨에서는 양자화 잡음이 많이 발생한다. 전화는 선형양자화와 비선형 양자화의 결합 구조이다.	• 전자회로 구현이 아닌 DSP(Digital Signaling Processor)를 이용한다. • 일정 신호레벨 이상인 경우 양자화 잡음이 커지는 단점이 있다.

정답 01 ③ 02 ② 03 ③ 04 ①

01 다음 중 양자화 잡음이 생기는 변조방식은? (2011-2차)

① PSK
② FSK
③ ADPCM
④ QAM

해설

③ ADPCM(Adaptive Differential Pulse Code Modulation): 적응형 차동 PCM(DPCM) 방식으로 음성 부호화 기법에 주로 사용한다.

02 음성신호 $S(t)=3\cos 500t$를 8비트 PCM을 이용하여 양자화했을 경우 신호 대 양자화 잡음비는? (2010-1차)

① 44[dB]
② 50[dB]
③ 56[dB]
④ 64[dB]

해설

8bit PCM을 적용하므로 $\frac{S}{N_q}=6n+1.8+10\log(d)$[dB]($n$: bit 수, d: Oversampling 계수)

- $n=1$ 증가할 때마다 6dB씩 S/N 비가 개선된다.
- $n=8$이므로 $6\times 8+1.8+10\log(d)$[dB] 이어서 $49.8+10\log(d)$에서 50dB가 된다.
- d는 1, 2, 3의 값에 가까우면 0에 근접으로 처리한다. 즉, d는 Oversampling 계수이며 Double의 의미로 이해하여 10 이하이면 1에 가까운 값이 된다(즉, 경사과부하 잡음이 없다).

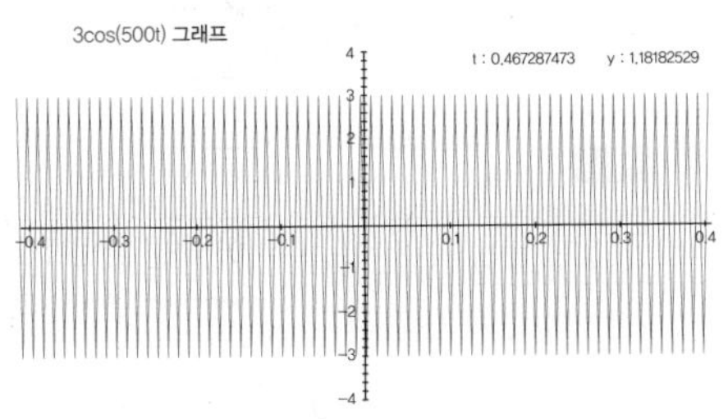

03 PCM 방식에서 선형 양자화 시 비트를 증가시키면 신호 대 잡음비(S/N)가 개선된다. 1비트 증가 시 약 몇 [dB] 개선되는가? (2010-1차)

① 2[dB]
② 3[dB]
③ 6[dB]
④ 9[dB]

해설

$S/N=6n+1.8+10\log(d)$[dB](n: bit 수, d: Oversampling 계수), $n=1$ 증가할 때마다 6dB씩 S/N 비가 개선되어 6dB 법칙이라고도 한다.

04 전송용량이 64[kbps]인 디지털 전송로에 음성을 256개 레벨로 양자화하여 전송할 때 허용 가능한 최고 주파수는? (2010-1차)

① 4[kHz]
② 8[kHz]
③ 64[kHz]
④ 128[kHz]

해설

다중 레벨의 신호방식에서 Nyquist 공식은 $C=2B\log_2 M$[bps]이다. 여기서 M은 신호 레벨 종류의 개수를 나타낸다.

전송용량=표본화 주파수 × 양자화 시 사용 비트 수 $=2f_m\times n=2f_m\times\log_2 M$

$$f_m=\frac{\text{전송용량}}{2\log_2 M}=\frac{64kbps}{2\log_2 256}=4\times 10^3=4[\text{kHz}]$$

05 다음 중 PCM 양자화 계단의 크기를 S라 할 때, 양자화 잡음전력은? (2011-2차)

① $S^2/12$
② $S^2/2$
③ $S^2/\sqrt{2}$
④ $S^2/\sqrt{12}$

해설

• 정현파의 실효값 $V=\frac{V_m}{\sqrt{2}}$, 실효전력은 $\left(\frac{V}{\sqrt{2}}\right)^2$이므로 $\left(\frac{\frac{V_m}{\sqrt{2}}}{\sqrt{2}}\right)^2=\frac{V^2}{8}$

• 삼각파의 실효값 $V=\frac{V_m}{\sqrt{3}}$, 실효전력은 $\left(\frac{\frac{\Delta}{2}}{\sqrt{3}}\right)^2$이므로 $\frac{\Delta^2}{12}$

• 신호 대 잡음비는 $\frac{S}{N_q}=\frac{\frac{V^2}{8}}{\frac{\Delta^2}{12}}=\frac{3}{2}\left(\frac{V}{\Delta}\right)^2=\frac{3}{2}(2^n)^2$
$=6n+1.8+10\log(d)[dB]$

즉, 양자화 bit 수가 1bit 증가 시마다 $\frac{S}{N_q}$는 6dB씩 증가하므로 6dB 법칙이라 한다. 이 문제에서 양자화 계단의 크기를 S라 하므로 양자화 잡음의 평균 전력은 $\frac{S^2}{12}$이 된다.

06 양자화 과정에서 압축과 신장을 행하는 목적으로 적합하지 않은 것은? (2011-1차)

① 선형 양자화를 하면서도 비선형 양자화의 효과를 얻기 위해서
② 양자화 계단의 크기가 시간에 따라 변화되도록 하기 위해서
③ 양자화 시 사용하는 비트 수를 증가시키지 않으면서도 신호대 양자화 잡음비를 향상시키기 위해서
④ 작은 PAM 신호 및 큰 PAM 신호 모두에 대해 일정한 신호대 양자화 잡음비를 얻기 위해서

해설

압축과 신장(Compression/Expanding)

양자화 계단 폭을 줄이지 않으면서 $\frac{S}{N}$을 향상시키는 방법으로 압축은 양자화 이전에 낮은 입력 신호는 크게 하고, 큰 입력 신호는 작게 하며 신장은 수신신호가 큰 신호는 작게, 작은 신호는 크게 하여 원래의 신호 레벨을 회복하는 것이다. 즉, 주로 압축은 송신측, 신장은 수신측에서 이루어진다. 이를 통해 선형 양자화를 하면서 $\frac{S}{N_q}$의 비가 향상되어 비선형 양자화의 효과를 얻을 수 있는 것이다.

07 양자화 잡음은 다음 중 어느 방식에서 주로 발생하는가? (2012-1차)(2018-3차)

① PDM ② PPM
③ PCM ④ PWM

해설

양자화 잡음(Quantization Noise, Quantization Error)
양자화할 때 아날로그 신호의 진폭값과 근사값 사이의 오차가 발생하고 복호화 시에 잡음이나 왜곡과 같은 효과를 주어 양자화 잡음이라 하며 품질 저하의 주요 요인이 된다. PCM에서 개선하기 위해 DPCM, DM, ADM, ADPCM 등을 사용하지만 양자화 잡음은 지속 발생할 수 있다.

08 다음 중 양자화 스텝 수가 6비트이면 양자화 계단 수(M)는 얼마인가? (2012-1차)(2012-3차)(2014-3차)

① 16 ② 64
③ 32 ④ 8

해설

전송용량 = 표본화 주파수×양자화 시 사용 비트 수 $=2f_m\times n=2f_m\times\log_2 M$
n은 양자화 시 사용한 비트 수이다.
$n=\log_2 M$이므로 $M=2^n$이다. $M=2^6=64$

정답 09 ④ 10 ① 11 ② 12 ④

09 다음 중 양자화 간격에 따른 분류에 해당하지 않는 것은? (2012-3차)(2018-3차)

① 선형양자화
② 비선형양자화
③ 적응양자화
④ 복합양자화

해설

구분	내용
선형 양자화	입력 신호 레벨에 관계없이 동일한 스텝 사이즈로 양자화한다.
비선형 양자화	작은 신호 레벨은 작은 스텝 크기로, 큰 신호 레벨은 큰 스텝 크기로 양자화한다.
적응형 양자화	• 입력 신호의 기울기에 따라 양자화 스텝 크기를 증가 또는 감소시키는 방식이다. • ADM, ADPCM에 적용하면 $\frac{S}{N}$비가 양호해지나 시스템 구성이 복잡해진다.

10 다음 중 양자화(Quantizing)에 대한 설명으로 알맞은 것은? (2016-3차)

① PAM 신호를 0과 1의 이산적인 값으로 바꾸는 과정
② 연속적인 신호파형을 일정시간 간격으로 검출하는 단계
③ PAM 신호로부터 원신호를 얻는 과정
④ 수신된 디지털 신호를 PAM 신호로 되돌리는 단계

해설

양자화(Quantization)란 아날로그의 양, 즉 단절 없이 연속된 변화량을 일정한 폭 Δ로 불연속적으로 변화하는 유한개의 레벨로 구분하고, 각 레벨에 대하여 각각 일정한 값을 부여하는 것이다.

11 다음 중 PCM 통신에서 양자화 잡음의 설명으로 적합하지 않은 것은? (2017-1차)(2021-3차)

① 진폭 값을 디지털 신호로 변환시키는 과정에서 생기는 잡음이다.
② 진폭 값이 양자화 기준값을 초과하게 된 경우 생기는 잡음이다.
③ 양자화 잡음의 크기는 양자화 잡음의 평균 전력으로 표현한다.
④ 입력 진폭이 작을 때 신호 대 양자화 잡음비가 크게 나빠진다.

해설

양자화 잡음(Quantization Noise, Quantization Error)
양자화 시 아날로그 신호의 진폭값과 근사값 사이의 오차가 발생하고 복호화 시에 잡음이나 왜곡과 같은 효과를 주어 양자화 잡음이라 하며 품질 저하의 요인이 된다.

12 PCM에서 양자화 잡음을 경감시키는 방법과 거리가 먼 것은? (2010-3차)

① 양자화 스텝 수 증가
② 압축과 신장
③ 비직선 양자화
④ 부호 비트 수의 감소

해설

양자화 스텝 수 M을 증가시키면(부호 비트 간의 간격이 줄어들어서) 양자화 스텝 사이즈가 줄어들어서 부호 비트 수가 증가하는 것이다.

13 다음 중 아날로그 신호를 디지털 신호로 변환할 때 양자화 잡음의 경감 대책이 아닌 것은? (2018-1차)(2020-3차)

① 압신기를 사용한다.
② 양자화 스텝 수를 감소시킨다.
③ 양자화 비트 수를 증가시킨다.
④ 비선형화 한다.

해설
양자화 스텝수와 양자화수는 다르다. 양자화 스텝수가 증가하면 양자화 잡음이 개선되나 양자화 스텝을 크게 하면 사이가 많이 벌어져서 양자화 잡음이 증가할 수 있다.

양자화 잡음 개선방법
- Oversampling
- 양자화 스텝 수 증가
- 비선형 양자화
- 압신방식

14 양자화 잡음비(S/N)의 개선 방법으로 틀린 것은? (2021-1차)(2022-1차)

① 양자화 스텝을 크게 한다.
② 비선형 양자화 방법을 사용한다.
③ 선형양자화와 압신방식을 같이 사용한다.
④ 양자화 스텝 수가 2배로 증가할 때마다 6[dB]씩 개선된다.

해설
양자화 스텝 수와 양자화 수는 다르다. 양자화 스텝 수가 증가하면 양자화 잡음이 개선되나 양자화 스텝을 크게 하면 사이가 많이 벌어져서 양자화 잡음이 증가할 수 있다.

15 엘리어싱(Aliasing)에 대한 설명으로 적합하지 않은 것은? (2010-2차)

① Spectrum Folding이라고도 한다.
② 엘리어싱이 발생하면 원래의 신호를 정확히 재생할 수 없다.
③ 나이퀴스트 표본화 주파수보다 높은 주파수로 표본화하면 엘리어싱 효과를 줄일 수 있다.
④ 표본화 전에 고역필터를 사용하면 엘리어싱 효과를 줄일 수 있다.

해설
샤논(Claude Shannon)은 나이키스트의 이론을 확장하여 Sampling Rate가 Nyquist Sampling Rate 이상 ($f_s \geq 2f_m$)일 때 엘리어싱(Aliasing)이 생기지 않는다는 것을 정리하였다. 표본화 전에 저역필터(LPF)를 사용하면 엘리어싱 효과를 줄일 수 있다.

16 다음 중 데이터의 신호처리 과정에서 나타나는 엘리어싱(Aliasing) 현상에 대한 설명으로 틀린 것은? (2023-2차)

① 표본화율이 나이키스트 표본화율보다 낮으면 발생한다.
② 엘리어싱이 발생하면 원래의 신호를 정확히 재생하기 어렵다.
③ 표본화 선에 HPF(High Pass Filter)를 사용하여 엘리어싱을 방지할 수 있다.
④ 주파수스펙트럼 분포에서 서로 이용하는 부분이 겹쳐서 발생한다.

해설

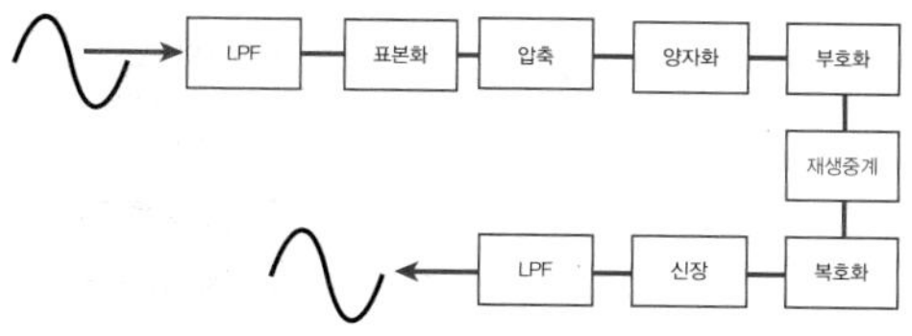

샤논(Claude Shannon)은 나이키스트의 이론을 확장하여 Sampling Rate가 Nyquist Sampling Rate 이상 ($f_s \geq 2f_m$)일 때 엘리어싱(Aliasing)이 생기지 않는다는 것을 정리하였다. 표본화 전에 저역필터(LPF)를 사용하면 엘리어싱 효과를 줄일 수 있다.

기출유형 05 ▸ DPCM(Differential PCM), ADM(Adaptive Delta Modulation)

다음 중 양자화 방식 중 스텝 간격에 따른 분류가 아닌 것은? (2010-3차)(2013-3차)(2020-3차)

① 선형 양자화

② 비선형 양자화

③ 적응형 양자화

④ 비예측 양자화

해설

양자화는 크게 선형, 비선형, 적응형 양자화 방식이 있으며 비예측 양자화 방식은 없다.

구분		내용
선형 양자화		양자화 Step 크기가 일정함
비선형 양자화		작은 신호 양자화 계단은 작게 큰 신호 양자화 계단은 크게 양자화함
적응형 양자화	순간 적응방식	매 표본 순간마다 예측 계수 변경
	블록 적응방식	일정시간 주기로(10~40ms) 예측 계수 변경

| 정답 | ④

족집게 과외

1Time Slot = 64Kbps, 8,000Hz × 8bit = 64Kbps

32ch × 64Kbps = 2.048Mbps

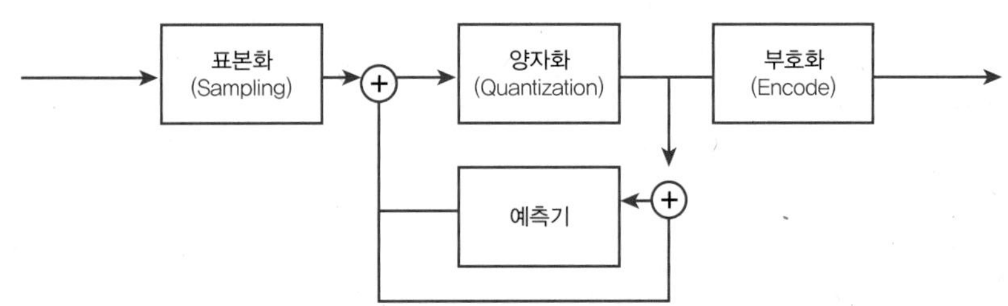

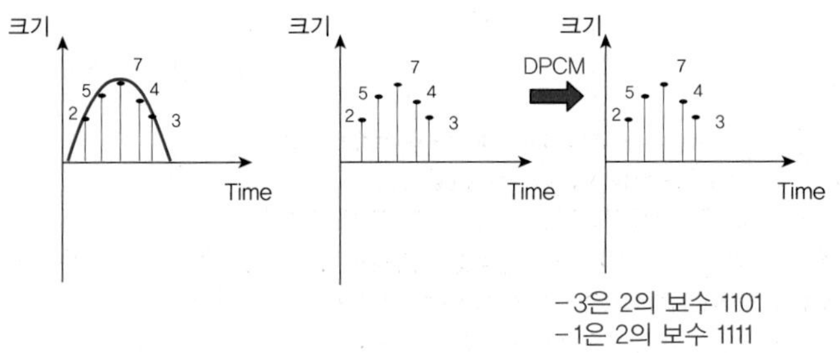

표본화	양자화	예측기	부호화
2	+2	0(초기)	0010
5	+3	+2	0011
7	+2	+5	0010
4	−3	+2	1101
3	−1	+1	1111

더 알아보기

DPCM(Differential PCM)은 PCM(Pulse Code Modulation)과는 다르게 절대적인 값으로부터 부호화하는 것이 아니라 이전 데이터와의 차이만을 부호화하는 방식으로 고효율 PCM이라 한다. 즉, DPCM은 예측한 표본값과 실제 표본값의 차이 신호를 부호화함으로써 정보량을 감소시키는 방식으로 PCM보다 정보량이 줄어들어 빠른 처리가 가능하다.
위 그림에 보면 예측기의 값이 이전 표본화 값의 차이로 부호화하는 방식이다.

- 표본화 2를 양자화 +2로 초기 예측값 0으로 부호화는 2를 기준으로 0010을 전송한다.
- 표본화 5는 이전 2와의 차이로 +3만 필요하고 0011이 부호화 한다.
- 표본화 7은 이전 5와의 차이로 +2만 필요하여 0010이 부호화 한다.
- 표본화 4는 이전 7과의 차이가 −3이므로 3은(0011), 1의 보수 (1100), 2의 보수(1101)가 된다.
- 표본화 3는 이전 4와의 차이가 −1이므로 1은(0001), 1의 보수 (1110), 2의 보수(1111)가 부호화된다.

❶ PCM에서 발전

PCM에서 DPCM, DM, ADPCM, ADM 등으로 발전하여 이를 고효율 PCM이라 한다. bps$=f_s{}^*n$, n을 낮춤으로 전송 용량을 내릴 수 있다. Sample 당 비트 수는 PCM(8bits), DPCM(4bits)에서 ADPCM으로 발전하고 DM(1bit)에서 ADM으로 개선되었다.

㉠ DPCM(Differential PCM), 차분 PCM

차분 PCM은 표본값들 간에 Redundancy가 존재한다는 성질을 이용하는 것으로 이전 신호로부터 다음 신호를 예측하여 PCM 성능을 개선하는 방법으로 각 표본값 들에 대해 독립적인 양자화를 하는 것이 아니라 수 개의 이전 표본값으로부터 다음의 표본값을 추정하며 이를 통해 추정된 추정값과 실제 표본값의 차이를 양자화하는 것이다.

㉡ DM(Delta Modulation)

차분 신호가 단지 1비트로 부호화되는 가장 간단한 형태의 DPCM으로 이전 표본값을 뺀 차분신호가 (+, Plus)이면 1로, (−, Minus)이면 0으로 부호화한다. DM은 많은 정보량을 압축할 수 있어서 회로가 간단해지는 장점이 있다. 그러나 입력신호의 기울기가 큰 경우 경사과부하잡음(Slop Overhead Noise)이 발생하고, 기울기가 너무 작거나 완만한 경우 입상 잡음(Granular Noise)이 발생할 수 있다.

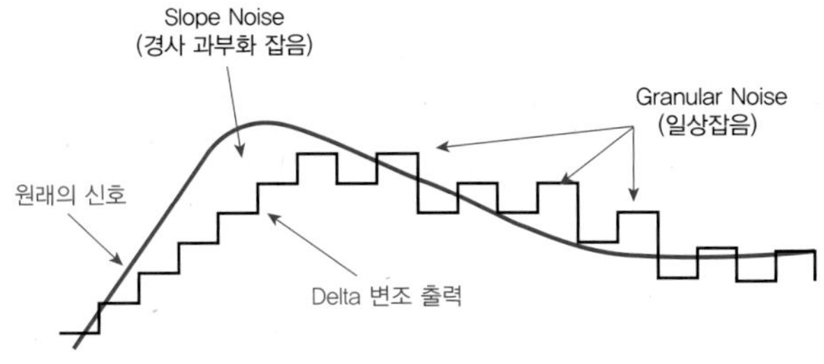

잡음 종류	잡음 내용	대응방안
Granular Noise (입상잡음)	양자화 잡음이 완만하게 증가	양자화 Step을 작게 해서 양자화 잡음을 줄인다.
Slope Overload Noise (경사 과부하 잡음)	양자와 잡음이 크게 증가	양자화 Step을 크게 해서 양자화 잡음을 줄인다.

DM에서 경사 과부하 잡음(Slop−overload Distortion)과 입상잡음(Granular Noise)을 해결하기 위해 ADM 변조 방식이 사용되며 이를 통해 ADM은 DM보다 SNR이 더욱 우수하다고 할 수 있다.

ⓒ ADM(Adaptive Delta Modulation)

디지털 통신 채널을 통해 아날로그 신호를 전송하는 데 사용되는 펄스 코드 변조(PCM)의 한 유형이다. ADM에서는 아날로그 신호가 샘플링 및 양자화되고, 실제 샘플 대신 연속적인 양자화된 샘플 간의 차이가 전송된다.

ADM의 주요 특징은 양자화 크기가 신호의 크기에 따라 조정된다는 것이다. 이는 양자화된 차이 신호를 원래 아날로그 신호와 비교하고 오류를 기반으로 스텝 크기를 조정하여 처리한다. 오차가 크면 스텝 크기가 커지고, 오차가 작으면 스텝 크기가 작아지며 이를 통해 신호에 고주파 성분이 있는 경우 전송된 신호의 신호 대 잡음비(SNR)를 개선하는 데 도움이 된다.

ADM의 장점은 다른 형태의 PCM과 비교했을 때 단순하다는 것이다. ADM은 양자화된 차이 신호를 전송하기 위해 샘플당 1비트만 필요하므로 다른 형태의 PCM보다 대역폭을 더 효율적으로 사용할 수 있다. 그러나 ADM은 노이즈에 민감하며 스텝 크기가 올바르게 조정되지 않으면 왜곡이 발생할 수 있다. 결과적으로, ADM은 신호 대 잡음비가 중요하지 않은 저대역폭 통신 시스템에서 적합할 것이다. 요약하면, ADM(Adaptive DM)은 DM의 양자화기를 선형이 아닌 적응형 양자화기를 사용하는 것으로 DM의 경사 과부하 잡음과 입상잡음을 개선한 것이다.

ⓓ ADPCM(Adaptive Differential Pulse Code Modulation)

적응형 차분 펄스 부호 변조는 DPCM을 개선하기 위해 적응 예측방식과 적응형 양자화 방식을 사용한 것이다.

❷ DPCM에서 ADPCM으로 발전

ⓐ 차분 펄스 부호 변조(DPCM)는 아날로그 신호의 디지털 인코딩에 사용되는 펄스 부호 변조(PCM) 기술의 한 종류이다. 전통적인 PCM에서 아날로그 신호는 먼저 샘플링되고 양자화된 후 이진수로 인코딩된다. DPCM에서 인코딩 프로세스는 연속적인 샘플 간의 상관관계를 활용한다.

ⓑ DPCM에서는 현재 샘플과 이전 샘플의 차이를 계산해서 양자화 및 인코딩되는 것으로 델타(Delta)로 알려진 차이는 일반적으로 원래 샘플보다 작기 때문에 인코딩에 필요한 비트 수가 줄어들게 되며 수신기 끝에서 델타가 이전 샘플에 추가되어 현재 샘플을 재구성한다.

ⓒ DPCM 기술은 오디오 신호 또는 비디오 신호와 같이 인접한 샘플 간의 상관도가 높은 신호를 인코딩하는 데 유용하여 DPCM을 사용하면 신호 품질의 허용 가능한 수준을 유지하면서 인코딩에 필요한 비트 수를 줄일 수 있다.

ⓓ DPCM의 변형은 ADPCM(Adaptive Differential Pulse Code Modulation)이라고 하며, 이는 신호의 특성에 따라 스텝 크기를 변경하는 적응형 양자화기를 사용하여 높은 신호 품질을 유지하면서 인코딩에 필요한 비트 수를 더욱 줄이는 데 도움이 된다.

❸ 비교

구분	PCM	DPCM	ADPCM	DM	ADM
표본화 주파수	8kHz	8kHz	8kHz	16kHz	16kHz
표본당 비트 수	8bit	4bit	4bit	1bit	1bit
전송속도	64kbps	32kbps	32kbps	16kbps	16kbps
양자화 단계	256(2^8)	16(2^4)	16(2^4)	2(2^1)	2(2^1)
System 구성	보통	복잡	매우 복잡	매우 간단	간단
잡음	양자화	양자화	–	과부하/입상잡음	–

정답 01 ③ 02 ③ 03 ① 04 ①

01 다음 설명 중 틀린 것은?

(2012-1차)(2018-3차)(2021-1차)

① ADM은 양자화기의 스텝 크기를 입력신호에 따라 적응시키는 방법이다.
② PCM은 연속적인 아날로그 신호를 일정한 간격으로 샘플링 하는 방법이다.
③ DM은 예측값과 측정값의 차이를 양자화하는 변조 방법이다.
④ DPCM은 진폭값과 예측값과의 차이만을 양자화하는 방법이다.

해설

③ DM은 예측값과 측정값의 차이를 양자화하는 변조 방법이다. → DPCM에 대한 설명이다.

델타 변조
아날로그 신호를 디지털로 변환하는 데 사용되는 아날로그-디지털 변조 기술로서 델타 또는 단계 크기로 알려진 입력 신호의 연속 샘플 간의 차이가 양자화되고 인코딩 된다. 델타 변조는 샘플값을 직접 양자화하는 대신 이전 샘플과 비교하여 샘플 값의 변화를 양자화하여 전송하거나 저장하므로 정보의 양이 줄어든다.
델타 변조의 단순성은 낮은 복잡성 구현 대비 양자화 오류로 인해 ADM(Adaptive Delta Modulation)이 나오게 되었으며 ADM은 입력신호의 특성에 따라 단계 크기를 동적으로 조정하여 입력신호 추적의 정확성을 높이고 양자화 오류를 줄인 것이다.
정리하면 DM은 차분신호가 단지 1비트로 부호화하는 가장 간단한 형태의 DPCM으로 이전 표본값과의 차이가 (+, Plus)이면 1 , (−, Minus)이면 0으로 부호화하는 것이다.

02 다음 중 DPCM 송신기의 구성요소가 아닌 것은?

(2019-2차)

① 양자화기
② 예측기
③ 복호기
④ 부호화기

해설

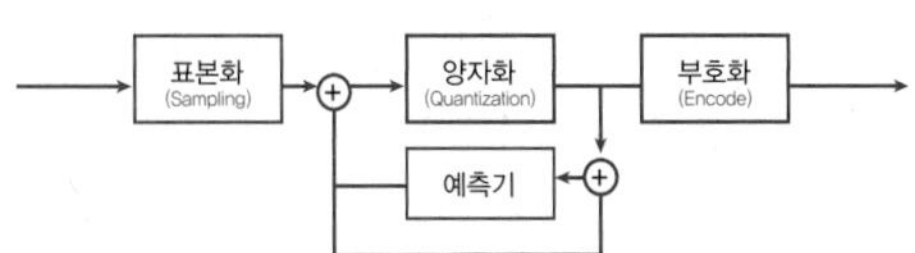

이전 신호로부터 다음 신호를 예측하여 PCM 성능을 개선하는 것이 DPCM이다. 각 표본값 들에 대해 독립적인 양자화를 하는 것이 아니라 이전 표본값으로부터 다음의 표본값을 추정한다. 이를 통해 추정된 추정값과 실제 표본값의 차이를 양자화한다.

03 다음 중 불연속 레벨 변조에 해당되는 것은?

(2011-1차)

① PCM
② AM
③ PM
④ FM

해설

PCM은 연속적인 Analog 신호를 디지털 변환을 위해 사용하는 방식이다.

04 다음 변조방식 중 예측기를 사용하지 않는 것은?

(2011-1차)

① PCM
② DM
③ DPCM
④ ADPCM

해설

PCM을 효과적으로 사용하기 위해 DPCM, DM, ADPCM, ADM으로 개선되었다.

05 화상회의의 오디오 압축방식으로 300~3,400[Hz]의 대역폭을 가진 채널 상에서 16, 24, 32, 40[kbps] ADPCM을 지원하는 표준은? (2020-3차)

① G.721
② G.722
③ G.724
④ G.726

해설

ADPCM(Adaptive Differential Pulse Code Modulation): 적응 차분 펄스 부호 변조

DPCM을 개선하기 위해 적응 예측방식과 적응형 양자화 방식을 적용한다.

- G.721: 32kbit/s Adaptive Differential Pulse Code Modulation(ADPCM)
- G.722: 48,56, 64kbit/s에서 작동하는 ITU-T 표준 7kHz 광대역 오디오 코덱이다.
- G.724: Characteristics of a 48-channel Low Bit Rate Encoding Primary Multiplex Operating at 1544kbit/s
- G.726: 64kbps PCM을 16, 24, 32, 40kbit/s로 가변해서 압축하는 ITU-T ADPCM이다.

06 다음 중 PWM의 특징과 거리가 먼 것은? (2021-2차)

① PAM보다 S/N 비가 크다.
② PPM보다 전력부하의 변동이 크다.
③ LPF를 이용하여 간단히 복조할 수 있다.
④ 진폭 제한기를 사용하여도 페이딩을 제거할 수는 없다.

해설

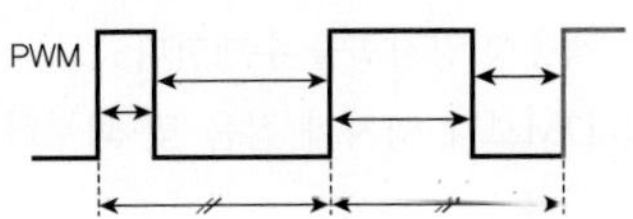

주기는 일정하고, ON/OFF 시간비 변동

- PWM(Pulse Width Modulation)은 고속 스위칭 제어 방식으로 스위치와 On/Off를 반복해 출력되는 전력을 제어하는 방식으로 일정한 전압 입력에서 펄스를 On 하거나 일정한 주기 폭(Duty Ratio)을 변화시키는 제어 방식이다. 빠른 주기로 스위칭하기 때문에 Duty 비에 비례해서 임의의 전압을 만들 수 있게 된다.
- PWM 변조는 펄스의 상승과 하강을 제어해서 S/N의 비를 개선하며 진폭 제한기의 사용으로 수신 신호의 레벨 변동인 페이딩을 제거할 수 있다.
- PFM(펄스 주파수 변조)은 펄스의 ON(또는 OFF) 시간을 일정하게 하고 OFF(또는 ON) 시간을 변화시킴으로서 제어한다.

07 다음 중 정보신호에 따라 펄스 반송파의 폭을 변화시키는 펄스변조방식은? (2017-3차)

① PDM
② PAM
③ PPM
④ PCM

해설

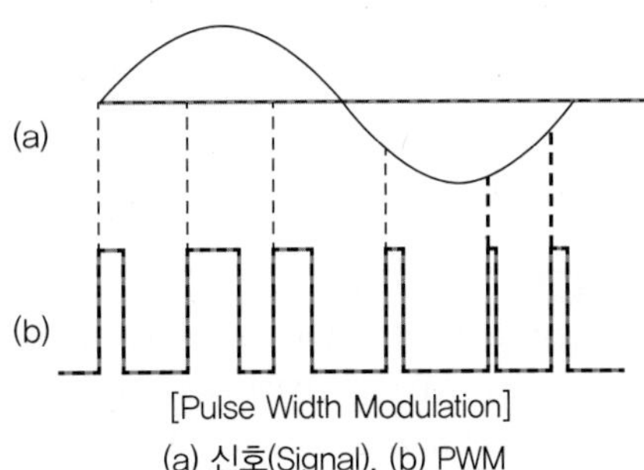

[Pulse Width Modulation]
(a) 신호(Signal), (b) PWM

PDM(pulse-duration Modulation) 펄스폭변조제어는 임의의 정해진 출력 파형을 유도해내기 위하여 각 기본 주기에서 펄스폭이나 주파수, 또는 그 두 가지 모두를 변조시키는 펄스 제어 방식이다.

08 ADM에 대한 설명으로 틀린 것은? (2010-2차)

① 적응형 양자화를 수행한다.
② DM보다 양자화 잡음 및 과부하 잡음이 경감된다.
③ 1비트 양자화를 수행한다.
④ 양자화 계단의 크기가 고정되어 있다.

해설

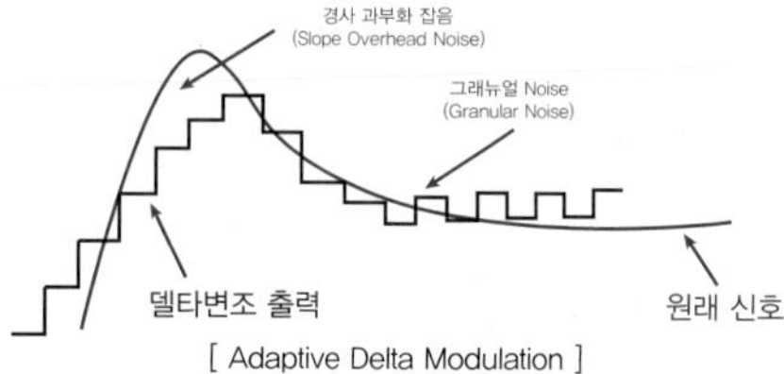

[Adaptive Delta Modulation]

ADM은 양자화 계단의 크기가 Adaptive(적응형)하게 변경되는 것으로 DM(Delta Modulation)과 달리 상황에 따라 양자화 Step을 변화시키는 방식으로 ADM도 DM과 같이 1bit를 사용하여 양자화하지만 양자화 잡음이 완만하게 증가하면(Granular Noise) 양자화 Step의 크기를 줄여 양자화 잡음을 줄인다. 또한 양자와 잡음이 크게 증가하면 양자화 Step을 크게 하여 경사 과부하 잡음(Slope Overload Noise)을 줄일 수 있다.

09 다음 중 ADM에 대한 설명으로 틀린 것은? (2010-3차)

① 적응형 양자화기를 사용한다.
② DM은 1비트 양자화를, ADM은 2비트 양자화를 수행한다.
③ DM보다 경사 과부하 잡음을 감소시킨다.
④ 입력신호 레벨의 기울기 감소 시 스텝 크기를 작게 한다.

해설

ADM은 양자화 계단의 크기가 Adaptive(적응형)하게 변경된다. ADM은 DM과 달리 상황에 따라 양자화 Step을 변화시키는 방식이다. ADM도 DM과 같이 1bit를 사용하여 양자화하지만 양자화 잡음이 완만하게 증가하면(Granular Noise) 양자화 Step의 크기를 줄여 양자화 잡음을 줄인다. 또한 양자와 잡음이 크게 증가하면 양자화 Step을 크게 하여 경사 과부하 잡음(Slope Overload Noise)을 줄일 수 있다. 이를 통해 ADM은 DM보다 SNR이 더욱 우수하다 할 수 있다.

10 다음 중 델타변조 DM(Delta Modulation)의 특징을 알맞지 않은 것은? (2017-2차)

① 신뢰성이 높으며 표본화 주파수는 PCM의 2~4배이다.
② 표본화 주파수를 2배 증가시키면 S/Nq이 6[dB] 개선된다.
③ 업다운 카운터(Up-Down Counter)가 필요하다.
④ 전송 중의 에러에도 강하다.

해설

DM(Delta Modulation)
순시 진폭값과 예측값과의 차이를 1bit 부호화로 처리하여 정보 전송량을 크게 줄여주는 방식으로 차분 신호 Δt가 단지 1비트로 부호화되는 가장 간단한 DPCM이다.

Oversampling 효과: 양자화 잡음 경감
표본화된 PAM 신호의 간격이 넓어 완만한 차단 특성을 갖는 필터 사용이 가능해지므로 필터 구현이 용이하다. 2배의 주파수로 Oversampling하면 양자화 잡음의 스펙트럼이 2배로 넓게 퍼져서 양자화 신호 대 잡음비가 3dB 개선되고 4배의 주파수로 Oversampling하면 양자화 잡음의 스펙트럼이 4배로 넓게 퍼져서 양자화 신호 대 잡음비가 6dB 개선된다.

(2배 예) $10\log=\frac{20}{10}=3[dB]$,

(4배 예) $10\log=\frac{40}{10}=6[dB]$,

$\frac{S}{N_q}=6n+1.8+1010\log(d)[dB]$

(n: bit 수, d: oversampling 계수)

DM(Delta Modulation)은 업다운 카운터(Up-Down Counter)가 필요하고 전송 중의 에러에도 강하다.

기출유형 06 ▶ ALOHA, Polling/Selecting

다음 중 데이터 버스트(Burst)를 송신하고자 할 때 사전에 시간대역의 사용을 요구하여, 지정된 시간대역으로 버스트를 송신하는 방식은? (2012-2차)(2012-3차)(2015-2차)(2022-2차)

① A-ALOHA ② P-ALOHA

③ S-ALOHA ④ R-ALOHA

해설

Pure ALOHA 방식은 시간이 연속적이지만 Slotted ALOHA의 시간은 이산적이다. S-ALOHA는 데이터 버스트(Burst)를 송신하고자 할 때 사용자는 데이터 프레임을 전송하기 위해 다음 타임 슬롯이 시작될 때까지 기다리는 방식이다.

| 정답 | ③

족집게 과외

통신 방식	Polling	단말기 → 주컴퓨터로 정보를 전송할 때 쓰인다. 즉, 주(Main) 컴퓨터에서 단말기로부터 데이터를 전송받을 때 사용된다.
	Selecting	주(Main) 컴퓨터 → 단말기로 데이터를 전달할 때 사용한다. 즉, 주 컴퓨터가 특정 단말을 선택하여 데이터를 전송할 경우 사용한다.
ALOHA	Pure-ALOHA	각 Station 간 동기(Synchronization)를 하지 않고 전송 전 통신 Channel을 Listen하지 않는 방식이다.
	S-ALOHA	Slotted ALOHA는 Pure ALOHA보다 향상된 성능을 가지는데, 이는 충돌량이 감소했기 때문이다.
	Reservation-ALOHA	Slotted ALOHA를 개선 시킨 것으로 주요 특징은 예약으로 한번 전송에 성공하면 Frame 단위로 보았을 때 그 위치를 계속 쓸 수 있게 하여 Collision을 감소시킨다.

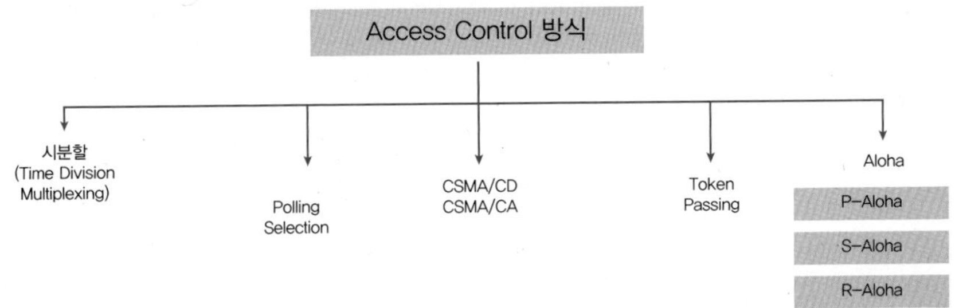

더 알아보기

Pure ALOHA와 Slotted ALOHA는 모두 데이터 액세스 계층의 하위 계층인 MAC(Medium Access Control) 계층에서 구현되는 임의 액세스 프로토콜이다. 알로하 프로토콜의 목적은 경쟁 스테이션이 다음에 MAC 계층에서 멀티 액세스 채널에 액세스를 해야 하는지 결정하는 것이다. Pure ALOHA와 Slotted ALOHA의 주요 차이점은 Pure ALOHA의 시간은 연속적이지만 Slotted ALOHA의 시간은 이산적이라는 것이다.

❶ ALOHA란?

㉠ ALOHA Protocol은 1970년대 하와이 대학교에서 여러 대의 컴퓨터가 간섭 없이 단일 채널을 공유할 수 있는 방법으로 개발된 컴퓨터 네트워킹 프로토콜이다. 알로하 프로토콜은 네트워크에서 자원을 공유하는 최초의 방법 중 하나이며 이더넷 프로토콜의 선구자로 간주 된다.

㉡ ALOHA 프로토콜은 각 컴퓨터가 전송할 데이터가 있을 때마다 데이터 패킷을 전송할 수 있게 함으로써 작동한다. 두 대 이상의 컴퓨터가 동시에 데이터를 전송하려고 하면 충돌이 발생하고 데이터 패킷이 손실된다. 충돌이 발생하면 컴퓨터는 전송을 중지하고 임의의 시간 동안 기다렸다가 다시 전송을 시도한다.

㉢ ALOHA는 Random Access 방법인 경쟁(Contention) 방식으로 데이터를 보내는 것으로 접속이 되고 나면 송신 요구를 먼저 한 쪽에서 송신권을 가지며 정보 전송이 종료되기 전까지는 종결이 이루어지지 않는다. 결국 우선 접속한 곳에서 필요한 만큼 쓰고 데이터 송신이 없는 경우 다른 장비에게 송신 권한을 넘기는 방식이다.

❷ ALOHA 종류

ALOHA 프로토콜에는 순수(Pure) ALOHA와 슬롯(Slotted) ALOHA의 두 가지 방식이 있다. 순수한 ALOHA에서 컴퓨터는 언제든지 데이터를 전송할 수 있으며, 이는 높은 충돌률로 이어질 수 있다. 슬롯형 ALOHA에서 컴퓨터는 데이터를 전송하기 전에 시간 슬롯이 시작될 때까지 기다려야 하므로 충돌 가능성이 줄어든다. 알로하 프로토콜은 위성 통신과 무선 네트워크를 포함한 다양한 응용 분야에서 사용되어왔으나 더 이상 널리 사용되지 않고 그 개념과 원칙은 유지하면서 현대 네트워킹 프로토콜의 발전에 영향을 미치고 있다.

구분	내용
Pure ALOHA	전송할 데이터가 있을 때마다 모든 스테이션이 데이터를 전송할 수 있게 한다. 그러나 모든 스테이션이 채널이 비어 있는지 여부를 확인하지 않고 데이터를 전송하므로 언제든지 데이터 프레임의 충돌 가능성이 있다. 즉, 패킷이 준비되면 Broadcast 되며, 만약 충돌이 일어나면 일정 시간 기다린 후에 재전송된다.
Slotted ALOHA	채널을 시간대별로 나누어서 충돌 위험을 줄이는 것으로, 각 사용자는 시간대의 시작에서만 전송이 가능하다. Slotted ALOHA는 Pure ALOHA의 용량을 향상시킬 수 있게 시간을 시간 슬롯이라고 불리는 이산 간격으로 나눌 것을 제안했다. Slotted ALOHA는 데이터가 있을 때마다 전송할 수 없으며 다음 시간 슬롯이 시작될 때까지 스테이션을 대기 상태로 만들고 각 데이터 프레임이 새로운 시간 슬롯에서 전송되도록 한다.
Reservation ALOHA	Slotted ALOHA를 또다시 개선 시킨 것으로 Delay를 크게 줄이고, Utilization level을 높여서, Slotted ALOHA가 20~36%의 Utilization을 보이는 데 반해서 80%의 Utilization을 낼 수 있다. Reservation ALOHA의 가장 큰 변화는 예약이다. 한번 전송에 성공하면 Frame 단위로 보았을 때 그 위치를 계속 쓸 수 있게 되는 것이다. 이렇게 함으로써 Collision 횟수도 많이 감소 된다. 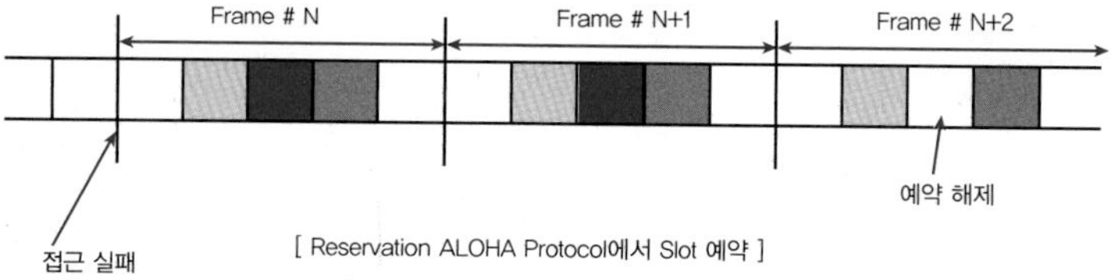 Frame # N / Frame # N+1 / Frame # N+2 / 접근 실패 / 예약 해제 [Reservation ALOHA Protocol에서 Slot 예약]

기출유형 완성하기

정답 01 ① 02 ② 03 ① 04 ③

01 다음 중 컴퓨터가 터미널에 전송할 데이터가 있는가를 확인하는 동작은? (2018-2차)

① Polling
② Selection
③ Daisy-Chain
④ NAK

해설

① Polling은 비경쟁 방식으로 다른 장치의 상태를 주기적으로 검사하여 일정한 조건을 만족할 때 송수신한다. 폴링(Polling)은 단말기 → 주 컴퓨터로 주로 단말기에서 주 컴퓨터로 정보를 전송할 때 쓰인다.
② 셀렉션(Selection)은 주 컴퓨터 → 단말기로 주 컴퓨터에서 단말로 데이터를 전달할 때 사용한다.
③ Daisy-Chain은 연속적으로 연결되어있는 하드웨어 장치들의 구성을 지칭한다. 예를 들어, 장치 A, B, C를 연결할 때 장치 A와 B를 연결하고, 장치 B와 C를 연속하여 연결하는 방식의 버스 결선 방식을 말한다.
④ NAK(Negative Acknowledgement)는 통신망에서 ACK는 긍정 확인응답, NAK는 부정 확인응답이다.

02 컴퓨터가 어떤 터미널에 전송할 데이터가 있는 경우 터미널이 수신 준비가 되어 있는지를 묻고, 준비가 된 경우에 터미널로 데이터를 전송하는 것을 무엇이라 하는가? (2015-1차)(2016-3차)(2018-1차)

① 폴링 ② 셀렉션
③ 링크 ④ 리퀘스트

해설

셀렉션(Selection)

주 컴퓨터 → 단말기로 전달하는 것으로 Selection은 의미 그대로 주 컴퓨터가 특정 단말을 선택하여 데이터를 전송하겠다고 것으로, 주 컴퓨터에서 단말로 데이터를 전달할 때 사용되는 회선 제어 방식이다.

03 종속국(Slave)에서 주국(Master) 방향으로 데이터를 전송하기 위한 동작과 주국이 종속국으로 데이터를 전송하기 위한 동작을 알맞게 짝지은 것은? (2017-3차)

① Polling, Selecting
② Polling, Routing
③ Contention, Routing
④ Contention, Polling

해설

Polling	단말기 → 주 컴퓨터로 정보를 전송
Selecting	주 컴퓨터 → 단말기로 데이터를 전달

04 컴퓨터가 어떤 터미널로 전송할 데이터가 있는 경우 그 터미널이 수신할 준비가 되어 있는지를 묻고 준비가 되어 있다면 컴퓨터는 터미널로 데이터를 전송하는 것은 다음 어느 것인가? (2020-1차)

① CONTENTION
② ENQ
③ SELECTION
④ POLL

해설

Polling	단말기 → 주 컴퓨터로 정보를 전송할 때 쓰인다. 즉, 주 컴퓨터에서 단말기로부터 데이터를 전송받을 때 쓰인다.
Selection	주 컴퓨터 → 단말기로 데이터를 전달할 때 사용한다. 즉, 주 컴퓨터가 특정 단말을 선택하여 데이터를 전송할 경우 사용한다.

05 다중 접근 제어 방식 중 경쟁 방식(Contention)과 거리가 먼 것은? (2012-3차)(2019-1차)

① ALOHA
② CSMA/CD
③ CSMA/CA
④ Poling

해설
다른 장치의 상태를 주기적으로 검사하여 일정한 조건을 만족할 때 송수신하는 것이 Poling이다. 즉, 컴퓨터가 터미널에 전송할 데이터가 있는가를 확인하는 동작을 의미한다. Polling은 비경쟁 방식으로 다른 장치의 상태를 주기적으로 상태를 검사하여 일정한 조건을 만족할 때 송수신하는 것이다.

06 다음 중 전송제어 절차에서 주국이 수행하는 임무로 맞는 것은? (2017-3차)

① 제어국 이외의 국을 나타낸다.
② 데이터를 보내는 국을 나타낸다.
③ 데이터를 받는 국을 나타낸다.
④ 데이터의 상태 감시, 제어, 에러 복구를 수행하는 국을 나타낸다.

해설
주국은 데이터를 보내는 국을 의미하고 단국은 데이터를 받는 국을 나타낸다.

07 데이터링크의 확립 방식 중 셀렉팅 방식에 해당하는 것은? (2015-2차)

① Roll - Call - Polling
② Select - Hold
③ Point - To - Point
④ Multi - Point

해설
Selecting 방식에는 아래와 같이 두 가지 방식이 있다.

Select-hold

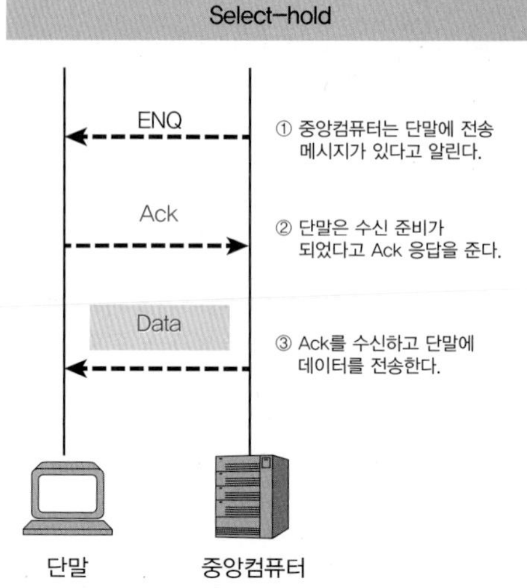

컴퓨터에서 단말기로 데이터를 전송할 때 단말기(2차국)의 수신 가능한 응답을 받고 데이터를 전송하는 방식이다. 즉, 단말기가 On 인지 Off 인지 모르므로 중앙 컴퓨터에서 신호를 보내어서 응답이 오는 단말에 데이터를 보내는 것이다.

Fast-select

① 중앙컴퓨터는 단말에 데이터를 일방적으로 전송한다.
Select + Data
Ack
② 단말은 정상 수신하면 Ack 응담을 준다.
단말
중앙컴퓨터

일단 중앙 컴퓨터에서 데이터를 다 모두 보내는 방식으로 종국의 수신 여부를 묻지 않고 보내는 방식이다. 주로 SDLC 프로토콜에서 사용한다.

기출유형 07 ▶ CSMA/CA와 CSMA/CD

다음 중 CSMA/CD 방식에 관한 특징으로 옳지 않은 것은? (2012-1차)(2018-1차)

① 데이터 전송이 필요할 때 임의로 채널을 할당하는 랜덤 할당 방식이다.
② 버스 구조에 이용될 수 있다.
③ 노드수가 많고, 데이터 전송량이 많을수록 안정적이고 효율적으로 전송이 가능하다.
④ 채널로 전송된 프레임은 모든 노드에서 수신이 가능하다.

해설

CSMA/CD 방식은 노드수가 많고, 데이터 전송량이 많을수록 안정성과 효율성이 떨어진다. 데이터 전송이 필요할 때 임의로 채널을 할당하는 랜덤 할당 방식으로 통신 제어 기능이 단순하여 적은 비용으로 네트워크를 구성할 수 있다.

| 정답 | ③

족집게 과외

CSMA/CD 방식

- 충돌이 발생하면 데이터 전송을 중단하고 일정 시간 대기후 재전송하는 방식이다.
- 랜덤 할당 방식에 의한 전송매체를 액세스한다.
- 채널의 사용권한이 이용자들에게 균등하지 않고 우선 점유한 사용자가 지속적으로 사용한다.
- 여러 개의 노드가 하나의 통신회선에 접속되는 버스형에 주로 많이 사용된다.

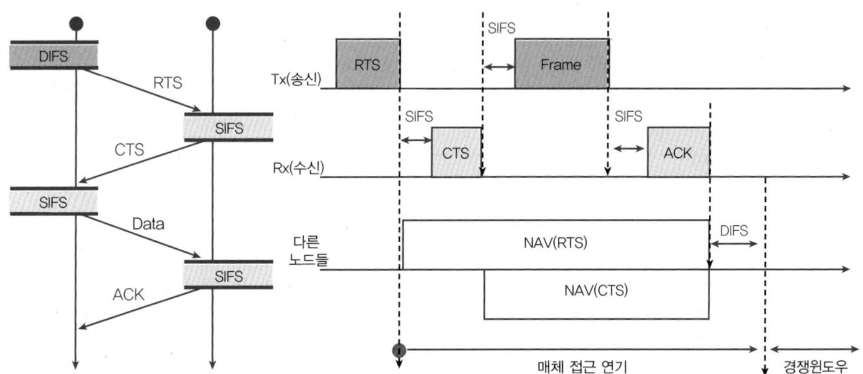

더 알아보기

구분	내용
RTS	Ready To Send, 송신측이 수신측에게 본격적인 데이터를 전송할 의사가 있음을 알리는 신호
CTS	Clear To Send, 수신측이 송신측에게 데이터를 받을 준비가 되어서 전송해도 좋다는 허락 신호
DIFS	Distributed Inter-Frame Space, 프레임 간의 시간 간격
SIFS	Short Inter-Frame Space, 더 짧은 프레임 간의 시간 간격

❶ CSMA/CD(Carrier Sense Multiple Access/Collision Detection)

CSMA/CD는 1970년 미국 제록스에서 이더넷을 처음 개발한 후 제록스, 인텔, DEC가 공동으로 발표한 규격으로 LAN의 통신 프로토콜의 종류 중 하나이며, 이더넷 환경에서 주로 사용한다. CSMA/CD에서 가장 중요한 것 중 하나가, 상호충돌을 방지하는 기능이다. 이를 위해 전송하기 전에 다른 호스트가 사용 중 인지를 먼저 점검하고 전송 선로에 흐르는 신호를 감지하는 프로토콜이다. 충돌이 감지되면 데이터를 전송하던 장치가 전송을 중지하고 임의의 시간을 기다린 후 다시 전송을 시도한다. 이 임의 대기 기간은 장치가 계속 충돌하지 않고 동시에 데이터 전송을 시도하도록 보장하는 데 도움이 된다.

❷ CSMA/CD의 동작

단계	내용	
1 단계	통신을 하고 싶은 PC나 서버는 먼저 네트워크상에 통신이 일어나는지 확인하기 위해 "캐리어가 있는지 검사한다."는 의미의 Carrier Sense라 한다. ※ 캐리어(Carrier): 네트워크 상에 나타나는 신호 상태를 의미함	1) Carrier Sense Host A Host B Host C
2 단계	네트워크에 통신이 일어나고 있으면 데이터를 보내지 않고 기다린다. 통신망에서 캐리어가 감지되고 있다는 것으로 현재 통신 중으로 Busy 상태이다.	
3 단계	일정 시간 기다리다가 네트워크 통신이 일어나고 있지 않음을 감지하거나 캐리어가 감지되지 않는다면 데이터를 네트워크에 보낸다.	2) Multiple Access Host A Host B Host C
4 단계	만약, 캐리어가 감지되지 않았을 때, 두 PC나 서버가 데이터를 동시에 보내면 이 경우를 Multiple Access(다중 접근)라 한다.	
5 단계	여기서 두 개의 PC나 서버가 데이터를 동시에 보내려 한다면 서로 부딪치는 경우를 충돌(Collision)이 발생했다고 한다.	3) Collision Host A Host B Host C
6 단계	만약 충돌이 일어나게 된다면 데이터를 전송했던 두 PC나 서버들은 랜덤한 시간 동안 기다린 다음 다시 데이터를 전송한다. 단. 이런 충돌이 계속해서 15번 일어나면 통신을 끊는다.	4) Collision Detection(Back Off Algorithmus) Host A Host B Host C JAM JAM JAM JAM JAM JAM JAM JAM JAM

❸ CSMA/CA(Carrier Sense Multiple Access with Collision Avoidance)

CSMA/CA는 WiFi(IEEE 802.11)인 무선 LAN에서 사용되는 MAC 알고리즘으로, 이더넷의 CSMA/CD와는 다르게 데이터의 전송이 없어도 충돌을 대비해서 확인을 위한 신호를 전송하고, 확인되면 이어서 데이터를 전송한다. 채널이 사용 중인 경우 장치는 채널이 사용 가능해질 때까지 기다렸다가 전송을 시도하며 이것을 반송파 감지라고 한다.

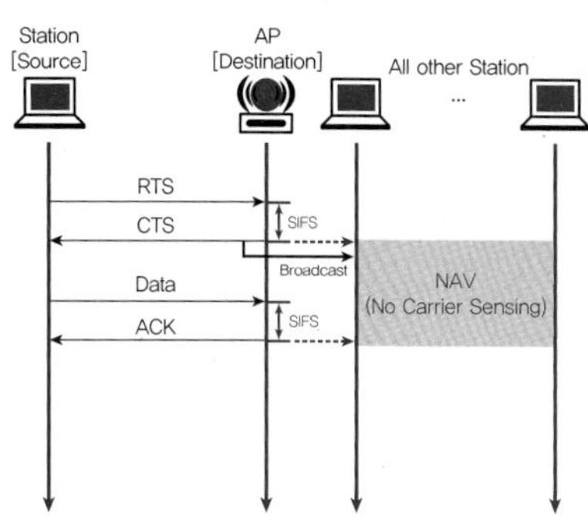

- 옆 그림에서 보면 AP는 RTS(Request To Send) 메시지를 받으면 단말에 CTS(Clear To Send)를 보내면서 다른 모든 노드(Station)들에게 NAV(Network Allocation Vector) 메시지를 보내서 Carrier Sensing을 못 하게 한다.
- CSMA/CA는 캐리어 센싱 외에도 충돌 회피 기술을 사용하여 두 장치가 동시에 전송되어 충돌을 일으킬 가능성을 감소시킨다. 장치는 전송을 시도하기 전에 임의의 Back Off 시간을 사용하며, 두 장치가 동일한 Back Off 시간을 선택하는 경우 한 장치는 다시 시도하기 전에 임의의 추가 시간을 대기하는 것이다.

정답 01 ① 02 ③ 03 ① 04 ① 05 ④

01 LAN에 관련된 프로토콜의 설명으로 옳은 것은? (2010-3차)

① IEEE 802.3은 CSMA/CD에 대한 규정
② IEEE 802.2는 Token Bus에 대한 규정
③ IEEE 802.5는 LAN의 LLC 서브 계층에 관한 규정
④ IEEE 802.6은 Token Ring에 대한 규정

해설

구분	내용
IEEE 802.1	LAN/MAN Bridging & Management로 802 네트워크 간의 상호연동, 보안, 망관리
IEEE 802.2	데이터링크계층 내의 부 계층인 Logical Link Control에 대한 규정
IEEE 802.3	충돌을 피하면서 많은 양의 프레임을 전송하기 위한 메커니즘으로 CSMA/CD를 사용
IEEE 802.4	Token Bus, 토큰 제어(token-passing) 방식의 매체접근제어
IEEE 802.5	토큰링 근거리통신망 기술로 OSI 모델의 데이터 링크 계층에서 사용하는 프로토콜
IEEE 802.6	FDDI를 개선한 것으로 DQDB (Distributed Queue Dual Bus) MAN 프로토콜에 사용

02 다음 중 다원접속 기술방식이 다른 것은? (2022-1차)

① Token ② Polling
③ CSMA/CD ④ Round-robin

해설

Token, Polling, Round-Robin은 주로 통신망에서 일정한 규칙을 가지고 본인의 차례를 기다리는 방식으로 사전에 충돌이 가능성이 없다. 그러나 CSMA/CD는 충돌이 감지되면 일정 시간동안 기다렸다가 사용하는 방식이다.

03 Ethernet에서 사용되는 매체 접속 프로토콜은? (2021-3차)

① CSMA/CD ② Polling
③ Token Passing ④ Slotted Ring

해설

Ethernet에서는 CSMA/CD(Carrier Sense Multiple Access Collision Detection)를 사용하고 무선망에서는 CSMA/CA(Carrier Sense Multiple Access Collision Avoidance)를 사용한다.

04 다음 중 IEEE 802.3 프로토콜에 해당하는 것은? (2011-1차)(2015-1차)(2019-2차)

① CSMA/CD
② Token Bus
③ Token Ring
④ Frame Relay

해설

구분	CSMA/CD	CSMA/CA
매체접근방식	충돌 검출 후 전송	충돌 회피 후 전송
표준화	IEEE 802.3	IEEE 802.11
적용	LAN	WLAN, AP

05 LAN 프로토콜 중에서 Token Ring 방식과 CSMA/CD(Ethernet) 방식이 서로 경쟁하다가 CSMA/CD(Ethernet)로 통일된 가장 중요한 원인은 무엇인가? (2012-2차)(2017-2차)

① 저렴한 가격
② MAN과의 정합 용이성
③ 넓은 대역폭
④ 확장성(Scalability)

해설

CSMA/CD는 Bus 구조로 확장성(Scalability)이 우수하나 너무 많은 확장은 지연시간이 증가하여 통신망의 효율성이 감소할 수 있다.

06 다음 중 CSMA/CD 방식에 관한 설명으로 틀린 것은? (2010-1차)

① 버스 토폴로지에 이용된다.
② 제록스사가 개발한 방식이다.
③ 동축케이블을 사용할 수 있다.
④ 단말기 사이에 신호 충돌이 없다.

해설

CSMA/CD 방식

- 충돌을 탐지하면 재전송하기 전에 무작위 시간만큼 기다린다.
- 제어 권한이 중앙제어가 아니라 네트워크에 연결된 모든 노드들에 분산되어 있다.
- 채널의 전체 이용률이 비교적 낮을 때(30% 이하) 최적의 상태로 동작한다.

07 CSMA/CD 방식에 대한 설명으로 맞지 않는 것은? (2019-2차)

① 충돌이 발생하면 데이터 전송을 중단하고 일정 시간 대기후 재전송하는 방식이다.
② 랜덤 할당 방식에 의한 전송매체 엑세스 방식이다.
③ 채널의 사용권한이 이용자들에게 균등하게 분배되는 방식이다.
④ 여러 개의 노드가 하나의 통신회선에 접속되는 버스형에 주로 많이 사용된다.

해설

채널의 사용권한이 이용자들에게 균등하지 않다. 먼저 점유한 사용자의 데이터 송신이 끝나야 다음 사용자가 송신할 수 있기 때문이다. 즉, CSMA/CD는 일정 시간 기다리다가 네트워크가 휴지 상태임을 감지하면 데이터를 보내는 방식이다.

08 다음 중 CSMA/CD 방식에 관한 특징으로 틀린 것은? (2021-2차)

① 노드 수가 많고, 각 노드에서 전송하는 데이터 양이 많을수록 효율적인 전송이 가능하다.
② 데이터 전송이 필요할 때 임의로 채널을 할당하는 랜덤 할당 방식이다.
③ 통신 제어 기능이 단순하여 적은 비용으로 네트워크화할 수 있다.
④ 채널로 전송된 프레임을 모든 노드에서 수신할 수 있다.

해설

노드 수가 많으면 충돌 가능성이 높고, 각 노드에서 전송하는 데이터양이 많을수록 비효율적이다.

09 다음 중 스위치와 허브에 대한 설명으로 올바른 것은? (2022-2차)

① 전통적인 케이블 방식의 CSMA/CD는 허브라는 장비로 대체되었다.
② 임의의 호스트에서 전송한 프레임은 허브에서 수신하며, 허브는 목적지로 지정된 호스트에만 해당 데이터를 전달한다.
③ 허브는 외형적으로 스타형 구조를 갖기 때문에 내부의 동작 역시 스타형 구조로 작동되므로 충돌이 발생하지 않는다.
④ 스위치 허브의 성능 문제를 개선하여 허브로 발전하였다.

해설

② 임의의 호스트에서 전송한 프레임은 허브에서 수신하며, 허브는 Broadcast로 모든 호스트에 데이터를 전달한다.
③ 허브는 외형적으로 버스 구조를 갖기 때문에 내부의 동작 역시 버스 구조로 작동되며 충돌이 발생할 수 있다.
④ 허브의 성능 문제를 개선하여 스위치로 발전하였다.

10 다음 중 100 Base-T 방식에서 사용하는 매체접속제어는? (2011-2차)

① FDDI
② CSMA/CD
③ MAP
④ Token ring

해설
100Base-T는 이더넷 기반 통신망에서 사용하는 방식으로 IEEE 802.3 기반에 동작하며 프레임을 전송하기 위한 메커니즘으로 CSMA/CD를 사용한다.

11 LAN의 채널 접근 방식에 따른 분류 가운데 무엇에 대한 설명인가? (2022-3차)

- 1970년 미국 제록스에서 이더넷을 처음 개발한 후 제록스, 인텔, DEC가 공동으로 발표한 규격이다.
- 채널을 사용하기 전에 다른 이용자가 해당 채널을 사용하는지 점검하는 것으로 채널 상태를 확인해 패킷 충돌을 피하는 방식이다.
- 데이터 전송이 필요할 때 임의로 채널을 할당하는 랜덤 할당 방식으로 버스형에 이용된다.

① CSMA/CD
② 토큰 버스
③ 토큰 링
④ 슬롯 링

해설
CSMA/CD는 Carrier Sense Multiple Access/Collision Detection으로 전송하기 전에 다른 호스트가 사용 중 인지를 먼저 점검하고 전송 선로에 흐르는 신호를 감지하는 프로토콜이 CSMA/CD 프로토콜이다.

12 Ethernet에서 사용되는 매체 접속 프로토콜은? (2021-3차)

① CSMA/CD
② Polling
③ Token Passing
④ Slotted Ring

해설
CSMA/CD(Carrier Sense Multiple Access/Collision Detection)
LAN의 통신 프로토콜의 종류중 하나이며, 이더넷 환경에서 사용한다. CSMA/CD의 통신 방식은 이더넷 환경에서 통신을 하고자 하는 경우 PC나 서버는 먼저 네트워크상에 통신이 일어나는지 확인을 위해 캐리어가 있는지 검사(Carrier Sense)한다. 만약, 충돌이 일어나게 된다면 데이터를 전송했던 두 PC나 서버들은 랜덤한 시간 동안 기다린 다음 다시 데이터를 전송한다. 그러나 이런 충돌이 계속해서 15번 일어나면 통신을 끊는다.

13 다음 중 10 Base 5 Ethernet의 기본 규격에 해당하지 않는 것은? (2010-2차)

① 최대거리는 125[km]이다.
② 데이터 전송속도는 10[Mbps]이다.
③ 액세스방식은 CSMA/CD이다.
④ 전송매체는 동축케이블을 사용한다.

해설
10 Base 5는 기저대역 신호를 사용하고 최대 500m의 세그먼트 길이를 가지는 버스형 접속 형태의 LAN이다.
10 Base 5(굵은 이더넷)
10 Base 5는 이더넷 802.3 모델에서 규정한 첫 번째 물리적 매체 규격으로서 이더넷의 근간이 되며 'Thick Ethernet' 혹은 'Thick-net'이라고도 한다. 케이블 굵기가 굵으며 손으로 구부릴 수 없을 정도로 단단하다.

14 근거리통신망(LAN)에서 사용되는 이더넷 프레임(Ethernet Frame)의 목적지 주소크기와 출발지 주소크기의 합은 얼마인가? (2014-2차)(2018-2차)(2020-3차)

① 6[bits] ② 12[bits]
③ 64[bits] ④ 96[bits]

해설

64 - 1518 byte

Ethernet Header(14byte)

7 byte	1 byte	6 byte	6 byte	2 byte	46 to 1500 byte	4 byte
Preamble	Start Frame Delimiter	Destination Address	Source Address	Length	Data	Frame Check Sequence (CRC)

IEEE 802.3 Ethernet Frame Format

목적지 주소는 6byte, 송신지 주소도 6byte이므로 총 12byte이다. 이것을 bit로 변경하면 12×8[bit]이므로 총 96[bit]가 된다.

15 LAN 프로토콜 중에서 Token Ring 방식과 CSMA/CD(Ethernet) 방식이 서로 경쟁하다가 CSMA/CD(Ethernet)로 통일된 가장 중요한 원인은 무엇인가? (2012-2차)(2017-2차)

① 저렴한 가격
② MAN과의 정합 용이성
③ 넓은 대역폭
④ 확장성(Scalability)

해설

Ethernet은 IEEE 802.11 기반으로 주로 Bus Topology를 사용하고 주로 CSMA/CD를 사용하여 통신을 하면서 여러 대의 단말 간에 하나의 전송매체를 공유하는 기술이다.

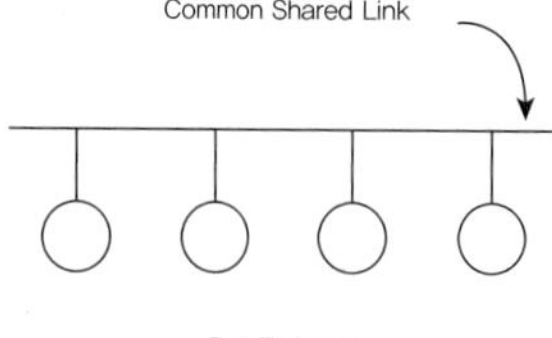

Bus Topology

이에 반해 Token Ring 기술은 노드 삽입에 Bus Topology보다 불편하고 망의 확장성에 Bus 구조보다 불편하여 점점 Bus Topology 구조로 변경되어 발전되고 있다.

16 이더넷에서 장치가 매체에 접속하는 것을 관리하는 방법으로 데이터 충돌을 감지하고 이를 해소하는 방식을 무엇이라 하는가? (2023-2차)

① CRC(Cyclic Redundancy Check)
② CSMA/CD(Carrier Sense Multiple Access/Collision Detection)
③ FCS(Frame Check Sequency)
④ ZRM(Zmanda Recovery Manager)

해설

CSMA/CD 방식

- 충돌이 발생하면 데이터 전송을 중단하고 일정 시간 대기 후 재전송하는 방식이다.
- 랜덤 할당 방식에 의한 전송매체 액세스 한다.
- 채널의 사용권한이 이용자들에게 균등하지 않고 우선 점유한 사용자가 지속적으로 사용한다.
- 여러 개의 노드가 하나의 통신회선에 접속되는 버스형에 주로 많이 사용된다.

17 다음 중 무선 LAN의 MAC 알고리즘으로 옳은 것은? (2023-3차)

① CSMA/CA
② CSMA/CD
③ CDMA
④ TDMA

해설

CSMA/CA(Carrier Sense Multiple Access with Collision Avoidance)

CSMA/CA는 WiFi(IEEE 802.11)인 무선 LAN에서 사용되는 MAC 알고리즘으로, 이더넷의 CSMA/CD와는 다르게 데이터의 전송이 없어도 충돌을 대비해서 확인을 위한 신호를 전송하고, 확인되면 이어서 데이터를 전송한다.

기출유형 08 ▶ Token Ring, Token Bus

근거리통신망(LAN)의 매체 접근 제어(Medium Access Control) 프로토콜 중 패킷 충돌이 발생하지 않는 방식은? (2012-2차)(2020-1차)

① CSMA/CD ② Slotted ALOHA
③ ALOHA ④ Token Ring

해설

Token Ring Fame은 데이터 프레임과 토큰 프레임으로 구분된다. 토큰 프레임은 주로 프레임 형태를 정의하는 FC(Frame Control), 시작 구분자 SD(Start Delimiter), 접근 제어하는 AC(Access Control)와 프레임의 끝 구분자인 ED(End Delimiter) 등으로 구성된다.

| 정답 | ④

족집게 과외

Token Bus(IEEE 802.4): 토큰링과 버스 방식의 장점을 포함하여 물리적으로는 버스형으로 연결하고, 실제 동작은 논리적으로 구성된 링 형태로 동작한다.

토큰 링 동작 원리	토큰 버스 동작 원리
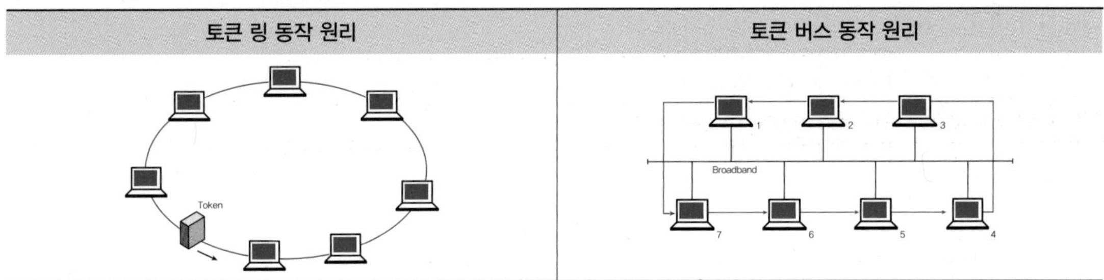	

토큰 버스(IEEE 802.4)는 토큰링과 버스 방식의 장점을 취한 방식으로 토큰을 사용함으로써 데이터 프레임의 충돌 가능성을 줄여주고 망에서 우선순위를 결정할 수 있다. 토큰 버스에서는 망 초기화 과정에서 각각의 스테이션들이 일정한 순서로 가상 링을 구성하며 토큰은 구성된 가상 링을 따라 순회하며 데이터를 전송하고자 하는 노드들은 토큰이 자기 위치에 도착할 때 데이터를 전송할 수 있다.

더 알아보기

구분	내용
IEEE 802.1	LAN/MAN Bridging & Management로 802 네트워크 간의 상호연동, 보안, 망 관리
IEEE 802.2	데이터링크계층 내의 부 계층인 Logical Link Control에 대한 규정
IEEE 802.3	충돌을 피하면서 많은 양의 프레임을 전송하기 위한 메커니즘으로 CSMA/CD를 사용
IEEE 802.4	Token Bus, 토큰 제어(Token－passing) 방식의 매체접근제어
IEEE 802.5	토큰링 근거리통신망 기술로 OSI 모델의 데이터 링크 계층에서 사용하는 프로토콜
IEEE 802.6	FDDI를 개선한 것으로 DQDB(Distributed Queue Dual Bus) MAN 프로토콜에 사용

❶ 토큰 링(Token Ring)

㉠ 토큰 링은 컴퓨터 네트워크의 장치 간에 데이터를 전송하는 데 사용되는 네트워킹 프로토콜이다. 1980년대에 IBM에 의해 개발되었으며 이더넷으로 대체되기 전에 LAN(Local Area Network)에서 널리 사용되었다. 토큰 링 네트워크에서 데이터는 링 토폴로지에서 전송되며 각 장치는 원형 루프에서 인접 장치에 연결된다. 토큰은 데이터 전송 권한이 있는 장치를 나타내는 링 주위로 전달된다. 장치에 토큰이 있으면 네트워크로 데이터를 전송할 수 있다. 네트워크의 다른 장치는 데이터를 수신하여 링의 다음 장치에 데이터가 목적지에 도달할 때까지 전달한다.

㉡ 토큰 링 네트워크는 우선순위 시스템을 사용하여 데이터 전송 권한이 있는 장치를 결정한다. 우선순위가 높은 장치는 우선순위가 낮은 장치보다 우선하여 순위가 지정된다. 이를 통해 중요한 데이터가 적시에 전송되도록 보장할 수 있다. 토큰 링 네트워크의 한 가지 단점은 이더넷과 같은 다른 네트워크 프로토콜보다 속도가 느릴 수 있다는 것이다.

❷ 토큰 버스(Token Bus)

이더넷과 토큰 링의 특징을 합친 형태로서 물리적으로는 버스형 접속 형태를 하고 있지만 버스의 모든 노드는 논리적으로 링형 접속 형태를 한다. 토큰의 전달 순서는 논리적인 순서 방식을 사용하며 LAN 엑세스 제어방법에서는 통신회선에 대한 제어신호가 논리적으로 형성된 공통선상에서 번호를 할당하여 각 노드 간을 옮겨가면서 데이터를 전송하는 방식이다.

❸ Token과 Frame 구성

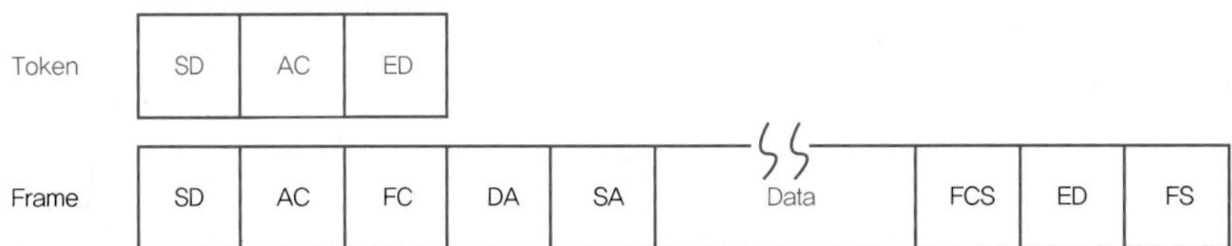

구분	내용
SD	Starting Delimiter, 프레임의 시작을 알린다.
AC (Access Control)	프레임의 우선순위에 대한 정보로 우선순위 비트(P), 토큰 비트(T), 모니터 비트(M), 예약 비트(R)로 구분된다. • 우선순위 비트: 토큰의 우선순위보다 높은 프레임을 전송할 수 있도록 한다(000~111). • 토큰 비트: 토큰 프레임과 일반 프레임을 구분한다. 토큰 프레임값은 0이다. • 모니터 비트: 무한 순환을 방지하기 위해 사용하고, 데이터 프레임이 자신을 지날 때마다 M 비트에 1을 표시 한다. • 예약 비트: 예약을 하는 비트이다.
ED	Ending Delimiter, 프레임의 시작을 가리킨다.
FC (Frame Control)	프레임 형태를 정의한다. MAC 정보나 종단 Station 정보 등으로 LLC 계층에서 목적지 호스트로 전송해줄 것을 요청한 LLC 프레임과 토큰 링 프로토콜에서 사용하는 제어용 프레임을 구분하는데 사용한다. • TT 비트 = 00: 제어 기능을 수행하기 위한 프레임을 위해 정의한다. • TT 비트 = 01: 상위계층인 LLC 계층에서 전송을 요구한 LLC 프레임을 의미한다. • TT 비트 = 1x: 예약을 의미한다.
DA	Destination Address, 목적지 주소를 가리킨다.
SA	Source Address, 송신지 주로를 가리킨다.
FCS	Frame Check Sequence, 에러 점검을 위한 정보를 가지고 있다.
ED	End Delimiter, 프레임의 끝을 알린다.
FS (Frame Status)	하나나 그 이상의 Station에게 노드에서 사용 중인지, 사용하지 않는지 등의 프레임 상태를 알려준다. 토큰링 맨 마지막에 위치하며, 프레임의 수신 호스트가 송신 호스트에 응답할 수 있도록 한다.

기출유형 완성하기

정답 01 ④ 02 ① 03 ② 04 ① 05 ④ 06 ①

01 다음 중 근거리통신망(LAN)에서 사용되는 채널 할당방식에서 요구할당 방식에 해당되는 것은? (2016-1차)(2021-1차)

① ALOHA ② TDM
③ CSMA/CD ④ Token Bus

해설
토큰 버스(IEEE 802.4)는 토큰링과 버스 방식의 장점을 포함하는 방식으로서 물리적으로는 버스형으로 연결되어 있으나 실제 동작은 논리적으로 구성된 링 형태로 동작한다. 토큰 버스 방식에서는 버스에 토큰을 사용함으로써 데이터 프레임의 충돌 가능성을 제거해 주며 노드들의 라우터를 이용한 네트워크 상호 연결 우선순위를 결정할 수 있다는 장점이 있다.

02 토큰 링 프레임(Token Ring Frame)은 데이터 프레임과 토큰 프레임으로 구분할 수 있다. 토큰 프레임의 구성요소가 아닌 것은? (2020-2차)

① FC(Frame Control): 프레임 제어
② SD(Start Delimiter): 시작 구분자
③ AC(Access Control): 접근 제어
④ ED(End Delimiter): 끝 구분자

해설
Token을 받아야 통신이 가능하므로 Token Ring에서는 충돌이 발생하지 않는다.

Token	SD	AC	ED						
Frame	SD	AC	FC	DA	SA	Data	FCS	ED	FS

03 LAN 엑세스 제어방법에서 통신회선에 대한 제어신호가 논리적으로 형성된 공통선상에서 번호를 할당함에 따라 각 노드 간을 옮겨가면서 데이터를 전송하는 방식은? (2017-1차)

① CSMA/CD ② 토큰 버스
③ 토큰 링 ④ FDDI

해설
토큰 버스는 이더넷과 토큰 링의 특징을 합친 형태로서 물리적으로는 버스형 접속 형태를 하고 논리적인 순서 방식을 사용한다.

04 미국표준협회(ANSI)에서 개발된 근거리통신망(LAN) 기술로서, IEEE 802.5 토큰 링에 기초를 둔 광섬유 토큰 링 표준방식은? (2021-3차)

① FDDI(Fiber Distributed Data Interface)
② Fast Ethernet
③ Gigabit Ethernet
④ Frame Relay

해설
FDDI(Fiber Distributed Data Interface)는 LAN과 LAN이나 컴퓨터와 컴퓨터를 연결하는 고속통신망이다. 광케이블을 이용한 네트워크로 100Mbps 속도와 200km의 장거리 전송을 지원한다. 링 토폴로지에 추가로 하나의 링을 더한 방식으로 이중 링 아키텍처를 제공한다.

05 IEEE 802 표준의 권고안이 잘못 연결된 것은? (2018-2차)

① IEEE 802.1: 상위계층 인터페이스
② IEEE 802.2: 논리 연결 제어
③ IEEE 802.3: 이더넷
④ IEEE 802.4: 토큰 링

해설
IEEE 802.4
Token Bus, 토큰 제어(Token-passing) 방식의 매체접근제어

06 다음 중 고속 LAN으로 대학캠퍼스나 공장같이 한곳에 모여 있는 LAN들을 연결하는 데 주로 사용되는 것은? (2021-2차)

① FDDI ② ASK
③ QAM ④ FSK

해설
FDDI(Fiber Distributed Digital Interface)
FDDI는 1980년대 Ethernet(IEEE 802.3), Token Ring(IEEE 802.5)에 뒤이은 고속 근거리망의 표준으로 근거리통신망의 데이터 전송 표준이다. 광섬유 분산 데이터 인터페이스, 광섬유 분산 데이터 접속 방식이라고도 한다.

기출유형 09 ▶ 프로토콜(Protocol)

"프로토콜이 메시지의 첫 4바이트는 송신자의 주소가 차지해야 한다"라고 기술되어 있을 때 이것과 관련된 것은? (2010-2차)

① 구문(Syntax) ② 의미(Semantics) ③ 타이밍(Timing) ④ 메시지(Message)

해설

구문(Syntax)	데이터의 형식(Format), 부호화(Coding)방식, 신호레벨 데이터 구조와 순서에 대한 형식을 규정한다. 송수신 데이터의 포맷이나 문법과 같은 형식적인 측면을 규정한다.
의미(Semantics)	패턴에 대한 해석과 제어정보 규정으로 데이터를 에러 발생 시 어떻게 제어할지, 처리 방법에 대한 정보를 포함한다.
타이밍(Timing)	데이터 전송시기와 전송속도를 정의한다. 데이터를 주고받을 속도 조절과 여러 데이터가 동시에 통신에 대한 순서관리를 규정한다.

| 정답 | ①

족집게 과외

- **프로토콜의 기본구성**: 구문(Syntax), 타이밍(Timing), 의미(Semantics)
- **네트워크 프로세스 간 프로토콜**: 통신 시스템 내에 있는 동위 계층 또는 동위 개체 사이에서의 데이터 교환을 위한 프로토콜

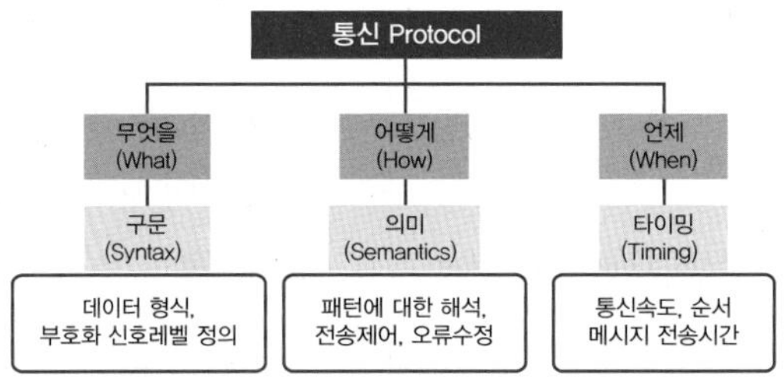

더 알아보기

통신 프로토콜의 기능

구분	내용
분할과 조립	정보의 분할 및 조립을 위한 단편화(Segmentation)와 재조립(Reassembly)이다. • 단편화: 데이터를 일정한 크기의 작은 데이터 블록으로 나누어 전송하는 것 • 재조립: 수신측에서 분리된 데이터를 재구성해서 원래의 데이터로 복원하는 것
캡슐화	정보의 전송을 위해 전송할 데이터의 앞과 뒷부분에 헤더(Header)와 트레일러(Trailer)를 첨가하는 것
연결 제어	데이터를 전송하기 위해 노드 간 연결을 확립하고, 데이터 전송, 연결 해제의 과정
오류 제어	전송 도중에 발생할 오류들을 검출하여 정정하는 기능이다. • 오류수정방식: FEC(Forward Error Correcting System) • 자동 반복 요청: ARQ(Automatic Repeat Request)
동기화	송수신기 간에 동일한 상태를 유지하도록 하는 것으로 비동기 전송(Asynchronous Transmission)과 동기 전송(Synchronous Transmission)이 있다.

❶ 프로토콜이란?

㉠ 프로토콜의 원래 의미는 외교상의 용어로 국가와 국가 간 교류를 위한 국가 간의 약속을 정한 의정서이다. 또한 국가 간 개인 간 언어(한국어, 영어, 일본어)와 같은 의미를 통신에 적용한 것이 통신 프로토콜로 상호 연계를 위한 규약으로 이러한 것을 데이터 통신에서 신뢰성 있고 효율적이며 안전하게 정보를 주고받기 위해서 정보의 송수신측 또는 네트워크 내에서 사전에 약속된 규약 또는 규범을 통칭해서 프로토콜이라 한다.

㉡ 프로토콜, 구문(Syntax), 의미(Semantics) 및 타이밍(Timing)은 모두 컴퓨터 네트워킹 및 통신에서 중요한 개념으로 프로토콜은 장치 또는 시스템 간의 통신을 가능하게 하는 데 사용되는 규칙 및 지침 집합을 나타낸다. 이러한 규칙은 메시지 형식, 메시지 교환 방법, 통신을 보호하는 데 사용되는 보안 조치와 같은 광범위한 측면을 다룰 수 있다.

❷ 주요 구성요소

구분	내용	예시
구문 (Syntax)	• 데이터의 형식(Format), 부호화(Coding), 신호레벨 정의, 데이터 구조와 순서에 대한 표현이다(예 어떤 프로토콜에서 데이터의 처음 8비트는 송신지의 주소를 나타내고, 다음 8비트는 수신지의 주소를 나타내기로 약속함). • 장치 또는 시스템 간에 교환되는 메시지의 구조 또는 형식을 나타낸다. 여기에는 메시지 내 데이터 요소의 순서 및 배치, 데이터가 인코딩되는 방식, 지원되는 메시지 유형 등이 포함한다.	SYNTAX Data Format과 Coding
의미 (Semantics)	장치 또는 시스템 간에 교환되는 메시지의 의미를 나타낸다. 여기에는 메시지의 의도된 목적, 메시지에 응답하여 장치가 수행해야 하는 작업, 통신 중에 발생할 수 있는 오류 유형 등이 포함된다. 해당 패턴에 대한 해석과, 그 해석에 따른 전송제어, 오류수정 등에 관한 제어정보를 규정한다(예 주소부분 데이터는 메시지가 전달될 경로 혹은 최종 목적지를 나타냄).	HELLO SEMANTICS Control 정보와 Error Handling
타이밍 (Timing)	• 장치 또는 시스템 간에 메시지를 주고받는 방식을 의미한다. 여기에는 메시지를 보내는 속도, 메시지를 보내는 빈도, 메시지에 대한 응답 시간 등이 포함된다. • 두 객체 간의 통신 속도 조정. 메시지의 전송 시간 및 순서 등에 대한 특성 정의한다(예 송신자가 데이터를 10Mbps의 속도로 전송하고 수신자가 1Mbps의 속도로 처리를 하는 경우 타이밍이 맞지 않아 데이터 유실이 발생할 수 있음).	① ② TIMING Speed Matching과 Sequencing

❸ 프로토콜의 이용목적

프로토콜은 사용 목적과 종류에 따라 다양한 기능이 종합적으로 이루어지며, 모든 프로토콜에 모든 기능이 다 있는 것은 아니고 경우에 따라서 몇 가지 같은 기능이 다른 계층의 프로토콜을 나타내기도 한다.

구분	내용
분할과 재결합 (Fragmentation & Reassembly)	터미널의 회선 접속을 위해 긴 메시지 블록을 전송에 용이하도록 세분화하여 전송하며, 수신측에서는 세분된 데이터 블록을 원래의 메시지로 재합성 시키는 기능이다. 이때 두 개의 실체 간에 교환되는 데이터 블록을 PDU(Protocol Data Unit)라 한다.
캡슐화 (Encapsulation)	메시지의 블로킹과 포맷구조를 위해 각 계층의 프로토콜에 적합한 데이터 블록은 데이터와 제어정보를 갖고 있지만 때로는 제어정보만으로 구성되는 PDU도 있다. 이때 사용되는 제어정보는 다음 3가지가 있다. • 주소: 발신자와 수신자의 주소가 명시된다. • 오류검출부호: 오류를 검출하기 위해 프레임을 검사하는 절차이다. • 프로토콜 제어: 프로토콜 기능을 구현하기 위한 별도의 정보가 필요하다.

연결 제어 (Connection Control)	두 통신 실체 간에 관련을 맺는 것으로 연결 확립(Connection Establishment), 데이터 전송(Data Transfer), 연결 해제(Connection Termination)와 같은 3단계의 과정을 거친다.
흐름 제어 (Flow Control)	수신 Entity가 송신 Entity의 데이터 전송량이나 전송속도 등을 조절하는 기능이다. 흐름 제어 방법으로 정지/대기 방식으로 매 PDU를 적용한 후 수신측의 확인 신호(ACK)를 받기 전에는 전송할 수 없게 한 것이다. 보다 효과적인 프로토콜 방식은 ACK를 수신하기 전에 보낼 수 있는 데이터양을 정해준다.
오류 제어 (Error Control)	에러 메시지의 재전송을 위해 오류제어가 필요하며 오류 제어는 전송 도중에 발생 가능한 오류들을 검출하고 정정하는 기능으로 대부분의 오류 제어는 프레임 순서를 검사하여 오류를 찾고 PDU를 재전송한다.
동기화 (Synchronization)	동기화란 연결된 통신국 간의 타이밍을 맞추는 기능으로 2개의 실체가 같은 상태를 유지하는 것이다. 여기서 상태란 초기화 상태, 검사 전 상태, 종료 상태 등을 의미하며, 2개의 프로토콜 실체가 동시에 명확히 정의되어야 한다.
순서 결정 (Sequence)	순서 결정이란 전송하는 데이터들의 송수신 순서가 어긋나지 않도록 흐름 제어 및 오류 정정을 용이하게 하는 기능이다. 이 순서 결정의 목적은 순서에 맞는 전달, 흐름 제어, 오류 제어 등이다.
주소 설정 (Addressing)	주소 설정은 송수신국의 주소를 명기 함으로써 정확한 목적지에 데이터가 전달되도록 하는 기능이다.
다중화 (Multiplexing)/ 역다중화 (Demultiplexing)	다중화란 하나의 통신로를 다수의 가입자들이 동시에 사용할 수 있게 하는 기능이다. • 상향 다중화: 여러 개의 상위레벨을 다중화하거나 하나의 하위레벨을 연결하여 공유하는 것이다. • 하향 다중화: 분할이라고 하며 하나의 상위레벨 연결이 복수 개의 하위레벨 서비스를 이용하여 이루어지는 경우이다.
전송 서비스	• 우선순위(Priority): 메시지 단위로 우선순위가 높은 메시지 순으로 전송하는 것이다. • 서비스 등급: 서비스 등급에 따라 서비스 차별화하는 것이다. • 보안성(Security): 액세스 제한 등의 보안 체제를 구현하는 것이다.

기출유형 완성하기

정답 01 ① 02 ② 03 ② 04 ② 05 ①

01 **통신 시스템 내에 있는 동위 계층 또는 동위 개체 사이에서의 데이터 교환을 위한 프로토콜은?** (2019-2차)

① 네트워크 프로세스 간 프로토콜
② 응용 지향 프로토콜
③ 네트워크 액세스 프로토콜
④ 네트워크 내부 프로토콜

해설
대부분의 애플리케이션은 두 프로세스가 메시지를 서로에게 보내는 통신 프로세스로 쌍으로 구성된다. 하나의 프로세스로부터 다른 프로세스로 보내는 메시지는 네트워크를 통해 움직이며 프로세스는 소켓(Socket)을 통해 네트워크로 메시지를 보내고 받는다.

02 **프로토콜(Protocol)의 구성요소에 해당하지 않는 것은?** (2010-1차)

① 구문(Syntax)
② 트래픽(Traffic)
③ 의미(Semantics)
④ 타이밍(Timing)

해설
프로토콜의 기본 구성은 구문(Syntax), 타이밍(Timing), 의미(Semantics)이다.

구분	설명
구문 (Syntax)	데이터의 형식(Format), 부호화(Coding)방식, 신호레벨, 데이터 구조와 순서에 대한에 형식을 규정한다.
의미 (Semantics)	패턴에 대한 해석과 제어정보 규정으로 데이터를 에러 발생 시 어떻게 제어할지, 처리 방법에 대한 정보를 포함한다.
타이밍 (Timing)	데이터 전송시기와 전송속도를 정의한다. 데이터를 주고받을 속도 조절과 여러 데이터가 동시에 통신에 대한 순서관리를 규정한다.

03 **다음 중 프로토콜의 주요 요소에 해당하지 않는 것은?** (2018-3차)(2020-2차)

① 구문(Syntax) ② 실체(Entity)
③ 의미(Semantics) ④ 타이밍(Timing)

해설
프로토콜의 기본 구성은 구문(Syntax), 타이밍(Timing), 의미(Semantics)이다.

04 **엔티티(Entity) 간에 교환되는 프로토콜 데이터 유니트(PDU)가 가지는 제어정보가 아닌 것은?** (2010-1차)

① 주소 ② 데이터 형식
③ 에러검출코드 ④ 프로토콜 제어정보

해설
프로토콜 데이터 단위(Protocol Data Unit)는 두 엔티티 통신 프로토콜에 의하여 교환하는 데이터 블록으로, 통신을 하는 오픈 시스템 간의 같은 계층 사이에서 전송되는 정보의 단위이다. 응용계층 간에서 전송되는 것을 APDU, 프레젠테이션 계층 간에서 전송되는 것을 PPDU, 세션 계층 간에서 전송되는 것을 SPDU, 트랜스포트층 간에서 전송되는 것을 TPDU, 네트워크층 간에서 전송되는 것을 NPDU라 한다. 프로토콜 데이터 유니트(PDU) 내에는 주소, 에러검출코드, 프로토콜 제어정보 등이 포함되어 있다.

05 **다음 중 정보의 캡슐화(Encapsulation)에 사용되는 프로토콜 제어정보가 아닌 것은?** (2010-2차)

① 동기신호 ② 수신주소
③ 송신주소 ④ 오류검출코드

해설
정보의 캡슐화(Encapsulation)는 정보의 전송을 위해 전송할 데이터의 앞과 뒷부분에 헤더(Header)와 트레일러(Trailer)를 첨가하는 것이다. 이를 위해 송신, 수신 주소가 필요하며 전송 도중에 발생할 오류들을 검출하여 정정하기 위한 오류 제어(Error Control)를 한다. 오류수정을 위해 FEC(Forward Error Correcting System)와 ARQ(Automatic Repeat Request)를 사용한다.

정답 06 ② 07 ② 08 ② 09 ② 10 ③ 11 ①

06 ISO의 OSI 및 IBM의 SNA 등을 무엇이라고 하는가? (2011-2차)

① 프로토콜 프로그램
② 네트워크 아키텍처
③ 네트워크 인터페이스
④ 네트워크 관리

해설
시스템 네트워크 아키텍처(Systems Network Architecture, SNA)는 1974년에 만들어진 IBM의 네트워크 아키텍처이다. 컴퓨터와 자원 간 상호 연결을 위한 프로토콜 스택이다. SNA 구현을 통해 다양한 통신 패키지의 형태를 취할 수 있어 네트워크 아키텍처의 기반이 되었다.

07 프로토콜의 주요 요소 중에서 데이터의 구조나 형식 등을 규정하는 것은? (2012-1차)

① 타이밍　② 구문
③ 의미　④ 표준

해설
구문(Syntax)은 데이터의 형식(Format), 부호화(Coding)방식, 신호레벨, 데이터 구조와 순서에 대한에 형식을 규정한다.

08 프로토콜에 관한 설명 중 틀린 것은?
(2012-1차)(2015-1차)(2019-1차)

① 컴퓨터를 이용한 온라인(On-line) 시스템 등장 이후 필요성이 제기되었다.
② 프로토콜의 기본 구성은 구문(Syntax), 패스(Path), 의미(Semantics)로 분류된다.
③ 통신 프로토콜의 표준화가 제기되면서 국제전기통신연합(ITU)에서 공중 패킷 교환망용 X.25를 표준화하였다.
④ 기능별 계층(Layer)화 프로토콜 기술을 채택하는 네트워크 아키텍처로 발전하게 되었다.

해설
프로토콜의 기본 구성은 구문(Syntax), 타이밍(Timing), 의미(Semantics)이다.

09 프로토콜의 구성요소 중 "통신할 데이터의 형식"이란 의미로 코딩, 신호레벨 등을 정의하며 통신에서 전달되는 자료의 구조를 정의하는 것은?
(2013-1차)(2013-2차)(2013-3차)(2014-1차)
(2015-2차)(2017-3차)(2018-1차)

① 의미(Semantics)
② 구문(Syntax)
③ 타이밍(Timing)
④ 포맷(Format)

해설
구문(Syntax)은 데이터의 형식(Format), 부호화(Coding)방식, 신호레벨, 데이터 구조와 순서에 대한에 형식을 규정한다.

10 프로토콜의 구성요소 중 '속도 맞춤이나 정보의 순서' 등의 전달되는 정보 간 시간의 약속을 규정하는 것은? (2018-2차)

① 의미(Semantics)
② 구문(Syntax)
③ 타이밍(Timing)
④ 포맷(Format)

해설
타이밍(Timing)은 두 객체 간의 통신 속도 조정, 메시지의 전송 시간 및 순서 등에 대한 특성 정의하며 이를 통해 데이터 전송시기와 전송속도에 관한 특성을 나타낸다.

11 프로토콜의 주요 요소 중에서 데이터 전송시기와 전송속도에 관한 특성을 나타내는 것은?
(2016-1차)(2020-2차)

① 타이밍
② 구문
③ 의미
④ 표준

해설
① 속도 맞춤이나 정보의 순서 등의 전달되는 정보 간 시간의 약속을 규정하는 것이다.

정답 12 ① 13 ③ 14 ④

12 통신 프로토콜의 기능에 해당하지 않는 것은? (2013-1차)(2021-3차)

① 표준화
② 단편화와 재합성
③ 에러제어
④ 동기화

해설

통신 프로토콜의 기능

구분	내용
분할과 조립	• 단편화: 데이터를 일정한 크기의 작은 데이터 블록으로 나누어 전송하는 것이다. • 재조립: 수신측에서 분리된 데이터를 재구성해서 원래의 데이터로 복원하는 것이다.
연결 제어	데이터를 전송하기 위해 노드 간 연결을 확립하고, 데이터 전송, 연결 해제의 과정이다.
오류 제어	전송 도중에 발생할 오류들을 검출하여 정정하는 기능이다.
동기화	송수신기 간에 동일한 상태를 유지하도록 하는 것이다.

13 다음 중 통신 시스템 내에 있는 동위 계층 또는 동위 개체 사이에서의 데이터 교환을 위한 프로토콜은? (2021-2차)

① 응용 지향 프로토콜
② 네트워크 내부 프로토콜
③ 프로세서 간 프로토콜
④ 네트워크 간 프로토콜

해설

프로세스 간 전달(UDP와 TCP)은 프로세서 간 통신을 위해 IP 주소와 Port 번호를 조합하여 하나의 소켓 주소를 형성한다.

14 다음 중 통신 프로토콜의 특성으로 알맞지 않은 것은? (2017-3차)(2021-3차)

① 두 개체 사이의 통신 방법은 직접 통신과 간접 통신 방법이 있다.
② 프로토콜은 단일 구조 또는 계층적 구조로 구성될 수 있다.
③ 프로토콜은 대칭적이거나 비대칭적일 수 있다.
④ 프로토콜은 반드시 표준이어야 한다.

해설

프로토콜

데이터 통신에서 신뢰성 있고 효율적이며 안전하게 정보를 주고받기 위해서 정보의 송수신측 또는 네트워크 내에서 사전에 약속된 규약 또는 규범을 통칭해서 프로토콜이라 한다. 주요 특징은 아래와 같이 다양한 구조로 구성할 수 있다.

구분	내용
직접/간접(Direct/Indirect) 프로토콜	연결 형태가 다른 것에 대해 두 실체(Entity) 간에 직접적이거나 간접적으로 연결할 수 있다.
단일체/구조적(Monolithic/Structured) 프로토콜	모든 기능들이 하나의 프로토콜로 연관되어 있다면 이를 단일체 프로토콜이라 할 수 있다. 단일체 프로토콜은 프로토콜의 수정 요구가 발생 시 패키지의 재작성과 오류 발생 시 오류수정 등에 어려움이 있으므로 이를 구조적으로 설계, 구현하는 기술이 구조적 프로토콜이다. OSI 모델의 대표적인 예이다.
대칭/비대칭(Symmetric/Asymmetric) 프로토콜	프로토콜은 대칭적이거나 비대칭적일 수 있으나, 대부분 프로토콜은 대칭적으로 동등한 두 계층의 실체 간의 통신이 이루어진다.
표준(Standard)/비표준(Non-Standard)	프로토콜은 경우에 따라 표준으로 또는 특수한 경우에는 비표준으로 설정하여 상호 통신할 수 있다.

정답 15 ④ 16 ④ 17 ② 18 ③

15 다음 중 통신 프로토콜 구성의 기본요소가 아닌 것은? (2020-2차)

① 구문(Syntax)
② 타이밍(Timing)
③ 의미(Semantics)
④ 연결(Connection)

해설
프로토콜의 기본 구성은 구문(Syntax), 타이밍(Timing), 의미(Semantics)이다.

16 다음 중 네트워크의 논리적 기본 구성이 아닌 것은? (2016-3차)

① 노드(Node)
② 링크(Link)
③ 스테이션(Station)
④ 구문(Syntax)

해설
구문(Syntax)은 의미(Semantics), 타이밍(Timing)과 함께 통신 Protocol의 구성 3요소이다.

17 다음 중 프로토콜의 표현 요소에 해당하지 않는 것은? (2017-2차)

① 포맷(Format)
② 순서(Timing)
③ 스테이트(State)
④ 프로시주어(Procedure)

해설
순서(Timing)는 의미(Semantics), 구문(Syntax)과 함께 통신 Protocol의 구성 3요소이다.

18 정보통신에서 통신을 통제하는 규칙들을 규정해 놓은 것을 무엇이라 하는가? (2017-2차)

① 표준기구
② 포럼
③ 프로토콜
④ 통신개체

해설
프로토콜의 기본 구성은 구문(Syntax), 타이밍(Timing), 의미(Semantics)이다. 네트워크 프로세스 간 프로토콜이란 통신 시스템 내에 있는 동위 계층 또는 동위 개체 사이에서의 데이터 교환을 위한 프로토콜이다. 즉, 정보통신에서 통신을 통제하는 규칙들을 규정해 놓은 것을 프로토콜이라 한다.

기출유형 10 ▶ BSC(Binary Synchronous Control) 제어문자

다음 중 전송 제어문자의 내용으로 옳은 것은? (2016-3차)(2019-1차)(2022-1차)

① SYN: 문자동기 유지
② STX: 헤딩의 시작 및 텍스트의 시작
③ ETX: 텍스트의 시작을 표시
④ EOT: 전송 시작 및 데이터링크의 초기화 표시

해설
- STX(Start of Text): 본문의 개시 및 정보 메시지 헤더의 종료 표시로서 프로토콜 시작 문자이다.
- ETX(End of Text): 본문의 종료를 표시하는 프로토콜 끝 문자이다.
- EOT(End of Transmission): 전송의 종료를 표시하며, 데이터링크를 초기화한다.

| 정답 | ④

족집게 과외
- **STX**: 헤딩의 종료 및 TEXT의 개시
- **EOT**: 전송의 끝 및 데이터링크의 초기화
- **ACK**: 수신한 정보 메시지에 대한 긍정응답
- **SYN**: 동기를 취하거나 동기를 유지

더 알아보기

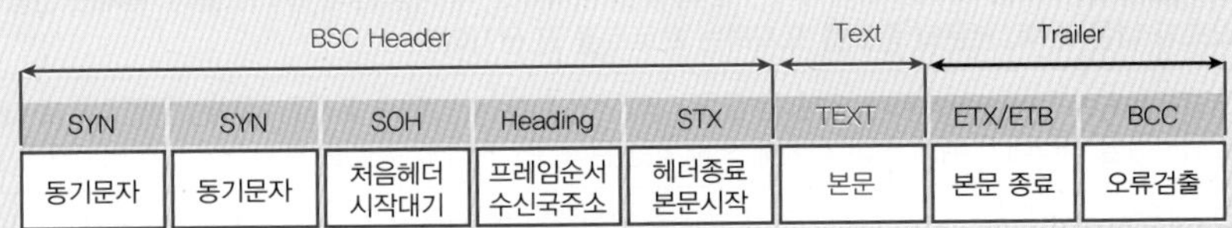

[BSC 프레임 구조]

BSC(Binary Synchronous Control)
문자기반 동기 방식 데이터링크 프로토콜로서 프레임에 전송제어 문자를 삽입하여 전송을 제어한다.

BSC 특징
- 전송방식: Half Duplex인 반이중 전송방식에만 사용된다.
- 데이터링크 형식: Point to Point, Multi-Point만 지원한다.
- 에러제어와 흐름제어, 오류 제어를 위해 Stop & Wait ARQ를 사용한다.
- 저속 통신에서 구현하므로 전파 지연이 긴 선로에는 비효율적이다.
- ASCII 코드에서 정의, 데이터 프레임은 헤더, 텍스트, 트레일러로 구성한다.
- 문자 방식 프로토콜이다.
- 주로 동기전송을 사용하나 비동기 전송방식을 사용하기도 한다.

❶ BISYNC(Binary Synchronous Communication) 프로토콜

BISYNC는 IBM이 1960년대에 개발한 문자 또는 바이트 지향 통신 방식이다. BISYNC는 연속적인 비트 스트림이 아닌 비트 또는 바이트 그룹을 전송하는 데 초점을 맞추고 있다. BISYNC에는 유효한 연결을 설정하고 데이터를 전송하기 위한 문자 및 절차가 포함되어 있다.

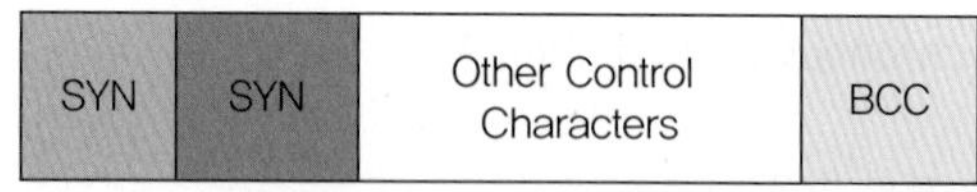

BCC: Block Check Characters
SYN: Synchronous Idle Character

BISYNC는 반 이중(Duplex) 링크 프로토콜로서, 제2세대 컴퓨터와 함께 사용된 동기식 송수신(STR-Synchronous transmit-receive) 프로토콜을 대체하였다. BISYNC는 기본 모드 프로토콜로도 알려져 있으며 투명(Transparent) 모드에서 비트 지향 데이터를 전송하는 데 사용되었다. 그러나 IBM의 Systems Network Architecture(SAN)에서 동기식 데이터 링크 제어(SDLC)와 같은 더 효율적인 프로토콜로 대체되었다. BISYNC는 ENQ(질의), ACK(수신 확인), NAK(부정 확인), EOT(전송 종료)와 같은 다양한 데이터 패킷도 사용했었으며 현재는 사용을 안 하고 있으나 통신 초기에 사용한 기본 기술로 본 책에서는 기본을 다지기 위해 언급되었다.

❷ BSC(Binary Synchronous Control)에 사용되는 전송 제어 문자

이진 동기 통신(BSC)은 두 장치 간에 데이터를 교환하는 데 사용되는 동기 통신 프로토콜이다. 이 프로토콜에서 제어문자는 프레임의 시작과 끝을 표시하고 다른 제어 기능을 수행하는 데 사용된다.

구분	내용
NULL	데이터가 공백일 때 사용한다.
SOH	SOH(Start of Header), 프레임의 시작을 나타내는 데 사용된다. SOH는 정보 메시지 헤더의 첫 번째 글자로 시작 대기 상태이며 SOH 문자 뒤에는 프레임의 길이, 프레임 유형 및 오류 검사 코드와 같은 프레임에 대한 정보가 포함된 헤더가 있다.
STX	STX(Start of Text), 프레임의 데이터 부분의 시작을 나타내기 위해 사용된다. STX 문자 뒤에 전송되는 데이터가 나온다. 즉, 본문의 개시 및 정보 메시지 헤더의 종료 표시로서 프로토콜 시작 문자이다.
ETX	ETX(End of Text), 프레임의 데이터 부분의 끝을 나타내는 데 사용된다. ETX 문자 뒤에는 전송 중인 오류 검사 코드가 나온다. 즉, 본문의 종료를 표시하는 프로토콜 끝 문자이다.
EOT	EOT(End of Transmission), 전송의 끝을 나타내기 위해 사용된다. EOT 문자는 일반적으로 데이터 전송이 완료되었음을 나타내기 위해 전송 장치에 의해 전송된다. 즉, 전송의 종료를 표시하며 데이터링크를 초기화한다.
ENQ	ENQ(Enquiry, 문의), 수신 장치로부터 응답을 요청하는 데 사용된다. 수신 장치는 ACK(확인) 또는 NAK(부정 확인) 문자로 응답한다. 즉, 상대국에 데이터링크의 설정 및 응답 요구이다.
ACK	ACK(Acknowledge, 승인), 프레임이 오류 없이 수신되었음을 나타내기 위해 사용된다. 즉, 수신한 정보 메시지에 대한 긍정응답으로 통신이 인증되었음을 나타낸다.
DLE	DLE(Data Link Escape), 다음 문자가 데이터 문자가 아닌 제어문자임을 나타내기 위해 사용된다. DLE 문자는 프로토콜에서 특별한 의미가 있는 문자를 이스케이프 하는 데도 사용된다. 즉, 뒤따르는 연속된 글자들의 의미를 바꾸기 위해 사용한다(보조적 전송제어기능).
NAK	NAK(Negative Acknowledge), 프레임이 오류와 함께 수신되었거나 수신 장치가 프레임을 처리할 수 없음을 나타내기 위해 사용된다. 즉, 수신한 정보 메시지에 대한 부정 응답으로 통신이 인증되지 않음을 표시한다.
SYN	SYN(Synchronous Idle), 회선이 유휴 상태이고 데이터가 전송되지 않음을 나타내기 위해 사용된다. SYN은 수신 장치를 송신 장치와 문자 전송 전 동기를 취하거나 동기를 유지하기 위하여 사용한다.
ETB	ETB(End of Transmission Block), 전송 블럭의 종료를 표시한다.

이러한 제어문자는 신뢰할 수 있는 데이터 전송을 보장하고 장치 간의 데이터 흐름을 관리하는 데 사용된다.

정답 01 ① 02 ① 03 ③ 04 ③

01 다음 중 비트 방식의 데이터링크 프로토콜이 아닌 것은? (2019-3차)(2021-2차)

① BSC ② SDLC
③ HDLC ④ LAPB

해설

① BSC: Binary Synchronous Control은 문자 위주 동기 방식 데이터링크 프로토콜이다.
② SDLC: Synchronous Data Link Control은 IBM사에서 개발한 비트 방식의 프로토콜이다. BSC의 많은 제한점을 보완했으며, HDLC의 기초가 되었다.
③ HDLC: High-level Data Link Control, 프로토콜로 컴퓨터가 일대일 혹은 일대다로 연결된 환경에 데이터의 송수신 기능을 제공한다. SDLC(Synchronous Data Link Control)라는 IBM SNA의 데이터링크 프로토콜이 있었다. SDLC 프로토콜을 ISO에서 발전시켜 HDLC로 발표를 하였다.
④ LAPB: Link Access Procedure-Balanced는 HDLC 프로토콜로부터 X.25 패킷교환을 위해 개발된 점대점 데이터링크 접속용 ITU-T 프로토콜 표준이다.

02 다음 중 BSC 프로토콜에서 사용되지 않는 방식은? (2014-1차)(2017-1차)(2021-1차)

① 루프(Loop) 방식
② 반이중(Half Duplex)방식
③ 포인트 투 포인트(Point-to-Point) 방식
④ 멀티포인트(Multipoint) 방식

해설

BSC 프로토콜 방식

- 전송방식: Half Duplex인 반이중 전송방식에만 사용된다.
- 데이터링크 형식: Point to Point, Multi-Point만 지원한다.

03 BSC(Binary Synchronous Communication) 프로토콜의 특징이 아닌 것은? (2012-1차)(2013-3차)(2015-1차)

① 사용 코드에 제한이 있다.
② 동일한 통신 회선상의 터미널은 동일한 코드를 사용한다.
③ 전이중 전송 방식만 가능하다.
④ 전파 지연 시간이 긴 선로에서는 비효율적이다.

해설

BSC(Binary Synchronous Communication) 프로토콜

- 전송방식: Half Duplex인 반이중 전송방식에만 사용된다.
- 데이터링크 형식: Point to Point, Multi-Point만 지원한다.
- 에러제어와 흐름제어, 오류 제어를 위해 Stop & Wait ARQ를 사용한다.
- 저속 통신에서 구현하므로 전파 지연이 긴 선로에는 비효율적이다.
- ASCII 코드에서 정의, 데이터 프레임은 헤더, 텍스트, 트레일러로 구성한다.
- 문자 방식 프로토콜이다.
- 주로 동기전송을 사용하나 비동기 전송방식을 사용하기도 한다.

04 블록동기는 문자동기와 플래그 방식으로 구분되는데 문자동기 방식의 설명 중 틀린 것은? (2012-2차)(2014-1차)(2015-2차)

① 데이터블록 앞에 데이터의 시작을 알리는 전송 제어 코드 "STX" 사용
② 전송 시 동기용 전송 제어코드 "SYN" 2개 이상 사용
③ 데이터 전송의 끝을 의미하는 "END" 제어신호 사용
④ 에러를 체크하기 위한 에러제어코드 "BCC" 사용

해설

EOT(End of Transmission): 전송의 종료를 표시하며, 데이터링크를 초기화한다.

정답 05 ③ 06 ① 07 ③ 08 ④ 09 ②

05 문자동기방식에서 에러를 체크하기 위한 코드는? (2013-1차)(2018-2차)(2021-2차)

① ETX(End of Text)
② STX(Start of Text)
③ BCC(Block Check Character)
④ BSC(Binary Synchronous Control)

해설

BCC(Block Check Character)
통신에서 블록 검사 문자는 오류 감지를 용이하게 하기 위해 전송 블록에 추가된 문자이다. 종단 중복 검사 및 순환 중복 검사에서 블록 검사 문자는 전송된 각 메시지 블록에 대해 계산되고 추가된다.

06 전송제어 프로토콜 중 BASIC 프로토콜의 전송 제어 문자 내용이 틀린 것은?(2012-3차)(2016-1차)

① SYN: 헤딩의 시작
② STX: 헤딩의 종료 및 TEXT의 개시
③ EOT: 전송의 끝 및 데이터링크의 초기화
④ ACK: 수신한 정보 메시지에 대한 긍정응답

해설

① SYN(Synchronous Idle): 문자 전송 전 동기를 취하거나 동기를 유지하기 위하여 사용한다.

07 문자방식 프로토콜에 사용되는 전송제어문자가 아닌 것은? (2012-1차)(2022-3차)

① ENQ ② DLE
③ REG ④ ETB

해설

- ENQ(Enquiry): 상대국에 데이터링크의 설정 및 응답을 요구한다.
- DLE(Data Link Escape): 뒤따르는 연속된 글자들의 의미를 바꾸기 위해 사용한다(보조적 전송제어기능).
- ETB(End of Transmission Block): 전송 블럭의 종료를 표시한다.

08 각종 제어문자들의 기능 중 데이터 블록의 전송이 끝나 논리적 링크를 해제할 때 사용되는 것은? (2013-2차)(2015-1차)

① ACK ② NAK
③ ENQ ④ EOT

해설

구분	내용
EOT	End of Transmission, 전송의 종료를 표시하며, 데이터링크를 초기화한다.
ENQ	Enquiry, 상대국에 데이터링크의 설정 및 응답을 요구한다.
ACK	Acknowledge, 수신한 정보 메시지에 대한 긍정응답으로 통신이 인증되었음을 나타낸다.
NAK	Negative Acknowledge, 수신한 정보 메시지에 대한 부정 응답으로 통신이 인증되지 않음을 표기한다.

09 전송제어 프로토콜 중 BASIC 프로토콜의 BCC 체크범위가 아닌 것은? (2018-1차)

① STX ② SOH
③ ETX ④ Text

해설

BCC는 Heading에서부터 STX, Text, ETX/ETB까지 체크 범위이다.

BSC 프레임 구조

BSC Header					Text	Trailer	
SYN	SYN	SOH	Heading	STX	TEXT	ETX/ETB	BCC
동기문자	동기문자	처음헤더 시작대기	프레임순서 수신국주소	헤더종료 본문시작	본문	본문 종료	오류검출

기출유형 11 ▸ **HDLC(High-level Data Link Control)**

다음 중 HDLC 프로토콜의 특징이 아닌 것은? (2018-3차)

① 비트 방식 프로토콜의 일종
② 단방향, 반이중, 전이중 전송에 모두 사용
③ 데이터 링크 형식으로 Point to Point, Multipoint 및 Loop가 가능
④ 에러제어 방식으로 정지대기 ARQ 사용

해설

HDLC **프로토콜 특징**

- 비트방식의 프로토콜
- 단방향, 반이중, 전이중방식 모두 사용이 가능
- 데이터링크계층의 프로토콜
- 오류제어방식으로 ARQ 방식을 사용
- 동기식 전송방식을 사용
- 에러 제어 방식으로 FEC(Forward Error Control)를 사용
- 점대점 불균형 링크, 멀티포인트 불균형 링크, 점대점 균형 링크에서 사용

| 정답 | ④

족집게 과외

HDLC Frame	FLAG, ADDRESS, CONTROL, DATA, FCS, FLAG
HDLC Error 제어 방식	FEC(Forward Error Control)

HDLC Header			Text	Trailer	
8Bit	8Bit(확장가능)	8Bit	임의의 Bit	16/32Bit	8Bit
Flag	주소부	제어부	정보부	FCS	Flag

더 알아보기

- 문자지향 프로토콜: BSC(Binary Synchronous Communication), 전송된 프레임을 1Byte 문자로 해석
- 비트지향 프로토콜: HDLC(High-level Data Link Control)

구분	내용
Flag	프레임 개시 또는 종결을 나타내는 특유의 패턴(01111110 : 1이 6개 연속)이 있으며, 프레임 동기를 취하기 위해서 사용된다.
주소부	• 프레임 발신지나 목적지인 종국의 주소를 포함한다. • 명령 프레임일 때는 수신국소(종국)의 번지를 나타낸다. • 응답 프레임일 때는 송신국소(종국)의 번지를 나타낸다.
제어부	프레임 종류를 나타내며 흐름제어, 오류 제어를 한다.
정보필드	정보 메시지와 제어정보, 링크 관리정보를 넣는 부분으로 I 프레임 및 U 프레임에만 사용된다.
FCS 영역	• 오류 검출용으로 HDLC 프레임이 정확하게 상대국으로 전송되었는가를 확인한다. • 에러 검출용 16비트 코드로 CRC(Cyclic Redundancy Check Code)를 사용한다.

❶ HDLC(High-level Data Link Control)

㉠ HDLC는 통신 및 네트워킹에 널리 사용되는 동기식 데이터 통신 프로토콜로서 포인트 투 포인트(PTP) 또는 PTM(Point to Multi-Point)를 통해 데이터를 전송하기 위한 규칙을 정의하는 비트 지향 프로토콜이다. HDLC는 IBM이 1970년대에 개발한 널리 사용되는 프로토콜인 SDLC(Synchronous Data Link Control)와 유사하다.

㉡ 과거에 SDLC(Synchronous Data Link Control)라는 IBM SNA의 데이터 링크 프로토콜이 있으며, SDLC 프로토콜을 ISO에서 발전시켜 1979년 ISO에서 데이터링크의 표준으로 채택되었다. HDLC는 다시 LAP(Link Access Procedure)로 발전하고 이후 LAPB(Link Access Procedure-Balanced)로 진화되었다. HDLC는 OSI 모델의 데이터 링크 계층에서 작동하는 2계층 프로토콜로서 두 장치 간에 데이터를 전송하는 신뢰할 수 있고 효율적인 수단을 제공하며 전이중 및 반이중 통신모드에서 모두 사용할 수 있다. HDLC 프로토콜은 정보(I) 프레임, 감독(S) 프레임 및 번호 없는(U) 프레임을 포함한 많은 프레임 유형을 정의한다. 이러한 프레임은 데이터 전송, 데이터 흐름 관리 및 기타 제어기능을 수행하는 데 사용된다.

㉢ HDLC는 흐름제어를 위해 슬라이딩 윈도우 프로토콜을 사용하는데, 이 프로토콜을 통해 수신기는 언제든지 얼마나 많은 데이터를 수신할 수 있는지 송신기에 알려줄 수 있다. 이를 통해 데이터 손실을 방지하고 두 장치 모두 허용 가능한 속도로 데이터를 전송할 수 있다. HDLC는 또한 오류 감지 및 수정 메커니즘을 제공하여 오류 없이 데이터를 전송할 수 있도록 지원한다.

❷ HDLC(High-level Data Link Control) 프로토콜 특징

HDLC는 비트 중심 Protocol로서 시작과 끝을 표시하기 위해 제어문자 대신 비트들의 값을 전송한다. 이를 위해 프레임의 시작과 끝을 표시하기 위해 아래와 같은 방법을 사용한다.

플래그(01111110)	프레임의 시작과 끝을 나타내는 방식
시작 표시(10101011)	프레임의 시작을 알리고 헤더에 프레임의 길이를 표기하는 방식

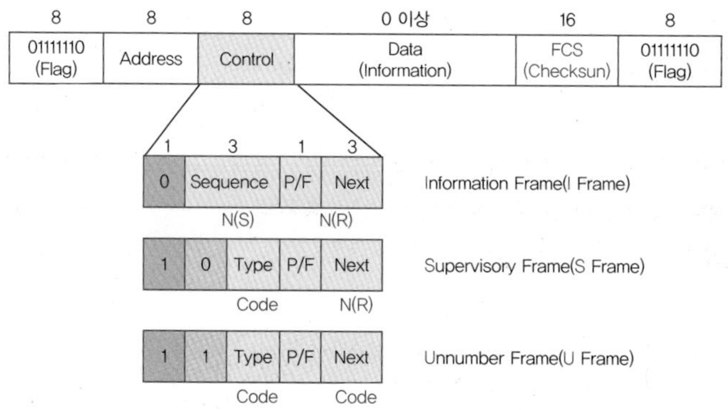

제어필드는 프레임의 종류에 따라 다르며 제어필드의 첫 번째 비트가 0이면 I-frame이다.

구분	내용
P/F	Poll/Final bit, P/F 필드는 두 가지 목적으로 쓰이는 단일 비트이다. 이 비트는 1이 되었을 때만 의미가 있으며 Poll 비트나 Final 비트를 의미할 수 있다. 이 비트는 프레임이 주국(Primary Station)에서 종국(Secondary Station)으로 보내졌을 때에는 Poll을 의미하며, 프레임이 종국에서 주국으로 보내졌을 때에는 Final 비트를 의미한다.
N(S)	Sequence Number of Frame Sent
N(R)	Sequence Number of Next Frame Expected
Code	Code for Supervisory or Unnumbered Frame

10이면 S-frame, 11이면 U-frame이다. 세 종류의 프레임 모두 제어란에 poll/final(P/F) 비트를 포함하고 있다.

구분	내용
I-frame	• Information Frame • 사용자 정보와 제어정보를 포함한다. • 제어부가 '0'으로 시작하는 프레임으로 사용자 데이터를 전달하거나 피기백킹(Piggybacking) 기법을 통해 데이터에 대한 확인 응답을 보낼 때 사용한다. • 흐름제어와 오류 제어를 위해 N(S)과 N(R)으로 부르는 두 개의 3 비트열을 가지고 있다.
S-frame	• Supervisory frame • 제어부가 '10'으로 시작하는 프레임으로 오류 제어와 흐름제어를 위해 사용한다. 오직 제어정보만 포함되며 제어필드에는 N(R) 필드는 있으나 N(S) 필드는 포함되지 않는다. 감시 프레임(Supervisory Frame)은 송신 순서번호를 포함하고 에러 및 흐름제어를 한다. - RR(Receiver Ready): 수신 준비 - RNR(Receiver Not Ready): 수신 미비 - REJ(Reject): 재전송 요구 - SREJ(Selective Reject): 선택적 재전송 요구
U-frame	• Unnumbered Frame • 제어부가 '11'로 시작하는 프레임으로 링크의 동작 모드 설정과 관리, 오류 회복을 수행하며 링크관리 정보를 포함하고 있다. N(S)이나 N(R) 필드가 없으며 사용자 데이터 교환이나 응답용이 아니다.

HDLC는 LAN(Local Area Network), WAN(Wide Area Network), 인터넷을 포함한 다양한 유형의 네트워크에서 널리 사용된다. 포인트 투 포인트와 멀티포인트 링크를 포함한 다양한 응용 프로그램에서 사용되며 라우터, 스위치, 모뎀을 포함한 광범위한 네트워크 장비에 의해 지원된다. 전반적으로 HDLC는 신뢰할 수 있고 효율적이며 널리 사용되는 프로토콜로, 수년 동안 현대 통신 및 네트워킹의 초석이 되어 왔다.

기출유형 완성하기

정답 01 ① 02 ③ 03 ④ 04 ④ 05 ④

01 **다음 중 HDLC 프로토콜에 대한 설명으로 옳지 않은 것은?** (2018-2차)(2021-3차)

① 바이트방식의 프로토콜이다.
② 단방향, 반이중, 전이중방식 모두 사용이 가능하다.
③ 데이터링크계층의 프로토콜이다.
④ 오류제어방식으로 ARQ 방식을 사용한다.

해설

HDLC **프로토콜 특징**

- 비트방식의 프로토콜
- 단방향, 반이중, 전이중방식 모두 사용이 가능
- 데이터링크계층의 프로토콜
- 오류제어방식으로 ARQ 방식을 사용
- 동기식 전송방식을 사용
- 에러 제어 방식으로 FEC(Forward Error Control)를 사용
- 점대점 불균형 링크, 멀티포인트 불균형 링크, 점대점 균형 링크에서 사용

02 **HDLC 프로토콜에 대한 설명으로 틀린 것은?** (2010-2차)

① 비트 방식 프로토콜이다.
② 동기식 전송방식을 사용한다.
③ 에러 제어 방식으로 Stop and Wait ARQ를 사용한다.
④ 점대점 불균형 링크, 멀티포인트 불균형 링크, 점대점 균형 링크에서 사용할 수 있다.

해설

③ 에러 제어 방식으로 FEC(Forward Error Control)를 사용한다.

03 **HDLC 프로토콜에 대한 설명으로 적합하지 않은 것은?** (2010-3차)

① 에러검출 방식으로 CRC를 사용한다.
② 전송제어 절차로 비트방식 프로토콜이다.
③ OSI 7계층 중 데이터링크 계층에 관한 프로토콜이다.
④ ISO에서 point-to-point 전송만을 지원키 위해 제안된 프로토콜이다.

해설

Point-to-Point 전송뿐만 아니라 Point-to-Multi-point도 지원한다.

04 **전송제어 프로토콜 중 HDLC 프로토콜의 프레임 구조에서 어드레스(Address)부의 모든 비트가 1인 경우를 무엇이라 하는가?** (2012-1차)(2021-1차)

① No Station Address
② Destination Address
③ Source Address
④ Global Address

해설

모든 비트가 1인 경우를 Global Address라 한다.

05 **HDLC 프레임의 구성으로 옳은 것은?** (2010-3차)

① 플래그 - 주소부 - FCS - 제어부 - 정보부 - 플래그
② 주소부 - 플래그 - 제어부 - FCS - 정보부 - 플래그
③ 플래그 - 주소부 - 정보부 - 제어부 - FCS - 플래그
④ 플래그 - 주소부 - 제어부 - 정보부 - FCS - 플래그

해설

HDLC Frame
Flag, Address, Control, Data(Information), FCS, Flag

정답 06 ① 07 ① 08 ③ 09 ④

06 다음 중 HDLC의 프레임구조가 순서대로 옳게 나열된 것은? (2021-3차)

① Flag, Address, Control, Data, FCS, Flag
② Flag, Control, Address, Data, FCS, Flag
③ Flag, Control, Data, Address, Flag, FCS
④ Flag, Data, Control, Address, FCS, Flag

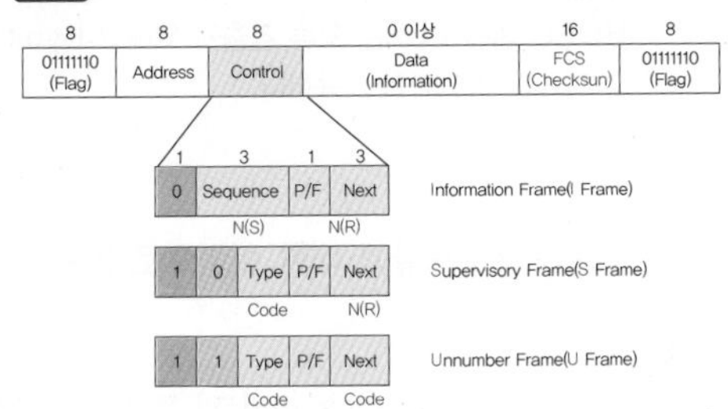

07 HDLC의 프레임구조의 순서가 옳은 것은? (단, F: 플래그, A: 주소부, C: 제어부, I: 정보부, FCS: 플래그 검사 시퀀스) (2011-2차)

① F - A - C - I - FCS - F
② F - I - C - A - FCS - F
③ F - A - I - C - FCS - F
④ F - I - A - C - FCS - F

해설

HDLC Frame
Flag, Address, Control, Data(Information), FCS, Flag

08 HDLC 프로토콜에서 플래그의 사용 목적으로 가장 적합한 것은? (2010-1차)

① 주소를 나타내기 위해
② 링크를 초기 설정하기 위해
③ 프레임의 동기를 맞추기 위해
④ 데이터전송 동작모드를 결정하기 위해

해설

플래그를 사용함으로서 프레임의 동기를 맞출 수 있다.

09 HDLC 프레임에 대한 설명으로 틀린 것은? (2010-1차)

① 제어영역은 프레임의 종류를 식별하기 위해 사용된다.
② 주소영역은 보통 8비트로 구성되며 프레임을 수신하거나 송신하는 부 스테이션을 식별하기 위해 사용된다.
③ FCS는 플래그를 제외한 전달되는 프레임 내용에 대한 오류 검출을 위하여 사용되며, 사용 코드는 CRC 방식을 사용한다.
④ 정보영역은 사용자 사이에 교환되는 데이터를 실어 보내게 되며 플래그 01111110을 포함한다.

해설

정보영역은 사용자 사이에 교환되는 데이터를 보내면 플래그는 정보영역(Data)과 별개로 플래그를 처음과 끝에 두어 시작과 끝을 구분한다. FCS(Frame Check Sequence)는 에러를 검출하기 위해 16bit로 구성되어 사용되며 주로 CRC 방식을 사용한다.

10 다음 중 비트(bit) 방식의 전송 프로토콜에 속하지 않는 것은? (2010-2차)

① BSC
② SDLC
③ HDLC
④ LAP-B

해설

① BSC: Binary Synchronous Control는 문자 위주 동기 방식 데이터링크 프로토콜이다.
② SDLC: Synchronous Data Link Control는 IBM사에서 개발한 비트 방식의 프로토콜이다. BSC의 많은 제한점을 보완했으며, HDLC의 기초가 되었다.
③ HDLC: High-level Data Link Control, 프로토콜로 컴퓨터가 일대일 혹은 일대다로 연결된 환경에 데이터의 송수신 기능을 제공한다.
④ LAPB: Link Access Procedure-Balanced, HDLC 프로토콜로부터 X.25 패킷교환을 위해 개발된 점대점 데이터링크 접속용 ITU-T 프로토콜 표준이다.

11 다음 중 HDLC 제어필드의 형식이 아닌 것은? (2011-1차)

① I 형식
② S 형식
③ U 형식
④ P 형식

해설

구분	내용
I-frame	Information Frame
S-frame	Supervisory Frame
U-frame	Unnumbered Frame

12 다음 중 HDLC 프레임구조에서 FCS의 비트수는? (2011-2차)(2013-2차)

① 6
② 12
③ 16
④ 24

해설

HDLC 내에 FCS는 오류 검출을 위해 2 Byte(16bit)나 4Byte(32bit)를 사용한다.

13 HDLC 프로토콜에 대한 설명으로 옳지 않은 것은? (2011-3차)

① 비트방식(Bit Oriented)의 프로토콜이다.
② 프레임의 시작과 끝에는 플래그가 위치한다.
③ 주소영역이 모두 1인 경우는 모든 스테이션에 프레임을 전달하기 위한 것으로 사용된다.
④ Full Duplex 방식에서는 사용할 수 없다.

해설

HDLC는 Half Duplex와 Full Duplex 방식에서 사용할 수 있다.

14 HDLC 프로토콜에서 사용되는 프레임 내에 제어부를 구성하는 비트들은 사용 목적에 따라 3가지의 구성형식을 가지게 되는데 이에 해당되지 않는 것은? (2012-2차)(2015-2차)

① 감시형식(S-frame)
② 비번호제형식(U-frame)
③ 응답형식(R-frame)
④ 정보전송형식(I-frame)

해설

구분	내용
I-frame	Information Frame
S-frame	Supervisory Frame
U-frame	Unnumbered Frame

정답 15 ② 16 ③ 17 ③ 18 ④

15 HDLC 프로토콜에서 S-프레임의 명령어와 거리가 먼 것은? (2013-1차)(2019-1차)

① Receive Reagy(RR)
② Request Disconnect(RD)
③ Reject(REJ)
④ Selective-Reject(SREJ)

해설

감시 프레임(Supervisory Frame)
송신 순서번호를 포함하고 에러 및 흐름제어를 한다.

RR(Receiver Ready)	수신 준비
RNR(Receiver Not Ready)	수신 미비
REJ(Reject)	재전송 요구
SREJ(Selective-Reject)	선택적 재전송 요구

16 HDLC(High-level Data Link Control) 프로토콜 프레임의 제어부 형식 중 링크 상태의 초기 설정, 데이터전송 동작 모드의 설정 요구 및 응답, 데이터링크의 확립 및 절단 등에 사용되는 형식은? (2013-2차)

① 정보전송 형식(I frame)
② 감시 형식(S frame)
③ 비번호제 형식(U frame)
④ 시험 형식(T frame)

해설

제어필드는 프레임의 종류에 따라 다르다. 제어필드의 첫 번째 비트가 0이면 I-frame이다. 10이면 S-frame, 11이면 U-frame이다. 세 종류의 프레임 모두 제어란에 Poll/Final(P/F) 비트를 포함하고 있다.

17 전송제어 프로토콜 중 HDLC 프로토콜의 시작 플래그(Opening Flag)가 '01111110'이면, 종료 플래그(Closing Flag)는 어느 것인가? (2014-1차)

① 11111110
② 01111111
③ 01111110
④ 11111111

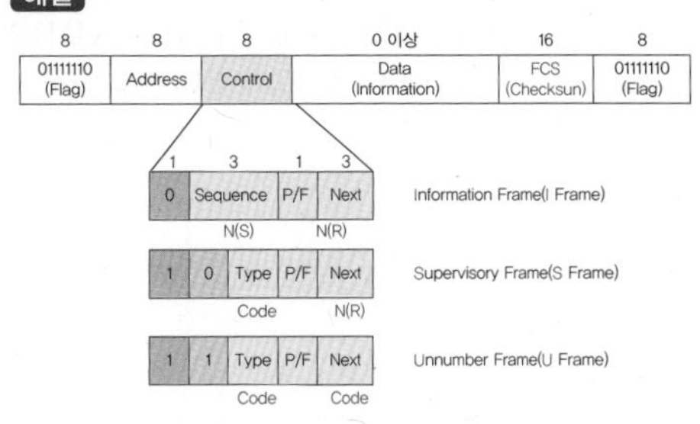

18 HDLC 프로토콜에서 I-프레임의 P/F 비트의 의미는 무엇에 따라 다르게 해석될 수 있는가? (2015-2차)

① 전송 방식
② 시스템 모드(Mode)
③ 시스템 구성(Configuration)
④ 프레임이 명령인지 또는 응답인지

해설

제어필드는 프레임의 종류에 따라 다르다. 제어필드의 첫 번째 비트가 0이면 I-frame이다. 10이면 S-frame, 11이면 U-frame이다. 세 종류의 프레임 모두 제어란에 Poll/Final(P/F) 비트를 포함하고 있다.

P/F
Poll/Final bit, P/F 필드는 두 가지 목적으로 쓰이는 단일비트이다. 이 비트는 1이 되었을 때만 의미가 있으며 poll 비트나 final 비트를 의미할 수 있다. 이 비트는 프레임이 주국(Primary Station)에서 종국(Secondary Station)으로 보내졌을 때에는 Poll을 의미하며, 프레임이 종국에서 주국으로 보내졌을 때에는 Final 비트를 의미한다.

정답 19 ② 20 ②

19 HDLC 전송 프로토콜의 국 사이에서 교환되는 데이터 전송 단위는? (2014-2차)

① 블록
② 프레임
③ 비트
④ 패킷

해설

HDLC 전송 프로토콜의 국 사이에서 교환되는 데이터 전송 단위는 프레임으로 FLAG, ADDRESS, CONTROL, DATA, FCS, FLAG의 형식으로 통신한다.

20 디지털 종합 정보통신망(ISDN)에서 데이터링크 제어용으로 대역 외 신호방식(Out-of-band Signaling)을 사용하는 HDLC 응용 프로토콜은? (2012-1차)

① LAPB(Link Access Procedure Balanced)
② LAPD(Link Access Procedure for D Channel)
③ LAPM(Link Access Procedure for Modems)
④ SLIP(Serial Line IP)

해설

LAP(Link Access Procedure)

노드 간에 데이터링크를 구성하거나 기 구성된 데이터링크에 접속하는 절차로서 노드 to 노드보다는 노드 to 데이터링크에 접속하는 절차이다.

- LAP-B(Link Access Procedure, Balanced)는 HDLC 프로토콜로부터 X.25 패킷교환을 위해 개발된 점대점 데이터링크 접속용으로 ITU-T 프로토콜 표준이며 데이터링크 계층에서 전송제어절차를 규정한다.
- LAP-D는 ISDN에서 D 채널 상의 데이터링크의 설정, 유지, 해제 기능과 데이터 프레임 배열, 에러 검출 기능 등을 수행하는 비트 중심 프로토콜이다. 이 프로토콜은 D 채널상에서 제어 및 신호 정보의 흐름과 적절한 수신 보장이 목적이다.

기출유형 12 ▶ HDLC(High-level Data Link Control) 전송모드

HDLC 전송제어에서 사용하는 동작모드가 아닌 것은? (2010-2차)

① 정규 응답모드(NRM) ② 초기 모드(IM)
③ 비동기 평형모드(ABM) ④ 비동기 응답모드(ARM)

해설
① 정규 응답모드(NRM): Normal Response Mode, 불평형 구조에서 사용한다.
③ 비동기 평형모드(ABM): Asynchronous Balanced Mode, 스테이션은 Primary와 Secondary 기능이 있다.
④ 비동기 응답모드(ARM): 불평형 구조에서 사용되며 Primary의 요구가 없어도 Secondary가 전송을 개시할 수 있다.

| 정답 | ②

족집게 과외

NRM	Normal Response Mode, 불평형 구조에서 사용한다.
ARM	Asynchronous Response Mode Primary, 요구가 없어도 Secondary가 전송을 개시할 수 있다.
ABM	Asynchronous Balanced Mode, 스테이션은 Primary와 Secondary 기능이 있다.

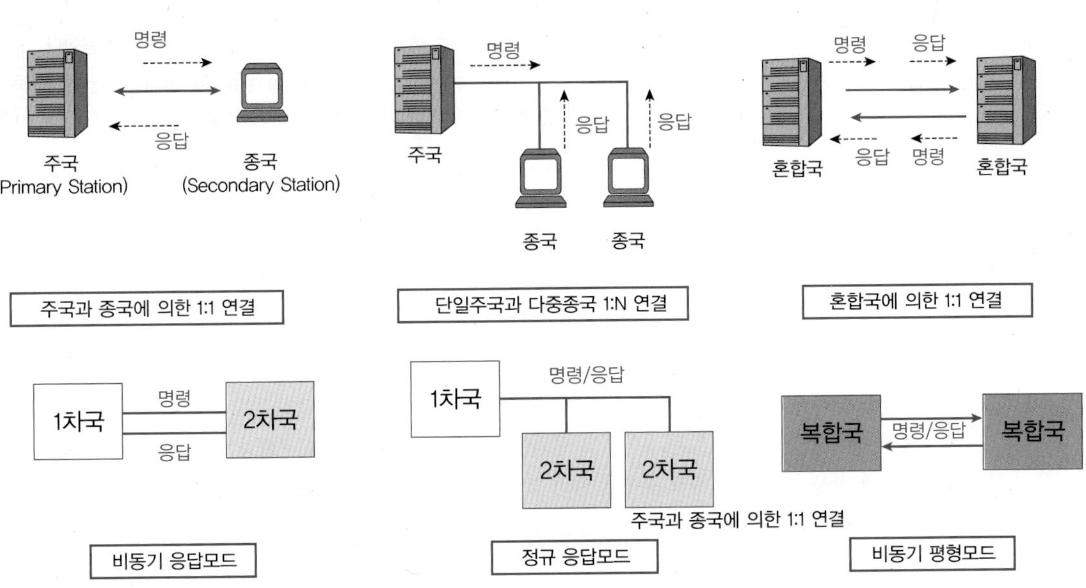

구분	구성	내용
ARM	비동기 응답모드 (Asynchronous Response Mode)	종국은 주국의 허가(Poll) 없이도 송신이 가능하지만, 링크 설정이나 오류 복구 등의 제어기능은 주국만 한다.
NRM	정규 응답모드 (Normal Response Mode)	장치가 송신기 역할을 하고 다른 장치가 수신기 역할을 한다. 주국이 세션을 열고 종국들은 응답만 한다.
ABM	비동기 평형모드 (Asynchronous Balanced Mode)	두 장치가 동일한 피어로 작동하며 통신한다. 각 국이 주국이자 종국으로 서로 대등하다.

❶ HDLC 동작 모드

HDLC는 세 가지 작동 모드를 동작한다. 세 가지 모드 모두에서 HDLC는 다른 목적으로 사용되는 프레임 유형 집합을 정의한다. 예를 들어, 정보 프레임(Information Frame)은 사용자 데이터를 전달하는데 사용되는 반면, 감독 프레임(Supervision Frames)은 데이터의 흐름을 관리하고 오류 감지 및 수정을 수행하는 데 사용된다. 번호 없는 프레임(Unnumbered Frames)은 연결 설정 및 종료와 같은 제어 목적으로 사용된다.

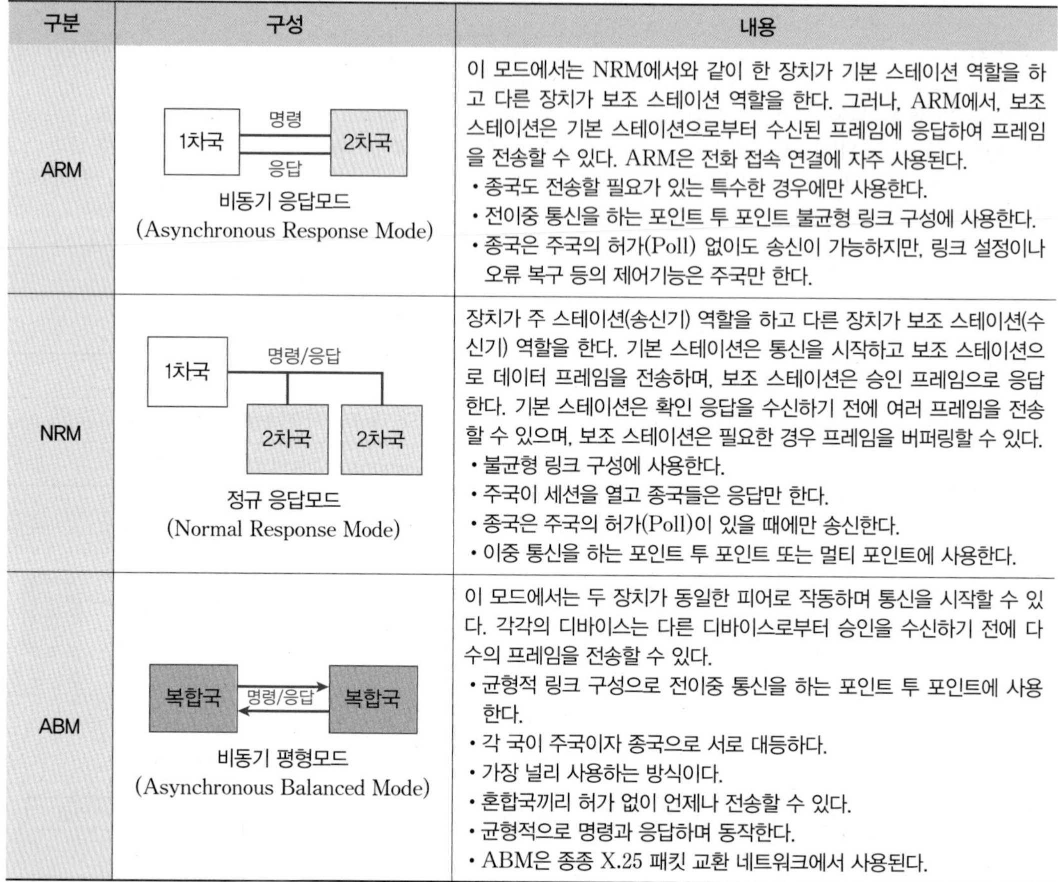

구분	구성	내용
ARM	1차국 ⇄ 2차국 (명령 / 응답) 비동기 응답모드 (Asynchronous Response Mode)	이 모드에서는 NRM에서와 같이 한 장치가 기본 스테이션 역할을 하고 다른 장치가 보조 스테이션 역할을 한다. 그러나, ARM에서, 보조 스테이션은 기본 스테이션으로부터 수신된 프레임에 응답하여 프레임을 전송할 수 있다. ARM은 전화 접속 연결에 자주 사용된다. • 종국도 전송할 필요가 있는 특수한 경우에만 사용한다. • 전이중 통신을 하는 포인트 투 포인트 불균형 링크 구성에 사용한다. • 종국은 주국의 허가(Poll) 없이도 송신이 가능하지만, 링크 설정이나 오류 복구 등의 제어기능은 주국만 한다.
NRM	1차국 — 2차국, 2차국 (명령/응답) 정규 응답모드 (Normal Response Mode)	장치가 주 스테이션(송신기) 역할을 하고 다른 장치가 보조 스테이션(수신기) 역할을 한다. 기본 스테이션은 통신을 시작하고 보조 스테이션으로 데이터 프레임을 전송하며, 보조 스테이션은 승인 프레임으로 응답한다. 기본 스테이션은 확인 응답을 수신하기 전에 여러 프레임을 전송할 수 있으며, 보조 스테이션은 필요한 경우 프레임을 버퍼링할 수 있다. • 불균형 링크 구성에 사용한다. • 주국이 세션을 열고 종국들은 응답만 한다. • 종국은 주국의 허가(Poll)이 있을 때에만 송신한다. • 이중 통신을 하는 포인트 투 포인트 또는 멀티 포인트에 사용한다.
ABM	복합국 ⇄ 복합국 (명령/응답) 비동기 평형모드 (Asynchronous Balanced Mode)	이 모드에서는 두 장치가 동일한 피어로 작동하며 통신을 시작할 수 있다. 각각의 디바이스는 다른 디바이스로부터 승인을 수신하기 전에 다수의 프레임을 전송할 수 있다. • 균형적 링크 구성으로 전이중 통신을 하는 포인트 투 포인트에 사용한다. • 각 국이 주국이자 종국으로 서로 대등하다. • 가장 널리 사용하는 방식이다. • 혼합국끼리 허가 없이 언제나 전송할 수 있다. • 균형적으로 명령과 응답하며 동작한다. • ABM은 종종 X.25 패킷 교환 네트워크에서 사용된다.

전반적으로 작동 모드는 특정 응용 프로그램과 사용 중인 통신 링크 유형에 따라 달라진다. HDLC는 광범위한 애플리케이션 및 통신 환경에서 사용할 수 있는 유연하고 신뢰할 수 있는 프로토콜을 제공한다. 전반적으로 작동 모드는 특정 응용 프로그램과 사용 중인 통신 링크 유형에 따라 달라진다. HDLC는 광범위한 애플리케이션 및 통신 환경에서 사용할 수 있는 유연하고 신뢰할 수 있는 프로토콜을 제공한다.

정답 01 ② 02 ① 03 ② 04 ①

01 다음 중 HDLC 전송 프로토콜의 국 사이에서 교환되는 데이터 전송 단위는? (2010-2차)(2021-1차)

① 데이터그램 ② 프레임
③ 비트 ④ 패킷

해설
HDLC(High-Level Data Link Control)
비트 지향 동기 데이터 링크 계층인 프로토콜이다. HDLC는 오류 없이 데이터를 전송하고 전송 속도를 제어하며 연결 지향 및 비 연결 서비스를 모두 제공할 수 있다. HDLC의 데이터는 프레임이라고 하는 단위로 구성되며 네트워크를 통해 지정된 대상으로 전송된다. HDLC는 일반적으로 OSI(Open Systems Interconnection) 모델의 계층에서 두 번째인 Datalink 계층에서 사용된다.

02 다음 주 HDLC 데이터 전송 모드에서 복합국끼리는 상대방 복합국의 허가가 없어도 명령과 응답을 송신할 수 있는 모드는 무엇인가? (2020-3차)

① 비동기 평형모드(ABM)
② 표준(정규) 응답모드(NRM)
③ 비동기 응답모드(ARM)
④ 절단모드(DCM)

해설
① 비동기 평형모드(ABM): 균형 구성에 사용된다. 한쪽 스테이션이 다른 쪽의 허락을 받지 않고도 전송을 개시할 수 있다.

구분	내용
ARM	비동기 응답모드, Asynchronous Response Mode • 종국도 전송할 필요가 있는 특수한 경우에만 사용한다. • 종국은 주국의 허가 없이 응답 가능하다.
NRM	정규 응답모드, Normal Response Mode • 불균형적 링크로 구성한다. • 주국이 세션을 열고 종국들은 단지 응답만 한다.
ABM	비동기 평형모드, Asynchronous Balanced Mode • 균형적 링크로 구성한다. • 각 국이 주국이자 종국으로 서로 대등하게 균형적으로 명령과 응답하며 동작한다. • 가장 널리 사용한다(전이중 점대점 링크에서 가장 효과적으로 사용 가능).

03 다음 중 HDLC 링크 제어 프로토콜의 전달모드가 아닌 것은? (2020-3차)

① 정상 응답모드
② 동기 응답모드
③ 비동기 균형모드
④ 비동기 응답모드

해설
HDLC의 전송 모드는 데이터 전송 모드는 제어부의 U 프레임에 의해 결정된다. 종류에는 비동기 응답모드(Asynchronous Response Mode), 정규 응답모드(Normal Response Mode), 비동기 평형모드(Asynchronous Balanced Mode)가 있다.

04 HDLC가 사용하는 세 가지의 동작모드에 해당하지 않은 것은? (2011-3차)

① 절단모드(DCM)
② 정규 응답모드(NRM)
③ 비동기 응답모드(ARM)
④ 비동기 균형모드(ABM)

해설
HDLC 동작 모드

NRM	Normal Response Mode, 불평형 구조에서 사용한다.
ARM	Asynchronous Response Mode Primary, 요구가 없어도 Secondary가 전송을 개시할 수 있다.
ABM	Asynchronous Balanced Mode, 스테이션은 Primary와 Secondary 기능이 있다.

기출유형 13 ▶ 동기식 전송방식 vs 비동기식 전송방식(Asynchronous Transmission)

동기식 전송방식에 대한 설명으로 적합하지 않은 것은? (2010-1차)(2018-2차)

① 송신측과 수신측은 동기되어 있으므로 동기문자 또는 특수 비트열의 사용이 필요하지 않다.
② 비동기(START-STOP) 방식보다 전송속도가 높다.
③ 전송되는 글자들 사이에는 휴지기간을 두지 않는다.
④ 송 · 수신측 모두 버퍼기억장치를 가지고 있어야 한다.

해설

동기식 전송은 데이터를 블록단위(프레임)로 전송하고 문자 사이에 휴지 간격 없는 것이다.

- 문자위주 동기: SYN 등의 제어 문자 이용
- 비트위주 동기: 011110 등의 제어 비트 사용

| 정답 | ①

족집게 과외

동기식 전송	데이터 신호와 별도의 클럭 신호를 전송(맨체스터 코딩)
비동기식 전송	데이터 신호안에 클럭 신호를 포함하여 전송(RS−232C)

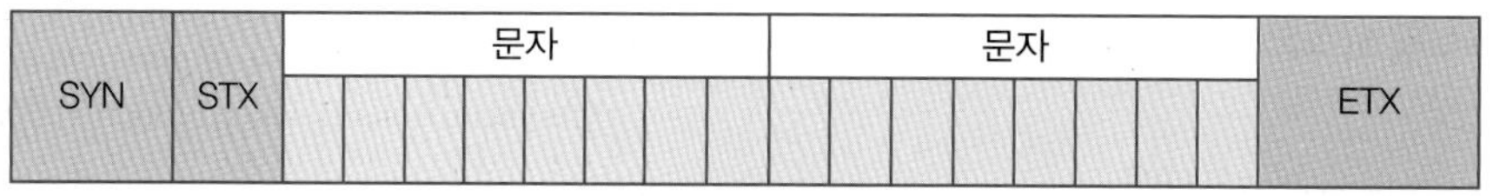

[동기문자방식]

[비동기문자방식]

동기전송과 비동기식 전송 차이: 동기전송은 문자단위로 동기 정보로 시작비트, 데이터비트, 패리티비트, 정지비트, 유휴시간 등을 사용한다. 반면에 비동기방식은 단순하고 경제적이며 소량의 데이터를 전송에 사용되는 반면 동기식 전송은 대량의 데이터를 효율적으로 전송하고 오버헤드가 적게 사용된다. 그러므로 데이터 전송에는 동기식 및 비동기식 전송이 모두 필요하다.

더 알아보기

동기 전송	개념	송신과 수신측이 같은 타이밍으로 데이터를 주고받는 것이다.
	방식	데이터를 블록단위(프레임)로 전송하며 문자 사이에 휴지 간격 없으며 많은 데이터를 보낼 때 유리하다. 동기식은 주로 문자동기나 비트동기를 사용한다.
	분류	• 비트동기: 동기 또는 비동기 방식 • 블록동기: 문자동기 또는 플래그 동기 방식
	장점	• 오류 검사 메커니즘을 제공하기 때문에 비동기 전송보다 신뢰할 수 있다. • 오류 감지 및 수정 코드는 데이터가 오류 없이 정확하게 전송되도록 하기 위해 사용된다. • 시작비트와 정지비트를 제거하기 때문에 비동기 전송보다 빠르고 효율적이다. • 이를 통해 더 짧은 시간 내에 더 많은 데이터를 전송할 수 있을 것이다.

❶ 동기전송(Synchronous Transmission)

데이터가 시작비트와 정지비트 없이 연속적인 비트 스트림으로 전송되는 데이터 전송 방식으로, 송신자와 수신자 사이에서 동기화된다. 동기전송에서 클럭 신호는 송신자와 수신자 사이의 각 비트 전송 타이밍을 동기화하는 데 사용된다. 동기전송은 통신 네트워크, 컴퓨터 네트워크, 직렬 통신 링크와 같은 많은 통신시스템에서 사용된다. 비동기 전송보다 빠르고 효율적이기 때문에 멀티미디어 파일과 같은 대량의 데이터 전송에 일반적으로 사용된다.

동기식 전송에서 데이터는 프레임이라고 불리는 블록으로 전송되고, 각 프레임은 헤더, 데이터 및 트레일러로 구성된다. 헤더와 트레일러에는 동기화 문자, 프레임 식별 및 오류 검사 코드와 같은 제어정보가 포함되어 있다.

동기식 전송 특징

- 데이터를 블록단위(프레임)로 전송하고 문자 사이에 휴지 간격 없다.
- 데이터양이 많을 때 유리하고 문자동기, 비트동기 방식이 있으며 전송할 정보 묶음 단위로 앞뒤에 동기문자를 가지며 전송효율이 높다.
- 전송속도가 9,600[bps] 이상에서 주로 클럭(Clock)을 동기신호로 사용한다. 그러나 사용 단말기가 버퍼 기능이 있어야 하며 비동기식 대비 장비가 복잡하다.

❷ 동기식 전송 특징

정해진 만큼 한 블록(프레임) 단위로 전송하는 방식으로 추가적인 bit 나 휴지 시간이 없으므로 전송효율이 좋다. 한꺼번에 큰 단위로 전송하므로 속도가 빠르나 수신측에선 반드시 버퍼가 필요하며 문자위주동기 방식과 비트위주동기 방식이 있다.

문자동기 방식 (Character Oriented Synchronization)	비트동기 방식 (Bit Oriented Synchronization)
• 문자위주 동기로 SYN 등의 제어 문자를 이용 • 송수신측 동기화를 위해 동기문자(SYN=00010110) 사용 • 전송 단위는 보통 8의 정수 배수 • 제어를 위해 별도의 제어 문자가 사용(SYN, STX, ETX 등)	• 비트위주 동기로 011110 등의 제어 비트를 사용 • 송수신측 동기화를 위해 플래그 비트(01111110) 이용 • 플래그와 같은 비트열로 인한 오류를 방지하기 위해 송신측에서 붙이고 수신측에서 삭제 • 전송 에러 검출을 위해 FCS(Frame Check Sequence)를 이용

❸ 비동기식 전송(Asynchronous Transmission)

비동기 전송은 클럭 신호를 사용하지 않고 두 장치 간에 데이터를 전송하는 데 사용되는 통신 방법이다. 이 방법에서, 각 문자는 개별적으로 전송되고 시작비트 앞에 그리고 정지비트 뒤에 온다. 시작비트는 수신기에 새 문자가 전송되고 있음을 알리고, 중지 비트는 문자의 끝을 알린다.

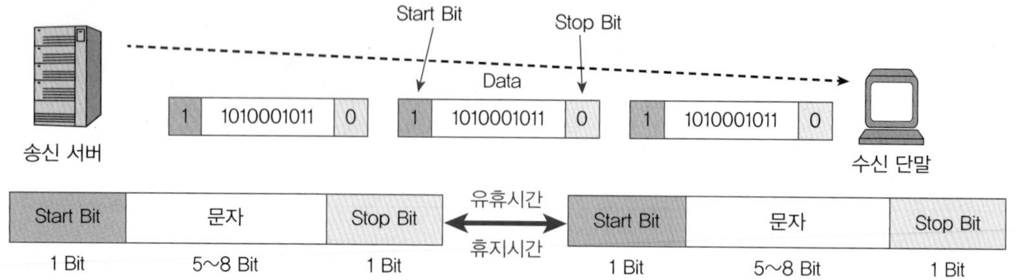

비동기 전송에서 시작비트와 정지비트의 타이밍은 클럭 신호와 동기화되지 않는다. 대신, 수신 장치는 각 문자가 언제 시작되고 언제 끝나는지 결정하기 위해 시작 및 정지비트에 의존해야 한다. 클럭 신호가 없기 때문에 전송 장치의 속도에 따라 전송속도가 약간 달라질 수 있다.

비동기식 전송 특징

- 한 문자 단위(5~8bit)로 전송하는 방식이다.
- Start와 Stop 비트를 삽입하여 전송하는 방식으로 각 문자 사이에 유휴 시간이 있을 수 있다.
- 전송이 없는 시간 동안 회선은 휴지 상태가 되며 휴지 시간은 상황에 따라 다르다.
- 2000bps 이하의 낮은 전송에 주로 사용한다.
- 주파수 편이 변조(FSK)를 사용한다.
- 필요한 경우 패리티 비트 등을 추가할 수도 있다.
- 문자 앞뒤로 추가적인 bit가 붙으므로 효율이 떨어질 수 있다.
- 저속도의 EIA－232D 데이터 전송에 주로 사용한다.
- 수신기간 새로운 문자의 시작점에서 다시 동기를 수행한다(Start－Stop 비트 전송).
- 주로 단거리 저속 전송에 사용된다.

비동기 전송은 일반적으로 컴퓨터와 프린터 사이 또는 직렬 포트를 통해 연결된 두 컴퓨터 사이와 같이 짧은 거리에서 텍스트 데이터를 전송하는 데 사용된다. 그러나 동기화가 이루어지지 않으면 오류가 발생하고 전송의 전반적인 효율성이 저하될 수 있기 때문에 대량의 데이터 전송이나 고속 통신에는 적합하지 않다. 비동기식 전송은 아래와 같은 특징이 있다.

구분	내용
Start-Stop 전송	데이터를 전송할 때 하나의 글자를 나타내는 부호의 전후에 Start Bit와 Stop Bit를 넣어서 블록의 동기화를 취해주는 방식으로 Start－Stop 전송방식이라고도 한다.
반이중모드	비동기 전송 데이터는 한 번에 1바이트 또는 한 문자씩 반이중 모드로 통신한다.
시작, 중지비트	연속적인 바이트 스트림으로 데이터를 전송하며 전송되는 문자의 크기는 패리티 비트가 추가된 8비트, 즉 총 10비트를 제공하는 시작 및 중지비트이다.
동기 클럭 없음	동기화를 위해 별도 클럭이 필요하지 않고 패리티 비트를 사용하여 수신자에게 데이터를 해석하는 방법을 알려준다. 이러한 패리티 비트는 데이터 전송을 제어하는 시작 및 중지비트로 사용되고 있다.
단방향 적합	수신 단말기가 문자에 대한 데이터 수신과 자체적으로 동기화할 수 있어 간단하고 빠르며 경제적이나 양방향 통신이 지원되지 않는다.

❹ 동기식 vs 비동기식 비교

구분	동기식 전송	비동기식 전송
개념도	 Flow of data Sender 10011110 11010100 01111010 10101010 Receiver Synchronous Transmission	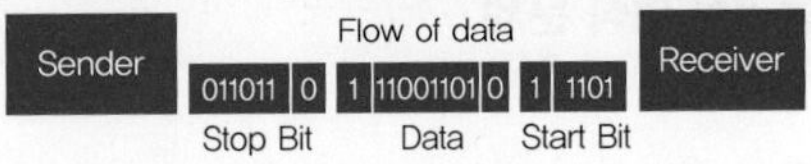 Flow of data Sender 011011 0 1 11001101 0 1 1101 Receiver Stop Bit Data Start Bit
개념	대량의 데이터에 효과적이다. 데이터는 프레임 또는 블록 형태로 전송되며, 전송자와 수신자는 동기화되어 있어 새로운 바이트를 시작할 위치를 알 수 있다.	비동기 전송은 한 번에 8비트 또는 한 글자씩 데이터를 전송한다. 문자, 시작비트 및 종료 비트를 포함하여 전체 비트 수는 10개가 된다.
전송효율	높음	Start/Stop 비트 사용으로 낮음
전송단위	비트/문자 블록, 블록(Block) 또는 프레임	문자, 비트(5~8), 한 번에 1바이트 또는 문자 전송
변조방식	위상편이(PSK)	주파수 편이(FSK)
전송속도	2,400bps 이상 고속 전송	2,000bps 이하의 저속 전송
의미	전송은 일정 비트를 보유한 블록 헤더로 시작	문자 앞뒤에 각각 시작비트와 중지 비트를 사용
동기화	동일한 클럭 펄스로 존재함	사용 안 함
데이터 간 격차	존재하지 않음	있음
비용	비싸다	경제적(상대적 저렴)
시간 간격	일정한	Random
에러 검출	CRC	패리티 비트
오버헤드	프레임당 고정된 크기	문자당 고정된 크기
전송 효율	효율적	비효율적
구성	하드웨어와 소프트웨어	하드웨어만
예	BBC, BASIC Protocol에서 사용한다. 채팅방, 화상 회의, 전화 대화 등	편지, 이메일 등

정답 01 ④ 02 ① 03 ④ 04 ④

동기식 방식 문제

01 전송방식에는 크게 동기식과 비동기식으로 구분된다. 다음 중 동기식 전송방식의 특징이 아닌 것은? (2013-2차)(2020-2차)

① 전송할 정보 묶음 단위로 앞뒤에 동기문자를 가지며 전송효율이 높다.
② 클럭(Clock)을 동기신호로 사용한다.
③ 주로 전송속도가 9,600[bps] 이상에서 사용한다.
④ 전송할 묶음 문자 사이에 휴지 간격(Idle Time)이 존재한다.

해설
동기식 전송은 데이터를 블록단위(프레임)로 전송하며 문자 사이에 휴지 간격 없다. 주로 데이터양이 많을 때 유리하며 문자동기, 비트동기 방식이 있다. 비동기식은 단순하고 경제적이며 소량의 데이터를 전송에 사용된다.

02 다음 중 동기식 전송방식의 특징으로 옳은 것은? (2013-3차)(2017-3차)

① 사용 단말기가 버퍼 기능이 있어야 하며 장비가 복잡하다.
② 전송 문자마다 앞에 시작비트와 뒤에 정지비트를 지닌다.
③ 전송속도는 보통 1,800[bps] 이하로 사용한다.
④ 전송 문자 사이에 일정하지 않은 휴지 간격(Idle Time)이 존재한다.

해설
동기식 전송은 데이터를 블록단위(프레임)로 전송하며 문자 사이에 휴지 간격이 없다. 그러므로 데이터양이 많을 때 유리하며 문자동기, 비트동기 방식이 있다. 전송할 정보 묶음 단위로 앞뒤에 동기문자를 가지며 전송효율이 높으며 클럭(Clock)을 동기신호로 사용한다. 주로 전송속도가 9,600[bps] 이상에서 사용해서 사용 단말기가 버퍼 기능이 있어야 하며 비동기식 대비 장비가 복잡하다.

03 다음 중 데이터 동기식 전송 방식에 대한 설명으로 틀린 것은? (2022-2차)

① 비트 동기와 블록 동기가 있다.
② BBC, BASIC Protocol에서 사용한다.
③ 각 비트의 길이는 통신속도에 따라 정해지면 일정하다.
④ 스타트와 스톱 비트로 문자를 구분한다.

해설
스타트와 스톱 비트로 문자를 구분하는 것은 비동기식 전송이다.

04 다음 중 동기식 전송방식에 대한 설명으로 옳은 것은? (2023-1차)

① 각 글자는 시작비트와 정지비트를 갖는다.
② 데이터의 앞쪽에 반드시 비동기 문자가 온다.
③ 한 묶음으로 구성하는 글자들 사이에는 휴지기간이 있을 수 있다.
④ 회선의 효율을 증가시키기 위해 블록 단위로 송수신한다.

해설

구분	동기식 전송	비동기식 전송
전송효율	높음	Start/Stop 비트 사용으로 낮음
전송단위	블록(Block) 또는 프레임	한 번에 1바이트 또는 문자 전송
변조방식	위상편이(PSK)	주파수 편이(FSK)
전송속도	2,000bps 이상 고속 전송	2,000bps 이하의 저속 전송
의미	전송은 일련의 비트를 보유하는 블록 헤더로 시작	문자 앞뒤에 각각 시작비트와 중지비트를 사용
동기화	동일한 클럭 펄스로 존재	안 함
데이터 간 격차	존재하지 않음	있음
비용	상대적으로 고가	경제적

시간 간격	일정	랜덤
시행자	하드웨어와 소프트웨어	하드웨어만
예	• BBC, BASIC Protocol에서 사용 • 채팅방, 화상 회의, 전화 대화 등	편지, 이메일 등

05 **다음 중 통신시스템에서 동기식 전송의 특징으로 옳지 않은 것은?** (2023-3차)

① 2[kbps] 이상의 전송속도에서 사용
② Block과 Block 사이에는 휴지 간격이 없음
③ Timing 신호를 이용하여 송수신측이 동기 유지
④ 전송 성능이 좋으며 전송대역이 넓어짐

해설
동기식 전송은 데이터를 블록단위(프레임)로 전송하며 문자 사이에 휴지 간격이 없다. 주로 데이터양이 많을 때 유리하며 문자동기, 비트동기 방식이 있다. 비동기식은 단순하고 경제적이며 소량의 데이터를 전송할 때 사용된다. 고속의 데이터 전송으로 전송 성능이 좋으며 전송대역과는 무관하다.

구분	비동기 전송	동기 전송
전송 특징	• 동기화를 위해 Start Bit과 Stop Bit 사용 • Parity Bit 추가해서 전송	• 데이터와 제어정보 포함 전송, Block 단위로 전송하며 휴지 간격이 없음 • 동기화를 위해 시작과 끝을 나타내는 제어정보를 붙여서 프레임 구성
속도	2,000bps 이하의 저속 전송	2,000bps 이상의 고속 데이터 전송 (Clock/Timing으로 동기 맞춤)
단점	문자당 2~3비트 추가로 전송효율이 떨어짐	별도의 하드웨어 장치 필요

※ 동기식과 비동기식을 비교하는 문제임. 광전송의 동기방식이 아님(혼동하지 말 것)

06 **동기식 전송(Synchronous Transmission)의 설명 중 틀린 것은?** (2016-2차)(2020-1차)(2022-1차)

① 전송속도가 비교적 낮은 저속 통신에 사용한다.
② 전 블록(또는 프레임)을 하나의 비트열로 전송할 수 있다.
③ 데이터 묶음 앞쪽에는 반드시 동기문자가 온다.
④ 한 묶음으로 구성하는 글자들 사이에는 휴지 간격이 없다.

해설
동기식 전송은 2,000bps 이상의 고속 데이터 전송을 사용한다.

비동기식 방식 문제

07 **다음 중 비동기 전송방식에서 문자를 해독해 처리하고 다음 문자를 수신할 수 있도록 준비시간을 할애하기 위한 목적의 비트는?** (2017-3차)

① 패리티 비트(Parity Bit)
② 데이터 비트(Data Bit)
③ 시작비트(Start Bit)
④ 정지비트(Stop Bit)

해설
비동기식 전송은 비트단위 전송방식으로 Start와 Stop으로 타이밍을 맞추는 방식이다. 동기방식에 비해 전송속도와 전송효율이 낮은 방식이다.

정답 08 ② 09 ② 10 ① 11 ③ 12 ②

08 다음 중 동기식 전송방식과 비교한 비동기 전송방식에 대한 설명으로 올바른 것은? (2021-2차)

① 블록단위 전송방식이다.
② 비트신호가 1에서 0으로 바뀔 때 송신시작을 의미한다.
③ 각 비트마다 타이밍을 맞추는 방식이다.
④ 전송속도와 전송효율이 높은 방식이다.

해설
① 비트단위 전송방식이다.
③ Start와 Stop으로 타이밍을 맞추는 방식이다.
④ 전송속도와 전송효율이 낮은 방식이다.

09 다음 중 비동기 전송방식의 특징이 아닌 것은? (2012-2차)(2017-3차)(2021-1차)

① 저속도의 EIA-232D 데이터 전송에 주로 사용
② 긴 데이터 비트열을 연속적으로 전송하는 방식
③ 수신기가 각각 새로운 문자의 시작점에서 재동기를 수행
④ 매 문자마다 Start, Stop 비트를 부가하여 전송

해설
② 동기식 전송방식에 대한 설명이다.

10 비동기 전송방식의 특징으로 가장 옳은 것은? (2021-3차)

① 문자와 문자 사이에 일정치 않은 휴지 시간이 존재할 수 있다.
② 시작비트와 정지비트 없이 출발과 도착 시간이 정확한 방식이다.
③ 비트열이 하나의 블록 또는 프레임의 형태로 전송된다.
④ 모뎀이 단말기에 타이밍 펄스를 제공하여 동기가 이루어진다.

해설
비동기식 전송은 저속도의 데이터 전송에 주로 사용하며 Start-Stop 비트를 전송하여 휴지 시간이 존재한다.

11 다음 중 비동기식 전송(Asynchronous Transmission)에 대한 설명으로 알맞은 것은? (2016-1차)

① 문자와 문자 사이에 휴지 시간(Idle Time)이 없다.
② 2,400[bps] 이상의 전송속도에 주로 사용한다.
③ 문자 전송 시 한 문자 단위로 동기를 유지한다.
④ 각 문자 앞에는 2개의 시작 펄스, 뒤에는 3개의 정지 펄스가 있다.

해설
① 문자와 문자 사이에 휴지 시간(Idle Time)이 있다.
② 2,000[bps] 이하의 전송속도에 주로 사용한다.
④ 각 문자 앞에는 1개의 시작 펄스, 뒤에는 1개의 정지 펄스가 있다.

12 다음 중 비동기식 전송 방식의 특징으로 틀린 것은? (2020-3차)

① 스타트 비트와 스탑 비트를 사용한다.
② 문자와 문자 사이에는 휴지 간격이 없다.
③ 정보전송형태는 문자 단위로 이루어진다.
④ 2,000[bps] 이하의 전송속도에서 사용한다.

해설

구분	비동기 전송	동기 전송
단위	문자	비트/문자 블록
전송 특징	• 동기화를 위해 Start Bit과 Stop Bit 사용 • Parity Bit 추가해서 전송	• 데이터와 제어정보 포함 전송, Block 단위로 전송하며 휴지간격이 없음 • 동기화를 위해 시작과 끝을 나타내는 제어정보를 붙여서 프레임 구성
속도	2,000bps 이하의 저속 전송	2,000bps 이상의 고속 데이터 전송 (Clock/Timing으로 동기 맞춤)

정답 13 ① 14 ④ 15 ② 16 ④

13 다음 중 비동기 인터페이스(Asynchronous Interface)에 대한 설명으로 틀린 것은?

(2015-2차)(2020-1차)

① 컴퓨터와 입출력 장치가 데이터를 주고받을 때 일정한 클록 신호의 속도에 맞추어 약정된 신호에 의해 동기를 맞추는 방식이다.
② 동기를 맞추는 약정된 신호는 시작(Start), 종료(Stop) 비트 신호이다.
③ 컴퓨터 내에 있는 입출력 시스템의 전송속도와 입출력 장치의 속도가 현저하게 다를 때 사용한다.
④ 일반적으로 컴퓨터 본체와 주변 장치 간에 직렬 데이터 전송을 하기 위해 사용된다.

해설

컴퓨터와 입출력 장치가 데이터를 주고받을 때 일정한 클록 신호의 속도에 맞추어 약정된 신호에 의해 동기를 맞추는 방식을 동기식 전송이라 한다.

혼합동기식 방식 문제

14 다음 중 데이터 전송방식에서 혼합형 동기식 전송방식에 대한 설명으로 옳지 않은 것은?

(2016-1차)

① 각 글자의 앞뒤에 스타트 비트와 스톱 비트를 갖는다.
② 동기식 전송의 특성과 비동기식 전송의 특성을 혼합한 방식이다.
③ 전송속도가 비동기식보다 빠르다.
④ 송신측과 수신측이 동기 상태에 있지 않아도 된다.

해설

혼합동기는 동기와 비동기의 장점만을 수용한 방식으로 동기식보다 전송속도가 빠르다. 각 글자가 스타트 비트와 스톱 비트를 가지며 글자와 글자 사이에는 휴지 시간이 있다. 즉, 동기식과 비동기식의 전송 특성을 혼합한 것이다.

15 다음 중 혼합형 동기 방식의 특징으로 틀린 것은?

(2021-1차)

① 비동기식보다 전송속도가 빠르다.
② 글자와 글자 사이에는 휴지 시간이 없다.
③ 각 글자가 스타트 비트와 스톱 비트를 가진다.
④ 동기식과 비동기식의 전송 특성을 혼합한 것이다.

해설

혼합형 동기는 동기와 비동기의 장점을 채택한 동기 방식이다. 각 글자의 앞뒤에 스타트 비트와 스톱 비트를 가지며 글자와 글자 사이에는 휴지 시간이 있어서 안정적인 통신을 제공한다.

16 다음 중 혼합식 동기 전송의 특징이 아닌 것은?

(2013-2차)(2015-3차)

① 시작비트와 정지비트가 존재한다.
② 송신기와 수신기는 동기 상태를 유지하고 있어야 한다.
③ 비동기식 전송보다 빠르고 동기식 전송보다 느리다.
④ 전송 성능이 좋아지고 전송 대역폭이 좁아지는 장점이 있다.

해설

혼합형 동기식 전송

비동기 전송과 동기 전송의 혼합으로, 비동기 전송보다 빠르고 정확한 동기를 가진다. 비동기 전송과 같이 스타트 비트와 스톱 비트를 가지며, 동기 전송과 같이 송수신측이 동기 상태를 유지한다. 전송 성능은 비동기식보다 좋아질 수 있으나 전송 대역폭과는 무관하다.

정답 17 ③ 18 ② 19 ② 20 ③

17 **다음 중 혼합형 동기식 전송방식에 대한 설명으로 옳지 않은 것은?** (2014-1차)(2015-1차)(2018-3차)

① 동기식 전송과 비동기식 전송을 혼합한 것이다.
② 문자와 문자 사이에 휴지 시간이 있다.
③ 송신측과 수신측이 비동기 상태에 있어야 한다.
④ 비동기식보다는 전송 속도가 빠르다.

해설

혼합형 동기식 전송

비동기 전송과 동기 전송의 혼합으로, 비동기 전송보다 빠르고 정확한 동기를 가진다. 비동기 전송과 같이 스타트 비트와 스톱 비트를 가지며, 동기 전송과 같이 송수신측이 동기 상태를 이룬다.

18 **플래그 동기방식에서 비트스터핑(Bit Stuffing)을 행하는 목적은?** (2018-1차)(2021-3차)

① 프레임 검사 시퀀스의 구분
② 데이터의 투명성 보장
③ 정보부 암호화
④ 데이터 변환

해설

비트스터핑(Bit Stuffing)

데이터를 실은 프레임들의 경계를 구분하기 위해 특정한 비트 배열(Preamble)을 갖는 플래그 바이트(01111110)라 불리는 경계를 나타내는 바이트를 사용하는데, 만일 실제 데이터 내부에 동일한 비트 배열이 있게 되는 경우를 방지하기 위해 의도적으로 5개의 1을 보내면서 다음 비트에 0을 삽입하는 비트 채우기(bit stuffing)를 하며 이를 통해 데이터 전송의 안정성을 보장해서 데이터의 투명성(확실한 데이터)이 강화된다.

19 **다음 중 플래그 동기방식에서 프레임의 정보부가 연속적으로 "1"이 5개 존재할 경우 그다음에 "0"을 삽입하여 플래그의 비트패턴과 구분되도록 하는 조치는?** (2019-2차)

① 디스크램블
② 비트스터핑
③ 클록 첨가
④ 파일럿

해설

비트스터핑(Bit Stuffing)

데이터를 실은 프레임들의 경계를 구분하기 위해 특정한 비트 배열(Preamble)을 갖는 플래그 바이트(01111110)라 불리는 경계를 나타내는 바이트를 사용하는데, 만일 실제 데이터 내부에 동일한 비트 배열이 있게 되는 경우를 방지하기 위해 의도적으로 5개의 1을 보내면서 다음 비트에 0을 삽입하는 비트 채우기(Bit Stuffing)를 하며 이를 통해 데이터 전송의 안정성을 보장해서 데이터의 투명성(확실한 데이터)이 강화된다.

20 **블록동기방식 중 문자동기방식에 대한 설명으로 옳지 않은 것은?** (2020-1차)

① 데이터블록 앞에 데이터의 시작을 알리는 전송 제어 코드 'STX' 사용
② 전송 시 동기용 전송 제어코드 'SYN' 2개 이상 사용
③ 데이터 전송의 끝을 의미하는 'END' 제어신호 사용
④ 에러를 체크하기 위한 에러제어코드 'BCC' 사용

해설

블록동기방식 중 문자동기방식은 동기문자 방식이다. 동기문자 방식은 데이터 전송의 끝을 의미하는 'ETX' 제어신호를 사용한다.

기출유형 14 ▸ TDM(Time-Division Multiplexing)

공통선 신호방식은 별도의 신호 전용채널을 통해 신호정보를 다중화하여 고속으로 전송하는 방식이다. 이때 사용되는 다중화 방식은 무엇인가? (2014-2차)(2022-3차)

① FDM
② TDM
③ CDM
④ WDM

해설

TDM은 시간을 기준으로 타임슬롯(Time Slot)을 기본단위로 나누어 송수신하고 이것을 다시 Frame으로 모아지며 모아진 데이터는 통신 채널별로 특정 위치의 슬롯에 배정되어 각 사용자들은 할당된 타임슬롯에 프레임을 매핑시켜서 동기화 이루어진다. TDM은 STDM(Synchronous TDM)이라고도 하며 반대 개념이 ATM(또는 ATDM) 방식이 있다.

| 정답 | ②

족집게 과외

TDM 특징

- 채널 간 간섭을 막기 위해 보호 시간 필요(Guard Time)
- 채널 사이에 시간차를 두어 하나의 회선으로 다수의 채널을 전송
- 동기식 및 비동기식 다중화 가능
- 비트 삽입과 문자 삽입 방식 사용(비트 삽입은 동기식에, 문자 삽입은 비동기식에 사용)
- 저속(1,200bps)과 고속에서도 사용이 가능

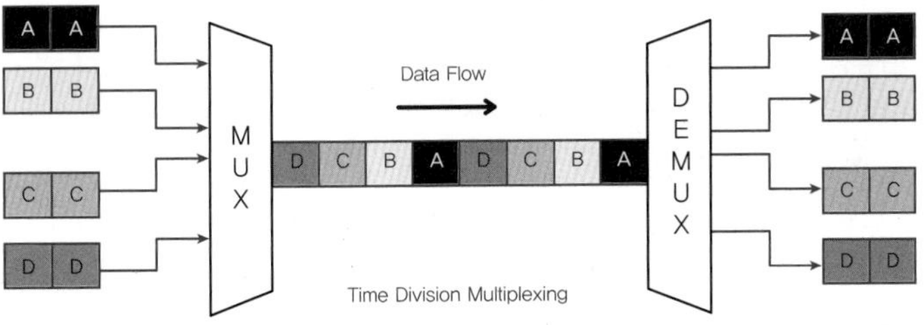

더 알아보기

Multiplexer는 다수의 신호를 동시에 하나의 채널로 전송하는 방식이다. 시분할 다중화기는 비트 삽입식과 문자 삽입식의 두 가지가 있으며 주로 Point-to-Point 시스템이다. 많은 신호들을 하나의 장거리 회선으로 보내야 한다면, 시스템이 그 일을 적절히 수행하는 것을 보장하기 위한 설계가 요구된다.
TDM의 강점은 융통성이다. 이 방식은 회선을 따라 보낼 때 신호의 수에 변화가 있는 것을 허용하며, 가용 주파수 대역을 가장 적절하게 사용하기 위해 시간 간격을 지속적으로 조절한다. 인터넷은 통신 트래픽량이 시간대에 따라 과감하게 변동될 수 있는 통신 네트워크의 일반적인 사용이다. 일부 시스템들에서는, 주파수분할 다중화(FDM) 방식을 선호하기도 한다.

❶ 시분할 다중화(TDM, Time-Division Multiplexing)

㉠ TDM은 채널을 개별 시간 슬롯으로 분할하여 단일 통신 채널을 통해 여러 신호를 전송할 수 있도록 하는 통신 기술로서 각 신호는 각각의 시간 슬롯에서 전송되고 시간 슬롯은 인터리브(Interleave)되어 각 신호가 동시에 전송되는 것처럼 보인다.

㉡ TDM에서는 전송을 위해 각 신호 또는 데이터 스트림에 고정된 시간이 할당된다. 예를 들어, 전송해야 하는 데이터 스트림이 4개인 경우 채널은 4개의 타임슬롯으로 분할되고 각 데이터 스트림은 각각의 타임슬롯에서 전송된다. 각 신호의 전송 속도는 채널의 데이터 속도를 시간 슬롯 수로 나눈 값과 같다.

㉢ TDM은 일반적으로 단일 전화선을 통해 여러 개의 전화 통화를 전송할 수 있는 통신 또는 단일 광섬유 케이블 또는 무선 채널을 통해 여러 개의 데이터 스트림을 전송할 수 있는 디지털 통신 시스템에서 사용된다. TDM은 또한 여러 트랙을 하나의 매체에 전달할 수 있도록 하기 위해 일부 비디오 및 오디오 녹음 장비에도 사용된다.

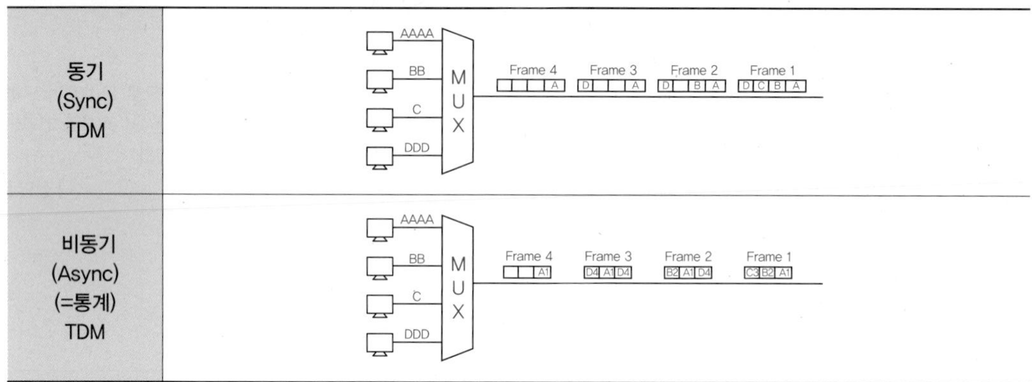

㉣ TDM은 동기 TDM과 통계 TDM의 두 가지 방식으로 구현될 수 있다. 동기식 TDM에서 각 타임슬롯은 신호가 전송할 데이터를 가지고 있는지 여부에 관계없이 특정 신호에 할당된다. 통계적 TDM에서 시간 슬롯은 전송할 데이터의 가용성에 기초하여 동적으로 할당된다. 통계적 TDM은 데이터 통신 시스템에서 종종 사용되며, 전송되는 데이터의 양은 시간에 따라 달라질 수 있다. TDM은 주파수 분할 다중화(FDM) 및 파장 분할 다중화(WDM)와 같은 다른 멀티플렉싱 기술에 비해 몇 가지 장점이 있다.

TDM 장점

- 복잡한 필터링 또는 튜닝 장비를 필요로 하지 않기 때문에 구현이 간단하고 비용이 적게 든다.
- 시간 슬롯이 시스템의 요구에 따라 동적으로 할당될 수 있기 때문에 TDM이 매우 유연하다.

㉤ TDM은 각 신호의 전송 속도가 사용 가능한 시간 슬롯의 수에 의해 제한되어 대역폭이 감소되고 전송 시간이 길어질 수 있다 등의 몇 가지 한계가 있다. 즉, TDM은 하나의 전송로 대역폭을 시간 슬롯(Time Slot)으로 나누어 채널에 할당함으로써 몇 개의 채널들이 하나의 전송로 시간을 분할하여 사용한다. 즉, FDM에서는 대역의 일부를 공유한다면 TDM은 시간을 공유한다. FDM에서와 마찬가지로 같은 링크가 사용되지만, 링크는 주파수가 아닌 시간별로 구분된다. TDM은 높은 대역폭을 시간을 나누어서 공유할 수 있도록 하는 것이다.

❷ 시분할 다중화 방식과 Multiplexer/DeMultiplexer

TDM은 하나의 통신회선이나 채널을 이용하여 송신하기 위해 다수의 신호들이 결합되는 방식으로서, 각 신호는 매우 짧은 지속시간을 갖는 여러 개의 세그먼트들로 구분되어 진다. 이를 위해 발신지 통신링크에서 신호들을 결합하는 회로를 Multiplexer라고 한다. Multiplexer는 각 개인별 사용자로 부터 입력을 제공받아 그것을 세그먼트들로 나눈 다음, 각 세그먼트들을 합성신호 내에 번갈아 가며 할당하는 작업을 반복한다. 그리하여 합성신호는 모든 사용자로부터 온 데이터를 포함하게 된다. 장거리 케이블의 반대편에서는, 각 신호들이 DeMultiplexer라고 불리는 회로장치에 의해서 개별신호로 분리된 다음, 각 사용자들에게 적절히 보내어진다. 쌍방향 통신회로를 위해서는 Multiplexer/DeMultiplexer가 각 단에 모두 있어야 하며, 고속 통신케이블도 필요하다.

❸ 동기식 TDM과 통계(비동기식) TDM

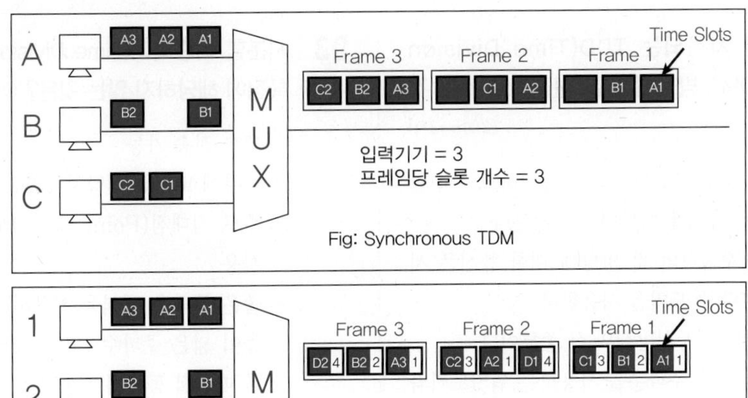

Fig: Synchronous TDM

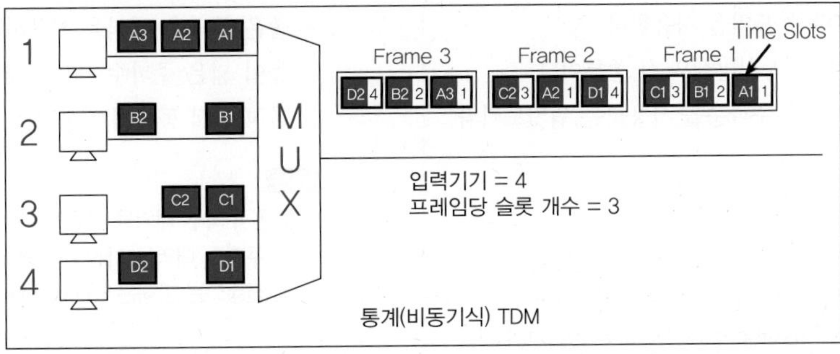

통계(비동기식) TDM

구분	Synchronous(동기) TDM	Statistical(통계) TDM
동작	각 입력 연결의 데이터 흐름을 단위로 분할하며 각 입력은 출력 시간 슬롯 하나를 차지한다.	슬롯은 동적으로 할당된다. 즉, 입력 라인이 데이터를 보낼 때만 출력 프레임에 슬롯이 제공된다.
슬롯 수	각 프레임의 슬롯 수는 입력 라인 수와 동일하다.	각 프레임의 슬롯 수는 입력 라인 수보다 적다.
버퍼링	버퍼링이 이루어지지 않으며, 일정 시간 간격마다 프레임이 보내진다. 데이터를 보낼지 여부와 상관없이 보낸다.	버퍼링이 수행되며, 출력 프레임의 버퍼에 데이터를 보내기 위한 내용이 포함된 입력만 슬롯을 제공한다.
주소 지정	동기화 및 입력, 출력 간의 미리 할당된 관계가 주소 역할을 한다.	통계적 TDM 슬롯에는 목적지의 데이터와 주소가 모두 포함된다.
동기화	각 프레임의 시작 부분에 동기화 비트를 사용한다.	동기화 비트를 사용하지 않는다.
용량	모든 입력이 데이터를 보낼 경우 최대 대역폭 이용률이 가능하다.	링크의 용량은 일반적으로 각 채널의 용량 합보다 적다.
데이터 분리	동기 TDM에서 수신측의 디멀티플렉서는 각 프레임을 분해하고 프레임 비트를 제거하며 데이터 단위를 추출한 다음 목적지 장치로 전달한다.	통계적 TDM에서 수신측 디멀티플렉서는 각 데이터 단위의 로컬 주소를 확인하여 프레임을 분해하고 추출한 데이터 단위를 목적지 장치로 전달한다.

정답 01 ③ 02 ④ 03 ④ 04 ②

01 블루투스에 사용되는 TDD(Time Division Duplex)-TDMA 방식에 대한 설명으로 틀린 것은? (2018-2차)

① 송신자와 수신자가 데이터를 송신하고 수신할 수 있지만, 동시에 이루어지지 않는다.
② 송신자와 수신자의 각 방향에 대한 통신은 서로 다른 주파수 도약을 사용한다.
③ 전이중 양방향 통신방식의 한 종류이다.
④ 서로 다른 반송 주파수를 사용하는 워키토키와 유사하다.

해설
TDD 방식은 송신과 수신을 분리하여 통신하는 방식이다. 반이중 방식을 사용하는 것으로 한쪽이 송신하면 다른 쪽은 수신만 가능하다. 무전기와 같이 송신과 수신을 동시에 할 수 없어 반이중 방식이라 한다.

02 다음 중 시분할 다중화기에 대한 설명과 가장 거리가 먼 것은? (2012-1차)(2021-2차)

① 비트 삽입식과 문자 삽입식의 두 가지가 있다.
② 시분할 다중화기가 주로 이용되는 곳은 Point-to-Point 시스템이다.
③ 각 부채널은 고속의 채널을 실제로 분배된 시간을 이용한다.
④ 보통 1,200[baud] 이하의 비동기식에 사용한다.

해설
TDM과 FDM의 특징

TDM 특징	FDM 특징
• 채널 간 간섭을 막기 위해 보호시간 필요 • 채널 사이에 시간차를 두어 하나의 회선으로 다수의 채널을 전송 • 동기식 및 비동기식 다중화 가능 • 비트 삽입과 문자 삽입 방식(비트 삽입은 동기식에, 문자삽입은 비동기식에 사용) • 저속(1,200bps)과 고속에서도 사용이 가능	• 1,200보오(Baud) 이하의 비동기에서만 사용 • 변복조 기능이 포함되어 있으며 FDM 자체가 모뎀 역할하므로 별도의 모뎀이 필요 없음 • 변복조기가 구조가 간단하고 가격이 저렴 • 채널 간 완충 지역으로 가드 밴드가 있어 대역폭이 낭비됨 • 동기의 정확성이 필요 없으므로 비동기 방식에 주로 사용

03 시분할 다중화기(Time Division Multiplexer)의 특징에 해당하지 않는 것은? (2012-2차)(2016-3차)

① 고속 전송 가능
② 내부에 버퍼 기억장치가 필요
③ 주로 점대점(Point-to-Point) 시스템에서 사용
④ 좁은 주파수 대역을 사용하는 여러 개의 신호들이 넓은 주파수 대역을 가진 하나의 전송로를 따라서 동시에 전송되는 방식

해설
④ 좁은 주파수 대역을 사용하는 여러 개의 신호들이 넓은 주파수 대역을 가진 하나의 전송로를 따라서 동시에 전송되는 방식은 FDM에 대한 설명이다.

04 TDM에서 n개의 신호 출처가 있다면 각 프레임이 포함하는 시간 슬롯(Time Slot)은 최소 몇 개인가? (2014-1차)

① n-1개
② n개
③ n+1개
④ n+2개

해설
TDM(Time Division Multiplexing)은 시간 분할된 여러 사용자 타임슬롯을 하나로 결합시켜 다중화하는 방식이다. 즉, n개의 입력이 있는 경우 n개의 시간 슬롯(Time Slot)을 할당하여 각각의 타임슬롯은 각각의 신호와 연결된다.

정답 05 ② 06 ③ 07 ① 08 ①

05 TDM을 사용하여 5개의 채널을 다중화한다. 각 채널이 100[byte/s]의 속도로 전송하고 각 채널마다 2[byte]씩 다중화하는 경우 초당 전송해야 하는 프레임수와 비트 전송률[bps]은 각각 얼마인가? (2014-3차)(2018-1차)

① 50개, 2,000[bps]
② 50개, 4,000[bps]
③ 100개, 2,000[bps]
④ 100개, 4,000[bps]

해설

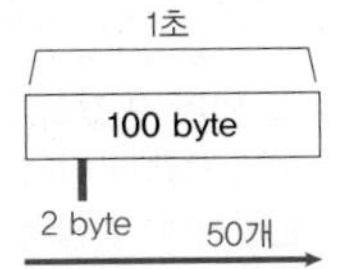

- 5개의 채널이 있고 하나의 채널당 100[byte/sec]이고 채널당 2[byte]이므로 $\frac{100}{2}$=50개의 프레임이다.
- 비트 전송률은 100[byte/sec]이 5개 채널로 다중화하므로 100[byte/sec] × 5Ch = 500[byte/sec]이다.

이것을 bit로 변환하면 500×8 = 4,000[bps]이 된다.

06 데이터 통신 다중화 기법 중 시분할 다중화(TDM)에 대한 설명으로 틀린 것은? (2023-2차)

① 망동기가 필요하다.
② 수신 시 비트 및 프레임 동기가 필요하다.
③ 인접채널 간 간섭을 줄이기 위해 보호대역이 필요하다.
④ 데이터 프레임 구성 시 필요한 오버헤드가 커서 데이터 전송 효율이 떨어진다.

해설

인접채널 간 간섭을 줄이기 위해 보호대역이 필요한 것은 FDM 방식이다.

07 정보통신망을 구성할 때 두 개 이상 다수의 단말기가 하나의 통신회선에 연결되어 정보의 송수신을 행하는 방식은? (2018-3차)

① 멀티포인트 방식
② 멀티플렉싱 방식
③ 포인트 투 포인트 방식
④ 집중 방식

해설

- 멀티포인트 방식: 멀티드롭(Multi−Drop), 멀티포인트(Multi−Point, 다중점) 방식이라고도 하며, 여러 대의 단말기들을 한 개의 통신 회선에 연결하는 방식이다.
- 멀티플렉싱 방식: 하나의 회선 또는 전송로(유선의 경우 1조의 케이블, 무선의 경우 1조의 송수신기)를 분할하여 개별적으로 독립된 신호를 동시에 송수신할 수 있는 다수의 통신로(채널)를 구성하는 기술이다.

08 다음 중 시분할 다중화(TDM) 방식의 특징으로 틀린 것은? (2020-3차)

① 주파수 대역폭을 작은 대역폭으로 나누어 사용한다.
② 동기 및 비동기식 데이터 다중화에 사용한다.
③ 비트 삽입식과 문자 삽입식이 있다.
④ 멀티포인트 시스템에 적합하다.

해설

시분할 다중화(TDM) 방식은 하나의 전송로 대역폭을 시간 슬롯(Time Slot)으로 나누어 채널에 할당함으로써 다수의 채널들이 하나의 전송로를 사용하는 방식이다.

09 시분할 다중화 방식에서 채널 간의 상호간섭을 방지하기 위하여 사용되는 시간 간격을 무엇이라 하는가? (2017-3차)

① 가드 밴드(Guard Band)
② 버퍼(Buffer)
③ 가드 타임(Guard Time)
④ 부호화 타임(Coding Time)

해설

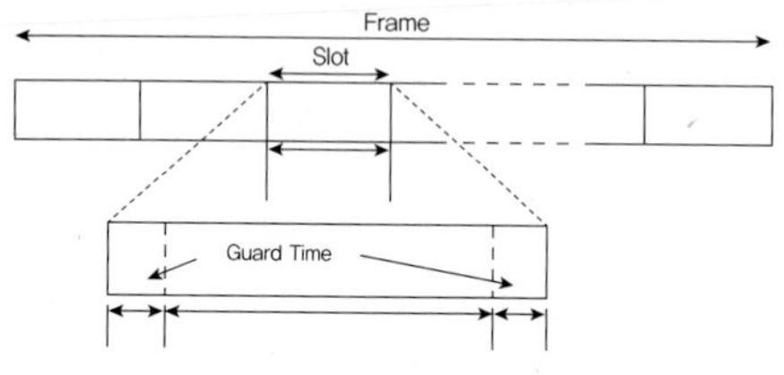

[TDMA Frame 구조]

인접채널 간 간섭을 줄이기 위해 보호대역인 가드 밴드(Guard Band)가 필요한 것은 FDM 방식이다.

10 다음 중 TDM(Time Division Multiplexing) 수신기에 대한 설명으로 옳지 않은 것은? (2023-3차)

① 수신측에서의 표본화기인 Decommutator는 수신되는 신호와 동기 되어야 한다.
② 저역통과필터는 PAM 샘플로부터 아날로그 신호를 재구성하는데 사용된다.
③ 채널 필터링이 양호하지 않은 경우 심볼 간 간섭(ISI)이 발생할 수 있다.
④ 비트 동기와 프레임 동기를 완벽하게 유지하면 심볼 간 간섭(ISI)을 방지할 수 있다.

해설

④ 비트 동기와 프레임 동기를 완벽하게 유지하더라고 내부 외부 환경에 의해서 심볼 간 간섭(ISI)이 발생할 수 있다.

11 실제로 데이터를 전송해야 하는 단말에게만 시간 폭을 할당하여 소프트웨어적으로 시간 폭 배정이 가능한 지능형 다중화 장치는 무엇인가? (2023-3차)

① 동기식 TDM(Synchronous TDM)
② 비동기식 TDM(Asynchronous TDM)
③ 동기식 FDM(Synchronous FDM)
④ 비동기식 FDM(Asynchronous FDM)

해설

구분	Synchronous TDM	Statistical TDM
동작	각 입력 연결의 데이터 흐름을 단위로 분할하며 각 입력은 출력 시간 슬롯 하나를 차지한다.	슬롯은 동적으로 할당된다. 즉, 입력 라인이 데이터를 보낼 때만 출력 프레임에 슬롯이 제공된다.
슬롯 수	각 프레임의 슬롯 수는 입력 라인 수와 동일하다.	각 프레임의 슬롯 수는 입력 라인 수보다 적다.

기출유형 15 ▸ FDM(Frequency Division Multiplexing)

다음 중 이동 통신의 무선 다중 접속 방식 중 FDMA 방식의 특징이 아닌 것은? (2018-2차)

① 아날로그 방식이고, 주파수를 이용하여 다중 접속한다.
② 회선용량이 부족하고 간섭에 취약하다.
③ 수신 시에는 필터에 의해 필요한 반송파를 선택한다.
④ 가입자 단위로 서로 다른 코드를 할당하므로 통신의 비밀이 보장된다.

해설

가입자 단위로 서로 다른 코드를 할당하므로 통신의 비밀이 보장되는 것은 CDMA에 대한 설명이다

| 정답 | ④

족집게 과외

- **FDM**: 주파수 대역을 각각의 신호들이 더해져서 전송되며 특정 신호는 필터링을 통해 복원하는 비동기 방식이다.
- **TDM**: 신호들을 고속의 버스트로 압축, 시간 슬롯의 겹침이 없이 합성하는 동기방식이다.
- **CDM**: 신호는 주파수, 시간 영역에서 합성 전에 인코딩하고, 수신단에서는 알려진 기준 신호로 디멀티플렉싱한다.

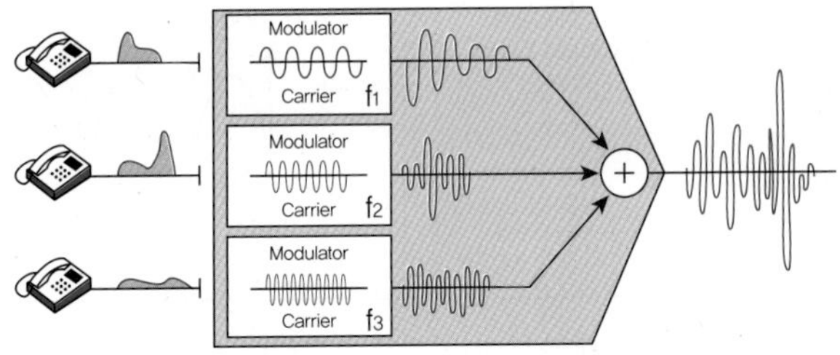

더 알아보기

- FDM 방식은 자체적으로 모뎀 역할까지 하기 때문에 별도의 모뎀이 필요 없고 구조가 간단하고 가격이 저렴하다. FDM은 FSK(Frequency Shift Keying)모뎀에 의해 표현되며, 주파수 분할 다중화기가 FSK MODEM의 기능을 수행하기 때문에 각 사용자 단말기에서 사용하는 코드와는 무관하게 다중화가 가능하다.
- 채널 간의 상호 간섭을 막기 위하여 보호대역이 필요하고, 이 보호대역으로 인하여, 채널의 이용률을 낮춘다.
- 보통 1,200[baud] 이하의 비동기식에 사용하는 것은 FDM 방식이다.

구분	FDM	TDM	CDM	WDM
자원	주파수	시간	부호	파장
적용	GSM	AMPS	CDMA	광통신
장점	동기를 위한 장치 불필요	채널 사용 효율 좋음, 송 수신기 구조 동일	동일 시간, 동 채널 사용, 부호 자원 무한대, 사용자 용량 증대	광수동소자로 분기 결합 가능, 대용량 전송 가능
단점	채널 사용 효율 낮음, 송수신기 구조 복잡	동기가 정확해야 함	송수신기 구조 복잡	광손실 보상 위한 광증폭기 필요

❶ 주파수 분할 다중화(FDM, Frequency Division Multiplexing)

㉠ FDM은 케이블이나 무선 주파수 대역과 같은 공유 전송 매체를 통해 여러 아날로그 또는 디지털 신호를 하나의 신호로 결합하는 데 사용되는 기술이다. FDM에서 공유 전송 매체의 대역폭은 중복되지 않는 여러 주파수 대역으로 나뉘며, 각 주파수 대역은 별도의 신호를 전송하는 데 사용된다. 각각의 신호는 별도의 반송파 신호를 사용하여 서로 다른 주파수 대역으로 변조되고, 변조된 신호는 공유 매체를 통해 전송하기 위한 복합 신호로 결합된다. 수신단에서 복합 신호는 복조되고, 개별 신호는 반송파 주파수를 필터링하여 분리되며 각각의 복조된 신호는 원래의 정보를 복구하기 위해 별도의 채널을 통과한다.

㉡ FDM은 전송되어야 하는 신호들의 대역폭을 합한 것보다 링크의 대역폭이 클 때 적용할 수 있는 아날로그 기술로서, 하나의 전송로 대역폭을 여러 개의 작은 채널로 분할하여 여러 단말기가 동시에 이용하는 방식이다. 주파수 자원은 한정되어 있지만 이것을 나누어 사용하는 개념으로 고속도로에서 차선을 나누어 사용하는 것과 같이 넓은 대역폭을 좁은 대역폭으로 나누어 사용하는 것과 같은 개념이다.

㉢ FDM은 일반적으로 라디오 및 텔레비전 방송, 케이블 텔레비전 및 광대역 인터넷 액세스와 같은 애플리케이션에 사용된다. 단일 전송 매체를 통해 여러 신호를 전송하기 위해 널리 채택된 기술로, 대역폭의 효율적인 사용과 비용 효율적인 서비스 제공이 가능하게 한다.

❷ FDM(Frequency Division Multiplexing) 특징

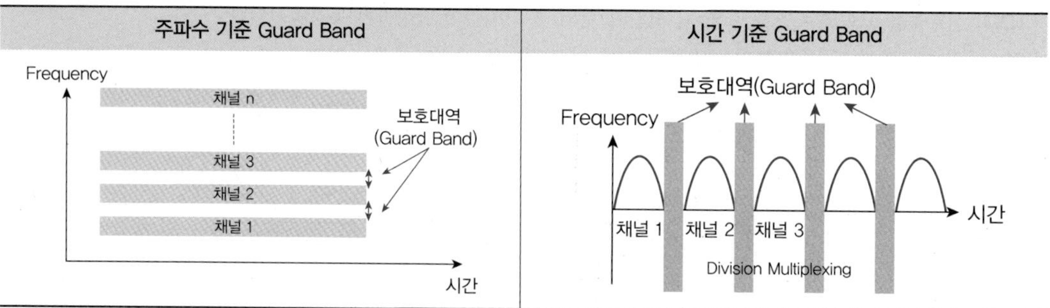

FDM은 대역이 제한된 전송회선의 주파수 대역을 여러 개로 분할하여 각 채널에 할당함으로써 많은 채널이 하나의 전송회선을 공유하는 방식이다. FDM 방식은 서브 채널 간의 상호 간섭을 방지하기 위해 Guard Band를 두지만 Guard Band가 있어서 대역폭이 낭비된다. 저속의 Data를 각각 다른 주파수에 변조하여 하나의 고속회선에 신호를 싣는 방식으로 주파수 분할 다중화기는 전송하려는 신호에서 필요한 대역폭보다 전송 매체의 유효 대역폭이 클 경우에 가능하다.

FDM 특징

- 1,200보오(Baud) 이하의 비동기에서만 사용한다.
- 변복조 기능이 포함되어 있으며 FDM 자체가 모뎀 역할을 하므로 별도 모뎀이 필요 없다.
- 변복조기 구조가 간단하고 가격이 저렴하다.
- 채널 간 완충 지역으로 가드 밴드(Guard Band)가 있어 대역폭이 낭비된다.
- 동기의 정확성이 필요 없으므로 비동기 방식에 주로 사용된다.
- 인접 신호 간에 주파수 스펙트럼이 겹치는 경우 누화현상이 발생한다.
- 다중의 메시지 신호를 넓은 대역에서 동시에 전송할 수 있다.
- 각 메시지 신호는 부반송파로 우선 변조된다.
- 여러 부반송파가 합쳐진 후 주반송파로 변조된다.

정답 01 ② 02 ④ 03 ① 04 ④ 05 ④

01 다음 중 다중화 방식의 FDM 방식에서 서브 채널 간의 상호 간섭을 방지하기 위한 완충 역할을 하는 것은? (2012-3차)

① Buffer ② Guard Band
③ Channel ④ Terminal

해설
- Guard Band: 두 주파수 대역 간 간섭을 방지하기 위해 사용하지 않고 남겨 두는 주파수 대역이다.
- Guard Time: 시분할 다중화 방식에서 채널 간의 상호간섭을 방지하기 위하여 사용되는 시간 간격이다.

02 다음 중 주파수 분할 다중화기(FDM)에 대한 설명으로 옳지 않은 것은? (2013-2차)(2016-2차)(2022-1차)

① 채널 간의 완충 지역으로 가드밴드(Guard Band)가 있어 대역폭이 낭비가 된다.
② 저속의 Data를 각각 다른 주파수에 변조하여 하나의 고속회선에 신호를 싣는 방식이다.
③ 주파수 분할 다중화기는 전송하려는 신호에서 필요한 대역폭보다 전송 매체의 유효 대역폭이 클 경우에 가능하다.
④ 각 채널은 전송회선처럼 고속의 채널을 독점하는 것처럼 보이지만 실제로 분배된 시간만 이용한다.

해설
각 채널은 전송회선처럼 고속의 채널을 독점하는 것처럼 보이지만 실제로 분배된 시간만 이용한다는 것은 TDM에 대한 설명이다.

03 주파수 분할 다중화에서 부 채널 간의 상호 간섭을 방지하기 위한 완충 지역은? (2011-1차)

① Guard Band ② Guard Time
③ Channel ④ Sub Group

해설
Guard Band는 두 주파수 대역 간 간섭을 방지하기 위해 사용하지 않고 남겨 두는 주파수 대역이다.

04 다음 중 주파수 분할 다중화기(FDM: Frequency Division Multiplexer)의 특징에 해당하지 않는 것은? (2015-2차)

① 1,200보오(Baud) 이하의 비동기에서만 사용한다.
② FDM 자체가 모뎀 역할까지 하기 때문에 별도의 모뎀이 필요 없다.
③ 구조가 간단하고 가격이 저렴하다.
④ 채널 간 완충 지역으로 가드 밴드(Guard Band)가 있어 대역폭 활용이 높다.

해설
FDM 방식은 주파수 간섭을 방지하기 위해 Guard Band를 두며 Guard Band는 데이터를 보낼 수 없으므로 대역폭 활용이 낮아지는 단점이 있다.

05 다음 중 다중화 기술에 대한 설명으로 옳지 않은 것은? (2016-1차)

① 하나의 통신로를 여러 가입자가 동시에 이용하여 통신할 수 있도록 하는 것이 다중화 기술이다.
② 아날로그 방식의 주파수분할다중화(FDM)와 디지털 방식의 시분할다중화(TDM) 및 코드분할다중화(CDM) 기술이 있다.
③ 주파수분할다중화(FDM)는 채널마다 독립된 주파수 대역으로 분할하여 다중화하는 방식으로 시분할다중화 또는 코드분할다중화보다 효율이 낮다.
④ 시분할다중화(TDM)는 정해진 시간으로 슬롯을 배정하고 이를 다시 Frame으로 묶어 다중화하는 방식으로 코드분할다중화(CDM)보다 다중화 효율이 높다.

해설
효율적인 측면에서는 CDM(Code Division Multiplex) 방식이 우수하여 CDMA 방식의 이동통신망에서 채택되었다.

06 **다음 중 FDM(Frequency Division Multiplexing)에 관한 설명으로 옳지 않은 것은?** (2023-3차)

① 다중의 메시지 신호를 넓은 대역에서 동시에 전송할 수 있다.
② 각 메시지 신호는 부반송파로 우선 변조된다.
③ 여러 부반송파가 합쳐진 후 주반송파로 변조된다.
④ 주반송파 변조 방식은 FM 방식으로만 전송된다.

해설

FDM 특징

- 1,200보오(Baud) 이하의 비동기에서만 사용한다.
- 변복조 기능이 포함되어 있으며 FDM 자체가 모뎀 역할을 하므로 별도 모뎀이 필요 없다.
- 변복조기 구조가 간단하고 가격이 저렴하다.
- 채널 간 완충 지역으로 가드 밴드(Guard Band)가 있어 대역폭이 낭비된다.

07 **다음 중 FDMA(주파수 분할 다중화)에 대한 설명으로 옳지 않은 것은?** (2023-3차)

① 인접 채널 간에 간섭이 발생할 수 있다.
② 여러 사용자가 시간과 주파수를 공유한다.
③ 전송 신호 매체의 유효 대역폭이 클 때 가능하다.
④ 진폭 변조, 주파수 변조, 위상 변조 방식이 사용될 수 있다.

해설

② 여러 사용자가 시간을 공유하고 주파수를 나누어 쓰는 방식이다.

기출유형 16 ▶ CRC(Cyclic Redundancy Check)

CRC(Cyclic Redundancy Check) 방식에 대한 설명으로 틀린 것은? (2011-1차)

① 문자단위의 전송에서 응용하기 적합하다.
② 패리티 검사코드의 일종인 순환코드를 이용한다.
③ 집단성 에러도 검출이 가능하다.
④ CRC-12, CRC-16 등의 생성다항식을 이용한다.

해설
BSC(Binary Synchronous Control)는 문자 위주 동기 방식으로 데이터 링크에서 사용하는 프로토콜이다.

| 정답 | ①

족집게 과외

ARQ(Automatic Repeat Request)	CRC(Cyclic Redundancy Check)
ARQ는 자동 반복 요청으로 신뢰할 수 없는 통신 채널을 통해 안정적인 데이터 전송을 지원한다.	CRC(순환 중복 검사)는 네트워크 등을 통하여 데이터를 전송할 때 전송된 데이터에 오류가 있는지를 확인하는 것이다.

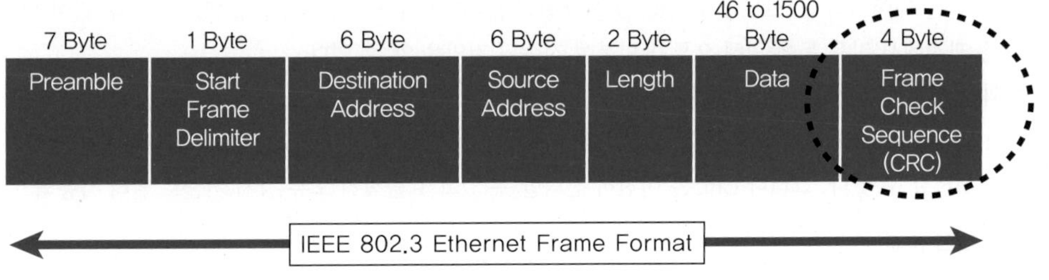

디지털 데이터에서 오류를 감지하기 위해 CRC가 사용된다. 컴퓨터의 원시 데이터의 사소한 변화까지도 자동으로 감지해 주는 기능으로 이더넷 프레임에는 CRC(4바이트 길이)에 대해 별도로 정의되어 있다. 또한 하드 디스크와 같은 저장 장치 등에도 사용되어 데이터에 오류가 있거나 약간의 비정상적인 변화가 있을 경우 CRC가 자동으로 이를 감지하여 사용자에게 CRC 에러로 경보 메시지를 보낸다.

더 알아보기

CRC 방식의 주요 특징

구분	내용
에러만 검출	에러 유무만 검출하고, 에러의 위치나 정정은 할 수 없다.
연집에러 (Burst Error) 검출	Random Error뿐만 아니라 연집에러(Burst Error)도 검출 능력 우수하다. 대부분 데이터링크 계층에서 많이 사용되며 비트 지향적인(Bit-Oriented) 에러검출 기술로서 강력하면서도 하드웨어로 구현하기가 쉽다.
순회부호에 기반한 오류검출부호	• 송신측: 데이터에 대해 특정 다항식으로 나눈 결과를 여분의 FCS에 덧붙여 보낸다. • 수신측: 동일한 방법으로 계산한 결과와의 일치성으로 오류검사를 하는 기술이다.

❶ CRC(Cyclic Redundancy Check)

㉠ CRC는 네트워크 등을 통하여 데이터를 전송할 때 전송된 데이터에 오류가 있는지를 확인하기 위한 방법으로 통신 시스템에서 전송된 데이터의 오류를 감지하는 데 사용되는 오류 감지 코드의 한 유형이다. 여기에는 메시지에 CRC 값을 추가하는 것이 포함되며 이 값은 다항식 분할에 기반한 수학적 알고리즘을 사용하여 계산된다.

㉡ CRC 알고리즘은 다항식 함수를 사용하여 고유 비트 시퀀스를 생성하며, 이는 전송 전 메시지의 끝에 추가된다. 수신기는 또한 동일한 다항식 함수를 사용하여 수신된 메시지를 기반으로 CRC 값을 계산하고 메시지와 함께 전송된 CRC 값과 비교하여 두 값이 일치하지 않으면 오류가 감지되는 것이다.

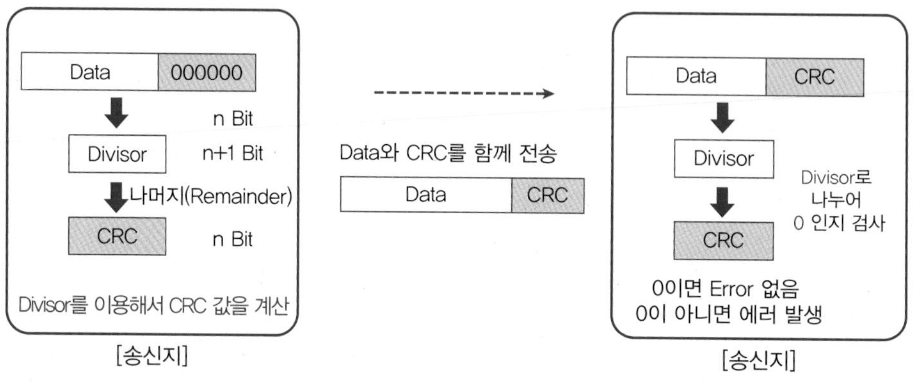

㉢ 데이터를 전송하기 전에 주어진 데이터의 값에 따라 CRC 값을 계산하여 데이터에 붙여 전송하고, 데이터 전송이 끝난 후 받은 데이터의 값으로 다시 CRC 값을 계산하게 된다. 이어서 두 값을 비교하고, 이 두 값이 다르면 데이터 전송 과정에서 잡음 등에 의해 오류가 덧붙여 전송된 것임을 알 수 있다.

㉣ CRC의 한계 중 하나는 오류를 감지할 수 있지만 정정할 수 없다는 것이다. 오류가 감지되면 수신기는 발신자에게 데이터 재전송을 요청해야 한다. 또한 CRC는 버스트 오류와 같은 특정 유형의 오류에 취약하여 탐지되지 않은 오류를 발생시킬 수 있다. 그러나 CRC는 여전히 신뢰할 수 있고 효율적인 오류 감지 기술로 널리 사용되고 있다.

❷ 오류 제어 방식 비교

구분	전진(Forward) 오류 수정	후진(Backward) 오류 수정
특징	오류 발생 시 재전송 요구하지 않음	오류 발생 시 재전송 요구
송신지	데이터에 부가 정보를 추가하여 송신	재전송 요구 시 다시 전송
수신지	부가정보를 이용하여 오류 검출 및 정확한 정보 유출 가능	부가정보를 이용하여 오류 검출 후 송신측에게 데이터 재전송 요구
종류	해밍코드(Hamming code)	ARQ 방식

CRC는 구현이 간단하고 계산적으로 효율적이며 광범위한 오류를 감지할 수 있기 때문에 널리 사용되는 오류 감지 기술이다. 이더넷 네트워크, 블루투스, USB와 같은 디지털 데이터를 전송하는 통신 시스템에서 일반적으로 사용된다.

01 다음 중 HDLC에서 주로 사용되는 오류검출 방식은? (2011-2차)

① 패리티 검사
② 순환잉여 검사(CRC)
③ 전진오류수정(FEC)
④ 블록합 검사

해설
CRC 필드는 주로 오류 검출용으로 사용한다. ITU-T CRC(CRC-CCITT, CRC-32)에 의거 2 Byte나 4 Byte를 사용한다.

02 동기식 전송에 이용되는 것 중 가장 효율적인 오류검출 방식은? (2014-2차)

① ARQ(Automatic Repeat Request)
② VRC(Vertical Redundancy Check)
③ CRC(Cyclic Redundancy Check)
④ LRC(Longitudinal Redundancy Check)

해설
③ CRC(Cyclic Redundancy Check): CRC(순환 중복 검사)는 네트워크 등을 통하여 데이터를 전송할 때 전송된 데이터에 오류가 있는지를 확인하는 것이다.
① ARQ(Automatic Repeat Request): ARQ는 자동 반복 요청으로 신뢰할 수 없는 통신 채널을 통해 안정적인 데이터 전송을 지원하는 방법이다.
② VRC(Vertical Redundancy Check): 수직 패리티 검사이다.
④ LRC(Longitudinal Redundancy Check): 통신에서 세로 중복 검사 또는 수평 중복 검사는 비트 스트림의 병렬 그룹 각각에 독립적으로 적용되는 중복 검사의 한 형태이다.

03 HDLC에서 프레임 체크 시퀀스로 가장 적합한 부호는? (2010-1차)

① CRC ② Hamming
③ Gray ④ ASCII

해설

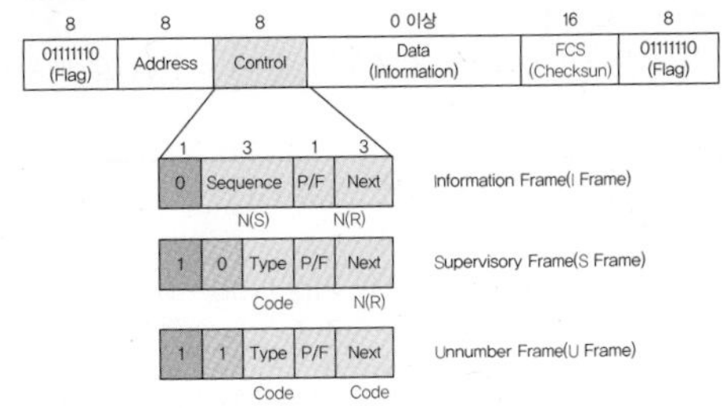

FCS 영역
오류 검출용으로 HDLC 프레임이 정확하게 상대국으로 전송되었는가를 확인하며, 에러 검출용 16비트 코드로 CRC(Cyclic Redundancy Check Code)를 사용한다.

04 다음 중 통신망에서 전송 시 프레임 수신측에서 에러 검출을 돕기 위해 삽입된 필드로 옳은 것은? (2023-3차)

① Preamble
② Type
③ FCS(Frame Check Sequence)
④ Padding

해설
③ FCS(Frame Check Sequence): 프레임에 문제가 있는지 판별에 사용하는 것으로 프레임의 끝 부분에 수신측의 에러검출을 돕기 위해 삽입하는 필드이다.
① Preamble: Frame Alignment로서 비트 동기 또는 프레임 동기이다.
② Type: IPv4에서 TOS는 Type Of Service(8Bits)로서 서비스 품질에 따라 패킷의 등급이다.
④ Padding: IPv4에서 옵션을 사용하다 보면 헤더가 32비트의 정수배로 되지 않는 경우가 있어서 헤더 길이를 32비트 단위로 맞추기 위해서 사용된다.

기출유형 완성하기

주관식 1 다음은 데이터통신 중 에러검사에 관한 사항이다. 입력신호가 "110011"일 때 CRC 방식에 의한 4bit의 검사 시퀀스(Check Sequence)를 구하시오(단, 생성다항식 G(x)= X4+X3+1이다).

해설

$G(x)= X^4+X^3+1$

입력신호 = 110011 = X^5+X^4+X+1 = P(x)로 메시지 다항식이 된다.

생성 다항식	• CRC－12 기준 $G(x)=X^{12}+X^{11}+X^3+X^2+X+1$ • CRC－ITU 기준 $G(x)=X^{16}+X^{12}+X^5+1$ • CRC－16 기준 $G(x)=X^{16}+X^{15}+X^2+1$
1단계 FCS 발생 과정	• 메시지 다항식 P(X)를 FCS의 비트수 만큼 오른쪽으로 이동한다. • 이를 위해 생성다항식의 최고차항을 메시지 다항식 P(x)에 곱한다. • P'(x)=P(x)와 G(x)의 최고차항인 X^4를 곱해서 P'(x)= $(X^5+X^4+X+1)\cdot X^4 = X^9+X^8+X^5+X^4$가 된다. • 이진수로 변환하면 1100110000이다.
2단계 P'(x)를 G(x)로 나눈다	$\frac{X^9+X^8+X^5+X^4}{X^4+X^3+1}=\frac{1100110000}{11001}$을 계산하면 몫 100001 11001) 1100110000 11001 10001 11001 1001 ◀······ FCS 몫이 100001이 되고 나머지가 1001이 된다. 여기서 1001이 FCS가 되는 것이다. FCS인 1001을 나머지인 R(x)라 한다.
3단계 송신 데이터 결정	• 송신은 메시지 P(x)와 나머지 R(x)를 함께 보내서 R(x)가 FCS 역활을 해주는 것이다. • T(x)=P'(x)+R(x)=1100110000+1001 =11001110010이 된다. 즉, FCS bit는 생성다항식 G(x)보다 1bit 작은 값이 된다.
4단계 수신측 오류 검증	• 수신측에서는 앞서 전송한 T(x)의 송신데이터를 G(x)의 생성다항식으로 나누고 나눈 값이 0이면 오류가 없는 것임을 알 수 있다. • 생성 다항식 G(x)는 사전에 공유되어 있어야 한다.

정리하면

1) 생성다항식 $G(x)=X^4+X^3+1$이고 최고차항을 고려한 송신다항식 $T(x)=X^5+X^4+X+1$ 이 된다.
2) 생성다항식 G(x)의 최고차항인 X^4을 곱하면 입력신호 P(x) 대비 P'(x)를 구하면 $(X^5+X^4+X+1)\cdot X^4=X^9+X^8+X^5+X^4$가 된다.
3) P'(x)를 G(x)로 나누면 나머지 R(x)는 1001이 되어 R(x)를 FCS로 활용하는 것이다.
4) 송신데이터 T(X)는 P'(x)에 R(x)를 FCS로 추가해 주면 P'(x)+R(x)가 되어 T(x)=P'(x)+R(x)=1100110000+1001=11001110010이 되는 것이다.
5) 수신단에서는 수신한 데이터에 생성다항식 G(x)로 나누어서 0이 되면 에러 없이 수신함을 확인 하는 것이다.

기출유형 17 ▸ FEC(Forward Error Control)

다음 중 전진에러제어(FEC)에 대한 설명으로 옳은 것은? (2010-3차)

① 역방향 채널이 필요하다.
② 에러의 검출은 가능하나 스스로 수정이 불가능하다.
③ 에러 검출로 패리티체크 방식을 사용한다.
④ 연속적으로 데이터의 전송이 가능하다.

해설

FEC **특징**

- 별도 역 채널을 사용하지 않는다.
- 연속적인 데이터 전송이 가능하다.
- 오류 발생 시 패킷을 재전송하지 않고 자체 수정하여 재전송하는 것이 불가능하다.
- 잉여 비트에 의한 전송채널 대역이 낭비된다.
- 에러 정정 기능을 포함한다.
- CRC 코드, 콘볼루션 코드 등이 이에 해당한다.

| 정답 | ④

족집게 과외

구분	FEC(순방향 오류제어)	BEC(역방향 오류제어)
방식	오류검출/정정	오류검출/재전송
잉여(Redundancy) 비트	많다	적다
제어주체	수신측	송신측
종류	해밍코드, LDPC, BCH, Turbo code	Stop and Wait, Go Back N, Adaptive ARQ

더 알아보기

FEC 코드

Block Code	Hamming Code, BCH Code, Reed−Solomon Code 등
Non-block Code	Convolutional Code, Turbo Code, LDPC 등

- FEC는 데이터 오류 발생에 대한 신뢰성을 향상시키기 위해 사용되는 디지털 신호 처리 기술이다.
- 데이터 전송 또는 저장 전에 오류 수정 코드라는 중복 데이터를 추가하여 전송한다.

❶ FEC(Forward Error Correction): 순방향 오류제어

데이터 전송의 신뢰성을 향상시키기 위해 통신 시스템에 사용되는 기술이다. 수신자가 전송 중에 발생했을 수 있는 오류를 감지하고 수정하는 데 사용할 수 있는 방식으로 전송된 신호에 중복 데이터를 추가하는 것을 포함한다. FEC는 원본 메시지에 추가 데이터비트를 추가하여 작동하며, 이는 수신기에서 오류를 감지하고 수정하는 데 사용될 수 있다. 추가 비트는 패리티 검사 코드, 순환 중복 검사(CRC) 또는 컨볼루션 코드와 같은 수학적 알고리즘을 사용하여 계산된다. 수신기는 중복 비트를 사용하여 메시지의 무결성을 확인하고 전송 중에 발생했을 수 있는 오류를 수정한다.

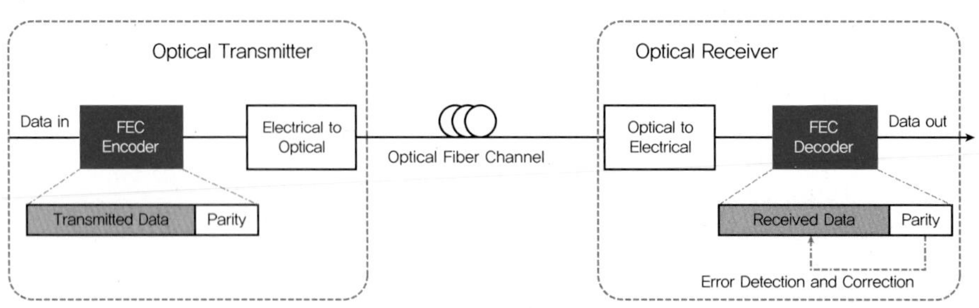

위 그림에서 보면 FEC는 송수신 링크를 통해 송신지 Parity 대비 수신지 Data의 Parity를 통해 자체 오류 유무를 검사해서 에러가 있는 경우 수정까지 하는 것이다. FEC는 데이터의 재전송 없이 전송의 신뢰성을 향상시킬 수 있기 때문에 통신 채널이 노이즈가 많거나 간섭을 받기 쉬운 상황에서 특히 유용하다. 이것은 화상회의와 같은 실시간 애플리케이션에서 중요하며, 재전송은 허용할 수 없는 지연을 유발할 수 있다.

❷ FEC 사용 환경의 특징

구분	내용
1:N 통신	주요 용도는 송신측이 한 곳이고 수신측이 여러 곳일 때 사용된다.
오류수정	실시간 처리 및 높은 처리율을 제공함으로 오류가 발생하여도 재전송 요구 없이 오류 수정이 가능하다.
열악한 환경에 사용	수신된 데이터를 재전송(되돌려보내는) 피드백이 어려운 환경으로 주로 채널환경이 열악한 곳이며 높은 신뢰성이 요구되는 곳 등에 사용된다.

FEC는 데이터의 재전송을 요청하기 위해 역방향 채널이 없고 오류를 수정할 수 있는 기능을 수신기에서 제공한다. 이를 위해 송신측에 부가적 정보인 Redundancy를 추가 전송하고, 수신측에서 에러 발견 시 데이터에 포함된 부가 정보를 사용해서 에러검출 및 에러정정을 한다. FEC의 단점 중 하나는 전송된 데이터에 추가적인 오버헤드를 추가하여 시스템의 전반적인 처리량이 줄어들 수 있으나 이것은 향상된 신뢰성을 위한 좀 더 가치 있는 절충안으로 고려되어야 한다.

기출유형 완성하기

정답 01 ① 02 ③ 03 ③ 04 ① 05 ②

01 다음 중 FEC(Forward Error Correction) 기법에서 사용하는 오류정정 부호가 아닌 것은? (2019-3차)(2022-1차)

① CRC
② LDPC
③ Turbo Code
④ Hamming Code

해설

① CRC: CRC는 수신측에서 부가된 비트로 오류에 대한 재전송을 하는 오류 Check 점검 기법이다.
② LDPC(Low-Density Parity-Check): 오류정정 부호의 한 형태이며, 패리티 검사 행렬에서 '0'이 아닌 원소의 수가 부호길이에 비해 현저히 적게 존재하는 부호이다.
③ Turbo Code: 최대 채널 용량 또는 이론적인 최대값인 Shannon 한계에 근접한 코드이다. 부호화기, 복호화기, 인터리버로 구성되며 부호화 특성이, 콘벌루션 부호를 병렬 연접한 채널 부호이다.
④ Hamming Code: 데이터비트에 몇 개의 체크비트가 추가된 코드이다. 기존의 체크비트들은 수신된 데이터열에 에러가 있다 없다 정도만 확인할 수 있었는데, 해밍코드를 이용하면 수신단은 에러비트의 위치까지 알 수 있게 할 뿐만 아니라 정정할 수 있다. 수신측에 부가된 비트를 이용해서 오류검출을 한다.

02 다음 중 FEC(Forward Error Correction)의 특징이 아닌 것은? (2021-1차)

① 역 채널을 사용하지 않는다.
② 연속적 데이터 전송이 가능하다.
③ 오류가 발생 시 패킷을 재전송한다.
④ 잉여 비트에 의한 전송채널 대역이 낭비된다.

해설

FEC 특징

- 별도 역 채널을 사용하지 않는다.
- 연속적인 데이터 전송이 가능하다.
- 오류 발생 시 패킷을 재전송하지 않고 자체 수정하여 재전송하는 것이 불가능하다.
- 잉여 비트에 의한 전송채널 대역이 낭비된다.
- 에러 정정 기능을 포함한다.
- CRC 코드, 콘볼루션 코드 등이 해당한다.

03 다음 중 FEC(Forward Error Correction)의 특징이 아닌 것은? (2014-1차)

① 역 채널을 사용하지 않는다.
② 연속적 데이터 전송이 가능하다.
③ 기기와 코딩 방식이 단순하다.
④ 잉여 비트에 의한 전송채널 대역이 낭비된다.

해설

③ 자체 오류를 복귀해야 하기 때문에 상대적으로 기기와 코딩 방식이 복잡하다.

04 FEC(Forward Error Correction) 코드에 대한 설명으로 적합하지 않은 것은? (2010-1차)

① 역채널을 사용한다.
② 에러 정정 기능을 포함한다.
③ 연속적인 데이터 전송이 가능하다.
④ CRC 코드, 콘볼루션 코드 등이 이에 해당한다.

해설

FEC는 송신측이 한 곳이고 수신측이 여러 곳일 때 주로 재전송이 어려운 곳에 사용하므로 역채널이 존재하지 않는다.

05 FEC(Forward Error Correction)에 대한 설명으로 적합하지 않은 것은? (2010-3차)

① 에러 정정 기능을 포함한다.
② 역채널을 사용한다.
③ 연속적인 데이터 전송이 가능하다.
④ 해밍 코드, 콘볼루션 코드가 사용된다.

해설

오류가 발생 시 패킷을 재전송 하지 않고 자체 수정한다.

06 **데이터 통신 시스템에서 발생하는 에러에 대한 제어 기법 중 Backward Channel이 없거나, 통신 위성처럼 Round Trip Delay가 긴 경우에 적절한 에러 제어방식은?** (2015-2차)

① Adaptive ARQ ② Piggyback
③ BCC ④ FEC

해설
FEC는 송신측이 한 곳이고 수신측이 여러 곳일 때 주로 재전송이 어려운 곳에 사용하므로 역채널이 존재하지 않는다.

07 **다음 중 부가식 확인 응답(Piggyback Acknowledgement)이란?** (2022-2차)

① 수신측이 에러를 검출한 후 재전송해야 하는 프레임의 개수를 송신측에게 알려주는 응답
② 수신한 전문에 대해 확인응답 전문을 따로 보내지 않고, 상대편에게 전송되는 데이터 전문에 확인응답을 함께 실어 보내는 방법
③ 송신측이 일정한 시간 안에 수신측으로부터 ACK가 도착하지 않으면 에러로 간주하는 것
④ 송신측이 타입-아웃 시간을 설정하기 위한 목적으로 송신한 테스트 프레임에 대한 응답

해설
Piggyback
피기백 응답은 IP 네트워크를 통한 안정적인 데이터 전송에 사용되는 TCP(Transmission Control Protocol)와 같은 프로토콜에서 자주 사용된다. TCP에서 승인은 일반적으로 성공적인 통신에 필요한 왕복 횟수를 줄이기 위해 데이터 패킷과 결합된다. 전반적으로 Piggyback 승인은 승인 메시지를 기존 데이터 패킷에 통합하여 오버헤드를 줄이고 전체 네트워크 활용도를 향상시켜 데이터 전송의 효율성과 성능을 향상시키는 기술이다. 네트워크 대역폭을 효율적으로 사용하기 위한 기술로 수신측에서 수신된 데이터에 대한 확인(Acknowledgement)을 즉시 보내지 않고, 전송할 데이터가 있는 경우에만 제어 프레임을 별도로 사용하지 않고 기존의 데이터 프레임에 확인 필드를 덧붙여 전송(Piggyback)하는 흐름제어 방식을 의미한다.

- 장점: 네트워크 대역폭을 효율적으로 활용할 수 있다.
- 단점 : ACK를 보내기까지 오랜 시간을 기다리게 된다면 송신측은 메시지를 재전송할 것이다.

08 **피기백 응답(Piggyback Acknowledgement)에 대한 설명으로 가장 적합한 것은?** (2010-1차)

① 송신측이 일정한 시간 안에 수신측으로부터 ACK가 도착하지 않으면 에러로 간주하는 것이다.
② 송신측이 타임-아웃시간을 설정하기 위한 목적으로 내보낸 테스트 프레임에 대한 응답이다.
③ 수신측이 에러를 검출한 후 재전송해야 할 프레임의 개수를 송신측에게 알려주는 응답이다.
④ 수신측이 별도의 ACK를 보내지 않고 상대편으로 향하는 데이터 전문을 이용하여 응답하는 것이다.

해설
데이터 전송 자체에 수신확인을 포함시켜 데이터나 정보 수신을 확인하는 방식이다.

09 **전송 채널 대역의 이용 효율을 높이기 위해 수신단에서 수신된 데이터에 대한 '확인응답(ACK, NAK)'을 따로 보내지 않고, 상대편으로 향하는 데이터 프레임에 '확인응답 필드'를 함께 실어 보내는 전송 오류 제어 기법은?** (2023-3차)

① Piggyback Acknowledgement(피기백 확인응답)
② Synchronization Acknowledgement(동기 확인응답)
③ Timeout Acknowledgement(타임아웃 확인응답)
④ Daisy Chain Acknowledgement(데이지 체인 확인응답)

해설
피기백 응답은 IP 네트워크를 통한 안정적인 데이터 전송에 사용되는 TCP(Transmission Control Protocol)와 같은 프로토콜에서 자주 사용된다.

기출유형 18 ▶ **ARQ(Automatic Repeat Request)**

링크를 가장 효율적으로 사용할 수 있으나 프레임 재순서화 기능이 요구되는 등 시스템 구현이 복잡한 단점을 가지고 있는 방식은? (2010-1차)

① Simple ARQ
② Go back N ARQ
③ Stop and Wait ARQ
④ Selective Repeat ARQ

해설

Selective Repeat ARQ는 링크를 가장 효율적으로 사용할 수 있으나, 프레임 재순서화 기능이 요구되는 등 시스템 구현이 복잡한 단점을 가지고 있는 ARQ 방식이다.

| 정답 | ④

족집게 과외

Stop-and-Wait ARQ	수신측으로부터 ACK를 받을 때까지 대기하는 방식
Go-back-N ARQ	오류가 난 지점부터 전송한 지점까지 모두 재전송하는 기법

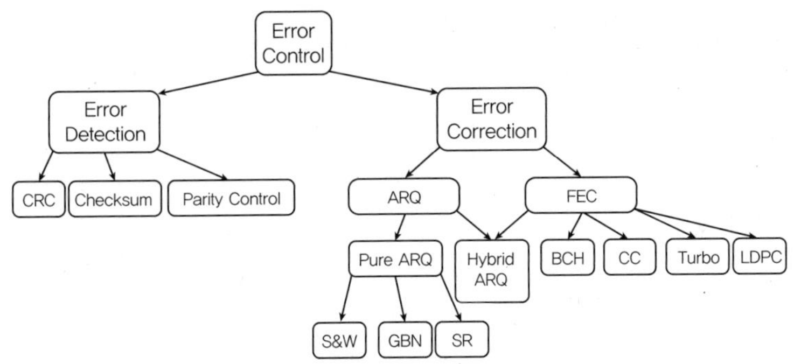

더 알아보기

ARQ 관련 용어

프레임(Frame)	전송 측에서 사용하는 '패킷'과 같은 의미
ACK(Acknowledge)	수신 측에서 이상 없이 프레임을 받았을 경우에 보내는 확인 응답
NAK(Negative Acknowledge)	프레임을 제대로 전송받지 못한 경우 송신 측에 보내는 신호

적응적 ARQ(Adaptive ARQ)
데이터 통신에서 자료 전송을 하는 ARQ 프로토콜의 한 가지로서 채널 효율을 최대로 높이기 위해 블록의 길이를 동적(Dynamic)으로 변경할 수 있는 방식이다. 블록의 길이가 길수록 전송 효율이 높아지나 오류 발생률도 높아진다. 따라서 통신 회선의 상태가 좋으면 블록 길이를 길게 하고 오류가 많이 발생하면 자동으로 블록 길이를 짧게 한다.

❶ ARQ 방식

ARQ(Automatic Repeat Request)는 두 End Point인 종단 간에 데이터 패킷의 안정적인 전송을 보장하기 위해 통신 네트워크에 사용되는 프로토콜이다. 이 프로토콜은 데이터 패킷을 전송하는 동안 발생할 수 있는 오류를 감지하고 수정함으로써 동작한다.

1) Stop and Wait ARQ

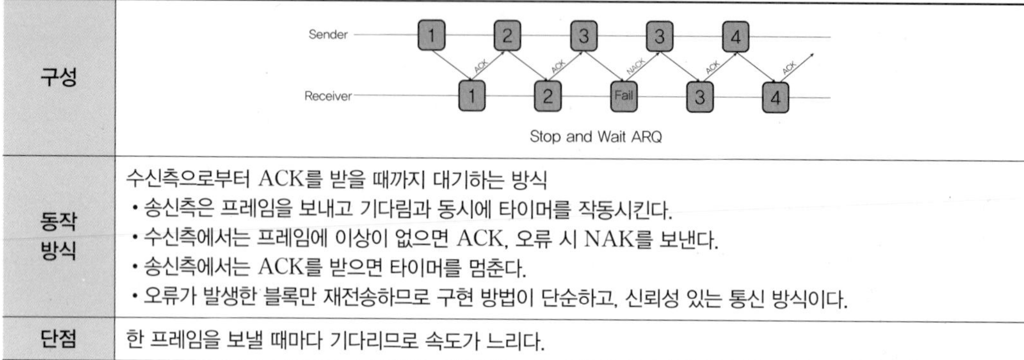

구성	Sender / Receiver (1, 2, 3, 3, 4 / 1, 2, Fail, 3, 4; ACK, ACK, NACK, ACK, ACK) Stop and Wait ARQ
동작 방식	수신측으로부터 ACK를 받을 때까지 대기하는 방식 • 송신측은 프레임을 보내고 기다림과 동시에 타이머를 작동시킨다. • 수신측에서는 프레임에 이상이 없으면 ACK, 오류 시 NAK를 보낸다. • 송신측에서는 ACK를 받으면 타이머를 멈춘다. • 오류가 발생한 블록만 재전송하므로 구현 방법이 단순하고, 신뢰성 있는 통신 방식이다.
단점	한 프레임을 보낼 때마다 기다리므로 속도가 느리다.

2) Go-Back-N ARQ

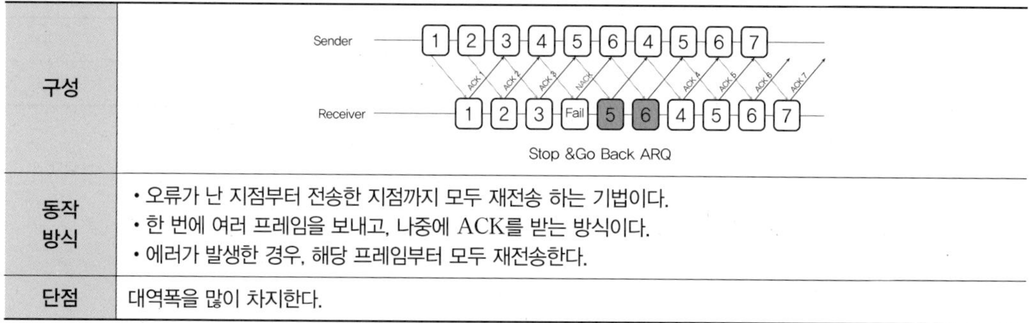

구성	Sender / Receiver (1, 2, 3, 4, 5, 6, 4, 5, 6, 7 / 1, 2, 3, Fail, 5, 6, 4, 5, 6, 7) Stop &Go Back ARQ
동작 방식	• 오류가 난 지점부터 전송한 지점까지 모두 재전송 하는 기법이다. • 한 번에 여러 프레임을 보내고, 나중에 ACK를 받는 방식이다. • 에러가 발생한 경우, 해당 프레임부터 모두 재전송한다.
단점	대역폭을 많이 차지한다.

3) Selective-Repeat ARQ

구성	Sender / Receiver (1, 2, 3, 4, 5, 6, 4, 7, 8, 9 / 1, 2, 3, Fail, 5, 6, 4, 7, 8, 9) Selective Repeat ARQ
동작 방식	• 한 번에 여러 프레임을 보내고, 나중에 ACK를 받는 방식이다. • 에러가 발생한 경우, 해당 프레임만 재전송한다.
단점	수신 측은 복잡한 논리 회로와 큰 용량의 버퍼를 요구한다.

❷ 연속 재전송을 하는 두 방식의 비교

구분	Go-back-N ARQ	Selective-repeat ARQ
에러 발생 시	손상된 프레임의 이후부터 모두 재전송	손상된 프레임만 재전송
구현 난이도	구조가 비교적 간단, 구현이 쉬움	프레임의 재배열을 구현하기 어려움
버퍼 유무	데이터를 폐기하기 때문에 큰 버퍼가 필요 없음	프레임 재배치로 인한 큰 버퍼가 필요함

정답 01 ④ 02 ③ 03 ② 04 ④ 05 ④

01 링크를 가장 효율적으로 사용할 수 있으나, 프레임 재순서화 기능이 요구되는 등 시스템 구현이 복잡한 단점을 가지고 있는 ARQ 방식은? (2011-3차)

① Simple ARQ
② Go back N ARQ
③ Stop and Wait ARQ
④ Selective Repeat ARQ

해설
Selective-Repeat ARQ
한 번에 여러 프레임을 보내고, 나중에 ACK를 받는 방식으로 에러가 발생한 경우, 해당 프레임만 재전송한다. 수신자 측은 복잡한 논리회로와 큰 용량의 버퍼를 요구한다.

02 ARP(검출 후 재전송) 방식 중 가장 단순한 방식은? (2013-3차)

① Adaptive ARQ
② Go-back-N ARQ
③ Stop-and-wait ARQ
④ Selective ARQ

해설
Stop-and-Wait는 수신측으로부터 ACK를 받을 때까지 대기하는 방식이다. 송신측은 프레임을 보내고 기다림과 동시에 타이머를 작동시키고 수신측에서는 프레임에 이상이 없으면 ACK를 오류가 있으면 NAK를 보낸다.

03 다음 중 전송 오류 제어에서 Stop-and-wait ARQ 방식의 설명으로 틀린 것은? (2013-1차)(2016-1차)

① ARQ 방식 중 가장 간단하다.
② 전파 지연이 긴 시스템에 효과적이다.
③ 오류 검출이 뛰어나다.
④ 메모리 Buffer 용량은 큰 블록 데이터를 저장할 수 있어야 한다.

해설
Stop-and-wait ARQ 방식은 오류가 발생한 블록만 재전송하므로 구현 방법이 가장 단순하고, 신뢰성이 있는 통신 방식이다. 다만, 한 프레임을 보낼 때마다 기다리므로 속도가 느려져서 전파지연이 긴 시스템에서는 비효율적이다.

04 다음 중 Stop-and-Wait ARQ 방식에 대한 설명으로 옳지 않은 것은? (2013-2차)(2020-1차)

① 가장 간단한 형태의 ARQ이다.
② 수신측에서는 오류 발생 유무에 따라 ACK이나 NAK 신호를 보낸다.
③ 오류 검출 능력이 우수한 부호를 사용해야 한다.
④ ARP 프로토콜에서 사용한다.

해설
ARP(Address Resolution Protocol)
인터넷에서 통신하려면 자신의 로컬 IP 주소와 MAC 주소, 원격 호스트의 IP 주소와 MAC 주소가 필요하다. ARP는 원격 호스트의 주소 변환 기능을 제공하는데, 즉, 사용자가 입력한 IP 주소를 이용해 MAC 주소를 제공하는 프로토콜이다. ARQ와 ARP는 전혀 다른 개념이다.

05 다음 중 에러 검출 방식으로 옳지 않은 것은? (2018-2차)

① 패리티 체크 방식 ② 군계수 체크 방식
③ 정 마크 방식 ④ ARQ 방식

해설
ARQ 방식은 에러 검출 후 재전송하는 방식으로 오류(에러)는 감쇠(Attenuation), 지연왜곡(Delay Distortion), 상호변조잡음(Intermodulation Noise), 충격잡음(Impulse Noise)에 의한 신호 에러가 발생할 수 있다.

- 이를 수정하기 위해 FEC(Forward Error Control)와 BEC(Backward Error Control) 방식을 주로 사용한다.
- 주요 에러 검출방식으로 패리티 체크, 군계수 체크, 정 마크 방식 등이 있다. 이를 위해 Parity 검사, CRC 검사 해밍코드 등을 주로 사용한다.

정답 06 ③ 07 ② 08 ② 09 ③ 10 ③

06 ARQ 방식 중 에러가 발생한 프레임만 재전송하는 기법은? (2019-1차)

① Stop-Wait ARQ
② Go Back n ARQ
③ Selective Repeat ARQ
④ H-ARQ

해설
Selective Repeat ARQ는 링크를 가장 효율적으로 사용할 수 있으나, 프레임 재순서화 기능이 요구되는 등 시스템 구현이 복잡하다는 단점을 가지고 있는 ARQ 방식이다.

07 정보통신의 에러제어에서 ARQ에 해당되는 것은? (2010-2차)

① 패리티검사 코드방식
② 에러 검출 후 재전송방식
③ 전진에러 수정방식
④ 에코검사방식

해설
ARQ 방식은 에러 검출 후 재전송하는 방식이다.

08 ARQ 방식의 일종으로 NAK를 수신하게 되면 착오가 발생한 데이터 프레임만을 재전송하는 방식은? (2010-2차)

① Go Back N ARQ
② 선택적 재전송 ARQ
③ Stop and Wait ARQ
④ 적응적 ARQ

해설
Selective Repeat ARQ는 링크를 가장 효율적으로 사용할 수 있으나, 프레임 재순서화 기능이 요구되는 등 시스템 구현이 복잡한 단점을 가지고 있는 ARQ 방식이다.

09 다음 중 에러 발생율을 감지하여 가장 적절한 프레임의 길이를 동적으로 변경하여 전송하는 방식은? (2011-2차)

① Go-back-N ARQ
② Stop-and-wait ARQ
③ Adaptive-ARQ
④ Selective-repeat ARQ

해설
적응적 ARQ(Adaptive ARQ)
데이터 통신에서 자료 전송을 하는 ARQ 프로토콜로서 채널 효율을 최대로 높이기 위해 블록의 길이를 동적(Dynamic)으로 변경할 수 있는 방식이다. 블록의 길이가 길수록 전송 효율이 높아지나 오류 발생률도 높아진다. 따라서 통신 회선의 상태가 좋으면 블록 길이를 길게 하고 오류가 많이 발생하면 자동으로 블록 길이를 짧게 한다.

10 통신 시스템에서 사용되는 ARQ 방식이 아닌 것은? (2011-2차)

① 정지-대기 ARQ
② 선택적 재전송 ARQ
③ 불연속적 ARQ
④ Go-back-N ARQ

해설
③ 불연속적 ARQ는 별도 없다.

프로토콜

- 잡음 없는 채널
  - 가장 단순한 방식 : Simplest
  - 정지 후 대기 방식 : Stop and Wait ARQ
- 잡음 있는 채널
  - 정지 후 대기 방식 : Stop and Wait ARQ
  - N개 후퇴 방식 : Go-back-N ARQ
  - 선택적 반복 : Selective Repeat ARQ
  - 적응형 방식 : Adaptive ARQ

기출유형 19 ▶ 디지털통신(정합필터, 상관기)

정합필터에 대한 설명 중 적합하지 않은 것은? (2010-2차)(2011-3차)

① 디지털 통신에서 사용된다.
② 비동기 검파기로 동작한다.
③ 정합필터의 출력은 입력신호의 에너지와 같다.
④ 펄스의 존재 유무를 판별하는 시점에서 신호성분을 증가시키고 잡음성분을 감소시키는 역할을 수행한다.

해설
정합필터는 이진 신호에 대해, 최소 오류 확률 관점에서, 가장 좋은 수신기(최적 수신기)로서 주로 동기검파에 사용된다.

| 정답 | ②

족집게 과외

부호화(Encoding)	데이터를 생성할 때, 데이터의 양을 줄이기 위해 데이터를 코드화하고 압축하는 것
복호화(Decoding)	압축되어 수신한 파일을 원래의 데이터로 복원하기 위해 변환하는 것

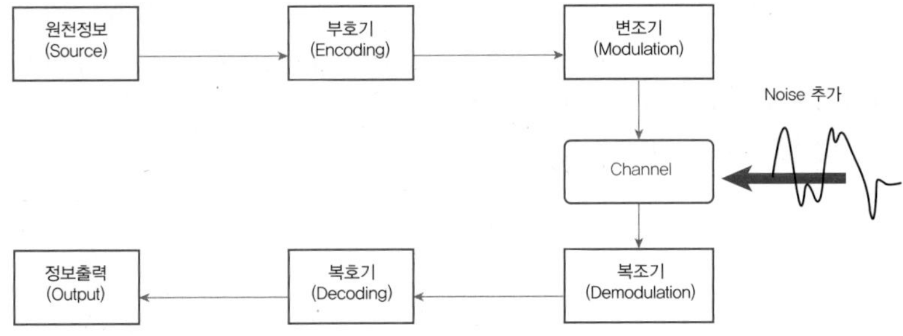

더 알아보기

디지털통신은 아날로그 신호와 반대로 신호 대 잡음비(SNR)가 낮아도 되기 때문에 적은 전력으로 강한 신호를 전송할 수 있어 아날로그의 SNR 문제를 해결할 수 있어서 스펙트럼을 효율적으로 사용할 수 있다. 이를 위해 아날로그처럼 신호의 원형을 유지하지 않고 0과 1의 형태로 변환하여 통신 되기 때문에 부호화와 복호화 등 다양한 과정을 거치게 된다. 이 중에 부호화는 소스 부호화, 채널 부호화, 라인 부호화로 구분이 된다.

소스 부호화	전송하고자 하는 데이터의 양을 줄이는 압축 과정
채널 부호화	오류 검출이나 오류 정정을 할 수 있도록 원본 데이터에 추가적인 정보를 포함함
라인 부호화	통신 매체의 특성에 맞도록 원본 데이터 배열을 통신에 적합한 데이터 배열로 변환

데이터를 수신한 쪽에서는 부호화의 반대 순서로 복호화가 진행되는데, 라인 복호화, 채널 복호화, 그리고 소스 복호화가 이루어져, 원본 데이터가 복원된다. 다만, 부호화 중, 압축의 과정에서 손실 압축 방식이 채택되었다면, 압축 과정에서 사라진 정보는 복호화를 통해서도 만들어 낼 수는 없다.

❶ 디지털 통신

㉠ 디지털 통신은 일련의 이산적인 값으로 표현되는 디지털 신호를 통해 정보를 전송하는 것으로 연속적인 신호를 통해 정보를 전달하는 아날로그 통신과는 대조적이다. 디지털 통신은 이메일, 문자 메시지, 소셜 미디어, 화상 회의 등을 포함한 다양한 형태를 사용되므로 속도, 편리함, 그리고 많은 양의 정보를 빠르고 효율적으로 전송하는 기능 때문에 점점 더 선호되는 통신 방법이 되고 있다.

㉡ 디지털 통신의 주요 이점 중 하나는 메시지를 쉽게 저장하고 검색할 수 있으며 메시지 내에서 특정 정보를 검색할 수 있다는 것 이외에도 디지털 통신을 통해 암호화 및 기타 보안 조치를 사용하여 중요한 정보를 보호할 수 있다. 디지털통신을 위해 아날로그 신호를 디지털 신호로 전환하고 다시 이 디지털 신호를 디지털통신인 인터넷이나 전용회선으로 전송하며 수신측에서는 또다시 원래의 신호로 바꾼다.

❷ 정합필터 및 상관기

㉠ 정합필터(Matched Filter)

정합필터 및 상관기는 모두 통신, 레이더 및 이미지 처리와 같은 다양한 응용 분야에서 사용되는 신호 처리 기술로서 이들은 몇 가지 유사점을 공유하지만 목적과 기능이 다르다.

1 1 0 1 1 — AWGN Channel — Matched Filter — Sampling & Threshold Decisor (1 1 0 1 1) — "11011"

- 정합필터는 노이즈가 있는 상태에서 원하는 신호의 SNR(신호 대 잡음비)을 최대화하는 데 사용되는 선형 필터이다. 즉, 기준 파형이라하는 기준 신호를 기반으로 설계되었으며 정합필터의 목표는 노이즈로 인해 손상된 수신 신호 내에서 파형의 존재를 감지하거나 추출하는 것이다.
- 정합필터는 수신된 신호를 시간이 반전되고 결합된 신호로 동작하며 수신 신호 간의 상관관계를 효과적으로 최대화한다. 정합필터의 출력은 상관관계 파형이며, 이 파형의 피크 값은 수신 신호 내에서 최적 정렬에 해당한다.
- 기본적으로 정합필터는 노이즈의 통계적 특성과 파형의 특성을 활용하여 원하는 신호를 추출하는 것이다.
- 디지털 통신 시스템에서는 펄스의 파형이나 크기는 중요하지 않고, 펄스의 존재 유무를 판별하는 것이 중요하다. 정합필터는 펄스의 존재 유무를 결정하는 순간에 신호 대 잡음비를 최대로 유지하도록 하는 선형 시불변 필터이다. 입력신호 $S(t)$를 시간축상에 반전($-t$)시키고, 그것을 시간지연(T)시킨 임펄스 응답이다.

즉, $h(t)=S(T-t) \leftrightarrow H(f)=S(f)exp(-j2\pi fT)$

$S(t)$ → ⊕ → $h(t)$ → ($t=T$) → 정합필터 2진 판정 → 0 / 1; $n(t)$ 잡음

[정합필터]

$t=T$에서 정합필터의 출력은 신호와 임펄스 응답(Impulse Response)을 Convolution하여 얻을 수 있다.
정합필터의 임펄스 응답 $h(t)=S(T-t)$라 하면

$$S_0(t)=\int_{-\infty}^{\infty} S(\tau)S(T-t+\tau)d\tau$$

$t=T$에서 판별하므로

$$=\int_{0}^{T} S(\tau)S(\tau)d\tau$$

$$= \int_0^T S^2(\tau)d\tau$$

이 되어 정합필터의 출력은 입력신호의 에너지와 같음을 알 수 있다. 이를 통해 샘플링 순간($t = T$)에서 수신 신호대 잡음비(SNR)를 최대화시키며 필요한 신호는 강조하고 불필요한 잡음은 억제시킴으로써 오류 확률을 최대한 감소시켜 2진 신호의 판정이 오류가 없도록 하는 역할을 한다. 그러나 신호 에너지를 모아서 에너지가 가장 큰 순간에 샘플링 시간을 맞추게 되어 이때 인접 심볼들의 에너지가 넘어오기 쉬운 ISI에 의한 간섭에는 취약한 단점이 있다.

ⓛ 상관기(Correlator)

상관기는 두 신호 간의 유사성 또는 상관관계를 측정하는 데 사용되는 시스템 또는 알고리즘으로 패턴 인식, 동기화, 신호 분석 등 신호 감지를 넘어 다양한 용도로 사용할 수 있다. 정합필터는 SNR을 최대화하도록 최적화된 특정 유형의 상관기이지만, 상관기는 다른 형식을 취하고 다른 목적을 수행할 수 있다. 예를 들어, 교차 상관기는 시간 지연 함수로서의 유사성을 측정하는 교차 상관 함수를 계산하여 두 신호 간의 유사성을 측정한다. 반면에, 자동 상관기는 시간이 이동된 신호와 신호의 유사성을 측정한다.

정합필터	노이즈가 있을 때 알려진 파형의 감지를 향상시키는 데 사용되는 특정 유형의 상관기이다.
상관기	신호 간의 유사성이나 상관관계를 측정하는 데 사용되는 더 넓은 종류의 알고리즘 또는 시스템을 포함하며 신호 탐지를 넘어 다양한 목적을 수행한다.

- 입력신호와 Conjugated Match되는 임펄스 응답 특성을 가지는 필터이므로 주파수 영역 관점에서는 정합필터라 하고 시간 영역의 관점에서는 상관기라 할 수 있다.
- 정합필터와 상관수신기는 표본화 시점에서 동일한 출력값을 발생시키므로 비트 판정은 같다고 할 수 있다.
- 대부분 시간 영역에서는 "정합필터", "상관기"를 혼용하여 쓰고 있으나 주파수 영역에서는 정합필터(Matched Filter)라 정의한다.

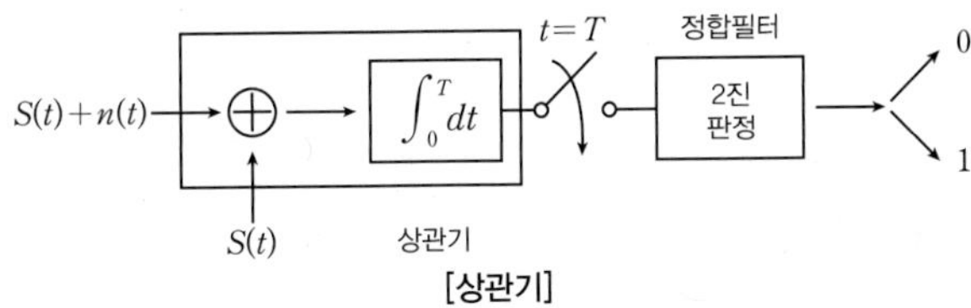

[상관기]

최대 출력을 찾기 위한 적당한 타이밍은 출력 최고값이 나타나는 $t = T$가 되는 경우이다.

정답 01 ④ 02 ①

01 디지털 통신에 있어서 음성압축기술, 음성품질 및 주파수자원 활용의 상관관계를 바르게 설명한 것은? (2010-1차)

① 음성압축 비율이 높아져 비트율이 낮아지면, 음성품질도 향상되고 주파수 활용도도 높아진다.
② 음성압축 비율이 높아져 비트율이 낮아지면, 음성품질도 저하되고 주파수 활용도도 낮아진다.
③ 음성압축 비율이 높아져 비트율이 낮아지면, 음성품질은 향상되나 주파수 활용도도 낮아진다.
④ 음성압축 비율이 높아져 비트율이 낮아지면, 음성품질도 저하되나 주파수 활용도도 높아진다.

해설

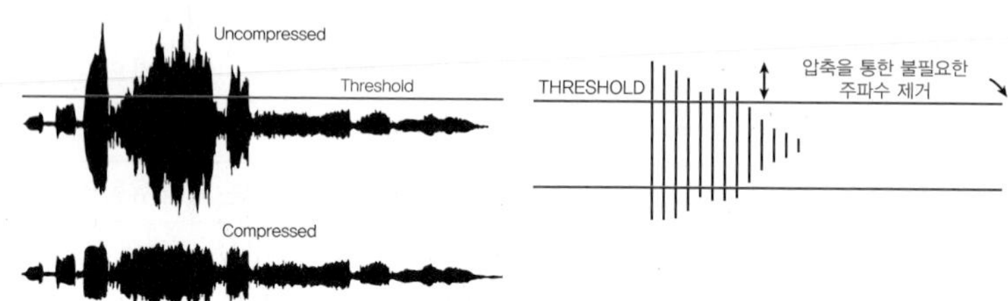

- 음성압축은 사용되지 않거나 중복된 부분을 제거하여 데이터의 크기를 줄이는 방법이다.
- 음성압축을 통해 불필요한 대역을 제거함으로서 대역폭을 효율적으로 사용할 수 있다.
- 음성품질은 음성의 선명도로서 좋은 품질과 압축과는 반비례 관계가 형성된다.
- 압축을 많이 하면 전송용량이 줄어들지만 음성품질이 저하될 수 있어 적절한 조정이 필요하다.
- 음성압축기술이 높아질수록 대역폭 효율과 주파수 이용 효율은 증가될 수 있다.

02 디지털 통신에서 신호 펄스의 판별 시 에러 확률을 가장 작게 할 수 있는 필터는? (2010-3차)

① 정합필터
② 고역 필터
③ 저역통과 필터
④ 대역통과 필터

해설

정합필터

입력 신호에 정합시키는 필터링 역할을 수행하며 펄스 존재 판별 시점에 상관기 및 정합필터 특성이 등가적이다. 디지털 통신 시스템에서는, 펄스의 파형이나 크기는 별로 중요하지 않고 단지 펄스의 존재 유무를 정확하게 판별하는 것이 중요하다. 즉, 펄스의 존재 유무를 결정하는 바로 그 순간에, 신호 대 잡음의 크기의 비율을 최대가 되도록 할 수 있는 것이 바로 정합필터 또는 상관기이다. 정합필터는 신호가 전송 중에 잡음이 부가되어 수신기에 입력되면, 정합필터의 출력은 신호가 수신기에 한 주기이다. 즉, 들어온 $t=T$인 순간에 신호의 최대 진폭이 출력에 나타나므로 신호의 검출을 용이하게 하는 디지털 필터를 의미한다.

정답 03 ① 04 ①, ④

03 다음 중 디지털 통신에서 펄스 성형(Pulse Shaping)을 하는 주된 이유로 가장 적합한 것은?

(2011-3차)(2018-2차)(2021-1차)

① 심볼 간 간섭(IS)를 줄이기 위함
② 노이즈를 줄이기 위함
③ 다중접속을 용이하게 하기 위함
④ 채널 대역폭을 증가시키기 위함

해설

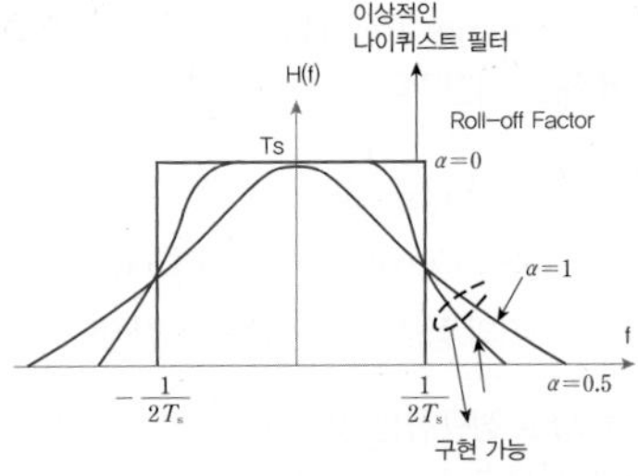

통신환경의 여러 가지 요인으로 해서 완전한 구형파 필터 특성을 만드는 데는 한계가 있어서 표본화 순간에 ISI를 제거할 수 있는 필터링 및 펄스 모양에 근접한 것을 만들기 위해 Raised Cosine Filter로 Pulse Shaping을 한다.
Roll−off Factor에 의한 초과 대역폭(Excess Bandwidth)은 나이퀴스트 최소 대역폭($\frac{1}{2T_s}$)을 초과한 비율(%)로 Roll off 계수 $\alpha=0.5$이면 50%, $\alpha=1$이면 100%가 된다.

펄스 성형(Pulse Shaping)은 전송되는 펄스의 파형을 변형하는 것으로 통신 채널에서 부호 간 간섭(ISI: Inter−Symbol Interference)을 최소화하고 점유 대역폭을 제한하기 위하여 사용된다. 펄스 성형 기법으로는 변조(Modulation) 후 각각의 부호(Symbol)에 펄스 정형 필터를 사용하는 기법을 사용한다.

04 다음 중 대역 제한 채널(Band Limited Channel)의 대역폭이 입력신호의 대역폭에 비해 작은 경우 발생하는 것은?

(2023-3차)

① 왜곡(Distortion)
② 누화(Crosstalk)
③ 잡음(Noise)
④ 심볼 간 간섭(Inter Symbol Interference)

해설

① 왜곡(Distortion): 전송 매체 특성에 따라 형태나 파형이 바뀌는 것으로 대역폭에 영향을 받는다.
④ 심볼 간 간섭(Inter Symbol Interference): 간섭을 줄이기 위해 펄스 성형(Pulse Shaping)을 한다. 이는 전송되는 펄스의 파형을 변형하는 것으로 통신 채널에서 부호 간 간섭(ISI, Inter−Symbol Interference)을 최소화하고 점유 대역폭을 제한하기 위하여 사용된다. 펄스 성형 기법으로는 변조(Modulation) 후 각각의 부호(Symbol)에 펄스 성형 필터를 사용하는 기법을 사용한다.
② 누화(Crosstalk): 인접 전선(송신, 수신 간)의 영향으로 다른 신호와 상호 작용한다.
③ 잡음(Noise): 보내려는 신호 이외의 신호가 들어온다.
※ 정답을 ①, ④로 중복처리함

정답 05 ②

05 디지털 통신시스템에서 E_b/N_0[dB]를 증가시켰을 때 발생되는 효과로 옳은 것은? (E_b: 비트당 에너지, N_0: 잡음 전력스펙트럼밀도)

(2023-3차)

① 비트에러율 증가
② 비트에러율 감소
③ 대역폭 증가
④ 에너지폭 감소

해설

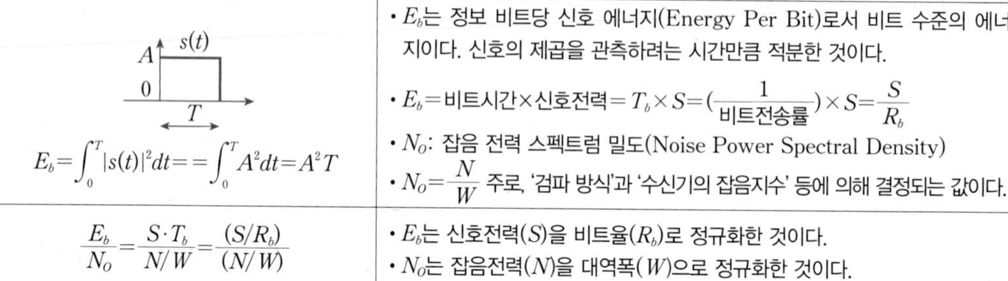

$s(t)$, A, 0, T $E_b=\int_0^T \lvert s(t)\rvert^2 dt==\int_0^T A^2 dt=A^2T$	• E_b는 정보 비트당 신호 에너지(Energy Per Bit)로서 비트 수준의 에너지이다. 신호의 제곱을 관측하려는 시간만큼 적분한 것이다. • E_b=비트시간×신호전력$=T_b\times S=(\frac{1}{\text{비트전송률}})\times S=\frac{S}{R_b}$ • N_O: 잡음 전력 스펙트럼 밀도(Noise Power Spectral Density) • $N_O=\frac{N}{W}$ 주로, '검파 방식'과 '수신기의 잡음지수' 등에 의해 결정되는 값이다.
$\frac{E_b}{N_O}=\frac{S\cdot T_b}{N/W}=\frac{(S/R_b)}{(N/W)}$	• E_b는 신호전력(S)을 비트율(R_b)로 정규화한 것이다. • N_O는 잡음전력(N)을 대역폭(W)으로 정규화한 것이다.

$$\frac{S}{N}=\frac{E_b\cdot R_b}{N_O\cdot W}=\frac{E_b\cdot R_b}{N_O\cdot(1/T_b)}=\frac{E_b\cdot R_b}{N_O\cdot R_b}=\frac{E_b}{N_O}$$

디지털 통신시스템 설계/운용 목표는 E_b/N_o의 최소화이다. 통신시스템 관점에서 E_b/N_o가 최소가 되도록 시스템을 설계하고 운용하는 것이 목적이며 요구되는 E_b/N_o가 작을수록 검출 과정 등이 더 효율적이며 비트에러율이 감소한다.

기출유형 20 ▶ 기저대역(Baseband) 통신

다음 중 기저대역(Baseband) 통신에 대한 설명으로 옳은 것은? (2010-1차)

① 변조과정 없이 기본적인 신호의 대역폭만으로 행하는 통신이다.
② FM 통신을 위해 반송파에 싣는 과정을 의미한다.
③ 아날로그 신호의 통신을 의미한다.
④ 다중화 방식으로 TDM 방식을 의미한다.

해설
기저대역(Baseband) 통신은 디지털 형태의 0과 1의 직류 신호를 변조 없이 그대로 수신측에 전송하는 방식으로 장거리 전송보다 단거리(근거리) 통신인 LAN 영역에 주로 사용된다.

| 정답 | ①

족집게 과외

기저대역 전송방식에서 전송부호 조건

DC(직류) 성분이 없을 것	동기정보(0과 1을 구분)가 충분해야함	전송 대역폭이 작아야 함
낮은 주파수 성분과 아주 높은 주파수 성분이 제한될 것	만들기 쉽고 부호 열이 짧아야 함 (길면 속도가 줄어들기 때문)	전송 부호 형태에 제한이 없어야 함 (투명성)
잡음에 강할 것	타이밍 정보가 포함될 것	전송 대역폭 압축
전송 중 에러 검출 및 정정이 가능	전송부호의 코딩 효율이 양호할 것	누화, ISI, 왜곡 등에 강한 특성

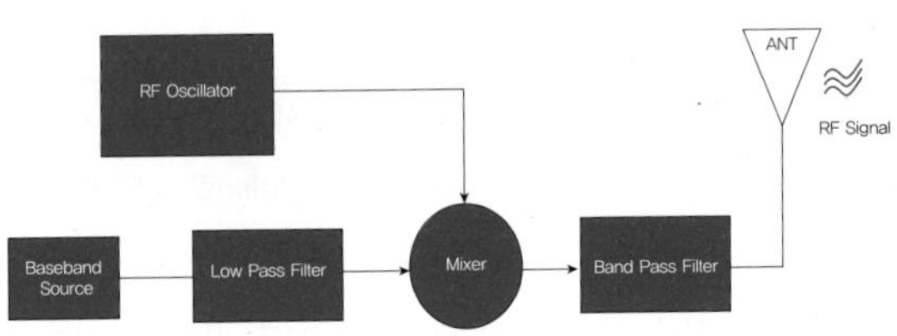

더 알아보기

브로드밴드 방식은 디지털 데이터(0, 1)를 아날로그 신호로 변환하여 전송하는 방식으로 아날로그 통신망을 이용하여 수신측에서 아날로그 신호를 다시 디지털 데이터로 바꾸어 수신하게 된다. 이때 사용하는 것이 모뎀의 디지털 변조 기능이다.

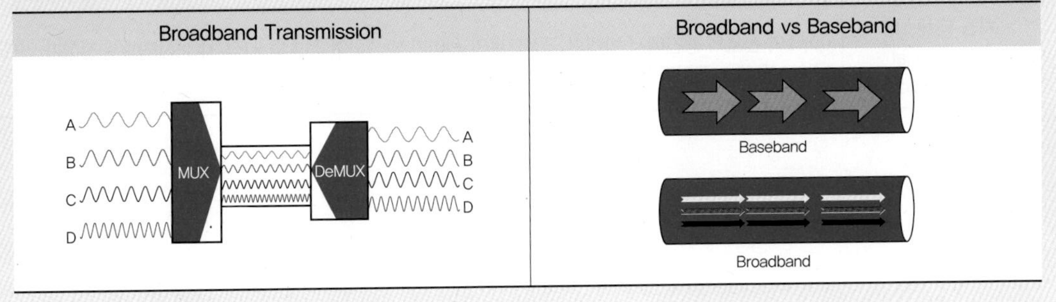

❶ Baseband 방식(디지털 → 디지털)

베이스밴드는 통신 시스템에서 원래 또는 변조되지 않은 신호를 의미한다. 일반적으로 0Hz에서 지정된 최대 주파수까지 정보를 전송하는 데 사용되는 신호의 주파수 범위를 나타낸다. 베이스밴드 신호는 전송되는 음성, 데이터 또는 비디오와 같은 실제 정보를 전달하는 것이다.

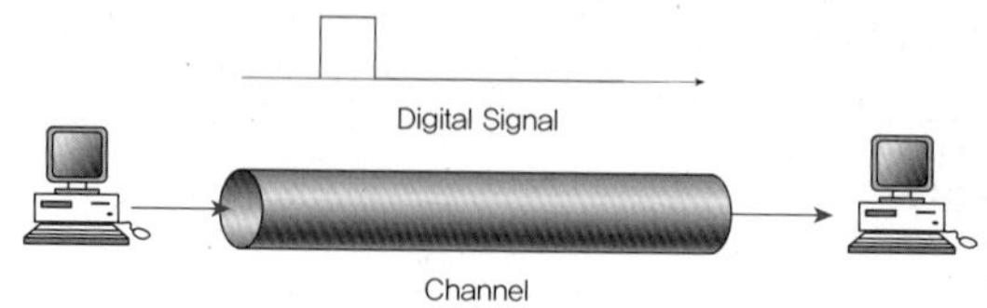

통신 시스템에서 신호는 일반적으로 더 높은 주파수의 반송파 신호로 변조되며, 이 신호는 통신 채널을 통해 전송될 수 있다. 그런 다음 반송파 신호는 원래 베이스밴드 신호를 복구하기 위해 수신단에서 복조된다. 베이스밴드 신호를 사용하는 통신 시스템의 예로는 이더넷, 케이블 텔레비전 등의 유선 통신 시스템과 WiFi, Bluetooth 등의 무선 통신 시스템이 있다. 광 통신 시스템과 같은 경우에는 기저 대역 신호가 변조 없이 반송파 신호로 직접 전송된다.

주요 특징

- 장거리 전송에는 적합하지 않으며 근거리 통신 등에 주로 사용된다.
- 2진수 0과 1을 전압값에 대응하는 방식으로 단극성, 극성, 양극성 방식이 있다.
- 디지털 형태의 0과 1의 직류 신호를 변조 없이 그대로 수신측에 전송하는 방식이다.
- 단극성 방식: 비트 0을 0 전압값에, 비트 1을(+) 또는 −전압값에 대응한다(예 0: 0V, 1: +5V).
- 극성 방식: 전송 속도가 느릴 때, 0은 마이너스(−) 1은 Plus (+) 전압값에 대응한다(예 0: −5V, 1: +5V).
- 양극성 방식은 전송 속도가 빠를 때 사용한다. 0을 0 전압값에 1을 Plus(+)와 Minus(−)에 교대로 바꾸어 대응한다(예 0은 0V, 1은 +5V와 −5V에 교대로 대응).

❷ 주요 방식별 내역

구분	내용
Polar	1은 Negative(−) Pulse로, 0은 Positive(+) Pulse로 나타낸다.
Unipolar	1은 Positive(+) Pulse로, 0은 0 Volt로 나타낸다.
Bipolar	1은 Positive(+) Pulse와 Negative(−) Pulse로 교대 표시, 0은 0 Volt로 표시한다.
RZ	Return to Zero, 0과 1의 신호의 중간에서 0 전압으로의 전이가 발생한다.
NRZ−L	Non−Return to Zero - Level 0과 1의 신호의 중간에서 0 전압으로의 전이가 발생하지 않는다.
Manchester	0과 1의 신호의 중간에서 반대편 극성으로의 전이가 발생한다.
차등 맨체스터 (Differential Manchester)	0과 1의 신호의 중간에서 반대편 극성으로의 전이가 발생하며 신호의 시작 시 1 신호에는 전이가 있으나 0 신호에는 전이가 발생하지 않는다.

정답 01 ② 02 ② 03 ③ 04 ②

01 기저대역(Baseband) 전송에서 대역폭이 100[kHz]인 저대역 통과채널이 있다. 이 채널의 최대 비트율은 얼마인가? (2018-1차)

① 100[kbps] ② 200[kbps]
③ 300[kbps] ④ 400[kbps]

해설
기저대역 전송에서 최대 비트율은 대역폭의 2배이므로
Rs = 2B = 2 x 100[kHz] = 200[kHz]

02 다음 중 기저대역 동축(Baseband Coaxial) 케이블에 대한 특징으로 알맞은 것은? (2019-3차)

① 단방향 전송에 사용된다.
② 버스형 LAN에 널리 사용된다.
③ 주로 유선방송에 사용된다.
④ 여러 신호를 다중화하여 전송한다.

해설
- 동축 케이블은 중심부의 동선을 절연물질과 전도체가 감싸고 있고, 그 외부를 외피가 둘러싸고 있는 형태이며, 저항값 50Ω을 가지는 기저대역 동축 케이블과 저항값 75Ω을 갖는 광대역 동축 케이블로 구분된다.
- 동축 케이블은 이중나선케이블과 비교해 잡음에 보다 강한 특성이 있고 고속으로 데이터 전송할 수 있는 장점이 있지만, 이중나선 케이블에 비하여 가격이 비싸고 설치가 어렵다는 단점을 가지고 있다. 토폴로지 중 버스형과 링형 토폴로지에서 주로 사용된다.

03 다음 중 반송대역 전송(Bandpass Transmission)에서 디지털 신호의 변환 대상이 아닌 것은? (2021-3차)

① 진폭
② 위상
③ 부호
④ 주파수

해설
반송대역 전송은 높은 주파수 대역에서 변조시켜서 전송하는 방식이다. 변조 기법을 이용하여 광범위한 주파수 영역을 효과적으로 사용하고 무선에서 적절한 크기의 안테나 및 효율적인 전력의 사용을 가능하게 하고, SNR과 사용 대역의 타협점을 조절할 수 있다.

04 기저대역 전송부호의 형식으로 바람직하지 않은 특성은? (2010-3차)

① 소요 전송 대역폭이 적을 것
② 교류보다는 직류성분이 많을 것
③ 동기정보의 추출이 용이할 것
④ 잡음에 강할 것

해설
기저대역 전송방식에서 전송부호 조건

DC(직류) 성분이 없을 것	동기정보(0과 1을 구분)가 충분해야 함	전송 대역폭이 작아야 함
낮은 주파수 성분과 아주 높은 주파수 성분이 제한될 것	만들기 쉽고 부호 열이 짧아야 함(길면 속도가 줄어들기 때문)	전송부호 형태에 제한이 없어야 함(투명성)
잡음에 강할 것	타이밍 정보가 포함될 것	전송대역폭 압축
전송 중 에러 검출 및 정정이 가능	전송부호의 코딩효율이 양호할 것	누화, ISI, 왜곡 등에 강한 특성

05 다음 중 기저대역 전송 부호조건으로 틀린 것은? (2013-2차)(2013-3차)(2015-1차)

① 전송 대역폭이 넓어야 한다.
② 전송부호의 코딩 효율이 양호해야 한다.
③ 타이밍 정보가 충분히 포함되어야 한다.
④ DC 성분이 포함되지 않아야 한다.

해설

기저대역 전송

보내려는 정보 신호를 변조하여 반송파에 실어서 전송하지 않고 직접 전송하는 방식으로 주파수를 변경하지 않고 기저대역 신호를 사용하여 그대로 전압이나 빛의 강도를 변환하여 전송하는 방식이다. 송신 회로와 수신 회로가 간단하지만, 하나의 전송로에 복수의 신호를 다중화할 수 없다. 비교적 단거리 전송에 많이 사용되며 구내 정보 통신망(LAN) 등에 주로 사용된다.

06 다음 중 4선식 회선에 가장 효율적인 통신 방식은? (2014-3차)

① 단방향 통신
② 반이중 통신
③ 전이중 통신
④ 기저대역 통신

해설

전이중 통신은 전화 회선처럼 송신자와 수신자가 동시에 양방향 통신을 할 수 있는 것으로 서로 다른 회선이나 주파수를 이용하여 데이터 신호가 충돌되는 것을 방지한다.

07 다음과 같은 전송매체에 대한 표기 방법에 대한 설명으로 옳지 않은 것은? (2016-1차)(2020-2차)(2022-2차)

10 Base 5

① 전송속도가 10[Mbps]이다.
② 기저대역 전송을 행한다.
③ 전송매체가 동축 케이블이다.
④ 전송거리가 최장 5[km]이다.

해설

10 Base 5는 전송 속도가 10Mbps이며 신호 방식이 기저대역(Baseband)이고 세그먼트의 최대 길이가 200m인 것을 의미한다. 10 Base 5는 전송거리가 최장 500[m]이다.

08 다음 중 LAN에서 베이스밴드 전송의 특징이 아닌 것은? (2017-3차)(2020-3차)

① 가격이 저렴하다.
② 아날로그 신호 전송 및 원거리 전송이 가능하다.
③ 단순하여 설치와 유지가 쉽다.
④ 전파지연이 짧다.

해설

Baseband는 디지털 신호를 디지털 신호로 전송하는 것이다.

구분	설명
반송대역 전송 (Broadband)	변조를 통한 장거리 전송 예 ASK, FSK, QAM, PSK
기저대역 전송 (Baseband)	무변조 단거리 전송 예 AMI, CMI, 맨체스터 전송부호

09 다음 데이터 통신방식 중 반이중 방식의 설명으로 틀린 것은? (2021-1차)

① 2선식 전송로를 이용하며 어느 시점 한 방향으로만 데이터를 전송
② 전송 데이터양이 적을 때 사용
③ 데이터 전송방향을 바꾸는데 소요되는 시간인 전송 반전 시간 필요
④ 전이중 방식보다 전송효율이 높은 특성을 보유

해설

④ 반이중 방식은 기다렸다 보내야 하므로 전이중방식이 전송효율이 좀 더 높다고 볼 수 있다.

기출유형 21 ▶ Line Coding

다음 중 전송부호 형식의 조건으로 틀린 것은? (2023-1차)

① 대역폭이 작아야 한다.
② 부호가 복잡하고 일관성이 있어야 한다.
③ 충분한 타이밍 정보가 포함되어야 한다.
④ 에러의 검출과 정정이 쉬워야 한다.

해설

전송부호조건

- 직류(DC) 성분이 없고 동기 정보가 충분히 포함되어 있어야 한다.
- 전송대역폭이 작고 만들기 쉬워야 한다.
- 전송과정에서의 에러의 검출과 정정이 가능해야 한다.
- 코딩 효율이 양호해야 한다.
- 아주 높은 주파수 성분과 아주 낮은 주파수 성분을 포함하지 않아야 한다.
- 부호가 단순하고 일관성이 있어야 한다.
- 충분한 타이밍 정보가 포함되어야 한다.
- 에러의 검출과 정정이 쉬워야 한다.
- 누화, ISI, 왜곡 등과 같은 각종 장애에 강한 전송 특성을 가져야 한다.

| 정답 | ②

족집게 과외

Line Coding

- Digital data를 상황에 맞게 디지털 신호(Digital signal)로 처리하는 것이다.
- 보내고자 하는 일련의 bits를 디지털 신호로 변환한다. 즉, 송신측에서 Encode 처리하고 수신측에서 Decode(복호화) 처리하는 것이다.
- Baseline, DC components, Self－synchronizing 등의 방법이 있다.

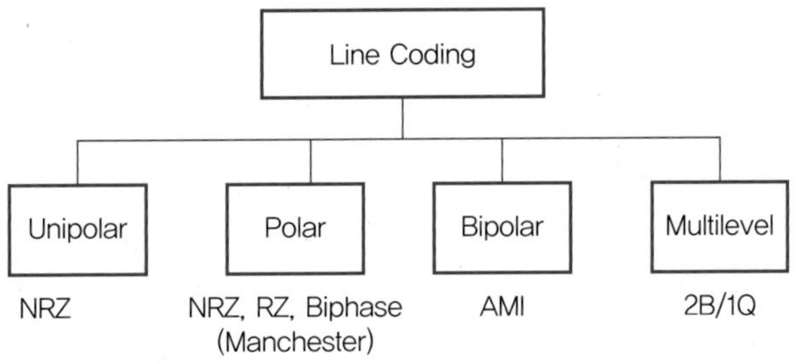

더 알아보기

구분	내용
Unipolar (단극성)	Plus(+) 전압이 이진 1을 나타내고, 0 전압이 이진 0을 나타낸다. 이 방식은 간단하지만 기준선 흔들림과 장기적인 DC 구성 요소 문제에 취약하다.
Polar (양극성)	양수 및 음수 전압을 사용하여 이진 1과 0을 나타낸다. Non－Return to Zero(NRZ) 및 Return to Zero(RZ)에서 사용한다.
Bipolar (양극성)	세 개의 전압 레벨(양수, 음수 및 0)을 사용하여 이진 1과 0을 나타낸다. 이는 DC 구성 요소를 줄이고 동기화를 향상시킨다. Alternate Mark Inversion(AMI)가 여기에 속한다.
Manchester	각 비트를 두 개의 서브 비트로 분할하며, 높은 전압과 낮은 전압 사이의 전이가 비트 값을 나타낸다. 이를 통해 더 나은 동기화와 클록 복구를 제공한다.
Differential Manchester (차동 맨체스터)	맨체스터와 유사하지만 전이의 존재 또는 부재가 비트 값을 결정한다. 이는 각 비트의 중간에 전이가 있도록 보장하여 동기화를 지원한다.
4B/5B 및 8B/10B	이는 고속 통신에 사용되는 더 복잡한 방식으로 충분한 전이를 보장하고 0 또는 1의 긴 시퀀스를 피하여 동기화 문제를 방지한다.

❶ Line Coding

㉠ 라인 코딩은 디지털 통신 시스템에서 디지털 데이터(0과 1로 표현되는 비트의 시퀀스)를 구리 선, 광섬유 케이블, 또는 무선 매체와 같은 통신 채널을 통해 전송 가능한 아날로그 신호로 변환하는 기술로서 이 과정에서 각 비트는 특정 패턴 또는 신호 레벨로 인코딩된다.

㉡ 라인 코딩의 주된 목적은 디지털 정보의 신뢰성과 효율적인 전송을 보장하면서 오류를 최소화하고 가능한 대역폭 활용을 극대화하는 것으로 라인 코딩의 선택은 데이터 전송속도, 잡음 내성, 신호 동기화 등과 같은 요소에 의해 결정된다. 각 라인 코딩 방식은 장단점이 있으며, 적절한 코딩 기술의 선택은 통신 시스템과 전송에 사용되는 매체의 특정 요구 사항에 따라 결정된다.

❷ Line Coding 방법

1) NRZ(None Return to Zero)

기준신호	파형	설명
단극 NRZ	0 1 0 1 0 0 0 1 1 0	1에서 Plus(+) 0에서 0
복극 NRZ (NRZ–L)	0 1 0 1 0 0 0 1 1 0	1에서 Plus(+) 0에서 Minus(−)
NRZ–I (invert)	0 1 0 1 0 0 0 1 1 0 반전 반전 반전 반전	0은 유지 1에서 반전

Bit 1은 +Volts, bit 0은 0 Volts로 나타내며 Unipolar는 처음부터 NRZ로 디자인되었다.

NRZ-L (Level)	전압에 따라 bit 1, bit 0으로 해서 1을 (+)volts로, 0을 (−)volts로 하거나 또는 그 반대로도 한다.
NRZ-I (Invert)	다음 bit에 따라 위상(Phase)가 반대로 반전하고 bit 0은 변동 없이(No inversion) 유지한다.

2) RZ(Return to Zero)

기준신호	파형	설명
단극 RZ	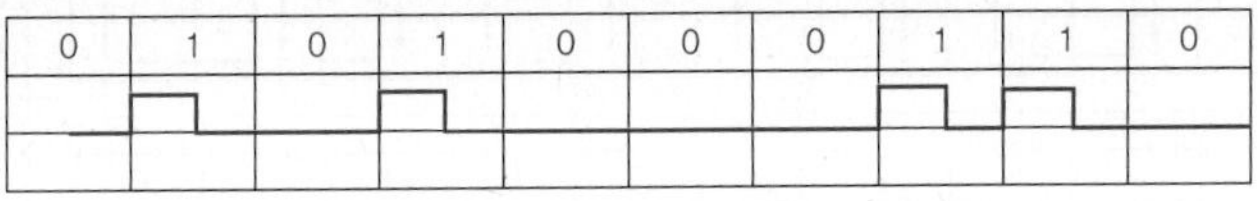 0 1 0 1 0 0 0 1 1 0	1에서 Plus(+) 0에서 0, 반주기 동안 0으로 복귀
복극 RZ	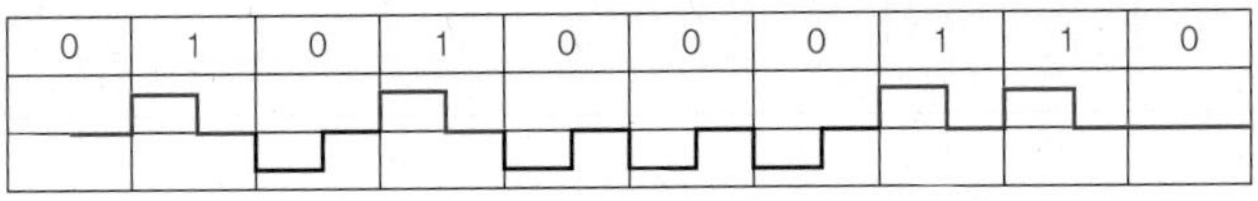 0 1 0 1 0 0 0 1 1 0	1에서 Plus(+) 0에서 Minus(−) 반주기 동안 0으로 복귀

3) Bipolar

기준신호	파형	설명
AMI	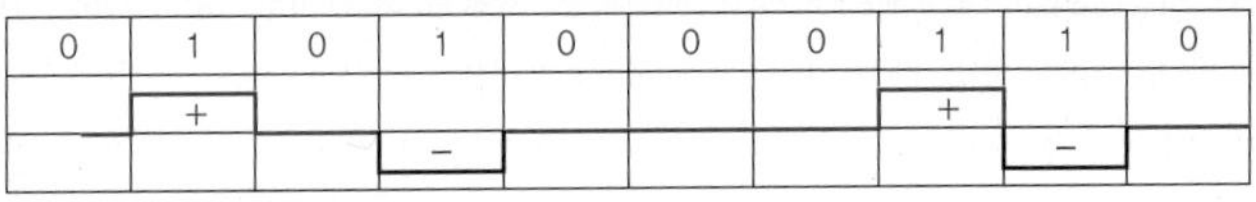 0 1 0 1 0 0 0 1 1 0 + − + −	1에서 Plus(+)와 Minus(−) 교대로 반복 0은 0으로 유지한다.
Bipolar RZ (AMI)	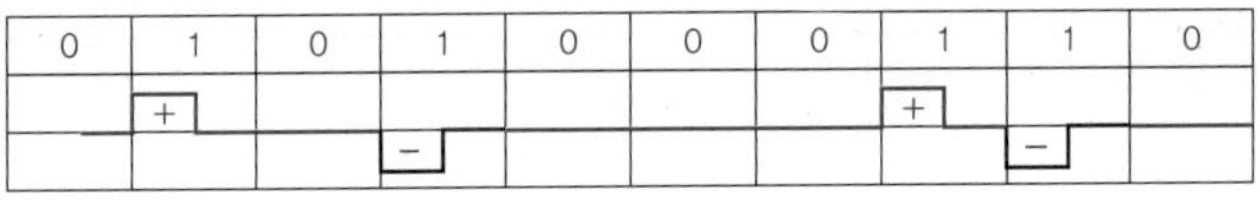 0 1 0 1 0 0 0 1 1 0 + − + −	1에서 Plus(+)와 Minus(−)로 Return 하면서 교대로 반복 0은 0으로 한다.

4) CMI 코드

주로 유럽의 E4(139,264Mbps) 캐리어에 사용되는 선로부호 방식

기준신호	파형	설명
CMI	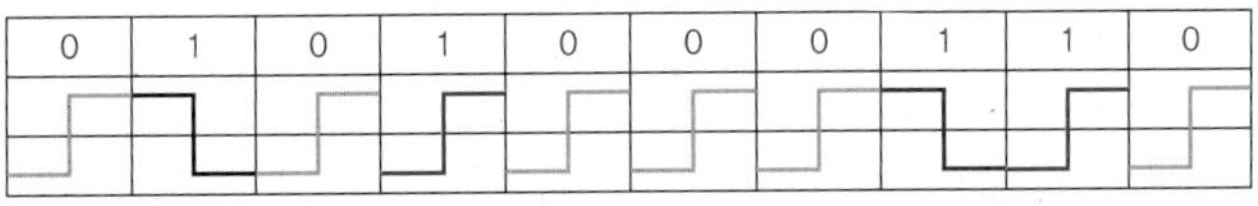 0 1 0 1 0 0 0 1 1 0	0: 펄스폭의 중앙에서 0에서 1로 천이 1:1이 나타날 때마다 0, 1로 교대로 반전을 반복한다.

1일 경우에는, bipolar NRZ 형태의 AMI와 같으나, 0일 경우에는, 맨체스터 코드 형태의 반주기의 사각 파형을 취한다. 주요 특징은 직류성분 없고, 타이밍 추출이 NRZ 방식 보다 우수하다.

5) Biphase(이상 부호화)

기준신호	파형	설명
Biphase	0 1 0 1 0 0 0 1 1 0 − + − + −	0에서 반전 1에서도 Return Zero 반전한다.
맨체스터	0 1 0 1 0 0 0 1 1 0	1은 클럭이 위에서 아래로 0은 아래에서 위로 반복한다.
차등 맨체스터	0 1 0 1 0 0 0 1 1 0	맨체스터와 같은 형태이나 1은 이전상태 유지 0은 이전 상태 반전한다.

❸ 2B1Q(2 Binary 1 Quaternary, Two-bits-to-one Quaternary)

디지털 통신 시스템에서 사용되는 라인 코딩 방식 중 하나로서 DSL(Digital Subscriber Line)과 같은 디지털 전화 서비스와 디지털 통신에 널리 사용된다. 두 개의 이진 비트를 사용하여 한 개의 사문자(Quaternary Symbol)를 나타낸다. 이는 두 개의 이진 비트 쌍(2B)을 사용해 네 가지 다른 상태를 표현하는 방식으로 이러한 네 가지 다른 상태는 다른 전압 레벨로 표현되며, 이들 전압 레벨의 조합은 각각 특정한 문자 값을 나타낸다. m개의 데이터 요소의 패턴을 n개의 신호 요소의 패턴으로 인코딩하는 데 사용되는 것으로 m이 길이인 "mBnL"과 같이 다른 유형으로 분류된다.

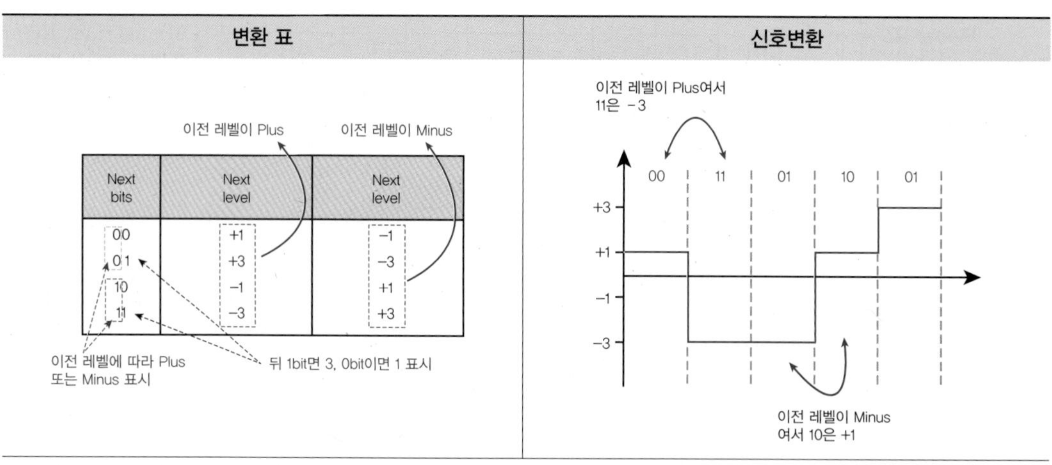

- 2진 데이터 4개(00, 01, 11, 10)를 1개의 4진 심볼(−3, −1, +1, +3)로 변환하는 선로부호화 방식이다.
- 첫째 비트는 극성을, 둘째 비트는 심볼의 크기를 의미한다.
- 첫째 비트가 1이면 +(Plus), 0이면 −(Minus), 둘째 비트 진폭이 1이면 1, 0이면 0(위 표는 진폭이 3이면 1, 1이면 0이 된다)

2B1Q 라인 코딩은 기본적으로 디지털 데이터를 아날로그 신호로 변환하는 방식이므로, 전화 회선과 같은 아날로그 전송 매체를 이용하여 디지털 데이터를 전송할 수 있도록 한다. 이 방식은 신호의 디지털과 아날로그 변환 과정에서 일어나는 잡음과 왜곡을 줄이고, 신호가 더 오래 거리를 이동할 수 있도록 도와주는 장점이 있다. 2B1Q 라인 코딩은 이런 이유로 DSL과 같은 디지털 통신에 많이 사용되며, 더 긴 거리를 커버하면서도 적절한 속도와 안정성을 제공한다.

정답 01 ③ 02 ①

01 2비트 데이터 크기를 4준위 신호 중 하나에 속하는 2비트 패턴의 1개 신호 요소로 부호화하는 회선 부호화(Line Coding) 방식은? (2023-2차)

① RZ(Return to Zero)
② NRZ-I(Non Return to Zero - Inverted)
③ 2B/1Q
④ Differential Manchester

해설

2B/1Q 변환 표

Next bits	Next level (이전 레벨이 Plus)	Next level (이전 레벨이 Minus)
00	+1	−1
01	+3	−3
10	−1	+1
11	−3	+3

이전 레벨에 따라 Plus 또는 Minus 표시
뒤 1bit면 3, 0bit이면 1 표시

신호변환

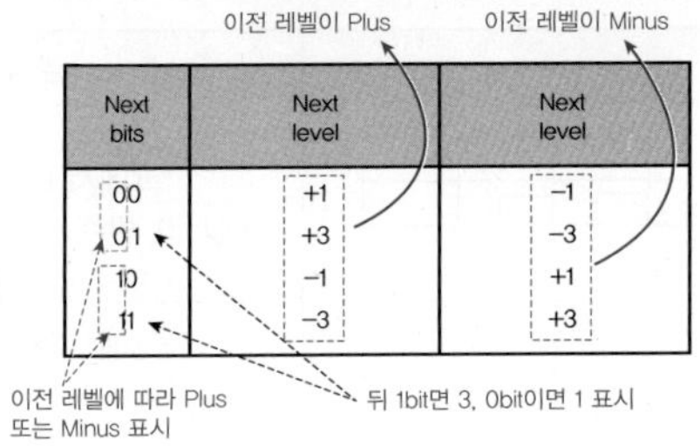

- 2진 데이터 4개(00, 01, 11, 10)를 1개의 4진 심볼(−3, −1, +1, +3)로 변환하는 선로부호화 방식이다.
- 첫째 비트는 극성을, 둘째 비트는 심볼의 크기를 의미한다.
- 첫째 비트가 1이면 +(Plus), 0이면 −(Minus), 둘째 비트 진폭이 1이면 1, 0이면 0(위 표는 진폭이 3이면 1, 1이면 0이 된다)

02 다음 중 회선 부호화(Line Coding)에 대한 설명으로 틀린 것은? (2023-1차)

① 기저대역 신호가 전송채널로 전송되기 적합하도록 아날로그 신호 형태로 변환하는 방식이다.
② 디지털 데이터를 디지털 신호로 변환하는 방식이다.
③ 단극형, 극형, 양극형(쌍극형) 등의 범주가 있다.
④ 디지털 신호의 기저대역 전송을 위해 신호를 만드는 과정이다.

해설

① 기저대역 신호가 전송채널로 전송되기 적합하도록 디지털 신호 형태로 변환하는 방식이다.

회선 부호화(Line Coding)

디지털 데이터를 디지털 신호로 바꾸는 작업이다. 예를 들면 문자, 숫자, 이미지, 영상과 같은 비트의 연속인 데이터를 디지털 신호로 부호화하고, 수신자가 이를 복호화하여 디지털 데이터를 재생하게 된다.

정답 03 ④ 04 ③ 05 ④

03 다음 그림이 나타내는 전송부호 형식은?

(2020-3차)

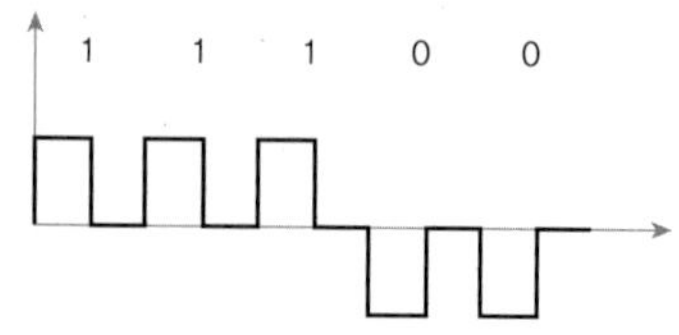

① Unipolar NRZ
② Polar NRZ
③ Unipolar RZ
④ Polar RZ

해설

기준신호	파형	설명
단극 RZ	0 1 0 1 0 0 0 1 1 0	1에서 Plus(+) 0에서 0, 반주기 동안 0으로 복귀
복극 RZ	0 1 0 1 0 0 0 1 1 0	1에서 Plus(+) 0에서 Minus(−) 반주기 동안 0으로 복귀

04 다음 중 전송부호가 가져야 하는 조건으로 적합하지 않은 것은?

(2011-2차)

① DC 성분이 포함되지 않아야 한다.
② 전송부호의 코딩효율이 양호해야 한다.
③ 전력밀도 스펙트럼상에서 아주 높은 주파수 성분이 포함되어야 한다.
④ 누화, ISI, 왜곡 등과 같은 각종 장해에 강한 전송 특성을 가져야 한다.

해설

③ 전력밀도 스펙트럼상에서 아주 높은 주파수 성분이 포함되지 말아야 한다.

05 다음 중 CMI 코드에 대한 설명으로 적합하지 않은 것은?

(2011-3차)

① CEPT 다중화 계위의 4계위에서 사용한다.
② 직류 성분이 존재하지 않으며 동기 효과가 우수하다.
③ 전송부호의 클록 주파수는 입력신호 주파수의 2배가 된다.
④ 1은 한 펄스의 폭을 2개로 나누어 반구간은 양 펄스, 나머지 반구간은 음 펄스로 구성되고, 0은 1과 반대로 구성된다.

해설

④ 1은 한 펄스의 폭을 2개로 나누어 반구간은 양 펄스, 나머지 반구간은 음 펄스로 구성되고, 0은 1과 반대로 구성된다. → AMI에 대한 설명이다.

정답 06 ① 07 ①

06 디지털 비트 구간의 1/2 지점에서 항상 신호와 위상이 변화하는 신호의 이름은? (2015-1차)(2019-3차)

① 맨체스터 코드
② 바이폴라 RZ
③ AMI(Alternating Mark Inversion)
④ NRZI(Non Return To Zero Inversion)

해설

기준신호	파형	설명
맨체스터	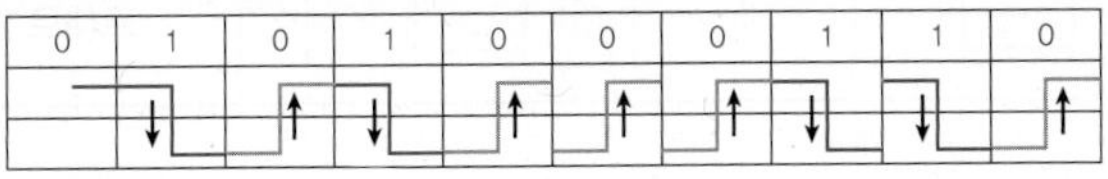 0 1 0 1 0 0 0 1 1 0	1은 클럭이 위에서 아래로 0은 아래에서 위로 반복
차등 맨체스터	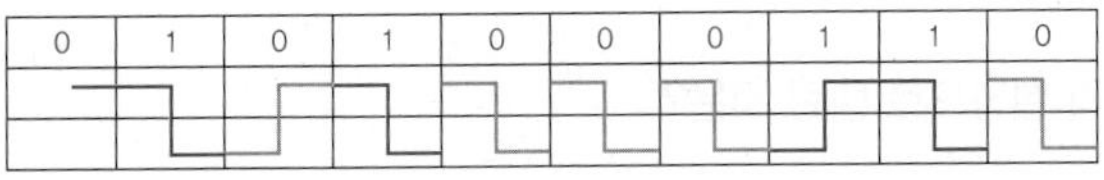 0 1 0 1 0 0 0 1 1 0	맨체스터와 같은 형태이나 1은 이전상태 유지 0은 이전 상태 반전

07 신호의 2진 표시에서 1일 때는 전압이 발생하고 0일 때는 발생하지 않는 신호는? (2013-2차)(2019-1차)

① 단극성 NRZ
② 양극성 RZ
③ 맨체스터 부호
④ CMI 부호

해설

기준신호	파형	설명
단극 NRZ	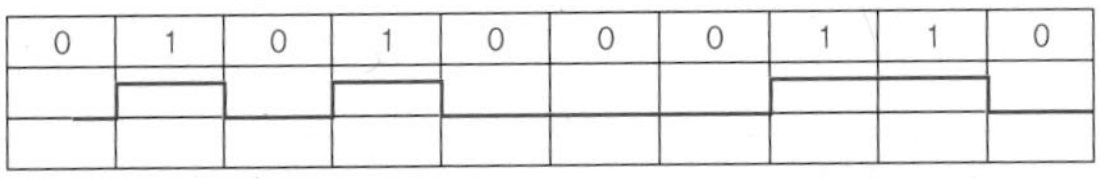 0 1 0 1 0 0 0 1 1 0	1에서 Plus(+) 0에서 0
복극 NRZ (NRZ-L)	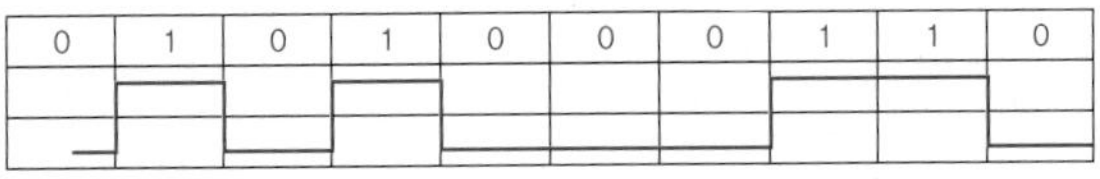 0 1 0 1 0 0 0 1 1 0	1에서 Plus(+) 0에서 Minus(−)

정답 08 ③ 09 ④ 10 ③

08 베이스밴드(Baseband) 전송에서 전송 신호의 상태가 3종류로 나타나는 방식은? (2011-3차)

① 단류 NRZ 스페이스 방식
② 바이페이즈(Biphase) 방식
③ 바이폴라(Bipolar) 방식
④ 복류 NRZ 방식

해설

Bipolar의 대표적인 신호가 AMI 신호이다. 아래에서 보듯이 Plus, Minus, 0인 세 개 상태가 존재한다.

기준신호	파형	설명
단극 NRZ	0 1 0 1 0 0 0 1 1 0 + − + −	1에서 Plus(+)와 Minus(−) 교대로 반복 0은 0으로함

09 다음 중 2원 전송 부호인 NRZ의 설명으로 틀린 것은? (2012-3차)(2019-3차)

① 0(Zero) 전압으로 돌아오지 않는다.
② RZ 부호에 비해 대역폭을 효율적으로 사용한다.
③ 직류 성분이 존재한다.
④ 1의 입력신호 펄스를 양 전압과 음 전압으로 교대로 처리한다.

해설

④ 1의 입력신호 펄스를 양 전압과 음 전압으로 교대로 처리한다. → AMI에 대한 설명이다

RZ 특징	RZ 데이터 전송율은 대역폭과 동일하다. 즉, 64kbps의 RZ 선로부호는 64kHz의 대역폭을 갖는 시스템이 필요하다.
NRZ 특징	대역 효율성 가장 좋아 NRZ는 RZ 필요 대역폭에 비해 1/2만큼 적게 소요된다. 그러나 신호로부터 동기 정보 추출이 어렵고, 직류 표류(Drift) 문제로 직류 성분이 존재한다.

10 입력 데이터 비트율(bit rate)이 4,800[bps]일 때, 맨체스터 부호인 경우 심볼율 및 대역폭은 각각 얼마인가? (2014-2차)(2015-2차)(2019-3차)

① 2,400[Symbols/sec], 2,400[Hz]
② 4,800[Symbols/sec], 4,800[Hz]
③ 9,600[Symbols/sec], 9,600[Hz]
④ 12,000[Symbols/sec], 12,000[Hz]

해설

기준신호	파형	설명
맨체스터	0 1 0 1 0 0 0 1 1 0 ↓ ↑ ↓ ↑ ↑ ↑ ↓ ↓ ↑	1은 클럭이 위에서 아래로 0은 아래에서 위로 반복한다.

기출유형 완성하기

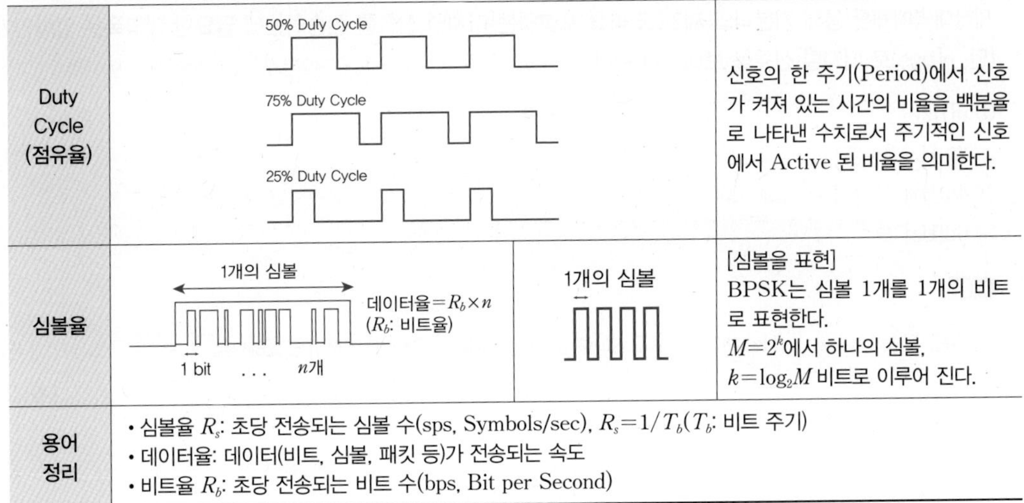

Duty Cycle (점유율)	50% Duty Cycle 75% Duty Cycle 25% Duty Cycle		신호의 한 주기(Period)에서 신호가 켜져 있는 시간의 비율을 백분율로 나타낸 수치로서 주기적인 신호에서 Active 된 비율을 의미한다.
심볼율	1개의 심볼 데이터율 $=R_b \times n$ (R_b: 비트율) 1 bit . . . n개	1개의 심볼	[심볼을 표현] BPSK는 심볼 1개를 1개의 비트로 표현한다. $M=2^k$에서 하나의 심볼, $k=\log_2 M$ 비트로 이루어 진다.
용어 정리	• 심볼율 R_s: 초당 전송되는 심볼 수(sps, Symbols/sec), $R_s=1/T_b$(T_b: 비트 주기) • 데이터율: 데이터(비트, 심볼, 패킷 등)가 전송되는 속도 • 비트율 R_b: 초당 전송되는 비트 수(bps, Bit per Second)		

맨체스터 코드는 하나의 구간에 +와 − 두 개의 레벨을 가진다. 심볼(Symbol) 신호는 일정한 주기 T마다 n비트를 판정할 수 있도록 송수신단의 약속에 의한 표현이다.
맨체스터 부호는 2개 레벨로 하나의 심볼을 표현하므로 심볼율=레벨 수×비트율 = 2×−4,800=9,600[Symbols/sec]

Duty Cycle(점유율)$=\frac{1}{2}$이므로 비트율=대역폭×점유율이므로 대역폭$=\frac{\text{비트율}}{\text{점유율}}=\frac{4,800}{\frac{1}{2}}=9,600$[Hz]

bps와 Hz

대역폭(Bandwidth)은 사용하는 신호 주파수 범위의 폭을 의미한다. 대역폭을 이해하기 위해서는 신호를 시간축(Time Domain)과 "주파수축"(Frequency Domain)에서의 이해가 필요할 것이다. 예를 들어 어떤 통신장비가 300MHz에서 500MHz까지의 주파수를 사용한다면 이기기의 대역폭은 200MHz라 할 수 있다. FM 라디오의 경우 87.5MHz부터 108MHz까지의 주파수를 사용하므로 FM 라디오의 대역폭은 108−87.5 = 12.5MHz라 할 수 있다. 즉 통신기기나 방송 등은 각각 자체 주파수대역(채널)을 사용함으로 서로 간섭을 일으키지 않는 것이다. 결론적으로 bps와 Hz는 비례관계로 보면 된다($C=B\log(1+\frac{S}{N})$).

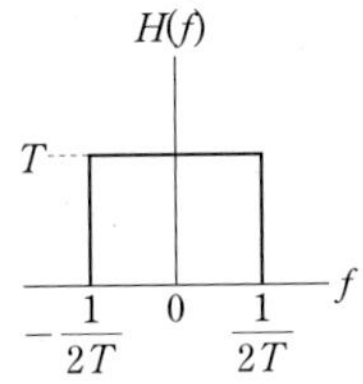

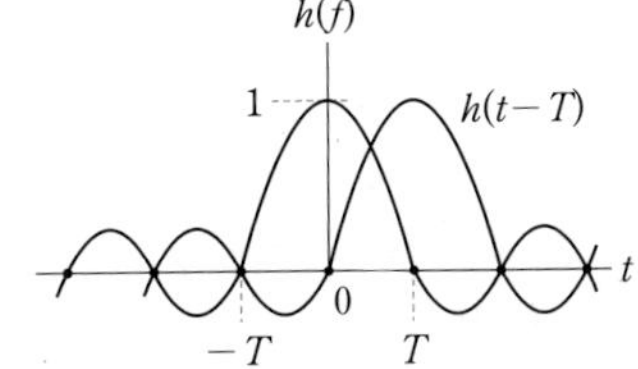

싱크 함수의 푸리에 변환 $\int_{-\infty}^{\infty} \text{sinc}(t)e^{-i2\pi ft}dt=rect(f)$ 구형 함수의 푸리에 변환 $\int_{-\infty}^{\infty} rect(t)\cdot e^{-i2\pi ft}dt=\frac{\sin(\pi f)}{\pi f}=\text{sinc}(\pi f)$	bps는 채널용량(C)의 단위이고, $C=B\log2(1+\frac{S}{N})$이므로 C와 B(대역폭)은 비례관계이다. 200bps의 신호 속도는 대략 200Hz의 대역폭을 갖는다라고 보면 될 것이다. T초 동안 일정한 값을 갖는 시간축에서의 rect 신호(즉, 한비트의 신호이며, 속도는 $1/T$[bps]를 푸리에 변환하면 주파수축에서 Sinc Function의 형태로 나타나며 이 Sinc Function의 대역폭을 정하는데 그 값이 "$1/T$[Hz]"이다. 즉, $1/T$[bps]의 신호는 $1/T$[Hz]의 대역폭이므로 두 값은 같다고 보는 것이다.

기출유형 22 ▶ 대역폭(Bandwidth)

제한대역매체를 통해 기본파와 제3고조파를 포함하는 디지털 신호를 전송하는데 필요한 대역폭은 얼마인가? (단, n[bps]로 디지털 신호를 보내고자 한다) (2013-2차)(2015-1차)(2017-2차)(2021-1차)

① n[Hz]
② 2n[Hz]
③ 4n[Hz]
④ 6n[Hz]

해설

기본파를 전송하기위해 $\frac{n}{2}$[Hz] 대역폭, 제3고조파를 전송하기위해 $\frac{3n}{2}$[Hz] 대역폭이 필요하므로 $\frac{n}{2}+\frac{3n}{2}=2n$[Hz]가 된다.

| 정답 | ②

족집게 과외

N(입력) = kTB, N(출력) = kTBG, k: 볼츠만 상수, B: 대역폭, G: Power Gain

T: 측정대상의 온도(안테나, 시스템 온도 포함, 절대온도 단위)

대역폭(Bandwidth) 개념도

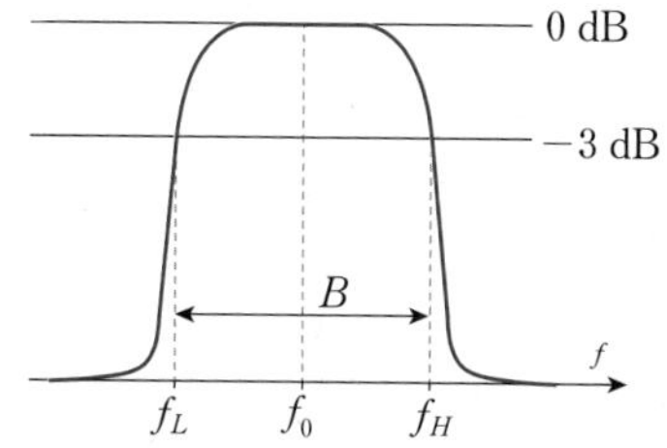

대역폭은 일반적으로는 정보를 전송할 수 있는 능력, 즉 주어진 시간에 한 지점에서 다른 지점으로 얼마나 많은 양의 정보를 전송할 수 있는지를 의미한다. 보통 주파수 응답의 크기가 최대 응답 주파수에서 −3dB인 경우 $(-20\log\sqrt{2})=-10\log 2=-3$dB까지 떨어지는 주파수 사이를 대역폭이라고 한다. 왼쪽 그림에서 $FL \sim FH$ 사이가 된다.

더 알아보기

대역폭 개념

전자공학 (회로이론)	보통 주파수 응답의 크기가 최대 응답 주파수에서 -3dB$(-20\log\sqrt{2}=-10\log_2$의 근삿값)까지 떨어지는 주파수 사이를 대역폭이라고 한다.
제어공학	전달함수의 이득이 직류이득의 -3dB가 되도록 하는 주파수로 정의된다. 위 회로이론 및 진동학의 정의와 일부 다르다.
컴퓨터공학	컴퓨터 공학에서는 데이터의 최대 전송속도를 대역폭이라고 한다.

대역폭(bandwidth)은 "일정한 시간 내에 데이터 연결을 통과할 수 있는 정보량의 척도"이다. 위 예 외에도 네트워크 대역폭(Network Bandwidth), 데이터 대역폭(Data Bandwidth), 디지털 대역폭(Digital Bandwidth) 등으로 사용되고 있다.

❶ 대역폭(Bandwidth)

대역폭은 주어진 시간 동안 네트워크 연결을 통해 전송될 수 있는 데이터의 양을 나타낸다. 일반적으로 비트/초(bps), 킬로비트/초(kbps), 메가비트/초(Mbps) 또는 기가비트/초(Gbps)로 측정된다. 실질적으로 대역폭은 네트워크 연결을 통해 데이터를 얼마나 빨리 전송할 수 있는지를 결정한다. 대역폭이 클수록 데이터 전송 속도가 빨라진다. 대역폭은 네트워크 정체, 네트워크 인프라의 품질 및 전송과 관련된 장치의 기능을 포함한 다양한 요인에 의해 제한될 수 있다.

대역폭(Bandwidth) 개념도

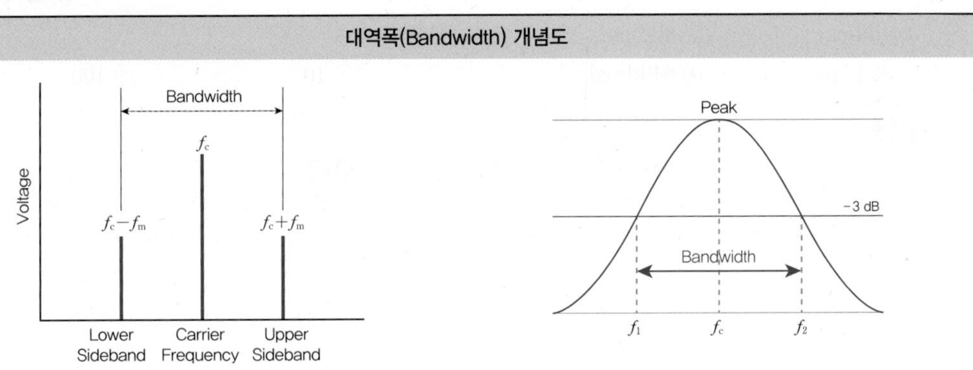

대역폭은 네트워크상에서 데이터 전달을 위한 신호의 최고주파수와 최저주파수의 범위를 일컫는 말로 일반적으로는 통신에서 정보를 전송할 수 있는 능력, 즉 최대 전송속도를 의미한다. 즉, 특정한 기능을 수행할 수 있는 주파수의 범위로, 헤르츠(Hz) 단위로 측정된다.

대역폭은 컴퓨팅에서 사용 가능하거나 소비된 정보 용량의 Bit Rate이다. 일반적으로 초당 여러 비트로 표현되며 메가 비트(Mbps) 또는 기가비트 급(Gbps) 등의 비트 레이트(bps) 배수로 측정된다.

❷ 대역폭과 Throughput 비교

구분	대역폭(Bandwidth)	네트워크 출력(Throughput)
개념	네트워크가 단위 시간 내 전달할 수 있는 최대 크기의 전달 용량이다.	얼마나 많은 데이터가 단위 시간 내 목적지에 도착하는 지표이다.
예제	• 대역폭이 높을수록 많은 데이터가 네트워크에 실려서 전달받을 수 있다. • 대역폭은 전달 속도보다는 전달하기 위한 용량(Capacity)과 관계가 있다.	100bytes의 데이터를 전달하는데 1초가 걸린다면 100bytes/sec = 100*8 bits/sec = 800bps(bits per second) 네트워크 Throughput은 800bps이다.

❸ 대역폭 내에서 Throughput 비교

구분	대역폭(Bandwidth)	네트워크 출력(Throughput)
개념	Data Bandwidth	Data Bandwidth
예제	하나의 데이터 Packet이 1초 내에 도달	다섯 개의 데이터 Packet이 1초 내에 도달

01 PCM 통신방식에서 4[kHz]의 대역폭을 갖는 음성 정보를 8[bit] 코딩으로 표본화하면 음성을 전송하기 위해 필요한 데이터 전송률은 얼마인가?

(2013-2차)(2022-3차)

① 4[kbps] ② 8[kbps]
③ 32[kbps] ④ 64[kbps]

해설

나이퀴스트 정리(Nyquist Theorem)에 따르면, 표본화율은 가장 높은 주파수의 2배이어야 한다. 이것은 한 주기의 파형은 두 개의 값, 즉, 양의 값, 음의 값을 가지기 때문이다.

- $f_s=2f_m$이며 [kHz]=4,000Hz이므로 이를 2배 하면 8,000[Hz]가 된다.
- 8[bit] 샘플링하면 8,000×8=64,000[bps]=64[kbps]

02 어느 멀티미디어 기기의 전송대역폭이 6[MHz]이고 전송속도가 19.39[Mbps]일 때, 이 기기의 대역폭 효율값은 약 얼마인가?

(2012-2차)(2013-3차)(2022-3차)

① 2.23 ② 3.23
③ 5.25 ④ 6.42

해설

대역폭 효율은 정보 · 통신 디지털 통신을 위한 변조 기술의 전송 효율을 나타내는 값으로 전송된 정보율을 사용된 대역폭으로 나눈 값으로 표현된다. 속도는 bps이므로 bit/sec이다.

$$\text{대역폭 효율}=\frac{\text{속도}[bps]}{\text{대역폭}[Hz]}=\frac{19.39[Mbps]}{6[MHz]}=3.23$$

03 100[MHz] 반송파를 10[kHz] 정현파 신호로 광대역 주파수 변조(FM)하여 최대 주파수 편이가 100[kHz]가 되었다. 다음 중 변조된 FM 신호의 가장 근사적인 대역폭의 값은 몇 [kHz]인가?

(2011-3차)

① 10 ② 100
③ 220 ④ 440

해설

FM 변조파의 대역폭 : AM처럼 정확히 계산되지는 않지만 Carson의 법칙에 의하여 근사적으로 표현한다.

FM 대역폭=2×(Deviation 주파수+변조파 주파수 대역폭)

$$B=(1+m_f)f_s=2(\triangle f+f_s)[\text{Hz}],\ m_f=\frac{100[kHz]}{10[kHz]}=10$$

$$B=(1+10)\times 10[\text{KHz}]=220[\text{KHz}]$$

04 수신기의 통과대역폭(B), 절대온도(T), 볼쯔만 상수(K), 잡음전력(P)의 관계식으로 맞는 것은?

(2011-3차)

① $P=KB^2T$ ② $P=K^2BT$
③ $P=KB^T2$ ④ $P=KBT$

해설

잡음전력(P)

잡음전력이 주파수 전체에 분포하고 있고 같은 값을 포함하고 있다. 이는 백색 잡음으로도 불리는 "백색 스펙트럼(White Spectrum)"이다. 일반적인 Noise Power N의 계산식은 아래와 같다.

- N(입력 잡음전력)$=KTB$
- N(출력 잡음전력)$=KTBG$

K: 볼츠만 상수, T: 측정대상의 온도(안테나, 시스템 온도 포함, 절대온도 단위), B: 대역폭, G: Power Gain

정답 05 ② 06 ① 07 ②

05 QPSK 변조방식의 대역폭 효율은 몇 [bps/Hz]인가? (2011-3차)

① 1[bps/Hz]
② 2[bps/Hz]
③ 4[bps/Hz]
④ 8[bps/Hz]

해 설

QPSK=4진 PSK이다. QPSK는 00, 01, 10, 11일 때 각각 90[°]도의 위상차를 갖는다.

위상차는 $\frac{2\pi}{M}$이고 M = 4이므로 $\frac{\pi}{2}$가 되어 90[°]의 위상차를 갖는다.

QPSK가 BPSK 보다 2배의 데이터 전송을 할 수 있고 대역폭은 절반인 $\frac{1}{2}$만 필요하므로 대역폭 효율은 상대적으로 2[bps/Hz]가 된다.

06 다음 중 4진 PSK에서 BPSK와 같은 양의 정보를 전송하기 위해 필요한 대역폭은? (2021-3차)

① BPSK의 0.5배
② BPSK와 같은 대역폭
③ BPSK의 2배
④ BPSK의 4배

해설

PSK 구분: 반송파 위상 변화 상태 수에 따라

2진	4진	M진
BPSK(M=2)	QPSK(M=4)	MPSK(M>2)

07 아날로그 전송 회선에서 BPSK 변조 방식을 사용하여 4,800[bps]의 전송속도로 데이터를 전송하려 할 때 필요한 주파수대역폭은? (단, 잡음이 없는 채널일 경우) (2014-1차)(2015-2차)(2016-3차)

① 1,200[Hz]
② 2,400[Hz]
③ 4,800[Hz]
④ 9,600[Hz]

해설

Nyquist 공식에 의거 $C=2B\log_2 M$[bps], $M=2^n$이므로 BPSK는 2진 변조 방식이므로 $C=2B\log_2 2$이므로 $C=2B$, $B=\frac{C}{2}=\frac{4,800}{2}=2,400$[Hz]

기출유형 23 ▶ ASK, FSK, (B)PSK 변조 방식

다음 중 정보 신호에 따라 펄스 반송파의 폭을 변화시키는 펄스변조 방식은? (2019-3차)

① PDM
② PAM
③ PPM
④ PCM

해설

① PDM(Pulse Duration Modulation): 디지털 신호를 전송할 때, 부호의 1과 0을 펄스의 장단(길고, 짧음)으로 변환하는 방식이다.
② PAM(Pulse Amplitude Modulation): 펄스 변조로서 파형점 크기로 펄스 진폭에 변화를 주는 펄스 변조 방식이다.
③ PPM(Pulse Position Modulation): 펄스의 위치를 변화시키는 펄스 위치 변조로서 펄스를 일정한 폭과 크기로 전송하므로 PWM에 비해 더 효율적이다.
④ PCM(Pulse Code Modulation): 아날로그 신호를 일정 시간 간격으로 검출하여 표본화, 양자화 부호화하여 디지털 신호로 변환하는 것이다.

| 정답 | ①

족집게 과외

Data Rate(Bit Rate)	초당 비트수, bps
Signal Rate(Baud Rate)	초당 단위 신호
변조(Modulation)	음성 신호와 같이 저주파 신호를 무선이나 유선으로 먼 거리로 전송할 때 높은 주파수의 반송파에 옮기는 것

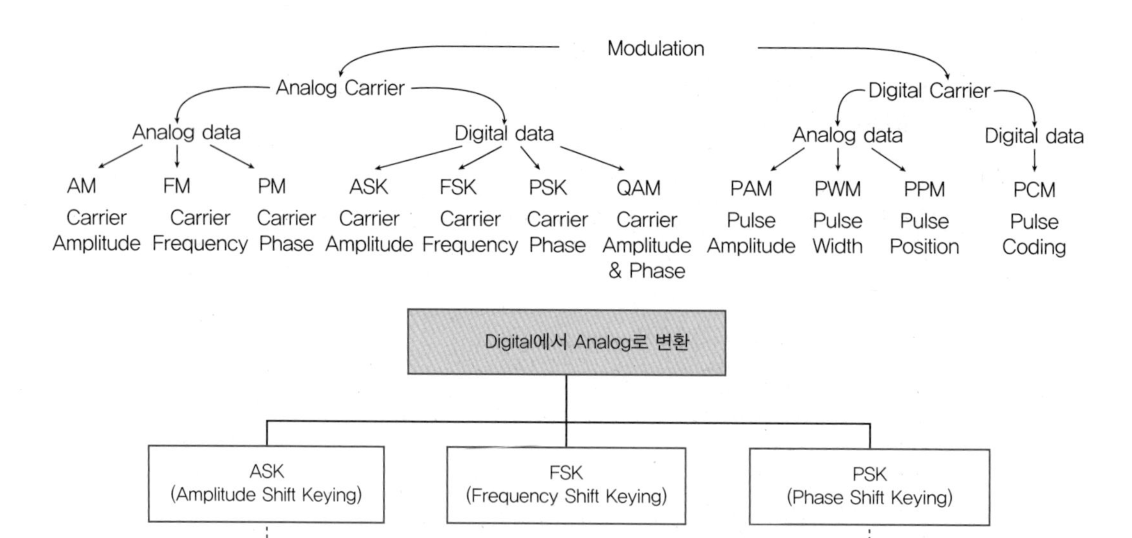

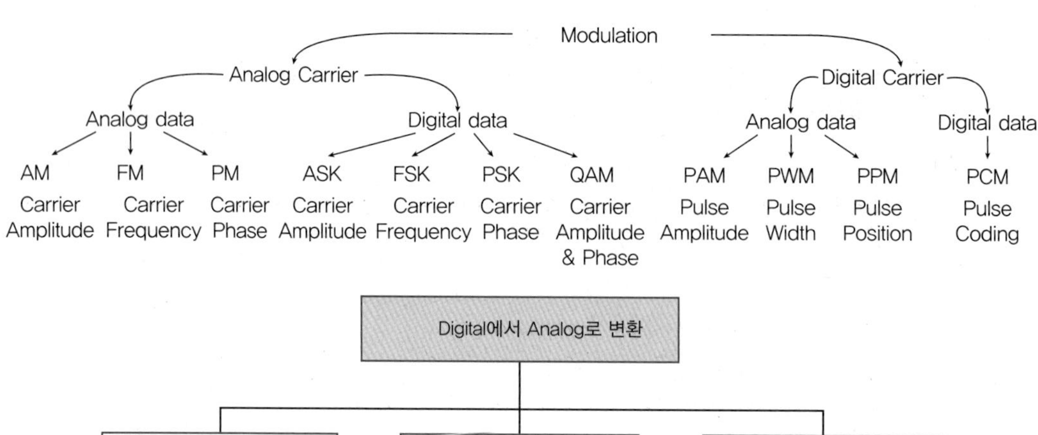

더 알아보기

정보원	통신망 신호전송형태	명칭	방식
Analog Data	Analog Signal	아날로그 변조	AM, FM, PM 등
Analog Data	Digital Signal	시분할 변조	PCM, ADPCM 등
Digital Data	Analog Signal	디지털 변호	ASK, FSK, PSK 등
Digital Data	Digital Signal	디지털 신호 변환	AMI, 맨체스터 등

❶ 변조(Modulation)

변조는 음성 신호와 같이 저주파 신호를 무선이나 유선으로 먼 거리로 전송할 때 높은 주파수의 반송파에 옮기는 것이다. 디지털-아날로그 변환은 디지털 신호를 아날로그 신호로 변환하는 과정이다. 즉, DAC(Digital to Analog Conversion)는 이진 시퀀스(1과 0의 연속)를 아날로그 장치가 처리할 수 있는 연속 신호로 변환하는 과정이다. 디지털에서 아날로그로 변환하는 과정은 크게 두 단계로 나뉜다.

샘플링 (Sampling)	특정 간격으로 아날로그 신호의 샘플을 채취하여 아날로그 신호를 디지털 신호로 변환하는 과정이다. 샘플을 취하는 속도를 샘플링 속도라 하며 헤르츠(Hz) 단위로 측정한다.
양자화 (Quantization)	표본 추출 과정에서 추출한 각 표본에 수치를 할당하는 것이다. 각 샘플에 할당할 수 있는 값의 범위는 디지털 신호의 비트 깊이에 의해 제한된다. 예를 들어 8비트 디지털 신호는 256개의 서로 다른 값(2^8)만 나타낼 수 있지만, 반면에 16비트 디지털 신호는 65,536개의 서로 다른 값(2^{16})을 나타낼 수 있다.

디지털 신호가 샘플링되고 양자화되면 디지털-아날로그 변환기를 사용하여 아날로그 신호로 다시 변환할 수 있다. DAC는 각 샘플에 할당된 수치를 취하여 디지털 신호에 따라 변화하는 연속 전압으로 변환한다. 이를 통해 아날로그 신호는 증폭기, 스피커 및 기타 오디오 장비와 같은 아날로그 장치에 의해 처리될 수 있다.

❷ 주요 변조 방법

1) ASK(Amplitude Shift Keying)

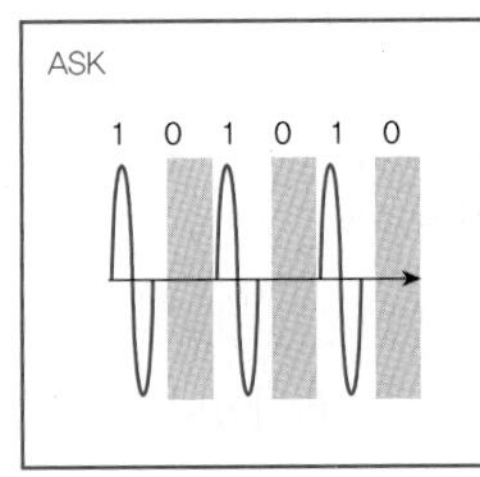

- ASK는 디지털 정보를 표현하기 위해 일정 주파수 반송파의 다른 진폭을 사용하는 디지털 변조 기술이다. 반송파의 진폭은 전송될 데이터 비트에 따라 변화한다. 기존의 반송파를 이진수 0 또는 1로 나타내기 위해 반송파의 진폭을 변화시켜 아날로그 신호를 얻는 방식으로 노이즈에 영향을 많이 받는다.
- Binary ASK(BASK) 또는 On-Off Keying(OOK)이라 하며 두 개의 진폭을 사용하며 신호당 비트수는 1이다. 진폭 크기를 변환하는 방식으로 1에서 진폭 있고 0에서 진폭 없다. Voltage를 Amplitude(크기)로 사용한다.

2) MASK(Multilevel ASK)

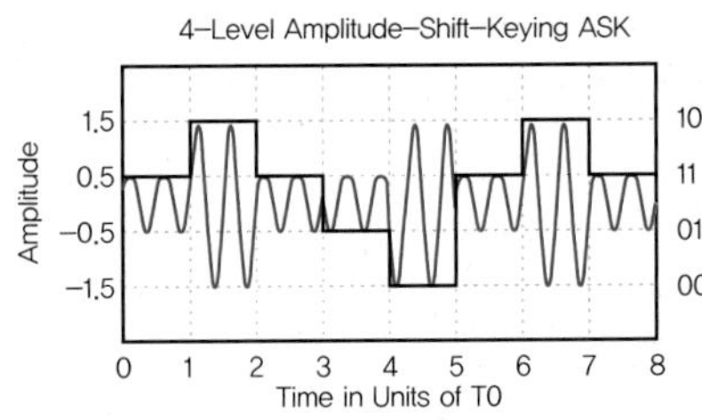

ASK에서 진화된 것으로 왼쪽에 보는 것과 같이 10 11 01 00의 4개의 레벨로 크기를 다양화한다. ASK보다 더 많은(다양한) 진폭을 사용하며, 노이즈의 영향을 많이 받는 ASK보다 우수하여 MASK는 QAM 방식으로 구현된다.

3) FSK(Frequency Shift Keying)

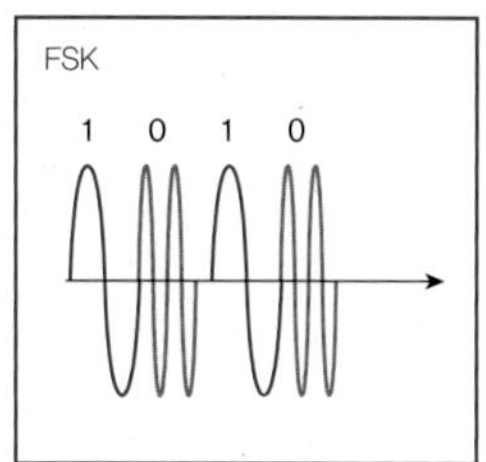

주파수 변화 방식은 1초에 반복하는 주파수 횟수를 가지고 주파수가 커지면 1, 느려지면 0을 적용한다. 기존 반송파를 이진수 0 또는 1로 나타내기 위해 반송파의 주파수를 변화시켜 아날로그 신호를 얻는 방식으로 노이즈에 영향을 받지 않으며 반송 주파수는 대역폭의 중간값이다.

4) PSK(Phase Shift Keying)

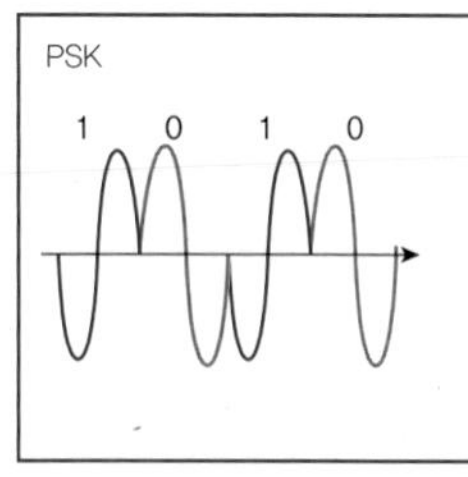

위상 편이 방식으로 기준 신호(반송파)의 위상을 변경 또는 변조함으로써 데이터를 전송하는 방식이다. PSK는 일정한 진폭의 반송파를 사용하고 데이터 비트를 나타내기 위해 파동의 위상을 변화시키는 디지털 변조 기법이다. 기존의 반송파를 이진수 0 또는 1로 나타내기 위해 반송파의 위상을 변화시켜 아날로그 신호를 얻는 방식이다. 진폭 편이 방식(ASK)나 주파수 편이 방식(FSK)보다 더 자주 사용되며, 노이즈에 영향을 받지 않는다.

5) BPSK(Binary Phase-shift Keying)

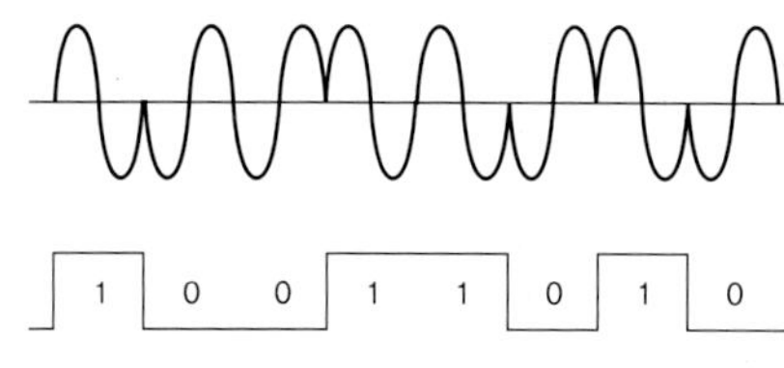

- Signal 하나에 0 또는 1을 표현해서 보내는 방식이다. 즉, 한 구간의 주파수에 1bit의 정보를 표현할 수 있다. BPSK를 이용하면 하나의 T라는 시간에 0 또는 1의 1bit 표현이 가능하다.
- BPSK는 Phase(위상)을 2등분하여 2가지 정보(0, 1)를 구분하게 된다. PSK와 BPSK는 같은 개념이다. QPSK가 되어야 PSK와 구분이 된다.

6) QPSK(Quadrature Phase Shift Keying)

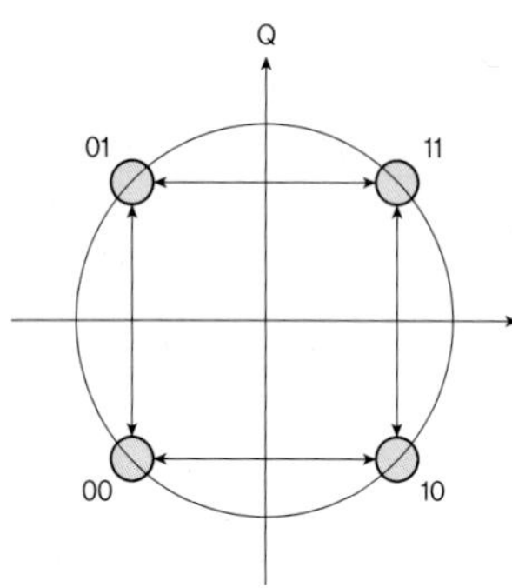

- QPSK는 반송파의 4개의 위상을 90도로 구분하여 한 번에 2비트를 전송하는 PSK의 변형이다. 이는 반송파의 동상(I) 및 직교(Q)를 모두 변조하여 구성한다.
- 주파수 하나에 00, 01, 10 또는 1로 보내는 방식으로 한 구간의 Signal에 2bit의 정보를 표현할 수 있다. 이와 같이 위상을 쪼개서 보내는 방식은 조금만 위상이 틀어진 주파수를 전달받으면 잘못된 정보를 전달받을 수 있다. 즉, 위상을 잘게 쪼개면 쪼갤수록 왜곡 발생 확률이 증가하게 되는 것이다.

정답 01 ② 02 ① 03 ② 04 ①

01 정보 전송 기술에서 다음 그림과 같은 변조 파형을 얻을 수 있는 변조 방식은? (2017-2차)

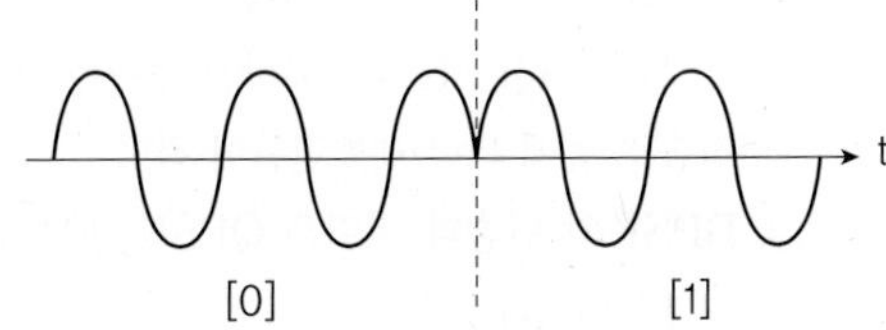

① ASK(Amplitude Shift Keying)
② PSK(Phase Shift Keying)
③ FSK(Frequency Shift Keying)
④ QASK(Quadrature Amplitude Shift Keying)

해설
위상 편이 변조(Phase-shift Keying, PSK)는 기준 신호(반송파)의 위상을 변경 함으로써 데이터를 전송하는 디지털 변조 방식이다.

02 다음 중 정보 전송에서 반송파로 사용되는 정현파의 위상에 정보를 싣는 변조 방식은? (2015-1차)(2019-1차)

① PSK
② FSK
③ PCM
④ ASK

해설
① PSK(Phase-shift Keying): 기준 신호(반송파)의 위상을 변경 함으로써 데이터를 전송하는 디지털 변조 방식이다.
② FSK(Frequency-shift Keying): 진폭은 일정하나 주파수들에 의해 반송파를 편이 변조하는 방식으로 기저대역 상의 원신호에 따라 반송파의 순간 주파수가 이산적으로 변화된다.
④ ASK(Amplitude Shift Keying): 진폭 편이 방식으로 반송파의 진폭을 변화시키켜 송신 데이터를 보내는 방식이다. 이 방식은 다른 변조 방식에 비해 소음의 방해와 페이딩의 영향을 받기 쉽다.
③ PCM(Pulse Code Modulation): 아날로그 신호를 일정 시간 간격으로 검출하여 표본화, 양자화 부호화하여 디지털 신호로 변환하는 것이다.

03 다음 중 복수의 위상에 각각 특정의 데이터 신호를 할당함으로써 동일 주파수에서 고능률의 전송을 할 수 있는 변조 방식은? (2019-2차)

① 진폭 위상 변조 방식
② 다중 위상 변조 방식
③ 차분 위상 변조 방식
④ 잔류 측파대 진폭 변조 방식

해설
다중 위상 변조 방식으로 위상을 다양하게 변조해서 보내는 방법으로 (B)PSK, QAM 등이 해당될 것이다.

04 다음은 신호변환 방식에 따른 변조 방식을 분류한 것이다. 바르게 나열한 것은? (2020-3차)

전송형태	신호변환 방식	변조방식
디지털 전송	디지털 정보 → 디지털 신호	(㉠)
	아날로그 정보 → 디지털 신호	(㉡)
아날로그 전송	디지털 정보 → 아날로그 신호	(㉢)
	아날로그 정보 → 아날로그 신호	(㉣)

① ㉠ 베이스밴드, ㉡ 펄스 부호 변조(PCM), ㉢ 브로드밴드 대역 전송, ㉣ 아날로그 변조
② ㉠ 브로드밴드 대역 전송, ㉡ 펄스 부호 변조(PCM), ㉢ 아날로그 변조, ㉣ 베이스밴드
③ ㉠ 베이스밴드, ㉡ 펄스 부호 변조(PCM), ㉢ 아날로그 변조, ㉣ 브로드밴드 대역 전송
④ ㉠ 펄스 부호 변조(PCM), ㉡ 베이스밴드, ㉢ 브로드밴드 대역 전송, ㉣ 아날로그 변조

해설
① 베이스밴드(BaseBand) 전송: 컴퓨터나 단말장치 등에서 처리된 디지털 데이터를 다른 주파수 대역으로 변조하지 않고 직류 펄스 형태 그대로 전송하는 것으로, 기저대역 전송이라고 한다. 신호만 전송되기 때문에 전송 신호의 품질이 좋다.
② 펄스 부호 변조(PCM): 아날로그 신호를 일정 시간 간격으로 검출하여 표본화, 양자화 부호화하여 디지털 신호로 변환하는 것이다.

③ 브로드밴드 대역 전송: 디지털 신호를 여러 개의 신호로 변조해서 다른 주파수 대역으로 동시에 전송하는 방식이며, 장거리 전송에 주로 사용하며 장거리 전송에 효율적이다.
④ 아날로그 변조: 반송파 진폭의 강약을 이용하여 정보를 전송하는 변조 방식이다. AM 변조를 가한 전파는 FM 변조 방식과 비교하면 주파수 점유율이 좁고 정해진 주파수 폭 안에서 더 많은 정보를 전송할 수 있고 송수신 회로의 구조가 간단하다는 장점이 있다.

05 다음 그림과 같은 변조된 파형을 얻을 수 있는 변조 방식은? (2014-2차)

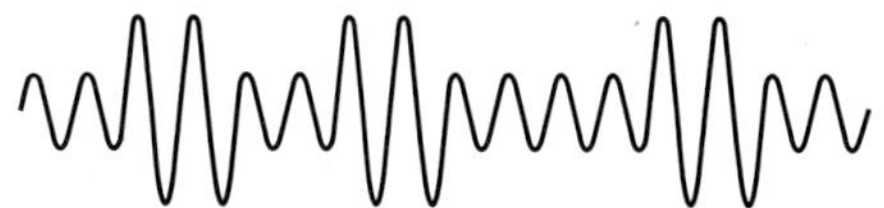

① 진폭 편이 변조 방식(ASK)
② 주파수 편이 변조 방식(FSK)
③ 위상 편이 변조 방식(PSK)
④ 직교 진폭 변조 방식(QAM)

해설

① 진폭 편이 방식(ASK): 디지털 신호 전송에 사용하는 변조 방식으로 반송파의 진폭을 변화시켜 송신 데이터를 보내는 방식이다.
② 주파수 편이 변조(FSK): 진폭은 일정하나 여러 이산적인 주파수들에 의해 반송파를 편이 변조하는 방식으로 기저대역 상의 원신호에 따라 반송파의 순간 주파수가 이산적으로 변화된다.
③ 위상 편이 변조 방식(PSK): 기준 신호의 위상을 변경 또는 변조 함으로써 데이터를 전송하는 디지털 변조 방식이다. PSK는 이진 숫자의 고유한 패턴이 할당된 정해진 수의 위상을 사용한다.
④ 직교 진폭 변조 방식(QAM): 직교 진폭 변조는 독립된 2개의 반송파인 동상 반송파와 직각 위상 반송파의 진폭과 위상을 변환·조정하여 데이터를 전송하는 변조 방식이다.

06 다음 중 PSK에 대한 설명으로 알맞지 않은 것은? (2017-1차)

① 피변조파는 정포락선을 갖는다.
② BPSK와 QPSK의 오류확률 성능은 같다.
③ 전송로 등에 의한 레벨변동이 적다.
④ BPSK의 반송파 전력은 QPSK 반송파 전력의 1/4배이다.

해설

PSK는 일정한 진폭 또는 주파수를 갖는 정현파의 위상을 180°/90°/45° 단위로 2등분/4등분/8등분 했을 때의 각 위치에 신호를 할당하여 전송하는 방식이다. 즉, 파형의 시작 위치를 다르게 하여 신호를 전송한다.

- QPSK 반송파 전력: A_C^2(A_C는 반송파 크기이다)
- BPSK 반송파 전력: $\frac{A_C^2}{2}$으로 BPSK의 반송파 전력은 QPSK의 $\frac{1}{2}$이다.

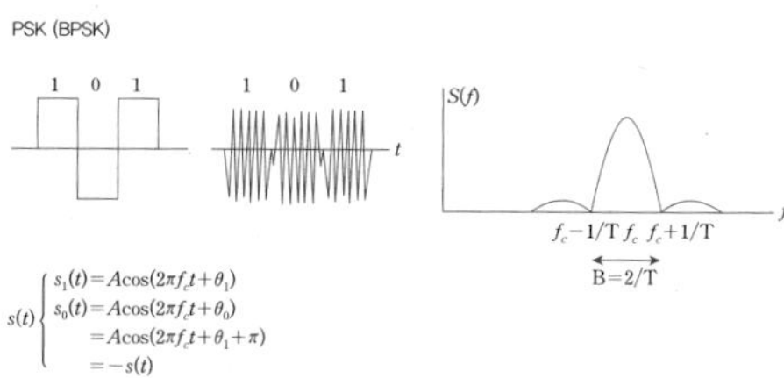

07 다음 중 디지털 변조가 아닌 것은? (2017-2차)

① ASK
② FSK
③ PSK
④ SSB

해설

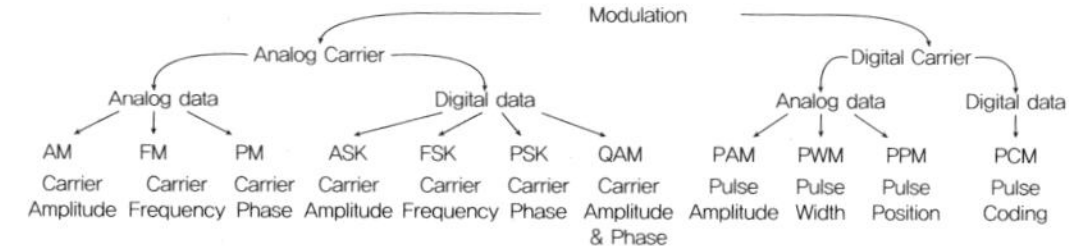

정답 08 ④ 09 ④ 10 ①

08 디지털 신호의 정보 내용에 따라 반송파의 위상을 변화시키는 변조 방식으로 2원 디지털 신호를 2개씩 묶어 전송하는 QPSK 변조 방식의 반송파 위상차는? (2015-3차)

① 45[°]
② 90[°]
③ 180[°]
④ 270[°]

해설
4진 PSK는 QPSK이다. QPSK는 00, 01, 10, 11 일 때 각각 90[°]도의 위상차를 갖는다.

위상차는 $\frac{2\pi}{M}$이고 M=4이므로 $\frac{\pi}{2}$가 되어 90[°]의 위상차를 갖는다.
QPSK는 한 번에 두 개의 비트를, BPSK는 한번에 하나의 비트를 PSK방식으로 전송하는 것으로 QPSK가 BPSK 대비 2배의 전송속도를 갖는다.

09 전송효율을 높이기 위해 위상을 여러 개 사용하는 다치변조 방식이 아닌 것은? (2011-1차)

① QPSK
② OQPSK
③ QAM
④ PSK

해설
위상 편이 변조(PSK)
기준 신호의 위상을 변경 또는 변조함으로써 데이터를 전송하는 디지털 변조 방식이다. 모든 디지털 변조 방식은 디지털 데이터를 표현하기 위해 한정된 수의 구분되는 신호를 사용한다. PSK는 이진 숫자의 고유한 패턴이 할당된 정해진 수의 위상을 사용한다.
① QPSK(Quadrature Phase Shift Keying): 무선 통신에서는 PSK 혹은 BPSK의 확장된 개념인 QPSK가 많이 사용된다. BPSK가 1과 0의 두 가지 신호만을 구분하는 방식인 반면, QPSK는 4가지의 디지털 신호를 구분한다.
② OQPSK는 QPSK의 Zero Cross의 문제점을 보안하기 위해 만들어졌다. 먼저 QPSK 전송방식에서 Ich과 Qch은 4가지의 상태를 갖는다. 즉, QPSK는 위상변화 시 0, 90, −90, 180, −180도이며 이런 경우 PSK의 장점인 Constant Envelope를 유지할 수 없다. 이중 180도 위상 변화를 제거하여 Constant Envelope를 유지하는 변조 방식이 Offset QPSK이다.
③ QAM(Quadrature Amplitude Modulation): 직교 진폭 변조는 독립된 2개의 반송파인 동상 반송파와 직각 위상 반송파의 진폭과 위상을 변환 · 조정하여 데이터를 전송하는 변조 방식이다. 이 2개의 반송파는 90°만큼씩 서로 직각 위상이 된다. 제한된 전송 대역 내에서 데이터 전송을 고속으로 하는 데 유리하다.

10 다음 중 아날로그 신호로부터 디지털 부호를 얻는 방법이 아닌 것은? (2021-3차)

① PM(Phase Modulation)
② DM(Delta Modulation)
③ PCM(Pulse Code Modulation)
④ DPCM(Differential Pulse Code Modulation)

해설
PCM은 DPCM, DM, ADM 등으로 발전했다. PM(Phase Modulation)은 아날로그 변조에 해당된다.

정답 11 ④ 12 ④

11 다음 중 디지털 데이터의 변조 방식으로 적합하지 않은 것은? (2020-2차)

① ASK
② PSK
③ FSK
④ DSB

해설

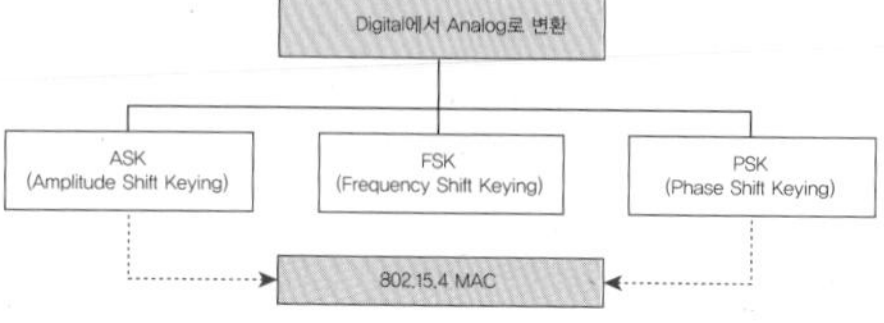

12 다음 중 단측파대 변조 방식의 특징으로 틀린 것은? (2018-2차)(2021-1차)

① 점유주파수 대역폭이 매우 작다.
② 변복조기 사이에 반송파의 동기가 필요하다.
③ 송신출력이 비교적 작게 된다.
④ 전송 도중에 복조되는 경우가 있다.

해설

단측파대 변조는 라디오 통신에서 진폭 변조 방식을 개선하여 송신기의 전력 소모 및 대역폭 사용 절감하도록 만든 것이다. 단측파대(SSB) 변조는 DSB 변조와 유사하지만, 전체 스펙트럼을 사용하는 대신 필터를 사용하여 하측파대 또는 상측파대를 선택한다. 하측파대 또는 상측파대를 선택하면 각각 하측파대(LSB) 변조 또는 상측파대(USB) 변조가 구현된다. 측파대 중 하나를 제거하는 두 가지 접근 방식이 있다. 하나는 필터 방법이고, 다른 하나는 위상변환(Phasing) 방법이다.

SSB 방식의 특징

장점	단점
• 점유 주파수 대역폭이 1/2로 줄어든다. • 적은 송신전력으로 양질의 통신이 가능하다. • 송신기의 소비전력이 적다. • 선택성 페이딩의 영향이 적다. • S/N 비가 개선된다.	• 송, 수신기 회로 구성이 복잡하며 가격이 비싸다. • 높은 주파수 안정도를 필요로 한다. • 수신부에 국부발진기가 필요하며 동기장치가 있어야 한다. • 반송파가 없어 AGC(AVC) 회로 부가가 어렵다.

기출유형 24 ▶ QAM(Quadrature Amplitude Modulation)

다음 중 진폭과 위상을 변화시켜 정보를 전달하는 디지털 변조 방식은? (2011-2차)

① PSK ② QAM
③ FSK ④ ASK

해설

직교 진폭 변조(QAM)
독립된 2개의 반송파인 동상 반송파와 직각 위상 반송파의 진폭과 위상을 변환 · 조정하여 데이터를 전송하는 변조 방식이다. 이 2개의 반송파는 90°만큼씩 서로 직각 위상이 되어 제한된 전송 대역 내에서 데이터 전송을 고속으로 하는 데 유리하다.

| 정답 | ②

족집게 과외

같은 진수에서 4진 ASK > 4진 FSK > 4진 DPSK > 4진 PSK(QPSK) > 4진 QAM 순서로 에러 확률이 낮아진다.

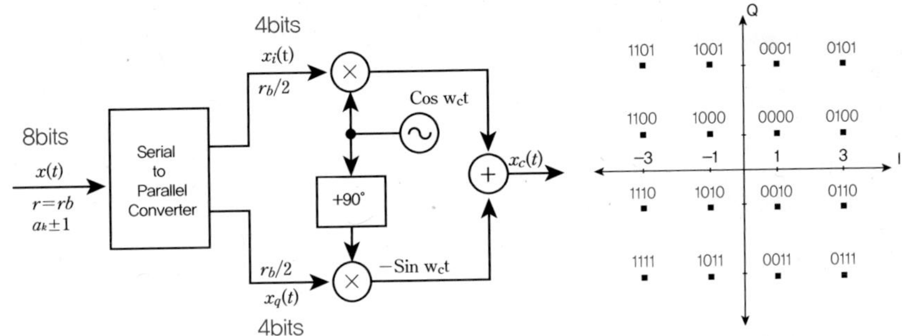

〈16QAM 블록도 및 Constellation〉

더 알아보기

QAM(Quadrature Amplitude Modulation)은 위상과 진폭으로 신호(Signal)를 표현한다. QAM 방식은 진폭까지 조정함으로써 더 많은 데이터를 하나의 Signal에 포함하게 된다. 이와 같은 방식을 사용함으로 하나의 신호(Signal)에 더 많은 데이터를 전송할 수 있다. 아래는 전송방식별 전송 가능한 bit 수이다.

BPSK	QPSK	16 QAM	64 QAM
1 bit	2 bits	4 bits	6 bits

QAM은 제한된 대역폭을 통해 디지털 데이터를 전송하는 매우 효율적인 방법으로 통신 시스템에서 자주 사용되며 여러 비트의 데이터를 동시에 전송할 수 있어 데이터 속도를 높이고 추가 대역폭을 줄일 수 있다. PSK는 반송파 위상 변화 상태 수에 따라 아래와 같이 구분된다.

2진	4진	M진
BPSK(M=2)	QPSK(M=4)	MPSK(M>2)

❶ QAM(Quadrature Amplitude Modulation)

QAM은 무선 주파수나 케이블 텔레비전 네트워크를 통해 디지털 데이터를 전송하는 데 사용되는 디지털 변조 방식이다. QAM에서 주파수는 같지만 위상차가 90도인 두 개의 반송파가 디지털 데이터를 전송하는 데 사용된다. 각 반송파의 진폭 및 위상은 특정 디지털 신호를 나타내도록 변경될 수 있다. QAM 변조는 정보 데이터에 따라 진폭과 위상을 변화시키는 방식으로 MASK와 MPSK를 결합한 변조 방식이다.

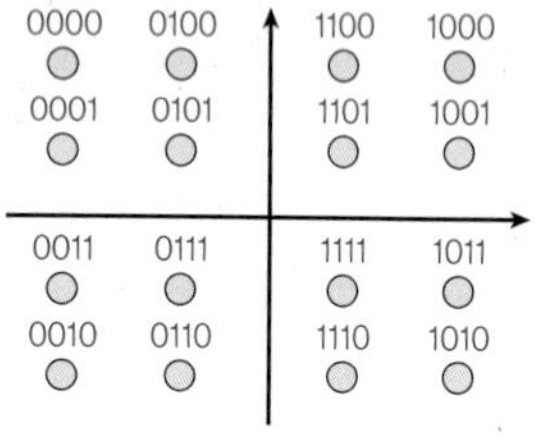

0000 0100 1100 1000
0001 0101 1101 1001
0011 0111 1111 1011
0010 0110 1110 1010

QAM은 진폭과 위상 변조를 모두 결합한 변조 기법으로 반송파의 진폭과 위상이 모두 변화하는 2차원 신호 공간을 사용한다. QAM은 심볼당 여러 비트를 전송할 수 있어 PSK, ASK, QPSK 보다 효율적이다. QAM은 독립된 2개의 반송파인 동상 반송파와 직각 위상 반송파의 진폭과 위상을 변환 및 조정하여 데이터를 전송하는 방식으로 2개의 반송파는 90도씩 서로 직각 위상이 된다.

- 신호 레벨 = ASK + PSK 혼합 방식(진폭×위상: 표현 가능한 정보의 수)

- PSK, ASK, QPSK 및 QAM은 모두 디지털 통신에서 채널을 통해 정보를 전송하는 데 사용되는 변조 기술
- 무선랜에서는 위상 변환만 이용하는 PSK를 BPSK[2-PSK], QPSK[4-PSK] 까지만 사용하고 8-PSK는 사용안 함

❷ QAM 장단점

구분		내용
장점	주파수 효율	일정 진폭의 MPSK(BPSK, QPSK, 8 PSK, 16 PSK 등) 디지털변조방식 보다, 주파수 효율이 더 좋다.
	정보 전송률	주어진 좁은 대역폭에서도, MPSK 보다 더 높은 성능 및 전송률 가능하다.
	구현 용이성	수신기 구현 및 복조가 비교적 용이하다.
	스펙트럼 파형 모양	좌우 대칭성 없다.
단점	민감함	주파수효율, 전송효율은 좋으나, 잡음, 페이딩 등 오류에 민감하고 취약하다.

QAM은 디지털 패킷을 아날로그 신호로 변환하여 데이터를 무선으로 전송하는 기술로서 QAM에는 16 QAM과 같은 단순한 형식부터 256 QAM과 같은 더 복잡한 버전까지 다양한 종류가 있다. 이름의 숫자는 디지털 데이터를 나타내는 데 사용되는 진폭 및 위상 조합의 수를 나타낸다. QAM은 일반적으로 케이블 텔레비전, 무선 통신 시스템, 위성 통신 시스템과 같은 응용 프로그램에 사용되고 있다.

❸ 비교

구분	파형		성상도
BPSK	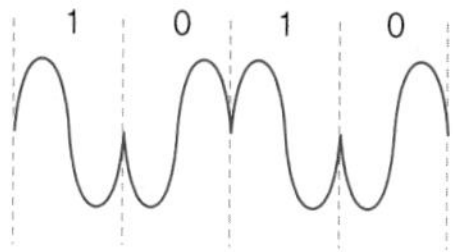 1 0 1 0	위상 변화를 180°만큼 변화해서 2개의 디지털 심볼을 전송하는 방식	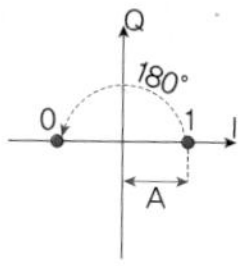 Q, 180°, 0, 1, I, A
QPSK	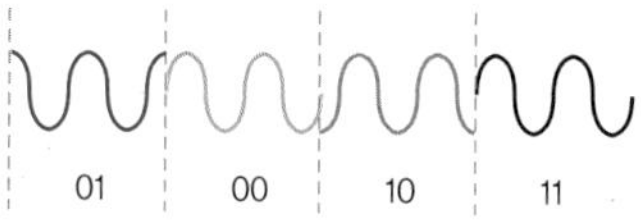 01 00 10 11	위상 변화를 90°만큼 주어서 4개의 디지털 심볼을 전송하는 방식	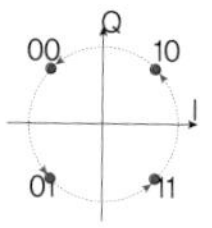 Q, 00, 10, I, 01, 11
QAM	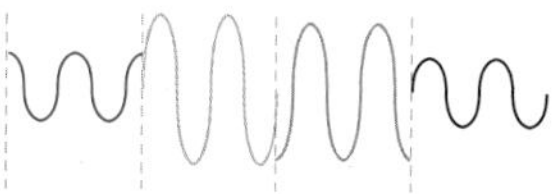	반송파의 진폭과 위성을 동시에 변조하는 방식으로 위상과 크기를 함께 전송함	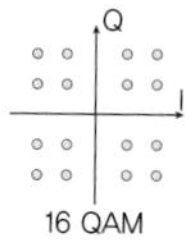 Q, I, 16 QAM

01 8진 PSK에서 반송파 간의 위상차는? (2019-3차)

① π ② $\pi/2$
③ $\pi/4$ ④ $\pi/8$

해설

위상편이 변조(PSK, Phase Shift Keying)
디지털 신호의 정보 값 m에 따라, 반송파 위상(Phase)을 변화시키는 편이 변조 방식이다.

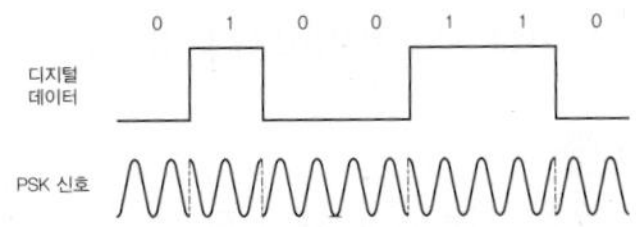

2진 PSK(BPSK) 변조

반송파 위상 변화 상태 수에 따라 2진은 BPSK(M=2), m진은 MPSK(M>2), 4진은 QPSK(M=4)가 되어 위상차는 $\frac{2\pi}{M}=\frac{2\pi}{8}=\frac{\pi}{4}$가 된다.

02 다음 중 QAM 변조 방식에 대한 설명으로 가장 적합한 것은? (2013-2차)(2019-2차)

① 입력신호에 따라 반송파의 진폭을 변화시키는 방식
② 입력신호에 따라 반송파의 최소 주파수를 변화시키는 방식
③ 진폭 신호에 따라 적은 전력으로 다량의 정보를 전송시키는 방식
④ 반송파의 진폭과 위상을 데이터에 따라 변화시키는 진폭변조와 위상 변조 방식의 혼합

해설

QAM(Quadrature Amplitude Modulation) 변조는 진폭변조와 위상 변조를 동시에 수행하는 방식이다. QAM은 독립된 2개의 반송파인 동상(in-phase) 반송파와 직각 위상(Quadrature) 반송파의 진폭과 위상을 변환 · 조정하여 데이터를 전송하는 변조 방식이다.

03 다음 중 QAM 변조 방식의 특징으로 틀린 것은? (2020-3차)

① ASK와 QPSK를 합친 변조 방식이다.
② 서로 직교하는 2개의 반송파를 사용한다.
③ 반송파의 진폭과 위상을 동시에 변조한다.
④ I채널과 Q채널을 상호의존적으로 사용한다.

해설

QAM(Quadrature Amplitude Modulation) 또는 APK(Amplitude Phase Keying)으로 위상과 크기를 함께 변경하는 방식으로 제한된 주파수 대역에서도 전송효율을 향상시켜 스펙트럼효율을 높이는 방식으로 반송파의 진폭과 위상을 동시에 직교 결합시켜 변조하는 방식이다. I 채널과 Q 채널은 상호 영향이 없이 독립적으로 동작한다.

04 다음 중 직교 진폭변조(QAM) 방식에 대한 설명으로 틀린 것은? (2016-3차)(2022-2차)

① 진폭과 위상을 혼합하여 변조하는 방식이다.
② 제한된 채널에서 데이터 전송률을 높일 수 있다.
③ 검파는 동기검파나 비동기검파를 사용한다.
④ 신호 합성 시 I-CH과 Q-CH이 완전히 독립적으로 존재한다.

해설

QAM은 두 직교 신호(I, Q)로 분리하여 각각 진폭변조하고 이를 합성하여 변조하는 방식이다. 검파방식은 주로 동기검파방식이나 동기직교검파방식을 사용한다. 데이터 전송률이 높은 고속의 데이터 전송을 위한 변조 방식에 사용된다.

정답 05 ④ 06 ③ 07 ④ 08 ②

05 다음 중 QAM 방식에 대한 설명으로 옳지 않은 것은? (2010-1차)

① 진폭편이 변조 방식과 위상편이 변조 방식을 혼합한 변조 방식이다.
② 4위상과 2진폭의 변조로 3비트를 한 번에 전송할 수 있다.
③ 제한된 전송대역 내에서 고속의 데이터 전송이 가능하다.
④ QAM 방식에서 최대 전송 속도는 4800[bps]이다.

해설

ITU V.29의 9,600[bps] 변복조기의 표준방식으로 권고되고 있다. QAM=PSK+ASK로서 반송파의 진폭과 위상을 변화시켜 신호를 전송하는 변조 방식이다.

06 디지털 변조 방식 중에서 오류확률이 가장 낮은 것은? (2010-1차)

① QPSK
② OQPSK
③ 4진 QAM
④ 4진 DPSK

해설

- 같은 진수에서 4진 ASK>4진 FSK>4진 DPSK>4진 PSK(QPSK)>4진 QAM 순서로 에러 확률이 낮아진다.
- OQPSK(Offset QPSK)는 QPSK를 $\frac{1}{2}$Ts만큼 시간을 Delay 시킨 것으로 QPSK와 같은 오류 확률을 가진다.

07 QAM에 대한 설명 중 적합하지 않은 것은? (2010-2차)

① 정보 신호에 따라 반송파의 진폭과 위상을 동시에 변화시킨다.
② QAM 신호는 두 개의 직교성 DSB-SC 신호를 선형적으로 합성한 것이다.
③ 동기검파를 사용하여 신호를 검출할 수 있다.
④ 동일한 신호레벨에서 PSK와 오류확률은 같다.

해설

- QAM 신호는 두 개의 직교성 DSB-SC 신호를 선형적으로 합성한 것이다.
- QAM의 필요 전송대역은 정보신호 대역폭의 2배로서 DSB-SC와 동일하다.
- QAM은 동기검파나 비동기검파를 사용해서 신호를 검출한다.
- 같은 진수에서 4진 ASK>4진 FSK>4진 DPSK>4진 PSK(QPSK)>4진 QAM 순서로 에러 확률이 낮아진다. 즉, QAM이 PSK 보다 오류확률이 더욱 낮다.

08 QAM 변조 방식은 디지털 신호의 전송 효율향상, 대역폭의 효율적 이용, 낮은 에러율, 복조의 용이성을 위해 어떤 변조 방식을 결합한 것인가? (2017-1차)

① FSK+PSK ② ASK+PSK
③ ASK+FSK ④ QPSK+FSK

해설

ASK	ASK(Amplitude Shift Keying)에서는 신호를 만들어내기 위해 반송파의 진폭을 변경한다. 주파수와 위상은 진폭이 변화하는 동안에도 일정하게 유지된다.
PSK	위상편이변조(PSK, Phase Shift Keying)에서는 2개 이상의 서로 다른 신호 요소를 나타내기 위해 신호의 위상을 바꾼다. 위상은 변화하되 최대 진폭과 주파수는 일정하게 유지된다. 2진 PSK(BPSK)는 데이터 요소에 따라 위상을 바꿔버림으로써 디지털 데이터를 나타낼 수 있다.

정답 09 ② 10 ③

09 다음 중 위상편이변조(PSK) 방식의 설명으로 옳지 않은 것은? (2015-2차)

① 복조 시 동기 검파방식을 사용한다.
② 디지털 신호에 따라 반송파의 주파수만 변화시킨다.
③ 전송로의 레벨변동과 오류확률이 적다.
④ 중간 속도의 데이터 전송에서 이용된다.

해설
BPSK는 간단하며 주요 장점은 잡음에 강하다는 것이다. 잡음에 의해 신호의 진폭 등은 쉽게 변화하지만 위상은 변하지 않기 때문에 명확하게 데이터를 표현할 수 있다. ASK와 같이 요구되는 대역폭이 적다.

10 케이블 모뎀을 64-QAM으로 하향 데이터 전송(6[MHz] 대역폭)을 한다. 최대 데이터 전송률은? (2016-1차)(2019-2차)

① 20[Mbps]
② 30[Mbps]
③ 36[Mbps]
④ 40[Mbps]

해설
위 문제에서 이론적으로 64－QAM 적용 시 2^6이고 6[MHz] 대역을 사용하므로 6 × 6[MHz] = 36[Mbps]이 이론적으로 가능하다. $C=2B\log_2 M$, $M=64=2^6$이므로 $C=2\times 6[\text{MHz}]\ \log_2 2^6=72[\text{Mbps}]$가 된다. 케이블 모뎀은 주파수 분할 다중화 방식으로 Upload와 Download가 분리되어 있어서 이론적으로 절반으로 나누어 36[Mbps]가 되는 것이다.

기출유형 25 ▶ 누화(Crosstalk)

전화통신망(PSTN)에서 인접선로 간 차폐가 완전하지 않아, 인접선로 상의 다른 신호에 영향을 미쳐 발생하는 품질저하 요인은? (2016-1차)(2020-2차)

① 누화(Crosstalk)

② 신호감쇠

③ 에코(Echo)

④ 신호지연

해설

① 누화(Crosstalk): 접속로(채널)의 신호가 다른 접속로(채널)에 전자기적으로 결합(Coupling)되어 영향을 미치는 현상으로 서로 다른 전송 선로상의 신호가 정전 결합, 전자 결합 등 전기적 결합에 의하여 통신의 품질을 저하시키는 직접적인 원인이다.

② 신호감쇠: 데이터 전송 시 에너지가 흡수됨으로써 거리에 따라 신호의 세기가 약해지는 현상이다.

③ 에코(Echo): 소리 등이 되돌아오는 현상으로 전화에서 송신자의 음성이 수신자측을 거쳐서 다시 송신자에게 되돌아오는 현상이다.

④ 신호지연: 지연(Delay, Latency)이란 신호가 분산 매질의 채널을 지날 때 위상(Phase), 시간(Time), 반송파(Carrier), 신호 그룹(Group Delay)의 영향을 받아 늦어지는 것이다.

| 정답 | ①

족집게 과외

선로상에서 누화가 송신단으로 전파되는 것을 근단누화이고 수신단측으로 전해지는 것을 원단누화라 한다. 동축케이블의 누화 특성은 주파수가 낮을수록 나빠져서 60[Hz] 이하에서는 사용하지 않으며 보통 원단누화가 근단누화 보다 많이 발생한다.

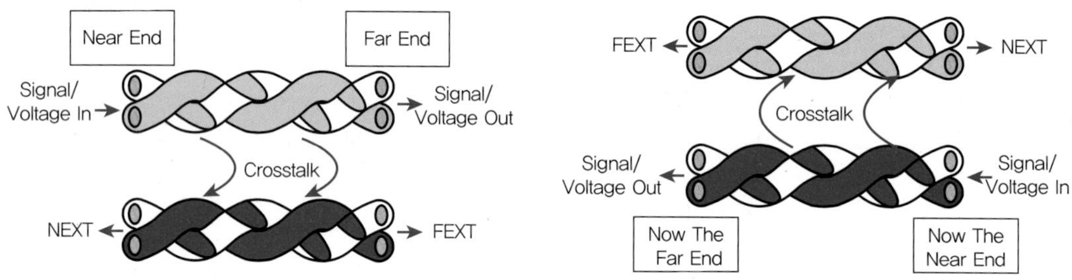

더 알아보기

Crosstalk

전기 신호의 파장의 크기에 비해서 두 개의 회로나 도선 사이의 거리가 충분히 가까울 때 두 회로나 도체 사이에 일어나는 전기적 간섭 현상이다. 즉, 인접 선로 간에 Inductive/Capacitive Coupling에 의해 원치 않는 에너지가 교류되어버리는 현상을 의미한다. Crosstalk 문제들은 PCB 상의 많은 Component들의 고집적화로 배선 간 간격은 감소해서 Near End Crosstalk와 Far End Crosstalk를 둘 다 증가시키고 있다.

구분	내용
NEXT	Near End Crosstalk를 "NEXT"라고도 하며 전송선로에서 유도된 전류가 신호 전류의 진행 방향과 반대 방향으로(송신단 쪽으로) 전파되는 Crosstalk를 의미한다.
FEXT	Far End Crosstalk를 "FEXT"라고도 하며 어떤 전송선로에서 다른 전송선로의 신호가 그 선로의 신호와 같은 방향으로 유기되는 Crosstalk를 의미한다.

❶ **누화(Crosstalk)**

누화는 한 회로 또는 통신 채널의 전기 또는 전자기 신호가 다른 회로 또는 채널과 간섭하여 원치 않는 노이즈 또는 왜곡을 유발할 때 발생하는 현상이다. 누화는 특히 전화선, 이더넷 케이블 및 인쇄 회로 기판과 같은 유선 통신 시스템에서 발생할 수 있다.

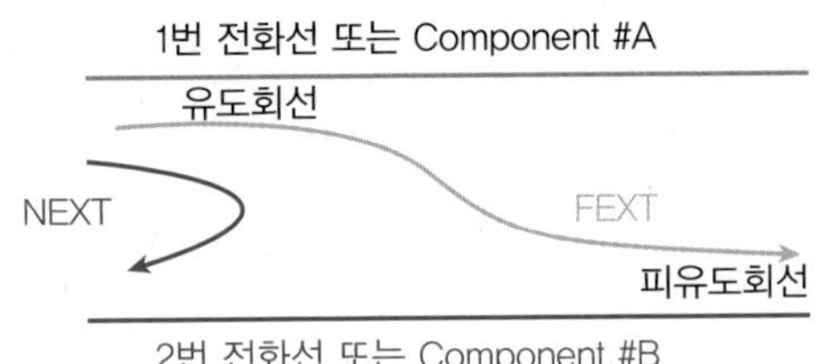

통신에서 누화는 한 전화선의 신호가 다른 회선의 신호와 간섭하여 노이즈 또는 왜곡을 유발할 때 발생할 수 있다. 이로 인해 영향을 받는 회선에서 대화를 듣거나 이해하기 어려울 수 있다. 네트워킹에서 누화는 한 이더넷 케이블의 신호가 다른 케이블의 신호와 근접하게 간섭할 때 발생할 수 있다. 이로 인해 데이터가 손상되거나 오류가 발생하여 네트워크 속도가 느려지거나 네트워크 다운타임이 발생할 수 있다. 누화를 최소화하기 위해 차폐 및 절연을 사용하여 서로 다른 회로 또는 채널의 전기 신호를 분리할 수 있다. 또한, 트위스트 페어 케이블과 차동 신호(Different Circuits or Channels)를 사용하여 네트워킹 및 통신 시스템의 Crosstalk를 줄일 수 있다.

❷ **근단누화(NEXT, Near End Cross-Talk)**

송신측 유도회선으로 부터 송신측 피유도회선에 누화를 발생시키는 현상으로 누화의 발생 소스와 수신측에 듣는 사람이 같은 종단에 있는 경우를 의미한다.

근단누화비	근단누화감쇠량
$10\log\dfrac{\text{피유도회선 송신전력}}{\text{피유도회선 송신단에 전달받은 전력}}$	$10\log\dfrac{\text{유도회선 송신전력}}{\text{피유도회선 송신단에 전달받은 전력}}$

❸ **원단누화(FEXT, Far End Cross-Talk)**

송신된 신호가 수신측 유도회선으로부터 수신측 다른 피유도회선에 영향을 주는 것으로 누화의 원인 소스와 듣는 사람이, 서로 다른 끝단에 있는 경우를 의미하며 일반적으로, 근단누화 특성이 원단누화 특성보다 더 많은 영향을 미친다.

정답 01 ① 02 ③ 03 ③ 04 ④ 05 ②

01 동축케이블 간에는 근단누화와 원단누화가 발생할 수 있다. 반송주파수만을 사용하는 시외전화선의 길이가 무한히 길어진다고 가정했을 때 이들 간의 관계가 맞는 것은? (2017-1차)

① 근단누화 < 원단누화
② 근단누화 > 원단누화
③ 근단누화 = 원단누화
④ 상황에 따라서 근단누화가 크거나 원단누화가 크다.

해설
동축케이블의 누화 특성은 주파수가 낮을수록 나빠져서 60[Hz] 이하에서는 사용하지 않으며 보통 원단누화가 근단누화 보다 많이 발생한다.

02 평형회선은 회선 상호 간 방송통신콘텐츠의 내용이 혼입되지 아니하도록 두 회선 사이의 근단누화 또는 원단누화의 감쇠량은 얼마 이상이어야 하는가? (2010-3차)(2014-3차)(2020-2차)

① 62데시벨 ② 65데시벨
③ 68데시벨 ④ 72데시벨

해설
방송통신설비의 기술기준에 관한 규정 제13조(누화)
평형회선은 회선 상호 간 방송통신콘텐츠의 내용이 혼입되지 아니하도록 두 회선사이의 근단누화 또는 원단누화의 감쇠량은 68데시벨 이상이어야 한다.

03 평형회선에서 두 회선 사이의 근단누화 또는 원단누화 감쇠량은 몇 데시벨[dB] 이상이어야 하는가? (2011-1차)

① 48 ② 55
③ 68 ④ 78

해설
방송통신설비의 기술기준에 관한 규정 제13조(누화)
평형회선은 회선 상호 간 방송통신콘텐츠의 내용이 혼입되지 아니하도록 두 회선사이의 근단누화 또는 원단누화의 감쇠량은 68데시벨 이상이어야 한다.

04 다음 중 페란티(Ferranti) 현상에 대한 설명으로 적합한 것은? (2011-1차)

① 전화선의 누화현상을 말한다.
② 장하 케이블에서 발생하는 현상이다.
③ 전송로의 특성 임피던스가 클 때, 발생하는 현상이다.
④ 수단이 개방된 선로에서 수단전압이 송단전압보다 커지는 현상을 말한다.

해설
진상전류와 선로의 자기 인덕턴스에 의한 기전력 때문에 수전단의 전압은 송전단의 전압보다 높아지며, 이러한 현상을 페란티(Ferranti) 현상이라 한다.

기전력(Electromotive Force)
단위전하 당 한 일로서 낮은 퍼텐셜에서 높은 퍼텐셜로 단위전하를 이동시키는 데 필요한 일이다. 기전력의 SI 단위는 J/C이며 볼트와 같다. 기전력은 전위차와 마찬가지로 볼트(V)라는 단위로 측정한다. 영문 약어로 emf로 표기하며, Battary와 같은 전원에 의해 생성되는 전위차를 의미한다. 간단한 의미로 도체 양끝단에서 일정한 전위차를 유지시키는 능력이다.

05 데이터 전송 시 서로 다른 전송 선로상의 신호가 정전 결합, 전자 결합 등 전기적 결합에 의하여 다른 회선에 영향을 주는 현상은? (2022-2차)

① 왜곡(Distortion)
② 누화(Crosstalk)
③ 잡음(Noise)
④ 지터(Jitter)

해설
② 누화(Crosstalk): 인접 전선의 영향으로 다른 신호와 상호 작용함
① 왜곡(Distortion): 전송 매체 특성에 따라 형태나 파형이 바뀜
③ 잡음(Noise): 보내려는 신호 이외의 신호가 들어옴
④ 지터(Jitter): 원신호 대비 도달 신호 간격이 벌어지는 현상

기출유형 26 ▶ 왜곡(Distortion)

다음 중 전송로의 동적 불완전성 원인으로 발생하는 에러로 알맞은 것은? (2015-3차)(2020-2차)(2022-3차)

① 지연 왜곡
② 에코
③ 손실
④ 주파수 편이

해설

문제를 기준으로 동적인가 정적인가를 먼저 판단해야 한다. 지연왜곡, 손실, 주파수 편이는 신호 특성에 포함된 정적왜곡이라 할 수 있다.

① 지연왜곡(Delay Distortion): 원래의 신호가 다른 형태로 일그러지는 현상이다.
② 반향(Echo): 소리 등이 되돌아오는 현상으로 전화에서는 송수화자의 음성이 되돌아와 들리는 현상이다.
③ 손실(Loss): 신호 전력 일부가 출력(수신)단에 도달하지 못하는 것이다.
④ 주파수 편이(Frequency Deviation): 주파수 변조에서 변조 입력 신호가 가해졌을 때 그 진폭에 비례하여 피변조파의 주파수가 중심 주파수(반송파)에서 벗어나는 양이다.

| 정답 | ②

족집게 과외

선형 왜곡	새로운 주파수가 추가되지 않은 진폭 또는 위상의 변화로 정의된다.
비선형 왜곡	새로운 주파수 성분이 생성될 때 발생한다. 비선형 왜곡은 보통의 "왜곡"을 의미합니다.

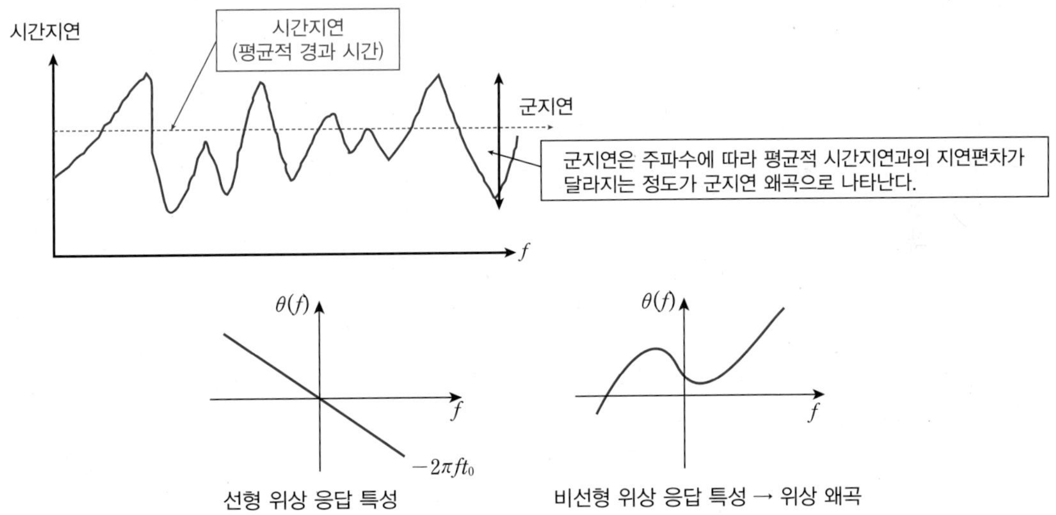

선형 위상 응답 특성

비선형 위상 응답 특성 → 위상 왜곡

더 알아보기

이상적인 무왜곡 전송은 주파수 응답 특성이 '상수이득' 및 '선형위상'이어야 한다. 위상왜곡이 없으려면 전송되는 신호의 모든 주파수 성분들에 대하여 시간 지연(t)을 '동일하게' 유지하여야 한다. 즉, 주파수에 따른 위상편이 $\theta(f)$가 주파수에 선형 함수가 되어야 한다. 선형 왜곡은 새로운 주파수가 추가되지 않는 진폭이나 위상의 변화에 의한 것이고 비선형 왜곡은 새로운 주파수 성분이 추가되는 것으로 발생한다. 우리가 평상시 언급하는 왜곡은 비선형 왜곡에 해당된다.

❶ 왜곡(Distortion)

왜곡은 신호 또는 파형이 시스템을 통과할 때 원치 않는 변경이 발생하는 것이다. 신호 처리 및 통신 시스템에서 왜곡은 노이즈, 간섭 및 시스템 구성 요소의 비선형성을 포함한 다양한 이유로 인해 발생할 수 있다. 왜곡은 신호의 진폭, 주파수, 위상 또는 모양에 영향을 미칠 수 있으며 전송되거나 수신된 신호에 오류와 부정확성을 초래할 수 있다. 예를 들어 오디오 시스템에서 왜곡되면 신호의 음색, 고조파 콘텐츠 또는 동적 범위가 변경되어 신호가 왜곡될 수 있다.

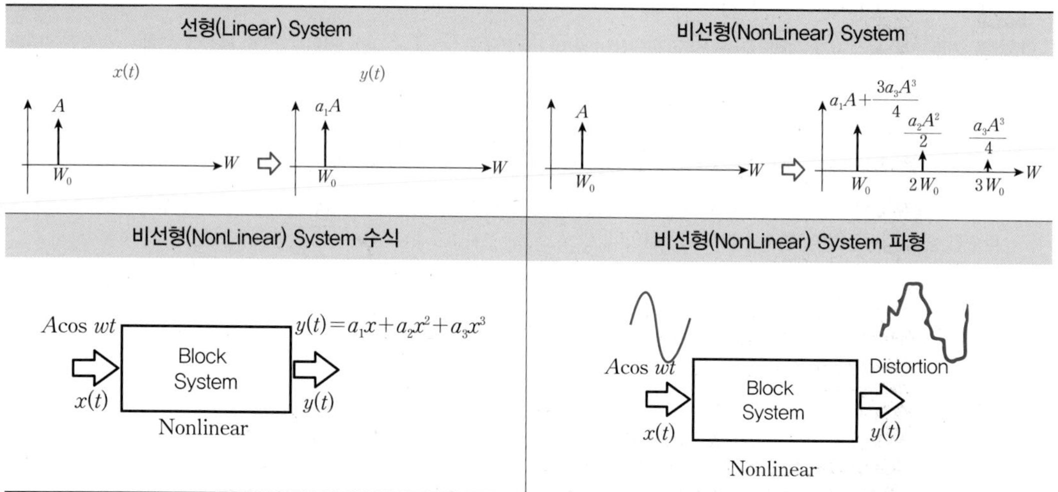

신호 처리 및 통신 시스템의 일반적인 왜곡 유형은 다음과 같다.

구분	내용
진폭 왜곡	신호의 진폭이 변경되어 모양이나 엔벨로프(Envelope)가 변경될 때 발생
주파수 왜곡	신호의 주파수 성분이 변경되어 스펙트럼 내용 또는 고조파 구조가 변경될 때 발생
위상 왜곡	신호의 서로 다른 주파수 성분 간의 위상 관계가 변경되어 파형이 변경될 때 발생
비선형 왜곡	시스템의 응답이 비선형적이어서 입력 신호와 출력 신호 간의 관계가 변경되는 경우에 발생

주요 왜곡은 신호 파형이 찌그러지는 것으로 신호의 진폭 및 위상 스펙트럼이 원신호 스펙트럼으로부터 변화하는 것으로 신호 파형이 주파수에 의존하며 변하면서 파형 찌그러져서 원치 않는 신호가 발생하는 현상이다. 이를 주파수 의존성 왜곡(Frequency-dependent Distortion)이라 하며 주요 원인은 "대역제한 채널" 및 "주파수 간섭원" 등에 의해 많이 발생한다.

❷ 왜곡의 특징

- 신호가 있어야만 왜곡도 있으므로 왜곡은 항상 존재하는 간섭, 잡음 등과는 달리 신호가 사라지면 왜곡도 사라지게 된다.
- 비선형적 입출력 채널 특성에 기인하며 왜곡의 대부분이 비선형적 입출력 전달(채널) 특성에 기인한다.
- 진폭변호(AM)와 위상변조(FM) 방식의 조합이다.
- 펄스 파형이 분산(넓어짐) 되는 것으로 디지털 신호 전송에서의 왜곡은 신호 파형의 분산(Dispersion) 또는 찌그러짐 등이 해당된다. 왜곡은 등화, 필터링 및 압축과 같은 다양한 신호 처리 기술을 통해 왜곡을 최소화하거나 수정할 수 있다. 통신 시스템에서 왜곡은 오류 수정 코딩, 균등화 및 적응 필터링과 같은 기술을 통해 완화될 수도 있다.

❸ 왜곡의 종류

선형 왜곡 (Linear Distortion)	개념	입력 신호에 존재하는 주파수 성분별로 각각 다른 효과를 주어 야기되는 왜곡
	진폭 왜곡	주파수 성분에 따른 진폭 이득이 일정치 못하여 나타나는 왜곡
	위상 왜곡 (지연 왜곡)	주파수 성분마다 다른 시간지연으로 나타나는 왜곡
	군지연 왜곡	2개 이상의 주파수 성분이 겪는 왜곡
	위상지연 왜곡	1개 주파수 성분이 겪는 왜곡
비선형 왜곡 (Nonlinear Distortion)	개념	입력 신호에 존재하지 않는 주파수 성분에 의한 왜곡으로 주파수 왜곡(Frequency Distortion)이라고도 함
	고조파 왜곡	기본 주파수 성분의 배수가 되는 고조파로 인해서 겪는 왜곡
	혼변조 왜곡	입력 주파수 성분의 합과 차 성분으로 인해서 겪는 왜곡

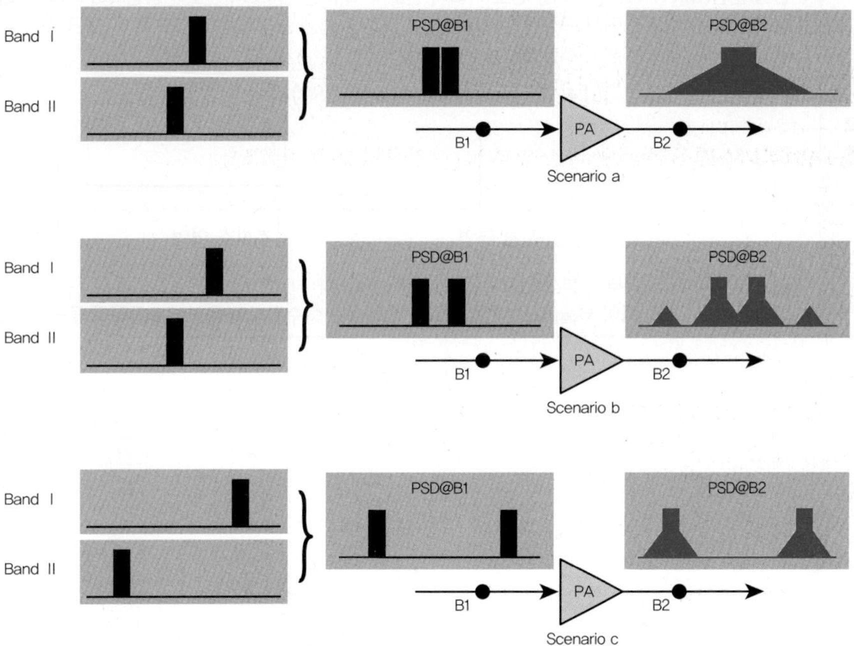

위 그림은 시나리오별 비선형(Nonlinear) Distortion에 대한 예이다. Band Ⅰ과 Band Ⅱ가 PA(Pre Amplifier)를 통과하기 전의 B1단과 통과한 후의 B2단에 대한 PSD(Power Spectrum Density)에 대한 차이를 볼 수 있다. 즉 고주파나 혼변조 왜곡은 비선형(Nonlinear) Distortion이 되는 것이다.

❹ 정적왜곡 vs 동적왜곡

정적왜곡 (정상열화 요인)	• 지연왜곡(Delay Distortion) : 원래의 신호가 다른 형태로 일그러지는 현상이다. • 선로 손실(Loss): 신호 전력 일부가 출력(수신)단에 도달하지 못하는 것이다. • 주파수편이(Frequency Deviation): 주파수 변조에서 변조 입력 신호가 가해졌을 때 그 진폭에 비례하여 피변조파의 주파수가 중심 주파수(반송파)에서 벗어나는 양이다. • 감쇄(진폭) 왜곡(Attenuation Distortion): 여러 주파수 성분을 포함하는 신호가 전송될 때, 전송로의 특성상 각 주파수 성분에 따라 신호세력의 크기가 다르게 감쇠되어 나타나는 현상이다. 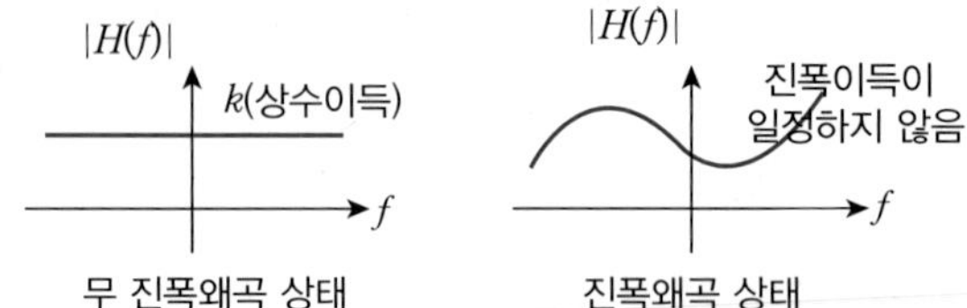 감쇠(진폭) 왜곡은 일반적으로 높은 주파수 대역에서 더 많이 나타나며 통화품질에 많은 영향을 준다.
동적왜곡 (우연적 왜곡)	• 간섭/혼신(Interference): 희망 신호 이외의 신호가 외부 방해파로서 신호에 중첩되어 나타난 교란현상이다. • 충격성 잡음: 채널 상에서 규정된 한계레벨을 초과하는 순간 충격 잡음 파형으로 비연속적이고 불규칙적인 진폭을 가지며 다소 큰 세기로 발생하는 잡음이다. 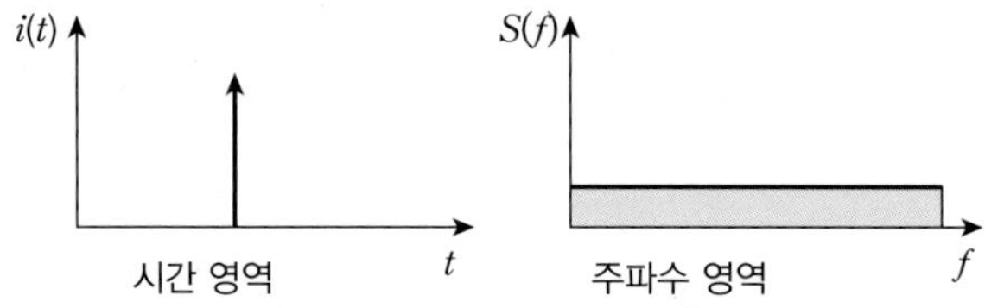 • 선로의 일시 고장: 내부 외부 요인으로 선로 장애 상태이다. • 반향(Echo): 소리 등이 되돌아오는 현상으로 전화에서는 송수화자의 음성이 되돌아와 들리는 현상이다.

정답 01 ③ 02 ④ 03 ① 04 ①

01 다음 중 상호변조왜곡 방지 대책으로 가장 적합한 것은? (2012-3차)(2019-3차)(2022-1차)

① 입력 신호의 레벨을 높인다.
② 전송시스템에 FDM 방식을 사용한다.
③ 송수신 장치를 선형영역에서 동작시킨다.
④ 필터를 이용하여 통과대역 내의 신호를 걸러낸다.

해설

IMD(Inter-Modulation Distortion, 상호변조왜곡)

개념	비선형 소자를 통한 RF 신호처리 과정에서 두 개의 다른 입력 주파수 신호의 Harmonic 주파수들끼리의 합과 차로 조합된 출력주파수 성분이 나오는 현상으로 2개 이상의 주파수가 서로 간섭하여 불필요한 주파수 성분이 증폭기 출력에 나타나는 현상
극복 방안	• 증폭기 선형화 기술(송수신 장치를 선형영역에서 동작시킴) • Harmonic Termination(하모닉 주파수 제거) • 신호를 예측하여 상쇄시키는 Feedforward 방식 • 앰프 출력을 피드백시켜 상쇄시키는 Feedback 방식 • Pre-Distortor 방식 • 송수신 장치를 선형영역에서 동작시킴

02 전송로의 정적인 불완전성은 시스템의 특성에 의해 발생되는 왜곡인데 이와 관계가 없는 것은? (2012-3차)(2017-3차)(2019-1차)

① 진폭 감쇠 왜곡 ② 지연 왜곡
③ 특성 왜곡 ④ 대칭 왜곡

해설

대칭 왜곡은 별도로 없다.

정적 왜곡

- 지연왜곡(Delay Distortion)
- 선로 손실(Loss)
- 주파수 편이(Frequency Deviation)
- 감쇄(진폭) 왜곡(Attenuation Distortion)

03 다음 중 전송특성 열화 요인에서 정상 열화 요인에 속하지 않는 것은? (2016-1차)(2023-1차)

① 위상 히트
② 군지연 왜곡
③ 주파수 편차
④ 고주파 왜곡

해설

① 위상 히트: 전송된 반송파의 위상이 갑자기 이동하는 현상이다. 연속적 위상변화는 위상지터이고 불연속적 위상변화를 위상 히트라 한다.

유무선 채널 상의 여러 제한적 특성(열화요인)

구분	열화요인	대책
유선	잡음, 간섭, 왜곡(군지연, 고조파), 주파수 편차, 위상지터, 반향(Echo), 누화	등화기, 정합필터사용, 임피던스 매칭 등
무선	경로손실, 페이딩, 음영지역, 간섭, 잡음	다이버시티, 스마트 안테나, 전력제어 등
광선	구조손실, 재료손실, 회선손실, 분산	NZ-DSF, 분산보상, Dual Phase 변조 등

04 다음 중 선로의 전송특성 열화 요인에서 정상열화요인이 아닌 것은? (2016-1차)

① 펄스성 잡음
② 위상 지터
③ 반향
④ 누화

해설

① 펄스성 잡음: 충격적 잡음. 공전이나 자동차의 점화 플러그에서 발생하는 점화 잡음 등이 있다.

05 **전송 에러 발생의 주요 요인에 속하지 않는 것은?** (2010-2차)(2011-3차)

① 잡음　　② 감쇠 왜곡
③ 선형 왜곡　　④ 지연 왜곡

해설

③ 선형 왜곡은 새로운 주파수가 추가되지 않은 진폭 또는 위상의 변화이다.
비선형 왜곡은 새로운 주파수 성분이 생성될 때 발생하는 것으로 비선형 왜곡을 일반적으로 "왜곡"을 의미한다. 선형 왜곡은 전송 에러 발생의 주요 요인과는 무관하다.

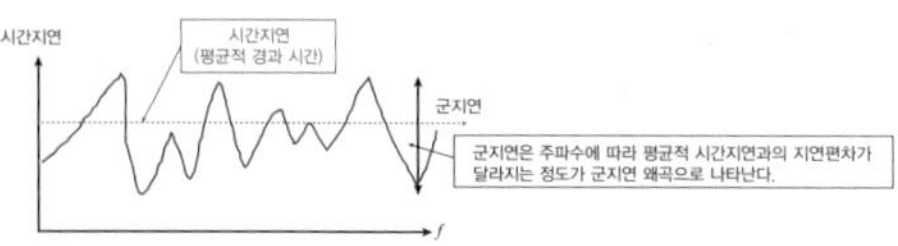

감쇄(진폭) 왜곡	Attenuation Distortion, 여러 주파수 성분을 포함하는 신호가 전송될 때, 전송로의 특성상 각 주파수 성분에 따라 신호세기의 크기가 다르게 감쇠되어 나타나는 현상이다.
지연왜곡	신호의 모든 주파수 성분 각각에서의 '시간 지연'이 일정하지 못함을 의미한다. 신호가 통신 채널을 거치면서 각 주파수 성분이 서로 다른 '시간지연'을 겪게되는 현상이다.

06 **다음 중 DATA 전송 시 진폭감쇠나 전송지연에 의한 왜곡을 보완하여 주기 위한 것은?** (2010-3차)

① 등화기
② 여파기
③ 평활회로
④ 분파회로

해설

등화기는 신호의 증폭이나 전송 과정에서 생기는 변형을 보정하기 위하여 증폭이나 전송로에 삽입하고 그 특성을 종합하여 균일화하는 기능을 갖게 한 장치이다.

07 **다음 중 누화, 잡음, 왜곡 등의 발생률이 낮고 전송 특성의 질이 저하된 선로에 적합한 다중화 방식은?** (2010-3차)

① AM 주파수분할 다중화
② FM 주파수분할 다중화
③ PCM 시분할 다중화
④ PM 주파수분할 다중화

해설

PCM에서 음성정보는 8KHz로 표본화된 후, 8비트의 PCM으로 부호화되어 전송된다. Sampling 되어 부호화될 때까지는 125㎲의 시간이 소요되며 PCM 다중화는 Digital 방식으로 Analog 변조보다 누화, 잡음, 왜곡 등에 대한 발생률이 현저히 낮아진다.

08 **다음 중 에러 발생이 전송로의 우연적인 왜곡(동적인 불완전성)에 의한 원인이 아니고, 시스템적인 왜곡(정적인 불완전성)이 원인인 것은?** (2010-2차)(2011-3차)

① 혼선
② 충격성 잡음
③ 선로 손실
④ 선로의 일시고장

해설

정적 왜곡	• 지연왜곡(Delay Distortion) • 선로 손실(Loss) • 주파수 편이(Frequency Deviation)
동적 왜곡	• 간섭/혼신(Interference) • 충격성 잡음 • 선로의 일시고장 • 반향(Echo)

기출유형 27 ▶ Jitter, SLIP

다음 중 지터에 대한 설명으로 적합하지 않은 것은? (2011-3차)

① 타이밍 편차 또는 지터 잡음이라 한다.
② 펄스열이 왜곡되어 타이밍 펄스가 흔들려서 발생한다.
③ 타이밍회로의 동조가 부정확하여 발생한다.
④ 일정 구간마다 재생중계기에 의해 제거되므로 누적되지 않는 잡음이다.

해설

지터는 시간의 이상적인 위치에 대하여 짧은 시간에 나타나는 신호의 차이이다. 지터는 신호의 주기, 주파수, 위상, 듀티 사이클, 또는 다른 타이밍 특성 등의 불안정성을 나타내며, 펄스와 펄스, 연속적으로 이어지는 펄스 또는 긴 시간 동안의 변화를 측정하는 분야에서는 지터가 주로 사용된다.

| 정답 | ④

족집게 과외

손상 요인	대책(극복방안)
감쇄	감쇄가 있는 경우 전송 선로 중간에 리피터를 사용. 전송거리를 최소화, 광선로 사용, 감쇄보상회로 등을 이용해서 감쇄를 극복한다.
왜곡	신호를 크게 증폭해서 전송, 전파경로의 외적인 요인을 제거한다.
지연왜곡	레이크 수신기 또는 다이버시티 기술을 이용해서 지연왜곡을 보상한다.
잡음	백색잡음은 제거가 불가능 하다. 보통 신호크기를 증폭해서 전송함으로써 신호는 크게 할 수 있으나 잡음도 상대적으로 커진다. 이를 방지하기 위해 중간에 리피터를 사용해서 재생중계를 하거나 에러발생시 재전송을 하거나 에러정정기능을 사용한다.
간섭	주파수 재배치로 주파수 간 간섭 요인 제거, 스마트 안테나 기술 등을 이용해 간섭제거, OFDM 방식의 경우 Guard Interval 삽입하여 심볼간 간섭을 방지한다.
누화	유선 선로에서 많이 발생되는 잡음으로 Twisted Pair 케이블 사용하거나 시험 접속을 통해 케이블 간 누화를 제거한다(Cat6, Cat7 등 고가인 Cable을 사용).

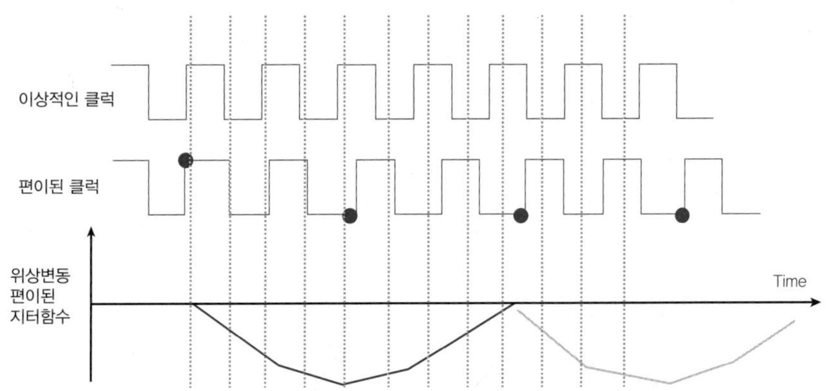

더 알아보기

Jitter 특징
- 지터는 타이밍 편차에 의한 잡음이다.
- 일정 구간마다 재생중계기에 의해 지터 잡음이 누적된다.
- 펄스열이 왜곡되어 타이밍 펄스가 흔들려서 발생한다.
- 타이밍회로의 동조가 부정확하여 발생한다.

❶ 지터(Jitter, ITU-T G.810)

㉠ 지터는 시간이 지남에 따라 신호 또는 클럭의 타이밍에 의해 원래 신호 대비 시간 편차가 발생하는 것으로 디지털 통신 시스템에서 발생할 수 있는 왜곡의 유형으로 데이터 전송의 정확성과 신뢰성에 영향을 미칠 수 있다. 지터는 노이즈, 간섭, 클럭 주파수의 변화 또는 통신 채널을 통한 신호의 전파 지연의 변화와 같은 다양한 요인으로 인해 발생할 수 있으며 전송된 데이터에 오류와 불일치를 발생시킬 수 있어서 수신측에서 클럭을 동기화하는 것을 어렵게 만들 수 있다.

㉡ 지터는 일반적으로 RMS(Root Means Square) 값 또는 피크 대 피크 값으로 측정된다. RMS 지터는 시간 경과에 따른 신호의 평균 변동이며, 피크 대 피크 지터는 시간 경과에 따른 신호의 최대 변동이 된다.

㉢ 디지털 통신 시스템에서 지터의 영향을 완화하기 위해 다양한 기술이 사용될 수 있다. 예로서, 클럭 복구 회로를 사용하여 수신측 클럭과 송신측 클럭을 동기화할 수 있으며 지터 버퍼 회로는 패킷 도착 시간의 변화를 완화하기 위해 수신 데이터 패킷을 일시적으로 저장하고 시간을 재설정하는 데 사용할 수 있으며 오류 수정 코딩 및 인터리빙을 사용하여 지터가 존재하는 경우 데이터 전송의 신뢰성을 향상시킬 수도 있다. 요약하면, 지터는 신호의 주기, 주파수, 위상, Duty Cycle, 또는 다른 타이밍 특성 등의 불안정성을 나타내며 주로 디지털 펄스 신호 파형이 시간축상으로 흐트러지는 현상으로 타이밍상의 편차를 지칭한다(Timing Jitter).

❷ 지터 및 원더 차이

지터(Jitter)	진폭과 주파수를 갖는 10Hz 이상의 단기적인 위상변동이다.
원더(Wander)	10Hz 미만의 장기적인 위상변동(long-term Variation)을 측정하는 것이다.

❸ TIE(Time Interval Error)

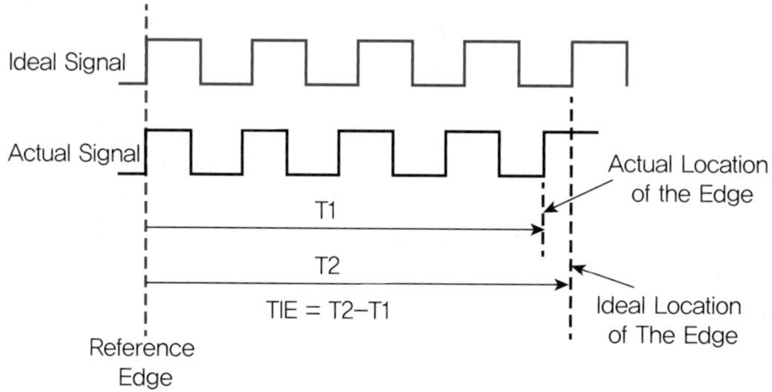

TIE는 이상적인 클럭 에지의 위치와 측정 대상 클럭 사이의 시간차이다. 기본적으로, TIE는 신호의 순간적인 위상 차이다. 기준 신호는 표준에서 정한 통신 속도 또는 사용자가 정의한 값으로 선택할 수 있으며 TIE는 측정된 시간 또는 UI(Unit Interval)로 표기되며 UI는 주어진 주파수 한 싸이클을 이루는 시간으로 한 주기가 1[UI]가 된다.

정답 01 ① 02 ④ 03 ② 04 ④

01 다음 중 전송특성 열화 요인에서 정상 열화 요인에 속하지 않는 것은? (2016-1차)

① 위상 히트 ② 군지연 왜곡
③ 주파수 편차 ④ 고주파 왜곡

해설
- 위상히트: 위상의 일시적 변화
- 위상변화: 연속적 위상 변화
- 위상지터: 불연속적 위상 변화

02 전용회선의 전송특성 열화 요인 중 정상 열화 요인에 속하지 않는 것은? (2011-3차)

① 누화 ② 위상지터
③ 랜덤잡음 ④ 진폭히트

해설
전송 특성 열화요인은 감쇄, 왜곡, 지연왜곡, 잡음, 간섭, 누화가 해당된다.

전송손상 극복 방법
- H−ARQ(FEC+ARQ): 두 가지 기술을 모두 적용하여 수신 에러 발생 시 데이터 복구능력을 향상시킨다.
- OFDM의 Cycle Prefix와 Guard Interval 기술을 이용하여 ISI, ICI를 최소화한다.
- MIMO 안테나를 이용해서 채널이득을 향상시킬 수도 있고, 빔포빙 기술을 적용하여 셀 내, 셀 간 간섭을 최소화한다.

03 다음 중 전송로의 품질을 떨어뜨리는 비정상적인 요인으로 맞지 않는 것은? (2017-2차)

① 펄스성 잡음 ② 주파수 편차
③ 순간적 단절 ④ 진폭 및 위상 히트

해설
주파수 허용편차
기준 주파수와 실제 발사된 주파수 간에 어느 정도 허용되는 일정 한도의 편차이다. 무선국 등에 지정되는 주파수와 실제로 발사된 주파수 간에 일치하는 것이 이상적이나 기술적으로 곤란하여 어느 정도 허용되는 일정 한도의 편차를 의미한다.

04 디지털 통신망에서 발생하는 Slip에 대한 설명으로 틀린 것은? (2012-3차)(2014-1차)(2022-1차)

① 일종의 버퍼인 ES의 오버플로우나 언더플로우에 의한 데이터 손실을 Slip이라고 한다.
② Slip이 제어되지 않으면 프레임 동기 손실을 유발한다.
③ 1프레임 단위로 발생하는 Slip을 Controlled Slip이라 한다.
④ Slip을 방지하는 방법으로 SSB 방법을 사용한다.

해설
슬립(Slip)
정보 비트의 탈락, 소실, 손상되는 것으로 디지털 신호의 한 비트 또는 여러 연속 비트들이 손실되거나 중복되는 현상이다. SLIP은 수신 신호로부터 클럭과 시스템 내부 클럭 간 1개 프레임 비트 이상 차이가 발생했을 때 Elastic Buffer 출력의 1개 프레임에 해당하는 데이터를 2중으로 출력되거나 1개의 프레임이 없어지는 현상이다. 동기 버퍼에서 Underflow나 Overflow에 의한 슬립(SLIP)이 발생한다.

제어 슬립(Controlled Slip)
교환기에 입출입하는 모든 신호 및 교환기 동작율은 동기화되거나 최소한의 주파수에 근접해야 한다. 이는 주파수의 편차가 크지 않아야 함을 의미하나 상이한 클럭이 인가되어 망에서 장치고장 등으로 동기를 상실 한 경우가 있다. 이때에도, 각 디지털 스트림이 프레임 동기(Frame Alignment) 신호에 연결되어 있기 때문에 교환기는 여전히 어떤 비트가 어떤 채널에 속하는지 확인이 가능하다. 여기에서 1프레임 단위로 발생하는 Slip을 Controlled Slip이라 한다. SLIP를 예방하기 위해서는 원자시계를 사용하는 방법과 교환기 내부에 PLL회로를 사용해서 동기화 하는 방법이 있다.

SSB(Single Side Band)는 진폭변조(AM)된 신호를 푸리에 변환하여 주파수 영역에서 살펴보면 반송파 주파수만큼 상하로 주파수 천이된 똑같은 형태의 상 측파대와 하 측파대가 생성된다. 그러나 SSB 방식은, 스펙트럼상에서 상 측파대 또는 하 측파대 중 1개 측파대만을 전송하는 방식이다.

기출유형 28 ▶ 잡음레벨(Noise Level)

중계케이블의 통화전압이 55[V]이고 잡음전압이 0.055[V]이면 잡음레벨[dB]은?

(2012-2차)(2014-3차)(2015-2차)(2017-3차)(2023-2차)

① 44[dB]

② 50[dB]

③ 55[dB]

④ 60[dB]

해설

$$SNR[dB]=10\log_{10}\frac{S(\text{평균신호전력})}{N(\text{평균잡음전력})}=10\log_{10}\frac{P_{output}}{P_{input}}=20\log_{10}\frac{V_s(\text{신호전압})}{V_n(\text{잡음전압})}$$

이므로 $20\log\frac{55}{0.055}[dB]=20\log 10^3[dB]=60[dB]$

| 정답 | ④

족집게 과외

SNR[dB] = 신호[dB] − 잡음[dB]

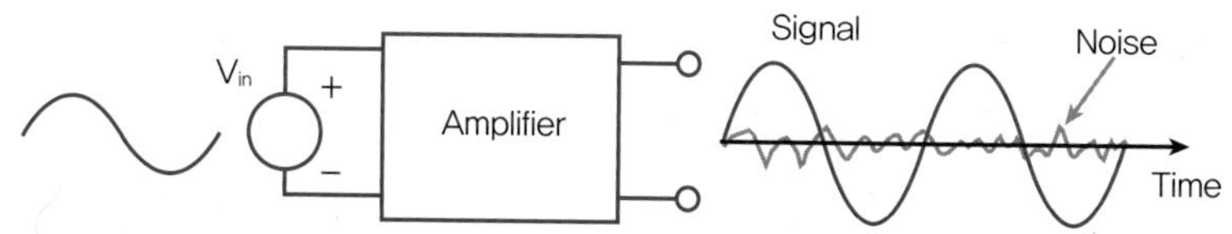

[증폭이 되면서 출력에 잡음도 추가된다]

어떤 신호도 원하는 신호크기로 증폭이 될 수 있지만, 원하는 신호와 잡음 모두가 증폭된다. 라디오에서는 입력 신호가 없을 경우 공중에서 들어온 노이즈로 인해 출력 쪽에 잡음이 발생하게 된다. 이 잡음이 증폭기를 통해 증폭되면 듣기 싫은 소음을 만들어낸다. 따라서 입력 신호가 없을 때에는 자동으로 출력을 차단하여 소음을 줄여 줄 필요가 있으며 이것을 라디오에서는 스켈치회로가 담당하는 것이다.

더 알아보기

PSD(Power Spectral Density, Power Spectrum Density) 전력 스펙트럼 밀도

주파수 스펙트럼(주파수 영역) 상의 전력 표현으로 신호 주파수에 따른 전력 밀도의 분포이다. PSD는 연속 스펙트럼에 사용하는 척도로서 지정된 주파수 대역에서 PSD를 적분하면 해당 주파수 대역의 신호에 대한 평균 전력이 계산된다. 신호 대 잡음비(SNR, $\frac{S}{N}$)는 다음과 같이 정의된다.

$$SNR=\frac{P_s}{P_n}$$, (P_s: **신호의 전력**, P_n: **잡음의 전력**)

신호의 전력 대비 잡음 전력의 세기를 비교함으로써 상대적인 신호 전력 크기를 나타내기 위함이다. 이는 통신 시스템의 성능이 절대적인 신호 전력이 아닌 노이즈 전력 대비 신호의 전력으로 결정되기 때문이다. 통신 시스템의 성능에는 최대 달성 용량인 채널 용량, 신뢰성을 나타내는 오류율 그리고 얼마나 자연스럽게 전달되는지에 대한 지연율 등이 있다.

❶ $\frac{S}{N}$ 또는 신호 대 잡음비(SNR)

㉠ 신호 대 잡음비(SNR)는 통신 시스템 또는 측정의 배경 잡음 수준과 관련하여 원하는 신호 수준을 정량화하는 데 사용되는 측정값이다. 신호(Signal)의 전력 또는 강도와 원하지 않는 배경 잡음(Noise)의 전력 또는 강도를 비교한 것으로 일반적으로 SNR이 높을수록 신호가 노이즈에 비해 강하므로 더 나은 품질의 신호를 나타낸다. SNR은 일반적으로 두 신호의 세기를 비교하는 로그 단위인 데시벨(dB)로 표시된다. 데시벨 단위인 SNR 공식은 아래와 같다.

$$SNR(dB) = 10\log_{10}\left(\frac{\text{신호전력}}{\text{잡음}(Noise)\text{전력}}\right)$$

이 공식에서 신호 전력은 원하는 신호의 전력을 나타내고 노이즈 전력은 배경 노이즈의 전력을 나타낸다. 신호 전력과 노이즈 전력은 일반적으로 와트 또는 볼트 제곱으로 측정된다. SNR 값이 높으면 신호가 노이즈와 더 잘 구별되어 수신 상태가 개선되고 통신이 명확해지거나 측정이 더 정확해진다. 실제 응용 분야에서는 오류를 최소화하고 시스템의 전반적인 성능을 향상시키기 위해 더 높은 SNR이 필요하다. 단위는 dB를 사용하며 통신 시스템의 성능은 절대적인 신호 전력으로 산출되는 것이 아니라, 노이즈 전력대비 음성 신호의 전력으로 결정된다.

㉡ SNR이 높으면 우수하다는 것인데 그 이유는 '전체 신호에서 잡음이 차지하는 비중'이 아니라 '잡음이 잡힐 때 최종 신호가 얼마나 크냐'를 뜻하기 때문이다. 따라서 SNR 값이 양수(+)로 나온다면 소음보다 신호가 더 크기 때문에 음질이 좋다는 것이며 SNR 값이 음수(−)로 나온다면 신호보다 소음이 더 크다는 의미이다. 만약 SNR 값이 0이라면 신호와 노이즈의 수준이 같다는 것이며 실제로 신호가 50% 수준만 전달된다고 할 수 있다.

㉢ SNR은 신호 및 노이즈의 특성, 전송 매체, 전자 구성 요소 및 환경 조건과 같은 다양한 요인에 의해 영향을 받을 수 있다. 애플리케이션마다 각각의 요구사항과 제약조건에 따라 허용 가능한 SNR 수준에 대한 구체적인 요구 사항이 있을 수 있다.

❷ $\frac{S}{N}$ (SNR) 분석

20dB의 SNR 값을 가지는 파형이 10dB SNR 값을 가지는 파형에 비해 Original Signal에 훨씬 근접한다.

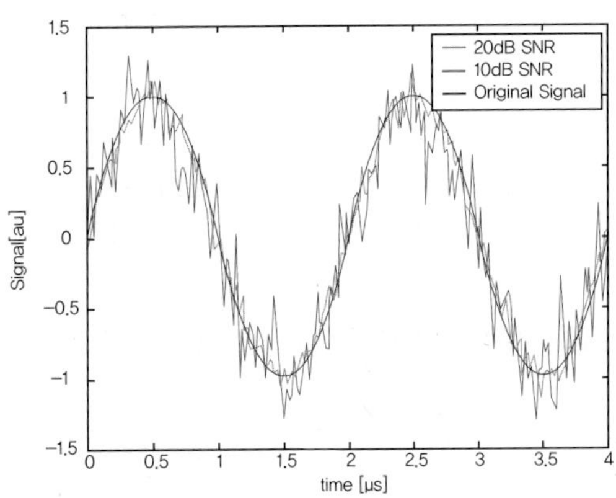

일반적으로 "음질이 좋다"라는 것은 'S/N가 높다 또는 크다'라는 의미이며 음질과 마찬가지로 화질에서도 유사하다. 들어오는 신호의 세기를 V_S라 하고 잡음을 V_n라 하면 신호 대 잡음비의 공식은 $\frac{S}{N} = 20\log_{10}(\frac{V_S}{V_N})$가 된다. 실제적으로는 전기적인 노이즈 외에도 다양한 노이즈가 추가적으로 발생되며 기기나 앰프에서 발생되는 화이트 노이즈, 완벽하게 차폐가 되지 않아 외부 소리가 유입되는 노이즈 등이 대표적이다. 이런 경우에는 총 SNR 값이 낮아지게 되어 음질이 떨어지게 된다.

정답 01 ② 02 ③ 03 ③ 04 ④

01 MODEM의 수신 입력단에서 최초 S/N 비가 25[dB] 필요하도록 −10[dB]이라고 할 때, 이 전송로의 허용되는 잡음레벨[dB]은? (2011-1차)

① −45
② −35
③ −25
④ −15

해설

신호 대 잡음비(Signal-to-Noise Ratio, SNR, $\frac{S}{N}$)

$$SNR[dB]=10\log\frac{S}{N}[dB]=10\log\frac{신호\ V^2}{잡음\ V^2}=20\log\frac{신호\ V_s}{잡음\ V_s}[dB]$$

dB로 계산하면 SNR[dB]=신호[dB]−잡음[dB]이므로 잡음[dB]=−10[dB]− 25[dB]=−35[dB]

02 통화 신호레벨이 −10[dB], 잡음레벨이 −55[dB]일 때 신호 대 잡음비(S/N)는? (2011-2차)

① −10[dB]
② −45[dB]
③ 45[dB]
④ 65[dB]

해설

SNR[dB] = 신호[dB] − 잡음[dB]
SNR[dB] = −10[dB] − (−55)[dB] = 45[dB]

03 신호전압과 잡음전압을 측정하였더니 각각 25[V]와 0.0025[V]이었다. 신호 대 잡음비(SNR)는 몇 [dB]인가? (2023-1차)

① 40[dB]
② 60[dB]
③ 80[dB]
④ 100[dB]

해설

$$SNR[dB]=10\log_{10}\frac{S(평균신호전력)}{N(평균잡음전력)}=10\log_{10}\frac{P_{output}}{P_{input}}=20\log_{10}\frac{V_s(신호전압)}{V_n(잡음전압)}$$

전력과 전압은 제곱에 비례하므로

$$SNR=20\log_{10}(\frac{25}{0.0025})=80[dB]$$

04 회선을 측정한 결과 통화신호의 세기 레벨이 −4[dBm]이고, 잡음세기의 레벨이 −50[dBm]일 때 S/N 비는? (2010-1차)

① 24[dB]
② 32[dB]
③ 42[dB]
④ 46[dB]

해설

$$SNR[dB]=10\log_{10}S-10\log_{10}N=-4[dBm]-(-50[dBm])=46[dB]$$

[참조]

1. dBm+dB=dBm
   (dB=dBm−dBm)
2. dBm+dBm=dBm
3. dB+dB=dB
4. dB+dBm=불가

(순서가 틀린계산으로 상대적 비율인 dB에 절대적인 값을 더할 수 없다)

기출유형 29 ▶ 패리티 검사(Parity Check)

다음 중 패리티 검사(Parity Check)를 하는 이유로 옳은 것은? (2014-3차)(2016-2차)(2018-1차)(2021-2차)

① 수신정보 내의 오류 검출
② 전송되는 부호의 용량 검사
③ 전송데이터의 처리량 측정
④ 통신 프로토콜의 성능 측정

해설

패리티 검사

정보 전달 과정 중 오류 발생 여부를 검사하기 위한 패리티 비트 기반의 역방향 오류 검출(BEC-Backward Error Correction) 기법이다.

| 정답 | ①

족집게 과외

짝수 Parity	Data에 '1'이 2n개 되도록 Parity Bit를 구성한다.
홀수 Parity	Data에 '1'이 2n-1개 되도록 Parity Bit를 구성한다.

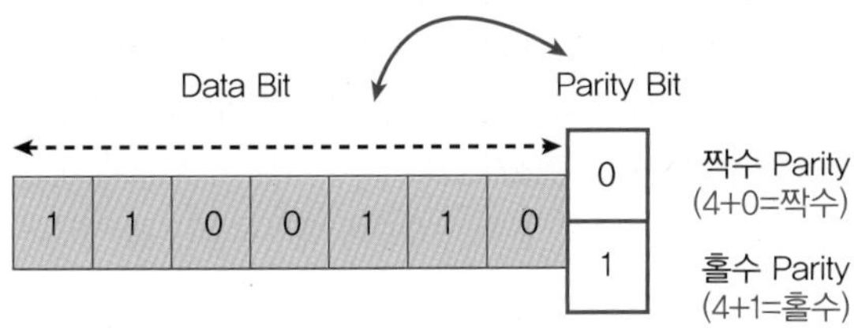

더 알아보기

패리티 비트는 실제 전송하고자 하는 데이터 외에 추가적으로 패리티 비트 하나를 추가하여 송수신을 하게 하는 방법으로 짝수 패리티(Even Parity)와 홀수 패리티(Odd Parity)가 있다.

짝수(Even) Parity	Data에 '1'이 2n개 되도록 Parity Bit를 구성한다. 실제 송신하고자 하는 데이터의 각 비트의 값 중에서 1의 개수가 짝수가 되도록 패리티 비트를 정하는 것이다.
홀수(Odd) Parity	Data에 '1'이 2n-1개 되도록 Parity Bit를 구성한다. 전체 비트에서 1의 개수가 홀수가 되도록 패리티 비트를 정하는 방법이다.

패리티 비트는 오류 발생 여부만 알 수 있고 오류를 수정할 수는 없다는 단점이 있다.

❶ 패리티 비트(Parity Bit)란

패리티 검사(Parity Check)는 디지털 통신 및 컴퓨터 메모리 시스템에서 전송 또는 저장된 데이터의 오류를 감지하는 데 사용되는 기술이다. 단순 패리티 검사에서 데이터 블록 또는 문자를 나타내는 이진 코드에 추가 비트가 추가된다. 패리티 비트라고 하는 이 추가 비트는 0 또는 1로 설정되어 데이터에 패리티 비트를 더한 총 1비트 수가 항상 짝수 또는 홀수가 된다.

데이터가 전송되거나 저장될 때 수신기 또는 메모리 시스템은 패리티 비트를 포함한 1비트의 총 개수가 짝수인지 홀수인지 확인한다. 잘못된 패리티인 경우(즉, 1비트의 수가 원래 있어야 할 값이 아님), 데이터 전송 또는 스토리지에서 오류가 발생한 것으로 가정한다.

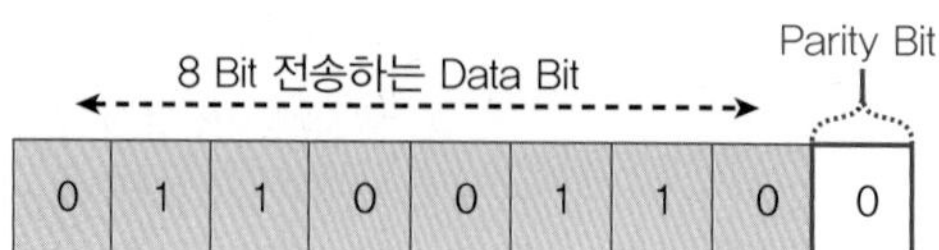

패리티 검사는 단일 비트 오류를 탐지할 수 있지만 수정할 수는 없다. 해밍 코드와 같은 고급 오류 수정 코드를 사용하여 데이터의 오류를 탐지하고 수정할 수 있다.

❷ 짝수 패리티(Even Parity)와 홀수 패리티(Odd Parity)

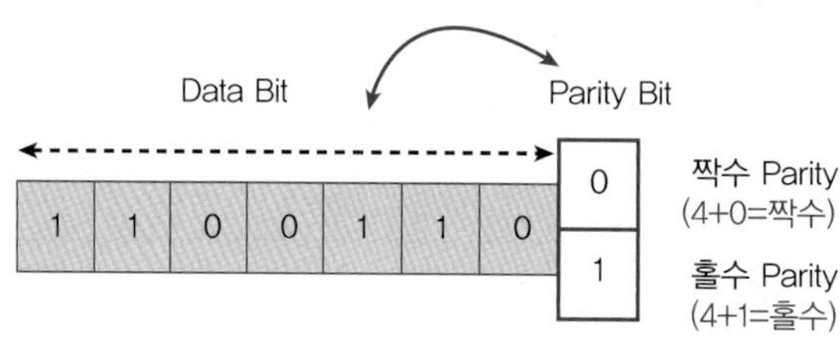

위의 그림과 같이 실제 전송하고자 하는 8 Bit Data에 추가적으로 붙게 되는 패리티 비트를 짝수 패리티로 설정할 것인지 혹은 홀수 패리티로 설정할 것인지에 따라서 붙게 되는 패리티 비트의 값이 달라지게 된다.

- 짝수(Even) 패리티는 데이터의 각 비트의 값 중에서 1의 개수가 짝수가 되도록 패리티 비트를 정하는 방법
- 홀수(Odd) 패리티는 전체 비트에서 1의 개수가 홀수가 되도록 패리티 비트를 정하는 방법

즉, 패리티 비트를 정하여 데이터를 보내면 받는 쪽에서는 수신된 데이터의 전체 비트를 계산하여 패리티 비트를 다시 계산함으로써 데이터 오류 발생 여부를 알 수 있다. 패리티 비트는 주로 시리얼 통신의 거리가 상당히 먼 경우에 적용이 되며, 송수신 거리가 짧을 경우에는 패리티 비트는 사용하지 않고, Checksum 데이터를 추가하는 방법으로 데이터의 오류 검출을 한다.

❸ 오류 검출 방식

㉠ 패리티 검사(Parity Check)

송신측에서 전송될 프레임에 패리티 비트를 추가하여 전송하고 수신측에서 수신된 문자의 비트와 패리티 비트를 합하여 1의 총계를 검토하는 방식이다.

짝수 패리티 검사	홀수 패리티 검사
1의 개수가 짝수인지 검토	1의 개수가 홀수인지 검토

㉡ 오류 비트가 2개인 경우는 오류 위치를 알기가 어려워서 검출이 불가능하다.

㉢ 수평 패리티 체크 방식: 행 단위로 체크

㉣ 수직 패리티 체크 방식: 열 단위로 체크

정답 01 ④ 02 ② 03 ① 04 ①

01 다음 중 Parity Bit에 대한 설명으로 틀린 것은? (2021-2차)

① 1 Bit의 에러를 검출하는 코드이다.
② 2 Bit 이상 에러가 발생하면 검출할 수 없다.
③ Parity Bit를 포함해서 '1'의 개수가 짝수 또는 홀수인지 검사한다.
④ '1'의 개수를 홀수 개로 하면 짝수 Parity, 짝수 개로 하면 홀수 Parity라 한다.

해설
④ '1'의 개수를 홀수 개로 하면 홀수 Parity, 짝수 개로 하면 짝수 Parity라 한다.

02 짝수 블록합 검사(Blocksum Check) 방식을 사용하는 데이터 전송에서 수신측에서 정확하게 수신했을 때 나오는 데이터 ###에 들어가야 할 비트는 어느 것인가? (2017-2차)(2017-3차)

	데이터 비트								패리티 비트
	1	0	1	0	1	0	1	0	0
	0	0	1	1	0	0	0	1	1
	1	0	0	1	1	0	0	1	0
	0	0	0	1	1	0	0	0	0
	1	1	1	1	1	0	0	1	0
블록합 검사	1	1	1	0	0	0	#	#	#

① 1 0 0
② 1 1 1
③ 0 1 0
④ 0 0 1

해설

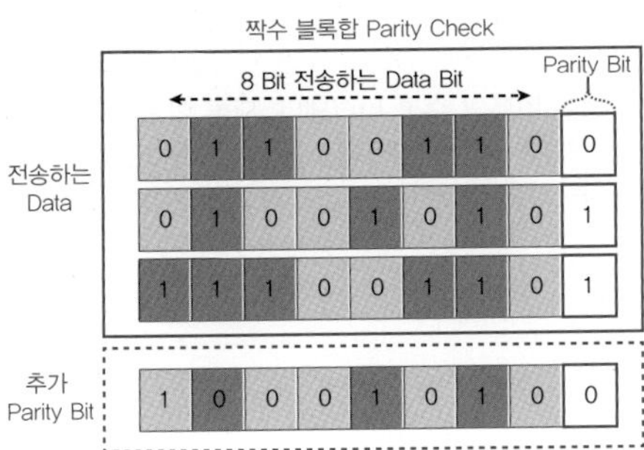

03 에러제어 방식 중에서 복수의 에러를 정정할 수 있는 것은? (2011-3차)

① BCH 부호
② ARQ 방식
③ BCD 부호
④ PARITY 부호

해설
BCH(Bose, Chaudhuri, Hocquenghem) 부호
BCH는 초기 발견자인 Bose, Chaudhuri, Hocquenghem 3인의 머리글자를 딴 것(1959~1960년경)으로 선형 순회 블록 코드의 일종이며 리드 솔로몬 부호처럼 선형 순회 블록 부호로서 생성 다항식에 의해 정의된다.

BCH 부호의 특징

구분	내용
단순	상대적으로 덜 복잡한 구현이 가능하다.
용이성	부호화, 복호화가 쉽고 매우 효율적인 복호화가 가능하다.
오류정정 능력	연집오류에 대한 오류정정능력이 매우 우수하며 다중 랜덤 오류 비트의 정정도 가능하다.
유연성	다양한 블록 길이, 부호율, 알파벳 크기, 오류정정능력을 가질 수 있으며 BCH 부호의 부분집합 중 하나로써, RS 부호가 있다.

04 다음 중 블록 단위의 1의 수가 짝수 또는 홀수인지를 행 단위로 체크하는 에러 검출 방식은? (2020-1차)

① 수평 패리티 체크 방식
② 수직 패리티 체크 방식
③ 정 마크 정 스페이스 방식
④ 군 계수 체크 방식

해설

짝수 패리티 검사	홀수 패리티 검사
1의 개수가 짝수인지 검토	1의 개수가 홀수인지 검토

• 수평 패리티 체크 방식: 행 단위로 체크
• 수직 패리티 체크 방식: 열 단위로 체크

기출유형 30 ▶ 에러율 등 계산문제

2.4[Gbyte]의 영화를 다운로드하려고 한다. 전송회선은 초당 100[Mbps]의 속도를 지원하는데 회선 에러율이 10%라고 가정한다면 얼마의 시간이 소요되는가? (단, 에러에 대한 재전송 및 FEC 코드는 없다고 가정한다)

(2016-3차)(2019-3차)

① 약 1.5분
② 약 3.5분
③ 약 5.5분
④ 약 7.5분

해설

오류율 또는 오류확률(BER)은 전체 전송된 총 비트수에 대한 오류 비트수를 나눈 값이다.

BER(Bit Error Rate): $\frac{\text{오류비트수}}{\text{총 전송비트수}} \times 100[\%]$

2.4[Gbyte]에 대한 에러율이 10%이므로 2.4Gbyte x 10[%] = 0.24Gbyte의 오류가 발생한다.
파일 전송 시간은 총 전송된 비트를 전송속도로 나누어야 하므로

전송시간$=\frac{(2.4+0.24)Gbyte \times 8bit}{(100 \times 10^6)bps}=211.2sec$ 이므로 60으로 나누면(1분 = 60초) 3.5분이 된다.

| 정답 | ②

족집게 과외

$$BER(\text{Bit Error Rate})=\frac{\text{오류 비트수}}{\text{전송된 총 비트수}}$$

보내고자하는 신호 대비 외부나 내부 요인에 의해 일부 정보신호를 잃어버리는 현상이다.

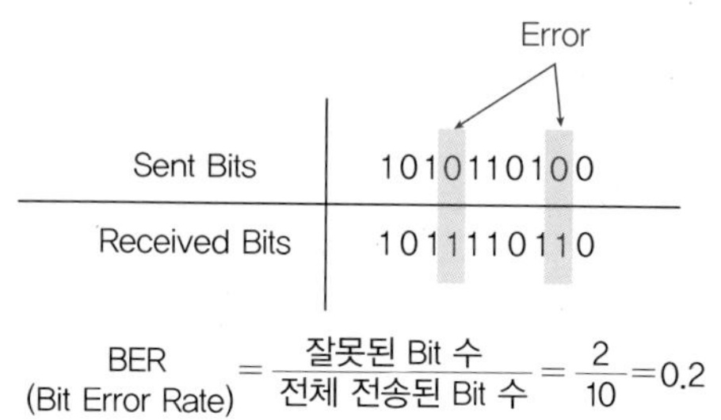

더 알아보기

비트 오류율은 수신된 비트의 수에 대해 전달되는 과정에서 오류가 발생한 비트의 수를 나타낸다. 다른 말로는 비트 오류 비율이라고도 한다. 일반적으로 SNR이 낮으면 낮을수록 BER은 높아진다. BER이 높은 경우 패킷에 발생하는 오류를 줄이기 위해 Data Rate를 줄여야 하며 BER이 낮은 경우 Data Rate를 높여서 보내는 것을 권고한다.

❶ 비트 오류율(Bit Error Eate, BER)

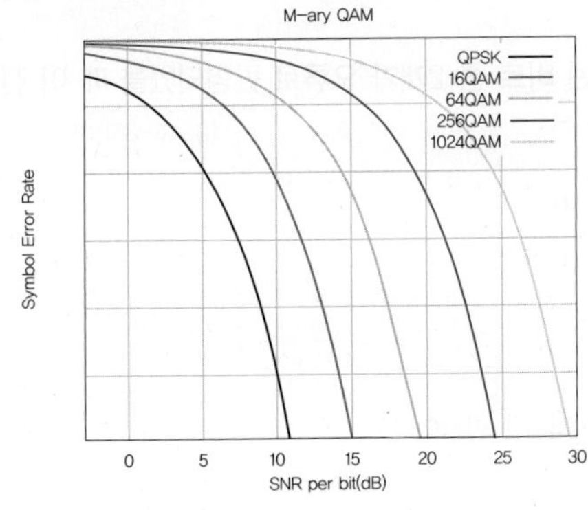

㉠ BER은 지정된 기간동안 전송된 총 비트 수에 대한 잘못된 수신된 비트 수의 비율로 정의된다. 즉, 수신된 비트의 수에 대해 전달되는 과정에서 오류가 발생한 비트의 수를 나타내는 것으로 다른 말로는 비트 오류 비율이라고도 한다.

㉡ 일반적으로 SNR(Signal-to-Noise Ratio)이 낮으면 낮을수록 BER은 높아진다. BER이 높은 경우 패킷에 발생하는 오류를 줄이기 위해 데이터 레이트(Data Rate)를 낮추며 BER이 낮은 경우는 데이터 레이트를 높인다.

㉢ 옆에 그래프에서 SNR이 증가하면 BER이 낮아짐을 알 수 있다. 즉, 신호를 증폭하면 잡음도 증가하지만 전체적인 성능은 개선되는 것을 알 수 있다.

㉣ 디지털 통신에서 데이터는 통신 채널을 통해 비트 시퀀스로 전송되며, 노이즈, 간섭, 왜곡 또는 기타 요인으로 인해 오류가 발생할 수 있다. BER은 채널을 통해 데이터를 정확하게 전송하는 기능 측면에서 통신 시스템의 성능을 평가하는 데 사용한다.

㉤ BER가 낮을수록 시스템 성능이 향상되고 BER가 높을수록 데이터 전송 오류가 더 많다는 것을 나타내며 BER은 종종 매우 작은 오류율을 나타내기 위해 10^{-9}와 같은 표기법으로 표현된다.

㉥ BER은 일반적으로 통신 시스템을 평가하기 위한 BMT(Benchmark Test)나 현장에서 장비성능을 측정 및 분석하기위해 사용 되며, 다른 시스템과 연계하여 성능을 확인하고 비교하는 데 사용된다. 특히 무선 네트워크, 위성 링크, 광섬유 및 데이터 저장장치와 같은 고속 및 고용량 애플리케이션에서 디지털 통신 시스템의 품질 및 신뢰성을 평가하기 위한 중요한 지표가 된다.

❷ 주요 계산값

구분	내용
Bit Error (비트 오류)	비트 불일치로 송신 정보와 수신 정보 사이에 단일 비트가 일치하지 않는 정도이다.
BER (비트 오율)	Bit Error Rate로서 디지털 통신에서 나타나는 잡음, 왜곡 등 아날로그적 특성 변화에 따라 디지털 신호가 영향받는 정도를 종합적으로 평가할 수 있는 값이다. 일반적으로, 전송된 총 비트수에 대한 오류 비트 수의 비율이다.
디지털회선 성능감시 파라미터	$\frac{ES(Error\ Second)=\text{오류초}}{ESR(Error\ Second\ Ratio)=\text{오류초율}} = \frac{SES(Several\ Error\ Second)=\text{심각한 오류초}}{SESR(Several\ Error\ Second\ Ratio)=\text{심각한 오류초율}}$

UAS(Unavailable Seconds): 서비스 비가용 초, 전송장치에서 성능감시 파라미터로도 사용한다.

정답 01 ④ 02 ③ 03 ①

01 어느 특정시간 동안 10,000,000개의 비트가 전송되고, 전송된 비트 중 2개가 오류로 판명되었을 때 이 전송의 비트 에러율은 얼마인가? (2016-3차)(2022-3차)

① 1×10^{-6}　② 1×10^{-7}
③ 2×10^{-6}　④ 2×10^{-7}

해설

BER(Bit Error Rate)
보내고자 하는 신호대비 외부나 내부 요인에 의해 일부 정보 신호를 잃어버리는 현상이다.

$$\text{BER(Bit Error Rate)}=\frac{\text{오류 비트수}}{\text{전송된 총 비트수}}$$

$$=\frac{2}{10,000,000}=2\times10^{-7}$$

02 통신속도가 2,000[bps]인 회선에서 1시간 전송했을 때, 에러 비트수가 36[bit]였다면, 이 통신회선의 비트 에러율은 얼마인가? (2018-3차)(2020-2차)(2022-2차)

① 2.5×10^{-6}　② 2.5×10^{-5}
③ 5×10^{-6}　④ 5×10^{-5}

해설

BER(Bit Error Rate)
보내고자 하는 신호대비 외부나 내부 요인에 의해 일부 정보신호를 잃어버리는 현상이다.

$$\text{BER(Bit Error Rate)}=\frac{\text{오류 비트수}}{\text{전송된 총 비트수}}$$

$$=\frac{36}{\text{초당 } 2,000\times60(\text{분})\times60(\text{초})}=5\times10^{-6}$$

03 일정 시간 동안 200개의 비트가 전송되고, 전송된 비트 중 15개의 비트에 오류가 발생하면 비트 에러율(BER)은? (2019-1차)

① 7.5[%]　② 15[%]
③ 30[%]　④ 40.5[%]

해설

BER(Bit Error Rate)
보내고자 하는 신호대비 외부나 내부 요인에 의해 일부 정보신호를 잃어버리는 현상이다.

$$\text{BER(Bit Error Rate)}=\frac{\text{오류 비트수}}{\text{전송된 총 비트수}}$$

$$=\frac{15}{200}\times100\%=7.5\%$$

정답 04 ② 05 ② 06 ②

04 1분 동안 전송된 총 비트수가 100[bit]이고 이에 부가로 전송된 전송 비트가 20[bit]이다. 이때 이 회선의 코드(부호)효율은 약 얼마인가? (2016-3차)(2019-3차)(2022-1차)

① 80% ② 83%
③ 86% ④ 89%

해설

부호화율

부호화하는 과정에서 총 전송된 비트에서 부가비트를 뺀 실제로 정보가 얼마나 전송되었는지 나타낸다. 전송비트가 100[bit]이고 부가비트가 20[bit]이므로 총 전송비트는 120[bit]이다.

$$\text{부호화율} = \frac{\text{정보 비트수}}{\text{전송된 총 비트수}}$$

$$\text{부호화율} = \frac{100[bit]}{120[bit]} \times 100\% = 83\%$$

05 어느 멀티미디어 기기의 전송대역폭이 6[MHz]이고 전송속도가 19.39[Mbps]일 때, 이 기기의 대역폭 효율값은 약 얼마인가? (2012-2차)(2013-3차)(2015-3차)(2017-3차)(2019-1차)(2022-3차)

① 2.23 ② 3.23
③ 5.25 ④ 6.42

해설

대역폭 효율은 스텍트럼 효율이라고도 한다. 이것은 주어진 대역폭 내에서 얼마나 최대로 전송 가능한 데이터 전송율을 나타낸다. 즉, 한정된 대역폭 자원을 이용해서 효율적인 전송을 도출하기 위한 것이다.

$$\text{대역폭 효율} = \frac{\text{전송속도(비트전송률)}}{\text{전송대역폭}}$$

$$\text{대역폭 효율} = \frac{19.39[Mbps]}{6[MHz]} = 3.32[\text{bps/Hz}]$$

06 어떤 시스템에서 신뢰도를 높이기 위해 중복시스템을 채용하고 있다. 이 시스템에서 유니트1 또는 3이 고장을 일으키면 자동적으로 유니트2 또는 4로 바뀐다. 유니트1, 2, 3, 4의 신뢰도를 각각 [0.8], [0.8], [0.9], [0.9]이라 할 때 이 시스템의 신뢰도는 얼마인가? (2014-3차)(2016-1차)(2017-1차)

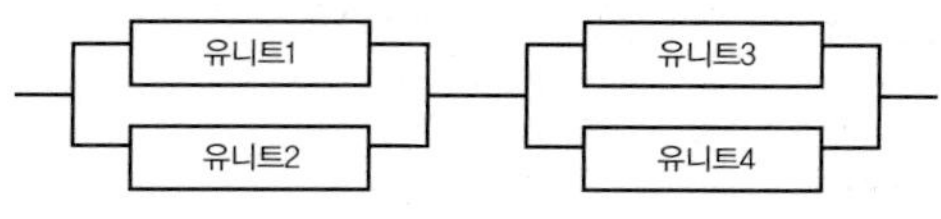

① 0.9684 ② 0.9504
③ 0.5184 ④ 0.0684

해설

부품(1, 2, 3)과 (4, 5, 6)이 병렬로 연결된 두 개의 하부시스템이 직렬로 연결된 직렬－병렬 구조를 나타낸다.

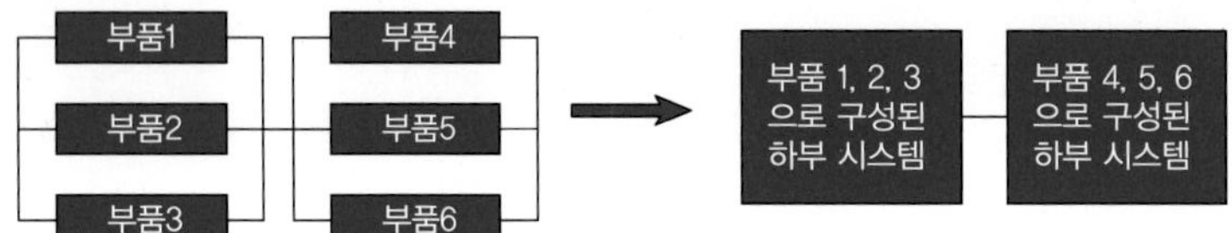

$R_i(t)$: 부품 i의 신뢰도($i=1, 2, \cdots, n$)

R_{123}와 R_{456}: 부품(1, 2, 3)과 (4, 5, 6)으로 이루어진 하부시스템의 신뢰도

$R_{123}=1-\prod_{i=1}^{3}(1-R_i)$, $R_{456}=1-\prod_{i=1}^{6}(1-R_i)$

- 시스템의 신뢰도: $R_s=R_{123}\cdot R_{456}$
- 직렬시스템의 신뢰도: 연결구성(1)과 연결구성(2)의 곱이다.
- 병렬시스템의 신뢰도: [1－(1－연결구성(1))×(1－연결구성(2))]이다.

그러므로

[1－(1－유니트(1))×(1－유니트(2))]×[1－(1－유니트(3))×(1－유니트(4))]

= [1－(1－0.8)×(1－0.8)]×[1－(1－0.9)×(1－0.9)]

[1－(0.2)×(0.2)]×[1－(0.1)×(0.1)] = 0.96×0.99 = 0.9504

07 동일한 데이터를 2회 송출하여 수신 측에서 이 2개의 데이터를 비교 체크함으로써 에러를 검출하는 에러 제어 방식은? (2023-1차)

① 반송제어 방식

② 연속송출 방식

③ 캐릭터 패리티 검사 방식

④ 사이클릭 부호 방식

해설

동일한 데이터를 2회 송출하여 수신 측에서 이 2개의 데이터를 비교 체크함으로써 에러를 검출하는 에러제어 방식을 연속 송출 방식이라 한다.

정답 08 ① 09 ②

08 4개의 문자 A, B, C, D 중 하나를 보내는 정보원이 있다. 각각 문자의 발생 확률이 1/2, 1/4, 1/8, 1/8인 경우 한 문자에 대한 평균 정보량은? (2016-1차)(2020-2차)

① 1.75 bit/symbol

② 2 bit/symbol

③ 2.5 bit/symbol

④ 2.75 bit/symbol

해설

엔트로피(Entropy, **평균 정보량**)

엔트로피는 메시지 당 평균 정보량이다. Shannon이 수학적으로 정의했으며, Entropy 개념에서 정보이론이 시작되었다. 즉, 정보 엔트로피는 평균 정보량이다.

$$H(X)=E[I(X)]=-\sum_{i=1}^{n}P(x_i)\log(\mathrm{P}(x_i))$$

$$H=P_1\log_2\frac{1}{P_1}+P_2\log_2\frac{1}{P_2}+P_3\log_2\frac{1}{P_3}+P_4\log_2\frac{1}{P_4}$$
$$=\frac{1}{2}\log_2 2+\frac{1}{4}\log_2 4+\frac{1}{8}\log_2 8$$
$$=\frac{1}{2}+\frac{1}{2}+\frac{3}{8}+\frac{3}{8}=1.75[bit/symbol]$$

엔트로피율(정보율)=엔트로피×기호속도$=1.75\times1{,}000=1{,}750$[bps]

09 다음의 구형파 신호에 대한 실효값(RMS)은? (2022-3차)

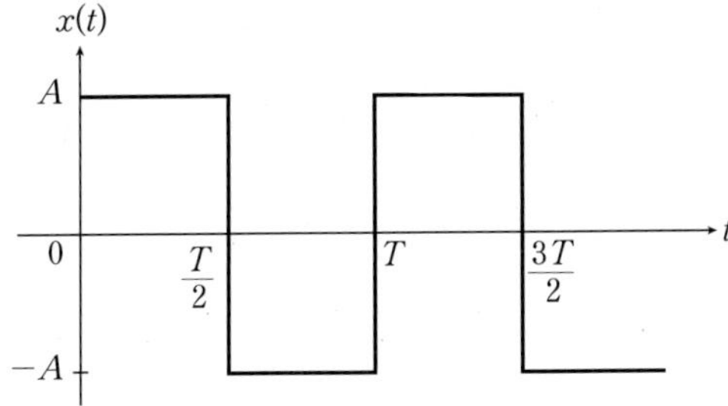

① 0.5A

② A

③ 1.5A

④ 2A

해설

평균값	$v_{avg}=\frac{1}{t}\int_0^t vdt[V]$	교류 순시값으로 1주기 동안의 평균값이다.
실효값 (RMS)	$p_{dc}=p_{ac}$ $I^2R=\frac{1}{T}\int_0^T i^2Rdt$ $I=\sqrt{\frac{1}{T}\int_0^T i^2dt$ 전류값 / 1)최대값 / 3)실효값 / 2)평균값 / $i(t)$ / 시간(t)	실효값은 제곱평균제곱근으로 표현한 물리량을 말하며, 주로 전기공학·음향학 등에서 쓰인다. 주로 RMS(Root-Mean-Square)라 하며 임의의 주기파형의 순시값(순간순간 변하는 교류의 임의의 시간에 있어서의 값)으로 1주기에 걸치는 평균값의 평방근이라 할 수 있다. 즉, 교류를 직류화해서 계산한 값이다.

구분	정현파	구형파	삼각파(톱니파)
파형			
평균값	$v_{avg}=\frac{2v_m}{\pi}=0.637v_m$	$v_{avg}=\frac{1}{\pi}\int_0^\pi v_m dwt=\frac{v_m}{\pi}[wt]_0^\pi$ $=\frac{v_m}{\pi}\times\pi=v_m$	$v_{avg}=\frac{1}{2}\times v_m=\frac{v_m}{2}$
실효값	$v_{rms}=\frac{v_m}{\sqrt{2}}=0.707v_m$	$v_{rms}=\sqrt{\frac{1}{2\pi}\int_0^{2\pi} v_m^2 dwt}$ $=\sqrt{\frac{v_m^2}{2\pi}[wt]_0^{2\pi}}=v_m$	$v_{rms}=\frac{v_m}{\sqrt{3}}$

위와 같이 구형파의 실효값은 크기와 동일하다.

기출유형 31 ▸ dB(decibel), dBm, Nepper

다음 중 a–b가 순서대로 올바르게 짝지어진 것은? (2017–2차)(2022–2차)

> 신호의 세기는 전송매체 상에서 거리가 증가함에 따라 작아진다. 유도매체에서 감쇠는 일반적으로 (㉠)의 형태로 나타내고, 단위 거리당 (㉡)의 형태로 표시한다.

① 지수함수 – S/N 비
② 로그함수 – 데시벨
③ 지수함수 – Baud
④ 로그함수 – BPS

해설

데시벨(decibel, dB)은 기준에 대한 비율에 상용로그를 취한 물리량의 단위이다. 데시벨(dB) 자체는 절대치가 아니라 상대치이다(dBm은 1mW를 기준으로 한 절대치이다).

| 정답 | ②

족집게 과외

$$\text{SNR[dB]} = 10\log_{10}\frac{S(\text{평균신호전력})}{N(\text{평균잡음전력})} = 10\log_{10}\frac{P_{output}}{P_{input}} = 20\log_{10}\frac{V_s(\text{신호전압})}{V_n(\text{잡음전압})}$$

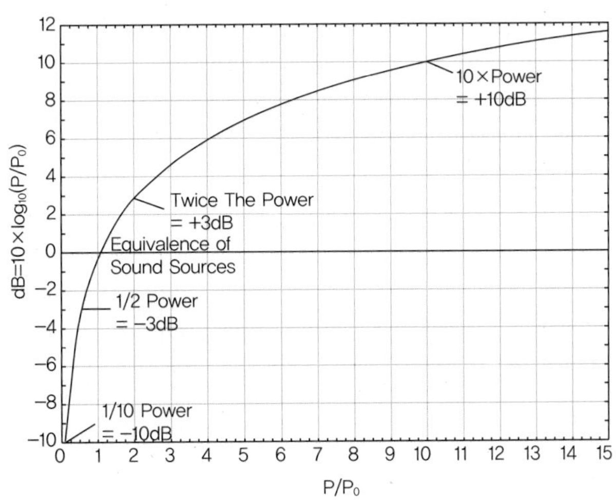

더 알아보기

데시벨에서 이득과 손실

Loss/Gain as a Ratio	Loss/Gain in Decibels	Loss/Gain as a Ratio	Loss/Gain in Decibels
$\frac{P_{output}}{P_{input}}$	$10\log\frac{P_{output}}{P_{input}}$	$\frac{P_{output}}{P_{input}}$	$10\log\frac{P_{output}}{P_{input}}$
1000	30 dB	0.1	−10 dB
100	20 dB	0.01	−20 dB
10	10 dB	0.001	−30 dB
1 (No Loss or Gain)	0 dB	0.0001	−40 dB

❶ 데시벨 dB(decibel)

dB는 소리의 세기를 나타내는 단위로 전화기를 발명한 과학자 '벨(미국, 1847~1922)'의 이름을 따서 만든 소리의 단위 '벨'에 '10분의 1'을 뜻하는 영어 접두사 '데시(deci–)'가 붙어 만들어진 용어이다. 사람의 귀에 들리는 가장 작은 소리를 '0dB'로 정하고, 이를 기준으로 청각의 특성을 감안해 소리의 강도를 표시하며, 기준에 대한 비율에 상용로그를 취한 물리량의 단위로 절대치가 아닌 상대치이다.

$dB = 10\log\frac{P_{output}}{P_{input}}$	$10\log_{10}P_{output} - 10\log_{10}P_{input}$

관련 식은 P_{input}이 기준값, P_{output}은 측정값으로 전력량의 의미로 1dB는 기준값(P_{input})의 $\sqrt[10]{10}$배라는 것을 알 수 있고 이것은 약 1.259배이다. 위의 식을 전압을 사용하는 식으로 변경하면 $P=\frac{V^2}{R}$이므로

$dB = 10\log_{10}\frac{P_{output}}{P_{input}} = 10\log_{10}(\frac{V^2}{R}/\frac{V^2_{input}}{R}) = 20\log_{10}(\frac{V}{V_{input}})^2 = 20\log_{10}(\frac{V}{V_{input}})$이다. 배수($\frac{P}{P_{input}}$)와 dB와의 관계를정리하면 아래 표와 같다.

❷ 배수와 dB와의 관계

구분	배수	내용
0dB	1배	$10\log_{10}(1)=0dB$
3dB	2배	$10\log_{10}(2)=10\times(0.3010)=3dB$
6dB	4배	$10\log_{10}(4)=10\times(0.6020)=6dB$
9dB	8배	$10\log_{10}(8)=30\log_{10}(2)=30\times(0.3010)=9dB$
10dB	10배	$10\log_{10}(10)=10dB$
13dB	20배	$10\log_{10}(20)=10\log_{10}(2)+10\log_{10}(10)=3dB+10dB=13dB$
16dB	40배	$10\log_{10}(40)=20\log_{10}(2)+10\log_{10}(10)=6dB+10dB=16dB$
19dB	80배	$10\log_{10}(80)=30\log_{10}(2)+10\log_{10}(10)=9dB+10dB=19dB$
20dB	100배(10^2)	$10\log_{10}(100)=20\log_{10}(10)=20dB$
30dB	1,000배(10^3)	$10\log_{10}(1,000)=30\log_{10}(10)=30dB$
40dB	10,000배(10^4)	$10\log_{10}(10,000)=40\log_{10}(10)=40dB$

즉, 2배수가 증가할수록 3dB만큼 증가되고, 로그함수의 곱은 dB에서 플러스(+)로 표현된다.

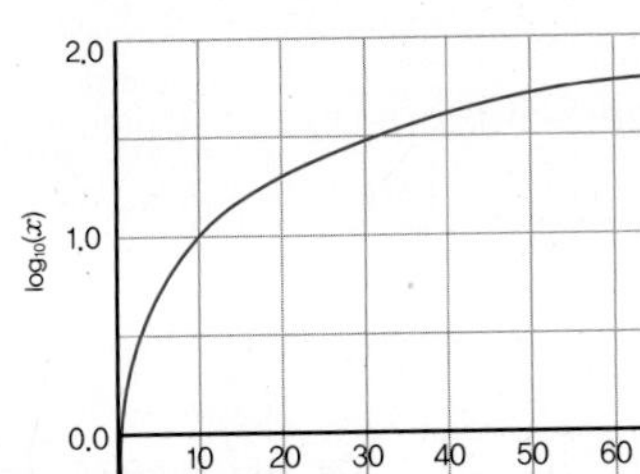

위와 같은 비율을 상용 로그함수로 나타내면 왼쪽과 같은 그래프를 얻을 수 있다. 이를 통해 비율이 10배, 100배, 1,000배의 증가를 데시벨의 개념을 사용함으로서 100배는 20dB, 1,000배는 30dB와 같이 단위를 낮춤으로 좀 더 친숙하게 사용할 수 있는 장점이 있다.

위 사항을 공식으로 표현하면 2^N은 $N\times3$dB(위 표에서 2^1은 3dB, 2^2은 6dB)에서 2배 증가 시 3dB씩 증가, 10^N은 $N\times10$dB(위 표에서 10^1은 10dB, 10^2은 20dB, 10^3은 30dB)로 10배 증가 시 10dB씩 더하기이다. 또한 $\frac{1}{2}$배는 -3dB, $\frac{1}{4}$배는 -6dB, $\frac{1}{10}$배는 -10dB인 것을 통해 마이너스 데시벨에 대한 의미도 확인할 수 있다.

❸ 감수와 dB와의 관계

구분	배수	내용
0dB	1배	$10\log_{10}(1)=0\text{dB}$
-3dB	$\frac{1}{2}$배	$10\log_{10}(\frac{1}{2})=-10\times(0.3010)=-3\text{dB}$
-6dB	$\frac{1}{4}$배	$10\log_{10}(\frac{1}{4})=-10\times(0.6020)=-6\text{dB}$
-10dB	$\frac{1}{4}$배	$10\log_{10}(\frac{1}{10})=-10\text{dB}$
-20dB	$\frac{1}{100}$배	$10\log_{10}(\frac{1}{100})=-20\log_{10}(10)=-20\text{dB}$

즉, $\frac{1}{2}$배수가 증가할수록 3dB만큼 감소되고, 로그함수의 분수(나누기)는 dB에서 마이너스(-)로 표현된다.

01 100[mV]는 몇 [dBmV]인가? (단, 1[mV]는 0[dBmV] 이다) (2012-3차)(2017-1차)(2018-1차)(2022-3차)

① 10[dBmV]
② 20[dBmV]
③ 30[dBmV]
④ 40[dBmV]

해설

dB란 decibel 의 약어로 출력에 관련 되는 두 값 사이의 비율을 의미한다. 특징은 Log(Logarithm)를 사용해 나타낸 비율의 단위로서 인간의 감각에 가깝게 표현 할 수 있는 단위로서 비율이기 때문에 항상 Reference가 존재한다. 가장 많이 쓰이는 단위가 dB SPL(Sound Pressure Level)인데 줄여서 dB라고 한다.

$$dBmV = 20\log\frac{V}{1mV} = 20\log\frac{100mV}{1mV} = 40[dBmV]$$

02 입력측의 S/N=100, 출력측의 S'/N'=10인 저주파 증폭기의 잡음지수 NF는 몇 [dB]인가? (2011-3차)

① 1[dB]
② 10[dB]
③ 20[dB]
④ 100[dB]

해설

잡음지수(NF)는 어떤 시스템이나 회로 블럭을 신호가 지나면서, 얼마나 잡음이 추가되었느냐를 나타내는 지표로서 출력 SNR 대 입력 SNR의 비로 간단하게 계산된다.

$$SNR[dB] = 10\log_{10}\frac{S(\text{평균신호전력})}{N(\text{평균잡음전력})} = 10\log_{10}\frac{P_{output}}{P_{input}} = 20\log_{10}\frac{V_s(\text{신호전압})}{V_n(\text{잡음전압})}$$

$NF = \frac{SNR_{input}}{SNR_{output}}$을 dB 계산하면 $10\log_{10}\frac{SNR_{input}}{SNR_{output}} = 10\log_{10}\frac{100}{10} = 10[dB]$

03 입력측 신호대잡음비가 15[dB]이고 시스템의 잡음지수(Noise Factor)가 10일 때, 출력측 신호대잡음비는 몇 [dB]인가? (2023-2차)

① 5
② 10
③ 15
④ 25

해설

$SNR = \frac{Signal\ Power}{Noise\ Power}$, $NF = \frac{SNR_{input}}{SNR_{output}}$, SNR = 15[dB]이고 NF(Noise Factor)=10이므로 이것을 dB로 변환하면

$10\log_{10}10 = 10[dB]$이므로 $NF = \frac{SNR_{input}}{SNR_{output}}$ 을 dB 계산하면 $10[dB] = 15[dB] - SNR_{output}$

$SNR_{output} = 15 - 10 = 5[dB]$

정답 04 ④ 05 ②

04 10[GHz]의 직접화간 시스템이 20[kbaud]의 데이터 전송에 사용된다. 20[Mbps]의 확산부호를 BPSK 변조시킬 때 이 시스템의 처리이득은 얼마인가? (2017-2차)(2021-1차)

① 13[dB] ② 18[dB]
③ 27[dB] ④ 30[dB]

해설

확산이득(Processing Gain)

대역확산 방식에서 이 시스템의 특성을 표현하기 위한 파라미터로서 확산이득은 데이터 신호의 대역이 확산코드에 의해서 얼마나 넓게 확산되었는지를 나타내는 것으로 다음과 같이 나타낼 수 있다.

- 데이터 전송: 20[kbaud]
- 확산부호: 20[Mbps]이므로

$G_p=10\log(\frac{B_{ss}}{B_s})$, B_{ss}: 확산 신호의 대역폭, B_s : 데이터 신호의 대역폭

$G_p=\frac{20\times10^6}{20\times10^3}=1{,}000$이므로 확산된 신호의 대역폭이 확산이전보다 1,000배가 넓어졌다는 의미이다. 이것을 로그로 변환하면

$10\log1{,}000=30$[dB]가 된다.

05 −2[dB/km]의 손실을 가지는 케이블의 시작점에서의 전력이 4[mW]였다면 5[km] 뒤에서의 신호의 전력은 얼마인가? (2016-3차)(2019-2차)

① 0.2[mW]
② 0.4[mW]
③ 0.6[mW]
④ 0.8[mW]

해설

−2[dB/km]는 1km당 2dB씩 감쇄한다는 의미이다. 5[km] 뒤에서는 −10[dB]가 된다.

$-10[dBm]=10\log(\frac{P}{4mW})$이므로 $10^{-1}=\frac{P}{4mW}$, $P=0.4mW$

기출유형 32 ▶ 호량(Erlang)

전화통신망(PSTN)에서 최번 시 1시간에 발생한 호(Call) 수가 120이고, 평균통화시간이 3분일 때 이 회선의 호량(Erlang)은? (2013-3차)(2017-1차)(2020-3차)(2021-2차)

① 0.1[Erl] ② 6[Erl]

③ 40[Erl] ④ 360[Erl]

해설

1시간 동안, 120호가 발생하고 호당 평균 점유시간이 3분(180초)이므로, 트래픽 부하량=(120호)×($\frac{180초}{3,600초}$)=6 Erlang

| 정답 | ②

족집게 과외

Erlang: 1회선을 1시간 동안 점유한 트래픽량으로 HCS(Hundred Call Seconds)
= CCS(Centum Call Seconds) = “백초호”이다.

1[Erl] = 1TU = 36[HCS] = 36[CCS] = 36UC(1시간 = 3,600초)

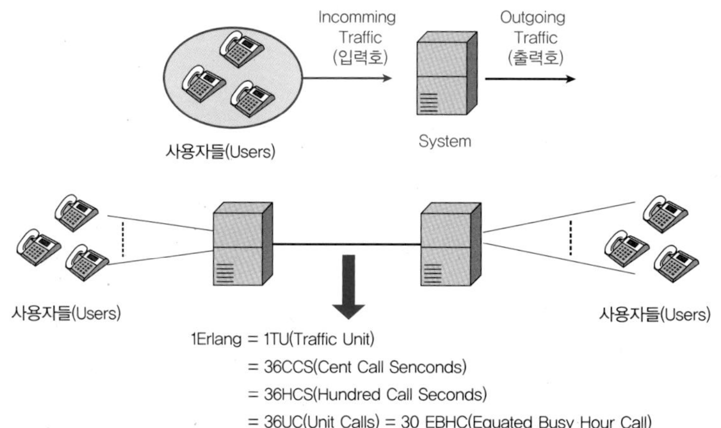

더 알아보기

Erlang정의	• 1회선(1채널)을 1시간 동안 계속 점유한 통화량 또는 서비스 제공량 • 1Erlang은 1개 회선(채널)이 1시간 동안 최대로 운반할 수 있는 트래픽량
Erlang 계산식	트래픽 부하량=(시간당 발생 호수)×(시간당 평균 점유시간) =(평균 호 발생률)×(평균 서비스 시간)

호량의 단위는 1을 단위로 잡아 이것을 1얼랑이라 한다. 즉, 1회선을 1시간 관측하였을 때 1시간 전부가 사용 중인 호량이다. 또는 임의의 회선군을 임의의 시각에 관측하였을 때 5회선만 사용 중이면 그 시각의 호량은 5얼랑이라 한다. 트래픽 이론의 시조 A.K. Erlang의 이름을 딴 것으로, 전에는 트래픽 단위(Traffic Unit)라 하고 T.U로 나타내어서 함께 단위로 사용한다.

❶ Erlang, ERL

㉠ 얼랑(Erlang)은 통신 시스템의 트래픽 양이나 부하를 정량화하는 데 사용되는 측정 단위이다. 덴마크의 수학자이자 공학자인 A.K.의 이름을 따서 명명되었다. 20세기 초에 교통흐름의 수학적 이론을 개발하여 Erlang이라 정의했다.

㉡ 얼랑(Erlang)은 통신 시스템이 1시간 또는 하루와 같은 특정 시간 동안 처리할 수 있는 트래픽 또는 통화 시간(분)의 양을 측정하는 데 사용된다. 평균 통화 시간이 1시간이고 그 시간 동안 시스템이 완전히 로딩된다고 가정할 때 하나의 얼랑은 통화시간 또는 트래픽의 1시간에 해당한다. 예를 들어, 통신 시스템이 한 시간에 1000분의 통화를 처리할 수 있는 경우, 평균 통화 시간을 1분으로 가정하면 트래픽 부하는 $\frac{1,000}{60}$=16.67Erlang이 된다.

㉢ Erlang 계산은 네트워크 계획, 용량 계획 및 트래픽 엔지니어링에서 효율적이고 신뢰할 수 있는 운영을 위한 통신 시스템을 설계하고 최적화하는 데 사용된다. Erlang 공식과 모델을 사용하여 엔지니어는 시스템에서 예상되는 혼잡과 지연뿐만 아니라 주어진 트래픽 볼륨을 처리하는 데 필요한 채널, 트렁크, 서버 또는 기타 리소스의 양을 추정할 수 있다.

❷ 1Erlang 의미

트래픽이 회선에 가하는 트래픽 부하량(Traffic Load) 단위로 아래와 같은 의미가 있다.

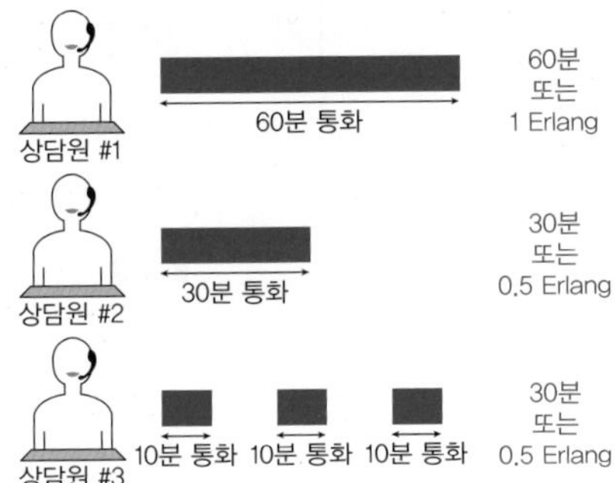

1 Erlang

- 1시간 동안 동시에 진행 중인 호 수
- 1개 회선이 최대로 운반할 수 있는 트래픽량
- 평균 보류시간 동안 발생한 평균 호 수
- 1시간 동안 발생한 모든 호의 종료 시까지 사용된 시간

❸ Erlang 계산 Example

구분	상황	Erlang
Case #1	1시간 동안, 200호가 발생하고 호당 평균 점유시간이 180초인 경우 Erlang?	트래픽 부하량=(200호)×$\frac{180초}{3,600초}$=10Erlang
Case #2	1시간 동안, 720호가 발생하고 호당 평균 점유시간이 100초인 경우 Erlang?	트래픽 부하량=(720호)×$\frac{100초}{3,600초}$=20Erlang
Case #3	시간당 사용 요구 수가 30이고, 각각이 평균적으로 360초인 경우 Erlang?	트래픽 부하량=(30 요구)×$\frac{360초}{3,600초}$=3Erlang
Case #4	1회선이 1시간 동안 30분 사용한다면 몇 Erlang 인가?	1회선×$\frac{30분}{60분}$=0.5[Erlang]이 된다.
Case #5	한 명의 사용자가 1시간에 2통화를 3분씩 하면 몇 Erlang 인가?	$\frac{2번×3분}{60분}$=0.1[Erlang]이 된다.

정답 01 ② 02 ② 03 ② 04 ③ 05 ③

01 전화통신망(PSTN)에서 최번시 1시간에 발생한 호(Call)수가 240이고, 평균통화시간이 2분일 때 이 회선의 호량은?

(2016-1차)(2017-2차)(2018-3차)(2021-2차)

① 0.1[Erl] ② 8[Erl]
③ 40[Erl] ④ 360[Erl]

해설

1시간 동안, 240호가 발생하고 호당 평균 점유시간이 2분(120초)이므로,

트래픽 부하량 $=(240\text{호})\times\frac{120\text{초}}{3{,}600\text{초}}=8\text{Erlang}$

02 20개의 중계선으로 5[Erl]의 호량을 운반하였다면 이 중계선의 효율은 몇 [%]인가?

(2012-2차)(2013-2차)(2014-2차)(2015-2차)(2019-1차)
(2021-2차)(2023-2차)

① 20[%] ② 25[%]
③ 30[%] ④ 35[%]

해설

$\frac{\text{트래픽량}}{\text{통화량}}$: 1회선이 점유되는 양을 나타낸다. [시간 차원, 단위: 시간]

(트래픽량)=(발생된 호 수)×(평균 점유시간)이다.

효율은 전체 중계선이 점유하는 시간이 되므로 위 문제는 20개의 중계선을 5[Erl]이 발생한다는 것으로 효율은

$\frac{5}{20}\times 100\% = 25\%$

03 어느 센터의 최번시 통화량을 측정하니 1시간 동안에 3분짜리 100개가 측정되었다. 이 센터의 최번시 통화량은 몇 [Erl]인가?

(2014-1차)(2016-3차)(2019-2차)(2021-3차)

① 4[Erl] ② 5[Erl]
③ 6[Erl] ④ 7[Erl]

해설

1시간 동안, 100호가 발생하고 호당 평균 점유시간이 3분(180초)이므로,

트래픽 부하량 $=(100\text{호})\times\frac{180\text{초}}{3{,}600\text{초}}=5\text{Erlang}$

04 트래픽 단위에서 180[HCS]는 몇 얼랑(Erlang)인가? (2013-3차)(2015-3차)(2017-3차)(2020-2차)

① 3[Erl] ② 4[Erl]
③ 5[Erl] ④ 6[Erl]

해설

1[Erl] = 36[HCS]

$X=180[\text{HCS}]$

$X=\frac{180}{36}=5[\text{Erl}]$

05 다음 중 트래픽(Traffic)에 대한 설명으로 틀린 것은? (2020-2차)(2022-1차)

① 트래픽양 = 전화의 호수×평균 보류시간
② 가입자가 통화를 위하여 발신한 호의 집합체이다.
③ 1일 중 호가 가장 적게 발생한 1시간을 최번시라 한다.
④ 통화 성공률 = (통화 성공한 호수 / 발생한 총 호수)×100%

해설

최번시	Busy hour, peak hour, peak busy hour(트래픽이 가장 많은 시간대)
최한시	Idle hour, off-peak hour(트래픽이 가장 적은 시간대)

기출유형 33 ▶ baud와 bps

9,600[baud]를 갖는 모뎀에서 2개의 비트가 1개의 신호로 변조되었을 때 초당 전송속도[bps]는? (2011-3차)

① 19,200

② 4,800

③ 9,600

④ 2,400

해설

변조속도 [baud]	$=\frac{\text{신호속도}}{\text{변조시상태변화수}}=\frac{\text{신호속도}[bps]}{\log_2 M}$, $boud=\frac{1}{T}$(T는 신호의 시간), $T=\frac{1}{boud}$
신호속도 [bps]	$=boud\times$변조상태 변화수$=boud\times\log_2 M$, $M=$진수

신호속도: 1초 동안 전송 가능한 비트수로 $[bps]=Baud\times\log_2 M$

4진($M=4$) 변조 방식(00, 01, 10, 11)은 두 개의 비트가 1개의 신호로 변화하므로 $\log_2 4=2$가 된다.

그러므로 $2\times 9{,}600$[baud]$=19{,}200$[bps]가 된다.

| 정답 | ②

족집게 과외

bps(bit per second)	초당 전송되는 비트수, bps=변조속도($baud$)×변조 시 상태 변화 수($\log_2 M$)
변조속도(baud)	1초에 전송하는 신호(Symbol) 단위의 수[$baud$], 1초에 변하는 횟수 $boud=\frac{1}{T}$(T는 신호 요소의 시간), $T=\frac{1}{boud}$, $boud\times\log_2 M=[bps]$
데이터 전송속도	단위 시간당 전송하는 비트수, 문자수, 패킷수
Bearer 속도	동기비트+데이터+상태 신호비트 의 합

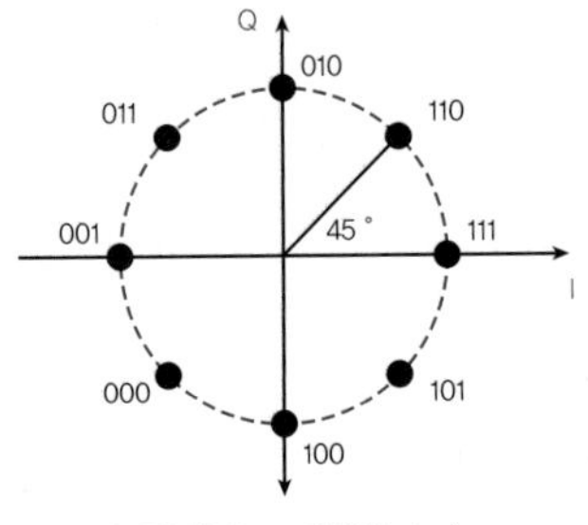

8-PSK(8 Phase Shift Keying)

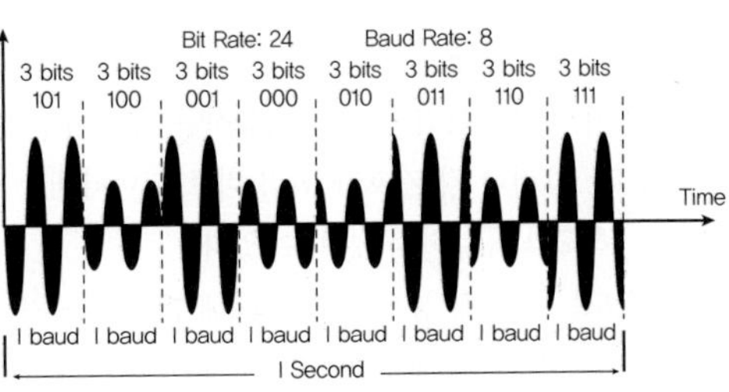

더 알아보기

변조속도(baud)는 "1초 동안 신호 변화가 몇 개인가?"로서 1개의 신호가 변조되는 시간을 T초 인 경우 변조속도 $boud=\frac{1}{T}$이 된다. 위와 같은 8위상 편이변조방식(8-PSK)은 한 신호로 3개의 비트를 표현할 수 있으며(M=8), 위 통신방식에서 변조속도가 2,400baud라면 데이터 전송속도는 3×2,400=7,200bps가 된다. 즉, 변조속도 baud와 데이터전송속도 bps가 같지 않다.

❶ 데이터 전송 속도(BPS)

㉠ '1초당 전송되는 신호의 수'로서 펄스 당 2개의 비트를 전송할 수 있는 선로에서 1초당 50개의 펄스를 전송했다면 baud=50이 되고, $bps=100$이 된다. 보통 $baud=\frac{1}{T}$로 구한다(T는 신호 요소의 시간).

bps	초당 전송되는 비트수
baud	초당 전송되는 단위 신호의 수

㉡ 비트/초(bps)는 데이터가 통신 채널을 통해 전송되는 속도를 측정하는 단위로서 1초에 전송할 수 있는 데이터 비트 수를 나타낸다. 예를 들어, 10bps의 데이터 속도는 10비트의 데이터가 1초에 전송될 수 있음을 의미한다. 데이터 속도는 종종 킬로비트/초(Kbps), 메가비트/초(Mbps), 기가비트/초(Gbps)와 같이 bps의 배수로 표현된다. 통신 채널의 데이터 속도는 사용 가능한 대역폭, 채널의 품질, 데이터를 인코딩하는 데 사용되는 변조 기술과 같은 요소에 의해 제한되며, 더 높은 데이터 속도는 일반적으로 더 높은 품질의 채널과 더 정교한 변조 기술을 필요로 한다.

㉢ 데이터 속도는 특정 기간 동안 전송할 수 있는 최대 데이터양을 결정하기 때문에 통신시스템에서 중요한 매개 변수이다. 애플리케이션 및 통신 프로토콜마다 데이터 속도 요구 사항이 다르며, 데이터 속도의 선택은 통신시스템의 필요한 처리량, 대기 시간 및 신뢰성과 같은 요소를 고려해야 한다.

❷ 변조속도(Baud)

㉠ baud의 이름은 초기 텔레프린터를 개발한 프랑스의 텔레그래프 엔지니어 에밀 보오(J.M.E. Baudot, 1845~1903)라는 프랑스 전신 엔지니어의 이름에서 유래되어 명명 되었다. "매 초당 몇 번의 신호 변화가 있었나?" 또는 "매 초당 몇 번의 다른 상태로 변화는가?"를 나타내는 신호 속도의 단위로서 보드(baud)는 통신 채널을 통해 데이터가 전송되는 속도를 나타내는데 사용하는 측정 단위이다.

㉡ 현대에서 보드는 비트/초(bps)와 교환하여 사용하는 경우가 많지만 정확히 동일하지는 않다. 보드는 신호가 초당 상태를 변경하는 횟수를 나타내며 비트/초는 초당 전송되는 데이터의 비트 수를 나타낸다. 즉, 한 보드는 초당 하나의 기호를 나타내는 반면, 한 비트/초는 초당 하나의 데이터 비트를 나타낸다. 예를 들어, 각각의 기호가 단일 비트를 나타내는 이진 신호를 사용하는 통신시스템에서 4,800보의 보드 속도는 4,800비트/초의 데이터 속도에 해당한다. 그러나 각 기호가 여러 비트를 나타내는 상위 레벨 신호 방식을 사용하는 통신시스템에서 보드 속도는 데이터 속도와 동일하지 않을 수 있다.

㉢ 보드 속도는 주어진 통신 채널을 통해 데이터가 안정적으로 전송될 수 있는 최대 속도를 결정하기 때문에 통신시스템에서 중요한 매개 변수이다. 노이즈, 간섭 및 신호 감쇠와 같은 요소는 달성 가능한 보드 속도를 제한할 수 있으며, 이러한 조건에서 신뢰할 수 있는 전송을 보장하도록 통신 프로토콜을 설계해야 한다.

❸ 전송속도 비교

bps의 값을 baud로부터 구하는 방법

변조속도 [baud]	$= \frac{\text{신호속도}}{\text{변조 시 상태변화수}} = \frac{\text{신호속도}[bps]}{\log_2 M}$, $boud = \frac{1}{T}$(T는 신호의 시간), $T = \frac{1}{boud}$
신호속도 [bps]	$= boud \times$ 변조상태 변화수 $= boud \times \log_2 M$, M= 진수

❹ baud 계산

변조 시 상태 변화 수($\log_2 M$)에서 Baud는 원래 전보 전송에서 사용되던 기술 용어로써 단위 시간(신호 존재 구간)당 변조된 신호 상태의 변화율로서 변조속도(Modulation Rate)라 한다. 1초에 전송된 bit수는 일정 시간동안 전송된 Data의 양을 나타내므로 9,600bps는 1초 동안에 9,600개의 bit를 전송한다는 의미이다.

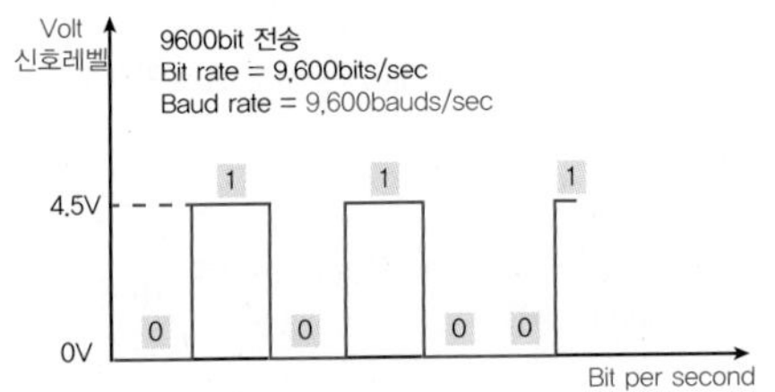

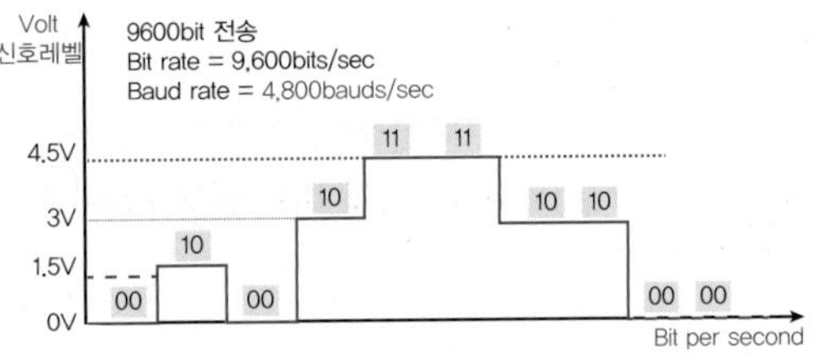

초당 신호가 50개 전송되는 경우	$T = \frac{1}{50} = 0.02$이 되고 $\text{baud} = \frac{1}{T}\frac{1}{0.02} = 50[\text{baud}]$가 된다.
맨체스트 코딩의 경우 신호 요소 시간 = 0.5ms인 경우	변조속도 $= \frac{1}{0.5\text{ms}} = 2\text{K}[\text{baud}]$이다.
신호 시간이 1ms인 경우	변조속도 $= \frac{1}{1\text{ms}} = 1\text{K}[\text{baud}]$가 된다.

기출유형 완성하기

정답 01 ③ 02 ① 03 ② 04 ④ 05 ②

01 정보 전송에서 800[Baud]의 변조속도로 4상 위상 변조된 데이터 신호 속도는 얼마인가?

(2017-1차)

① 600[bps] ② 1,200[bps]
③ 1,600[bps] ④ 3,200[bps]

해설

[bps]=baud×$\log_2 M$[baud] 이므로 800[baud]×$\log_2 4$=1,600[bps]이다.

02 8진 PSK 신호에 5,000[Hz]의 대역폭이 주어졌을 때 보오율(Baud Rate)과 비트율(Bit Rate)은 각각 얼마인가? (2013-1차)(2015-3차)(2017-1차)

① 보오율: 5,000[baud/s], 비트율: 15,000[bps]
② 보오율: 5,000[baud/s], 비트율: 20,000[bps]
③ 보오율: 10,000[baud/s], 비트율: 15,000[bps]
④ 보오율: 10,000[baud/s], 비트율: 20,000[bps]

해설

5,000[Hz]=5,000[baud]에 해당하고

[$C=B\log_2(1+\frac{S}{N})$]에서 C와 B는 비례하므로

8진 PSK는 M=8이므로 5,000[baud]×$\log_2 8$=15,000[bps]이다.

03 통신속도가 4,800[baud]일 때, 한 개의 신호 단위를 전송하는 데 필요한 시간은?

(2013-3차)(2016-2차)

① 1/2,400[sec]
② 1/4,800[sec]
③ 1/9,600[sec]
④ 1/1,200[sec]

해설

baud=$\frac{1}{T}$로 구하는데(T는 신호 요소의 시간)

$T=\frac{1}{boud}$이므로 $\frac{1}{4,800}$[sec]가 된다.

04 어떤 펄스의 펄스시간이 1,000×10^{-6}[sec]일 때, 이 펄스의 변조속도[baud]는?

(2012-3차)(2014-1차)(2015-1차)(2016-1차)(2016-3차)(2018-1차)(2019-3차)(2021-1차)

① 1[baud]
② 10[baud]
③ 100[baud]
④ 1,000[baud]

해설

baud=$\frac{1}{T}$로 구하는데(T는 신호 요소의 시간)

$T=\frac{1}{\text{boud}}$이다.

1,000×10^{-6}[sec]=10^{-3}[sec] 이므로 $\frac{1}{10^{-3}}$=1,000[baud]

05 4-PSK 변조방식에서 변조속도가 1,200[baud]일 때 데이터 전송속도는 몇 [bps]인가?

(2014-2차)(2017-1차)(2019-2차)(2021-2차)

① 1,200[bps] ② 2,400[bps]
③ 3,600[bps] ④ 4,800[bps]

해설

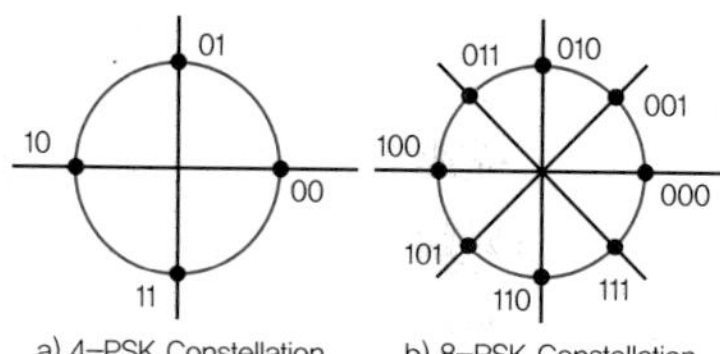

a) 4-PSK Constellation b) 8-PSK Constellation

신호속도(bps)=변조속도(baud)×변조 시 상태 변화수($\log_2 M$)

bps=baud×n=baud×$\log_2 M$

$M=4=2^2$이므로

1,200[baud]×($\log_2 4$)=2,400[bps]

8−PSK이면 1,200[baud]×($\log_2 8$)=3,600[bps]

정답 06 ② 07 ① 08 ③ 09 ③ 10 ① 11 ③

06 9,600[bps]의 비트열을 16진 PSK로 변조하여 전송하면 변조속도는? (2018-2차)(2020-2차)(2021-1차)

① 1,200[baud] ② 2,400[baud]
③ 3,200[baud] ④ 4,600[baud]

해설

변조속도 [baud]	$=\frac{\text{신호속도}}{\text{변조시상태변화수}}=\frac{\text{신호속도[bps]}}{\log_2 M}$, boud$=\frac{1}{T}$($T$는 신호의 시간), $T=\frac{1}{\text{boud}}$
신호속도 [bps]	$=$boud$\times$변조상태 변화수$=$boud$\times\log_2 M$, $M=$진수

$9{,}600[\text{bps}]=\text{baud}\times\log_2 M=\text{baud}\times\log_2(16)$,

$\text{baud}=\frac{9{,}600}{4}=2{,}400[\text{baud}]$

07 60,000[bps]의 전송속도에서 64-QAM 신호의 변조속도[baud]는? (2010-2차)

① 10,000 ② 12,000
③ 14,000 ④ 18,000

해설

$60{,}000[\text{bps}]=\text{baud}\times\log_2 M=\text{baud}\times\log_2(64)$,

$\text{baud}=\frac{60{,}000[\text{baud}]}{\log_2 64}=\frac{60{,}000}{6}=10{,}000[\text{baud}]$

08 16진 PSK를 사용하는 시스템에서 데이터 신호 속도가 12,400[bps]이라면 변조속도는 얼마인가? (2014-1차)(2016-1차)(2020-2차)

① 775[baud] ② 1,550[baud]
③ 3,100[baud] ④ 6,200[baud]

해설

$12{,}400[\text{bps}]=\text{baud}\times\log_2 M=\text{baud}\times\log_2(16)$,

$\text{baud}=\frac{12{,}400[\text{bps}]}{\log_2 16}=\frac{12{,}400}{4}=3{,}100[\text{baud}]$

09 정보 전송에서 800[baud]의 변조속도로 4상 차분 위상 변조된 데이터 신호 속도는 얼마인가? (2021-3차)

① 600[bps] ② 1,200[bps]
③ 1,600[bps] ④ 3,200[bps]

해설

$[\text{bps}]=\text{baud}\times\log_2 M=800[\text{baud}]\times\log_2(4)$
$=800[\text{baud}]\times 2=1{,}600[\text{bps}]$

10 통신시스템에서 데이터 전송 시 비트율이 고정되어 있을 때 다원 베이스 밴드전송(Multilevel Baseband Transmission)을 사용하여 심볼당 비트 수를 증가시켜 전송한다면 어떠한 효과가 있는가? (2023-2차)

① 전송 대역폭을 줄일 수 있다.
② 전송 전력을 줄일 수 있다.
③ 비트 에러율이 줄어든다.
④ 얻어지는 효과가 없다.

해설

데이터 비트율이 고정되므로 심볼당 처리 비트수를 늘리는 경우 영향을 묻는 문제이므로 QAM, 16QAM, 64QAM을 비교해 보면 QAM(2bit), 16QAM(4bit), 64QAM(6bit)으로 한 번에 처리하는 용량이 증가한다고 할 수 있다. 즉, 심볼당 비트수가 증가하면서 전송용량이 증가하므로 상대적으로 전송 대역폭이 줄어 들 수 있는 것이다. 반대로 동일 대역폭에서 심볼당 비트수가 증가하는 경우에는 데이터 전송속도가 증가할 수 있다.

11 12비트의 정보가 6ms마다 전송된다면 비트율[bps]은 얼마인가? (2022-3차)

① 1,000[bps] ② 1,500[bps]
③ 2,000[bps] ④ 2,500[bps]

해설

bps는 bit per second이다. $6\text{ms}=6\times10^{-3}$이므로

$\text{baud}=\frac{1}{T}=\frac{1}{6\times10^{-3}}$[bps], 총 12bit를 전송하므로

12bit를 $\frac{1}{6\times10^{-3}}$에 곱하면$=2{,}000$[bps]이 된다.

정답 12 ② 13 ① 14 ①

12 어떤 신호가 4개의 데이터 준위를 가지며 펄스 시간은 1[ms]일 때 비트 전송률은 얼마인가? (2023-2차)

① 1,000[bps] ② 2,000[bps]
③ 4,000[bps] ④ 8,000[bps]

해설

신호속도 [bps]=boud×변조상태 변화수=boud×$\log_2 M$, M=진수

$$\text{baud}=\frac{1}{T}=\frac{1}{1[ms]}=1{,}000[\text{baud}]$$

비트 전송율=Baud×n이므로 $n=\log_2 M=\log_2 4=2$

그러므로 비트 전송율(Data Rate)=Baud×n=1,000[baud]×2=2,000[bps]

13 다음 보기의 설명으로 적합한 것은? (2023-2차)

> 신호레벨이 변하는 속도로 매초에 전송할 수 있는 부호의 수를 의미하며 하나의 부호(심볼)를 전송할 때 필요한 시간에 대한 심볼의 폭으로 나타낼 수 있으며 단위는 “baud”이다.

① 변조속도 ② 데이터 신호속도
③ 데이터 전송속도 ④ 베어러(Barer) 속도

해설

bps(bit per second) 데이터 신호 속도	• 초당 전송되는 비트수, 1초에 전송하는 Bit 수 • 신호속도(bps) = 변조속도(baud)×변조 시 상태 변화 수
변조속도 (Baud)	초당 전송되는 단위 신호의 수로서 $\frac{\text{신호속도}}{\text{변조시상태변화수}}$이다. baud=$\frac{1}{T}$($T$는 신호 요소의 시간)
데이터전송 속도	단위 시간당 전송하는 비트수, 문자수, 패킷수
Bearer 속도	동기비트+데이터+상태신호비트의 합

14 디지털 전송방식에서 원신호속도, 샘플링방식, 베어러 속도가 잘못 연결된 것은? (2019-2차)(2022-1차)

① 1,200[bps]: 4,800[bps] 단점 샘플링: 6.4[kbps]
② 2,400[bps]: 2,400[bps] 단점 샘플링: 3.2[kbps]
③ 4,800[bps]: 4,800[bps] 단점 샘플링: 6.4[kbps]
④ 9,600[bps]: 9,600[bps] 단점 샘플링: 12.8[kbps]

해설

베어러(Bearer) 속도

데이터가 회선을 통하여 전송될 수 있는 이론적 비율. 시그널의 전송률과는 다른 개념이다. 디지털 회선에서 동기를 취하는 프레임 비트와 통신 상태를 상대방에게 전달하는 상태 비트를 맞춘 Envelop라 부르는 신호 형식으로 전송되는 속도이다. 즉, 데이터 신호에 동기 문자, 상태 신호 등을 합한 속도이다.

① 1,200[bps]: 1,200[bps] 단점 샘플링=1,200×$\frac{8}{6}$=1.6[kbps]

② 2,400[bps]: 2,400[bps] 단점 샘플링=2,400×$\frac{8}{6}$=3.2[kbps]

③ 4,800[bps]: 4,800[bps] 단점 샘플링=4,800×$\frac{8}{6}$=6.4[kbps]

④ 9,600[bps]: 9,600[bps] 단점 샘플링=9,600×$\frac{8}{6}$=12.8[kbps]

단점 샘플링은 원신호와 동일하다는 의미이며 동기문자와 제어문제를 고려한다. 베어러 속도는 DSU를 통해 전송매체로 전달되는 전송속도를 의미한다.

$$\text{베어러 속도}=S[\text{bps}]\times\frac{8}{6}=(B\times n)\times\frac{8}{6}$$
$$=\frac{8}{6}\times(\log_2 M)\times\frac{8}{6}$$

정답 15 ① 16 ②

15 전송매체의 대역폭이 12,000[Hz]이고, 두 반송파 주파수 사이의 간격이 최소한 2,000[Hz]가 되어야 할 때 2진 FSK 신호의 보오율[baud]과 비트율[bps]은? (단, 전송은 전이중방식으로 이루어지며 대역폭은 각 방향에 동일하게 할당된다) (2010-2차)(2013-1차)

① 4,000[baud], 4,000[bps]
② 4,000[baud], 8,000[bps]
③ 10,000[baud], 10,000[bps]
④ 10,000[baud], 16,000[bps]

해설

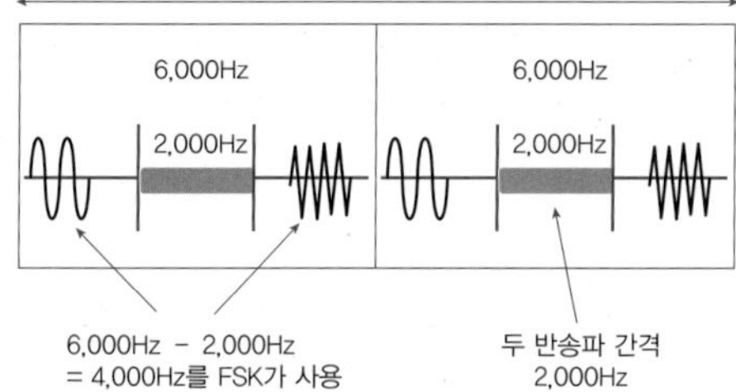

대역폭이 12,000[Hz]이고 FSK 방식이므로 f_1과 f_2는 각각 6,000[Hz]이다. 두 주파수 사이 간격이 최소 2,000[Hz]이면 대역폭=보오율+(f_2-f_1)이므로 대역폭 = 6,000−2,000=4000[bps]이다.
2진 FSK는 $M=2$이므로 $\log_2 2=1$이다. 즉, FSK는 보오율인 변조속도와 비트율인 데이터 신호속도가 같다.

$$변조속도(baud)=\frac{신호속도(bps)}{변조시상태변화수(\log_2 2M)},\ M=2$$

이므로 변조속도=신호속도(bps)이다.
그러므로 4,000[baud], 4,000[bps]가 된다.

16 Broadband 전송방식으로 응용되는 전화선 모뎀 V.32bis 방식의 비트율[bps]이 보기와 같은 조건일 경우 얼마인가? (2016-2차)

> – 변조방식: 128QAM(오류제어 1비트 포함)
> – 보오(baud)율: 2,400

① 9,600[bps]
② 14,400[bps]
③ 19,600[bps]
④ 28,800[bps]

해설

신호속도 [bps]
$=$boud×변조상태 변화수$=$boud×$\log_2 M$, $M=$진수
데이터 신호속도(데이터율) = 변조속도×한 번에 전송되는 비트 수
128진은 2^7으로 한 번에 7개의 비트를 전송한다. 오류제어용 비트가 1bit를 빼면 순수한 정보는 6bit가 된다.
그러므로 데이터의 속도는 2,400×6=14,400[bps]

기출유형 완성하기

참 고

주관식 1 데이터 전송속도가 12,000[bps]인 회선에 한 번의 신호로 세 개의 bit를 전송할 때 신호속도[baud]는?

해설

구분	내용
변조속도 [baud]	$=\frac{\text{신호속도}}{\text{변조시상태변화수}}=\frac{\text{신호속도[bps]}}{\log_2 M}$, $\text{boud}=\frac{1}{T}$(T는 신호의 시간), $T=\frac{1}{\text{boud}}$
신호속도 [bps]	$=$boud×변조상태 변화수$=\text{boud}\times\log_2 M$, $M=$진수

$\frac{12{,}000}{\log_2 M=3}=4{,}000\text{[baud]}$

정답 4,000[baud]

주관식 2 쿼드비트를 사용하여 800[baud]의 변조속도를 지나는 데이터 신호가 있다. 이때 데이터 신호속도[bps]는?

해설

변조 시 상태 변화 수		
	모노비트(Monobit) =1bit	디비트(Dibit) = 2bit
	트리비트(Tribit) =3bit	쿼드비트(Quadbit) =4bit

$\text{bps}=\text{baud}\times\log_2 M=800\text{[baud]}\times 4=3{,}200\text{[bps]}$

정답 3,200[bps]

02 통신이론 응용

기출유형 01 ▶ VAN(Value Added Network)

다음 중 단순한 전송 기능 이상으로 정보의 축적, 가공, 변환 처리 등의 부가가치를 부여한 음성 또는 데이터 정보를 제공해 주는 복합적인 정보서비스망은? (2015-2차)(2021-3차)

① DSU ② VAN
③ LAN ④ MHS

해설
VAN의 필요성은 정보저장용량의 증대, 정보통신 응용분야의 다양화, 정보처리 속도의 향상으로 출현되었다. 이전에 단순한 정보전송을 벗어나 정보의 축적, 가공, 변환처리를 통해 새로운 부가서비스를 제공하는 통신망이다.

| 정답 | ②

족집게 과외

VAN 기능	계층	내용
전송 기능	기본 통신 계층	단순히 정보전송의 물리적 회선을 제공한다.
교환 기능	네트워크 계층	패킷 교환 방식을 이용 사용자들을 서로 연결시킨다.
통신 처리 기능	통신 처리 계층	서로 다른 기종이나 다른 시간대에 통신 서비스를 제공한다.
정보 처리 기능	정보 처리 계층	온라인 실시간, 원격 일괄 처리, 시분할 시스템 등을 하는 기능이다.

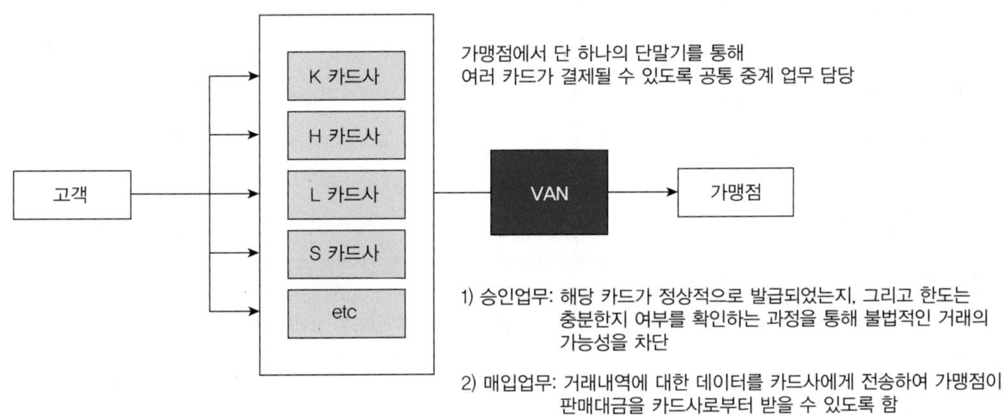

더 알아보기

- VAN(Value Added Network): 단순한 정보전송 이외에 정보의 축적, 가공, 변환처리를 통해 새로운 부가서비스를 제공하는 통신망
- PG(Payment Gateway): 전자지급결제대행업

❶ VAN(Value Added Network)

부가가치네트워크(VAN)는 거래 파트너 간의 전자 데이터 교환을 촉진하는 서비스 제공망이다. VAN은 전자 데이터 교환(EDI) 트랜잭션의 중개자 역할을 하며, 안전하고 신뢰할 수 있는 플랫폼을 제공한다. VAN은 일반적으로 서비스에 대해 수수료를 부과하며, 이는 교환되는 데이터의 양 또는 고정된 월 수수료에 기초할 수 있다. 전반적으로 VAN은 전자 상거래를 촉진하고 비즈니스 프로세스를 간소화하는 데 중요한 역할을 하며, 특히 무역 파트너 간의 데이터 교환이 중요한 소매업, 의료 및 금융과 같은 산업에서 중요하다.

❷ VAN의 주요 특징

㉠ 나이스 정보통신, 한국정보통신, KIS정보통신, 스마트로 등 오프라인 결제가 (카드기기) VAN을 사용한다. 이를 통해 하나의 단말기로 여러 회사가 결재할 수 있게 가맹점을 모집 할 수 있어 VAN 통신망을 통해 카드사의 승인 업무, 매입업무(거래 내역 데이터를 카드사로 전송) 등의 역할을 지원한다.

㉡ PG(Payment Gateway)인 온라인 사이트 회사는 실체가 없기 때문에 PG사가 대표가맹점의 개념으로 사이트를 보증하고 온라인 카드 결재가 가능하게 해준다. 결제 후 수수료+가맹점 연회비 및 대금 결재 등을 통한 이자가 발생하여 수익이 창출되는 구조이다.

❸ VAN의 주요 업무

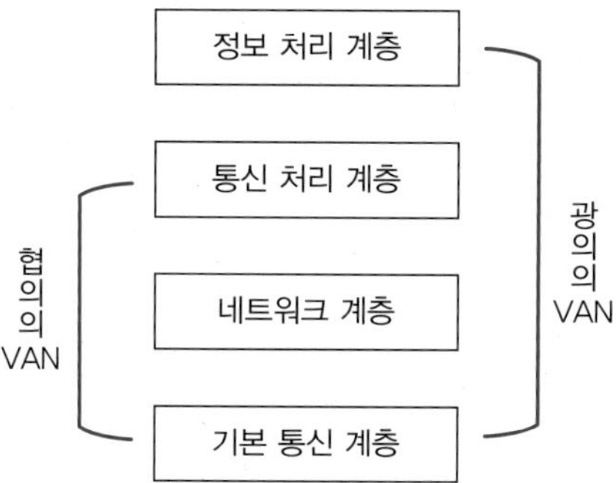

단순한 정보전송 이외 정보의 축적, 가공, 변환처리를 통해 새로운 부가서비스를 제공하는 통신망으로 가맹점에서 단 하나의 단말기를 통해 여러 카드사가 결재할 수 있도록 공통 중계 업무를 담당한다. 특히 VAN을 통해 정보교환, 정보 처리, 통신 처리 등을 제공한다.

❹ VAN의 주요 기능

구분	계층	내용
전송 기능	기본 통신 계층	사용자가 단순히 정보를 전송할 수 있도록 물리적 회선을 제공하는 VAN의 가장 기본적인 기능이다.
교환 기능	네트워크 계층	가입된 사용자들을 서로 연결시켜 사용자 간의 정보전송이 가능하도록 제공하는 서비스이며 패킷 교환 방식을 이용한다.
통신 처리 기능	통신 처리 계층	축적 교환 기능과 변환기능을 이용하여 서로 다른 기종 간에 또는 다른 시간 대에 통신이 가능하도록 제공하는 서비스이다.
정보 처리 기능	정보 처리 계층	온라인 실시간 처리, 원격 일괄 처리, 시분할 시스템 등을 이용하여 급여 관리, 판매관리 데이터베이스 구축, 정보 검색, 소프트웨어 개발 등의 응용 소프트웨어를 처리하는 기능이다.

기출유형 완성하기

정답 01 ④ 02 ① 03 ① 04 ④ 05 ②

01 **회선을 보유하거나 임차하여 정보의 축적, 가공, 변환하여 광범위한 서비스를 제공하는 것은?** (2013-1차)(2017-2차)(2022-3차)

① CATV
② ISDN
③ LAN
④ VAN

해설
VAN(Value Added Network)을 통해 가맹점에서 단말기를 통해 여러 카드사가 결재 할 수 있도록 공통 중계 업무를 담당한다.

02 **다음 중 부가가치통신망(VAN)의 계층구조가 아닌 것은?** (2022-3차)

① 연산처리 계층
② 정보처리 계층
③ 통신처리 계층
④ 네트워크 계층

해설

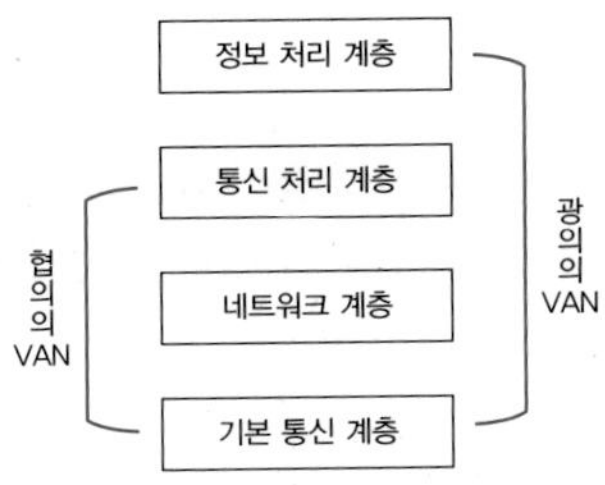

- 전송 기능(기본 통신 계층): 단순히 정보전송의 물리적 회선을 제공
- 교환 기능(네트워크 계층): 패킷 교환 방식을 이용 사용자들을 서로 연결
- 통신 처리 기능(통신 처리 계층): 서로 다른 기종이나 다른 시간대에 통신이 서비스 제공
- 정보 처리 기능(정보 처리 계층): 온라인 실시간, 원격 일괄 처리, 시분할 시스템 등을 하는 기능

03 **VAN의 서비스 기능 중 통신 처리 기능(통신 처리 계층)으로 틀린 것은?** (2021-1차)

① 패킷 교환
② 코드 변환
③ 속도 변환
④ 프로토콜 변환

해설
통신 처리 기능(통신 처리 계층)
축적 교환 기능과 변환기능을 이용하여 서로 다른 기종 간에 또는 다른 시간대에 통신이 가능하도록 제공하는 서비스이다.

04 **다음 중 부가가치통신망(VAN)에 특화된 응용사례와 거리가 먼 것은?** (2019-2차)

① 은행 간 현금인출기 공동이용 서비스
② 신용카드 정보 시스템
③ 국내외 항공사 간 항공권 예약 서비스
④ 전화 서비스

해설
VAN는 카드 대금 결재 등 전화 서비스 이외의 부가서비스를 제공해 주는 통신망이다.

05 **부가가치통신망(VAN)의 출현배경과 거리가 먼 것은?** (2019-1차)

① 정보저장용량의 증대
② 아날로그 정보처리기술의 발달
③ 정보통신 응용분야의 다양화
④ 정보 처리 속도의 향상

해설
통신망은 Analog에서 Digital로 발전하고 있고 이를 통해 부가통신이 가능한 VAN이 출현하게 되었다.

정답 06 ① 07 ③ 08 ③ 09 ①

06 다음 중 부가가치통신망(VAN)에 대한 설명으로 틀린 것은? (2016-1차)

① VAN 사용자는 인터넷을 통해서만 VAN 정보에 접속할 수 있다.
② 은행의 본점과 지점간 또는 다른 은행 간의 자동이체 등은 VAN에서 제공할 수 있는 서비스이다.
③ 최근에는 개방형 구조의 인터넷 기반 B2B, B2C로 발전하고 있다.
④ VAN은 기존 통신망의 통신 기능에 통신 처리 기능, 정보 처리 기능을 추가하여 가치를 높이는 통신망이다.

해설

VAN는 인터넷 뿐만 아니라 PSTN인 일반 전화 회선을 통해서 카드결재 등이 이루어지고 있다.

07 다음 중 기업이 부가가치통신망(VAN)을 이용하는 목적이 아닌 것은? (2013-2차)(2014-3차)

① 이기종 호스트 컴퓨터 간 접속, 단말기의 접속 프로토콜 변환 등을 네트워크에서 함으로써 기업의 서버 부하 경감
② 데이터 통신 효율 향상을 통한 통신비용 절감
③ 전화서비스의 안정적 이용
④ 회선의 확장, 변경, 운용을 VAN 업체에 위탁함에 따른 기업 내 업무 효율화

해설

VAN은 단순한 전송 기능 이상으로 정보의 축적, 가공, 변환 처리 등의 부가가치를 부여한 음성 또는 데이터 정보를 제공해 주는 복합적인 정보서비스망이다.

08 VAN(부가가치통신망)의 서비스 기능 중 정보처리기능에 속하지 않는 것은? (2014-2차)

① 데이터베이스 관리
② 계산처리
③ 데이터 변환
④ 각종 업무 처리

해설

③ 데이터 변환은 통신처리 기능에 해당한다.

- 정보처리기능(정보처리계층): 온라인 실시간 처리, 원격 일괄 처리, 시분할 시스템 등을 이용하여 급여 관리, 판매관리 데이터베이스 구축, 정보 검색, 소프트웨어 개발 등의 응용 소프트웨어를 처리하는 기능이다.
- 통신처리기능(통신처리계층): 축적 교환 기능과 변환 기능을 이용하여 서로 다른 기종 간에 또는 다른 시간대에 통신이 가능하도록 제공하는 서비스이다.

09 다음 중 부가가치통신망(VAN)이 일반 통신망에 비해 추가적으로 제공하는 기능으로 볼 수 없는 것은? (2013-3차)

① 전화서비스 기능
② 정보처리 기능
③ 프로토콜 변환기능
④ 통신속도 변환기능

해설

VAN은 단순한 전송 기능 이상으로 정보의 축적, 가공, 변환 처리 등의 부가가치를 부여한 음성 또는 데이터 정보를 제공해 주는 복합적인 정보서비스망이다.

정답 10 ② 11 ②

10 **다음 중 단순한 전송 기능 이상으로 정보의 축적, 가공, 변환 처리 등의 부가가치를 부여한 음성 또는 데이터 정보를 제공해 주는 복합적인 정보 서비스망은?** (2012-3차)

① DSU
② VAN
③ LAN
④ MHS

해설
VAN은 단순한 전송 기능 이상으로 정보의 축적, 가공, 변환 처리 등의 부가가치를 부여한 음성 또는 데이터 정보를 제공해 주는 복합적인 정보서비스망이다.

11 **단순한 정보전송 이외에 정보의 축적, 가공, 변환처리를 통해 새로운 부가서비스를 제공하는 통신망을 의미하는 것은?** (2012-2차)

① LAN(Local Area Network)
② VAN(Value Area Network)
③ WAN(Wide Area Network)
④ PSTN(Public Switched Telephone Network)

해설
VAN은 단순한 전송 기능 이상으로 정보의 축적, 가공, 변환 처리 등의 부가가치를 부여한 음성 또는 데이터 정보를 제공해 주는 복합적인 정보서비스망이다.

기출유형 02 ▶ 회선교환(Circuit-Switched)방식과 메시지교환(Message-Switched)방식

회선교환방식에 대한 설명 중 맞는 것은? (2012-2차)(2016-2차)

① 속도나 코드변환이 가능하다.

② 데이터 전용 교환방식으로 대역폭을 효율적으로 사용한다.

③ 바로 접속은 되지만 전송지연이 생긴다.

④ 고정적인 대역폭을 갖는다.

해설

회선교환망은 발신자와 수신자 간에 독립적이며 동시에 폐쇄적인 통신 연결로 구성되어 있다. 이러한 1:1 연결을 회선(Circuit) 또는 채널(Channel)이라 한다.

회선교환방식 특징

- 일단 설정된 통신은 안정적이며 다른 요인에 의한 통신이 방해를 받지 않는다.
- 회선을 독점적으로 구성해서 고속 데이터를 보내고 대량의 데이터를 일괄적으로 처리할 수 있다.
- 원격지 단말기 간의 통신, 각종 데이터 단말 및 개인용 컴퓨터 간의 통신이 가능하다.
- 디지털 팩시밀리의 이용과 화상회의 운영 및 대용량 자료전송이 용이하다.

| 정답 | ④

족집게 과외

회선교환방식은 전송 중 항상 일정한 경로를 사용, 정보의 연속적인 전송이 가능, 빠른 응답 가능, 길이가 긴 연속적인 정보전송에 적합하고, 고정적인 대역폭을 갖는다.

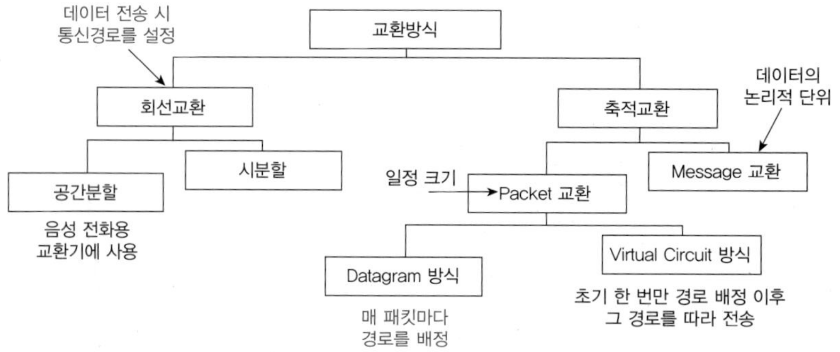

더 알아보기

회선교환

송수신 단말장치 사이에서 데이터를 전송할 때마다 통신경로를 설정하여 데이터를 교환하는 방식으로 음성통화용인 공간분할 방식과 시분할 방식이 있다. 이에 반해 축적 교환 방식은 회선 교환 방식의 단점을 극복하기 위한 것으로 Packet 교환방식과 Message 교환방식으로 구분된다. 축적교환방식은 통신회선 송수신 상호 간에 직접적인 경로를 만드는 대신 패킷 교환기와 같은 중간 노드(기억매체)에 데이터를 경유시키면서 순차적으로 중계 루트를 선택하여 상대방에게 전송하는 방식이다. 축적교환방식에 포함된 Packet 교환방식은 크게 Datagram 방식과 Virtual Circuit(가상회선)이 있으며 데이터그램 방식에서는 매 패킷마다 경로를 배정하지만 Virtual Circuit(가상회선) 방식에서는 회선 설정 시에 한 번만 경로를 배정하고 이후에는 설정된 경로를 따라 데이터를 전송한다.

❶ 교환(Switching)의 정의

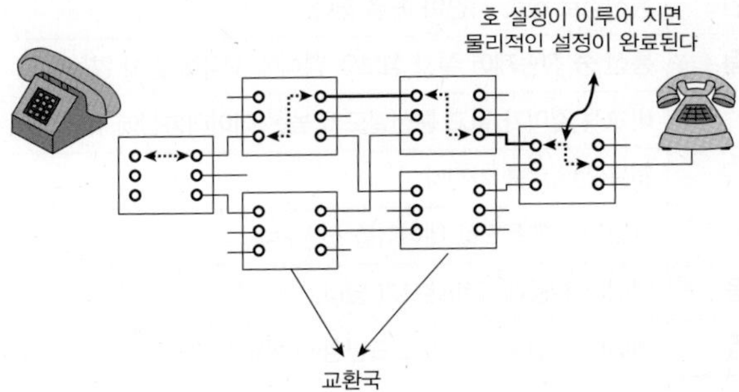

교환이란 필요할 때만 단말장치와 단말장치 간의 통신로를 확보하여 통신망 전체의 효율성을 높이는 것이다. 교환망에는 전화교환망, 패킷교환망, 회선교환망, 종합정보통신망이 있으며 구성하는 방식은 각각 다르고 특성에 맞게 구성이 필요하다. 이를 위해 데이터통신용 교환방식에는 비저장방식인 회선 교환방식과 저장방식인 메시지 교환방식, 패킷 교환방식으로 구분된다.

❷ 회선교환(Circuit-Switched)방식

회선교환은 송수신 단말장치 사이에서 데이터를 전송할 때마다 통신경로를 설정하여 데이터를 교환하는 방식이다. 회선교환은 회선의 설정, 데이터의 이동, 회선의 종료 등 3가지로 동작한다. 데이터가 전송되기 전에 두 단말장치 간에 회선을 설정하고, 회선이 설정되면 이 회선을 통해서 데이터를 전송하며, 일정 시간이 지나면 두 단말장치 중 하나의 단말장치에 의해 연결이 종료된다. 이 방식은 통신할 때마다 매번 통신경로를 설정하기 때문에 통신 중에 전송제어절차, 정보의 형식 등에 제약을 받지 않아, 비교적 원거리 통신에 적합한 방식이다. 회선교환은 전통적인 전화 네트워크와 일부 오래된 데이터 네트워크에서 사용되는 통신 방법으로 회선교환 네트워크에서, 연결 기간 동안 송신자와 수신자 사이에 전용 통신경로가 설정된다.

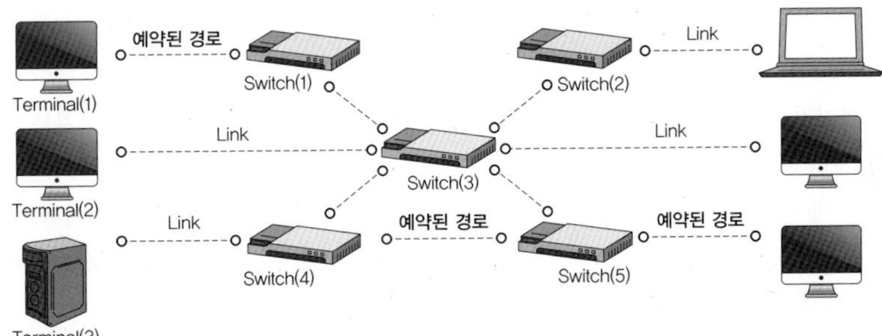

Switch는 PSTN망에서 교환기로 대체 된다!

회선교환방식은 통화로 동작에 의해 공간분할방식과 시분할방식으로 구분되며 회선교환의 작동 방식은 다음과 같다.

순서	내용
1. 통신 설정	사용자가 통화를 시작하면 네트워크는 소스에서 대상까지 전용 회로를 설정한다. 여기에는 전체 경로를 따라 대역폭과 같은 필요한 리소스를 예약하는 작업이 포함된다.
2. 데이터 전송	회로가 설정되면 발신자와 수신자 간에 데이터를 전송할 수 있다. 전용 회로는 연속적인 연결을 보장하며, 데이터는 순차적이고 예측 가능한 방식으로 흐른다.
3. 해제 요청	통신이 완료되거나 어느 한쪽에 의해 종료되면 회로가 해제되고 연결에 할당된 리소스가 다른 사용자를 위해 확보된다.

회선 전환은 다음과 같은 이점을 제공한다.

장점	짧은 접속 시간	통신경로 접속 시간이 매우 짧다.
	형식 제한 없음	통신 중 전송제어 절차 정보의 형식에 제약을 받지 않는다.
	데이터통신	비교적 길이가 길고 통신밀도가 높은 데이터통신에 유리하다.
	전용 전송	전용 전송로를 가진다.
	고정 대역폭	고정된 대역폭으로 데이터를 전송한다.
	오버헤드 없음	데이터 전송에 오버헤드가 없다.
	코드변환 없음	데이터의 전송속도 및 코드변환이 필요 없다.
	보장된 리소스	전용 회로가 설정되어 있으므로 사용 가능한 대역폭은 연결 기간동안 예약된다. 이를 통해 일관된 서비스 품질을 보장한다.
	예측 가능한 지연 시간	회선교환은 전용 회로가 라우팅 및 패킷교환 지연의 필요성을 제거하기 때문에 예측 가능한 낮은 지연 시간을 제공한다.

그러나 다음과 같은 제한도 있다.

단점	사전 준비	통신하는 양측의 시스템이 동시에 데이터 교환 준비가 되어있어야 한다.
	회선 독점	접속되어있는 동안은 두 시스템 간의 통신회선이 독점되어 있다.
	비효율적인 리소스 활용	전용 회로는 데이터 전송이 없더라도 할당된 상태로 유지된다. 이로 인해 연결이 장시간 유휴 상태일 때 네트워크 리소스를 비효율적으로 사용할 수 있다.
	제한된 확장성	• 회선교환은 각 연결에 대해 전용 리소스가 필요하기 때문에 쉽게 확장할 수 없다. • 더 많은 사용자를 추가하려면 추가 회로가 필요하므로 비용이 많이 들 수 있다.

인터넷 기반의 통신망 발전으로 패킷 교환방식은 IP 기반 Packet을 기본으로 발전하고 있다. 고전적인 교환망에서 Packet 교환은 회선교환과 달리 데이터를 작은 패킷으로 나누어 네트워크를 통해 각각 독립적으로 전송하므로 통신망 자원의 활용률이 향상되고 확장성 또한 향상된다.

❸ 메시지교환방식

메시지 교환은 교환기가 일단 송신지에서 수신측으로 메시지를 보낼 때 입력회선에서 메시지를 받아서 기억장치에 저장한 후 메시지 처리 프로그램은 메시지와 그 주소를 확인한 후 출력회선을 결정한다. 이후 목적한 방향으로 회선 사용이 가능하면 그 메시지는 프로토콜에 의해 출력 회선으로 전송한다. 메시지 교환은 데이터의 논리적 단위를 교환하는 방식으로 디지털 교환에 적합한 방식이나 일방적인 메시지 전달이 주요 목적이기 때문에 빠른 응답시간이 요구되는 데이터 전송망에는 비교적 적합하지 않다.

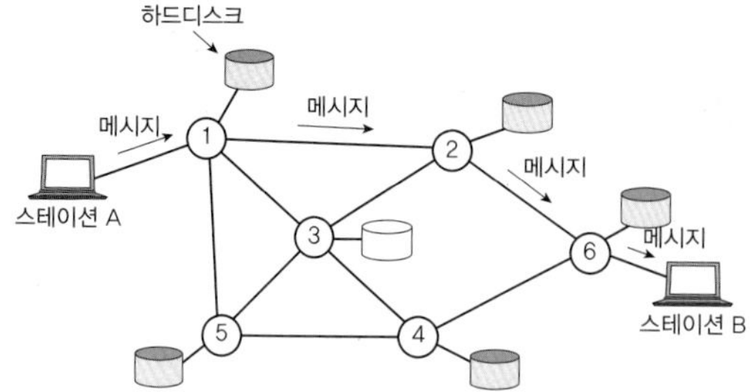

메시지 전체를 한 노드에서 다음 노드로 축적 후 전송한다. 메시지 축적을 위한 큰 저장장치가 필요하며 지연이 크기 때문에 패킷교환으로 대체되어 현재는 사용되지 않는다.

메시지 교환방식 특징

- 메시지 단위로 축적한다.
- 속도, 코드변환이 가능하다.
- 전송지연 시간이 매우 길다.
- 교환기가 송신측의 메시지를 받아 저장한 후 전송 순서가 되면 전송한다.

1) 메시지 교환 순서

순서	내용
1. 데이터 수집	메시지 교환 네트워크에서 데이터는 완전한 메시지 또는 정보 단위로 그룹화된다. 이러한 메시지는 일반적으로 통신에 필요한 모든 정보를 포함한다.
2. 전용 경로확보	전체 메시지는 각 메시지에 대해 설정된 전용 경로를 따라 네트워크를 통해 라우팅된다. 이러한 경로는 전체 메시지가 대상에 도달할 때까지 예약된 상태로 유지된다.
3. 순차적 전송	메시지는 순서에 따라 순차적으로 전송되므로 메시지가 손상되지 않고 올바른 순서로 대상에 도착한다.

예 전통적인 전신 시스템은 완전한 메시지가 전용 전신선을 통해 전송되는 메시지 교환 네트워크의 예라 할 수 있다.

2) 메시지 교환방식 장점

구분	내용
회선효율 우수	회선 효율이 증대된다.
비동기 가능	비동기 전송이 가능하다.
오류 재전송	전송 도중 오류 발생 시 메모리에 축적되어있는 복사본으로 재전송이 가능하다.
연결 없음	연결 설정이 불필요하다.
우선 순위처리	메시지 우선순위에 따른 처리가 가능하다.
에러제어	에러제어와 회복 절차를 구성할 수 있다.
다중 전달	전송량이 많은 경우 한 개의 메시지를 여러 목적지로 전송할 수 있다.

3) 메시지 교환방식 단점

구분	내용
비실시간	실시간 전송이나 응답시간이 빠른 데이터 전송에는 부적합하다.
지연	네트워크를 통한 지연은 상대적으로 매우 길다.
음성부적합	음성신호 전송에는 사용할 수 없다.
순서	송신 데이터 순서와 수신 데이터 순서 불 일치할 수 있다.
수신주소	각 메시지마다 수신 주소를 붙여서 전송해야 한다.

정답 01 ① 02 ④ 03 ③ 04 ①

01 정보통신 교환망의 기능 정지를 막고 안정된 서비스를 제공하기 위한 신뢰성 향상 대책으로 가장 거리가 먼 것은? (2010-2차)

① 교환 장치를 중앙에 집중화시킨다.
② 교환 장치의 신뢰성 향상을 위해 주요 부분을 이중화한다.
③ 주요 전송경로를 이중화한다.
④ 유지보수지원 시스템을 개발 운용한다.

해설
안정된 서비스를 제공하기 위한 신뢰성 향상 대책으로 통신망을 분산해서 관리함으로써 만약의 장애에 대비해야 한다. 교환 장치를 중앙에 집중화시키는 경우 장애 발생 시 전체 시스템이 마비될 수 있다.

02 다음 중 교환 통신망의 분류로 적절하지 못한 것은? (2012-3차)

① 패킷교환망
② 회선교환망
③ 메시지교환망
④ 음성교환망

해설

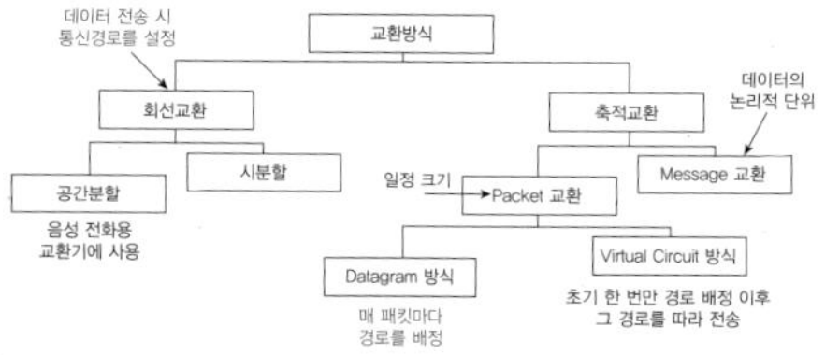

03 회선교환 방식의 특징이 아닌 것은? (2020-3차)

① 연결 설정 단계에서 자원 할당이 필요하다.
② 데이터통신을 위해 연결 설정, 데이터 전송, 연결 해제의 세 단계가 필요하다.
③ 회선교환 방식은 데이터그램 방식에 비해 네트워크 효율성이 좋다.
④ 주로 전화망에서 사용하는 교환방식이다.

해설
회선교환망은 발신자와 수신자 간에 독립적이며 동시에 폐쇄적인 통신 연결로 구성되어 있다. 이러한 1대1 연결을 회선(Circuit) 또는 채널(Channel)이라 한다.

04 데이터그램 교환방식과 가상회선 교환방식은 어느 교환 통신망에 속하는 기술인가? (2015-2차)

① 패킷교환망
② 회선교환망
③ 메시지교환망
④ 음성교환망

해설
아래 정리에 보듯이 데이터그램과 가상회선은 패킷교환 방식에 속한다.

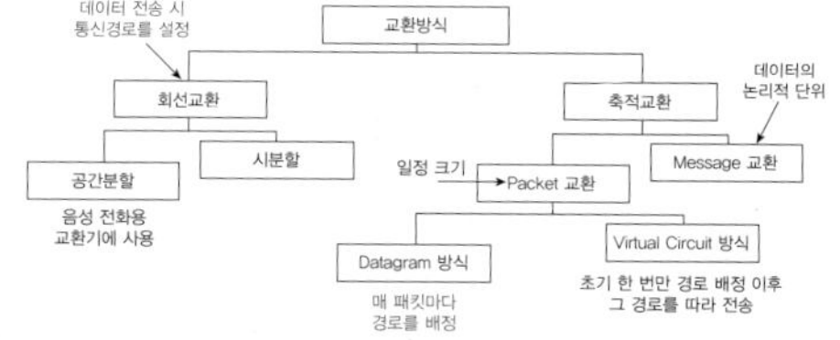

05 다음 중 가상회선 교환방식의 설명으로 틀린 것은? (2017-3차)(2018-3차)

① 데이터 전송은 연결 설정, 데이터 전송, 연결 해제의 세 단계로 이루어진다.
② 전송할 데이터는 패킷으로 분할되어 전송된다.
③ 연결이 설정되고 나면 모든 패킷은 동일한 경로를 따라 전송된다.
④ 각 패킷마다 상이한 경로가 설정된다.

해설

패킷 교환	데이터그램	각각의 패킷마다 별도로 경로로 라우팅하여 전달한다.
	가상회선	전송하기 전에 미리 라우팅하여 모든 패킷들이 동일한 경로를 통해 전달한다.

06 다음 중 회선교환(Circuit Switching) 방식의 특징이 아닌 것은? (2010-1차)

① 전용 전송로를 가진다.
② 고정된 대역폭으로 데이터를 전송한다.
③ 데이터 전송에 오버헤드가 없다.
④ 데이터의 전송속도 및 코드변환이 가능하다.

해설

④ 데이터의 전송속도 및 코드변환이 가능하다. → 메시지 교환방식에 대한 설명이다.

07 다음 중 회선교환 방식에 대한 설명으로 틀린 것은? (2011-1차)

① 전송 중 항상 일정한 경로를 사용한다.
② 정보의 연속적인 전송이 가능하다.
③ 빠른 응답시간이 요구되는 응용에는 적합하지 않다.
④ 길이가 긴 연속적인 정보전송에 적합하다.

해설

회선교환방식

- 회선을 독점적으로 구성해서 고속 데이터를 보내고 대량의 데이터를 일괄적으로 처리할 수 있다.
- 원격지 단말기 간의 통신, 각종 데이터 단말 및 개인용 컴퓨터 간의 통신이 가능하다.
- 디지털 팩시밀리의 이용과 화상회의 운영 및 대용량 자료전송이 용이하다.
- 빠른 응답시간이 요구되는 응용에는 적합하다.

08 다음 중 전송지연시간이 길어서 대화형 통신에 사용하기에는 적당하지 않은 것은? (2016-1차)(2019-2차)

① 메시지교환방식
② 회선교환방식
③ 데이터그램 교환방식
④ 가상회선 교환방식

해설

메시지교환방식

가변 길이의 메시지 단위로 저장, 전송 방식에 따라 데이터를 교환하는 방식이다. 전송을 원하는 노드에서는 전송하고자 하는 메시지에 목적지의 주소를 첨가해서 인접한 노드에 넘겨준다. 인접노드는 이것을 참조하여 전송할 다음 노드를 결정한 후, 그 노드로 메시지를 넘겨준다. 이와 같은 반복 작업으로 전송지연 시간이 길어져서 대화형 통신에는 적합하지 않는 방식이다.

정답 09 ② 10 ② 11 ① 12 ④

09 회선교환방식과 비교할 때 메시지교환방식의 장점이 아닌 것은? (2016-2차)(2020-2차)

① 회선의 효율성이 크다.
② 실시간 통신 또는 대화식 통신에 적합하다.
③ 전송량이 많은 경우 한 개의 메시지를 여러 목적지로 전송할 수 있다.
④ 에러제어와 회복 절차를 구성할 수 있다.

해설

② 실시간 통신 또는 대화식 통신에 적합하다. → 회선교환방식에 대한 설명이다.

10 전화통신망(PSTN)에 일반적으로 사용되는 교환방식의 특징이 아닌 것은? (2021-2차)

① 호가 연결된 후 데이터 전송 중에는 일정한 경로를 사용한다.
② 축적교환방식의 일종이다.
③ 전송지연이 작다.
④ 연속적인 데이터 전송에 적합하다.

해설

- 축적교환방식은 송신측에서 전송한 데이터를 송신측 교환기에 저장했다가 다시 적절한 통신경로를 선택하여 수신 측 터미널에 전송하는 방식이다. 축적교환방식에는 메시지교환방식과 패킷교환방식이 있다.
- 공중교환전화망인 PSTN(Public Switched Telephone Network)은 세계의 공중 회선교환 전화망들이 얽혀있는 전화망이다.

11 다음 교환방식 중 축적교환방식에 해당하지 않은 것은? (2022-1차)

① 시분할 회선교환방식
② 메시지교환방식
③ 가상회선 패킷교환방식
④ 데이터그램 패킷교환방식

해설

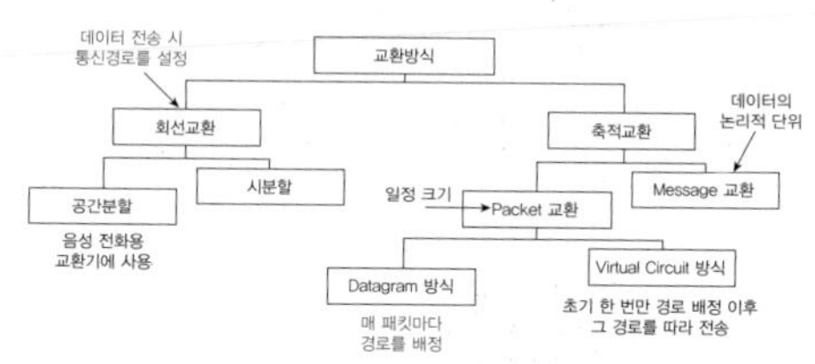

12 다음 중 정보통신망에서 정보를 교환하는 방식이 아닌 것은? (2021-2차)

① 회선교환(Circuit Switching)방식
② 메시지교환(Message Switching)방식
③ 패킷교환(Packet Switching)방식
④ 프레임교환(Frame Switching)방식

해설

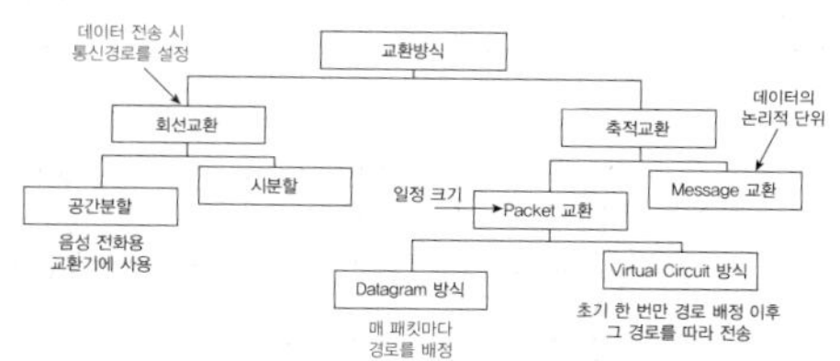

정답 13 ③ 14 ① 15 ② 16 ② 17 ④ 18 ④

13 정보통신망에서 사용되지 않는 교환방식은? (2019-2차)

① 회선교환방식 ② 메시지교환방식
③ 위성교환방식 ④ 패킷교환방식

해설

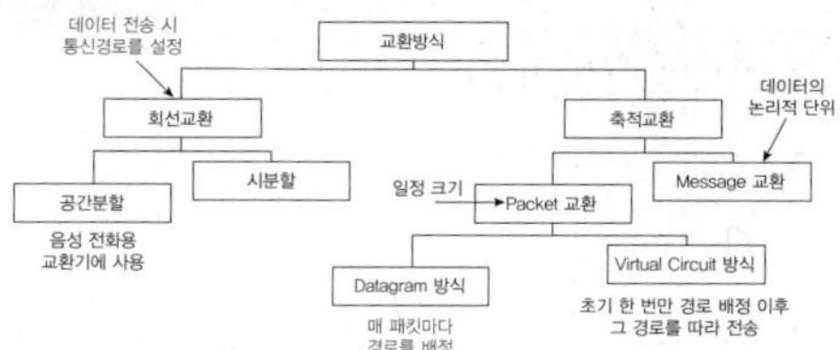

14 통신 중에 교환기의 스위치가 닫히게 되어 송신자와 수신자 사이에 물리적인 회선이 만들어지며 전화나 TV 같은 연속적인 정보를 전송하는데 사용되는 교환방식은? (2016-1차)(2018-1차)

① 회선교환 ② 패킷교환
③ 메시지교환 ④ 데이터그램 교환

해설

회선교환	발신자와 수신자 간에 독립적이며 동시에 폐쇄적인 통신 연결로 구성되어 있다.
패킷교환	일정한 크기의 데이터로 분할한 후, 송수신 주소인 헤더에 패킷단위로 전송하는 방식이다.

15 메시지교환방식에 대한 설명으로 거리가 먼 것은? (정보처리 18년 2월)

① 송신데이터 순서와 수신 순서 불일치
② 고정적인 대역폭을 가진 전용 전송로 필요
③ 전송도중 오류 발생 시 메모리에 축적되어있는 복사본 재전송 가능
④ 각 메시지마다 수신 주소를 붙여서 전송

해설

② 고정적인 대역폭을 사용하는 것은 회선교환방식에서 사용한다.

16 데이터교환방식 중 축적교환방식이 아닌 것은? (정보처리 17년 8월)

① 메시지교환
② 회선교환
③ 가상회선
④ 데이터그램

해설

- 축적교환방식: 메시지, 패킷교환방식(가상회선, 데이터그램)
- 회선교환방식: 회선, 공간, 시분할 방식

17 패킷교환방식에 대한 설명으로 틀린 것은? (정보처리 17년 8월)

① 데이터그램과 가상회선 방식으로 구분된다.
② 저장 전달 방식을 사용한다.
③ 전송하려는 패킷에 헤더가 부착된다.
④ 노드와 노드 간에 물리적으로 전용 통신로를 설정하여 데이터를 교환한다.

해설

④ 회선교환방식에 해당된다.

18 패킷교환망에서 패킷이 적절한 경로를 통해 오류 없이 목적까지 정확하게 전달하기 위한 기능으로 옳지 않는 것은? (정보처리 17년 5월)

① 흐름제어
② 에러제어
③ 경로배정
④ 재밍 방지 제어

해설

패킷교환망은 경로, 트래픽, 에러제어의 기능을 한다.

기출유형 03 ▶ 패킷교환(Packet-Switched)방식

다음 중 패킷 교환망에 대한 일반적인 설명으로 적합하지 않은 것은? (2010-1차)

① 패킷을 전송하는데 오버헤드가 없다.
② 비교적 높은 신뢰성을 유지할 수 있다.
③ 고품질의 전송 실현이 가능하다.
④ 패킷의 다중화를 통해서 전송 효율을 향상시킬 수 있다.

해설

패킷교환방식 특징

- 고정된 경로가 미리 설정되지 않는다.
- 전송은 패킷 단위로 독립적으로 이루어진다.
- 네트워크 트래픽 상태 등에 따라 각기 다른 전송경로를 가질 수 있다.
- 고정된 경로를 설정하지 않으므로 동일한 경로를 다른 목적지로 가는 여러 패킷들이 공유하여 통신회선을 보다 효율적으로 사용이 가능하다.

| 정답 | ①

족집게 과외

패킷교환방식 장점

- 회선효율이 높아 경제적 망구성이 가능하다.
- 장애발생 등 회선상태에 따라 경로 설정이 유동적이다.
- 프로토콜이 다른 이기종 망간 통신이 가능하다.
- 회선교환은 실시간 데이터 전송에 유리하고 패킷교환은 비실시간성 데이터에 유리하다.

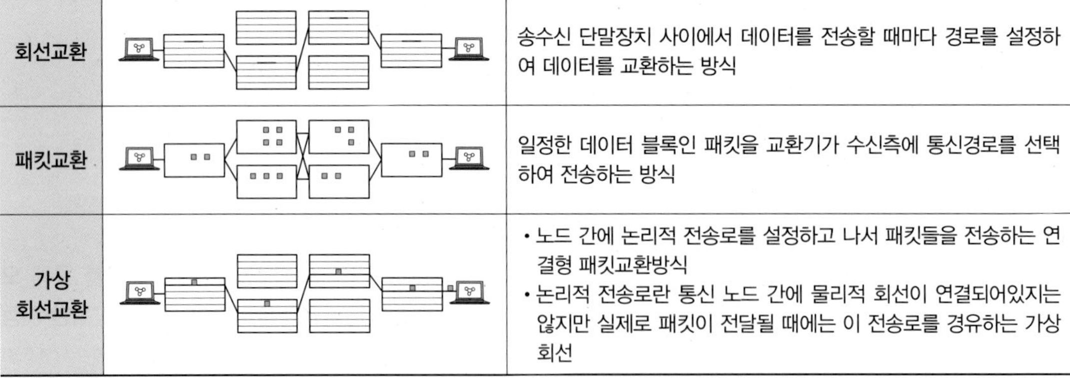

구분	구조	설명
회선교환		송수신 단말장치 사이에서 데이터를 전송할 때마다 경로를 설정하여 데이터를 교환하는 방식
패킷교환		일정한 데이터 블록인 패킷을 교환기가 수신측에 통신경로를 선택하여 전송하는 방식
가상 회선교환		• 노드 간에 논리적 전송로를 설정하고 나서 패킷들을 전송하는 연결형 패킷교환방식 • 논리적 전송로란 통신 노드 간에 물리적 회선이 연결되어있지는 않지만 실제로 패킷이 전달될 때에는 이 전송로를 경유하는 가상 회선

더 알아보기

구분		설명
회선교환		발신자와 수신자 간에 독립적이며 동시에 폐쇄적인 통신 연결로 구성되어 있다.
패킷교환		일정한 크기의 데이터로 분할한 후, 송수신 주소인 헤더에 패킷단위로 전송하는 방식이다.
패킷 교환	데이터그램	각각의 패킷마다 별도로 경로로 라우팅하여 전달한다.
	가상 회선	전송하기 전에 미리 라우팅하여 모든 패킷들이 동일한 경로를 통해 전달한다.

통신망은 크게 전용회선을 기반으로 한 것과 교환회선을 기반으로 한 것으로 구분할 수 있다.

- 전용회선방식: 송수신 호스트가 전용 통신 선로로 데이터를 전송하는 방식(1 : 1)으로 가격이 비싸다.
- 교환회선방식: 전송 선로를 다수의 사용자가 공유하는 것으로 회선교환방식과 패킷교환방식이 있다.

❶ 패킷교환방식

패킷교환은 인터넷을 포함한 현대 컴퓨터 네트워크에서 사용되는 통신 방법이다. 데이터를 패킷이라고 하는 작은 단위로 나누고 공유 네트워크를 통해 독립적으로 전송한다. 각 패킷에는 주소 지정 정보와 함께 전송되는 데이터의 일부가 포함된다.

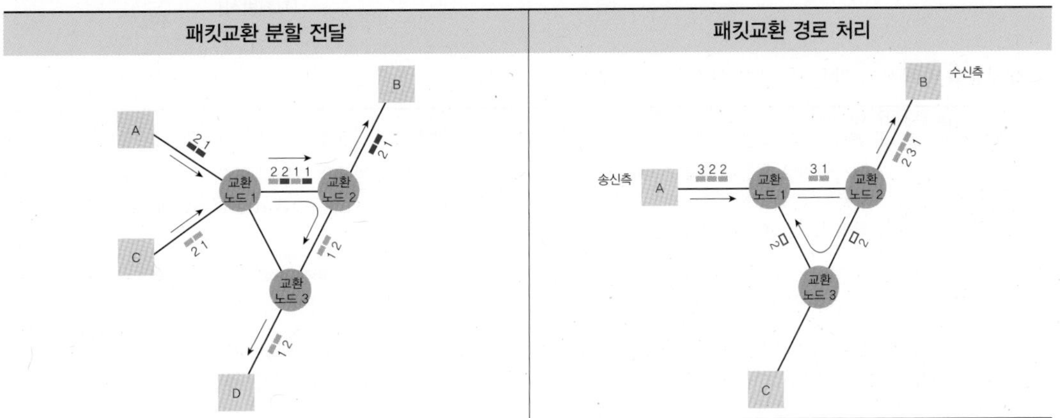

패킷 스위칭의 작동 방식은 다음과 같다.

구분	내용
데이터 분할	패킷교환망을 통해 데이터를 보낼 때 데이터는 더 작은 패킷으로 분할한다. 각 패킷에는 제어 정보뿐만 아니라 원천주소 및 목적지 주소가 포함되어 헤더정보에 들어간다.
라우팅	데이터분할로 패킷이 생성되면 각각의 패킷들은 개별적으로 전송된다. 네트워크 내의 라우터는 패킷 헤더를 검사하여 각 패킷이 목적지에 도달할 수 있는 최적의 경로를 결정하고 라우팅 알고리즘에 의해 네트워크를 통해 패킷의 경로를 결정한다.
최적의 경로 선정	패킷은 통신망 지연이나 링크 장애와 같은 네트워크 상태에 따라 최적의 경로 선정을 위한 서로 다른 경로를 사용한다. 통신망 상황에 따라 목적지에 제대로 도착하지 못할 수도 있다.
재조립	목적지에 도착하면 헤더의 정보를 기준으로 패킷이 재조립되고 데이터는 수신자가 처리할 수 있도록 원래 형태로 재구성된다.

패킷교환방식은 크게 두 가지로 구분된다.

데이터그램 방식	각각의 패킷마다 별도로 경로를 라우팅하는 방식이다.
가상 회선방식	전송하기 전에 미리 라우팅하여 모든 패킷들이 동일한 경로를 통해 전달되는 방식이다.

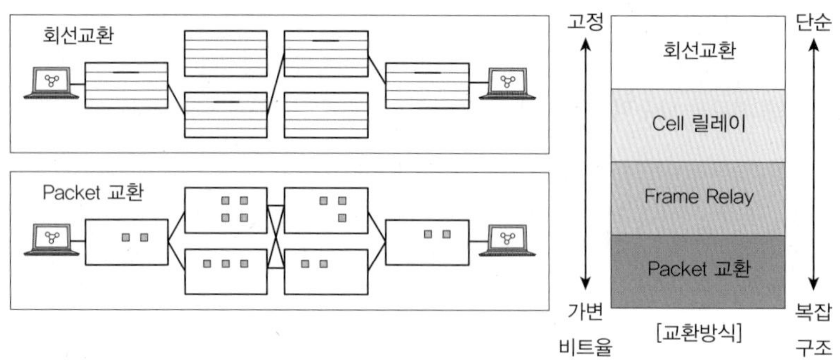

패킷교환은 다음과 같은 몇 가지 이점을 제공한다.

구분	내용
효율적인 리소스 활용	패킷단위로 통신경로를 선택하기 때문에 우회전송이 가능하며 회선효율이 높다. 즉, 패킷교환을 통해 여러 사용자 간에 네트워크 리소스를 공유할 수 있으며 각 패킷은 회선교환에서 전용회선에 비해 네트워크를 더 효율적으로 활용하는 최상의 경로를 사용한다.
확장성	전송속도가 다른 이기종 단말기 상호 간의 통신이 가능하다. 특히 패킷 교환망은 수 많은 사용자를 동시에 처리할 수 있으며 전용회선과 같은 자원 없이도 새로운 연결을 쉽게 수용할 수 있다.
오류 처리	전송 에러가 있을 경우 재전송을 통해 고품질의 정보전송이 가능하다. 패킷 교환 네트워크는 전송 중에 발생할 수 있는 오류를 감지하고 수정할 수 있다. 오류 검사 메커니즘은 패킷 기반과 종단 간 처리 등을 통해 구현되어 신뢰할 수 있는 데이터 전송을 보장한다.

그러나 패킷교환에는 다음과 같은 고려 사항이 있다.

구분	내용
가변 지연 시간	패킷은 네트워크를 통과하는 경로가 다르기 때문에 지연 시간이 달라질 수 있다. 이는 음성 및 비디오 통화와 같은 실시간 응용 프로그램에 영향을 미칠 수 있다.
오버헤드	각 패킷은 추가 헤더 정보를 전달하므로 회로 전환에 비해 오버헤드가 증가한다. 이는 특히 작은 패킷의 경우 네트워크의 전반적인 효율성에 영향을 미칠 수 있다.
데이터 크기	전송제어절차, 정보의 형식 등에 제약을 받지 않아 비교적 길이가 짧은 통신망에 유리하다.

패킷교환은 인터넷과 같은 효율적이고 유연한 네트워크를 가능하게 하는 현대 데이터 통신의 기초가 되었다. 다양한 데이터 유형을 전송할 수 있고 여러 애플리케이션을 동시에 지원하며 변화하는 네트워크 조건에 적응할 수 있다.

❷ 데이터그램(Datagram)방식

데이터그램은 전송로를 설정하지 않고 통신하는 비연결형 패킷교환방식이다. 데이터그램에서는 패킷마다 독립적으로 라우팅을 하기 때문에 패킷들이 서로 다른 경로를 거쳐 목적지에 도달할 수 있으며, 수신한 패킷에 대하여 초기 송신지로 확인 패킷을 보내지 않는다. 패킷들의 순서가 뒤바뀌어 목적지에 도착하거나 패킷이 상실될 수도 있기 때문에 데이터그램을 신뢰성 없는 전달되는 방식이다. 데이터그램의 일반적인 특징은 다음과 같다.

데이터그램방식의 특징

- 송수신 간에 물리적 및 논리적으로 설정하지 않으므로 호설정 지연이 없다.
- 각각 독립적으로 라우팅을 하므로 데이터그램(=패킷)들의 순서가 뒤바뀔 수도 있다.
- 수신지가 수신상태가 아니어도 통신이 가능하다(중간 노드 Buffering).
- 노드 지연이 발생한다.
- 노드에서의 전송속도 및 코드 변환이 가능하다.
- 짧은 데이터 전달에 효과적이다.

❸ 가상회선(Virtual Circuit)방식

가상회선은 통신 당사자 간에 논리적 전송로를 설정하고 나서 패킷들을 전송하는 연결형 패킷교환방식이다. 여기서 논리적 전송로란 통신 당사자 간에 물리적 회선이 연결되어 있지는 않지만 실제로 패킷이 전달될 때에는 이 전송로를 경유하므로 이런 의미에서 가상회선이라고 한다. 가상회선은 모든 패킷들이 동일한 전송로를 거치기 때문에 패킷들이 순서대로 목적지에 도착하게 되며, 목적지에서는 수신한 패킷에 대하여 확인 패킷을 송신지로 보내므로 신뢰성 있는 데이터 전달이 가능하다. 가상회선의 대표적인 예로는 공중 데이터망에 사용되는 X25 프로토콜이 있다. 가상회선의 일반적인 특징은 다음과 같다.

가상회선방식의 특징

- 논리적 전송로를 설정하므로 호 설정 지연이 발생한다.
- 호출(Call) 설정 단계가 있으므로 노드 지연이 발생한다.
- 모든 패킷들이 동일한 경로를 경유하므로 패킷이 목적지에 순서대로 도착한다. 즉, 송신측이 수신측에게 데이터를 조절하여 전송할 수 있도록 요청할 수 있다.
- 목적지 스테이션이 부재중이라도 통신이 가능하다.
- 연속적이고 긴 데이터 전달에 효과적이다.
- 모든 패킷들이 정확하게 수신됨을 보장하는 에러 제어 서비스로서 신뢰성 있는 데이터 전달이 가능하다.
- 노드에서의 전송속도 및 코드 변환이 가능하다.
- 회선교환방식에 비해 통신망을 효율적으로 운용할 수 있다.
- 교환노드에서 패킷처리가 신속하다.
- 전송경로는 단일(동일) 경로로 전송된다.
- 송신측에서 보낸 패킷 순서대로 수신측에 도달하므로 데이터 도착순서가 송신 순서와 동일하다.
- 송신 데이터에 대한 오류제어가 가능하다.

❹ 교환방식별 비교

구분	회선교환	메시지교환	패킷교환
전용유무	있음	없음	없음
대역폭	고정 대역폭	동적 대역폭	동적 대역폭
메시지 저장 여부	안 함	파일 저장	패킷 전송 시까지 저장
실시간 전송	가능	느림	빠름
오버헤드 비트	없음	있음	있음
전송속도	매우 빠름	느림	빠름
속도와 코드변환	없음	있음	있음
전송경로선택	전체 전송위해 설정	각 메시지마다 설정, 여러 목적지로 전달	각 패킷마다 설정

기출유형 완성하기

정답 01 ④ 02 ② 03 ③ 04 ②

01 다음 중 가상회선 패킷교환방식에 대한 설명으로 틀린 것은? (2015-3차)

① 모든 패킷은 설정된 경로에 따라 전송된다.
② 연결형 서비스를 제공한다.
③ 경로가 미리 결정되기 때문에 각 노드에서의 데이터 패킷의 처리속도가 그만큼 빠르게 된다.
④ 수신지의 마지막 노드에서는 송신지에서 송신한 순서와 다르게 패킷이 도착할 수 있다.

해설

④ 수신지의 마지막 노드에서는 송신지에서 송신한 순서와 다르게 패킷이 도착할 수 있다. → 데이터그램 방식에 대한 설명이다.

02 다음 중 가상회선방식의 패킷교환방식에 대한 설명으로 틀린 것은? (2019-3차)

① 교환노드에서 패킷처리가 신속하다.
② 전송경로가 여러 경로로 전송될 수 있다.
③ 데이터 도착순서가 송신순서와 동일하다.
④ 전송 데이터에 대한 오류제어가 가능하다.

해설

패킷교환방식

구분	설명
데이터그램 방식	각각의 패킷마다 별도로 라우팅하는 방식
가상 회선	전송하기 전에 미리 라우팅하여 모든 패킷들이 동일한 경로를 통해 전달되는 방식

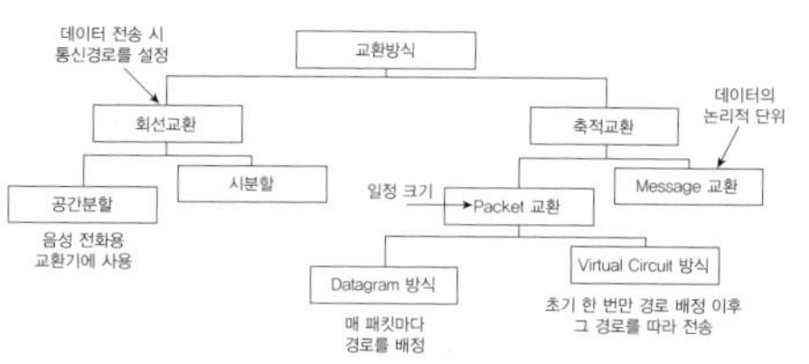

03 다음 중 회선교환방식에 비하여 패킷교환방식의 장점이 아닌 것은? (2013-3차)(2015-3차)(2022-3차)

① 회선효율이 높아 경제적 망구성이 가능하다.
② 장애발생 등 회선상태에 따라 경로설정이 유동적이다.
③ 실시간 데이터 전송에 유리하다.
④ 프로토콜이 다른 이기종 망간 통신이 가능하다.

해설

패킷교환방식

구분	설명
데이터그램 방식	각각의 패킷마다 별도로 라우팅하는 방식
가상 회선	전송하기 전에 미리 라우팅하여 모든 패킷들이 동일한 경로를 통해 전달되는 방식

04 다음 중 네트워크 통신의 패킷교환방식과 관련된 내용으로 틀린 것은? (2023-2차)

① 축적 전달(Store and Forward) 방식
② 지연이 적게 요구되는 서비스에 적합
③ 패킷을 큐에 저장하였다가 전송하는 방식
④ X.25 교환망에 적용

해설

② 지연이 적게 요구되는 서비스에 적합한 것은 회선교환방식이다.

패킷교환방식의 장점

- 회선 효율이 높아 경제적 망구성이 가능하다.
- 장애 발생 등 회선상태에 따라 경로설정이 유동적이다.
- 프로토콜이 다른 이기종 망간 통신이 가능하다.
- 회선교환은 실시간 데이터 전송에 유리하고 패킷교환은 비실시간성에 유리하다.

정답 05 ① 06 ② 07 ② 08 ④

05 다음 중 패킷 스위칭에 대한 설명으로 틀린 것은? (2020-3차)

① 데이터 전송을 위한 특정 경로가 존재한다.
② 패킷은 전송 도중에 결합되거나 분할될 수 있다.
③ 데이터를 패킷이라는 작은 조각으로 나누어 전송한다.
④ 일부 데이터가 유실되거나 순서가 뒤바뀌어 수신될 수 있다.

해설
① 데이터 전송을 위한 특정 경로가 존재하는 것이 아닌 경로 설정이 유동적이다.

06 호출 개시 과정을 통해 수신측과 논리적 접속이 이루어지며 각 패킷은 미리 정해진 경로를 통해 전송되어 전송한 순서대로 도착되는 교환방법은? (2013-2차)(2021-2차)

① 회선교환방법 ② 가상회선교환방법
③ 데이터그램교환방법 ④ 메시지교환방업

해설
가상회선
통신 당사자 간에 논리적 전송로를 설정하고 나서 패킷들을 전송하는 연결형 패킷교환방식이다. 가상회선은 모든 패킷들이 동일한 전송로를 거치기 때문에 패킷들이 순서대로 목적지에 도착하게 되며, 목적지에서는 수신한 패킷에 대하여 확인 패킷을 근원지로 보내므로 신뢰성 있는 데이터 전달이 가능하다.

07 회선교환방식과 비교할 때 메시지교환방식의 장점이 아닌 것은? (2016-2차)(2020-2차)

① 회선의 효율성이 크다.
② 실시간 통신 또는 대화식 통신에 적합하다.
③ 전송량이 많은 경우 한 개의 메시지를 여러 목적지로 전송할 수 있다.
④ 에러 제어와 회복 절차를 구성할 수 있다.

해설
② 실시간 통신 또는 대화식 통신에 적합한 것은 회선교환방식이다.

08 패킷경로를 동적으로 설정하며, 일련의 데이터를 패킷단위로 분할하여 데이터를 전달하고, 목적지 노드에서는 패킷의 재순서화와 조립과정이 필요한 방식은? (2021-1차)(2022-1차)

① 회선교환방식
② 메시지교환방식
③ 가상회선방식
④ 데이터그램방식

해설
데이터그램방식
데이터 전송 전에 송/수신자 사이에 가상회선이라 불리는 논리적 경로를 설정하지 않고, 패킷들이 각기 독립적으로 전송되는 방식이다. 회선 교환망처럼 회선을 전용하지 않기 때문에 각각의 패킷에 대해 각각의 경로를 지정할 필요가 없다.

09 **다음 중 회선교환방식의 설명으로 틀린 것은?** (2021-1차)

① 설정되면 데이터를 그대로 투과시키므로 오류 제어 기능이 없다.
② 데이터를 전송하지 않는 기간에도 회선을 독점하므로 비효율적이다.
③ 회선을 전용선처럼 사용할 수 있어 많은 양의 데이터를 전송할 수 있다.
④ 음성이나 동영상 등 실시간 전송이 요구되는 미디어 전송에는 적합하지 않다.

해설

회선교환방식은 음성이나 동영상 등 실시간 전송이 요구되는 미디어 전송에는 적합한 방식이다.

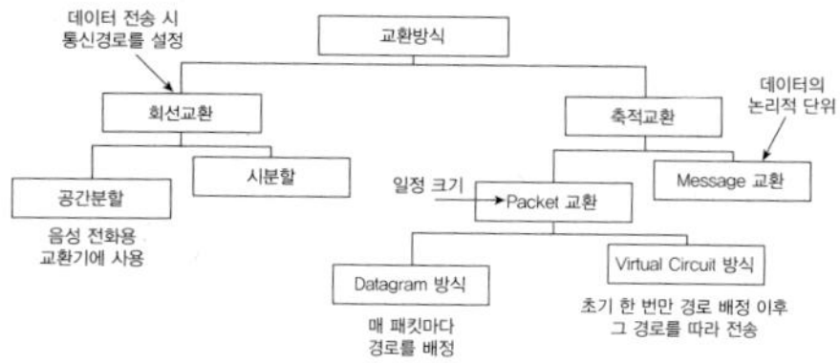

10 **회선교환방식과 비교한 패킷교환방식에 대한 설명으로 틀린 것은?** (2011-1차)

① 패킷단위로 통신경로를 선택하기 때문에 우회 전송이 가능하며 회선효율이 높다.
② 전송제어절차, 정보의 형식 등에 제약을 받지 않아 비교적 길이가 길고 통신밀도가 높은 경우에 유리하다.
③ 전송속도가 다른 이기종 단말기 상호 간의 통신이 가능하다.
④ 전송 에러가 있을 경우 재전송을 통해 고품질의 정보전송이 가능하다.

해설

② 전송제어절차, 정보의 형식 등에 제약을 받지 않아 비교적 길이가 길고 통신밀도가 높은 경우에 유리한 것은 회선교환방식이다.

패킷교환방식의 장점

- Call Setup 과정이 필요 없어 하나 혹은 소수의 패킷만을 보낼 때에 빠르고 오버헤드가 적다.
- 망 자원에 Busy(지연)가 있는 경우 다른 경로로 보내기 때문에 망 운용에 융통성이 있다.
- 망에 장애가 발생했을 때에 최적화된 경로를 찾아갈 수 있어 신뢰성이 높다.

11 **패킷교환방식 중 가상회선의 설명으로 틀린 것은?** (2016-2차)

① 모든 패킷들이 정확하게 수신됨을 보장하는 에러 제어 서비스이다.
② 호출(Call) 설정 단계가 없으므로 호출 설정 시간을 줄일 수 있다.
③ 송신측이 수신측에게 데이터를 조절하여 전송할 수 있도록 요청할 수 있다.
④ 송신측에서 보낸 패킷 순서대로 수신측에 도달한다.

해설

② 호출(Call) 설정 단계가 없으므로 호출 설정 시간을 줄일 수 있다. → 사전에 호설정으로 지연이 발생할 수 있다.

기출유형 04 ▸ 전자교환기

다음 중 디지털 전자교환기에 속하지 않는 것은? (2010-2차)

① M10CN
② AXE-10
③ TDM-1A
④ TDX-10

해설

M10CN

반전자교환기(M10CN)로 현재는 사용이 종료되었다. TDX-1X(최초 국산 교환기), TDX-1A(농어촌용), TDX-1B(중소도시형), TDX-10(대용량 교환기), TDX-10A(ISDN, PSTN 겸용 교환기)등의 시리즈가 있다. TDX-10 대용량 전전자 교환기 TDX-10의 연구개발 사업의 목적은 통신망의 디지털화 및 음성, 데이터, 화상 등 통신 서비스의 복합, 다양화 추세에 맞는 세계 수준의 교환기술이다.

※ 문제 보기의 3번 TDM-1A는 TDX-1A의 오타로 보임

| 정답 | ①

족집게 과외

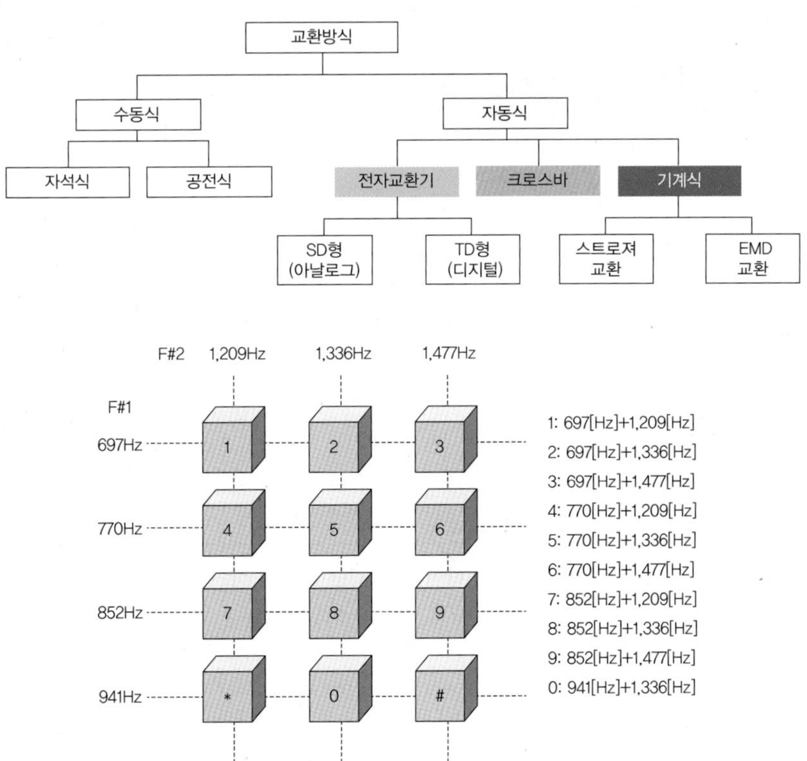

더 알아보기

유선전화기에서 사용되던 신호 방식으로 흔히 유선 전화에서 들을 수 있는 다이얼 소리가 바로 DTMF(Dual Tone Multi Frequencies)이다. 첫 번째로 저주파와 고주파의 톤을 혼합하는 수단이기 때문에 최소한의 회로로 16개의 신호(단순 전화 패드라면 12개)를 전부 조합할 수 있다. 과거에는 전화국 간의 통신에도 DTMF가 쓰였지만, 모두 SS7로 교체되었다. 현재는 유선전화기와 전화국 간의 통신을 제외하고는 신호 방식으로서 DTMF는 더이상 사용되지 않는다. 대부분의 휴대전화의 경우에는 아직도 숫자 버튼을 누르면 DTMF 소리가 나지만 전화 걸 때 다이얼링 번호 인식으로 입력에 피드백을 주는 역할을 하는 음에 불과하다. 단, ARS에서는 어떤 버튼을 눌렀는지 인식하는 신호 기능을 한다.

❶ DTMF(Dual Tone Multi-Frequency)

전화선의 음성 채널을 통해 숫자 또는 제어 신호를 보내기 위해 통신에 사용되는 신호로서 DTMF 신호음은 전화 키패드의 키를 누를 때 생성되며 키를 누를 때마다 두 개의 동시 신호음 조합이 생성된다. DTMF는 높은 주파수와 낮은 주파수의 조합을 사용하여 다른 숫자와 제어 신호를 나타낸다.

구분	내용
행 주파수	• 행 주파수는 전화 키패드의 숫자 1, 2 및 3을 나타낸다. • 행 톤에 사용되는 주파수는 697Hz, 770Hz 및 852Hz이다.
열 주파수	• 열 주파수는 전화 키패드의 숫자 1, 4, 7을 나타낸다. • 컬럼 톤에 사용되는 주파수는 1,209Hz, 1,336Hz 및 1,477Hz이다.

행 주파수와 열 주파수를 결합하여 DTMF 시스템은 전화 키패드의 각 키에 대해 고유한 톤을 생성할 수 있다. 예를 들어 키패드에서 숫자 5를 누르면 행 주파수 770Hz와 열 주파수 1,336Hz로 구성된 톤이 생성된다.

DTMF 주파수

Button	Low DTMF Frequency(Hz)	High DTMF Frequency(Hz)
1	697	1,209
2	697	1,336
3	697	1,477
4	770	1,209
5	770	1,336
6	770	1,477
7	852	1,209
8	852	1,336
9	852	1,477
0	941	1,336
*	941	1,209
#	941	1,477

6번 키를 눌렀을 때 주파수 변화

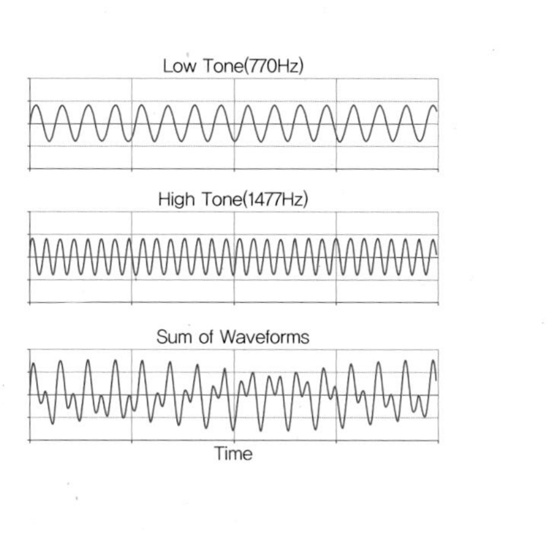

DTMF 톤은 수신측에서 DTMF 수신기 또는 디코더에 의해 디코딩된다. 이러한 디코더는 수신 오디오 신호를 분석하고 행 및 열 주파수의 특정 조합을 식별하여 눌린 키 또는 신호를 결정한다.

❷ PBX(Private Branch Exchange)

한 회사 내에서 사용되는 사설 전화 교환기이다. PBX 전화 시스템의 사용자들은 많은 외부 회선을 공유하여 외부와 통화한다. PBX는 회사 내의 내부 전화들을 연결하며 내부 전화를 PSTN(Public Switched Telephone Network)에도 연결한다. PBX 전화 시스템은 최근 VoIP PBX 또는 IP PBX로서 통화를 구성하고 있으며 인터넷 프로토콜을 사용한다. PBX는 회사 내부 전화망을 운영하며, 인바운드 및 아웃바운드 전화에 대한 라우팅 및 고급 통화 기능을 포함하여 외부로 전화를 중계하는 역할도 한다.

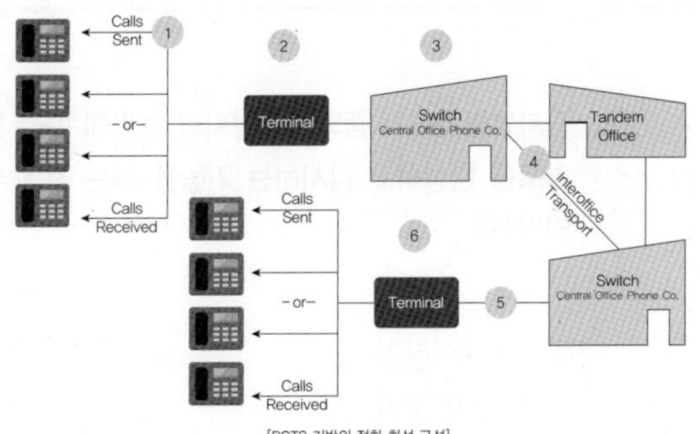

[POTS 기반의 전화 회선 구성]

과거 전화 시스템은 POTS(Plain Old Telephone System)라 하며 이것은 지역 전화국에서 건물까지 동선을 기반으로 연결되어 신뢰성이 높게 100년 넘게 유지하고 있다. 이후 ISDN(Integrated Services Digital Network) 프로토콜의 PTSN(Public Switched Telephone Network)을 사용하여 다른 사람들과 통화를 연결할 수 있게 되었다. 일반적으로 전화 서비스 구성에는 비용이 많이 들어서 PBX는 기업이 내부 전화 시스템을 운영할 수 있게 해주고 전화 회사의 전화 회선을 적게 사용할 수 있게 해준다. 상위 PBX 시스템은 음성 메일, 녹음된 메시지를 관리할 수 있다.

❸ 사설 교환기

PBX(Private Branch Exchange)는 한정된 조직에서 수신 및 발신 전화를 관리하고 조직 내에서 내부적으로 통신할 수 있게해주는 시스템이다. PBX는 하드웨어 및 소프트웨어로 구성되며 전화 어댑터, 허브, 스위치, 라우터 및 물론 전화기와 같은 통신 장치에 연결된다. 구성 형태에 따른 별도 장비가 필요 없는 Hosted PBX와 회선만 연결하고 PBX는 자체 센터에 보유하는 방식으로 구분된다.

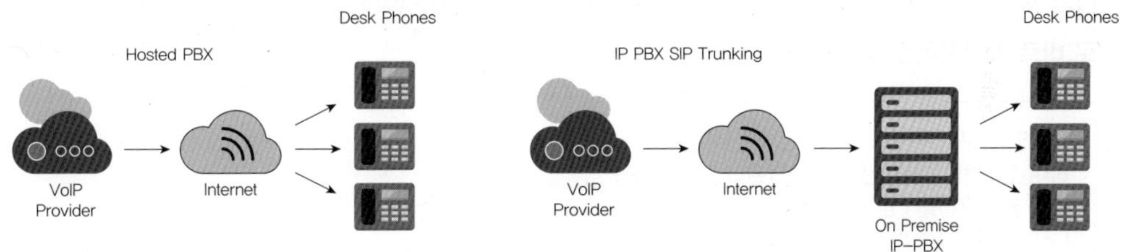

기본적으로 클라우드 기반 전화 시스템으로 비즈니스의 물리적 위치가 아닌 오프사이트 및 인터넷을 통해 호스팅 되기 때문에 비용이 절감되고 유지보수가 제한된다.

IP-PBX와 같은 Hardware는 사무실에 있고 SIP Trunking을 통해 내부뿐만 아니라 외부와 통신하기 위한 구성을 하는 것이다.

사설교환기는 다음과 같은 작업을 주로 처리한다.

구분	내용
내선 전화(번호)	회사 내부그룹 내에 단일 전화선을 내선이라 하며 3 자리 또는 4 자리 숫자로 식별되는 여러 내부 회선으로 분할하고 내부 회선으로 통화가 된다. 이를 통해 내부 통화 비용을 지불하지 않아도 되며 단일 부서 전화번호를 통해 모든 부서에 연락할 수 있다.
무료	동일한 기업이나 조직 내에서 무료 전화 통신이 가능하다.
부가기능	기존 전화에 대비 부가기능 이외에도 인터넷 기반 VoIP(Voice over IP)를 활용하여 다양한 통신 기능과 UC(Unified Communication) 기능을 제공한다.
다양한 I/F	통화 녹음, 음성 메일, IVR 등의 기능을 통해 고객과의 원활한 인터페이스가 가능하다.
IVR 연계	IVR(Interactive Voice Response, 대화식 음성 응답) 기능으로 고객을 호출하는 고객에 대한 자동 응답 기능으로 시스템이 음성 메뉴를 통해 가장 적절한 회선으로 사용자를 자동으로 안내할 수 있다.

IP 전화 또는 VoIP의 출현으로 VoIP 기술과 인터넷 같은 IP 네트워크를 사용하여 통화를 연결하는 IP-PBX가 보편적으로 기업 내에서 서비스하고 있다. IP PBX는 일반적으로 함께 제공되는 풍부한 기능으로 인해 요즘 사용되는 대부분의 PBX 시스템은 IP-PBX이다.

정답 01 ④ 02 ④ 03 ① 04 ③

01 다음 중 정보통신망의 주요 구성요소가 아닌 것은? (2013-3차)(2018-2차)

① 교환기
② 전송로
③ 단말기
④ 서비스

해설

정보통신시스템의 구성요소는 기능 면에서 정보전송시스템(데이터 전송계)과 정보처리시스템(데이터 처리계)으로 분류할 수 있다. 정보전송시스템은 데이터의 이동을 담당하는데, 단말장치, 정보전송회선(신호변환 장치, 통신회선), 통신제어장치 등으로 구성된다.

02 다음 문장의 괄호 a – b – c – d – e가 순서대로 바르게 짝지어진 것은? (2014-1차)(2022-1차)

> 통신망을 구성하는 각 노드들은 통신회선을 이용하여 연결하여야만 신호가 전달된다. 이때 사용하는 통신회선을 (a)라 하는데 여기에는 (b)와 (c)가 있다. (b)는 물리적 통로를 따라 유도되는 것으로 (d) 등을 말하고, (c)는 전자파(전파)를 전송하는 매체로 (e) 등이 있다.

① 토플로지 – 중계기 – 스위치 – 교환기 – 증폭기
② 링크 – 집중화기 – 다중화기 – MUX – 안테나
③ 네트워크 – 이더넷 – 무선통신망 – 전화선 – 발진기
④ 전송매체 – 유도전송매체 – 비유도전송매체 – 유선 – 공기

해설

전송매체는 네트워크 토폴로지에서 장치들을 서로 연결하는 것으로 유선은 케이블 형태의 물리적 매체인 반면 무선은 공기중에 전파해 나아간다. 통신회선을 유도매체와 비유도 매체로 분류할 수 있으며 유도매체는 유선 통신을 의미하며, 비유도 매체는 무선통신을 의미한다. Twisted–Pair Cable은 두 줄의 동선을 꼬아 하나의 도선에 피복한 방식으로 외부로부터 오는 전자파 장애를 억제하는 것이 주요 목적이다.

03 전자교환기에서 중앙제어장치의 명령에 따라 통화로를 완성하고 감시하는 기능을 하는 것은 무엇인가? (2014-3차)(2019-1차)

① 트렁크
② 중앙제어장치
③ 통화제어장치
④ 주사장치

해설

트렁크란 다수의 회선 설비가 소수의 중계선 설비를 공용하는 설비로서 통화에서는 PRI 회선이라고 한다. 특히 교환기 간을 연결시키는 집중화된 회선으로 주로 통화로(통화 채널의 묶음)를 구성하며 여러 사용자의 통화 채널들이 그룹핑 되어 트렁크를 통해 전달된다. 데이터 통신에서의 트렁크는 두 스위치 사이에서 물리적, 논리적, 집합적 연결 통로로서 VLAN 트렁크 등이 대표적이다.

04 푸시 버튼 전화기에서 숫자 버튼 기능의 주파수가 옳은 것은? (2011-2차)

① 1: 697[Hz]+1,633[Hz]
② 5: 941[Hz]+1,336[Hz]
③ 9: 852[Hz]+1,477[Hz]
④ 0: 770[Hz]+1,336[Hz]

해설

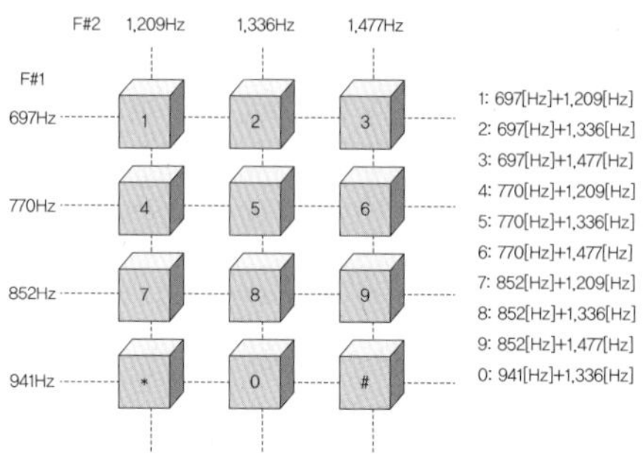

05 교환기의 과금처리 방식 중 하나인 중앙집중처리방식(CAMA)에 대한 설명으로 틀린 것은?

(2017-3차)(2023-2차)

① 다수의 교환국망일 때 유리하다.
② 신뢰성이 좋은 전용선이 필요하다.
③ 유지보수에 많은 시간이 소요된다.
④ 과금센터 구축에 큰 경비가 들어간다.

해설

CAMA(Centralized Automatic Message Account) 방식

전화국에서 발생하는 과금정보를 온라인 전용회선을 통하여 중앙의 집중국으로 전송하여 집중국에서 과금 테이프상에 일괄 기록하는 방식이다.

장점	다수의 교환망이 있을 때 유리하고 소요인력 감축 효과가 있으며 유지보수가 편리하고 과금정보를 집중관리할 수 있다.
단점	신뢰성 높은 전용회선이 필요하고 기록 장치측에 장애가 발생하는 경우 과금정보 유실로 인한 손실이 크며 집중국 설치 시 경비가 많이 소요된다.

06 다음 중 전자교환기의 특징으로 틀린 것은?

(2019-2차)

① 통화량을 제어하기 쉽다.
② 가입자 수용용량이 크다.
③ 전력소비가 적지만 수명이 짧다.
④ 통신속도가 빠르고 신뢰성이 높다.

해설

TDX(Time Division Exchange)

'시분할 전전자교환기'를 의미하며 시분할 전전자교환기는 제어계와 통화로계를 디지털화한 디지털 전전자교환기이다. 전전자교환기란 기계식교환기 및 반전자교환기보다 발전된 교환기로써, 통화로계 및 제어계 모두가 시분할 디지털 방식의 교환기를 지칭한다. 전자교환기의 주요 특징은 아래와 같다.

구분	내용
융통성	• 통화량을 제어하기 쉬우며 다양한 정보기능에 간단한 Interface 장치(Modem 등)로 대응할 수 있다. 전송매체로는 전화선, 동축케이블, 광섬유케이블, 마이크로웨이브 등이 있다. • 많은지역, 지사에 대한 통신장비의 집중화, 관리 및 보수유지 비용의 절감 된다. • 전사적인 단일번호 계획과 집중적인 기능 및 서비스와 소비전력 및 장비설치 면적이 절감된다.
신뢰성, 안정성	• 통신속도가 빠르고 신뢰성이 높다. • Real Time 처리, 전용컴퓨터의 운영, 고속 정확한 제어, 제어장치의 이중화(CPU와 Memory), 공통제어 및 분산통화가 가능하다.
연속성	• 가입자 수용용량이 크며 타 기종 교환기와 하드웨어 및 소프트웨어가 연속될 수 있다. • 추가 회선 필요시 프로그램의 변경으로 대처할 수 있다.
호환성	국제표준규격(CCITT: 국제전신전화)에 의한 제작을 하므로 별도 하드웨어의 추가 없이 디지털 전송이 가능하다.
적응성	전력소비가 적지만 수명이 길어지며 데이터 통신이 가능하다 시스템 및 터미널 장비 사용이 편리하다. 설치 및 유지보수가 간단하다.
경제성, 관리성	• 소비전력, 설치면적, 보수요원이 절감되며, 고장발생 시 자체진단 및 고장개소의 유지보수가 간단하다. • Module 단위로 증설이 가능하므로 건물의 관리기능을 쉽게 만족시킬 수 있다.

07 전자교환기에서 사용하고 있는 푸쉬 버튼방식의 전화기는 각각의 두 개의 주파수로 구성된 가청 발신음을 낸다. 다음 중 전화기 버튼의 가청 주파수 연결로 틀린 것은? (2016-3차)(2019-3차)

① 1: 697[Hz]+1,209[Hz]
② 5: 770[Hz]+1,336[Hz]
③ 9: 852[Hz]+1,336[Hz]
④ 0: 941[Hz]+1,336[Hz]

해설

Button	Low DTMF Frequency(Hz)	High DTMF Frequency(Hz)
1	697	1209
5	770	1336
9	852	1477
0	941	1336

08 다음 보기는 전자교환기의 동작 과정 중 일부이다. 보기의 동작 과정 순서로 옳은 것은? (2022-3차)

ㄱ. 통화선 선택	ㄴ. 통화선 접속
ㄷ. 전화번호 수신	ㄹ. 응답신호 검출
ㅁ. 출선 선택	ㅂ. 호출신호 송출

① ㄷ, ㅁ, ㄱ, ㄹ, ㄴ, ㅂ
② ㄷ, ㅁ, ㄱ, ㅂ, ㄹ, ㄴ
③ ㄷ, ㅁ, ㄱ, ㄹ, ㅂ, ㄴ
④ ㄷ, ㅁ, ㄱ, ㄴ, ㄹ, ㅂ

해설

② 전화번호 수신 → 출선 선택 → 통화선 선택 → 호출신호 송출 → 응답신호 검출 → 통화선 접속 순서로 동작한다.

수동식 교환기

교환수가 통화를 원하는 가입자를 상대편에 직접 연결시켜주는 교환 방식인데, 전화기가 늘어남에 따라 많은 인력이 필요하고 "통화의 기밀유지가 어렵다"는 문제점이 있어 자동교환기가 개발되었다. 수동식 교환기에는 자석식과 공전식이 있다.

09 다음 중 디지털 중계선 회로의 기능이 아닌 것은? (2015-1차)(2019-2차)

① Ringing
② Office Signaling
③ Polar Conversion
④ Generation of Frame Code

해설

디지털 중계선 회로의 기능은 디지털 교환기가 디지털 중계선을 수용할 때 수행해야 하는 기능들의 머릿글자를 따온 것으로써, 이 기능들은 디지털 중계선 정합장치에서 구현된다. 즉, 교환기와 이를 전달하기 위한 전송망 간에 정합을 위한 회로 기능이다.

구분		내용
G	Generation of Frame	송신측에서 프레임 식별점을 제공하기 위한 프레임 생성
A	Alignment of Frame	약정된 방식으로 프레임 배열
Z	Zero String Suppression	수신측의 클럭 재생을 돕기 위한 연속된 0 신호의 억제
P	Polar Conversion	신호의 극성을 양극성/단극성 혹은 그 역으로 변환
A	Alarm Processing	수신 신호로부터의 경보 처리
C	Clock Recovery	수신 신호로부터의 클럭 재생
H	Hunt during Reframe	수신 신호로부터의 프레임 정보 식별
O	Office Signaling	약정된 방식에 의한 국간신호의 삽입 및 추출

가입자선 정합을 위하여 가져야 하는 기능 BORSCHT이다. 교환기에서 가입자선을 정합하는 가입자회로가 기본적으로 가져야 할 기능이다.

구분		내용
B	Battery Feed	가입자선 통화전류 및 신호를 위한 급전
O	Over Voltage Protection	외부 과전압으로부터의 내부 회로 보호
R	Ringing	가입자 호출신호의 송출
S	Supervision	가입자선의 상태(포착, 복구, 다이얼펄스, 응답 등)를 검출

C	Coding & Decoding	아날로그 음성신호와 PCM 신호 상호변환
H	Hybrid	아날로그 2선 전송과 PCM 신호 4선 전송 간의 상호변환
T	Testing	가입자선로 및 내부 회로 시험장치 연결을 위한 회로 개폐 기능

10 다음 중 전자교환기의 기본 구성요소 중 공통 제어계에 해당하는 것은? (2017-2차)

① 중앙제어장치
② 통화로망
③ 중계선 장치
④ 서비스 회로

해설

교환기		발생된 호를 포착하여 호출 번호를 선택, 접속하며 중계 기능을 수행하는 것
교환기의 발달		자석식, 수동식 교환기(1878) → 공전식 교환기(1891) → 자동교환기(1889) → 크로스바형 교환기(1926) → EMD형 교환기(1955) → SPC 전자교환기(1958) → No.1 ESS(세계 최초의 전자교환기, 1965) → No.1A ESS(1970)
전자교환기	개요	음성신호를 전송하는 통화로부와 통화로의 접속 및 정보의 처리를 제어하는 제어부로 나눈다. 통화로부에 사용되는 부품 소자에 따라 반전자교환기와 전전자교환기로 구분하며 통화로망의 구성에 따라 아날로그 전자교환기와 디지털 교환기로 구분
	통화로부	하드웨어 부분(예 통화로망, 중계선, 주사 장치, 신호 분배 장치 등)
	제어부	소프트웨어 부분(예 중앙제어장치, 호처리 기억장치, 프로그램 기억장치)

11 전화기와 교환기 간의 접속 제어 정보를 전달하는 신호방식은? (2022-2차)

① 가입자선 신호방식
② 중계선 신호방식
③ No.6 신호방식
④ No.7 신호방식

해설

가입자선 신호방식

가입자와 로컬교환기 간에 주고받는 신호 및 그와 관련된 신호방식으로 가입자선 신호방식은 DP(Dial Pulse)를 DTMF(Dual Tone Multi-Frequence)로 변경하는 방식이다. 국간 신호방식은 R2 MFC 신호를 No.7(공통선 신호)로 변경하는 것이다. 가입자선 신호방식을 통화로 신호방식이라한다.

구분	통화로 신호방식	공통선 신호방식
사용	R2-MFC	No6, No7 ISDN
구성	하나의 회선에 음성 제어신호 함께 사용	하나의 회선에 음성 제어신호가 별도분리
부가 서비스	제한(어려움)	다양(용이)
프로토콜	R2, No5	No7, Sigtran
통화중 제어	불가능	가능
수용가능 통화로	적음	많음
지능망서비스제공	어려움	용이함

12 다음 교환기 중 국내에서 개발된 전전자교환기는? (2012-3차)

① NO.5 ESS
② S1240
③ AXE-10
④ TDX-10

해설

미국 AT&T의 No.1A 교환기 및 벨기에 BTM사의 M10CN 등 공간 분할형의 반전자식 아날로그 교환기와 아날로그 전송로를 주체로 구성한 통신망으로 기존의 전화 회선망이 그 대표적인 예이다. 이후 스웨덴 에릭슨사(Ericsson)의 AXE−10, 미국 AT&T의 No.4 ESS, No.5 등 시분할형 전전자식 디지털 교환기 등장과 디지털 전송로에 의해 디지털 통신망으로 교체되었다.

TDX−10A는 이후 국내기술로 개발됐다. TDX−10은 기존 음성교환기능 외에 화성등 비음성정보도 동시처리하는 종합정보통신망(ISDN) 기능이 부가돼 94년부터 본격적인 ISDN 표준기종으로 사용하게 되었다.

13 유선 전화망의 구성요소로 교환기와 단말기를 연결시켜 주고, 신호와 정보를 전달하는 것은? (2021-3차)

① 가입자 선로
② 중계 선로
③ 스위치
④ 프로그램 기억장치

해설

정보통신망을 기준으로 단말장치 - 교환장치 - 중계장치 - 전송장치로 구성되며 교환기와 단말기를 연결해 주는 것을 가입자 선로라 한다.

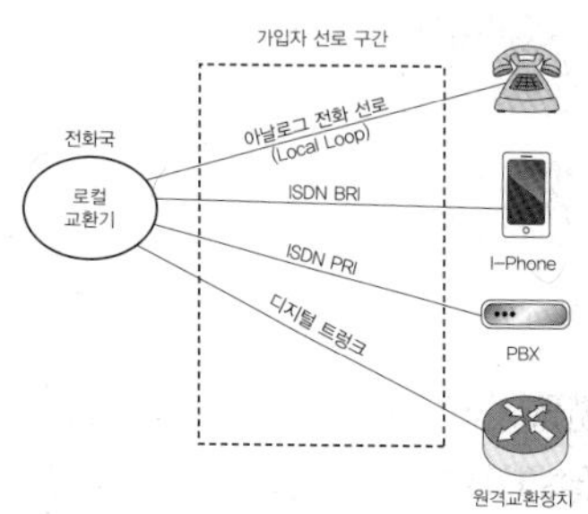

가입자 선로(Subscriber Loop, Local Loop)

고전적으로 교환기와 가입자 댁내 전화기 사이의 두 가닥의 동선(Local Loop, Tip 및 Ring 선)으로 형성되는 전기적인 루프를 주로 의미한다. 가입자 선로와 아날로그 전화기 구간에서만 아날로그 신호로 처리되고, 그 외 모든 통신망 구간에서 디지털 신호로 처리된다.

- 가입자신호: 가입자와 교환기구간(가입자신호방식), DP, DTMF, DSS1으로 On−Hook, Off−Hook로 동작한다.
- 국간중계 신호: 교환기와 교환기간 통신으로 CAS와 CCS 방식이 있다.

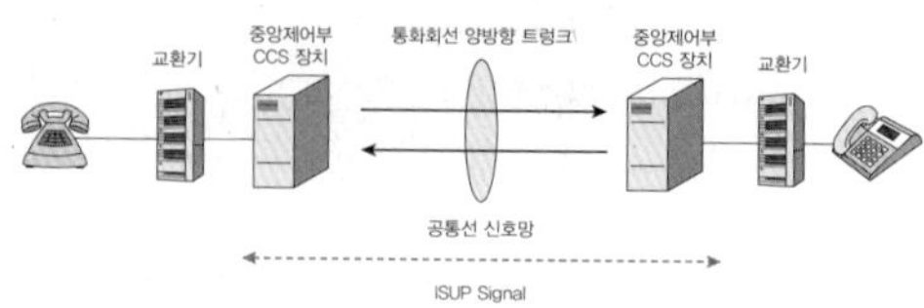

구분	가입자신호방식	국간신호방식
방식명	CAS(Channel Associated Signaling)	CCS(Common Channel Signaling)
내용	채널경합신호방식	채널분리신호방식 또는 공통선신호방식이라 함
사용 예	R1, R2, No.1~5 등	No.6, No.7 등

14 대용량 전자교환기에서 가장 많이 채택하고 있는 접속 제어 방식은? (2019-2차)

① 자동 제어 방식
② 반전자 제어 방식
③ 축적 프로그램 제어 방식
④ 중앙 제어 방식

해설

축적 프로그램 제어

1960년에 미국 벨연구소가 컴퓨터 기술을 응용하여 개발한 전자교환기용 프로그램 제어방식으로 전화교환에 있어서 종래의 포선논리에 의한 교환처리 수순을 프로그램에 입력해 논리연산 장치와 기억 장치로 입력된 프로그램을 실행하는 방식이다.

15 다음 ITU-T 권고안 시리즈 중 축적 프로그램 제어식 교환의 프로그램 언어에 관한 사항을 규정한 것은? (2022-2차)

① I
② Q
③ P
④ Z

해설

ITU－T 권고안에는 여러 가지 시리즈가 있다.

I series	Integrated Services Digital Network(디지털망 통합서비스)
Q series	Switching and Signalling, and Associated Measurements and Tests(스위칭, 신호 측정과 시험)
P series	Telephone Transmission Quality, Telephone Installations, Local Line Networks(전화 전송의 질, 전화 설치 등)
Z series	Languages and General Software Aspects for Telecommunication Systems(통신 시스템을 위한 프로그래밍 언어와 일반적인 소프트웨어)
V series	전화망을 통한 데이터 전송에 관한 사항
X series	공중 데이터 통신망에 관한 사항
Q series	Switching and Signalling, and Associated Measurements and Tests

16 **대용량 전자교환기에서 가장 많이 채택하고 있는 접속 제어 방식은?** (2021-1차)

① 자동 제어 방식
② 반전자 제어 방식
③ 축적 프로그램 제어 방식
④ 중앙 제어 방식

해설

축적 프로그램 제어 방식(SPC, Stored Program Control)

전자식 교환기의 제어 방식인 축적 프로그램 제어를 의미하며 축적 프로그램 제어(SPC)는 1960년 미국의 벨 연구소가 컴퓨터 기술을 응용해 개발한 전자교환기용 프로그램 제어 방식이다.

전자교환기 축적 프로그램 제어 방법

전기 통신망 내에서 호출 라우팅 및 연결 설정을 관리하기 위해 전자교환기 또는 교환 시스템에서 사용되는 제어 메커니즘이다. 이 방법은 들어오는 호출에 대한 응답으로 교환기에 의해 수행될 일련의 작업을 지시하는 누적 프로그램 명령을 포함한다.

17 **다음 전자교환기 중앙제어장치의 보호방식 중 최소의 서비스 유지를 목표로 하는 컴퓨터 용량의 45[%] 정도의 부하가 걸리는 방식은?** (2023-3차)

① 축적 프로그램 제어 방식
② 포선논리 제어 방식
③ 대기 방식
④ 부하분담 방식

해설

컴퓨터 용량의 45[%] 정도의 부하가 걸리는 것은 이중화된 교환기의 장애에 대비하기 위한 것으로 추가 10[%]은 호 폭주를 대비하기 위한 여유 대역이다.

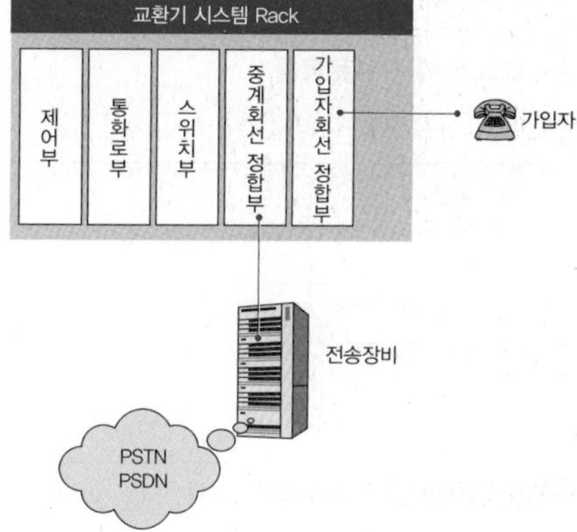

제어부 구성

교환기에 있어서 두뇌에 해당하는 제어부는 70년대까지는 중앙에 하나의 컴퓨터를 갖추고 교환기 내에서 발생하는 모든 이벤트를 시분할방식으로 처리하는 집중제어방식이 사용되었다. 그러나 이러한 집중제어방식은 중앙의 컴퓨터가 고장을 일으킬 경우 교환기 전체의 고장으로 진행되는 치명적 단점이 있어서 이를 보완하기 위해 80년대에는 분산제어방식이 채택되었다. 분산제어방식은 마이크로프로세서의 기술을 이용하는 것으로서 교환기 내에 프로세서를 여러 개로 분산시켰으며 분산된 프로세서들은 동일한 프로그램을 가지고 교환기 내부의 부하를 분담처리하고 또한 서로 다른 프로그램을 가지고 있기도 하여 상호 간 부하를 맡아 작업기도 한다. 이러한 분산제어방식은 대소용량에 관계없이 증설이 용이하며 제어장치가 분산되어 있으므로 일부 제어장치가 고장을 일으켜도 교환기 전체의 고장으로까지는 진행되지 않는 장점을 가지고 있다. 요즘의 교환기들은 대부분이 분산제어방식을 사용하고 있다.

기출유형 05 ▸ PSTN과 VoIP 전화

다음 중 전화기의 기본 구성이 아닌 것은? (2013-3차)(2015-1차)(2018-1차)

① 통화 회로
② 신호 회로
③ 송수신 공용회로
④ 측음 방지회로

해설

- 구성: 송화기, 수화기, 훅스위치, 다이얼, 벨, 전화기 회로(신호, 통화 회로), 측음 방지회로
- 측음: 전화 통화할 때, 말하는 사람의 소리나 소음이 송화기로 들어가서 상대편 수화기에 들리는 현상

| 정답 | ①

족집게 과외

VoIP 서비스 제공 프로토콜

(A(Audio).V(Video).D(Data))

구분	H.323	MGCP	MEGACO	SIP
표준화	ITU−T	IETF	IETF/ITU−T	IETF
지원 매체	A.V.D	A	A.V.D	A.V.D
인코딩	Binary	Text	Text/Binary	Text
프로토콜	TCP/UDP	UDP	TCP/UDP	TCP/UDP

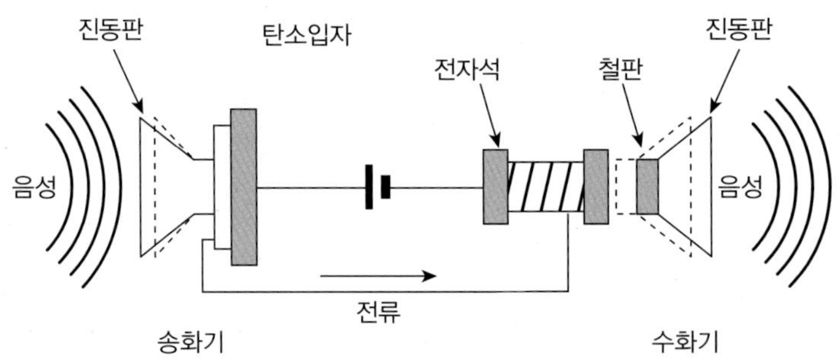

전화기의 구성은 음성과 전기 신호를 바꾸어 주는 전화기, 전화기에서 오는 전기 신호를 전송하는 전화 회선, 회선과 회선을 교환 · 접속해 주는 전화 교환기로 이루어져 있다. 전화기의 송화기에 마이크로폰이 있고, 수화기에는 귀로 듣는 쪽에 스피커가 달려 있다.

더 알아보기

송화기	고전적 PSTN 전화기를 기반으로 송화기의 진동판은 얇은 금속판으로 만들어져 있다. 송화기에 대고 말을 하면 진동판이 진동을 하고, 그 진동의 강약에 따라 탄소입자의 저항이 크거나 작게 되어 전류가 변화하게 되는 원리로 동작한다. 음성의 크기와 높낮이에 따른 진동회수가 전기 에너지로 변해서 통신선로를 통하여 상대방에 도달하는 것이다.
수화기	수화기는 스피커에 해당하는 부분에서 전기 신호를 음성으로 바꿔준다. 수화기 속에는 영구자석과 가는 동선을 감은 코일이 있는데, 코일에 전기가 흐르지 않을 때는 진동판은 자석에 붙어 있다가 음성 전류가 흐르면 전류의 세기에 따라 코일의 자계가 변화한다. 자계의 변화는 영구자석의 자계에 전달되어 진동판이 진동하면서 음성을 재생하여 수화기에 상대방의 음성이 들리게 되는 것이다.

❶ 디지털 전화(Digital Telephone)

아날로그 형태의 음성 신호를 디지털 형태로 바꾸어 송신하고 수신 측에서는 디지털 신호를 다시 원래의 아날로그 신호로 재생한다. 이와 같은 과정에서 잡음이 발생하게 되므로 전송로상에서 발생하는 잡음을 제거하여 양질의 통화를 제공하는 것이 디지털 전화이다.

전화기 기능

- 음성을 전기 신호로 변화시킨다.
- 수화기를 드는 것을 교환기에 알린다.
- 다이얼 Up 신호를 보낸다.
- 착신하면 전화벨을 울린다.
- 교환기와 전기적으로 접속한다.

❷ 전화기의 구성

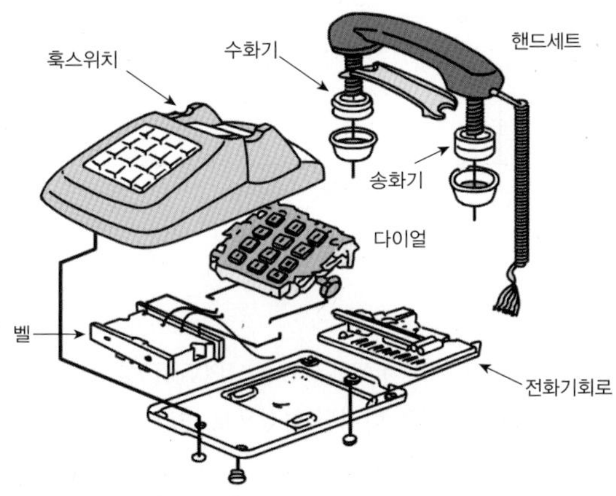

구분	내용
송화기	송화기의 진동판은 얇은 금속판으로 만들어져 있으며, 송화기에 대고 말을 하면 진동판이 진동을 하고, 그 진동의 강약에 따라 탄소입자의 저항이 크거나 작게 되어 전류가 변화되어 음성의 크기와 높낮이에 따른 진동 횟수가 전기 에너지로 변해서 통신로를 통하여 상대방에 도달한다.

수화기	송화기와는 반대로 스피커에 해당하는 부분에서 전기 신호를 음성으로 바꿔준다. 수화기 속에는 영구자석과 가는 동선을 감은 코일이 있으며, 코일에 전기가 흐르지 않을 때는 진동판은 자석에 붙어 있다가 음성 전류가 흐르면 전류의 세기에 따라 코일의 자계가 변화하고, 다시 이것이 영구자석의 자계에 전달되어 진동판이 진동하면서 음성을 재생하게 된다.
훅스위치	전화를 걸기 위해 수화기를 들면 수화기 밑에 눌려 있던 버튼 같은 것이 튀어 오르는 부분으로 훅스위치가 올라가면 교환기와 교환기 사이에 전류가 흐르면서 전화를 걸기 위한 준비가 완료되는 것이다.
다이얼	전화를 걸려는 상대와 접속하기 위해 전화번호를 교환기에 전달해 신호를 보내는 부분으로 푸시 버튼식과 다이얼식이 있다.
벨	전화를 걸기 위해 수화기를 들면 교환기로 신호음이 들린다. 상대편 전화번호를 누르거나 돌리면(과거 로타리식) 20Hz 주파수 신호가 상대편 전화로 전달되면서 벨이 울린다.

❸ 전화기 회로

교환기와 전화기는 두 가닥의 선으로 연결되어 있으며 이 두 가닥 선에 의해 자기가 한 말이 자신의 수화기에서 들리는 현상(이를 측음이라 한다)이 생기고, 또 상대방이 말도 함께 들리기 때문에 통화에 문제가 발생할 수 있다. 이를 제거하기 위해서 출력호로 가운데 측음을 방지하는 회로를 전화기 속에 설치하여 이를 방지하고 있다.

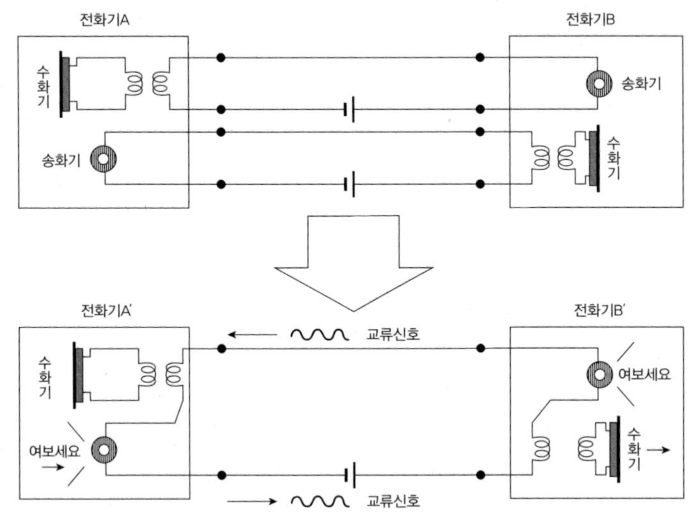

〈전화선이 두 가닥인 이유〉

❹ VoIP 전화

VoIP 전화는 SIP 폰 또는 Softphone이라고 하며 Voice over IP(VoIP)를 이용하여 인터넷과 같은 IP 네트워크를 통해 통화를 연결한다. VoIP는 표준 전화 음성을 디지털 형식으로 변환하여 인터넷을 통해 전송하고 인터넷에서 수신한 디지털 전화 신호를 표준 전화 음성으로 변환한다.

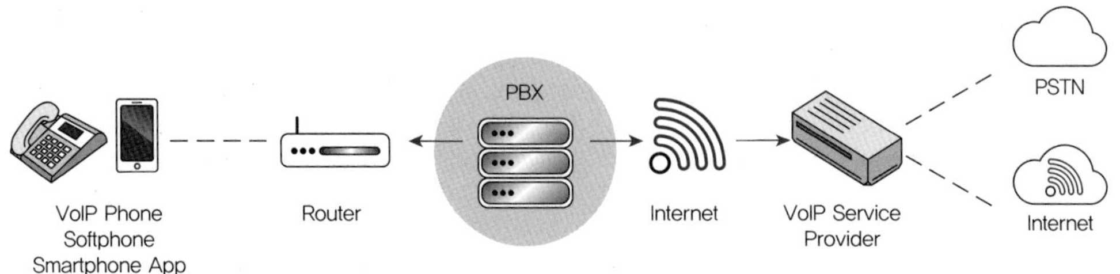

사용자는 VoIP 전화를 통해 Softphone이나 휴대전화, 유선전화에 전화를 걸 수 있다. Softphone 또는 일반 전화기처럼 생긴 하드웨어 기기는 VoIP 전화의 주요 기능인 호 호출, 착신 전환, 보류, 전화번호부 접속, 다중 계정 구성 등 음성과 함께 동영상을 전송할 수 있다.

❺ 일반전화 vs 인터넷전화

구분	일반전화기(아날로그 전화기)	인터넷전화기(VoIP 전화)
개념	일반전화기는 PSTN(공중전화교환망)의 전화망을 사용한다. PSTN은 시내와 시외를 구분하여 전국적으로 설치되어 있으며 국제전화 등을 할 수 있도록 유선기반 케이블을 전국에 걸쳐 동 기반으로 설치된 전화망이다.	최근에는 일반 전화보다 IPTV 망과 결합한 인터넷 전화를 싸게 보급하여 사용하는 경우가 많다. 공공기관이나 기업 등에서도 인터넷전화로 전환을 대부분 완료함으로서 비용을 절감시킬 수 있을 뿐만 아니라 업무의 효율성이 높고 유지보수가 편리하며 전화부가 서비스 등 다양한 기능이 제공된다.
장점	전원이 공급이 안 되거나 인터넷이 마비가 되어도 일반전화 서비스는 영향이 없다(인터넷 전화 구성 시 일반 PSTN 전화를 백업으로 사용하여 통신망을 설계한다).	• 인터넷이 되는 곳이면 어디서나 통신이 가능하다. • 이동이 원활하기 때문에 사용이 편리하다. • 유지관리가 용이하다. • 일반전화 대비 시외요금이나 이동전화 통화료가 저렴하다.
단점	• PSTN 일반전화는 초기 인프라 구축비용이 비싸기 때문에 인터넷 전화 대비 비용이 많이 든다. • 일반전화망은 운용인력이 직접 케이블 관리를 하고 장애처리를 수작업으로 해야하기 때문에 유지보수 비용이 상승한다. • 확장성이 인터넷 전화보다 다소 떨어진다.	• 초기에 인터넷 전화기가 다소 비싸다. • 통신망은 인터넷망 장애 시 통화가 안 될 수 있다. • 기업이나 공공기관에서는 PSTN을 이용한 Backup을 구성이 필요하다.

정답 01 ① 02 ③ 03 ④ 04 ③

01 다음의 정보통신망 구성 요소 중 일반 전화기는 어디에 속하는가? (2014-1차)

① 단말장치
② 교환장치
③ 전송장치
④ 중계장치

해설
정보통신망을 기준으로 단말장치 – 교환장치 – 중계장치 – 전송장치로 구성되며 전화기는 단말장치에 속한다.

02 다음 ITU-T 권고안 시리즈 중 전화 전송품질과 전화기에 관한 사항을 규정한 것은? (2016-1차)

① I
② Q
③ P
④ X

해설

주관적 평가	MOS(Mean Opinion Score, ITU－T P.800)
객관적 평가	E－Model(R－value, G.107) • PESQ(Perceptual Evaluation of Speech Quality, ITU－T P.862) • PAMS(Perceptual Analysis Measurement System, BT) • PSQM(Perceptual Speech Quality Measurement, P.861)

※ PAMS, PSQM, PESQ 특징
기준 신호를 망을 통해 전달하고 이를 다른 쪽 끝단에서 디지털 신호처리로 비교하고, 그 결과를 MOS로 환산하는 방식이다.

03 전화기의 구성 요소 중 수화기에 대한 설명으로 틀린 것은? (2019-1차)

① 진동판, 영구자석, 유도교열로 구성되어 있다.
② 음성의 전기적 신호를 음파로 재생하는 장치이다.
③ 음성의 전기적신호는 전동판을 물리적으로 진동시킨다.
④ 전동판과 탄소입자의 진동에 의하여 변하는 저항값에 의해 직류 전류를 얻는다.

해설

송화기	고전적인 전화기를 기반으로 송화기의 진동판은 얇은 금속판으로 만들어져 있다. 송화기에 대고 말을 하면 진동판이 진동을 하고, 그 진동의 강약에 따라 탄소입자의 저항이 크거나 작게 되어 전류가 변화하게 되는 원리로 동작한다. 음성의 크기와 높낮이에 따른 진동회수가 전기 에너지로 변해서 통신선로를 통하여 상대방에 전달하는 것이다.
수화기	수화기는 스피커에 해당하는 부분에서 전기 신호를 음성으로 바꿔준다. 수화기 속에는 영구자석과 가는 동선을 감은 코일이 있는데, 코일에 전기가 흐르지 않을 때는 진동판은 자석에 붙어 있다가 음성 전류가 흐르면 전류의 세기에 따라 코일의 자계가 변화한다. 자계의 변화는 영구자석의 자계에 전달되어 진동판이 진동하면서 음성을 재생하여의 수화기에 상대방의 음성이 들리게 되는 것이다.

04 다음 중 디지털 유선 전화기의 특징으로 틀린 것은? (2019-2차)

① 음질이 뛰어나다.
② 기능이 다양하다.
③ 통신보안에 취약하다.
④ 데이터 단말기의 접속이 용이하다.

해설
PSTN 기반의 디지털 유선전화는 VoIP 전화기보다 보안이 우수하다. 즉, 일반 유선전화기는 인터넷 전화에 비해 음질이 뛰어나고, 접속이 용이하다. 반면에 인터넷 전화는 보안이 취약할 수 있다. 위 문제는 PSTN 기반 일반 전화로 접근하여 문제를 해석해야 한다.

정답 05 ④ 06 ④ 07 ② 08 ①

05 다음 중 디지털 전화기의 특징에 대한 설명으로 틀린 것은? (2012-2차)(2020-2차)

① 음질이 우수하다.
② 기능이 다양하다.
③ 데이터 단말기의 접속이 용이하다.
④ 회로가 단순하다.

해설
디지털 전화기는 아날로그 전화에 비해 회로가 복잡하다.

06 다음 중 VoIP 기술의 구성요소로 틀린 것은? (2022-1차)

① 미디어 게이트웨이
② 시그널링 서버
③ IP 터미널
④ 구내 교환기

해설
VoIP 전화 시스템은 일반 유선이나 모바일 전화 대비 인터넷 연결을 통해 통화하는 기술로서 광대역 연결을 통해 아날로그 음성 신호를 디지털 신호로 변환한다.

④ 구내 교환기: PBX라고도 하며 사업소나 건물 내에 또는 특정 기업 내부에서 통화(내선전화)를 형성할 뿐만 아니라 내선전화와 외선전화와의 통화도 할 수 있는 교환시설이다. VoIP에서는 이러한 기능을 하는 것을 IP−PBX라 한다.
① 미디어 게이트웨이: POTS, SS7, 차세대 네트워크 또는 사설 교환시스템과 같은 서로 다른 통신기술 간에 미디어 스트림을 변환하는 번역 장치 또는 서비스이다.
② 시그널링 서버: 사용자 간의 WebRTC를 위한 P2P 통신을 할 때 사용자를 연결해주는 역할을 하며 Signaling Server를 통해 상대방의 정보를 얻는다.
③ IP 터미널: IP를 통해 연결되는 컴퓨터 단말이나 전화기이다.

07 사무실에서 인터넷 구내망을 설치하여 음성전화 서비스를 제공하는 설비는? (2012-3차)(2013-3차)(2015-2차)(2021-1차)

① PBX
② IP−PBX
③ ISDN−PBX
④ Solo−PBX

해설
PBX는 Private Branch Exchange로서 사설 전화 교환기 기능을 하는 기업용 서비스에 특화되어 있는 장비이다. IP−PBX는 PBX와 같은 기능을 하는 교환기로서 IP Network인 인터넷을 사용하는 회선과 스위치에 RJ−45 커넥터를 이용해서 전화가 연결이 된다. 또한 Voice Gateway를 통해서 PSTN과도 연결이 되어 집전화, 휴대폰으로도 통화가 가능하다.

08 PSTN을 통해 이루어졌던 음성 전송을 인터넷망을 사용하여 제공하는 인터넷 텔레포니의 핵심 기술은? (2022-1차)

① VoIP
② DMB
③ WiBro
④ VOD

해설
VoIP 전화 시스템은 일반 유선이나 모바일 전화 대비 인터넷 연결을 통해 통화하는 기술로서 광대역 연결을 통해 아날로그 음성 신호를 디지털 신호로 변환한다.

09 다음 중 SIP(Session Initiation Protocol) 서버의 기능이 아닌 것은? (2022-1차)

① SIP 장비의 등록
② SIP 장비 간 호 처리
③ SIP 호 연결 Proxy 기증
④ 멀티미디어 정보 관리 및 제공

해설

④ 멀티미디어 정보 관리 및 제공이 아닌 시그널링 프로토콜이다.

구분	H.323	MGCP	MEGACO	SIP
표준화	ITU-T	IETF	IETF/ITU-T	IETF
지원 매체	A.V.D	A	A.V.D	A.V.D
인코딩	Binary	Text	Text/Binary	Text
프로토콜	주로 TCP	UDP	TCP/UDP	주로 UDP

IETF에서 정의한 시그널링 프로토콜로 음성과 화상 통화 같은 멀티미디어 세션을 제어하기 위해 널리 사용되며, 인터넷상에서 통신하고자 하는 지능형 단말(전화, 인터넷 콘퍼런스, 인스턴트 메신저 등)들이 서로를 식별하여 그 위치를 찾고, 그들 상호 간에 멀티미디어 통신 세션을 생성하거나 삭제 또는 수정하기 위한 절차를 명시한 응용 계층의 시그널링 프로토콜이다.

기출유형 06 ▶ BcN(Broadband Convergence Network)

다음 중 광대역통합망(BcN, Broadband Convergence Network)의 특성에 대한 설명으로 옳지 않은 것은?

(2013-1차)

① 음성, 데이터, 유무선, 통신, 방송 융합형 서비스를 언제 어디서나 편리하게 이용할 수 있는 서비스 통합망
② 다양한 서비스를 용이하게 개발해 제공할 수 있는 개방형 플랫폼(Open API) 기반의 통신망
③ 보안(Security), 품질보장(QoS), IPv6가 지원되는 통신망
④ 특정 네트워크 및 단말을 사용하여 다양한 서비스를 끊어짐 없이 이용할 수 있는 유비쿼터스 환경을 지원하는 통신망

해설

광대역통합망(BcN, Broadband Convergence Network)은 특정 네트워크나 단말이 아닌 다양한 네트워크와 단말을 끊어짐 없이 이용할 수 있는 유비쿼터스 환경을 지원하는 통신망이다.

| 정답 | ④

족집게 과외

BcN(Ubiquitous Sensor Nework) 계층: 서비스/제어계층, 전달망 계층, 가입자 망계층, 홈 및 단말 계층

지능망 구성	SCP	Service Control Point, 여러 가지 기능을 지원하는 Database가 집중화된 On-line 서버이다.
	SSP	Service Switching Point, 특정 유형의 호에 대해서는 호를 잠시 정지시킨 후, Database에 호의 처리에 관해서 질의(Query)한 후 질의에 대한 응답에 따라 호를 처리하는 시스템이다.
	SEP	Signaling End Point, SSP, SCP처럼 특정 기능을 수행하지만 신호 Traffic을 전달하는 기능은 없다.
	STP	Signaling Transfer Point, SEP 간의 신호 Traffic의 전달만을 전담하는 Packe 교환기이다.

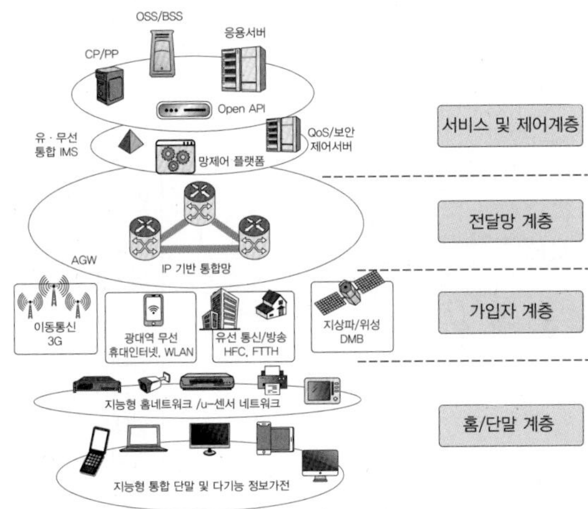

> **더 알아보기**
>
> **BcN(Broadband Convergence Network) 계층 구조**
> BcN은 크게 서비스 및 제어계층, 전달망 계층, 가입자 망계층, 홈 및 단말 계층 4단계로 구성된다. 가입자망은 무선 가입자망, 유선 가입자망, 방송 가입자망으로 나뉘고 각각의 망들은 전달망으로 연동되어 마치 하나의 망처럼 이용이 가능하다. 서비스 및 제어계층을 통해 세션 제어를 수행하고, QoS를 지원한다.

❶ 광대역통합망(Broadband Convergence Network)

㉠ BcN은 다양한 통신 네트워크, 서비스 및 기술을 하나의 광대역 네트워크 인프라로 통합하는 것을 말한다. 이러한 통합을 통해 공통 네트워크 플랫폼을 통해 음성, 데이터 및 멀티미디어 서비스를 제공할 수 있으므로 서로 다른 서비스를 위해 여러 네트워크를 사용할 필요가 없다.

㉡ BCN의 개념은 공통 네트워크 인프라를 통해 여러 서비스의 원활한 통합을 제공하는 것을 목표로 하는 수렴 개념에 기초한다. BCN의 구성은 일반 케이블부터 광섬유, DSL, Wi-Fi 및 셀룰러 네트워크와 같은 다양한 유선 및 무선 네트워크를 단일 광대역 네트워크로 결합한다.

㉢ BcN은 초기 구성 당시 이동통신망과 함께 광대역 멀티미디어 서비스 구성을 하기 위해 출현 되었으며 이후, 국내 통신 및 방송기기의 IT 산업을 활성화하고 빠른 기술의 발달로 인해 BcN 기술은 2023년 기준으로 과거의 기술이 되었으나 정보통신 학습이나 문제에는 최신기술로 접근하여 문제를 접근해야 한다.

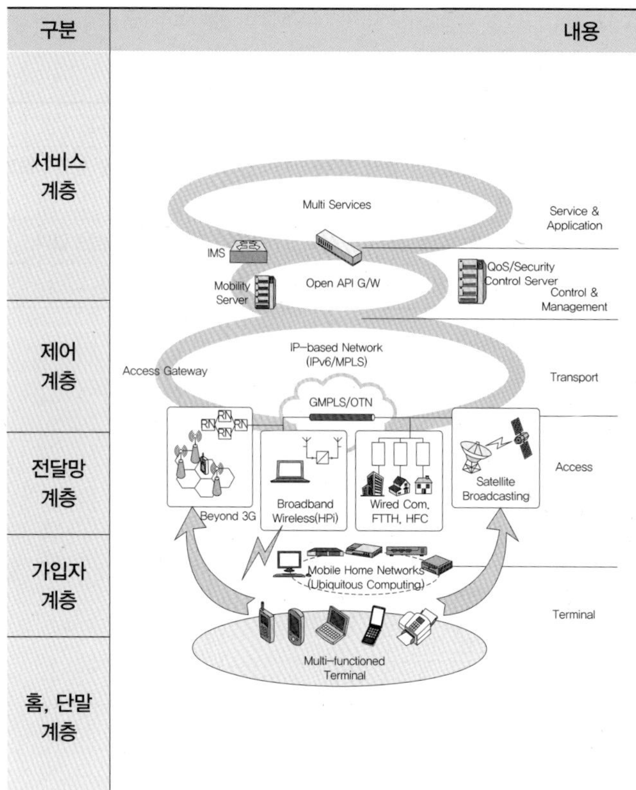

구분	내용
서비스 계층	망 관리 시스템 및 다양한 응용서비스 서버들로 구성되어 동일한 서비스 플랫폼을 적용한다. OSS(Operational Supports System), BSS(Business Supports Systems)와 같은 망 관리 시스템 및 다양한 응용서비스 서버들로 구성되어 통신망의 모든 네트워크에서 동일한 개방형 서비스 플랫폼을 적용하여 'Plug and Play' 형태로 서비스 구현을 목표로 한다.
제어 계층	통신망을 제어하는 자원정보와 가입자 정보를 통합관리 한다. 통신망을 제어하는 소프트 스위치 플랫폼을 구성하여 통신망 자원정보와 가입자 정보의 통합관리가 가능하다.
전달망 계층	음성, 데이터, 멀티미디어 서비스를 동시에 제공할 수 있는 QoS가 보장되는 패킷 기반의 단일망 구축을 목표로 한다.
가입자 계층	유무선의 다양한 가입자망을 모두 수용함으로써 이용자 환경에 따라 적절히 가입자망을 선택하여 끊김 없는(Seamless) 서비스를 지원한다.
홈, 단말 계층	홈네트워크(Home Gateway), U-센서 네트워크(UWB, 스마트태그), 통합단말 등 다양한 형태의 단말로 구성되며 정보가전 및 이동단말들의 확산으로 인해 인터넷 주소 부족 문제될 수 있어 IPv6의 도입이 요구된다.

㉣ BcN의 주요 이점으로는 네트워크 효율성 향상, 비용 절감, 네트워크 관리 간소화, 사용자 환경 향상 등이 있다. BcN을 통해 서비스 제공업체는 고속 인터넷 액세스, Voice Over IP, 주문형 비디오 및 기타 멀티미디어 서비스를 포함한 광범위한 서비스를 제공할 수 있다. 전반적으로, BcN은 차세대 통신 서비스를 가능하게 하고 고속 연결 및 고급 멀티미디어 애플리케이션에 대한 증가하는 수요를 지원하는 데 중요한 역할을 한다.

정답 01 ③ 02 ① 03 ④ 04 ③

01 다음 중 BcN에 대한 설명으로 적합한 것은? (2011-1차)

① 광대역통신망(Broadband Communication Network)이다.
② 방송통신융합망(Broadcasting and Communication Network)이다.
③ 광대역통합망(Broadband Convergence Network)이다.
④ 기업간통신망(Business Company Network)이다.

해설

BcN 계층 구조

BcN은 크게 서비스 및 제어계층, 전달망 계층, 가입자망계층, 홈 및 단말 계층 4단계로 구성된다. 가입자망은 무선 가입자망, 유선 가입자망, 방송 가입자망으로 나뉘고 각각의 망들은 전달망으로 연동되어 마치 하나의 망처럼 이용가능하고 서비스 및 제어계층을 통해 세션 제어를 수행하고, QoS를 지원한다.

02 광대역통합망(BcN, Broadband Convergence Network)에서 VoIP 서비스를 제공하기 위한 프로토콜이 아닌 것은? (2012-2차)

① R2 MFC ② SIP
③ H.323 ④ Megaco

해설

① R2 신호방식은 올바른 호 설정을 위해 교환기와 교환기간에 준수되어야 하는 신호 교환방식의 일종으로 전자교환방식에서 이용된다.
② SIP(Session Initiation Protocol): IETF에서 정의한 시그널링 프로토콜이다.
③ H.323: Packet-Based Multimedia Communication System ITU-T SG(Study Group) 16에서 제안한 영상회의 표준으로 LAN, 인터넷 등 패킷-기반의 망을 통해 전송되는 영상, 음성, 데이터 등 멀티미디어 통신을 포괄적으로 다루고 있다.
④ Megaco: H.248로 IETF와 ITU-T가 공통 제안한 프로토콜로 MGC(Media Gateway Controller)와 MG(Media Gateway) 간 프로토콜이다.

03 광대역통합망(BcN: Broadband Convergency Network)의 계층구조 중 전달망 계층에 대한 설명으로 옳지 않은 것은? (2014-1차)(2020-1차)(2021-2차)

① 광대역(Broadband) 서비스 제공
② 이동망 사용자의 이동성(Mobility)
③ 서비스 보장(QoS) 및 정보보안
④ 소프트위치에 의한 다양한 서비스 구현

해설

BcN은 크게 서비스 및 제어계층, 전달망 계층, 가입자망계층, 홈 및 단말 계층 4단계로 구분된다. 가입자망은 무선 가입자망, 유선 가입자망, 방송 가입자망으로 나뉘고 각각의 망들은 전달망으로 연동되어 마치 하나의 망처럼 이용가능하다. 서비스 및 제어계층을 통해 세션 제어를 수행하고, QoS를 지원한다.

04 국내의 통신망 발전 단계로 올바른 것은? (2015-3차)(2021-1차)

① ISDN → PSTN → BCN
② BCN → ISDN → PSTN
③ PSTN → ISDN → BCN
④ ISDN → BCN → PSTN

해설

PSTN인 공중교환전화망(Public Switched Telephone Network)은 세계의 공중 회선 교환 전화망들이 얽혀있는 전화망이다. ISDN은 종합 정보 통신망(Integrated Service Digital Network)으로 BRI(Base Rate Interface)와 PRI(Primary Rate Interface)가 있다. BCN은 광대역통합망(Broadband Convergence Network)으로 가입자망 계층, 전달망 계층, 서비스 및 제어계층 등으로 구성되어 있다.

정답 05 ③ 06 ① 07 ②

05 다음 중 광대역통합망(BcN)의 계층 구분에 대한 설명으로 옳지 않는 것은? (2020-2차)

① 홈네트워크/단말 계층: 통합단말이용 직접 접속, 홈네트워크를 통한 접속
② 가입자망 계층: 광대역의 다양한 유무선 및 방송 네트워크들 간에 핸드오버가 진원되는 구조
③ 전달망 계층: ATM 기반의 단일망, QoS, 보안 등이 보장되는 광대역 전달기능을 갖는 네트워크
④ 서비스 및 제어계층: 개방형 API 구현, 소프트 스위치 도입

해설

BcN(Broadband Convergence Network) 계층 구조
BcN은 크게 서비스 및 제어계층, 전달망 계층, 가입자망계층, 홈 및 단말 계층 4단계로 구성된다. 가입자망은 무선 가입자망, 유선 가입자망, 방송 가입자망으로 나뉘고 각각의 망들은 전달망으로 연동되어 마치 하나의 망처럼 이용 가능하다. 서비스 및 제어계층을 통해 세션 제어를 수행하고, QoS를 지원한다.

06 통신, 방송, 인터넷 같은 각종 서비스를 통합하여, 다양한 응용서비스를 쉽게 개발할 수 있는 개방형 플랫폼(Open API)에 기반을 둔 차세대 통합 네트워크인 BcN에 대한 설명 중 옳은 것은? (2023-1차)

① 광대역 통합 네트워크(Broadband Convergence Network)
② 광대역 통신망(Broadband Communication Network)
③ 방송통신 융합망(Broadband and Communication Network)
④ 기업간통신망(Business Company Network)

해설

광대역통합망(Broadband Convergence Network)
BcN은 다양한 통신 네트워크, 서비스 및 기술을 하나의 광대역 네트워크 인프라로 통합하는 것을 말한다. 이러한 통합을 통해 공통 네트워크 플랫폼을 통해 음성, 데이터 및 멀티미디어 서비스를 제공할 수 있으므로 서로 다른 서비스를 위해 여러 네트워크를 사용할 필요가 없다.

07 다음 중 지능망의 구성 요소가 아닌 것은? (2021-1차)

① IP(Intellingent Peripheral)
② LBS(Location Base Service)
③ SCP(Service Control Point)
④ SSP(Service Switching Point)

해설

② LBS(Location Base Service): 위치 기반 서비스는 무선 인터넷 사용자에게, 사용자의 변경되는 위치에 따르는 특정 정보를 제공하는 무선 콘텐츠 서비스이다.

지능망(IN: Intelligent Network) 서비스

컴퓨터를 사용해 전화의 통화 기능을 좀 더 다양한 용도로 이용할 수 있게 해주는 서비스로 전화망(PSTN), 패킷망(X.25), No.7 신호망을 연동시켜 고도의 통신서비스를 제공하는 망이다.

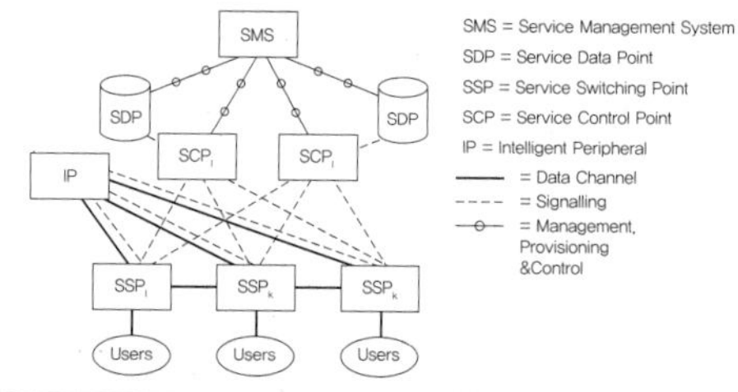

- SCP(Service Control Point): 여러 가지 기능을 지원하는 Database가 집중화된 On-line Access가 가능한 컴퓨터이다. 가입자의 정보를 관리하는 HLR과 지능망 서비스용 SCP, 단문서비스를 제공하는 SMSC 등이 이에 해당된다.
- SSP(Service Switching Point): 특정 유형의 호에 대해서는 호를 잠시 정지시킨 후, Database에 호의 처리에 관해서 질의(Query)한 후 질의에 대한 응답에 따라 호를 처리하는 시스템으로 망에 존재하는 MSC(Main Switching Controller)등이 해당된다. SSP, SCP처럼 특정 기능을 수행하지만 신호 Traffic을 전달하는 기능이 없는 시스템을 SEP(Signaling End Point)라고 총칭한다. 이에 비해 SEP 간의 신호 Traffic의 전달만을 전담하는 Packet 교환기를 STP(Signaling Transfer Point)라고 한다.

기출유형 07 ▶ 망동기, No.7, 지능망

국내 공중통신망의 총괄국 아래 계위의 디지털 교환기들이 사용하고 있는 망동기 방식은? (2012-1차)(2022-3차)

① 단순 종속동기방식(SMS: Simple Master Slave)
② 계위 종속동기방식(HMS: Hierarchical Master Slave)
③ 선지정 대체 종속동기방식(PAMS: Pre Assigned Master Slave)
④ 자체 재배열 종속동기방식(SOMS: Self Organized Master Slave)

해설

망동기방식 비교

PAMS 방식	단순 종속동기방식의 신뢰도 문제를 보완하기 위하여 Master를 2개 선정해서 1개는 Active Master로 나머지 1개는 Stand-By Master로 운용하는 방식이다. Active Master에서 고장이 발생하거나 기준 클럭 신호를 전송하는 중계선이 중단되면 Stand-By Master로부터 공급되는 Line Clock을 기준 클럭으로 자동절체 한다.
계층 종속동기 방식(HMS)	Hierarchical Master Slave, 단순 종속동기방식에서 한 단계 발전한 형태로 하위국(Slave)의 클럭은 상위국(Master)의 클럭을 받아서 계층적(Hierarchical)으로 구성되어 운용되는 방식으로 망형 통신망에 적합하고 망 구성이 비교적 간단하다.

| 정답 | ④

족집게 과외

No.7 신호방식(SS7, No.7, CCS7): 통화로와 신호전송이 분리되어 다수의 통화에 필요한 신호를 한 채널로 전송하는 방식이다.

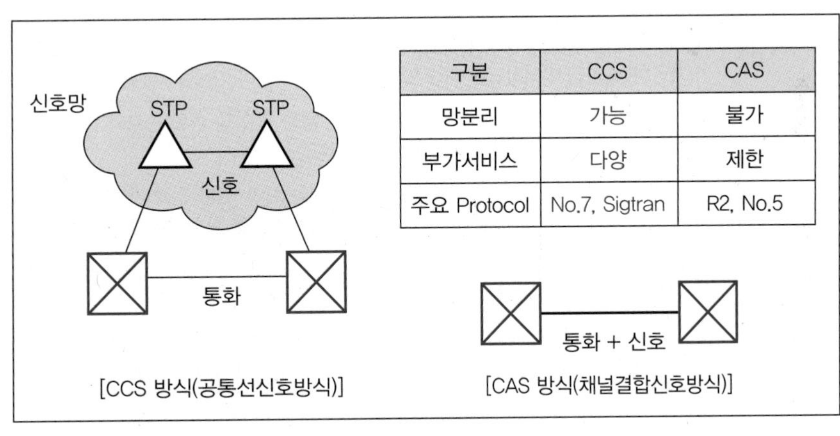

구분	CCS	CAS
망분리	가능	불가
부가서비스	다양	제한
주요 Protocol	No.7, Sigtran	R2, No.5

[CCS 방식(공통선신호방식)] [CAS 방식(채널결합신호방식)]

더 알아보기

CCS는 전화, ISDN망을 구성할 때 전화 교환기를 제어하는 정보(제어 신호)를 사용자 정보용 회선과는 다른 회선에서 전송하는 방식이다. SS7(Signaling System 7)은 음성 통신의 콜 정보와 데이터 통신의 접속정보 등을 통합적으로 관리하기 위한 프로토콜로서 음성 통신과 데이터 통신에 대한 메타 정보를 관리하며, 1980년대 음성망에서 특정 서비스를 제공하기 위해 고안된 것으로, 네트워크 구성요소(Network Element)들끼리 정보를 교환하기 위한 프로토콜이다. 지능망 신호 체계는 다음의 두 가지 특징을 지원한다.

Access Signaling	가입자와 네트워크 간의 신호(Signaling)
Network Signaling	네트워크 노드들 간의 신호(Signaling)

이러한 공통선 신호 처리에 관한 프로토콜 표준을 Signaling System Number 7 또는 SS No.7 또는 SS7으로 간략하게 부른다.

❶ 공통선 신호방식(No.7)

SS7(Signaling System No.7)이라고도 하는 CCS7(Common Channel Signaling Method No.7)은 통화로와 신호 전송이 분리되어 다수의 통화에 필요한 신호를 한 채널로 전송하는 방식이다. 공통선 신호방식은 음성 및 데이터 네트워크와 함께 별도의 전용 신호 네트워크에서 작동하며 콜 라우팅, 네트워크 관리 및 다양한 고급 통신 서비스를 위한 인프라를 제공한다. 다음은 공통선 신호방식의 몇 가지 주요 특징과 기능이다.

구분		내용
신호 네트워크		CCS7은 전용 패킷 교환 네트워크를 사용하여 네트워크 노드 간에 신호 메시지를 전달한다. 음성 및 데이터 트래픽과 별도로 효율적이고 안정적인 신호 전송을 보장한다.
시그널링 포인트	개념	CCS7 네트워크는 시그널링 메시지 생성, 라우팅 및 수신을 담당하는 네트워크 노드인 시그널링 포인트로 구성된다.
	SSP	Service Switching Points, SSP는 음성 또는 데이터 트래픽을 시작, 종료 또는 전송하는 스위치 또는 라우터이다. CCS7 신호를 사용하여 통화를 설정하고 관리한다.
	STP	Signal Transfer Points, STP는 SSP 간의 신호 메시지 라우팅 및 전송을 담당한다. CCS7 네트워크 내에서 신호 트래픽의 효율적인 라우팅을 보장한다.
	SCP	Service Control Point(서비스 제어 지점), SCP는 데이터베이스 및 지능형 네트워크 서비스를 제공한다. 가입자 데이터를 저장 및 검색하고 통화 제어 기능을 수행한다.
통화 설정 및 제어		CCS7은 통화 설정, 통화 라우팅, 통화 전환, 통화 전송 및 통화 종료와 같은 기능을 포함하여 전화 통화의 설정, 제어 및 해제를 가능하게 한다.
지능형 네트워크 서비스		CCS7은 발신자 ID, 착신 전환, 통화 대기, 전화 회의, 선불 전화 카드와 같은 통신 서비스를 지원한다. 이러한 서비스는 SSP와 SCP 간의 상호 작용을 통해 관리된다.
글로벌 연결성		CCS7은 서로 다른 통신 사업자와 네트워크 간의 상호 연결을 용이하게 하여 다양한 네트워크와 원거리 통신을 위한 원활한 통신을 지원한다.
네트워크 관리		CCS7은 네트워크 관리, 모니터링 및 문제 해결을 위해 네트워크 운영자가 네트워크 성능을 모니터링하고 신호 관련 문제를 진단 및 해결하는 유지 관리 작업을 수행한다.

CCS7은 유선 전화를 위한 전통적인 회선교환 네트워크와 통화 제어 및 모바일 가입자 관리를 위한 모바일 네트워크에서 널리 사용된다.

❷ 신호망의 종류

신호망은 크게 CAS 방식과 CCS 방식이 있으며 주요 차이점은 통화로와 신호망을 같이 사용하는지 아니면 분리하여 처리하는가에 있다.

[채널결합신호방식(CAS)] [공통선신호방식(CCS)]

CAS와 CCS방식의 차이점은 아래 표와 같다.

구분	CAS (Channel Associated Signaling)	CCS (Common Channel Signaling)
개념	채널 결합 신호방식이라하며 통화로와 신호망을 같이 사용하는 방식으로 다양한 부가서비스에 한계가 있다.	공통선 신호방식이라고 하며 신호망과 통화망이 분리되어 있어서 다양한 부가서비스를 제공할 수 있다.
망분리	불가	가능
부가서비스	제한	다양
프로토콜	R2, No5	No7, Sigtran

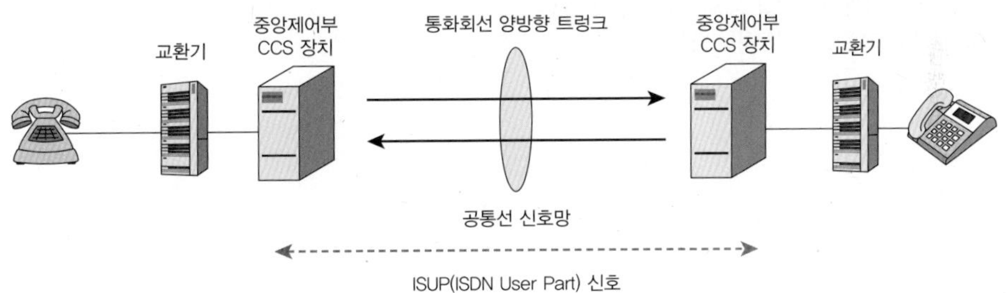

❸ ISDN 접속 방식

구분	내용
B 채널	64Kbps의 속도로 음성, FAX, 데이터, 화상 등의 다중화된 정보를 회선교환이나 패킷교환 등의 방식을 통해 전달하는 정보채널이다.
D 채널	B 채널을 통한 정보전송 시 교환제어를 하기 위한 신호를 전달하는데 사용하는 신호채널로서, 기본 인터페이스(BRI)에서는 16Kbps, 1차군 속도 인터페이스는 64Kbps를 제공한다.
H 채널	고속 FAX, 스테레오 음향, 화상 등의 고속 사용자 정보를 전송하기 위한 정보채널이다. 384Kbps의 H0 채널과 T1/E1급의 H1 채널과 같은 1차군 속도(PRI)의 협대역 ISDN용 채널 외에, 광대역 ISDN에서 사용하는 30~45Mbps대의 H2 채널 등 다양한 형식의 채널이 있다.

1) 기본 인터페이스(BRI: Basic Rate Interface)

기존의 아날로그 전화와 같은 기본적인 서비스를 제공하는 인터페이스로, 2개의 B 채널(64Kbps)과 하나의 D 채널(16Kbps)로 구성되기 때문에 "2B+D"라고 한다.

2) 1차군 속도 인터페이스(PRI: Primary Rate Interface)

B 채널 여러 개를 묶어서 고속 데이터 통신이나 PBX 같은 구내 전화망을 구성하는데 이용할 수 있는 인터페이스로서, 23B+D의 북미식(1.5Mbps)과 30B+D의 유럽식(2Mbps)이 있다. 이때 D 채널은 BRI에서와 달리 64Kbps의 대역폭을 갖는다.

정답 01 ③ 02 ④ 03 ③

01 공통선신호(No.7) 방식의 특징으로 적합하지 않은 것은? (2010-1차)

① 다양한 서비스 제공 능력을 갖고 있어 새로운 서비스 도입에 융통성이 크다.
② 기능별로 모듈화된 계층구조로 이기종 시스템 간의 상호접속이 용이하다.
③ 한 그룹의 트렁크에 관한 정보를 동일채널로 전송한다.
④ 시분할 디지털 교환기에 사용한다.

해설

No.7 신호방식(SS7, No.7, CCS7)
과거 국간신호방식인 채널결합신호방식의 신호전달의 한계를 극복하기위해 1960년대 후반부터 개발되어 1980년대 CCITT에서 표준화한 최초의 공통선신호방식(CCS)으로 하나의 신호채널 상에 다수 회선에 대한 신호(시그널링)를 교환해서 통신하는 방식이다.

02 다음 중 전화 교환기의 제어방식에 따른 분류가 아닌 것은? (2012-1차)

① 단독제어방식
② 공통제어방식
③ 축적프로그램제어방식
④ 분산제어방식

해설

④ 분산제어방식: 기능별, 위치별 등으로 나누어 각기 독립적 또는 유기적으로 분담 제어하는 방식으로 중앙집중제어와 대비되는 개념이다.
① 단독 제어방식(Independent Control System): 개개의 스위치에 제어 회로가 붙어 있고, 각 스위치가 독립적으로 선택 제어를 하면서 접속 경로를 선택하는 방식이다. 단계적 방식(스트로저식) 등 초기의 교환기 대다수는 이 방식에 속하며 제어 회로를 한 곳 또는 몇 곳에 모아서 배치하고, 여러 개의 스위치에 대하여 제어 회로를 공통으로 사용하는 방식을 각각 공통 제어 방식 또는, 부분 공통 제어방식이라 한다.
② 공통 제어방식(Common Control System): 하나의 제어 장치로 모든 제어를 하는 전체 공통 제어 방식과, 하나의 교환기 내를 여러 개의 선택 단계로 나누어 교환 계위마다 공통의 제어 장치를 설치한 부분 공통 제어 방식이 있다. 이에 반해 스위치 하나하나에 제어 회로를 설치한 방식을 개별 제어방식(단독제어방식)이라 한다.
③ 축적프로그램 제어: 전자교환기용 프로그램 제어방식으로 전화교환에 있어서 종래의 포선논리에 의한 교환처리를 프로그램에 입력해 논리연산장치와 기억장치로 입력된 프로그램을 실행하는 방식이다.

03 다음 중 교환기의 과금처리 방식 중 하나인 중앙집중처리방식(CAMA)에 대한 설명으로 틀린 것은? (2014-3차)(2023-2차)

① 다수의 교환국망일 때 유리하다.
② 신뢰성이 좋은 전용선이 필요하다.
③ 유지보수에 많은 시간이 소요된다.
④ 과금센터 구축에 큰 경비가 들어간다.

해설

CAMA 방식
전화국에서 발생하는 과금정보를 온라인 전용회선을 통하여 중앙의 집중국으로 전송하여 집중국에서 과금 테이프상에 일괄 기록하는 방식이다.

구분	내용
장점	다수의 교환망이 있을 때 유리하고 소요 인력 감축 효과가 있으며 유지보수가 편리하고 과금정보를 집중 관리할 수 있다.
단점	신뢰성 높은 전용회선이 필요하고 기록 장치에 장애발생 시 과금정보 유실로 인한 손실이 크며 집중국 설치 시의 경비가 많이 소요된다.

04 다음 중 공통선 신호방식에 해당하지 않는 것은? (2020-2차)

① 통화로와 신호전송이 분리되어 다수의 통화에 필요한 신호를 한 채널로 전송하는 방식
② 아날로그 신호방식(No.6)
③ 디지털 신호방식(No.7)
④ 국간망에 분포되어있는 트래픽 부하를 조절하기 위해서 전화국 간에 주고받는 신호방식

해설

④ 국간망에 분포되어있는 트래픽 부하를 조절하기 위해서 전화국 간에 주고받는 신호방식은 아래 CAS 방식이다.

공통선 신호방식(No.7)

SS7(Signaling System No.7)이라고도 하는 CCS7(Common Channel Signaling Method No.7)은 통화로와 신호전송이 분리되어 다수의 통화에 필요한 신호를 한 채널로 전송하는 방식이다.

구분	CAS (Channel Associated Signaling)	CCS (Common Channel Signaling)
개념	채널 결합 신호방식이라고 불리우며 통화로와 신호망을 같이 사용하기 때문에 다양한 부가서비스에 한계가 있다.	공통선 신호방식이라고 하며 신호망과 통화망이 분리되어 있으며 이를 통해 다양한 부가서비스를 제공할 수 있다.
망분리	불가	가능
부가서비스	제한	다양
프로토콜	R2, No5	No7, Sigtran
응용	대역 외 시그널링(out-of-band Signaling)이라 하며 예를 들어 100kHz 대역에서 통신하는 매체가 있을 경우 통신을 위해 호 설정하는 절차가 100KHz보다 상위 대역이나 하위 대역을 이용해서 Signaling하는 것이다.	지능망이라든지 SS7망에서는 모두 공통선 신호방식을 사용하는데 공통선 신호방식은 통신을 위해 신호를 주고받는 호 설정 채널을 따로 두는 것이다.

05 다음 중 동선(구리선)을 사용하는 전송로 구간에서 사용하는 통화로 신호방식은? (2015-3차)(2020-3차)

① 직류방식
② 교류 방식
③ In-Band 방식
④ Out-of-Band 방식

해설

직류 방식은 구리선을 사용하여 전송하는 것으로 전화기와 교환기간에 통신선을 구성한다. Out of band 방식은 주로 CAS 방식에 사용하는 것으로 별도의 주파수 대역이 필요하다.

전화기의 전압은 대기전압(DC 24V), 통화 중 전압(DC 48V), 신호전압(AC 100V)으로 구분된다. 전화선의 전압은 전화기 내의 저항수치에 따라서, 전화교환기에서 전압을 각기 다르게 보내준다. 이를 통해 음성이 전기적 신호로 바뀌어 전달되는 것이다. 전화기 내부의 저항, 즉, 전화선 내 두 선 사이의 저항이 무한대일 때, DC 24V가 공급되며 전화기 내부 저항이 감소하면, 즉, 전화선 내 두 선 사이의 저항이 줄어들 때, 통화 중으로 인식하며, DC 48V를 공급한다. 전화선 두 선을 쇼트시키면, 통화 중으로 인식한다는 것이며 그 번호로 전화를 하면 통화 중으로 나오는 것이다. 평상시 DC 24V 상태에서, 누군가 그 번호로 전화를 하면, AC 100V가 흘러 전화기의 벨을 울리게 되는 것이다.

06 다음 중 국간 신호 메시지와 설명이 잘못 연결된 것은? (2019-2차)

① IAM(Initial Address Message): 호 설정 요청 메시지
② ACM(Address Complete Message): 호 설정 수락 메시지
③ REL(Release Message): 호 해제 요청 메시지
④ RCL(Release Complete Message): 호 해제 완료 메시지

해설

ACM(Address Complete Message)

ACM is Sent in The "Backward" Direction to Indicate That The Remote End of a Trunk Circuit has been Reserved(호 설정 완료를 나타내는 메시지이다)

07 No.7 지능망의 프로토콜 중 신호연결제어부(SCCP: Signaling Connection Control Part)에 대한 설명으로 틀린 것은? (2020-3차)

① MTP(Message Transfer Part)와 합쳐져서 망서비스부(NSP: Network Service Part)라고 불려지고, MTP의 주소 기능을 보강하여 준다.

② 네트워크계층에서 연결성 서비스와 비연결성 서비스를 4종류의 프로토콜에 의하여 제공하고 있다.

③ SCCP는 네트워크와 네트워크 사이에 신호 패킷의 전송을 가능하게 하고, 가상회로망에서 패킷의 전송도 지원한다.

④ 인접한 신호점(Signaling Point) 간에 신호 메시지의 안정된 전송을 위해 흐름제어, 에러제어, 에러감시 등의 기능을 수행한다.

해설

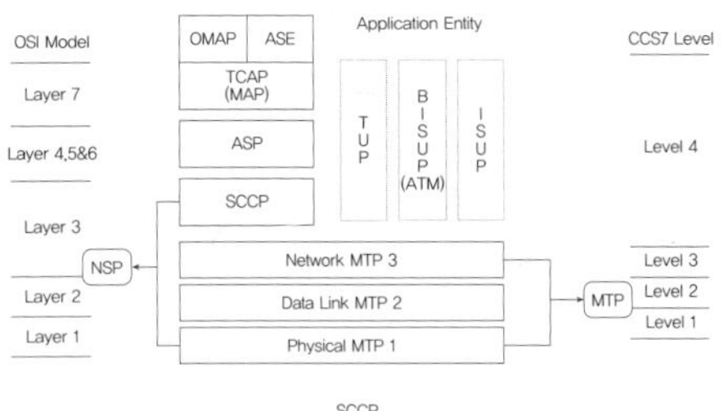

SCCP

Signaling Connection Control Part는 Signaling System 7 통신 네트워크에서 확장된 라우팅, 흐름 제어, 분할, 연결 방향 및 오류 수정 기능을 제공하는 네트워크 계층 프로토콜로서 No.7 신호망을 이용하여 통상의 회선 대응 제어 신호 이외의 각종 신호나 데이터의 전송이 가능하도록 ITU－T 권고로 신설된 No.7 신호방식의 기능이다.

신호 접속 제어부(SCCP)는 레벨 3의 메시지 전송부(MTP)의 상위에 위치하며, MTP와 SCCP가 조합되어 OSI 기본 참조 모델에서 정의하는 제3계층이 구성된다. 즉, SCCP는 MTP Level 3에 속하며, MTP(Message Transfer Part)와 합쳐져서 망서비스부라 불려지고 MTP의 주소 기능을 보강하여 준다.

08 다음 중 지능망의 구성 요소가 아닌 것은? (2015-3차)(2021-1차)

① IP(Intellingent Peripheral)

② LBS(Location Base Service)

③ SCP(Service Control Point)

④ SSP(Service Switching Point)

해설

② LBS(Location Base Service): 위치 기반 서비스로서 무선 인터넷 사용자에게, 사용자의 변경되는 위치에 따르는 특정 정보를 제공하는 무선 콘텐츠 서비스로서 위 문제와는 무관하다.

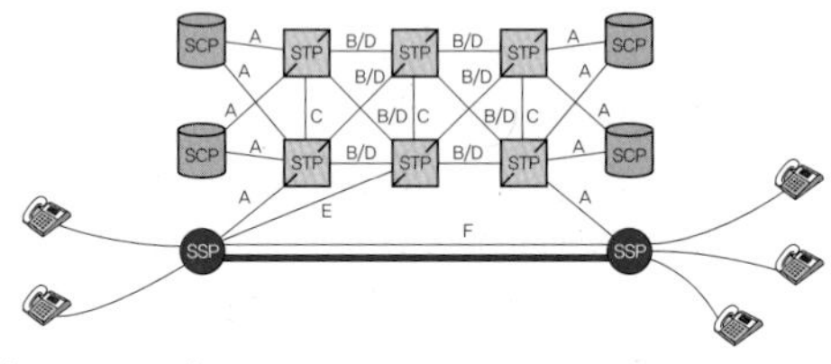

[SS7 Network Structure]

- 지능망(IN: Intelligent Network) 서비스: 컴퓨터를 사용해 전화의 통화 기능을 좀 더 다양한 용도로 이용할 수 있게 해주는 서비스로서 전화망(PSTN), 패킷망(X.25), No.7 신호망을 연동시켜 고도의 통신 서비스를 제공하는 망이다.
- SCP(Service Control Point): 여러가지 기능을 지원하는 Database가 집중화된 On－line Access가 가능한 컴퓨터이다. 가입자의 정보를 관리하는 HLR과 지능망 서비스용 SCP, 단문서비스를 제공하는 SMSC 등이 이에 해당된다.
- SSP(Service Switching Point): 특정 유형의 호에 대해서는 호를 잠시 정지시킨 후, Database에 호의 처리에 관해서 질의(Query)한 후 질의에 대한 응답에 따라 호를 처리하는 시스템이다.

SSP, SCP처럼 특정 기능을 수행하지만 신호 Traffic을 전달하는 기능이 없는 시스템을 SEP(Signaling End Point)라 한다. 이에 비해 SEP 간의 신호 Traffic의 전달만을 전담하는 Packe 교환기를 STP(Signaling Transfer Point)라고 한다. 신호망은 안정성이 최우선적으로 고려되는 망이다. 특히 신호망의 중심에 위치한 STP는 안정성의 확보에 전혀 문제가 없는 안정적인 시스템이어야 한다.

정답 09 ④

09 다음 [보기]의 공통선 신호방식에 대한 설명으로 옳은 내용을 모두 선택한 것은? (2016-1차)

> ㄱ. 공통선 신호방식에서는 복수/다중의 통신회선에 공통된 신호를 데이터 형식으로 전송하며, 신호의 고속전송, 통신 중의 신호전송, 다양한 신호전송, 양방향의 신호전송 등이 가능하다.
> ㄴ. No.7 신호방식은 ITU-T에서 정의된 표준 프로토콜로서 신호회성당 최대 2,048[bps]의 아날로그 전송회선을 고려한다.
> ㄷ. SS7 신호방식은 PSTN 정보를 디지털 신호 네트워크를 통해 교환하여, 무선과 유선 콜셋업, 라우팅 제머 등을 할 수 있도록 절차와 프로토콜을 정의하고 있다.
> ㄹ. SS7 메시지들은 네트워크 요소들 간에 신호링크(Signal Link)라고 하는 56[kbps], 64[kbps]의 양방향 채널에 의해 교환된다.

① ㄱ
② ㄱ, ㄴ
③ ㄱ, ㄴ, ㄷ
④ ㄱ, ㄷ, ㄹ

해설

No.6 신호방식은 회선당 2,048 통화회선 지원, No.7 신호방식은 회선당 4,096 통화회선 지원으로 신호 회선당 E1급 기준으로 2.048Mbps의 속도를 지원한다.

ITU-T No.7 신호방식

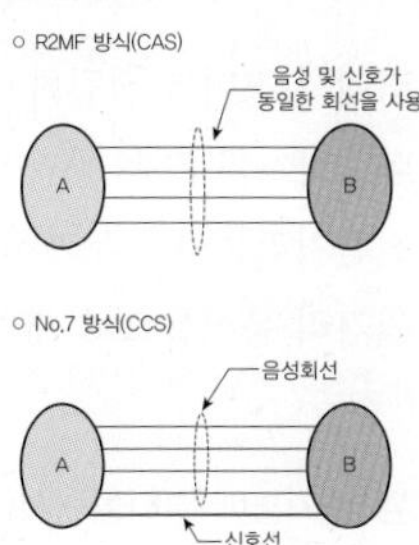

1980년에 ITU－T에서 표준화한 것으로 디지털 통신망에 적합하도록 설계되었으며, 전화 교환용뿐만 아니라 회선교환 데이터 통신 서비스나 통신망 운용 관리용의 각종 신호를 전달할 수 있다. 범용성을 높이기 위해 계층구조 방식으로 구성되고, 신호 전송부와 사용자부로 나뉜다. 신호 전송부는 신호의 전송 제어와 오류 정정, 신호망의 보안 조치 등을 분담하고, 사용자부는 전화 교환과 데이터 교환 등 응용 분야에 따라 개별적으로 설계되어 있다. 신호 데이터 링크의 기본 속도는 64kbit/s이나, 아날로그 회선용의 4.8kbit/s도 규격화되어 있다. 신호 단위는 가변 길이이다.

기출유형 08 ▸ 다중화기(Multiplexer)와 모뎀(Modem)

다음 중 멀티 포트 모뎀에 대한 설명으로 가장 알맞은 것은? (2016-3차)

① 짧은 거리에서 경비를 절감하기 위해 사용한다.
② 시분할 다중화기와 고속 동기식 모뎀을 이용한다.
③ 약간의 전산처리능력을 부가하고 데이터 압축기능이 부가된 것이다.
④ 비교적 원거리 통신용으로 개발된 모뎀이다

해설

일반적인 모뎀의 기능에 멀티플렉서(Multiplexer)가 혼합된 형태로서 대체로 4개 이하의 채널을 다중화하고자 할 때 사용한다.

| 정답 | ②

족집게 과외

다중화기 공유회선=A+B+C+D　　　　집중화기 공유회선<A+B+C+D

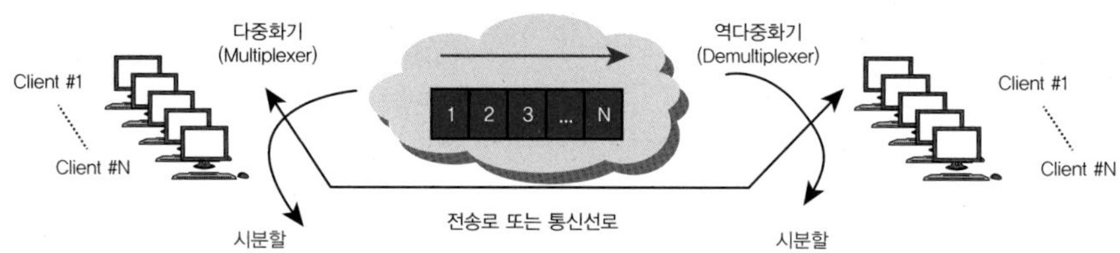

더 알아보기

다중화기(Multiplexer)는 하나의 고속 통신 회선을 여러 개의 컴퓨터(단말기, 터미널)가 공유하여 데이터를 전송하는 기술이다. 하나의 회선을 4개의 단말기가 사용하는 경우 각 컴퓨터(단말기, 터미널)의 속도의 합과 공유회선의 속도가 일치해야 공유가 가능하다.

구분	다중화기(Multiplexer)	집중화기(Concentrator)
채널할당	정적인 할당(고정), 보통 1:1	동적인 할당(가변적), N:1(보통 4:1)
회선연결	물리적 연결	논리적 연결
종류	FDM(주파수 다중화기), TDM(시분할 다중화기), 지능형 다중화기	메시지 교환방식의 집중화기, 패킷 교환방식의 집중화기, 회선 교환방식의 집중화기
공유회선	= A+B+C+D	< A+B+C+D

❶ 다중화기(Multiplexer)

멀티플렉서(Multiplexer, 줄여서 mux)는 여러 입력 신호 중 하나를 선택하고 선택한 입력을 단일 출력 라인으로 전달하는 장치이다. 디지털 회선에서 여러 신호가 단일 전송선 또는 장치를 공유할 수 있도록 하는데 자주 사용된다. 멀티플렉서는 복수의 입력 라인, 선택기 또는 제어 라인 및 단일 출력 라인을 갖는다. 선택 라인은 출력 라인에 연결할 입력 라인을 선택하는데 사용되며 입력 라인의 수와 선택 라인의 수에 따라 선택할 수 있는 입력의 수가 결정된다. 멀티플렉서는 복잡성과 원하는 동작 속도에 따라 트랜지스터, 다이오드 또는 논리 게이트와 같은 다양한 전자 부품을 사용하여 구성될 수 있다. 이들은 통신, 컴퓨터 네트워킹, 디지털 오디오 또는 비디오 전송과 같은 디지털 통신 시스템에서 다수의 신호를 하나의 전송선으로 결합하기 위해 사용되며, 이는 시스템의 복잡성을 줄이고 효율을 증가시킨다.

❷ 설명(Explanation)

다중화기는 다수의 신호를 동시에 하나의 채널로 전송하는 방식으로 지능형 다중화기는 실제 전송 데이터가 있는 터미널에만 시간폭을 할당하는 방식으로 통계적 시분할 다중화기라고도 하며 이를 통해 동적으로 시간을 나누어 전송이 가능하다.

특징

- 전송 효율을 높일 수 있다는 것이 가장 큰 특징이다.
- 동기식이며 구조가 단순하면서 규칙적인 전송에 사용한다.
- *m*개의 입력 회선을 m개의 출력회선으로 다중화되는 장치이다.
- 들어오는 것이 4개(A, B, C, D)이면 나가는 것도 4개(A, B, C, D)여야 하며 시간분할 다중화가 대표적이다.

하나의 고속 통신회선을 여러 개의 컴퓨터(단말기, 터미널)가 공유하여 데이터를 전송하는 기술로서 하나의 단말기를 4개가 사용하는 경우 각 컴퓨터(단말기, 터미널)의 속도의 합과 공유회선의 속도가 일치해야 공유가 가능하다.

❸ 모뎀 분류

구분	모뎀 종류	내용
동기 방법	비동기식 모뎀	1,200bps 이하의 저속도 모뎀으로 비동기식 단말에서 사용하는 것으로 변조방법은 FSK를 사용한다.
	동기식 모뎀	2,400bps 이상의 중속도 모뎀으로 대화형 단말이나 지능형 단말 등 동기식 방식으로 사용하는 것으로 변조방법은 PSK나 QAM를 사용한다.
사용 가능 포트 수	단 포트 모뎀	포트가 한 개 있은 모뎀으로 비동기식 또는 2,400bps의 데이터 속도를 제공한다.
	멀티 포트모뎀	• 1개 이상의 포트 제공으로 TDM 다중화기가 포함되어 있다. • 4,800bps 이상의 데이터 신호처리, 2, 4, 6 포트가 내장되어있다.
대역폭	음성 이하 대역 모뎀	50bps 등 저속 모뎀으로 음성 대역을 주파수 분할하여 사용한다.
	음성대역 모뎀	300~3,400Hz의 음성대역 이용 9,600bps 이하의 데이터 신호속도에 사용한다.
	광대역 모뎀	FDM에서 제공하는 48kHz 군대역을 4개 묶은 96kHz의 초군대역을 이용하여 고속도 전송 모뎀이다.
속도	저속도 모뎀	데이터 신호속도가 1,800bps 이하인 모뎀이다.
	중속도 모뎀	데이터 신호속도가 2,400, 4,800, 9,600bps 이하인 모뎀이다.
	고속도 모뎀	48kbps 이상의 데이터 신호속도 제공하는 모뎀이다.

변조	ASK 모뎀	근거리 적은 데이터 전송에 사용한다.
	FSK 모뎀	1,200bps 이하 비동기식 모뎀으로 잡음과 간섭에 강하고 주파수 변동도 작아서 원거리 전송에 적합하다.
	PSK 모뎀	2,400, 4,800bps 등의 중속 데이터 전송에 사용한다.
	QAM 모뎀	9,600bps의 중속도 데이터 전송에 사용한다.
설치 방법	단독형 모뎀	외장 모뎀으로 RS－232C 케이블에 연결한다.
	카드형 모뎀	PC의 모드 형태로 슬롯을 꽂아서 사용한다.
회선 분류	교환용 모뎀	Dial－Up 회선을 이용하는 모뎀으로 저속이나 중속도에 사용한다.
	전용회선 모뎀	2선식 또는 4선식 전용회선으로 통신속도에 제한이 거의 없다.
거리에 따라	선로 구동형 (Line Driver)	1.5km 미만의 거리에서 100bps～1Mbps 속도로 사용한다.
	제한거리(단거리) 모뎀	1.5km～30km의 거리에서 100bps～1Mbps 속도로 사용한다.
	장거리 모뎀	일반 음성선로 사용해서 거리 제한이 상대적으로 없이 50bps～19,200bps 속도로 사용한다.

※ 위 분류 기준의 속도, 거리 등은 다소 변경될 수 있음.

정답 01 ① 02 ④ 03 ③ 04 ①

01 **효율적인 전송을 위해 하나의 전송로에 여러 신호를 동시에 전송하는 기술은?** (2022-2차)

① 다중화
② 부호화
③ 압축화
④ 양자화

해설
하나의 전송을 위해 여러 신호를 동시에 묶어서 전송하는 것이 다중화라 한다. 다중화 방식에는 TDM, FDM, CDM, WDM 등의 방식이 있다.

02 **다음 중 다중화에 대한 설명으로 알맞은 것은?** (2020-2차)

① 다수의 신호에 대응하는 다수의 채널로 전송하는 방식이다.
② 하나의 신호를 다수의 채널로 전송하는 방식이다.
③ 하나의 신호를 하나의 채널로 전송하는 방식이다.
④ 다수의 신호를 동시에 하나의 채널로 전송하는 방식이다.

해설
다중화기(Multiplexer)는 정적배분으로 공유회선 = A+B+C+D인 방식으로 기기 간의 합의 속도가 같은 방식이다.

03 **일반적인 모뎀의 기능에 멀티플렉서(Multiplexer)가 혼합된 형태로서 대체로 4개 이하의 채널을 다중화하고자 할 때 사용되는 모뎀으로 가장 적절한 것은?** (2022-1차)

① 광대역 모뎀
② 단거리 모뎀
③ 멀티포트 모뎀
④ 멀티포인트 모뎀

해설
멀티플렉서 기능이 혼합된 것이 멀티 포트 모뎀이다.

구분	모뎀 종류	내용
동기 방법	비동기식 모뎀	1,200bps 이하의 저속도 모뎀으로 비동기식 단말에서 사용하는 것으로 변조방법은 FSK를 사용한다.
	동기식 모뎀	2,400bps 이상의 중속도 모뎀으로 대화형 단말이나 지능형 단말 등 동기식 방식으로 사용하는 것으로 변조방법은 PSK나 QAM를 사용한다.
사용 가능 포트 수	단 포트 모뎀	포트가 한 개 있은 모뎀으로 비동기식 또는 2,400bps의 데이터 속도를 제공한다.
	멀티 포트 모뎀	• 1개 이상의 포트 제공으로 TDM 다중화기가 포함되어 있다. • 4,800bps 이상의 데이터 신호처리, 2, 4, 6 포트가 내장되어있다.
대역폭	음성이하 대역 모뎀	50bps 등 저속 모뎀으로 음성 대역을 주파수 분할하여 사용한다.
	음성대역 모뎀	300~3,400Hz의 음성대역 이용 9,600bps 이하의 데이터 신호속도에 사용한다.
	광대역 모뎀	FDM에서 제공하는 48kHz 군 대역을 4개 묶은 96kHz의 초군 대역을 이용하여 고속도 전송 모뎀이다.

04 **다음 중 실제로 보낼 데이터가 있는 터미널에만 동적인 방식으로 각 부 채널에 시간폭을 할당하는 것은?** (2010-2차)(2018-3차)(2020-1차)

① 지능 다중화기
② 광대역 다중화기
③ 주파수분할 다중화기
④ 역 다중화기

해설
효율적인 사용을 위해 보낼 데이터가 있을 때만 할당하는 것이 지능 다중화기(Intelligent Multiplexer)이다.

정답 05 ② 06 ③ 07 ① 08 ③ 09 ④ 10 ④

05 다음 중 멀티 포트 모뎀에 대한 설명으로 가장 알맞은 것은? (2012-1차)(2016-3차)(2019-1차)

① 짧은 거리에서 경비를 결감하기 위해 사용한다.
② 시분할 다중화기와 고속 동기식 모뎀을 이용한다.
③ 약간의 전사처리능력을 부가하고 데이터 압축 기능이 부가된 것이다.
④ 비교적 원거리 통신용으로 개발된 모뎀이다.

해설
멀티 포트 모뎀은 일반적인 모뎀의 기능에 멀티플렉서(Multiplexer)가 혼합된 형태로서 대체로 4개 이하의 채널을 다중화하고자 할 때 사용되는 모뎀이다.

06 1,200[bps] 속도를 갖는 4채널을 다중화한다면, 다중화 설비 출력 속도는 적어도 얼마 이상이여야 하는가? (2015-3차)(2021-1차)(2023-3차)

① 1200[bps] ② 2400[bps]
③ 4800[bps] ④ 9600[bps]

해설
다중화기(Multiplexer)는 정적배분으로 공유회선 = A+B+C+D로 1,200 × 4 = 4,800[bps]가 된다.

07 다음 중 지능(Intelligent) 다중화기에 대한 설명으로 틀린 것은? (2010-1차)

① 동기식 시분할 다중화기보다 전송효율이 좋지 않다.
② 실제 전송 데이터가 있는 터미널에만 시간폭을 할당한다.
③ 통계적 시분할 다중화기라고도 한다.
④ 동적인 시간폭의 배정이 가능한 방식이다.

해설
효율적인 사용을 위해 보낼 데이터가 있을 때만 할당하는 것이 지능 다중화기(Intelligent Multiplexer)이다.

08 두 개의 음성급 회선을 이용하여 고속의 전송속도를 얻을 수 있는 것은? (2014-1차)

① 집중화기
② 다중화기
③ 역다중화기
④ 포트 공동 이용기

해설
하나의 고속 통신회선으로 데이터를 전송받아 두 개의 음성대역 회선으로 나누어 작업하는 방식이다. 즉, 다중화기의 역동작을 역다중화기라 한다.

09 다음 중 다중화 방식의 특징에 관한 설명으로 옳지 않은 것은? (2019-3차)

① 통신회선의 유지보수가 용이하다.
② 회선 사용에 있어서 경제적이다.
③ 통신 선로의 설치 공사비가 절감된다.
④ 신호처리과정이 단순해진다.

해설
다중화 기술을 사용함으로서 한정된 통신자원을 효율적으로 사용하는 방식이다. 두 통신 지점 간에 저속의 데이터를 각각 전송하지 않고 다수의 저속채널을 하나의 전송로에 고속으로 보내는 방식을 말한다. 이를 통해 전송설비 투자비용 절감, 통신링크 효율을 극대화, 통신회선 설비의 단순화를 가져왔다.

10 다음 중 포트 공동 이용기(Port Sharing Unit)의 특징이 아닌 것은? (2015-3차)(2022-3차)

① 여러 대의 터미널이 하나의 포트를 이용하므로 포트의 비용을 줄일 수 있다.
② 폴링과 셀렉션 방식에 의한 통신이다.
③ 컴퓨터와 가까운 곳에 있는 터미널이나 원격지 터미널에 모두 이용할 수 있다.
④ 터미널의 요청이 있을 때 사용하지 않는 포트를 찾아 할당한다.

정답 11 ① 12 ① 13 ③

해설

공동이용기	개념	호스트와 모뎀 사이에 설치되어 여러 대의 터미널이 하나의 포트를 공동 이용하게 하여 컴퓨터 포트와 비용을 절감한다. 포트 공동 이용기는 컴퓨터 설치 장소와 가까운 곳에 있는 터미널이나 원격지 터미널 모두 이용이 가능하다.
	모뎀 공동이용기	폴링방식에 의해 네트워크를 제어하며 비용이 절감된다.
	선로 공동이용기	RS-232C에 의한 접속으로 거리 15m 이내의 제한이 있다.
	포트 공동이용기	컴퓨터와 모뎀사이에 설치하여 여러 대의 단말장치들을 하나의 포트를 통해 공동으로 이용한다.

11 **다음 중 공동이용기에 대한 설명으로 옳은 것은?** (2016-1차)

① 폴링 방식으로 네트워크를 제어하는 경우 통신회선을 공동으로 이용하여 네트워크의 단순화와 비용을 절감할 수 있는 장치

② 여러 개의 단말장치들이 하나의 통신회선을 통하여 데이터를 전송하고, 수신 측에서도 여러 개의 단말장치들의 신호로 분리하여 입출력할 수 있도록 하는 장치

③ 전송회선의 데이터 전송 시간을 타임 슬롯(Time Slot)이라는 일정한 시간 폭으로 나누고, 이들을 일정한 크기의 프레임으로 묶어서 채널별로 특정시간대에 해당하는 슬롯에 배정하는 방식

④ 실제로 전송할 데이터가 있는 단말장치에만 동적인 방식으로 각 부채널에 시간폭을 할당하는 장치

해설

공동이용기	개념	호스트와 모뎀 사이에 설치되어 여러 대의 터미널이 하나의 포트를 공동 이용하게 하여 컴퓨터 포트와 비용을 절감한다. 포트 공동 이용기는 컴퓨터 설치 장소와 가까운 곳에 있는 터미널이나 원격지 터미널 모두 이용이 가능하다.
	포트 공동이용기	컴퓨터와 모뎀사이에 설치하여 여러 대의 단말장치들을 하나의 포트를 통해 공동으로 이용한다.

12 **멀티플렉서의 설명이 아닌 것은?** (2021-1차)

① 특정한 입력을 몇 개의 코드화된 신호의 조합으로 바꾼다.

② N개의 입력데이터에서 1개의 입력만 선택하여 단일 통로로 송신하는 장치이다.

③ 멀티플렉서는 전환 스위치의 기능을 갖는다.

④ 데이터 선택기라고도 한다.

해설

① 특정한 입력을 몇 개의 코드화된 신호의 조합으로 바꾸는 것은 인코더(부화화)이다. 즉, 2진수를 10진수로 변환(디코더), 10진수를 2진수로 변환(인코더) 동작한다.

13 **다음 중 다중화 장치에 대한 설명으로 가장 옳지 않은 것은?** (2019-2차)

① 여러 개의 신호를 동시에 하나의 채널로 전송하는 장치이다.

② 정적인 공동 이용장치이다.

③ 데이터를 병렬로 전송하는 장치를 말한다.

④ 하나의 물리적 회선을 통하여 전송하는 시스템이다.

해설

다중화기(Multiplexer)는 정적배분으로 공유회선 = A+B+C+D인 방식으로 기기 간의 합의 속도가 같은 방식이다.

14 다음 중 단일 링크를 통하여 여러 개의 신호를 동시에 전송하는 것은 무엇인가? (2015-3차)(2018-2차)

① 변조 ② 부호화
③ 복호화 ④ 다중화

해설

하나의 전송을 위해 여러 신호를 동시에 묶어서 전송하는 것이 다중화이다. 다중화 방식에는 TDM, FDM, CDM, WDM 등의 방식이 있다.

15 다음 중 다중화 방식의 특징에 관한 설명으로 옳지 않은 것은? (2017-1차)

① 통신회선의 유지보수가 용이하다.
② 회선 사용에 있어서 경제적이다.
③ 통신선로의 설치 공사비가 절감된다.
④ 신호처리가 단순해진다.

해설

④ 다중화기를 사용함으로서 기존(Point to Point인 직결) 대비 신호처리가 복잡해진다.

다중화기

다수의 신호를 동시에 하나의 채널로 전송하는 방식으로 지능형 다중화기는 실제 전송 데이터가 있는 터미널에만 시간폭을 할당하는 방식으로 통계적 시분할 다중화기라고도 하며 이를 통해 동적으로 시간을 나누어 전송이 가능하다.

16 다음 중 광대역 다중화기(Group Band Multiplexer)의 설명으로 적합하지 않은 것은? (2015-2차)

① 광대역 데이터 회로를 위해 설계된 시분할 다중화기로 문자 삽입식 시분할 다중화기이다.
② 여러 가지 다른 속도의 동기식 데이터를 한데 묶어서 전송할 수 있다.
③ 고속 링크 측 속도는 19.2[kbps]에서부터 1.544[Mbps]까지 사용할 수 있다.
④ 정확한 동기를 유지하기 위하여 별도의 동기용 채널이 필요하다.

해설

① 광대역 데이터 회로를 위해 설계된 것으로 시분할 다중화기와 문자분할 다중화기가 있다.

다중화기(Multiplexer)	
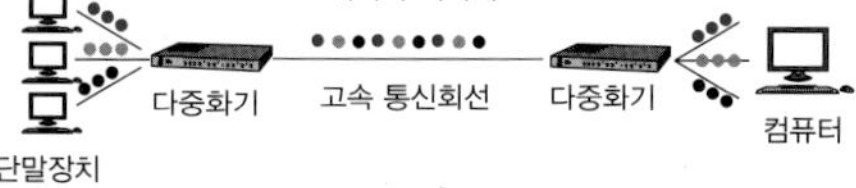 	
특징	• 통신회선을 공유하여 전송 효율을 높이고 비용 절감 • 여러 대의 단말기의 속도 합 ≤ 고속통신 회선 속도 • 입력 회선의 수 = 출력 회선의 수

기출유형 09 ▶ 집중화기(Concentrator)

다음 중 집중화기에 대한 설명으로 옳지 않은 것은? (2017-3차)(2022-2차)

① m개의 입력 회선을 n개의 출력 회선으로 집중화하는 장비이다.

② 집중화기의 구성 요소로는 단일 회선 제어기, 다수 선로 제어기 등이 있다.

③ 집중화기는 정적인 방법(Static Method)의 공동 이용을 행한다.

④ 부채널의 전송속도의 합은 Link 채널의 전송속도보다 크거나 같다.

해설

집중화기는 정적인 방법보다 동적(Dynamic Method)인 방법을 이용한다.

- 다중화기 공유회선: = A+B+C+D
- 집중화기 공유회선: < A+B+C+D

| 정답 | ③

족집게 과외

집중화기는 채널을 효율적으로 사용할 수 있으며 단말기의 속도, 터미널의 접속 개수 등을 자유롭게 변경할 수 있다. 방식은 패킷교환 집중화 방식과 회선교환 집중화 방식이 있다. 다중화기 공유회선 = A+B+C+D, 집중화기 공유회선 < A+B+C+D이다.

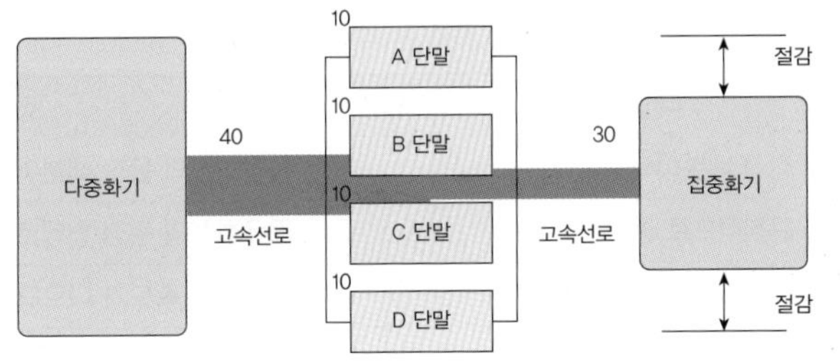

더 알아보기

집중화기 특징

구분	내용
공유	하나의 화선을 여러 개의 컴퓨터(단말기, 터미널)가 독점 형태로 공유하는 기술이다.
독점/기다림	하나의 단말기를 독점한다(나머지는 자기 차례가 올 때 까지 기다림).
버퍼 필요	버퍼가 필요하다(대기용).
공유	여러 개의 컴퓨터(단말기, 터미널)가 1개나 소수의 통신회선을 공유화시키는 장치이다.
속도 다양	각 컴퓨터의 속도의 합과 공유회선의 속도가 일치하지 않아도 된다.
구조 복잡	구조가 다중화기보다 복잡하면서 불규칙적인 전송에 사용한다.
비동기	비동기식으로 기술이 상대적으로 복잡하여 그만큼 비용이 상승할 수 있다.
단말마다 다름	컴퓨터마다 입출력 속도가 다를 수 있다.

❶ 집중화기(Concentrator)

㉠ 집중화기는 여러 입력 장치로부터 데이터를 수집하여 하나의 출력 스트림으로 결합하여 네트워크의 용량을 효과적으로 증가시키는 네트워킹 장치이다. 네트워크 혼잡을 줄이고 네트워크 성능을 향상시키기 위해 통신 및 컴퓨터 네트워킹에 자주 사용된다. 집중화기는 동적배분, 컴퓨터의 속도가 다른 곳에 사용하는 것으로 공유회선 < A+B+C+D가 된다.

㉡ 집중화기는 실제로 전송할 데이터가 있는 단말기에만 채널을 동적으로 할당하는 방식으로 하나의 고속 통신회선에 저속통신회선을 접속하기 위한 전송장비로 제어기, 중앙처리장치(CPU), 다수 선로 제어기 등으로 구성된다. 전반적으로, 집선 장치는 네트워크 운영의 효율성을 높이고, 네트워크 혼잡을 줄이며, 네트워크의 전반적인 성능을 향상시킴으로써 네트워크 관리에서 중요한 역할을 한다.

❷ 설명(Explanation)

다중화 방식은 두 개 또는 그 이상의 신호와 결합하여 하나의 물리적 회선을 통해 전송효율을 높이는 방식으로 FDM, TDM, STDM(지능 다중화기), 광대역다중화기, 역다중화기 등이 있다. 지능형 다중화기는 실제로 보낼 데이터가 있는 DTE에만 동적인 방식으로 각 부채널에 시간폭을 할당하는 방식으로 지능다중화기를 '통계적 시분할 다중화기 또는 비동기식 시분할 다중화기'라고도 한다.

집중화기 특징

- 같은 시간에 더 많은 데이터 전송이 가능하다.
- 주소 제어, 메시지 보관 제어, 오류 제어 등이 포함한다.
- 가격이 비싸고 초반에 세팅 시간이 길다.

❸ 비교

구분	다중화기	집중화기
방식	통신회선의 정적 배분이다.	통신회선의 동적 배분이다.
공유 방식	공유회선을 규칙적으로 공유한다.	공유회선의 독점 형태로 공유한다.
속도	컴퓨터의 속도가 모두 같다.	컴퓨터의 속도가 다르다.
대역폭	입출력 대역폭이 모두 같다.	입출력 대역폭이 모두 다르다.
회선과 관계	• 공유회선 = A+B+C+D • m → m	• 공유회선 < A+B+C+D • m → n, m → 1(하나로 집중)
복잡도	기술이 단순하다(유지보수 용이함).	기술이 복잡하다(유지보수 상대적 복잡).
비용	비용이 적게 든다.	비용이 많이 든다.
구성	구성회로가 단순하다.	구성회로가 복잡하다.
버퍼	버퍼가 필요 없다.	버퍼가 필요하다.
방식	동기식 전송이다.	비동기식 전송이다.
응용	HUB(분배기)의 원리이다. 예 TDM, FDM, CDM	Switch, MAC의 원리이다. 예 ALOHA, CSMA/CD, Polling, Token

기출유형 완성하기

정답 01 ① 02 ① 03 ④ 04 ③ 05 ①

01 통신속도를 달리하는 전송회선과 단말기를 접속하기 위한 방식으로 실제로 전송할 데이터가 있는 단말기에만 채널을 동적으로 할당하는 방식을 무엇이라 하는가? (2021-2차)

① 집중화기
② 다중화기
③ 변조기
④ 부호기

해설
실제 전송할 데이터가 있는 단말기에만 동적으로 할당하는 방식이 집중화기의 주요 역할이다.

02 입력회선이 10개인 집중화기에서 출력회선을 몇 개까지 설계할 수 있는가? (2014-3차)(2020-2차)

① 10
② 11
③ 13
④ 15

해설
공유회선 < A+B+C+D이며 최대 출력은 입력보다 적게 설계되는 것이 일반적이다. 위 문제는 10이 최대이므로 10이나 집중화기는 10 이하여야 한다.

03 다음 중 집중화기(Concentrator)의 구성 요소에 해당하는 것은? (2020-2차)

① 모뎀
② 멀티플렉서
③ 호스트 시스템
④ 단일회선 제어기

해설
집중화기는 통신회선의 동적 배분 배분을 위하여 공유회선 < A+B+C+D가 사용된다. 이를 위한 단일회선 제어기가 필요하다.

04 다음 중 집중화기에 대한 설명으로 옳지 않은 것은? (2013-3차)(2016-2차)(2017-3차)

① m개의 입력 회선을 n개의 출력 회선으로 집중화하는 장비이다.
② 집중화기에 구성 요소로는 단일 회선 제어기, 다수 선로제어기 등이 있다.
③ 집중화기는 정적인 방법(Static Method)의 공동 이용을 행한다.
④ 부 채널의 전송속도의 합은 Link 채널의 전송속도보다 크거나 같다.

해설
집중화기는 동적인 방법(Dynamic Method)으로 입출력 대역폭이 모두 다른 곳에 사용한다.

05 다음 중 집중화 방식의 특징이 아닌 것은? (2013-1차)(2019-1차)

① 송수신할 데이터가 없어도 타임슬롯을 할당한다.
② 채널을 효율적으로 사용할 수 있다.
③ 단말기의 속도, 터미널의 접속 개수 등을 자유롭게 변경할 수 있다.
④ 패킷교환 집중화 방식과 회선교환 집중화 방식이 있다.

해설
① 송수신할 데이터가 없어도 타임슬롯을 할당하는 것은 동기식 방식으로 TDM이 대표적이다. TDM, FDM, CDM은 대표적인 다중화(Multiplexer) 방식이다.

06 다음 중 집중화기에 대한 설명으로 옳지 않은 것은? (2014-1차)

① 개개의 입력회선을 n개의 출력회선으로 집중화하는 장치이다.
② 입력회선의 수는 출력회선의 수보다 같거나 많다.
③ 하나의 고속 통신회선에 여러 개의 저속 통신회선을 접속하기 위해 사용한다.
④ 동기식인 비트 삽입식과 비동기식인 문자 삽입식으로 분류된다.

해설

④ 동기식인 비트 삽입식과 비동기식인 문자 삽입식 분류는 다중화기 집중화기가 아닌 동기식 비동기식에 대한 분류이다.

07 다중화장비와 집중화장비에 대한 설명으로 틀린 것은? (2010-2차)

① 다중화장비는 정적인 채널을 공유하고, 집중화장비는 동적인 채널을 공유한다.
② 다중화장비는 입출력의 대역폭이 다르고, 집중화장비는 입출력의 대역폭이 같다.
③ 집중화장비에서 입력 회선수는 출력 회선수보다 크거나 같다.
④ 다중화장비는 주파수분할, 시분할방식 등이 있다.

해설

구분	다중화기	집중화기
기억용량	×	○
저장여부	×	○
시간지연	약간	처리시간 지연
채널공유	정적	동적
대역폭	다중화기 = A+B+C+D	집중화기 < A+B+C+D

08 송수신할 데이터가 있는 단말기에만 타임슬롯(Time Slot)을 할당하는 방식은 무엇인가? (2022-1차)

① 주파수분할 다중화 방식
② 부호화 방식
③ 변조 방식
④ 통계적 시분할 다중화 방식

해설

다중화 방식

두 개 또는 그 이상의 신호와 결합하여 하나의 물리적 회선을 통해 전송효율을 높이는 방식으로 FDM, TDM, STDM(지능 다중화기), 광대역다중화기, 역다중화기 등이 있다. 지능형 다중화기는 실제로 보낼 데이터가 있는 DTE에만 동적인 방식으로 각 부채널에 시간폭을 할당하는 방식으로 지능다중화기를 '통계적 시분할 다중화기 또는 비동기식 시분할 다중화기'라고도 한다.

09 다음 중 통신신호의 전송방법에서 집중화 방식을 다중화방식과 비교한 특징으로 틀린 것은? (2023-3차)

① 통신회선의 유지보수가 편리하다.
② 채널을 효율적으로 사용할 수 있다.
③ 데이터가 있는 단말기에만 타이밍 슬롯을 할당한다.
④ 패킷교환 집중화 방식과 회선교환 집중화 방식이 있다.

해설

집중화 방식은 다중화 방식 대비 기억용량이나 저장을 처리하므로 이에 따른 유지보수가 상대적으로 불편할 것이다.

기출유형 10 ▶ 모뎀(Modem)

다음 중 동기식 모뎀의 특징이 아닌 것은? (2017-2차)

① 대화형 단말기나 지능형 단말기에 사용한다.
② 음성통신회선과 광대역 통신회선에 모두 사용한다.
③ 위상변동에 민감하다.
④ 동기를 스타트/스톱 비트에 두어 데이터의 스페이스 마크를 감지하는 방식이다.

해설

동기식 모뎀	상대적으로 고속전송(2.4Kbps~19.2Kbps)에 사용되며 대화형 단말이나 지능형 단말에 변조방법은 PSK나 QAM을 사용한다.
비동기식 모뎀	동기를 스타트/스톱 비트에 두어 감지하는 방식으로 상대적으로 저속(1.2kbps)의 터미널 변조방법은 FSK를 주로 사용한다.

| 정답 | ④

족집게 과외

멀티 포트 모뎀	모뎀 기능에 Multiplexer가 혼합된 형태로 4개 이하의 채널을 다중화할 때 사용한다.
멀티 포인트 모뎀	전송지연을 줄이기 위해 고속 폴링을 할 수 있게 설계된 모뎀이다.

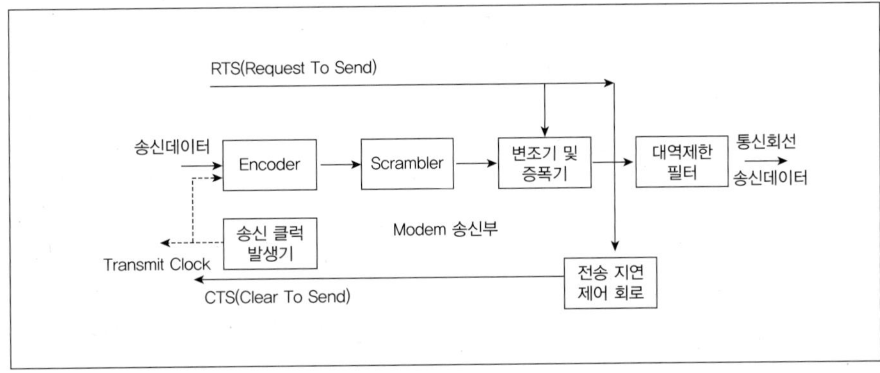

❶ 모뎀(MODEM)

모뎀은 디지털 신호를 전화선, 케이블 라인 또는 다른 통신 채널을 통해 전송할 수 있는 아날로그 신호로 변환하여 컴퓨터 또는 다른 장치가 인터넷 또는 다른 네트워크에 연결할 수 있도록 하는 장치이다. 모뎀이라는 이름은 "변조기-복조기"의 줄임말이다. 모뎀은 컴퓨터나 다른 장치의 디지털 신호를 전화선이나 케이블 선과 같은 통신 채널을 통해 전송할 수 있는 아날로그 신호로 변환하고 수신측에서, 다른 모뎀은 아날로그 신호를 컴퓨터나 다른 장치가 해석할 수 있는 디지털 신호로 다시 변환한다.

모뎀은 컴퓨터 또는 다른 장치와 ISP(인터넷 서비스 공급자) 또는 다른 네트워크 공급자 간의 연결을 설정하는 데 사용하는 것으로 전화 접속, DSL(Digital Subscriber Line), 케이블 또는 광섬유와 같은 다양한 기술을 사용하여 인터넷에 연결하는 데 사용할 수 있다. 모뎀은 아래와 같이 속도, 거리, 전송방식 등에 따라 다양하게 분류하고 있다.

구분	모뎀분류	내용
속도	저속 모뎀	0.6kbps 이하의 모뎀
	중속 모뎀	1.2~3.6kbps의 모뎀
	고속 모뎀	4.8kbps 이상의 모뎀
사용 거리	근거리 모뎀	30km 이내의 거리에서 고속 전송이 가능한 모뎀
	장거리 모뎀	보통의 전화회선을 이용하는 모뎀
사용 회선	전용회선용	2선식 또는 4선식 전용회선을 이용하는 모뎀
	교환회선용	일반 전화회선을 이용하는 모뎀, 저속 중속도에 사용
외장	단독형 모뎀	모뎀 단독으로 사용하는 모뎀
	카드형 모뎀	PC에 보드 형태로 슬롯에 꽂는 모뎀
전송 방식	전 이중 모뎀	송수신을 동시에 할 수 있는 모뎀(Fulll Duplex)
	반 이중모뎀	송수신이 가능하지만 어느 한 순간에는 손수신 중 하나만 가능한 모뎀(Half Duplex)
위치	내장형 모뎀	장비내에 모뎀 기능이 실장되어 있음
	외장형 모뎀	모뎀기능을 별도 장비를 두어 관련 서비스를 지원함
포트수	단 포트 모뎀	하나의 포트만 지원하는 모뎀
	멀티 포트 모뎀	하나 이상의 다중 포트를 지원하는 모뎀
동기 방법	동기식 모뎀	상대적으로 고속전송(2.4~19.2kbps)에 사용되며 대화형 단말이나 지능형 단말 에 변조방법은 PSK나 QAM을 사용
	비동기식 모뎀	동기를 스타트/스톱 비트에 두어 감지하는 방식으로 상대적으로 저속(1.2kbps)의 터미널 변조방법은 FSK를 주로 사용

모뎀은 내부 및 외부 모델을 포함하여 다양한 형태로 제공 중이다. 내부 모뎀은 컴퓨터 또는 다른 장치 내부에 설치되고 외부 모뎀은 케이블을 사용하여 장치에 연결된다. 모뎀은 전화 접속, DSL, 케이블 또는 광섬유와 같이 사용하는 연결 유형에 따라 분류할 수도 있다. 모뎀은 통신 및 네트워킹 기술의 필수 구성 요소이며, 시간이 지남에 따라 계속 진화하고 개선되어 더 빠르고 안정적인 데이터 전송을 지원한다.

❷ 모뎀 송신부/수신부

가. 모뎀 송신부

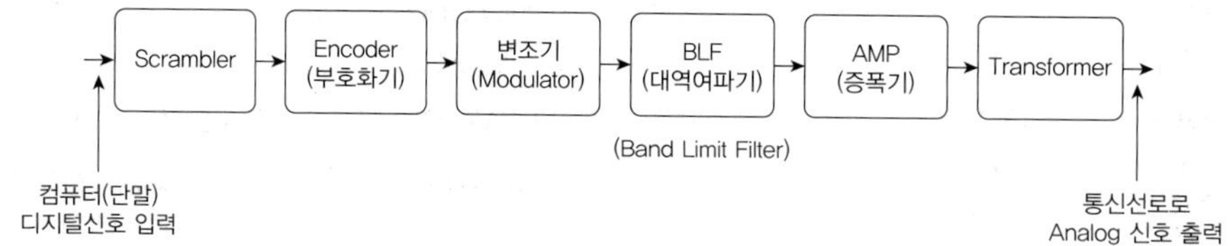

구분	내용
스크램블러 (Scrambler)	데이터의 패턴을 랜덤하게 하여 수신측에서 동기를 잃지 않도록 하며 신호의 스펙트럼이 채널의 대역폭 내에 가능한 한 넓게 분포하도록 함으로써 수신측에서 등화기가 최적의 상태를 유지하도록 한다.
변조기 (Modulator)	디지털 데이터를 아날로그 신호로 디지털 변조하는 기능을 수행한다. 변조 방식은 진폭 편이 변조(ASK), 주파수 편이 변조(FSK), 위상 편이 변조(PSK) 방식이 있다.
BLF 필터	Band Limited Filter, 대역제한 필터를 이용하여 사용대역 만큼만 신호를 전송하게 된다.
복원부	채널상의 오류율이 높은 경우에는 오류를 검출해서 복원할 수 있는 기능을 갖는 복원부호로 부호화하기도 한다.

나. 모뎀 수신부

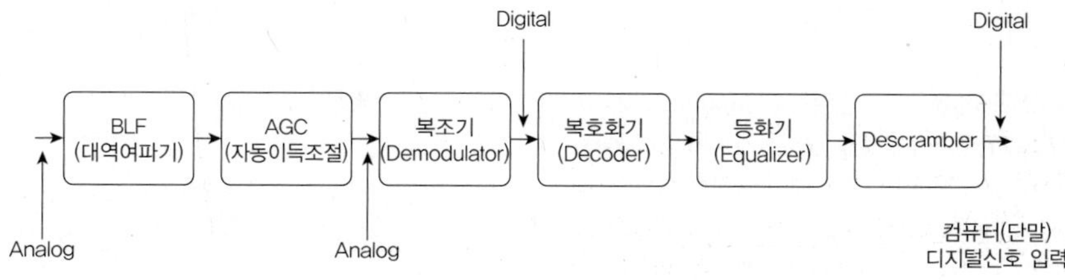

구분	내용
복조기	자동이득 조절기인 AGC(Automatic Gain Control)에서 적당한 신호크기로 만들어진 다음 복조기로 들어간다.
자동이득 조절기(AGC)	AGC(Automatic Gain Control)에서 적당한 신호크기로 만들어진 다음 복조기로 들어간다. 다양한 영향으로 인한 진폭변화의 영향을 줄이기 위하여 적절한 신호크기 레벨을 유지할 수 있도록 한다.
등화기 (Equalizer)	수신된 신호는 심볼 간 간섭, 다경로 확산, 첨가 잡음, 페이딩에 의한 왜곡이 생겨서 수신되므로 이러한 왜곡을 줄이기 위한 장치이다.
디스크램블러	수신측에서 스크램블러의 역기능을 하는 것으로 이것에 의해 원신호로 복귀된다.

❷ 스크램블(Scramble/Scrambler)

스크램블 (Scramble/ Scrambler)	의미	어지럽게 뒤섞이는 것으로 연속적인 오류에 대응하기 위함이다.
	전송 분야	전송로 대역폭 내에 신호의 스펙트럼을 넓게 분포하게하여 잡음에 강하고 수신측 등화기가 최적의 상태를 유지하도록 하는 기능이나 장치를 의미한다.
Scrambling Code	개념	주로 CDMA 방식에서 서로 다른 기지국이나 이동단말을 구분하려는 용도로 사용하는 코드이다.
	상향링크	한 셀 내에서 서로 다른 이동국(단말)을 구분한다.
	하향링크	기지국 셀/섹터 등을 구분한다.
명칭	동기식 CDMA 방식	PN 코드라고 하며, m－sequence를 사용한다.
	비동기식 CDMA 방식	스크램블링 코드라고 하며, Gold sequence(Gold 코드)를 사용한다.

01 모뎀의 송신부에서 데이터 패턴을 랜덤하게 하여 신호의 스펙트럼이 넓게 분포되도록 함으로써 수신측에서 등화기가 최적의 상태를 유지하도록 하는 것은? (2010-1차)

① 자동이득제어(AGC)
② 대역제한여파기(BLF)
③ 스크램블러(Scrambler)
④ AFC(자동주파수조절기)

해설

스크램블러(Scrambler)는 변복조기(Modem)에서 0이나 1의 신호가 연속되는 것을 방지하기 위하여 스펙트럼의 분산기능을 수행하며 수신측에서 동기를 잃지 않도록 한다.

Scrambling Code	개념	주로 CDMA 방식에서 서로 다른 기지국이나 이동단말을 구분하려는 용도로 사용하는 코드이다.
	상향 링크	한 셀 내에서 서로 다른 이동국(단말)을 구분한다.
	하향 링크	기지국 셀/섹터 등을 구분한다.
명칭	동기식 CDMA 방식	PN 코드라고 하며, m−sequence를 사용한다.
	비동기식 CDMA 방식	스크램블링 코드라고 하며, Gold sequence(Gold 코드)를 사용한다.

02 모뎀이나 신호의 스펙트럼이 채널의 대역폭 내에 가능한 넓게 분포하도록 하여 수신측에서 등화기가 최적의 상태를 유지하도록 하는 기능을 하는 것은? (2011-2차)

① 변조기
② 복조기
③ 스크램블러
④ 증폭기

해설

스크램블(Scramble/Scrambler)	의미	어지럽게 뒤섞이는 것으로 연속적인 오류에 대응하기 위함이다.
	전송 분야	전송로 대역폭 내에 신호의 스펙트럼을 넓게 분포하게 하여 잡음에 강하고 수신측 등화기가 최적의 상태를 유지하도록 하는 기능이나 장치를 의미한다.

03 다음 중 모뎀(Modem)의 고려사항과 거리가 먼 것은? (2011-2차)

① 변조방식
② 동기방법
③ 다중화 방식
④ 등화회로

해설

③ 다중화 방식은 하나의 회선을 주파수나 시간분할 하는 것으로 모뎀의 사용과는 무관하다.

모뎀(Modem)

Modem은 Modulator와 Demodulator의 약어로서 디지털 신호를 아날로그 신호로 변환해 주는 것이다. 디지털 변조에서 전송속도를 높이기 위해 반송파를 이용해야 하지만 전화선의 경우 음성신호 주파수 대역인 300~3,400Hz로 한정되므로 전화선을 이용하는 경우 전송속도의 한계가 있다. 이를 위해 변조를 하나 ASK는 잡음에 약하고 FSK는 1,200bps로 제한되어 PSK나 QPSK를 사용해서 심볼의 bit수를 증가시킨다.

정답 04 ① 05 ② 06 ③ 07 ④

04 다음 중 모뎀의 수신기 구성요소가 아닌 것은? (2018-3차)

① 변조기(Modulator)
② 등화기(Equalizer)
③ 복조기(Demodulator)
④ 디코더(Decoder)

해설

- 모뎀 송신부: 스크램블러(Scrambler), 변조기(Modulator), 필터
- 모뎀 수신부: 자동이득 조절기(AGC: Automatic Gain Control), 등화기(Equalizer), 디스크램블러

05 ITU-T의 모뎀표준으로 14,400[bps] 전송을 지원하는 최초의 표준은? (2018-3차)(2021-2차)

① V.32
② V.32bis
③ V.34bis
④ V.90

해설

② ITU-T V.32bis: 일반 교환 전화 네트워크 및 전용 포인트 투 포인트 2-와이어 전화 유형 회로에서 사용하기 위해 최대 14,400bps의 데이터 신호 전송 속도로 작동하는 이중 모뎀이다.
① V.32: 일반 교환 전화 네트워크 및 전용 전화 유형 회로에서 사용하기 위해 최대 9600비트/s의 데이터 신호 전송 속도로 작동하는 2와이어 이중 모뎀 제품군이다.
③ V.34bis: 일반 교환 전화 네트워크 및 전용 포인트 투 포인트 2-wire 전화 유형 회로에서 사용하기 위해 최대 33,600비트/s의 데이터 신호 전송 속도로 작동하는 모뎀이다.
④ V.90: 최대 56,000bps 다운스트림 및 최대 33,600bps 업스트림의 데이터 신호 전송 속도로 PSTN(Public Switched Telephone Network)에서 사용하기 위한 모뎀이다.

06 일반적인 모뎀의 기능에 멀티플렉서(Multiplexer)가 혼합된 형태로서 대체로 4개 이하의 채널을 다중화하고자 할 때 사용되는 모뎀으로 가장 적절한 것은? (2022-1차)

① 광대역 모뎀
② 단거리 모뎀
③ 멀티 포트 모뎀
④ 멀티 포인트 모뎀

해설

- 멀티 포트 모뎀: 2, 4, 6개의 포트를 내장한 모뎀으로 고속 동기식 모뎀과 시분할 다중화기가 한 개의 장비로 만들어진 모뎀
- 멀티 포인트 모뎀: 멀티포인트 시스템에서 발생하는 전송지연을 줄이기 위해서 고속 폴링을 할 수 있도록 만든 모뎀

07 다음 중 아날로그 신호를 디지털 신호로 전환하고, 디지털 신호를 아날로그 신호로 전환해주는 장치는 어느 것인가? (2022-3차)

① 마우스(Mouse)
② 전자태크(RFID)
③ 스캐너(Scanner)
④ 모뎀(Modem)

해설

모뎀(Modem)

Modulation + Demodulation의 합성어로 컴퓨터와 터미널에서 사용되는 디지털 신호를 아날로그 전송회선에서의 전송에 적합하도록 변조(디지털 변조: ASK, FSK, PSK 등)하여 주고, 변조된 신호를 수신한 다음 복조하여 원래의 디지털 신호로 변환하여 주는 일종의 신호 변환 장치이다.

정답 08 ② 09 ④ 10 ④

08 **모뎀에서 통신회선의 상태가 좋지 않아 고속의 전송이 불가능할 때 전송 속도를 스스로 감소시키는 것은?** (2010-1차)

① Polling
② Fall back
③ Calling
④ Scanning

해설

- Fall back: 이전의 상태로 돌아가는 것
- Polling: 하나의 장치가 충돌 회피 또는 동기화 처리 등을 목적으로 다른 장치의 상태를 주기적으로 검사하여 일정한 조건을 만족할 때 송수신 등의 자료처리를 하는 방식

09 **모뎀에 사용되는 PSK 방식에 해당되지 않는 것은?** (2010-3차)

① 2진 PSK
② 4진 PSK
③ 8진 PSK
④ 20진 PSK

해설

M진 PSK(M-ary Phase Shift Keying)

BPSK와 QPSK 등을 모두 포함하는 방식으로 1과 0만으로 구성된 2진 디지털 신호가 아닌 위상 크기가 일정 단계로 구분된 Multilevel 신호(디지털 심볼)를 의미한다. MPSK는 반송파의 위상이 M개의 가능한 값 중 하나를 가지며, 각각의 위상차는 $\frac{2\pi}{M}$이다.

BPSK	MPSK에서 M=2(21)인 경우, 즉 2종류의 신호를 사용, 위상차는 π
QPSK	MPSK에서 M=4(22)인 경우, 즉 4종류의 신호를 사용, 위상차는 $\frac{\pi}{2}$
8-ary PSK	MPSK에서 M=8(23)인 경우, 즉 8종류의 신호를 사용, 위상차는 $\frac{\pi}{4}$
16-ary PSK	MPSK에서 M=16(24)인 경우, 즉 16종류의 신호를 사용, 위상차는 $\frac{\pi}{8}$

10 **모뎀 수신기의 구성요소 중 다양한 영향으로 인한 진폭변화의 영향을 줄이기 위하여 적절한 신호크기 레벨을 유지할 수 있도록 하는 구성요소로 옳은 것은?** (2023-3차)

① 대역제한필터(Band Limiting Filter)
② 부호화기(Encoder)
③ 복호화기(Decoder)
④ 자동이득조절기(Automatic Gain Controller)

해설

모뎀 수신부의 구성

복조기	자동이득조절기인 AGC(Automatic Gain Control)에서 적당한 신호크기로 만들어진 다음 복조기로 들어간다.
자동이득 조절기 (AGC)	AGC(Automatic Gain Control)에서 적당한 신호크기로 만들어진 다음 복조기로 들어간다. 다양한 영향으로 인한 진폭변화의 영향을 줄이기 위하여 적절한 신호크기 레벨을 유지할 수 있도록 한다.
등화기 (Equalizer)	수신된 신호는 심볼 간 간섭, 다경로 확산, 첨가 잡음, 페이딩에 의한 왜곡이 생겨서 수신되므로 이러한 왜곡을 줄이기 위한 장치이다.
디스크램블러	수신측에서 스크램블러의 역기능을 하는 것으로 이것에 의해 원신호로 복귀된다.

기출유형 11 ▸ 모뎀 Loop Back Test

다음 중 모뎀의 궤환시험(Loop Back Test) 기능과 관련된 것이 아닌 것은? (2012-3차)

① 모뎀의 패턴발생기와 내부회로의 진단테스터
② 자국 내 모뎀의 진단 및 통신회선의 고장의 진단
③ 전송속도의 향상
④ 상대편 모뎀의 시험인 Remote Loop Back Test도 가능

해설
회선상태를 점검하거나 회선에 장애가 발생했을 때 장애구간을 찾기 위해 모뎀에서 루프백 테스트를 진행한다.

| 정답 | ③

족집게 과외

모뎀 Loop Back Test

- 모뎀의 패턴발생기와 내부 회로의 진단테스트
- 자국 내 모뎀의 진단 및 통신회선의 고장의 진단
- 상대편 모뎀의 시험인 Remote Loop Back Test도 가능

더 알아보기

동기화 방식이기 때문에 특정 클럭 소스(Clock Source)를 지정해 줄 필요가 있다. 본사에서는 INT로 지사에서는 LOOP로 많이 사용한다.

Clock 모드		
	INT	DSU 내부에서 클럭 생성
	EXT	DTE로부터 클럭을 받아서 사용
	LOOP	LOOP(망)에서 받은 데이터로부터 추출한 클럭을 사용
	DDS	DDS 망에 연결돼 사용할 때 DSU의 수신데이터로부터 추출된 클럭을 송신클럭으로 사용할 때 적용

- LLB(Local Loop Back): 로컬쪽의 모뎀이 이상이 있는지를 테스트하는 방법이다.
- RDLB(Remote Digital Loop Back): 본사 모뎀에서 지사의 모뎀을 컨트롤해서 루프 되도록 설정하는 방법이다. 모뎀에서의 동작은 아래와 같다.

신호	설명
RTS (Request To Send)	컴퓨터와 같은 DTE 장치가 모뎀 또는 프린터와 같은 DCE 장치에게 데이터를 받을 준비가 됐음을 나타냄
CTS (Clear To Send)	모뎀 또는 프린터와 같은 DCE 장치가 컴퓨터와 같은 DTE 장치에게 데이터를 받을 준비가 됐음을 나타내는 신호선
DSR (Data Set Request)	모뎀이 컴퓨터 또는 터미널에게 자신이 송수신 가능한 상태임을 알리는 신호선이며 전원 인가 후 자신의 상태를 파악한 후 이상이 없을 때 이 신호를 출력

❶ 모뎀 루프백 테스트

㉠ 모뎀의 송수신 신호 기능을 확인하는 데 사용되는 진단 테스트로서 송신측 모뎀과 떨어져 있는 수신측 모뎀 간에 정상연결 여부를 확인하는 것이다. 루프백 회로가 생성되면 모뎀이 신호를 전송하고 동일한 모뎀이 이 신호를 수신한다. 그런 다음 수신된 신호를 원래 신호와 비교하여 전송된 데이터가 올바르게 수신되었는지 확인한다.

㉡ 모뎀 루프백 테스트는 모뎀의 송신 및 수신 핀을 물리적으로 연결하여 수행할 수 있다. 루프백 테스트를 수행하기 위해 모뎀은 루프백 플러그 또는 소프트웨어 도구를 사용하도록 구성되고 테스트 신호가 전송된다. 그런 다음 수신된 신호를 원래 신호와 비교하여 오류나 데이터 손실이 없는지 확인하는 것이다.

㉢ 모뎀 루프백 테스트는 기술자와 네트워크 관리자가 모뎀 문제를 해결하고 모뎀 전송의 무결성을 확인하는 데 사용하는 일반적인 진단 도구로서 모뎀의 기본 기능을 테스트하고 성능에 영향을 미칠 수 있는 문제를 신속하게 식별할 수 있는 간단하고 효과적인 방법이다.

❷ 시험방법

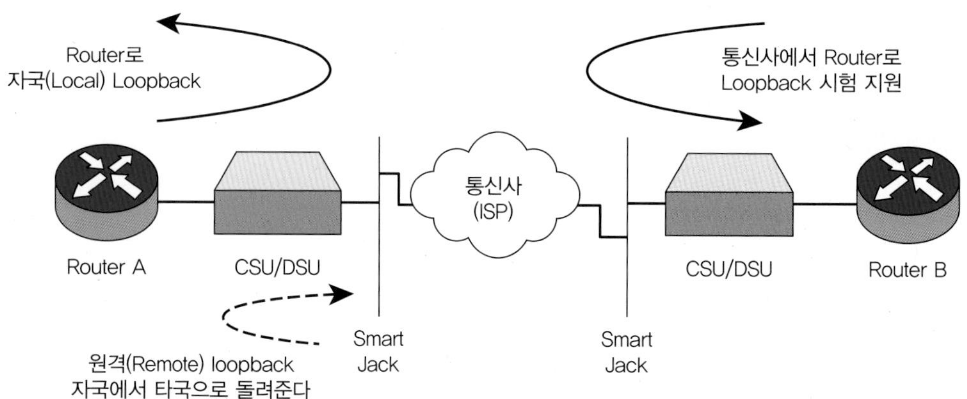

로컬 루프백 모드가 자국으로부터 수신한 신호를 자국으로 돌려주는 것으로 자체 시험인 것이다. 원격 루프백은 자국과 타국의 신호로서 타국에서 온 신호를 다시 돌려보내 주는 시험이다.

정답 01 ② 02 ③ 03 ④ 04 ①

01 다음 공동이용기 중 폴(Poll)에 의해 네트워크 제어가 이루어지는 경우 사용되는 장치는? (2012-1차)(2016-2차)

① 지능 다중화기
② 모뎀 공동이용기
③ 포트 공동이용기
④ 포트 선택기

해설

멀티 포인트 모뎀

멀티 포인트 시스템에서 발생하는 전송 지연을 최소화하기 위해 고속 폴링(Polling)을 할 수 있도록 설계된 모뎀이다.

02 다음 중 모뎀의 궤환시험(Loop Back Test) 기능과 관련된 것이 아닌 것은? (2016-1차)(2022-3차)

① 모뎀의 패턴발생기와 내부 회로의 진단테스트
② 자국 내 모뎀의 진단 및 통신회선의 고장의 진단
③ 전송속도의 향상
④ 상대편 모뎀의 시험인 Remote Loop Back Test도 가능

해설

모뎀을 이용한 루프백 테스트는 특정 지점에서 루프백을 건 후 TPG(테스트 신호)를 날려서 시간이 지날수록 에러가 얼마나 발생하느냐를 체크하는 것이다. 정상일 때는 시간이 지날수록 에러의 개수가 거의 증가하지 않고, 문제가 있을 경우 에러가 많이 발생한다.

03 다음 중 모뎀의 송신기의 구성요소가 아닌 것은? (2012-2차)(2014-3차)

① 스크램블러
② 변조기
③ 필터
④ 등화기

해설

등화기(Equalizer)는 수신된 신호의 간섭, 다경로 확산, 잡음, 페이딩에 의한 왜곡을 줄이기 위한 장치이다.

04 단말기에서 모뎀으로 데이터를 보내기 위한 신호는? (2014-3차)

① RTS(Request To Send)
② CTS(Clear To Send)
③ DCE(Data Circuit Equipment)
④ DSR(Data Set Request)

해설

① RTS(Request To Send): 컴퓨터와 같은 DTE 장치가 모뎀 또는 프린터와 같은 DCE장치에게 데이터를 받을 준비가 됐음을 나타낸다.
② CTS(Clear To Send): 모뎀 또는 프린터와 같은 DCE 장치가 컴퓨터와 같은 DTE 장치에게 데이터를 받을 준비가 되었음을 나타내는 신호선이다.
③ DCE(Data Circuit Equipment): DTC(Data Terminating Equipment) 또는 DCTE(Data Circuit-Terminating Equipment) 데이터처리 장치임을 나타낸다. 통신회선을 통해 시스템에 대한 액세스를 획득할 때 사용할 수 있는 장치가 포함된다. 가장 일반적인 DCE 형태가 모뎀 및 멀티플렉서입니다.
④ DSR(Data Set Request): 모뎀이 컴퓨터 또는 터미널에게 자신이 송수신 가능한 상태임을 알리는 신호선이며 일반적으로 모뎀이 전원 인가 후 모뎀이 자신의 상태를 파악한 후 이상이 없을 때 이 신호를 출력시킨다.

정답 05 ① 06 ②

05 다음 중 모뎀의 수신기 구성요소가 아닌 것은? (2013-3차)

① 변조기(Modulator)
② 등화기(Equalizer)
③ 복조기(Demodulator)
④ 디코더(Decoder)

해설

변조기(Modulator)는 디지털 데이터를 아날로그 신호로 디지털 변조하는 기능을 수행한다. 변조 방식은 진폭 편이 변조(ASK), 주파수 편이 변조(FSK), 위상 편이 변조(PSK) 방식으로 구분되어 송신기에서 사용한다.

06 서비스의 중단을 야기하는 장애구간을 탐색하기 위하여, 각 구간을 질문하여 시험하는 루프백(Loop-Back) 시험에 대한 설명으로 잘못된 것은? (2022-1차)

① 루프백의 제어 방법에는 자국(Local)제어 방법과 원격국(Romote)제어 방법이 있다.
② 원격 루프백은 자국으로부터 수신한 신호를 자국으로 돌려주는 것을 말한다.
③ 루프백 시험을 위해서는 패턴을 발생하고 분석하는 계측기를 사용하여야 한다.
④ 루프백이 수행되는 지점은 각 통신시스템에서 신호의 입력 및 출력이 이루어지는 지점이다.

해설

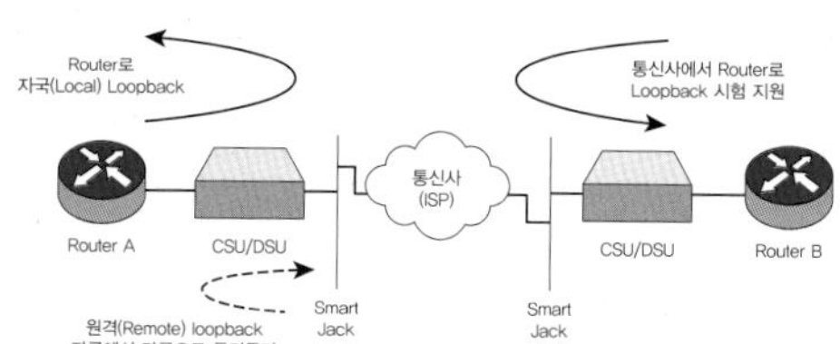

로컬 루프백 모드가 자국으로부터 수신한 신호를 자국으로 돌려주는 것으로 자국에서 자체적으로 시험하는 것이다. 원격 루프백(Remote Loopback)은 자국에 대한 타국 신호로서 타국에서 온 신호를 다시 돌려보내 주는 것이다.

기출유형 12 ▶ CCU(Communication Control Unit), DTE, DCE

정보통신 시스템에서 CCU(Communication Control Unit)의 역할이 아닌 것은? (2011-1차)

① 통신회선과 중앙처리장치를 결합시킴
② 중앙처리장치와 데이터의 송 · 수신제어
③ 데이터 회선 종단장치의 기능
④ 다수의 회선을 시분할 방식으로 다중제어

해설

통신 제어 장치(CCU)

통신 시스템 또는 네트워크에 대한 제어 및 관리 기능을 제공하는 장치 또는 모듈로서 서로 다른 통신 구성 요소 간의 인터페이스 역할을 하여 효율적이고 안정적인 데이터 전송 및 통신을 가능하게 한다. CCU는 주로 단말장치－접속제어장치(CCU)－모뎀 등의 중앙에 위치하여 제어신호의 송수신과 통신회선의 감시와 접속 및 전송오류 제어를 한다.

| 정답 | ③

족집게 과외

CCU 제어장치 종류

FEP	Front End Processor, 전처리기, 호스트 컴퓨터와 단말기 사이에서 고속 통신회선으로 설치한다.
CCP	Communication Control Processor, 통신 제어 처리 장치이다.
CCU	Communication Control Unit, 통신제어장치, 전송 문자의 조립과 분해기능을 수행한다.
BEP	Back End Processor 후처리 장치, 대규모 데이터베이스 구성시 취급하는 장치이다.
RP	Remote Processor, 원격 처리 장치이다.
NCU	Network Control Unit 네트워크 처리 장치이다.

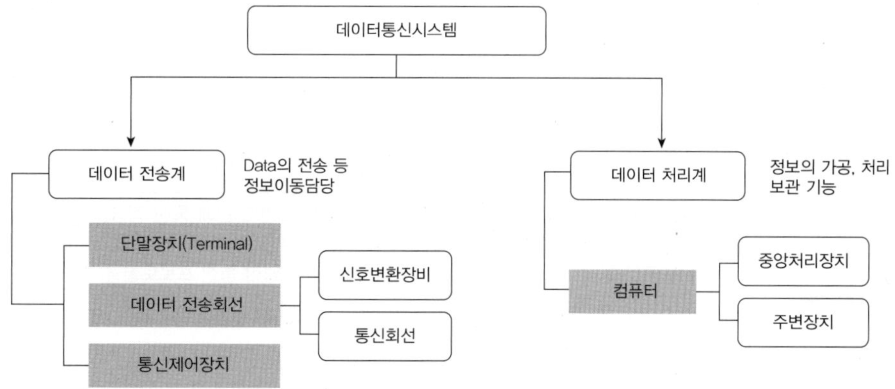

더 알아보기

데이터 처리계	**데이터 단말장비(DTE: Data Terminal Equipment)** • 데이터 수신장비, 송신 장비 또는 복합된 송수신 장치로 동작한다. • 데이터 통신 제어 기능을 갖고 있는 단말장치나 주 컴퓨터가 해당한다.
데이터 전송계	**데이터 통신 장비(DCE: Data Communication Equipment)** • DTE와 데이터 전송로 사이에서 접속을 설정, 유지 해제하며 부호 변환과 신호 변환 기능을 제공한다. • 사용자 DTE와의 상호 접속을 위한 물리적 인터페이스를 제공한다.

❶ 통신 제어 장치(CCU, Communication Control Unit)

CCU는 데이터를 전송하기 위한 전반적인 제어 기능을 수행하는 장치이다. CCU는 데이터 전송 회선과 컴퓨터 사이에 통신회선의 감시 및 접속, 전송 오류 검출을 하는 것으로 데이터 전송 시스템에서 전송계의 구성 요소(단말장치, 회선, 통신 제어 장치) 중의 하나로서 통신 회선의 전송 속도와 중앙처리장치의 처리 속도 사이에서 조정을 수행하며 교환 접속 제어, 통신 방식 제어, 경로 설정 제어, 다중 접속 제어를 수행한다. 통신 제어 장치(CCU)는 통신 시스템 또는 네트워크에 대한 제어 및 관리 기능을 제공하는 장치 또는 모듈로서 서로 다른 통신 구성 요소 간의 인터페이스 역할을 하여 효율적이고 안정적인 데이터 전송 및 통신을 가능하게 한다.

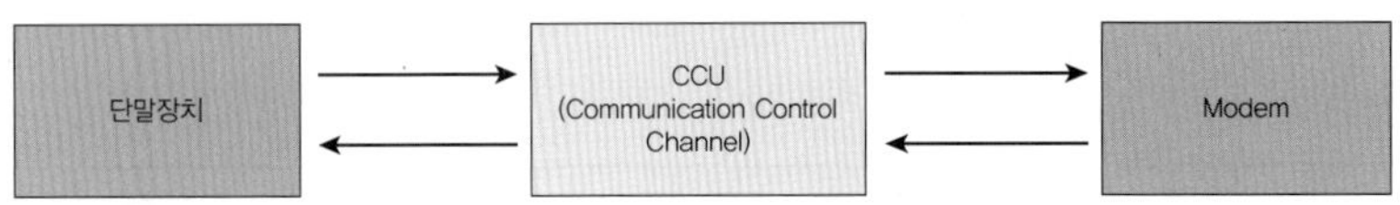

주요 통신방식 제어에는 단방향, 반이중, 전이중 방식이 있다.

1) 통신 접속 제어기능

통신방식제어	송수신권 확보를 위해 통신방식의 제어를 담당한다.
교환접속제어	통신회선의 경로설정과 접속해제를 위해 단말과 통신망 사이에 교환 처리를 제어한다.
우회중계제어	데이터 전송 중 회선오류가 발생한 경우 중계 경로로 정보를 우회 전송하는 기능을 제공한다.
다중접속제어	송신측과 수신측 사이의 분기회선인 경우 종국에서 수신 선택기능을 제공한다.

2) 통신 제어 장치의 분류

송수신 간에 속도차이를 해결하기 위한 것으로 Buffering과 같은 역할이다. 주로 비트버퍼, 문자버퍼, 블록버퍼, 메시지버퍼 등이 있으며 통신제어 장치 내부에 들어가는 메모리 버퍼로 이해하기 바란다. 아래는 CCU에 대한 주요 역할이다.

연결성	CCU는 일반적으로 다양한 장치, 시스템 또는 네트워크 세그먼트 간에 통신 링크를 설정하기 위한 연결 옵션을 제공한다. 이더넷, 직렬통신(RS-232, RS-485), 무선 기술(Wi-Fi, Bluetooth, 셀룰러) 또는 특수 산업용 프로토콜(Modbus, Profibus, CAN)과 같은 다양한 통신 프로토콜을 지원할 수 있다.
제어 및 조정	CCU는 네트워크 내에서 통신 활동을 제어하고 조정하며 데이터 흐름을 관리하고, 연결을 설정하고, 장치 또는 시스템 간에 메시지 또는 패킷을 안정적으로 전달한다.
프로토콜 변환	CCU는 프로토콜 변환기 또는 게이트웨이 역할을 하여 서로 다른 통신 프로토콜을 사용하는 장치 또는 시스템 간의 통신을 용이하게 한다.
모니터링 및 진단	통신 링크, 장치 또는 네트워크 구성 요소의 상태, 성능 및 상태를 모니터링하는 모니터링 및 진단 기능을 제공할 수 있다.

전반적으로 통신 제어 장치는 네트워크 또는 시스템 내에서 통신을 관리하고 촉진하는 데 중요한 역할을 한다. 서로 다른 통신 구성 요소 간의 효과적이고 안정적인 데이터 전송, 통합 및 상호 운용성을 보장하기 위해 필요한 제어, 연결 및 조정을 제공한다.

3) 통신 제어 장치 종류

전송 문자의 조립과 분해 기능을 처리하는 것으로 CCU, 전처리기(FEP), 통신 제어 처리 장치(CCP)가 있다.

FEP	Front End Processor, 전처리기, 호스트 컴퓨터와 단말기 사이에서 고속 통신회선으로 설치한다. 전처리기는 호스트 컴퓨와 단말기 사이에 고속 통신회선으로 설치하여 패킷의 분할, 분할한 패킷의 조립, 메시지 검사 등을 처리한다.
CCP	Communication Control Processor, 통신 제어 처리 장치, 문자 외에 메시지의 조립과 분해 기능을 수행한다.
CCU	Communication Control Unit, 통신제어장치, 전송 문자의 조립과 분해기능을 수행한다.
BEP	Back End Processor, 후처리 장치, 자기 디스크 기억장치에 대규모 데이터베이스 구성 시 이를 취급하는 장치이다.
RP	Remote Processor, 원격 처리 장치, 단말장치 근처에 설치되어 단말장치 제어, 정보량 제어, 메시지 처리 등을 수행한다.
NCU	Network Control Unit, 네트워크 처리 장치, 공중회선에 접속하기 위한 발신과 착신, 통신 종료 후의 통신회선 복귀 드의 기능을 수행하는 장치이다.

4) 통신 제어 장치의 정보 전송기능

통신 제어 장치에서 수행하는 정보 제어는 흐름 제어, 응답 제어, 동기 제어, 정보 전송 단위 제어, 오류 제어 등을 수행한다.

흐름 제어	송신측과 수신측의 버퍼 크기 차이로 인해 생기는 데이터 처리 속도의 차이를 해결한다.
응답 제어	수신 정보 확인 응답 메시지를 전송한다.
동기 제어	통신회선의 전송속도와 중앙처리 장치의 처리속도 사이에서 타이밍이나 속도를 조정한다.
정보 전송 단위 제어	패킷 크기가 크면 분할, 분할한 패킷을 하나로 병합한다.
오류 제어	데이터 전송 중 오류 검출 및 정정을 수행한다.
우선권 제어	Priority에 의해 긴급정보 전송을 제어한다.
전송제어	통신의 시작과 종료를 제어한다. 송신권 제어, 교환 및 송수신에 대한 분기를 제어한다.

통신제어 장치들은 송수신 간에 속도차이를 해결하기 위한 것으로 Buffering과 같은 역할이다. 주로 비트 버퍼, 문자 버퍼, 블록 버퍼, 메시지 버퍼 등이 있으며 통신제어 장치 내부에 들어가는 메모리 버퍼가 이러한 역할을 한다.

5) 통신제어장치 분류

데이터 버퍼링 방식에 따라 비트 버퍼, 문자 버퍼, 블록 버퍼, 메시지 버퍼 등으로 분류할 수 있다.

비트 버퍼 방식	비트단위 처리로 단순하지만 처리하는 수준이 낮아 컴퓨터의 부하를 줄이는 효과가 제일 작다.
블록 버퍼 방식	문자를 블록 단위로 조립 분해하는 기능이다.
메시지 버퍼 방식	블록을 모아서 메시지 형태로 조립 및 분석하는 기능을 수행하여 컴퓨터의 부하를 제일 많이 줄여준다.

비트 버퍼 방식은 컴퓨터에 내장하여 사용하고 대규모 통신 시스템에서는 메시지 버퍼 방식을 사용한다.

❷ 통신 시스템 절차

통신 시스템은 DTE – DCE – 통신망 – DCE – DTE로 연계되어 있다.

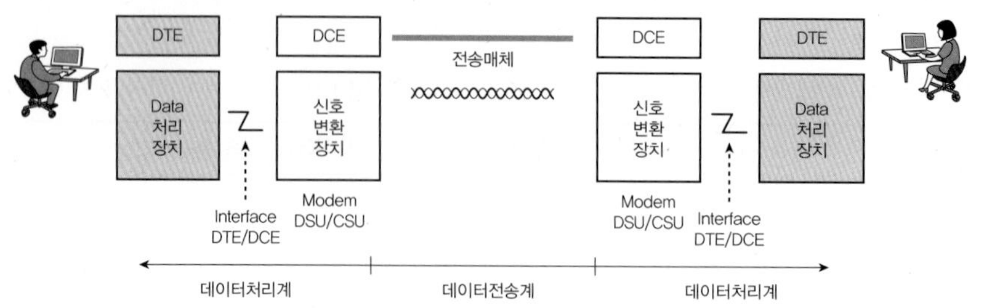

1) DTE(Data Terminal Equipment)

데이터 회선 종단장치의 기능으로 데이터 단말장치에서 데이터를 처리하는 역할을 한다.

DTE 주요 기능	데이터 수집 저장, 입출력, 연산, 통신기능 제어기능을 제공한다.
DTE 종류	노트북, 스마트폰, 스마트 기기 등이 해당된다.

2) DCE(Data Comunication Equipment)

통신 선로를 포함하여, 주로 통신을 위한 신호 변환에 관련한 역할을 하는 장치이며 데이터 전송 장치로서 신호 변환, 전송신호의 동기 제어, 송수신 확인, 전송 오류 및 복구 등을 한다.

01 다음 중 통신제어 장치의 설명으로 올바른 것은? (2016-3차)(2018-3차)

① 중앙처리 장치의 부하를 가중시킨다.
② 통신회선의 감시 및 접속, 전송오류검출을 수행한다.
③ 회선접속장치를 원격처리장치로 연결한다.
④ 중앙처리장치의 제어를 받지 않는다.

해설
통신제어 장치는 데이터를 전송하기 위한 전반적인 제어 기능을 수행하는 장치이다.

02 다음 중 통신제어 장치의 설명으로 올바른 것은? (2020-1차)

① 중앙처리 장치의 부하를 가중시킨다.
② 통신회선의 감시 및 접속, 전송오류검출을 수행한다.
③ 회선접속장치를 원격처리장치로 연결한다.
④ 나이퀴스트 주기보다 짧게 하여 표본화할 경우에 발생한다.

해설
통신 제어 장치(CCU)
통신 시스템 또는 네트워크에 대한 제어 및 관리 기능을 제공하는 장치 또는 모듈로서 서로 다른 통신 구성 요소 간의 인터페이스 역할을 하여 효율적이고 안정적인 데이터 전송 및 통신을 가능하게 한다. CCU는 주로 단말장치－접속제어장치(CCU)－모뎀 등의 중앙에 위치하여 제어신호의 송수신과 통신회선의 감시와 접속 및 전송오류 제어를 한다.

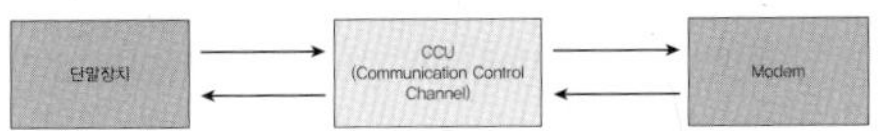

03 통신제어장치(CCU)의 종류 중 아래의 설명에 해당하는 것은? (2010-3차)(2017-2차)(2020-3차)

> 공중통신회선에 접속하기 위한 발신과 착신, 통신 종료 후의 통신회선 복귀 등의 기능을 수행하는 장치이다.

① 전처리 장치(FEP)
② 후처리 장치(BEP)
③ 원격처리 장치(RP)
④ 네트워크 제어장치(NCU)

해설

FEP	**Front End Processor, 전처리기** 호스트 컴퓨터와 단말기 사이에서 고속 통신회선으로 설치
BEP	**Back End Processor, 후처리 장치** 자기 디스크 기억장치에 대규모 데이터베이스 구성시 이를 취급하는 장치
RP	**Remote Processor, 원격 처리 장치** 단말 장치 근처에 설치되어 단말장치 제어, 정보량 제어, 메시지 처리 등을 수행
NCU	**Network Control Unit, 네트워크 처리 장치** 공중회선에 접속하기 위한 발신과 착신, 통신 종료 후의 통신회선 복귀 등의 기능을 수행하는 장치

04 정보통신 시스템은 크게 데이터 전송계와 데이터 처리계로 분리할 수 있다. 다음 중 데이터 전송계에 해당하지 않는 것은? (2013-1차)(2014-2차)(2017-2차)(2021-1차)

① 단말장치
② 통신 소프트웨어
③ 데이터 전송회선
④ 통신 제어장치

해설

통신 제어 장치(CCU, Communication Control Unit)

CCU는 데이터를 전송하기 위한 전반적인 제어 기능을 수행하는 장치이다. CCU는 데이터 전송 회선과 컴퓨터 사이에 통신회선의 감시 및 접속, 전송 오류 검출을 하는 것으로 데이터 전송 시스템에서 전송계의 구성 요소(단말장치, 회선, 통신 제어 장치) 중의 하나로서 통신 회선의 전송 속도와 중앙처리장치의 처리 속도 사이에서 조정을 수행하며 교환 접속 제어, 통신 방식 제어, 경로 설정 제어, 다중 접속 제어를 수행한다. 데이터통신시스템에서 전송계는 단말장치(Terminal), 데이터전송회선, 통신제어장치이다. 통신 소프트웨어는 자동적으로 호스트에 접속하는 자동 로그인이나 파일 전송 업로드 등 통신서비스나 각종 데이터베이스에 접속하기 위한 것이다.

05 **통신 제어장치의 구성 중 전송 제어부의 기능이 아닌 것은?** (2016-1차)

① 전송 제어 문자의 식별
② 송 · 수신 데이터의 직 · 병렬 변환
③ 오류 검출 부호의 생성 및 오류 검출
④ 컴퓨터와의 데이터 전송

해설

② 송 · 수신 데이터의 직 · 병렬 변환은 통신제어장치에서의 기능이 아니다. 일반적으로 중앙 처리 장치(CPU)에서는 병렬 데이터를 처리하지만 전송 장치나 간단한 단말장치는 직렬 데이터를 처리하므로, 데이터를 전송 장치나 단말장치에서 CPU로 전송하기 위해 직렬 데이터를 병렬 데이터로 변환한다.

06 **다음 중 통신제어처리장치에 대한 설명이 아닌 것은?** (2016-2차)

① 프로그래밍에 의해 복잡한 제어를 용이하게 한다.
② 통신제어 장치를 개선한 것이다.
③ 프로그램 제어가 가능한 소형의 중앙처리장치를 사용한다.
④ 컴퓨터 상호 간이나 다른 컴퓨터를 원격처리할 목적으로 사용된다.

해설

통신제어 장치

데이터를 전송하기 위한 전반적인 제어 기능을 수행하는 장치이다. CCU는 데이터 전송 회선과 컴퓨터 사이에 통신회선의 감시 및 접속, 전송 오류 검출을하는 것으로 데이터 전송 시스템에서 전송계의 구성 요소(단말장치, 회선, 통신 제어 장치) 중의 하나로서 통신 회선의 전송 속도와 중앙처리장치의 처리 속도 사이에서 조정을 수행하며 교환 접속 제어, 통신 방식 제어, 경로 설정 제어, 다중 접속 제어를 수행한다.

07 **다음 중 통신 제어장치(CCU)의 종류에 해당하지 않는 것은?** (2019-1차)

① CCP(Communication Control Processor)
② TCU(Transmission Control Unit)
③ BEP(Back End Processor)
④ RP(Remote Processor)

해설

통신 제어장치(CCU)의 종류

CCP	**Communication Control Processor, 통신 제어 처리 장치** 문자외에 메시지의 조립과 분해 기능을 수행한다.
BEP	**Back End Processor, 후처리 장치** 자기 디스크 기억장치에 대규모 데이터베이스 구성시 이를 취급하는 장치이다.
RP	**Remote Processor, 원격 처리 장치** 단말 장치 근처에 설치되어 단말장치 제어, 정보량 제어, 메시지 처리 등을 수행한다.

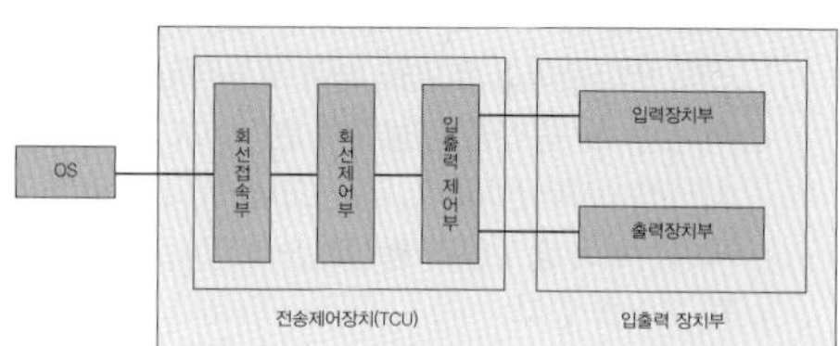

TCU는 위 그림에서와 같이 단말장치의 구성안에 포함되어 있다.

기출유형 13 ▶ DSU(Digital Service Unit)와 CSU(Channel Service Unit)

정보통신시스템의 통신 회선 종단에 위치한 신호변환장치 중에서 디지털 전송로인 경우 송신측에서 단극성 신호를 쌍극성 신호로 변환하는 장치는? (2022-2차)

① CODEC
② DSU
③ CSU
④ CPU

해설

Analog 신호를 Digital 신호 변환하는 장치는 Modem(Modulation Demodulation)이다. DSU는 모뎀과는 별개로 Digital 신호를 Digital 신호로 처리하는 장비로 전송회선 양 끝에 설치되어 디지털 데이터를 전송로에 알맞은 형태로 변환하여 주는 전송 DCE의 일종이다. CSU는 T1이나 E1 신호를 기반으로 64kbps를 기본으로 Channel을 N배해서 사용하며 128kbps, 256kbps 등과 같은 속도를 제공한다.

| 정답 | ②

족집게 과외

CSU	64kbps를 기준으로 N배로 속도로 사용하며 128kbps 이상의 회선용으로 전화국과의 거리가 최대 1.8km 까지 무중계 전송이 가능하고 이후는 중계기로 거리 연장을 한다.
DSU	가입자선에 위치하고 단말기와 디지털 네트워크 사이의 인터페이스를 제공하며, 유니폴라(단극송) 신호를 바이폴라(복극성) 신호로 변환시키는 가입자측 장비이다. 주로 56kbps ~ 64kbps 속도의 전용회선에서 사용하며 회선 종단에서 사용한다.
HSM	128kbps 이상의 회선용이며, 전화국과 거리가 3km 미만에 사용한다.

CSU/DSU는 모뎀과 비슷하게 보이지만, 모뎀과 같이 Analog와 Digital 간 신호 변환(변조와 복조) 기능을 수행하지 않고 Digital 신호를 Channelizing해서 보내는 것이다.

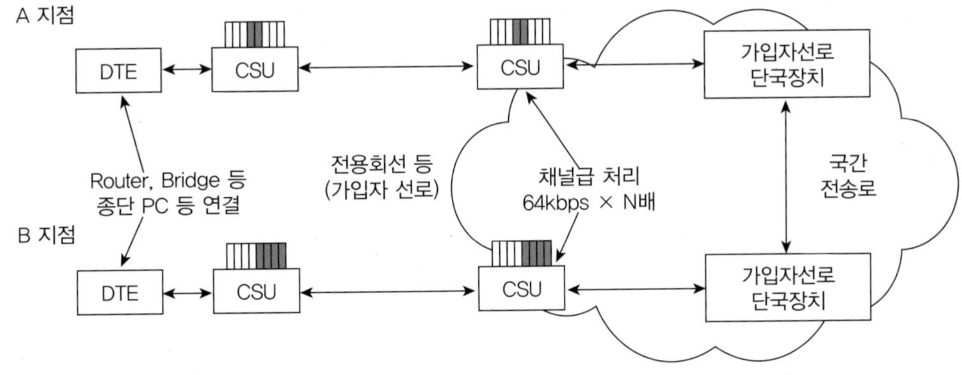

더 알아보기

CSU/DSU는 고속터미널 전용회선의 전송 특성을 개선하기 위한 회선 조절기능 및 성능 감시와 같은 회선의 유지보수기능을 주로 하며 타이밍 신호의 공급기능을 수행한다. 이 중 DSU는 정보통신시스템의 통신 회선 종단에 위치한 신호변환장치 중에서 디지털 전송로인 경우 송신측에서 단극성 신호를 양극성 신호로 변환하는 장치이다.

❶ 데이터 통신 전용장비 DSU(Digital Service Unit)

DSU는 T1 또는 T3 라인과 같은 디지털 회선을 고객 장비에 연결하는데 사용하는 장치로서 디지털 회선를 통해 전송되는 데이터의 Clocking, Buffering 및 Framing을 제공한다. 주로 56kbps~64kbps 속도를 기준으로 최대 데이터 전송률이 T1은 1.544Mbps에 사용되며 저속 고객 장비에 적합한 수준의 서비스를 제공하기 위해 낮은 속도로도 동작한다.

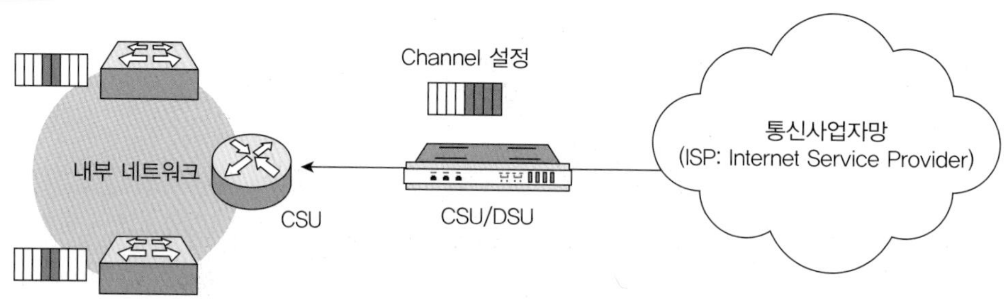

DSU	• Data Service Unit, 가입자측에 위치하고 단말기와 디지털 네트워크 사이의 인터페이스를 제공하며, 유니폴라 신호를 바이폴라 신호로 변환시키는 가입자측 장비이다. • 주로 데이터 전송회선 양 끝단에 위치하여 Digital Data를 전송로에 맞게 전송해 주는 역할을 하며 Digital 신호를 처리하는 Baseband 방식으로 수신단에서는 원래의 Digital 신호를 재생해 준다. 이를 통해 DCE와 같은 역할을 한다.
DSU 특징	• DSU는 DTE에서 만들어진 데이터 신호를 Bipolar(양극성) 디지털 신호로 변환한다. • 클럭의 조정, 채널의 등화, 신호의 재생을 수행한다. • 다양한 Loopback(LLB, DLB 및 RDLB) 기능이 있어서 유지보수가 용이하다. • 단극성 신호를 양극성으로 변환한다.

❷ 데이터 통신 전용장비 CSU(Channel Service Unit)

CSU는 고객 장비를 T1 회선과 같은 디지털 회선 연결하는 데 사용되는 장치로서 디지털 회선을 통해 전송되는 신호가 통신 네트워크의 사양을 충족하도록 보장하기 위해 라인 컨디셔닝(Line Conditioning), 라인 빌드아웃(Line build-out) 및 라인 터미네이션(Line Termination) 기능을 제공한다.

CSU	• Channel Service Unit으로 통신사(전화국) 간 연결을 위한 장비이다. • T1 및 E1과 같은 트렁크 라인을 그대로 수용할 수 있는 데이터 통신 전용장비로서 디지털 트렁크 회선과의 직접 연결에 이용하는 가입자 전송장치이다. • 주로 광역통신망으로부터 신호를 받거나 전송하며, 장치 양측으로부터의 전기적인 간섭을 막는 기능을 제공한다.
CSU 특징	• CSU는 네트워크 쪽에 있으며 통상 DSU에 대응되며, LAN 연결장비인 라우터, 브리지 등과 연결 구성한다. • CSU는 다양한 Loop－back 테스트 기능이 내장되어 있다. • 최근에는 DSU와 통합된 CSU(즉, DSU/CSU)가 제작되어 나오기도 한다. • 64kbp를 기준으로 N배로 속도 증감에 사용한다.

정답 01 ④ 02 ③ 03 ① 04 ① 05 ④

01 다음 괄호 안에 들어갈 장치의 이름을 순서대로 나열한 것은? (2015-1차)(2019-2차)

> 전용회선이 아날로그 회선인 경우에는 ( )를(을) 신호변환장치로 사용하고, 디지털 회선인 경우에는 ( )를(을) 사용한다.

① CSU, DSU
② 모뎀, ONU
③ DSU, CSU
④ 모뎀, DSU

해설
④ 모뎀은 디지털 신호를 전화선이나 케이블 네트워크를 통해 전송할 수 있는 아날로그 신호로 변환하여 준다.
① CSU(Channel Service Unit)는 DSU와 함께 Digital 네트워크 구성에 사용된다. CSU는 T1이나 E1 기준 64kbps 속도를 기본으로 N배해서 보내기 위한 것으로 T1은 24Ch 이며 E1은 32Ch 중 데이터는 30Ch을 사용한다.
② ONU는 IPTV용 AON, PON 등과 연계된 장치이다.
③ DSU는 Digital Service Unit으로 아날로그가 아닌 디지털 변환에 사용한다. 즉, PC−Modem 이후에 연결하여 디지털 데이터를 디지털 데이터로 변환해 준다.

02 다음 중 DSU(Digital Service Unit)의 특징으로 틀린 것은? (2020-3차)(2022-3차)

① 디지털 정보를 디지털 신호로 변환한다.
② 디지털 정보를 장거리 전송하기 위해 사용한다.
③ 양극성 신호를 단극성 신호로 변환하여 전송한다.
④ 디지털 네트워크에서 사용하는 회선종단장치이다.

해설
③ DSU는 양극성 신호를 단극성으로 변환이 아닌 단극성 신호를 양극성으로 변환한다.

03 다음 중 DSU(Digital Service Unit)의 기능으로 옳은 것은? (2014-3차)(2020-2차)(2021-3차)

① 디지털 데이터를 디지털 신호로 변환
② 아날로그 데이터를 디지털 신호로 변환
③ 디지털 신호를 아날로그 데이터로 변환
④ 아날로그 신호를 디지털 데이터로 변환

해설
DSU는 종단에 위치하여 단극성(Unipolar) 신호를 쌍극성(Bipolar) 신호로 변환한다.

04 가입자선에 위치하고 단말기와 디지털 네트워크 사이의 인터페이스를 제공하며, 유니폴라 신호를 바이폴라 신호로 변환시키는 것은? (2013-2차)(2021-1차)(2023-2차)

① DSU(Digital Service Unit)
② 변복조기(MODEM)
③ CSU(Channel Service Unit)
④ 다중화기

해설
변복조기(MODEM)
Analog 신호를 Digital 신호 변환하는 장치이며 CSU는 T1이나 E1 신호를 기반으로 64kbps를 기본으로 Channel을 N배 해주며 다중화기는 저속부를 고속부로 통합해 주기 위한 장치이다.

05 다음 중 DSU(Digital Service Unit)의 기능과 거리가 먼 것은? (2010-3차)

① 신호 파형의 변환
② 신호 전송속도의 변환
③ 제어신호의 삽입
④ 아날로그와 디지털 신호의 상호 변환

해설
④ 아날로그와 디지털 신호의 상호 변환은 Modem의 주요 기능이다. DSU는 단극성 신호를 양극성으로 변환하며, 56kbps~64kbps 속도의 전용회선에 제어신호를 삽입하여 사용한다.

06 다음 중 DSU(Digital Service Unit)의 기능으로 옳지 않은 것은? (2019-3차)

① 송신측에서는 직렬 단극성 신호를 변형된 쌍극성 신호로 변환한다.
② 정확한 동기 유지를 위한 클럭 추출회로가 있다.
③ 디지털 전송로 양단에 접속되어 운용되며 변·복조기보다 비용이 저렴하다.
④ 교환회선에 주로 사용된다.

해설
DSU(Data Service Unit)
입자측 장비로서 데이터 장비의 비트열 신호를 장거리 전송에 맞게 변환 전송하는 장비로서 신호의 변복조 방식이 단순하고 저속 또는 고속 전송에 효과적이다. Analog 전송에서는 Modem 등이 해당되며 위 문제에서는 교환회선과 DSU와는 무관하다.

07 다음 중 DCE에 대한 설명으로 틀린 것은? (2011-1차)

① 데이터회선종단장치를 뜻한다.
② 디지털 전송설비가 사용될 때 DSU가 적합하다.
③ 공중전화망에 접속할 경우에는 MODEM이 적합하다.
④ 전송데이터의 오류제어 및 변복조 기능을 갖는다.

해설
④ 전송데이터의 오류제어 및 변복조 기능을 갖는 것은 모뎀의 기능이다.

08 다음 중 DSU에 대한 설명으로 옳지 않은 것은? (2015-2차)

① 유니폴라 신호를 바이폴라 신호로 변환시키는 디지털모뎀이다.
② 벨시스템의 DDS에 사용된다.
③ T1/E1 간의 타이밍을 보정해준다.
④ 송수신 전단에 위치하여 원거리 디지털전송을 보장한다.

해설
③ DSU의 주요 기능은 Digital 정보를 Baseband에 맞게 Digital 전송해 주는 역할을 하며 타이밍 보정과는 무관하다.

09 정보통신시스템의 통신 회선 종단에 위치한 신호변환장치 중에서 디지털 전송로인 경우 송신측에서 단극성 신호를 쌍극성 신호로 변환하는 장치는? (2020-1차)

① CODEC
② DSU
③ CSU
④ CPU

해설
② DSU는 단극성 신로를 쌍극성 신호로 변환해 준다.

10 다음 중 DSU(Digital Service Unit)에 대한 설명으로 옳은 것은? (2016-1차)(2018-3차)

① 전송신호 형태는 Analog 신호이다.
② 변조 방식으로는 주로 AMI(Bipolar)이다.
③ 전송 속도는 1.2~9.6[kbps]이다.
④ 사용 Network은 음성급 전용망, 교환망이다.

해설
아날로그 전송로에서 DCE는 모뎀이며 Digital 전송로에서는 DSU 개념으로 Router와 연계되는 측면에서는 CSU라 하며 E1이나 T1의 속도를 분배(56kbs단위, 64kbps 단위)하여 사용했다.

구분	DSU	Modem
적용	DDS, 부호급 전용망	교환망(음성)
형태	Digital	Analog
변조	AMI(Bipolar)	QAM, QPSK
적용	기업용	가정용

정답 11 ① 12 ① 13 ③ 14 ② 15 ④

11 다음 중 CSU(Channel Service Unit)의 기능으로 옳은 것은? (2020-2차)(2023-1차)

① 광역통신망으로부터 신호를 받거나 전송하며, 장치 양측으로부터의 전기적인 간섭을 막는 장벽을 제공한다.
② CSU는 오직 독립적인 제품으로 만들어져야 한다.
③ CSU는 디지털 데이터 프레임들을 보낼 수 있도록 적절한 프레임으로 변환하는 소프트웨어 장치이다.
④ CSU는 아날로그 신호를 전송로에 적합하도록 변환한다.

해설
최근 DSU와 CSU가 통합된 장비로 운용되고 있다. CSU는 64kbp를 기본으로 T1은 24ch, E1은 최대 30ch(동기 채널 제외)을 보내는 하드웨어 장치이다. 아날로그 신호를 전송로에 적합하게 만든 것은 모뎀이다.

12 다음 중 T1급 혹은 E1급 전용선을 사용하여 네트워크를 구축할 경우 적합한 디지털 전송장비는? (2010-1차)(2014-3차)

① CSU
② MODEM
③ CCU
④ CODEC

해설
T1은 24ch, E1은 32ch로 구성되어 있다. 64kbps 단위로 N배 해서 보내는 것이 CSU이며 128kbps, 256kbps, 512kbps 등의 단위로 증가하며 속도를 증감할 수 있는 장치이다. T1이나 E1 급 전용회선을 구성하는데 적합한 장비는 CSU이며 최근에는 Router에 기능이 통합되어 운용 중이다.

13 다음 중 트렁크 라인(T1 또는 E1)을 그대로 수용할 수 있는 DCE는? (2011-1차)

① MODEM ② FEP
③ CSU ④ CCU

해설
CSU는 64kbp를 기본으로 T1은 24ch, E1은 최대 30ch(동기 채널 제외)을 보내는 하드웨어 장치이다.

14 고속터미널 전용회선의 전송 특성을 개선하기 위한 회선 조절기능 및 성능 감시와 같은 회선의 유지보수기능, 타이밍 신호의 공급기능을 수행하는 장비는? (2016-2차)

① Bridge ② DSU/CSU
③ Switch ④ Router

해설
② DSU/CSU 는 전용회선 기준으로 Digital 변화 및 Channel 변화해 주는 장비
① Bridge는 물리계층 기준으로 연결해 주는 장비
③ Switch는 OSI 7 Layer 기준으로 2계층에서 MAC 기반 동작 장비
④ Router는 OSI 7 Layer 기준으로 3계층에서 IP 기반 동작 장비

15 다음 중 DCE(Data Circuit-terminating Equipment)에 속하지 않는 것은? (2010-3차)

① MODEM 장치
② DSU 장치
③ CSU 장치
④ FEP 장치

해설
DCE는 종단에서 처리하는 장치로 주로 Modem, CSU, DSU가 해당된다.

FEP 장치
Front End Processor로 통신제어 및 처리를 위한 시스템이다.

16 **다음 중 데이터 전송계에서 신호변환 외에 전송 신호의 동기제어 송수신 확인, 전송 조작절차의 제어 등을 담당하는 역할을 하는 장치는?**

(2018-2차)(2020-2차)

① DCE
② DTE
③ DDU
④ DID

해설

전송 데이터의 오류제어 및 변복조 기능을 갖는 것은 모뎀의 기능이다.

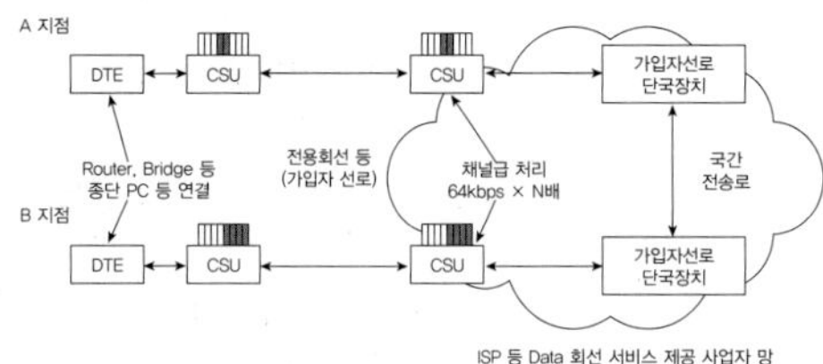

통신 시스템 절차: DTE – DCE – 통신망 – DCE – DTE

DTE	Data Terminal Equipment, 데이터 단말장치로 데이터 처리하는 역할을 한다.
DCE	Data Communication Equipment, 통신 선로를 포함하여, 주로 Digital 통신의 신호변환에 관련한 역할을 한다.

PART 2
정보통신공학

PART

02 정보통신공학

01 정보통신개론

기출유형 01 ▶ OSI 7 Layer

다음 중 OSI 7계층의 순서가 맞는 것은? (2013-2차)

① 물리계층 – 네트워크계층 – 데이터링크계층 – 트랜스포트계층 – 세션계층 – 표현계층 – 응용계층
② 물리계층 – 데이터링크계층 – 트랜스포트계층 – 네트워크계층 – 세션계층 – 표현계층 – 응용계층
③ 물리계층 – 데이터링크계층 – 네트워크계층 – 트랜스포트계층 – 표현계층 – 세션계층 – 응용계층
④ 물리계층 – 데이터링크계층 – 네트워크계층 – 트랜스포트계층 – 세션계층 – 표현계층 – 응용계층

해설

OSI7 Layer는 물리계층(1) – 데이터링크계층(2) – 네트워크계층(3) – 전송계층(4) – 세션계층(5) – 표현계층(6) – 응용계층(7)이다(Physical – Datalink – Network – Transport – Session – Presentation – Application Layer).

| 정답 | ④

족집게 과외

- 하위계층(1)에서 상위계층(7) 링크로 디캡슐화(Decapsulation)
- 상위계층(7)에서 하위계층(1)으로 인캡슐화(Encapsulation)

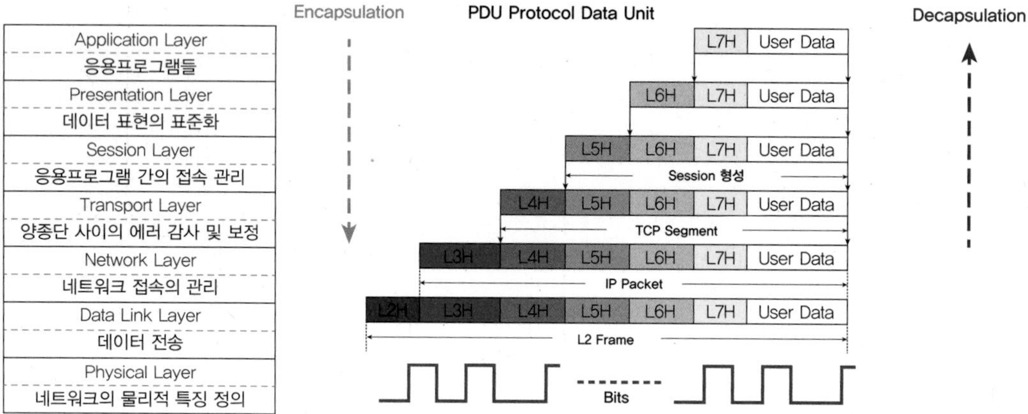

더 알아보기

구분	내용
Encapsulation	최고 상위계층(7)에서 아래로 내려오는 것을 Encapsulation이라 한다. 데이터를 전달하는 과정에서 상위 응용계층에서부터 물리계층까지 여러 단계를 거치게 된다. 각 계층을 거칠 때마다 해당 계층의 기능을 위해서 헤더가 추가되는데 이때 데이터를 캡슐로 감싸는 것과 같아 캡슐화(Encapsulation)라 한다.
Decapsulation	이와 반대로 하위계층(1)에서 상위계층(7)으로 올라가는 것을 Decapsulation이라 한다. 수신측에서는 받은 정보를 다시 확인할 수 있는 응용프로그램에서 확인하려면 각각의 헤더를 떼어내는 과정이 필요하고 이를 역캡슐화(Decapsulation)라고 한다.

❶ OSI(Open System Interconnection) 7 Layer

OSI(Open Systems Interconnection) 모델은 네트워크 통신 시스템을 이해하고 설계하기 위한 개념적 모델이다. 이것은 7개의 계층으로 구성되며, 각각의 계층은 네트워크 통신 과정에서 계층별 역할을 한다. OSI는 개방형 시스템 간 상호접속을 위한 참조모델로서 전체적으로 7개의 계층으로 이루어져 있고 각 계층별 역할이 구분되어 있다. OSI는 국제 표준화 기구인 ISO(International Organization for Standardization)에서 발표한 것으로 인터넷 연결을 할 때 방법과 규칙으로 통신하면 정상적으로 작동될 것에 대한 권고안이다.

❷ 설명(Explanation)

계층	명칭	내용
7계층	응용계층 (Application Layer)	네트워크에서 실행 중인 응용프로그램에 네트워크 서비스를 제공하는 것으로 파일 전송, 이메일, 웹 브라우징과 같은 기능을 포함한다. PC나 App에서 사용하는 대부분의 프로그램이 응용프로그램으로 프로그램을 실행시켜 실제 작업하는 것이다.
6계층	표현계층 (Presentation Layer)	표현계층은 텍스트, 이미지 및 소리와 같은 서로 다른 형식 간의 데이터 표현 및 변환을 담당한다. 데이터 형식을 정의하고 필요시 데이터를 압축하고 암호화를 진행하며 데이터를 서로 이해할 수 있도록 도와주는 것이 주요 역할이다.
5계층	세션계층 (Sesstion Layer)	세션계층은 서로 다른 호스트에 있는 애플리케이션 간의 통신 세션을 관리한다. 세션 설정, 유지, 종료 등의 기능이 포함되어 있다. 즉, 연결을 생성(Created), 유지(Establish), 종료(Close)를 관리하는 것으로 송신자와 수신자가 네트워크를 통해 통신할 때 상호 연결을 책임지며 이를 통해 통신의 시작에서부터 연결과 유지 관리를 담당한다.
4계층	전송계층 (Transport Layer)	전송계층은 종단간 통신 파트너 사이에 신뢰할 수 있는 데이터 전송을 보장하는 역할을 한다. 보내는 데이터의 단위는 세그먼트(Segment)이며, TCP나 UDP가 이에 해당한다. 전송계층은 데이터의 전송제어와 오류제어를 담당하는 것이 주요 역할이며 전송을 위한 포트번호를 정하는 계층으로 TCP/UDP를 선택하여 통신한다.
3계층	네트워크계층 (Network Layer)	서로 다른 네트워크 간의 데이터 라우팅을 담당하는 것으로 주소 지정, 라우팅 및 패킷 전달과 같은 기능을 포함한다. 데이터를 목적지까지 가장 빨리 전송할 수 있도록 도와주는 역할을 하는 것으로 대표적인 장비가 라우터(Router)이며 데이터의 단위는 패킷(Packet)이며 헤더를 보고 어디로 전송할지를 결정한다.
2계층	데이터링크 (Datalink Layer)	네트워크의 두 노드 간에 안정적인 링크를 설정하고 유지하는 역할을 한다. 오류 감지 및 수정, 흐름제어, 미디어 접근 제어 등의 기능을 포함하는 것으로 MAC(Media Access Control) 기반 고유주소를 처리하는 계층으로 데이터의 물리적 전송을 주로 담당하며 오류를 검출한다. 사용하는 데이터의 단위는 프레임(Frame)이며 대표적인 장비가 브리지(Bridge)와 스위치(Switch)가 있다.
1계층	물리계층 (Physical Layer)	이 계층은 네트워크를 통한 데이터의 물리적 전송을 다루는 것으로 통신 채널의 전기적, 기계적 및 물리적 특성을 정의한다. 이를 통해 0과 1로 되어있는 데이터를 전기신호로 바꿔주는 계층으로 데이터를 전기신호로 변환하며 수신측에서는 전기신호를 다시 데이터신호로 바꿔준다. 주요 장비는 허브(Hub), 리피터(Repeater), 케이블(Cable) 등이 해당된다.

OSI 모델은 네트워크 통신이 어떻게 작동하는지 이해하고 네트워크 프로토콜과 시스템을 설계하는 데 유용한 도구이다. 이를 통해 개발자들이 특정 기능들을 분리하고 다른 계층들과 독립적으로 설계할 수 있게 해주며, 이는 더욱 모듈화되고 확장 가능한 네트워크 설계로 이어질 수 있다.

❸ OSI7 Layer 기준 비교

<table>
<tr><th>계층</th><th>OSI 7 Layer</th><th>Keyword</th><th>NW 장비</th><th colspan="2">보안장비</th><th>TCP/IP 계층</th><th>Cloud Computing</th></tr>
<tr><td>7</td><td>7. Application Layer
응용계층</td><td>사용자 접근, 각종 Application 프로그램
HTTP, SMTP, FTP, Telent, CMIP</td><td>웹 방화벽,
보안 스위치</td><td rowspan="3">IPS
DDoS
WAF</td><td rowspan="5">UTM</td><td rowspan="3">Application 응용계층
www - HTTP, DNS, DHCP
Email - SMTP, POP/IMAP
파일전송 - FTP, TFTP
원격접속 - Telnet, SNMP
SIP, CMIP</td><td rowspan="2">SaaS
Application</td></tr>
<tr><td>6</td><td>6. Presentation Layer
표현계층</td><td>데이터 표준화, 암호화, 압축 코드변환
MPEG, JPEG</td><td rowspan="2">TCP: Segment
UDP: Datagram</td></tr>
<tr><td>5</td><td>5. Session Layer
세션계층</td><td>세션관리, 동기화, 통신방식 결정
씬, SSH, NetBios</td><td>Platform
PaaS</td></tr>
<tr><td>4</td><td>4. Transport Layer
전송계층</td><td>연결지향, 신뢰성,
다중화, 오류제어, 흐름제어
TCP, UDP, SSL, SCTP,
MPTCPMultiplexing/ Dermultiplexing,
Segmentation</td><td>게이트웨이
(Gateway)</td><td rowspan="2">FW</td><td>Transport 전송계층
TCP, UDP, SCTP</td><td>MiddleWare</td></tr>
<tr><td>3</td><td>3. Network Layer
네트워크계층</td><td>Packet
IP, 경로설정, 주소지정
IP, ICMP, ARP, RARP, IGMP, X.25</td><td>라우터
(Router)</td><td>Internet 인터넷 계층(IP 계층)
IP, ICMP, ARP, RARP, ICMP
IGMP, IPsec, X.25, SNMP</td><td>Network
IaaS</td></tr>
<tr><td>2</td><td>2. DataLink Layer
데이터링크계층</td><td>Frame
MAC, Framing, 오류제어,
흐름제어, 순서제어
HDLC, SDLC, PPP, L2TP</td><td>브릿지(Bridge),
스위치(Switch) 허브</td><td colspan="2">IP 관리기</td><td>Host-to-Network네트워크 접속
MAC주소 기반 스위칭
CSMA/CD, MAC, LAN, 위성통신</td><td>Server</td></tr>
<tr><td>1</td><td>1. Physical Layer
물리계층</td><td>Bit
물지적 연결, 전기신호
Ethernet, RS232C, RS485</td><td>리피터(Repeater),
케이블(Cable), 허브(Hub)</td><td colspan="2">망 분리</td><td>토큰링, Bluetooth, WiFi</td><td>Storage</td></tr>
</table>

정답 01 ④ 02 ② 03 ② 04 ④

01 OSI 7계층 모델 중 각 계층의 기능에 대한 설명으로 틀린 것은? (2022-3차)

① 물리계층 - 전기적, 기능적, 절차적 기능 정의
② 데이터링크계층 - 흐름제어, 에러제어
③ 네트워크계층 - 경로 설정 및 네트워크 연결 관리
④ 전송계층 - 코드 변환, 구문 검색

해설

코드 변환, 구문 검색등은 표현계층(Presentation Layer)에서 담당한다. 전송계층은 Port 기반 TCP나 UDP를 선택하여 전송한다.

02 다음 보기에서 빈칸의 OSI 7계층 순서가 맞는 것은? (2020-3차)

응용계층
표현계층
세션계층
ⓒ
ⓑ
데이터링크계층
ⓐ

① ⓐ 네트워크계층, ⓑ 물리계층, ⓒ 전송계층
② ⓐ 물리계층, ⓑ 네트워크계층, ⓒ 전송계층
③ ⓐ 물리계층, ⓑ 전송계층, ⓒ 네트워크계층
④ ⓐ 네트워크계층, ⓑ 전송계층, ⓒ 물리계층

해설

아래 1계층인 물리계층부터 최상위 7계층인 응용계층으로 구성된다. 물리계층(1) – 데이터링크계층(2) – 네트워크계층(3) – 전송계층(4) – 세션계층(5) – 표현계층(6) – 응용계층(7)이다.

03 OSI 참조모델 중 네트워크계층의 기능을 설명한 것으로 옳은 것은? (2015-3차)

① 인접하는 개방형 시스템 간에서 데이터 송 · 수신을 수행한다.
② 상위계층과 연결을 설정하고 관리하며 시스템을 연결하는데 필요한 데이터 전송기능과 교환을 제공한다.
③ 데이터링크계층으로부터 인도된 데이터를 물리회선에 싣기 위한 기능을 제공한다.
④ 응용 프로세스 간의 정보교환 기능을 실현한다.

해설

네트워크계층은 OSI7 Layer 기준 3계층으로서 IP 기반 Routing을 지원하며 이를 통해 데이터의 전송과 교환기능이 이루어진다.

04 OSI 참조모델에서 n-1계층 패킷의 데이터 부분은 N계층의 패킷(데이터와 헤더) 전체를 포함한다. 이러한 개념을 무엇이라고 하는가? (2015-2차)(2020-2차)

① 서비스
② 인터페이스
③ 대등–대–대등 프로세스
④ 캡슐화

해설

Encapsulation

최고 상위계층(7)에서 아래로 내려오는 것을 Encapsulation이라 한다. 데이터를 전달하는 과정에서 상위 응용계층에서부터 물리계층까지 여러 단계를 거치게 된다. 각 계층을 거칠 때마다 해당 계층의 기능을 위해서 헤더가 추가되는데 이때 데이터를 캡슐로 감싸는 것과 같아 캡슐화(Encapsulation)라 한다.

05 데이터에 통신국의 주소, 에러 검출 부호, 프로토콜 제어 등의 제어 정보인 헤더(Header)를 부착하는 기능은? (2016-2차)

① 흐름제어 ② 주소지정
③ 다중화 ④ 캡슐화

해설

최고 하위계층(1)에서 상위계층으로 올라가는 것을 Decapsulation이라 하고 반대로 최고 상위계층(7)에서 아래로 내려오는 것을 Encapsulation이라 한다.

06 다음 중 계층화된 통신 구조를 통한 데이터 전송 시 상위계층에서 하위계층으로 데이터를 전달할 때 필요한 정보를 부가하는 과정은? (2011-2차)

① Fragmentation
② Multiplexing
③ Encapsulation
④ Sequencing

해설

구분	내용
Encapsulation	최고 상위계층(7)에서 아래로 내려오는 것을 Encapsulation이라 한다.
Decapsulation	이와 반대로 하위계층(1)에서 상위계층으로 올라가는 것을 Decapsulation이라 한다.

07 다음 중 LAN의 구성요소로 틀린 것은?(2021-1차)

① 전송매체
② 패킷교환기
③ 라우터
④ 네트워크 인터페이스 카드

해설

LAN(Local Area Network)은 집, 사무실 건물 또는 캠퍼스와 같은 제한된 영역 내에서 장치를 연결하는 컴퓨터 네트워크로 LAN 구성 요소에는 일반적으로 다음과 같다.

분류	구성	내용
네트워크 장치	스위치	데이터 패킷을 의도한 목적지로 보내 LAN 내의 장치를 연결
	라우터	여러 LAN을 함께 연결하거나 LAN을 인터넷과 같은 더 넓은 네트워크에 연결
	Wireless AP	무선 액세스 포인트
전송매체	이더넷 케이블	카테고리 5e(Cat5e) 또는 카테고리 6(Cat6) 케이블과 같이 유선 LAN 연결
	광섬유 케이블	이더넷 케이블에 비해 더 높은 대역폭과 더 긴 거리 기능을 제공
	커넥터	RJ−45 커넥터는 이더넷 케이블과 함께 사용되며 광케이블은 LC 또는 SC와 같은 커넥터를 사용
네트워크 인터페이스	NIC	네트워크 인터페이스 카드로서 LAN에 연결하기 위한 물리적 인터페이스를 제공하기 위해 컴퓨터, 서버 또는 기타 네트워크 장치에 설치
	무선 네트워크 어댑터	무선 기능이 내장되지 않은 장치에 대한 무선 연결을 활성화

패킷교환기는 통신사(ISP)에서 교환을 위해 구성하는 것으로 LAN보다 WAN 구성에 포함된다.

정답 08 ① 09 ①

08 OSI 참조모델에서 컴퓨터, 단말기, 통신 제어장치, 단말기 제어장치 등과 같은 응용 프로세서 간에 데이터통신 기능을 제공하는 요소는? (2023-1차)

① 개방형 시스템
② 응용개체
③ 연결
④ 전송미디어

해설

OSI(Open Systems Interconnection) 모델
네트워크 통신 시스템을 이해하고 설계하기 위한 개념적 모델이다. 이것은 7개의 계층으로 구성되며, 각각의 계층은 네트워크 통신 과정에서 특정한 역할을 한다. OSI는 개방형 시스템 간 상호접속을 위한 참조 모델로서 전체적으로 7개의 계층으로 이루어져 있고 각 계층별 역할이 구분되어 있다. OSI는 국제 표준화 기구인 ISO (International Organization for Standardization)에서 발표한 것으로 인터넷 연결을 할 때 방법과 규칙으로 통신하면 정상적으로 작동될 것에 대한 권고안으로 기존 Close(폐쇄망) 네트워크에서 Open System으로 발전한 것이다.

09 OSI 참조모델에서 하위계층에서 상위계층으로 데이터 패킷이 이동함에 따라 헤더는 어떻게 처리되는가? (2015-1차)(2016-2차)(2019-3차)

① 삭제된다.
② 추가된다.
③ 재배열된다.
④ 변경된다.

해설

최고 상위계층(7)에서 하위계층으로 올라가는 것을 Encapsulation이라 하며 헤어 추가의 개념이며 반대로 하위계층(1)에서 상위계층으로 올라가면서 Decapsulation이라 하며 헤더의 삭제가 이루어진다.

기출유형 02 ▸ 서비스 프리미티브(Service Primitive)

정보를 송수신할 수 있는 능력을 가진 개체로써, 주어진 입력에 대하여 어떤 기능을 수행하고 출력하는 것은?
(2012-3차)(2014-2차)(2020-2차)

① 데이터(Data) ② 엔티티(Entity)
③ 프로토콜(Protocol) ④ 스테이트(State)

해설
통신에서 엔티티(Entity)는 데이터를 송수신하는 개체를 의미한다. 즉, 저장되고, 관리되어야 하는 데이터이다. 데이터베이스에서 엔티티(Entity)는 실체, 실재, 객체로서 데이터베이스에서 한 건의 자료를 구성하는 레코드로서 EDM(Entity Data Model)을 사용하여 데이터 구조를 설명하는 기본 구성 요소이다.

| 정답 | ②

족집게 과외

주요처리 단위: 전송계층(Segment), 네트워크계층(Packet), 데이터링크계층(Frame), 물리계층(Bit)

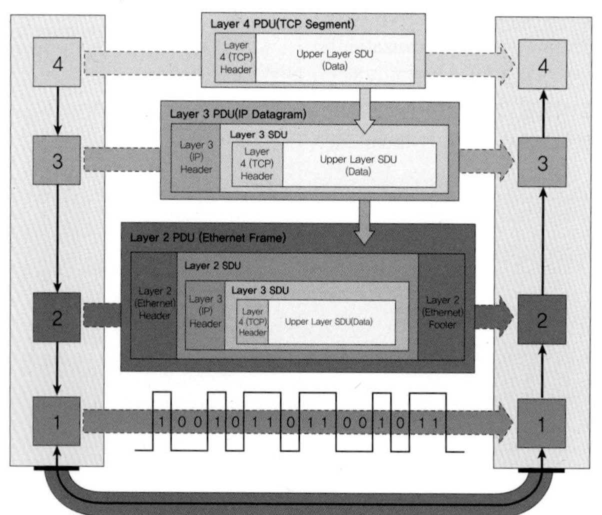

더 알아보기

Data 앞에 Header들이 각 계층마다 덧붙여지고 다시 삭제 된다(데이터의 캡슐화/디캡슐화).

SDU	서비스 데이터 단위 (Service Data Unit), 상하위 수직적 계층에서 데이터를 주고 받는 단위
PDU	프로토콜 데이터 단위(Protocol Data Unit), 같은 계층인 수평적 계층의 데이터를 주고받는 단위
PCI	프로토콜 제어 정보(Protocol Control Information)

- 개방형 시스템: 컴퓨터, 단말기, 통신 제어장치 등과 같은 응용 프로세스 간에 데이터통신 기능 제공
- 응용 개체: 네트워크상에서 동작하는 응용 프로그램과 시스템 운영 및 관리 프로그램
- 연결: 응용 개체 사이를 서로 연결하는 논리적인 데이터통신 회선 기능
- 전송미디어: 데이터링크, 채널 등과 같이 네트워크 시스템 간의 데이터 전송특성

❶ 서비스 프리미티브(Service Primitive)의 계층 간 통신

OSI(Open System Interconnection)는 Open에서 의미하는 것과 같이 개방적인 시스템 구축을 위한 법률 규정으로 주요 목적은 시스템 상호 간에 접속하기 위한 개념을 규정하고 OSI 표준을 개발하기 위한 범위를 선정하며 관련 규격의 적합성을 조정하기 위한 공통적인 기반을 제공한다. 네트워크 통신 프로토콜에서, 서비스 프리미티브(Service Primitive)는 네트워크 엔티티에 의해 요청되거나 제공될 수 있는 통신 서비스에 대한 동작이다. 즉, 서비스 사용자(예 애플리케이션)가 서비스 제공자(예 네트워크계층 프로토콜)와 통신하기 위해 수행할 수 있는 표준 작업의 집합이다. 서비스 프리미티브는 일반적으로 수행될 동작을 설명하는 파라미터들의 세트 및 이름을 포함하며 일반적인 서비스 기본 요소는 다음과 같다.

구분	내용
요청 (Request)	요청 프리미티브는 네트워크 엔티티에 서비스를 요청하는 데 사용된다. 여기에는 수행할 서비스와 전송해야 하는 데이터를 설명하는 매개 변수가 포함된다.
지시(표시) (Indication)	지시 기본값은 데이터 도착 또는 오류 상태와 같은 발생한 이벤트를 서비스 사용자에게 알리는 데 사용된다.
응답 (Response)	응답 프리미티브는 요청 프리미티브에 응답하기 위해 사용된다. 여기에는 서비스 사용자에게 반환해야 하는 모든 데이터가 포함된다.
확인 (Confirm)	확인 프리미티브는 요청된 동작이 완료되었음을 서비스 사용자에게 통지하기 위해 사용된다. 모든 상태 정보 또는 작업 결과를 포함할 수 있다.

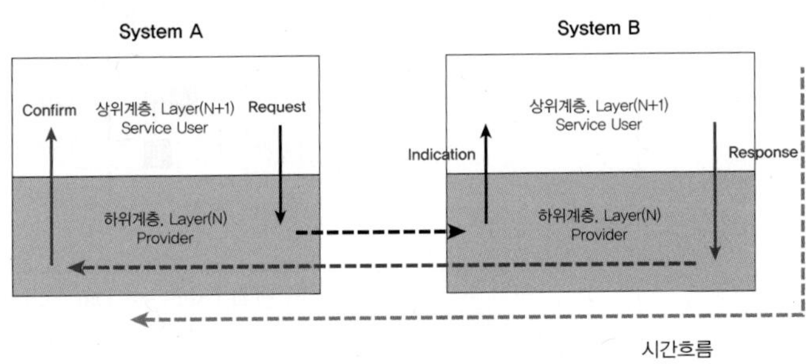

Data 앞에 Header들이 각 계층마다 덧붙여지고 다시 삭제되는 것을 N서비스라 한다. 서비스 기본 요소는 기본 네트워크 프로토콜에 관계 없이 서로 다른 네트워크 엔티티가 서로 통신할 수 있는 표준화된 방법을 제공하는 것으로 서로 다른 네트워크 시스템 및 애플리케이션 간의 상호 운용성과 일관성을 보장하는 데 도움이 된다.

❷ 서비스 프리미티브의 신호 동작

종류	주요 역할	설명
요구(Request)	서비스 이용	서비스의 개시 요구 N+1 → N 계층 간 통신
지시(Indication)	서비스 제공	서비스 개시됨 표시 N → N+1 계층 간 통신
응답(Response)	서비스 이용	지시에 의해 서비스 수행 표시 N+1 → N 계층 간 통신
확인(Confirm)	서비스 제공	응답에 의해 서비스 수행 표시 N → N+1 계층 간 통신

서비스 프리미티브에 의해 상위계층은 하위 계층의 서비스를 이용하며, 하위 계층은 상위계층에 서비스를 제공하는 형태이다. OSI 참조모델에서 네트워크상에서 동작하는 응용프로그램과 시스템운영 및 관리 프로그램, 단말기 동작과 관련된 프로그램 운영 기능을 제공하는 요소를 응용개체라 한다.

01 컴퓨터 간의 원활한 정보교환을 위하여 ISO에서 규정한 표준 네트워크 구조는? (2021-3차)

① OSI
② DNA
③ HDLC
④ SNA

해설

OSI는 국제 표준화 기구인 ISO(International Organization for Standardization)에서 발표한 것으로 인터넷 연결을 할 때 방법과 규칙으로 통신하면 정상적으로 작동될 것에 대한 권고안이다.

02 OSI 참조모델에서 서비스 프리미티브의 유형이 아닌 것은? (2015-1차)

① REQUEST
② INDICATION
③ REVIEW
④ RESPONSE

해설

서비스 프리미티브

OSI 7 Layer 및 TCP/IP의 상위계층과 하위 계층의 서비스 요구(Request), 지시(Indication), 응답(Response), 확인(Confirm)을 통한 계층 간 통신 기능이다.

03 OSI 참조 모델의 구성요소 중 서비스와 데이터 단위에 대한 설명이다. 괄호 안에 알맞은 말은? (2015-3차)(2018-2차)

> (N)-계층이 상위계층인 (N+1)-계층에게 제공해 주는 기능을 ( )라고 한다.

① (N)－서비스
② (N)－SAP
③ (N)－SDU
④ (N+1)－SAP

해설

Data 앞에 Header들이 각 계층마다 덧붙여지고 다시 삭제되는 것을 N 서비스라 한다.

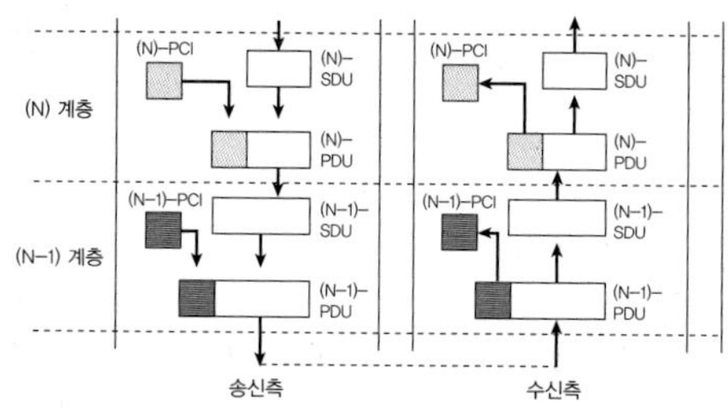

SDU	서비스 데이터 단위 (Service Data Unit), 상하위 수직적 계층에서 데이터를 주고 받는 단위
PDU	프로토콜 데이터 단위(Protocol Data Unit), 같은 계층인 수평적 계층의 데이터를 주고받는 단위
PCI	프로토콜 제어 정보(Protocol Control Information)
SAP	Service Access Point, OSI 계층이 다른 OSI 계층의 서비스를 요청할 수 있는 개념적 위치

정답 04 ② 05 ④

04 OSI 참조모델에서 네트워크상에서 동작하는 응용프로그램과 시스템운영 및 관리 프로그램, 단말기 동작과 관련된 프로그램 운영 기능을 제공하는 요소는? (2020-3차)

① 전송미디어
② 응용개체
③ 연결
④ 개방형 시스템

해설

개방형 시스템 간의 데이터 통신

- 개방형 시스템: 컴퓨터, 단말기, 통신 제어장치 등과 같은 응용 프로세스 간에 데이터통신 기능 제공
- 응용 개체: 네트워크상에서 동작하는 응용 프로그램과 시스템 운영 및 관리 프로그램, 단말기 동작과 관련된 프로그램 운영 기능 제공
- 연결: 응용 개체 사이를 서로 연결하는 논리적인 데이터통신 회선 기능 제공
- 전송미디어: 데이터링크, 채널 등과 같이 네트워크 시스템 간의 데이터 전송특성 제공

05 다음 중 OSI(Open System Interconnection) 참조 모델의 목적이 아닌 것은? (2021-3차)

① 시스템 상호 간에 접속하기 위한 개념 규정
② OSI 표준을 개발하기 위한 범위 선정
③ 관련 규격의 적합성을 조정하기 위한 공통적인 기반 제공
④ 폐쇄적인 시스템 구축을 위한 법률 규정

해설

OSI는 기존 폐쇄망의 한계를 개선하기 위해 통신망을 Open 한다는 개념이다. 이를 통해 폐쇄망 간의 연결을 통한 인터넷으로의 확장이 이루어져서 인터넷이 발전하게 된 것이다.

기출유형 03 ▸ 물리계층(Physical Layer)

다음 중 OSI 7 Layer의 물리계층(1계층) 관련 장비는? (2022-2차)

① 리피터(Repeater) ② 라우터(Router)
③ 브리지(Bridge) ④ 스위치(Switch)

해설

1계층	2계층	3계층
리피터(Repeater), 허브(Hub)	브리지(Bridge), 스위치(Switch)	라우터(Router)

| 정답 | ①

족집게 과외

물리계층은 케이블이나 커넥터 형태, 핀 할당(핀 배열) 등 물리적인 사양에 관해 정의되어있는 계층이다. 물리계층에서 동작하는 대표적인 장비는 리피터로서 거리 제약을 극복할 수 있다.

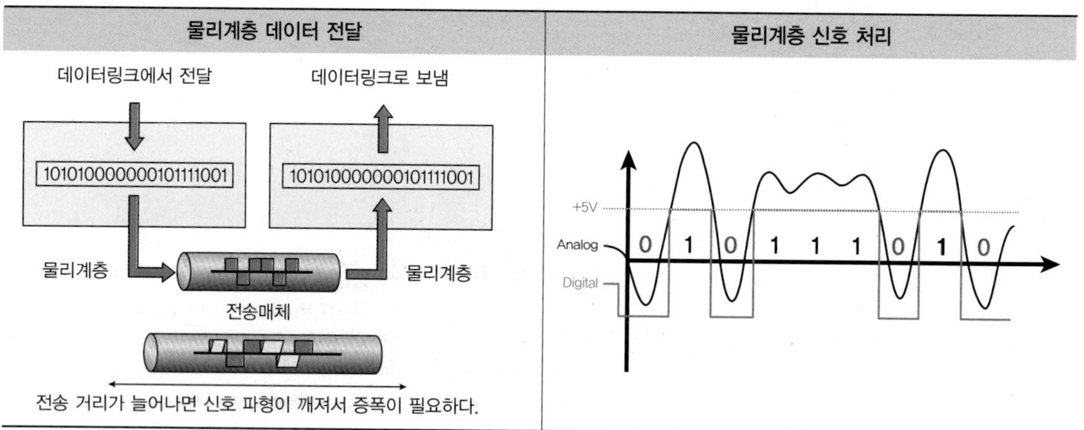

더 알아보기

물리계층은 케이블이나 커넥터 형태, 핀 할당(핀 배열) 등 물리적인 사양에 관해 정의 되어 있는 계층으로 물리계층에서 동작하는 대표적인 장비는 리피터로서 거리 제약을 극복할 수 있다. 물리적인 장치의 전기적, 전자적 연결에 대한 정의는 디지털 데이터를 아날로그인 전기적 신호로 변환하여 물리적인 전송이 가능하게 한다는 것이다. 즉, 별도 주소 개념이 없으며 물리적으로 연결된 노드 간에 신호를 주고받는 것으로 UTP Cable의 Cat.5e는 100m 정도만 거리를 보장해 주므로 거리의 한계를 극복하기 위한 신호 증폭기가 필요하다.

단위(PDU)	비트(Bit)
주요 프로토콜	X.21, RS 232 등
주요 장비	허브(HUB), 리피터(Repeater) 네트워크 카드(NIC: Network Interface Card) 등

❶ 물리계층(Physical Layer)

물리계층은 OSI 7계층 중에 1계층에 해당하는 것으로 시스템 간에 물리적인 연결을 하며 전기 신호를 변환, 제어를 담당한다. 물리계층은 전송하고자 하는 데이터를 전기 신호로 바꾸어 상대 컴퓨터에게 전송하는 일뿐만 아니라 케이블 간의 물리적 규격이나 전기적 특성 등을 정의한다.

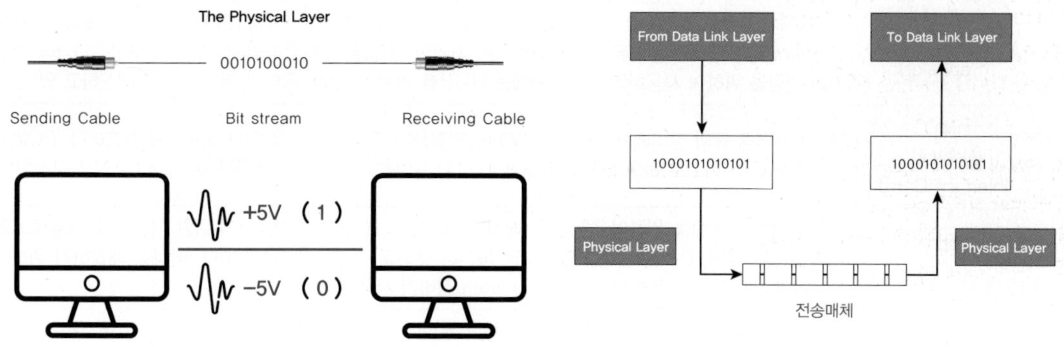

특히, 컴퓨터 네트워킹의 맥락에서 물리계층은 OSI(개방형 시스템 상호 연결) 모델의 가장 낮은 계층이다. 물리계층은 두 네트워크 장치 사이의 물리적 통신 채널을 통해 원시 비트를 전송하는 역할을 한다.

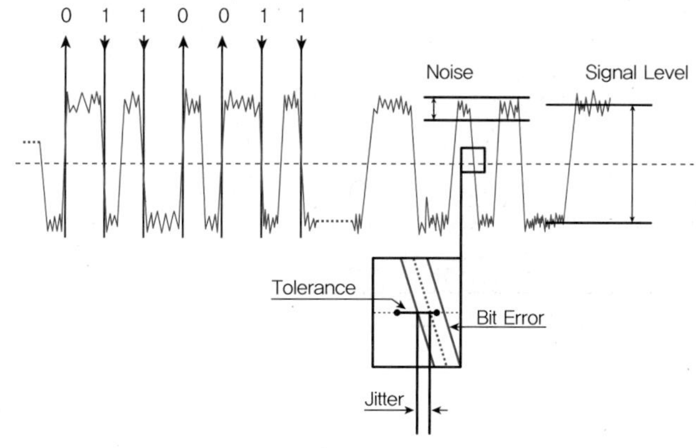

- 신호(Signal)는 종단 간에 케이블을 타고 전송하는 통신 신호에 대한 전압이다. 신호를 전송하는 경우 잡음(Noise)이 발생할 수 있으며 잡음은 EMI 등과 같은 외부 원인에 의해서 케이블을 타고 유입되어 신호가 변경될 수 있다.
- 지터는 디지털 펄스 신호 파형이 시간축상으로 흐트러지는 현상으로 주로, 동작 순간을 주는 타이밍상의 편차(Timing Jitter)로서 신호 품질의 정확성을 위해 측정하는 단위로 사용된다.

물리계층은 장치 간 물리적 연결의 전기적, 기계적 및 절차적 측면을 지정한다. 전압 레벨, 신호 전송 속도, 케이블 유형 및 커넥터 사양과 같은 전송매체의 물리적 특성을 정의한다. 물리계층의 기능은 다음과 같다.

구분	내용
비트 인코딩	물리계층은 데이터링크계층의 데이터를 통신 채널을 통해 전송될 수 있는 일련의 비트로 변환하며 데이터가 전기적 또는 광학적 신호로 표현되는 방법을 정의하는 것이 포함된다.
시그널링	물리계층은 진폭 변조, 주파수 변조 또는 위상 변조와 같은 물리적 매체를 통해 데이터를 전송하는 데 사용되는 신호 방식을 결정한다.
전송 매체	물리계층은 케이블의 유형(예 트위스트 페어, 동축, 광섬유), 최대 케이블 길이 및 허용 대역폭과 같은 데이터 전송에 사용되는 물리 매체의 특성을 정의한다.
전송 모드	물리계층은 심플렉스, 반이중 또는 전이중과 같은 통신 채널을 통해 비트가 전송되는 방식을 정의한다.
물리적 토폴로지	물리적 계층은 버스, 스타, 링 또는 메시와 같은 네트워크상의 장치의 물리적 배열을 정의한다.

전반적으로, 물리계층은 데이터가 물리적 통신 채널을 통해 안정적이고 효율적으로 전송되도록 보장하는 데 중요한 역할을 한다. 물리적 연결의 특성을 정의함으로써, 기본적인 수준에서 네트워크 장치 간의 통신이 가능하게 한다.

❷ 물리계층 통신 장비

구분	내용
리피터 (Repeater)	LAN에서 흐르는 전기신호는 거리에 따라 신호가 감쇠하는 특성이 있다. UTP Cable의 Cat.5e 기준으로 100m 정도까지만 신호유지를 보장함으로 거리의 한계를 극복해야 할 것이다. 리피터는 과거에 주로 거리 연장을 위하여 사용하였으나 최근에는 HUB를 거쳐 Switch 등이 이러한 기능을 대신하고 있다.
NIC (Network Interface Card)	PC나 서버류 등의 장비에서 다른 하드웨어에 연결하기 위하여 통신을 위한 네트워크 카드이다. PC에서는 LAN Card라고도 하며 LAN 케이블인 UTP 케이블 중 Cat.5e를 이용하여 유선 LAN을 구성한다.
허브 (HUB)	LAN 내에서 통신을 위하여 전달받은 패킷을 그대로 다른 포트에 전송하기 위한 기기이다. 동일 LAN 내에 통신을 위해 Broadcast가 많아지면 통신이 늦어질 수 있는 단점이 있다. 이것을 해결하기 위하여 Layer2에서 VLAN 기능이 지원되는 Switch 장비가 사용 중이다.
AP (Access Point)	유선에서 LAN 카드인 NIC가 필요한 것처럼 무선에서는 AP를 통해 패킷을 전파하고 변조/복조를 하여 통신을 원활히 지원하는 역할을 한다. WiFi라는 용어로도 사용되는데 무선 접속되는 것을 AP 라 하며 유선의 HUB/Switch와 유사하다.

기출유형 완성하기

정답 01 ① 02 ② 03 ④ 04 ①

01 리피터(Repeater)가 동작하는 OSI 7 Layer의 계층은? (2022-1차)

① 물리계층
② 응용계층
③ 네트워크계층
④ 데이터링크계층

해설
LAN에서 흐르는 전기신호는 길이에 따라 신호가 감쇠한다. UTP Cable의 Cat.5e 기준으로 100m 정도 까지만 보장해 주므로 거리의 한계를 극복해야한다. 리피터는 과거에 주로 거리 연장을 위하여 사용하였으나 최근 switch 등이 이를 대신하고 있다. 이 문제는 고전적인 기반 기술을 묻는 것으로 리피터를 물리계층으로 정의한다.

02 물리계층 4대 특성 중 DTE와 DCE 간의 신호의 전압레벨, 상승시간, 하강시간, 잡음이득을 규정한 것은? (2015-3차)(2020-2차)

① 기계적 특성
② 전기적 특성
③ 기능적 특성
④ 절차적 특성

해설
신호의 전압레벨, 상승시간, 하강시간, 잡음이득 등은 전기적인 특성에 의해 결정된다.

03 OSI 7 계층에서 가장 하위 레벨의 계층은? (2011-3차)(2015-1차)

① 전송계층
② 표현계층
③ 데이터링크계층
④ 물리계층

해설
물리계층 – 데이터링크계층 – 네트워크계층 – 트랜스포트계층 – 세션계층 – 표현계층 – 응용계층으로 물리계층이 최하위 레벨이고 응용계층이 최상위 레벨이다.

04 ITU-T 패킷형 단말과 교환기 사이의 접속 규격 중 물리계층 인터페이스에 해당하는 것은? (2010-3차)

① X.21
② X.25
③ X.28
④ X.29

해설

X.21	DTE와 DC 간에 통신의 시작이나 종료를 위한 전기적, 기계적으로 규정한다.
X.25	Frame Relay의 근간을 이루는 전송 프로토콜로 데이터링크계층에 속한다.
X.28	데이터 통신망에서 패킷의 조립/분해장치(PAD)를 위한 DTE/DCE 인터페이스이다.

05 다음 문장의 괄호 안에 들어갈 알맞은 것은? (2021-2차)

> ( )(이)란 정보통신을 수행하고자 하는 호스트 컴퓨터 및 단말기와 DCE 사이의 접속규격으로 이들 상호 간에는 기계적, 전기적, 기능적 특성이 맞아야 한다.

① 데이터 처리방식
② 데이터 전송방식
③ 인터페이스
④ 인터워킹

해설
위 내용은 인터페이스에 대한 설명으로 통신에서 인터페이스란 정보 전송에서 송신측과 수신측 간에 기계적인 케이블이나 커넥터의 형상, 전기적 특성상의 인터페이스 및 소프트웨어적인 인터페이스를 위한 절차 등을 포함한다.

06 다음 중 OSI 7계층에서 컴퓨터와 네트워크 종단 장치 간의 논리적, 전기적, 기계적 성질과 관련된 계층으로 옳은 것은? (2023-3차)

① 물리계층
② 데이터링크계층
③ 네트워크계층
④ 전송계층

해설
물리계층은 케이블이나 커넥터 형태, 핀 할당(핀 배열) 등 물리적인 사양에 관해 정의되어있는 계층이다. 물리계층에서 동작하는 대표적인 장비는 리피터로서 거리 제약을 극복할 수 있다.

기출유형 04 ▸ 데이터링크계층(Datalink Layer)

다음 OSI 7계층 중 한 노드에서 다른 노드로 프레임을 전송하는 책임을 갖는 층(Layer)은 무엇인가?

(2019-1차)

① 물리계층 ② 데이터링크계층
③ 네트워크계층 ④ 응용계층

해설

OSI 7 Layer 중 2계층인 데이터링크계층은 프레임 단위로 처리한다.

| 정답 | ②

족집게 과외

계층별 처리 단위는 전송계층(Segment), 네트워크계층(Packet), 데이터링크계층(Frame), 물리계층(Bit)이다.

데이터링크계층 주요 역할

주소할당	물리계층으로부터 받은 신호들이 네트워크에서 장치와 올바르게 동작 할 수 있게 한다.
오류감지	신호가 전달되는 동안에 오류가 포함되는 경우 오류를 감지하고 해당 오류는 폐기시킨다.

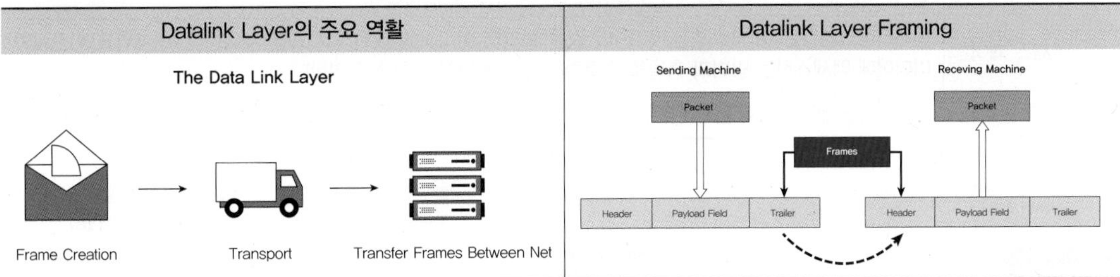

데이터링크계층은 네트워크계층과 매우 유사하지만, 데이터링크계층은 동일한 네트워크상의 두 장치 간에 데이터 전송을 용이하게 한다. 데이터링크계층은 네트워크계층에서 받은 패킷을 작은 프레임이라는 조각으로 나눈다. 네트워크계층과 마찬가지로 데이터링크계층은 Intra Network 통신에서의 흐름제어와 오류제어도 담당한다. 전송(Transport)계층은 Inter Network 통신에서만 흐름제어와 오류제어를 처리한다. 데이터링크계층은 물리계층 간 연결이 되고 스위치에서 중간에 데이터링크계층을 통해 MAC 주소를 확인하고 동일 LAN에 위치하지 않는 경우 네트워크계층을 통한 IP Routing으로 처리한다.

더 알아보기

데이터링크계층에서 하는 주요 역할은 Framing(패킷을 프레임화), Addressing(주소부여), Synchronization(동기화), Error Control(오류제어), Flow Control(흐름제어), Multi-Access(다중접속), Half-Duplex(반이중) Full-Duplex(전이중) 통신, Reliable Delivery(신뢰성 전송), Media Access Control(매체접근제어) 등의 역할을 한다. 데이터링크계층에서 전송하는 단위는 프레임이며 대표적인 장비가 브리지, 스위치이다.

단위(PDU)	프레임(Frame)
주요 프로토콜	HDLC, X.25, Ethernet, TokenRing, DFFI, FrameRelay 등
주요 장비	브리지(Bridge), L2 Switch 등

❶ 데이터링크계층

데이터링크계층은 OSI 모델의 두 번째 계층으로 물리적 계층을 통해 안정적인 데이터 전송을 제공하는 역할을 한다. 주요 기능은 다음과 같다.

구분	내용
프레임 구성	데이터링크계층은 네트워크계층으로부터 수신된 데이터에 헤더 및 트레일러를 추가하여 프레임을 생성한다. 헤더에는 소스 및 대상 주소와 같은 정보가 포함되어 있고 트레일러에는 오류 검사 정보가 포함되어 있다.
오류제어	데이터링크계층은 데이터 전송 중에 발생할 수 있는 오류를 검출하고 수정한다. CRC(Cyclic Redundancy Check)와 같은 기술을 사용하여 오류를 감지하고 오류를 수정하기 위해 프레임의 재전송을 수행한다.
흐름제어	데이터링크계층은 두 장치 간의 데이터 흐름을 조절한다. 그것은 수신 장치가 전송되는 데이터의 양을 처리할 수 있도록 보장하고 송신자가 수신자를 압도하는 것을 방지한다.
액세스 제어	데이터링크계층은 이더넷 또는 WiFi와 같은 물리적 미디어에 대한 액세스를 제어한다. 네트워크의 장치가 미디어에 액세스하는 방법과 충돌을 해결하는 방법에 대한 규칙을 정의한다.
링크 관리	데이터링크계층은 장치 간의 링크를 설정, 유지 및 종료하는 역할을 한다. 또한 링크 장애 및 복구도 처리한다.

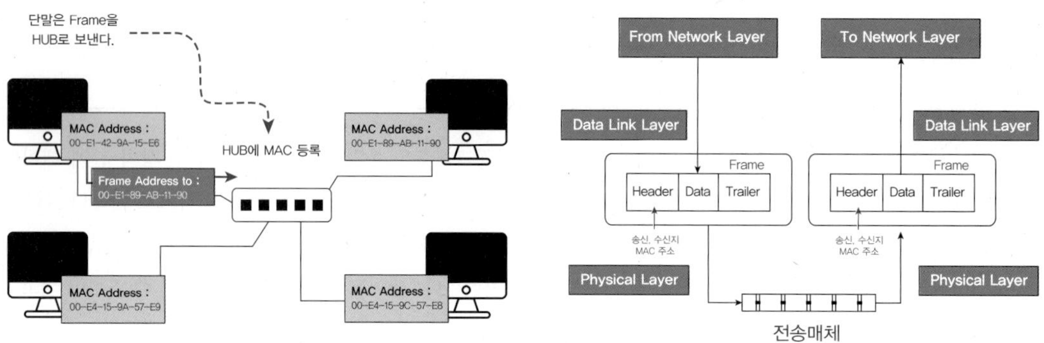

데이터링크계층의 주요 역할은 아래와 같다.

구분	내용
신뢰성	두 지점 간에 신뢰성 있는 전송을 보장하는 계층이다.
프레임	데이터링크계층에서 전송하는 단위는 프레임이며 대표적인 장비가 브리지, 스위치이다.
MAC 처리	데이터링크계층은 MAC(Media Access Control)이라는 고유주소를 처리한다. MAC은 48bit로 24bit는 Unique하게 제조사를, 나머지 24bit는 제조사에서의 발행한 번호로서 이를 통해 전 세계적으로 고유의 번호가 생성되는 것이다.
Frame	인접한 노드 간의 신뢰성 있는 데이터(단위: 프레임) 전송을 제어(Node-To-Node Delivery)한다.
흐름, 오류, 회선제어	신뢰성 있는 전송을 위해 흐름제어(Flow Control), 오류제어(Error Control), 회선제어(Line Control)를 수행한다.
계층	논리링크제어계층, 매체접근제어계층이라는 두 개의 부계층으로 나뉜다.

❷ IEEE 802.2 LLC(Logical Link Control)

LLC 계층은 두 장비 간의 링크를 설정하고, 프레임을 송수신하는 방식과 상위 레이어 프로토콜의 종류를 알리는 역할을 한다.

구분	내용
LLC Type 1	ACK를 사용하지 않는 비연결형 모드(Unacknowledged Connectionless Mode)이다. 양측 간 사전에 링크를 설정하지 않고, ACK, 흐름제어, 에러복구도 하지 않으며 이더넷은 주로 LLC 타입1을 사용한다.
LLC Type2	커넥션 모드(Connection Mode)라고 하며 상대방 장비와 데이터를 송수신하기 전에 먼저 경로를 설정하고 ACK, 흐름제어 및 에러복구 기능을 제공한다.
LLC Type3	ACK를 사용하는 비연결형 모드(Acknowledged Connectionless Mode)이다.

데이터링크계층에서 작동하는 프로토콜의 예로는 이더넷, 와이파이, 블루투스 등이 있다.

01 근거리통신망(LAN)에서 사용되는 장비인 브리지(Bridge)는 OSI 7계층의 어느 계층의 기능을 주로 수행하는가? (2013-3차)(2014-2차)

① 응용계층
② 데이터링크계층
③ 네트워크계층
④ 트랜스포트계층

해설
OSI 7 Layer 중 2계층은 데이터링크계층이다. 데이터링크계층에서 전송하는 단위는 프레임이며 대표적인 장비가 브리지, 스위치가 해당된다.

02 OSI 7계층 중 시스템 간의 전송로 상에서 순서제어, 오류제어, 회복처리, 흐름제어 등의 기능을 실행하는 계층은? (2012-3차)

① 물리계층
② 트랜스포트계층
③ 데이터링크계층
④ 세션 계층

해설
데이터링크계층은 두 지점 간에 신뢰성 있는 전송을 보장하는 계층으로 이를 위해 순서제어, 오류제어, 회복처리, 흐름제어를 제공한다.

03 다음 중 OSI 7계층에서 전송제어 기능을 수행하는 계층(Layer)은 어느 것인가? (2019-3차)

① 2계층
② 3계층
③ 4계층
④ 5계층

해설
데이터링크계층에서 하는 주요 역할은 Framing(패킷을 프레임화), Addressing(주소부여), Synchronization(동기화), Error Control(오류제어), Flow Control(흐름제어), Multi−Access(다중접속), Half−Duplex(반이중) Full−Duplex(전이중) 통신, Reliable Delivery(신뢰성 전송), Media Access Control(매체접근제어) 등의 역할을 한다. 특히, 데이터링크계층의 LLC를 통해 전송제어를 한다. LLC 타입 2는 커넥션 모드(Connection Mode)라고 하며 상대방 장비와 데이터를 송수신하기 전에 먼저 경로를 설정하고 ACK, 흐름제어 및 에러복구 기능을 제공한다.

정답 04 ④ 05 ③ 06 ③

04 LAN의 프로토콜 구조로 올바른 것은? (LLC: Logical Link Control, MAC: Medium Access Control) (2012-2차)

①

MAC
PHYSICAL
LLC

②
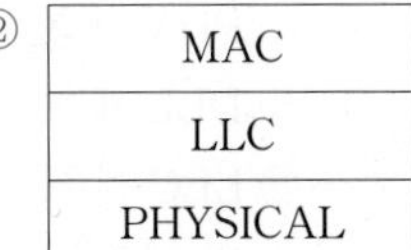

MAC
LLC
PHYSICAL

③
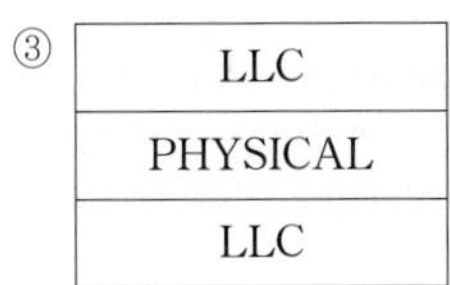

LLC
PHYSICAL
LLC

④
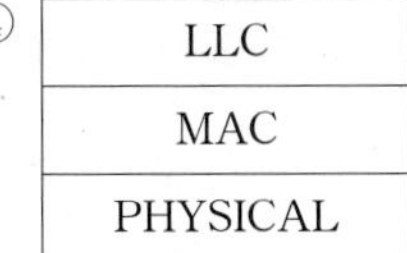

LLC
MAC
PHYSICAL

해설

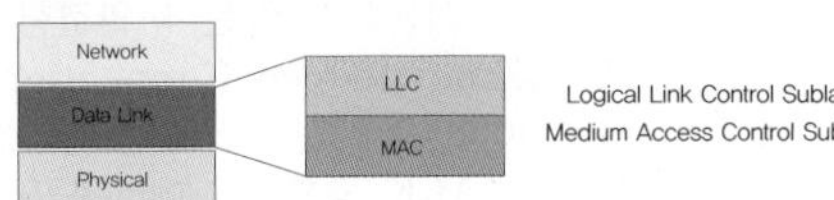

EEE 802.2 LLC(Logical Link Control): LLC 계층은 두 장비 간의 링크를 설정하고, 프레임을 송수신하는 방식과 상위 레이어 프로토콜의 종류를 알리는 역할을 한다.

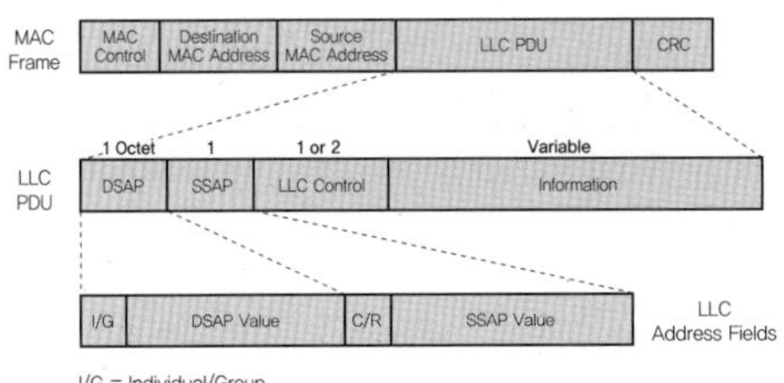

LLC(Logical Link Control)는 LAN 통신계층과 관련된 데이터링크계층 내 부 계층으로 여러 다양한 매체 접속제어방식 간의 차이를 보완하여 주는 역할을 한다.

- 상위의 LLC 부 계층: MAC 부계층과 망계층(Layer 3) 간의 접속을 담당한다.
- 하위의 MAC 부 계층: 물리계층상의 토폴로지나 기타 특성에 맞추어주는 제어를 담당한다.

05 데이터링크계층(Datalink Layer)에서 전송제어 프로토콜의 절차 단계 중 옳은 것은? (2012-1차)(2014-3차)(2022-2차)

① 데이터링크 설정 → 회선접속 → 정보전송 → 회선절단 → 데이터링크 해제
② 정보전송 → 회선접속 → 데이터링크 설정 → 데이터링크 해제 → 회선절단
③ 회선접속 → 데이터링크 설정 → 정보전송 → 데이터링크 해제 → 회선절단
④ 회선접속 → 데이터링크 설정 → 데이터링크 해제 → 회선절단 → 정보전송

해설

데이터링크계층에서 회선을 접속하고 데이터링크 설정 후 정보를 전송한다. 정보전송이 완료되면 관련 데이터링크를 해제하고 연결된 회선을 절단한다.

06 물리 주소(MAC Address)에 해당하는 IP 주소를 얻는데 사용하는 프로토콜은? (2019-1차)

① RIP
② ARP
③ RARP
④ ICMP

해설

ARP	Address Resolution Protocol, IP 주소를 MAC 주소로 변환해주기 위해 사용되는 동적 매핑 프로토콜로서 목적지 호스트 IP 주소는 아는데, MAC 주소(물리적 주소)를 모를 경우 사용한다.
RARP	Reverse Address Resolution Protocol, MAC 주소를 IP 주소로 변환해주기 위해 사용되는 동적 매핑 프로토콜로서 목적지 호스트 MAC 주소는 아는데, IP 주소를 모를 경우 사용한다.

정답 07 ③ 08 ② 09 ③

07 다음 그림은 16진수 열두 자리로 표기된 MAC 주소를 나타낸다. 모든 필드가 FFFF, FFFF, FFFF로 채워져 있을 때 이에 해당되는 MAC 주소는? (2013-1차)

① 유니캐스트 주소
② 멀티캐스트 주소
③ 브로드캐스트 주소
④ 멀티브로드캐스트 주소

해설

FFFF, FFFF, FFFF는 1111 ~ 1111로 Broadcast 주소를 의미한다.

08 홈네트워크에서 L2 워크그룹 스위치가 스위칭을 수행하는 기반으로 옳은 것은? (2023-3차)

① IP 주소
② MAC 주소
③ TCP/UDP 포트 번호
④ 패킷 내용

해설

MAC 처리

데이터링크계층은 MAC(Media Access Control)이라는 고유주소를 처리한다. MAC은 48bit로 24bit는 Unique하게 제조사를, 나머지 24bit는 제조사에서의 발행한 번호로서 이를 통해 전 세계적으로 고유의 번호가 생성되는 것이다.

09 IEEE 802.2 표준으로 정의되어 있고, 다양한 MAC 부 계층과 양 계층 간의 접속을 담당하는 계층은? (2013-1차)

① PHY 계층
② DLL 계층
③ LLC 계층
④ IP 계층

해설

EEE 802.2 LLC(Logical Link Control)

LLC 계층은 두 장비 간의 링크를 설정하고, 프레임을 송수신하는 방식과 상위 레이어 프로토콜의 종류를 알리는 역할을 한다.

구분	내용
LLC Type 1	ACK를 사용하지 않는 비연결형 모드(Unacknowledged Connectionless Mode)이다. 양측 간 사전에 링크를 설정하지 않고, ACK, 흐름제어, 에러복구도 하지 않으며 이더넷은 주로 LLC Type 1을 사용한다.
LLC Type 2	커넥션 모드(Connection Mode)라고 하며 상대방 장비와 데이터를 송 수신하기 전에 먼저 경로를 설정하고 ACK, 흐름제어 및 에러복구 기능을 제공한다.
LLC Type 3	ACK를 사용하는 비연결형 모드(Acknowledged connectionless mode)이다.

기출유형 05 ▶ 네트워크계층(Network Layer)

OSI 7계층에서 네트워크 시스템 상호 간에 데이터를 전송할 수 있도록 경로배정과 중계기능, 흐름제어, 오류제어 등의 기능을 수행하는 계층은? (2012-2차)

① 데이터링크계층 ② 네트워크계층
③ 세션계층 ④ 응용계층

해설

OSI 7 Layer 중 3계층은 네트워크계층이다. 3계층인 네트워크계층에서 경로배정과 중계기능, 흐름제어, 오류제어 등의 기능을 수행한다.

| 정답 | ②

족집게 과외

네트워크계층은 IP를 중심으로 하나의 네트워크에서 다른 네트워크로 통신하는 구간이다. 관련 장비는 라우터가 대표적이다.

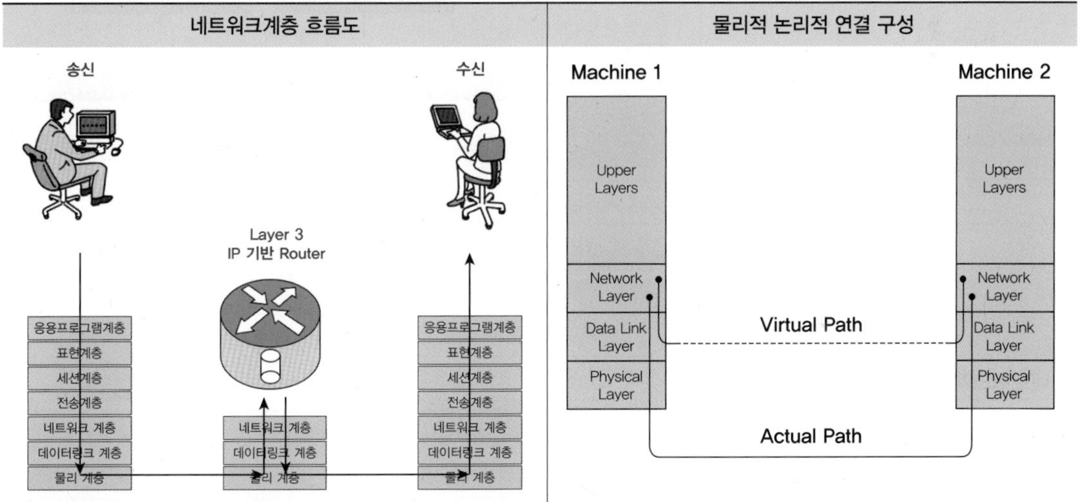

더 알아보기

패킷(Packet)은 네트워크계층에서 IP를 기준으로 동작한다.

단위(PDU)	패킷(Packet)
주요 프로토콜	IP, ARP, ICMP, IGMP, RIP, RIP v2, OSPF, IGRP, EIGRP, BGP 등
주요 장비	라우터(Router), L3 Switch

네트워크계층은 종단 간 전송을 위한 경로 설정을 담당한다(End-To-End 혹은 Host-To-Host 연결). 종단 간 전송을 위한 주소로 IP주소를 사용하고 호스트로 도달하기 위한 최적의 경로를 라우팅 알고리즘을 통해 선택하고 제어한다.

❶ 네트워크계층(Network Layer)

네트워크계층은 OSI 모델의 세 번째 계층이며 논리적 주소지정 및 라우팅 기능을 제공한다. 네트워크계층에서는 도착할 곳으로 어떤 경로로 가야 할지 안내를 해주는 계층이며 이때 사용되는 것이 IP이다. 마치 편지를 보낼 경우 목적지 주소가 있어야 하는 것처럼 IP를 통해 목적지로 길을 찾는 라우팅을 하는 것으로 주요 기능은 다음과 같다.

구분	내용
논리적 주소 지정	네트워크계층은 물리적 주소에 관계없이 네트워크에서 디바이스를 고유하게 식별할 수 있는 논리적 주소 지정을 제공한다. 논리적 주소 지정 체계의 예로는 IPv4 및 IPv6 주소가 있다.
라우팅	네트워크계층은 네트워크의 장치 간에 데이터를 이동하기 위한 최적의 경로를 결정하는 역할을 한다. 라우팅 알고리즘을 사용하여 네트워크 토폴로지, 트래픽 부하 및 QoS(Quality of Service)와 같은 요소를 기반으로 가장 효율적인 경로를 결정한다.
조각화 및 재구성	네트워크계층은 큰 패킷을 단편이라고 하는 더 작고 관리하기 쉬운 조각으로 분할하고 수신측에서 재조립할 수 있다. 이는 대역폭 또는 MTU(최대 전송 단위)로 제한된 네트워크 대역을 통해 대용량 파일을 전송하는데 효율적이다.
서비스 품질 (QoS)	네트워크계층은 중요도 또는 긴급성에 따라 다양한 유형의 트래픽에 우선순위를 지정할 수 있다. 예를 들어, 실시간성이 요구되는 비디오 스트리밍 또는 VoIP(Voice Over IP) 트래픽은 전자 메일 또는 파일 전송 보다 높은 우선순위가 지정될 수 있다.

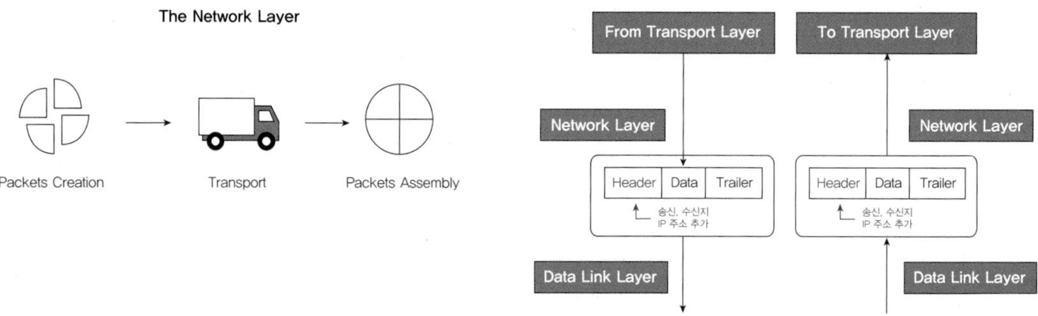

❷ 네트워크계층(Network Layer) 주요 기능

구분	내용
Routing	라우팅(길을 찾는 기능)의 대부분이 3계층인 네트워크계층에서 동작한다.
Packet	여러 대의 라우터들을 연결하는 경우 데이터를 패킷 단위로 나누어 전송하는 단위이다.
효율성	데이터가 전송될 수 있는 수많은 경우의 수 중 가장 효율적인 라우팅 방법을 찾는다.
전달	발신지로부터 목적지로 패킷을 전달하는 기능을 수행한다.
접속장치	OSI 3계층 레벨에서 프로토콜 처리 능력을 갖는 Network 간 접속 장치이다.

네트워크계층에서 동작하는 프로토콜의 예로는 IP(Internet Protocol), ICMP(Internet Control Message Protocol), ARP(Address Resolution Protocol) 등이 있다. OSPF(Open Shortest Path First) 및 BGP(Border Gateway Protocol)와 같은 라우팅 프로토콜도 네트워크계층에서 동작한다.

정답 01 ① 02 ③ 03 ② 04 ② 05 ③

01 다음 중 라우터에 대한 설명으로 옳은 것은? (2020-1차)

① OSI 3계층 레벨에서 프로토콜 처리 능력을 갖는 Network 간 접속장치이다.
② 단말기 사이의 거리가 멀어질수록 감쇄되는 신호를 재생시키는 장비이다.
③ OSI 2계층에서 LAN을 상호 연결하여 프레임을 저장하고 중계하는 장치이다.
④ OSI 4계층 이상에서 동작하며, 서로 다른 데이터 포맷을 가지는 정보를 변환해 준다.

해설

② 단말기 사이가 먼 경우는 이론적으로 과거에 리피터(Repeater)를 사용하나 현재는 HUB나 Switch를 사용한다.
③ 라우터는 3계층이고 패킷 단위로 처리하고 2계층은 스위치이고 프레임 단위로 처리한다. OSI 2계층에서 LAN을 상호 연결하여 프레임을 저장하고 중계하는 장치는 브리지에 해당한다.
④ 4계층에서 동작하는 것은 L4 스위치이며 전송계층(Transport)과 관련이 있다.

02 발신지로부터 목적지로 패킷을 전달하는 기능을 수행하는 OSI 7계층은? (2016-3차)(2018-3차)

① 물리계층
② 데이터링크계층
③ 네트워크계층
④ 전송계층

해설

패킷은 네트워크계층에서 IP를 기준으로 동작한다. 계층별 주요 처리 단위로는 전송계층(Segment), 네트워크계층(Packet), 데이터링크계층(Frame), 물리계층(Bit)이 있다.

03 OSI 7계층 참조모델에서 인터넷 프로토콜(IP)의 계층은? (2014-2차)

① Presentation Layer
② Network Layer
③ Data-link Layer
④ Physical Layer

해설

물리계층(1)-데이터링크계층(2)-네트워크계층(3)-전송계층(4)-세션계층(5)-표현계층(6)-응용계층(7)이다. IP는 네트워크계층에서 처리한다.

04 다음 중 OSI 참조모델의 3계층은? (2016-2차)

① 데이터링크계층
② 네트워크계층
③ 전송 계층
④ 세션 계층

해설

물리계층(1)-데이터링크계층(2)-네트워크계층(3)-전송계층(4)-세션계층(5)-표현계층(6)-응용계층(7)이다.

05 다음 중 네트워크계층에서 전달되는 데이터 전송 단위로 옳은 것은? (2022-3차)

① 비트(Bit)
② 프레임(Frame)
③ 패킷(Packet)
④ 데이터그램(Datagram)

해설

패킷(Packet)은 네트워크계층에서 IP를 기준으로 동작한다.

정답 06 ③ 07 ① 08 ① 09 ① 10 ②

06 다음 중 게이트웨이 장비에 대한 설명으로 틀린 것은? (2020-2차)

① 네트워크 내의 병목현상을 일으키는 지점이 될 수 있다.
② 프로토콜 구조가 상이한 네트워크들을 연결한다.
③ 네트워크 내의 트래픽 혼잡상태를 제어한다.
④ 이종 프로토콜의 변환 기능을 수행한다.

해설

게이트웨이는 서로 다른 네트워크에서 서로 다른 프로토콜을 연결하는 기능을 한다. 혼잡상태를 제어하는 것과는 무관하다.

07 다음 중 OSI 7계층에서 경로 설정 기능을 제공하는 계층은? (2021-3차)

① 네트워크계층
② 전달계층
③ 표현계층
④ 물리계층

해설

네트워크계층은 IP를 중심으로 하나의 네트워크에서 다른 네트워크로 통신하는 구간으로 관련 장비는 라우터가 대표적이다.

08 다음 중 네트워크계층의 핵심적인 프로토콜로 상위계층으로부터 메세지를 받아 이를 패킷형태로 전송하는 프로토콜은? (2017-1차)

① IP(Internet Protocol)
② UDP(User Datagram Protocol)
③ ICMP(Internet Control Message Protocol)
④ ARP(Address Resolution Protocol)

해설

패킷(Packet)은 네트워크계층에서 IP를 기준으로 동작한다. 종단 간 전송을 위한 주소로 IP주소를 사용한다.

09 다음 문장의 괄호 안에 들어갈 알맞은 용어는? (2017-1차)

> 라우터를 구성한 후 사용하는 명령인 트레이스(Trace)는 목적지까지의 경로를 하나하나 분석해 주는 기능으로 (   )값을 하나씩 증가시키면서 목적지로 보내서 돌아오는 에러 메시지를 가지고 경로를 추적 및 확인해 준다.

① TTL(Time To Live)
② Metric
③ Hold time
④ Hop

해설

TTL(Time to Live)
컴퓨터나 네트워크에서 데이터의 유효 기간을 나타내기 위한 방법으로 계수기나 타임스탬프의 형태로 데이터에 포함되며, 정해진 유효기간이 지나면 데이터는 폐기된다.

10 네트워크 노드 사이에서의 신뢰성 있고 효율적인 정보의 전달에 목적을 둔 프로토콜은? (2016-3차)(2018-2차)

① 네트워크 액세스 프로토콜
② 네트워크 내부 프로토콜
③ 응용 지향 프로토콜
④ 네트워크 간 프로토콜

해설

- 네트워크 내부 프로토콜: 네트워크 노드들 간에 신뢰성 있는 정보 전달 위한 프로토콜로서 AS(Autonomous System)의 내부(RIP, OSPF)와 외부(BGP) Routing으로 구분된다.
- 네트워크 액세스 프로토콜: 사용자가 자신이 속한 노드와 통신하기 위한 프로토콜이다.

11 통신망을 상호연결하면 거대한 통신망이 되어, 보다 다양한 정보와 서비스를 제공할 수 있다. 이때 상호망을 연결하는 기술을 무엇이라 하는가? (2016-2차)

① LAN　　② 집중화
③ WAN　　④ 인터네트워킹

해설

인터네트워킹(Internetworking)

독립적으로 움직이는 개개의 네트워크 간의 접속을 지원한다. 통신망에서 여러 독립적인 LAN을 WAN을 통해 연결하는 것으로 서로 다른 네트워크 환경을 접목시키는 것이다. 이를 위해 각각의 네트워크가 서로 다른 Vender(제조업체)사의 제품으로 구성되었을 것이고, 구성된 장비의 종류도 다양하며 그 기능도 다양할 것이다. 이를 위한 인터네크워킹 장비로는 라우터(Router)가 대표적이다.

12 다음 중 인터네트워크를 구축할 때 요구되는 사항이 아닌 것은? (2015-2차)

① 네트워크 간의 링크를 제공하며 최소한 물리적 계층과 링크의 제어 연결이 요구된다.
② 상이한 네트워크의 프로세스들 사이에 데이터의 경로 배정과 전달에 관한 모든 것을 제공해야 한다.
③ 여러 종류의 네트워크들과 게이트웨이의 사용에 대한 트랙을 보존하며 상태정보를 유지하고 요금계산 서비스를 제공해야 한다.
④ 다양한 서비스를 위해 임의 구성된 네트워크 구조 자체를 자유롭게 변형할 수 있어야 한다.

해설

④ 다양한 서비스를 위해 임의 구성된 네트워크 구조 자체를 자유롭게 변형하는 것은 한계가 있다.

인터네트워킹 제어에서 가장 중요한 것은 송신측에서 수신측으로 데이터를 전송하기 위한 경로를 설정하는 과정이다. 네트워크가 수많은 네트워크가 연결되어있는 인터넷이나 ISP와 같은 통신사들이 제공하는 공중망이나 백본 같은 대형 네트워크에서는 여러 경로 중 어느 경로를 이용하느냐를 결정해야 한다. 경로를 결정하는 방법에는 미리 설정된 고정 경로를 이용하는 방법과 다양한 경로 중 최적의 경로를 찾아가는 방법 등이 있다.

13 다음 중 ICMP(Internet Control Message Protocol) 중에 하나인 Ping을 PC에서 동작했을 때 송신 버퍼 크기를 지정하는 Ping 옵션으로 옳은 것은? (2023-3차)

① −a　　② −n
③ −l　　④ −t

해설

Ping 명령어 Option

구분	내용
−t	Ctrl+C로 중단시키기 전까지 계속 Ping 패킷을 보낸다.
−a	IP 주소에 대해 호스트 이름을 보여준다.
−n Count	Ping 패킷을 몇 번 보낼지 패킷 수를 지정한다.
−l Size	Ping 패킷 크기를 지정한다.
−l TTL	중간의 라우터 장비를 몇 번 경유할지를 지정한다.

14 다음 중 OSI 기본 참조 모델에서 서로 다른 프로토콜을 사용하는 통신망 간의 상호 접속을 위해 프로토콜 변환 기능을 제공하는 장치는? (2023-3차)

① 게이트웨이
② 브릿지
③ 허브
④ 리피터

해설

게이트웨이

서로 다른 네트워크에서 서로 다른 프로토콜을 연결하는 기능을 한다. 게이트웨이는 네트워크 내의 병목 현상을 일으키거나 모아지는 지점으로 프로토콜 구조가 상이한 네트워크들을 연결하며 이를 통해 이기종 프로토콜의 변환 기능을 수행한다.

기출유형 06 ▸ 전송계층(Transport Layer)

OSI 7계층 중 전송계층의 주요 기능으로 옳은 것은? (2014-3차)(2017-3차)

① 동기화
② 프로세스 대 프로세스 전달
③ 노드 대 노드 전달
④ 라우팅 테이블의 생성과 유지

해설

① 동기화는 물리적 동기화는 Layer 1에서 이루어진다.
③ 노드 대 노드의 전달은 Layer 2와 Layer 3에서 이루어진다(동일 노드 간 Layer 2, 다른 노드 간은 Layer 3).
④ 라우팅 테이블의 생성과 유지는 Layer 3인 네트워크계층에서 처리한다.

| 정답 | ②

족집게 과외

전송계층(Transport Layer)은 응용 프로그램 간에 연결을 유지하기 위한 프로세스들을 논리적으로 연결한다. 즉, 네트워크 상에서 통신할 경우 양쪽의 Host 간에 최초 연결이나 연결 중 통신이 끊어지지 않도록 유지시키는 역할을 하는 것으로 주요 통신의 단위는 메시지(Message)가 된다.

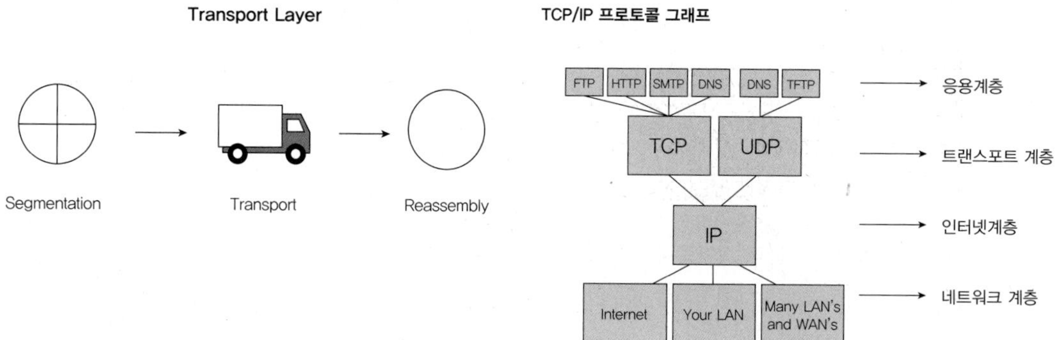

4계층은 두 장치 간의 End to End 통신을 담당한다. 이는 세션계층에서 데이터를 가져와 세그먼트라는 chunk로 나누어 3계층으로 전송하기 전에 처리한다. 수신 장치의 전송계층은 세션계층에서 사용할 수 있는 데이터로 세그먼트를 재조립하는 작업을 수행한다. 전송계층은 또한 흐름제어와 오류 제어를 담당한다. 흐름제어는 빠른 연결을 가진 발신자가 느린 연결을 가진 수신자를 압도하지 않도록 최적의 전송 속도를 결정한다. 전송계층은 수신 측에서 오류 제어를 수행하여 수신된 데이터가 완전한지 확인하고, 그렇지 않은 경우 재전송을 요청한다. 전송계층 프로토콜에는 Transmission Control Protocol(TCP)과 User Datagram Protocol(UDP)이 있다.

더 알아보기

4계층인 전송계층(Transport Layer)에서 종점 간의 오류수정과 흐름제어를 수행하여 신뢰성 있고 투명한 데이터 전송을 제공하여 종단 간 신뢰성 있는 데이터 전송을 담당한다(End-To-End Reliable Delivery). 종단(Host)의 목적지(Process)까지 데이터가 도달할 수 있도록 하며(Process-To-Process Communication) Process를 특정하기 위한 주소로 Port Number를 사용하고 신뢰성 있는 데이터 전송을 위해 분할과 재조합, 연결제어, 흐름제어, 오류제어, 혼잡제어를 처리한다.

단위(PDU)	세그먼트(Segment)
주요 프로토콜	TCP, UDP
주요 장비	L4 Switch 등

❶ 전송계층(Transport Layer)

전송계층은 전송을 위해서 포트 번호를 정하는 계층으로 TCP/UDP 중 어떤 방식을 사용할지도 결정한다. 전송계층은 OSI 모델의 네 번째 계층이며 서로 다른 호스트에서 실행되는 애플리케이션 간에 신뢰할 수 있는 종단 간 데이터 전송 서비스를 제공하며 주요 기능은 다음과 같다.

구분	내용
분할 및 재구성	데이터를 송신 측에서 더 작은 세그먼트로 분해하고 수신 측에서 원래 데이터로 재조립한다. 이는 대역폭이 제한된 네트워크를 통해 대량의 데이터를 전송하는 데 유용하다.
연결 관리	애플리케이션 간의 논리적 연결을 설정, 유지 및 종료할 수 있다. 여기에는 통신 포트 및 세션 식별자와 같은 매개 변수 설정이 포함된다.
흐름제어	송신자가 수신자보다 많은 데이터 전송을 방지하기 위해 애플리케이션 간의 데이터 흐름을 조절한다. 이는 윈도우 설정과 같은 기술을 사용하여 윈도우 설정은 수신자의 용량을 기준으로 송신자가 보낸 데이터 세그먼트의 크기를 조정하는 것이다.
오류제어	데이터 전송 중에 발생할 수 있는 오류를 검출하고 수정한다. 또한 체크섬 및 확인 응답과 같은 기술을 사용하여 신뢰할 수 있는 데이터 전송을 보장한다.
멀티플렉싱 및 디멀티플렉싱	각 세션에 고유 식별자를 할당함으로써 다수의 애플리케이션 세션을 동시에 처리할 수 있다. 이를 통해 서로 다른 애플리케이션의 데이터를 동일한 네트워크 연결을 통해 전송할 수 있다.

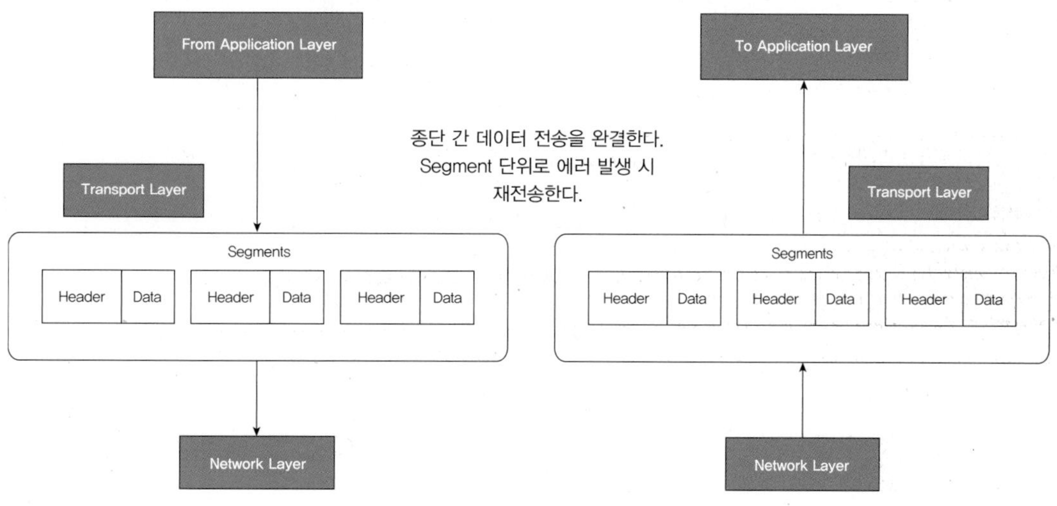

❷ 전송계층(Transport Layer) 주요 기능

구분	내용
Transparent	종점 간(end－to－end)에 신뢰성 있고 투명한 데이터 전송을 지원한다.
종단 제어	종점 간의 오류수정과 흐름제어를 수행하여 신뢰성 있는 데이터 전송을 제공한다.
보안	SSL(Secure Socket Layer)을 이용 정보의 안전한 전달을 보장하기 위한 인터넷 통신규약 프로토콜 제공한다.
프로세스	프로세스 대 프로세스 전달한다.

전송계층에서 동작하는 프로토콜의 예로는 TCP(Transmission Control Protocol)와 UDP(User Datagram Protocol) 등이 있다. TCP는 안정적이고 연결 지향적인 데이터 전송을 제공하는 반면 UDP는 연결 없는 빠른 데이터 전송을 제공한다.

기출유형 완성하기

정답 01 ③ 02 ② 03 ③ 04 ④

01 **OSI 참조모델에서 각 계층별 기능 중 종점 간의 오류수정과 흐름제어를 수행하여 신뢰성 있고 투명한 데이터 전송을 제공하는 계층은?** (2020-2차)

① 데이터링크계층
② 네트워크계층
③ 트랜스포트계층
④ 세션계층

해설
단말기 사이에 오류수정과 흐름제어를 수행하여 신뢰성 있고 명확한 데이터 전송은 4계층인 전송계층(Transport Layer)에서 담당한다.

02 **OSI 7계층에서 단말기 사이에 오류수정과 흐름제어를 수행하여 신뢰성 있고 명확한 데이터 전송을 하는 계층은?** (2020-1차)

① 네트워크계층
② 전송계층
③ 데이터링크계층
④ 표현계층

해설
종단 간에 오류수정과 흐름제어를 수행하며 신뢰성 있고 투명한 데이터 전송은 4계층인 전송계층(Transport Layer)에서 담당한다. 데이터링크계층은 오류제어와 흐름제어를 담당한다.

03 **ISO의 OSI-7계층 프로토콜 구조에서 종점 간(end-to-end)에 신뢰성 있고 투명한 데이터 전송을 수행하는 계층은?** (2012-2차)

① 데이터링크계층
② 물리계층
③ 트랜스포트계층
④ 네트워크계층

해설

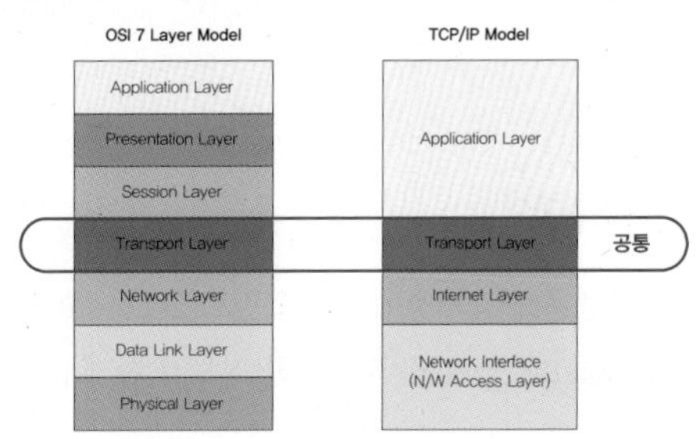

통신망 접속을 통한 응용 프로세스 간 데이터가 전송하는 것을 종단 간 제공하는 역할을 한다. 주로 연결지향(Connection-Oriented)의 TCP와 비연결(Connectionless)의 UDP가 사용된다.

04 **SSL(Secure Socket Layer)은 사이버 공간에서 전달되는 정보의 안전한 거래를 보장하기 위해 넷스케이프사가 정한 인터넷 통신규약 프로토콜을 말한다. 다음 OSI 7계층 중 SSL이 동작하는 계층은?** (2016-3차)(2018-1차)

① 물리계층
② 데이터링크계층
③ 네트워크계층
④ 전송계층

해설
SSL(Secrue Socket Layer)은 TLS와 함께 전송계층에서 암호화하는 기능을 제공한다.

기출유형 07 ▶ 세션계층(Session Layer)

다음 중 응용프로세서 사이의 원활한 정보교환을 위한 부가가치를 제공하며, 응용프로그램 간의 논리적 연결을 확립하고 관리하는 계층은? (2015-1차)

① 물리계층 ② 네트워크계층

③ 전달계층 ④ 세션계층

해설

세션계층은 연결을 위해 생성(Created), 유지(Establish), 종료(Close)를 관리하는 층으로 연결 방식에는 한쪽만 전달이 가능한 단방향, 무전기와 같이 한 쪽이 연락을 할 때는 상대방이 연락을 할 수 없는 반이중, 전화와 같이 동시에 전달이 가능한 전이중 등이 있다. 주로 응용계층사이에 연결의 설정 관리는 응용계층 아래에 있는 세션계층에서 담당한다.

| 정답 | ④

족집게 과외

세션계층은 전송계층에서 세그먼트(Segment)로 처리하기 전에 메시지(데이터)를 형성한 것으로 순수 데이터 이외에 Overhead나 Syn(동기)을 위한 정보가 함께 포함되어 있다.

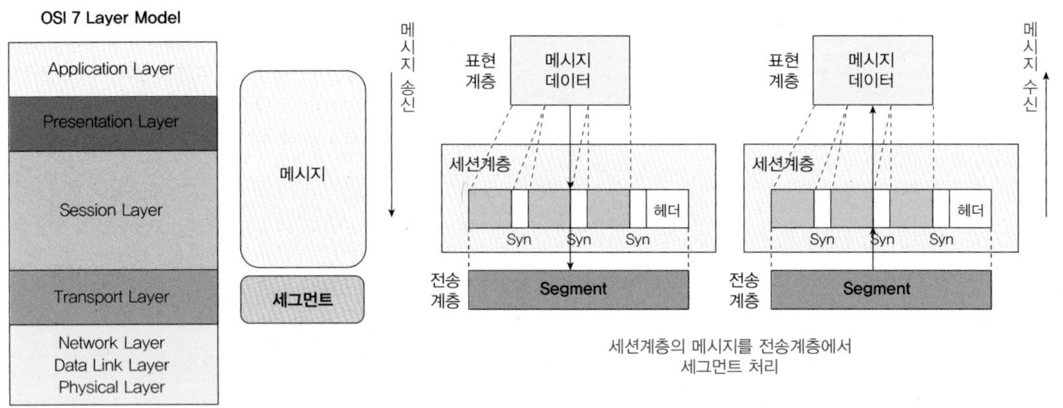

세션계층의 메시지를 전송계층에서 세그먼트 처리

세션계층은 두 기기 간의 통신을 열고 닫는 역할을 담당한다. 세션은 통신이 열린 상태에서 닫힐 때까지의 시간을 의미한다. 세션계층은 교환되는 모든 데이터를 전송하기에 충분한 시간 동안 세션을 유지하고, 자원의 낭비를 피하기 위해 세션을 신속하게 닫는 역할을 하는 것으로 데이터 전송을 동기화한다. 예를 들어, 100Mbyte의 파일을 전송하는 경우, 세션계층은 매 5Mbyte 마다 체크포인트를 설정할 수 있다. 52Mbyte가 전송된 후 연결이 끊어지거나 충돌이 발생한 경우, 마지막 체크포인트부터 세션을 재개할 수 있으므로 나머지 50Mbyte만 전송하면 된다. 체크포인트 없이는 전체 전송을 처음부터 다시 시작해야 한다.

더 알아보기

응용계층 사이에 연결에 대한 설정 · 관리 · 해제하는 통신제어를 주로 담당한다.

단위(PDU)	데이터(Data) 또는 메시지(Message)
주요 프로토콜	해당사항 없음
주요 장비	해당사항 없음

세션계층은 응용프로그램 간의 논리적인 연결(세션) 생성 및 제어를 담당한다. TCP/IP 통신 연결을 수립/유지/중단을 위한 제어 정보를 전달한다.

❶ 세션계층(Session Layer)

세션계층은 OSI 모델의 다섯 번째 계층으로 서로 다른 호스트에서 실행되는 애플리케이션 간의 통신 세션을 관리하고 유지하는 것으로 세션계층의 주요 역할은 '연결'을 담당하는 것이다. 즉, 연결을 생성(Created), 유지(Establish), 종료(Close)를 관리하는 층으로 연결 방식에는 한쪽만 전달이 가능한 단방향, 무전기와 같이 한 쪽이 연락을 할 때는 상대방이 연락을 할 수 없는 반이중, 전화와 같이 동시에 전달이 가능한 전이중 방식 등이 있다.

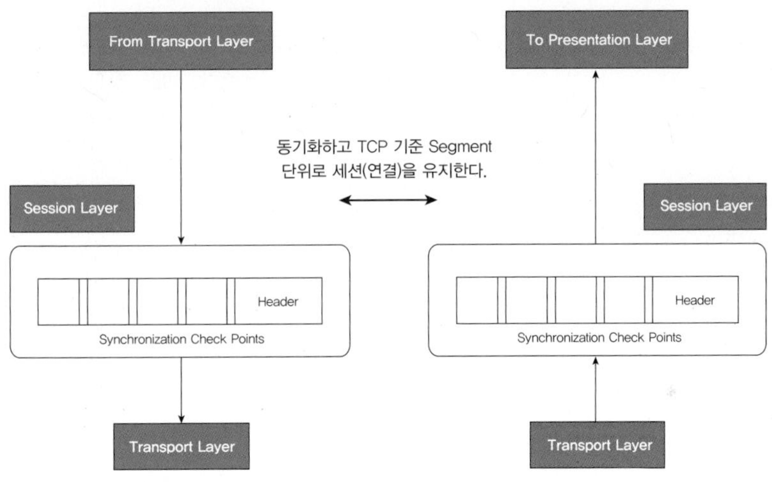

구분	내용
세션 설정	세션계층은 애플리케이션 간의 세션을 설정, 유지 및 종료하는 역할을 한다. 여기에는 세션 식별자, 인증 및 보안 매개 변수를 설정하고 관리하는 작업이 포함된다.
동기화	세션계층은 장애 발생 시 복구할 수 있는 체크포인트를 추가하여 애플리케이션 간의 데이터 흐름을 동기화할 수 있다.
데이터 교환	세션계층은 애플리케이션 간의 데이터 교환을 관리한다. 데이터 흐름의 양과 타이밍을 제어하고 오류 감지 및 복구를 위한 메커니즘을 제공할 수 있다.
세션 종료	세션계층은 연결을 종료하기 전에 모든 데이터가 전송되고 수신되도록 하는 순서대로 세션을 종료하는 역할을 한다.

❷ 세션계층의 주요 기능

구분		내용
접속 설정 및 해제		세션을 유지하고 설정 및 해제하는 기능이다.
에러복구		세션계층은 전송 시 메시지 단위로 그룹화하고 에러가 발생하면 중단된 대화 단위의 처음부터 전송을 다시 시작한다.
주요 프로토콜	SSH	원격 컴퓨터 액세스를 위함이다.
	NetBISO	근거리 통신망 내에서 통신할 수 있게 해주는 시스템으로 주로 TCP/IP, IPX 등 전송계층 프로토콜을 연결해 주는 역할을 한다.

세션계층에서 동작하는 프로토콜의 예로는 NetBIOS(Network Basic Input/Output System)가 있다. 윈도우 네트워킹을 위한 세션 설정 및 종료 서비스를 제공하는 음성 및 영상 통화와 같은 멀티미디어 세션 관리에 사용되는 SIP(Session Initiation Protocol) 등 있다. 그러나 많은 세션계층 기능들이 현재 네트워크에서 전송계층 또는 애플리케이션 계층에 의해 주로 처리된다.

정답 01 ① 02 ④ 03 ④ 04 ②

01 **세션(Session) 서비스에서 세션 접속의 설정 및 해제에 필요한 절차의 기본 프로토콜 요소를 제공하는 것은?** (2011-3차)(2012-1차)(2022-1차)

① 핵(Kernel) 기능단위
② 절충 해제(Negotiated Release) 기능단위
③ 반이중(Half-Duplex) 기능단위
④ 전이중(Full-Duplex) 기능단위

해설
세션계층에 대한 접속의 설정이나 해제의 절차는 OS의 커널(Kernel) 영역에서 동작한다.

02 **OSI 7계층에서 응용 사이의 연결을 설정 · 관리 · 해제하는 통신제어 구조를 제공하는 계층은?** (2020-3차)

① 물리계층
② 표현계층
③ 전송계층
④ 세션계층

해설
응용계층 사이에 연결의 설정 관리는 응용계층 아래에 있는 세션계층에서 담당한다.

03 **OSI 7계층 중 2계층인 데이터링크계층(Data link Layer)의 기능이 아닌 것은?** (2012-1차)

① 입출력제어
② 회선제어
③ 동기제어
④ 세션제어

해설
데이터 링크와 세션 제어는 무관하다. 세션은 논리적인 열결에 대한 생성(Created), 유지(Establish), 종료(Close)를 관리하는 것이다.

04 **다음 중 IMS(IP Multimedia Subsystem)에 대한 설명으로 옳지 않은 것은?** (2019-3차)

① 패킷 네트워크상에서의 표준화된 개방형 아키텍처로서 음성 및 멀티미디어 통신서비스를 위한 IP 기반의 플랫폼이다.
② ITU-T에서 정의한 H.323 프로토콜을 기본으로 한다.
③ 망 구조는 기능에 따라 전송, 세션제어 그리고 어플리케이션의 세 가지 계층으로 이루어진다.
④ 세션제어 계층은 호제어, 라우팅, 세션제어, 과금, 위치관리 등의 기능을 수행하며 CSCF(Call Session Control Function)와 HSS(Home Subscriber Server)가 주된 구성요소이다.

해설
IMS(IP Multimedia Subsystem)는 연결 설정제어를 위해 세션제어를 한다. 주로 IMS 세션계층에서 호제어, 라우팅 신호처리를 위한 세션제어가 이루어진다.

기출유형 08 ▶ 표현계층(Presentation Layer)

OSI 참조모델에서 통신기기와 네트워크 간의 통신 경로를 설정하거나 경로의 유지·해제를 규정하는 계층에 해당하지 않는 계층은? (2020-2차)

① 물리계층　　② 데이터링크계층
③ 표현계층　　④ 네트워크계층

해설
표현계층에서는 응용계층에서 보낸 데이터에 대한 ASCII, EBCDIC 코드(Extended BCD Interchange Code) 등으로 처리를 담당한다. 이외에 데이터의 압축이나 암호화도 함께 처리 한다.

| 정답 | ③

족집게 과외

표현계층에서 암호화, 인코딩, 압축에 대한 정보를 송신측과 수신측이 서로 확인한다.

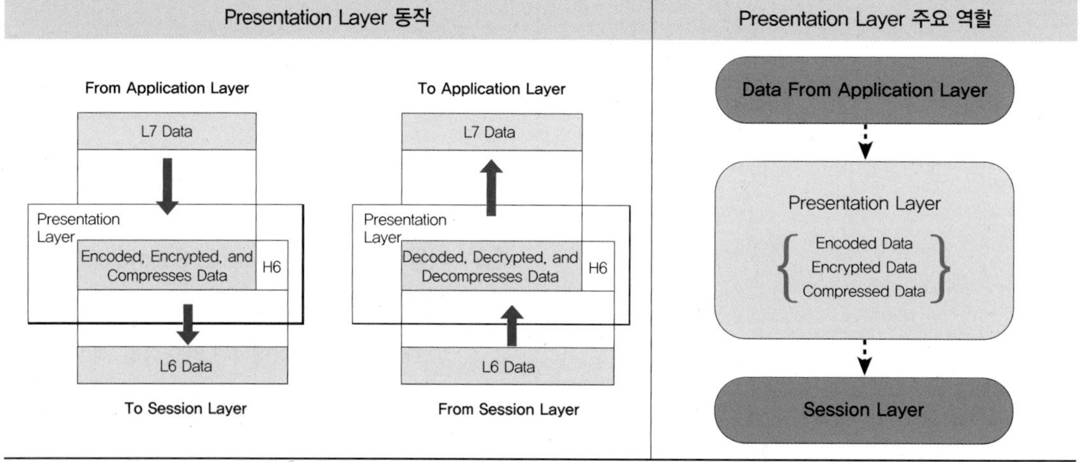

프리젠테이션계층은 데이터를 애플리케이션계층에서 사용할 수 있도록 가공하는 역할을 한다. 즉, 데이터를 애플리케이션에서 소비할 수 있는 형태로 만들어주는 것으로 데이터의 번역, 암호화, 그리고 압축에 책임이 있다. 두 개의 통신 장치가 통신할 때에는 서로 다른 인코딩 방식을 사용할 수 있으므로, 6계층인 프리젠테이션계층은 수신장치의 애플리케이션 계층이 이해할 수 있는 문법으로 수신 데이터를 번역하는 역할을 한다. 만약 장치 간에 암호화된 연결로 통신한다면, 6계층은 송신측에서 암호화를 추가하고 수신측에서는 암호화를 해독하여 애플리케이션계층에 해독된, 암호화되지 않은 데이터를 제공한다.

더 알아보기

표현계층은 응용계층에서 내린 명령, 발송한 데이터 등을 어떻게 표현할지 정해주는 계층이다.

단위(PDU)	데이터(Data)
주요 프로토콜	해당사항 없음
주요 장비	해당사항 없음

표현계층은 다양한 정보의 표현 형식을 공통의 전송형식으로 변환, 암호화, 압축 등의 기능 수행한다.

❶ 표현계층

프리젠테이션계층은 OSI(Open Systems Interconnection) 모델에서 사용자에게 데이터를 제공하고 서로 다른 응용 프로그램에서 사용할 수 있는 서로 다른 형식 간에 데이터를 변환하는 역할을 담당하는 계층이다. 프리젠테이션계층은 한 형식에서 다른 형식으로의 데이터 변환을 처리하여 서로 다른 시스템과 응용 프로그램 간의 통신을 가능하게 하는 데 중요한 역할을 한다. 이 계층은 전송 전에 데이터를 인코딩, 압축 및 암호화하고 데이터를 수신한 후에 디코딩, 압축 해제 및 암호화하는 역할을 한다.

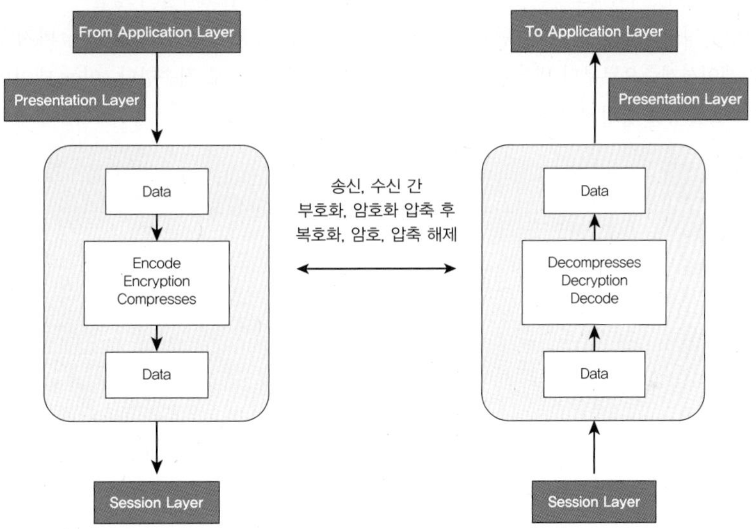

또한 프리젠테이션계층은 메뉴, 버튼 및 기타 그래픽 요소를 통해 사용자가 응용 프로그램과 상호 작용할 수 있도록 하는 그래픽 사용자 인터페이스(GUI)를 제공하여 사용자와 응용 프로그램 간의 상호 작용을 처리한다. GUI는 사용자 친화적이고 직관적으로 설계되어 사용자가 작업을 수행하고 응용프로그램을 쉽게 탐색할 수 있다. 전반적으로, 프리젠테이션계층은 데이터가 사용자에게 쉽게 이해될 수 있는 형식으로 제시되고, 데이터가 안전하고 효율적인 방식으로 송수신되도록 하는 역할을 한다.

❷ 표현계층 특징

구분	내용	
암호화	암호가 설정되어있으면 이 자료는 암호를 해석해야 한다는 것이다.	
인코딩	ASCII 코드인지 EBCDIC(Extended Binary Coded Decimal Interchange Code) 코드인지 구분한다. 예를 들어 일본어로 작성된 문서는 영어가 아니라 일본어로 읽어야 한다는 것이다.	
압축	해당 자료가 압축되어 있다면 압축 해제가 필요함을 알려준다. 수신자도 송신자의 의도대로 자료를 확인하기 위해 공통된 양식으로 표현하는 계층이 표현계층이다.	
주요 프로토콜	JPG	Joint Photographic Experts Group
	MPEG	Moving Picture Experts Group
	SMB	Server Message Block

TCP/IP에는 다양한 애플리케이션이 존재하는 데 각각의 목적에 맞는 데이터 형식이 있다. 목적에 맞는 데이터 형식이라면 문자, 영상, 음성과 같은 것들이다. 문자는 ASCII라는 데이터 형식이 가장 일반적이지만 IBM 범용기에서 사용되고 있는 EBCDIC라는 데이터 형식도 있다. 따라서 ASCII를 사용하는 컴퓨터와 EBCDIC를 사용하는 컴퓨터 사이에서는 호환이 안 된다. 그래서 프리젠테이션계층에서 변환을 해서 하드웨어/OS에 따른 차이를 없앤 데이터 교환이 가능하게 되는 것이다. 이외에도 프리젠테이션계층에서는 압축이나 암호화를 수행할 수도 있다. 애플리케이션과는 동떨어진 데이터 형식의 전송을 위한 변환이 바로 프리젠테이션계층이 하는 역할이다. 마지막으로, 프리젠테이션계층은 애플리케이션계층으로부터 받은 데이터를 압축하여 세션계층으로 전송한다. 이는 데이터의 양을 최소화하여 통신의 속도와 효율성을 향상시킨다.

기출유형 완성하기

정답 01 ② 02 ②

01 **응용계층 엔티티 간에 정보를 표현하는 방식이 다를 경우, 하나의 공통된 방식으로 통일되게 해 주거나 효율적인 전송을 위해 압축 기능을 제공하는 계층은?** (2015-2차)

① 세션계층
② 표현계층
③ 전송계층
④ 네트워크계층

해설
표현계층에서 암호화, 인코딩, 압축 기능이 대표적이다. 인코딩을 통해 ASCII 코드인지 EBDIC 코드인지 등을 확인해서 공통된 방식으로 처리한다.

02 **OSI 참조모델(7 Layer) 중 6계층의 기능에 대한 설명으로 가장 적합한 것은?** (2011-3차)

① 정보전송을 위한 데이터회선의 설정, 유지, 해제 기능 수행
② 다양한 정보의 표현 형식을 공통의 전송형식으로 변환, 암호화, 압축 등의 기능 수행
③ 통신망의 품질을 보상하고 에러검출, 정정 및 다중화 기능 수행
④ 응용 프로세서 간의 정보교환 및 인터페이스 등의 응용 기능 수행

해설
표현계층에서 암호화, 인코딩, 압축에 대한 정보를 송신측과 수신측이 서로 확인한다.
① 세션계층, ③ 데이터링크계층, ④ 응용계층에 대한 설명이다.

기출유형 09 ▶ 응용계층(Application Layer)

전자우편이나 파일전송과 같은 사용자 서비스를 제공하는 계층은? (2014-1차)(2018-1차)(2021-2차)

① 물리계층 ② 데이터링크계층
③ 표현계층 ④ 응용계층

해설

App이나 Web 등과 같은 사용자 서비스를 제공하는 것이 응용계층이다. 주로 사용하는 어플, 앱이라는 말은 영어단어 'Application'에서 사용된 것으로 응용계층은 자주 사용하는 웹 브라우저, 어플 등에 해당한다.

| 정답 | ④

족집게 과외

- PC나 App에서 사용하는 대부분의 프로그램이 응용 프로그램이라 할 수 있다.
- TELNET, E-MAIL, FTP는 각각 별도의 서비스 제공을 위한 Application이다.
- WWW는 인터넷 접속을 위해 별도의 Browser를 통해 URL를 입력한다(Chrome이나 Explorer가 응용서비스).

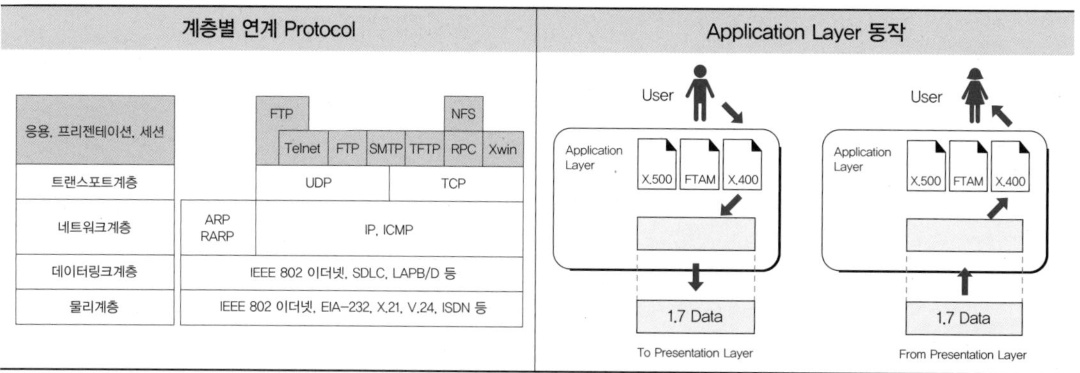

응용계층(Application Layer)은 사용자로부터 데이터와 직접 상호작용하는 계층이다. 웹 브라우저나 이메일 클라이언트와 같은 소프트웨어 애플리케이션은 응용계층을 통해 통신을 시작한다. 하지만 클라이언트 소프트웨어 애플리케이션 자체는 응용계층에 포함되지 않으며, 응용계층은 소프트웨어가 의미 있는 데이터를 사용자에게 제공하기 위해 의존하는 프로토콜과 데이터 조작을 담당한다.

더 알아보기

편지를 작성한다면 편지에 글을 쓰는 과정을 응용계층이라 할 수 있다.

단위(PDU)	데이터(Data)
주요 프로토콜	TELNET, FTP, SMTP, HTTP 등
주요 장비	해당사항 없음

응용계층은 PC 등에서 응용서비스를 위한 인터넷 접속(HTTP)이나 메일전송(SMTP-Simple Message Transfer Protocol) 등에 사용된다.

❶ 응용계층

애플리케이션 계층은 최종 사용자와 애플리케이션에 서비스를 제공하는 OSI(Open Systems Interconnection) 모델의 최상위 계층이다. 네트워크 서비스 및 리소스에 대한 액세스를 제공하기 위해 사용자 및 소프트웨어 애플리케이션과 직접 상호 작용한다. 응용 프로그램 계층 프로토콜을 사용하면 사용자가 전자 메일, 파일 전송, 웹 검색 및 기타 네트워크 서비스와 같은 네트워크 리소스에 액세스하고 사용할 수 있다. 사용자와 네트워크 간의 공통 인터페이스를 제공하여 응용 프로그램이 네트워크 및 네트워크의 다른 응용 프로그램과 통신할 수 있도록 한다.

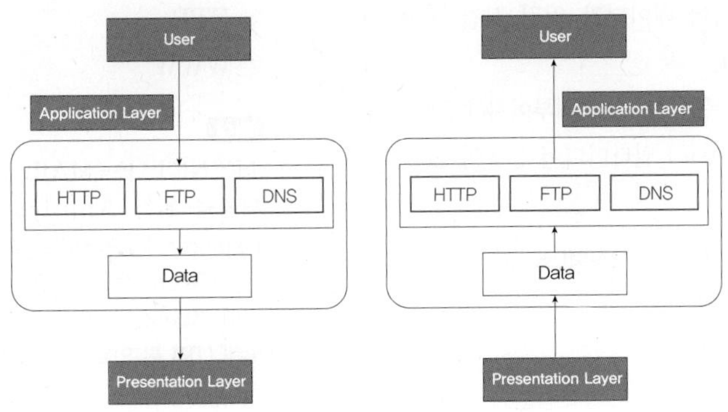

애플리케이션 계층은 이메일, 파일 전송, 원격 액세스 및 네트워크 관리를 포함한 광범위한 통신 서비스를 지원한. 또한 네트워크를 통해 전송되는 데이터의 개인 정보 보호 및 무결성을 보장하기 위해 인증, 권한 부여 및 암호화와 같은 보안 서비스를 제공한다. 응용계층에서 작동하는 프로토콜의 예로는 HTTP(HyperText Transfer Protocol), FTP(File Transfer Protocol), SMTP(Simple Mail Transfer Protocol) 및 DNS(Domain Name System)가 있다. 이러한 프로토콜은 각각 웹 검색, 파일 전송, 전자 메일 전송 및 도메인 이름 확인을 가능하게 한다.

요약하면, 애플리케이션 계층은 최종 사용자와 애플리케이션에 네트워크 서비스를 제공하고, 네트워크상의 다른 애플리케이션들 간의 통신이 가능하도록 보장하며, 네트워크를 통해 전송되는 데이터의 프라이버시와 무결성을 보호하기 위한 보안 서비스를 제공하는 역할을 한다.

❷ 주요 프로토콜

프로토콜	내용
DHCP	IP주소를 DHCP 서버에서 관리하고 있다가 호스트가 IP 요청 시 분배하는 역할을 한다.
DNS	Domain Nave Server, 웹 서버의 IP 주소를 해석이 쉽고 가독성이 높은 문자로 변환한다.
FTP	File Transfer Protocol, 파일을 전송하는 프로그램으로 TCP 기반 연결지향을 기반으로 데이터를 전송한다.
SMTP	Simple Mail Transfer Protocol, 메일 전송 서비스이다.
HTTP	Hyper Text Transfer Protocol, 웹사이트 열람 서비스(브라우저)로서 웹 서버에 데이터를 요청하고 데이터를 가져오는 역할을 한다.

응용계층 프로토콜에는 HTTP(Hypertext Transfer Protocol)와 이메일 통신을 가능케 하는 SMTP(Simple Mail Transfer Protocol) 등이 포함된다. 이러한 프로토콜은 서로 다른 장치 간의 통신을 위한 규칙과 형식을 정의하며, 데이터가 올바르게 전송되고 의도한 수신자에게 이해될 수 있도록 한다. HTTP는 응용계층 프로토콜로서 응용 프로그램인 웹(World Wide Wed) 브라우저(Browser)에게 필요한 데이터를 송수신할 때 사용한다. 대표적인 응용계층 프로토콜로는 원격 접속을 위한 텔넷(Telnet), 파일전송을 위한 FTP, 도메인 이름을 IP 주소로 변환시켜주는 DNS, 메일전송을 위한 프로토콜인 SMTP 등이 있다.

정답 01 ④ 02 ① 03 ④ 04 ④

01 다음 중 멀티미디어를 기반으로 하는 응용으로 대화형(Dialogue) 응용에 관한 설명으로 옳지 않은 것은? (2015-2차)(2018-1차)

① 응용분야는 화상 전화, 화상 회의 등이다.
② 생성된 멀티미디어 데이터가 일정 시간 내에 전송되어야 한다.
③ 데이터의 압축과 복원이 동시에 이루어져야 한다.
④ 비대칭(Asynnetric) 멀티미디어 응용이다.

해설
비대칭(Asymmetric)이 아닌 대칭형(Symmetric) 멀티미디어 응용에 해당한다.

02 TCP/IP 상에서 운용되는 응용서비스가 아닌 것은? (2011-1차)

① SNA
② E-Mail
③ Telnet
④ FTP

해설
SNA(Systems Network Architecture)는 시스템에 대한 전반적인 구조를 정의한다. HTTP는 응용계층 프로토콜로서 응용 프로그램인 웹(World Wide Web) 브라우저(Browser)에게 필요한 데이터를 송수신할 때 사용한다. 대표적인 응용계층 프로토콜로는 원격 접속을 위한 텔넷(Telnet), 파일전송을 위한 FTP, 도메인 이름을 IP 주소로 변환시켜주는 DNS, 메일전송을 위한 프로토콜인 SMTP 등이 있다.

03 다음 중 인터넷 응용서비스에 해당되지 않는 것은? (2011-2차)

① TELNET
② E-MAIL
③ FTP
④ WWW

해설
TELNET, E-MAIL, FTP는 각각 별도의 서비스 제공을 위한 Application이다. Chrome이나 Explorer가 응용서비스에 해당한다. 즉, 응용 프로그램은 웹(Web) 브라우저(Browser)이며 WWW(World Wide Web)는 인터넷 접속을 위해 별도의 Browser를 통해 URL를 입력하는 것이다.

04 전자우편이나 파일전송과 같은 사용자 서비스를 제공하는 계층은? (2021-2차)

① 물리계층
② 데이터링크계층
③ 표현계층
④ 응용계층

해설
App이나 Web 등과 같은 사용자 서비스를 제공하는 것이 응용계층이다. 주로 사용하는 어플이나 앱이라는 말은 영어인 'Application'에서 사용된 것으로 응용계층에서 자주 사용하는 것은 Web이나 Browser, Application 등이 해당된다.

기출유형 10 ▸ 흐름제어(Layer 2 제어)

X.25 인터페이스 프로토콜에서 LAPB 방식을 정의하며, ISO 7776에서 제정하였고, HDLC 프로토콜의 일종으로 제어 순서, 오류, 흐름 등을 제어하는 계층은? (2021-2차)

① 네트워크계층　　② 데이터링크계층
③ 물리계층　　④ 표현계층

해설

X.25는 Datalink에서 동작하며 MAC 주소, 충돌방지시스템 등을 하며 이를 통해 오류제어(검출, 회복) 흐름제어를 수행한다.

| 정답 | ②

족집게 과외

데이터링크계층	순서제어, 오류제어, 회복처리, 흐름제어, 연결제어, 에러제어
TCP/IP 제어	흐름제어, 오류제어, 혼잡제어

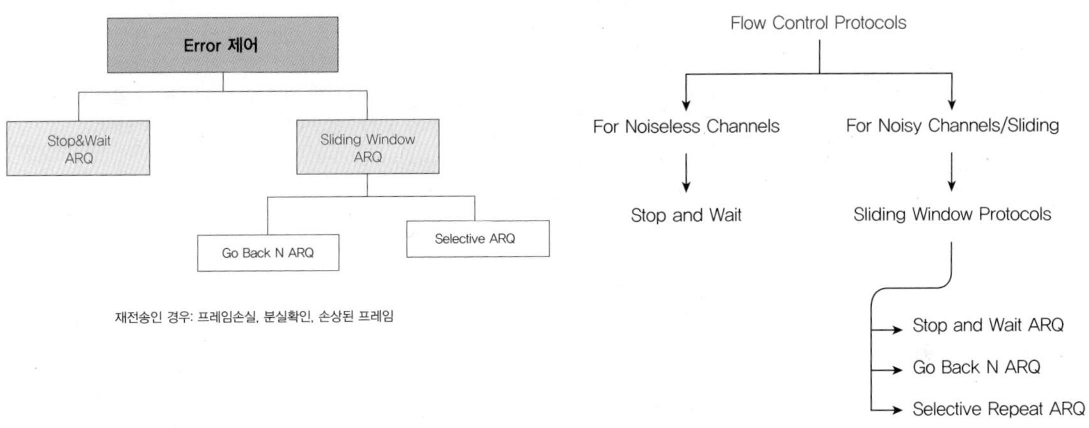

- Stop-and-Wait 흐름제어 방법은 송신자가 한 번에 한 프레임씩을 수신자에게 보내고, 다음 프레임을 보내기 전에 확인 응답을 기다리는 방법이다. 송신자와 수신자는 동기화되어 있으며, 송신자는 확인 응답(ACK)을 받을 때까지 전송을 일시 중지한다. 일정한 타임아웃 기간 내에 ACK를 받지 못하면, 프레임이 손실되거나 손상되었다고 가정하고 다시 전송한다.
- Sliding Window 흐름제어 방법은 송신자가 개별적인 확인 응답을 기다리지 않고 여러 개의 프레임을 계속해서 전송할 수 있다. 송신자는 허용 가능한 프레임 순서의 윈도우를 유지하고, 어떤 프레임이 확인 응답을 받았는지 추적한다. 이를 통해 전송과 확인 시간을 겹쳐서 네트워크를 효율적으로 활용할 수 있다.

더 알아보기

흐름제어	Host 와 Host 간 제어로 Stop and wait, sliding window 방식이 있다.	
혼잡제어	Host 와 네트워크 간 제어 방식으로 Open-loop, Closed-loop가 있다.	
	Open loop방식	혼잡이 발생하기 전에 방지하는 정책이다.
	Closed loop방식	혼잡이 발생 후 혼잡을 완화하는 기법이다.

에러를 제어하기 위해서 다음과 같이 동작한다.

㉠ 하드웨어 구현되는 경우 PC 기반인 경우 LAN 카드가 제어를 처리한다.

㉡ 이를 통해 MAC 주소, 충돌방지시스템 등을 하며 오류제어(검출, 회복) 흐름제어, 프레임 동기(BASIC 동기, HDLC 동기, SDLC 동기) 등이 이루어진다.

㉢ 신뢰성 있고 효율적인 프레임 데이터 전송 링크의 효율성 향상(CSMA/CD, Token-Bus, Token-Ring)을 위해 전송 제어 기능, 매체 엑세스 제어(MAC) 등을 Layer 2인 데이터링크계층에서 이루어진다.

❶ 데이터링크 제어 기법

연결 제어	개념		데이터나 메시지의 송수신을 위해 단말 장치 간에 오류 발생 등을 제어하는 것으로 메시지 전달에 확실성을 부여하는 절차이다.
	EAQ/ACK		대등한 관계의(Peer to Peer) 통신이다.
	Poll/Select		주국-종국(Primary-Secondary) 통신이다.
흐름 제어	개념		확인응답(Ack)을 기다리기 전에 송신자가 송신할 수 있는 데이터 양을 제한하는 절차이다. 송신측과 수신측의 데이터 처리 속도 차이를 해결하기 위한 기법으로 흐름제어(Flow Control)는 수신지(Receiver)가 packet을 지나치게 많이 받지 않도록 조절하는 것으로 수신지(Receiver)가 송신지(Sender)에게 현재 자신의 상태를 Feedback 한다.
	Stop and Wait ARQ		보내고 오류여부 기다렸다가 전송하는 방식이다.
	Sliding Window		수신측에서 설정한 크기만큼 세크먼트를 전송할 수 있게 하여 데이터 흐름을 동적으로 조절하는 흐름제어 기법으로 동시에 여러 개의 프레임 전송 제어한다.
에러 제어	개념		전송 중 발생되는 에러를 검출(에러검출), 보정(에러정정)하는 것으로 후진에러제어(BEC)와 전진에러제어(FEC) 등이 있다.
	Stop and Wait ARQ		보내고 오류여부 기다렸다가 전송하는 방식이다.
	Sliding Window ARQ		Go Back N이나 Selective ARQ를 사용한다.
혼잡 제어	개념		송신측의 데이터 전달과 네트워크의 데이터 처리 속도 차이를 해결하기 위한 기법이다.
	방법	Open Loop	Retransmission, Windows Slow Start, Acknowledgement, Discard, Admission
		Closed Loop	Back Pressure, Choke Packet, 암시적(Implicit) Signaling, 명시적(Explicit) Signaling

❷ 흐름제어(Flow Control)

흐름제어는 송신자와 수신자 사이의 데이터 전송 속도를 관리하여 수신자가 과도한 부담을 겪지 않고 수신 데이터를 처리할 수 있도록 하는데 사용되는 메커니즘이다. 주로 수신 장치 또는 네트워크 세그먼트가 송신자보다 느린 속도로 작동하는 시나리오에서 사용된다.

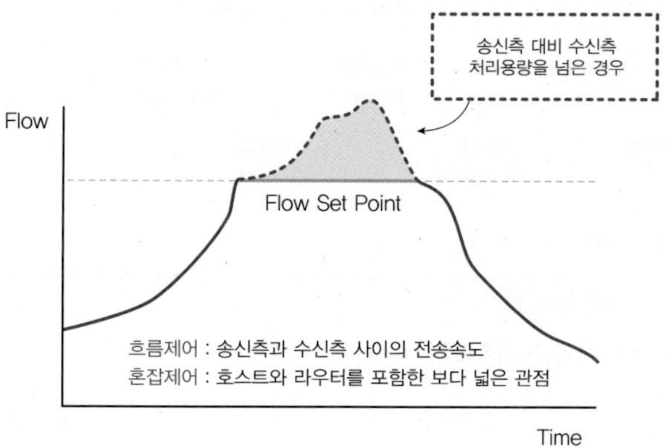

흐름제어 기법은 수신기 끝에서 데이터 손실 및 버퍼 오버플로를 방지하는 데 도움이 된다. 수신기는 데이터 수신 용량을 송신자에게 알려 전송 속도를 적절히 조절할 수 있다. 이 조정은 데이터를 수신기가 처리할 수 있는 속도로 전송되도록 보장하는 것이다. 흐름제어 메커니즘의 예로는 슬라이딩 윈도우 프로토콜, 승인 및 윈도우 크기 조정 사용 등이 있다.

❸ 혼잡제어(Congestion Control)

혼잡 제어는 네트워크 혼잡을 관리하는 데 사용되는 메커니즘으로 네트워크에 트래픽이 효율적으로 처리할 수 있는 것보다 많을 때 발생한다. 정체는 패킷 손실 증가, 지연 및 네트워크 성능 저하로 이어질 수 있다.

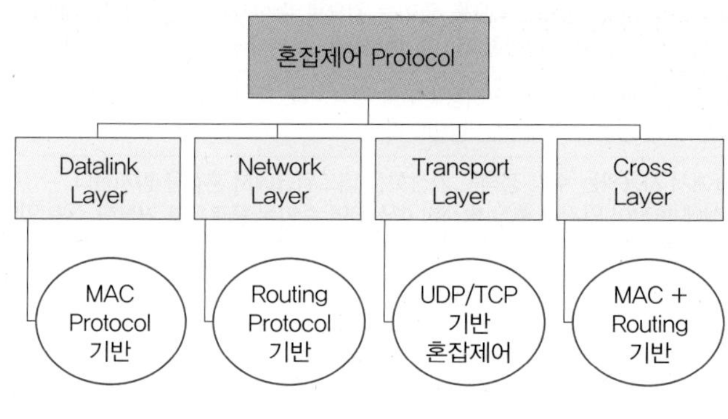

혼잡제어는 옆 분류에서처럼 Datalink 뿐만 아니라 Network 계층과 Transport 계층에서 각각 이루어지고 있으며 계층별 상호 조합에 의한 혼잡제어를 함께 하는 것이다. 혼잡제어 메커니즘은 네트워크를 통한 데이터 전송 속도를 조절하여 혼잡을 방지하거나 완화하는 것을 목표로 한다. 이러한 메커니즘에는 패킷 손실 증가 또는 대기열 지연과 같은 정체 표시기를 감지하고 이에 대응하는 작업이 포함된다.

혼잡 제어 알고리즘은 혼잡을 완화하고 네트워크 활용률을 최적화하기 위해 데이터 전송 속도를 동적으로 조정한다. 일반적인 정체 제어 메커니즘에는 트래픽 쉐이핑, 트래픽 우선순위 지정 및 TCP의 정체 제어 메커니즘과 같은 정체 제어 알고리즘 사용이 포함된다.

흐름제어는 주로 송신자와 특정 수신자 사이에서 작동하지만, 혼잡 제어는 정체를 방지하기 위해 네트워크의 전체 트래픽 및 리소스 할당을 관리하는 것과 관련이 있다. 흐름제어 및 정체 제어 메커니즘은 모두 네트워크에서 데이터가 적절한 속도로 전송되고 네트워크 정체가 방지 또는 최소화되도록 보장하는 신뢰할 수 있고 효율적인 데이터 전송을 유지하는 데 필수적이다.

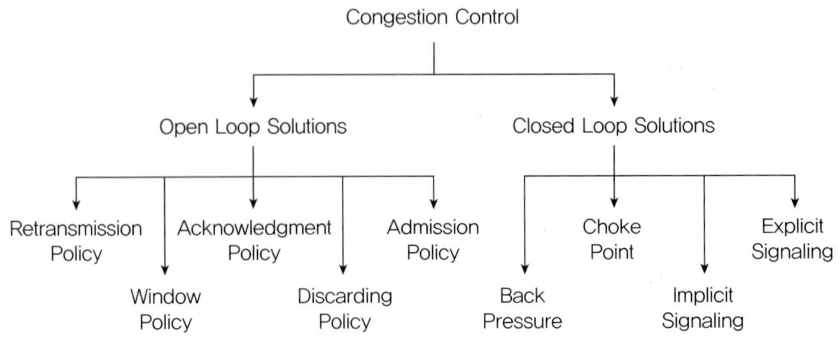

1) Open Look 혼잡 제어 방식

Open loop 방식		
개념		혼잡이 일어나기 전에 방지하는 기술이다.
주요기술	Retransmission	• 오류 발생 시 재전송하는 것으로 송신자가 송신한 패킷이 손실되거나 훼손된 것을 인식한 경우 재전송한다. • 주로 재전송 타이머를 이용하여 일정 시간 내에 도착하지 않으면 다시 보낸다.
	Windows Slow Start	• Windows Size 가변으로 혼잡제어를 한다. • 윈도우란 패킷의 경우 분할해서 처리하기엔 너무 많은 개수가 필요하고 복잡하기에 일정 개수를 정해서 하나의 뭉치로 보내는데, 그 뭉치를 윈도우라 한다. 윈도우 사이즈가 클수록 에러 메시지의 수는 줄어든다.
	Acknowledgement	수신기가 패킷 확인 응답 없으면 속도를 줄이는 것으로 수신자가 수신한 모든 패킷을 확인 응답하지 않으면 송신자가 천천히 패킷을 보내도록 해서 혼잡을 줄이는 것이다.
	Discard	혼잡 가능성이 높을 때 패킷의 폐기/허용여부를 결정한다. 즉, 폐기 정책은 혼잡을 방지하면서 전송되는 것에 영향을 주지 않는 방법이다.
	Admission	• QoS 기술에서 사용하는 수락 정책은 가상회선 네트워크에서 혼잡을 방지한다. • 네트워크상에 혼잡이 있거나 혼잡 발생이 예상되면 승인된 플로우를 거부할 수도 있다.

2) Closed Loop 혼잡 제어 방식

Closed loop 방식		
개념		혼잡이 발생한 뒤 혼잡을 줄이기 위한 기술이다.
주요기술	Back Pressure	• 혼잡 발생 시 상위노드로부터 데이터 수신을 중지한다. • 수신 노드가 데이터를 전송하는 발신 노드들로부터의 수신을 중단하는 것으로 발신 노드들이 혼잡에 빠지는 것을 방지할 수 있다. • 주로 가상회선 네트워크에서 적용이 가능하다.
	Choke Packet	• 혼잡을 알리기 위해서 노드에서 발신지로 전송되는 특별 패킷으로 발신지에 혼잡 발생에 대한 경고 패킷을 전송하는 것이다. • 초크 패킷은 중간 노드는 경고를 받지 않고 혼잡이 발생한 라우터에서 발신지로 직접 경고를 전송한다.
	암시적 (Implicit Signaling)	혼잡 발생 시 패킷 수를 감소시키고 혼잡 신호 패킷을 전송하는 것으로 혼잡 노드와 발신지 간에 신호를 주고받지 않는다. 즉, 발신지 노드는 네트워크에 혼잡이 있는 것으로 간주한다.
	명시적 (Explicit Signaling)	• 혼잡을 경험하는 노드는 발신지 또는 목적지 노드에 신호를 명시적으로 보낸다. • 초크 패킷은 혼잡제어를 위해 (전용)개별 패킷을 사용하는 반면 명시적인 신호는 데이터를 전송하는 패킷 내에 신호를 포함해서 보낸다.

정답 01 ③ 02 ② 03 ③ 04 ③

01 다음 중 통신 프로토콜의 기능과 관계가 없는 것은? (2013-3차)(2020-3차)

① 오류제어
② 흐름제어
③ 전송제어
④ 연결제어

해설

흐름제어, 연결(혼잡)제어, 오류제어가 기본적인 제어 기법이다.

구분	내용
연결제어	메시지의 송수신 위해 단말 장치 간에 오류 발생 등을 제어하는 것이다.
흐름제어	확인응답(Ack)을 기다리기 전에 송신자가 송신할 수 있는 데이터 양을 제한하는 절차이다.
에러제어	전송 중 발생되는 에러를 검출(에러검출), 보정(에러정정)하는 것이다.
혼잡제어	송신측의 데이터 전달과 네트워크의 데이터 처리 속도 차이를 해결하기 위한 기법이다.

02 OSI-7 Layer 중 데이터링크계층의 기능과 거리가 먼 것은? (2011-2차)

① 오류제어
② Text의 압축, 암호화
③ Flow 제어
④ 프레임의 순서제어

해설

Text 암호화 압축은 Presentation Layer에서 수행한다. 데이터링크계층에서 흐름제어 오류제어 순서제어를 한다.

03 데이터링크계층의 기능에 과한 내용으로 틀린 것은? (2012-3차)

① 인접노드 간의 흐름제어와 에러제어 기능을 수행한다.
② 매체공유를 위한 매체접근제어(MAC)를 수행한다.
③ 발신지에서 목적지까지 최적의 패킷 전송경로를 설정한다.
④ 프레임을 노드에서 노드로 전달한다.

해설

발신지에서 목적지까지 최적의 패킷 전송경로를 선정하는 것은 네트워크계층이다.

04 프로토콜의 기능 중 송신측 개체로부터 오는 데이터의 양이나 속도를 수신측 개체에서 조절하는 기능은 무엇인가? (2013-1차)(2019-2차)

① 연결제어
② 에러제어
③ 흐름제어
④ 동기제어

해설

송신측에서 오는 데이터의 양을 수신측에서 조정하는 것이 흐름제어이다.

흐름제어

구분	내용
개념	확인응답(Ack)을 기다리기 전에 송신자가 송신할 수 있는 데이터 양을 제한하는 절차이다.
Stop and Wait ARQ	보내고 오류여부 기다렸다 전송하는 방식이다.
Sliding Window	동시에 여러 개의 프레임 전송 제어한다.

정답 05 ③ 06 ② 07 ① 08 ③ 09 ①

05 데이터링크계층의 기능에 관한 내용으로 틀린 것은? (2020-3차)

① 인접노드 간의 흐름제어와 에러제어 기능을 수행한다.
② 매체공유를 위한 매체접근제어(MAC)를 수행한다.
③ 발신지에서 목적지까지 최적의 패킷 전송경로를 설정한다.
④ 프레임을 노드에서 노드로 전달한다.

해설
패킷 전송에 대한 경로 배정은 Router의 기능이며 Layer 3인 네트워크계층에서 동작한다.

06 X.25 인터페이스 프로토콜에서 LAPB 방식을 정의하며, ISO 7776에서 제정하였고, HDLC 프로토콜의 일종으로 제어 순서, 오류, 흐름 등을 제어하는 계층은? (2021-2차)

① 네트워크계층
② 데이터링크계층
③ 물리계층
④ 표현계층

해설
Layer 2 기반에 순서, 오류, 흐름 등을 제어를 하는 것은 2계층인 데이터링크계층이다.

07 OSI 7계층에서 물리적 연결을 이용해 신뢰성 있는 정보를 전송하려고 동기화, 오류제어, 흐름제어 등 역할을 하는 계층은? (2022-1차)

① 데이터링크계층 ② 물리계층
③ 전송계층 ④ 네트워크계층

해설
- 데이터링크계층: 순서제어, 오류제어, 회복처리, 흐름제어, 연결제어, 에러제어
- TCP/IP 제어: 흐름제어, 오류제어, 혼잡제어

08 OSI 7계층 중 시스템 간의 전송로 상에서 순서제어, 오류제어, 회복처리, 흐름제어 등의 기능을 실행하는 계층은? (2012-3차)(2023-2차)

① 물리계층
② 트랜스포트계층
③ 데이터링크계층
④ 세션계층

해설
순서제어, 오류제어, 회복처리, 동기화, 흐름제어 등의 기능은 데이터링크계층에서 지원한다.

09 다음 중 착오 제어(에러제어) 평가 방법이 아닌 것은? (2021-3차)

① 전송 에러율
② 비트 에러율
③ 블록 에러율
④ 문자 에러율

해설
에러를 제어하는 방법으로 비트, 문자, 블록 에러를 점검한다. 전송 레어율은 통신에서, BER이라 하며 통신 중 에러가 생긴 비트 수를 총 전송한 비트 수로 나눈 것이다. 대개 10의 마이너스 승으로 표현된다. 예를 들면, 어떤 전송에서 BER이 10^{-6}이라는 것은, 전체 1,000,000비트를 전송하였는데, 1비트의 에러가 나는 것을 의미한다.

정답 10 ② 11 ② 12 ③

10 다음 중 네트워크 내 혼잡현상을 해결하기 위해 사용되는 제어 기법이 아닌 것은? (2022-3차)

① 패킷 폐기 방법
② 선택적 재전송 방법
③ 버퍼 사전 할당 방법
④ 쵸크 패킷 제어 방법

해설

Windows Slow Start에서 버퍼크기를 조절하면서 혼잡 현상을 해결한다. 선택적 재전송은 Selective ARQ로서 혼잡제어가 아닌 에러제어 기법이다.

11 다음 중 동일한 데이터를 2회 송출하여 수신 측에서 이 2개의 데이터를 비교 체크함으로써 에러를 검출하는 에러제어 방식은? (2017-1차)(2019-1차)

① 반송 제어 방식
② 연속 송출 방식
③ 캐릭터 패리티 검사 방식
④ 사이클릭 부호 방식

해설

연속 송출 방식

동일한 데이터를 2회 송출하여 수신 측에서 이 2개의 데이터를 비교 체크함으로써 수신측 데이터가 동일하면 에러가 없다고 판단하고 동이하지 않으면 에러가 있다고 판단해서 에러를 검출하는 방식이다.

12 다음 중 수신측에서 설정한 크기만큼 세그먼트를 전송할 수 있게 하여 데이터 흐름을 동적으로 조절하는 흐름제어 기법으로 옳은 것은? (2023-3차)

① Karn 알고리즘
② 슬로우 스타트(Slow Start)
③ 슬라이딩 윈도우(Sliding Window)
④ 스톱 앤 포워드(Stop and Forward)

해설

흐름제어 기법

개념	확인응답(Ack)을 기다리기 전에 송신자가 송신할 수 있는 데이터양을 제한하는 절차이다. 송신측과 수신측의 데이터 처리 속도 차이를 해결하기 위한 기법으로 흐름제어(Flow Control)는 수신지(Receiver)가 Packet을 지나치게 많이 받지 않도록 조절하는 것으로 수신지(Receiver)가 송신지(Sender)에게 현재 자신의 상태를 Feedback 한다.
S&W	Stop and Wait ARQ, 보내고 오류여부 기다렸다가 전송하는 방식이다.
Sliding Window	수신측에서 설정한 크기만큼 세그먼트를 전송할 수 있게 하여 데이터 흐름을 동적으로 조절하는 흐름제어 기법으로 동시에 여러 개의 프레임 전송 제어한다.

기출유형 11 ▶ Layer 3, Layer 4 제어

다음 중 패킷교환망에서 사용되는 트래픽 제어 기술이 아닌 것은? (2022-3차)

① 흐름제어 ② 폭주제어
③ 교착회피 ④ 에러제어

해설

TCP/IP 통신에서 네트워크의 신뢰성 확보가 요구된다. TCP는 불안정한 통신망인 Unreliable Network에서 Reliable Network를 보장할 수 있도록 하기 위해 Network Congestion Avoidance Algorithm을 사용한다. 위 문제에서 에러제어는 주로 Layer 2인 데이터링크계층에서 사용하는 제어 방법이다. 에러제어(Error Control)는 데이터 전송 중 발생되는 에러를 검출(에러 검출), 보정(에러 정정)하는 것으로 크게 후진 에러 수정(BEC, Backward Error Control)과 전진 에러수정/순방향 오류제어(FEC, Forward Error Control) 기법이 있다.

| 정답 | ④

족집게 과외

전달계층(Transport Layer)에서 종점 간의 오류수정과 흐름제어를 수행하여 신뢰성 있고 투명한 데이터 전송을 제공한다.

흐름제어	혼잡제어
종단 간 송신측과 수신측의 데이터 처리 속도 차이를 해결하기 위한 기법으로 Flow Control은 Receiver가 Packet을 지나치게 많이 받지 않도록 조절하는 것이다. 기본 개념은 Receiver가 Sender에게 현재 자신의 상태를 Feedback 하는 것이다.	종단 간이 아닌 종단과 네트워크(중간)의 속도차를 극복하기 위한 것으로 송신측의 데이터 전달과 네트워크의 데이터 처리 속도 차이를 해결하기 위한 기법이다.
Host와 Host 간에 Stop and wait, sliding window	Host와 네트워크 간에 Open-loop, Closed-loop

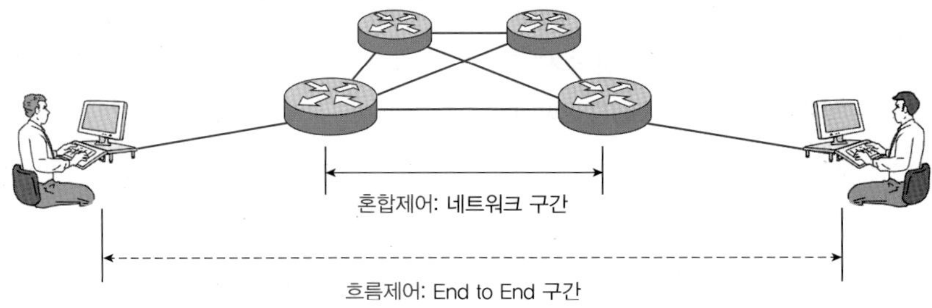

더 알아보기

신뢰성 통신망(Reliable Network)의 방해가 되는 4가지 문제점은 다음과 같다.

구분	내용
손실	Packet이 손실될 수 있는 문제 있다.
순서 바뀜	Packet의 순서가 바뀌는 문제가 있다.
Congestion	네트워크가 혼잡한 문제가 발생할 수 있다.
Overload	Receiver가 Overload(과부하, 유입) 되는 문제가 있다.

❶ TCP의 제어 1: 흐름제어

㉠ 수신측이 송신측보다 데이터 처리 속도가 빠르면 문제가 없지만, 송신측의 속도가 빠를 경우 문제가 생긴다. 수신측에서 제한된 저장 용량을 초과한 이후에 도착하는 데이터는 손실될 수 있으며, 만약 손실이 된다면 불필요하게 응답과 데이터 전송이 송/수신측 간에 빈번이 발생한다. 이러한 위험을 줄이기 위해 송신 측의 데이터 전송량을 수신측에 따라 조절해야 한다.

㉡ TCP(전송 제어 프로토콜) 흐름제어는 두 네트워크 호스트 간의 데이터 전송 속도를 관리하기 위해 TCP에서 사용하는 메커니즘이다. 송신자가 효율적으로 처리하거나 처리할 수 없는 데이터로 수신지에서 처리하지 못하는 것을 방지하는 것이다.

㉢ 흐름제어의 목적은 패킷 손실, 버퍼 오버플로 및 네트워크 정체를 방지하는 것으로 이를 통해 수신측은 사용 가능한 리소스에 따라 주어진 시간에 수락하고 처리할 수 있는 데이터의 양을 제어할 수 있다.

㉣ TCP 흐름제어는 슬라이딩 윈도우 메커니즘을 사용하여 작동한다. 창 크기는 수신자의 승인을 요구하기 전에 발신자가 전송할 수 있는 바이트 수를 나타낸다. 수신자가 수신된 데이터를 처리하고 승인하면 창이 앞으로 확대되어 발신자가 더 많은 데이터를 전송할 수 있다. 이를 통해 송신측과 수신측 사이의 데이터 처리 속도 차이(흐름)를 제어하기 위한 기법으로 데이터 처리 속도를 조절하여 수신자의 버퍼 오버플로우를 방지한다.

구분		내용
Stop & Wait		매번 전송한 패킷에 대한 확인응답을 받아야 그다음 패킷을 전송할 수 있다. 이러한 구조로 인해 비효율적이라는 단점이 있다.
Sliding Window	Window	송신, 수신 양쪽에서 버퍼의 크기 수신측에서 설정한 윈도우 크기만큼 송신측에서 확인응답 없이 세그먼트를 전송할 수 있게 하여 데이터 흐름을 동적으로 조절하는 기법이다. 이를 통해 송신측에서는 ACK 프레임을 수신하지 않더라도 여러 개의 프레임을 연속적으로 전송할 수 있다.
	동작 방식	먼저 윈도우에 포함되는 모든 패킷을 전송하고, 그 패킷들의 전달이 확인되는 대로 이 윈도우를 옆으로 옮기면서 다음 패킷들을 전송한다.
	Window Size	호스트들은 송신하기 위한 것과 수신하기 위한 2개의 Window를 가지고 있다. 실제 데이터를 보내기 전에 '3 Way Handshaking'을 통해 수신 호스트의 Receive Window Size에 자신의 Send Window Size를 맞추게 된다.

❷ TCP의 제어 2: 오류제어

TCP는 다양한 오류제어 메커니즘을 통합하여 IP 네트워크를 통해 안정적인 데이터 전송을 보장한다. 이러한 메커니즘은 오류를 감지하고 복구하여 데이터가 손상되지 않고 올바른 순서로 도착하도록 합니다. 다음은 TCP에서 사용되는 주요 오류 제어 메커니즘이다.

구분	내용
시퀀스 번호 및 승인	전송하는 각 세그먼트에 시퀀스 번호를 할당하여 수신자가 세그먼트를 올바르게 주문하고 재조립할 수 있도록 한다. 수신자는 승인(ACK) 메시지를 발신자에게 다시 보내 특정 시퀀스 번호까지 세그먼트를 성공적으로 수신했음을 확인한다.
재전송	보낸 사람이 지정된 제한 시간 내에 특정 세그먼트에 대한 승인을 받지 못하면 세그먼트가 손실되었거나 손상된 것으로 가정한다. 발신자는 확인되지 않은 세그먼트를 재전송하여 수신자에게 전달되도록 한다. 수신자는 재전송으로 인해 수신된 중복 세그먼트를 폐기한다.
누적 검사	TCP는 성공적으로 수신된 가장 높은 시퀀스 번호를 참조하며 수신측은 수신된 가장 높은 연속 시퀀스 번호까지 모든 세그먼트를 승인하여 이전 세그먼트도 수신되었음을 알려준다.
타임아웃과 타이머	TCP는 세그먼트가 손실된 것으로 간주되어 재전송이 필요한 시기를 결정하기 위해 타이머를 사용한다. 송신자는 보낼 때 타이머를 설정하고 특정 시간 프레임 내에 승인을 받을 것으로 예상한다. 승인을 받기 전에 타이머가 완료되면 발신자는 세그먼트가 손실된 것으로 간주하고 재전송을 트리거한다.
선택적 반복	TCP는 선택적 반복 메커니즘을 사용하여 수신자가 누락 되거나 손상된 세그먼트에 대한 재전송을 개별적으로 확인하고 요청할 수 있다. 송신측은 승인을 받을 때까지 보낸 각 세그먼트의 복사본을 보관한다. 송신자가 누락된 세그먼트를 나타내는 수신자로부터 S－ACK(Selective Acknowledgement)를 수신하면 해당 특정 세그먼트만 재전송한다.

위 사항을 요약해서 ARQ(Automatic Repeat Request) 기법을 사용해 프레임이 손상되었거나 손실되었을 경우, 재전송을 통해 오류를 복구하는 것은 아래와 같다.

구분		내용
Stop & Wait ARQ		송신측에서 1개의 프레임을 송신하고, 수신측에서 에러 유무를 판단해서 ACK(Acknowledgement) 혹은 NAK(Negative)를 보내는 방식이다.
Go-Back-n ARQ	개념	전송 프레임이 손상 또는 분실되는 경우 ACK 패킷의 손실로 TIME_OUT이 발생한 경우, 확인된 마지막 프레임 이후로 모든 프레임을 재전송한다. 슬라이딩 윈도우는 연속적인 프레임 전송 기법으로 전송측은 전송된 프레임의 복사본을 가지고 있어야 하며, ACK와 NAK 모두 각각 구별해야 한다.
	ACK	다음 프레임을 전송한다.
	NAK	손상된 프레임 자체 번호를 반환하고 재전송을 기다린다.
SR(Selective-Reject) ARQ		Selective ARQ는 손상되거나 손실된 프레임만 재전송한다. 이를 위해 데이터 재정렬해야 하며, 수신측에 별도 버퍼를 두어 수신한 데이터에 대한 정렬이 필요하다.

❸ **TCP의 제어 3**: 혼잡제어(Congestion Control)

TCP(Transmission Control Protocol)는 혼잡 제어 메커니즘을 활용하여 데이터 전송 속도를 조절하고 네트워크 정체를 방지한다. 혼잡 제어는 네트워크 리소스의 공정한 공유를 보장하고 네트워크 안정성을 유지하는 것을 목표로 하며 다음과 같은 항목이 TCP 혼잡 제어의 주요 구성 요소이다.

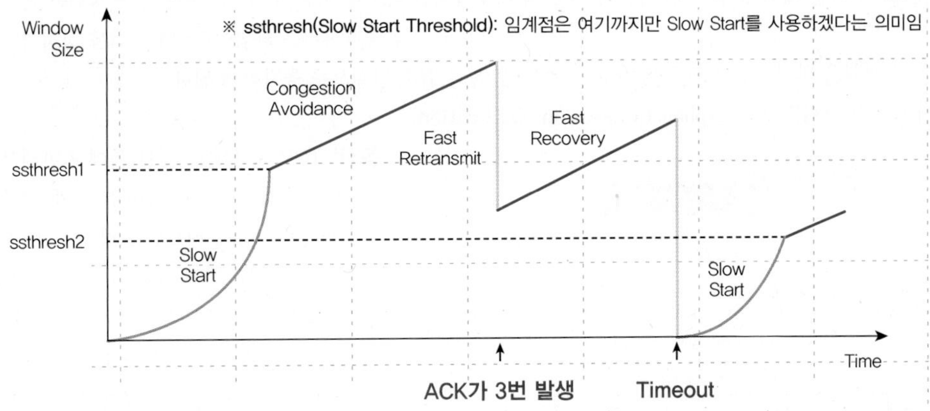

구분	내용
Slow Start	• Network 연결 추가에 Window 크기를 2의 지수 배로 증가한다. • ACK 수신 실패 시 다시 감소한다.
Congestion Avoidance	ACK를 수신할 경우 Window 크기를 선형적으로 증가시킨다.
Fast Retransmit	• Window 크기를 현재의 $\frac{1}{2}$까지 감소한다. • 크기가 절반 줄어든 시점에서 다시 시작한다.
Fast Recovery	• Window 크기를 전반에서 다시 선형적으로 증가한다. • Congestion Avoidance 상태에서 전송하는 기법이다.

1) AIMD(Additive Increase Multicative Decrease)

동작: 처음에 패킷 하나를 보내는 것으로 시작하여 전송한 패킷이 문제없이 도착한다면 Window Size를 1씩 증가시키며 전송하는 방법이다. 만약, 패킷 전송을 실패하거나 TIME_OUT이 발생하면 Window Size를 절반으로 감소시킨다.

2) Slow Start

동작: TCP 연결이 설정되거나 재활성화되면 발신자는 낮은 전송 속도로 시작한다. 처음에 발신자는 전송 속도를 기하급수적으로 증가시켜 성공적인 확인을 받을 때마다 전송하는 데이터의 양을 두 배로 늘린다. AIMD는 처음에 전송 속도를 올리는데 시간이 너무 길다는 단점이 있어 이를 보완하기 위해 Slow Start는 AIMD와 마찬가지로 패킷을 하나씩 보내는 것부터 시작하고 문제 없이 동작하면 ACK 패킷마다 Window Size를 1씩 늘리고 한 주기를 지나면 Window Size는 다시 2배로 늘리는 방식이다.

3) 혼잡 회피(Congestion Avoidance)

동작: 발신자가 데이터를 계속 전송함에 따라 네트워크 과부하를 방지하기 위해 혼잡 회피 단계에 들어간다. 발신자는 전송 속도를 선형적으로 증가시켜 수신된 각 승인에 대해 더 작은 증가를 추가한다. 즉, 윈도우의 크기가 어느 정도 임계값에 도달한 이후에 데이터의 손실이 발생할 확률이 높아지게 된다. 데이터를 전송하는 도중에 오류가 발생할 확률이 높아지는 단계이다.

4) 빠른 회복(Fast Recovery)

동작: TCP는 패킷 손실을 처리하기 위해 빠른 재전송 메커니즘을 사용한다. 발신자가 동일한 시퀀스 번호에 대해 중복 승인을 받으면 세그먼트가 손실된 것으로 간주한다. 발신자는 시간 초과를 기다리는 대신 누락된 세그먼트를 신속하게 재전송하여 지연을 줄이고 복구 시간을 개선한다. 빠른 복구를 사용하면 혼잡 창 크기를 절반으로 줄임으로써 빠른 재전송 후 보낸 사람이 전송 속도의 급격한 감소를 피할 수 있다. 빠른 회복 정책은 혼잡한 상태가 되면 Window Size를 1로 줄이지 않고 반으로 줄이고 선형 증가시키는 방법이다. 빠른 회복 정책까지 적용하면 혼잡 상황을 한번 겪고 나서부터는 순수한 합 증가/곱 감소 방식으로 동작하게 된다.

5) 명시적 혼잡 알림(ECN: Explicit Congestion Notification)

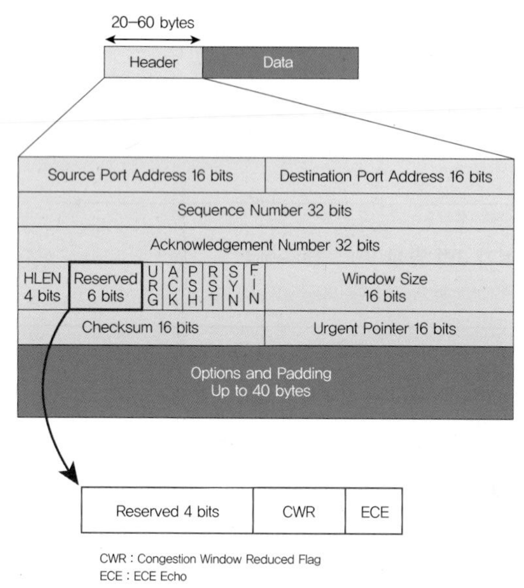

동작: TCP 헤더에 ECN bit들에 기반해서 동작한다. ECN은 TCP에서 지원하는 정체 알림 메커니즘이다. 이를 통해 네트워크 장치는 IP 패킷을 표시하여 네트워크의 정체를 나타낼 수 있다. TCP는 이러한 ECN 표시를 사용하여 정체를 감지하고 정체를 나타내는 패킷 손실에만 의존하지 않고 그에 따라 전송 속도를 조정한다. 외쪽에 보면 총 6bit중에 2bit가 ECN으로 예약되어있다. 두 비트는 CWR(Congestion Window Reduce)과 EE(ECE Echo)로서 순서를 변경할 수 없게 CWR은 왼쪽과 EE가 오른쪽에 있다. 총 2bit로 4개의 명령으로 동작하는 것이다.

6) 무작위 조기 감지(RED: Random Early Detection)

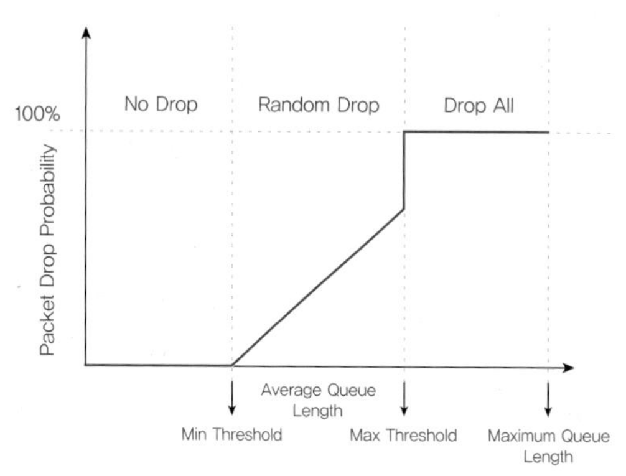

동작: RED는 네트워크의 정체를 관리하기 위해 라우터에서 사용하는 정체 방지 메커니즘이다. 라우터의 대기열이 구성된 임계값에 도달하면 발신자에게 혼잡 신호를 보내기 위해 일부 패킷을 무작위로 버린다. 발신자는 패킷 손실을 혼잡의 표시로 해석하고 전송 속도를 줄인다. 이러한 기술을 결합하여 TCP 혼잡 제어 알고리즘은 네트워크 안정성을 유지하고 혼잡 붕괴를 방지하며 공정한 리소스 공유를 제공하는 것을 목표로 한다.

이러한 메커니즘은 네트워크 상태에 따라 전송 속도를 지속적으로 모니터링하고 조정하여 TCP 연결에서 효율적이고 안정적인 데이터 전달을 보장한다.

기출유형 완성하기

정답 01 ② 02 ② 03 ④ 04 ②

01 **다음 중 통신 프로토콜의 주요 기능이 아닌 것은?** (2022-1차)

① 송신지 및 수신지 주소 지정
② 전송 메시지의 생성 및 캡슐화
③ 정보 흐름의 양을 조절하는 흐름제어
④ 정확하고 효율적인 전송을 위한 동기 맞춤

해설
IP주소를 기반으로 정보 흐름의 양을 조절하는 흐름제어를 통해 네트워크 상태에 따라 통신 양을 조절한다. 전송 메시지의 생성 및 캡슐화와 디캡슐레이션은 계층별 이동을 위해 보내고자 하는 신호에 오버헤드를 더하거나 빼는 과정이다.

02 **OSI 7계층에서 네트워크 시스템 상호 간에 데이터를 전송할 수 있도록 경로배정과 중계기능, 흐름제어, 오류제어 등의 기능을 수행하는 계층은?** (2019-2차)

① 데이터링크계층
② 네트워크계층
③ 세션계층
④ 응용계층

해설
흐름제어나 오류제어는 Layer 2나 Layer 3에서 각각 하지만 Layer 3에서는 경로 배정과 중계기능이 Routing을 의미하며 이것은 네트워크계층의 주요 기능이다.

03 **OSI 7계층 모델 중 각 계층의 기능에 대한 설명으로 틀린 것은?** (2022-3차)

① 물리계층 - 전기적, 기능적, 절차적 기능 정의
② 데이터링크계층 - 흐름제어, 에러제어
③ 네트워크계층 - 경로 설정 및 네트워크 연결 관리
④ 전송계층 - 코드 변환, 구문 검색

해설
전송계층은 TCP 제어와 함께 흐름제어, 혼잡제어, 오류제어의 역할을 한다. 코드 변환, 구문 검색은 Presentation Layer에서 주로 한다.

04 **OSI 7계층에서 단말기 사이에 오류수정과 흐름제어를 수행하여 신뢰성 있고 명확한 데이터 전송을 하는 계층은?** (2020-1차)

① 네트워크계층
② 전송계층
③ 데이터링크계층
④ 표현계층

해설
전송계층은 TCP 제어와 함께 흐름제어, 혼잡제어, 오류제어의 역할을 한다.

05 다음 중 TCP에 대한 설명으로 틀린 것은? (2018-2차)

① TCP는 트랜스포트계층의 프로토콜이다.
② TCP에서는 혼잡을 회피하기 위한 방법으로 Slow-Start 알고리즘을 사용한다.
③ TCP는 UDP와 같이 데이터의 전송 전에 연결을 설정하지 않고 상태 정보를 유지한다.
④ 각 TCP 접속의 종단에 일정 크기의 버퍼를 가지고 있어서 흐름제어와 혼잡제어를 수행한다.

해설

전송계층은 TCP 제어와 함께 흐름제어, 혼잡제어, 오류제어의 역할을 한다. UDP는 Connectionlee하고 TCP가 Connection Oriented한다.

06 OSI 7계층의 각 계층별 기능 중 종점 간의 오류수정과 흐름제어를 수행하여 신뢰성 있고 투명한 데이터 전송을 제공하는 계층은? (2013-1차)(2020-2차)

① 데이터링크계층
② 네트워크계층
③ 트랜스포트계층
④ 세션계층

해설

종점 간의 오류수정과 흐름제어를 수행하여 신뢰성 있고 투명한 데이터 전송을 제공하는 계층은 TCP가 속한 전달계층(Transport Layer)이다.

07 다음 중 네트워크의 호스트 간 패킷 전송에서 슬라이딩 윈도우 흐름제어 기법에 대한 설명으로 틀린 것은? (2023-2차)

① 송신측에서 ACK(확인응답) 프레임을 수신하면 윈도우 크기가 늘어난다.
② 윈도우는 전송 및 수신측에서 만들어진 버퍼의 크기를 말한다.
③ ACK(확인응답) 수신 없이 여러 개의 프레임을 연속적으로 전송할 수 있다.
④ 네트워크에 혼잡현상이 발생하면 윈도우 크기를 1로 감소시킨다.

해설

송신측에서는 ACK 프레임을 수신하지 않더라도 여러 개의 프레임을 연속적으로 전송할 수 있다.

Sliding Window

Window	송신, 수신 양쪽에서 버퍼의 크기 수신측에서 설정한 윈도우 크기만큼 송신측에서 확인응답 없이 세그먼트를 전송할 수 있게 하여 데이터 흐름을 동적으로 조절하는 기법이다. 이를 통해 송신측에서는 ACK 프레임을 수신하지 않더라도 여러 개의 프레임을 연속적으로 전송할 수 있다.
동작방식	먼저 윈도우에 포함되는 모든 패킷을 전송하고, 그 패킷들의 전달이 확인되는 대로 이 윈도우를 옆으로 옮기면서 다음 패킷들을 전송한다.
Window Size	호스트들은 송신하기 위한 것과 수신하기 위한 2개의 Window를 가지고 있다. 실제 데이터를 보내기 전에 '3 Way Handshaking'을 통해 수신 호스트의 Receive Window Size에 자신의 Send Window Size를 맞추게 된다.

기출유형 12 ▶ TCP(Transmission Control Protocol)

다음 중 OSI 7계층과 TCP/IP 프로토콜의 관계에 대한 설명으로 옳지 않은 것은? (2015-2차)(2019-3차)

① TCP/IP 프로토콜은 OSI 참조모델보다 먼저 개발되었다.
② TCP/IP 프로토콜의 계층구조는 OSI 모델의 계층구조와 정확하게 일치하지 않는다.
③ OSI 모델은 7개 계층으로 TCP/IP 프로토콜은 4개 계층으로 구성되어 있다.
④ OSI 모델의 상위 4개 계층은 TCP/IP 프로토콜에서 응용계층으로 표현된다.

해설

OSI 모델의 상위 세 개 계층인 Application, Presentation, Session Layer가 TCP/IP 프로토콜에서 응용계층으로 표현된다.

| 정답 | ④

족집게 과외

TCP/IP 탄생

1982년	1969년 미국방성에서 발표된 ARPANET을 기반으로 1982년 TCP/IP가 발표되었다.
1983년	TCP/IP는 미국방성 표준 인터넷 프로토콜로 채택되었으며, 이때 국방부의 MILNET은 ARPANET으로부터 분리 독립하게 되었다.

※ OSI 7계층은 통신하는 구조를 7개의 계층으로 분리하여 ISO(국제표준화기구)가 1984년에 발표했다.

OSI 7 Layer Model	TCP/IP Model
Application Layer	Application Layer
Presentation Layer	
Session Layer	
Transport Layer	Transport Layer (공통)
Network Layer	Internet Layer
Data Link Layer	Network Interface (N/W Access Layer)
Physical Layer	

더 알아보기

구분	내용
Application Layer	TCP/IP Model로 대체 되면서 OSI의 상위 계층(Application, Presentation, Session)이 Application 계층 하나로 통일되었다.
Transport Layer	네트워크 종단(End point) 시스템 간의 데이터를 일관성 있고 투명한 데이터 전송을 제공할 수 있도록 두 종단 간(End to End)에 오류 복구와 흐름제어를 제공한다.
Internet layer	많은 네트워크들의 연결로 이루어지는 네트워크 간에 IP주소를 이용해 길을 찾고(Routing) 다음 라우터에게 데이터를 넘겨주는 역할을 한다.
Network layer	OSI 7 Layer 기준으로 Datalink와 Physical Layer의 역할을 한다.

❶ TCP/IP(Transmission Control Protocol/Internet Protocol)

OSI 7 Layer의 주요 목적은 이질적인 시스템간 상호 접속을 위해 공통적인 기반을 제공하는 데 있었다. 이후 Update되어 TCP/IP 모델이 현재 사용되고 있으며 전송 제어 프로토콜(Transmission Control Protocol)은 인터넷 프로토콜(IP)과 함께 TCP/IP라는 명칭으로도 사용되고 있다. TCP는 데이터의 안정적인 전송을 보장하는 몇 가지 기능을 제공한다.

구분	내용
흐름 제어	수신기가 과부하 되지 않도록 데이터 전송 속도를 조절하는 것이다.
혼잡 제어	네트워크가 혼잡할 때 전송 속도를 늦춰 네트워크 혼잡을 방지하는 데 도움을 준다.
오류 감지 및 복구	Checksum과 확인 응답을 사용하여 데이터를 확인한다.

이를 통해 오류 없이 전송되며 손실된 패킷을 복구할 수 있다. TCP는 기본적으로 IP와 함께 사용되어 TCP/IP라고 불리며, IP 프로토콜의 상위 레벨 프로토콜로써, IP가 제공하지 못하는 기능인, 데이터 누락검사, 패킷 순서 뒤바뀜 등 데이터 교정과 관련된 기능을 수행한다. 이러한 TCP의 기능상 특징으로 흔히 TCP를 '신뢰성 있는 프로토콜' 또는 '연결지향 프로토콜'이라고 한다. TCP는 하나의 연결을 통해서 읽기와 쓰기를 모두 할 수 있는 Full-duplex 방식의 통신을 지원한다.

❷ 설명(Explanation)

TCP는 웹 브라우저, 전자 메일 클라이언트, 파일 전송 프로그램을 포함한 많은 응용 프로그램에서 인터넷과 다른 네트워크를 통해 안정적으로 데이터를 전송하는 데 사용되고 있다. TCP의 헤더 구조는 아래와 같다.

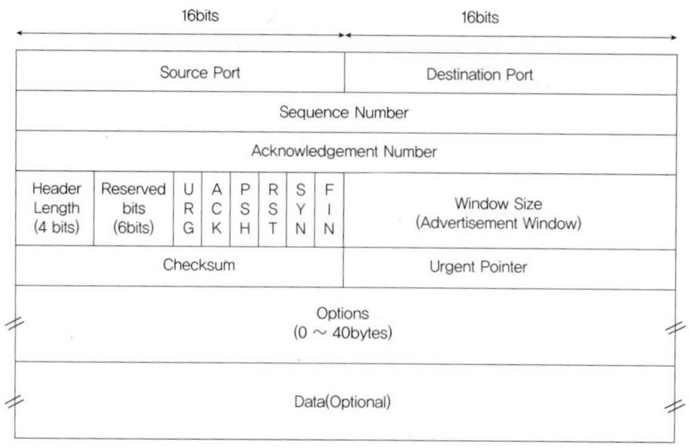

16bits 16bits

Source Port | Destination Port

Sequence Number

Acknowledgement Number

Header Length (4 bits) | Reserved bits (6bits) | URG | ACK | PSH | RST | SYN | FIN | Window Size (Advertisement Window)

Checksum | Urgent Pointer

Options (0 ~ 40bytes)

Data(Optional)

구분	내용
Source Port Number	패킷을 보내는 호스트 Port로서 메시지를 보내는 측에서 통신을 위해 사용하는 Port 번호이다.
Destination Port Number	패킷을 받는 호스트 Port로서 목적지, 즉 메시지를 받는 측의 통신 Port 번호이다.
Sequence Number	데이터 흐름을 TCP Segment에 담을 때 첫 byte의 데이터 식별값을 저장한다. TCP 세그먼트 안의 데이터의 송신 바이트 흐름의 위치를 가리키는 것으로 다른 호스트로 전달되는 세그먼트는 여러 개의 서로 다른 경로를 거치며 세그먼트의 순서가 뒤바뀔 수 있다. 이를 수신측에서 재조립하기 위해 사용되는 Number이다.
Acknowledgement Number	성공적으로 받은 마지막 byte의 데이터 Sequence Number+1을 가리킨다. 수신자의 입장에서 송신자로부터 앞으로 받아야 할 다음 데이터의 Sequence Number이다. 한쪽이 보낸 최초의 ACK는 반대쪽의 초기 Sequence Number 자체에 대한 확인 응답이 되며 데이터에 대한 응답은 포함되지 않는다.
Header Length	TCP Header의 길이이다(Option 영역 때문에 필요).
Reserved	향후 미래에 사용하기 위해 남겨둔 예비 필드이며 0으로 채워진다.
Urg	Urgent(긴급) Point로 사용된다.
ACK	Acknowledgement Number를 나타낸다.
Psh	Receiver는 가능한 한 빨리 이 데이터를 어플리케이션에 넘긴다.
Rst	Connection을 Reset 한다.
Syn	Connection을 초기화하기 위해서 Sequence Number를 동기화한다.
Fin	Sender는 데이터를 보내는 일을 중단한다.
Window Size	TCP Flow 제어를 제공한다.
Checksum	TCP Segment 전체에 대해 계산을 한다. Sender에 의해 계산, 저장하고 Receiver에 의해 확인한다.
Urgent Point	URG Flag가 On 시 유효, 긴급한 데이터를 전송하기 위해 사용한다.
Option	가장 일반적인 Option은 Maximum Segment Size Option(MSS)이다.

기출유형 완성하기

정답 01 ② 02 ③ 03 ① 04 ③

01 TCP/IP 관련 프로토콜 중 응용계층이 아닌 것은? (2022-3차)

① SMTP ② ICMP
③ FTP ④ SNMP

해설
ICMP는 OSI 7 Layer 기준 Network Layer에서 동작한다.
② ICMP(Internet Control Message Protocol): Ping과 같이 네트워크 점검
① SMTP(Simple Maile Transfer Protocol): 메일 전송
③ FTP(File Transfer Protocol): 파일 송수신
④ SNMP(Simple Network Management Protocol): 통신망 관제를 위한 NMS 연계 프로토콜

02 OSI 7계층과 TCP/IP 프로토콜의 관계에 대한 설명으로 틀린 것은? (2022-2차)

① OSI 모델은 7개 계층으로, TCP/IP 프로토콜은 4개 계층으로 구성되어 있다.
② TCP/IP 프로토콜의 계층구조는 OSI 모델의 계층구조와 정확하게 일치하지 않는다.
③ TCP는 OSI 참조모델의 네트워크계층에 대응되고, IP는 트랜스포트계층에 대응된다.
④ TCP/IP 프로토콜은 OSI 참조모델보다 먼저 개발되었다.

해설
③ TCP는 OSI 참조모델의 트랜스포트계층에 대응되고, IP는 네트워크계층에 대응된다.

TCP/IP 탄생

1982년	1969년 미국방성에서 발표된 ARPANET을 기반으로 1982년 TCP/IP가 발표되었다.
1983년	TCP/IP는 미국방성 표준 인터넷 프로토콜로 채택되었으며, 이때 국방부의 MILNET은 ARPANET으로부터 분리 독립하게 되었다.

※ OSI 7계층은 통신하는 구조를 7개의 계층으로 분리하여 ISO(국제표준화기구)가 1984년에 발표함

03 다음 중 TCP/IP 프로토콜에 관한 설명으로 거리가 먼 것은? (2021-2차)

① TCP/IP는 De jure(법률) 표준이다.
② IP는 ARP, RARP, ICMP, IGMP를 포함한다.
③ 인터넷에서 사용하는 프로토콜이다.
④ TCP는 신뢰성 있는 스트림 전송 포트 대 포트 프로토콜이다.

해설
표준(Standard)은 크게 사실표준과 법률표준으로 구분된다.
- 사실표준(De Facto Standard): 공식기관에 의해 입법화된 표준은 아니나 널리 현재 산업계에서 사용되는 표준(TCP/IP)을 말한다(예 TCP/IP Mode).
- 법률표준(De Jure Standard): 공식기관에 의해 입법화된 표준이다(예 OSI 7 Layer Model).
- OSI 7 Layer: 서로 다른 종류의 정보 처리 시스템 간을 접속하여 상호 간의 정보 교환과 데이터 처리를 위해 국제적으로 표준화된 망 구조를 일컫는다.

04 다음 중 TCP에 대한 설명으로 틀린 것은? (2014-2차)(2018-1차)

① TCP는 트랜스포트계층의 프로토콜이다.
② TCP에서는 혼잡을 회피하기 위한 방법으로 Slow-Start 알고리즘을 사용한다.
③ TCP는 UDP와 같이 데이터의 전송 전에 연결을 설정하지 않고 상태정보를 유지한다.
④ 각 TCP 접속의 종단에 일정 크기의 버퍼를 가지고 있어서 흐름제어와 혼잡제어를 수행한다.

해설
UDP는 데이터 전송 전에 연결을 설정하지 않고 상태정보를 유지한다. 그러나 TCP는 사전에 연결을 설정한 후 신뢰성 기반에 통신을 지원한다. TCP는 Connection-Oriented이고 UDP는 Connectionless로 보낸다.

05 **인터넷 프로토콜 중 TCP 및 IP 계층은 ISO의 OSI 모델 7계층 중 각각 어느 계층에 대응하는가?** (2016-3차)(2021-1차)

① 물리계층 – 데이터링크계층
② 네트워크계층 – 세션계층
③ 전송계층 – 물리계층
④ 전송계층 – 네트워크계층

해설

TCP는 전송 계층을 IP는 네트워크계층에 대응된다.

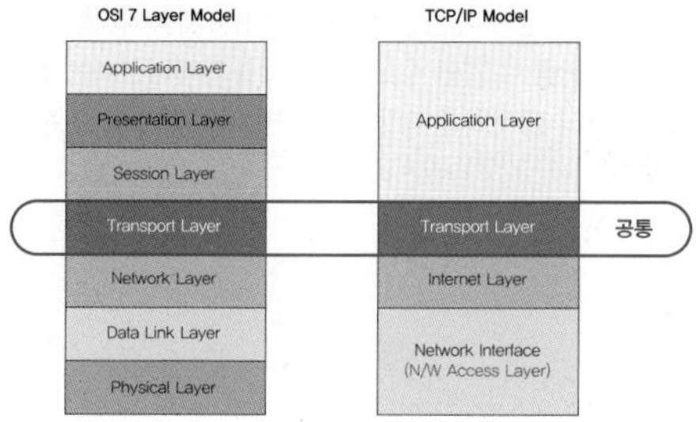

- Application, Presentation, Session Layer → Application Layer
- Network Layer → Internet Layer
- Datalink + Physical Layer → Network Access Layer 또는 Network Interface

06 **다음 중 OSI 7계층과 TCP/IP 프로토콜의 관계에 대한 설명으로 옳지 않은 것은?** (2015-2차)(2016-3차)

① TCP/IP 프로토콜은 OSI 참조모델보다 먼저 개발되었다.
② TCP/IP 프로토콜의 계층구조는 OSI 모델의 계층구조와 정확하게 일치하지 않는다.
③ OSI 모델은 7개 계층으로 TCP/IP 프로토콜은 4개 계층으로 구성되어 있다.
④ OSI 모델의 상위 4개의 계층은 TCP/IP 프로토콜에서 응용계층으로 표현된다.

해설

④ OSI 모델의 상위 3개의 계층은 TCP/IP 프로토콜에서 응용계층으로 표현된다.

Application, Presentation, Session Layer → Application Layer

07 **다음 중 TCP 프레임의 헤더 구조에 대한 설명으로 틀린 것은?** (2022-1차)

① 순차 번호(Sequence Number) 필드는 송신 TCP로부터 수신 TCP로 송신되는 데이터 스트림 중 마지막 바이트를 지정한다.
② 응답 번호(Acknowledgement Number)는 응답제어 비트가 설정되어 있을 때에만 제공된다.
③ 헤더 길이(HLEN)는 TCP Segment에 있는 헤더의 길이를 4바이트 워드 단위로 나타낸다.
④ Window Size는 수신부가 응답필드에서 지정한 번호부터 수신할 수 있는 바이트의 수를 표시한다.

해설

순차 번호(Sequence Number) 필드는 연속적인 데이터 유무를 확인해 준다. 데이터 흐름을 TCP Segment에 담을 때 첫 byte의 데이터 식별값을 저장한다(마지막이 아닌 첫째 Byte이다). Sequence Number는 TCP 세그먼트 안의 데이터의 송신 바이트 흐름의 위치를 가리킨다. 세그먼트는 여러 개의 서로 다른 경로를 거치면서 순서가 뒤바뀔 수 있고 이를 수신측에서 재조립하기 위해 사용되는 Number이다.

08 **다음 중 TCP의 특징이 아닌 것은?** (2019-2차)

① 접속형 프로토콜
② 신뢰성 서비스
③ 데이터그램 서비스
④ 혼잡 제어

해설

Datagram 서비스는 Connectionless한 UDP 서비스이다.

정답 09 ① 10 ② 11 ④ 12 ④

09 다음 중 TCP와 UDP 헤더의 구조에 대한 설명으로 틀린 것은? (2013-2차)(2015-1차)(2018-3차)

① TCP 세그먼트의 헤더는 8바이트인 반면, UDP는 20바이트의 크기를 갖는다.
② TCP 포트 번호는 UDP 포트 번호와 서로 독립적이다.
③ TCP에서는 강제적으로 검사합(Checksum)을 수행하는 반면, UDP는 검사합을 선택적으로 수행한다.
④ UDP는 비연결형 방식이고, TCP는 연결형 방식이다.

해설
UDP 세그먼트의 헤더는 8byte인 반면, TCP는 20byte의 크기를 갖는다.

10 다음 중 포트(Port) 주소에 대한 설명으로 틀린 것은? (2023-1차)

① TCP와 UDP가 상위 계층에 제공하는 주소 표현이다.
② TCP 헤더에서 각각의 포트주소는 32bit로 표현한다.
③ 0~1023까지의 포트번호를 Well-Known Port라고 한다.
④ Source Port Address와 Destination Port Address로 구분한다.

해설
TCP 헤더에서 전체 주소가 32bit이고 송신지 포트 16bit, 목적지 포트 16bit로 구성된다.

TCP 세그먼트 형식

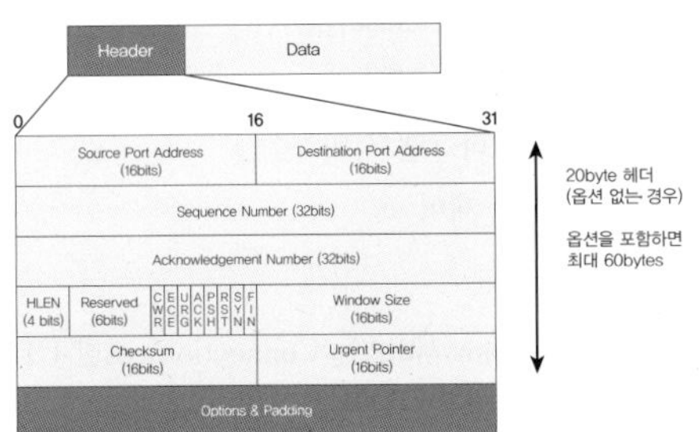

11 다음 중 TCP(Transmission Control Protocol)의 주요 서비스 기능이 아닌 것은? (2017-2차)

① 두 프로세스 간의 연결을 설정, 유지, 종료시키는 기능
② 에러 제어를 위한 메커니즘 제공
③ 포트번호를 사용하여 송수신 간 다중연결 허용
④ 데이터 표현방식, 상이한 부호체계 간의 변화에 대하여 규정

해설
여섯 번째 계층인 프리젠테이션 계층에서는 압축이나 암호화를 수행할 수도 있다. 애플리케이션과는 동떨어진 데이터 형식의 전송을 위한 변환이 6계층이 하는 역할이다.

12 데이터 통신 프로토콜인 UDP(User Datagram Protocol)와 비교할 때 TCP(Transmission Control Protocol)의 장점이 아닌 것은? (2023-2차)

① 전송 전 연결설정
② 흐름제어
③ 혼잡제어
④ 멀티캐스팅 가능

해설
TCP와 멀티캐스트 기능은 상관이 없다. 멀티캐스팅을 위해 IGMP(Internet Group Message Protocol) 프로토콜을 별도 사용한다.

구분	내용
흐름 제어	수신기가 과부하 되지 않도록 데이터 전송 속도를 조절하는 것이다.
혼잡 제어	네트워크가 혼잡할 때 전송 속도를 늦춰 네트워크 혼잡을 방지하는 데 도움을 준다.
오류 감지 및 복구	체크섬과 확인 응답을 사용하여 데이터를 확인한다.

기출유형 13 ▶ UDP(User Datagram Protocol)

다음 중 UDP에 대한 설명으로 옳지 않은 것은? (2016-2차)

① 신뢰성을 제공하지 않는다.
② 연결설정 없이 데이터를 전송한다.
③ 연결 등에 대한 상태 정보를 저장하지 않는다.
④ TCP에 비해 오버헤드의 크기가 크다.

해설

- UDP는 연결지향이 아니어서 TCP에 비해 오버헤드가 작다.
- UDP는 16bit 필드 4개로 구성되어 있다(4 x 16 = 64bit = 8byte).
- TCP는 옵션이 없는 경우 20byte 헤더 크기가 필요하다.

| 정답 | ④

족집게 과외

UDP의 주요 특징으로 비상태 정보(Non-state), 비연결형(Connectionless), 최선형 서비스(Best Effort Sevice) 비정규적인 송신률(Non-Regulated Send Rate)을 기본으로 한다.

UDP 세그먼트 형식

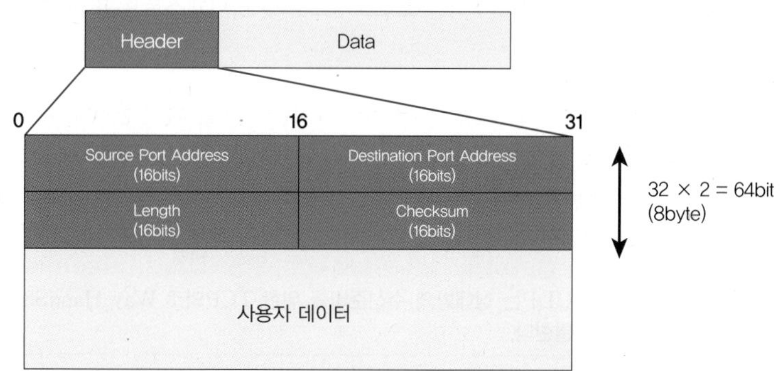

※ TCP는 옵션이 없는 경우 20byte 헤더 크기이고 옵션이 있는 경우 60byte의 헤더 크기가 필요하다.

더 알아보기

UDP는 TCP/IP 트랜스포트계층에서 오버헤드가 적고 매우 빠른 전달서비스를 제공하며, 신뢰성이 없는 비연결형 프로토콜이다.

구분	내용
Source Port	송신측 포트번호
Destination Port	수신측 포트번호
Length	헤더와 데이터 크기
Checksum	데이터의 훼손유무 확인
Data	UDP 데이터를 포함

❶ UDP(User Datagram Protocol)

UDP는 인터넷 프로토콜(IP) 제품군의 통신 프로토콜로서 네트워크를 통해 데이터를 전송하는 데 사용된다. 연결 지향적이고 신뢰할 수 있는 데이터 전송을 제공하는 TCP(Transmission Control Protocol)와 달리 UDP는 신뢰할 수 없지만 빠른 데이터 전송을 제공하는 무연결 프로토콜이다.

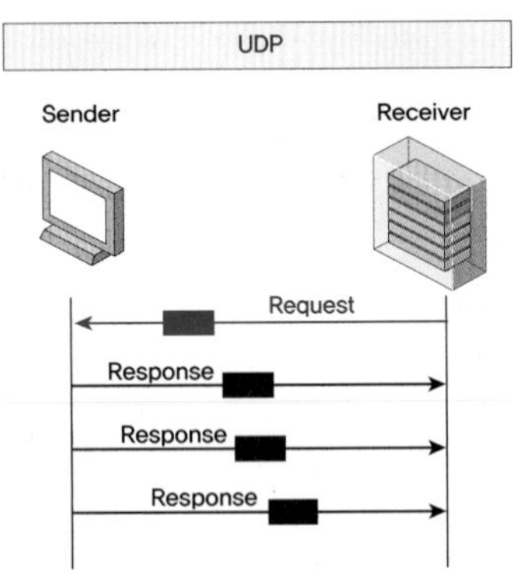

- UDP는 패킷이 올바른 순서로 전달되거나 수신되는 것을 보장하지 않으며, 손실된 패킷의 오류 수정 또는 재전송을 제공하지 않는다. 대신 UDP는 데이터그램의 형태로 데이터를 전송하는데, 이는 서로 독립적으로 전송되는 개별 데이터 패킷이다.
- UDP의 주요 장점 중 하나는 낮은 오버헤드이다. UDP는 연결을 설정하거나 오류 검사 및 재전송을 수행할 필요가 없기 때문에 TCP보다 더 빠르고 네트워크 정체에 영향이 더 적다. 그러나 이러한 속도는 신뢰성을 희생하며, UDP는 파일 전송이나 이메일과 같이 데이터 전송을 보장해야 하는 애플리케이션에는 적합하지 않다.

TCP	데이터의 분실, 중복, 순서가 뒤바뀜 등을 자동으로 보정해주어 송신, 수신 데이터의 정확한 전달을 할 수 있도록 지원해준다.
UDP	IP가 제공하는 간단한 IP 상위 계층의 프로토콜이다. TCP와는 다르게 에러가 날 수도 있고, 재전송이나 순서가 뒤바뀔 수도 있어서 이와 같은 경우, 어플리케이션에서 별도로 처리한다.

UDP는 온라인 게임이나 스트리밍 비디오와 같이 신뢰성보다 속도가 중요한 실시간 응용 프로그램에서 종종 사용되며 데이터를 여러 수신자에게 동시에 전송해야 하는 브로드캐스트 및 멀티캐스트 응용 프로그램에도 사용되고 있다.

❷ UDP 동작

UDP는 송신지에서 다른 수신지로 데이터 통신을 하기 위한 규약(프로토콜)의 일종이다. UDP는 세계 통신표준으로 개발된 OSI 모델에서 4번째 계층인 전송계층(Transport Layer)에서 사용하는 규약으로 소스 포트는 데이터그램을 보내는 애플리케이션의 UDP 포트 번호를 사용한다.

구분		내용
데이터 전달 과정	정상 전달	UDP는 상대방의 수신준비를 위한 TCP의 3 Way HandShaking 없이 데이터를 전달한다.
	전달 중 손실	데이터 전달 중 손실이 발생된 경우, 해당 데이터를 폐기할 뿐 다시 요청하지 않는다.
	잘못된 포트 접속 시도	대상 서버가 제공하지 않는 포트로 접속 시도 시 UDP 프로토콜에는 에러처리기능이 없기 때문에 ICMP 프로토콜이 대신 처리한다.
헤더 구조 단순		UDP 프로토콜의 주요 목적은 애플리케이션 계층에 데이터그램을 노출하는 것이다. 그렇기 때문에 UDP 프로토콜의 헤더구조는 단순하다(RFC 768).
재전송 없음		UDP는 사라지거나 훼손된 데이터그램을 재전송하지 않는다.
중복 제거		UDP는 순서가 잘못된 데이터그램의 시퀀스하고 중복된 데이터그램을 제거한다.
32bit(=8Byte)		UDP는 16비트 필드 4개로 구성되어 있다(4×16 = 64비트 = 8byte).

UDP를 사용하는 이유는 데이터의 신속성으로 데이터의 처리가 TCP보다 빠르기 때문이다. 주로 실시간 방송과 온라인 게임에서 사용된다. DNS(Domain Name Service)에서도 UDP를 사용하는데 그 이유는 Request의 양이 작아서 UDP Request에 담아서 처리하기 용이하기 때문이다. 즉, TCP의 3 Way Handshaking으로 연결을 유지할 필

요가 없어 별도 오버헤드가 발생하지 않는 장점이 있다. TCP에서 Request에 대한 손실 처리를 UDP에서는 Application Layer에서 제어를 해준다. DNS 경우 Port 53번을 사용하지만 512byte(UDP 제한)를 넘는 경우에는 TCP를 사용해야 한다.

❸ QUIC(Quick UDP Internet Connections)

QUIC 프로토콜은 Google을 통해 개발이 진행되었고, 지금은 표준 등록을 하고 있는 프로토콜이다. 2014년에 QUIC를 Google 서비스, Chrome 및 모바일 앱에 대한 배포를 시작했고 현재 QUIC는 모든 Google 관련 제품의 기본 프로토콜로 쓰이고 있다. 특히, HTTP3가 등장하면서 웹 사이트 소유자와 인터넷 사용자 모두 더 빠르고 안정적인 온라인 서비스를 요구한다. QUIC은 빠른 UDP 인터넷 연결로 알려진 전송 프로토콜이 각광 받고 있다. 2021년 5월에 IETF는 RFC 9000에서 QUIC를 표준화했으며 RFC 8999, RFC 9001 및 RFC 9002에서 지원하며 2022년 6월 7일에 IETF는 RFC 9114에서 QUIC 기반 HTTP/3을 제안된 표준으로 공식 발표되었다.

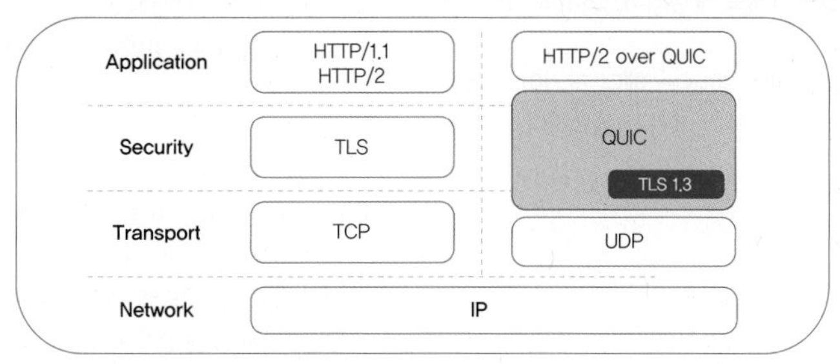

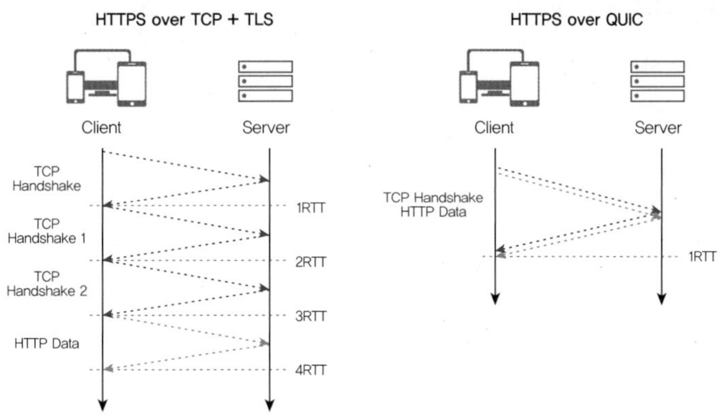

QUIC = HTTP/2 + TLS + UDP인 반면 UDP + QUIC = 전송계층이다. QUIC은 UDP를 전송 프로토콜로 채택하여 TCP보다 대기 시간이 짧고 처리량이 높으며 TCP를 방해할 수 있는 네트워크를 우회할 수 있다. QUIC에는 TLS 1.3 기반의 내장 암호화 프로토콜이 포함되어 있어 End Point 간에 보안 통신을 제공하고 제3자가 인터넷 트래픽을 가로채고 조작하는 것을 더 어렵게 만든다.

QUIC 장점

- 전송 계층은 UDP를 사용하여 TCP 3방향 Handshake에서 하나의 1−RTT 지연을 줄인다.
- TLS 프로토콜 채택인 TLS 1.3은 클라이언트가 TLS Handshake가 완료되기 전에 애플리케이션 데이터를 보낼 수 있도록 하여 1−RTT 및 0−RTT를 모두 지원한다.
- QUIC 프로토콜을 사용하면 첫 번째 Handshake 협상에 1−RTT가 걸리지만 이전에 연결된 클라이언트는 캐시된 정보를 사용하여 0−1 RTT만으로 TLS 연결을 복원할 수 있다.

정답 01 ④ 02 ④ 03 ③ 04 ① 05 ④

01 다음 중 UDP에 대한 설명으로 옳지 않은 것은? (2013-1차)(2015-2차)(2016-2차)(2021-1차)

① 신뢰성을 제공하지 않는다.
② 연결설정 없이 데이터를 전송한다.
③ 연결 등에 대한 상태 정보를 저장하지 않는다.
④ TCP에 비해 오버헤드의 크기가 크다.

해설

- UDP는 TCP에 비해 오버헤드의 크기가 작다.
- UDP는 16비트 필드 4개로 구성되어 있다(4×16 = 64비트 = 8byte).
- TCP는 옵션이 없는 경우 20byte 헤더 크기이고 옵션이 있는 경우 60byte의 헤더 크기가 필요하다.

02 다음 중 UDP의 특징으로 틀린 것은? (2019-3차)

① 비상태정보(Non-state)
② 비연결형(Connectionless)
③ 최선형 서비스(Best Effort Sevice)
④ 정규적인 송신률(Regulated Send Rate)

해설

정규적인 송신률(Regulated Send Rate)은 TCP에 대한 설명이다.

03 TCP/IP 트랜스포트계층에서 오버헤드가 적고 매우 빠른 전달서비스를 제공하며, 신뢰성이 없는 비연결형 프로토콜은? (2011-3차)

① IP ② TCP
③ UDP ④ ARP

해설

UDP는 TCP에 비해 오버헤드의 작다. UDP는 8byte, TCP는 20byte의 크기를 갖는다.

04 다음 중 TCP와 UDP 헤더의 구조에 대한 설명으로 틀린 것은? (2018-3차)

① TCP 세그먼트의 헤더는 8바이트인 반면, UDP는 20바이트의 크기를 갖는다.
② TCP 포트 번호는 UDP 포트 번호와 서로 독립적이다.
③ TCP에서는 강제적으로 검사합(Checksum)을 수행하는 반면, UDP는 검사합을 선택적으로 수행한다.
④ UDP는 비연결형 방식이고, TCP는 연결형 방식이다.

해설

- UDP는 16비트 필드 4개로 구성되어 있다(4×16 = 64비트 = 8byte).
- TCP는 옵션이 없는 경우 20byte 헤더 크기이고 옵션이 있는 경우 60byte의 헤더 크기가 필요하다.
- TCP 세그먼트의 헤더는 20바이트인 반면, UDP는 8바이트의 크기를 갖는다.

05 다음 중 TCP/IP 프로토콜 스택(구조)의 Internetwork Layer에서 사용되는 프로토콜이 아닌 것은? (2017-1차)

① IP
② ARP
③ ICMP
④ UDP

해설

UDP는 OSI 모델에서 네 번째 계층인 전송 계층(Transport Layer)에서 사용하는 규약으로 소스 포트는 데이터그램을 보내는 애플리케이션의 UDP 포트 번호를 사용한다.

06 다음 중 UDP(User Datagram Protocol)의 주요 특징으로 틀린 것은? (2013-3차)(2017-1차)

① 신뢰성 있는 연결형 트랜스포트 서비스 프로토콜이다.
② 데이터 전송을 블록 단위로 수행한다.
③ 전송 데이터에 대한 전송 확인 및 안정성에 대해서는 고려하지 않는다.
④ 다수의 상대자에게 메시지를 전송하는 경우에 적합하다.

해설
신뢰성 있는 전송은 TCP에 대한 설명이다.

07 다음 중 인터넷 프로토콜에 대한 설명으로 틀린 것은? (2010-2차)

① UDP는 연결형(Connection-oriented) 프로토콜이다.
② TCP 및 UDP는 전달계층에 해당된다.
③ TCP 및 UDP는 IP 상위에서 동작한다.
④ ICMP는 IP에서 발생하는 문제를 처리하기 위한 프로토콜이다.

해설
① UDP는 비연결형(Connectionless) 프로토콜이다.

08 다음 [보기]에서 설명하는 프로토콜로 적합한 것은? (2023-2차)

〈보기〉
- 헤더 정보는 단순하고 속도가 빠르지만 신뢰성이 보장되지 않는다.
- 데이터 전송 중 일부 데이터가 손상되더라도 큰 영향을 받지 않는 서비스에 활용된다.
- 실시간 인터넷 방송 또는 인터넷 전화 등에 사용된다.

① IP(Internet Protocol)
② TCP(Transmission Control Protocol)
③ UDP(User Datagram Protocol)
④ ICMP(Internet Control Message Protocol)

해설
UDP의 특징

구분		내용
데이터 전달 과정	정상 전달	UDP는 상대방의 수신준비를 위한 TCP의 3 Way HandShaking 없이 데이터를 전달한다.
	전달 중 손실	데이터 전달 중 손실이 발생된 경우, 해당 데이터를 폐기할 뿐 다시 요청하지 않는다.
	잘못된 포트 접속 시도	대상 서버가 제공하지 않는 포트로 접속 시도 시 UDP 프로토콜에는 에러처리기능이 없기 때문에 ICMP 프로토콜이 대신 처리한다.
헤더구조 단순		UDP 프로토콜의 주요 목적은 애플리케이션 계층에 데이터그램을 노출하는 것이다. 그렇기 때문에 UDP 프로토콜의 헤더구조는 단순하다(RFC 768).
재전송 없음		UDP는 사라지거나 훼손된 데이터그램을 재전송하지 않는다.
중복 제거		UDP는 순서가 잘못된 데이터 그램의 시퀀스하고 중복된 데이터그램을 제거한다.
32bit(=8Byte)		UDP는 16비트 필드 4개로 구성되어 있다(4 × 16 = 64비트 = 8byte).

기출유형 14 ▸ IPv4(IP version 4)

다음 IP 주소들이 어느 클래스에 속하는 지를 알맞게 연결한 것은? (2015-3차)(2017-2차)(2021-3차)

ⓐ 165.132.124.65
ⓑ 210.150.165.140
ⓒ 65.80.158.57

① ⓐ C 클래스, ⓑ E 클래스, ⓒ D 클래스
② ⓐ A 클래스, ⓑ B 클래스, ⓒ C 클래스
③ ⓐ B 클래스, ⓑ C 클래스, ⓒ A 클래스
④ ⓐ A 클래스, ⓑ B 클래스, ⓒ D 클래스

해설

- A Class 0.0.0.0~127.255.255.255(단, 127. x. x. x는 사전에 Host에서 미사용으로 제외함)
- B Class 128.0.0.0~191.255.255.255
- C Class 192.0.0.0~223.255.255.255
- D Class 224.0.0.0~239.255.255.255
- E Class 240.0.0.0~255.255.255.255

| 정답 | ③

족집게 과외

A Class	B Class	C Class	D Class	E Class
0~127	128~191	192~223	224~239	240~255

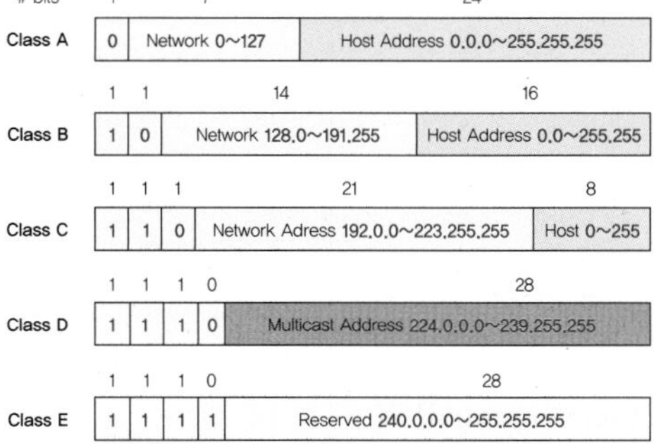

더 알아보기

A Class	0NNN NNNN.HHHH HHHH.HHHH HHHH.HHHH HHHH
B Class	10NN NNNN.NNNN NNNN.HHHH HHHH.HHHH HHHH
C Class	110N NNNN.NNNN NNNN.NNNN NNNN.HHHH HHHH

❶ IPv4(Internet Protocol version 4) 주소

IPv4는 인터넷을 포함한 네트워크의 장치를 식별하고 통신하는데 사용하는 프로토콜이다. IPv4는 32비트 주소 공간을 사용하는데, 이는 약 43억 개의 고유 IP 주소를 지원할 수 있음을 의미한다.

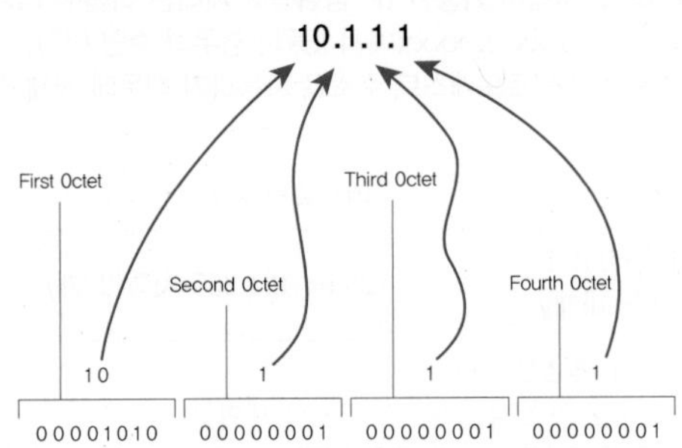

IPv4 주소는 일반적으로 마침표로 구분된 네 개의 십진수(예 10.1.1.1)로 표시된다. 각 숫자는 32비트 주소의 1byte를 나타내며 0에서 255 사이의 범위를 가질 수 있다. IPv4 주소는 인터넷상에서 장치 간에 데이터를 라우팅하는데 사용된다. 장치가 다른 장치로 데이터를 보낼 때 데이터 패킷에 대상 장치의 IP 주소가 포함되며 인터넷의 라우터는 이 정보를 사용하여 패킷을 목적지로 보낸다.

IPv4 주소 수량은 약 40억 개로 제한되어 있으며 사용 가능한 주소가 부족해질 위험이 있어서 이를 해결하기 위해 IPv6가 도입되었는데, 이는 IPv4(40억 개)보다 훨씬 더 큰 128비트 주소 공간(40억×40억×40억×40억)을 사용하고 훨씬 더 많은 고유 주소를 지원할 수 있다. 주요 특징은 아래와 같다.

IPv4 특징

- IP 주소는 32개(= 32bit) 자리의 이진수 비트로 구성되어 있다.
- IP 주소는 십진수로 표현되는데 십진수 당 '.(점)'을 찍어 구분하여 표현한다.
- 하나의 네트워크 안에 IP 들은 네트워크 영역은 같은 영역이고, 호스트 IP는 서로 달라야 통신이 가능하다.
- 호스트 IP가 같은 경우 IP가 충돌이 발생하면 나중에 설정된 동일 IP는 사용이 불가능하다.
- IP를 기반으로 네트워크가 다른 경우 라우터로 이동하여 경로를 설정하지만 호스트가 같은 경우 IP가 충돌하여 나중에 설정된 호스트는 통신이 불가능하게 된다.
- IP 주소는 Class로 나누며 이를 통해 네트워크 크기가 달라지며 네트워크 그룹으로 구분된다.
- IP 주소 클래스는 크게 5개의 Class로 구성되어 있다.
- A 클래스, B 클래스, C 클래스, D 클래스 E 클래스이며 보통 A, B, C 3개 정도가 사용되며 D 클래스는 Multicast용, E 클래스는 연구용으로 사용이 예약되어 있다.

❷ IP Class 구분

1) A Class

<table>
<tr><td rowspan="4">A Class</td><td colspan="2">• A Class는 이진수 기준 0으로 시작하며 하나의 네트워크에서 가질 수 있는 호스트 수가 가장 많다.
• IP주소를 32자리 2진수로 표현했을 때, 맨 앞자리가 항상 0인 경우가 A클래스가 된다.
• 0xxx xxxx. xxxx xxxx. xxxx xxxx. xxxx xxxx 와 같으며 x는 2진수 0 또는 1이다.
• A클래스에서 가질 수 있는 이진수의 IP 범위는 00000000. 00000000. 00000000. 00000000~01111111. 11111111. 11111111. 11111111까지이며 십진수로 표현하면 0.0.0.0~127.255.255.255의 범위까지 표시할 수 있다.
• A클래스에서 첫 번째 값은 네트워크 주소, 나머는 호스트 주소를 나타낸다.
• A클래스는 1.0.0.0에서부터 126.0.0.0까지의 네트워크를 구성하며 이를 통해 0xxx xxxx가 가질 수 있는 경우의 수가 네트워크 범위이다.
• 127은 연구용으로 사전에 예약되어 있어서 1부터 126으로 시작하는 네트워크는 A클래스가 된다. 이를 통해 호스트 주소가 가질 수 있는 IP의 개수는 $2^{24}-2$개가 된다. 여기서 −2를 빼주는 이유는 모두가 1인 경우 브로드캐스트 주소로 사용하고 모두 0인 경우에는 네트워크 주소로 사용하기 때문에 이를 제외한다.</td></tr>
<tr><td>2진수(N 네트워크, H 호스트)</td><td>네트워크 시작 번호(개수)</td></tr>
<tr><td>0NNN NNNN. HHHH HHHH. HHHH HHHH. HHHH HHHH(0 시작, N 네트워크 bit 7개, H 호스트 bit 24개)</td><td>1~126 시작
(2^7-1개: 127은 제외로 −1)</td></tr>
<tr><td colspan="2">0 시작, 네트워크: 7bit, 호스트: 24bit
호스트 범위(개수): $2^{24}-2$(−2는 네트워크 주소와 브로드캐스트 주소를 제외함)</td></tr>
</table>

2) B Class

구분	내용	
B Class	B Class는 10으로 시작하며 2진수로 표현하면 10xx xxxx. xxxx xxxx. xxxx xxxx. xxxx xxxx이고 10진수로 표현할 경우 128.0.0.0 ~ 191.255.255.255까지 IP가 해당되며 네트워크 범위는 10xx xxxx. xxxx xxxx에서 이진수 x의 자리에 0 또는 1이 들어간다. 그러므로 사용이 가능한 IP 범위는 x 자리인 이진수 14개의 bit가 해당되므로 2^{14}개이며 호스트 주소 범위는 xxxx xxxx. xxxx xxxx에서 x들의 경우의 수인 $(2^{16})-2$개로 뒤에 2를 빼는 것은 A Class와 동일하게 네트워크 주소와 브로드캐스트 주소로 사용하기 때문에 전체 호스트 주소에서 제외한다.	
	2진수(N 네트워크, H 호스트)	네트워크 시작 번호(개수)
	10NN NNNN .NNNN NNNN. HHHH HHHH HHHH HHHH(10 시작, N 네트워크 bit 14개, H 호스트 bit 16개)	128.0~191.255 시작(2^{14}개)
	10 시작, 네트워크: 14bit, 호스트: 16bit 호스트 범위(개수): $2^{16}-2$(−2는 네트워크 주소와 브로드캐스트 주소를 제외함)	

3) C Class

구분	내용	
C Class	C Class는 110으로 시작한다. 2진수로 표현하면 110x xxxx. xxxx xxxx. xxxx xxxx. xxxx xxxx이며 이를 10진수로 표현할 경우 IP 범위는 192.0.0.0~223.255.255.255까지이고 네트워크 범위는 110x xxxx. xxxx xxxx. xxxx xxxx에서 x들이 가질 수 있는 경우의 수이다(x가 21개이므로 2^{21}개다). 호스트 주소 범위는 xxxx xxxx에서 x들이 가질 수 있는 경우의 수 $2^{8}-2$이다(−2는 A나 B Class의 개념과 같이 네트워크 주소, 브로드캐스트 주소 사용으로 인해 호스트 주소에서 제외한다).	
	2진수(N 네트워크, H 호스트)	네트워크 시작 번호(개수)
	110N NNNN. NNNN NNNN. NNNN NNNN. HHHH HHHH(110 시작, N 네트워크 bit 21개, H 호스트 bit 8개)	192.0.0~223.255.255 시작(2^{21}개)
	110 시작, 네트워크: 21bit, 호스트: 8bit 호스트 범위(개수): $2^{8}-2$(−2는 네트워크 주소와 브로드캐스트 주소를 제외함)	

4) Class 별 IP 주소 범위

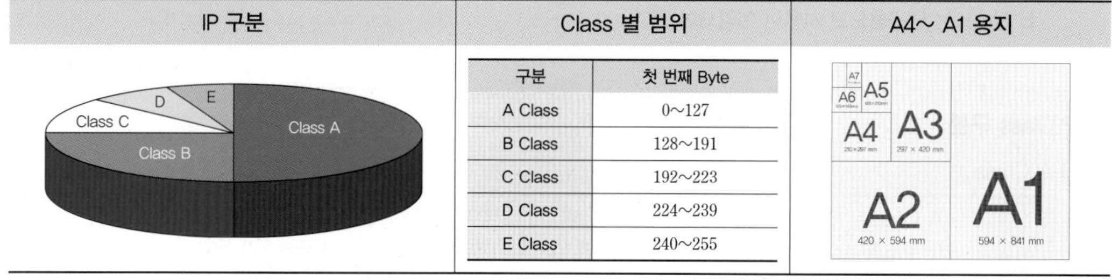

구분	첫 번째 Byte
A Class	0~127
B Class	128~191
C Class	192~223
D Class	224~239
E Class	240~255

❸ IPv4 헤더구조

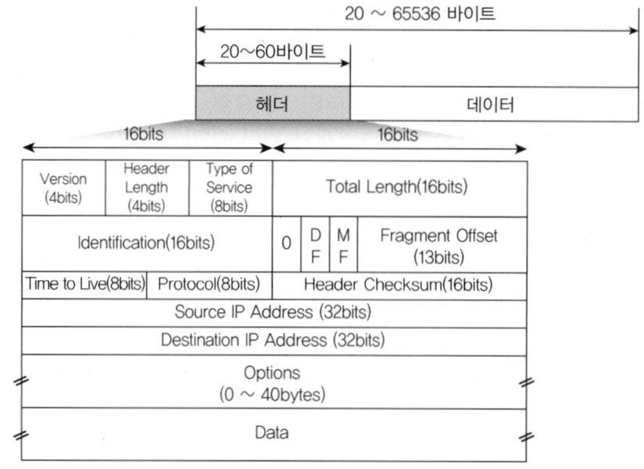

구분		내용
Version (4Bits)		이 패킷이 IPv4인지 IPv6인지 구분한다. IPv4는 4의 값을 가지며 0100으로 IPv6는 0110으로 표시된다.
IHL = IP Header Length(4Bits)		IP 헤더의 길이를 설정하는 필드이고 4bit로 이루어져 있다. • 2진수 0101 = 5이므로 곱하기 4byte 하면 20byte(옵션 없는 일반 IPv4) • 2진수 1111 = 15이므로 곱하기 4byte 하면 60byte(헤더의 최대 길이) 즉, TCP 헤더의 32비트 워드 수로서 최소값은 5이다. IPv6는 고정 크기 헤더로 기본 40byte로 고정되어 있다.
TOS		Type Of Service(8Bits), 서비스 품질에 따라 패킷의 등급 구분하며 8비트로 앞의 3비트는 우선 순위를 결정, 뒤의 5비트는 서비스 유형, 5비트 중 마지막 1비트는 사용하지 않는다. 높은 값을 우선처리 순서는 음성 > 영상 > Text 순서이다.
Total Length (16Bits)		IP 데이터그램의 총 길이 또는 단편화된 경우 IP 단편의 길이이다. 바이트 단위로 측정되며 헤더+데이터의 크기를 패킷의 전체 길이를 나타내주는 필드로서 1비트당 1바이트를 의미한다. 필드 길이가 16비트이므로, 최대한의 패킷 크기는 216－1인 65,535바이트가 패킷 하나의 최대 크기이다.
Identification (16Bits)		IP 패킷 생성 시 식별 번호로서 IP 패킷은 더 작은 조각난 패킷으로 분리되어 목적지에 전송되는 경우가 있다. 즉, 프래그먼트 패킷이라 하며 각각의 프래그먼트 패킷은 고유 번호가 같기 때문에 같은 패킷에서 조각난 것을 알 수 있다.
IP Flags (3Bits)	개념	3개의 비트로 이루어지며 프래그먼트 패킷의 상태나 생성 여부를 결정하는 플래그이다.
	x	(0×80, 예약됨, 악성 bit), Reserved Flag, 항상 0으로 설정하는 플래그이다.
	DF	(0×40, 단편화하지 않음), Don't Fragment Flag, 0이면 단편화가 가능, 1이면 분할하지 않는 설정이다.
	MF	(0×20, 더 많은 단편이 존재함), More Fragment Flag, 0이면 더이상 조각난 패킷이 없다. 1이면 아직 수신되지 않는 IP 패킷이 있다는 의미이다.
Fragment Offset (13Bits)		쪼개진 패킷의 순서이다. Fragment Offset는 항상 바이트를 8로 나눈 값을 사용한다. IP 데이터그램의 시작으로부터 Fragement Offset은 8바이트(2 워드, 64비트) 증분으로 측정된다. IP 데이터그램이 단편화된 경우, 단편화 크기(Total Length)는 8byte의 배수여야 한다.
TTL = Time To Live(8Bits)		패킷 수명을 제한하기 위한 것으로 시간은 초 단위이고 최대 수명은 255초이며 각 홉마다 감소되고 시간 구현하기 곤란한 경우 홉수로 표현한다.
Protocol (8Bits)		Network 계층에서 Datagram을 재조합할 때, 어떤 상위 프로토콜인지 알려주는 것으로 UDP 또는 TCP를 알려주며 주요 타입은 ICMP, IGMP, TCP, UDP이다. IP Protocol ID는 아래와 같다. • 1 ICMP, 2 IGMP, 6 TCP, 9 IGRP, 17 UDP, 47 GRE, 50 ESP, 51 AH • 57 SKIP, 88 EIGAP, 89 OSPF, 115 L2TP
Header CheckSum(16Bits)		IP 헤더가 생성, 수정될 때마다 IP 헤더 내 비트를 검사하는 것으로 IP 프로토콜 헤더 자체의 내용이 바르게 교환되고 있는가를 점검한다.
Source Address(32Bits)		출발지 주소를 32비트 주소로 표현한 것으로 송신지 주소를 나타낸다.
Destination Address(32Bits)		도착지 주소를 32비트 주소로 표현한 것으로 목적지 주소를 나타낸다.
Options (Variable)		추가 정보를 포함하는 차기 프로토콜을 수용하고, 헤더정보에 추가 정보를 표시한 것으로 가변길이로서 1바이트 코드로 시작한다.
Padding (Variable)		옵션을 사용하다 보면 헤더가 32비트의 정수배로 되지 않는 경우가 있어서 헤더 길이를 32비트 단위로 맞추기 위해서 사용된다. 패딩을 옵션과 함께 IP header를 효율적으로 구성할 수 있게 한다.
Data(Variable)		전송할 데이터로 전체 상위 계층 메시지이다.

전체 인터넷 프로토콜(IP) 사양은 RFC 791를 참조한다.

정답 01 ① 02 ④ 03 ② 04 ②

01 다음 중 IPv4 주소에 대한 설명으로 옳지 않은 것은? (2013-2차)

① 총 16비트로 구성되어 있다.
② Network ID 부분과 Host ID 부분으로 구성된다.
③ 모든 컴퓨터는 고유한 IP 주소를 가진다.
④ 인터넷에서 호스트에게 할당 가능한 IP 주소는 A, B, C 세 개의 Class이다.

해설
① IPv4는 8bit가 4개로 총 32bit로 구성되어 있다.

02 다음 중 IP(IPv4)의 서브넷에 대한 설명으로 틀린 것은? (2019-3차)

① IP 주소를 보다 효율적으로 낭비 없이 쓰기 위함과 적정한 주소 배정을 위함이 목적이다.
② 서브넷을 만들 때 사용하는 마스크를 서브넷 마스크라고 한다.
③ 모든 IP 주소에는 서브넷 마스크가 있는데 서브넷을 하지 않은 상태로, 즉 클래스의 기본 성질대로 쓰는 경우에는 디폴트 서브넷 마스크를 사용한다.
④ 서브넷을 한 후 IP 주소에서 호스트 부분을 전부 '1'로 한 것은 그 네트워크 자체 주소가 되고, 전부 '0'으로 한 것은 그 네트워크의 브로드캐스트 주소가 된다.

해설
서브넷을 한 후 IP 주소에서 호스트 부분을 전부 '1'로 하면 해당 네트워크에 모든 전달하는 Broadcast 되며 전부 '0'으로 한 것은 그 네트워크의 자체 주소가 된다.

03 IPv4 주소체계는 Class A, B, C, D, E로 구분하여 사용하고 있으며 Class C는 가장 소규모의 호스트를 수용할 수 있다. Class C가 수용할 수 있는 호스트 개수로 가장 적합한 것은? (2016-3차)(2017-1차)(2018-1차)

① 1개
② 254개
③ 1,024개
④ 65,536개

해설
0~255개의 IP를 사용할 수 있어 256개이나 이중 0은 네트워크 주소, 255는 Broadcast 주소로 제외해야 한다. 그러므로 254개를 호스트로 사용할 수 있다.

04 IPv4 주소체계는 Class A, B, C, D, E로 구분하여 사용하고 있으며 Class C는 가장 소규모의 호스트를 수용할 수 있다. Class C가 수용할 수 있는 호스트 개수로 가장 적합한 것은? (2012-2차)

① 1개
② 256개
③ 1,024개
④ 65,536개

해설
0~255개의 IP를 사용할 수 있어 256개이나 이중 0은 네트워크 주소, 255는 Broadcast 주소로 제외해야 한다. 그러므로 254개를 호스트로 사용할 수 있다. 254가 없어서 256으로 답을 선택하나 2012년 이후 선택지가 수정되어 254개로 바뀐 것을 위 기출문제에서 확인할 수 있다.

05 IPv4에서 B 클래스의 경우 IP 주소 범위를 바르게 나타낸 것은? (2015-1차)

① 0.0.0.0~127.255.255.255
② 128.0.0.0~191.255.255.255
③ 192.0.0.0~223.255.255.255
④ 224.0.0.0~239.255.255.255

해설

A Class	0.0.0.0~127.255.255.255
B Class	128.0.0.0~191.255.255.255
C Class	192.0.0.0~223.255.255.255
D Class	224.0.0.0~239.255.255.255
E Class	240.0.0.0~255.255.255.255

06 다음 중 IPv4의 주소 구성을 나타낸 것으로 옳은 것은? (2014-1차)

① A 클래스

1	네트워크 주소 (7비트)	호스트 주소 (24비트)

② B 클래스

0	1	네트워크 주소 (16비트)	호스트 주소 (14비트)

③ C 클래스

1	1	0	네트워크 주소 (21비트)	호스트 주소 (8비트)

④ D 클래스

1	1	1	1	브로드캐스트 주소 (28비트)

해설

구분	2진수(N 네트워크, H 호스트)
A 클래스	0NNN NNNN. HHHH HHHH. HHHH HHHH. HHHH HHHH (0 시작)
	0 시작, 네트워크: 7bit, 호스트: 24bit 호스트 범위(개수): $2^{24}-2$(−2는 네트워크 주소와 브로드캐스트 주소를 제외함)
B 클래스	10NN NNNN .NNNN NNNN. HHHH HHHH HHHH HHHH (10 시작)
C 클래스	110N NNNN. NNNN NNNN. NNNN NNNN. HHHH HHHH (110 시작)

07 인터넷에서는 네트워크와 단말기들을 유일하게 식별하기 위해 고유한 주소체계인 인터넷주소 IP를 사용한다. 다음 중 인터넷 주소 IP(IPv4)에 대한 설명으로 옳지 않은 것은? (2015-3차)(2019-3차)

① 인터넷 IP주소는 네트워크의 크기에 따라 5개의 클래스(A/B/C/D/E)로 구분되는데 그중 클래스 A는 가장 많은 호스트를 가지고 있는 큰 네트워크를 위해 할당한다.
② 인터넷 IP 주소는 64[bit]로 이루어지며, 16[bit]씩 4부분으로 나누어 사용한다.
③ 인터넷 모든 IP 주소는 InterNIC에서 할당한다.
④ 인터넷 IP 주소는 네트워크 주소와 호스트 주소로 구성한다.

해설

인터넷 IP 주소는 32[bit]로 이루어지며, 8[bit]씩 4부분으로 총 32bit로 구성되어 있다.

IP 클래스(Class)

- IP 주소는 32개(= 32bit) 자리의 이진수 비트로로 구성되어 있다.
- IP 주소는 십진수로 표현되는데 십진수 당 '.(점)'을 찍어 구분하여 표현한다.
- 하나의 네트워크 안에 IP들은 네트워크 영역은 같은 영역이고, 호스트 IP는 서로 달라야 통신이 가능하다.
- IP 주소 클래스는 크게 5개의 Class로 구성되어 있다.
- A 클래스, B 클래스, C 클래스, D 클래스 E 클래스이며 보통 A, B, C 3개 정도가 사용되며 D 클래스는 멀티캐스트용, E 클래스는 연구용으로 사용한다.

08 다음 IP 주소들이 어느 클래스에 속하는지를 알맞게 연결한 것은? (2019-2차)

> ⓐ 165.132.124.65
> ⓑ 210.150.165.140
> ⓒ 65.80.158.57

① ⓐ C 클래스, ⓑ E 클래스, ⓒ D 클래스
② ⓐ A 클래스, ⓑ B 클래스, ⓒ C 클래스
③ ⓐ B 클래스, ⓑ C 클래스, ⓒ A 클래스
④ ⓐ A 클래스, ⓑ B 클래스, ⓒ D 클래스

해설

구분	네트워크 시작 번호(개수)
A 클래스	1~126 시작 (2^7-1개: 127은 제외로 −1)
B 클래스	128.0~191.255 시작(2^{14}개)
C 클래스	192.0.0 ~223.255.255 시작(2^{21}개)

09 다음 중 IP의 특성이 아닌 것은? (2015-3차)(2017-1차)

① 비접속형　　② 신뢰성
③ 주소 지정　　④ 경로 설정

해설

IP(인터넷 프로토콜)
복잡한 인터넷망 속 수많은 노드(하나의 서버 컴퓨터)들을 지나 클라이언트와 서버가 정확하게 데이터를 전달하고 통신할 수 있게 해준다. 전송 데이터를 무사히 전송하기 위해서 IP 주소를 컴퓨터에 부여하며 지정한 IP 주소에 패킷(Packet) 단위로 데이터 전달하는 방식이다. 이를 위해 비접속형을 유지하며 별도의 주소를 지정해주며 이를 통해 Routing 경로를 설정하여 목적지를 찾아가는 역할을 한다. 신뢰성과 비신뢰성의 문제는 TCP 및 UDP와 관련되어 있다.

10 다음 중 통신프로토콜의 기능에 해당하지 않는 것은? (2017-2차)

① 오류제어　　② 연결제어
③ 메시지 전달　　④ 주소부여

해설

통신 프로토콜(Communication Protocol)
서로 다른 기기들 간의 데이터 교환을 원활하게 수행할 수 있도록 표준화한 통신 규약이다. 이를 통해 통신에 대한 오류제어, 연결제어, 주소부여를 기본으로 한다. 즉, 통신을 원활히 지원하기 위해 데이터를 분할 및 재조립하고, 각 계층마다 Encapsulation와 Decapsulation을 하여 계층 간 이동을 지원하고 이를 통해 연결제어관를 지원한다. 메시지 전달은 통신프로토콜의 기능보다 통신 본연의 기능에 가깝다.

11 다음 중 브로드캐스트 주소(Broadcast Address)에 대한 설명으로 알맞은 것은? (2015-3차)

① 데이터를 보낼 때 특정 노드에게만 데이터를 보낸다.
② 네트워크 주소에서 호스트의 비트가 모두 1인 주소이다.
③ 네트워크 검사용으로 예약된 주소이다.
④ 호스트 식별자에 127을 붙여서 사용한다.

해설

IP 주소에는 네트워크 주소와 브로드캐스트 주소가 있다. 이 두 주소는 특별한 주소로 컴퓨터나 라우터가 자신의 IP로 사용하면 안 된다. 이중 브로드캐스트 주소는 네트워크에 있는 컴퓨터나 장비 모두에게 한 번에 데이터를 전송하는 데 사용되는 전용 IP 주소이다. 따라서 전체 네트워크에 데이터를 전송하려면 호스트 IP에 255를 설정하면 된다. 10진수 255는 이진수 기준으로 호스트 비트가 8bit인 경우 모두 1인 주소이다.

12 다음 보기의 IP 주소와 서브넷 마스크를 참조할 때 다음 중 가능한 네트워크 주소는? (2023-1차)

> IP 주소: 192.156.100.68
> 서브넷 마스크: 255.255.255.224

① 192.156.100.0
② 192.156.100.64
③ 192.156.100.128
④ 192.156.100.255

해설
서브넷 마스크가 255.255.255.224이므로 255를 기준 총 32개의 IP가 설정할 수 있다.
192.156.100.0~192.156.100.31
192.156.100.32~192.156.100.63
192.156.100.64~192.156.100.95이므로
192.156.100.68은 192.156.100.64~192.156.100.95 사이에 있어서 네트워크 주소는 192.156.100.64가 된다.

13 '255.255.255.224'인 서브넷에 최대 할당 가능한 호스트 수는? (2023-1차)

① 2개
② 6개
③ 14개
④ 30개

해설
서브넷 마스크가 255.255.255.224이므로 255를 기준 총 32개의 IP가 설정가능하다. 이 중에서 네트워크 주소와 Broadcast 주소를 빼면 할당 가능한 IP는 총 32개가 된다.

14 다음 중 IP의 특성이 아닌 것은? (2021-1차)

① 비접속형 ② 신뢰성
③ 주소 지정 ④ 경로 설정

해설
IP(인터넷 프로토콜)은 복잡한 인터넷망을 통해 수 많은 노드(하나의 서버 컴퓨터)들을 지나 클라이언트와 서버가 정확하게 데이터를 전달하고, 무사히 통신할 수 있게 해준다. 전송 데이터를 무사히 전송하기 위해서 IP 주소를 컴퓨터에 부여하며 지정한 IP 주소에 패킷(Packet)이라는 통신 단위로 데이터 전달하는 방식이다. 이를 위해 비접속형을 유지하며 별도의 주소를 지정해주며 이를 통해 Routing 경로를 설정하여 목적지를 찾아가는 역할을 한다. 신뢰성과 비신뢰성의 문제는 TCP 및 UDP와 관련되어 있다.

15 IPv4 주소체계에서, IP 헤더에는 2바이트의 '프로토콜 필드'가 정의되어 있다. 프로토콜 필드에 '6'이 표시되어있는 경우에 해당되는 프로토콜은? (2023-1차)

① ICMP(Internet Control Message Protocol)
② IGMP(Internet Group Message Protocol)
③ TCP(Transmisssion Control Protocol)
④ UDP(User Datagram Protocol)

해설
Protocol(8Bits)
Network 계층에서 Datagram을 재조합할 때, 어떤 상위 프로토콜인지 알려주는 것으로 UDP 또는 TCP를 알려주며 주요 타입은 ICMP, IGMP, TCP, UDP다. IP Protocol ID는 아래와 같다.

- 1 ICMP, 2 IGMP, 6 TCP, 9 IGRP, 17 UDP, 47 GRE, 50 ESP, 51 AH
- 57 SKIP, 88 EIGAP, 89 OSPF, 115 L2TP

16 다음 보기의 IP 주소는 어느 클래스에 속하는가? (2022-3차)

> 128.216.198.45

① A Class ② B Class
③ C Class ④ D Class

해설

구분	네트워크 시작 번호(개수)
A 클래스	1~126 시작 (2^7-1개: 127은 제외로 -1)
B 클래스	128.0~191.255 시작(2^{14}개)
C 클래스	192.0.0~223.255.255 시작(2^{21}개)

17 다음 중 IP 헤더의 구조에 속하지 않는 것은? (2018-2차)

① 버전(Version)
② 헤더길이(Header Length)
③ IP 주소
④ 긴급 포인터(Urgent Pointer)

해설

긴급 포인터(Urgent Pointer)는 TCP 구성에 포함된다.

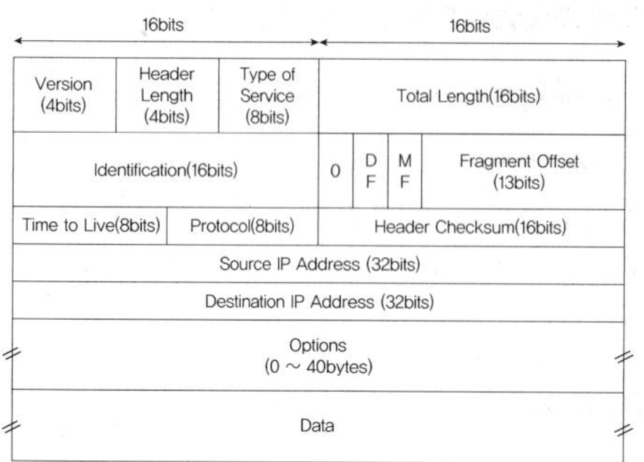

18 다음 중 IP 주소의 Class에 대한 설명으로 잘못된 것은? (2018-1차)

① Class A는 첫 번째 바이트의 첫 비트가 0으로 시작한다.
② Class B의 가용 호스트 수는 65,534개이다.
③ Class C는 가장 많은 네트워크를 수용할 수 있다.
④ Class D는 127로 시작하는 Loopback 주소로 사용된다.

해설

127번은 Class A에 속한다.

IP 구분

Class A
Class B
Class C
D
E

Class 별 범위

구분	첫 번째 Byte
A Class	0~127
B Class	128~191
C Class	192~223
D Class	224~239
E Class	240~255

19 다음 중 브로드캐스트 주소(Broadcast Address)에 대한 설명으로 알맞은 것은? (2018-1차)

① 데이터를 보낼 때 특정 노드에게만 데이터를 보낸다.
② 네트워크 주소에서 호스트의 비트가 모두 1인 주소이다.
③ 네트워크 검사용으로 예약된 주소이다.
④ 호스트 식별자에 127을 붙여서 사용한다.

정답 20 ③ 21 ④ 22 ③

해설

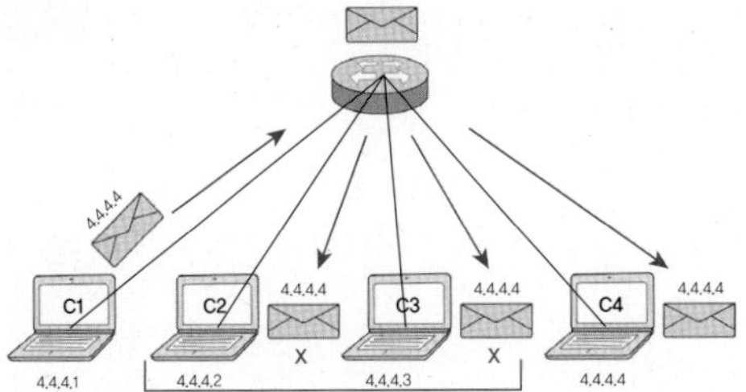

브로드캐스트 주소(Broadcast Address)는 특정 네트워크에 속하는 모든 호스트들이 갖게 되는 주소로서 네트워크에 있는 모든 클라이언트들에게 데이터를 보내기 위한 것으로 네트워크 주소에서 호스트의 비트가 모두 1인 주소이다.

위 그림에서 C2와 C3가 패킷의 주소를 보자마자, 그들은 해당 패킷이 자신에게 속하지 않음을 체크한 후 해당 패킷을 처리하지 않고 버리는 것이다.

20 네트워크 전문가로 어떤 사이트를 방문하여 네트워크 현황 파악을 해보니 PC의 수가 약 90대, 스위치가 2대, 라우터가 1대 운용 중이었다. 하지만 이 사이트는 앞으로 계속 확장되어 1년 이내 PC가 약 250대로 늘어날 예정이다. 이 사이트에는 어떤 클래스의 IP 주소를 배정하는 것이 가장 효율적인가? (2016-3차)

① 클래스 A ② 클래스 B
③ 클래스 C ④ 클래스 D

해설

PC가 기존 90대에서 250대로 늘어나므로 IP가 250개를 지원하는 C Class가 적당하다.

<table>
<tr><th>구분</th><th>2진수(N 네트워크, H 호스트)</th><th>네트워크 시작 번호(개수)</th></tr>
<tr><td rowspan="2">C 클래스</td><td>110N NNNN. NNNN NNNN. NNNN NNNN. HHHH HHHH
(110 시작, N 네트워크 bit 21개, H 호스트 bit 8개)</td><td>192.0.0~223.255.255 시작(2^{21}개)</td></tr>
<tr><td colspan="2">110 시작, 네트워크: 21bit, 호스트: 8bit, 호스트 범위(개수): 2^8-2(−2는 네트워크 주소와 브로드캐스트 주소를 제외함)</td></tr>
</table>

21 다음 중 IP(Internet Protocol) 데이터그램 구조에 포함되지 않는 항목은? (2023-3차)

① Version
② Protocol
③ IP Address
④ Sequence Number

해설

④ Sequence Number는 TCP 프로토콜에서 순서를 확인하기 위해 사용하는 것이다.

IPv4 Header

<table>
<tr><td colspan="6">16bits</td><td colspan="3">16bits</td></tr>
<tr><td colspan="2">Version (4bits)</td><td colspan="2">Header Length (4bits)</td><td colspan="2">Type of Service (8bits)</td><td colspan="3">Total Length(16bits)</td></tr>
<tr><td colspan="5">Identification(16bits)</td><td>0</td><td>DF</td><td>MF</td><td>Fragment Offset (13bits)</td></tr>
<tr><td colspan="3">Time to Live(8bits)</td><td colspan="3">Protocol(8bits)</td><td colspan="3">Header Checksum(16bits)</td></tr>
<tr><td colspan="9">Source IP Address (32bits)</td></tr>
<tr><td colspan="9">Destination IP Address (32bits)</td></tr>
<tr><td colspan="9">Options (0 ~ 40bytes)</td></tr>
<tr><td colspan="9">Data</td></tr>
</table>

22 다음 중 주소범위가 192.0.0.0에서 223.255.255.255까지인 주소 클래스는? (2023-3차)

① A Class
② B Class
③ C Class
④ D Class

해설

Class 별 범위

구분	첫 번째 Byte
A Class	0~127
B Class	128~191
C Class	192~223
D Class	224~239
E Class	240~255

기출유형 15 ▶ Subnet Mask, Wildcard Mask

다음 중 서브넷 마스크(Subnet Mask)에 대한 설명으로 옳지 않은 것은? (2014-3차)

① 서브넷 마스크는 라우터에서 서브넷 식별자를 구별하기 위해서 필요한 것이다.

② 서브넷 마스크는 IP 주소와 마찬가지로 32비트로 이루어져 있다.

③ 서브넷 마스크의 비트열이 1인 경우 해당 주소의 비트열의 네트워크 주소 부분으로 IP 간주된다.

④ 서브넷 마스크를 적용하는 방법은 목적지 IP 주소의 비트열에 서브넷 마스크 비트열을 OR 논리연산을 적용한다.

해설

서브넷 마스크(Subnet Mask)

호스트 이름으로부터 IP 주소지에 대한 네트워크의 이름을 규정하는 것으로 32비트의 크기로 만들어지며 서브넷 마스크를 적용하는 방법은 목적지 IP 주소의 비트열에 서브넷 마스크 비트열을 AND 논리연산을 적용하는 것이다.

| 정답 | ④

족집게 과외

Subnet Mask를 함으로서

1) Broadcast 영역 구분(분리), 2) 네트워크의 부하 감소, 3) 네트워크의 논리적인 분할, 4) 네트워크 ID와 호스트 ID의 구분 등의 역할을 한다.

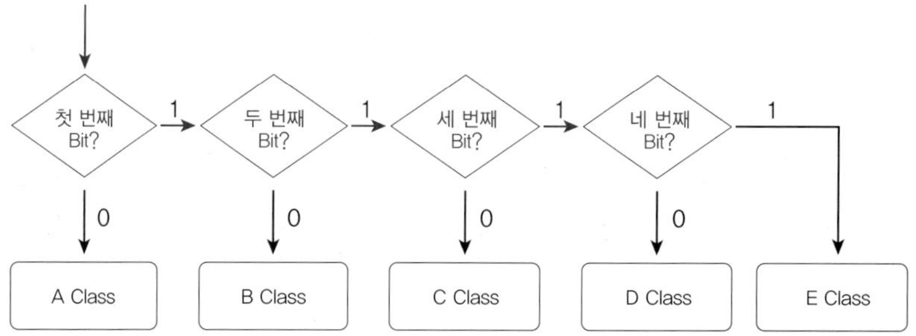

더 알아보기

Subnet Mask를 사용함으로서 IP 주소의 낭비를 줄이고 네트워크 주소를 나누는 기준이 된다. IP를 기준으로 255와 0은 별도 예약이 되어 있는데, 255는 네트워크 부분, 0은 호스트 부분이 된다.

IP 주소	221.203.129.68	11011101 . 11001011 . 10000001 . 01000100
Subnet Mask	255.255.255.192	11111111 . 11111111 . 11111111 . 11000000
네트워크 주소(AND 연산)	221.203.129.64	11011101 . 11001011 . 10000001 . 01000000

클래스(Class)

㉠ A Class: 255.0.0.0, ㉡ B Class: 255.255.0.0, ㉢ C Class: 255.255.255.0

0으로 된 부분의 전체 조합 수만큼 호스트를 연결할 수 있다. 위 예는 0~63, 64~127, 128~191, 192~255로 네트워크가 구분되고 IP 221.203.129.68은 두 번째 네트워크 그룹에 속한다.

❶ IP 주소와 Subnet Mask

서브넷 마스크는 IP 주소를 네트워크 주소와 호스트 주소의 두 부분으로 나누는 데 사용되는 32비트 숫자이다. 네트워크 주소는 디바이스가 속한 네트워크를 식별하는 반면, 호스트 주소는 네트워크 내의 특정 디바이스를 식별한다. 서브넷 마스크는 IP 주소와 마찬가지로 도트(점)가 있는 10진수 표기법으로 표시된다. 32비트 서브넷 마스크의 8비트를 나타내는 4개의 옥텟으로 구성된다. 1로 설정된 서브넷 마스크의 비트는 IP 주소의 네트워크 부분을 나타내며, 0으로 설정된 비트는 호스트 부분을 나타낸다.

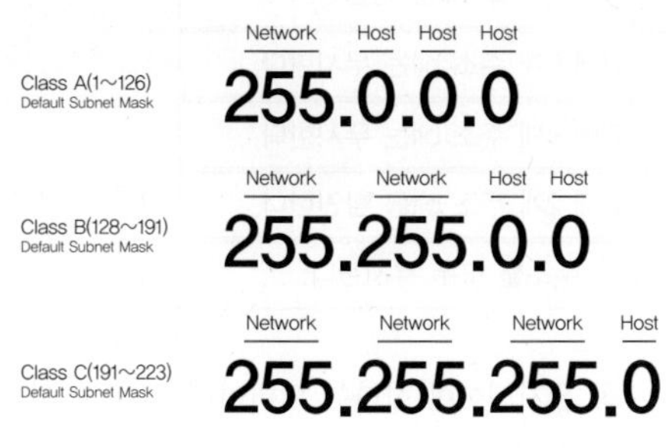

- 예를 들어 서브넷 마스크가 255.255.255.0이면 IP 주소의 처음 24비트는 네트워크 부분을 나타내고 나머지 8비트는 호스트 부분을 나타낸다. 이렇게 하면 네트워크에서 0부터 255까지 최대 256개의 호스트를 허용할 수 있다(0번은 네트워크, 255번은 브로드캐스트로 실제는 호스트로 사용 못함).
- 서브넷 마스크는 네트워크에서 IP 주소의 어느 부분이 네트워크에 속하고 어느 부분이 호스트에 속하는지를 결정하는 데 사용된다. 이 정보는 네트워크 간에 트래픽을 라우팅하고 네트워크 내에서 장치가 서로 통신할 수 있도록 하는 데 사용된다.

그러므로 라우터나 게이트웨이를 거치지 않고 동일 LAN이나 동일 네트워크에 있으면 통신이 가능한 영역이 된다. 기본적으로 하나의 네트워크에서는 IP 주소의 네트워크 부분은 같아야 하고, 호스트 부분은 달라야 서로 간에 IP 충돌 없이 통신이 가능하다. 만약에 호스트에서 동일 IP를 사용하면 나중에 사용한 IP는 IP 충돌이 발생하여 사용할 수 없으므로 IP 설정 전에 통신망 설계 단계에서 IP를 배정하거나 DHCP를 통해 IP를 자동 할당해야 충돌 없이 네트워크에서 통신망 사용이 가능하다.

❷ Class 대비 십진수와 이진수의 변환

IP 주소는 32bit의 2진수로 이루어져 있으며 이중에 IP 주소는 네트워크 부분과 호스트 부분으로 나누어진다. 여기서 동일 네트워크란 하나의 브로드캐스트 영역이라 할 수 있다. 즉, 어떤 네트워크에서 한 노드가 브로드캐스트를 했을 때 그 네트워크의 모든 노드가 신호를 받았다면 그 네트워크는 하나의 네트워크라고 볼 수 있다. 아래는 Subnet 값에 따른 이진수 Bit값의 변화량을 정리한 것이다.

Subnet 값	Bit 기준							
	128	64	32	16	8	4	2	1
255	1	1	1	1	1	1	1	1
254	1	1	1	1	1	1	1	0
252	1	1	1	1	1	1	0	0
248	1	1	1	1	1	0	0	0
240	1	1	1	1	0	0	0	0
224	1	1	1	0	0	0	0	0
192	1	1	0	0	0	0	0	0
128	1	0	0	0	0	0	0	0
0	0	0	0	0	0	0	0	0

❸ Wildcard Mask

Wildcard Mask는 특정 IP 주소나 네트워크를 추출하기 위해서 사용하는 것으로 Subnet Mask와 반대 개념이다. 그러나 Subnet Mask처럼 0과 1로 필터할 비트를 구분하는 데 사용하며 0과 1의 역할은 다음과 같다.

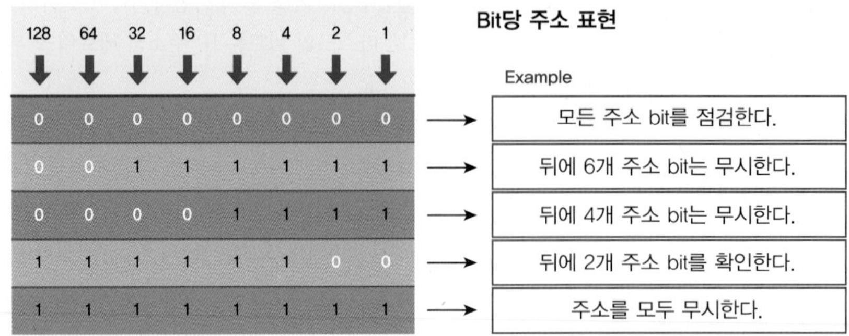

- Wildcard Mask가 0으로 표시될 경우 이에 해당하는 부분의 bit는 꼭 유지되어야 한다는 의미이다.
- Wildcard Mask가 1로 표시된 부분은 0이거나 1이거나 무시한다는 것이다.

예를 들어, 1.1.1.0/24이라는 네트워크 주소를 와일드카드 마스크로 범위를 지정하면

- IP Address → 00000001.00000001.00000001.00000000
- Wildcard.M → 00000000.00000000.00000000.11111111

Subnet Mask	Slash Notation	Wildcard Mask	Wildcard Mask의 이진수 표기
255.255.2550	/24	0.0.0.255	11111111
255.255.255.128	/25	0.0.0.127	01111111
255.255.255.192	/26	0.0.0.63	00111111
255.255.255.240	/28	0.0.0.15	00001111
255.255.255.248	/29	0.0.0.7	00000111
255.255.254.0	/23	0.0.1.255	00000001.11111111
255.255.252.0	/22	0.0.3.255	00000011.11111111
255.255.248.0	/21	0.0.7.255	00000111.11111111
255.255.0.0	/16	0.0.255.255	11111111.11111111
255.0.0.0	/8	0.255.255.255	11111111.11111111.11111111

결론적으로 Wildcard Mask는 Subnet Mask의 보수임을 알 수 있다. 그러므로 Subnet-mask로 표시된 0과 1을 뒤집으면 IP의 범위를 Wildcard-mask로 지정할 수 있다. 만약 2진수로 계산하는 것이 어렵다면 255.255.255.255에서 해당 Subnet-mask를 빼면 Wildmask를 쉽게 구할 수 있을 것이다.

기출유형 완성하기

정답 01 ① 02 ③ 03 ② 04 ④

01 **다음 중 서브넷 마스크(Subnet Mask)의 목적이 아닌 것은?** (2017-3차)

① 네트워크 ID 축소
② 네트워크의 부하 감소
③ 네트워크의 논리적인 분할
④ 네트워크 ID와 호스트 ID의 구분

해설
네트워크 ID의 확대를 하거나 필요한 수만큼 호스트 영역을 배정해서 브로드캐스트를 감소시키기 위함이다. Subnet Mask를 함으로서 ① Broadcast 영역 구분(분리), ② 네트워크의 부하 감소, ③ 네트워크의 논리적인 분할 ④ 네트워크 ID와 호스트 ID를 구분한다.

02 **클래스 B 주소를 가지고 서브넷 마스크 255.255.255.240으로 서브넷을 만들었을 때 나오는 서브넷의 수와 호스트의 수가 맞게 짝지어진 것은?** (2016-2차)(2018-2차)(2019-2차)(2023-2차)

① 서브넷 2,048, 호스트 14
② 서브넷 14, 호스트 2,048
③ 서브넷 4,094, 호스트 14
④ 서브넷 14, 호스트 4,094

해설
240은 이진수로 바꾸면 11110000이다. B Class: 255.255.0.0에서 0.0인 부분을 서브넷 마스크 255.255.255.240으로 이진수로 바꾸면 11111111. 1111111. 11111111,11110000이 되므로
세 번째와 네 번째 그룹의 1이 Subnet된 네트워크 이므로 총 1이 12개 추가되어서 $2^{12}-2$ = 4,094이고 호스트는 11111111.1111111. 11111111,11110000에서 0이 네 개이므로 2^4으로 16개의 호스트지만 네트워크와 브로드캐스트를 제외하면(16−2) 사용할 수 있는 호스트 수는 총 14개가 된다.

03 **다음 중 IP 주소가 B Class이고, 전체를 하나의 네트워크망으로 사용하고자 할 때 적절한 서브넷 마스크값은?** (2017-3차)(2021-3차)

① 255.0.0.0
② 255.255.0.0
③ 255.255.255.0
④ 255.255.255.255

해설
클래스(Class) 구분: Default Subnet Mask
- A Class: 255.0.0.0
- B Class: 255.255.0.0
- C Class: 255.255.255.0

0으로 된 부분의 전체 조합 수만큼 호스트를 연결할 수 있다.

04 **IPv4의 C 클래스 네트워크를 26개의 서브넷으로 나누고, 각 서브넷에는 4~5개의 호스트를 연결하려고 한다. 이러한 서브넷을 구성하기 위한 서브넷 마스크값은?**
(2012-2차)(2013-1차)(2022-2차)

① 255.255.255.192
② 255.255.255.224
③ 255.255.255.240
④ 255.255.255.248

해설
서브넷 마스크 기준 255는 이진수로 11111111로서 1이 8개가 된다. 서브넷 마스크는 255.255.0.0이므로 1이 16개 있어야 한다. 서브넷에 4~5개의 호스트가 있으므로 2^3하면 8개 2^2하면 4개이므로 최소 3bit가 호스트로 할당되어야 한다. 그러므로 총 32개 bit에서 1이 29개, 0이 3개 있어야 하므로 11111111.11111111.11111111. 11111000이 된다. 이것을 이진수로 나타내면 255.255.255.248이 된다.

정답 05 ② 06 ④ 07 ① 08 ③

05 다음 중 서브넷 마스크에 대한 설명으로 틀린 것은? (2021-3차)

① IP 주소와 대응되는 비트 간에 AND 연산을 적용한다.
② 네트워크 ID를 서브넷 ID와 호스트 ID로 구분한다.
③ 호스트 ID에 해당되는 부분은 0으로 설정한다.
④ 서브넷 마스크는 32비트의 이진수로 구성된다.

해설

② 네트워크 ID를 서브넷 ID와 호스트 ID로 구분한다.
→ 서브넷 마스크는 IP 주소를 네트워크 주소와 호스트 주소의 두 부분으로 나누는 데 사용되는 32비트 숫자이다.

06 다음 중 서브넷팅(Subnetting)을 하는 이유로 옳지 않은 것은? (2017-2차)(2020-1차)

① IP 주소를 효율적으로 사용할 수 있다.
② 트래픽의 관리 및 제어가 가능하다.
③ 불필요한 브로드캐스팅 메시지를 제한할 수 있다.
④ 서브넷 분할을 하면 호스트 ID를 사용하지 않아도 된다.

해설

서브넷 마스크는 IP 주소를 네트워크 주소와 호스트 주소의 두 부분으로 나누는 데 사용되는 32비트 숫자이다. Subnet Mask의 주요 기능은 아래와 같다.

- Broadcast 영역 구분(분리)
- 네트워크의 부하 감소
- 네트워크의 논리적인 분할
- 네트워크 ID와 호스트 ID의 구분

07 네트워크에서 IP주소의 네트워크 주소와 호스트 주소 구분해 주는 것은? (2023-2차)

① Subnet Mask
② ARP(Address Resolution Protocol)
③ DNS(Domain Name System)
④ RARP(Reverse Address Resolution Protocol)

해설

서브넷 마스크는 IP 주소를 네트워크 주소와 호스트 주소의 두 부분으로 나누는 데 사용되는 32비트 숫자이다. 네트워크 주소는 디바이스가 속한 네트워크를 식별하는 반면, 호스트 주소는 네트워크 내의 특정 디바이스를 식별한다. 서브넷 마스크는 IP 주소와 마찬가지로 도트(점)가 있는 10진수 표기법으로 표시된다. 32비트 서브넷 마스크의 8비트를 나타내는 4개의 옥텟으로 구성된다. Subnet Mask의 주요 기능은 아래와 같다.

- Broadcast 영역 구분(분리)
- 네트워크의 부하 감소
- 네트워크의 논리적인 분할
- 네트워크 ID와 호스트 ID의 구분

08 127대 단말의 사내 네트워크를 보유한 회사에서 NAT(Network Address Translation)를 이용하여 IPv4 사설 IP를 설정하여 운용하고자 한다. 다음 중 사설 IP 대역으로 설정하기에 적합한 IP 대역은? (2023-3차)

① 1.10.0.0~1.10.0.255
② 172.32.1.0~172.32.1.255
③ 192.168.2.0~192.168.2.255
④ 192.168.3.0~192.168.3.127

해설

구분	IPv4 주소
멀티캐스트 주소	224.0.0.0/4(D class)
사설 IP 주소	10.0.0.0/8 172.16.0.0/12 192.168.0.0/16
링크 로컬 주소	169.254.0.0/16

127대의 단말이 필요하므로 Network 주소와 Broadcast 주소를 포함하면 총 129개의 IP 대역이 필요하다.
② 172.16.1.0~172.16.1.255이거나
④ 192.168.3.0~192.168.3.255이어야 한다.
192.168.3.0~192.168.3.127은 총 126개의 단말만 사용할 수 있어서 문제의 기준을 만족할 수는 없다.

기출유형 16 ▶ CIDR(Classless Inter-Domain Routing)

다음 중 CIDR(Classless Inter-Domain Routing)에 대한 설명으로 틀린 것은? (2021-1차)

① 인터넷을 단일 계층구조로 만들어 효율적인 네트워킹을 지원한다.
② 별도 서브넷팅 없이 내부 네트워크를 임의로 분할할 수 있다.
③ 소수의 라우팅 항목으로 다수의 네트워크를 표현할 수 있다.
④ 네트워크 식별자 범위를 자유롭게 지정할 수 있다.

해설

CIDR을 사용함으로서 이터넷을 다중 계층으로 구성할 수 있다. 즉, CIDR는 IP 주소의 영역을 여러 네트워크 영역으로 나눌 때 기존방식에 비해 유연성을 더해 준다.

| 정답 | ①

족집게 과외

- 서브넷 마스크는 라우터에서 서브넷 식별자를 구별하기 위해서 필요한 것이다.
- 서브넷 마스크는 IP 주소와 마찬가지로 32비트로 이루어져 있다.
- 서브넷 마스크의 비트열이 1인 경우 해당 주소의 비트열의 네트워크 주소 부분으로 간주 된다.

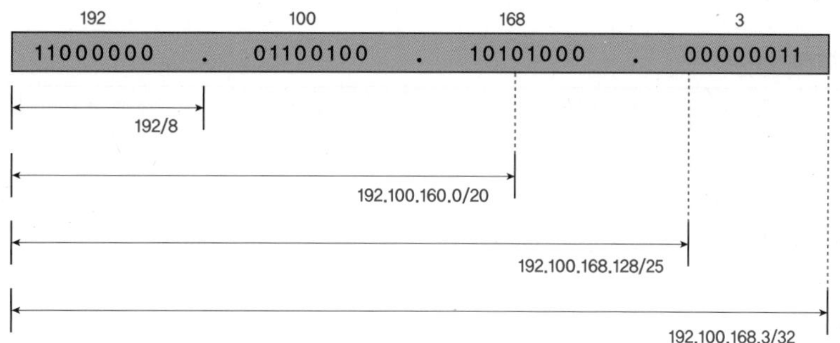

더 알아보기

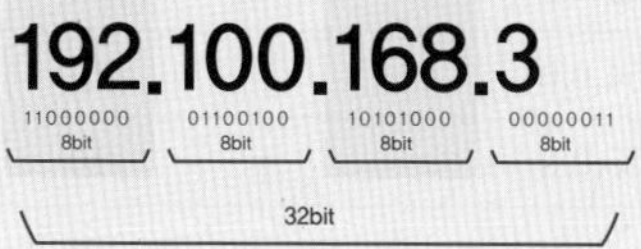

4개의 Octet(8개의 비트)으로 구성된다. 기존 Class의 한계를 넘어서 좀 더 유연하게 네트워크를 구분하여 사용할 수 있다. CIDR는 IP 주소의 영역을 여러 네트워크 영역으로 나눌 때 기존 방식에 비해 유연성을 더 해준다.

구분	내용
Routing	CIDR은 네트워크상의 디바이스에 IP 주소와 라우팅 Prefix를 할당하기 위해 사용되는 방식이다.
IP 주소	IP 주소 클래스(클래스 A, B, C 등)를 사용하여 IP 주소를 할당하는 오래된 시스템을 대체 한다.
효율성 향상	CIDR를 사용함으로서, 1개의 IP 주소를 사용해 네트워크상의 복수의 디바이스를 식별할 수 있기 때문에 IP 주소를 보다 효율적으로 사용할 수 있게 한다.

❶ CIDR(Classless Inter-Domain Routing)

CIDR은 IP 주소를 할당하고 인터넷 트래픽을 보다 효율적으로 라우팅하는 데 사용되는 방법으로 IP 주소를 네트워크 부분과 호스트 부분으로 분할하여 네트워크를 더 작은 서브넷으로 분할할 수 있도록 한다. 이것은 IP 주소를 주소의 처음 몇 비트에 기초하여 고정 클래스로 나눈 이전의 Classful Addressing 방식과는 다르다.

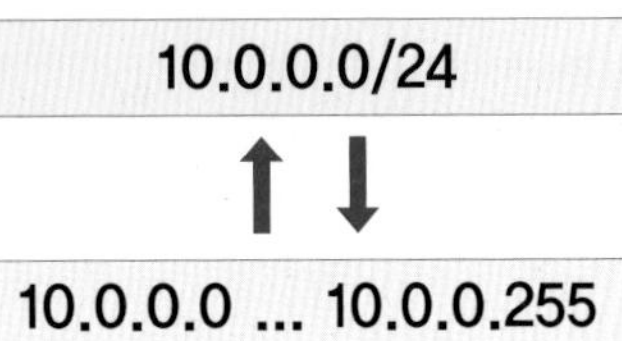

CIDR은 IP 주소와 서브넷 마스크를 단일 값으로 결합하는 표기법을 사용한다. 예를 들어 서브넷 마스크가 255.255.255.0이고 IP 주소가 10.0.0.0은 10.0.0.0/24로 CIDR 표기법으로 표시된다. 여기서 /24는 IP 주소의 처음 24비트가 네트워크 부분에 사용되고 나머지 8비트가 호스트 부분에 사용됨을 나타낸다.

CIDR은 또한 조직에 더 작은 주소 블록을 할당하여 사용되지 않는 주소의 낭비를 줄임으로써 IP 주소 공간보다 효율적인 사용을 가능하게 한다. 이것은 IPv4 주소의 제한된 공급을 고려할 때 특히 중요하다. 전반적으로 CIDR은 인터넷의 성장과 확장성에 중요한 역할을 하여 트래픽 보다 효율적인 라우팅과 IP 주소 공간보다 나은 관리를 가능하게 한다.

CIDR 장점

- 급격히 부족해지는 IPv4 주소를 보다 효율적으로 사용한다.
- 계층적 구조를 사용함으로써 인터넷 광역 라우팅의 부담을 줄여준다.
- Class의 한계를 극복한다.

❷ Class 대비 Subnet과 CIDR

Class	Subnet Mask	CIDR	CIDR 크기	승수
A class	255.0.0.0	/8	16,777,216	2^{24}
B Class	255.128.0.0	/9	8,388,608	2^{23}
	255.192.0.0	/10	4,194,304	2^{22}
	255.224.0.0	/11	2,097,152	2^{21}
	255.240.0.0	/12	1,048,576	2^{20}
	255.248.0.0	/13	524,288	2^{19}
	255.252.0.0	/14	262,144	2^{18}
	255.254.0.0	/15	131,072	2^{17}
	255.255.0.0	/16	65,536	2^{16}

C Class	255.255.128.0	/17	32,768	2^{15}
	255.255.192.0	/18	16,384	2^{14}
	255.255.224.0	/19	8,192	2^{13}
	255.255.240.0	/20	4,096	2^{12}
	255.255.248.0	/21	2.048	2^{11}
	255.255.252.0	/22	1,024	2^{10}
	255.255.254.0	/23	512	2^{9}
	255.255.255.0	/24	256	2^{8}
D Class	255.255.255.128	/25	128	2^{7}
	255.255.255.192	/26	64	2^{6}
	255.255.255.224	/27	32	2^{5}
	255.255.255.240	/28	16	2^{4}
	255.255.255.248	/29	8	2^{3}
	255.255.255.252	/30	4	2^{2}
	255.255.255.254	/31	2	2^{1}
	255.255.255.255	/32	1	2^{0}

CIDR은 클래스 없는 도메인 간 라우팅 기법에 의한 IP 주소 할당 방법으로 기존의 IP 주소 할당 방식이었던 네트워크 클래스를 대체하였다.

❸ 예제

230.191.0.0/24의 의미

- IP 주소가 「230.191.0.0」은 네트워크 주소이다.
- 「/24」는 Prefix 길이로서 230.191.0.0~230.191.0.255」의 IP 범위를 사용할 수 있다. 즉, IP 주소의 앞 24비트가 네트워크 식별에 사용되고 나머지 8비트가 네트워크 내의 각각의 개별 PC나 장비에 부여하여 단말을 구분할 수 있게 IP를 설정해 주는 것이다.
- 각각의 dot(점)로 구분되는 영역은 8비트의 크기를 가진다(0~255).
- 이 예에서는, 네트워크에 최대 256개의 디바이스를 설정할 수 있다.
  (실제는 Broadcast와 Network IP를 제외하면 254개가 된다)

정답 01 ③ 02 ④ 03 ① 04 ③

01 다음 중 네트워크 서브넷 마스크가 255.255.255.248일 때 CIDR 표기법으로 표시하면 어떤 숫자인가? (2022-3차)

① 32
② 30
③ 29
④ 28

해설
255는 이진수로 1이 8개 있어 11111111이다. 248은 11111000이므로 255.255.255.248는 11111111.11111111.11111111.11111000이다. 그러므로 CIDR로 표기하면 /29가 된다.

02 다음 중 IP 주소와 서브넷 마스크로 표시된 1.1.1.1 255.255.0.0을 CIDR 표기법으로 표현한 것은 무엇인가? (2022-2차)

① 1.1.1.1/4
② 1.1.1.1/8
③ 1.1.1.1/10
④ 1.1.1.1/16

해설
서브넷 마스크 기준 255는 이진수로 11111111(1이 8개이다), 255.255.0.0이므로 1이 16개 있어야 한다. 그러므로 /16으로 표기한다.

03 다음의 내용을 가장 잘 설명하는 것은?(2015-1차)

> 다수의 C 클래스 네트워크를 하나의 그룹으로 묶고, 이 그룹 정보를 인터넷 라우터에 하나의 요약된 정보로 이용하도록 하며 전체적으로 라우팅 테이블 크기를 줄일 수 있다.

① CIDR
② 사설 어드레싱(Private Addressing)
③ NAT
④ IPv6

해설
CIDR(Classless Inter-Domain Routing)은 클래스 없는 도메인 간 라우팅 기법이다. CIDR는 기존의 IP 주소 할당 방식이었던 네트워크 클래스를 대체한다.

04 다음 표에서 주어진 IP 주소의 클래스, 네트워크 부분, 호스트 부분이 맞게 짝지어진 것을 모두 선택한 것은? (2020-3차)

구분	IP 주소	클래스	네트워크 부분	호스트 부분
[예시]	10.3.4.3	A	10.0.0.0	3.4.3
ㄱ	132.12.11.4	B	132.12.0.0	11.4
ㄴ	203.10.1.1	C	203.10.1.0	1
ㄷ	192.12.100.2	B	192.12.0.0	100.2
ㄹ	130.11.4.1	B	130.11.0.0	4.1

① ㄱ, ㄴ ② ㄱ, ㄷ
③ ㄱ, ㄴ, ㄹ ④ ㄱ, ㄷ, ㄹ

해설
ㄷ. 192.12.100.2는 C Class, 192.12.100.0가 네트워크이며 100.2가 아닌 2가 호스트가 되는 것이다.
- A Class 0.0.0.0~127.255.255.255(단 127.x.x.x는 사전에 Host에서 미사용으로 제외함)
- B Class 128.0.0.0~191.255.255.255
- C Class 192.0.0.0~223.255.255.255
- D Class 224.0.0.0~239.255.255.255
- E Class 240.0.0.0~255.255.255.255

정답 05 ④ 06 ①

05 인터넷사의 IP 주소 할당 방식인 CIDR(Classless Inter Domain Routing) 형태로 192.168.128.0/20으로 표기된 네트워크가 가질 수 있는 IP 주소의 수는? (2023-2차)

① 512
② 1,024
③ 2,048
④ 4,096

해설

32bit−20bit=12bit이므로 2^{12}=4,096개가 된다.

06 다음 중 210.200.220.78/26 네트워크의 호스트로 할당할 수 있는 첫 번째 IP와 마지막 IP 주소는 무엇인가? (2023-2차)

① 210.200.220.65, 210.200.220.126
② 210.200.220.64, 210.200.220.125
③ 210.200.220.64, 210.200.220.127
④ 210.200.220.65, 210.200.220.127

해설

32bit−26bit=6bit이므로 2^6=64개가 된다.
즉, 0~63의 범위를 사용하므로

- 210.200.220.0~210.200.220.63
- 210.200.220.64~210.200.220.127
- 210.200.220.128~210.200.220.191
- 210.200.220.192~210.200.220.255

210.200.220.78/26은 210.200.220.64~210.200.220.127 범위에 있다.
210.200.220.64는 Network IP로 210.200.220.127은 Broadcast IP로 사용하므로 두 개를 제외하면 210.200.220.65가 처음이고 210.200.220.126을 마지막으로 사용할 수 있다.

기출유형 17 ▶ IPv6(IP version 6)

인터넷 프로토콜 중 IPv4는 주소 부족, 보안성 취약, 실시간 전송 시의 문제점 등이 있어 IPv4의 주소체계를 개선한 차세대 인터넷 프로토콜은? (2015-3차)

① IPv5 ② IPv6

③ Subnetting ④ NAT

해설

IPv4는 32bit 구성으로 2^{32}인 약 40억 개의 IP임에도 인터넷의 증가로 IP가 부족하다. 이를 해결하기 위해 128bit인 IPv6를 도입하여 2^{128}인 40억×40억×40억×40억 개의 IP를 확보했고 보안성을 강화했으며 IPv4의 Broadcast를 삭제하고 Anycast를 도입하여 기존 IPv4 대비 대폭 개선되었다.

| 정답 | ②

족집게 과외

IPv4의 문제점

- 32비트 주소 한계
- A, B, C, D, E 클래스 제한 및 IP 부족
- 불필요한 Broadcast
- 헤더구조 복잡
- QoS(Quality of Service) 보장 한계

16bit×8=128bit

0123 : 4567 : 89AB : CDEF : 0123 : 4567 : 89AB : CDEF

16bit 16bit 16bit 16bit 16bit 16bit 16bit

0000 0001 0010 0011

더 알아보기

IPv4는 8bit 4개로 32bit 구성되나 IP의 한계가 있어 IPv6에서는 4bit 4개 8묶음으로 총 128bit로 구성된다(4bit×4개×8묶음 = 128bit).

IPv6 주소 구분

주소 유형	이진표현	IPv6 주소 표기	비고
미지정 주소	0000....0(128)	::/128	IP 주소 미설정 상태의 발신 주소
루프백 주소	0000....1(128)	::1/128	호스트의 Loopback 인터페이스 주소
멀티캐스트 주소	11111111	FF00::/8	멀티캐스트 IPv6 주소
링크 로컬 주소	1111111010	FE80::/10	Link local 영역에서만 적용되는 주소
전역 유니캐스트 주소	–	–	이외 모든 영역

❶ IPv6(Internet Protocol Version 6)

IPv6는 인터넷 프로토콜 버전 6을 의미하며, 이는 네트워크의 장치를 식별하고 통신하는 데 사용되는 새로운 버전의 인터넷 프로토콜(IP)이다. IPv6는 인터넷 초기부터 사용되어 온 IPv4 프로토콜을 대체하기 위해 개발되었다. IPv6는 IPv4의 한계인 32비트 주소 한계, 헤더구조 복잡, A, B, C, D, E 클래스 제한, QoS(Quality of Service) 미보장 한계에 따른 차세대 인터넷 확장을 위해 인터넷 프로토콜 스택 중 네트워크계층에서 지원을 해서 정의되었다. Internet은 IPv4 프로토콜을 기반으로 구축되어 왔으나 주소가 32비트라는 제한된 주소 공간 및 국가별로 할당된 주소가 대부분 소진되고 다양한 기기의 증가에 따른 추가 IP가 요구되었다.

128bits	
Network 64bits	Node 64bits

특히 IPv6는 IPv4 주소의 고갈과 보다 효율적인 데이터 라우팅의 필요성을 포함하여 인터넷의 급속한 성장의 결과로 나타난 몇 가지 문제를 해결하기 위해 고안되었다. IPv4에서 사용되는 32비트 주소와 비교하여 128비트 주소를 사용하며, 이는 인터넷에 더 많은 장치를 연결할 수 있게 해준다.

IPv6는 또한 향상된 보안, 모바일 장치에 대한 더 나은 지원, 더 효율적인 라우팅과 같은 많은 새로운 기능과 기능을 포함한다. 그러나 IPv6 채택은 네트워킹 인프라 및 소프트웨어에 대한 상당한 변경이 필요하고 많은 조직이 업그레이드가 느리기 때문에 도입이 늦어졌다. 전반적으로 IPv6는 네트워크상의 장치를 식별하고 통신하기 위한 보다 강력하고 확장 가능한 프로토콜을 제공하기 때문에 인터넷의 미래를 위한 중요한 발전이다.

❷ IPv6 특징

IPv4의 대안으로서 IPv6 프로토콜이 제안되었으며, 국제 표준이 RFC를 통해서 확정되었고, 실제로 IPv6 주소는 휴대폰 및 컴퓨터에 할당되어 적용되고 있으며 주요 특징은 아래와 같다.

구분	내용
IP 주소의 확장	IPv4의 기존 32비트 주소공간에서 벗어나, IPv6는 128비트 주소공간을 제공한다.
호스트 주소 자동 설정	IPv6 호스트는 IPv6 네트워크에 접속하는 순간 자동적으로 네트워크 주소를 부여받는다.
패킷 크기 확장	• IPv4에서 패킷 크기는 64byte~1,500byte로 제한되어 있었다. IPv4는 이론상 Total Length가 16bit이므로 1bit당 1byte를 의미해서 최대 패킷 크기는 $2^{16}-1$=65,535byte가 된다. • IPv6의 점보 페이로드 옵션을 사용하면 특정 호스트 사이에는 임의로 큰 크기의 패킷을 주고받을 수 있도록 제한이 없어지게 된다. 따라서 대역폭이 넓은 네트워크를 더 효율적으로 사용할 수 있다.
효율적인 라우팅	IP 패킷의 처리를 신속하게 할 수 있도록 고정크기의 단순한 헤더를 사용하는 동시에, 확장헤더를 통해 네트워크 기능에 대한 확장 및 옵션 기능의 확장이 용이한 구조로 정의하였다.
Flow Labeling	Flow Label 개념을 도입하여, 특정 트래픽은 별도의 특별한 처리(실시간 통신 등)를 통해 높은 품질의 서비스를 제공할 수 있도록 한다.
인증 및 보안 기능	• 패킷 출처 인증과 데이터 무결성 및 비밀 보장 기능을 IP 프로토콜 체계에 반영하였다. • IPv6 확장헤더를 통해 적용할 수 있다.
이동성	IPv6 호스트는 네트워크의 물리적 위치에 제한받지 않고 같은 주소를 유지하면서도 자유롭게 이동할 수 있다.

IPv6의 주소 체계는 아래와 같다.

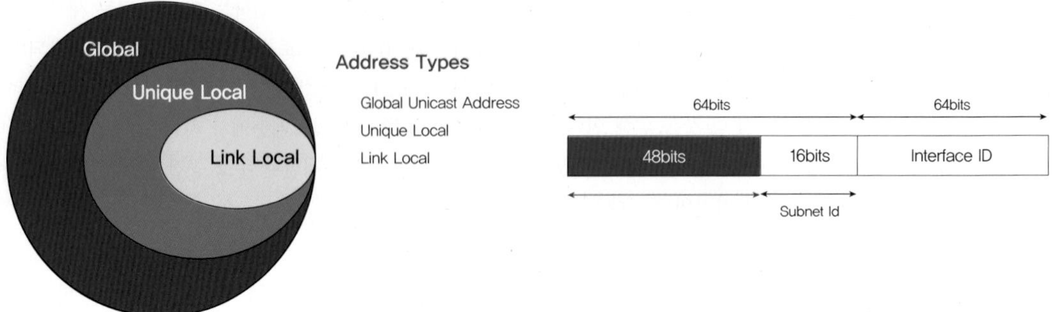

1) Global Unicast Address

 글로벌 유니캐스트 주소는 인터넷에서 라우팅 되며 "2001"로 시작하는 주소이다.

2) Unique Local Address(ULA)

 내부 네트워크에서만 사용되며 내부 네트워크에서만 라우팅 된다. 이 주소는 가정 및 기업에서 로컬 사용을 위해 예약되며, 수동으로 할당된 주소에는 "fd00"으로 시작하는 주소가 사용된다. 이 주소공간은 두 개의 /8영역으로 분할된다. fc00::/8 Global 주소, fd00::/8 자체(Local) 주소로 할당된다.

3) Link Local Address

 단일 링크 또는 공통 액세스 네트워크(예 이더넷 LAN)에서 사용되며, "fe80"으로 시작한다. 이 주소는 DHCP 서버가 필요하지 않으며, 자체 할당된다. 링크 로컬 주소는 내부 네트워크나 인터넷에서 라우팅 되지 않는다.

❸ IPv4와 IPv6 비교

비교	IPv4	IPv6
주소 구성	수동 및 DHCP 구성 지원	자동 구성(번호 할당 지원)
종단 간 연결 무결성	미지원	지원
주소공간	40억 개	40억×40억×40억×40억 개
보안 기능	응용 프로그램에 따라 다름	IPsec은 IPv6 프로토콜에 내장됨
주소 길이	32bit(4byte)	128bit(16byte)
주소 표현	10진수	16진수
패킷 흐름 식별	사용 불가	가능
체크섬 필드	유효함	사용 불가
메시지 전송 방식	Broadcast	Multicast, Anycast
암호화 및 인증	미지원	지원

기출유형 완성하기

정답 01 ④ 02 ② 03 ④ 04 ① 05 ③

01 다음 중 IPv4에 비해 IPv6에서 보완된 기능이 아닌 것은? (2010-2차)(2020-2차)

① 패킷 크기 확장
② 특별한 처리를 위한 플로우 라벨링 능력 제공
③ 인증과 비밀성을 제공
④ 제한된 주소 할당

해설

IPv6의 특징

- IP 주소의 확장
- 호스트 주소 자동 설정
- 패킷 크기 확장
- 효율적인 라우팅
- 플로 레이블링(Flow Labeling)
- 인증 및 보안 기능
- 이동성

02 인터넷 프로토콜 중 IPv4는 주소 부족, 보안성 취약, 실시간 전송 시의 문제점 등이 있어 IPv4의 주소체계를 개선한 차세대 인터넷 프로토콜은? (2012-1차)(2013-2차)(2015-3차)

① IPv5
② IPv6
③ Subnetting
④ NAT

해설

인터넷(Internet)은 IPv4 프로토콜로 구축되어 왔으나 IPv4 프로토콜의 주소가 32비트라는 제한된 주소공간 및 국가별로 할당된 주소가 거의 소진되고 있다는 한계점으로 IPv6가 출현하게 되었다.

03 인터넷상에서 주소체계인 IPv4와 IPv6을 비교한 설명으로 옳지 않은 것은? (2012-1차)(2022-1차)

① IPv4는 32비트의 주소체계를 가지고 있다.
② IPv4는 헤더구조가 복잡하다.
③ IPv4는 네트워크 크기나 호스트의 수에 따라 A, B, C, D, E 클래스로 나누어진다.
④ IPv4는 확실한 Qos(Quality of Service)가 보장된다.

해설

IPv4는 ToS(Type of Service)필드에서 우선순위를 제공하나 QoS(Quality of Service)가 보장이 안 되어 별도 QoS 장비를 두어 운용한다.

04 다음 중 IPv6의 주소 유형이 아닌 것은? (2012-2차)(2014-2차)(2022-3차)

① Basiccast(Broadcast)
② Unicast
③ Anicast
④ Multicast

해설

Basiccast는 없으며 Broadcast가 IPv4에 사용되었으나 IPv6에서 제외되었다.

05 IPv6 해당 그룹 내에 가장 가까운 노드를 연결시키는 네트워크 어드레싱 및 라우팅 방식은? (2016-3차)

① 유니캐스트(Unicast)
② 멀티캐스트(Multicast)
③ 애니캐스트(Anycast)
④ 브로드캐스트(Broadcast)

해설

IPv6에서 애니캐스트(Anycast)가 신규로 도입되었고 이를 통해 인접 그룹 내에 가장 가까운 노드를 연결시키는 역할을 한다.

06 IPv4와 IPv6의 특징에 대한 설명으로 틀린 것은? (2014-1차)

① IPv6는 IPv4 주소공간의 4배인 128비트의 주소공간을 갖는다.
② IPv4의 주소는 10진수로 표시되고 IPv6의 주소는 16진수로 표시된다.
③ IPv6는 A, B, C, D 등의 클래스 단위로 비순차적 주소 할당 방식을 사용한다.
④ IPv4는 별도로 IPSec과 같은 보안 관련 프로토콜을 설치해야 한다.

해설
③ IPv6에서 클래스 개념이 삭제된다.

IPv6의 특징
- 확장된 주소 공간
- 효율적인 헤더 구성
- 자동설정 기능
- 단순화, 효율화된 데이터 구조
- QoS 기능과 보안 기능 강화

07 IPv4와 IPv6의 설명으로 적합하지 않은 것은? (2011-1차)

① 인터넷 프로토콜의 주소 표현방식이다.
② IPv6의 주소 부족으로 IPv4가 개발되었다.
③ IPv4는 32비트로 구성되어 있다.
④ IPv6는 128비트로 구성되어 있다.

해설
② IPv4의 주소 부족으로 IPv6가 개발되었다.

08 IPv6에서 사용하는 주소가 아닌 것은? (2011-3차)

① 유니캐스트(Unicast)
② 애니캐스트(Anicast)
③ 멀티캐스트(Multicast)
④ 브로드캐스트(Broadcast)

해설
브로드캐스트(Broadcast)는 IPv4에서 사용되었으나 불필요한 자원 낭비로 인해 IPv6에서 제외되었다. IPv4 주소는 8bit를 10 진수로 표시할 수 있고 4개의 그룹으로 32비트 이진값을 가진다. IPv4는 한 컴퓨터에서 모든 컴퓨터로 패킷을 전송하기 위해 브로드 캐스팅을 사용하지만 전체 네트워크에 부하를 주어 문제가 생길 수 있다.

09 IPv6에 대한 설명으로 거리가 가장 먼 것은? (2011-3차)

① IPv6의 주소 길이는 128비트이다.
② IPv4에서 옵션필드는 IPv6에서 확장헤더로 구현된다.
③ 암호화와 인증 옵션들은 패킷의 신뢰성과 무결성을 제공한다.
④ 패킷헤더에서 레코드 라우트 옵션은 IPv6에서 새로 생긴 것이다.

해설

32비트 배수로 패딩되어짐(워드 단위)

옵션 코드 유형 (8비트)	옵션 길이 (8비트)	옵션 데이터 (가변길이)

Copy (1)	Class (2)	Number (5)

레코드 라우트 옵션은 IPv4에서 사용되고 IPv6에서는 사용되지 않는다.

옵션 번호	옵션 명칭	길이 (바이트)	옵션 클래스
00000	End of Option List (옵션 목록 끝)	1	0
00001	No Operation (동작 없음)	1	0
00011	Loose Source Routing (느슨한 소스 라우팅)	가변	0
00100	Timestamp (타임스탬프)		2
00111	Record Route (경로 기록)		0
01001	Strict Source Routing (엄격한 소스 라우팅)		0
—	Security Options, Router Alert, Traceroute 등등		2

10 다음 중 IPv4와 IPv6의 연동 방법으로 틀린 것은?
(2013-1차)(2013-3차)(2018-3차)(2020-2차)(2021-3차)

① 이중 스택(Dual Stack)
② 터널링(Tunneling)
③ IPv4/IPv6 변환(Translation)
④ 라우팅(Routing)

해설

IPv4에서 IPv6 연동 방법

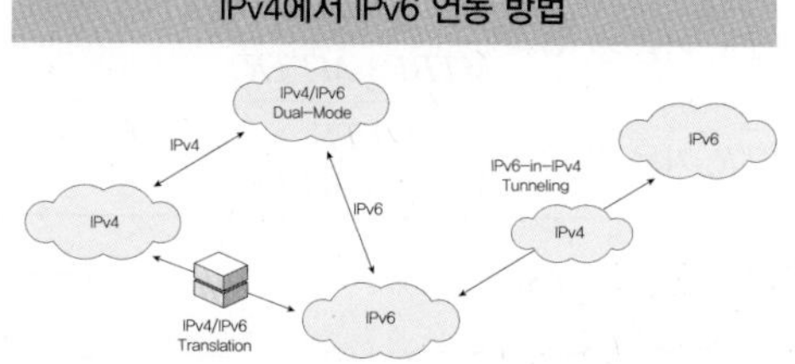

라우팅은 IP 대역이 다른 경우에 경로를 찾기 위한 것이며. IPv4에서 IPv6로의 전환을 위해서는 아래 사항이 필요하다.

이중 스택(Dual Stack)	IPv4와 IPv6를 함께 사용
터널링(Tunneling)	IPv4와 IPv6 연결하기 위한 터널 형성
IPv4/IPv6 변환(Translation)	IPv4에서 IPv6로의 변환

11 IPv4와 IPv6 주소체계는 몇 비트인가? (2023-1차)

① 8/16[bit]
② 16/32[bit]
③ 16/64[bit]
④ 32/128[bit]

해설

IPv4는 Byte로 총 32bit로 구성되며 IPv6는 16bit가 8개 묶음이 있어서 총 128bit로 구성된다.

비교	IPv4	IPv6
주소 공간	40억 개	40억×40억×40억×40억 개
보안 기능	응용 프로그램에 따라 다름	IPsec은 IPv6 프로토콜에 내장됨
주소 길이	32bit(4byte)	128bit(16byte)
주소 표현	10진수	16진수
체크섬 필드	유효함	사용 불가
메시지 전송 방식	Broadcast	Multicast, Anycast

12 다음 문장의 괄호 안에 들어갈 내용으로 알맞은 것은? (2015-3차)

> IPv4 주소를 IPv6에서 그대로 수용하며 사용할 수 있는 주소영역을 정했는데 이를 주소 매핑이라 한다. IPv4 주소를 IPv6에서 수용하기 위해 16바이트의 주소 중 앞의 10바이트는 모두 0으로 채우고 다음의 두 바이트는 (   )를 기록하고 그 뒤에 IPv4 주소를 붙여서 사용하기로 하였다.

① 00FF ② AAFF
③ CCFF ④ FFFF

해설

IPv4 매핑 주소

IPv6와 IPv4의 호환성을 유지하기 위해 사용하는 방법으로, 처음 80비트를 0으로 설정하고 다음 16비트를 1로 설정한 후, 나머지 32비트에 IPv4 주소를 기록하는 IPv4 매핑한 주소를 사용한다.

13 다음 중 IPv6 IP 주소 표기 설명으로 옳은 것은? (2023-3차)

① 8비트씩 8개 부분으로 10진수 표시
② 8비트씩 8개 부분으로 16진수 표시
③ 16비트씩 8개 부분으로 10진수 표시
④ 16비트씩 8개 부분으로 16진수 표시

해설

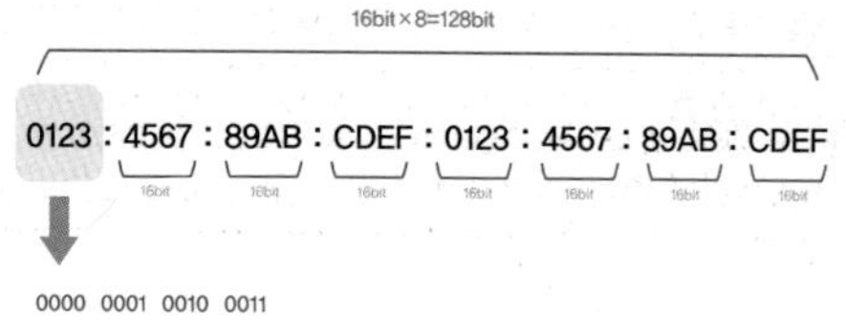

기출유형 18 ▶ MTBF(Mean Time Between Failure)

수리가 가능한 시스템에 고장난 후부터 다음 고장이 날 때까지의 평균시간을 의미하는 것은?

(2021-2차)(2022-2차)

① MTBF
② MTTF
③ MTTR
④ Availability

해설

정보통신기사	$MTBF = MTTF - MTTR$, 가용성(A)$= \frac{MTBF}{MTBF + MTTR}$
정보시스템감리사	$MTBF = MTTF + MTTR$, 가용성(A)$= \frac{MTTF}{MTTF + MTTR}$

| 정답 | ①

족집게 과외

- MTBF(Mean Time Between Failure): 평균고장간격
- MTTR(Mean Time To Repair): 평균수리시간
- MTTF(Mean Time to Failure): 평균고장시간

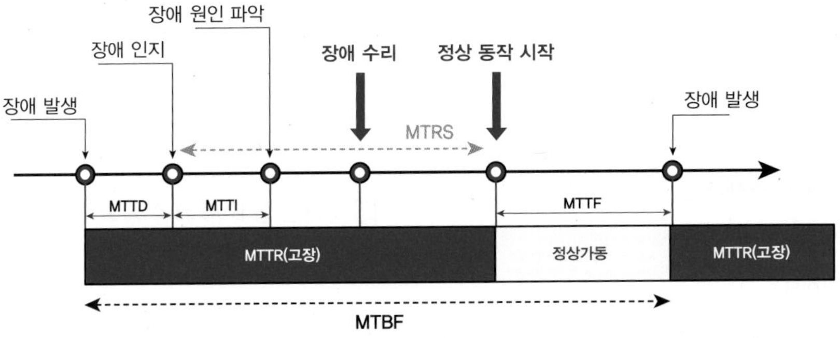

더 알아보기

구분	내용	공식
MTBF 평균고장간격	장비의 고장 발생부터 다음 고장 발생까지의 평균시간으로 길수록 우수하다.	$MTBF=MTTF+MTTR$(감리사) $MTBF=MTTF-MTTR$(정보통신)
MTTF 평균고장시간	사용 시작부터 고장 발생까지의 가동시간이다. 고장 나기 전까지 시간 들의 평균으로 길수록 좋다.	$MTTF=\frac{총가동시간}{고장건수}$
MTTR 평균수리시간	평균 수리시간으로 평균적으로 걸리는 수리시간이다. 고장이 일어난 시점부터 수리가 완료될 때까지 평균 시간이며 짧을수록 좋다.	$MTTR=\frac{총고장시간}{고장건수}=\frac{전체고장시간}{고장건수}$
가용도 (Availability)	시스템 전체 운용시간에 고장 없이 운영되는 비율이다.	가용성$(A)=\frac{MTBF}{MTBF+MTTR}$
MTTD 평균감지시간	• Mean Time To Detect, 문제가 시작된 후 이를 감지한 시간 사이의 평균 시간이다. • IT 시스템에서 문제 티켓을 받기 전과 MTTR을 시작할 때까지의 시간 범위이다.	
MTTI 평균조사시간	Mean Time To Investigate, IT 사고를 감지한 후 원인 및 솔루션을 조사하기 시작하는 사이의 평균 시간이다. 이것은 MTTD와 MTTR의 시작 사이의 시간을 나타낸다.	
Failure Rate 실패빈도	구성 요소 또는 시스템이 실패하는 빈도를 측정하는 또 다른 신뢰성 척도이다. 단위 시간 동안의 실패 횟수로 표현된다.	

❶ 통신시스템 신뢰성

㉠ MTBF, MTTR, MTTF는 장비의 보전 및 신뢰성 지표로 사용된다. 이를 통해 하드웨어 제품 또는 구성 요소의 성능, 장비 설계, 신뢰성 및 안전에 대한 중요한 유지관리의 조치기준이다. 평균수리시간(Mean Time To Repair, MTTR)은 신뢰성에서 고장난 시스템이나 장비를 수리하고 정상 작동 상태로 복구하는데 필요한 평균 시간을 측정하는데 사용되는 메트릭이다. 이는 중요한 시스템의 가용성을 유지하고 다운타임을 최소화하는데 중요한 지표이다.

㉡ MTTR은 주어진 기간 동안의 총 가동 중단 시간을 수리 횟수로 나누어 계산된다. 다운타임은 분, 시간 또는 기타 단위 시간으로 측정할 수 있으며, 복구에는 시스템을 정상 작동 상태로 복원하기 위해 수행하는 모든 수정 조치가 포함될 수 있다. MTTR은 일반적으로 시스템의 전반적인 신뢰성을 평가하기 위해 MTBF(Mean Time Between Failure)와 함께 사용된다. MTBF는 시스템 또는 구성 요소의 평균 고장 간격을 측정하는 반면, MTTR은 고장 후 시스템 또는 구성 요소를 수리하는 데 필요한 평균 시간을 측정한다.

㉢ 시스템의 MTTR을 줄임으로써 조직은 중요한 시스템의 가용성과 안정성을 개선하고, 다운타임을 줄이고, 장애가 비즈니스 운영에 미치는 영향을 최소화할 수 있다. 이는 사전 예방적 유지보수, 신속한 진단 및 수리 절차, 중복 시스템 및 구성요소 사용과 같은 조치를 통해 달성할 수 있다.

❷ 통신시스템 신뢰성 지표

1) 평균고장간격 MTBF(Mean Time Between Failures)

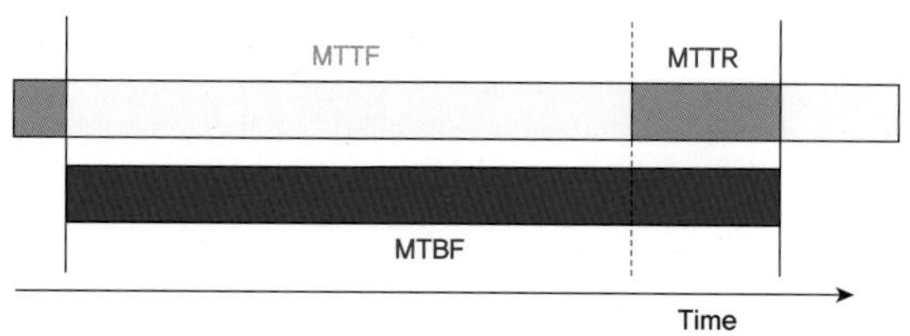

수리할 수 있는 설비에 대해 고장으로부터 다음 고장까지 동작시간의 평균치로 수리 완료로부터 다음 고장까지 무고장으로 작동하는 시간의 평균값으로 신뢰성을 나타낸다.

MTBF(Mean Time Between Failures)	
$E(t)=\int_0^\infty tf(t)dt=\int_0^\infty R(t)dt$	$MTTF=\frac{T_1+T_2+\cdots+T_n}{n}$ 단, T_1 : 정상가동시간, n : 고장횟수…

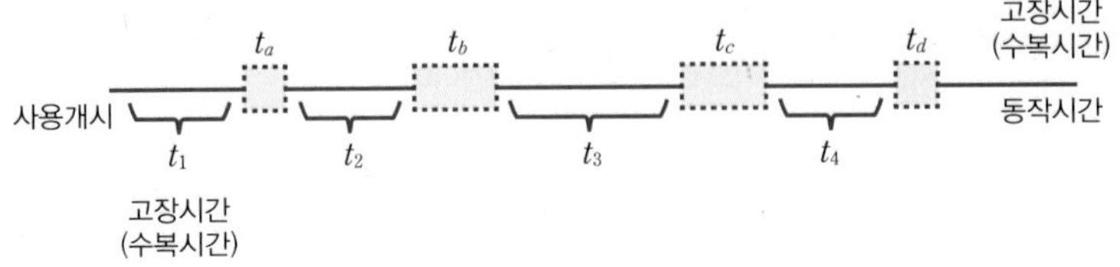

- $MTTF=\frac{\text{동작시간의 합계}}{\text{고장 정지 횟수의 합계}}$ (여기서, 가동시간=부하시간−고장시간)
- $MTTF=\frac{t_1+t_2+t_3+t_4}{4}$

정보통신기사	$MTBF=MTTF-MTTR$, 가용성(A)$=\frac{MTBF}{MTBF+MTTR}$
정보시스템 감리사	$MTBF=MTTF+MTTR$, 가용성(A)$=\frac{MTTF}{MTTF+MTTR}$

2) 평균고장시간 MTTF(Mean Time To Failure)

수리하지 않은 부품 등의 사용 개시부터 고장 날 때까지의 동작시간의 평균치이다.

MTTF(Mean Time To Failure)
평균고장시간은 복구할 수 없는 시스템의 신뢰성에 대한 척도를 정의하는 용어로써 관련 제품의 수명을 측정하는 단위로 사용된다. 보통 전구나 타이밍 벨트, 건전지와 같은 소모품의 제품에 고장이 예상되는 평균 시간으로 사용된다. 예를 들어 특정 전구의 평균고장시간이 1000시간이라면 이 중에 어떤 전구는 999시간, 1010시간 등 각기 다른 값을 가지고 있으며 전체 총합에 대한 통계값을 적용하여 *MTTF*를 산출한다.

3) 평균수리시간 MTTR(Mean Time To Repair)

기기나 시스템이 장애로 인해 가동하지 못한 상태가 계속되는 시간으로 시스템의 보전성을 의미한다.

Mean Time To Repair	
$MTTR=\frac{D_1+D_2+\cdots+D_n}{n}$ 단, D_i : 고장수리시간, n : 고장횟수…	*MTTR*은 기계 전자 부품이 고장 난 시점부터 수리하는데 걸리는 총 시간으로 정의한다. *MTTR*은 *MTBF*와는 다른 개념으로 시간이 짧을수록 좋다는 것을 의미한다. 다시 말해 고장이 발생한 시점부터 새로운 부품이 도착하여 교체하는 시간의 총합이 짧을수록 관련 기기의 정상 운전 도달 시간이 짧아진다는 것을 의미하기 때문이다. $MTTR=\text{평균수리시간}=\frac{\text{전체고장시간}}{\text{고장건수}}$

4) 가용도(Availability)

Availability
시스템 전체 운용 시간에 고장 없이 운영되는 비율로 장비의 신뢰도이다.

$$\text{Availability}=\frac{\text{실제 정상 운용시간}}{\text{총 운용시간}}=\frac{\text{장비의 전체 사용가능시간}-\text{고장보수 수리시간}}{\text{장비의 전체 사용가능시간}}$$

$$=\frac{\text{평균고장간격}}{\text{평균고장간격}+\text{평균수리시간}}$$

정보통신기사	$MTBF=MTTF-MTTR$, 가용성(A)$=\frac{MTBF}{MTBF+MTTR}$
정보시스템 감리사	$MTBF=MTTF+MTTR$, 가용성(A)$=\frac{MTTF}{MTTF+MTTR}$

가용성은 장비 등이 제 기능을 수행할 수 있는 시간의 비율을 의미한다.

$$\text{Availability}=\frac{Up\ Time}{\text{총 운용시간}}=\frac{Up\ Time}{Up\ Time+Down\ Time}=\frac{MTBF}{MTBF+MDT}=\frac{MTBF}{MTBF+MTTR}$$

MDT(Mean Down Time)을 종종 MTTR(Mean Time To Repair)로 사용되기도 한다. 장애 발생 후 장비를 즉시 수리 하지 않기 때문에 편의상 사용하는 개념이다.

❸ 예제

1) Example(1)

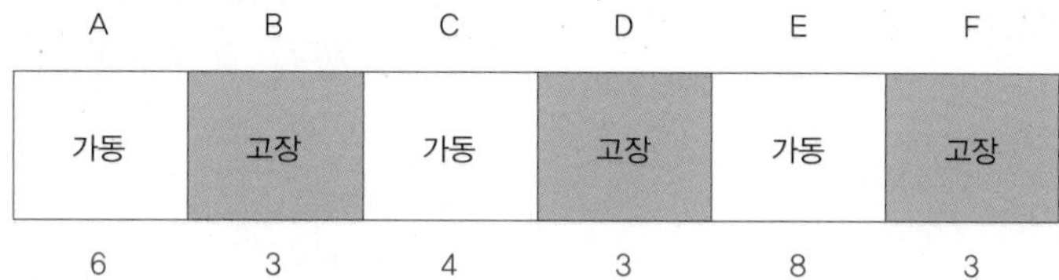

- MTTF: 인접한 고장 사이의 가동된 시간 평균$=\frac{A+C+E}{3}=\frac{6+4+8}{3}=6\text{H}$
- MTTR: 시스템에 고장이 발생하여 가동하지 못한 시간 평균$=\frac{B+D+F}{3}=\frac{3+3+3}{3}=3\text{H}$
- $\text{MTBF}=\text{MTTF}+\text{MTTR}=6+3=9\text{H}$

  $=\frac{\text{총 가동시간(수리시간 포함)}}{\text{총 고장건수}}=\frac{6+3+4+3+8+3}{3}=\frac{27}{3}=9\text{H}$
- 신뢰도$=$가용성$=\frac{MTTF}{MTTF+MTTR}=\frac{6}{6+3}=0.67$

2) Example(2)

시스템이 운용 중에 장애가 발생할 경우 전체 시스템 운용 시간이 200시간이고 이중 가동 기산이 190시간, 고장 시간이 10시간인 경우 이 시스템의 신뢰도는?

- MTBF: 인접한 고장 사이의 가동된 시간 평균 = 190시간
- MTTR: 시스템에 고장이 발생하여 가동하지 못한 시간 평균 = 10시간
- 신뢰도$=$가용성$=\frac{MTTF}{MTTF+MTTR}=\frac{190}{190+10}=0.95$

기출유형 완성하기

정답 01 ③ 02 ④ 03 ③ 04 ③ 05 ③ 06 ④

01 시스템의 평균 수리 소요시간을 의미하는 것은? (2021-1차)(2022-2차)

① MTBF
② MTTF
③ MTTR
④ Availability

해설

평균수리시간(Mean Time To Repair)

$$MTTR = \frac{총고장시간}{고장건수}$$

02 정보통신시스템에서 신뢰성의 척도로 가동률을 사용하고 있다. MTBF = 22시간, MTTR = 2시간일 때 가동률은 얼마인가?(단, 소수점 3번째 자리에서 반올림한다) (2016-1차)(2017-1차)(2020-3차)(2022-1차)

① 0.98 ② 0.96
③ 0.94 ④ 0.92

해설

가동율 = 가용성(Availability)

$$가동율 = \frac{MTBF}{MTBF+MTTR} = \frac{22}{22+2} = 0.917 = 0.92$$

03 평균고장발생 간격이 23시간이고, 평균복구시간이 1시간인 송신 시스템의 1일 가동률은 약 몇 [%]인가? (2023-2차)

① 104.34[%]
② 100.00[%]
③ 95.83[%]
④ 91.67[%]

해설

$$가용성(A) = \frac{정상운용시간}{총\ 운용시간} = \frac{MTBF}{MTBF+MTTR}$$

$$= \frac{23}{23+1} = 0.9583 = 95.83\%$$

04 평균고장간격(MTBF)이 49시간이고 평균수리시간(MTTR)이 1시간인 장치 3대가 직렬로 연결되어있는 시스템에서 전체 직렬 시스템의 가동률은? (2010-3차)

① 약 1.06
② 약 1.00
③ 약 0.94
④ 약 0.88

해설

$$가용성(A) = \frac{MTBF}{MTBF+MTTR} = \frac{49}{29+1} = 0.98$$

직렬로 세 개가 연결되어 있으므로

$0.98 \times 0.98 \times 0.98 = 0.94$

05 MTBF가 72시간, MTTR이 1시간이 걸린 시스템이 있다고 할 때, 가동율은 약 몇 [%]인가? (2011-3차)

① 92.4
② 96.2
③ 98.6
④ 99.8

해설

$$가용성(A) = \frac{MTBF}{MTBF+MTTR} = \frac{72}{72+1} \times 100\% =$$

98.6[%]

06 시스템의 총 운용 시간 중 정상적으로 가동된 시간의 비율을 의미하는 것은? (2022-1차)

① MTBF
② MTTF
③ MTTR
④ Avaliabilty

해설

가용성은 시스템 전체 운용 시간에서 고장 없이 운용되는 시간의 비율이다.

정답 07 ① 08 ① 09 ③ 10 ④

07 정보통신시스템에서 평균고장시간을 나타내는 것은? (2010-1차)

① MTBF
② MTTR
③ MBTR
④ MMTR

해설

평균고장간격 MTBF(Mean Time Between Failure)
단위 시간당 고장 횟수에 대한 신뢰성을 평가하는 것이다. 기계나 제품의 일부분을 이루는 단위 부품이 고장 없이 완벽하게 동작하지 않는다는 전제하에 제품 수명에 대해 정의하는 것이다.

08 다음 시스템의 가동현황표에서 장비의 MTBF (Mean Time Between Failure)는? (단, TG*=가동시간(분), TF*=고장시간(분)) (2023-1차)

가동	고장	가동	고장	가동	고장
T_{G1}	T_{F1}	T_{G2}	T_{F2}	T_{G3}	T_{F3}
100	20	150	18	80	25

① 89분　② 95분
③ 267분　④ 330분

해설

> 정보통신기사
> $MTBF = MTTF - MTTR,$
> 가용성(A)$= \frac{MTBF}{MTBF + MTTR}$

전체적으로 가동과 고장이 반복하고 있어 이에 대한 평균을 구해야 한다.

평균 가동시간$= \frac{100+150+80}{3} = 110$, 평균 고장시간 $= \frac{20+18+25}{3} = 21$이므로 평균 운용 시간인 MTBF$= 110 - 21 = 89$분이 된다.

09 평균고장발생 간격이 23시간이고, 평균복구시간이 1시간인 정보통신시스템의 1일 가동률은 약 몇[%]인가? (2018-2차)

① 104.34[%]
② 100.00[%]
③ 95.83[%]
④ 91.67[%]

해설

가용성(Availability)$= \frac{MTBF}{MTBF + MTTR} = \frac{23}{23+1} \times 100\% = 95.83[\%]$

10 다음 중 네트워크의 가용성을 위한 서비스 중단 방지책으로 틀린 것은? (2020-1차)

① 네트워크의 단순화
② 네트워크와 서버의 이중화
③ 소프트웨어의 이중화
④ 성능 향상을 위한 하드웨어 수시 업그레이드

해설

가용성(Availability)
정보가 사용 가능해야 한다는 것이다. 중요한 정보를 사용하지 못할 경우 심각한 피해를 입을 수 있어 인가된 자에 의해서 사용이 가능해야 한다. 이를 위해 네트워크의 단순화, 네트워크와 서버의 이중화, 소프트웨어의 이중화 등이 필요하다. 성능 향상을 위한 하드웨어 수시 업그레이드는 가용성 보다 성능 향상에 중점을 둔 것이다.

정보시스템 감리사 기출문제

예제(1)

부하시간	6,500분	총 생산량	50,000개
고장정지시간	500분	불량 수	150개
고장발생건수	5건	이론 속도	1.0분/개
준비교체 시간	350분	실제 속도	1.1분/개

위 표를 기반으로 MTBF와 MTTR을 구하여라(단 준비 교체 시간은 부하시간에 포함한다)

해설

- MTTF: 인접한 고장 사이의 가동된 시간 평균$=\frac{6,500-500}{5}=1,200$분
- MTTR: 시스템에 고장이 발생하여 가동하지 못한 시간 평균$=\frac{500}{5}=100$

정보통신기사	$MTBF=MTTF-MTTR$, 가용성(A)$=\frac{MTBF}{MTBF+MTTR}$
정보시스템 감리사	$MTBF=MTTF+MTTR$, 가용성(A)$=\frac{MTTF}{MTTF+MTTR}$

- 신뢰도=가용성$=\frac{MTBF}{MTBF+MTTR}=\frac{1,200}{1,200+100}=0.923$

예제(2) 정보시스템 감리사

2021년 82번

월요일부터 금요일까지 매일 24시간 운영하는 시스템에서 다음과 같이 장애가 발생했을 때 MTTR(Mean Time To Repair)로 가장 적절한 것은?

월요일: 13:00부터 14:00까지 장애 발생
화요일: 장애 없음
수요일: 장애 없음
목요일: 16:00부터 19:00까지 장애 발생
금요일: 장애 없음

① 1시간
② 2시간
③ 3시간
④ 4시간

해설

MTTR: $\frac{\text{총고장시간}}{\text{고장건수}}=\frac{1+3}{2}=2H$

| 정답 | ②

예제(3) 정보시스템 감리사

2012년 94번

정상 업무일(주 5일) 7시부터 19시까지 (12시간/일) 98%의 가용성 수준으로 서비스를 합의한 경우, 5일간 운영에서 2시간 동안 서비스가 중단되었다면, 이 기간의 가용성(%)으로 가장 적절한 것은?

① 96.7%

② 97.2%

③ 97.8%

④ 98.2%

해설

정보통신기사	$MTBF = MTTF - MTTR$, 가용성(A) $= \frac{MTBF}{MTBF+MTTR}$
정보시스템 감리사	$MTBF = MTTF + MTTR$, 가용성(A) $= \frac{MTTF}{MTTF+MTTR}$

$\text{Availability} = \frac{\text{실제 정상 운용시간}}{\text{총 운용시간}} = \frac{\text{5일 12시간} - \text{2시간 장애}}{\text{5일} \times \text{12시간}} = \frac{60-2}{60} = 96.7\%$

또는 장애 2H이므로 $\frac{2}{60} = 0.033$, 가용성 $= 1 - 0.033 = 96.7\%$

| 정답 | ①

예제(4) 정보시스템 감리사

2014년 88번

온라인 쇼핑몰의 하루 수입이 2억원인 회사가 있다고 가정하자. 이 회사의 온라인 쇼핑몰이 오후 7시에 정지돼 2시간 불가능해졌다. 회사의 일일 거래량이 오후 7시부터 4시간 동안 40%가 이루어진다면, 이 회사의 서비스 정지로 인해 손해는 얼마일까?

① 10,000,000원

② 20,000,000원

③ 30,000,000원

④ 40,000,000원

해설

MTTR 관 관련된 문제이다. 오후 7시부터 2시간 장애이고 오후 7시부터 4시간 동안 40%의 거래량이므로 2시간 장애 동안 20% 거래가 안 되는 것이다. 그러므로 손해는 2억 × 20%가 되어 4천만원의 손해가 발생한다.

| 정답 | ④

예제(5) 정보시스템 감리사

2015년 92번

24시간 온라인 정보서비스를 제공하는 기업의 시스템 관리자는 연간 시스템의 가용목표를 99.9%로 정했다. 이러한 목표를 달성하려면 1년간 허용할 수 있는 최대 서비스 중지 기간(손상된 애플리케이션과 데이터베이스를 수리해 시스템을 유지하고, 재가동하는데 사용되는 시간)은 얼마인가? (단, 1년은 365일 = 8,760시간으로 본다)

① 4.38시간
② 43.8시간
③ 8.76시간
④ 87.6시간

해설

정보통신기사	$MTBF=MTTF-MTTR$, 가용성(A)$=\frac{MTBF}{MTBF+MTTR}$
정보시스템 감리사	$MTBF=MTTF+MTTR$, 가용성(A)$=\frac{MTTF}{MTTF+MTTR}$

MTBF=MTTF+MTTR, MTTR=MTBF−MTTF

99.9%=가용성(A)$=\frac{MTTF}{MTTF+MTTR}=\frac{MTBF-MTTR\}}{MTBF}=\frac{8{,}760-MTTR}{8{,}760}\times 100\%$,

$0.999\times 8{,}760=8{,}760-MTTR$, $MTTR=8760-8751.24=8.76$

| 정답 | ③

예제(6) 정보시스템 감리사

2019년 90번

가용성은 시스템이 하드웨어나 소프트웨어 장애, 운용 오류, 정전 등과 같은 이유로 다운되지 않고 정상적으로 운영되고 있는 시간을 의미하며, 시스템 능력을 평가하는 매우 중요한 요소이다. 만약 어떤 시스템(24시간/일, 주 7일 운영)이 연간 2시간의 다운 시간(Down-Time)을 갖는다면, 이때의 가용성(%)은 얼마인가? (단, 소수점 이하 4번째 자리에서 반올림, 1년은 365일로 본다)

① 99.962%
② 99.977%
③ 99.987%
④ 99.998%

해설

정보통신기사	$MTBF=MTTF-MTTR$, 가용성(A)$=\frac{MTBF}{MTBF+MTTR}$
정보시스템 감리사	$MTBF=MTTF+MTTR$, 가용성(A)$=\frac{MTTF}{MTTF+MTTR}$

MTBF=24시간×365일=8,760시간
MTTR=2시간

가용성(A)$=\frac{MTTF}{MTTF+MTTR}=\frac{MTBF-MTTR\}}{MTBF}=\frac{8{,}760-2}{8{,}760}\times 100\%=99.977\%$

| 정답 | ②

기출유형 19 ▶ 해밍 코드(Hamming Code)

2진수 1001에 대한 해밍 코드로 옳은 것은? (단, 짝수 패리티 체크를 사용한다) (2011-3차)

① 0011001
② 1000011
③ 0100101
④ 0110010

해설

$2^p >= d+p+1$
; d #데이터 비트, p #체크 비트

p1(2의 0승 즉 1번째 자리): 행 1, 3, 5, 7 패리티 체크
p2(2의 1승 즉 2번째 자리): 행 2, 3, 6, 7 패리티 체크
p3(2의 2승 즉 4번째 자리): 행 4, 5, 6, 7 패리티 체크

10진수 / 비트의 위치	1	2	3	4	5	6	7
	p1	p2	d4	p3	d3	d2	d1
9	0	0	1	1	0	0	1

9인 경우
p1 1,3,5,7 짝수 Parity : x101, x=0, p1=0
p2 2,3,6,7 짝수 Parity : y101, y=0, p2=0
p3 4,5,6,7 짝수 Parity : z001, z=1, p3=1

| 정답 | ①

족집게 과외

- 해밍 코드는 데이터 비트에 여러 개의 체크비트(패리티 비트)가 추가된 코드이다.
- 해밍 거리가 짝수이므로 정정할 수 있는 오류개수는 $\frac{d-2}{2}$, 해밍 거리가 홀수인 경우 $\frac{d-1}{2}$이다.

데이터의 전송 오류는 컴퓨터 네트워크, 통신 시스템 및 데이터 저장소에서 언제든지 발생하는 문제이다. 잡음, 간섭 또는 기타 요인으로 인해 발생할 수 있으며 이로 인해 잘못된 데이터가 수신되거나 저장될 수 있는데 이와 같은 오류 탐지 및 수정에 널리 사용되는 기술이 해밍 코딩 알고리즘이다.

더 알아보기

해밍 코드는 송신측에서 에러검출과 정정을 위한 잉여 bit를 추가하여 전송하는 방식으로 1bit 에러정정, 2bit 에러검출 방식이다.
- 장점: 수신측에서 에러를 정정하므로 역채널이 불필요하다.
- 단점: 에러검출 및 정정을 위한 잉여비트 추가로 대역폭이 낭비된다.

❶ 해밍 코드(Hamming Code)

㉠ 해밍 코드(Hamming Code)는 디지털 통신 및 저장 시스템에서 오류를 감지하고 수정하는 기술로서 1950년대에 리차드 해밍에 의해 개발되었다. 해밍 코드는 메시지에 패리티 비트를 추가하여 오류를 감지하고 수정할 수 있도록 하는 것으로 추가 비트는 수학적 규칙 집합을 사용하여 원본 메시지를 기반으로 계산된다.

㉡ 해밍 코드가 어떻게 작동하는지 설명하기 위해 1101과 같은 4비트 메시지를 고려해보자. 패리티 비트를 추가하려면 필요한 패리티 비트 수를 결정해야 하며 이에 대한 공식은 $2^p \geq d+p+1$이며, 여기서 p는 패리티 비트의 수이고 d는 메시지 비트의 수이다.

㉢ 4비트 메시지의 경우 $2^3 \geq 4+3+1$이므로 3개의 패리티 비트가 필요고 패리티 비트는 메시지 비트에 대한 위치 3, 5, 6 및 7을 남기고 위치 1, 2 및 4에서 메시지에 삽입된다.

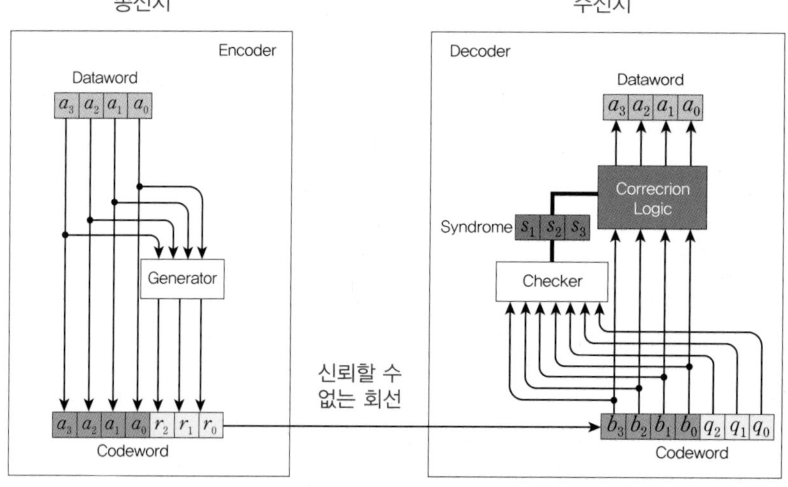

㉣ 패리티 비트는 보호해야 하는 메시지 비트를 기반으로 계산된다. 예를 들어 위치 1의 패리티 비트는 위치 1, 3, 5 및 7의 메시지 비트를 합산하여 계산된다. 이 비트 그룹의 총 1의 개수가 짝수이면 패리티 비트는 0으로 설정하고 그렇지 않으면 1로 설정된다. 패리티 비트를 추가하면 다음과 같은 메시지가 표시된다.

$$p_1\ p_2\ 1\ p_3\ 0\ 1\ 1$$

여기서 p_1 p_2 및 p_3는 패리티 비트이며 메시지가 수신되면 수신기는 동일한 규칙을 사용하여 패리티 비트를 재계산하고 메시지의 패리티 비트와 비교한다. 오류가 있는 경우 수신기는 패리티 비트의 위치를 오류와 함께 사용하여 메시지의 어떤 비트가 잘못되었는지 확인하고 수정할 수 있다.

㉤ 해밍 코드는 싱글 비트 오류 수정과 더블 비트 오류 감지를 제공하는데 이는 메시지에서 최대 두 개의 오류를 감지하고 단일 오류를 수정할 수 있음을 의미한다. DRAM과 같은 컴퓨터 메모리 시스템과 위성 및 무선 통신과 같은 통신 시스템에 널리 사용된다.

❷ 해밍 코드의 특징

오류의 검출은 물론 스스로 수정까지 가능, 자기 정정 부호라고도 지칭한다. 전송 비트 중 1, 2, 4, 8, 16, 32, 64, …, 2^n 번째를 오류 검출을 위한 패리티 비트로 사용하며 오류 검출 및 교정을 위한 잉여 비트가 많이 필요하다.

❸ 해밍 코드의 원리

1) 필요한 체크 비트의 개수를 먼저 계산한다.

$$2^p \geq d+p+1$$

d : Data bit, p : Check bit

데이터 비트의 길이가 8인 경우 위 수식을 만족하는 p의 최소값이 4이므로 최소 4개의 패리티 비트가 필요하다.

2) 전송 비트 중 2^n 번째 자리 비트에 패리티 비트를 위치시키고 데이터 비트를 삽입한다.

				p8				p4		p2	p1
Bit 12	Bit 11	Bit 10	Bit 9	Bit 8	Bit 7	Bit 6	Bit 5	Bit 4	Bit 3	Bit 2	Bit 1

위 그림은 데이터 비트 길이가 8인 경우의 예시이며, p는 패리티 비트가 삽입되는 위치이다. Data는 데이터 정보의 비트이고, 숫자는 각 비트의 자리 번호를 가정한다.

Data 12	Data 11	Data 10	Data 9	p8	Data 7	Data 6	Data 5	p4	Data 3	p2	p1
Bit 12	Bit 11	Bit 10	Bit 9	Bit 8	Bit 7	Bit 6	Bit 5	Bit 4	Bit 3	Bit 2	Bit 1

위 그림은 패리티 비트와 Data 비트가 혼재된 것으로 데이터와 패리티가 함께 전송되어 오류를 정정할 수 있다.

3) 오류 검출 및 오류 비트 수정

수신된 데이터로 다시 1~3 과정을 진행하여 패리티 비트를 계산하고 수신된 체크 비트열과 비교하여 오류 검출이 가능하게 한다. 수신측에서 계산한 체크 비트열과 수신된 체크 비트열을 XOR 연산하여 오류 비트 검출 및 수정 작업을 수행한다. 예로 수신 데이터로 계산한 체크 비트열이 1001, 수신된 체크 비트열이 0011인 경우, 두 체크 비트열을 XOR 연산하여 1010을 얻고, 이를 10진수 변환 시 10이므로 10번째 비트 값을 수정하여 오류 수정이 가능하다.

❹ CRC 코드와 해밍 코드의 비교

구분	CRC 코드	해밍 코드
목적	오류검출	오류검출 및 정정
전송효율	낮음	높음
Parity Bit	필요	필요
역채널	필요	불필요
활용	LAN, HDLC	광통신 등

❺ 해밍 거리(Hamming Distance)

해밍 거리는 같은 길이의 두 줄 사이의 차이를 측정하는 데 사용되는 것으로 두 문자열의 해당 요소가 다른 위치의 수로 정의된다. 이진 문자열의 맥락에서 해밍 거리는 두 문자열에서 해당 비트의 각 쌍을 비교하고 비트가 다른 위치의 수를 세어 계산된다. 예를 들어 "1010101"과 "1110101"이라는 두 개의 이진 문자열을 비교해 보겠다. 이 두 문자열 사이의 해밍 거리는 다음과 같이 계산된다.

구분	내용
1010101	이 예에서 비트가 다른 것이 세 개의 위치(위치 2, 4 및 5)가 있으므로 두 문자열 사이의 해밍 거리는 3이다.
1111001	

다시 정리하면 해밍 거리는 둘 중 하나의 문자열에서 몇 개의 문자를 바꿔야 두 문자열이 같아 지느냐에 중점을 둔 것이다. 0011과 0101인 경우 해밍 거리가 2가 된다. abcdefg와 babdefg인 경우 해밍 거리는 3이 되는 것이다. 즉, 두 문자열의 같은 위치에 있는 두 문자를 비교해 다른 문자의 수를 세는 것이며 해밍 거리를 계산하는 이유는 에러 검출/보정을 위해서이다.

구분	내용
abcdefg	이 예에서 비트가 다른 것이 세개의 위치인 babdefg(위치 1, 2 및 3)가 있으므로 두 문자열 사이의 해밍 거리는 3이다.
babdefg	

A가 B에게 비트 단위의 신호를 보내는 경우 1비트인 경우 1이 0으로 잘못 간다면 알 수 있으나 비트수가 많아질수록 어디까지 정정과 탐지가 가능한지를 고려해야 한다. A가 정보를 보낼 때 0을 보내는 경우는 "00"이라고 두 개의 비트를 보낸다고 하자. 1을 보낼 때는 "11"이라고 보내고 A와 B가 이렇게 약속하고, A가 "00"을 보냈을 때, B가 받을 수 있는 경우의 수를 고려해보면 3개 비트를 연속으로 보내는 방식에 대해서는 1개 비트 에러가 발생한 것에 대해서는 보정이 되는데 2개 이상의 비트가 에러가 생기는 것은 보정이 안 된다. 즉, 2개 비트 에러의 경우 보정은 실패했지만 "전송 중 에러가 있다"라는 사실은 알 수 있다.

- 첫 번째 2개의 연속된 비트인 "00" 혹은 "11"을 보내는 경우, 이 두 비트열에 대한 해밍 거리는 2이다. 이 경우, 1개 비트 에러에 대해서는 "에러가 있었다"는 것에 대해 검출은 가능하지만 2개의 비트 모두가 에러인 경우에는 에러 자체가 있었는지 알 수가 없다.
- 두 번째로 3개의 연속된 비트인 "000" 혹은 "111"을 보내는 경우, 이 두 비트열에 대한 해밍 거리는 3이다. 이 경우, 1개 비트 에러에 대해서는 "에러 보정"까지 가능했고, 2개의 비트가 에러의 경우는 "에러 보정"은 안되고 "에러 검출"은 되었다. 3개의 비트 모두가 에러의 경우는 "에러 검출"도 안되는 것이다.

1개 비트 에러에 대한 보정이 가능하려면 최소 해밍 거리가 3이 되도록 코드를 보내야하고("000", "111"처럼), 2개 비트에 대한 에러 보정이 가능하려면 최소 해밍 거리가 5(=2×2+1)가 되도록 보내야 한다. 해밍 거리가 짝수인 경우 정정할 수 있는 오류개수는 $\frac{d-2}{2}$이며 해밍 거리가 홀수인 경우 $\frac{d-1}{2}$의 오류개수를 정정할 수 있다. 비트열에서 1인 비트의 수를 "해밍 무게(Hamming Weight)"라 하고, 기호로는 w를 사용하며 이것은 컴퓨터 공학이나 신호학에서 주로 에러감지를 하는데 쓰인다. 기타의 응용 분야는 양자 컴퓨팅 및 에러 감지와 교정 등을 포함된다.

❻ 해밍 코드의 적용분야

해밍 거리는 이진 문자열로 제한되지 않으며 길이가 같기만 하면 모든 유형의 문자열과 함께 사용할 수 있다. 컴퓨터 과학, 정보 이론, 코딩 이론, 오류 감지 및 정정 알고리즘을 포함한 다양한 분야에서 일반적으로 사용된다.

주요 적용 분야

- 데이터를 연속적으로 전송해야 하는 분야
- 4,800bps 이상의 속도로 운용되는 MUX/DeMUX 사이에서 Full Duplex로 전송하는 분야
- 역 채널 없이 정보 전송해야 하는 분야

정답 01 ① 02 ② 03 ③

01 해밍 코드 방식에 의하여 구성된 코드가 16비트인 경우 데이터 비트 수와 패리티 비트 수로 가장 적합한 것은? (2010-3차)

① 데이터 비트 수: 11, 패리티 비트 수: 5
② 데이터 비트 수: 10, 패리티 비트 수: 6
③ 데이터 비트 수: 12, 패리티 비트 수: 4
④ 데이터 비트 수: 15, 패리티 비트 수: 1

해설

$$2^p \geq d+p+1$$
d : Data bit, p : Check bit

데이터 비트가 16이므로 d=16을 만족시키기 위해 P의 값을 1부터 입력한다. $2^P \geq 16+p+1$이므로

p=4인 경우	16 ≥ 16+4+1로 충족이 안 된다.
p=5인 경우	32 ≥ 16+5+1이므로 만족한다.

기존 16비트에 Parity bit 5비트를 빼면 데이터비트는 11비트가 되는 것이다.

02 Hamming 코드에서 총 전송비트수가 17비트일 때, 해밍 비트수와 순수한 정보 비트수는? (2010-1차)

① 해밍 비트수: 4, 정보 비트수: 13
② 해밍 비트수: 5, 정보 비트수: 12
③ 해밍 비트수: 6, 정보 비트수: 11
④ 해밍 비트수: 7, 정보 비트수: 10

해설

$$2^p \geq d+p+1$$
d : Data bit, p : Check bit

데이터 비트가 17이므로 d=17을 만족시키기 위해 P의 값을 1부터 입력한다. $2^P \geq 17+p+1$이므로

p=4인 경우	16 ≥ 17+4+1로 충족이 안 된다.
p=5인 경우	32 ≥ 17+5+1이므로 만족한다.

기존 17비트에 페리티비트 5비트 빼면 데이터비트는 12비트가 되는 것이다.

03 짝수 패리티를 이용한 8421 BCD 코드를 해밍 코드로 변환하면 다음 표와 같다. 빈칸에 들어갈 것은? (2011-1차)

10진수/비트의 위치	1	2	3	4	5	6	7
	p1	p2	d4	p3	d3	d2	d1
4			0		1	0	0
5			0		1	0	1

① 4: 000, 5: 111
② 4: 110, 5: 001
③ 4: 101, 5: 010
④ 4: 100, 5: 101

해설

$$2^p \geq d+p+1$$
d : Data bit, p : Check bit

데이터 비트가 4비트이므로 d=4를 만족시키기 위해 P의 값을 1부터 입력한다. $2^P \geq 4+p+1$이므로

p=3인 경우	8 ≥ 4+3+1이므로 만족한다.

Parity bit는 3이어서 1번, 2번 4번 자리에 Parity bit가 들어가는 것이다(2^0 첫 번째, 2^1 2번째, 2^2 4번째).
p1 1, 3, 5, 7 Parity Check
p2 2, 3, 6, 7 Parity Check
p3 4, 5, 6, 7 Parity Check

10진수/비트의 위치	1	2	3	4	5	6	7
	p1	p2	d4	p3	d3	d2	d1
4	1	0	0	1	1	0	0
5	0	1	0	0	1	0	1

4인 경우
p1 1, 3, 5, 7 짝수 Parity: x010, x=1, p1 =1
p2 2, 3, 6, 7 짝수 Parity: y000, y=0, p2 =0
p3 4, 5, 6, 7 짝수 Parity: z100, z=1, p3 =1
5인 경우
p1 1, 3, 5, 7 짝수 Parity: x011, x=0, p1 =0
p2 2, 3, 6, 7 짝수 Parity: y001, y=1, p2 =1
p3 4, 5, 6, 7 짝수 Parity: z101, z=0, p3 =0

04 전체 25비트를 사용하는 해밍 코드에서 해밍 비트 수는? (2010-3차)

① 3 ② 4
③ 5 ④ 6

해설

$2^p \ge d+p+1$
d : Data bit, p : Check bit

데이터 비트가 25이므로 d=25을 만족시키기 위해 p의 값을 1부터 입력한다. $2^P \ge 25+p+1$이므로

p=4인 경우	16 ≥ 25+4+1로 충족이 안 된다.
p=5인 경우	32 ≥ 25+5+1이므로 만족한다.

Parity Bit는 5비트가 된다.

05 32비트의 데이터에서 단일 비트 오류를 정정하려고 한다. 해밍 오류 정정 코드(Hamming Error Correction Code)를 사용한다면 몇 개의 검사 비트들이 필요한가? (2023-2차)

① 4비트 ② 5비트
③ 6비트 ④ 7비트

해설

$2^p \ge d+p+1$
d : Data bit, p : Check bit

데이터 비트가 32이므로 d=32을 만족시키기 위해 p의 값을 1부터 입력한다. $2^P \ge 32+p+1$이므로

p=4인 경우	16 ≥ 32+4+1은 충족 안 된다.
p=5인 경우	32 ≥ 32+5+1도 안 된다
p=6인 경우	64 ≥ 32+6+1이므로 만족한다.

Parity Bit는 6비트가 된다.

06 해밍 거리가 8일 때, 수신단에서 정정 가능한 최대 오류 개수는? (2011-2차)

① 2 ② 3
③ 4 ④ 5

해설

해밍 거리가 짝수이므로 정정할 수 있는 오류개수는 $\frac{d-2}{2}$ = 3개이다. 해밍 거리가 홀수인 경우 $\frac{d-1}{2}$이다.

07 전송하려는 부호어들의 최소 해밍 거리가 6일 때 수신 시 정정할 수 있는 최대 오류의 수는? (2017-1차)(2018-1차)

① 1 ② 2
③ 3 ④ 6

해설

해밍 거리가 짝수이므로 정정할 수 있는 오류개수는 $\frac{d-2}{2}$ = 2개이다. 해밍 거리가 홀수인 경우 $\frac{d-1}{2}$이다.

08 전송하고자 하는 총 비트 수가 72개일 때, 해밍 비트수는? (2011-3차)

① 4 ② 5
③ 6 ④ 7

해설

데이터 비트가 72이므로 d=72을 만족시키기 위해 p의 값을 1부터 입력한다. $2^P \ge 72+p+1$이므로

p=4인 경우	16 ≥ 72+4+1은 충족 안 된다.
p=6인 경우	64 ≥ 72+6+1이므로 만족 안 된다.
p=7인 경우	128 ≥ 72+7+1은 충족된다.

페리티비트는 7비트가 된다.

09 **다음 중 BCD 코드 1001에 대한 해밍 코드를 구하면? (단, 짝수 패리티 체크를 수행한다)**

(2013-2차)(2015-3차)(2021-3차)

① 0011001　② 1000011
③ 0100101　④ 0110010

해설

10진수/비트의 위치	1	2	3	4	5	6	7
	p1	p2	d4	p3	d3	d2	d1
9	0	0	1	1	0	0	1

9인 경우
p1 1, 3, 5, 7 짝수 Parity: x101, x=0, p1 =0
p2 2, 3, 6, 7 짝수 Parity: y101, y=0, p2 =0
p3 4, 5, 6, 7 짝수 Parity: z001, z=1, p3 =1

10 **짝수 패리티 비트의 해밍 코드로 0011011을 받았을 때(왼쪽에 있는 비트부터 수신됨), 오류가 정정된 정확한 코드는 무엇인가?** (2022-1차)

① 0111011　② 0011000
③ 0101010　④ 0011001

해설

$2^p \geq d+p+1$
; d #데이터 비트, p #체크 비트

p1(2의 0승 즉 1번째 자리): 행 1, 3, 5, 7 패리티 체크
p2(2의 1승 즉 2번째 자리): 행 2, 3, 6, 7 패리티 체크
p3(2의 2승 즉 4번째 자리): 행 4, 5, 6, 7 패리티 체크

10진수/비트의 위치	1	2	3	4	5	6	7
	p1	p2	d4	p3	d3	d2	d1
수신데이터	0	0	1	1	0	1	1

p1 1, 3, 5, 7 짝수 Parity: 0101, p1=0, 3번은 1, 5번은 0, 7번은 1이 맞다.
p2 2, 3, 6, 7 짝수 Parity: 0111, p2=0이고 p1에 3번은 1, 7번은 1이므로 6번은 0이어야 한다.
p3 4, 5, 6, 7 짝수 Parity: 1011, p3=1이고 5번은 0, 6번이 0이므로 7번은 1이 맞다.
그러므로 6번이 잘못 수신되어 6번째 1을 0으로 변경한 0011001로 수신이 맞다.

11 **다음 중 오류검출과 오류교정까지도 가능한 코드는?** (2017-3차)

① Hamming Code
② Biquinary Code
③ 2－out of－5 Code
④ EBCDIC Code

해설

① Hamming Code: 데이터비트에 몇 개의 체크비트가 추가된 코드이다. 기존의 체크비트들은 수신된 데이터열에 에러가 있다 없다 정도만 확인할 수 있었는데, 해밍 코드를 이용하면 수신단은 에러비트의 위치까지 알 수 있게 할 뿐만 아니라 정정할 수 있다. 수신측에 부가된 비트를 이용해서 오류검출을 한다.
② Biquinary Code: 2진수를 뜻하는 bi와 5를 의미하는 Quinary를 결합한 것으로 2－5진법으로, 전체 코드는 7비트로 구성되어 있다. 1인 비트가 항상 두 개 있으므로 오류 코드를 검사하기가 용이하다.
③ 2－out of－5 Code: 2비트의 10가지 가능한 조합을 제공하는 고정 가중치 코드이다. 5비트를 사용하여 10진수를 나타내는 데 사용되고 각 비트에는 0을 제외하고 설정된 비트의 합이 원하는 값이 되도록 가중치가 할당된다. 오류 검출만 가능하다.
④ EBCDIC Code: IBM에서 개발된 것으로 7비트 인코딩 방식인 ASCII와 달리 8비트 문자열로 인코딩한다.

기출유형 01 ▶ Repeater

장비 간 거리가 증가하거나 케이블 손실로 인한 신호 감쇄를 재생시키기 위한 목적으로 사용되는 네트워크 장치는? (2022-3차)

① 게이트웨이(Gateway) ② 라우터(Router)
③ 브리지(Bridge) ④ 리피터(Repeater)

해설

Repeater는 1계층에서 신호 증폭을 위해 사용한다. 단점은 망에서 생긴 잡음도 함께 증폭되는 것이다.

| 정답 | ④

족집게 과외

Layer 1	Layer 2	Layer 3
리피터(Repeater)	브리지(Bridge), 스위치(Switch)	라우터(Router)

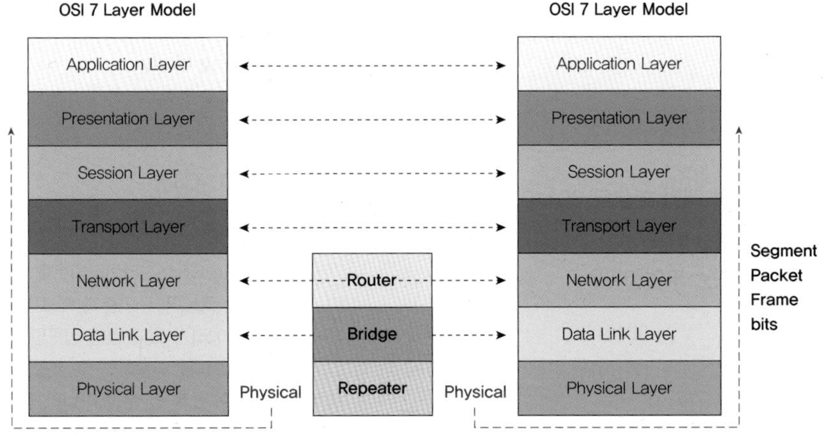

리피터(Repeater)는 컴퓨터 네트워크에서 사용되는 장치로, 신호를 증폭하고 전달하는 역할을 한다. 주로 네트워크 신호의 전송 거리를 확장하거나 신호의 강도를 강화하기 위해 사용된다. 리피터는 받은 신호를 재생하고 증폭하여 다음 장치로 전달함으로써 신호의 감쇠를 보상하며 이를 통해 네트워크의 연결 범위를 확장하고 신호의 품질을 향상시킨다.

더 알아보기

물리계층 (Physical Layer)
- 데이터를 전기적인 신호로 바꿔주는 역할을 한다.
- 데이터를 전기신호로 변환하며 수신측에서는 전기신호를 다시 데이터신호로 바꿔준다.
- 주요 해당하는 장비는 허브(Hub), 리피터(Repeater), 케이블(Cable) 등이 해당한다.

리피터는 비트의 신호 세기를 강화시켜 재전송시켜주는 장비이다. 허브(HUB)는 리피터 역할을 하며 기존 리피터와 다르게 여러 장비를 연결할 수 있다는 것이 특징이다. 하나의 허브에 연결되어있는 모든 장비들은 같은 Collision Domain 안에 있기 때문에 사용하는 장비가 많아지면 Collision Domain의 크기는 커지고 HUB 내부로 들어온 데이터를 모든 포트로 Flooding 하기 때문에 Collision이 자주 발생한다. 이를 방지하기 위하여 Intelligent HUB를 사용했고 최근에는 Switch로 기능이 통합되고 있다.

❶ Repeater

중계기(Repeater)는 통신에서 신호를 증폭하거나 재생하는 데 사용되는 장치이다. 약한 신호를 수신하여 증폭한 후, 수신 장치에 더 높은 전력으로 재전송함으로써 통신 링크의 범위를 확장하는 데 종종 사용된다. 중계기는 일반적으로 신호가 목적지에 도달할 수 있을 정도로 충분히 강력함을 보장하기 위해 셀룰러 네트워크와 같은 이동 통신 시스템에서도 사용된다. 중계기는 처리하도록 설계된 신호 유형에 따라 아날로그 또는 디지털 형식이며 아날로그 중계기는 음성이나 음악과 같은 아날로그 신호를 증폭시키는 반면, 디지털 중계기는 데이터나 비디오와 같은 디지털신호를 증폭한다. 신호를 증폭하는것 외에도, 중계기는 장거리에 걸쳐 신호 품질을 저하시킬 수 있는 노이즈와 간섭을 제거하여 신호를 재생할 수도 있다.

과거에는 소규모 LAN에서 신호 증폭용으로 많이 사용되었으나 최근 중계기는 건물이나 산처럼 신호를 차단하거나 약화시킬 수 있는 장애물이 있는 지역에서 자주 사용되며 송신 및 수신 장치 모두에 대한 시야가 명확한 위치에 중계기를 배치함으로써, 신호를 증폭 및 재생하여 장애물을 극복하고 강력하고 신뢰할 수 있는 통신 링크를 보장할 수 있다. 이 장표에서 다루는 중계기(Repeater)는 LAN 내부의 개념으로 국한한다.

❷ 설명(Explanation)

디지털신호는 일정한 거리 이상으로 나아가면 출력이 감쇠하는 성질이 있으므로 장거리 전송을 위해서는 이를 재생시키거나 출력 전압을 높여 주는 장치가 필요한데, 리피터는 이러한 전송신호의 재생중계 장치 역할을 한다. 디지털 통신 네트워크에서 근거리통신망의 역할이 커지면서 랜(LAN)은 처음 구성할 때보다 크게 늘어나기 마련인데, 리피터를 이용하면 LAN을 서로 접속시킬 수 있고, 하나의 LAN 중간중간에 설치하여 거리나 접속 시스템 수를 확장시킬 수 있다.

디지털 방식의 통신선로에서 신호를 전송할 때, 전송하는 거리가 멀어지면 신호가 감쇠하는 성질이 있다. 이때 감쇠된 전송신호를 새롭게 재생하여 다시 전달하는 재생 중계장치를 리피터라 하며 종류는 비트 리피터(Bit Repeater)와 축적형 리피터(Buffered Repeater)가 있다.

구분	내용
비트 리피터	세그먼트(LAN 단위)로부터 비트를 받아서 아무런 처리도 하지 않고 단순히 신호를 전기적으로 재생하여 다음 세그먼트에 넘긴다. 따라서 양쪽 세그먼트의 속도는 같아야 하며, 신호를 받아서 그대로 전달하기 때문에 데이터의 오류에 대처할 방법이 없다.
축적형 리피터	• 비트 리피터의 기술을 확장한 것으로, 메모리 버퍼를 가지고 있으므로 속도가 서로 다른 LAN을 결합할 수 있고, 패킷 분석을 하지 않으므로 속도가 빠르고 경제적인 LAN을 구성할 수 있다. • LAN 선로의 물리적 길이가 한계에 부딪쳤을 때 이를 물리적으로나 논리적으로 확장시켜 주는 장치로는 리피터 외에도 상위 수준의 장치로서 브리지(Bridge)와 라우터(Router)가 있다.

기출유형 완성하기

정답 01 ① 02 ① 03 ① 04 ②, ④ 05 ④

01 다음 중 OSI 7 Layer의 물리계층(1계층) 관련 장비는? (2022-2차)

① 리피터(Repeater) ② 라우터(Router)
③ 브리지(Bridge) ④ 스위치(Switch)

해설

데이터를 전기적인 신호로 바꿔주는 역할을 OSI 7 Layer의 물리계층(1계층)에서 한다. 주요 해당하는 장비는 허브(Hub), 리피터(Repeater), 케이블(Cable) 등이 해당한다. ② 라우터(Router)는 Layer 3, ③ 브리지(Bridge), ④ 스위치(Switch)는 Layer 2에서 동작 하는 장비이다.

02 리피터(Repeater)가 동작하는 OSI 7 Layer의 계층은? (2022-1차)

① 물리계층 ② 응용계층
③ 네트워크계층 ④ 데이터링크계층

해설

데이터를 전기신호로 변환하며 수신측에서는 전기신호를 다시 데이터신호로 OSI 7 Layer의 물리계층(1계층)에서 바꿔준다. 주요 해당하는 장비는 허브(Hub), 리피터(Repeater), 케이블(Cable) 등이 해당된다.

03 비트의 신호 세기를 강화시켜 재전송시켜주는 장비는? (2020-1차)

① Repeater ② Bridge
③ Router ④ Gateway

해설

Repeater는 OSI 7 Layer의 물리계층(1계층)에서 신호 증폭을 위해 사용한다. 단점은 망에서 생긴 잡음도 함께 증폭된다.

04 다음 중 LAN에서 사용되는 리피터의 기능으로 맞는 것은? (2013-3차)(2014-2차)(2023-1차)

① 네트워크계층에서 활용되는 장비이다.
② 두 개의 서로 다른 LAN을 연결한다.
③ 모든 프레임을 내보내며, 필터링 능력을 갖고 있다.
④ 같은 LAN의 두 세그먼트를 연결한다.

해설

Repeater는 1계층에서 신호 증폭을 위해 사용하며 같은 LAN에서 두 개의 세그먼트를 연결하며 주로 신호 증폭용으로 사용한다.

※ 문제 오류로 확정답안 발표 시 ②, ④번이 정답처리 되었다.

05 다음 중 네트워크를 구성하는 기본 요소가 아닌 것은? (2018-3차)

① 리피터 ② 라우터
③ 허브 ④ 태그

해설

리피터는 신호 증폭, 허브는 다양한 PC등 수용, 라우터는 IP 대역이 다른 망을 연계하기 위한 것이다. 태그는 VLAN에서 사용하는 일정의 표시(표식)이며 네트워크를 구성하는 기본 요소도 아니다(태그 없이도 네트워크를 구성 가능하다는 의미이다).

기출유형 02 ▶ HUB

네트워크 토폴로지 중에서 다수의 허브(HUB)를 이용하여 연결할 때 가장 적합한 토폴로지는? (2013-3차)

① 버스(Bus) 방식 ② 트리(Tree) 방식
③ 링(Ring) 방식 ④ 메쉬(Mesh) 방식

해설

HUB는 주로 PC나 프린터 등을 수용하기 위해서 LAN에서 주로 사용한다. HUB를 연결하기 위하여 Stacking을 하며 마치 계층적 사용으로 Broadcast Domain을 최소화하기 위해 사용하는 것으로 위치가 서로 떨어져 있거나 연장이 필요한 경우 Repeater 기능을 포함하여 Tree 구조로 사용한다.

| 정답 | ②

족집게 과외

리피터(Repeater)는 약화된 신호를 원신호로 강화시키는 것으로 Layer 1에서 동작한다. 허브는 리피터에 패킷 모니터링을 지원하며 멀티 포트를 지원하는 것으로 Layer 1에서 동작한다.

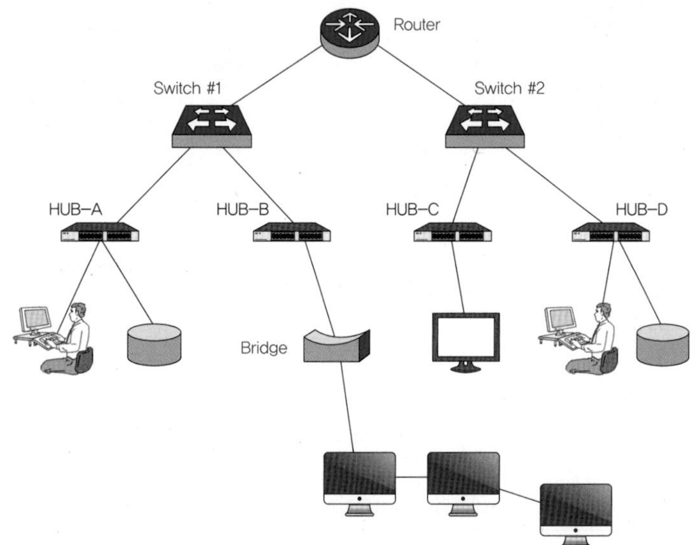

허브(Hub)는 네트워크에서 사용되는 장치로, 여러 장치 간의 연결을 단순하게 해주는 역할을 한다. 허브는 네트워크상의 데이터를 받아서 여러 포트로 복제하여 전달하는 역할을 하며 이를 통해 데이터를 연결된 모든 장치에게 브로드캐스트하는 방식으로 통신이 이루어진다. 그러나 허브는 수신한 데이터를 분석하거나 목적지를 판단하는 기능을 갖추고 있지 않으며, 데이터 충돌이 발생할 수 있다. 따라서 허브는 네트워크 확장이나 대규모 네트워크에서는 비효율적일 수 있어서 스위치(Switch)로 대체되어 사용되고 있다.

더 알아보기

구분	내용	동작
Physical Layer	대상	리피터(Repeater)와 HUB가 해당된다.
	Repeater	미약한 신호를 강하게 한다.
	HUB	리피터에 추가적으로 패킷모니터링을 지원하며 멀티 포트를 지원한다.
Datalink Layer	Bridge	소프트웨어로 처리한다.
	L2 Switch	하드웨어 기반으로 처리한다.

❶ 허브(HUB)

허브, 스위치 및 라우터는 네트워크에 연결하는 네트워크 장치이지만 트래픽을 관리하는 방법은 다르다.

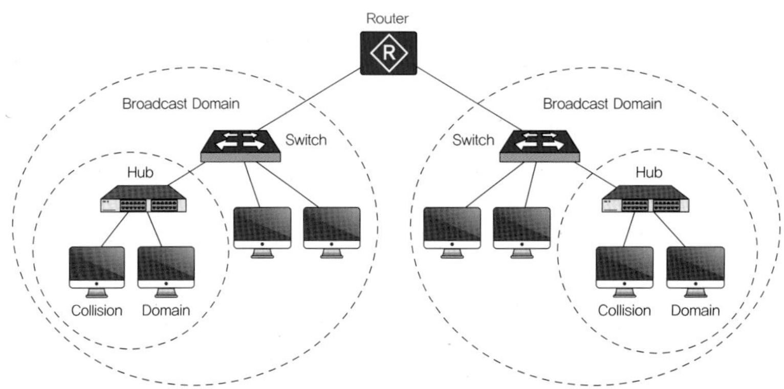

구분	Layer	내용
허브	1	한 장치가 데이터를 허브로 보낼 때, 허브는 데이터를 허브에 연결된 다른 모든 장치로 보낸다(Broadcasting). 이로 인해 허브가 매우 비효율적이고 네트워크 정체가 발생하기 쉽다.
스위치	2	여러 장치를 네트워크에 연결하는 상위 장치이다. 그러나 스위치는 데이터를 수신할 장치에만 데이터를 전송한다. 이를 통해 스위치가 허브보다 효율적으로 작동하고 네트워크 정체를 줄일 수 있다.
라우터	3	라우터는 라우팅 테이블을 사용하여 네트워크 간에 데이터를 이동하기 위한 최적의 경로를 결정한다. 또한 무단 액세스로부터 네트워크를 보호하기 위한 방화벽과 같은 보안 기능도 제공한다.

❷ 설명(Explanation)

허브는 단순히 디바이스를 서로 연결하는 기본적인 네트워크 장비이고, 스위치는 트래픽을 특정 디바이스로 유도하는 보다 발전된 장비이며, 라우터는 다수의 네트워크를 함께 연결하고 일부 보안 기능을 제공하는 네트워크 장비로 구분될 수 있다.

01 **HUB에 대한 설명으로 맞는 것은?** (2022-2차)

① 근거리 통신망(LAN)과 단말장치를 접속하는 장치이다.

② 근거리 통신망(LAN)과 외부 네트워크를 연결하여 다중경로를 제어하는 장치이다.

③ OSI 7 Layer에서 2계층의 기능을 담당하는 장치이다.

④ 아날로그 선로에서 신호를 분배, 접속하는 중계 장치이다.

해설

② Router에 대한 설명이다.
③ Switch에 대한 설명이다.
④ 아날로그에 대한 설명으로 문제의 HUB는 아날로그가 아닌 디지털 신호를 처리한다.

02 **전송장비인 허브(Hub)를 사용하는 이유가 아닌 것은?** (2021-2차)

① 단순히 Segment와 Segment 연결을 위해서만 사용한다.

② 네트워크 관리가 용이하다.

③ 병목현상을 어느 정도 줄여준다.

④ 다른 네트워크의 네트워크 장비와 연결가능 하도록 한다.

해설

②, ③, ④는 HUB의 주요 기능이다. HUB는 이전에 Dummy HUB에서 Switching HUB로 발전하여 최근 Intelligent HUB로 사용하고 있으며 현재는 Switch(Layer 2)에서 관련 기능을 대신하고 있다.

03 **다음 중 허브(Hub)에 대한 설명으로 옳은 것은?** (2020-2차)

① 구내 정보통신망(LAN)과 단말장치를 접속하는 장치이다.

② 구내 정보통신망(LAN)과 외부 네트워크를 연결하여 다중경로를 제어하는 장치이다.

③ 개방형 접속표준(OSI 7)에서 제5계층의 기능을 담당하는 장치이다.

④ 아날로그 선로상의 신호를 분배, 접속하는 중계장치이다.

해설

HUB는 구내 PC나 프린트 등을 연결하여 동일 LAN 내에서 동작하는 장비이다. ②는 Router에 대한 설명이며, ③은 2계층이어야 맞으며, ④는 아날로그이므로 HUB의 디지털 처리와는 무관하다.

04 **다음 중 독립적으로 MAN이나 WAN을 구성하기에 부적절한 장비는?** (2017-1차)

① 이동전화시스템 ② 교환기
③ 인공위성 ④ HUB

해설

HUB는 독립적으로 사용하기보다 Router와 연계하여 사용한다. 필요에 따라서 HUB와 HUB를 연결할 수도 있고 하나의 Switch HUB에서 VLAN을 나누어 마치 여러 HUB가 있는 것처럼 사용할 수 있다.

05 **Hub(허브) 등이 없는 상태에서 동종 장비 간, 예를 들어 컴퓨터와 컴퓨터 간에 직접 연결하여 정보를 교환할 때 사용하는 케이블은?** (2014-1차)

① Cross 케이블 ② Link 케이블
③ Hub 케이블 ④ Extend 케이블

해설

HUB는 PC를 연결할 때 Direct Cable을 사용하며 동기종 장비인 HUB와 HUB 간에 연결할 때는 Cross Cable을 사용한다. 최근 나오는 장비는 Auto Detection 기능이 있어서 케이블이 Direct나 Cross Cable에는 무관하나, Auto Detection 기능을 미지원하는 장비도 있어 케이블 사양의 확인이 필요하다.

기출유형 03 ▶ Bridge, Switch

서로 다른 전송매체를 갖는 네트워크를 상호 연결하는데 사용되며 데이터링크계층까지 LAN을 접속시키는 것은?
(2010-1차)

① 리피터(Repeater)
② 브리지(Bridge)
③ 라우터(Router)
④ 게이트웨어(Gateway)

해설

Bridge는 소프트웨어기반으로 2계층인 데이터링크계층에서 LAN 간 연동에 사용한다. 요즘은 Bridge를 거의 사용 안하고 대부분 Switch 장비로 대체되었다.

| 정답 | ②

족집게 과외

리피터는 하나의 LAN에서 세그먼트를 연결하며 신호가 미약한 경우 신호를 증폭해 준다. 브리지(Bridge)는 Layer 2 기준으로 두 개 이상의 네트워크 세그먼트를 연결한다.

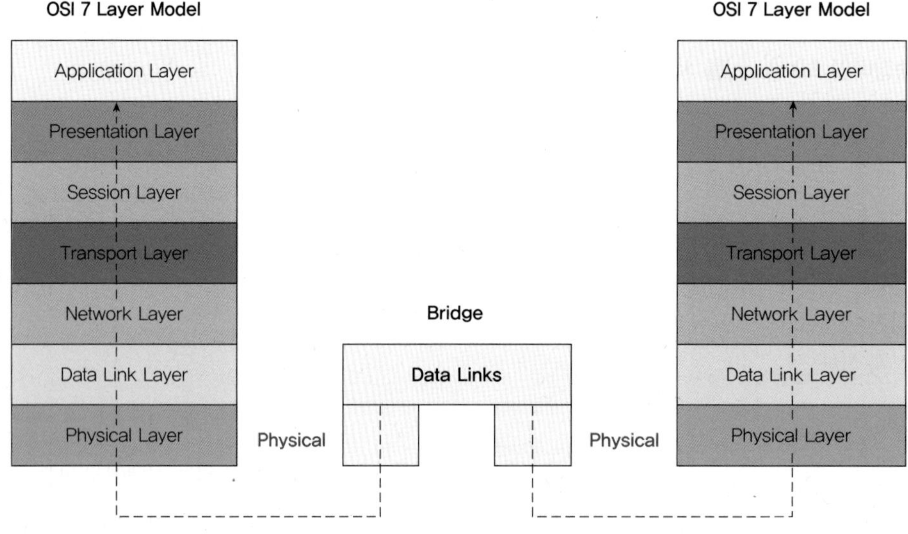

OSI 7 Layer 기반 Bridge 동작

더 알아보기

구분		내용
Physical Layer	Repeater	통신선을 타고 흐르는 신호가 약해졌을 때 해당 신호를 받아서 증폭시킨다.
	Hub	• 허브는 리피터에 몇 가지 기능을 추가한 것으로 Plug&Play가 가능하다. • 패킷 모니터링을 지원하며 멀티 포트를 지원하고 문제가 생긴 Port를 고립(Fault isolation)시킬 수 있다.
Datalink Layer	Bridge	소프트웨어적으로 처리한다.
	L2 Switch	하드웨어적으로 동작한다.

❶ 브리지(Bridge)

브리지와 스위치는 둘 다 여러 장치를 연결하고 서로 간에 데이터를 전달하는 데 사용되는 네트워크 장치이지만, 각각의 기능은 차이가 있다.

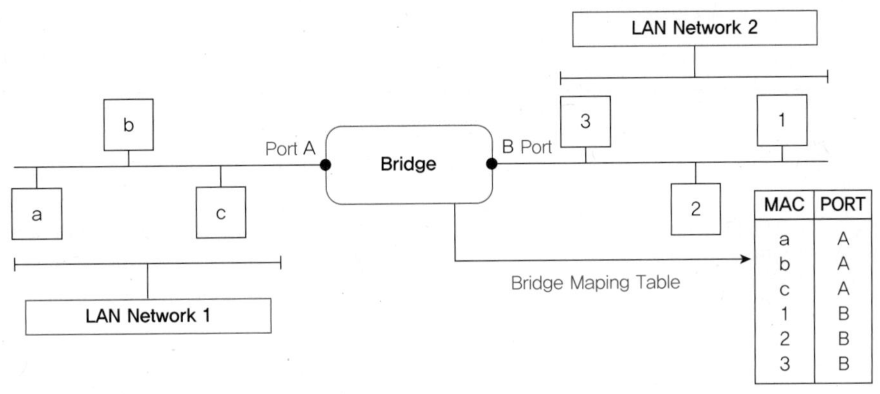

구분	내용
브리지	두 개 이상의 네트워크 세그먼트를 연결하고 각 세그먼트에 있는 장치의 MAC 주소를 기반으로 네트워크 세그먼트 간에 데이터를 선택적으로 전달하는 장치이다. 이를 통해 한 세그먼트에 있는 장치는 모두 동일한 물리적 네트워크에 있는 것처럼 다른 세그먼트에 있는 장치와 통신할 수 있다. 브리지는 OSI 모델의 데이터 링크 계층(Layer 2)에서 동작하며 일반적으로 LAN(Local Area Network)을 함께 연결하는 데 사용된다. Bridge는 주로 속도가 다른 두 개 이상의 네트워크 간에도 연결하거나 혼잡한 네트워크상에서 전송량을 분리하는데 사용한다.
스위치	LAN에서 여러 장치를 함께 연결하고 MAC 주소를 기반으로 데이터를 서로 전달하는 장치이다. 스위치는 브리지보다 더 많은 트래픽을 처리하도록 설계되었으며 일반적으로 더 많은 장치를 네트워크에 연결하기 위해 여러 개의 포트가 있다. 브리지와 동일한 Layer 2에서 동작하지만 일반적으로 더 빠르고 효율적이다(가격은 브리지보다 고가임).

요약하면 브리지와 스위치 모두 여러 장치를 함께 연결하고 서로 간에 데이터를 전달하지만 브리지는 MAC 주소를 기반으로 서로 다른 네트워크 세그먼트를 함께 연결하는데 사용되는 반면 스위치는 동일한 네트워크의 장치를 MAC 주소를 기반으로 연결하는데 사용되며 더 많은 양의 트래픽을 처리하기 위해 더 많은 포트를 가지고 있다.

❷ STP(Spanning Tree Protocol), 802.1D

STP(스패닝 트리 프로토콜)는 802.1D(Media Access Control(MAC) Bridges)를 구현하는 경우에도 루프를 방지하기 위해 아래와 같이 동작한다.

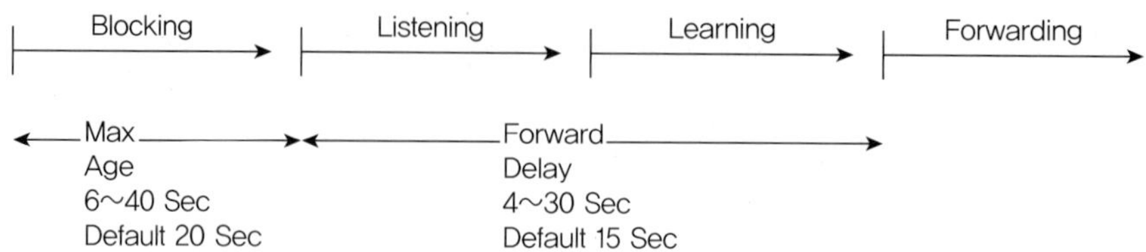

STP의 문제점은 수렴 속도가 느리다는 것이다. 스위치 포트가 차단, 수신 대기, 학습 및 최종적으로 트래픽 전달까지 STP 프로세스를 거치는 데 상당한 시간이 소요된다(최대 1분 정도). STP의 단점은 너무 느리다는 것이다. 빠른 수렴 및 네트워크 링크의 효율적인 활용을 제공하는 RSTP(Rapid Spanning Tree Protocol) 또는 MSTP(Multiple Spanning Tree Protocol)와 같은 대체 프로토콜을 사용하고 있다. 브릿지(Bridge)에서 Loop를 방지하기 위해 STP를 사용한다.

브리지(Bridge)는 OSI 7 계층의 데이터링크계층 중 하위 계층인 MAC(Media Access Control) 주소 기반에서 동작하며, 두 세그먼트 사이에서 데이터링크계층 간의 패킷 전송을 담당하는 장치로서 아래와 같은 처리를 주로 담당한다.

구분	내용
블로킹 (Blocking)	브리지 포트가 관리자의 설정에 의해 시작(Enable)되면 초기 Disable 상태에서 블로킹 상태로 넘어간다.
리스닝 (Listening)	포트가 Configuration BPDU(Bridge Protocol Data Unit)를 수신하여 브리지 동작에 참여하기로 결정되면 리슨 상태가 된다.
학습 (Learning)	브리지에 실제 정보 패킷이 수신되면 브리지는 먼저 송신지 주소를 추출하여 이 주소가 자신이 보관하고 있는 Filtering Database에 등록되어 있는가를 검사한다. 만약 송신지 주소가 등록되어 있지 않다면, 브리지는 새로운 송신지 주소를 테이블에 신규로 등록하고, 이후 Filtering Database에 등록된 주소에 의해 네트워크상에 존재하고 있는 장치를 인식하게 된다.
필터링 (Filtering)	학습(Learning) 단계를 마친 후 브리지는 패킷에 나타나 있는 목적지 주소와 필터링 데이터베이스 상의 주소를 비교하여 패킷의 목적지와 송신지가 동일한 네트워크 내에 있는가를 검사한다. 만약 송신지와 동일한 네트워크 내에 목적지가 존재하고 있다면, 패킷은 브리지를 경유하여 타 네트워크로 전달될 필요가 없음으로, 브리지는 자동으로 패킷을 폐기한다. 이러한 과정이 필터링이다.
포워딩 (Forwarding)	만약 목적지 주소가 송신지와는 다른 네트워크에 존재하며 Filtering Database에 목적지 주소가 이미 존재하고 있다면, 테이블에 있는 정보를 이용하여 적절한 경로를 결정한 다음 해당하는 전송로로 패킷을 전송한다. 이 절차가 포워딩이다.

정답 01 ④ 02 ④ 03 ③

01 네트워크를 서로 연결하여 상호접속을 위한 망간연동장치로 사용되지 않는 것은? (2011-1차)

① 리피터 ② 브리지
③ 라우터 ④ 트랜시버

해설

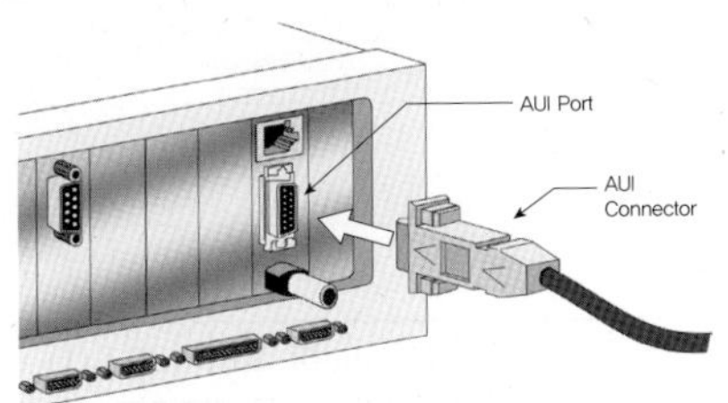

동축케이블을 백본 네트워크로 사용하는 네트워크에서 서브 네트워크를 구성하려고 AUI(Attachment Unit Interface) 포트에 접속하는 네트워크 장비가 트랜시버이다.

리피터	하나의 LAN에서 신호 증폭을 한다.
브리지	Layer 2 기준으로 데이터를 연결한다.
라우터	서로 다른 IP 대역을 연결한다.

02 다음 중 리피터와 브리지에 대한 설명으로 맞지 않는 것은? (2015-3차)(2018-2차)

① 리피터는 하나의 LAN의 세그먼트를 연결한다.
② 리피터는 모든 프레임을 내보내며 필터링 능력을 갖고 있지 않다.
③ 브리지는 필터링 결정에 사용되는 테이블을 가지고 있다.
④ 브리지는 프레임의 물리적 주소(MAC Address)를 변경한다.

해설

MAC의 물리적인 주소는 공장에서 나올 때부터 고정되며 필요시 별도 프로그램을 사용해서 수정할 수는 있으나 권고하지는 않는다.

03 동축케이블을 백본 네트워크로 사용하는 네트워크에서 서브 네트워크를 구성하려고 AUI 포트에 접속하는 네트워크 장비는? (2020-2차)

① 라우터 ② 게이트웨이
③ 트랜시버 ④ 리피터

해설

동축케이블을 백본 네트워크로 사용하는 네트워크에서 서브 네트워크를 구성하려고 AUI(Attachment Unit Interface) 포트에 접속하는 네트워크 장비가 트랜시버이다.

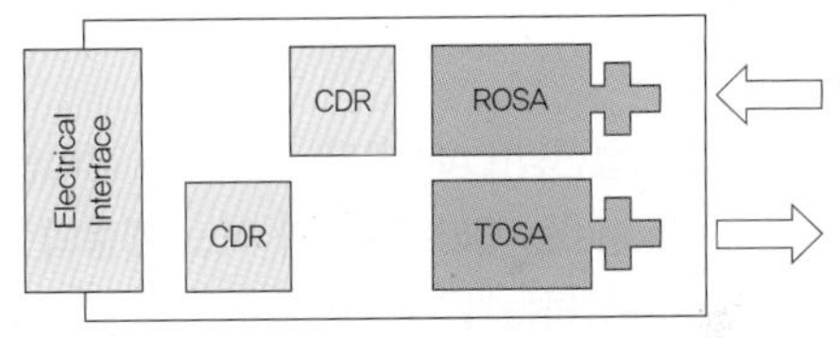

광 트랜시버 구조도

SFP	2.5Gbps
SFP+	10Gbps
QSFP+	40Gbps
QSFP14	50Gbps
QSFP28	100Gbps
QSFP56	200Gbps

Transceiver의 종류별 전송속도

04 데이터링크계층에서 동작하는 인터네트워킹 장비는? (2012-2차)

① 라우터 ② 브리지
③ 허브 ④ 리피터

해설
Bridge는 2계층인 데이터링크계층에서 LAN 간 Interworking에 주로 사용한다.

05 혼잡한 네트워크상에서 전송량을 분리하는 데 사용하는 장치는? (2012-3차)

① 리피터 ② 브리지
③ 허브 ④ 라우터

해설
- Local Bridge: 동일한 지역 내에서 LAN 세그먼트 여러 개를 직접 연결한다.
- Remote Bridge: 서로 다른 지역 간에 LAN 세그먼트 여러 개를 연결할 때 사용한다.

06 근거리통신망(LAN)에서 사용되는 장비인 브리지(Bridge)는 OSI 7계층의 어느 계층의 기능을 주로 수행하는가? (2013-3차)

① 응용계층 ② 데이터링크계층
③ 네트워크계층 ④ 트랜스포트계층

해설
Bridge는 2계층인 데이터링크계층에서 LAN 간 연동에 사용하나 요즘은 Switch 장비로 대체 되었다.

07 스위치 전송 방식 중에서 목적지 주소만 확인하고 전송을 진행하는 방식은? (2022-3차)

① Store and Forward 방식
② Cut-through 방식
③ Fragment-free 방식
④ Fittering 방식

해설
Switching하기 위한 Mode는 크게 세 가지로 나눌 수 있다.

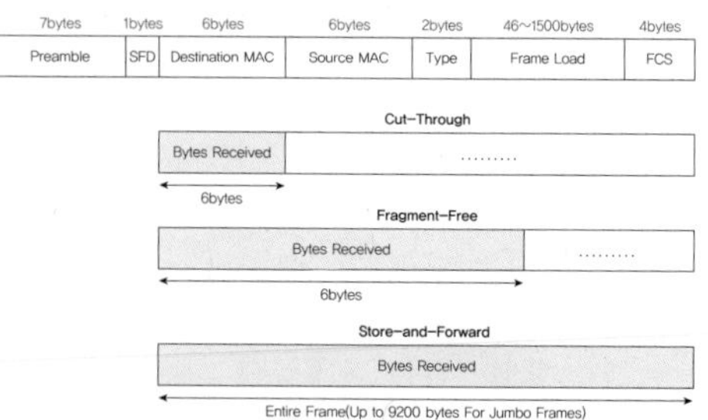

Cut Through 방식	Frame이 목적지 주소(Destination Address)를 받자마자 Error check 없이 바로 Swich Process를 진행하게 된다. Store and Forward 방식에서 발생하는 Latency를 줄이기 위해서 만들어진 방법이며, 빠른 전송이 가능하지만, Error Check를 할 수 없기 때문에 Frame 전송의 안정성 보장이나 재전송에 의한 Bandwidth 낭비를 가져올 수 있다.
Store and Forward 방식	들어오는 Frame의 Field 값을 모두 전송받은 후에 Switch는 이 Frame이 정상적인지, Error가 존재하는 지를 확인한 후 Swich Process를 시작하게 된다.
Fragment Free 방식	Store and Forward 방식과 Cut Through 방식의 장점을 조합한 것으로 처음 Frame의 64byte 부분이 전송되면 그때부터 Switch Process를 시작하는 방식이다.

08 LAN과 LAN을 연결하는 장비로, OSI 7계층 중 데이터링크계층에 해당하는 것은? (2020-2차)

① 브리지 ② 라우터
③ 리피터 ④ 게이트웨이

해설
브리지(Bridge)
두 개 이상의 네트워크 세그먼트를 연결하고 각 세그먼트에 있는 장치의 MAC 주소를 기반으로 네트워크 세그먼트 간에 데이터를 선택적으로 전달하는 장치이다.

기출유형 04 ▶ Router

OSI 7계층 중 네트워크에서 동작하는 장비는? (2013-2차)(2015-1차)(2019-3차)

① Hub ② Repeater

③ Modem ④ Router

해설

④ OSI 7 Layer 기준 3계층인 네트워크계층에서 라우터가 IP를 기준으로 동작한다.

① HUB는 주로 PC나 프린터 등을 수용하기 위해서 LAN에서 주로 사용한다. HUB를 여러 개 연결하기 위해서 Stacking을 하며 이것은 마치 계층적 사용으로 Broadcast Domain을 최소화하기 위하여 사용된다. 위치가 서로 떨어져 있거나 연장이 필요한 경우 Repeater 기능을 포함하여 Tree 구조로 사용한다.

② Repeater는 1계층에서 신호 증폭을 위해 사용되며 단점은 망에서 생긴 잡음도 함께 증폭된다.

③ Modem은 정보 전달을 위해 신호를 변조하여 송신하고 수신측에서 원래의 신호로 복구하기 위해 복조하는 장치이다.

| 정답 | ④

족집게 과외

주요 장비는 1계층 HUB, Repeater, Cable, 2계층 Switch, Bridge, 3계층이 Router이다.

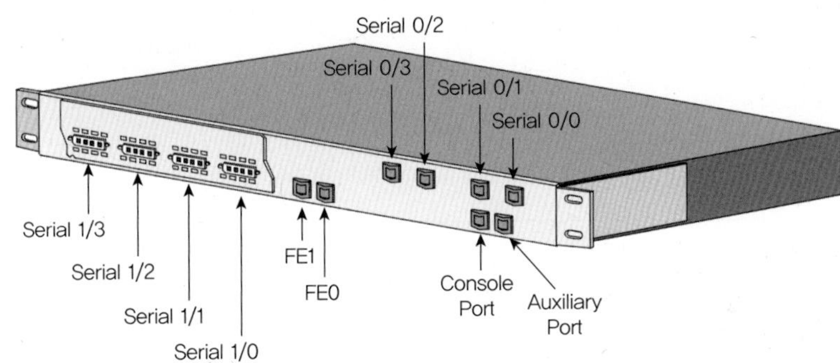

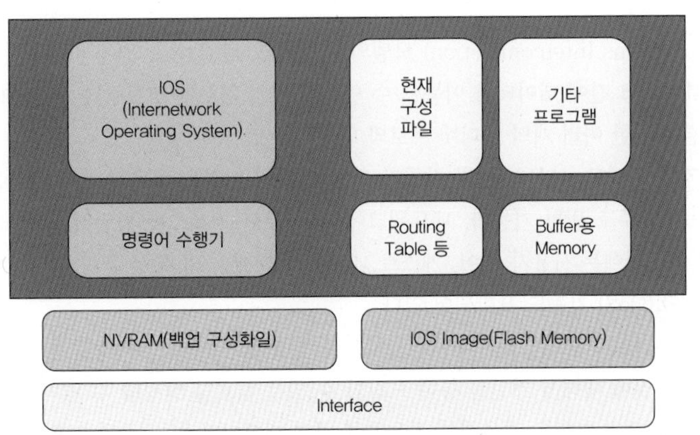

[Router 내부 주요 구성]

더 알아보기

- LAN 장비에서 네트워크 계층 간에 연결하는 장비가 Router이다.
- LAN 장비에서 물리층과 데이터링크층의 연결 장비는 Bridge, Repeater, Hub가 담당한다.
- 라우팅 테이블은 컴퓨터 네트워크에서 목적지에 도달하기 위해 네트워크 경로를 변환시키는 목적으로 사용되는 것으로 라우팅 프로토콜의 가장 중요한 목적이 바로 이러한 라우팅 테이블의 구성이다.

❶ Router란

라우터는 컴퓨터 네트워크 간에 데이터 패킷을 전달하는 네트워킹 장비로서 여러 장비를 인터넷에 연결하고 LAN(Local Area Network)에서 확장하기 위해 자주 사용된다.

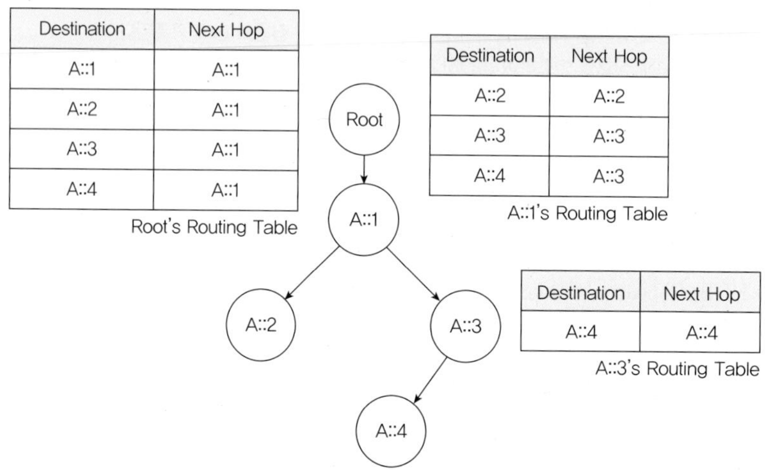

Destination	Next Hop
A::1	A::1
A::2	A::1
A::3	A::1
A::4	A::1

Root's Routing Table

Destination	Next Hop
A::2	A::2
A::3	A::3
A::4	A::3

A::1's Routing Table

Destination	Next Hop
A::4	A::4

A::3's Routing Table

Router 사용이유

인터넷을 사용하기 위해서 서로 다른 네트워크 간 통신하기 위해서 그리고 브로드캐스트 영역을 나눠주기 위해서 꼭 필요한 것이 Router이다. 라우터는 자신이 가야 할 경로를 자동으로 찾아가는 역할을 하며 외부의 어떤 인터넷 사이트를 찾아가는 데이터가 있다면 라우터는 이 데이터를 목적지까지 가장 빠르고 효율적인 길을 찾아 주기 때문에 통신망에서 꼭 필요하다.

라우터는 OSI(Open Systems Interconnection) 모델의 네트워크계층(Layer 3)에서 동작하며, 라우팅 테이블과 프로토콜을 사용하여 네트워크 간에 데이터가 이동할 수 있는 최적의 경로를 결정한다. 유선 또는 무선으로 사용할 수 있으며 와이파이 연결을 위한 여러 개의 이더넷 포트와 안테나가 있을 수 있다.

라우터에는 라우팅 기능 외에도 LAN의 여러 장치가 단일 인터넷 연결을 공유할 수 있는 NAT(Network Address Translation)인 네트워크 주소 변환 기능과, 네트워크에 대한 무단 액세스를 차단하는 방화벽 보호와 같은 기능이 포함되어 있다. 일부 라우터에는 사용자 제어, 게스트 네트워크 액세스 및 특정 유형의 네트워크 트래픽에 우선순위를 지정하는 서비스 품질(QoS) 기능도 포함되어 있다.

Router의 NAT 기능으로 외부 네트워크와 내부 네트워크를 연결해줄 수 있으며 이를 통해 하나의 장치에서 내부/외부 네트워크에서 보낸 패킷에 대해서 계산을 통해 도착할 수 있는 경로를 설정할 수 있다. 주로 기업용 라우터, 가정용 라우터로 나눌 수가 있으며 기업용 라우터는 공유기에 비해 비싸지만 성능이 우수해서 보통 기업 혹은 대규모 네트워크에서 많이 사용되고 있다.

❷ 설명(Explanation)

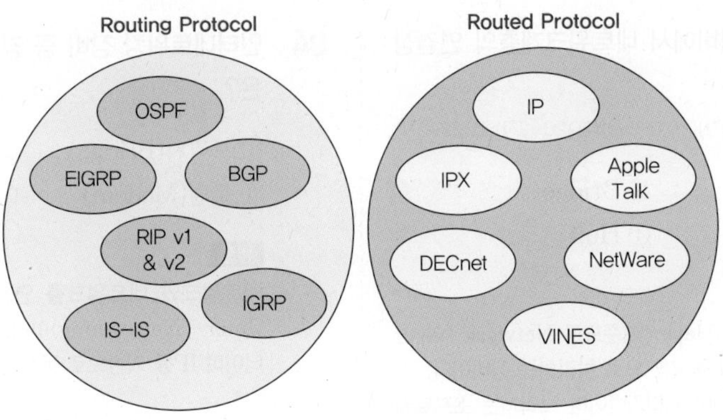

구분	내용
Routing 프로토콜	라우팅 프로토콜에는 RIP, IGRP, OSPF, EIGRP 등이 있다. 라우팅 테이블에는 주로 목적지, 그리고 그 목적지까지의 거리 그리고 어떻게 가야 하는가에 대한 내용이 있다. 또 라우팅 테이블은 시간이 지나면서 계속 업데이트되고 끊임없이 변한다. 새로운 길이 생길 수도 있고 새로운 목적지가 추가될 수도 있기 때문에 목적지까지의 가장 빠르고 안전한 길을 찾는 조건 역시 라우팅 프로토콜에 따라 다르다고 할 수 있다.
Routed 프로토콜	Routed 프로토콜은 라우터라는 자동차에 타는 승객이고 이 자동차를 운전하는 것이 바로 라우팅 프로토콜이라고 할 수 있다. 즉, 전체적인 움직임은 마치 자동차와 같은 라우터고 이 자동차의 운전기사는 자기가 가는 목적지에 대한 목적지를 가지고 있고 이것은 라우팅 테이블이라는 여러 가지 경우의 수를 보유하고 있는 것이다. 물론 라우팅 테이블은 그때그때 상황에 따라 변경되고 Update 되어서 운전자마다 경로를 틀리게 할 수 있을 것이다. 즉, Routed 프로토콜은 라우팅 프로토콜이 라우팅하려는 대상이 되는 프로토콜의 패킷이라 할 수 있다. 예로 EIGRP 프로토콜은 IP, IPX 등 다양한 프로토콜을 전달하는데 이와 같은 대상이 Routed 프로토콜이 된다. 정리하면 라우티드 프로토콜(Routed Protocol)이란 말 그대로 라우팅을 당하는, 즉 라우터가 라우팅을 해주는 고객을 뜻한다. 즉, 라우터라는 자동차에 올라타고 여행을 떠나는 승객이고 TCP/IP나 IPX 같은 것이 라우터란 자동차를 타고 다른 네트워크로 이동하는 것이다.

정답 01 ① 02 ② 03 ① 04 ② 05 ① 06 ④

01 다음 중 LAN 장비에서 네트워크계층의 연결장비인 것은?

(2013-1차)(2017-3차)(2020-2차)(2022-2차)

① Router ② Bridge
③ Repeater ④ Hub

해설
① Router는 OSI 7 layer 기준으로 Network Layer에서 동작하며 IP를 기반으로 처리하는 장비이다.
② Switch는 하드웨어 처리기반이며 브리지는 소프트웨어 기반으로 처리한다. 둘 다 Datalink에서 동작하며 주로 속도가 다른 두 장비(네트워크) 간을 연결한다.
③ Repeater는 1계층에서 신호 증폭을 위해 사용한다. 단점은 망에서 생긴 잡음도 함께 증폭되지만 거리 제한을 극복할 수 있다.
④ HUB는 PC 등이 연결되므로 망 내 네트워크 장비가 많을수록 병목(부하)이 커지는 경향이 있다.

02 네트워크상에 발생한 트래픽을 제어하며, 네트워크상의 경로 설정 정보를 가지고 최적의 경로를 결정하는 장비는? (2022-1차)

① 브리지 ② 라우터
③ 리피터 ④ 게이트웨이

해설
OSI 7 Layer 기준 3계층인 네트워크계층에서 서로 다른 IP 네트워크를 연결하는 것이 라우터이다.

03 다음 중 LAN 장비에서 물리층과 데이터링크층의 연결 장비가 아닌 것은? (2015-1차)

① Router ② Bridge
③ Repeater ④ Hub

해설
물리계층을 연결하는 것은 Repeater와 HUB이고 데이터링크계층을 연결하는 것은 Bridge이다. 즉, 2계층은 데이터링크계층으로 데이터의 물리적 전송을 담당한다. 2계층에서 오류를 검출하고 데이터를 Frame을 단위로 움직인다. Router는 Layer 3를 기준으로 3계층인 네트워크계층에서 서로 다른 IP 네트워크를 연결한다.

04 인터네트워킹 장비 중 경로설정 기능을 가진 것은? (2010-3차)

① 브리지(Bridge) ② 라우터(Router)
③ 모뎀(Modem) ④ 리피터(Repeater)

해설
네트워크와 네트워크를 연결하는 것을 인터네트워킹(Inter−Networking)이라하고 이를 위한 장비가 라우터이며 IP를 기반으로 동작한다.

05 다음 중 라우터에 대한 설명으로 옳은 것은?

(2022-1차)(2022-3차)

① OSI 3계층 레벨에서 프로토콜 처리 능력을 갖는 Network 간 접속장치이다.
② 단말기 사이의 거리가 멀어질수록 감쇄되는 신호를 재생시키는 장비이다.
③ OSI 2계층에서 LAN을 상호 연결하여 프레임을 저장하고 중계하는 장치이다.
④ OSI 4계층 이상에서 동작하며, 서로 다른 데이터 포맷을 가지는 정보를 변환해 준다.

해설
② 단말기 사이의 거리가 멀어질수록 감쇄되는 신호를 재생시키는 장비가 리피터이다.
③ OSI 2계층에서 LAN을 상호 연결하여 프레임을 저장하고 중계하는 장치는 브리지이다.
④ OSI 4계층 이상에서 동작하며, 서로 다른 데이터 포맷을 가지는 정보를 변환해 주는 것은 표현계층의 암호화, 인코딩, 압축에서 인코딩에 대한 설명이다.

06 인터넷에서 IP 네트워크들 간을 연결하기 위해 사용되며, 네트워크계층에서 동작하는 것은?

(2010-2차)

① 리피터 ② 서버
③ 브리지 ④ 라우터

해설
OSI 7 Layer 기준 3계층인 네트워크계층에서 서로 다른 IP 네트워크를 연결하는 것이 라우터이다. 서버는 클라이언트에게 네트워크를 통해 정보나 서비스를 제공하는 컴퓨터 시스템으로 컴퓨터 프로그램 또는 장치를 의미한다.

07 다음은 정보통신 네트워크의 장치에 관한 설명이다. 그중 라우터에 해당되는 것은?

(2012-2차)(2018-1차)(2019-3차)

① 복수 개의 네트워크를 연결하는데 사용하는 장치이다.
② 데이터의 송·수신 처리를 담당하는 장치이다.
③ 데이터 송·수신 과정에서 패킷으로 조립하거나 분해하는 장치이다.
④ 양측 단말기간 링크조건을 설정하는 장치이다.

해설

② 데이터의 송·수신 처리를 담당하는 장치이다.
③ 데이터 송·수신 과정에서 패킷으로 조립하거나 분해하는 장치는 패킷 교환장비로 해석할 수 있다.
④ URL의 링크 타입은 PC/Mobile/Web 등에서 설정할 수 있다.

08 다음 중 라우터의 이더넷(Ethernet) 인터페이스인 접속 포트에 활용되지 않는 것은?

(2013-1차)(2016-3차)(2019-1차)

① TP ② AUI
③ DVI ④ MAU

해설

DVI(Digital Visual Interface)
평판 패널 액정 디스플레이 컴퓨터 디스플레이와 디지털 프로젝터와 같은 디지털 디스플레이 장치의 화질에 최적화된 표준 영상 인터페이스이다. TP는 Transport Protocol로서 10Base−T 방식을 의미하고 AUI는 Attachment Unit Interface로서 15핀으로 된 방식이다. Cisco 2501은 이더넷 인터페이스의 방식이 AUI인 것처럼 최근에는 많이 사용하는 UTP 케이블과 연결하기 위해서는 AUI−to−TP 트랜시버가 필요하며 이를 MAU(Media Access Unit)라고도 한다.

09 다음 중 라우터의 주요 기능이 아닌 것은?

(2014-2차)(2020-2차)

① 경로 설정
② IP 패킷 전달
③ 라우팅 테이블 갱신
④ 폭주 회피 라우팅

해설

라우터의 주요 기능은 경로 설정, IP 패킷 전달, 라우팅 테이블 갱신이다. 폭주 제어란, 네트워크 내의 패킷 수를 조절하여 네트워크의 Overflow를 방지한다. IP 네트워크상에서 TCP 데이터 트래픽은 처리율과 공정성을 향상시키기 위해 별도 방법이 필요하다. 폭주회피를 위한 RED(Random Early Detection) 알고리즘 기법들이 제안되었고 RED 알고리즘은 폭주를 회피하고 적은 지연과 높은 처리율을 유지하기 위한 목적으로 사용된다. 능동적인 큐 관리 기법인 RED는 폭주가 발생하기 전에 제어하는 것으로 Router의 주요 기능과는 무관하다.

10 다음 중 라우터의 내부 물리적 구조에 포함되지 않는 것은?

(2017-2차)(2023-1차)

① GPU ② CPU
③ DRAM ④ ROM

해설

GPU는 Graphic Processing Unit(그래픽 처리 장치)서 더 작고 보다 정교화된 코어로 구성된 프로세서이다. 여러 개의 코어가 함께 작동하므로, 여러 코어로 나누어 처리할 수 있는 작업의 경우 GPU가 우수한 성능을 제공하며 주로 서버에서 CPU 대신 빠른 그래픽 처리를 위해 사용하는 장치이다.

11 라우터를 로컬 내에서만 연결하여 관리할 수 있는 인터페이스(포트)는 무엇인가? (2015-3차)(2018-3차)(2020-2차)

① 이더넷 포트 ② 직렬 포트
③ 콘솔 포트 ④ Auxiliary 포트

해설

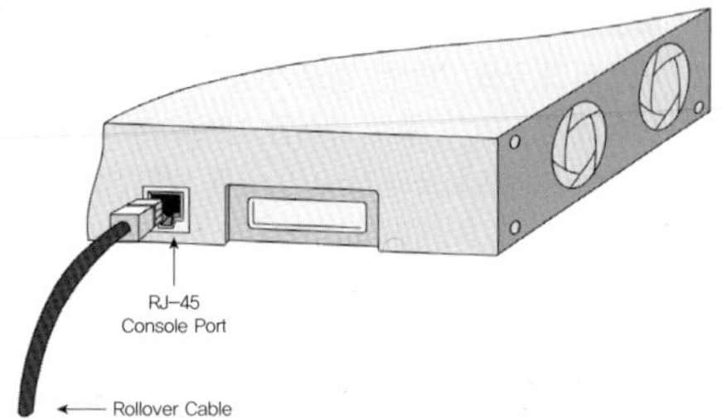

케이블과 DB-9 어댑터를 사용하여 PC를 스위치 콘솔 포트에 연결한다. Cisco 장비 기준으로 연결하기 위해 PC 또는 터미널의 전송 속도 및 문자 형식을 설정한다.

12 다음 중 콘솔(Console)에 대한 설명으로 옳은 것은? (2015-3차)

① 컴퓨터의 상태를 감시하고, 운용자의 필요에 의해서 동작에 개입할 수 있도록 설치된 단말기이다.
② 주기억 장치의 용량 부족을 보충하기 위해 외부에 부착하는 저장용 단말기이다.
③ 타자기와 비슷한 형태의 입력 장치로서, 문자나 숫자의 키(Key)를 눌러서 컴퓨터에 입력시키는 단말기이다.
④ 컴퓨터에서 처리된 결과를 인쇄하는 데 사용되는 단말기이다.

해설

콘솔을 다른 말로는 터미널이라 하며 마이크로컴퓨터나 메인프레임에 부착되어 있어, 시스템의 상황을 모니터하는 데 사용되는 터미널을 의미한다.

13 라우터가 패킷을 수신하면 라우터 포트 중 단 하나만을 통해 패킷을 전달하는 라우팅을 무엇이라 하는가? (2019-2차)(2021-3차)

① 싱글캐스트 라우팅
② 유니캐스트 라우팅
③ 멀티캐스트 라우팅
④ 브로드캐스트 라우팅

해설

유니캐스트 라우팅은 패킷의 목적지에 도달하기 위해 라우터의 해당 포트로 보내는 단일 루트 방식이다. 멀티캐스트 라우팅은 여러 루트가 있으며 패킷의 목적지뿐만 아니라 발신지도 함께 고려된다.

14 다음 중 라우터의 주요 기능으로 틀린 것은? (2020-2차)

① 프로토콜 변환
② 최적 경로 선택
③ 이중 네트워크 연결
④ 네트워크 혼잡상태 제어

해설

라우터는 장비 간에 연결된 망에서 라우팅 프로토콜을 통해 최적의 경로를 배정하고 통신망 폭주 시 우회 경로를 자동적으로 찾는 역할을 한다. 이를 위해 라우터 간에 라우팅 정보를 서로 주고받고 네트워크 경로를 다원화해서 장애에 대비한다. 이를 위해 장애 시 라우팅 테이블의 구축과 Routing Table의 Update가 주요 역할을 한다.

15 라우팅의 루핑 문제를 방지하기 위한 여러 가지 방법 중 라우팅 정보가 들어온 곳으로는 같은 라우팅 정보를 내보내지 않는 방법을 무엇이라 하는가? (2022-2차)

① 최대 홉 카운트(Maximum Hop Count)
② 스플릿 호라이즌(Split Horizon)
③ 홀드 다운 타이머(Hold Down Timer)
④ 라우트 포이즈닝(Route Poisoning)

정답 16 ① 17 ③

해설

② 스프릿 호라이즌(Split Horizon): 거리벡터 라우팅 프로토콜을 사용할 때 라우팅 루프를 방지하기 위해 사용하는 기술이다. 임의의 인터페이스에서 학습한 경로를 동일한 인터페이스로 통해 전달하지 않게 하는 기술이다.

① 최대 홉 카운트(Maximum Hop Count): RIP 라우팅 프로토콜에서는 최대 홉 수 15개(16은 무한대를 의미)

③ 홀드 다운 타이머(Hold Down Timer): 라우터가 오프라인 라우트 또는 노드에 대한 알람을 수신하면, 라우터는 보류(Hold) 타이머를 시작하여 오프라인 라우터가 시간이 만료될 때 까지 라우팅 테이블을 복구하고 업데이트 하지 않는 것이다. 라우팅 루프를 막기 위한 보류시간은 최대 180초이다.

④ 라우트 포이즈닝(Route Poisoning): 특정 네트워크가 다운되면 인접 라우터들에게 메트릭스 값을 16으로하여 정보를 보내서 네트워크가 다운 상태임을 알리는 것이다.

16 **다음 중 컴퓨터 네트워크의 라우팅 알고리즘의 하나로서 수신되는 링크를 제외한 나머지 모든 링크로 패킷을 단순하게 복사 · 전송하는 것을 무엇이라고 하는가?** (2022-1차)

① Flooding ② Filtering
③ Forwarding ④ Listening

해설

네트워크내에 들어오는 데이터는 아래과 같이 동작한다.

구분	내용
Learning	최초 스위치의 MAC Address Table은 비어 있는 상태로서 자체 포트에 연결된 장비와 통신하기 위해서 패킷을 내보내면 그때 연결된 장비의 MAC Address를 읽어서 자신의 MAC Address Table에 저장한다.
Flooding	연결된 장비로부터 들어온 프레임의 목적지 주소가 MAC이나 IP Address에 없는 경우 들어온 포트를 제외한 나머지 모든 포트로 Broadcast 메시지를 보내서 수신처를 확인한다.
Forwarding	연결된 장비로부터 들어온 프레임의 목적지 주소가 MAC Address Table에 있는 경우 목적지 주소가 있는 포트로 해당 프레임을 전송한다.
Filtering	출발지가 목적지와 같은 세그먼트에 있는 경우에는 다른 세그먼트로 보내지 못하게 하는 것으로 세그먼트를 분리하거나 스위치에서 Collision Domain을 나누는 기능을 한다.
Aging	스위치에서 MAC Address는 일정 시간(일반적으로 5분)이 지나면 삭제되는 것으로 Aging Timer가 끝나기 전에 해당 포트로 Frame이 들어오면 처음부터 다시 카운트 MAC Address Table의 효율적 관리를 위해 사용된다.

17 **하나의 브로드캐스트 도메인에 너무 많은 장비가 속해 있는 경우에 발생하는 문제점이 아닌 것은?** (2022-1차)

① 보안에 취약함
② 네트워크 성능 저하
③ 라우팅 테이블 증가
④ 로드밸런싱의 어려움

해설

브로드캐스트가 너무 많으면 불필요한 곳에도 데이터를 보내므로 보안에 취약해지며, 동일 망 내에 불필요한 Traffic 증가로 네트워크 성능이 저하되며 이를 통해 로드발런싱에 영향을 줄 수 있다. 라우팅 테이블은 Layer 2위인 Layer 3에서 동작하므로 브로드캐스팅과는 무관하다.

정답 18 ① 19 ③ 20 ③ 21 ④

18 다음 중 라우터의 내부 물리적 구조에 포함되지 않는 것은? (2023-1차)

① GPU ② CPU
③ DRAM ④ ROM

해설

GPU는 Graphic Processing Unit(그래픽 처리 장치)으로 더 작고 보다 정교된 코어로 구성된 프로세서이다. 여러 개의 코어가 함께 작동하므로, 여러 코어로 나누어 처리할 수 있는 작업의 경우 GPU가 엄청난 성능 이점을 제공한다.

19 다음에서 설명하는 장치의 이름으로 옳은 것은? (2023-1차)

- OSI 모델의 물리계층, 데이터링크계층, 네트워크계층의 기능을 지원하는 장치
- 자신과 연결된 네트워크 및 호스트 정보를 유지하고 관리하며 어떤 경로를 이용해야 빠르게 전송할 수 있는지를 판단하는 장치

① Gateway ② Repeater
③ Router ④ Bridge

해설

Router 역할

인터넷 사용, 서로 다른 네트워크 간 통신 및 브로드캐스트 영역을 나눠주기 위해서 꼭 필요한 것이 Router이다. 라우터는 자신이 가야 할 경로를 자동으로 찾아가는 역할을 하며 외부의 인터넷 사이트를 찾아가는 데이터가 있는 경우 라우터가 이러한 데이터를 목적지까지 가장 빠르고 효율적인 길을 찾아 주는 역할을 한다.

20 다음 중 게이트웨이 장비에 대한 설명으로 틀린 것은? (2020-2차)

① 네트워크 내의 병목현상을 일으키는 지점이 될 수 있다.
② 프로토콜 구조가 상이한 네트워크들을 연결한다.
③ 네트워크 내의 트래픽 혼잡상태를 제어한다.
④ 이종 프로토콜의 변환 기능을 수행한다.

해설

게이트웨이는 프로토콜의 서로 다른 네트워크 사이를 결합하는 것이다. 게이트웨는 네트워크 내의 병목현상을 일으키거나 모아지는 지점으로 프로토콜 구조가 상이한 네트워크들을 연결한다. 이를 통해 이종 프로토콜의 변환 기능을 수행한다.

혼잡제어

네트워크로 유입되는 데이터 트래픽의 양이 네트워크 용량을 초과하지 않도록 유지하는 것이다. 데이터 총량이 네트워크가 처리할 수 있는 허용량을 초과하면 네트워크는 혼잡 상태가 된다. 이를 위해 TCP/IP 기반에 혼잡을 제어하고 주로 Router에서 혼잡제어와 흐름제어 기능을 담당한다.

21 프로토콜의 서로 다른 네트워크 사이를 결합하는 것은? (2022-2차)

① 리피터 ② 브리지
③ 라우터 ④ 게이트웨이

해설

게이트웨이는 네트워크 내의 병목현상을 일으키거나 모아지는 지점으로 프로토콜 구조가 상이한 네트워크들을 연결한다. 이를 통해 이종 프로토콜의 변환 기능을 수행한다.

정답 22 ④ 23 ① 24 ① 25 ②

22 다음 중 근거리 정보통신망을 구성하기 위한 네트워크 접속장치가 아닌 것은? (2023-2차)

① 허브 ② 라우터
③ 브릿지 ④ 모뎀

해설

근거리 통신망(LAN)

건물/대학/연구소 등의 제한된 지역 내에서 여러 건물들을 연결하여 기존의 문자 데이터뿐만 아니라 음성, 영상, 비디오 등의 종합적인 정보를 고속으로 전송할 수 있는 네트워크를 의미한다. 허브, 라우터, 브릿지는 근거리 통신망(LAN) 구성에 필수 요소이며 모뎀은 변복조를 통한 신호 전송에 사용된다. 여기서 변조란 송신신호를 전송로 특성에 적합하게 반송파에 실어 신호의 주파수를 고주파 대역으로 옮기는 것이다.

23 다음 보기의 문장 괄호( ) 안에 들어갈 적합한 용어는? (2023-2차)

〈보 기〉
라우터를 구성한 후 사용하는 명령인 트레이스(Trace)는 목적지까지의 경로를 하나하나 분석해 주는 기능으로 ( )값을 하나씩 증가시키면서 목적지로 보내서 돌아오는 에러 메시지를 가지고 경로를 추적 및 확인해 준다.

① TTL(Time To Live)
② Metric
③ Hold Time
④ Hop

해설

TTL(Time-To-Live)

IP 패킷 내에 있는 값으로서, 그 패킷이 네트워크 내에 너무 오래 있어서 버려져야 하는지의 여부를 라우터에게 알려준다. 패킷들은 여러 가지 이유로 적당한 시간 내에 지정한 장소에 배달되지 못하는 수가 있다.

24 다음 중 발신지에서 목적지까지 인터네트워크를 경유하여 정보를 전송중계하는 장치는? (2017-3차)

① 라우터 ② 리피터
③ 허브 ④ 브리지

해설

OSI 7 Layer 기준 3계층인 네트워크계층에서 서로 다른 IP 네트워크를 연결하는 것이 라우터이다.

25 다음 중 IP 주소를 사용하여 동종 또는 이종 링크에 다중 접속을 실현할 수 있는 것은? (2016-3차)

① Roaming
② Multihoming
③ Hand-Off
④ Uni-Casting

해설

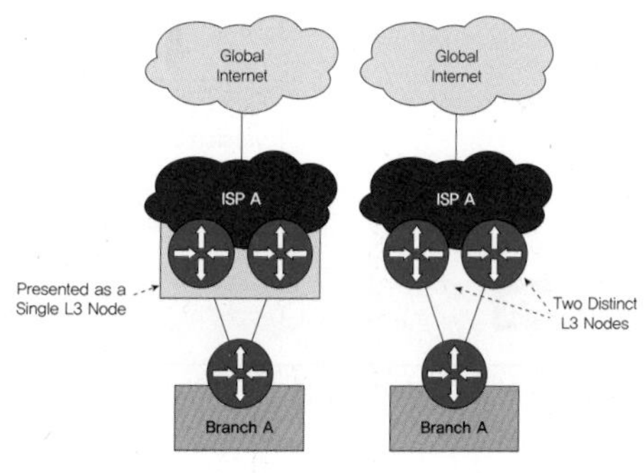

[BGP Multihoming]

Multihoming

인터넷 노드, 사이트, 네트워크 등이 다중 IP 주소를 사용하여 동종 또는 이종 링크와 다중으로 접속을 유지하는 기술이다. 즉, 하나의 이더넷 포트에서 여러 개의 TCP/IP 주소를 갖게 하는 방법으로 멀티 호스팅이라 하며 이를 통해 여러 개의 인터넷을 Multihoming하면 통신망이 다운되어도 지속적인 인터넷 서비스가 가능하다.

기출유형 05 ▸ RIP(Routing Information Protocol)

다음 중 RIP(Routing Information Protocol)의 동작 특성이 아닌 것은? (2013-3차)(2022-1차)

① Distance Vector 알고리즘을 사용하여 최단 경로를 구한다.
② 링크 상태 라우팅에 근거를 둔 도메인 내 라우팅 프로토콜이다.
③ 라우팅 정보의 기준인 서브 네트워크의 주소는 클래스 A, B, C의 마스크를 기준으로 하여 라우팅 정보를 구성한다.
④ 자신이 갖고 있는 라우팅 정보를 RIP 메시지로 작성하여 인접해 있는 모든 라우터에게 주기적으로 전송한다.

해설

링크 상태 라우팅에 근거를 둔 도메인 내 라우팅 프로토콜은 OSPF가 대표적이다.

| 정답 | ②

족집게 과외

RIP 특징

- 라우팅 정보 전달 방식은 브로드캐스트 방식이다.
- 한 번에 전송 가능한 경로 정보의 크기는 512[kbyte]이다.
- 경로 설정 알고리즘은 디스턴스 벡터(Distance Vector)인 거리 벡터 알고리즘을 사용한다.

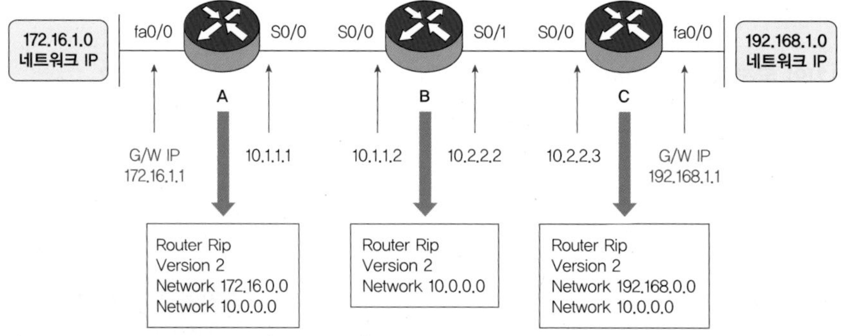

더 알아보기

Router A 구성	Router B 구성	Router C 구성
• RouterA# • RouterA#conf t • RouterA(config)#router rip • RouterA(config－router)#version 2 • RouterA(config－router)# network 172.16.0.0 • RouterA(config－router)# network 10.0.0.0	• RouterB# • RouterB#conf t • RouterB(config)#router rip • RouterB(config－router)# version 2 • RouterB(config－router)# network 10.0.0.0	• RouterC# • RouterC#conf t • RouterC(config)#router rip • RouterC(config－router)# version 2 • RouterC(config－router)# network 192.168.1.0 • RouterC(config－router)# network 10.0.0.0

❶ RIP(Routing Information Protocol)

RIP는 IP 네트워크에서 사용되는 거리 벡터 라우팅 프로토콜로서 가장 오래된 라우팅 프로토콜 중 하나이며, 여전히 중소형 네트워크에서 널리 사용되고 있다. RIP는 네트워크 토폴로지에 대한 정보를 라우터 간에 교환함으로써 동작한다. 각 라우터는 네트워크의 모든 대상에 대한 경로를 나열하는 라우팅 테이블을 유지하며 라우터는 라우팅 테이블을 주기적으로 인접 라우터로 전송하거나 네트워크 토폴로지에 변경 사항이 있을 때 전송한다. RIP는 op 카운트라는 Matrix를 사용하여 대상 네트워크에 대한 최적의 경로를 결정한다. Hop Count는 패킷이 대상에 도달하기 위해 통과해야 하는 라우터의 수이다. RIP에서 허용되는 최대 홉 수는 15개이며 루트의 홉 카운트가 15보다 높으면 도달할 수 없는 것으로 간주되어 폐기시킨다.

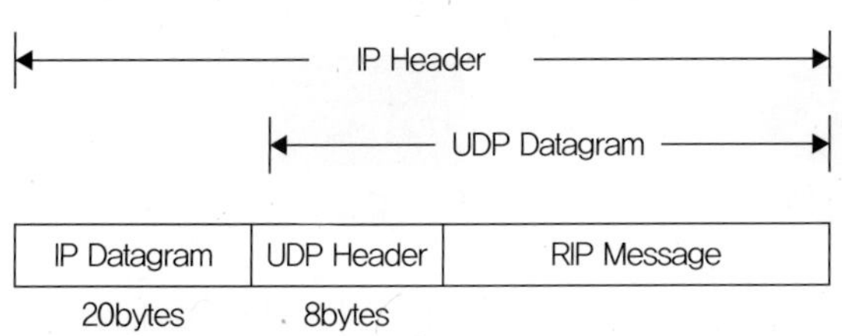

RIP는 UDP/IP 상에서 동작하는 라우팅 프로토콜로서 경유할 가능성이 있는 라우터를 홉 수로 수치화하여, DVA(Distance Vector Algorithm)라는 알고리즘으로 인접 호스트와의 경로를 동적으로 교환한다. 패킷이 목적 네트워크 주소에 도착할 때까지의 최단 경로를 결정하며 유효 경로를 2개까지 채택하며, 고정 수치를 주어 동일 홉 수의 경로가 있는 경우에 우선하는 경로를 제어하는 것이 가능하다.

RIP에는 느린 수렴 시간, 가변 길이 서브넷 마스크를 지원할 수 없는 기능, 제한된 확장성 등 여러 가지 한계가 있다. 이러한 제약된 문제를 해결하기 위해 OSPF 및 EIGRP와 같은 새로운 라우팅 프로토콜의 개발로 이어졌다.

❷ RIP의 주요 특징

RIP는 목적지 네트워크 주소, 다음의 홉 IP 주소, 목적지 네트워크까지의 홉 수 등의 정보는, 라우터 내의 라우팅 데이터베이스에 기록되어 라우터끼리 정기적으로 정보를 교환한다. 그중에서 유효한 경로를 추출한 테이블을 라우팅 테이블이라 한다.

평면적인 구조	RIP은 내부 라우팅 프로토콜로 가장 많이 사용되는 프로토콜로서 네트워크 구성상 계층은 없고 평면적인 구조를 갖는다.
최대 홉 수 15	RIP에서 사용하는 Metric을 Hop Count(홉 수)라 한다. 즉, 어떠한 인터페이스에 직접 연결되어 있을 때 홉 수는 0이며 RIP으로 통신할 수 있는 최대 홉 수는 15가 된다. 그러므로 상대방 네트워크까지 홉 수가 15를 초과(16)할 때는 통신을 할 수 없다.
30초마다 Update	라우팅 정보는 30초마다 라우터의 각 인터페이스로 라우팅 정보를 전달하면서 각 라우터에서 동작한다.

RIP는 전송 프로토콜로서 사용자 데이터그램 프로토콜(UDP)을 사용하며 포트 번호 520으로 할당된다.

❸ RIP에서 Looping 방지를 위한 주요 기술

1) 스플릿 호라이즌(Split Horizon)

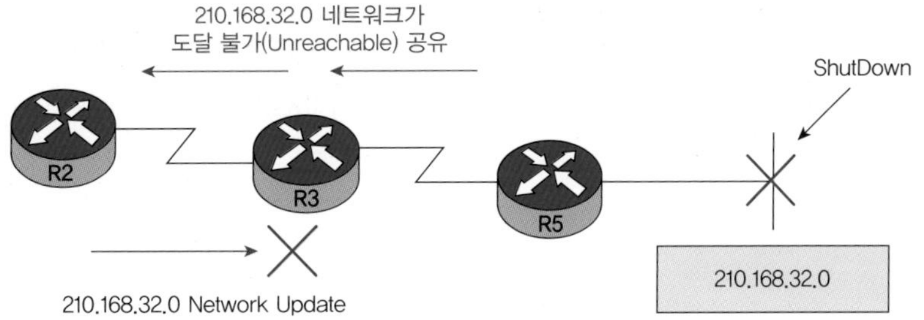

라우팅 프로토콜에서 라우팅 루프를 방지하기 위해 사용되는 기술이다. 이 기술은 라우터가 경로 정보를 원래 정보가 온 방향으로 다시 보내지 않도록 한다. 라우터는 경로에 대한 정보가 어디서 왔는지 추적을 유지하는 것이다. 즉, 라우터 R3가 라우터 R2에게 어떤 네트워크의 장애 정보를 보낼 때, 라우터 R2는 같은 방향으로 해당 네트워크에 대한 업데이트를 라우터 R3에게 보내지 않는 것이다. 스플릿 호라이즌은 정보를 소스로 다시 전달하지 않음으로써 라우팅의 효율성과 안정성을 향상시키는 데 도움이 되는 기술로, 라우팅 정보 프로토콜(RIP)과 같은 거리 벡터 라우팅 프로토콜에서 주로 사용된다.

2) 라우트 포이즈닝(Route Poisoning)

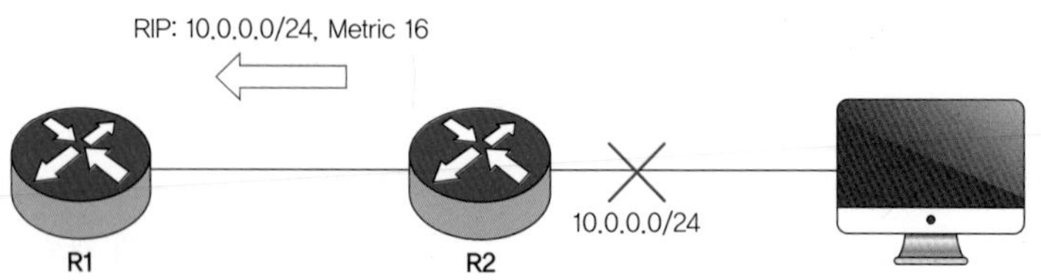

거리 벡터 라우팅 프로토콜에서 라우팅 루프를 방지하기 위해 사용되는 기술이다. 어떤 네트워크가 다운되었을 때, 해당 네트워크의 경로를 16과 같은 무한한 메트릭으로 설정하여 해당 네트워크가 도달 불가능하다는 것을 나타내는 것이다. 이러한 정보를 다른 라우터에게 알리면, 해당 네트워크를 포함한 경로를 16으로 계속해서 알리게 된다. 이렇게 네트워크를 도달 불가능한 메트릭으로 포이즈닝함으로써 다른 라우터들은 해당 네트워크가 다운되었음을 빠르게 인지하고 패킷을 해당 네트워크로 전달하지 않음으로 라우팅 루프를 방지하고 네트워크의 안정성을 향상시키는 데 도움이 된다.

3) 포이즌 리버스(Poison Reverse)

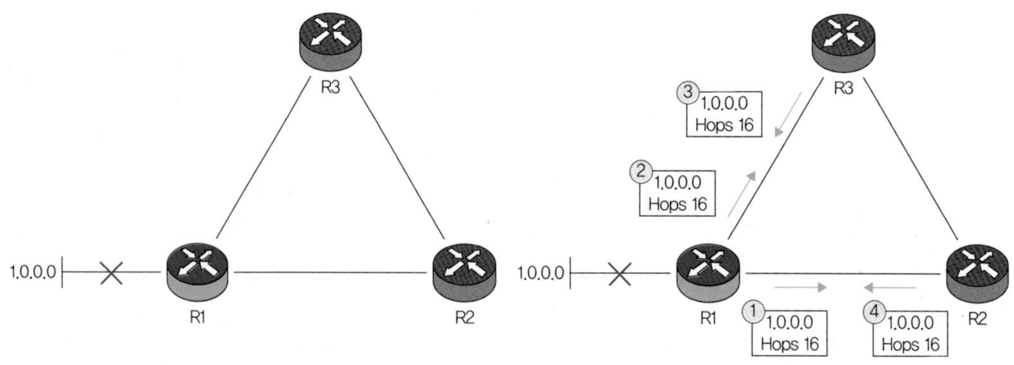

스플릿 호라이즌(Split Horizon) 규칙을 덮어쓰는 규칙이다. 예를 들어, 라우터 R2가 라우터 R1로부터 네트워크(1.0.0.0)의 포이즌된 경로 업데이트를 받으면, 라우터 R2는 스플릿 호라이즌 규칙을 깨트리며 동일한 16의 포이즌된 홉 카운트로 라우터 R1에게 업데이트를 다시 보낸다. 이렇게 함으로써 도메인 내의 모든 라우터가 포이즌된 경로 업데이트를 받을 수 있도록 하는 것이다. 여기서 중요한 것은 모든 라우터가 다운된 네트워크에 대해 포이즌 리버스를 수행한다는 것이다. 즉, 다른 라우터들도 예로 라우터 R3도 R1으로부터 다운된 네트워크에 대한 포이즌 리버스를 수행하는 것이다.

4) 홀드다운 타이머(Hold-down timer)

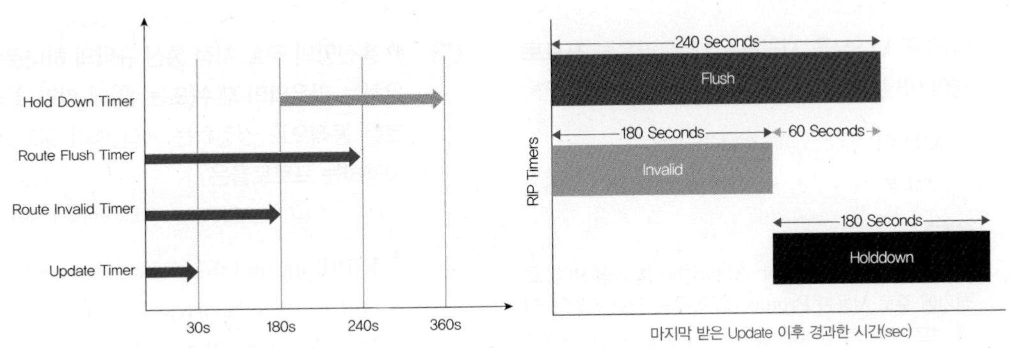

홀드다운 타이머는 라우터에서 라우팅 정보의 안정성을 유지하기 위해 사용된다. 라우터에서 특정 경로에 대한 업데이트를 일시적으로 차단하여 라우팅 루프를 방지하고 네트워크 라우팅 테이블을 안정화하는 역할을 하는 것이다. 홀드다운 타이머 동안에는 해당 경로가 "가능성 있는 다운"으로 라우팅 테이블에 표시된다.

예를 들어, 라우터 B가 C로부터 경로 독점 업데이트를 받으면 받은 네트워크 인터페이스에 대해 "가능성 있는 다운"으로 표시하고 해당 경로에 대한 홀드다운 타이머를 시작하는 것이다. 이 기간 동안 C로부터 해당 네트워크의 회복에 대한 업데이트를 받으면 B는 해당 정보를 수락하고 홀드다운 타이머를 제거하여 해당 네트워크로 데이터를 전송할 수 있게 된다. 그러나 A로부터 경로 독점과 동일하거나 더 나쁜 메트릭을 가진 업데이트를 받으면 B는 해당 업데이트를 무시하고 홀드다운 타이머가 계속 진행된다. 홀드다운 타이머의 기본값은 일반적으로 180초로 설정되어 있다.

5) 트리거드 업데이트(TRIGGERED UPDATE)

네트워크에서 경로가 실패할 경우 주기적인 업데이트를 기다리지 않고 즉시 실패한 경로에 대한 업데이트를 전송하는 것이다. 이 업데이트에는 실패한 경로에 대한 정보가 포함되어 있는데, 이를 "독립 경로"라고도 한다. 이를 통해 실패한 경로에 대한 정보를 빠르게 전파하여 다른 라우터들이 라우팅 테이블을 업데이트하고 라우팅 루프를 피할 수 있도록 도와준다.

6) 카운팅 제한(COUNTING TO INFINITY)

RIP(Routing Information Protocol)와 같은 거리 벡터 라우팅 프로토콜에서 사용하는 것으로 네트워크 링크나 경로가 실패하더라도 라우터들은 계속해서 라우팅 정보를 교환하지만, 경로 계산에 사용되는 메트릭 값의 제한으로 인해 메트릭 값을 무한히 증가시켜 라우팅 루프에 빠지는 상황이 발생할 수 있다. 최대 홉 카운트 제한인 15홉은 RIP에서 라우팅 루프와 무한 카운팅 문제를 방지하기 위해 사용된다.

정답 01 ① 02 ① 03 ① 04 ②

01 다음 중 VLSM을 지원하는 내부 라우팅 프로토콜이 아닌 것은? (2013-3차)(2020-3차)

① RIP v1 ② EIGRP
③ OSPF ④ Integrated IS−IS

해설
RIP은 Distance Vector Algorithm을 사용한다. 초창기에 주로 사용한 Protocol로 라우팅 정보 전달을 위해 브로드캐스트 방식을 사용했으나 RIP Version 2는 RIP Version 1의 단점을 보완하기 위하여 개발된 것으로, RIP Version 2에서 VLSM을 지원한다.

VLSM(Variable Length Subnet Mask)
서로 다른 서브넷에서 동일한 네트워크 번호로 다른 서브넷 마스크를 지정할 수 있는 특성이 있어 가용 주소 공간을 최적화하는데 도움이 된다.

02 다음 중 라우팅의 역할로 가장 알맞은 것은? (2017-2차)

① 송신지에서 수신지까지 데이터가 전송될 수 있는 여러 경로 중 가장 적절한 전송 경로를 선택하는 기능이다.
② 수신지의 네트워크 주소를 보고 다음으로 송신되는 노드의 물리주소를 찾는 기능이다.
③ 네트워크 전송을 위해 물리 링크들을 임시적으로 연결하여 더 긴 링크를 만드는 기능이다.
④ 하나의 데이터 회선을 사용하여 동시에 많은 상위 프로토콜 간의 데이터 전송을 수행하는 기능이다.

해설
라우팅은 OSI7 Layer 기준 Network Layer에서 동작하는 것이다. IP를 기준으로 송신지에서 수신지까지 데이터가 전송될 수 있도록 최적의 경로를 선택한다.

03 IP 통신망의 경로 지정 통신 규약의 하나로서 경유하는 라우터의 대수(또는 홉)에 따라 최단 경로를 동적으로 결정하는 거리 벡터 알고리즘을 사용하는 프로토콜은? (2012-2차)(2014-1차)(2016-3차)(2018-3차)

① RIP(Routing Information Protocol)
② OSPF(Open Shortest Path First)
③ BGP(Border Gateway Protocol)
④ DHCP(Dynamic Host Configuration Protocol)

해설
② OSPF: IP 네트워크를 위해 개발되고 SPF(Shortest Path First) 알고리즘을 기반으로 하는 링크 상태 라우팅 프로토콜이다.
③ BGP: 경계 경로 프로토콜은 인터넷에서 주 경로 지정을 담당하는 프로토콜의 한 종류이다.
④ DHCP: IP 부족을 해결하기 위하여 동적(Dynamic)하게 IP를 할당받는 Protocol이다.

04 다음 중 RIP(Routing Information Protocol)의 동작 특성이 아닌 것은? (2013-3차)(2022-1차)

① Distance Vector 알고리즘을 사용하여 최단 경로를 구한다.
② 링크 상태 라우팅에 근거를 둔 도메인 내 라우팅 프로토콜이다.
③ 라우팅 정보의 기준인 서브네트워크의 주소는 클래스 A, B, C의 자연 마스크를 기준으로 하여 라우팅 정보를 구성한다.
④ 자신이 갖고 있는 라우팅 정보를 RIP 메시지로 작성하여 인접해 있는 모든 라우팅에게 주기적으로 전송한다.

해설
RIP 특징
- 거리벡터 라우팅 프로토콜이다.
- 라우팅 메트릭으로 Hop Count(홉 수)만 사용한다.
- 최대 홉 수의 15로 제한한다(16 이상은 전달 불가능으로 무한대 처리함).

정답 05 ④

05 다음 중 RIP의 특징으로 틀린 것은? (2019-1차)

① 라우팅 정보 전달 방식은 브로드캐스트 방식이다.
② 한 번에 전송 가능한 경로 정보의 크기는 512[kbyte]이다.
③ 경로 설정 알고리즘은 거리 벡터 알고리즘을 사용한다.
④ 경로 정보에는 서브넷 마스크값이 포함된다.

해설

RIP 특징

- Classful Routing 지원: Subnet이 아닌 Class 형태의 라우팅 정보 전달로 라우팅 정보를 받는다. 단, RIPv2는 라우팅 업데이트 정보에 서브넷 마스크 정보를 포함하여 VLSM 지원한다.
- 주기적으로 라우팅 업데이트: 30초마다 RIP 응답메세지(RIP 패킷)를 Broadcasting한다.

기출유형 06 ▶ OSPF(Open Shortest Path First)

다음 중 동적 라우팅(Dynamic Routing)에 사용되는 프로토콜은? (2021-1차)

① HTTP
② PPP
③ OSPF
④ SMTP

해설

정적 라우팅(Static Routing)	동적 라우팅(Dynamic Routing)
라우팅 테이블에 관리자가 직접 수동으로 추가하는 방법으로 네트워크가 변경될 때 마다 관련되어 있는 라우터의 라우팅 테이블을 수동으로 변경한다.	라우팅 테이블에서 경로의 현재 상태에 따라 경로를 동적으로 변경한다. 동적 라우팅은 최적의 경로를 선택하며 예로는 RIP과 OSPF가 있다.

| 정답 | ③

족집게 과외

내부에서 사용하게 되는 라우팅 프로토콜을 IGP(Interior Gateway Protocol)라 한다. 대표적인 것은 Static, RIP, OSPF가 있으며 정적 라우팅은 Static이며 동적 라우팅은 RIP과 OSPF이다.

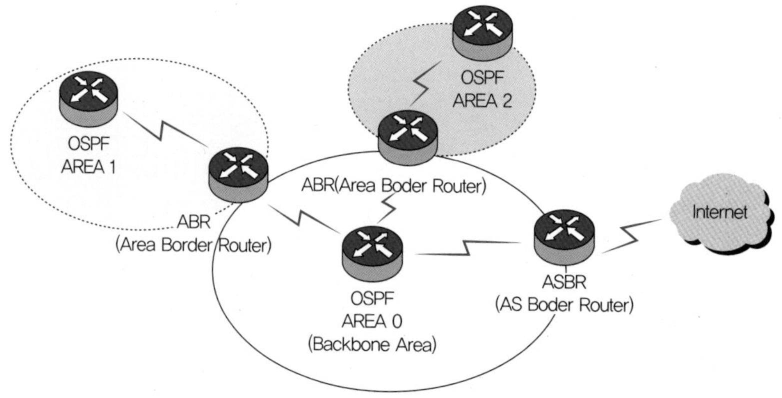

더 알아보기

Backbone Area	OSPF에 핵심이 되는 Area이며 Non-Backbone Area는 Backbone Area에 연결되어야만 네트워크 정보가 상호 간에 교환 된다. Backbone Area는 연속성 있게 연결되어 있어야 하며 중간에 끊어지면 안 된다.
ABR	Area Border Router, Area 0을 포함하여 최소 2개 이상의 Area에 소속되어 있는 라우터로서 Area 사이에서 네트워크 정보를 광고(Advertising)한다.
ASBR	AS Boundary Router, OSPF와 다른 Dynamic Routing Protocol이 동시에 동작하는 라우터로서 재분배(Redistribute)를 통해 외부 네트워크 정보를 OSPF로 가져올 수 있다.

❶ OSPF(Open Shortest Path First)

㉠ OSPF는 데이터 패킷이 한 네트워크에서 다른 네트워크로 전송되는 최적의 경로를 결정하기 위해 컴퓨터 네트워크에서 사용되는 라우팅 프로토콜로서 Dijkstra 알고리즘을 사용하여 네트워크에서 두 점 사이의 최단 경로를 계산하는 SPF(Shortest Path First) 알고리즘을 기반으로 한다.

㉡ OSPF는 대규모 네트워크에서 작동하도록 설계되었으며 확장 가능하고 효율적인 라우팅 솔루션을 제공한다. OSPF 라우터는 네트워크의 링크 및 라우터 상태를 설명하는 LSA(Link State Advertisement)를 사용하여 네트워크 토폴로지에 대한 정보를 교환한다. 그런 다음 각 라우터는 이 정보를 사용하여 네트워크 토폴로지의 맵을 작성하고 이러한 맵은 데이터 패킷이 이동하기에 가장 좋은 경로를 결정하는 데 사용된다.

㉢ OSPF는 링크 대역폭, 링크 비용 및 링크 안정성을 포함하여 최적의 경로를 결정하기 위한 여러 메트릭을 지원한다. OSPF는 또한 계층적 네트워크 지원하며, 여기서 라우터는 지리적 또는 관리적 경계를 기반으로 영역이 구성되며 이를 통해 OSPF는 필요한 라우팅 트래픽과 계산의 양을 최소화하면서 대규모 네트워크로 확장할 수 있다. 전반적으로 OSPF는 RIP보다는 규모가 다소 큰 대규모 네트워크에서 널리 사용되는 중요한 라우팅 프로토콜이다.

❷ 링크 상태(LS) 라우팅 알고리즘

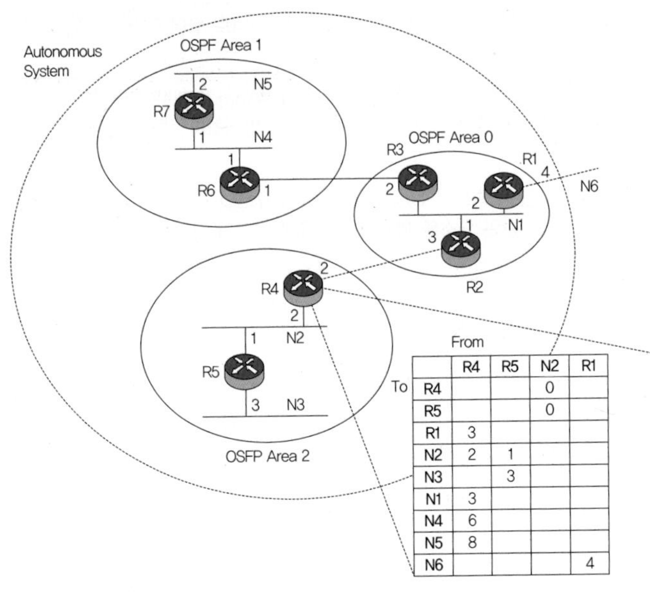

	R4	R5	N2	R1
R4			0	
R5			0	
R1	3			
N2	2	1		
N3		3		
N1	3			
N4	6			
N5	8			
N6				4

- OSPF는 가장 많이 사용되는 라우팅 프로토콜로서 표준 기반의 링크 상태 라우팅 프로토콜이다. 서브넷 마스크를 업데이트와 함께 보내지 않는 클래스리스 라우팅 프로토콜이므로 VLSM(Virtual Length Subnet Mask)을 사용할 수 있다. Open Shortest Path First는 경로 계산을 위해 Dijkstra 알고리즘을 사용하는데 이는 최단 경로 우선 (SPF) 방식을 사용하여 라우팅 계산이 이루어지는 방식이다.
- OSPF에서는 주기적 업데이트와 트리거 업데이트 모두 사용되며 이러한 업데이트는 LSA(Link State Advertisements)와 함께 전송되며 OSPF 라우터 간의 메시지 전달에 사용되는 다양한 OSPF 패킷도 있다.

라우터는 전체 네트워크 상태에 대한 정보가 필요하므로 라우터들은 자신이 알고 있는 정보들을 다른 라우터들과 교환하려고 한다. 여기서 정보를 교환하기 위한 패킷을 LSA(Link-State-Advertisement)라 한다. LSA에는 기본적으로 2가지 정보가 들어간다.

> 1) 현재 링크들의 연결 상태(끊어짐/안끊어짐)
> 2) 지연시간 or 현재 남아있는 용량

라우터들은 자신의 이웃이 바뀌었을 때, 새로운 라우터가 연결되었을 때 등의 상황에 LSA를 생성하며 만들어진 LSA는 자신이 속한 네트워크에 있는 모든 라우터들한테 전송된다. 이렇게 LSA를 라우터들끼리 공유하게 되고, 전체 네트워크 상태를 구성할 수 있게 되며 전체 네트워크 상태를 알고 있다면, 최소 비용 경로(Cost)를 구할 수 있을 것이다.

❸ OSPF(Open Shortest Path First) 구성

구분	내용
컨버전스 타임(Convergence Time)	라우터 간에 서로 변경된 정보를 주고 받는데 걸리는 시간으로 RIP의 경우 30초마다 업데이트가 발생하므로 컨버전스에 많은 시간이 걸리지만 OSPF는 변화가 생길 때 바로 전달하기 때문에 빠르다.
Area(영역) 개념 사용	OSPF는 Area(영역) 개념을 사용하기 때문에 전체 네트워크를 작은 영역으로 나누어 관리가 가능하다. 작은 영역으로 나누어진 부분에서 변화가 일어나더라도 ABR(Area Border Router) 라우터를 통해 다른 영역과 연결이 가능하다면 다른 영역이 그 변화를 알 필요가 없다.
VLSM 지원	RIP Version 1의 경우 VLSM을 지원하지 않으나 OSPF는 VLSM을 지원한다. VLSM을 지원하게 되면 IP주소를 효과적으로 사용할 수 있다는 장점뿐만 아니라 라우팅 테이블을 줄이는 효과도 있다.
네트워크 크기	Route Summarization을 지원하기 때문에 여러 개의 라우팅 경로를 하나로 묶어 주어 네트워크 확장에 유리하다.
대역폭(Bandwidth) 활용도	RIP의 경우 업데이트 주기가 30초이며 그 주기마다 브로드캐스트가 발생하기 때문에 대역폭 낭비가 심한 반면 OSPF의 경우는 네트워크 변화가 발생할 시에만 업데이트가 발생하며, 멀티캐스트이므로 훨씬 실용적이다.
경로 설정	RIP의 경우 홉 카운트만을 따지기 때문에 속도나 Delay(지연) 등의 요소와 상관없이 홉 카운트가 적은 것을 선호한다. 반면에 OSPF는 많은 관련 요소를 합쳐서 경로를 선택하기 때문에 훨씬 정확한 경로선택이 가능하다.
스터브(Stub) Area	강력한 축약 기능으로서 연속되지 않은 IP주소를 사용하는 네트워크라도 라우팅 테이블의 크기를 획기적으로 감소시킬 수 있다. 이를 통해 OSPF는 다른 라우팅 프로토콜에 없는 아주 강력한 네트워크 안정화 기능인 Stub Area 구성도 Area별로 설정되며 OSPF Area는 인터페이스 별로 설정이 가능하다.

OSPF는 주로 SPF(Shortest Path First) 알고리즘을 사용하며, 대규모 Enterprise 네트워크에서 가장 널리 사용되는 내부 게이트웨이 프로토콜(IGP: Interior Gateway Protocol)로서 IP Packet에서 프로토콜 번호 89번을 사용한다.

정답 01 ④ 02 ③ 03 ③

01 다음 중 IP 주소 체계에서 네트워크 주소(Network Address)에 대한 설명으로 틀린 것은? (2016-1차)

① 라우팅 프로토콜에서 네트워크를 지칭할 때 사용한다.
② IP 주소와 서브넷 마스크를 AND 연산한다.
③ 네트워크 자체를 의미한다.
④ 패킷의 송신 주소나 수신 주소로 사용이 가능하다.

해설
IP 주소 체계에서 네트워크 주소와 호스트 주소로 구분한다. 네트워크 주소 내에서 Broadcast가 이루어지며 Host 주소를 통해 사용한 PC나 기기를 알 수 있다. 송신주소와 수신주소는 패킷 내에 위치하는 주소 체계이다.

02 다음 중 동적 라우팅(Dynamic Routing)에 사용되는 프로토콜은? (2021-1차)

① HTTP ② PPP
③ OSPF ④ SMTP

해설
Link State Algorithm을 사용하는 대표적인 라우팅은 OSPF이다. Link State란 링크의 상태로서 대역폭이나 홉 수까지 고려하여 최적의 경로를 찾아가는 것이다.
① HTTP: 하이퍼텍스트 전송 프로토콜(HTTP)은 월드 와이드 웹의 토대이며 하이퍼텍스트 링크를 사용하여 웹 페이지를 로드하는데 사용된다.
② PPP(Point−to−Point Protocol): 서로 다른 업체의 원격 액세스 소프트웨어들이 시리얼라인 상에서 서로 연결하여 TCP/IP 프로토콜로 통신할 수 있도록 만들어진 표준 규약이다.
④ SMTP: 단순 전자우편 전송 프로토콜(SMTP)은 네트워크를 통해 전자우편(이메일)을 전송하는 기술 표준이다.

03 다음 중 라우팅 프로토콜이 아닌 것은? (2015-1차)(2019-1차)

① BGP(Border Gateway Protocol)
② EGP(Exterior Gateway Protocol)
③ SNMP(Simple Network Management Protocol)
④ RIP(Roution Information Protocol)

해설
③ SNMP는 NMS에서 통신망을 관리하기 위한 Protocol로서 MIB 값을 통한 기기와 관리 서버 간에 기기 상태를 Update 한다.
① BGP는 EGP(External Gateway Protocol)의 대표적인 예이며 IGP(Internal Gateway Protocol)는 내부에서 내부로의 통신을 의미한다. IGP는 대표적으로 RIP(Routing Information Protocol)이나 OSPF(Open Shortest Path First)가 해당된다.
② EGP는 내부에서 외부 간 통신을 의미하며 대표적으로 BGP(Border Gateway Protocol)가 해당되며 BGP의 AS(Autonomous System) 번호는 65,536개가 사용되고 있다.
④ RIP는 Distance Vector Algorithm을 사용하며 Link State Algorithm을 사용하는 대표적인 라우팅은 OSPF이다.

04 라우팅의 루핑 문제를 방지하기 위한 여러 가지 방법 중 라우팅 정보가 들어온 곳으로는 같은 라우팅 정보를 내보내지 않는 방법을 무엇이라 하는가? (2016-1차)(2022-2차)

① 최대 홉 카운트(Maximum Hop Count)
② 스플릿 호라이즌(Split Horizon)
③ 홀드 다운 타이머(Hold Down Timer)
④ 라우트 포이즈닝(Route Poisoning)

해설

② 스프릿 호라이즌(Split Horizon): 거리벡터 라우팅 프로토콜을 사용할 때 라우팅 루프를 방지하기 위해 사용하는 기술이다. 임의의 인터페이스에서 학습한 경로를 동일한 인터페이스를 통해 전달하지 않게 하는 기술이다.
① 최대 홉 카운트(Maximum Hop Count): RIP 라우팅 프로토콜에서는 최대 홉 수 15개이다(16개 이상은 전송 불가능으로 무한대를 의미한다).
③ 홀드 다운 타이머(Hold Down Timer): 라우터가 오프라인 라우트 또는 노드에 대한 알람을 수신하면, 라우터는 보류(Hold) 타이머를 시작하여 오프라인 라우터가 시간이 만료될 때까지 라우팅 테이블을 복구하고 업데이트하지 않는 것이다. 라우팅 루프를 막기 위한 보류시간은 최대 180초이다.
④ 라우트 포이즈닝(Route Poisoning): 특정 네트워크가 다운되면 인접 라우터들에게 메트릭 값을 16으로 하여 정보를 보내 네트워크가 다운 상태임을 알리는 것이다.

05 IP 기반 네트워크의 OSPF(Open Shortest Path First)에서 갱신정보를 인접 라우터에 전송하고 인접 라우터는 다시 자신의 인접 라우터에 갱신정보를 즉시 전달하여 갱신정보가 네트워크 전역으로 신속하게 전달되도록 하는 과정은? (2023-2차)

① 플러딩(Flooding)
② 경로 태그(Route Tag)
③ 헬로우(Hello)
④ 데이터베이스 교환(Database Exchange)

해설

어떤 노드에서 온 하나의 패킷(데이터 전송에 사용되는 데이터 묶음)을 라우터에 접속되어있는 다른 모든 노드로 전달하는 것으로, 네트워크에서 수정된 라우팅 정보를 모든 노드에 빠르게 배포하는 수단으로 사용되고 있다. 하지만 플러딩 공격(Flooding Attack)은 악의적으로 한꺼번에 많은 양의 데이터를 보내 상대방의 서비스를 운용할 수 없게 만드는 서비스 거부 공격을 뜻한다.

06 다음 중 링크 상태 기반 라우팅 알고리즘이 수행하는 동작 설명으로 틀린 것은? (2023-3차)

① 주변 라우터에 측정된 링크 상태 분배
② 주변 라우터에 자신의 호스트 리스트 분배
③ 주변 라우터 각각에 대한 지연시간 측정
④ 주변 라우터를 인지하고 그들의 네트워크 주소 숙지

해설

② 주변 라우터에 자신의 호스트 리스트를 분배하는 것이 아닌 링크의 상태를 전파한다.

기출유형 07 ▶ BGP(Border Gateway Protocol)

다음 중 라우팅(Routing)에 대한 설명으로 틀린 것은? (2016-2차)

① 라우팅 알고리즘에는 거리 벡터 알고리즘과 링크 상태 알고리즘이 있다.
② 거리 벡터 알고리즘을 사용하는 라우팅 프로토콜에는 RIP, IGRP가 있다.
③ 링크 상태 알고리즘을 사용하는 대표적인 라우팅 프로토콜로는 OSPF 프로토콜이 있다.
④ BGP는 플러딩을 위해서 D Class의 IP 주소를 사용하여 멀티캐스팅을 수행한다.

해설

라우팅 알고리즘의 목표는 송신자로부터 수신자까지 라우터의 네트워크를 통과하는 좋은 경로를 결정하는 것이다. 여기서 좋은 '경로'란 최소 비용 경로를 의미한다. 그러나 현실적으로는 네트워크 정책은 각 기관이나 사용자 그룹별 별도 다른 구성이 요구된다. BGP는 EGP(External Gateway Protocol)의 대표적인 예이다.

거리 벡터 알고리즘	링크 상태 알고리즘
Cost 정보 전달, 거리 벡터 라우팅, 인접 라우터와 정보 공유하여 목적지까지의 거리와 방향을 결정하는 라우팅 프로토콜 알고리즘	링크 상태 정보를 모든 라우터에 전달하여 최단 경로 트리를 구성하는 라우팅 프로토콜 알고리즘
RIP, IGRP	OSPF

| 정답 | ④

족집게 과외

EGP(Exterior Gateway Protocol)의 대표적인 Protocol이 BGP이다. BGP는 AS 간 라우팅 프로토콜로 EGP(Exterior Gateway Protocol)에 BGP가 포함된 것이다.

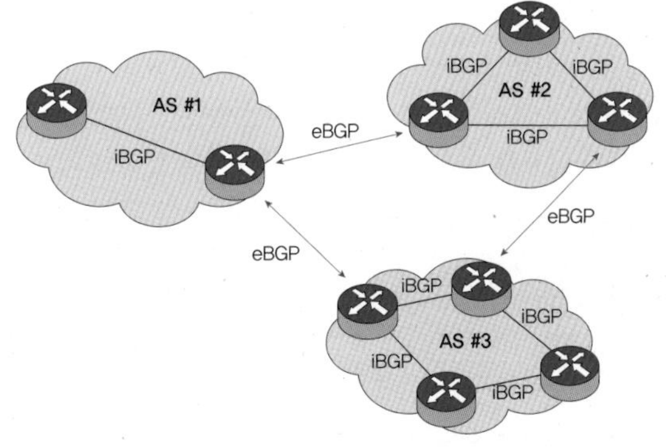

더 알아보기

iBGP	Internal BGP, 같은 AS 번호 아래에 있는 라우터와 BGP 관계를 맺거나 같은 BGP에 참여하고 라우터와 BGP 연계할 때를 iBGP라고 한다.
eBGP	External BGP, 다른 AS 번호에 소속되어 있는 라우터와 BGP를 연결할 때 eBGP라 한다.

❶ BGP(Border Gateway Protocol)

㉠ BGP는 인터넷에서 서로 다른 자율 시스템(AS) 간에 라우팅 정보를 교환하는 데 사용되는 표준화된 프로토콜로서 인터넷 서비스 공급자(ISP)가 자신의 네트워크를 다른 네트워크에 연결하기 위해 사용하는 기본 라우팅 프로토콜이며 서로 다른 AS 간에 패킷을 전달하는 역할을 한다.

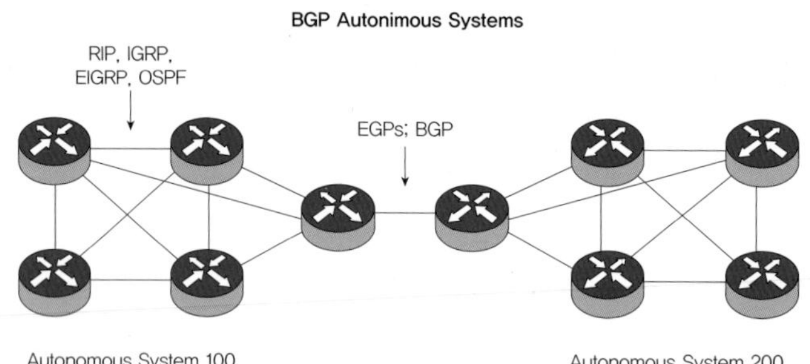

㉡ BGP는 TCP/IP 연결을 사용하여 서로 다른 AS에 있는 라우터 간에 라우팅 정보를 교환함으로써 동작한다. BGP 라우터는 경로 길이, 대역폭 및 지연과 같은 관련 라우팅 Matrix과 함께 도달할 수 있는 모든 네트워크의 테이블을 유지한다. 또한 BGP 라우터는 이러한 네트워크의 도달 가능성과 가용성에 대한 정보를 교환한다.

㉢ BGP에서 최적의 경로에는 자율 시스템(AS) 간의 매핑이 포함되는 경우가 많으며 BGP는 데이터 라우팅을 가능하게 함으로써 인터넷을 동작하게 하는 프로토콜로서 서울에 있는 사용자가 미국에 있는 구글 등의 원본 서버에 접속하는 경우 BGP를 통해 연결되는 것이다.

㉣ BGP는 위와 같이 대규모 네트워크를 처리하도록 설계되었으며 트래픽 엔지니어링, 로드 밸런싱 및 경로 필터링을 포함한 다양한 라우팅 정책을 처리할 수 있으며 라우팅 루프를 감지하고 방지할 수 있고, 이로 인해 네트워크가 불안정해지고 중단될 수도 있다.

㉤ BGP는 악의적인 행위자가 잘못된 라우팅 정보를 이용하여 트래픽을 다른 대상으로 리디렉션하는 하이재킹과 같은 특정 보안 위협에 매우 취약하다. 이러한 위협을 완화하기 위해 ROA(Route Origin Authentication) 및 BGPsec과 같은 BGP 보안 조치가 개발되었다.

❷ BGP AS란?

BGP는 통신망 간 전달을 위해 빠르고 효율적인 경로를 선택하는 통신 규약으로 누군가 인터넷을 통해 데이터를 보내고 한다면 BGP는 해당 데이터가 이동할 수 있는 가용 경로를 모두 검토하고 최적의 경로를 선택해야 할 것이다.

Router 사용이유

- 인터넷은 수많은 네트워크로서 이것에 대한 상위 개념으로 네트워크로서 자율시스템(AS)이라고 하는 수십만 개의 작은 네트워크로 구성되어 있다.
- 이들 각각의 네트워크는 기본적으로 하나의 조직이 운영하는 라우터들의 큰 집합이다(한국, 미국 또는 한국 내에서 KT, SKB, LGu+).
- BGP는 AS를 통해 목적지로 향하게 되고 외부 ISP나 외부망과 연동하는 경우 AS를 전달한다(같은 통신사까지 묶여지거나 같은 회사끼리 묶여지는 과정임).
- BGP 라우팅을 이용통해 AS교환을 하며 목적지에 도달하게 된다.

❸ Routing의 유형별 분류

구분	분류	내용
집중 vs 분산	중앙 집중형	네트워크 전체에 대한 완전한 정보를 가지고 출발지와 목적지 사이의 최소 비용 경로를 계산하는 알고리즘이다. 관련 계산은 하나의 장소에서 수행하거나 각각의 라우팅 모듈로 복사된다. 핵심은 연결과 링크 비용에 대한 정보를 가지는 것으로 링크 상태(Link-State, LS) 알고리즘이라고 한다.
	분산형	최소 비용(경로)의 계산이 라우터들에 의해 반복적이고 분산된 방식으로 처리한다. 노드나 모든 링크에 대한 완전한 정보를 갖고 있지 않지만 각 노드는 직접 연결된 링크에 대한 비용 정보만을 가지고 시작한다. 이후 반복된 계산과 이웃 노드와의 정보 교환을 통해 목적지까지의 최소 비용 경로를 계산하는 것으로 거리 벡터(Distance-Vector) 알고리즘이 대표적이다.
정적 vs 동적	정적 라우팅 알고리즘	경로가 아주 느리게 변하는 경우로서 사람이 직접 개입(링크 Cost를 수정)한 결과로 엔지니어의 직접적인 설정이다.
	동적 라우팅 알고리즘	네트워크 그래픽 부하나 위상 변화에 따라 라우팅 경로를 바꾸는 것으로 동적 알고리즘은 주기적 또는 토폴로지나 링크 비용의 변경에 직접적으로 응답하는 방식이다.
부하에 민감 vs 부하에 무관	부하 민감 알고리즘	링크 비용은 해당 링크의 현재 혼잡 수준을 나타내기 위해 동적으로 변한다.
	부하 덜 민감 알고리즘	인터넷 라우팅 알고리즘(RIP, OSPF, BGP)은 링크 비용이 현재의 혼잡을 반영하지 않는다.

정답 01 ② 02 ④ 03 ① 04 ④

01 다음 중 IGP(Interior Gateway Protocol)로 사용하지 않는 라우팅 프로토콜은 어느 것인가? (2022-3차)

① RIP(Routing Information Protocol)
② BGP(Border Gateway Protocol)
③ IGRP(Interior Gateway Routing Protocol)
④ OSPF(Open Shortest Path First)

해설
BGP는 EGP(External Gateway Protocol)의 대표적인 예이며 IGP(Internal Gateway Protocol)는 내부에서 내부로의 통신을 의미한다. IGP는 대표적으로 RIP(Routing Information Protocol)이나 OSPF(Open Shortest Path First)가 해당된다. EGP(Exterior Gateway Protocol)는 내부에서 외부간 통신을 의미하며 대표적으로 BGP(Border Gateway Protocol)가 해당되며 BGP의 AS(Autonomous System) 번호는 65,536개가 사용되고 있으며 이 중에서 64,512~65,534는 사설 AS로 사용 된다. 주요 통신사업 AS 번호는 아래와 같다.

통신사	네트워크에서 AS 번호
KT	9659
SKB	10059
LGU+	9318

02 다음 중 근거리통신망(LAN)에서 사용하는 프로토콜이 아닌 것은? (2013-2차)(2015-2차)

① CSMA/CD ② Token Ring
③ ALOHA ④ BGP

해설
BGP는 EGP(External Gateway Protocol)의 대표적인 예이다.

03 인터넷 네트워크의 자율시스템(Autonomous System)에 관한 설명으로 옳은 것은? (2022-2차)

① 내부에서 사용하게 되는 라우팅 프로토콜을 IGP(Interior Gateway Protocol)라 하는데 대표적인 것은 RIP와 OSPF가 있다.
② 대표적인 AS 간 라우팅 프로토콜은 EGP(Exterior Gateway Protocol)가 있는데 EGP 이전에는 BGP가 이용되었다.
③ EGP(Exterior Gateway Protocol)는 RIP나 OSPF와 같게 기본통신을 TCP 연결을 맺어서 동작한다.
④ EGP(Exterior Gateway Protocol)는 목적지에 도달하기 위해 경유하는 자율시스템의 순서를 전송하여 이용하게 되므로 RIP에서의 문제점을 해결한다.

해설
② 대표적인 AS 간 라우팅 프로토콜은 EGP(Exterior Gateway Protocol)가 있는데 EGP에 BGP가 포함된 것이다.
③ EGP(Exterior Gateway Protocol)의 대표적인 Protocol이 BGP이다.
④ EGP는 BGP가 대표적이며 RIP는 IGP가 대표적이어서 상호 관계는 없다.

04 다음 중 라우팅(Routing)에 대한 설명으로 틀린 것은? (2016-2차)

① 라우팅 알고리즘에는 거리 벡터 알고리즘과 링크 상태 알고리즘이 있다.
② 거리 벡터 알고리즘을 사용하는 라우팅 프로토콜에는 RIP, IGRP가 있다.
③ 링크 상태 알고리즘을 사용하는 대표적인 라우팅 프로토콜로는 OSPF 프로토콜이 있다.
④ BGP는 플러딩을 위해서 D Class의 IP 주소를 사용하여 멀티캐스팅을 수행한다.

해설
④ D Class의 IP 주소를 사용하며 멀티캐스팅하는 것은 주로 IPTV 등에서 사용된다.

정답 05 ④

05 **다음 중 자율 시스템(AS: Autonomous System)에 대한 설명으로 틀린 것은?** (2019-2차)

① 인터넷 상에서 자율시스템이라 함은 관리적 측면에서 한 단체에 속하여 관리되고 제어됨으로써, 동일한 라우팅 정책을 사용하는 네트워크 또는 네트워크 그룹을 말한다.
② 라우팅 도메인으로도 불리며, 전 세계적으로 유일한 자율시스템번호, ASN(Autonomous System Number)을 부여받는다.
③ 한 자율시스템 내에서의 IP 네트워크는 라우팅 정보를 교환하기 위해 내부 라우팅 프로토콜인 IGP(Interior Gateway Protocol)를 사용한다.
④ 타 자율시스템과의 라우팅 정보 교환을 위해서는 외부 라우팅 프로토콜인 EIGRP(Enhanced Interior Gateway Roution Protocol)를 사용한다.

해설

BGP(Border Gateway Protocol)

BGP는 인터넷에서 서로 다른 자율 시스템(AS) 간에 라우팅 정보를 교환하는 데 사용되는 표준화된 프로토콜로서 인터넷 서비스 공급자(ISP)가 자신의 네트워크를 다른 네트워크에 연결하기 위해 사용하는 기본 라우팅 프로토콜이며 서로 다른 AS 간에 패킷을 전달하는 역할을 한다.

기출유형 08 ▸ SNMP(Simple Network Management Protocol)

네트워크 관리 및 네트워크의 장치와 그들의 동작을 감시, 관리하는 프로토콜은? (2022-1차)

① SMTP
② SNMP
③ SIP
④ SDP

해설

망 관리 프로토콜인 SNMP는 IP 네트워크상의 다양한 네트워크 장비로부터 정보를 수집 및 관리한다. SNMP를 지원하는 대표적인 장치에는 광장비, 라우터, 스위치, 서버, 전원장치 등이 포함된다.

① SMTP(Simple Mail Transfer Protocol): 인터넷에서 이메일을 보내기 위해 이용되는 프로토콜이다.

③ SIP(Session Initiation Protocol): IETF에서 정의한 시그널링 프로토콜로서 인터넷상에서 통신하고자 하는 지능형 단말(전화, 인터넷 콘퍼런스)의 음성과 화상 통화 같은 멀티미디어 세션을 제어한다.

④ SDP(Session Description Protocol): 인터넷상에서 멀티미디어 세션(VoIP 등) 정보를 알린다(Advertising).

| 정답 | ②

족집게 과외

SNMP가 사용하는 포트 번호는 서비스 관련 161번 포트, SNMP Trapd 서비스는 162번 포트를 사용한다. 특히 SNMP는 TCP가 아닌 UDP를 사용해서 네트워크 내의 장비의 상태 관리를 지원한다.

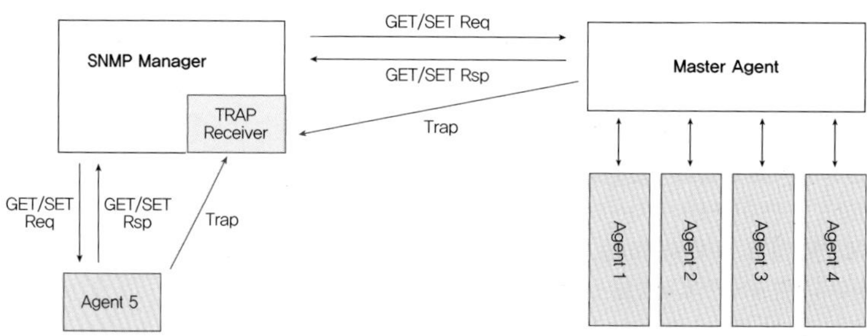

더 알아보기

구분	내용
SNMP 구성 요소	관리 시스템인 Manager와 관리 대상인 Agent로 구성
SNMP Manager	Agent에 필요한 정보를 요청하는 모듈
SMAP Agent	관리 대상 시스템에 설치되어 정보를 수집하고 Manager에게 전달
Trap	SNMP Trap은 주로 시스템이 다운되거나, 새로 부팅될 경우 상태를 전송
프로토콜	UDP(User Datagram Protocol)
포트 번호	UDP 161번: Get, Set 등 통상의 메시지, UDP 162번: 트랩 메세지
정보 구조	SMI 및 MIB은 각각 다른 2개의 정보구조를 설명하는 프로토콜과 함께 사용 • SMI(Structure of Management Information): 관리정보구조 • MIB(Management Information Base): 관리 대상을 규격화한 정보 모음으로 관리 특성을 묘사하는 변수 객체들의 모음
정보 식별	망관리 대상 객체 식별 체계로 OID(Object ID)인 트리 형태의 계층구조(Tree Hierarchy)를 사용해서 식별된 관리 정보와 관련된 값을 계층화된 데이터베이스 MIB에서 저장/유지/관리함

❶ SNMP(Simple Network Management Protocol)

SNMP는 네트워크 장치에 대한 데이터를 표준화된 방식으로 수집하고 구성하여 동작하며 MIB(Management Information Base)의 계층구조를 사용하여 수집하는 데이터를 구성한다. MIB은 SNMP를 통해 관리할 수 있는 장치의 다양한 측면을 나타내는 계층적 트리와 같은 구조이다.

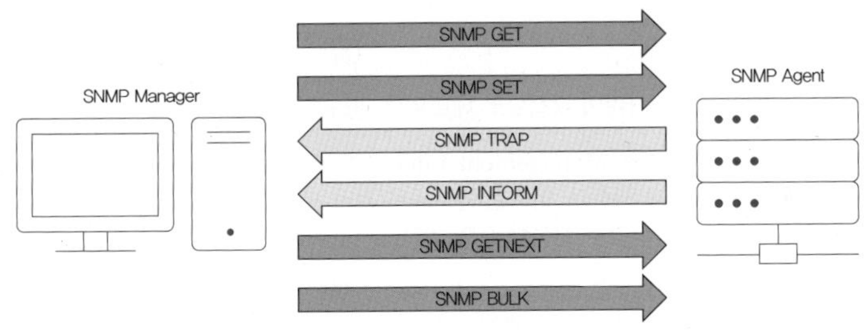

구분	내용
Get Request	Manager가 Agent로 원하는 객체의 특정 정보를 요청한다.
Get Next Request	Manager가 Agent로 이미 요청한 정보의 다음 정보를 요청한다.
Set Request	Manager가 Agent로 특정한 값을 설정하기 위해 사용한다.
Get Response	Agent가 Manager에 해당 변수값을 전송한다.
Trap	Agent가 Manager에 어떤 정보를 비동기적(Asynchronous)으로 알리기 위해 사용하는 것으로 notify라고도 하며, Callback 함수와 같은 역할을 한다. Trap을 제외하고 모두 동기적(Synchronous)으로 동작한다.
Get Bulk Request (SNMPv2)	요청할 객체 범위를 지정하여 Manager에서 Agent로 한 번에 요청한다.
InformRequest (SNMPv2)	Manager 간 정보 전달 목적으로 사용한다.

Manager와 Agent 간 통신을 위해서는 최소 3가지 사항에 대한 일치가 필요하다. 그것은 SNMP Version, Community String, PDU(Protocol Data Unit, 통신을 위한 메세지 유형)이다.

❷ SNMP 구성

구분	내용
SNMP 관리자 (Manager)	SNMP 관리자는 SNMP 에이전트에 대한 요청을 시작하고 응답을 수신할 수 있다. 또한 에이전트로부터 원하지 않는 통지를 수신할 수도 있다.
SNMP 에이전트 (Agent)	SNMP 관리자의 요청에 응답하고 요청되지 않은 알림을 SNMP 관리자에게 전송할 수 있다. 에이전트는 네트워크 장치에서 실행되는 프로그램으로, 성능 데이터나 오류 로그와 같은 장치에 대한 데이터를 수집한다.
MIB (Management Information Base)	MIB는 SNMP를 통해 액세스할 수 있는 데이터의 구조를 설명하는 계층형 데이터베이스이다. 이를 통해 관리할 수 있는 개체와 이들 간의 관계를 정의한다.
SMI	Structure of Management Information(SMI)은 SNMP에서 관리 정보 베이스(MIB)의 형식과 규칙을 정의하는 표준이다.
PDU	Protocol Data Units(PDUs), PDU는 SNMP 에이전트와 매니저 간에 교환되는 데이터의 단위이다.

전반적으로 SNMP는 네트워크 장치를 관리하고 모니터링하기 위한 중요한 도구이며 기업 및 통신사 네트워크에서 널리 사용되고 있다.

❸ SNMP 상세 내역

망 관리 프로토콜인 SNMP는 IP 네트워크상의 장치로부터 정보를 수집 및 관리하며, 또한 정보를 수정하여 장치의 동작을 변경하는 데에 사용되는 인터넷 표준 프로토콜로서 다음과 같은 특징이 있다.

구분	내용
모니터링	SNMP는 네트워크 모니터링의 목적으로 네트워크 관리에서 널리 사용된다.
MIB 원격관리	SNMP는 관리 정보 베이스(Management Information Base)상에 관리 중인 시스템의 상태와 설정을 변수의 형태로 관리할 수 있게 해준다. 이러한 변수들은 관리 프로그램에 의해 원격에서 질의(Query)될 수 있으며, 경우에 따라서는 원격에서 값을 설정할 수도 있다.
Ver 1, 2, 3	현재 사용되는 SNMP의 주요 버전은 세 가지로 SNMPv1이 가장 초기 버전이며 이후 개발된 SNMPv2와 SNMPv3은 성능 및 유연성, 보안성 면에서 향상된 버전이다.
SNMP 프로토콜 구성	IP 헤더 | UDP 헤더 | Ver 버전 | 커뮤니티 | PDU 유형 | 요청 ID | 오류 상태 | 오류 색인 | 변수 바인딩

❹ SNMP 버전별 특징

구분	내용
SNMPv1	1988년 IAB(Internet Activities Board)에서 표준화 보안기능(암호화 및 인증)이 없으며, Community String만 일치 해서 모든 정보를 얻을 수 있는 방식으로 초기 버전이다.
SNMPv2	전송 정보에 대한 암호화(DES)와 해시(MD5) 기능을 추가한 것이나 여전히 송신에서 인증기능이 없다.
SNMPv3	데이터 인증, 암호 기능, 암호 재사용 방지, 세분화된 접근통제 등을 제공하는 것으로 Version 2에 계정과 암호로 인증하는 보안기능을 추가했다.

정답 01 ③ 02 ① 03 ② 04 ② 05 ④

01 SNMP에서 이벤트를 보고하는 TRAP 메시지가 사용하는 포트번호는? (2022-3차)

① 160　② 161
③ 162　④ 163

해설
SNMP Daemon 서비스는 161 포트를, SNMP TRAP Daemon 서비스는 162 포트를 사용하고 있다.

02 통신망(Network) 관리 중 아래 내용에 해당되는 것은? (2016-3차)(2019-1차)(2022-3차)

> a. 네트워크 장비를 관리 감시하기 위한 목적
> b. 관리시스템, 관리대상 에이전트, MIB(Management Information Base) 등으로 구성
> c. 원격장치구성, 네트워크 성능 모니터링, 네트워크 사용 감시의 역할

① SNMP(Simple Network Management Protocol)
② TMN(Telecommunications Management Network)
③ SMAP(Smart Management Application Protocol)
④ TINA－C(Telecommunication Information Network Architecture Consortoum)

해설
SNMP는 IP 기반 네트워크상의 각 호스트로부터 정기적으로 여러 관리 정보를 자동으로 수집하거나 실시간으로 상태를 모니터링 및 설정할 수 있는 서비스이다.

03 SNMP(Simple Network Management Protocol)에서 네트워크 장치의 상태를 감시하는 요소는? (2022-2차)

① NetBEUI　② 에이전트(Agent)
③ 병목　④ 로그

해설
SNMP의 구성요소는 관리시스템인 Manager와 관리대상인 Agent로 구성된다. SNMP Manager는 Agent에 필요한 정보를 요청하는 모듈이고 SNMP Agent는 관리 대상 시스템에 설치되어 필요한 정보를 수집하고 Manager에게 전달해주는 역할을 수행하는 모듈이다.

04 다음 문장이 설명하는 것은 무엇인가? (2013-3차)(2021-1차)

> 데이터베이스 검색 프로그램과 유사한 단순 프로토콜이다. 관리 대상 장치의 데이터베이스에서는 CPU, 네트워크 인터페이스, 버퍼와 같은 구성요소가 제대로 기능하는지와 인터페이스를 통과하는 트래픽의 양으로 표시되는 처리량이 얼마인지에 대한 정보가 들어있다.

① DNS　② SNMP
③ OSPS　④ TCP/IP

해설
SNMP는 네트워크 장비를 관리 감시하기 위한 목적으로 관리시스템, 관리대상 에이전트, MIB(Management Information Base) 등으로 구성된다.

05 다음 중 VPN(Virtual Private Network)에서 사용하지 않는 터널링 프로토콜은 무엇인가? (2013-2차)(2020-2차)

① IPSec　② L2TP
③ PPTP　④ SNMP

해설
SNMP는 망관리를 위한 프로토콜이며 VPN은 통신망에 보안기능이 강화된 개념으로 용도가 다르다.

정답 06 ③ 07 ② 08 ③ 09 ③ 10 ④

06 다음 중 라우팅 프로토콜이 아닌 것은? (2015-1차)(2019-1차)

① BGP(Border Gateway Protocol)
② EGP(Exterior Gateway Protocol)
③ SNMP(Simple Network Management Protocol)
④ RIP(Routing Information Protocol)

해설

③ SNMP는 망관리를 위한 프로토콜로서 라우팅 프로토콜과는 무관하다.

07 데이터링크 프로토콜에 해당되지 않는 것은? (2015-1차)

① HDLC ② SNMP
③ LAP-B ④ BSC

해설

SNMP는 OSI 7계층의 Application 계층 프로토콜이며, 메시지는 단순히 요청과 응답 형식의 프로토콜에 의해 교환되기 때문에 전송계층 프로토콜로 UDP 프로토콜을 사용한다. 데이터링크계층은 2계층 프로토콜이고 SNMP는 UDP에 의한 4계층에서 동작한다.

08 다음 중 MIB(Management Information Base)에 대한 설명으로 옳지 않은 것은? (2022-1차)

① 관리하려는 요소에 관한 정보를 포함하는 데이터베이스
② 각각의 관리하려는 자원은 객체로 표현되는데 이들 객체들의 구조적인 모임
③ MIB에 저장된 객체 값은 읽기 전용
④ SMI에 의하여 데이터의 형태와 자원들이 어떻게 나타내어지고 이름 붙여지는지를 정의

해설

MIB 원격관리
SNMP는 관리 정보 베이스(Management Information Base) 상에 관리 중인 시스템의 상태와 설정을 변수의 형태로 관리할 수 있게 해준다. 이러한 변수들은 관리 프로그램에 의해 원격에서 질의(Query)될 수 있으며 경우에 따라서는 원격에서 값을 설정할 수도 있다.

SMI(Structure of Management Information)는 관리정보구조로서 MIB를 정의하고 구성하는 툴이며, 표준에 적합한 MIB를 생성하고 관리하는 기준이다. MIB를 생성하려면 OID(Object ID)를 지정받아야 한다.

09 네트워크 자원들의 상태를 모니터링하고 이들에 대한 제어를 통해서 안정적인 네트워크 서비스를 제공하는 것을 무엇이라 하는가? (2020-1차)

① 게이트웨이 관리 ② 서버 관리
③ 네트워크 관리 ④ 시스템 관리

해설

SNMP는 네트워크를 구성하는 광장비, 라우터, 스위치, 서버뿐만 아니라 UPS나 정류기 등 전원 등을 관리하는데 사용되는 프로토콜로서 네트워크 장치를 모니터링하고 관리하는데 사용되는 표준화된 프로토콜로서 대부분의 네트워크 장비 공급업체에서 상태 관리를 위해 지원한다. 네트워크 자원들의 상태를 모니터링하고 이들에 대한 제어를 통해서 안정적인 네트워크 서비스를 제공하는 것을 네트워크 관리라 한다.

10 네트워크 관리 구성 모델에서 관리를 실행하는 객체와 관리를 받는 객체를 올바르게 짝지은 것은? (2021-2차)

① Agent-Manager
② Manager-Server
③ Client-Agent
④ Manager-Agent

해설

SNMP는 세 가지 주요 구성 요소로 구성된다.

구분	내용
SNMP 관리자 (Manager)	SNMP 관리자는 SNMP 에이전트에 대한 요청을 시작하고 응답을 수신할 수 있다. 또한 에이전트로부터 원하지 않는 통지를 수신할 수도 있다.
SNMP 에이전트 (Agent)	SNMP 에이전트는 SNMP 에이전트가 실행 중인 네트워크 장치에 대한 정보를 수집하고 저장하는 역할을 한다. SNMP 관리자의 요청에 응답하고 요청되지 않은 알림을 SNMP 관리자에게 전송할 수 있다.
MIB (Management Information Base)	MIB는 SNMP를 통해 액세스할 수 있는 데이터의 구조를 설명하는 계층형 데이터베이스이다. 이를 통해 관리할 수 있는 개체와 이들 간의 관계를 정의한다.

11 네트워크의 호스트를 감시하고 유지 관리하는데 사용되는 TCP/IP상의 프로토콜은? (2023-1차)

① SNMP　② FTP
③ VT　④ SMTP

해설

SNMP는 네트워크 장치에 대한 데이터를 표준화된 방식으로 수집하고 구성하여 동작하며 MIB (Management Information Bases)의 계층구조를 사용하여 수집하는 데이터를 구성한다. MIB은 SNMP를 통해 관리할 수 있는 장치의 다양한 측면을 나타내는 계층적 트리와 같은 구조이다.

12 네트워크 장비를 하나의 네트워크 관리체계(NME)로 볼 수 있으며 여기에는 네트워크 관리를 위해 사용되는 소프트웨어들을 포함하고 있는데 이들 NME의 역할이 아닌 것은? (2021-3차)

① 장비에 들어오고 나가는 트래픽 통계 정보를 수집한다.
② 수집한 통계 정보를 저장한다.
③ 관리 호스트로부터의 요청을 처리한다.
④ 장비에 이상 발생 시 주위 장비들에 이를 알린다.

해설

네트워크 관리 시스템을 구성하는 NMS는 에이전트(Agent)와 매니저(Manager)로 나뉘어지며 NME와 NMA로 이루어져 있다.

NME	Network Management Entity, 실제 에이전트의 역할을 수행하는 객체로 네트워크 자원들에 대한 직접적인 관리를 한다. 워크스테이션(Workstation), 브릿지(Bridge), 라우터, PC를 비롯해서 기타 관리되는 시스템에 존재하며, 네트워크와 관련된 정보를 수집하여 저장하고 매니저로부터 요청이 들어오면 자신이 관리하는 정보를 보내준다.
NMA	Network Management Application, 매니저의 역할을 수행하는 응용프로그램으로 에이전트가 관리하는 객체의 내용들을 수집해서 전체 네트워크를 관리한다. 에이전트와 통신할 때는 다양한 종류의 네트워크로 인해 표준화된 프로토콜(SNMP, CMIP)을 사용하여 정보를 교환한다.

장비에 이상 발생 시 주위 장비들에 이를 알리는 것은 Trap Message 전달이다. 이벤트 보고는 에이전트가 매니저의 요구가 없어도 매니저에게 정보를 보내는 방법으로 상태나 속성값이 자주 바뀌지 않는 경우에 폴링 방식보다 효율적이다. 특별한 이벤트가 발생했을 경우에 주로 사용되며 SNMP에서는 트랩(Trap)이라고 한다.

정답 13 ④ 14 ② 15 ②

13 IP 기반 네트워크상의 관리 프로토콜 SNMP(Simple Network Management Protocol)의 데이터 수집 방식에 대한 설명으로 틀린 것은? (2023-2차)

① 관리자는 에이전트에게 Request 메시지를 보낸다.
② 에이전트는 관리자에게 Response 메시지를 보낸다.
③ 이벤트가 발생하면 에이전트는 관리자에게 Trap 메시지를 보낸다.
④ 이벤트가 발생하면 관리자나 에이전트 중 먼저 인지한 곳에서 Trap 메시지를 보낸다.

해설

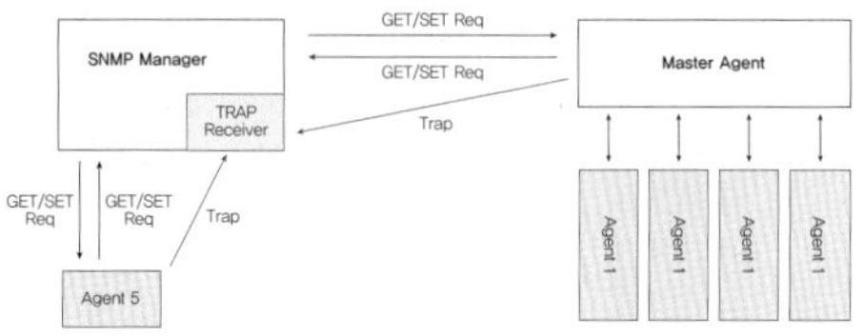

구분	내용
SNMP 관리자 (Manager)	관리자는 에이전트에게 Request 메시지를 보낸다.
SNMP 에이전트 (Agent)	• 에이전트는 관리자에게 Response 메시지를 보낸다. • 이벤트가 발생하면 에이전트는 관리자에게 Trap 메시지를 보낸다.

14 다음 중 네트워크 장비의 관리를 위한 SNMP(Simple Network Management Protocol)에 대한 설명으로 틀린 것은? (2023-3차)

① 프로토콜 스택 내 이더넷 또는 라우팅 등, 하위 계층에서 발생하는 일을 알 수 없다.
② 모니터와 에이전트가 통신하기 위해 TCP를 이용하여 메시지를 전송한다.
③ SNMP가 사용하는 쿼리(Query) / 응답 메커니즘으로 네트워크 트래픽이 발생한다.
④ SNMP로 수집된 정보로부터 네트워크 장비 전산 자원사용량, 에러량, 처리속도 등을 알 수 있다.

해설

② 모니터와 에이전트가 통신하기 위해 UDP를 이용하여 메시지를 전송한다.

15 다음 중 SNMP(Simple Network Management Protocol)에서 사용되는 PDU(Protocol Data Unit)가 아닌 것은? (2023-3차)

① GetRequest PDU
② Local PDU
③ Trap PDU
④ GetResponse PDU

해설

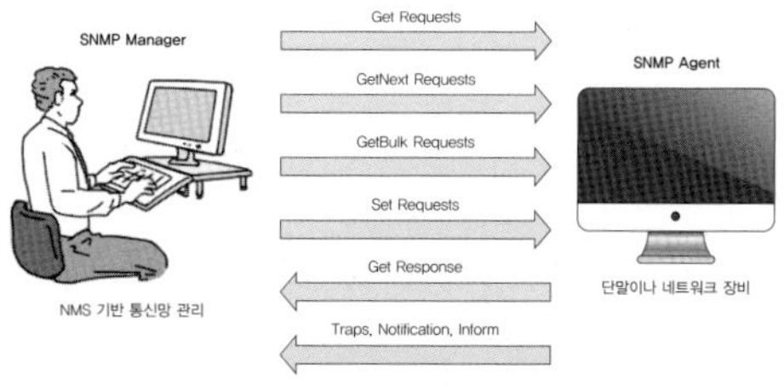

구분	내용
Get	관리정보를 검색하는 것으로 Agent가 가지고 있는 변수 읽어들인다.
Get-Next	관리정보를 연속해서 검색한다.
Set	관리정보를 바꾸는데 사용하는 것으로 변수 써넣거나 Agent가 가지고 있는 변수를 바꿔 쓴다.
GetResponse	관리시스템 명령에 대한 응답이다.
Trap	예외 동작을 통지, 예상치 못한 사태 발생을 알린다.

이외에도 GET-REQUEST, GET-NEXT-REQUEST, GET-BULK-REQUEST, SET-REQUEST ... 등이 있다. ② Local PDU는 없다.

기출유형 09 ▶ NMS(Network Management System)

네트워크 관리 구성 모델에서 관리를 실행하는 객체와 관리를 받는 객체를 올바르게 짝지은 것은?

(2019-3차)

① Agent-Manager ② Manger-Server

③ Client-Agent ④ Manger-Agent

해설

- 네트워크 매니저: Agent로부터 상태 정보 수집, 분석과 장애발생 및 복구 등을 관리한다.
- 에이전트: SNMP 에이전트라고도 하며 광장비, 라우터, 스위치 등 관리국에서 관리되는 장비들이다.

| 정답 | ④

족집게 과외

TMS	트래픽 집중 관리시스템(Centralized Traffic Management System), 통신망 관리 시스템 네트워크 내에서 소통되는 호의 상황이나 설비의 상태 또는 변동상황을 파악 · 관리하며 네트워크의 상태 및 폭주여부를 관리하는 서버기반 시스템이다.
NMS	Network Management System, 네트워크를 모니터링하고 관리하는데 사용되는 하드웨어와 소프트웨어의 조합으로 FSAPS(Fault, Configuration, Account, Performance, Security)를 관리한다.

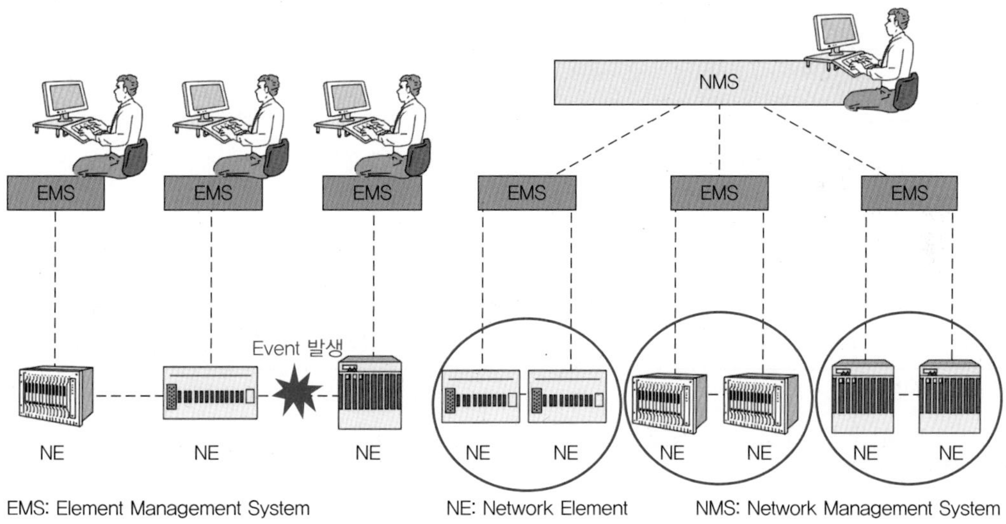

더 알아보기

EMS	Element Management System, 장비(라우터, 스위치 등)의 개별 단위별 관리 속성이다.
NMS	Network Management System, 장비와 장비의 네트워크 연계 기반 전체 관리이다.
ESM	Enterprise Security Management System, 통합보안관리 솔루션이다.
SIEM	Security Information and Event Management, SIM(보안정보관리)와 SEM(보안 이벤트 관리)를 통합 운영한다.
TMS	Threat Management System, 위협 관리시스템, 각종 위협으로부터 정보 자산 보호이다.

❶ NMS(Network Management System)

NMS는 컴퓨터 네트워크를 관리하고 모니터링하는데 사용되는 소프트웨어 기반의 시스템으로 네트워크 관리자는 라우터, 스위치, 서버 및 기타 네트워크 구성요소와 같은 네트워크 장치를 구성, 모니터링 및 제어하기 위한 중앙 집중식 플랫폼을 제공한다.

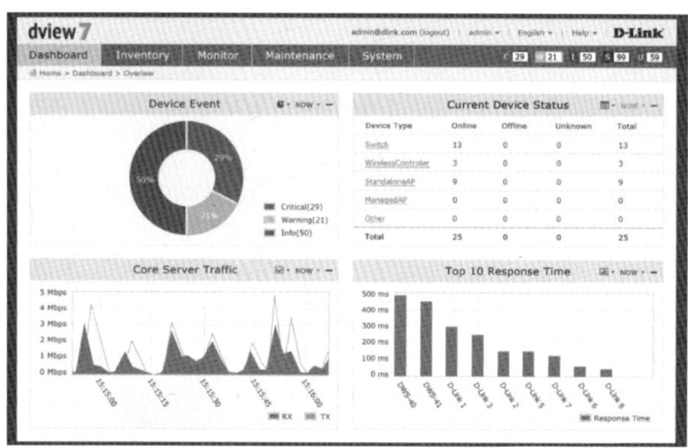

NMS의 기본 기능에는 네트워크 성능 및 가용성 모니터링, 네트워크 문제 식별 및 문제 해결, 네트워크 장치 구성 및 네트워크 보안 관리가 포함되며 이러한 기능은 네트워크에 대한 포괄적인 사항을 제공하기 위해 함께 작동하는 일련의 도구 및 프로토콜을 통해 수행된다. NMS는 SNMP(Simple Network Management Protocol), ICMP(Internet Control Message Protocol)와 같이 네트워크 장치에서 정보를 수집하기 위해 다양한 프로토콜을 사용한다. 그런 다음 이 정보는 네트워크 관리자가 네트워크 문제를 식별하고 문제를 해결하는 데 도움이 되는 통신상태의 Report를 생성하는 데 사용된다.

❷ NMS 주요 기능(FCAPS)

NMS의 주요 기능은 1) 네트워크 성능 모니터링 및 보고, 2) 장애 관리 및 알림, 3) 구성 관리, 4) 네트워크 보안 관리, 5) 트래픽 분석 및 대역폭 관리로서 아래와 같이 FCAPS 기능을 지원한다.

구분	내용
Fault Management	장애관리로 장비 또는 회선상에 발생한 문제를 검색 또는 추출 해결 방안을 제공한다.
Configuration Management	구성관리로 네트워크상의 장비와 물리적인 연결구조를 구성하고 보여주는 기능이다.
Accounting Management	계정관리로 장비 접속을 위한 사용자 등록, 삭제, 중지, 복원 기능을 관리하고, 서비스 사용에 대한 각 노드별 사용 현황에 대한 이력과 권한 설정을 제공한다.
Performance Management	성능관리로 가용성, 응답 시간, 사용량, 에러율, 처리 속도 등 성능 분석에 필요한 통계 데이터를 제공하는 기능이다.
Security Management	보안관리로서 통신망의 암호, 인증 등을 이용한 정보흐름을 제어, 보호하는 기능으로 접속경로 제한 등이 포함된다.

❸ NMS(Network Management System) 구성요소

구성요소	설명
Repository	네트워크 자원 상태의 저장 및 NMS 서버에 위치한 수집 정보를 저장한다.
Management Agent	SNMP 에이전트라고도 부르며 전송장비, 라우터, 스위치 등과 같은 장비로 관리국(Management Station)에 의해서 관리될 수 있는 장비이다. 통계 정보를 MIB에 저장해두었다가 특정 동작 요청에 응답한다.
MIB (Management Information Base)	각각의 네트워크 정보를 계층적 구조로 관련 정보를 저장하고 검색할 수 있게 한다. Object들의 모임을 Management Information Base(MIB)라 하며 관리국(Management Station)은 관리 에이전트의 MIB 오브젝트의 값을 검색해서 장비의 트래픽에 대한 감시 기능을 수행한다.
SNMP	Simple Network Management Protocol(SNMP) 기능 • Get: 관리국이 에이전트의 오브젝트 값을 검색한다. • Set: 관리국이 에이전트의 오브젝트 값을 설정할 수 있게 한다. • Trap: 에이전트가 관리국에 중요한 사건을 알릴 수 있다.
네트워크 매니저	Agent로부터 상태 정보 수집 및 분석과 장애 복구를 관리한다.
Management Station	Management Station은 네트워크 관리자(사람)가 네트워크 관리 시스템(NMS)에 접근할 수 있도록 인터페이스를 제공한다. 모든 네트워크상의 관리되어질 수 있는 개체들의 MIB로 부터 뽑아낸 데이터베이스 정보이다.

많이 사용하고 있는 NMS 소프트웨어의 예로는 SolarWinds Orion, Nagios, Zabbix 및 PRTG(Paessler Router Traffic Grapher) Network Monitor가 있으며 이러한 도구는 네트워크 관리자가 네트워크를 효과적으로 관리하고 모니터링하는데 도움이 되는 다양한 기능을 제공한다. 네트워크상의 모든 장비들의 중앙감시 체계를 구축하여 모니터링, 분석 및 계획이 가능하며 관련 데이터를 활용한 이상 트래픽에 대한 조기 경보 및 네트워크 관리 시스템이다.

정답 01 ③ 02 ② 03 ① 04 ②

01 통신망 관리 시스템 네트워크 내에서 소통되는 호의 상황, 설비 상황이나 그의 변동상황을 파악 · 관리하며 네트워크의 설비 설계, 폭주 관리 설비, 소통관리 등의 역할을 갖는 시스템은? (2019-1차)

① 가입자 시설 집중 운용 분실 시스템(Subscrilxer Line Maintenance and Operation System)
② 장기리 회선 감시 제어 및 운용 관리 시스템
③ 트래픽 집중 관리 시스템(Centralized Traffic Management System)
④ 네트워크 트래픽 시스템(Network Traffic System)

해설
트래픽 집중 관리 시스템(Centralized Traffic Management System)은 망에 흐르는 호의 상황, 설비 상황이나 그의 변동 상황을 파악 · 관리하며 네트워크의 설비 설계, 폭주 등을 트래픽 관리 차원에서 관리한다.

02 관리하고자 하는 네트워크 장비들에 대한 감시와 제어를 수행하는 시스템은? (2019-1차)(2022-3차)

① 에이전트 ② 네트워크 관리 시스템
③ 호스트 ④ 네트워크 장비

해설
NMS(Network Management System)는 네트워크 상의 모든 장비들의 중앙감시 체계를 구축하여 모니터링, 분석함으로서 이상 트래픽에 대한 조기 경보 및 네트워크 관리 시스템 전반을 관리하는 것을 의미한다.

03 네트워크를 모니터링하고 관리하는데 사용되는 하드웨어와 소프트웨어의 조합으로 구성되는 망 관리 시스템은? (2022-2차)

① NMS ② DOCSIS
③ SMTP ④ LDAP

해설
① NMS(Network Management System): 네트워크 상의 모든 장비들의 중앙감시 체계 기반 관리하는 것이다.
② DOCSIS(Data Over Cable Service Interface Specification): IP 데이터 서비스를 위한 광대역 케이블 전송 규격이다. 케이블 모뎀을 포함하여 케이블 TV 시설을 통한 초고속 인터넷 서비스를 위한 표준이다.
③ SMTP(Simple Message Transfer Protocol): 네트워크를 통해 전자우편(이메일)을 전송하는 기술 표준이다. 컴퓨터와 서버는 SMTP를 이용하여 하드웨어나 소프트웨어와 관계없이 데이터를 교환할 수 있다. SMTP에 의해 이메일이 발신자에게서 수신자에게로 이동하는 방식이 표준화되어 이메일을 전송할 수 있다.
④ LDAP(Lightweight Directory Access Protocol): 네트워크상에서 조직이나 개인, 파일, 디바이스 등을 찾아볼 수 있게 해주는 소프트웨어 프로토콜이다.

04 네트워크관리시스템(NMS) 운용 중 현장 Access 설비로부터 1분당 평균 20개의 패킷이 전송되어 오고 있다. 이 스테이션에서의 처리 시간이 1 패킷당 평균 2초라 할 때 시스템의 이용률은? (2012-2차)(2012-3차)(2014-3차)(2016-1차)

① 1/3 ② 2/3
③ 1/6 ④ 5/6

해설
NMS는 컴퓨터 네트워크를 관리하고 모니터링하는데 사용되는 소프트웨어 시스템이다. 분당 20 Packet이 처리되므로(20 Packet/min) 1분당 20개의 Packet이 오고

$$\frac{20\,[Packet]}{1\,[\text{min}]}=\frac{20\,[Packet]}{60\,[\text{sec}]}=\frac{1\,[Packet]}{3\,[\text{sec}]}$$

이것을 2초에 처리하므로 $\frac{1\,[Packet]}{3\,[\text{sec}]}\times 2[\text{sec}]=\frac{2}{3}$가 된다.

05 **통신망 관리 시스템 네트워크 내에서 소통되는 호의 상황, 설비 상황이나 그의 변동상황을 파악 · 관리하며 네트워크의 설비 설계, 폭주 관리 설비, 소통관리 등의 역할을 갖는 시스템은?** (2021-3차)

① 가입자 시설 집중 운용 분산 시스템(Subscriber Line Maintenance and Operation System)
② 장거리 회선 감시 제어 및 운용 관리 시스템
③ 트래픽 집중관리 시스템(Centralized Traffic Management System)
④ 네트워크 트래픽 시스템(Network Traffic System)

해설
CTMS(Centralized Traffic Management System)는 중앙에서 모니터링, 제어 및 관리하는 종합 시스템이다. 다양한 기술, 데이터 소스 및 제어 메커니즘을 통합하여 호의 상황, 설비 상황이나 그의 변동상황을 파악 · 관리하며 네트워크의 설비 설계, 폭주 관리 설비, 소통관리 등의 역할을 통해 데이터 Traffic의 흐름을 최적화하고 전반적인 관리를 지원한다.

06 **네트워크 자원들의 상태를 모니터링하고 이들에 대한 제어를 통해서 안정적인 네트워크 서비스를 제공하는 것을 무엇이라 하는가?** (2020-2차)

① 게이트웨이 관리
② 서버 관리
③ 네트워크 관리
④ 시스템 관리

해설
NMS(Network Management System)는 컴퓨터 네트워크를 관리하고 모니터링하는데 사용되는 소프트웨어 시스템으로 네트워크 관리자는 라우터, 스위치, 서버 및 기타 네트워크 구성요소와 같은 네트워크 장치를 구성, 모니터링 및 제어하기 위한 중앙 집중식 플랫폼을 제공한다.

기출유형 10 ▸ TMN(Telecommunication Management Network)

다음 중 TMN(Telecommunication Management Network)에서 정의하고 있는 5가지 관리 기능에 해당하지 않는 것은? (2012-3차)(2014-1차)(2016-3차)(2021-1차)(2023-2차)

① 성능관리 ② 보안관리
③ 조직관리 ④ 구성관리

해설

NMS 주요 기능은 아래와 같이 FCAPS로 축약된다.

- 장애관리(Fault management): 장비 또는 회선상에 발생한 문제검색 또는 추출
- 구성관리(Configuration Management): 네트워크상의 장비와 물리적인 연결 구성관리 기능
- 계정관리(Accounting Management): 사용자 등록, 삭제, 중지, 복원 관리
- 성능관리(Performance Management): 가용성, 응답 시간, 사용량, 처리 속도 등 통계 데이터를 제공 기능
- 보안관리(Security Management): 암호, 인증 등을 이용한 정보흐름을 제어, 보호하는 기능

| 정답 | ③

족집게 과외

TMN의 기능 요소

BML(Business Management Layer), NML(Network Management Layer), SML(Service Management Layer), EML(Element Management Layer), NEL(Network Element Layer)

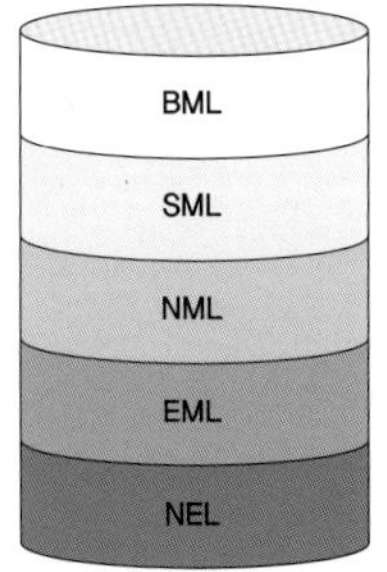

더 알아보기

TMN(Telecommunications Management Network)

TMN는 통신망의 운용이나 유지보수, 관리에 대한 정보의 수집과 이를 분배하고 전달하며 저장하는 방법을 제공하는 망 관리로서 ITU-T에서 1985년부터 연구하기 시작하여 통신설비의 운용이나 유지보수, 시스템 간에 연동을 위한 Interface에 대한 표준을 제공한다. TMN은 통신망의 요소인 Network Element와 Operating System 간을 중재하는 장치(MD: Mediation Device)로서 DCN(Data Communication Network)에 연계되었으며 이후 IP망과 전송망 연계까지 확대되었다. 그러나 여러 통신망을 총괄적이고 효율적으로 운용하고자 출현한 TMN(Telecommunication Management Network)은 구축 과정에서 서로 다른 하드웨어와 운영체제 등의 상이한 플랫폼 환경하에서 개발되는 분산객체 내 클래스의 개발 및 유지보수에 여러 문제점을 내포하게 되었다.

❶ TMN(Telecommunication Management Network)

TMN은 통신망을 관리하는 데 사용되는 프레임워크로서 국제 전기 통신 연합(ITU)에서 정의한 표준이며 통신망에서 네트워크 요소와 서비스를 관리하기 위한 지침을 제공한다. TMN은 비즈니스 관리 계층, 서비스 관리 계층, 네트워크 관리 계층 및 요소 관리 계층을 포함한 여러 계층으로 구성된다. 각 계층은 네트워크 관리의 특정 측면을 담당한다.

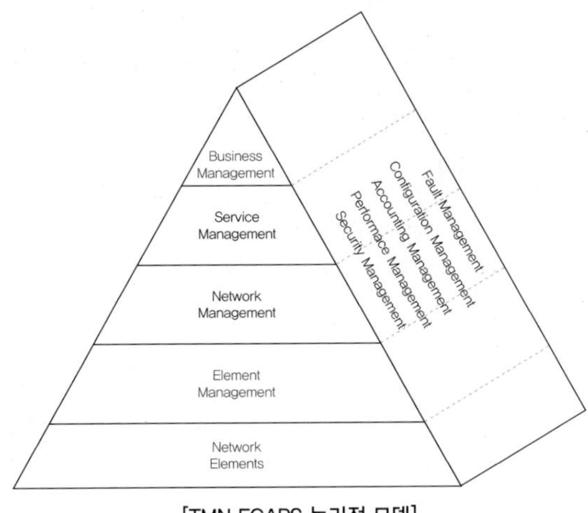

[TMN FCAPS 논리적 모델]

- BML(Business Management Layer) 계층은 재무, 마케팅 및 전략 계획을 포함한 통신 비즈니스의 전반적인 관리에 초점을 맞춘다.
- SML(Service Management Layer) 계층은 통신망에서 제공하는 서비스를 관리하는 역할을 한다. 여기에는 서비스 생성, 서비스 배포 및 서비스 보장이 포함된다.
- NML(Network Management Layer) 계층은 네트워크 요소의 구성, 오류, 성능 및 보안관리를 포함하여 통신 네트워크를 관리하는 역할을 한다.
- EML(Element Management Layer) 계층은 스위치, 라우터 및 전송 장비와 같은 개별 네트워크 요소를 관리하는 역할로서 장애 감지, 성능 모니터링 및 구성관리와 같은 기능을 포함한다.

❷ TMN의 기능 요소

TMN 프레임워크는 통신 서비스 제공업체가 네트워크 및 서비스를 효과적으로 관리할 수 있도록 네트워크 관리에 대한 표준화된 접근 방식을 제공한다. 다양한 공급업체가 네트워크 관리 시스템을 개발하고 통합할 수 있는 공통 언어와 방법론을 제공하며 아래와 같이 구성된다.

구분	내용
BML(Business Management Layer)	사업 관리 계층
NML(Network Management Layer)	네트워크 관리 계층
SML(Service Management Layer)	서비스 관리 계층
EML(Element Management Layer)	망 장비(요소) 관리 계층
NEL(Network Element Layer)	망 장비(요소) 계층

전기통신망과 통신서비스를 관리하기 위하여 운용시스템과 통신망 구성장비들을 표준 인터페이스로 연결하며 인터페이스를 통하여 필요한 관리정보를 상호 교환하는 논리적 구조로써 체계적으로 전기통신망을 관리한다.

01 전기통신망 및 서비스 계획, 공급, 설치, 유지, 보수, 운용 및 관리를 지원하기 위한 네트워크는? (2019-2차)

① CDMA(Code Division Multiple Access)
② PSTN(Public Switched Telephone Network)
③ ISDN(Integrated Services Digital Network)
④ TMN(Telecommunications Management Network)

해설
TMN는 통신망의 운용이나 유지보수, 관리에 대한 정보의 수집과 이를 분배하고 전달하며 저장하는 방법을 제공하는 망으로 ITU-T에서 1985년부터 연구하기 시작하여 통신설비의 운용이나 유지보수 시스템 간에 연동을 위한 Interface에 대한 표준을 제공한다.

02 ITU-T에서 권고한 TMN 관리계층 중 성능관리, 고장관리, 구성관리, 과금관리 및 안전관리의 기능으로 구성된 계층은? (2011-1차)

① 사업관리 계층(BML)
② 서비스 관리 계층(SML)
③ 망관리 계층(NML)
④ 요소관리 계층(EML)

해설
TMN의 기능 요소

구분	내용
BML(Business Management Layer)	사업 관리 계층
NML(Network Management Layer)	네트워크 관리 계층
SML(Service Management Layer)	서비스 관리 계층
EML(Element Management Layer)	망 장비(요소) 관리 계층
NEL(Network Element Layer)	망 장비(요소) 계층

03 TMN(전기통신관리망)의 구성요소 중 운영체제와 망 요소 사이에서 프로토콜 변환, 경보 임계값 설정 및 통신 속도 제어 등의 기능을 수행하는 것은 무엇인가? (2013-3차)(2015-2차)

① OS ② MD
③ DCN ④ NE

해설

> TMN MD(Mediation Device)
> 중재 장치로서 통신 관리망(TMN) 인터페이스와 운영 체계(OS) 정보 모델 간의 중재 역할을 하는 TMN의 구성요소이다. TMN에서의 망 요소(NE)와 운영 체계(OS) 사이에서 통신 제어, 프로토콜 변환, 각종 데이터의 축적/가공 처리 등을 한다.

① OS: Operation System
③ DCN: Data Communication Network
④ NE: Network Element

04 통신망 유지보수 및 관리용 네트워크로서 ITU-T에서 권고하고 있는 TMN에 대한 설명 중 틀린 것은? (2010-3차)

① TMN은 통신망의 운용, 관리 및 유지보수를 일원화하여 제공할 수 있는 망이다.
② 각종 운용보전 시스템을 상호 연결하여 망관리를 일원화하고 있다.
③ 제조사가 다른 시스템을 상호 연결하기 위해 프로토콜 및 인터페이스에 대한 표준화가 필요하다.
④ TMN은 7계층으로 분류하여 계층 간의 책임과 권한 관계를 표준화하여 권고하고 있다.

해설
④ TMN은 5계층으로 분류하여 계층 간의 책임과 권한 관계를 표준화하여 권고하고 있다.

기출유형 11 ▶ **UTP(Unshielded Twisted Pair) Cable**

UTP 케이블의 카테고리(Category)라 함은 표준화 기구에서 정의한 케이블 회선의 꼬임 정도 등을 나타내는 인터페이스 규격이다. 다음 중 대부분 Unshielded 형태로 제작되며, 최대 100[MHz]의 전송대역까지 통신 가능한 미국표준(EIA-568)규격은? (2015-2차)(2016-2차)(2018-2차)(2022-3차)

① Category 5 또는 5e ② Category 6
③ Category 6A ④ Category 7

해설

UTP 케이블을 구분하기 위해 Category라는 이름으로 표기한다. 가장 낮은 숫자가 품질이 가장 낮은 것이고, 숫자가 높아질수록 전송 가능 대역폭이 늘어난다. Category 5 또는 5e에서 100BASE−TX, 1000BASE−T를 지원한다. 1000BASE−TX는 cat.6이나 cat.7을 지원하며 1000BASE−T와 유사하지만 TX는 4쌍 대신 두 쌍의 와이어를 사용한다(하단 설명 참조).

| 정답 | ①

족집게 과외

- UTP(Unshielded Twisted Pair)는 '절연체로 감싸여 있지 않은 두 가닥씩 꼬여있다.'는 의미의 케이블이다.
- STP(Shielded Twisted Pair)는 UTP와 반대로 차폐가 되어 있는 케이블이다.

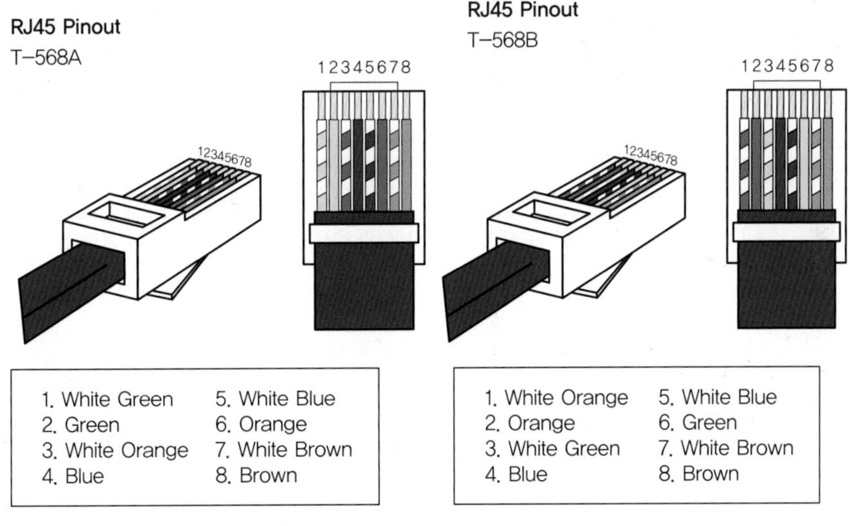

Direct Cable

- **T568A**: 케이블 배열은 흰녹, 녹색, 흰주, 파랑, 흰파, 주황, 흰갈, 갈색의 배열을 갖는다.
- **T568B**: 케이블 배열은 흰주, 주황, 흰녹, 파랑, 흰파, 녹색, 흰갈, 갈색의 배열을 갖는다.

더 알아보기

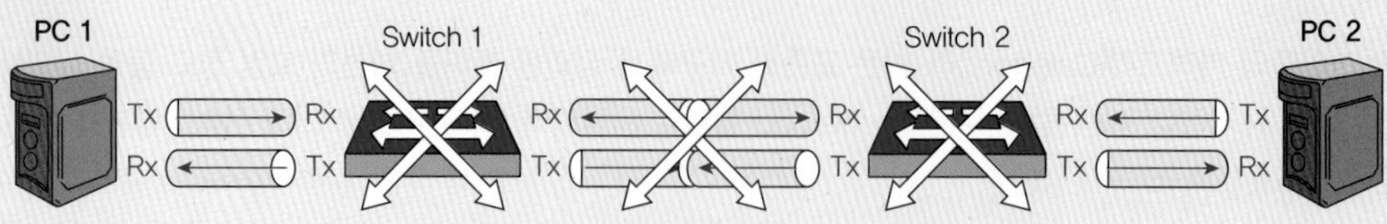

Cross Cable: 5 6 8A
종단 끝 배열은 1(흰주), 2(주황), 3(흰녹), 6(녹색)을 1(흰주), 2(주황)과 3(흰녹), 6(녹색) 바꾸는 구조이다. 즉, 3(흰녹),6(녹색)은 1번과 2번에 배열하고 1(흰주), 2(주황)은 3번과 6번에 배치한다. 그러므로 끝 배열은 흰녹, 녹, 희주, 파랑, 흰파, 주황, 흰갈, 갈색이다.
※ UTP 케이블은 8가닥의 선으로 구성되며, 트위스트페어 케이블의 일종으로 전송길이는 최대 100[m] 이내이다.

❶ UTP(Unshielded Twisted Pair) 케이블

UTP는 네트워크 장비 간에 이더넷으로 연결하기 위한 목적으로 사용되는 케이블로서 특히 LAN(Local Area Network)과 같이 단거리에서 중간 거리(100m 이내)까지 데이터를 전송하는 데 널리 사용되며 이더넷 네트워크에서 주로 사용되는 가장 범용의 케이블이다. 다음은 UTP 케이블의 몇 가지 주요 특징이다.

구분	내용
트위스트 페어 (Twisted Pair)	UTP 케이블은 여러 쌍의 절연 구리 와이어 선으로 구성되어 각 와이어 쌍은 서로 꼬여 인접 쌍의 EMI(전자파 간섭) 및 크로스 토크를 줄여준다. 즉, 비틀림은 간섭을 제거하고 신호 무결성을 유지하는 데 도움이 된다.
실드 해제 (Unshielded)	차폐 케이블과 달리 UTP 케이블에는 추가 차폐층이 없고 실드가 없기 때문에 UTP 케이블은 실드 케이블에 비해 유연하고 다루기 쉬우며 비용이 적게 든다.
범주 (Category)	UTP 케이블은 여러 종류가 있으며 이를 구분하기 위해 Category라는 이름으로 표기를 하며 이를 줄여서 Cat.1~Cat.7이라 한다. 가장 낮은 숫자가 품질이 가장 낮은 것이고, 숫자가 높아질수록 대역폭이 늘어난다. 주로 성능 사양에 따라 분류하며 그 대상은 케이블의 대역폭, 최대 데이터 전송 속도 및 기타 매개 변수로 정의한다. 일반적인 UTP 케이블 범주에는 Cat5e, Cat6, Cat6e 및 Cat7이 있으며, 각 후속 범주는 더 높은 성능 기능을 제공한다. 대략 10M부터 10Gbps까지 이론상 지원한다.
커넥터 유형 (Connector Types)	UTP 케이블은 일반적으로 대형 전화 커넥터와 유사한 RJ-45 커넥터를 사용한다. 이러한 커넥터에는 8개의 핀이 있으며 UTP 케이블을 스위치, 라우터 및 컴퓨터와 같은 네트워킹 장치에 연결하는 데 사용된다.
공통 애플리케이션 (Common Applications)	UTP 케이블은 일반적으로 사무실 네트워크, 홈 네트워크 및 교육 기관을 포함한 LAN 환경에서 이더넷인 전화 시스템, 비디오 전송 및 기타 데이터 통신 애플리케이션에도 사용할 수 있다.

❷ Direct Cable과 Cross Cable

㉠ Direct 방식 or 1:1 케이블

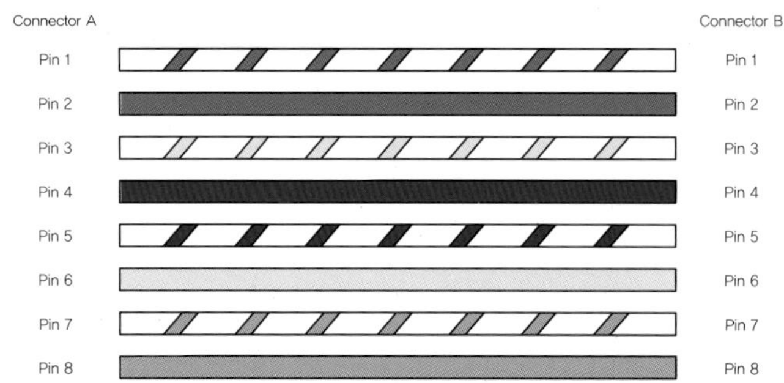

일반적으로 사용하는 케이블이 Direct 케이블이다. 양끝단 RJ-45 작업 시 핀 배열을 두 쪽 다 똑같이 하는 방식이다. 대부분의 장비를 연결할 때 사용하는 방식이다. 4P는 4가지 색깔로 구별되어 있고, 1P는 2가닥 띠가 있는 핀과 없는 핀으로 구분된다.

㉡ Cross 방식

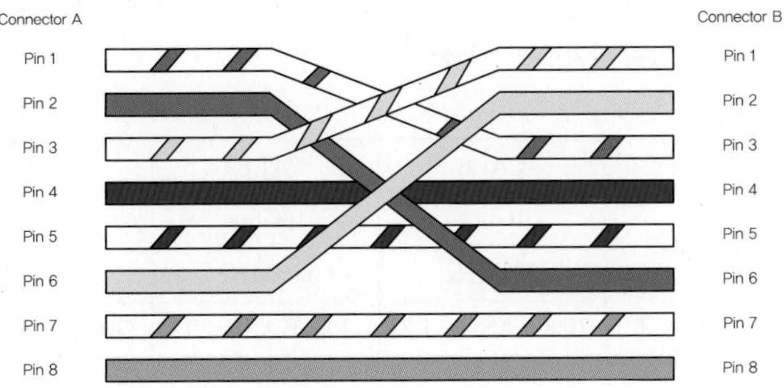

한 쪽 RJ-45 커넥트는 1:1 케이블하고 똑같이 다른 한 쪽 RJ-45 커넥트는 1, 2, 3, 6번 케이블을 다른 배열로서 이기종 간에 장비를 연결할 때 사용한다. 이기종 장비란 같은 장비 PC-PC, 노트북-노트북, 스위치-스위치 등으로 동일 기능을 하는 장비인 경우이다.

※ 최근 장비는 Auto-Sensing 기능이 있어서 Direct 케이블로도 Cross 기능이 연결되기 때문에 별도 Cross 케이블을 사용하지 않는다.

㉢ Category 분류

Category	용도	Type	주요 구성	주파수 Bandwidth	Application
Cat.1	일반 전화선		전화선	0.4MHz	
Cat.2	일반 전화선		전화선	4MHz	
Cat.3	10Mbps	UTP	Ethernet	16MHz	10Base-T, 100BASE-T4
Cat.4	40Mbps	UTP	Ethernet	20MHz	Token Ring
Cat.5	100Mbps	UTP	Fast Ethernet	100MHz	100BASE-TX
Cat.5e	300Mbps	UTP	Fast Ethernet	100MHz	100BASE-TX, 1000BASE-T
Cat.6	1Gbps	UTP	Giga Ethernet	250MHz	1000BASE-TX
Cat.6e	1Gbps		Giga Ethernet	250MHz	10GBASE-T
Cat.6a	10Gbps		10Giga Ethernet	500MHz	10GBASE-T
Cat.7	10Gbps		10Giga Ethernet	600MHz	10GBASE-T
Cat.7a	10Gbps	S/FTP	10Giga Ethernet	1000MHz	10GBASE-T
Cat.8				1200MHz	

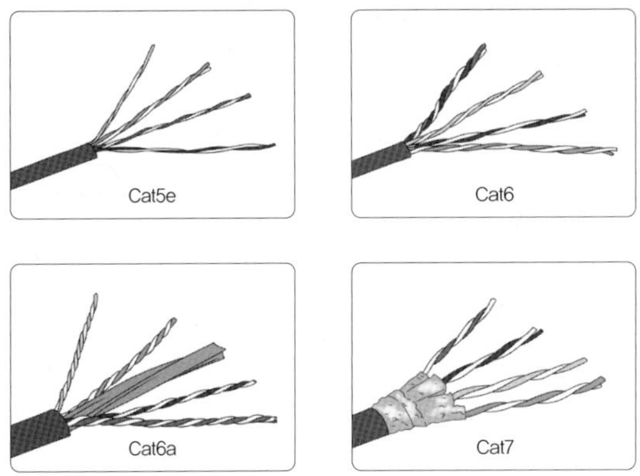

Cat5e vs Cat6 VS Cat6a vs Cat7

UTP 케이블에는 거리 제한 및 전자기 간섭에 대한 취약성과 같은 일부 제약이 있다. 그러나 케이블 기술의 발달로 비틀림 및 절연 개선 등이 이러한 문제를 상당히 완화하는데 도움이 되었다.

㉣ 랜 케이블 성능 비교

구분	CAT.5	CAT.5e	CAT.6	CAT.6a	CAT.7
전송속도	100Mbps	1Gbps	1Gbps	10Gbps	10Gbps
대역폭	100MHz	100MHz	250MHz	500MHz	600MHz
규격	100BASE－TX	1000BASE－T	1000BASE－TX	10G BASE－T	10G BASE－T

❸ 100BASE-T

- 100BASE-T는 Fast Ethernet을 의미하며 속도는 100Mbps이다.
- 100BASE-T에는 100BASE-TX, 100BASE-T1, 100BASE-T2, 100BASE-T4가 있는데 현재는 100BASE-TX와 100BASE-T1만 사용된다.
- 100BASE-TX는 Two Pair(4선)을 사용하고 최대 100m까지 통신할 수 있다. 1, 2, 3, 6번 핀을 사용한다.
- 100BASE-T1은 One Pair(2선)을 사용하고 최대 15m까지 통신할 수 있다.
- 보통 100BASE-T라고 하면 100BASE-TX를 의미한다.

❹ 케이블 분류

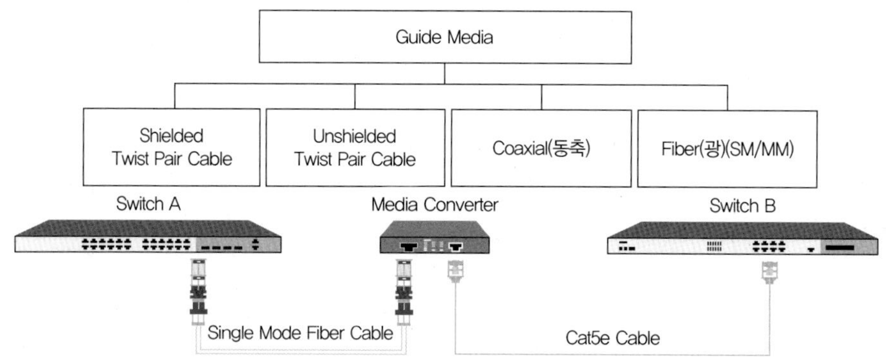

100Base-FX 의미

100Base-FX	
100	전송속도가 100Mbps
BASE	베이스밴드 신호로 이더넷 신호만이 전송
"T4", "TX", "FX" 등	신호를 전송하는 매체를 의미
T	Twisted Pair Cable
C	동축(Coaxial) 케이블
F	광섬유(Fiber) 케이블

정답 01 ④ 02 ③ 03 ① 04 ① 05 ②

01 가장 널리 사용되는 100[Mbps] 디지털 전송용 UTP 케이블의 접속에 사용되는 8핀 커넥터 표준 규격은? (2014-1차)(2015-3차)(2018-3차)

① RS-22 ② RS-42
③ RJ-22 ④ RJ-45

해설
100[Mbps] 속도를 지원하면 UTP 케이블을 Direct 또는 Cross Cable로 사용하며 Connector는 RJ-45이다.

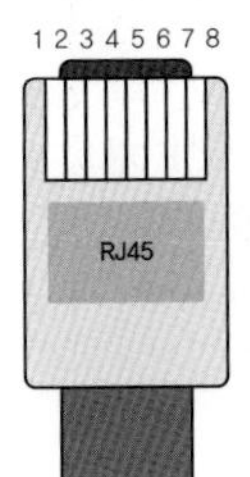

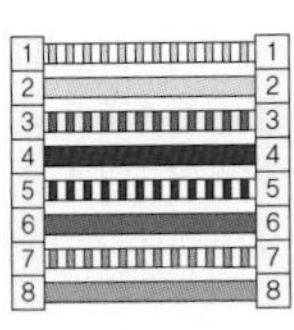

Ethernet Patch Cable

Ethernet Crossover Cable

02 다음 중 금속막에 의한 차단유무에 따라 STP 케이블과 UTP 케이블로 분류되는 정송매체는? (2013-2차)(2015-2차)

① 동축케이블 ② 꼬임 쌍선
③ 단일모드 광섬유 ④ 다중모드 광섬유

해설
STP는 Shielded Twisted Pair Cable로 차폐가 되어 있는 케이블이다. STP는 FTP(Foiled Twisted Pair) 또는 S-STP(Screened Shielded Pair) 등의 차폐가 되어 있는 케이블을 지칭한다.

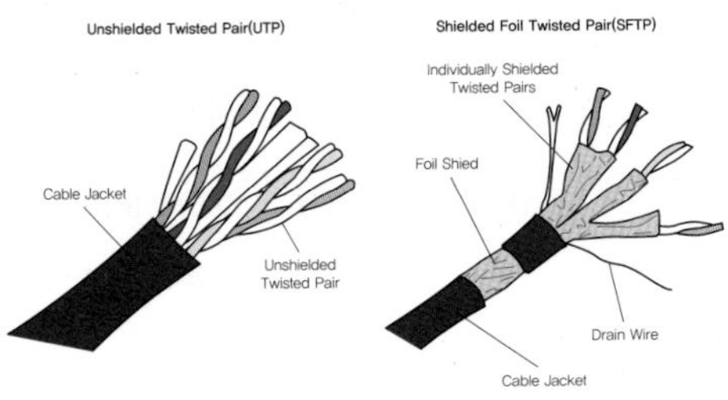

03 다음 중 UTP 케이블 특징이 틀린 것은? (2022-1차)

① 차폐 기능을 지원
② 8가닥 선으로 구성
③ 트위스트페어 케이블의 일종
④ 전송길이는 최대 100[m] 이내

해설
UTP는 'Unshielded Twisted Pair Cable'로서 "절연체로 감싸여 있지 않은 두 가닥씩 꼬여있다."는 의미이다.

04 10기가비트 이더넷(10 Gigabit Ethernet)의 설명 중 틀린 것은? (2022-3차)

① 카테고리 3, 4, 5인 UTP 케이블 모두 사용가능하다.
② LAN뿐만 아니라 MAN이나 WAN까지도 통합하여 응용할 수 있다.
③ 기가비트 이더넷보다 성능이 최대 10배 빠른 백본 네트워크이다.
④ IEEE802.3 위원회에서 표준화하였다.

해설
카테고리 3, 4, 5인 UTP 케이블은 구리선을 기준으로 연계한 것으로 Giga Ethernet은 Cat.6부터이고 10 Giga Ethernet은 Cat.6e나 Cat.7부터 지원한다.

05 트위스트 페어 케이블의 누설 콘덕턴스(G)는? (단, δ는 유전체의 손실각이다) (2021-1차)

① $G=\omega C\sin\delta$ ② $G=\omega C\tan\delta$
③ $G=\omega C\cos\delta$ ④ $G=\omega C\frac{1}{\cos\delta}\delta$

해설
- 트위스트 페어 케이블의 누설 컨덕턴스(G)는 컨덕터 사이 또는 컨덕터에서 주변 환경으로 흐를 수 있는 원치 않는 전류의 양을 나타내며 케이블에서 전기 에너지의 누출 또는 손실을 나타낸다.
- Twist Pair Cable의 누설 콘덕턴스는 절연 품질, 케이블 구성, 환경 조건, 전송되는 신호의 주파수 등 다양한 요인의 영향을 받을 수 있으며 주파수가 높을수록 누설 컨덕턴스가 증가하는 경향이 있다.

- Twist Pair Cable의 누설 컨덕턴스를 최소화하기 위해 적절한 절연 재료가 필요하며 절연은 도체 사이의 전류 누설을 방지하고 주변 환경과의 상호 작용을 줄이는 데 도움이 된다.
- 누설 콘덕턴스(G)가 전류 누설에 저항하는 절연 저항(R)의 역수이므로 누설 컨덕턴스가 높을수록 절연 저항이 낮아진다.

즉, $G=\omega C\tan\omega\delta$이다(단, $\omega=2\pi f$, C=Conductance).

06 다음 중 UTP(Unshielded Twisted-Pair) 케이블에 대한 설명으로 옳은 것은? (2023-1차)

① CAT.6 케이블 규격은 100BASE-TX이다.
② CAT.5E 케이블의 대역폭은 500[MHz]이다.
③ CAT.3 케이블은 최대 1[Gbps] 전송속도를 지원한다.
④ CAT.7 케이블은 최대 10[Gbps] 전송속도를 지원한다.

해설

구분	CAT.5	CAT.5e	CAT.6	CAT.6a	CAT.7
전송속도	100Mbps	1Gbps	1Gbps	10Gbps	10Gbps
대역폭	100MHz	100MHz	250MHz	500MHz	600MHz
규격	100 BASE -TX	1000 BASE -T	1000 BASE -TX	10G BASE -T	10G BASE -T

07 통신용 케이블 중 UTP(Unshielded Twisted Pair) 케이블 규격에 대한 설명으로 틀린 것은? (2023-2차)

① CAT.5 케이블의 규격은 10BASE-T이다.
② CAT.5E 케이블의 규격은 1000BASE-T이다.
③ CAT.6 케이블의 규격은 1000BASE-TX이다.
④ CAT.7 케이블의 규격은 10GBASE-T이다.

해설

- CAT.5 케이블의 규격은 100BASE이다.
- 10BASE-T는 CAT.3 규격이다.
- Category 기준은 TIA/EIA 기준으로 Class는 ISC/IEC 11801 기준이다.

08 근거리통신망(LAN) 방식표기 중 10BASE-T의 전송속도와 전송매체를 표현한 것으로 알맞은 것은? (2023-1차)

① 전송속도: 10[Kbps], 전송매체: 광케이블
② 전송속도: 10[Mbps], 전송매체: 광케이블
③ 전송속도: 10[Mbps], 전송매체: 꼬임 쌍선 케이블(Twisted Pair Cable)
④ 전송속도: 10[Kbps], 전송매체: 꼬임 쌍선 케이블(Twisted Pair Cable)

해설

구분	CAT.5	CAT.5e	CAT.6
전송속도	100 Mbps	1Gbps	1Gbps
대역폭	100MHz	100MHz	250MHz
규격	100 BASE -TX	1000 BASE -T	1000 BASE -TX

09 다음 문장의 괄호 a-b-c-d-e가 순서대로 바르게 짝지어진 것은? (2022-1차)

> 통신망을 구성하는 각 노드들은 통신회선을 이용하며 연결하여야만 신호가 전달된다. 이때 사용하는 통신회선을 (a)라 하는데 여기에는 (b)와 (c)가 있다. (b)는 물리적 통로를 따라 유도되는 것으로 (d) 등을 말하고, (c)는 전자파(전파)를 전송하는 매체로 (e) 등이 있다.

① 토폴로지 - 중계기 - 스위치 - 교환기 - 증폭기
② 링크 - 집중화기 - 다중화기 - MUX - 안테나
③ 네트워크 - 이더넷 - 무선통신망 - 전화선 - 발진기
④ 전송매체 - 유도전송매체 - 비유도전송매체 - 유선 - 공기

해설

구분	내용
전송매체	근거리 통신망에서 노드 간에 물리적 채널을 형성해주는 데이터 전송 경로로서 종류는 보통 전화에 사용하는 평행케이블, 동축케이블, 광케이블 그리고 자유공간 전파를 위한 무선 방식이 있다.
유도 전송매체	꼬임쌍선(Twisted Pair), 동축 케이블, 광섬유, 케이블 등이 포함된다.
비유도 전송매체	물리적 도체를 사용하지 않고 전자기신호를 전송하는 것으로 흔히 무선통신이라 한다. Radio Waves, Microwaves, Infrared 등이 포함된다.

10 설계자가 감쇠 특성을 고려하여 통신시스템을 설계할 때 유의하지 않아도 되는 사항은? (2020-2차)(2022-1차)

① 수신기의 전자회로가 신호를 검출하여 해석할 수 있을 정도로 수신된 신호는 충분히 커야 한다.
② 오류가 발생하지 않을 정도로 신호는 잡음보다 충분히 커야 한다.
③ Pair 케이블을 조밀하게 감을수록 비용이 낮고 성능은 좋아진다.
④ 감쇠는 주파수가 증가함에 따라 증가하는 특성을 보인다.

해설

Pair 케이블을 조밀하게 감을수록 비용은 낮아질 수 있으나 케이블 간 흐르는 전류 상호유도에 의해서 성능이 저하될 수 있다.

11 다음 중 동축케이블이나 광섬유 전송매체와 비교했을 때 일반적인 트위스티드 페어(Twisted Pair) 케이블에 대한 설명으로 잘못된 것은? (2012-1차)(2017-2차)(2018-3차)

① 신호의 감쇠 및 간섭에 약하다.
② 아날로그 및 디지털 전송에 모두 사용할 수 있다.
③ 비용이 저렴한 편이다.
④ 대역폭이 넓다.

해설

Twisted Pair
외부 전자기 간섭의 일부에 저항하기 위해 서로 꼬인 한 쌍의 절연 금속선이다. 두 개의 절연된 구리선을 서로 꼬으면 신호 간섭 정도를 줄일 수 있다.

광케이블 특징

- 저손실이다(0.2dB/㎞).
- 외부자계의 영향이 없으므로 열악한 조건에서도 통신 효율이 우수하다.
- 도청이 어려워서 통신 비밀보장이 가능하다.
- 중계간격을 길게 할 수 있어 장거리 통신에 적합하다.
- 광대역(대역폭이 넓다) 신호 전신이나 디지털신호를 고속으로 전송이 가능하다.

정답 12 ① 13 ③ 14 ①

12 고속 이더넷 100BASE-FX의 전송 매체로 옳은 것은? (2019-2차)

① 광섬유 케이블
② 카테고리 3인 UTP 케이블
③ 카테고리 4인 UTP 케이블
④ 카테고리 5인 UTP 케이블

해설

100BASE-FX	
100	전송속도기 100Mbps
BASE	베이스밴드 신호로 이더넷 신호만이 전송
"T4", "TX", "FX" 등	신호를 전송하는 매체를 의미
T	Twisted Pair Cable
C	동축(Coaxial) 케이블
F	광섬유(Fiber) 케이블

13 다음 중 동선의 트위스트 페어(Twisted-Pair) 케이블의 특징으로 맞지 않는 것은? (2023-3차)

① 가격이 저렴하고 설치가 간편하다.
② 하나의 케이블에 여러 쌍의 꼬임선 들을 절연체로 피복하여 구성한다.
③ 다른 전송매체에 비해 거리, 대역폭 및 데이터 전송률 면에서 제한적이지 않다.
④ 유도 및 간섭현상을 줄이기 위해서 균일하게 서로 꼬여 있는 형태의 케이블이다.

해설

③ 다른 전송매체에 비해 "거리, 대역폭 및 데이터 전송률 면에서 제한적이지 않다"는 것은 광케이블에 대한 설명이다.

14 다음 중 구내 정보 통신망(LAN) 전송로 규격의 하나인 1000BASE-T 규격에 대한 설명으로 틀린 것은? (2023-3차)

① 최대 전송 속도는 1000[kbps]이다.
② 베이스밴드 전송 방식을 사용한다.
③ 전송 매체는 UTP(꼬임쌍선)다.
④ 주로 이더넷(Ethernet)에서 사용된다.

해설

① 최대 전송 속도는 1000[Mbps]로 1[Gbps]를 지원한다.

구분	CAT.5e	CAT.6	CAT.6a
전송 속도	1Gbps	1Gbps	10Gbps
대역폭	100MHz	250MHz	500MHz
규격	1000 BASE-T	1000 BASE-TX	10G BASE -T

기출유형 12 ▸ 동축케이블(Coaxial Cable)

다음 중 동축케이블의 특징으로 알맞지 않은 것은? (2020-2차)(2015-2차)

① 협대역 전송에 이용되며 근단누화가 많이 발생한다.

② 고주파에서는 외부도체의 차폐가 우수하며 누화 특성이 개선된다.

③ 내부도체와 외부도체의 절연이 극히 좋아 전력전송이 가능하다.

④ 저주파에서는 누화가 발생하기 때문에 60[kHz] 이하에서는 사용하지 않는다.

해설

동축케이블은 동축심에 중심 도체와 원통상의 외부 도체 사이의 두 도체를 정확하게 동심상으로 유지시키는 절연체가 있다. 이를 통해 케이블이 외력에 대해 충분히 견딜 수 있는 장점이 있다. 동축케이블의 누화 특성은 주파수가 낮을수록 나빠져서 60[Hz] 이하에서는 사용하지 않으며 보통 원단누화가 근단누화보다 많이 발생한다.

| 정답 | ①

족집게 과외

주요 동축케이블 저항값

RG-6: 75[Ω], RG-8: 50[Ω], RG-11: 75[Ω], RG-59: 75[Ω]

Coaxial Cable의 구조

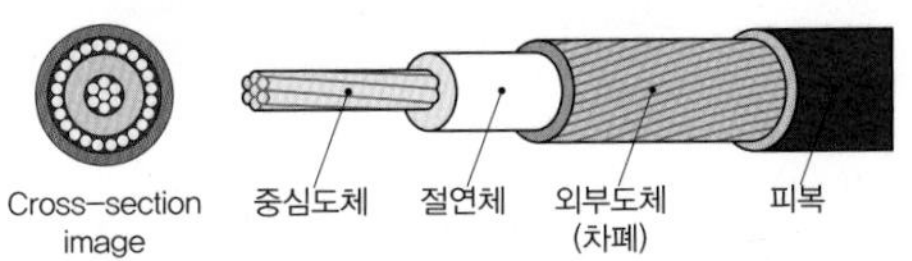

더 알아보기

동축케이블(Coaxial Cable)

1개의 심선을 축으로 하여 동축 원통상에 외부도체를 곁들인 케이블이다. 이 케이블을 사용하게 되면 수십MHz 전류의 장거리 전송이 가능하며, 12MHz로 2,700의 통신로를 가진 동축케이블이 실용화되고 있다. 도체가 피복으로 쌓여 있는 단순한 구조의 Cable을 Discrete Cable이라고 한다. 반면에, 중심도체가 절연층, 외부도체, 피복으로 둘러 쌓여 여러층으로 되어 있는 구조의 Cable을 동축케이블(Coaxial Cable)이라고 한다. Coaxial Cable의 외부도체는 전자파의 차폐 역할을 하며, 중심도체를 통한 전기적 신호 전송이 외부 환경으로부터의 전자파(전기적인 Noise)의 영향을 적게 받도록 한 것이다.

동축케이블 장점	동축케이블 단점
• 장거리 통신에서도 증폭될 필요 없이 사용된다. • 음성, 비디오, 데이터를 전송할 수 있다.	• UTP 케이블에 대비 설치가 어렵다. • 설치 비용이 많이 든다. • UTP에 비해서 가격이 비싸다.

❶ 동축케이블

㉠ 동축케이블은 내부 도체, 절연층, 금속 차폐 및 외부 재킷으로 구성된 전기 케이블의 유형이다. 내부 도체와 실드는 절연체로 분리되어 있어 케이블의 전기적 특성을 유지하는 데 도움이 된다.

㉡ 동축케이블은 일반적으로 통신, 케이블 텔레비전 및 Cable TV 등에서 높은 대역폭과 낮은 간섭으로 신호를 전송하는 데 사용된다. 또한 무선 전송, 의료 영상 및 항공 우주 통신과 같은 고주파 애플리케이션에도 사용되고 있다.

㉢ 동축케이블의 내부 도체는 일반적으로 구리 또는 알루미늄으로 만들어지며 전기신호를 전달한다. 도체를 둘러싸는 절연층은 일반적으로 발포체 또는 고체 플라스틱으로 이루어지며 도체의 중심을 유지하고 외부 소스로부터의 간섭을 방지하는 역할을 한다.

㉣ 동축케이블의 금속 차폐는 일반적으로 구리 또는 알루미늄으로 구성되며 다른 장치 또는 케이블에서 발생하는 전자기 간섭(EMI) 및 무선 주파수 간섭(RFI)을 줄이는 데 도움이 된다. 케이블의 외부 재킷은 일반적으로 플라스틱 또는 고무로 만들어지며 물리적 손상 및 환경적 요인으로부터 보호한다.

㉤ 동축케이블은 다양한 용도에 맞게 다양한 크기와 임피던스값으로 사용할 수 있으며 BNC, F-type 및 RCA와 같은 다양한 커넥터와 호환되므로 다른 장치 및 시스템에 쉽게 연결할 수 있는 장점이 있다.

❷ 동축케이블 특징 및 구조

동축케이블은 아날로그와 디지털 신호 모두를 전송할 수 있는 매체로서 CATV에서는 아날로그 신호를, 근거리통신망에서는 주로 디지털 신호를 전달한다. 동축케이블은 10Mbps 이상의 정보 전송량을 갖는데, 중앙의 구리선에 흐르는 전기신호는 그것을 싸고 있는 외부 구리망 때문에 외부의 전기적 간섭을 적게 받고, 전력손실이 적어 고속 통신선로로 많이 이용되고 있다. 또 동축케이블은 바다 밑이나 땅속에 묻어도 그 성능에 큰 지장이 없으며 가격은 광섬유에 비해서는 싸지만, 전화선보다는 훨씬 비싸다.

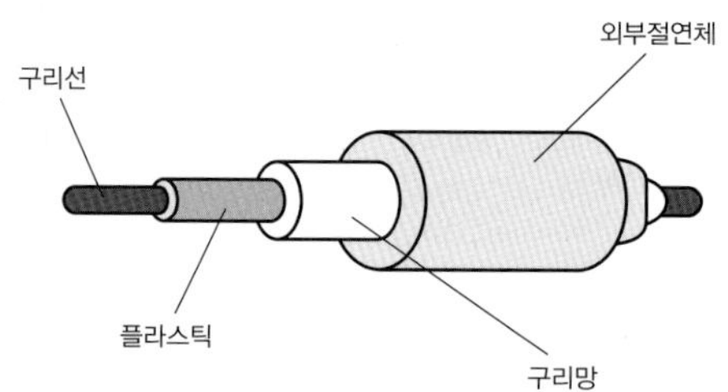

동축케이블 내부 구조

주요 특징	내용
BaseBand	10~12MHz
BroadBand	300~400MHz
BaseBand Coaxial	10Mbps Ethernet의 경우 전송거리 500m
대역폭	넓은 Bandwidth 제공
강한 내성	전기적 간섭에 높은 Immunity(내성, 면역)
고속	고속의 Data 전송률
CATV 적용	CATV 분야에서 많이 사용

❸ 동축케이블 분류

동축케이블 방식에는 10Base2와 10Base5 두 종류가 있다.

㉠ 10Base2(Thin Ethernet)

구분	내용
다중연결	한 세그먼트당 30개의 컴퓨터가 연결 가능하다.
185m	세그먼트의 최대 길이는 185m이며 각 컴퓨터의 최소 간격은 0.5m이다.
T 커넥터	T 커넥터를 이용하여 컴퓨터의 네트워크 어댑터에 직접 연결한다.
터미네이터로 종결	세그먼트의 양쪽 끝은 터미네이터로 종결되야 한다.
잡음	10Base5에 비해 잡음에 약하다.
저가	직경 0.25 인치의 유연한 동축케이블로 LAN 용으로 개발된 저가형 케이블이다.

㉡ 10Base5(Thick Ethernet)

구분	내용
확장 한계	10Base2보다 잡음에 강하지만 설치 및 확장이 어렵다.
AUI 커넥터	AUI 포트 커넥터를 이용하여 컴퓨터의 네트워크 어뎁터에 연결한다.
10 Base 2 연결	여러 개의 10Base2 기반 네트워크를 연결해 주는 메인으로 사용한다.
장거리	직경 0.5인치의 두꺼운 동축케이블로 10Base2보다 더 멀리 송신할 수 있다.
500m	한 세그먼트당 최대 100개의 컴퓨터가 연결 가능하며 최대 길이는 500m이다.
터미네이터로 종결	세그먼트의 양쪽 끝은 터미네이터로 종결되야 한다.
외장	외장형 트랜시버가 필요하다.

❹ 동축케이블 사용 용도

동축케이블은 중앙 구리 도체가 절연 전선 층으로 감싼 케이블로서 폐쇄 회로 텔레비전(CCTV) 라인과 같은 곳에 많이 사용되며 BNC 헤드와 연결되어 사용된다. 동축케이블은 일반적으로 다음과 같은 다양한 용도로 사용되고 있다.

구분	내용
CATV 시스템	케이블 공급자로부터 가입자의 텔레비전으로 텔레비전 신호를 전송하는데 사용한다.
인터넷 및 전화 서비스	서비스 제공업체에서 고객의 모뎀 또는 라우터로 고속 인터넷 및 전화 신호를 전송하는 데 사용된다.
보안 시스템	보안 카메라에서 모니터링 시스템으로 비디오 신호를 전송하는 데 사용된다.
무선 주파수(RF) 통신	아마추어 무선, 방송 라디오 및 위성 통신을 포함한 다양한 응용 분야에서 RF 신호를 전송하는 데 사용된다.

동축케이블의 장점 중 하나는 큰 신호 손실 없이 더 먼 거리에서 신호를 전송할 수 있다는 것이다. 또한 비교적 저렴하고 설치하기 쉽다. 그러나 동축케이블은 많은 애플리케이션이 더 높은 대역폭과 더 높은 유연성을 제공하는 광섬유 및 무선 기술로 전환되었기 때문에 이전만큼 널리 사용되지 않는다. 또한 동축케이블은 다른 전기 장치의 간섭을 받을 수 있으며, 이는 신호 품질을 저하시킬 수 있다.

01 동축케이블의 설계는 RG(Radio Guide) 등급에 의해 분류되는데, 각각의 카테고리, 특성 임피던스, 사용 용도의 순서로 틀린 것은? (2017-1차)

① RG−59, 75[Ω], 케이블TV
② RG−58, 75[Ω], 10Base5 또는 Thick Ethernet
③ RG−11, 75[Ω], 10Base5 또는 Thick Ethernet
④ RG−58, 50[Ω], 10Base2 또는 Thin Ethernet

해설

②·④ RG−58은 일종의 동축케이블로서 낮은 파워와 RF 연결에 자주 사용된다. 이 케이블의 Impedance는 50옴에서 52옴 사이이며 몇 가지 다른 종류의 내부도체와 외부도체를 사용한다. 대부분의 쌍방향 무선통신, 잠수함, CB 무전기, 아마추어, 경찰, 소방 및 WLAN 시스템에서 50옴 케이블로 설계되었다. 이 케이블은 주로 BNC 커넥터로 어셈블리하며 중간 정도 주파수에서 사용한다.
① RG−59/U는 저전력 비디오 및 RF 신호 연결에 자주 사용되는 특정 유형의 동축케이블이다. 케이블의 특성 임피던스는 75옴이고 정전용량은 약 20pF/ft이다.
③ RG−11은 45미터 이상의 거리에서 사용되며 가정에서 사용하는 케이블로서 임피던스는 75옴이다.

02 다음 중 동축케이블 RG(Radio Guide) 규격과 특성 임피던스의 연결이 옳은 것은? (2020-2차)

① RG−6: 75[Ω]
② RG−8: 75[Ω]
③ RG−11: 50[Ω]
④ RG−59: 50[Ω]

해설

① RG−6: 75[Ω]
② RG−8: 50[Ω]
③ RG−11: 75[Ω]
④ RG−59: 75[Ω]

03 다음 중 동축케이블의 용도가 아닌 것은? (2016-2차)

① 광대역 전송로로 사용
② TV 신호 분배(유선 TV의 경우)에 사용
③ LAN 구성에 사용
④ 장거리 시스템 링크용으로 사용

해설

장거리 시스템 링크용으로 사용하는 것은 광케이블이다.

04 다음 중 동축케이블에 대한 설명으로 틀린 것은? (2019-3차)(2022-2차)

① 영상전송에서 우선 고려사항은 감쇄이며, 이를 위해 75[Ω] 특성 임피던스를 많이 사용한다.
② 특성 임피던스는 내외부 도체의 직경으로부터는 영향을 받지 않는다.
③ 통신, 계측, 안테나 등의 Radio Frequency 영역에서는 50[Ω] 특성 임피던스를 사용한다.
④ BNC 커넥터(Connector)는 N 커넥터보다 차단주파수(Cutoff Frequency)가 낮다.

해설

② Coaxial Cable의 외부도체는 전자파의 차폐 역할을 하여, 중심 도체를 통한 전기적 신호 전송이 외부 환경으로부터의 전자파(전기적인 Noise)의 영향을 적게 받도록 한다.

동축케이블

아날로그와 디지털 신호 모두를 전송할 수 있는 매체로서 CATV에서는 아날로그 신호를, 근거리통신망에서는 주로 디지털 신호를 전달한다. 동축케이블은 10Mbps 이상의 정보 전송량을 갖는데, 중앙의 구리선에 흐르는 전기신호는 그것을 싸고 있는 외부 구리망 때문에 외부의 전기적 간섭을 적게 받고, 전력손실이 적어 고속 통신선로로 많이 이용되고 있다. 또 동축케이블은 바다 밑이나 땅속에 묻어도 그 성능에 큰 지장이 없다. 값은 광섬유에 비해서는 싸지만, 전화선보다는 훨씬 비싸다.

05 다음 중 동축케이블의 특징으로 틀린 것은? (2021-3차)

① 차폐된 구조를 가진 케이블이다.
② 외부도체는 신호전송용으로 사용한다.
③ 2선식 케이블의 표피효과를 보완한 케이블이다.
④ 세심동축케이블의 내경/외경은 1.2/4.4[mm]이다.

해설

Coaxial Cable의 외부도체는 전자파의 차폐 역할을 하여, 중심 도체를 통한 전기적 신호 전송이 외부 환경으로부터의 전자파(전기적인 Noise)의 영향을 적게 받도록 한다. 외부도체는 접지해서 사용하므로 외부로부터 잡음이나 에코에 강하다.

06 다음 중 동선과 비교할 때 동축케이블의 장점이 아닌 것은? (2017-3차)

① 용량이 커서 많은 신호를 한 번에 전송한다.
② 케이블 간의 신호 간섭을 억제한다.
③ 주파수 신호세력의 감쇠나 전송지연의 변화가 적다.
④ 선로구축 비용이 저렴하다.

해설

동축케이블 장점	동축케이블 단점
• 장거리 통신에서도 증폭될 필요 없이 사용된다. • 음성, 비디오, 데이터를 전송할 수 있다.	• UTP 케이블에 대비 설치가 어렵다. • 설치 비용이 많이 든다.

07 기존의 아날로그 카메라에 설치되어 있는 동축케이블을 활용해 고화질 영상전송이 가능한 디지털 신호 전송방식은? (2021-3차)

① DNR ② HD-SDI
③ HDMI ④ WDR

해설

SMPTE 292는 영화 및 텔레비전 엔지니어 협회(Society of Motion Picture and Television Engineers)에서 발행한 디지털 비디오 전송 라인 표준이다. 이 기술 표준을 일반적으로 HD-SDI(HD-Serial Digital Interface)라고 한다. SDI는 동축케이블을 통해 디지털 비디오를 전송하기 위한 표준으로 데이터 전송 속도는 270Mbps이지만, 이론적으로는 최고 540Mbps까지 낼 수 있다.

HD-SDI 포맷

신호포맷	SD-SDI	HD-SDI	3G SDI
규격	SMPTE 259M	SMPTE 292M	SMPTE 424M
Bit Rate	360 Mbit/s	1.485 Gbit/s	2.970 Gbit/s
1/2클럭 주파수	180MHz	750MHz	1.485GHz
최대 해상도	-	1,080i	1080p

HDMI(HD-Multimidia Interface)는 비압축 방식의 디지털 비디오/오디오 인터페이스 규격의 하나로서 HDMI를 지원하는 DVD, PC 등의 멀티미디어에서 AV 기기, 모니터 등의 장치들 사이의 인터페이스를 제공한다.

정답 08 ② 09 ②, ③

08 다음 중 동축케이블의 전기적 특성 중 2차 정수는? (2021-3차)

① 인덕턴스
② 특성 임피던스
③ 정전용량
④ 콘덕턴스

해설

동축케이블은 케이블의 크기 3~12mm(외 도체의 내경) 특성 임피던스가 50 또는 75Ω이며 전송손실은 40~56dB/km 직류루프저항은 4~11Ω/km이며 최대 간선길이 한도는 3,000m이다.

09 10Base-5 이더넷의 기본 규격으로 옳은 것은? (2021-1차)(2022-2차)

① 전송 매체가 꼬임선이다.
② 전송 속도가 10[Mbps]이다.
③ 전송 최대 거리가 500[m]이다.
④ 전송 방식이 브로드밴드 방식이다

해설

10Base−5는 전송 속도가 10Mbps, 신호 방식이 기저대역(baseband), 최대 전송거리는 최장 500[m]이다.

※ 문제 오류로 가답안 발표 시 ③번으로 발표되었지만 확정 답안 발표 시 ②, ③번이 정답처리 되었다. 문제 오류로 ②, ③번 모두 정답 처리함

기출유형 13 ▶ CATV(Community Access Television)

다음 중 CATV의 헤드엔드(Head End)의 주요 기능이 아닌 것은? (2021-3차)

① 채널 변환　　② 신호 분리 및 혼합
③ 옥내 분배　　④ 신호 송출

해설

헤드엔드(Head End)

CATV의 구성요소 중 수신안테나에서 수신한 각 채널의 방송신호를 중간 주파수대로 변환하여 조정한 후 VHF대로 재변환하여 중계 전송망으로 송출하는 역할을 한다. 각 데이터 국으로부터 신호를 수신하여 재전송하는 장치이며 마스터 안테나(Master Antenna)로 수신한 전파나 CATV 자체에서 제작한 자체 프로그램 등의 신호를 간선 케이블로 송출하는 장치를 총칭한다.

| 정답 | ③

족집게 과외

CATV 망은 광대역성을 갖는 유선망이며 HFC(광케이블 및 동축케이블이 혼합된 형태)로 구성되며 동축구간은 통상 1km 내외이나 최근 광구간이 점차 증가되고 동축구간이 짧아지고 있다.

CATV의 주요 특성

- 서비스는 지역적 특성이 높다.
- 전송 품질이 양호하다.
- 양방향 전송이 가능하다.
- 채널 용량이 증가한다.

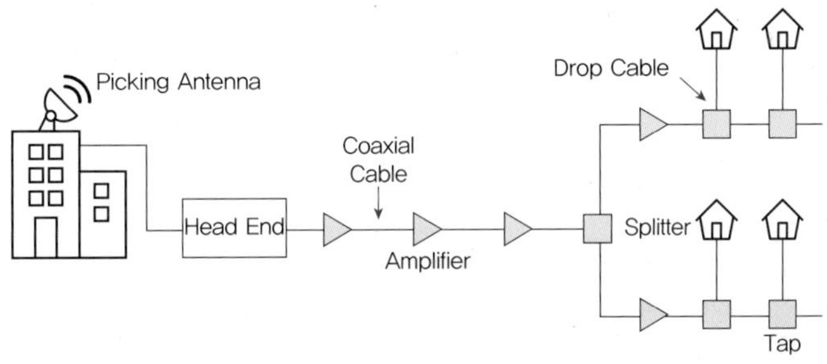

[Cable TV 통신망 구성]

더 알아보기

CATV는 헤드엔드, 중계전송망, 가입자설비로 구성되며 안테나로부터 수신된 방송신호의 출력 레벨을 조정하여 전송망으로 보낸다.

CATV 단말계	가입자 설비로 컨버터, 홈 터미널, TV 수상기 등으로 구성된다.
동축케이블	중앙의 절연된 구리선을 전도체가 둘러싸고 있는 전송 매체이다. 전송선로의 일종으로, 중심에 도체가 있고, 그 주변을 둘러싸는 높은 유전상수를 갖는 유전체가 이를 감싸는 도체망으로 구성된 케이블이다.
스플리터(Splitter)	일반적으로, 특정 신호들을 특성에 맞게 분리하여 주는 장치로서 동축 Splittr와 광스플리터 (Optical Splitter) 등이 많이 사용되고 있다.

❶ CATV(Community Access Television)

CATV는 특정 지역이나 지역의 주민들이 이용할 수 있는 텔레비전으로 일반적으로 비상업적이고 지역사회 위주의 프로그램을 목적으로 별도로 만들어진 케이블 TV 네트워크이다. CATV의 목적은 지역 사회 구성원들에게 정보를 공유하고, 지역 행사, 이슈, 문화를 보여줄 수 있는 플랫폼을 제공하는 것이며 이를 통해 지역 스포츠와 행사에 대한 보도뿐만 아니라 뉴스와 공공 프로그램에서 음악과 예술 프로그램에 이르기까지 다양한 것을 포함하고 있다.

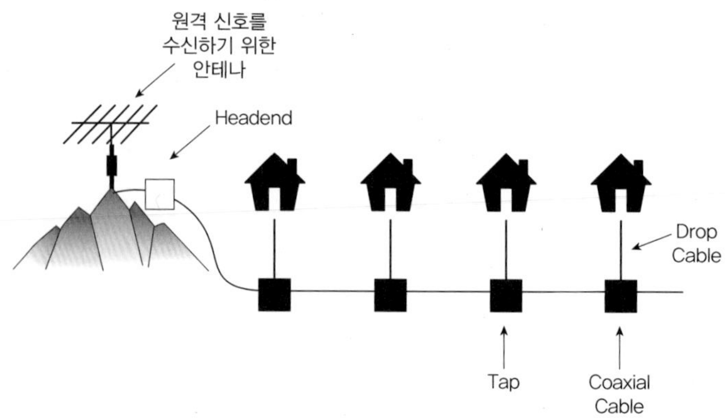

CATV는 케이블 텔레비전이 미국 전역으로 처음 확장되기 시작한 1960년대부터 존재해왔으며 최근에는 주민들에게 그들의 필요와 관심사에 맞춘 독특한 형태의 미디어를 제공하면서, 지역 공동체 방송으로 자리를 잡고 있다.

CATV 망 구조	방송국에서 ONU	광케이블에 의한 스타형(성형 구조)
	ONU에서 가입자 댁내	동축케이블(수직분기 구조, Tree & Branch 혼합형)

❷ 설명(Explanation)

㉠ CATV 설비 구성요소

센터계 (송출계, Center Section)	전송계 (Transmission Section)	단말계 (가입자계, Subscriber Section)
헤드엔드(Head End) 등의 송출 설비	케이블 및 중계증폭기 등의 전송설비	가입자측 단말 등 분배기, 컨버터, 홈 터미널, TV 수상기 등으로 구성

㉡ 헤드엔드

통신망에서 헤드엔드	크게 보면 광대역 구내 정보 통신망(Broadband LAN)에 있어서, 각 데이터 국으로부터 신호를 수신하여 모든 데이터국에 재전송하는 장치로서 마스터 안테나(Master Antenna)로 수신한 전파나 CATV에서 제작한 자체 프로그램 등의 신호를 간선 케이블로 송출하는 장치를 총칭해서 헤드엔드라고 한다.
구내에서 헤드엔드	작게보면 구내서비스를 위해 방송 전파의 수신 조건이 양호한 지점에 설치된 안테나에 의해서 수신되는 신호(TV 및 FM 방송)로서 필요에 따라 텔레비전 카메라, VTR, 컴퓨터 등으로 입력되는 영상, 음성 신호를 전송로에 송출하기 위한 전체 설비를 말한다. 공중에서 직접 수신한 텔레비전 신호를 마이크로파로 수신하여 유선을 통해 가정으로 보내는 곳이다.

정답 01 ① 02 ② 03 ③ 04 ④

01 다음 중 CCTV와 CATV에 대한 설명으로 틀린 것은? (2016-3차)(2022-2차)

① CCTV는 헤드엔드, 중계전송망, 가입자설비로 구성되어 있다.
② CCTV는 특정 건물 및 공장지역 등 서비스 범위가 한정적이다.
③ CATV는 다수의 채널에 쌍방향성 서비스를 제공한다.
④ CATV는 방송국에서 가입자까지 케이블을 통해 프로그램을 전송하는 시스템이다.

해설
①은 CATV에 대한 설명이다. CCTV의 기본 구성은 촬상계(카메라부), 전송제어계(조작 · 제어부), 전송선로부, 수상계(기록, 재생, 화상처리계) 등으로 되어 있다.

CATV 설비 구성요소

구분	내용
센터계(송출계, Center Section)	헤드엔드(Head End) 등의 송출설비
전송계 (Transmission Section)	케이블 및 중계증폭기 등의 전송설비
단말계(가입자계, Subscriber Section)	가입자측 단말 등 분배기, 컨버터, 홈 터미널, TV수상기 등으로 구성

02 다음 CATV의 구성요소 중 가입자 설비로 컨버터, 홈 터미널, TV 수상기 등으로 구성된 것은? (2022-1차)

① 전송계 ② 단말계
③ 센터계 ④ 분배계

해설
가입자 설비는 주로 댁내나 사무실에 위치하여 CATV를 수신할 수 있는 것으로 단말계가 해당한다.

CATV 설비 구성요소

구분	내용
센터계(송출계, Center Section)	헤드엔드(Head End) 등의 송출설비
전송계 (Transmission Section)	케이블 및 중계증폭기 등의 전송설비
단말계(가입자계, Subscriber Section)	가입자측 단말 등 분배기, 컨버터, 홈 터미널, TV 수상기 등으로 구성

03 다음 중 CATV의 특성이라고 볼 수 없는 것은? (2021-2차)

① 서비스는 지역적 특성이 높다.
② 전송 품질이 양호하다.
③ 단방향 전송만 가능하다.
④ 채널 용량이 증가한다.

해설
CATV는 IPTV와 함께 양방향 전송이 가능하고 주파수가 Uplink와 Downlink로 나누어 양방향 서비스를 지원한다.

04 CATV 시스템의 기본 구성에서 안테나로부터 수신된 방송신호의 출력 레벨을 조정하여 전송망으로 보내는 것은? (2013-1차)(2019-3차)

① 탭오프(Tap-off)
② 간선증폭기
③ 분기증폭기
④ 헤드엔드(Head-end)

해설
CATV는 헤드엔드, 중계전송망, 가입자설비로 구성된다. 이중 헤드엔드는 마스터 안테나(Master Antenna)로 수신한 전파나 CATV 자체에서 제작한 자체 프로그램 등의 신호를 간선 케이블로 송출하는 장치를 총칭한다.

정답 05 ② 06 ④ 07 ② 08 ④

05 다음 중 CATV 시스템에 대한 설명으로 옳지 않은 것은? (2019-3차)

① 유선방송 시스템은 공동수신, CATV, 지역 외 CATV, 자체방송 CATV, 쌍방향 CATV로 구분한다.
② 국소적인 분야에서 특수한 목적으로 사용하는 경우 간단한 카메라와 모니터링 화면 및 화상정보의 전송로 전달과 통제실 확인장치 및 컴퓨터 시스템으로 구성된다.
③ CATV의 3요소는 전체 시스템을 통제하는 유선국, 신호를 분배 전송하는 분배 전송로, 서비스를 받는 가입자국으로 구성한다.
④ 유선방송 시스템의 응용으로는 호텔용 CATV, 교통감시용 CATV, 교육용 CATV, 정지화상통신, TV 회의, TV 전화 등이 있다.

해설
국소적인 분야에서 특수한 목적으로 사용하는 경우 간단한 카메라와 모니터링 화면 및 화상정보의 전송로 전달과 통제실 확인장치 및 컴퓨터 시스템으로 구성은 CCTV에 대한 설명이다.

06 다음 중 CATV의 기본 구성요소로 틀린 것은? (2016-3차)(2018-3차)

① 헤드엔드 ② 중계전송망
③ 가입자설비 ④ 모뎀

해설
CATV의 3요소는 전체 시스템을 통제하는 유선국(헤드엔드), 신호를 분배 전송하는 분배 전송로(중계전송로), 서비스를 받는 가입자국(가입자설비)으로 구성한다.

07 다음 중 CATV망 구성으로 적합하지 않은 것은? (2017-1차)(2018-1차)

① Star형
② Mesh형
③ Tree and Branch형
④ Switch Star형

해설
CATV는 주로 광케이블에 의한 스타형(성형 구조) 구조이며 이를 연결한 구성이다.

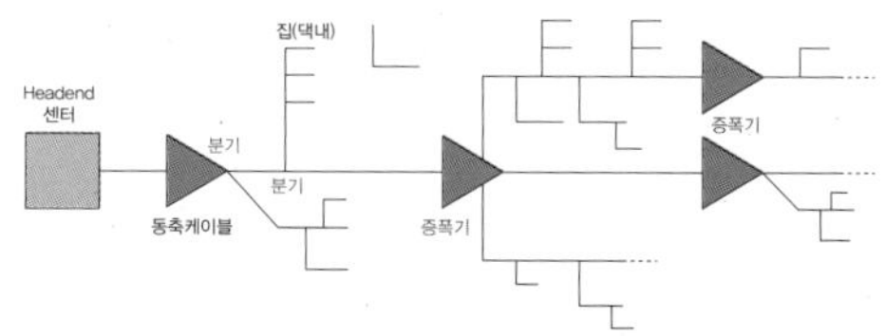

08 HFC 네트워크의 전송 매체로 가장 적합한 것은? (2013-3차)(2020-3차)

① 무선
② UTP 케이블
③ 평행 이선식(Twisted Pair)
④ 광섬유케이블과 동축케이블

해설
HFC는 Hybrid Fiber/Coax로서 용어에서 보듯이 광케이블과 동축케이블로 구성된다. HFC는 주로 케이블 TV 프로그램의 전송망으로 활용되어 오다가 최근 통신 · 방송 융합환경에서 초고속 인터넷 가입자망으로 사용되고 있으며 HFC인 광/동축 혼합망은 FTTH(Fiber To The Home) 등으로 발전되고 있다.

정답 09 ① 10 ① 11 ①

09 CATV의 구성요소 중 수신안테나에서 수신한 각 채널의 방송신호를 중간 주파수대로 변환하여 조정한 후, VHF대로 재변환하여 중계 전송망으로 송출하는 역할을 하는 것은? (2010-2차)

① 헤드엔드
② 중계 전송망
③ 원격 조정기
④ 가입자 설비

해설

헤드엔드란 유선 TV 방송을 위해서 전파를 증폭하여 조정하고 변환하며, 투입차단 또는 혼합하여 선로로 송출하는 장치이다. Master Antenna로 수신한 전파나 유선방송신호를 간선 케이블로 송출하는 장치를 의미한다.

10 다음 중 다중방송의 종류가 아닌 것은? (2010-2차)

① CATV 다중방송
② 팩시밀리 다중방송
③ 문자 다중방송
④ 음성 다중방송

해설

CATV는 양방향 서비스가 가능하다. 나머지는 단방향 서비스이다.

11 DOCSIS(Data Over Cable Service Interface Specifications)라는 표준 인터페이스 규격을 활용하는 단말은? (2021-2차)

① 케이블 모뎀
② 휴대폰
③ 스마트 패드
④ 유선 일반전화기

해설

DOCSIS(Data Over Cable Service Interface Specification)

IP 데이터 서비스를 위한 광대역 케이블 전송 규격이다. 케이블 모뎀을 포함하여 케이블 TV 시설을 통한 초고속 인터넷 서비스를 위한 표준이다.

기출유형 14 ▸ CCTV(Closed Circuit Television)

다음 중 CCTV의 기본 구성요소로 틀린 것은? (2014-1차)(2017-2차)(2021-2차)(2022-1차)

① 촬영장치 ② 헤드엔드
③ 전송장치 ④ 표시장치

해설

헤드엔드는 CATV의 기본 구성요소이다. CCTV의 기본 구성은 촬상계(카메라부), 전송제어계(조작 · 제어부), 전송선로부, 수상계(기록, 재생, 화상처리계) 등으로 구성되어 있다.

| 정답 | ②

족집게 과외

CCTV 구성요소	Camera, DVR/NVR, 전송장치
CATV 구성요소	헤드엔드, 중계전송망, 가입자설비

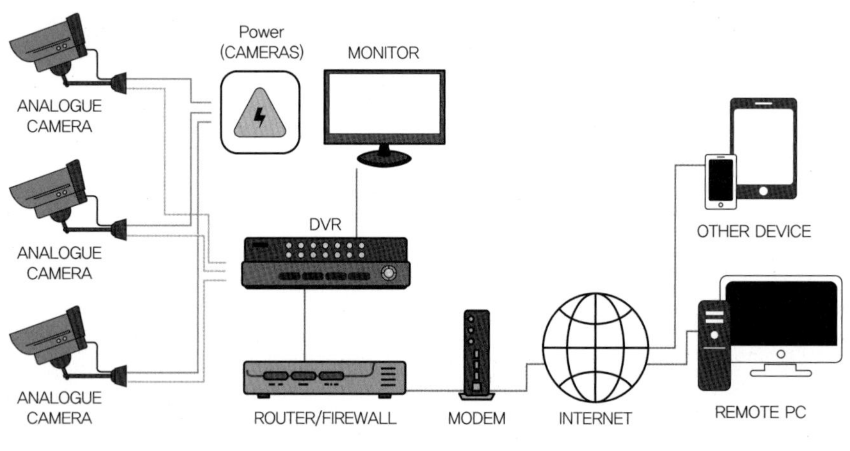

더 알아보기

CCTV는 사람 시각(시야)의 확장이며 TV의 특징을 살린 것으로 아래와 같이 다양한 분야에서 활용되고 있다.

CCTV 응용분야
- 원거리의 관찰 가능
- 보이지 않는 영역의 관찰, 관리 가능
- 지속적으로 접근이 불가능한 환경의 관찰
- 다수인에 의한 동시 관찰
- 집중적인 감시
- 영상신호의 기록재생, 행동관찰 등

※ ONVIF(Open Network Video Interface Forum)
네트워크 카메라는 아날로그 카메라와는 다르게 데이터 전송에 사용하는 프로토콜 표준이 없어서 상호 호환이 안 되는 단점이 있었다. 이러한 문제를 극복하기 위해 네트워크 비디오 제품의 인터페이스 글로벌 공개 표준화를 위해 2008년 9월 ONVIF 포럼을 발족해서 표준이 정립되고 있다.

❶ CCTV(Closed Circuit Television)

폐쇄회로 텔레비전(CCTV)은 특정 지역이나 위치를 감시하는 데 사용되는 비디오카메라 시스템이다. 카메라는 폐쇄회로에 연결되어 있다. 즉, 모니터링 장비에 액세스할 수 있는 권한이 있는 직원만 비디오 장비에 접근 할 수 있다. CCTV 시스템은 보안, 감시 및 모니터링을 포함한 다양한 목적으로 사용될 수 있으며 일반적으로 은행, 공항, 쇼핑센터와 같은 공공 지역뿐만 아니라 개인 주거지와 사업체에서 사용된다.

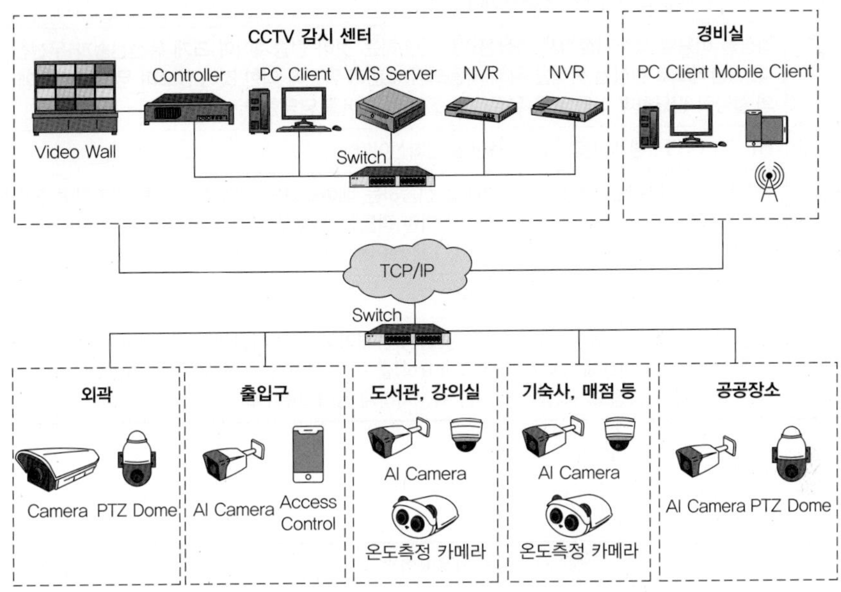

[CCTV 시스템 구성도]

CCTV 카메라는 고정 카메라, 팬 틸트 줌(PTZ) 카메라, 돔 카메라 등 다양한 종류로 이용해서 야간 시력, 움직임 감지, 원격 접근과 같은 다양한 기능을 장착할 수 있다. 최근 가상 팬-틸트-줌(Virtual Pan-tilt-zoom, VPTZ)을 기능이 요구되며 CCTV를 구성하는 주요 장치는 아래와 같다.

구분	내용
Encoder(스트리머)	카메라로부터 신호를 TCP/IP 패킷으로 변환하는 장비이다.
Video Control Display(모니터)	Encoder에서 전송된 영상을 모니터에 분할 표시한다.
NVR	CCTV에 전송된 영상을 IP망을 통해 실시간 저장한다.
DVR	영상신호를 디지털 처리하고 HDD에 저장 및 재생하는 장비이다.
카메라	고정, 회전(Pan, Tillting), Zoom 지원한다.
스위칭 허브	여러 대의 PC나 단말을 연결해 주는 장비이다.

CCTV 시스템은 강화된 보안, 범죄 예방, 그리고 향상된 안전을 포함한 많은 이점을 제공할 수 있을 뿐만 아니라 현장에서 생산성을 모니터링하고 다양한 산업의 운영을 개선하는 데 사용될 수 있다. 하지만, CCTV 시스템은 또한 사생활과 감시에 대한 우려를 제기한다. CCTV의 이점과 사생활 및 시민의 자유에 대한 잠재적 위험의 균형을 맞추고 CCTV 시스템이 책임감 있고 윤리적으로 사용되도록 하는 것이 중요하다. 이를 위한 CCTV 시스템의 기본 구성요소는 다음과 같다.

구분	구성
촬상계	카메라부(SD, HD, UHD, Full－UHD 등)
	피사체를 어떻게 정확하고 확실하게 촬영할 것인가 하는 관점에서 부속 설비를 선정하고 카메라를 설치한 환경조건으로부터 어떻게 보호할 것인가? 에 대한 고려가 필요하며 이를 통해 CCTV 시스템의 위치를 결정하는 중요한 기준이 된다.
전송제어계	통신망 전송에 대한 조작 · 제어부이다.
	화상을 이용할 목적지점까지 영상신호를 전송하는 것이 전송계이며 크게 유선전송과 무선전송으로 구분된다. 일반적으로 한정된 목적을 위해 사용되기 때문에 유선에 의한 것이 많으며 무선의 경우에는 무선 주파수의 할당이 필요하며 이와 같은 유무선의 조작 및 제어를 담당한다.
전송선로부	HFC나 UTP, 광케이블 등을 이용한 통신회선이다.
	유선전송의 경우에는 영상신호를 그대로 전송하는 베이스밴드 전송, 반송파를 변조하여 전송하는 반송파전송, PCM화하여 전송하는 PCM 전송에 의한 광통신 전송 방식 등이 있다. 초기 투자비용은 광케이블 구축이 고가이며 이전에 동축이나 IP 기반 UTP 케이블 포설이 광케이블 포설로 진화하고 있다.
수상계	현장의 기록, 재생을 위한 화상처리계이다.
	전송되어온 영상신호를 수신 재생하는 것이 수상계이며 단지 사람의 시각에 의한 만큼 화상이 이용되는 경우와 이들의 영상신호에서 다시 제어(Control)를 하는 것이다. 수상계에서는 일반적으로 화상의 가공, 기록, 재생, 하드카피화, 정보처리장치에 의한 화상처리계 등이 이용된다.

❷ CCTV 비교

1) Analog CCTV와 IP 기반 네트워크 CCTV 비교

구분	IP 기반 네트워크방식	Analog 방식
화질	Full HD급부터 ~ 이상 높은 해상도 지원	Full HD급 해상도(1920×1080)
전송거리	중장거리	중거리
영상 전송 방식	디지털 기술을 이용한 IP 방식	동축케이블 이용한 아날로그 방식
시공/유지보수 비용	낮음	높음
시공 편의성	공사 기간 빠름	공사 기간 느림
신뢰성	장기간 사용 가능	장기간 사용 시 열화현상 발생
확장성	편리함	설치공사/이전설치 복잡

2) CCTV 세대별 분류

구분	내용
1세대 모션 디텍션 (Motion Detection)	CCTV 영상에서 움직이는 물체의 픽셀 변화를 감지해 탐지하는 초기 기술이다. 초기에는 대상 객체를 분석해 검출하는 것이 아니라, 단순히 CCTV 영상에서 픽셀의 움직임만을 검출하는 것으로 나뭇가지의 흔들림 또는 시간대별 조도 변화에 따라 오경보나 미탐지가 빈번히 발생했다.
2세대 영상분석 (Video Analysis)	2세대 영상분석은 배경과 객체 분리, 객체 추적기술을 사용하여 배경 영역 신호 변화에 강인한 성능을 가져서 오경보나 미탐지가 감소한다. 객체 분석을 통한 다양한 영상 내 이벤트 검출이 가능하며, 영상보안 이벤트(침입, 월담, 유기 등), 비즈니스 인텔리전스(매장 고객 계수, 마트 계산대 대기열 분석 등)에 사용되고 있다.
3세대 크라우드 소싱 (Crowd Sourcing)	3세대 크라우드 소싱은 분산된 이 기종 다중 기기들 간에 정보를 공유하고, 이를 복합적으로 분석하여 복잡한 상황을 효과적으로 이해하고 대응한다. 현재 상황의 실시간 분석 결과를 과거 상황들과 연관성을 분석하여 현재의 위험 상황을 조기 해결한다.

❸ 지능형 CCTV

사물을 관찰할 목적으로 설치되었던 CCTV는 범죄예방, 재난재해 방지 등 안전에 대한 요구가 높아지면서 빠른 속도로 확산되고 있다. 또한, 기술의 발전을 통해 CCTV 시스템의 통합이 가능해졌고, 다수의 CCTV 카메라 영상을 한 곳에서 통합 관리하는 통합관제센터가 등장하였으나, 지나치게 많은 카메라를 소수의 인력만으로 관제하기 어려워지면서 지능형 CCTV가 해결책으로 주목받기 시작하였다.

- 지능형 CCTV는 관제구역 영상에서 상황발생을 자동으로 분석하여 관제요원에게 알려주는 시스템으로 소수의 인원으로 다수의 카메라를 관제할 수 있다.
- 지능형 CCTV가 인식할 수 있는 분야에는 배회, 침입, 유기, 싸움, 방화, 쓰러짐 등이 있다.
- 지능형 CCTV는 영상 내 특정 객체를 추적, 식별하거나 침입과 같은 이상 행위를 자동으로 식별한다.

구분	배회	침입	유기	쓰러짐	싸움	방화
정의	일정구역 내 10초이상 머무름	펜스, 금지지역 등을 침입	쓰레기, 가방을 버림	땅바닥에 머리를 닿음	두사람의 팔/다리가 5초 이상 겹침	사람이 불을 냄
인증점수	90점 이상					
필수/선택	필수		선택(1개 이상 선택)			
유효기간	3년					

▲ 민간분야 지능형 CCTV 시험인증 항목[자료=KISA]

이 서비스는 KISA가 보유한 인증용 영상 데이터베이스(DB)에 기록된 특정 행위를 지능형 CCTV 솔루션이 얼마나 정확하게 구분해 검출하는 지 평가해 인증을 주는 것으로 인증서 유효 기간은 3년이다.

정답 01 ④ 02 ① 03 ③ 04 ③ 05 ④ 06 ②

01 CCTV 구성요소로 틀린 것은? (2022-3차)

① Camera ② DVR/NVR
③ 전송장치 ④ 단말장치

해설
CCTV의 기본 구성은 촬상계(카메라부), 전송제어계(조작 · 제어부), 전송선로부, 수상계(기록, 재생, 화상처리계) 등으로 되어 있다. 단말장치가 필요한 것은 CATV이다.

02 다음 중 CCTV와 CATV에 대한 설명으로 틀린 것은? (2017-2차)(2022-2차)

① CCTV는 헤드엔드, 중계전송망, 가입자설비로 구성되어 있다.
② CCTV는 특정 건물 및 공장지역 등 서비스 범위가 한정적이다.
③ CATV는 다수의 채널에 쌍방향성 서비스를 제공한다.
④ CATV는 방송국에서 가입자까지 케이블을 통해 프로그램을 전송하는 시스템이다.

해설
①은 CATV에 대한 설명으로 폐쇄회로 텔레비전(CCTV)은 Closed-circuit Television의 줄임말로서 특정 목적을 위하여 특정인들에게 제공되는 TV를 의미한다. CCTV의 기본 구성은 촬상계(카메라부), 전송제어계(조작 · 제어부), 전송선로부, 수상계(기록, 재생, 화상처리계) 등으로 구성되어 있다.

03 물리적 보안 시스템인 CCTV 관제센터 설비 구성요소가 아닌 것은? (2022-3차)

① DVR 및 NVR
② 영상 인식 소프트웨어
③ 바이오 인식 센서
④ IP 네트워크

해설
바이오 인식 센서는 CCTV 관제센터의 구성요소가 아니고 관제센터 등에서 보안을 강화하기 위해 필요시 선택적으로 추가 구성하여 사용된다.

04 다음 중 CCTV의 기본 구성에 해당하지 않는 것은? (2014-1차)(2022-1차)

① 촬상 장치
② 전송 장치
③ 스펙트럼 분석 장치
④ 표시 장치

해설
CCTV 시스템의 기본 구성요소는 촬상계(카메라부), 전송제어계(조작 · 제어부), 전송선로부, 수상계(기록, 재생, 화상처리계) 등으로 되어 있다. 스펙트럼 분석 장치는 주로 주파수 특성을 측정하기 위해 사용한다.

05 다음 중 CCTV의 사용 범위에 해당하지 않은 것은? (2017-1차)

① 의학용 ② 상업용
③ 우주 관측용 ④ 특수 신호용

해설
CCTV 응용분야
- 원거리의 관찰
- 보이지 않는 영역의 관찰
- 인체의 근접이 불가능한 환경 속의 관찰
- 다수인에 의한 동시 관찰
- 집중적인 감시
- 영상신호의 기록재생, 행동관찰 등

06 현재 방송장비에서 많이 사용하는 전송 방식에서 아날로그 CCTV 카메라에서도 기존에 설치되어 있는 동축케이블을 활용해 고화질 영상전송이 가능하게 한 방식은? (2016-1차)

① DNR ② HD-SDI
③ HDMI ④ WDR

해설

HD−SDI(HD− Serial Digital Interface)는 고해상도를 지원한다. HD−SDI는 동축케이블을 통해 디지털 비디오를 전송하기 위한 표준으로 보통 데이터 전송속도는 270Mpbs이지만, 이론적으로는 최고 540Mbps까지 가능하다. TV 연결을 위해 대부분 75옴짜리 동축케이블을 사용하며 HD−SDI는 메가픽셀화면으로 1,280x720 이상을 Serial Line을 동축으로 이용하여 전송하기 위한 규약이다.

07 다음 중 CCTV의 기본 구성이 아닌 것은? (2013−2차)

① 촬상 장치 ② 전송 장치
③ 교환 장치 ④ 표시 장치

해설

CCTV 시스템의 기본 구성요소는 촬상계(카메라부), 전송제어계(조작 · 제어부), 전송선로부, 수상계(기록, 재생, 화상처리계) 등으로 되어 있다.

08 감시카메라 상단덮개가 튀어나와 있어서 눈과 비로부터 카메라를 보호해주며, 눈과 비에 노출이 쉬운 실외 설치 시 CCTV에 물이 침투해 생기는 고장이나 렌즈 물이 묻으면 깨끗한 화면 촬영이 힘든 단점을 보완하기 위해 장착하는 함체를 무엇이라 하는가? (2023−1차)

① NVR ② DVR
③ 하우징 ④ 리십

해설

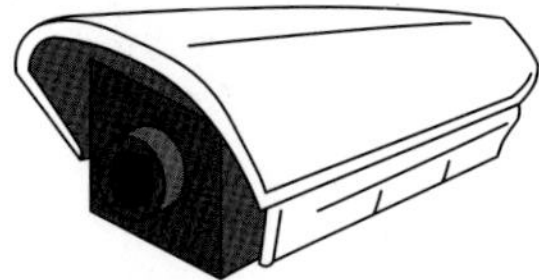

외부와의 어떠한 형식으로든 접촉 시 문제가 발생할 가능성이 높은 민감한 부품이나 부위를 보호하기 위해 단순한 틀로 덮어 씌워서 보호하는 부분들이 있는데, 이때 이 보호용으로 씌운 틀이 바로 하우징이다.

09 다음 중 스마트홈(Smart Home) 서비스를 구성하는 기술 구성요소가 아닌 것은? (2022−3차)

① 스마트 단말(Device)
② 게이트웨이(Gateway)
③ 스마트폰 애플리케이션
④ CCTV 통합관제센터

해설

CCTV 통합관제센터는 관제센터는 1년 365일 24시간 계속 운영해야 하기 때문에 교대근무를 원칙으로 한다.

10 다음 중 공동주택에서 CCTV 카메라 의무설치 장소가 아닌 곳은? (2023−3차)

① 지하주차장 ② 옥상 출입구
③ 피난층 계단실 ④ 각 동의 출입구

해설

《참고: 공동주택 영상정보처리기기의 설치 기준》
「주택건설기준 등에 관한 규정」 제39조 및 「주택건설기준 등에 관한 규칙」 제9조

> **범죄예방 건축기준 고시**
> 제10조(100세대 이상 아파트에 대한 기준) 제3항 및 제9항
> ③ 부대시설 및 복리시설은 다음 각호와 같이 계획하여야 한다.
> 1. 부대시설 및 복리시설은 주민 활동을 고려하여 접근과 자연적 감시가 용이한 곳에 설치하여야 한다.
> 2. 어린이놀이터는 사람의 통행이 많은 곳이나 건축물의 출입구 주변 또는 각 세대에서 조망할 수 있는 곳에 배치하고, 주변에 경비실을 설치하거나 영상정보처리기기를 설치하여야 한다.
>
> ⑨ 승강기 · 복도 및 계단 등은 다음 각호와 같이 계획하여야 한다.
> 1. 지하층(주차장과 연결된 경우에 한한다) 및 1층 승강장, 옥상 출입구, 승강기 내부에는 영상정보처리기기를 설치하여야 한다.
> 2. 계단실에는 외부공간에서 자연적 감시가 가능하도록 창호를 설치하고, 계단실에 영상정보처리기기를 1개소 이상 설치하여야 한다.

③ 피난층 계단실은 자주 사용하는 곳이 아니므로 제외한다.
※ 이 문제는 다툼의 여지가 있어서 최종적으로 모두 정답 처리함

11 다음 중 스마트빌딩 종합방재실 기기 배치도에 포함되는 CCTV 설비의 구성품이 아닌 것은? (2023-3차)

① 네트워크 영상녹화장치(NVR)
② 모니터
③ 스위칭허브
④ 출입통제시스템

해설

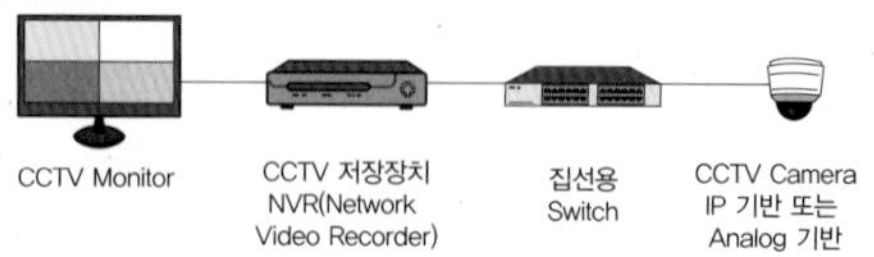

구분	내용
Video Control Display	모니터로서 Encoder에서 전송된 영상을 모니터에 분할 표시한다.
NVR	CCTV에 전송된 영상을 IP망을 통해 실시간 저장한다.
DVR	영상신호를 디지털 처리하고 HDD에 저장 및 재생하는 장비이다.
카메라	고정, 회전(Pan, Tillting), Zoom 등을 지원한다.
스위칭 허브	집선용 스위치 또는 허브가 배치되어 여러 대의 PC나 단말을 연결해 주는 장비이다.

12 다음 중 물리적 보안 장비인 CCTV 시스템에 대한 설명으로 틀린 것은? (2023-3차)

① 실시간 감시 및 영상정보를 녹화한다.
② 인식 및 영상정보를 전송하는 기능을 수행한다.
③ 카메라, 렌즈, 영상저장장치를 포함한다.
④ 케이블 및 네트워크를 포함하지 않는다.

해설

CCTV 시스템은 케이블 및 네트워크를 포함한다.

CCTV 구성요소	Camera, DVR/NVR, 전송장치
CATV 구성요소	헤드엔드, 중계전송망, 가입자설비

기출유형 15 ▸ IPTV(Internet Protocol Television)

다음 중 IPTV의 설명으로 틀린 것은? (2021-2차)

① IPTV는 인터넷과 TV(Set-Top Box)를 결합하여 콘텐츠를 서비스한다.
② 인터넷망과 TV 단말기를 융합해 확장 가능성이 크다.
③ TV 수준의 영상 품질을 유지하며 영상 QoS를 만족 해야 한다.
④ 이용자의 요청에 따라 실시간 방송 콘텐츠와 주문형 비디오 등 다양한 콘텐츠를 제공하는 단방향 서비스이다.

해설

IPTV는 CATV와 함께 실시간 방송 콘텐츠와 주문형 비디오 등 다양한 콘텐츠를 양방향 제공하는 서비스이다. 특히 초고속 인터넷망을 통해 다양한 VOD(주문형 비디오) 서비스를 즐길 수 있는 멀티미디어 서비스로 전용셋탑박스(중계기)를 설치하면 서비스 업체가 제공하는 미디어 콘텐츠를 언제든 시청할 수 있다.

| 정답 | ④

족집게 과외

IPTV의 서비스 구조

- IPTV 서비스 플랫폼은 헤드엔드, 백본 네트워크, 액세스 네트워크, 가입자 장치로 구성된다.
- IPTV 연동 방식은 Client-Server 모델로 동작한다.

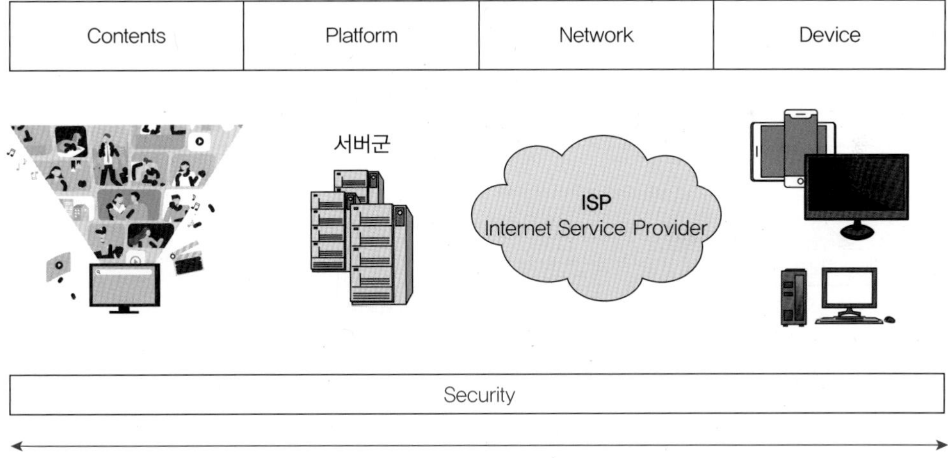

더 알아보기

IPTV

초고속 인터넷을 이용하여 다양한 디지털 영상 서비스, 개인맞춤형 서비스, 양방향 데이터 서비스 등을 제공하는 TV이다. 최근 OTT(Over The Top)는 기존 통신 및 방송사업자와 더불어 제3사업자들이 인터넷을 통해 드라마나 영화 등의 다양한 미디어 콘텐츠를 제공하고 있다.

구분	OTT(Over The Top)	IPTV(인터넷 프로토콜 텔레비전)
Delivery 내용	인터넷을 통해 전달되는 비디오 콘텐츠	전용 IP 네트워크를 통해 전달되는 비디오 및 실시간 방송 콘텐츠
콘텐츠 Delivery	애플리케이션 또는 웹사이트를 통해 최종 사용자에게 서비스	셋톱박스 또는 IPTV 수신기를 통한 서비스
콘텐츠 접근방법	주문형(On Demand) 콘텐츠	라이브 TV 채널 및 주문형 콘텐츠
지원 기기	스마트폰, 태블릿, 스마트 TV, 컴퓨터	IPTV 수신기 및 셋톱박스
상호작용 및 제어	향상된 제어 및 상호 작용	제한된 상호 작용 및 제어
비즈니스 모델	구독 기반 또는 광고 지원	ISP의 인터넷 가입 번들 패키지로 인터넷과 함께 가입 모델임

❶ IPTV Headend

㉠ IPTV는 인터넷 프로토콜 텔레비전의 약자로, 전통적인 지상파, 케이블 또는 위성 방식이 아닌 인터넷을 통해 텔레비전 서비스를 제공할 수 있는 기술로서 서비스는 가입자에게 TV 채널과 콘텐츠를 전달하기 위해 인터넷 프로토콜(IP)을 사용해서 패킷 기반 네트워크 인프라를 통해 시청자에게 TV 채널과 콘텐츠를 제공한다.

㉡ IPTV를 통해 시청자들은 스마트폰, 태블릿, 스마트TV, 컴퓨터를 포함한 다양한 기기에서 TV 채널과 콘텐츠를 시청할 수 있으며 주요 서비스가 인터넷을 통해 스트리밍되기 때문에 정상적으로 작동하기 위해서는 고용량 IP 링크를 통해서 고속의 인터넷 연결이 필요하며 일정한 수준의 QoS/QoE, 보안과 상호작용성, 신뢰성이 보장되는' 광대역 IP 네트워크를 통하여 다양한 TV 서비스를 제공하는 인터넷 멀티미디어 방송서비스이다.

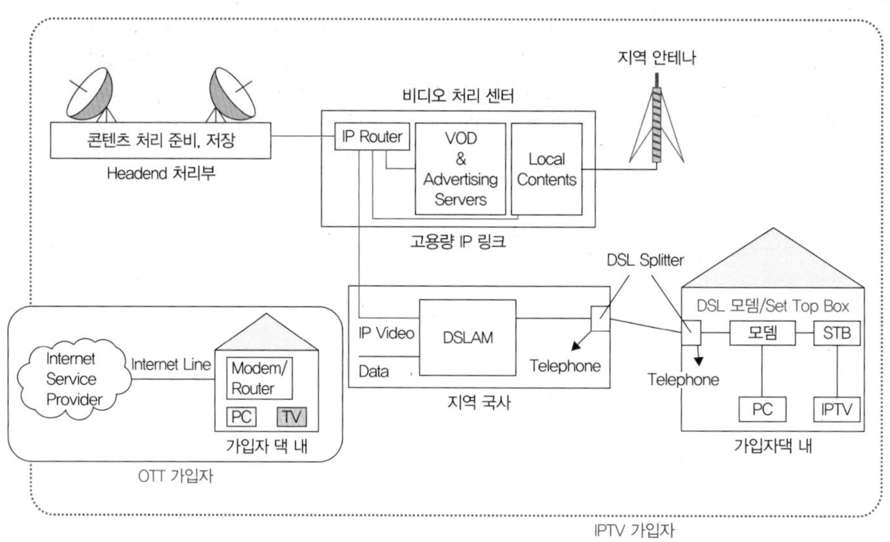

㉢ IPTV 서비스는 전통적인 TV 서비스보다 더 넓은 범위의 채널과 콘텐츠를 제공할 수 있는 기능을 포함하여 많은 이점을 제공한다. IPTV 서비스는 또한 주문형 비디오(VOD), 시간 변경 예약 시청 TV(TSTV: Time-shifted TV), 디지털 비디오 녹화(DVR) 기능과 같은 대화형 기능을 제공할 수 있다. 그러나 IPTV 서비스는 잠재적인 보안 및 개인 정보 보호 위험뿐만 아니라 불법 복제 및 저작권 침해에 대한 우려도 제기할 수 있다. IPTV 서비스가 합법적인 소스로부터 획득되고 시청자가 이러한 서비스 사용과 관련된 위험을 이해하도록 하는 것이 중요하다.

❷ 설명(Explanation)

IPTV 서비스를 위한 주요 구성은 아래와 같다.

구분	내용
수신 (베이스밴드 신호처리)	지상파 및 PP(Program Provider) 신호의 Source 신호를 수신, 광고 또는 자막 삽입 등의 편집을 거쳐 압축/다중화 시스템에 전달하며 Routing이나 Switch 등을 통해 방송신호를 분배한다.
압축/다중화	SDI 및 ASI 방송 신호를 H.264로 압축하고 전송을 위해서 스트림(MPEG-2 TS)화하고 비디오 및 오디오, MPEG-2 TS와 Data 신호를 다중화한다.
암호화 및 IP 패킷화	다중화된 TS(Transfer Stream)를 Scramble에 입력하여 암호화하고, IP Packet화 하며 IP Packet화 한 신호는 네트워크 스위치로 입력되고, 최종 송출한다.
운영관리	채널정보 관리 등 전반적 시스템의 운용 및 고객관리, 상품관리를 한다.
부가 서비스	EPG(Electronic Program Guide System)나 DBS(Data Broadcasing System) 등이 해당된다.

IPTV는 양방향성을 기반으로 방송 서비스외에 다양한 부가서비스를 제공할 수 있으며 QoS 보장 유무에 따라 IPTV와 인터넷 TV를 구분될 수 있으나 최근 OTT(Over The Top)와 경쟁 중이다. IPTV Headend는 수신된 방송/데이터/부가 서비스 신호를 압축하고 암호화하여 IP망에 전달하는 역할을 한다.

정답 01 ① 02 ② 03 ④ 04 ① 05 ②

01 IPTV 서비스의 구성요소 중 보기의 설명에 대한 것으로 적절한 것은? (2017-3차)(2022-1차)

> 디지털 콘텐츠를 TV 또는 이용자 단말장치를 통해 볼 수 있게 해주는 장치로서 이용자와 직접 인터페이스하는 IPTV의 핵심 요소로 TV 위에 설치된 상자라는 의미에서 명명된 용어이다.

① 셋탑박스 ② 인코더
③ 헤드엔드 ④ 방송소스

해설
셋탑박스에 대한 설명으로 OTT 서비스와 구분해서 이해가 필요하다. OTT(Over The Top)는 ISP(Internet Service Provider)를 통한 서비스가 아닌 인터넷망을 통한 멀티미디어 콘텐츠를 볼 수 있는 서비스를 의미한다.

02 초고속 인터넷을 이용하여 다양한 디지털 영상 서비스, 개인맞춤형 서비스, 양방향 데이터 서비스 등을 제공하는 TV로 옳은 것은? (2021-3차)

① DTV ② IPTV
③ HDTV ④ UHDTV

해설
IPTV는 인터넷과 TV에 Set−Top Box를 결합하여 실시간이나 멀티미디어 콘텐츠를 서비스하는 것이다. 인터넷망과 TV 단말기를 융합해 확장 가능성이 크며 TV 수준의 영상 품질을 유지하면서 Multicast 방식으로 통신하며 이용자의 요청에 따라 실시간 방송 콘텐츠와 주문형 비디오 등 다양한 콘텐츠를 제공한다.

03 다음 중 IPTV 서비스를 위한 네트워크 엔지니어링과 품질 최적화를 위한 기능으로 맞지 않는 것은? (2018-2차)(2021-1차)(2023-1차)

① 트래픽 관리 ② 망용량 관리
③ 네트워크 플래닝 ④ 영상자원 관리

해설
IPTV가 원활하고 끊김 없는 서비스 제공을 위해 Traffic에 대한 관리를 QoS를 통해서 하며 Traffic이 몰리는 것을 대비하기 위한 전체적인 망용량을 관리하고 필요시 회선의 대역폭을 증가하는 네트워크 플래닝이 요구된다. IPTV는 SD나 HD급의 전송을 위하여 최소한의 속도를 보장해야 하고 이를 위해 통신망 내에서 Traffic 관리, 동시 접속에 대한 망 용량 관리가 필요하며 향후 가입자 증가에 대비해서 네트워크가 확장될 수 있도록 사전 Planning(계획)이 수반 되어야 한다. 영상자원에 대한 관리는 영상을 만들고 제작하는 CP(Content Provider)의 영역으로 VOD 서버에서 Database를 관리하는 것은 네트워크 엔지니어링의 품질 최적화와는 거리가 멀다.

04 IPTV와 디지털 방송에 대한 설명으로 틀린 것은? (2019-3차)

① IPTV와 디지털 방송 모두 양방향 TV이다.
② IPTV 정보의 특성은 실시간, 디지털 방송은 비실시간이다.
③ 전달 대상 및 방식은 IPTV는 소수를 위한 방송이고, 디지털 방송은 불특정 다수이다.
④ IPTV는 콘텐츠 검색/판매/가공의 목적이고 디지털 방송은 콘텐츠 소비가 주목적이다.

해설
① IPTV와 CATV는 양방향성 TV이고 디지털 방송은 단방향성 TV이다.

05 IPTV 서비스의 데이터 전송방식으로 가장 많이 쓰이는 방식은? (2016-2차)(2019-2차)

① 유니캐스트(Unicast)
② 멀티캐스트(Multicast)
③ 브로드캐스트(Broadcast)
④ 애니캐스트(Anycast)

해설
IPTV 서비스를 위해 다중의 사용자에게 동시 전송을 위해 데이터 전송방식은 멀티캐스트(Multicast)를 사용한다.

정답 06 ② 07 ④ 08 ① 09 ② 10 ①

06 TV 서비스 중 가정마다 공급되는 초고속 인터넷 망을 통해 다양한 VOD(주문형 비디오) 서비스를 즐길 수 있는 멀티미디어 서비스로 전용셋탑박스(중계기)를 설치하면 서비스 업체가 제공하는 미디어 콘텐츠를 언제든 시청할 수 있는 것은? (2019-1차)(2023-3차)

① 케이블 TV ② IPTV
③ 스마트 TV ④ 유선 TV

해설

IPTV 서비스특징

- 인터넷과 TV(Set－Top Box)를 결합하여 콘텐츠를 서비스한다.
- 인터넷망과 TV 단말기를 융합해 확장 가능성이 크다.
- TV 수준의 영상 품질을 유지하며 영상 QoS를 만족해야 한다.
- 이용자의 요청에 따라 실시간 방송 콘텐츠와 주문형 비디오 등 다양한 콘텐츠를 제공하는 양방향 서비스이다.

07 다음 중 인터넷 TV(IPTV)를 상용화함에 따라 인터넷망상에서 고려해야 하는 기능과 가장 관련이 없는 것은? (2018-2차)

① IP Multicasting
② Streaming
③ 초고속 인터넷 회선의 소요 대역폭
④ IP Broadcasting

해설

IPTV는 Multicasting 방식을 사용하여 시청을 원하는 가입자에게 영상 및 Data를 서비스한다. Broadcasting 방식을 사용하는 경우 불필요한 Traffic을 유발시켜 통신망의 부하를 증대시킬 수 있어 사용하지 않는다.

08 기존 통신 및 방송사업자와 더불어 제3사업자들이 인터넷을 통해 드라마나 영화 등의 다양한 미디어 콘텐츠를 제공하는 서비스를 무엇이라 하는가? (2016-3차)(2019-3차)(2022-2차)

① OTT ② IPTV
③ VOD ④ P2P

해설

OTT(Over The Top)는 전파나 케이블이 아닌 인터넷망을 통해 멀티미디어 콘텐츠를 볼 수 있는 서비스를 의미하며 Over The Top에서 'Top'이 의미하는 것은 셋탑박스나 둥그리 등으로 해석된다.

09 OTT(Over The Top)는 전파나 케이블이 아닌 인터넷망을 통해 멀티미디어 콘텐츠를 볼 수 있는 서비스를 말한다. Over The Top에서 'Top'이 의미하는 기기는 무엇인가? (2016-2차)(2018-2차)

① 모뎀 ② 셋탑박스
③ 공유기 ④ TV

해설

기존 통신 및 방송사업자와 더불어 제3사업자들이 인터넷을 통해 드라마나 영화 등의 다양한 미디어 콘텐츠를 제공하는 서비스를 OTT 서비스라 한다.

10 다음 중 IPTV의 특징으로 틀린 것은? (2023-1차)

① 입력장치로 주로 키보드를 사용한다.
② 네트워크로 방송 폐쇄형 IP망이다.
③ 전송방식은 멀티캐스트 다채널 방송형태이다.
④ 쌍방향 통신형 서비스를 제공한다.

해설

IPTV는 광대역 연결 상에서 인터넷 프로토콜을 사용하여 가입자에게 디지털 TV 서비스를 제공하는 시스템이다. IPTV의 주요 입력장치는 리모콘 및 셋탑장치이다.

정답 11 ④ 12 ② 13 ②

11 IPTV의 보안기술 중 CAS(Conditional Access System)와 DRM(Digital Right Mannagement)에 대한 설명으로 틀린 것은? (2023-2차)

① CAS는 인증된 사용자만이 프로그램을 수신한다.
② DRM은 콘텐츠 복제와 유통방지를 목적으로 한다.
③ CAS는 다단계 암호화 키를 사용한다.
④ DRM은 단방향 통신망에서 사용한다.

해설

④ DRM은 IPTV망에서 양방향 통신에서 사용한다.

수신 제한 시스템(Conditional Access System)

케이블 및 위성, IPTV 서비스 등 유료 방송에 가입한 뒤 가입자가 계약한 방송 상품과 요금 체계에 따라 채널 단위로 시청료를 지불하는 가입자에게 특정 방송 채널을 시청할 수 있는 권한을 부여받아 스크램블(암호화) 신호로 해독하여, 접근 제어하는 가입자용 암호화 보안 시스템이다.

디지털 권리 관리(Digital Rights Management)

출판자 또는 저작권자가 그들이 배포한 디지털 자료나 하드웨어의 사용을 제어하고 이를 의도한 용도로만 사용하도록 제한하는 데 사용되는 모든 기술들을 지칭하는 용어이다.

12 서비스 회사가 자신의 네트워크 망을 통해 영상을 스트리밍해 주는 서비스를 무엇이라 하는가? (2023-2차)

① STB(Set Top Box)
② IPTV(Internet Protocol Television)
③ VoIP(Voice Over Internet Protocol)
④ VPN(Virtual Private Network)

해설

IPTV

초고속 인터넷을 이용하여 다양한 디지털 영상 서비스, 개인맞춤형 서비스, 양방향 데이터 서비스 등을 제공하는 TV이다. 최근 OTT(Over The Top)는 기존 통신 및 방송사업자와 더불어 제3사업자들이 인터넷을 통해 드라마나 영화 등의 다양한 미디어 콘텐츠를 제공하고 있다.

13 다음 중 네트워크상에서 라우터가 멀티캐스트 통신 기능을 구비한 PC에 대하여 멀티캐스트 패킷을 분배하는데 사용하는 프로토콜은 무엇인가? (2022-3차)

① ICMP(Inter Control Message Protocol)
② IGMP(Internet Group Management Protocol)
③ Routing Protocol
④ Switching Protocol

해설

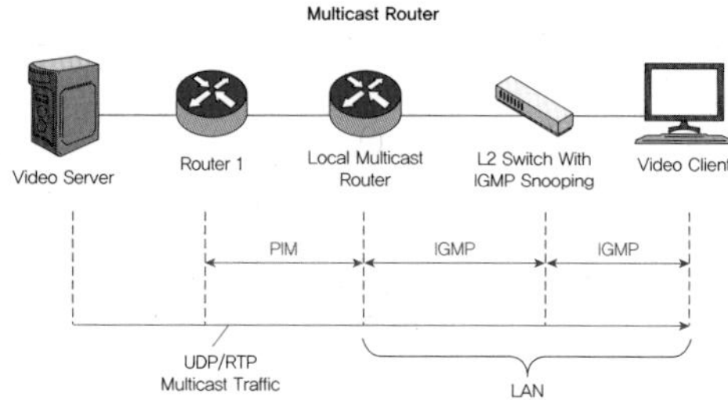

IGMP(Internet Group Management Protocol)

인터넷 그룹 관리 프로토콜은 호스트 컴퓨터와 인접 라우터가 멀티캐스트 그룹 멤버십을 구성하는 데 사용하는 통신 프로토콜이다. 특히 IPTV와 같은 곳에서 호스트가 특정 그룹에 가입하거나 탈퇴하는데 사용하는 프로토콜을 가리킨다.

14 네트워킹 주소지정 방식 중 특정 기준을 만족하는 스테이션그룹으로 전송하기 위한 방식은? (2020-3차)

① 유니캐스트 ② 멀티캐스트
③ 애니캐스트 ④ 브로드캐스트

해설

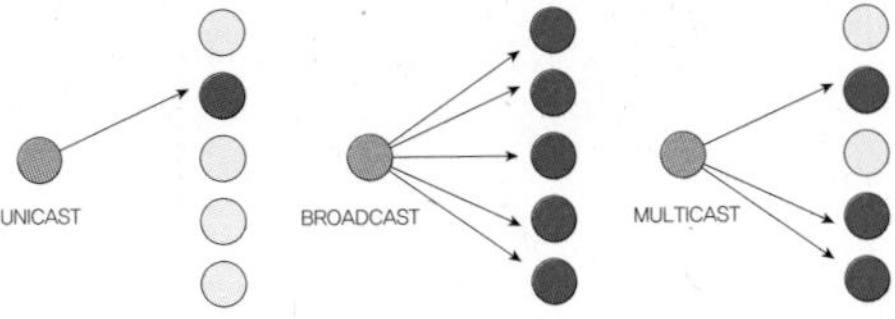

한 번의 송신으로 메시지나 정보를 목표한 여러 컴퓨터에 동시에 전송하는 것을 말한다. 이때 망 접속 형태가 요구할 경우에 한 해, 자동으로 라우터와 같은 다른 네트워크 요소들에 메시지의 복사본이 생성된다.

15 다음 중 멀티미디어 서비스를 위한 요구사항과 거리가 먼 것은? (2022-1차)

① 음성 정보의 고압축 알고리즘 기술
② 영상 정보의 Real Time 전송을 위한 고속 통신망의 구축
③ 분산 환경의 통신 Protocol 및 Group 환경의 통신 Protocol
④ 동적인 정보들 간의 동기화 속성을 부여할 수 있는 기술

해설

멀티미디어 서비스는 음성과 영상이 함께 서비스되는 것으로 SD, HD, UHD 등 고품질의 영상에 대한 압축 기술이 요구된다. 즉, 음성이 아닌 영상 정보의 고압축 알고리즘 기술이 필요하다.

16 다음은 정보통신 기술의 특징을 설명한 것이다. 무엇에 대한 설명인가? (2016-1차)

> 클라우드 서비스를 기반으로 하나의 콘텐츠를 스마트폰 · PC · 스마트 TV · 태블릿 PC · 자동차 등 다양한 디지털 정보기기에서 공유할 수 있는 컴퓨팅 · 네트워크 서비스

① N-Screen ② LTEM
③ Super-WiFi ④ MVNO

해설

TV나 PC, 태블릿 PC, 스마트폰 등 다양한 기기에서 하나의 콘텐츠를 끊김 없이 이용할 수 있게 해주는 서비스로서 'N스크린'의 N은 숫자, 즉 스크린의 수를 의미하는 것으로 특정한 주제의 콘텐츠들을 여러 개의 스크린에서 동시에 볼 수 있다는 개념이다.

17 TV 서비스 중 가정마다 공급되는 초고속 인터넷 망을 통해 다양한 VOD(주문형 비디오) 서비스를 즐길 수 있는 멀티미디어 서비스로 전용 셋탑박스(중계기)를 설치하면 서비스 업체가 제공하는 미디어 콘텐츠를 언제든 시청할 수 있는 것은? (2023-3차)

① 케이블 TV ② IPTV
③ 스마트 TV ④ 유선 TV

해설

IPTV 서비스특징

- 인터넷과 TV(Set-Top Box)를 결합하여 콘텐츠를 서비스한다.
- 인터넷망과 TV 단말기를 융합해 확장 가능성이 크다.
- TV 수준의 영상 품질을 유지하며 영상 QoS를 만족해야 한다.
- 이용자의 요청에 따라 실시간 방송 콘텐츠와 주문형 비디오 등 다양한 콘텐츠를 제공하는 양방향 서비스이다.

기출유형 16 ▶ xDSL(x Digital Subscriber Line)

다음 중 xDSL에 대한 설명으로 잘못된 것은? (2017-1차) (2020-3차)

① 음성신호와 데이터 신호를 동시 전송하기 위해 송 · 수신 속도를 같게 한다.
② 전화국과의 거리가 가까울수록 속도를 빠르게 할 수 있다.
③ ADSL, HDSL, SDSL, VDSL 등이 있다.
④ 기존의 전화회선을 이용하면서 주파수 대역폭이 넓은 범위를 사용하는 방식이다.

해설

HDSL 서비스인 경우 데이터 송수신 속도가 같으나 음성신호와 데이터는 별도로 처리한다.

| 정답 | ①

족집게 과외

Digital Subscriber Line에서 주로 사용하는 변복조 방식은 CAP(Carrier-less Amplitude Phase), DMT(Discrete Multi-Tone), 2B1Q(2 Binary 1 Quaternary)를 사용한다.

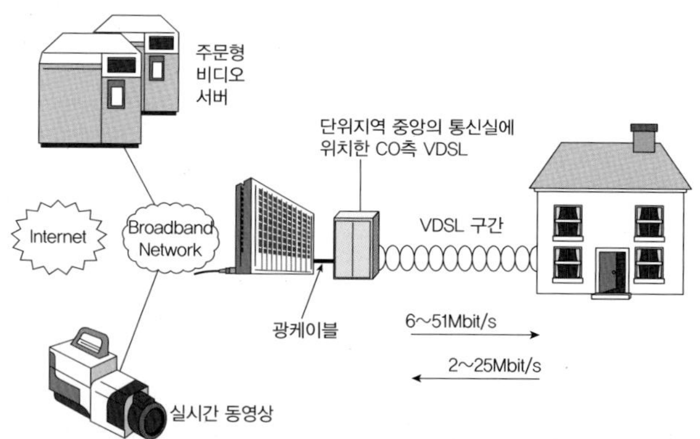

더 알아보기

DSL의 원리는 주파수 분리로, 기존 아날로그 음성 통신의 주파수보다 높은 주파수에 데이터를 실어 보내는 방식으로 모뎀과 달리 음성 통신에 영향을 주지 않으면서 데이터 통신을 가능케 했으며, 대규모 관로 공사 없이도 빠른 속도를 보장해주었다. 통신 대역이 가청 주파수와 일부 겹치기 때문에 전화기에 고주파 필터 정도는 달았고 주로 ADSL(비대칭형 10Mbps급), VDSL(대칭형 20Mbps급), G.fast(기가 인터넷) 등이 사용된다. ADSL의 변복조 방식은 DMT와 CAP 방식이 있다.

구분	내용
CAP 방식	주파수가 적절히 배치되었을 경우 선로상의 Impulse 및 잡음의 영향을 적게 받고 Chipset의 가격이 저렴한 장점이 있다.
DMT 방식	Fast Fourier Transform 이용하여 여러 개의 부 반송파 주파수 대역을 분할해서 부주파수 대역별 계산량이 많아져서 칩셋이 복잡해지므로 가격이 상승하는 단점이 있다.

❶ xDSL(Digital Subscriber Line)

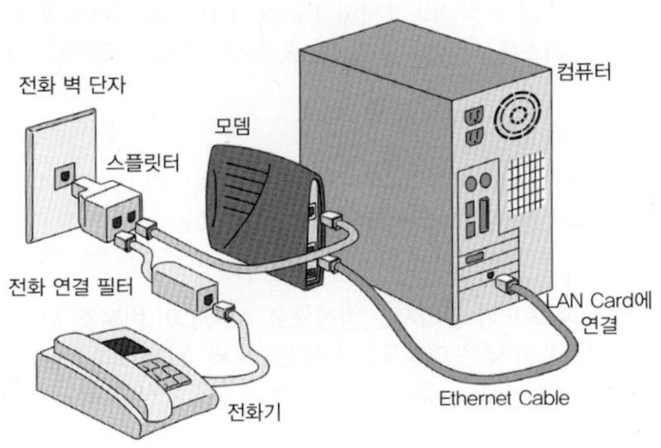

[전화선을 이용한 ADSL 구성]

- DSL은 기존 구리 전화선을 통해 고속 인터넷 연결을 제공하는 기술의 한 종류로서 전화선이 사용하지 않는 주파수 대역을 사용하여 데이터를 전송하므로 음성과 데이터를 동시에 전송할 수 있다.
- DSL 기술은 전화접속 및 ISDN과 같은 다른 형태의 인터넷 연결에 비해 몇 가지 이점을 제공한다. DSL의 종류와 사용자의 위치와 전화 교환기 사이의 거리에 따라 수백 Kbps에서 수 Mbps까지 빠른 데이터 전송 속도를 제공할 수 있다. 또한 사용자가 인터넷에 접속하기 위해서 전화를 걸 필요가 없고 전화선과 별개로 동작한다.

종류	HDSL	SDSL	ADSL	VDSL
속도 (Down/Up)	1.5~2Mbps	2Mbps/2Mbps	8Mbps/1Mbps	13Mbps/13Mbps 26Mbps/3.2Mbps 52Mbps/6.4Mbps
최대전송거리	4.6km	3km	5.5km	1.3~1.5km
장점	• 양방향 대역폭이 같다. • 무증폭 전송구간이 길다. • T1/E1 CSU 대용 가능하다.	• Twisted Pair 사용한다. • T1/E1 CSU 가능하다.	• Twisted Pair 사용한다. • 인터넷, VOD와 같은 비대칭형 서비스에 적합하며 전화/데이터 동시 사용 가능하다.	• ADSL의 8Mbps보다 높은 속도이다. • ADSL에 비해 양방향 동일 속도이다.
단점	• 저속 하향한다. • 전화/데이터가 동시에 불가하다.	• 저속 하향한다. • 전화지원이 불가하다.	영상전화, 회의와 같은 대칭적 서비스에 부적합하다.	• 전송 거리가 짧다. • 사용자 증가 시 전송 속도가 하락한다.

❷ xDSL(Digital Subscriber Line) 세부 내역

<table>
<tr><th>구분</th><th colspan="2">내용</th></tr>
<tr><td rowspan="3">ADSL</td><td colspan="2">Asymmetric Digital Subscriber Line, 비대칭 디지털 가입자 장치
전송 속도가 비대칭인 고속 데이터 통신 기술로서 업로드 속도인 상향(640Kbps~1.54Mbps)과 다운로드 속도인 하향(8Mbps 이상)이 비대칭적이다. 기존 전화선을 단 두 가닥만 이용하기 때문에 회선 증설비용 들지 않아 경제적이고 전송 속도는 거리에 따라 달라진다. 별도로 스플리터(Splitter)를 사용하여 음성신호와 데이터신호를 분리한다. 주요 변복조 방식은 아래와 같이 DMT와 CAP 방식이 있다.</td></tr>
<tr><td>DMT</td><td>Discrete Multi−Tone
DMT 방식은 사용 주파수 대역을 Fast Fourier Transform을 이용하여 여러 개의 부(Sub) 주파수 대역으로 분할하고 각각의 부(Sub) 주파수 대역별로 데이터를 변조하여 전송하는 방식으로 가입자 선로에서 Impulse 및 잡음에 대하여 유리한 특성을 갖고 있으나 부 주파수 대역별로 여러 개의 변조를 해야 하므로 계산량이 많아져서 복잡해지므로 chip set이 비싸지는 단점이 있다. 즉, 미리 주파수 대역을 분할하기 때문에 각 대역 간 간섭이 적은 장점이 있으나, 전송하기 위한 계산이 대역별로 이루어지므로 계산량이 많아 칩셋이 비싸지는 단점이 있다.</td></tr>
<tr><td>CAP</td><td>Carrier−less Amplitude/Phase
CAP 방식은 2개의 기저 대역 신호를 In−Phase 및 Quadrature−Phase 필터를 이용해서 Passband Spectral Shaping하여 전송하는 방식으로 2B1Q 변조방식 보다 2배의 전송속도를 낼 수 있다. 이 방식은 주파수가 선로상의 Impulse 및 잡음의 영향을 적게 받고 chip set의 가격이 저렴한 장점이 있다.
* 기저대역: 변조되기 이전 또는 변조되지 않는 원래의 데이터가 존재하는 저주파 영역</td></tr>
</table>

<table>
<tr><td>HDSL</td><td>High-bit-rate Digital Subscriber Line
네 가닥의 구리동선을 이용해 양방향으로 고대역폭의 전송로를 구성한다. 2개의 Twisted Pair를 사용하여 중계기, 증폭기 없이 T1(1.544Mbps)와 E1(2.048Mbps) 서비스를 제공할 수 있다. 중계기나 증폭기 없어도 최대 4.2km의 통신거리를 제공한다.</td></tr>
<tr><td>SDSL</td><td>Symmetric Digital Subscriber Line
2가닥의 전화선을 주로 사용하며, 선로 특성과 통신거리 등은 ADSL과 비슷하며 다운로드 속도와 업로드 속도가 동일해 대칭적인 속도가 요구되는 라우터 연결, 화상회의 시스템, 원격 강의 등에 주로 사용된다.</td></tr>
<tr><td>RADSL</td><td>Rate Adaptive Digital Subscriber Line
자동속도 적응형 디지털 가입자 회선으로 회선에 따라 전송 속도가 달라지는 방식으로 ADSL이 변복조 시 높은 주파수를 사용해 기후에 따라 통신이 안되는 현상을 RADSL이 낮은 대역폭을 사용함으로써 ADSL의 단점을 보완했다. 하향속도는 7.5Mbps 이상, 상향속도는 640Kbps에서 1Mbps를 지원한다. ADSL을 개선한 회선이므로 많은 특징(스플리터 사용, 변복조 방식 등)이 동일하다.</td></tr>
<tr><td>VDSL</td><td>Very High Data Digital Subscriber Line
xDSL 계열 중 속도가 가장 빠르지만 ADSL에 비해 전송 거리가 짧다(ADSL: 4.5~5.5km, VDSL: 1.4~2.5km). 비대칭형, 대칭형 두 종류가 있다.<table><tr><td>비대칭형</td><td>하향 13~52Mbps, 상향 1.6~6.4Mbps</td></tr><tr><td>대칭형</td><td>양방향으로 13Mbps, 26Mbps 제공</td></tr></table></td></tr>
</table>

정답 01 ③ 02 ④ 03 ①

01 다음 중 전송속도가 가장 빠른 디지털가입자회선(Digital Subscriber Line) 방식은? (2015-2차)

① ADSL ② SDSL
③ VDSL ④ HDSL

해설
VDSL(Very high data Digital Subscriber Line)은 xDSL 계열 중 속도가 가장 빠르지만 전송 거리가 짧은게 단점이다.
- 비대칭형: 하향 13~52Mbps, 상향 1.6~6.4Mbps
- 대칭형: 양방향으로 13Mbps, 26Mbps 제공

02 디지털가입자회선(DSL, Digital Subscriber Line)에서 사용하는 변복조 방식이 아닌 것은? (2016-2차)

① CAP(Carrier－less Amplitude/Phase)
② DMT(Discrete Multi－Tone)
③ 2B1Q(2 Binary 1 Quiaternary)
④ PWM(Pulse Width Modulation)

해설
④ PWM: 펄스의 폭을 조절하는 방식으로 변조한다. 때때로 PDM(Pulse－Duration Modulation)이라 하며 회로제어에 다양한 용도로 활용
① CAP: 2개의 기저 대역 신호를 IN－Phase 및 Quadrature－Phase를 이용하여 전송하는 방식
② DMT: Fast Fourier Transform을 이용 여러 개의 부(Sub) 주파수 대역으로 분할하여 전송하는 방식
③ 2B1Q(2 Binary 1 Quadrature): 2진 데이터 4개(00.01.11.10)를 1개의 4진 심볼(－3, －1, ＋1, ＋3)로 변환하는 선로부호화 방식

03 다음 중 xDSL회선의 변복조 방식인 CAP(Carrier－less Amplitude/Phase)와 DMT(Discrete Multi－Tone)의 주파수 배치표로 옳은 것은?
(2013-2차)(2015-2차)(2017-1차)(2018-3차)

CAP과 DMT 주파수 활용

① CAP 방식: ㉮ 음성전화(POTS), ㉯ 역방향(Upstream), ㉰ 순방향(Downstream)
② CAP 방식: ㉮ 순방향(Downstream), ㉯ 역방향(Upstream), ㉰ 음성전화(POTS)
③ DMT 방식: ㉮ 순방향(Downstream), ㉯ 역방향(Upstream), ㉰ 음성전화(POTS)
④ DMT 방식: ㉮ 음성전화(POTS), ㉯ 순방향(Downstream), ㉰ 역방향(Upstream)

해설
- xDSL은 여러 방식이 존재하며 과거부터 ADSL부터 VDSL, HDSL 등이 사용되었다.
- xDSL 구현을 위해서는 대역폭 확장이 가능한 CAP, DMT, 2B1Q 등의 변조 기술을 사용한다.

DMT	Discrete Multi－Tone DMT 방식은 사용 주파수 대역을 Fast Fourier Transform을 이용하여 여러 개의 부(Sub) 주파수 대역으로 분할하고 각각의 부(Sub) 주파수 대역별로 데이터를 변조하여 전송하는 방식으로 가입자 선로에서 임펄스 및 잡음에 대하여 유리한 특성을 갖고 있으나 부 주파수 대역별로 여러 개의 변조를 해야 하므로 계산량이 많아져서 복잡해지므로 chip set이 비싸지는 단점이 있다. 위 문제에서 CAP는 서로 다른 3개의 주파수 대역이 존재한다. 주로 주파수가 낮은 순서로 음성전화(POTS: Plain Old Telephone System), 역방향(Upstream), 순방향(Downstream)으로 사용된다.

CAP	Carrier−less Amplitude/Phase CAP 방식은 2개의 기저대역 신호를 In−Phase 및 Quadrature−Phase 필터를 이용해서 Passband Spectral Shaping하여 전송하는 방식으로 2B1Q 변조방식 보다 2배의 전송속도를 낼 수 있다. 이 방식은 주파수가 선로상의 Impulse 및 잡음의 영향을 적게 받고 chip Set의 가격이 저렴한 장점이 있다. * 기저대역: 변조되기 이전 또는 변조되지 않는 원래의 데이터가 존재하는 저주파 영역

04 xDSL에서 사용되는 변조방식인 DMT의 장점이 아닌 것은? (2012-3차)(2018-1차)

① 회선상태에 따라 다양한 속도를 지원한다.
② 주파수를 독립적으로 운용하여 초기 모뎀 간의 각 구간마다 전송파워의 범위를 정할 수 있다.
③ 회선의 잡음이 특정 대역에 영향을 줄 경우에는 그 대역에서 통신이 가능한 QAM 크기를 적용하여 최대의 통신속도 제공이 가능하다.
④ 초기 모뎀 간의 설정시간이 짧고 오류 검사가 간편하다.

해설

DMT
Fast Fourier Transform을 이용 여러 개의 부(Sub) 주파수 대역으로 분할하여 전송하는 방식으로 각각의 부(Sub) 주파수 대역별로 데이터를 변조하여 전송하는 방식이다. 부 주파수 대역별로 여러 개의 변조를 해야 하므로 계산량이 많아져서 복잡해지므로 칩셋이 비싸지는 단점이 있다.

05 다음은 ADSL의 변조방식인 DMT와 CAP 방식을 비교한 것이다. CAP 방식에 대한 설명으로 옳은 것은? (2014-3차)

① 가격이 상대적으로 저렴하다.
② 전력소모가 크며 열이 많이 발생한다.
③ 각 채널별로 변조가 이루어지기 때문에 빠른 속도를 제공한다.
④ 각 단위 채널이 제공하는 속도에 한계가 있어 지연속도가 크다.

해설

① CAP 방식이 DMT 방식 대비 가격이 상대적으로 저렴하다.

06 디지털가입자회선(DSL)에서 사용하는 변복조 방식인 DMT(Discrete Multi-Tone) 방식의 장점이 아닌 것은? (2015-1차)

① 일반적인 FDM과 달리 각 반송파가 주파수 영역상에서 서로 겹치도록 조밀하게 구성되므로 주파수 효율이 좋다.
② 반송파 개수가 증가함에 따라 각 부 채널별 채널 특성은 거의 평탄하게 되며, 따라서 심볼 간 간섭이 최소화되고 등화기가 필요 없게 된다.
③ 부 채널별 심볼 길이가 단일반송파 시스템의 경우에 비해 길어지므로 반향이나 심볼 간 간섭(ISI)과 같은 시간상 간섭신호에 강하게 된다.
④ 임펄스 잡음과 같은 광대역 잡음이 특정 부 채널에 집중되어 처리되므로 전체적인 영향은 적어지게 된다.

해설

④ 임펄스 잡음과 같은 광대역 잡음이 특정 부 채널에 집중되는 것이 아니고 여러 부 채널(Sub Channel)로 나누어져 분산되어 전송하는 방식이다.

기출유형 17 ▸ ATM(Asynchronous Transfer Mode)

ATM 통신은 셀(cell) 단위로 통신이 이루어지는데, 셀은 몇 바이트로 구성되는가? (2011-2차)

① 24 ② 48

③ 51 ④ 53

해설

ATM은 오버헤드 5[byte] 유료부하(Pay Load) 공간 48[byte]로 총 53[byte]를 기본으로 한다.

| 정답 | ④

족집게 과외

PT(Payload Type)	페이로드에 실린 정보의 종류를 표시한다.
VPI(Virtual Path Identifier)	셀이 속한 가상경로를 식별하기 위해 사용한다.
CLP(Cell Loss Priority)	망 폭주 시 셀이 폐기될 우선순위를 나타낸다.
HEC(Header Error Control)	HEC(Header Error Control): 헤더 부분의 오류 검출 정정, 8bit

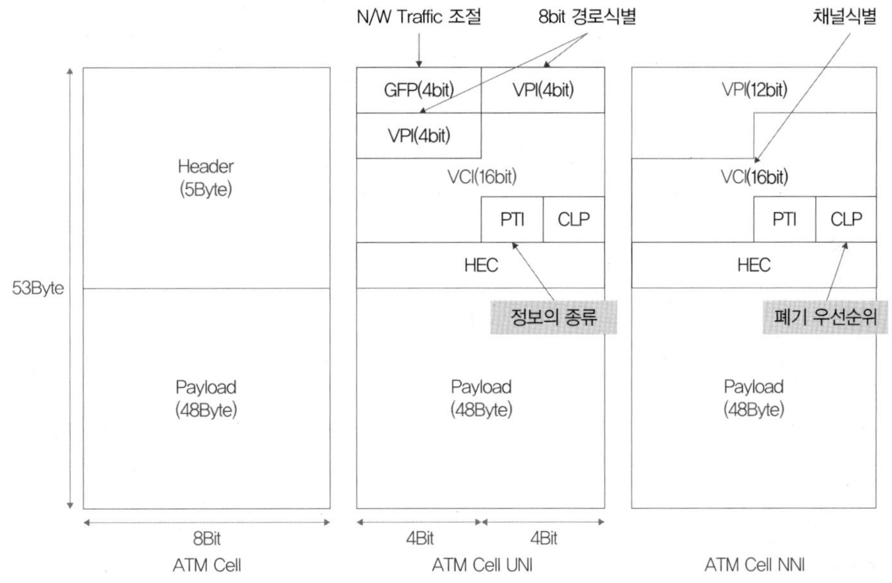

더 알아보기

ATM Cell 특징

구분	내용
Cell 크기: 53byte	데이터를 53byte의 고정된 크기의 Cell 단위로 전송(Cell 기반 스위칭 기술)
GFC(Generic Flow Control)	UNI(User to Network Interface) Header에만 사용, Network 트래픽 조절, 4bit
PTI(Payload Type Identifier)	정보의 종류 표시, 3bit
VPI(Virtual Path Identifier)	경로 식별, 12bit
CLP(Cell Loss Prioriy)	Cell 폐기 우선순위, 1bit
VCI(Virtual Channel Identifier)	채널 식별, 16bit
HEC(Header Error Control)	헤더 부분의 오류 검출 정정, 8bit

❶ ATM(Asynchronous Transfer Mode)

ATM 셀은 ATM 네트워크 프로토콜에 사용되는 고정 크기의 패킷으로 2,000년 전후에 음성, 비디오 및 데이터 트래픽을 전송하기 위해 사용된 통신 표준이었다. ATM 셀은 5바이트 헤더와 48바이트 페이로드로 총 53바이트로 구성되며 헤더에는 ATM 네트워크 내에서 셀을 라우팅하고 관리하는데 사용되는 중요한 정보가 포함되어 있으며 페이로드는 음성 샘플, 비디오 프레임 또는 데이터 패킷과 같이 전송되는 실제 데이터를 전달한다.

구분	내용
GFC 필드	General Flow Control 필드는 하나의 UNI 인터페이스를 복수 개의 단말이 공유할 때 셀 충돌을 피하기 위한 흐름제어 정보가 포함된다. GFC 필드는 ATM 네트워크 내에서 흐름제어 및 유지보수 목적으로 사용되는 4비트 필드로서 널리 사용되지 않으며 종종 0으로 설정된다. 즉, GFP의 4개 비트를 사용하지 않을 때는 4비트 모두를 0으로 설정하며 NNI 모드에서는 사용되지 않는다.
VPI	Virtual Path Identification(가상경로 식별자)는 가상경로(Virtual Path)를 구분 짓는 값으로서 VC들의 집합체이다. 이러한 필드는 셀이 라우팅되어야 하는 가상경로 및 가상 채널을 함께 식별하는 것으로 VPI는 8비트 필드이고 VCI는 16비트 필드이다. VPI 값이 동일한 가상 채널은 동일한 경로를 통해 라우팅 될 수 있기 때문에 네트워크관리가 간단해지는 장점이 있으나 네트워크 효율성은 떨어지는 단점도 있다. VPI/VCI 값은 ATM 링크 단위로 정의되기 때문에 교환기에서 입력 VPI/VCI 값을 참고하여 출력 단자를 선정하고 또한 출력 VPI/VCI 값으로 대체하여 ATM 셀을 전송하게 된다.
VCI	VCI(Virtual Channel Identification)는 가상 채널로서 ATM 링크 단위로 정의되며 패킷 통신망에서 가상회선과 동일한 효과를 나타낸다.
PT	Payload Type 필드는 ATM 셀의 페이로드(48바이트)가 사용자 정보셀, OAM 정보셀, 자원 관리용 셀 중에서 데이터, 음성 또는 비디오와 같이 셀에서 운반되는 페이로드의 유형을 지정하는 3비트 필드이다. 또한 전송 도중에 폭주상태 구간을 통과했었는지를 나타내는 정보도 포함된다. 수신측에서 PT 필드를 조사하여 ATM 셀이 전송 도중에 폭주현상을 만났다는 것을 알게 되면 이를 송신측에 알림으로써 송신측이 셀 전송을 억제하여 네트워크 폭주상태로부터 회복 또는 회피할 수 있도록 한다.
CLP	Cell Loss Priority 필드는 네트워크에서 폭주상태가 발생할 경우에 우선적으로 폐기될 수 있는 셀을 표시한다.
CLP Priority	CLP 비트가 '1'이면 우선순위가 낮은(Low Priority) 셀로 간주되어 폭주상태에서 우선적으로 폐기함으로써 비트 '0'인 높은 우선순위 셀을 보호하게 된다.
HEC	Header Error Control, 헤더에서 오류를 탐지하는 데 사용되는 1바이트 필드로서 전송 중 헤더의 무결성을 보장한다.

❷ ATM 계층 구조

ATM 셀은 데이터 전송 전에 가상경로와 가상 채널이 설정되는 연결 지향적 방식으로 전송된다. 셀의 고정된 크기 특성으로 인해 ATM 네트워크 내에서 효율적인 스위칭 및 멀티플렉싱이 가능하다. 이더넷 및 IP 기반 네트워크와 같은 패킷교환 기술이 증가하면서 ATM 기술이 최근 퇴보되고 있으나 ATM 셀을 이해하는 것은 네트워킹 프로토콜의 역사와 개발을 연구하는 데 여전히 가치가 있다.

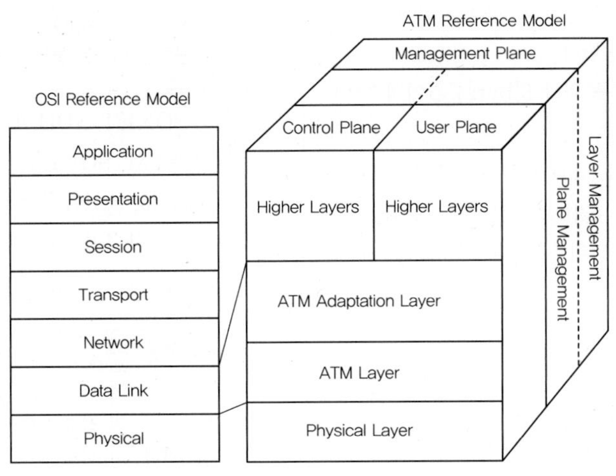

구분			내용
AAL 계층 (적응 계층)	개념		세그먼트 분할 및 재조립(SAR)으로 ATM 셀 크기를 나누거나 재결합 시 오류가 발생한 셀의 처리를 한다.
	Class A (AAL 1)		CBR(Constant Bit Rate)을 제공하며 연결 지향형 서비스이다(비압축 영상 또는 음성 서비스).
	Class B (AAL 2)		VBR(Variable Bit Rate) 제공하며 연결 지향형 서비스를 제공한다(압축된 영상 또는 음성 서비스).
	Class C	AAL 3/4	Connection Oriented Service와 Connectionless Service를 제공한다(AAL 5에 의해 대체).
		AAL 5	데이터 서비스를 제공한다.
	Class D		비연결지향성, 가변전송률, 비실시간성 서비스를 제공한다.
ATM 계층			경로, 트래픽 관리, 다중화로 물리계층과는 독립적이다. ATM 셀의 다중화, 가상채널 및 경로선택, 셀 헤더의 생성 및 삭제를 지원한다.
물리계층			물리적 신호 기반 ATM 셀 운반, 셀 경계를 식별한다. 이더넷, 무선랜 등 유무선 포함한 물리층이다. ATM 셀을 전송하기 위한 매체로 부계층(PM: Physical Medium Sublayer)와 전송수렴 부계층(TC: Transmission Convergence Sublayer)로 구성된다.

가용한 서비스 구성은 CBR, UBR, VBR, ABR(가용비트율) 등에 의해 구성된다.

정답 01 ③ 02 ② 03 ②

01 다음 중 ATM(Asynchronous Transfer Mode)에 대한 설명으로 틀린 것은? (2017-2차)

① 전송용량, 정보의 발생 형태 등이 서로 상이한 정보를 "셀(Cell)"이라고 불리는 고정길이의 블록에 넣어 전송한다.
② 셀 자체의 제어를 위한 5[byte] 길이의 헤더 구조를 가진다.
③ 유료부하(Pay Load) 공간은 사용자 정보가 실리는 부분으로 53[byte] 길이를 갖는다.
④ 정보전송의 처리단위를 "셀"로 규격화함으로써 고속처리가 가능하다.

해설

③ 유료부하(Payload) 공간은 사용자 정보가 실리는 부분으로 48[byte] 길이를 갖는다. ATM은 헤더 5Byte로서 Paload와 합하여 총 53Byte로 구성된다.

02 ATM에서 기본 패킷 단위인 셀의 크기는? (2022-1차)

① 32바이트 ② 53바이트
③ 64바이트 ④ 1,024바이트

해설

ATM은 오버헤드 5byte와 Payload 48byte로서 총 53byte를 기본으로 한다.

03 다음 설명의 ( ) 안에 알맞은 것은? (2010-3차)(2022-2차)

> "광대역 ISDN(B-ISDN)을 구현키 위하여 ITU-T에서 선택한 전송기술은 ( )이고, 이 기술의 실제 근간을 이루는 물리적 전송망은 ( )이다."

① SONET/SDH, LAN
② ATM, SONET/SDH
③ X.25, SONET/SDH
④ SONET/SDH, X.21

해설

구분	내용
ATM	망의 고속화, 오버헤드 감소 위해 가상 경로(VP), 가상 채널(VC) 기반 연결 지향 서비스로 53byte 패킷의 셀을 사용하는 통계적 다중화 방식의 셀 중계 프로토콜이다.
SONET	북미표준으로 ANSI와 ECSA (Exchange Carriers Standards Association)의 지원하에 북미지역의 표준으로 선정되었다.
SDH	국제표준(유럽기반)으로 ITU-T가 북미표준 SONET을 기본 기술로 채택하여 국제 SDH 표준으로 개발하였다. 북미표준 SONET과는 프레임 구조 및 용어상에서 약간의 차이가 존재한다.

04 다음 중 ATM 셀 헤더를 구성하는 필드(Field)에 대한 설명으로 틀린 것은? (2017-1차)(2022-2차)

① PT: 페이로드에 실린 정보의 종류를 표시한다.
② VPI: 셀이 속한 가상경로를 식별하기 위해 사용한다.
③ CLP: 망 폭주 시 셀이 폐기될 우선순위를 나타낸다.
④ HEC: 헤더 자체 오류 유무를 검사하기 위한 것으로 해밍 코드(Hamming Code)를 사용한다.

해설
④ HEC(Header Error Control): 8bit로서 헤더 부분의 오류를 검출 및 정정한다.

05 4[Gbps](상향 1[Gbps], 하향 3[Gbps])급 용량의 FTTH 회선이 있다고 가정한다. 하향 회선을 기준으로 할 때 괄호 안에 들어갈 최대 수용 가능한 가입자 수는 약 얼마인가? (2020-1차)(2022-3차)

> CBR 가입자: 용량 100[Mbps], 가입자수 10회선, 회선점유율 100[%]
> VBR 가입자: 용량 50~100[Mbps], 가입자수 ( )회선, 회선점유율 70[%]
> • CBR(Constant Bit Rate): 고정 전송속도
> • VBR(Variable Bit Rate): 실시간 가변 전송속도
> (단, 제어회선, 에러율, 재전송율 등은 없는 것으로 가정하고, 순수한 가입자 데이터 용량으로 한정하여 계산)

① 80회선 ② 57회선
③ 21회선 ④ 11회선

해설
ATM은 CBR, VBR, UBR로 사전에 설정하여 고정(CBR), 가변(VBR), 변화(UBR)의 방식으로 데이터를 송수신한다. 즉, 안정적인 대역폭 보장은 CBR(Constant Bit Rate)로 보내며 VBR(Variable Bit Rate)는 가변길이 데이터 전송으로 네트워크 상황에 따라 변화하는 방식이다.

구분	내용
CBR 가입자: 용량 100[Mbps], 가입자수 10회선, 회선점유율 100[%]	100[Mbps]×10회선 ×100%=1,000[Mbps] =1[Gbps]
VBR 가입자: CBR의 1[Gbps]를 제외한 2[Gbps]가 할당되므로	2[Gbps]=최소 50[Mbps]×가입자수×70% 가입자$=\frac{2{,}000[Mbps]}{50[Mbps]\times 0.7}=\frac{2{,}000}{35}=57.14$회선

06 ATM 프로토콜은 물리계층, ATM계층, AAL의 3계층으로 구성되어 있다. 다음 중 물리계층의 기능이 옳은 것은? (2011-1차)

① 셀 헤더의 분석 및 처리
② 셀 단위의 분해 및 조립
③ 서비스별 수렴기능 구현
④ 셀 경계 식별

해설

구분		내용
AAL 계층(적응 계층)	개념	세그먼트 분할 및 재조립(SAR)
	AAL 1	• CBR(Constant Bit Rate) 제공, 연결 지향형 서비스 제공 • 비압축 영상 또는 음성 서비스
	AAL 2	• VBR(Variable Bit Rate) 제공, 연결 지향형 서비스 제공 • 압축된 영상 또는 음성 서비스
	AAL 3/4	• Connection Oriented Service와 Connectionless Service를 제공 • AAL 5에 의해 대체
	AAL 5	데이터 서비스 제공
ATM 계층		경로, 트래픽 관리, 다중화
물리계층		물리적 신호 기반 ATM 셀 운반, 셀 경계 식별

07 다음 중 광대역종합정보통신망(B-ISDN)에 대한 설명으로 틀린 것은? (2023-1차)

① ATM 방식 ② 회선교환방식
③ 광전송 기술 ④ 양방향 통신

해설

ATM은 Cell 단위로 움직이는 패킷교환방식이다. 광대역 ISDN(B-ISDN)을 구현하기 위하여 ITU-T에서 선택한 전송기술은 ATM이고, 이 기술의 실제 근간을 이루는 물리적 전송망은 SONET/SDH이다. 회선교환방식은 광대역종합정보통신망(B-ISDN) 이전에 사용된 개념으로 데이터 전송 시 통신경로를 사전에 설정하고 통신하는 방식으로 공간분할 방식과 시분할 방식으로 구분된다.

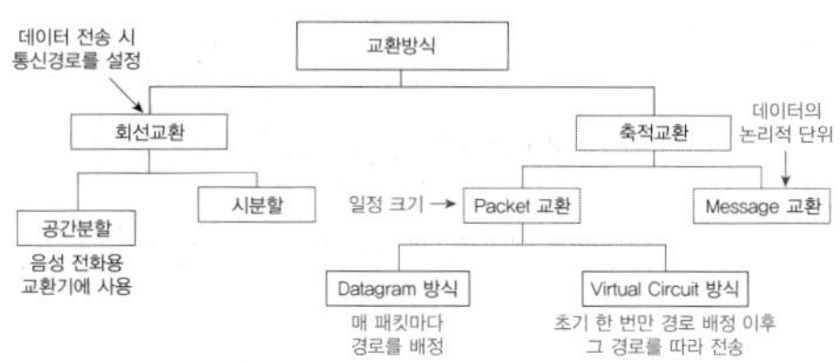

회선교환방식은 공간분할과 시분할로 구분되며 공간분할은 일반전화(PSTN)에서 사용하는 방식이다.

08 다음 보기의 괄호(　　) 안의 내용으로 적합한 것은? (2023-2차)

> 〈보기〉
> ATM 셀의 전체 크기는 (㉠)바이트로, B-ISDN에서 전송의 기본단위이다. 크기가 (㉡)바이트인 헤더와 (㉢)바이트인 사용자 데이터로 구성된다.

① ㉠ 53, ㉡ 5, ㉢ 48
② ㉠ 53, ㉡ 48, ㉢ 5
③ ㉠ 48, ㉡ 5, ㉢ 43
④ ㉠ 48, ㉡ 43, ㉢ 5

해설

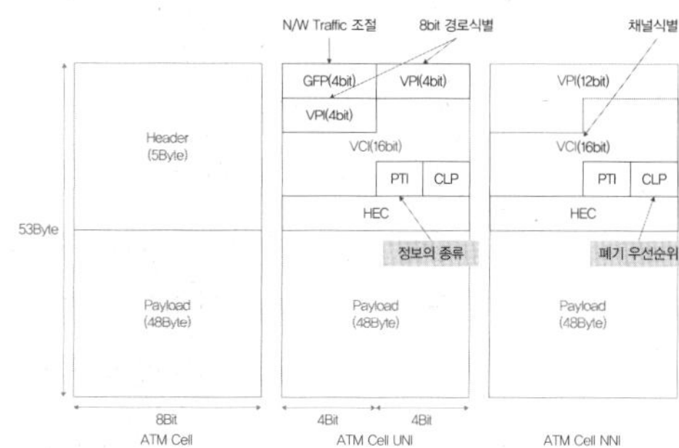

기출유형 18 ▶ 통신망 Topology

네트워크 통신에서 '전용회선 서비스에 주로 사용되는 기간망'의 안정성을 고려하여 구성하는 망 형태가 아닌 것은? (2023-2차)

① Ring형　　② Mesh형
③ 8자형　　④ Star형

해설
Star형은 중앙 노드에 장애가 발생하면 전체 시스템에 영향을 줄 수 있어서 전용회선망에는 별도 사용하지 않는다. 8자형의 경우 Ring을 두 개 연결하는 망으로 전국망 구성에 주로 사용하는 방식이다.

| 정답 | ④

족집게 과외

- **트리형**: 다수의 허브(HUB)를 이용하여 연결할 때 가장 적합한 토폴로지이다.
- Mesh망 회선경로 $= \frac{n(n-1)}{2}$

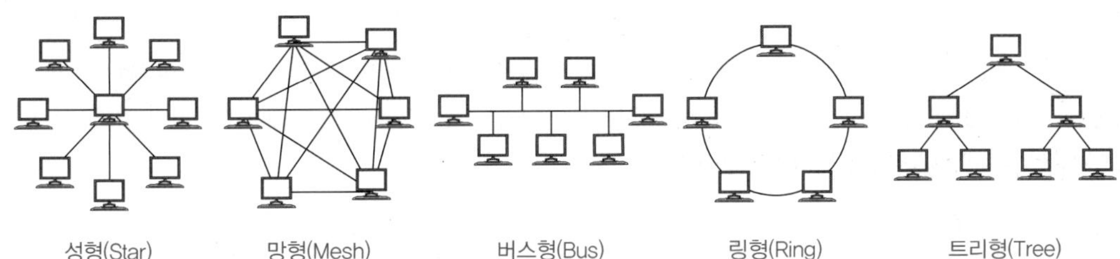

성형(Star)　망형(Mesh)　버스형(Bus)　링형(Ring)　트리형(Tree)

더 알아보기

랜(LAN)은 구성 방식에 따라 성, 망, 버스, 링, 트리 등의 구조로 분류된다.

구분	내용	
성형 (Star)	모든 기기는 Point to Point 방식으로 연결한다.	
	장점	고속의 대규모 네트워크에 이용한다.
	단점	중앙에 위치한 메인 노드가 관리하며 중앙에서 제어가 고장이 나면 전체가 통신망이 장애가 된다. 회선수가 증가하면 복잡도 증가한다.
망형 (Mesh)	성형과 링형의 혼합으로 네트워크 장비가 여러 개의 인터페이스를 갖는다.	
	장점	• 어느 네트워크가 고장이 나도 나머지는 문제없이 동작한다. • 신뢰성이 높고 장애 시 통신망을 우회할 수 있다.
	단점	타 구성 대비 설치 비용이 많이 든다.

버스형 (Bus)	하나의 통신 회선에 여러 컴퓨터를 연결해서 주로 종단 간에 사용한다.	
	장점	통신노드를 추가하는 경우 구성이 용이하며 설치비용이 저렴하다.
	단점	장애 위치를 찾기가 어려우며 종단부에 문제 발생 시 전체가 장애가 된다.
링형 (Ring)	원형의 통신 회선에 컴퓨터와 단말기를 연결한다.	
	장점	노드 숫자를 늘려도 전체 성능 저하가 상대적으로 적다.
	단점	• 노드에 문제 생기면 전체 네트워크에 문제가 생긴다(단방향 통신). • West(좌)/East(우) 양방향 장애 발생하는 경우 노드가 고립될 수 있다.

통신망의 구성은 버스, 링, 트리, 메시 및 스타 등 컴퓨터 네트워킹에서 장치를 상호 연결하는 데 사용되는 서로 다른 네트워크 토폴로지이다. 각 토폴로지에는 고유한 장점과 단점이 있으며 특정 상황에 적합하게 설계되어 사용되고 있다.

❶ 성형(Star, 중앙 집중형)

[Point to Point]

성형은 중앙 집중 네트워크로서 중앙에 메인 노드가 있고 이를 중심으로 단말장치들이 연결되는 것이다. 스타 토폴로지에서 모든 장치는 스위치 또는 허브와 같은 중앙 장치에 연결하고 데이터는 각 장치와 중앙 장치 간에 직접 이동하여 제어 및 조정 역할을 한다.

스타 토폴로지는 통신망 구성에 대한 설치, 관리 및 문제 해결이 쉬우며 장치에 장애가 발생하면 해당 장치만 영향을 받고 나머지 네트워크는 원래의 동작 상태를 유지한다. 그러나 중앙 장치에서 장애가 발생하면 전체 네트워크에는 장애가 확대되어 치명적인 오류가 발생할 수 있다.

성형(Star) 특징

- 단말장치의 추가와 제거가 용이하다.
- 하나의 단말장치에 장애가 발생해도 다른 단말장치에 영향을 주지 않는다
- 중앙 컴퓨터가 장애가 발생하면 전체 통신망에 영향을 줄 수 있는 단점이 있다.
- 중앙 집중방식이므로 교환 노드의 수가 적다
- 포인트 투 포인트 방식으로 회선을 연결한다.
- 각 단말 장치들은 중앙 컴퓨터를 통하여 데이터를 교환한다.

❷ 망형(Mesh)

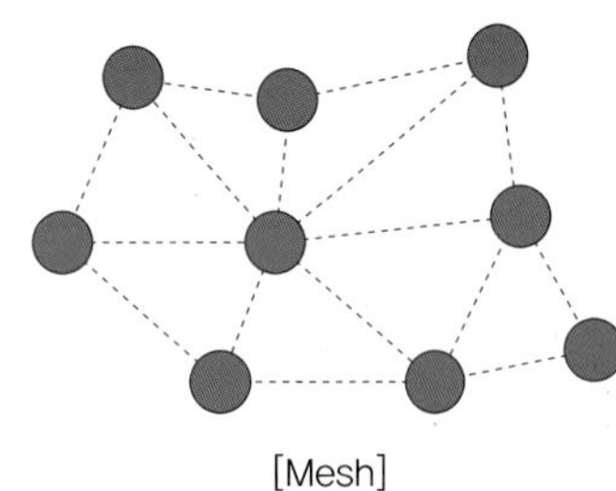

[Mesh]

- 망형은 모든 지점의 노드와와 단말장치를 모두 연결한 형태로서 연결성이 높고 장애에 매우 강한 구성이다.
- 메시 토폴로지에서 모든 장치는 네트워크의 다른 모든 장치에 연결되어 완전히 상호 연결된 네트워크를 형성한다. 메시 토폴로지는 데이터를 전송할 여러 경로가 존재하므로 높은 중복성과 내결함성을 제공한다.
- 신뢰성이 중요한 미션 크리티컬 환경에서 주로 사용되지만 메시 토폴로지를 구현하려면 많은 수의 연결이 필요하기 때문에 상대적으로 비용이 많이 들고 통신망이 다소 복잡해질 수 있다.

망형(Mesh) 특징

- 다양한 단말장치로부터 많은 양의 통신을 요구하는 망에 적합하다.
- 이론적으로 공중 데이터 통신망에서 사용된다.
- 광통신에서 생존확 증대를 위해 망형 구조를 선호한다.
- 메시형은 통신 회선의 총 경로가 가장 길게 구성된다.
- 통신 회선 장애 시 다른 경로를 통해서 데이터 전송이 가능하다.
- 구축 비용(투자비)이 상대적으로 높다.

❸ 버스형(Bus)

버스형은 한 개의 통신 회선에 여러 대의 단말장치가 연결되어있는 형태로 LAN상에서 주로 사용되며 실제 사용하는 장비에서는 Switch, HUB의 내부 구조와 유사하다.

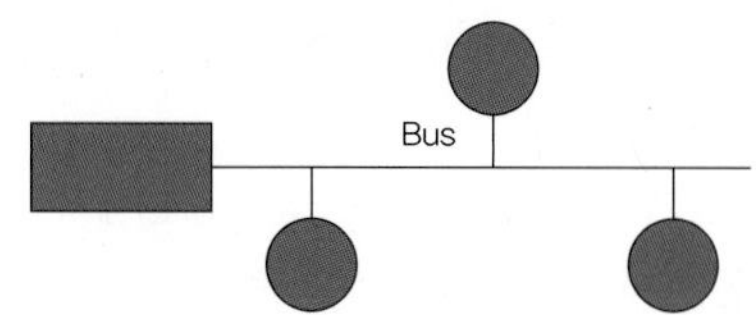

버스 토폴로지에서 모든 장치는 버스라고 하는 단일 통신 회선에 연결된다. 네트워크 상의 장치들은 이 공통 버스를 공유하고 데이터는 한 장치에서 다른 장치로 순차적으로 전송된다.

버스 토폴로지는 비교적 간단하고 구현 비용이 저렴하지만, 버스에 트래픽이 많거나 결함이 있는 경우 성능에 문제가 발생할 수 있다.

버스형(Bus) 특징

- 간선과 각 단말장치와의 접속은 간단한 접속장치를 붙이는 것으로 가능하다.
- 단말장치가 고장나더라도 통신망 전체에 영향을 주지 않는다.
- 장애 영향이 서로 없어 통신망의 신뢰성을 높일 수 있다.
- 데이터 흐름이 모두 감지되어 비밀 보장이 어렵다.
- 송신 신호의 감쇠가 있어 통신 회선의 길이에 제한 있다(cat5e: 100m).
- 물리적 구조가 간단하고 구성이 용이하다.
- 단말장치의 추가와 제거가 상대적으로 쉽다.
- 통신 부하, 비용 대부분이 단말 장치측으로 분산된다.
- 소규모에서 대규모까지의 시스템을 비교적 경제적으로 구성이 가능하다.
- Broadcast 구조로서 잡음을 내보내는 불량 스테이션이 전체 버스에 영향을 준다.

❹ 링형(Ring, 루프형)

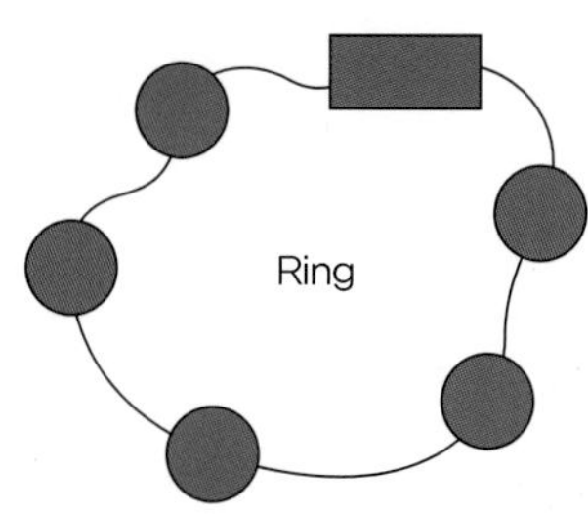

- 중앙 제어의 개념이 없는 경우 통신망의 노드나 단말장치들이 서로 연계하여 포인트 투 포인트 방식으로 연결한다. 그러나 링 토폴로지에서 장치는 닫힌 루프로 연결되어 링을 형성하고 링의 각 장치는 이전 장치로부터 데이터를 수신하여 다음 장치로 전달한다.
- 링 토폴로지는 모든 장치에 동일한 액세스를 제공하며 버스 토폴로지보다 높은 내결함성을 제공한다. 그러나 장치(노드)에 장애가 발생하거나 좌우(West, East) 방향으로 링이 손상되면 전체 네트워크에 영향을 줄 수 있다.

링형(Ring) 특징

- 각 단말장치에서 전송 지연이 발생한다(단. 광 전송망은 50ms 제약).
- 분산 및 집중 제어 모두 가능하다.
- 단말장치의 추가 및 제거가 상대적으로 어렵다.
- 링구조로 모든 데이터가 통과하여 상대적으로 기밀 보호가 어렵다.
- 데이터는 단방향 또는 양방향으로 전송할 수 있다.
- 단방향 링의 경우 노드, 단말장치, 통신회선(좌, 우 포함) 중 어느 하나라도 고장이 발생하면 전체 통신망에 영향을 줄 수 있다.
- 광 전송망에서 주로 링형을 사용한다.

❺ 트리형(Tree)

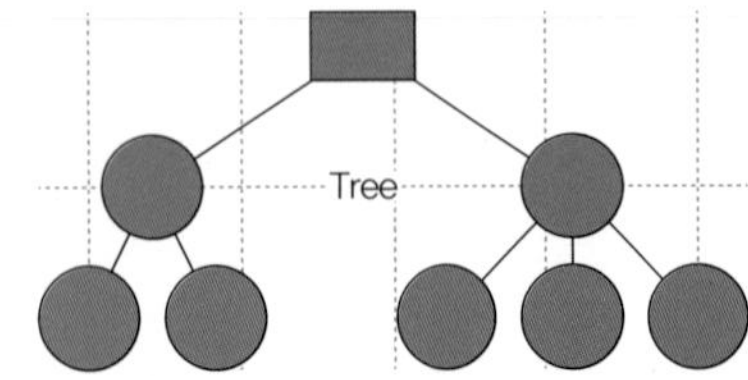

- 계층적 토폴로지라고도 하는 트리 토폴로지는 루트 노드와 분기가 있는 트리처럼 구성된다. 장치는 계층적 방식으로 연결되며 각 분기는 여러 장치를 중앙 노드에 연결된다.
- 트리 토폴로지는 일반적으로 WAN(Wide Area Network)에서 사용되며 쉽게 확장할 수 있다. 그러나 루트 노드 또는 중앙 노드에 장애가 발생하면 전체 네트워크에 영향을 줄 수 있다.

❻ Network Topology 요약

Star망	개념	단말장치를 중앙 컴퓨터에 연결하는 방식이다.
	장점	단말장치를 추가하거나 제거하기가 쉽다.
	단점	중앙 노드가 고장나면 전체 망의 기능이 마비된다.
Ring망	개념	단말장치들을 이웃하는 노드 간 P2P 방식으로 연결한다.
	장점	한쪽 장애 발생해도 다른쪽으로 통신가능하다(전송망에서 사용 중).
	단점	단말장치를 추가하거나 제거하기가 어렵다.
Bus망	개념	한 개의 통신 회선에 여러 대의 단말장치를 연결한다.
	장점	물리적 망 구조가 단순하고 단말장치를 추가/제거가 쉽다.
	단점	맨 앞에서 맨 끝까지 통신 시간이 소요된다.
Tree망	개념	트리 구조로 통신망을 계층적으로 연결하는 형태이다.
	장점	망 확장이 용이하다.
	단점	중간노드에 대한 역할이 필요하며 전체 관리 한계가 있다.
Mesh망	개념	좌우, 앞뒤 등 모든 방향으로 통신 회선을 연결한 방식이다.
	장점	통신 장애가 발생 시 다른 경로로 우회 전송 가능하다.
	단점	구축비용이 상대적으로 높다(비싸다).

기출유형 완성하기

정답 01 ④ 02 ② 03 ④ 04 ③

01 다음 중 버스형 통신망 구조에 대한 설명으로 틀린 것은? (2018-1차)

① 인접한 단말기들을 케이블로 연결하여 길을 트기만 하면, 네트워크로 연결할 수 있다.
② 버스의 전기적 특성 때문에 버스 네트워크의 모든 요소가 전체 네트워크에 영향을 줄 가능성이 있지만 설치가 매우 효율적이다.
③ 메시형 통신망보다 케이블 사용량이 적다.
④ 잡음을 내보내는 불량 스테이션이 있어도 전체 버스에 영향이 없다.

해설

버스형(Bus) 특징

- 간선과 각 단말장치와의 접속은 간단한 접속장치를 붙이는 것으로 가능하다.
- 송신 신호의 감쇠가 있어 통신 회선의 길이에 제한 있다(cat5e: 100m).
- 물리적 구조가 간단하고 구성이 용이하다.
- 단말장치의 추가와 제거가 상대적으로 쉽다.
- 통신 부하, 비용 대부분이 단말 장치측으로 분산된다.
- 소규모에서 대규모까지의 시스템을 비교적 경제적으로 구성이 가능하다.
- Broadcast 구조로서 잡음을 내보내는 불량 스테이션이 전체 버스에 영향을 준다.

02 네트워크 토폴로지 중에서 다수의 허브(HUB)를 이용하여 연결할 때 가장 적합한 토폴로지는? (2013-3차)

① 버스(Bus) 방식 ② 트리(Tree) 방식
③ 링(Ring) 방식 ④ 메쉬(Mesh) 방식

해설

계층형(Tree, 분산형)

분산 처리 시스템을 구성하는 방식으로서 Tree형은 중앙 노드와 단말장치까지 하나의 통신 회선으로 연결시키고, 이웃하는 단말장치는 일정 지역 내에 설치된 중간 단말장치로부터 다시 연결시키는 형태이다.

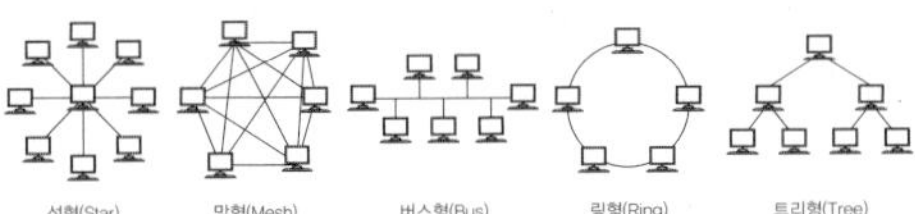

03 다음 중 네트워크의 구성 형태(Topology)에 해당되지 않는 것은? (2015-2차)

① 성형(Star) ② 버스형(Bus)
③ 링형(Ring) ④ 셀형(Cell)

해설

이동통신망에서 셀로 설계하는 것과 통신망의 일반적인 분류와는 관계가 없다. 위 문제는 이동통신의 셀 설계와 유선망의 형태를 혼동 주기 위한 문제이다.

04 통신망의 구성 형태 중 성형(Star Type) 망의 장점이 아닌 것은? (2015-1차)

① 전송 제어 기능이 간단하다.
② 각 터미널마다 전송속도를 다르게 설정할 수 있다.
③ 한 터미널이 고장나면 전체 통신망에 영향을 준다.
④ 집중 제어형이므로 보수와 관리가 용이하다.

해설

③ 한 터미널이 고장나면 전체 통신망에 영향을 주는 것은 장점이 아닌 단점이다.

성형(Star)

모든 기기는 Point to Point 방식으로 연결한다.

장점	고속의 대규모 네트워크에 이용한다.
단점	중앙에 위치한 컴퓨터가 관리를 하며 중앙제어가 고장이 나면 전체가 먹통이 된다. 회선 수가 증가하면 복잡해진다.

정답 05 ③ 06 ④ 07 ① 08 ③

05 다음 중 성형(Star Topology) 통신망 구조에 대한 설명으로 옳지 않은 것은? (2015-2차)

① 노드의 자율성이 크다.
② 네트워크 전단시설을 중앙에 위치할 수 있다.
③ 적은 양의 케이블이 필요하다.
④ 아크넷, 토큰링, 이더넷 등에서 사용한다.

해설

스타형인 성형(Star) 방식은 모든 기기들이 Point to Point 방식으로 연결해야 하므로 많은 양의 케이블이 필요하다.

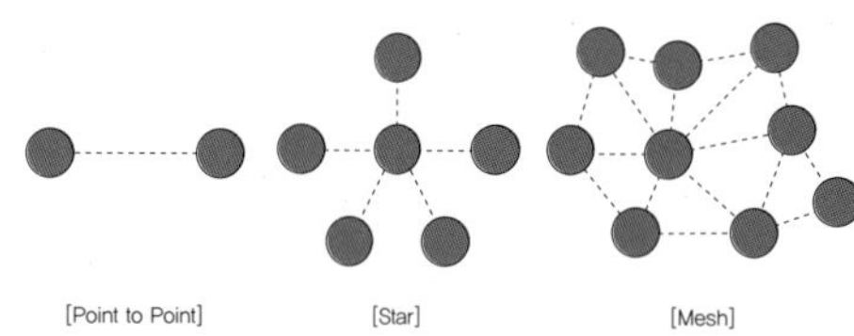

06 유선전화망에서 노드가 10개일 때 그물형(Mesh)으로 교환회선을 구성할 경우, 링크 수를 몇 개로 설계해야 하는가? (2013-2차)(2015-1차)(2021-2차)(2023-1차)

① 30개 ② 35개
③ 40개 ④ 45개

해설

Mesh망 회선경로$=\frac{n(n-1)}{2}=\frac{10(10-1)}{2}=45$

07 다음 중 네트워크에서 병목현상과 구성요소의 고장문제에 가장 효과적으로 대응할 수 있는 것은? (2010-1차)

① 망(Mesh)형 ② 성(Star)형
③ 링(Ring)형 ④ 버스(Bus)형

해설

Mesh형(망형)

Node 간의 연결성이 높고, 많은 단말기로부터 많은 양의 통신을 필요로 하는 경우에 유리하다. 이를 통해 한 노드가 고장이 발생해도 다른 네트워크에 영향을 주지 않는 통신망으로 구축 비용이 많이 들고 복잡한 형태로 관리에 어려움이 있다.

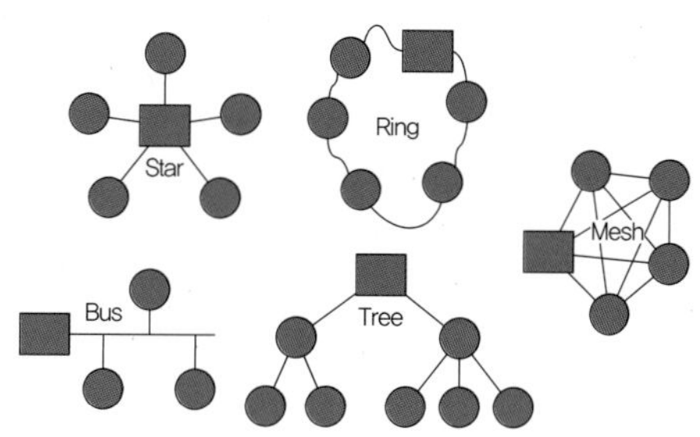

08 10개의 지국을 그물형(Mesh)으로 연결하려 할 때 소요되는 최소 링크수는? (2012-3차)(2016-1차)(2020-1차)

① 25 ② 35
③ 45 ④ 55

해설

Mesh망 회선경로$=\frac{n(n-1)}{2}=\frac{10(10-1)}{2}=45$

정답 09 ① 10 ② 11 ② 12 ③ 13 ③ 14 ④

09 20개의 전화국 간을 메시(Mesh)형으로 연결하려면 필요한 회선 수는? (2014-1차)(2017-1차)(2020-2차)

① 190개 ② 200개
③ 260개 ④ 380개

해설
Mesh망 회선경로$=\frac{n(n-1)}{2}=\frac{20(20-1)}{2}=190$

10 다음 중 CATV망 구성으로 적합하지 않은 것은? (2017-1차)(2018-1차)

① Star형
② Mesh형
③ Tree and Branch형
④ Switch형

해설
CATV는 광과 동축이 혼합된 혼합망(HFC)으로 주로 방송과 통신을 융합시킨 매체이다. CATV 망의 주요 특징으로는 광대역성을 갖는 유선망으로 광케이블과 동축케이블이 혼합된 형태이다. 동축 구간은 통상 1km 내외이며 광구간이 점차 길어지고 동축구간이 짧아지고 있다. 주요 구성 형태는 Star형, Tree&Branch형, Switch형 등이 있고 Mesh형은 주로 광통신 기간망에서 안정성을 위해 구성되는 망의 형태이다.

11 교환국 수가 n일 때 그물형(Mesh) 통신망의 중계 회선수는? (2014-2차)(2015-3차)(2019-1차)

① n ② $\frac{n(n-1)}{2}$
③ $\frac{n}{2}$ ④ $n-1$

해설
Mesh망 회선경로$=\frac{n(n-1)}{2}$

12 70개의 노드를 망형으로 연결할 때 필요한 회선 수는? (2016-3차)(2018-1차)(2019-2차)

① 780 ② 1,225
③ 2,415 ④ 3,160

해설
망형 통신망$=\frac{n(n-1)}{2}=\frac{70(70-1)}{2}=2{,}415$

13 단말과 단말 사이를 각각의 회선으로 연결한 형태의 통신망은? (2019-1차)(2015-1차)

① 원형 ② 트리형
③ 메쉬형 ④ 버스형

해설

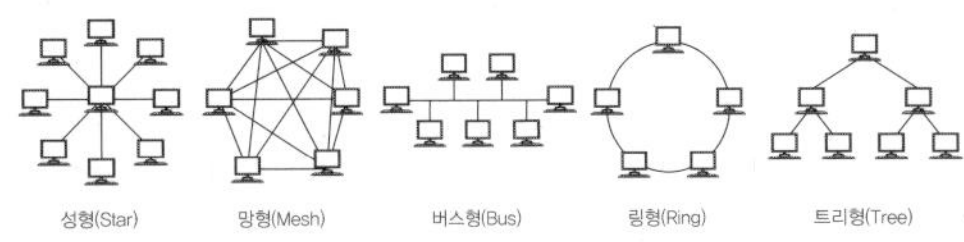

14 10개 국(Station)을 서로 망형 통신망으로 구성 시 요구되는 최소의 통신회선 수는? (2011-1차)(2020-1차)

① 15 ② 25
③ 35 ④ 45

해설
망형 통신망$=\frac{n(n-1)}{2}=\frac{10(10-1)}{2}=45$

기출유형 19 ▶ QoS(Quality of Service), QoE(Quality of Experience)

안정적인 VoIP 통신을 위해서 네트워크상에서 안정적인 QoS(Quality of Service)를 보장하기 위한 기술이 아닌 것은? (2015-2차)

① VRRP ② RSVP
③ DiffServ ④ MPLS

해설

① VRRP(Virtual Router Redundancy Protocol): 가상라우터 중복 프로토콜은 여러 대의 라우터를 가상의 IP로 묶어서 장애 발생 시 라우터 간 자동 전환을 위한 기술이다.
② RSVP(Resource Reservation Protocol, 자원 예약 프로토콜): 호스트가 라우터에 Application이 선택한 클래스와 트래픽 특성 기반하에 QoS 요구사항 전달하는 프로토콜이다.
IntServ: 종단 간 개별 트래픽 흐름 단위로 자원을 예약(RSVP)하여 종단 간 QoS 보장 모델로 종단 간 시그널링을 통해 트래픽 특성과 QoS 정보 전달 및 필요 대역폭 할당한다.
③ DiffServ: 패킷 DS(Diff-Service) 필드에 DSCP(DS Code Point)를 마킹하여 서비스 클래스별 PHB(Per Hop Behavior)로 우선순위 기반한 QoS 서비스 모델로 IntServ의 현실적 한계를 극복한다.
④ MPLS(Multi-Protocol Label Switching): 데이터 패킷에 IP 주소가 아닌 별도의 라벨을 붙여 스위칭하고 라우팅하는 기술이다.

| 정답 | ①

족집게 과외

품질(QoS)의 주요 평가요소: 패킷 에러율, 처리량(전송속도), 패킷지연

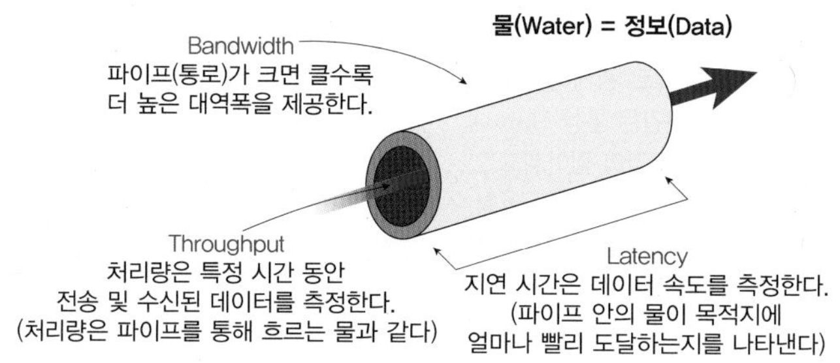

더 알아보기

QoS 특징

구분	내용
품질요구	다양한 서비스 관련 네트워크 서비스 품질을 보장하여 사용자 권리 보장(SLA)
서비스 다양화	다양한 애플리케이션 출현 및 관련 트래픽의 다양화
고비용	충분한 네트워크 자원 할당 및 설치를 위한 많은 비용 필요
고속처리	대용량 처리를 위한 멀티미디어 서비스, 실시간 Interactive 서비스 가능

❶ QoS(Quality of Service)

QoS(서비스 품질)는 네트워크 리소스를 관리하고 특정 유형의 트래픽이 우선적으로 처리되도록 하는 데 사용되는 기술로서 QoS의 목표는 네트워크가 혼잡하거나 트래픽 부하가 높은 경우에도 안정적이고 예측 가능한 네트워크 성능을 제공하는 것이다. QoS는 트래픽을 생성하는 애플리케이션의 필수 동작에 맞게 라우터나 스위치 같은 네트워크 디바이스가 해당 트래픽을 전달할 수 있도록 트래픽을 조작하는 기능을 하는 것으로 별도 장비를 설치하거나 장비내 QoS 기능을 두어 네트워크 디바이스가 트래픽을 구별한 후에 트래픽에 서로 다른 동작을 적용할 수 있도록 해준다. 즉, 한정된 네트워크 자원 내에서 특정 트래픽이 일정수준의 성능, 속도를 보장받는 네트워크 기술로 Network의 대역폭, 처리율, 지연율, 손실율 등을 관리하는 기술로서 서비스 이용자의 만족도를 결정하는 서비스 성능(QoS)과 사용자의 서비스 경험(QoE: Quality of Experence)로 연결 된다.

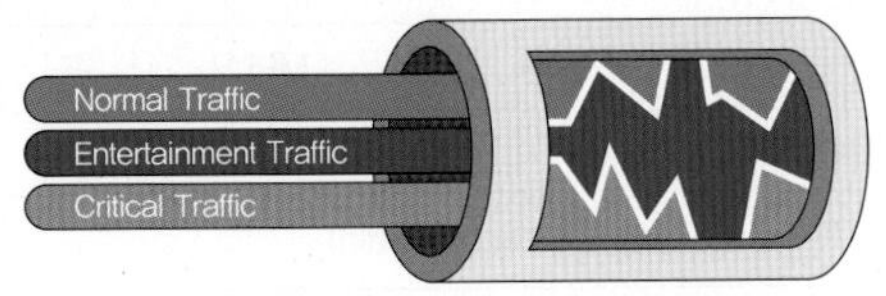

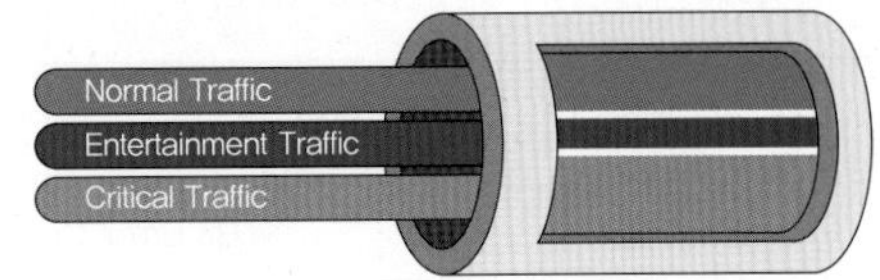

❷ QoS가 제공하는 기능

QoS는 네트워크의 특정 요구사항과 네트워크에서 실행되는 애플리케이션 유형에 따라 다양한 방식으로 구현될 수 있다. QoS에 사용되는 일반적인 기술은 다음과 같다.

구분	내용
트래픽 우선 순위 지정	프로토콜, 주소 및 포트 번호를 기준으로 트래픽 간의 우선순위를 정한다. 여기에는 중요도에 따라 서로 다른 트래픽 유형에 서로 다른 우선순위를 할당하는 작업이 포함된다. 예를 들어 VoIP 트래픽에 파일 다운로드보다 높은 우선순위가 부여될 수 있다.
필터링	수신 또는 송신이 이루어지는 경우 트래픽을 필터링한다.
대역폭 제어	디바이스에서 전송 또는 수신이 허용되는 대역폭을 제어한다. 여기에는 다양한 유형의 트래픽에 대역폭을 할당하여 해당 트래픽이 효과적으로 작동하는 데 필요한 리소스를 받도록 해야 한다. 이 작업은 트래픽이 네트워크를 압도하지 않도록 트래픽을 지연시키거나 대기열에 넣는 트래픽 쉐이핑과 같은 기술을 사용하여 수행할 수 있다.
헤더 확인	패킷 헤더에서 QoS 동작 요구사항을 읽고 쓴다.
스케즐링	디바이스가 스케줄러 우선순위를 기준으로 가장 높은 우선순위의 트래픽을 보내도록 정체를 제어한다.
패킷제어	디바이스가 어떤 패킷을 삭제하거나 처리해야 하는지를 알 수 있도록 RED(Random Early Detection) 알고리즘을 사용하여 패킷 손실을 제어한다.
품질 모니터링	여기에는 네트워크 연결의 품질을 모니터링하고 필요에 따라 QoS 설정을 조정하여 원하는 성능 수준을 유지하는 작업이 포함된다.

전반적으로 QoS는 네트워크 리소스가 효율적으로 사용되고 사용자가 네트워크 서비스에 액세스할 때 최상의 환경을 제공하도록 보장하는 중요한 도구이다.

❸ QoS의 주요 지표

[QoS 보장 기술]

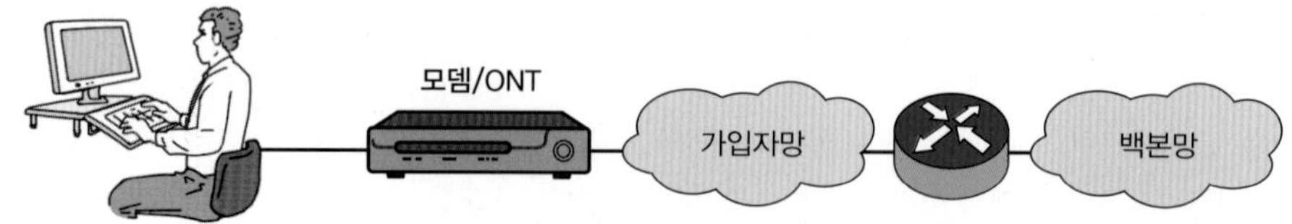

구분	댁내구간	가입자망	백본망
Transport 이상	Port 기반 접근제어/우선순위 처리 TCP Rate Limiting		IntServ (RSVP–TE)
Network 계층	DSCP(ToS)	DSCP(ToS)	DSCP, Diffserv, PBR
DataLink 계층	802.1p	802.1p, ATM QoS DOCSIS 1.1	MPLS 802.11ah
Physical 계층	Bit Error Correction(UTP Cat5/5e/6/7, Optical Cable)		

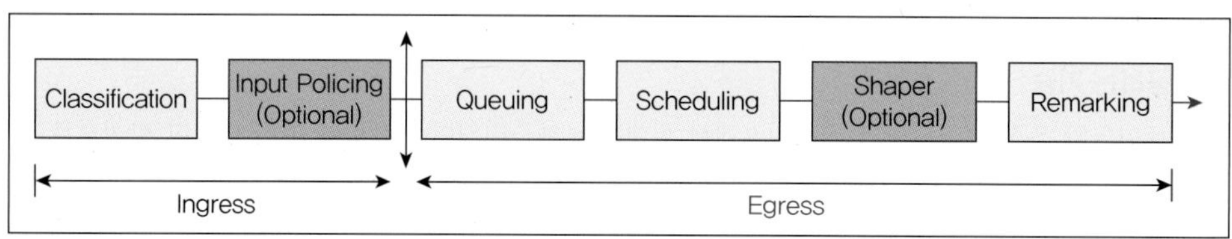

[QoS 보장 기술]/모뎀/ONT/가입자망/백본망

구분	댁내구간	가입자망	백본망
Transport 이상	Port 기반 접근제어/우선순위 처리 TCP Rate Limiting		IntServ (RSVP–TE)
Network 계층	DSCP(ToS)	DSCP(ToS)	DSCP, Diffserv, PBR
DataLink 계층	802.1p	802.1p, ATM QoS DOCSIS 1.1	MPLS 802.11ah
Physical 계층	Bit Error Correction(UTP Cat5/5e/6/7, Optical Cable)		

측정요소	설명	제어기법
대역폭 (Bandwidth)	애플리케이션에 할당된 네트워크 자원의 양으로 일정시간에 처리한 데이터의 총량을 가리키는 지표이다. 대역폭이 부족한 경우 데이터를 압축하여 전송하며 방송망은 압축과 이압축 모두를 선택적으로 사용한다.	Queuing, Shaping, Policing
지연 (Delay)	서비스 처리의 응답 시 발생하는 지연으로 발송에서 목적지까지의 경로에서 발생되는 지연이다. 지연시간이 크면 실시간성으로 감소가 커질 수 있다.	Queuing
지터 (Jitter)	신호가 전달되는 과정에서 원래 신호로부터 왜곡되는 정도로서 멀티미디어 트래픽에 있어서 지터는 치명적인 영향이 존재할 수 있다. 연속지연(Serialization Delay), 전달지연(Propagation Delay), 큐잉지연(Queuing Delay) 등 단계별 프로세싱과 Delay가 발생할 수 있다.	Queuing
패킷 손실 (Packet Loss)	네트워크에서 데이터를 전송하는 과정에서 패킷의 손실정도로서 주요 원인은 네트워크 혼잡으로 인한 버퍼 오버플로우, 흐름제어 알고리즘이 임의적으로 패킷을 폐기하는 것이다. 혼잡이 발생하면, 중요도에 따라 임의로 패킷을 Drop 시키거나 중요 어플리케이션의 보장을 확보해야 한다.	Queuing, RED, WRED

❹ QoE(Quality of Experience)

경험의 질로서 사용자 관점에서 서비스 수준의 End to End 성능을 측정하고 시스템이 사용자의 요구를 얼마나 잘 충족시키고 있는지 나타냄을 의미한다.

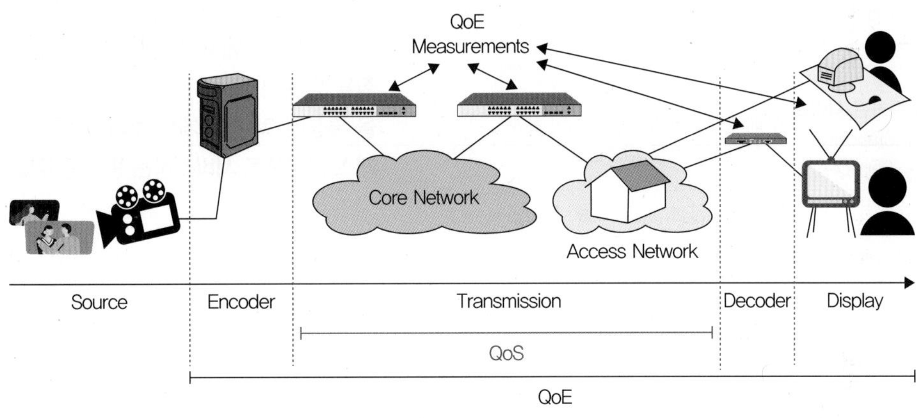

비디오 및 오디오 프로그래밍과 관련하여 QoE는 시청자가 계속 만족할 수 있는 화면과 음성을 사업자가 제공함을 보증하는 기준으로도 사용된다. 즉, 이용자가 주관적으로 느끼는 서비스의 전체적인 만족도이다.

정답 01 ② 02 ④ 03 ①

01 캐리어 이더넷은 기존 LAN 영역에 쓰이는 이더넷 기술을 전달망 또는 백본영역까지 확장시킨 기술이다. 다음 중 캐리어 이더넷이 기존 이더넷 기술의 단점을 보완하기 위하여 최우선적으로 고려한 사항은 무엇인가? (2022-1차)

① 구축거리
② QoS
③ 과금
④ 망중립성

해설

데이터 트래픽의 폭증과 전송용량 부족으로 기존 TDM 기반 MSPP 대비 Packet 기반 기술이 요구되었다. 이를 위해 MEF Forum 기준으로 Carrier Ethernet 또는 ITU-T기반으로 PTN(Packet Transoprt Network) 기술이 대두되었다. 5가지 주로 요구사항은 아래와 같다.

구분	내용
표준화된 서비스 (Standard Service)	매체와 인프라에 독립적인 표준화된 플랫폼을 제공한다.
확장성 (Scalability)	음성, 영상, 데이터를 포함한 Application을 위한 네트워크 서비스를 제공한다.
신뢰성 (Reliability)	링크 또는 노드에 문제 발생 시 자동 복구기능을 제공한다(50ms 이내 복구).
서비스품질 (Quality of Service)	다양하고 세분화된 대역폭과 서비스품질 지원을 제공한다.
서비스관리 (Service Management)	표준된 기반하에 네트워크 감시, 진단, 관리 기능을 제공한다.

02 통신 서비스는 서비스품질(QoS)에 의해 평가된다. 다음 중 서비스품질에 해당되지 않는 것은? (2010-2차)

① 패킷 에러율
② 처리량(전송속도)
③ 패킷지연
④ 전송방법

해설

전송방법은 QoS 요소와 무관하다. 전송 방식은 전송되는 신호의 형태에 따라 연속적인 값을 취하는 아날로그 전송 방식과 불연속 값을 취하는 디지털 전송 방식으로 분류된다. 또한 복수의 정보를 묶어서 전송하는 다중화의 방법에 따라 주파수 분할 다중 전송 방식과 시분할 다중 전송 방식으로 분류된다.

03 인터넷 통신망에서 가입자가 요구하는 서비스품질을 만족시키기 위하여 가입자의 입력 트래픽을 특성에 의해 몇 개의 클래스로 그룹화하여 클래스 기반으로 서비스하는 방식은 무엇인가? (2012-1차)(2017-1차)

① Diffserv 방식
② Intserv 방식
③ Flow-based 방식
④ RSVP 방식

해설

항목	IntServ	DiffServ
특징	자원 예약 필요	서비스 등급 차별화
보장 단위	Flow 별 종단 간 QoS	Class 별 QoS 보장
망 규모	소규모(LAN)	대규모(WAN, MAN)
관련 기술	RSVP	PHB(Per Hop Behavior)
장점	단순한 망 설정	확장성 용이
단점	확장성 문제	노드 분석 시간 필요

기출유형 20 ▶ VLAN(Virtual LAN)

다음 중 VLAN(Virtual LAN)에 대한 설명으로 틀린 것은? (2016-1차)

① 한 대의 스위치를 마치 여러 대의 분리된 스위치처럼 사용한다.
② 여러 개의 네트워크 정보를 하나의 포트를 통해 전송할 수 있는 기술을 제공한다.
③ IEEE 802.1p은 VLAN 국제 표준 규격이다.
④ 더 작은 LAN으로 세분화시켜 과부하 감소가 가능하다.

해설

IEEE 802.1p
이더넷 프레임 내에서 트래픽 등급(CoS, Class of Service)에 따라 서로 다른 우선순위(Priority)를 부여하는 프로토콜이다.

| 정답 | ③

족집게 과외

태깅(Tagging)

VLAN ID를 전달하는 방법이다.

이더넷 프레임의 소스 주소(Source Address) 바로 다음에 2바이트 TPID(Tag Protocol ID)를 삽입하여 VLAN 태그를 알려준다. TPID 바로 다음에 2바이트 TCI(Tag Control Information)를 삽입하여 태그 제어 정보로 사용한다. TCI 중 2바이트인 VID(VLAN ID)는 각각의 VLAN을 식별하는데 사용하며, 총 4,096개의 VLAN 구별이 가능하다.

VLAN 지원 Switch(Port 기반 VLAN)

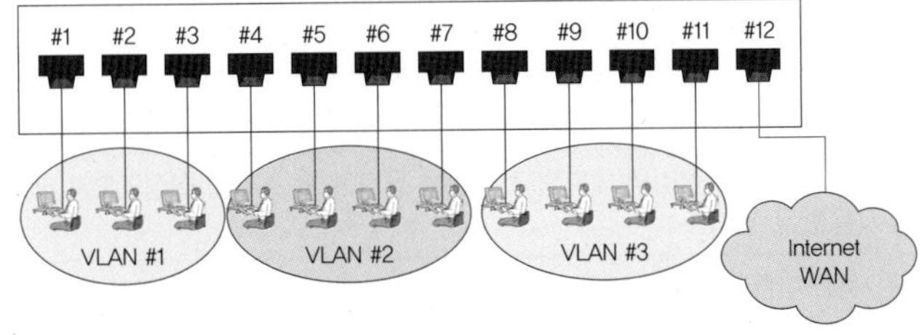

더 알아보기

VLAN 종류

VLAN 구성방식에 따른 종류	
Port－based VLAN	Tagged/Untagged Port VLAN
Protocol－based VLAN	IP－based VLAN
MAC－based VLAN	Network Based VLAN

단말 장비(PC와 같은 장비)에 어떠한 설정도 따로 해 줄 필요가 없고 VLAN을 구성하는 포트에 장비를 연결하면 그 장비는 해당 VLAN의 네트워크 그룹에 포함되는 방식으로 VLAN이 구성된다. 설정은 쉽지만 PC나 단말에 대해서 VLAN을 설정하는 방법이 아니기 때문에 PC가 다른 포트에 연결된다면 해당 장비는 다른 VLAN의 구성을 따르게 된다.

❶ VLAN(Virtual Local Area Network)

㉠ VLAN은 물리적으로 동일한 스위치나 라우터에 연결되어 있더라도 독립적인 네트워크 세그먼트에 있는 것처럼 동작하는 네트워크상의 논리적 그룹으로 네트워크 보안을 강화하고, 성능을 향상시키며, 네트워크 관리를 단순화하는데 사용된다.

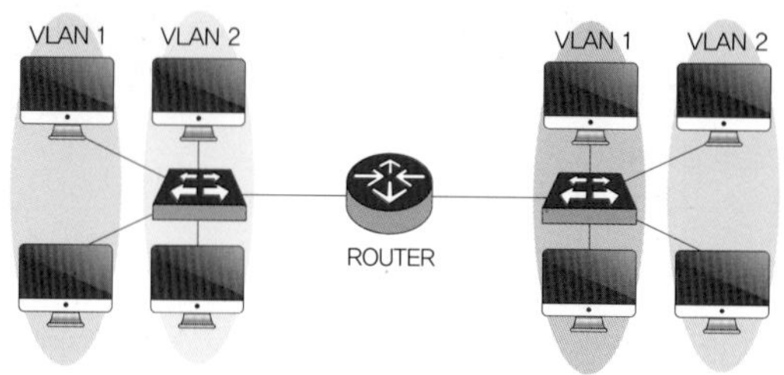

㉡ 네트워크 관리자는 VLAN을 사용하여 하나의 물리적 네트워크를 각각 고유한 보안 정책 및 우선순위를 가진 여러 논리적 네트워크로 분할(Partitioning) 할 수 있으며 VLAN 간 라우팅이 명시적으로 구성되지 않는 한 VLAN 내의 디바이스는 동일한 VLAN 디바이스와 통신할 수 있다.

㉢ VLAN은 또한 네트워크 정체와 브로드캐스트 트래픽을 줄여 네트워크의 성능을 향상시키는데 도움된다. VLAN은 브로드캐스트 트래픽의 범위를 제한함으로써 수신할 필요가 없는 장치로 전송되는 불필요한 트래픽의 양을 최소화하는 데 도움이 되며 이를 통해 네트워크 효율성을 개선하고 네트워크 지연시간을 줄일 수 있다.

❷ VLAN 구성의 장점

VLAN은 물리적 배치와 상관없이 논리적으로 LAN을 구성할 수 있는 기술로서 물리적 네트워크 구성이 아닌 논리적 네트워크 구성을 가능하게 한다. 장점은 아래와 같다.

구분	내용
네트워크 보안 향상	네트워크 그룹 설정을 변경하거나 이동하게 되면 보안의 문제가 있을 수 있지만 VLAN을 이용하면 실질적인 네트워크 그룹의 이동이 없어도 되어 보안상의 문제를 쉽게 줄일 수 있다.
비용 절감	VLAN 기술을 쓰지 않는다면 서로 차단된 LAN 환경을 구축할 때 장비가 추가로 필요하게 된다. 하지만 VLAN을 이용한다면 장비의 추가 없이 차단된 LAN 환경을 구축할 수 있다.
설정 작업 용이	네트워크 관리자가 특정 장비의 네트워크 그룹을 옮겨야 할 스위치 설정만으로 네트워크 그룹을 옮길 수 있어 편리하게 사용할 수 있다.
불필요한 트래픽 방지	VLAN은 서로 다른 네트워크 그룹이기 때문에 브로드캐스트 패킷이 다른 VLAN으로 전송되지 않는다. 세분화하여 Broadcast Domain을 나눌 수 있기 때문에 불필요한 트래픽을 줄일 수 있다.

❸ VTP(VLAN Trunking Protocol)

여러 개의 스위치들이 VLAN 설정 정보를 교환할 때 사용하는 프로토콜이다. VTP(VLAN Trunking Protocol)는 Cisco 스위치 네트워크에서 VLAN(Virtual LAN)의 자동 구성 및 관리를 가능하게 하는 Cisco 독점 프로토콜로서 VLAN의 중앙 집중식 관리를 허용하고 네트워크의 스위치 간에 VLAN 정보 배포를 용이하게 한다. 다른 공급업체는 VTP에 상응하는 GVRP(Generic VLAN Registration Protocol)와 같은 대체 프로토콜을 사용하거나 단순히 수동 VLAN 구성에 의존한다.

❹ **Trunking**

각기 다른 VLAN이 데이터를 주고 받을수 있게 하는 하나의 라인(회선)으로 된 통로이다. VLAN이 N개 일 때 스위치간 링크는 N개여야 할 것이다. 그러나 Trunking은 VLAN이 N개여도 하나의 통합 링크를 통해서 패킷을 보내는 방식이다. 하나의 통합 링크를 통해 보내므로 각 패킷이 포함된 VLAN 정보를 알 수는 없다. 그래서 패킷에 자신의 VLAN 정보를 넣어 보내는 방식을 사용한다. 이렇게 자신의 VLAN 정보를 붙여 보내는것을 Tagging이라 한다.

❺ **Tagging**

VLAN ID는 트렁킹 프로토콜에서 VLAN을 구분하는 용도로 사용한다. 이와 같이 VLAN에 ID를 붙여서 구분하는 방법을 프레임 태깅(Frame Tagging) 이라고 한다.

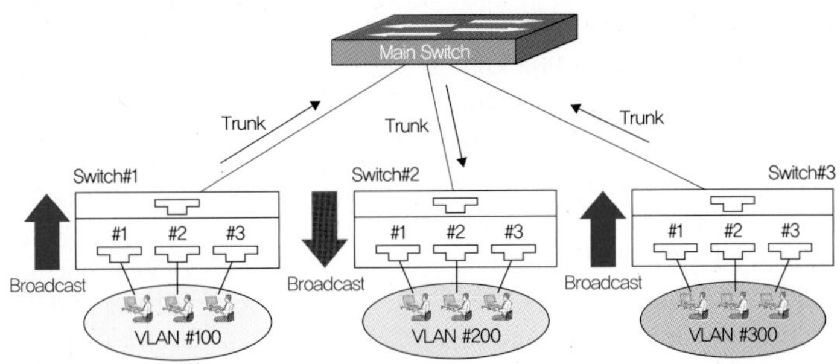

즉, 패킷에 VLAN ID를 붙여 이 패킷이 어떤 VLAN에 포함되어있는지 구분하여 받을지 말지를 결정하는 역할을 한다. 예를 들어 1번 Switch VLAN ID 100번의 장비가 Main Switch의 VLAN 100번에게 패킷을 보낼 때 1번 스위치의 장비는 패킷에 VLAN 100번이라는 Tag를 달아 Main Switch에게 보내주게 된다. Main Switch는 이를 받아 풀어보면(Untag) 이 패킷이 VLAN 100번에서 온 패킷이라는 것을 알고 자신의 VLAN 100에 포함된 장비에게 이 패킷을 보낸다. 다른 VLAN 에게는 VLAN ID가 다르므로 이 패킷을 보내지 않는다. Tag는 패킷이 어떤 VLAN에서 보내졌는지 알기 위한 수단으로 사용한다.

ISL(Inter-switch link)	시스코 전용 트렁킹 프로토콜
IEEE 802.1Q	IEEE 표준 트렁킹 프로토콜

01 이더넷 네트워크에서 VLAN 표준은? (2020-1차)

① IEEE 802.1D ② IEEE 802.1P
③ IEEE 802.1Q ④ IEEE 802.1X

해설

③ IEEE 802.1Q: IEEE 표준 트렁킹 프로토콜로서 VLAN에서 스위치 간에 VID(VLAN Identifier) 정보를 전달하는 방법으로 하나의 이더넷 네트워크에서 가상 랜(VLAN)을 지원하는 네트워크 표준이다.
① IEEE 802.1D: STP(Spanning Tree Protocol) 표준으로 일크 장애 후 1분 이내에 연결하는 표준이다. 스위치/브리지로 구성된 네트워크에서 Broadcast Flooding 특성으로 인한 물리적 루프를 발견, 방지, 제거하는 프로토콜이다.
② IEEE 802.1P: QoS(서비스 품질)에 대한 트래픽 우선순위를 해결하기 위한 표준이다.
④ IEEE 802.1X: Port Based Network Access Control로서 포트 기반(Port−based)의 접근제어를 가능하게 하는 인증 구조로서 로컬 영역 네트워크에서 상대 기기와 연결하는 기기에 대한 인증을 제공하는 방식의 표준이다.

02 다음 중 VLAN 트렁킹(Trunking)에 대한 설명으로 틀린 것은? (2017-3차)(2022-3차)

① 복수 개의 VLAN Frame을 전송할 수 있는 링크를 트렁크(Trunk)라고 하고, 특정 포트를 Trunk Port로 동작시키는 것을 트렁킹(Trunking)이라 한다.
② Trunk Port를 통해 Frame을 전송할 때는 Frame이 속하는 VLAN 번호를 표시해 주어야 한다.
③ Trunking Protocol은 Access Mode로 연결된 디바이스 사이에서만 동작한다.
④ Trunking Protocol은 IEEE 802.1Q와 시스코에서 개발한 ISL(Inter Switch Link)이 있다.

해설

복수 개의 VLAN 프레임을 전송할 수 있는 링크를 Trunk 한다. Trunk는 프로토콜은 802.1Q와 Cisco에서 개발한 ISL(Inter Switch Link)이 있다.

구분	내용
Access Mode	VLAN 정보만을 주고받는 것으로 Switch와 종단 단말 간의 링크이고 Trunk link는 여러 개의 VLAN 정보를 주고받는 Uplink의 개념으로 스위치와 스위치 간이나 Switch와 Router 간의 연결 링크이다. 즉, Trunk link는 위 모든 모드에서 모두 동작한다. Access Mode는 Switch Port에 하나의 VLAN을 할당하여 VLAN 간에만 Traffic이 흐를 수 있도록 하기 위해 지정된 Port이며 이를 Access Port라 한다.
Trunk (dot1q)	하나의 포트로 제한 없이(4,096개) 모든 VLAN Tag가 달린 패킷을 전송할 수 있도록 설정된 포트로서 IEEE 802.1Q라 한다. dot1q는 IEEE 802.1Q로서 IEEE에 의해서 표준화된 VLAN의 규격이다. 이전에는 각 제조사가 독자 방식을 개발해 실장하고 있었지만, 상호 운용성을 확보하기 위해 표준 규격으로서 제정되었고 주로 각 VLAN 그룹에 고유의 식별번호(VLAN ID)를 할당한다. 이것을 프레임 내에 분리되어 식별하는 VLAN Tagging의 방법에 대해 규정하고 있다.

03 다중 VLAN을 ATM과 연결할 때 사용하는 트렁킹 방법은? (2018-1차)

① ISL(Inter−Switch Link)
② LANE
③ SAID
④ 802.1q

해설

LANE (LAN Emulation)	ATM 네트워크상에서 LAN을 에뮬레이터하는 프로토콜로서, ATM Forum에서 표준화하였다. ATM 계층에 데이터링크계층의 MAC 계층을 정합시키는 프로토콜이다.
ISL (Inter-Switch Link)	Trunk 연계 프로토콜로 표준은 802.1Q이며 Cisco에서 개발한 것을 ISL(Inter Switch Link)이라 한다.

04 **EEE 802.1Q 표준 규격의 VLAN을 규별하는 VLAN ID를 전달하는 방법인 태깅(Tagging) 방법에 대한 설명으로 틀린 것은?** (2020-2차)

① 이더넷 프레임에서 소스 주소(Source Address) 바로 다음에 2바이트 TPID(Tag Protocol ID)를 삽입하여 VLAN 태그가 존재함을 알려준다.
② VLAN 태그를 인식하지 못하는 구형 장비는 알려지지 않은 이더넷 프로토콜 타입으로 간주하여 폐기한다.
③ TPID 바로 다음에 2바이트 TCI(Tag Control Information)를 삽입하여 태그 제어 정보로 사용한다.
④ TCI 중 12비트인 VID(VLAN ID)는 각각의 VLAN을 식별하는데 사용하며, 총 4096개의 VLAN 구별이 가능하다.

해설

TCI(Tag Control Information)는 2byte이고 16bit이다.
TCI: 2byte VLAN Tag

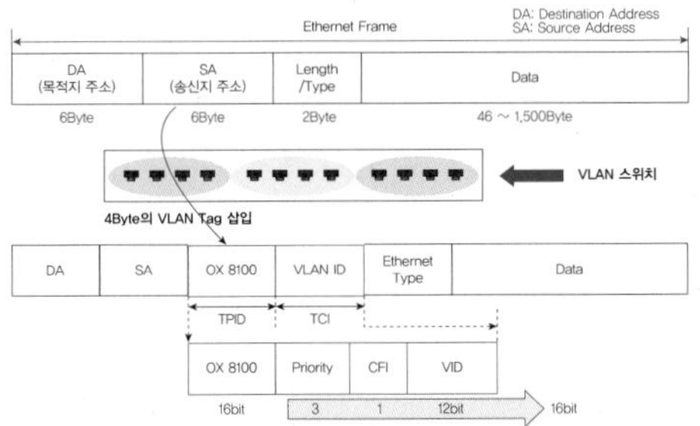

구분	내용
PCP	• PCP(Priority Code Point): 3bit • CoS: 0~7까지 우선순위(0이 보통 7이 우선순위 가장 높음)
CFI	• CFI(Canonical Format Identifier): 1bit • Ethernet =0, Token Ring = 1
VID	VID(Vlan Identifier): 12비트 각각의 VLAN을 식별한다. 총 4096개 중에서 0과 0xFF를 제외하고 총 4,094개의 VLAN에 대해 식별이 가능하다.

05 **다음 중 VLAN의 설명으로 옳은 것은?**
(2014-1차)(2015-2차)(2020-1차)

① 유니캐스트 도메인(Unicast Domain)을 분리한다.
② 브로드캐스트 도메인(Broadcast Domain)을 분리한다.
③ 애니캐스트 도메인(Anycast Domain)을 분리한다.
④ 멀티캐스트 도메인(Multicast Domain)을 분리한다.

해설

VLAN 구성을 통해 브로드캐스트 도메인(Broadcast Domain)을 분리하여 불필요한 Traffic 전파를 막을 수 있다.

06 **다음 중 VLAN의 종류로 거리가 먼 것은?**
(2016-1차)(2022-2차)

① 포트기반(Port-based) VLAN
② LLC 주소기반 VLAN
③ 프로토콜 기반 VLAN
④ IP 서브넷을 이용한 VLAN

해설

LLC는 Datalink에서 Logical Link Controller를 의미하며 이를 통한 VLAN은 별도 없다.

정답 07 ① 08 ③ 09 ④

07 다음 중 VLAN 표준 프로토콜의 VLAN Tag 구성에 대한 설명으로 틀린 것은? (2021-1차)

① 이더넷 프레임 앞에 VLAN Header로 캡슐화하여 구성된다.
② TPID는 O×8100의 고정된 값의 태크 프로토콜 식별자이다.
③ TCI는 VLAN 정보와 프레임의 우선순위 값을 표시한다.
④ VID는 12비트로 구성되며 VLAN ID로 사용된다.

해설

VLAN Tag

IEEE802.1Q 표준으로 프레임 헤더의 Source MAC Address 필드와 Type 필드 사이의 4바이트 공간에 VLAN 필드를 추가하여 동일 ID를 갖는 VLAN 간 통신을 허용하는 기능을 한다.

08 다음 중 동적(Dynamic) VLAN을 구성하는 기준이 되는 것은? (2021-2차)

① 스위치 포트 ② 라우터 포트
③ MAC 주소 ④ IP 주소

해설

- Static(정적) VLAN: 관리자가 포트를 직접 원하는 VLAN에 할당하는 방식으로 구성 및 관리가 용이하다.
- Dynamic(동적) VLAN: MAC 주소를 기준으로 관리 서버를 통해 자동으로 VLAN을 할당하는 것으로 MAC 주소와 VLAN ID 간의 별도 매핑이 되는 테이블과 관리 서버가 필요하다.

09 다음 보기가 설명하고 있는 VLAN 트렁킹 프로토콜(Trunking Protocol)의 운용모드로서 적절한 것은? (2022-3차)

> 독립된 영역을 만들 때 사용하며, 다른 스위치로부터 받은 VLAN 정보를 자신의 것과 동기화시키지 않고, 다른 스위치에게 전송(중계)만 하며, VLAN의 생성, 수정, 삭제 등이 가능하다.

① 서버 모드(Server Mode)
② 클라이언트 모드(Client Mode)
③ 엑세스 모드(Access Mode)
④ 트랜스페이런트 모드(Transparent Mode)

해설

위 내용은 Transparent Mode에 대한 설명으로 VLAN 정보를 별도 변경하지 않고 전송만 하는 기능이다. VLAN Mode는 다음과 같다.

구분	내용
Server Mode	VLAN을 추가, 변경, 삭제 할 수 있다. VLAN을 동기화하기 위한 경우 Server Mode를 사용한다. 이를 통해 Trunk Port를 이용해서 VTP 정보를 5분마다 한 번씩 주기적으로 전달한다.
Transparent Mode	VLAN을 추가, 변경, 삭제할 수 있으나 주로 Local 내로 한정한다. 즉, VLAN 정보를 변경할 수 있으나 이 정보를 다른 Switch에 보내지는 않는다. 다른 Server Switch가 보내 준 VLAN 정보를 다른 Switch에 전달하지만 자신의 정보를 보내는 역할은 하지 않는다.
Client Mod	VLAN을 추가, 변경, 삭제할 수 없다. VLAN 정보를 받기만 하며 NVRAM에 관련 정보도 저장하지 않는다. 장비를 껐다 키면 VLAN 정보가 모두 사라진다.

정답 10 ② 11 ①

10 **다음 중 정적(Static) VLAN(Virtual Local Area Network)에 대한 설명으로 틀린 것은?** (2023-1차)

① 네트워크에서 사용자가 이동하는 경우에도 동작 가능하다.
② MAC 주소별로 주소가 자동 할당된다.
③ VLAN 구성이 쉽고 모니터링하기도 쉽다.
④ 스위치 포트별로 VLAN을 할당한다.

해설

- Static(정적) VLAN: 관리자가 포트를 직접 원하는 VLAN에 할당하는 방식으로 구성 및 관리가 쉽다.
- Dynamic(동적) VLAN: MAC 주소를 기준으로 관리 서버를 통해 자동으로 VLAN을 할당하는 것으로 MAC 주소와 VLAN ID 간의 별도 매핑이 되는 테이블과 관리 서버가 필요하다.

11 **VLAN(Virtual Local Area Network)으로 네트워크를 분리하는 일이 이루어지는 네트워크 장치는 무엇인가?** (2023-2차)

① L2 스위치
② 라우터
③ DHCP(Dynamic Host Configuration Protocol) 서버
④ DNS(Domain Name System) 서버

해설

VLAN은 Virtual LAN으로 스위치 장비에서 네트워크를 분리해서 보안을 강화하고 Broadcast 영역을 한정함으로서 불필요한 Traffic 전파를 줄여준다.

VLAN 지원 Switch(Port 기반 VLAN)

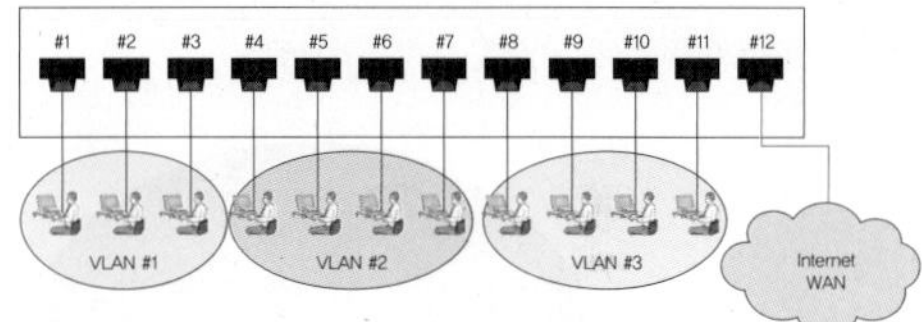

기출유형 21 ▶ WAN(Wide Area Network)

다음 중 독립적으로 MAN이나 WAN을 구성하기에 부적절한 장비는? (2015-1차)

① 이동전화시스템 ② 교환기

③ 인공위성 ④ Hub

해설

HUB는 LAN에서 사용하는 장비로 규모가 소규모인 LAN의 통신망에 적합하다.

| 정답 | ④

족집게 과외

PAN(Personal Area Network) < LAN(Local Area Network) < MAN(Metropolitan Area Network) < WAN(Wide Area Network)

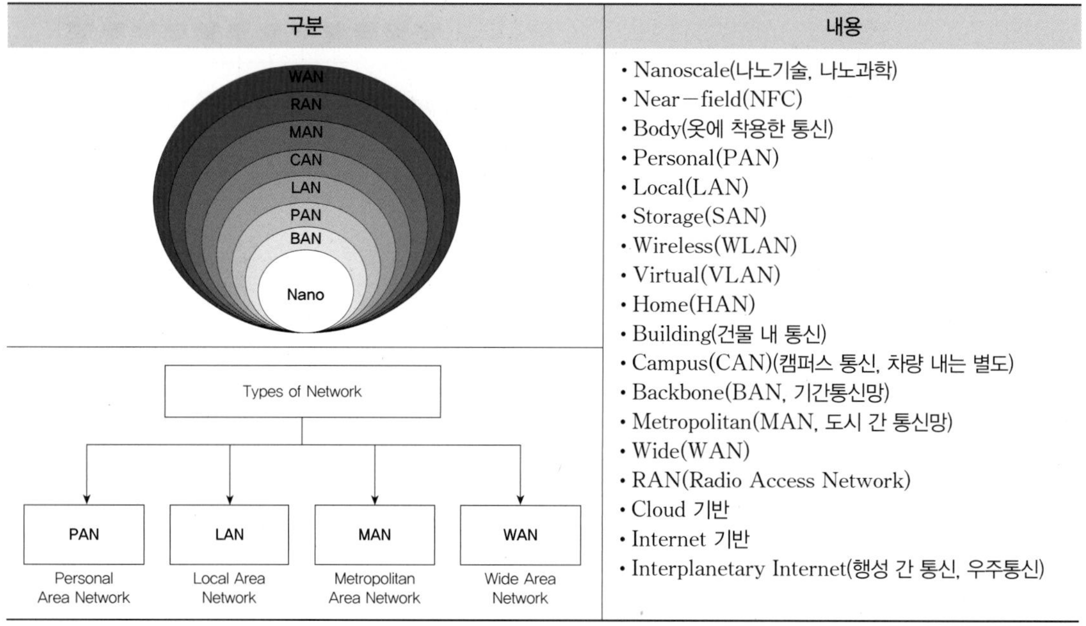

구분	내용
	• Nanoscale(나노기술, 나노과학) • Near-field(NFC) • Body(옷에 착용한 통신) • Personal(PAN) • Local(LAN) • Storage(SAN) • Wireless(WLAN) • Virtual(VLAN) • Home(HAN) • Building(건물 내 통신) • Campus(CAN)(캠퍼스 통신, 차량 내는 별도) • Backbone(BAN, 기간통신망) • Metropolitan(MAN, 도시 간 통신망) • Wide(WAN) • RAN(Radio Access Network) • Cloud 기반 • Internet 기반 • Interplanetary Internet(행성 간 통신, 우주통신)

더 알아보기

네트워크의 규모에 따라 분류하면 MAN(Metropolitan Area Network)은 랜(LAN)과 왠(WAN) 사이에 있는 범위로 도시권 통신망으로 큰 도시 또는 캠퍼스에 퍼져있는 네트워크에 사용되는 개념이다. 이에 반해 WAN의 주요 이점 중 하나는 사용자가 원격 위치에서 내부 네트워크에 접근하도록 하여 생산성과 협업의 효율성을 높일 수 있다. WAN은 일반적으로 라우터 및 스위치와 같은 하드웨어가 필요하며, 전문가가 구성해야 하며 별도의 공용 네트워크나 전용회선을 통해서 데이터가 전송되기 때문에 해킹 및 데이터 침해와 같은 보안 위협에 더 취약할 수 있어 ISP(Internet Service Provider)에서 특히 강화된 보안이 요구된다. 이를 위해 전용회선을 사용하거나 VPN(Virtual Private Network)을 구성해서 보안을 강화한다.

❶ LAN(Local Area Network)과 WAN(Wide Area Network)

WAN은 도시, 국가 또는 여러 국가와 같은 광범위한 지리적 영역에 걸쳐 있는 컴퓨터 네트워크의 한 유형으로 일반적으로 여러 LAN을 함께 연결하는 데 사용되며, 서로 다른 위치에 있는 사용자가 통신하고 리소스를 공유할 수 있다.

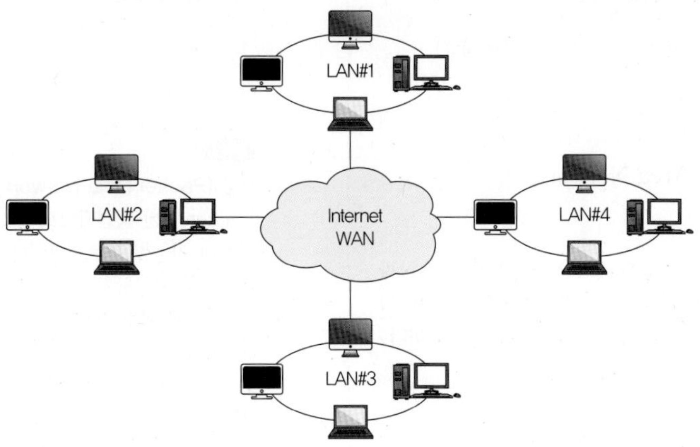

통신망을 거리나 규모의 기준으로 분류하면 아래와 같다.

구분	내용
PAN	Personal Area Network, 개인 영역 네트워크로서 Personal의 의미와 같이 블루투스나 UWB 등의 기술을 이용해서 개인 휴대기기 사이에서 구성된 무선 연결망을 의미한다.
LAN	Local Area Network, 근거리 영역 네트워크로서 가까운 거리에 위치한 컴퓨터의 네트워크를 말하며, 유선 케이블, 적외선 링크, 무선 송수신기 등을 이용하여 통신한다.
MAN	Metropolitan Area Network, 대도시 영역 네트워크로서 범위는 LAN보다는 넓어서 50km 거리 내에서 이용할 수 있다. 큰 학교나 건물, 쇼핑센터와 같은 곳이 MAN의 예가 된다.
WAN	Wide Area Network, 광대역 네트워크로서 두 개 이상의 LAN 영역을 연결한 영역이며 LAN 영역에 포함되어 있지 않은 멀리 떨어진 컴퓨터 사이에서도 WAN을 통하여 서로 통신이 가능하다.

❷ WAN 구성

WAN은 현대 비즈니스 및 통신망의 필수 구성요소로, 조직이 광범위한 거리에서 연결하고 협업할 수 있도록 지원한다. 과거에는 아래 보는 것과 같이 X.25망도 하나의 WAN으로 취급되었다.

구분	내용
전용선	가격이 비싸지만 가장 안정적인 구성이다. 과거 이론적으로는 PPP(Point to Point Protocol), HDLC, SDLC 프로토콜 사용하지만 최근에는 전송장비 기반하에 MSPP나 PTN장비가 DWDM/CWDM과 연동하여 구성된다.
회선 교환	과거 교환기의 교환방식에 대한 이론의 기준으로 타 교환방식 대비 가격이 상대적으로 비용이 많이 든다.
패킷 교환	과거 X.25에서 주로 사용되었으나 현재는 대외계 회선 이외는 거의 사용을 안하고 있다. 최근 통신망 구성은 PTN(Packet Transfer Network)나 Router 등에서 Packet 단위로 처리한다.
셀 릴레이	데이터와 음성을 동시에 전달하는 것으로 과거 ATM이 대표적이다. 2023년 기준 ATM은 거의 사용하지 않고 MSPP나 PTN을 이용하여 전용 전송망을 구성한다.

정답 01 ① 02 ④ 03 ④ 04 ④

01 근거리 통신망(LAN)과 원거리통신망(WAN)을 연결하는 도시지역 통신망은? (2021-3차)

① MAN(Metropolitan Area Network)
② NAN(Neighborhood Area Network)
③ PAN(Personal Area Network)
④ BAN(Body Area Network)

해설
MAN(Metropolitan Area Network)는 LAN과 WAN 사이에 있는 범위로 도시권 통신망이다. 큰 도시 또는 캠퍼스에 퍼져있는 네트워크에 사용되는 개념이다.

02 다음 중 WAN을 구성하기 위한 패킷교환의 설명으로 옳지 않은 것은? (2015-2차)(2018-1차)

① 데이터그램의 접근 방법은 네트워크층의 기술이다.
② 가상회선 접근 방법은 데이터링크층의 기술이다.
③ 가상회선을 위한 원거리 네트워크는 송신지에서 목적지의 트래픽을 전달하는 교환기가 있다.
④ 가상회선은 송신지에서만 전역 주소(Global Addressing)가 필요하다.

해설
패킷교환(Packet Switching)
데이터의 단위인 패킷을 이용해서 목적지의 컴퓨터로 데이터를 전달하는 방법을 말한다. 작은 블록의 패킷을 데이터를 전송하고 데이터를 전송하는 동안만 네트워크 자원을 연결하는 형태이다.

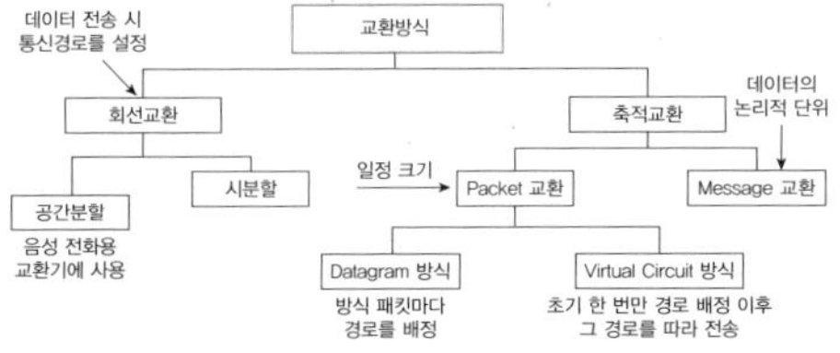

03 네트워크의 공간적인 거리에 따른 구분에 적합하지 않는 것은? (2017-1차)

① LAN ② MAN
③ WAN ④ PDN

해설
PDN(Packet Data Network)
Packet 기반 통신망으로 IP Network, Packet Data 통신이 가능한 네트워크이다. 하나의 단말에서 여러 네트워크를 구성하기 위한 것으로 패킷교환을 기반으로 하는 공중용 패킷 데이터 통신망으로 현재는 인터넷망을 의미한다. 과거에는 기간통신사업자가 통신망 및 단말장치 간에 통신을 위한 X.25 같은 공중 패킷교환망을 WAN으로 정의하기도 했으나 현재는 장거리 대규모 통신 트래픽을 기준으로 분류한다.

04 다음 중 지방과 지방, 국가와 국가, 국가와 대륙, 전 세계에 걸쳐 형성되는 통신망으로 지리적으로 멀리 떨어져 있는 넓은 지역을 연결하는 통신망은 무엇인가? (2017-3차)(2019-3차)

① PAN ② LAN
③ MAN ④ WAN

해설
WAN은 Wide Area Network으로 LAN과 LAN 사이를 광범위한 지역 단위로 구성하는 네트워크이다. 보통 ISP(Internet Service Provider, KT, SKB LGU+) 네트워크망을 통해 접속한다.

구분	내용
PAN (Personal Area Network)	개인 영역 네트워크로서 Personal의 의미와 같이 블루투스나 UWB 등의 기술을 이용해서 개인 휴대기기 사이에서 구성된 무선 연결망을 의미한다.
LAN (Local Area Network)	근거리 영역 네트워크로서 가까운 거리에 위치한 컴퓨터의 네트워크를 말하며, 유선 케이블, 적외선 링크, 무선 송수신기 등을 이용하여 통신한다. 관리자가 직접 관리가 가능한 영역을 LAN 영역이라 한다. 보통 사무실 내나 가정, 학교에서 볼 수 있는 형태이다.

MAN (Metropolitan Area Network)	대도시 영역 네트워크로서 M은 도시를 의미하는 Metropolitan의 약자이다. 범위는 LAN보다는 넓어서 50km 거리 내에서 이용할 수 있다. 큰 학교나 건물, 쇼핑센터 같은 곳이 MAN의 예가 된다.
WAN (Wide Area Network)	광대역 네트워크로서 두 개 이상의 LAN 영역을 연결한 영역이며 LAN 영역에 포함되어 있지 않은 멀리 떨어진 컴퓨터 사이에서도 WAN을 통하여 서로 통신이 가능하다.

05 일반적으로 통신망의 크기(Network Coverage)에 따라 통신망을 분류할 때 적절하지 않은 것은? (2013-2차)(2022-1차)

① LAN ② MAN
③ WAN ④ CAN

해설

CAN(Controlled Area Network)

차량 내부 통신을 위한 기술로서 CAN은 차량 배부에 있는 연결회선인 버스를 연계하여 구성한 지능형 디바이스를 네트워크로 연결하는 고정밀 시리얼 시스템이다. CAN 버스 및 디바이스는 자동차 및 산업 시스템의 일반적인 구성요소로서 CAN 인터페이스 디바이스를 사용하면 LabVIEW 어플리케이션을 통하여 차량 내부의 CAN 네트워크와 통신할 수 있다.

06 다음 중 LAN의 구성요소로 틀린 것은? (2023-1차)

① 전송매체
② 패킷교환기
③ 스위치
④ 네트워크 인터페이스 카드

해설

교환방식은 패킷교환부터 회선교환 등 다양한 방식이 있다. LAN은 Layer 1이나 Layer 2에서 동작하는 것이고 패킷교환은 패킷단위 처리를 위해 WAN에 대한 접근이다.

07 LAN(Local Area Network)의 설명 중 잘못된 것은? (2019-3차)

① 사무실용 빌딩, 공장, 연구소 또는 학교 등의 구내에 분산적으로 설치된 여러 장치를 연결할 수 있다.
② 약 10[km] 이내의 거리에서 100[Mbps] 이내의 고속 데이터 전송이 가능하다.
③ LAN 프로토콜은 ISO의 OSI 기준 모델인 상위계층을 채택한 계층화된 개념을 사용한다.
④ LAN 전동방식은 베이스밴드 방식과 브로드밴드 방식이 있다.

해설

② 약 10[km] 이내의 거리에서 100[Mbps] 이내의 고속 데이터 전송이 가능하다는 것은 MAN에 대한 접근 방식이다.

기출유형 22 ▶ WLAN(Wireless LAN)

다음 WLAN 규격 중 가장 속도가 빠른 규격은? (2022-1차)

① IEEE 802.11a ② IEEE 802.11b
③ IEEE 802.11g ④ IEEE 802.11n

해설

802.11b/g/n/ac/ax 순으로 발전하고 있다. 2023년 기준 802.11ax 다음 기술로 802.11be가 대두되고 있다.

| 정답 | ④

족집게 과외

802.11n	2.4Ghz 대역 및 5Ghz 대역을 사용, 최고 600Mbs까지의 속도를 지원
802.11ac	5GHz 대역에서 운용, 1Gbps 속도 지원
802.11ax	최대 10Gbps의 속도를 지원, 5GHz와 2.4GHz 대역을 지원, 1024－QAM, OFDMA 기술 사용
802.11be	최대 30Gbps의 속도, 2.4, 5, 6GHz 주파수 대역, 실내외 동작하며 802.11ax를 기반으로 사용

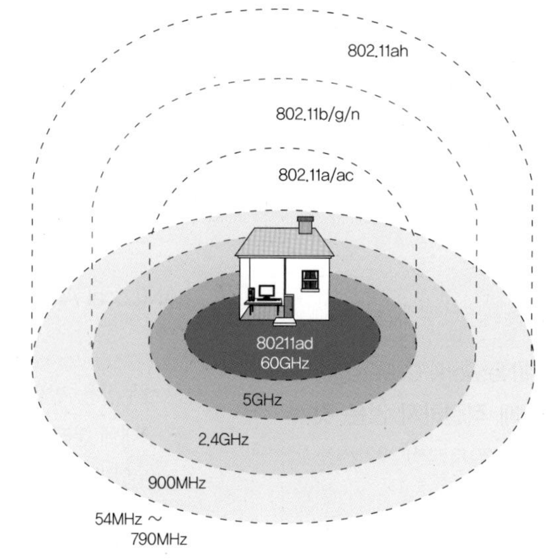

더 알아보기

와이파이(WiFi)는 2.4GHz와 5GHz를 사용한다. 2.4GHz는 가장 기본적인 주파수이다.

구분	내용
2.4GHz 장점	• 벽이 많은 곳에서도 안정적으로 통신이 가능하다(좋은 회절 성능). • 5GHz에 비해 먼 거리로 신호를 보낼 수 있다(커버리지가 넓다).
2.4GHz 단점	• 2.4GHz 주파수 자체가 포화상태이다(충돌 가능). • 2.4GHz 대역을 사용하는 주변 기기에 주파수 간섭받을 확률이 높다. • 2.4GHz를 사용하는 블루투스와 와이파이를 같이 사용할 경우 오작동할 수 있다.

5GHz의 출현은 포화상태인 기존 WiFi 2.4GHz 대역과 충돌을 피하고 고속 전송을 위하여 출시되었다.

구분	내용
5GHz 장점	• 최대 속도가 높다(2.4GHz 대역 대비). • 2.4GHz와 주파수가 다르기 때문에 주파수 간섭이 거의 없다.
5GHz 단점	• 주파수가 높아 2.4GHz에 비해 신호를 멀리 보내지 못한다(회절성 약하고 직진성 강함). • 주파수의 회절성이 2.4GHz 보다 낮아 장애물 통과 시 신호가 급속히 감소한다. • 장애물이 많은 곳에서는 2.4GHz보다 성능이 떨어질 수 있다.

❶ WLAN(Wireless Local Area Network)

WLAN은 무선기반 네트워크로서 장치들이 전선이나 케이블을 사용하지 않고 무선으로 서로 연결해서 통신할 수 있게 해주는 기술로서 전파를 사용하여 데이터를 송수신하므로 가정, 사무실 등의 공간에서 사용하기에 편리하고 유연하게 구성이 가능하다. WLAN의 발전은 아래와 같다.

1) Release(발표) 기준 분류

IEEE 표준	출시 시기	2.4 GHz	5GHz	최대 속도
802.11	1997	Yes(지원)	No(미지원)	2Mbps
802.11b	1999	Yes(지원)	No(미지원)	11Mbps
802.11a	1999	No(미지원)	Yes(지원)	54Mbps
802.11g	2003	Yes(지원)	No(미지원)	54Mbps
802.11n	2009	Yes(지원)	Yes(지원)	600Mbps
802.11ac	2013	No(미지원)	Yes(지원)	6.93Gbps
802.11ax	2019	Yes(지원)	Yes(지원)	9.6Gbps

2) WiFi 기준 분류

WiFi 표준	IEEE 표준	최대 속도	주파수(GHz)	대역폭(MHz)	특징
–	IEEE 802.11	2Mbps	2.4	20	최초 표준
WiFi 1	IEEE 802.11b	11Mbps	2.4	20	저속
WiFi 2	IEEE 802.11a	54Mbps	5	20	전파 간섭 낮음
WiFi 3	IEEE 802.11g	54Mbps	2.4	20	전파 간섭 높음
WiFi 4	IEEE 802.11n	600Mbps	2.4/5	20/40	다중 안테나 기술과 채널 본딩 지원
WiFi 5	IEEE 802.11ac	2.6Gbps	5	20/40/80/160	기가비트 무선랜지원
WiFi 6	IEEE 802.11ax	10Gbps	2.4/5	20/40/80/160	10기가 무선랜 지원
WiFi 7	IEEE 802.11be	30Gbps	2.4/5/6	20/40/80/160/320	초저지연, 전이중통신

3) WLAN의 주요 구성

구분	내용
AP (Access Points)	무선 장치를 유선 네트워크에 연결하는 장치이다. 일반적으로 무선 안테나와 네트워크 인터페이스를 포함하며 여러 장치를 동시에 지원할 수 있다.
Wireless Clients	노트북, 스마트폰, 태블릿 및 기타 무선 지원 장치와 같이 네트워크에 액세스하기 위해 액세스 지점에 연결하는 장치이다.
무선 네트워크 인터페이스 카드(NIC)	Network Interface Card, 컴퓨터 또는 장치가 무선 네트워크에 연결할 수 있도록 하는 하드웨어 구성이다.
WLAN Cell 설계	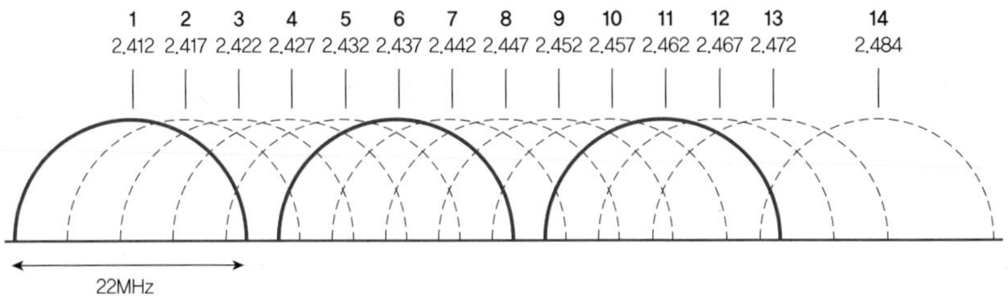 1 2 3 4 5 6 7 8 9 10 11 12 13 14 2.412 2.417 2.422 2.427 2.432 2.437 2.442 2.447 2.452 2.457 2.462 2.467 2.472 2.484 22MHz

WLAN에서 AP 구성을 위한 설계 시 위에서 보는 것과 같이 1번~14번의 중심주파수를 기준으로 상호 간섭이 없게 셀 설계를 진행해야 한다. WLAN은 이동성, 확장성 및 비용 효율성을 포함하여 기존 유선 네트워크에 비해 몇 가지 이점을 제공하며 옥외 공간이나 건물과 같이 유선 연결이 실현 가능하지 않거나 실용적이지 않은 환경에 쉽게 배치할 수 있다. 그러나 WLAN에는 제한된 범위와 다른 무선 장치로부터의 간섭과 같은 몇 가지 제한이 있으며 적절한 보안 조치가 마련되지 않으면 무선 신호가 가로채거나 해킹될 수 있기 때문에 보안에 대한 고려가 필요하다.

❷ 802.11b/g/n/ac/ax

주로 2.4GHz 대역 UHF 대역 및 5GHz SHF ISM 무선 대역을 사용한다.

구분	내용
IEEE 802.11	무선랜, 와이파이라고 부르는 무선 근거리 통신망을 위한 기술로서 유선 LAN인 이더넷의 단점을 보완하기 위해 탄생하였다. IEEE의 LAN/MAN 표준 위원회(IEEE 802)의 11번째 워킹 그룹에서 개발된 표준 기술이다.
802.11b	802.11 규격을 기반으로 발전시킨 기술로서 이론상 최고 전송속도는 11Mbs이지만 실제로는 CSMA/CA 기술의 구현 과정에서 6~7Mbps 정도의 효율을 낸다. 이전 규격에 비해 현실적인 속도를 지원해 기업이나 가정 등에 유선 네트워크를 대체하기 위한 목적으로 폭넓게 보급되었으나 최근(2023년 기준) 802.11n이나 802.11ac로 교체되고 있다.
802.11a	5GHz 대역의 전파를 사용하는 규격으로 OFDM 기술을 사용해 최고 54Mbps까지의 전송속도를 지원한다. 802.11g 규격이 등장한 이후로 잘 쓰이지 않는다.
802.11g	2.4GHz 대역의 전파를 사용하는 규격으로 802.11a 규격과 전송속도가 같다. 802.11b 규격과 쉽게 호환되어 현재 널리 쓰이고 있다.
802.11n	Wi-Fi 4 또는 IEEE 802.11n은 유선망의 품질에 버금가는 무선망을 구현하는 기술로서 상용화된 전송규격이며 2.4GHz 대역 및 5GHz 대역을 사용하며 최고 600Mbs까지의 속도를 지원하고 있다.
802.11ac	5GHz 대역에서 운용되며, 다중 단말의 무선랜 속도가 최소 1Gbps이다. 최대 단일 링크 속도는 최소 500Mbps까지 가능하게 된다. 이는 최대 160MHz 대역에서 더 많은 MIMO 공간적 스트림(최대 8개), 다중 사용자 MIMO, 그리고 높은 밀도의 변조(최대 256 QAM) 등 802.11n에서 받아들인 무선 인터페이스 개념을 확장하였다. 현재 사무실이나 대부분의 가정에서 사용 중이다.
802.11ax	최대 10Gbps의 속도를 지원하며, 최상의 품질을 목표로 IEEE에서 개발 중인 와이파이 규격이다. HEW(High Efficiency WLAN)라고도 하며 802.11ac 규격의 취약한 커버리지와 낮은 물리적 속도를 극복하기 위해 5GHz와 더불어 2.4GHz 대역을 다시 지원하고 1024QAM OFDMA 등의 기술을 사용한다.

❸ 802.11ax

802.11ax는 무선 네트워크를 위한 IEEE 802.11 표준의 최신 버전이다. 특히 장치 밀도가 높고 트래픽량이 많은 환경에서 무선 네트워크의 성능과 효율성을 향상시키기 위해 개발되었다. 802.11ax의 주요 기능은 다음과 같다.

구분	내용
MIMO	Multiple-Input Multiple-Output, 이 기능을 통해 액세스 지점은 한 번에 하나의 장치를 사용하는 대신 여러 장치와 동시에 통신할 수 있다. 이를 통해 네트워크 용량을 향상시키고 지연 시간을 줄일 수 있다.
OFDMA	Orthogonal Frequency Division Multiplexing, OFDMA를 통해 액세스 포인트는 사용 가능한 대역폭을 다른 장치에 할당하거나 다른 용도로 사용할 수 있는 더 작은 하위 채널로 분할 할 수 있다. 이는 네트워크의 효율성을 향상시키고 간섭을 줄일 수 있다.
TWT	Target Wake-Up Time, 이 기능은 Wake-Up 시간을 예약할 수 있으므로 전력 소비를 줄이고 배터리 수명을 향상시킬 수 있다.
향상된 보안	802.11ax는 WPA 3 암호화 및 암호 해킹과 같은 공격에 대한 향상된 보호와 같은 보안 향상 기능을 제공한다.

전반적으로 802.11ax는 이전의 와이파이 표준에 비해 더 빠른 속도, 더 나은 커버리지, 더 효율적인 사용을 제공하도록 설계되었으며 이전 Wi-Fi 표준과 역호환(Backward Compatibility) 되므로 802.11ax를 지원하는 장치는 여전히 오래된 Wi-Fi 네트워크에 연결할 수 있다.

정답 01 ② 02 ④ 03 ④ 04 ② 05 ①

01 IEEE 802.11의 무선 중파수 영역에서 "직접 순서 확산 스펙트럼"과 관련된 것은? (2011-1차)

① IEEE 802.11 FHSS
② IEEE 802.11 DSSS
③ IEEE 802.11a OFDM
④ IEEE 802.11g OFDM

해설

DSSS(Direct Sequence Spread Spectrum, 직접 확산)
원래의 신호에 주파수가 높은 확산코드를 곱하여 원래 신호의 대역폭을 확산시키는 변조방식이다. 즉, 보내고자 하는 신호에 대해 확산코드라는 암호화된 코드를 입력하고 그 신호를 받은 사용자는 동일한 확산코드로 복원하여 데이터를 송수신하는 방식이다.

02 IEEE 802에서 무선 근거리통신망(Wireless LAN)을 규정한 표준은? (2011-3차)

① IEEE 802.1 ② IEEE 802.6
③ IEEE 802.9 ④ IEEE 802.11

해설

IEEE에서 제정한 무선 LAN의 표준기술을 정의하여 802.11b/a/g/n/ac/ax 순으로 발전하고 있다. IEEE 802.11은 흔히 무선랜, 와이파이(WiFi)라고 부르는 무선 근거리 통신망(Local Area Network)을 위한 무선 네트워크에 사용되는 기술로, IEEE의 LAN/MAN 표준 위원회(IEEE 802)의 11번째 워킹 그룹에서 개발된 표준 기술을 의미한다.

03 IEEE에서 제정한 무선 LAN의 표준은? (2020-2차)(2023-1차)

① 802.3 ② 802.4
③ 802.9 ④ 802.11

해설

802.11b/a/g/n/ac/ax 순으로 발전하고 있으며 무선 LAN은 802.11을 기준으로 정의한다. IEEE 802.11은 현재 주로 쓰이는 유선 LAN 형태인 이더넷의 단점을 보완하기 위해 고안된 기술로, 이더넷 네트워크의 말단에 위치해 필요 없는 배선 작업과 유지관리 비용을 최소화하기 위해 널리 쓰이고 있다.

04 다음 중 무선 홈네트워킹 기술로 옳지 않은 것은? (2015-2차)

① 블루투스(Bluetooth)
② CDMA
③ 무선 LAN(IEEE 802.11)
④ 지그비(Zigbee)

해설

② CDMA는 홈네트워킹이 아닌 이동통신을 위한 기술로 3G(3세대) 처리에 기존 TDM이나 FDM보다 가입자 수용 및 처리가 더욱 높은 기술이다.
① 블루투스(Bluetooth)는 1994년에 에릭슨이 최초로 개발한 디지털 통신 기기를 위한 개인 근거리 무선 통신 산업 표준이다. ISM 대역에 포함되는 2.4~2.485GHz의 단파 UHF 전파를 이용하여 전자 장비 간의 짧은 거리의 데이터 통신 방식을 규정하고 있다.
④ Zigbee는 IEEE 802.15 표준을 기반 메시 네트워크 방식을 이용, 여러 중간 노드를 거쳐 목적지까지 데이터를 전송함으로써 저전력임에도 불구하고 넓은 범위의 통신이 가능하다.

05 다음 중 무선랜(Wireless Local Area Network)에서 사용하는 보안 기술이 아닌 것은? (2015-3차)

① IEEE 802.11n
② IEEE 802.11i
③ IEEE 802.1x
④ IPSec

해설

802.11b/a/g/n/ac/ax는 IEEE에서 제정한 무선 LAN의 표준기술이다.
① IEEE 802.11n: 기존 표준인 IEEE 802.11a와 IEEE 802.11g의 대역폭을 향상시키기 위한 IEEE 802.11 무선 네트워킹 표준의 개정판이다. IEEE 802.11n는 40MHz의 채널 대역을 사용함으로써 최대 데이터 전송률을 54Mbps에서 600Mbps를 지원한다.
② IEEE 802.11i: WPA 2로서 구현한 IEEE 802.11의 수정판이다. 이 표준은 무선 네트워크의 보안 메커니즘을 규정한다.

③ IEEE 802.1X: 포트 기반 네트워크 접근 제어(PNAC)에 대한 IEEE 표준이다. 이것은 네트워크 프로토콜에 대한 그룹인 IEEE 802.1의 일부이다. 이 표준은 근거리 통신망과 무선랜을 연결하기 위한 장치의 인증 메커니즘을 제공한다.
④ IPsec(Internet Protocol Security): 통신 세션의 각 IP 패킷을 암호화하고 인증하는 안전한 인터넷 프로토콜(IP) 통신을 위한 인터넷 프로토콜이다. 이것은 통신 세션의 개별 IP 패킷을 인증하고 암호화해서 처리한다.

06 무선 네트워크 환경에서 보안을 담당하며, 관제-탐지-차단의 3단계 메커니즘으로 작동되는 것은? (2022-3차)

① SSO(Single Sign On)
② Firewall
③ IDS(Intrusion Detection System)
④ WIPS(Wireless Intrusion Prevention System)

해설
④ WIPS(Wireless Intrusion Prevention System): 무선랜 환경에서 외부의 침입으로부터 내부시스템을 보호할 수 있도록 특정 패턴을 기반으로 공격자의 침입을 탐지하고 탐지된 공격에 대한 연결을 끊는 역할을 한다.
① SSO(Single Sign−On): 한 번의 인증 과정으로 여러 컴퓨터상의 자원을 이용 가능하게 하는 인증 기술이다. 싱글 사인온, 단일 계정 로그인, 단일 인증이라고 한다.
② Firewall: 미리 정의된 보안 규칙에 기반하여 들어오고 나가는 모든 네트워크 트래픽을 모니터링하고 제어하는 네트워크 보안 시스템이다.
③ IDS(Intrusion Detection System): 침입탐지 시스템은 통신망에서 잘못된 동작을 탐지하는 기능을 한다.

07 WLAN(Wireless Local Area Network)의 MAC 알고리즘으로 옳은 것은? (2015-2차)(2022-2차)

① FDMA(Frequency Division Multiple Access)
② CDMA(Code Division Multiple Access)
③ CSMA/CA(Carrier Sense Multiple Access Collision Avoidance)
④ CSMA/CD(Carrier Sense Multiple Access Collision Detection)

해설
- CSMA/CA(Carrier Sense Multiple Access Collision Avoidance)는 무선망에서 사용한다.
- CSMA/CD(Carrier Sense Multiple Access Collision Detection)는 유선망에서 사용한다.

08 WiMAX가 Fixed WiMAX에서 Mobile WiMAX로 업그레이드되었는데, Mobile WiMAX 규격으로 처음 표준화된 것은 어느 것인가? (2016-3차)

① IEEE 802.16d
② IEEE 802.16e
③ IEEE 802.16j
④ IEEE 802.16m

해설
IEEE 802.16e
IEEE에서 제정한 무선 브로드밴드 표준이다. 현재 버전은 IEEE 802.16j−2009의 수정판인 IEEE 802.16−2009이다. 802.16 계열의 표준이 공식적으로 IEEE에서 Wireless MAN으로 불리긴 하지만 와이맥스 포럼에서는 와이맥스라는 이름으로 상용화되었다.

기출유형 23 ▶ DHCP(Dynamic Host Configuration Protocol)

네트워크에 연결될 때마다 특정 서버가 IP 주소를 임의로 동적으로 배정해 주는 것은? (2010-3차)

① Flag ② ARP

③ Forwarding ④ DHCP

해설

④ DHCP(Dynamic Host Configuration Protocol): 동적 호스트 구성 프로토콜로서 자동으로 IP를 할당받아서 네트워크에 사용하는 프로토콜이다.

② ARP(Address Resolution Protocol): 주소 결정 프로토콜로서 네트워크상에서 IP 주소를 물리적 네트워크 주소로 대응(Binding)시키기 위해 사용되는 프로토콜이다. 여기서 물리적 네트워크 주소는 이더넷 또는 48비트 MAC 기반 네트워크 카드 주소이다.

| 정답 | ④

족집게 과외

동적 IP란?

- DHCP(Dynamic Host Configuration Protocol) 서비스이다.
- PC를 On/Off 하거나, 인터넷을 재설정될 경우, 사용 가능한 IP를 자동으로 신규 부여하는 것이다.
- 네트워크에 연결될 때마다 특정 서버가 가용한 IP 주소를 동적으로 배정해 주는 프로토콜이다.

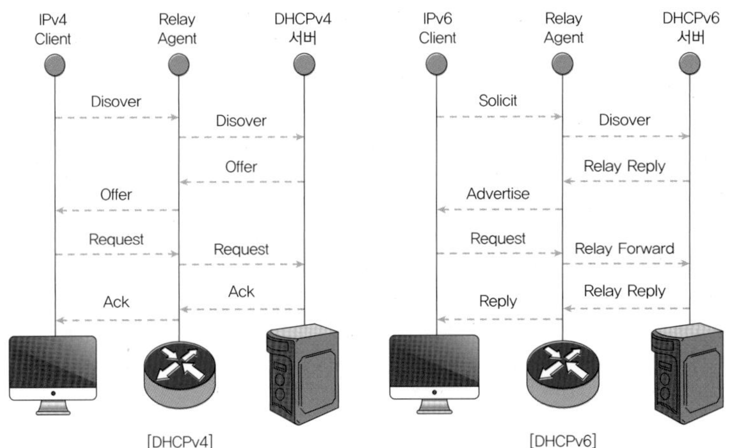

더 알아보기

DHCP 파라미터

메시지	메시지 방향	내용
Discover	단말 → DHCP 서버	단말이 DHCP 서버를 찾기 위한 메시지이다.
Offer	DHCP 서버 → 단말	서버에게 IP를 할당받아 통신을 한다.
Request	단말 → DHCP 서버	단말은 DHCP 서버의 존재를 알고, DHCP 서버가 단말에 제공할 네트워크 정보(IP 주소, Subnet Mask, Default Gateway 등)를 알 수 있다.
Ack	DHCP 서버 → 단말	DHCP 절차의 마지막 메시지로, DHCP 서버가 단말에게 "네트워크 정보 "를 전달해 주는 메시지이다.

❶ **DHCP(Dynamic Host Configuration Protocol)**

㉠ DHCP는 호스트의 IP 주소와 각종 TCP/IP 프로토콜의 기본 설정을 클라이언트에게 자동적으로 제공해주는 프로토콜이다. DHCP를 함으로서 네트워크의 장치에 IP 주소 및 기타 네트워크 구성 매개 변수를 동적으로 할당하는 데 사용되는 네트워크 관리 프로토콜로서 DHCP를 사용하면 네트워크 관리자가 수동 구성없이 IP 주소를 보다 효율적으로 관리하고 할당할 수 있다.

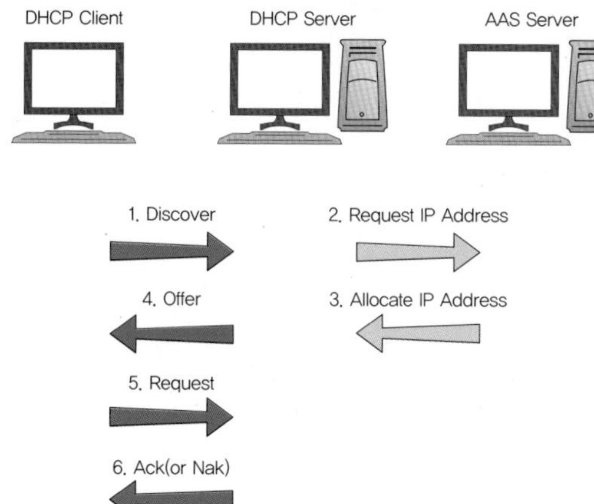

장치가 네트워크에 연결되면 IP 주소를 요청하는 브로드캐스트 메시지를 보내고 네트워크의 DHCP 서버가 이 요청을 수신하고 사용가능한 IP 주소를 장치에 할당한다. 이를 위해 AAS(Authentication and Authorization Service) Server로부터 IP를 할당받아 DNS 서버를 통해서 Client에게 IP를 전달한다. DHCP 서버는 서브넷 마스크, 기본 게이트웨이 및 DNS 서버 주소와 같은 다른 구성 매개 변수도 제공된다.

㉡ DHCP는 수동 IP 주소 할당이 비실용적이거나 비효율적인 대규모 네트워크에서 특히 유용하다. 네트워크 관리자는 DHCP를 사용하여 IP주소 할당을 쉽게 관리 및 업데이트하고 장치가 올바른 네트워크 설정으로 구성되었는지 확인할 수 있다.

㉢ DHCP에 대한 표준은 RFC 문서에 정의되어 있으며, DHCP는 네트워크에 사용되는 IP 주소를 DHCP 서버가 중앙집중식으로 관리하는 클라이언트/서버 모델을 사용하게 된다. DHCP 지원 클라이언트는 네트워크 부팅 과정에서 DHCP 서버에 IP 주소를 요청하고 이를 얻을 수 있다.

㉣ DHCP는 또한 네트워크 설정 및 관리를 단순화하기 위해 가정 및 소규모 사무실 네트워크에서 일반적으로 사용된다. 대부분의 라우터 및 네트워킹 장치에는 연결된 장치에 IP 주소를 자동으로 할당하도록 구성할 수 있는 내장 DHCP 서버가 함께 제공된다.

❷ DHCP의 구성

구분	내용
DHCP 서버	DHCP 서버는 네트워크 인터페이스를 위해서 IP 주소를 가지고 있는 서버에서 실행되는 프로그램으로 일정한 범위의 IP 주소를 다른 클라이언트에게 할당하여 자동으로 설정하게 해주는 역할을 한다. DHCP 서버는 클라이언트에게 할당된 IP 주소를 변경 없이 유지해 줄 수 있다.
DHCP 클라이언트	클라이언트들은 시스템이 시작하면 DHCP 서버에 자신의 시스템을 위한 IP 주소를 요청하고, DHCP 서버로부터 IP 주소를 부여받으면 TCP/IP 설정은 초기화되고 다른 호스트와 TCP/IP를 사용해서 통신을 할 수 있게 된다.
DHCP Relay	DHCP 서버가 없는 서브넷으로 부터 다른 서브넷에 존재하는 하나 이상의 DCHP 서버에게 DHCP 또는 BOOTP 요청을 중계(Relay)해주는 것이다.

❸ IP 할당 방법: 공인 IP, 동적 IP, 고정 IP, 사설 IP

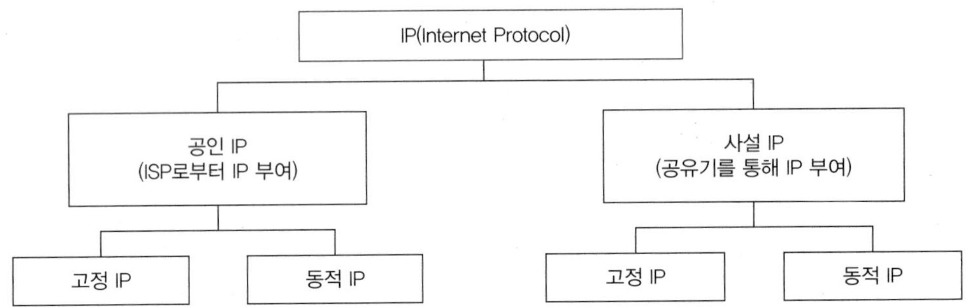

ISP(Internet Service Provider): 인터넷을 제공하는 사업자(KT, SK Broadband, LG U+)

<table>
<tr><th>구분</th><th>내용</th></tr>
<tr><td>공인 IP</td><td>통신사인 KT, SKB, LGU+와 같은 인터넷 서비스 제공업체(ISP)에 비용을 지불하고 부여받은 IP를 의미한다. 주로 가정에서 사용하는 가정용 IP와 기업에서 사용하는 기업용 IP로 나눌 수 있는데 가정용 IP는 일반적으로 동적(유동) IP를 부여받게 되고, 기업용 IP는 따로 기업회원으로 가입하여 고정 IP를 부여받게 된다.</td></tr>
<tr><td>동적 IP</td><td>DHCP를 사용하게 되면 네트워크 관리자가 중앙에서 IP 주소를 자동으로 할당해 주기 때문에 다른 장소에서 접속을 하더라도 IP 주소를 수동으로 입력할 필요 없이 각각의 컴퓨터마다 서로 다른 IP 주소를 가질 수 있게 된다. 따라서 대다수의 가정이나 기업에서도 편의를 위해 DHCP로 네트워크에서 IP를 구성하고 있다.</td></tr>
<tr><td>고정 IP</td><td>변경 없이 고정해서 사용하는 IP를 의미한다. 기업용 공인 IP와 공유기 사용을 통한 고정 IP로 나눌 수 있다. 공유기 사용을 통한 IP를 사설 IP(공인기관에서 허가받지 않은 IP)라고 하는데 DHCP를 사용하게 되면 사설 IP 중에서도 동적 IP인 것이고 수동으로 입력하게 되면 고정 IP인 것이다. 이렇게 수동으로 입력한 IP 주소를 고정 IP라 한다.</td></tr>
<tr><td>사설 IP</td><td><table>
<tr><th>구분</th><th>내용</th></tr>
<tr><td>A Class 내 사설 IP</td><td>10.0.0.0~10.255.255.255</td></tr>
<tr><td>B Class 내 사설 IP</td><td>172.16.0~172.31.255.255</td></tr>
<tr><td>C Class 내 사설 IP</td><td>192.168.0.0~192.168.255.255</td></tr>
</table></td></tr>
</table>

정답 01 ④ 02 ④ 03 ④ 04 ①

01 네트워크에 연결될 때마다 특정 서버가 가용한 IP 주소를 동적으로 배정해 주는 프로토콜은? (2012-2차)

① ICMP ② ARP
③ UDP ④ DHCP

해설
동적 호스트 구성 프로토콜(DHCP)는 자동으로 IP 주소 및 서브넷 마스크와 기본 게이트웨이 등의 구성 정보를 제공하는 클라이언트/서버 프로토콜이다. RFC 2131 및 2132에 DHCP로는 IETF(Internet Engineering Task Force) 표준에 의한 BOOTP(부트스트랩 프로토콜)을 정의한다. BOOTP 프로토콜은 부팅 호스트가 사용자의 관리 없이 동적으로 구성할 수 있게 해주는 UDP/IP 기반의 프로토콜이다.

02 다음 중 네트워크 대역이 다른 네트워크에서 동적으로 IP 부여를 하기 위해 필요한 DHCP(Dynamic Host Configuration Protocol) 구성 요소가 아닌 것은? (2022-2차)

① DHCP 서버
② DHCP 클라이언트
③ DHCP 릴레이
④ DHCP 에이전트

해설
① DHCP 서버: IP 주소를 가지고 있는 서버에서 IP 주소를 다른 클라이언트에게 자동으로 설정한다.
② DHCP 클라이언트: 클라이언트들은 시작하면 DHCP 서버에 IP 주소를 요청한다.
③ DHCP Relay: DHCP 서버가 없는 서브넷으로부터 요청을 중계(Relay)해 준다.

03 다음 중 무선랜의 보안 문제점에 대한 대응책으로 틀린 것은? (2022-2차)

① AP 보호를 위해 전파가 건물 내부로 한정되도록 전파 출력을 조정하고 창이나 외부에 접한 벽이 아닌 건물 안쪽 중심부, 특히 눈에 띄지 않는 곳에 설치한다.
② SSID(Service Set Identifier)와 WEP(Wired Equipment Privacy)를 설정한다.
③ AP의 접속 MAC 주소를 필터링한다.
④ AP의 DHCP를 가능하도록 설정한다.

해설
④ AP가 아닌 PC나 단말에 DHCP가 가능하도록 설정한다. AP에 DHCP가 가능하도록 설정하면 불특정 다수가 접속할 수 있어 무선랜 보안에 위협을 받을 수 있다.

04 DHCP 프로토콜에서 IP를 일정 시간 동안만 부여하고 시간 종료 후 회수 시 설정하는 항목은? (2023-1차)

① 임대 시간
② 여유 시간
③ 고정 시간
④ 동적 시간

해설
위 문제는 DHCP 프로토콜에서 IP를 일정 시간 동안만 부여하고 시간 종료 후 회수 시 설정하는 것을 임대 시간이라 한다.

기출유형 24 ▶ X.25

다음 중 X.25 표준에 대한 설명으로 틀린 것은? (2015-2차)(2018-3차)(2020-1차)(2021-3차)

① ITU-T가 개발한 패킷 교환 방식의 장거리 통신망 표준이다.
② X.25 계층 구조는 물리계층, 프레임계층, 상위계층으로 구성되어 있다.
③ 패킷 방식 단말이 데이터 교환을 하기 위해 어떻게 패킷 네트워크에 연결되는가를 정의한다.
④ 패킷의 다중화는 비동기식 TDM을 사용한다.

해설

X.25 계층 구조는 물리계층, 프레임계층, 패킷계층(3계층)으로 구성되어 있다. X.25 인터페이스 프로토콜에서 데이터계층은 LAPB(Link Access Procedure Balanced)로 전송제어절차를 규정하고 순서, 오류, 흐름 제어 기능을 한다.

| 정답 | ②

족집게 과외

X.25는 OSI 7계층에서 네트워크계층에 해당하는 프로토콜로 데이터링크계층과 물리계층까지 포함한다.

물리계층	물리적 접촉 인터페이스로 X.21 사용한다.
프레임계층	데이터링크계층으로, 다중화, 순서 제어, 오류 제어, 흐름 제어 등을 LAPB에서 동작한다.
패킷계층	네트워크계층에 해당한다.

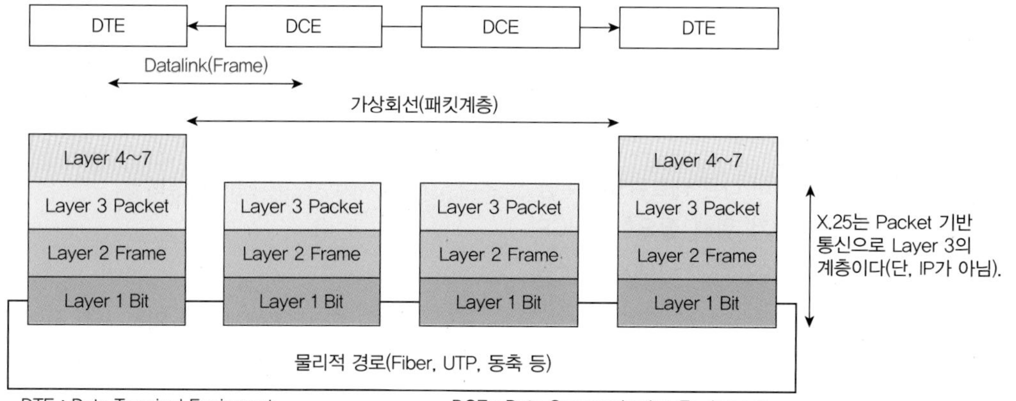

더 알아보기

구분	내용
X.3	PAD가 문자형 비단말기를 제어하기 위해 사용되는 변수들에 대한 규정이다.
X.21	동기식 디지털 라인을 통한 시리얼 통신에 대한 ITU-T 표준으로써 X.21 프로토콜은 유럽과 일본에서 주로 사용된다.
X.25	패킷망에서 패킷형 단말기를 위한 DTE와 DCE 사이의 접속 규정이다.
X.28	문자형 비패킷 단말기와 PAD 간에 주고받는 명령과 응답에 대한 규정으로 공중 데이터 통신망에서 패킷의 조립/분해장치(PAD)를 엑세스하는 동기식 데이터 단말장치용 DTE/DCE 인터페이스에 대하여 ITU-T에서 권고한 표준이다.
X.29	패킷형 단말기와 문자형 비패킷 단말기의 통신 규정이다.
X.75	패킷망 상호 간의 접속을 위한 신호방식을 규정으로 PSDN(Public Switching Data Network, 패킷교환망) 사이에서 패킷을 교환하는 방법을 규정한다. 즉, X.25 망들 간의 상호연결을 규정하고 있다.

❶ X.25

X.25는 과거에 네트워크 장치 간의 통신으로 특히 ISDN(Integrated Services Digital Network)과 같은 PDN(Public Data Network)을 사용하여 컴퓨터 네트워크를 연결하는 데 널리 사용되었던 프로토콜이다. OSI(Open Systems Interconnection) 모델의 데이터링크계층에서 작동하지만 Packet 교환을 하므로 2계층과 3계층에서 동작하는 패킷 교환 프로토콜이다.

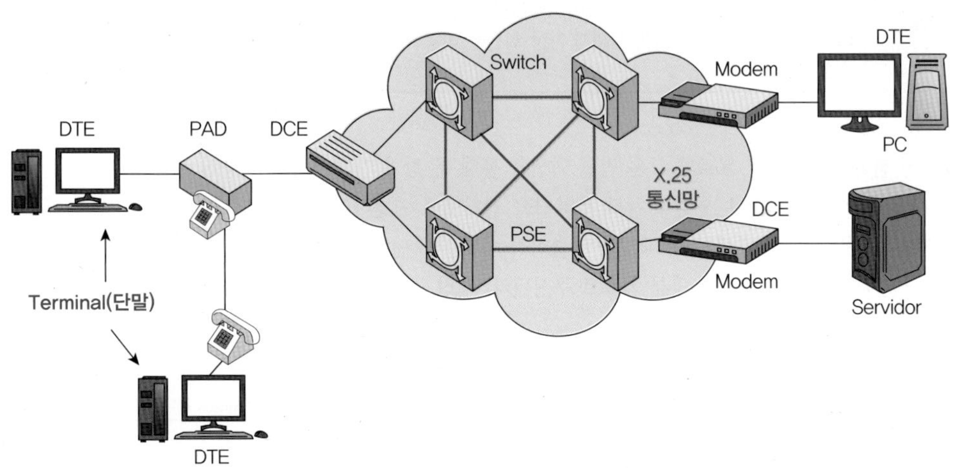

위 그림에서 PSE(Packet Switch Exchange)는 기본적으로 Carrier Network를 구성하는 스위치이며 DCE와 DCE 사이에 위치한다. PSE는 동기(Synchronous)를 맞추기 위해 타이밍을 제공한다. X.25는 DTE(Data Terminal Equipment)와 DCE(Data Circuit-terminating Equipment)간의 인터페이스를 제공하는 프로토콜로서 통신을 원하는 두 단말장치가 패킷 교환망을 통해 패킷을 원활히 전달하기 위한 통신 절차로서 X.25에서는 데이터 전송이 시작되기 전에 가상회선 기술을 사용하여 두 장치 간의 연결을 설정하고 데이터가 작은 패킷으로 전송되고 수신측에서 재조립되는 것을 의미하는 패킷 스위칭을 사용한다.

❷ X.25 특징

구분	내용
호환성 우수	ITU－T에서 제정(1976년 승인)한 국제 표준 프로토콜로, 우수한 호환성을 가진다.
우회전송	한 회선에 장애가 발생하더라도 정상적인 경로를 선택하여 우회 전송이 가능하다.
흐름, 오류 제어	연결형 프로토콜로 흐름제어, 오류 제어 등의 기능이 있다.
품질우수	디지털 전송을 기본으로 하므로 전송 품질이 우수하다.
가상회선방식	가상회선방식을 이용해서 하나의 물리적 회선에 다수의 논리 채널을 할당하므로 효율성이 우수하다.
축적교환	축적 교환방식을 사용하므로, 전송을 위한 처리 지연이 발생할 수 있다.
패킷단위	X.25의 모든 패킷은 최소 3옥텟의 헤더를 갖는다.
오류 점검	강력한 오류 체크 기능으로 신뢰성이 높다.

❸ X.25의 계층구조

구분	내용
물리계층	단말장치(DTE)와 패킷 교환망(DCE) 간의 물리적 접속에 관한 인터페이스를 정의하는 계층으로 X.21을 사용한다.
프레임계층	패킷의 원활한 전송을 위해 데이터링크의 제어를 수행하는 계층으로 링크계층이라고도 한다. OSI 7계층의 데이터링크계층에 해당된다. 전송 제어를 위해 HDLC 프로토콜의 변형인 LAPB를 사용하며 다중화, 순서제어, 오류제어, 흐름제어 기능 등을 한다.
패킷계층	OSI 7계층의 네트워크계층으로 패킷 계층의 수행절차는 호 설정 → 데이터 전송 → 호 해제 순서로 동작한다. 데이터 전송 시 오류제어, 순서제어, 흐름제어, 다중화, 망 고장 시 복구 등의 데이터 전송 제어 기능을 수행하며 호를 설정한 후 호 해제 시까지 가상 회선을 이용하여 통신 경로를 유지하므로 패킷을 끝까지 안전하게 전송할 수 있다.

1) SLIP(Serial Line Internet Protocol)

SLIP은 전화선이나 직렬 포트와 같은 직렬 회선을 통해 두 장치 간의 점 대 점 통신 링크를 설정하는 데 사용되는 프로토콜로서 전화 접속 연결을 통해 컴퓨터를 인터넷에 연결하기 위해 인터넷 초기에 일반적으로 사용되었다. SLIP은 SLIP 패킷 내에서 IP 패킷을 캡슐화하여 직렬 라인을 통해 전송하는 방법을 제공한다. SLIP 패킷은 시작 구분 기호, IP 패킷 및 끝 구분 기호로 구성된다. 시작 구분 기호와 끝 구분 기호는 각각 패킷의 시작과 끝을 식별하는 데 사용된다.

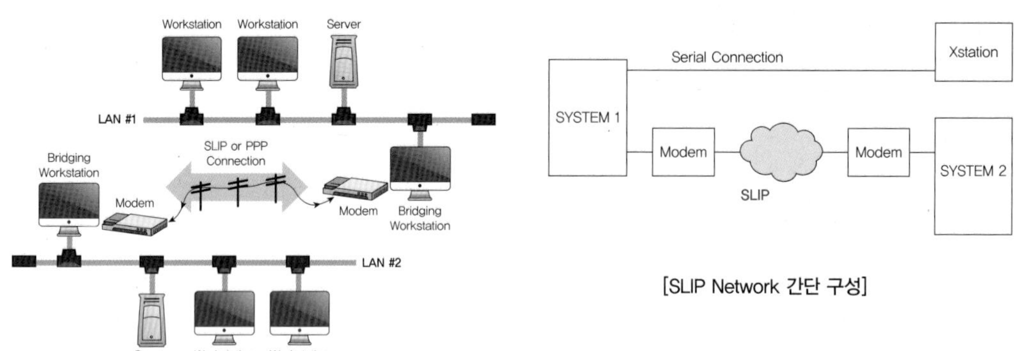

[SLIP Network 간단 구성]

• 간단한 SLIP: SLIP은 오류 감지 또는 수정 메커니즘을 포함하지 않는 간단한 프로토콜이다.
• 효율적인 프로토콜: 불필요한 오버헤드를 포함하지 않는 프로토콜로, 저대역폭 연결에 적합하다.
• 다양한 운영 체제(1990년대 기준): SLIP은 Windows 및 Linux를 포함한 많은 운영 체제에서 지원한다.
• 점 대 점 연결에 사용: SLIP은 두 개의 네트워크 장치 간의 점 대 점 연결을 설정하는 데 사용된다.

이 프로토콜은 일반적으로 최저 1,200bps에서 최고 19.2Kbps 이상의 속도로 작동하는 전화 접속 연결과 전용 직렬 링크에서 사용되었다. 직렬 회선 인터넷 프로토콜 또는 시리얼 라인 인터넷 프로토콜(Serial Line Internet Protocol, SLIP)은 대부분의 컴퓨터에 내장된 직렬 포트에서 인터넷 등의 TCP/IP 네트워크에 전화선 등 직렬 통신 회선의 저속 회선을 통해 일시적으로 접속하기 위한 프로토콜이다. SLIP는 대부분 점대점 프로토콜(PPP)로 대체되었다. SLIP은 주로 다른 프로토콜로 대체되었지만 여전히 일부 임베디드 시스템 및 레거시 애플리케이션에서 사용되고 있다.

2) PPP(Point to Point Protocol)

PPP는 두 대의 컴퓨터가 직렬 인터페이스를 이용하여 통신을 할 때 필요한 프로토콜로서, 특히 전화회선을 통해 서버에 연결하는 PC에서 자주 사용된다. 예를 들면, 대부분의 ISP(Internet Server Provider)들은 자신들의 가입자를 위해 인터넷 PPP 접속을 제공함으로써, 사용자의 요구에 서버가 응답하고, 그 서버를 통해 인터넷으로 나아갈 수 있도록 하며, 사용자 요구에 따른 응답을 다시 사용자에게 보내주는 등의 일을 할 수 있도록 한다.

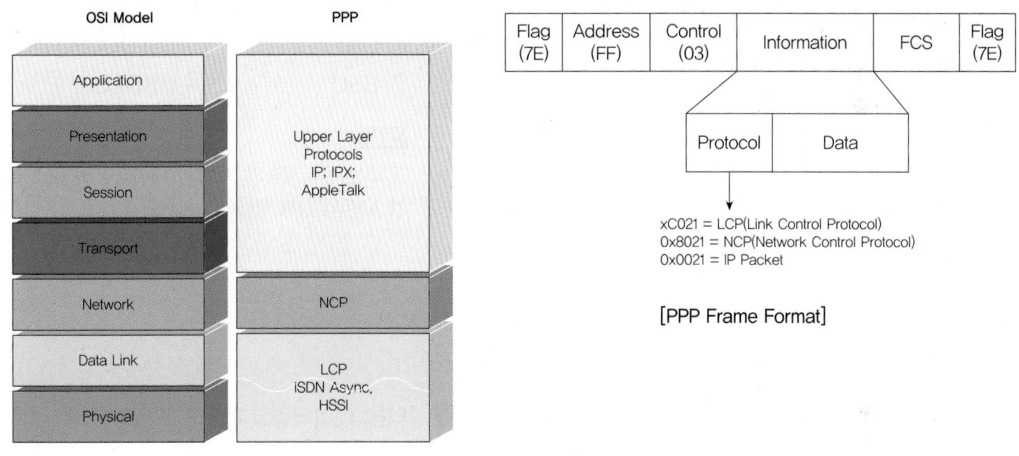

[PPP Frame Format]

PPP는 IP를 사용하며, 때로 TCP/IP 프로토콜 군의 하나로 간주된다. PPP는 OSI(Open Systems Interconnection) 참조모델과 비교하면 제2계층에 해당하는 데이터링크 서비스를 제공한다. 본래 PPP는 컴퓨터의 TCP/IP 패킷들을 포장해서 그것들이 실제로 인터넷으로 보내어질 수 있도록 서버로 전달한다. PPP 링크 설정을 위해 아래와 같이 3가지 단계 동작한다.

단계	내용
1. LCP 협상 단계	LCP를 이용하여 각종 옵션들 협상한다. 즉, 링크에 대한 설정값을 결정한다.
2. 인증프로토콜 결정 및 링크품질 관리	LCP에서 협상된 인증프로토콜을 이용하여 인증 수행 및 링크품질을 관리한다.
3. NCP 협상 단계	인증 후, IPCP와 같은 NCP를 이용하여 IP 주소, DNS, G/W 등을 할당한다.

정답 01 ② 02 ② 03 ① 04 ① 05 ④

01 공중 데이터망에서 패킷단말기를 위한 DCE와 DTE 사이의 접속 규격을 정의한 표준안은? (2022-2차)

① X.24 ② X.25
③ X.26 ④ X.27

해설
X.25는 DTE(Data Terminal Equipment)와 DCE(Data Circuit-terminating Equipment) 간의 인터페이스를 제공하는 프로토콜로 통신을 원하는 두 단말장치가 패킷 교환망을 통해 패킷을 원활히 전달하기 위한 통신 절차이다.

02 X.25 인터페이스 프로토콜에서 LAPB 방식을 정의하며, ISO 7776에서 제정하였고, HDLC 프로토콜의 일종으로 제어 순서, 오류, 흐름 등을 제어하는 계층은? (2021-2차)

① 네트워크계층 ② 데이터링크계층
③ 물리계층 ④ 표현계층

해설
X.25는 일반적으로 OSI7 계층에서 네트워크계층에 해당하는 프로토콜로 알려져 있지만, 계층구조에서 알 수 있듯이 데이터링크계층과 물리계층까지 포함한다(물리계층의 X.21과 데이터링크계층의 LAPB가 X.25와 세트로 구성된다).

03 다음 중 공중 패킷망 간의 상호접속용 프로토콜은? (2010-2차)

① X.75 ② X.30
③ X.25 ④ X.21

해설

구분	내용
X.21	동기식 디지털 라인을 통한 시리얼 통신에 대한 ITU-T 표준으로써 X.21 프로토콜은 유럽과 일본에서 주로 사용된다.
X.25	패킷망에서 패킷형 단말기를 위한 DTE와 DCE 사이의 접속 규정이다.
X.75	패킷망 상호 간의 접속을 위한 신호방식을 규정으로 PSDN(Public-Switching Data Network, 패킷교환망) 사이에서 패킷을 교환하는 방법을 규정한다. 즉, X.25 망들 간의 상호연결을 규정하고 있다.

04 X.25 프로토콜의 링크레벨에서 적용되는 프로토콜은? (2011-2차)

① LAP-B ② ADCCP
③ BSC ④ SDLC

해설
X.25는 물리계층의 X.21과 데이터링크계층의 LAPB가 X.25와 함께 적용하여 사용한다.

05 다음 데이터링크계층의 프로토콜 중 비트 중심의 프로토콜이 아닌 것은? (2014-2차)(2015-2차)(2017-1차)

① SDLC ② X.25
③ HDLC ④ PPP

해설
④ PPP(Point-to-Point Protocol)는 네트워크 분야에서 두 통신 노드 간의 직접적인 연결을 위해 일반적으로 사용되는 데이터링크 프로토콜이다.
① SDLC(Synchronous Data Link Control)는 IBM사에서 개발한 비트 방식의 프로토콜이다. BSC의 많은 제한점을 보완했으며 HDLC의 기초가 되었다.
② X.25는 일반적으로 OSI7 계층에서 네트워크계층에 해당하는 프로토콜로 알려져 있지만 데이터링크계층과 물리계층까지 포함한다(물리계층의 X.21과 데이터링크계층의 LAPB가 X.25와 세트이다).

물리계층	물리적 접촉 인터페이스로 X.21을 사용한다. DTE와 DCE 간의 전기적, 기계적, 절차적, 기능적 접속을 다루며 비트 단위로 교환한다.
프레임계층	데이터링크계층에 해당되며, 다중화, 순서 제어, 오류 제어, 흐름 제어 등을 LAPB를 통해 동작한다. 이 계층은 물리계층의 비트단위의 스트림(연속열)을 받아서 패킷 계층에 에러가 없는 데이터를 전달한다.
패킷계층	네트워크 계층이며 연결지향성(Connection-oriented)에 기초한 가상회선을 지원한다.

③ HDLC는 High-level Data Link Control 프로토콜로 컴퓨터가 일대일 혹은 일대다로 연결된 환경에 데이터의 송수신 기능을 제공한다.

06 패킷교환망에서 PAD(Packet Assembly Disassembly) 기능과 그 동작을 제어하는 인자들에 관한 ITU-T 표준은? (2015-3차)

① X.3　② X.25
③ X.28　④ X.29

해설

구분	내용
X.3	PAD가 문자형 비단말기를 제어하기 위해 사용되는 변수들에 대한 규정이다.
X.21	동기식 디지털 라인을 통한 시리얼 통신에 대한 ITU-T 표준으로써 X.21 프로토콜은 유럽과 일본에서 주로 사용된다.
X.25	패킷망에서 패킷형 단말기를 위한 DTE와 DCE 사이의 접속 규정이다.
X.28	문자형 비패킷 단말기와 PAD 간에 주고 받는 명령과 응답에 대한 규정으로 공중 데이터 통신망에서 패킷의 조립/분해장치(PAD)를 엑세스하는 동기식 데이타 단말 장치용 DTE/DCE 인터페이스에 대하여 ITU-T에서 권고한 표준이다.
X.29	패킷형 단말기와 문자형 비패킷 단말기의 통신 규정이다.

07 ITU-T에서 제정한 표준안으로서 패킷 교환망에서 패킷형 단말과 패킷교환기 간의 인터페이스를 규정하는 프로토콜은 무엇인가? (2023-1차)

① X.25　② X.28
③ X.30　④ X.75

해설

X.25
패킷망에서 패킷형 단말기를 위한 DTE와 DCE 사이의 접속 규정이다.

08 PPP(Point-to-Point Protocol)에서 IP의 동적 협상이 가능하도록 하는 프로토콜은?
(2014-3차)(2016-3차)(2019-2차)(2021-1차)

① NCP(Network Control Protocol)
② LCP(Link Control Protocol)
③ SLIP(Serial Line IP)
④ PPPoE(Point-to-Point Protocol over Ethernet)

해설

PPP는 두 대의 컴퓨터가 직렬 인터페이스를 이용하여 통신을 할 때 필요한 프로토콜로서 특히 전화회선을 통해 서버에 연결하는 PC에서 자주 사용된다. PPP를 이용하여 IP를 동적으로 받기 위해서 LCP(Link Control Protocol)를 이용한다. NCP(Network Control Protocol)는 PPP 프로토콜에서 네트워크 계층과는 독립적인 방법으로 네트워크 계층의 옵션들을 조정하는 방법을 제공하는 구성요소이다.

기출유형 25 ▶ T1/E1

PCM-32/TDM에서 1프레임의 비트 수는? (2019-3차)

① 64비트 ② 193비트

③ 256비트 ④ 512비트

해설

32 Ch×8bit=256bit

| 정답 | ③

족집게 과외

- 1Time Slot=64Kbps, 8000Hz×8bit=64Kbps
- 32ch×64Kbps=2.048Mbps

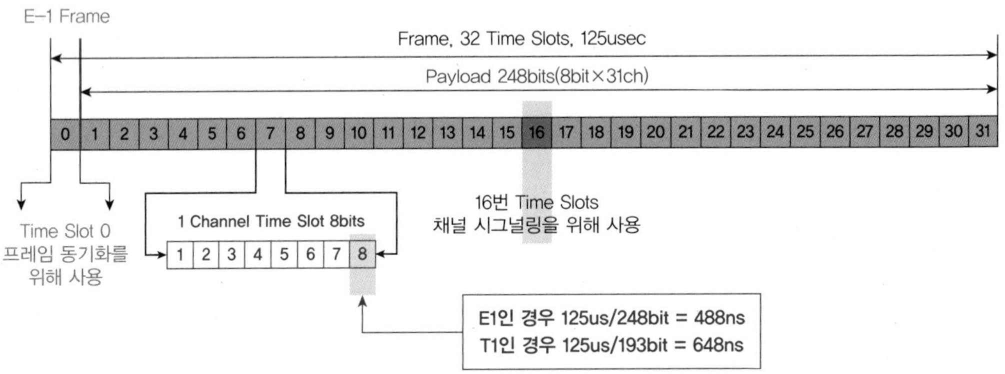

더 알아보기

ITU-T G.733

PCM 계위	북미방식(T1)		유럽방식(E1)	
	음성 Ch 수	속도	음성 Ch 수	속도
단위신호	1	64kbps(T0)	1	64kbps(E0)
1차 계위	24	1.544Mbps(T1)	30	2.048Mbps(E1)
2차 계위	24×4=96	6.312Mbps(T2)	30×4=120	8.488Mbps(E2)
3차 계위	96×7=672	44.736Mbps(T3)	120×4=480	34.368Mbps(E3)
4차 계위	672×6=4,032	274.176Mbps(T4)	480×4=1,920	139.264Mbps(E4)
5차 계위	–		1,920×4=7,680	564.992Mbps(E5)

E1은 유럽 ETSI에서 표준화한 비동기식 디지털 계위(PDH)이고 T1은 미국 AT&T 벨연구소에서 정립한 비동기식 디지털 계위(PDH)이다. T1과 E1은 일반적으로 과거(인터넷이 활성화 안 된 시기)에 장거리에서 음성 및 데이터 신호를 전송하는 데 사용되었던 두 가지 유형의 디지털 통신 회선이다. 현재도 군이나 공공기관에서 전용회선 개념으로 T1이나 E1 회선을 사용하기도 한다.

❶ E1 Multi Frame

E1은 2.048Mbps의 속도로 데이터를 전송할 수 있는 디지털 전송 시스템이다. 32개의 채널로 구성되어 있으며, 각 채널의 대역폭은 64Kbps로서 E1 라인은 주로 유럽, 아시아, 그리고 세계의 다른 지역에서 일반적으로 사용된다. E1은 ITU-T에서 권고안으로 유럽 통신운영회의(CEPT)에서 주관했으며 64kbps 기준으로 채널 32Ch을 수용하여 2.048Mbps 속도로 처리한다. 국내에서 주로 사용하는 계위로서 현재도 E1을 기준으로 N배의 속도로 증속하여 사용 중이다. 광전송에서는 VC(Virtual Container)-12로 E1의 2M와 동일 개념으로 사용한다.

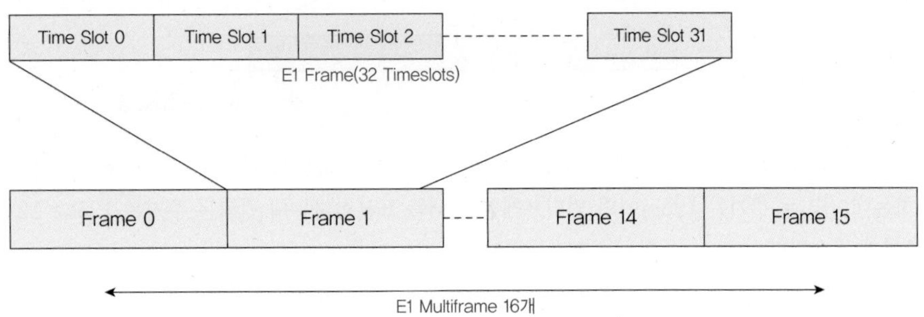

위의 그림과 같이 32개의 ch 중에서 가장 첫 번째 채널인 'Time Slot 0'은 동기 채널이고 'Time Slot 16'은 신호정보(어드레스 주소 가입자 상태 회선상태 등)를 전송하기 위해 사용된다. 유럽방식의 멀티프레임 동기는 첫 번째 프레임인 '0 Frame'의 16개의 Frame에 의해 이루어진다.

E1 특징

- 유럽식 디지털 전송 System이며 유럽 전신 전화 위원회에서 구성했다.
- 32채널(슬롯)의 음성을 다중화하는 것으로 각각의 Time Slot은 8bit가 기준이다.
- 0번 슬롯은 동기용 bit, 16번 슬롯은 신호 전송용으로 예약되어 있다.
- 0번과 16번 채널을 제외한 30개 채널만을 이용하여 정보(데이터) 전송에 사용한다.
- E1의 기본 전송속도 2.048Mbps이다.
- 1Time Slot=64Kbps로 8,000Hz×8bit=64Kbps이다. 참고로 32Ch×64Kbps=2.048Mbps이다.
- CAS 방식: 30개 Ch(채널) 사용, 16번 신호 전송용으로 사용, 1,920Kbps
- CCS 방식: 31개 Ch(채널) 사용, 16번 Data 전송용으로 사용, 1,984Kbps

❷ T-1 Multi Frame

T1은 1.544Mbps의 속도로 데이터를 전송할 수 있는 디지털 전송 시스템으로 24개의 채널로 구성되어 있으며, 각 채널의 대역폭은 64Kbps이다. T1 회선은 미국과 북미의 다른 지역에서 일반적으로 사용된다. T1은 1960년 미국 벨 시스템에서 주관한 것으로 64kbps 기준으로 24Ch 수용하여 1.544Mbps 속도로 처리한다. 국내에서 통신망 구축 초기에 주로 사용되었으나 현재 일부 저속급 회서에서 T1을 사용하기도 했으며 전송에서는 VC(Virtual Container)-11로 T1의 1.544M와 동일 개념으로 사용한다.

북미 PCM 방식의 프레임 구조는 위의 그림처럼 12개의 프레임이 하나의 멀티프레임을 구성하며 하나의 프레임은 24개의 ch(Time Slot)과 하나의 프레임비트(동기비트)로 구성된다. 하나의 ch(Time Slot)은 8bit로 구성되고 하나의 프레임을 구성하는 bit수는 (24ch×8bit)+Frame Bit=193bit이다.

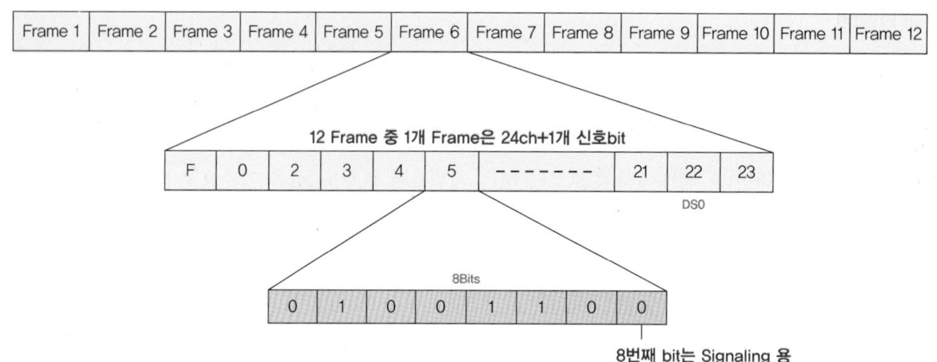

프레임(Frame)이란 다중화된 모든 ch(채널)들을 모두 한 번씩 표본화하는데 걸리는 주기를 말하는데 하나의 프레임을 표본화하는데 걸리는 주기는 125㎲이며 멀티프레임 전체를 표본화하는데 걸리는 주기는 125s×12 = 15ms로서 15ms의 주기가 소요된다.

T1 특징

- 24Ch의 음성을 다중화하는 전송방식이다.
- 4KHz의 대역폭을 갖는 음성을 8KHz로 표본화하고 각각의 표본을 8bit로 부호화하는 방식이다.
- 음성 신호의 전송속도 64Kbps(8KHz×8bit)가 기본이다.
- 24개의 Time Slot이 다중화되어 한 개의 프레임을 구성하며 각각의 슬롯은 8bit로 부호화한다.
- 한 슬롯의 7bit는 음성 신호의 정보, 1bit는 동기 비트 프레임 간의 동기화를 위한 프레임 동기비트 1bit 추가한다.
- T1의 전송속도는 1.544Mbps이며 24 음성채널×8bit Slot 부호화=192bit이다.
- 1프레임(192bit+프레임 동기 bit 1bit)=193bit, 초당 8,000프레임×프레임당 193bit=1.544Mbps이다.

❸ T1과 E1 방식 비교

구분	E1 방식(유럽)	T1 방식(북미)
주파수 대역	300~3,400Hz	300~3,400Hz
표본화 주파수	8,000Hz	8,000Hz
Bit 수/채널당	8	8
Time Slot 수/프레임당	32	24
음성채널 수/프레임당	30	24
전송속도	2.048Mbps	1.544Mbps
채널당 전송속도	64Kbps	56Kbps
부호화법칙	A−law(A=87.6)	μ−law(μ=255)
압축 특성	13절선	15절선
특징	유럽방식, 신호채널을 별도로 사용, 채널당 64Kbps(8bit×8K)	북미방식 기준, 채널당 56Kbps(7bit×8K)
동기용 CH	1(0번 CH)	동기 bit 사용(1bit)
신호용 CH	16(16번 CH)	CH 내 8번 bit
선로부호	HDB3	AMI, B8ZS
멀티프레임 수	16	12
프레임당 비트 수	32×8=256bit	24×8+1=193bit

기출유형 완성하기

정답 01 ③ 02 ② 03 ① 04 ① 05 ②

01 PCM-32/TDM 방식의 전송속도 및 음성채널 수로 맞는 것은? (2010-1차)

① 전송속도: 1.544[Mbps], 음성채널 수: 24
② 전송속도: 1.544[Mbps], 음성채널 수: 32
③ 전송속도: 2.048[Mbps], 음성채널 수: 30
④ 전송속도: 2.048[Mbps], 음성채널 수: 32

해설
PCM-32는 32ch 기준이다. 0번 ch 프레임 동기용, 16번 ch 시그널용을 빼면 총 30ch을 데이터(음성) 채널로 사용한다.

02 시분할방식 스위치 회로망을 사용하는 디지털 교환기가 음성 32채널의 PCM 신호방식일 때, 부호속도[Mbps]는? (2011-1차)

① 1.544 ② 2.048
③ 6.312 ④ 8.192

해설
1Time Slot=64Kbps, 8000Hz×8bit=64Kbps, 32Ch×64Kbps=2.048Mbps

03 다음 중 PCM 북미방식과 유럽방식의 설명이 옳은 것은? (2021-3차)

① 북미방식과 유럽방식의 표본화주파수는 모두 8[kHz]이다.
② 유럽방식은 24채널, 프레임당 비트 수는 193비트이다.
③ 북미방식은 32채널, 프레임당 비트 수는 256비트이다.
④ 유럽방식은 13절선, 북미방식은 15절선을 사용한다.

해설
① T1, E1 모두 4KHz의 대역폭을 갖는 음성을 8KHz로 표본화하고 각각의 표본을 8bit로 부호화한다.
② 유럽방식은 24채널, 프레임당 비트 수는 256비트이다.
③ 북미방식은 32채널, 프레임당 비트 수는 193비트이다.
④ 유럽방식은 15절선, 북미방식은 13절선을 사용한다.

04 다음 중 T1급 혹은 E1급 전용선을 사용하여 네트워크를 구축할 경우 적합한 디지털 전송장비는? (2013-1차)(2014-3차)

① CSU ② MODEM
③ CCU ④ CODEC

해설
CSU(Channel Service Unit)는 DSU와 함께 Digital 네트워크 구성에 사용된다. CSU는 T1이나 E1 기준 64Kbps 속도를 기본으로 N배 해서 보내기 위한 것이다. T1은 24ch이며 E1은 32ch 중 데이터는 30ch이다.

05 PDH(Plesiochronous Digital Hierarchy) 중 북미방식인 T1의 전송속도는? (2022-3차)

① 64[Kbps] ② 1.544[Mbps]
③ 2.048[Mbps] ④ 6.312[Mbps]

해설

구분	E1 방식	T1 방식
전송속도	2.048Mbps	1.544Mbps
채널당 전송속도	64Kbps	56Kbps
부호화 법칙(압신법칙)	A-law(A=87.6), 15절선	μ-law(μ=255), 13절선
특징	유럽방식, 신호채널을 별도로 사용, 채널당 64kbps (8bit×8K)	북미방식 기준, 채널당 56Kbps (7bit×8K)

06 다음 중 TDM(Time Division Multiplexing) 수신기에 대한 설명으로 틀린 것은? (2023-1차)

① 수신기에서 표본기(Decommulator)는 수신되는 신호와 비동기식으로 동작한다.
② 저역통과필터(LPF)는 PAM(Pulse Amplitude Modulation) 샘플로부터 아날로그 신호를 재구성하는데 사용된다.
③ LPF가 불량하면 심볼 간 간섭이 발생할 수 있다.
④ 한 신호가 다른 채널에 나타나는 Crosstalk 현상이 발생할 수 있다.

해설

구분	내용	
LPF	앞단 LPF	표본화 전에 아날로그 신호에 포함되어있는 고조파 성분을 제거한다.
	뒷단 LPF	복호화된 PCM으로부터 원래의 아날로그 신호를 찾아낸다.
표본화	연속적인 신호를 주기적인 신호 진폭의 크기로 표현하는 것으로 입력 파형에서 표본을 뽑아내는 것이다.	

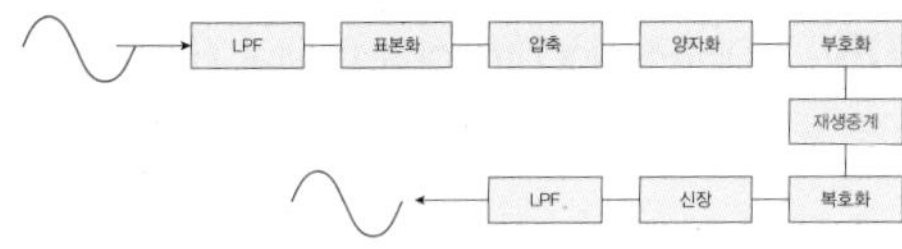

TDM(Time Division Multiplexing)
시분할 다중화로서 전송로를 점유하는 시간을 분할하여 한 개의 전송로에 여러 개의 가상 경로를 구성하는 통신 방식이다. 각 사용자 채널(타임슬롯)에서 데이터가 있건 없건 간에 프레임 내 해당 사용자 채널이 항상 점유되며 프레임 동기 필요하고 순서에 따라 목적지 구분이 용이하다는 특징이 있다. 수신기에서 표본기(Decommulator)는 수신되는 신호와 동기식으로 동작한다.

07 PCM-32/TDM에서 1프레임의 비트 수는? (2016-2차)

① 64비트 ② 193비트
③ 256비트 ④ 512비트

해설

구분	E1 방식(유럽)	T1 방식(북미)
주파수 대역	300~3,400Hz	300~3,400Hz
표본화 주파수	8,000Hz	8,000Hz
Bit 수/채널당	8	8
Time Slot 수/프레임당	32	24
음성채널 수/프레임당	30	24
전송속도	2.048Mbps	1.544Mbps
채널당 전송속도	64Kbps	56Kbps
멀티프레임 수	16	12
프레임당 비트 수	32×8=256bit	24×8+1 =193bit

08 PCM-32 채널 다중화 장치의 음성비트와 표본화 주기는? (2015-2차)

① 7비트, 256[μs] ② 8비트, 125[μs]
③ 8비트, 256[μs] ④ 7비트, 125[μs]

해설
표본화 주파수가 8,000[Hz]이므로 주파수와 시간은 반비례 하므로 $\frac{1}{8,000}=125[\mu s]$

09 PCM 통신방식에서 4[KHz]의 대역폭을 갖는 음성 정보를 8[bit] 코딩으로 표본화하면 음성을 전송하기 위해 필요한 데이터 전송률은 얼마인가? (2016-1차)

① 4[Kbps] ② 8[Kbps]
③ 32[Kbps] ④ 64[Kbps]

해설

구분	E1 방식(유럽)	T1 방식(북미)
전송속도	2.048Mbps	1.544Mbps
채널당 전송속도	64Kbps	56Kbps

03 무선통신

기출유형 01 ▶ 무선통신 이론

다음 중 소프트와이어(Softwire)를 통한 전송 방법으로 알맞은 것은? (2020-3차)

① 동축 케이블
② 광섬유 케이블
③ 지상 마이크로파 통신
④ 트위스트 페어 케이블

해설

전송 매체를 구분할 때 유선 매체와 무선매체로 구분할 수 있다.

- 유선매체인 경우 하드와이어(Hardwire) 전송매체라하며 주로 Twist Pair Cable, 동축, 광케이블 등이 있다.
- 무선매체인 경우 소프트와이어(Softwire) 전송매체라하며 주로 전자기파 유도 없이 외부 공간을 통해 전파하는 것이다.

위 문제는 무선방식에서 지상 마이크로파 통신이 Softwire 방식이라 할 수 있다.

| 정답 | ③

족집게 과외

주파수에 따라 ELF(3~30Hz), SLF(30~300Hz), ULF(300~3000Hz), VLF(3~30KHz), LF(30~300KHz), MF(300~3000KHz), HF(3~30MHz), VHF(30~300MHz), UHF(300~3000MHz), SHF(3~30GHz), EHF(30~300GHz)로 분류한다.

전파의 창(Radio Window)

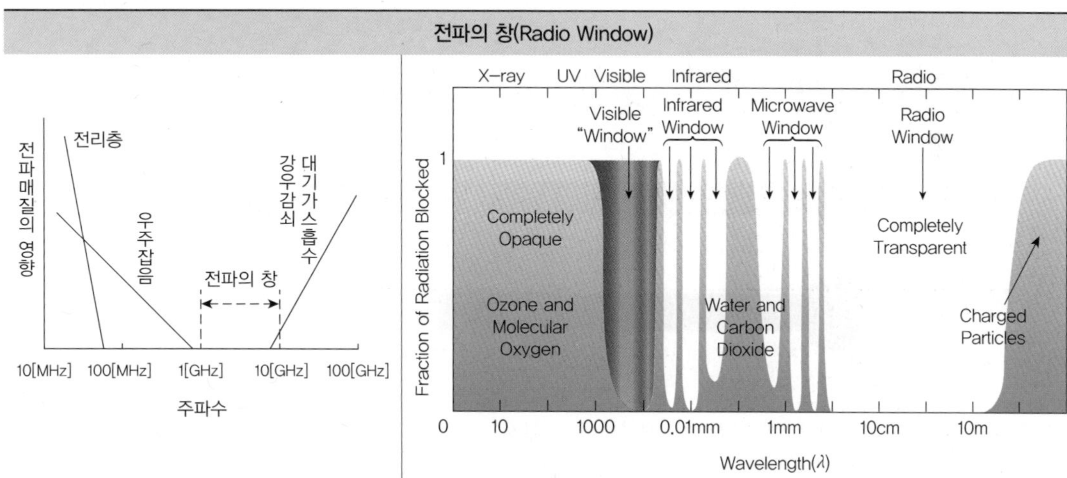

지구의 대기나 다른 주변 물질에 의한 간섭이나 흡수 없이 라디오파가 전파될 수 있는 Electromagnetic Spectrum의 특정 범위나 부분으로 주로 주파수 1~10[GHz] 범위를 전파의 창이라 한다. 주요 특징은 1[GHz] 아래쪽은 이온층에 의한 반사가 일어나며 10[GHz] 위에서는 H_2O, O_2, CO_2, N_2 등에 의한 흡수가 발생한다.

더 알아보기

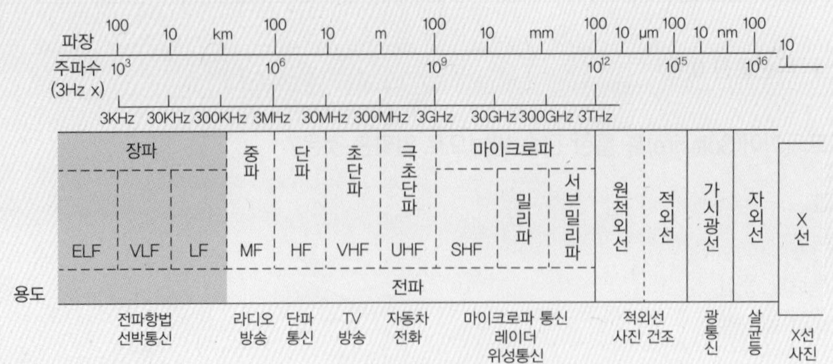

전자파가 점유하는 전체 주파수 중 전파가 점유하는 주파수 3Hz~3THz의 범위를 무선 주파수 스펙트럼이라 하고 이중 3KHz부터 3THz까지를 전자기파(전파)라 한다. 전파는 공기 중에서도 진공 속과 거의 같은 속도로 퍼지기 때문에, 먼 거리에서도 아주 짧은 시간에 통신이 가능하다. 이러한 성질을 이용하여 전파는 주로 라디오 · 지상파 텔레비전 · 레이다 등의 전자기파를 이용하여 신호와 정보를 보내는 무선 전기 통신에서 사용된다.

❶ Spectrum

스펙트럼은 전파, 마이크로파, 적외선, 가시광선, 자외선, X선 및 감마선을 포함하는 전자기 방사선의 주파수 범위를 나타냅니다. 전자기 스펙트럼은 일반적으로 방사선의 주파수 또는 파장에 따라 영역으로 나누어진다.

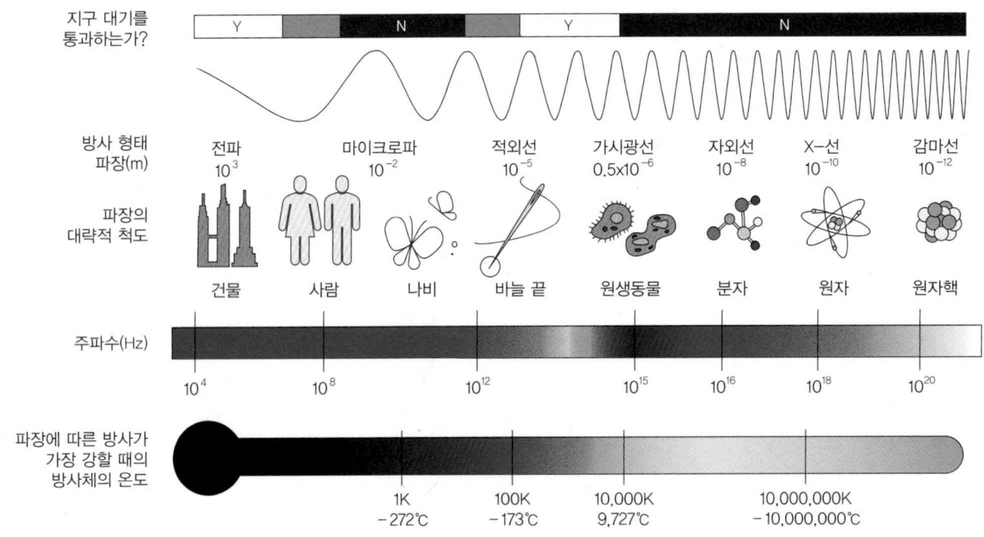

무선통신에 사용할 수 있는 주파수의 양은 제한적이며, 무선 서비스에 대한 수요가 계속 증가함에 따라 이 자원에 대한 액세스 경쟁이 증가하고 있다. 보다 효율적인 변조 방식의 사용과 새로운 전송 기술의 개발과 같은 기술의 발전은 주파수 사용의 효율성을 높이는 데 도움이 되었지만, 효과적으로 사용될 수 있도록 주파수를 신중하게 관리할 필요가 있다. 최근 몇 년 동안 무선통신에서 밀리미터파 주파수와 같은 더 높은 주파수 대역을 사용하는 것에 대한 관심이 증가하고 있다. 이 대역들은 더 넓은 대역폭과 더 빠른 데이터 전송 속도를 제공하기 때문이다. 그러나 이러한 높은 주파수 대역은 또한 전송 범위가 짧고 간섭을 받기 쉬우며, 이는 스펙트럼 관리에 새로운 과제를 제시한다.

❷ 주파수 대역별 주요 서비스

약어	원어	주파수 범위	파장범위	주요 용도
ELF	Extremely Low Frequency	3~30Hz	100,000~10,000km	잠수함 통신
SLF	Super Low Frequency	30~300Hz	10,000~1,000km	잠수함 통신
ULF	Ultra Low Frequency	300~3000Hz	1,000~100km	잠수함 통신, 지하광산간 통신
VLF	Very Low Frequency	3~30KHz	100~10km	항행, 소나(수중탐지)
LF	Low Frequency	30~300KHz	10~1km	항행, 무선 비콘
MF	Medium Frequency	300~3000KHz	1km~100m	중파방송, 해상통신, 방향탐지
HF	High Frequency	3~30MHz	100~10m	단파통신, 생활무선
VHF	Very High Frequency	30~300MHz	10~1m	TV, FM, 경찰 및 이동통신, 공항 이착륙 군통신
UHF	Ultra High Frequency	300~3000MHz	1m~10cm	레이더, TV, 항행
SHF	Super High Frequency	3~30GHz	10~1cm	레이더, 위성통신, 방송
EHF	Extremely High Frequency	30~300GHz	1cm~1mm	레이더, 군통신, 우주통신

3Hz 미만, 파장 100,000km 이상은 인공 및 자연의 전자기파 잡음으로 분류 된다.

정답 01 ④ 02 ③

01 무선통신에서 백색잡음(White Noise)에 대한 설명으로 옳지 않은 것은? (2020-2차)

① 열 잡음이 대표적 예이다.

② 백색잡음은 신호에 더해지는 형태이다.

③ 주파수 전 대역에서 전력스펙트럼 밀도가 거의 일정하다.

④ 레일리 분포 특성을 보인다.

해설

백색 잡음(White Noise) 또는 랜덤 잡음(Random Noise)

가상적이고, 모델로 삼는 잡음으로 모든 주파수 성분을 다 포함하기 때문에 '백색'이라고 불리우는 가상적인 잡음이다. 가시광선에서는 여러 색상이 모두 겹치게 되면 하얀색(백색)이 된다. 이러한 백색 잡음에 가장 근사적인 실제 잡음으로 열잡음이 있다. 열잡음은 넓은 범위의 주파수까지는 백색 잡음에 근사적으로 주파수가~1,012[Hz]까지 일정하다가 감소된다.

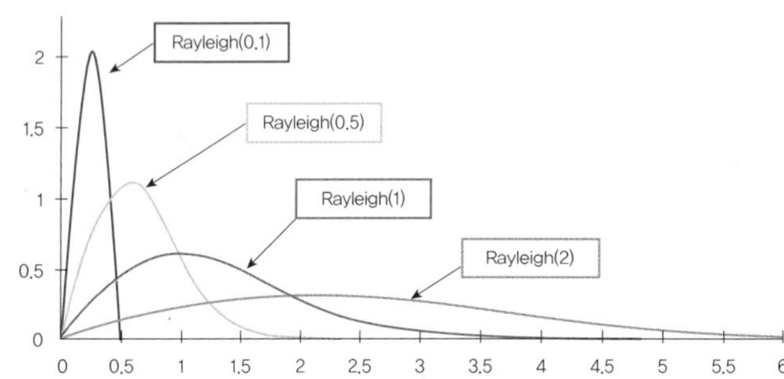

레일리 분포(Rayleigh Distribution)는 확률론과 통계학에서 연속 확률 분포의 한 종류이다. 흔히 2차원 벡터의 직교 성분이 정규 분포일 경우, 벡터의 크기는 레일리 분포를 갖는다.

02 다음 보기 중 일반적으로 파장이 긴 것부터 순서대로 나열한 것은? (2017-2차)

(1) 밀리미터파 (2) 가시광선 (3) 초단파 (4) 단파 (5) 자외선

① (1) − (2) − (3) − (4) − (5)

② (2) − (4) − (1) − (3) − (5)

③ (4) − (3) − (1) − (2) − (5)

④ (5) − (1) − (2) − (4) − (3)

해설

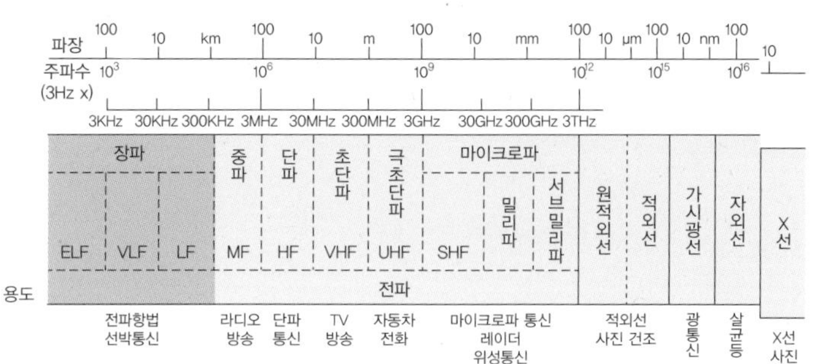

위 그림을 기준으로 단파(HF) → 초단파(VHF) → 밀리미터파 → 가시광선 → 자외선 순서이다. 주파수가 높을수록 파장이 짧아지고 주파수가 낮을수록 파장이 길어진다. $f \approx \frac{1}{\lambda}$로 주파수와 파장은 반비례 한다.

정답 03 ④ 04 ②

03 변복조기(Modem)에서 0이나 1의 신호가 연속되는 것을 방지하여 스펙트럼의 분산기능을 수행하며 수신측에서 동기를 잃지 않도록 해주는 것은? (2010-3차)

① 채널 엔코더　　② 채널 디코더
③ 프로토콜 제어기　　④ 스크램블러

해설

송신 Scrambling	수신 Descrambling

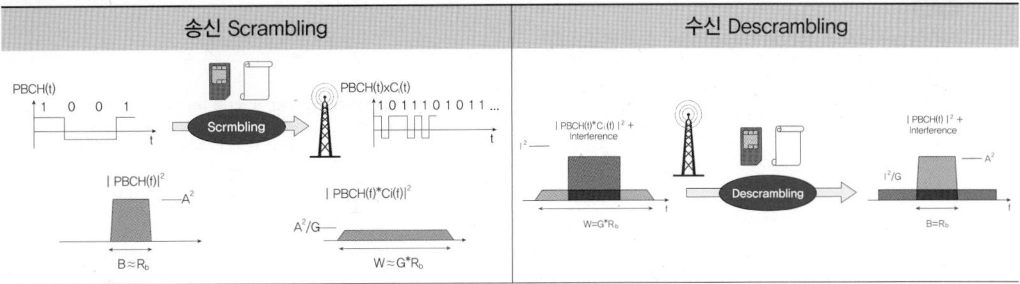

스크램블러는 원거리 통신에서 전하고자 하는 메시지를 암호화하거나 시그널을 뒤섞어 메시지를 해독 불가능하게 만드는 장치이다. 이렇게 처리된 메시지는 적절한 복호화 장치를 갖춘 수신기로 수신하지 않으면 알아들을 수 없게 된다. 스크램블러는 모뎀의 송신부에서 데이터 패턴을 랜덤하게 하여 신호의 스펙트럼이 넓게 분포되도록 함으로써 수신측에서 등화기가 최적의 상태를 유지하도록 하는 것이다.

04 다음 중 단방향 통신 방식이 아닌 것은? (2016-3차)

① 지상파 TV 방송　　② 주파수 공용통신 방식(TRS)
③ 라디오 방송　　④ 무선 호출 방식

해설

TRS(Trunked Radio System)

〈국내 800MHz 대역 이용현황〉

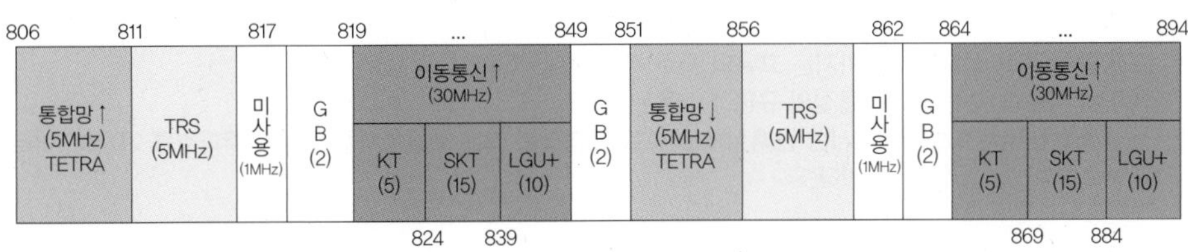

하나의 주파수 대역을 여러 사용자가 공용으로 사용할 수 있도록 고안된 무선 통신 규격으로 음성뿐만 아니라 간단한 데이터 전송도 가능한 이동통신 서비스이다.

정답 05 ③ 06 ①

05 **다음 중 상호변조왜곡 방지 대책으로 가장 적합한 것은?** (2022-1차)

① 입력 신호의 레벨을 높인다.

② 전송시스템에 FDM 방식을 사용한다.

③ 송수신 장치를 선형영역에서 동작시킨다.

④ 필터를 이용하여 통과대역 내의 신호를 걸러낸다.

해설

IMD(Inter-Modulation Distortion, 상호변조왜곡)

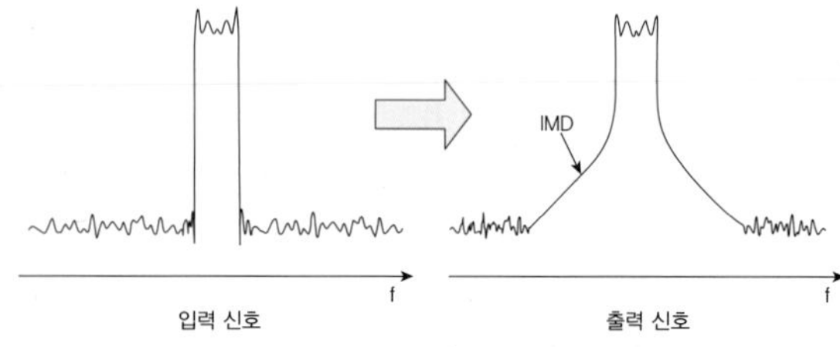

3차 IMD
5차 IMD
7차 IMD
f
입력 신호와 IMD 신호

IMD란 비선형 소자를 통한 RF 신호처리 과정에서 두 개의 다른 입력 주파수 신호의 Harmonic 주파수들끼리의 합과 차로 조합된 출력주파수 성분이 나오는 현상으로 2개 이상의 주파수가 서로 간섭하여 불필요한 주파수 성분이 증폭기 출력에 나타나는 현상으로 시스템의 비직선성 또는 기능 이상으로 발생한다.

IMD 극복을 위한 증폭기 선형화 기술

- 직진성이 우수한 증폭기를 사용한다.
- 전송 매체 또는 송수신 장치를 선형영역에서 동작시킨다.
- 전송 시스템에 TDM 방식을 적용한다.
- 필터를 이용하여 통과 대역 밖의 신호를 잘라 낸다.
- 아날로그 음성신호를 대상으로 설계된 전송회선에서 디지털 데이터 전송을 위해 사용되는 회선의 비율 제한한다.

06 **다음은 정보통신 용어를 해설한 것이다. 괄호 안에 들어갈 알맞은 것은?** (2017-1차)(2019-3차)

> - 물질의 구조, 성분에 따라가지는 고유의 흡수 주파수 대역이다.
> - 마치 지문과 같이 미확인 물질의 규명에 사용된다.
> - 실제로 테라헤르츠 대역에서는 단백질과 DNA를 포함하는 많은 생물분자들이 공명 주파수를 가지며, 이로 인해 테라헤르츠 (　　)을 얻을 수 있다.

① 지문 스펙트럼　　② 멀티 스펙트럼

③ 흡수 스펙트럼　　④ 싱글 스펙트럼

해설

① 지문 스펙트럼(Fingerprint Spectrum)

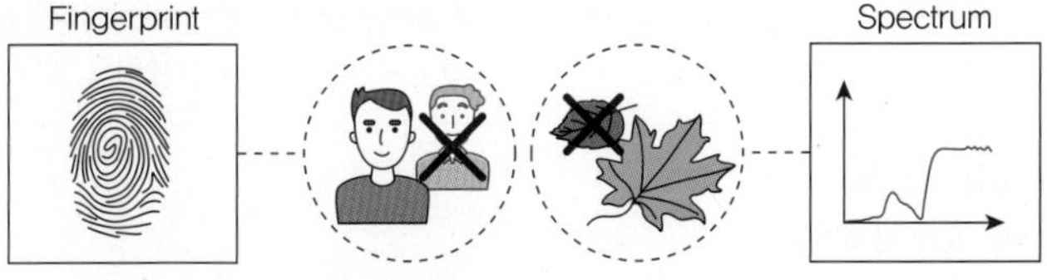

테라헤르츠 전파의 복사에 따른 물질 고유의 주파수 흡수 스펙트럼. 마치 지문과 같아 미확인 물질의 규명에 사용된다.

② 멀티 스펙트럼: 다중 스펙트럼으로 인간의 눈으로 볼 수 없는 것을 보는 방법이다.

③ 흡수 스펙트럼(Absorption Spectrum)

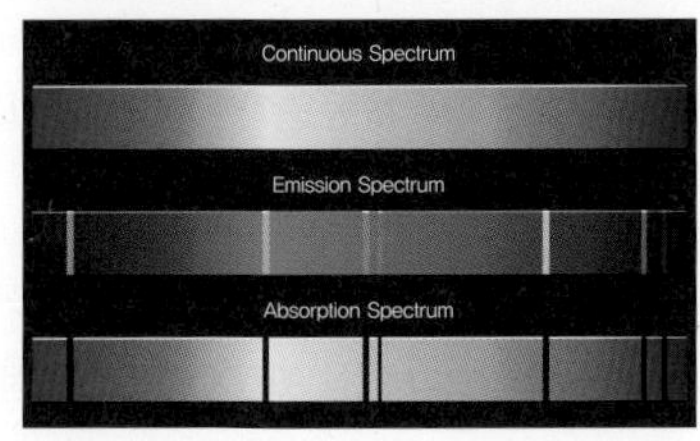

주파수 영역에 걸쳐 물질에 의해 흡수된 전자기 복사의 일부를 보여준다. 연속 스펙트럼의 빛을 저온의 기체에 통과시켜 분광하면 흡수 스펙트럼이 나오고, 고온의 기체를 분광하면 방출 스펙트럼이 나온다.

④ 싱글 스펙트럼: 단일(하나) 형태의 스펙트럼이다.

07 우주잡음, 대기 가스, 강우에 의한 감쇠 및 열잡음 등의 영향이 적은 전파의 창(Radio Window)에 해당하는 주파수 대역으로 옳은 것은? (2017-2차)

① 800[MHz] 이하　　② 1~10[GHz]

③ 10~15[GHz]　　④ 30[GHz] 이상

해설

전파의 창(Radio Window)

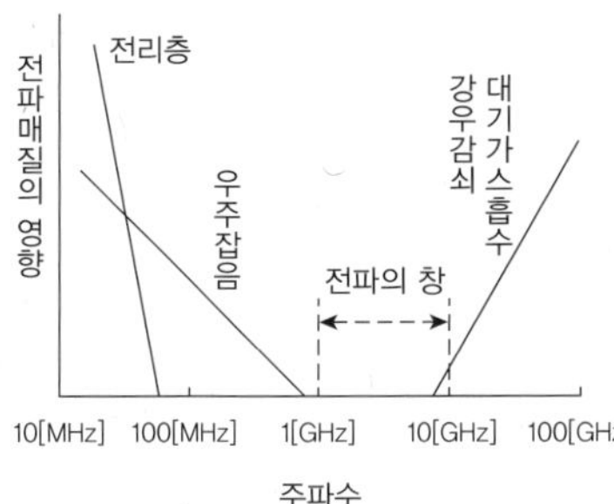

지구의 대기나 다른 주변 물질에 의한 간섭이나 흡수 없이 라디오파가 전파될 수 있는 Electromagnetic Spectrum의 특정 범위나 부분으로 주로 주파수 1~10[GHz] 범위를 전파의 창이라 한다. 주요 특징은 1[GHz] 아래쪽은 이온층에 의한 반사가 일어나며 10[GHz] 위에서는 H_2O, O_2, CO_2, N_2 등에 의한 흡수가 발생한다.

08 다음 문장의 괄호 안에 들어갈 내용으로 알맞은 것은? (2017-3차)

> 일반적으로 신호 주파수가 높을수록 지향성이 (a), 동일한 신호 전력일 경우 지향성이 클수록 전파거리는 (b), 무선 라디오(Radio)는 날씨의 영향을 (c), 마미크로파(Micro Wave)는 지향성이 (d) 위성통신 등에 사용되고 있다.

① (a) 크며, (b) 멀고, (c) 받으며, (d) 크므로
② (a) 크며, (b) 짧고, (c) 안 받으며, (d) 작으므로
③ (a) 작으며, (b) 멀고, (c) 받으며, (d) 크므로
④ (a) 작으며, (b) 짧고, (c) 안 받으며, (d) 작으므로

해설

주파수가 높을수록 파장이 짧아지고 주파수가 낮을수록 파장이 길어진다. 그러므로 주파수가 높을수록 지향성이 크고, 지향성이 클수록 주파수가 강해서 전파거리가 늘어날 수 있다(단, 주파수가 낮으면 회절현상으로 장거리 전송이 가능). 특히 무선(Radio)는 날씨의 영향을 많이 받으며 마이크로파는 지향성이 커서 위성통신에 활용된다.

마이크로파 통신

주파수가 높아서 광대역이며 외부 잡음의 영향이 상대적으로 적고, 전송지연이 거의 없으나 기상 조건에 따라 전송품질이 영향을 받는다.

09 전송선로의 2차 정수 α와 β는 고주파에서 어떤 특성을 나타내는가? (2017-1차)(2018-1차)

① α와 β가 모두 $\sqrt{f}$에 비례
② α는 $\sqrt{f}$에 비례하고 β는 f에 비례
③ α는 f에 비례하고 β는 $\sqrt{f}$에 비례
④ α와 β가 모두 f에 비례

해설

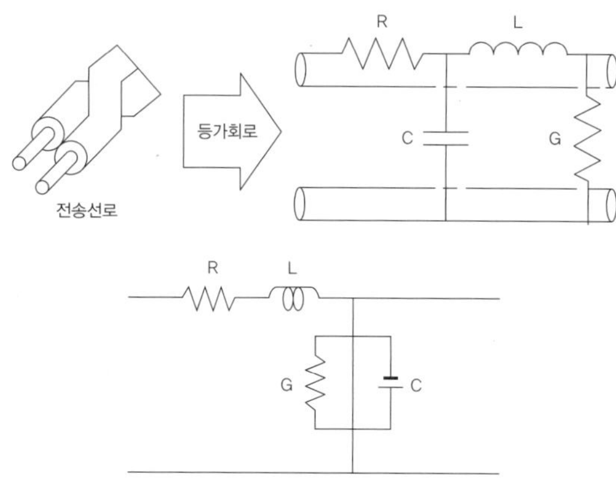

분포 정수 회로

선로의 저항(R), 인덕턴스(L), 정전 용량(C) 및 누설 컨덕턴스(G). 이들 값은 선로의 종류, 굵기, 배치 등에 따라 결정된다. 선로는 이들 4개의 상수가 연속적으로 분포한 회로로 볼 수 있어 이를 분포 정수라고 한다. R, L, C, G를 선로의 1차 정수라고 한다. 이들 1차 정수로부터 특성 임피던스(Z_0), 감쇠 정수(α), 위상 정수(β), 전파정수(γ) 등을 2차 정수라 하고 이들을 통틀어 선로 정수라 한다.

$\gamma=\sqrt{ZY}=\sqrt{(R+jwL)(G+jwC)}=\alpha+j\beta$
전자기학에서는 α, β를 더 깊게 들어가서

$\alpha=\frac{\sigma}{2}\sqrt{\frac{\mu}{\varepsilon}}$=감쇠정수

$\beta=jw\sqrt{\mu\varepsilon}$=위상정수

- 1차 정수: 표피효과, 근접작용 등으로 R은 증가, L은 감소, C는 일정, G는 유전체 손실로 점차 증가되나 이들 양이 주파수에 대해 일정하다고 간주하고 계산한다.
- 2차 정수: 저주파에서는 감쇠 정수(α), 위상 정수(β)는 $\sqrt{f}$에 비례하고 고주파에서 감쇠 정수(α)는 $\sqrt{f}$에 비례하고 위상 정수(β)는 f에 비례하여 증가한다.

정답 10 ④

10 다음 중 시스템의 잡음지수와 등가잡음온도에 대한 설명으로 틀린 것은? (2022-1차)

① 잡음지수는 시스템에 입력되는 잡음대 시스템에서 출력되는 잡음과의 비이다.
② 이상적인 장치의 잡음지수는 1[0dB]이다.
③ 등가잡음온도는 잡음지수값에 의해 영향을 받는다.
④ 등가잡음온도계산에 사용되는 시스템의 상온기준온도는 275°[K]이다.

해설

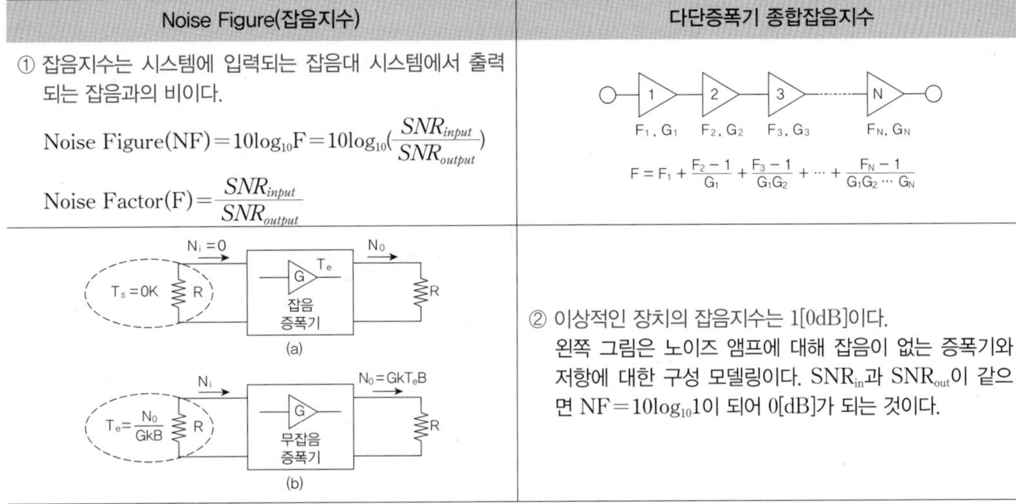

Noise Figure(잡음지수)	다단증폭기 종합잡음지수
① 잡음지수는 시스템에 입력되는 잡음대 시스템에서 출력되는 잡음과의 비이다. Noise Figure(NF) $= 10\log_{10}F = 10\log_{10}(\frac{SNR_{input}}{SNR_{output}})$ Noise Factor(F) $= \frac{SNR_{input}}{SNR_{output}}$	$F = F_1 + \frac{F_2 - 1}{G_1} + \frac{F_3 - 1}{G_1G_2} + \cdots + \frac{F_N - 1}{G_1G_2\cdots G_N}$
(a) (b)	② 이상적인 장치의 잡음지수는 1[0dB]이다. 왼쪽 그림은 노이즈 앰프에 대해 잡음이 없는 증폭기와 저항에 대한 구성 모델링이다. SNR_{in}과 SNR_{out}이 같으면 $NF = 10\log_{10}1$이 되어 0[dB]가 되는 것이다.

③ 등가잡음온도는 잡음지수값에 의해 영향을 받는다.
잡음지수는 어떤 시스템이나 회로블럭을 신호가 지나면서, 얼마나 잡음이 추가되었느냐를 나타내는 지표이다. 라디오 수신기, 증폭기, 믹서 또는 기타 회로 블록의 잡음 성능을 지정할 수 있는 숫자로서 노이즈 피겨의 값이 낮을수록 성능이 향상된다. 즉, 잡음지수는 요소가 전체 시스템에 추가하는 잡음의 양을 정의한다.

등가잡음온도(Equivalent Noise Temperature)	
④ 등가잡음온도계산에 사용되는 시스템의 상온기준 온도는 290°[K]이다. 통신용 기기에서 발생하는 열잡음의 양을 이것과 등가의 잡음을 발생하는 저항체의 절대 온도로 표시한 것으로 등가(유효) 잡음온도 To=290K(상온)을 기준 온도로 하여 잡음원을 정의한다. 잡음온도는 잡음에서 진짜 온도는 아니고 엔지니어적인 관점에서 사용하는 용어이다. $Te = \frac{N_0}{GkB}$ 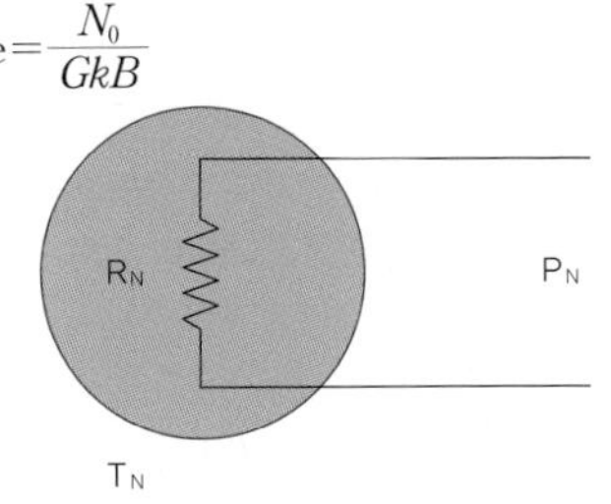 	$P_n = kT_nB$[W], 잡음원이 대역폭 B로 전달 가능한 최대 잡음 전력으로 잡음 전력은 저항값과 상관없이 "온도" 및 "대역폭"에만 의존한다. $T_n = \frac{P_N}{kB}$[K]: 등가잡음온도 $K = 1.38 \times 10^{-23}$ [J/K]. 볼쯔만 상수 시스템의 경우 장치 내부에서 발생된 잡음량을 환산한 온도(T_N)와 장치 외부에서 입력된 잡음량을 환산한 온도(T_o)이며 T_N=290K(실온)이다. 전체 시스템(안테나, 증폭기 등)의 등가잡음온도이다. $T_{sys} = T_N + T_o$

정답 11 ③

11 **다음 중 전자파(Electromagnetic Wave)로 분류되는 것은?** (2023-3차)

① 알파선(Alpha Rays)
② 초음파(Ultrasonic Waves)
③ 감마선(Gamma Rays)
④ 베타선(Beta Rays)

해설

전자기파, 전자파 또는 전자기복사(Electromagnetic Radiation, EMR)는 전자기장의 흐름에서 발생하는 일종의 전자기 에너지이다. 즉, 전기가 흐를 때 그 주위에 전기장과 자기장이 동시에 발생하는데, 이들이 주기적으로 바뀌면서 생기는 파동을 전자기파라고 한다. 가시광선도 전자기파에 속하며 전파, 적외선, 자외선, X선 같은 전자기파들은 우리 눈에 보이지 않는다.

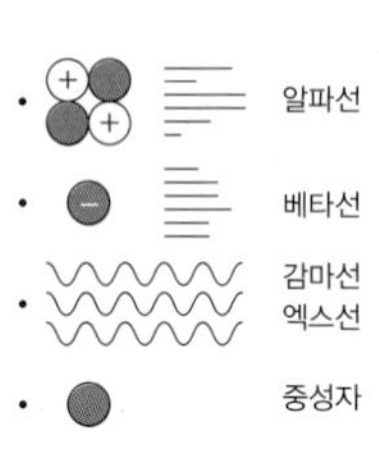

종류 \ 성질 및 작용	본질	무게	전기 작용	형광 작용	사진 작용	전리	투과력
알파선	핵 내에서 방출되는 헬륨 원자핵	무거움	양전기 2	대	대	대	서
베타선	핵 내에서 방출되는 전자	아주 가벼움	음전기 1	중	중	중	중
감마선	핵 내에서 방출되는 전자파	없음	없음	소	소	소	대

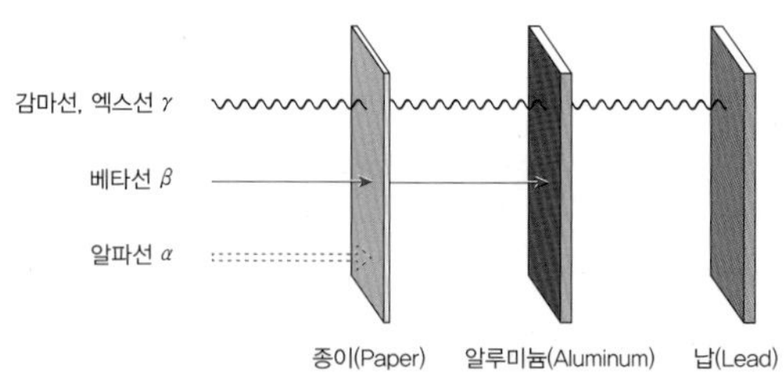

③ 감마선(Gamma Rays): 전자기복사의 강력한 형태로, 방사능 및 전자-양전자 소멸과 같은 핵 과정 등에 의해 생성된다.

① 알파선(Alpha Rays): 알파선(Alpha ray, α-ray, α선) 혹은 알파 입자(Alpha Particle)는 방사선의 하나로 높은 이온화 특성을 지니는 입자 복사이며 핵(Nucleus)이 알파붕괴(Alpha Decay)할 때 방출한 에너지가 높은 헬륨-4 핵의 흐름이다.

④ 베타선(Beta Rays): 베타(β)입자라고도 말하며 e의 전하를 갖는 전자선이며 원자핵의 β 붕괴 시에 방출된다.

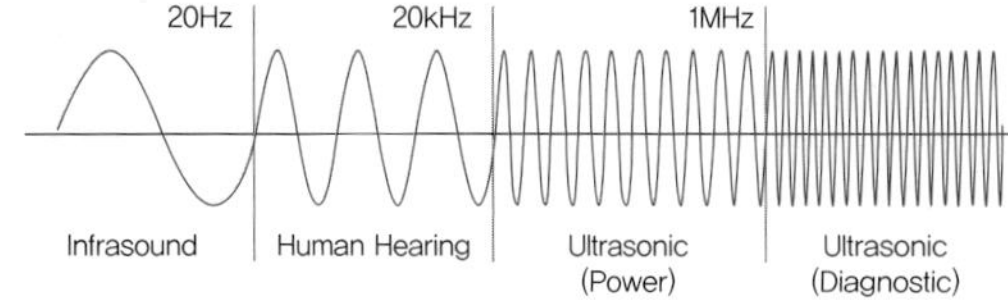

② 초음파(Ultrasonic Waves): 가청주파수 한계인 20kHz보다 커서, 인간의 청각으로 들을 수 없는 음파 범위

알파선은 헬륨 원자핵으로 생성되어 있으므로 종이 한 장으로 쉽게 막을 수 있다. 베타선은 전자로 구성되어 있으므로 알루미늄 판으로 막을 수 있다. 고에너지 광자로 구성된 감마선은 조밀한 물질(물이나 철근 콘크리트)을 통과하며 점차 흡수된다.

12 전계 E[V/m] 및 자계 H[ATm] 전자파가 자유 공간 중을 빛의 속도로 전파(Propagation)될 때 단위시간에 단위면적을 지나는 에너지는[W/m²]? (2023-3차)

① EH ② EH^2
③ E^2H ④ E^2H^2

해설

포인팅 정리(Poynting's theorem)는 전자기장을 포함한 계에서의 에너지 보존 법칙이다. 즉, 전자기장이 한 일의 양은 전자기장이 잃게 되는 에너지의 양과 같다는 정리다.

평면 전자파(가장 기본적)

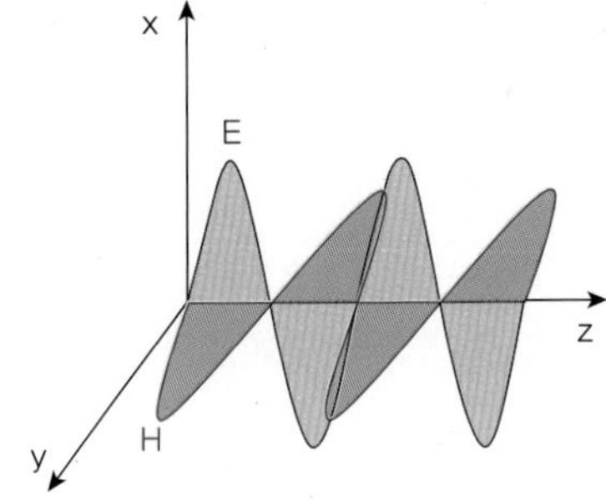

균일한 매질 내에 전계 E와 자계 H가 진행 방향인 z축 방향에 수직인 x 성분과 y 성분을 가진 것

전계⊥자계

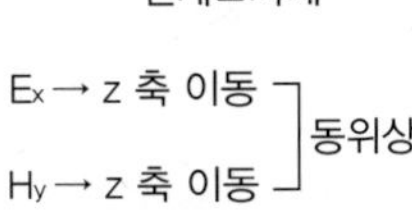

⇒ x나 y의 미분 계수는 0이면서 z 성분의 미분계수만 존재

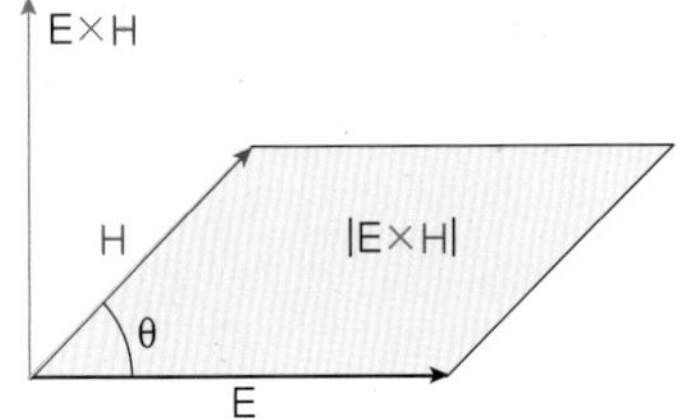

전자파 방정식(공기 중 일 때)

$$\nabla^2 E = \varepsilon\mu \frac{\partial^2 E}{\partial t^2}$$

$$\nabla^2 H = \varepsilon\mu \frac{\partial^2 H}{\partial t^2}$$

포인팅 벡터: 전자파 벡터(단위 면적당 방사 전력)

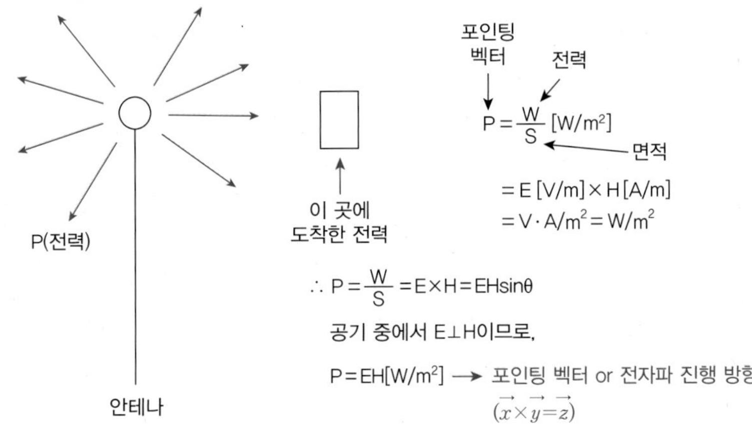

파의 진행 방향에 수직인 단위면적을 단위시간에 통과하는 에너지의 흐름인 포인팅 전력 P=EH [W/m³]가 된다. 평면 전자파에서 E와 H는 수직이므로 위식을 벡터로 표시한 것이다.

13 다음 보기의 특징을 가지는 영상신호의 전송방식은? (2023-3차)

- ■ 카메라 추가가 용이
- ■ 구축비용이 저렴
- ■ 전파환경에 따른 통신 끊김 현상 발생
- ■ 보안 위협이 높음
- ■ 별도 전원 필요

① 광케이블

② 무선방식

③ 동축케이블

④ UTP케이블

해설

- 카메라 추가가 용이: 무선방식
- 보안 위협이 높음: 무선방식, UTP 케이블
- 구축 비용이 저렴: 무선방식, UTP 케이블
- 별도 전원 필요: 무선방식, 동축케이블, UTP 케이블(광케이블은 PON 구성 시 필요 없음)
- 전파환경에 따른 통신 끊김 현상 발생: 무선방식

위 사항을 종합하면 정답은 ② 무선방식이 된다.

기출유형 02 ▸ 무선통신 회로

RC 회로의 출력에서 최종치의 10[%]~90[%]까지 얻는데 소요되는 시간을 무엇이라 하는가? (2018-3차)

① 지연 시간
② 하강 시간
③ 상승 시간
④ 전이 시간

해설

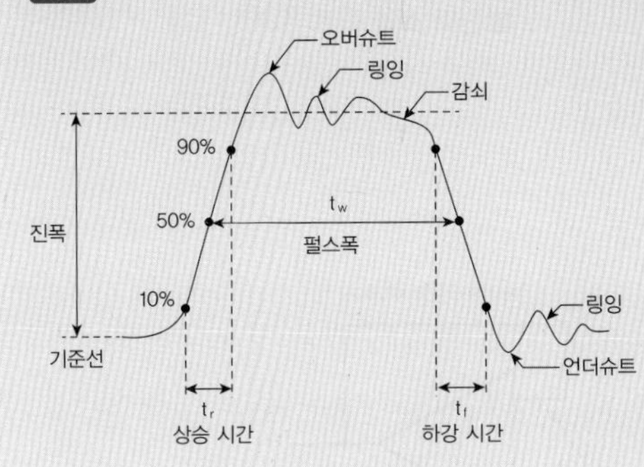

1) Rising Time: 펄스 진폭이 LOW에서 HIGH 레벨로인 10%에서 90%까지 증가하는데 걸리는 시간이다.
2) Failing Time: 펄스 진폭이 90%에서 10%까지 떨어지는데 걸리는 시간이다.

펄스의 바닥 10%와 정상 10%는 파형의 비선성형으로 인해 상승과 하강시간에 포함되지 않는다. 펄스폭(Pulse Width)은 펄스 지속시간의 측정값이며, 상승과 하강 에지의 50% 지점 사이의 시간 간격이다.

| 정답 | ③

족집게 과외

- **정궤환**: 출력단을 뒤로(Back) 비반전 입력단자(+)로 연결한다.
- **부궤환(역위상)**: 출력단을 입력단의 반전 입력단자(−)로 연결한다.

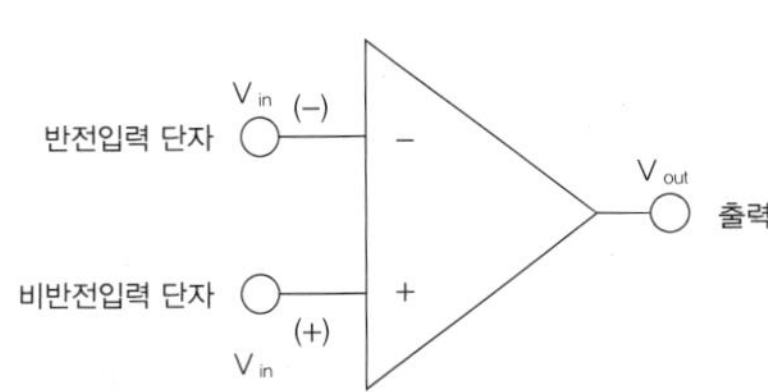

V_p: 비반전입력단자(보통 V+), Positive	V_N: 반전입력단자(보통 V−), Negative
V_O: 출력단자, A: 증폭도	$V_O = A(V_P - V_N)$

OP AMP는 아날로그 컴퓨터를 위해 개발된 소자로서 연산이나 증폭을 하기 위해서는 부궤환을 걸어서 사용해야한다. OP AMP에 정궤환을 거는 경우는 발진회로이거나 슈미트 트리거 회로를 구성할 때이며 이런 경우 연산과는 무관하게 동작하는 것이다. 정궤환을 걸면 입력에 작은 신호가 증폭되어 출력되고, 이것이 다시 입력으로 들어가므로 결국 발진을 하게 되는 것이고, 부궤환을 걸면 출력에 나온 신호는 위상이 반대이므로 입력 신호를 억제하게 되어 증폭을 감쇠시켜 일정한 증폭률을 유지하게 된다.

더 알아보기

발진조건

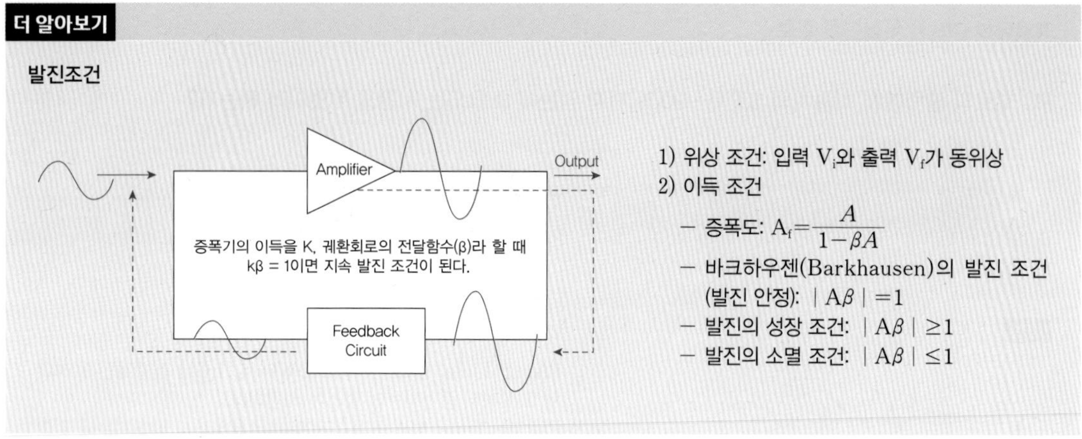

❶ 정궤환 회로

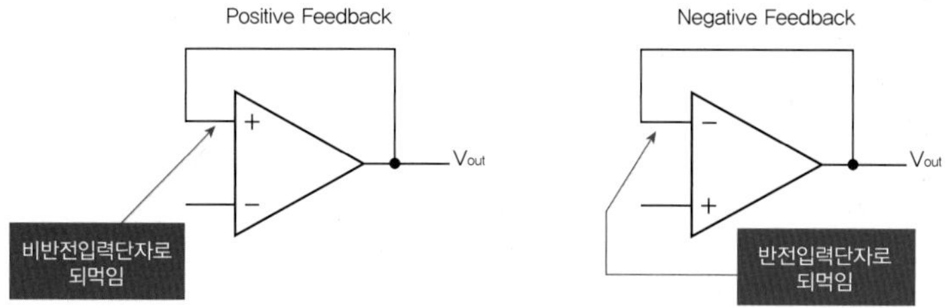

정전압 회로는 일정한 전압을 유지시켜주는 회로이다. 정궤환(Positive Feedback) 회로는 입력 신호에 귀환 신호가 합쳐지도록 한 것으로 (+)로 Feedback된 것으로 주로 발진회로, 슈미트 트리거, 멀티바이브레이터 등에 이용된다. 부궤환(Negative Feedback) 회로는 입력신호에 귀환 신호가 되돌아와서 (−)로 Feedback된 것으로 출력 귀환 신호와 외부 입력 신호가 극성이 반대되는 것이다.

❷ 부궤환 증폭회로

OP AMP는 높은 전압 이득을 지닌 증폭기인 반면에 OP AMP 자체로는 증폭을 실행하는 경우는 거의 없다. 왜냐하면 개방 이득의 편차 및 대역이 좁아 증폭률을 컨트롤 하기 어렵기 때문이며 일반적으로 부궤환 회로를 구성하여 사용한다.

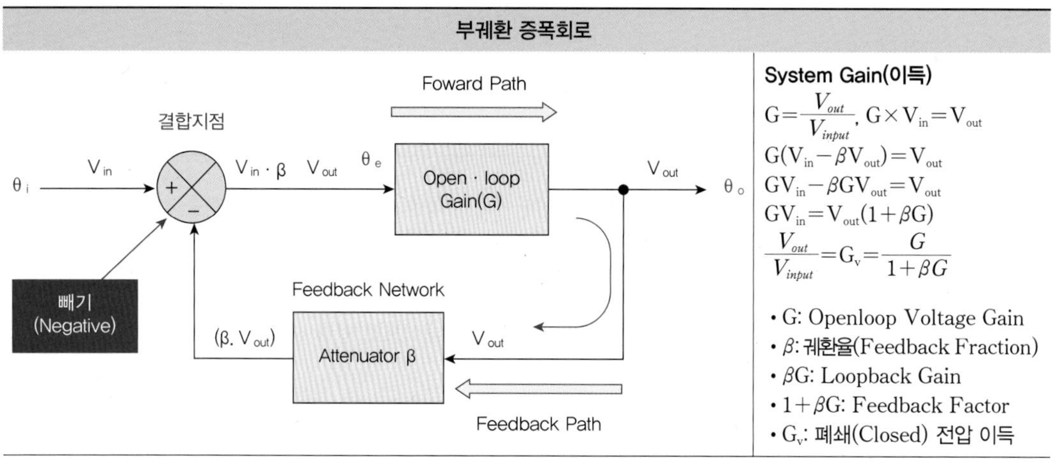

[예제 #1] 시스템이득이 80dB이고, 궤환율이 $\frac{1}{50}$인 경우 Closed loop back 이득을 dB단위로 계산하시오.

$80\text{dB}=20\log(G)$, $G=10^4=10{,}000$, $G_v=\frac{G}{1+\beta G}=\frac{10{,}000}{1+10{,}000(\frac{1}{50})}=49.75$

$G_v=20\log(49.75)=34\text{dB}$

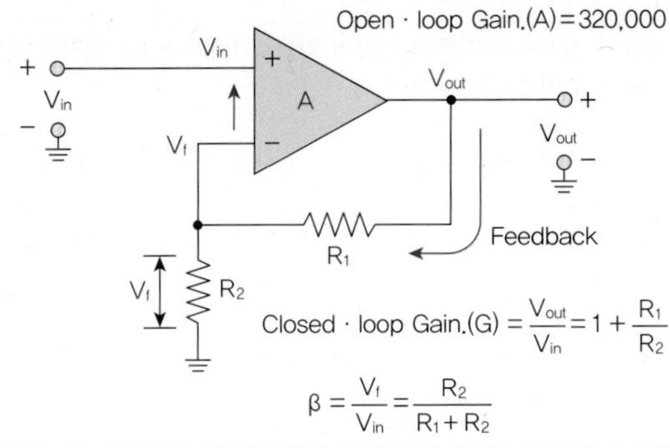

부궤환 이득(G)

$G=\frac{A}{1+\beta A}$

$G(1+\beta A)=A$

$1+\beta A=\frac{A}{G}$

$\beta A=\frac{A}{G}-1$, $\beta=\frac{1}{G}-\frac{1}{A}$

[예제 #2]

A=320,000이고 G=20일 때 β값을 구하시오.

$\beta=\frac{1}{G}-\frac{1}{A}=\frac{1}{20}-\frac{1}{320{,}000}=0.05$

$\beta=\frac{V_f}{V_{out}}=\frac{R_2}{R_1+R_2}$

[예제 #3] 예제 2와 연계해서 R_2가 1,000Ω(1kΩ)일 때 R_1 값을 구하시오.

$\beta=\frac{R_2}{R_1+R_2}$, $R_1=\frac{R_2+\beta R_2}{\beta}=\frac{1{,}000-0.05\times1{,}000}{0.05}=19{,}000\Omega=19[\text{k}\Omega]$

부궤환의 사용 이유는 연산증폭기의 높은 개방 루프 이득으로 아주 작은 입력 전압도 출력을 포화 상태로 만들 수 있어 전압 이득을 줄여 연산 증폭기를 선형 증폭기로 사용함으로서 전압 이득이 안정적으로 조절 가능해지며 입출력 임피던스와 대역폭 제어가 가능하기 때문이다.

부궤환 회로 장점	부궤환 회로 단점
• 증폭 회로의 이득이 일정해지는 영역(대역)이 확대된다. • 부귀환 회로를 구성함으로써, OP AMP의 개방 이득 편차의 영향이 작아진다. • 왜곡을 억제할 수 있다.	• 개방 이득에 비해 회로의 증폭률이 저하된다. • 궤환으로 인해 회로가 발진하기 쉬워진다.

※ [참조] 발진기 분류

구분		종류		설명
발진기 / 정현파 발진기	LC 발진기	동조형 발진기		공진 회로의 변성기에 의해 되먹임 회로가 만들어진 발진회로
		하틀리 발진기		출력의 일부를 코일에서 뽑아내어 입력으로 되돌리는 회로
		콜피츠 발진기		출력의 일부를 콘덴서에서 뽑아내어 입력으로 되돌리는 발진회로
	수정 발진기	피어스 BE형		압전 효과(수정, 로셀염, 전기석, 티단산바륨 등의 결정에 압력을 가하면 표면에 전하가 나타나 기전력이 발생)
		피어스 CB형		
	RC 발진기	이상형 발진기	병렬 R형	컬렉터측의 출력 전압의 위상을 180° 바꾸어 입력측 베이스에 양되먹임되어 발진하는 발진기
		비인 브리지 (Wien Bridge)		부귀환(반전증폭기), 정귀환(진상－지상 회로에 의한 귀환 구조)을 이용함
발진기 / 비정현파 발진기	멀티바이브레이터	쌍안정(Bistable)		두 안정 상태 중 어느 한쪽에 무한히 머무르다가 트리거될 때만 다른 안정 상태로 옮겨감
		단안정 (Monostable)		트리거될 때 하나의 단일 펄스를 발생시키는 회로
		비안정(Astable)		안정상태를 갖지 않으며, 2개의 준안정상태를 갖음
	블로킹 발진기			진공관 또는 트랜지스터의 입출력을 변성기로 결합하고, 강한 정궤환을 걸어 줌으로써 간헐적인 진동을 일으키는 발진기
	톱니파 발진기			적분 회로에서의 콘덴서(Condenser) 충전 시간은 전압이 올라가와 내려가는 때에 바뀌는 발진기

※ [참조] 주요 발진회로

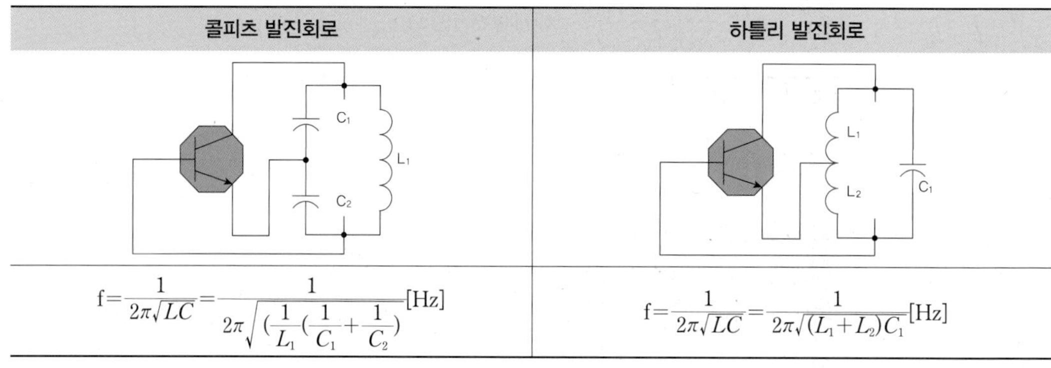

콜피츠 발진회로	하틀리 발진회로
$f=\frac{1}{2\pi\sqrt{LC}}=\frac{1}{2\pi\sqrt{(\frac{1}{L_1}(\frac{1}{C_1}+\frac{1}{C_2})}}$[Hz]	$f=\frac{1}{2\pi\sqrt{LC}}=\frac{1}{2\pi\sqrt{(L_1+L_2)C_1}}$[Hz]

정답 01 ② 02 ①

01 증폭기와 정궤한 회로를 이용한 발진회로에서 증폭기의 이득을 A, 궤환율을 β라고 할 때, βA>1이면 출력되는 파형은 어떤 현상이 발생하는가? (2020-3차)(2022-1차)

① 출력되는 파형의 진동이 서서히 사라진다.
② 출력되는 파형은 진폭에 클리핑이 일어난다.
③ 지속적으로 안정적인 파형이 발생한다.
④ 출력되는 파형은 서서히 진폭이 작아진다.

해설

정궤한 회로는 OP－AMP의 ＋로 궤환되고 부궤한 회로는 OP－AMP의 Minus로 들어가서 수렴한다. OP－AMP는 대부분 부궤한 회로이다. 정궤한은 발진회로로서 외부 입력없이 증폭이 계속되어 전기 진동이 방생하는 것으로

$Af=\frac{1}{1-A\beta}$이며 $|A\beta|=0$이면 안정적인 발진, $|A\beta|\geq 1$(상승진동), $|A\beta|\leq 1$(감쇄진동)이 된다.

즉, $|A\beta|\geq 1$(상승진동)은 발진이 점점 커지는 것으로출력되는 파형이 클리핑(짤리어) 회로가 동작하는 것이다.

02 증폭기와 정궤환 회로를 이용한 발진회로에서 증폭기의 이득을 A, 궤환율을 β라고 할 때, βA<1이면 출력되는 파형은? (2020-2차)(2020-3차)

①

②

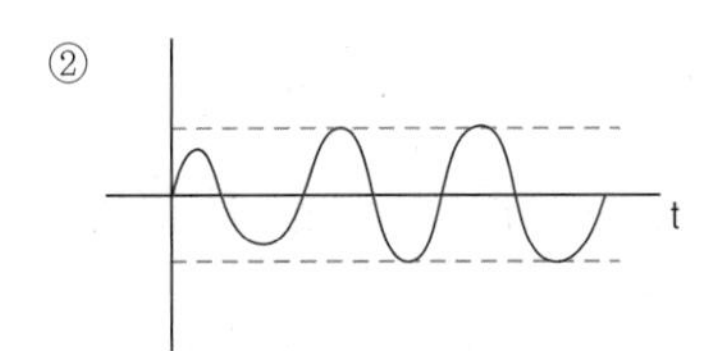

③

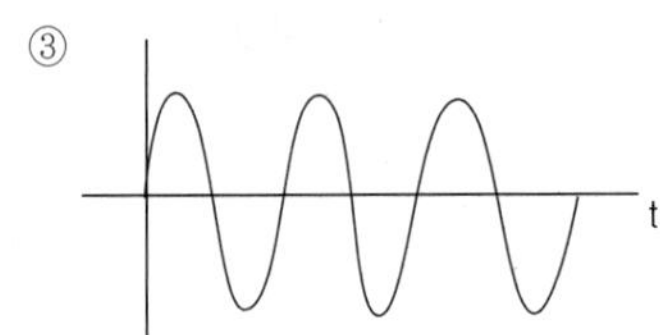

④

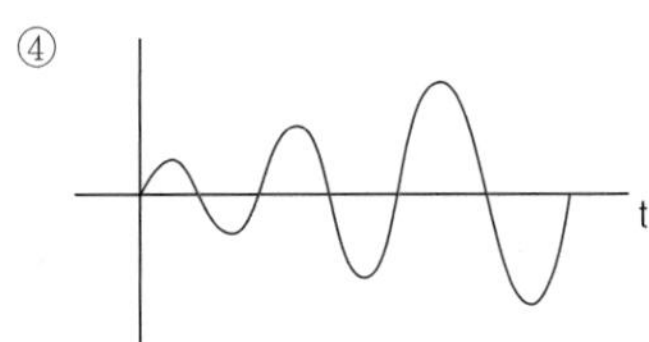

해설

발진회로는 Feedback 증폭회로에서 외부의 입력 없이 증폭작용이 계속되는데 이와 같은 증폭작용을 이용하여 전기 진동을 발생시키는 회로이다.

발진조건

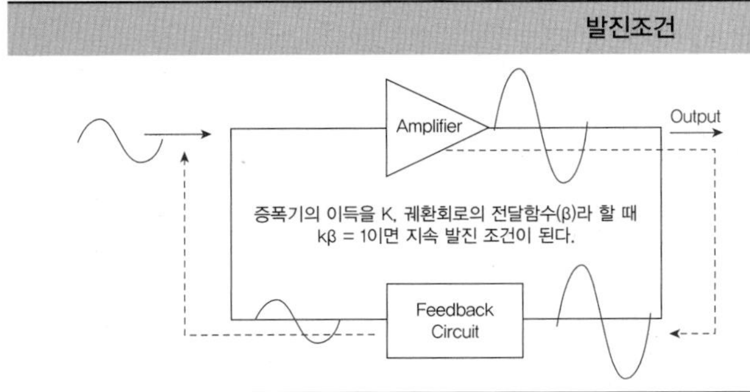

• 위상 조건: 입력 V_i와 출력 V_f가 동위상
• 이득 조건
 － 증폭도: $A_f=\frac{A}{1-\beta A}$
 － 바크하우젠(Barkhausen)의 발진 조건(발진 안정): $|A\beta|=1$
 － 발진의 성장 조건: $|A\beta|\geq 1$
 － 발진의 소멸 조건: $|A\beta|\leq 1$

발진의 소멸 조건으로 파형이 점점 줄어드는 ①번이 맞다.

03 증폭기와 정궤환 회로를 이용한 발진회로에서 증폭기의 이득을 A, 궤환율을 β라고 할 때, βA>1이면 출력되는 파형은 어떤 현상이 발생하는가? (2020-3차)

① 출력되는 파형의 진동이 서서히 사라진다.
② 출력되는 파형은 진폭에 클리핑이 일어난다.
③ 지속적으로 안정적인 파형이 발생한다.
④ 출력되는 파형은 서서히 진폭이 작아진다.

해설

발진회로는 Feedback 증폭회로에서 외부의 입력 없이 증폭작용이 계속되는데 이와 같은 증폭 작용을 이용하여 전기 진동을 발생시키는 회로이다.

발진조건

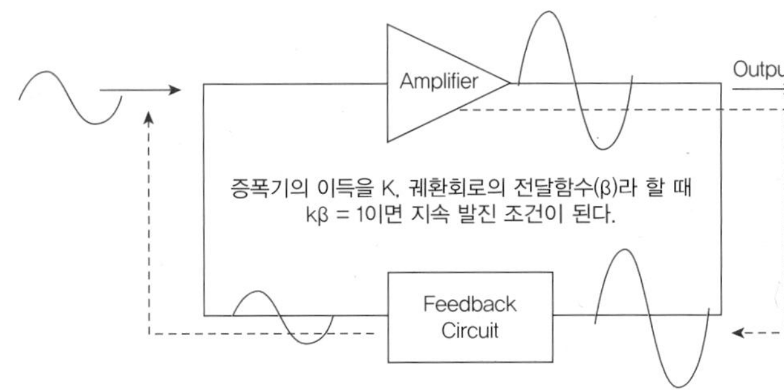

- 위상 조건: 입력 V_i와 출력 V_f가 동위상
- 이득 조건
  - 증폭도: $A_f = \dfrac{A}{1-\beta A}$
  - 바크하우젠(Barkhausen)의 발진 조건(발진 안정): $|A\beta| = 1$
  - 발진의 성장 조건: $|A\beta| \geq 1$
  - 발진의 소멸 조건: $|A\beta| \leq 1$

$\beta A > 1$이면 발진의 성장조건이므로 큰 파형은 Clipping 되어 제거된다.

04 다음 그림과 같은 발진회로의 명칭은 무엇인가? (2019-2차)

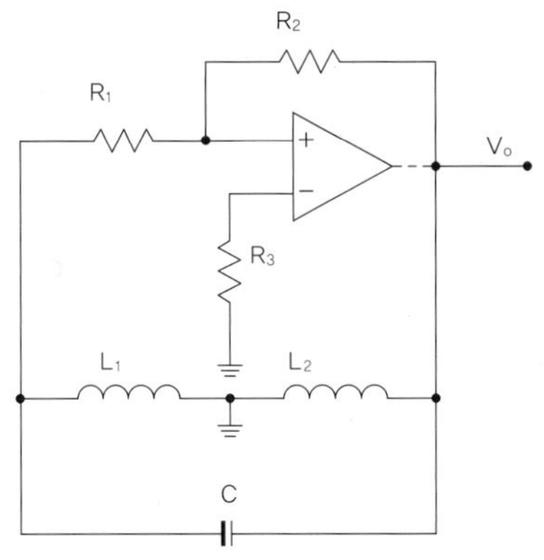

① 콜피츠 발진회로 ② LC 발진회로
③ 하틀리 발진회로 ④ 클랩 발진회로

기출유형 완성하기

정답 05 ③

해설

- 콜피츠(Colpitts) 발진회로: 출력의 일부를 콘덴서(용량)에서 뽑아내어 입력으로 되돌리는 발진회로이다.
- 하틀리(Hartley) 발진회로: 출력의 일부를 코일에서 뽑아내어 입력으로 되돌리는 회로로서 코일에 걸린 전압이 궤환된다.

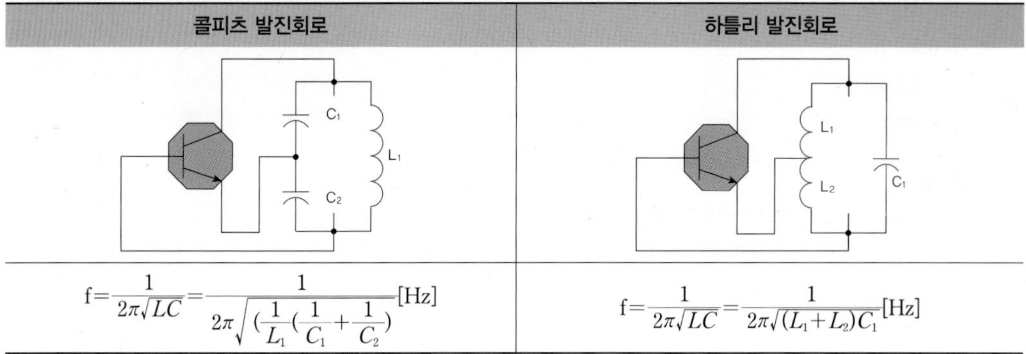

콜피츠 발진회로	하틀리 발진회로
(회로도)	(회로도)
$f=\frac{1}{2\pi\sqrt{LC}}=\frac{1}{2\pi\sqrt{(\frac{1}{L_1}(\frac{1}{C_1}+\frac{1}{C_2})}}$[Hz]	$f=\frac{1}{2\pi\sqrt{LC}}=\frac{1}{2\pi\sqrt{(L_1+L_2)C_1}}$[Hz]

위 회로에서 $f=\frac{1}{2\pi\sqrt{(L_1+L_2+2M)C_1}}$[Hz]

05 다음 회로 중 결합 상태가 직류로 구성된 멀티바이브레이터 회로는? (2019-2차)

① 비안정 멀티바이브레이터
② 단안정 멀티바이브레이터
③ 쌍안정 멀티바이브레이터
④ 비쌍안정 멀티바이브레이터

해설

멀티바이브레이터(Multivibrator)는 발진기, 타이머, 플립플롭과 같이 두 개의 상태를 지니는 여러 가지 단순 시스템을 추가하는 데 쓰이는 전자 회로이다.

구분	내용
쌍안정 (Bistable)	• 직류결합(저항), 플립플롭 2개의 안정 상태를 갖는다. • 두 안정 상태 중 어느 한쪽에 무한히 머무르다가, 오직 트리거될 때 만 다른 안정 상태로 옮겨간다.
단안정 (Monostable)	• 교류결합(콘덴서), 직류결합(저항), One−shot(단발 펄스) 발생기이다. • 트리거될 때 하나의 단일 펄스를 발생시키는 회로로 원숏(One−shot)이라고도 한다. • 안정상태에 있다가 트리거 신호가 들어오면 일정시간 동안 준안정상태(Quasi−stable)에 있다가 다시 안정상태로 돌아오는 회로이다. • 불안정 상태에 머무는 시간에 의해 출력 펄스폭이 결정되며 출력 펄스의 지속시간 및 파형은 트리거 펄스의 폭이나 파형과는 아무런 상관없다.
비안정 (Astable)	• 교류결합(저항), 연속되는 구형파 펄스 발진기이다. • 안정상태를 갖지 않으며, 2개의 준안정상태를 갖는다. • 미리 정해진 T1, T2 시간만큼 유지되며, 무한히 왔다갔다한다(예 링발진기 등). • 펄스 발생 주파수를 통상적으로 RC 회로에 의해 조절한다.

06 전압 이득이 60[dB]인 저주파 증폭기에 궤환율 0.08인 부궤환을 걸면 비직선 왜곡의 개선율은 얼마가 되는가? (2013-2차)

① 0.11[%]
② 0.99[%]
③ 1.23[%]
④ 8.77[%]

해설

부궤환 증폭기이므로 비직선 왜곡이 감소하고, 잡음 또한 감소된다.
K: 왜율(부궤환 시 일그러지는 정도), A_f: 궤환 시 일그러지는 정도율

$A_f = \frac{1}{1+A\beta}$, 전압 이득이 $60[dB] = 20\log A$, $A = 10^3 = 1{,}000$

$A_f = \frac{1}{1+0.08\times1{,}000}[\%] = \frac{1}{81} = 1.23[\%]$

07 궤환에 의한 발진회로에서 증폭기의 이득을 A, 궤환 회로의 궤환율을 β라고 할 때, 발진이 지속되기 위한 조건은? (2023-1차)

① $\beta A = 1$
② $\beta A < 1$
③ $\beta A < 0$
④ $\beta A = 0$

해설

발진회로는 Feedback 증폭회로에서 외부의 입력 없이 증폭작용이 계속되는데 이와 같은 증폭 작용을 이용하여 전기 진동을 발생시키는 회로이다.

발진조건

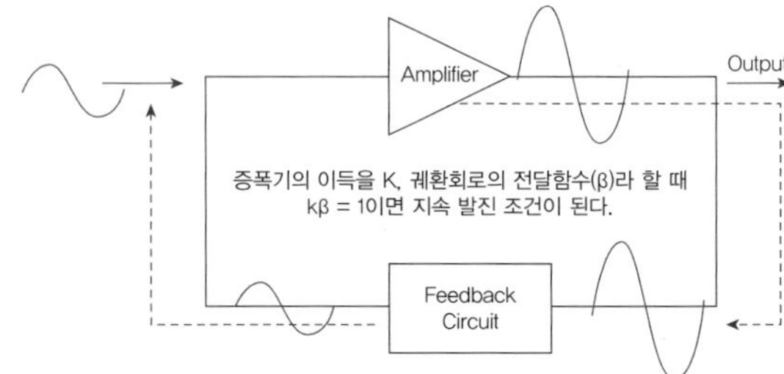

- 위상 조건: 입력 V_i와 출력 V_f가 동위상
- 이득 조건
  - 증폭도: $A_f = \frac{A}{1-\beta A}$
  - 바크하우젠(Barkhausen)의 발진 조건(발진 안정): $|A\beta| = 1$
  - 발진의 성장 조건: $|A\beta| \geq 1$
  - 발진의 소멸 조건: $|A\beta| \leq 1$

정답 08 ③ 09 ①

08 다음과 같은 궤환 증폭회로(부궤환)의 궤환 증폭도(A_f)는? (2020-1차)

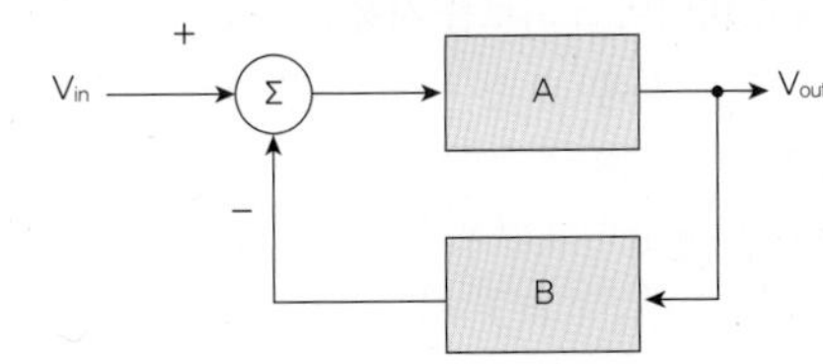

① $\dfrac{1}{1-A\beta}$ ② $\dfrac{A}{A+\beta}$ ③ $\dfrac{1}{1+A\beta}$ ④ $\dfrac{1}{A+A\beta}$

해설

부궤환 증폭회로

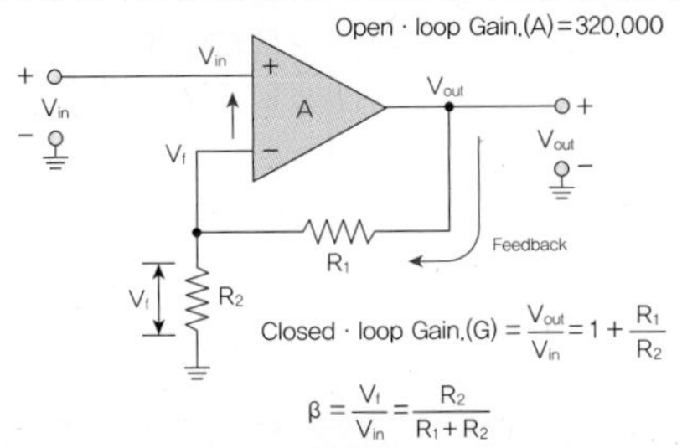

- 부궤환 이득(G)
  $G=\dfrac{A}{1+\beta A}$
- 궤환율
  $\beta=\dfrac{V_f}{V_{out}}=\dfrac{R_2}{R_1+R_2}$

부 궤환의 사용 이유는 연산증폭기의 높은 개방 루프 이득으로 아주 작은 입력 전압도 출력을 포화 상태로 만들 수 있어 전압 이득을 줄여 연산증폭기를 선형 증폭기로 사용함으로서 전압 이득이 안정적으로 조절 가능해지며 입출력 임피던스와 대역폭 제어가 가능하기 때문이다.

증폭도$(A_f)=\dfrac{A}{1+A\beta}$, $A\beta$는 루프이득이다.

09 다음 중 부궤환 증폭회로의 특징이 아닌 것은? (2020-3차)

① 이득 증가 ② 비직선 일그러짐 감소 ③ 잡음 감소 ④ 안정도 향상

해설

부궤환 증폭회로

- 부궤환 회로 장점
  - 증폭회로의 이득이 일정해지는 영역(대역)이 확대된다.
  - 부궤환 회로를 구성함으로써, OP AMP의 개방 이득 편차의 영향이 작아지며 왜곡을 억제할 수 있다.
- 부궤환 회로 단점
  - 개방 이득에 비해 회로의 증폭률이 저하된다.
  - 궤환으로 인해 회로가 발진하기 쉬워진다.
- 부궤환 증폭기 특징
  - 이득은 감소하지만 이득 안정도는 향상된다.
  - 주파수 대역폭이 증가한다.
  - 잡음이 감소한다.
  - 입출력 임피던스 제어가 우수하다.
  - 주파수나 위상의 비직선 일그러짐이 감소한다.

10 **다음 중 LC 발진회로에서 발진주파수의 변동요인과 대책이 틀린 것은?** (2020-1차)(2022-2차)

① 전원전압의 변동: 직류안정화 바이어스 회로를 사용
② 부하의 변동: Q가 낮은 수정편을 사용
③ 온도의 변화: 항온조를 사용
④ 습도에 의한 영향: 회로의 방습 조치

해설

기본 발진기 피드백 회로	LC 발진기 공진 주파수
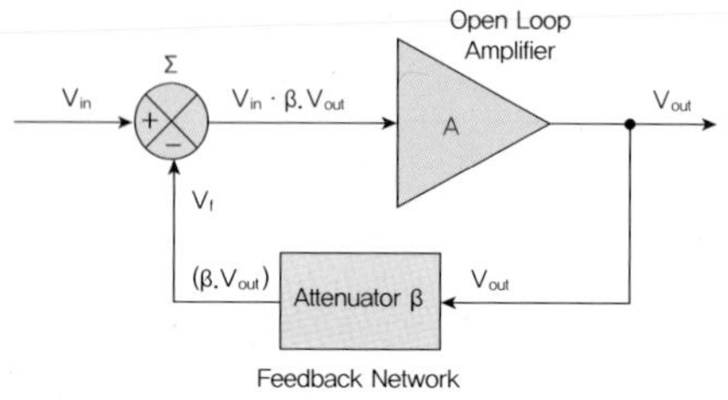 Open Loop Amplifier, Σ, V_{in}, $V_{in} \cdot \beta.V_{out}$, A, V_{out}, V_f, $(\beta.V_{out})$, Attenuator β, V_{out}, Feedback Network	• $f_r = \frac{1}{2\pi\sqrt{LC}}$ • L: 인덕턴스 • C:커패시턴스 • f_r: 출력주파수

발진회로는 지속적인 전기 진동을 만들어 내는 장치로서 구성 요소에는 "인덕터(L)" 또는 "커패시터(C)" 및 DC 전원이 포함되어야 한다. 발진기가 갖추어야 할 조건은 주파수의 안정도가 높아야 하며 아래는 발진기의 주파수가 변화하는 주된 요인에 대한 방지 대책이다.

구분	방지책
부하의 변동	발진부와 부하를 격리시키는 완충 증폭회로를 사용한다.
전원 전압의 변화	전원에는 정전압 전원 회로인 직류안정화 바이어스 회로를 사용한다.
주위 온도의 변화	온도 보상 회로나 항온조 등을 사용한다.
능동 소자의 상수 변화	주로 전원, 온도에 의한 변동이므로 세미리하고 견고하게 제작한다.
습도에 의한 영향	회로의 방습 조치를 한다.

11 **다음 중 RC 발진회로에 대한 설명으로 옳은 것은?** (2020-3차)

① 콘덴서와 저항만으로 궤환회로를 구성한다.
② 압전기 효과를 이용한 발진기이다.
③ 종류로는 콜피츠 발진회로와 하틀리 발진회로가 있다.
④ 부궤환시키면 발진 주파수가 증가한다.

해설

RC발진회로

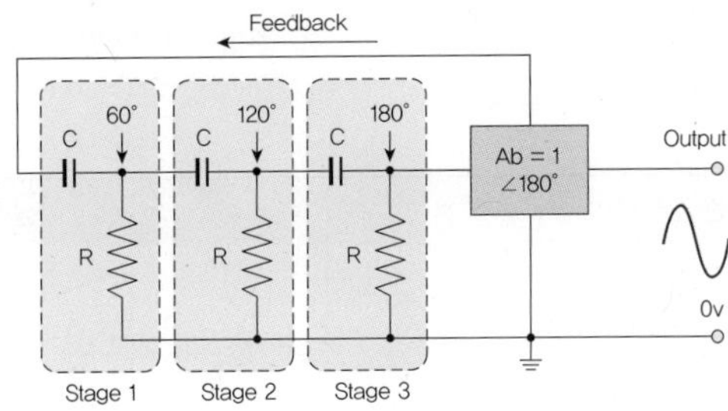

- 커패시터(C)와 저항기(R)를 이용한 충전/방전 회로의 충전/방전 주기 조절에 의해 주기적인 파형(정현파)을 만드는 회로이다. 보통 1MHz 이하에서 사용된다.
- RC발진회로의 종류는 윈 브리지 발진기(Wien Bridge), 위상천이 발진기, Twin−T 발진기, Bridge−T 발진기 등이 있다.

12 다음 그림과 같은 발진회로에서 발진주파수는? (2022-2차)

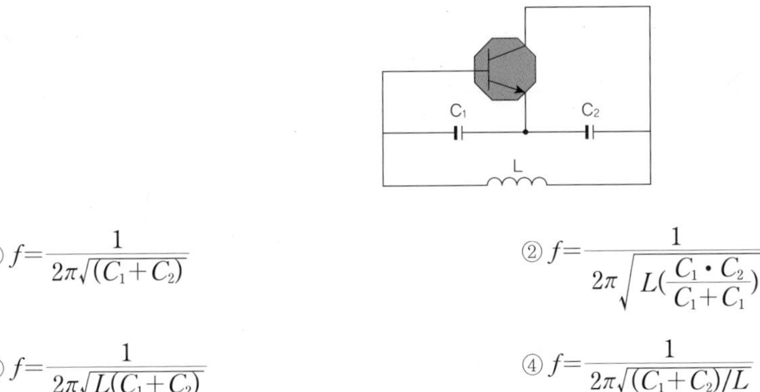

① $f=\dfrac{1}{2\pi\sqrt{(C_1+C_2)}}$

② $f=\dfrac{1}{2\pi\sqrt{L(\dfrac{C_1 \cdot C_2}{C_1+C_1})}}$

③ $f=\dfrac{1}{2\pi\sqrt{L(C_1+C_2)}}$

④ $f=\dfrac{1}{2\pi\sqrt{(C_1+C_2)/L}}$

해설

- 콜피츠(Colpitts) 발진회로: 출력의 일부를 콘덴서에서 뽑아내어 입력으로 되돌리는 발진회로
- 하틀리(Hartley) 발진회로: 출력의 일부를 코일에서 뽑아내어 입력으로 되돌리는 발진회로

콜피츠 발진회로	하틀리 발진회로
C1, C2, L1	L1, L2, C1
$f=\dfrac{1}{2\pi\sqrt{LC}}=\dfrac{1}{2\pi\sqrt{(\dfrac{1}{L_1}(\dfrac{1}{C_1}+\dfrac{1}{C_2})}}$[Hz]	$f=\dfrac{1}{2\pi\sqrt{LC}}=\dfrac{1}{2\pi\sqrt{(L_1+L_2)C_1}}$[Hz]

13 다음 중 이상적인 연산증폭기의 특성이 아닌 것은? (2020-3차)

① 전압증폭도가 무한대 ② 입력 임피던스가 무한대
③ 출력 임피던스가 무한대 ④ 주파수 대역폭이 무한대

해설

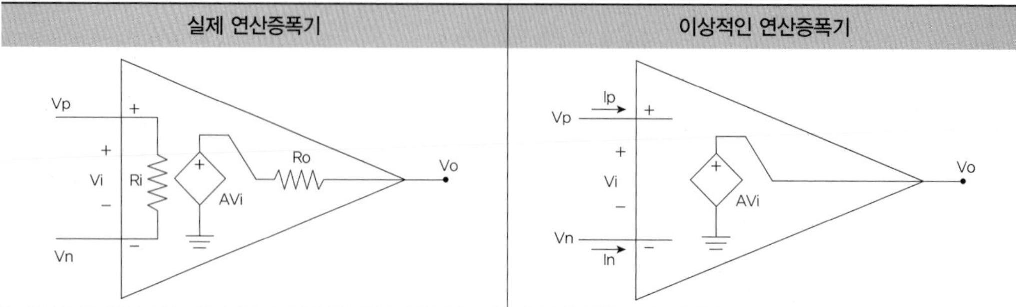

- 개루프(Open−loop) 전압이득(Voltage Gain)이 무한대(∞)이다.
- OP Amp의 입력 임피던스(Input Impedance)는 무한대(∞)이다.
- OP Amp의 출력 임피던스(Input Impedence)는 0(Zero)이다.
- 대역폭이 무한대(∞)이다.
- Zero Output Offset: OP Amp의 입력이 모두 Ground일 때 두 입력 차가 Zero가 되어 출력 전압이 Zero가 되지만 출력에 약간의 Offset을 가진다는 의미이다.

14 다음 중 정궤환(Positive Feedback)을 사용하는 발진회로에서 발진을 위한 궤환루프(Feedback Loop)의 조건으로 옳은 것은? (2023-3차)

① 궤환루프의 이득은 없고, 위상천이가 180[°]이다.
② 궤환루프의 이득은 1보다 작고, 위상천이가 90[°]이다.
③ 궤환루프의 이득은 1이고, 위상천이는 0[°]이다.
④ 궤환루프의 이득은 1보다 크고, 위상천이는 180[°]이다.

해설

정궤환(Positive Feedback)을 사용하는 발진회로에서 발진을 위해 동위상이 되어야 하므로 위상천이는 0[°]이며 궤환루프 이득이 1이면 출력신호가 그대로 입력에 들어오는 것이다.

발진조건

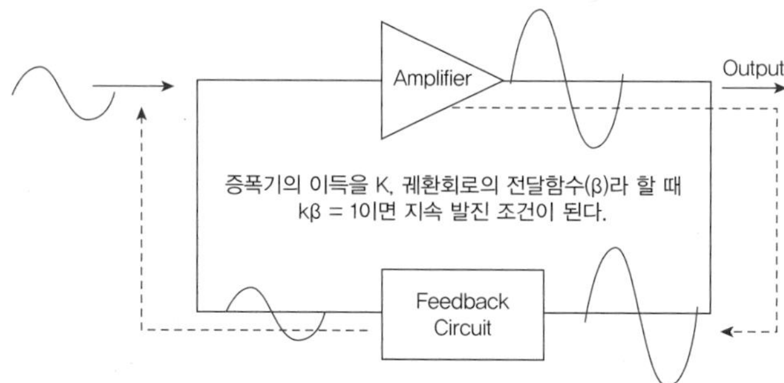

- 위상 조건: 입력 V_i와 출력 V_f가 동위상
- 이득 조건
  - 증폭도: $A_f = \frac{A}{1-\beta A}$
  - 바크하우젠(Barkhausen)의 발진 조건(발진 안정): $|A\beta| = 1$
  - 발진의 성장 조건: $|A\beta| \geq 1$
  - 발진의 소멸 조건: $|A\beta| \leq 1$

기출유형 03 ▶ 안테나, EIRP(Effective Isotropic Radiated Power)와 ERP(Effective Radiated Power)

지구국의 EIRP(Effective Isotropic Radiated Power) 시스템에서 EIRP를 바르게 나타낸 것은? (2019-2차)

① 송신전력 + 송신 안테나 이득
② 송신전력 − 송신 안테나 이득
③ 송신전력 × 송신 안테나 이득
④ 송신전력 ÷ 송신 안테나 이득

해설

EIRP = Pt × Gh(Pt: 안테나 출력(Transmitter Power), Gh: 안테나 절대이득)

| 정답 | ③

족집게 과외

EIRP(등가 복사전력) 및 ERP(유효 복사전력) 비교

구분	ERP	EIRP
명칭	실효복사전력	실효등방성복사전력
적용이득	상대이득(Ga)	절대이득(Gh)
크기	ERP	ERP의 1.64배(2.15dB) EIRP=ERP+2.15dB
기준안테나	λ/2(반파장) 안테나	등방성 안테나
산출식	P=Pt×Ga	P=Pt×Gh
이득단위	dBd	dBi
적용범위	대부분 1GHz 이하	대부분 1GHz 이상

기준되는 안테나 종류에 따라 안테나 이득이 달라진다.

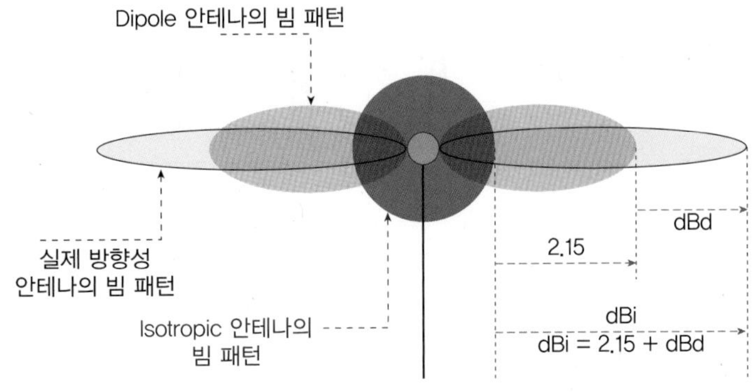

더 알아보기

EIRP = Pt × Gh[Pt: 안테나 출력(Transmitter Power), Gh: 안테나 절대이득]
ERP = Pt × Ga
ERP[W] = $\frac{EIRP[watt]}{1.64}$, ERP[dB] = EIRP[dB] + 2.15[dB]

❶ 직진파, 비직진파

LOS(Line of Sight) vs NLOS(None Line of Sight)

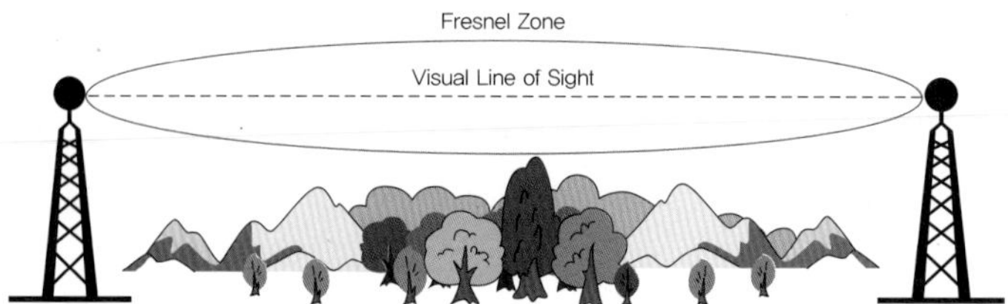

구분	내용
LOS	Line of Sight 파: 직진파, 직접파(Direct Wave) • 사람의 시야에서 통신 가능한 것으로 송수신점에 직접 도달하는 전파이다. • 가시거리에서의 직진성 또는 직진파이며 UHF 이상의 전파 대역에 해당된다.
NLOS	None Line of Sight 파: 비직진파 • 비가시거리로서 다양한 장애물 등에 의해 가려졌어도 회절,반사 등에 의해서 전파된다. • 비직진성 또는 비직진파라 하며 VHF 이하의 전파 대역으로 회절,반사 등에 의해 장거리 통신이 가능하다.

❷ Fresnel Zone

프레스넬 영역은 전계 강도가 장해물 영향(즉, 회절, 반사 등 영향)을 받아 변화하게 됨에 따라 전파의 수신점에서의 전파는 직접파(직진파) 뿐만 아니라 회절파 또는 반사파에 의해서도 영향을 받는다. 따라서, 이러한 영향을 받지 않도록, 타원형의 어떤 영역 안에 반사 또는 회절파 영향을 주는 장해물이 없도록 설정하는 영역이다.

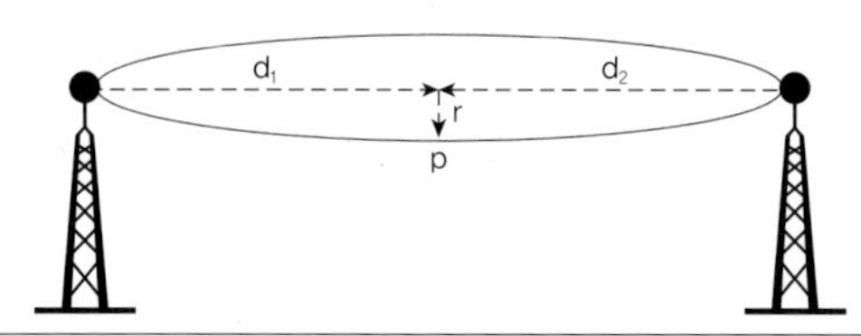 	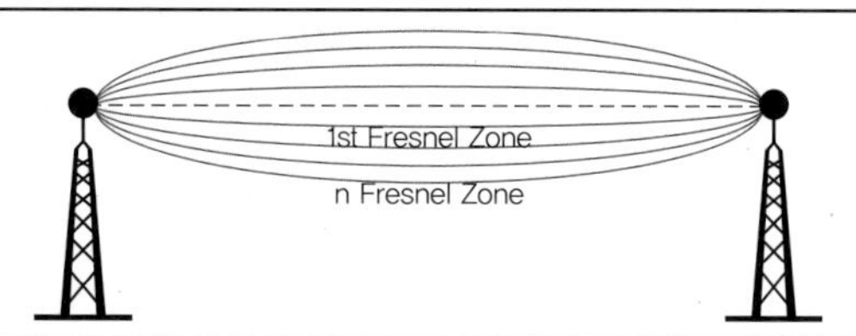
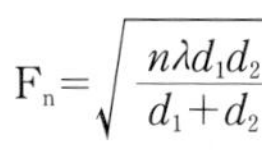 $F_n = \sqrt{\frac{n\lambda d_1 d_2}{d_1 + d_2}}$	• Fn=n번째 Fresnel zone 반경(meters) • d_1=P 점에서 안테나까지의 거리(meters) • d_2=P 점에서 다른 안테나까지의 거리(meters) • λ=송신 신호의 파장(meters)

제1프레스넬 영역은 가시거리 선에서 전계강도의 최초 극대점까지의 영역이다. 만일, 제1프레스넬 영역의 약 80% 정도에 장해물이 없으면, 이때의 전파 손실은 자유공간(Free Space)에서의 손실치와 같다고 본다. 제2프레스넬 영역은 가시거리 선에서 전계강도의 최초 극대점에서 최초 극소점까지의 영역이다.

❸ 가시거리(LOS: Line of Sight Distance)

LOS(Line of Sight)	nLOS(Near Line of Sight)	NLOS(Non Line of Sight)

수신점이 서로 보이는 최대 거리로서 전파 수평선(Radio Horizon)이라고도 한다. 기하학적인 가시거리 d_1은 $d_1=3.55(\sqrt{h_1}+\sqrt{h_2})$km이다. 여기서 h_1, h_2은 송수신 안테나의 높이(m)이다. 전파적인 가시거리는 대기 중에서 굴절이 있어 전파 통로를 직선으로 취급하기 때문에 표준 대기 중에서는 지구의 반지름을 4/3배로 한 큰 지구를 가정한다. 따라서 전파적인 가시거리 d_1는 광학적인 경우보다 커서 $d_1=4.12(\sqrt{h_1}+\sqrt{h_2})$km로 된다. 다음은 가시거리를 구하는 공식이다.

가시거리 구하는 공식

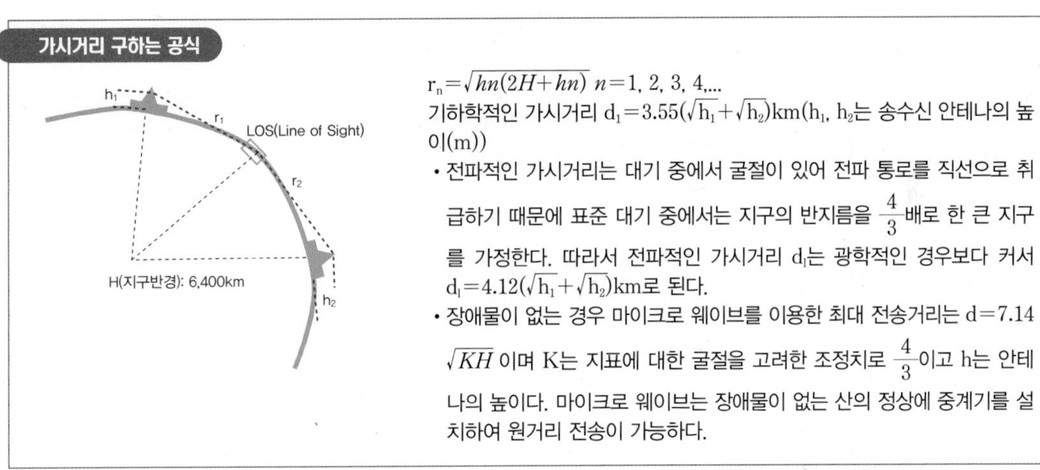

$r_n=\sqrt{hn(2H+hn)}$ $n=1, 2, 3, 4,...$

기하학적인 가시거리 $d_1=3.55(\sqrt{h_1}+\sqrt{h_2})$km($h_1$, h_2는 송수신 안테나의 높이(m))

- 전파적인 가시거리는 대기 중에서 굴절이 있어 전파 통로를 직선으로 취급하기 때문에 표준 대기 중에서는 지구의 반지름을 $\frac{4}{3}$배로 한 큰 지구를 가정한다. 따라서 전파적인 가시거리 d_1는 광학적인 경우보다 커서 $d_1=4.12(\sqrt{h_1}+\sqrt{h_2})$km로 된다.
- 장애물이 없는 경우 마이크로 웨이브를 이용한 최대 전송거리는 $d=7.14\sqrt{KH}$ 이며 K는 지표에 대한 굴절을 고려한 조정치로 $\frac{4}{3}$이고 h는 안테나의 높이다. 마이크로 웨이브는 장애물이 없는 산의 정상에 중계기를 설치하여 원거리 전송이 가능하다.

주파수에 따른 전파 도달 영역

구분	내용
LF(장파)	근거리: 지표파, 원거리: 전리층 반사파(E층)
MF(중파)	근거리: 지표파, 원거리: 전리층 반사파(E층)
HF(단파)	근거리, 원거리 모두: 전리층 반사파(F층), 지표파는 감쇠가 심하여 이용 불가
VHF(초단파)	근거리: 직접파, 공간파, 원거리: 대류권파, 전리층 반사파(E층)

❹ EIRP(Effective Isotropic Radiated Power)

안테나의 EIRP는 물리적 특성(크기, 모양, 편광 등), 동작 주파수, 송신기 및 관련 회로의 효율성 등 여러 요인에 의해 영향을 받는다. EIRP는 송신기 출력에 안테나 게인을 곱하여 계산할 수 있는데, 이는 안테나가 특정 방향으로 전력을 집중시키는 능력을 측정하는 척도이다. 일반적으로, 높은 EIRP는 무선 통신 시스템의 더 큰 신호 강도 및 범위에 해당한다. 그러나 다른 시스템과의 간섭을 방지하고 무선 스펙트럼의 효율적인 사용을 보장하기 위해 서로 다른 주파수 대역과 지리적 지역에서 사용할 수 있는 최대 EIRP에 대한 규제 한계가 있다.

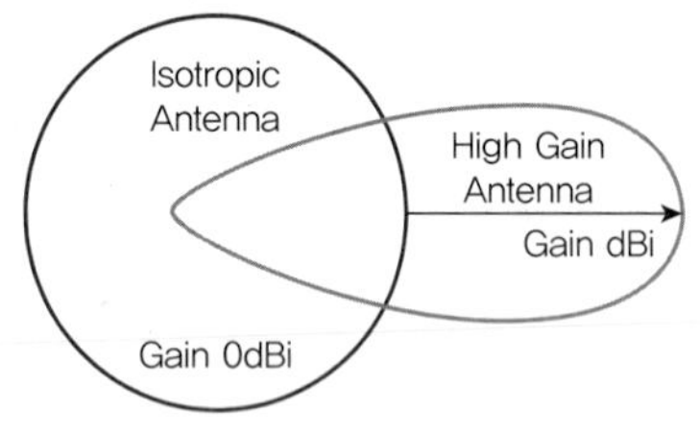

EIRP	실효 등방성 복사전력(Effective Isotropic Radiated Power) 안테나에 공급되는 송신기의 전력과 등방성 안테나에 대한 절대 이득의 곱이다.
ERP	실효 복사 전력(Effective Radiated Power) 안테나에 공급되는 송신기의 전력과 주어진 방향에서의 반파장 다이폴 안테나에 대한 상대이득의 곱으로 EIRP=ERP+2.15dB로 정의할 수 있다.

EIRP와 ERP는 지향성 안테나의 최대 이득을 가지는 방향에서의 방사출력과 Isotropic Source 또는 Dipole Antenna에 얼마만큼의 파워를 인가했을 경우와 동일 한가를 나타내는 값이다.

EIRP = ERP + 2.15dB. (계산 예)
안테나 이득: 10dBd, 송신기 출력: 1W(30dBm), Pt=10log(1W/1mW)=30dBm일 경우 ∴ ERP=10dBd+30dBm=40dBm(=10W) (10dBd의 이득을 가진 안테나는 송신출력 1W가 10W의 효과) ∴ EIRP=40dBm+2.15dB=42.15dBm(=16.4W) (ERP보다 2.15dB 더 큼, 즉 42.15dBm은 40dBm보다 1.64배 큼)

자유공간(Free Space)

물리학 기준으로 진공상태 또는 아무 물질이 없는 공간을 의미하며, 전자공학에서는 공기 중을 의미한다.

$$FSPL=\left(\frac{4\pi d}{\lambda}\right)^2=\left(\frac{4\pi df}{c}\right)^2$$

λ(파장)	신호의 파장(Meters)
f(주파수)	신호의 주파수(Herz)
d(거리)	통신 거리(Meters)
c(속도)	빛의 속도(3×10^8m/s)

FSPL 계산 예시

이것을 dB 단위로 표현하면 아래와 같다.

$$FSPL(dB)=10\log_{10}\left(\frac{4\pi df}{c}\right)^2=20\log_{10}\left(\frac{4\pi df}{c}\right)$$
$$=20\log_{10}(d)+20\log_{10}(f)+20\log_{10}\left(\frac{4\pi}{c}\right)$$
$$=20\log_{10}(d)+20\log_{10}(f)-147.55$$

- 통신 방식: WiFi, 주파수(f): 2.4GHz 대역(여기서는 채널 1: 2412 MHz로 계산)
- 통신거리(d): 100m
  $FSPL(dB)=20\log10(100)+20\log10(2.4x10^9)-147.55$
  $=80.096dB$
  위 계산에서 알 수 있듯이 100m 떨어진 곳에서 WiFi 신호가 약 80dB 감쇄가 일어난다는 것을 알 수 있다. 물론 이론상 수치이다.

기출유형 완성하기

정답 01 ② 02 ③ 03 ③

01 다음 중 전파통신이 가능한 가시거리(Line-of-Sight)를 구하는 공식은? (단, d는 가시거리, K는 지구의 곡률에 의한 보정 계수, H는 안테나의 높이[m]) (2012-3차)(2017-1차)(2021-2차)

① $d=K\times4.17\sqrt{H^3}[km]$
② $d=7.14\sqrt{KH}[km]$
③ $d=4.17\sqrt{K^3H}[km]$
④ $d=K\times7.14\sqrt{H^3}[km]$

해설

가시거리(LOS: Line of Sight Distance)

$r_n=\sqrt{hn(2H+hn)}$ n=1,2,3,4,...

기하학적인 가시거리 $d_1=3.55(\sqrt{h_1}+\sqrt{h_2})$km($h_1$, h_2는 송수신 안테나의 높이(m))

- 전파적인 가시거리는 대기 중에서 굴절이 있어 전파 통로를 직선으로 취급하기 때문에 표준 대기 중에서는 지구의 반지름을 $\frac{4}{3}$배로 한 큰 지구를 가정한다. 따라서 전파적인 가시거리 d_1는 광학적인 경우보다 커서 $d_1=4.12(\sqrt{h_1}+\sqrt{h_2})$km로 된다.
- 장애물이 없는 경우 마이크로 웨이브를 이용한 최대 전송거리는 $d=7.14\sqrt{KH}$ 이며 K는 지표에 대한 굴절을 고려한 조정치로 $\frac{4}{3}$이고 h는 안테나의 높이다. 마이크로 웨이브는 장애물이 없는 산의 정상에 중계기를 설치하여 원거리 전송이 가능하다.

02 30[m] 높이의 빌딩 옥상에 설치된 안테나로부터 주파수가 2[GHz]인 전파를 송출하려고 한다. 이 전파의 파장은 얼마인가? (2013-3차)(2019-2차)(2021-3차)

① 5[cm] ② 10[cm] ③ 15[cm] ④ 20[cm]

해설

1GHz$=10^9$Hz이다.

$v=f\lambda,\ \lambda=\frac{v}{f}=\frac{3\times10^8}{2\times10^9}=\frac{3}{20}=0.15[m]=15[cm]$

03 자유공간에서 송수신 안테나 간 거리 2[km]에 10[GHz]의 주파수로 통신링크를 구성하고자 한다. 이에 대한 전송경로의 손실은 약 얼마인가? (2012-1차)(2014-1차)(2015-2차)(2016-2차)(2020-3차)

① 106.52[dB] ② 112.52[dB] ③ 118.52[dB] ④ 124.52[dB]

해설

전송경로 손실은 전파가 송신지에서 수신지 안테나까지 가는 동안 전송거리에 따른 감쇠가 발생하여 이에 따른 손실을 경로 손실이라 한다. 자유공간의 경로 손실은 L[dB]=32.44+20log[f]+20log[d]
f는 반송파 주파수[MHz], d는 송수신기간의 거리[km] 주파수는 MHz 단위로 변경하면 10×10^3MHz가 된다.

$32.44+20\log[10\times10^3]+20\log[2]=32.44+80+6.02=118.46[dB]$
$L[dB]=92.45+20\log(r)+20\log(f)$: 주파수가 GHz인 경우
$L[dB]=32.45+20\log(r)+20\log(f)$: 주파수가 MHz인 경우
$L[dB]=-27.55+20\log(r)+20\log(f)$: 주파수가 KHz인 경우
$L[dB]=-87.55+20\log(r)+20\log(f)$: 주파수가 Hz인 경우

60dB가 차이나는 것은 Giga는 10^9이고 Mega는 10^6 kilo는 10^3이므로 dB로 변경하면 60dB가 차이나게 된다.

정답 04 ③ 05 ②

04 **자유공간에서 송수신 안테나 간 거리 2[km]에 1[GHz]의 주파수로 통신링크를 구성하고자 한다. 이에 대한 전송경로의 손실은 약 얼마인가?** (2022-2차)

① 118.52[dB]
② 128.52[dB]
③ 98.52[dB]
④ 108.52[dB]

해설

$FSPL = 20\log_{10}d[km] + \log_{10}f\ [GHz] + 92.45$
자유공간의 경로 손실은 $L[dB] = 32.44 + 20\log[f] + 20\log[d]$
f는 반송파 주파수[MHz], d는 송수신기간의 거리 [km], 주파수는 MHz 단위로 변경하면 1×10^3MHz가 된다.
$L = 32.44 + 20\log[1 \times 10^3] + 20\log[2] = 32.44 + 60 + 6.02 = 98.46[dB]$

05 **변조의 필요성을 설명한 것으로 옳지 않은 것은?** (2015-1차)(2017-3차)

① 전송 채널에서 간섭과 잡음을 줄이기 위함이다.
② 송 · 수신용 안테나 길이를 늘이기 위함이다.
③ 다중 통신을 하기 위함이다.
④ 전송 효율의 향상을 위함이다.

해설

변조를 함으로서 안테나 길이를 줄여 초소형화가 가능하다.
변조의 필요성

구분	내용
손실의 보상	주파수가 올라갈수록 에너지가 많아진다. 낮은 주파수의 신호파를 반송파에 실어 전송하면 신호에너지가 증대되는 효과가 있다.
장비 제안 극복	파장은 주파수에 반비례하므로(파장 $\lambda = \frac{c}{f}$) 전송되는 파의 주파수가 높아지면 파장은 반대로 작아진다. 즉, 안테나의 길이를 줄일 수 있다.
전송신호를 정합	광대역의 전송신호를 전송매체의 대역폭에 맞게 조정할 수 있다.
잡음 억압	광대역 변조에 의한 유해잡음 성분을 억압한다.
다중화 기능	하나의 전송매체에 다수의 반송파를 사용하여 각각 변조하여 복수의 채널 구성이 가능하다.
반사	전자파의 반사를 용이하게 할 수 있다.
간섭제거	주파수가 높아지면 에너지가 많아져서 간섭 배제 능력이 우수해진다.

정답 06 ① 07 ②

06 등방성 안테나로부터 거리가 2,000[m] 떨어져 있는 점의 전계강도는 약 얼마인가? (단, 안테나로부터 방사되는 전력은 10[W]이다)
(2013-1차)(2016-1차)(2020-3차)

① 8.66[mV/m]　　② 0.866[mV/m]
③ 1.866[mV/m]　　④ 0.186[mV/m]

해설
방사전력(P_r)으로부터 거리(d)가 되는 점의 전계 강도 E

구분	내용
등방성 안테나	$E=\frac{\sqrt{30P_r}}{d}[V/m]=\frac{5.5\sqrt{P_r}}{d}[V/m]$ (절대이득은 기준안테나가 등방성 안테나이다)
반파장 Dipole 안테나	$E=\frac{\sqrt{49P_r}}{d}[V/m]=\frac{7\sqrt{P_r}}{d}[V/m]$ (상대이득은 기준안테나가 반파장 Dipole 안테나이다)
미소 Dipole 안테나	$E=\frac{\sqrt{45P_r}}{d}[V/m]=\frac{6.7\sqrt{P_r}}{d}[V/m]$ (상대이득은 기준안테나가 반파장 Dipole 안테나이다)
$\frac{\lambda}{4}$수직접지 안테나	$E=\frac{7\sqrt{2P_r}}{d}[V/m]=\frac{9.9\sqrt{P_r}}{d}[V/m]$ (상대이득은 기준안테나가 반파장 Dipole 안테나이다)

등방성 안테나의 방사전력(P_r)로부터 거리(d)되는 점의 전계 강도 E

$E=\frac{\sqrt{30\times10}}{2,000}[V/m]=0.0086[V/m]=8.6[mV/m]$

07 전파에너지를 전송하기 위하여 송신장치 또는 수신장치와 안테나 사이를 연결하는 선을 무엇이라 하는가?
(2023-1차)

① 통신선　　② 급전선
③ 회선　　④ 강전류절연전선

해설

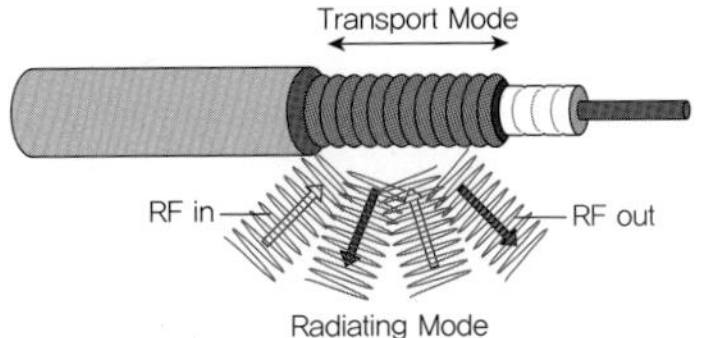

급전선은 송신기의 출력단자 또는 수신기의 입력단자와 공중선을 접속하여 고조파 전력을 전송하기 위하여 사용되는 선로이다. 즉, 무선 주파수 에너지를 전송하기 위하여 무선 송신기나 무선 수신기와 안테나 사이를 잇는 도선. 단선, 평형 2선, 동축선 등이 있다. 장파인 경우는 단선(單線)으로도 좋으나 단파에서는 급전선상에 정재파가 실리므로 방사 손실을 일으키게 된다. 이러한 손실을 방지하기 위해 급전선을 공진 회로로 하는 것을 공진 급전선이라 한다.

정답 08 ③

08 무선통신시스템에서 송신출력이 10[W], 송수신 안테나 이득이 각각 25[dBi], 수신 전력이 −20[dBm]이라고 할 때 자유공간 손실은 몇 [dB]인가? (단, 전송선로 손실 및 기타 손실은 무시한다.) (2023-2차)

① 100[dB] ② 105[dB]
③ 110[dB] ④ 115[dB]

해설

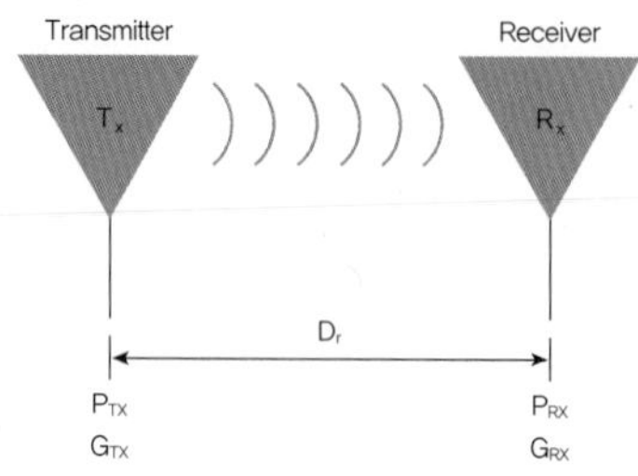

$$P_{rx} = P_{tx}G_{tx}G_{rx}\left(\frac{c}{4\pi D_r f_0}\right)^2$$

$$P_{rx}(dB) = P_{tx} + G_{tx} + G_{rx} + 20\log_{10}\left(\frac{\lambda}{4\pi D_r}\right)$$

Friss 전달 공식에 의거 $P_r = (\frac{\lambda}{4\pi d f_0})P_t \cdot G_t \cdot G_r$이고 $P_r = P_t + G_t + G_r - L(FSPL)$이므로

송신 $10[W] = 10\log_{10}(\frac{10W}{1mW}) = 10\log_{10}10^4 = 40[dBm]$

송신 안테나 이득이 각각 25[dBi], 수신 안테나 이득이 각각 25[dBi]이고

수신 전력이 −20[dBm]

P_t(송신ANT Power) + G_t(송신ANT Gain) + G_r(수신ANT GAIN) − FSPL(자유공간손실) = 수신ANT

FSPL(dB) = 40[dBm] + 25[dbi] − (−20)[dBm] + 25[dBi] = 110[dBi]

정답 09 ②

09 **다음 중 무선 송 · 수신기에서 송출되는 안테나 공급전력의 정의에 대한 설명으로 적합한 것은?** (2016-3차)

① 평균전력은 변조에서 사용되는 평균적인 주기와 비교하여 충분히 긴 시간에 걸쳐서 평균된 전력이다.
② 첨두전력은 변조 포락선의 최고 첨두에서의 무선주파수 1주기간의 평균전력이다.
③ 반송파전력은 변조상태에서 반송파만을 분리하여 측정한 무선주파수 1[Hz]간의 평균전력이다.
④ 규격전력은 종단 출력 진공관 및 종단 출력 TR의 출력규격 값으로서 각 제조사마다 정의한 것이다.

해설

전파법 시행령 제2조(정의)

"안테나공급전력"이란 안테나의 급전선(전파에너지를 전송하기 위하여 송신장치 또는 수신장치와 안테나 사이를 연결하는 선을 말한다)에 공급되는 전력을 말한다.

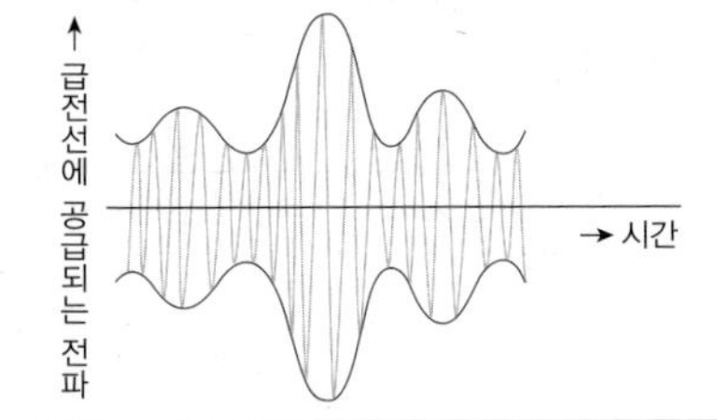	② 첨두전력(Peak Power) 변조 포락선의 최고 첨두에서, 무선 주파수의 1사이클 사이에 송신기에서 공중선의 급전선에 공급되는 평균 전력이다. 예로는 송신기에서 급전선에 공급되는 전류가 그림에 나타난 것과 같이 변화하고 있다면 실선으로 나타낸 무선 주파수 1사이클 사이에 공급되는 전력의 평균치가 이에 해당한다.
$P_x = \langle 신호에너지 \rangle = \lim_{T\to\infty}\frac{1}{T}\int_{-T/2}^{T/2}\lvert x(t)\rvert^2 dt = P_{Average}$ 신호 전력 / 신호에너지의 시간평균 / 시간 평균 / 신호 에너지 / 평균 전력	① 평균전력(Average Power) 평균전력은 정상 동작 상태에서 송신 장치로부터 급전선에 공급되는 전력으로 순간 전력을 시간 평균화한 값이다(충분히 긴시간 동안 평균된 전력). 시간, 주파수에 관계 없이 일정한 값을 갖게되어, 실제 물리량 표현에 적합하다. 평균전력은 변조와는 무관하다.
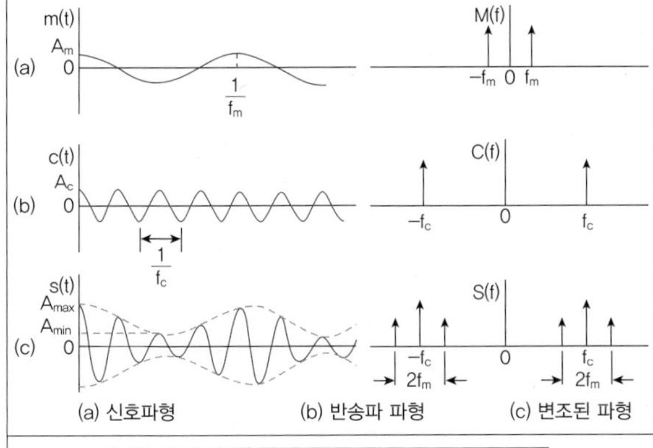(a) 신호파형 (b) 반송파 파형 (c) 변조된 파형	③ 반송파전력(P_Z) 무변조 반송파 파형 1주기 동안에 평균된 전력(무변조시 전력)으로 변조 신호파가 없을 때 안테나 단자에서 이용할 수 있는 무선 주파수(RF) 전력이다. 다시 말해서, 변조가 없는 상태에서 무선 주파수 1Hz 간의 송신기에서 안테나 시스템의 급전선에 공급되는 평균전력을 말한다. 반송파전력은 변조가 없는 상태에서 반송파만을 분리하여 측정한 무선주파수 1[Hz] 간의 평균전력이다.
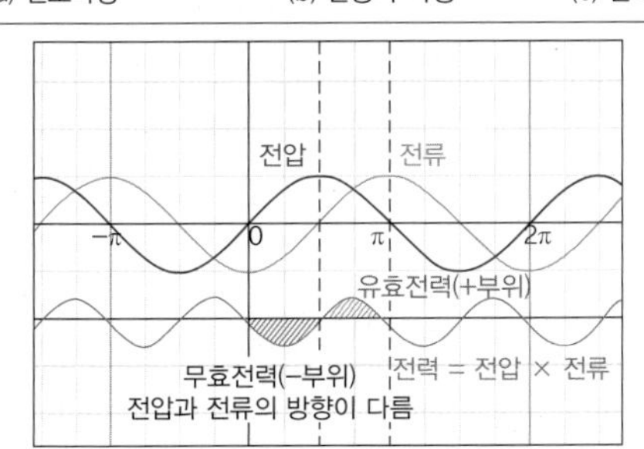	④ 규격전력(P_R) 송신장치의 종단증폭기의 정격 출력 파형이다. P(전력)$=V$(전압)$\times I$(전류) $(+)V\times(+)I=(+)P$ ← 유효전력 $(+)V\times(-)I=(-)P$ ← 무효전력 $(-)V\times(+)I=(-)P$ ← 무효전력 $(-)V\times(-)I=(+)P$ ← 유효전력

기출유형 04 ▶ MIMO(Multiple-Input and Multiple-Output) 안테나

무선환경에서 다중입출력(MIMO) 안테나의 송신측과 수신측 기술의 궁극적 목표가 각각 알맞게 연결된 것은?

(2022-2차)

① 송신측-공간간섭 제거, 수신측-채널용량 증대
② 송신측-공간간섭 제거, 수신측-공간간섭 제거
③ 송신측-채널용량 증대, 수신측-채널용량 증대
④ 송신측-채널용량 증대, 수신측-공간간섭 제거

해설

MIMO(multiple-input and multiple-output)는 무선 통신의 용량을 높이기 위한 스마트 안테나 기술로서 송신측에서 다중 송출에 의한 채널용량 증대 후 수신측에서는 다중 수신을 통한 공간 내 간섭을 제거하는 것이다.

| 정답 | ④

족집게 과외

구분	내용
감도	미약한 전파를 수신할 수 있는 능력
선택도	희망하는 전파를 어느 정도까지 불리해 낼 수 있는 능력
충실도	송신측의 변조된 신호를 어느 정도 충실히 재현할 수 있는 능력
안정도	기기를 재조정하지 아니하고 일정한 출력을 낼 수 있는 능력

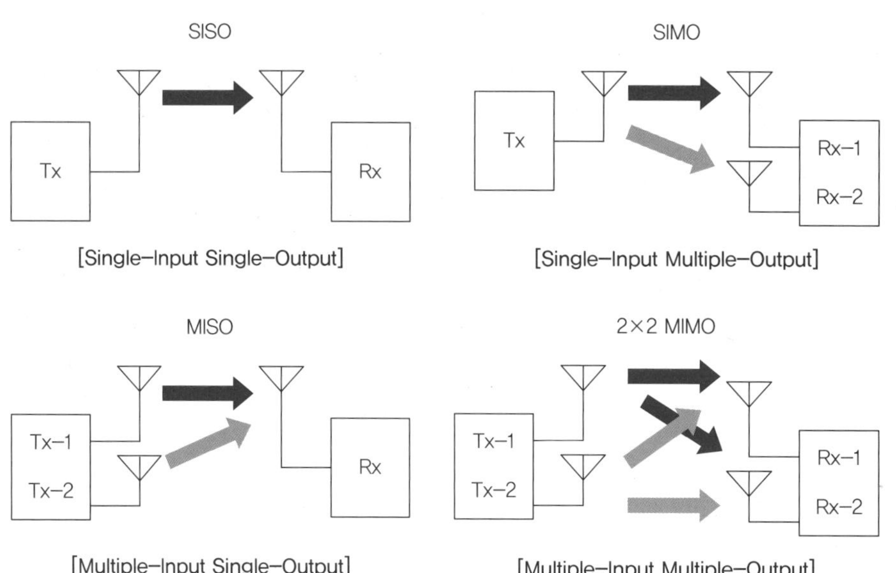

더 알아보기

Single-Input Single-Output(SISO)	• 단일 송신 안테나, 단일 수신 안테나 • 안테나 다이버시티 및 공간 다중화 효과: 둘 다 없음
Multiple-Input Single-Output(MISO)	• 다중 송신 안테나, 단일 수신 안테나 • 송신 안테나 다이버시티 효과: 있음 • 공간다중화 효과: 없음
Single-Input Multiple-Output(SIMO)	• 단일 송신 안테나, 다중 수신 안테나 • 수신 안테나 다이버시티 효과: 있음 • 공간 다중화 효과: 없음
Multiple-Input Multiple-Output(MIMO)	• 다중 송신 안테나, 다중 수신 안테나 • 안테나 다이버시티 및 공간 다중화 효과 모두 가능

❶ 다중안테나(MIMO) 주요 기술

MIMO(Multiple Input Multiple Output)는 송신기와 수신기 모두에서 다중안테나를 사용하여 시스템의 성능을 향상시키는 무선 통신 기술로서 무선 채널의 용량과 신뢰성을 높이기 위해 "송신기와 수신기 사이의 다중 경로를 사용할 수 있다"는 원리에 기초한다.

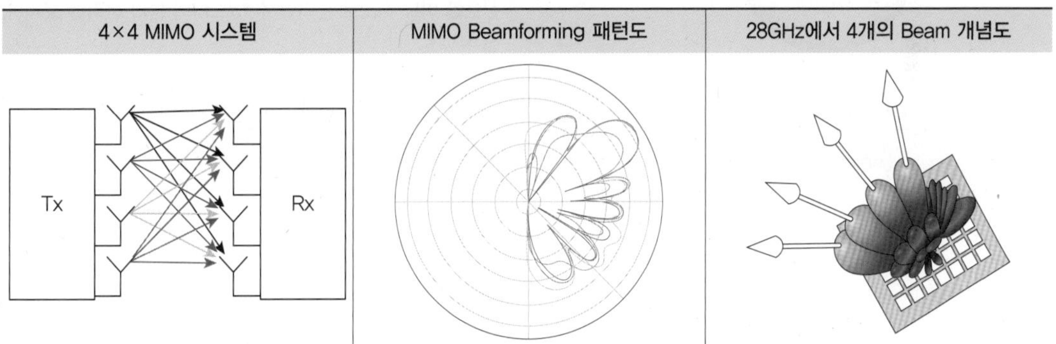

MIMO 시스템에서 다수의 데이터 스트림은 서로 다른 안테나를 사용하여 동일한 주파수 대역을 통해 동시에 전송되며 수신기는 자체 안테나 세트를 사용하여 공간 다중화, 빔포밍, 다양성과 같은 신호 처리 기술을 사용하여 서로 다른 데이터 스트림을 분리한다. MIMO 기술은 단일 안테나 시스템에 비해 다음과 같은 몇 가지 이점을 제공한다.

구분	내용
스펙트럼 효율 향상	MIMO는 동일한 주파수 대역에서 여러 데이터 스트림을 동시에 전송할 수 있게 하여 무선 채널의 용량을 증가시킨다.
신뢰성 향상	MIMO는 다중안테나를 사용하여 데이터를 송수신 함으로써 다양성을 제공하여 페이딩 및 간섭이 무선 채널에 미치는 영향을 줄인다.
커버리지 향상	MIMO는 무선 시스템의 범위와 커버리지를 개선할 수 있는 방향성 안테나와 빔포밍을 사용할 수 있다.

MIMO는 와이파이 네트워크, 셀룰러 네트워크, 위성 시스템을 포함한 다양한 무선 통신 시스템에 사용되며 여러 안테나를 사용하여 시스템의 정확도를 향상시킬 수 있다. 다음은 MIMO에서 사용하는 주요 기술이다.

구분	내용
공간 다이버시티 (Spatial Diversity)	공간적으로 충분히 이격된 두 개 이상의 안테나를 이용하여 다이버시티 효과를 얻는 기법으로 단일 신호를 다중 전송하며 (다수의 복제본을 통해) 가장 좋은 신호를 선택하여 신뢰성을 제공한다.
공간 다중화 (Spatial Multiplexing)	서로 다른 데이터를 여러 송수신 안테나에 의한 복수의 경로에 동시에 전송하는 방법으로 처리량(전송 용량)을 증대시킨다.
안테나 프로세싱 기술	AAS(Adaptive Antenna System), 빔 형성 기술(Beamforming), 배열 안테나 등을 이용해서 안테나의 성능을 향상한다.

❷ 안테나 성능지표

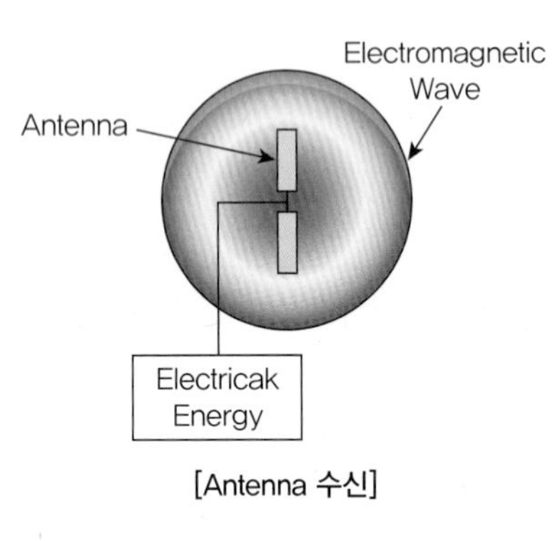

[Antenna 수신]

구분	내용
감도	어느 정도의 "미약한 신호를 수신할 수 있는가"하는 능력으로 감도 향상 방법이다. • 주파수 변환기의 변환 이득을 크게 한다. • 내부 잡음이 적은 증폭 소자를 사용한다. • 대역폭은 필요 이상으로 넓게 취하지 않는다.
선택도	• 신호를 어느 정도로 분리할 수 있느냐의 분리 능력을 표시하는 지표이다. • 실효 선택도: 감도억압 효과, 혼 변조, 상호 변조
충실도	어느 정도 충실하게 재현할 수 있는가 하는 능력이다.
안정도	일정한 주파수로 일정한 진폭의 전파가 들어온 경우, 재조정하지 않고 어느 정도 장시간에 걸쳐서 일정한 출력이 얻어지는가 하는 능력이다.

기출유형 완성하기

정답 01 ① 02 ④

01 **다중입출력(MIMO: Multiple Input Multiple Output) 안테나의 핵심기술이 아닌 것은?** (2022-3차)

① 핸드오버(Handover)
② 공간다중화(Spatial Multiplexing)
③ 다이버시티(Diversity)
④ 사전코딩(Pre-coding)

해설

MIMO(Multiple-input and Multiple-output)
무선통신의 용량을 높이기 위한 스마트 안테나 기술이다. MIMO는 기지국과 단말기에 여러 안테나를 사용하여, 사용된 안테나 수에 비례하여 용량을 높이는 기술이다.

02 **스마트 안테나(Smart Antenna)는 공간신호를 인식하여 스마트 신호처리 알고리즘을 사용하는 안테나 배열을 의미한다. 다음 중 스마트 안테나 종류가 아닌 것은?** (2022-3차)

① Multiple Input Multiple Output Antenna(MIMO)
② Switched Beam Array Antenna
③ Adaptive Array Antenna
④ Single Input Single Output Antenna(SISO)

해설

(M,N)=(1,1)인 경우를 SISO라 부른다. SISO은 단일 안테나 구조로 일반적인 안테나이다.

Multiple-Input Multiple-Output(MIMO)	Multiple-Input Single-Output(MISO)
Single-Input Multiple-Output(SIMO)	Single-Input Single-Output(SISO)

정답 03 ① 04 ③

03 무선통신 수신기의 S/N 비를 향상시키기 위한 방법으로 옳지 않은 것은? (2017-1차)(2018-1차)

① 중간 주파수 증폭부의 증폭도를 적게 한다.
② 안테나의 이득을 높인다.
③ 주파수 변환부의 이득을 증가시킨다.
④ 수신 감도를 향상시키고, 저잡음 소자를 사용한다.

해설

신호대 잡음비(S/N, SNR)
일정 크기의 신호가 수신측에 도착하여 나타난 신호전력 대 잡음전력 간의 비로서 잡음이 신호에 대한 영향을 정량적으로 나타낸 척도이다.

S/N비를 향상시키기 위한 방법

- 안테나 이득을 높인다.
- 송신출력을 증가시킨다.
- 혼합기 전반가 고주파 증폭기를 설치한다.
- 주파수 변환 특성을 크게 한다.
- 수신감도를 향상시킨다.
- 국부발전기의 출력에 여파기를 설치한다.

04 다음 중 AM 수신기의 감도를 향상시키기 위한 방법으로 틀린 것은? (2017-3차)(2018-3차)

① 주파수 변환회로의 변환 컨덕턴스(Conductance)가 큰 것을 사용한다.
② 초단 증폭기의 잡음이 작은 것을 사용한다.
③ 중간 주파수 증폭기의 대역폭을 넓게 한다.
④ 안테나 결합회로 및 각 증폭단의 이득을 크게 한다.

해설

구분	내용
감도	어느 정도의 미약한 신호를 수신할 수 있는가 하는 능력으로 감도 향상 방법이다. • 주파수 변환기의 변환 이득을 크게 한다. • 내부 잡음이 적은 증폭 소자를 사용한다. • 대역폭은 필요 이상으로 넓게 취하지 않는다.
선택도	• 신호를 어느 정도로 분리할 수 있느냐의 분리 능력을 표시하는 지표이다. • 실효 선택도: 감도억압 효과, 혼 변조, 상호 변조
충실도	어느 정도 충실하게 재현할 수 있는가 하는 능력이다.
안정도	일정한 주파수로 일정한 진폭의 전파가 들어온 경우, 재조정하지 않고 어느 정도 장시간에 걸쳐서 일정한 출력이 얻어지는가 하는 능력이다.

정답 05 ④ 06 ④

05 다음 중 무선 통신 송신기의 구성 요소가 아닌 것은? (2022-3차)

① 발진기 ② 증폭기
③ 변조기 ④ 복조기

해설
④ 복조기(Demodulator): 변조된 반송파에서 원래의 신호를 복원하는 장치로서 수신기에서 사용한다.

무선 송신기 구성

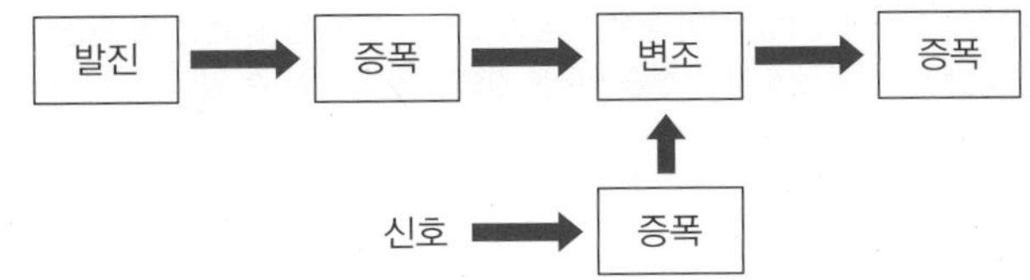

구분	내용
발진부	원하는 주파수를 발생하는 부분, 주파수 안정도가 높은 x-tal을 이용한다.
완충 증폭기	Buffer amplifier, 부하 변동에 따른 주파수 변화를 방지하며 A급 증폭 방식을 사용한다.
주파수 체배기	• 수정발진기로는 발진시킬 수 있는 주파수는 한계가 있다. • 주파수 체배 과정인 낮은 발진 주파수 발진기(LO)의 주파수를 정수배한 고조파 성분 Filter를 이용하여 필요한 주파수를 얻어서 주파수는 안정화 시킨다.
증폭기	필요한 전력을 안테나에게 공급하기 위한 것으로 전력을 만드는 증폭회로이다.
변조기	입력신호의 증폭과 함께 반송파를 변조하기 위한 부분이다.

06 다음 중 수신기의 성능 측정 변수에 해당하지 않는 것은? (2022-1차)

① 감도(Sensitivity) ② 선택도(Selectivity)
③ 안정도(Stability) ④ 신뢰도(Reliability)

해설
무선수신기의 성능지표

구분	내용
감도 (Sensitivity)	미약한 전파를 수신할 수 있는 능력으로 무선수신기가 얼마만큼의 전파까지 수신할 수 있는가를 나타내는 지표이다.
선택도 (Selectivity)	희망하는 전파를 어느 정도까지 불리해 낼 수 있는 능력으로 희망파 이외의 불요파를 얼마만큼 제거할 수 있는가를 측정하는 것이다.
충실도 (Fidelity)	송신측의 변조된 신호를 어느 정도 충실히 재현할 수 있는 능력으로 전파된 통신 내용을 수신하였을 때 본래의 신호를 어느 정도 정확하게 재생시키느냐를 나타낸다.
안정도 (Stability)	기기를 재조정하지 아니하고 일정한 출력을 낼 수 있는 능력으로 수신기에 일정한 주파수 및 진폭의 희망파를 가할 때, 장시간 일정 출력이 얻어지는가의 능력을 표시하는 지표이다.

기출유형 05 ▶ 마이크로파(Microwave)

다음 중 마이크로파 통신의 특징이 아닌 것은? (2019-2차)

① 장거리 통신은 중간에 중계소를 설치해야 한다.
② 가시거리 내 통신으로 장애물이 없는 거리 내에서만 가능하다.
③ 파장이 짧아 지향성이 예민한 안테나를 사용할 수 있다.
④ 협대역 전송이 가능하고 보안성이 높다.

해설

마이크로파는 광대역 전송이 가능하고 보안성이 높은 특징이 있으며 특히 광대역통신이 가능하고, 외부 잡음의 영향이 적으며 전송지연이 거의 없다. 그러나 기상조건에 따라 전송품질에 영향을 많이 받을 수 있다.

| 정답 | ④

족집게 과외

마이크로파 통신	주파수가 높아서 광대역이며 외부 잡음의 영향이 상대적으로 적고, 전송지연이 거의 없으나 기상 조건에 따라 전송품질이 영향을 받는다.
슈퍼 헤테로다인 중계	수신한 마이크로파를 중간 주파수로 변환하여 장거리 중계하는 방식이다.
검파 중계	중계소마다 신호의 복조, 재생 및 변조를 통하여 중계하는 방식이다.

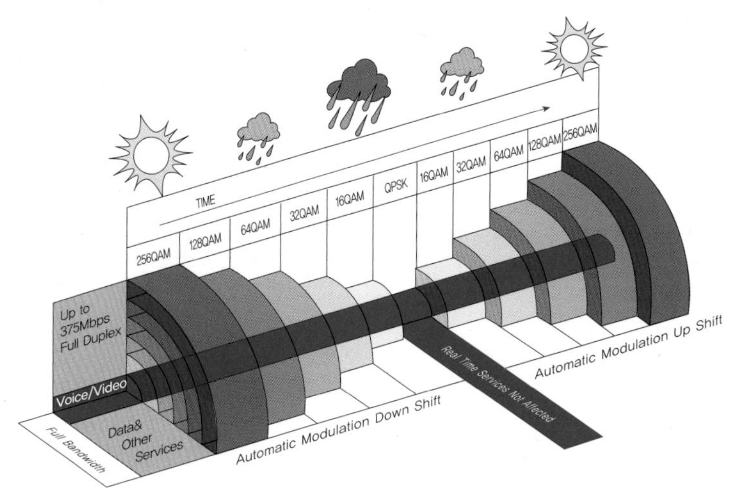

[Microwave Adaptive Coding Modulation]

Microwave는 Adaptive Modulation 기술을 사용해서 기존 통신망 구성의 네트워크 용량을 늘려 마이크로웨이브 링크의 운영 효율성을 개선하는 동시에 환경에 대한 민감도를 낮출 수 있다. 위 그림처럼 기상조건이 안 좋을 때는 QPSK를 사용하고 기상조건이 좋아짐에 따라 16/64/128/258QAM을 다양하게 변경해줌으로서 최선의 통신 상태를 유지할 수 있다.

더 알아보기

마이크로웨이브 (마이크로파)
극초단파(0.3~3GHz), 센티미터파(3~30GHz), 밀리미터파(30~300GHz)에 걸친 300MHz~300GHz 대역을 사용하는 파이다. 30~300GHz(EHF) 대역을 마이크로파 대역 또는 밀리미터파 대역이라고도 하지만 300MHz(0.3GHz)~300GHz 대역을 마이크로파로 보는 경우가 많다. 통상 시험에서 마이크로파 대역이라 하면 1GHz~30GHz 주파수 대역을 의미한다. 파장으로 보았을 때 1m~10cm 영역의 파를 데시미터(decimeter)파, 1cm~1mm를 밀리미터(Millimeter)파라 한다.

❶ 마이크로웨이브(마이크로파)

마이크로파 통신은 정보를 전송하기 위해 마이크로파 주파수 범위에서 고주파 전파를 사용하는 것으로 주로 텔레비전 방송, 휴대전화, 위성통신 및 레이더 시스템과 같은 다양한 응용분야에서 사용된다.

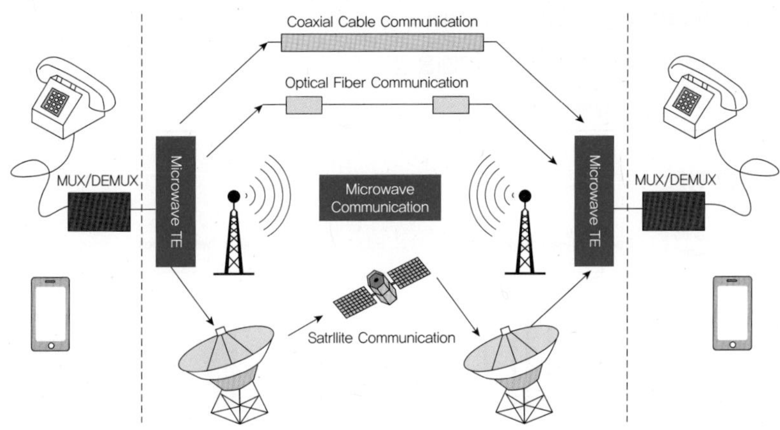

마이크로파는 파장이 약 1밀리미터에서 1미터에 이르는 전자기 복사의 한 종류로서 대기에 쉽게 침투할 수 있고 장거리 전송을 위해 좁은 빔에 초점을 맞출 수 있기 때문에 무선통신 시스템에 주로 사용된다. 마이크로파 통신시스템은 송신기, 수신기 및 안테나로 구성되며 송신기는 전송될 정보를 마이크로파 신호로 변환한 다음 안테나를 통해 수신기로 전송되고 수신기는 마이크로파 신호를 원래의 정보로 다시 변환한다. 주요 장점과 단점은 아래와 같다.

구분		내용
장점	장거리 전송	신호 손실을 최소화하면서 많은 양의 정보를 장거리로 전송할 수 있다.
	환경 극복	우주 공간이나 극한 기후 조건과 같은 가혹한 환경에서도 사용할 수 있다.
단점	장애물 영향	신호는 건물, 나무, 산과 같은 경로의 장애물에 의해 방해를 받을 수 있다.
	간섭	라디오 및 텔레비전 방송과 같은 다른 전자기 소스의 간섭을 받을 수 있다.

마이크로파 통신의 주요 특징은 아래와 같다.

구분	내용	
방향성	직진성이 강하고 전송지연이 거의 없다.	
소형화	안테나는 주로 접시형을 사용하며 소형화, 소형/저가격으로 커버리지가 확장된다.	
S/N 개선	전파손실은 외부영향을 많이 받으며 S/N의 개선이 가능하다.	
통신/방송	사용범위는 통신용뿐만 아니라 방송용 등에도 사용되어 광범위하게 사용되고 있다.	
광대역성	반송파가 높아 광대역 전송이 가능하다.	
가시거리통신	가시거리 내에서 안정적인 통신이 가능하다.	
음영지역해소	마이크로 중계기를 사용해서 음영지역 해소가 가능하다.	
유지보수	상대적으로 신속한 유지보수가 가능하다.	
기상환경 영향	기상 조건에 따라 전송품질이 영향을 받는다.	기상환경과 외부 잡음을 구분 할 것
잡음에 강함	외부 잡음에 대한 영향이 적다.	

❷ 마이크로파 대역 주요 명칭

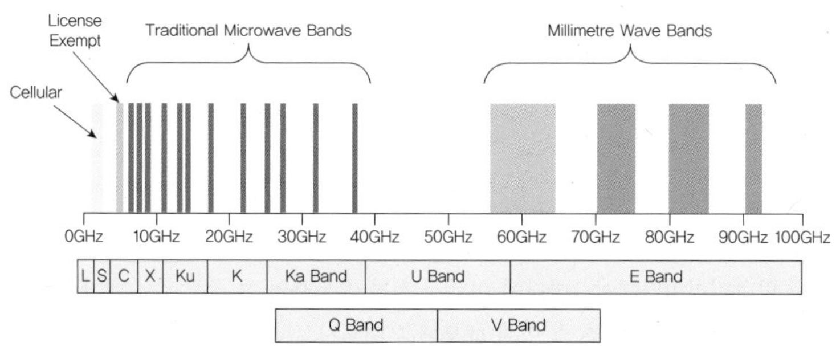

명칭		주파수 대역	비고
마이크로파 1~30GHz	P Band	0.23~1GHz	일부 이동통신, TV
	L Band	1~2GHz	이동위성통신(국내, 국제)
	S Band	2~4GHz	이동위성통신(국내, 지역)
	C Band	4~8GHz	고정위성통신(글로벌, 지역)
	X Band	8~12.5GHz	군사통신
	Ku Band	12.5~18GHz	고정위성통신, 국내 서비스용
	K Band	18~26,5GHz	고정위성통신, 국내 서비스용
	Ka Band	26,5~40GHz	고정위성통신
밀리미터파 Band		40~300GHz	실험용, 미사일, 우주통신
서브 밀리미터파 Band		300~3000GHz	

❸ 마이크로웨이브 중계방식 종류

슈퍼헤테로다인 중계, 직접 중계, 검파 중계, 무급전 중계가 있다.

구분	슈퍼헤테로다인 중계	직접 중계	IF 검파 중계	무급전 중계
구성	중간 주파수로 변환	수신－증폭－변환－송신	변복조를 거쳐 송/수신	반사판 이용
특징	• 장거리중계 • 변복조 없음 • 통화로 분기/삽입 곤란	위성중계기구성 (Transponder)	• 근거리중계 • 변복조장치로 복잡 • 통화로 분기/삽입 유리 • 기저대역신호잡음 증가	• 중계소전력 필요 없음 • 가시거리확보 중요 • 근거리에서 장애물 있을 때 주로 사용함

마이크로파 중계 시스템은 마이크로파 신호를 사용하여 장거리에 정보를 중계하는 통신시스템으로 한 지점에서 다른 지점으로 신호를 중계하기 위해 전송 경로를 따라 전략적으로 배치되는 마이크로파 무선 송신기와 수신기로 구성된다. 마이크로파 중계 시스템에서, 신호는 마이크로파 중계국을 사용하여 송신기 사이트에서 수신기 사이트로 전송되며 각 중계국은 고이득 마이크로파 안테나, 저소음 증폭기, 마이크로파 송신기, 마이크로파 수신기로 구성된다. 안테나는 이전 스테이션으로부터 마이크로파 신호를 수신하여 증폭한 후 경로를 따라 다음 스테이션으로 다시 전송하며 이러한 과정은 신호가 최종 목적지에 도달할 때까지 반복된다.

마이크로파 중계 시스템은 일반적으로 텔레비전 방송, 전화 네트워크, 데이터 통신 네트워크와 같은 장거리 통신 링크에 사용되며 신호 손실을 최소화하면서 많은 양의 데이터를 빠르고 먼 거리로 전송할 수 있기 때문에 다른 통신시스템 보다 선호된다.

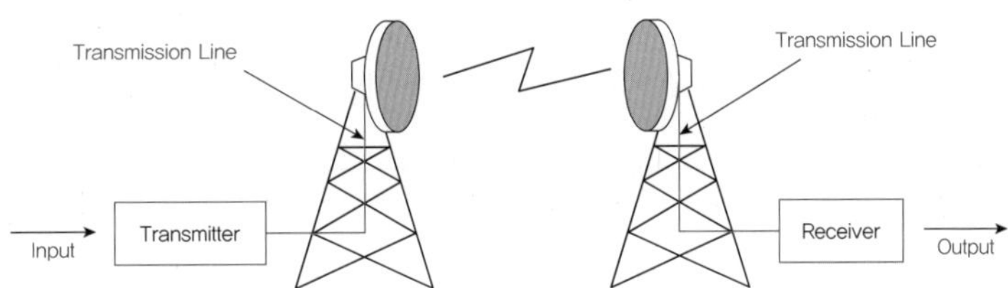

그러나 마이크로파 중계 시스템에는 몇 가지 한계가 있다. 예를 들어, 송신기와 수신기 사이에 명확한 가시선이 필요한데, 이는 산, 높은 건물, 울창한 숲과 같은 장애물이 있는 지역에서는 사용할 수 없으며 또한 라디오 및 텔레비전 방송과 같은 다른 전자기 방사선 소스의 간섭을 받기 쉽고 비, 눈, 안개와 같은 대기 조건의 영향을 받을 수 있다.

기출유형 완성하기

정답 01 ② 02 ③ 03 ②

01 다음 중 레이더 또는 위성통신에 이용되며, Ka 밴드, K 밴드, Ku 밴드, X 밴드, L 밴드 등 특수한 용어를 사용하여 밴드를 분류하는 파는 무엇인가? (2017-1차)(2022-1차)

① 단파
② 마이크로파
③ 밀리미터파
④ 초단파

해설
L, S, C, X, Ku, K, Ka 밴드를 주로 사용하는 것을 마이크로파라 한다. 보통 마이크로파 대역은 1GHz~30GHz 주파수 대역을 의미한다.

02 마이크로파 통신의 특징이 아닌 것은? (2011-3차)

① 광대역 통신이 가능하다.
② 외부 잡음의 영향이 작다.
③ 전송지연이 많이 발생한다.
④ 기상 조건에 따라 전송품질이 영향을 받는다.

해설
장거리 전송 시 중계소를 설치하고, 가시거리 내 통신(LOS: Line Of Sight)으로 장애물이 없는 거리 내에서만 가능하다. 파장이 짧으며 지향성이 예민한 안테나를 사용할 수 있어 광대역 전송이 가능하고 보안성이 높다.

마이크로파 통신의 주요 특징

구분	내용	
기상환경 영향	기상 조건에 따라 전송품질이 영향을 받는다.	기상환경과 외부 잡음을 구분 할 것
잡음에 강함	외부 잡음에 대한 영향이 적다.	

03 마이크로파 통신의 특징에 대한 설명으로 적합하지 않은 것은? (2010-2차)(2014-3차)

① 광대역 전송이 가능하다.
② 산악 등 지형 장애물의 영향이 적다.
③ 지향성이 예민하여 통신망 형성이 용이하다.
④ 소형의 고이득의 안테나를 사용할 수 있다.

해설
주파수가 높아 산악 등 지형 장애물의 영향을 많이 받는다. 보통 마이크로파 대역은 1GHz~30GHz 주파수 대역을 의미한다. 주요 장점과 단점은 아래와 같다.

구분		내용
장점	장거리 전송	신호 손실을 최소화하면서 많은 양의 정보를 장거리로 전송할 수 있다.
	환경 극복	우주 공간이나 극한 기후 조건과 같은 가혹한 환경에서도 사용할 수 있다.
단점	장애물 영향	신호는 건물, 나무, 산과 같은 경로의 장애물에 의해 방해를 받을 수 있다.
	간섭	라디오 및 텔레비전 방송과 같은 다른 전자기 소스의 간섭을 받을 수 있다.

정답 04 ① 05 ① 06 ②

04 다음 중 마이크로파 통신의 특징으로 틀린 것은? (2021-1차)

① 파장이 길다.
② 광대역성이 가능하다.
③ 강한 직진성을 가진다.
④ S/N을 개선할 수 있다.

해설
마이크로파는 주파수가 높아 파장이 짧다. 주파수와 파장은 반비례 한다 그러므로 파장이 매우 짧다.

05 다음 중 마이크로파 통신방식의 특징이 아닌 것은? (2016-3차)(2022-2차)

① 외부의 영향을 많이 받지만 광대역성이 가능하다.
② 예민한 지향성을 가진 고이득 안테나를 얻을 수 있다.
③ 안정된 전파 특성을 갖는다.
④ S/N 개선도를 크게 할 수 있다.

해설
마이크로파 통신
보통 1GHz~30GHz 주파수대를 사용하며 L, S, C, X, Ku, K, Ka 밴드를 주로 사용하는 것을 마이크로파라 한다. 주요 특징은 반송파가 높아서 광대역 전송이 가능하며 가시거리에서 안정된 통신이 가능하다. 또한 외부 잡음에 영향이 적고 보통 가시거리인 LOS(Line Of Sight)에서 통신이 이루어진다. 특히 광대역통신이 가능하고, 외부 잡음의 영향이 적으며 전송지연이 거의 없다. 그러나 기상 조건에 따라 전송품질이 영향을 많이 받을 수 있다.

06 다음 중 수신한 마이크로파를 IF(Intermediate Frequency)로 변환하여 증폭한 후 다시 마이크로파로 변환하여 송신하는 지상 마이크로파 중계방식은? (2012-2차)

① 직접 중계방식
② 헤테로다인 중계방식
③ 검파 중계방식
④ 무급전 중계방식

해설

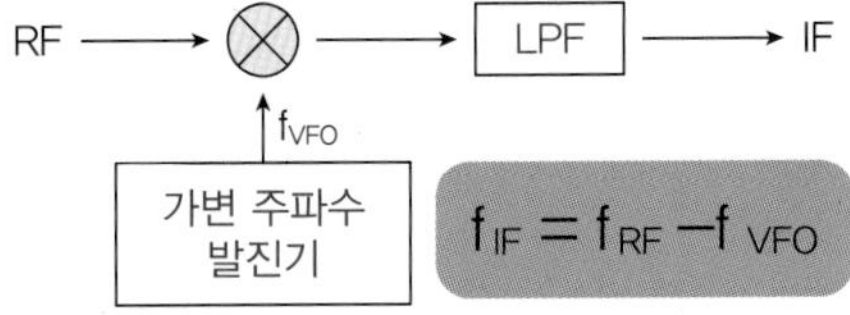

VFO: Variable Frequency Oscillator
IF: Intermediate Frequency

헤테로다인은 주파수를 섞는(Mixing)다는 의미로서 주파수가 다른 두 개의 신호를 혼합할 때 생성되는 두 신호 주파수의 합과 차에 해당되는 새로운 주파수. 무선 통신 기기에서 변조나 복조에 사용된다. 슈퍼헤테로다인 중계방식은 중간 주파수로 변환한다. 이를 통해 장거리 중계가 가능하다.

정답 07 ② 08 ② 09 ① 10 ③

07 다음 중 마이크로파 통신의 중계방식이 아닌 것은? (2010-2차)

① 헤테로다인 중계방식
② 간접 중계방식
③ 직접 중계방식
④ 검파 중계방식

해설
마이크로웨이브 중계방식에는 슈퍼헤테로다인 중계, 직접 중계, 검파 중계, 무급전 중계가 있다.

08 마이크로파 중계방식 중 중계소마다 신호의 복조, 재생 및 변조를 통하여 중계하는 방식은? (2011-1차)

① 헤테로다인 중계방식
② 검파 중계방식
③ 무급전 중계방식
④ 직접 중계방식

해설
② 검파 중계: 중계소마다 신호의 복조, 재생 및 변조를 통하여 중계하는 방식으로 변복조 장치가 있어 상대적으로 복잡하다.

09 마이크로파 중계방식의 종류가 아닌 것은? (2010-3차)

① 랜덤 중계방식
② 검파 중계방식
③ 무급전 중계방식
④ 헤테로다인 중계방식

해설
마이크로웨이브 중계방식에는 슈퍼헤테로다인 중계, 직접 중계, 검파 중계, 무급전 중계가 있다.

10 다음 중 밀리미터파의 특징으로 틀린 것은? (2021-1차)

① 저전력 사용
② 우수한 지향성
③ 낮은 강우 감쇠
④ 송수신장치의 소형화

해설
③ 낮은 강우 감쇠가 아닌 강우감쇠에 영향이 많아서 높은 강우감쇠가 특성이다.

기출유형 06 ▸ 전리층(Ionosphere)

이동통신 채널에서 일어나는 현상(효과)이 아닌 것은? (2010-1차)

① 도플러 효과
② 채널 간섭 현상
③ 페이딩 현상
④ 전리층 반사 현상

해설

전리층 반사파

전파가 지구 상공에 형성된 전리층에 의해 반사되어, 직접파로는 도달할 수 없는 원거리까지 전파되는 현상. 전파가 전리층에 도달되면 파장별로 각각 다른 특성을 나타내는데, 장/중파대 전파는 D층 및 E층의 영향을 받고 단파대 전파는 E층의 영향을, 초단파대 전파는 스포래딕 E층의 영향을 받는다. 장/중파대 및 단파대는 전리층의 반사파를 이용한 대표적인 전파 형태이다.

| 정답 | ④

족집게 과외

전자 밀도 크기순: D층 < E층 < F1층 < F2층

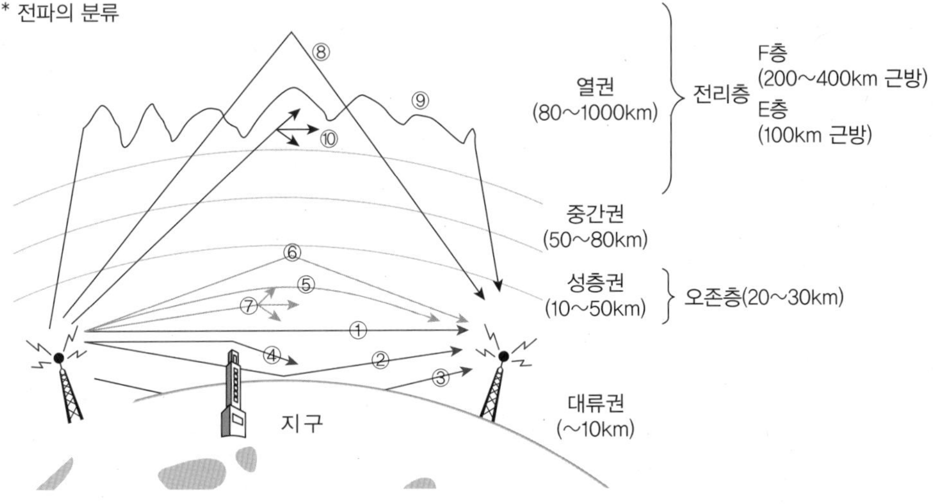

지상파 (Ground Wave)	① 직접파	대지면에 접촉하지 않고 직접 수신 안테나에 도달하는 전파로 직접파의 도달거리는 통산 가시거리(Line Of Sight) 이내이다.
	② 대지반사파	대지나 건물 등에 반사한 후 수신점에 도달하는 전파이다.
	③ 지표파	지표면을 따라 퍼지는 파로 해면이나 수면에서 가장 잘 전파한다.
	④ 회절파	대기의 융기부나 지상에 있는 전파 장애물을 넘어서 수신점에 도달하는 전파로서 회절현상으로 인해 전파가 건물 뒤까지 도달이 가능한 것이다.
공간파 (Sky Wave)	⑤ 대류권 굴절파	대류권은 위로 올라갈수록 공기가 없어서 굴절률이 낮아진다. 이를 통해 전파가 안쪽으로 굴절되어 지상으로 전파하는 것이다.
	⑥ 대류권 반사파	대류권과 성층권은 서로 다른 굴절률을 가지고 있어서 경계면에서 전파가 반사된다.
	⑦ 대류권 산란파	대류권에 있는 불규칙한 매질에 의해 산란되어 내려오는 전파는 가시거리보다 훨신 먼 곳으로 전파한다.
	⑧ 전리층 반사파	E층이나 F층으로 서로 다른 매질을 갖는 전리층에서 반사되어 수신점에 도달하는 전파이다.
	⑨ 전리층 활행파	지구 위로 올라갈수록 매질이 희박해지거나 특정 구간에서 반대현상이 일어나서 일부 구간이 매질의 밀도가 높아 전파가 통과하는 것이다.
	⑩ 전리층 산란파	E층 하부의 전자밀도가 불균일하여 일어나는 산란파이다.

더 알아보기

전리층 구분

전리층 형성	개념	태양 영향에 따라 낮과 밤에 따라 달리 층이 형성된다.
	낮	D, E, F1, F2층이 형성된다.
	밤	E, F층이 형성된다.
D층	고도 약 70~90km로 낮에만 존재하고 밤에는 사라지며 전파를 흡수한다.	
E층	고도 약 90~130km로 파장 100~400m 전파를 반사한다.	
스포라딕 E층 (Sporadic)	E층의 높이에서 전리도가 높고 출현이 불규칙한 스포라딕 E층(Sporadic−E, Es)으로 전자들이 구름을 형성하며 이동한다. 불규칙한 반사층을 형성하며, 초단파의 이상 전파현상을 일으킬 수 있다.	
F층	약 130~수백Km, 하절기 F1 및 F2 층이 형성된다. 하절기 주간의 F층은 F1(약 170~230km)과 F2층(약 200~500km)으로 나누어진다.	

무선주파수대역별 영향

장파(LF), 중파(MF)대 전파	주로, D, E층의 영향을 받는다.
단파대(HF) 전파	주로, F층에 해당되며 장거리 육상 및 해상 통신에 이용한다.

❶ 전리층

전리층은 약 60km에서 수백km(최대 약 1,000km)의 고도에서 이온화된 가스 입자 또는 이온을 포함하는 지구 대기의 층으로 태양의 복사 에너지와 지구의 상층 대기의 상호작용에 의해 생성된다.

전리층은 무선 통신과 항해에 중요한 역할을 하고 있으며 특히 전리층의 이온화된 가스 입자는 전파를 반사, 굴절, 흡수할 수 있어서 신호의 전파에 영향을 미칠 수 있다. 이는 특히 장거리 통신 및 위성 내비게이션, 무선 통신 등의 품질에 영향을 미칠 수 있다. 무선 통신과 항해에 미치는 영향 외에도, 전리층은 또한 지구의 기후와 날씨에 중요한 역할을 한다. 전리층은 지구의 상층 대기에 전하를 띤 입자의 분포에 영향을 미치며, 이는 지구의 자기장과 태양-지구의 상호작용에 영향을 미칠 수 있다.

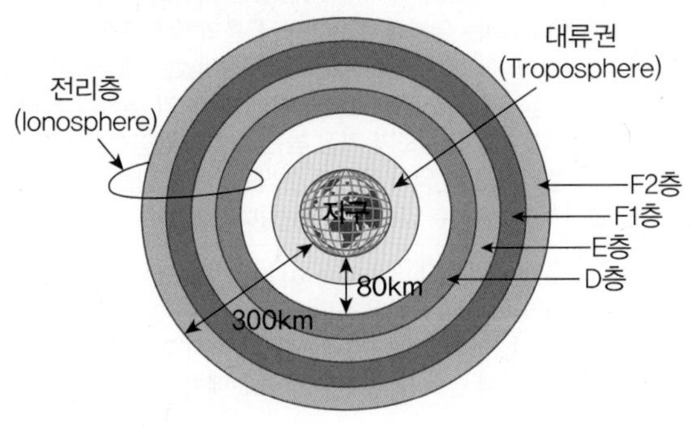

- 전리층은 고도와 각 층에 존재하는 이온의 종류에 따라 여러 층으로 나누는데 상기 층 들은 D층, E층, F1층 및 F2층을 포함한다. 각 층은 무선 통신과 항해에 서로 다른 영향을 미치며, 전리층의 특성은 지구의 대기와 자기장에 상호작용이 일어나고 있다.
- 전리층은 지표면 상공 약 50km부터 1,000km까지의 지구 고층 대기가 태양으로부터 복사되는 EUV, X선과 같은 전자기 복사와 은하에서 나오는 우주선 등에 의하여 이온화되어 입자들의 전리 정도가 매우 중요한 물리적 파라미터로 작용하는 영역이다.

대기 성분은 고도에 따라 달라지는데, 다양한 주파수에 실려 오는 태양복사 에너지는 성분에 따라 지구 대기의 서로 다른 고도에서 작용하여 몇 개의 이온화층을 만든다.

❷ 전리층 구분

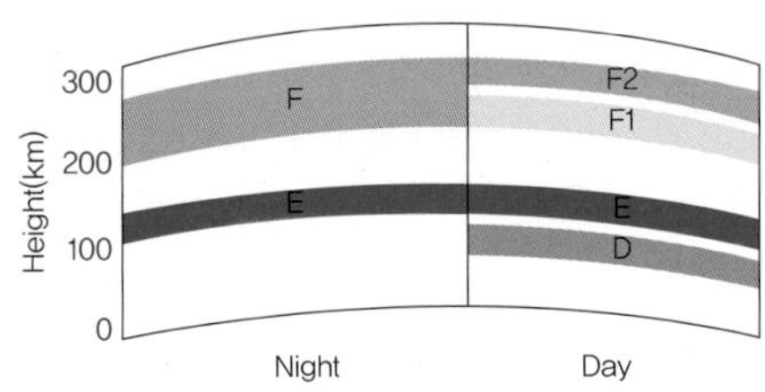

야간에는 E층과 D층의 이온화가 극히 적지만 F층은 이온화 층이 유지된다. 낮에는 D층과 E층이 훨씬 더 많이 이온화되고 F층은 F1층으로 알려진 더 약한 이온화 영역을 생성한다. F2층은 밤낮을 가리지 않고 전파의 굴절과 반사를 담당하는 주요 영역이다.

전리층 모델은 위치, 고도, 년중 일자, 태양 흑점주기 및 지자기 활동에 관한 위상의 함수로서 전리층의 수학적 기술이다. 지구물리학적으로, 전리층 플라즈마의 상태는 전자밀도, 전자 및 이온온도, 그리고 여러 종류의 이온이 존재하며 전파 전달은 전자밀도에 따라 고유하게 다르다.

구분	내용
D층	D층은 가장 안쪽에 있는 층으로 지구 표면으로부터 50km에서 90km 사이에 위치해서 가장 고도가 낮고 대기의 밀도가 높기 때문에 재결합작용이 활발하다. 따라서 순수한 이온화 효과는 매우 낮고, 고주파수(HF; High Frequency) 전파는 D층에서 굴절되지 않는다. 자유 전자와 다른 입자 간의 충돌 빈도는 낮 동안에는 1초에 1000만번에 이른다. D층은 HF 전파를 흡수하는데, 주로 10MHz나 그보다 파장이 긴 전파가 이에 해당한다. 그보다 파장이 짧아지면 흡수되는 정도가 약해진다. 전파의 흡수는 밤에 약하고 한낮에 최대가 된다. 이 층은 일몰 후에 굉장히 약해지지만, 은하로부터 오는 우주선에 의해 약간 남게된다. D층의 활동의 일반적인 예로는 AM 광대역 방송이 방송국에서 멀어짐에 따라 옅어져 가는 것을 들 수 있다.
E층	E층은 중간에 위치한 층으로 지표로부터 90km에서 120km에 위치하며 10MHz 이하의 주파수를 가지는 전파만을 반사한다. 10MHz보다 짧은 파장에 대해서는 일부를 흡수한다. E층의 수직구조는 기본적으로 이온화와 재결합의 정도에 따라 결정된다. 밤이 되어 이온화의 주요 에너지원이었던 태양복사가 끊어지면 E층은 사라지기 시작한다. 이에 따라서 E층의 강도가 가장 높은 지점의 고도가 올라가게 되는데, 이는 하층일수록 재결합 속도가 빠르기 때문이다. E층의 강도가 가장 높은 지점이 상승하게 되면 전파가 닿는 거리가 길어지게 된다. 고층 대기 중성풍의 일변화 역시 E층의 수직구조에 영향을 준다. 밤이 되면 전파를 반사 시키기 때문에 중파방송을 멀리서도 들을 수 있는 원인 중 하나이다.
산재 E층(E_S층)	E_S층 또는 산재 E층은 고도로 이온화된 작은 구름에 비유된다. 25~225MHz에 이르는 전파를 반사할 수 있으며 산재 E층 현상은 수 분에서 수 시간 정도밖에 지속되지 않는다. 산재 E층이 생기면 평소에는 전파가 닿지 않는 곳의 전파를 수신할 수 있다. 산재 E층이 생기는 데에는 여러 가지 이유가 있으며 이 현상은 여름 동안에 가장 흔하게 발생하고, 겨울에는 발생 빈도가 낮다. 여름 동안에는 신호 강도가 세어지기 때문이며 보통 1,000km 거리까지 전파가 도달한다.
F층	F층은 애플턴 층이라고도 하며 고도 120km부터 400km 사이에 분포한다. 초단파장의 자외선(10~100nm) 태양복사가 산소 원자를 이온화시키는 층이다. HF 통신에서 F층은 전리층 중에서도 가장 중요한 층으로 밤 동안에는 한 층으로 합쳐져 있다가, 낮 동안에는 나뉘어 F1층과 F2층을 형성한다. F층은 공중파 방송에서 매우 중요하며, 태양을 향해있는 부분 중에서는 가장 두껍고 가장 반사도가 높은 층이다.

❸ 전파의 창

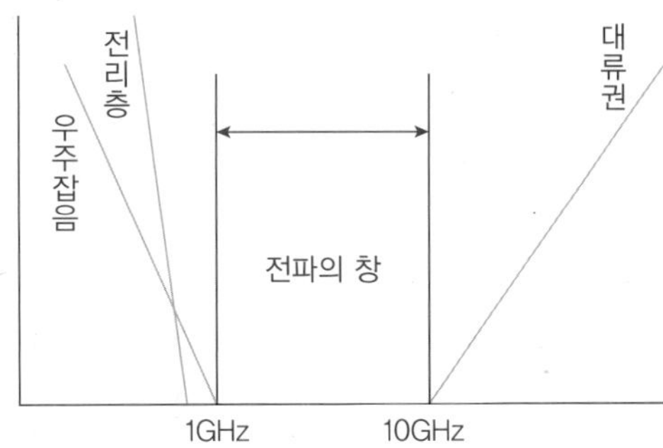

전파의 창은 위성통신에 적합한 1~10GHz나 1~15GHz 주파수대역으로 강우감쇠의 영향이 비교적 적은 주파수대역이다. 1~10GHz의 마이크로파는 파장이 짧아 지향성이 날카롭고(직진성이 뛰어남), 주파수가 크기 때문에 정보 전달량이 커서 마이크로파에 우수한 특징을 가지고 있다.

기출유형 완성하기

정답 01 ① 02 ④

01 다음 괄호 안에 들어갈 내용으로 알맞은 것은? (2020-2차)

> 일반적으로 신호 주파수가 높을수록 지향성이 (a), 동일한 신호 전력일 경우 지향성이 클수록 전파거리는 (b), 무선 라디오(Radio)는 날씨의 영향을 (c), 마이크로파(Microwave)는 지향성이 (d) 위성통신 등에 사용되고 있다.

① (a) 크며, (b) 멀고, (c) 받으며, (d) 크므로
② (a) 크며, (b) 짧고, (c) 안받으며, (d) 작으므로
③ (a) 작으며, (b) 멀고, (c) 받으며, (d) 크므로
④ (a) 작으며, (b) 짧고, (c) 안받으며, (d) 작으므로

해설
마이크로파 통신은 정보를 전송하기 위해 마이크로파 주파수 범위에서 고주파 전파를 사용하는 것으로 주로 텔레비전 방송, 휴대전화, 위성통신 및 레이더 시스템과 같은 다양한 응용 분야에서 사용된다. 주요 장점과 단점은 아래와 같다.

구분		내용
장점	장거리 전송	신호 손실을 최소화하면서 많은 양의 정보를 장거리로 전송할 수 있다.
	환경 극복	우주 공간이나 극한 기후 조건과 같은 가혹한 환경에서도 사용할 수 있다.
단점	장애물 영향	신호는 건물, 나무, 산과 같은 경로의 장애물에 의해 방해를 받을 수 있다.
	간섭	라디오 및 텔레비전 방송과 같은 다른 전자기 소스의 간섭을 받을 수 있다.

02 다음 중 전자파(전파)에 대한 설명으로 틀린 것은? (2020-3차)(2022-3차)

① 전자파를 파장이 짧은 것부터 순서대로 나열하면 y선, x선, 적외선 등이 있다.
② 전자파는 파장이 짧을수록 직진성 및 지향성이 강하다.
③ 전자파는 진공 또는 물질 속을 전자장의 진동이 전파함으로써 전자 에너지를 운반하는 것이다.
④ 전파는 인공적인 유도에 의해 공간에 퍼져나가는 파이다.

해설
전파의 성질

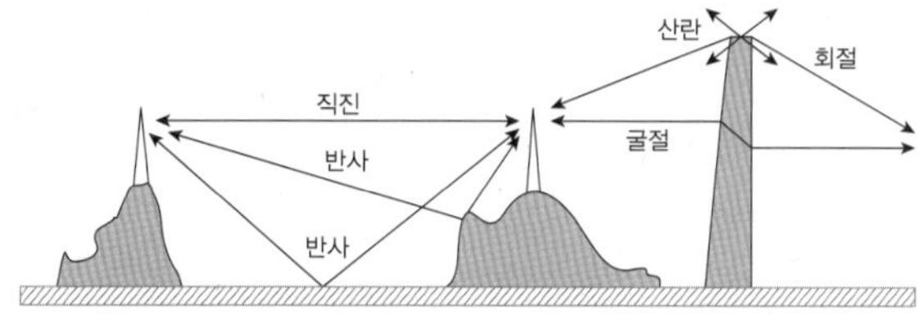

전파는 안테나에서 방사된 후 직진, 반사, 산란, 굴절, 회절하면서 전달된다. 전파의 기본 전달특성으로서 같은 성질의 매질을 통과 시 직진하면서 전달된다. 전파진행 중 다른 매질(건물, 산악, 전리층 등)에 부딪칠 경우에는 반사되어 전달된다. 맥스웰 방정식에 의해 전파는 전계와 자계로 구성되어 있으며 전계는 자계를 만들고 자계는 전계를 만들면서 서로 직각을 이루면서 공간으로 퍼져나간다. 전파는 인공적인 유도가 아닌 자연현상에 의한 유도로 퍼져나가는 파이다.

정답 03 ② 04 ②

03 전리층을 이용한 통신에 가장 많이 사용되는 주파수대는? (2013-2차)(2022-1차)

① VLF대 ② HF대
③ VHF대 ④ UHF대

해설

전리층의 구조와 라디오파 파장의 길이에 따른 반사와 흡수

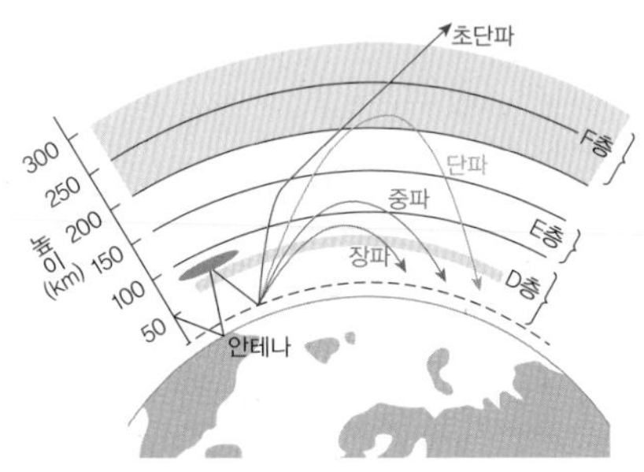

전리층의 전자밀도는 태양활동, 계절, 시각, 위도, 경도 등에 의해 변화한다.

장파(LF), 중파(MF)대 전파	주로, D, E층의 영향을 받는다.
단파대(HF) 전파	주로, F층에 해당되며 장거리 육상 및 해상 통신에 이용된다.

04 다음 문장에서 (a), (b), (c), (d)의 순서대로 바르게 나열된 것은? (2021-2차)

> 위성통신에서 수백 [MHz] 이하의 낮은 주파수에서는 (a), (b)에 의한 감쇠가 크고, 10[GHz] 이상의 높은 주파수에서는 (c) 또는 (d) 등에 의한 감쇠 증가로 위성통신 장애가 발생한다.

① 대기가스 – 강우 – 우주잡음의 증가 – 전리층
② 우주잡음의 증가 – 전리층 – 대기가스 – 강우
③ 대기가스 – 전리층 – 우주잡음의 증가 – 강우
④ 강우 – 우주잡음의 증가 – 대기가스 – 전리층

해설

전파의 창

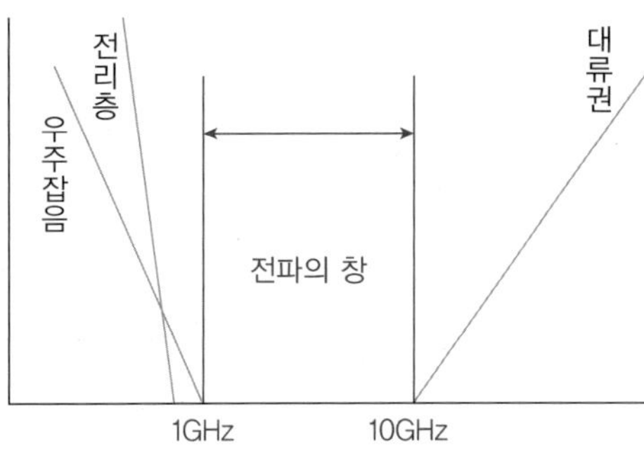

전파의 창은 위성통신에 적합한 1~10GHz나 1~15GHz 주파수대역으로 강우감쇠의 영향이 비교적 적은 주파수대역이다. 1~10GHz의 마이크로파는 파장이 짧아 지향성이 날카롭고(직진성이 뛰어남), 주파수가 크기 때문에 정보 전달량이 커서 마이크로파에 우수한 특징을 가지고 있다.

정답 05 ④ 06 ④

05 다음 중 전리층에 대한 설명으로 옳은 것은? (2012-2차)

① 전리층은 D층, E층, F층 및 G층으로 구분된다.
② D층은 다른 층에 비하여 전자밀도가 높다.
③ E층은 주간에 중단파를 반사시키지 못한다.
④ 마이크로파는 전리층을 통과할 수 있다

해설

전리층 구분

전리층 형성	개념	태양 영향에 따라 낮과 밤에 따라 달리 층이 형성된다.
	낮	D, E, F1, F2층이 형성된다.
	밤	E, F층이 형성된다.
D층	고도 약 70~90km로 낮에만 존재하고 밤에는 사라지며 전파를 흡수한다.	
E층	고도 약 90~130km로 파장 100~400m 전파를 반사한다.	
스포라딕 E층 (Sporadic)	E층의 높이에서 전리도가 높고 출현이 불규칙한 스포라딕 E층(Sporadic−E, Es)으로 전자들이 구름을 형성하며 이동한다. 불규칙한 반사층을 형성하며, 초단파의 이상 전파현상을 일으킬 수 있다.	
F층	약 130~수백Km, 하절기 F1 및 F2 층이 형성된다. 하절기 주간의 F층은 F1(약 170~230km)과 F2층(약 200~500km)으로 나누어진다.	

06 다음 중 전리층에 대한 설명으로 옳은 것은? (2012-3차)

① 전리층은 D층, E층, F층 및 G층으로 구분된다.
② D층은 다른 층에 비하여 전자밀도가 높다.
③ E층은 주간에 중단파를 반사시키지 못한다.
④ 마이크로파는 전리층을 통과할 수 있다.

해설

④ 마이크로파는 주파수가 높아 전리층을 통과할 수 있다.
① 전리층은 D층, E층, F층으로 구분된다.
② D층은 다른 층에 비하여 전자밀도가 낮다.
③ E층은 주간에 중단파를 반사시킨다.

04 이동통신

기출유형 01 ▶ 페이딩(Fading)

다음 중 이동통신에서 나타나는 페이딩 현상으로 맞는 것은? (2014-3차)(2016-1차)(2019-1차)

① 이동체의 움직임에 따라 관측점과 파원의 실효 길이가 변호하게 되어 수신 신호 주파수가 변하는 현상이다.
② 신호 전파의 도달 거리 차에 의해 수신 전계강도가 시간적으로 변동하는 현상이다.
③ 인접한 이동체 간에 동일 주파수 채널을 사용함으로써 발생하는 간섭현상이다.
④ 전파가 전송되는 과정에서 다중 반사되어 나타나는 지연 현상이다.

해설

페이딩은 전자기파가 공간을 날아가면서 일어나는 것으로 매질의 시간적 변화에 따라 신호의 수신 세기가 시시각각 시간적으로 변화하는 현상이다.

| 정답 | ②

족집게 과외

페이딩 극복

- 기지국에 수신 안테나 2개 사용
- 단말기에 다중경로 거치는 두 개 신호를 시간차를 두어 수신, 복조는 Rake 수신기 사용

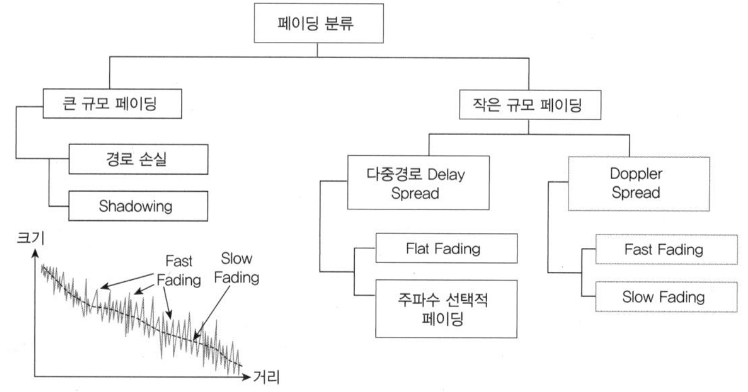

더 알아보기

Multipath Delay Spread	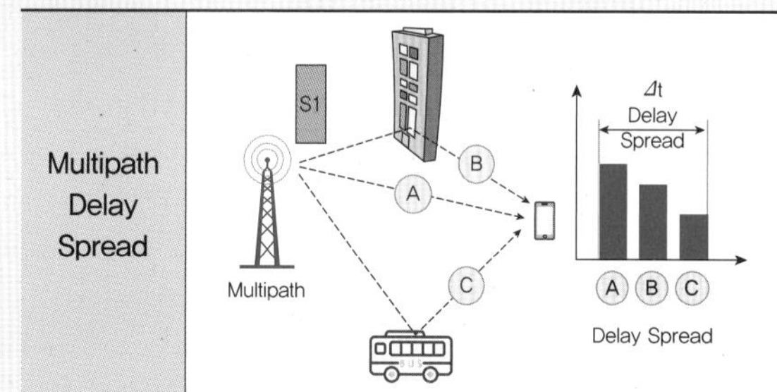	다중경로 지연 확산이란 무선 전파의 다중경로 환경에서 각각 다른 경로를 거치게 된 첫 번째 수신된 전파와 그다음 반사되어 오는 수신전파 사이에 지연된 시간을 의미한다.

Doppler Spread	도플러 천이(Shift) 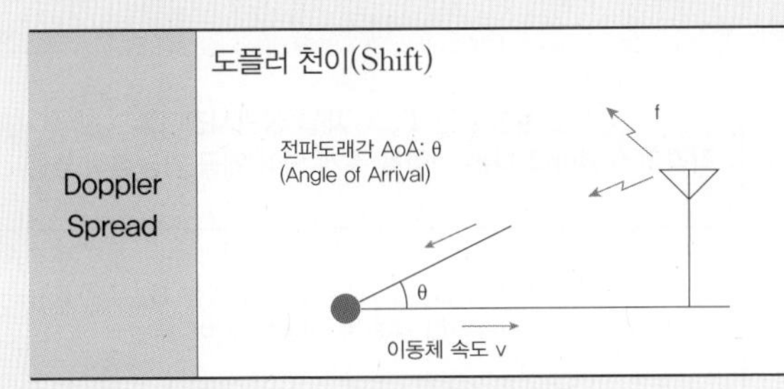	$f_D = \frac{1}{2\pi}\frac{\Delta\phi}{\Delta t} = \frac{v}{\lambda}\cos\theta = \frac{fv}{c}\cos\theta$ 통신 채널 응답이 시간적으로 변화되는 채널에 의해 수신 신호가 주파수 축 상으로 넓게 늘여지며 확산되는 효과로 보이는 현상이다.

❶ 페이딩(Fading)

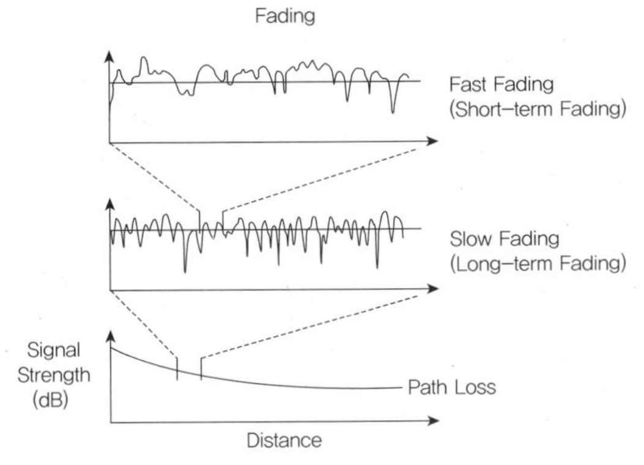

페이딩은 전자기파가 공간을 날아가면서 일어나는 것으로 매질의 시간적 변화에 따라 신호의 수신 세력이 시시각각 변화하는 현상이다. 통신회선은 다중경로(Multipath)로 전파해 나아가면서 전자기파의 산란, 회절, 반사 등으로 인해, 전파 수신 경로가 여러 개인 경우가 발생하며, 이중 다중경로 페이딩(Multipath Fading)은 서로 다른 경로를 따라 수신된 전파들이 여러 물체에 의한 다중 반사 등으로 인한 현상이다. 이를 통해 서로 다른 진폭, 위상, 입사각, 편파 등이 간섭(보강간섭, 소멸간섭)을 일으키며 통화 끊김 현상이 발생할 수 있다.

구분	내용
빠른 페이딩	Fast Fading/Short–Term Fading, 다중경로 전파에 의함, 고층건물, 철탑 등 인공구조물에 의해 발생한다.
느린 페이딩	Slow Fading/Long–Term Fading, 거리에 따른 신호 감쇠, 산, 언덕 등 지형의 굴곡에 의해 발생한다.
혼합 페이딩	Rician Fading, 반사파와 직접파가 동시에 존재한다.

❷ 페이딩 영향 구분

주파수 선택적 페이딩 채널	주파수 비선택적 페이딩 채널

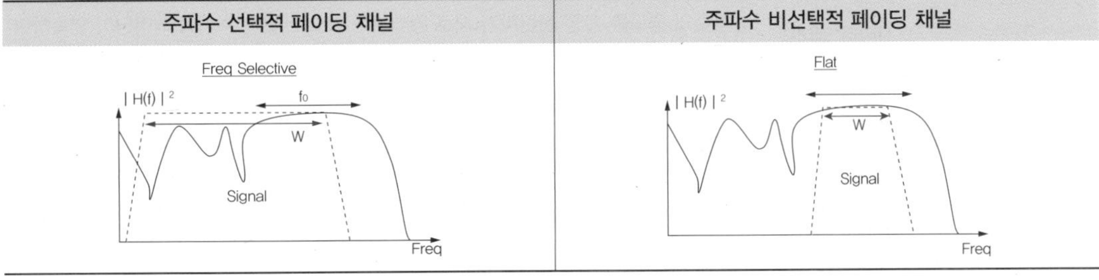

㉠ 주파수 선택적 페이딩(Frequency Selective Fading)은 상관 대역폭(Coherent Bandwidth)이 전송 신호 주파수 대역보다 좁은 경우를 말하며, 이는 다중경로 채널의 응답(Multi–path–channel Response)과 연관되어 나타나는 현상이며 다중경로 지연확산이 전송 심볼율 보다 큰 경우에 발생한다.

㉡ 시간 선택적 페이딩(Time Selective Fading)은 시간에 따라 페이딩 크기가 다른 것으로 도플러 확산이 만들어 낸 페이딩이다. 송신 신호가 채널의 변화 정도에 따라 얼마나 빠르게 변하는가에 따라 고속 페이딩(Fast Fading)과 저속 페이딩(Slow Fading)으로 구분한다.

구분	개념도	내용
Fast Fading	r(t) t 도플러 주파수 확산 Δf가 클 경우 빠르게 출렁이는 수신신호 시간 응답이다.	신호 심볼구간 $T_S \gg$ 채널 상관시간 T_C 각각의 심볼마다 다른 영향을 주게 되어 왜곡 가능성이 높음
		신호 대역폭 $B_S \ll$ 채널 도플러 확산 B_D 전송된 신호보다 빠르게 변하는 시변 채널
Slow Fading	r(t) t 도플러 주파수 확산 Δf가 작을 경우 느리게 출렁이는 수신신호 시간 응답이다.	신호 심볼구간 $T_S \ll$ 채널 상관시간 T_C 각각의 심볼마다 비슷한 영향을 주게 되어 왜곡가능성이 적음
		신호 대역폭 $B_S \gg$ 채널 도플러 확산 B_D 전송된 신호보다 느리게 출렁이는 시간변화 채널

❸ 다중경로 페이딩 대책

㉠ 다이버시티를 활용하여 신호를 여러개 수신하고 그 중 페이딩이 적은 신호를 수신한다. 공간 다이버시티 또는 경로 다이버시티, 주파수 다이버시티 등의 기법을 많이 활용된다.

㉡ TDMA 방식에서 등화기를 사용해서 각각의 다중경로 신호를 적절한 시간간격 만큼 시간지연 시킨 후 모든 신호를 함께 결합하여 수신한다.

㉢ CDMA 방식에서 Rake 수신기를 사용한다.

구분	분류	내용
대류권파의 페이딩	신틸레이션 페이딩	대기 상태의 변동으로 공간에 유전율이 다른 부분이 생길 때 그곳에서 산란한 전파 때문에 생기는 페이딩으로서 전계의 변동은 크지 않다.
	K형 페이딩	대기 굴절률의 분포 변화에 따라 지구 반경계수 K가 변하기 때문에 간섭성 K형 페이딩과 회절성 K형 페이딩이 있다.
	감쇠형 페이딩	비, 안개 등의 흡수나 대기에서의 흡수감쇠 상태가 변하로 생기는 페이딩이다.
	산란형 페이딩	다수의 경로를 가진 산란파가 서로 간섭하는 것으로 짧은 주기의 페이딩이 연속하여 일어나는 형식으로 진폭이 시시각각 변화하여 일어난다.
	덕트형 페이딩	전파통로 위에서 라디오 덕트가 발생함으로써 생기는 페이딩이다.
전리층 페이딩	간섭성 페이딩	동일 전파를 수신할 때 두 개 이상의 다른 통로를 거쳐서 수신되는 경우 이들이 서로 간섭을 일으킨다. 공간 다이버시티, 주파수 다이버시티를 사용하여 예방한다.
	편파성 페이딩	전리층 반사 시 전리층 변동의 영향으로 반사파의 편파면이 시간적으로 변화하기 때문에 생기는 페이딩으로 편파 다이버시티를 이용하여 방지한다.
	흡수성 페이딩	전파가 전리층을 통과할 때 흡수(감쇠)를 받게 되어 생기며 AGC(Automatic Gain Control) 회로를 사용하여 방지한다.
	선택성 페이딩	• 전리층에서 전파가 받는 감쇠는 주파수에 밀접한 관계를 가지고 있으므로 반송파와 측파대가 받는 감쇠의 정도가 달라서 생기는 페이딩이다. • 주파수 다이버시티, SSB(Single Side Band) 통신방식을 사용하여 방지한다.
	도약성 페이딩	• 도약거리 부근에서 통신하고 있을 때 전리층 상태가 변하여 수신상태가 변하는 페이딩으로 일출, 일몰 시에 변화의 정도가 가장 심하다. • 주파수 다이버시티를 사용하여 방지한다.

❹ 이동통신 페이딩

이동통신에서 페이딩은 송신기에서 수신기로 이동하는 무선 신호의 감쇠 또는 손실을 나타낸다. 페이딩은 신호가 수신기에 도달하기 위해 여러 경로를 사용하고 파형이 서로 간섭을 초래하는 다중경로 전파를 포함한 다양한 요인으로 인해 발생할 수 있다. 페이딩을 발생시킬 수 있는 또 다른 요인은 건물이나 산과 같은 물체가 신호를 차단하거나 흡수하는 그림자 또는 방해물이다. 송신기와 수신기 사이의 거리뿐만 아니라 신호의 주파수와 전력도 페이딩에 영향을 미칠 수 있다.

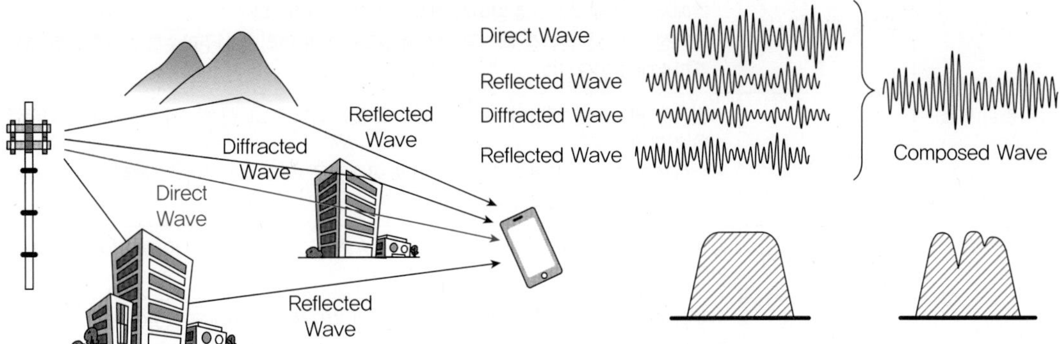

페이딩은 신호 품질을 저하시켜 오류, 통화 손실 및 데이터 전송률을 감소시킬 수 있으며 페이딩의 영향을 완화하기 위해 이동 통신 시스템은 여러 안테나를 사용하여 서로 다른 경로로부터 신호를 수신하는 다양성 수신 또는 다중경로 전파의 영향을 보상하기 위해 신호를 균등화하는 등의 기술을 사용한다. 이러한 기술은 페이딩이 존재하는 경우 이동통신의 신뢰성과 품질을 향상시키는데 도움이 될 수 있다. 이동국의 움직임에 따라 전파의 반사, 산란, 회절 등 다중경로로 전파가 도달함으로 변화의 폭이 크고 신속함으로 페이딩 방지책이 필수적이다.

구분	내용
Long Term Fading	• 산, 언덕과 같은 지형의 굴곡에 의해 기지국 안테나의 유효높이에 변화가 생겨 발생한다. 수신 전계 변화의 속도가 느려 Slow Fading이라고 한다. • 페이딩 방지를 위해 다른 셀 간에 적용되는 Macroscopic Diversity가 사용된다.
Short Term Fading	• 고층건물, 철탑 등과 같은 인공구조물에 의해 발생하는 페이딩으로 주로 대도시에서의 이동통신 환경에서 발생한다. • 수신 전계 변화의 속도가 빨라 Fast Fading이라고 하며 Rayleigh 분포특성을 가진다. • 페이딩 방지를 위해 동일 셀 내에서 적용되는 Microscopic Diversity가 사용된다.
Racian Fading	• 반사파와 직접파가 동시에 존재할 때 발생하는 페이딩으로 기지국과 이동국 사이에 가시경로가 확보되는 경우에 발생되며 Racian 분포를 갖는다. • 직접파가 없을 경우 Rayleigh 페이딩과 동일하다.

❺ 페이딩 방지책

구분		내용
다이버시티 방식 이용	공간 다이버시티	• 수신점에 따라 페이딩의 정도가 다르므로 적당한 거리를 두고 2개 이상의 안테나를 설치하여 각 안테나의 수신출력을 합성하는 방법이다. • 간섭성 페이딩의 경우 효과적, 수신 안테나를 분리하여 설치하기 위한 넓은 공간이 필요하다.
	주파수 다이버시티	• 한 개의 신호를 송신측에서 2개 이상의 다른 주파수를 사용하여 동시에 송신하고 수신측에서는 각 주파수별로 받아서 합성 수신하는 방법이다. • 도약성, 선택성, 간섭성 페이딩 감소에 효과적이며 여러 송신주파수를 사용함으로 넓은 주파수대가 필요하다.
	편파 다이버시티	• 전리층 반사파는 일반적으로 타원편파로 변화되므로 그 전계는 수평분력과 수직분력을 갖고 있다. • 수신용에 수평편파 공중선과 수직편파 공중선을 따로 설치하여 각 분력을 분리 수신 합성, 페이딩의 영향을 경감시킨다.
	시간 다이버시티	동일정보를 약간의 시간 간격을 두고 중복 송출하고 수신측에서는 이를 일정 시간의 지연후에 비교하여 사용하는 방법이다.
	각 다이버시티	지향성 다이버시티라고도 하며 수신 안테나의 각도를 다양하게 구성하여 설치하는 방법이다.
AGC 회로 사용	수신기에 자동이득제어회로를 붙여 수신의 출력을 일정하게 유지시키는 방법이다.	
MUSA	Multiple Unit Steerable Antenna System, 지향성이 예민한 안테나를 이용하여 일정한 각도의 전파만을 수신하여 전기적으로 합성한다.	
리미터 사용	첨두성의 잡음을 제거하여 S/N 비를 크게하는 데 이용한다.	

정답 01 ② 02 ② 03 ②

01 이동통신에서 짧은 페이딩에 의한 버스트오류(Burst Error)가 발생되는데 중첩부호만으로는 만족할 수 없으므로, 이 경우 미리 정해진 방법으로 시퀀스의 순서를 재배열하여 전송하는 것은? (2010-2차)

① Interference
② Interleaver
③ Space diversity
④ Sequence control

해설

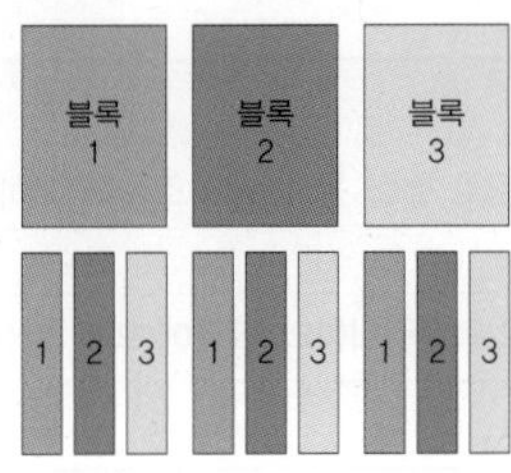

Interleaving이란 직물(베)을 짤 때처럼 날줄을 기준으로 씨줄을 '끼운다'는 의미이다. 이것을 무선 전송시스템에서는 비트 오류 발생을 시간 또는 주파수 상에서 랜덤하게 분산시키는 기술로서 통신망에서 장애 발생을 대비해서 데이터를 상호 이동(떨어뜨림)으로 오류에 대비하기 위한 기술이다.

02 CDMA 이동통신 시스템의 무선경로상에서 페이딩 등에 의한 버스트 에러를 방지하기 위하여 송신측에서 데이터를 일정한 규칙에 따라 이산시키는 방법은? (2011-3차)(2016-3차)

① 심볼 반복
② 인터리빙
③ 컨버루션 부호화
④ 데이터 스크램블링

해설

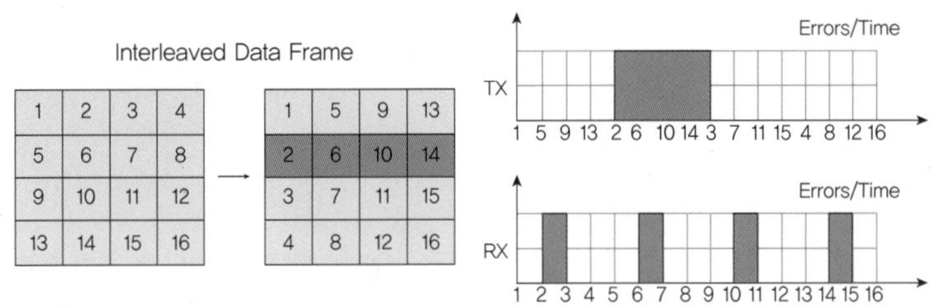

인터리빙(Interleaving)의 사전적 의미는 '끼워 넣기'이다. 인터리빙은 Ip 네트워크 즉, 유선 통신 네트워크 또는 무선 통신 구간을 통하여 트래픽을 전송할 때, 발생할 수 있는, 군집 에러를 랜덤 에러로 변환하여, 에러 정정을 용이하게 하기 위하여 사용되는 기법이다.

03 디지털 셀룰러 방식에서 페이딩에 의한 군집성 오류(Burst Error)를 극복하기 위하여 오류정정부호와 함께 사용하는 기술은? (2011-2차)

① 변조 기술
② 인터리빙 기술
③ 다중화 기술
④ 핸드오프 기술

해설

인터리빙(Interleaving)
페이딩 등 연집 에러(Burst Error)가 발생 되기 쉬운 무선 채널 환경 등에서 집중적인 비트 에러를 시간 또는 주파수 상에서 분산시키는 기술이다.

정답 04 ② 05 ② 06 ③

04 이동통신망에서 발생하는 페이딩 중 고층 건물, 철탑 등 인공구조물에 의하여 발생하는 페이딩은?

(2011-1차)(2013-3차)(2022-1차)(2022-2차)

① Long-Term Fading　　② Short-Term Fading
③ Rician Fading　　④ Mis-Term Fading

해설

페이딩 종류

구분	내용
빠른 페이딩	Fast Fading/Short-Term Fading, 다중경로 전파에 의함, 고층건물, 철탑 등 인공구조물에 의해 발생한다.
느린 페이딩	Slow Fading / Long-Term Fading, 거리에 따른 신호 감쇠, 산, 언덕 등 지형의 굴곡에 의해 발생한다.
혼합 페이딩	Rician Fading, 반사파와 직접파가 동시에 존재한다.

05 디지털 셀룰러 방식에서 페이딩에 의한 수비트의 연속적인 오류를 극복하기 위하여 오류정정부호와 함께 사용하는 기술은? (2012-2차)

① 간섭제거기술　　② 인터리빙기술
③ 전력제어기술　　④ 등화기술

해설

인터리빙 방식의 종류

구분	내용
블록 인터리빙	비트 열을 일정한 블록 단위로 구분하고, Matrix 형태로 배열한 후 열과 행을 바꾸어서 전송하고 복호 시에는 역 순서로 재생한다. 1개 블록 단위(n x m 행렬)로 한 번에 인터리빙이 이루어지면 소요 메모리 수는 변조기/복조기 각각(n x m)개씩 필요하다.
콘벌루션 인터리빙	1단, 2단, ..., n단 지연요소(메모리)를 순서적으로(로타리 순회) 적용하여 전송하고 복호 시에는 이의 역순으로 적용하여 재생한다. 소요 메모리 수는 블록 인터리빙 보다 적게 소요된다(0 + 1 + ... + n-1).

06 광대역 무선채널에서 다중경로 시간 지연확산(Delay Spread)으로 인한 페이딩으로 옳은 것은? (2011-3차)

① 느린 페이딩(Slow Fading)
② 라이시안 페이딩(Rician Fading)
③ 주파수 선택적 페이딩(Frequency Selective Fading)
④ 빠른 페이딩(Fast Fading)

정답 07 ②

해설

지연 확산(Delay Spread)이란 무선 전파의 다중경로(Multipath) 환경에서 각각 다른 경로를 거치게 된, 첫 번째 수신된 전파와 그다음 반사되어 오는 수신전파 사이에 지연된 시간을 말한다.

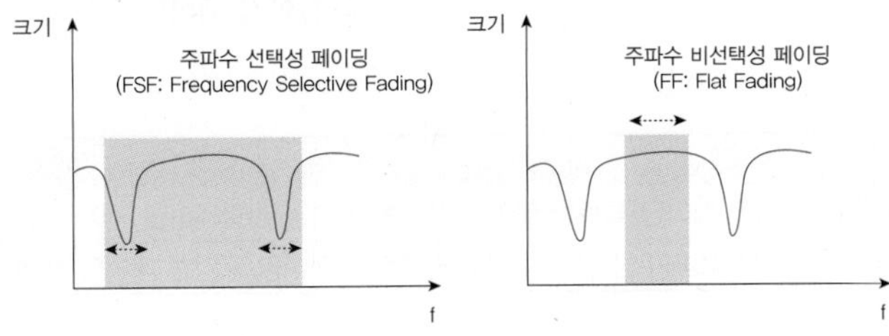

지연확산과 페이딩 채널과의 관계

- 주파수 선택적 페이딩: (심볼주기 Ts < 최대 지연확산 τ_{max}) → 심볼 간 간섭(ISI) 존재
- 주파수 비선택적 페이딩: (심볼주기 Ts > 최대 지연확산 τ_{max}) → 심볼 간 간섭 없음

07 수직안테나와 수평안테나의 조합으로 다른 전파를 발사하여 페이딩을 경감하는 다이버시티는? (2022-1차)

① 공간 다이버시티(Space Diversity)
② 편파 다이버시티(Polarization Diversity)
③ 주파수 다이버시티(Frequency Diversity)
④ 시간 다이버시티(Time Diversity)

해설

구분		내용
다이버시티 방식 이용	공간 다이버시티	• 수신점에 따라 페이딩의 정도가 다르므로 적당한 거리를 두고 2개 이상의 안테나를 설치하여 각 안테나의 수신출력을 합성하는 방법이다. • 간섭성 페이딩의 경우 효과적, 수신 안테나를 분리하여 설치하기 위한 넓은 공간이 필요하다.
	주파수 다이버시티	• 한 개의 신호를 송신측에서 2개 이상의 다른 주파수를 사용하여 동시에 송신하고 수신측에서는 각 주파수별로 받아서 합성 수신하는 방법이다. • 도약성, 선택성, 간섭성 페이딩 감소에 효과적이며 여러 송신주파수를 사용함으로 넓은 주파수대가 필요하다.
	편파 다이버시티	• 전리층 반사파는 일반적으로 타원편파로 변화되므로 그 전계는 수평분력과 수직분력을 갖고 있다. • 수신용에 수평편파 공중선과 수직편파 공중선을 따로 설치하여 각 분력을 분리 수신 합성, 페이딩의 영향을 경감시킨다.
	시간 다이버시티	동일정보를 약간의 시간 간격을 두고 중복 송출하고 수신측에서는 이를 일정 시간의 지연후에 비교하여 사용하는 방법이다.
	각 다이버시티	지향성 다이버시티라고도 하며 수신 안테나의 각도를 다양하게 구성하여 설치하는 방법이다.

정답 08 ④ 09 ①

08 대류권파의 페이딩이 아닌 것은? (2022-3차)

① 신틸레이션 페이딩
② K형 페이딩
③ 덕트형 페이딩
④ 도약성 페이딩

해설

구분	내용
대류권파의 페이딩	K형 페이딩/덕트형 페이딩/산란형 페이딩/신틸레이션 페이딩/감쇠형 페이딩
전리층 페이딩	간섭성 페이딩/편파성 페이딩/흡수성 페이딩/도약성 페이딩/선택성 페이딩

09 단파 통신에서 페이딩(Fading)에 대한 경감법으로 적합하지 않은 것은? (2022-3차)

① 간섭성 페이딩은 AGC 회로를 부가한다.
② 편파성 페이딩은 편파다이버시티를 사용한다.
③ 흡수성 페이딩은 수신기에 AGC 회로를 부가한다.
④ 선택성 페이딩은 주파수 다이버시티 또는 SSB 통신방식을 사용한다.

해설

구분		내용
대류권파의 페이딩	신틸레이션 페이딩	대기 상태의 변동으로 공간에 유전율이 다른 부분이 생길 때 발생한다. 산란한 전파 때문에 생기는 페이딩으로서 전계의 변동은 크지 않다. → 대책: AGC, AVC 이용하여 방지
	K형 페이딩	대기 굴절률의 분포 변화에 따라 지구 반경계수 K가 변하기 때문에 생긴다. 간섭성 K형 페이딩과 회절성 K형 페이딩이 있다. → 대책: AGC, AVC 이용하여 방지
	감쇠형 페이딩	비, 안개 등의 흡수나 대기에서의 흡수감쇠 상태가 변하기 때문에 생기는 페이딩이다. → 대책: AGC, AVC 이용하여 방지
	산란형 페이딩	다수의 경로를 가진 산란파가 서로 간섭에 의한다. 짧은 주기의 페이딩이 연속하여 일어나는 형식으로 진폭이 변화하여 발생한다. → 대책: diversity 이용하여 방지
	덕트형 페이딩	전파통로 위에서 라디오 덕트가 발생함으로써 생기는 페이딩이다. → 대책: 주파수, 시간, 공간 Diversity
전리층 페이딩	간섭성 페이딩	동일 전파를 수신 시 두 개 이상의 다른 경로로 수신되는 경우 서로 간섭을 발생한다. • 근거리 페이딩: 방송파 대에서는 지상파와 전리층 반사파의 간섭에 의한 페이딩이다. • 원거리 페이딩: 단파에서는 전리층과 상호 간의 간섭에 의한 페이딩이다. → 대책: Frequency Diversity, Space Diversity
	편파성 페이딩	직선 편파가 지구자계의 영향으로 타원 편파가 될 때 편파면이 시간적으로 회전하기 때문에 수신 공중선의 유기 전압 변동으로 생기는 페이딩이다. → 대책: 편파 다이버시티(Polarization Diversity)를 사용하여 방지
	흡수성 페이딩	전파가 전리층을 통과하거나 반사될 때에 전자와 공기 분자와의 충돌 때문에 그 일부가 흡수되어 생기는 페이딩이다. → 대책: 수신기에 AGC(Automatic Gain Control) 회로를 사용하여 방지
	선택성 페이딩	반송파와 측파대가 받는 감쇠의 정도와 전리층이 상하좌우로 이동할 때 각각 받는 감쇠의 정도가 달라져서 생기는 페이딩이다. → 대책: 주파수 다이버시티, SSB(Single Side Band) 통신방식을 사용하여 방지
	도약성 페이딩	도약거리 근처에서 일어나는 페이딩이며 전파가 전리층을 사각에 따라서 투과 또는 반사하기 때문에 생기는 페이딩으로 일출, 일몰 시에 변화의 정도가 가장 심하다. → 대책: 주파수 다이버시티(Frequency Diversity)를 사용하여 방지

10 이동통신 채널에서 일어나는 현상(효과)이 아닌 것은? (2010-1차)

① 도플러 효과 ② 채널 간섭 현상
③ 페이딩 현상 ④ 전리층 반사 현상

해설

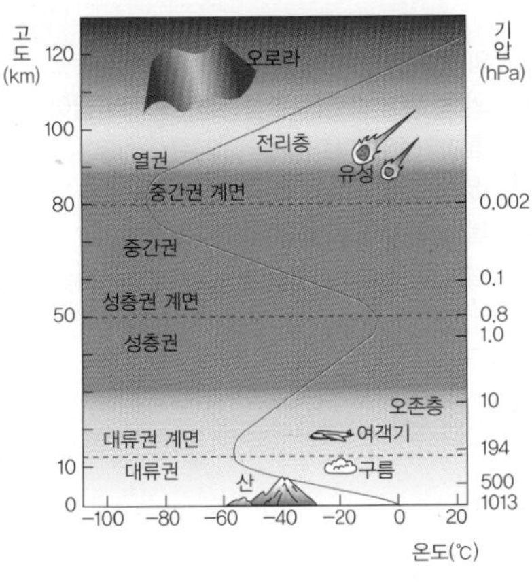

이동통신 채널에서는 시간에 따라 수신전계가 수시로 변화하는 페이딩, 동일채널이나 인접채널 간의 채널 간섭 현상, 그리고 이동체의 움직임에 따라 수신전계가 변화하는 도플러 현상 등이 발생한다. 전리층 반사 현상은 위성통신에서 일어나는 것으로 전리층의 높이는 지상 80km 이상으로 고도가 높아서 이동통신과는 무관하다.

11 다음 중 데이터 전송을 위한 변복조에서 심벌 간의 간섭, 다중경로 페이딩에 의한 왜곡이 수신되는 경우 이를 보상하기 위한 것은? (2010-2차)

① 대역여파기 ② 증폭기
③ 등화기 ④ 채널디코더

해설

등화기(Equalizer)

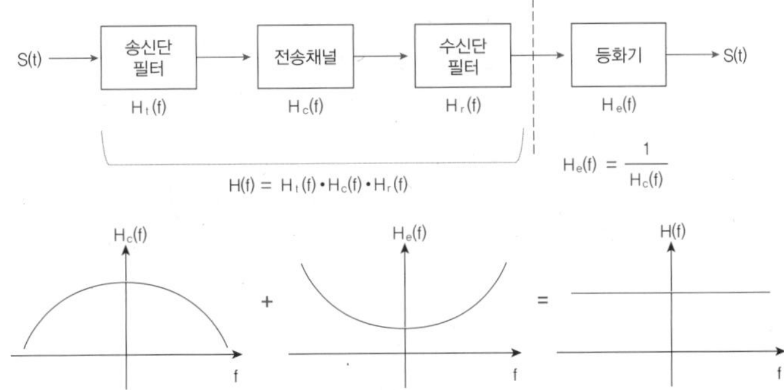

통신시스템에서 잡음의 영향을 줄이고 성능을 개선할 수 있는 필터로 수신기에서는 정합필터와 등화기가 있다. 등화기는 필터 효과를 고려한 등가전달함수가 Nyquist 채널특성을 갖도록 수신측에서 보상하는 회로를 의미한다.

정답 12 ② 13 ①

12 이동통신에서 전파가 여러 경로로 반사되어 수신점에 도달하게 됨으로써 수신점에서의 전계강도가 시간적으로 변동되는 것은? (2010-3차)

① 도플러 효과 ② 페이딩 현상
③ 근접 효과 ④ 델린저 현상

해설

② 페이딩: 지형지물에 의한 전파의 산란이나 반사로 인한 수신 전계 강도의 변화하는 것이다.
① 도플러 효과: 어떤 파동의 파동원과 관찰자의 상대 속도에 따라 진동수와 파장이 바뀌는 현상이다. 소리와 같이 매질을 통해 움직이는 파동에서는 관찰자와 파동원의 매질에 대한 상대속도에 따라 효과가 변한다.
③ 근접효과: 근접된 두 도체간에 전류가 반대 방향으로 전류가 서로 근접하려는 효과이다. 이는 전류가 흐르는 유효면적이 감소되어 전송 손실이 증가되는 것으로 사용 주파수가 높아지면 높아질수록 증가한다.
④ 델린저 현상: 지구의 중간권에 존재하는 전리층의 D층이 태양 표면의 폭발로 인하여 발생한 강한 전자기파들로 인해 두꺼워져 초단파를 흡수하여 국제통신이 두절되는 현상이다.

13 다음 중 부호분할다원접속(CDMA) 방식에 대한 설명으로 옳지 않은 것은? (2012-1차)(2017-2차)(2021-2차)

① 위성통신에서만 사용되고 있는 다원접속방식이다.
② 의사불규칙 잡음 코드를 사용한다.
③ 주파수도약방식을 사용하므로 페이딩에 강하다.
④ 사용 스펙트럼의 확산으로 인접 주파수대역에 대한 간섭을 줄일 수 있다.

해설

등화기(Equalizer)

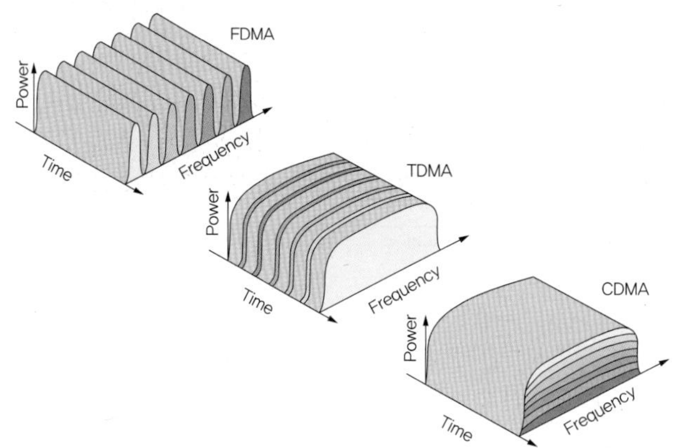

CDMA 방식은 주로 이동통신에서 사용하는 방식으로 페이딩에 강하고 주파수에 대한 간섭을 줄일 수 있는 방식으로 대역확산(Spread Spectrum) 기술에 기초를 둔 다중접속(Multiple Access) 방식이다. CDMA에서 각 사용자가 고유의 확산부호를 할당받아 신호를 스펙트럼 확산 부호화하여 전송하면 확산부호를 알고 있는 수신기에서만 이를 복원할 수 있는 방식이다. 이를 통해 각각의 사용자 신호를 서로 다른 코드를 곱하여 구분(직교성 보장)하는 다중접속 방식이다.

정답 14 ③ 15 ④

14 다음 중 CDMA 방식의 특징으로 거리가 먼 것은? (2018-1차)

① 아날로그 방식보다 10~15배 정도의 용량을 증가시킬 수 있다.
② 통화에 대한 비밀이 보장된다.
③ 여러 가지 다이버시티를 사용하여 페이딩의 최대화로 통화 품질이 양호하다.
④ 전력제어를 통해 간섭을 극복하므로 회선 품질을 좋게 한다.

해설

CDMA 특징

- 사용자 개인 간의 간섭/보안에 강하다.
- 셀(Cell, 무선 통신에서의 기지국－단말기 간의 통신 단위) 설계가 쉽다.
- 소프트 핸드오프가 가능하다.
- 단말기 소비전력이 적은 편이다.
- 레이크 수신기(지연이 있는 신호를 구분할 수 있는 수신기)를 사용할 수 있다.
- 가입자마다 서로 다른 식별코드(확산코드)를 부여하여 디지털화된 음성신호를 제공한다.
- 수용 용량이 기존 아날로그 FDMA 방식에 비해 약 10~20배이다.
- TDMA, FDMA 방식 대비 소비전력이 작아 배터리 사용시간을 3배 이상 길게 할 수 있다.
- 주파수 이용효율이 높다.
- 보안성이 좋다(사용자마다 고유한 PN 코드(Pseudo Noise Code) 사용).
- 다이버시티를 이용한 통화품질의 향상 된다.
- DS(Direct Sequence)나 FH(Frequency Hopping)과 같은 대역확산 기법을 사용한다.
- 전력제어 및 동기화 기술이 필요하다.

15 이동통신에서 다중경로의 반사파에 의해 발생되는 페이딩(Fading)으로 페이딩 주기가 짧고, 도심지역에서 주로 발생하는 페이딩은? (2023-2차)

① Long Term Fading
② 흡수성 Fading
③ Rician Fading
④ Short Term Fading

해설

페이딩 종류

구분	내용
빠른 페이딩	Fast Fading/Short－Term Fading, 다중경로 전파에 의한 것으로 주로 고층건물, 철탑 등 인공구조물 등에 의해서 발생한다.
느린 페이딩	Slow Fading/Long－Term Fading, 거리에 따른 신호 감쇠, 산, 언덕 등 지형의 굴곡에 의해 발생한다.
혼합 페이딩	Rician Fading, 반사파와 직접파가 동시에 존재한다.

정답 16 ① 17 ③

16 전파의 경로별로 도래각이 다른 점을 이용해 빔의 각도가 다른 복수 개의 안테나 수신 전력을 합성하여 페이딩을 보장하는 방법은? (2023-2차)

① Angle Diversity
② Path Diversity
③ Site Diversity
④ Antenna Diversity

해설

공간 다이버시티	• 수신점에 따라 페이딩의 정도가 다르므로 적당한 거리를 두고 2개 이상의 안테나를 설치하여 각 안테나의 수신출력을 합성하는 방법이다. • 간섭성 페이딩의 경우 효과적, 수신 안테나를 분리하여 설치하기 위한 넓은 공간이 필요하다.
주파수 다이버시티	• 한 개의 신호를 송신측에서 2개 이상의 다른 주파수를 사용하여 동시에 송신하고 수신측에서는 각 주파수별로 받아서 합성 수신하는 방법이다. • 도약성, 선택성, 간섭성 페이딩 감소에 효과적이며 여러 송신주파수를 사용함으로 넓은 주파수대가 필요하다.
편파 다이버시티	• 전리층 반사파는 일반적으로 타원편파로 변화되므로 그 전계는 수평분력과 수직분력을 갖고 있다. • 수신용에 수평편파 공중선과 수직편파 공중선을 따로 설치하여 각 분력을 분리 수신 합성, 페이딩의 영향을 경감시킨다.
시간 다이버시티	동일정보를 약간의 시간 간격을 두고 중복 송출하고 수신측에서는 이를 일정 시간 지연 후에 비교하여 사용하는 방법이다.
각 다이버시티	지향성 다이버시티라고도 하며 수신 안테나의 각도를 다양하게 구성하여 설치하는 방법이다.

17 인공위성이나 우주 비행체는 매우 빠른 속도로 운동하고 있으므로 전파발진원의 이동에 따라서 수신주파수가 변하는 현상은? (2021-1차)(2023-2차)

① 페이지 현상
② 플라즈마 현상
③ 도플러 현상
④ 전파지연 현상

해설

③ 도플러 현상: 전파, 광, 음의 발생점과 이것을 관측하는 관측점의 어느 한 지점 또는 양쪽 지점이 이동함에 따라 전파 거리가 변화될 경우, 측정되는 주파수가 변화하는 현상으로 발생점과 관측점이 가까워질 때는 주파수가 높아지고, 멀어질 때는 주파수가 낮아진다.

① 페이지 현상: 이동통신에서 페이징(Paging)이란 이동통신 단말기에 착신호가 발생하였을 때 단말기가 있는 위치 구역의 기지국 제어장치를 통하여 단말기를 호출하는 것이다.

② 플라즈마 현상: 기체 등 절연체가 강한 전기장 하에서 절연성을 상실하고 전류가 그 속을 흐르는 현상을 방전이라 한다. 특히 절연체가 기체인 경우를 기체방전이라고 하며, 이러한 방전 과정을 통해 생성된 전자, 이온, 중성입자들의 혼합체를 플라즈마라 한다.

④ 전파지연 현상: 신호가 발신지에서 수신지로 이동하기 시작하는 데 걸리는 시간으로 특정 매체에서 링크 길이와 전파 속도의 비율로 계산할 수 있다. 전파지연은 $\frac{d}{v}$로 d는 거리, v는 전파 속도이다.

18 다음 중 CDMA 이동통신에서 사용하는 레이크 수신기에 대한 설명으로 틀린 것은? (2023-3차)

① 다중경로 페이딩에 의한 전송에러를 최소화하기 위한 기술
② 시간차(지연)이 있는 두 개 이상의 신호를 분리해 낼 수 있는 수신기
③ 신호환경에 맞춰 안테나의 빔방사 패턴을 자동으로 변화시켜 수신 감도를 향상시킴
④ 여러 개의 상관검출기로 다중경로 신호를 분리하고 상관검출기를 통해 최적신호를 검출

해설

③ 신호환경에 맞춰 안테나의 빔 방사 패턴을 자동으로 변화시켜 수신 감도를 향상시키는 것은 Smart Antenna(MIMO)이다.

레이크 수신기

서로 시간차(지연)가 있는 두 신호를 분리해 낼 수 있는 기능을 가진 수신기를 말하는 것으로 CDMA의 대역확산 원리에 의해서 얻을 수 있는 특성이다.

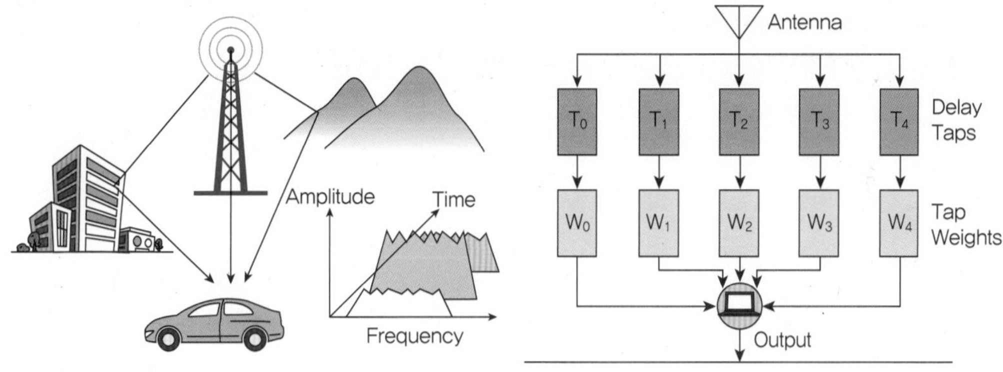

기출유형 02 ▶ 이동통신 기지국(Mobile Communications Base Station)

이동통신 기지국의 서비스 지역 확대 방법으로 옳지 않은 것은? (2015-1차)

① 송신 출력을 증가시킨다.
② 저이득 무지향성 안테나를 사용한다.
③ 다이버시티 수신기를 사용한다.
④ 저잡음 수신기를 사용한다.

해설

이동통신 기지국의 서비스 지역 확대 방법

- 저잡음 수신기 사용한다.
- 기지국의 안테나 높이를 크게 한다.
- 지형에 맞는 안테나를 사용한다.
- 이득이 높은(고이득) 지향성 안테나를 사용한다.
- 필요시 기지국의 위치를 이동하거나 추가한다.
- 저잡음 수신기를 사용한다.
- 기지국의 위치를 적절한 곳에 선정한다.
- 중계기를 사용하여 음영지역을 해소한다.
- 기지국의 수신 안테나에 다이버시티 방식 사용한다.
- 기지국 송신 출력을 증가시킨다.
- 통신망 설계 시 음영지역을 사전에 제거한다.
- 다이버시티 수신기를 사용한다.

| 정답 | ②

족집게 과외

전력제어 목적

- 기지국 통화 용량의 최대화
- 이동국 배터리 수명 연장
- 각 사용자 간 통신 품질의 공평성 보장
- 양호한 통화 품질 유지

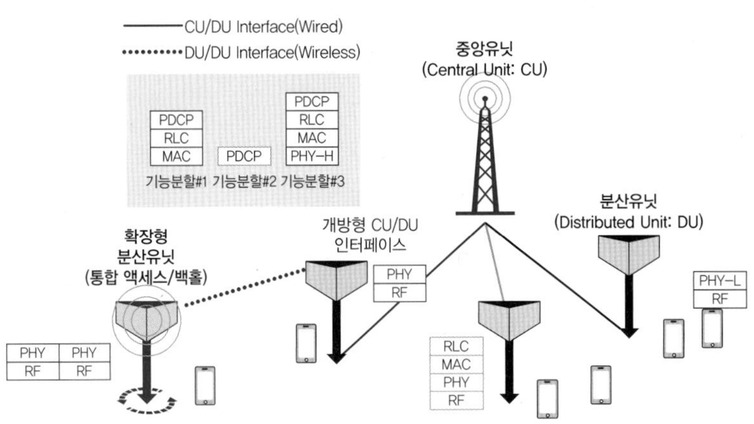

[5G 개방형 기지국 분산 장치 기술 개념도]

더 알아보기

구분	유럽(GSM/3GPP)	미국(3GPP2)	비고 (한국)
1세대	NMT	AMPS	AMPS
2세대	GSM, CSD	cdmaOne(IS−95)	CDMA
2세대 진화	HSCSD, GPRS, EDGE/EGRPS	CDMA2000, PCS	CDMA2000
3세대	UMTS, WCDMA−FDD, WCDMA−TDD	CDMA2000 1xEV−DO	CDMA2000 1xEV−DO
3세대 진화	HSDPA, HSUPA, HSPA+, LTE	EV−DO 리비전 A/B/C	LTE
4세대	LTE 어드밴스드, 와이맥스 계열, 와이브로 에볼루션		
5세대	IMT−2020(5G)		
6세대	6G 이동통신(저궤도 위성 연계)		

❶ 이동통신(Mobile Telecommunication) 기지국

사용자가 단말기를 통해 음성이나 영상, 데이터 등을 장소에 구애받지 않고 통신할 수 있도록 이동성이 부여된 통신 체계이다. 이동통신 기지국은 모바일 장치와 코어 네트워크 간의 무선통신을 가능하게 하는 셀룰러 네트워크의 핵심 구성 요소이다. 무선 송수신기로 무선 전파를 통해 모바일 기기와 통신하며, 유선 또는 무선 링크를 통해 코어 네트워크에 연결된다.

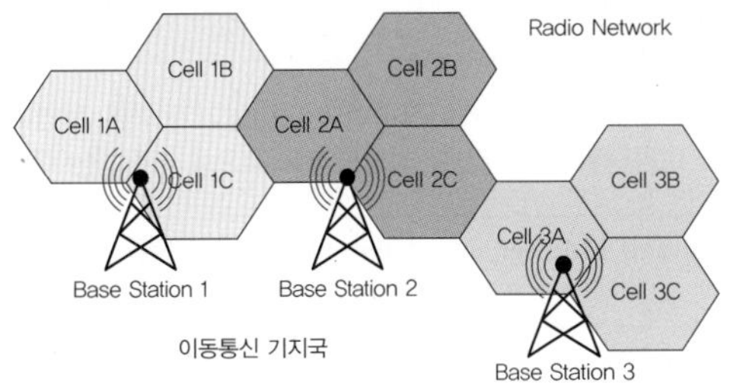

이동통신 기지국

이동통신 기지국의 주요 기능은 셀로 알려진 특정 지리적 영역에서 이동 장치의 커버리지와 용량을 제공하는 것이다. 셀룰러 네트워크는 여러 셀로 나뉘며, 각 셀은 하나 이상의 기지국에 의해 제공된다. 기지국은 커버리지 영역의 모바일 장치와 통신하고 트래픽을 코어 네트워크로 라우팅한다. 이동통신 기지국은 일반적으로 최대 커버리지를 제공하고 다른 기지국과의 간섭을 피하기 위해 타워 또는 옥상과 같은 높은 구조물에 설치된다. 사용되는 무선 기술에 따라 2G, 3G, 4G 또는 5G와 같은 다양한 주파수대역에서 작동한다.

이동통신 기술이 발전함에 따라 기지국은 점점 더 정교해지고 더 높은 데이터 전송률과 더 많은 사용자를 지원할 수 있게 되었다. 일부 현대 기지국은 다중 입력 및 다중 출력(MIMO) 안테나 기술도 지원한다. 다중 입력 및 다중 출력(Multiple Input and Multiple Output) 안테나 기술은 여러 안테나를 사용하여 신호를 동시에 송수신하여 커버리지 및 용량을 향상시킨다.

❷ 이동통신의 구성요소

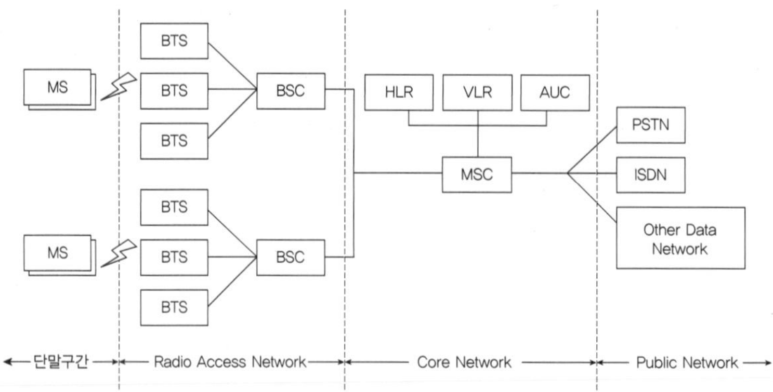

구분	내용
이동단말기 (MS)	MS(Mobile Station), 이동체에 설치된 통신단말기로 휴대폰처럼 가입자쪽 종단에 있는 무선 인터페이스이다. 무선 송수신기, 안테나, 제어 장치로 구성된다.
기지국 (BTS)	BTS(Base Transceiver Station), 이동국과 교환국 중간에서 이동국과의 무선 전송을 담당한다. 안테나, 기지국 무선 송수신기, 제어부분, 전원장치 등으로 구성된다.
이동통신 교환기 (MSC)	MSC(Mobile Switching Center)라 하며 이동통신망과 일반 공중망을 연결하거나, 각 기지국에서 발생하는 착신, 발신 신호를 처리하고, 기지국 감시 및 제어, 공중 전화망의 시내 교환기와 연결한다. 또한 이동통신 가입자의 위치를 검출하고, 핸드오버, 가입자 상호 간의 정보도 교환한다.
홈 위치등록기 (HLR)	HLR(Home Location Register)이라 하며 이동단말기의 가입자 정보와 위치 정보 등을 영구적으로 저장하는 데이터베이스이다.
방문자 위치등록기 (VLR)	VLR(Visitor Location Register)이라하며 이동단말기가 다른 지역에서 관할 등록 지역인 현재의 지역으로 이동하였을 때 이동단말기의 가입자 정보를 일시적으로 저장하는 데이터베이스이다.
운용보존국	OMC(Operation and Maintenance Center)라 하며 이동통신의 요소를 운용하고, 유지 보존하는 역할을 한다.
위치등록 Update	위치등록(Location Update)은 이동국(단말기)이 자신의 위치와 상태를 교환기에게 수시로 알려줌으로써 전체 시스템의 부하를 줄이고 이동국으로 호가 왔을 때 바로 연결시킬 수 있도록 하는 방법이다.
페이징 (Paging)	단말기로 호가 오면 마지막으로 등록된 단말기의 위치를 기준으로 가까운 위치의 셀들에게 폴링 신호를 보내어 단말기의 위치를 파악하는 방법이다.

❸ 이동통신 기술

구분	내용
FDMA	"주파수 분할 다중 접속"으로 초기에 사용되다가 가입자 수용에 제한이 있어 거의 사용되지 않는다.
GSM	Global Service Mobile 접속방식은 TDMA인 "시간 분할 다중 접속"을 사용한다.
CDMA	(Code Division Multiple Access)로 "코드 분할 다중 접속"이다.
W-CDMA	• "광대역 코드 분할 다중 접속"의 약자이므로, 일종의 3세대 이동통신이라 부른다. • HSDPA와 LTE는 고속 무선 인터넷 서비스를 위하여 W-CDMA가 진화된 형태이다. • HSPA는 고속 패킷 전송을 지원한다.
CDMA 2000	CDMA 규격을 진화시킨 3세대 이동통신 방식의 하나이다.
HRPD와 UMB	CDMA 2000 계열로 각 WCDMA의 HSPA와 LTE의 대응 표준이다.
LTE	CDMA 방식을 사용하는 대신, 광대역 주파수를 활용하기 위해 OFDM을 사용한다.
5G	4G/LTE에 비해 더 빠른 데이터 속도, 더 짧은 대기 시간, 더 큰 용량 및 광범위한 애플리케이션 지원이 가능하다. 특징으로 더 높은 데이터 속도(최대 10Gbps), 낮은 대기 시간(1ms 미만), 대규모 장치 연결성(최대 100만 개의 장치연결), Network Slicing, Edge Computing, eMBB, URLLC, mMTC 지원한다.
6G	6G는 표준화가 진행 중이며 주로 초고속 데이터 전송률, 초저지연, 향상된 커버리지 및 연결성, 지능적이고 자율적인 네트워크, 이기종 네트워크 및 통합 기술, 유비쿼터스 및 몰입형 경험, 강화된 보안 및 개인 정보 보호 등이 대두되고 있다.

❹ 5G vs 6G

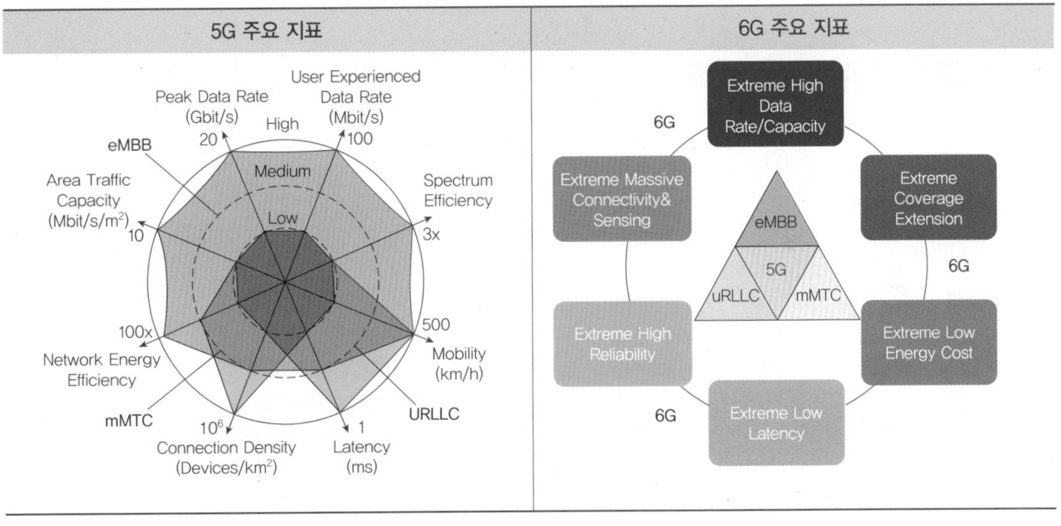

정답 01 ② 02 ② 03 ②

01 다음 중 셀룰러 이동통신 방식에서 기지국 서비스 영역을 확대하는 방법이 아닌 것은? (2014-3차)(2017-1차)(2021-3차)

① 고이득 지향성 안테나를 사용한다.
② 수신기의 수신 한계레벨을 높게 조정한다.
③ 다이버시트 수신기를 사용한다.
④ 기지국 안테나 높이를 증가시킨다.

해설

이동통신 기지국의 서비스 지역 확대 방법

- 저잡음 수신기 사용한다.
- 기지국의 안테나 높이를 크게 한다.
- 지형에 맞는 안테나 사용한다.
- 이득이 높은(고이득) 지향성 안테나 사용한다.
- 필요시 기지국의 위치를 이동하거나 추가한다.
- 저잡음 수신기를 사용한다.
- 기지국의 위치를 적절한 곳에 선정한다.
- 중계기를 사용하여 음영지역을 해소한다.
- 기지국의 수신 안테나에 다이버시티 방식 사용한다.
- 기지국 송신 출력을 증가시킨다.
- 통신망 설계 시 음영지역을 사전에 제거한다.
- 다이버시티 수신기를 사용한다.

02 이동통신 기지국의 서비스 범위를 확대하는 방법과 거리가 먼 것은? (2011-1차)(2021-1차)

① 기지국의 안테나 높이를 크게 한다.
② 무지향성 안테나를 사용한다.
③ 중계기를 사용한다.
④ 저잡음 수신기를 사용한다.

해설

이동통신 기지국의 서비스 지역 확대 방법

- 이득이 높은(고이득) 지향성 안테나 사용한다.
- 필요시 기지국의 위치를 이동하거나 추가한다.
- 저잡음 수신기를 사용한다.
- 기지국 송신 출력을 증가시킨다.
- 통신망 설계 시 음영지역을 사전에 제거한다.
- 다이버시티 수신기를 사용한다.

03 이동통신 시스템의 주요 기능과 거리가 먼 것은? (2011-2차)

① 위치등록(Location Registration)
② 대규모 셀(Cell)의 구역화
③ 통화채널전환(Hand off)
④ 동적 주파수 할당

해설

대규모의 셀의 구역화는 이동통신 시스템의 주요 기능과 무관하다. 이동통신 설계단계의 고려사항이다.

정답 04 ④ 05 ①

04 2세대 이동통신 방식인 IS95-A(CDMA)에서 보호대역을 포함한 주파수대역폭은 얼마인가? (단, 보호대역은 0.02[MHz]이다) (2016-2차)

① 5.53[MHz]
② 4.53[MHz]
③ 2.15[MHz]
④ 1.25[MHz]

해설

IS-95 특징

구분	내용
방식	CDMA(Code Division Multiple Access)
대역확산 방식	DS-SS(Direct Sequence Spread Spectrum)
사용 주파수대역	800MHz 및 1.7~1.8GHz 대역
주파수대역폭	1.25MHz
Chip Rate	1.2288Mcps

05 이동통신망에서 착 · 발신되는 신호 처리, 기지국 감시 및 제어, 위치등록의 기능을 수행하는 구성 요소는? (2013-1차)(2020-2차)

① 이동통신 교환기
② 휴대용 단말기
③ BSC
④ HLR/AC

해설

이동통신 교환기(MSC, Mobile Switching Center)		
개념		이동통신 서비스를 제공하는 교환기(센터)로 음성통화나 각종 부가서비스를 제어하고, 통화로를 설정하며 다른 장비들 및 외부망과 연결기능을 한다.
주요 구성	BSC	Base Station Controller, 제어국으로 여러 대의 기지국들을 관리하고 MSC와 연동한다.
	HLR	Home Location Register, 이동통신 가입자 정보인 위치 정보, 인증정보, 위치 확인, 단말기 정보 확인, 서비스 정보, 권한 및 부가 정보 등을 실시간으로 관리하는 역할을 한다.

정답 06 ③ 07 ③

06 제4세대 이동통신 서비스에 가장 가까운 서비스는? (2013-1차)(2014-2차)

① Wibro
② WiFi
③ LTE
④ Bluetooth

해설

LTE(Long-Term Evolution)

HSDPA 보다 한층 진화된 휴대전화 고속 무선 데이터 패킷통신규격이다. HSDPA의 진화된 규격인 HSPA+와 함께 3.9세대 무선통신 규격이다.

1세대: AMPS
2세대: GSM, IS-95
3세대: WCDMA, CDMA-2000, EV-DO, HSDPA
4세대: LTE Advanced, 와이맥스(Wibro)
5세대: Network Slicing, eMBB, URLLC, mMTC
6세대: XeMBB, XURLLC, XmMTC + 저궤도위성
(X: eXtended, 5G의 확장을 의미함)

4G와 5G 비교

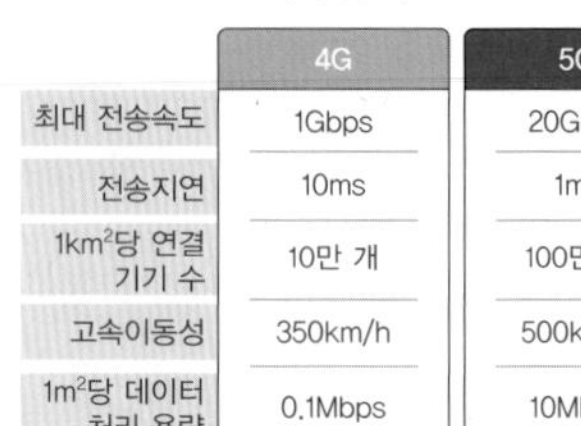

	4G	5G
최대 전송속도	1Gbps	20Gbps
전송지연	10ms	1ms
1km²당 연결 기기 수	10만 개	100만 개
고속이동성	350km/h	500km/h
1m²당 데이터 처리 용량	0.1Mbps	10Mbps

07 HPA를 사용하는 기지국(BTS)에서 송신 안테나의 개수를 줄이기 위해 사용하는 장치는? (2016-1차)

① 필터
② 중계기
③ 콤바이너
④ 트랜시버

해설

기지국(BTS, Base Transceiver Station)

무선통신 중 이동통신 서비스를 위해 네트워크와 단말기를 연결하는 무선통신 설비이다. 주로 이동단말기와 교환국을 연결하여 기지국의 제어를 받으며 이동 단말의 위치를 확인하여 교환국에 알려주고 이동단말기가 통화 중 다른 기지국에 이동할 경우 통화를 유지(Handoff)해 준다.

구분	내용
기본구성	안테나+무선처리부(RF 대역)+디지털 처리부(기저대역)로 구성된다. • 기지국 제어기: 기지국의 신호 처리 및 제어한다. • 출력 증폭기(PA, Power Amplifier): 기지국 송신 신호를 증폭한다. • Combiner: 증폭된 여러 신호를 송신 안테나로 전송하기 위해 결합하는 기능을 한다. 이를 통해 송신 안테나의 개수를 줄일 수 있다. • Filter: 서비스에 사용하는 주파수 이외의 불필요한 주파수대역을 차단한다. • Antenna: 송신 안테나+수신 안테나의 결합 형태이다.
추가구성	무선 처리부(RU, Radio Unit)와 디지털 처리부(DU, Digital Unit) • RU는 다양한 기지국의 디지털 처리부를 집중화하고 무선 처리부만 서비스 지역에 설치한다. 이를 통해 기지국의 채널 용량을 동적으로 관리하고 기지국의 설치 및 배치를 용이하게 할 수 있다. • DU는 동일한 장소에 집중하여 배치한다.

08 셀룰러 이동전화 시스템에서 PSTN과 이동통신망 간의 인터페이스 역할을 담당하는 것은? (2011-2차)

① VLR
② HLR
③ BS
④ MTSO

해설

PSTN(Public Switched Telephone Network)은 세계의 공중 회선 교환 전화망들이 얽혀있는 전화망으로 최근에는 IP 기반으로 인터넷을 이용한 VoIP로 대체되고 있다.
이동전화교환국(MTSO, Mobile Telephone Switching Office): 1세대 이동통신 방식의 셀룰러시스템(특히, AMPS)에서 이동전화를 관장하는 교환기 또는 이동통신교환기(MSC)가 수용되어있는 교환국이다.

09 이동통신의 세대와 기술이 바르게 짝지어진 것은? (2012-2차)(2019-2차)(2022-2차)

① 1세대: GSM
② 2세대: AMPS
③ 3세대: WCDMA
④ 4세대: CDMA

해설

구분 (표준기술)	세대별 이동통시스템 비교						
	1세대	2세대	3세대	3.5세대	3.9세대	4세대	5세대
표준기술	AMPS	IS−95, GSM	WCDAM CDMA 2000 Wibro	HDDPA	LTE	LTE −Advanced	5G
상용화	1978년	1992년	2000년	2006년 5월	2009년 12월	2014년	2020년

10 **이동통신에서 특정 셀 내에서 최번시(Busy Hour) 1시간 동안 2,000개 호가 발생하고, 호당 평균 보류시간(Holding Time)이 100초인 경우, 호손율(Blocking Probability) P_B = 2[%]를 적용하면, 해당 셀에서 필요한 채널 수는 어떻게 되는가? (단, 해당 셀의 최번시(BH)등안 층 트래픽: 55.6[Erl] = 2,000개 호 × 100초/3,600초)**

(2012-2차)(2013-1차)

채널수	P_B = 2[%]	P_B = 1[%]	P_B = 0.5[%]	P_B = 0.1[%]
64	53.4(Erl]	50.6(Erl]	48.3(Erl]	44.2(Erl]
65	54.4(Erl]	51.5(Erl]	49.2(Erl]	45(Erl]
66	55.3(Erl]	52.4(Erl]	50.1(Erl]	45.8(Erl]
67	56.3(Erl]	53.4(Erl]	51(Erl]	45.7(Erl]

① 64

② 65

③ 66

④ 67

해설

$$호손율 = \frac{손실된\ Traffic}{전체\ Traffic}$$

손실된 Traffic＝총 Traffic×호손율이므로, 손실된 Traffic＝55.6×0.2＝1.112[Erl]이다.
전송된 Traffic＝총 Traffic－손실된 Traffic＝55.6－1.112＝54.488[Erl]
문제에서 P_B＝2[%]인 표를 보면 54.488은 54.4와 55.3 사이에 있으므로 채널 수는 66이 된다.

11 **이동통신에서 반사나 회절 등으로 전파 전송경로가 다르게 되어 수신신호의 레벨이 변동이 생기는데 이러한 현상을 무엇이라 하는가?**

(2014-1차)

① 페이딩 현상

② 도플러 현상

③ 채널간섭 현상

④ 지연확산 현상

해설

페이딩(Fading)
단시간 내에서 일어나는 전하의 감쇠로 여러 가지 요인에 의해 발생된다. 전파의 반사, 산란 등으로 인해 전파의 경로가 여러 경로로 흩어지는 것을 다중 경로 페이딩이라 하며, 다중경로로 인해 지연 확산(Delay Spread)이 발생하며, 신호의 왜곡을 발생시킨다.

12 다음은 이동통신 기술 중 무엇에 관한 설명인가? (2014-2차)(2018-2차)

> • CDMA 방식에서 다중반사판 문제를 극복하는 기술
> • 여러 갈래의 갈고리처럼 여러 경로를 거쳐오는 반사파 신호들을 분리
> • 기지국 간 이동 시 소프트 핸드오프를 가능하게 하는 기술

① Rake 수신기 기법
② CDMA 채널 설정 방법
③ HSDPA 초기 동기 구분 기술
④ MIMO 기술

해설

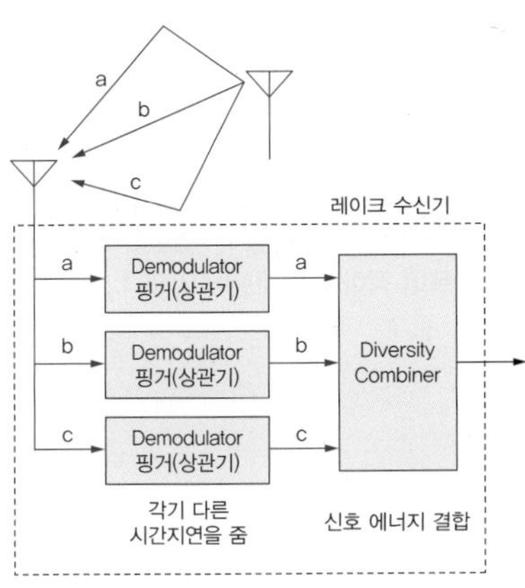

Rake 수신기는 CDMA 방식 등에서 서로 다른 경로로 도착한 시간 차이가 있는 다중경로 신호들을 잘 묶어서 보다 더 나은 신호를 얻을 수 있도록 해주는 수신기이다. 다중 경로에 의해 맨 처음 들어오는 반사 신호를 중심으로 Active Search Window를 설정하여 그 윈도우 범위 내에서 검색하게 한다.

• 도심 지역에서는 반사 신호 간 시간지연이 작으므로 윈도우를 작게하면 유리하다.
• 도심 외곽에서는 먼거리 반사 신호로 윈도우가 크면 유리하나 신호 검색 시간이 길어질 수 있어 적당한 윈도우 크기로 설정하는 것이 중요하다.

13 다음 중 이동통신방식의 하나인 LTE(Long Term Evolution) 방식에 대한 설명으로 옳지 않은 것은? (2014-3차)(2016-3차)

① WCDMA에서 진화한 기술이다.
② CDMA2000계열 방식이다.
③ HSPA+와 더불어 3.9세대 무선이동통신규격이라고 한다.
④ OFDM과 MIMO는 이 방식에서 사용되는 핵심기술이다.

해설

구분 (표준기술)	세대별 이동통신시스템 비교						
	1세대	2세대	3세대	3.5세대	3.9세대	4세대	5세대
표준기술	AMPS	IS-95,GSM	WCDAM CDMA 2000 Wibro	HDDPA	LTE	LTE-Advanced	5G

14 **이동통신에서 전파음영지역을 해소하기 위한 설명으로 올바르지 않은 것은?** (2015-1차)

① 중계기를 사용한다.
② 반사기를 사용한다.
③ Discone 안테나를 사용한다.
④ 무지향성 안테나를 사용한다.

해설

이동통신에서 전파음영지역을 해소하기 위해서는 지향성 안테나가 필요하다.

디스콘 안테나(Dscone Antenna)

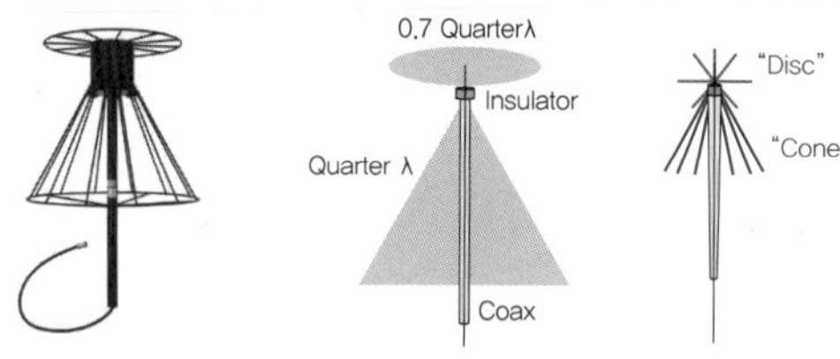

초단파, 극초단파에 사용되는 안테나. 원추의 정점에 원판을 둔 형태로 구성되어 있다. 주파수 특성이 양호한 수직 편파 광대역 안테나이다. 무지향성 안테나는 실내 및 실외 환경에서 넓은 지역에 무선 네트워크를 구성할 수 있도록 360° 방향으로 도넛 모양의 전파를 방사한다. 특히 이득이 높아질수록 전파를 방사하는 수직 빔폭이 작아지기 때문에 안테나 설치 높이를 일정하게 유지해야 한다.

15 **다음 이동통신망 구성 장비 중 대형장애가 동시에 발생 시 처리의 우선순위가 가장 낮은 시스템은 무엇인가?** (2017-3차)(2021-3차)

① MSC
② HLR
③ BSC
④ BTS

해설

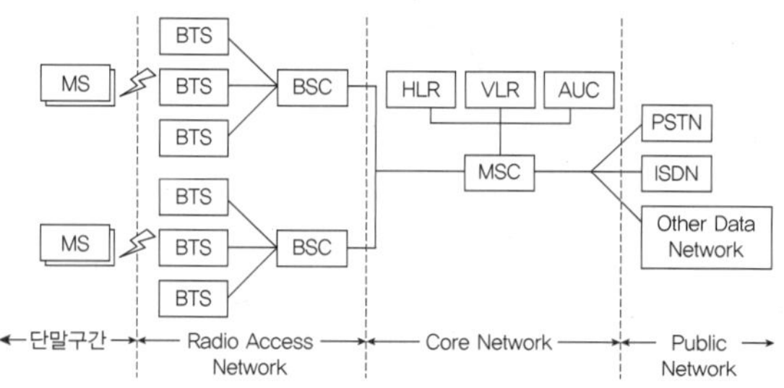

- BTS(Base Transceiver Station): 기지국은 건물 내부 또는 밖(옥외)에 설치한다.
- BSC(Base Station Controller): 기지국 제어기로 여러 기지국 등을 연결 제어하는 기능을 수행 (핸드오프 등)한다. 이들 BSC 들은 다시 MSC(Mobile Switching Center)에 포함 수용된다.

16 **다음 중 이동통신 시스템에서 가입자의 관리를 책임지는 데이터베이스는?** (2018-1차)(2022-2차)

① HLR(Home Location Register)
② EIR(Equipment Identity Register)
③ VLR(Visitor Location Register)
④ AC(Authentication Center)

해설

① HLR(Home Location Register): 이동통신 가입자 정보인 위치정보, 인증정보, 위치확인, 단말기 정보확인, 서비스 정보, 권한 및 부가 정보 등을 실시간으로 관리하는 역할을 한다.
② EIR(Equipment Identity Register): 네트워크에 접속이 허가된 단말기를 식별하기 위해 GSM 및 기타 2세대 이동통신 무선 시스템에서 사용되는 데이터베이스이다. 단말기는 각각 고유의 국제 이동 단말기 식별 번호(IMEI)를 가지고 있으며, 그 번호는 개인의 이동성을 보장하기 위해 기기 식별 번호 레지스터(EIR)에 등록되고 시스템 접속 시 인증용으로 사용된다.
③ VLR(Visitor Location Register): 이동국이 어떤 기지국의 서비스 영역으로 들어왔을 때 가입자 정보를 일시적으로 저장/처리하는 시스템이다.
④ AC(Authentication Center): 이동통신망에서 가입자와 연관된 암호 키를 관리하며 가입자 식별 모듈(SIM)과 연동하여 이동 통신 사용자를 인증하는 부분. 가입자 위치 등록기(HLR: Home Location Register)의 주요 기능 중의 하나이다.

17 **다음 중 이동통신에서 자신이 가입한 서비스 지역을 벗어나서도 자신이 가입했던 서비스 지역에서와 똑같이 서비스를 받을 수 있는 것을 무엇이라고 하는가?** (2019-3차)

① 지연확산
② 도플러 효과
③ 로밍
④ 동일채널간섭

해설

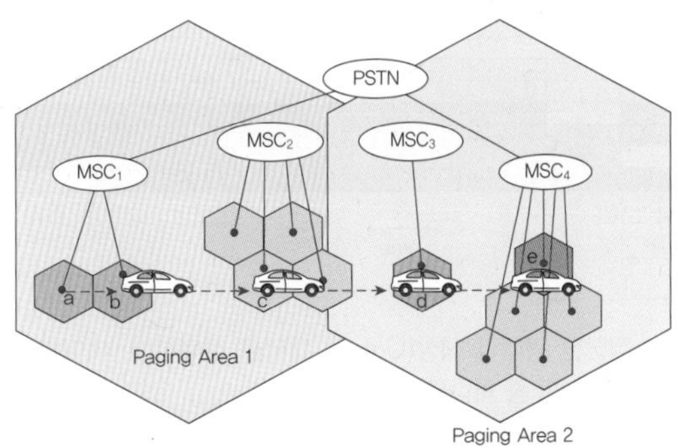

로밍

가입하고 있는 휴대전화 사업자의 서비스 영역밖에서도 다른 사업자의 기지국을 사용하여 통신할 수 있도록 하는 서비스이다. 특히 해외 로밍 서비스는 국내 이동통신사가 해외에 직접 기지국을 설치하는 경우는 없고, 해외 이동통신사와의 제휴를 통해 이루어진다.

18 다음 중 이동통신기기에 사용하는 PN(Pseudo Noise) 코드 설명으로 틀린 것은? (2014-3차)(2020-3차)

① PN 코드는 균형성을 가진 의사잡음이다.

② 형태가 무작위인 것 같지만 실제로는 규칙성을 갖는다.

③ PN 코드는 런 특성을 가지고 있다.

④ PN 코드는 초기동기를 잡는데는 사용되지 않는다.

해설

PN 코드는 초기 동기화 용이성이 있어 무선단말기 입장에서는 초기 동기를 재빨리 취할 수 있다.

PN(Pseudo Noise) 코드

랜덤 잡음과 유사한 특성을 보이면서도 재생이 가능한 코드로서 랜덤이지만 그 속에 일정한 규칙을 갖는 코드 시퀀스(수열)를 포함한다.

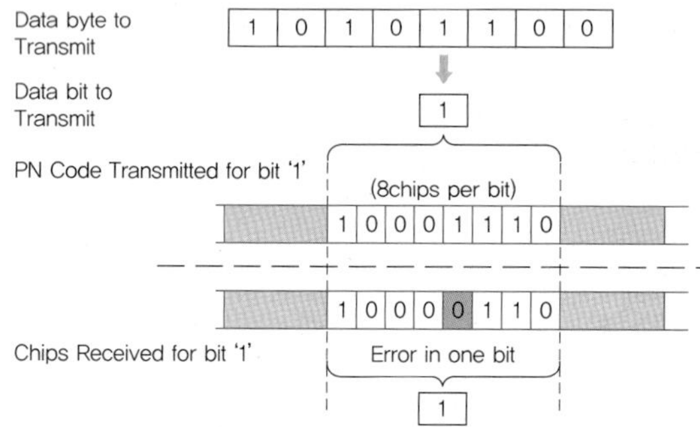

위 그림에서 1bit를 보내기 위해 10001110으로 확산해서 보내면 수신측에서 Error를 찾기 쉽다. 이와같이 기존에 보내는 bit를 좀 더 확산해서 보내면 장애에 대비할 수 있다. 아래는 이에 대한 개념도이다.

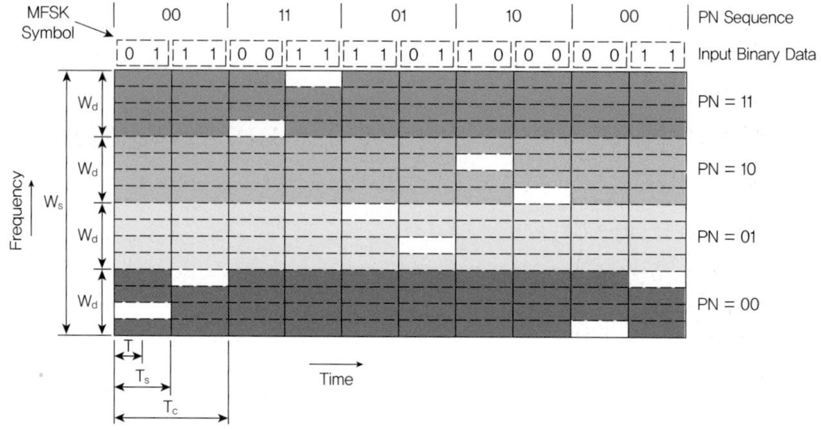

위 그림에서 PN 시퀀스는 적당한 광대역 색상(Color) 대역을 선택한다. 데이터 심볼의 가능한 4개의 값은 광대역 색상(Color) 대역 내에서 4개의 하위 대역 중 하나를 선택한다.

런 특성은 한 주기 안에 있는 심볼이 연속적으로 이어져 나오는 시퀀스를 의미한다.

정답 19 ② 20 ②

19 이동통신망 셀(Cell) 중 마이크로 셀(Micro Cell)의 반지름 범위는 얼마인가? (2014-3차)

① 50[m] 이내
② 0.5~1[km] 이내
③ 35[km] 이내
④ 100~500[km] 이내

해설

셀(Cell)	내용
Mega Cell	반경 10km 이상, 광역
Macro Cell	반경 5~10km 정도, 교외
Micro Cell	반경 1km 이내, 도심
Pico Cell	반경 50m 또는 100m 이내, 건물 내
Femto Cell	옥내(사용자 설치)

20 다음 중 이동통신에서 사용하는 셀 종류 중 가장 작은 것은? (2021-1차)

① Mega Cell
② Pico Cell
③ Macro Cell
④ Micro Cell

해설

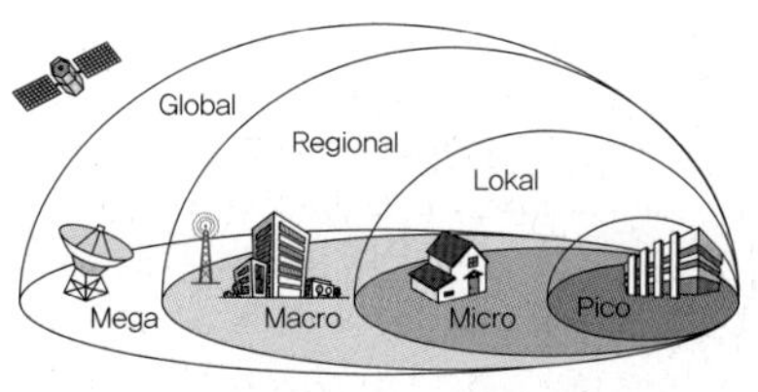

Mega Cell > 10km　　Macro 5~10km
Micro Cell 0.5kma　　Pico Cell 100m

구분	거리	비고
Mega Cell	반경 10km 이상	광역
Macro Cell	반경 5~10km 이내	교외
Micro Cell	반경 1km 이내	도심
Pico Cell	반경 50m 또는 100m 이내	건물 내
Femto Cell	옥내	사용자 설치

정답 21 ④ 22 ② 23 ③

21 다음 중 이동통신에서 이론적으로 시스템의 용량을 증가시킬 수 있는 방법이 아닌 것은? (2021-2차)

① 점유 주파수대역을 넓힌다.
② 비트에너지 대 잡음전력 밀도 비를 낮춘다.
③ 섹터화 이득을 높인다.
④ 음성활성화율을 높인다.

해설

이동통신에서 시스템 용량 증가 방안

- 점유 주파수대역을 넓힌다.
- 섹터화 이득을 높인다.
- 주파수 재사용 계수를 크게한다.
- 비트에너지 대 잡음전력 밀도 비를 낮춘다.
- 음성부호화 비율을 낮춘다.
- MIMO기반 송수신 안테나를 사용한다.

22 다음 중 이동전화 단말기(Mobile Station) 구성 요소의 설명으로 틀린 것은? (2023-1차)

① 제어장치: 전화기의 기능을 제어하고 전기적인 신호를 음성신호로 변경해 준다.
② 통화로부: 통화회선의 수용과 상호접속에 의한 교환기능을 수행한다.
③ 무선 송 · 수신기: 전파된 신호를 무선통신방식으로 가능하게 송신기와 수신기를 사용한다.
④ 안테나: 전파를 송 · 수신하는 기능을 수행한다.

해설

이동전화 단말기(Mobile Station) 구성 요소

이동통신을 위한 휴대용 단말(핸드셋 등)에 해당되는 무선장비로서 일반적으로 무선 송수신기, 안테나, 제어장치로 일체화된 구성을 가진다. 통화로부는 유선전화망에서 상호 교환을 위한 기능이다.

23 다음 중 이동통신 시스템의 구성 중 기지국의 주요 기능으로 틀린 것은? (2023-1차)

① 통화채널 지정, 전환, 감시 기능
② 이동통신 단말기의 위치확인 기능
③ 통화의 절체 및 통화로 관리 기능
④ 이동통신 단말기로부터의 수신신호 세기 측정

해설

이동통신 기지국의 주요 기술에는 신호 산란에 의한 간섭을 제어하는 다중 경로 제어, 특정 지역에 대해 보다 많은 정보를 송수신할 수 있도록 하는 셀 분할, 하나의 셀을 둘 또는 셋으로 나누어 관리하는 섹터 등이 있다. 기지국의 주요 기능은 이동통신망에서는 무선 채널의 효과적인 이용을 위해, 1) 지역을 셀(이동통신 셀)로 나누고, 2) 이곳에 기지국(Cell Site)을 두어, 3) 고정 유선망과 무선 이동국 사이 간에, 중계/연계/연결기능을 담당하게 하고 이를 통해 기저대역 신호처리, 유무선 변환, 무선 신호의 송수신을 담당한다.

24 **다음 중 이동통신 시스템에서 전체 가입자의 관리를 책임지는 데이터베이스는?** (2022-2차)

① HLR(Home Location Register)
② EIR(Equipment Identity Register)
③ VLR(Visitor Location Register)
④ AC(Authentication Center)

해설

홈 위치등록기
HLR(Home Location Register)이라 하며 이동단말기의 가입자 정보와 위치 정보 등을 영구적으로 저장하는 데이터베이스이다.

25 **다음 보기의 내용에서 설명하는 전력제어 기술은?** (2017-2차)(2022-1차)(2023-2차)

> 통화 중 이동국의 출력을 기지국이 수신 가능한 최소 전력이 되도록 최소화함으로써 기지국 역방향 통화용량을 최대화하며, 단말기 배터리 수명을 연장시킨다.

① 폐루프 전력제어
② 순방향 전력제어
③ 개방루프 전력제어
④ 외부루프 전력제어

해설

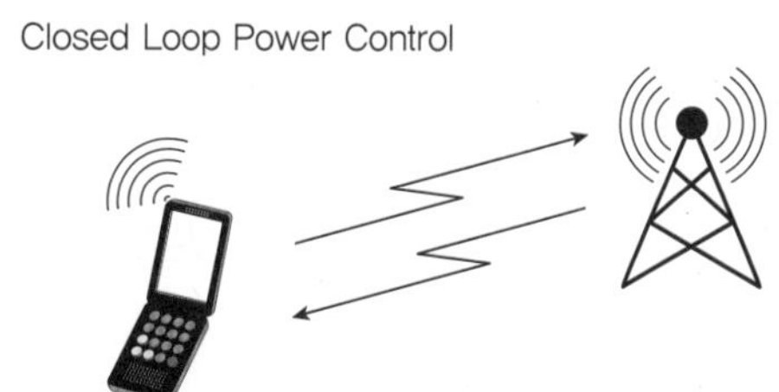

폐루프 전력제어(Closed Loop Power Control)
통화 중 이동통신 단말의 출력을 최소화하여 역방향 통화용량을 최대화시키는 절차로서, 이동통신 단말이 수신 Eb/No 값을 기지국에 보고하면, 기지국이 이를 기준값과 비교하여 1.25msec마다 전력제어 증감 명령을 발생시키고 이동통신 단말은 기지국으로부터의 전력제어 명령에 따라 자신의 송신전력을 조절하여 개루프 전력제어의 오차를 수정한다.

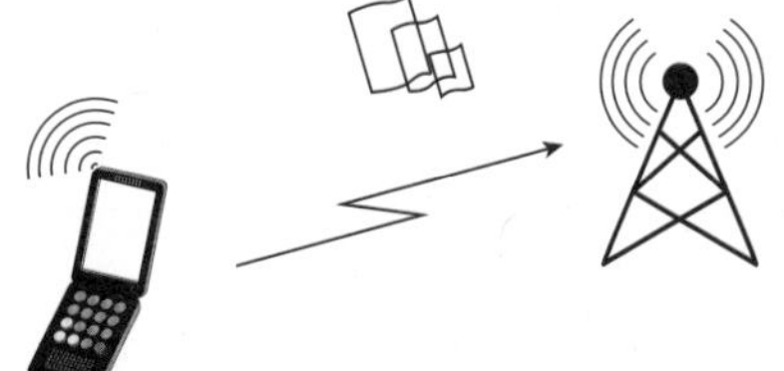

개루프 전력제어(Open Loop Power Control)
이동통신 단말의 최초 송신 출력을 최소화하기 위하여 기지국과 이동통신 단말 간의 거리에 반비례하여 이동통신 단말의 출력을 증감시키는 절차로서, 이동통신 단말이 수신한 순방향 전력을 측정하고, 이를 근거로 역방향 송신 전력을 결정함으로써, 이동통신 단말의 송신전력을 폐루프 전력제어에 의해 조절할 수 있는 범위로 좁히게 된다.

Open Loop System은 입력에 따라 출력이 실시간으로 바뀌는 것이다. 그러므로 Open Loop System의 단점은 출력과 입력이 별개의 개념이기 때문에 시스템의 피드백이 불가능하다. Close Loop System의 장점은 Open Loop System과 달리 출력이 다시 시스템에 회귀되어 입력에 영향을 끼치는 Feedback으로 초기 대비 시스템 성능 조절이 가능하다. Close Loop의 단점은 시스템 입력의 변화에 Open loop System보다 조금 느리게 반응할 수 있다.

26 디지털 이동통신 시스템에서 이동국(단말기)이 자신의 위치와 상대를 교환기에 수시로 알려줌으로써 전체 시스템의 부하를 줄여주고 이동국 착신호의 신뢰성을 증가시키는 것은? (2023-2차)

① 위치등록 ② 전력제어
③ 핸드오프 ④ 다이버시티

해설

전력제어

이동통신에서 근거리/원거리 문제를 극복하기 위해서는 기지국에서 수신되는 각각의 이동국의 수신전력이 일정하도록 이동국의 송신 전력을 조정하여야 한다. 이를 위해 기지국에 가까이 있는 이동국은 낮은 송신출력으로, 먼 곳에 있는 이동국은 큰 전력으로 송신하도록 하여 기지국에서 수신전력이 일정하도록 하는 것이다

전력제어 목적

- 기지국 통화용량의 최대화
- 이동국 배터리 수명 연장
- 각 사용자 간 통신 품질의 공평성 보장
- 양호한 통화 품질 유지

27 셀룰러(Cellular) 방식의 이동통신에서 입력속도 9.6[kbps], 출력속도 1.2288[Mbps]일 때 확산이득은 약 얼마인가? (2013-3차)(2015-3차)(2017-2차)(2021-2차)

① 15.03[dB] ② 19.40[dB]
③ 21.07[dB] ④ 24.50[dB]

해설

대역확산 방식에서 이 시스템의 특성을 표현하기 위한 파라미터로 확산이득이 있다. 확산이득은 데이터 신호의 대역이 확산코드에 의해서 얼마나 넓게 확산되었는지를 나타내는 것이다

$$PG = 10\log\frac{\text{확산된 신호의 대역폭}}{\text{데이터 신호의 대역폭}}[dB] = 10\log\frac{1.2288[kbps]}{9.6[kbps]} = 10\log 128 = 21.07[dB]$$

28 다음 중 이동전화망의 위치등록 장치인 HLR(Home Location Register)의 기능이 아닌 것은? (2017-3차)

① 등록인식
② 위치확인
③ 채널할당
④ 단말기 정보확인

해설

이동통신 교환기(MSC,Mobile Switching Center)		
개념		이동통신 서비스를 제공하는 교환기(센터)로 음성통화나 각종 부가서비스를 제어하고, 통화로를 설정하며 다른 장비들 및 외부망과 연결기능을 한다.
주요 구성	BSC	Base Station Controller, 제어국으로 여러 대의 기지국들을 관리하고 MSC와 연동한다.
	HLR	Home Location Register, 이동통신 가입자 정보인 위치정보, 인증정보, 위치확인, 단말기 정보확인, 서비스 정보, 권한 및 부가 정보 등을 실시간으로 관리하는 역할을 한다.

정답 29 ④

29 다음 중 대형장애가 동시에 발생하였을 경우 가장 나중에 처리해야 될 시스템은 무엇인가? (2015-1차)

① MSC
② HLR
③ BSC
④ BTS

해설

④ BTS(Base Transceiver Station): 이동전화 단말기와 무선인터페이스를 제공한다. BTS는 송신부, 수신부, 안테나부로 구성되며 옴니(Omni)형 기지국이나 섹터(Sector)형 기지국으로 구성된다.
① MSC(Mobile Switching Center): 이동 교환국(Mobile Switching Center, MSC)은 이동 단말에 회선 교환 호의 처리, 이동성 관리, GSM 서비스를 제공하는 전화 교환기이다.
② HLR (Home Location Register): 로밍을 제공하기 위해 필요한 이동국의 현재 위치에 관한 정보를 관리한다. BSS는 무선 채널과 관련된 모든 기능을 수행하는데 BSC와 BTS로 구성된다.
③ BSC (Base Station Controller): MSC와 BTS 간에 물리적인 연결 링크로 무선자원의 제어, 관리를 한다.

Summary

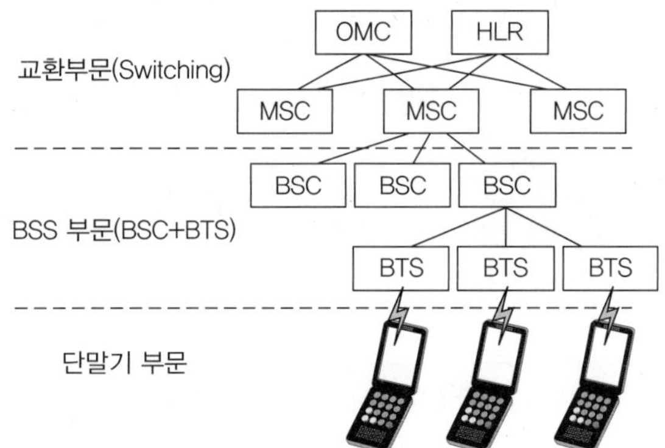

[이동통신 시스템의 계층 구조]

[참조]

1. WCDMA(3G) Diagram/EPS Architecture

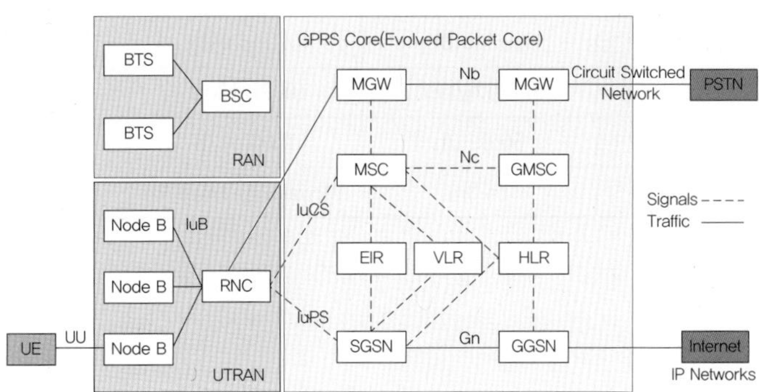

2. LTE(4G) Diagram/EPS Architecture

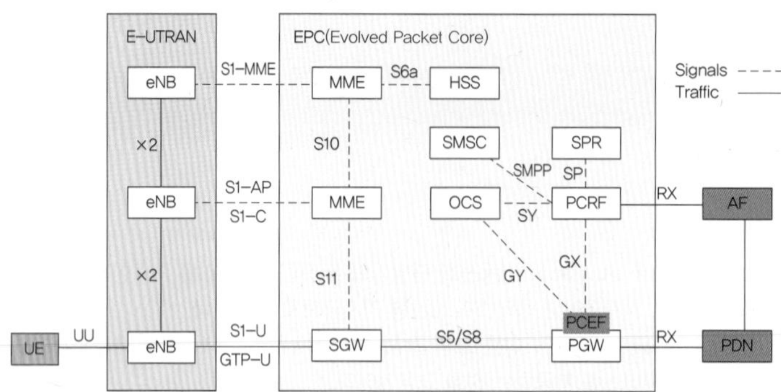

3. 5G Diagram(CN: Core Network Architecture)

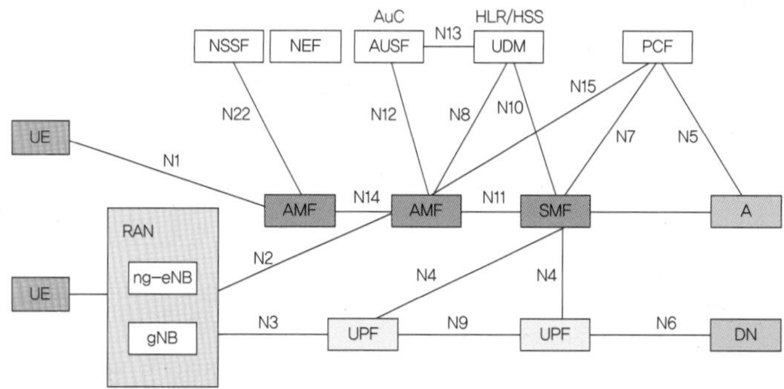

4. 5G vs 6G 비교

구분		5G	6G	비고
활용 대역		100GHz 대역 이하	100GHz 대역 이상	테라헤르츠(THz) 대역 활용으로 수십배 대역폭 확장
대역폭		수GHz	수십GHz	
전송속도	최대 전송속도	20Gbps	1Tbps	50배
	체감 전송속도	100Mbps	1Gbps	10배
무선구간 지연		1ms 이하	0.1ms 이하	1/10배
단말기 밀도		100만개/km^2	100만개/km^3	3차원 공간으로 확장
이동 가능 속도		500km/h	1000km/h	고속이동성
측위 정확도		1~3m	10cm(옥내)/1m(옥외)	실내 정밀 측위

기출유형 03 ▶ 대역확산(Spread Spectrum)

다음 중 대역확산 통신방식에 해당되지 않는 것은? (2010-2차)

① Direct Sequence Spread Spectrum
② Frequency Hopping Spread Spectrum
③ Time Hopping Spread Spectrum
④ Frequency Multiplexing Spread Spectrum

해설

대역확산 통신방식

- 직접확산(Direct Sequence): 송신 정보 신호에 PN코드를 이용 직접 대역확산 후 전송한다.
- 주파수도약(Frequency Hopping): 송신 정보 신호를 중심주파수에서 PN 코드를 이용한 주파수 합성하여 확산시킨다.
- 시간도약(Time Hopping): PN 부호 발생기 특정 시간 슬롯 동안에만 Burst 형태로 전송하는 방식으로 주로 타 방식과 함께 조합해서 사용한다.
- 첩변조방식(Chirp): 시간에 따라 주파수의 Chirp 신호를 사용하여 송신 데이터의 대역을 확산시킨다.

| 정답 | ④

족집게 과외

대역확산 처리

- 잡음의 영향 최소 가능
- 선택적 어드레싱
- 메시지의 비밀 유지
- 시스템이 복잡

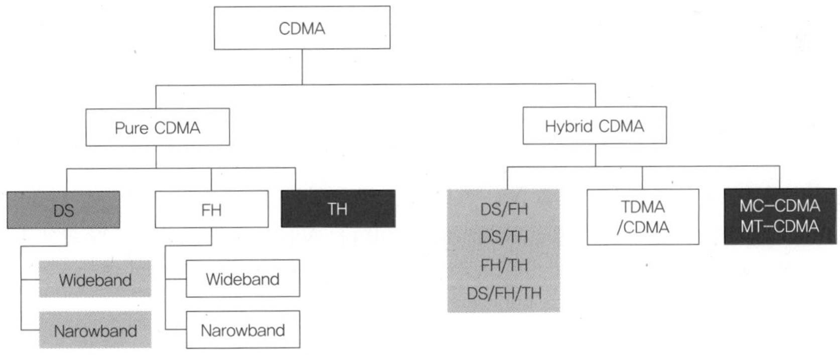

더 알아보기

대역확산통신

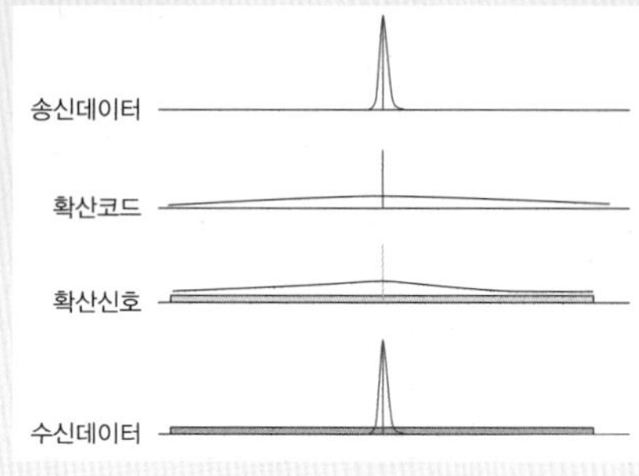

정보 Data 신호의 주파수 대역보다 매우 넓은 대역폭을 갖는 코드(PN 코드와 Walsh 코드)를 사용해서 정보 Data 신호를 대역확산 후 전송하는 통신방식이다. 이때 사용되는 코드는 정보 Data 신호와는 독립적이며 수신기에서는 송신기에서 사용한 동기가 맞는 동일한 코드를 사용해서 대역축소 후 원래의 정보 Data 신호를 복원한다.

❶ 대역확산통신방식

Spread Spectrum은 최소 필요 대역폭보다 더 넓은 주파수 대역에 신호를 전파하여 노이즈와 간섭에 더 탄력적으로 대응하기 위해 무선 통신에 사용되는 기술이다. 스펙트럼 확산 시스템에서 전송된 신호는 수신기에 알려진 확산 코드를 사용하여 넓은 주파수 범위에 걸쳐 확산되며, 수신기는 수신된 신호를 확산시켜 원래 신호를 복구할 수 있다. 스펙트럼 확산은 Wi-Fi, Bluetooth 및 셀룰러 네트워크를 포함한 다양한 무선 통신 시스템에서 사용된다.

대역확산의 특징

- 광대역 통신 방식을 지원한다.
- 보안 특성이 우수하다.
- 간섭에 강하다(확산이득을 얻을 수 있다).
- 페이딩에 강하다.
- 주파수 대역을 넓게 사용할 수 있다.
- 비화특성이 우수하다.
- 주파수 다이버시티 효과가 있다.
- 확산과 역확산 과정을 거치기 때문에 외부의 협대역 간섭에 매우 강하다.
- Jammer에 의한 고의적인 방해를 방지한다.
- Background 잡음과 같이 전송신호의 숨김 기능과 도청을 방지한다.
- 다중경로 전송의 성능 저하를 방지한다.
- FDMA, TDMA처럼 Multiple Access가 가능하다.

대역확산은 확산코드를 모르면 원래 신호를 복원하기가 힘들기 때문에 비화특성이 우수하다. 이를 위해 일종의 코드로 자기 신호를 구분할 수 있으며 FDMA, TDMA처럼 Multiple Access가 가능하다. 또한 확산과 역확산 과정을 거치기 때문에 외부의 협대역 간섭에 매우 강한 특성이 있고 주파수 대역이 넓어서 마치 주파수 다이버시티 효과를 얻을 수 있어 페이딩에 강한 효과가 있다.

❷ 대역확산방식의 종류

1) DSSS(Direct Sequence Spread Spectrum), 직접 확산방식

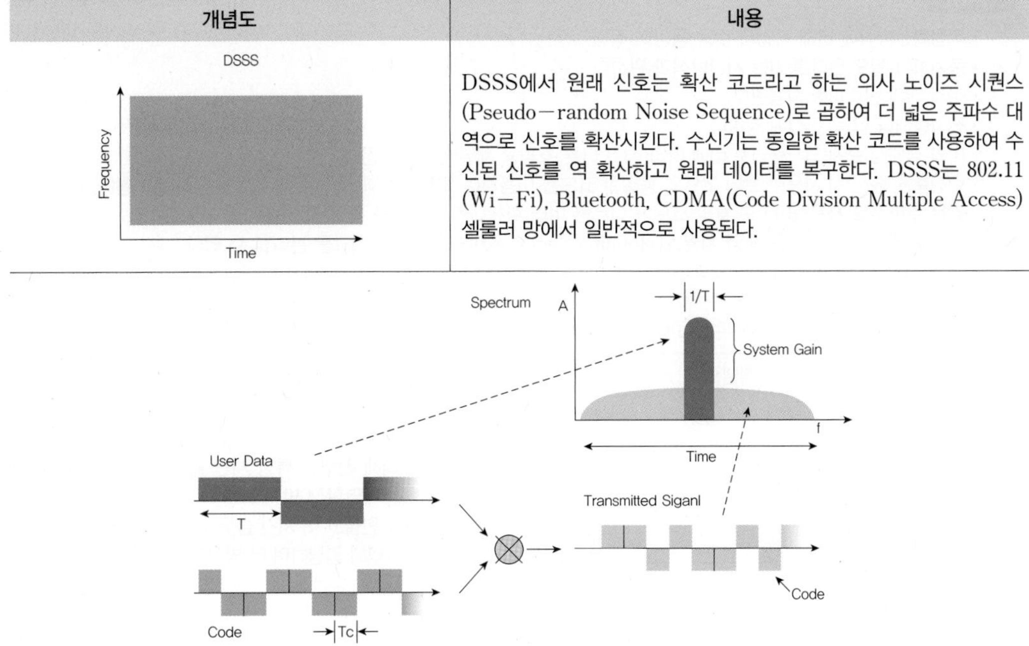

개념도	내용
(DSSS)	DSSS에서 원래 신호는 확산 코드라고 하는 의사 노이즈 시퀀스(Pseudo−random Noise Sequence)로 곱하여 더 넓은 주파수 대역으로 신호를 확산시킨다. 수신기는 동일한 확산 코드를 사용하여 수신된 신호를 역 확산하고 원래 데이터를 복구한다. DSSS는 802.11(Wi−Fi), Bluetooth, CDMA(Code Division Multiple Access) 셀룰러 망에서 일반적으로 사용된다.

DSSS 방식은 원본 데이터 신호에 의사 랜덤 노이즈 확산 코드(PN Code: Pseudo Random Noise Spreading Code)를 곱하는 확산 스펙트럼 기법이며, 이 확산 코드는 더 높은 칩 Rate를 가지고 있다.

2) FHSS(Frequency−hopping Spread Spectrum), 주파수도약방식

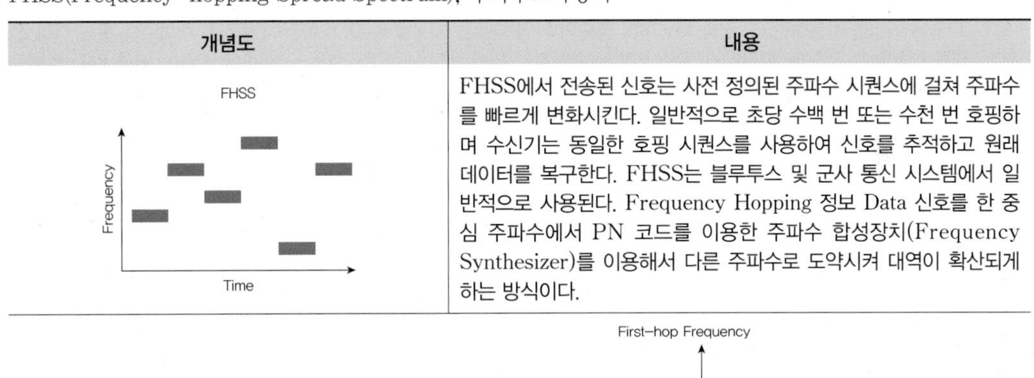

개념도	내용
(FHSS)	FHSS에서 전송된 신호는 사전 정의된 주파수 시퀀스에 걸쳐 주파수를 빠르게 변화시킨다. 일반적으로 초당 수백 번 또는 수천 번 호핑하며 수신기는 동일한 호핑 시퀀스를 사용하여 신호를 추적하고 원래 데이터를 복구한다. FHSS는 블루투스 및 군사 통신 시스템에서 일반적으로 사용된다. Frequency Hopping 정보 Data 신호를 한 중심 주파수에서 PN 코드를 이용한 주파수 합성장치(Frequency Synthesizer)를 이용해서 다른 주파수로 도약시켜 대역이 확산되게 하는 방식이다.

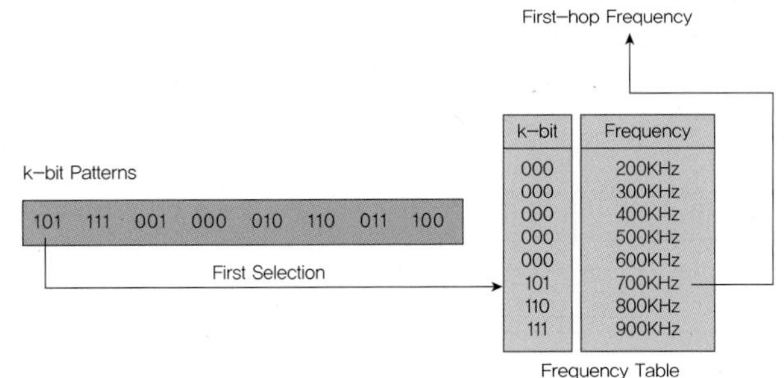

FHSS Process는 다음과 같다.

- PN(Pseudo Random Noise)이라는 의사 난수 코드 생성기는 매 호핑 주기마다 k−비트 패턴을 생성한다.
- 주파수 테이블은 패턴을 이용하여 이 호핑 기간에 사용할 주파수를 찾고 이를 주파수 합성기로 전달한다.
- 주파수 합성기는 해당 주파수의 반송파 신호를 생성하고, 소스신호는 반송파신호를 변조한다.

2-1) 주파수도약방식 특징

특징

- 직접확산방식에 비해 가입자 수용 용량이 작다.
- 동기화가 필요 없다(동기는 시간방식과 관련).
- 여러 개의 반송파를 사용한다.
- 전파방해나 잡음, 간섭에 강하다.
- 미리 정해진 순서(의사랜덤수열)에 따라 서로 다른 호핑용 채널에 할당시킨다.
- 수신측은 송신 시 사용한 호핑 코드와 동일한 코드를 이용하여 특정 시간에 특정 주파수로 튜닝하여야 한다.
- 같은 주파수를 사용하더라도 호핑 코드만 다르면 여러 확산대역 시스템을 동일 장소에 사용 가능하다.
- 동일 지역에서 서로 다른 도약 시퀀스(Hopping Sequence)에 의해 네트워크를 분리할 수 있다.

3) THSS(Time-hopping Spread Spectrum), 시간도약방식

개념도	내용
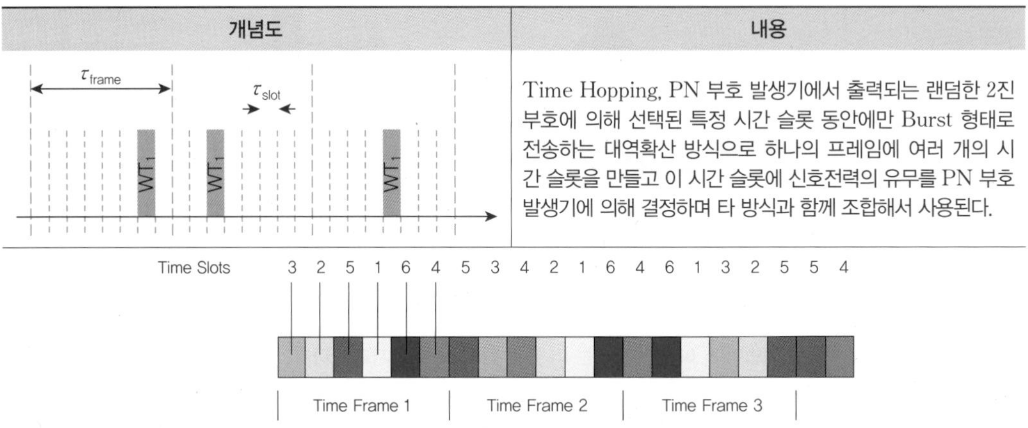	Time Hopping, PN 부호 발생기에서 출력되는 랜덤한 2진 부호에 의해 선택된 특정 시간 슬롯 동안에만 Burst 형태로 전송하는 대역확산 방식으로 하나의 프레임에 여러 개의 시간 슬롯을 만들고 이 시간 슬롯에 신호전력의 유무를 PN 부호 발생기에 의해 결정하며 타 방식과 함께 조합해서 사용된다.

THSS 기법을 사용하면, 각 전송 채널마다 별도의 타임 슬롯을 사용할 수 있기 때문에 동일한 주파수를 통해 여러 전송 채널을 전송할 수 있으며, 따라서 THSS 기법은 수신자가 의사 랜덤 패턴(Pseudo-random Pattern)을 알고 있을 경우에만 정보를 가로챌 수 있기 때문에 전송 채널의 무단 가로채기에 대한 보호 기능도 제공한다.

4) Chirp 방식

개념도	내용
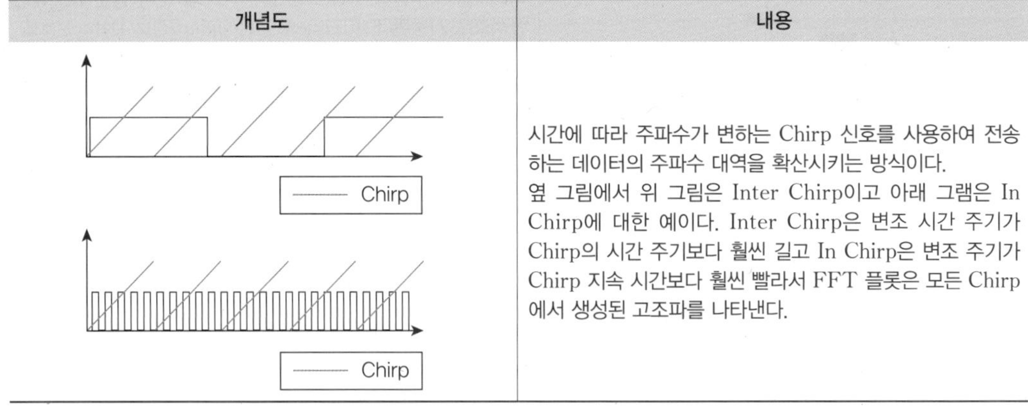	시간에 따라 주파수가 변하는 Chirp 신호를 사용하여 전송하는 데이터의 주파수 대역을 확산시키는 방식이다. 옆 그림에서 위 그림은 Inter Chirp이고 아래 그램은 In Chirp에 대한 예이다. Inter Chirp은 변조 시간 주기가 Chirp의 시간 주기보다 훨씬 길고 In Chirp은 변조 주기가 Chirp 지속 시간보다 훨씬 빨라서 FFT 플롯은 모든 Chirp에서 생성된 고조파를 나타낸다.

스펙트럼 확산은 전통적인 협대역 통신 시스템에 비해 몇가지 이점을 제공한다. 신호가 간섭과 방해에 더 잘 견디도록 하고, 통신 보안을 향상시키며, 여러 사용자가 서로 간섭하지 않고 동일한 주파수 대역을 공유할 수 있도록 한다. 또한 스펙트럼 확산은 소음이 많은 환경과 장거리에서 무선 통신을 가능하게 하므로 현대 무선 통신 시스템에 필수적인 기술이다.

정답 01 ④ 02 ①

01 다음 중 대역확산 처리의 장점이 아닌 것은? (2011-1차)

① 잡음의 영향 최소
② 선택적 어드레싱
③ 메시지의 비밀유지
④ 시스템의 간단성

해설

대역확산은 신호를 간섭으로부터 보호하기 위해 원래의 신호를 여러 주파수 대역으로 나누어 전송하는 것으로 이를 통해
(1) Jammer에 의한 고의적인 방해를 방지한다.
(2) Background 잡음과 같이 전송신호의 숨김 기능과 도청을 방지한다.
(3) 다중경로 전송의 성능 저하를 방지한다.
그러나 기존 시스템 대비 시스템의 복잡도는 증가하는 단점이 있다.

02 CDMA 대역확산 통신기술을 이용하여 다중경로전파 가운데 원하는 신호만을 분리할 수 있는 수신기는?
(2011-3차)(2012-2차)(2013-2차)(2016-1차)(2019-1차)

① 레이크 수신기
② Muti channel 수신기
③ 헤테로다인 수신기
④ VLR 수신기

해설

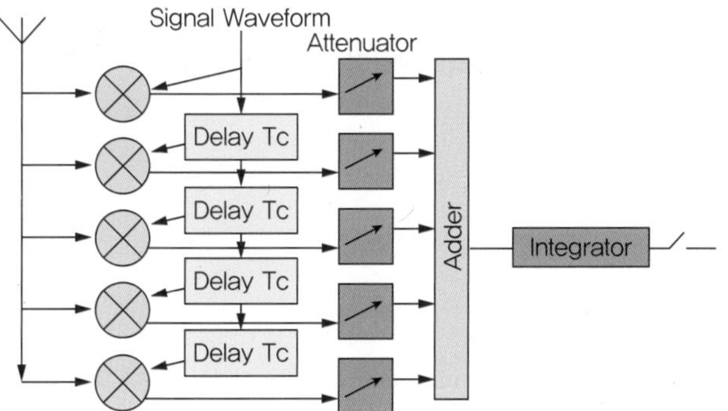

레이크 수신기는 CDMA 방식 등에서 서로 다른 경로로 도착한 시간차이(지연확산)가 있는 다중경로 신호들을 묶어서 보다 더 나은 신호를 얻을 수 있도록 해주는 수신기이다.
서로 다른 경로로 수신기에 도착하여 문제를 일으키는 다중경로 페이딩에 의해 영향을 받은 신호 성분들의 경로 간 간섭을 최소화하는 것으로 시간 다이버시티 효과에 의해 전송품질의 열화를 극복할 수 있다.

정답 03 ① 04 ②

03 다음 중 대역확산 통신방식에 의해 필요로 하는 대역보다 넓은 대역으로 신호를 전송하는 방식은? (2011-3차)

① CDMA
② FDMA
③ SDMA
④ TDMA

해설

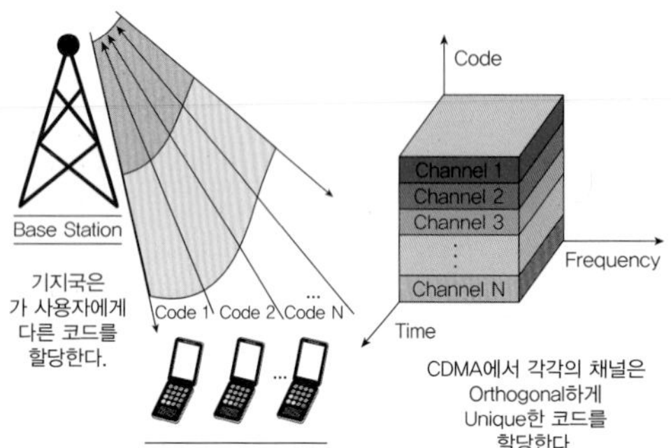

CDMA(Code Division Multiple Access)는 대역확산(Spread Spectrum) 기술에 기초를 둔 다중접속(Multiple Access) 방식이다. CDMA는 각각의 사용자가 고유의 확산부호를 할당받아서 스펙트럼 확산 부호화하여 전송하며 이는 수신측에서만 복원할 수 있는 방식으로 각각의 사용자 신호를 서로 다른 코드를 곱하여 직교성을 보장하는 다중접속 방식이다.

04 반송파를 여러 개 사용해 일정한 주기마다 바꾸며 신호를 대역확산하여 전송하는 기술은? (2022-2차)

① 직접확산(DS)
② 주파수 도약(FH)
③ 시간도약(TH)
④ 첩(Chirp)

해설

주파수 도약 확산 스펙트럼(Frequency－hopping Spread Spectrum, FHSS) 방식은 정해진 시간에 따라 주파수를 이동하면서 통신하는 방법으로서, 반송파 주파수가 일정하지 않고 마치 토끼처럼 깡충깡충 뛴다고 해서 '주파수 도약'이라고 한다.

정답 05 ② 06 ④

05 다음 중 주파수도약 대역확산(FHSS: Frequency Hopping Spread Spectrum) 방식의 특징이 아닌 것은? (2023-1차)

① 직접확산방식에 비해 가입자 수용 용량이 작다.
② 동기화가 필요하다.
③ 여러 개의 반송파를 사용한다.
④ 전파방해나 잡음, 간섭에 강하다.

해설

주파수 도약 확산 스펙트럼(Frequency-hopping Spread Spectrum, FHSS) 방식은 정해진 시간에 따라 주파수를 이동하면서 통신하는 방법으로서, 반송파 주파수가 일정하지 않고 마치 토끼처럼 깡충깡충 뛴다고 해서 '주파수 도약'이라고 한다.

특징

- 직접확산방식에 비해 가입자 수용 용량이 작다.
- 동기화가 필요 없다(동기는 시간방식과 관련).
- 여러 개의 반송파를 사용한다.
- 전파방해나 잡음, 간섭에 강하다.
- 미리 정해진 순서(의사랜덤수열)에 따라 서로 다른 호핑용 채널에 할당시킨다.
- 수신측은 송신 시 사용한 호핑 코드와 동일한 코드를 이용하여 특정 시간에 특정 주파수로 튜닝하여야 한다.
- 같은 주파수를 사용하더라도 호핑 코드만 다르면 여러 확산대역 시스템을 동일 장소에 사용 가능하다.
- 동일 지역에서 서로 다른 도약 시퀀스(Hopping Sequence)에 의해 네트워크를 분리할 수 있다.

06 이동통신시스템의 스펙트럼확산 방식 중 하나인 FH(Frequency Hopping) 방식에 대한 설명으로 틀린 것은? (2023-2차)

① 미리 정해진 순서(의사랜덤수열)에 따라 서로 다른 호핑용 채널에 할당시킨다.
② 수신측은 송신 시 사용한 호핑 코드와 동일한 코드를 이용하여 특정 시간에 특정 주파수로 튜닝하여야 한다.
③ 같은 주파수를 사용하더라도 호핑 코드만 다르면 여러 확산대역 시스템을 동일 장소에 사용 가능하다.
④ 동일 지역에서 서로 다른 도약 시퀀스(Hopping Sequence)에 의해 네트워크를 분리할 수 없다.

해설

동일 지역에서 서로 다른 도약 시퀀스(Hopping Sequence)에 의해 네트워크를 분리할 수 있다.

기출유형 04 ▸ Handover(비동기식) / Handoff(동기식)

이동통신시스템에서 단말기가 이동교환기 내에 있는 기지국에서 통화의 단절 없이 동일한 주파수를 사용하는 기지국으로 옮겨 통화하는 경우에 해당되는 Handoff는? (2013-3차)(2018-1차)(2022-3차)

① Hard Handoff
② Soft Handoff
③ Dual Handoff
④ Softer Handoff

해설

구분	설명
Softer Handover	동일한 기지국 내에서 다른 섹터 간 핸드오프이다.
Soft Handover	인접 기지국 2개를 동시에 운용하는 것으로 최종은 한 개의 채널이 천천히 끊긴다.
Hard Handover	현재 사용중인 채널을 끊고 바로 다른 채널을 연결하는 것으로 FDMA에서 TDMA 등으로 통신방식이 완전히 바뀌는 것이다.

| 정답 | ②

족집게 과외

이동통신 시스템 주요기능

기능	설명
위치 등록	이동 전화 가입자가 기지국 기반 전화기의 번호와 위치를 저장하는 기능이다.
Hand-off	통화 중인 가입자가 계속 이동 해도 호(Call)가 끊이지 않는 기능이다.
호출(Paging)	착신 호(Call)의 경우 가입자가 어디에 있는지 위치를 파악해서 호출하는 기능이다.
동적 주파수 할당	Dynamic Channel Assignment, 특정 셀에서 고정적 자원이 아닌 유동적 자원 할당이다.

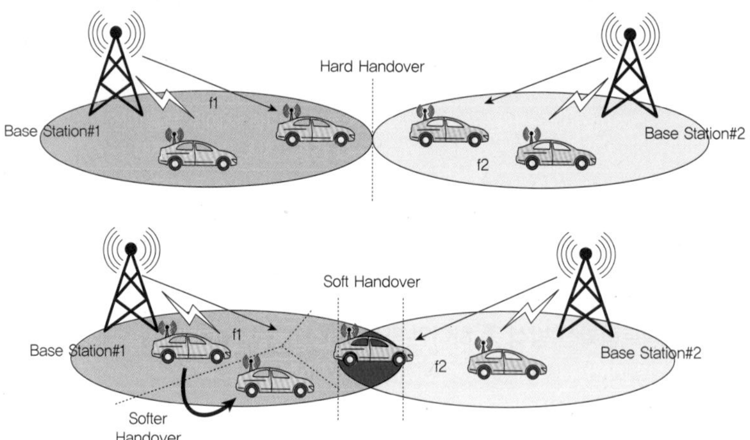

더 알아보기

구분	내용
Horizontal (Homogeneous) Handover	동일 기술이 적용되는 네트워크 안에서 이동통신 셀 상호 간에서 단말이 이동해도 서비스를 유지하는 기능이다.
Vertical (Heterogeneous) Handover	서로 다른 기술이 적용되는 망 간에 다종/다중접속(Multiple Interface) 기술로서 단말이 이동할 때 서비스를 유지하는 기능으로 WLAN 및 CDMA 간의 이동 등이 해당된다.

❶ 핸드오버(Handover)란?, 동기식에서는 핸드오프(Handoff)란?

이동통신에서 핸드오프(handoff)라고도 하는 핸드오버는 모바일 장치가 네트워크를 통해 이동할 때 한 기지국에서 다른 기지국으로 진행 중인 통화 또는 데이터 세션을 전송하는 방법이다. 핸드오버는 통신 서비스의 연속성을 유지하고 모바일 장치가 항상 최상의 신호 품질과 가용 자원으로 가장 적합한 기지국에 연결되도록 하기 위해 필수적이며 모바일 장치 또는 네트워크에 의해 시작될 수 있다. 모바일 장치는 Serving 기지국으로부터의 신호 강도가 약한 것을 감지하면 네트워크에 대한 핸드오버 요청을 시작할 수 있다. 네트워크는 또한 Serving 기지국의 신호 품질 또는 트래픽 부하가 통화 품질 또는 데이터 전송 속도에 영향을 미칠 정도로 저하되었음을 감지할 때 핸드오버를 시작할 수 있다.

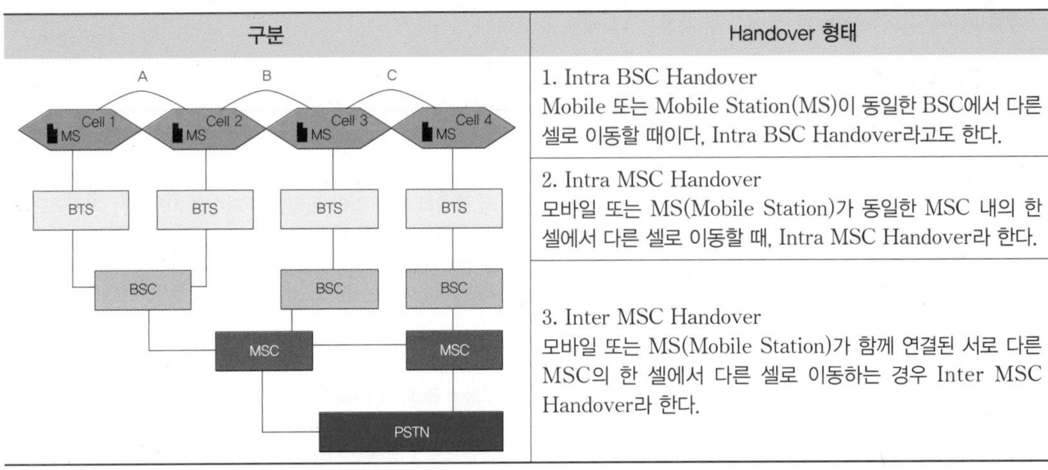

구분	Handover 형태
	1. Intra BSC Handover Mobile 또는 Mobile Station(MS)이 동일한 BSC에서 다른 셀로 이동할 때이다. Intra BSC Handover라고도 한다.
	2. Intra MSC Handover 모바일 또는 MS(Mobile Station)가 동일한 MSC 내의 한 셀에서 다른 셀로 이동할 때, Intra MSC Handover라 한다.
	3. Inter MSC Handover 모바일 또는 MS(Mobile Station)가 함께 연결된 서로 다른 MSC의 한 셀에서 다른 셀로 이동하는 경우 Inter MSC Handover라 한다.

핸드오버는 다음과 같은 단계로 동작한다.

단계	내용
1. 측정 (Measurement)	모바일 장치는 인접 기지국의 신호 강도와 품질을 지속적으로 측정하여 핸드오버가 필요한지 여부를 판단한다.
2. 결정 (Decision)	모바일 기기 또는 네트워크는 측정 결과에 따라 핸드오버가 필요한지 여부를 결정하고 가장 적합한 대상 기지국을 선택한다.
3. 준비 (Preparation)	대상 기지국에 핸드오버가 임박했음을 알리고 새 통신 링크를 설정하기 위해 리소스를 할당한다.
4. 실행 (Execution)	모바일 장치와 대상 기지국은 제어 및 데이터 정보를 교환하여 새로운 통신 링크를 설정한다.
5. 확인 (Verification)	새로운 통신 링크의 품질이 검증되고, 만족스러운 경우 기존의 통신 링크가 해제된다.

통화 중인 호를 계속 유지하면서, 기지국 간에 이동을 원활하게 지원하는 기능으로 통화 중 기지국과 기지국 사이를 이동하는 단말의 통화가 원활하게 유지되도록 지원하는 절차로서 통화하던 기존 회선을 먼저 끊은 뒤, 새로운 기지국으로 연결하는 방식인 하드 핸드오버(Hard Hand-over)와 동시에 두 개의 기지국과 회선을 유지할 수 있는 기능인 소프트 핸드오버(Soft Hand-over)도 지원한다.

하드 핸드오버	보통 경우	같은 시스템, 같은 주파수 간에서 발생한다.
	Inter-Frequency handover	다른 주파수 간의 하드 핸드오버이다.
	Inter-System handover	다른 시스템들 간의 하드 핸드오버이다.

소프트 핸드오버 시 셀 목록을 참고하는데, 셀의 신호 품질에 따라, Active Set에 추가하거나 교체, 삭제한다.

❷ 핸드오프(Handoff) 또는 핸드오버(Handover) 발생조건

발생조건

- 이동단말이 현재의 기지국 영역에서 다른 기지국 영역으로 이동하는 경우
- 이동단말이 사용 중인 기지국 내 무선채널의 상태가 불량한 경우
- 이동단말이 기지국 내 현재 섹터에서 다른 섹터로 이동하는 경우 등

핸드오버는 모바일 장치와 네트워크 간의 조정을 수반하는 복잡한 프로세스이며, 진행 중인 통신 세션을 중단하지 않고 원활하게 수행되도록 세심한 관리가 필요하다. 핸드오버는 특히 차량이나 기차와 같이 빠르게 움직이는 환경에서 이동통신의 신뢰성과 품질을 유지하는 데 매우 중요하다.

❸ 핸드오버 분류

구분	개념도	내용
소프터 핸드오버 (Softer Handover(off))	f1 f1 f1 Soft Handoff Soft Handoff	이동통신시스템에서 단말기가 이동교환기 내에 있는 기지국에서 통화의 단절 없이 동일한 주파수를 사용하는 기지국으로 옮겨 통화하는 경우에 해당한다. 여러 기지국으로부터의 신호를 동시에 수신하면서 진행되는 핸드오버로서 하나의 셀 내부에서만 이루어지는 핸드오버이다. 주로 동일 기지국 내 다른 섹터 간 핸드오프나 셀 커버리지 내에서 사용 중인 채널 중 양호한 섹터 채널로 바꾸는 경우 사용된다.
소프트 핸드오버 (Soft Handover(off))	MSC 1 MSC 2	**Make Before Break** 단절 없이 부드럽게 통화 채널 절체가 이루어지는 것이 최대 장점으로 이동통신시스템에서 단말기가 이동교환기 내에 있는 기지국에서 통화의 단절 없이 동일한 주파수를 사용하는 기지국으로 옮겨 통화하는 경우이며 인접 기지국 2개를 동시에 운용하는 것으로 최종은 한 개의 채널이 천천히 끊긴다. 즉, 인접 기지국 2개의 채널을 동시에 운영하며, 종국에는 1개 채널을 서서히 끊는 방식으로 주로 CDMA 방식에서 사용된다.
하드 핸드오버 (Hard Handover(off))	MSC 1 MSC 2	**Break Before Make** 사용자가 현재 서비스를 제공받고 있는 기지국을 벗어나더라도 인접 기지국으로 채널을 자동으로 전환해 주는 기능을 하는 것으로 한순간에는 한 개의 기지국 신호만을 선택하여 수신하면서 진행되는 핸드오버로서 현재 통화 중인 채널을 끊고, 곧바로 다른 채널로 연결하는 방식으로 FDMA, TDMA 등 통신방식이 다르거나 이동통신 통신사 간 사용하는 방식이다.

기출유형 완성하기

정답 01 ② 02 ③ 03 ④

01 **이동통신시스템에서 단말기가 이동교환기 내에 있는 기지국에서 통화의 단절 없이 동일한 주파수를 사용하는 기지국으로 옮겨 통화하는 경우에 해당되는 Handoff는?** (2013-3차)

① Hard Handoff
② Soft Handoff
③ Dual Handoff
④ Softer Handoff

해설

Soft Handover(Off)

이동통신시스템에서 단말기가 이동교환기 내에 있는 기지국에서 통화의 단절 없이 동일한 주파수를 사용하는 기지국으로 옮겨 통화하는 경우이며 인접 기지국 2개를 동시에 운용하는 것으로 최종은 한 개의 채널이 천천히 끊긴다.

02 **이동통신 기지국의 섹터 간 전파가 겹치는 지역에서 통화전환이 이루어질 때의 핸드오프를 무엇이라고 하는가?** (2020-3차)(2022-1차)

① 하드 핸드오프(Hard Handoff)
② 소프트 핸드오프(Soft Handoff)
③ 소프터 핸드오프(Softer Handoff)
④ 미들 핸드오프(Middle Handoff)

해설

Softer Handover(Off)

이동통신 기지국의 섹터 간 전파가 겹치는 지역에서 통화전환이 이루어지는 방식으로 동일한 기지국 내에서 다른 섹터 간 핸드오프로서 단절이 없이 부드럽게 통화 채널 절체가 이루어진다.

03 **다음 중 이동통신망에서 기지국 간에 통화 채널을 절체하는 핸드오버 기술 가운데서 소프트 핸드오버(Soft Handover)의 가장 큰 장점으로 알맞은 것은?** (2016-3차)(2021-3차)

① 신호대 잡음비(S/N)가 개선된다.
② 기지국(BS)의 서비스 커버리지가 넓어진다.
③ 통화 채널 용량이 증가한다.
④ 단절이 없이 부드럽게 통화 채널 절체가 이루어진다.

해설

Soft Handover(Off)

이동통신시스템에서 단말기가 이동교환기 내에 있는 기지국에서 통화의 단절 없이 동일한 주파수를 사용하는 기지국으로 옮겨 통화하는 경우이며 인접 기지국 2개를 동시에 운용하는 것으로 최종은 한 개의 채널이 천천히 끊긴다.

정답 04 ④ 05 ①

04 이동 통신 시스템에서 Handoff 기능에 대한 설명으로 옳은 것은? (2022-2차)

① 자동 우회 기능 및 통화량의 자동 차단 기능
② 한 서비스 지역 내에서 다수의 사용자가 동시에 통화할 수 있는 기능
③ 사용자가 가입 등록되어있는 서비스 사업자의 시스템 이외의 시스템에서도 정상적인 서비스를 제공하는 기능
④ 사용자가 현재 서비스를 제공받고 있는 기지국을 벗어나더라도 인접 기지국으로 채널을 자동으로 전환해 주는 기능

해설

하드 핸드오버 (Hard Handover(off))

개념도	내용
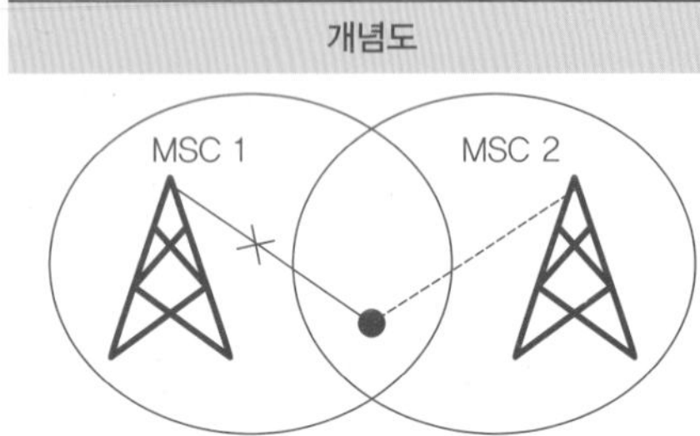	**Break Before Make** 사용자가 현재 서비스를 제공받고 있는 기지국을 벗어나더라도 인접 기지국으로 채널을 자동으로 전환해 주는 기능을 하는 것으로 한순간에는 한 개의 기지국 신호만을 선택하여 수신하면서 진행되는 핸드오버로서 현재 통화 중인 채널을 끊고, 곧바로 다른 채널로 연결하는 방식으로 FDMA, TDMA 등 통신방식이 다르거나 이동통신 통신사 간 사용하는 방식이다.

핸드오프는 통화 중인 가입자가 계속 이동을 하여도 호(Call)가 끊이지 않는 기능을 의미한다. 외부 환경에 따른 전파의 신호가 미약해 질대 인근의 강한 기지국으로부터 신호를 수신하기 위한 과정이다.

05 다중입출력(MIMO: Multiple Input Multiple Output)안테나의 핵심기술이 아닌 것은? (2022-3차)

① 핸드오버(Handover)
② 공간다중화(Spatial Multiplexing)
③ 다이버시티(Diversity)
④ 사전코딩(Pre-coding)

해설

① 핸드오버(Handover): 단말기가 연결된 기지국의 서비스 공간에서 다른 기지국의 서비스 공간으로 이동할 때, 단말기가 다른 기지국의 서비스 공간에 할당한 통화 채널에 동조하여 서비스가 연결되는 것이다.
② 공간 다중화(Spacial Multiplexing): 시간(TDM) 또는 주파수(FDM)가 아닌 공간 차원(SDM)에서 다중화하는 기술로 공간 분리된 다수의 물리적인 채널들을 통해, 여러 독립된 데이터 스트림들을 각각 동시에 전송하는 것이다.
③ 다이버시티(Diversity): 송신 또는 수신측에 복수 개의 안테나(다중 안테나)를 설치하여, 페이딩 영향을 개선하는 기술이다.
④ 사전코딩(Precoding): MIMO 시스템 빔포밍(Beamforming)에서 쓰는 기법으로 전송률을 높이려는 기술이다. 수신측 채널 환경에 따라 미리 정해진 코드북(Codebook)에서 사전 부호화 행렬을 결정하여 여러 안테나의 각 레이어를 선형 처리함으로써 각 레이어에 송신 빔을 성형하는 기법이다.

정답 06 ② 07 ②

06 다음 중 비동기식 3G 이동통신 WCDMA와 WLAB 등과 같이 상이한 이동망 간에 이루어지는 Handover 방식은? (2017-1차)

① Horizontal Handover ② Vertical Handover
③ Hierarchical Handover ④ Roaming Handover

해설
WCDMA와 WLAB 등과 같이 상이한 이동망 간에 수직적 이동이 발생하는 것을 Vertical Handover라 한다.

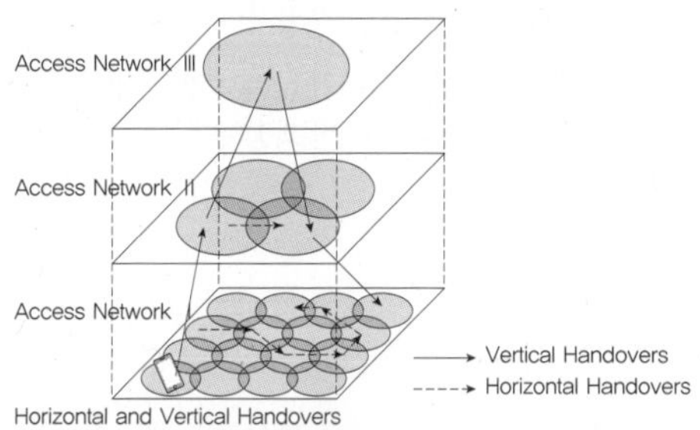

구분	내용
Horizontal Handover	Homogeneous Handover라 하며 동일 기술이 적용되는 네트워크 안에서 이동통신 셀 상호 간에서 단말이 이동해도 서비스를 유지하는 기능이다.
Vertical Handover	Heterogeneous Handover라 하며 서로 다른 기술이 적용되는 망 간에 다종/다중 접속(Multiple Interface) 기술로서 단말이 이동할 때 서비스를 유지하는 기능으로 WLAN 및 CDMA 간의 이동 등이 해당된다.

07 이종망 간에 이루어지는 핸드오버 기술을 Vertical Handover라고 하는데, 다음 중 WLAN 기반의 WiFi 폰-CDMA 이동통신 간에 적용될 수 있는 Vertical Handover 기술은? (2017-2차)

① UMA(Unlicensed Mobile Access) ② MIH(Medium Independent Handover)
③ VCC(Voice Continuity Control) ④ IMS(IP Multimedia Subsystem)

해설
MIH(Medium Independent Handover)
IEEE 802.21에서 개발한 표준으로, Layer 2 액세스 기술에서 다른 Layer 2 액세스 기술로 IP 세션을 핸드오버하여 최종 사용자 장치의 이동성을 달하는 것이다. 특히 이종 유/무선 액세스 네트워크(예 Satellite, WiMAX, Wi-Fi, Femtocell, 3GPP UMTS/LTE/LTE-Advanced, DVB-H 및 PAN 등) 환경에서 IEEE 802.21은 끊김 없는 이동성 기술을 제공하기 위해 효율적인 이동성관리 기법 및 프로토콜이 필요하다. 이를 위해 IEEE 802.21에서는 특정 액세스 네트워크에 의존하지 않으면서 make-before-break 핸드오버 관련 QoS를 지원하기 위해 MIH(Media Independent Handover) 표준화를 진행했다.

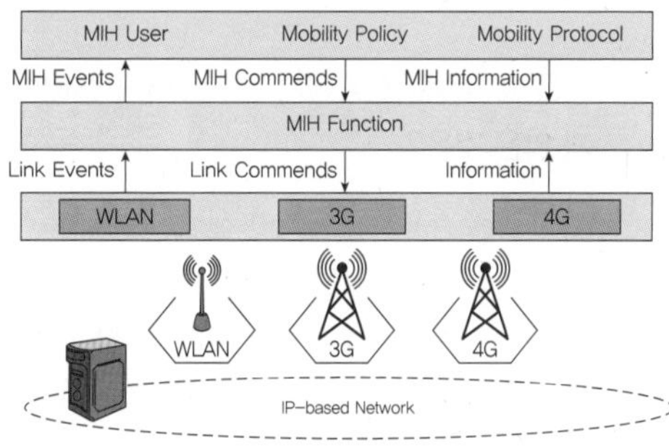

정답 08 ④ 09 ① 10 ④

08 이동 통신 시스템에서 Handoff 기능에 대한 설명으로 옳은 것은? (2022-2차)

① 자동 우회 기능 및 통화량의 자동 차단 기능
② 한 서비스 지역 내에서 다수의 사용자가 동시에 통화할 수 있는 기능
③ 사용자가 가입 등록되어있는 서비스 사업자의 시스템 이외의 시스템에서도 정상적인 서비스를 제공하는 기능
④ 사용자가 현재 서비스를 제공받고 있는 기지국을 벗어나더라도 인접 기지국으로 채널을 자동으로 전환해 주는 기능

해설

핸드오프는 통화 중인 가입자가 계속 이동을 하여도 호(Call)가 끊이지 않는 기능을 의미한다. 외부 환경에 따른 전파의 신호가 미약해 질대 인근의 강한 기지국으로부터 신호를 수신하기 위한 과정이다.

09 이동국이 다른 셀 또는 다른 섹터로 이동하는 경우, 사용 중인 무선 주파수(RF) 채널 대신에 새로운 채널을 할당하여 통화가 계속 유지될 수 있게 해주는 기능을 무엇이라 하는가? (2018-2차)

① 핸드오버
② 로밍
③ 인증
④ 페이징

해설

핸드오버(Handover, 동기식에서는 핸드오프 Handoff)
이동통신에서 핸드오프(Handoff)라고도 하는 핸드오버는 모바일 장치가 네트워크를 통해 이동할 때 한 기지국에서 다른 기지국으로 진행 중인 통화 또는 데이터 세션을 전송하는 프로세스이다.

10 다음 중 이동통신망에서 핸드오버에 실패하여 통화 중인 호가 중간에서 절단(Dropped Call)되는 경우로 알맞지 않은 것은? (2019-3차)

① 휴대폰 사용자가 옮겨간 셀에 이용 가능한 여유 채널이 없는 경우
② 이동전화교환국(MSC)의 처리 용량 제한으로 핸드오버 처리가 일정 시간 이상 지연되는 경우
③ 휴대폰 사용자가 옮겨간 지역에 핸드오버가 가능한 셀이 설정되어 있지 않은 경우
④ Queuing Hand Over 방식을 적용하는 경우

해설

④ Queuing Hand Over라는 방식은 없다.

기출유형 05 ▶ Diversity

다음 중 강우로 인한 위성통신 신호의 감쇠를 보상하기 위한 방법이 아닌 것은? (2021-3차)

① Site Diversity
② Adaptive Diversity
③ Orbit Diversity
④ Beam Diversity

해설

다이버시티의 종류

공간 다이버시티(Space Diversity), 주파수 다이버시티(Frequency Diversity), 시간 다이버시티(Time Diversity), 편파 다이버시티(Polarization Diversity) 등이 있으나 Adaptive Diversity는 별도로 없다. Orbit Diversity는 주로 위성통신으로 사용한다.

| 정답 | ②

족집게 과외

공간 다이버시티	공간적으로 분리된 2개 이상의 안테나를 이용하여 좋은 신호를 선택한다.
편파 다이버시티	2개의 편파(수직, 수평편파)를 각각 송수신하는 방식이다.
시간 다이버시티	동일 정보를 시간 차이를 두어 반복적으로 보내는 방법이다.
주파수 다이버시티	서로 다른 주파수를 이용해서 신호를 수신한다.
각도 다이버시티	수신안테나의 각도를 다양하게 구성하여 수신하는 방법이다.

[Microwave 공간 Diversity 개념도]

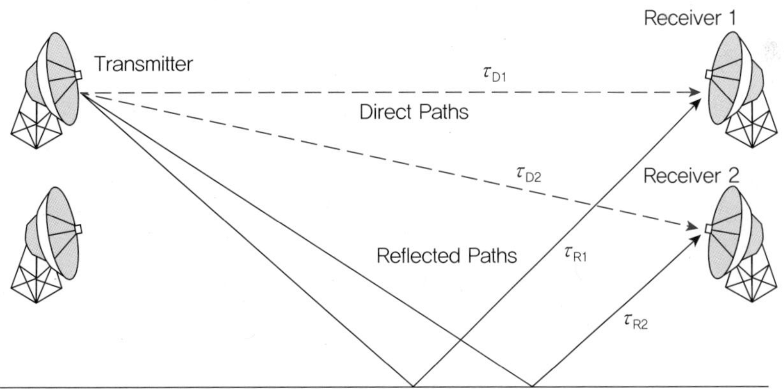

더 알아보기

페이딩 방지하기 위해 다이버시티 방식 이외에 다음과 같은 방법이 있다.

구분	개념도	내용
AGC 회로 사용	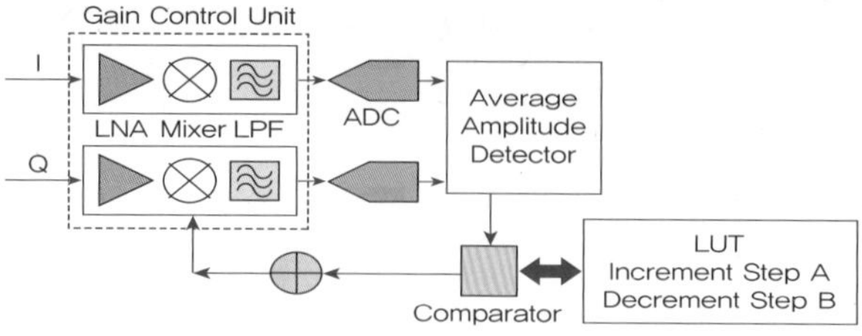Gain Control Unit I Q LNA Mixer LPF ADC Average Amplitude Detector LUT Increment Step A Decrement Step B Comparator	수신기에 자동이득제어회로를 붙여 수신의 출력을 일정하게 유지시키는 방법이다.
MUSA	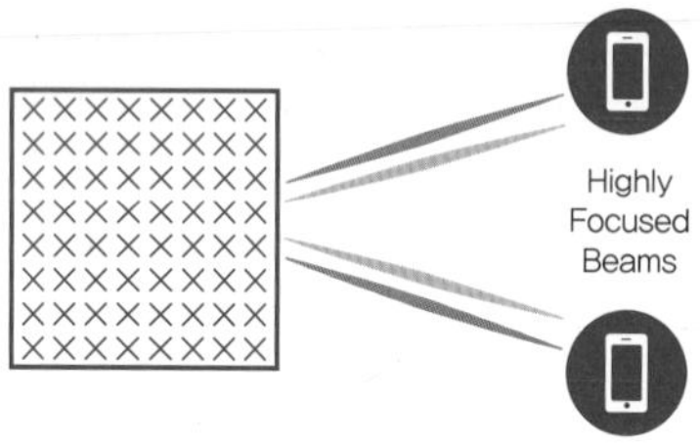Highly Focused Beams	Multiple Unit Steerable Antenna System, 지향성이 예민한 안테나를 이용하여 일정한 각도의 전파만을 수신하여 전기적으로 합성한다. 왼쪽은 Massive MIMO 안테나이다.
리미터 사용	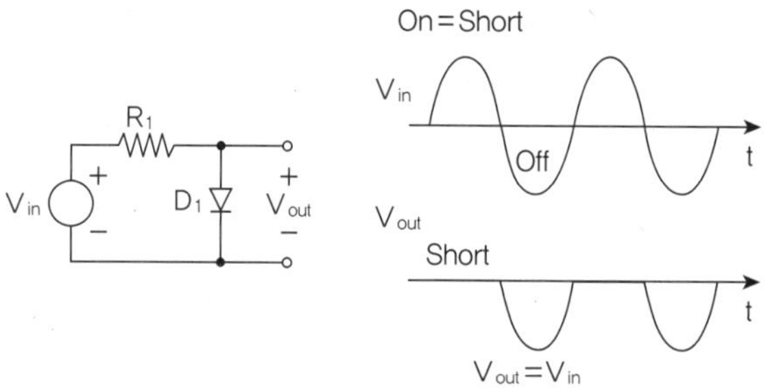On=Short R1 Vin D1 Vout Off t Short Vout=Vin	첨두성의 잡음을 제거하여 S/N 비를 크게하는데 이용한다.

❶ 다이버시티(Diversity)

무선통신에서 다양성은 무선 링크의 신뢰성과 품질을 향상시키기 위해 송신기와 수신기 사이의 여러 통신 경로를 사용하는 것으로 무선 전파 환경에서 반사, 회절 및 기타 현상으로 인한 수신 신호 강도의 변화인 페이딩의 영향을 완화하기 위해 사용된다. 이동통신 등 무선 전파를 사용하는 환경에서 전파 경로상의 건물이나 지형 등에 의한 영향으로 다중 경로 현상이 생기고, 이는 수신된 신호의 진폭이 변동하는 페이딩 현상을 초래한다.

천장 또는 벽면
TX
RX
장애물
Floor

수신된 신호들
Time
혼합된 신호 결과
Time

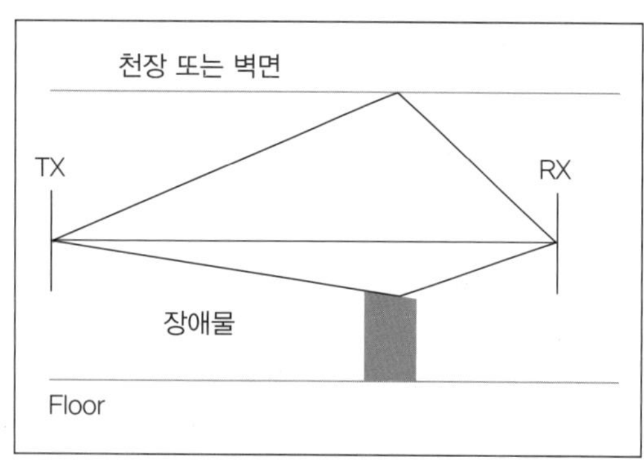

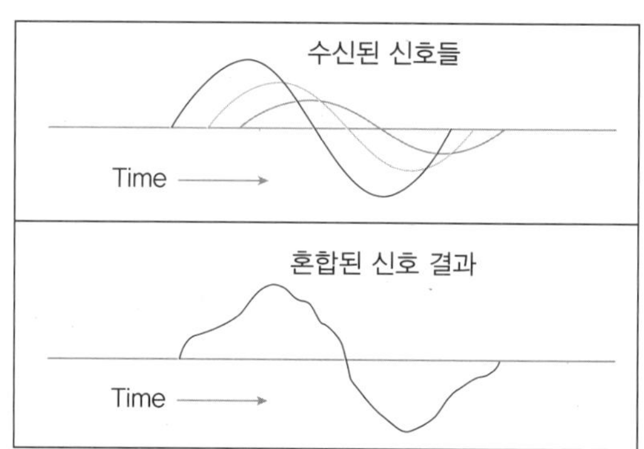

페이딩 현상은 위 그림과 같이 장애물 등 외부 환경의 영향으로 아래와 같은 현상이 발생할 수 있다.

- 반사된 RF 파는 직접 RF 파보다 더 멀리 이동하고 더 늦게 도착한다.
- 반사된 신호는 전송 경로가 길기 때문에 직접 경로 신호보다 더 많은 RF 에너지를 손실한다.
- 이 신호는 반사 때문에 에너지를 상실한다.
- 원하는 RF 파도는 수신측에서 반사되는 많은 신호와 결합이 이루어진다.
- 서로 다른 파형이 결합하면서 원하는 파형이 왜곡되고 수신기의 디코딩 기능에 영향을 준다. 반사된 신호가 수신기에서 결합되면 신호 강도가 높더라도 신호 품질이 불량해질 수 있다.

이와 같은 페이딩에 의한 전송 품질의 저하를 방지하기 위하여 Diversity 방식을 사용한다.

❷ 다이버시티 Branch 구성

㉠ 공간 다이버시티(Spatial Diversity)

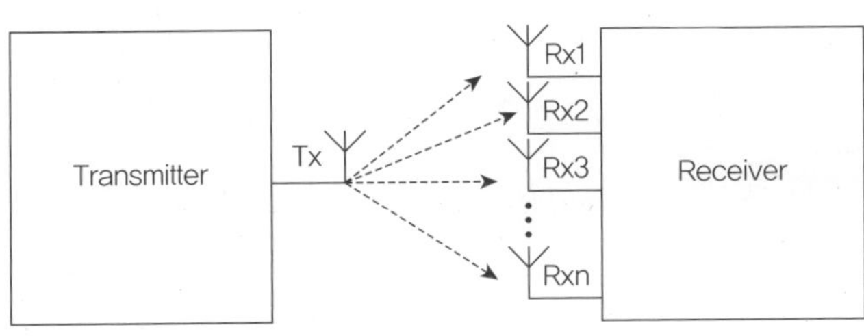

Space Diversity라고도 하며 공간 다이버시티는 송신기 또는 수신기에서 여러 안테나 간의 공간적 분리를 활용하여 무선 링크의 품질을 향상시키는 것으로 MIMO(Multiple-Input Multiple-Output) 시스템과 같이 송신기 또는 수신기에서 여러 안테나를 사용하여 구현할 수 있다.

㉡ 시간 다이버시티(Time Diversity)

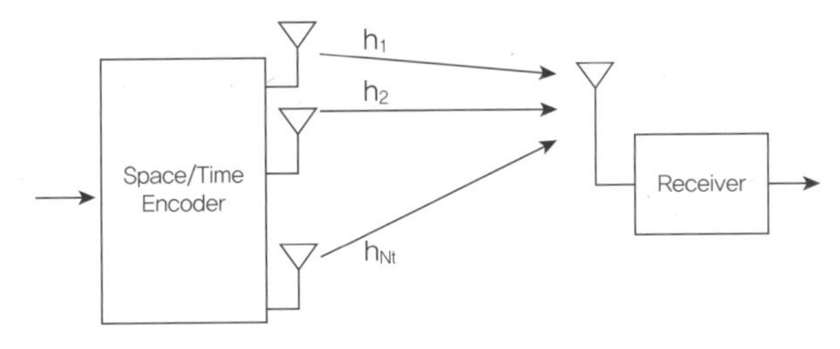

시간 다이버시티는 동일한 정보를 전송하기 위해 여러 시간 슬롯을 사용하여 무선 채널의 시간적 변화하는 것으로 FEC(Forward Error Correction) 또는 손실된 패킷의 재전송과 같은 기술을 사용하여 구현할 수 있다.

㉢ 주파수 다이버시티(Frequency Diversity)

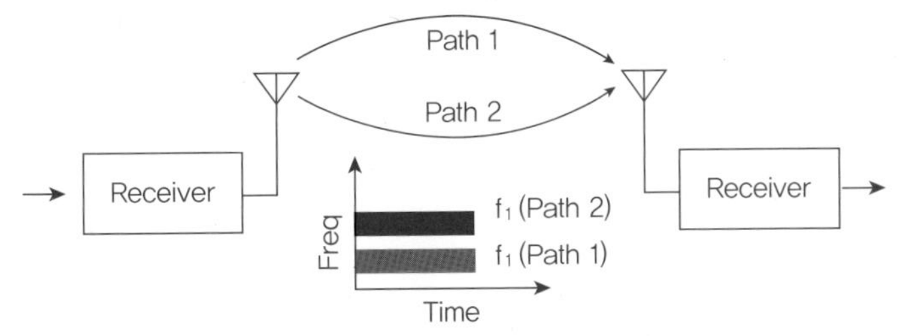

주파수 다이버시티는 여러 주파수 대역을 사용하여 동일한 정보를 전송함으로써 무선 채널의 주파수 선택성을 이용하는 것으로 직교 주파수 분할 다중화(OFDM)와 같은 기술을 사용하여 구현할 수 있다.

- 한 개의 신호를 송신측에서 두 개 이상의 다른 주파수를 사용하여 동시에 송신하고 수신측에서는 각 주파수별로 받아서 합성 수신하는 방법이다.
- 도약성, 선택성, 간섭성 페이딩 감소에 효과적이며 여러 송신주파수를 사용함으로 넓은 주파수대가 필요하다.

㉣ 편파 다이버시티(Polarization Diversity)

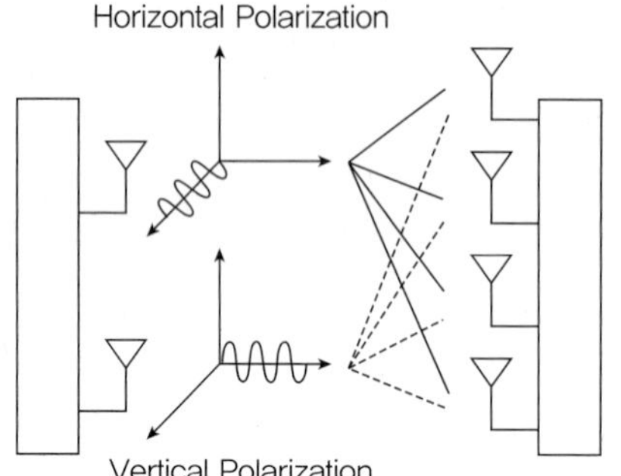

편파 다이버시티는 여러 편파을 사용하여 동일한 정보를 전송함으로써 무선 채널의 편광 특성을 이용하는 것으로 편광 방향이 다른 여러 안테나를 사용하여 편파 다이버시티는를 구현할 수 있다.

전리층 반사파는 일반적으로 타원편파로 변화되므로 그 전계는 수평성분과 수직성분을 갖고 있다.

㉤ 각도 다이버시티(Angle Diversity)

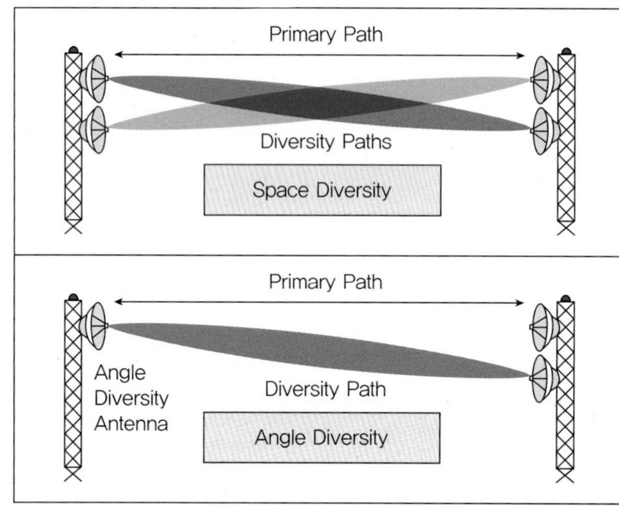

송수신 안테나의 각도를 다르게 해서 사용하는 것으로 지향성이 다른 수신 안테나를 이용하는 방식이다. 다중파 수신 방향의 폭이 넓은 이동국 수신에 적합한 방식에 사용한다.

수신안테나 각도를 다양하게 구성하여 설치하는 방법으로 지향성이 다른 수신안테나를 이용하는 방식이다.

기출유형 완성하기

정답 01 ② 02 ④

01 수직안테나와 수평안테나의 조합으로 다른 전파를 발사하여 페이딩을 경감하는 다이버시티는? (2022-1차)

① 공간 다이버시티(Space Diversity)
② 편파 다이버시티(Polarization Diversity)
③ 주파수 다이버시티(Frequency Diversity)
④ 시간 다이버시티(Time Diversity)

해설

공간 다이버시티	공간적으로 분리된 2개 이상의 안테나를 이용하여 좋은 신호를 선택한다.
편파 다이버시티	2개의 편파(수직, 수평편파)를 각각 송수신하는 방식이다.
시간 다이버시티	동일 정보를 시간 차이를 두어 반복적으로 보내는 방법이다.
주파수 다이버시티	서로 다른 주파수를 이용해서 신호를 수신한다.
각도 다이버시티	수신안테나의 각도를 다양하게 구성하여 수신하는 방법이다.

02 다음 중 대류권파 페이딩의 종류와 방지대책으로 연결이 틀린 것은? (2022-2차)

① 신틸레이션 페이딩 – AGC, AVC 이용하여 방지
② K형 페이딩 – AGC, AVC 이용하여 방지
③ 산란형 페이딩 – Diversity 이용하여 방지
④ Duct형 페이딩 – AGC, AVC 이용하여 방지

해설

구분		내용
대류권파의 페이딩	신틸레이션 페이딩	• 대기 상태의 변동으로 공간에 유전율이 다른 부분이 생길 때 발생한다. • 산란한 전파 때문에 생기는 페이딩으로서 전계의 변동은 크지 않다. → 대책: AGC, AVC 이용하여 방지
	K형 페이딩	• 대기 굴절률의 분포 변화에 따라 지구 반경계수 K가 변하기 때문에 생긴다. • 간섭성 K형 페이딩과 회절성 K형 페이딩이 있다. → 대책: AGC, AVC 이용하여 방지
	감쇠형 페이딩	비, 안개 등의 흡수나 대기에서의 흡수감쇠 상태가 변하기 때문에 생기는 페이딩이다. → 대책: AGC, AVC 이용하여 방지
	산란형 페이딩	• 다수의 경로를 가진 산란파가 서로 간섭에 의한다. • 짧은 주기의 페이딩이 연속하여 일어나는 형식으로 진폭이 변화하여 발생한다. → 대책: Diversity 이용하여 방지
	덕트형 페이딩	전파통로 위에서 라디오 덕트가 발생함으로써 생기는 페이딩이다. → 대책: 주파수, 시간, 공간 Diversity

03 다수의 안테나를 일정한 간격으로 배열하고 각 안테나로 공급되는 신호의 진폭과 위상을 변화시켜 특정한 방향으로 안테나 빔을 만들어 그 방향으로 신호를 강하게 송수신하는 기술은? (2023-1차)

① 핸드오버(Handover)
② 다이버시티(Diversity)
③ 빔포밍(Beamforming)
④ 전력제어(Power Control)

해설

빔포밍(Beamforming)

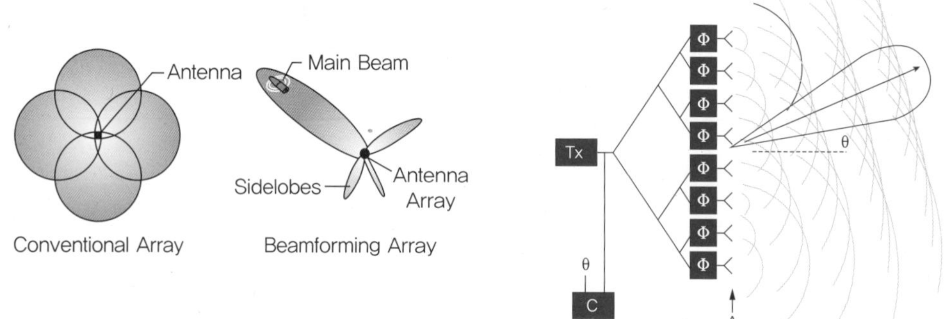

무선통신에서 빔포밍은 스마트 안테나의 한 방식으로 안테나의 빔을 특정한 단말기에 집중시키는 기술이다. 스마트 안테나는 효율성을 높이기 위해 다수의 안테나를 이용해 구현될 수 있다. 다수의 안테나를 송신기와 수신기 모두에 구현한 경우를 MIMO라고 한다.

기출유형 06 ▶ OFDM(Orthogonal Frequency Division Multiplexing)

다음 중 고속의 송신 신호를 다수의 직교하는 협대역 반송파로 다중화시키는 변조방식은?

(2020-2차)(2022-1차)

① EBCDIC
② CDMA
③ OTDM
④ OFDM

해설

OFDM(Orthogonal Frequency Division Multiplexing)
하나의 정보를 여러 개의 반송파(Subcarrier)로 분할하고, 분할된 반송파 간의 간격을 최소로 하기 위해 직교성을 부가하여 다중화시키는 변조기술이다.

| 정답 | ④

족집게 과외

OFDM 특징

- 주파수 효율성이 우수하다.
- 복잡도가 낮아진다.
- CP(Cyclic Prefix)를 사용하여 Multipath 환경에 우수하다.
- 다중경로 페이딩에 강하다.
- FFT를 이용하여 고속의 신호처리 가능하다.

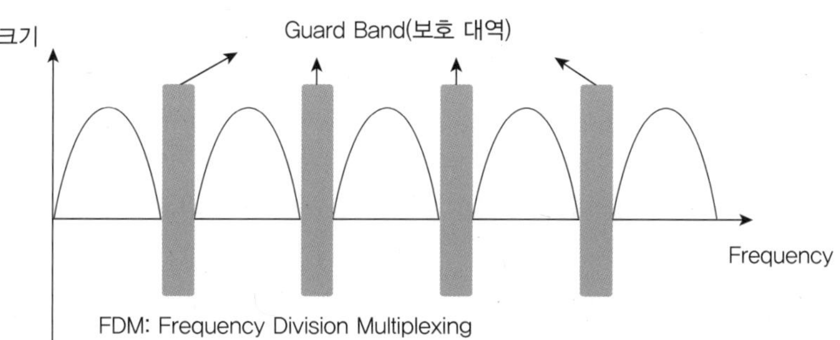

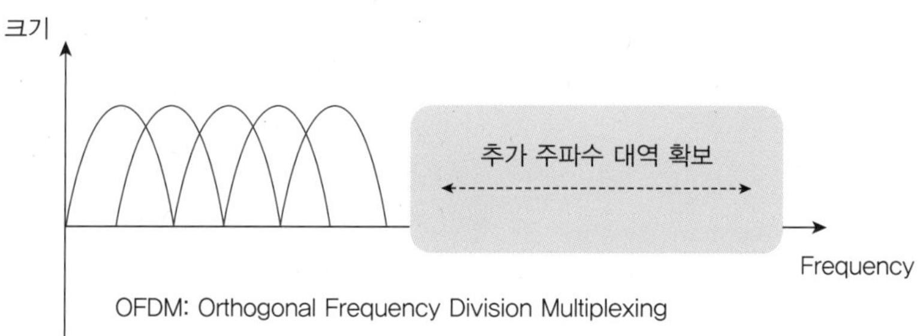

더 알아보기

OFDM은 여러 개의 부반송파에 고속의 데이터를 저속의 병렬 데이터로 변환하여 실어 보내는 기법으로 고속의 무선 및 멀티미디어 통신을 위해 하나의 정보를 여러 개의 반송파로 분할하고 분할된 반송파 사이의 주파수 간격을 최소화하기 위해 직교 다중화해서 전송하는 통신 기술이다. OFDM과 FDM의 가장 큰 차이점은 직교성(Orthogonal)이다. 직교성을 만족해야 반송파 간 간섭(ICI) 이 없고 수신단에서 왜곡 없이 복조할 수 있다. FDM의 경우 직교성을 만족하지 못하기 때문에 반송파 간에 어느 정도 거리를 이격시켜야 한다.

❶ OFDM(Orthogonal Frequency Division Multiplexing)

직교 주파수 분할 다중화(OFDM)는 무선 주파수(RF) 신호를 통해 디지털 데이터를 전송하는 데 사용되는 디지털 변조 기술이다. OFDM은 고속 데이터 스트림을 여러 개의 저속 부반송파로 분할하여 주파수 대역을 통해 병렬로 전송한다. 각 부반송파는 별도의 데이터 스트림으로 변조되며, 부반송파는 서로 직교하므로 수학적으로 독립적이다.

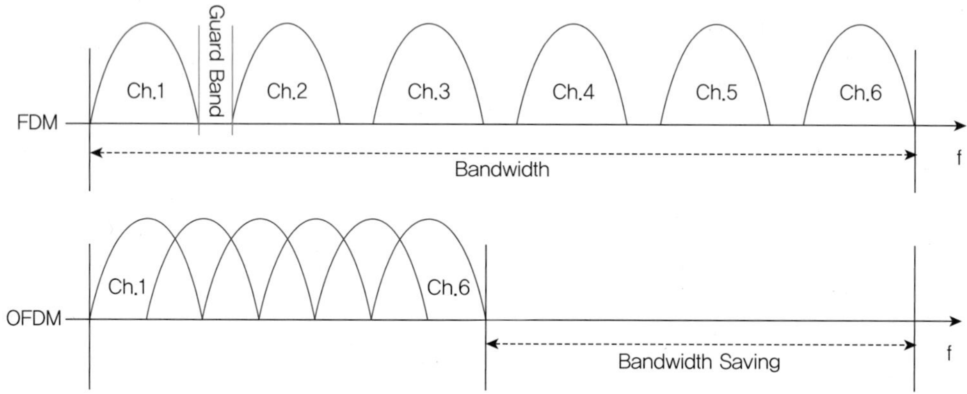

OFDM과 FDM의 가장 큰 차이점은 직교성(Orthogonal)이다. 직교성을 만족해야 반송파 간 간섭(ICI)이 없고 수신단에서 왜곡 없이 복조할 수 있다. FDM의 경우 직교성을 만족하지 못하기 때문에 반송파 간에 어느 정도 거리를 이격시켜야 한다.

OFDM은 일반적으로 와이파이, 디지털 텔레비전 방송, 셀룰러 네트워크와 같은 현대 통신 시스템에서 사용된다. OFDM의 장점 중 하나는 주파수 선택 페이딩과 대응할 수 있는 능력인데, 이는 무선 신호의 일부 주파수가 전송 경로의 간섭이나 장애물로 인해 다른 주파수보다 더 많은 감쇠를 경험할 때이다. 수신기는 데이터를 부반송파로 분할해 병렬로 전송함으로써 페이딩의 영향을 받지 않은 부반송파를 선택적으로 증폭해 왜곡된 부반송파를 폐기할 수 있다.

OFDM은 또한 높은 스펙트럼 효율을 가지고 있는데, 이는 주어진 주파수 대역에서 많은 양의 데이터를 전송할 수 있음을 의미한다. 그러나 OFDM 시스템은 복잡하고 변조 및 복조를 수행하기 위해 정교한 디지털 신호 처리 알고리즘이 필요하다.

❷ OFDM 특징

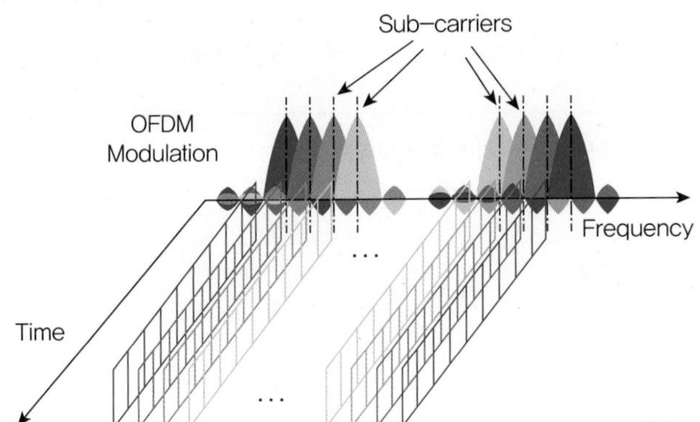

기존에 사용 중인 FDM에서 어떻게 하면 간섭 없이 더욱 많은 데이터를 보내기 위해 Orthogonal 성질을 이용한 OFDM이 나왔다. 동일 주파수 내에서 직교 방식(OFDM)을 사용함으로서 기존 멀티 캐리어(FDM) 방식 대비 2배의 부반송파를 사용할 수 있어 대역폭 활용을 매우 효율적으로 할 수 있다. 즉, 동일한 주파수에서 OFDM 방식이 단순 FDM 방식보다 Data Rate가 2배 이상 빠르다.

OFDM의 경우 송신측에서 IFFT(Inverse Fast Fourier Transform)을 이용해 변조하고 수신측에서 FFT를 통해 복조한다. 즉, FDM에서는 대역의 일부를 공유한다면 TDM은 시간을 공유한다.
위 그림에서 보듯이 OFDM은 직교 주파수 분할 다중화으로 여러 개의 캐리어 주파수에 디지털 데이터를 인코딩하는 방법으로 OFDM은 개념적으로 특수한 FDM(Frequency Division Multiplexing)이며, 추가적인 제약 조건은 모든 캐리어 신호가 서로 직교한다는 것이다.

1) OFDM 장점

구분	내용
효율성 우수	부반송파를 △f 간격으로 겹치므로 주파수 효율성이 우수하여 Data rate가 높아진다.
낮은 복잡도	IFFT와 FFT를 사용하므로 고속 신호처리가 가능하며 부반송파 개수만큼 이퀄라이저가 필요하지 않으므로 복잡도가 낮아진다.
Multipath 환경에 우수	Multipath 환경에서 생기는 ISI(Inter Symbol Interference) 때문에 Guard Interval을 사용했으나 OFDM의 경우 Guard Interval을 사용하면 직교성이 깨지게 되므로 CP(Cyclic Prefix)를 사용하여 Multipath 환경에 우수하다.
다중경로 페이딩에 우수	데이터를 낮은 데이터로 여러개로 나누어 병렬로 전송해서 다중경로 페이딩에 강하다.
도플러 천이 극복	송수신 양단 사이에 이동에 의한 도플러 천이가 발생해도 통신에 영향이 적다.
간섭 영향 적다	협대역 간섭은 일부 부반송파에만 영향을 줄 수 있어 OFDM에는 상대적 영향이 없다.
고속처리	FFT를 이용하여 고속의 신호처리 가능하다.

2) OFDM 단점

구분	내용
CP 사용	OFDM은 ISI를 피하기 위해 CP(Cyclic Prefix)를 사용해야 한다.
동기화 민감	주파수 동기화에 민감하다.
PAPR	PAPR (Peak−to−Average Power Ratio)이 높게 나올 수 있다.
민감도	반송파의 주파수 옵셋과 위상잡음에 민감하다.

OFDM은 FDM에서와 마찬가지로 같은 링크가 사용되지만, 링크는 주파수가 아닌 시간별로 구분된다.

정답 01 ④ 02 ④ 03 ④

01 다음은 무엇에 관한 설명인가?

(2012-2차)(2015-3차)(2019-3차)

여러 개의 부반송파에 고속의 데이터를 저속의 병렬 데이터로 변환하여 실어 보내는 기법

① AMC(Adaptive Modulation and Coding)
② HARQ(Hybrid ARQ)
③ DCT(Discrete Cosing Transform)
④ OFDM(Othogonal Frequency Division Multiplexing)

해설

OFDM 방식이 기존 FDM 방식 대비 2배의 부반송파를 사용할 수 있다. 즉, 동일한 주파수에서 OFDM 방식이 단순 FDM 방식보다 Data Rate가 2배 빠르다.

02 다음 중 고속의 송신 신호를 다수의 직교하는 협대역 반송파로 다중화시키는 변조 방식은?

(2012-1차)(2015-1차)(2020-2차)

① EBCDIC
② CDMA
③ OTDM
④ OFDM

해설

여러 개의 부반송파에 고속의 데이터를 저속의 병렬 데이터로 변환하여 실어 보내는 기법이다.

03 OFDM 방식과 함께 사용되는 일반적인 변조 방식은 어느 것인가?

(2011-3차)

① ASK
② FSK
③ MSK
④ QPSK

해설

OFDM 신호는 PSK(Phase Shift Keying)이나 QAM(Quadrature Amplitude Modulation)에 의해 변조된 부반송파의 합으로 구성된다.

04 OFDM에 대한 설명으로 적합하지 않은 것은? (2011-3차)

① FFT(Fast Fourier Transform)에 의한 변복조 처리가 가능하다.
② 다중 경로 페이딩에 강하다.
③ 반송파의 주파수 옵셋과 위상잡음에 민감하다.
④ 사용자의 데이터열에 따라 반송주파수를 변화한다.

해설

OFDM 단점

구분	내용
CP 사용	OFDM은 ISI를 피하기 위해 CP(Cyclic Prefix)를 사용해야 한다.
동기화 민감	주파수 동기화에 민감하다.
PAPR	PAPR(Peak−to−Average Power Ratio)이 높게 나올 수 있다.
민감도	반송파의 주파수 옵셋과 위상잡음에 민감하다. 그러므로 송수신단 간에 반송파 주파수의 Offset이 존재하는 경우 $\frac{S}{N}$의 비가 감소할 수 있다.

OFDM은 FDM에서와 마찬가지로 같은 링크가 사용되지만, 링크는 주파수가 아닌 시간별로 구분하며 사용자의 데이터열에 따라 반송주파수를 변화하면 반송파 주파수의 Offset이 존재할 수 있어서 $\frac{S}{N}$의 비가 감소할 수 있다.

05 고속의 무선 및 멀티미디어 통신을 위해 하나의 정보를 여러 개의 반송파로 분할하고 분할된 반송파 사이의 주파수 간격을 최소화하기 위해 직교 다중화해서 전송하는 통신 기술은 무엇인가? (2012-3차)(2016-3차)

① THSS
② FHSS
③ DSSS
④ OFDM

해설

④ OFDM(Orthogonal Frequency Division Multiplexing): 하나의 정보를 여러 개의 반송파(Subcarrier)로 분할하고, 분할된 반송파 간의 간격을 최소로 하기 위해 직교성을 부가하여 다중화시키는 변조기술이다.

정답 06 ②

06 OFDM (Orthogonal Frequency Division Multiplexing) 변조 방식에서 PAPR(Peak-to-Average Power Ratio)이 증가하는 직접적인 이유는 무엇인가? (2023-3차)

① 기지국 내 차량통신 사용자 수가 증가하는 경우 PAPR이 증가한다.
② 많은 부반송파 신호들이 동위상으로 더해지는 경우 PAPR이 증가한다.
③ 이웃한 기지국에서 사용자 수가 많아지는 경우 PAPR이 증가한다.
④ 채널 부호화가 다중화되는 경우 PAPR이 증가한다.

해설

OFDM 단점

구분	내용
CP 사용	OFDM은 ISI를 피하기 위해 CP(Cyclic Prefix)를 사용해야 한다.
동기화 민감	주파수 동기화에 민감하다.
PAPR	PAPR(Peak-to-Average Power Ratio)이 높게 나올 수 있다.
민감도	반송파의 주파수 옵셋과 위상잡음에 민감하다. 그러므로 송수신단 간에 반송파 주파수의 Offset이 존재하는 경우 $\frac{S}{N}$의 비가 감소할 수 있다.

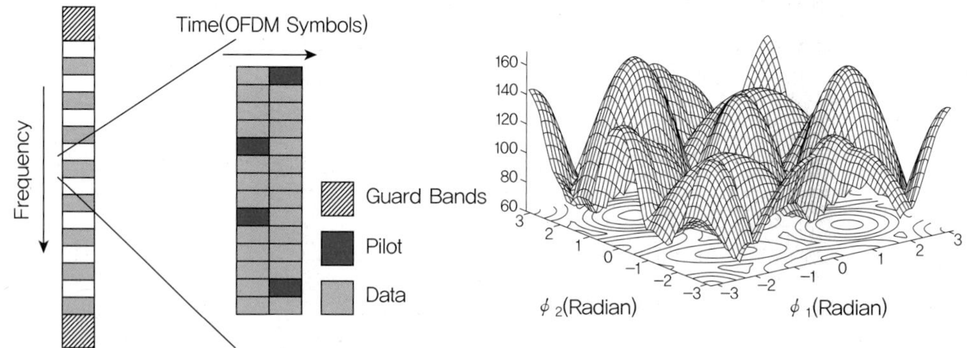

OFDM은 많은 부반송파 신호들이 동위상으로 더해지는 경우 PAPR이 증가한다. 이를 방지하기 위해 SC-FDMA를 사용한다.

정답 07 ①

07 다음 중 LTE 이동통신에서 사용하는 다중접속방식으로 옳은 것은? (2023-3차)

① OFDMA(Orthogonal Frequency Division Multiple Access)
② TDMA(Time Division Multiple Access)
③ FDMA(Frequency Division Multiple Access)
④ CDMA(Code Division Multiple Access)

해설

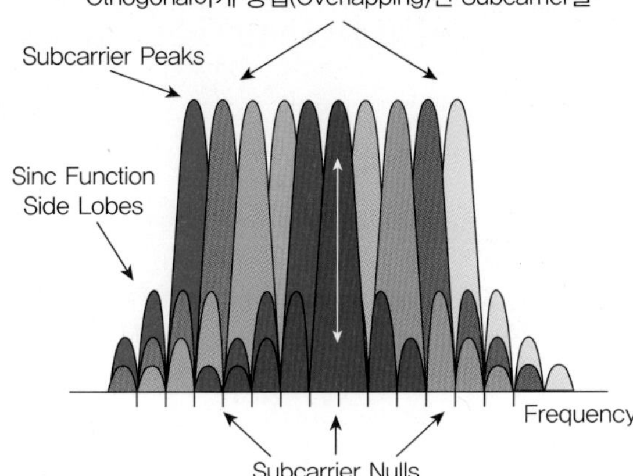

직교 주파수 분할 다중 액세스(OFDMA)

직교 주파수 분할 다중화 디지털 변조 방식의 다중 사용자 버전이다. 다중 액세스는 OFDMA에서 개별 사용자에게 부반송파의 하위 집합을 할당하며 이를 통해 여러 사용자로부터 낮은 데이터 전송률을 동시에 전송할 수 있다.

OFDM과 OFDMA 모두 전송되는 데이터를 여러 개의 작은 패킷으로 분할하여 간단한 방법으로 작은 정보 비트를 이동시킨다. 또한, OFDMA는 채널을 부반송파라고 하는 더 작은 주파수 할당 대역으로 세분한다. 채널을 세분하면 작은 패킷을 동시에 여러 장치로 병렬 전송할 수 있다. 도착한 패킷은 전송되기 시작하며 다른 패킷을 기다릴 필요가 없다. 다운링크 OFDMA에서 라우터는 서로 다른 부반송파 그룹을 사용하여 서로 다른 클라이언트에 패킷을 보낼 수 있다. 대기 시간을 관리할 수 있으며 유연하고 분산된 통신 방법은 네트워크 속도와 효율성을 향상시킨다.

기출유형 07 ▶ CDMA(Code Division Multiple Access)

다음 중 스펙트럼확산기술에 의해 변조된 신호를 공간적으로 다원접속하는 방식은? (2018-2차)

① CDMA

② CSMA

③ TDMA

④ FDMA

해설

CDMA(Code Division Multople Access)는 코드분할다중접속으로 코드를 이용한 다중화(다중접속) 기술 중 하나이다. CDMA는 하나의 셀 영역에 여러 명의 사용자가 동시에 사용할 수 있도록 하는 기술로서 이동통신은 제한된 주파수 대역을 활용해서 다수의 사용자가 통신을 가능하게 하는 기술이다.

| 정답 | ①

족집게 과외

미국식 CDMA와 유럽식 WCDMA의 기본 개념은 거의 동일하지만 사용 주파수 대역폭이 CDMA는 1.25MHz, WCDMA는 5MHz로 구분된다. CDMA는 기지국의 시간을 일치시키기 위해 GPS를 이용하는 동기식을 사용하고 WCDMA는 기지국의 시간을 일치시키지 않는 비동기식으로 사용한다.

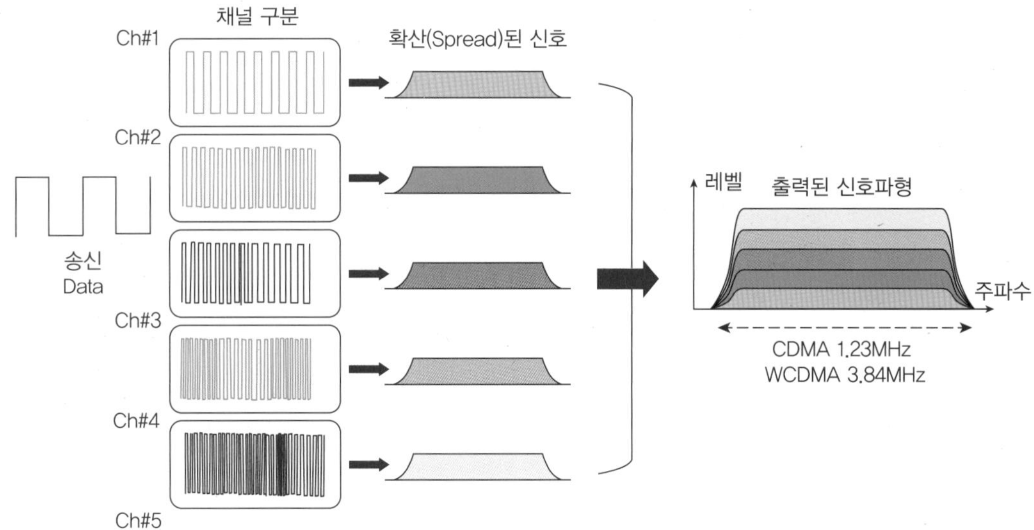

더 알아보기

구분	WCDMA	CDMA 2000
주도 지역	유럽	북미
기지국 간 동기	미지원	지원
위성 사용	미지원	지원
채택률	80%	20%
PN 코드	기지국마다 다르게 사용	동일 PN와 코드 사용
대역폭	5MHz(x2)	1.25MHz(x1) 또는 5MHz(x3)
Duplexer 방식	FDD	FDD
최대전송속도	3.84Mbps	2.4Mbps
주파수 효율	0.4bps/Hz	1.0bps/Hz
주이용 국가	한국, 유럽, 일본	미국, 일본
특징	세계시장 80% 점유, 글러벌 로밍 지원	우수한 통화 품질, 글러벌 로밍 미지원

❶ 코드 분할 다중 접속(Code Division Multiple Access)

직접 시퀀스 스펙트럼 확산(DSSS)을 기반으로 하는 다중접속 통신방식으로 여러 사용자가 단일 통신 자원(주파수 대역)을 공유하면서 동시에 이용하기 위한 방식 중 하나로, 사용자마다 고유한 코드를 이용하는 데에서 이름이 붙여졌다. 초기에는 보안을 목적으로 개발되었으나 현재는 다중접속 방식으로 널리 사용되고 있다.

❷ 코드 분할 다중 접속(Code Division Multiple Access) 등장

기존 주파수 분할 다중 접속(FDMA) 및 시간 분할 다중 접속(TDMA)는 다중접속을 감당하는 한계가 있었다. FDMA와 TDMA는 이론적으로는 동일한 무선 변조방식을 이용하고 동일한 전송 대역폭을 갖는다. 그러나 무선 통신 수요가 점점 증가하는 상황에서 기존의 FDMA와 TDMA 방식으로는 무선통신 수요가 증가해서 원활한 통신을 위한 대역폭 요구량이 폭증에 대응하기가 어려웠다. 이에 반해 CDMA는 주파수, 시간이라는 물리적인 혼선 방지를 코드라는 논리적인 혼선 방지책으로 전환하는 방법으로 이러한 문제를 해결하였다.

❸ 주파수 재사용 계수

주파수 재사용은 무선통신 시스템의 용량과 효율을 증가시키기 위해 이동통신망 설계에 사용되는 기술로서 사용 가능한 주파수 스펙트럼은 더 작은 셀로 나뉘며 각 셀에는 통신에 사용할 주파수 그룹이 할당된다.

구분	내용
1) 하나의 셀 주파수 재사용	각 셀에는 인접 셀과 공유되지 않는 고유한 주파수 집합이 할당된다. 이 접근 방식은 주파수 재사용을 극대화하지만 네트워크 용량은 줄어든다.
2) 세 개의 셀 주파수 재사용	이 패턴에서 셀은 3개의 클러스터로 그룹화되고 각 클러스터는 비인접 클러스터에서 재사용되는 일련의 주파수를 사용한다. 예를 들어, 셀 A가 주파수 1, 2, 3을 사용하는 경우 인접 셀 B와 C는 이러한 주파수를 사용할 수 없다.
3) 일곱 개의 셀 주파수 재사용	이 패턴에서 셀은 7개의 클러스터로 그룹화되고 각 클러스터는 비인접 클러스터에서 재사용되는 일련의 주파수를 사용한다. 이 패턴은 네트워크 용량을 더욱 증가시키지만 간섭을 방지하기 위해 신중한 계획이 필요하다.

'주파수 재사용 계수'란 이동통신 시스템에서 주파수 효율이 얼마인지는 나타내는 데 사용하는 파라미터로, 전체 주파수 대역을 몇 개의 셀에 나누어 주는 가를 나타내는 것으로 셀 수를 의미한다. 주파수 재사용 계수를 수식으로 표현하면 다음과 같다.

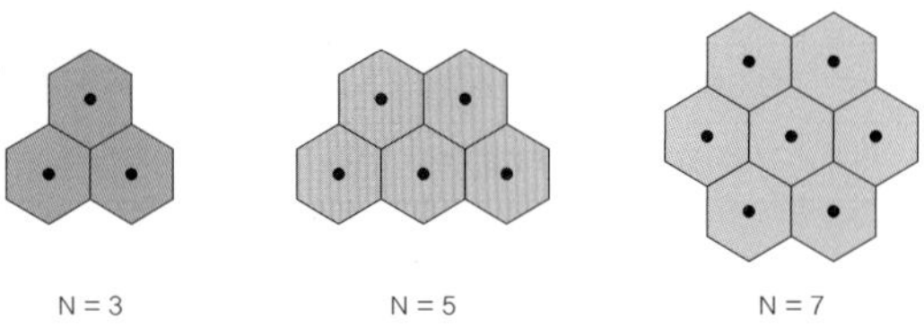

위 그림에서 보면 셀당 주파수 재사용 계수를 볼 수 있다. 셀이 인접해 있어 주파수 재사용에 한계가 있지만 아래와 같이 셀이 확장되는 경우 주파수 재사용은 가능해진다.

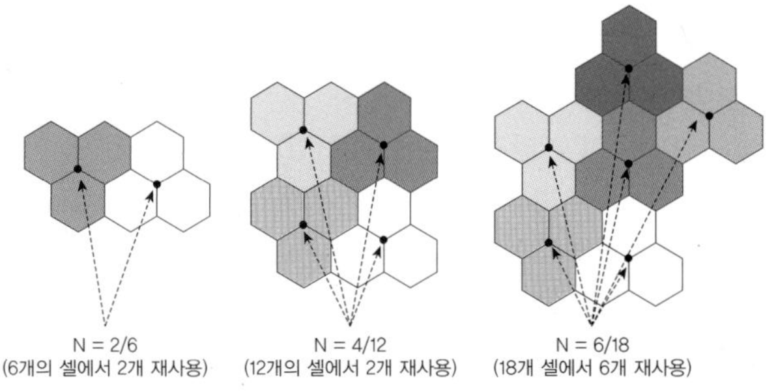

3섹터 셀의 셀반경에 대한 셀 간 거리는 위의 수식을 적용하면

$\frac{D}{R}=\sqrt{3N}$	2/6	$\sqrt{3\times6}=3\sqrt{2}=4.24$
	4/12	$\sqrt{3\times12}=\sqrt{36}=6$
	6/18	$\sqrt{3\times18}=\sqrt{48}=6.92$

R: 셀반경, D: 셀 간 거리, N: 주파수 재사용 계수

이동통신시스템에서 신호대 잡음비(C/I 또는 E_b/N_o)를 작게 설계하여 주파수 재사용 계수를 줄이는 것이 채널 용량 증가에 크게 기여할 수 있을 것이다.

정답 01 ③ 02 ②

01 사용자 신호마다 서로 다른 코드를 곱해서 구분하여 보내는 다중접속 기술은? (2019-1차)

① FDMA　　② TDMA
③ CDMA　　④ OFDMA

해설

CDMA 방식은 코드를 사용하는 다중접속 기술로서 이동국과 기지국 간의 무선망 접속 방식을 코드분할을 통해 사용자가 다중 접속하는 방식이다.

02 다음 중 DS CDMA에 대한 설명으로 틀린 것은? (2012-2차)(2015-1차)(2018-1차)

① 원근단 간섭문제를 해결해야 성능이 향상된다.
② 상호상관함수의 값이 클수록 좋은 성능이 얻어진다.
③ 사용자 상호 간에 직교성을 가진 확산부호를 사용한다.
④ 주파수 사용효율이 높다.

해설

Direct-Sequence Code-Division Multiple Access(DS-CDMA) 방식

입력 Data
Data 변조
Spreading
Spread Codes
Despreading
Spread Codes
Data 복조
출력 Data
Power
Frequency

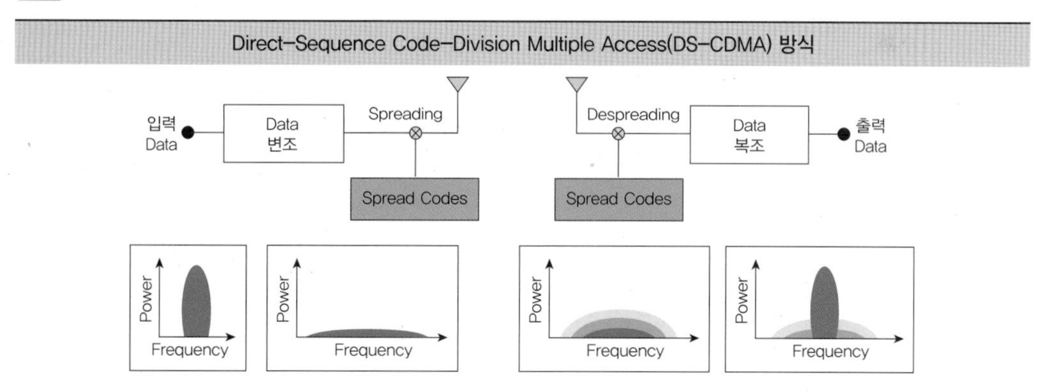

보내고자 하는 송신신호는 Spread Codes를 통해서 대역이 넓어져서 잡음에 강하게 된다. 이후 수신되는 신호는 복조기(Demodulation)를 통해서 원하는 신호를 추출할 수 있다.

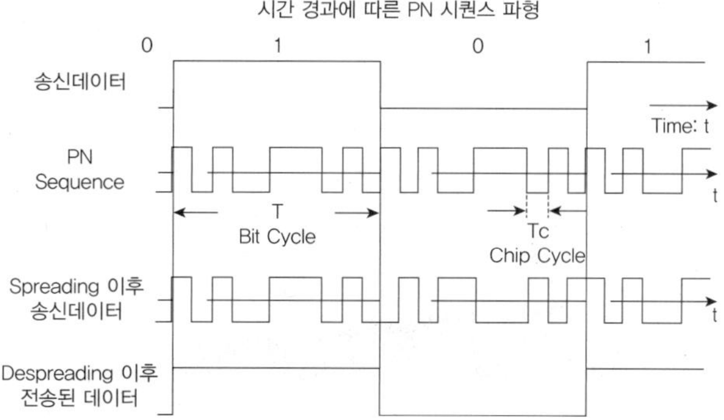

위 그림은 DS(Direct Spread)를 통한 처리를 이진 데이터 bit를 통해 확인하는 과정이다. 다중 채널 무선을 이용하는 사용자들을 위한 통신 방법으로 개개인의 사용자가 자신만의 독특한 코드를 부여받아서 다른 사용자와의 구별을 통해 통신하게 된다. 즉, CDMA에서는 모든 사용자가 동시에 통신을 할 수 있다.

03 CDMA 시스템의 이론적인 주파수 재사용률(FRT: Frequency Reuse Pattern)은 얼마인가?

(2013–1차)(2014–2차)

① 1

② 2

③ 3

④ 4

해설

CDMA의 경우 이론적인 주파수 재사용 계수는 1이고, 실제의 경우에도 $\frac{1}{0.6}$ 정도이므로 다른 무선접속 방식(아날로그인 AMPS, TDMA 디지털 방식인 GSM)에 비하여 각각 이론적으로는 주파수 재사용 계수에서만 아날로그에 비해서 4배, TDMA 방식에 비해서 2~2.4배 차이가 난다. 즉, CDMA 방식이 다른 무선접속 방식에 비해서 채널 용량이 큰 가장 큰 이유가 CDMA의 주파수 재사용 계수에 있음을 알 수 있다.

04 CDMA 통신망에서 주파수 재사용 패턴(Frequency Reuse Pattern) K=1을 적용할 수 있는 것은 어떤 기술에 의하여 가능하게 되는가?

(2014–1차)

① Orthogonal Code

② 채널 코딩(Channel Coding)

③ 소스 코딩(Source Coding)

④ Equalizing

해설

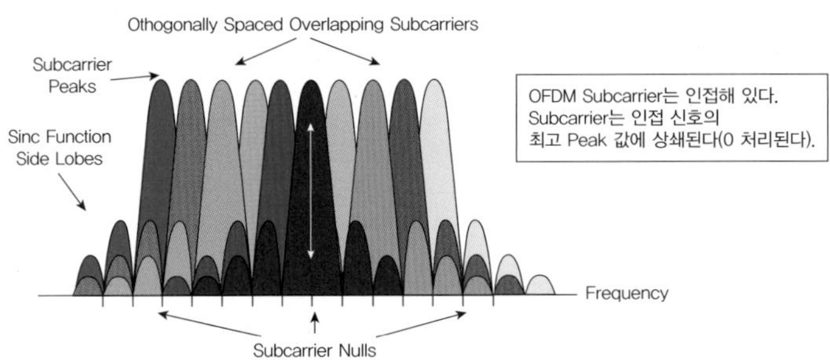

직교 부호/코드(Orthogonal Code)는 수학적으로 직교성을 갖춘 코드로서 서로 다른 코드 사이에 상호상관이 0인 코드이다. 직교(Orthogonality)는 기하학의 수직을 일반화한 용어로서 두 벡터의 내적이 0일 때, 다시 말해 이 둘이 직각을 이룰 때, 이 두 벡터가 서로 직교한다고 한다.

정답 05 ④

05 다음이 설명하는 용어는? (2022-3차)

- LTE의 상향링크 전송방식
- 여러 개의 주파수가 섞여 하나의 주파수로 보임
- 통화자들이 전체 부반송파갯수를 나누어 사용
- PAPR 특성으로 인한 단말의 전력증폭기의 부담을 개선

① OFDMA
② CDMA
③ FDMA
④ SC−FDMA

해설

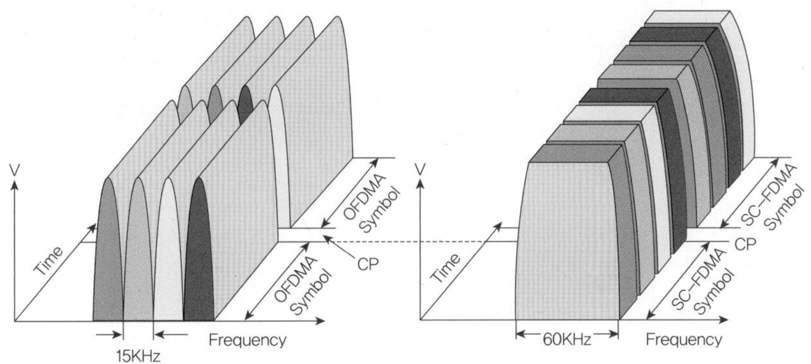

SC-FDMA(Single Carrier FDMA)/DFTS-OFDM

LTE 상향링크 전송에서는, OFDM의 변종인 SC−FDMA 또는 DFTS−OFDM 방식을 사용한다. 단일 반송파 FDMA는 주파수 분할 다중 접속 방식으로 선형 프리코딩된 OFDMA라고도 하며 다른 다중 액세스 방식과 마찬가지로 공유 통신 리소스에 여러 사용자를 할당해서 처리한다. SC−FDMA은 OFDM과 상당히 비슷한 구조를 가지고 있나 SC−FDMA OFDM에 비해서 낮은 PAPR을 갖는 장점이 있다. SC−FDMA는 다중경로 페이딩 또는 증가된 채널 응답 등과 같은 무선 채널의 특성에 의해 성능이 열화될 수 있어서 이동통신 단말에서 중계기로 통신할 때 주로 사용한다.

06 다음 중 WCDMA 방식에 대한 설명으로 옳은 것은? (2014-2차)(2021-1차)

① 주파수 간격은 1.15[MHz]이다.

② GPS로 기지국 간 시간 동기를 맞추어 전송한다.

③ 서로 다른 코드로 기지국을 구분한다.

④ 칩 전송속도는 5.2288[Mcps]이다.

해설

WCDMA(Wideband Code Division Multiple Access) 광대역 부호 분할 다중 접속

CDMA를 광대역으로 사용하는 것이 WCDMA이며, WCDMA는 FDMA와 TDMA의 특징도 가지고 있다. WCDMA는 CDMA와 가장 큰 차이점은 바로 비동기식이라는 것이다. CDMA가 PN(Pseudo Random Noise Sequence)와 같은 코드를 하나만 만들어서 위상에 위치시켜서 사용했다면 WCDMA는 PN 코드를 기지국마다 다르게 사용한다. WCDMA는 기지국을 구분하기 위한 코드가 필요하기 때문에 CDMA 방식에 비해 PN 코드가 더욱 복잡해지는 단점이 있다.

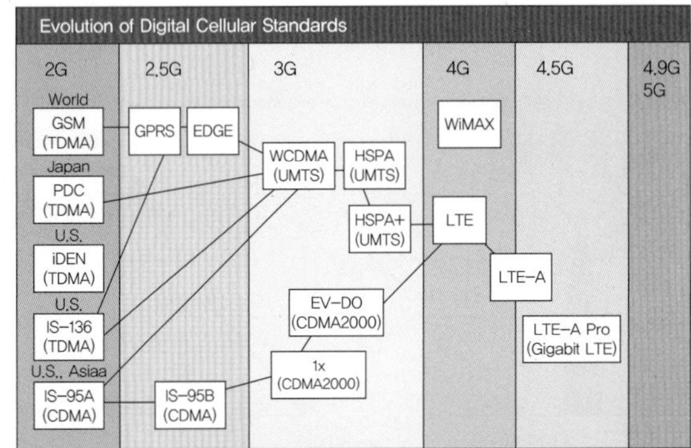

구분	WCDMA	CDMA2000
지역	유럽	북미
동기	미지원	지원
위성	미지원	지원
채택률	80%	20%
PN 코드	기지국마다 다르게	동일 PN과 코드 사용
대역폭	5MHz(x 2)	1.25MHz(x1) 또는 5MHz(x3)
방식	FDD	FDD
최대속도	3.84Mbps	2.4Mbps

정답 07 ② 08 ④ 09 ①

07 다음 중 중계국에 할당된 여러 개의 주파수 채널을 다수의 이용자가 공동으로 사용하는 주파수공용통신(TRS)에 대한 설명으로 틀린 것은? (2021-2차)

① 음성과 데이터의 전송이 가능하다.
② 채널당 주파수 이용효율이 낮다.
③ 신속한 호접속이 가능하다.
④ 산업용 통신에 주로 이용된다.

해설

TRS(Trunked Radio System), 주파수공용무선통신시스템
하나의 주파수 대역을 여러 사용자가 공용으로 사용할 수 있도록 고안된 무선 통신 규격이다. 주된 목적은 효율성으로 몇 개의 구별된 주파수들을 가지고서 수많은 사람들이 수많은 대화들을 전달할 수 있으므로 채널당 주파수 이용효율이 높다.

08 다음 중 CDMA(IS-95A 방식 기준)망에서 BTS(Base Transceiver Station)에서 수행하는 과정이 아닌 것은? (2020-3차)

① 콘볼루션인코딩
② 심볼반복
③ 블록인터리빙
④ CRC

해설

CRC(Cyclic Redundancy Check)
CRC(순환 중복 검사)는 네트워크 등을 통하여 데이터를 전송할 때 전송된 데이터에 오류가 있는지를 확인하는 것이다.

09 다음 중 경찰 · 소방 · 국방 · 지방자치단체 등 관련 기관의 무선통신망을 하나로 통합해 국민의 건강과 안전보호, 국가적 피해 최소화 등을 위해 추진하고 있는 국가재난안전통신망은? (2017-2차)(2018-3차)

① PS-LTE
② 3GPP
③ Wibro
④ IEEE 802.11s

해설

PS-LTE(Public Safety-LTE)
LTE 통신기술을 기반으로 공공안전에 관련된 사람들이 재난의 예방, 대비, 대응 및 복구를 수행할 때 필요한 통신을 하기 위한 기술이다. LTE 기반에 재난 업무 수행에 필요한 기능을 추가로 포함하고 있다.

정답 10 ① 11 ②

10 다음 중 국가에서 2020년 구축완료를 목표로 추진하고 있는 국가재난 안전통신망의 용어는? (2020-3차)

① PS-LTE ② Wibro
③ LTE-R ④ DOC

해설

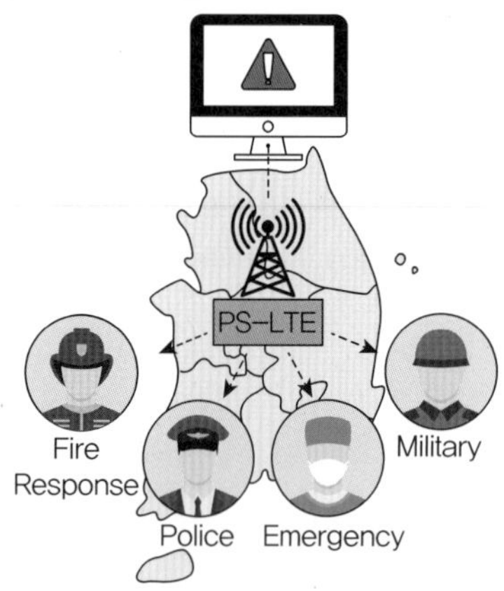

PS-LTE(Public Safety-LTE)는 LTE 통신기술을 기반으로 공공 안전에 관련된 사람들이 재난의 예방, 대비, 대응 및 복구를 수행할 때 필요한 통신을 하기 위한 기술이다. LTE 기반에 재난 업무 수행에 필요한 기능을 추가로 포함하고 있다.

11 이동통신시스템의 주파수 변조방식인 OFDM(Orthogonal Frequency Division Multiplexing)과 FDM(Frequency Division Multiplexing)을 비교한 설명으로 적합하지 않은 것은? (2023-2차)

① OFDM과 FDM은 정보 전송을 위하여 주파수 대역을 나눈다는 공통점이 있다.
② OFDM 방식에서는 직교성을 사용하여 FDM 방식보다 대역폭 효율이 좋지 않다.
③ FDM 방식은 OFDM 방식과 동일하게 다중 부반송파를 사용한다.
④ FDM 방식은 많은 수의 변복조기가 필요하다.

해설

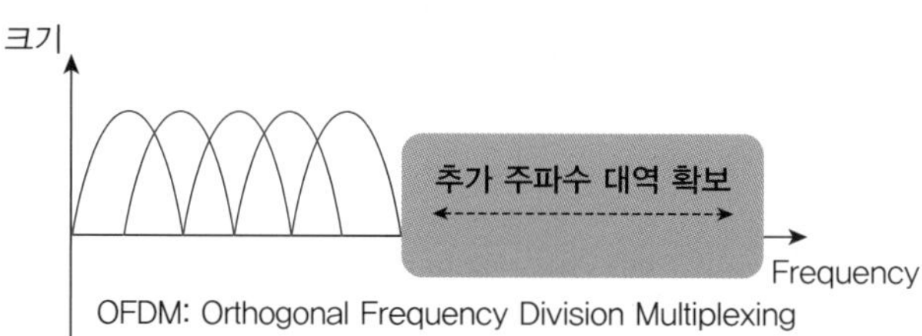

OFDM 방식에서는 직교성을 사용하여 FDM 방식보다 대역폭 효율이 매우 좋은 방식이다. FDM은 하나의 정보를 여러 개의 반송파(Subcarrier)로 분할하고, 분할된 반송파 간의 간격을 최소로 하기 위해 직교성을 부가하여 다중화시키는 변조기술로서 특히 이동통신 주파수 변조방식에서 사용하고 있다.

정답 12 ④

12 다음 중 재난안전통신망 단말기에서 지원하는 음성 코덱이 아닌 것은? (2023-2차)

① EVS(Enhanced Voice Service)
② WB-AMR(Wideband-Adaptive Multi Rate)
③ NB-AMR(Narrowband-Adaptive Multi Rate)
④ VP9

해설

④ VP9: 비디오 코덱으로 H.265처럼 동일한 대역폭에서 H.264 대비 PSNR 기준으로 35%의 화질 향상과 동일 해상도에서 H.264 대비 50%의 비트레이트를 절약할 수 있다.
① EVS(Enhanced Voice Service): VoLTE를 위해 개발된 초광대역 음성 코딩 표준으로 최대 20kHz의 오디오 대역폭을 제공하며 지연 지터 및 패킷 손실에 대한 높은 견고성을 가지고 있다.
② WB-AMR(Wideband-Adaptive Multi Rate): 적응 다중속도 광대역은 ACELP와 비슷한 방법으로 사용한 AMR 인코딩에 기반해서 개발한 특허된 광대역 음성부호화 표준이다.
③ NB-AMR(Narrowband-Adaptive Multi Rate): 적응 다중속도인 AMR(AMR, AMR-NB)은 음성 부호화에 최적화된 특허가 있는 오디오 데이터 압축이다. AMR 음성 코덱은 7.4 kbps에서 시작하는 시외전화 품질 음성으로 4.75에서 12.2kbps의 가변 비트레이트의 협대역 신호(200-3400Hz)를 인코딩하는, 다중속도 협대역 음성 코덱으로 이루어진 음성 코덱이다.

05 위성통신

기출유형 01 ▶ 위성통신(Artificial Satellite)

다음 중 위성통신에서 업 링크(Up link)에 대한 설명으로 옳은 것은? (2014-2차)(2018-3차)

① 위성으로부터 지구국으로의 회선
② 지구국으로부터 위성으로의 회선
③ 지구국으로부터 지구국으로의 회선
④ 위성으로부터 위성으로의 회선

해설

위성통신 링크

Downlink	• 위성 중계기 → 수신 지구국으로의 회선 • 신호가 지구로 전달되는 통신로를 Downlink라 함
Uplink	• 지구국 → 위성 중계기 • 지구국에서 위성으로 신호가 전달되는 통신로이며 Uplink인 상향링크
상호링크	위성 간 연결(ISL: Inter Satellite Links)

| 정답 | ②

족집게 과외

위성통신 특징

장점	광역성, 고품질/광대역성, 동보성, 다원접속, 회선설정의 유연성, 내재해성
단점	전송지연, 강우감쇠 및 태양간섭 등의 기후에 영향받음, 제한된 대역폭

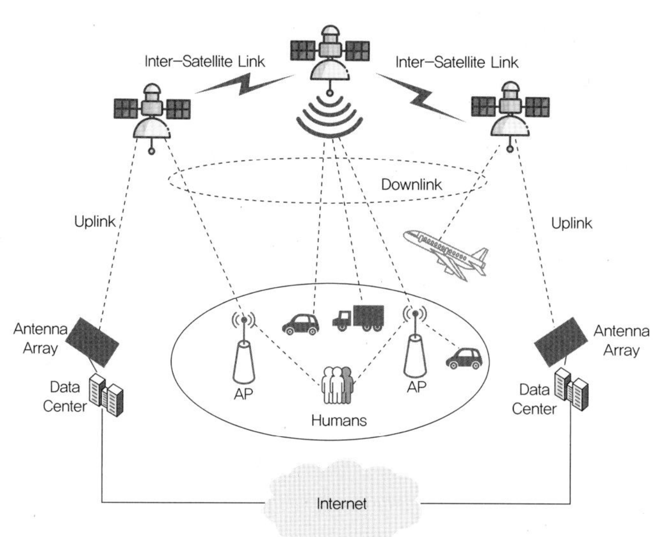

[무선, 위성통신 주파수 대역]

구분	2차 세계대전 군사용	IEEE 분류(레이더 분야)	기타 관용적 구분
HF(단파)		3~30MHz	
VHF(초단파)		30~300MHz	
UHF(극초단파)		300~1000MHz	
L Band	390~1550MHz	1~2GHz	
S Band	1550~3900MHz	2~4GHz	
C Band	3.9~6.2GHz	4~8GHz	3~8GHz
X Band	6.2~12.9GHz	8~12GHz	8~10GHz
Ku Band	12.9~18GHz	12~18GHz	10~18GHz
K Band	18~26.5GHz	18~27GHz	
Ka Band	26.5~40GHz	27~40GHz	
V Band		40~75GHz	
W Band		75~110GHz	
밀리터리파		110~300GHz	

최근(2023년) 다중궤도 위성개념이 나왔다(다중궤도 = GEO + LEO + MEO). 스타링크에서 국내 위성통신 주파수 대역인 Ku 대역에 대한 사용을 신청했으며 이 대역은 현재 무궁화 위성에서 사용 중이어서 향후 전파 혼신이나 간섭이 발생할 수 있어서 이에 대한 대책이 필요하다.

더 알아보기

무선통신에서 주파수는 HF(3~30MHz)부터 Ku, K, Ka Band (12.5~40GHz), Milimeter Wave 등을 사용하며 위성통신용 주파수는 주로, Ka 밴드, Ku 밴드, C 밴드, L 밴드 등을 사용하고, 일반적으로 상업 위성용은 C 밴드를 많이 사용 한다.

❶ 인공위성 통신

인공위성을 사용하여 지구상의 다른 지점들 사이의 통신 링크를 제공하는 기술로서 통신 신호는 지상국 또는 게이트웨이로도 알려진 지구국과 지구 궤도에 있는 위성 사이에 전송되고 위성은 신호를 수천km 떨어진 곳에 위치할 수 있는 다른 지상국으로 중계한다. 아래는 위성통신이 이동통신이나 지상 유선 통신 대비 장점이다.

구분	내용
글로벌 적용 범위	위성통신은 위치나 인프라 가용성에 관계없이 지구상의 거의 모든 지점에 통신 링크를 제공할 수 있다.
넓은 범위	하나의 위성이 넓은 지리적 영역을 커버할 수 있어 많은 사용자가 동시에 서비스를 받을 수 있다.
고대역폭	위성통신은 음성, 데이터 및 비디오 통신을 포함한 광범위한 응용 프로그램을 지원할 수 있는 고대역폭 링크를 제공할 수 있다.
신뢰성	위성통신은 자연재해 또는 지상 통신 시스템을 방해할 수 있는 다른 사건에 의해 발생하는 정전의 영향을 덜 받는다.

위성을 이용한 통신은 주파수는 1~30GHz 정도의 넓은 대역폭 범위에서 작동하며 지구국에서 상향링크로 올라온 신호를 다시 내려보내는 중계기(위성트랜스폰더) 역할을 한다.

❷ 위성통신 시스템

위성체는 Payload 시스템과 위성 본체(Bus)로 구성되며 Payload 시스템은 주로 위성 업무를 수행하며 위성 버스(BUS)는 위성의 전력공급, 통신, 자세제어 등의 역할을 담당하며 세부 내역은 아래와 같다.

구분	구성 요소	주요 기능
Payload System	중계기 (Transponder)	• 상향링크(Up) 신호를 받아서 증폭 및 주파수를 변환하고 하향링크(Down) 신호 변환을 수행한다. • RF Front End, 주파수 변환기, 전력증폭기로 구성된다.
	안테나계	• 무지향성 안테나: 텔레메트리계 정보를 송수신한다. • 파라볼라 안테나: 좁은 지역을 커버하는 스팟빔을 형성한다. • 혼 안테나: 넓은 지역을 커버하는 빔을 형성한다.

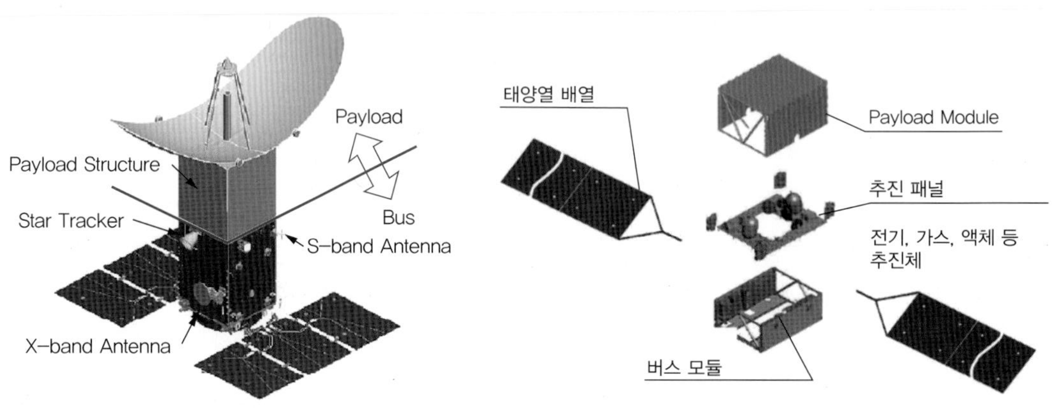

구분	구성요소	주요 기능
Bus 서버 시스템	전력계	• 전원발생부와 전원공급부로 구성된다. • 1차 전원: 태양전지를 사용, 태양에너지를 전기에너지로 변환한다. • 2차 전원: 축전지(Ni−Cd)를 사용한다. 지구−위성−태양이 일직선 상태로 태양으로부터 빛을 받지 못하는 상태인 위성 일식인 경우 위성에 전원을 공급한다.
	TTC계	• Tracking Telemetry & Control • 위성 관제소로부터의 명령 신호를 수신한다. 위성의 자세 및 위치 등에 관한 텔레메트릭 데이터를 위성관제소에 송신하는 기능을 한다. • 자세제어, 위치제어, 빔 증설제어, 정상 기능 점검, 운용장비와 예비 장비와의 절체 기능 등을 수행한다.
	자세제어계	스핀 안정방식과 3축 제어방식을 이용하여 위성의 자세를 제어한다.
	추진계	• 추친장치(Thruster): 발사 전 위성 자세제어이다. • 원지점모터(AKM): 위성을 전이궤도에서 표류궤도로 들어가게 할 때 사용한다.
	구체계	위성의 각 장치 및 기기 등을 지지하고 유지하는 기본 구조체이다.
	열제어계	위성체의 온도를 조정한다.

위성 통신 시스템(Satellite Communication System)은 인공위성에 대한 우주 부문(Space Segment)과 지상에서 위성 관제국(TTAC–Tracking, Telemetry & Command) 및 망 관리를 위한 제어 부문 (Control Segment)으로 구분된다. 우주 부문(Space Segment)은 위 표와 같이 탑재물(Payload), Bus 서버 시스템, 플랫폼(Platform) 등으로 구분되며 위성에서 트랜스폰더는 위성 중계기 기능으로 지구상의 두 지구국 간의 전파의 중계함으로서 송신기능과 수신기능을 함께 수행한다. 트랜스폰더는 아래와 같이 크게 두 가지로 구분된다.

Transparent 형	단순히 미약하게 수신된 신호를 증폭하여 다시 송출하는 유형이다.
Regenerative 형	재생중계기와 같이 수신기와 송신기가 하나의 패키지로 구성되어 동작한다.

❸ 위성통신응용분야

위성 통신은 다음과 같은 응용 분야에서 사용된다.

구분		내용
방송		위성은 많은 시청자에게 텔레비전과 라디오 신호를 전송하는 데 사용된다.
탐색		GPS와 같은 위성 기반 항법 시스템은 항법 및 위치 지정에 사용된다.
군사		군사 조직은 안전한 통신과 정찰을 위해 위성통신을 사용한다.
인터넷 액세스		위성통신은 지상파 네트워크를 이용할 수 없거나 비용 효율적이지 않은 원격 지역에서 초고속 인터넷 접속을 제공하기 위해 사용된다.
재해 대응		인공위성 통신은 자연재해나 다른 비상사태가 발생했을 때 긴급 통신 링크를 제공하기 위해 사용된다.
밴드 별 분류	고정 위성통신 업무	C 밴드, Ku 밴드, Ka 밴드
	위성 방송 업무	S 밴드, Ku 밴드
	이동 위성통신 업무	L 밴드, S 밴드

❹ 통신위성용 주파수 대역

밴드	주파수대		특징
	상향링크	하향링크	
L 밴드	1.5GHz대	1.6GHz대	• 전파의 Inductive(전자유도를 이용해서 충전 전력을 공급하는 방식)한 효과가 있다. • 휴대 단말의 상용화가 가장 용이하다.
	1.6GHz대	1.5GHz	
S 밴드	2.5GHz대	2.6GHz대	• 전파의 Inductive 효과가 미비하다. • 휴대 단말의 실용화가 곤란하다.
	2.6GHz대	2.5GHz대	
C 밴드	4GHz대	6GHz대	• 강우 감쇠의 영향 경미하다. • 대형 지구국 안테나가 필요하다. • 기기제조가 용이하고 낮은 가격으로 구성이 가능하다.
	6GHz대	4GHz대	

기출유형 완성하기

정답 01 ② 02 ② 03 ②

01 **위성통신에서 다운링크(Down Link)란?** (2011-3차)(2015-3차)(2018-3차)

① 위성으로부터 송신 지구국으로의 회선
② 위성으로부터 수신 지구국으로의 회선
③ 송신 지구국으로부터 수신 지구국으로의 회선
④ 수신 지구국으로부터 송신 지구국으로의 회선

해설

위성통신 링크

Downlink	• 위성 중계기 → 수신 지구국으로의 회선 • 신호가 지구로 전달되는 통신로를 Downlink라 함
Uplink	• 지구국 → 위성 중계기 • 지구국에서 위성으로 신호가 전달되는 통신로이며 Uplink인 상향링크
상호링크	위성 간 연결(ISL: Inter Satellite Links)

02 **다음 중 강우로 인한 위성통신 신호의 감쇠를 보상하기 위한 방법이 아닌 것은?** (2014-1차)(2016-2차)(2021-3차)

① Site Diversity
② Angle Diversity
③ Orbit Diversity
④ Frequency Diversity

해설

각도 다이버시티(Angle Diversity)

다른 지향성의 안테나를 사용하여 출력에서 선택하거나 합성하는 방식으로서 다중 전파 수신 시 지향성의 영향으로 각 수신파의 진폭/위상이 안테나 간에 차이가 있다.

03 **다음 중 레이더 또는 위성통신에 이용되며, Ka 밴드, K 밴드, Ku 밴드, X 밴드, L 밴드 등 특수한 용어를 사용하여 밴드를 분류하는 파는 무엇인가?** (2017-1차)(2019-1차)(2022-1차)

① 단파
② 마이크로파
③ 밀리미터파
④ 초단파

해설

주로 위성통신은 35GHz, Ka 밴드에서 파장 8.5mm로, 밀리미터 영역으로 떨어지지만, Ka 밴드가 Micro Wave 파의 기술을 많이 사용하기 때문에 40GHz 이상부터 밀리미터파로 구분한다.

마이크로파대역(UHF, SHF): 40MHz~40GHz

• 상용 및 군수용: 300MHz~12GHz
• 기상 레이더: S 밴드(2~4) 2.9~3.1GHz, C 밴드(4~8GHz), X 밴드(8~10) 9.3~9.5GHz

정답 04 ① 05 ① 06 ①

04 다음 중 위성통신의 특징으로 틀린 것은? (2022-3차)

① 운용 시 지연 시간이 발생하지 않는다.
② 회선설정이 유연하다.
③ 서비스 지역이 광범위하다.
④ 비용이 통신거리에 무관하여 경제적이다.

해설

위성통신 특징

장점	광역성, 고품질/광대역성, 동보성, 다원접속, 회선설정의 유연성, 내재해성
단점	전송지연, 강우감쇠 및 태양간섭 등의 기후에 영향받음, 제한된 대역폭

05 위성통신의 특징 설명으로 틀린 것은? (2010-3차)

① 통신회선을 구성하는데 있어 신속성과 유연성이 떨어진다.
② 광대역의 통신회선을 구성할 수 있다.
③ 지상의 재해에 영향이 적다.
④ 동보성의 통신 기능을 가진다.

해설

위성통신 주요 특징

구분	내용
SHF 대역	위성통신은 위성을 중계국으로 극초단파인 SHF(Super High Frequency: 3~30GHz) 주파수대를 이용
전화/데이터	초기의 위성통신은 TV 중계나 국제전화로만 사용되었으나 기술의 발달로 영상회의, 데이터 전송 등에 사용
중계 역할	통신 위성들은 우주 공간상에서 중계국(Relay Stations) 역할
저궤도 위성 확대	농어촌, 산간지역 등 비상 재해 대책용으로서의 보편적 서비스를 위해 저궤도 위성통신을 이용, 이동통신영역으로 발전(6G 이동통신 연계 예정)

06 다음 중 위성통신의 통신위성체 구성에 대한 설명으로 옳지 않은 것은? (2010-1차)

① 통신위성은 통신기기부와 공통기기부로 대별되고 통신기기부는 안테나계와 추진계로 구성된다.
② 텔리메트리 명령계는 위성상태를 보고하는 텔리메트리 신호를 송신한다.
③ 전원 발생부는 태양전지 판넬로 전원을 생성한다.
④ 중계기는 수신부, 신호증폭부, 송신부 등으로 구성된다.

해설

통신 위성체의 구성

Payload 시스템	위성 본연의 업무를 수행한다.
위성본체(Bus)	위성의 전력공급, 통신, 자세제어 등의 기능을 한다.

정답 07 ④ 08 ① 09 ④

07 다음 중 위성통신 시스템에서 위성중계기의 신호 증폭부가 갖추어야 할 요건이 아닌 것은? (2010-2차)

① 고신뢰성 ② 고효율성
③ 경량성 ④ 협대역성

해설
위성통신은 광역성, 동보성, 유연성, 신속성의 장점이 있다. 특히 재난재해로 지상 네트워크가 두절되어도 통신회선 확보가 가능하다. 특히 위성의 무게를 가볍게(경량성) 해야 하며 향후 운영을 위한 고효율성과 고신뢰성이 요구된다. 이를 통해 협대역성보다 광대역성이 필요할 것이다.

08 다음 중 위성통신용 지구국에서 고출력 송신장치의 대전력 증폭기로 주로 사용되는 것은? (2010-3차)

① 진행파관 ② FET 증폭기
③ 연산증폭기 ④ 푸시풀 증폭기

해설
진행파관 증폭기는 입력되는 RF(Radio−frequency) 신호를 일정한 크기로 증폭하여 안테나로 출력하는 기능을 수행한다.

나선형 TWT의 구조(Helix Traveling−Wave Tube)	구성
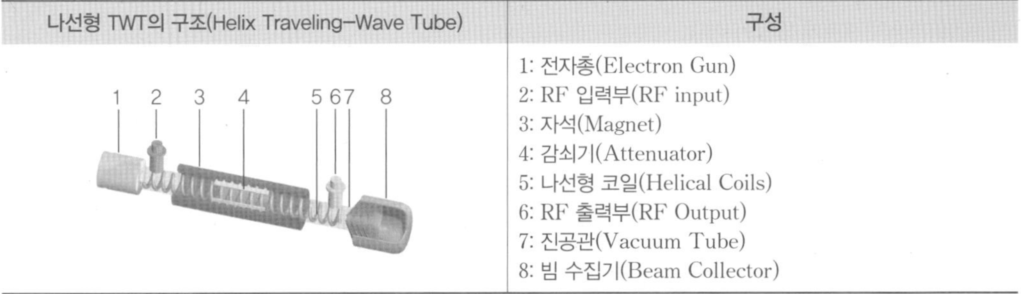	1: 전자총(Electron Gun) 2: RF 입력부(RF input) 3: 자석(Magnet) 4: 감쇠기(Attenuator) 5: 나선형 코일(Helical Coils) 6: RF 출력부(RF Output) 7: 진공관(Vacuum Tube) 8: 빔 수집기(Beam Collector)

나선형 TWT(helix Traveling−Wave Tube)는 RF(Radio Frequency) 입력을 고출력으로 크게 증폭하기 위해 사용한다.

09 위성통신의 저잡음 증폭기로 많이 사용되는 것은? (2011-3차)(2017-2차)

① Parametric 증폭기 ② Magnetron 증폭기
③ Tunnel 증폭기 ④ GaAs FET 증폭기

해설

MESFET 구조	내용
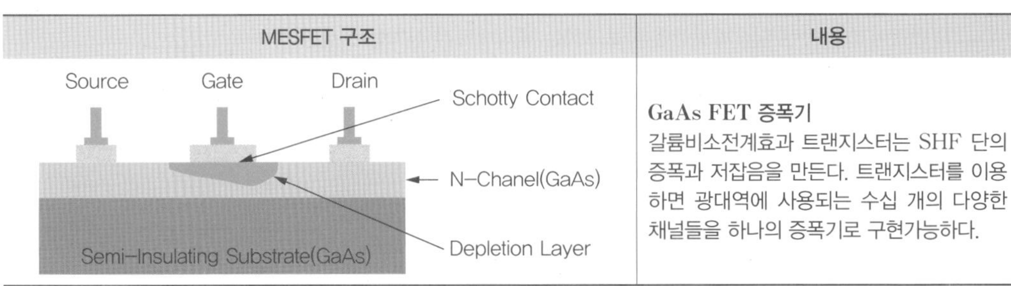	**GaAs FET 증폭기** 갈륨비소전계효과 트랜지스터는 SHF 단의 증폭과 저잡음을 만든다. 트랜지스터를 이용하면 광대역에 사용되는 수십 개의 다양한 채널들을 하나의 증폭기로 구현가능하다.

정답 10 ① 11 ④ 12 ④

10 지구국으로부터 통신위성까지의 거리가 36,000[km]일 때, 이 지구국에서 발사된 전파가 통신위성을 경유하여 지구국에 도착할 때까지 걸리는 이론적 시간은 얼마인가? (단, 지구국과 통신위성 장치에서 소요되는 시간은 고려하지 않음) (2015-1차)(2020-3차)

① 240[ms]
② 245[ms]
③ 250[ms]
④ 255[ms]

해설
정지궤도위성은 지구로부터 약 36,000[km] 상공에 위치하므로 S=VT에서 거리는 왕복거리를 기준으로 하므로 2d=vt이다 (d=정지궤도위성 높이 36,000km, V=C=3×10^8).

그러므로 $t=\frac{2d}{v}=\frac{2\times36{,}000\times10^3}{3\times10^8}=240[m]$

11 위성통신에서 지구국 장비의 기본 구성에 해당하지 않는 것은? (2012-3차)(2015-3차)

① 안테나계
② 송신계
③ 수신계
④ 추진계

해설
지구국은 통신위성과의 송수신을 행하는 지상설비로 기본적으로 송신기, 수신기 및 안테나로 구성된다.

12 위성통신용 지구국의 구성 요소로 옳지 않은 것은? (2021-3차)

① 송수신계
② 인터페이스계
③ 안테나계
④ 자세제어계

해설
초기의 지구국은 위성체의 발사신호 Power가 상당히 미약해서 그 신호를 수신하기 위해 지구국 안테나 직경이 30m나 되었고 무게는 약 300톤에 달하였으며, 지구국 안테나 시스템 전체가 위성체를 추적하기 위해 직경 20m의 원형궤적을 따라 회전할 수 있어야 했다. 자세제어계는 지구국이 아닌 인공위성에 대한 설명이다.

기출유형 02 ▶ LEO, MEO, GEO

저궤도 위성통신 시스템의 일반적인 특징이 아닌 것은? (2013-1차)(2018-2차)

① 정지위성에 비해 많은 수의 위성이 필요하다.
② 동일한 궤도에서도 여러 개의 위성이 필요하다.
③ 정지위성에 비해 저궤도 위성의 수명이 매우 길다.
④ 다중 빔 방식으로 주파수를 효율적으로 사용한다.

해설

저궤도 위성(Low Earth Orbit)

개념	• 지구궤도 약 1,000~2,000km 상에 위치하여 측위, 이동통신, 원격탐사에 이용된다. • 1~2시간에 한 번씩 지구를 도는 소형 저궤도 위성(Little LEO)과 대형 저궤도 위성(Big LEO) 있다.
장점	지연시간 감소되며 이동국은 전력 최소화, 신뢰도 증가, 주파수 사용 효율이 높다.
단점	국가 간 주파수 분배문제, 위성 간 신호 전송 기술, 안테나 제어 기술이 필요하다.

| 정답 | ③

족집게 과외

정지궤도위성은 지구표면으로부터 고도 약 36,000[km]의 거리에 위치하며 지구 중심으로부터 고도 약 42,000[km]로서 지구의 인력과 위성의 원심력이 일치하는 공간에 위치한다.

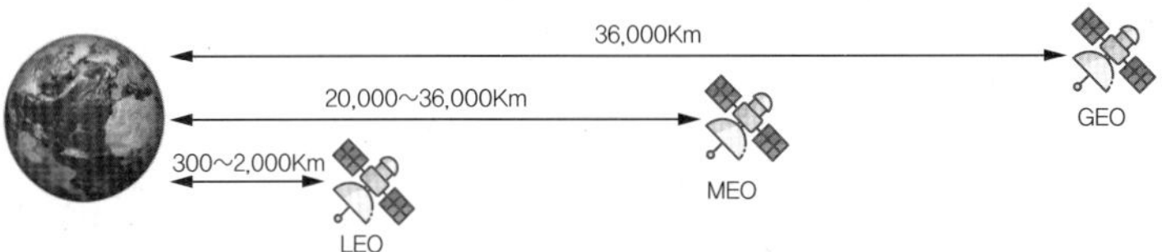

더 알아보기

위성은 크게 수동위성과 능동위성으로 나눌 수 있으며 능동위성은 다시 정지궤도위성, 랜덤위성, 위상위성으로 구분할 수 있다. 이외에도 위성의 궤도별 GEO, LEO, MEO 등으로 구분된다.

구분	LEO	MEO	GEO
고도	300~2,000km	20,000~35,786km	35,786km
공전주기	85~127분(11.3~17번)	127~1,440분	1,440분(24시간)
Coverage	0.5~2%(위성 많음)	20~34%	34%
특징	위성 수명 짧다(~5년), 지연도 짧다(편도 1~6.7ms), 고속 통신(1~2Gbps)	저속통신 (L 밴드 이용)	위성수명이 길고 지연도 길다. (편도 120ms)
서비스 예	Iridium, Starlink, 기상위성(우리별)	GPS 활용	방송, 통신, 군사, 기상(천리안)

❶ 정지 궤도 위성통신(Geostationary Earth Orbit Satellite Communication)

㉠ 정지궤도(GEO)는 지구를 도는 궤도로 고도는 약 35,786km로서 위성이 지구 표면에 대해 고정된 위치에 머물 수 있게 해주는 특별한 형태의 궤도로 하늘에 정지해 있는 것처럼 보인다.

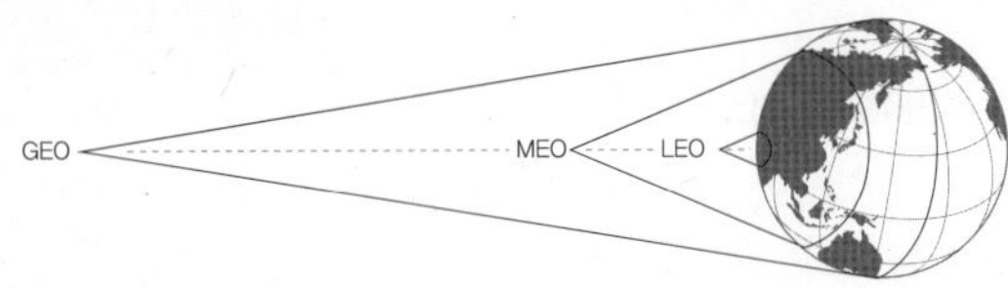

GEO에 있는 위성은 지구가 자전하는 데 걸리는 시간인 약 24시간 동안 지구 주위를 한 바퀴 돌며 이것은 GEO의 위성이 항상 적도 위의 동일한 지점에 남아 있다는 것을 의미하며, 이는 통신, 기상 모니터링, 항해와 같은 응용 분야에서 사용되고 있으며 이 궤도에 위치한 위성은 지상에 있는 관측자에게는 밤과 낮의 구분 없이 하늘의 공간에 고정된 것처럼 보인다.

㉡ 정지위성은 공전주기가 지구의 자전주기와 같고 적도상의 원 궤도로 움직이며 텔레비전 신호 방송, 위성 기반 인터넷 서비스 제공, 날씨 패턴 모니터링 등 다양한 용도로 사용되며 이외에도 원격 감지와 감시와 같은 군사적, 과학적 목적으로도 사용된다.

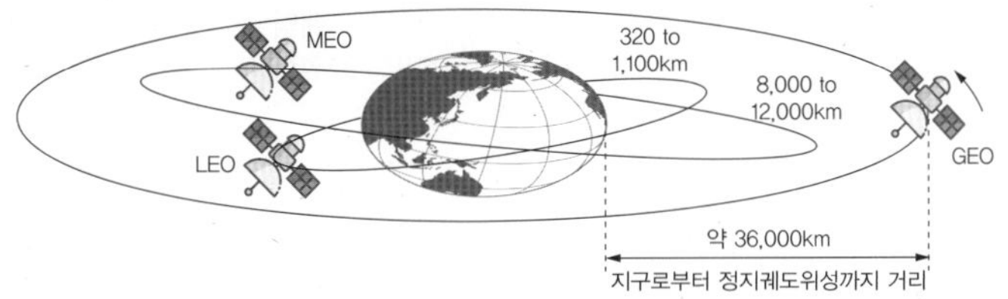

특히 정지궤도는 위성이 고정된 위치에 있도록 정확한 배치와 유지가 필요하며, 이는 추진기와 다른 추진 시스템을 사용하여 동작된다. 위성통신은 대기권 밖으로 쏘아 올린 인공위성을 이용하여 통신을 중계하는 방법으로 위성통신을 사용하면 통신가능 구역이 넓어지고 고주파수대의 전파를 이용하여 초고속 전송이 가능해진다.

㉢ 통신방식은 인공위성을 중계국으로 하여 지상의 기지국을 연결하는 방식으로 전자기파를 이용해서 데이터를 전송하며 위성은 마이크로파를 이용하며 지상에서 약 35,786km 떨어진 상공에 위성을 띄워 놓고 지상의 여러 송수신국을 서로 연결한다. 지상 송신국에서 안테나 빔을 이용해 송신할 신호의 주파수 대역을 증폭하거나 재생해서 다른 주파수로 바꾸어 지상 수신국으로 송신한다.

❷ 위성통신 분류

구분	GEO	MEO	LEO	HEO
고도(km)	36,000	10,000~20,000	1,000~2,000	1,000~40,000
위성체수	3 for Global	10여개	60여개	3 for 1 orbit
위성회전주기	24hour	5~6hour	30min~1hour	8hour
통신시간	24hour	3hour	15min	8hour
장점	3개 위성으로 전세계 서비스	GPS 위성 지연시간 감소	지연시간 감소, 단말 출력 감소	도심권 서비스에 유리
단점	대형지구국 필요, 극지방 어려움	도플러편이로 주파수 보상 장치 필요	투자비 증가, 고속추적안테나 시스템 필요	투자비 증가

정답 01 ① 02 ① 03 ④

01 다음 중 정지위성에 대한 설명으로 옳지 않은 것은? (2014-1차)

① 지구 전체 커버 위성 수는 90도 간격으로 최소 4개이다.
② 지구표면으로부터 정지궤도의 고도는 약 36,000[km]이다.
③ 지구 중심으로부터 고도는 약 42,000[km]이다.
④ 지구의 인력과 위성의 원심력이 일치하는 공간에 위치한다.

해설

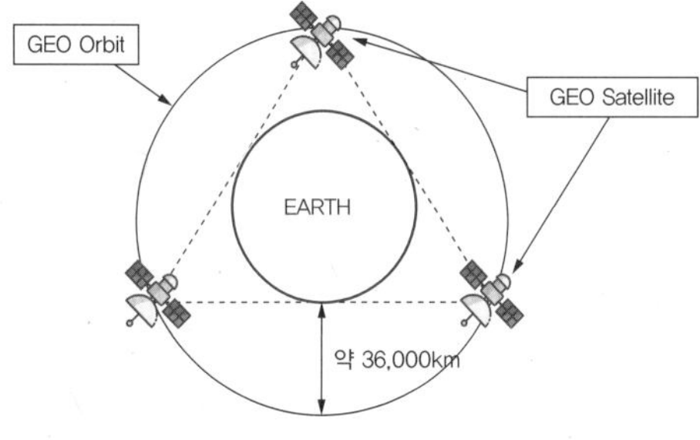

정지위성 장점

- 전파를 송수신하기 위하여 안테나를 움직일 필요가 없다.
- 하나의 위성으로 위성이 동작하는 동안 고정된 지역에서 계속적으로 서비스를 제공할 수 있다.
- 고정 방송 · 통신위성의 궤도로 사용된다.
- 통신위성은 이론상 지구를 중심으로 세 개를 설치하면 일부 극지방을 제외한 모든 지역에서 위성통신이 가능하다.

02 위성통신을 하기 위한 통신위성방식이 아닌 것은? (2011-2차)

① 이동 위성방식
② 정지 위성방식
③ 위상 위성방식
④ Random 위성방식

해설

구분	내용
정지궤도 위성	GEO(Geostationary Earth Orbit) 지구로부터 35,786Km 상공에서 지구를 1회전 하는데 24시간이 소요되어 지구의 자전주기와 일치하며 지구 면적의 43%를 커버할 수 있다. 이 위성은 위성의 공전주기와 자전주기가 같으므로 위성이 항상 제자리에 위치하는 것처럼 보여 위성을 추적할 필요가 없으며 1일 24시간 연속통신이 가능하다.
랜덤 위성	랜덤 위성은 지구 상공 수백km에 수 시간의 주기를 갖고 돌고 있는 위성을 띄워 통신을 행하는 위성으로 지구국 간에 위성이 마주 보이는 시간에만 통신할 수 있으며, 상시 통신망을 확보하기 위해서는 많은 위성을 사용해야 한다(이리듐, 글로벌 스타 등 저궤도 위성이 여기에 속함). 이 위성은 정지궤도 위성이 커버하지 못하는 극지방에서의 통신도 가능하고 낮은 궤도에 띄워져 있어 전파지연 및 전송손실은 작으나, 여러 개의 위성을 운용해야 하기 때문에 비용이 많이 들게 된다.
위상 위성	위상위성(Polar Orbit Satellite)은 극궤도 상공에 위성을 띄워 자원 탐사용이나 기상관측용으로 사용하는 위성으로 극지방에서의 통신도 가능하고 낮은 궤도에 띄워져 있어 전파지연 및 전송손실도 작다.

03 위성통신방식의 종류가 아닌 것은? (2020-2차)

① 랜덤 위성 방식
② 위상 위성 방식
③ 정지 위성 방식
④ 항행 위성 방식

해설

위성은 크게 수동위성과 능동위성으로 나눌 수 있고, 능동위성은 다시 정지궤도위성, 랜덤위성, 위상위성으로 구분할 수 있다.

04 다음 위성통신의 종류 중 선박들 간의 정보교환, 선박–육상 간의 정보교환 등으로 사용되는 위성통신으로 옳은 것은? (2019–2차)

① 통신위성
② 해사위성(INMARSAT)
③ 과학위성
④ 지구관측위성

해설
INMARSAT(International Maritime Satelhte Organization)
Inmarsat은 컨테이너선, LNG 운반선, 어선, 요트 등 선박에서 신뢰할 수 있는 위성통신을 제공한다. 1979년 7월 선박 등을 대상으로 한 해사 위성통신 서비스 업무를 행하는 국제기구로서 영국 런던에 본거지를 두고 설립되어, 주로 해상의 선박 및 지상의 비상통신수단으로 주로 해사 공중통신 및 조난, 긴급통신에 관계된 업무에 사용되고 있다.

05 저궤도 위성통신 시스템의 일반적인 특징이 아닌 것은? (2013–1차)

① 정지위성에 비해 많은 수의 위성이 필요하다.
② 동일한 궤도에서도 여러 개의 위성이 필요하다.
③ 정지위성에 비해 저궤도 위성의 수명이 매우 길다.
④ 다중 빔 방식으로 주파수를 효율적으로 사용한다.

해설
③ 정지위성에 비해 저궤도 위성의 수명이 짧다.

06 다음 중 위성이 정지궤도에 있기 위한 설명으로 틀린 것은? (2016–3차)

① 적도 상공에만 위치하여야 한다.
② 자전주기는 지구의 자전 주기와 일치하는 24시간이어야 한다.
③ 위성이 7.91[km/s]의 속도로 움직여야 한다.
④ 위성의 높이와 관계되며, 중궤도인 1,500~10,000[km] 내에 위치해야 한다.

해설
정지궤도 위성(Geostationary Earth Orbit)
적도 상공에서 지구의 자전주기와 같은 속도로 움직이며 지구에서 볼 때 정지하고 있는 것처럼 보인다.
주요 특징
- 정지위성은 지구상의 넓은 지역에 걸쳐 장애물의 영향 없이 전파를 받고 보낼 수 있다.
- 정지위성을 이용하여 텔레비전 중계를 하면 동시에 여러 나라에 같은 내용을 볼 수 있다.
- 통신, 기상관측, 방송 등에 주로 이용되며 주기는 24시간이며 소요 위성 수는 1~3개이다.

07 다음 중 정지궤도 위성에 대한 설명으로 옳지 않은 것은? (2017–3차)(2019–3차)(2023–1차)

① 정지궤도란 적도상공 약 36,000[km]를 말한다.
② 궤도가 높을수록 위성이 지구를 한 바퀴 도는 시간이 길어진다.
③ 극지방 관측이 불가능하다.
④ 정지궤도에 있는 통신위성에서는 지구면적의 약 20[%]가 내려다보인다.

해설
하나의 정지위성은 지구 표면적의 42%를 커버하며, 정지위성 3개를 120도 간격으로 위치시켜 극지방을 제외한 전 세계 통신망을 커버한다.

08 정지위성은 이론상 지구를 중심으로 몇 개를 설치하면 일부 극지방을 제외하고 모든 지역에서 위성통신이 가능한가? (2020–3차)

① 3
② 5
③ 6
④ 10

해설
하나의 정지위성은 지구 표면적의 42%를 커버 정지위성 3개를 120도 간격으로 위치시켜 극지방을 제외한 전 세계 통신망을 커버한다.

09 다음 중 인공위성 궤도의 종류에 해당하지 않는 것은? (2015-2차)(2018-2차)

① 저궤도(Low Earth Orbit)
② 중궤도(Medium Earth Orbit)
③ 임의궤도(Random Earth Orbit)
④ 정지궤도(Geostationary Orbit)

해설
저궤도(Low Earth Orbit)/극궤도(Polar Orbit)/정지궤도(Geostationary Earth Orbit)/타원궤도(Elliptical Orbit)로 구분된다. ③ 임의궤도는 별도 없다.

10 다음 중 정지위성 통신에 대한 설명으로 틀린 것은? (2020-2차)(2023-2차)

① 다원 접속 가능 및 고품질 통신 가능하다.
② 통신 영역이 넓고 난시청 지역 적다.
③ 고정통신에 적합하며 대량 정보 전송 가능하다.
④ 채널 수의 증가로 채널당 고비용을 소모한다.

해설
정지위성은 채널 수가 고정되어 있어 채널 수 증가에 한계가 있으며 위성 자체는 발사부터 운용까지 고비용이다.

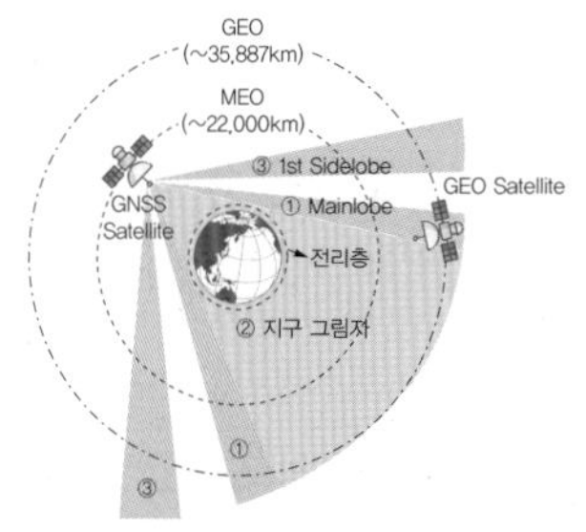

정지위성 장점
- 전파를 송수신하기 위하여 안테나를 움직일 필요가 없다.
- 하나의 위성으로 위성의 수명 동안 고정된 지역에 계속적으로 서비스를 제공할 수 있다.
- 고정 방송 · 통신위성의 궤도로 사용된다.
- 통신위성은 이론상 지구를 중심으로 세 개를 설치하면 일부 극지방을 제외한 모든 지역에서 위성통신이 가능하다.

정지위성 단점
- 강우감쇠 및 태양 간섭의 영향을 받으며 거리가 36,000km로 멀어서 전송지연이 발생한다.
- 자원이 한정되어 대역폭의 한계가 있다.

11 인공위성이나 우주 비행체는 매우 빠른 속도로 운동하고 있으므로 전파발진원의 이동에 따라서 수신주파수가 변하는 현상은? (2015-3차)(2019-1차)

① 페이져 현상　② 플라즈마 현상
③ 도플러 현상　④ 전파지연 현상

해설
③ 도플러 효과: 어떤 파동의 파동원과 관찰자의 상대 속도에 따라 진동수와 파장이 바뀌는 현상으로 소리와 같이 매질을 통해 움직이는 파동에서는 관찰자와 파동원의 매질에 대한 상대속도에 따라 효과가 변한다.
① 페이져 현상: 페이져는 시간영역(Time Domain)의 함수를 복소영역(Frequency Domain)의 함수로 표현할 때 사용한다.
② 플라즈마 현상: 기체 등 절연체가 강한 전기장 하에서 절연성을 상실하고 전류가 그 속을 흐르는 현상을 방전이라 한다. 특히 절연체가 기체인 경우를 기체방전이라고 하며, 이 방전 과정을 통해 생성된 전자, 이온, 중성입자들의 혼합체를 플라즈마라 지칭한다.
④ 전파지연 현상: 통신 시스템에서 송신기에서 송출된 신호가 수신기에 도달하기까지 걸리는 시간이다.

12 만약 우리나라에서 대륙 간 국제 통화 회선 구성 시, 고정 위성(Geostationary Satellite) 통신링크가 2개 포함되면(예를 들어 태평양 상공의 위성과 인도양 상공의 위성) 어떤 현상이 발생하는지 가장 적절하게 설명한 것은? (2016-1차)

① 음량이 약해서 통화에 불편하다.
② 반향(Echo)이 발생하여 통화에 방해가 된다.
③ 2개의 위성 링크 홉(Hop)에서 전송 에러가 증가하여 통화의 명료도가 저하된다.
④ 지연이 증가하여 실시간 대화가 어렵다.

해설
위성통신은 장거리 통신으로 시간지연이나 자연현상에 민감하다. 시간지연이 50ms 이상인 경우 음성지연이 발생해서 실시간 대화가 어려울 수 있다. 위 문제처럼 고정위성에서 통신링크가 추가되면 링크 간 처리 시간이 증가해서 통화지연 시간 증가에 따른 실시간 대화가 끊어질 수 있는 단점이 있다.

기출유형 03 ▶ 위성통신 안테나

다음 중 위성에 장착하는 안테나와 거리가 먼 것은? (2011-2차)

① 파라볼라 안테나　　② 혼 안테나
③ 애드콕 안테나　　④ 헬리컬 안테나

해설

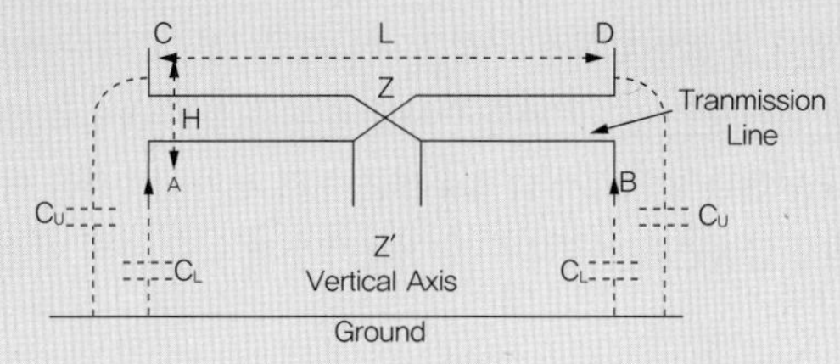

애드콕 안테나(Adcock Antenna)
4개의 수직 안테나를 반파장보다 짧은 간격으로 수평 배치한 방향 탐지용 안테나로서 두 쌍의 수직 안테나를 반파장보다 짧은 간격으로 배치하여, 수직 편파 성분에 대해서는 역위상이 되도록 접속하고 수평 편파 성분에 대해서는 8자형의 지향 특성을 지니도록 만들어 수평 편파 성분으로 인한 방위 오차를 최소화한다.

| 정답 | ③

족집게 과외

구분	파라볼라 안테나	혼 안테나
형태	곡선 접시	뿔 모양
방사 패턴	높은 지향성	더 넓은 방사 패턴
주파수 범위	높은 주파수	넓은 주파수 범위
애플리케이션	위성통신, 무선 점대점 링크	레이더 시스템
크기	크다	상대적 작다

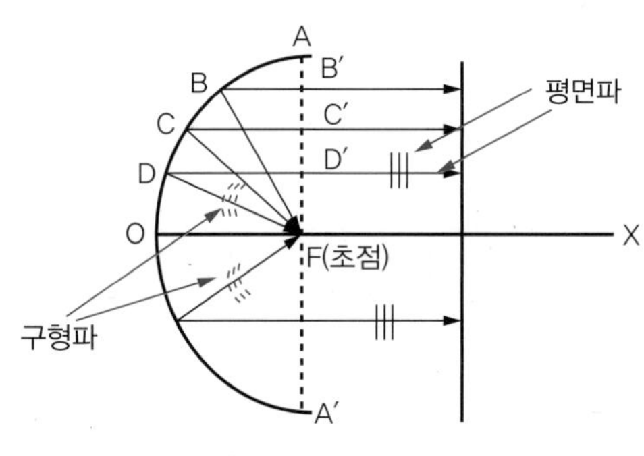

[파라볼라 안테나 원리도]

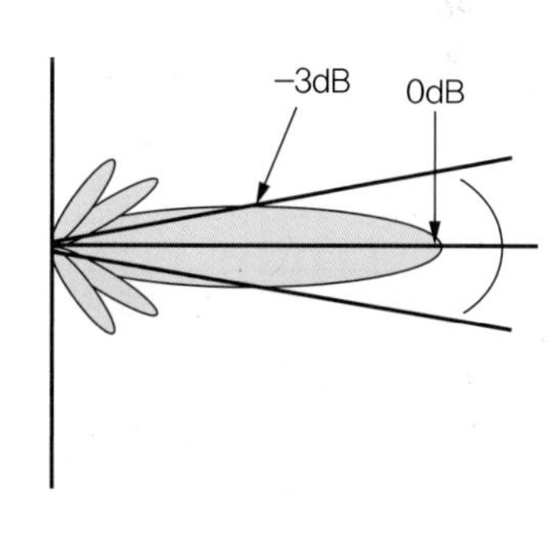

−3dB
0dB

[지향 특성]

더 알아보기

파라볼라 안테나는 포물형 면형과 반사경을 이용하며 초점에 있는 안테나 소자로 구성된다. 주요 원리는 포물면형 반사경의 초점에 설치된 1차 복사기에서 나온 전파가 포물면경에서 반사되면 구형파가 평면파가 되어 지향성이 강한 빔을 형성할 수 있다. 파라볼라의 초점에 1차 복사기로서 전자나팔, 반파장 다이폴 등을 설치하여 여진 하는 것이다. FA=FB+BB' = FC + CC'의 관계가 형성하여 평면파가 방사된다.

❶ 안테나 구성

통신 시스템에서 안테나 구성은 안테나의 배열 및 위치 지정이 중요하며 특정 구성은 애플리케이션, 주파수 범위, 적용 범위 요구 사항 및 기타 요인에 따라 다르다. 안테나의 반사경은 전자기파를 반사할 수 있도록 금속으로 만들어져야 하며 반사경을 단일 금속판으로 제조하면 이상적이나 안테나의 크기가 클 경우에는 여러 개의 금속판을 이어 붙어 반사경을 만들기도 한다. 이 경우 안테나의 조립과정에서 금속판의 연결부위 및 전체적인 휨 곡률 등의 기준을 만족하도록 해야 한다.

반파장 다이폴 안테나	다이폴 안테나 전류분포	안테나 공진

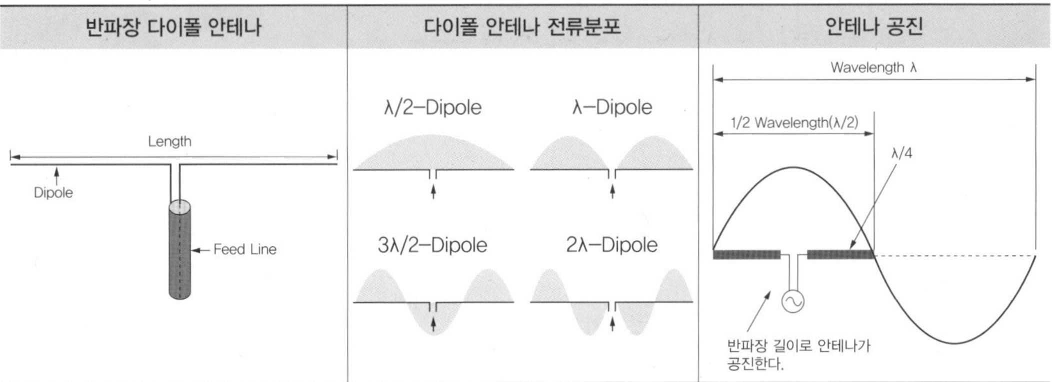

안테나로서 기능을 발휘하기 위해서는 안테나의 지름이 입사파 파장의 10배 이상이 되어야 하며 100배 파장 이상이 되면 광학기기 정도의 성능을 발휘한다. 예를 들어 주파수 3GHz의 신호는 파장이 10cm이며, 반사경의 직경이 최소 1m 이상은 되어야 안테나로서의 역할을 할 수 있다.

❷ 위성안테나

다음은 일반적인 안테나 구성 형태이다.

1) 무지향성 안테나

형태	내용
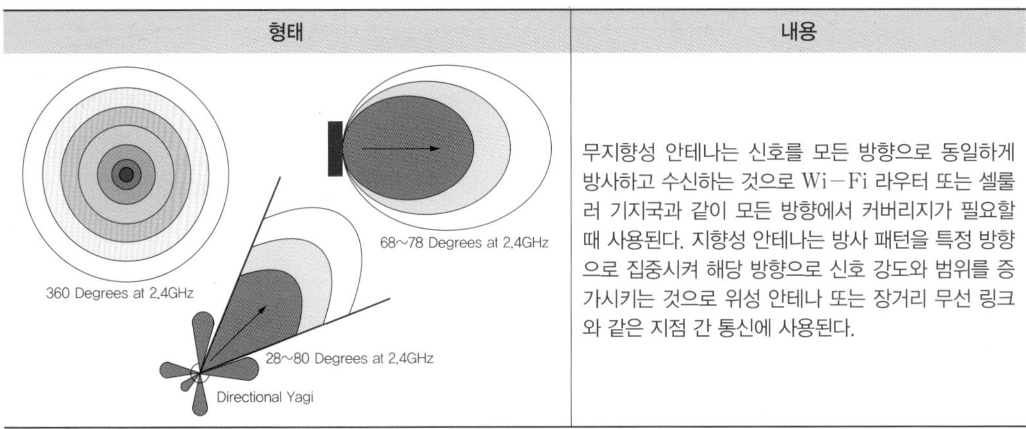	무지향성 안테나는 신호를 모든 방향으로 동일하게 방사하고 수신하는 것으로 Wi－Fi 라우터 또는 셀룰러 기지국과 같이 모든 방향에서 커버리지가 필요할 때 사용된다. 지향성 안테나는 방사 패턴을 특정 방향으로 집중시켜 해당 방향으로 신호 강도와 범위를 증가시키는 것으로 위성 안테나 또는 장거리 무선 링크와 같은 지점 간 통신에 사용된다.

2) 파라볼라 안테나

형태	내용
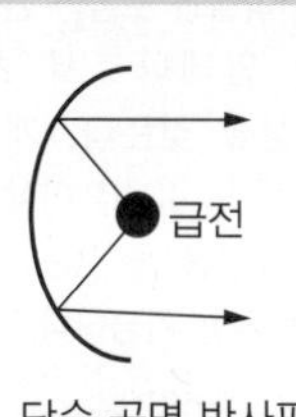 단순 곡면 반사판	포물선 반사기를 사용하여 전자파를 특정 방향으로 초점을 맞추는 안테나로 반사경은 포물선 모양의 곡면이므로 "파라볼라(포물선)" 안테나라는 이름이 붙었다. 반사기의 포물선 모양은 안테나 축과 평행한 입사파가 반사되어 포물선의 초점에 배치된 안테나 피드로 집중되도록 한다. 피드는 일반적으로 쌍극자 또는 경적과 같은 작은 안테나로, 원하는 방향으로 파를 방출하며 포물선 모양의 반사경은 금속, 플라스틱 또는 섬유 유리와 같은 다양한 재료로 만들어질 수 있으며, 효율을 높이기 위해 알루미늄과 같은 반사성 재료로 코팅될 수 있다. 파라볼라 안테나는 전자파에 초점을 맞추고 높은 이득과 방향 감도를 제공하는 능력 때문에 위성 접시, 마이크로파 링크 및 레이더 시스템과 같은 통신 시스템에 널리 사용된다.

3) 혼 안테나

형태	내용
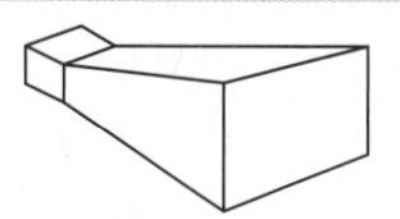	개구면 안테나의 일종으로 도파관 단면이 점차적으로 넓어지며 도파관과 공간 간에 전자파 에너지가 방사 천이 될 수 있게 한 안테나이다. 도파관(2,500MHz 이상의 전송로로서 사용되는 가운데가 비어있는 관형의 도체)의 선단을 나팔 모양으로 한 것이며, 일명 전자 혼이라고도 한다.

4) 헬리컬 안테나

형태	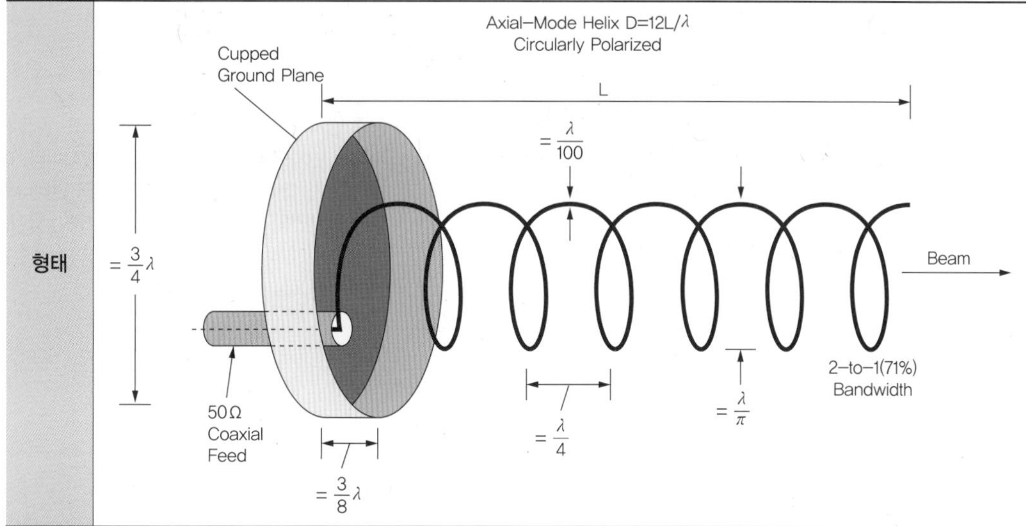
내용	• 카세그레인 안테나는 2차 반사기를 사용하여 들어오는 파형을 피드 쪽으로 리디렉션하는 포물선형 안테나의 한 유형으로 프랑스의 수학자이자 천문학자인 로랑 카세그랭의 이름을 따서 지어졌다. 기본 반사경은 포물선 모양의 접시이고, 보조 반사경은 초점 근처의 접시 앞에 위치한 작은 곡선 거울이다. • 카세그레인 안테나는 두 개의 반사경을 사용하는 안테나로서 주로 업링크 지구국이나 케이블 TV 헤드엔드와 같이 대형 안테나를 필요로 하는 곳에 주로 사용된다. 카세그레인 안테나의 부 반사경이 위성 신호를 가로막고 있기 때문에 부 반사경은 주 반사경에 비해 가능한 한 작게 만들어야 한다. 그러나 부 반사경은 신호파장의 최소 5배 이상은 되어야 역할을 한다. 이러한 제약 때문에 카세그레인 타입은 직경 5m 이하의 C 밴드 안테나에는 사용되지 않는다.

정답 01 ③

01 **다음 안테나 중 위성통신용 안테나로 주로 사용되고, 주 반사기의 초점과 부 반사기의 허초점을 일치시킨 형태의 안테나는?** (2012-3차)(2017-1차)

① 롬빅 안테나
② 파라볼릭 안테나
③ 카세그레인 안테나
④ 혼 리플렉터 안테나

해설

③ 카세그레인 안테나: 포물면의 초점에 이중으로 반사경을 달고 피드 안테나는 반사면 쪽에 부착하는 방식이다. 전파망원경과 같이 거대한 파라볼라 안테나에 쓰인다.

① 롬빅 안테나: 4개의 비 공진 도선을 다이아몬드형으로 배치하고, 종단에 도선의 특성 저항과 같은 종단저항을 삽입하여, 진행파만 존재하도록 한 안테나이다.

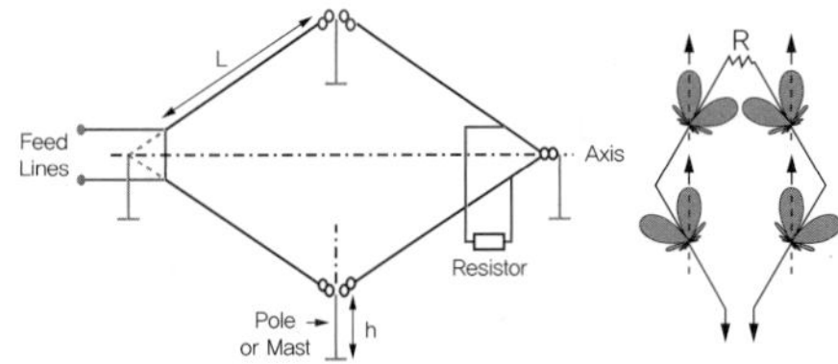

② 파라볼릭 안테나: 오프셋형(Off-axis 또는 Offset Feed): 포물선의 꼭지점을 벗어난 구간으로 반사면을 만드는 방식이다. 초점이 반사면을 벗어나 잡히게 되므로 반사면 전체를 이용할 수 있다. 대신 반사면을 설치할 때 전파원의 방향에 대한 주의가 필요하다.

④ 혼 리플렉터 안테나: 전자나팔과 포물면 반사기의 일부를 조합한 반사판 안테나로서 초광대역(3.5~11.5GHz) 특성을 갖는다. 개구효율이 0.6~0.8 정도로 높고, 이득도 45dB 이상으로 매우 높으며 저잡음 및 예민한 지향성을 갖는다. 수직, 수평, 원 편파 어느 쪽으로도 사용 가능하다.

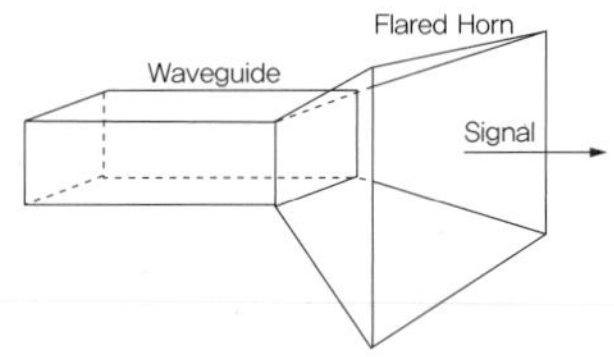

- 그레고리 안테나: 카스그레인 안테나와 유사하나 초점의 반사면을 타원면으로 만들어 안테나 효율을 더 올렸다. 카스그레인 안테나의 수신 효율이 60~70%인데 반해 그레고레인 안테나는 그 이상이다.

- 동축 반사형(Axial 또는 Front Feed): 포물선의 꼭지점이 반사면의 정 가운데 놓이는 방식이다. 이 방식은 설계가 쉽다는 장점이 있지만, 피드 안테나와 지지대가 반사면의 일부를 가리게 되는 단점이 있다.

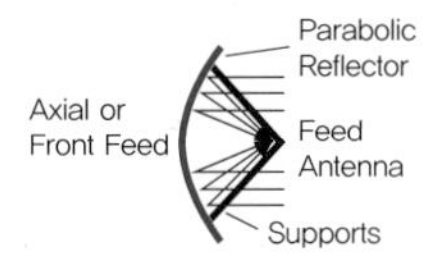

정답 02 ①

02 **다음 중 위성안테나의 종류별 기능 및 역할을 설명으로 적합하지 않은 것은?** (2019-3차)

① 헬리컬(Helical) 안테나: HF 등 낮은 주파수대의 전파를 방사 및 수신하는데 이용한다.
② 파라볼라(Parabola) 안테나: 좁은 지역에 대한 Spot Beam을 형성하는 데 사용한다.
③ 혼(Horn) 안테나: 넓은 지역을 커버하는 Beam을 형성하는데 사용하며, 필요에 따라서는 다중 피이드 혼으로 원하는 형태의 Beam을 형성하기도 한다.
④ 무지향성(Omni－Direction) 안테나: 위성의 상태를 위성관제소로 보고하는 Telemetry 신호를 송신하고 위성관제소의 Command 신호를 수신한다.

해설

헬리컬(Helical) 안테나

나선형의 도선 안테나로서 도선를 나선형으로 감으면 둘레의 길이가 파장의 3/4~4/3 배로 되어 도선을 따라서 진행파가 실리고 방사의 메인 비임이 축방향을 향하게 되어 거의 원 편파에 가까운 전파가 방사되며 100~1,000[㎒] 정도의 광대역 특성을 가지며 주로 TV 방송, 초단파 방송 등에 사용된다.

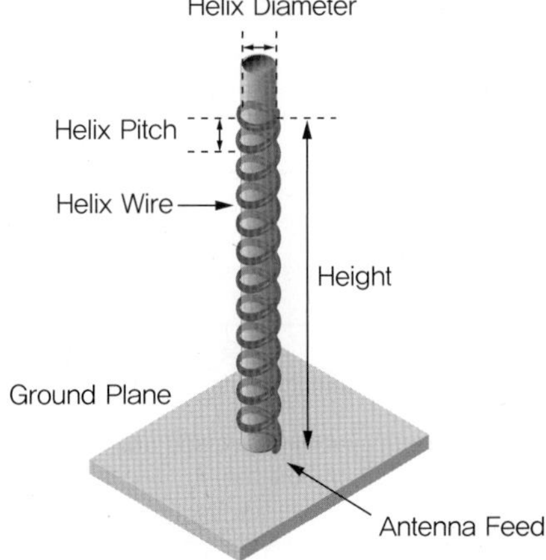

기출유형 04 ▸ 위성통신 다원접속방식

다음 중 위성통신에 적용되는 다원접속(Multiple Access) 방식이 아닌 것은? (2012-1차)

① 교환분할 다원접속방식
② 주파수분할 다원접속방식
③ 시간분할 다원접속방식
④ 부호분할 다원접속방식

해설

다수의 사용자가 주파수나 시간 자원 등의 통신자원을 공유하기 위해서 다원 접속방식을 사용한다. 다원접속방식은 일반적으로 3가지 방식이 있다.

구분	내용
주파수분할 다원접속	FDMA(Frequency Division Multiple Access)
시분할 다원접속	TDMA(Time Division Multiple Access)
코드분할 다원접속	CDMA(Code Division Multiple Access)

| 정답 | ④

족집게 과외

위성할당방식 비교

구분	고정할당방식	요구할당방식	랜덤할당방식
채널할당방식	고정방식	예약방식	경쟁방식
채널효율	낮다	높다	낮다
지연시간	낮다	낮다	지연이 매우 적다
충돌 가능성	없음	없음	매우 높다
용도	사용자 적을 때	사용자 많을 때 확실한 데이터 전송 시	Packet 망
장점	지구국 간단	채널 효율 우수	지구국 부하 작음
단점	확장성 떨어짐	고가의 지구국	사용자 동시 제어 불가능

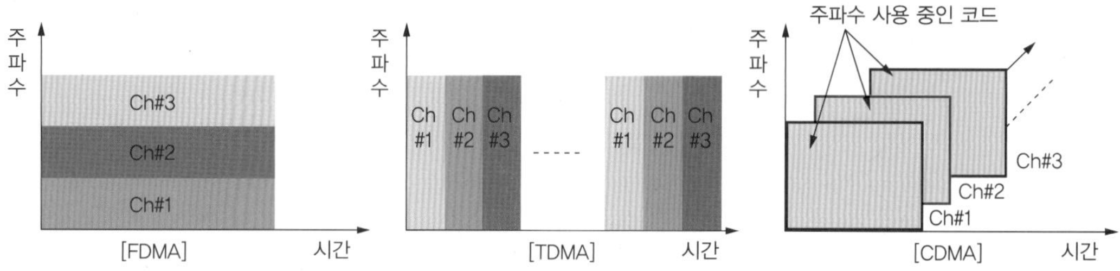

더 알아보기

동시 통화를 위해 양방향 통신(Duplexing) 기술이 필요하며, 이를 위해 송수신주파수를 이격시킨 FDD(Frequency Division Duplexing) 방식을 주로 사용하며, 최근 TDD(Time Division Duplexing) 방식도 사용되어지고 있다.

❶ 다중접속

위성 다중 액세스는 여러 사용자 또는 장치가 단일 위성 링크를 공유하여 데이터를 송수신할 수 있는 방법으로 서로 다른 사용자를 구분시키기 위한 기술로서 주어진 시간, 공간, 주파수, 코드 등을 여러 사용자가 공동으로 사용하는 방식이다.

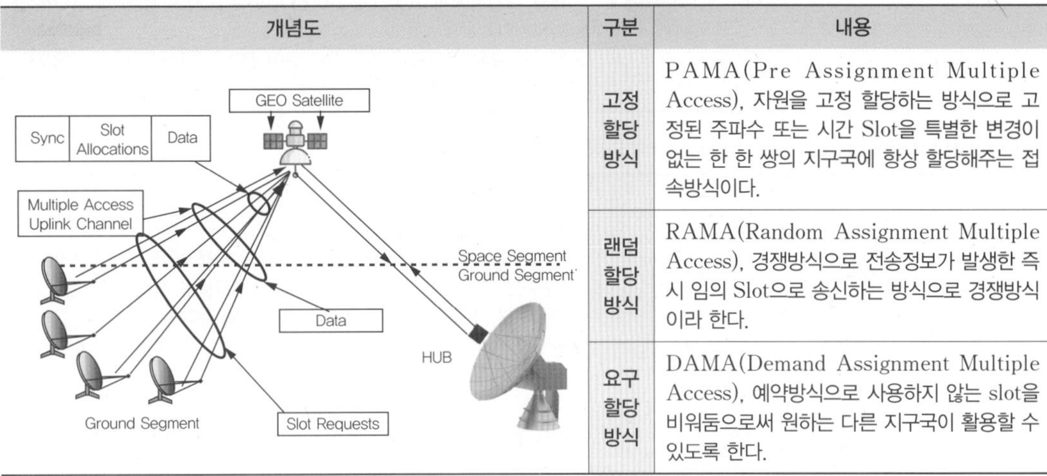

개념도	구분	내용
	고정 할당 방식	PAMA(Pre Assignment Multiple Access), 자원을 고정 할당하는 방식으로 고정된 주파수 또는 시간 Slot을 특별한 변경이 없는 한 한 쌍의 지구국에 항상 할당해주는 접속방식이다.
	랜덤 할당 방식	RAMA(Random Assignment Multiple Access), 경쟁방식으로 전송정보가 발생한 즉시 임의 Slot으로 송신하는 방식으로 경쟁방식이라 한다.
	요구 할당 방식	DAMA(Demand Assignment Multiple Access), 예약방식으로 사용하지 않는 slot을 비워둠으로써 원하는 다른 지구국이 활용할 수 있도록 한다.

❷ 다원접속

1) FDMA(Frequency Division Multiple Access), 주파수분할 다원접속

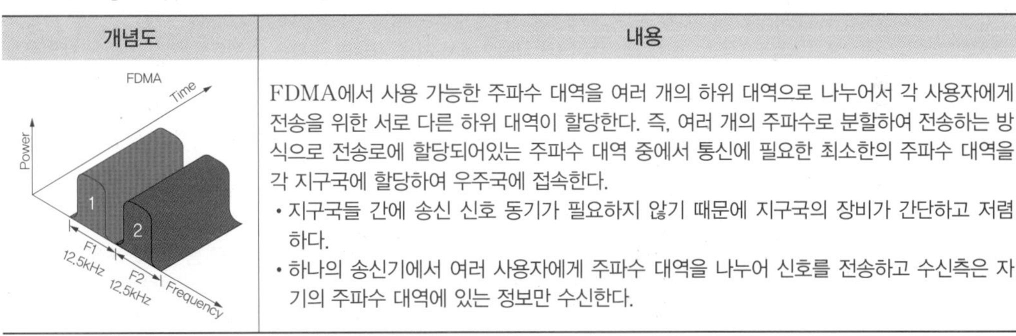

개념도	내용
	FDMA에서 사용 가능한 주파수 대역을 여러 개의 하위 대역으로 나누어서 각 사용자에게 전송을 위한 서로 다른 하위 대역이 할당한다. 즉, 여러 개의 주파수로 분할하여 전송하는 방식으로 전송로에 할당되어있는 주파수 대역 중에서 통신에 필요한 최소한의 주파수 대역을 각 지구국에 할당하여 우주국에 접속한다. • 지구국들 간에 송신 신호 동기가 필요하지 않기 때문에 지구국의 장비가 간단하고 저렴하다. • 하나의 송신기에서 여러 사용자에게 주파수 대역을 나누어 신호를 전송하고 수신측은 자기의 주파수 대역에 있는 정보만 수신한다.

2) TDMA(Time Division Multiple Access), 시분할 다원접속

개념도	내용
TDMA Time Power 1 2 1 2 12.5kHz F1 Frequency	사용 가능한 대역폭은 각 사용자에게 전송을 위한 하나 이상의 시간 슬롯이 할당되어 자원을 나누는 방식으로 주요 특징은 아래와 같다. • 여러 개의 시간으로 분할하여 전송하는 방식으로 전송로에 할당되어있는 시간대역을 주기적으로 일정한 시간간격으로 나누어서 각 지구국에 할당하여 접속할 수 있는 방식이다. • 간섭 영향이 FDMA보다 적고, 처리능력이 FDMA보다 더 우수하다. • 하나의 주파수를 여러 사용자가 공유한다. • 여러 개의 시간구간으로 나누어서 사용자가 자기에게 할당된 시간구간을 다른 사용자와 겹치지 않게 하여 다중통신을 하는 방식이다.

3) CDMA(Code Division Multiple Access), 코드분할 다원접속

개념도	내용
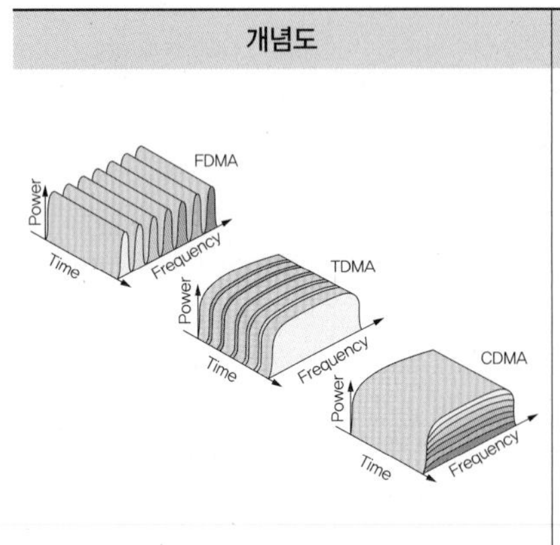	CDMA에서 각 사용자는 자신의 전송을 다른 사용자의 전송과 구별하는 데 사용되는 고유 코드를 할당받으며 모든 사용자는 동일한 주파수 대역 및 시간 슬롯을 공유한다. 주요 특징은 아래와 같다. • 지구국당 동일한 시간과 주파수를 사용하면서 각 지구국마다 특정한 PN 코드를 삽입하여 보내는 방식이다. • CDMA 방식은 확산스펙트럼 기법을 채택한 방식으로 PN 코드 사용하기 때문에 보안성이 우수하다. • 여러 사용자가 시간과 주파수를 공유하면서 각 사용자는 시간에 따라 해당 가입자에게 고유하게 주어진 주파수 도약의 패턴대로 주파수를 변화시킨다. • 가입자 고유의 코드를 이용 변조하여 전송함으로써 다수의 가입자가 통화할 수 있는 방식이다.

4) SDMA(Space Division Multiple Access), 공간 다중접속

개념도	내용
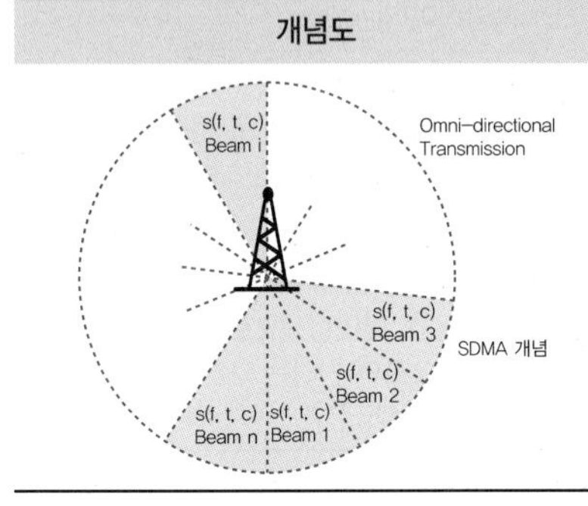	이 기술에서, 복수의 안테나들은 서로 다른 사용자들로부터 동시에 신호들을 송수신하기 위해 사용되며, 각각의 사용자들은 서로 다른 전송을 위한 공간적 위치가 할당된다. 주요 특징은 아래와 같다. • 한 개의 우주국이 여러 개의 지구국에 통신지역을 분할하여 한정된 주파수 자원을 이용하는 방식이다. • 수신신호의 전력밀도를 증가시키기 위한 방법으로 위성에서 발생하는 빔을 좁게하여 전력을 집중시키는 스포트빔을 이용하여 지구국의 수신 안테나의 크기를 줄일 수 있다.

5) OFDMA(Orthogonal Frequency Division Multiple Access), 직교주파수분할 다중접속

개념도	내용
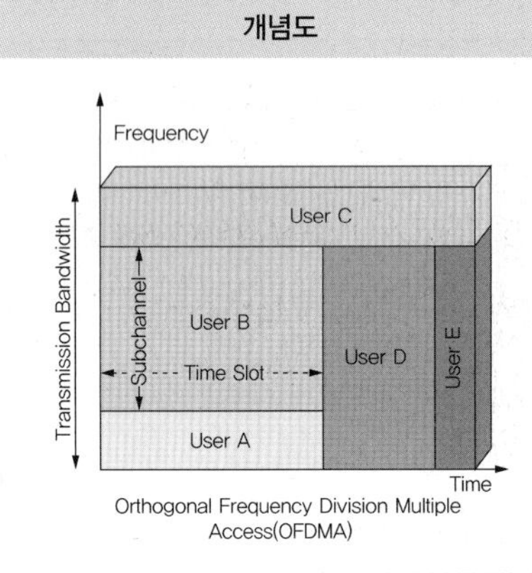 Orthogonal Frequency Division Multiple Access(OFDMA)	OFDMA에서 사용 가능한 주파수 스펙트럼은 각각 좁은 대역폭을 갖는 여러 개의 직교 부반송파로 나누고 부반송파는 동시 데이터 전송을 위해 다른 사용자 또는 장치에 할당되어 다중 액세스가 가능하다. OFDMA는 무선 네트워크에서 효율적이고 유연한 자원 할당을 위해 다양한 이점을 제공한다. • 직교성으로 상호 간섭없이 서로 다른 부반송파에서 동시에 송수신할 수 있다. • 리소스 할당의 유연성으로 부반송파 수를 동적으로 조정할 수 있다. • AMC(Adaptive Modulation and Coding)로 더 나은 채널 조건을 가진 부반송파가 더 높은 차수의 변조 및 코딩을 사용하여 더 높은 데이터 속도를 제공한다. • 간섭이 완화되어 고속 전송이 가능하다.

이러한 통신 방법들은 각각 장단점이 있으며, 어떤 방식을 사용할지는 애플리케이션의 특정 요구사항에 따라 결정된다. 예를 들어, FDMA는 위성 텔레비전 방송에 자주 사용되는 반면, TDMA는 위성 전화 시스템에 일반적으로 사용된다. 위성 기반의 모바일 데이터 서비스에는 CDMA가 많이 사용되고 있으며, 높은 데이터 레이트와 낮은 Latency를 필요로 하는 미래의 위성 통신 시스템에는 SDMA가 고려되고 있다.

❸ 비교

방식	장점	단점
주파수 분할 다원접속	• 다른 이동국과의 충돌을 피하기 위한 동기 기술이 필요하지 않다. • 송수신기가 각각 독립적으로 동작하기 때문에 높은 신뢰도를 갖는다.	• 기지국 장치가 크다. • 기지국 장치의 전력소모가 크다. • 스펙트럼 효율 및 용량이 낮다.
시간분할 다원접속	• 기지국 장치에서 안테나 공용장치가 불필요하다. • 기지국 송신기의 상호 변조가 없다. • 기지국 및 이동국을 소형화할 수 있다. • 스펙트럼 효율이 매우 우수하다(주파수분할 다원접속 방식에 비해 3～6배).	• 기지국에서 항상 방사를 한다. • 다른 이동국 송신신호와의 간섭을 피하기 위한 동기 기술이 필요하다. • 등화기가 필요하다.
코드분할 다원접속	• 가입자 수용량이 크다(주파수분할 다원접속에 비해 19배 정도). • 채널불용 시에 방사하지 않는다. • 다중경로 페이딩을 극복할 수 있다.	• 넓은 주파수대역폭이 필요하다. • 고속 코드처리를 요구한다. • 전력제어 및 동기 기술이 필요하다. • 장치가 복잡하다.

정답 01 ③ 02 ④ 03 ① 04 ①

01 다음 중 위성통신의 특징으로 틀린 것은? (2021-3차)

① 신호의 전송시간이 지연된다.
② 다원접속이 가능하다.
③ 기후 영향을 받지 않는다.
④ 동보통신이 가능하다.

해설

위성통신 특징

장점	광역성, 고품질/광대역성, 동보성, 다원접속, 회선설정의 유연성, 내재해성
단점	전송지연, 강우감쇠 및 태양간섭 등의 기후에 영향 받음, 제한된 대역폭

02 이동통신이나 위성통신에서 사용되는 무선 다원접속(Radio Multiple Access) 방식에 해당되지 않는 것은? (2012-2차)(2013-2차)(2017-3차)(2022-1차)

① FDMA
② TDMA
③ CDMA
④ WDMA

해설

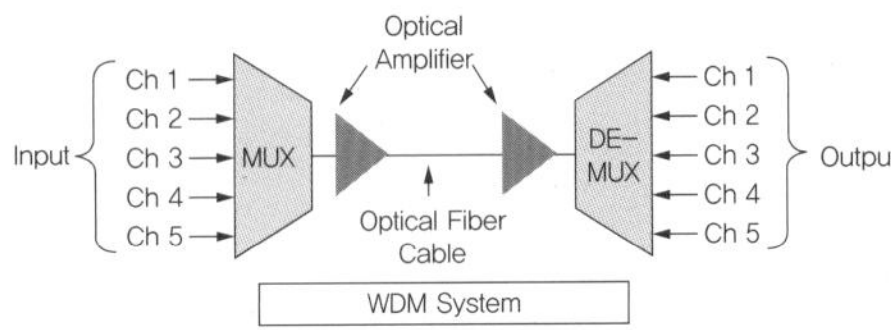

WDMA(Wavelength Division Multiple Access)
WDM 기반 파장분할다중화방식에 의한 다중접속 방식으로 여러 반송파 신호를 단일 광섬유에 적용하는 기술이다. 이 기술은 하나의 광케이블을 이용해서 다중 파장을 동시에 송수신 할 수 있는 기술로 주로 유선 광통신에 사용되는 방식이다.

03 위성통신에서 위성을 효과적으로 운영하기 위한 다원접속 방법이 아닌 것은? (2010-1차)

① WDMA
② TDMA
③ FDMA
④ CDMA

해설

WDMA(Wavelength Division Multiple Access)는 WDM(Wavelength Division Multiplexing)인 파장분할다중화방식에 의한 다중접속이다.

04 다음 중 위성통신망의 회선 할당 방식으로 옳은 것은? (2021-2차)

① PAMA
② FDMA
③ TDMA
④ CDMA

해설

위성통신의 회선할당방식 분류

구분	내용
고정할당방식	PAMA(Pre Assignment Multiple Access), 자원을 고정 할당하는 방식으로 고정된 주파수 또는 시간 Slot을 특별한 변경이 없는 한 한 쌍의 지구국에 항상 할당해주는 접속방식이다.
랜덤할당방식	RAMA(Random Assignment Multiple Access), 경쟁방식으로 전송정보가 발생한 즉시 임의 Slot으로 송신하는 방식으로 경쟁방식이라 한다.
요구할당방식	DAMA(Demand Assignment Multiple Access), 예약방식으로 사용하지 않는 slot을 비워둠으로써 원하는 다른 지구국이 활용할 수 있도록 한다.

05 위성통신의 회선 할당방식 중 전송정보가 발생한 즉시 임의의 슬롯으로 송신하는 방식으로 데이터의 형태가 Burst한 특성을 갖고, 많은 지구국을 수용하고자 하는 데이터망에서 주로 사용하는 회선 할당방식은 무엇인가? (2014-2차)(2016-2차)

① 임의 할당방식
② 고정 할당방식
③ 사전 할당방식
④ 요구 할당방식

해설

랜덤할당방식(Random Assignment Multiple Access, RAMA)

전송정보가 발생한 즉시 임의의 Slot으로 송신하는 방식으로 경쟁방식이라 한다.

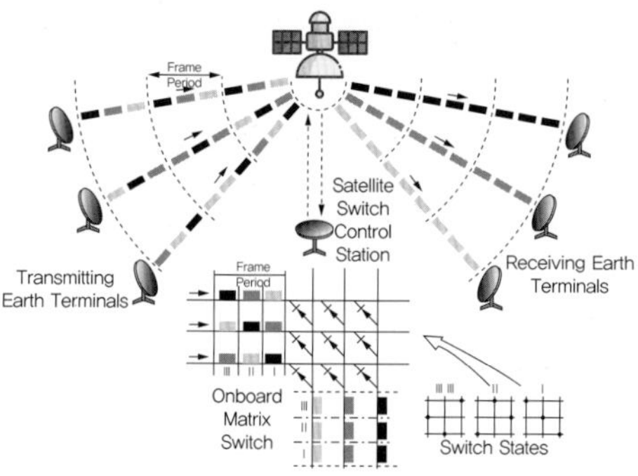

06 위성통신에서 사용되는 다원접속에 대한 설명으로 틀린 것은? (2010-3차)

① 주파수분할 다원접속(FDMA) 방식은 아날로그 방식에서 사용된다.
② 시분할 다원접속(TDMA) 방식은 디지털 통신방식에서 사용한다.
③ 코드분할 다원접속(CDMA) 방식은 대역확산 통신방식을 이용한다.
④ 코드분할 다원접속(CDMA) 방식은 FDMA와 TDMA의 절충형으로 주파수 이용효율이 좋다.

해설

다중접속은 주어진 시간, 공간, 주파수, 코드 등을 여러 사용자가 공동으로 사용하는 기술로서 서로 다른 사용자를 구분시키기 위한 기술이다. CDMA 방식은 기존 FDMA나 TDMA 방식과 별개로 별도의 고유 코드를 사용해서 시간과 주파수 자원의 한계를 극복한 방법으로 초기 이동통신에서 사용했다.

기출유형 05 ▶ 위성 트랜스폰더(Satellite Transponder)

위성통신에서 지구국을 구성하는 부분이 아닌 것은? (2011-2차)

① 지상통제부
② 안테나부
③ 중계부(트랜스폰더)
④ 증폭부

해설

위성통신은 정지궤도에 위치한 위성을 중계로 하여 원거리에 전송하는 통신방식에서 지상에 설치한 고정국이다. 이에 대응하는 위성을 위성국 또는 우주국이라 한다. 지구국이란 우주에 떠 있는 위성에 대해 지구쪽에서 송수신하는 국을 의미하며 지구국의 구성으로는 안테나계, 송수신계, 지상인터페이스계 통신 관제 서브시스템, 추미계, 측정장치 및 전원 장치 등으로 구성된다. 중계부(트랜스폰더)는 위성통신의 중계기로서 상위링크 신호를 수신하여 하위링크 주파수로 변환시켜 주는 것이다.

| 정답 | ③

족집게 과외

트랜스폰더(Transponder): 위성통신의 중계기로서 상위링크 신호를 수신하여 하위링크 주파수로 변환시켜 주는 장치이다.

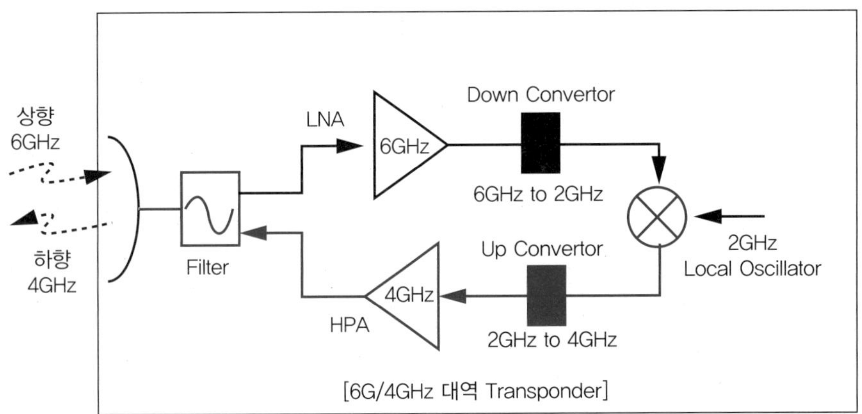

[6G/4GHz 대역 Transponder]

더 알아보기

위성통신에서 위성 중계기의 역할은 지구국으로부터 송신된 상향 링크(Up Link) 신호를 수신하여 저잡음 증폭기(LNA, Low Noise Amplifier)에서 증폭한 다음 하향링크(Down Link)로 주파수를 변환시켜고 고주파증폭기(RF Amplifier, HPA)에서 높은 전력으로 증폭하여 송신안테나로 지구국에 재송신하는 중계장치 역할을 한다. 위성통신에서 위성 중계기는 크게 통신용 중계기와 방송용 중계기로 구분할 수 있으며 트랜스폰더는 수신기, 송신기를 하나의 장치로 모듈화한 장치로써 주파수 변환(파장 변환)도 함께 수행하는 것으로 위성에서 파장 변환 또는 주파수 변환하여 다른 파장 또는 주파수로 재송신(전달)하는 모듈이다. 즉, 수신 주파수를 다른 반송파 주파수로 변환하는 것으로 단순히 수신기, 송신기 둘 만을 합친 트랜시버(Transceiver)와는 다른 장치로 구분되어야 한다.

❶ 위성 트랜스폰더(Satellite Transponder)

위성 트랜스폰더는 지구 기반 송신기로부터 신호를 수신하고 신호를 증폭한 후 다른 주파수나 채널로 지구로 재전송하는 장치로서 "트랜스폰더"의 의미는 "송신기"와 "수신기"의 합성어로, 신호를 수신하고 전송하는 장치를 나타낸다. 위성 트랜스폰더는 통신, 텔레비전 방송, 내비게이션 등 다양한 목적으로 사용되며 통신 애플리케이션에서 위성 트랜스폰더는 하나의 지구 기반 송신기로부터 신호를 수신하여 다른 지구 기반 수신기로 재전송한다.

텔레비전 방송에서, 위성 트랜스폰더는 지구상의 텔레비전 방송국으로부터 신호를 수신하고 그 신호를 위성 TV 수신기로 재전송하며 이를 통해 텔레비전 신호를 국가 전체 또는 전 세계적으로 광범위하게 분배할 수 있는 것이다. Navigation 애플리케이션에서 위성 트랜스폰더는 GPS(Global Positioning System)와 같은 위성 기반 Navigation 시스템의 일부로 사용되며 GPS 위성으로부터 신호를 수신하고 신호를 지구로 재전송하여 정확한 위치와 항법을 가능하게 한다.

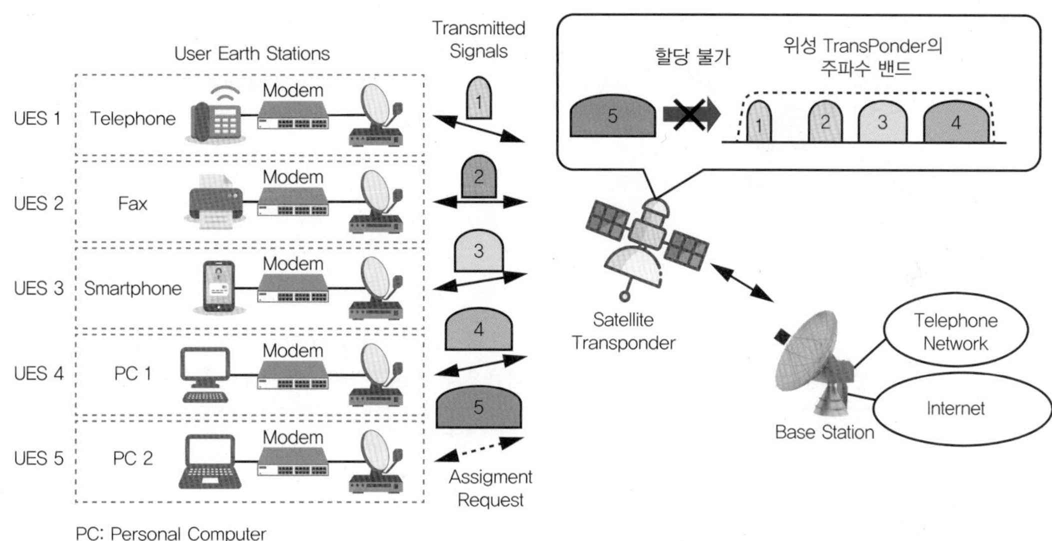

위성 트랜스폰더는 일반적으로 특정 주파수와 아날로그 또는 디지털 신호와 같은 특정 유형의 신호에서 작동하도록 설계되었으며 단일채널 또는 다중채널 모드와 같은 다른 모드에서 작동하도록 구성할 수도 있다. 위성 트랜스폰더의 설계 및 작동은 신뢰할 수 있고 효율적인 위성통신 및 항법 시스템을 보장하는데 중요하다.

❷ 위성 트랜스폰더(Satellite Transponder) 주요 기능

통신위성 내 수신기, 송신기를 하나의 장치로 모듈화한 것으로 '주파수 변환' 및 신호의 '증폭', '중계' 기능 등을 수행하는 핵심 장치이다.

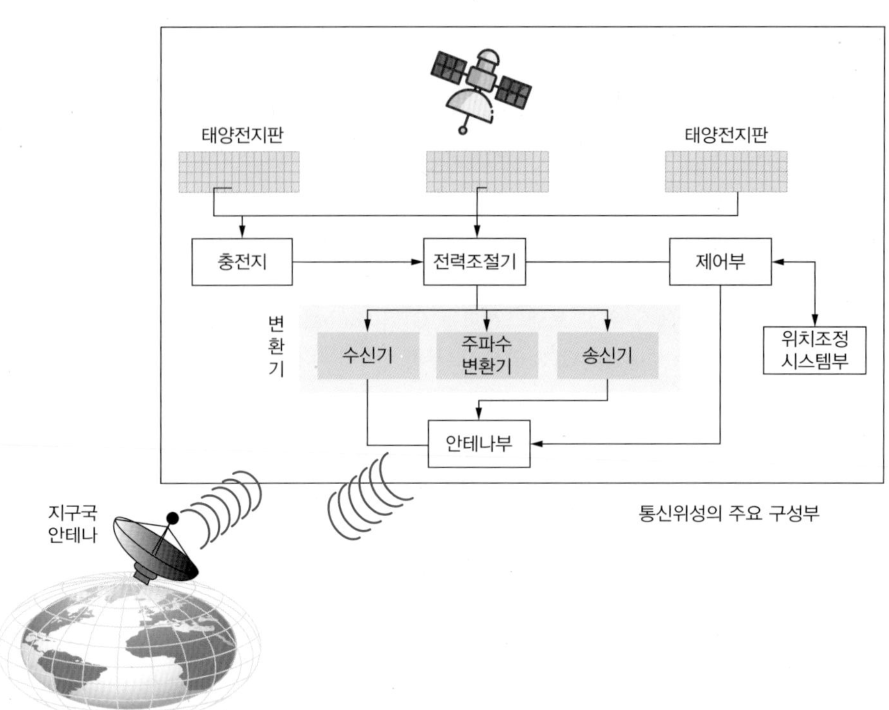

위성 트랜스폰더는 신호를 수신, 증폭 및 지구로 재전송하는 통신위성의 핵심 구성 요소로서 장거리 정보 전송을 용이하게 하여 위성 통신 시스템에서 중요한 역할을 한다. 다음은 위성 트랜스폰더의 중요한 특성과 기능이다.

구분	내용
신호 수신	트랜스폰더는 지상의 송신안테나를 통해 지상국 또는 사용자로부터 들어오는 신호를 수신하고 이러한 신호는 텔레비전 방송, 음성 통신, 데이터 전송 또는 인터넷 연결과 같은 다양한 유형의 정보를 전달하는 무선 주파수(RF)의 형태이다.
신호 증폭	들어오는 신호가 수신되면 트랜스폰더는 약한 RF 신호를 증폭하여 강도를 높이며 이와같은 증폭은 지구 표면에서 우주의 위성으로 전송하는 동안 발생하는 신호 감쇠를 보상한다.
주파수 변환	트랜스폰더는 종종 주파수 변환을 수행하여 수신된 신호를 한 주파수 대역에서 다른 주파수 대역으로 이동한다. 이러한 변환은 업링크(지구에서 위성으로 전송)와 다운링크(위성에서 지구로 전송) 신호 사이의 간섭을 방지하는 데 필요하며 트랜스폰더는 서로 다른 주파수 대역을 사용하여 두 신호를 분리한다.
신호 처리	트랜스폰더는 전송된 신호의 품질과 신뢰성을 향상시키기 위해 다양한 신호 처리 기능을 포함해서 오류 수정 코딩, 변조/복조, 필터링, 등화 및 기타 디지털 신호 처리 기술이 포함될 수 있다.
전력 증폭	트랜스폰더에는 신호를 지구로 다시 전송하기 전에 신호 전력을 증폭시키는 전력 증폭기가 포함되어 신호가 원하는 커버리지 영역을 커버할 수 있게 강한 다운링크로 신호 감쇠를 극복할 수 있다.
주파수 다중화	트랜스폰더는 주파수 분할 다중화(FDM) 또는 시분할 다중화(TDM) 기술을 사용하여 여러 신호를 동시에 수용하며 위성은 각 신호에 서로 다른 주파수 채널 또는 시간 슬롯을 할당하여 여러 사용자 또는 서비스를 지원한다.
빔 쉐이핑	향상된 위성 트랜스폰더는 빔포밍 기능을 통합하여 전송된 신호를 특정 커버리지 영역으로 쉐이핑하고 유도할 수 있다. 이를 통해 향상된 신호 강도, 효율적인 리소스 활용이 가능하다.

위성 트랜스폰더는 위성통신에 할당된 특정 주파수 대역에서 작동하도록 설계되었으며 이들은 DTH(Direct-To-Home) 텔레비전 방송, 광대역 인터넷 액세스, 통신 서비스, 원격 감지 및 과학 연구를 포함한 다양한 응용 분야에 활용되고 있다.

정답 01 ④ 02 ①

01 다음 중 통신위성 트랜스폰더에 대한 구성방법으로 옳지 않은 것은? (2021-3차)

① 단일주파수변환(Single Frequency Conversion) 시스템
② 이중주파수변환(Double Frequency Conversion) 시스템
③ 기저주파수검파(Regenerative) 시스템
④ 대역통과(Bandpass) 시스템

해설

위성 Transponder

트랜스폰더(Transponder)란 수신기와 송신기를 하나의 장치로 모듈화한 장치로써 주파수 변환(파장 변환)도 함께 수행하는 것이다.

① 단일주파수변환(Single Frequency Conversion) 시스템: 6GHz를 수신하여 LNA를 거쳐 증폭한 후 국부발진기와 혼합한 후 4GHz인 하향링크주파수로 변환한다.
② 이중주파수변환(Double Frequency Conversion) 시스템: 6GHz를 수신하여 LAN에서 증폭하고 국부발진기와 혼합하고 중간주파수로 변환한다.
③ 기저주파수검파(Regenerative) 시스템: 수신된 신호를 검파해서 기저대역신호로 변환하는 역할을 한다.

02 위성통신의 중계기로서 상위링크 신호를 수신하여 하위링크 주파수로 변환시켜 주는 것은? (2010-1차)

① 트랜스폰더
② 텔레코멘드 장치
③ 추미 장치
④ 제어 인터페이스

해설

트랜스폰더(Transponder)

수신기, 송신기를 하나의 장치로 모듈화한 장치로써 주파수 변환(파장 변환)도 함께 수행하며 이를 통해 파장 변환 또는 주파수 변환(수신 주파수를 또 다른 반송파 주파수로 변환)하여, 다른 파장 또는 주파수로 재송신(전달)하는 모듈이다.

03 **위성통신의 회선접속방식 중 하나로 하나의 트랜스폰더를 여러 지구국이 공용할 수 있도록 트랜스폰더의 주파수 대역폭을 분할하여 지상국에 배당시켜줌으로서 지구국들이 간섭 없이 서로 통신할 수 있게 하는 방식은?** (2016-2차)

① CDMA
② FDMA
③ TDMA
④ RDMA

해설

하나의 트랜스폰더를 여러 지구국이 공용할 수 있도록 트랜스폰더의 주파수 대역폭을 분할하여 지상국에 배당시켜 사용하는 방식은 FDMA이다.

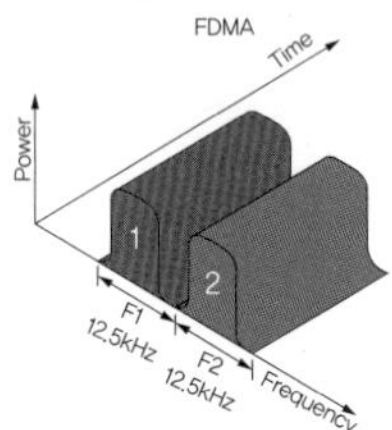

FDMA에서 사용 가능한 주파수 대역을 여러 개의 하위 대역으로 나누어서 각 사용자에게 전송을 위한 서로 다른 하위 대역이 할당한다. 즉, 여러 개의 주파수로 분할하여 전송하는 방식으로 전송로에 할당되어있는 주파수 대역 중에서 통신에 필요한 최소한의 주파수 대역을 각 지구국에 할당하여 우주국에 접속한다.

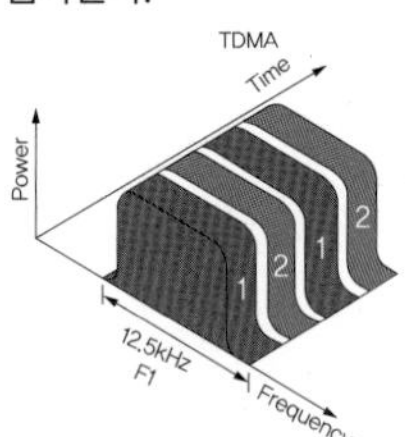

사용 가능한 대역폭은 각 사용자에게 전송을 위한 하나 이상의 시간 슬롯이 할당되어 자원을 나누는 방식이다. 간섭 영향이 FDMA보다 적고, 처리능력이 FDMA보다 더 우수하며, 하나의 주파수를 여러 사용자가 공유한다. 여러 개의 시간구간으로 나누어서 사용자가 자기에게 할당된 시간구간을 다른 사용자와 겹치지 않게 하여 다중통신을 하는 방식이다.

04 **다음 중 위성 중계기의 구성요소가 아닌 것은?** (2015-1차)(2020-1차)

① 송신부
② 수신부
③ 헤드엔드
④ 주파수 변환부

해설

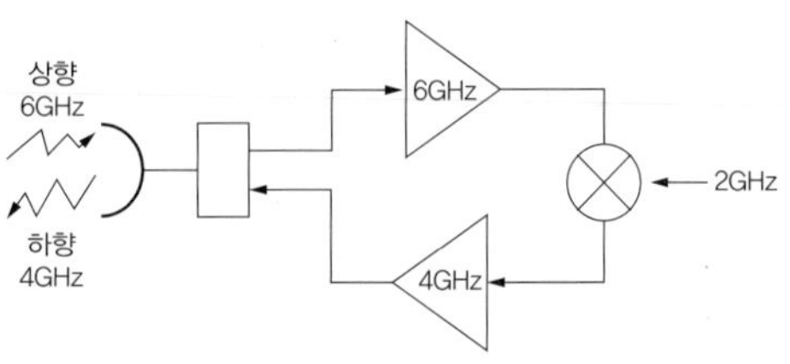

[위성중계기 구성도]

위성 중계기의 역할은 지구국으로부터 송신된 상향 링크(Up Link) 신호를 수신하여 저잡음증폭기(LNA)에서 증폭한 다음 하향링크(Down Link)로 주파수 변환시키고 고주파증폭기에서 고전력 증폭하여, 송신안테나로 지구국에 재송신하는 중계 장치이다.

06 광통신

기출유형 01 ▶ 광섬유

다음 중 광섬유의 특징에 대한 설명으로 알맞지 않는 것은? (2016-3차)(2020-3차)

① 아주 빠른 전송속도를 가지고 있다.
② 정보 손실률이 높다.
③ 매우 낮은 전송 에러율을 가지고 있다.
④ 네트워크 보안성이 높다.

해설

광섬유는 UTP 케이블이나 동축 케이블 대비 광 손실율이 낮아 고속 광대역 전송에 많이 사용된다.

| 정답 | ②

족집게 과외

광섬유 특징

굴절율	코어의 굴절률에 의해 성능이 결정된다.
전반사	코어가 클래드의 굴절률보다 커서 전반사가 이루어진다.
분산특성	광섬유는 광이 퍼지는 분산 특성이 있고 분산은 색분산과 구조(형태)분산이 있다.
싱글/멀티모드	단일모드(Single Mode)와 멀티모드(Multi Mode)로 나누어지며 싱글모드가 멀티모드 대비 전송속도가 빠르지만 가격면에서 상대적으로 고가이다.
접속손실	싱글이나 멀티모드 모두 광케이블 접속 시 광접속에 의한 손실이 발생할 수 있다.

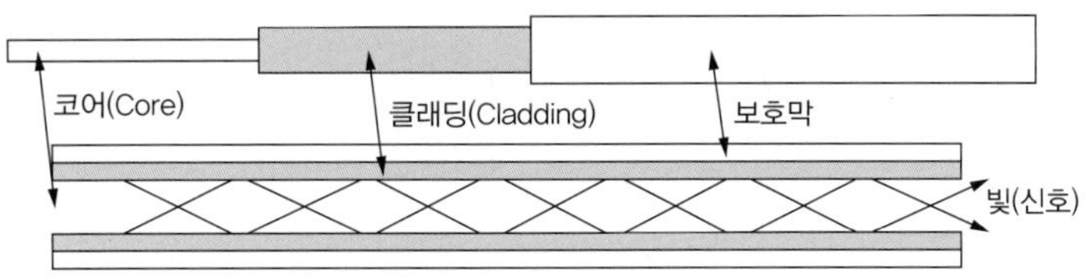

더 알아보기

광섬유 특징

구분	내용
저손실	전송손실이 최소인 파장 1.55μm대에서 0.3dB/km 이상 저손실성 특징이 있다. 이것은 광신호가 1km인 거리를 전파할 때 신호 감쇠율은 약 4.5% 이하인 것으로 이러한 낮은 손실성 때문에 장거리 통신이 가능하고 필요 시 중계기를 사용하여 거리를 연장한다.
광대역	보통 C 밴드라고 부르는 1.55μm(1,530~1,565nm)의 주파수 대역폭은 약 4.4THz에 해당한다. 광섬유를 사용한 통신 시스템에서는 10Gb/s 전송속도를 지원하며 최근에는 40Gbps나 100Gbps를 전송함으로서 초광대역 통신시스템이 구현되고 있다.
무유도	광섬유 자체는 전기 전도체가 아니기 때문에 전자유도에 의한 영향을 받지 않는다. 특히 광신호는 광섬유 내에 갇혀있기 때문에 광섬유 사이에서 누화도 발생하지 않는다.

소형, 경량	석영계 광섬유일 경우, 유리 부분의 직경은 약 0.1nm이고 유리부분의 바깥에 존재하는 피복을 포함해도 직경은 1mm 이하이다. 또한 무게도 석용 유리 밀도는 동의 약 ¼로 가볍다. 이 때문에 광섬유는 포설이 용이하고 다루기가 쉽다.
대용량 고속 전송	동축이나 UTP 케이블 대비 대용량의 데이터를 고속으로 전송할 수 있다.

❶ 광섬유 케이블

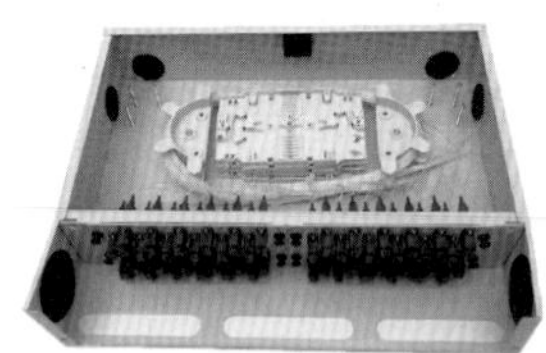

광섬유는 정보를 전송하기 위해 빛을 사용하는 통신 매체의 한 종류이다. 광섬유는 얇은 유리나 플라스틱 가닥으로 구성되어 있는데, 큰 신호 손실이나 간섭 없이 먼 거리에 걸쳐 빛을 전달하도록 구성되었다. 광섬유는 빛이 광코어의 내벽에서 반사되어 광케이블 길을 따라 방향을 잡는 내부 반사하는 과정을 통해 빛이 큰 손실이나 왜곡 없이 파이버를 통과할 수 있어 장거리 통신에 이상적이다.

광섬유의 중심부는 코어(Core)와 외부는 클래드(Clad)로 구성되어 있고 전반사를 통해 빛이 전진해서 나간다. 광케이블은 끝단에 장비와의 연결을 위한 처리가 필요해서 장비나 FDF(Fiber Distribution Frame)와 연결할 때는 광점퍼코드라는 걸 사용해서 연결하게 된다. 흔히 전산실에서 장비대 장비 연결할 때 광으로 한다는 것은 광 점퍼코드를 이용해서 연결한다는 것이다.

광 통신의 주요 장점은 많은 양의 데이터를 빠르고 먼 거리에서 전송할 수 있는 높은 대역폭이다. 광섬유는 또한 전자기 간섭에 영향을 안받아서 안정성이 요구되는 금융거래, 의료기록 및 기간 통신과 같은 다양한 분야에서 구성되어 서비스 중이다. 그러나 광 통신의 단점으로 섬유의 손상을 방지하기 위해 세심한 설치 및 취급이 필요하며, UPT나 동축케이블에 비해서 설치 및 유지보수 비용도 상대적으로 높은 편이다.

❷ 전반사

광섬유는 빛이 전반사되어 진행하는 특성을 이용하여 만든 케이블로서 신호의 감쇠 정도가 매우 적다. 특히 기존 UTP나 동축케이블과 달리 전송거리가 수km에서 수십km의 장거리 전송이 가능하며 타 케이블에 비해 상대적으로 가격이 비싸고 상호 연결을 위한 설치에 숙련된 작업이 필요하다(융착기 사용 등). 통신방식은 광케이블 안에 머리카락 굵기 정도의 코어 내부에 빛을 투과시켜 빛의 굴절로 통신하는 방식이다. 코어의 굵기가 작을수록 빛은 굴절각도가 작아져서 더 멀리까지 통신이 가능하다. 대표적인 광섬유는 굴절율이 다른 2종류의 석영 유리로 되어 있다. 중심부는 코어(Core), 외부는 클래드(Clad)로 구성되어 있고 전반사를 통해 빛이 전진해서 나아간다.

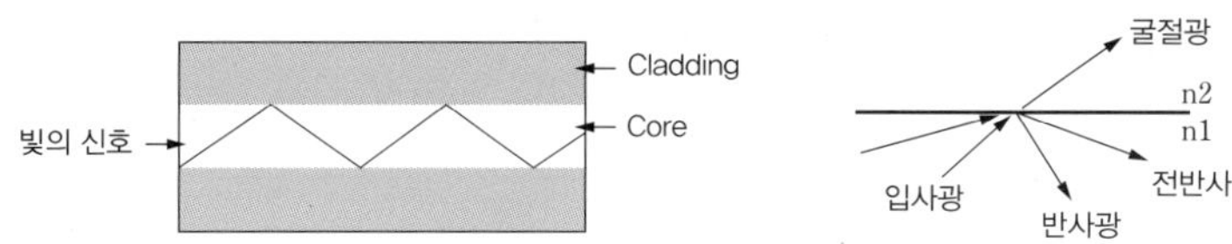

입사각이 임계각보다 클 경우에만 반사가 발생한다. 여기서 중요한 것은 서로 다른 두 매질의 굴절률(Refraction)이다. 공기는 자유공간이므로 굴절률 1에 해당한다. 그러나 광섬유 표면의 오염으로 1 이상의 값으로 굴절률이 변화하게 된다. 광섬유(Fiber)는 매우 투명한 물질의 순수한 유리로서 사람의 손이나, 먼지 등에 의해 쉽게 오염될 수 있다. 이러한 문제를 예방하기 새로운 유리층을 입히게 되는데, 우리는 이것을 클래딩(Cladding) 또는 클래드(Clad)라고 한다. 클래딩(Cladding)은 코어(Core)보다 굴절률이 낮은 것을 사용하여, 오염방지 및 전반사의 특성을 개선시켜 광섬유의 안정적인 사용을 가능하게 한다.

정답 01 ④ 02 ① 03 ③ 04 ①

01 광섬유에 대한 설명으로 틀린 것은? (2010-2차)

① 코어의 굴절률은 클래드의 굴절률보다 크다.
② 분산 특성에는 색분산과 형태분산이 있다.
③ 광섬유에 입사된 빛은 코어의 내부에서 전반사하면서 통과한다.
④ 광섬유에서 다중모드의 전송속도가 단일모드보다 빠르다.

해설

광섬유는 다른 전송매체보다 빠른 전송속도를 가지고 있으며 정보 손실률이 매우 낮다. 이를 통해 매우 낮은 전송 에러율을 가지며 보안성 또한 매우 높다. 광섬유에서 다중모드는 Multi Mode라 하여 여러 개의 파가 존재하는 반면 단일모드(Single Mode)는 하나의 광파만 전달하므로 상대적으로 다중모드 대비 단일모드의 전송속도가 보다 빠르다.

02 다음 중 광섬유의 특징에 관한 설명으로 적합하지 않은 것은? (2011-1차)

① 접속이 용이하다.
② 장거리 전송이 가능하다.
③ 광전 변환이 필요하다.
④ 외부적 전기 신호의 영향을 받지 않는다.

해설

광섬유는 코어의 굴절률로 구성되며 코어가 클래드의 굴절률보다 커서 전반사가 이루어진다. 이를 통해 장거리 전송이 가능하고 외부적 전기 신호에 영향을 받지 않는다. 그러나 광케이블 접속 시 광접속에 의한 손실이 발생할 수 있다는 것이 단점이다. 광신호 변환을 위해 O−E−O(Optical−Electronic−Optical)의 광전광 변환이 요구된다.

03 다음 중 다중모드 광섬유(Multimode Fiber)에 대한 설명으로 알맞지 않은 것은? (2020-3차)

① 코어 내를 전파하는 모드가 여러 개 존재한다.
② 모드 간 간섭이 있어 전송대역이 제한된다.
③ 고속, 대용량 장거리 전송에 사용된다.
④ 단일모드 광섬유보다 제조 및 접속이 용이하다.

해설

단일모드(Single Mode)와 다중모드(Multi Mode)로 구분되며 단일모드 광섬유가 고속, 대용량 장거리 전송에 사용된다. 최근 현장에서는 노랑색 광케이블이 단일모드이며 다중모드는 주황색 광케이블이 많이 사용된다.

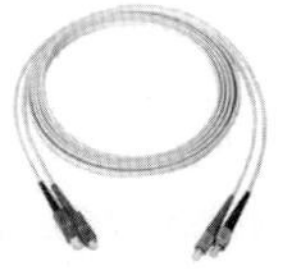
SMF

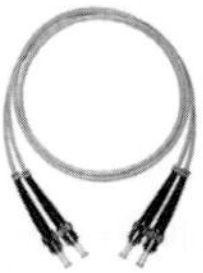
MMF

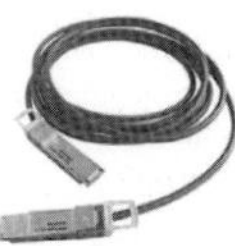
MMF

04 광섬유의 모드 중 SI(Step Index)형과 GI(Graded Index)형을 구분하는 기준은? (2010-3차)

① 코어의 굴절률 분포
② 클래드의 굴절률 분포
③ 모드의 수
④ 코어와 클래드의 굵기

해설

광섬유 내에 코어의 굴절률은 클래드의 굴절률보다 높아서 전반사가 이루어진다. 즉, 광섬유에 입사된 빛은 코어의 내부에서 전반사하면서 통과한다. 광섬유는 코어의 굴절률에 따라 SI와 GI로 구분된다.

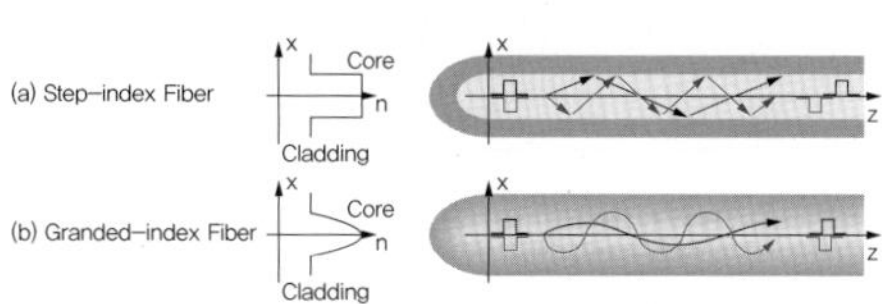

계단형	SI(Step Index), 코어부분의 굴절률 분포가 균일하다.
언덕형 또는 경사형	GI(Graded Index), 코어 부분의 굴절률이 중심에서 바깥으로 갈수록 점점 낮아지는 Gaussian 분포를 갖는다.

정답 05 ① 06 ④ 07 ① 08 ④ 09 ②

05 다음은 광섬유의 어느 부분을 설명한 것인가? (2017-2차)

> 광을 전송하는 영역으로 거울과 같은 역할을 수행하여 빛이 반사하며, 유리나 플라스틱으로 구성된다.

① 코어　② 클래딩
③ 코팅　④ AWG

해설
광섬유의 중심부는 코어(Core), 외부는 클래드(Clad)로 구성되어 있고 전반사를 통해 빛이 전진해서 나간다.

06 다음 중 광케이블 기반 광통신의 장점으로 틀린 것은? (2021-2차)

① 저손실성
② 광대역성
③ 세경성 및 경량성
④ 심선 접속의 용이성

해설
광케이블의 장단점

구분	내용
장점	• 정보의 전달양이 많고 신호 간 혼선이 없다. • 도청이 어렵다. • 넓은 주파수 대역과 대용량, 저손실이다. • 강력한 간섭 방지 능력, 누화가 없으며, 기밀성이 우수하다.
단점	• 유지와 보수가 어렵고, 고장이나 화재에 약하다. • 접근성에 한계가 있다. • 유지보수 시간이 오래 걸린다. • 심선 접속을 위해 별도 장비가 필요하다.

07 다음 중 광통신시스템에서 전송속도를 제한하는 주된 요인으로 알맞은 것은? (2020-1차)

① 광 분산　② 광 손실
③ 전반사　④ 굴절

해설

입사 전 펄스 파형

투과 후 분산효과에 의해 넓혀진 펄스 파형

광섬유
코어와 클래드로 구성되며 광케이블은 내부에 광의 반사 또는 굴절에 의해 광에너지를 전파하는 부전도성의 도파관이다. 광심호 전송 시 광섬유의 특성을 결정하는주요 요인은 광손실과 광분산이 있다. 광손실은 광의 세기가 거리대비 낮아지는 것이며 광 분산(Dispersion)은 광섬유 내에 진행하는 빛 또는 광 펄스가 퍼지는 현상이라 할 수 있다.

08 다음 중 광통신에서 사용되는 레이저의 특징으로 틀린 것은? (2020-1차)

① 간섭성이 좋다.
② 매우 순수한 단색광을 방출한다.
③ 단위면적당 출력이 매우 강하다.
④ 직진성이 약하다.

해설
광통신은 직진성이 강하고 우수해서 장거리 전송이 가능한 것이다. 단일모드(Single Mode)와 다중모드(Multi Mode)로 구분되며 단일모드 광섬유가 고속, 대용량 장거리 전송에 사용된다. 최근 현장에서는 노랑색 광케이블이 단일모드이며 다중모드는 주로 주황색 광케이블을 많이 사용한다.

09 다음 중 광케이블에서 광에너지의 전달속도인 군속도(Group Velocity)는 코어의 굴절률과 어떤 관계를 가지는가? (2015-2차)(2016-2차)

① 코어의 굴절률에 비례한다.
② 코어의 굴절률에 반비례한다.
③ 코어의 굴절률의 제곱에 비례한다.
④ 코어의 굴절률의 제곱에 반비례한다.

해설

군속도(Group Velocity)는 파군 또는 포락선이 움직이는 평균적인 속도이다.

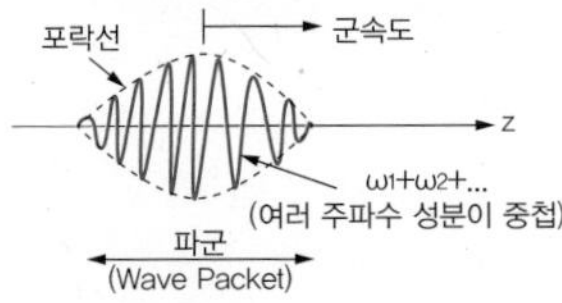

분수에서 물줄기가 중력에 의해 휘어져도 내부 전반사에 의해 물줄기 속으로 유도되는 것과 같이 광섬유에서 빛은 군속도로 나아간다.

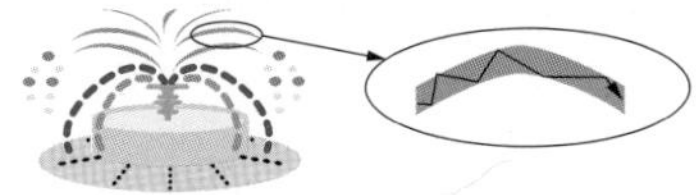

광에너지의 전달속도인 군속도는 코어의 굴절률에 반비례한다. 이를 통해 GIF(Graded Index Fiber)를 만들어서 광섬유의 모드 분산을 줄일 수 있다.

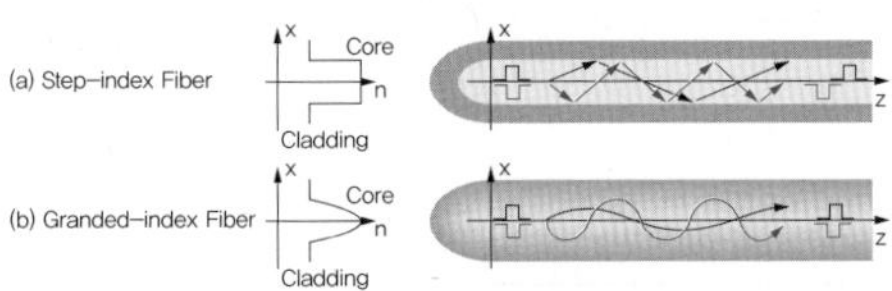

10 **다음 중 FDDI에 대한 설명으로 옳은 것은?** (2010-1차)

① 버스 토폴로지상에서 토큰제어방식으로 동작한다.
② IEEE 802.3 CSMA/Cd의 프로토콜을 사용한다.
③ 광섬유를 전송매체로 하는 100[Mbps]의 전송속도를 제공한다.
④ STP 케이블을 이용한 공장자동화 용도로 주로 사용된다.

해설

FDDI(Fiber Distributed Digital Interface)

1980년대 Ethernet(IEEE 802.3), Token Ring(IEEE 802.5)에 뒤이은 고속 근거리 망의 표준기술로서 과거에 주로 사용되었다. FDDI는 1986년에 제안되었으며 1987년에 처음 집적회로 칩이 나와서 100Mbps급으로 사용된 기술이다. 과거 광케이블을 이용하여 Backbone으로 사용되었으나 현재는 사용하지 않는다.

11 **다음 중 동축케이블과 비교하여 광섬유케이블의 특징으로서 적합하지 않는 것은?** (2011-3차)

① 가볍다.
② 부피가 작다.
③ 광대역이다.
④ 가공이 쉽다.

해설

광케이블 특징

- 저손실(0.2dB/㎞)
- 외부자계의 영향이 없으므로 열악한 조건에서도 통신 효율이 우수하다.
- 도청이 어려워서 통신 비밀보장이 가능하다.
- 중계간격을 길게 할 수 있어 장거리통신에 적합하다.
- 광대역 신호 전신이나 디지털신호를 고속으로 전송이 가능하다.

12 **다음 중 전자파 간섭에 노출된 컴퓨터 네트워크에서 데이터를 전달하는데 가장 적합한 전송 매체로 옳은 것은?** (2023-3차)

① 광섬유(Optical Fiber)
② 동축케이블(Coaxial Cable)
③ 마이크로웨이브(Microwave)
④ UTP(Unshielded Twisted Pair)

해설

광섬유(Optical Fiber) 특징

빛 신호를 전달하는 가느다란 유리 또는 플라스틱 섬유의 일종으로 광섬유의 원리는 광섬유 내부와 외부를 서로 다른 밀도와 굴절률을 가지는 유리섬유로 제작하여, 한번 들어간 빛이 전반사하며 진행하도록 만든 것이다. 구리선보다 더 많은 양의 데이터를 더 멀리까지 전달할 수 있다. 광섬유를 만드는 데 유리섬유가 금속 대신에 쓰이는 이유는 데이터 손실이 더 적고 전자기적 간섭도 더 적고 고온에도 더 잘 견디기 때문이다.

기출유형 02 ▶ 광섬유 특징 및 광학적 파라미터

다음 중 광섬유의 광학적 파라미터가 아닌 것은? (2010-2차)

① 비굴절율차
② 수광각
③ 개구수
④ 편심율

해설

- 광학적 파라미터는 개.수.정.비(개구수, 수광각, 정규화주파수, 비굴절률차)이다.
- 구조적 파라미터는 편.비.균(편심율, 비원율, 균경율)이다.

| 정답 | ④

족집게 과외

광섬유 광학적 파라미터

수광각	코어에 빛을 전반사 시킬 수 있는 각이다.
개구수	빛을 광섬유 내에 수광시킬 수 있는 능력이다.
비굴절률 차	코어의 굴절률에 대한 클래드의 굴절률 차의 비이다.
정규화 주파수	광섬유 내 빛의 개수를 정하는 것으로 단일모드/다중모드 광파이버인지 구분한다.

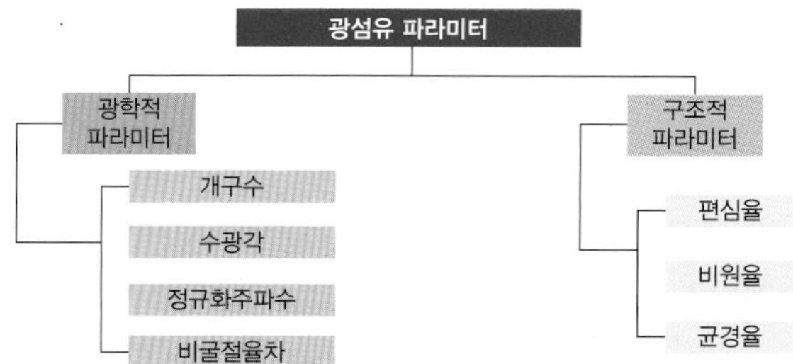

더 알아보기

광섬유는 내부에 빛을 전파하는 코어와 빛을 유리관 속에 가두는 역할의 클래드, 그리고 코팅된 피복으로 구성되어 있다. 광섬유는 광 에너지의 직진, 반사, 굴절에 의해 전파되는 비전도성 도파관이다.

반사	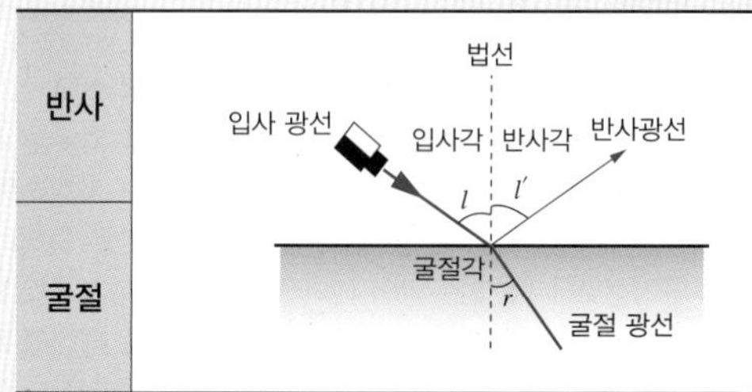	빛이 광섬유 코어와 클래딩 사이의 인터페이스를 만나면 빛의 일부가 반사될 수 있다. 이 반사는 코어와 클래딩 재료 사이의 굴절률 차이로 인해 발생한다.
굴절		빛이 굴절률이 다른 한 매질에서 다른 매질로 통과할 때 굴절이 발생한다. 광섬유에서 광선이 임계각보다 작은 각도로 코어-클래딩 경계면을 만나면 굴절이 발생한다.

❶ 광섬유 파라미터

광섬유는 광학적 파라미터와 구조적 파라미터에 의해 영향을 받는다. 광학 매개변수(Optical Parameter)는 다양한 매체 또는 환경에서 빛의 동작을 설명하는 데 사용되는 빛의 특성으로 광학 파라미터의 주요 특징은 다음과 같다.

- 굴절률: 물질이 빛을 통과할 때 얼마나 구부러지거나 굴절되는지를 측정하는 것이다. 진공에서의 빛의 속도와 매질에서의 빛의 속도의 비율로 정의된다.
- 흡수 계수: 물질이 물질을 통과할 때 흡수되는 빛의 양을 측정하는 것으로 물질의 단위 길이당 흡수되는 빛의 양으로 표현된다.
- 산란 계수: 물질이 물질을 통과할 때 흩어지는 빛의 양을 측정하는 것으로 물질의 단위 길이당 산란되는 빛의 양으로 표현된다.
- 반사 계수: 빛이 표면에 부딪힐 때 물질에 의해 반사되는 빛의 양을 측정하는 것으로 입사광의 백분율로 표현된다.
- 편광: 광파는 전기장과 자기장의 방향에 따라 편광되거나 편광되지 않을 수 있다.

이러한 광학 매개변수는 통신 시스템에 사용하기 위한 광학 구성요소로서 광학 및 광자학에 사용하기 위한 새로운 재료 개발과 같은 많은 응용 분야에서 매우 중요한 역할을 한다.

❷ 광섬유의 광학적 파라미터

구분	개념	내용
수광각	n_o, θ_a, 수광각 θ_A, θ_{1c}, θ_c, n_1, n_2	수광각(Acceptance Angle)이 클수록 빛이 더 넓은 각도에서 들어갈 수 있으므로 광원 정렬의 유연성이 증가하고 빛을 광섬유에 쉽게 결합할 수 있다. 반대로, 더 작은 수광각은 광섬유와 광원의 보다 정밀한 정렬이 필요하므로 결합이 더 어려워진다. 수광각은 코어에 빛을 전반사 시킬 수 있는 각으로 빛이 광섬유 코어에 입사할 때 광섬유가 전반사 할 수 있는 입사광의 각도 범위이다.
개구수 (NA)	R, F NA = R/F R: Lens 반지름 F: 초점 거리	Numerical Aperture, 입사광에 의해 받아들일 수 있는 최대 수광각. 개구수는 광섬유의 수광각과 집광 능력을 결정하는 매개변수이다. 빛이 광섬유에 들어가 전파될 수 있는 각도 범위를 측정한 것으로 빛을 광섬유 내에 수광시킬 수 있는 능력을 의미한다. 즉, 광원으로부터 빛을 얼마나 받을 수 있는지를 나타내는 값으로 개구수가 클수록 수광이 용이하나 모드수는 많아진다. 보통 싱글(단일)모드 0.1, 멀티(다중)모드 0.2~0.3 정도이다.
비굴절율차 (Δ)	$\Delta = \frac{n_1^2 - n_2^2}{2n_1^2} \approx \frac{n_1 - n_2}{n_1}$	Fractional Refractive Index Change, 코어의 굴절률에 대한 클래드의 굴절률 차의 비로서 광코어와 클래딩의 굴절율차이를 나타내는 파라미터이다. 비굴절률차(Δ)가 크면 클수록 광이 코어 내에 들어가기 쉬우나 전송손실은 증가한다(n_1 코어 굴절율, n_2 클래드 굴절율).
정규화 주파수	$V = \left(\frac{2\pi}{\lambda}\right) * a * NA$ λ는 광섬유에서 빛의 작동 파장 a는 광섬유의 코어 반경 NA는 광섬유의 개구수	Normalized Frequency, 광섬유 내 빛의 경로 개수를 정하는 파라미터로서, 단일 모드 광섬유인지 다중 모드 광섬유인지 구분하는데 사용하며 광섬유 내에서 전파할 수 있는 전파모드의 수를 의미한다. V=2.405 이상이면 다중모드 광섬유로, 2.405 이하이면 단일모드 광섬유로 구분한다.

❸ 광섬유의 구조적 파라미터

구분	개념도	내용
편심률		코어 및 클래드가 얼마나 같은 중심을 유지하는지 나타내는 파라미터이다. 편심률 $= \dfrac{\text{코어 및 클래드 편심간격}}{\text{코어 표준직경}}$
비원률		코어 및 클래드가 얼마나 원형을 잘 유지하는가를 나타내는 파라미터이다. 코어 비원률 $= \dfrac{\text{코어 최대 직경} - \text{코어 최소 직경}}{\text{코어 표준직경}}$
균경률		코어 및 클래드가 얼마나 표준직경을 유지하는가를 나타내는 파라미터이다. • 코어 균경률 $= \dfrac{\text{코어 최대 직경} - \text{코어 표준 직경}}{\text{코어 표준직경}}$ • 클래드 균경률 $= \dfrac{\text{클래드 최대 직경} - \text{클래드 최소 직경}}{\text{클래드 표준직경}}$

기출유형 완성하기

정답 01 ① 02 ④ 03 ②

01 **광케이블의 광학파라미터가 아닌 것은?** (2022-2차)

① 편심률
② 개구수
③ 수광각
④ 모드 수

해설

- 광학적 파라미터는 개.수.정.비(개구수, 수광각, 정규화주파수, 비굴절률차)이다.
- 구조적 파라미터는 편.비.균(편심율, 비원율, 균경율)이다.

02 **광케이블에서 단일모드가 되기 위한 조건을 나타내는 광학 파라미터는?** (2011-2차)

① 수광각
② 개구수(NA)
③ 비굴절류차
④ 규격화 주파수

해설

정규화 주파수(Normalized Frequency)

광섬유 내 빛의 경로 개수를 정하는 파라미터, 단일모드 광파이버인지 다중모드 광파이버인지 구분하는데 사용한다.

03 **표준직경이 30[μm]인 광섬유 케이블이 찌그러져 최대 직경이 32.6[μm], 최소 직경이 28.4[μm]가 되었을 때, 이 광섬유 케이블의 비원률은 몇 [%]인가?** (2011-3차)

① 7[%]
② 14[%]
③ 28[%]
④ 32[%]

해설

코어 비원률 $= \dfrac{\text{코어 최대직경} - \text{코어최소직경}}{\text{코어표준직경}}$

코어의 표준 직경 $= \dfrac{\text{최대반경} - \text{최소반경}}{2}$

그러므로 $(32.6-28.4)[\mu m]/30.05[\mu m] = \dfrac{4.2}{30.05} \times 100\% = 14\%$

정답 04 ③ 05 ①

04 스넬의 법칙(Snell's law)이란 광선 또는 전파가 서로 다른 매질의 경계면에 입사하여 통과할 때 입사각과 굴절각과의 관계를 표현한 법칙이다. 다음 그림과 같이 굴절률이 n_1과 n_2로 서로 다른 두 매질이 맞닿아 있을 때 매질을 통과하는 빛의 경로는 매질마다 광속이 다르므로 휘게 되는데, 그 휜 정도를 빛의 입사 평면상에서 각도로 표시하면 θ_1과 θ_2가 된다. 이때 스넬의 법칙으로 n_1, n_2, θ_1, θ_2의 상관관계를 올바르게 정의한 것은? (2017-2차)(2018-2차)

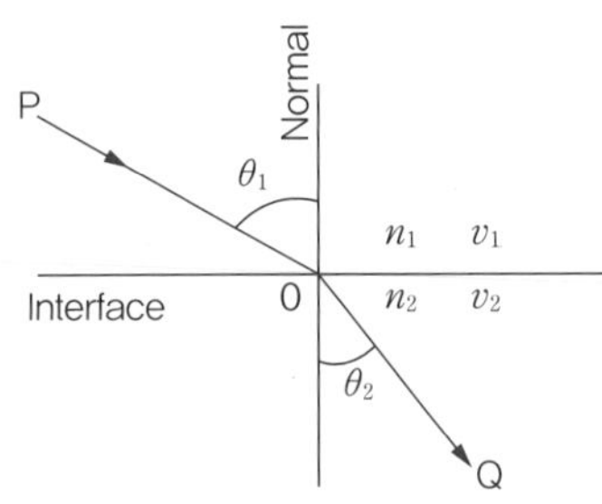

① $n_1+\cos\theta_1=n_2+\sin\theta_2$
② $n_1+\cos\theta_2=n_2+\sin\theta_2$
③ $n_1(\sin\theta_1)=n_2(\sin\theta_2)$
④ $n_1(\sin\theta_2)=n_2(\sin\theta_1)$

해설

Snell의 법칙	
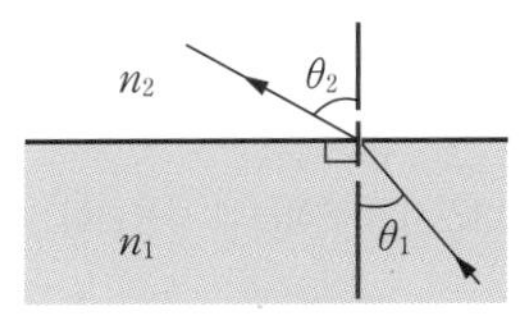	스넬의 법칙(Snell's Law)은 서로 다른 매질을 통과하는 빛이 굴절될 때 입사각과 굴절각 사이의 관계식을 의미한다. 그림과 같이 두 매질에서 빛의 속도가 v_1과 v_2일 때 입사각 θ_1와 굴절각 θ_2은 다음과 같은 관계를 가진다. $\frac{\sin\theta_1}{\sin\theta_2}=\frac{n_2}{n_1}=\frac{\lambda_2}{\lambda_1}=\frac{v_2}{v_1}$ 그러므로 $n_1\sin\theta_1= n_2\sin\theta_2$

05 광섬유 케이블에서 빛을 집광하는 능력 즉, 최대 수광각 범위 내로 입사시키기 위한 광학 렌즈의 척도를 무엇이라 하는가? (2023-2차)

① 개구수(Numerical Aperture, NA)
② 조리개 값(F-number)
③ 분해거리(Resolved Distance)
④ 초점심도(Depth of Focus)

해설

광학적 파라미터

수광각	코어에 빛을 전반사 시킬 수 있는 각
개구수	빛을 광섬유 내에 수광시킬 수 있는 능력
비굴절률 차	코어의 굴절률에 대한 클래드의 굴절률 차의 비
정규화 주파수	광섬유 내 빛의 개수를 정한 것으로 단일모드/다중모드 광파이버인지 구분함

정답 06 ② 07 ①

06 **광케이블을 설치할 때 고려사항이 아닌 것은?** (2022-2차)

① 최소 굴곡반경 이상 구부리지 않는다.
② 포설할 때는 허용 장력 이상의 힘으로 당겨야 한다.
③ 분기 개소마다 용도별로 표찰을 부착하여야 한다.
④ 포설 시 꼬이거나 비틀리지 않도록 한다.

해설

광케이블을 포설할 때 너무 세게 당기면 광케이블에 손상이 될 수 있다.

케이블 배선

신호 전송에 영향을 미치거나 케이블을 손상시킬 수 있는 장애물, 굽힘 또는 날카로운 모서리를 고려하여 케이블 배선 경로를 신중하게 계획한다. 광학 신호를 저하시킬 수 있는 과도한 열, 습기 또는 전자기 간섭이 있는 영역을 피해야 한다.

07 **다음 중 회로구성이 간단하고 가격이 저렴하며, 잡음이나 신호의 변화에 약하며, 광섬유를 이용한 디지털 전송에서 사용되는 변조방식은?** (2016-1차)

① ASK
② FSK
③ PSK
④ QAM

해설

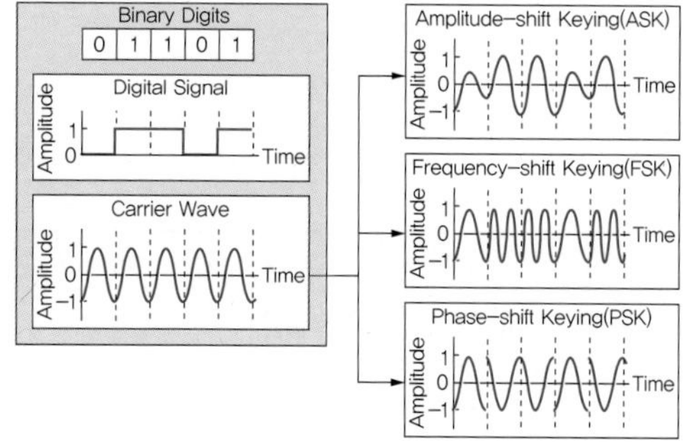

ASK는 광전송에서 디지털 신호를 전송하는데 많이 사용된다. ASK는 디지털 신호 전송에 사용하는 변조 방식의 하나로, 전송 데이터의 스트림에 대응하고 반송파의 진폭을 변화시키기 위한 송신 데이터를 보내는 방식이다. 아날로그 변조 방식인 진폭 변조(AM)와 마찬가지로 이 방식은 다른 변조 방식에 비해 소음의 방해와 페이딩의 영향을 받기 쉽다.

08 다음 중 광섬유 케이블 통신에서 대역폭과 관련 있는 것은? (2010-3차)

① 중계기의 거리
② 통화회선의 용량
③ 도청의 정도
④ 광섬유의 수명

해설

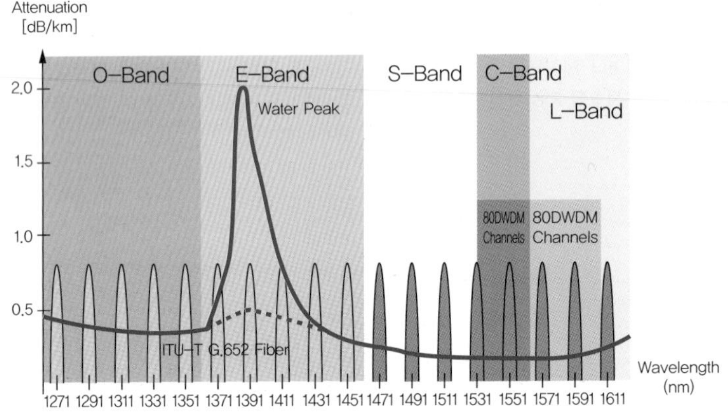

광통신 주요 파장대

780, 850, 1310, 1,383, 1,550, 1,610, 1,625nm 등을 사용한다. 이와 같은 파장대를 사용하는 이유는 평탄한 파장대를 사용해서 광섬유의 손실을 낮추기 위함이다. 그러므로 광케이블의 대역폭은 전체적인 통신회선의 용량을 결정하는 중요한 요소가 된다.

09 50/125[um] 광케이블에서 코어의 굴절률이 1.49이고 비굴절률(△)이 1.5[%]일 때 개구수는 약 얼마인가? (2023-3차)

① 0.156
② 0.158
③ 0.258
④ 2.28

해설

구분	내용
비굴절율차(△)	Core와 Clade 간의 상대적 굴절율차 $\Delta = \frac{n_1^2 - n_2^2}{2n_1^2} \approx \frac{n_1 - n_2}{n_1}$
개구수(NA)	Numerical Aperture, 입사광에 의해 받아들일 수 있는 최대 수광각이다. 보통 싱글(단일)모드 0.1, 멀티(다중)모드 0.2~0.3 정도이다.

$NA = n_1 \sin\theta_c = \sqrt{n_1^2 - n_2^2} = n_1\sqrt{2\Delta} = 1.49\sqrt{2 \times 0.015} = 1.49 \text{ x } 0.173 = 0.258$

기출유형 03 ▶ 광섬유 모드

다음 중 광섬유를 SIF 및 GIF로 분류하는 것은 무엇에 따른 것인가? (2011-2차)

① 코어의 굴절률 분포 형태
② 클래드의 굴절률 분포 형태
③ 코어와 클래드 사이의 굴절률 분포 형태
④ 클래드와 코팅층 사이의 굴절률 분포 형태

해설

SIF(Step Index Fiber) 계단형 광섬유, GIF(Graded Index Fiber) 언덕형 광섬유로서 코어의 굴절률 분포 형태에 따라 분류한다.

| 정답 | ①

족집게 과외

다중모드 광섬유(Multi Mode Fiber)는 코어 내를 전파하는 모드가 여러개 존재하며 모드 간 간섭이 있어 전송대역이 제한되며 단일모드 광섬유보다 제조 및 접속이 용이하다. 반면에 단일모드 광섬유(Single Mode Fiber)는 고속, 대용량 전송에 사용된다.

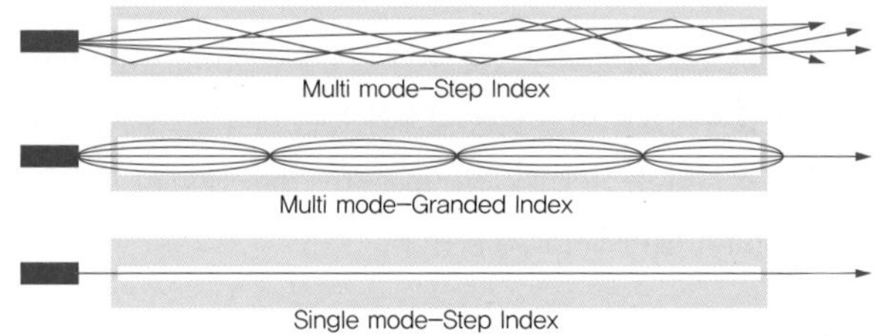

더 알아보기

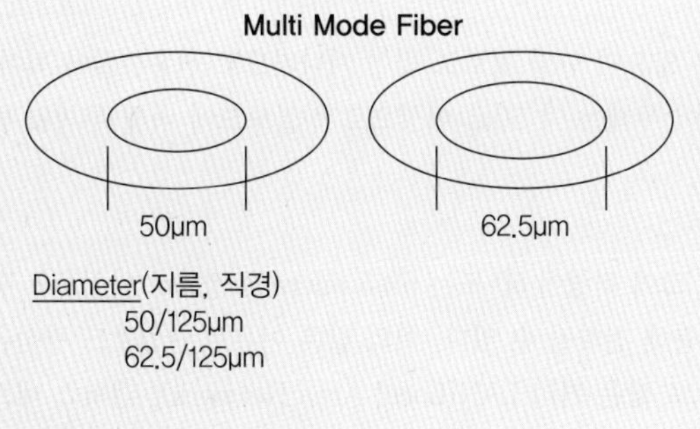

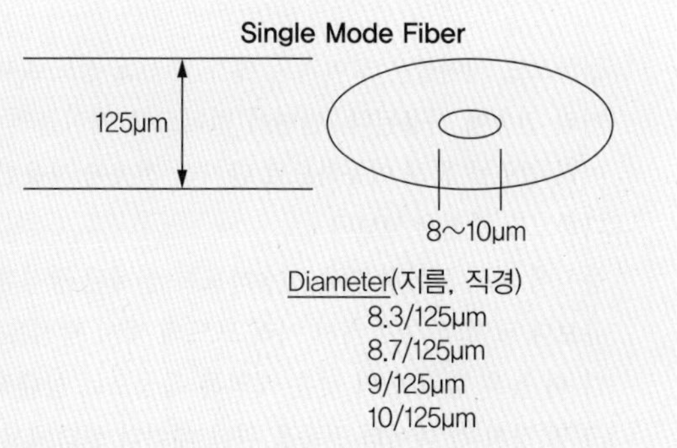

멀티모드	내부 코어가 50μm/전체 직경 125μm 또는 코어 62.5/전체 125μm
싱글모드	내부 코어 직경 8.3, 8.7, 9, 10/전체 직경 125μm이다. 50/125μm 멀티모드 케이블의 경우 62.5/125μm 멀티모드 케이블보다 대역폭이 높아 데이터 처리량이 많다.

❶ 광케이블 분류

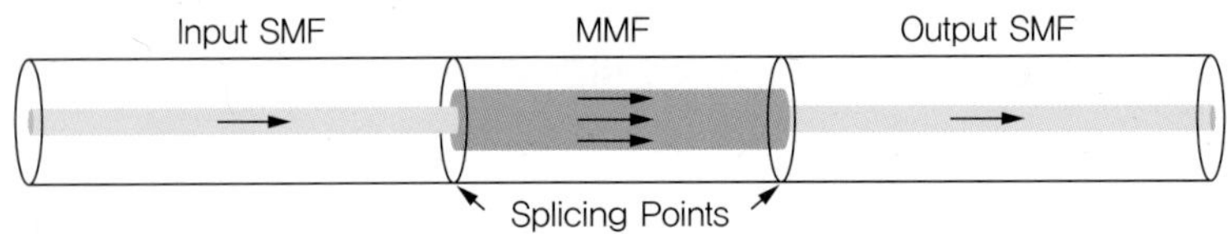

SM(Single Mode)	장거리용 10~50km이며 코어가 작아서 빛의 굴절각이 작기 때문에 장거리용으로 사용한다.
MM(Multi Mode)	단거리용 550m 이내로 주로 전산실 내에 구내용으로 사용한다.

Multi Mode 광섬유는 코어의 굴절율 분포에 따라 Step Index와 Graded Index로 구분된다.

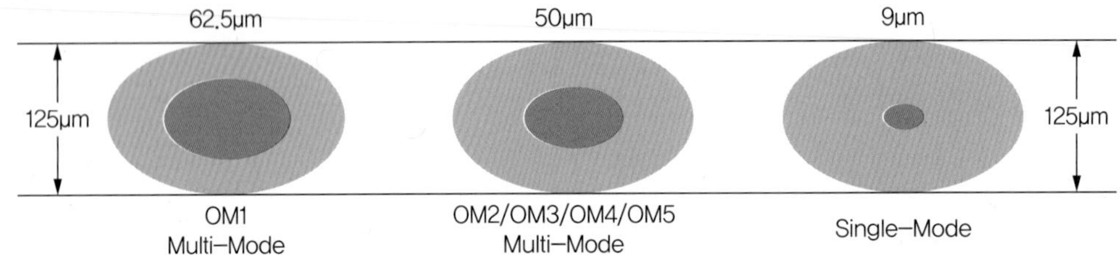

❷ 광섬유 내부

㉠ 단일모드 광섬유(SMF)

한 번에 단일모드의 빛을 전송하도록 설계된 것으로 중심 지름은 약 9 microns으로 단일모드의 빛이 거의 분산되지 않고 파이버를 통해 전파될 수 있다. 이는 낮은 감쇠와 높은 대역폭으로 장거리 통신 및 고속 데이터 전송에 적합하다. 단일모드 광섬유는 장거리 통신과 FTTH(Fiber-to-the-Home) 네트워크에 및 서버와 저장장치 간의 고속 데이터 전송을 위해 데이터 센터에서도 사용된다.

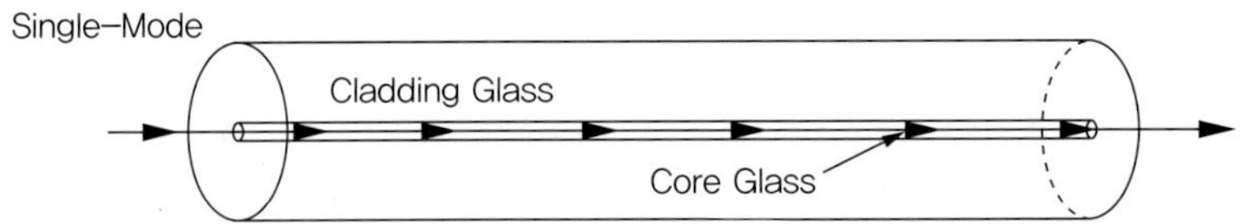

싱글모드 케이블은 코어의 두께가 약 9㎛ 정도로 매우 얇으며 단일 경로로 빛이 지나가므로 전송손실이 적어 장거리 전송에 사용된다. 반면에 멀티모드 케이블의 코어 두께는 약 50㎛ 이상으로 싱글모드에 비해 두꺼워 빛이 여러 경로를 통해 이동하므로 단거리 전송에 사용한다.

㉡ 다중모드 광섬유(MMF)

동시에 여러 모드의 빛을 전송하도록 설계된 광섬유로 코어 직경이 50 또는 62.5 microns 정도로 단일모드 광섬유보다 코어 직경이 커서 여러 모드의 빛이 광섬유를 통해 전파될 수 있다. 이와 같은 이유로 단일모드 광섬유보다 더 높은 감쇠와 더 낮은 대역폭 특성으로 상대적으로 짧은 거리 LAN(Local Area Network), 캠퍼스 네트워크 및 장치 간 데이터 전송을 위한 데이터 센터에서 사용된다.

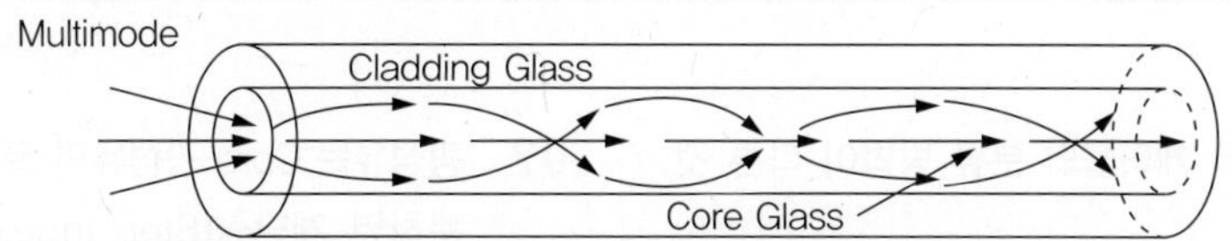

멀티모드 파이버의 주요 장점 중 하나는 싱글모드 파이버에 비해 비용이 낮으며 커넥터와 스플라이싱 기술을 갖추고 있어 전체적인 설치 및 유지보수 비용을 절감할 수 있다. 그러나 다중모드 광섬유는 다중모드 빛의 전파 경로가 다르기 때문에 신호 왜곡과 분산이 발생할 수 있어서 단일모드 광섬유에 비해 대역폭이 더 낮고 감쇠가 더 커지며, 이로 인해 짧은 사용거리로 제한적으로 사용된다. 이를 위해 사전에 장비 내 Line Card의 인터페이스인 GBIC(Gigabit Interface Converter)이나 SFP(Small Form-factor)의 Type을 사전에 확인해서 구성해야 한다. 멀티모드 케이블은 Step-Index 형과 Graded-Index 형 두 가지가 있다. 코어 자체의 굴절률은 변함이 없지만 코어와 클래드의 경계에서 스텝형 광섬유의 경우 굴절률이 커서 계단 모양으로 반사되고 그레이디드형 섬유는 굴절률이 코어 중심에서 최대, 지름 방향으로 매끄럽게 저하되는 모양의 차이가 있다.
Multi Mode 광케이블은 전산실 내에서 주로 사용되고 Single Mode(노랑색) 광케이블은 주로 외부에서 많이 사용되었으나 최근 광 장비 간을 연결하기 위해서 GBIC이나 SFP에 따라 광케이블을 선정하기도 한다. 그러므로 최근에는 전산실 내에서 노랑색인 Single Mode 광케이블을 많이 볼 수 있을 것이다.

01 다음 중 광섬유 케이블의 분류 방법이 다른 것은? (2022-3차)

① 단일 모드 광섬유 파이버
② 계단형 광섬유 파이버
③ 언덕형 광섬유 파이버
④ 삼각형 광섬유 파이버

해설

파장에 따라 싱글모드(1,310nm/1,550nm)와 멀티모드(850nm)로 구분되며 멀티모드에는 굴절률 분포에 따라 계단형인 SI와 GI, 삼각형 광섬유 등으로 구분된다. 즉, 광섬유는 Core 광섬유의 굴절율 분포에 따라 계단형(Step Index)과 곡선 모양(Graded Index)이 있고, 전파모드 수가 1개이면 Single Mode이고, 다수이면 Multi Mode라 한다. 광섬유의 분류는 주로 작동 파장, 굴절률 분포, 전송 모드, 원료 및 제조 방법으로 구분된다.

구분	내용
작동 파장	ULTRAVIOLET, 관찰 가능한 광섬유, 근적외선 광섬유, 적외선 광섬유(0.85μm, 1.3μm, 1.55μm)
굴절률 분포	SI(Step Index)형, 근단차형, GI(Graded Index)형, 기타(삼각형, W형, 오목형 등)
전송 모드	단일모드 광섬유, 다중모드 광섬유
원료	석영 유리, 플라스틱, 복합 재료(플라스틱 클래딩, 액체 섬유 코어 등), 적외선 재료 등 코팅 재료에 따라 무기재료(탄소 등), 금속재료(구리, 니켈 등) 및 플라스틱 등
제조방법	Pre-plastic VAD(Vapour Phase Axial Deposition), CVD(Chemical Vapor Phase Deposition) 등

02 광섬유는 Core 광섬유의 굴절율 분포에 따라 구분하면 계단형(Step Index)과 2차 곡선 모양(Graded Index)이 있고, 전파모드 수가 1개이면 Single Mode이고, 다수이면 Multi Mode라고 한다. 이 2개 특성을 조합하여 광섬유 종류를 나타내는데, 아래 내용 중 상용화되지 않은 광섬유 종류는 어느 것인가? (2012-2차)(2018-2차)

① Step Index Multi Mode
② Step Index Single Mode
③ Graded Index Multi Mode
④ Graded Index Single Mode

해설

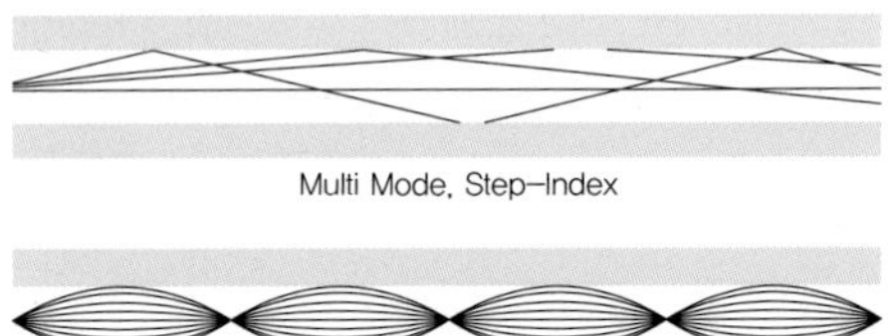

Multi Mode, Step-Index

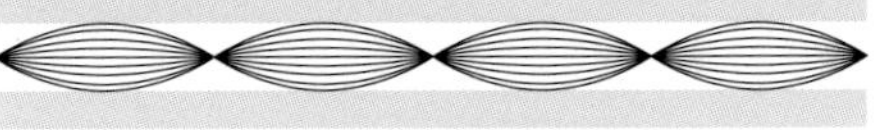

Multi Mode, Graded Index

광섬유는 코어의 굴절율 분포가 다른 Step Index Multi Mode 광섬유, Graded Index Multi Mode 광섬유, Single Mode 광섬유, 분산시프트 광섬유(DSF), NZ-DSF(Non-Zero Dispersion Shift Fiber) 등이 있다.

- SM(Single Mode 광케이블): 장거리용 최대 10~40km
- MM(Multi Mode 광케이블): 단거리용 550m 이내

03 **다음 중 다중모드 광섬유(Multimode Fiber)에 대한 설명으로 알맞지 않은 것은?** (2019-2차)(2023-1차)

① 코어 내를 전파하는 모드가 여러 개 존재한다.
② 모드 간 간섭이 있어 전송대역이 제한된다.
③ 고속, 대용량 전송에 사용된다.
④ 단일모드 광섬유보다 제조 및 접속이 용이하다.

해설

싱글모드 광섬유가 다중모드 광섬유 대비 고속, 대용량 전송에 사용된다.

04 **다음 중 단일모드(Single Mode) 광섬유에 대한 설명으로 알맞은 것은?** (2015-3차)

① 광섬유 속을 지나는 전파모드가 여러 개이다.
② 광선의 도착시간 차이에 의해 전송대역폭이 제한된다.
③ 광선이 도착하는 시간차가 없으므로 10[GHz]의 넓은 전송대역폭을 가진다.
④ 코어 직경이 크므로 제조 및 접속이 용이하고 초대용량 단거리 전송에 적합하다.

해설

③ 광선이 도착하는 시간차가 없으므로 10[GHz]의 넓은 전송대역폭을 가진다. 10[GHz]의 넓은 전송대역폭을 가지는 것은 SMF 광케이블이다.
① 광섬유 속을 지나는 전파모드가 하나(Single)이다.
② 광선의 도착시간 차와는 무관하다(멀티모드에서 도착시간차 발생).
④ 코어 직경이 작아서 제조 및 접속이 용이하고 단거리 전송에 적합하다.

비교 항목	멀티모드(MM)	싱글모드(SM)
코어 직경	50㎛/62.5㎛	9㎛/10㎛
클래드 직경	125㎛	125㎛
파장	단파장 (850nm/ 1300nm)	장파장 (1310nm/ 1510nm/ 1550nm)
대역폭	수십 MHZ (Step Index)/ 수GHz(Graded Index)	수십 GHz (Step Index)
광전송로 모드	복수	단일
모드 분산	있음	없음
전송 손실	적음	아주 적음
전송 거리	550m 이내	40km 내외
비용	비교적 적음 (싱글모드 보다 싸다)	비교적 큼 (멀티모드보다 비싸다)
용도	전산실 내 연결	국간이나 외부 연결

기출유형 04 ▶ 광손실(Optical Loss)

광섬유케이블에서 주로 발생하는 손실의 종류가 아닌 것은? (2010-3차)

① 산란손실　　② 흡수손실
③ 누화손실　　④ 마이크로밴딩 손실

해설

광케이블은 산란, 흡수, 구부러짐인 마이크로 밴딩 손실이 발생한다. 누화는 UTP 케이블 등에 전자기 유도 현상에 의해서 발생한다.

| 정답 | ③

족집게 과외

레일리 산란(Rayleigh Scattering)은 전자기파가 파장보다 매우 작은 입자에 의하여 탄성 산란되는 현상이다. 빛이 기체나 투명한 액체 및 고체를 통과할 때 발생한다. 대기 속에서의 태양광의 레일리 산란은 하늘이 푸르게 보이는 주된 이유다. 레일리 산란은 산란된 선속밀도는 주파수의 4 제곱에 비례 ($\propto f^4$), 파장의 4제곱에 반비례 $\left(\propto \frac{1}{\lambda^4}\right)$ 한다.

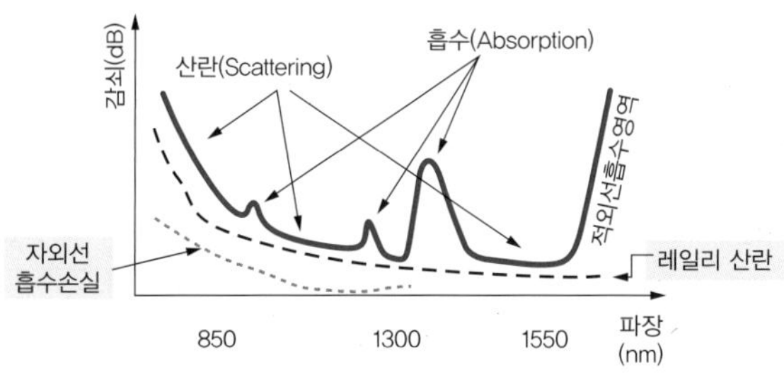

- **산란광**: 산란에 의해서 방향이 바뀐 빛. 빛이 작은 요철이 있는 반사면이나 극히 작은 입자에 닿았을 때, 산란에 의해 그 진행 방향이 바뀌는 것이다.
- **광학적 흡수**: 입사한 광자가 물질에 의해 흡수되는 것이다.
- **적외선 흡수**: 실리카 분자의 열진동(공명)과 광자의 상호작용에 의한 흡수이다.
- **자외선 흡수**: 실리카의 원자가전자가 빛을 흡수해 높은 에너지 상태로 전자가 천이되는 것이다.

더 알아보기

구분		내용
재료 손실(내부)	흡수 손실	광섬유에 포함된 철, 크롬, 코발트와 같은 천이금속과 수분 등의 불순물에 의해 일어나는 손실이다.
	산란 손실	광섬유 제조 시 광섬유가 굳을 때 밀도, 구성 성분의 불균일성 등의 여러 가지 요인에 의해 일어난다.
구조 손실(외부)	마이크로 밴딩 손실	광섬유의 가해지는 불균일한 압력에 의해 축이 구부러져 발생하는 손실이다.
	구조불안전 손실	코어와 클래딩의 경계면의 구조불완전에 의한 손실이다.
	코어손실	코어와 클래드의 경계면에서 접속에 의해 생기는 손실이다.

❶ 광 손실

광케이블 손실은 광케이블을 통해 빛이 이동할 때 발생하는 광신호 출력의 감소를 의미한다. 광케이블 손실은 광신호가 안정적으로 전송될 수 있는 최대 거리와 다른 쪽 끝에서 수신되는 신호의 품질을 결정하는데 중요한 요소이다. 광케이블 손실에는 다음과 같은 몇 가지 요인이 있다.

구분	내용
감쇠	감쇠는 흡수, 산란 및 기타 현상으로 인해 광섬유를 통과할 때 빛의 강도가 감소하는 것이다. 감쇠는 일반적으로 킬로미터당 데시벨(dB/km)로 표시된다.
굽힘 손실	광섬유가 최소 굽힘 반경을 초과하여 구부러질 때 발생하며, 이로 인해 섬유 코어에서 빛이 빠져나간다.
커넥터 손실	반사 및 기타 요인으로 인해 광섬유 커넥터에서 발생하는 광파워 손실이다.
스플라이스 손실	두 개의 광섬유가 결합된 스플라이스 지점에서 발생하는 광파워 손실이다.

광섬유의 손실요인을 큰 순으로 나열하면, ① 레일리 산란(Rayleigh Scattering), ② 광섬유 축의 휨, 코어 직경 및 굴절률의 길이 방향 변화, 구조결함 등에 의한 반사 및 산란, ③ 적외선부, 자외선부에서의 고유손실, ④ OH기, 천이금속 이온 등의 불순물에 의한 흡수 등이다. 1.6[㎛] 이하의 단파장측에서는 레일리 손실이 주된 요인이며, 1.6[㎛] 이상의 장파장 측에서는 고유 흡수손실이 주 요인이 된다.

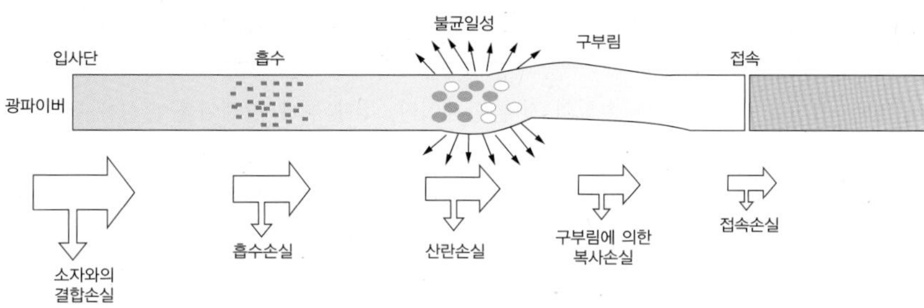

❷ 재료 손실(내적 요인, Intrinsic Factors)

구분	내용
산란손실	• 산란손실은 광섬유 또는 기타 구성 요소의 재료의 다양한 결함 또는 불규칙성과 상호 작용할 때 빛의 산란으로 인해 발생하는 광 출력 손실이다. 산란은 빛이 재료의 굴절률 또는 구조적 특징의 변화를 만나 다른 방향으로 빛의 방향을 바꿀 때 발생한다. • 빛의 산란은 빛의 파장의 4 제곱분의 1에 비례하게 된다. 따라서 파장이 짧은 파란빛 쪽이 파장이 긴 빨간 쪽보다 산란이 크다. 이러한 현상을 레일리(Rayleigh) 산란이라 한다. 광섬유에 있어서의 레일리 산란은 광섬유 제조 시 광섬유가 굳을 때 그 밀도나 조성이 빛의 파장보다 작은 주기로 변화하는 열동요라는 현상에 의해 생기는 것으로 광전송 시 손실발생의 주요 요인이 된다.
흡수손실	흡수손실은 빛이 전파되는 물질에 의해 빛이 흡수될 때 발생하는 광출력의 손실이다. 물질의 원자 또는 분자 구조와 빛의 상호 작용과 같은 다양한 메커니즘으로 인해 흡수가 발생할 수 있다. 특히 광섬유에 포함된 철, 구리, 코발트, 망간 등과 같은 불순물과 OH－기의 수분에 위한 흡수로 광 출력이 광섬유 내에서 일부 열로 유실되는 현상이다.
회선손실	광섬유를 영구접속 또는 임시접속으로 연결 시 발생하는 접속손실과 광원과 광섬유 결합 시 발생하는 결합손실이 있다.

❸ 기타 및 구조적 요인에 의한 손실(외적 요인, Extrinsic Factors)

구분		내용	
구조적 요인에 의한 손실	마이크로 밴딩 손실	광섬유의 측면에서 가해지는 불균일한 압력에 의해 축이 미소하게 구부러짐으로써 발생하는 손실로서 광섬유 제조 후 광섬유의 측면에 불균일한 압력이 가해졌을 때 광섬유의 축이 미세하게 구부러지기 때문에 생기는 광손실이다.	
	구조 불안전 손실	코어와 클래딩의 경계면의 미소한 구조상의 변동이나 광섬유 내의 광도파로 구조의 불균일에 의해서 생기는 광손실이다. 구조불완전이 있으면 모드변환이 발생하여 전파 에너지의 일부가 코어 밖으로 나가는 방사모드로 변환되기 때문에 광손실은 증가한다.	
	코어손실	코어와 클래드의 경계면에서 접속에 의해 생기는 손실이다.	
부가적 손실	접속 손실	Coupling Loss	광원 및 광섬유 간 결합에 따른 손실이다.
		Splicing Loss	광섬유 간 접속에 따른 손실이다.
	구부러짐 손실	광섬유 케이블을 구부려 사용함으로써 생기는 손실이다.	

일반적인 광섬유 전달	마이크로 밴딩(구부러짐) 손실
임계각 이상으로 입사하는 광선 / 법선 / Core / 임계각	법선 / Core / 그냥 빠져나간다 / 구부림에 의해 임계각 이하로 변해버린 입사 광선

총 광케이블 손실은 광섬유 길이에 따른 손실의 전체 합계이다. 최대 허용 광케이블 손실은 특정 용도와 사용되는 광케이블 유형에 따라 달라진다. 예를 들어, 단일모드 광섬유는 다중모드 광섬유보다 더 낮은 손실로 더 먼 거리에서 신호를 전송할 수 있다. 광케이블 손실을 최소화하기 위해서는 고품질의 광섬유 부품 및 케이블을 사용해야 하며, 광섬유에 가해지는 굽힘 및 기타 스트레스를 최소화하기 위한 적절한 설치 기법을 따라야 한다. 또한 커넥터와 스플라이스를 정기적으로 유지보수하고 청소하면 커넥터 및 스플라이스 손실을 줄일 수 있다.

❹ 코히어런트 광 전송

구분	내용
코히어런트 변조	QAM(Quadrature Amplitude Modulation)과 같은 변조 형식을 사용하여 광학 반송파에 정보를 인코딩하는 것으로 코히어런트 변조 방식은 광 신호의 진폭과 위상 모두를 동시에 변조할 수 있어 더 높은 데이터 속도와 향상된 스펙트럼 효율성을 허용한다.
디지털 신호 처리(DSP)	수신 신호의 성능과 품질을 향상시키기 위해 DSP 알고리즘은 색채 분산, 편광 모드 분산 및 비선형 효과와 같이 전송 중에 도입된 손상을 보상하여 전송된 데이터를 복구하는 데 사용된다. 이외에 적응형 이퀄라이제이션, 채널 추정 및 오류 수정을 용이하게 하여 강력하고 안정적인 신호 복구를 가능하게 한다.
편광 다중화(Polarization Multiplexing)	코히어런트 광 전송은 종종 편광 다중화를 활용하는데, 여기에서 두 개의 직교하는 빛의 편광이 독립적으로 변조되어 동일한 광섬유에서 두 개의 개별 데이터 스트림을 동시에 전송한다. 이 기술은 빛의 두 직교 편광 상태를 이용하여 전송 용량을 두 배로 늘린다.
코히어런트 검출	수신된 광학 신호의 위상과 진폭을 검출하고 처리할 수 있는 코히어런트 수신기의 사용하며 수신기는 국부 발진기를 사용하여 수신된 신호를 중간 주파수로 하향 변환하여 신호에 인코딩된 위상 및 진폭 정보를 직접 감지할 수 있다.
광 분산 보상	분산 보상 기술을 사용하여 신호 품질을 저하시키고 전송 거리를 제한할 수 있는 색 분산의 영향을 완화한다. 분산 보상 섬유(DCF)와 함께 사용한다.
높은 스펙트럼 효율	DSP 알고리즘과 결합된 고급 변조 형식을 사용하면 더 높은 차수의 변조 방식과 향상된 스펙트럼 효율성과 높은 데이터 전송률로 사용할 수 있다.

코히어런트 광 전송은 장거리 및 고용량 광 통신 시스템을 혁신하여 수천 킬로미터에 걸쳐 초당 수 테라비트의 데이터 전송을 가능하게 한다.

정답 01 ③ 02 ③ 03 ③ 04 ① 05 ①

01 다음 중 광섬유의 광손실에 해당하지 않는 것은? (2011-1차)

① 산란 손실
② 구조 불완전에 의한 손실
③ 복사 손실
④ 마이크로밴딩 손실

해설

③ 복사 손실: 아날로그 매체의 경우 연속적으로 복사할수록 잡음, 일그러짐, 신호 손실 등이 늘어나는 경우 손실이다.

① 산란 손실: 광섬유 제조 시 광섬유가 굳을 때 그 밀도나 조성이 빛의 파장보다 작은 주기로 변화한다.
산란은 광섬유 내를 도파하는 광선이 코어 내에서 직진하지 못하고 사방으로 흩어져 버리는 현상으로 광섬유 재료의 밀도, 구성 성분의 불균일성 등의 여러 가지 요인에 의해 일어난다.

② 구조 불안전에 의한 손실: 코어와 클래드의 경계면이 불균일하여 생기는 손실이다.

④ 마이크로 밴딩 손실: 광섬유의 측면에 불균일한 압력에 의해 축이 미소하게 구부러짐으로써 발생하는 손실이다.

02 광섬유 케이블에서 레일리(Rayleigh) 산란손실과 파장과의 관계가 옳은 것은? (2010-1차)(2011-2차)

① 손실은 파장의 2승에 반비례한다.
② 손실은 파장의 2승에 비례한다.
③ 손실은 파장의 4승에 반비례한다.
④ 손실은 파장의 4승에 비례한다.

해설

레일리(Rayleigh) 산란손실

진행하는 파동이 미소한 입자에 부딪쳐서 여러 방향으로 산란되는 현상으로 산란된 선속 밀도는 주파수의 4제곱에 비례하고 주파수와 파장은 반비례하므로 파장의 4승에 반비례한다. 레일리 산란이 일어나는 이유는 광섬유 밀도의 불균일성으로 인해 고유의 산락손실이 일어나며 이로 인해 0.1dB/km의 손실이 있으며 광통신 손실 총량의 90%가 대부분 레일리 산란 손실이다.

03 광섬유 케이블의 고유한 손실에 속하지 않는 것은? (2010-1차)

① 흡수손실
② 산란손실
③ 접속에 의한 손실
④ 구조의 불완전에 의한 손실

해설

접속에 의한 손실은 광케이블 연장이나 성단에 의해 나타나는 2차적인 손실이다.

04 광송신기의 출력이 −3[dBm], 광수신기의 수신감도가 −36[dBm], 광섬유의 손실이 1[dB/km]이다. 만약 접속 손실과 광커넥터 손실을 무시한다면, 이러한 광전송 시스템이 무중계로 전송 가능한 최대 거리[km]는? (2011-1차)

① 33
② 66
③ 99
④ 132

해설

광 손신기 출력이 -3[dBm]이고 광수신기의 수신감도가 -36[dBm]으로 $-3+X=-36$이 된다.
$X=-33$[dBm]이며 손실이 1[dB/km]이므로 총 33km를 무중계로 전송이 가능하다.

05 다음의 손실 중 광섬유 케이블에서 야기되는 손실이 아닌 것은? (2011-2차)

① 유도손실
② 흡수손실
③ 산란손실
④ 마이크로밴딩 손실

해설

흡수손실	광섬유에 포함된 철, 크롬, 코발트와 같은 천이금속과 수분 등의 불순물에 의해 일어나는 손실이다.
산란손실	굴절률에 따른 국소적 변화로 실제 크기는 아니고 개념적 예시이다. Cladding Incoming Light Core 실제 크기 산란은 빛 입자들이 각자 임의의 각도로 퍼져나가며 이때 임계각 이하로 퍼져나간 광선은 코어를 벗어나게 되며 어디론가 사라져 버리는 것이다. 산란은 광섬유 제조 시 광섬유가 굳을 때 그 밀도나 조성이 빛의 파장보다 작은 주기로 변화하는 것으로 주로 광섬유 내를 도파하는 광선이 코어 내에서 직진하지 못하고 사방으로 흩어져 버리는 현상으로 광섬유 재료의 밀도, 구성 성분의 불균일성 등 여러 가지 요인에 의해 일어난다.
마이크로 밴딩 손실	광섬유의 측면에 불균일한 압력에 의해 축이 미소하게 구부러짐으로써 발생하는 손실이다.

06 다음 중 광케이블의 회선손실인 것은? (2021-3차)

① 불균등 손실
② 곡률손실
③ 산란손실
④ 접속손실

해설

회선손실	광섬유를 영구접속 또는 임시접속으로 연결 시 발생하는 접속 손실과 광원과 광섬유 결합 시 발생하는 결합손실이 있다.
접속손실	코어축의 어긋남 (Offset) 두 광섬유 단면의 간격 분리 (End Separation)

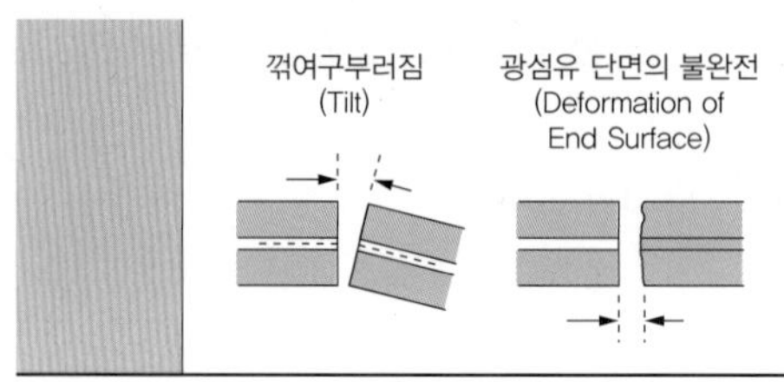

07 다음 중 코히어런트 광전송 방식에 대한 설명으로 틀린 것은? (2019-1차)(2020-3차)

① 반송파를 사용하여 광파의 주파수나 위상에 정보를 실어 전송한다.
② 국부발진 광파와 캐리어 광파의 주파수가 틀리면 호모다인 광파다.
③ 광의 강약에 의해 신호를 전송하지 않는다.
④ 완전한 코히어런트 광이란 단일 파장의 광 즉, 단색광(Monochromatic Light)을 의미한다.

해설

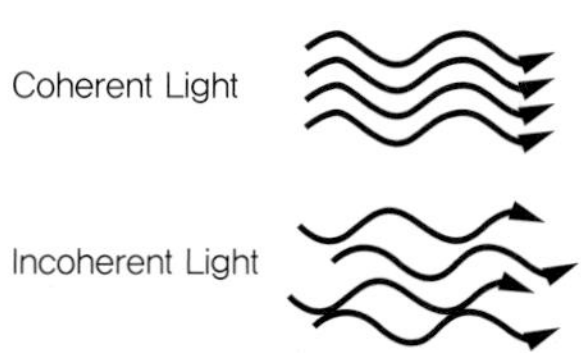

Coherent
파동의 공간적 퍼짐이 균일하고, 위상이 규칙성을 가지고 있는 상태로서 주파수적으로 매우 안정되고 시간적으로도 변동이 없는 광원을 Coherent 광이라 한다. 코히어런트 광 전송은 광섬유 용량과 도달 범위를 향상시키는데 사용되는 기술로서 이를 위해 디지털 신호 처리(DSP) 기술을 사용하여 구현한다. 코히어런트 검출방식은 광신호가 광섬유 안에서 멀리 전송될 때 신호의 세기가 약해져도 신호의 위상을 검출해 신호를 수신할 수 있는 방식으로 빛의 세기로 신호를 수신하는 것보다 훨씬 효율적이라 할 수 있다.

- 수신측에서는 송신측에 사용한 변조와 동일반 광 반송파를 이용하는 동기검파를 한다.
- 국부발진 광파와 캐리어 광파의 주파수가 틀리면 헤테로다인 광파이며, 같으면 호모다인 광파가 된다.

코히런트 광 전송은 장거리 및 고용량 광 통신 시스템을 혁신하여 수천 킬로미터에 걸쳐 초당 수 테라비트의 데이터 전송을 가능하게 한다.

기출유형 05 ▶ 광섬유 분산, 계측기(OTDR)

다음 중 광섬유에 대한 설명으로 틀린 것은? (2018-3차)

① 모드 분산은 단일모드 광섬유에서만 발생한다.
② 재료분산은 광섬유의 재질인 석영 유리의 굴절률이 전파하는 빛의 파장에 따라 변화하면서 생긴다.
③ 광소자란 빛을 발생하고 처리하고 감지하는 기능이 있는 전자장치를 말한다.
④ 발광다이오드는 자연방출현상으로 빛을 발생하며, 레이저다이오드는 유도 방출현상으로 빛을 발생한다.

해설

모드 간 분산은 모드마다 전파 경로와 도착 시간이 다른 다중모드 광섬유와 관련이 있는 반면, 모드 내 분산 또는 색 분산은 서로 다른 파장이 서로 다른 속도로 이동하는 단일모드 광섬유와 관련이 있다.

| 정답 | ①

족집게 과외

분산

- 모드 간: 다중모드 광섬유에서 발생
- 모드 내: 단일모드에서 발생, 색분산과 편광모드 분산
- 색분산: Chromatic Dispersion, 재료분산+구조분산

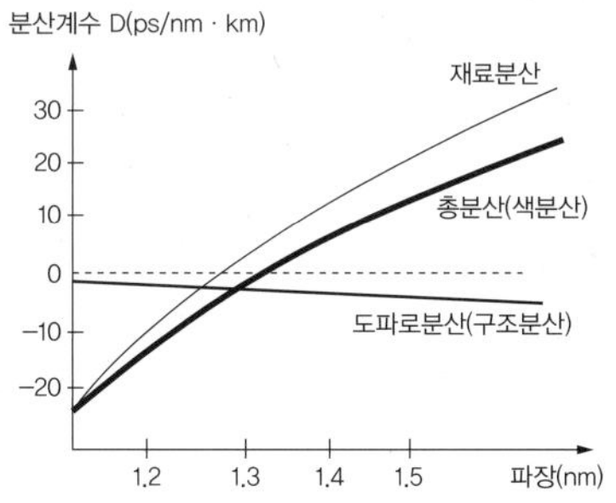

더 알아보기

구분		내용
색분산	개념	매질 내에 광신호는 각 파장 성분(서로 다른 빛 색깔)들의 전파 속도가 서로 달라 광 퍼짐에 의한 현상을 색분산이라하며 이것이 0이 되는 파장을 영분산 파장이라 한다. 색 분산은 신호품질의 왜곡 및 손실을 유발할 수 있어 광통신 시스템에서 중요한 요소로서 단일모드 광섬유의 주요 성능 제한 요인으로 재료분산과 구조분산이 있다.
	재료분산	재료분산은 광섬유의 재질인 석영 유리의 굴절률이 전파하는 빛의 파장에 따라 변화하면서 생긴다. 즉, 주로 매질에서 굴절율의 파장에 의존한다. 재료분산은 광섬유를 통해 전송되는 신호의 품질에 영향을 미칠 수 있으며 특정 광섬유나 또는 맞춤형 분산 특성을 가진 재료를 사용하여 최소화할 수 있다.
	구조분산	전파모드(입사각) 마다 다른 위상이나 군속도의 파장이 원인이다. 구조분산은 광섬유 내에 빛과 광케이블이 이루는 각이 파장에 따라 변해서 발생한다.
도파로분산		광원의 스펙트럼 구성과 관계없이 도파관 구조 또는 재료 특성에 의해서 발생한다. 주로 광섬유와 도파관에서 발생하는데, 여기에서 다양한 모드 또는 빛의 주파수가 다양한 속도로 전파된다.

❶ 분산(Dispersion)

광분산이란 서로 다른 파장으로 구성된 광파가 매질을 통해 서로 다른 속도로 전파되어 빛의 서로 다른 구성 요소가 분리되거나 광신호가 퍼지는 현상으로 매질에서 굴절률의 파장 의존성으로 인해 발생한다.

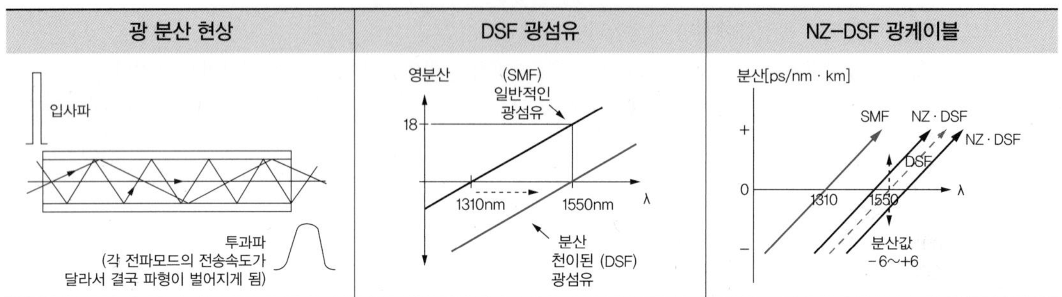

광케이블 분산은 광신호가 광섬유 케이블을 통과할 때 빛이 넓게 퍼지는 것을 의미한다. 분산은 신호가 안정적으로 전송될 수 있는 최대 거리를 제한하고 다른 쪽 끝에서 수신되는 신호의 품질에 영향을 미칠 수 있다. 이를 방지하기 위해 DSF (Dispersion Shift Fiber)나 NZ(None Zero)−DSF 광섬유를 사용해서 분산을 보상한다.

❷ 모드 간 분산(Intermodal Dispersion)

모드 간 분산은 다중 모드 광섬유에서 발생한다. 이것은 광섬유에서 빛이 코어를 통해 전파하면서 여러 모드 또는 경로를 사용할 수 있다. 각 모드는 약간 다른 경로를 따르고 다른 이동 거리를 이동하므로 수신측에서 다른 모드의 도착 시간이 달라진다. 도착 시간의 이러한 변화는 펄스 확산 및 중첩을 유발하여 신호 왜곡 및 신호품질 저하로 이어질 수 있다.

특징

- 전파모드 수가 적을수록 모드 분산이 적게 나타나고 고속전송이 가능하다.
- 다중모드 광섬유 상에서 특히 계단형 굴절률일 경우에 모드 분산이 발생한다(따라서, 다중모드 광섬유는 모든분산에 의해 전송 가능거리가 크게 제한된다).

❸ 모드 내 분산(Intramodal Dispersion)

색분산이라고도 하는 모드내 분산은 주로 단일모드 광섬유와 관련이 있다. 다른 파장(색상)의 빛이 섬유를 통해 전파되는 속도가 다르기 때문에 발생하며 주로 섬유 재료의 굴절률 스펙트럼 의존성으로 인해 발생한다.

특징

- 서로 다른 파장의 빛이 다른 속도로 이동하여 서로 다른 지연으로 수신기에 도달한다.
- 이로 인해 펄스 확장 및 중첩이 발생하여 신호 왜곡에 의해 데이터 속도가 제한될 수 있다.
- 모드 내 분산은 고속 장거리 광통신 시스템에서 중요한 문제이다.

요약하면, 모드 간 분산은 모드마다 전파 경로와 도착 시간이 다른 다중모드 광섬유와 관련이 있는 반면, 모드 내 분산 또는 색 분산은 서로 다른 파장이 서로 다른 속도로 이동하는 단일모드 광섬유와 관련이 있다. 두 유형의 분산 모두 광 통신 시스템에서 전송된 신호의 품질에 영향을 미칠 수 있다.

특징

- 단일 모드 광섬유(SMF)는 색 분산이 낮기 때문에 왜곡이 적고 더 먼 거리에서 신호를 전송할 수 있다.
- MMF(Multi−Mode Fiber)는 색 분산이 더 높기 때문에 사용 거리가 더 짧다.

01 **다음 중 전송로 상의 구조 분산(도파로 분산)에 대한 설명으로 틀린 것은?**

(2013-1차)(2016-1차)(2021-1차)

① 광섬유의 구조에 변화가 생겨 빛과 광케이블이 이루는 각이 파장에 따라 변해서 발생
② 실제 전송로의 경로의 길이에 변화가 발생하게 되고 도착 시간의 차이가 발생
③ 광 펄스가 옆으로 퍼지는 현상
④ 모드 사이의 전달되는 전파속도 차이 때문에 발생하는 분산

해설
④ 모드 사이의 전달되는 전파속도 차이 때문에 발생하는 분산 → 모드분산이다.
• 모드 간 분산(Intermodal Dispersion): 다중모드 광섬유에서 발생
• 모드 내 분산(Intramodal Dispersion): 단일모드 광섬유에서 발생하며 색분산과 편광모드 분산

02 **다음 중 광통신시스템에서 전송 속도를 제한하는 주된 요인으로 알맞은 것은?**

(2015-3차)(2020-1차)

① 광분산
② 광손실
③ 전반사
④ 굴절

해설
② 광통신 손실 (Optical Fiber Loss): 광신호가 광섬유를 진행하면서 산란, 흡수, 반사 등의 현상으로 신호 전력이 떨어지는(감소하는) 현상이다.
③ 전반사(Total Reflection): 빛이 특정 면에서 100% 반사되는 것으로 광통신에서 굴절률이 큰 코어를 굴절률이 작은 클래드로 둘러싸여 있어 빛이 코어를 중심으로 나아가는 것이다.
④ 굴절: 파동이 매질의 경계에서 속도 차이로 인해 방향을 바꾸는 현상이다.

광케이블 분산은 광신호가 광섬유 케이블을 통과할 때 확산되는 것을 의미한다. 분산은 신호가 안정적으로 전송될 수 있는 최대 거리를 제한하고 다른 쪽 끝에서 수신되는 신호의 품질에 영향을 미칠 수 있다. 즉, 광손실은 광의 세기가 거리대비 낮아지는 것이며 광 분산(Dispersion)은 광섬유 내에 진행하는 빛 또는 광 펄스가 퍼지는 현상이다.

03 **다음 중 OTDR(Optical Time Domain Reflectometer) 특징으로 틀린 것은?**

(2020-2차)(2023-3차)

① 광선로의 특성, 접점 손실과 고장점을 찾는 광선로 측정 장비이다.
② 광선로 특성을 측정하기 위해 광커플러를 이용하여 광선로에 연결한다.
③ 레일리 산란(Rayleigh Scattering)에 의한 후방산란광을 이용하여 광섬유 손실 특성을 측정한다.
④ 광선로에 광펄스들을 입사시켜 되돌아온 파형에 대해 주파수 영역에서 측정한다.

정답 04 ③, ④

해설

OTDR 기술의 원리는 광섬유 내에 존재하는 작은 결함들 및 불순물들에 의해 후방 산란되는 빛(레일라이 후방산란(Rayleigh back−scattering)으로 알려진 현상)과 광섬유 내에서 반사되는 빛(커넥터, 접속부 상의 반사)을 시간의 함수로서 검출하고 분석하는 것이다.

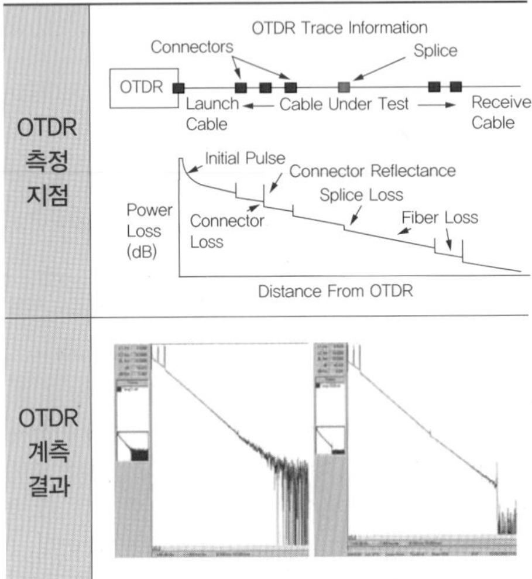

OTDR은 케이블이 어디에서 종단되었는지를 보여주고 광섬유, 연결 및 접합부의 품질을 확인한다. 물론 OTDR 추적은 설치 시의 문서와 비교하여 광케이블의 고장점이 어디에 있는지를 보여줄 수 있기 때문에 문제 해결을 위해 사용된다. OTDR은 시간과 거리, 속도($C=3\times10^8$)에 대한 것을 계측로 구현한 것으로 ④ 광선로에 광펄스들을 입사시켜 되돌아온 파형에 대해 시간 영역에서 측정하는 것이다.

04 광통신망 유지보수를 위한 계측기가 아닌 것은?

(2023-3차)

① OTDR
② Optical Power Meter
③ 융착접속기
④ 선로분석기

해설

③ 융착접속기: 광케이블 접속 후 정상 연결(접속)여부를 확인하는 점에서 계측기로 분류한 것 같으나 엄밀히 말하자면 계측기보다는 케이블 연결장비가 맞을 것이다.

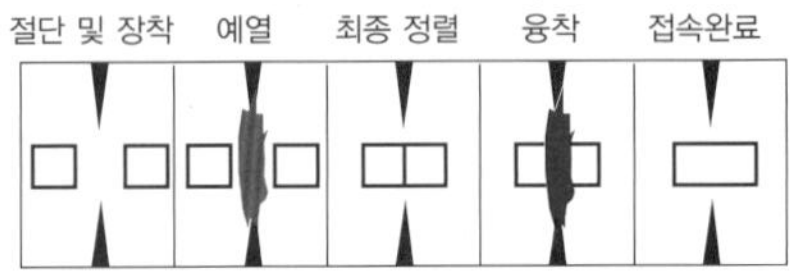

광케이블의 코어를 아크방전을 통해 융착시켜 같은 종류의 광케이블을 하나로 이어주는 기계이다.

④ 선로분석기: 광케이블이 아닌 구리동선 기반의 UTP 측정으로 문제 오류로 예상된다. 선로분석기 범위를 Spectrum Analyzer로 확대하면 ④은 유지보수 계측기에 포함될 수 있다.

네트워크 케이블 측정기로서 UTP 케이블 등에 대한 정상 연결 여부를 시험하는 계측장비이다.

① OTDR(Optical Time Domain Reflectometer): 광 선로의 특성, 접점의 손실이나 손실이 발생한 지점 등을 측정하여 고장점의 위치(거리)를 알려주는 장비이다.

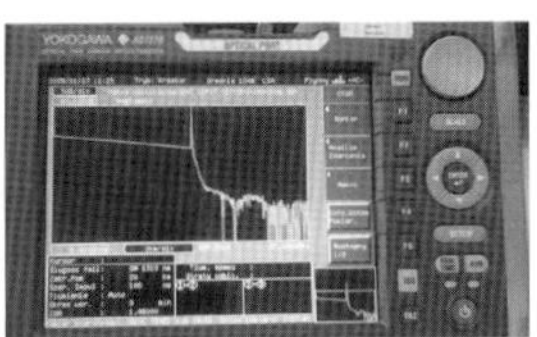

광선로에 광 펄스(5㎱~10㎲)들을 입사시켜 되돌아온 파형에 대해 시간영역에서 측정하는 장비이다.

② Optical Power Meter

광신호의 수신세기를 측정하는 것으로 휴대가 간편하고 가격이 저렴해서 현장에서 많이 사용되고 있다.

※ 이 문제는 ③, ④ 모두 정답처리 되었다.

기출유형 06 ▶ SDH/SONET, PON vs AON

SDH(Synchronous Digital Hierarchy: 동기식 디지털 계위) 특징이 아닌 것은? (2022-2차)

① TDM 방식으로 다중화함
② 동기식 디지털 기본 계위신호 STM-1을 기본으로 권고함
③ 프레임 주기는 125[μs]임
④ 9행×90열 구조로 되어 있음

해설
- SDH는 9행×270열 구조로 되어 있다.
- STM-4의 경우 4배수를 해줘야 하므로 9행×(270×4)열로 응용이 된다.

|정답| ④

족집게 과외

SDH(Synchronous Digital Hierachy)는 유럽 표준, SONET(Synchronous Optical NETwork)은 북미 표준으로 개념은 동일하며 4배수로 증가한다.

SONET 구조(북미방식)

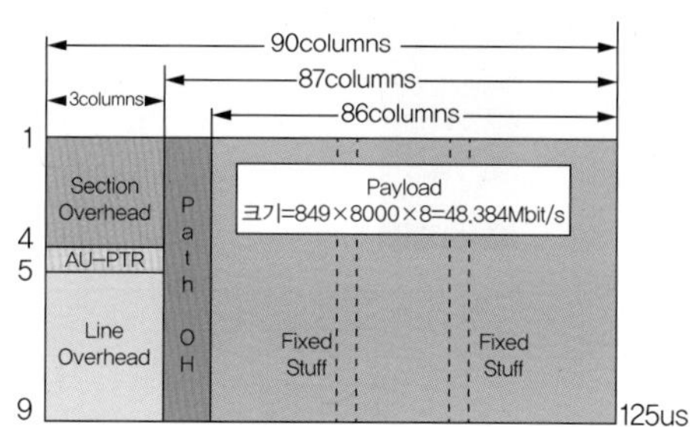

STS-1 frame=90×9×8000×8=51.84Mbit/s

SONET 프레임은 아무리 속도가 빨라도 125us 단위로 계속 반복한다. 프레임 크기는 아래와 같이 커진다.

더 알아보기

광 Carrier 레벨	전기적 레벨	전송속도	SDH
OC-1	STS-1	51.84Mbps	(STM-0)
OC-3	STS-3	155.52Mbps	STM-1
OC-12	STS-12	622.08Mbps	STM-4
OC-24	STS-24	1.24416Gbps	–
OC-48	STS-48	2.48832Gbps	STM-16
OC-192	STS-192	9.95328Gbps	STM-64
OC-768	STS-768	39.81312Gbps	STM-256

Carrier 레벨: OC-N = N x OC-1(51.84Mbps), N은 위 표와 같이 증가한다.

❶ SDH 구조(유럽방식)

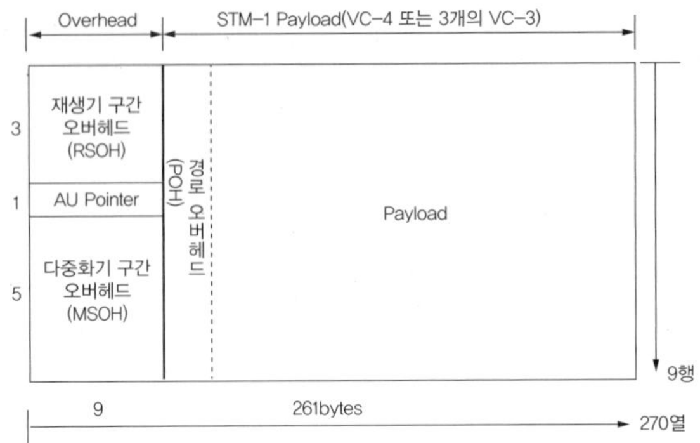

SONET이 51.84Mbps를 기준으로 1, 3, 9, 12, 18..로 증가한 반면에 SDH는 155.52Mbps를 기준으로 4배로 증가한다. 최근 트렌드는 하나의 장비에서 SDH와 SONET을 소프트웨어적으로 구성, 변경이 가능하게 구현되어 SONET과 SDH가 통합되었다고 할 수 있다.

❷ OTN(Optical Transport Network) 구조

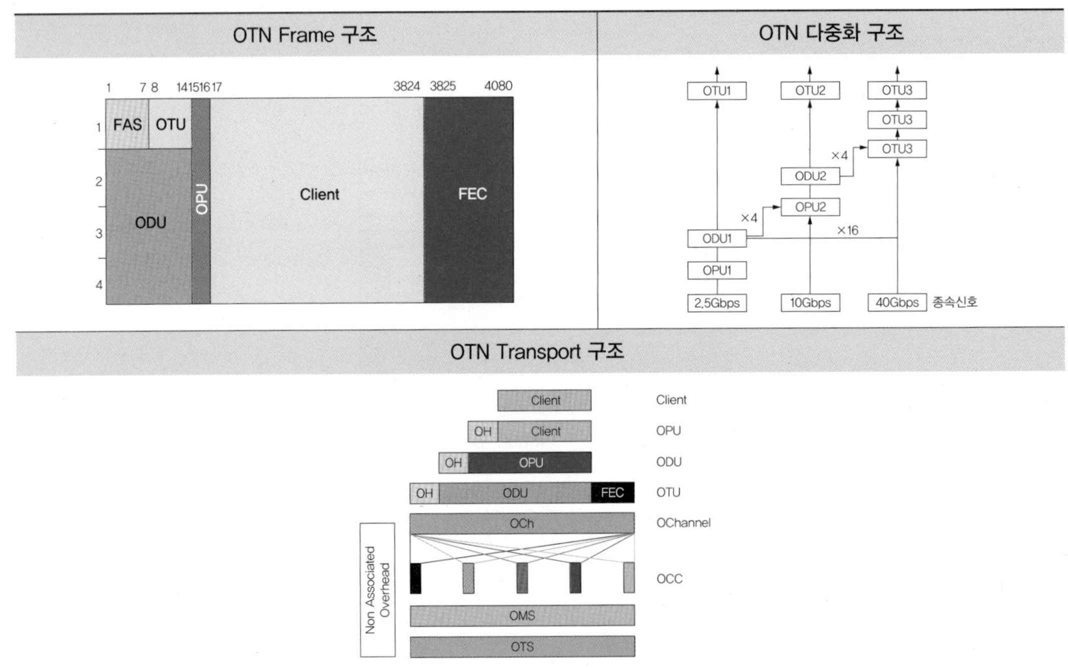

1) 광 채널 계층(OCh)
   ① OPU(Optical channel Payload Unit): 사용자 데이터와 OTN 페이로드를 Mapping 시킨다.
   ② ODU(Optical channel Data Unit): 종단 간 데이터 연결 및 연결 감시 기능을 수행한다.
   ③ OTU(Optical channel Transport Unit): ODU 부계층 데이터를 광 채널에 연계한다.
   OTU 신호들은 OCh 페이로드에 매핑된 후에 광 채널을 통해 OMS로 전달된다.
2) OMS(Optical Multiplex Section Layer)
   다중 파장으로 개개의 광 채널을 파장 단위와 연계해서 OTS로 처리하기 위한 광 다중화를 제공한다.
3) OTS(Optical Transmission Section Layer)
   광전송구간 계층으로 물리적인 매체에서 광신호의 증폭, 전송을 담당하는 것으로 SDH의 RSOH와 같은 역할을 한다.

❸ SONET과 SDH, OTN 비교

SONET (ANSI)	SDH (ITU-T)	OTN (ITU-T)	전송속도 (Mbps)	비고
STS-1	STM-0		52Mbps	SONET 기본속도
STS-3	STM-1		155Mbps	SDH 기본속도
STS-12	STM-4		622Mbps	
STS-48	STM-16	OTU1	2.5Gbps	OTN 기본속도
STS-192	STM-64	OTU2	10Gbps	
STS-768	STM-256	OTU3	40Gbps	
		OTU4	100Gbps	

❹ FTTH(Fiber To The Home) 지원 방식

1) AON 방식(Active Optive Network)

AON은 가입자 내의 위치하여 이더넷 스위칭 기능하는 능동소자를 수용한 RN(Remote Node)를 이용해서 가입자들에게 광케이블을 통해 연결하는 방식이다. 국사에서 RN까지의 연결 구간은 단일 광케이블을 통해 연결되어 가입자망 환경에서 광 간선 구간 및 광 인입 구간 내 광케이블을 줄일 수 있다.

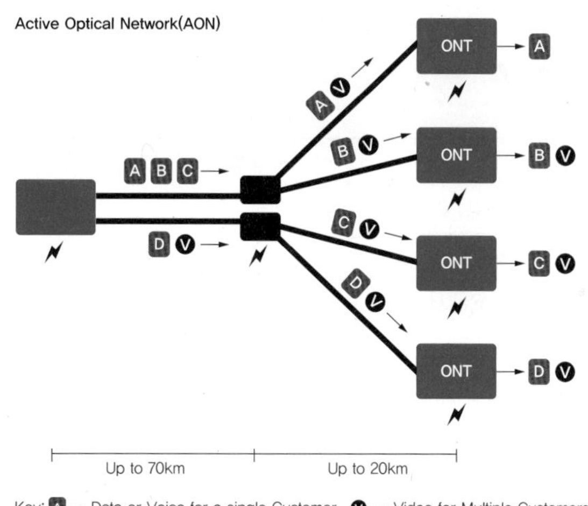

AON 방식은 IEEE802.3 표준에 의한 이더넷 기술을 사용하며, 광케이블은 100B-FX 또는 100/1000B-LX를 사용한다. 외부에 능동소자를 위해 RN 전원공급문제와, RN 설치를 위한 상면을 확보해야 한다.

	AON 방식
광케이블	100B-FX, 100/1000B LX
특징	IEEE 802.3 이더넷 통신기술
	이더넷 패킷 스위칭, 스위칭 노드 간 점대점 MAC 기능 수행
	이더넷 통신기술로 별도 기술 개발 소요가 없음
	저렴한 가격에 구축이 가능. RN(Remote Node)의해 전송신호가 재생

단점	외부환경에 장비가 설치되므로 관리적 측면에 어려움
	장애 발생 시 즉각적인 조치가 어렵고 추가적인 관리 비용이 발생
	별도 전원 공급이 필요

2) PON(Passive Optical Network)

외부전원이 필요하지 않은 수동 광소자를 사용해 국사에서 RN까지 연결되는 단일 광케이블을 분기시켜 가입자들에게 연결하는 방식이다. 이는 광케이블을 줄이고 외부환경에 능동소자가 필요 없다.

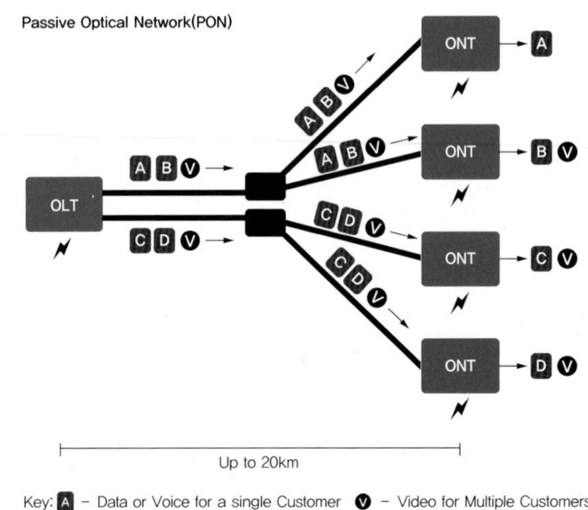

PON 방식	
특징	하나의 OLT가 여러 ONU로 접속할 수 있다.
	광케이블 사용을 최소화한다.
	외부환경 수동소자를 사용해서 능동소자가 필요 없다.
	속도 증속이 용이하다.
단점	분기가 많을 경우 RN을 추가해야 한다.
	초기 구축 비용이 높다.

정답 01 ① 02 ① 03 ④

01 다음은 무엇에 대한 설명인가? (2022-1차)(2022-2차)

> - 동기 디지털 계층으로 B-ISDN인 광섬유 매체에서 사용자-네트워크 인터페이스의 속도를 결정하려고 각국의 속도 계층을 하나로 통일한 것이다.
> - 동기화 데이터를 전송하는 국제 표준 기술을 말하며, STM-1 시리즈의 속도를 사용한다.
> - 전송 레벨은 155.52[Mbps]를 STM-1로 시작하며 최대 STM-256까지 정의하고, 실제 응용은 1, 4, 16만 적용한다.
> - TMN(Telecommunication Management Network) 등 망 관리와 유지에 필요한 신호대역이 할당되어 있다.

① SDH(Synchronous Digital Hierarchy)
② PDH(Plesiochronous Digital Hierarchy)
③ OTN(Optical Transprt Network)
④ SONET(Synchronous Optical Network)

해설

51Mbps를 기준이면 SONET, 155Mbps가 기준이면 SDH이다. PDH는 T1, E1, DS3에 해당하며, OTN은 2.5G(OTU-1)를 기준으로 한다. 그림에 보는 것과 같이 SDH는 9행×270열 구조로 되어 있다. STM-4의 경우 4배수를 해줘야 하므로 9행×(270열×4)열로 확장이 된다.

02 다음은 무엇에 대한 설명인가? (2022-2차)

> - 범세계적이고 융통성 있는 전송 네트워크를 실현해 주는 광통신 전송시스템 표준화가 목적이다.
> - 기본이 되는 최저 다중화 단위인 OC-1(Optical Carrier-1)의 전송 속도는 51, 84[Mbps]이다.
> - 광케이블의 WAN 시스템으로서 이론적으로 2.48[Gbps]의 전송속도를 가지며 음성, 데이터, 비디오의 정보를 동시에 보낼 수 있다.
> - 서로 다른 업체 간에도 호환이 되고 새로운 서비스 플랫폼에도 유연하다.

① SONET(Synchronous Optical Network)
② SDH(Synchronous Digital Hierarchy)
③ PDH(Plesiochronous Digital Hierarchy)
④ OTN(Optical Transport Network)

해설

51.84M를 기본단위로 4배수 증가하는 것은 SONET이다.

03 다음 중 광케이블 기반 광통신의 장점으로 틀린 것은? (2021-2차)

① 저손실성
② 광대역성
③ 세경성 및 경량성
④ 심선 접속의 용이성

해설

광케이블의 장단점

장점	정보의 전달양이 많고, 신호 간 혼선이 없으며, 도청이 어렵고, 넓은 주파수 대역과 대용량, 저손실이며, 강력한 간섭 방지 능력, 누화가 없으며, 기밀성이 우수하다.
단점	유지와 보수가 어렵고, 고장이나 화재에 약하다. 접근성에 한계가 있고, 유지보수 시간이 오래 걸린다. 심선 접속을 위해 별도 장비가 필요하다.

04 다음 중 PDH 및 SDH/SONET의 공통점이 아닌 것은? (2023-1차)

① 디지털 다중화에 의한 계위 신호체계
② 시분할 다중화(TDM) 방식
③ 프레임 반복 주기는 125us
④ 북미 표준의 동기식 다중화 방식 디지털 계위 신호체계

해설

PDH나 SDH/SONET의 공통점은 디지털 다중화에 의한 계위 신호체계를 따르며 프레임 반복 주기는 125us의 시간으로 시분할 다중화(TDM) 방식으로 처리한다는 것이다. 다중화를 위해 SDH는 유럽, SONET은 북미 표준화 규격을 따른다.
PDH(Plesiochronous Digital Hierarchy)인 비동기식 디지털계위로서 디지털 다중화장치들이 자체 발진기 클럭을 사용하여, DS-n급 신호들을 만들어가는 유사 동기식 다중화 전송 기반 신호체계이다. 신호계위의 증가는 아래와 같이 2M에서 8M, 34M 등으로 Multiplexing 된다.

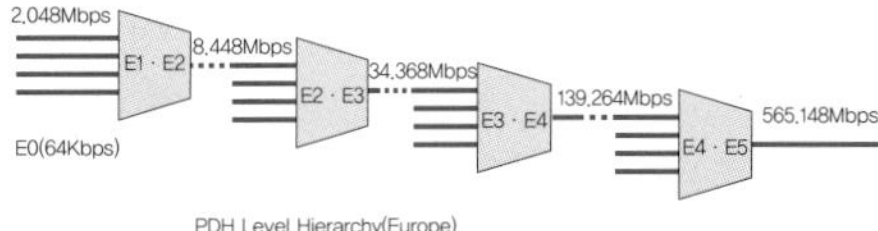

PDH Level Hierarchy(Europe)

05 동기식 다중화에 있어서 사용되는 오버헤드는 계층화된 개념을 반영하여 구간오버헤드(SOH)와 경로오버헤드(POH)로 구분된다. 다음 중 구간 오버헤드를 해당하지 않는 것은? (2023-1차)

① 재생기구간 오버헤드
② 다중화기구간 오버헤드
③ STM-n 신호가 구성될 마지막 단계에 삽입된다.
④ VC(Virtual Container) 신호가 구성될 때마다 삽입된다.

해설

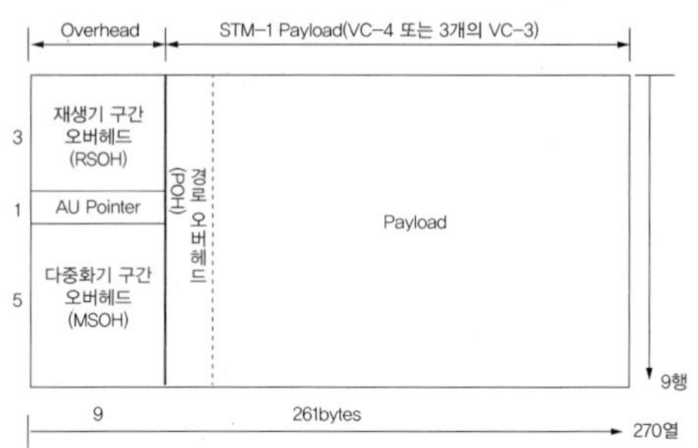

VC(Virtual Container)는 Payload와 관련되어 있어서 문제의 오버헤드와는 무관하다.

06 다음 중 10[Gbps] 동기식 전송시스템의 신호를 표시한 것은? (2021-1차)

① STM-16
② STM-32
③ STM-64
④ STM-128

해설

Commonly Used SONET and SDH Transmission Rates				
SONET Level	Electrical Level	SDH Level	Line Rate, Mbps	Common Rate Name
OC-1	STS-1	-	51.84	-
OC-3	STS-3	STM-1	155.52	155Mbps
OC-12	STS-12	STM-4	622.08	622Mbps
OC-48	STS-48	STM-16	2,488.32	2.5Gbps
OC-192	STS-192	STM-64	9,953.28	10Gbps
OC-768	STS-768	STM-256	39,813.12	40Gbps

정답 07 ① 08 ④ 09 ④

07 다음 중 동기식 전송(Synchronous Transmission)에 대한 설명으로 틀린 것은? (2022-1차)

① 전송속도가 비교적 낮은 저속 통신에 사용한다.
② 진 블록(또는 프레임)을 하나의 비트열로 전송할 수 있다.
③ 데이터 묶음 앞쪽에는 반드시 동기문자가 온다.
④ 한 묶음으로 구성하는 글자들 사이에는 휴지 간격이 없다.

해설
동기식 전송은 SDH나 SONET급 속도로서 SDH는 155Mbps, SONET은 51Mbps가 최소단위로서 기존 PDH 대비 고속 전송에 사용하는 개념이다.

08 다음은 STM-1 프레임구조를 설명한 내용이다. 비트율 크기가 맞지 않는 것은? (2021-3차)

① 재생기 구간 오버헤드(RSOH): 3×9B[byte]
② 다중화기 구간 오버헤드(MSOH): 5×9B[byte]
③ 포인터(PTR): 1×9B[byte]
④ 상위경로 오버헤드를 포함한 유료부하공간: 160×9B[byte]

해설
SDH 기본단위인 STM-1 특징
- 프레임구조가 125[μs] 단위로 구성
- 계층화 구조 및 오버헤드(SOH, POH, RTR 등)의 체계적인 활용
- 포인터에 의한 동기화
- 기본프레임, 9행×270열(2,430 Byte)
- 상위경로 오버헤드를 포함한 유료부하공간은 270 × 9B[byte]

09 동기식 다중화에 대한 설명으로 옳지 않은 것은? (2015-1차)(2019-3차)

① 프레임구조가 125[μs] 단위로 구성
② 계층화 구조 및 오버헤드(SOH, POH, RTR 등)의 체계적인 활용
③ 포인터에 의한 동기화
④ 다단계 다중화

해설
AU Pointer에 의해 동기화가 이루어진다. 다단계 다중화와는 무관하다.

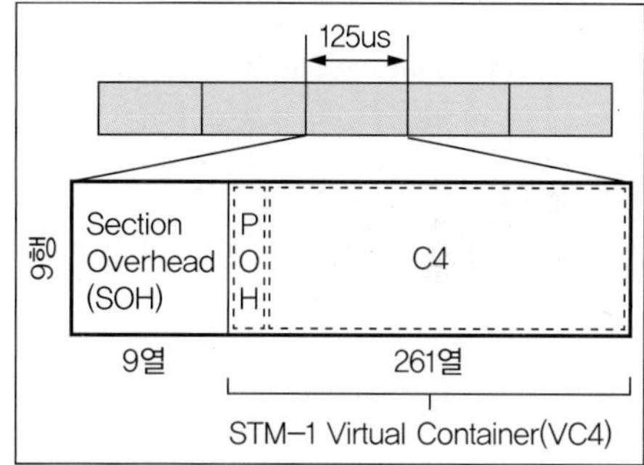

SDH 기본단위인 STM-1 특징
- 프레임구조가 125[μs] 단위로 구성
- 계층화 구조 및 오버헤드(SOH, POH, RTR 등)의 체계적인 활용
- 포인터에 의한 동기화
- 기본프레임, 9행×270열(2,430 Byte)
- 상위경로 오버헤드를 포함한 유료부하공간은 270 × 9B[byte]

정답 10 ② 11 ④

10 다음 광통신 장치에 대한 설명이 틀린 것은? (2022-2차)

① OLT(Optical Line Terminal): 국사 내에 설치되어 백본망과 가입자망을 서로 연결하는 광가입자망 구성장치
② ONT(Optical Network Terminal): 가입자와 가입자를 광을 통해 서로 연결해주는 광통신장치
③ ONU(Optical Network Unit): 주거용 가입자 밀집 지역의 중심부에 설치하는 소규모의 옥외/옥내용 광통신 장치
④ Backbone: 네트워크상에서 중요 공유자원들을 연결하기 위한 중추적인 기간 네트워크

해설

② ONT(옥내광종단장치): 전화국사로부터 광케이블이 가입자 댁내까지 확장 포설되어 최종적으로 종단되는 장치이다.

11 다음은 PON(Passive Optical Network)의 구성도로 괄호( ) 안에 들어갈 장치명은? (2023-1차)

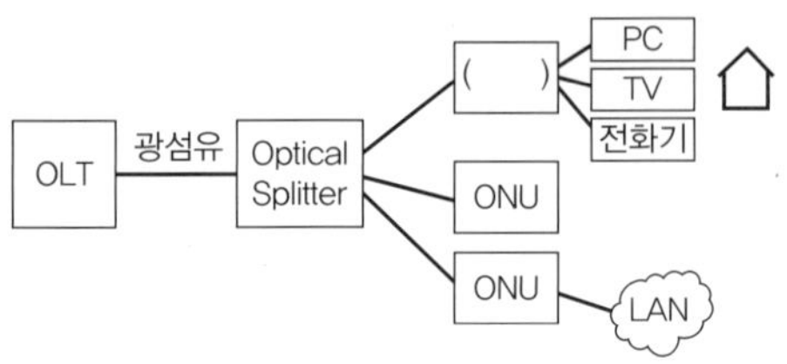

① OLT(Optical Line Terminal)
② Optical Splitter
③ ONU(Optical Network Unit)
④ ONT(Optical Network Terminal)

해설

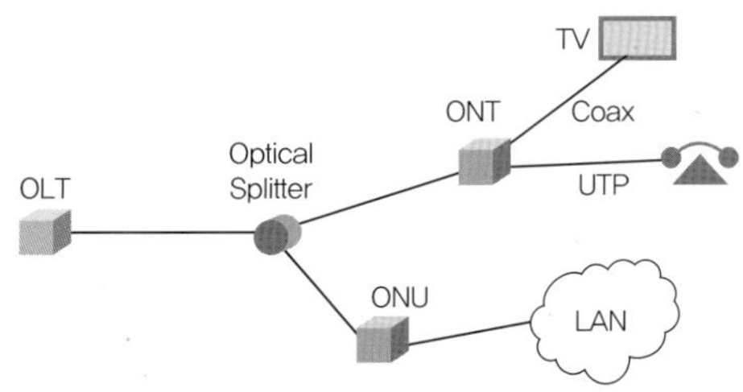

④ ONT(Optical Network Terminal): 전화국사로부터 광케이블이 가입자 댁내까지 확장 포설되어 최종적으로 종단되는 장치
① OLT(Optical Line Terminal): 국사 내에 설치되어 백본망과 가입자망을 서로 연결하는 광가입자망 구성장치
② Optical Splitter: 광신호를 받아서 분기(나누어)해주는 장치
③ ONU(Optical Network Unit): 주거용 가입자 밀집 지역의 중심부에 설치하는 소규모의 옥외/옥내용 광통신 장치

정답 12 ④ 13 ①

12 **다음 중 가입자망 기술로 망의 접속계 구조 형태인 PON(Passive Opitcal Network) 기술에 대한 특징으로 틀린 것은?** (2023-1차)

① 네트워크 양끝 단말을 제외하고는 능동소자를 전혀 사용하지 않는다.
② 광섬유의 효율적인 사용을 통하여 광전송로의 비용을 절감한다.
③ 유지보수 비용이 타 방식에 비해 저렴하다.
④ 보안성이 우수하다.

해설

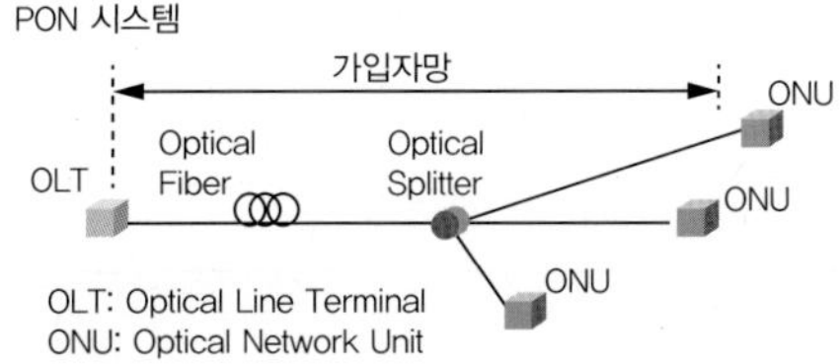

장점	• CO(Central Office)에서 하나의 광원으로 여러 가입자를 수용할 수 있다. • 기존 전달망에서 많은 성숙된 표준 및 기술, 비용 우위를 가지고 있다.
단점	• 시간 분할에 의해 가능한 대역폭을 최대로 활용할 수 없다. • 중앙집중국에서 모든 가입자에게 정보가 분산되므로 보안성이 약하다.

13 **PON(Passive Optical Network)에서 ONU(Optical Network Unit)에 관한 설명 중 틀린 것은?** (2023-3차)

① ONU는 통상적으로 국사 내에 설치되어 백본망과 가입자망을 서로 연결하는 광가입자망 구성장치를 말하며, 광신호를 종단하는 기능을 수행한다.
② ONU는 전기신호를 광신호로 광신호를 전기신호로 변환하는 기능을 수행한다.
③ ONU는 Optical Splitter를 통해 전송된 광신호를 수신하여 분리하고 이를 해당하는 각 단말기로 전송한다.
④ ONU는 각 단말기에서 전송한 신호를 다중화하여 OLT(Optical Line Terminal)로 송출한다.

해설

• ONU(Optical Network Unit)는 주거용 가입자 밀집 지역의 중심부에 설치하는 소규모의 옥외/옥내용 광통신 장치이다.
• OLT(Optical Line Terminal)는 통상적으로 국사 내에 설치되어 백본망과 가입자망을 서로 연결하는 광가입자망 구성장치를 말하며, 광신호를 종단하는 기능을 수행한다.

기출유형 07 ▶ WDM(Wavelength Division Multiplexing)

광파장 분할 다중화 방식(Wavelength Division Multiplexing)에 관한 설명으로 거리가 먼 것은? (2010-2차)

① 양방향전송이 가능하다.
② 누화의 영향을 받지 않는다.
③ TV와 음성신호의 동시전송이 가능하다.
④ PCM 방식에서만 가능하다.

해설

WDM은 광케이블을 수량을 줄이기 위해 파장을 다중화해서 보내는 방식이다. PCM은 Analog 신호를 Digital 신호로 변환하는 과정이어서 WDM과는 무관하다.

| 정답 | ④

족집게 과외

WDM은 여러 발광소자에서 나오는 파장이 다른 광신호를 광결합기로 결합하여 전송하는 것이다.

3R		
ReTiming	ReShaping	ReGenerating
시간/위상 관계 재생	등화 증폭	식별 재생

[TDM 기반 구성]

- 전송용량 확장 시 케이블 및 시스템 추가설치 필요
- 전송망 용량확장에 유연한 대응미흡
- 시스템 전송능력 한계

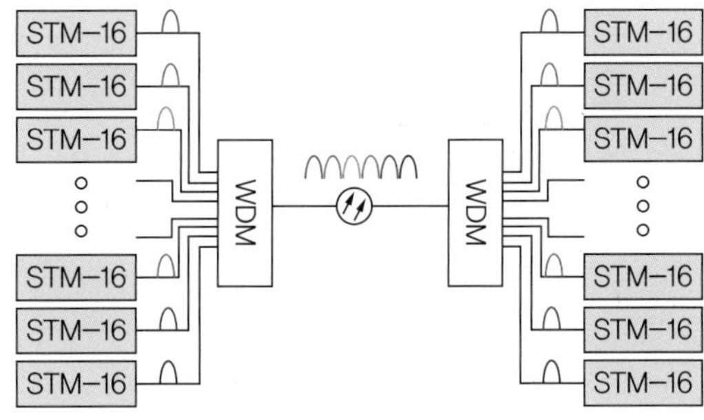

[WDM 기반 구성]

- 전송용량 확장 시 케이블 및 시스템 추가설치 필요
- 전송망 용량확장에 유연한 대응미흡
- 시스템 전송능력 한계

더 알아보기

구분	내용
CWDM(Coarse WDM)	저밀도 파장 분할 다중화, 파장 간격: 20nm, 채널 수는 4~8개
DWDM(Dense WDM)	고밀도 파장 분할, 파장 간격: 0.1~수 nm, 채널 수는 16~80개
DWDM(Ultra DWDM)	초고밀도, 파장 간격: 0.1~1nm, 채널 수는 160여 개

❶ WDM(Wavelength Division Multiplexing)

WDM은 광섬유 통신에 사용되는 기술로, 단일 광섬유를 통해 전송할 수 있는 데이터양을 늘릴 수 있는 기술이다. WDM은 광섬유의 사용 가능한 대역폭을 여러 채널로 나누어 데이터를 전송하기 위해 각각 다른 파장의 빛을 사용함으로써 작동한다.

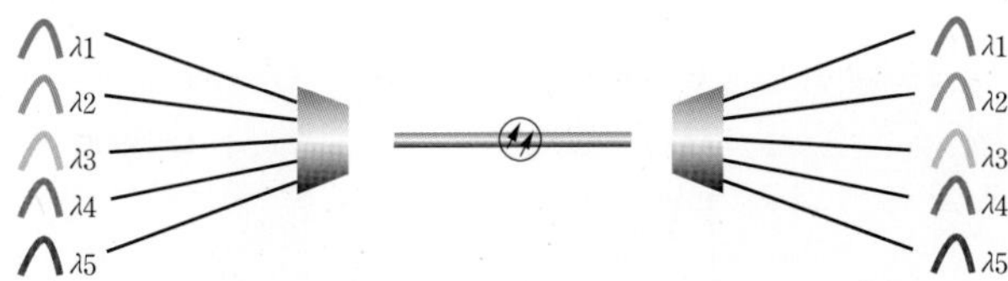

WDM에서 다중 신호는 멀티플렉서를 사용하여 단일 광신호로 결합된 다음 단일 광섬유를 통해 전송된다. 다른 쪽 끝에는 디멀티플렉서가 신호를 분리하여 의도된 수신기로 보낸다. 이를 통해 동일한 파이버를 통해 여러 신호를 동시에 전송할 수 있으므로 전송할 수 있는 데이터의 양이 증가할 수 있다.

❷ WDM 구성

구분	내용
송신기(Trasmitter)	전광변환장치(Electronic to Optical, E−O−E)로 전기적 통신신호를 빛의 신호로 변환하고 1과 0의 전기적 신호를 빛의 신호로 변환한다.
수신기(Receiver)	광전변환장치(Optical to Electronic, O−E−O)로 빛의 신호를 전기적 신호로 변환한다. 수신기와 송신기는 한 쌍으로 동작한다.
WDM Mux	광파장 다중화기(Multiplexer)는 여러 신호를 하나의 신호로 묶어주는 것으로 송신기에서 들어오는 다중 파장을 받아 하나의 광신호로 통합하는 기능을 한다.
WDM Demux	광파장 역다중화기(Demultiplexer)는 통합된 광신호를 수신기에서 사용가능하게 분배하는 기능을 하는 것으로 파장별 Drop을 지원한다.

❸ WDM 분류

WDM 기술은 크게 두 가지 형태로 사용할 수 있다. DWDM(고밀도 파장 분할 다중) 및 CWDM(Coarse WDM)이며 DWDM은 좁은 간격의 파장을 사용하여 단일 파이버를 통해 전송할 수 있는 데이터양을 최대화하는 반면, CWDM은 더 넓은 파장으로 단순하고 저렴한 장비를 위해 더 넓은 파장간격을 사용한다.

❹ WDM 기술 비교

구분	CWDM(Coarse WDM)	DWDM(Dense WDM)	UDWDM(Ultra Dense WDM)
다중화방식	저밀도	고밀도	초고밀도
파장 간격	20nm	0.1~ 수 nm	0.1~1nm
파장대역	1,271~1,611nm	1,525~1,630nm	1,525~1,564nm
채널 수	4~8개	16~80개	160여 개
전송량	1.25Gbps	200Gbps	수 Tbps 급
특징 및 용도	사용 파장의 수가 적고(8~16), 가격이 저렴, 액세스망 주대상 단거리 전송 위주(50km 이하)	장거리 MAN 백본용	장거리 WAN 백본용
구축비용	저가	중가	고가

❺ WDM Band 및 주파수 대역

광통신 주요 파장대: 780, 850, 1310, 1,383, 1,550, 1,610, 1,625nm 등을 사용한다. 이와 같은 파장대를 사용하는 이유는 평탄한 파장대를 사용해서 광섬유의 손실을 낮추기 위함이다.

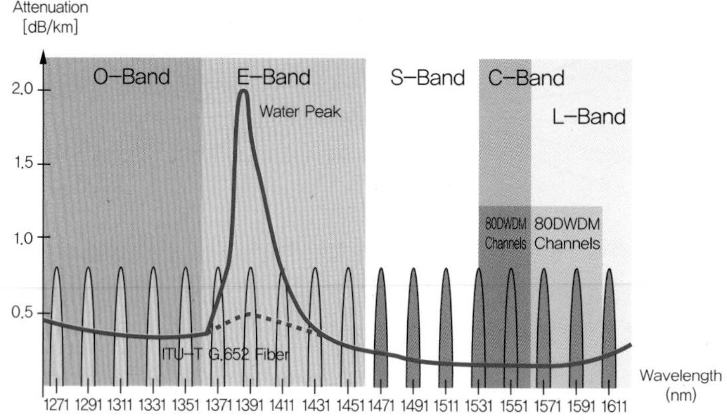

Band	Description	Wavelength Range	Bandwidth
O Band	Original	1260~1360nm	100
E Band	Extended	1360~1460nm	100
S Band	Shortwavelength	1460~1530nm	65
O Band	Conventional	1530~1565nm	40
L Band	Long Wavelength	1565~1625nm	60
U Band	Ultralong Wavelength	1625~1675nm	50

그러므로 광케이블의 대역폭은 전체적인 통신회선의 용량을 결정하는 중요한 요소가 된다.

정답 01 ④ 02 ②

01 여러 발광소자에서 나오는 파장이 다른 광신호를 광결합기로 결합하여 전송하는 다중화 방식은? (2010-3차)

① FDM ② TDM
③ CDM ④ WDM

해설
④ WDM(Wavelength Division Multiplexer)

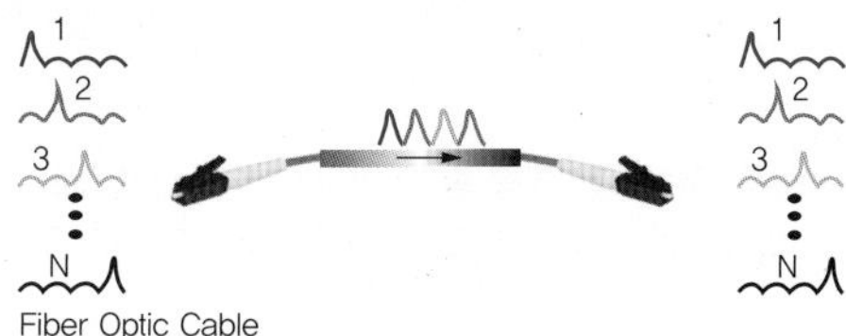

광통신에서 사용되는 다중화 방식으로 여러 개의 신호를 파장별로 분할하여 다중화하는 방식이다. WDM은 발광소자와 수광소자로 구분되어 광신호를 송신과 수신하여 사용하는 장비로서 광신호를 묶어주는 MUX와 광신호를 다시 풀어주는 DeMUX로 구성되어 있다.

① FDM(Frequency Division Multiplexing): 겹치지 않는 주파수 대역을 갖는 각각의 신호들이 더해져서 전송되며 특정 신호는 필터링을 통해 복원하는 비동기 방식이다.
② TDM(Time Division Multiplexing): 신호들을 고속의 버스트로 압축하여 시간 슬롯의 겹침이 없이 합성하는 것이다. 특정 신호는 시간 슬롯의 선택에 의해 복원될 수 있으며 타이밍에 관한 정보가 필요한 동기방식이다.
③ CDM(Code Division Multiplexing): 디지털 또는 아날로그 신호를 전송하는 경우에 한 개의 전송로에 여러 가입자의 신호를 전송 가능케 하도록 다중화를 취하는 것이다. CDM 방식은 일반적으로 통신 자원의 이용측면에서는 TDM과 FDM을 복합한 방식으로 일종의 대역확산(Spread Spectrum) 통신방식이다.

02 광통신시스템에서 광합파기 및 광분배기를 사용하는 광다중 접속방식은? (2011-2차)

① TDM ② WDM
③ ADM ④ FDM

해설

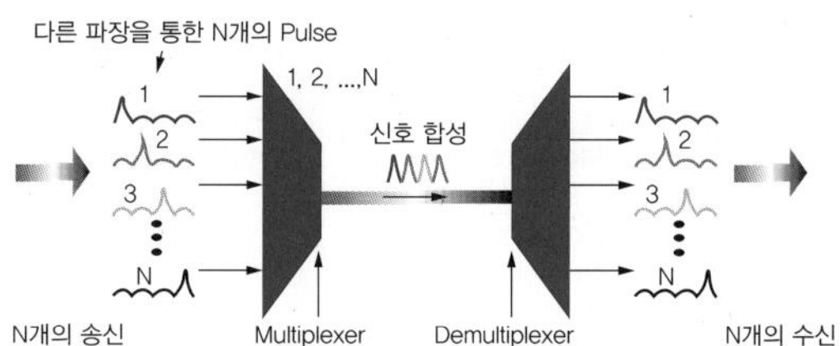

WDM은 광통신에서 사용되는 다중화방식으로 여러 개의 신호를 파장을 분할하여 다중화한다. WDM의 분류는 파장의 길이에 따라 CWDM, DWDM, UDWDM으로 나누어진다. 위 그림은 8ch을 구성하는 CWDM에 대한 내부 구성이며 WDM은 이와 같은 구성이 CWDM 8ch 대비 40ch로 증가하여 파장 간의 간격이 매우 좁아지며, 이를 처리하기 위한 Processing이 고속, 고밀도 기술을 요구하고 있어 성능이 좋아지지만 가격이 상승하는 단점이 있다.

③ ADM(Amplitude Division Multiplexing): 신호를 부호화할 때 진폭(Amplitude), 주파수(Frequency), 위상(Phase) 등으로 변조시켜 아날로그 신호로 만든다. ADM은 신호의 크기인 진폭을 변조하는 방식이다. 현장에서는 OADM(Optical Add Drop Multiplexer)라 해서 WDM 기능을 하는 장비를 명명해서 사용하기도 한다.

03 광케이블 통신의 구성에 있어서 전광 변환기에 사용되는 반도체 레이저 또는 발광 다이오드가 설치되는 곳은? (2010-2차)

① 수신측
② 수신측과 송신측
③ 송신측
④ 광케이블 중간

해설
반도체 레이저 또는 발광 다이오드를 통해 광신호를 송출 한다(레이저는 광을 쏘는 송신측에 필요). PD(Photonic Diode)는 광신호를 전기신호로 변환하는 것으로 PIN-PD(핀 포토다이오드)라고도 하며 주로 수광소자에서 사용된다.

04 다음 중 디지털 중계기의 3R 기능이 아닌 것은? (2010-2차)

① Retiming
② Reshaping
③ Regenerating
④ Repeating

해설
광신호를 장거리 보내기 위해서는 3R 기능이 필요하다. 3R은 Retiming, Reshaping, Regenerating이다.

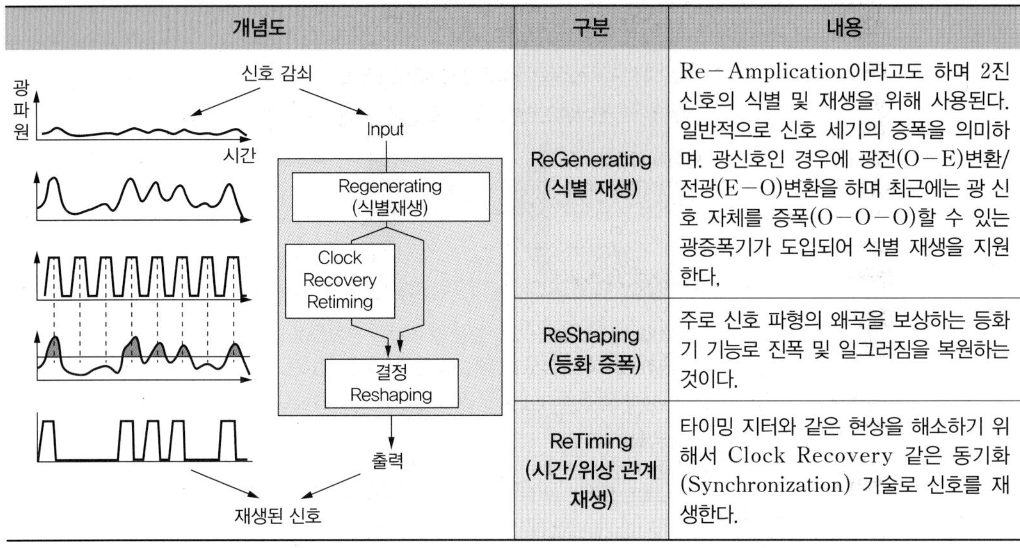

개념도	구분	내용
	ReGenerating (식별 재생)	Re-Amplication이라고도 하며 2진 신호의 식별 및 재생을 위해 사용된다. 일반적으로 신호 세기의 증폭을 의미하며. 광신호인 경우에 광전(O-E)변환/전광(E-O)변환을 하며 최근에는 광 신호 자체를 증폭(O-O-O)할 수 있는 광증폭기가 도입되어 식별 재생을 지원한다.
	ReShaping (등화 증폭)	주로 신호 파형의 왜곡을 보상하는 등화기 기능로 진폭 및 일그러짐을 복원하는 것이다.
	ReTiming (시간/위상 관계 재생)	타이밍 지터와 같은 현상을 해소하기 위해서 Clock Recovery 같은 동기화(Synchronization) 기술로 신호를 재생한다.

정답 05 ④ 06 ①

05 **다음 중 광 강도 변조의 설명으로 맞는 것은?** (2022-1차)

① 파장이 서로 다른 광 신호 간에 상호 간섭을 받지 않는 변조 방식이다.
② 여러 광신호를 하나의 광섬유에 전송하기 위해 행하는 변조 방식이다.
③ 광신호에 포함된 직류성분을 제거하기 위해 행하는 변조 방식이다.
④ 발광 디바이스의 휘도를 신호에 따라 변화시키는 휘도 변조 방식이다.

해설

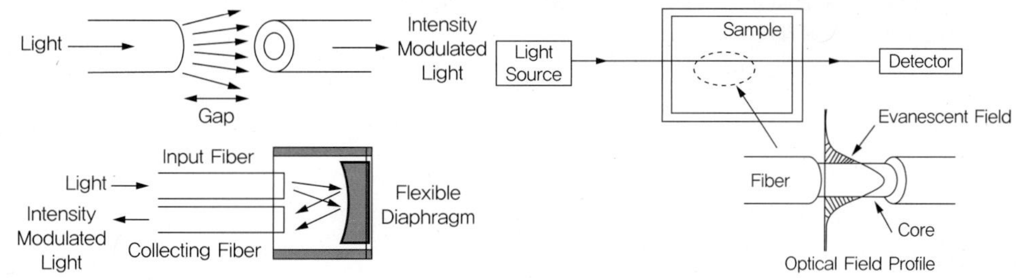

Intensity Modulation

강도 변조는 통신, 광학, 전자 등 다양한 분야에서 사용되는 기술로서 정보를 전달하기 위해 신호 또는 파동의 강도를 변경하는 것이다. 신호의 변조를 통해 신호의 전력 또는 진폭의 변화를 통해 데이터를 인코딩하거나 정보를 전송할 수 있다. 광 강도 변조는 광통신에서 발광 디바이스의 휘도를 신호에 따라 변화시키는 휘도 변조 방식이다.

06 **다음 중 ROADM(Reconfigurable Optical Add-Drop Multiplexer)이 OXC(Optical Cross Connect)에 비하여 갖는 최대 장점은?** (2012-1차)

① 파장 단위로 회선을 분기/결합이 가능하다.
② 스위칭 속도가 느리다.
③ 전광/광전 변환이 필수적이다.
④ 트래픽 상황 변화에 대처가 느리다.

해설

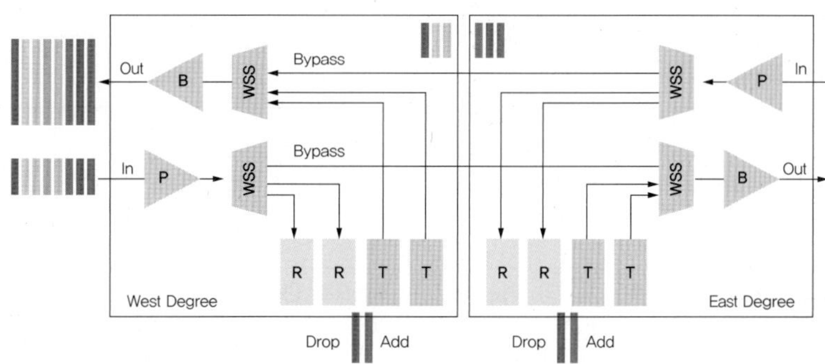

Re-configurable Optical Add-Drop Multiplexer은 차세대 광통신 기술로 전화국사 내에 새로운 광통신 회선이 추가되거나 삭제될 때 엔지니어가 직접 이를 조정해야 하는 OADM의 단점을 개선한 광전송 기술로 소프트웨어적인 설정만으로 망 설정과 회선 조절이 가능하다. 즉, WDM에서 OADM으로 파생된 분기/결합 장치이다.

위 그림에 보면 파장(빨강, 노랑 등)이 고정되어 있지 않고 각각의 Line Card에서 임의의 파장을 설정으로 변경하여 자유롭게 Add/Drop하는 구조로서 기존에 고정식 Line Card 대비 예비품을 줄일 수 있고 설정을 운용자가 함으로서 통신망 구성을 파장 단위로 회선을 분기/결합이 가능하다는 특징이 있다.

① WDM은 기본적으로 파장 단위로 회선을 분기/결합이 가능하다. 특히 파장을 가변(Reconfigurable)해서 사용하는 것이 WDM과 ROADM의 차이라 할 수 있다.

② 스위칭 속도가 빠르다(고속).

③ 전광/광전 변환을 하기도 하고 안 하기도 한다(이것을 O－E－O(Optical－Electronic－Optical) 또는 O－O－O(Optical to Optical) 변환이라 한다). 구형 광장비는 기본적으로 OEO로 광전광 변환을 하지만 최근에 도입되는 광장비는 광신호 자체를 증폭(O－O－O)할 수 있는 광증폭기가 도입되어 식별재생을 지원한다.

④ 트래픽 상황 변화에 대처가 빠르다.

07 다음 중 파장분할 다중전송 시스템의 구성 요소에 속하지 않는 것은? (2020-3차)(2016-2차)

① 수광소자 ② 광분파기

③ 발광소자 ④ 광반사기

해설

④ 광반사기는 WDM 구성과 무관하다.

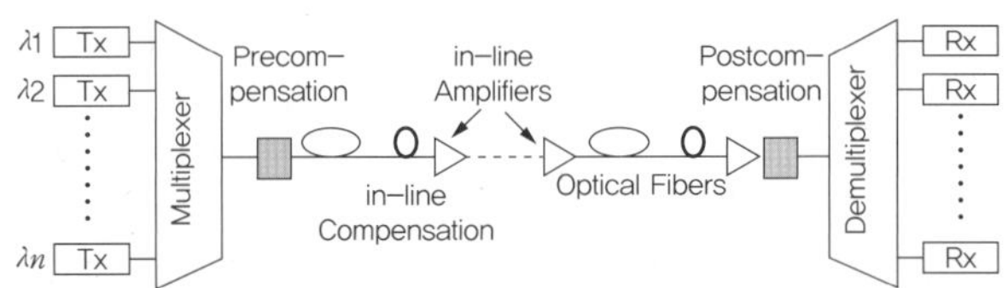

구분	내용
수광 소자	빛을 받아 그 세기나 파장을 검출하는 부품으로 들어오는 광학 신호를 전기 신호로 변환하고 수신된 광 강도에 비례하는 전류 또는 전압을 생성한다. 유형에는 포토다이오드와 애벌런치 포토다이오드(APD)가 포함된다.
발광 소자	특정 색깔 혹은 세기의 빛을 방출하는 부품으로 광섬유를 통해 전송하기 위해 특정 파장에서 광신호를 생성하여 전기 신호를 정보를 전달할 수 있는 변조된 광신호로 변환한다. 발광 소자에는 레이저 다이오드 및 수직 공동 표면 방출 레이저(VCSEL)가 있다.
광 분배기	송신에는 광합파기(Mux)가 사용되고 수신에는 광분파기(Demux)가 사용되며 파장이 다른 광신호를 한 가닥의 광섬유로 전송이 가능하므로 최소 두 개의 광파장으로 양방향 전송이 가능한 것이다. 하나의 코어로 송수신이 가능하므로 광섬유 선로의 증설 없이 회선 증설이 용이하다.

정답 08 ② 09 ①

08 캐리어 이더넷은 기존 LAN 영역에 쓰이는 이더넷 기술을 전달망 또는 백본영역까지 확장시킨 기술이다. 다음 중 캐리어 이더넷이 기존 이더넷 기술의 단점을 보완하기 위하여 최우선적으로 고려한 사항은 무엇인가? (2022-1차)

① 구축거리 ② QoS
③ 과금 ④ 망중립성

해설

CE의 5가지 주요 특성

구분	내용
표준 기반 서비스	CE는 IEEE 표준을 기반으로 회선 속도, 인코딩 및 패킷 크기와 같은 물리적 사양을 정의하며, MEF 표준을 기반으로 서비스와 해당 특성을 정의한다.
확장성	LAN을 넘어 확장되는 장거리에 걸쳐 빠른 데이터 속도로 다양한 용도의 서비스를 지원한다.
안정성	네트워크에서 장애를 감지하고 복구할 수 있으며, 가용성 요구 사항도 충족할 수 있다.
서비스 품질	음성, 동영상, 데이터 및 모바일 서비스와 같은 애플리케이션을 포함하여 SLA(서비스 수준 계약)를 충족하는 데 필요한 광범위한 성능 지표를 지원한다.
서비스 관리	인프라를 시각화하고, 서비스를 출시하고, 문제 영역을 진단하고, 일상적인 네트워크 관리를 수행하는 기능을 제공한다.

09 다음 중 Dense WDM(DWDM)에서 사용하는 파장대역이 틀린 것은? (2021-2차)

① 20[nm] ② 1.6[nm]
③ 0.8[nm] ④ 0.4[nm]

해설

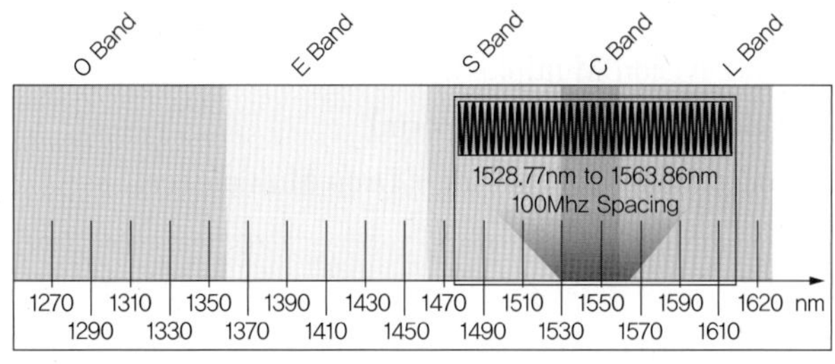

DWDM은 광전송을 위해 단일 파이버에 광 캐리어를 결합하여 각 파이버의 전송 용량을 늘린다. DWDM 파장에 대한 ITU(International Telecommunication Union) 표준은 1528.77nm－1563.86nm이며 주로 감쇠 및 분산이 낮은 C 대역에서 사용된다. 100GHz(0.8nm) 파장 간격은 40개의 채널을 가질 수 있고, 50GHz(0.4nm) 파장 간격은 80개의 채널을 가질 수 있다.

200GHz(1.6nm)로도 구현이 가능하며 CWDM인 경우 20nm의 파장을 사용하여 파장 간격이 가장 넓어서 구현이 용이하고 장비 가격을 낮출 수 있다(CWDM은 파장이 20nm ~ 40nm로 주파수 간격이 넓어서 구현이 용이하며 DWDM 대비 가격이 저렴하다).

정답 10 ④ 11 ②

10 광통신에서 전송 용량을 증대시키는(고속화)기술로서 가장 관계가 적은 것은? (2021-2차)

① Soliton 기술
② WDM(Wavelength Division Multiplexing)방식
③ EDFA(Erbium Doped Fiber Amplifier)
④ Intensity Modulation

해설

④ Intensity Modulation: 강도 변조는 통신, 광학, 전자 등 다양한 분야에서 사용되는 기술로서 정보를 전달하기 위해 신호 또는 파동의 강도를 변경하는 것이다. 신호의 변조를 통해 신호의 전력 또는 진폭의 변화를 통해 데이터를 인코딩하거나 정보를 전송할 수 있다. 광 강도 변조는 광통신에서 발광 디바이스의 휘도를 신호에 따라 변화시키는 휘도 변조 방식이다.
① Soliton 기술: 일반적으로 광섬유의 분산은 광원의 파장 차이에 의존하며 광 펄스의 세기에도 영향을 받는다. 그러므로 어느 정도 세기 이상의 빛이 광 섬유에 입사되면 비선형적인 광 특성이 발생한다. 솔리톤 광전송은 광 펄스의 파장에 따른 광 섬유 내 빛의 진행속도 차이로 인한 분산 억제를 위해 파장별로 광원의 세기를 적절히 조합하여 분산을 방지하는 기술이다.
② WDM(Wavelength Division Multiplexing): 하나의 광 파이버에 빛의 파장을 달리하여 전송하는 기술이다.
③ EDFA(Erbium Doped Fiber Amplifier): 높은 에너지 준위로 여기된 어븀 이온 Er3+이 기저 상태로 천이하면서 방출하는 에너지로 입사광을 증폭시킴으로서 광통신의 고속화를 지원한다.

11 다음 보기에서 설명하는 통신회선 장비의 명칭은? (2023-2차)

〈보기〉
하나의 시스템에서 광전송 기능(SDH)뿐 아니라 다양한 형태의 서비스를 통합 수용할 수 있는 전용회선 장비, 이더넷 기반(10[Mbps] 100[Mpbs] 1[Gbps] 등). TDM 기반(T1, E1, DS3 등) 및 SDH 기반(STM1/16/64 등) 들을 포함한 다양한 서비스 인터페이스를 수용한다.

① WDM(Wavelength Division Multiplexing)
② MSPP(Multi Service Provisioning Platform)
③ ROADM(Re-configurable Optical Add-Drop Multiplexer)
④ 캐리어 이더넷

해설

기존의 음성 서비스를 제공하는 TDM 인터페이스, 인터넷 서비스를 제공하기 위한 Ethernet 인터페이스, ATM 인터페이스 및 SAN(Storage Area Network) 인터페이스 등을 통합 수용하는 멀티서비스 장비이다. MSPP란 말 그대로 Multi service가 가능한 전송 장비로서 아래와 같이 다양한 인터페이스를 지원한다.

- TDM(E1, T1, DS3)
- SDH(STM-1/4/16/64) 전송
- Ethernet(GE, FE)
- SAN(ESCON, FICON, FC)
- DWDM 등을 하나의 장비에서 모두 지원하는 기능

정답 12 ④ 13 ③ 14 ①

12 광전송시스템에서 전송신호와 간섭을 유발시키는 역반사 잡음을 방지하기 위한 것은? (2019-2차)

① 광감쇠기　② 광서큘레이터

③ 광커플러　④ 광아이솔레이터

해설

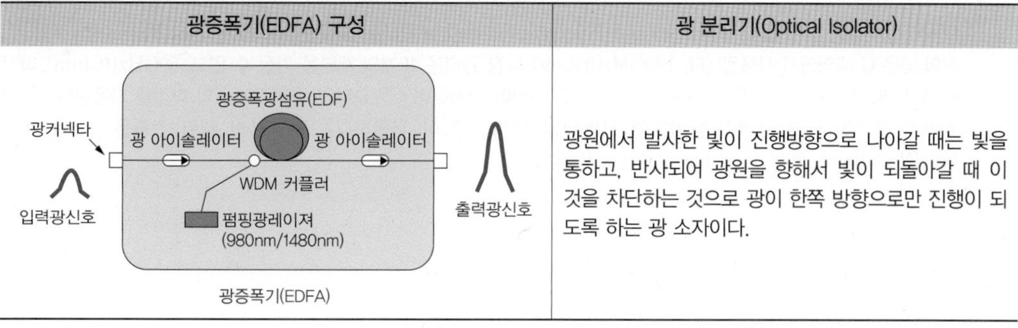

광증폭기(EDFA) 구성	광 분리기(Optical Isolator)
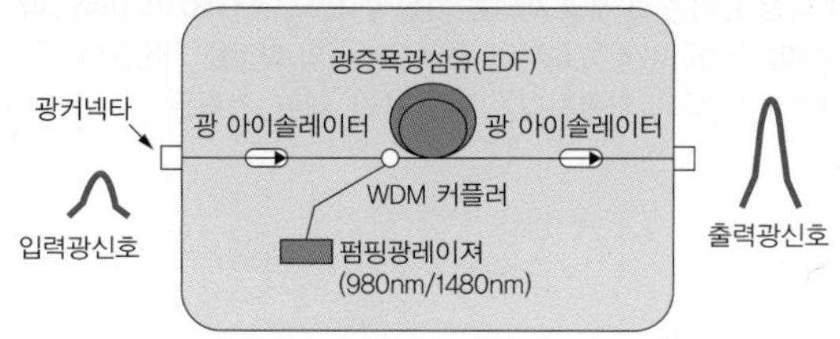 광증폭기(EDFA)	광원에서 발사한 빛이 진행방향으로 나아갈 때는 빛을 통하고, 반사되어 광원을 향해서 빛이 되돌아갈 때 이 것을 차단하는 것으로 광이 한쪽 방향으로만 진행이 되도록 하는 광 소자이다.

13 다음 중 파장 분할 다중 방식(Wavelength Division Multiplex)의 특징으로 맞지 않는 것은? (2016-2차)

① 광 코어의 수를 줄일 수 있다.

② 광 수동소자만으로 구성이 가능하다.

③ 양방향전송이 불가능하다.

④ 전송거리가 TDM방식보다 더 길다.

해설

WDM 주요 특징

- 광 코어의 수를 줄일 수 있다. 하나의 광케이블을 이용해서 여러 개의 파장을 동시에 전송할 수 있다.
- 광 수동소자만으로 구성이 가능하다.
- 송신과 수신을 파장을 나누어서 양방향전송이 불가능하다.
- 광증폭기 사용해서 3R을 함으로서 전송거리가 TDM 방식보다 더 길다.
- 선로의 증설 없이 회선증설이 용이하다.
- 주로 1550nm 파장대를 이용해서 EDFA 광증폭기를 사용해서 장거리 대용량 전송을 지원한다.

14 다음 중 파장분할다중화(WDM) 기술에 대한 설명으로 적합하지 않는 것은? (2020-1차)(2020-2차)

① 광섬유의 손실이 적은 500[nm] 영역이 주로 사용된다.

② 장거리 전송을 위해 EDFA 같은 광증폭기가 필수적으로 필요하다.

③ 여러 채널을 광학적으로 다중화하여 한 개의 광섬유를 통해 전송한다.

④ 변조방법, 아날로그/디지털 등의 전송 형태에 관계없이 어떠한 광신호의 전달에도 이용될 수 있다.

해설

DWDM은 전송을 위해 단일 파이버에 광 캐리어를 결합하여 각 파이버의 전송 용량을 늘린다.

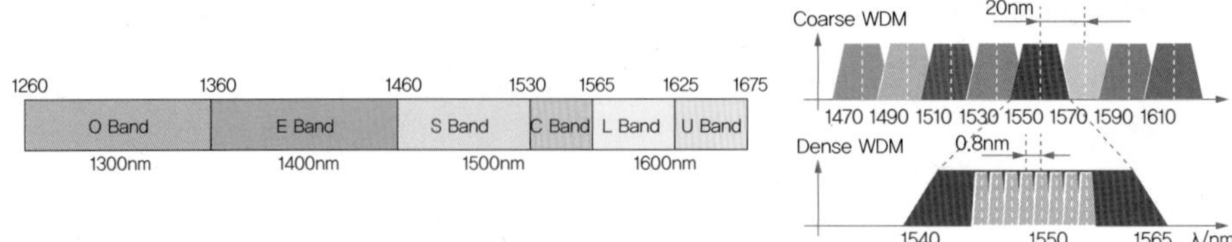

DWDM 파장에 대한 ITU International Telecommunication Union 표준은 1528.77~1563.86nm이며 주로 감쇠 및 분산이 낮은 C 대역에서 사용됩니다. 100GHz(0.8nm) 파장 간격은 40개의 채널을 가질 수 있고, 50GHz(0.4nm) 파장 간격은 80개의 채널을 가질 수 있다. 200GHz(1.6nm)로 구현이 가능하며 CWDM인 경우 20nm의 파장을 사용한다(20~40nm로 주파수 간격이 넓고 구현이 용이하며 DWDM 대비 가격이 저렴하다). WDM의 채널 간격은 50GHz(0.4nm), 100GHz(0.8nm), 200GHz(1.6nm) 등을 사용한다.

15 다음 중 파장분할다중화(WDM) 방식의 특징이 아닌 것은? (2020-1차)

① 하나의 광섬유에 동시에 전송
② 광손실 보상을 위해 광증폭기를 사용
③ 중장거리보다 단거리 통신에 주로 사용
④ 여러 파장대역을 동시에 전송하는 광 다중화 방식

해설

구분	CWDM(Coarse WDM)	DWDM(Dense WDM)	UDWDM
다중화방식	저밀도	고밀도	초고밀도
파장 간격	20nm	0.1~수nm	0.1~1nm
파장대역	1271~1611nm	1525~1630nm	1525~1564nm
채널수	4~8개	16~80개	160여 개
전송량	1.25Gbps	200Gbps	수 Tbps 급
특징 및 용도	사용 파장의 수가 적고(8~16), 가격이 저렴, 단거리 전송 (50km 이하)	사용 파장의 수가 많다 (40~80ch), 장거리 MAN 백본용	사용 파장의 수가 많다(160ch), 장거리 WAN 백본용
구축비용	저가	중가	고가

16 다음 중 광통신에 사용되는 레이저의 특징으로 틀린 것은? (2018-1차)

① 간섭성이 좋다.
② 매우 순수한 단색광을 방출한다.
③ 단위면적당 출력이 매우 강하다.
④ 직진성이 약하다.

해설
광통신에서 사용하는 레이저는 직진성이 강해야 장거리 전송에 최소 손실로 전달이 가능하다.

정답 17 ① 18 ① 19 ④

17 다음 중 파장분할 다중화 기술(WDM)에서 채널수가 적은 것부터 많은 순서대로 나열한 것으로 옳은 것은? (2023-3차)

① CWDM → DWDM → UDWDM
② CWDM → UDWDM → DWDM
③ DWDM → CWDM → UDWDM
④ DWDM → UDWDM → CWDM

해설

구분	CWDM(Coarse)	DWDM(Dense)	UDWDM(Ultra)
다중화	저밀도	고밀도	초고밀도
파장	20nm	0.1~수nm	0.1~1nm

18 다음중 광섬유 통신 기술 중 하나인 WDM(Wavelength Division Multiplexing)의 특징으로 틀린 것은? (2023-3차)

① 복수의 전달 정보를 동일한 파장에 할당하여 여러개의 광섬유에 나누어 전송하는 기술이다.
② 중장거리 전송을 위해 EDFA, 라만증폭기를 사용하여 전송손실을 보상한다.
③ 전송되는 파장 간격 및 파장 수 따라 CWDM, DWDM 등으로 구분한다.
④ IP, ATM, SONET/SDH, 기가비트 이더넷의 등 서로 다른 전송속도와 프로토콜을 가진 채널의 전송이 가능이 가능하다.

해설
① 복수의 전달 정보를 서로 다른 파장에 할당하여 하나의 광섬유로 전송하는 기술이다.

19 다음 중 WDM(Wavelength Division Multiplexing) 기술에서 사용하는 C 밴드 대역 파장은? (2023-3차)

① 1260 ~ 1360[nm]
② 1360 ~ 1460[nm]
③ 1460 ~ 1530[nm]
④ 1530 ~ 1565[nm]

해설

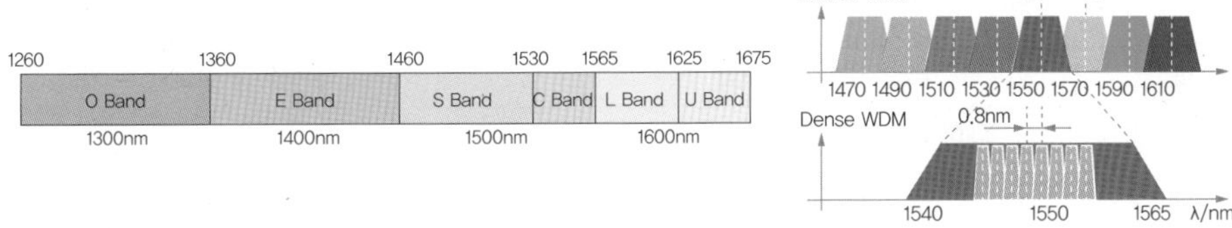

07 방송통신

기출유형 01 ▶ 영상회의 및 멀티미디어

다음 중 영상회의 시스템에 대한 설명으로 틀린 것은? (2017-1차)

① 시간과 경비가 절약된다.
② 회의 참석이 용이하다.
③ 신속하고 정확한 정보 전달이 어렵다.
④ 고속 및 광대역의 네트워크가 필요하다.

해설
위 문제는 상식적으로 접근해도 영상회의를 통해 신속하고 정확한 정보 전달이 가능하다. Offline에서 모이지 않고 Online으로 시간 공간의 제약을 극복할 수 있기 때문이다.

| 정답 | ③

족집게 과외

- **HW 영상회의 시스템 구성**: 카메라 및 카메라 제어 시스템, 디스플레이 장비, 오디오 시스템, 코덱, MCU
- **SW 영상회의 시스템 구성**: PC(카메라, 마이크 내장), 및 인터넷

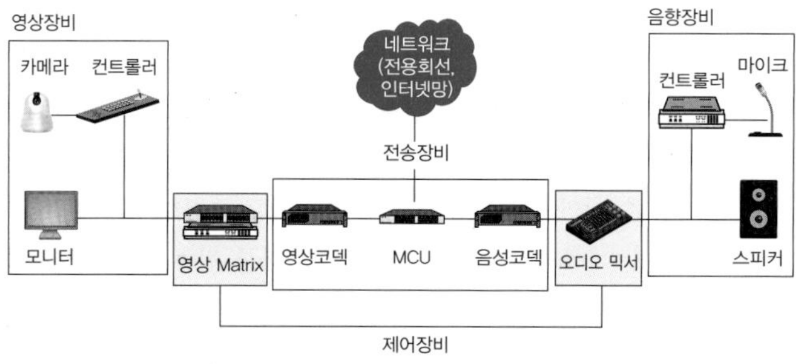

하드웨어 영상회의 시스템 구성

더 알아보기

영상회의 방식 비교

구분	하드웨어(H/W) 방법	소프트웨어(S/W) 방법
정의	물리적 구성 요소 및 장치 활용	프로그래밍 코드 및 알고리즘에 의존
구현	물리적 구성	인터넷 활용해서 구성
유연성	덜 유연하고 고정된 기능	유연하고 쉽게 수정 및 Update 가능
비용	물리적 구성 요소로 비쌈	구성 및 설치 비용이 저렴
속도	하드웨어와의 직접적인 작용으로 빠름	상대적으로 느리지만 최근 인터넷 속도 증가로 비슷해짐
최적화	특정 기능에 최적화	최적화가 필요할 수 있음
업데이트 /수정	하드웨어 변경 또는 업데이트는 어렵고 비용이 많이 들 수 있음	쉽게 수정, 업데이트 및 교체 가능
신뢰성	S/W 방식보다 안정적이고 오류도 줄어듦	S/W 개발에 의존적임

❶ 영상회의(화상회의 시스템)

서로 다른 물리적 위치에 있는 여러 사용자 간에 실시간 오디오 및 비디오 통신을 가능하게 하는 기술이다. 개인 또는 그룹이 가상으로 연결하고 상호 작용하여 대면 회의 또는 회의를 시뮬레이션할 수 있다. 화상회의 시스템에서 주요 구성 요소 및 기능은 다음과 같다.

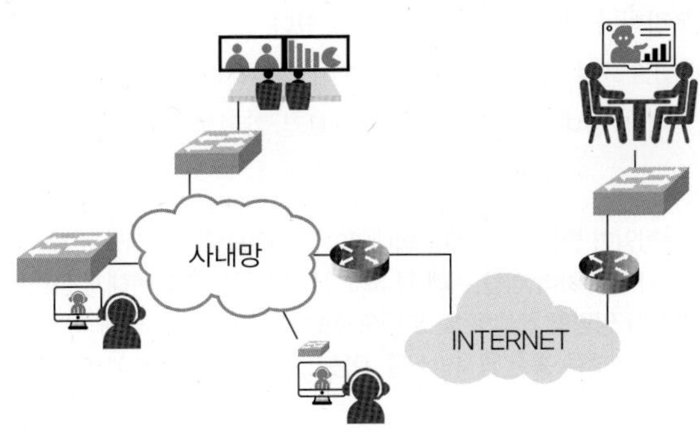

구분	내용
엔드포인트 장치	컴퓨터, 노트북, 스마트폰 또는 전용 화상회의 하드웨어와 같은 엔드포인트 장치를 사용하여 화상회의에 참여한다. 이러한 장치에는 카메라, 마이크 및 스피커가 장착되어 오디오 및 비디오를 캡처하고 전송한다.
네트워크 인프라	화상회의는 안정적이고 신뢰할 수 있는 네트워크 연결에 의존한다. 참가자는 인터넷 또는 전용 네트워크에 연결하여 원활한 오디오 및 비디오 전송을 위한 충분한 대역폭을 보장해야 한다.
비디오 코덱	화상회의 시스템은 비디오 코덱을 사용하여 네트워크를 통한 전송을 위해 비디오 데이터를 압축 및 압축 해제한다. 코덱은 합리적인 비디오 품질을 유지하면서 대역폭 사용을 최적화하는 데 도움이 된다.
오디오 코덱	비디오 코덱과 유사하게 오디오 코덱은 오디오 데이터를 압축 및 압축 해제하여 네트워크를 통해 효율적으로 전송한다. 회의 중에 명확하고 동기화된 오디오를 보장한다.
MCU(Multipoint Control Unit)	다자간 화상회의에서 MCU를 사용하여 오디오 및 비디오 스트림을 관리할 수 있다. MCU는 여러 오디오 및 비디오 피드를 수신하고 결합하여 참가자에게 배포하다.
사용자 인터페이스	화상회의 시스템은 일반적으로 참가자가 회의의 다양한 측면을 제어할 수 있는 사용자 인터페이스를 제공한다. 여기에는 오디오 음소거/음소거 해제, 비디오 시작/중지, 화면 공유, 채팅 및 기타 공동 작업 기능이 포함된다.
콘텐츠 공유	화상회의 시스템에는 종종 화면 공유 기능이 포함되어 있어 참가자가 자신의 컴퓨터 화면이나 특정 애플리케이션을 다른 사람과 실시간으로 공유할 수 있다. 이를 통해 문서, 슬라이드쇼 또는 기타 콘텐츠의 공동 작업 및 프레젠테이션이 용이해진다.
녹화 및 재생	일부 화상회의 시스템은 나중에 재생하거나 참조할 수 있도록 회의를 녹화할 수 있는 기능을 제공한다. 이는 중요한 토론이나 프레젠테이션을 캡처하는 데 유용할 수 있다.
보안 및 암호화	화상회의 시스템에는 오디오 및 비디오 스트림의 기밀성을 보호하기 위해 암호화와 같은 보안 기능이 포함되게 할 수 있다.
다른 도구와의 통합	최신 화상회의 시스템은 종종 캘린더, 메시징 플랫폼, 프로젝트 관리 소프트웨어 및 문서 공유 서비스와 같은 다른 협업 도구와 통합되어 생산성을 높이고 워크플로를 간소화한다.

화상회의 시스템은 원격 협업을 가능하게 하고 출장 비용을 줄이며 지리적으로 분산된 팀 간에 커뮤니케이션을 용이하게 하며 특히 COVID-19 이후 비즈니스 환경에서 점점 더 인기를 얻고 있다. 또한 실시간 커뮤니케이션과 협업이 필수적인 교육, 의료 및 기타 분야에서 널리 사용되고 있다.

정답 01 ④ 02 ④

01 다음 중 화상회의 시스템 설명으로 적합하지 않은 것은? (2015-3차)(2018-3차)(2020-1차)

① 동화상처리 방식에는 프레임 다중 방식 등이 있다.
② 음성처리 과정에서 하울링이나 에코현상이 일어날 수 있다.
③ 음성, 영상압축 기술이 필요하며 광대역 고속 통신망이 유리하다.
④ 정지화상 통신회의 시스템은 협대역 전송로를 사용하므로 가격이 비싸다.

해설

정지화상 통신회의 시스템은 움직임이 많은 영상 대비 협대역이 가능하므로 상대적으로 요금이 내려갈 수 있다. 화상회의 시스템은 일반적으로 광대역 전송로가 필요하며 이를 위해 H.323, H.324 등으로 압축해서 통신하는 방식이다. 비디오컨퍼런싱 또는 화상회의는 둘 이상의 위치에서 양방향 비디오 및 오디오 전송을 동시에 주고받게 하는 대화식 통신 기술로서 약간의 움직임도 화질의 선명도가 중요하며 인터넷을 통한 압축방식을 사용함으로 국제전화 등에 비해 가격이 상대적으로 저렴하게 운영될 수 있다.

02 다음 중 영상회의 시스템의 구성요소로 틀린 것은? (2021-1차)

① 음향부
② 망용량 관리
③ 제어부
④ 편집부

해설

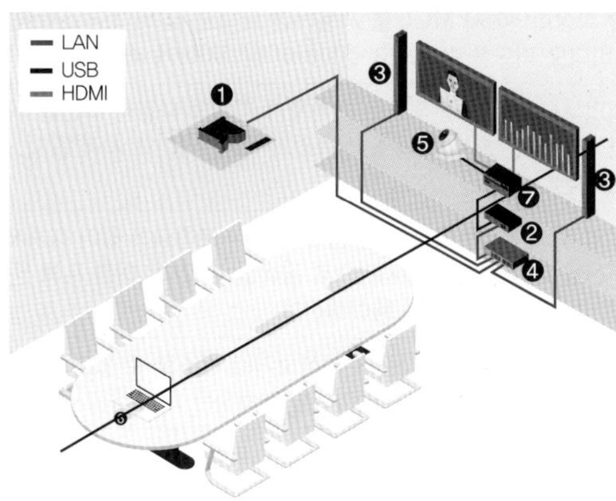

❶ 천장 Microphone
❷ Remore Conference Processor(제어부)
❸ PoE Speaker(음향부)
❹ PoE 기반 L2 Switch(망용량 관리)
❺ Camera
❻ 화상회의용 PC
❼ Cam Control/화상회의 영상제어

전용 영상회의 시스템의 구성 요소로는 카메라 및 카메라 제어 시스템, 디스플레이 장비, 오디오 시스템, 코덱, 전자 칠판 등을 들 수 있다. 카메라 회의 참석자 전원을 대상으로 하는 카메라와 특정 참석자를 대상으로 하는 여러 개의 카메라로 구성된다.

정답 03 ④ 04 ② 05 ①

03 **다음 중 디지털 영상회의 시스템 기술에 속하지 않는 것은?** (2013-2차)(2016-3차)(2018-3차)

① 동화상 처리 ② 음성 처리
③ 벡터 양자화 ④ 송 · 수신 주사방식

해설

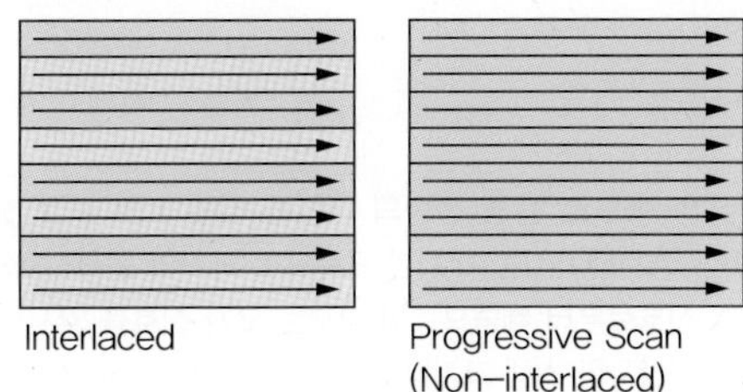

④ 송 · 수신 주사방식은 영상회의 시스템 기술이 아닌 TV 화면 전달을 위한 방식이다. Interkaced 방식은 Progressive 방식에 비해 깜빡거림이 적고 비교적 안정된 영상을 얻을 수 있다는 장점이 있으나 한 화면을 두 번(홀수, 짝수)에 걸쳐 주사하기 때문에 고화질 정보를 전송하기에는 불리하다. 순차 주사 방식(Progressive Scanning, Non-interlaced Scanning)은 화면에 표시할 내용을 처음부터 끝까지 순서대로 표시하는 영상의 표시 방법이다.

04 **정보통신 기술을 이용해 시간과 장소의 제약 없이 동료 직원들과 원활하게 협업하고 끊김 없이 업무를 수행 가능하게 하는 환경으로 옳은 것은?** (2021-3차)

① 원격 회의 ② 스마트 워크
③ 영상 응답 시스템 ④ 화상회의 시스템

해설

스마트 워크는 거주자 인근 장소에서 각종 OA 기기를 이용할 수 있는 장소로서 시간과 장소의 제약 없이 동료 직원들과 원활하게 협업하고 끊김 없이 업무를 수행할 수 있도록 지역별 거점을 스마트 워크 장소로 배치하는 정보통신 기술이다.

05 **다음 중 영상회의 시스템의 구성 요소로 틀린 것은?** (2022-2차)

① SCN(주사회로) ② 음성 신호처리
③ 영상 신호처리 ④ TV 프로세서(송수신 장치)

해설

영상회의 시스템의 구성 요소로는 카메라 및 카메라 제어 시스템, 디스플레이 장비, 오디오 시스템, 코덱, 전자 칠판 등을 들 수 있다. 카메라 회의 참석자 전원을 대상으로 하는 카메라와 특정 참석자를 대상으로 하는 여러 개의 카메라로 구성된다.

① SCN(주사회로): SCN(Satellite Cable Network)은 위성방송의 수신형태 중 수신자가 위성접시 안테나를 통해 직접 방송을 수신하는 DTH(Direct To Home) 방식에 대비되는 개념으로 케이블 TV 방송국(SO)이 위성방송을 수신해 케이블망을 통해 가입자에게 전송하는 방식
② 음성 신호처리: 마이크 등으로 입력되는 음성신호를 디지털 신호로 처리해 주는 것
③ 영상 신호처리: 영상회의 중 회의에 참석한 참석자의 상황을 전달하기 위한 것
④ TV 프로세서(송수신 장치): 송신측과 수신측 간에 영상회의를 화면에 입력/출력하여 처리하기 위한 장치

06 화상회의의 오디오 압축방식으로 300~3,400[Hz]의 대역폭을 가진 채널 상에서 16, 24, 32, 40[Kbps] ADPCM을 지원하는 표준은? (2017-1차)

① G.721
② G.722
③ G.724
④ G.726

해설

G.726은 16, 24, 32, 40Kbps의 속도로 음성 전송의 대역을 갖는 ITU-T ADPCM이다. G.726은 G.721(32Kbps ADPCM)과 G.723(20/40Kbps ADPCM)을 대치한 표준으로 과거의 음성신호의 Sample을 기준으로 다음에 들어올 신호의 크기를 예측하고 실제의 입력 신호로부터 빼줌으로써 나오는 오차 신호를 양자화해 전송한다. 또한 과거의 샘플값들의 변화에 따라 Quantization Step Size(양자화 스텝 크기)가 변화된다. 한 Sample 당 결과물이 4, 3, 2bit로 고정되어서 Step의 개수는 같지만, Quantization Scale Factor가 변화되면서 Step Size가 변하게 된다. G.726 Standard에서 입력은 8bit μ-law(or a-law) PCM으로 명시되어 있지만, u-law(or a-law)를 입력부에서 다시 linear PCM으로 변환하는 단계가 있으므로 바로 linear PCM을 입력하도록 구현할 수도 있다.

07 영상 통신 회의 방식의 종류에 해당하지 않는 것은? (2020-2차)

① VRS(영상응답시스템)
② TV 회의
③ 정지화상 통신회의
④ Computer 회의

해설

영상 응답 시스템(Video Response System, VRS)

영상 응답 시스템(VRS)에서는 화상 단말로부터의 요구에 공중망을 사용하지만, 비디오텍스와 달리 화상 정보 센터로부터의 정보는 광대역 전송로로 보내게 된다. 따라서 VRS에서는 문자 도형뿐만 아니라 자연 화상 등의 임의의 정지화상이나 동화상, 또는 음성도 전송된다. 종합 유선 방송(CATV)은 분기 배선망의 형태이나 VRS는 개별 배선망으로 되어 있어 단말마다 개별적으로 화상을 제공할 수 있다(IT 용어사전, 한국정보통신기술협회).

08 영상회의 시스템의 비디오 프레임 포맷을 전송하고자 한다. 가장 높은 데이터 전송률을 갖는 포맷은? (2014-2차)(2019-3차)

① Sub-QCIF
② QCIF
③ CIF
④ 4CIF

정답 09 ④ 10 ②

해설

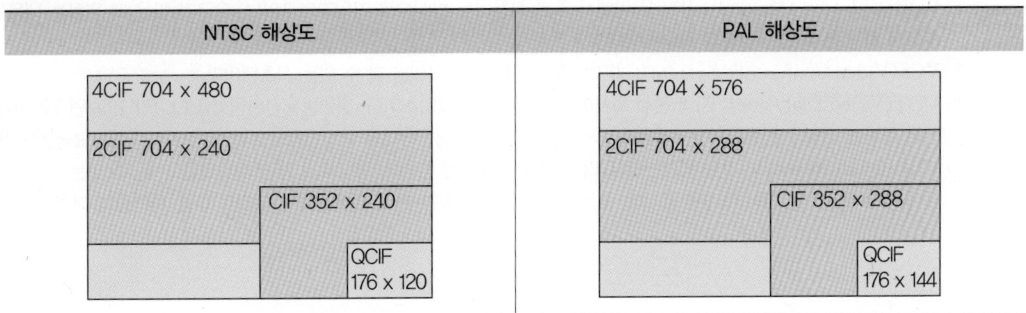

4CIF는 NTSC 포맷에는 480라인의 각각에서 데이터가 일정량으로 채워지는 704픽셀이 있다는 것을 의미한다. NTSC 기준 CIF는 240라인 각각에서 일정량으로 채워지는 352픽셀이 있다는 뜻이다.

- CIF: Common Intermediate Format(352 × 288pixels)
- QCIF: Quarter CIF(176 × 144pixels), Sub−QCIF: (128 × 96pixels)
- 4CIF: (704 × 576pixels), 16CIF: (1408 × 1152pixels)

09 다음 중 스마트 미디어기기의 영상표출 디바이스로서 가장 거리가 먼 것은? (2022-3차)

① HMD(Head Mounted Display)
② Smart Phone
③ VR기기
④ 화상스크린

해설

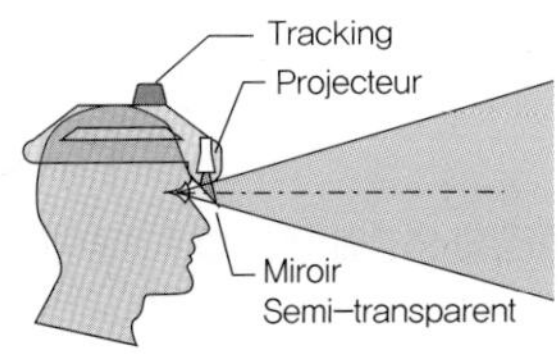

헤드 마운티드 디스플레이는 머리 부분에 장착해, 이용자의 눈앞에 직접 영상을 제시할 수 있는 디스플레이 장치이다. 1968년, 유타 대학의 이반 서덜랜드가 만든 것이 최초의 HMD이다. 최초의 HMD의 경우 두 눈에 장착된 모니터에 3차원 그래픽스가 표시된다.

10 멀티미디어 활용분야 중 기존 공중망 방송이나 케이블 TV에서 프로그램을 일방적으로 수신하는 것이 아니라 가입자의 요구에 따라 원하는 시간에 원하는 내용을 이용할 수 있는 맞춤 영상 서비스는? (2020-3차)(2023-1차)

① VCS(Video Conference System)
② VOD(Video on Demand)
③ VDT(Video DialTone)
④ VR(Virtual Reality)

정답 11 ① 12 ① 13 ③

해설

② VOD(Video on Demand): IPTV 망에서 주로 사용하는 방식으로 가입자의 서비스 요구가 있을 때 원하는 내용을 다운받아서 사용할 수 있는 맞춤형 서비스이다.
① VCS(Video Conference System): 화면을 통해 원격으로 회의를 할 수 있는 시스템이다.
③ VDT(Video DialTone): 지역 전화 회사에 의한 영상전송서비스이다. 미연방통신위원회(FCC)가 1992년 7월 16일 지역 전화 회사에 대해 인정했다. 기존 케이블 TV 사업자에 대한 경쟁상대를 등장시킴으로써 케이블 TV 이용요금을 억제한다.
④ VR(Virtual Reality): 가상 세계는 컴퓨터 기반 시뮬레이션 환경의 하나로서 개인 아바타를 만들 수 있는 수많은 사용자들에 의해 채워지며 가상 세계를 동시에, 또는 독립적으로 탐험할 수 있고 활동에 참여하며 다른 사람들과 대화할 수 있다.

11 홀로그램(Hologram) 핵심기술의 주요 내용으로 가장 거리가 먼 것은? (2022-3차)

① 실공간에 재현된 그래픽의 안경형 홀로그램 구현
② 실물에 대한 3차원 영상정보 활용하여 데이터 획득
③ 대용량의 홀로그램픽 간섭 패턴을 컴퓨터로 고속 처리
④ 홀로그램 데이터로부터 객체를 실공간에 광학적으로 재현

해설

홀로그램은 과거 3D 안경 방식에서 HMD(Head Mounted Display)를 사용하다가 최근 별도 장비없이 지원이 가능하도록 기술이 발전하고 있다.

12 다음 중 멀티미디어 단말기의 요구 사항과 거리가 먼 것은? (2016-2차)(2022-1차)

① 음성 정보의 고압축 알고리즘 기술
② 영상 정보의 Real Time 전송을 위한 고속 통신망의 구축
③ 분산 환경의 통신 Protocol 및 Group 환경의 통신 Protocol
④ 동적인 정보들 간의 동기화 속성을 부여할 수 있는 기술

해설

멀티미디어 서비스는 음성과 영상이 함께 서비스되는 것으로 SD, HD, UHD 등 고품질의 영상에 대한 압축기술이다. 즉, 음성이 아닌 영상 정보의 고압축 알고리즘 기술이 필요하다.

13 다음 중 멀티미디어의 특징으로 틀린 것은? (2016-3차)(2019-1차)(2020-1차)(2022-2차)

① 디지털화
② 통합성
③ 단방향성
④ 상호작용성

해설

멀티미디어는 화상회의 등에서 볼 수 있듯이 양방향성이 제공이 필요하다.

14 다음 중 멀티미디어에 대한 설명으로 적합하지 않는 것은? (2020-3차)

① 두 가지 이상의 정보를 동시표현이 가능하다.
② 데이터의 압축 및 복원을 이용한다.
③ 시스템전송에서 동기화에 필요한 전용선을 반드시 갖추어야 한다.
④ 대용량 저장장치 및 미디어 입출력 장치를 갖추어야 한다.

해설

멀티미디어는 전용회선을 사용할 경우 안정적이지만 최근 인터넷의 Best−Effort 환경에서 다양한 압축 기술을 사용하여 쌍방향 통신을 제공하고 있다.

15 다음 중 멀티미디어 디지털 콘텐츠의 저작권 보호를 위한 '디지털 워터마킹'에 대한 설명으로 옳지 않은 것은? (2013-3차)(2015-1차)(2019-2차)(2021-3차)

① 비가시성으로 눈에 띄지 않아야 한다.
② 왜곡 및 잡음에 강해야 된다.
③ 인식을 위해서 원본을 가지고 있어야 한다.
④ 최소의 bit를 사용해야 한다.

해설

Machine Learning에서 Watermarking 기술

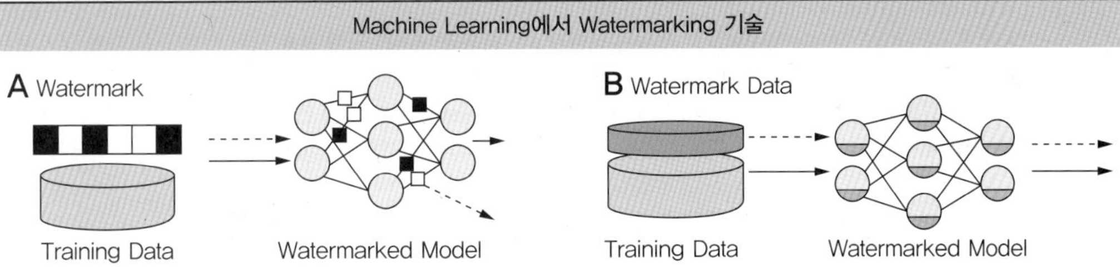

Water Marking은 사진이나 동영상 같은 각종 디지털 데이터에 저작권 정보와 같은 비밀 정보를 삽입하여 관리하는 기술로서 그림이나 문자를 디지털 데이터에 삽입하며 원본 출처 및 정보를 추적할 수 있으며, 삽입된 워터마크는 재생이 어려운 형태로 보관된다. 사전에 디지털 데이터에 삽입되어 있어 원본을 가지고 있을 필요는 없다. 최근에는 Big Data 기반 Machine Learning 기반 Watermarking으로 발전하고 있다.

주요기술 비교

구분	스테가노그래피	워터마크	핑거프린팅
추적성	불가능	가능	가능
은닉정보	메시지	저작권 표시	구매자 추적
불법예방효과	하	중	상
저작권증명효과	하	중	상
공격 강인성	상대적 약함	상대적 강함	상대적 강함

정답 16 ①

16 다음 보기가 설명하는 디지털 멀티미디어 콘텐츠 보호방법은?

(2019-2차)(2021-2차)

> - 콘텐츠를 암호화한 후 배포하여 인증된 사용자만 사용
> - 무단 복제 시 인증되지 않은 사용자는 사용할 수 없도록 제어

① DRM

② Water Marking

③ DOI

④ INDECS

해설

① DRM(Digital Rights Management)

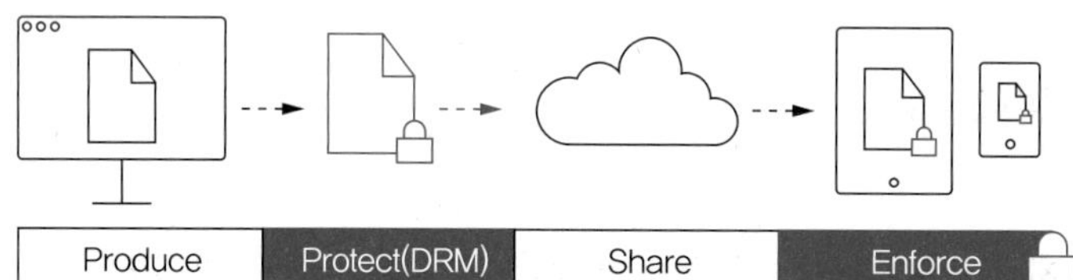

디지털 콘텐츠를 안전하게 보호할 목적으로 암호화 기술을 이용하여 허가되지 않은 사용자로부터 콘텐츠 저작권 관련 당사자의 권리 및 이익을 지속적으로 보호 및 관리하는 시스템이다.

② Water Marking: 사진이나 동영상 같은 각종 디지털 데이터에 저작권 정보와 같은 비밀 정보를 삽입하여 관리하는 기술로서 그림이나 문자를 디지털 데이터에 삽입하며 원본 출처 및 정보를 추적할 수 있으며, 삽입된 워터마크는 재생이 어려운 형태로 보관된다.

③ DOI(Digital Object Identifier): 인터넷 주소가 변경되더라도 사용자가 그 문서의 새로운 주소로 다시 찾아갈 수 있도록, 웹 파일이나 인터넷 문서에 영구적으로 부여된 식별자. 즉, 서적에 매겨진 국제 표준 도서 번호(ISBN)와 같이 모든 디지털 객체에 부여되는 고유 식별 번호이다.

④ INDECS(INteroperability of Data in E-Commerce System): 디지털 컨텐츠의 전자거래 시스템에서 이용되는 다양한 메타데이터의 상호 운용성을 위해 개발된 구조물로서, DOI가 담고있는 데이터를 규정하는 메타데이터이다.

정답 17 ② 18 ④

17 다음 중 영상통신기기의 압축에 대한 평가 기준으로 맞지 않는 것은? (2016-2차)

① 압축률 ② 암호화율
③ 복원된 데이터의 품질 ④ 압축/복원 속도

해설

비디오 압축 기술 또는 알고리즘을 평가할 때 일반적인 평가 기준은 다음과 같다.

구분	내용
압축률	알고리즘에 의해 달성된 압축 정도를 측정하는 것으로 압축되지 않은 원본 비디오 크기에 대한 압축된 비디오 크기의 비율로 계산되며 압축률이 높을수록 더 효율적인 압축이다.
비트레이트	단위 시간당 비디오 데이터를 표현하는 데 사용되는 비트 수를 의미하며 초당 비트(bps) 또는 초당 킬로비트(Kbps)로 측정된다. 비트 전송률이 낮을수록 비디오를 전송하거나 저장하는 데 필요한 데이터 양이 적기 때문에 압축률이 우수함을 나타낸다.
복원된 데이터의 품질	데이터 크기를 줄이면서 시각적 품질 손실을 최소화하는 것을 목표로하며 여기에는 아티팩트(예 블록화, 흐림), 색상 정확도, 세부 사항 보존 및 전반적인 지각 품질과 같은 요소를 고려해서 육안 검사 또는 관찰자와의 주관적 테스트를 통해 평가할 수 있다.
압축 속도	동영상을 압축하는데 걸리는 시간으로 특히 비디오 압축을 실시간으로 하는 시나리오의 경우 더 빠른 압축 속도가 바람직하나 압축 속도와 압축 효율성 사이에는 종종 트레이드 오프가 있다.
압축 해제 속도	압축 속도와 마찬가지로 압축 해제 속도는 압축된 비디오를 압축 해제하는 데 걸리는 시간을 측정하며 빠른 압축 해제는 압축된 비디오의 실시간 재생 또는 처리에 중요하다.
복잡성	계산 복잡성은 리소스가 제한된 환경에서 중요한 요소로서 복잡성이 낮은 알고리즘은 계산 리소스가 적게 필요하므로 처리 능력이 제한된 장치에 배포하는 데 더 유리하다.
견고성	다양한 해상도, 프레임 속도, 색 공간 및 인코딩 형식을 포함하여 다양한 유형의 비디오 콘텐츠를 처리하는 비디오 압축 알고리즘의 기능을 나타낸다.
표준 준수	H.264, H.265(HEVC) 같은 비디오 압축 표준 준수는 기존 시스템 및 장치와의 상호 운용성 및 호환성에 필수적이다.

이러한 평가 기준은 압축 효율성, 시각적 품질, 계산 요구 사항 및 기존 시스템과의 호환성과 같은 요소를 고려하여 비디오 압축 기술의 성능과 적합성을 평가하는 데 도움이 된다.

18 다음 중 멀티미디어 화상회의 데이터를 TCP/IP와 같은 패킷망을 통해 전송하기 위한 ITU-T의 표준은?
(2017-2차)(2020-3차)(2022-3차)

① H.221 ② H.231
③ H.320 ④ H.323

해설

④ H.323 표준: 1996년 ITU-T SG(Study Group) 16에서 제안한 영상회의 표준으로 LAN, 인터넷 등 패킷-기반의 망을 통해 전송되는 영상, 음성, 데이터 등 멀티미디어 통신을 포괄적으로 다루고 있다.
① H.221: 64~1920kbit/s 채널의 프레임 구조로서 오디오 Visual 텔레서비스에 적용한다.
② H.231: Multipoint Control Units for Audiovisual Systems Using Digital Channels Up to 1920kbit/s
③ H.320: 90년대 초 64Kbps급 협대역 ISDN용 화상회의 표준으로, 화상전화 시스템 및 단말장치에 적용한다.

정답 19 ② 20 ① 21 ④ 22 ④

19 다른 장소에서 회의를 하면서 TV 화면을 통해 음성과 화상을 동시에 전송받아 한 사무실에서 회의를 하는 것처럼 효과를 내는 장치는? (2023-1차)

① VCS(Video Conference System)
② VOD(Video On Demand)
③ VDT(Video DialTone)
④ VR(Video Reality)

해설
② VOD(Video on Demand): IPTV 망에서 주로 사용하는 방식으로 가입자의 서비스 요구가 있을 때 원하는 내용을 다운받아서 사용할 수 있는 맞춤형 서비스이다.
① VCS(Video Conference System): 화면을 통해 원격으로 회의를 하는 시스템이다.
③ VDT(Video DialTone): 지역 전화 회사에 의한 영상전송서비스이다. 미연방통신위원회(FCC)가 1992년 7월 16일 지역 전화 회사에 대해 인정했다. 기존 케이블 TV 사업자에 대한 경쟁상대를 등장시킴으로써 케이블 TV 이용요금을 억제한다.
④ VR(Virtual Reality): 가상 세계는 컴퓨터 기반 시뮬레이션 환경의 하나로서 개인 아바타를 만들 수 있는 수많은 사용자들에 의해 채워지며 가상 세계를 동시에, 또는 독립적으로 탐험할 수 있고 활동에 참여하며 다른 사람들과 대화할 수 있다.

20 다음 문장은 정보통신용어 중 무엇에 대한 설명인가? (2017-2차)

> 참가자들이 실제로 같은 방에 있는 것처럼 느낄 수 있는 가상 화상회의 시스템으로 실제로 상대방과 마주하고 있는 것과 같은 착각을 일으키게 하는 가상현실(디지털 디스플레이) 기술과 인터넷 기술이 결합된 영상회의 시스템

① 텔레프레즌스
② 원격화상통화
③ 멀티테크
④ 증강현실

해설
텔레프레즌스(Telepresence)는 원거리를 뜻하는 '텔레(Tele)'와 참석을 뜻하는 '프레즌스(Presence)'의 합성어로 멀리 떨어져 있는 사람을 원격으로 불러와 마치 같은 공간에 있는 것처럼 보이게 하는 기술이다. 주로 화상회의에 활용되고 있다.

21 다음 중 화상통신 회의시스템의 기본 구성 요소가 아닌 것은? (2015-2차)

① 전송로
② 단말기
③ 컴퓨터 센터 시스템
④ 다중화

해설
화상회의 시스템과 다중화기는 별개이다. 화상회의 주요 구성 장비는 영상단말, 다자간 회의, 제어 서버, 통신 중계 서버등 이다. 출력 화면으로 TV나 프로젝트가 사용되며, 영상단말은 코덱, 카메라, 마이크, 리모콘으로 이루어져서 본사, 공장, 지사들 간의 다자간 화상회의 서비스가 이루어진다.

22 ITU가 제정한 화상회의 관련 권고안 H 시리즈 중에서 LAN 전용회선을 통한 화상회의 표준규격은? (2010-1차)

① H.221
② H.231
③ H.320
④ H.323

정답 23 ②

해설

ITU−T 정의

구분	내용
H.221	Frame Structure for a 64 to 1920kbit/s Channel in Audiovisual Teleservices
H.231	Multipoint Control Units for Audiovisual Systems Using Digital Channels Up to 1920kbit/s
H.320	Narrow−band Visual Telephone Systems and Terminal, ISDN 상에서 화상회의 90년대 초 64Kbps급 협대역 ISDN용 화상회의 표준으로 채택되어 활성화되었던 표준
H.323	Packet−Based Multimedia Communication System, LAN 상에서 화상회의
H.324	GSTN(Generalized Switched Telephone Network) 일반 전화교환망상에서의 화상회의

23 **디지털 화상회의 시스템에서 QCIF 포맷을 흑백화면으로 25프레임, 8비트로 샘플링을 한다면 데이터 전송률은 약 얼마인가?** (2014−3차)(2016−2차)(2018−2차)(2020−2차)(2022−1차)(2023−3차)

① 5[Mbps]
② 10[Mbps]
③ 20[Mbps]
④ 40[Mbps]

해설

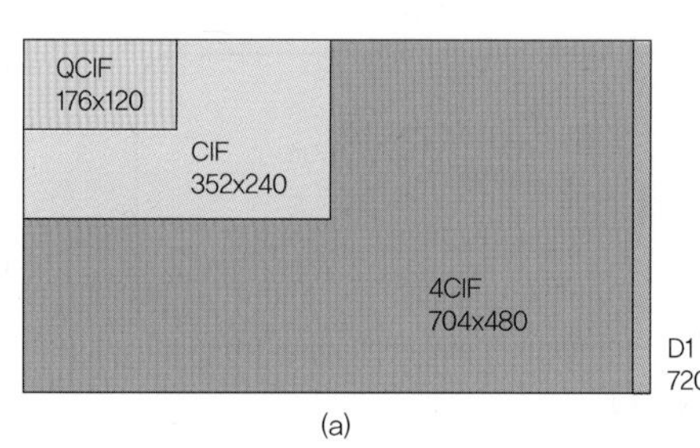

CIF for (a) NTSC and (b) PAL

구분	내용(RFC−2190: RTP Payload Format for H.263 Video Streams)
CIF	Common Intermediate Format(352×288pixels)
QCIF	Quarter CIF(176×144 pixels)
Sub−QCIF	128×96pixels
4CIF	704×576pixels
16CIF	1408×1152pixels

프레임(Frame)

TV 화면은 수많은 점들로 구성되어 있다. 하나의 점을 화소(Pixel)이라 하며 픽셀로 구성된 1장의 화면이 프레임이다. 동영상 재생하는데 필요한 단위로 영화 필름에서는 초당 24프레임을, TV 방송에서는 초당 30장의 프레임을 사용한다. 그러므로 QCIF 포맷을 흑백화면으로 25프레임, 8비트로 샘플링하면 QCIF[176(세로)*144(가로)]×25Frame×8bit×2(Nyquist 공식에 의거 $f_s \geq 2f_m$이므로)=176×144×25×8bit×2=10,137,600이 되어 약 10Mbps가 된다.

기출유형 02 ▸ 멀티미디어 전송, 압축

멀티미디어 서비스 활성화를 위한 CPND 4가지 측면의 생태계 조성이 필수적이다. 다음 중 CPND의 의미로 틀린 것은? (2017-1차)(2018-2차)(2021-1차)

① C: Content(콘텐츠)
② P: Platform(플랫폼)
③ N: Network(네트워크)
④ D: Digital(디지털)

해설

C: Content(콘텐츠) – P: Platform(플랫폼) – N: Network(네트워크) – D: Device(디바이스)

| 정답 | ④

족집게 과외

무손실 압축	RLC(Run-length Coding), 허프만 코딩, 렘펠-지프 코딩(Lempel-Ziv Coding)	
손실 압축	변환 코딩(Transform Coding)	FFT, DCT
	예측 코딩(Predictive Coding)	DPCM, ADPCM, DM, ADM
	양자화, 웨이블릿 코딩, 보간법, Fractal Compression	

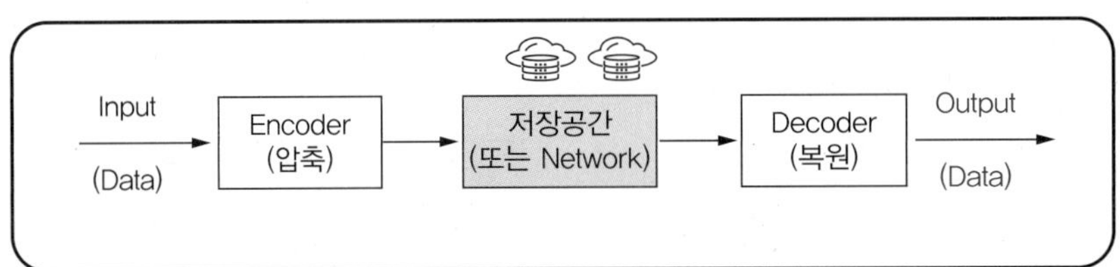

[데이터 압축 시스템 구조]

- Encoder에서 압축을 하고 디코더에서 복원한다.
- **중간 매체**: 데이터 저장 공간 또는 통신/컴퓨터 네트워크를 통한 Cloud에 저장된다.
- **코드(Code)**: 인코더의 출력이다.
- Decoder에서 다시 원래의 데이터를 복원해서 출력한다.

더 알아보기

반복길이 코딩(Run-Length Coding): 연속적으로 반복되어 나타나는 정보(문자, 픽셀)들을 그 정보와 반복된 횟수(Run-length)로 표현하는 코딩 방법이다.

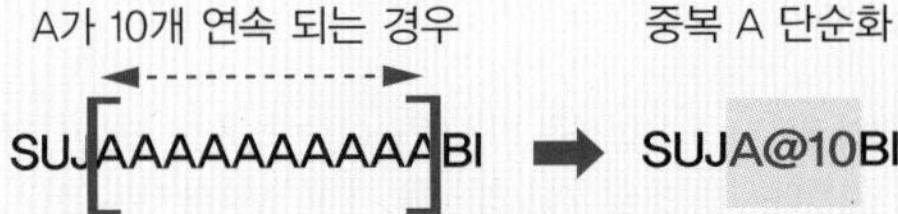

❶ 압축(Compression)

저장공간과 전송 대역폭의 효율적 이용을 위해 데이터를 크기(전체 비트 수)를 줄이는 것이다. 다음은 영상이나 음성에 대한 압축으로 원래 신호나 화질대비 압축방법에 따라 최소 50%에서 90% 이상까지 압축이 가능하다.

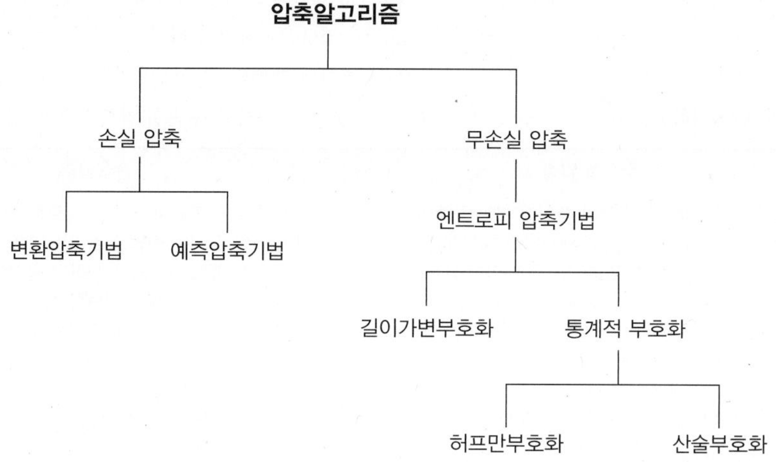

아래는 다양한 환경에 따른 압축율에 대한 정리이다.

구분	내용
3분 길이의 CD 오디오 품질의 음악을 44.1kHz의 주기로 16bit Sampling 하여 디지털 데이터로 변환한 경우 데이터의 크기는?	3분(180초), 16bit(2byte)이므로 180초×44,100회/sec×2byte/회 =15,876,000 ≈ 15.8Mbyte
1,280 x 1,024 해상도의 32bit 색 이미지를 초당 30Frame으로 전송하는 비디오 응용에 필요한 전송 대역폭은?	1,280×1,024×4byte/Frame×30Frame/sec =157,286,400 ≈ 157Mbyte/sec
전화선(xDSL)과 모뎀을 이용할 경우 통신 속도는?	1.5 ~ 52Mbps(0.2 ~ 6.3Mbyte/sec)
Ethernet을 이용할 경우 속도는?	1.2Mbyte/sec ~ 12Mbyte(=10~100Mbps)

❷ 무손실 압축과 손실압축

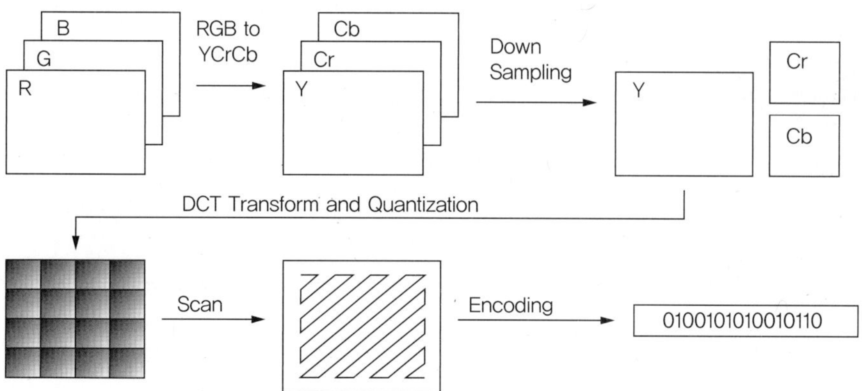

손실 압축이란 정보의 일부를 잃어버리게 되는 압축 방법이다. 손실 압축된 파일로부터 원래 정보의 복원은 불가능하다. 다만 커다란 사진에서 한 픽셀의 RGB 값에서 G 값이 1% 증가한다고 해서 우리가 알아채기는 힘들므로, 사진과 영상 압축에는 손실 압축을 주로 사용한다. 위에서 RGB를 YCrCb인 색공간으로 변환하고 Y(휘도) 성분을 두고, Cr, Cb 성분을 다운샘플링 하여 크기를 줄이는 것으로 Cr, Cb 행렬의 크기를 줄이게 되는 것이다.

이후 DCT(Discrete Cosine Transfer)한 후 양자화(Quantization)를 하기 위하여 각 성분을 (8, 8) 크기의 행렬로 분할한 다음 각 성분값에 128을 빼준 후 DCT를 적용한다. 변환된 행렬의 각 성분을 양자화 행렬의 각 성분으로 나눠준 뒤, 정수로 반올림하고 고주파 성분을 줄여서 압축하는 것이다. 다음은 무손실 압축과 손실 압축의 비교이다.

구분	무손실 압축	손실압축
내용	무손실 압축은 정보 손실 없이 데이터 크기를 줄이는 방법이다. 즉, 압축된 파일을 압축 해제하면 원본 파일과 동일하게 된다. 무손실 압축 알고리즘은 데이터 내에서 패턴, 중복성 또는 통계적 상관관계를 찾아보다 효율적인 방식으로 인코딩하며 동작한다. 특히, 이전 데이터에 포함된 모든 정보가 손실 없이 인코딩되는 것으로 반복적으로 출현하는 데이터의 중복성을 제거한다. 문서 데이터 압축에 필수적이며 엔트로피(Entropy) 코딩이 해당된다.	손실 압축은 불필요하거나 덜 중요한 정보를 제거하여 데이터 크기를 줄이는 방법으로, 어느 정도의 데이터 손실이 발생한다. 압축 알고리즘은 사람의 감각으로 인식할 수 없는 것으로 간주되는 세부 정보를 삭제하여 더 높은 수준의 압축을 달성한다. 이것은 포함된 정보 중 내용을 인식하는 데 크게 영향을 주지 않는 정보들을 삭제하는 방식으로 무손실 압축에 비해 압축률이 높아지는 것으로 주소 원천(Source) 코딩방식이 해당된다.
사용 예	• ZIP: ZIP 알고리즘을 사용하여 무결성을 유지하면서 파일을 압축하는 방식으로 현재 널리 사용되는 압축 형식이다. • PNG: 배경이 투명한 그래픽 및 이미지에 일반적으로 사용되는 무손실 이미지 형식이다. • FLAC: 고품질 오디오 재생을 가능하게 하는 무손실 오디오 압축 형식이다.	• JPEG: 파일 크기를 줄이기 위해 특정 이미지 정보를 삭제하는 이미지 압축 형식이다. • MP3: 사람의 귀에 잘 들리지 않는 오디오 주파수를 제거하는 오디오 압축 형식이다. • MPEG: 비디오 파일 크기를 줄이기 위해 손실 압축 기술을 사용하는 비디오 압축 표준이다.

❸ 압축방식별 비교

<table>
<tr><td rowspan="3">무손실 압축
(Lossless Compression)</td><td colspan="2">반복 길이 코딩(Run−length Coding)</td></tr>
<tr><td colspan="2">허프만 코딩(Huffman Coding)</td></tr>
<tr><td colspan="2">렘펠−지프 코딩(Lempel−Ziv Coding)</td></tr>
<tr><td rowspan="6">손실 압축
(Lossy Compression)</td><td>변환 코딩(Transform Coding)</td><td>FFT, DCT</td></tr>
<tr><td>예측 코딩(Predictive Coding)</td><td>DPCM, ADPCM, DM, ADM</td></tr>
<tr><td colspan="2">양자화(Quantization)</td></tr>
<tr><td colspan="2">웨이블릿 코딩(Wavelet−based Coding)</td></tr>
<tr><td colspan="2">보간법(Interpolation)</td></tr>
<tr><td colspan="2">프랙탈 압축(Fractal Compression)</td></tr>
<tr><td>혼성 압축
(Hybrid Compression)</td><td colspan="2">JPEG, GIF, MPEG, H.261, H.263 ···</td></tr>
</table>

정답 01 ④ 02 ③ 03 ④

01 다음 중 멀티미디어 응용분야와 가장 거리가 먼 것은? (2014-2차)(2017-3차)(2019-1차)

① 원격회의 ② 원격교육
③ 원격진료 ④ 원격검색

해설
멀티미디어 서비스(Multimedia Service)는 문자, 수치 데이터, 화상, 동영상, 음성 등으로 구성된 정보의 교환을 제공하는 통신 서비스이다.
- 원격회의: 화상회의
- 원격진료: 멀티미디어를 이용한 Remote Control
- 원격교육: 시간과 공간을 초월한 교육

원격회의, 원격교육, 원격진료는 위에 언급한 것처럼 다양한 서비스가 있다. 원격검색 멀티미디어 서비스와는 무관하다.

02 다음 중 멀티미디어 단말의 구성요소가 아닌 것은? (2014-3차)(2022-1차)

① 처리장치
② 저장장치
③ 매체 전송장치
④ 오디오, 비디오 캡쳐 장치

해설
멀티미디어=Multi(다중)+Media(매체)는 다양한 매체를 통해 정보를 전달하는 것이다. 저장 매체는 과거에 사용하던 테이프 등을 의미하며 Offline으로 처리하므로 이를 위한 전송장치는 필요 없다(사람이 수동으로 처리한다).

멀티미디어 하드웨어 구성 요소

구분	내용
입력장치	마우스, 키보드, 스캐너, 오디오시스템, 음성 디지타이저, 비디오시스템, 비디오 카메라, 터치 스크린, 전자 펜
출력장치	모니터, 프린터, 스피커, 사운드 카드, 필름 출력기, 멀티비전, 영사기, VTR/VCR
처리장치	데이터 압축장치, 컴퓨터
저장장치	대용량 하드 디스크, CD-ROM, 광 디스크(MOD형, WORM형, ROM형)
통신장치	모뎀, 인터넷
통합 운영 프로그램	멀티미디어 소프트웨어

03 멀티미디어 특성에 대한 설명 중 바르지 못한 것은? (2012-2차)(2020-2차)

① 비디오, 오디오 등 두 가지 이상의 미디어를 동시에 수용할 수 있어야 한다.
② 멀티미디어를 하나의 시스템에서 사용할 수 있어야 한다.
③ 멀티미디어 통신 서비스는 원격회의, 인터넷 방송 등이 있다.
④ 모든 정보를 아날로그화하여 저장, 편집이 쉽도록 하여야 한다.

해설
모든 정보를 디지털화하여 저장, 편집이 쉽도록 하여야 한다. 멀티미디어는 정보를 제공해주는 텍스트, 사운드, 이미지 및 그래픽, 애니메이션, 비디오 등과 같은 미디어를 동시에 처리하기 때문에 아래와 같은 특성이 있다.

구분	내용
통합성 (Integration)	멀티미디어는 다양한 미디어들을 통합하여 역동적인 정보를 전달할 수 있다. 사진의 경우에는 하나의 미디어만을 사용하여 정보를 전달하지만 멀티미디어에서는 여러 장의 사진과 사운드를 통합하여 동영상 등을 제작하여 정보를 전달할 수 있다.
쌍방향성 (Interactive)	과거의 정보는 일방적으로 수신하기만 했었으나, 현재의 멀티미디어 정보 제공자와 사용자 간에 상호작용이 가능해지면서 장소와 시간을 초월하여 정보 전달 효과를 극대화할 수 있다.
디지털화 (Digital)	멀티미디어에서 제작되거나 사용되는 모든 데이터는 디지털화된다. 텍스트, 사운드, 이미지, 애니메이션, 비디오 등의 다양한 데이터를 컴퓨터가 해독할 수 있는 디지털로 변환해야 처리가 가능하다.
비선형성 (Non-linear)	선형성이란 일정한 방향, 순차적인 것을 의미한다. 멀티미디어에서는 정보를 습득하기 위해서 반드시 선형적 순서를 따를 필요는 없으며 사용자의 선택에 따라 다양한 방향으로 진행이 가능하다.

위와 같은 상황을 지원하기 위해서 멀티미디어는 ④ 모든 정보를 디지털화하여 저장, 편집이 쉽도록 하여야 한다.

04 다음 중 정지 및 이동환경에서 고속으로 인터넷에 접속하여 멀티미디어 콘텐츠를 이용할 수 있는 것은? (2010-1차)(2012-1차)(2015-1차)(2016-2차)

① DMB
② WiBro
③ RFID
④ GPS

해설
② WiBro: 와이브로는 삼성전자와 한국전자통신연구원이 개발한 무선 광대역 인터넷 기술로서 국내에서는 국제 표준인 IEEE 802.16e이라 하고 북미에서는 모바일 와이맥스라고 한다.
① DMB: DMB는 디지털 영상 및 오디오 방송을 전송하는 기술로, 휴대전화, MP3, PMP 등의 휴대용 기기에서 텔레비전, 라디오, 데이터방송을 수신할 수 있는 이동용 멀티미디어 방송이다.
③ RFID: 주파수를 이용해 ID를 식별하는 방식으로 일명 전자태그로 불린다. RFID 기술이란 전파를 이용해 먼 거리에서 정보를 인식하는 기술로서 전자기 유도 방식으로 통신한다. 여기에는 RFID 태그와 RFID 판독기가 필요하다.
④ GPS: GPS는 현재 GLONASS와 함께 운용되고 있는 범지구위성항법시스템 중 하나이다. 미국 국방부에서 개발되었으며 공식 명칭은 NAVSTAR GPS이다.

05 다음 중 멀티미디어를 기반으로 하는 응용으로 대화형(Dialogue) 응용에 관한 설명으로 옳지 않은 것은? (2015-2차)

① 응용분야는 화상 전화, 화상 회의 등이다.
② 생성된 멀티미디어 데이터가 일정 시간 내에 전송되어야 한다.
③ 데이터의 압축과 복원이 동시에 이루어져야 한다.
④ 비대칭(Asynnetric) 멀티미디어 응용이다.

해설
멀티미디어를 기반으로 하는 서비스는 상호 송수신에 대한 대칭적(Synchronous) 구성으로 되어 있어야 상호간에 끊김 없는 서비스가 가능하다.

06 휴대전화에 인터넷 통신과 정보검색 등 컴퓨터 지원 기능을 추가한 지능형 단말기로 사용자가 원하는 애플리케이션을 설치할 수 있는 멀티미디어 기기는 무엇인가? (2016-1차)(2018-1차)

① Tablet PC
② PDA
③ Smart Phone
④ Smart Grid

해설
스마트폰은 현재 많이 대중화되어 있으며 이를 통해 별도 애플리케이션을 설치하여 인터넷 검색 및 추가 기능 제공이 가능하다.

07 멀티미디어 데이터 압축기법 중 손실 압축기법으로 틀린 것은? (2017-1차)

① FFT(Fast Fourier Transform)
② DCT(Discrete Cosine Transform)
③ DPCM(Differential Pulse Code Modulation)
④ Huffman Code

해설
압축
저장공간과 전송 대역폭의 효율적 이용을 위해 데이터의 크기(전체 비트 수)를 줄이는 것이다. 압축된 파일을 손상 없이 원래대로 되돌릴 수 있다면 이를 비손실 압축(Lossless Data Compression)이라 하고, 원래대로 복원할 수 없다면 손실 압축(Loss Data Compression)이라 한다.

무손실 압축 (Lossless Compression)	• 반복 길이 코딩(Run-length Coding) • 허프만 코딩(Huffman Coding) • 렘펠-지프 코딩(Lempel-Ziv Coding)

손실 압축 (Lossy Compression)	• 변환 코딩(Transform Coding): FFT, DCT • 예측 코딩(Predictive Coding): DPCM, ADPCMDM, ADM • 양자화(Quantization) • 웨이블릿 코딩(Wavelet－based Coding) • 보간법(Interpolation) • 프랙탈 압축(Fractal Com－pression)
혼성 압축 (Hybrid Compression)	JPEG, GIF, MPEG, H.261, H.263 …

08 다음 중 멀티미디어 기기의 특징으로 틀린 것은? (2022-1차)

① 정보의 공유
② 정보의 디지털화
③ 양방향성 서비스
④ 인간과 컴퓨터의 독립성

해설

④ 인간과 컴퓨터의 통합: 멀티미디어는 인간의 창의성과 전문 지식을 기술으로 통합하여 인간과 컴퓨터 사이의 격차를 해소한다.
① 정보의 공유: 멀티미디어는 동적이며 유연한 콘텐츠 전달을 제공한다. 다양한 장치와 플랫폼에 적응할 수 있어 청중이 컴퓨터, 태블릿, 스마트폰, 심지어 대형 디스플레이를 포함한 다양한 화면에서 콘텐츠에 액세스할 수 있다.
② 디지털 특성: 멀티미디어는 콘텐츠 제작, 배포 및 소비를 위해 디지털 기술과 플랫폼에 의존한다.
③ 양방향 상호 작용: 기존 미디어 형식과 달리 멀티미디어는 사용자와 양방향 상호 작용을 제공한다.

09 방송전송시스템에 따른 방송 종류를 바르게 연결한 것은? (2022-2차)

(가) 정규방송	(a) 국내 지상파 방송사 서비스
(나) 자주방송	(b) IPTV, OTT 등 상업적 방송서비스
(다) 유료방송	(c) 안내방송, 공지사항 등 자체제작 방송서비스

① (가)－(a), (나)－(b), (다)－(c)
② (가)－(b), (나)－(a), (다)－(c)
③ (가)－(a), (나)－(c), (다)－(b)
④ (가)－(b), (나)－(c), (다)－(a)

해설

• 정규방송: 정식으로 규정된 규칙과 일정에 따라 내보내는 방송으로 국내 지상파 방송사 서비스이다.
• 자주방송: 안내방송, 공지사항 등 자체 제작 방송 서비스이다.
• 유료방송: MBC, KBS, SBS 등 지상파 방송이 아닌, 케이블 방송, IPTV, OTT 등 유료 플랫폼 등을 통해 방송을 송출하는 채널들을 말한다.

10 어느 멀티미디어 기기의 전송대역폭이 6[MHz]이고 전송속도가 19.93[Mbps]일 때, 이 기기의 대역폭 효율값은 약 얼마인가? (2020-2차)(2022-3차)

① 2.23 ② 3.23
③ 5.25 ④ 6.42

해설

대역폭 효율
• 1Hz 대역 내에 1초 동안 전송할 수 있는 최대 비트의 수
• 단위 주파수 당 데이터 속도 [bps/Hz]
• 이진 변조 때의 대역폭 효율＝Rb/B＝비트율/신호대역폭

대역폭 효율성

$$=\frac{\text{최대 정보량}}{\text{스펙트럼 양}}=\frac{\text{전송속도}}{\text{전송대역폭}}$$

$$=\frac{19.39\times10^{3}[\text{bps}]}{6\times10^{3}[\text{Hz}]}=3.23\ [\text{bps/Hz}]$$

정답 11 ③ 12 ② 13 ② 14 ④

11 지상파 DMB 기기의 8번 채널의 주파수 사용대역폭은? (2020-3차)

① 4[MHz] ② 5[MHz]
③ 6[MHz] ④ 7[MHz]

해설

지상파 DMB 채널

VHF 대역에서 총 6MHz 대역폭의 TV 채널 ch 8 및 ch 12(174~216MHz) 사용한다. 지방은 권역별 주파수를 재배치하여 1개 채널당 3개의 사업자(블록) 허가를 받았다.

위성 DMB (2.63~2.655GHz)	송신 시에는 S-밴드(2.63~2.655GHz)를 이용하며, 위성-갭필러 중계용으로 Ku-밴드(12.214~12.239GHz)를 이용하여 서비스를 제공하고 있다.
지상파 DMB (180~186MHz, 204~210MHz)	지상파 DMB는 지상의 기지국에서 전송하는 방송신호를 단말기에서 직접 또는 간접으로 수신하는 방식이다.

12 다음 중 멀티미디어 통신 서비스에 해당하지 않는 것은? (2023-1차)

① VOD(Video On Demand)
② AM 방송
③ IPTV
④ 인터넷 방송

해설

② AM 방송은 단방향성으로 Analog Radio 방송이다.

멀티미디어의 특성

정보를 제공해주는 텍스트, 사운드, 이미지 및 그래픽, 애니메이션, 비디오 등과 같은 미디어를 동시에 처리하며 방향성, 디지털화, 비선형성의 특성이 있다.

13 욕실(TV)폰, 안방(TV)폰 및 주방(TV)폰 등의 홈네트워크 기기 중 월패드의 기능 일부 또는 전부가 적용된 제품은? (2023-1차)

① 주기능폰(Main-phone)
② 서브폰(Sub-phone)
③ 휴대폰(Mobile-phone)
④ 태블릿(Tablet)

해설

월패드(Wall Pad)는 주로 신축 아파트에 설치된 홈 네트워크 기기로서 가정 내에서 방문객 출입 통제, 가전제품 제어 등의 역할을 한다. 월패드는 대부분 거실에 설치되어 외부와 통신한다. 이러한 월패드를 추가로 보완하는 것이 서브폰(Sub-phone)이며 이를 통해 욕실(TV)폰, 안방(TV)폰 및 주방(TV)폰 등의 홈네트워크 기기 중 월패드의 기능 일부 또는 전부가 적용된 것이다.

14 다음 중 멀티미디어기기의 압축에 사용되는 방식이 아닌 것은? (2021-1차)(2012-2차)

① MPEG-1 ② MPEG-2
③ MPEG-4 ④ MPEG-21

해설

④ MPEG-21: MPEG-21 표준은 MPEG에서 멀티미디어 애플리케이션용 개방형 프레임워크를 정의하기 위한 표준이다. MPEG-21은 표준 ISO/IEC 21000 - 멀티미디어 프레임워크로 승인되었다.

① MPEG-1: MPEG-1은 ISO/IEC JTC 1의 MPEG 그룹이 만든 표준 동영상 및 멀티미디어 규격 가운데 하나이다. 오디오/비디오 규격으로 세계적으로 가장 널리 쓰이는 형식 중 하나이며, 비디오 CD, 케이블/위성 TV, DAB 등에서 이용되고 있다.

② MPEG-2: MPEG-2는 MPEG이 정한 오디오와 비디오 인코딩에 관한 일련의 표준을 말하며, ISO 표준 13818로 공표되었다. MPEG-2는 일반적으로 디지털 위성방송, 디지털 유선방송 등의 디지털 방송을 위한 오디오와 비디오 정보 전송을 위해 쓰이고 있다.

③ MPEG-4: 영상, 음성을 디지털 데이터로 전송, 저장하기 위한 규격의 하나이다. MPEG-1, MPEG-2와 같이 시스템, 비주얼, 음향, 파일 포맷 규격으로 구성되어 있다.

구분	내용
MPEG-1	CD-ROM, VHS테이프 수준
MPEG-2	디지털TV, DVD
MPEG-AAC	8~96kHz
MPEG-4	MPEG1/2 비주얼 등 포맷규격
MPEG-7	전자도서관, MDS, 미디어 편집
MPEG-21	제작, 유통, 보안

15 다음 중 멀티미디어 압축 기술로 틀린 것은? (2019-3차)

① MIDI ② AVI
③ JPEG ④ MPEG

해설

구분	내용
JPEG	Joint Photographic Experts Group은 정지 화상을 위해서 만들어진 손실 압축 방법 표준이다.
AVI	Audio Video Interleave로 마이크로소프트에서 1992년 11월에 출시한 디지털 비디오 파일이다.
MPEG	Moving Picture Experts Group으로 1988년에 설립된 표준화 전문 그룹으로 동영상, 음성 신호 등(멀티미디어)을 압축, 부호화, 전송, 표현의 제반 기술이다.
MIDI	Musical Instrument Digital Interface는 컴퓨터를 악기, 무대 조명, 기타 시간 지향적인 미디어와 상호 연결하기 위한 표준 프로토콜이다.

16 PSTN 상에서 대화형 멀티미디어 응용을 지원하고, 64[Kbps] 이하의 낮은 전송률을 대상으로 전송하며, Sub-QCIF, QCIF, CIF, 4CIF, 16CIF를 지원하는 동영상 압축방식은? (2020-2차)

① H.261 ② H.263
③ MPEG-1 ④ MPEG-2

해설

H.263은 화상회의와 화상 전화를 응용하기 위한 영상 압축 코딩 표준 문서이다. ITU-T 영상 부호화 전문가 그룹과 영상 부호화 표준인 H.26x 대의 한 구성원으로서 개발하였다.

17 통신시스템에서 멀티미디어 데이터 압축 기법 중 혼성압축 기법으로 틀린 것은? (2016-1차)(2023-3차)

① MPEG(Moving Picture Experts Group)
② JPEG(Joint Photographic Experts Group)
③ GIF(Graphics Interchange Format)
④ FFT(Fast Fourier Transform)

해설

압축

대역폭의 제한을 받음으로 저장공간의 용량을 줄이는 것이다.

압축	반복길이 코드(Run-length), 허프만 코드(Huffman), 렘펠-지프(Lempel-Ziv) 코드	
손실 압축	변환기법(Transformaiton)	FFT, DCT
	예측기법(Prediction)	DPCM, ADPCM,(A)DM
	양자화(Quantization), 웨이블렛 코드(Wavelet-based), 보간법(Interpolation), 프랙탈 압축(fractal compression)	
혼성 압축	JPEG, GIF, MPEG, H.261, H263 등	

- 무손실 압축: 동일한 정보의 반복적인 출현에 중복성만 제거, 압축 이전의 데이터 정보를 손실 없이 복원이 가능하다.
- 손실 압축: 중요하지 않은 정보를 삭제하고, 복원 후에는 데이터 손실이 있으나 무손실보다는 압축효과가 크다.
- 혼성 압축: 무손실, 손실압축 두 가지를 함께 사용하는 방식이다.

기출유형 03 ▸ HDTV(High Definition Television)

HDTV 방식에서 1채널의 대역폭은? (2013-1차)(2017-2차)(2021-3차)

① 6[MHz]
② 9[MHz]
③ 18[MHz]
④ 27[MHz]

해설

HDTV의 대역폭은 일반적인 디지털 방송에서는 6MHz의 대역폭을 사용하며, 이는 표준 해상도 비디오를 전송하기에 충분하다. HDTV의 해상도에 따라 대역폭 요구사항도 달라진다. 예를 들어, 1,080p의 Full HD 해상도를 가진 HDTV는 1,920×1,080픽셀의 해상도를 가지며, 더 많은 정보를 전송해야 하므로 더 큰 대역폭이 필요합니다. 반면, 4K UHD 해상도의 HDTV는 3,840×2,160픽셀의 해상도를 가지며, 더 큰 대역폭이 필요하다.

| 정답 | ①

족집게 과외

한국 TV 전송방식

- 오디오 표준: Dolby AC-3
- 영상표준: MPEG-2
- 전송방식: 8VSB
- 채널당 대역폭: 6[MHz]

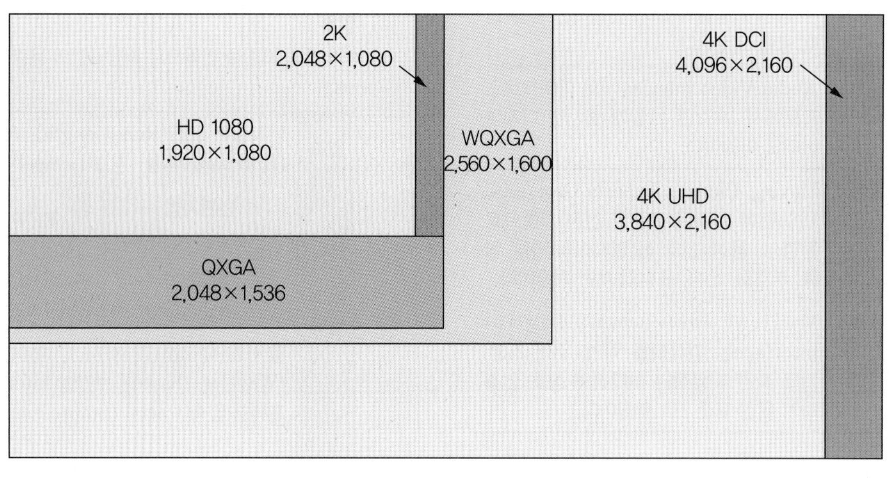

더 알아보기

비디오 신호에 필요한 대역폭에 영향을 주는 기본 요소로는 해상도, 프레임 속도, 비트 색 심도, 그리고 크로마 서브 샘플링(Chroma Sub Sampling)이 있다. 4K 비디오 해상도에는 4,096×2,160 및 UHD(Ultra High Definition) 또는 3,840×2,160이 포함된다. 4K는 Full HD 1,080p 신호 해상도의 네 배이며 픽셀 수도 네 배이다. 이 정도의 데이터양을 옮기려면 상당한 대역폭이 필요하다. Full 60Hz 프레임 속도, 4:4:4 크로마 서브 샘플링, 그리고 10비트 색상을 지원하는 4K 비디오 신호에는 22.28Gbps의 데이터 전송 속도가 필요하다.

❶ HDTV(High-Definition Television)

㉠ HDTV는 기존의 아날로그 텔레비전 시스템에 비해 더 높은 해상도, 더 나은 색 정확도 및 우수한 오디오 품질을 제공하는 디지털 텔레비전 방송 시스템이다. HDTV는 720p, 1,080i 또는 1,080p의 해상도를 제공하며 이것은 기존 아날로그 TV 시스템에서 사용되는 480i 또는 576i의 SD(표준 화질) 해상도보다 훨씬 높은 것이다. HDTV의 해상도가 향상되어 훨씬 선명하고 상세한 사진을 찍을 수 있으며, 선명한 색상과 더 나은 대비를 제공한다.

㉡ HDTV는 또한 16:9의 넓은 화면 가로세로 비율을 제공하며 이를 통해 아날로그 텔레비전 시스템에서 사용되는 기존의 4:3 가로세로 비율보다 영화 화면 가로세로 비율과 더 유사하며 이러한 가로세로 비율은 더 영화적인 보기 환경을 제공하고 더 넓은 시야를 제공한다.

㉢ HDTV를 수신하려면 디지털 텔레비전 신호를 수신하고 디코딩할 수 있는 디지털 텔레비전 또는 셋톱 박스가 필요하며 HDTV 방송은 일반적으로 북미의 ATSC(Advanced Television Systems Committee) 표준 또는 유럽 및 기타 지역의 DVB(Digital Video Broadcasting) 표준을 사용하여 방송된다.

㉣ HDTV는 2000년대 초에 소개된 이래로 점점 더 인기를 끌었고, 현재 전 세계 많은 나라에서 대부분의 텔레비전 방송의 표준이 되었다. 스트리밍 비디오 서비스와 온라인 콘텐츠의 부상으로 HDTV는 이제 스트리밍 장치, 비디오 게임 콘솔 및 스마트 TV를 포함한 다양한 디지털 플랫폼을 통해 사용할 수 있다.

❷ 영상처리 방식: 순차 주사 방식(Progressive Scanning)

이미지의 각 라인이 위에서 아래로 순차적으로 표시되거나 스캔되는 이미지를 표시하거나 캡처하는 방법이다. 인터레이스 스캐닝에서 발견되는 라인의 인터레이스 또는 건너뛰기를 제거한다. 그 결과 더 높은 해상도와 최신 디스플레이 기술과의 향상된 호환성으로 깜박임이 없고 시각적으로 만족스러운 이미지를 얻을 수 있다. 프로그레시브 스캐닝은 비디오 카메라, 캠코더 및 최신 디스플레이 장치에 널리 사용되어 더 나은 이미지 품질을 제공하고 깜박임을 줄인다.

❸ 디지털방송 사용 현황

개발국		한국, 미국, 일본	유럽	일본
명칭		ATSC	DVB－T	ISDN－T
방송		HDTV/SDTV	SDTV	HDTV/SDTV
Carrier		Single	Multi	Multi
전송방식		8－VSB	COFDM	BST－OFDM
압축 방식	영상	MPEG－2	MPEG－2	MPEG－2
	음성	Dolby AC－3	MPEG－2	MPEG－2
이동수신		약함	가능	가능
고스트영향		약함	강함	강함
단일채널망		불가능	가능	가능
TV+R 방송		불가능	불가능	가능
수상기 구조		다소 간편함	다소 복잡함	다소 복잡함
선택국가		한국, 미국, 대만, 캐나다	유럽연합	일본

정답 01 ②

01 다음 중 HDTV의 주사선수와 화면의 비(가로:세로)가 옳은 것은? (2010-3차)

① 625, 9:16
② 1,125, 16:9
③ 1,125, 4:3
④ 625, 4:9

해설

HDTV(High-Definition Television)

홀수 Field　　짝수 Field　　합성 Frame

사용되는 주사선수는 "프레임 속도" 또는 "주사율"이라고도 알려져 있다. 이는 텔레비전 화면에 한순간에 표시되는 정지 이미지의 수를 나타낸다. NTSC TV 방송 방식에서 HDTV는 1 Frame에 1,125 Line의 수평주사선을 갖고 있다. 1 Frame을 2 Field로 나누어 행하는 주사방법으로 홀수 1, 3, 5, 7, 9 … Line을 먼저 거칠게 562.5까지 주사하고, 다음 화면 위로 올라와 짝수 2, 4, 6, 8 …Line으로 된 화면을 주사함으로서 1,125 Line을 1 Frame으로 완성한다. 이런 주사방법을 우리는 비월주사(Interlaced Scanning)라 한다.
다시 말해 30 Frame 대신 60 Field로 송수신하는 방법이다. 그런데 흑백 TV 방송에서 Color TV 방송으로 바뀌면서 NTSC에서 Color 신호를 추가해 실어 나르는 반송파(Carrier)의 주파수와의 관계로 1초당 30 Frame을 전송하지 못하고 컬러 동기신호와의 일치를 위해 사용되는 정확한 프레임 주파수는 30Hz가 아닌 29.97002616Hz이다. 이 때문에 1초당 30 프레임의 실제 시간과 타임코드의 진행이 비슷할 뿐 정확하지 못하여 1분간 진행되면 2(정확히 1.8)프레임을 남기고 59초 28 프레임에서 끝난다.
따라서 1시간을 기준으로 흑백 TV일 경우 $60 \times 60 \times 30 = 108{,}000$ Frame이 되는데 컬러 TV 방송의 동기신호와 맞추게 되면 프레임 수는 $60 \times 60 \times 29.97002616 = 107{,}892$ Frame이 된다. 따라서 1시간 동안 $108{,}000 - 107{,}890 = 108$ 프레임의 차가 발생하고 시간이 달라진 것처럼 된다.

- NTSC TV 주사선: 525/60 (NTSC), 525개의 주사선수, 60Hz 필드율
- HDTV: 1,125 line

정답 02 ③ 03 ① 04 ③

02 다음 중 양안시차, 폭주(Vergence)를 이용하는 방식의 TV는 무엇인가?

(2013-2차)(2015-2차)(2017-1차)(2018-1차)

① HDTV
② SDTV
③ 3DTV
④ IPTV

해설

3D TV는 기존의 2차원 모노 영상에 깊이 정보를 부가하여 시청자가 시청각적 입체감을 느끼게 함으로써 생동감 및 현실감을 제공하는 새로운 개념의 텔레비전 방송이다. 3D TV는 단안 요인(Monocular Cues)과 양안요인(Binocular Cues)의 결합에 의해 입체감을 형성한다.

Physiological(생리적 요인)		Psychological(심리, 경험적)
Binocular(양안)	Monocular(단안)	Monocular(단안)
Convergence(폭주, 안구수렴), Binocular Disparity(양안시차)	Accommodation(초점 조절), Motion Parallax(운동 시차)	Accommodation(초점 조절), Motion Parallax(운동 시차)

03 국내 지상파 HDTV 방식에서 1채널의 주파수 대역폭은? (2016-3차)(2018-2차)(2018-3차)(2021-3차)(2022-3차)

① 6[MHz]
② 9[MHz]
③ 18[MHz]
④ 27[MHz]

해설

HDTV의 대역폭은 일반적인 디지털 방송에서는 6MHz의 대역폭을 사용하며, 이는 표준 해상도 비디오를 전송하기에 충분하다. HDTV의 해상도에 따라 대역폭 요구사항도 달라진다. 예를 들어, 1,080p의 Full HD 해상도를 가진 HDTV는 1,920×1,080픽셀의 해상도를 가지며, 더 많은 정보를 전송해야 하므로 더 큰 대역폭이 필요하다. 반면, 4K UHD 해상도의 HDTV는 3,840×2,160픽셀의 해상도를 가지며, 더 큰 대역폭이 필요하다.

04 고품위 텔레비전(HDTV) 방식에 대한 설명으로 틀린 것은? (2010-1차)

① 주사선수는 NTSC 방식보다 높은 1,125개이다.
② 화면의 세로:가로 비는 9:16이다.
③ 주파수 대역폭은 현행 6[MHz]보다 높은 12[MHz]이다.
④ 음성신호는 PCM 방식 등을 사용한다.

해설

HDTV의 대역폭은 일반적인 디지털 방송에서는 6MHz의 대역폭을 사용하며, 이는 표준 해상도 비디오를 전송하기에 충분하다. HDTV의 해상도에 따라 대역폭 요구사항도 달라진다.

정답 05 ③ 06 ②

05 우리나라 DTV 표준에 관한 사항으로 틀린 것은? (2014-3차)(2019-3차)(2022-1차)

① 오디오표준: Dolby AC-3
② 영상표준: MPEG-2
③ 전송방식: OFDM
④ 채널당 대역폭: 6[MHz]

해설

개발국		한국, 미국, 일본	유럽	일본
명칭		ATSC	DVB-T	ISDN-T
방송		HDTV/SDTV	SDTV	HDTV/SDTV
Carrier		Single	Multi	Multi
전송방식		8-VSB	COFDM	BST-OFDM
압축 방식	영상	MPEG-2	MPEG-2	MPEG-2
	음성	Dolby AC-3	MPEG-2	MPEG-2
이동수신		약함	가능	가능
고스트영향		약함	강함	강함
단일채널 망		불가능	가능	가능
TV+R 방송		불가능	불가능	가능
수상기 구조		다소 간편함	다소 복잡함	다소 복잡함
선택국가		한국, 미국, 대만, 캐나다	유럽연합	일본

06 다음 DTV의 특징 중 잡음에 강하고, 전송 에러 자동 교정 및 Ghost 감소의 특징으로 맞는 것은? (2022-2차)

① 양방향화
② 고품질화
③ 고기능화
④ 다채널화

해설

디지털 방송의 장점

구분	내용
방송 프로그램의 고품질화	디지털 TV를 통해서 HDTV를 실시할 경우, Analog TV보다 5배 향상된 고화질의 영상 및 CD 수준의 돌비 서라운드 고음질의 음향을 TV를 통해 감상할 수 있다. SDTV 역시 노이즈, 고스트 등이 없어져서 아날로그 방송 대비 화질 개선효과가 매우 크다.
화면의 와이드화	미국 ATSC 규격의 디지털 TV 표준에는 18가지의 각각 다른 화면 포맷이 있는데, 해상도 및 화면비를 자유롭게 선택할 수 있다. 방송국에서는 다양한 화면 형식으로 방송서비스를 할 수 있으며, 시청자 또한 사용환경에 최적의 방식으로 수신하여 방송을 볼 수 있다.
채널수 증가	고도의 압축기술을 이용하여 전송되는 정보량을 줄일 수 있기 때문에, 아날로그 1개의 채널에 4~6개의 SD급 프로그램을 전송할 수 있다. 이를 가상채널 또는 부채널이라고도 하는데, 예를 들면 '14-1', '14-2' … 식으로 채널이 구성된다.
다양한 부가서비스	초기 디지털 방송과 기존 아날로그 영상과 차이점을 별로 느끼지 못할 수도 있었다. 그러나 다양한 부가서비스가 있어서 신문, 주식, 교통정보, 인터넷 서비스 등 여러 가지 데이터 서비스를 통해 기존 아날로그 TV와는 전혀 다른 방송 프로그램을 제공했다.

07 TV 방식의 기능 중 전기장 또는 자기장에 의하여 전자빔의 방향을 바꾸는 기능으로 옳은 것은? (2021-2차)

① 비월주사 기능
② 동기 기능
③ 편향 기능
④ 비동기 기능

해설

TV 편향 각이란 전자총에서 발사된 전자빔을 편향코일이 휘어야 하는 정도를 나타낸 각이다. 정전편향(Electrostatic Deflection)은 전자선 등에 정전기장을 적용시킴으로써 나아갈 방향을 변경하는 것이다. 정전편향의 브라운관에는 관의 목 부분에 평행한 평면전극이 2조 붙어 있다. 전자빔은 이 틈을 통하여 스크린에 향하는데 마주보는 두 장의 평면전극에 전압을 걸면 전자는 마이너스의 전기를 가지고 있으므로 플러스의 전극 쪽으로 끌려서 그 진행방향이 달라진다.

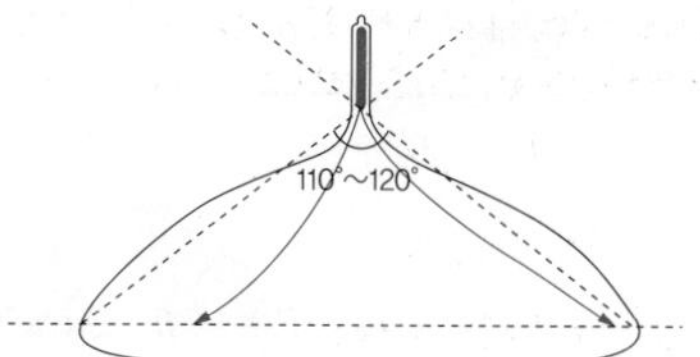

08 H.261의 화상통신에 대한 지원 포맷으로 맞는 것은? (2021-1차)

① 106.52[dB]
② 4CIF, CIF
③ CIF, QCIF
④ Sub-QCIF, 4CIF

해설

H.261의 동영상 포맷은 화면 크기가 CIF(352×288) 및 QCIF(176×144)를 지원한다. 이와 같은 화질은 아날로그 컬러 TV 방식인 NTSC 또는 PAL의 중간 크기 정도로서 영상을 전송 시 1초당 30장의 프레임을 순차주사하는 형식이다.

Video Format	해상도(Resolution)	색차 (Chrominanceimage) 해상도	Bitrate(Mbps) (비압축 30fps)	H.261 support
QCIF	176×144	88×72	9.1	필수
CIF	352×288	176×144	36.5	Optional

- H.242: Audiovisua(오디오, 비디오) 통신을 위한 국제 표준이다.
- H.261: 64Kbps의 비트레이트로 오디오 및 비디오 인코딩 및 디코딩을 지원한다.
- H.320: 64Kbps의 전송을 위한 협대역 오디오, 비주얼 단말 장비 사양을 정의한다.

정답 09 ②

09 기존의 아날로그 카메라에 설치되어 있는 동축케이블을 활용해 고화질 영상전송이 가능한 디지털 신호 전송 방식은? (2020-1차)

① DNR
② HD-SDI
③ HDMI
④ WDR

해설

HDMI		HD-Multimedia Interface, 비압축 방식의 디지털 비디오/오디오 인터페이스 규격의 하나로 HDMI를 지원하는 DVD, PC 등의 멀티미디어에서 AV 기기, 모니터 등의 장치들 사이의 인터페이스를 제공한다. HDMI는 개인용 컴퓨터와 디스플레이의 인터페이스 표준 규격인 DVI를 AV 전자제품용으로 변경한 것으로, 2002년 12월에 HDMI 1.0의 사양이 결정되었다.
HD-SDI		HD-Serial Digital Interface, SDI는 동축케이블을 통해 디지털 비디오를 전송하기 위한 표준으로 데이터 전송 속도는 270Mbps이지만, 이론적으로는 최고 540Mbps까지 낼 수 있다. 케이블로는 75옴 짜리를 사용하는 것이 일반적인데, 이것은 대부분의 가정용 TV 설치 시 사용되는 동축케이블과 정확히 같은 형식이다.

정답 10 ①

10 글자나 그림 등의 원고를 일정한 규칙에 따라 화소로 분해 및 조립하는 것을 무엇이라 하는가? (2020-3차)

① 주사
② 광전변환
③ 동기
④ 기록변환

해설

주사는 자나 그림 등의 원고를 일정한 규칙에 따라 화소로 분해 및 조립하는 것으로 영상의 주사 방식은 아래와 같이 3가지 방식이 있다.

구분	개념도	내용
인터레이스 (Interlace Scan)	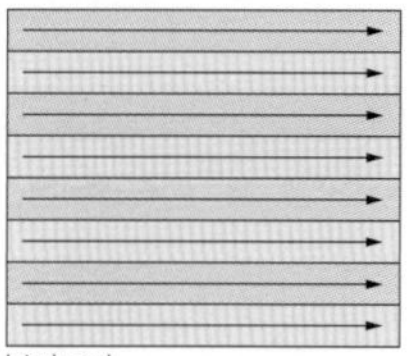 Interlaced	모니터에서 영상의 최소단위인 각각의 이미지를 라인으로 나누어 한 칸씩 보여주는 것이다. 예로 이미지에 가로줄을 모두 넣은 후 홀수 줄을 먼저 보여주고 그다음에 짝수 줄을 보여주는 것이다. 이것은 TV 뒷면에 있는 전자총이 브라운관을 위에서부터 아래로 차례로 지나가는 방식 때문에 만들어졌다. TV에서 최종 영상을 재생할 것이라면 인터레이스 방식을 사용해야 한다.
프로그레시브 (Progressive Scan)	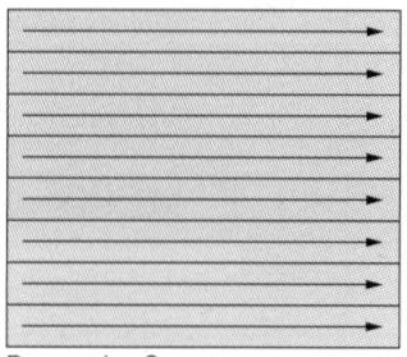 Progressive Scan (Non-interlaced)	인터레이스와는 반대로 각각의 이미지를 라인 따라 빠르게 보여주는 것이다. 즉, 한 이미지를 한 번에 보여주는 것이라고 생각하면 된다. 최종 영상을 컴퓨터에서 재생할 경우 프로그레시브 방식을 사용하도록 권고한다.
디인터레이스 (Deinterlacing)	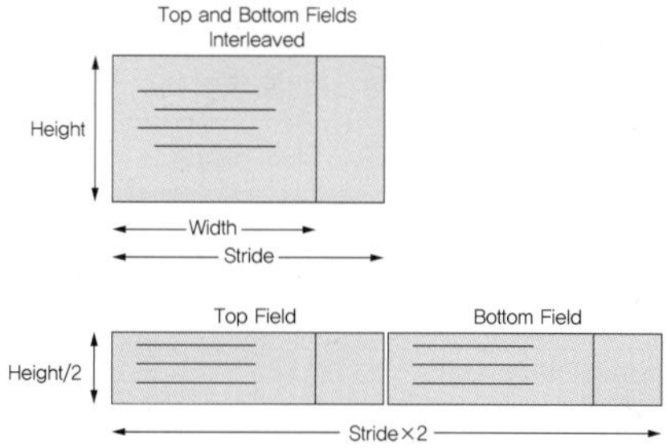 Top and Bottom Fields Interleaved Height Width Stride Top Field Bottom Field Height/2 Stride×2	아날로그 TV 신호와 같은 비월 주사하는 영상을 "비월 주사가 아닌 방식"으로 변환하는 과정이다. 이 과정으로 화질을 개선하는데 도움을 줄 수 있다. 촬영과 편집을 인터레이스로 했는데, 그 후 컴퓨터에서 최종 영상을 재생하게 경우가 있다. 이때는 처음부터 다시 작업을 진행하지 않고, 인터레이스로 작업된 영상을 강제로 프로그레시브로 변환해 주는데 이것을 디인터레이스라고 한다.

정답 11 ③

11 다음 보기에서 우리나라 디지털 지상파 HDTV 방송의 전송방식 표준 기술로 바르게 나열한 것은? (2022-1차)

〈보기〉

- 변조방식: ㉠ 8-VSB, ㉡ COFDM
- 반송파 방식: ㉢ 단일 캐리어, ㉣ 복수캐리어
- 음성 부호화: ㉤ MPEG-2 오디오 AAC, ㉥ Dolby AC-3

① ㉠, ㉣, ㉥
② ㉡, ㉢, ㉤
③ ㉠, ㉢, ㉥
④ ㉡, ㉣, ㉤

해설

개발국		한국, 미국, 일본	유럽	일본
명칭		ATSC	DVB−T	ISDN−T
방송		HDTV/SDTV	SDTV	HDTV/SDTV
Carrier		Single	Multi	Multi
전송방식		8−VSB	COFDM	BST−OFDM
압축 방식	영상	MPEG−2	MPEG−2	MPEG−2
	음성	Dolby AC−3	MPEG−2	MPEG−2
이동수신		약함	가능	가능
고스트영향		약함	강함	강함
단일채널 망		불가능	가능	가능
TV+R 방송		불가능	불가능	가능
수상기 구조		다소 간편함	다소 복잡함	다소 복잡함
선택국가		한국, 미국, 대만, 캐나다	유럽연합	일본

기출유형 04 ▶ D-TV, ATSC 3.0

Full HD(1,920×1,080화소) TV 방송보다 4배 이상 화질이 선명한 '4K급 초고화질' TV 방송 및 실물에 가까운 생생한 화질을 제공하는 멀티미디어 기기는 무엇인가? (2016-1차)(2018-1차)(2022-2차)

① 3D TV
② Smart TV
③ UHD TV
④ IPTV

해설

UHD TV는 Full HD보다 4배 이상 화질이 좋은 초고해상도 TV이다. Ultra HD는 4K와 8K 두 가지 해상도가 있으며 4K UHD TV는 넓이 3,840픽셀×2,160픽셀(8.3 Mega Pixel)이다. 이는 Full HD 1,920×1,080의 4배다. 8K UHD TV는 넓이 7,680픽셀×높이 4,320픽셀(33.2 Mega Pixel)이다. 이는 현재 Full HD의 16배이며, 70mm IMAX의 상세 수준에 거의 근접해 있다. 참고로 SD(Stand Digital)는 704×480이고 보통 HD는 1,280×720, Full HD는 1,920×1,080이다.

| 정답 | ③

족집게 과외

국내 디지털 TV 방송의 영상압축 기술로 MPEG-2를 사용한다.

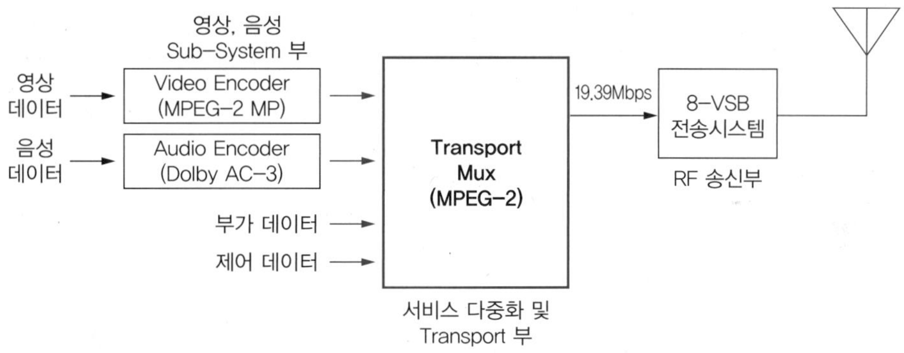

[ATSC 시스템 구성도(지상파TV)]

더 알아보기

디지털 TV 방송은 영상 및 음향신호의 압축이 용이하고 녹화 재생 시 화질이나 음질의 열화가 없다. 이를 통해 멀티미디어 서비스가 가능하고 오류 정정기술 등을 사용할 수 있어 복제, 저장에 따른 손실이 적다.

D-TV 전송방식	미국	ATSC(Advanced Television System Committee) 방식
	유럽	DVB(Digital Video Broadcasting)
	일본	ISDB-T(Integrated Services Digital Broadca Sting-Terrestrial) 방식

위에서 언급한 디지털 TV의 전송방식은 방송전파에서 영상데이터를 전송하는 운반체인 반송파(Carrier)의 구조에 따라 구분되며 한국은 ATSC 방식을 선택하였다. 전반적으로 디지털 TV는 시청자들에게 이전보다 더 많은 선택권과 고품질의 프로그램을 제공하면서 TV 콘텐츠를 소비하는 방식에 혁명을 일으켰다 할 수 있다.

❶ 디지털 TV

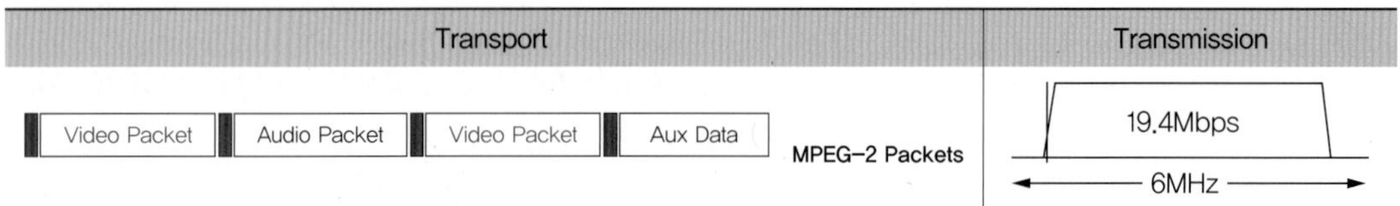

- 디지털 TV는 전통적인 아날로그 형식과 달리 디지털 형식으로 텔레비전 신호를 전송하고 방송하는 것으로 아날로그 TV보다 더 높은 화질과 음질, 더 많은 채널, 대화형 기능, 프로그램 가이드 및 폐쇄 캡션과 같은 추가 정보 전송 기능을 포함하여 많은 장점을 제공한다.
- 디지털 TV 신호는 1과 0의 연속인 이진 코드로 전송된다. 그런 다음 이러한 신호는 디지털 TV 수신기 또는 튜너에 의해 디코딩되며, 이는 이진 코드를 텔레비전 화면에 표시할 수 있는 그림과 소리로 변환한다. 디지털 TV 신호는 안테나를 사용하여 공중파, 케이블 또는 위성 공급자를 통해 전송되거나 스트리밍 서비스를 사용하여 인터넷을 통해 전송될 수 있다.

디지털 TV의 핵심 장점 중 하나는 아날로그 TV보다 효율적이어서 방송사들이 같은 양의 대역폭으로 더 많은 채널을 전송할 수 있다는 것이다. 디지털 TV는 또한 더 일관된 화질과 음질을 제공하며 간섭과 왜곡에 덜 민감하다.

❷ ATSC(Advanced Television Systems Committee)

㉠ ATSC는 북미 지역의 디지털 텔레비전(DTV) 방송을 위한 기술 표준을 개발한 단체이다. ATSC 표준은 HDTV(High-Definition Television) 및 SDTV(Standard-Definition Television)를 포함한 디지털 텔레비전 신호의 전송, 수신 및 표시를 위한 기술 사양을 정의한다. ATSC 표준은 이전의 아날로그 텔레비전 방송 시스템을 보다 효율적이고 신뢰할 수 있는 디지털 시스템으로 대체하기 위해 개발되었으며 디지털 텔레비전 신호는 아날로그 신호와는 다른 주파수 대역을 사용하여 공중으로 전송되므로 방송 스펙트럼을 보다 효율적으로 사용하고 더 나은 화질과 음질을 제공할 수 있다.

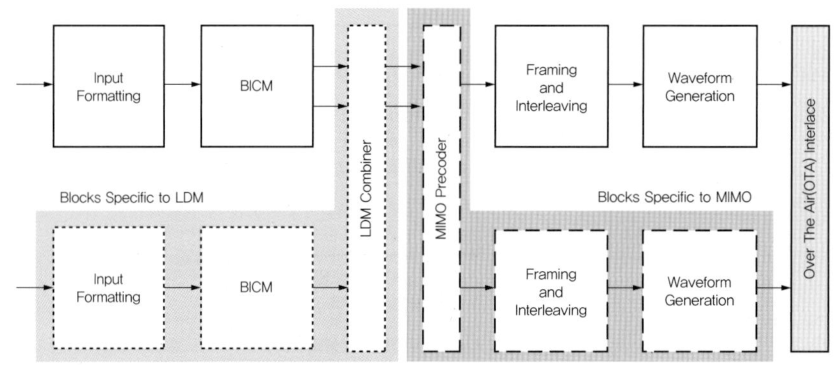

[ATSC3.0 Channel Bonding 구조]

㉡ ATSC 표준은 변조 방식, 오류 수정 코딩 및 디지털 텔레비전 신호 전송에 사용되는 압축 알고리즘을 포함한 다양한 기술 매개 변수를 지정한다. 또한 이 표준은 HDTV 및 SDTV 방송에 사용되는 비디오 및 오디오 형식과 폐쇄 캡션 및 기타 보조 데이터 서비스를 정의한다.

㉢ ATSC 표준은 북미에서 널리 채택되었으며 현재 미국, 캐나다, 멕시코 및 기타 지역 국가에서 디지털 텔레비전 방송의 표준이 되었습니다. 2016년에 도입된 ATSC 3.0 표준은 훨씬 더 높은 화질과 음질을 제공할 뿐만 아니라 향상된 상호 작용 및 모바일 수신 기능을 제공한다.

❸ ATSC 방식 특징

ATSC 방식은 아날로그 전송방식인 NTSC를 이어받았고 DVB 방식은 유럽, 남미, 아시아 지역의 아날로그 방식인 PAL 방식에서 발전하게 되었다. ATSC 방식의 영상신호는 MPEG2로, 음성(음향)신호는 Dolby AC-3 디지털 방식으로 압축한다. 이러한 신호를 실어 보내는 전송방식은 8-VSB(Vestigial Side Band)기술을 사용하며, 대역폭은 아날로그와 같은 6MHz이다. ATSC 방식은 전파방해가 많은 도심지나 산악 등에서 수신율이 떨어지나 유럽 방식(COFDM)에 비해 전송속도가 빠르고, PC와 호환성이 높고 국내 아날로그 방송 채널과 주파수대역(6MHz)이 동일하며 종전에 사용해 왔던 국내 방송방식인 NTSC 방식과 양립성(Compatibility)면에서 적용이 용이한 방식이다.

❹ 8VSB 송신 시스템

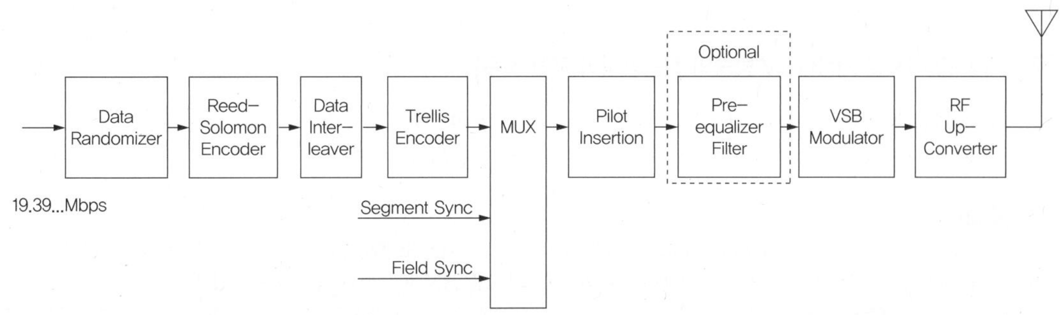

구분	내용
Data Randomizer	주파수 도메인에서의 인터리빙, '0'이나 '1'의 데이터만 연속적으로 들어올 경우에도 Random한 신호로 만들어 줌으로써 Signal이 White Noise와 같은 스펙트럼 형태를 갖도록 해준다. 특정 대역에 집중된 에너지를 평탄화시키기 위함이다.
Data interleaving	52단의 Convolutional Interleaving, 버스트 에러를 랜덤 에러로 바꿔줌, 즉 전송신호를 간섭에 강하도록 하기 위해서 데이터를 분산한다.
Reed-Solomon Encoder	Forward Error Correction(Outer Encoder), 전송과정에서 발생할 수 있는 비트에러를 보정하기 위해서 20byte의 RS Parity를 추가, 187byte를 블록으로 묶어서 블록당 20byte의 Parity를 추가, 수신쪽에서는 10byte 에러 보정 가능하다.
Trellis Encoder	FEC Scheme 중 Convolutional Coding 기술, 2bit Information+1bit Redundancy(Coding Rate 2/3)

❺ 방송 비교

구분	위성방송	지상파 방송	CATV 방송
비디오형식	MPEG-2	MPEG-2	MPEG-2
오디오 형식	MPEG-2(AAC)	Dolby AC3	Dolby AC-3
다중화(Multiplexer)	MPEG-2 TS	MPEG-2 TS	MPEG-2 TS
프로토콜	DVB-SI	ATSC-PSIP	PSIP/SI
변조방식	QPSK	8-VSB	QAM, QPSK

※ MPEG-TS(Transport Stream), MPEG-2 AAC(Advanced Audio Coding), PSIP/SI(Program and System Information Protocol/Service Information)

정답 01 ② 02 ② 03 ③ 04 ④

01 **다음 중 국내 디지털 TV 방송의 영상압축 기술은?** (2018-2차)

① MPEG-1 ② MPEG-2
③ MPEG-4 ④ MPEG-7

해설
국내 Digital TV는 ATSC 방식을 사용하며 영상신호는 MPEG2로, 음성(음향)신호는 Dolby AC-3 디지털 방식으로 압축한다. 전송방식은 8-VSB(Vestigial Side Band)기술을 사용하며, 대역폭은 아날로그와 같은 6MHz이다.

02 **다음 중 디지털 지상파 TV 방송의 전송방식이 아닌 것은?** (2013-1차)

① ATSC ② DVB-H
③ ISDB-T ④ DMB-T/H

해설
DVB-H(Digital Video Broadcasting-handheld)는3가지 유력한 모바일 TV 포맷 가운데 하나로서 휴대용 송수화기에 방송 서비스를 전달하는 기술 규격으로 2004년 11월에 ETSI 표준 EN 302 304로 공식 채택되었다.

구분	미국(ATSC)	유럽(DVB-T)	일본(ISDB-T)
비디오 압축	MPEG-2	MPEG-2	MPEG-2
오디오 압축	Dolby AC-3	MPEG-2 BC (Backward Compatable)	MPEG-2 AAC (Advanced Audio Coding)
대역폭 (비트레이트)	6MHz (19.39Mbps)	6/7/8MHz (3.74~23.75Mbps)	6MHz (3.65~23.23Mbps)

03 **다음 중 디지털 TV 방송기술에 대한 설명으로 틀린 것은?** (2017-2차)

① 영상 및 음향신호의 압축이 용이하고 녹화 재생 시 화질이나 음질의 열화가 없다.
② 멀티미디어 서비스가 가능하다.
③ 상호간섭이 적고 신호의 열화가 완만하다.
④ 오류 정정기술 등을 사용할 수 있고 저장, 복제, 저장에 따른 손실이 적다.

해설
디지털 TV는 상호긴섭을 일으킬 수 있다.

04 **다음 중 단말기와 방송국 간의 데이터를 송수신할 수 있는 CATV 시스템으로 적합한 것은?** (2014-3차)

① 공동수신 CATV ② 자주방송 CATV
③ 재송신 CATV ④ 양방향 CATV

해설
양방향 CATV는 CATV 시청자가 송신측과 대화하여 정보 교환을 할 수 있는 것이다. 양방향성 CATV 방식은 주로 홈쇼핑, 홈뱅킹 등의 서비스에 사용된다.

정답 05 ② 06 ④ 07 ②

05 다음 중 디지털 지상파TV 방송의 전송방식이 아닌 것은? (2020-1차)

① ATSC
② DVB-H
③ ISDB-T
④ DMB-T/H

해설

② DVB-H: Digital Video Broadcasting-Handheld, 차세대 DMB로 휴대형 디지털 비디오 방송으로 6MHz 주파수에서 지상파 DMB가 6개 방송채널을 전송할 수 있다면 DVB-H는 14개까지 가능하다. 유럽의 디지털 방송 표준화 단체인 DVB가 지상파 디지털TV 규격인 DVB-T에 휴대(Handheld) 방송의 개념을 포함시킨 것이 DVB-H이다.
① ATSC: 북미식 디지털 지상파/케이블 텔레비전 방송 표준으로 아날로그 표준인 NTSC의 후속이며, 유럽 디지털 TV 표준인 DVB와 달리 처음부터 HD를 지원한다.
③ ISDB-T: 일본의 지상파 디지털 방송 규격. 유럽의 DVB-T 방식을 기반으로 일본의 여건에 맞게 개량한 방식으로 2000년 2일 ITU-R에서 국제표준의 하나로 승인되었다.
④ DMB-T/H: Digital Multimedia Broadcast-Terrestrial/Handheld, 중국에서 개발한 디지털 지상파 및 이동수신 텔레비전 방송 표준이다.

06 다음 중 대한민국에서 사용하는 디지털 공중파 TV 송수신 기술이 개념으로 틀린 것은? (2023-1차)

① 수신안테나를 통하여 영상, 음성신호를 수신한다.
② 영상신호와 음성신호를 전기적인 신호로 변환한다.
③ 영상증폭기와 음성증폭기를 이용하여 신호를 증폭한다.
④ 우리나라는 SECAM 방식으로 송수신한다.

해설

- SECAM 방식: 프랑스에서 개발된 컬러 TV의 전송방식으로 2개의 색차신호 성분을 주사선마다 바꾸어 송출하는 선순차 방식을 의미한다. 색채가 정확하고 화상이 안정된 장점이 있으나, 해상력이 떨어지고 송신장치나 수상기의 회로가 복잡하고 시청 범위가 좁다.
- NTSC(National Television System Committee) 방식: 미국, 캐나다, 한국, 일본이 사용하는 방식으로 1개의 영상화면이 총 525개의 주사선으로 이루어져 있다(525라인/60Hz/초당 24, 30프레임).

07 다음 DTV 수신기의 구성 요소 중 백색 잡음에 대해서 강하기 때문에 데이터 검출 회로에 사용하는 구성 요소로 옳은 것은? (2020-1차)

① 튜너(Tuner)
② 트렐리스 복호기
③ NTSC 제거 필터
④ Reed-Solomon 복호기

해설

8VSB 송신시스템

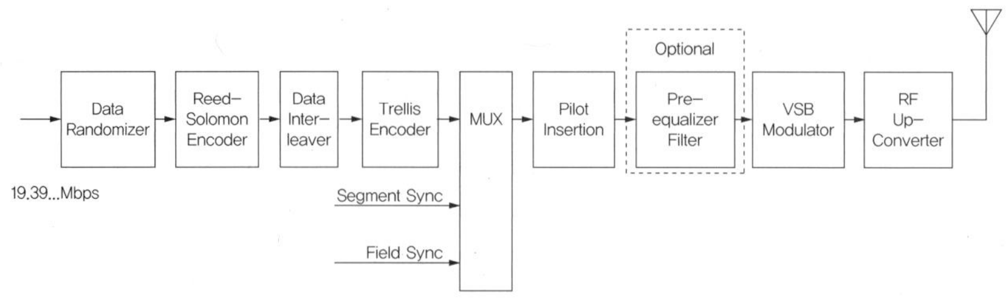

구분	내용
Data Randomizer	주파수 도메인에서의 인터리빙, '0'이나 '1'의 데이터만 연속적으로 들어올 경우에도 Random한 신호로 만들어 줌으로써 Signal이 White Noise와 같은 스펙트럼 형태를 갖도록 해준다. 특정 대역에 집중된 에너지를 평탄화시키기 위함이다.
Data interleaving	52단의 Convolutional Interleaving, 버스트 에러를 랜덤 에러로 바꿔줌, 즉 전송신호를 간섭에 강하도록 하기 위해서 데이터를 분산한다.
Reed–Solomon Encoder	Forward Error Correction(Outer Encoder), 전송과정에서 발생할 수 있는 비트에러를 보정하기 위해서 20byte의 RS Parity를 추가, 187byte를 블록으로 묶어서 블록당 20byte의 Parity를 추가, 수신쪽에서는 10byte 에러 보정 가능하다.
Trellis Encoder	FEC Scheme 중 Convolutional Coding 기술, 2bit Information+1bit Redundancy(Coding Rate 2/3)

백색 잡음에 대해서 강하기 때문에 데이터 검출 회로에 사용하는 구성 요소는 위와 같다.

08 TV 방송대역(채널 2~51번) 중 전파 간의 간섭을 방지하기 위하여 지역적으로 사용하지 않고 비어둔 대역을 지칭하는 용어는? (2016–2차)

① Guard Band
② Time Division
③ TV White Space
④ Smart Utility Network

해설

TV White Space는 TV 방송용으로 분배된 VHF 및 UHF 주파수 대역에서 방송사업자가 사용하지 않는 비어있는 주파수 대역을 의미한다.

09 다음 중 방송통신망과 거리가 먼 것은? (2016–2차)

① 위성통신망
② 패킷 라디오망
③ 전화망
④ CATV망

해설

디지털 기술의 발달로 방송과 통신의 망(네트워크), 서비스, 사업자 간 융합이 되면서 통신과 방송의 경계가 허물어지고 있다. 이에 따라 휴대폰으로 TV 시청이 가능해졌고, TV를 시청하는 중에 화면에 등장하는 제품을 즉석에서 구매할 수도 있게 되면서 방송과 통신이 융합된 것이다. 전화망은 단순 음성전달을 위한 통신망으로 방송통신망과는 무관하다.

10 ATSC 영상방식에서 송신시스템의 입력 데이터로서 하나의 패킷(세크먼트)은 몇 [byte]로 구성되는가?
(2017-2차)

① 64[byte] ② 128[byte]
③ 188[byte] ④ 207[byte]

해설

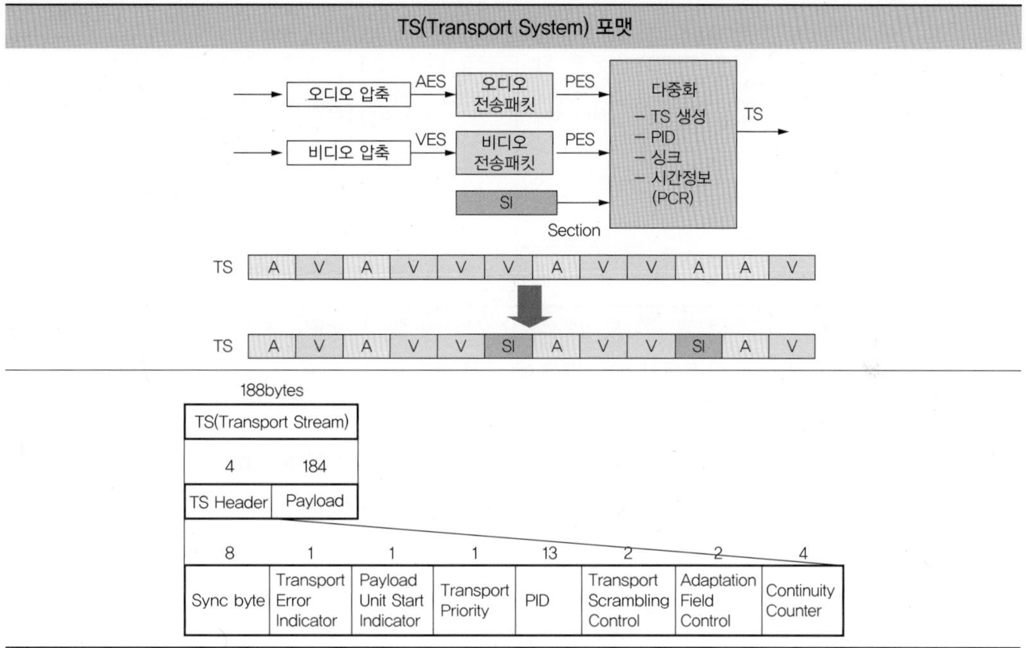

오디오 전송패킷과 비디오 전송패킷은 다중화를 거쳐서 TS(Transport System) 포맷으로 송출되며 위 그림과 같이 하나의 세그먼트당 188byte를 차지한다.

정답 11 ④ 12 ④

11 다음 중 ATSC 영상방식에서 채용한 오류정정 부호화 과정이 아닌 것은? (2014-2차)(2017-3차)

① 데이터 랜덤화　　② 리드 솔로몬 부호화
③ 격자 부호화　　④ 터보 부호화

해설

8VSB 송신 시스템

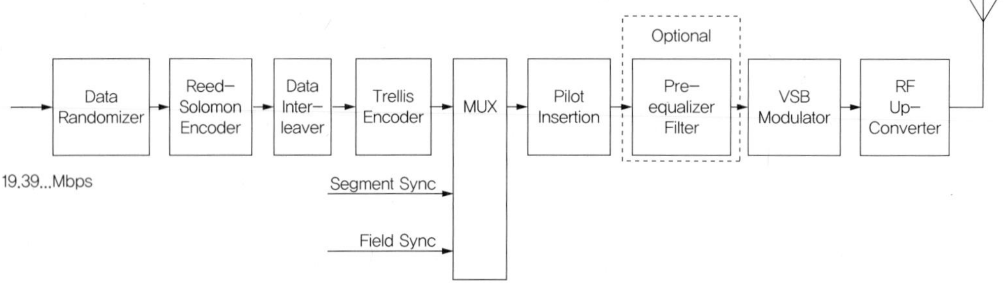

구분	내용
Data Randomizer	특정 대역에 집중된 에너지를 평탄화시키기 위함
Data interleaving	Burst Error를 Random Error로 바꿔줌
Reed-Solomon Encoder	전송과정에서 발생할 수 있는 Bit Error를 보정하기 위함
Trellis Encoder	FEC Scheme 중 Convolutional Coding 기술

12 다음 중 지상파 디지털 TV 표준방식인 ATSC(Advanced Television Systems Committee)를 다른 방식의 지상파 표준방식과 비교한 특징이 아닌 것은? (2023-3차)

① 낮은 출력으로 넓은 커버리지 서비스 제공　　② 높은 대역폭 효율로 고화질 서비스 제공
③ 잡음 간섭에 대해 강인함　　④ 이동수신에 용이함

해설

개발국		한국, 미국, 일본	유럽
명칭		ATSC	DVB-T
방송		HDTV/SDTV	SDTV
Carrier		Single	Multi
전송방식		8-VSB	COFDM
압축방식	영상	MPEG-2	MPEG-2
	음성	Dolby AC-3	MPEG-2
이동수신		약함	가능

정답 13 ④

고스트영향	약함	강함
단일채널 망	불가능	가능
TV+R 방송	불가능	불가능
수상기 구조	다소 간편함	다소 복잡함
선택국가	한국, 미국, 대만, 캐나다	유럽연합

ATSC는 북미에서 개발한 방법으로 이동수신이 약한 것이 단점이 었다.

13 위성 DMB와 지상파 DMB의 전송방식이 올바르게 짝지어진 것은? (2023-3차)

① 8VSB : OFDM
② OFDM : CDM
③ OFDM : 8VSB
④ CDM : OFDM

해설

구분	위성 DMB	지상파 DMB	일반 TV(디지털)
화면크기	7″ 이하	7″ 이하	대형
서비스대상	휴대폰용, 차량용 TV	차량용 TV	건물 내 고정 TV
주파수	S-Band(2.6GHz 대역)	VHF(200MHz 대역)	VHF, UHF
전송방식	CDM	OFDM	8VSB
수신비트율	약 500Kbps/ch	약 500Kbps/ch	약 6Mbps/ch

위성 DMB 서비스는 개인 휴대용 수신기나 차량용 수신기를 통하여 언제 어디서나 다채널 멀티미디어 방송을 시청할 수 있는 신개념의 위성방송 서비스이다. 이동성(Mobility)은 150km/h, 개인화(Personal)에 의한 Multimedia인 영상, 음성, 데이터 등 다양한 콘텐츠를 제공한다. 시스템을 구성하기 위해 Gap Filler를 사용해서 위성 커버리지 음영지역(Gap)을 채우는 지상 중계기가 있다. Gap Filler는 위성 TDM 신호를 CDM 신호로 변환 및 증폭하여 수신기로 송신하는 역할을 한다. 2012년 8월 31일을 끝으로 대한민국 위성 DMB가 완전히 종료되었다.

기출유형 01 ▶ 보안 기본(Information Security)

정보통신시스템에 대한 보안방법으로 적합하지 않은 것은? (2020-2차)

① 물리적 보안 ② 기술적 보안
③ 관리적 보안 ④ 심층적 보안

해설
정보통신시스템에 대한 보안방법으로 관, 물, 기로서 관리적, 물리적, 기술적 보안을 요구한다. 심층적 보안은 별도로 정의된 것이 없다.

| 정답 | ④

족집게 과외

기술적 보호대책	접근통제, 암호화, 백업시스템 등이 포함된다.
관리적 보호대책	보안계획, 결재 · 승인 절차, 관리대장 작성, 절차적 보안 등이 있다.
물리적 보호대책	재해대비 대책, 출입통제 등이 해당된다.

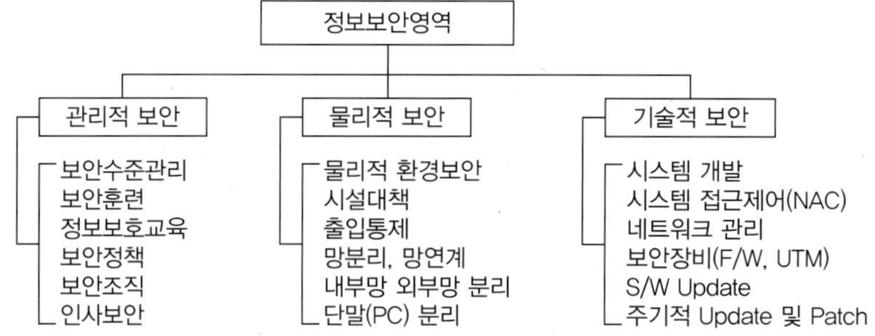

더 알아보기

정보보호조치에 관한 지침 제2조(정의)

1. "정보보호조직"이라 함은 정보통신서비스를 안전하게 제공하고 정보보호 활동을 체계적으로 이행할 수 있도록 하는 업무 조직을 말한다.
4. "정보보호시스템"이라 함은 정보처리시스템 내 정보를 유출 · 위조 · 변조 · 훼손하거나 정보처리시스템의 정상적인 서비스를 방해하는 행위로부터 정보 등을 보호하기 위한 장비 및 프로그램을 말한다.
5. "침입차단시스템"이라 함은 외부 네트워크로부터 내부 네트워크로 침입하는 트래픽을 정해진 규칙에 따라 제어하는 기능을 가진 장비 또는 프로그램을 말한다.
6. "침입탐지시스템"이라 함은 네트워크 또는 시스템에 대한 인가되지 않은 행위와 비정상적인 행동을 탐지하고, 탐지된 위법 행위를 구별하여 실시간으로 침입을 차단하는 기능을 가진 장비 또는 프로그램을 말한다.
7. "웹서버"라 함은 인터넷 이용자들이 웹페이지를 자유롭게 보고 웹서비스(월드 와이드 웹을 이용한 서비스를 말한다)를 이용할 수 있게 해주는 프로그램이 실행되는 장치를 말한다.
13. "ACL(Access Control List)"이라 함은 특정 시스템에 접근할 수 있는 권한을 컴퓨터 운영체계에 알리기 위해 설정해 놓은 목록을 말한다.
15. "취약점 점검"이라 함은 컴퓨터의 하드웨어 또는 소프트웨어의 결함이나 체계 설계상의 허점으로 인해 사용자에게 허용된 권한 이상의 동작이나 허용된 범위 이상의 정보 열람 · 변조 · 유출을 가능하게 하는 약점에 대하여 점검하는 것을 말한다.

❶ 정보 보안의 3대 구성요소

정보 보안은 디지털 정보를 무단 액세스, 사용, 공개, 중단, 수정 또는 파괴로부터 보호하는 것을 의미한다. 그것은 해커, 사이버 범죄자 및 기타 악의적인 행위자와 같은 위협으로부터 민감한 데이터 및 정보 시스템을 보호하기 위한 정책, 절차 및 기술의 구현을 포함한다.

정보 보안은 접근 제어, 암호화, 방화벽, 침입탐지 및 방지 시스템, 바이러스 백신 및 안티멀웨어 소프트웨어, 보안 감사 및 평가를 포함한 다양한 관행과 기술을 포함한다. 또한 중요한 데이터는 인증된 담당자만 액세스하고 더이상 필요하지 않을 때 데이터를 안전하게 저장, 전송 및 폐기할 수 있도록 정책 및 절차를 개발하고 구현해야 한다.

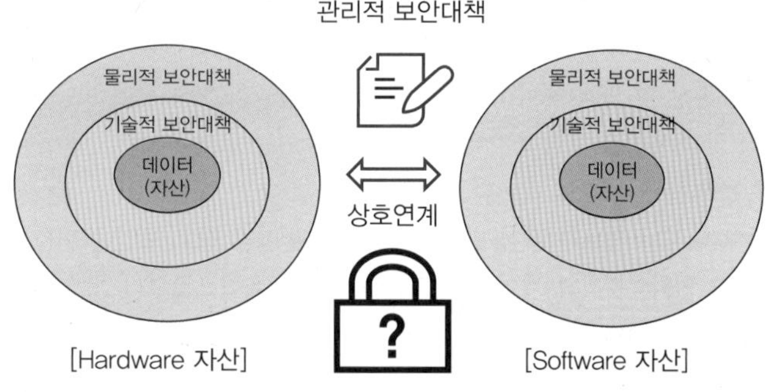

이를 위해 정보보안은 관리적, 물리적, 기술적 보안대책이 요구된다.

㉠ 관리적 보안

인적 자산에 대한 보안으로 각종관리 절차 및 규정을 의미한다. 조직 내부의 정보보호 체계를 정립하고, 인원을 관리하고, 정보시스템의 이용 및 관리에 대한 절차를 수립하고, 비상사태 발생을 대비하여 계획을 수립하는 등의 대책을 포함한다.

관리적 보안대책

- 개인정보처리방침 수립
- 내부관리계획 수립
- 이행실적 연 1회 이상 점검 및 관리

내부로부터 정보유출을 막기 위해 교육이 반드시 필요하며 관련 법이나 제도, 교육 등을 확립하고 보안계획을 수립하여 이를 운영하며, 위험분석 및 보안감사를 시행하여 안전성과 신뢰성을 확보하는 것이다.

ⓛ 물리적 보안

설비, 시설 자산에 대한 보안으로 각종 물리적 위협으로부터 보호하는 것을 의미하며 일반적으로 정보시스템을 구성하는 정보자산에 가해질 수 있는 피해를 최소화하기 위한 물리적 대책으로 구성하는 것이다. 비인가자 접근통제, 주요 시설물 설계 등 정보시스템에 관련된 전반적인 대책을 포함한다.

물리적 보안대책

- 별도 보호가 필요한 시설과 장비를 보호하기 위해 보호구역을 정의하고, 보안대책을 수립하여 이행 점검
- 물리적 보호구역이 필요한 보안 등급에 따라 정의되고 보안조치와 절차가 수립되어 있는가를 점검
- 일반인의 출입경로가 보안지역을 지나가지 않도록 배치되어 있는가를 점검

ⓒ 기술적 보안

정보자산에 대한 보안으로 실제 정보시스템에 적용된 기술에 특화하여 기술적으로 마련할 수 있는 정보보호 대책을 의미한다. 물리적 보안을 수행할 수 있도록 하는 모든 기반 기술(예 지문인식 시스템, 카드출입 시스템, 데이터 암호화 기술 등) 및 정보화 역기능(예 해킹, 스팸메일, Phishing, Pharming 등)에 대한 탐지 기술, 예방 기술, 조치 기술 등의 보안기술이다.

기술적 보안대책

- 권한부여, 변경, 말소 기록 3년간 보관
- 침입탐지 및 침입차단 장비 설치 운영
- 가설사설망(VPN), 인증서(PKI), 일회용 비밀번호(OTP) 등 설정 유지
- 접근통제, 암호화, 백업시스템 등이 포함

정보보안은 통신망 운용 및 관리에서 매우 중요하다. 특히 데이터 침해 또는 기타 보안 사고로 인해 발생할 수 있는 재정적 손실, 평판 손상 및 법적 책임으로부터 조직과 개인을 보호하는 데 도움이 된다. 이 외에도 중요한 정보의 기밀성, 무결성 및 가용성을 보장하는 데 도움이 되며, 이는 고객, 파트너 및 이해관계자와의 신뢰와 신뢰성을 유지하는데 매우 중요한 요소가 될 것이다.

기술이 계속 발전하고 디지털 정보가 점점 더 가치 있게 됨에 따라 정보 보안은 비즈니스 및 개인 운영에서 점점 더 중요한 측면이 되고 있다. 조직과 개인은 광범위한 사이버 위협으로부터 보호하기 위해 효과적인 정보 보안 관행과 기술을 구현하고 유지하는 데 있어 경계심과 사전 예방을 유지해야 한다.

정답 01 ④ 02 ① 03 ③ 04 ④

01 다음 중 영상통신기기의 '보안'사항으로 관련이 없는 것은?

(2014-3차)(2017-1차)(2018-2차)(2023-3차)

① 무결성(Integrity)
② 신빙성(Authenticity)
③ 암호화(Encryption)
④ 품질(Quality)

해설

보안강화를 위해 무결성(Integrity), 신빙성(Authen-ticity, 권한으로 해석 필요), 암호화(Encryption)가 요구된다. 품질과 보안은 별개 요소이다.

02 다음 중 네트워크 보안기술로 적합한 것은?

(2014-3차)(2015-2차)(2016-2차)(2018-2차)

① VPN
② 스니핑
③ 스푸핑
④ DoS(Denial of Service)

해설

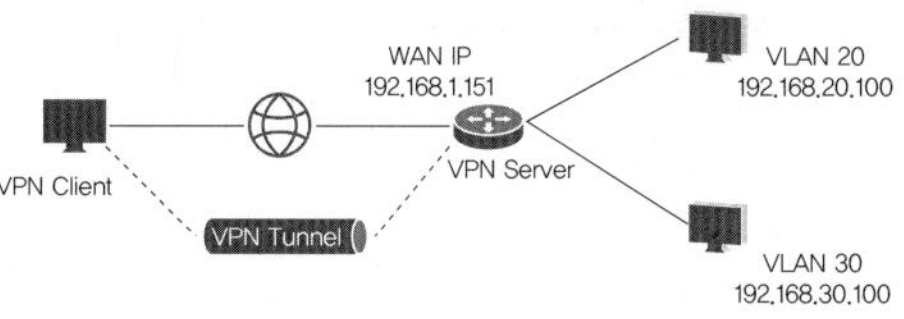

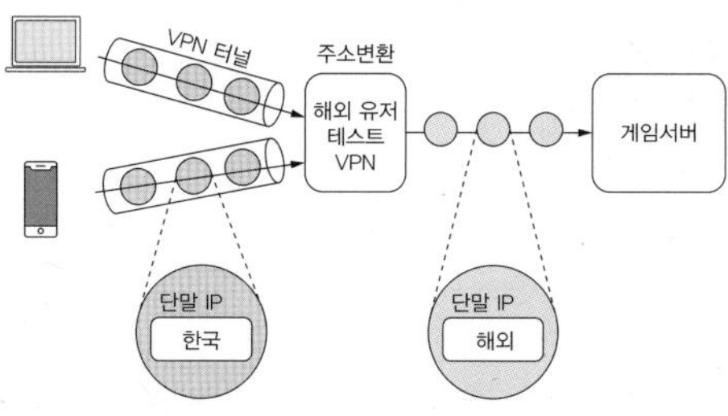

VPN(Virtual Private Network, 가상 사설망)

인터넷을 통해 장치 간 사설 네트워크 연결을 생성하는 서비스로서 장치의 실제 IP 주소를 가상 IP 주소로 대체하고, 데이터를 암호화하고, 데이터를 전 세계 보안 네트워크로 라우팅함으로써 정보를 보호한다. 따라서 VPN 설정을 통해 익명성을 확보한 상태에서 안전하게 인터넷을 이용할 수 있다.

03 정보통신 시스템의 보안(Security) 대책에 관한 설명으로 틀린 것은? (2019-3차)

① 우발적인 사고로부터 보호와 의도적인 행위로부터의 보호가 있다.
② 시스템의 고도화와 광역화로 인한 데이터의 부정 취득, 데이터 내용의 수정 등의 의도적 행위에 대한 구체적인 대책이 필요하다.
③ 데이터가 어떤 수단으로 도난된다하여도 암호화에 의하여 정당한 이용자 이외에도 알지 못하는 정보로 변화시키기 위해서 액세스 컨트롤(Access Control) 보안설계를 하여야 한다.
④ 시스템설계 단계에서는 보안대책을 시스템과 데이터의 중요성을 감안하여 선택하게 되지만, 보안대책은 개발비용의 증가, 처리능력 저하의 요인이 되므로 종합적인 판단이 필요하다.

해설

③ "데이터가 어떤 수단으로 도난된다"하여도 암호화에 의하여 정당한 이용자 이외에도 알지 못하는 정보로 변화시키기 위해서는 기밀성이 보장되어야 한다.

04 다음 중 기술적 보안 기술 요소가 아닌 것은?

(2022-2차)

① 보안 표준
② SSO(Single Sign On)
③ EAM(Enterprise Access Management)
④ SRM(Security Risk Management)

해설

④ SRM(Security Risk Management)은 데이터 자산을 지키기 위해 고려해야 할 세 가지로 "어떠한 자산"을 지켜야 하고, "어떠한 위협"들이 존재하고, "우리는 무엇을 해야 하는가?"의 접근이다.
① 보안 표준에는 규제 프레임워크, 업계 모범 사례 또는 회사 정책의 준수를 결정하는 일련의 요구사항이 포함된다.
② Single Sign-On(SSO)은 1회 사용자 인증으로 다수의 애플리케이션 및 웹 사이트에 대한 사용자 로그인을 허용하는 인증 솔루션이다.
③ EAM(Enterprise Access Management)은 조직 내에서 자원관리, 보안정책 수립을 위한 통합인증과 권한 부여에 대한 관이다.

05 다음 중 물리적 보안구역에 대한 자체 점검항목으로서 적절하지 못한 것은? (2022-2차)

① 특별한 보호가 필요한 시설과 장비를 보호하기 위한 보호구역을 정의하고, 이에 따른 보안대책을 수립하여 이행하고 있는가를 점검
② 물리적 보호구역이 필요한 보안 등급에 따라 정의되고 각각에 대한 보안조치와 절차가 수립되어 있는가를 점검
③ 일반인의 출입경로가 보안지역을 지나가지 않도록 배치되어 있는가를 점검
④ 응용시스템 구현 시 코딩표준에 따라 응용시스템을 구현하고 보안요구사항에 대한 시험 사항의 점검

해설
④는 물리적 보안보다 논리적 보안에 대한 예시이다.

06 다음 중 물리적 보안을 위한 출입통제 방법이 아닌 것은? (2022-3차)

① CCTV ② 보안요원 배치
③ 근접식 카드 리더기 ④ 자동문 설치

해설
자동문 설치는 물리적 보안을 저해하는 요소로도 사용될 수 있다.

07 다음 보기는 정보보호 관리체계에 대한 "정보통신망 이용촉진 및 정보보호 등에 관한 법률" 일부 조항이다. 괄호( ) 안에 들어갈 단어로 적합하지 않은 것은? (2023-2차)

〈보기〉
과학기술정보통신부장관은 정보통신망의 안정성 · 신뢰성 확보를 위하여 ( ) · ( ) · ( ) 보호조치를 포함한 종합적 관리체계를 수립 · 운영 하고있는 자에 대하여 제4항에 따른 기준에 적합한지에 관하여 인증을 할 수 있다(제4항은 정보보호 및 개인정보보호 관리체계 인증 등에 관한 고시임).

① 물리적
② 관리적
③ 기술적
④ 정책적

해설

구분	내용
기술적 보호대책	접근통제, 암호화, 백업시스템 등이 포함된다.
관리적 보호대책	보안계획, 결재 · 승인 절차, 관리대장 작성, 절차적 보안 등이 있다.
물리적 보호대책	재해대비 · 대책, 출입통제 등이 해당된다.

08 다음 중 홈네트워크장비의 보안성 확보를 위한 보안요구사항이 아닌 것은? (2023-1차)

① 데이터의 무결성
② 접근통제
③ 전송데이터 보안
④ 개인정보보호 인증

해설

홈네트워크장비의 보안성 확보를 위해 아래 사항이 요구된다.

구분	내용
기술적 보호대책	접근통제, 암호화, 백업시스템 등이 포함된다.
관리적 보호대책	보안계획, 결재 · 승인 절차, 관리대장 작성, 절차적 보안 등이 있다.
물리적 보호대책	재해대비 · 대책, 출입통제 등이 해당된다.

개인정보인증은 홈네트워크장비의 보안성과는 무관하다.

09 **다음 중 효과적인 암호 관리를 위해 필요한 일반적인 규칙과 관계없는 것은?** (2023-1차)

① 암호는 가능하면 하나 이상의 숫자 또는 특수문자가 들어가도록 하여 여덟 글자 이상으로 하는 것이 좋다.

② 암호는 가능하면 단순한 암호를 사용하는 것이 좋다.

③ 암호에 유효기간을 두어 일정 기간이 지나면 새 암호를 바꾸라는 메시지를 보여준다.

④ 암호 입력 횟수를 제한하여 암호의 입력이 지정된 횟수만큼 틀렸을 때에는 접속을 차단한다.

해설

보안은 통신망 구성에서 매우 중요한 요소이다.

첫째, 데이터 침해 또는 기타 보안 사고로 인해 발생할 수 있는 재정적 손실, 개인적 평판 손상 및 법적 책임으로부터 조직과 개인을 보호하는 데 도움이 된다.

둘째, 중요한 정보의 기밀성, 무결성 및 가용성을 보장하는 데 도움이 되며, 이는 고객, 파트너 및 이해관계자와의 신뢰와 신뢰성을 유지하는 데 중요하다.

기술이 계속 발전하고 디지털 정보가 점점 더 가치 있게 됨에 따라 정보 보안은 비즈니스 및 개인 운영에서 점점 더 중요한 측면이 되고 있다. 조직과 개인은 광범위한 사이버 위협으로부터 보호하기 위해 효과적인 정보 보안과 기술을 구현하고 유지하는 데 있어 경계심과 사전 예방을 유지해야 한다. 특히 단순한 암호화는 컴퓨팅 기술의 발달로 보안에 위험성이 증가 할 수 있다.

10 **다음 중 공격대상이 방문할 가능성이 있는 합법적인 웹 사이트를 미리 감염시키고 잠복하고 있다가 공격대상이 방문하면 악성코드를 감염시키는 공격 방법은?** (2022-2차)

① Watering Hole

② Pharming

③ Spear Phishing

④ Spoofing

해설

① Watering Hole: Web Exploit(웹 취약점)을 이용한 공격으로 APT 공격에서 주로 쓰이는 공격이며, 타겟이 자주 들어가는 홈페이지를 파악했다가, 그 홈페이지의 취약점을 통해 악성코드를 심어 사용자가 모르게 해당 악성코드를 다운로드 받게 하고, 다운로드 된 악성코드를 통해 공격을 하는 방식이다.

② Pharming: DNS Spoofing으로 인터넷 주소창에 방문하고자 하는 사이트의 URL을 입력하였을 때 가짜 사이트(Fake Site)로 이동시키는 공격 기법이다.

③ Spear Phishing: 가짜 인터넷 사이트를 만들어 놓고 이곳에 접속한 불특정 다수의 개인 정보를 훔치는 일반적인 '피싱(Phishing)'과 달리, 특정인을 목표로 한 피싱 공격을 말한다. 물속에 있는 물고기를 작살로 잡는 '작살 낚시(Spearfishing)'에 빗대 '스피어 피싱'이라 부른다. 스피어 피싱은 수신자와 참조자를 여러 명 포함하며, 주로 수신자에게 익숙하고 믿을만한 송신자 혹은 지인으로부터의 메일 형태로 조작되어 있으며, 수신자들이 최대한 신뢰할 수 있는 표현을 사용한다. 주로 웹에 존재하는 사용자의 정보를 악용하여 수신자의 친구, 혹은 물건을 구입한 온라인 쇼핑몰의 계정으로 가장하여 메일을 보내며, 수신자의 개인정보를 요청하거나 정상적인 문서 파일로 위장한 악성코드를 실행하도록 한다.

④ Spoofing: 사전적 의미는 '속이다'이다. 네트워크에서 스푸핑 대상은 MAC 주소, IP 주소, 포트 등 네트워크 통신과 관련된 모든 것이 될 수 있고, 스푸핑은 속임을 이용한 공격을 총칭한다. 스누핑(Snooping)의 Snoop은 '기웃거리다, 염탐하다'라는 뜻을 가진 단어로 네트워크상에 떠도는 중요 정보를 몰래 획득하는 행위를 말하며, 스니핑(Sniffing, 'Sniff－코를 킁킁거리다')은 네트워크상에서 자신이 아닌 다른 상대방들의 패킷 교환을 훔쳐보는 행위를 의미한다.

정답 11 ② 12 ① 13 ②

11 다음 중 정보보호 관리체계의 인증 의무대상자가 아닌 것은? (2022-1차)

① 정보통신서비스 부문 전년도 매출액 100억원 이상인 자
② 연간 매출액 또는 세입이 150억원 이상인 자
③ 집적정보통신시설 사업자
④ 정보통신서비스 부문 3개월간의 일일 평균 이용자 수 100만명 이상인 자

해설

ISMS 인증 의무대상자(정보통신망법 제47조 2항)

인증 의무대상자는 「전기통신사업법」 제2조 제8호에 따른 전기통신사업자와 전기통신사업자의 전기통신역무를 이용하여 정보를 제공하거나 정보의 제공을 매개하는 자로서 표에서 기술한 의무대상자 기준에 하나라도 해당되는 자이다.

구분	의무대상자 기준
ISP	「전기통신사업법」 제6조 제1항에 따른 허가를 받은 자로서 서울특별시 및 모든 광역시에서 정보통신망서비스를 제공하는 자
IDC	정보통신망법 제46조에 따른 집적정보통신시설 사업자
다음의 조건 중 하나라도 해당하는 자	• 연간 매출액 또는 세입이 1,500억원 이상인 자 중에서 다음에 해당되는 경우 – 의료법」 제3조의4에 따른 상급종합병원 – 직전 연도 12월 31일 기준으로 재학생 수가 1만명 이상인 「고등교육법」 제2조에 따른 학교 • 정보통신서비스 부문 전년도(법인인 경우에는 전사업연도를 말한다) 매출액이 100억원 이상인 자 • 전년도 직전 3개월간 정보통신서비스 일일 평균 이용자 수가 100만명 이상인 자

12 다음 중 물리적 · 환경적 보안, 접근통제, 정보시스템 획득 및 개발 · 유지 등의 통제항목에 대한 기준을 제시한 정보보안경영시스템(ISMS: Information Security Management System)에 대한 국제표준으로 옳은 것은? (2023-3차)

① ISO/IEC 27001
② ISO/IEC 50001
③ ITU-T G.984.2
④ ITU-T G.984.1

해설

ISO/IEC 27001는 국제표준화기구(ISO: International Organization for Standardization) 및 국제전기기술위원회(IEC: International Electrotechnical Commission)에서 제정한 정보보호 관리체계에 대한 국제표준이자 정보보호 분야에서 가장 권위 있는 국제 인증으로, 정보보호정책, 기술적 보안, 물리적 보안, 관리적 보안 정보접근 통제 등 정보보안 관련 11개 영역, 133개 항목에 대한 국제 심판원들의 엄격한 심사와 검증을 통과해야 인증된다. ISO/IEC 27001은 명시적 관리 통제하에서 정보보안을 유지하기 위한 ISMS(정보보안 관리시스템)을 공식적으로 규정하는 보안 표준이다.

13 다음 중 물리적 보안을 위한 계획 수립과정에서 가장 우선하여 고려하여야 하는 사항은? (2023-3차)

① 통제구역을 설정하고 관리
② 보호해야 할 장비나 구역을 정의
③ 제한구역을 설정하고 관리
④ 외부자 출입사항 관리대장 작성

해설

물리적 보안을 위해 보호해야 할 장비나 구역을 정의하고 → 통제구역을 설정하고 관리 → 제한구역을 설정하고 관리 → 외부자 출입사항 관리대장 작성 관리한다.

기출유형 02 ▶ 보안 3요소

보안의 중요성이 점차 증가하고 있다. 다음 중 보안 문제가 심각해지는 원인이 아닌 것은?

(2015-1차)(2018-3차)(2021-3차)

① 개방형 네트워크
② 폐쇄형 네트워크
③ 인터넷의 확산
④ 전자상거래 등 각종 응용서비스의 출현

해설

개방형 네트워크와 폐쇄형 네트워크는 상반되는 개념이다. OSI(Open Systems Interconnection Reference Model) 모델에서 알 수 있듯이 상호 연결을 위한 개방형 네트워크이고 이를 통해 외부 침입, 탈치 등의 보안 위협이 증가하고 있다.

| 정답 | ②

족집게 과외

- **정보보호**: 정보자산을 공개, 노출, 변경, 파괴, 지체, 재난 등의 위협으로부터 보호하여 정보의 무결성, 기밀성, 가용성을 확보하는 것이다.
- **무결성**: 네트워크 기반 통신에서 허락되지 않은 사용자나 객체가 통신으로 전달되는 정보를 함부로 수정할 수 없도록 하는 것이다.

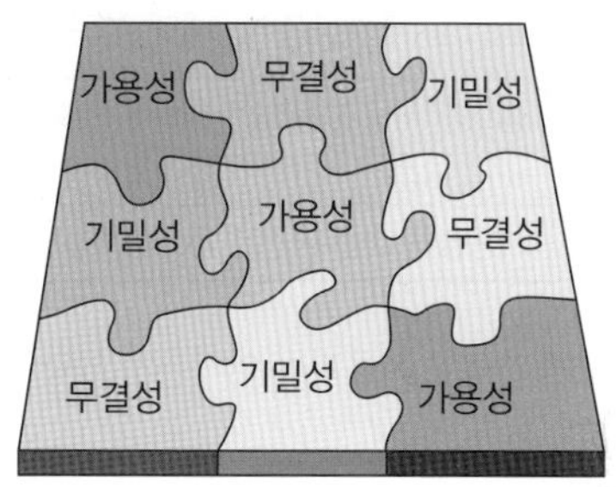

무결성-기밀성-가용성은 서로 연결됨

더 알아보기

기밀성(Confidentiality), 무결성(Integrity), 가용성(Availability)에 추가적으로 인증, 책임추적성, 부인방지를 포함하여 6대 정보보호 목표로 추진되고 있다.

구분	내용
기밀성	인가된 자만이 정보에 접근
무결성	불법 접근에 의해 정보가 변경되지 않음(인가된 사용자만 수정 가능)
가용성	필요시 언제든 자원 사용
인증	정당한 사용자임을 확인
부인 방지	송수신 사실 부인 막기
책임 추적성	보안사고 발생 시 책임 소재와 방법 파악

❶ 정보보안(Information Security 또는 Infosec, 정보보호)

정보보안은 정보를 여러 가지 위협으로부터 보호하는 것으로 이를 위해 무결성, 기밀성, 가용성이 요구되며 무결성에 대한 위협이 변조인 것이다.

❷ 보안의 3대 요소

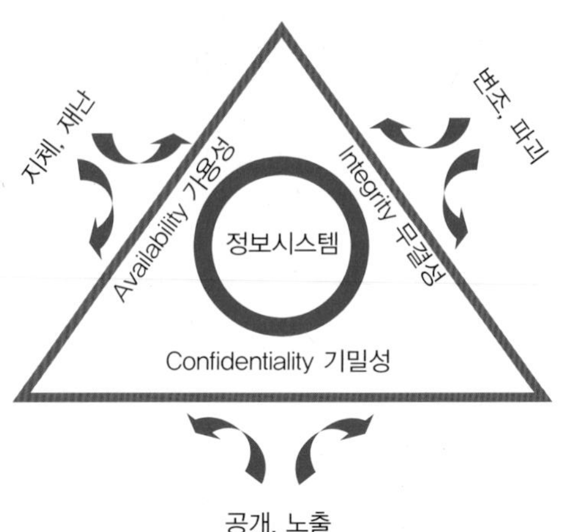

㉠ 가용성(Availability)

가용성은 필요할 때 데이터 및 리소스에 액세스할 수 있는 기능이다. 가용성을 보장하기 위해 취할 수 있는 조치에는 이중화, Failover 메커니즘 및 재해 복구 계획이 포함된다.

개념	정보가 사용 가능해야 한다는 것이다. 중요한 정보를 사용하지 못할 경우 피해를 입을 수 있으므로 정보에 대한 접근이나 사용이 인가된 자에 의해서만 가능해야 한다.
위협 요소	가용성에 대한 공격은 DoS/DDoS 공격이 해당된다.

가용성은 "신뢰 가능한 사용자는 언제든지 해당 정보에 액세스할 수 있어야 한다"는 원칙이다.

㉡ 기밀성(Confidentiality)

기밀성은 중요한 정보를 무단 액세스 또는 노출로부터 보호하는 것을 의미한다. 기밀성을 보장하기 위해 취할 수 있는 조치에는 데이터 암호화, 액세스 제어 및 데이터 마스킹이 포함된다.

개념	통신하는 당사자만이 아는 비밀을 의미하며 이를 통해 인가(Authorization)된 당사자에 의해서만 접근하는 것을 보장하는 것이다.
위협 요소	정보 유출, 도청, 스니핑, 트래픽 분석 등이 기밀성을 침해하는 요소이다.

기밀성은 인가받은 사용자만이 정보에 액세스할 수 있다는 원칙으로, 우리가 자주 쓰고 있는 보안 방법인 암호를 통한 암호화 또는 공인인증서, 홍채나 지문과 같은 바이오인증, 핸드폰 인증 등으로 기밀성을 유지할 수 있다.

㉢ 무결성(Integrity)

무결성은 무단 수정 또는 파기로부터 데이터를 보호하는 것을 의미한다. 데이터 무결성을 보장하기 위해 취할 수 있는 조치에는 데이터 유효성 검사, 버전 제어 및 데이터 백업 구현이 포함된다.

개념	변경이 허락된 사람에게서 인가된 방법으로 변경 가능한 것으로 자산의 완전성과 정확성을 보장하는 것이다.
위협 요소	웹 사이트 변조, 트로이 목마, 해킹 등이 무결성을 침해하는 요소이다.

무결성 검증을 위해서 Hash 값을 사용하며 함수로 MD5, SHA-1 등이 있으며 128bit 길이의 키를 사용한다. SHA-1은 160bit 길이의 키를 이용하고 있고, 아직까지 보안이 깨지지 않고 있다.

기출유형 완성하기

정답 01 ① 02 ① 03 ① 04 ④

01 정보통신보안의 요건 중 다음 내용에 해당하는 것은? (2020-3차)(2022-1차)

> 시스템 내의 정보는 인가된 사용자만 수정이 가능하며, 정보의 내용이 전송 중에 수정되지 않고 전달되는 것을 의미한다.

① 무결성
② 기밀성
③ 가용성
④ 인증

해설
무결성은 변경이 허락된 사람에게서 인가된 메카니즘을 통해서만 이뤄져야하는 것을 의미한다. 자산이 인가된 당사자에 의해서 인가된 방법으로만 변경 가능한 것이다.

02 보안 위협의 유형 중 다음 내용에 해당하는 것은? (2022-1차)

> 보안요건 중 무결성을 위협하는 것으로 인가받지 않은 제3자가 자원에 접근할 뿐 아니라 내용을 변경하는 것

① 변조
② 흐름차단
③ 가로채기
④ 계정 탈취

해설
① 변조(Modification)는 원래의 데이터를 다른 내용으로 바꾸는 행위로서 시스템에 불법적으로 접근하여 데이터를 조작하므로 정보의 무결성을 위협하는 것이다.
③ 가로채기(Interception)는 비인가된 사용자 또는 공격자가 전송되고 있는 정보를 몰래 열람 또는 도청하는 행위로 정보의 기밀성을 위협한다.
② 차단(Interruption)은 정보의 송수신을 원활하게 유통하지 못하도록 막는 행위로서 정보의 흐름을 차단하므로 정보의 가용성을 위협한다.
④ 계정 탈취(ATO; Account Takeover)란 공격자가 고객 계정에 무단으로 액세스하여 가치 있는 정보를 탈취하는 아이덴티티 공격을 의미한다.

03 다음 중 네트워크 통신 시에 허락되지 않은 사용자나 객체가 통신으로 전달되는 정보를 함부로 수정할 수 없도록 하는 것은? (2022-3차)

① 무결성
② 기밀성
③ 가용성
④ 클라이언트 인증

해설
무결성은 시스템 내의 정보는 인가된 사용자만 수정 가능하며, 정보의 내용이 전송 중에 수정되지 않고 전달되는 것이다.

04 다음 중 괄호 안에 들어갈 내용으로 알맞지 않은 것은? (2012-1차)

> 정보보호는 정보자산을 공개, 노출, 변경, 파괴, 지체, 재난 등의 위협으로부터 보호하여 정보의 (　　), (　　), (　　)을(를) 확보하는 것이다.

① 기밀성
② 무결성
③ 가용성
④ 완성도

해설
- 가용성(Availability): "정보가 사용 가능해야 한다"는 것으로 중요한 정보를 사용하지 못할 경우 심각한 피해를 입을 수 있어 인가된 자에 의해서 사용 가능해야 한다.
- 기밀성(Confidentiality): 기밀성은 통신하는 당사자만이 아는 비밀을 의미하며 이를 통해 인가(Authorization)된 당사자에 의해서만 접근하는 것을 보장하는 것이다.
- 무결성(Integrity): 인가된 당사자에 의해서 인가된 방법으로만 변경 가능한 것으로 자산의 완전성과 정확성을 보장하는 것이다.

05 전송 지연보다 데이터 무결성(Data Integrity)이 중요한 서비스는? (2016-3차)

① 전화 서비스
② 파일 전송 서비스(FTP)
③ TV 서비스
④ 오디오 스트리밍 서비스

해설

무결성은 정보의 내용이 전송 중에 수정되지 않고 전달되는 것을 의미하므로 FTP인 파일 전송 서비스가 해당된다.

06 다음 중 네트워크의 가용성을 위한 서비스 중단 방지책으로 틀린 것은? (2020-1차)

① 네트워크의 단순화
② 네트워크와 서버의 이중화
③ 소프트웨어의 이중화
④ 성능 향상을 위한 하드웨어 수시 업그레이드

해설

가용성(Availability)

정보가 사용 가능해야 한다는 것이다. 중요한 정보를 사용하지 못할 경우 심각한 피해를 입을 수 있어 인가된 자에 의해서 사용 가능해야 한다. 이를 위해 네트워크의 단순화, 네트워크와 서버의 이중화, 소프트웨어의 이중화 등이 필요하다. 성능 향상을 위한 하드웨어 수시 업그레이드는 가용성보다 성능 향상에 중점을 둔 것이다.

07 송신자와 수신자 간에 전송된 메시지를 놓고, 전송치 않았음을 또는 발송되지 않은 메시지를 받았다고 주장할 수 없게 하는 정보의 속성은? (2021-2차)

① 무결성 ② 기밀성
③ 인증 ④ 부인방지

해설

정보의 속성

- 가용성(Availability): 정보가 사용 가능해야 한다는 것이다. 중요한 정보를 사용하지 못할 경우 심각한 피해를 입을 수 있어 인가된 자에 의해서 사용 가능해야 한다.
- 기밀성(Confidentiality): 기밀성은 통신하는 당사자만이 아는 비밀을 의미한다. 이를 통해 인가(Authorization)된 당사자에 의해서만 접근하는 것을 보장하는 것이다.
- 무결성(Integrity): 인가된 당사자에 의해서 인가된 방법으로만 변경 가능한 것으로 자산의 완전성과 정확성을 보장하는 것이다.
- 부인방지(Non-Repudiation): 메시지의 송수신이나 교환 후 또는 통신이나 처리가 실행된 후에 그 사실을 사후에 증명함으로써 사실 부인을 방지하는 보안 기술이다. 즉, 송수신 거래 사실을 사후에 증명할 수 있게 함으로써 거래 사실을 부인 못하게 하는 공증(Notarization)과 같은 역할을 하는 기술이다.

08 다음 중 데이터베이스 접근통제 보안정책에 대한 설명으로 틀린 것은? (2023-1차)

① 비인가자의 데이터베이스 접근을 제한한다.
② 일정 시간 이상 업무를 수행하지 않는 경우 수동 접속 차단한다.
③ 사용하지 않는 계정, 테스트용 계정, 기본 계정 등은 삭제한다.
④ 계정별 사용 가능 명령어를 제한한다.

해설

② 계정 도용 및 불법적인 인증시도 통제방안에 대한 예시로 일정 시간 이상 업무를 수행하지 않는 경우 자동 접속 차단한다.

계정 도용 및 불법적인 인증시도 통제방안 예시

구분	내용
로그인 실패 횟수 제한	계정정보 또는 비밀번호를 일정 횟수 이상 잘못 입력한 경우 접근 제한
접속 유지시간	접속 후, 일정 시간 이상 업무처리를 하지 않는 경우 자동으로 시스템 접속차단(Session Timeout 등)
동시 접속 제한	동일 계정으로 동시 접속 시 접속차단 조치 또는 알림 기능 등

정보보호 및 개인정보보호 관리체계 인증제도 안내서

항목	2.6.4 데이터베이스 접근
인증기준	테이블 목록 등 데이터베이스 내에서 저장 · 관리되고 있는 정보를 식별하고, 정보 중요도와 응용프로그램 및 사용자 유형 등에 따른 접근통제 정책을 수립 이행하여야 한다.
주요 확인 사항	• 데이터베이스의 테이블 목록 등 저장 · 관리되고 있는 정보를 식별하고 있는가? • 데이터베이스 내 정보에 접근이 필요한 응용프로그램, 정보시스템(서버) 및 사용자를 명확히 식별하고 접근통제 정책에 따라 통제하고 있는가?

- 응용프로그램에서 사용하는 계정과 사용자 계정의 공용 사용 제한
- 계정별 사용 가능 명령어 제한
- 사용하지 않는 계정, 테스트용 계정, 기본 계정 등 삭제
- 일정 시간 이상 업무를 수행하지 않는 경우 자동 접속 차단
- 비인가자의 데이터베이스 접근 제한
- 개인정보를 저장하고 있는 데이터베이스는 DMZ 등 공개된 네트워크에 위치하지 않도록 제한
- 다른 네트워크 영역 및 타 서버에서의 비 인가된 접근 차단
- 데이터베이스 접근을 허용하는 IP 주소, 포트, 응용프로그램 제한
- 일반 사용자는 원칙적으로 응용프로그램을 통해서만 데이터베이스에 접근 가능하도록 조치 등

09 데이터의 비대칭 암호화 방식에서 수신자의 공개키로 암호화하여 이메일을 전송할 때 얻을 수 있는 기능은? (2023-2차)

① 무결성(Integrity)
② 기밀성(Confidentiality)
③ 부인방지(Non Repudiation)
④ 가용성(Availability)

해설
- 수신자의 공개키로 암호화하여 송신한다. → 기밀성
- 발신자의 개인키로 암호화하여 송신한다. → 부인방지

10 물리적 보안 시스템인 CCTV 관제센터 설비 구성요소가 아닌 것은? (2022-3차)

① DVR 및 NVR
② 영상 인식 소프트웨어
③ 바이오 인식 센서
④ IP 네트워크

해설
바이오 인식 센서는(Biometric Sensor)는 생체 인식 입력 신호(지문, 음성, 정맥 등) 사람의 신체적, 행동적 특징을 센서 등을 통해 인식하여 개인을 식별하거나 인증하는 기술로, 바이오 매트릭스라고도 하여 기술적 보안에 해당된다.

11 정보보호 및 개인정보보호 관리체계 인증기준에서 네트워크 접근통제와 관련된 설명이 아닌 것은? (2023-1차)

① 네트워크 접근통제 관리절차를 수립 · 이행하여야 한다.
② 네트워크 영역을 물리적 또는 논리적으로 분리하고, 각 영역 간 접근통제를 적용하여야 한다.
③ 일정 시간 동안 입력이 없는 세션은 자동 차단하고, 동일 사용자의 동시 세션 수를 제한하여야 한다.
④ 중요 시스템이 외부와의 연결을 필요로 하지 않은 경우 사설 IP로 할당하여 외부에서 직접 접근이 불가능하도록 설정하여야 한다.

해설

③ 일정 시간 동안 입력이 없는 세션은 자동 차단하고, 동일 사용자의 동시 세션 수를 제한하여야 한다. → 네트워크 접근이 아닌 응용프로그램 접근에 관한 사항이다.

정보보호 및 개인정보보호 관리체계 인증제도 안내서(ISMS-P, Page 107)
일정 시간 동안 입력이 없는 세션은 자동 차단하고, 동일 사용자의 동시 세션 수를 제한하여야 한다. • 응용프로그램 및 업무별 특성, 위험의 크기 등을 고려하여 접속유지 시간 결정 및 적용 • 개인정보처리시스템의 경우 법적 요구사항에 따라 일정 시간 이상 업무처리를 하지 않는 경우 자동으로 시스템 접속이 차단되도록 조치 • 동일 계정으로 동시 접속 시 경고 문자 표시 및 접속 제한

2.6 접근통제

항목	2.6.1 네트워크 접근
인증기준	• 네트워크에 대한 비인가 접근을 통제하기 위하여 IP 관리, 단말인증 등 관리절차를 수립한다. • 이행하고, 업무목적 및 중요도에 따라 네트워크 분리(DMZ, 서버팜, DB 존, 개발존 등)와 접근통제를 적용한다.
주요 확인 사항	• 조직의 네트워크에 접근할 수 있는 모든 경로를 식별하고 접근통제 정책에 따라 내부 네트워크는 인가된 사용자만이 접근할 수 있도록 통제하고 있는가? • 서비스, 사용자 그룹, 정보자산의 중요도, 법적 요구사항에 따라 네트워크 영역을 물리적 또는 논리적으로 분리하고 각 영역 간 접근통제를 적용하고 있는가? • 네트워크 대역별 IP 주소 부여 기준을 마련하고 DB 서버 등 외부 연결이 필요하지 않은 경우 사설 IP로 할당하는 등의 대책을 적용하고 있는가? • 물리적으로 떨어진 IDC, 지사, 대리점 등과의 네트워크 연결 시 전송구간 보호대책을 마련하고 있는가?

항목	2.6.3 응용프로그램 접근
주요 확인사항	• 중요정보 접근을 통제하기 위하여 사용자의 업무에 따라 응용프로그램 접근권한을 차등 부여하고 있는가? • 중요정보의 불필요한 노출(조회, 화면표시, 인쇄, 다운로드 등)을 최소화할 수 있도록 응용프로그램을 구현하여 운영하고 있는가? • 일정 시간동안 입력이 없는 세션은 자동 차단하고, 동일 사용자의 동시 세션 수를 제한하고 있는가?

기출유형 03 ▶ 방화벽(Firewall)

다음 중 방화벽의 설명으로 알맞은 것은? (2012-2차)(2017-3차)

① 방화벽은 해킹 등 외부의 불법적인 침입으로부터 내부를 보호하는 역할을 한다.
② 방화벽은 네트워크나 시스템에서 일어나는 행위를 관찰하고 정상적이지 않은 행위에 대해 탐지하는 역할을 한다.
③ 방화벽은 침입차단 시스템, IPS, VPN 등 다양한 종류의 보안 솔루션을 하나로 모은 통합보안관리 시스템이다.
④ 방화벽은 공중망을 사설망처럼 이용할 수 있도록 사이트 양단 간 암호화 통신을 지원하는 장치이다.

해설

② IDS(Intrusion Detection System), ③ UTM(Unified Threat Management), ④ VPN(Virtual Private Network)에 대한 설명이다.

| 정답 | ①

족집게 과외

- **유선보안**: Firewall 내부 네트워크와 외부 네트워크 사이에 있는 하드웨어와 소프트웨어로 구성한다.
- **무선보안**: WIPS(Wireless Intrusion Prevention System)는 무선 네트워크 환경에서 보안을 담당하며, 관제-탐지-차단의 3단계 메카니즘으로 동작한다.

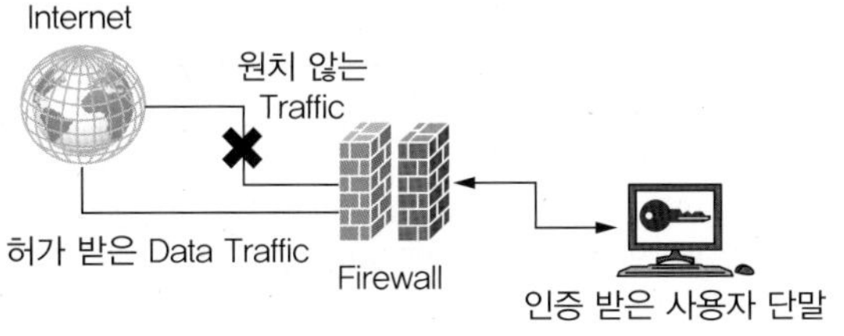

더 알아보기

방화벽 유형

㉠ 애플리케이션 계층(Layer 7): 트래픽을 내용과 목적지에 따라 분류, 규칙을 토대로 트래픽을 차단한다.
㉡ 연결 추적: 이전에 사용했던 IP 주소에 대한 정보를 사용해 두 소스 사이에서 일어나는 대화를 검사한다.
㉢ 엔드포인트: 적용하는 규칙에 따라 데이터 패킷을 검사한다.
㉣ 네트워크 주소 변환(NAT): 해커가 서버의 작동 방식을 알지 못하도록 개별 IP 주소를 숨길 수 있다. 이 솔루션은 기술적으로 방화벽은 아니지만 방화벽과 유사한 역할을 한다.
㉤ 차세대 방화벽: 제품 하나로 침입 방지, 위협 분석 등 다양한 기능을 제공한다.
㉥ 패킷 필터: 규칙에 따라서 검사할 패킷과 문제 발견 시 대응 조치를 결정한다.
㉦ 웹 애플리케이션 프록시: 규칙에 따라서 한 가지 특정 애플리케이션에 대한 트래픽 처리 방식이 결정된다.
㉧ 상태 저장 검사: 열린 연결 상태에서 일어나는 활동을 모두 모니터링하고 필터링 규칙에 따라 대응한다.
㉨ 통합 위협 관리: 열린 연결 상태에서 일어나는 활동을 빠짐없이 모니터링한다.
㉩ 가상: 물리 네트워크와 가상 네트워크 사이에서 일어나는 트래픽을 모니터링한다.

방화벽은 외부 애플리케이션을 대상으로 사용되기도 하며 이를 웹 애플리케이션 "방화벽"이라 한다.

❶ 방화벽(Firewall)

방화벽은 미리 결정된 보안 규칙에 따라 들어오고 나가는 네트워크 트래픽을 모니터링하고 제어하도록 설계된 네트워크 보안 시스템이다. 내부 네트워크에 대한 무단 액세스를 방지하기 위해 내부 네트워크와 인터넷과 같은 외부 네트워크 사이의 장벽 역할을 한다. 방화벽은 하드웨어 또는 소프트웨어로 구현될 수 있으며 사전에 책정된 정책기반으로 소스 및 대상 IP 주소, 포트 번호 및 패킷 내용과 같은 요소를 기준으로 트래픽을 필터링한다. 방화벽은 지정된 기준을 충족하지 않는 트래픽을 차단하여 중요한 정보 및 시스템에 대한 무단 액세스를 방지할 수 있다. 방화벽은 소프트웨어와 하드웨어 또는 이 둘의 조합에 대한 역할은 다음과 같다.

검사	시스템으로 송수신되는 트래픽을 바이트 단위로 빈틈없이 검사 한다.
결정	허용할 작업 또는 특성을 정의한다. 이때 규칙과 비교하여 트래픽을 결정한다.
실행	규칙에 부합하는 트래픽은 허용되며 그렇지 않은 트래픽은 거부된다.

방화벽의 주요 기능은 악의적인 트래픽을 차단하는 반면 필요한 작업은 차단하지 말아야 하며 이를 통해 정상적인 진행이 가능하다. 따라서 내부 사용자의 업무나 기업의 데이터를 보호하는 것이다. 해커는 서버에 침입하여 데이터를 엿보거나 유출하려 하는 시도가 있으며 방화벽은 이러한 액세스를 사전에 차단하는 것이다. 내부 사용자가 악의적인 이메일을 수신하여 첨부된 파일을 다운로드 하려는 경우 방화벽은 이러한 다운로드를 사전에 차단해야 하며 만약에 일부 사용자가 바이러스 걸린 파일을 다운 받더라고 피해가 전체적으로 확산되지 않도록 내부 데이터의 손상을 차단해야 한다.

❷ 방화벽 구성방식 종류

1) 패킷 필터링 방식, 2) Circuit Gateway 방식, 3) 애플리케이션 Proxy Gateway 방식, 4) Hybrid 방화벽, 5) 상태기반 감시(Stateful Inspection)

구분	상태 저장 방화벽 (Stateful Inspection)	상태 비저장 방화벽 (Stateless Inspection)
개념	데이터 패킷 내부의 모든 것, 데이터의 특성 및 통신 채널을 검사한다. 악성 코드가 내부로 들어오면 네트워크의 특정 세그먼트를 보호한다. 전체적인 Traffic 흐름을 추천한다.	데이터 패킷의 소스, 대상, 기타 매개 변수를 활용하여 데이터가 위협에 처했는지를 파악한다. 사전에 설정된 ACL, Port, IP 기반 Rule Set으로 동작한다.
Rule 기반 Forward/Discard	지원	지원
연결기반 Forward/Discard	지원	미지원 (흐름상태 추적 안 함)
Spoofing 공격 방어	높음	낮음
Traffic 추적기능	있음	없음
성능	대용량 Traffic이 있는 망에서도 병목현상이 거의 없음	대용량 Traffic이 있는 망에서 병목이 발생할 수 있음
가격	Stateless보다 고가	Stateful 보다 저렴

개념도	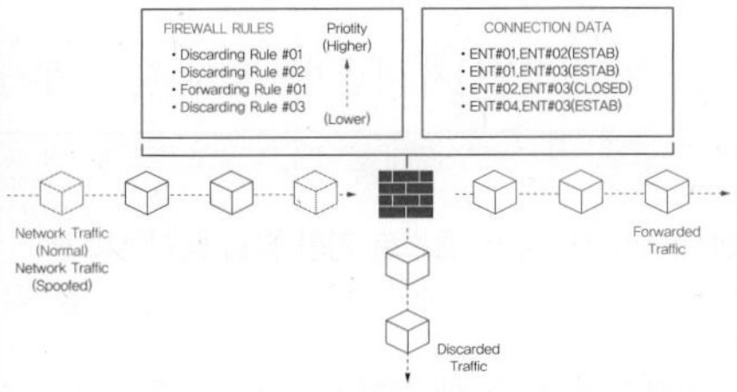 FIREWALL RULES • Discarding Rule #01 • Discarding Rule #02 • Forwarding Rule #01 • Discarding Rule #03 Priotity (Higher) (Lower) CONNECTION DATA • ENT#01,ENT#02(ESTAB) • ENT#01,ENT#03(ESTAB) • ENT#02,ENT#03(CLOSED) • ENT#04,ENT#03(ESTAB) Network Traffic (Normal) Network Traffic (Spoofed) Forwarded Traffic Discarded Traffic	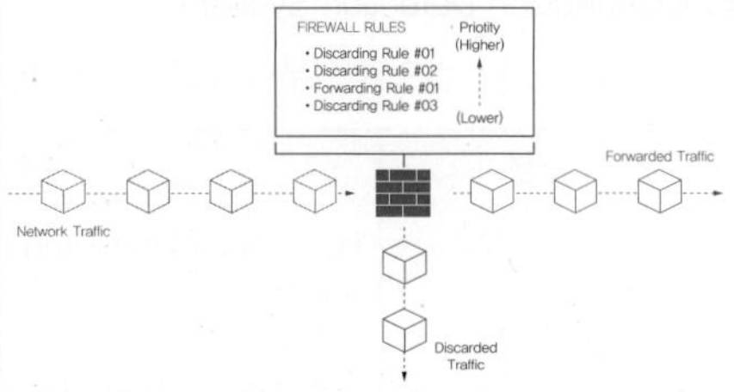 FIREWALL RULES • Discarding Rule #01 • Discarding Rule #02 • Forwarding Rule #01 • Discarding Rule #03 Priotity (Higher) (Lower) Network Traffic Forwarded Traffic Discarded Traffic

상태 저장 방화벽 장점	• 불법 데이터가 네트워크에 침투하는 데 사용되는지 감지할 수 있으며 네트워크 연결의 중요한 측면을 기록하고 저장하는 기능도 있다. • 원활한 통신을 위해 많은 포트를 열 필요가 없다. • 공격 동작을 기록한 다음 해당 정보를 사용하여 향후의 공격 시도를 효과적으로 방지한다. 이것은 상태 비저장 네트워크와 비교했을 때 상태 저장 네트워크의 가장 큰 장점으로 업데이트 없이 향후 특정 사이버 공격을 자동으로 저지할 수 있다. • 상태 저장 방화벽은 작동 중에 학습하므로 과거에 발생한 상황에 따라 보호 결정을 내릴 수 있어서 단일 장치로 여러 가지 보안 기능을 수행하는 강력한 UTM(통합 위협 관리) 방화벽 솔루션이 될 수 있다.
상태 저장 방화벽 단점	• 상태 저장 방화벽은 최신 소프트웨어 업데이트가 없으면 해커가 취약점을 손상해 제어할 수 있다. • 일부 상태 저장 방화벽은 네트워크 내 해커나 외부 공격을 인지하지 못하고 연결을 허용할 수 있다. • 공격자가 트래픽을 감시하거나 변경하기 위해 두 사람 간의 통신을 가로채는 MITM(Man－in－the－Middle) 공격에 더 취약할 수 있다.

구분	상태 저장 방화벽 (Stateful Inspection)	상태 비저장 방화벽 (Stateless Inspection)
동작	데이터 패킷의 동작을 검사하며, 아무 문제가 없다고 판단하면 의심스러운 데이터를 필터링하거나 데이터 동작 방식을 추적하여 동작 패턴을 분류할 수 있다.	매개 변수를 이용해서 관리자 또는 제조업체가 사전에 설정한 규칙을 통해 입력해야 하며 방화벽을 통과하는 트래픽 흐름상태를 추적하지 않는다.
차단 방법	데이터 패킷 검사에서 의심스러운 동작이 발견되면(관리자가 이러한 동작을 수동으로 입력하지 않은 경우에도) 방화벽이 이를 인식하고 위협을 해결할 수 있다.	데이터 패킷이 허용 가능한 매개 변수를 벗어나면 상태 비저장 방화벽 프로토콜이 위협을 식별한 다음 위협을 받아들이는 데이터를 제한 또는 차단한다.

❸ IDS(Intrusion Detection System)

침입 탐지 시스템으로 외부에서 내부로 들어오는 패킷이 정상인지 아닌지를 탐지하는 솔루션이다.

구분	내용
호스트 기반 HIDS	Host-based Intrusion Detection System, **호스트 기반 침입 탐지 시스템** • 네트워크에 대한 침입탐지는 불가능하며 스스로가 공격 대상이 될 때만 침입을 탐지한다(예 Tripwire). • 컴퓨터 시스템의 내부를 감시하고 분석하는 데 중점을 둔다. • 개인의 워크스테이션, 서버에 설치될 수 있으며, 컴퓨터 자체를 제한한다. • 운영체제에 설치된 사용자 계정에 따라 어떤 사용자가 어떠한 접근을 시도하고 작업을 했는지에 대한 기록을 남기고 추적한다. • 트로이목마, 논리폭탄, 백도어를 탐지한다(예 Tripwire). * Tripwire: 디지털 방식으로 스냅사진을 찍어 보관 후 Tripwire를 실행할 때마다 전에 찍어둔 원본과 현재의 파일을 비교해서 파일의 변경 사항이 있는지 점검한다.
네트워크 기반 NIDS	Network-based IDS, **네트워크 기반 침입 탐지 시스템** • Promiscuos Mode에서 동작하는 네트워크 인터페이스에 설치하나 암호화된 내용은 탐지가 불가하다. • 네트워크를 통해 전송되는 패킷 정보 수집 및 분석하여 침입을 탐지한다. • Promiscuos Mode에서 동작하는 네트워크 인터페이스에 설치되어 있다. • IP 주소를 소유하지 않아 직접적인 해커 공격은 거의 완벽하게 방어가 가능하다. • 설치 위치에 따라 감시 대상 네트워크 범위 조절 가능, 별도 서버를 스위치에 연결한다. • 암호화된 내용은 탐지가 불가하다(예 Snort).

❹ IPS(Intrusion Prevention System)

- 침입 방지 시스템이다.
- IDS와 방화벽의 조합인 개념이다.
- 패킷들의 패턴을 분석한 뒤, 정상적인 패킷이 아니면 방화벽 기능을 가진 모듈로 패킷을 차단한다.

❺ IDS/IPS 탐지 방식

구분	내용
시그니처 기반 탐지 방식	이미 알려진 공격에 대한 시그니처와 비교하여 탐지한다.
행위 기반 탐지 방식	네트워크에 흐르는 데이터를 학습하여 비정상적으로 흐르는 트래픽이나 패킷의 임계치로 이상 현상을 탐지한다. 새로운 공격 유형을 탐지할 수 있지만, 오탐이 많이 생길 수 있다.
룰 기반 탐지 방식(Snort)	정의된 규칙을 활용하여 탐지하는 방식이다.

※ Snort: 코웃음을 웃다[치다], 콧방귀를 뀌다; (말 등이) 코를 힝힝거리다는 뜻으로 스노트(Snort)는 NIPS (Network Intrusion Prevention System)나 NIDS(Network Intrusion Detection System)에서 실시간 트래픽 분석과 IP에서의 패킷 로깅을 수행하는 능력을 갖는다. 즉, 스노트는 프로토콜 분석, 내용 검색 그리고 매칭을 수행한다. → 스노트는 세 가지 주요 모드 설정

1) 스니퍼 모드에서 프로그램은 네트워크 패킷을 읽고 콘솔에 보여준다.
2) 패킷 로거 모드에서 프로그램은 패킷을 디스크에 기록한다.
3) 침입 탐지 모드에서 프로그램은 네트워크 트래픽을 모니터하고 사용자에 의해 정의된 규칙에 반하는지를 분석한다. 프로그램은 그 후 특정한 동작을 수행한다.

❻ 비교

구분	Firewall	IDS	IPS
목적	접근통제, 인가	침입 여부 감지	침입 이전에 방지
특징	수동적 차단, 내부장 보고	로그, 시그니처 기반의 패턴 매칭	정책, 규칙 DB 기반의 비정상적 행위 탐지
Packet 차단	○	×	○
Packet 내용 분석	×	○	○
오용탐지	×	○	○
오용차단	×	×	○
이상탐지	×	○	○
이상차단	×	×	○
동작계층	전송계층, 네트워크 계층	응용계층, 표현계층, 세션계층, 전송계층, 네트워크 계층	응용계층, 표현계층, 세션계층, 전송계층, 네트워크 계층
장점	인가된 트래픽만 허용하는 엄격한 접근통제	실시간 탐지 가능, 하루 분석 대응	실시간 대응 가능, 세션 기반 탐지도 가능
단점	내부 공격에 취약하고 네트워크 병목현상 발생할 수 있음	변형 Pattern에 대한 탐지가 어려움	오탐현상 발생 가능성이 높고 상대적 비용이 고가임

방화벽은 개별 홈 네트워크에서 대규모 기업 네트워크에 이르기까지 다양한 설정에서 사용할 수 있다. 네트워크 보안의 필수적인 부분으로 악성 프로그램, 바이러스 및 기타 유형의 사이버 공격을 비롯한 다양한 위협으로부터 보호한다. 네트워크에 대한 무단 액세스를 방지하는 효과적인 방법일 수 있지만 네트워크 보안에 대한 완전한 솔루션은 아니다. 강력한 암호, 암호화 및 정기적인 보안 업데이트와 같은 다른 보안 조치도 네트워크의 무결성과 보안을 유지하는 데 중요하다.

01 침입탐지시스템(IDS)과 방화벽(Firewall)의 기능을 조합한 솔루션은? (2016-2차)(2021-3차)

① SSO(Single Sign On)
② IPS(Intrusion Prevention System)
③ DRM(Digital Rights Management)
④ IP 관리 시스템

해설

침입 방지 시스템(IPS)은 조직이 악성 트래픽을 식별하고 그러한 트래픽이 네트워크에 유입되는 것을 사전에 차단할 수 있도록 하며 이를 통해 네트워크에서 악의적인 활동을 지속적으로 모니터링하고 이러한 활동이 발생할 경우 보고, 차단, 제거 등의 예방 조치를 취한다.

02 다음 중 방화벽의 패킷 필터링 시 패킷 헤더에서 확인할 수 있는 정보에 해당하지 않는 것은? (2016-3차)

① 목적지 IP 주소
② 출발지 IP 주소
③ 패킷의 생성시간
④ TCP/UDP 소스 포트

해설

③ 패킷의 생성시간은 방화벽의 패킷 필터링과는 무관하다.

패킷 필터링

패킷(프레임)별로 제어(허용/통과(Permit) 또는 거부/차단(Deny))하는 기능을 하는 것이다. 패킷 필터링 방식은 데이터링크계층에서 네트워크계층으로 전달되는 패킷을 가로채서 해당 패킷 안의 주소와 서비스 포트를 검색하여 정의된 보안 규칙에 따라 서비스의 접근 허용 여부를 결정하게 된다. 다른 방식에 비해 속도가 빠른 장점이 있으며, 낮은 레이어에서 동작하기 때문에 기존 애플리케이션과 연동이 용이하다. 하드웨어에 의존적이지 않으나 강력한 로깅 기능 및 사용자 인증을 기대하기 어렵다. 주로 네트워크로 흘러들어오는 패킷 데이터를 제어함으로써 작동하는 보안 메커니즘으로 패킷의 출발지, 목적지의 IP 주소, 각 서비스 포트 번호, TCP 접속의 Syn 패킷 등을 이용하여 패킷별 접근제어(Access Control)를 할 수 있다.

03 다음 중 방화벽의 구성 형태에 해당하지 않은 것은? (2018-3차)(2020-1차)

① 패킷 필터링
② 서킷 게이트웨이
③ 프록시 어플리케이션 게이트웨이
④ SSL-VPN

해설

④ SSL-VPN은 SSL은 보안 소켓 계층을 이르는 것으로, 인터넷상에서 데이터를 안전하게 전송하기 위한 인터넷 암호화 통신 프로토콜을 의미한다. VPN은 가상 사설망(Virtual Private Network)의 약자로, 외부에서 접근할 수 없는 사설망에서 PC나 네트워크를 연결시키는 방법을 의미한다. 사설망과의 연결은 가상 터널을 통해 이루어지며 이 가상 터널을 SSL 암호화로 보호하는 것이 SSL VPN이다.

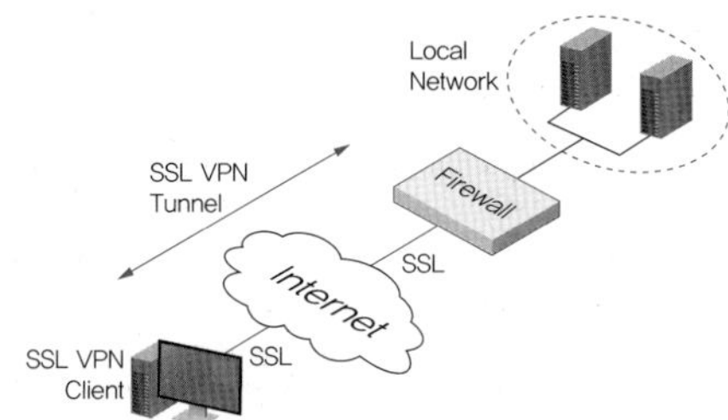

- 방화벽 구성방식은 1) 패킷 필터링 방식, 2) Circuit Gateway 방식, 3) 애플리케이션 Proxy Gateway 방식, 4) Hybrid 방화벽, 5)상태기반 감시(Stateful inspection) 등이 있다.
- SSL(Secure Socket Layer) VPN은 주로 Site-to-Client 방식으로 사용되는 VPN이다.
- VPN Gateway(방화벽) 장비 1개와 VPN Client를 인터넷 웹브라우저를 통해 연결하는 VPN으로 웹브라우저와 서버 간의 암호화 통신을 제공하는 SSL 기술을 기반으로 한다.

정답 04 ③ 05 ④ 06 ①

04 내부 네트워크와 외부 네트워크 사이에 있는 하드웨어와 소프트웨어로 구성되며 보통은 라우터나 서버 등에 위치하는 소프트웨어는? (2022-3차)

① IDS
② VPN
③ Firewall
④ TCP/IP 보안

해설

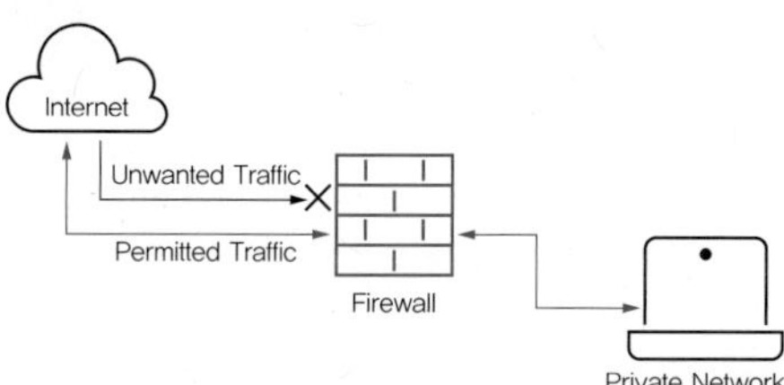

Firewall은 미리 정의된 보안 규칙에 기반하여 들어오고 나가는 모든 네트워크 트래픽을 모니터링하고 제어하는 네트워크 보안 시스템이다. 해커는 서버에 침입하여 데이터를 엿보거나 유출하려 하는 경우 방화벽은 이러한 액세스를 사전에 차단한다.

05 UTM(Unified Threat Management)의 장점이 아닌 것은? (2022-2차)

① 패킷 필터링을 통한 내외부 네트워크 접근통제
② 공간 절약
③ 관리 용이
④ 장애발생 시 전체에 영향이 없음

해설

침입차단시스템, 침입탐지시스템, 가상사설망 등 서로 다른 보안제품에서 발생하는 정보를 한곳에서 손쉽게 관리하여 불법적인 행위에 대해서 대응할 수 있도록 하는 보안 관리시스템으로 장애발생 시 전체에 영향을 줄 수 있는 게 단점이다.

06 다음 보안 관리시스템에 해당하는 것은? (2016-2차)(2018-2차)

> 침입차단시스템, 침입탐지시스템, 가상사설망 등 서로 다른 보안제품에서 발생하는 정보를 한곳에서 손쉽게 관리하여 불법적인 행위에 대해서 대응할 수 있도록 하는 보안 관리시스템

① ESM(Enterprise Security Management)
② TMS(Threat Management System)
③ UTM(Unified Threat Management)
④ PGP(Pretty Good Privacy)

해설

① ESM(Enterprise Security Management)

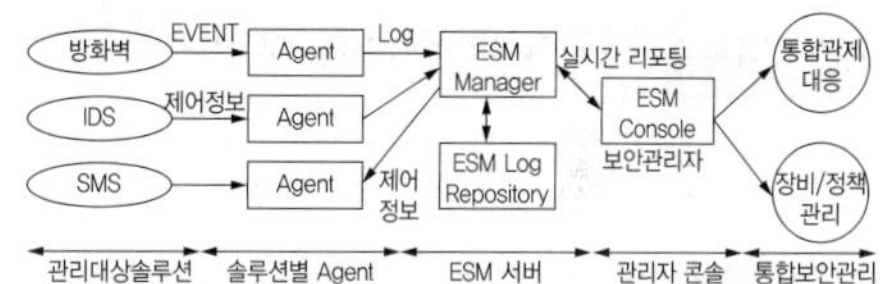

방화벽(Firewall), 침입탐지, 예방시스템(IDS, IPS), 가상사설망(VPN) 등 다양한 보안솔루션의 로그와 이벤트를 한데 모으는 전사적 보안관리 시스템이다. ESM을 사용하면 시스템 보안 정책을 수립하기 용이한 장점이 있다. ESM은 각 기업과 기관의 보안정책을 반영해서, 다양한 보안시스템을 관제 · 운영 · 관리함으로써 조직의 보안목적을 효율적으로 실현시키는 시스템이다. ESM은 기업이 보유하고 있는 각종 보안제품(방화벽, IPS, IDS, VPN 등) 및 네트워크 장비(서버, 라우터 등)를 상호 연동하여 효율적으로 운영할 수 있도록 지원한다. 또한 다양한 위협에 대한 사전 · 사후 대응을 가능하게 하여 기업의 IT 자산에 대한 가용성 · 무결성 · 기밀성 보장을 위한 위험관리를 수행한다.

② TMS(Threat Management System): 전사적 IT 인프라의 위협정보들을 수집 · 분석 · 경보 · 관리하는 정보보호 통합관리시스템이다.

③ UTM(Unified Threat Management): 통합 위협 관리시스템은 방화벽, 가상 전용 네트워크, 침입차단 시스템, 웹 컨텐츠 필터링, 안티스팸 소프트웨어 등을 포함하는 여러 개의 보안 도구를 이용한 관리시스템이다. 통합 위협 관리시스템은 비용 절감, 관리 능력이 향상되는 포괄적인 관리시스템이다. UTM은 방화벽, IPS, VPN 등 다양한 종류의 보안 솔루션을 하나로 모은 통합보안관리시스템이다.

정답 07 ① 08 ① 09 ①

④ PGP(Pretty Good Privacy): 컴퓨터 파일을 암호화하고 복호화하는 프로그램이다. 1991년 필립 짐머만이 개발하였으며, 현재 전 세계적으로 이메일 보안의 표준으로 사용 중이다.

07 **다양한 보안 솔루션을 하나로 묶어 비용을 절감하고 관리의 복잡성을 최소화하며, 복합적인 위협 요소를 효율적으로 방어할 수 있는 솔루션은?** (2022-2차)

① UTM(Unified Threat Management)
② IPS(Intrusion Prevention System)
③ IDS(Intrusion Detection System)
④ UMS(Unified Messaging System)

해설

UTM(Unified Threat Management)은 침입차단시스템, 침입탐지시스템, 가상사설망 등 서로 다른 보안제품에서 발생하는 정보를 한곳에서 관리하여 불법적인 행위에 대해서 대응할 수 있도록 하는 보안 관리시스템이다.

08 **인터넷 사용의 급증과 전자상거래와 같은 다양한 서비스의 증가로 인터넷 보안의 중요성을 인식하게 되는데, 인터넷 보안을 위한 시스템 보안 장치에 해당되지 않는 것은?** (2015-1차)

① DDOS　　② 방화벽
③ IPS　　④ IDS

해설

① DDoS(Distributed Denial of Service)

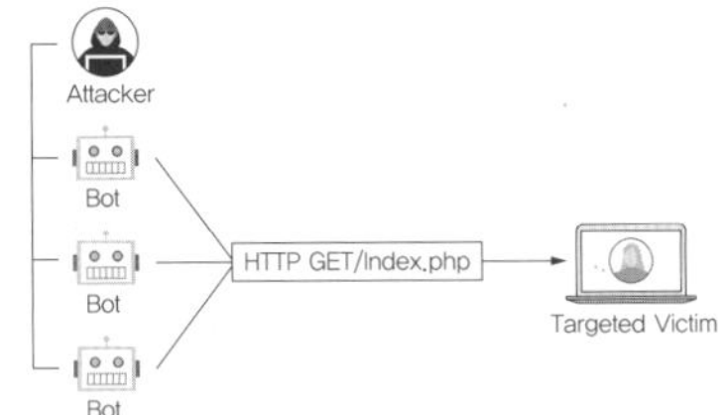

공격자가 여러 개의 손상된 또는 제어된 소스를 사용하여 공격을 생성하는 방식이다. DoS 공격을 여러 대의 IT 기기를 이용해 확대한 공격으로 먼저 다른 PC나 IT 장비를 공격해 악성코드를 감염시킨 후, 이 장비들을 좀비 PC나 좀비 단말로 만들어 '봇넷(Botnet)'을 구성해 공격하는 방식이다. 최근에는 IP 카메라나 AI 스피커 등 일상생활에서 쉽게 볼 수 있는 IoT 기기를 이용한 DDoS 공격도 발생하고 있다.

② 방화벽은 해킹 등 외부의 불법적인 침입으로부터 내부를 보호하는 역할을 한다.

③ 침입방지시스템(IPS: Intrusion Preventing System)은 공격탐지를 뛰어넘어 탐지된 공격에 대한 웹 연결 등을 적극적으로 막아주는 솔루션으로 침입탐지 기능을 수행하는 모듈이 패킷을 일일히 검사하여 해당 패턴을 분석한 후, 정상적인 패킷이 아니면 방화벽 기능을 가진 모듈로 차단한다. 일반적으로 IPS는 방화벽 내부에 설치하거나 최근에는 별도의 IPS 장비를 설치하여 운용한다.

④ 침입탐지시스템(IDS: Intrusion Detection System)은 시스템에 대한 원치 않은 조작을 탐지한다. 설치 위치와 목적에 따라 호스트 기반과 네트워크 기반의 침입탐지시스템으로 구분된다.

09 **단순한 접근제어 기능을 넘어 네트워크 시스템을 실시간으로 모니터링하고 비정상적인 침입을 탐지하는 보안시스템은?** (2017-2차)

① IDS　　② Firewall
③ DMZ　　④ PKI

해설

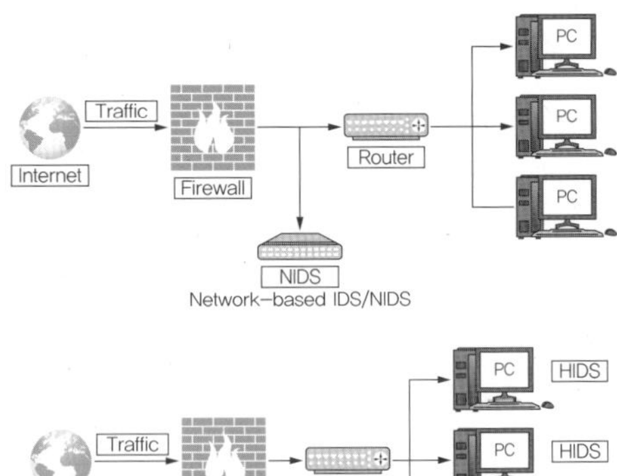

Host-based IDS/NIDS

IDS(Intrusion Detection System)는 침입 탐지 시스템으로 외부에서 내부로 들어오는 패킷이 정상인지 아닌지를 탐지하는 솔루션으로 HIDS(Host-based Intrusion Detection System)와 NIDS(Network Intrusion Detection System)로 구분된다.

10 UTM(Unified Threat Management)의 장점이 아닌 것은? (2022-2차)

① 패킷 필터링을 통한 내외부 네트워크 접근통제
② 공간 절약
③ 관리 용이
④ 장애발생 시 전체에 영향이 없음

해설

침입차단시스템, 침입탐지시스템, 가상사설망 등 서로 다른 보안제품에서 발생하는 정보를 한곳에서 손쉽게 관리하여 불법적인 행위에 대해서 대응할 수 있도록 하는 보안 관리시스템으로 장애 발생 시 전체에 영향을 줄 수 있는 게 단점이다.

11 Smurf 공격과 Fraggle 공격의 주요한 차이점은 무엇인가? (2023-1차)

① Smurf 공격은 ICMP 기반이고, Fraggle 공격은 UDP 기반이다.
② Smurf 공격은 TCP 기반이고, Fraggle 공격은 IP 기반이다.
③ Smurf 공격은 IP 기반이고, Fraggle 공격은 ICMP 기반이다.
④ Smurf 공격은 UDP 기반이고, Fraggle 공격은 TCP 기반이다.

해설

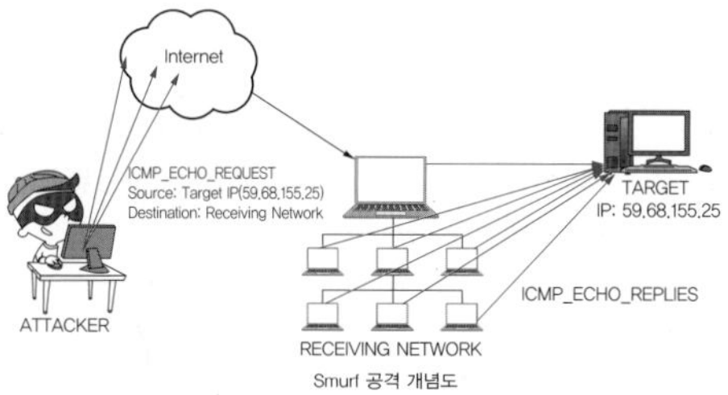

Smurf 공격 개념도

Smurf, Fraggle 공격

Ping of Death처럼 ICMP 패킷을 이용한 공격으로, 출발지 주소가 공격 대상으로 바뀐 ICMP Request 패킷을 시스템이 매우 많은 네트워크로 브로드캐스트 해 서비스 거부를 유발한다.

Fraggle 공격은 방식은 Smurf 공격과 비슷하지만 ICMP 대신 UDP를 사용한다는 것이 다른 점이다. Fraggle 공격은 UDP Echo 메시지를 사용한다는 점을 제외하곤 ICMP를 사용해 공격하는 Smurf 공격과 유사하다.

12 다음 중 상태 비저장(Stateless Inspection) 방화벽의 특징은? (2023-1차)

① 보안성이 강하다.
② 방화벽을 통과하는 트래픽 흐름상태를 추적하지 않는다.
③ 패킷의 전체 페이로드(Payload) 내용을 검사한다.
④ 인증서 기반의 방화벽이다.

해설

구분	상태 저장 방화벽 (Stateful Inspection)	상태 비저장 방화벽 (Stateless Inspection)
개념	데이터 패킷 내부의 모든 것인 전체적인 Traffic 흐름을 추적	사전에 설정된 ACL, Port, IP 기반 Rule Set으로 동작
Rule 기반 Forward/ Discard	지원	지원
연결기반 Forward/ Discard	지원 (흐름상태 추적함)	미지원 (흐름상태 추적 안 함)
Spoofing 공격 방어	높음	낮음
Traffic 추적기능	있음	없음
성능	대용량 Traffic이 있는 망에서도 병목현상이 거의 없음	대용량 Traffic이 있는 망에서 병목이 발생할 수 있음
가격	Stateless 보다 고가	Stateful 보다 저렴

13 침입탐지시스템(IDS)과 방화벽(Firewall)의 기능을 조합한 솔루션은? (2023-1차)

① SSO(Single Sign On)
② IPS(Intrusion Prevention System)
③ DRM(Digital Rights Management)
④ IP 관리시스템

해설
IPS(Intrusion Prevention System)

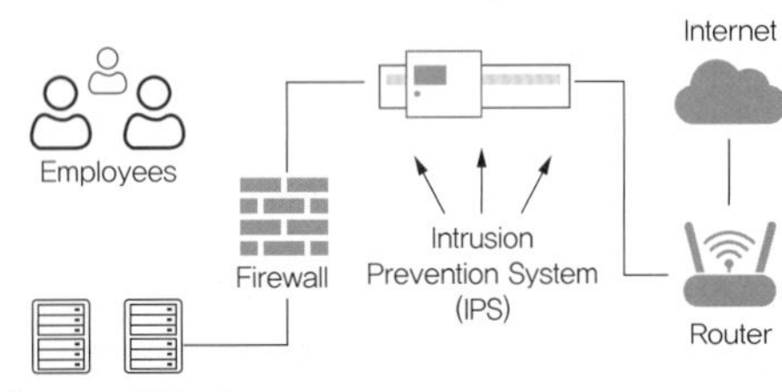

침입 방지 시스템으로 IDS와 방화벽의 조합인 개념이다. 패킷들의 패턴을 분석한 뒤, 정상적인 패킷이 아니면 방화벽 기능을 가진 모듈로 패킷을 차단한다.

14 무선 네트워크 환경에서 보안을 담당하며, 관제-탐지-차단의 3단계 메카니즘으로 작동되는 것은? (2022-3차)

① SSO(Single Sign On)
② Firewall
③ IDS(Intrusion Detection System)
④ WIPS(Wireless Intrusion Prevention System)

해설
WIPS(Wireless Intrusion Prevention System)

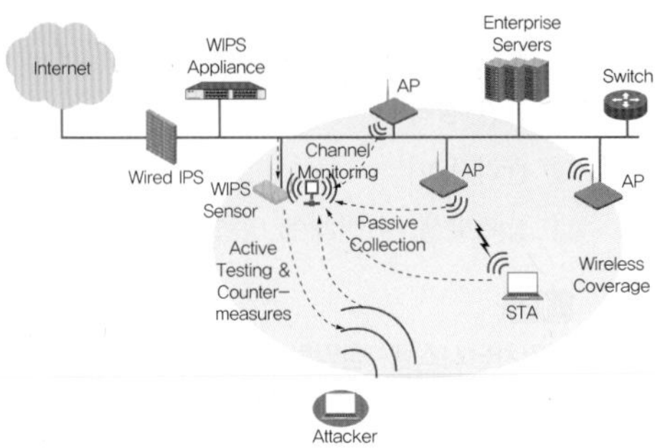

WIPS(Wireless Intrusion Prevention System)는 무선 네트워크 환경에서 보안을 담당하며, 관제-탐지-차단의 3단계 메카니즘으로 작동한다.

15 다음 [보기]에서 설명하는 것은 무엇인가? (2023-2차)

> 〈보기〉
> 외부 침입자가 시스템의 자원을 정당한 권한 없이 불법적으로 사용하려는 시도나 내부 사용자가 자신의 권한을 오#남용하려는 시도를 탐지하여 방지하는 것을 목적으로 하는 하드웨어 및 소프트웨어를 총칭한다.

① 침입탐지시스템(IDS)
② 프록시(Proxy)
③ 침입차단시스템(Firewall)
④ DNS(Domain Name System)

해설
오·남용하려는 시도를 탐지하여 방지하는 것을 목적으로 하기 위해서는 오용탐지, 이상탐지가 가능한 IDS나 IPS가 필요하다.

정답 16 ④ 17 ② 18 ①

16 다음 중 VPN(Virtual Private Network)에서 사용하지 않는 터널링 프로토콜은 무엇인가? (2020-1차)

① IPSec ② L2TP
③ PPTP ④ SNMP

해설

④ SNMP는 IP 기반에 정기적으로 여러 관리정보를 자동으로 수집하거나 실시간으로 상태를 모니터링 및 설정할 수 있는 서비스이다. SNMP를 활용하여 실제 네트워크 관리정보를 얻을 수 있으며 시스템이나 네트워크 관리자로 하여금 원격으로 네트워크 장비를 모니터링하고 환경설정 등의 운영을 할 수 있도록 한다.

① IPSec은 네트워크에서의 안전한 연결을 설정하기 위한 통신 규칙 또는 프로토콜 세트이다. IP는 데이터가 인터넷에서 전송되는 방식을 결정하는 것으로 IPSec은 암호화와 인증을 추가하여 프로토콜을 더욱 안전하게 만든다.

② L2TP는 기존의 PPTP 프로토콜과 L2F(Level 2 Forwarding Protocol)이 결합된 형태를 가지고 있다. 또한 L2TP 자체적으로는 암호화 기능이 없기 때문에 IPsec이라는 보안 기술과 함께 사용한다.

③ PPTP는 지점 간 터널링 프로토콜로서 TCP 포트 1723에서 작동한다 PPTP는 가장 오래된 VPN 프로토콜 중 하나이다.

17 다음 중 Zero-Day Attack을 방지할 수 있는 가장 효율적인 기술은? (2020-1차)

① IDS ② Honeypot
③ IPS ④ Firewall

해설

허니팟(Honeypot)

비정상적인 접근을 탐지하기 위해 의도적으로 설치해 둔 시스템이다. 예로 네트워크상에 특정 컴퓨터를 연결해 두고 해당 컴퓨터에 중요한 정보가 있는 것처럼 꾸며두면, 공격자가 해당 컴퓨터를 크래킹하기 위해 시도하는 것을 탐지할 수 있다.

18 다음 DDoS(Distributed Denial of Service) 공격 중 대역폭 공격에 대한 설명으로 틀린 것은? (2023-3차)

① 다량의 TCP 패킷을 서버 및 네트워크 장비에 공격하여 정상적인 운영 불가
② 대용량 트래픽 전송으로 인한 네트워크 회선 대역폭 고갈
③ 주로 위조된 큰 크기의 패킷과 위조된 출발지 IP 사용
④ 회선 대역폭 고갈로 인한 정상 사용자 접속 불가

해설

DDoS 공격

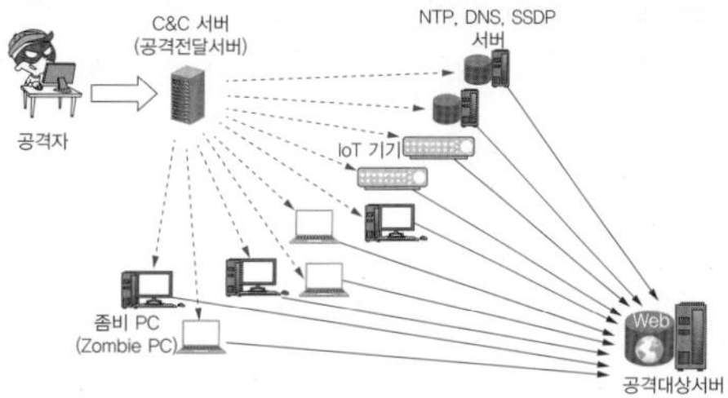

DDoS(Distributed Denial of Service)

웹사이트 또는 네트워크 리소스 운영이 불가능하도록 악성 트래픽을 대량으로 보내는 공격이다. DDoS 공격을 시작하기 위해 공격자는 멀웨어를 사용하거나 보안 취약점을 악용해 악의적으로 컴퓨터와 디바이스를 감염시키고 제어할 수 있다.

'봇' 또는 '좀비'라 불리는 컴퓨터 또는 감염된 디바이스는 멀웨어를 더욱 확산시키고 DDoS 공격에 참여한다.

대용량 Traffic 공격은 다량의 Packet을 전송하는 방법이다. Ping을 이용하는 경우 ICMP, IGMP, UDP 패킷을 이용해서 공격한다.

기출유형 04 ▶ 암호화(공개키, 비밀키)

다음 중 사용자 A가 사용자 B에게 메시지에 디지털 서명과 메시지 암호화하여 전송하려 한다면 어떤 순서로 A, B의 공개키와 A, B의 비밀키를 사용하여 암호화하여야 하는가? (2022-1차)

① B의 공개키 → A의 공개키
② A의 공개키 → B의 비밀키
③ A의 비밀키 → B의 공개키
④ B의 비밀키 → A의 비밀키

해설

공개키 암호화를 위해 공개키/개인키 쌍생성 → 공개키 공개(등록), 개인키는 본인이 소유 → 공개키를 받아온 후 → 공개키를 사용해 데이터를 암호화 → 암호화된 데이터를 전송한다.

| 정답 | ③

족집게 과외

- **공개키 암호화 방식**: 암호화와 복호화키가 동일한 암호화 방식이다.
- **장점**: 키분배 필요 없다. 기밀성/인증/부인방지 기능을 제공한다.
- **단점**: 대칭키 암호화 방식에 비해 속도가 느리다.

공개키 암호화

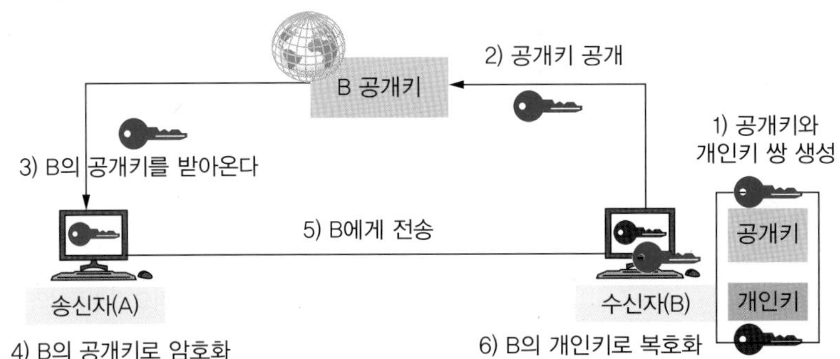

더 알아보기

암호화(Encryption)
데이터의 무단 액세스나 가로채기를 방지하기 위해 일반 텍스트나 다른 데이터를 암호화된 형식으로 변환하는 프로세스이다. 암호화 알고리즘은 수학 공식을 사용하여 데이터를 스크램블 하는데, 이는 키나 암호를 사용해야만 디코딩할 수 있다. 암호화는 일반 데이터, 개인 정보 및 기밀 비즈니스 정보와 같은 중요한 정보를 보호하는 데 사용된다. 데이터를 암호화함으로써, 비록 그것이 가로채더라도, 공격자는 암호 해독키 없이는 정보를 이해할 수 없을 것이다.

공개키 암호화 순서
1) B 공개키/개인키 쌍 생성
2) 공개키 공개(등록), 개인키는 본인이 소유
3) A가 B의 공개키를 받아옴
4) A가 B의 공개키를 사용해 데이터를 암호화
5) 암호화된 데이터를 B에게 전송
6) B는 암호화된 데이터를 B의 개인키로 복호화(개인키는 B만 가지고 있기 때문에 B만 볼 수 있음)

❶ 대칭키 암호화 방식

공개키 암호화라고도 하는 비대칭 암호화는 암호화용과 암호 해독용 키를 쌍으로 사용한다. 암호화는 전송 중인 데이터를 보호할 뿐만 아니라 하드 드라이브나 데이터베이스와 같은 유휴 데이터를 보호하는 데도 사용할 수 있다. 즉, 대칭키 암호화는 암복호화에 사용하는 키가 동일한 암호화 방식인 반면 공개키 암호화 방식은 암복호화에 사용하는 키가 서로 다르며 따라서 비대칭키 암호화라고도 한다. 따라서 공개키 암호화에서는 송수신자 모두 한 쌍의 키(개인키, 공개키)를 갖고 있게 된다.

주요 특징

대칭키 암호화 특징
- 방식: 암호화와 복호화키가 동일한 암호화 방식
- 알고리즘: ES, 3DES, AES, SEED, ARIA 등
- 장점: 처리 시간이 짧음
- 단점: 안전한 키 교환 방식이 요구됨, 사람이 증가할수록 키 관리가 어려워짐

❷ 공개키 암호화

대칭키의 키 교환 문제를 해결하기 위해 등장한 것이 공개키(비대칭키) 암호화 방식이다. 공개키는 키가 공개되어있기 때문에 키를 교환할 필요가 없어지며 모든 사람이 접근 가능한 키이고 개인키는 각 사용자만이 가지고 있는 키이다. 예를 들어, A가 B에게 데이터를 보낸다고 할 때, A는 B의 공개키로 암호화한 데이터를 보내고 B는 본인의 개인키로 해당 암호화된 데이터를 복호화해서 보기 때문에 암호화된 데이터는 B의 공개키에 대응되는 개인키를 갖고있는 B만이 볼 수 있게 되는 것이다.

❸ 대칭키 vs 비대칭키

구분	대칭키	비대칭키
키 관계	암호화 키 = 복호화키	암호화 키 ≠ 복호화 키
암호화 키	비밀키	공개키
복호화 키	비밀키	개인키
비밀키 전송	필요	불필요
키 길이	짧음	대칭키 대비 길다
인증	곤란	용이
암복화 속도	빠름	느림
경제성	높음	낮음
전자서명	복잡	간단
주 용도	고용량 데이터 암호화(기밀성)	키 교환 및 분배, 인증, 부인방지
장점	암호화 기능 우수함	• 사용자가 증가해도 관리키 적음 • Key 전달 및 교환에 적합함 • 인증과 전자서명에 이용함 • 대칭키 보다 확장성이 좋음
단점	• 키 분배가 어려움 • 관리할 암 · 복호화 키가 많음 n명 → $\frac{n(n-1)}{2}$ • 확장성이 낮음 • 부인방지 기능이 없음	복잡한 수학적 연산을 이용함
예	SEED, DES, ARIA, AES, IDEA	Diff−Hellman, RSA, ECC, DAS

기출유형 완성하기

정답 01 ① 02 ① 03 ②

01 우리나라가 독자 개발한 대칭키 암호화 기술 중 국제표준으로 채택된 기술은 무엇인가?

(2018-1차)(2020-1차)(2022-3차)

① SEED ② RSA

③ DES ④ RC4

해설

SEED는 전자상거래, 금융, 무선통신 등에서 전송되는 중요 정보를 보호하기 위해 순수 국내기술로 개발한, 블록암호 알고리즘이다.

02 다음은 암호화에 사용되는 기술의 특징을 설명한 것이다. 무엇에 대한 설명인가?

(2013-1차)(2015-3차)(2017-2차)(2018-2차)

- 출력지점에서 원본 비트 문자열을 찾아내는 것은 불가능
- 주어진 입력에 대해 같은 코드를 생성하는 또 다른 입력값을 찾아내는 것은 불가능

① 해시 함수 ② IPSec

③ 공개키 암호화 ④ 대칭키 암호화

해설

해시 함수

임의의 길이를 갖는 메시지를 입력받아 고정된 길이의 해시값을 출력하는 함수이다. 암호 알고리즘에는 키가 사용되지만, 해시 함수는 키를 사용하지 않으므로 같은 입력에 대해서는 항상 같은 출력이 나오게 된다. 이러한 해시 함수를 사용하는 목적은 메시지의 오류나 변조를 탐지할 수 있는 무결성을 제공하기 위해 사용된다.

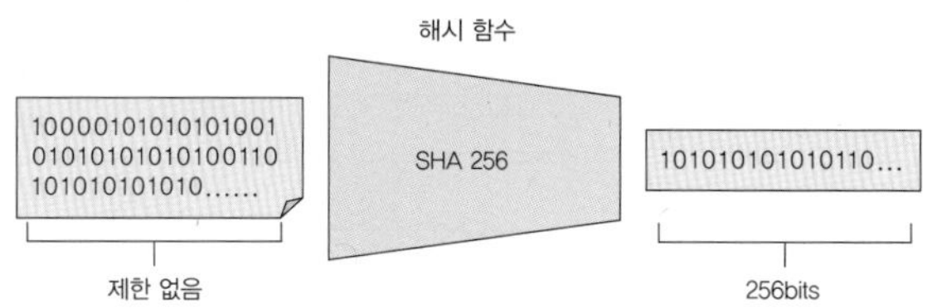

03 대칭키 암호화 방식을 사용하여 4명이 통신을 한다고 할 때, 4명이 서로 간 비밀통신을 하기 위해 필요한 비밀키의 수는?

(2013-3차)(2017-3차)(2018-3차)(2020-3차)

① 4 ② 6

③ 8 ④ 10

해설

비밀키의 수는 $\frac{n(n-1)}{2}$이므로 $\frac{4(4-1)}{2} = 6$이다.

정답 04 ③ 05 ① 06 ②

04 암호화 형식에서 4명이 통신을 할 때, 서로 간 비밀통신과 공개통신을 하기 위한 키의 수는?
(2017-2차)(2018-2차)(2020-2차)(2021-3차)

① 비밀키: 2개, 공개키: 4개
② 비밀키: 4개, 공개키: 6개
③ 비밀키: 6개, 공개키: 8개
④ 비밀키: 8개, 공개키: 10개

해설
비밀키는 $\frac{n(n-1)}{2}$이므로 $\frac{4(4-1)}{2}$ = 6이고 대칭키는 2n이므로 8이다.

05 A가 B에게 암호화 메시지를 보내는 경우 공개키 암호화 단순모델의 동작절차로 적합하게 나열한 것은?
(2020-3차)

(가) B가 공개키와 개인키 쌍을 생성한다.
(나) B는 공개키는 공개하고 개인키는 개인이 소유한다.
(다) A는 B의 공개키로 메시지를 암호화한다.
(라) B는 자신의 개인키로 메시지를 복호화한다.

① (가) – (나) – (다) – (라)
② (가) – (다) – (라) – (나)
③ (나) – (가) – (다) – (라)
④ (나) – (다) – (가) – (라)

해설
공개키 암호화를 위해 공개키/개인키 쌍 생성 → 공개키 공개(등록), 개인키는 본인이 소유 → 공개키를 받아온 후 → 공개키를 사용해 데이터를 암호화 → 암호화된 데이터를 전송한다.

06 공개키 암호인 RSA 암호에 관한 설명 중 옳지 않은 것은? (2022-2차)

① 데이터의 암호화에는 공개키가 사용되고 복호화에는 비밀키가 사용된다.
② 알고리즘의 안전성을 유지하기 위해서 비밀키는 공개키와 무관하게 생성해야 한다.
③ 공개키 암호는 소인수 분해의 어려움에 기반을 두고 있다.
④ RSA에서는 평문도 키도 암호문도 숫자이다.

해설
RSA는 비밀키(비대칭키) 방식에 주로 사용된다.

정답 07 ① 08 ②

07 다음 암호화 방식 중 암호 복호화 종류가 다른 것은? (2022-1차)

① RSA(Ron Rivest, Adi Shamir Leonard Adleman)
② IDEA(International Data Encryption Algorithm)
③ DES(Data Encryption Standard)
④ AES(Advanced Encryption Standard)

해설

RSA는 비대칭키 방식이고 나머지는 대칭키 방식이다.

구분	대칭키	비대칭키
키	암호화 키 = 복호화키	암호화 키 ≠ 복호화 키
예	SEED, DES, ARIA, AES, IDEA, 메시지 인증코드(MAC)	Diff-Hellman, RSA, ECC, DAS

08 대칭키 암호화 방식인 왈쉬 코드를 이용하여 암호화와 복호화를 수행하려 한다. 아래와 같은 조건일 때 수신 측에는 어떤 데이터가 추출되는가? (2017-1차)(2020-2차)

원 데이터: 1 0 1 0
암호화 코드: 0 1 0 1
복호화 코드: 0 1 1 0

① 1111
② 1001
③ 0110
④ 0000

해설

Walsh 함수는 서로 다른 코드를 곱하면(Exclusive OR), 0(또는 −1)과 1이 섞여서 나오고 이를 모두 평균하면 0이 되도록 되어 있고, 같은 코드를 곱하면 모두 1이 나와서 확산 신호에 숨어있는 데이터를 복구할 수 있게 된다. 대칭키 암호는 암호화와 복호화에 같은 암호키를 쓰는 알고리즘이다. 대칭키 암호에서는 암호화를 하는 측과 복호화를 하는 측이 같은 암호키를 공유해야 한다.

입력값		AND	OR	XOR	NAND	NOR
0	0	0	0	0	1	1
0	1	0	1	1	1	0
1	0	0	1	1	1	0
1	1	1	1	0	0	0

원 데이터와 암호화 코드를 XOR 하면

암호화					복호화				
원 데이터	1	0	1	0	복호화 전 수신	1	1	1	1
암호화 코드	0	1	0	1	복호화 코드	0	1	1	0
XOR	1	1	1	1	XOR	1	0	0	1
송신 데이터	1	1	1	1	수신 데이터	1	0	0	1

정답 09 ② 10 ①

09 다음 중 디지털 서명 알고리즘이 아닌 것은?

(2023-2차)

① 서명 알고리즘 ② 해싱 알고리즘
③ 증명 알고리즘 ④ 키 생성 알고리즘

해설

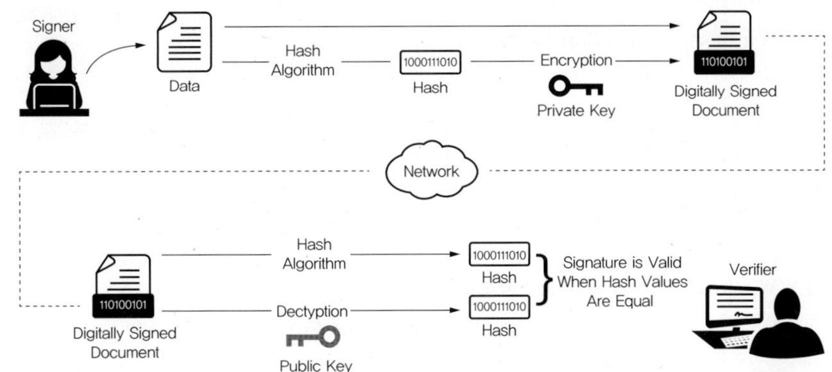

디지털 서명(Digital Signature)

네트워크에서 송신자의 신원을 증명하는 방법으로, 송신자가 자신의 비밀키로 암호화한 메시지를 수신자가 송신자의 공용키로 해독하는 과정이다. 디지털 서명은 보통 3개의 알고리즘으로 구성된다. 하나는 공개키 쌍을 생성하는 키 생성 알고리즘, 두 번째는 이용자의 개인 키를 사용하여 서명(전자서명)을 생성하는 알고리즘, 그리고 그것과 이용자의 공개키를 사용하여 서명을 검증하는 알고리즘이다. 해싱 알고리즘은 "데이터를 최종 사용자가 원문을 추정하기 힘든 더 작고, 뒤섞인 조각으로 나누는 것"으로 해시 함수는 특정 입력 데이터에서 고정 길이값 또는 해시값을 생성하는 알고리즘이다.

10 다음 내용에 해당하는 것은?

(2017-2차)

> 전자상거래, 금융, 무선통신 등에서 전송되는 개인정보와 같은 중요한 정보를 보호하기 위해 국내 암호전문가들이 개발한 128비트 블록 암호 알고리즘

① SEED ② DES
③ SHA-1 ④ RSA

해설

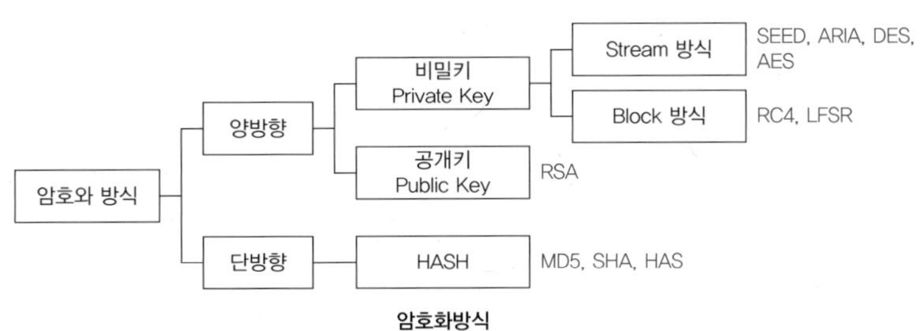

암호화방식

SEED는 1999년 2월 한국정보보호진흥원의 기술진이 개발한 128비트 및 256비트 대칭 키 블록 암호 알고리즘으로, 미국에서 수출되는 웹 브라우저 보안 수준이 40비트로 제한됨에 따라 128비트 보안을 위해 별도로 개발된 알고리즘이다.

정답 11 ①

11 다음 중 유선랜에서 제공하는 것과 유사한 수준의 보안 및 기밀 보호를 무선랜에서 제공하기 위한 Wi-Fi 표준에 정의되어있는 보안 프로토콜은? (2023-3차)

① WEP(Wired Equivalent Privacy)
② WIPS(Wireless Intrusion Prevention System)
③ WTLS(Wireless Transport Layer Security)
④ WAP(Wireless Application Protocol)

해설

① WEP(Wired Equivalent Privacy): 무선 랜 표준을 정의하는 IEEE 802.11 규약의 일부분으로 무선 LAN 운용 간의 보안을 위해 사용되는 알고리즘이다. 40bit의 비밀키와 24bit의 IV(Initialization Vector)의 조합된 총 64bit의 Key를 이용해서 RC4 알고리즘을 통해 암호화하는 것이다.
② WIPS(Wireless Intrusion Prevention System): 무선랜 환경에서 외부의 침입으로부터 내부 시스템을 보호할 수 있도록 특정 패턴을 기반으로 공격자의 침입을 탐지하고 탐지된 공격에 대한 연결을 끊는 역할을 한다.
③ WTLS(Wireless Transport Layer Security)

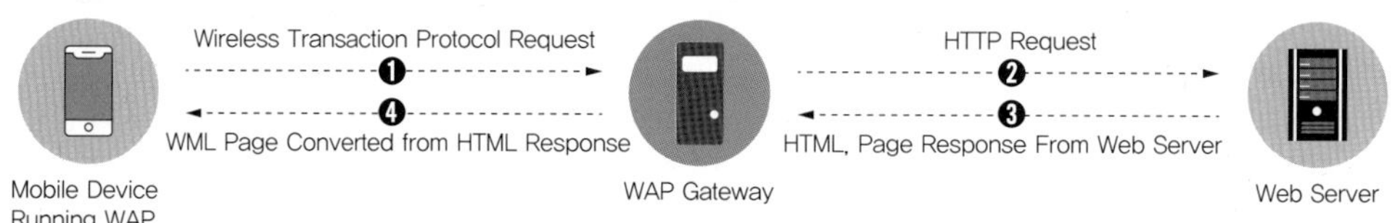

무선 응용 통신 규약(WAP: Wireless Application Protocol)에서 전송 계층 보안을 위해 적용되는 전송 계층 보안(TLS) 기반의 보안 통신 규약이다. TLS를 기반으로 무선 통신망의 제한된 운용 전력, 메모리 용량, 제한된 대역폭의 문제를 고려하여 개발되었다.

④ WAP(Wireless Application Protocol)

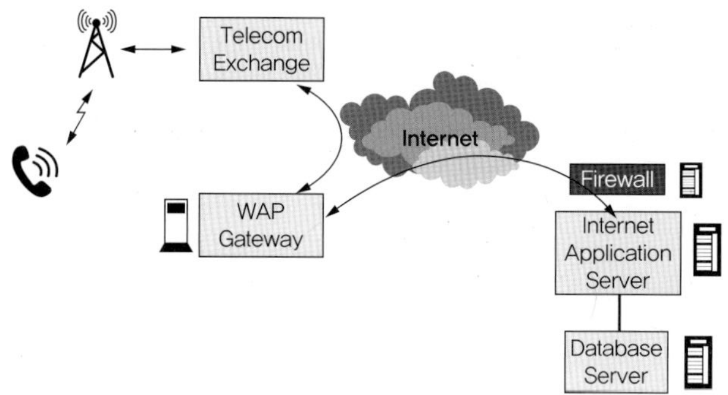

휴대전화 등의 장비에서 인터넷을 하는 것과 같은, 무선통신을 사용하는 응용프로그램의 국제표준이다. WAP는 매우 작은 이동장비에 웹 브라우저와 같은 서비스를 제공하기 위해 설계되었다.

기출유형 05 ▶ SSL VPN(Secure Socket Layer Virtual Private Network)

다음 중 게이트웨이 사이에서 물리적으로 통신하되, 암호화 통신은 논리적으로 하는 방식으로 옳은 것은?

(2018-2차)

① IDS
② VPN
③ Firewall
④ IPS

해설

VPN(Virtual Private Network, 가상 사설망)은 인터넷을 통해 장치 간 사설 네트워크 연결을 생성하는 서비스이다. VPN은 장치의 실제 IP 주소를 가상 IP 주소로 대체하고, 데이터를 암호화하므로 VPN 다운로드를 통해 익명성을 보장해서 안전하게 인터넷을 이용할 수 있다.

| 정답 | ②

족집게 과외

SSL의 변화: SSL 1.0 → SSL 2.0 → SSL3.0 → TLS1.0 → RFC 2246(표준규약)

TLS는 SSL 3.0을 기반으로 발표되었기 때문에, SSL과는 거의 같다고 볼 수 있다.

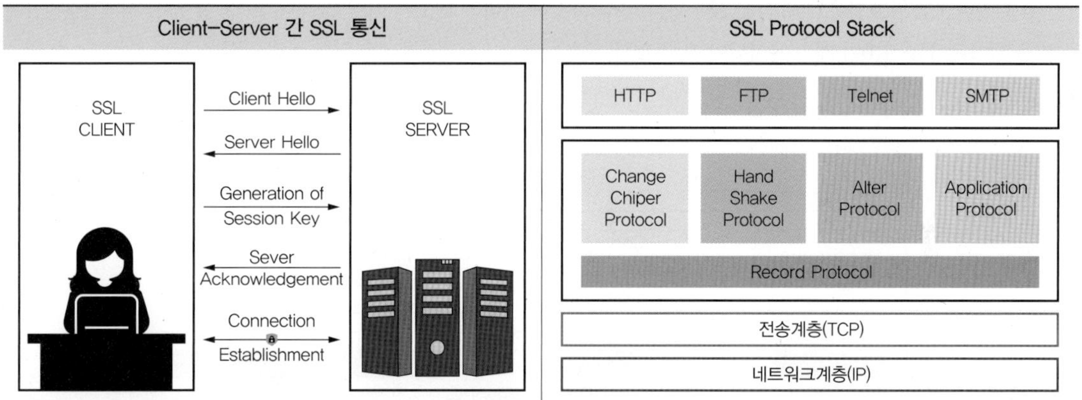

더 알아보기

SSL

보안 소켓 계층으로 인터넷 상에서 데이터를 안전하게 전송하기 위한 인터넷 암호화 통신 프로토콜을 의미한다. SSL은 TCP 위에서 Record Protocol을 통해 실질적인 보안 서비스를 제공하고, Handshake Protocol, Change Cipher Spec Protocol, Alert Protocol을 통해 SSL 동작에 관한 관리를 한다. SSL은 전자상거래 등의 보안을 위해 Netscape사에서 처음 개발되어 인터넷상의 표준 프로토콜로 진행하다가 SSL이라는 명칭이 특정 회사의 제품으로 인식되어 IETF(Internet Engineering Task Force)에 의해 TLS(Transport Layer Security)로 표준화 되었다.

❶ SSL(Secure Sockets Layer)

SSL(Secure Socket Layer)은 인터넷을 통해 안전한 통신을 제공하도록 설계된 보안 프로토콜이다. 나중에 SSL의 향상된 버전인 TLS(Transport Layer Security)로 대체되었다.

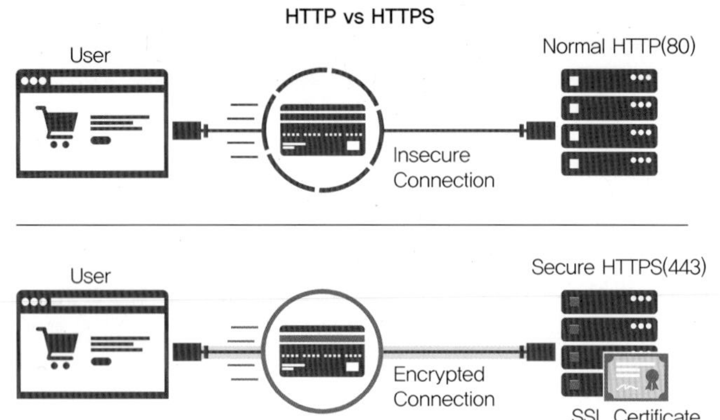

SSL은 암호화 기반 인터넷 보안 프로토콜로서 인터넷 통신의 개인정보 보호, 인증, 데이터 무결성을 보장하기 위해 Netscape가 1995년 처음으로 개발했다. SSL은 현재 사용 중인 TLS 암호화의 전신이다. SSL/TLS를 사용하는 웹사이트의 URL에는 "HTTP" 대신 "HTTPS"가 사용된다.

시간이 지나 인터넷상의 표준프로토콜로 자리매김하면서 SSL이라는 명칭이 "특정 회사의 제품 이름이 같다"하여, IETF(Internet Engineering Task Force)에 의해 TLS(Transport Layer Security)로 표준화되었다. TLS는 SSL 3.0을 기반으로 발표되었기 때문에, SSL과는 아주 근소한 차이를 빼고는 거의 같다고 볼 수 있으며, 현재 1999년에 처음 발표된 TLS 1.0이 계속 유지되어 오고 있다.

❷ SSL(Secure Sockets Layer) 구성

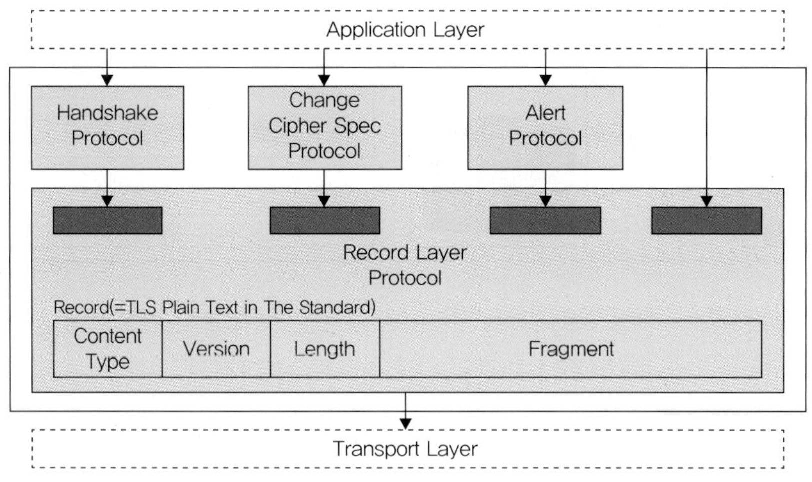

구분	내용
Record Protocol	Record Protocol은 데이터의 압축을 수행하여 안전한 TCP 패킷으로 변환하고, 데이터 암호화 및 무결성을 위한 메시지 인증을 수행하는 프로토콜로, Handshake Protocol, Change Cipher Spec Protocol, Alert Protocol, 그리고 Application Protocol을 감싸는 역할을 한다.
Change Cipher Spec Protocol	암호화 알고리즘과 보안 정책을 송수신측 간에 조율하기 위해 사용하는 프로토콜로, 프로토콜의 내용에는 단 하나의 바이트이며 언제나 1이라는 값이 들어가게 된다.
Alert Protocol	2바이트로 구성되며, 첫 번째 바이트에는 Warning 또는 Fatal이 들어가고 두 번째 바이트에는 Handshake, Change Cipher Spec, Record Protocol 수행 중 발생하는 오류메시지가 들어가게 된다.
Handshake Protocol	대부분의 메시지가 여기에 해당하며, 암호 알고리즘 결정, 키 분배, 서버 및 클라이언트 인증을 수행하기 위해 사용되는 프로토콜이다.

❸ SSL과 TLS

㉠ SSL/TLS는 클라이언트(예 웹 브라우저)와 서버(예 웹 서버) 간의 통신을 보호하는 데 사용된다. 클라이언트와 서버가 SSL/TLS 연결을 설정할 때 암호화 알고리즘 및 키 집합을 협상하여 서로 교환되는 데이터를 암호화하고 해독한다. SSL/TLS를 사용하면 인터넷을 통해 전송되는 데이터의 기밀성, 무결성 및 신뢰성을 보장할 수 있다. 이는 암호화, 데이터 무결성 검사 및 디지털 인증서의 조합을 통해 달성된다.

㉡ SSL/TLS는 웹 브라우저와 웹 서버 간의 HTTPS 연결과 같은 웹 트래픽을 보호하는데 사용되며 이외에 이메일, 인스턴트 메시징, 가상 사설망(VPN)과 같은 다른 응용 프로그램에서도 사용되고 있다.

㉢ SSL은 TLS(Transport Layer Security)라는 또 다른 프로토콜의 바로 이전 버전이다. SSL과 TLS는 용어가 혼합되어 사용되는 경우가 많아 TLS를 아직 SSL이라 부르기도 하고, SSL의 인지도가 높으므로, 'SSL/TLS 암호화'라 부르는 경우도 있다.

정답 01 ④ 02 ①

01 SSL(Secure Socket Layer)은 사이버 공간에서 전달되는 정보의 안전한 거래를 보장하기 위해 넷스케이프사가 정한 인터넷 통신규약 프로토콜을 말한다. 다음 중 OSI 7 계층 중 SSL이 동작하는 계층은?

(2016-3차)(2018-1차)

① 물리 계층 ② 데이터링크 계층
③ 네트워크 계층 ④ 전송 계층

해설

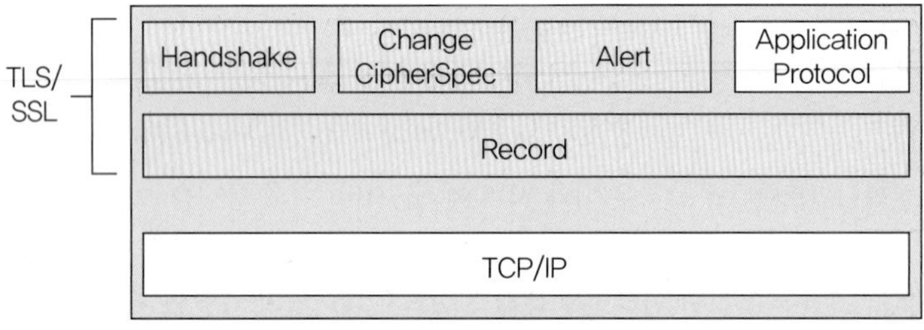

TLS는 SSL 3.0을 기반으로 발표되었기 때문에, SSL과는 거의 같다고 볼 수 있으며, 전송계층 기반에서 동작한다.

02 다음 중 인터넷 보호 관련 표준프로토콜에 대한 설명으로 맞는 것은? (2017-2차)(2018-3차)

안전에 취약한 인터넷에서 안전한 통신을 실현하는 통신규약이며, 데이터를 구성하고 관리하기 위한 인터넷 표준이다.

① IPSec ② MPLS
③ VPN ④ Fire Wall

해설

① IPSec은 네트워크에서의 안전한 연결을 설정하기 위한 통신 프로토콜로서 데이터가 인터넷에서 전송되는 방식을 결정하는 표준이다. IPSec은 암호화와 인증을 추가하여 프로토콜을 더욱 안전하게 한다.
② MPLS(Multi-Protocol Label Switching)란 데이터 패킷에 IP 주소가 아닌 별도의 라벨을 붙여 스위칭하고 라우팅하는 기술이다. MPLS는 20년 넘게 이용된 기술이며 많은 기업에서 아직도 MPLS를 사용하고 있고 관련 기술은 GMPLS로 발전하였다.
③ VPN(Virtual Private Network, 가상 사설망)은 인터넷을 통해 장치 간 사설 네트워크 연결을 생성하는 서비스이다.
④ Firewall은 미리 정의된 보안 규칙에 기반하여 들어오고 나가는 모든 네트워크 트래픽을 모니터링하고 제어하는 네트워크 보안 시스템이다.

03 다음 중 네트워크의 보안기술로 옳은 것은? (2018-2차)

① VPN ② 스니핑
③ 스푸핑 ④ DoS(Denial of Service)

해설

① VPN(Virtual Private Network)
여러 인트라넷과 개별 클라이언트를 인터넷을 통해 연결하는 사설 통신망이다. 공공기관이나 기업 등에서 내부인들만 쓸 수 있는 특수목적의 인트라넷을 구축할 때 사용한다. 이전에는 전용회선으로 구성하여 제3자가 접근에 한계가 있었으나 비용 상승의 문제와 이동성을 해결하기 위해 VPN이 확산되었다.
VPN을 설정하기 위해
- Step 1: 사전에 VPN 설정을 PC에 함
- Step 2: 관련 Key를 교환(Internet Key Exchange)
- Step 3: IKE 기반 Tunnel을 형성
- Step 4: Tunnel을 통한 VPN 통신이 이루어짐
- Step 5: 허가받지 않은 사용자는 VPN 접근 불가

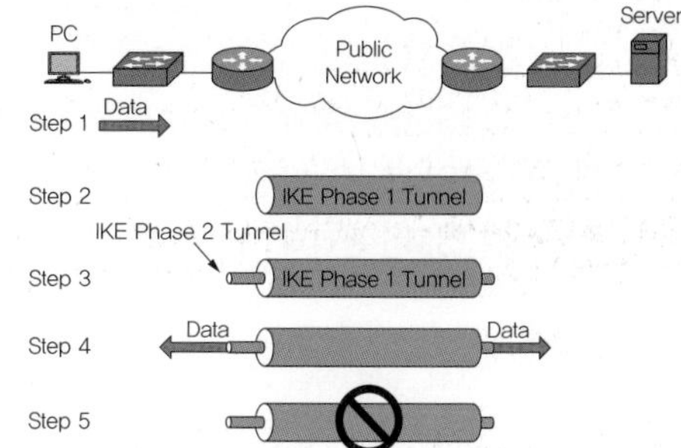

② 스니핑(Sniffing): '코를 킁킁거리다', '냄새를 맡다' 등의 뜻이므로 사전적인 의미와 같이 해킹기법으로서 스니핑은 네트워크상에서 자신이 아닌 다른 상대방들의 패킷 교환을 엿듣는 것을 의미한다.
③ 스푸핑(Spoofing): 다른 사람의 컴퓨터 시스템에 접근할 목적으로 IP 주소를 변조한 후 합법적인 사용자인 것처럼 위장하여 시스템에 접근함으로써 나중에 IP 주소에 대한 추적을 피하는 해킹기법의 일종이다.
④ DoS(Denial of Service): 서비스 거부 공격은 시스템을 악의적으로 공격해 해당 시스템의 리소스를 부족하게 하여 원래 의도된 용도로 사용하지 못하게 하는 공격이다.

04 다음 중 무선랜의 보안 문제점에 대한 대응책으로 틀린 것은? (2022-2차)

① AP 보호를 위해 전파가 건물 내부로 한정되도록 전파 출력을 조정하고 창이나 외부에 접한 벽이 아닌 건물 안쪽 중심부, 특히 눈에 띄지 않는 곳에 설치한다.
② SSID(Service Set Identifier)와 WEP(Wired Equipment Privacy)를 설정한다.
③ AP의 접속 MAC 주소를 필터링한다.
④ AP의 DHCP를 가능하도록 설정한다.

해설

AP의 DHCP를 가능하도록 설정하면 인가되지 않은 불특정 다수도 접속할 수 있다. 이를 방지하기 위해 AP의 접속 MAC 주소를 필터링하거나 별도 인증을 추가해야 한다.

보안 기술 유형	보안 기술
무선랜 접속인증 기술	• SSID 숨김 설정을 통한 접속 제한 • MAC 주소 인증(MAC 주소 필터링) • 공유키 인증(PSK: Pre-Shared Key) • IEEE 802.1x/EAP(인증 서버 이용)
무선전송 데이터 암호 기술	• WEP (Wired Equivalent Privacy) • WPA1, 2(Wi-Fi Protected Access)

정답 05 ③

05 다음 보기의 업무는 ISMS(Information Security Management System)의 어떤 단계에서 수행하는 업무인가?

(2020-3차)

> ㉠ 정확한 프로세스의 측정과 이행을 모니터링
> ㉡ 수집된 정보 분석(정량적, 정성적)
> ㉢ 분석 결과 평가

① 계획: ISMS 수립
② 수행: ISMS 구현과 운영
③ 점검: ISMS 모니터링과 검토
④ 조치: ISMS 관리와 개선

해설

ISMS는 계획, 수행, 점검, 조치의 4가지 단계로 이루어진다.

개념도	단계	내용
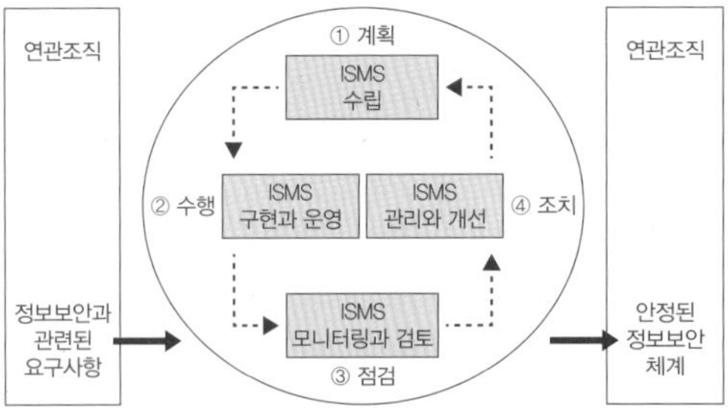 연관조직 / 정보보안과 관련된 요구사항 → ① 계획 ISMS 수립 → ② 수행 ISMS 구현과 운영 → ③ 점검 ISMS 모니터링과 검토 → ④ 조치 ISMS 관리와 개선 → 연관조직 / 안정된 정보보안 체계	계획: ISMS 수립	• 조직이 가지고 있는 위험을 관리하고 정보보안이라는 목적을 달성하기 위해 전반적인 정책을 수립 • 프로세스를 위한 입력, 출력 규정 • 프로세스 책임자 규정 • 프로세스 네트워크의 전반적인 흐름과 구상도 전개
	수행: ISMS 구현과 운영	• 수립된 정책을 현재 업무에 적용 • 각 프로세스를 위한 자원 분배 • 의사소통경로 수집 • 피드백 수용 • 자료수집
	점검: ISMS 모니터링과 검토	• 적용된 정책이 실제로 잘 동작하는지 확인 • 정확한 프로세스의 측정과 이행 모니터링 • 수집된 정보 분석(정량적, 정성적) • 분석 결과 평가
	조치: ISMS 관리와 개선	• 시정 및 예방 조치를 실행 • 잘못 운용되고 있는 경우 원인을 분석하고 개선

정답 06 ② 07 ②

06 출입보안시스템 제어부에서 분석한 감지신호를 유 · 무선 네트워크를 이용하여 관제센터로 전달하는 역할을 하는 요소는? (2022-3차)

① 감시부 ② 통신부
③ 경보부 ④ 출력부

해설
출입통제시스템은 특정 시설 내 통제 또는 제한구역 등에 대한 인원 및 차량의 출입통제를 강화하고, 첨단 보안태세와 자동화된 보안 업무를 통해 효율성을 향상시키기 위한 것으로 관제센터로 전달하는 역할은 통신부와 관련이 있다.

07 ARP(Address Resolution Protocol) 스푸핑은 몇 계층 공격에 해당하는가? (2022-2차)

① 1계층 ② 2계층
③ 3계층 ④ 4계층

해설
ARP(Address Resolution Protocol)
인터넷에서 통신하려면 자신의 로컬 IP 주소와 MAC 주소, 원격 호스트의 IP 주소와 MAC 주소가 필요하다. ARP는 원격 호스트의 주소 변환 기능을 제공하는데, 즉, 사용자가 입력한 IP 주소를 이용해 MAC 주소를 제공하는 프로토콜이다. IP 주소(3계층)를 알고 있고 MAC(2계층)을 찾아야 하므로 2계층이 정답이다. RARP는 반대의 개념으로 문제가 RARP이면 MAC을 알고 IP를 찾는 것으로 3계층이 답이 되는 것이다.

Redirect Traffic을 이용한 ARP Spoofing

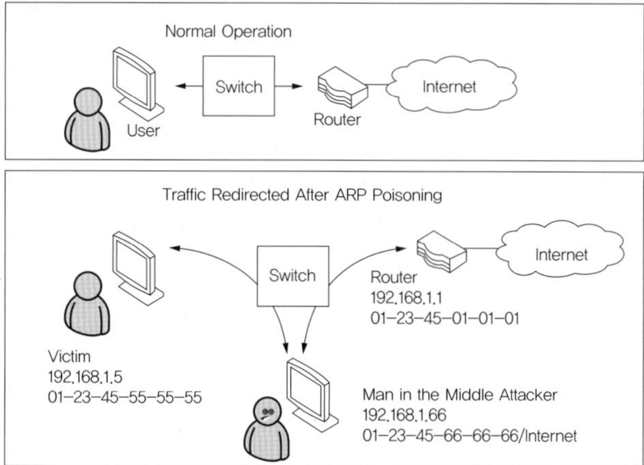

Victim의 ARP 캐시에는 라우터로 데이터를 전송하기 위해 192.168.1.1, 01－23－45－01－01－01인 IP와 MAC 주소를 Mapping 한다. 그러나 ARP 캐시를 해킹한 후에는 다음 항목이 포함됩니다.
192.168.1.1, 01－23－45－66－66－66(해커의 MAC 주소 매핑)
Victim은 이제 라우터로 향하는 모든 트래픽을 해커에게 보내게 된다. 해커는 나중에 데이터를 분석하기 위해 데이터를 캡처하고 IP 전달(Redirect)과 방법을 사용하여 트래픽을 라우터로 전송하여 피해자가 공격을 인지하지 못하도록 한다.

정답 08 ②

08 공격자가 두 객체 사이사이의 세션을 통제하고 객체 중 하나인 것처럼 가장하여 객체를 속이는 해킹기법은? (2023-2차)

① 스푸핑(Spoofing)
② 하이재킹(Hijacking)
③ 피싱(Phishing)
④ 파밍(Pharming)

해설

② 하이재킹(Hijacking): 다른 사람의 세션 상태를 훔치거나 도용하여 액세스하는 해킹기법, 일반적으로 세션 ID 추측 및 세션 ID 쿠키 도용을 통해 공격이 이루어진다.

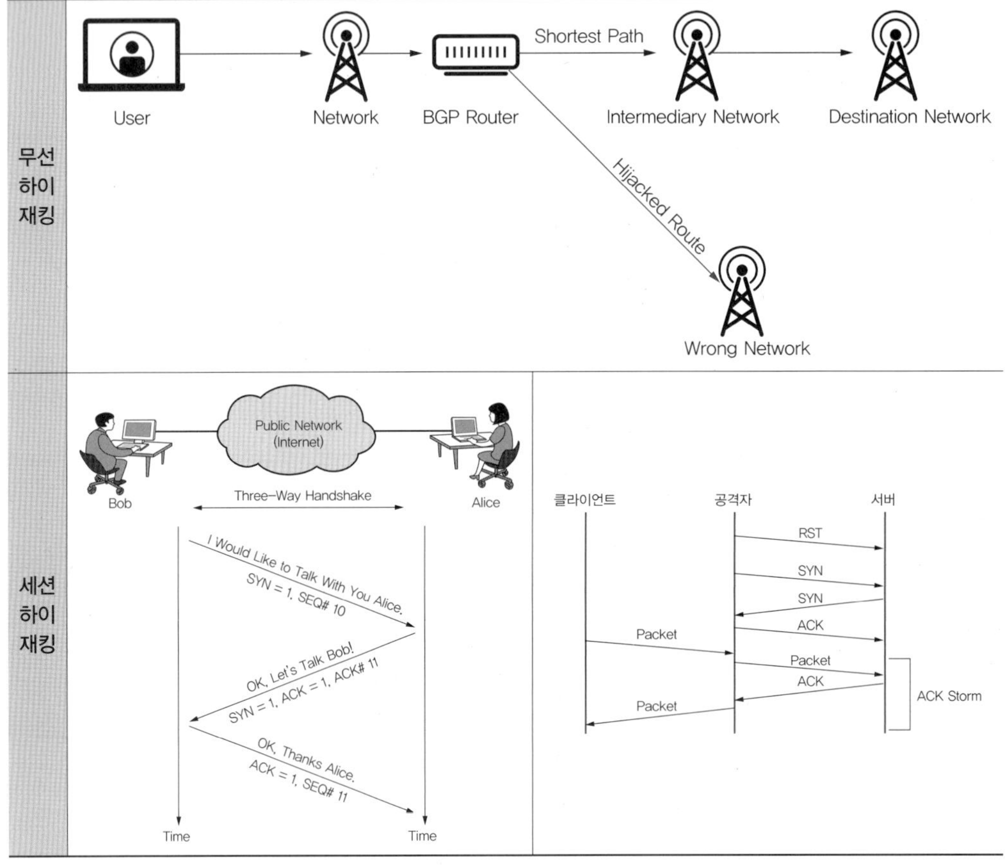

세션 하이재킹이란, 말 그대로 세션 가로채기이며, 서버와 클라이언트 간에 통신은 정상인 것처럼 보이나 실제로 해커가 중간에서 모든 작업이나 활성상태들을 감시할 수 있는 상태이다.

① 스푸핑(Spoofing): 스푸핑의 사전적 의미는 '속이다'이다. 네트워크에서 스푸핑 대상은 MAC 주소, IP 주소, 포트 등 네트워크 통신과 관련된 모든 것이 될 수 있고, 스푸핑은 속임을 이용한 공격을 총칭한다.

③ 피싱(Phishing): 전자우편 또는 메신저를 사용해서 신뢰할 수 있는 사람 또는 기업이 보낸 메시지인 것처럼 가장함으로써, 비밀번호 및 신용카드 정보와 같이 기밀을 요하는 정보를 부정하게 얻으려는 소셜 엔지니어링의 한 종류이다.

④ 파밍(Pharming): 사용자가 자신의 웹 브라우저에서 정확한 웹 페이지 주소를 입력해도 가짜 웹 페이지에 접속하게 하여 개인정보를 훔치는 것이다.

09 다음 중 HTTPS의 특징으로 옳지 않은 것은? (2023-3차)

① HTTP에 Secure Socket이 추가된 형태이다.
② HTTP 통신에 SSL 혹은 TLS 프로토콜을 조합한다.
③ HTTP SSL → TCP의 순서로 통신한다.
④ HTTPS는 디폴트로 8080포트를 사용한다.

해설

HTTP는 기본적으로 클라이언트와 서버사이에서 데이터를 주고받는 통신 프로토콜이다. 그러나 HTTP에는 단점이 존재했는데 주고받는 데이터가 전송될 때 암호화되지 않기 때문에 보안에 취약하다는 것이었다. 이러한 문제를 해결하기 위해 중요한 정보를 주고받을 때 도난당하는 것을 막게 하는 프로토콜이 생성되었다. 이를 HTTPS라고 한다. 기존의 HTTP를 암호화한 버전이 HTTPS가 된 것이다. SSL(Secure Socket Layer)이라는 프로토콜을 사용해 주고받는 정보를 암호화한다. 이후 SSL은 TLS(Transport Layer Security)로 발전되어 현재는 SSL/TLS라는 단어를 혼용해서 사용하고 있다.
HTTPS는 암호화 프로토콜을 사용하여 통신을 암호화한다. 이 프로토콜은 이전에는 보안 소켓 계층(SSL)으로 알려졌지만, 전송 계층 보안(TLS)이라고 한다. 이 프로토콜은 비대칭 공개키 인프라로 알려진 것을 사용하여 통신을 보호한다. 이 유형의 보안 시스템에서는 두 개의 서로 다른 키를 사용하여 두 당사자 간의 통신을 암호화한다. HTTP의 기본 포트 80, HTTPS의 기본 포트가 443이다.

10 다음 중 OSI 7계층의 5계층 이상에서 사용하는 VPN(Virtual Private Network) 종류는? (2023-3차)

① IPsec(Internet Protocol Security) VPN
② PPTP(Point to Point Tunneling Protocol) VPN
③ SSL(Secure Sockets Layer) VPN
④ MPLS(Multiprotocol Label Switching) VPN

해설

앞서 문제 **01**번 문제에서 SSL은 4계층(Transport)에서 동작하는 것으로 보고 있다. 문제가 SSL이나 TLS를 묻는게 아니고 5계층에서 사용하는 VPN을 전제로 접근하길 바란다.
SSL(Secure Sockets Layer) VPN

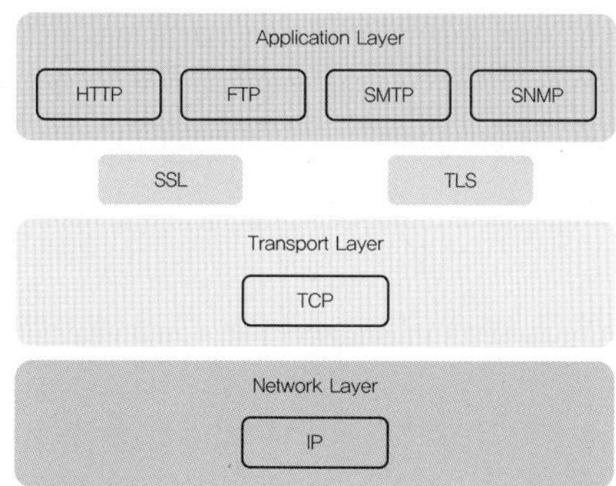

TLS는 SSL 3.0을 기반으로 발표되었기 때문에, SSL과는 거의 같다고 볼 수 있으며, 전송계층 기반에서 동작한다. 이 문제에서는 SSL이나 TLS가 전송계층과 응용계층 사이에 있어서 SSL이나 TLS를 5계층으로 보기에 답이 되는 것이다.

09 신기술(융복합)

기출유형 01 ▶ 통신망 설계

다음 중 정보통신시스템 구축 시 네트워크에 관한 고려사항이 아닌 것은? (2016-1차)(2021-2차)(2023-1차)

① 파일 데이터의 종류 및 측정 방법
② 백업회선의 필요성 여부
③ 단독 및 다중화 등 조사
④ 분기회선 구성 필요성

해설

파일 데이터의 종류는 정보통신시스템 구축과는 무관하다. 정보통신시스템은 건물과 같은 개념으로 그 안에 어떤 종류의 물건이나 사람이 들어오는 데이터의 종류는 무관한 것이 되는 것과 같은 개념이다.

| 정답 | ①

족집게 과외

- **엔지니어링 단계**: 타당성조사 → 기본계획 → 기본설계 → 실시설계 → 구매 조달 → 시공 → 시험운전 → 유지관리
- **정보통신시스템 설계업무 수행 절차**

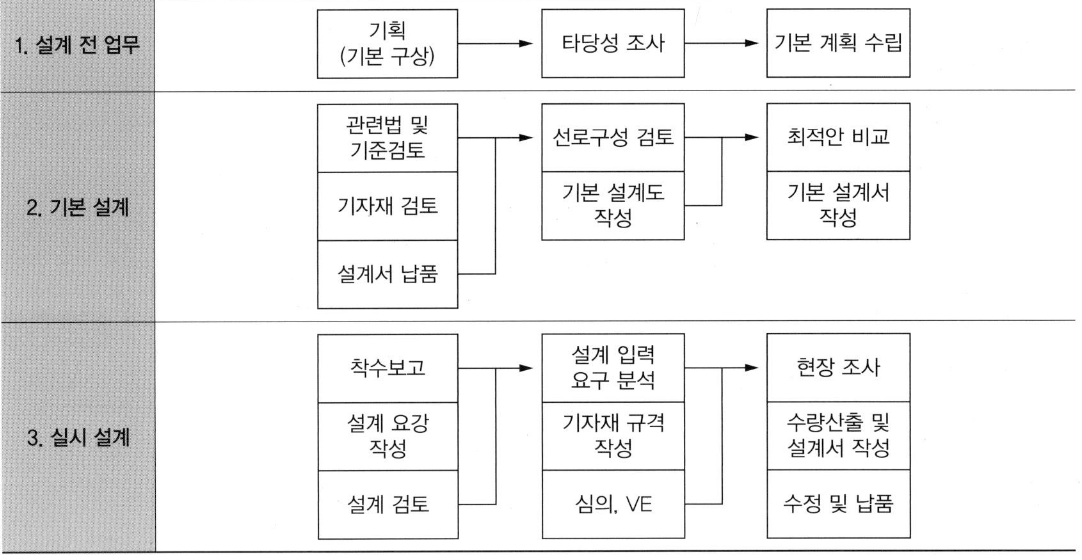

더 알아보기

일반적인 정보시스템 구축은 분석(Analysis), 설계(Design), 구축(Construction), 구현(Implementation) 등 4단계 과정을 거쳐 구축된다. 정보통신시스템의 일반적인 흐름은 다음과 같다.

단계	내용
요구 사항 분석 및 수집	시스템의 요구 사항과 목표를 이해하는 것으로 요구 사항 정의 후 요구분석, 요구 사항 정리, 요구 사항 검토로서 주요 기능 및 제약 조건 식별이 포함된다.
시스템(장비) 설계 단계	수집된 요구 사항을 추가로 분석하고 시스템 사양을 정의하며 아키텍처 디자인, 데이터 모델 및 인터페이스 디자인을 만드는 작업이 포함된다.
시스템(장비) 설치, 구현	설계가 완료되면 실제 개발이 시작되며 소프트웨어 코딩 또는 구성, 하드웨어 구성 요소 통합 및 필요한 데이터베이스 구조 구현과 장비 설정 변경이 포함된다.
시스템 시험 단계	시스템 구현 후 예상대로 작동하는지 확인하기 위해 단위 테스트, 통합 테스트, 시스템 테스트, 승인 테스트와 같은 다양한 유형의 테스트를 수행하여 결함이나 문제를 식별하고 수정한다.
교육 및 문서화	사용자 설명서, 시스템 설명서 및 기타 관련 문서를 포함하여 문서를 생성한다.
시스템 유지보수 단계	시스템 모니터링, 발생한 문제 또는 버그 해결, 업데이트 및 패치 적용, 사용자에게 기술 지원 제공이 포함된다.

❶ 정보통신시스템의 하드웨어 설계 시 고려사항

구분	내용
시스템 요구 사항	원하는 기능, 성능, 확장성 및 안정성 결정이 포함되며 설계에 사전 반영되어야 한다.
호환성	하드웨어 구성 요소가 서로 호환되고 전체 시스템 아키텍처와 호환되는지 확인한다.
확장성	시스템의 향후 성장 및 확장성으로 추가 기능의 잠재적인 증가를 고려해야 한다.
신뢰성 및 중복성	정보 및 통신 시스템은 신뢰성 및 가용성이 중요하며 이중화 기능으로 하드웨어를 설계하여 단일 장애 지점을 최소화하기 위해 중복 전원 공급 장치, 저장 장치, 네트워크 연결 및 백업 시스템이 포함될 수 있다.
성능	시스템의 성능으로 프로세서 속도, 메모리 용량, 스토리지 성능 및 네트워크 대역폭이 포함된다.
전력 및 냉각	과열을 방지하고 최적의 성능을 유지하기 위해 시스템에 적절한 냉각 메커니즘이 있는지 확인한다.
보안	민감한 데이터를 보호하고 무단 액세스를 방지하기 위한 보안 조치로서 암호화 기능, 보안 인증 메커니즘, 물리적 보안 기능 및 관련 보안 표준 준수가 포함되어야 한다.
유지 보수 용이성	전체 시스템을 중단하지 않고 개별 구성 요소를 쉽게 교체하거나 업그레이드할 수 있어야 하며 유지 관리를 위해 접근성, 모듈성 등에 대한 고려가 필요하다.
비용 효율성	하드웨어를 설계할 때 비용과 성능 및 기능의 균형을 맞추는 것이 중요하다. 구성 요소 가격, 전력 소비 및 장기 유지 관리 비용과 같은 요소에 대한 고려가 필요하다.
표준 및 호환성	하드웨어 구성 요소가 산업 표준 및 프로토콜을 준수하는지 확인하여 다른 시스템 및 장치와의 상호 운용성을 보장하고 통합을 용이하게 하며 향후 확장 및 새로운 기술과의 호환성을 허용이 요구된다.

정답 01 ① 02 ②

01 다음 중 정보통신시스템 설계의 진행과정에서 가장 나중에 수행해야 하는 것은? (2020-3차)

① 실시설계　　② 조사분석
③ 기본설계　　④ 계획설계

해설

엔지니어링 단계

타당성조사 → 기본계획 → 계획설계 → 실시설계 → 구매 · 조달 → 시공 → 시험운전 → 유지관리

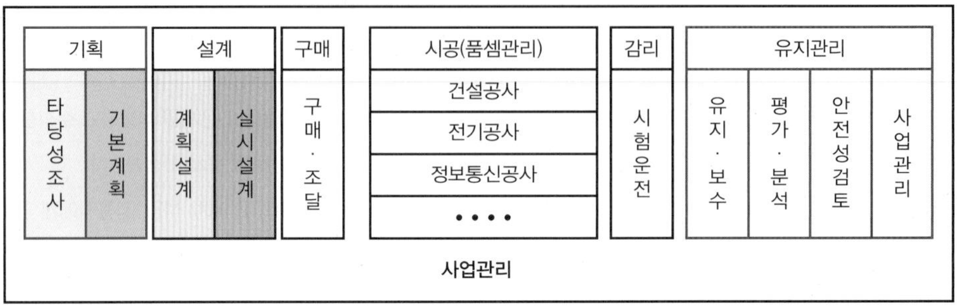

기획	설계	구매	시공(품셈관리)	감리	유지관리
타당성조사 기본계획	계획설계 실시설계	구매 · 조달	건설공사 전기공사 정보통신공사 • • • •	시험운전	유지 · 보수 평가 · 분석 안전성검토 사업관리

사업관리

02 정보통신시스템의 개발 과정 단계 중 소프트웨어 프로그래밍, 하드웨어 구입, 시스템 설치 등이 포함되는 단계는? (2020-3차)

① 시스템 설계 단계　　② 시스템 구현 단계
③ 시스템 시험 단계　　④ 시스템 유지보수 단계

해설

일반적인 정보시스템 구축은 분석(Analysis), 설계(Design), 구축(Construction), 구현(Implementation) 등 4단계 과정을 거쳐 구축된다. 정보통신 시스템의 일반적인 흐름은 다음과 같다.

단계	내용
시스템 설계 단계	수집된 요구 사항을 추가로 분석하고 시스템 사양을 정의하며 아키텍처 디자인, 데이터 모델 및 인터페이스 디자인을 만드는 작업이 포함된다.
시스템 구현 단계	시스템 설계가 완료되면 시스템의 실제 개발이 시작되며 소프트웨어 코딩 또는 구성, 하드웨어 구성 요소 통합 및 필요한 데이터베이스 구조 구현이 포함된다.
시스템 시험 단계	시스템 구현 후 예상대로 작동하는지 확인하기 위해 단위 테스트, 통합 테스트, 시스템 테스트, 승인 테스트와 같은 다양한 유형의 테스트를 수행하여 결함이나 문제를 식별하고 수정한다.

정답 03 ③ 04 ③ 05 ②

03 설계자가 감쇠 특성을 고려하여 통신시스템을 설계할 때 유의하지 않아도 되는 사항은? (2020-2차)(2022-1차)

① 수신기의 전자회로가 신호를 검출하여 해석할 수 있을 정도로 수신된 신호는 충분히 커야 한다.
② 오류가 발생하지 않을 정도로 신호는 잡음보다 충분히 커야 한다.
③ Pair 케이블을 조밀하게 감을수록 비용이 낮고 성능은 좋아진다.
④ 감쇠는 주파수가 증가함에 따라 증가하는 특성을 보인다.

해설

Pair 케이블을 조밀하게 감을수록 비용은 낮아질 수 있으나 케이블 간 흐른 전류 상호유도에 의한 성능이 저하될 수 있다.

04 정보통신시스템 분석의 목적에 관한 내용으로 맞지 않는 것은? (2015-1차)(2020-2차)

① 새로운 시스템 설계의 기초자료를 얻는다.
② 비능률적이고 낭비적인 요소와 문제점을 발견할 수 있다.
③ 시스템 또는 각 구성요소에 장애가 발생했을 때 회복을 위한 수리의 간편성, 정기적인 점검자료를 얻는다.
④ 전산화에 따른 효과분석을 할 수 있는 기초자료를 얻는다.

해설

③은 시스템 유지보수에 대한 내역이다.

정보통신시스템 분석의 목적

기존 시스템이나 계획 중인 시스템을 체계적으로 조사하여 그 시스템에 요구되는 정보, 그 시스템의 처리 과정, 처리 과정 상호 간의 관계나 다른 시스템과의 관계 등을 명확하게 하는 것이다.

05 정보통신시스템의 하드웨어 설계 시 고려사항이 아닌 것은? (2022-2차)

① 운용, 유지보수 및 관리
② 민원 가능성
③ 신뢰성
④ 전기적 및 물리적 성능

해설

정보통신시스템의 하드웨어 설계와 일반적인 민원 발생과는 거리가 멀다. 정보통신시스템의 하드웨어 설계 시 고려사항은 아래와 같다.

구분	내용
시스템 요구 사항	원하는 기능, 성능, 확장성 및 안정성 결정이 포함되며 설계에 사전 반영되어야 한다.
호환성	하드웨어 구성 요소가 서로 호환되고 전체 시스템 아키텍처와 호환되는지 확인한다.
확장성	시스템의 향후 성장 및 확장성으로 추가 기능의 잠재적인 증가를 고려해야 한다.
신뢰성 및 중복성	정보 및 통신 시스템은 신뢰성 및 가용성이 중요하며 이중화 기능으로 하드웨어를 설계하여 단일 장애 지점을 최소화하기 위해 중복 전원 공급 장치, 저장 장치, 네트워크 연결 및 백업 시스템이 포함될 수 있다.
성능	시스템의 성능으로 프로세서 속도, 메모리 용량, 스토리지 성능 및 네트워크 대역폭이 포함된다.
전력 및 냉각	과열을 방지하고 최적의 성능을 유지하기 위해 시스템에 적절한 냉각 메커니즘이 있는지 확인한다.

정답 06 ④ 07 ④

보안	민감한 데이터를 보호하고 무단 액세스를 방지하기 위한 보안 조치로서 암호화 기능, 보안 인증 메커니즘, 물리적 보안 기능 및 관련 보안 표준 준수가 포함되어야 한다.
유지보수 용이성	전체 시스템을 중단하지 않고 개별 구성 요소를 쉽게 교체하거나 업그레이드할 수 있어야 하며 유지관리를 위해 접근성, 모듈성 등에 대한 고려가 필요하다.
비용 효율성	하드웨어를 설계할 때 비용과 성능 및 기능의 균형을 맞추는 것이 중요하다. 구성 요소 가격, 전력 소비 및 장기 유지 관리 비용과 같은 요소에 대한 고려가 필요하다.
표준 및 호환성	하드웨어 구성 요소가 산업 표준 및 프로토콜을 준수하는지 확인하여 다른 시스템 및 장치와의 상호운용성을 보장하고 통합을 용이하게 하며 향후 확장 및 새로운 기술과의 호환성을 허용이 요구된다.

06 정보통신 시스템 기본 설계에서 프로그램설계가 아닌 것은? (2022-1차)

① 톱-다운 설계
② 복합 설계
③ 데이터 중심형 설계
④ 하드웨어 설계

해설

하드웨어는 워크스테이션, 단말기, 서버, 프린터, 백업장치, 기타 처리 및 입출력 장치 등이다. 하드웨어 설계는 프로그램설계가 아니다.

기본 설계서를 구성하는 5가지 요소

1) 공사의 목적, 2) 설계 기준, 3) 자재 및 공정표, 4) 타분야(전기, 소방, 건축)과의 호환성, 5) 관계 관공서와의 협의 사항

07 시스템을 구성하는 각 장비의 기능에 따라 정상상태를 시험할 목적으로 사용되는 프로그램은? (2022-1차)

① 프로그램 보수 프로그램
② 장애해석 프로그램
③ 시스템 가동 통계 프로그램
④ 보수 시험 프로그램

해설

유지 보수 시험 프로그램(Test And Maintenance Program, TMP)

장치의 정상적인 확인, 장애 부분의 탐색 등에 사용되는 비교적 다용도의 시험 프로그램으로 시험 결과는 별도 시험 결과 보고서 형태로 출력하여 유지보수 담당자가 보고하고 별도 보관한다.

정답 08 ④ 09 ④ 10 ④

08 중앙 집중 운용 보전망(Telecommunication Management Network) 기능이 아닌 것은? (2012-1차)

① 유지보수 효율성을 개선한다.
② 좀 더 효율적으로 고도로 전문화된 기계 자원들을 활용한다.
③ 좀 더 효율적인 데이터베이스를 활용한다.
④ 통신망의 기술 성능에 대한 원칙을 고수한다.

해설

통신 관리 네트워크는 통신 네트워크에서 개방형 시스템을 관리하기 위해 ITU-T에서 정의한 프로토콜 모델이다. ITU-T 권장 사항 시리즈 M.3000의 일부이며 ITU-T 권장 사항 시리즈 X.700의 OSI 관리 사양을 기반으로 한다. 빠르게 변화하는 통신망에 대해 기존 통신기술만을 고집하면 시대적 흐름에 뒤쳐질 수 있다. 그러기 위해서는 신기술 동향 파악에 따른 최적의 통신망 구축을 위해 통신망의 기술 성능에 대한 원칙을 고수보다는 유연하고 체계적인 대응이 필요할 것이다.

09 정보통신시스템 운용계획 수립 시, 요구분석 단계에 해당되지 않는 것은? (2016-2차)

① 정보통신시스템의 워크플로우에 따라 업무특성을 반영하여 최적화된 운용방안을 관계자와 협의하여 결정한다.
② 관찰 조사를 실시하여 사용자의 성능 요구 사항을 파악한다.
③ 운용 업무 분석을 위해 설문지 조사를 실시한다.
④ 성능 요구수준을 만족할 수 있도록 네트워크 장비의 설정을 변경한다.

해설

운용계획 수립 시에는 모든 정보통신시스템이 구축이 완료된 이후이다.
④ 성능 요구수준을 만족할 수 있도록 네트워크 장비의 설정을 변경한다. → 초기 요구사항 분석 및 수집 단계나 필요시 설계 단계에서 완료되어야 한다.

10 다음 중 통합관제 구축 이후 진행되는 성능시험 단계별 시험으로 틀린 것은? (2023-2차)

① 단위 기능 시험: 시스템별 요구 사항 명세서에 명시된 기능들의 수행 여부를 판단하기 위한 시험
② 통합시험: 시스템 간 서비스 레벨의 연동 및 End-to-End 연동 시험
③ 실 환경시험: 최종단계의 시험으로 실제 운영환경과 동일한 시험
④ BMT(Bench Mark Test) 성능시험: 장비 도입을 위한 장비 간 성능 비교시험

해설

BMT(Bench Mark Test) 성능시험의 목적은 서로 다른 시스템 또는 구성 요소의 성능을 비교하는 데 사용할 수 있는 표준화된 측정을 제공하는 것이다. 위 문제에서 BMT 시기는 통합관제 구축 이전에 장비에 대한 성능을 파악하고 도입 여부를 결정해야 할 것이다.

정답 11 ③

11 다음 중 이중바닥재의 성능시험 항목이 아닌 것은? (2023-1차)

① 충격시험　　　② 누설저항시험

③ 국부인장시험　　　④ 연소성능시험

해설

이중바닥재(엑세스플러어, Access Floor) KS 인증 시험 방법(KS F 4760)

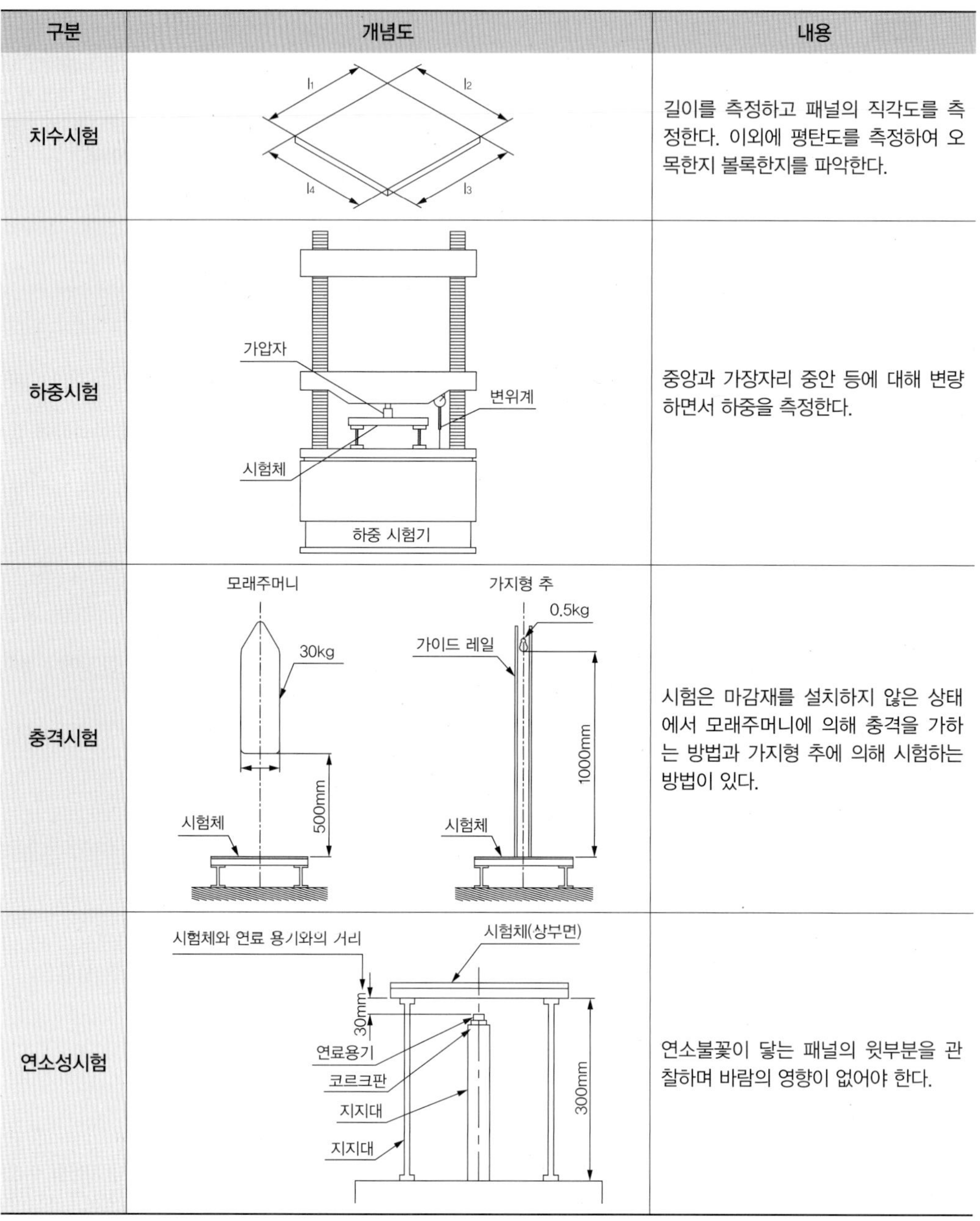

구분	개념도	내용
치수시험		길이를 측정하고 패널의 직각도를 측정한다. 이외에 평탄도를 측정하여 오목한지 볼록한지를 파악한다.
하중시험		중앙과 가장자리 중안 등에 대해 변량하면서 하중을 측정한다.
충격시험		시험은 마감재를 설치하지 않은 상태에서 모래주머니에 의해 충격을 가하는 방법과 가지형 추에 의해 시험하는 방법이 있다.
연소성시험		연소불꽃이 닿는 패널의 윗부분을 관찰하며 바람의 영향이 없어야 한다.

이외에 정전기성능시험, 대전 성능시험, 누설 저항 시험, 방식 성능시험, 도막의 밀착성 시험 등을 한다.

정답 12 ④ 13 ③ 14 ②

12 다음 중 유용한 시스템이 가져야 할 특성이라고 볼 수 없는 것은? (2021-1차)

① 목적성
② 자동성
③ 제어성
④ 비선형성

해설

선형성(Linear)

어떤 성질이 변하는데 그 변수가 "1차원적이다"는 것으로 어떤 신호에 기울기만 곱한 형태와 같다는 것을 의미하다. 유용한 시스템은 입력 대비 출력이 일정해야 향후 예측 가능하다는 것이다. 시스템이 비선형성이면 입력 대비 출력을 예측할 수 있어 유용한 시스템이라 할 수 없다.

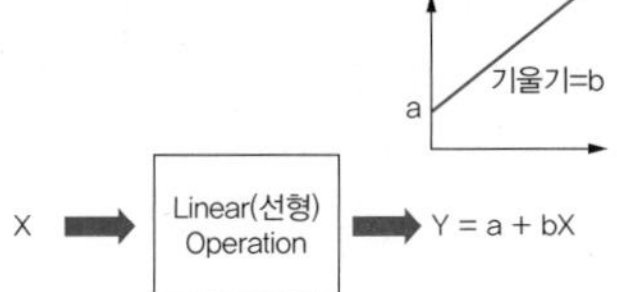

13 통신망 계획 시 검토사항이 적절하지 않은 것은? (2022-3차)

① 설비의 신뢰성: 통신망의 환경조건 분석, 설치 운용사례수집
② 수요 및 트래픽 분석: 트래픽(Traffic)의 종류, 이용자의 성향 분석
③ 이용자의 성향분석: 최한시(Idle Hour) 기준의 트래픽 설계, 멀티미디어서비스 이용 동행
④ 기술적 특성 및 전망: 인터페이스 조건, 기술발전추세 부합 여부

해설

③ 이용자의 성향분석: 최번시(Busy Hour) 기준의 트래픽을 설계해서 최악의 통신망 환경을 고려해야 한다.

14 출입보안시스템 제어부에서 분석한 감지신호를 유·무선 네트워크를 이용하여 관제센터로 전달하는 역할을 하는 요소는? (2022-3차)

① 감시부
② 통신부
③ 경보부
④ 출력부

해설

출입통제시스템은 특정 시설 내 통제 또는 제한구역 등에 대한 인원 및 차량의 출입통제를 강화하고, 첨단 보안태세와 자동화된 보안 업무를 통해 효율성을 향상시키기 위한 것으로 관제센터로 전달하는 역할은 통신부와 관련이 있다.

정답 15 ③ 16 ① 17 ①

15 **분산컴퓨팅에 관한 설명으로 틀린 것은?** (2023-2차)

① 분산컴퓨팅의 목적은 성능 확대와 가용성에 있다.
② 성능 확대를 위해서는 컴퓨터 클러스터의 활용으로 수직적 성능 확대와 수평적 성능 확대가 있다.
③ 수평적 성능 확대는 동신연결을 높은 대역의 통신회선으로 업그레이드하여 성능 향상시키는 것이다.
④ 수직적 성능 확대는 컴퓨터 자체의 성능을 업그레이드하는 것을 말한다. CPU, 기억장치 등의 증설로 성능향상을 시킨다.

해설

③ 수평적 성능 확대는 서버의 수를 늘리는 것으로 통신회선과는 무관하다. 한 대의 컴퓨터로 서버의 역할을 수행할 때 서버가 감당할 수 없을 만큼의 큰 규모의 클라이언트가 동시에 서버에 접속하게 된다면 제대로된 서비스를 제공할 수 없게 된다. 이와 같은 경우 규모 확장을 고려하게 될 것이다. 규모 확장의 종류로는 수직확장과 수평확장이 있다.

구분	수직적 성능 확대	수평적 성능 확대
개념	서버의 성능(CPU, RAM, 스토리지, 네트워크 등)을 높인다.	더 많은 서버를 도입하는 방법이다(트래픽이 많을 경우 수평 확장이 답).
장점	하나의 서버로 가능하면 수직 확장이 적절하다.	장애 대응에 유연하고 향후 확장성이 우수하다.
단점	가격, 성능의 한계가 있다. 장애 대응에 어려움이 있고 고성능의 하드웨어를 사용한다고 해도 하드웨어 고장 시 서비스가 중단되어 버린다.	비용이 상대적으로 증가한다.

16 **정보통신시스템의 신뢰도에 대한 계획 수립 시 고려해야 할 사항이 아닌 것은?** (2015-2차)

① 반복성
② 보전성
③ 확실성
④ 보안성

해설

정보통신시스템의 신뢰성 설계를 위한 5대 요소는 신뢰성(Reliability), 가용성(Availability), 보전성(Serviceability), 확실성(Integrity), 보안성(Security) 등이 요구된다. 반복성은 신뢰도와는 무관하다.

17 **다음 중 통합관제센터 백업 설정 요소로 고려사항이 아닌 것은?** (2023-1차)

① 백업 데이터에 대한 무결성
② 백업대상 데이터와 자원 현황
③ 백업 및 복구 목표시간
④ 백업 주기 및 보관기간

해설

통합관제센터 백업 관리 고려사항

구분	내용
백업 설정 요소	• 백업대상 데이터의 현황, 백업 및 복구 목표 시간 설정, 백업 주기, 보관기간 등을 결정 • 백업 설정 요소의 변경은 충분한 검토 및 승인을 거쳐서 반영
백업 무결성 확인	백업 데이터에 대한 무결성 확인을 위해 Restore 작업을 통하여 백업된 데이터의 정상적 가동 여부를 정기적으로 점검

기출유형 02 ▶ Zigbee

다음 중 ZigBee 통신방식의 특징으로 옳지 않은 것은? (2020-2차)(2022-1차)

① 저전력 구내무선통신기술이다.
② 근거리 고속통신에 적합하다.
③ 성형, 망형 등 다양한 네트워크 토폴로지를 지원한다.
④ 네트워크의 안전성을 요구하는 RF 어플리케이션에 사용된다.

해설

Zigbee는 통신거리가 이론적으로 10~100m이고 최대 255대의 기기를 연결할 수 있으며 가장 큰 장점은 Mesh망을 지원한다는 것이다. 이를 통해 단순 근거리가 아닌 장거리 통신을 지원할 수 있다(Mesh 망에서 노드를 홉으로 사용).

| 정답 | ②

족집게 과외

구분	Zigbee	Bluetooth	Wi-Fi	NFC
전송거리	~100m	~10m	~100m	~20m
전송속도	~250Kbps	~24Mbps	11M/54Mbps	106~848Kbps
최대 채널 수	32000	7	14	1
소비전력	Very Low	Medium	High	Low
복잡성	Low	Low	High	Low
비용	Low	Low	High	Low

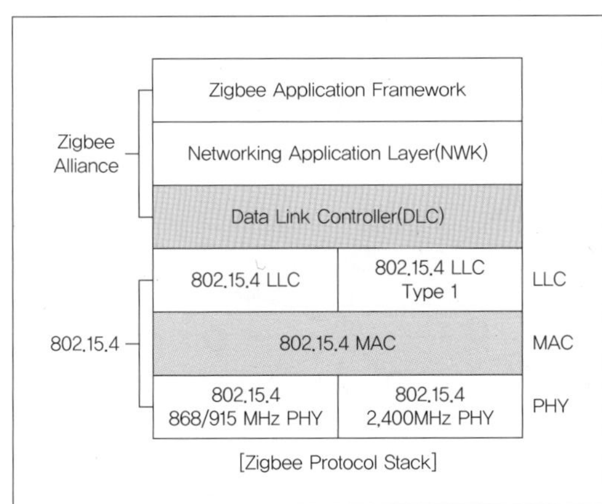

[Zigbee Protocol Stack]

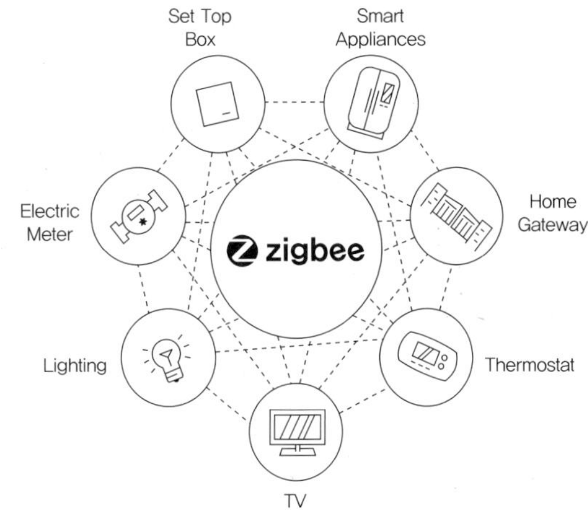

더 알아보기

ZigBee 계층 구성

구분	분류	내용
응용 프레임워크	개념	Zigbee 응용 Framework를 구성한다.
	응용계층	실제 Zigbee Object를 규정한다.
	응용지원부계층	1개 노드에 복수 응용과 통신 채널을 설정한다.
네트워크 계층	개념	Networking 및 Routing 관리 기반 Message 전송방식을 규정한다.
	네트워크 관리	Zigbee Network의 시작이나 Join, 주소할당 등을 관리한다.
	라우팅 관리	장거리 전송, 망 변화 시 전송과 관리 및 Node Relay 기능한다.
매체접근제어계층(MAC), 물리계층(PHY)		802.15.4 표준을 준용하여 동작한다.

❶ Zigbee

Zigbee는 저전력, 경량의 데이터 속도 및 단거리 무선 네트워크를 위해 설계된 무선 통신 프로토콜로서 IEEE 802.15.4 표준을 기반으로 하며 2.4GHz ISM 대역에서 동작한다. Zigbee는 산업 및 상업 환경뿐만 아니라 스마트 홈 및 빌딩 자동화 환경 등에서 장치들이 무선으로 서로 통신할 수 있게 해주고 원격으로 제어하고 모니터링할 수 있게 지원해 준다. 예를 들어 Zigbee 전원 장치는 조명, HVAC 시스템, 보안 시스템 및 기타 가정 또는 건물 자동화 기능을 제어하는 데 사용할 수 있다. IEEE 802.15.4-2003을 기반으로 한 작고, 저전력을 이용하는 통신 프로토콜로서 낮은 데이터율, 적은 배터리 소모, 네트워크의 안전성을 요구하는 Radio Frequency Application에 주로 사용된다.

❷ Zigbee 구성

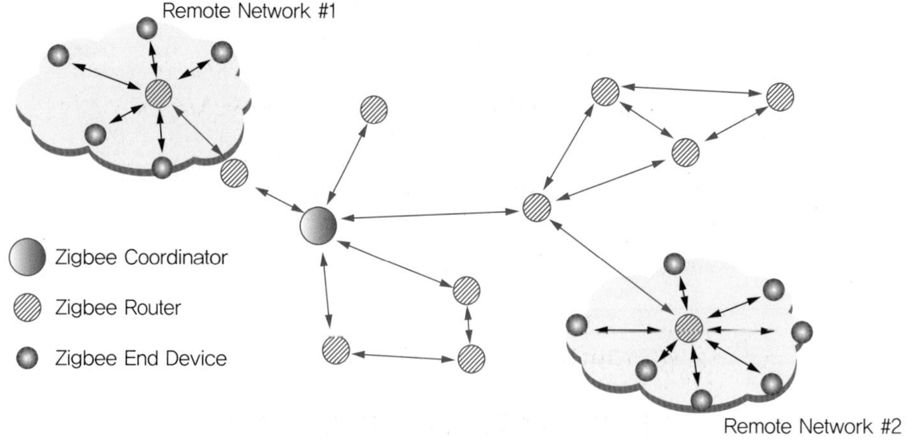

구분	내역
Zigbee Coordinator	Zigbee 구성에서 가장 중요한 디바이스로 네트워크를 형성하고 다른 네트워트들과 연결시킨다. 각각의 네트워크에는 단 한 개의 코디네이터가 있으며 Zigbee Coordinator는 네트워크에 관한 정보를 저장할 수 있고, Trust Center 또는 보안 키를 위한 저장소로서의 역할도 수행한다.
Zigbee Router	라우터는 애플리케이션 기능뿐만 아니라, 다른 디바이스로부터 데이터를 전달할 수 있는 기능을 할 수 있다.
Zigbee End Device	Zigbee End Device는 Main(=부모) 노드와 통신할 수 있는 기능을 포함한다. 이러한 관계는 노드가 오랜 시간을 대기할 수 있도록 하여 배터리 수명을 더욱 길게 연장할 수 있다.

❸ ZigBee 특징

㉠ 프로토콜 스택 코드의 크기는 블루투스나 802.11에 비해 4분의 1 정도에 불과하며 저전력 소규모로 단순 구현이 가능하다.

㉡ 한 번의 배터리 충전으로 수개월, 또는 수년간 사용이 가능하다.

㉢ 네트워크당 Device의 밀집도가 매우 높고 상대적으로 간단한 프로토콜이며 구현이 용이하다.

㉣ 디바이스, 설치, 유지 등에 대해 상대적으로 적은 비용이 소요된다.

㉤ 안전성, 보안성, 신뢰성, 유연성 등의 특성이 있으며 프로토콜 스택이 매우 작아서 기기 간 상호 호환이 가능해서 다양한 장소에서 사용이 가능하다.

㉥ 활성 모드(수신, 송신), 슬립 모드 등의 설정을 지원한다.

❹ Zigbee 장점

구분	내용
낮은 소비 전력	낮은 전력 소비로 배터리 전원을 사용하여 장치를 장시간 작동할 수 있다.
Mesh 망	메시 네트워크를 만들 수 있다.
장거리	메시 네트워크를 이용하여 데이터를 라우팅하며 더 먼 거리와 장애물 주변에서 신호를 전송할 수 있다.
강력한 보안 기능	데이터를 보호하고 네트워크에 대한 무단 액세스를 방지하기 위해 암호화 및 인증을 포함한 강력한 보안 기능을 제공한다.

기출유형 완성하기

정답 01 ① 02 ②

01 Zigbee 네트워크 내에서 반드시 하나만 존재하는 것으로 네트워크 정보의 초기화를 담당하는 것은 무엇인가? (2014-3차)(2017-3차)(2021-3차)

① 코디네이터(Coordinator)
② 라우터(Router)
③ 게이트웨어(Gateway)
④ 단말장치(Data Terminal)

해설

구분	내용
Zigbee Coordinator	Zigbee 구성에서 가장 중요한 디바이스로 네트워크를 형성하고 다른 네트워트들과 연결시킨다. 각각의 네트워크에는 단 한 개의 코디네이터가 있으며 Zigbee Coordinator는 네트워크에 관한 정보를 저장할 수 있고, Trust Center 또는 보안 키를 위한 저장소로서의 역할도 수행한다.
Zigbee Router	라우터는 애플리케이션 기능뿐만 아니라, 다른 디바이스로부터의 데이터를 전달할 수 있는 기능을 할 수 있다.
Zigbee End Device	Zigbee End Device는 Main(=부모) 노드와 통신할 수 있는 기능을 포함한다. 이러한 관계는 노드가 오랜 시간을 대기할 수 있도록 하여 배터리 수명을 더욱 길게 연장할 수 있다.

02 다음 내용에 해당하는 것은? (2016-3차)(2018-2차)(2021-1차)

> IEEE 802.15.4 표준 기반 저전력으로 지능형 홈네트워크 및 산업용 기기 자동차, 물류, 환경, 모니터링, 휴먼 인터페이스, 텔레매틱스 능 다양한 유비쿼터스 환경에 응용이 가능하다.

① Bluetooth
② Zigbee
③ NFC
④ RFID

해설

Zigbee는 IEEE 802.15.4를 기반으로 소형, 저전력 장비에 사용하는 통신 프로토콜이다. Zigbee는 낮은 데이터률, 적은 배터리 소모, 네트워크의 안전성을 요구하는 RF에 사용된다.

정답 03 ③

03 다음 보기 중 기저대역(Baseband) 무선 전송 기술방식으로 응용되는 UWB(Ultra Wide Band) 방식의 설명으로 옳은 것을 모두 선택한 것은? (2022-3차)

> ㄱ. 매우 짧은 펄스폭의 변조방식인 PPM(Pulse Position Modulation)을 이용한 단거리 고속 무선통신기술이다.
> ㄴ. 송신기 제작이 쉽고 저렴한 가격으로 구현 가능하며, 회로의 크기가 작다.
> ㄷ. 대용량의 데이터를 저전력 소모하에 고속으로 전송 가능하다.
> ㄹ. 반송파를 이용하지 않고, 기저대역(Baseband) 상태에서 수 GHz 이상의 넓은 주파수 대역, 매우 높은 스펙트럼 밀도로 전송한다.

① ㄱ

② ㄱ, ㄴ

③ ㄱ, ㄴ, ㄷ

④ ㄱ, ㄴ, ㄷ, ㄹ

해설

UWB(Ultra Wide Band)

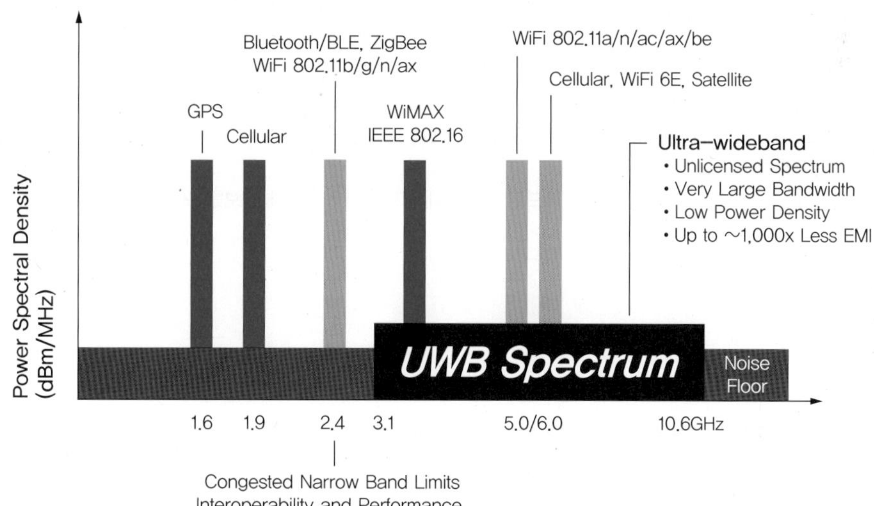

UWB는 반송파(저주파의 신호파를 전송하기 위해 사용하는 고주파 전류)를 사용하지 않고, 기저대역(Baseband, 매우 낮은 저주파대) 상태에서 수 GHz 대의 매우 넓은 주파수 대역을 사용해서, 매우 낮은 스펙트럼 밀도로 전송한다. 이를 통해 통신이나 레이더 등에 응용되고 있는 새로운 무선기술로서 수 나노(Nano) 또는 수 피코(Pico) 초의 매우 좁은 펄스를 사용함으로써 기존의 무선 시스템의 잡음과 같은 매우 낮은 스펙트럼으로 기존의 이동통신, 방송, 위성 등의 기존 통신시스템과 상호 간섭 없이 주파수를 공유하여 사용할 수 있으므로 주파수의 제약 없이 사용이 가능하다. 초광대역(UWB, Ultra−wideband) 기술은 고주파수에서 전파를 통해 작동하는 단거리 무선 통신 프로토콜로서 매우 정밀한 공간 인식과 방향성이 특징으로, 모바일 기기가 주변 환경을 잘 인지할 수 있도록 작동한다. UWB를 통해 다양한 기기들이 인텔리전트하게 연결돼, 안전한 원격 결제부터 리모컨의 위치 찾기까지 다양한 기능을 수행할 수 있다. 또한 넓은 면적의 공간에서 정확한 탐색이 가능하기 때문에 스마트폰을 이용해 공항에서 음식점을 찾거나 주차된 자동차 위치를 파악할 수 있다.

정답 04 ④ 05 ①

04 WPAN(Wireless Personal Area Network) 기술의 확산으로 멀티미디어 기기 간 연결이 많아지고 다양한 서비스가 제공되고 있다. 다음 중 WPAN 기술에 해당되지 않는 것은? (2020-1차)

① UWB
② Zigbee
③ Bluetooth
④ PLC

해설

④ 전력선 통신(PLC, Power Line Communication): 전력선을 매체로 하여 전력선의 전원파형(60Hz)에 디지털 정보를 실어서 전송하는 통신방식이다.

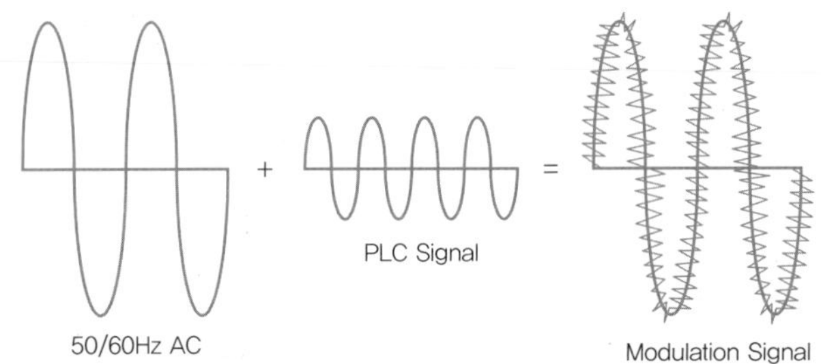

① 초광대역(UWB, Ultra-wideband): 고주파수에서 전파를 통해 작동하는 단거리 무선 통신 프로토콜로서 매우 정밀한 공간 인식과 방향성이 특징으로, 모바일 기기가 주변 환경을 잘 인지할 수 있도록 작동한다.
② 지그비(Zigbee): 저전력, 경량의 데이터 속도 및 단거리 무선 네트워크를 위해 설계된 무선 통신 프로토콜로서 IEEE 802.15.4 표준을 기반으로 하며 2.4GHz ISM 대역에서 동작한다. 초당 250Kbps의 전송속도를 가지며, 블루투스보다 단순하고 저렴한 기술을 목표로 한다.
③ Bluetooth: 휴대폰, 노트북, 이어폰 · 헤드폰 등의 휴대기기를 서로 연결해 정보를 교환하는 근거리 무선 기술로서 주로 10미터 안팎의 초단거리를 지원한다.

05 모든 사물에 센서 및 통신 기능을 결합해 지능적으로 정보를 수집하고 상호 전달하는 네트워크는? (2016-2차)

① M2M(Machine to Machine)
② SDR(Software Defined Radio)
③ BcN(Broadband Convergence Network)
④ IPS(Intrusion Prevention System)

해설

모든 사물이나 기기가 지능적으로 정보를 수집하고 무선 이나 유선 통신을 통해 다른 사물이나 사람이 사용하는 기기로 전달하는 서비스이다. 즉, 인터넷을 통해 기기들이 서로 통신하고 데이터를 주고받는 기술로서 사물에 센터 및 통신기능을 결합해서 지능적 정보를 수집하는 사물인터넷(IoT)의 핵심 기술로서 다양한 산업 분야에 활용되고 있다.

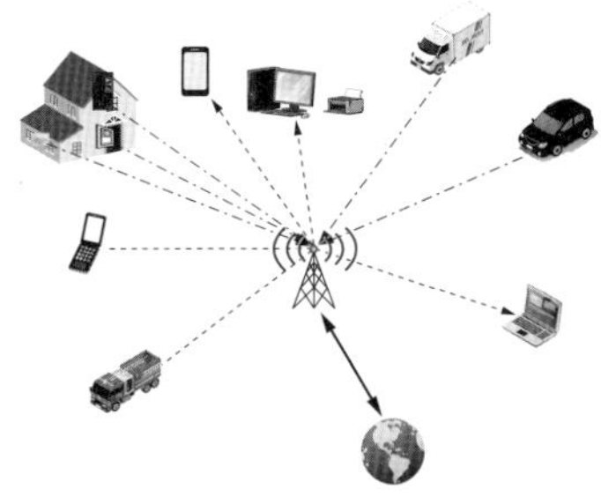

기출유형 03 ▶ RFID(Radio-Frequency Identification), Barcode, QRcode

다음 중 RFID 시스템의 구성요소로 틀린 것은? (2016-1차)

① 태그와 리더
② 안테나
③ 서버
④ QR 코드

해설

RFID는 RFID 태그 내에 안테나나 IC 칩이 내장되며, 안테나를 통해 송수신된 데이터를 RFID 리더를 통해 읽어 들이고 읽어 들인 데이터는 서버에 저장되어 상호 통신을 지원한다.

| 정답 | ④

족집게 과외

RFID 주파수 대역: 135KHz, 13.56MHz, 433MHz, 860~960MHz, 2.45GHz 대역

구분	RFID	NFC
사용 주파수	125KHz~2.45GHz	13.56MHz
연결범위	최대 100m	10cm 내외(근거리)
통신	단방향 통신(태그/리더 별도)	양방향 통신(태그/리더 통합)
장점	장거리 인식 가능	높은 보안성

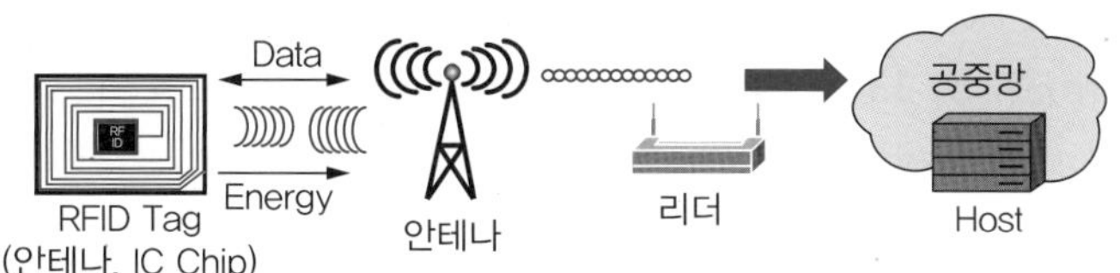

[RFID 구성요소]

더 알아보기

Tag는 전원의 유무에 따라 Passive 방식과 Active Tag로 분류할 수 있다.

Passive 방식	Active 방식
• 내외부로부터 별도의 전원공급이 없음 • 구조가 간단하며 저가로 생산이 가능 • 장점: 수명이 반영구적 • 단점: 판독거리가 짧고, 고출력 Reader 사용	• 내장 배터리를 사용하는 방식 • 온도나 외부 환경에 따라 최장 10년까지 사용 • 장점: 전원 있음, 30~100m까지 장거리 전송 • 단점: 비용 상승

RFID Tag는 Passive Tag와 Active Tag를 포함하여 다양한 형태로 제공된다. Passive Tag에는 전원이 없으며 판독기의 무선 신호에 의존하여 전원을 공급한다. 반면에, Active Tag는 전원을 가지고 있고 Passive Tag보다 더 먼 거리에서 신호를 전송할 수 있다.

❶ RFID(Radio-Frequency Identification)

RFID(Radio-Frequency Identification)는 전파를 사용하여 물체를 식별하고 추적하는 기술이다. 이것은 RFID 리더와 RFID 태그의 두 가지 주요 구성요소로 구성된다. 판독기는 무선 신호를 방출하고 태그는 고유 식별 번호로 응답한다. 이 번호는 태그가 부착된 개체를 추적하는 데 사용할 수 있다. 아래는 RFID System에 대한 분류이다.

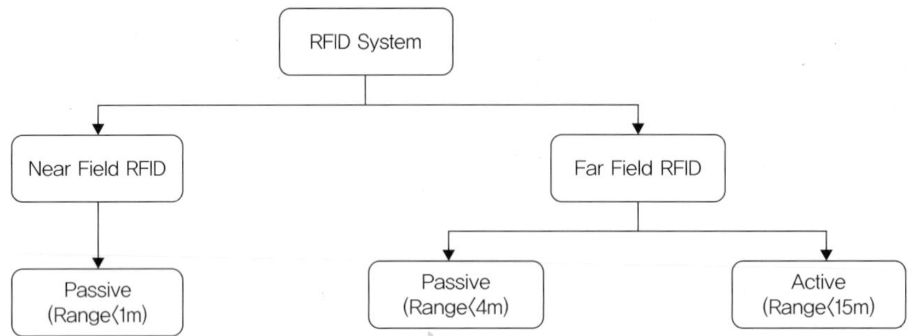

1) Near Field RFID: 근거리 무선 RFID는 주파수와 안테나에 따라 5mm에서 10cm 사이의 작은 전방향 안테나와 태그의 판독 범위를 가지고 있다(Passive 방식으로 1m 이내 거리에 사용).
2) Far Field RFID: 최대 22m의 거리를 지원하는 공명하는 지향성 안테나 및 태그 범위를 갖추고 있다. (Passive와 Active 모두 지원한다)

위와 같은 기술분류하에 RFID 기술에는 재고 관리, 공급망 관리 및 자산 추적을 포함한 다양한 응용 프로그램이 있다. 예를 들어, RFID 태그를 창고의 제품에 부착하여 재고 수준을 실시간으로 추적하고 수동 재고 검사의 필요성을 줄일 수 있다. 또한 RFID를 사용하여 공급망을 통한 상품의 이동을 추적하여 가시성을 높이고 분실 또는 도난의 위험을 줄일 수 있다.

❷ RFID 분류: 주파수대역에 따른 분류

RFID는 주파수를 기준으로 크게 다섯 개의 영역으로 구분된다. 저주파(LF: Low Frequency, 125KHz, 135KHz), 고주파(HF: High Frequency, 13.56MHz), 극초단파(UHF: Ultra High Frequency, 433MHz)와 극초단파(860~960MHz), 마이크로파(MWF: MicroWave Frequency, 2.45GHz) 등은 주파수를 기반으로 분류된다.

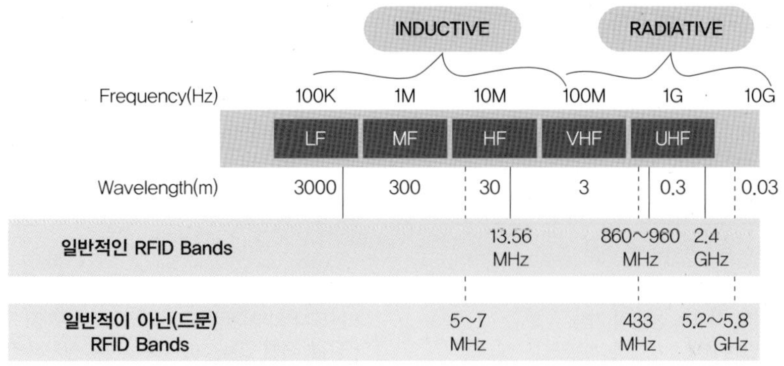

구분	내역
135KHz 이하 대역	ISM(Industrial Scientific Medical) 주파수 대역이 아니므로 다른 무선 서비스들과 함께 사용된다. 저주파대 RFID 태그는 사용거리가 짧고 데이터 전송속도가 낮은 단점이 있지만 가격이 저렴하기 때문에 출입통제, 보안, 동물의 인식 및 추적, 재고관리 등의 분야에서 효율적으로 사용된다.
13.56MHz 대역	135KHz 이하 대역과 함께 RFID 시스템에서 출입통제 보안, 스마트카드 등에서 사용되어왔다. 현재 13.56MHz 대역은 휴대폰 결제 시스템인 NFC(Near Field Communication)에 활용되고 있다. 13.56MHz 이하 RFID 시스템은 주파수가 낮기 때문에 인식거리가 짧고 전송속도가 낮은 단점이 있지만, 프라이버시 문제가 개인의 인증 문제에 대해서는 오히려 장점이 있어서 활용도가 높아질 수 있다.
433MHz 대역	전 세계 아마추어 무선 서비스로 할당되어 있다. 미국 등에서 일부 컨테이너 관리용으로 사용하고 있으며 최근에 전자봉인(e−Seal)으로 사용되고 있어서 앞으로는 세계적으로 파급될 것으로 예상하고 있다.
860~960MHz 대역	인식거리, 제작 가격 등에서 많은 장점이 있어서 전 세계적으로 유통 및 물류 분야에서 가장 적합하다고 인식되고 있다. 이 주파수 대역은 각 나라마다 사용하는 주파수 범위가 서로 다르게 설정되어 있다. 국내는 2004년 7월에 908.5~914MHz 주파수대역을 배정받았다.
2.45GHz 대역	전 세계적으로 ISM 또는 소출력 대역으로 분배되어 있기 때문에 RFID 용도로 활용 가능하다. UHF 대역과 대체적으로 비슷한 장단점이 있지만 주파수가 높아서 안테나의 크기를 줄일 수 있기 때문에 초소형 태그 구성의 전자여권 등에 활용될 수 있다. 그러나 동일 주파수대역에 블루투스(Bluetooth), 무선랜 등의 근거리 무선통신 기술이 사용하는 주파수대역과 동일하기 때문에 주파수 간섭을 받기 쉽다는 단점이 있다.
5.8GHz 대역	RFID 시스템에서 사용되고 있는데 우리나라에서는 고속도로 통행료 자동 징수의 HIGH PASS에 활용되고 있다.

RFID 기술의 사용으로 사생활과 보안에 대한 우려도 있다. RFID 태그는 멀리서 읽을 수 있기 때문에 개인의 인지나 동의 없이 개인 정보에 접근할 수 있는 위험성이 있다. 결과적으로 RFID 기술의 사용이 책임감 있고 안전한 방식으로 수행되도록 보장하기 위한 규정이 마련되어야 할 것이다.

❸ 전원 공급 유무에 의한 RFID 종류

특징	능동형 RFID	수동형 RFID
차이점	• 태그에서 자체 RF 신호 송신 가능 • 배터리에서 전원공급	• 리더의 전파 신호를 변형하여 데이터 전송 • 리더에서 송출되는 전파 신호로 전원 공급
전원	필요	직접적인 전원공급 없음, 이 리더기의 전자기장에 의해 동작
장점	장거리(2m) 이상, 센서와 결합 가능	배터리가 없으므로 저가격 구현 가능
단점	배터리에 의한 가격 상승, 동작 시간 제한	장거리 전송 제한, 센서류의 모듈 추가 제한
적용분야	환경감시, 군수산업, 의료, 과학분야	물류 관리, 교통, 보안, 전자상거래 분야, 기존의 바코드 대체 기능

정답 01 ③ 02 ③ 03 ④ 04 ①

01 다음에서 설명하는 내용은 정보단말기의 어떤 기술을 설명한 것인가? (2014-3차)(2018-1차)(2020-2차)

> 소형 전자칩과 안테나로 구성된 전자 Tag를 제품에 부착하여 사물을 정보단말기가 인식하고, 인식된 정보를 IT 시스템과 실시간으로 교환하는 기술

① IPTV
② PLC
③ RFID
④ HSDPA

해설

RFID(Radio Frequency IDentification)
사물에 고유코드가 기록된 전자태그를 부착하고 무선신호를 이용하여 해당 사물의 정보를 인식 · 식별하는 기술로써 '무선식별', '전자태그', '스마트태그', '전자라벨' 등으로 불리기도 한다. RFID 기술은 전파를 이용해 먼 거리에서 정보를 인식하는 기술로서 전자기 유도 방식으로 통신한다.

02 RFID 리더(Reader)는 크게 제어(Control)부와 아날로그/RF 부로 나눌 수 있다. 아날로그/RF 부의 기능이 아닌 것은? (2019-2차)(2020-3차)

① 태그를 활성화하고 전력을 공급하기 위한 고주파전력 생성
② 태그로 전송할 데이터의 변조
③ 태그와 통신
④ 태그의 수신신호를 복조

해설

RFID(Radio-Frequency Identification)는 전파를 사용하여 물체를 식별하고 추적하는 기술이다. 이것은 RFID 리더와 RFID 태그의 두 가지 주요 구성요소로 되어있다.
RFID 태그와 리더가 안테나를 통해 데이터를 주고받고, 읽어 들인 데이터는 Host에서 관리, RFID는 태그로 데이터를 변조하여 전송하며 태그의 수신 신호를 복조한다. RFID Tag와 통신하는 것은 Antenna 부이고 Antenna는 Reader와 연결이 된다.

03 다음 중 RFID(Radio Frequency Identification)의 구성요소에 대한 설명으로 틀린 것은? (2023-2차)

① 태그는 배터리 내장유무에 따라 능동형과 수동형으로 구분된다.
② 리더기는 주파수 발신 제어 및 수신 데이터의 해독을 실시한다.
③ 리더기는 용도에 따라 고정형, 이동형, 휴대형으로 구분된다.
④ 태그는 데이터가 입력되는 IC칩과 배터리로 구성된다.

해설

Tag는 IC칩과 Reader에 데이터를 송신하는 안테나로 구성되어 있다.

04 사물에 전자태그를 부착하여 사물의 정보를 자동인식하고 주변 상황 정보를 감지하며 실시간으로 네트워크를 연결하여 그 정보를 관리하는 기술은? (2016-3차)

① RFID
② WIFI
③ 블루투스
④ OFDM

해설

RFID는 소형 전자칩과 안테나로 구성된 전자 Tag를 제품에 부착하여 사물을 정보단말기가 인식하고, 인식된 정보를 IT 시스템과 실시간으로 교환하는 기술이다.

05 RFID(Radio Frequency Identification) 시스템의 구성요소로 적당하지 않는 것은?

(2019-3차)(2023-3차)

① 정보를 제공하는 전자태크(Tag)
② 수동태크용 전원공급장치(Power Supply)
③ 데이터를 처리하는 호스트 컴퓨터(Host Computer)
④ 판독기능을 하는 리더(Reader)

해설

RFID 시스템은 관리한 대상 사물에 태그를 부착하고, 전파를 이용해 사물 및 주변 상황 정보를 감지하고, 필요한 정보를 수집, 저장, 가공, 추적함으로써 사물에 대한 측위, 원격 처리, 관리 사물 간 정보 교환이 가능한 다양한 서비스를 제공하는 시스템이다. 능동형 RFID는 전원이 필요하고 수동형 RFID는 직접적인 전원공급 없이 리더기의 전자기장에 의해 작동한다. RFID 구성요소는 아래와 같다.

구분	내용
RFID Tag	고유한 정보를 담고 있으며 정보를 기록하는 IC칩과 Reader에 데이터를 송신하는 안테나를 내장한다.
Reader	RFID Tag의 정보를 읽는다.
Host	Controller의 역할로서 분산된 Reader 시스템을 관리한다.
안테나	RFID 관련 데이터를 송신하거나 수신하는 매개 역할을 한다.

RFID 태그와 리더가 안테나를 통해 데이터를 주고받고, 읽어 들인 데이터는 Host에서 관리한다.

06 현재 국내 · 외에서 RFID(Radio Frequency Identification) 시스템에 사용하는 주파수대역 및 용도로 적당하지 않는 것은?

(2019-2차)

① 135[KHz] 이하의 저주파(출입통제, 가축관리 등)
② 13.56[MHz]의 고주파(도서관리, 교통카드 등)
③ 700[MHz]의 극초단파(유통, 물류 등)
④ 2.45[GHz]의 마이크로파 대역(여권, ID 카드, 위치추적 등)

해설

RFID가 주로 사용되는 주파수 대역은 135KHz, 13.56MHz, 433MHz, 860~960MHz, 2.45GHz 대역이다. 아래는 RFID Tag의 다양한 종류이다.

분류 기준	구분	특징
저장 기능	읽기전용	저비용, 단순 인식(바코드 진화형)
	일회성 기록	데이터를 1회만 저장, EPC Tag(Write Once Read Many)
	읽기/쓰기	다회 데이터의 저장, 고비용
전원 유무	능동형 (Active)	배터리 부착하며 수십 미터 이상 장거리 통신 가능, 고비용, 배터리 수명 제한(1~10년)
	수동형 (Passive)	10m 이내의 근거리 통신, 저비용, 반영구적 사용(약 10년 이상), ID 정보만 저장
주파수 내역	저주파수 (125~134KHz)	60cm 미만의 근접 인식, 저가형
	중간주파수 (13.56MHz)	스마트카드와 동일 주파수로 광범한 사용, 중저가형, 초당 20여 개 태그 인식
	고주파(1) (433.92MHz)	장거리 인식(5~7m), 능동형(Active) 태그, 고가형
	고주파(2) (860~960MHz)	장거리 인식(3.5~10m), 수동형(Passive) 태그, 초당 800여 개 태그 인식
	마이크로파 (2.45GHz)	장거리 인식, 고가형, 고속 인식(하이패스), 환경 영향도 작용

07 다음에서 설명하는 홈네트워크시스템 구성요소는 무엇인가? (2023-1차)

> • 방식, 주파수, 재질 등은 설계도서 또는 공사 시방서에 따르며 내부에 IC 회로가 내장된 무전지 타입이어야 함
> • 기능: 공동현관기의 연동, 디지털 도머록 및 주동출입시스템과 연동

① 동작감지기 ② 공동현관기
③ RF 카드 ④ 자석감지기

해설

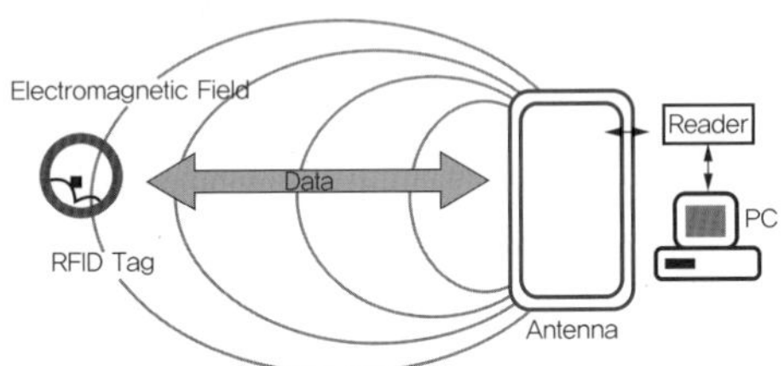

RF CARD는 13.56MHz, 125KHz의 주파수를 사용하는 것으로 주파수를 이용해 정보를 주고받는 통신방식을 적용한 카드이다. 카드에 들어 있는 데이터를 읽어내는 리더기에 카드를 가까이 가져가기만 하면 직접 접촉하지 않고도 인식할 수 있다.

08 다음 중 NFC(Near Field Communication)의 설명으로 틀린 것은? (2017-1차)(2021-2차)(2022-2차)

① 13.56[MHz] 주파수 대역을 사용한다.
② 전송거리가 10[cm] 이내이다.
③ Bluetooth에 비해 통신설정 시간이 길다.
④ P2P(Peer to Peer) 기능이 가능하다.

해설

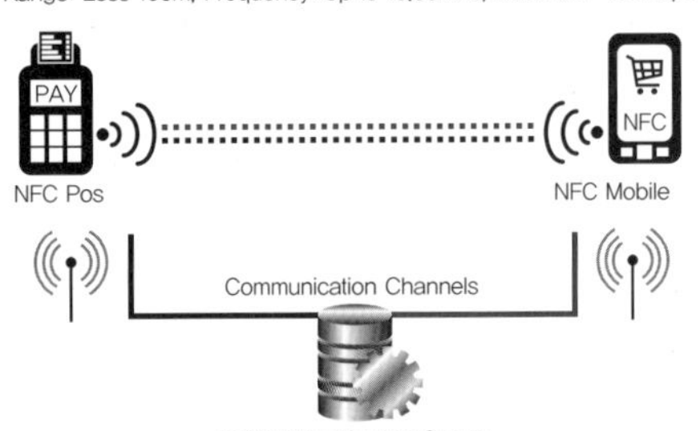

NFC는 접촉식 방식의 경우 버스 카드와 같이 인접 거리에서만 통신이 가능하다. 근거리 무선 통신(Near Field Communi-cation, NFC)는 13.56MHz의 대역을 가지며, 아주 가까운 거리(접촉 및 근접 비접촉 모두 포함)의 무선 통신을 하기 위한 기술이다. 현재 지원되는 데이터 통신 속도는 초당 424 킬로비트다. 교통, 티켓, 지불 등 여러 서비스에서 사용할 수 있다.

09 주파수 대역 분류 중 ISM(Industrial Science Medical) Band에 대한 설명으로 틀린 것은? (2023-3차)

① Bluetooth, ZigBee, WLAN 등 근거리 통신망에서 많이 활용된다.
② 같은 ISM 주파수 대역을 사용하는 무선장치 간 상호간섭에 대한 문제 해결을 위해 주파수 간섭 회피기술을 사용한다.
③ ITU-T에서 통신 용도가 아닌 산업, 과학, 의료 분야를 위해 사건 허가 없이 사용 가능한 공용 주파수 대역이다.
④ ISM 밴드는 주파수를 사전에 분배하여 사용하고 신뢰성 있는 통신을 위해 단말기는 고출력, 고전력 송신기를 사용한다.

해설

ISM 대역(ISM Band)은 허가를 받지 않아도 되는 대역으로 산업 · 과학 · 의료(Industry · Science · Medical) 등에 쓰이는 주파수 대역이다.

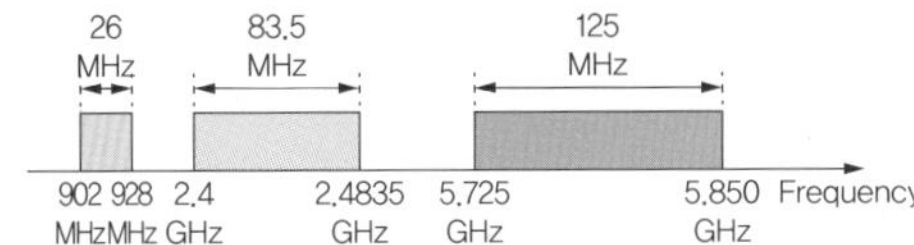

국제 전기 통신 연합(ITU)이 전파를 유일하게 무선통신 이외의 산업, 과학, 의료에 고주파 에너지원으로 사용하기 위해 지정한 주파수 대역으로 이 주파수 대역에서는 상호 간섭을 용인하는 공동사용을 전제로 한다. 그러므로 간섭의 최소화를 위해 소출력을 기본으로 한다.

기출유형 04 ▶ WPAN(Wireless Personal Area Network)

WPAN(Wireless Personal Area Network) 기술의 확산으로 멀티미디어 기기 간 연결이 많아지고 다양한 서비스가 제공되고 있다. 다음 중 WPAN 기술에 해당되지 않는 것은? (2017-2차)(2018-3차)(2020-2차)

① UWB

② Zigbee

③ Bluetooth

④ PLC

해설

④ 전력선 통신(PLC: Power Line Communication): 전력선을 매체로 하여 전력선의 전원파형(60Hz)에 디지털 정보를 실어서 전송하는 통신방식이다.

① 초광대역(UWB, Ultra-wideband): 고주파수에서 전파를 통해 작동하는 단거리 무선 통신 프로토콜. 매우 정밀한 공간 인식과 방향성이 특징으로, 모바일 기기가 주변 환경을 잘 인지할 수 있도록 작동한다.

② 지그비(ZigBee): 소형, 저전력 디지털 라디오를 이용 Personal 통신망을 구성하기 위한 표준 기술이다. 초당 250kbit의 전송 속도를 가지며, 블루투스보다 단순하고 저렴한 기술을 목표로 한다.

③ Bluetooth: 휴대폰, 노트북, 이어폰 · 헤드폰 등의 휴대기기를 서로 연결해 정보를 교환하는 근거리 무선 기술 표준을 뜻한다. 주로 10미터 안팎의 초단거리를 지원한다.

| 정답 | ④

족집게 과외

- **WiFi**: 무선접속 장치가 설치된 곳을 중심으로 PDA나 노트북, 스마트폰을 인터넷으로 접속 서비스이다.
- **NFC(Near Field Communication)**: 13.56[MHz] 주파수, 전송거리가 10[cm] 이내, Bluetooth에 비해 통신설정 시간이 짧고, P2P(Peer to Peer)기능을 지원한다.

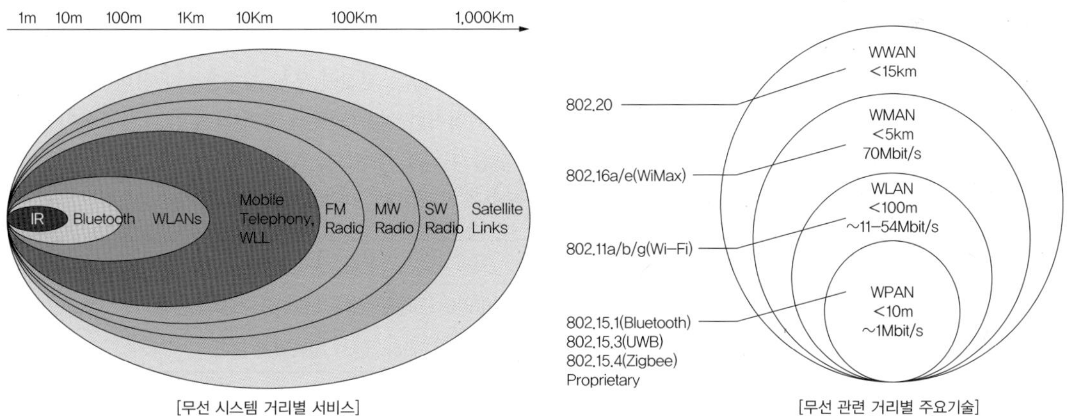

[무선 시스템 거리별 서비스] [무선 관련 거리별 주요기술]

- **블루투스**: 2.4[GHz] 주파수 대역사용, 저가격, 저전력 무선 구현, 변조 방식은 FHSS를 사용한다. IEEE 802.15.1이 Bluetooth 표준으로 저전력, 저가로 10~100m 이내의 짧은 거리에서 통신하는 기술이다.

더 알아보기

- 무선 통신 거리의 주요 성능 지표는 1) 송신기의 RF 출력 전력, 2) 수신기의 수신 감도, 3) 시스템의 간섭 방지 능력, 4) 송수신 안테나의 종류와 이득이다.
- 무선 통신 거리에 영향을 미치는 요소는 1) 지리적 환경, 2) 전자기 환경, 3) 기후 조건, 4) 송신기의 RF 출력 전력, 5) 시스템 간섭 방지 기능, 6) 소프트웨어 오류 수정, 7) 안테나의 종류와 이득, 8) 수신기의 수신감도, 9) 유효 안테나 높이 등이 해당된다.

❶ WPAN 이란?

WPAN은 무선 개인 영역 네트워크로서 일반적으로 몇 미터 이내의 작은 영역에 있는 장치 간의 근거리 통신에 사용되는 무선 네트워크 유형이다. WPAN은 스마트폰, 태블릿, 노트북, 스마트워치 및 기타 웨어러블 장치와 같은 개인 장치에 연결을 제공하도록 설계되었다.

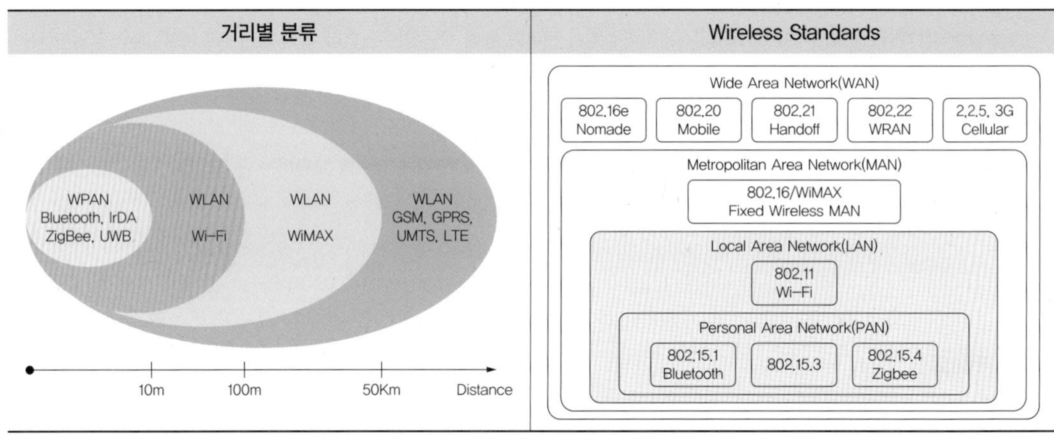

단거리 통신에 사용되는 개인용 무선 네트워크로 블루투스(Bluetooth) 및 지그비(Zigbee)가 대표적이며 낮은 가격, 낮은 전력의 무선 네트워크 제품에 사용되며 IoT 분야의 핵심 기술이다.

❷ IEEE 802.15(WPAN) 세부 기술

WPAN은 일반적으로 Bluetooth Low Energy(BLE) 및 ZigBee와 같은 저전력 무선 기술을 사용하여 한 번의 배터리 충전으로 최소한의 전력을 소비하고 장시간 작동한다. 또한 이러한 기술을 통해 장치 간의 안전한 통신이 가능하며 특정 애플리케이션 요구 사항에 따라 다양한 데이터 속도를 지원할 수 있다. WPAN은 기존 유선 네트워크에 비해 뛰어난 유연성, 이동성 및 편의성을 비롯한 여러 가지 이점을 제공한다. 대표적인 세부 분류는 다음과 같다.

IEEE 802.15.1	Bluetooth
IEEE 802.15.3	High Rate(20Mbps~55Mbps), 멀티미디어 전송을 위해 TDMA 기술을 반영
IEEE 802.15.4	Low Power, Low Speed(300Kbps), Low Price, 센서 네트워크 분야

WPAN(Wireless PAN) 관련 표준을 만드는 IEEE 워킹그룹으로 현재 가장 활발하게 표준화가 이루어지고 있는 그룹 중의 하나이다.

❸ 802.15.x 주요 기술

기술	IEEE	설명
Bluetooth	802.15.1	주파수: 2.4GHz 전송방식: 주파수 Hopping 1) Piconet: 여러개의 장치가 블루투스나 기타 비슷한 기술을 이용해서 하나의 망을 구성하는 것으로 8개의 지국으로 구성할 수 있다. 8개의 지국 중 하나는 Primary(Master)라고 하고 나머지는 Secondaries(Slave)라고 한다. 즉, 1:7 까지 연결 가능하다. 2) Scatternet: 피코넷의 집합으로 피코넷의 Secondaries 중 하나가 다른 피코넷의 Primary가 될수 있다. 거리는 10~100m 이내 이며 무선 Ad-Hoc 네트워크 방식(WiFi(WLAN)는 AP방식)으로 연결된다.
공존 (Coexsistence)	802.15.2	WiFi 공존을 통해 WiFi, ZigBee, Thread 및 Bluetooth를 비롯한 여러 2.4GHz 기술이 하나의 무선 신호가 인접 무선통신을 방해하지 않고 작동할 수 있다.
UWB (Ultra Wide Band/ HR-WPAN)	802.15.3	광대역주파수로 단거리에서 고용량 ,고속 송수신 무선기술이다. UWB는 주파수 대역이 넓기 때문에 상대적으로 간섭이 적게 발생한다. 이유는 기존의 협대역시스템이나 광대역 CDMA 시스템에 비해 매우 넓은 주파수대역에 걸쳐 존재하므로 기존의 무선통신 시스템에 간섭을 주지 않고 주파수를 공유하여 사용할 수 있다는 장점이 있다.
ZigBee (LR-WPAN)	802.15.4	• 최소 통신지원, 저전력, 저가이다. ZigBee 대비 WiFi는 방대한 대역폭을 제공하기 위해 값비싼 무선 대역이 요구되며, Bluetooth는 충전식의 배터리로 대량의 전력을 소모하지만 7개의 디바이스만 지원이 가능하다. • ZigBee는 소량의 전력으로 수천개의 디바이스를 접속시 킬수 있다. 즉, WiFi나 Bluetooth 까지는 필요없는 단순한 데이터 통신이 요구되는 경우에 사용한다.
Mesh Network	802.15.5	AP나 중계기간에 그물형 Mesh 망으로 구성하여 일부 노드가 발생할 경우 무선으로 자동 우회경로를 제공해 준다.
BAN (Body Area Network)	802.15.6	무선 인체통신망으로 사람이 주로 착용하는 옷이나 시계, 안경 등에 연결해서 외부와의 통신을 제공한다(예 헬스케어).

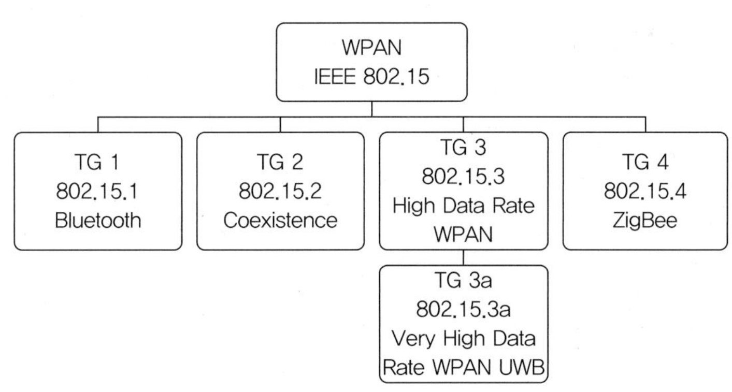

기출유형 완성하기

정답 01 ② 02 ①

01 근거리 무선통신 규격 중 반경 10~100[m] 안에서 컴퓨터, 프린터, 휴대폰, PDA 등 정보통신 기기는 물론 각종 디지털 가전 제품 간의 통신에 물리적인 케이블 없이 무선으로 고속의 데이터를 주고 받을 수 있는 기술은 무엇인가? (2017-1차)

① Zigbee
② Bluetooth
③ UWB
④ Home RF

해설

② Bluetooth: 근거리 무선 통신 기술로서 무선랜보다 저전력, 낮은 가격, Short Range를 커버할 수 있다. IEEE 802.15.1이 Bluetooth 표준으로 저전력, 저가로 10~100m 이내의 짧은 거리에서 통신하는 기술이다.
① Zigbee: 소형, 저전력 디지털 라디오를 이용 Personal 통신망을 구성을 위한 표준 기술이다. 초당 250Kbps의 전송 속도를 가지며, 블루투스보다 단순하고 저렴한 기술을 목표로 한다.
③ 초광대역(UWB, Ultra-wideband): 고주파수에서 전파를 통해 작동하는 단거리 무선 통신 프로토콜이다. 매우 정밀한 공간 인식과 방향성이 특징으로, 모바일 기기가 주변 환경을 잘 인지할 수 있도록 작동한다.
④ Home RF (Home Radio Frequency): 가정용 네트워킹 표준으로 최장 45m의 거리에서 최고 1.6Mbps까지의 속도를 전송하기 위해 주파수 Hopping 기술을 사용한다.

02 무선 이어폰은 전화기를 호주머니나 가방에 넣어 둔 채로 전화를 걸거나 받을 수 있고, 음악도 들을 수 있다. 이와 같이 근거리에서 2.4[GHz] 주파수 대역을 이용하여 휴대기기 간 연결을 도와주는 기술은 무엇인가? (2018-1차)

① Bluetooth
② Zigbee
③ NFC
④ RFID

해설

① Bluetooth: 근거리 무선 통신 기술로서 무선랜보다 저전력, 낮은 가격, Short Range를 커버할 수 있다. IEEE 802.15.1이 Bluetooth 표준으로 저전력, 저가로 10~100m 이내의 짧은 거리에서 통신하는 기술이다.
② Zigbee: 소형, 저전력 디지털 라디오를 이용 Personal 통신망을 구성을 위한 표준 기술이다. 초당 250Kbps의 전송 속도를 가지며, 블루투스보다 단순하고 저렴한 기술을 목표로 한다.
③ NFC(Near Field Communication): 근거리 무선 통신(NFC)은 표준 기반 연결 기술로 이를 사용하면 거래와 디지털 콘텐츠 교환, 장치 연결이 더 편해진다. 다양한 장치 간의 근거리 무선 통신이 가능한 기술로 무단 통신을 방지하며 약 1cm인 최대 판독 거리 내에 두 대의 NFC 장치를 함께 두면 활성화된다.
④ RFID(Radio Frequency IDentification): 사물에 고유코드가 기록된 전자태그를 부착하고 무선 신호를 이용하여 해당 사물의 정보를 인식 · 식별하는 기술로써 '무선식별', '전자태그', '스마트태그', '전자라벨' 등으로 불리기도 한다.

03 다음 중 유선 홈네트워킹 기술로 적합하지 않는 것은? (2014-1차)

① Home PNA
② PLC(Power Line Communication)
③ UWB
④ IEEE 1394

해설

③ 초광대역(UWB, Ultra-wideband): 고주파수에서 전파를 통해 작동하는 단거리 무선 통신 프로토콜. 매우 정밀한 공간 인식과 방향성이 특징으로, 모바일 기기가 주변 환경을 잘 인지할 수 있도록 작동한다.
① Home PNA(Home Phoneline Networking Alliance): 가정에서 전화선을 이용하여 2대 이상의 컴퓨터 자원들을 서로 공유할 수 있도록 하는 전화라인 네트웍 솔루션으로, 원래는 유선 기술을 기반으로 한 홈네트워킹 표준화 단체를 말하는 것이다. 홈 PNA는 전화선을 이용해 1Mbps의 전송 속도로 홈네트워크를 구성하는 홈네트워킹 제품을 출시하고 있어, 홈 PNA는 홈네트워킹 제품의 총칭으로 사용되기도 한다.
② PLC(Power Line Communication): 전력선 통신은 전력을 공급하는 전력선을 매개로 음성과 데이터를 주파수 신호에 실어 통신하는 기술이다. 초당 200Mbit의 데이터 전송 속도가 가능하다.
④ IEEE 1394: 원래, 고속 HDD 인터페이스로서, 1987년 Apple사에서 FireWire라는 명칭으로 최초의 사양이 발표되었으며, 그 후, IBM과 Sony가 가세하여 범용 인터페이스 규격으로 되었다. 아이링크라고도 하며 미국의 애플이 제창한 개인용 컴퓨터 및 디지털 오디오, 디지털 비디오용 시리얼 버스 인터페이스 표준 규격이다. IEEE 1394는 데이터의 고속 전송과 등시성 실시간 데이터 서비스를 지원한다.

04 무선접속 장치가 설치된 곳을 중심으로 일정 거리 이내에서 PDA나 노트북, 스마트폰을 이용하여 초고속 인터넷을 이용할 수 있는 서비스를 무엇이라 하는가? (2018-2차)

① RFID
② Bluetooth
③ SWAP
④ WiFi

해설

④ WiFi (Wireless Fidelity): IEEE 802.11 통신규정을 만족하는 기기들끼리 무선으로 데이터를 주고받을 수 있도록 하는 기술이다. IEEE 802.11은 미국전기전자학회(IEEE)에서 개발한 무선 랜 규격이다.
① RFID(Radio Frequency IDentification): 사물에 고유코드가 기록된 전자태그를 부착하고 무선신호를 이용하여 해당 사물의 정보를 인식 · 식별하는 기술이다.
② Bluetooth: 근거리 무선 통신 기술로서 무선랜보다 저전력, 낮은 가격, Short Range를 커버할 할 수 있다. IEEE 802.15.1이 Bluetooth 표준으로 저전력, 저가로 10~100m 이내의 짧은 거리에서 통신하는 기술이다.
③ SWAP: 메모리 공간 부족 방지를 위한 임시 방법으로 프로그램을 많이 실행하는 경우 시스템 메모리가 부족하여 하드디스크의 일부 공간을 활용해서 계속 작업을 유지 시키는 역할을 한다.

정답 05 ④ 06 ④

05 블루투스에 대한 설명으로 거리가 가장 먼 것은?

(2011-3차)(2012-2차)(2017-1차)

① 2.4[GHz] 주파수 대역을 사용한다.

② 저가격, 저전력 무선 구현을 지원한다.

③ 블루투스 규격은 크게 코어 규격과 프로파일 규격으로 구분한다.

④ 주변조 방식은 PSK이다.

해설

블루투스의 변조 방식은 FHSS(Frequency Hopping Spread Spectrum) 방식을 사용한다. 주파수 도약 확산 스펙트럼(Frequency−hopping Spread Spectrum, FHSS) 방식이란 정해진 시간에 따라 주파수를 이동하면서 통신하는 방법으로서, 반송파 주파수가 일정하지 않고 마치 토끼처럼 깡충깡충 뛴다고 해서 '주파수 도약'이라고 한다.

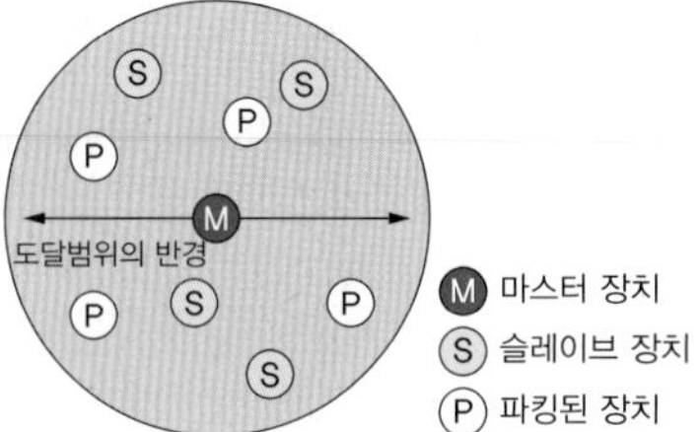

[Bluetooth 동작]

1) 802.15.1은 Network Infrastructure 대신 처음에 최대 8개의 활성 노드로 Piconet을 형성한다.
2) 활성 장치 중 하나는 Master로 지정, 나머지는 Slave가 된다.
3) Master는 Piconet을 관장하여 Master 클럭에 의해 Piconet 내부의 시간을 결정한다. Master는 홀수 번째 슬롯마다 전송할 수 있고, Slave는 이전 슬롯에서 Master가 Slave와 통신한 다음에야 전송 가능하며 이때도 Master에게만 전송이 가능하다.
4) 최대 255개의 Parked 장치는 Master에 의해 활성된 상태가 되기 전에는 통신이 불가하다.

06 다음 중 WPAN(Wireless Personal Area Network) 방식이 아닌 것은?

(2022-1차)

① Zigbee

② Bluetooth

③ UWB(Ultra Wide Band)

④ BWA(Broadband Wireless Access)

해설

④ BWA(Broadband Wireless Access)는 광대역 무선 가입자 기술로서 WPAN과는 무관하다.

① Zigbee: 소형, 저전력 무선망을 이용해서 별도 통신망을 구성하여 통신하기 위한 표준 기술이다. 초당 250Kbps의 전송 속도를 가지며, 블루투스보다 단순하고 저렴한 기술을 목표로 만들어졌다(802.15.4).

② Bluetooth: 1994년에 스웨덴의 에릭슨이 최초로 개발한 디지털 통신 기기를 위한 개인 근거리 무선 통신 산업 표준이다(802.15).

③ UWB(Ultra Wide Band): 고주파수에서 전파를 통해 작동하는 단거리 무선 통신 프로토콜이다. 매우 정밀한 공간 인식과 방향성이 특징으로, 모바일 기기가 주변 환경을 잘 인지할 수 있도록 작동한다(802.15.3).

기출유형 05 ▶ USN(Ubiquitous Sensor Nework)

USN(Ubiquitous Sensor Nework) 구성 요소 중 감지된 센싱 정보를 취합하거나, 이벤트성 데이터를 센서 네트워크 외부로 연계하고 관련센서 네트워크를 관리하는 노드를 무엇이라고 하는가? (2019-1차)

① 싱크 노드
② 센서 노드
③ 릴레이 노드
④ 게이트웨이

해설

USN은 센서 노드(Sensor Node), 싱크 노드(Sink Node), 게이트웨이(Gateway) 등으로 구성된다. 감지된 센싱 정보를 취합하거나, 이벤트성 데이터를 센서 네트워크 외부로 연계하고 관련 센서 네트워크를 관리하는 노드를 싱크 노드라 한다.

| 정답 | ①

족집게 과외

USN은 센서 노드(Sensor Node), 싱크 노드(Sink Node), 게이트웨이(Gateway) 등으로 구성된다. 유비쿼터스 센서 네트워크(USN) 구성을 위해 제어부(MCU), 센서부(Sensor), 통신부(Radio)가 필요하다.

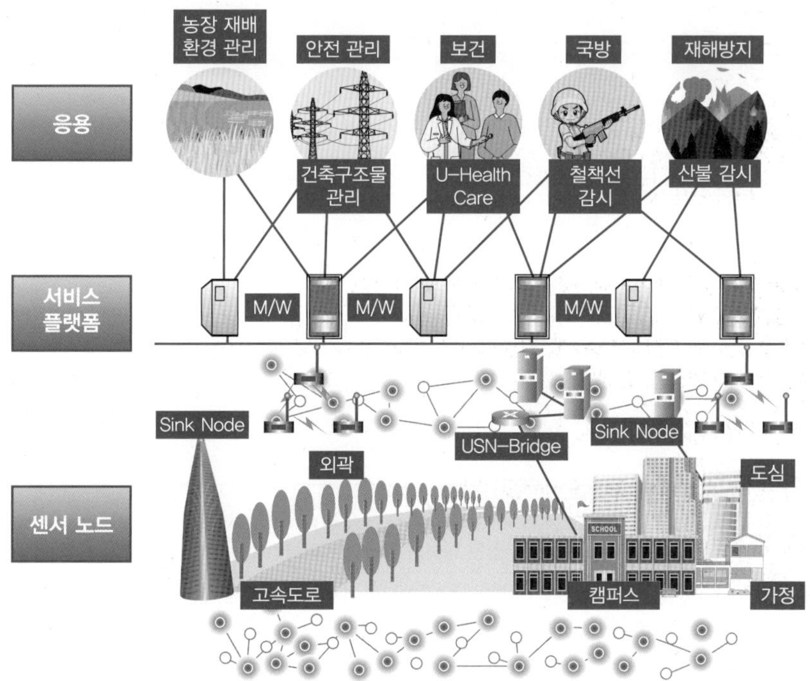

더 알아보기

USN과 WSN(Wireless Sensor Network)
WSN은 기존 유선 기반의 센서 노드에 Zigbee, Bluetooth, WiFi와 같은 무선 Ad-Hoc, Mesh 네트워크 기술을 접목해 무선기반의 센서 네트워크를 구현하는 것으로 정의한다.

구분	내용
Zigbee	IEEE 802.15.4 기반한 저전력의 디지털 라디오를 사용하는 하이레벨 통신 프로토콜이다.
Bluetooth	IEEE 802.15.4 휴대폰, 노트북, 이어폰 등 휴대기기를 연결 근거리 무선 기술이다(10M 이내).
WiFi	IEEE 802.11로 2.4GHz, 5GHz ISM 무선 대역을 사용한다.

USN(Ubiquitous Sensor Nework)은 WSN(Wireless Sensor Network)을 포함하는 보다 광범위한 개념이다.

❶ USN(Ubiquitous Sensor Network)

USN은 필요로 하는 모든 것에 통신 기능이 있는 스마트 RFID 태그 및 센서를 부착하여 사물의 인식정보를 제공하는 것으로 주변의 환경정보(온도, 습도, 오염정보, 균열정보 등)를 탐지하고 실시간으로 네트워크에 연결하여 정보를 관리하는 기술로서 종종 무선으로 연결되며 온도, 습도, 압력, 진동 및 소리와 같은 물리적 또는 환경적 조건을 모니터링하기 위해 함께 작동한다.

❷ USN의 구성 요소

데이터는 센서 노드로부터 데이터를 받아서 서비스 플랫폼으로 옮겨진 후 응용 프로그램에 연결되는 구조이다.

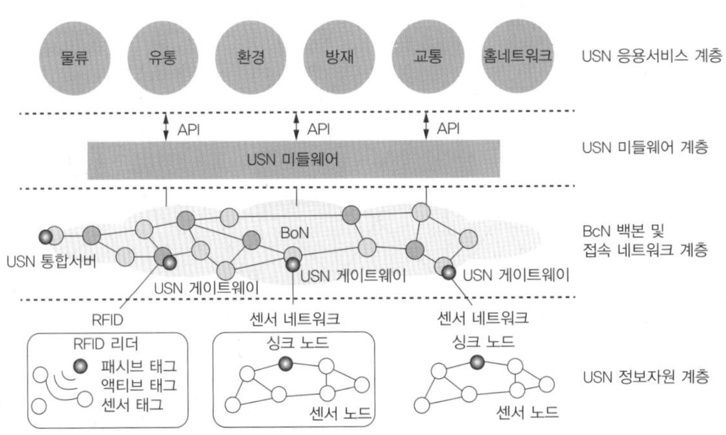

구분	내역
응용 서비스	수많은 센서 노드에서 수집된 정보를 활용하는 애플리케이션
USN 미들웨어	이기종 센서 네트워크로부터 수집한 센싱 데이터를 필터링, 통합, 분석해 의미 있는 상황정보를 추출, 저장, 관리, 검색하고 그 정보를 응용서비스로 전달해, USN 서비스 간 연계, 통합하는 기술
백본 및 센서 접속 네트워크	노드 간 애드 혹(Ad Hoc), 멀티 홉(Multi Hop) 통신으로 구성되며 무선(RF) 및 센서 노드 간 통신을 위한 무선 기술(지그비, 블루투스, 와이파이, UWB(Ultra Wide Band)) 및 라우팅 기술
센서 노드	• 센서를 이용해 정보를 획득(센싱)하는 센서 노드와 외부 네트워크인 인터넷과 연동을 위한 Sink Node 또는 게이트웨이로 구성 • 가격이 저렴하고 데이터 크기가 작음 • 유지보수가 용이하고 저전력임 • 임베디드 프로그램과 H/W로 구성된 SOC 형태의 소형장치로 구성

01 다음 중 센서 네트워크를 이용하여 유비쿼터스 환경을 구현하는 것을 목적으로 하는 것은? (2012-3차)(2019-3차)(2021-1차)

① USN
② BCN
③ TMN
④ VAN

해설
① USN(Ubiquitous Sensor Network): 인간과 컴퓨터 간의 커뮤니케이션에 일상생활에 산재된 사물과 물리적 대상을 추가시켜 협력 네트워크를 구성하는 것이다.

02 다음 중 USN의 구성요소로 적합하지 않는 것은? (2014-3차)(2020-2차)

① 센서 노드(Sensor Node)
② 싱크 노드(Sink Node)
③ 게이트웨이(Gateway)
④ RFID 서버

해설
USN은 저전력, 저속도, 근거리 통신을 사용하여 센서가 센싱(Sensing) 후 얻은 데이터를 가공(Computation)하고, 가공한 데이터를 Zigbee 기술을 통해 무선네트워크로 보낸다. 이를 위해 센서 노드(Sensor Node), 싱크 노드(Sink Node), 게이트웨이(Gateway) 등으로 구성된다.

03 모든 사물에 전자태그(RFID)를 부착하고 주변에 설치되어 있는 센서 판독기를 통해 관련 정보를 인식하고 관리하는 네트워크는? (2010-3차)(2012-1차)(2020-3차)

① USN
② BCN
③ TMN
④ VAN

해설
국내에서 USN을 전자태그(RFID)와 U-센서를 BcN과 연계해 사물의 정보를 인식, 관리하는 네트워크이며, 기존 사람 중심의 정보화를 사물에까지 확대해 유비쿼터스 사회를 구현하기 위한 기본 인프라로 정의하고 있다. 해외의 센서 네트워크는 USN 대신 WSN이라는 개념을 사용했다.

USN(Ubiquitous Sensor Network)	
일반적 의미	USN은 첨단 유비쿼터스 환경을 구현하기 위한 근간으로, 각종 센서에서 수집한 정보를 무선으로 수집할 수 있도록 구성한 네트워크를 의미한다. 유비쿼터스(Ubiquitous)는 "어디에나 있다"라는 뜻으로 "(신은) 어디에나 널리 존재한다"는 뜻의 라틴어에서 유래한 영어이다.
넓은 의미의 유비쿼터스	컴퓨팅은 인간/사물이 언제든 어디서든 네트워크에 접근할 수 있는 컴퓨팅을 말한다.
좁은 의미의 유비쿼터스	컴퓨팅은 제품, 도로, 다리, 터널, 빌딩 등 모든 물리 공간에 네트워크 통신 능력을 가진 초소형 칩을 내장하여 모든 사물이 지능화되고 네트워크로 연결되어 서로 정보를 주고 받는 개념이다.

04 유비쿼터스 센서 네트워크(USN) 구성에서 기본적인 기술 구성요소가 아닌 것은? (2013-2차)

① 전송부(BUS)
② 제어부(MCU)
③ 센서부(Sensor)
④ 통신부(Radio)

해설
USN은 센서 노드(Sensor Node), 싱크 노드(Sink Node), 게이트웨이(Gateway) 등으로 구성된다. 유비쿼터스 센서 네트워크(USN) 구성을 위해 제어부(MCU), 센서부(Sensor), 통신부(Radio)가 필요하다.

05 유비쿼터스 센서 네트워크(USN) 구성에서 기본적인 기술 구성요소가 아닌 것은? (2023-2차)

① 버스부(BUS)
② 제어부(MCU)
③ 센서부(Sensor)
④ 통신부(Radio)

해설
USN은 센서 노드(Sensor Node), 싱크 노드(Sink Node), 게이트웨이(Gateway) 등으로 구성된다. 유비쿼터스 센서 네트워크(USN) 구성을 위해 제어부(MCU), 센서부(Sensor), 통신부(Radio)가 필요하다.

06 IoT 센서를 더욱 스마트하게 활용하기 위해, 센서와 관련된 응용서비스(Application) 처리 시 필요한 핵심적인 기능이 아닌 것은? (2023-1차)

① 저전력 소모
② 저지연
③ 고속데이터 처리
④ 전용플랫폼 사용

해설
IoT 플랫폼이란, 각종 센서와 단말기 등을 연결하여 다양한 서비스를 개발하고 운영할 수 있도록 지원하는 기술이다. 몇몇 가정에서 AI 스피커를 중심으로 활용되는 '애플 홈킷(HomeKit)', '구글 홈(Home)' 등이 대표적인 IoT 플랫폼이다.

IoT 오픈소스 플랫폼
1. 아두이노, 2. 디바이스허브넷, 3. IoT 툴킷, 4. 오픈 WSN, 5. 입자, 6. 사이트웨어, 7. 씽스피크, 8. 웨비노 등이 있어 다양한 연동이 요구된다.

07 각종 사물에 컴퓨터 칩과 통신 기능을 내장하여 인터넷에 연결하는 기술은? (2023-2차)

① IoT(Internet of Things)
② Cloud Computing
③ Blockchain
④ Big Data

해설

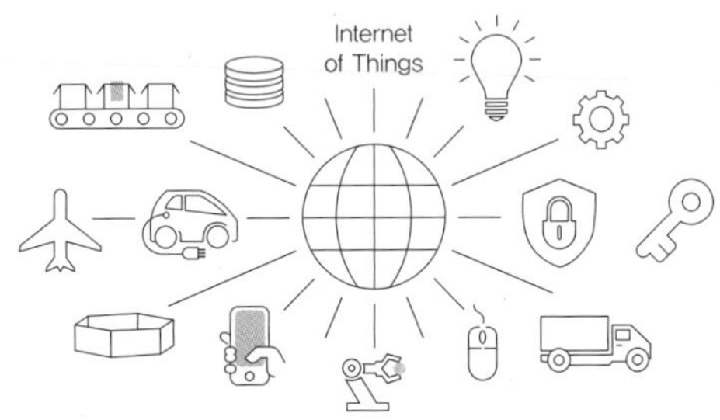

사물 인터넷은 각종 사물에 센서와 통신 기능을 내장하여 인터넷에 연결하는 기술. 즉, 무선 통신을 통해 각종 사물을 연결하는 기술을 의미한다. 여기서 사물이란 가전제품, 모바일 장비, 웨어러블 디바이스 등 다양한 임베디드 시스템이 된다.
최근에 IoT는 산업과 연계한 IIoT(Industrial IoT)로 확대되어 광범위하게 사용되고 있으며 이를 Industrial 4.0과 함께 같은 의미로 사용한다.

기출유형 06 ▶ 스마트 도시(Smart City)와 핀테크(Fintech)

다음 중 유비쿼터스 도시(U-City) 기초인프라에 해당하지 않는 것은? (2015-3차)

① 관로 및 인공(Manhole)
② 방송공동수신설비
③ IT Pole, 철탑
④ CCTV

해설

방송 공동수신 설비
방송 공동수신 안테나 시설과 종합유선방송 구내 전송선로 설비이다. 방송 공동수신 안테나 시설이란 지상파 텔레비전방송, 위성방송 및 에프엠(FM) 라디오 방송을 공동으로 수신하기 위하여 설치하는 수신안테나, 선로, 관로, 증폭기 및 분배기 등과 그 부속설비이다.

| 정답 | ②

족집게 과외

핀테크(FinTech)
금융을 뜻하는 파이낸셜(Financial)과 기술을 뜻하는 테크놀러지(Technology)의 합성어로서 모바일, 소셜네트워크서비스(SNS), 빅데이터 등의 첨단 기술을 활용해 기존 금융기법과 차별화된 새로운 형태의 금융기술이며 소비자 접근성이 높은 인터넷, 모바일 기반 플랫폼이다.

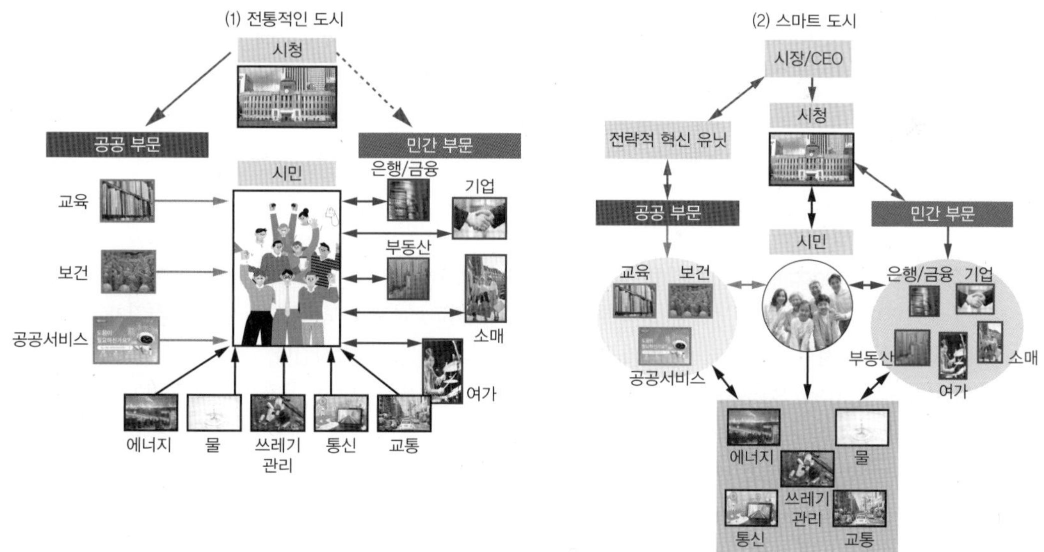

자료: Department for Business, Innovation, and Skills(UK Gov), 2013

더 알아보기

구분	내역
스마트 시티 정의	스마트 도시법 제2조 도시의 경쟁력과 삶의 질의 향상을 위하여 건설 · 정보통신기술 등을 융 · 복합하여 건설된 도시기반시설을 바탕으로 다양한 도시서비스를 제공하는 지속가능한 도시이다.
스마트 시티 구성요소	스마트 도시법 제2조 제2호, 제3호 (정보생산) RFID, 비콘 등이 부착되어 지능화된 도시시설이 정보를 생산하고 (정보수집) BcN, USN 등 통신인프라를 타고 생산된 정보가 수집되어 (정보가공) 수집된 통합정보를 가공 · 연계하고 (정보활용) 행정, 교통, 환경, 방범, 복지 등 스마트서비스 등을 제공
스마트 시티 의미	에너지, 방범, 교통, 상 · 하수도, 환경 등의 스마트 서비스를 활용한 도시로서 좁은 의미로는 ICT를 활용한 도시를 의미하지만 넓은 의미로는 IoT 등 신기술 전반을 포함하고 있는 도시의 기본 플랫폼이다.

❶ 스마트 도시의 정의(스마트도시 조성 및 산업진흥 등에 관한 법률 제2조)

"스마트 도시"란 도시의 경쟁력과 삶의 질 향상을 위하여 스마트 도시기술을 활용하여 건설된 스마트도시기반시설 등을 통하여 언제 어디서나 스마트 도시서비스를 제공하는 도시를 말한다. 이를 통해 도시가 당면한 과제를 효과적으로 신속하게 해결해 낼 수 있는 도시를 의미하며, 그 결과로 시민의 일과 삶의 질이 높고 지속가능한 도시이다. 다음은 일반적으로 스마트 시티와 관련된 몇 가지 주요 측면과 특징이다.

1. **인프라(Infrastructure)**: 스마트 시티는 효율적인 에너지 분배를 위한 스마트 그리드, 최적화된 교통 관리를 위한 지능형 교통 시스템, 에너지 절약 기능을 갖춘 스마트 빌딩 등 첨단 인프라를 갖춘 경우가 많다.
2. **연결(Connectivity)**: 스마트 시티는 다양한 장치와 시스템을 연결하기 위해 강력한 네트워크 인프라에 의존한다. 이러한 연결을 통해 도시 생태계의 여러 구성 요소 간에 실시간 데이터수집, 분석 및 통신이 가능하다.
3. **데이터 중심 의사 결정(Data-driven Decision Making)**: 스마트 시티는 데이터 분석 및 센서 기술을 활용하여 교통 패턴, 대기질, 폐기물 관리 및 에너지 소비와 같은 도시 생활의 다양한 측면에 대한 정보를 수집한다. 이 데이터는 더 나은 도시계획과 자원할당을 위해 통찰력을 얻고 정보에 입각한 결정을 내리기 위해 분석된다.
4. **지속 가능한 실천(Sustainable Practices)**: 스마트 도시는 재생 가능한 에너지원, 효율적인 폐기물 관리 시스템 및 친환경 교통수단을 홍보하여 지속 가능성을 우선시한다. 특히 탄소 배출을 줄이고, 자원을 절약하고, 주민들을 위한 더 건강한 환경을 만드는 것을 목표로 한다.
5. **시민 참여(Citizen Engagement)**: 스마트 시티는 디지털 플랫폼과 모바일 애플리케이션을 통해 시민의 적극적인 참여를 장려한다. 이를 통해 주민들은 도시서비스에 액세스하고, 문제를 보고하며, 지방 당국(지차체)에 피드백을 제공할 수 있다. 시민 참여는 거버넌스의 투명성, 협업 및 대응성을 향상시킨다.
6. **향상된 서비스(Improved Services)**: 스마트 시티는 효율적이고 액세스 가능한 공공 서비스를 제공하기 위해 기술을 활용한다. 여기에는 스마트 주차 시스템, 지능형 가로등, 전자 거버넌스 플랫폼 및 스마트 의료 솔루션이 포함된다. 이러한 발전은 주민들의 편의, 안전 및 삶의 질을 향상시키는 것을 목표로 한다.
7. **협업 및 혁신(Collaboration and Innovation)**: 스마트 시티는 공공 부문, 민간 기업, 연구기관 및 시민 간의 파트너십을 촉진하여 혁신을 추진하고 지속 가능한 솔루션을 개발한다. 협업은 새로운 기술, 비즈니스 모델 및 도시문제에 대한 접근 방식의 개발을 장려한다.

❷ 스마트 도시의 의미

스마트 도시의 개념은 기술이 발전하고 새로운 솔루션이 등장함에 따라 지속적으로 진화하고 있다. 목표는 데이터와 기술의 힘을 활용하면서 더 살기 좋고, 지속 가능하며, 주민의 요구에 대응하는 도시를 만드는 것이다.

정답 01 ③ 02 ④ 03 ① 04 ②

01 스마트 도시(Smart City) 기반시설에 해당하지 않는 것은? (2021-3차)(2022-2차)

① 기반시설 또는 공공시설에 건설 · 정보통신 융합기술을 적용하여 지능화된 시설
② 초연결지능통신망
③ 도시정보 데이터베이스
④ 스마트 도시 통합운영센터 등 스마트도시의 관리 · 운영에 관한 시설

해설
스마트 도시의 구성요소는 아래와 같이 5개 세부 요소로 구분된다.

구분	내용
하드웨어 인프라	도시기반 시설관리 네트워크, 교통, 빌딩, 물리적 환경 등의 기술적 요소
센서	사물인터넷(IoT) 구동을 위한 센서 네트워크, 터미널 노드 등의 기술적 요소
네트워크	와이파이, 도시백본망, 유무선 통신망 등의 기술적 요소
데이터 및 지원	데이터 수집, 저장, 분석, 활용 등의 어플리케이션 지원을 위한 기술적 요소
어플리케이션	스마트 정부, 경제, 교통, 안전, 관광, 건강, 교육, 빌딩, 에너지, 물, 폐기물 관리 등의 서비스 요소

도시정보 데이터베이스는 공간정보 데이터베이스 구축으로 토지, 도시계획, 지하시설물 등에 대한 지리정보를 전자매체로 제공하기 위한 측량, 탐사, 수치지도, 정지영상 지도 제작 등에 관한 정보를 모아둔 것이다.

02 핀테크(FinTech)란 금융(Finance)과 기술(Technology)의 합성어로, 금융과 IT의 융합을 통한 금융서비스 및 산업의 변화를 통칭한다. 다음 중 핀테크의 일반적인 구성 범위가 아닌 것은? (2018-1차)(2021-1차)

① 자금결제
② 금융데이터 분석
③ 금융 소프트웨어
④ 마그네틱 결제

해설
마그네틱 결제는 기존 카드와 같은 방식으로 금융에 기반한다.

03 다음은 모바일 인터넷에 사용되는 기술의 특징을 설명한 것이다. 무엇에 대한 설명인가? (2020-2차)

- 금융을 뜻하는 파이낸셜(Financial)과 기술을 뜻하는 테크놀러지(Technology)의 합성어
- 모바일, 소셜네트워크서비스(SNS), 빅데이터 등의 첨단 기술을 활용해 기존 금융기법과 차별화된 새로운 형태의 금융기술
- 소비자 접근성이 높은 인터넷, 모바일 기반 플랫폼

① 핀테크(FinTech)
② 크라우드 펀딩(Crowd Funding)
③ 금융관리(Finance Management)
④ 주문자 상표 부착 생산(OEM)

해설
핀테크(FinTech)는 Finance(금융)와 Technology(기술)의 합성어다. 금융서비스와 정보기술(IT)의 융합을 통한 금융서비스 및 산업의 변화를 통칭한다. 혁신형 금융서비스는 모바일, SNS, 빅데이터 등 새로운 정보통신 기술 등을 활용해 기존 금융기법과 차별화된 서비스를 제공하는 기술기반으로 발전하고 있다.

04 다음 중 EMS(에너지관리시스템, Energy Management System)에서 에너지 관리대상에 따른 분류로 가장 거리가 먼 것은? (2022-3차)

① FEMS(Factory Energy Management System)
② CEMS(City Energy Management System)
③ HEMS(Home Energy Management System)
④ BEMS(Building Energy Management System)

해설

EMS(에너지관리시스템)

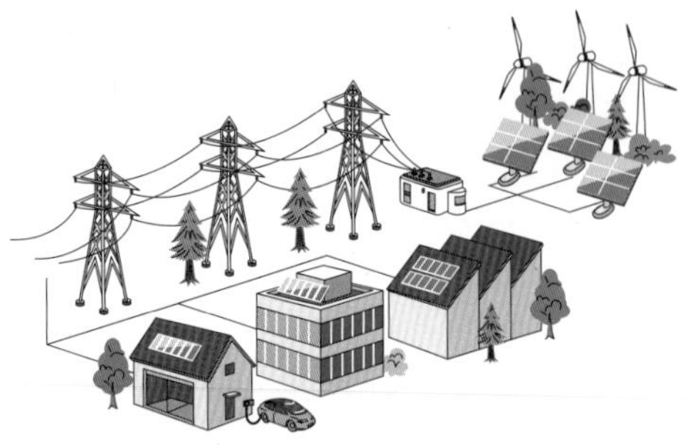

<table>
<tr><th colspan="2">구분</th><th>내용</th></tr>
<tr><td colspan="2">개념</td><td>ESS(Energy Storage System)가 남은 전력을 미리 저장해 두었다가, 제때 필요한 만큼의 전기를 공급할 수 있는 배경에는 'EMS'가 있었으로 ESS를 보다 효율적으로 운영하기 위해서는 에너지 사용 상황을 정확하게 파악하고 관리해야 하므로 이때 필요한 것이 'EMS(Energy Management System)'이다. EMS는 ESS 내 전력의 사용과 공급 상태를 실시간으로 모니터링하고 관리해 준다.</td></tr>
<tr><td rowspan="3">분류</td><td>BEMS</td><td>Building EMS, 빌딩 내에서 사용하고 있는 전력과 가스 등에 대한 정보를 파악한 후 관리 및 제어하여 건물 전체의 에너지 사용 효율을 높여준다.</td></tr>
<tr><td>FEMS</td><td>Factory EMS, 공장 내 설비 가동 상황을 모니터링 하면서 전력, 가스, 기름, 열 등 다양한 산업 에너지 자원을 관리하는 역할을 한다.</td></tr>
<tr><td>HEMS</td><td>Home EMS, 일반 가정에서 쓰이는 조명, 가전 기기 등의 에너지원을 네트워크화하고 자동으로 제어한다.</td></tr>
</table>

05 IoT 미들웨어 플랫폼을 활용한 무선모듈형 화재 감지 시스템의 구성 시 불필요한 설비는 무엇인가? (2022-2차)

① 화재감지센서
② 데이터베이스
③ 키오스크
④ 빅데이터 분석 서버

해설

키오스크란 화면의 안내에 따라 터치스크린으로 스스로 주문하는 카드단말기로 사람과 대화하지 않고, 고객이 쉽게 이용할 수 있도록 설치된 무인단말기이다. 문제에서 제시한 화재 감지 시스템의 구성과는 무관하다.

06 다음 스마트공장의 구성 요소 중 IIoT(Industrial Internet of Things)에 해당하지 않는 것은? (2022-2차)

① ERP(Enterprise Resource Planning)
② 각종 센서(Sensor)
③ 엑츄에이터(Actuator)
④ 제어기(Controller)

해설

- ERP(Enterprise Resource Planning): 전사적 자원 관리는 경영 정보 시스템의 한 종류이다. 전사적 자원 관리는 회사의 모든 정보뿐만 아니라, 공급사슬관리, 고객의 주문정보까지 포함하여 통합적으로 관리하는 시스템
- 센서(Sensor): 감지하여 알아내는 장치
- 액추에이터(Actuator): 시스템을 움직이거나 제어하는 기계 장치

07 다음에서 설명하고 있는 용어는? (2022-2차)

> 스마트공장에서 물리적 실제 시스템과 사이버 공간의 소프트웨어 및 주변 환경을 실시간으로 통합하고 상호 피드백하며 물리 세계와 사이버 세계가 실시간 동적 연동되는 시스템

① CPS(Cyber－Physical System)
② MES(Manufacturing Execution System)
③ SCM(Supply Chain Management)
④ PLM(Product Lifecycle Management)

해설

CPS(Cyber-Physical System)
사이버－물리 시스템 또는 지능형 시스템은 컴퓨터 기반 알고리즘에 의해 메커니즘이 제어되거나 모니터링되는 컴퓨터 시스템이다. 스마트팩토리는 전통 제조업에 새로운 ICT를 결합, 적용하여 모든 생산 과정에서 자율 최적화를 실현하려는 것으로 가장 큰 목적은 다양한 상황 변경에서도 낭비나 시행착오가 없는 효율적인 '제조 최적화'의 달성이다.

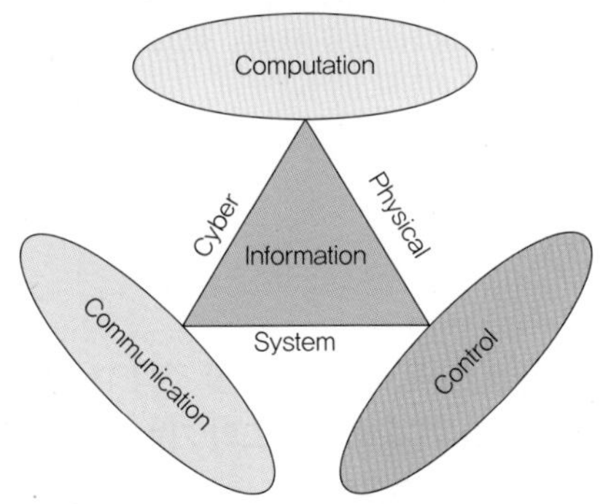

그러므로 사이버－물리시스템(CPS, Cyber Physical System)은 스마트팩토리의 핵심 기술이라고 할 수 있다. 즉, 사이버 세계에서의 디지털 모델을 중심으로 실제 세계의 데이터가 수집 및 정보 연결하는 개념으로, IoT 기반으로 센서, 각종 정보처리 장치들과 소프트웨어가 연결되어, 다양한 데이터와 정보가 체계적으로 처리, 교환된다.

08 빌딩안내시스템 중 승강기 안내시스템에 대한 설명으로 틀린 것은? (2022-2차)

① Display에 전송되는 선로는 반드시 동축케이블을 사용한다.
② 다양한 메시지 표출 기능을 제공하여야 한다.
③ 임의적으로 운용시간을 지정하여 LCD를 제어한다.
④ Display는 돌출형 매립형으로 설치한다.

해설

빌딩안내시스템
디지털 사이니지, 회의실(강의실) 안내 등 위치 안내 시스템과 연동하여 각각의 장소에 적합한 내용을 디스플레이하고 때로는 방문객과 상호작용을 통하여 원하는 정보를 빠르게 인지하여 목적을 달성할 수 있도록 행동을 유도합니다. 주로 공공기관, 호텔, 빌딩, 학교 등 주요 건물 방문객들이 시설물을 이용하기 편리하도록 로비, 엘리베이터 내부, 회의실, 식당 등에 설치된다. Display에 전송되는 선로는 UPT 케이블이나 필요에 따라서 광케이블 사용도 가능하다.

09 다음 중 만물인터넷(Internet of Everything)을 구성하는 핵심요소가 아닌 것은? (2020-1차)

① 사람
② 데이터
③ 프로세서
④ OXC

해설

④ OXC(Optical Cross Connection)으로 광전송장비의 하나로서 O－O－O(광 스위칭)이나 O－E－O(광－전기－광)을 변환하여 Switching 해주는 전송장비이다.

만물인터넷(Internet of Everything)
인터넷을 통해 사람과 기기뿐만 아니라 사물, 데이터, 프로세스까지 연결하는 개념으로 주로 물리적 장치를 인터넷에 연결하는 데 중점을 둔 사물인터넷(IoT)의 개념을 확장한다.
IoE 패러다임에서는 일상적인 물건, 가전제품, 차량 및 인프라에 센서, 액추에이터 및 네트워크 연결이 내장되어 있으며 이러한 연결된 개체는 데이터를 수집 및 공유

하고 서로 통신하며 환경과 상호 작용하여 자동화, 지능형 의사 결정 및 향상된 서비스를 가능하게 한다.

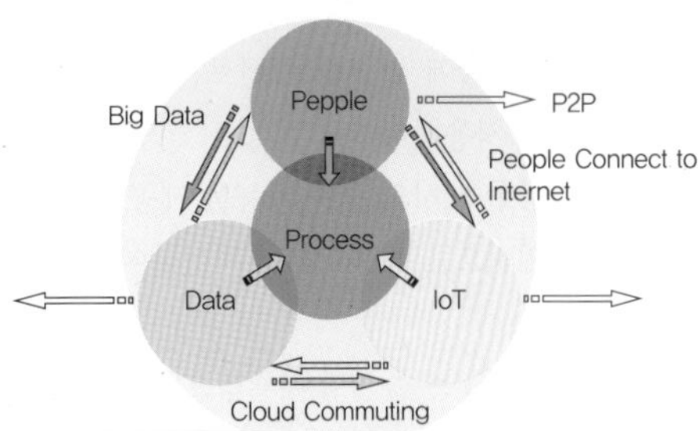

10 **센서 노드에서 실제로는 아무것도 전송되지 않지만 데이터 수신을 위해 전송 채널을 계속 감시해야 하는 것을 무엇이라고 하는가?** (2019-1차)

① 유휴 리스닝(Idle Listening)
② SMAC(Sensor Medium Access Control)
③ 트랜스시버(Transceiver)
④ 지그비(Zigbee)

해설

실제로는 아무것도 전송되지 않지만 데이터 수신을 위해 전송 채널을 계속 감시해야 하는 것을 유휴 리스닝(Idle Listening)이라 한다. 단 이를 위해서 일부 전력은 사용될 수 있다.

11 **스마트미디어 기기를 구성하는 센서의 종류 중 검출대상이 다른 것은?** (2023-1차)

① 포토트랜지스터 ② 포토다이오드
③ Hall 소자 ④ Cds 소자

해설

③ Hall소자: 홀센서란 전류가 흐르는 도체에 자기장을 걸어 주면 전류와 자기장에 수직 방향으로 전압이 발생하는 홀 효과가 나타난다. 이를 통해 자기장의 방향과 크기를 알 수 있다.
① 포토트랜지스터: 포토트랜지스터는 3개의 단자를 가지는 트랜지스터 부품이어서, 광신호를 부품 단위에서 증폭하는 역할을 수행한다.

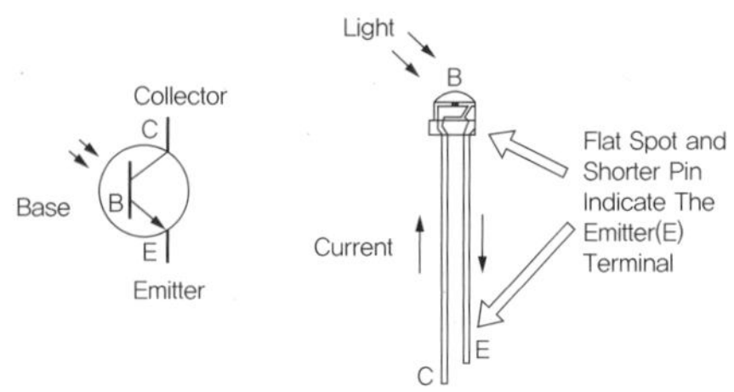

② 포토다이오드
다이오드는 p형 반도체와 n형 반도체를 연결한 것으로 포토 다이오드는 이러한 pn 접합에 광기전력 효과를 이용해서 빛을 검출하는 소자이다. 광기전력 효과는 PN 접합에 빛을 조사할 때 기전력 발생하는 현상으로 포토다이오드는 빛의 세기 검출 및 동시에 두방향 감지 제어가 가능한 조도센서이다.

④ Cds소자
CDS 소자로는 CDS (황화 카드뮴), CDSe (셀렌화 카드뮴), CDSSe(황화 셀렌화 카드뮴) 등이 있으며 수광소자인 Cds는 빛에 의해 저항값이 변화하는 부품으로 카드뮴을 사용한 것으로, 빛이 닿으면 저항값이 작아진다.

12 **욕실(TV)폰, 안방(T)폰 및 주방(TV)폰 등의 홈네트워크 기기 중 월패드의 기능 일부 또는 전부가 적용된 제품은?** (2023-1차)

① 주기능폰(Main-phone)
② 서브폰(Sub-phone)
③ 휴대폰(Mobile-phone)
④ 태블릿(Tablet)

해설

월패드(Wall Pad)는 주로 아파트에 설치된 홈 네트워크 기기로서 집 내에서 방문객 출입 통제, 가전제품 제어 등의 역할을 한다. 월패드는 대부분 거실에 설치되어 외부와 통신한다. 이러한 월패드를 추가로 보완하는 것이 서브폰(Sub-phone)이며 이를 통해 욕실(TV)폰, 안방(TV)폰 및 주방(TV)폰 등의 홈네트워크 기기 중 월패드의 기능 일부 또는 전부가 적용된 것이다.

13 **다음 중 구내에 설치하는 무인택배시스템에서 보유해야 하는 기능으로 적절하지 않은 것은?** (2023-3차)

① 별도의 등기우편 전용함을 통한 등기우편물을 수령할 수 있는 기능이 있어야 한다.
② 모든 보관함에는 유사시 탈출할 수 있는 비상탈출버튼을 내장 하여야 한다.
③ 홈네트워크 연동을 통해 각 세대의 월패드에 택배 도착 알림 기능이 있어야 한다.
④ 사용자가 원격 무인택배 관제센터와 24시간 상담을 할 수 있도록 착신 전용 전화를 내장하여야 한다.

해설

② 모든 보관함에는 유사시 탈출할 수 있는 비상탈출버튼을 내장 하는 경우 도난의 위험이 있어서 필요 없는 기능이다.

무인택배시스템은 택배 화물이나 세탁물 등을 배달하는 사람과 직접 만나지 않고도 받을 수 있도록 하는 일종의 무인보관함이다. 배송 담당자는 보안시스템과 연동된 보관함에 배달할 물건을 넣어 두고 이를 이용자에게 알려준다. ①, ③, ④는 정보통신 관점에서 의미가 있다.

14 **다음 키오스크(Kiosk)에 관한 설명 중 틀린 것은?** (2023-3차)

① 터치 패널 등이 탑재된 설치형 디지털 단말기를 말한다.
② 예전에는 정보를 전달하는 입력장치로 주로 사용했으나 현재는 출력장치로만 사용한다.
③ 무인교통카드 판매기, 무인민원발급기, ATM 기기 등에서 주로 사용되고 있다.
④ 무인주문시스템으로 사용자가 메뉴를 고르고 결제하는 상호작용 단말기이다.

해설

② 키오스크는 표를 팔면 무인 발권기, 물건을 팔면 무인 판매기, 정보를 안내하면 무인 안내기와 같이 처음부터 입출력장치로 사용되었다. 키오스크란 화면의 안내에 따라 터치스크린으로 스스로 주문하는 카드단말기로 사람과 대화하지 않고, 고객이 쉽게 이용할 수 있도록 설치된 무인단말기이다.

기출유형 07 ▶ ITS(Intelligent Transport Systems)

다음 중 국내 ITS용으로 할당된 주파수 대역이 아닌 것은? (2017-3차)

① 5.795~5.815[GHz]　　② 5.850~5.925[GHz]
③ 5.835~5.895[GHz]　　④ 5.125~5.145[GHz]

해설

국내는 지난 2016년 9월, C-ITS 주파수로 5.855~5.925GHz 대역을 분배했다.

[MHz]	5.855 ~ 5.875	5.875 ~ 5.895	5.895 ~ 5.925
주파수 배치안	LTE-V2X	보호대역 (5G-V2X 등 차세대 기술개발 활용)	WAVE

| 정답 | ④

족집게 과외

DSRC	지능형 교통시스템에서 통행료 자동지불, 주차장 관리, 물류 배송관리 등에 활용되는 단거리 무선통신 기술이다.
WAVE	ITS 중에서 차량 간 통신 기술(V2V), 인프라 간 통신(V2I)에 활용되는 기술이다.

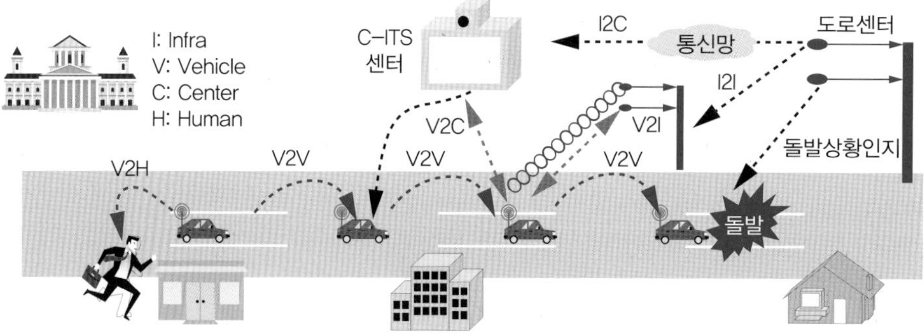

더 알아보기

지능형교통체계(ITS, Intelligent Transport Systems)

교통수단 및 교통시설에 대하여 전자 · 제어 및 통신 등 첨단 교통기술과 교통정보를 개발 · 활용함으로써 교통체계의 운영 및 관리를 과학화 · 자동화하고, 교통의 효율성과 안선성을 향상시키는 교동체계를 의미한다.

ITS의 이점

- 교통 흐름 개선, 혼잡 감소, 안전성 향상, 환경 영향 감소, 교통 접근성을 개선한다.
- 교통 패턴, 도로 상황 및 교통 운영에 영향을 미치는 기타 요인에 대한 포괄적이고 정확한 데이터를 제공한다.
- 교통 계획 및 의사 결정을 개선할 수 있다.

ITS 애플리케이션의 예로는 적응형 교통 제어 시스템, 전자 요금 징수(ETC) 시스템, 첨단 여행자 정보 시스템(ATIS) 및 첨단 대중 교통 시스템(APTS) 등이 있다.

❶ 지능형교통체계(ITS)

지능형 교통 시스템(ITS)은 교통안전, 효율성 및 지속 가능성을 개선하는 데 사용되는 고급 응용 프로그램, 서비스 및 기술로서 교통 인프라, 차량 및 운영을 개선하기 위해 정보 통신 기술(ICT)을 사용한다. ITS는 교통 관리, 여행자 정보, 도로 안전, 대중교통 관리 및 환경 관리와 같은 광범위한 응용 프로그램을 포함하며 이러한 애플리케이션은 실시간 데이터 수집 및 분석, 무선통신 및 고급 소프트웨어 알고리즘을 사용하여 운송 관계자에게 정확하고 시기 적절한 정보를 제공한다.

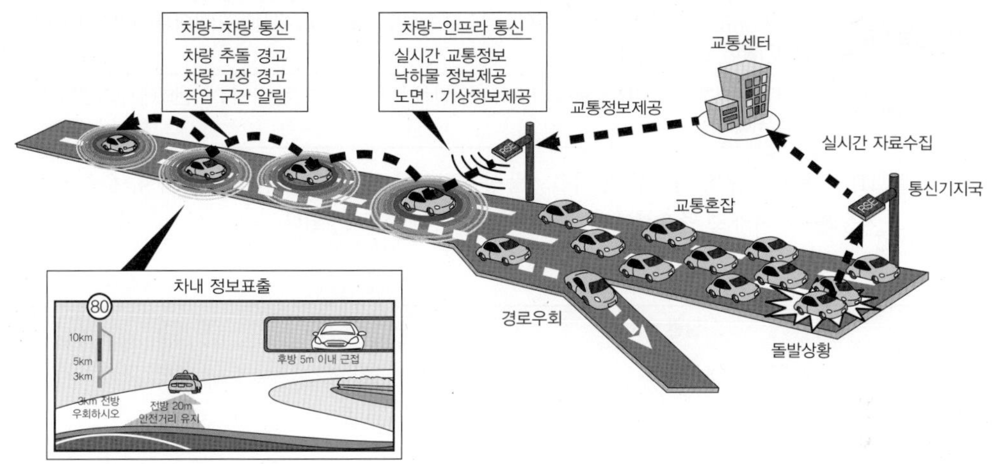

ITS(Intelligent Transport Systems)는 인간 중심의 새로운 교통공간 체계를 지원하며 교통시설의 이용을 극대화하고 교통수단의 수송효율을 높이는 한편, 국민의 교통편의 증진과 교통안전을 도모할 수 있도록 교통체계의 운영 · 관리를 자동화 · 과학화하는 체계로서 도로 · 철도 · 공항 등 교통시설과 자동차 · 열차 등 교통수단 등 교통체계 구성요소에 교통 · 전자 · 통신 · 제어 등 첨단기술을 적용하여 교통시설 · 수단의 실시간 관리 · 제어와 교통정보의 실시간 수집 · 활용하는 환경친화적 미래형 교통체계이다.

❷ 차세대 지능형교통체계(C-ITS, Cooperative ITS)

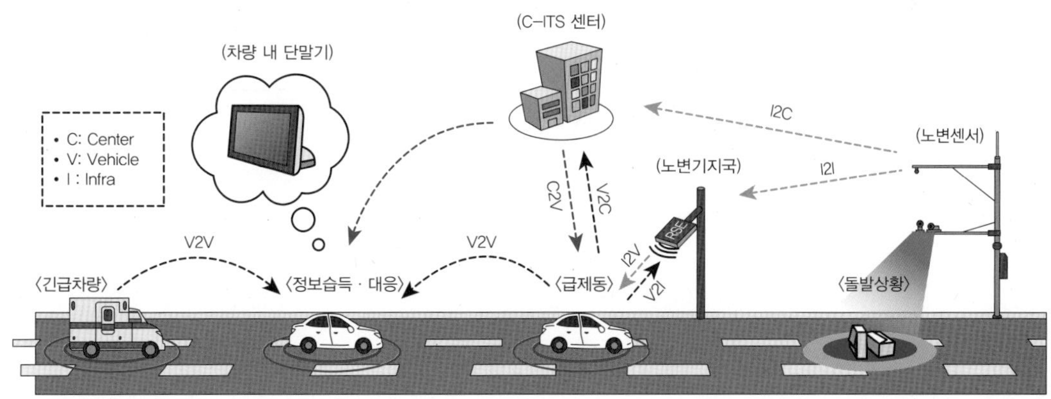

㉠ C-ITS는 자동차가 인프라 또는 다른 차량과 통신을 통해 상호 협력하는 시스템으로 교통안전을 위해 도입되었다.

㉡ 구성요소는 차내 단말기, 노변기지국(통신), 신호제어기(교통신호), 돌발상황 검지기(도로변 교통상황), 인증서 기반 보안시스템 등으로 구성된다.

㉢ C-ITS의 운영체계는 차량이 인프라, 다른 차량과 통신을 통해 협력하는 시스템으로 데이터 취득, 통신을 통한 정보전달, 활용 단계로 구성된다.

구분	내용
데이터 취득	인프라를 통해 차량 주행정보, 교통정보 등의 정보를 수집한다.
정보전달	차량 ↔ 사물(V2X) 통신기술을 통해 취득된 정보를 전달하며, 무선랜 기반의 통신기술과 휴대폰 기반의 통신기술이 경쟁 중이다.
활용	차내 단말기를 통해 안전정보를 표출하고(일반차), 단말장치 또는 C-ITS 센터에서 가공한 정보를 자율 주행 시에 활용된다.

전반적으로, ITS는 운송 효율성, 안전성 및 지속 가능성을 향상시키는 데 중요한 역할을 하며, 운송 시스템이 점점 더 연결되고 지능화됨에 따라 그 중요성이 지속적으로 증가할 것으로 예상된다.

❸ ITS 기술 비교

구분	일반 ITS	C-ITS
개념도	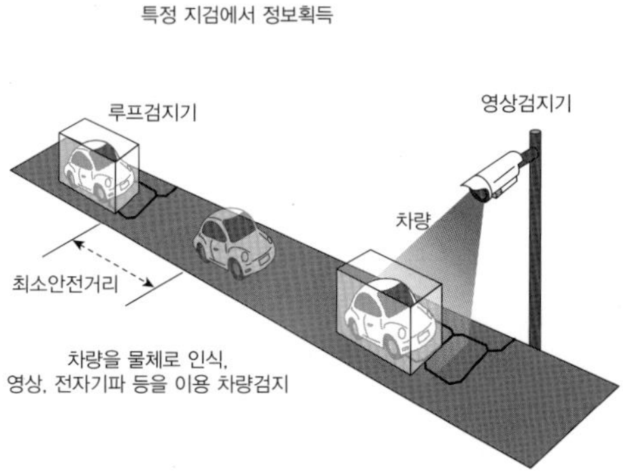 특정 지검에서 정보획득 루프검지기 영상검지기 차량 최소안전거리 차량을 물체로 인식, 영상, 전자기파 등을 이용 차량검지	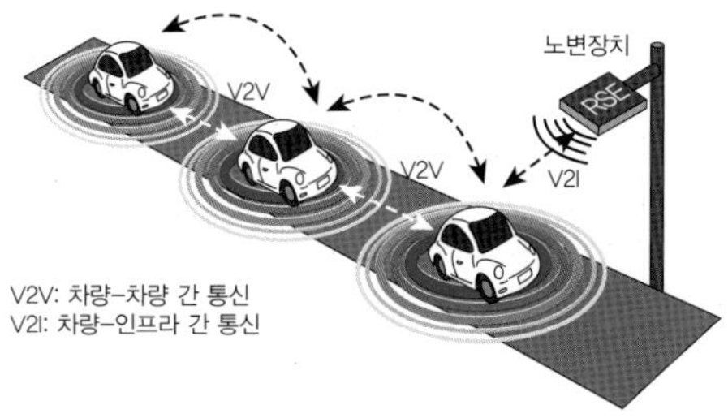 노변장치 V2V V2V V2I RSE V2V: 차량-차량 간 통신 V2I: 차량-인프라 간 통신
특징	• 운전자에 의한 상황 판단 • 교통단속이나 소통 정보 중심의 포괄적 정보 • 전방 사고 즉시 대응 한계 있음 • 주로 사후 관리 위주 대응	• 도로 및 차량간 통신정보로 판단 • 차량 위치 기반 안정 정보 제공 • 사전 대응 가능 • 사전에 사고 예방

정답 01 ② 02 ① 03 ①

01 지능형교통체계(ITS) 서비스를 위해 차량탑재장치(OBE, On Board Equipment)와 노변기지국(RSE, Road Side Equipment) 간 통신망으로 가장 적합한 것은? (2013-3차)(2019-1차)

① HFC(Hybrid Fiber and Coaxia)
② DSRC(Dedicated Short Range Communication)
③ WiFi
④ FTTC(Fiber To The Curb)

해설

DSRC(Dedicated Short Range Communication)

단거리 전용 통신 방식으로, 지능형 교통체계(ITS)에서 활용하는 통신 방식으로 노변기지국(RSE, Road Side Equipment)이라고 불리는 도로변에 위치한 소형 기지국과 차량 내에 탑재된 차량 탑재 단말(OBE, OnBoard Equipment) 간의 근거리 무선통신(5.8GHz 주파수 대역 이용)을 통해 각종 정보를 주고받는 ITS의 핵심기술이다. DSRC는 도로 자동 요금 징수 서비스(하이패스), 버스정류장의 버스도착알림 서비스, 내비게이션의 교통정보알림 서비스, 물류서비스 등 다양한 서비스에서 활용되고 있다.

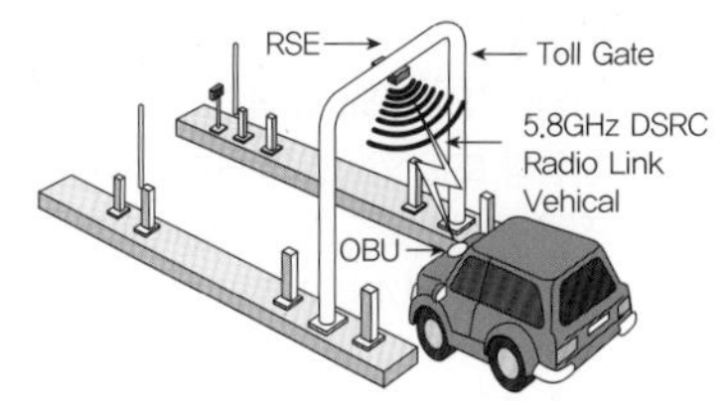

02 지능형 교통체계기술(ITS) 중에서 차량 간 통신 기술(Vehicle to Vehicle Communication), 차량과 인프라 간 통신 기술(Vehicle to Infrastructure Communication)에 활용되는 기술은? (2016-2차)(2019-3차)

① WAVE
② IEEE 802.11s
③ WiBro
④ LTE-R

해설

IEEE 802.11p WAVE(Wireless Access in Vehicular Environment)

공공 안전과 ITS 서비스를 위한 V2X 차량 네트워킹 기술로서 IEEE 802.11a/g 무선랜 기술을 차량 환경에 맞도록 개량한 통신기술이다. 기존 ITS 환경에서 사용되는 통신 프로토콜은 DSRC로, 주로 하이패스 등 단거리 간 통신에 사용되었다. 하지만 계속해서 변화하는 사물 인터넷 환경과 스마트 카의 개발에 따라 도로에서의 교통 상황을 실시간으로 인지하여 교통사고를 미연에 방지하고 교통흐름을 원활하게 조정할 수 있는 통신기술의 개발이 요구되었다. WAVE는 이러한 요구사항을 충족하여 개발된 표준으로 고속 이동성(최대 200km/h)과 통신 교환시간이 짧은 차량 망에서 도로나 차량의 위험 상황을 차량에게 전달하는 무선통신기술이다. 특히 고속 주행 상황에서도 실시간으로 V2X(V2V, V2I, V2N, V2P) 통신이 가능해 전방의 도로 상황이나 차량사고 등의 정보를 실시간으로 처리해 사고를 미연에 방지하는 원천기술이다.

03 지능형 교통체계기술(ITS) 중에서 차량 긴 통신 기술(Vehicle to Vehicle Communication), 차량과 인프라 간 통신 기술(Vehicle to Infrastructure Communication)에 활용되는 기술은? (2022-2차)

① WAVE
② IEEE 802.11s
③ WiBro
④ LTE-R

해설

- DSRC: 지능형 교통시스템에서 통행료 자동지불, 주차장관리, 물류 배송관리, 등에 활용되는 단거리 무선통신
- WAVE: ITS 중에서 차량 간 통신 기술(V2V), 인프라 간 통신(V2I)에 활용되는 기술

정답 04 ① 05 ② 06 ④

04 다음 중 지능형 교통시스템에서 통행료 자동지불시스템, 주차장관리, 물류 배송관리, 주유소 요금 지불 등에 활용되는 단거리 무선통신은? (2016-2차)(2021-3차)

① DSRC
② GPS
③ WiBro
④ LAN

해설

DSRC(Dedicated short-range Communications)는 주로 차량 통신에 사용할 수 있고 정해진 규약과 기준에 부합하는 단방향 또는 양방향의 단거리 무선통신 채널이다. 1999년 10월, 미국의 연방 통신 위원회는 지능형 교통 체계를 이용한 단거리 전용 통신으로 5.9GHz 대역에서 75MHz를 할당해 사용하도록 하고 있으며, 2008년 8월 유럽 전기 통신 표준 협회에서는 지능형 교통 체계를 이용한 단거리 전용 통신으로 5.9GHz 대역에서 30MHz를 할당해 사용하도록 하고 있다.

05 국가 통합 교통체계 효율화법의 내용중 괄호 안에 들어갈 내용으로 적합한 것은? (2015-1차)(2020-3차)(2022-1차)

> "지능형교통체계(ITS)"란 교통수단 및 교통시설에 대하여 (가) 등 첨단 교통기술과 교통정보를 개발 · 활용함으로써 교통체계의 운영 및 관리를 (나)하고, 교통의 효율성과 안정성을 향상시키는 교통체계를 말한다.

① (가) 무선 및 유선통신, (나) 과학화, 자동화
② (가) 전자 · 제어 및 통신, (나) 과학화, 자동화
③ (가) 전자 · 제어 및 통신, (나) 지능화, 자동화
④ (가) 무선 및 유선통신, (나) 지능화, 자동화

해설

DSRC는 단거리 전용 통신 방식으로 지능형 교통체계(ITS)에서 활용하는 통신 방식이다. 노변기지국(RSE, Road Side Equipment)과 차량 내에 탑재된 차량 탑재 단말(OBE, OnBoard Equipment) 간의 근거리 무선통신(5.8GHz 주파수 대역 이용)을 통해 각종 정보를 주고받는다. 이를 위해 전자 · 제어 및 통신기술을 통한 교통체계의 운영 및 관리를 과학화, 자동화하고, 교통의 효율성과 안정성을 향상시키는 교통체계를 말한다.

06 주차관제시스템의 구축 시 고려사항으로 가장 거리가 먼 것은? (2022-3차)

① 무인화 운영시스템으로 확장 고려
② 주차 가능 구역의 효율적 관리 방안
③ 차량번호인식 에러율 최소화 방안
④ 차량 정보는 개방형으로 자유롭게 확인

해설

주차관제 시스템은 주차장의 입출차를 효율적으로 관리하기 위한 솔루션으로 주차장 입/출구에 차량번호인식기를 설치하여 번호판을 촬영하고 DATA화하는 시스템으로 차량 입/출차 통제 및 관리, 주차요금정산 등의 서비스를 제공한다. 이를 위해 유인에서 무인화로 확장되고 있고 주차 가능 구역을 사전에 표시해서 운전자의 주차를 도우며 차량번호인식을 통한 입출차의 요금관리가 요구된다. 차량번호 또한 개인정보에 속하므로 외부에 노출되지 않도록 폐쇄형으로 관리 되어야 한다.

07 다음은 ITS(Intelligent Transportation System) 서비스 중 무엇에 대한 설명인가? (2023-1차)

> 도로상에 차량 특성, 속도 등의 교통정보를 감지할 수 있는 시스템을 설치하여 교통 상황을 실시간으로 분석하고 이를 토대로 도로 교통의 관리와 최적 신호 체계의 구현을 꾀하는 동시에 여행시간 측정과 교통사고 과학 및 과적 단속 등의 업무 자동화를 구현한다. 예로 요금 자동 징수 시스템과 자동단속시스템이 있다.

① ATMS(Advanced Traffic Management System)
② ATIS(Advanced Traveler Information System)
③ AVHS(Advanced Vehicle and Highway System)
④ APTS(Advanced Public Transportation System)

해설

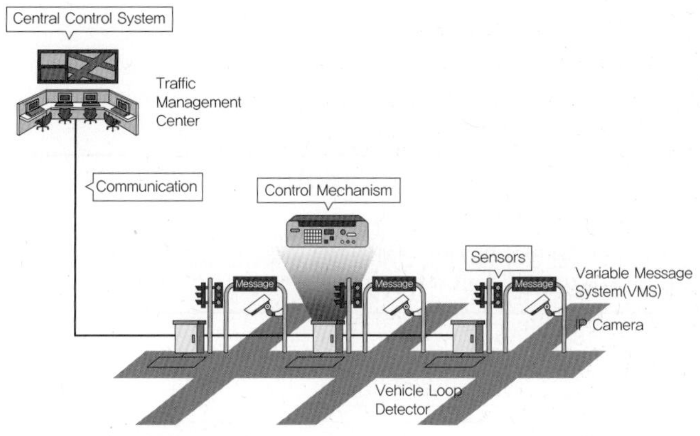

ATMS(Advanced Traffic Management System)
첨단기술을 활용하여 도로 및 고속도로의 교통흐름을 관리하고 최적화하는 지능형 교통시스템(ITS)으로서 안전을 개선하고 혼잡을 줄이며 전반적인 교통 효율성을 향상시키도록 설계되었다. ATMS는 실시간 교통 데이터를 수집 및 처리하고 교통 관제사에게 중요한 정보를 제공하며 교통 신호 및 제어 장치를 조정하기위해 교통 데이터 수집, 중앙 집중식 제어 센터, 교통 신호 제어, 사고 감지 및 관리, 가변 메시지 표지판(VMS) 관리, 교통감시, 데이터분석 및 예측, 사건 대응 등의 역할한다.

08 다음 중 주차관제시스템의 구성요소 중 단지 입 · 출구에 설치되지 않은 장비는? (2023-3차)

① 차량번호인식 장치
② 차량 자동 차단기
③ 주차권 발권기
④ 주차관리 서버

해설

주차관제 시스템은 주차장의 입출차를 효율적으로 관리하기 위한 솔루션으로 LPR(License Plate Recognition)이라 한다. 주차관리 서버는 네트워크로 연결되어 원격에서 차향에 대한 전체 제어(Control)을 담당한다.

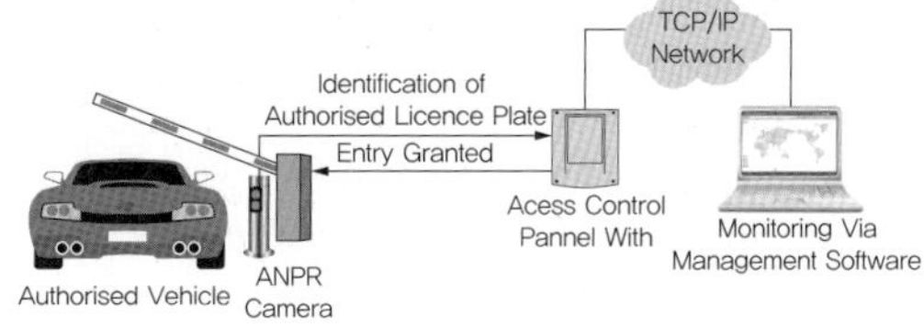

※ ANPR: Automatic Number Plate Recognition
(자동 번호판 인지)

기출유형 08 ▶ 망분리

다음 중 논리적 망분리의 특징으로 틀린 것은? (2022-2차)

① 가상화 등의 기술을 이용하여 논리적으로 분리하여 운영
② 상대적으로 관리가 용이하여 효율성 높음
③ 구성 방식에 따라 취약점 발생하여 상대적으로 낮은 보안성
④ 완전한 망분리방식으로 가장 안전한 방식

해설

논리적 망분리는 PC를 한대 쓰면서 업무용망과 외부 인터넷용망을 분리시켜 놓은 것이다. 물리적 망분리처럼 PC 두 대를 왔다 갔다 하지 않아도 되기에 업무 효율이 논리적 망분리가 더욱 우수하다할 수 있지만 완전한 망분리방식으로 가장 안전한 방식은 물리적 망분리라 할 수 있다.

| 정답 | ④

족집게 과외

망 분리	외부의 침입을 막고 내부 정보의 유출을 막는 것을 목적으로 내부 업무 전산망/외부 인터넷망을 논리적/물리적으로 분리하여 보안을 강화하는 기법이다.
망 연계	망 분리 환경에서 분리된 망과 망 사이, 연계 환경을 구축하는 네트워크 연계 기술로 분리된 망에서 데이터 전달 등이 가능하게 해주는 방식이다.

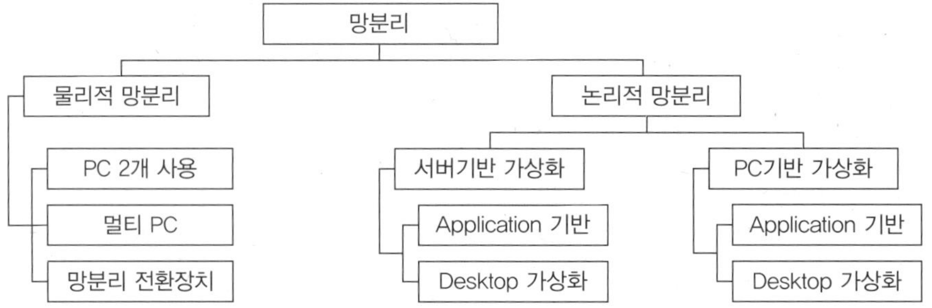

더 알아보기

분류	내용	특징
물리적 망 분리	2대의 PC나 망 전환 장치를 이용해서 업무용과 인터넷용 PC를 구분하여 사용한다.	• 보안성 및 응답 속도가 높다. • 소프트웨어 및 네트워크 구성 비용이 2배 소요된다. • 금융권(보안성 중시)에서 많이 사용한다.
논리적 망 분리	가상화 머신을 탑재한 서버(SBC-Server Based Computing) 및 PC(CBC-Client Based Computing)를 두고 업무 처리 시 가상화하여 이용한다.	• 효율적 가격으로 망분리 가능하다. • 유연한 구성 및 제거 가능하다. • 보안 측면에서 상위 PC(컨테이너) 감염 시 하위 단말까지 침해당할 수 있다. • IT 회사 및 기업에서 주로 사용한다.

❶ 망분리 기술

네트워크 분리(Network Separation)는 컴퓨터 네트워크를 각각의 보안 제어 및 액세스 정책이 있는 별도의 세그먼트 또는 영역으로 나누는 방법으로 네트워크 분리의 목표는 공격자가 네트워크의 다른 부분들 사이에서 횡방향(수평)으로 이동하는 능력을 제한함으로써 네트워크의 보안을 강화하는 것이다. 네트워크 분리를 구현하는 방법은 아래와 같다.

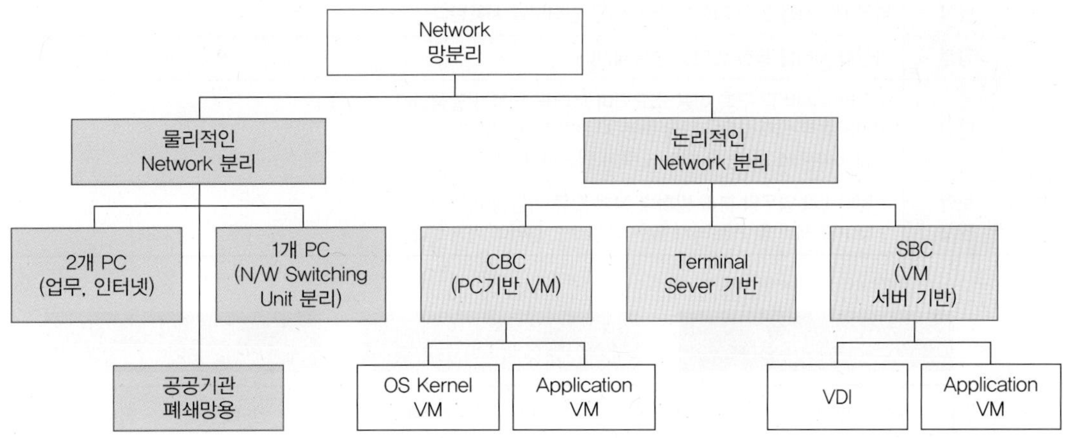

㉠ 물리적 망분리

여기에는 스위치, 라우터 및 방화벽과 같은 물리적 장치를 사용하여 별도의 네트워크 세그먼트를 생성하는 작업이 포함된다. 예를 들어, 조직이 외부인을 위한 Guest Wi-Fi 네트워크에 대해 별도의 네트워크 세그먼트를 생성할 수 있고 이 세그먼트는 기본 회사 네트워크와 분리되어 있다. 내부에는 복수 PC를 활용하는 방식으로 인터넷 PC와 업무 PC를 물리적으로 별도 구성하거나 네트워크 전환장치를 이용하는 방식으로 망 전환장치를 이용하는 경우 업무용 HDD와 인터넷용 HDD 간에 전환이 이루어진다.

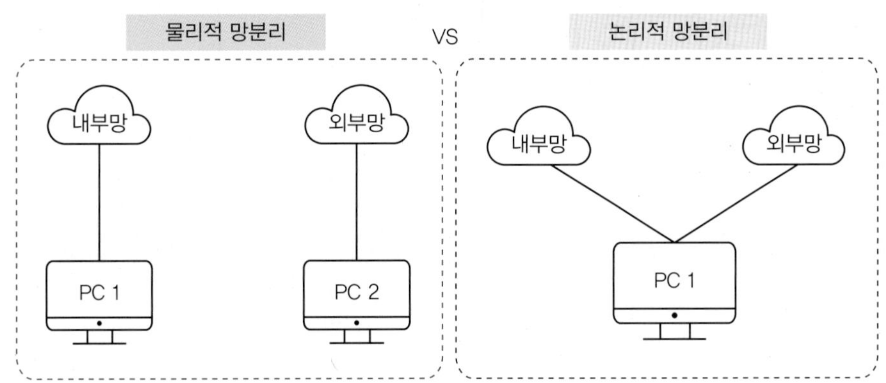

장점	명확한 개념의 망 분리, 기존 기술/업체 선정 용이하다.
단점	• 망 구축, PC 2대 지급 등 고비용 소요된다. • PC 등 물리적 장비 증가로 관리 포인트 증가한다. • 업무 PC에서 인터넷 구간 업무용 서버 접근이 불가능하다.
보안 위협	• 업무/인터넷PC 간 자료 이동을 할 경우 데이터 유출이 가능하다. • 보조 기억 매체(USB 등) 통한 악성코드의 감염이 가능하다.

㉡ 논리적 망분리

논리적 망 분리는 가상화 기술을 사용하여 단일 물리적 네트워크 내에 별도의 가상 네트워크를 생성하는 작업이 포함된다. 이 작업은 소프트웨어 정의 네트워킹(SDN) 또는 가상 로컬 영역 네트워크(VLAN) 기술을 사용하여 수행할 수 있다. 사용자 Desktop을 통해 업무영역 또는 인터넷 영역을 데스크톱 가상화 방식(Hosted VDI)으로 분리시켜 정보의 외부 유출을 사전에 차단한다.

방식	업무 PC 사용 동시 가상화 서버 이용 인터넷을 사용한다.
장점	가상화 서버를 통한 인터넷을 통제한다.
단점	• 인터넷 서버팜 구축 비용 소요되며 트래픽 부하가 발생한다. • 인터넷 수집자료 PC 저장 허용 시 해킹이 우려된다. • 웜, 바이러스 등 침투 방지 노력이 필요하다.
보안 위협	• 인터넷과 업무망 분리 방화벽 정책 오류 가능성이 있다. • 터미널 서버 및 스토리지 통한 악성코드 감염이 가능하다.

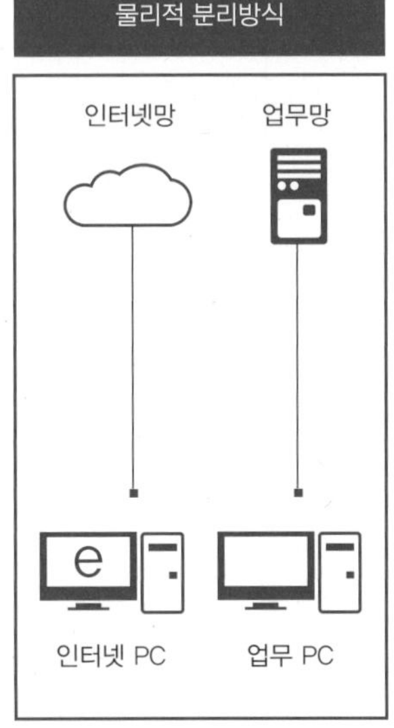

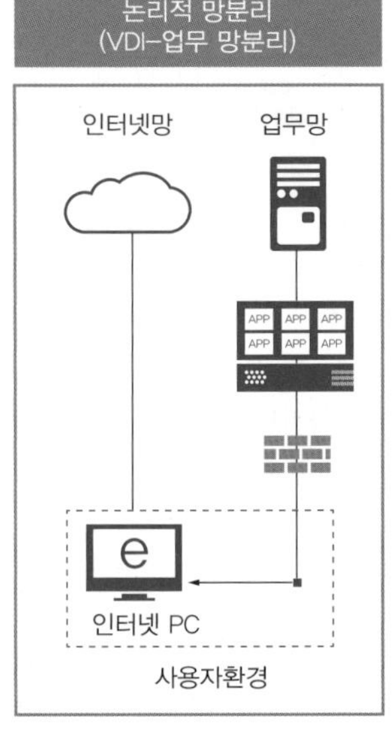

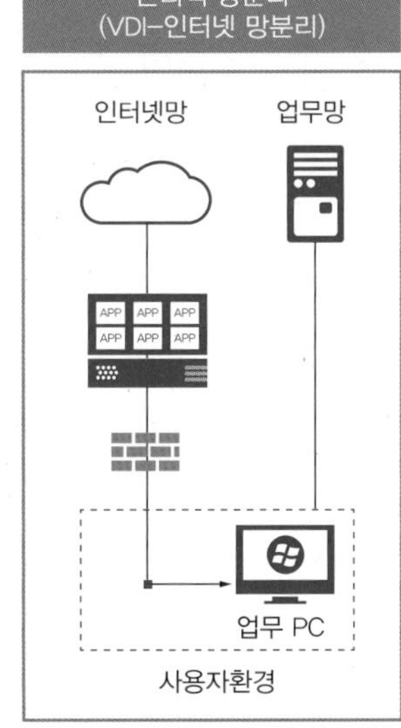

㉢ 비교

항목	물리적 망 분리	논리적 망 분리
보안성	보안상 안전	악성코드 유입 가능성
추가장치	추가 PC, 추가 HDD, 전용접속장치 등	전용 서버, 가상화 솔루션
주요 장점	물리적 보안으로 안전성 높음	기존 자원 활용, 상대적 비용 저렴
주요 단점	사무공간 협소, 업무 연속성 저하	해킹, 악성코드 감염 시 전체 감염 가능성

㉣ Network Access Control

사용자 또는 장치의 ID나 IP에 기초하여 네트워크의 다른 부분에 대한 액세스를 제어하는 것으로 NAC(네트워크 액세스 제어)를 사용하여 네트워크의 중요한 부분에 대한 액세스를 인증된 사용자와 장치로만 제한할 수 있다.

❷ 망연계

㉠ 망연계 방식

방식	내용
스토리지 방식	중간에 저장 가능한 SAN(Storage Area Network)과 같은 스토리지를 둔다.
소켓 방식	방화벽 등을 이용해 이더넷으로 연결한다.
시리얼 인터페이스 방식	별도의 IEEE 1394 카드 케이블을 이용한다.

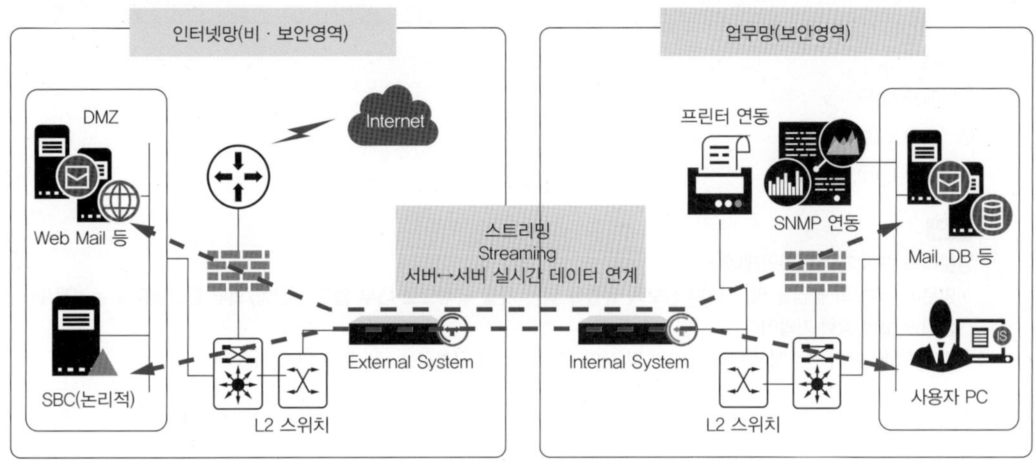

스트리밍(Streaming)

㉡ 망연계 기술

구분	망 연계 기술	설명
별도 통신 기반	독자개발 기술	독자개발 전용 프로토콜로서 벤더 별 프로토콜 방식이 상이하다.
	커널 기반 시리얼 통신	IEEE1394 기반으로 단일 채널 단일 비트로 통신한다.
	응용 계층 식별/차단	DPI, 전체 부합하는 프로토콜의 통신 연계한다.
	단방향 통신	한쪽 방향만 통신한다(Request → IF A방향, Response → IF B방향).
암호화 기반	고강도 암호화	AES−256, SHA−512 해시 함수, Diffie−Hellman 키 교환 알고리즘이다.
	보안영역주도 통신 처리	통신 세션 연결은 보안영역에서 우선 요청하여 암호화한다.
	암호기반 전송 통제	암호화 자료 전송, 통신중계 정책기반 제어한다.
	보안 USB 사용	AES−256 H/W 암호화 보안칩이나 USB 내 암호키 내장한다.

기출유형 완성하기

정답 01 ④ 02 ②

01 다음 중에서 망분리 적용 시 주요 고려사항으로 옳은 것을 모두 고른 것은? (2022-2차)

> ㉠ PC 보안관리
> ㉡ 망간 자료 전송 통제
> ㉢ 인터넷 메일 사용
> ㉣ 네트워크 접근 제어
> ㉤ 보조저장매체 관리

① ㉠, ㉡
② ㉠, ㉡, ㉢
③ ㉠, ㉡, ㉢, ㉣
④ ㉠, ㉡, ㉢, ㉣, ㉤

해설

망분리의 반대 개념이 망연계이다.

- 망분리: 외부의 침입을 막고 내부 정보의 유출을 막는 것을 목적으로 내부 업무 전산망/외부 인터넷망을 논리적/물리적으로 분리한 보안 강화 기법이다.
- 망연계: 망 분리 환경에서 분리된 망과 망 사이, 연계 환경을 구축하는 네트워크 연계 기술이다.

02 다음 보기와 같은 특징을 갖는 서버기반 논리적 망분리 방식은? (2023-2차)

> 〈보기〉
> – 가상화된 인터넷 환경제공으로 인한 악성코드 감염을 최소화
> – 인터넷 환경이 악성코드에 감염되거나 해킹을 당해도 업무 환경은 안정적으로 유지가능
> – 가상화 서버 환경에 사용자 통제 및 관리정책 일괄적 적용 가능

① 인터넷망 가상화
② 업무망 가상화
③ 컴퓨터기반 가상화
④ 네트워크기반 가상화

해설

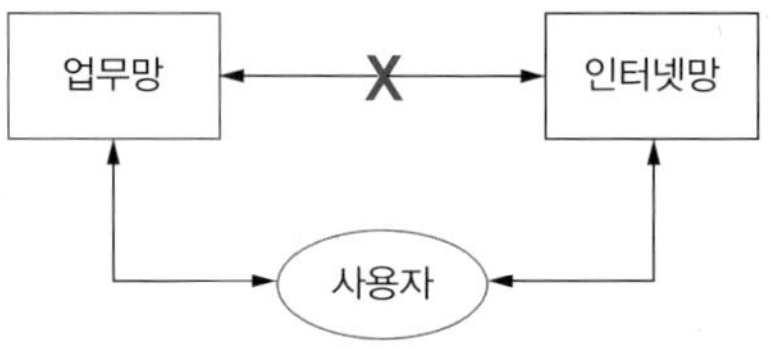

망분리는 말 그대로 외부 인터넷망과 업무망을 분리하는 것이다. 종류는 물리적 망분리와 논리적 망분리가 있으며 이를 통해 외부망과 내부 업무망을 분리하는 것이다. 물리적 망분리는 업무용 PC와 인터넷용 PC를 따로 구분해서 사용함으로서 보안을 강화하는 방식이다.

정답 03 ④

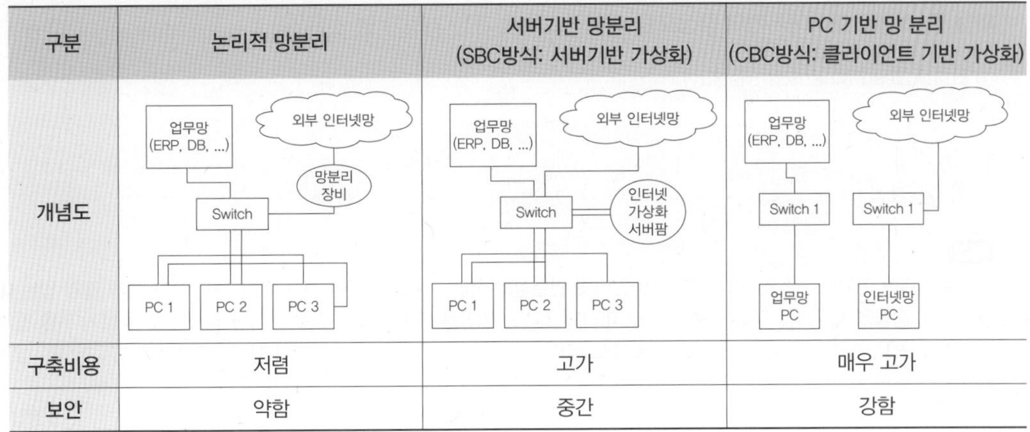

구분	논리적 망분리	서버기반 망분리 (SBC방식: 서버기반 가상화)	PC 기반 망 분리 (CBC방식: 클라이언트 기반 가상화)
개념도	업무망 (ERP, DB, ...) / 외부 인터넷망 / 망분리 장비 / Switch / PC 1 / PC 2 / PC 3	업무망 (ERP, DB, ...) / 외부 인터넷망 / 인터넷 가상화 서버팜 / Switch / PC 1 / PC 2 / PC 3	업무망 (ERP, DB, ...) / 외부 인터넷망 / Switch 1 / Switch 1 / 업무망 PC / 인터넷망 PC
구축비용	저렴	고가	매우 고가
보안	약함	중간	강함

서버기반 망분리는 망 자체가 물리적으로 분리하는게 아니라, 기존의 PC를 이용하면서 인터넷만 가상화가 구현된 서버로 이용하는 것이다. 논리적 망분리는 PC 단말기를 가상화하여 인터넷과 업무망을 분리하는 것이다.

03 다음 중 네트워크 가상화 기술로 옳지 않은 것은? (2023-3차)

① VPN(Virtual Private Network)
② SDN(Sofrware Defined Network)
③ NFV(Network Function Virtualization)
④ VOD(Video On Demand)

해설

④ VOD(Video On Demand): 기존의 공중파 방송과는 다르게 인터넷 등의 통신 회선을 사용하여 원하는 시간에 원하는 매체를 볼 수 있도록 하는 서비스이다. VOD 시스템은 매체를 스트리밍 혹은 다운로드 방식으로 전송하여 보여 준다.

① VPN(Virtual Private Network): 인터넷을 통해 장치 간 사설 네트워크 연결을 생성하는 서비스로서 장치의 실제 IP 주소를 가상 IP 주소로 대체하고, 데이터를 암호화하고, 데이터를 전 세계 보안 네트워크로 라우팅함으로써 정보를 보호한다. 따라서 VPN 다운로드를 통해 익명성을 확보한 상태에서 안전하게 인터넷을 이용할 수 있다.

② SDN(Sofrware Defined Network): 개방형 API를 통해 네트워크의 트래픽 전달 동작을 소프트웨어 기반 컨트롤러에서 제어/관리하는 접근방식이다. 트래픽 경로를 지정하는 컨트롤 플레인과 트래픽 전송을 수행하는 데이터 플레인(Data Plane)이 분리되어 있다.

③ NFV(Network Function Virtualization): 네트워크 기능 가상화는 통신 서비스를 만들기 위해 IT 가상화 기술을 사용하여 모든 계열의 네트워크 노드 기능들을 함께 묶거나 연결이 가능한 빌딩 블록으로 가상화하는 네트워크 아키텍처 개념이다.

기출유형 09 ▸ VR, AR, MR, XR, 신기술 및 기타

다음 중 스마트 미디어기기의 영상표출 디바이스로서 가장 거리가 먼 것은? (2022-3차)

① HMD(Head Mounted Display)
② Smart Phone
③ VR 기기
④ 화상스크린

해설
스마트 미디어 기기는 기존의 미디어 기능에 인터넷 연결성과 첨단 기능을 결합한 전자 기기로서 사용자에게 끊김 없는 대화형 미디어 경험을 제공하는 것이다. 즉 스마트 미디어 기기는 영상을 좀 더 다차원으로 보거나 입체감 있게 보기 위한 장치로서 HMD, VR, AR, MR 기기 등이 있다. 화상스크린은 화상회의를 하기 위한 단순 출력 장치로서 스마트 미디어와는 상관이 없다.

| 정답 | ④

족집게 과외

스마트 사이니지(Smart Signage): 디지털 기술을 활용한 전자 광고판

구분	내용	구분	내용
bit	데이터 구성의 최소 단위, 0과 1로 이루어짐	Record	프로그램 자료 처리 기본 단위
Nibble	$\frac{1}{2}$바이트(4비트)	Block	저장매체에 입출력될 기본 단위
byte	1바이트(8비트)	File	관련된 레코드의 집합
Word	2바이트(16비트) Double Word: 4바이트(32비트)	Database	파일(레코드)의 집합으로 계층적 구조를 갖는 자료 단위
Field	파일 구성의 최소 단위		

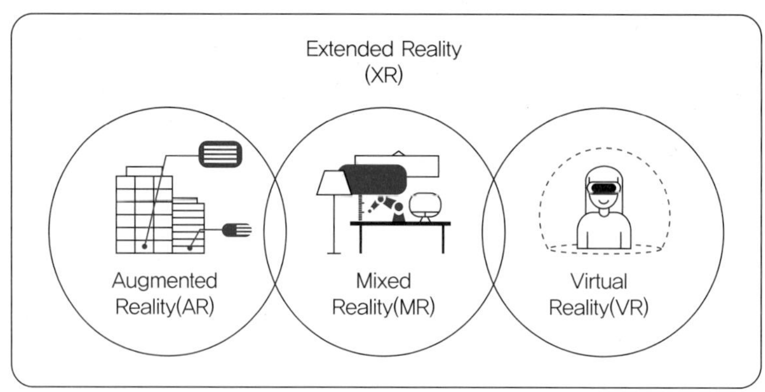

더 알아보기

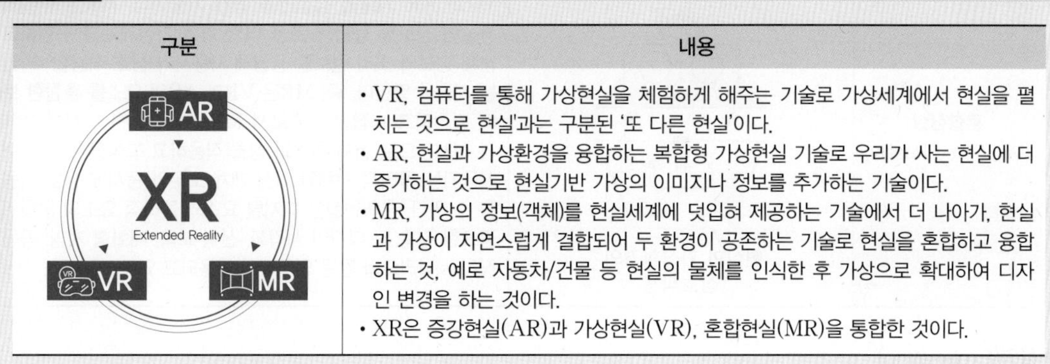

구분	내용
AR XR Extended Reality VR MR	• VR, 컴퓨터를 통해 가상현실을 체험하게 해주는 기술로 가상세계에서 현실을 펼치는 것으로 현실'과는 구분된 '또 다른 현실'이다. • AR, 현실과 가상환경을 융합하는 복합형 가상현실 기술로 우리가 사는 현실에 더 증가하는 것으로 현실기반 가상의 이미지나 정보를 추가하는 기술이다. • MR, 가상의 정보(객체)를 현실세계에 덧입혀 제공하는 기술에서 더 나아가, 현실과 가상이 자연스럽게 결합되어 두 환경이 공존하는 기술로 현실을 혼합하고 융합하는 것, 예로 자동차/건물 등 현실의 물체를 인식한 후 가상으로 확대하여 디자인 변경을 하는 것이다. • XR은 증강현실(AR)과 가상현실(VR), 혼합현실(MR)을 통합한 것이다.

❶ 가상현실(VR), 증강현실(AR), 혼합현실(MR)

모두 디지털과 현실 세계의 요소를 혼합하여 사용자의 세계 인식을 향상시키는 것을 목표로 하는 기술이다.

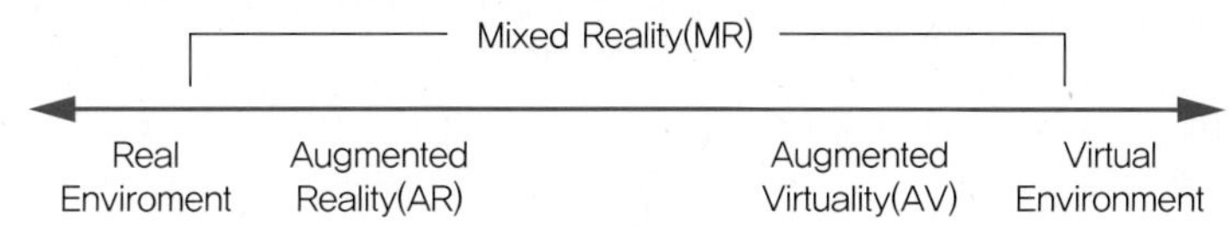

구분	개념도	내용
가상현실 (VR, Virtual Reality)	완벽한 디지털 환경 현실세계에 감각 없이 전체 합성 경험 환경	가상현실로서 우리 살고 있는 물리적인 공간이 아닌 컴퓨터로 구현한 가상 환경 또는 그 기술 자체를 의미한다. 즉, 완전히 시뮬레이션된 컴퓨터 생성 환경에 사용자를 몰입시키는 기술로서 사용자의 머리 움직임을 추적하고 3D 영상과 오디오를 표시하는 VR 헤드셋을 착용하여 가상 세계에 있는 듯한 착각을 불러일으키게 한다. VR은 사용자를 실제 세계와 분리하여 완전한 디지털 경험을 제공하며 사용자는 VR을 사용하는 동안 실제 주변 환경을 볼 수 없다. VR은 종종 게임, 교육 시뮬레이션, 교육, 가상 투어 및 다른 환경에 완전히 몰입해야 하는 다양한 엔터테인먼트 경험에 사용된다.
증강현실 (AR, Augmented Reality)	디지털이 있는 현실세계와 정보가 겹친다. 45°F 현실세계는 여전히 중심에 있고 가상에 대한 세부정보를 향상된 경험으로 제공한다.	증강현실로서 VR과 달리 위치, 지리정보를 송수신하는 GPS 장치 및 중력, 자이로스코프에 따른 위치정보 기반으로 실제 현실과 가상현실의 상호작용하는 공간으로 만들어 주는 기술이다. 주로 디지털 콘텐츠를 실제 환경에 오버레이하는 기술로서 VR과 달리 AR은 현실 세계를 대체하지 않으며 대신에 컴퓨터 생성 요소를 사용자의 보기에 추가하여 이를 향상시켜준다. AR은 스마트폰, 태블릿, 스마트 글래스, AR 헤드셋 등 다양한 디바이스를 통해 체험할 수 있다. AR은 디지털 정보가 물리적 세계를 보완하고 상호 작용하는 모바일 게임, 내비게이션, 교육, 원격 지원, 인테리어 디자인 시각화 및 광고와 같은 애플리케이션에서 사용된다.

혼합현실 (MR, Mixed Reality)	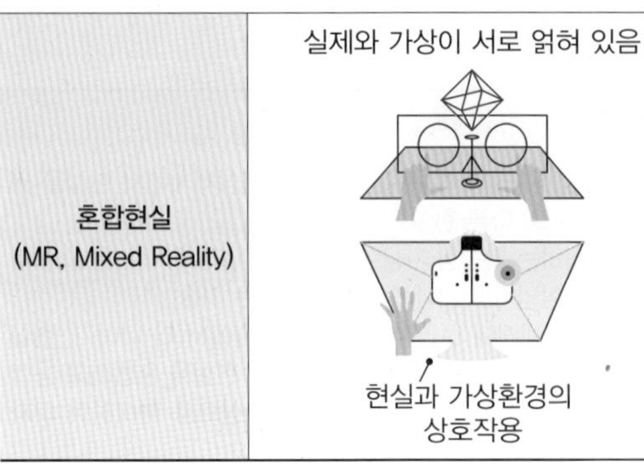	VR과 AR 기술의 장점만을 합친 기술이다. MR은 현실과 가상의 정보를 융합해 조금 더 진화된 가상세계를 구현하고 냄새 정보와 소리 정보를 융합해 사용자가 상호 작용할 수 있는 기술을 말한다. 즉, MR은 VR과 AR의 요소를 혼합한 보다 발전되고 복잡한 기술로서 MR을 사용하면 디지털 개체가 실시간으로 실제 환경과 상호 작용하고 고정될 수 있으며 사용자는 물리적 개체와 가상 개체 모두와 동시에 상호 작용할 수 있다. 혼합현실은 디지털 요소와 물리적 요소의 통합이 중요한 건축 및 디자인 시각화, 산업 교육, 대화형 게임, 공동 작업 시나리오와 같은 영역에서 응용되고 있다.

❷ 설명(Explanation)

다음은 주요 특성에 따른 가상현실(VR), 증강현실(AR) 및 혼합현실(MR)의 비교이다.

측면	가상현실(VR)	증강현실(AR)	혼합현실(MR)
정의	사용자를 실제 세계와 격리하는 시뮬레이션된 컴퓨터 생성 환경이다.	실제 환경에 디지털 콘텐츠를 오버레이하여 실제 세계에 대한 사용자의 시각을 향상시킨다.	가상 요소를 실제 환경과 혼합하여 디지털 개체와 물리적 개체 간의 상호 작용을 허용한다.
이용 환경	실제 환경을 볼 수 없는 가상 세계에 완전히 몰입한다.	실제 환경을 인식하고 보면서 디지털 오버레이와 상호 작용한다.	디지털 및 물리적 개체를 병합하여 동시에 상호 작용한다.
장치	VR 헤드셋 (예 Oculus Rift, HTC Vive)	스마트폰, 태블릿, AR 안경, AR 헤드셋	혼합 현실 헤드셋 (예 Microsoft HoloLens)
주 목적	게임, 시뮬레이션, 교육, 가상 투어, 엔터테인먼트	내비게이션, 정보 오버레이, 인테리어 디자인 시각화, 게임	건축 시각화, 산업 교육, 인터랙티브 게임, 협업 작업
몰입 수준	현실 세계와 완전히 단절된 높은 수준의 몰입감	부분 몰입, 여전히 현실 세계를 인식하지만 디지털 요소가 오버레이된다.	현실 세계에 완벽하게 통합된 가상 개체를 통한 높은 수준의 몰입감
실제 세계와 상호 작용	실제 개체와의 상호 작용이 없다.	최소한의 상호 작용, 디지털 오버레이는 물리적 개체에 고정되지 않는다.	디지털 개체는 물리적 개체와 상호작용하고 고정된다.
예	VR 헤드셋을 사용한 게임, VR 기반 교육 시뮬레이션	AR 모바일 앱, Pokemon GO, AR 내비게이션	Microsoft HoloLens, Magic Leap One, MR 건축 시각화
개념도	VR (Virtual Reality)	AR (Augmented Reality)	MR (Mixed Reality)

요약하면, 가상현실은 완전히 몰입되는 디지털 경험을 제공하고, 증강현실은 디지털 오버레이로 현실 세계를 향상시키며, 혼합현실은 디지털 요소와 실제 요소를 병합하여 두 환경 간의 상호 작용을 허용한다. 각 기술은 다양한 산업에 대한 고유한 응용 프로그램과 잠재력을 가지고 있어 우리가 주변 환경을 인식하고 상호 작용하는 방식의 진화에 기여하고 있다.

❸ OTT 서비스

OTT 서비스에는 넷플릭스, 아마존 프라임 비디오, 훌루, 디즈니+ 등과 같은 인기 플랫폼이 포함된다. 이를 통해 사용자들이 스마트 TV, 컴퓨터, 태블릿, 그리고 스마트폰과 같은 다양한 장치를 통해 접근할 수 있는 영화, TV 쇼, 다큐멘터리, 그리고 다른 컨텐츠들의 방대한 라이브러리를 제공한다. '오버 더 탑'이라는 용어는 이러한 서비스가 전통적인 유통 채널의 상위를 넘어 소비자에게 직접 콘텐츠를 전달한다는 점에서 유래되었다.

❹ WebRTC(Web Real-Time Communication)

WebRTC는 웹 브라우저 간에 플러그인의 도움 없이 서로 통신할 수 있도록 설계된 API이다. 즉, 브라우저에서 별도의 소프트웨어 없이 비디오, 음성 및 일반 데이터가 피어 간에 실시간으로 전송가능하게 해주는 오픈 프레임워크이다.

WebRTC 통신과정

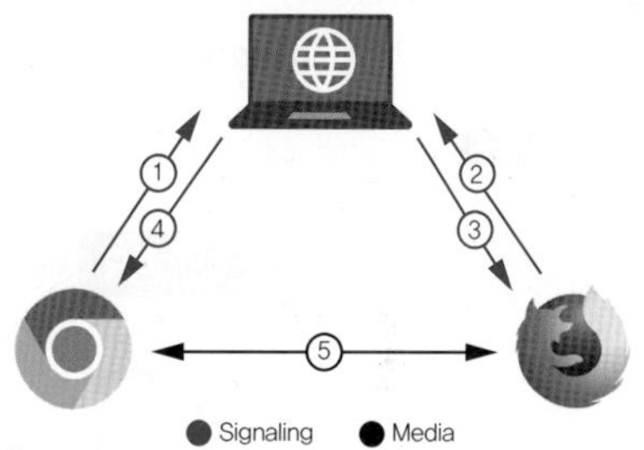

- Signaling을 통해 통신할 Peer 간 정보를 교환한다.
  예 세션 제어 메세지, 네트워크 구성정보, 미디어 기능 등의 정보
- WebRTC를 사용해 연결을 맺고, peer의 단말에서 미디어를 가져와 교환한다.

시그널링은 다음과 같은 세 가지의 정보를 교환한다.

- Session Control Messages: 통신의 초기화, 종료, 에러 메시지 전달한다.
- Network Configuration: 외부에서 바라보는 IP와 포트 정보 전달한다.
- Media Capabilities: 두 단말의 브라우저에서 사용 가능한 코덱, 해상도 등 정보 전달한다.

WebRTC는 아래와 같이 두 가지 모드로 동작한다.

구분	개념도	내용
STUN 모드	Peer A You Are: 208.141.55.130:3255 Who am I? STUN Server Peer B	NAT 작업은 STUN(Session Traversal Utilities for NAT) 서버에 의해 이루어진다. STUN 방식은 단말이 자신의 "공인 IP 주소와 포트"를 확인하는 과정에 대한 프로토콜이다. 클라이언트가 STUN 서버에 요청을 보내면 공인 IP 주소와 함께 통신에 필요한 정보들을 보내주는데, 클라이언트는 이를 이용해 다른 기기와 통신한다. 하지만 이러한 경우에도 통신이 되지 않는다면 TURN 서버로 넘기게 된다.
TURN (Traversal Using Relays around NAT) 모드	Peer A You Are: 209.141.55.130:3255 Behind Symmetric NAT Who am I? TURN Sever STUN Server Peer B	STUN 서버를 이용하더라도 항상 자신의 정보를 알아낼 수 있는 것은 아니다. 어떤 라우터들은 방화벽 정책을 달리 할 수도 있고, 이전에 연결된 적이 있는 네트워크만 연결할 수 있게 제한을 걸기도 한다(Symmetric NAT). 이 때문에 STUN 서버를 통해 자기 자신의 주소를 찾아내지 못했을 경우, TURN(Traversal Using Relay NAT) 서버를 대안으로 이용하게 된다.

01 다음 [보기]에서 설명하고 있는 기술 용어는? (2023-2차)

> 〈보기〉
> 가상의 정보(객체)를 현실세계에 덧입혀 제공하는 기술에서 더 나아가, 현실과 가상이 자연스럽게 결합되어 두 환경이 공존하는 기술

① 가상현실(VR, Virtual Reality)
② 증강현실(AR, Augmented Reality)
③ 혼합현실(MR. Mixed Reality)
④ 홀로그램(Hologram)

해설

- VR, 컴퓨터를 통해 가상현실을 체험하게 해주는 기술로 가상세계에서 현실을 펼치는 것으로 현실'과는 구분된 '또 다른 현실'이다.
- AR, 현실과 가상환경을 융합하는 복합형 가상현실 기술로 우리가 사는 현실에 더 증가하는 것으로 현실기반 가상의 이미지나 정보를 추가하는 기술이다.
- MR, 가상의 정보(객체)를 현실세계에 덧입혀 제공하는 기술에서 더 나아가, 현실과 가상이 자연스럽게 결합되어 두 환경이 공존하는 기술로 현실을 혼합하고 융합하는 것, 예로 자동차/건물 등 현실의 물체를 인식한 후 가상으로 확대하여 디자인 변경을 하는 것이다.
- XR은 증강현실(AR)과 가상현실(VR), 혼합현실(MR)을 통합한 것이다.

02 다음 중 HMD(Head Mounted Display) 기반의 가상현실 핵심기술 요소가 아닌 것은? (2023-2차)

① 영상 추적(Image Tracking)기술
② 머리 움직임 추적(Head Tracking) 기술
③ 넓은 시야각(Wide Field of View) 구현 기술
④ 입체 3D(Stereoscopic 3D) 구현 기술

해설

① 영상 추적(Image Tracking) 기술은 Object Tracking(객체 추적)으로 영상에서 움직이는 객체를 탐지하고, 그 객체의 움직임을 추적하는 기술이다.

HMD(Head Mounted Display) 주요 기술

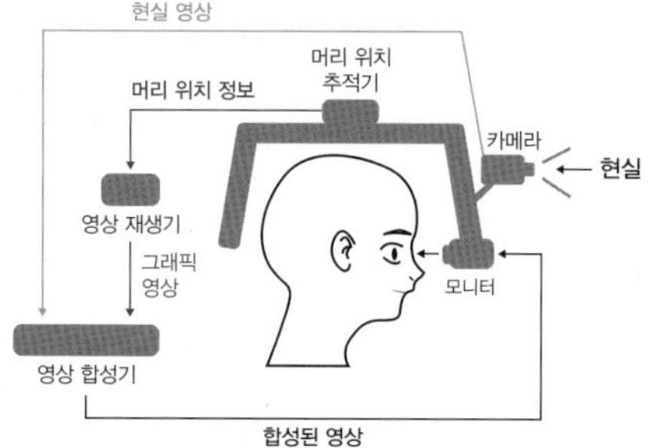

합성카메라 리섹셔닝 햅틱(오감) 수트, 헤드 마운티드 디스플레이 광학전방 시현기, 이미지 기반 모델링 및 렌더링, 실시간 컴퓨터 그래픽스, 가상 망막 디스플레이, 착용 컴퓨터, 크로마키, 비주얼 헐, 자유 시점 텔레비전 등으로 머리 움직임 추적(Head Tracking) 기술, 넓은 시야각(Wide Field of View) 구현 기술, 입체 3D (Stereoscopic 3D) 구현 기술이 요구된다.

03 다음은 무엇에 대한 설명인가? (2022-3차)

> - 실제 환경에 가상의 객체를 혼합하여 사용자가 실제 환경에서 보다 실감나는 부가정보를 제공받을 수 있다.
> - 최근 스마트폰이 널리 보급되면서 게임 및 모바일 솔루션 업계와 교육 분야 등에서도 다양한 제품을 개발하고 있다.

① 증강현실 ② 가상현실
③ 인공현실 ④ 환상현실

해설

구분	내용
가상현실(VR)	Virtual Reality, 가상현실로서 우리가 살고 있는 물리적인 공간이 아닌 컴퓨터로 구현한 가상환경 또는 그 기술 자체를 말한다.
증강현실(AR)	Augmented Reality, 증강현실로서 VR과 달리 위치, 지리정보를 송수신하는 GPS 장치 및 중력, 자이로스코프에 따른 위치정보 기반으로 실제 현실과 가상현실의 상호 작용하는 공간으로 만들어 주는 기술이다.
혼합현실(MR)	Mixed Reality인 VR과 AR 기술의 장점만을 합친 기술이다. MR은 현실과 가상의 정보를 융합해 조금 더 진화된 가상세계를 구현하고 냄새 정보와 소리 정보를 융합해 사용자가 상호 작용할 수 있는 기술을 말한다.

04 다음 중 웨어러블(Wearable) 디바이스가 갖춰야 할 기본 기능으로 틀린 것은?(2018-2차)(2022-3차)

① 항시성　　② 가시성
③ 저전력　　④ 경량화

해설

HMD(Head Mounted Display) 주요 기술

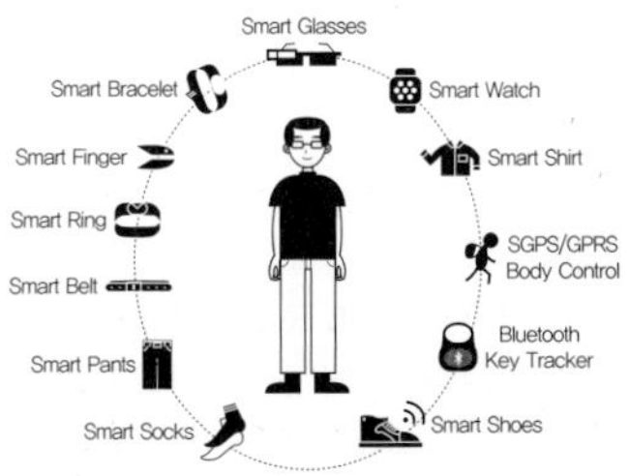

웨어러블 디바이스는 심장 박동수 등 헬스케어 정보를 스마트워치나 스마트밴드의 헬스센서를 통 해 얻고, 이 내용을 스마트폰이나 서버로 전송하는 기능을 수행한다. 이외에도 자동차 또는 스마트폰의 메시지 통신과 통화기능까지 수행하고 있다. 기본 기능으로는 언제 어디서나(항시성), 쉽게 사용할 수 있고(편의성), 착용하여 사용하기에 편하며(착용감), 안전하고 보기 좋은(안정성/사회성) 특성이 요구된다.
위 예에서 가시성은 사물 또는 대상을 보는 것으로 웨어러블(Wearable) 디바이스의 기본 기능과는 무관한다.

05 가상현실(VR) 및 증강현실(AR)의 기술적 발전 방향이 아닌 것은? (2022-2차)

① 오감기술 도입
② 다중 사용자 환경기술
③ 증강현실(AR)로 단일화
④ 동적기술로 임장감 확대

해설

③ 증강현실(AR)로 단일화하는 것보다 홀로그램 영상이나 XR로 단일화가 되고 있다.
AR · VR · MR과 차세대 플랫폼으로서의 성장을 살펴보면 가상현실(VR)은 헤드셋과 같은 몰입을 위한 기기(Head Mounted Display, HMD)가 필요하며, 실제가 아닌 환경에 현실적인 이미지를 생성하여만 들어낸다. 증강현실(AR)은 휴대폰이나 태블릿의 카메라와 같은 장치를 통해 디지털 그래픽과 사운드를 실제 환경에 겹쳐서 표시하여 콘텐츠를 제공한다. 최근에는 디바이스가 필요 없는 AR의 장점과 큰 몰입감을 제공하는 VR의 장점을 결합한 혼합현실(MR) 혹은 확장현실(eXtended Reality, XR) 개념으로 발전하고 있다. 혼합현실(MR)은 현실과 가상을 결합한 가상의 객체들이 공존하는 새로운 환경을 의미한다.

06 다음 중 AR, VR, MR에 대한 설명이 틀린 것은? (2020-3차)

① MR은 현실세계와 가상세계 정보를 결합해 두 세계를 융합시키는 공간을 만들어내는 기술
② AR은 현실과 가상환경을 융합하는 복합형 가상 현실 기술
③ VR은 컴퓨터를 통해 가상현실을 체험하게 해주는 기술
④ MR은 가상세계와 현실정보를 결합한 기술

해설

④ AR이 가상세계와 현실정보를 결합한 기술이다.

07 다음 보기에서 설명하는 스마트 기기는 무엇인가? (2023-1차)

> – 인터넷 및 네트워크 기반의 양방향 서비스 및 맞춤형 서비스가 가능한 미디어로, 특정 시간, 장소 또는 청중의 행동에 따라 전자 장치에 정보 광고 및 기타 메시지를 보내는 시스템
> – 콘텐츠 및 디스플레이 일정과 같은 관련 정보를 네트워크를 통해 제공하며, 실내, 실외, 이동기기(엘리베이터 차량, 선박 철도 항공기 등)에 설치 운영

① Smart Signage
② UHDTV(Ultra High Definition TV)
③ HMD(Head Mounted Display)
④ OTT(Over The Top)

해설

① 스마트 사이니지(Smart Signage): 전자 광고판은 디지털 기술을 활용하여 평면 디스플레이나 프로젝터 등에 의해 영상이나 정보를 표시하는 광고 매체이다.

Analog Signage	Digital Signage	Smart Signage
고정 콘텐츠	동적 콘텐츠	지능형 추천콘텐츠
정보전달	(좌동)+엔터테인먼트	(좌동)+관심 주제
일방향 소통	양방향 소통	Zero UI 기반 소통

08 홀로그램(Hologram) 핵심기술의 주요 내용으로 가장 거리가 먼 것은? (2022-3차)

① 실공간에 재현된 그래픽의 안경형 홀로그램 구현
② 실물에 대한 3차원 영상정보 활용하여 데이터 획득
③ 대용량의 홀로그램픽 간섭 패턴을 컴퓨터로 고속 처리
④ 홀로그램 데이터로부터 객체를 실공간에 광학적으로 재현

해설

실공간에 재현된 그래픽의 안경을 착용하지 않는다. 과거 3DTV에서 안경을 착용했다. 홀로그램은 광선들이 서로 만나 '간섭'하는 원리를 통해 이미지를 형하는 것으로 광선들이 보강 간섭하는 위치에서 밝은 빛으로 된 '점'이 생기고 이러한 '점'을 수천수만 개씩 원하는 이미지 패턴으로 만들어 주면 공간에 떠 있는 3차원 입체 이미지가 만들어지는 것이다.

단계	내용
획득	실물에 대한 3차원 영상정보 활용하여 데이터를 수집한다.
처리	대용량의 홀로그램픽 간섭 패턴을 컴퓨터로 고속 처리한다.
재현	홀로그램 데이터로부터 객체를 실공간에 광학적으로 재현한다.

09 웹 브라우저 간에 플러그인의 도움 없이 서로 통신을 할 수 있도록 설계되어 음성통화, 영상통화 등 영상회의 시스템에 사용되는 API(Application Program Interface)는? (2023-2차)

① UAS(User Agent Server)
② H.323
③ WebRTC(Web Real-Time Communication)
④ H.264

해설

③ WebRTC(Web Real-Time Communication): 웹 브라우저 간에 플러그인의 도움 없이 서로 통신할 수 있도록 설계된 API이다. W3C에서 제시된 초안이며, 음성 통화, 영상 통화, P2P 파일 공유 등으로 활용될 수 있다.
② H.323: 음성 및 영상 데이터를 TCP/IP, UDP 등의 패킷 교환 방식의 네트워크를 통해 전송하기 위해 1996년 ITU-T 권고안이다. H.323 표준은 호출 신호 처리 및 제어, 멀티미디어 전송 및 제어, P2P 및 멀티포인트 회의를 위한 대역 제어 등에 대해 기술되어 있다.
④ H.264: MPEG2 등 기존의 동영상 압축 표준에 비해 유연성과 압축 효율이 높지만 인코딩이나 디코딩을 구현할 때 복잡도가 증가한다.

10 **다음 중 단말형(On-Device) 인공지능(AI) 기술에 대한 설명으로 틀린 것은?** (2023-2차)

① 중앙 서버를 거치지 않고 사용자 단말에서 인공지능 알고리즘을 실행하고 결과를 획득하는 기술이다.

② 단말기 자체적으로 사용자의 음성데이터를 학습하고 오프라인 환경에서는 사용자의 데이터를 학습할 수 없다.

③ 효율적 치리를 위해 신경망 처리장치와 같은 하드웨어와 경량화된 소프트웨어 최적화 솔루션 등이 이용된다.

④ 단말형 인공지능의 가장 큰 장점은 보안성과 실시간성이다.

해설

② 단말기 자체적으로 사용자의 음성데이터를 학습하고 오프라인 환경에서는 사용자의 데이터를 학습할 수 있는 것으로 예로 스마트폰과 자율 주행 자동차가 있다. 사물 인터넷(IoT)에서 사용하는 소형의 IoT 기기에 단말형 인공지능 기술을 구현하려면 AI 알고리즘이 동작할 수 있는 저전력, 저비용인 반도체와 경량화 알고리즘 등이 필요하다.

단말형 인공지능(On-device Artificial Intelligence, On-device AI)

중앙 서버를 거치지 않고 사용자 단말(Device)에서 인공지능(AI) 알고리즘을 실행하고 결과를 획득하는 기술로서 휴대전화처럼 인공지능을 이동하면서 활용할 수 있는 솔루션이다.

11 **다음 중 USB 특징으로 틀린 것은?** (2020-1차)

① Plug and Play 기능 지원

② 컴퓨터 기반의 병렬 인터페이스 표준

③ USB 2.0에서 최대접속기기는 127개이다.

④ 장착된 USB 장치와 Master-Slave 형태로 정보 교환

해설

USB(Universal Serial Bus)는 기기를 동작시키기 위한 전력을 PC로부터 공급받는 것으로 큰 전력을 필요로 하는 기기이면 USB 급전으로는 전력이 부족해질 수 있다. USB의 최대 접속은 외장 USB 허브를 직렬로 5개까지이며 단일 호스트에 최대 127개까지 주변기기 연결/수용이 가능하다.

USB를 PC에 연결하는 경우 ① Plug and Play 기능 지원하며 ② 컴퓨터 기반의 직렬 인터페이스 표준으로 ③ USB 2.0에서 최대접속기기는 127개이고 ④ 장착된 USB 장치와 Master-Slave 형태로 정보를 교환한다. USB는 범용 직렬 버스 (Universal Serial Bus)라 하는 것처럼 USB (범용 직렬 버스)는 인터페이스 장치의 인터페이스 및 사용 편의성을 해결하도록 설계되었다.

12 **다음 중 네트워크 가상화 기술 중 소프트웨어 프로그래밍을 통해 네트워크를 제어하는 차세대 네트워킹 기술은?** (2023-1차)

① 가상머신(VM: Virtual Machine)

② 네트워크 기능 가상화(NFV: Network Function Virtualization)

③ 하이퍼바이저(Hypervisor)

④ 소프트웨어 정의 네트워크(SDN: Software Defined Network)

해설

소프트웨어 정의 네트워킹은 개방형 API를 통해 네트워크의 트래픽 전달 동작을 소프트웨어 기반 컨트롤러에서 제어/관리하는 접근방식이다. 트래픽 경로를 지정하는 컨트롤 플레인과 트래픽 전송을 수행하는 데이터 플레인(Data Plane)이 분리되어 있다.

13 **다음 중 네트워크 통신에서 기존 일반적인 네트워킹과 비교하여 SDN(Software Defined Network)의 장점이 아닌 것은?** (2023-2차)

① 확장성 ② 유연성
③ 비용절감 ④ 넓은 대역폭

해설

SDN 네트워크의 가장 큰 장점은 라우터와 루트 변화를 완벽하게 제어할 수 있다는 점이다. 장애 분석을 기반으로 대안적인 라우팅 토폴로지를 운영할 수 있고, 정책에 따라 결정하는 것도 가능하다(유연성, 확장성). 어떤 방식이든, 모든 기기가 중앙 컨트롤이 가능해서 비용이 절감될 것이다. 넓은 대역폭은 SDN과는 무관하다.

정답 14 ② 15 ②

14 다음 중 긴급구조용 위치정보를 제공하는 웨어러블 기기의 구성요소가 아닌 것은? (2022-1차)

① 무선(이동)통신모듈
② SNS(Social Networking Service) 처리모듈
③ A-GNSS(Assisted Global Navigation Satellite Systems) 모듈
④ WiFi 모듈

해설

SNS(Social Networking Service)
소셜 네트워크 서비스는 사용자 간의 자유로운 의사소통과 정보 공유, 그리고 인맥 확대 등을 통해 사회적 관계를 생성하고 강화해주는 온라인 플랫폼을 의미한다. SNS에서 사진으로 친구의 얼굴을 볼 수 있는 것으로 긴급구조용 위치 정보와는 무관하다.

15 '가상세계와 가상세계' 그리고 '가상세계와 현실세계'에 대한 인터페이스 규격을 정의한 표준으로 옳은 것은? (2023-3차)

① MPEG-U
② MPEG-V
③ MPEG-E
④ MPEG-M

해설

MPEG-V(Media Context and Control) 표준
멀티미디어 콘텐츠에 대한 대표적인 국제표준화 기구인 MPEG(Moving Picture Experts Group)은 MPEG-V 프로젝트(ISO/IEC 23005)를 통하여 가상세계와 가상세계 그리고 가상세계와 현실세계 간 소통을 위한 인터페이스 규격을 정의하고 있다.

구분	내용
Part 1	MPEG-V 시스템 전반에 대한 개요 및 구조 기술
Part 2	디바이스를 제어하는데 있어 상호 호환성 보장을 위한 디바이스 성능 정보와 사용자 맞춤형 디바이스 제어를 위한 사용자의 선호도 정보 기술 방식을 정의
Part 3	가상세계 또는 현실 세계에서 표현 가능한 실감 효과들에 대한 정의
Part 4	아바타 또는 가상 오브젝트들에 대한 표준화된 타입들을 정의
Part 5	가상세계와 디바이스 연동을 위한 제어 신호 및 센서 정보들에 대한 포맷 정의
Part 6	MPEG-V 전 파트들에서 공통적으로 사용될 수 있는 데이터 타입들을 정의
Part 7	Reference Software를 제공

기출유형 10 ▶ 운영체제(Unix, Linux)

다음 중 운영체제의 기능으로 틀린 것은? (2021-1차)

① 프로세스의 생성, 제거, 중지 등을 다루는 프로세스 관리
② 프로세스의 적재와 회수를 다루는 기억장치 관리
③ 입출력 장치의 상태를 파악하는 입출력 장치 관리
④ 문서의 작성과 수정, 삭제 등에 관한 사용자 업무처리 관리

해설

④ 문서의 작성과 수정, 삭제 등에 관한 사용자 업무처리 관리는 응용 프로그램에 해당된다.

운영체제의 주요 역할과 목적

- 자원관리 컴퓨터 시스템 자원 효율적 관리
- 프로그램이나 다른 사용자가 데이터를 삭제하거나 중요 파일에 접근하지 못하게 컴퓨터 자원들 보호
- 제공된 하드웨어 인터페이스와 사용자 인터페이스 간에 편리하게 사용하도록 지원

| 정답 | ④

족집게 과외

Unix	네트워크 기능이 강력하고 다중 사용자 지원 가능, PC에서도 설치 및 운용이 가능하다.
Linux	무료 다운 받아 모든 분야에 널리 사용할 수 있으나 윈도우즈와 다른 환경을 제공한다.
윈도우즈	소스가 공개되어 있지 않으며 많은 사용자들이 보편적으로 사용한다.
도스(DOS)	명령어 입력방식, 메모리와 디스크의 용량에 한계가 있어서 여러 사람이 함께 작업 불가하다.

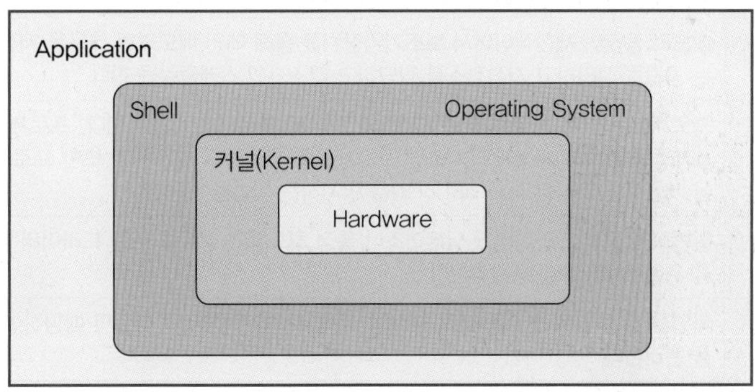

더 알아보기

운영체제는 컴퓨터 사용자와 H/W 간의 인터페이스를 담당하는 프로그램으로 컴퓨터를 사용하기 위해 필요한 소프트웨어로서 컴퓨터를 사용하면서 실행한 모든 프로그램들은 운영체제에서 관리하고 제어한다.

운영체제 종류	구조적 분류	Micro Kernel, Monolithic Kernel(※ Kerrnel: 프로그램의 핵심 엔진)
	OS 적 분류	Linux, Unix, Windows

※ Micro Kernel: 여러 단계의 프로세스를 거치며 Monolithic Kernel에 비해 속도는 느리지만 안정성이 높은 장점이 있다.
※ Monolithic Kernel: 1~2 정도의 단계 프로세스 과정을 거치며 Micro Kernel에 비해 속도는 빠르지만 보안에 취약한 단점이 있다. Linux 와 Unix가 이에 해당된다.

❶ 운영체제(Operating System)

운영체제(OS)는 컴퓨터 하드웨어 및 소프트웨어 리소스를 관리하고 컴퓨터 프로그램에 대한 일반 서비스를 제공하는 소프트웨어 프로그램으로 컴퓨터 하드웨어와 소프트웨어 응용 프로그램 간의 인터페이스 역할을 하여 서로 통신할 수 있도록 역할을 한다.

운영체제의 주요 기능에는 메모리 관리, 프로세스 및 작업 관리, 입력 및 출력 작업 제어 및 사용자 인터페이스 제공이 포함되며 인증 및 권한 부여와 같은 보안 기능을 제공하고 CPU, 메모리 및 스토리지와 같은 시스템 리소스를 관리한다. Windows, macOS, Linux, Android, iOS 및 Unix를 포함한 다양한 유형의 운영체제가 있으며 각 운영체제에는 특정 요구사항과 요구사항을 충족하는 고유한 기능과 특성이 있어서 운영체제의 선택은 주로 하드웨어 플랫폼과 컴퓨터 또는 장치의 의도된 용도에 따라 달라진다. 운영체제의 기능은 크게 자원관리 기능과 기타 기능으로 분류한다.

1) 자원관리기능

구분	내용
메모리 관리	현재 메모리에서 어느 부분을 누가 사용하는지 점검하고 기억 공간에 어떤 프로세스를 저장할 것인지를 결정하며 기억 공간을 할당하고 회수하는 방법을 결정한다.
보조기억장치 관리	메모리 공간이 제한적이어서 보조기억장치를 통해 메인 메모리의 내용을 저장한다. 이를 위해 비어있는 공간을 정리하고 저장장소를 할당하고 디스크의 스케즐링을 한다.
프로세스 관리	프로세스는 크게 운영체제 프로세스와 사용자 프로세스로 분류한다. 프로세스는 프로세스와 스레드 스케즐링을 하고 사용자와 시스템 프로세스를 생성하고 제거한다. 또한 프로세스의 통신을 위한 방법을 제공하고 교착상태(DeadLock)를 방지하는 기법을 제공한다.
장치관리 (입출력관리)	일반적인 장치 드라이버 인터페이스나 특정 하드웨어 장치를 위한 드라이버 등을 관리하고 임시 저장을 위한 Buffering을 관리한다.
파일관리	파일을 생성과 제거, 디렉터리 생성과 삭제, 보조기억장치의 파일의 매핑하여 저장 매체에 대한 파일을 관리한다.

2) 운용체제 기타 기능

구분	내용
시스템 보호	다른 사용자의 프로그램으로부터 보호를 위해 적절한 권한을 부여해서 프로세스만 수행될 수 있도록 관리한다.
네트워킹	자체 메모리와 전송하는 버스, 통신선과 같은 매체를 통해 다른 프로세스 간의 통신 상태를 관리한다.
명령해석기와 시스템 관리	사용자의 명령은 제어명령에 의해 운용자에게 전달된다. 이러한 전달을 명령해석기가 담당하며 명령해석기는 운영체제와 통신하기 위한 인터페이스로서 운용체제는 아니다(예 마우스를 통한 관리 등).

❷ 운영체제 목적

운영체제를 사용하는 가장 주된 목적은 컴퓨터의 하드웨어를 관리하는 것이다. 컴퓨터에는 수많은 하드웨어가 존재하며 그 예로 CPU, 메모리, 디스크, 키보드, 마우스, 모니터, 네트워크 등이 있으며 이를 잘 관리해주어야 컴퓨터를 효율적으로 사용할 수 있다. 운영체제의 성능이 좋을수록 컴퓨터의 성능 역시 좋아진다고 할 수 있다.

운영체제는 사용자에게 편의를 제공하는 목적도 가지고 있다. 운영체제가 없다면 위에서 말한 하드웨어에 관한 모든 관리를 사용자가 해야 한다는 점과 같이 컴퓨터를 사용하는 데 매우 불편함을 겪을 것이다. 하지만 현재 많은 발전을 거쳐온 운영체제가 설치된 컴퓨터는 사용하기에 매우 편리하다는 것을 느낄 수 있다. 대표적으로 스마트폰이 있다. 스마트폰 역시 컴퓨터의 일종이고 운영체제가 설치되어 있다. 그리고 스마트폰은 남녀노소 누구나 할 것 없이 사용법을 빠르게 익힐 수 있다. 정리하면 운영체제는 컴퓨터의 성능을 높이고(Performance), 사용자에게 편의성 제공(Convenience)을 목적으로 하는 컴퓨터 하드웨어 관리하는 프로그램이다.

❸ 운용체계 종류

구분	내용
LINUX	서버급 운영체계이면서도 무료 버전이며, 소스가 공개되어 있어 사용자들이 원하는 기능을 추가하거나 변경할 수 있다. 또한 서버용 프로그램들을 기본으로 갖고 있으며, 임베디드에도 널리 응용되고 있다.
유닉스(Unix)	네트워크 기능이 강력하며, 다중 사용자 지원이 가능하고, PC에서도 설치 및 운용이 가능한 버전이 별도로 있다.
윈도우즈 (Windows)	소스가 공개되어 있지 않으며, 많은 사용자들이 보편적으로 사용하고 있다. 서버급보다는 클라이언트 용으로 주로 사용되고 있다.
도스(DOS)	명령어 입력방식으로 불편하며, DOS 지원을 위해 메모리와 디스크의 용량에 한계가 있다. 여러 사람이 작업을 할 수 없다(초기 PC에서 사용했으며 현재도 Window 내에 존재한다).

❹ 애플리케이션(Application)

애플리케이션은 운영체제 위에서 행해지는 것으로서 하드웨어 자원을 직접적으로 사용하지 않고 운영체제가 제공하는 자원만을 사용할 수 있다. 프로세스, 메모리, 하드디스크 등 하드웨어 자원이 존재하고, 이를 효율적으로 사용해야 한다. 자원관리를 위해 프로세스 관리, 메모리 관리, 디스크 관리, 네트워크, 보안 등 기능이 나눠져 있고 애플리케이션들의 요청에 따라 각 기능들이 수행하여 적절히 자원을 분배한다.

정답 01 ④ 02 ① 03 ② 04 ②

01 다음 문장에서 설명하는 운영체제의 유형은? (2014-2차)(2017-1차)(2017-3차)

> 부분적으로 일어나는 장애를 시스템이 즉시 찾아내어 순간적으로 극복함으로써 시스템의 처리중단이나 데이터의 유실과 훼손을 막을 수 있는 시스템 방식으로 특히 자원의 중복성에도 불구하고 특별한 관리가 필요한 정보처리에 매우 유용하다.

① 시분할 시스템(Time-sharing System)
② 다중 처리(Multi-processing)
③ 다중 프로그래밍(Multi-programming)
④ 결합허용 시스템(Fault-tolerant System)

해설

결함 허용 시스템(FTS, Fault Tolerant System)
하드웨어나 소프트웨어의 결함, 오동작, 오류 등이 발생하더라도 규정된 기능을 지속적으로 수행할 수 있는 시스템이다.

02 운영체제는 동일하지 않은 시스템 구조를 지원하기 위해 여러 시스템의 구성요소들을 제공한다. 이러한 시스템의 구성요소 중 지문을 해당하는 용어로 맞는 것은? (2014-3차)

> 운영체제의 구성에서 가장 많이 사용되는 요소 중 하나로 일반적인 저장형태로 정보를 저장할 수 있고, 이를 대용량 저장장치들에 저장 및 관리함으로써 쉽게 사용할 수 있도록 한다.

① 파일 관리
② 프로세스 관리
③ 주변장치 관리
④ 레지스터 관리

해설

파일 시스템
운영체제가, 파일, 디렉토리를 효율적/구조적으로 관리하기 위한 것으로 계층적 트리구조 시스템을 총칭한다.

03 다음 지문에서 설명하고 있는 운영체제의 종류는? (2015-1차)

> 서버급 운영체계 이면서도 무료 버전이며, 소스가 공개되어 있어 사용자들이 원하는 기능을 추가하거나 변경할 수 있다. 또한 서버용 프로그램들을 기본으로 갖고 있으며, 임베디드에도 널리 응요되고 있다.

① 유닉스(Unix)
② 리눅스(Linux)
③ 윈도우즈(Windows)
④ 맥(Mac) O/S

해설

컴퓨터 OS 커널의 일종인 리눅스 커널, 또는 리눅스 커널을 사용하는 운영체제를 가리키는 말이기도 하다. GNU 쪽 사람들은 리눅스는 커널일 뿐이고, 이 커널을 가져다가 GNU 프로그램들을 올려 만든 운영체제는 GNU/Linux라고 이야기하며 이런 명칭에 민감하게 반응하는 경우도 있다. 소스 코드가 공개되어있는 대표적인 오픈소스 소프트웨어다. 컴퓨터 역사상 가장 많은 참여자가 관여하고 있는 오픈소스 프로젝트다. 모바일 운영체제로 유명한 안드로이드 역시 리눅스 커널을 가져다 쓰고 있다.

04 다음 내용은 어떤 용어에 대한 설명인가? (2016-1차)

> 가상기억장치 시스템에서 프로그램이 접근한 페이지나 세그먼트를 디스크에서 주기억 장치로 로드(Load)하기 위한 과정에시 페이지 부재(Page Fault)가 빈번히 발생하며 프로그램의 처리속도가 급격히 떨어지는 상태를 말하며 이러한 상태는 시스템이 처리할 수 있는 것보다 더 많은 작업을 실행시킬 경우 발생한다.

① 오버레이(Overlay)
② 스래싱(Thrashing)
③ 데드락(Deadlocks)
④ 덤프(Dump)

정답 05 ② 06 ② 07 ④

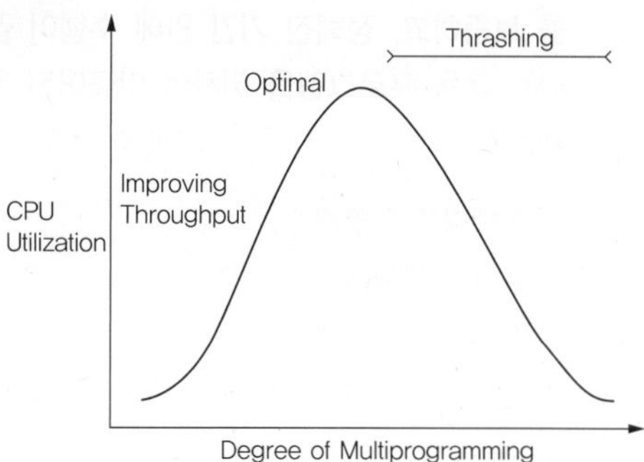

스레싱(Thrashing)

페이지 부재율(Page Fault)이 증가하여 CPU 이용율이 급격하게 떨어지는 현상을 의미한다. 하드디스크의 입출력이 너무 많아져서 잦은 페이지 부재로 마치 작업이 멈춘 것 같은 상태로서 한 번에 여러 개의 프로그램을 실행하게 되면 물리 메모리에서는 프로세스들이 필요로 하는 데이터를 올리기 위한 공간이 충분하지 않다면 지속적으로 Swap in, Swap out을 하게 될 것이다. 이러한 과정이 반복되면서 정상적으로 동작하지 않는 것처럼 보이게 될 수 있는데 이를 스레싱이라고 한다.

05 다음 중 운영체제에 대한 특징으로 틀린 것은?

(2017-1차)(2019-1차)

① 유닉스(Unix): 네트워크 기능이 강력하며, 다중 사용자 지원이 가능하고, PC에서도 설치 및 운용이 가능한 버전이 있다.

② 리눅스(Linux): 무료로 다운받아 모든 분야에 무료로 널리 사용할 수 있으며, 윈도우즈와 동일한 환경을 제공한다.

③ 윈도우즈(Windows): 소스가 공개되어 있지 않으며, 많은 사용자들이 보편적으로 사용하고 있다. 서버급보다는 클라이언트 용으로 주로 사용되고 있다.

④ 도스(DOS): 명령어 입력방식으로 불편하며, DOS지원을 위해 메모리와 디스크의 용량에 한계가 있다. 여러 사람이 작업을 할 수 없다.

해설

LINUX

서버급 운영체계이면서도 무료 버전이며, 소스가 공개되어 있어 사용자들이 원하는 기능을 추가하거나 변경할 수 있다. 또한 서버용 프로그램들을 기본으로 갖고 있으며, 임베디드에도 널리 응용되고 있다. 무료로 다운받아 모든 분야에 무료로 널리 사용할 수 있으나, 윈도우즈와 동일한 환경을 제공하지는 못한다. 리눅스는 컴퓨터 역사상 가장 많은 참여자가 관여하고 있는 오픈소스 프로젝트로서 모바일 운영체제로 유명한 안드로이드 역시 리눅스 커널을 가져다 쓰고 있다.

06 다음 중 모바일 기기용 운영체제가 아닌 것은?

(2019-2차)

① Android

② IBM AIX

③ BlackBerry

④ Tizen

해설

IBM® AIX는 IBM 서버를 구동하기 위한 특정 벤터의 기종이다.

07 Open Source로 개방되어 사용자가 변경이 가능한 운영체제는?

(2020-1차)(2022-1차)

① Mac OS

② MS-DOS

③ OS/2

④ Linux

해설

Linux는 오픈소스 운영 체제(OS)이다. 운영 체제(Operating System, OS)는 CPU, 메모리, 스토리지처럼 시스템의 하드웨어와 리소스를 직접 관리하는 소프트웨어이다.

정답 08 ① 09 ④ 10 ③ 11 ④

08 운영체제는 컴퓨터 시스템을 구성하는 요소 중의 하나로 시스템에 제공되는 기능(또는 목적)으로 올바르게 짝지어진 것은? (2012-1차)

① 편의성 – 효율성
② 청각성 – 정확성
③ 시각성 – 편의성
④ 청각성 – 신속성

해설
운영체제는 컴퓨터 사용자와 컴퓨터 하드웨어 간의 인터페이스를 제공하고 제한된 시스템의 각종 자원을 효율적으로 사용할 수 있도록 하는 프로그램의 집단이다. 운영체제는 사용자에게는 최대의 편의성을 제공하고 시스템 측면에서는 시스템 성능의 극대화를 위하여 비약적으로 발전해 왔다.

09 운영체제가 추구하는 목적에 적합한 것은? (2022-3차)

① 사용자의 독점성과 자원의 효율적 이용
② 사용자의 편리성과 자원의 독점적 이용
③ 사용자의 독점성과 자원의 독점적 이용
④ 사용자의 편리성과 자원의 효율적 이용

해설
운영체제는 사용자에게는 최대의 편의성을 제공하고 시스템 측면에서는 시스템 성능의 극대화를 위하여 비약적으로 발전해 왔다.

> **운용체제의 주요 특징**
> 1. 생상성 향상: 사용자 측면에서는 사용자의 편의성 제공, 시스템 측면에서는 시스템 성능의 극대화
> 2. 응답시간 단축, 3. 사용가능도 증대, 4. 신뢰도 향상, 5. 처리능력 증대

10 특정한 짧은 시간 내에 이벤트나 데이터의 처리를 보증하고, 정해진 기간 안에 수행이 끝나야 하는 응용 프로그램을 위하여 만들어진 운영체제는? (2020-2차)(2022-3차)

① 임베디드 운영체제
② 분산 운영체제
③ 실시간 운영체제
④ 라이브러리 운영체제

해설
실시간 운영체제 또는 RTOS(Real–time Operating System)는 실시간 응용 프로그램을 위해 개발된 운영체제이다. 운영체제의 기능 중 CPU 시간 관리 부분에 초점을 맞추어 설계되었다. 실시간 운영체제는 프로그래머가 프로세스 우선순위에 더 많은 제어를 할 수 있게 한다.

11 다음 중 운영체제의 기능이 아닌 것은? (2014-2차)

① 파일 관리 ② 장치 관리
③ 메모리 관리 ④ 자료 관리

해설
운영체제(Operating System)
사용자가 컴퓨터를 사용하기 위해 필요한 소프트웨어이다. 우리가 일반적으로 컴퓨터를 사용하면서 실행한 모든 프로그램들은 운영체제에서 관리하고 제어한다. 대표적인 운영체제는 Windows, Linux, Mac OSX, iOS 등이 있다.

> **운영체제의 기능**
> 1) 프로세스 관리, 2) 파일관리, 3) 장치관리, 4) 메모리 관리
> - 프로세서, 기억장치, 입출력 장치, 파일 및 정보 등의 자원을 관리
> - 자원을 효율적으로 관리하기 위해 자원의 스케줄링 기능 제공
> - 사용자와 시스템 간의 편리한 인터페이스를 제공
> - 시스템의 각종 하드웨어와 네트워크를 관리 및 제어
> - 데이터를 관리하고 데이터 및 자원의 공유 기능 제공
> - 시스템의 오류를 검사 및 복구
> - 자원 보호 기능 제공
> - 입출력 보조 기능 제공

정답 12 ④ 13 ④ 14 ②

12 OS(Operating Ststem) 기능 중 자원관리에 속하지 않는 것은? (2019-3차)

① 기억장치 관리
② 주변장치 관리
③ 파일 관리
④ 보안관리

해설

④ 보안관리는 별도 보안관리 프로그램을 설치하여 운용해야 한다.

13 OS(Operating System) 기능 중 자원관리에 속하지 않는 것은? (2015-2차)

① 기억장치 관리
② 프로세스 관리
③ 파일 관리
④ 시스템 관리

해설

운용체제의 주요 관리는 1) 프로세스 관리, 2) 파일관리, 3) 장치관리, 4) 메모리 관리이다.

14 자원을 효율적으로 관리하기 위한 운영체제의 추가관리 기능들로 올바르게 나열된 것은? (2021-2차)

① 프로세스관리기능 – 명령해석기시스템 – 보호시스템
② 명령해석기시스템 – 보호시스템 – 네트워킹
③ 주기억장치관리 – 네트워킹 – 명령해석기시스템
④ 주변장치관리기능 – 보호시스템 – 네트워킹

해설

운영체제의 기능은 크게 자원관리 기능과 기타 기능으로 분류한다.

자원관리 기능	기타 기능
• 메모리 관리 • 보조기억장치 관리 • 프로세스 관리 • 장치관리(입출력관리) • 파일관리	• 시스템 보호 • 네트워킹 • 명령해석기와 시스템 관리

기출유형 11 ▸ Unix, Linux 명령어

리눅스 서버는 데몬 방식으로 네트워크 서비스 제공 프로그램을 실행한다. 리눅스 서버의 데몬들에 대한 설명 중 틀린 것은? (2023-1차)

① lpd: 프린트 서비스를 위한 데몬
② nscd: rpc.lockd를 실행하기 위한 데몬
③ gpm: 웹서버 아파치의 데몬
④ kfushd: 메모리와 파일 시스템을 관리하기 위한 데몬으로 문자의 복사나 붙일 수 있는 가상콘솔을 위한 마우스서

해설
- gpm: 텍스트 기반의 리눅스 어플리케이션에 마우스를 지원하는 데몬(Daemon)이다.
- nscd: 실행 중인 프로그램의 그룹을 살피고 패스워드를 변경하거나 다음 질의를 위해 결과를 캐시하는 데몬(Daemon)이다.

| 정답 | ③

족집게 과외
- **kswapd**: 커널 스왑 데몬
- **bdflush**: 버퍼 플러시(Buffer-dirty-flush) 데몬
- **gpm**: 텍스트 기반의 리눅스 마우스를 지원 데몬
- **nscd**: 패스워드를 변경하거나 다음 질의를 위해 결과를 캐시하는 데몬

[파일시스템 계층구조(FHS-Filesystem Hierarchy Standard)]

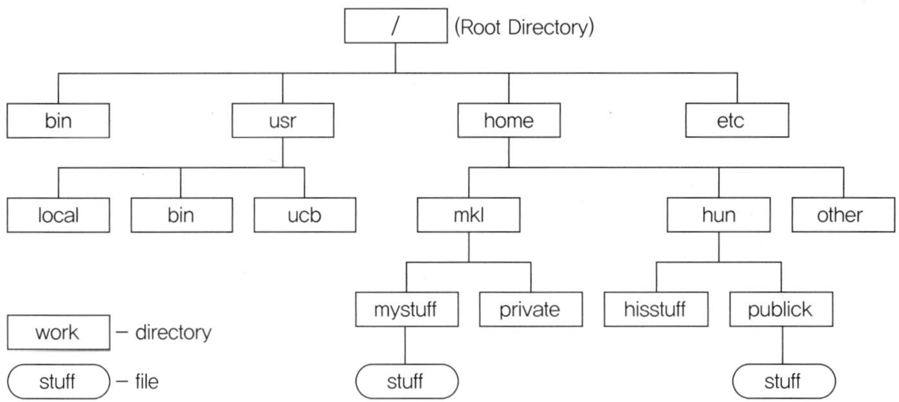

더 알아보기

구분	내용
~	홈 디렉토리로 터미널 구동 시 최초의 위치이다.
/	최상단 디렉토리이며 Root 디렉토리로서 시스템의 근간을 이루는 가장 중요한 디렉토리로 파티션 설정 시 반드시 존재해야 하며 절대경로의 기준이 되는 디렉토리이다.
/bin	리눅스의 기본적인 명령어가 저장된 디렉토리로 시스템을 운영하는데 기본적인 명령어들이 모여있다. 서브 디렉토리가 없다.
/home	사용자 홈 디렉토리로 일반 사용자의 홈 디렉토리가 만들어지는 곳이다.
/boot	부트 설정 파일과 lilo를 제외한 부트 관련 모든 파일을 모아 놓은 디렉토리이다.
/dev	시스템의 모든 디바이스를 엑세스할 수 있는 파일들을 모아 놓은 디렉토리이다.
/etc	호스트의 설정 파일을 모아 놓은 디렉토리이다.
/lib	시스템 부트 때 필요하거나 /bin 디렉토리 내 명령어들의 실행에 필요한 공유 라이브러리들을 모아 놓은 디렉토리이다.
/usr	일반 사용자들을 위한 대부분의 프로그램 라이브러리 파일이 위치한다. • /user/bin: 일반 사용자들이 사용 가능한 명령어 파일들이 존재하는 디렉토리이다. • /user/local: 새로운 프로그램들이 설치되는 공간이다.

❶ Unix와 Linux

Unix와 Linux는 기원과 기능이 비슷한 운영 체제이지만 몇 가지 중요한 차이점이 있다.

출처	Unix	Unix는 Ken Thompson, Dennis Ritchie 등이 Bell Labs에서 1970년대에 개발한 가장 오래된 운영 체제 중 하나이다. 휴대성, 멀티유저, 멀티태스킹이 가능하도록 설계되어 다양한 컴퓨팅 환경에 탁월하다.
	Linux	반면에 Linux는 Unix와 유사한 운영 체제이며 1990년대 초에 Linus Torvalds가 유닉스 디자인 철학에서 영감을 얻어 만들었다. Linux는 오픈소스이므로 소스 코드를 자유롭게 사용할 수 있으며 전 세계 개발자 커뮤니티에서 지속적으로 개발해 왔다.
라이선싱	Unix	원래 Unix는 독점 소프트웨어였으며 다양한 버전의 Unix가 여러 공급업체에서 개발 및 배포되었으며 이로 인해 단편화 및 라이선스 복잡성이 발생했다.
	Linux	Linux는 오픈소스이며 GNU, GPL(General Public License) 또는 기타 오픈소스 라이선스에 따라 배포되므로 누구나 Linux를 자유롭게 액세스, 수정 및 배포할 수 있다.
분포	Unix	역사적으로 AT&T 유닉스, 솔라리스, AIX, HP-UX 등과 같은 다양한 벤더가 유닉스 버전을 개발했으며 각각 고유한 기능과 API가 있어 서로 다른 유닉스 버전 간에 비호환성 문제가 발생했다.
	Linux	Linux는 오픈소스 프로젝트로서 다양한 조직 및 개인이 만든 여러 배포판이 있으며 각 Linux 배포판에는 패키지 관리자, 소프트웨어 선택 및 구성이 있으며 운영 체제의 핵심 구성 요소인 Linux 커널을 공유한다.

요약하면 Unix와 Linux는 공통 유산을 공유하지만 Linux는 오픈소스이고 무료로 사용할 수 있으며 다양한 환경에서 널리 채택되는 특정한 Unix와 유사한 운영 체제이다. 반면에 Unix는 유사한 원칙과 아이디어를 기반으로 개발된 운영 체제 제품군을 말하지만 구현 방식이 다르고 더 상업적인 경우가 많다. Unix와 Linux의 기본 명령어는 아래와 같다.

명령어	내용	
ls	개념	list, 현재 위치의 파일 목록 조회 • −a: 전부 보여달라(숨김, 디렉토리) • −l: 상세정보(소유자, 크기, 수정시간 등) • −S: 크기별 정렬 • −h: 단위 표현 변경(사람이 보기 편한 단위 KB, GB 등으로 보임)
	사용 예	ls −a
cd	개념	change directory, 디렉터리 이동
	사용 예	• cd /abc // 루트 디렉터리에서 abc 디렉토리로 이동 • cd ./test11 // 현재 디렉터리에서 test11 디렉토리로 이동
mkdir	개념	make directory, 신규 디렉터리 생성
	사용 예	mkdir /test1 /test11 // test1 폴더에 test11 폴더 생성
rmdir	개념	remove directory, 디렉터리 삭제(삭제 시 디렉터리 안에 파일이 없어야 함)
	사용 예	rmdir /test11 // test11 폴더 삭제
mv	개념	• move, 파일 이름 변경 및 이동, mv 보다는 cp로 복사 후 원본을 지울 것(권장) • −i: 동일한 파일명 있을 경우 덮어쓸지 물어봄
	사용 예	mv /test1/aaa.txt /test2/bbb.txt // test1의 aaa.txt 파일을 test2 디렉터리로 옮기고 파일명을 bbb.txt로 변경
cp	개념	copy, 파일 복사
	사용 예	p great.txt ../directory1 //great.txt 화일을 directory1 디렉토리로 이동 복사
rm	개념	remove, 파일이나 디렉토리 삭제 (rmdir 보다 더 많이 사용) • −r : 하위 디렉토리 삭제 • −f : 강제로 삭제 • −i : 파일 지울지 물어봄 • −v : 삭제 정보 보여줌
	사용 예	• rm /test/abc.txt // test 디렉토리 안의 abc.txt 파일 삭제 • rm −fr /test/* // test 디렉토리 안의 모든 디렉토리와 파일들을 확인 없이 삭제
pwd	개념	print working directory, 현재 위치하고 있는 경로를 출력하는 명령어
	사용 예	pwd
cat 또는 more	개념	• 파일의 내용을 화면에 출력, 리다이렉션 기호('〉')를 사용하여 새로운 파일 생성 • 짧은 내용 볼 때 cat, 내용이 많으면 more 사용
	사용 예	• cat test.txt • more long_test.txt
man	개념	manual, 명령어 도움말 확인
	사용 예	man ls // ls 명령어에 대한 도움말 출력
tar	개념	파일을 묶어준다. c: 파일을 묶어줌, v: 작업 과정 확인, f: 저장될 파일명 지정, x: 묶은 파일을 풀어줌, z: tar + gzip, j: tar + bzip2
	사용 예	• tar cvf test.tar ./great // great 디렉토리를 test.tar 파일로 묶어라 • tar xvf test.tar // test.tar 파일을 풀어라

find	개념	파일을 검색 • −name: 파일 이름으로 검색 • −user: 소유자 이름으로 검색 • −size: 파일 크기로 검색
	사용 예	find ./great −name 's.*' −size 0 // great 디렉토리에 파일명이 s이고 확장자는 무엇이든 되며 size가 0인 파일 찾아라
grep	개념	파일에 포함된 특정 단어를 검색 • −i: 대소문자 구분 안 한다. • −n: 라인 번호 출력 • −v: 검색어가 없는 Line 보여달라 • −c: 라인의 개수 출력
	사용 예	• grep −ic 'ABC' ./test.txt // 대소문자 구분하지 않고 test.txt에 'ABC'가 있는 행 Count 해서 보여달라 • grep −iv 'ABC' ./test.txt // 대소문자 구분하지 않고 test.txt에 'ABC'가 없는 Line을 보여달라 • grep −ivn 'ABC' ./test.txt // 위의 명령어에 Line 번호도 출력해달라

❷ Unix와 Linux 비교

측면	유닉스	리눅스
기원	Bell Labs에서 1970년대에 개발됨	Linus Torvalds가 1990년대 초반에 만든
라이선싱	독점	오픈 소스(GNU, GPL 및 기타 라이선스)
변종/배포	버전이 다른 다양한 공급업체	각각 고유한 기능을 가진 다중 분포
커널	다른 커널, 공유 원칙	Linux 커널 기반
상업적 용도	상업적 환경에서 일반적으로 사용됨	상업용 및 비상업용으로 널리 채택됨
인기	기업체 서버 위주	일반인 및 개인에 선호도 높음

❸ MS-DOS와 명령어 비교

Linux/Unix 명령어	설명	MS-DOS 비교
ls(또는 dir)	디렉토리 내부 보여주기	dir
cat	터미널 상의 텍스트 파일 보기	type
mv x y	파일 x를 파일 y로 바꾸거나 옮기기	move
cp x y	파일 x를 파일 y로 복사하기	copy

01 다음에서 설명하고 있는 용어는? (2022-2차)

> – 리눅스 커널의 가상 메모리(VM) 하위 시스템에 밀접하게 관련이 있고 디스크 사용량에는 약간의 영향이 있다.
> – 이 파일을 조정하면 파일 시스템을 향상시킬 수 있으며, 시스템의 반응을 빠르게 할 수 있다.

① bdflush
② buffermem
③ freepages
④ kswapd

해설

① bdflush: 버퍼 플러시(buffer－dirty－flush) 데몬으로 리눅스에서 메모리를 확보하기 위해서 또는 전체 시스템에서 dirty buffer가 차지하는 메모리가 일정 이상 넘지 않도록 하기위해서 호출하는 것이다.
② buffermem: 전체 메모리에서 버퍼 메모리 사용량을 % 비율로 조절한다.
③ freepages: freepage 구조의 값을 포함 하고 있다. 이 구조는 min, low, high의 3개의 값을 포함한다.
④ kswapd: 커널 스왑 데몬(kswapd)은 Linux 커널의 일부이며 사용된 메모리를 사용 가능한 메모리로 변환한다. 데몬은 기기의 사용 가능한 메모리가 부족해질 때 활성화된다.

02 다음 중 웹서버에서 APM을 설치하기 위한 명령어가 아닌 것은? (2022-2차)

① yum －y install httpd
② yum －y install MySQ
③ yum －y install php
④ yum －y install proftpd

해설

웹 프로그래밍을 위한 보편적이고 많이 사용하는 것이 APM 설치 및 구축이다. 여기서 APM은 Apache 와 php, mysql을 의미한다. YUM이란 Yellowdog Updater Modified의 약자로, RPM 기반의 시스템을 위한 자동 업데이터이자 소프트웨어와 같은 패키지 설치/삭제 도구이다. yum에 대한 사용방법에 대해서는 명령 프롬프트 상에서 yum －h(help)를 치면 사용방법이 자세하게 설명되어 있다. ProFTPD는 보안과 기능에 중심을 둔 FTP 데몬으로, 현재 유닉스 계열 운영체제에서는 vsftpd와 함께 널리 사용된다. 즉, ProFTPD는 FTP 서버 패키지 중에서 파일전송 프로토콜인 FTP의 일종이다.

03 서버의 디렉토리에 있는 각종 설정값을 조절하여 리눅스 커널의 가상 메모리(VM) 하위 시스템 운영을 조정할 수 있는데 설정값에 해당되지 않는 것은? (2022-3차)

① overcommit_config
② page－cluster
③ pagetable_cache
④ kswapd

해설

① overcommit_config: VM을 만들 때 또는 VM을 중지한 후 VM에 할당되는 최소 CPU 수 값을 지정할 수 있다. 오버커밋 수준은 VM에서 사용할 수 있도록 보장되는 기본 CPU 스레드의 최소 개수를 나타낸다. VM에 사용 가능한 기본 스레드보다 vCPU가 더 많으면 VM의 vCPU는 기본 컴퓨팅 리소스를 공유하고 성능이 저하된 상태로 실행된다.
② page－cluster: 가상 메모리를 통해 운영 체제는 디스크 저장소를 물리적 RAM의 확장으로 사용하여 더 많은 양의 데이터를 처리하고 사용 가능한 물리적 메모리가 허용하는 것보다 더 많은 프로그램을 실행할 수 있다.
③ pagetable_cache: page table 명령을 사용하여 Virtual address(VA)를 Physical Addrtess(PA)로 바꾸는 과정을 주소변환이라 한다.
④ kswapd: 커널 스왑 데몬(kswapd)은 Linux 커널의 일부이며 사용된 메모리를 사용 가능한 메모리로 변환한다. 데몬은 기기의 사용 가능한 메모리가 부족해질 때 활성화된다.

정답 04 ④ 05 ① 06 ④

04 httpd.conf 파일 설정 항목에 대한 설명으로 틀린 것은? (2022-3차)

① ServerTokens는 클라이언트의 요청에 따라 웹서버가 응답하는 방법을 설정한다.
② Timeout은 클라이언트가 요청한 정보를 받을 때까지 소요되는 초 단위 대기 시간의 최대값을 의미한다.
③ ServerAdmin은 웹서버에 문제가 생겼을 때 클라이언트가 메일을 보내는 웹서버 관리자의 이메일 주소를 설정한다.
④ ErrLog는 웹서비스를 통해 사용자에게 보일 HTML 문서가 위치하는 곳의 디렉터리를 설정한다.

해설

/etc/httpd/conf/httpd.conf는 아파치(Apache)의 메인 설정 파일이다. apache 설치 시 자동적으로 /etc/httpd 경로에 설치가 되어지며, /etc/httpd/conf/경로에 httpd.conf 설정 파일이 존재한다.

④ ErrLog: "디렉토리/화일명"으로 예로 /logs/apache/error_log 등에 에러 관련 로그를 저장한다.
① ServerTokens: 클라이언트 웹 브라우저에게 서버의 정보를 얼마나 알려주냐를 설정하는 것이다
② Timeout: 아무 신호가 들어오지 않더라도 접속을 유지시켜 주는 시간이다.
③ ServerAdmin: Apache가 에러가 발생하였을 때 표시되는 질의를 실행하는 연락처 이메일 주소를 표시할 때 사용된다.

05 리눅스 시스템에서 지정된 여러 개의 파일을 아카이브라고 부르는 하나의 파일로 만들거나, 하나의 아카이브 파일에 집적된 여러 개의 파일을 원래의 형태대로 추출하는 리눅스 쉘 명령어는? (2022-1차)

① tar
② gzip
③ bzip
④ bunzip

해설

리눅스를 사용하다 보면, tar 혹은 tar.gz로 압축을 하거나 압축을 풀어야 할 경우가 자주 생긴다. 이를 처리하기 위해 리눅스에서는 tar라는 명령어를 사용하게 된다.

압축하기	> tar −cvf [파일명.tar] [폴더명] 예 great라는 폴더를 abc.tar로 압축하고자 한다면 > tar −cvf abc.tar great
압축풀기	> tar −xvf [파일명.tar] 예 abc.tar라는 tar파일 압축을 풀고자 한다면 > tar −xvf abc.tar

06 리눅스 커널에서 보안과 관련된 패치 등의 집합체이며 해킹 공격의 방어에 효과적인 방법은? (2023-2차)

① 긴급 복구 디스켓 만들기
② /boot 파티션 점검
③ 커널 튜닝 적용
④ Openwall 커널 패치 적용

해설

Openwall은 오픈소스 소프트웨어의 보안 관련 주제들을 논의할 수 있는 사이트이다. http://www.openwall.com/linux/ 사이트에서 자신의 커널에 맞는 커널패치를 받을 수 있다. 이를 통해서 해킹공격을 방어한다.

정답 07 ③ 08 ④

07 자료를 압축하기 위하여 버로우스-윌러(Burrows-Wheeler) 블록 정렬 텍스트 압축 알고리즘(Block-sorting Text Compression Algorithm)과 호프만 코딩(Huffman Coding)을 사용하는 유틸리티는? (2022-2차)

① dispatch
② Runlevel
③ bunzip2
④ schedule

해설

리눅스 압축유틸리티 bzip2, 압축해제 유틸리티 bunzip2. compress로 압축된 파일은 uncompress로 풀어야하며, gzip으로 압축된 파일은 반드시 gunzip으로 풀어야 하는 것처럼, bzip2로 압축된 압축파일은 반드시 bunzip2로 풀어야 한다.

tar 명령어 옵션
- −x: 압축 파일 풀기(create)
- −c: 압축 파일 생성(extract/get)
- −z: gzip 방식 사용(gzip/gunzip/ungzip)
- −j: bzip2 방식 사용(bzip2)
- −p: 권한(permission)을 원본과 동일하게 유지(permission)
- −v: 묶음/해제 과정을 화면에 표시(verbose)
- −f: 파일 이름을 지정(file)
- −exclude: 특정 폴더나 파일을 제외할 때 사용(리스트로 가능)

bzip2는 버로우스−윌러 변환 기반의 압축 알고리즘 및 압축 소프트웨어이다. 줄리안 시워드(Julian Seward)가 개발하였으며 1996년 7월에 0.15 버전을 처음 공개했다. 소프트웨어는 오픈소스이며, BSD 허가서와 비슷한 라이선스를 갖는다.

08 다음 중 네트워크에 연결이 안 됐을 때 원인을 조사하기 위해서 사용하는 확인 명령어가 아닌 것은? (2023-1차)

① ipconfig
② ping
③ tracert
④ get

해설

④ get: 지정된 파일 하나를 가져온다. 파일전송 도중에 "·"표시를 하여 전송 중임을 나타낸다. mput 또는 mget. 여러 개의 화일을 올리고 내릴 때 사용한다.

기출유형 12 ▶ 서버(Server)

다음 중 IIS(Internet Information Services) Server에 대한 설명으로 틀린 것은? (2023-3차)

① 마이크로소프트의 윈도즈용 인터넷 서버군의 이름이다.
② Web, HTTP, FTP, Gopher 등이 포함되어 있다.
③ 데이터베이스를 이용한 웹 기반의 응용프로그램 작성을 지원하는 일련의 프로그램들을 포함한다.
④ 아파치 서버와는 다르게 ActiveX 콘트롤을 지원하지 못한다.

해설

마이크로소프트 인터넷 정보 서비스는 마이크로소프트 윈도우를 사용하는 서버들을 위한 인터넷 기반 서비스들의 모임이다. 이전 이름은 인터넷 정보 서버였다. 서버는 현재 FTP, SMTP, NNTP, HTTP/HTTPS를 포함하고 있다. Apache는 웹 서버를 실행하기 위한 오픈소스 소프트웨어를 개발하고 제공하는 소프트웨어 기반으로 주요 제품은 오늘날 가장 많이 사용되는 HTTP 서버이다. IIS는 Microsoft의 제품이므로 Microsoft Windows OS에서만 실행된다. IIS를 실행의 장점은 대부분의 사람들이 이미 Windows 운영 체제에 익숙하다는 것이며, IIS는 Windows 사용자를 위해 훨씬 더 배우기 쉽다는 것이다.

| 정답 | ④

족집게 과외

웹 서버	HTML 문서나 오브젝트(이미지 파일 등)을 전송해주는 서비스 프로그램
WAS Server	웹 서버와 DBMS 사이에서 동작하는 미들웨어로서 컨테이너 기반으로 동작
DNS	Domain Name Server는 도메인 이름의 수직적인 체계를 의미(수평 x)

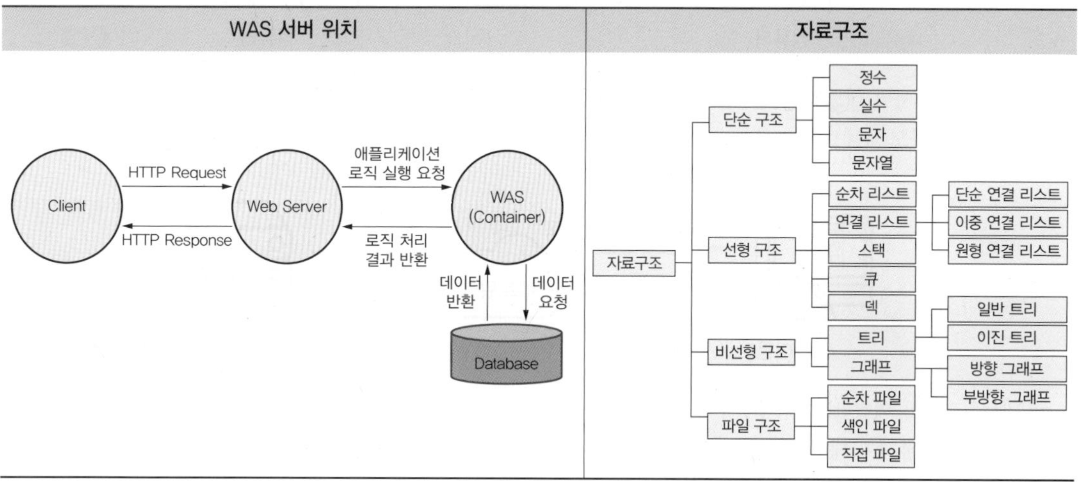

더 알아보기

WAS (Web Application Server)	브라우저와 DBMS(데이터베이스 관리 시스템) 사이에서 동작하는 미들웨어이다. 여기서 미들웨어란, 클라이언트와 DBMS 사이에서 중개 역할을 하는 소프트웨어로서 클라이언트는 단순히 미들웨어에게 요청을 보내고, 미들웨어에서는 대부분의 로직을 수행한다. 데이터를 조작할 일이 있으면 미들웨어가 DBMS에 접속하기도 한다.
WAS 기능	• 프로그램 실행 환경과 데이터베이스 접속 기능을 제공한다. • 여러 개의 트랙잭션을 관리한다. • 업무를 처리하는 비즈니스 로직을 수행하며 이외에 웹 서버를 제공하는 기능도 한다.
데이터베이스 (DB) 서버	데이터의 정보를 저장하는 곳이며, WAS에서 데이터를 요청하면 필요한 데이터를 응답한다. 이를 통해 WAS에서 로직을 수행하다가 DB 접근이 필요하면 SQL 질의를 통해 데이터를 요청하고 DB 서버는 요청사항에 맞는 응답을 보낸다. 이와 반대로 WAS에서 DB에게 해당 내용을 저장하게끔 요청하면, DB는 그 내용을 DB 서버의 스토리지에 저장하는 것이다.

❶ Web Server

㉠ 웹 서버는 웹 서버 소프트웨어가 동작하는 컴퓨터로서 가장 중요한 기능은 클라이언트가 요청하는 HTML 문서나 각종 리소스를 전달하는 것이다. 가장 많이 사용하는 사용되는 웹 서버는 Apache, Nginx, Microsoft, Google 웹 서버 등이 있다. 정보통신망은 네트워크를 통해 컴퓨터와 컴퓨터가 데이터를 주고받는 것으로 Network는 유·무선의 전송매체로 컴퓨터와 네트워크 장비를 연결하여 데이터를 전송하는 시스템이다.

㉡ 클라이언트/서버 네트워킹은 주로 단말에 서버에 요구해서 필요한 데이터를 가져가는 구조로서 단일 구성대비 고비용, 대규모의 네트워크 구성에 사용된다.

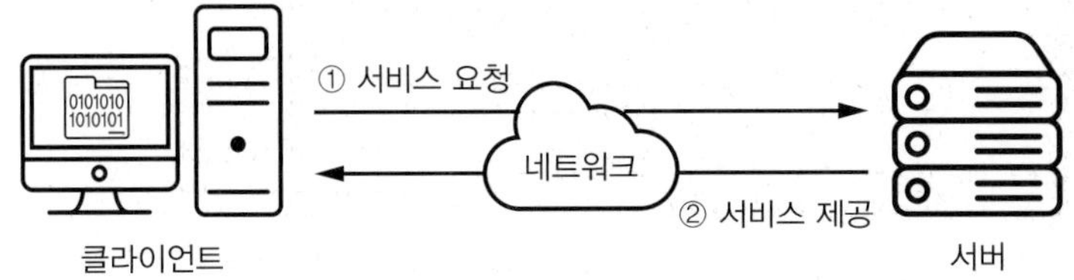

㉢ 네드워크에서 데이터를 주는 컴퓨터를 '서버(Server)', 데이터를 요청하고 받는 컴퓨터를 '클라이언트(Client)'라고 한다. 컴퓨터가 데이터를 주고받는 목적은 특정한 기능, 즉 서비스를 제공하고 사용하기 위한 것으로 네트워크로 연결된 컴퓨터 중 서비스를 제공하는 쪽을 서버라 부르고 그 서비스를 요청하고 받는 쪽(사용하는 쪽)을 고객, 즉 클라이언트라고 한다.

㉣ 한 대의 서버에 다수의 클라이언트가 접속하여 서비스를 이용할 수 있는 방식을 서버 클라이언트 구조라 하며 서버 클라이언트 구조 방식은 다수의 사용자들이 공동으로 사용하는 데이터를 서버라는 중앙 컴퓨터에 저장하고 관리함으로써 수많은 클라이언트의 동시적인 요구를 효율적으로 처리할 수 있다.

❷ 서버의 종류

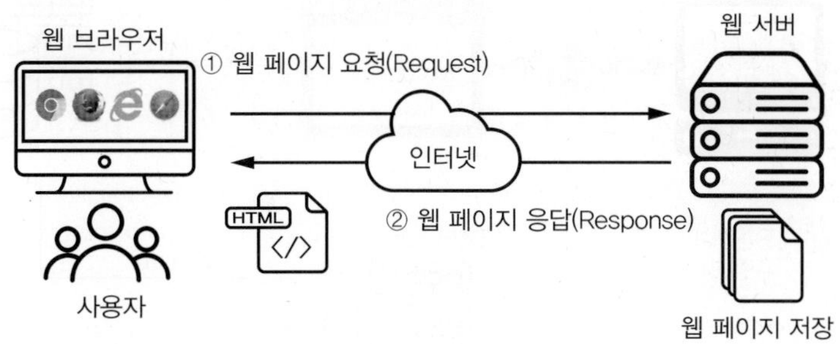

웹 서버	웹 서버에 각종 정보를 담은 웹 페이지를 저장한 후 이러한 서버의 웹 페이지를 요청하는 클라이언트에게 정보를 제공하며 주로 구글, 네이버 등 수많은 회사들이 웹 서버를 만들어 웹 서비스를 제공하고 있다.
웹 브라우저	• 웹 서비스 사용자는 웹 브라우저라는 전용 클라이언트 애플리케이션으로 웹 서버가 제공하는 서비스를 이용하며 웹브라우저가 웹 서버에게 필요한 웹페이지를 요청(Request)하면 웹 서버가 이에 응답(Response)하여 웹페이지를 보내주고 웹 브라우저가 이 웹페이지를 받아 사용자에게 보여주는 것이다. • www부터 모자이크, 넷스케이프의 내비게이터에 이어 모질라(Mozilla)가 만든 파이어폭스(Firefox), 구글의 크롬(Chrome), 마이크로소프트의 인터넷 익스플로러/에지(Edge), 애플의 사파리(Safari)가 대표적인 웹 브라우저이다.
웹 애플리케이션 서버	• 제공하고자 하는 서비스에 맞게 데이터를 가공하거나 다른 서버와 상호작용하면서 즉석에서 웹페이지를 만들 내는 것으로 애플리케이션 서버가 이메일, 파일을 전송, 온라인 게임 등 다양한 서비스의 기능을 구현한다. • 일반적으로 웹 서버, 애플리케이션 서버, 데이터베이스(Database)를 합하여 웹 서버 애플리케이션이라고 한다. 서비스의 성격이나 규모에 따라 하나의 서버에서 세 가지 프로그램을 설치할 수도 있고, 각각 별개의 서버 또는 많은 서버에 분산 설치하여 사용할 수도 있다.
웹 서버	HTTP 또는 HTTPS를 통해 웹 브라우저에서 요청하는 HTML 문서나 오브젝트(이미지 파일 등)를 전송해주는 서비스 프로그램으로 웹 서버 소프트웨어를 구동하는 하드웨어도 웹 서버라고 해서 혼동하는 경우가 간혹 있다.
WAS	Web Application Server, 웹 브라우저와 같은 클라이언트로부터 웹 서버가 요청을 받으면 애플리케이션에 대한 로직을 실행하여 웹 서버로 다시 반환해 주는 소프트웨어다. 웹 서버와 DBMS 사이에서 동작하는 미들웨어로서 컨테이너 기반으로 동작한다.

❸ DNS(Domain Name Server)

DNS는 www.example.com과 같이 사람이 사용하는 도메인 이름을 컴퓨터가 인터넷에서 서로를 식별하는데 사용하는 IP 주소로 변환하는 인터넷 인프라의 중요한 구성 요소로서 웹 브라우저에 웹 사이트 주소를 입력하면 컴퓨터가 DNS 서버로 요청을 보내 해당 도메인 이름과 연결된 IP 주소를 반환하는데 이러한 프로세스를 DNS 확인이라고 한다.

1) DNS 서버 동작 원리

DNS 서버는 최상위 도메인(.com, .org, .net 등)에 대한 정보가 포함된 루트 영역을 최상위 DNS 서버가 관리하는 계층 구조로서 루트 영역 아래에는 도메인의 IP 주소, 이름 서버 및 기타 DNS 레코드에 대한 정보를 관리하는 각 도메인의 권한 있는 DNS 서버가 있다.

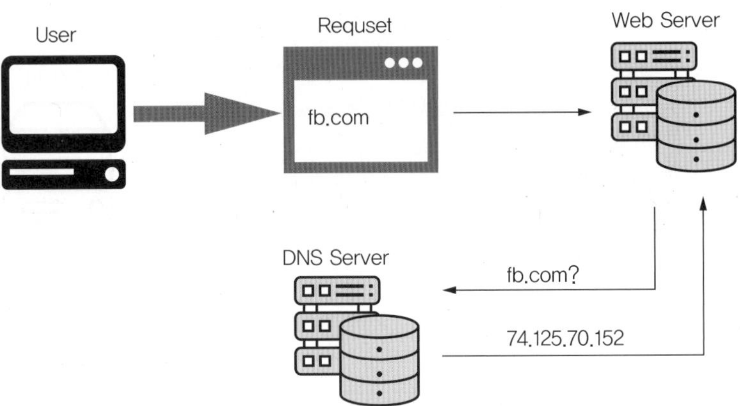

네트워크상에서 컴퓨터들은 IP 주소를 이용하여 서로를 구별하고 통신한다. 그러나 사람들이 네트워크를 통해 원격의 컴퓨터에 접속하기 위해서는 IP 주소를 이용하여야 하지만, 숫자의 연속인 IP 주소를 일일이 외울 수 없기 때문에 쉽게 기억할 수 있는 도메인 주소 체계가 만들어졌으며 DNS 서버를 두어 관리한다.

공용 및 개인 DNS 서버를 모두 사용할 수 있으며, 사용자는 향상된 속도, 보안 또는 콘텐츠 필터링과 같은 특정 DNS 서버를 사용하여 필요에 맞게 선택할 수 있다. DNS는 인터넷 인프라의 중요한 구성 요소이며, DNS 시스템의 중단 또는 장애는 인터넷 서비스에 광범위한 중단을 초래할 수 있다. 상위 기관에서 인증된 기관에게 도메인을 생성하거나 IP 주소로 변경할 수 있는 '권한'을 부여하며 DNS는 이처럼 상위 기관과 하위 기관과 같은 '계층 구조'를 가지는 분산 데이터베이스 구조를 가지며 DNS는 별도 시스템이며 전 세계적으로 약속된 규칙을 공유한다.

2) DNS 구성 요소

구분	내용
Domain Name Space	도메인 이름 저장을 분산함
Name Server	권한 있는 DNS 서버
Resolver	권한 없는 DNS 서버

Domain Name Space는 규칙(방법)으로 Name Server가 해당 도메인 이름의 IP 주소를 찾는다. Resolver가 DNS 클라이언트 요청을 Name Server로 전달하고 찾은 정보를 클라이언트에게 제공하는 기능을 하며 어느 Name Server에서 찾아야 하는지 또는 이미 캐시에 있었는지를 찾아서 Client에게 전달하는 역할을 한다. Resolver는 단말에 구현하지 않고 단말은 자체 단말 내에 있는 Hosts 화일을 참조한다. 보통은 리졸버가 구현된 Name Server의 IP 주소만을 파악하는데 통신사인 KT/LG/SK와 같은 ISP(통신사)의 DNS가 있고 구글 DNS, 클라우드플레어와 같은 Public DNS 서버가 별개로 서비스하고 있다.

정답 01 ② 02 ④

01 다음은 어떠한 백업 명령을 실행하는 것인가? (2022-3차)

> 테이프의 백업과 복구 프로그램을 포함한다. 테이프 드라이브에 파일 백업 및 복구 기능을 제공하는 사용자 인터페미스를 제공하며, 그 이외에 파일을 하드디스크에 백업할 수도 있다.

① cpio
② taper
③ dump
④ minix

해설
중복 제거 기술(주로 디스크에 사용됨)의 발전에도 불구하고 기가바이트당 비용을 따지면 여전히 테이프가 디스크보다 저렴하다. 그 이유는 테이프의 경우 매체와 기록 디바이스를 분리할 수 있으므로 소수의 테이프 드라이브를 구매해서 수천 개의 테이프를 사용할 수 있다. 또한 이 수천 개의 테이프에 데이터를 보관하는 데는 전력이나 냉방도 필요 없다. 디스크가 공짜라 해도 전력과 냉방 비용을 감안하면 여전히 테이프보다 많은 금액이 소요된다. 테이프가 다른 저장 매체보다 저렴한 이유로 테이프 백업은 현재도 진행 중이다.

02 다음 중 서버부하분산 방식 중 정적부하방식이 아닌 것은? (2023-2차)

① 라운드 로빈
② 가중치
③ 액티브－스탠바이
④ 최소응답시간

해설
④ 최소응답시간은 동적부하방식에 해당한다.
부하 방식은 크게 정적 부하분산방식과 동적 부하분한 방식이 있다.
- 동적부하방식: 클라이언트로부터 요청을 받으면 서버 상태에 따라 할당할 대상의 서버를 결정한다.
- 정적부하방식: 클라이언트로부터 요청을 받으면 서버 상태 와 상관없이 서버가 가지고 있는 설정을 기준으로 할당하는 방식이다.

분류	부하분산방식	설명
정적 방식	Round Robin	순서대로 할당한다.
	Ratio(가중치)	가중치가 높은 서버에 우선 할당한다.
	Active－Standby (Priority Group Activation)	우선 Active 장치에 할당하고 장애 시 Standby로 절체한다.
동적방식	Least Connection(최소 연결 수)	연결 수가 작은 서버에 할당한다.
	Fastest(최단 응답시간)	가장 빠르게 응답하는 서버에 할당한다.
	Least Loaded(최소 부하)	가장 부하가 적은 서버에 할당한다.

03 다음 중 클라이언트/서버 네트워킹에 대한 설명으로 틀린 것은? (2022-1차)

① 보안유지가 필요한 저비용, 소규모 네트워크에 사용된다.
② 네트워킹을 구성하는 각 장비에 특수한 역할이 부여된다.
③ 대부분의 통신은 클라이언트와 서버사이에서 이루어진다.
④ 피어투피어 네트워킹에 비해 성능, 확장성 측면에서 장점이 있다.

해설

클라이언트/서버 네트워킹은 주로 단말에 서버에 요구해서 필요한 데이터를 가져가는 구조로서 단일 구성대비 고비용, 대규모의 네트워크 구성에 사용된다.

네트워크에서 데이터를 주는 컴퓨터를 '서버(Server)', 데이터를 요청하고 받는 컴퓨터를 '클라이언트(Client)'라고 한다. 컴퓨터가 데이터를 주고받는 목적은 특정한 기능, 즉 서비스를 제공하고 사용하기 위한 것으로 네트워크로 연결된 컴퓨터 중 서비스를 제공하는 쪽을 서버라 부르고 그 서비스를 요청하고 받는 쪽(사용하는 쪽)을 고객, 즉 클라이언트라고 한다. 클라이언트/서버 네트워킹은 컴퓨터와 컴퓨터가 통신하는 구조로서 클라이언트가 요청하면 서버가 응답하는 방식으로 작동한다. 한 대의 서버에 다수의 클라이언트가 접속하여 서비스를 이용할 수 있는 방식을 서버 클라이언트 구조라고 하며 소규모뿐만 아니라 대규모 망에서도 사용되고 있다.

04 다음 보기와 그림에서 (가)에 해당하는 서버의 명칭은? (2023-1차)

〈보기〉

- 웹 브라우저로부터 요청을 받아 정적인 콘텐츠를 처리하는 시스템이다.
- 정적인 콘텐츠는 html, css, jpeg 등이 있다.

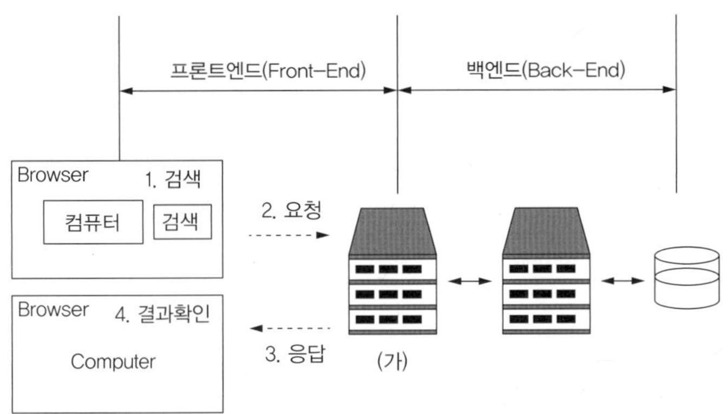

① Web Server
② WAS(Web Application Server)
③ DB Server
④ 보안 서버

정답 05 ③ 06 ②

해설

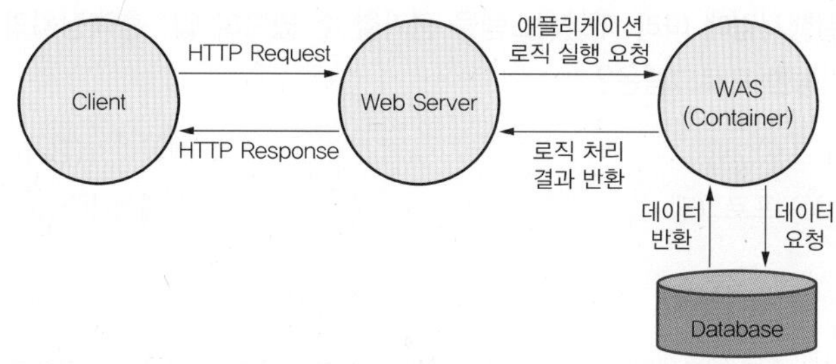

웹 서버 (Web server)	HTTP 또는 HTTPS를 통해 웹 브라우저에서 요청하는 HTML 문서나 오브젝트(이미지 파일 등)를 전송해주는 서비스 프로그램으로 웹 서버 소프트웨어를 구동하는 하드웨어도 웹 서버라고 해서 혼동하는 경우가 있다.
WAS (Web Application Server)	웹 브라우저와 같은 클라이언트로부터 웹 서버가 요청을 받으면 애플리케이션에 대한 로직을 실행하여 웹 서버로 다시 반환해 주는 소프트웨어이다. 웹 서버와 DBMS 사이에서 동작하는 미들웨어로서 컨테이너 기반으로 동작한다.

05 다음 보기에서 설명하고 있는 내용으로 적합한 것은? (2022-3차)

> – 새로운 압축 파일을 적당한 디렉터리에 옮긴 다음 새로운 커널을 설치하기에 앞서 이전 커널을 삭제한다.
> – 새로운 커널을 설치하기 전에 이전의 커널을 삭제해도 커널은 이미 메모리에 존재하기 때문에 시스템을 재부팅하기 전까지는 아무런 영향을 주지 않는다.

① 긴급 복구 디스켓 만들기　② boot 파티션 점검
③ 커널 튜닝 적용　④ Openwall 커널 패치 적용

해설

커널 튜닝은 더 나은 성능, 확장성 및 응답성을 달성하기 위해 운영 체제 커널의 구성 매개변수 및 설정을 최적화하는 프로세스로서 기본 하드웨어, 소프트웨어 등 특정 요구 사항에 맞게 다양한 커널 매개 변수를 조정하는 작업이 포함된다. 커널 조정에는 신중한 고려가 필요하다.

06 몇 개의 관련 있는 데이터 파일을 조직적으로 작성하여 중복된 데이터 항목을 제거한 구조를 무엇이라 하는가? (2018-3차)

① Data File　② Data Base
③ Data Program　④ Data Link

해설

여러 사람이 공유하여 사용할 목적으로 체계화해 통합, 관리하는 데이터의 집합이다. 작성된 목록으로써 여러 데이터베이스 관리 시스템의 통합된 정보들을 저장하여 운영할 수 있는 공용 데이터들의 묶음이다.

07 **테스트 프로그램에 의한 시스템 성능평가 방법 중 각각의 프로그램언어로 프로그램된 표준적인 실용 프로그램으로 이것을 실행시킴에 따라 대상시스템을 평가할 수 있으며 입 · 출력장치와 보조기억장치 등을 포함한 시스템 평가가 가능한 프로그램은?** (2019-2차)

① 커널(Kernel) 프로그램
② 벤치마크(Benchmark) 프로그램
③ 합성(Synthetic) 프로그램
④ 펌웨어(Firmware) 프로그램

해설

Benchmark Test, BMT

실존하는 비교 대상을 두고 하드웨어나 소프트웨어의 성능을 비교 시험하고 평가하는 것으로 일반적인 성능 테스트와는 달리 실제와 같은 상황의 동일한 시험 환경에서 한 개 또는 여러 개의 대표적인 비교 대상과 비교 시험을 반복하여 성능을 평가한다. 위 문제는 시스템을 평가하는 것으로 벤치마크(Benchmark) 프로그램이 정답이 된다.

08 **WAS(Web Application Server) 서버 구성요소가 아닌 것은?** (2022-2차)

① XML
② JSP
③ Servlet
④ JavaBeans

해설

① XML: eXtensible Markup Language, SGML(1986년, ISO 표준)에서 사용하지 않는 부분을 제거하여 1998년 2월 W3C에서 XML 1.0 권고안 스펙을 발표 후 2000년 10월 XML 1.0 2ed 권고안 발표했다.

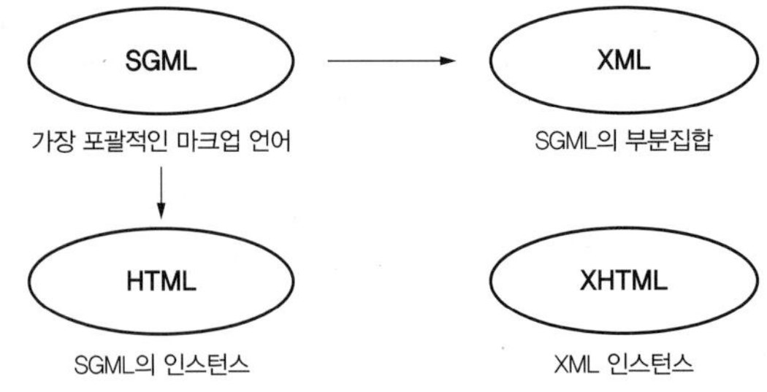

> SGML
> Standard Generalized Markup Language, 문서용 마크업 언어를 정의하기 위한 메타언어이다. IBM에서 1960년대에 개발한 GML(Generalized Markup Language)의 후속이며, ISO 표준이다.

WAS(Web Application Server)

인터넷상에서 HTTP를 통해 사용자 컴퓨터나 장치에 애플리케이션을 수행해 주는 미들웨어(소프트웨어 엔진)이다. 웹 애플리케이션 서버는 동적 서버 콘텐츠를 수행하는 것으로 일반적인 웹 서버와 구별이 되며, 주로 데이터베이스 서버와 같이 수행된다. 국내에서는 일반적으로 "WAS" 또는 "WAS S/W"로 통칭하고 있으며 공공기관에서는 "웹 응용서버"로 사용되고, 영어권에서는 "Application Server(약자 AS)"로 불린다. 웹 애플리케이션 서버는 대부분이 자바 기반으로 주로 Java EE 표준을 수용하고 있으나, 자바 기반이지만 Java EE 표준을 따르지 않는 제품과 .NET이나 Citrix 기반인 비Java 계열도 존재한다.

> WAS 서버 구성요소
> • 클라이언트 서버 모델, 콘텐츠 관리 시스템, 웹 브라우저
> • Java, Java Servlet, JavaServer Pages, 웹 컨테이너, 웹 서버

정답 09 ② 10 ②

09 원격지 컴퓨터에 접속해서 파일을 다운로드하거나 업로드할 수 있는 서비스를 제공하는 서버는 어느 것인가? (2016-3차)

① 프록시(Proxy) 서버
② FTP 서버
③ 텔넷(Telnet) 서버
④ POP 서버

해설

FTP 서버란 파일을 Mac, Windows, Linux 컴퓨터 등의 장치에서 다른 장치로 전송하는 소프트웨어 애플리케이션을 의미한다. FTP는 다른 프로토콜들과 다르게 포트(Port) 번호를 기본 두 개를 사용하도록 제작되었다.

- 제어 포트: 포트번호 21번으로 클라이언트와 서버 사이의 명령, 제어 등을 송수신을 담당한다.
- 데이터 포트: 데이터 포트는 20번으로 클라이언트와 서버 사이의 직접적인 파일 송/수신을 담당한다.

FTP는 두 개의 모드가 있으며 기본 설정은 Active Mode이다.

1) Active Mode: 클라이언트가 서버에게 연결할 데이터 포트를 알려주는 모드이다.
2) Passive Mode: 서버가 클라이언트에게 연결할 데이터 포트를 알려주는 모드이다.

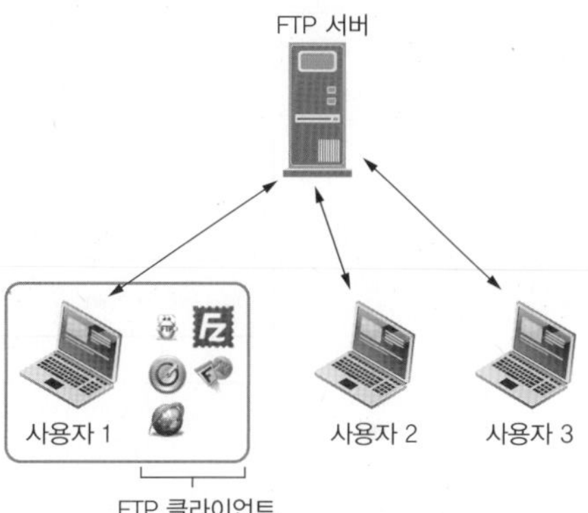

10 IP 주소와 같은 숫자로 되어 있는 주소정보를 문자열 정보로 변환하여 관리하는 서버이며, 주로 인터넷에서 사용하는 것은? (2013-1차)

① SMTP(Simple Message Transfer Protocol)
② DNS(Domain Name Server)
③ POP(Post Office Protocol)
④ TCP(Transmission Control Protocol)

해설

DNS(Domain Name Server)는 사람들이 네트워크를 통해 원격의 컴퓨터에 접속하기 위해서는 IP 주소를 이용하여야 하지만, 숫자의 연속인 IP주소를 일일이 외울 수 없기 때문에 쉽게 기억할 수 있게 도메인 주소 체계로 사용하는 것이다.

11 **다음 중 도메인 네임(Domain Name)에 대한 설명으로 잘못된 것은?** (2014-3차)(2018-1차)

① IP 주소 대신 쉽게 기억할 수 있고, 이용도 쉽게 할 수 있도록 이름을 부여한 것이다.
② 소속 기관이나 국가에 따라서 계층적으로 형성되어 있다.
③ 호스트 명, 소속단체, 단체성격, 소속국가의 형태를 가지고 있다.
④ 오른쪽으로 갈수록 하위 도메인에 속한다.

해설

④ 오른쪽으로 갈수록 하위 도메인이 아닌 상위 도메인이 되는 것이다.

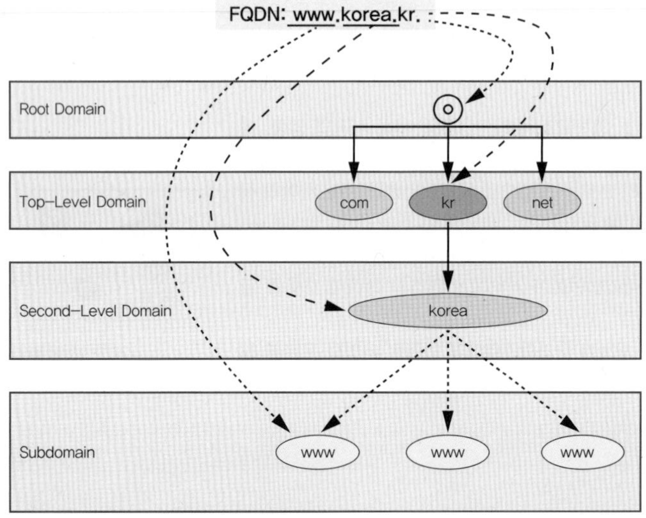

FQDN(Full Quality Domain Name)

도메인 네임은 넓은 의미로는 네트워크상에서 컴퓨터를 식별하는 호스트명을 가리키며, 좁은 의미에서는 도메인 레지스트리에게서 등록된 이름을 의미한다. 이를 통틀어서 '웹 주소'라고 부르는 경우도 있다. 여기서는 후자를 서술한다.
도메인 네임 서비스의 트리 구조는 최상위 레벨부터 순차적으로 계층적 소속 관계를 나타낸다. 하위 조직의 네임 스페이스를 할당하고 관리하는 방식은 각 하위 기관의 관리 책임자에게 위임된다. 예를 들어 www.naver.com 도메인은 com 도메인을 관리하는 네임 서버에 등록되어있고 www.naver.com은 naver.com을 관리하는 네임 서버에 등록되어있다.

기출유형 13 ▶ 하둡(Hadoop), Database

하둡(Hadoop)에 대한 설명으로 맞는 것은? (2022-3차)

① 신뢰할 수 있고, 확장이 용이하며, 분산 컴퓨팅 환경을 지원하는 오픈소스 소프트웨어이다.
② 인공지능 과정을 통해 분석 결과를 해석하고, 의사결정할 수 있는 지능을 가진 인간과 유사한 시스템이다.
③ 데이터 웨어하우징을 통해, 서버, 스토리지, 운영체제, 데이터베이스, 데이터 마이닝 등이 통합된 제품이다.
④ 비관계형 데이터베이스로 데이터를 테이블에 저장하지 않는 데이터베이스이며 관계형과는 대조적인 개념이다.

해설

하둡은 빅데이터를 처리하는 과정 속에서 우선 데이터를 수집한 후에 저장하고 처리한다. 그 결과를 바탕으로 분석하고 빅데이터를 어떻게 저장하고, 저장된 정보를 어떻게 잘 처리하는지에 대한 부분이 하둡이 담당하는 역할이다. 일반적으로 HDFS와 MapReduce 프레임워크로 시작되었으나, 여러 데이터의 저장, 실행 엔진, 프로그래밍 및 데이터처리 같은 하둡 생태계 전반을 포함하는 의미로 확장 발전되었다. 하둡(Hadoop)을 간단히 정리하면, 데이터의 양이 너무 많으니 분산해서 저장한다는 의미이다.

| 정답 | ①

족집게 과외

하둡: 분산 환경에서 빅 데이터를 저장하고 처리할 수 있는 자바 기반의 오픈소스 프레임 워크이다.

장점	단점
• 오픈소스로 라이선스에 대한 비용 부담이 적음 • 시스템을 중단없이 장비의 추가 용이(Scale Out) • 일부 장비에 장애에도 전체 시스템에 영향 적음(Fault Tolerance) • 저렴한 구축 비용과 비용 대비 빠른 데이터 처리 • 오프라인 배치 프로세싱에 최적화	• HDFS에 저장된 데이터를 변경 불가 • 실시간 데이터 분석 등 신속 처리 작업에는 부적합 • 너무 많은 버전과 부실한 서포트 • 설정의 어려움

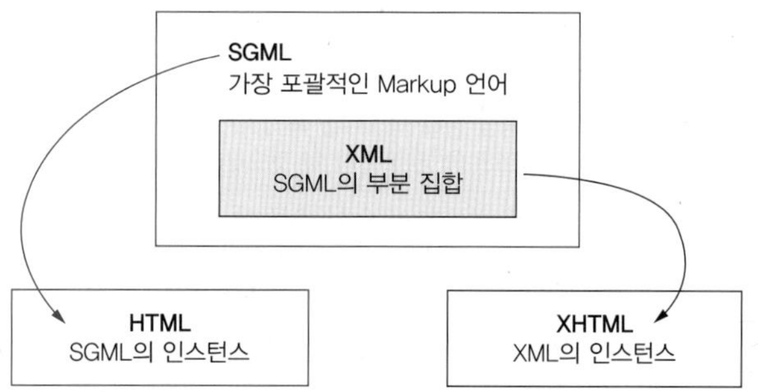

더 알아보기

SGML	Standard Generalized Markup Language, 문서용 마크업 언어를 정의하기 위한 메타언어이다. IBM에서 1960년대에 개발한 GML(Generalized Markup Language)의 후속이며 ISO 표준이다.
XML	eXtensible Markup Language, SGML(1986년, ISO 표준)에서 사용하지 않는 부분을 제거하여 1998년 2월 W3C에서 XML 1.0 권고안 스펙을 발표 후 2000년 10월 XML 1.0 2ed 권고안 발표했다.

❶ 마크업 언어(Markup Language)

태그 등을 이용하여 문서나 데이터의 구조를 명기하는 언어의 한 가지로서 태그는 원래 텍스트와는 별도로 원고의 교정부호와 주석을 표현하기 위한 것이었으나 용도가 점차 확장되어 문서의 구조를 표현하는 역할을 하게 되었다. 마크업 언어는 디지털 문서에서 텍스트와 이미지의 레이아웃과 프레젠테이션이 어떻게 나타나야 하는지를 정의하는 규칙의 집합이다. 이를 통해 문서를 구조화하고, 서식을 추가하고, 지정할 수 있게 한다. 이러한 구조는 구글과 같은 검색 엔진들이 웹사이트의 정보를 더 잘 이해하도록 도와준다. 만약 검색 엔진들이 페이지의 내용에 대해 더 많이 알고 있다면, 더 많은 사람들을 찾고자 하는 마크업이 있는 웹사이트로 끌어모을 수 있다. 마크업 언어의 예가 HTML이다. 이런 마크업 언어는 프로그래밍 언어와는 다르다는 것이 특징이다.

마크업 언어는 주로 콘텐츠의 표현과 구조에 초점을 맞추고 있고 정적이고 논리나 알고리즘을 사용하지는 않는다. 아래 보는 것과 같이 마크업 언어의 두 가지 범주인 시맨틱 마크업과 프레젠테이션 마크업 있다.

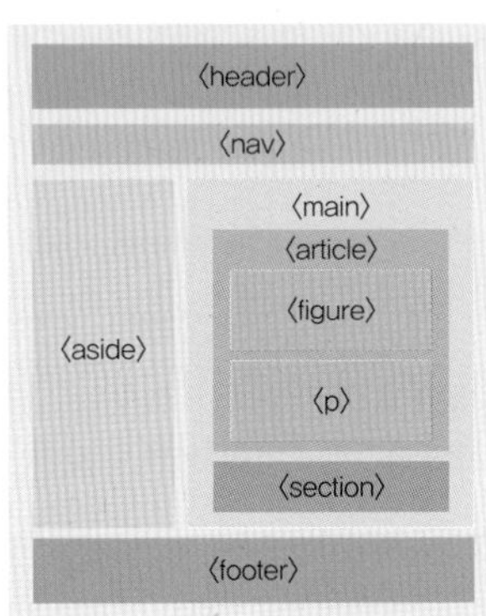

시맨틱 마크업

시맨틱 HTML로도 알려진 시맨틱 마크업은 브라우저, 검색 엔진 및 개발자가 웹 페이지의 내용을 더 잘 이해할 수 있도록 웹 페이지의 섹션을 정의한다.

Non－Semantic는 〈div〉 및 〈span〉 태그는 포맷팅이 가능하지만, Semantic HTML은 〈article〉, 〈section〉 및 〈nav〉와 같은 의미적 태그는 웹 페이지의 각 요소를 정의한다.

즉, 시맨틱 마크업은 검색 엔진 및 기타 관련 당사자가 사용자의 콘텐츠를 쉽게 이해할 수 있도록 정보 계층을 추가한다.

아래는 Markup 언어의 주요 특징이다.

구분	내용
Presentational Markup	전통적인 워드 프로세싱 시스템에서 사용되는 마크업의 종류. WYSIWYG("what you see it what you get") 효과를 생성하는 문서 텍스트 내에 포함된 바이너리 코드로서 사용자들이 절차적/기술적 마크업을 사용하면, 사용자에게 "현재(WYSIWYG)" 상태로 변환한다.
Procedural Markup	절차적 마크업이라 하며 잘 알려진 예로 troff, TeX, PostScript이 있다. 텍스트에 포함되며, 텍스트는 프로그램을 통해 텍스트를 처리하기 위한 지침을 제공하며 프로세서는 마주친 지침에 따라 처음부터 텍스트를 통해 실행 될 것으로 예상한다.
Descriptive Markup	기술적 마크업으로 예로 LateX, HTML, XML이 있다. 문서의 일부에 라벨을 붙이는 데 사용하며 문서의 고유한 구조를 어떤 특정한 처리나 변경으로부터 분리한다(예 HTML의 태그), 시각적으로가 아닌 개념적으로 자료를 설명하는 방식으로 쓰도록 권장한다.
Lightweight Markup	경량화 마크업으로 최근 웹 브라우저를 통해 형식화된 텍스트를 작성할 수 있도록 개발된 작고 표준화되지 않은 다수의 마크업이다(예 위키피디아에서 사용하는 위키 마크업).

❷ 하둡(Hadoop)

Hadoop은 분산 컴퓨팅 환경에서 대량의 데이터를 처리하고 저장하도록 설계된 오픈 소스 프레임워크이다. 빅데이터를 처리하기 위한 확장 가능하고 안정적이며 비용 효율적인 솔루션을 제공한다. 하둡은 2006년 야후의 더그 커팅이 '넛치'라는 검색엔진을 개발하는 과정에서 대용량의 비정형 데이터를 기존의 RDB 기술로는 처리가 힘들다는 것을 깨닫고, 새로운 기술을 찾는 중 구글에서 발표한 GFS와 MapReduce 관련 논문을 참고하여 개발하였다. 이후 아파치 재단의 오픈 소스로 공개 되었다.

하둡은 하나의 성능 좋은 컴퓨터를 이용하여 데이터를 처리하는 대신, 적당한 성능의 범용 컴퓨터 여러 대를 클러스터화하고, 큰 크기의 데이터를 클러스터에서 병렬로 동시에 처리하여 처리 속도를 높이는 것을 목적으로 하는 분산 처리를 위한 오픈소스 프레임워크라고 할 수 있다.

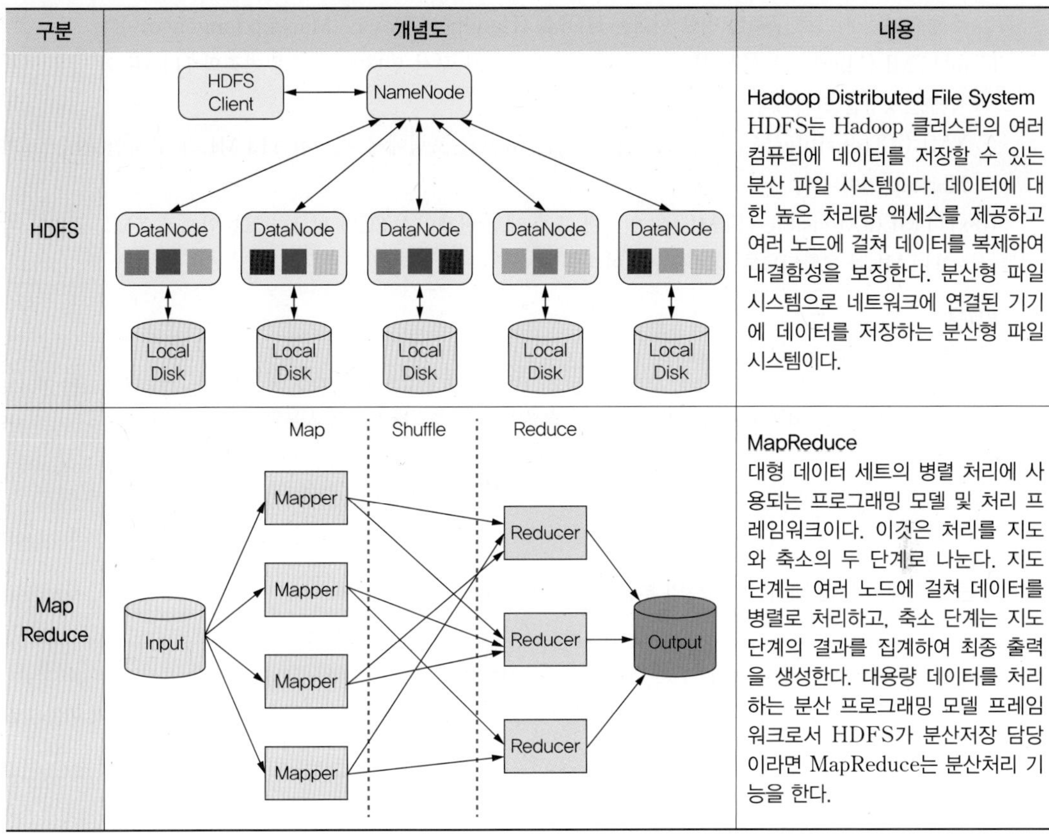

구분	개념도	내용
HDFS	HDFS Client, NameNode, DataNode, DataNode, DataNode, DataNode, DataNode, Local Disk, Local Disk, Local Disk, Local Disk, Local Disk	Hadoop Distributed File System HDFS는 Hadoop 클러스터의 여러 컴퓨터에 데이터를 저장할 수 있는 분산 파일 시스템이다. 데이터에 대한 높은 처리량 액세스를 제공하고 여러 노드에 걸쳐 데이터를 복제하여 내결함성을 보장한다. 분산형 파일 시스템으로 네트워크에 연결된 기기에 데이터를 저장하는 분산형 파일 시스템이다.
Map Reduce	Map, Shuffle, Reduce, Input, Mapper, Mapper, Mapper, Mapper, Reducer, Reducer, Reducer, Output	MapReduce 대형 데이터 세트의 병렬 처리에 사용되는 프로그래밍 모델 및 처리 프레임워크이다. 이것은 처리를 지도와 축소의 두 단계로 나눈다. 지도 단계는 여러 노드에 걸쳐 데이터를 병렬로 처리하고, 축소 단계는 지도 단계의 결과를 집계하여 최종 출력을 생성한다. 대용량 데이터를 처리하는 분산 프로그래밍 모델 프레임워크로서 HDFS가 분산저장 담당이라면 MapReduce는 분산처리 기능을 한다.

하둡의 특징

- HDFS는 데이터를 저장하면, 다수의 노드에 복제 데이터도 함께 저장해서 데이터 유실을 방지한다.
- HDFS에 파일을 저장하거나, 저장된 파일을 조회하려면 스트리밍 방식으로 데이터에 접근해야 한다.
- 한번 저장한 데이터는 수정할 수 없고, 읽기만 가능하게 해서 데이터 무결성을 유지한다.
- 데이터 수정은 불가능 하지만 파일이동, 삭제, 복사할 수 있는 인터페이스를 제공한다.

이 외에도 Hadoop은 범용 하드웨어 클러스터 간에 데이터와 계산을 분산하여 분산 처리를 지원하므로 확장성이 뛰어나다. 또한 여러 노드에 걸쳐 데이터를 복제하여 개별 노드에 장애가 발생하더라도 데이터를 사용할 수 있도록 함으로써 내결함성을 제공한다. Hadoop은 일반적으로 로그 분석, 데이터 웨어하우징 및 데이터 변환 작업과 같은 대용량 데이터 세트의 일괄 처리에 사용된다. 빅 데이터 처리를 위한 사실상의 표준이 되었으며 다양한 산업 분야의 조직에서 널리 채택되고 있다.

정답 01 ③ 02 ③

01 무선 인터넷에서 사용하는 Markup 언어에 관한 설명 중 틀린 것은? (2012-3차)(2014-3차)

① 무선 인터넷 사이트 구축에 위한 언어는 HDML(Handheld Device Markup language)이다.
② mHTML(Microsoft HTML)은 마이크로소프트에서 무선 인터넷을 위해 기존의 HTML의 많은 기능을 삭제한 경량급 언어이다.
③ XML(eXtensible Markup Language)은 WAP 포럼에서 정의한 HTML과 유사한 작은 크기의 Markup 언어이다.
④ xHTML(eXtensible HTML)은 인터넷 표준 제정 단체인 W3C가 발표한 표준안으로 XML 표준을 따르는 HTML과 호환되도록 짜여진 언어이다.

해설

XML(Extensible Markup Language)
XML은 W3C에서 개발된, 다른 특수한 목적을 갖는 마크업 언어를 만드는데 사용하도록 권장하는 다목적 마크업 언어이다. XML은 SGML의 단순화된 부분집합으로, 다른 많은 종류의 데이터를 기술하는 데 사용할 수 있다.

02 다음 보기에서 분산 데이터베이스의 투명성은 무엇인가? (2022-3차)

〈보기〉
여러 사용자나 응용프로그램이 동시에 분산 데이터베이스에 대한 트랜잭션을 수행하는 경우에도 그 결과에 이상이 발생하지 않는다.

① 위치투명성
② 복제투명성
③ 병행투명성
④ 분할투명성

해설

분산 데이터베이스에서 투명성의 종류

구분	내용
분할 투명성	하나의 논리적 릴레이션이 여러 단편으로 분할되어 각 단편의 사본이 여러 시스템에 저장되어 있음을, 고객은 인식할 필요가 없다.
위치 투명성	고객이 사용하려는 데이터의 저장 장소를 명시할 필요 없다. 데이터가 어느 위치에 있어도 고객은 동일한 명령을 사용하여 데이터에 접근할 수 있어야 한다.
지역 사상 투명성	지역 DBMS와 물리적 데이터베이스 사이의 사상이 보장됨에 따라 각 지역 시스템 이름과 무관한 이름이 사용 가능해야 한다.
중복 투명성	데이터베이스 객체가 여러 시스템에 중복되어 존재함에도 고객과는 무관하게 데이터의 일관성이 유지되어야 한다.
장애 투명성	데이터베이스가 분산되어있는 각 지역의 시스템이나 통신망에 이상이 발생해도, 데이터의 무결성은 보장되어야 한다.
병행 투명성	여러 고객의 응용프로그램이 동시에 분산 데이터베이스에 대한 트랜잭션을 수행하는 경우에도 결과에 이상이 없어야 한다.

정답 03 ④ 04 ①

03 **데이터베이스 시스템을 구성하는 기본요소가 아닌 것은?** (2022-3차)

① 메타데이터
② 응용프로그램
③ DBMS(DataBase Management System)
④ 컴파일러

해설

④ 컴파일러: 특정 프로그래밍 언어로 쓰여 있는 문서를 다른 프로그래밍 언어로 옮기는 언어 번역 프로그램이다. 그러므로 컴파일러와 데이터베이스 시스템과는 무관하다.
① 메타데이터(Meta Data): 데이터에 관한 구조화된 데이터로, 대량의 정보 가운데에서 확인하고자 하는 정보를 효율적으로 검색하기 위해 원시데이터(Raw Data)를 일정한 규칙에 따라 구조화 혹은 표준화한 정보를 의미한다.
② 응용프로그램: 사용자가 컴퓨터를 사용하여 어떠한 일을 하려고 할 때 사용되는 것으로 데이터베이스도 응용프로그램이다.
③ DBMS(Database Management System): 응용프로그램과 데이터 사이의 중재자로서 모든 사용자들이 데이터베이스를 공용할 수 있게 관리해주는 범용 소프트웨어이다.

04 **데이터베이스의 상태를 변화시키는 하나의 논리적 기능을 수행하기 위한 작업의 단위 또는 한꺼번에 모두 수행되어야 할 일련의 연신들을 의미하는 것은?** (2023-1차)

① 트랜잭션(Transaction)
② 릴레이션(Relation)
③ 튜플(Tuple)
④ 카디널리티(Cardinality)

해설

관계형 데이터베이스의 릴레이션 구조

〈학생〉 릴레이션

릴레이션 스키마

속성

학번	이름	학년	신장	학과
23001	홍길동	2	170	CD
24003	이순신	1	169	CD
22014	임꺽정	2	180	ID
21016	장보고	4	174	ED

튜플

릴레이션 인스턴스

학년의 도메인

① 트랜잭션(Transaction): 데이터베이스의 상태를 변환시키는 하나의 논리적 기능을 수행하기 위한 작업의 단위 또는 한꺼번에 수행되어야할 일련의 연산들을 의미한다.
② 릴레이션(Relation): 데이터들의 표(Table)의 형태로 표현한 것으로, 구조를 나타내는 릴레이션 스키마와 실제 값들인 릴레이션 인스턴스로 구성된다.
③ 튜플(Tuple): 튜플은 릴레이션을 구성하는 각각의 행을 말하며 속성의 모임으로 구성된다. 파일 구조에서 레코드와 같은 의미이다. 튜플의 수를 카디널리티(Cardinality) 또는 기수, 대응수라고 한다.
④ 카디널리티(Cardinality): 한 테이블이 다른 테이블과 가질 수 있는 관계를 나타낸다. 다대다, 다대일/일대다 또는 일대일의 테이블 간의 관계를 카디널리티(Cardinality)라고 한다. SQL에서 사용할 때는 해당 열에 대한 테이블에 나타나는 고유한 값의 수를 나타낸다.

정답 05 ② 06 ④

05 다음은 어떠한 백업 명령을 실행하는 것인가? (2022-3차)

> 테이프의 백업과 복구 프로그램을 포함한다. 테이프 드라이브에 파일 백업 및 복구 기능을 제공하는 사용자 인터페이스를 제공하며, 그 이외에 파일을 하드디스크에 백업할 수도 있다.

① cpio
② taper
③ dump
④ minix

해설

중복 제거 기술(주로 디스크에 사용됨)의 발전에도 불구하고 기가바이트당 비용을 따지면 여전히 테이프가 디스크보다 저렴하다. 그 이유는 테이프의 경우 매체와 기록 디바이스를 분리할 수 있으므로 소수의 테이프 드라이브를 구매해서 수천 개의 테이프를 사용할 수 있다. 또한 이 수천 개의 테이프에 데이터를 보관하는 데는 전력이나 냉방도 필요 없다. 디스크가 공짜라 해도 전력과 냉방 비용을 감안하면 여전히 테이프보다 많은 금액이 소요된다. 테이프가 다른 저장 매체보다 저렴한 이유로 테이프 백업은 현재도 진행 중이다.

06 데이터베이스 시스템을 구성하는 기본요소가 아닌 것은? (2022-3차)

① 메타데이터
② 응용프로그램
③ DBMS(DataBase Management System)
④ 컴파일러

해설

데이터베이스 시스템은 자료를 데이터베이스에 저장 관리하며 필요한 정보를 제공하는 컴퓨터 기반 시스템이다. 데이터베이스 시스템의 구성요소는 데이터베이스, DBMS, 사용자, 하드웨어이다.

구분	내용
데이터베이스 개념	• 데이터베이스 관리시스템(DBMS): 데이터베이스를 정의하고, 질의어를 지원하고, 리포트를 생성하는 등의 작업을 수행하는 소프트웨어이다. • 데이터베이스 스키마: 전체적인 구조, 내포라고 부른다. • 데이터베이스 상태: 특정 시점의 데이터베이스의 내용, 시간에 따라 바뀜, 외연이라고 한다.
데이터베이스 특징	• 데이터베이스는 데이터의 대규모 저장소로서, 여러 사용자들이 동시에 사용된다. • 중복 최소화하면서 통합한다. • 데이터에 관한 설명(데이터베이스 스키마, 메타데이터)이 포함된다.

정답 07 ③

07 다음에서 설명하는 데이터베이스 스키마(Schema)는? (2023-3차)

> "개체 간의 관계(Relationship)와 제약 조건을 나타내고 데이터베이스의 접근 권한, 보안 및 무결성 규칙에 관한 명세를 정의한다."

① 내부 스키마
② 외부 스키마
③ 개념 스키마
④ 관계 스키마

해설

스키마는 데이터베이스의 구조와 제약조건에 관해 전반적인 명세를 기술한 것으로 개체의 특성을 나타내는 속성(Attribute)과 속성들의 집합으로 이루어진 개체(Entity), 개체 사이에 존재하는 관계(Relation)에 대한 정의와 이들이 유지해야 할 제약조건들을 기술한 것으로 DB 내에 어떤 구조로 데이터가 저장되는가를 나타내는 데이터베이스 구조를 스키마라고 한다. 스키마는 데이터 사전(Data Dictionary)에 저장된다. 여기서 데이터 사전이란 시스템 전체에서 나타나는 데이터 항목들에 대한 정보를 지정한 중앙 저장소로, 이 정보에는 항목을 참조하는데 사용되는 식별자, 항목에 대한 엔티티의 구성요소, 항목이 저장되는 곳, 항목을 참조하는 곳 등을 포함한다.

구분	내용
개념스키마	전체적인 View로서 조직체 전체를 관장하는 입장에서 DB를 정의한 것으로 데이터베이스의 전체적인 논리적 구조이다.
내부스키마	물리적인 저장장치 입장에서 DB가 저장되는 방법(구조)을 정의한 것이다. 개념 스키마를 디스크 기억장치에 물리적으로 구현하기 위한 방법을 기술한 것이다. 실제로 저장될 내부레코드 형식, 내부레코드의 물리적 순서, 인덱스의 유/무 등에 관한 것이다.
외부스키마	= 서브 스키마 − 사용자 뷰 실세계에 존재하는 데이터들을 어떤 형식, 구조, 배치 화면을 통해 사용자에게 보여줄 것 인가이다. 전체 데이터베이스의 한 논리적 부분 → 서브 스키마이다. 일반 사용자는 질의어를 이용 DB를 쉽게 사용한다.

정답 08 ①

08 다음 중 데이터웨어하우스와 사용자 사이에서 특정 사용자가 관심을 갖고 있는 데이터를 담은 비교적 작은 규모의 데이터웨어하우스를 무엇이라 하는가? (2023-3차)

① 데이터마트
② 데이터마이닝
③ 빅데이터
④ 웨어하우스

해설

데이터웨어하우스

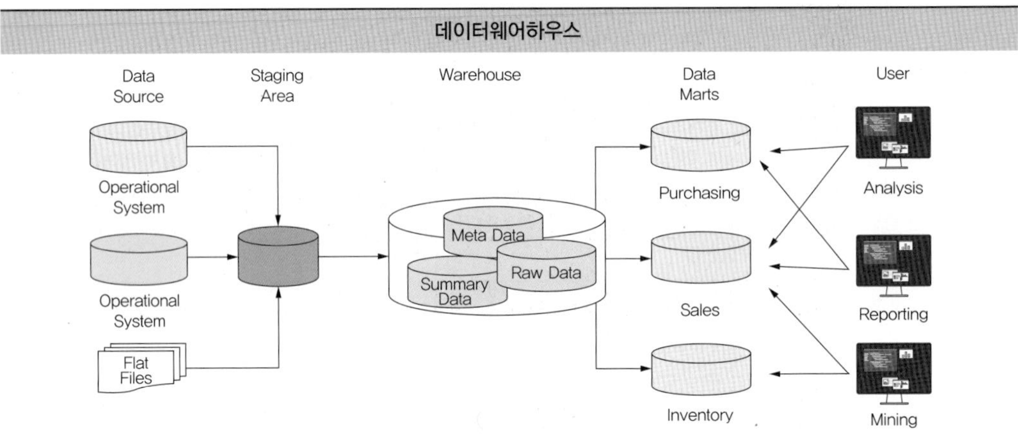

출처: http://kr.analysisman.com/2020/08/cloud-dw-cdp.html

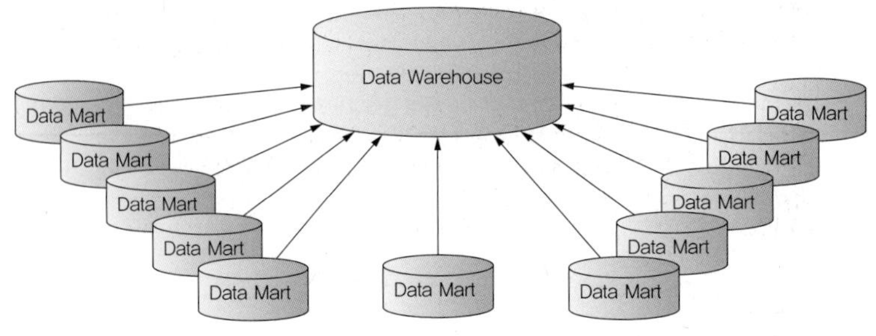

정보(Data) + 창고(Werehouse)로서 의사결정에 도움을 주기 위해 분석가능한 형태로 변환한 데이터들이 저장되어 있는 중앙저장소이다.

Data Mart

데이터의 한 부분으로서 특정 사용자가 관심을 갖는 데이터들을 담은 비교적 작은 규모의 데이터웨어하우스이다. 일반적인 데이터베이스 형태로 갖고있는 다양한 정보를 사용자의 요구 항목에 따라 체계적으로 분석하여 기업의 경영 활동을 돕기 위한 시스템을 말한다. 데이터웨어하우스는 정부 기관 혹은 정부 전체의 상세 데이터를 포함하는데 비해 데이터마트는 전체적인 데이터웨어하우스에 있는 일부 데이터를 가지고 특정 사용자를 대상으로 한다. 데이터웨어하우스와 데이터마트의 구분은 사용자의 기능 및 제공 범위를 기준으로 한다.

기출유형 14 ▶ 클라우드 컴퓨팅(Cloud Computing)

개인의 컴퓨터나 기업의 응용서버 등의 컴퓨터 데이터를 별도 장소로 옮겨 놓고, 네트워크를 연결하여 인터넷 접속이 가능한 다양한 단말기를 통해 언제 어디서나 데이터를 이용할 수 있는 사용자 환경은? (2022-3차)

① 클라우드 컴퓨팅　　② 빅데이터 컴퓨팅

③ 유비쿼터스 컴퓨팅　　④ 사물인터넷 컴퓨팅

해설

클라우드 컴퓨팅은 컴퓨팅 리소스를 인터넷을 통해 서비스로 사용할 수 있는 주문형 서비스이다. 기업에서 직접 리소스를 조달하거나 구성, 관리할 필요가 없으며 사용한 만큼만 비용을 지불하면 된다.

| 정답 | ①

족집게 과외

클라우드 컴퓨팅 서비스 유형

- **IaaS**: AWS(Amazon Web Service)
- **SaaS**: 전자메일서비스, CRM, ERP
- **PaaS**: Google AppEngine, Microsoft Asure
- **BaaS**: 모바일 앱 개발자에게 프런트엔드 애플리케이션에 대한 백엔드를 쉽게 구축할 수 있는 방법을 제공

IaaS	PaaS	BaaS	SaaS
Application	Application	Application	Application
Data	Data	Data	Data
Runtime	Runtime	Runtime	Runtime
Middleware	Middleware	Middleware	Middleware
OS	OS	OS	OS
Virtualization	Virtualization	Virtualization	Virtualization
Servers	Servers	Servers	Servers
Storage	Storage	Storage	Storage
Network	Network	Network	Network

더 알아보기

클라우드 컴퓨팅

물리적 위치나 환경이 다르더라도 인터넷상 서버를 통해 데이터를 저장하거나 IT 관련 서비스, 콘텐츠들을 사용할 수 있게 하는는 환경이다. 데이터는 로컬 기기에 저장되어있는 것이 아니라서 기기를 분실하더라도 보안이나 서비스에 전혀 영향을 미치지 않으며 이용량에 따라서 유연하게 사용량을 조절할 수 있어서 편리하게 사용할 수 있다. 이러한 클라우드는 이용하는 형태에 따라서 크게 IaaS, PaaS, SaaS로 구분된다.

이에 반해 DaaS(Desktop as a Service)는 Service Provider가 사용자당 구독 라이센스로 인터넷을 통해 최종 사용자에게 가상 데스크톱을 제공하는 클라우드 서비스로서 공급업체는 자체적인 가상 데스크톱 인프라를 만들기에는 비용이나 리소스가 너무 많이 드는 소규모 기업을 위해 백엔드 관리를 담당한다. 이러한 관리에는 일반적으로 유지 보수, 백업, 업데이트 및 데이터 스토리지가 포함된다. 클라우드 서비스 공급업체는 데스크톱의 보안 및 애플리케이션을 처리할 수도 있고, 사용자가 이러한 서비스 측면을 개별적으로 관리할 수도 있다.

❶ 클라우드 컴퓨팅(Cloud Computing)

클라우드 컴퓨팅은 서버, 스토리지 및 애플리케이션과 같은 컴퓨팅 리소스가 인터넷을 통해 사용자에게 제공되는 컴퓨팅 모델로서 리소스는 인프라를 유지 관리하고 서비스를 제공한다. 사용자는 필요에 따라 이러한 리소스에 액세스할 수 있으며 자체 컴퓨팅 인프라에 투자하고 유지 관리할 필요 없이 사용하는 리소스에 대해서만 비용을 지불하면 된다.

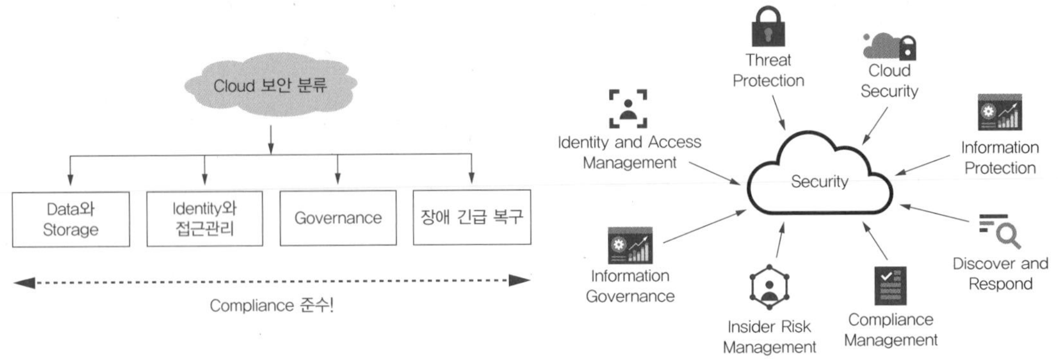

클라우드 컴퓨팅은 유연성, 확장성 및 비용 효율성을 포함한 많은 이점을 제공하며 클라우드 컴퓨팅을 사용하면 사용자는 인터넷 연결을 통해 어디서나 쉽고 빠르게 컴퓨팅 리소스에 액세스할 수 있으며, 필요에 따라 사용을 쉽게 확장하거나 축소할 수 있다. 클라우드 컴퓨팅은 또한 사용자가 필요한 리소스에 대한 비용만 지불하고 자체 하드웨어 및 소프트웨어 인프라에 투자하고 유지 관리할 필요가 없기 때문에 비용을 절감하는 데 도움이 될 수 있다.

❷ SaaS, PaaS, IaaS

구분	내용	사용 예
IaaS (Infrastructure as a Service)	필요한 만큼 인프라를 쓰고 그만큼 비용을 지급하는 서비스로서 서비스형 통합 플랫폼으로 하드웨어를 직접 구매하거나 사용하지 않고 클라우드 사업자가 만들어 놓은 시스템을 대여해서 사용하는 것이다. 즉, 서버를 운용하기 위하여 IT 인프라를 빌려 쓰는 개념으로 주로 스토리지나 네트워크 등으로 리소스 낭비를 줄일 수 있다.	AWs, MS의 Azure
PaaS (Platform as a Service)	특정한 서비스를 쉽게 개발할 수 있게 해주는 개발 플랫폼을 제공하는 서비스로서 인프라와 플랫폼까지 모두 클라우드 시스템에 올려서 사용하는 것으로 운용체제인 리눅스나, 윈도우 서버 같을 것들을 선택하여 사용하는 방식이다.	Heroku, Google－App Engine, Web Servic 업체
SaaS (Software as a Service)	매월 비용을 지불하면서 서버를 비롯해 다양한 서비스와 보안까지 솔루션을 기업에 제공해 준다. 고객의 입장에서는 모든게 갖춰져 편하게 사용할 수 있겠지만 공급자의 입장에서는 각각의 고객 상황의 환경을 만족시키는 것에 어려움이 있을 수 있다. 그러므로 개개인에 대한 맞춤형 서비스는 힘들다는 단점이 있다.	iColud, Google Drive 웹 메일 서비스
BaaS (Backend as a Service)	모바일 웹 개발자를 위한 클라우드 서비스, 회원관리, 회원인증, Push 알람 등 백엔드 기능을 개발하지 않고 API나 Plug 형태로 제공한다.	AWS－mBaaS MS－BaaS
FaaS(Function as a Service)	서버를 관리할 필요 없이 특정 이벤트에 반응하는 함수를 등록하고 해당 이벤트가 발생하면 그 함수가 실행되는 구조이다.	AWS－Lambda

01 구글이 클라우드 시대를 겨냥해서 만든 차세대 태블릿 PC용 OS는? (2011-2차)

① 크롬 OS ② tiny OS
③ 비스타 ④ 안드로이드

해설
tiny OS
UC 버클리에서 개발된 센서 네트워크를 위한 완전 무료 운영 체제이며, 현재 세계에서 가장 큰 센서 네트워크 커뮤니티를 형성하고 있으며, 빠른 기능 구현 및 업그레이드가 커뮤니티를 통해 진행되고 있는 소프트웨어 플랫폼이다. 또한, Tiny OS는 다양한 하드웨어, MAC 프로토콜, 네트워크 프로토콜, 센서 인터페이스를 소스 레벨로 완전 공개하고 있다. 크롬 OS는 크롬박스 및 크롬북에 탑재된 독점 유료 운영 체제이다. 크롬 OS는 설치용 이미지 파일이 제공되지 않으며, 정품 크롬 OS를 얻는 유일한 방법은 크롬박스, 크롬북을 구매하는 것이다.

02 클라우드서비스 어플라이언스(Appliance) 타입 부하분산 장비가 아닌 것은? (2022-2차)

① BIG-IP
② NetScale
③ Ace 4700
④ LVS(Linux Virtual Server)

해설
④ LVS(Linux Virtual Server): LVS는 Linux에서 제공하는 L4 Load Balancer 솔루션이다. LVS는 크게 Packet Load Balacing을 수행하는 Load Balancer와 Packet의 실제 목적지인 Real Server로 구성되어 있다. 리눅스 버추얼 서버는 리눅스 커널 기반 운영체제를 위한 부하분산 소프트웨어이다. LVS는 1998년 5월 원쑹장이 시작한, GNU 일반 공중 사용 허가서 버전 2의 요건을 따르는 자유-오픈소스 소프트웨어 프로젝트이다.
① F5 BIG-IP(IBM Cloud), VE(Virtual Edition): F5사의 제품으로 Cloud에서 로컬 및 글로벌 스케일의 인텔리전트 L4-L7 로드 밸런싱 및 트래픽 관리 서비스와 강력한 네트워크 및 웹 애플리케이션 방화벽 보호를 지원한다. 로컬 및 글로벌 스케일의 인텔리전트 L4-L7 로드 밸런싱 및 트래픽 관리 서비스로 강력한 네트워크 및 웹 애플리케이션 방화벽 보호 · 보안 및 연합 애플리케이션 액세스이다.
② NetScale: Citrix 사의 제품이다. 시트릭스 NetScale 소프트웨어 및 하드웨어는 생존성에 필요한 필요한 차세대 서비스로 NetScale SDX 서비스 딜리버리 패브릭은 기존의 경계와 클라우드 네트워킹의 사일로를 허물어 완벽한 통합 서비스를 제공한다.
③ Ace 4700: Cisco사의 제품이다.

03 클라우드 컴퓨팅의 서비스 유형과 적용 서비스가 틀린 것은? (2022-2차)

① IaaS: AWS(AmazonWeb Service)
② SaaS: 전자메일서비스, CRM, ERP
③ PaaS: Google AppEngine, Microsoft Asure
④ BPaaS: 컴퓨팅 리소스, 서버, 데이터센터 패브릭, 스토리지

해설
④ BPaaS(Business Process as a Service): Cloud Computing을 통해서 Business Process Outsourcing을 사용하는 방법이다.
① IaaS(Infrastructure as a Service): 하드웨어를 직접 구매하거나 사용하지 않고 클라우드 사업자가 만들어 놓은 시스템을 대여해서 사용하는 것이다.
② SaaS(Softwae As A Service): 소프트웨어를 위한 서비스로서 주로 iColud, Google Drive 등이 이와 같은 서비스이다.
③ PaaS(Platform as a Service): 서비스형 플랫폼으로 필요한 Hardware와 Software를 제공하는 체계를 의미한다. 운용체제인 리눅스나, 윈도우 서버 같을 것들을 설치하여 사용하는 방식이다.

04 클라우드 보안 영역 중 관리방식(Governance)이 아닌 것은? (2022-3차)

① 컴플라이언스와 감사
② 어플리케이션 보안
③ 정보관리와 데이터 보안
④ 이식성과 상호운영성

해설

클라우드 보안

데이터, 애플리케이션 및 인프라 서비스를 보호하기 위한 일련의 정책, 제어 및 기술을 말한다. 이러한 모든 구성 요소가 함께 작동하여 데이터, 인프라 및 애플리케이션의 보안을 유지한다. 보안 조치는 외부 및 내부 사이버 보안 위협과 취약성으로부터 클라우드 컴퓨팅 환경을 보호한다. 컴플라이언스와 감사 둘 다 모두 부정행위를 막기 위한 제도는 동일하나 감사는 주로 사후조치에 해당되고, 컴플라이언스는 사전 예방에 가깝다.

05 다음 중 클라우드 컴퓨팅 서비스 유형으로 틀린 것은? (2023-2차)

① BPaas: 비즈니스 프로세스 클라우드 서비스
② Iaas: 인프라 클라우드 서비스
③ PaaS: 플랫폼 클라우드 서비스
④ SaaS: 공용 클라우드 서비스

해설

구분	내용
IaaS	Infrastructure as a Service, 필요한 만큼 인프라를 쓰고 그만큼 비용을 지급하는 서비스이다.
PaaS	Platform as a Service, 특정한 서비스를 쉽게 개발할 수 있게 해주는 개발 플랫폼을 제공하는 서비스이다.
SaaS	Software as a Service, 클라우드 환경에서 동작하는 응용프로그램을 서비스형태로 제공하는 것이다.
BaaS	Backend as a service, 모바일 웹 개발자를 위한 클라우드 서비스, 회원관리, 회원인증, 푸쉬알람 등 백엔드 기능을 개발하지 않고 API나 Plug 형태로 제공한다.
BPaas	Business Process as a Service, 클라우드 서비스 모델을 기반으로 제공되는 비즈니스 프로세스 아웃소싱(BPO)의 한 유형이다. BPaaS는 SaaS, PaaS 및 IaaS를 포함한 다른 서비스에 연결되며 완전히 구성할 수 있다.

06 다음 중 클라우딩 컴퓨팅 가상화의 주요 이점이 아닌 것은? (2023-2차)

① 비용 절감
② 정합성 향상
③ 효율성 및 생산성 향상
④ 재해 복구 상황에서 다운타임 감소 및 탄력성 향상

해설

클라우드 컴퓨팅의 가상화로 TTM(Time To Market)이 적용되어 개발자가 몇 초 만에 새로운 인스턴스를 가동하거나 사용 중지하여 빠른 배포를 통해 개발 속도를 높일 수 있다.
클라우딩 컴퓨팅 가상화를 하면 정합성에 대한 검증이 필요하다. 그러므로 ② 정합성 향상과는 거리가 멀다.

07 다음 중 빅데이터처리시스템에서 실시간 데이터 처리를 위해 필요한 핵심 기술요소가 아닌 것은? (2023-1차)

① 메시지큐
② 시계열 저장소
③ 메모리 기반 저장소
④ 가상머신

해설

- 분석기술: 텍스트 마이닝, 오피니언 마이닝, 웹 마이닝
- 빅데이터의 처리 기술: 하둡, NoSQL, 오픈소스 프로젝트 'R'로 통계 및 시각화 처리 기술

④ 가상머신(Virtual Machine): 컴퓨팅 환경을 소프트웨어로 구현한 것으로 가상머신상에서 운영 체제나 응용 프로그램을 설치 및 실행하는 것이다. 가상머신(VM)은 물리적 하드웨어에서 실행되며 OS 및 애플리케이션을 위한 환경을 제공하는 소프트웨어 프로그

램으로 IT 인프라를 구성하기 위한 다양한 종류의 가상머신들이 있다. 즉, 가상머신(Virtual machine)은 컴퓨터 시스템을 에뮬레이션하는 소프트웨어로서 가상머신 상에서 운영 체제나 응용 프로그램을 설치 및 실행할 수 있다.

① 메시지류: 빅데이터와 관련된 각종 메시지이다.
② 시계열 데이터베이스(Time Series Database, TSDB)는 '하나 이상의 시간'과 '하나 이상의 값' 쌍을 통해 시계열을 저장하고 서비스하는데 최적화된 소프트웨어 시스템이다.
③ 메모리 기반 저장소 : 고가용성과 확장성을 제공하는 분산 메모리 시스템이다.

08 다음 중 클라우드 서비스에서 서버의 부하 분산을 위한 기술에 해당하지 않는 것은? (2023-3차)

① DNS 라운드로빈
② OS 타입
③ 얼로케이션(Allocation) 방식
④ 어플라이언스 타입

해설

③ 얼로케이션(Allocation) 방식은 주로 하드디스크가 데이터를 관리하는 파일할당 방식(Allocation of File)으로 Local에서 사용하는 파일 시스템 관리방식이다.

> **클라우드 LBaaS(Load Balancing as a Service)**
> - 애플리케이션 부하 분산: HTTP 헤더나 SSL 세션 ID 같은 요청의 내용을 확인해 트래픽을 Redirect(재분해) 한다.
> - 네트워크 부하 분산: 트래픽을 최적의 리소스로 리디렉션할 때 IP 주소와 기타 네트워크 정보를 고려한다.
> - 글로벌 서버 부하 분산: 트래픽을 클라이언트로부터 지리적으로 가장 가까운 대상으로 리디렉션해 지연 시간을 최소화 한다.
> - DNS 부하 분산: 도메인 내의 리소스 모음을 통해 네트워크 요청을 라우팅하도록 도메인을 설정한다.

09 다음 보기의 설명 중 괄호 안에 들어갈 숫자로 옳은 것은? (2023-3차)

> [보기]
>
> 클라우드컴퓨팅서비스의 보안인증 유효기간은 인증 서비스 등을 고려하여 대통령령으로 정하는 (　　)년 내의 범위로 하고, 보안인증의 유효기간을 연장받으려는 자는 대통령령으로 정하는 바에 따라 유효기간의 갱신을 신청하여야 한다.

① 1　　② 3
③ 5　　④ 10

해설

클라우드컴퓨팅 발전 및 이용자 보호에 관한 법률 제23조의2(클라우드컴퓨팅서비스의 보안인증)

① 과학기술정보통신부장관은 정보보호 수준의 향상 및 보장을 위하여 보안인증기준에 적합한 클라우드컴퓨팅 서비스에 대하여 대통령령으로 정하는 바에 따라 인증(이하 "보안인증"이라 한다)을 할 수 있다.
② 보안인증의 유효기간은 인증 서비스 등을 고려하여 대통령령으로 정하는 5년 내의 범위로 하고, 보안인증의 유효기간을 연장받으려는 자는 대통령령으로 정하는 바에 따라 유효기간의 갱신을 신청하여야 한다.
③ 클라우드컴퓨팅서비스 제공자는 보안인증을 받은 클라우드컴퓨팅서비스에 대하여 보안인증을 표시할 수 있다.

기출유형 15 ▸ 통신망 유지보수

다음 중 정보통신시스템 유지보수 활동의 유형에 해당되지 않는 것은? (2017-3차)(2022-3차)

① 준공 시 정보통신시스템 성능의 유지관리
② 잘못된 것을 수정하는 유지보수
③ 시스템 구축을 위한 유지보수
④ 장애발생 예방을 위한 유지보수

해설

유지보수란 이미 구축되어 진 시스템을 운영 및 관리를 하는 것으로 시스템 구축을 위한 유지보수는 해당되지 않는다.

| 정답 | ③

족집게 과외

엔지니어링 단계: 타당성조사 → 기본계획 → 기본설계 → 실시설계 → 구매 조달 → 시공 → 시험운전 → 유지관리

$$충전기\ 2차\ 전류[A] = \frac{축전지용량[Ah]}{정격방전율[h]} + \frac{상시부하용량[VA]}{표준전압[V]}$$

[정보통신시스템 범위 및 유지보수 범위]

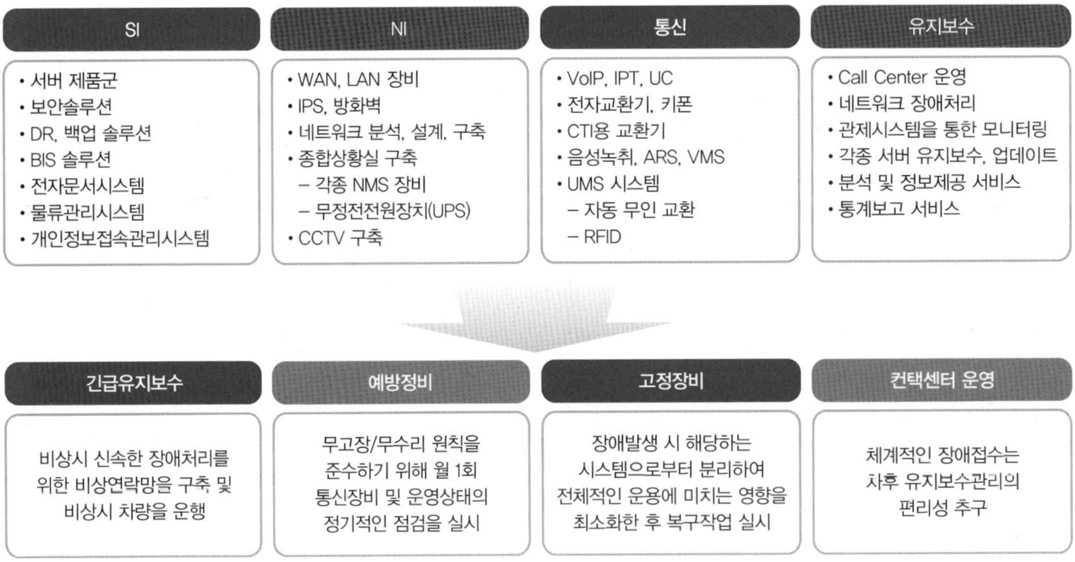

SI	NI	통신	유지보수
• 서버 제품군 • 보안솔루션 • DR, 백업 솔루션 • BIS 솔루션 • 전자문서시스템 • 물류관리시스템 • 개인정보접속관리시스템	• WAN, LAN 장비 • IPS, 방화벽 • 네트워크 분석, 설계, 구축 • 종합상황실 구축 – 각종 NMS 장비 – 무정전전원장치(UPS) • CCTV 구축	• VoIP, IPT, UC • 전자교환기, 키폰 • CTI용 교환기 • 음성녹취, ARS, VMS • UMS 시스템 – 자동 무인 교환 – RFID	• Call Center 운영 • 네트워크 장애처리 • 관제시스템을 통한 모니터링 • 각종 서버 유지보수, 업데이트 • 분석 및 정보제공 서비스 • 통계보고 서비스

↓

긴급유지보수	예방정비	고정장비	컨택센터 운영
비상시 신속한 장애처리를 위한 비상연락망을 구축 및 비상시 차량을 운행	무고장/무수리 원칙을 준수하기 위해 월 1회 통신장비 및 운영상태의 정기적인 점검을 실시	장애발생 시 해당하는 시스템으로부터 분리하여 전체적인 운용에 미치는 영향을 최소화한 후 복구작업 실시	체계적인 장애접수는 차후 유지보수관리의 편리성 추구

더 알아보기

정보통신시스템 운용 중 장애 발생 시 대응절차는 장애발생 신고접수 → 장애처리 → 결과보고 → 장애이력관리이다. 장애원인분석 및 향후 대응방안마련은 장애발생 이후 개선 방안으로 진행한다. 향후 장애 예방 및 대응력 강화를 위해 모의 장애 훈련을 진행해서 실제 상황에 대비하도록 한다.

임의로 장애를 발생시키고	그 장애 대응을 체험하는 훈련
↓	↓
실제 환경이나 유서환경에서 준비한 장애 발생 시킴 실세 환경 시 별도 훈련시간 공지 필요	장애대응을 위해 대응절차(매뉴얼)에 따른 장애처리 복구 및 전파훈련을 통한 긴급상황 사전 대비

❶ 정보통신시스템 유지보수 범위

구분	내용
하드웨어	하드웨어 상태 및 성능 모니터링, 컴퓨터 시스템의 정기적인 청소 및 먼지 제거, 결함이 있는 하드웨어 구성 요소 수리 또는 교체, 증가하는 수요를 충족하기 위한 하드웨어 업그레이드, 기기의 적절한 냉각 및 환기 보장 등 자산을 추적 관리한다.
소프트웨어	운영 체제 설치 및 구성, 소프트웨어 설치 및 업데이트 관리, 보안 패치 및 버그 수정 적용, 소프트웨어 성능 및 응답성 모니터링, 소프트웨어 관련 문제 해결, 사용하지 않거나 오래된 소프트웨어 제거 등이 해당된다.
네트워크	네트워크 장치(라우터, 스위치, 방화벽) 구성 및 관리, 네트워크 트래픽 및 대역폭 사용량 모니터링, 네트워크 연결 문제 해결, 보안 조치(예 VPN, 방화벽 규칙) 구현, 네트워크 성능 및 안정성 최적화, 네트워크 인프라 기획 및 확장이 범위이다.
데이터 백업 및 복구	데이터 백업 정책 및 일정 수립, 정기적인 데이터 백업 수행(로컬 및 오프사이트), 백업 데이터의 무결성 검증, 재해 복구 계획 개발, 데이터 복구 절차 테스트, 데이터 손실 또는 손상 시 데이터 복원 등이다.
보안 관리	액세스 제어 및 사용자 권한 구현, 보안 감사 및 취약성 평가 수행, 보안 침해 및 사건 모니터링, 바이러스 백신 및 맬웨어 방지 소프트웨어 배포 및 업데이트, 보안 인증서 및 암호화 키 관리, 보안 모범 사례에 대해 사용자 교육 등이다.
모니터링 및 성능 최적화	시스템 성능 및 자원 활용 모니터링, 성능 병목 현상 식별 및 해결, 최적의 성능을 위한 미세 조정 시스템 구성, 시스템 로그 및 오류 메시지 분석, 트래픽이 많은 서비스에 대한 로드 밸런싱 구현, 모니터링을 통한 잠재적 이슈 예측 및 예방이다.
문서	시스템 문서 생성 및 유지관리, 기록 구성 및 변경 사항 관리, 문제 해결 절차 문서화, 업데이트된 지식 기반 유지, 네트워크 다이어그램 및 인프라 레이아웃 문서화, 일반 작업에 대한 최종 사용자 가이드를 제공한다.

이 포괄적인 목록은 정보 및 통신 시스템 유지관리의 다양한 측면을 다루며 조직이 IT 인프라 및 서비스의 안정성, 보안 및 효율성을 보장하도록 지원한다.

❷ 유지보수 인력

구분	내용
요구 평가	정보 통신 시스템의 유지관리 및 지원 측면에서 조직의 현재 및 미래 요구를 평가하고 시스템의 복잡성, 크기 및 운영 요구 사항에 따라 필요한 기술, 역할, 책임을 식별한다.
직무 분석	운영 및 유지보수에 대한 지침을 이해한다. 유지보수 조직 내 각 역할에 대한 철저한 분석을 수행하며 각 직책에 대한 작업, 책임 및 자격을 정의한다.
자원 할당	유지보수 조직에 사용할 수 있는 예산과 자원을 결정하며 인건비, 교육 및 개발 요구 사항, 장비 등과 같은 요소를 고려하여 리소스를 할당한다.
조직 구조 설계	유지보수 업무 효율성을 극대화시키는 팀을 구성한다. 보고 라인, 계층 구조 및 유지관리 조직 내 다양한 역할 간의 관계를 정의하는 조직을 구성한다.
직무 설계 및 설명	유지보수 조직 내의 각 직책에 대한 자세한 직무 설명을 개발하며 각 직무에 대한 역할, 책임, 자격 및 기대치를 지정한다.
채용 및 선발	운영 및 유지보수에 유경험자를 투입한다. 유지보수 조직 내에서 다양한 경험이 있는 후보자를 채용하고 직책을 부여를 위해 인터뷰를 실시하고, 직무 요구 사항과 조직 목표를 충족하는 개인을 선택한다.
교육 및 개발	유지관리 조직 내의 각 역할에 대한 교육 요구를 식별하고 직원의 기술, 지식 및 역량을 향상시키기 위한 교육 프로그램을 설계하고 유지보수 작업을 처리를 위해 관련예비 장비를 구비한다.
성과 관리	유지보수 인력의 성과를 정기적으로 평가하고 전문성 개발을 위한 지침과 지원을 제공한다.

이러한 작업을 수행함으로써 정보통신시스템 유지관리 조직이 시스템을 효과적으로 운영하고 관리하는 데 필요한 기술, 역량 및 자원을 갖춘 적합한 인력을 확보할 수 있도록 인력 구성 계획을 진행한다.

기출유형 완성하기

정답 01 ③ 02 ④

01 다음 중 정보통신망 유지보수 OS패치를 위한 세부 검토 항목으로 틀린 것은? (2022-2차)

① 서버, 네트워크 장비, 보안시스템은 중요도에 따라 패치관리 및 정책 및 절차를 수립하고 이행해야 한다.
② 주요서버, 네트워크 장비에 설치된 OS, 소프트웨어 패치적용 현황을 관리해야 한다.
③ 주요서버, 네트워크 장비, 정보보호시스템의 경우 공개 인터넷 접속을 통해 패치를 실시한다.
④ 운영시스템의 경우 패치 적용하기 전 시스템 가용성에 미치는 영향을 분석하여 패치를 적용한다.

해설

③ 주요서버, 네트워크 장비, 정보보호시스템의 경우 공개 인터넷 접속을 통해 패치를 실시하는 경우 외부에서 감염되거나 오렴된 데이터를 물러올 수 있으므로 대도록 이면 비공개된 인터넷이나 Offline을 통한 파일 Download를 권장한다.

정보통신망 유지보수 OS 패치 검토사항

구분	내용
보안	기존 보안정책 리뷰, 알람, 로깅 내역 분석, 외부 침입 방지, 최신 보안 패치 적용
위험요소 제거 활동	• 장애 유발 요인 도출, 위험도에 맞는 대응 방안, 수립된 방안 협의/수행, 지속적/반복적 수행 • 주요서버, 네트워크 장비, 정보보호시스템의 경우 Ofline을 통해 패치를 실시
모니터링 및 예방 점검	장애 이력 지표 모니터링, 계획에 의한 예방점검 실시, 장애징후 발생 시 또는 요청 시 특별점검 실시
Backup 체계 구축	Backup 정책 수립, 상황별 대응 계획 수립, 상황별 복구 대응 훈련
기술지원	최적의 보안시스템 환경 구축 지원, 체계적인 보안시스템 유지보수 서비스

02 정보통신시스템 계획 중 아래 내용에 해당하는 단계는? (2022-1차)

시스템 성능 평가, 사용자 피드백, 문제에 대한 개선 및 보안, 시스템의 개량개선 검토

① 시스템 설계
② 시스템 구현
③ 시스템 시험
④ 시스템 유지보수

해설

시스템 유지보수

이미 구축되어진 시스템을 운영 및 관리를 하는 것으로 사용자의 요구가 증가되거나 갑작스런 오류(용량, 메모리 문제) 발생 등 등 다양한 이유에서 유지보수는 필수이다. 이러한 유지보수를 하는 사람들을 시스템 엔지니어나 시스템 관리자라 한다.

정답 03 ④ 04 ①

03 효율적인 정보통신시스템 유지보수 조직 운영 및 관리 방안 중 인력구성 계획단계에 해당하지 않은 것은? (2021-1차)

① 운영 및 유지보수에 대한 지침을 이해한다.
② 운영 및 유지보수에 유경험자를 투입한다.
③ 유지보수 업무 효율성을 극대화시키는 팀을 구성한다.
④ 공사 시방서의 구축예정 물량을 확인한다.

해설
정보통신시스템 유지관리 조직의 인력구성 계획 단계에서는 다음과 같은 업무를 수행한다.

구분	내용
요구 평가	정보통신시스템의 유지관리 및 지원 측면에서 조직의 현재 및 미래 요구를 평가하고 시스템의 복잡성, 크기 및 운영 요구 사항에 따라 필요한 기술, 역할, 책임을 식별한다.
직무 분석	운영 및 유지보수에 대한 지침을 이해한다. 유지보수 조직 내 각 역할에 대한 철저한 분석을 수행하며 각 직책에 대한 작업, 책임 및 자격을 정의한다.
자원 할당	유지보수 조직에 사용할 수 있는 예산과 자원을 결정하며 인건비, 교육 및 개발 요구 사항, 장비 등과 같은 요소를 고려하여 리소스를 할당한다.
조직 구조 설계	유지보수 업무 효율성을 극대화시키는 팀을 구성한다. 보고 라인, 계층 구조 및 유지 관리 조직 내 다양한 역할 간의 관계를 정의하는 조직을 구성한다.
직무 설계 및 설명	유지보수 조직 내의 각 직책에 대한 자세한 직무 설명을 개발하며 각 직무에 대한 역할, 책임, 자격 및 기대치를 지정한다.
채용 및 선발	운영 및 유지보수에 유경험자를 투입한다. 유지보수 조직 내에서 다양한 경험이 있는 후보자를 채용하고 직책을 부여를 위해 인터뷰를 실시하고, 직무 요구 사항과 조직 목표를 충족하는 개인을 선택한다.
교육 및 개발	유지관리 조직 내의 각 역할에 대한 교육 요구를 식별하고 직원의 기술, 지식 및 역량을 향상시키기 위한 교육 프로그램을 설계하고 유지보수 작업을 처리를 위해 관련 예비 장비를 구비한다.
성과 관리	유지보수 인력의 성과를 정기적으로 평가하고 전문성 개발을 위한 지침과 지원을 제공한다.

이러한 작업을 수행함으로써 정보통신시스템 유지관리 조직이 시스템을 효과적으로 운영하고 관리하는 데 필요한 기술, 역량 및 자원을 갖춘 적합한 인력을 확보할 수 있도록 인력 구성 계획 단계가 진행된다. ④ 공사 시방서의 구축예정 물량을 확인한다는 것은 유지보수가 아닌 장비 실시설계 단계에 해당한다.

04 정보통신시스템 운용 중 장애 발생 시 대응절차로 적합하게 나열한 것은? (2017-1차)

(가) 장애발생 신고접수	(나) 장애처리
(다) 결과보고	(라) 장애이력 관리

① (가)-(나)-(다)-(라)
② (가)-(다)-(나)-(라)
③ (나)-(다)-(가)-(라)
④ (나)-(가)-(라)-(다)

해설
우선 장애가 발생하면 장애를 신고하고 이에 따른 장애 처리가 최우선이다. 장애를 처리한 후 장애에 대한 결과를 보고하고 향후 대응 방향을 수립하며 이후 동일 장애가 발생하지 않도록 장애이력을 누적 관리해야 한다.

정답 05 ③ 06 ③

05 **다음 중 정보통신시스템 유지보수 활동의 유형에 해당되지 않는 것은?** (2022-3차)

① 준공 시 정보통신시스템 성능의 유지관리
② 잘못된 것을 수정하는 유지보수
③ 시스템 구축을 위한 유지보수
④ 장애발생 예방을 위한 유지보수

해설

유지보수란 이미 구축되어신 시스템을 운영 및 관리를 하는 것으로 시스템 구축을 위한 유지보수는 해당되지 않는다.

06 **다음 중 정보통신망 운영계획에 포함되어야 할 내용이 아닌 것은?** (2015-3차)(2022-1차)

① 연간, 월간 장기계획
② 주간, 일간 단기계획
③ 최적 회선망의 설계조건 검토
④ 작업내용, 작업량, 우선순위, 주기, 운전소요시간, 운전형태 및 시스템 구성

해설

정보통신 네트워크 운영 계획은 조직의 정보통신기술(ICT) 인프라를 관리하고 유지하는 전략 및 운영 측면을 체계화 한 것이다.

구성 요소	설명
역할과 책임	작업내용, 작업량, 우선순위, 주기, 운전소요시간, 운전형태 및 시스템구성을 기반으로 네트워크 관리 및 운영과 관련된 다양한 작업을 담당하는 사람을 정의한다.
네트워크 설정	장치 연결 방법에 대한 다이어그램 및 설명을 포함하여 조직의 네트워크 구조를 설명한다.
보안 조치	방화벽, 액세스 제어 및 암호화와 같은 위협으로부터 네트워크를 보호하기 위해 수행되는 단계를 간략하게 설명한다.
모니터링 및 성능	네트워크가 제대로 작동하는지 확인하기 위해 네트워크를 모니터링하는 방법을 설명한다.
유지보수 및 업그레이드	연간, 월간 장기계획 정기적인 유지관리 활동과 주간, 일간 단기계획을 구분해서 네트워크 장비 업그레이드에 대한 세부 계획을 통해 최신 상태와 효율성을 유지한다.
재해 복구	재해 발생 후 네트워크를 복구하고 조직이 운영을 계속할 수 있도록 보장하는 절차를 간략하게 설명한다.
문제 해결 및 지원	사용자가 도움을 요청할 수 있는 지원 연락처를 포함하여 네트워크 문제를 식별하고 해결하는 방법을 설명한다.
예산 및 자원	하드웨어, 소프트웨어, 인력 및 교육 요구 사항을 포함하여 네트워크 운영에 할당된 예산 및 리소스를 지정한다.

최적 회선망의 설계조건 검토는 유지보수 이전에 통신망 설계 단계에서 고려해야할 사항이다.

정답 07 ④ 08 ④ 09 ③

07 다음 중 정보통신망의 유지보수 장애처리, 긴급변경 정책 및 절차가 아닌 것은? (2023-1차)

① 장애대응 조치 절차
② 장애 감시체계 및 감시방법
③ 주요 부품 및 인력 지원
④ 장애원인분석 및 향후 대응방안마련

해설
정보통신시스템 운용 중 장애 발생 시 대응절차는 (가) 장애발생 신고접수 → (나) 장애처리 → (다) 결과보고 → (라) 장애이력 관리이다. 장애원인분석 및 향후 대응방안마련은 장애발생 이후 개선 방안이다.

08 시스템을 구성하는 각 장비의 기능에 따라 정상상태를 시험할 목적으로 사용되는 프로그램은? (2022-1차)

① 프로그램 보수 프로그램
② 장애해석 프로그램
③ 시스템 가동 통계 프로그램
④ 보수시험 프로그램

해설
유지보수 시험 프로그램(Test And Maintenance Program, TMP)
장치의 정상적인 확인, 장애 부분의 탐색 등에 사용되는 비교적 다용도의 시험 프로그램. 시험 결과는 행 인쇄기, 타이프라이터 등으로 출력되며 유지 보수자가 이것을 보고 판단한다.

09 ITU-T 권고사항으로서 시스템의 유지보수 기능을 구현하는데 적용되는 기술로서 현재 가장 많이 사용되는 방법은? (2019-2차)

① 예방식 유지보수 ② 사후 유지보수
③ 절충식 유지보수 ④ 완전 유지보수

해설
시스템의 유지보수 기능을 소프트웨어 유지 보수 관점에서 접근하면 아래와 같다.

소프트웨어 유지 보수의 네 가지 유형

구분	내용
수정적 유지 보수	오류와 에러 등의 문제가 있다면 수정적 유지보수가 필요하다.
예방적 유지 보수	오랫동안 원하는 대로 작동할 수 있도록 필요한 변경 및 조정 작업과 업그레이드를 수행하는 것이다.
완전형 유지 보수	필요에 따라 새로운 기능을 추가하고, 관련 없거나 효과적이지 않은 기능을 제거하는 것으로 시장과 사용자 요구의 변화에 따라 적절한 상태로 유지하는 것이다.
적응형 유지 보수	관련 정책과 규정뿐만 아니라 변화하는 기술과 관련이 있다. 여기에는 운영 체제 변화와 클라우드 저장소, 하드웨어 등이 포함됩니다. 이러한 변화가 일어나면 새로운 요건을 적절하게 충족하고 실행되도록 맞춰 변경해야 한다.

위 문제는 적응형 유지보수 관점에서 절충식 유지보수로 접근한다.

정답 10 ④ 11 ②

10 다음 중 재난복구 계획에 대한 설명으로 옳지 않은 것은? (2016-2차)(2018-3차)

① 계획수립 그룹을 구성한다.
② 위험 평가와 감사를 수행한다.
③ 네트워크와 애플리케이션의 복구 우선순위를 정한다.
④ 재난발생 시 모든 인원이 모든 복구작업에만 투입될 수 있도록 인원계획을 수립한다.

해설

④ 재난발생 시 모든 인원이 복구작업에 투입되는 인력 외에 비상대기 등 별도 인력 확보가 필요하다.

재해 복구(DR: Disaster Recovery)

업무 연속성 계획(BCP)과 재해복구(DR)는 같은 의미로 사용되는 경우가 있으나 업무 연속성 계획은 IT뿐 아니라 조직이 제공하는 모든 업무 영역에 대한 연속성을 유지하기 위한 계획이고, 재해복구(DR)는 재해복구 센터, 재해복구 시스템 등 IT 영역에 국한된 의미로 주로 쓰이는 용어이다.

복구 목표 시간(RTO : Recovery Time Object)

서비스 중단 시 금전적 손실 등의 피해를 수용할 수 있는 최대 시간으로 중요한 서비스일수록 빨리 복구해야 하므로 RTO(Recovery Time Object)가 짧다.

11 연축전지의 정격용량 200[AH], 상사부하 12[kW], 표준전압 100[V]인 부동충전방식의 충전기 2차 전류값은 얼마인가? (2022-3차)

① 120[A]
② 140[A]
③ 160[A]
④ 200[A]

해설

충전기 2차 전류[A]$=\frac{\text{축전지용량}[Ah]}{\text{정격방전율}[h]}+\frac{\text{상시부하용량}[VA]}{\text{표준전압}[V]}$

정격방전율: 알칼리축전지: 5시간, 연축전지 방전율: 10시간이므로

$\frac{200[Ah]}{10[h]}+\frac{12\times10^3[VA]}{100[V]}=20+120=140\text{A}$

추가 예제 문제

축전지용량이 200[Ah]이고, 상시부하가 10[kw], 표준전압이 100[V]인 부동충전방식이 있다. 이 부동충전방식의 충전기 2차 전류[A]를 연축전지와 알칼리축전지에 대하여 각각 구하시오. 단, 연축전지의 방전율은 10시간율, 알칼리 축전지는 5시간 방전율로 한다.

(1) 연축전지	$\text{P}=\text{IV},\ \text{I}=\frac{V}{P}$ 충전기 2차 전류[A]$=\frac{\text{축전지용량}[Ah]}{\text{정격방전율}[h]}+\frac{\text{상시부하용량}[VA]}{\text{표준전압}[V]}$ 정격방전율: 알칼리축전지: 5시간, 연축전지 방전율: 10시간 연축전지$=\frac{200[Ah]}{10[h]}+\frac{10\times10^3[VA]}{100[V]}=20+100=120\text{A}$
(2) 알칼리 축전지	$\frac{200[Ah]}{5[h]}+\frac{10\times10^3[VA]}{100[V]}=40+100=140\text{A}$

정답 12 ②

12 다음 중 항온항습기의 유지관리 시 주요 점검 항목의 내용으로 거리가 먼 것은? (2023-3차)

① 가습기의 전극봉의 상태를 주기적으로 확인해야 한다.
② 팬 모터 장애 상태는 필터 재질에 따라 사전에 감지한다.
③ 수시로 압축기 냉매의 압력을 확인해야 한다.
④ 응축수 배출 배관의 연결 부위의 누수 상태를 확인한다.

해설

② 팬 모터 장애 상태는 필터 재질에 따라 사전에 감지가 안되어 주기적인 확인이 필요하다.

항온항습기

실내 공기에 영향을 받는 각종 장비가 최상의 상태에서 작동될 수 있도록 공기 상태를 조정하는 장비이다.

항온항습기 기능 및 유지보수
1. 항온항습기의 기능 가. 냉방 기능(COOLING) 나. 재열 및 가열 기능(REHEATING & HEATING) 다. 가습 기능(HUMIDIFY) 라. 제습 기능(DEHUMIDIFY) 마. 공기여과 기능(AIR FILTERING) 바. 송풍 기능(AIR FLOW) 2. 항온항습기특징 가. 주요 방식 1) 가습 방식: 에너지 절약과 응답속도를 빠르게 할 수 있는 가습 프로그램 회로를 채택 2) 콤퓨레셔 운전 방식: 특정 콤푸레셔의 무리한 운전을 방지하기 위한 교대운전방식 채택 나. 설치 면적의 극소화 기기가 차지하던 공간을 최소화 다. 전자적 운전 상황을 동작별로 표시 SIGNAL LAMP는 LED를 사용하여 높은 광도 및 수명 라. 온 · 습도 표시 기능 3. 운전 전 점검 가. 전원 공급 나. 운전 전 예열시간 다. 공기여과기 상태 점검 라. 동력 결선의 점검 마. SENSOR 및 압력계 점검 바. 가습기 점검 사. 장시간 정지 후 재가동할 경우의 점검 1) 항온항습기 내부에 또는 외부에 기타 이물질이 없는지를 확인 2) 전기적인 부분에는 선원, 절연, 계장품의 이완, 작동상태, 전선 단자의 조임 상태, 히터의 단선 등을 점검 3) 조작 스위치 표시등의 점등 상태를 점검 4) 송풍기 베어링의 소음 상태와 벨트의 장력을 점검 5) 드레인 판의 배수가 원활하게 배수처리 되는가를 확인 6) AIR FILTER를 상온의 물로 세척하여 잘 건조시킨 후 장착 7) 냉매의 누설 유무를 확인 8) 가습기의 전극 봉의 상태를 주기적으로 확인 9) 수시로 압축기 냉매의 압력을 확인 10) 응축수 배출 배관의 연결 부위의 누수 상태를 확인

기출유형 16 ▶ 국내 표준화

전기통신의 표준화에 관한 업무를 효율적으로 추진하기 위하여 설립한 것은? (2010-2차)

① 한국정보통신협회　　② 한국정보화진흥원
③ 한국정보통신기술협회　　④ 한국정보통신공사협회

해설

한국정보통신기술협회 TTA(Telecommunication Technology Association)
1988년에 설립된 국내 유일의 정보통신 단체표준 제정기관이며 표준화 활동 및 표준 제품의 시험인증을 위해 만들어진 단체이다.

| 정답 | ③

족집게 과외

정보통신 표준: 표준의 구현정도에 따라서는 기본표준, 기능표준, 이용자 표준, 시험규격으로 분류한다.

한국산업표준(KS)의 확정절차

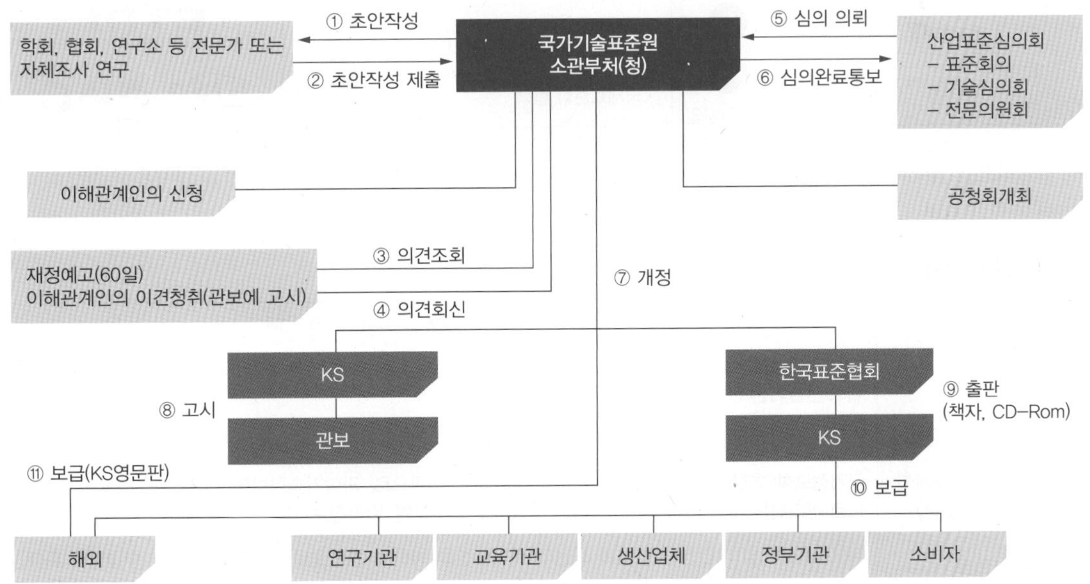

더 알아보기

표준화 절차: 기초와 기반연구–표준제정–표준구현–표준시험–표준수정과 보안, 폐기

표준회의 심의
전문분야별 기술심의회, 표준회의 등 정해진 절차를 완료하고 표준안이 확정되면 국가기술표준원장 또는 소관 중앙행정기관 의장은 한국산업표준으로 제 · 개정 또는 폐지 고시하고 관보에 게재함으로써 KS로 확정된다.
※ 한국산업표준은 제정일로부터 5년마다 적정성을 검토하여 개정 · 확인 · 폐지 등의 조치를 하게 되며, 필요한 경우 5년 이내라도 개정 또는 폐지할 수 있다.

❶ 정보통신 표준화 체계

통신 표준화는 통신 분야에서 서로 다른 장치와 네트워크 간의 통신을 위한 공통 규칙과 프로토콜 세트를 설정하는 과정을 말한다. 여기에는 음성, 데이터 및 비디오 통신의 송수신을 위한 기술 표준이 포함된다. 표준화는 또한 통신 장비와 서비스가 특정 품질 및 안전 표준을 충족하도록 보장하는 데 도움이 된다.

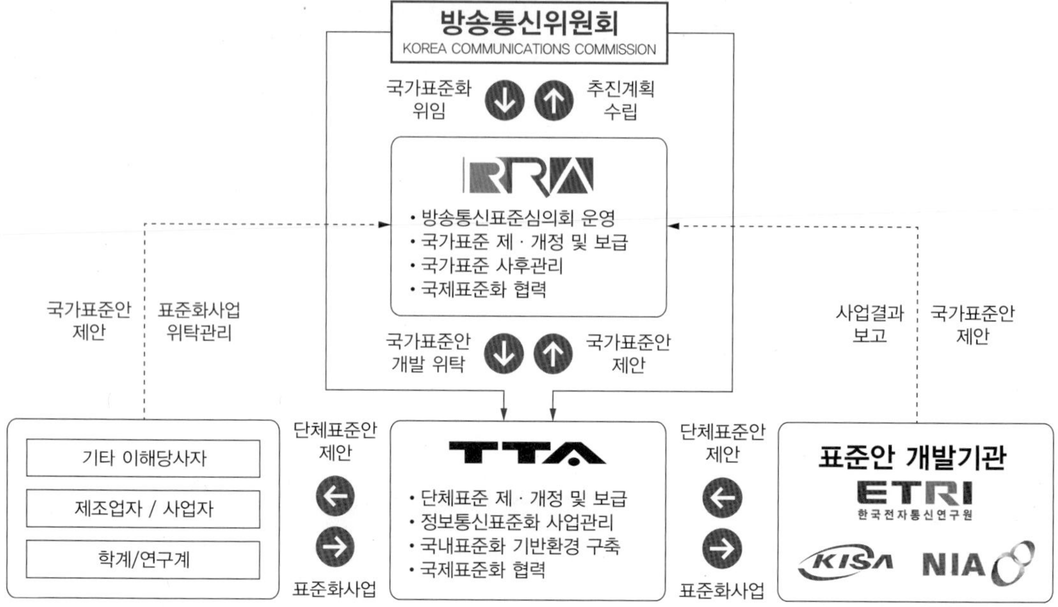

전반적으로, 통신 표준화는 서로 다른 장치와 네트워크 간의 원활한 통신을 보장하고, 혁신과 경쟁을 촉진하며, 통신 장비와 서비스의 안전과 품질을 보장하기 위해 필수적이다.

❷ 국내 통신 협의

구분	내용
한국정보통신기술협회	1988년에 설립된 국내 유일의 정보통신 단체표준 제정기관이며 표준화 활동 및 표준 제품의 시험인증을 위해 만들어진 단체이다.
방송통신위원회	방송과 통신에 관한 규제와 이용자 보호 등의 업무를 수행하기 위한 대통령 소속기관이다.
한국지능정보사회진흥원 (NIA)	국가정보화 추진, 정보격차 해소 등의 사업을 하는 기관으로, 과학기술정보통신부와 행정안전부가 공동으로 관리하는 준정부기관이다. 과거의 명칭은 한국전산원, 한국정보사회진흥원이었다.
한국정보통신공사협회	정보통신공사업의 건전한 발전과 회원의 권익증진을 위하여 관련 법령 및 제도의 개선, 수급영역 확대, 신기술 및 신공법의 전파, 표준품셈 및 시중노임의 현실화, 정보통신기술자 및 감리원이 경력관리 등 제반업무의 처리를 위하여 1971년 설립된 대한민국 과학기술정보통신부 산하 비영리 법정법인이다.

기출유형 완성하기

정답 01 ② 02 ② 03 ① 04 ①

01 **다음 중 전기통신의 표준화에 관한 업무를 효율적으로 추진하기 위하여 설립한 것은?** (2010-3차)

① 한국정보통신산업협회
② 한국정보통신기술협회
③ KT(한국통신)
④ 한국정보통신공사협회

해설
1988년에 설립된 국내 유일의 정보통신 단체표준 제정 기관이며 표준화 활동 및 표준 제품의 시험인증을 위해 만들어진 단체이다.

02 **기간통신사업자가 언론매체, 인터넷 또는 홍보매체 등을 활용하여 공개하여야 할 통신규약의 종류와 범위는 누가 정하여 고시하는가?** (2012-3차)

① 방송통신심의위원장
② 방송통신위원장
③ 한국정보통신기술협회장
④ 한국산업표준원장

해설
방송통신위원회는 대통령 직속기관으로 방송과 통신에 관한 규제 및 이용자 보호 등의 업무를 관장하는 기관이다. 방송통신위원회 위원장은 방송통신위원회를 대표하는 직위로, 장관급 정무직공무원으로 대통령이 임명한다.

03 **다음 중 WiBro의 기술 규격 표준화 단체는?** (2015-1차)(2017-1차)

① IEEE ② ISO
③ ETSI ④ 3GPP

해설
WiBro(Wireless Broadband)
해외에선 모바일 와이맥스, 삼성전자와 한국전자통신연구원이 개발한 무선 광대역 인터넷 기술이다. 국제표준 IEEE 802.16e에 정의되었으며, 북미에서는 모바일 와이맥스로도 불린다. 미국을 비롯해 유럽, 일본 등 150여 개 나라에서 수많은 회원들이 가입, 활동 중이다. IEEE는 여러 워킹그룹을 구성하고 있는데, 이 중 4G 기술 중 하나로 거론되는 IEEE 802.20(MBWA)의 표준화를 추진하기 위해 독립 그룹으로 편성해 운영 중이다. LTE-Advanced 및 WiBro-Evolution(IEEE802.16m) 모두 4세대 이동통신 국제표준이다.

04 **정보통신 표준에서 표준규정에 해당되지 않는 것은?** (2019-1차)

① 권고 표준 ② 기본 표준
③ 기능 표준 ④ 시험 표준

해설
정보통신 표준
참여범위: 표준화의 참여 범위에 따라서는 국제표준, 지역표준, 국가표준, 단체표준, 사내표준으로 나뉜다.

구분		내용
국제표준	ITU, ISO, IEC 등 제정	전 세계 대부분의 국가가 참여해 합의를 도출한 경우로서 ITU(국제전기통신연합), ISO(국제표준화기구), IEC(국제전기기술위원회) 등에서 제정한 표준이 이에 해당한다. 지역 표준은 특정 지역에 소속한 국가들이 합의해 도출한 표준으로 대표적인 지역표준 제정기구로는 ETSI(유럽 표준기구)가 있다.
진행정도	표준화 진행	표준화 진행정도에 따라서는 초안-표준안-국제표준(ISO 분류) 또는 기고서-권고안-권고(ITU 분류) 등으로 분류된다.
구현정도	기본표준, 기능표준, 시험	표준의 구현정도에 따라서는 기본 표준, 기능표준, 이용자 표준, 시험 규격으로 분류한다.
적용방법	강제 vs 권고	표준의 적용방법에 따라서는 강제표준과 권고표준으로 나뉜다. 강제표준은 의무적으로 꼭 지켜야 할 내용을 정한 것으로 현재 시행중인 정보통신 기기의 형식승인 또는 형식검정을 위한 기술기준 등이 이에 속한다.

권고표준은 표준의 내용이 강제적으로 적용돼야 할 사항은 아니지만 적용하는 경우 여러 가지로 유리하므로 적극 장려하는 표준이다. 정보통신부의 KICS나 산업자원부의 KS 등이 여기에 속한다.

정답 05 ① 06 ④ 07 ②

05 이용요금을 미리 받고 전기통신서비스를 제공하는 사업(선불통화서비스)을 하려는 기간통신사업자는 보증보험증서 사본 등의 관련 자료를 누구에게 제출해야 하는가? (2019-2차)

① 과학기술정보통신부장관
② 방송통신위원장
③ 중앙전파관리소장
④ 한국정보통신진흥협회장

해설

전기통신사업법 제32조(이용자 보호)

기간통신역무를 제공하는 전기통신사업자가 이용요금을 이용자 등으로부터 미리 받고 그 이후에 전기통신서비스를 제공하는 사업(이하 "선불통화서비스"라 한다)을 하려는 경우에는 그 서비스를 제공할 수 없게 됨으로써 이용자 등이 입게 되는 손해를 배상할 수 있도록 서비스를 제공하기 전에 미리 받으려는 이용요금 총액의 범위에서 대통령령으로 정하는 기준에 따라 산정된 금액에 대하여 과학기술정보통신부장관이 지정하는 자를 피보험자로 하는 보증보험에 가입하여야 한다. 다만, 해당 전기통신사업자의 재정적 능력과 이용요금 등을 고려하여 대통령령으로 정하는 경우에는 보증보험에 가입하지 아니할 수 있다.

06 방송통신위원회가 전기통신의 표준화를 추진하는 목적으로 가장 적합한 것은? (2010-1차)

① 전기통신기술 개발의 촉진
② 효과적인 통신서비스 제공
③ 통신시장의 건전한 발전 도모
④ 전기통신의 건전한 발전과 이용자의 편의 도모

해설

방송통신위원회는 방송과 통신에 관한 규제와 이용자 보호 등의 업무를 수행하는 대한민국의 중앙행정기관이다. 위원장은 장관급 정무직공무원으로, 부위원장은 차관급 정무직공무원이다.

07 다음 중 표준화 절차에 대한 순서로 맞는 것은? (2020-1차)

① 기초와 기반연구－표준구현－표준제정－표준시험－표준수정과 보안, 폐기
② 기초와 기반연구－표준제정－표준구현－표준시험－표준수정과 보안, 폐기
③ 기초와 기반연구－표준제정－표준구현－표준수정과 보안, 폐기－표준시험
④ 기초와 기반연구－표준시험－표준제정－표준구현－표준수정과 보안, 폐기

해설

기초와 기반연구－표준제정－표준구현－표준시험－표준수정과 보안, 폐기 순서로 진행한다.

구분	단계	내용
1단계	기초와 기반연구	기본 제안 및 이론적 제시
2단계	표준제정	제안된 초안에 대한 논의나 합의점 제시
3단계	표준구현	합의된 내용에 따라 구현
4단계	표준시험	구현된 제품에 대해 규격을 확인
5단계	표준수정과 보안, 폐기	필요시 수정 및 보하고 잘못된 것은 폐기

기출유형 17 ▶ 국제 표준화

다음 중 정보통신 기술 분야의 표준화를 담당하는 국제표준기구는? (2020-2차)

① ITU(International Telecommunication Union)
② IMO(International Maritime Organization)
③ WTO(World Trade Organization)
④ TTA(Telecommunication Technology Association)

해설

ITU	전파통신부문 (ITU-R)	ITU-R는 국제 전기 통신 연합을 구성하는 3가지 중에 하나로서, 라디오주파수대역의 통신규약이다.
	전기통신표준화부문 (ITU-T)	ITU-T 은 국제 전기 통신 연합 부문의 하나로 통신 분야의 표준을 책정하며 스위스 제네바시에 위치해 있다(1865년 설립).
	전기통신개발부문 (ITU-D)	ITU 통신 개발 부문은 국제 전기 통신 연합의 3개 부문 중 하나이다. 개발 도상국에서 정책, 규정 및 교육 프로그램 및 재정 전략 제공을 담당한다.

| 정답 | ①

족집게 과외

- **ITU**: 정보통신 기술 분야의 표준화를 목적으로 한 국제 표준화 기구이다.
- **EIA(Electronic Industries Association)**: 데이터 통신의 물리적인 연결 인터페이스와 전자신호의 규격을 규정하는 기관이다.

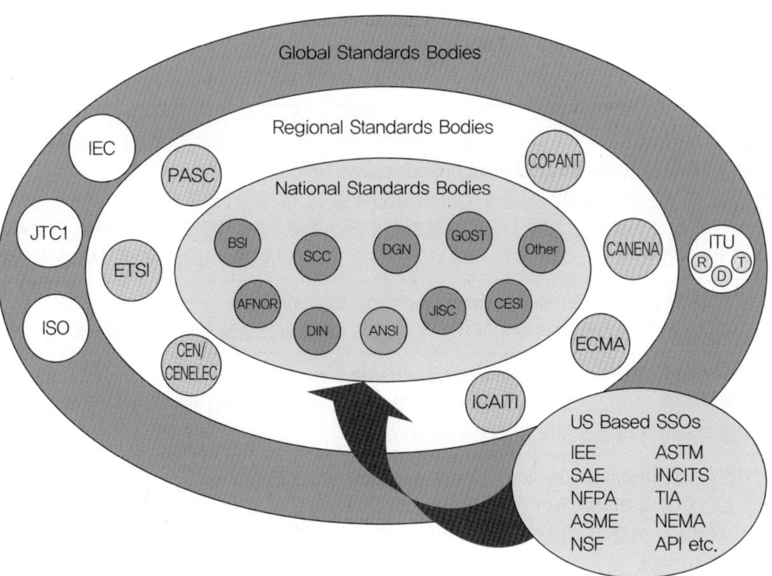

더 알아보기

국제표준화기구	국내표준화기구	지역표준화기구	단체표준화기구	국가표준화기구
ISO	KATS	ETSI	IEEE	JISC
IEC	TTA	CEN	3FPP	SAC
ITU		APEC/SCSC	UL	ANSI

❶ ISO(국제표준화기구)

ISO(International Organization for Standardization)는 국제표준을 제정하는 역할을 담당하기 위해 1947년에 발족된 비 정부기관으로 스위스 제네바에 본부를 두고 있다. ISO의 조직은 총회, 이사회, 중앙사무국, 정책개발위원회, 이사회상임위원회, 특별자문그룹, 기술관리부 및 실제 표준 제정 작업을 담당하는 다수의 기술위원회(TC: Technical Committee)와 산하의 분과위원회(SC: Sub-Committee) 및 작업반(WG: Working Group)으로 구성된다. 총회의 임원으로는 회장, 정책담당 부회장 및 기술담당 부회장, 재무관, 그리고 사무총장이 있다.

❷ 국내외 주요 표준화 기관

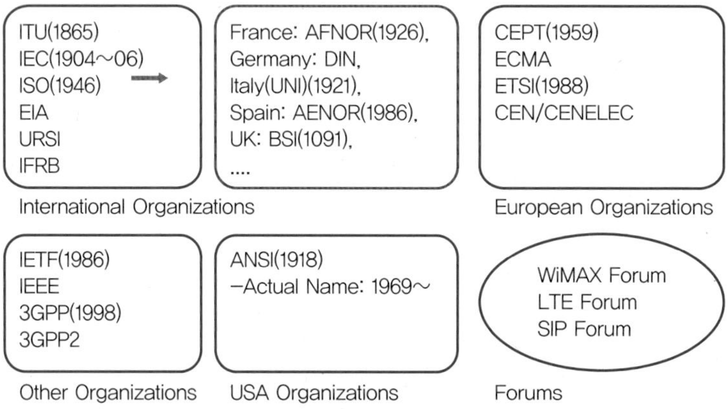

ITU(1865)
IEC(1904~06)
ISO(1946)
EIA
URSI
IFRB

France: AFNOR(1926),
Germany: DIN,
Italy(UNI)(1921),
Spain: AENOR(1986),
UK: BSI(1091),
....

International Organizations

CEPT(1959)
ECMA
ETSI(1988)
CEN/CENELEC

European Organizations

IETF(1986)
IEEE
3GPP(1998)
3GPP2

Other Organizations

ANSI(1918)
–Actual Name: 1969~

USA Organizations

WiMAX Forum
LTE Forum
SIP Forum

Forums

구분	내용
ITU	**국제전기통신연합(International Telecommunication Union)** 전기통신의 개선과 효율적인 사용을 위한 국제 협력 증진, 전기통신 인프라, 기술, 서비스 등의 보급 및 이용 촉진과 회원국 간 조화로운 전기통신 수단 사용 보장을 목적으로 하는 정부 간 국제기구로, 정보통신기술 관련 문제를 책임지는 유엔 전문 기구이며 유엔 개발 그룹에 속해 있다. 현존하는 국제기구 중에서 가장 오랜 역사를 가졌다.
IEC	**국제전기기술위원회(International Electrotechnical Commission)** 전기, 전자, 통신, 원자력 등의 분야에서 각국의 규격 · 표준의 조정을 행하는 국제기관이다.
ANSI	**미국 국가표준 협회(American National Standards Institute)** 미국에서 제품, 서비스, 과정, 시스템, 인력관리 분야에서 표준을 개발하는 것을 감독하는 비영리 민간 기구로서, 미국을 대표하여 국제 표준화 기구(ISO)에 가입하였다.
IEEE	**전기전자학회(미국)(Institute of Electrical and Electronics Engineers)** IEEE는 인류의 이익을 위한 전자기술 및 과학의 개발과 활용을 촉진하고, 동업자의 발전과 회원의 행복을 도모하는 세계에서 가장 큰 기술 전문가 모임이다. IEEE에서는 표준의 개발을 추진하는데, 이는 종종 국가표준 및 세계표준이 된다.

TTA	Telecommunications Technology Association 1988년에 설립된 국내 유일의 정보통신 단체표준 제정기관이며 표준화 활동 및 표준 제품의 시험인증을 위해 만들어진 단체이다.
ISO	International Organization for Standardization 국제 표준화 기구는 여러 나라의 표준 제정 단체들의 대표들로 이루어진 국제적인 표준화 기구이다. 1947년에 출범하였으며 나라마다 다른 산업, 통상 표준의 문제점을 해결하기 위해 국제적으로 통용되는 표준을 개발하고 보급한다.

㉠ 국제전기통신연합(ITU–International Telecommunication Union)

국제전기통신연합(ITU)은 정보통신 및 정보통신기술(ICT) 분야의 국제 협력을 촉진하는 유엔의 전문 기관이다. 1865년에 설립되었으며 본사는 스위스 제네바에 있다. ITU는 전 세계 통신 및 ICT 사용에 대한 표준 및 규정을 설정하고, 무선 주파수 스펙트럼 및 위성 궤도 사용을 조정할 책임이 있다. 또한 개발도상국이 통신 인프라와 서비스를 구축하고 개선할 수 있도록 기술 지원을 제공한다.

ITU는 무선통신 부문(ITU–R), 전기통신 표준화 부문(ITU–T), 개발 부문(ITU–D)의 세 가지 주요 부문으로 구성된다. 각 부문은 통신 및 ICT와 관련된 특정 업무 영역을 담당한다. ITU에는 193개 회원국과 900개 이상의 민간 기관 및 학술 기관이 있다. 4년마다 세계전기통신표준화대회를 개최하고, 4년마다 세계전기통신개발회의를 개최하며, 연중 다른 행사와 회의를 개최하고 있다.

㉡ 표준(Standard) 분류

구분	공식(De Jure) 표준	포럼/컨소시엄 표준	사실(De facto) 표준
제정 주체	사회적으로 공인된 표준화 기구	특정 기술분야의 표준화를 위하여 임의로 결성된 조직체 또는 특정 기업 연합	기업 등이 시장경쟁력을 통해 획득
주요 조직	(국제) ITU, ISO, JTC1 (지역) ETSI, APT (국가) TTA, TTC, CSA	W3C, IETF, OMA, Zigbee, Bluetooth, World DMB Forum	W3C, IETF, OMA, Zigbee, Bluetooth, World DMB Forum
특징	투명하고 공개된 절차에 따라 제정되며 필요시 지역(국가) 의 실정을 반영	시장수요를 반영한 신속하고 유연한 표현화로 동일분야에서 다수의 조직에 의해 표준화 경쟁함	시장의 경쟁결과 우위를 선점한 제품 등의 표준

정답 01 ① 02 ④ 03 ② 04 ① 05 ③

01 국제 표준화 기구 중 정보통신 기술 분야의 표준화를 목적으로 한 국제 표준화 기구는? (2012-3차)

① ITU(International Telecommunication Unit)
② ISO(International Organization for Standardization)
③ IEEE(Institute of Electrical and Electronics Engineers)
④ TTA(Telecommunication Technology Association)

해설
- ISO: 국제표준을 제정
- IEEE: 전기전자학회(미국)
- TTA: 국내 유일의 정보통신 단체표준 제정

02 다음 중 표준 제정을 위한 표준기구와 거리가 먼 것은? (2013-3차)(2019-2차)

① ANSI
② ITU-T
③ IEEE
④ OSI

해설
OSI RM(Open Systems Interconnection Reference Model)
국제표준화기구(ISO)에서 개발한 모델로, 컴퓨터 네트워크 프로토콜 디자인과 통신을 계층으로 나누어 설명한다. 이것을 일반적으로 OSI 7계층이라 한다. 개방형 시스템 상호 연결(OSI) 모델은 표준 프로토콜을 사용하여 다양한 통신시스템이 통신할 수 있도록 국제표준화기구에서 만든 개념 모델이다.

03 표준화 기구 중에서 주로 데이터 통신의 물리적인 연결 인터페이스와 전자신호의 규격을 규정하는 기관은? (2014-1차)(2016-2차)

① RFC ② EIA
③ IEEE ④ ITU-R

해설
EIA(Electronic Industries Association)
1924년에 설립된 미국 전자업계의 연합으로 상업적인 성격의 단체이며, ANSI 회원기구로서 미국 표준을 위한 제안서를 ANSI에 제출하여왔다(2011년 11월 활동 종료).

04 표준화 단체인 IETF가 인터넷 표준화를 위한 작업문서를 무엇이라 하는가? (2013-2차)(2021-1차)

① RFC(Request For Comment)
② RFI(Request For Information)
③ RFP(Request For Proposal)
④ RFO(Request For Offer)

해설
RFC는 컴퓨터 네트워크 공학 등에서 인터넷 기술에 적용 가능한 새로운 연구, 혁신, 기법 등을 의미하며 기업이나 공공기관에서 RFC를 공공 입찰공고하여 관련 협력사를 선정하기도 한다.

05 ISO/IEC JTC 1의 활동 중 SC21(OSI 상위계층/데이터베이스)에 활동하는 WG 설명으로 맞는 것은? (2021-1차)

① WG1: OSI 관리
② WG4: OSI 구조
③ WG5: 특정 응용 서비스
④ WG8: 데이터베이스

해설

ISO/IEC JTC 1

International Organization for Standardization/International Electrotechnical Commission Joint Technical Committee 1

- ISO와 IEC의 첫째 합동 기술위원회로서 1987년에 설립되었다.
- ISO의 정부 기술 표준안과 IEC의 정보 기술 표준안의 충돌을 막음으로 정보 기술의 표준화를 보다 효율적으로 추진하는 것이 주목적이다. JTC는 합동기술위원회(Joint Technical Committee)를 의미한다.
- SC 21 "Information Retrieval, Transfer, and Management for Open Systems Interconnection", SC21는 OSI를 위한 정보탐색, 전달 및 관리의 WG(Work Group)이다.

WG1: OSI 구조	WG3: Database	WG4: OSI 관리
WG5: 특정 응용 서비스	WG6: OSI 세션	WG7: 분산처리

06 구내통신선로설비란 통신가업자설비와 건물 내의 가입자 단말기 간을 접속하여 통신서비스가 가능케 하는 건물 내 정보통신 기반시설을 말한다. 다음 중 이러한 구내통신선로 기술기준에 대한 국제표준은 어느 것인가? (2017-1차)(2022-3차)

① ISO/IEC 96000
② ISO/IEC 29103
③ ISO/IEC 11801
④ ISO 20022

해설

ISO/IEC 11801(Information Technology-Generic Cabling for Customer Premises)
아날로그 및 ISDN 통신, 다양한 데이터 통신 표준, 컨트롤 시스템 개발, 공장 자동화 등 범용 목적의 전기통신 케이블링 시스템(통합 배선)을 규정한다. 균형 잡힌 구리 케이블링과 광섬유 케이블링에 모두 적용된다.

07 멀티미디어 및 하이퍼미디어의 저장방식과 다중화방식 등을 규정하는 국제표준 규격은? (2013-3차)(2018-3차)

① MHEG
② HTML
③ MPEG
④ XML

해설

MHEG(Multimedia and Hypermedia information coding Expert Group)
다양한 미디어를 사용하여 응용과 서비스들이 상호 호환될 수 있도록 멀티미디어 및 하이퍼미디어 정보 개체를 부호화하여 표현하기 위한 표준이다.

08 다음 중 ITU-T에 관한 내용과 거리가 먼 것은? (2017-3차)(2019-1차)

① CCITT의 후신이다.
② 전기통신일반에 관한 표준을 제정한다.
③ 무선 통신시스템에 관한 표준을 제정한다.
④ 전화 및 데이터 통신시스템에 관한 표준을 제정한다.

해설

- ITU-T(International Telecommunication Union Telecommunication Standardization Sector): 국제전기통신연합으로 1956년 국제 전신과(CCITT)로 창설되었다가 1993년에 ITU-T로 이름으로 변경되었다.
- ITU-R(ITU Radio Communication Sector): 국제 전기 통신 연합(ITU)을 구성하는 3가지 중에 하나로서, 라디오 주파수 대역의 통신규약이다.

09 정보통신 표준화 분야에서 핵심적인 역할을 수행하고 있는 국제 표준화 단체가 아닌 것은? (2017-1차)(2021-2차)

① IAU
② IEC
③ ANSI
④ TTA

해설
① IAU(International Astronomical Union): 국제 천문연맹
② IEC(International Electrotechnical Commission): 국제전기기술위원회는 전기, 전자, 통신, 원자력 등의 분야에서 각국의 규격·표준의 조정을 행하는 국제기관
③ ANSI(American National Standards Institute): 미국 국가표준 협회, 제품, 서비스, 과정, 시스템, 인력관리 분야에서 표준을 개발하는 것을 감독하는 비영리 민간 기구로서, 미국을 대표하여 국제 표준화 기구(ISO)에 가입함
④ TTA: 한국정보통신기술협회, 국내 정보통신 단체 표준 제정기관으로 표준화 활동 및 제품의 시험인증

10 V.32, V.42, X.25 등의 표준을 제정한 표준화 기구는 어디인가? (2013-1차)

① IEEE
② ANSI
③ ISO
④ ITU-T

해설
ITU-T(International Telecommunication Union Telecommunication Standardization Sector)
국제 전기통신연합으로 1956년 국제 전신과(CCITT)로 창설되었다가 1993년에 ITU-T로 이름으로 변경되었다.

11 미국 국립표준협회로서 미국의 표준 제정은 물론 ISO 등 국제 표준화 활동에서 미국을 대표하는 기관은? (2020-3차)

① DIN
② BSI
③ ANSI
④ EIA

해설
ANSI (American National Standards Institute)
미국 국립 표준 협회로서 미국의 산업 표준을 제정하는 민간단체이며, 국제 표준화기구 ISO에 가입되어 있다.

유튜브 선생님에게 배우는

유선배

정보통신기사

필기 과외노트

SD에듀
(주)시대고시기획

발행일 2024년 6월 20일(초판인쇄일 2024 · 4 · 19)
발행인 박영일
책임편집 이해욱
편저 수.재.비
발행처 (주)시대고시기획
등록번호 제10-1521호
주소 서울시 마포구 큰우물로 75 [도화동 538 성지B/D] 9F
대표전화 1600-3600
팩스 (02)701-8823
학습문의 www.sdedu.co.kr

주관 및 시행처 한국방송통신전파진흥원

2024

▶ YouTube
무료 동영상 강의 제공
수재비 정보통신 | 검색

유튜브 선생님에게 배우는

저자 | 수·재·비

Engineer Information Communication

정보통신기사

필기 과외노트

2권 컴퓨터일반, 정보설비기준, 최신 기출문제

기출유형에 따른 핵심이론

2010~2023년 기출유형문제 수록

저자 직강 유튜브 무료 동영상 강의 제공

NAVER 카페 cafe.naver.com/specialist1 검색

본 도서는 향균잉크로 인쇄하였습니다.

SD에듀
(주)시대고시기획

PROFILE

저자_수.재.비

- KT Enterprise 부문 제안/수행본부 데이터 제안/수행 담당 팀장(현재)
- ICT 폴리텍대학교 유선/이동통신망 강의
- 차세대 네트워크 선도연구시범망 총괄 PM(NIA, 2024~2027)
- 6G 표준화 과제 기획위원(IITP, 2023)
- 초연결지능형 연구개발망 총괄 PM(NIA, 2021~2023)
- KT 전문강사/Meister(2017~2020)
- 주요 기업 및 공공기관 Project PM
  - 경찰청, 우정사업정보센터, 서울지방경찰청, 건강보험공단, 심사평가원, 삼성SDS 등
- 패스트레인 교육원 전문 강사
- 삼성SDS 전송망 강의(2014~2015)
- 해외통신망 설계, 구축(방글라데시, 르완다, 튀니지 등)
- 초고속 국가망 통신망 구축(1998~2000)

[자격사항]

정보통신기술사, 정보통신기술자(특급), 정보통신감리원(특급),
정보통신기사, 무선설비기사, 방송통신기사, 정보처리기사,
네트워크관리사, 직업능력개발훈련교사, PRINCE2, IoT 지식능력검정

편 집 진 행 | 박종옥 · 한주승
표지디자인 | 김도연
본문디자인 | 양혜련 · 고현준

2024 SD에듀 유선배 정보통신기사 필기 과외노트

Always **with you**

사람의 인연은 길에서 우연하게 만나거나 함께 살아가는 것만을 의미하지는 않습니다.
책을 펴내는 출판사와 그 책을 읽는 독자의 만남도 소중한 인연입니다.
SD에듀는 항상 독자의 마음을 헤아리기 위해 노력하고 있습니다. 늘 독자와 함께하겠습니다.

NAVER 카페
수재비 정보통신 Cafe ID:

※ 위 QR 코드에 연결된 카페에 가입 후, 도서 페이지에 있는 작성란에 Cafe ID를 적고 사진을 찍어 올려주시면 새싹에서 일반멤버로 등업됩니다.

PREFACE

머리말

저는 정보통신공학을 전공하고 대우통신에서부터 현재 KT에 이르기까지 20년 이상 현장에서 유, 무선통신 관련 업무를 담당하고 있습니다.

정보통신은 기본 이론에서부터 최신 기술까지 범위가 넓고 관련 신기술은 지속적으로 발전하고 있습니다.

그렇기에 정보통신기사 시험은 기본 이론과 빠르게 변화하는 신기술 동향까지 시험에 출제되고 있어 수험생 입장에서는 막막하고 힘들 수 있습니다.

본 교재는 대학생, 수험생, 정보통신 현장에서 근무하고 있는 모든 분들에게 도움이 되고자 하는 마음으로 집필하였습니다.

누가 읽어도 쉽게 이해가 되도록 2010년 이후 기출문제를 분야별로 철저히 분석하였고 1차 객관식, 2차 단답형, 서술형 문제 및 일부 응용 문제도 대비할 수 있도록 구성하였습니다. 지면의 한계로 인해 담지 못한 내용이나 출간 이후 발견되는 오류 등은 하단의 네이버 Cafe 및 Youtube에서 확인하실 수 있습니다.

본 수험서가 정보통신기사 자격증 취득과 향후 정보통신기술사 자격증 준비에 초석이 되길 희망합니다.

전체 내용을 감수해 주신 동료 정보통신기술사와 묵묵히 지원해 주는 나의 소중한 가족 희, 랑, 승 및 출간의 기회를 주신 SD에듀 편집부 직원분들에게 감사드립니다.

수불석권(手不釋卷)의 마음으로
네이버 Cafe cafe.naver.com/specialist1
Youtube www.youtube.com/@specialist1

손(手) 끝에서 시작하는 재미있는 비법

수.재.비 드림

"(Proverbs 16:9) In Their Hearts Humans Plan Their Course,
But The Lord Establishes Their Steps."

이 책의 목차

2권

PART 3 컴퓨터일반

PART 4 정보설비기준

PART 5 최신기출문제

PART 3
컴퓨터 일반

PART

03 컴퓨터일반

01 진수 및 코드

기출유형 01 ▶ 진수 간 변환, Big-Endian, Little Endian

다음 진수 표현 중 가장 큰 수는? (2014-1차)

① $FF_{(16)}$ ② $257_{(10)}$

③ $11111111_{(2)}$ ④ $377_{(8)}$

해설

10진수로 변환하면	16진수로 변환하면
$FF_{(16)} = 16^1\times15+16^0\times15=240+15=(255)_{10}$ $11111111_{(2)}=2^7+2^6+2^5+2^4+2^3+2^2+2^1+2^0=(255)_{10}$ $377_{(8)}=8^2\times3+8^1\times7+8^0\times7=(255)_{10}$	$1111\ 1111_{(2)}=FF_{(16)}$ $377_{(8)}=(011\ 111\ 111)_{(16)}=(0000\ 1111\ 1111)=FF_{(16)}$ $257_{(10)}=101_{(16)}$

| 정답 | ②

족집게 과외

빅 엔디안 방식	주소에 데이터의 높은 바이트(MSB: Most Significant Byte)부터 저장하는 방식으로 바이트 열에서 가장 큰 값이 먼저 저장된다.
리틀 엔디안 방식	낮은 주소에 데이터의 낮은 바이트(LSB: Least Significant Byte)를 저장하는 방식이다.

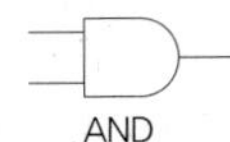

AND

A	B	Output
0	0	0
0	1	0
1	0	0
1	1	1

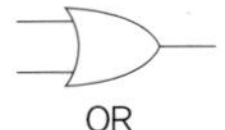

OR

A	B	Output
0	0	0
0	1	1
1	0	1
1	1	1

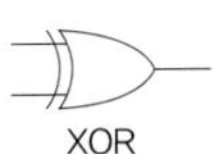

XOR

A	B	Output
0	0	0
0	1	1
1	0	1
1	1	0

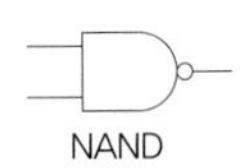

NAND

A	B	Output
0	0	1
0	1	1
1	0	1
1	1	0

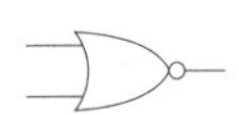

NOR

A	B	Output
0	0	1
0	1	0
1	0	0
1	1	0

XNOR

A	B	Output
0	0	1
0	1	0
1	0	0
1	1	1

더 알아보기

X와 Y는 입력값으로 AND 연산의 경우 모두가 참(1)이어야 참(1)이다. OR 연산은 둘 중 하나만 참(1)이서도 참(1)이고 둘 다 참(1)인 경우도 참(1)이 출력된다.

NAND	NOT−AND, 두 개 이상의 입력을 받아 논리 AND 연산의 부정인 출력으로 모든 입력이 "true"이면 출력은 "false"(논리 레벨 0)가 된다.
NOR	NOT−OR, 둘 이상의 입력을 받아 논리 OR 연산의 부정인 출력한다. 입력 중 하나라도 "true"이면 출력이 "false"(논리 레벨 0)가 된다.
XOR	Exclusive(배타적) OR, 두 개의 이진 입력을 받아 입력이 다른 경우(하나는 "참"이고 다른 하나는 "거짓") "참"(논리 수준 1)을 출력한다. 입력이 같으면(둘 다 "true" 또는 둘 다 "false") 출력은 "false"(논리 레벨 0)가 된다.

❶ 바이트 저장 순서

컴퓨터는 데이터를 메모리에 저장할 때 Byte 단위로 나눠서 연속되는 바이트를 순서대로 저장해야 하는데, 이것을 바이트 저장 순서(Byte Order)라고 한다. 이때 바이트가 저장된 순서에 따라 빅 엔디안, 리틀 엔디안 두 가지 방식으로 나눌 수 있다.

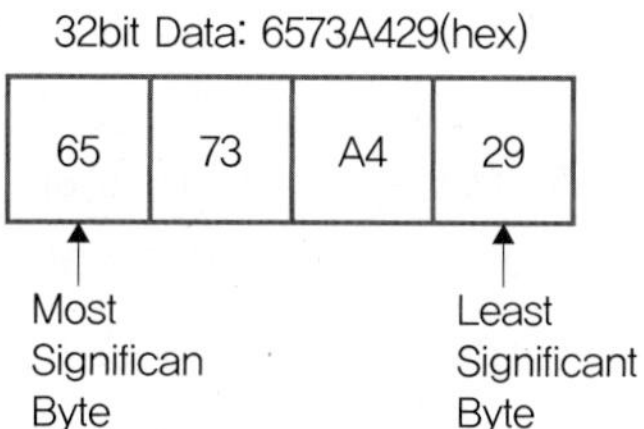

[4개 Byte에 대한 32bit Data의 구성]

빅 엔디안과 리틀 엔디안은 컴퓨터 메모리에 데이터를 저장하는 데 사용되는 서로 다른 바이트 순서 지정 형식으로서 워드 또는 더블 워드와 같은 더 큰 데이터 단위에서 바이트가 배열되고 저장되는 순서를 나타낸다.

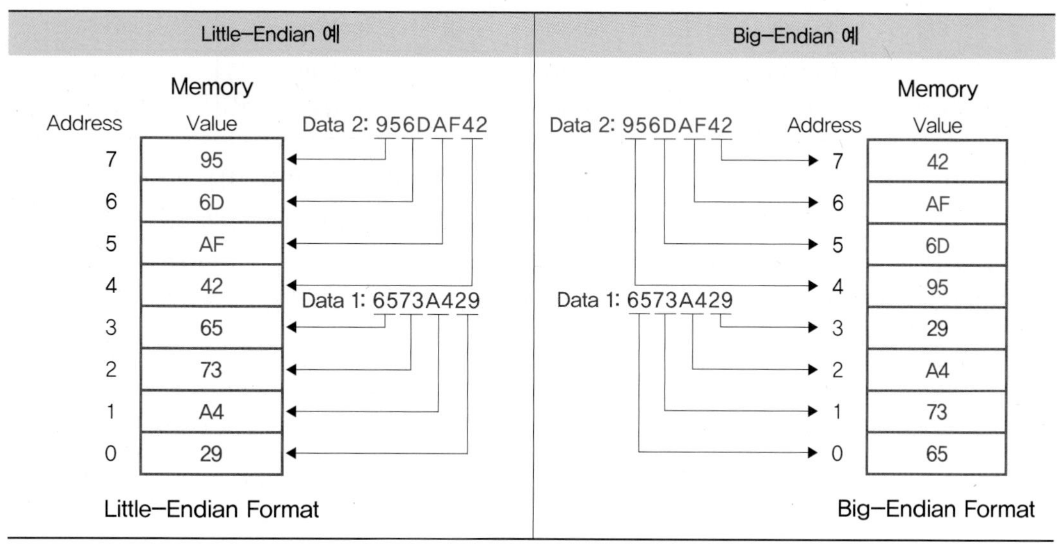

❷ 빅 엔디안(Big-Endian)

빅 엔디안 형식에서 최상위 바이트(MSB, Most Significant Byte)는 최하위 메모리 주소에 저장되고 최하위 바이트(LSB, Least Significant Byte)는 최상위 메모리 주소에 저장되는 방식이다. 예를 들어, 아래와 같이 저장할 32bit 크기의 정수가 있다고 가정하자.

32bit 크기의 정수	0×12345678

그럼 이 정수는 아래와 같이 4개의 byte(4byte = 32bit)로 나뉜다. 0×12, 0×34, 0×56, 0×78이며 이 4개의 바이트 값을 빅 엔디안과 리틀 엔디안은 아래와 같이 저장한다.

주소	Value(Big-Endian)		Value(Little-Endian)	
0000(0번지)	0×12	MSB	0×78	LSB
0001(1번지)	0×34		0×56	
0010(2번지)	0×56		0×34	
0011(3번지)	0×78	LSB	0×12	MSB

빅 엔디안은 작은 주소부터 큰 주소까지 순서대로 값을 저장하게 된다.

❸ 리틀 엔디안(Little-Endian)

Little-Endian 형식에서 최하위 바이트(LSB, Least Significant Byte)는 가장 낮은 메모리 주소에 저장되고 최상위 바이트(MSB)는 가장 높은 메모리 주소에 저장되는 것으로 이는 바이트 순서 지정이 "리틀 엔드" 우선 접근 방식을 따른다는 것을 의미한다. 이 방식은 평소 사람이 숫자를 사용하는 선형 방식과 반대로 거꾸로 읽어야 한다. 앞서 예시를 든 "0×12345678"를 리틀 엔디안 방식으로 저장하면 위와 같이 된다.

❹ 비교

구분	빅 엔디안(Big-Endian)		리틀 엔디안(Little-Endian)	
저장 순서	주소	데이터	주소	데이터
	0×1000	0×12	0×1000	0×78
	0×1001	0×34	0×1001	0×56
	0×1010	0×56	0×1010	0×34
	0×1011	0×78	0×1011	0×12

빅 엔디안과 리틀 엔디안 형식 사이의 선택은 시스템 간의 데이터 교환 및 호환성에 영향을 미치며 다른 컴퓨터 아키텍처와 프로세서는 하나의 형식 또는 다른 형식을 사용할 수 있다. 예를 들어, Intel x86 프로세서는 일반적으로 Little-Endian 형식을 사용하는 반면 일부 네트워킹 프로토콜 및 이전 아키텍처는 Big-Endian 형식을 사용한다. 서로 다른 바이트 순서 지정 형식을 사용하는 시스템 간에 전송할 때 데이터가 적절하게 해석되고 변환되는지 확인하는 것이 중요하다.

기출유형 완성하기

정답 01 ① 02 ② 03 ② 04 ① 05 ③

01 2진법 곱셈 1010×0101의 계산값은? (2015-1차)

① 0110010　　② 1110001
③ 0111001　　④ 0110001

해설

$1010 = (10)_{10}$, $0101 = 5$이므로 $10 \times 5 = 50$
$0110010 = 2+16+32 = 50$으로 1번이 맞으며 아래와 같이 직접 계산도 가능하다.

```
          1 0 1 0
        X 0 1 0 1
        ---------
          1 0 1 0
        0 0 0 0
      1 0 1 0
    0 0 0 0
    -------------
    0 1 1 0 0 1 0
```

이진수 더하기

02 10진수 45를 2진수로 변환한 값으로 맞는 것은? (2015-3차)

① 101100　　② 101101
③ 101110　　④ 101111

해설

```
2 | 45
2 | 22  … 1
2 | 11  … 0
2 |  5  … 1
2 |  2  … 1
     1  … 0
```

$(45)_{10} = (101101)_2$

03 8진수 $(67)_8$을 16진수로 바르게 표기한 것은? (2016-1차)(2017-3차)

① $(43)_{16}$　　② $(37)_{16}$
③ $(31)_{16}$　　④ $(25)_{16}$

해설

8진수 1자리는 2진수 3자리이고 16진수 1자리는 2진수 4자리이다. $(67)_8 = (110\ 111)_2$이고 다시 16진수로 표현하면 앞에 0이 추가되어서 $(0011\ 0111)_2$이 되고 16진수로 변환하면 $(37)_{16}$이 된다.

04 10진수 43과 이진수 10010011의 논리합(OR)을 맞게 변환한 값은? (2011-1차)(2022-2차)

① 10111011　　② 10111000
③ 10111110　　④ 10111111

해설

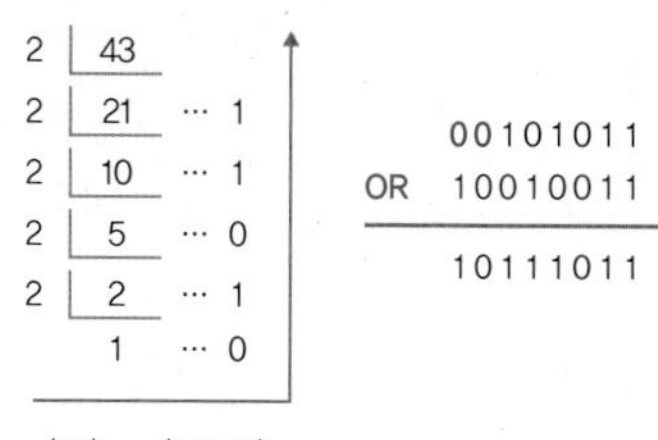

$(43)_{10} = (101011)_2$

05 컴퓨터 메모리에 저장된 바이트들의 순서를 설명하는 용어로 바이트 열에서 가장 큰 값이 먼저 저장되는 것은? (2011-1차)

① large－endian
② small－endian
③ big－endian
④ little－endian

해설

리틀 엔디안 방식은 낮은 주소에 데이터의 낮은 바이트(LSB, Least Significant Bit)부터 저장하는 방식이다. 이 방식은 평소 우리가 숫자를 사용하는 선형 방식과는 반대로 거꾸로 읽어야 한다. 대부분의 인텔 CPU 계열에서는 이 방식으로 데이터를 저장한다. 빅(Big) 엔디안은 큰 쪽인 바이트 열에서 가장 큰 값이 먼저 저장되는 순서이다. 이와 반대로 리틀(Little) 엔디안은 작은 쪽인 바이트 열에서 가장 작은 값이 먼저 저장되는 순서이다. 위에서 1번이 빅 엔디안 방식이고 3번이 리틀 엔디안 방식이 된다.

06 16진수 값 '1234567'을 기억장치에 저장하려고 한다. Little Endian 방식으로 저장된 것은 어느 것인가? (2013-2차)(2019-3차)

①

주소	0	1	2	3
내용	12	34	56	78

②

주소	0	1	2	3
내용	21	43	65	87

③

주소	0	1	2	3
내용	78	56	34	12

④

주소	0	1	2	3
내용	87	65	43	21

해설

리틀 엔디안 방식은 낮은 주소에 데이터의 낮은 바이트(LSB, Least Significant Bit)부터 저장하는 방식이다. 이 방식은 평소 우리가 숫자를 사용하는 선형 방식과는 반대로 거꾸로 읽어야 한다. 대부분의 인텔 CPU 계열에서는 이 방식으로 데이터를 저장한다. 빅(Big) 엔디안은 큰 쪽인 바이트 열에서 가장 큰 값이 먼저 저장되는 순서이다. 이와 반대로 리틀(Little) 엔디안은 작은 쪽인 바이트 열에서 가장 작은 값이 먼저 저장되는 순서이다. 위에서 1번이 빅 엔디안 방식이고 3번이 리틀 엔디안 방식이 된다.

07 8진수 $(67)_8$을 16진수로 바르게 표기한 것은? (2017-3차)

① $(43)_{16}$
② $(37)_{16}$
③ $(55)_{16}$
④ $(34)_{16}$

해설

8진수 1자리는 2진수 3자리이고 16진수 1자리는 2진수 4자리이다.
$(67)_8 = (110\ 111)_2$이고 다시 16진수로 표현하면 앞에 0이 추가되어서
$(0011\ 0111)_2$이 되고 16진수로 변환하면 $(37)_{16}$이 된다.
$(67)_8 = (37)_{16}$

08 8진수 $(735.56)_8$을 16진수로 전환한 것은 어느 것인가? (2020-1차)

① $(1DD.B8)_{16}$　② $(1DD.B1)_{16}$
③ $(EE1.B1)_{16}$　④ $(EE1.B8)_{16}$

해설

8진수 1자리는 2진수 3자리이고 16진수 1자리는 2진수 4 자리이다.
$(735.56)_8 = (111\ 011\ 101.\ 101\ 110)_2$이고 다시 16진수로 표현하면 앞에 0이 추가되어서
$(0001\ 1101\ 1101.\ 1011\ 1000)_2$이 되고 16진수로 변환하면 $(1DD.B8)_{16}$이 된다.
$(735.56)_8 = (1DD.B8)_{16}$

09 다음 중 부동 소수점 표현의 수들 사이에서 곱셈 알고리즘 과정에 해당하지 않는 것은? (2019-2차)

① 0(Zero)인지의 여부를 조사한다.
② 가수의 위치를 조정한다.
③ 가수를 곱한다.
④ 결과를 정규화한다.

해설

부동소수점 방법은 IEEE754에서 32bit single-precision과 64bit double-precision 표준을 정하고 이것이 float와 double의 규격이다. 지수부분(Exponet)과 가수부분(Fraction/Mantissa)로 구성되고 부호비트는 0일 경우 양수, 1일 경우 음수를 의미하며, 지수부(Exponent)는 기준값(Bias)을 중심으로 +, -값을 표현한다. float의 경우 기준값이 127이고, double의 경우 기준값은 1,023이다. 예를 들어, float에서 2^1은 기준값(127) + 1 = 128이기 때문에 이진수로 표현하면 $(10000000)_2$가 된다. 가수부(Mantissa)는 1.xxxx 형태로 정규화를 한 뒤 가장 왼쪽에 있는 1을 제거하고 소수점 이하의 자리값만 표현한다.

[32Bit 부동 소수점(float)의 표현]

예를 들어, 13.5를 32bit 부동소수점(float)으로 표현해보면
$13.5 \rightarrow (1101.1)_2$ [진수변환]
$(1101.1)_2 \rightarrow (1.1011)_2 \times 2^3$ [정규화]

부호비트는 양수 0, 지수부는 3이므로 127 + 3 = 130, 2진수로 표현하면 $(10000010)_2$, 가수부는 1.1011에서 소수점 이하 자리만 표현하면 1011이 된다. 최종값은 $(0100\ 0001\ 0101\ 1000\ 0000\ 0000\ 0000)_2$

그러므로 ② 가수의 위치를 조정이 아닌 지수부의 위치를 조정한다.

10 **8비트에 저장된 값 10010111을 16비트로 확장한 결과값은? (단, 가장 왼쪽의 비트는 부호(Sign)를 나타낸다)** (2017-3차)

① 0000000010010111

② 1000000010010111

③ 1001011100000000

④ 1111111110010111

해설

아래는 8bit의 부호 있는 수 +1, −1을 부호 확장한 예다.

부호 있는 수	8bit 2진수를 32bit로 부호 확장
+1	0000_0001 ↓ 0000_0000 0000_0000 0000_0000 0000_0001
−1	1111_1111 ↓ 1111_1111 1111_1111 1111_1111 1111_1111

제로 확장(Zero Extension)

부호 없는 수(Unsigned Number)를 확장할 때 사용하며, 확장하는 bit에 0을 다 넣어주면 된다. 아래는 8bit의 부호 없는 수 +1, +255을 제로 확장(Zero Extension)한 예다.

부호 있는 수	8bit 2진수를 32bit로 부호 확장
+1	0000_0001 ↓ 0000_0000 0000_0000 0000_0000 0000_0001
+255	1111_1111 ↓ 0000_0000 0000_0000 0000_0000 1111_1111

위 문제에서 10010111에서 맨 앞의 1은 부호(−)를 의미하므로 1로 확장하는 1111111110010111이 된다.

11 **다음 중 2진수 덧셈연산에서 오버플로우(Overflow)가 되는 조건은?** (2016-3차)

① 두 수에서 부호 자리의 값이 서로 같을 때이다.

② 두 수에서 부호 자리의 값이 서로 다를 때이다.

③ 부호자리에서 캐리(Carry)가 있고, 부호 다음 자리(MSB)가 캐리(Carry)가 있을 때이다.

④ 부호자리에서 캐리(Carry)가 있고, 부호 다음 자리(MSB)가 캐리(Carry)가 없을 때이다.

해설

오버플로우는 컴퓨터가 표현가능한 수는 한계가 있다. 32bit 레지스터를 사용하는 컴퓨터는 $-2^{31} \sim (2^{31}-1)$ 범위에 있다.

오버플로우(Overflow) 특징	
0 0 • • • 0 • • • 0 0 • • • No Overflow(0 = 0) 양수+양수고 MSB가 1이 아님	1 1 • • • 1 • • • 1 1 • • • No Overflow(1 = 1) 두 음수의 합이 음수
0 1 • • • 0 • • • 0 1 • • • No Overflow(0 = 0) 음수 더하기 양수가 음수	1 0 • • • 0 • • • 0 1 • • • Overflow(1 ≠ 0) 양수의 합이 음수
0 1 • • • 1 • • • 1 0 • • • Overflow(0 ≠ 1) 음수의 합이 양수	1 1 • • • 0 • • • 1 0 • • • No Overflow(1 = 1) 음수 더하기 양수가 양수

- 음수와 양수를 더 할 때는 오버플로우가 나지 않는다.
- 두 양수를 더 했을 때 MSB가 1이라면 오버플로우가 난다(양수+양수=음수가 되었으므로).
- 두 음수를 더 했을 때 MSB가 0이라면 오버플로우가 난다(음수+음수=양수가 되었으므로).
- 즉, MSB의 Carry In과 MSB의 Carry Out이 같지 않을 때 발생한다.
- 단, Unsigned의 오버플로우는 MSB의 Carry Out만 본다. Carry Out이 1이면 오버플로우가 된다.

기출유형 02 ▸ 2의 보수(Signed 2's Complement)

2진수 1110을 2의 보수로 변환한 것으로 맞는 것은? (2014-3차)(2019-1차)

① 1010
② 1110
③ 0001
④ 0010

해설

2의 보수는 기존 이진수의 0을 1로 1을 0으로 반전한 후 다시 1을 더하여 주는 방법이다. 그러므로 1110 → 0001에 0001을 더하면 0010이 된다.

| 정답 | ④

족집게 과외

컴퓨터에서 음수의 표현을 위해 부호 비트와 절댓값 방법인 1의 보수법, 2의 보수법이 있으나 현재 2의 보수법이 사용 중이다.

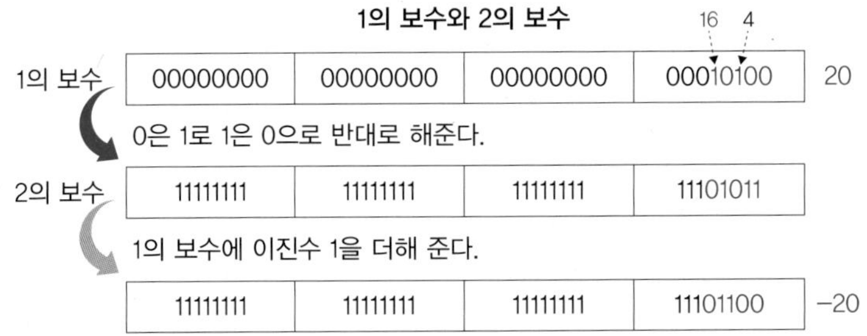

주어진 값에 대해 2의 보수를 구하기 전에 1의 보수를 먼저 정리하고 2의 보수를 취한다. 1의 보수는 0은 1로 1은 0으로 변경하면 간단히 구해진다. 이렇게 변경된 값에 대해서 마지막에 1을 더해 주면 2의 보수가 되는 것이다. 2진수를 계산하는 방법은 부호 절대값 방식, 1의 보수 방식이 있었는데, 2의 보수에 비해 H/W 구현이 복잡해지는 단점이 있다. 2의 보수는 뺄셈기가 필요 없고 양수와 음수를 더하기만 하면 추가 연산 없이 뺄셈이 되는 등 H/W 구현이 가장 간단해서, 현재는 모든 컴퓨터가 2의 보수를 사용한다.

더 알아보기

정수 표현

컴퓨터에서 정수를 표현하는 방법은 크게 부호 없는 정수와 부호 있는 정수로 나누어진다. 부호 없는 정수를 표현할 때에는 단지 해당 정수 크기의 절댓값을 2진수로 변환하여 표현하면 된다. 그러나 문제는 부호 있는 정수에서 음수를 표현하는 방법이 필요해졌다.

보수는 쉽게 풀어쓰면 '보충해주는 수'이다. 2의 보수법은 해당 양수의 모든 비트를 반전한 1의 보수에 1을 더하여 음수를 표현하는 방법으로 대부분의 시스템에서는 모두 2의 보수법으로 음수를 표현하고 있다. 2의 보수법을 통해 두 개의 0을 가지는 문제점(+0과 −0)을 해결하기 위해 고안되었다.

❶ 음수의 표현

컴퓨터에서 음수를 표현하는 방법은 다음과 같이 다양한 방법이 있다.

㉠ 부호 비트와 절댓값 방법

최상위 1비트로 부호를 표현하고, 나머지 비트로 해당 정수의 절댓값을 표현하는 방법이다. 그러나 이 방법으로 음수를 표현하면 +0과 −0이 따로 존재하게 되어 모순이 있다.

㉡ 1의 보수법

1의 보수법은 해당 양수의 모든 비트를 반전하여 음수를 표현하는 방법으로 이 방법을 사용하면 음수를 비트 NOT 연산만으로 표현할 수 있어서 연산이 매우 간단해 진다.

1의 보수

1의 보수	00000000	00000000	00000000	00010100	20
0은 1로 1은 0으로 반대로 해준다.					
	11111111	11111111	11111111	11101011	−20

(16, 4: 00010100의 해당 비트 표시)

하지만 1의 보수법은 부호 비트와 절댓값 방법과 같이 +0과 −0이 따로 존재하는 문제점이 있다.

㉢ 2의 보수법

2의 보수는 음수를 이진법으로 나타낼 때 사용하는 수학적 연산으로 2의 보수에서 최상위 비트(맨 왼쪽 비트)는 숫자의 부호를 나타내며, 여기서 0은 양수, 1은 음수를 나타낸다. 2의 보수인 이진수를 얻으려면 먼저 모든 비트를 반전한 다음(0에서 1로, 1에서 0으로 변경) 결과 숫자에 1을 추가한다. 예를 들어, 이진수 0011의 2의 보수를 얻으려면 먼저 모든 비트를 뒤집어서 1100을 얻은 다음 1을 더하여 2의 보완 형식으로 음수 −3을 나타내는 1101을 얻을 수 있다.

숫자 "−5"의 2의 보수 구하는 법	단계	내용
	1단계	숫자의 절댓값을 이진 형식으로 변환한다. 이진 형식의 5는 101이다.
	2단계	• 선행 0을 이진수에 추가하여 8비트 길이로 만든다. • 8비트 숫자로 작업하는 경우 101은 00000101이 된다.
	3단계	이진수의 모든 비트를 반전한다. 00000101은 11111010이 된다.
	4단계	반전된 이진수에 1을 추가한다. 11111010 + 1 = 11111011

따라서, 8비트 형태의 −5의 2의 보수는 11111011이다. 2의 보수는 디지털 시스템, 특히 프로세서와 메모리 시스템에서 산술 연산을 수행하고 부호 있는 정수를 나타내기 위해 널리 사용된다. 두 번째 숫자의 2의 상보수를 첫 번째 숫자에 더함으로써 두 개의 이진수를 효율적으로 뺄 수 있게 할 뿐만 아니라, 양수와 음수를 이진수 형태로 쉽게 변환할 수 있다. 이 방법을 사용하면 −0은 2의 보수를 구하는 과정에서 최상위 비트를 초과한 오버플로우가 발생하여 +0이 된다. 즉, 2의 보수법에서는 단 하나의 0만이 존재하게 된다.

2의 보수 계산 후 최상위 비트 Overflow 발생

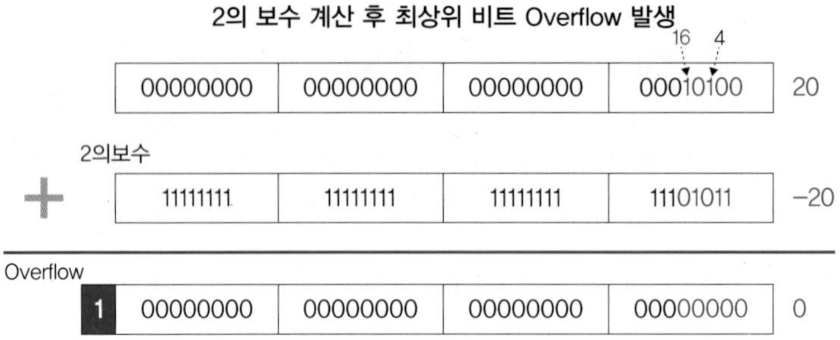

16 4

00000000	00000000	00000000	00010100	20

2의보수

+	11111111	11111111	11111111	11101011	−20

Overflow

1	00000000	00000000	00000000	00000000	0

이 때문에 현재 대부분의 시스템에서는 모두 2의 보수법으로 음수를 표현하고 있다.

❷ 비교

10진수	부호화 절대값	1의 보수	2의 보수
−4	−	−	100
−3	111	100	101
−2	110	101	110
−1	101	110	111
−0	100	111	−
+0	000	000	000
+1	001	001	001
+2	010	010	010
+3	011	011	011

부호화 절댓값 방식과 절댓값 방식이 N비트로 표현할 수 있는 수의 범위는 $-(2^{N-1} - 1) \sim (2^{N-1} - 1)$이다. 반면에 2의 보수 방식은 +0과 −0이 존재하는 부호화 절댓값 방식이나 1의 보수 방식과 달리 −0이 존재하지 않는다. 즉 음의 정수를 하나 더 표현할 수 있어서 더욱 효율적이라고 할 수 있다. 따라서 2의 보수 방식으로 표현할 수 있는 수의 범위는 $-2^{N-1} \sim (2^{N-1} - 1)$이다. 대부분의 컴퓨터에서는 2의 보수 방식을 사용한다.

기출유형 완성하기

정답 01 ③ 02 ③ 03 ① 04 ① 05 ② 06 ④

01 2진수 0011에서 2의 보수(2's Complement)는? (2021-1차)

① 1100

② 1110

③ 1101

④ 0111

해설

2의 보수는 기존 이진수의 0을 1로 1을 0으로 반전한 후 다시 1을 더하여 주는 방법이다.
그러므로 0011 → 1100에 0001을 더하면 1101가 된다.

02 2진수 (100011)를 2의 보수(two's complement)로 표시한 것은? (2013-2차)(2021-2차)

① 100011

② 011100

③ 011101

④ 011110

해설

2의 보수는 기존 이진수의 0을 1로 1을 0으로 반전한 후 다시 1을 더하여 주는 방법이다.
그러므로 100011 → 011100에 000001을 더하면 011101이 된다.

03 2진수 0.111의 2의 보수는 얼마인가? (2015-1차)(2021-3차)

① 0.001

② 0.010

③ 0.011

④ 1.001

해설

1의 보수 1.000
정수부분에 1을 소수부분에 1을 각각 더하면 2의 보수 10.001로 정수와 소수는 별개로 본다. 즉, 정수와 소수를 각각 1을 더함으로 정수부분은 10이 되지만 캐리어 1을 버리므로 0이 되는 것이다.

04 2진수 0000000001111100의 2의 보수 값은 얼마인가? (2012-2차)

① 1111111110000100

② 1111111110000011

③ 1111111110000110

④ 1111111110000010

해설

2의 보수는 기존 이진수의 0을 1로 1을 0으로 반전한 후 다시 1을 더하여 주는 방법이다.
0000000001111100, 1111111110000011에 1을 더하면 1111111110000100이 된다.

05 8비트로 된 레지스터에서 첫째 비트는 부호비트로 0, 1로 양, 음을 나타낸다고 할 때 2의 보수(2's Complement)로 숫자를 표시한다면 이 레지스터로 표현할 수 있는 10진수의 범위로 올바른 것은? (2013-2차)(2014-3차)(2017-1차)

① $-256 \sim +256$　② $-128 \sim +127$

③ $-128 \sim -128$　④ $-256 \sim +127$

해설

부호를 표현하기 위해 이진수 맨 앞이 0인 경우 양수 음인 경우 1로 표현한다.
n비트로 표현하는 범위는 $-(2^{n-1}) \sim +(2^{n-1}-1)$이다.
$-(2^{8-1}) \sim +(2^{8-1}-1) = -128 \sim +127$이다.

06 다음 중 2의 보수를 사용하여 "A-B" 연산을 수행하는 것은? (2015-2차)

① $A+1$　② $\overline{A}-1$

③ $A-\overline{B}+1$　④ $A+\overline{B}+1$

해설

컴퓨터는 음수를 알 수 없어 2의 보수를 사용하여 계산에 이용하여 빼셈은 보수를 이용한 덧셈으로 할 수 있다.
1의 보수는 0은 1로 1은 0으로 변경한 후 2의 보수는 마지막에 이진수 1을 더해 준다.
A−B에서 음수 −B를 양수로 표현하기 위해 (−)B를 반전시키고 다시 1을 더하면 2의 보수가 된다.

07 2진수 7비트로 표현하는 경우 −9에 대해 부호화 절댓값, 부호화 1의 보수 및 부호화 2의 보수로 변환한 것으로 옳은 것은? (2016−2차)(2019−1차)

① 0001001, 0110110, 0110111
② 1001001, 0110110, 1110111
③ 1001001, 1110110, 1110111
④ 1001001, 0110110, 0110111

해설

고정소수점 표현은 부호화 절대값, 1의 보수, 2의 보수 등 세 가지 방식으로 표현이 가능하다.

부호화 절대값	최상위비트(MSB)를 부호비트로하여 0이면 양수, 1이면 음수로 사용한다.	(−9)를 표시하면 1(음수) 001001(=9를 7bit 표현) 그러므로 1001001이다.
부호화 1의 보수	1의 보수를 할 경우 0을 1로 1을 0으로 변환한다.	1001001의 1의 보수는 1(음수) 110110으로 즉, (1110110)이다.
		이것은 1111111 − 0001001 = 1110110과 같다.
2의 보수	2의 보수를 하면 1의 보수에 2진수 1을 더해 주면 된다.	1110110 + 0000001 = 1110111이다.

08 컴퓨터가 8비트 정수 표현을 사용할 경우 −25를 부호와 2의 보수로 올바르게 표현한 것은? (2016−3차)(2020−1차)

① 11100111
② 11100011
③ 01100111
④ 01100011

해설

8bit 표현 시 첫 번째 비트는 MSB로 부호 비트를 의미하여 양수는 0, 음수는 1로 표기한다.
$(25)_{10} = (11001)_2$이므로 $(-25)_{10} = (10011001)_2$으로 표시된다.
1의 보수는 0은 1로 1은 0으로 변환하면 11100110 → 2의 보수로 변환하면 11100111

(25)의 2진수 00011001의 1의 보수는 01100110이며 2의 보수는 01100111
(−25)의 2진수 10011001의 1의 보수는 11100110이며 2의 보수는 11100111

계산 중 빼는 수(마이너스)는 2의 보수를 하고 최상위 자리 수가 발생해서 1이 되면 이것은 버린다.

09 다음 2의 보수 표현으로 된 수의 계산 결과가 옳은 것은? (2010−1차)

000111 − 111001

① 111001 ② 011110
③ 001110 ④ 010110

해설

빼는 수는 2의 보수를 하고 최상위 자리수가 발생해서 1이 되면 이것은 버린다.
−111001을 처리하기 위해 2의 보수를 하면

111001의 1의 보수 000110	−111001을 2의 보수로 변환해서 더하면 000111을 더하므로
000110의 2의 보수 000111이므로	000111 +000111 ---------------- = 001110이 된다.

10 다음 중 컴퓨터에서 수를 표현하는 방식이 아닌 것은? (2014−1차)(2018−2차)(2020−1차)

① 양자화 표현
② 1의 보수 표현
③ 2의 보수 표현
④ 부호화 절대치 표현

해설

컴퓨터에서 수를 표현하는 방식은 아래와 같다.

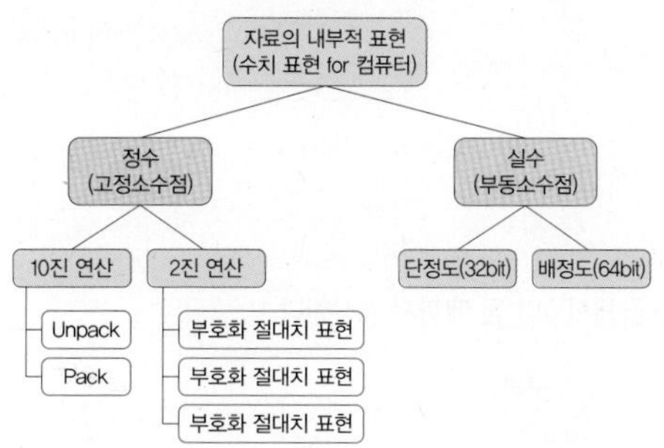

1) 10진 연산: Unpacked 연산 또는 Packed 연산
2) 2진 연산: 부호화 절대치 표현, 1의 보수 표현, 2의 보수로 표현한다.
3) 실제 표현 방법: 부동 소수점에 의한 데이터 형식 표현

양자화 표현은 아날로그 신호를 디지털로 변환하면서 연속된 신호를 불연속인 0과 1로 표현하는 것이다.

Unpacked 연산

Unpacked Format(FDFDFD⋯SD) – 1byte로 1자리 표현

Zone	Digit	Zone	Digit	Zone	⋯⋯	Sign	Digit

←— 1 Byte —→

+1234

Z	D	Z	D	Z	D	S	D
1111	0001	1111	0010	1111	0011	1100	0100
F	1	F	2	F	3	C	4

Sign: C(양수)

–1234

Z	D	Z	D	Z	D	S	D
1111	0001	1111	0010	1111	0011	1101	0100
F	1	F	2	F	3	C	4

Sign: D(음수)

Packed 연산

Packed Format(DDDD⋯S) – 1byted로 2자리 표현

Digit	Digit	Digit	Digit	Digit	Digit	⋯⋯	Sign

←— 1 Byte —→

+1234

D	D	D	D	D	S
0000	0001	0010	0011	0100	1100
0	1	2	3	4	C

Sign: C(양수)

–1234

D	D	D	D	D	S
0000	0001	0010	0011	0100	1101
0	1	2	3	4	D

Sign: D(음수)

11 **두 개의 레지스터에 십진수를 1과 –1에 해당하는 이진수가 저장되어 있다. 이 두 레지스터에 덧셈 연산을 수행하는 결과로 옳은 것은?** (2019–3차)

① 결과값은 0이고, 캐리(Carry)가 발생하지 않는다.
② 결과값은 0이고, 캐리(Carry)가 발생한다.
③ 오버플로우(Overflow)와 캐리(Carry)가 발생한다.
④ 오버플로우(Overflow)는 발생하나 캐리(Carry)가 발생하지 않는다.

해설

2의 보수를 이용한 뺄셈이다. 이 방법을 사용하면 –0은 2의 보수를 구하는 과정에서 최상위비트를 초과한 오버플로우가 발생하여 +0이 된다.
따라서 2의 보수법에서는 단 하나의 0만이 존재하게 된다. 컴퓨터에서 뺄셈은 보수를 이용해서 하므로 $(1)_{10}$ + $(-1)_{10}$을 계산하면

$(1)_{10}$의 2진수	$(-1)_{10}$의 1의 보수	$(-1)_{10}$의 2의 보수
$(0001)_2$	$(1110)_2$	$(1111)_2$

$(1)_{10} + (-1)_{10} = (0001)_2 + (1111)_2 = (10000)_2$로 Carry가 발생하고 그 결과값은 0임을 알 수 있다.

12 **계산기에서 뺄셈을 보수 덧셈으로 하기 위해서 최종적으로 필요한 보수는?** (2019–2차)

① 1의 보수 ② 2의 보수
③ 7의 보수 ④ 9의 보수

해설

2의 보수는 음수를 이진법으로 나타낼 때 사용하는 수학적 연산으로 2의 보수에서 최상위비트(맨 왼쪽 비트)는 숫자의 부호를 나타내며, 여기서 0은 양수, 1은 음수를 나타낸다. 2의 보수인 이진수를 얻으려면 먼저 모든 비트를 반전한 다음(0에서 1로, 1에서 0으로 변경) 결과 숫자에 1을 추가한다. 예를 들어, 이진수 0011의 2의 보수를 얻으려면 먼저 모든 비트를 뒤집어서 1100을 얻은 다음 1을 더하여 2의 보완 형식으로 음수 –3을 나타내는 1101을 얻을 수 있다.

기출유형 03 ▶ 진수 간 변환

십진수 10.375를 2진수로 변환하면? (2012-2차)(2013-3차)

① 1011.101$_{(2)}$　　② 1010.101$_{(2)}$
③ 1010.011$_{(2)}$　　④ 1011.110$_{(2)}$

해설

정수부분은 2로 나누고 나머지 값을 취한다. 소수부에 대해 2를 계속 곱해서 0이 될 때까지 계산한다.

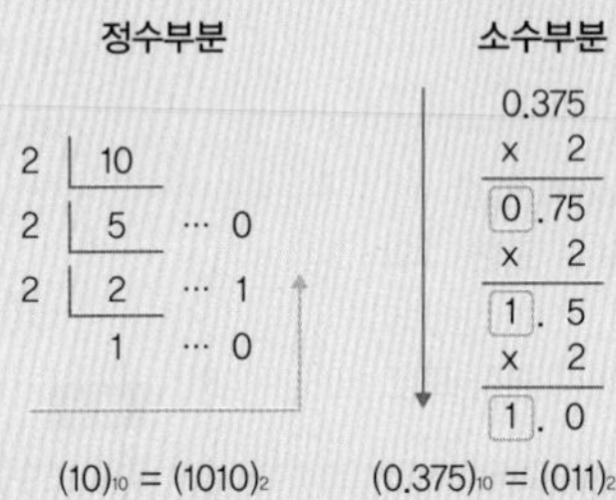

| 정답 | ③

족집게 과외

최하위 자리수를 기준으로	2진수 3자리는 8진수 한자리이다.
	2진수 4자리는 16진수 한자리에 해당된다.

2 | 21
2 | 10 ··· 1
2 | 5 ··· 0
2 | 2 ··· 1
1 ··· 0

2로 나누고
나머지가 0인지 1인지

$(21)_{10} = (10101)_2$

더 알아보기

10진수를 2진수 변환

10진수를 0이 될 때까지 2로 계속 나눈 뒤 나머지를 역순으로 읽으면 2진수가 된다. 예를 들어 21을 2진수로 변환한다면 21을 2로 나누면 몫은 10이 나오고 나머지는 1이 나온다. 10은 21 아래에 적고 1은 10 옆에 적는다. 이런 식으로 계속 2로 나누어서 몫과 나머지를 구하여 몫이 0이 나오면 가장 아래의 나머지부터 역순으로 읽으면 된다. 여기서는 21을 이진수로 변환하면 10101이 된다.

❶ 10진수를 X 진수로 변환

```
2 | 35
2 | 17  … 1
2 | 8   … 1
2 | 4   … 0
2 | 2   … 0
    1   … 0
```

$(35)_{10} = (100011)_2$

```
8 | 35
8 | 4  … 3
    0  … 4
```

$(35)_{10} = (43)_8$

8진수

```
16 | 35
16 | 2  … 3
     0  … 2
```

$(35)_{10} = (23)_{16}$

16진수

```
32 | 35
16 | 1  … 3
     0  … 1
```

$(35)_{10} = (13)_{32}$

32진수

바꾸고 싶은 진수의 숫자로 더이상 나눌 수 없을 때까지 나눈 뒤 역순으로 읽으면 된다. 35를 각각 2진법, 8진법, 16진법 32진법으로 변환하면 위와 같은 결과가 나오게 된다.

❷ 소수부분을 진수로 변환

```
  0.25          0.25          0.25
X    2        X    8        X   16
------        ------        ------
  0.50        ↓2.00         ↓4.00
X    2         0.2(8)        0.4(16)
------
↓ 1.00

 0.01(2)
```

소수부분은 바꾸고 싶은 진수를 소수점 밑에 모두 0이 될 때까지 계속 곱해주면 된다. 0.25를 각각 2진법, 8진법, 16진법으로 변환하면 위와 같은 결과가 나오게 된다.

❸ X진수를 10진수로 변환

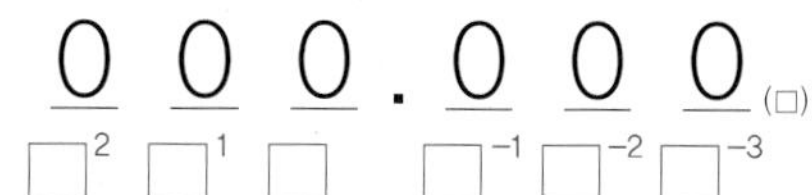

2진법 $0\times2^2+0\times2^1+0+0\times2^{-1}+0\times2^{-2}+0\times2^{-3}$

8진법 $0\times8^2+0\times8^1+0+0\times8^{-1}+0\times8^{-2}+0\times8^{-3}$

16진법 $0\times16^2+0\times16^1+0+0\times16^{-1}+0\times16^{-2}+0\times16^{-3}$

변환하려는 진수의 각 자리값과 각 자리의 지승의 승을 곱한 후에 모두 더해주면 된다.

❹ 2진수를 8진수, 16진수로 변환

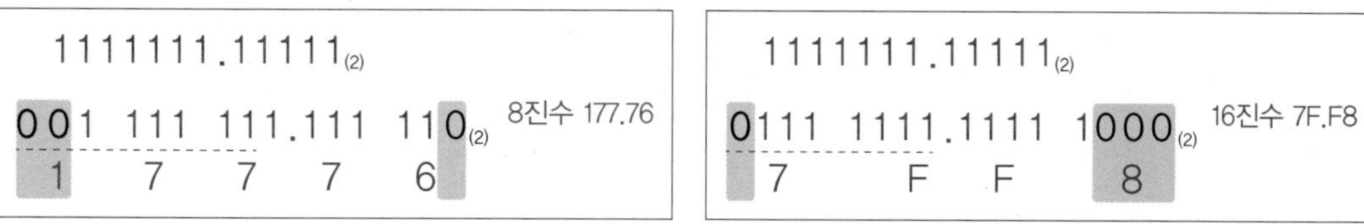

2진수를 8진수 16진수로 변환할 때 소수점을 기준으로 좌우로 8진수는 3자리씩, 16자리는 4자리씩 끊어주고 빈자리는 0으로 채워주면 된다.

정답 01 ① 02 ③ 03 ④ 04 ④ 05 ③

01 수식 "$(011100)_2$+$(100011)_2$"를 계산한 후, 8진수로 올바르게 변환한 것은? (2019-2차)

① $(77)_8$
② $(66)_8$
③ $(14)_8$
④ $(49)_8$

해설

> 최하위 자리수를 기준으로
> • 2진수 3자리는 8진수 한자리이다.
> • 2진수 4자리는 16진수 한자리에 해당된다.

$(011\ 100)_2$
$+\ (100\ 011)_2$
$=\ (111\ 111)_2$ 0이므로 $(77)_8$이 된다.

02 다음 중 2진수 $(110010)_2$를 8진수로 올바르게 변환한 것은? (2020-2차)

① $(60)_8$
② $(61)_8$
③ $(62)_8$
④ $(63)_8$

해설
최하위 자리수를 기준으로 2진수 3자리는 8진수에서 하나의 자리, 즉 $(110\ 010)_2$이므로 $(62)_8$이 된다.

03 2진수 (100110.100101)를 8진수로 변환한 값은? (2023-2차)

① 26.91
② 26.45
③ 46.91
④ 46.45

해설
최하위 자리수를 기준으로 2진수 3자리는 8진수 한 자리, 즉 $(100\ 110.100\ 101)_2$이므로 $(46.45)_8$가 된다.

04 10진수 47.625를 2진수로 변환한 것으로 옳은 것은? (2011-3차)(2013-2차)(2014-3차)

① 101111.111
② 101111.010
③ 101111.001
④ 101111.101

해설

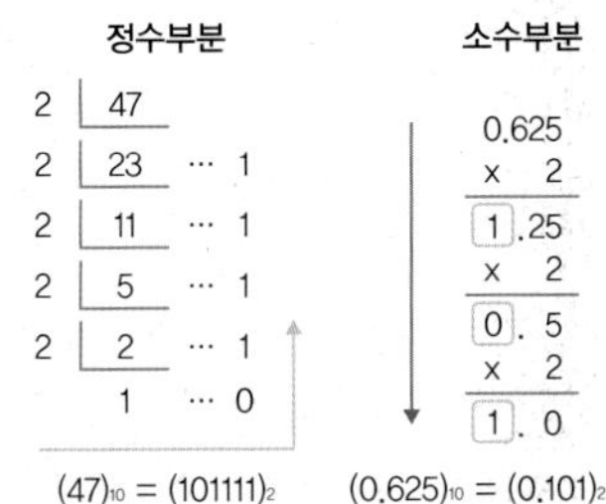

05 10진수 $(38)_{10}$을 2진수로 올바르게 변환한 것은? (2018-3차)

① $(100100)_2$
② $(100101)_2$
③ $(100110)_2$
④ $(100111)_2$

해설

2 | 38
2 | 19 ··· 0
2 | 9 ··· 1
2 | 4 ··· 1
2 | 2 ··· 0
1 ··· 0

$(38)_{10} = (100110)_2$

정답 06 ② 07 ③ 08 ④ 09 ④ 10 ②

06 2진수 $(101101)_2$을 10진수로 올바르게 표시한 것은? (2016-3차)

① 40
② 45
③ 50
④ 55

해설
$2^5 + 2^3 + 2^2 + 2^1 = 32 + 8 + 4 + 1 = 45$

07 16진수 AB를 10진수로 표현한 값은? (2022-1차)

① 169
② 170
③ 171
④ 172

해설
16진수 AB에서 A는 10을 B를 11, C는 12, D는 13, E는 14, F는 15를 의미하므로
AB = 11(B 의미) × 16^0 + 10(A 의미) × 16^1 = 11 + 160 = 171

08 16진수 BEAD에서 숫자 E 자리의 가중치(Weighted Value)는 얼마인가? (2012-2차)

① 10
② 16
③ 32
④ 256

해설
16진수에서 A는 10을 B를 11, C는 12, D는 13, E는 14, F는 15를 의미한다.
BEAD = 13(D 의미)×16^0 + 10(A 의미) × 16^1 × 14(E 의미) × 16^2 + 11(B 의미) × 16^3이므로
E자리의 가중치는 16^2이 되어 256이 된다.

09 16진수 1A를 2진수로 표시하면? (2014-2차)

① 00001110
② 10100001
③ 11111100
④ 00011010

해설
16진수는 이진수 4자리로 표시된다. A는 십진수 10에 해당하고 이진수로 바꾸면 1010이다.
$(1A)_{16} = (0001\ 1010)_2$

10 10진수 0.375를 2진수로 맞게 변환한 값은? (2022-3차)

① 0.111
② 0.011
③ 0.001
④ 0.101

해설
소수부분 계산

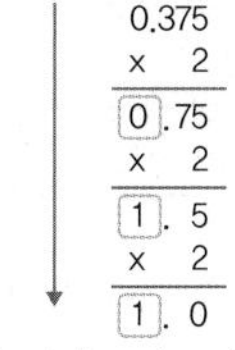

$(0.375)_{10} = (0.011)_2$

기출유형 04 ▸ BCD(Binary-Coded Decimal) 코드

10진수 46을 2진화 10진수(BCD)로 표현하면? (2019-3차)

① 01000110　② 01010010
③ 01010011　④ 00100110

해설
BCD 코드는 2진화 10진수 코드로 8421 코드라고도 한다. 10진법의 0부터 9까지 숫자를 2진수의 4자리로 표현한다. 4는 0100, 6은 0110으로 8421 코드로 표현하므로 (0100 0110)이 된다.
$(46)_{10} = (0100\ 0110)_{BCD}$

| 정답 | ①

족집게 과외

이진수의 그레이코드 변환(앞에 내리고 좌우로 XOR 연산한다)

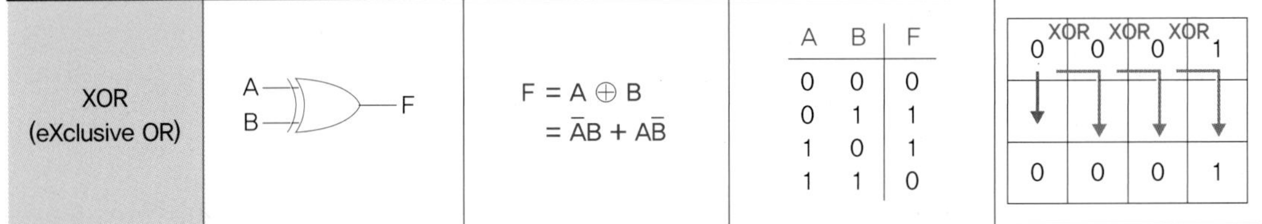

8421 코드와 타 코드와의 관계 비교

10진수	8421	3초과 코드	1의 보수
0	0000	0011	1100
1	0001	0100	1011
2	0010	0101	1010
3	0011	0110	1001
4	0100	0111	1000
5	0101	1000	0111
6	0110	1001	0110
7	0111	1010	0101
8	1000	1011	0100
9	1001	1100	0011

BCD(Binary-Coded Decimal) 코드라고도 하는 8421 코드는 4비트 이진 코드를 사용하여 십진수를 나타내는 방법으로 코드의 각 비트가 특정 가중치 또는 값을 나타내기 때문에 8421이라고 한다.

더 알아보기

10진수 각 자리의 숫자를 4비트(네 자리)의 2진수로 표현한 것이 BCD 코드이다. 네 자리의 2진수를 큰 쪽부터 8의 자리, 4의 자리, 2의 자리, 1의 자리라고 하기 때문에 8421 코드라고도 한다. BCD는 2진 표기법의 4비트를 단위로 10진수 기수값 하나를 표현한다. BCD 코드는 10진수 자리수마다 1대1 매칭해서 2진수로 변환하는 것으로 BCD 코드는 10개의 코드만 갖고 있다.
예를 들어, 십진수 5는 8421 코드에서 0101로 표시됩니다. 마찬가지로 십진수 9는 1001로 표시된다. 8421 코드는 디지털 디스플레이, 계산기 및 일부 유형의 디지털 논리 회로와 같이 이진법을 사용하여 십진수를 저장하거나 조작해야 하는 응용 프로그램에서 일반적으로 사용되며 10진수와 2진수 표현 사이를 변환하는 간단하고 효율적인 방법을 제공한다.

❶ BCD(Binary-Coded Decimal) 코드

BCD는 이진 코드화된 십진법을 나타내며 이것은 이진 코드로 십진수를 표현하는 데 사용되는 코드 체계로서 BCD에서 각 소수 자릿수는 4비트 이진 코드로 표시된다.

10진수	BCD 코드			
	8421	4221		5421
0	0000	0000	–	0000
1	0001	0001	–	0001
2	0010	0010	0100	0010
3	0011	0011	0101	0011
4	0100	1000	0110	0100
5	0101	1001	0111	1000
6	0110	1010	1100	1001
7	0111	1011	1101	1010
8	1000	1110	–	1011
9	1001	1111	–	1100

예를 들어, 소수 53은 BCD로 다음과 같이 나타낼 수 있다.

5	3
0101	0011

각 소수 자릿수는 자체 4비트 이진 코드로 표시된다. BCD는 종종 디지털 회로와 금융 계산과 같이 십진법 산술이 중요한 시스템에서 사용되었으나 BCD는 다른 이진 인코딩 방식보다 더 많은 비트가 필요하며 저장 및 처리 측면에서 이진 또는 16진수와 같은 다른 형식보다 효율성이 떨어진다. BCD 코드의 주요 특징은 아래와 같다.

구분	내용
장점	10진수 변환이 다른 코드에 비해 쉽다.
단점	BCD 코드 전체에 대해서 2진 가산이 적용되지 않는다(9보다 큰 수에는 미적용).

그래서 가산 시 10진 보정이 필요하다. 이외에 아래와 같은 코드가 있다.

❷ 3초과 코드

구분	내용
3초과 코드	• 자기 보수 코드로서 BCD 9의 보수를 구하기 쉬운 코드이다. • 3초과 코드 1(0011)의 보수 9(1100)를 보면 0과 1이 뒤바뀜을 알 수 있다.

10진수	BCD 코드	3-초과 코드
0	0000 +3(0011)	0011
1	0001	0100
2	0010	0101
3	0011	0110
4	0100	0111
5	0101	1000
6	0110	1001
7	0111	1010
8	1000	1011
9	1001	1100

보수관계

❸ Gray 코드

Binary에서 Gray Code 변환 방법	내용
Binary Code 1 XOR 0 XOR 0 XOR 1 XOR 1 XOR 0 1 1 0 1 0 1 Gray Code	Frank Gray가 만든 코드로서 비가중 코드이다. 자릿값이 없는 코드로 한 비트의 변환만으로 다음 값을 만들어 변화가 적다.

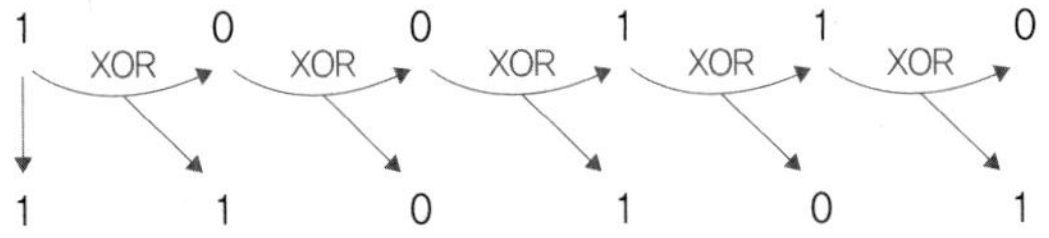

Binary에서 Gray Code 변환 방법	내용
(아래 표 참조)	(아래 참조)

Decimal Value	Binary Code	Gray Code
0	0000	0000
1	0001	0001
2	0010	0011
3	0011	0010
4	0100	0110
5	0101	0111
6	0110	0101
7	0111	0100
8	1000	1100
9	1001	1101
A	1010	1111
B	1011	1110
C	1100	1010
D	1101	1011
E	1110	1001
F	1111	1000

Binary Code	1	1 + 0		1	0	1
Gray Code	1	0	1			
Binary Code	1	1	0 + 1		0	1
Gray Code	1	0	1	1		
Binary Code	1	1	0	1 + 0		1
Gray Code	1	0	1	1	1	
Binary Code	1	1	0	1	0 + 1	
Gray Code	1	0	1	1	1	1

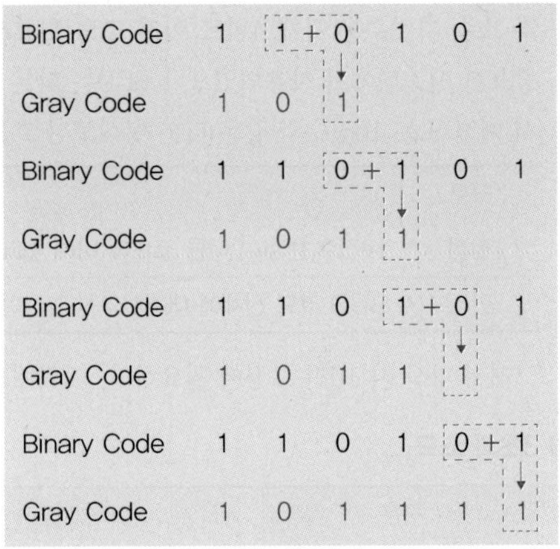

$(110101)_2 \rightarrow (101111)_{Gray}$가 된다.

01 10진수 56789에 대한 BCD 코드(Binary Coded Decimal)는 어느 것인가? (2012-3차)(2014-1차)(2020-3차)

① 0101 0110 0111 1000 1001
② 0011 0110 0111 1000 1001
③ 0111 0110 0111 1000 1001
④ 1001 0110 0111 1000 1001

해설

5: 0101, 6: 0110, 7: 0111, 8; 1000, 9: 1001
$(56789)_{10}$ = $(01011\ 0110\ \ 0111\ 1000\ 1001)_{BCD}$

02 2진수 10111011에 대해 BCD 코드로 변환하고, 이를 3-초과 코드와 그레이 코드로 표현한 것으로 옳은 것은? (순서대로 BCD 코드 3-초과 코드 그레이 코드) (2013-3차)

① 0001 1000 0111 : 0100 1011 1010 : 0001 1010 0100
② 0001 1000 0111 : 0100 1011 1100 : 0001 1010 0100
③ 0001 1000 0111 : 0100 1011 1010 : 0001 1100 0100
④ 0001 1000 0111 : 0100 1011 1100 : 0001 1100 1001

해설

1	0	1	1	1	0	1	1
2^7	2^6	2^5	2^4	2^3	2^2	2^1	2^0
128	–	32	16	8	–	2	1
10111011을 10진수 변환하면 1 + 2 + 8 + 16 + 32 + 128 = 187							

$(1011\ 1011)_2 = (187)_{10}$
BCD 코드 변환하면
1: 0001, 8: 1000, 7: 0111
$(187)_{10}$ = $(0001\ 1000\ 0111)_{BCD}$
$(0001\ 1000\ 0111)_{BCD}$에 3초과 코드$(0011\ 0011\ 0011)_2$를 더하면 $(0100\ 1011\ 1010)_2$

0	0	0	1	1	0	0	0	0	1	1	1
0	0	1	1	0	0	1	1	0	0	1	1
0	1	0	0	1	0	1	1	1	0	1	0

다시$(0001\ 1000\ 0111)_{BCD}$을 그레이코드로 변환하기 위해 둘 중 하나만 1이 될 때만 1이 되고 나머지는 0이 되는 것이며 이후 XOR 연산을 하면

0	0	0	1	1	0	0	0	0	1	1	1
↓	↓	↓	↓	↓	↓	↓	↓	↓	↓	↓	↓
0	0	0	1	1	1	0	0	0	1	0	0

03 숫자 0에서 9까지를 나타내기 위해 BCD 코드는 몇 비트가 필요한가? (2015-3차)(2017-1차)

① 4 ② 3
③ 2 ④ 1

해설

BCD(Binary Coded Decimal) Code
이진수 네 자리를 묶어 십진수 한 자리로 사용하는 기수법이다. 이진수 네 자리가 십진수 한 자리에 바로 대응되기 때문에 변환이 편하나, 쓰이지 않고 버려지는 데이터가 많아 같은 데이터를 저장하더라도 더 많은 데이터가 필요하다. 8421 코드는 BCD 코드의 가장 일반적인 형태이다. 0~9까지의 표현은 8421코드로 사용하면 4비트면 된다. 10진수의 0부터 9까지 BCD 코드를 이용해서 2진수로 표기해 보면 아래와 같다.
$(51)_{10}$= $(0101\ 0001)_{BCD}$

04 10진수 −593을 10의 보수와 2의 보수로 옳게 표현한 것은? (단, 10의 보수는 5자리수, 양부호는 0, 음부호는 9로 표현하고, 2의 보수는 12비트, 양부호는 0, 음부호는 1로 표현한다) (2018-1차)

① 10의 보수: 99406, 2의 보수: 110110101110
② 10의 보수: 99406, 2의 보수: 110110101111
③ 10의 보수: 99407, 2의 보수: 110110101110
④ 10의 보수: 99407, 2의 보수: 110110101111

해설

보수는 쉽게 풀어쓰면 '보충해주는 수'이다. 2의 보수법은 해당 양수의 모든 비트를 반전한 1의 보수에 1을 더하여 음수를 표현하는 방법으로 대부분의 시스템에서는 모두 2의 보수법으로 음수를 표현하고 있다. 2의 보수법을 통해 두 개의 0을 가지는 문제점(+0과 −0)을 해결하기 위해 고안되었다.

10진수의 보수

10진수	9의 보수	10의 보수(9의 보수+1)
3	9−3 = 6	9−3+1 = 7
93	99−93 = 6	99−93+1 = 7

593진수의 보수

10진수	9의 보수	10의 보수(9의 보수+1)
593	9999−593 = 9406	9999−593+1 = 9407
−593	99406	99407

부호화 2의 보수로 표현하면

10진수	1의 보수
$(593)_{10}$ = $(01001010001)_2$	$(101\ 1010\ 1110)_2$
−593	
2의 보수	**부호화 2의 보수**
$(101\ 1010\ 1111)_2$	$(1101\ 1010\ 1111)_2$
	$(1101\ 1010\ 1111)_2$

05 $(347)_{10}$을 BCD(Binary Coded Decimal) 코드로 표시하면? (2012-2차)

① 0011 0100 0111
② 0001 0101 0010
③ 1010 1010 0110
④ 0110 1101 1000

해설

$(347)_{10}$ = $(0011\ 0100\ 0111)_2$으로 각각의 자리수를 기준으로 이진수로 표기하는 것이다.

06 다음 중 0에서 9까지의 십진수를 표현하는데 사용되는 2진수 체계는? (2015-2차)

① ASCII 코드
② 그레이 코드
③ 해밍 코드
④ BCD 코드

해설

Binary-Coded Decimal 코드

BCD는 2진 표기법의 4비트를 단위로 10진수 기수값 하나를 표현한다. BCD 코드는 10진수 자리수마다 1대 1 매칭해서 2진수로 변환하는 것으로 BCD 코드는 10개의 코드만 갖고 있다.

정답 07 ③ 08 ①

07 다음 중 BCD 코드란? (2021-1차)

① byte
② bit
③ 2진화 10진 코드
④ 10진화 2진 코드

해설

Binary-Coded Decimal 코드

BCD는 2진 표기법의 4비트를 단위로 10진수 기수 값 하나를 표현한다. BCD 코드는 10진수 자리수마다 1대1 매칭해서 2진수로 변환하는 것으로 BCD 코드는 10개의 코드만 갖고 있다.

10진수	BCD 코드			
	8421	4221		5421
0	0000	0000	–	0000
1	0001	0001	–	0001
2	0010	0010	0100	0010
3	0011	0011	0101	0011
4	0100	1000	0110	0100
5	0101	1001	0111	1000
6	0110	1010	1100	1001
7	0111	1011	1101	1010
8	1000	1110	–	1011
9	1001	1111	–	1100

08 그림의 코드 변환회로의 명칭은? (2019-3차)

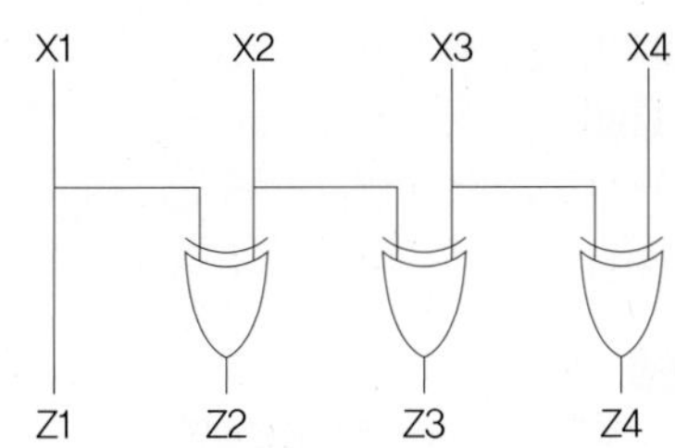

① BCD－GRAY 코드변환기
② BCD－2421 코드변환기
③ BCD－3초과 코드변환기
④ BCD－0의 보수 코드변환기

해설

위 코드변환기 회로에서 그림은 XOR 연산으로 같으면 (00이나 11) 0 다르면 (01이나 11) 1이 출력된다. BCD 코드를 기입하면 Gray Code가 나오는 것을 알 수 있다.

10진수	BCD 코드				Gray Code			
	X_1	X_2	X_3	X_4	G_1	G_2	G_3	G_4
0	0	0	0	0	0	0	0	0
1	0	0	0	1	0	0	0	1
2	0	0	1	0	0	0	1	1
3	0	0	1	1	0	0	1	0
4	0	1	0	0	0	1	1	0
5	0	1	0	1	0	1	1	1
6	0	1	1	0	0	1	0	1
7	0	1	1	1	0	1	0	0
8	1	0	0	0	1	1	0	0
9	1	0	0	1	1	1	0	1

기출유형 05 ▶ Gray Code를 2진 코드 변환

그레이 코드(Gray Code) 1110을 2진수로 변환하면? (2013-2차)(2016-3차)

① 1110
② 1100
③ 1011
④ 0011

해설

Gray **코드를** Binary **코드 변환하면**

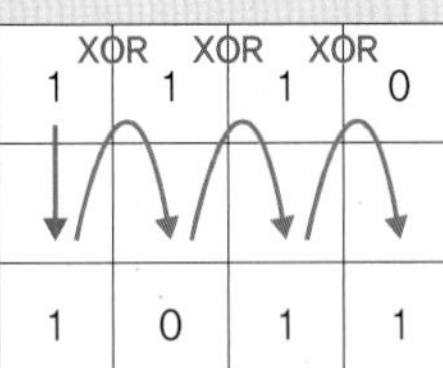

| 정답 | ③

족집게 과외

그레이 코드 사용 목적은 순차적으로 값이 증감하는 경우에 한 bit만 변경해 주면 되므로 빠른 처리가 가능하다.

10진수	2진수(바이너리 코드)	Gray Code
0	0000	0000
1	0001	0001
2	0010	0011
3	0011	0010
4	0100	0110
5	0101	0111
6	0110	0101
7	0111	0100
8	1000	1100
9	1001	1101
10	1010	1111

더 알아보기

10진수에서 그레이 코드로 바로 변환할 수는 없고 10진수 → 바이너리 코드 → 그레이 코드로 변환할 수 있다. 변환하는 방법 MSB는 그대로 사용하고, 다음부터는 인접한 bit끼리 XOR 연산을 하면 된다(예 1001(Binary) → 1101(Gray)).
이진수를 그레이 코드로 변환 바꾸는것은 ㄱ(기역자) 모양으로 생각하면 된다. 일단 첫 자리는 그대로 내려오고 첫 자리부터 앞과 뒤로 XOR 연산을 처리한다.

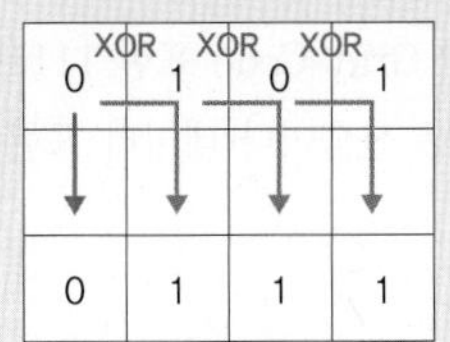

0101 이진수를 그레이 코드로 변환하면 XOR 연산은 둘 중 하나만 1이 될때 1이 되므로 이와 같은 방법으로 하면

0 → 1
↓
1

이런 식으로 기역자 모양을 가지고 있기 때문에 그레이 할 때 그레이 앞 자에 ㄱ자가 들어가므로 기역자 모양을 생각하면 편하게 암기할 수 있다.

❶ 이진수를 그레이 코드로 변환

그레이 코드 또는 반사 이진 코드라고도 하는 Gray Code는 연속 값이 1비트만 다른 이진법으로 아날로그-디지털 변환기의 회전 인코더 및 오류 감지와 같은 애플리케이션에 유용하다.

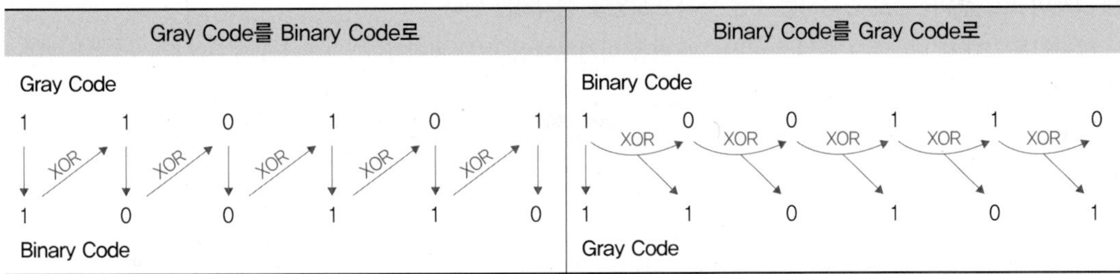

다음은 이진수를 Gray Code로 변환하는 단계이다.

구분	내용
1단계	이진수로 시작한다.
2단계	이진수의 최상위 비트(MSB)를 Gray Code의 첫 번째 비트로 기록한다.
3단계	이진수의 각 후속 비트를 왼쪽에서 오른쪽으로 검사한다.
4단계	현재 비트가 이전 비트와 다른 경우 Gray Code의 다음 비트로 1을 기록한다. 그렇지 않으면 0으로 한다. 이진수의 모든 비트에 대해 이 과정을 반복한다.
5단계	1과 0의 결과 시퀀스는 원래 이진수의 Gray Code 표현이다.

변환 프로세스를 설명하기 위해 이진수 1010을 Gray Code로 변환하면 다음과 같다.

이진수	1 0 1 0
그레이코드	1 1 1 1

이 예에서 첫 번째 비트는 Gray Code에 직접 복사 쓴다. 그런 다음 각 후속 비트에 대해 이전 비트와 비교해서 다른 경우 1을 같은 경우 않으면 0을(XOR 연산임) 쓴다. 이 규칙에 따라 이진수 1010에 대한 Gray Code 표현 1111을 얻을 수 있다. Gray Code는 이진수의 대체 표현이며 특정 응용 프로그램에 유용하며 범용 산술이나 데이터 표현에는 일반적으로 사용되지 않는다.

[XOR 연산 표]

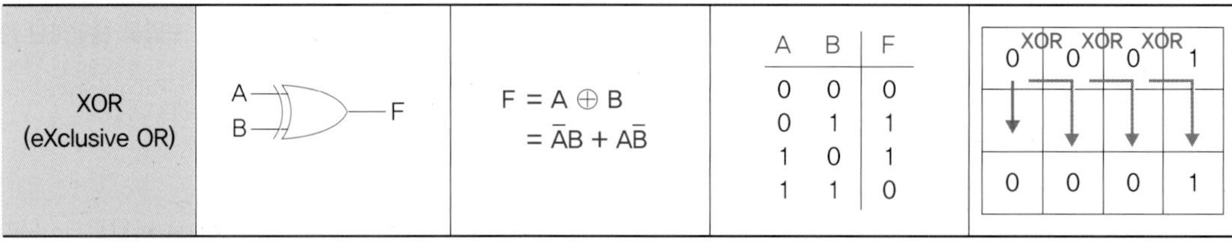

❷ **그레이 코드를 이진수로 변환하는 것은 숫자 2 모양을 생각하면 된다.**

앞자리를 그대로 내려주고 내려준 이진수와 다음 이진수에 XOR를 처리한다. 그레이 코드 0111을 2진수로 변환하면

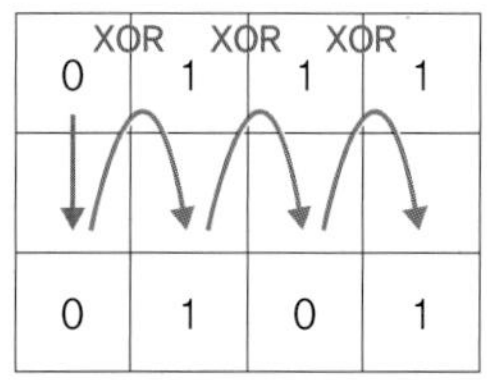

이렇게 원래의 숫자 0101이 된다. 화살표 모양을 보면 처음 것은 원래대로 내려오고 내려온 수와 대각선 위에 있던 수를 XOR 하여 계산된 값을 다시 아래로 내려준다. 위에 화살표 색깔을 보시면 숫자 2를 옆으로 기울인듯하게 보인다 하여 숫자 2를 생각해서 풀면 될 것이다. OR 연산은, 1+1=1이고 XOR 연산에서는, 1+1=0이다. 이를 베타적 논리 연산이라 한다. 그레이 코드 0100을 2진수로 변환하면 0111이 된다.

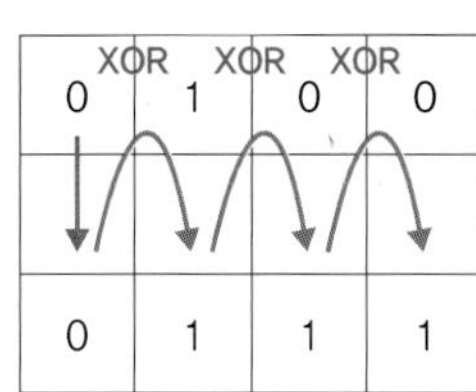

정답 01 ② 02 ① 03 ③ 04 ④ 05 ④

01 2진수 11011을 그레이 코드로 변환한 것은? (2021-3차)

① 11101 ② 10110
③ 10001 ④ 11011

해설

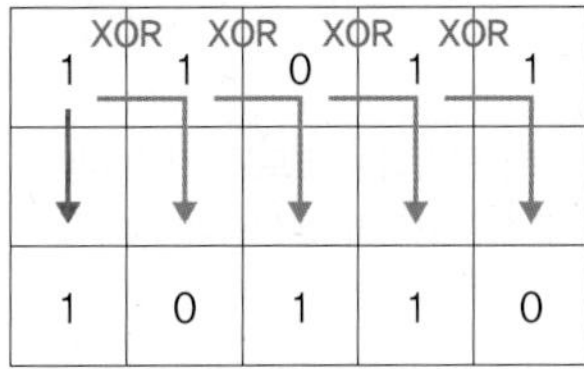

02 그레이 코드 10110110을 2진수로 바꾼 것으로 맞는 것은? (2010-3차)(2013-1차)

① 11011011 ② 10101101
③ 01001100 ④ 01101011

해설

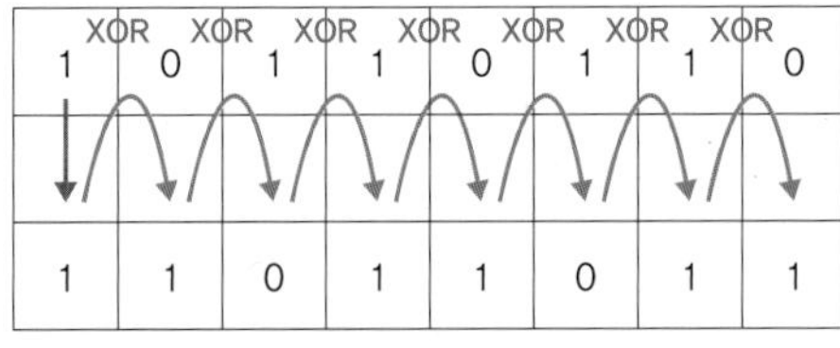

03 다음 중 가중치 코드에 해당하지 않는 것은? (2019-3차)

① BCD 코드 ② 2421 코드
③ Gray 코드 ④ 5211 코드

해설

그레이 코드는 연속되는 코드들 간에 하나의 비트만 변화하여 새로운 코드가 생성되어 오차가 적으나 가중치가 없기 때문에 연산에는 부적합하다.

04 다음 중 2-out of-5 Code에 해당하지 않는 것은? (2012-1차)(2015-3차)(2017-3차)

① 10010 ② 11000
③ 10001 ④ 11001

해설

10진수	63210 코드	2-out of-5 Code				
0	00110	0	0	0	1	1
1	00011	0	0	1	0	1
2	00101	0	0	1	1	0
3	01001	0	1	0	0	1
4	01010	0	1	0	1	0
5	01100	0	1	1	0	0
6	10001	1	0	0	0	1
7	10010	1	0	0	1	0
8	10100	1	0	1	0	0
9	11000	1	1	0	0	0

2 out of 5코드는 5개의 비트 중 2개만 1이 있는 코드로 구성되어 있다. 63210 코드도 5개의 비트로 나타내며 2개의 비트만 1이고 0을 제외한 나머지는 Weight가 있다. 두 코드는 에러 검출용으로 사용가능하지만 실제로는 사용하지 않고 있다.

05 다음 중 문자의 표시와 관계없는 코드는? (2019-2차)

① BCD 코드
② ASCII 코드
③ EBCDIC 코드
④ Gray 코드

해설

그레이 코드는 연속되는 코드들 간에 하나의 비트만 변화하여 새로운 코드가 생성되어 오차가 적으나 가중치가 없기 때문에 연산에는 부적합하다.

06 $3_{(10)}$을 Gray Code로 변환하면? (2014-1차)

① 0010 ② 0001
③ 0100 ④ 0110

해설

Gray Code는 인접한 각 코드 간에 한 개의 비트만 변하므로 아날로그 정보를 디지털 정보로 변환에 유리하다.
$(3)_{10} = (0011)_2$

2진수를 그레이 코드로				그레이 코드를 2진수로			
0 →	0 →	1 →	1	0	0	1	0
↓	↓	↓	↓	↓	↗ ↓	↗ ↓	↗ ↓
0	0	1	0	0	0	1	1

07 다음 중 그레이 코드(Gray Code)의 특징이 아닌 것은? (2014-2차)

① 2비트 변환되는 코드이다.
② 4칙 연산에 사용하는 것은 적합하지 않다.
③ A/D 변환기에 사용한다.
④ 입출력 코드와 주변장치용으로 이용한다.

해설

그레이 코드는 인접한 각 코드 간에 한 개의 비트만 변화하므로 Analog 정보를 Digital 정보로 변화하는데 사용된다. 그러나 그레이코드는 가중치가 없기 때문에 연산에는 부적합하다. 그레이 코드의 특징은 연속되는 코드들 간에 하나의 비트만 변화하여 새로운 코드가 생성되어 입력코드로 사용하면 오차가 적어지는 특징이 있다.

08 다음의 데이터 코드 중 가중치 코드가 아닌 것은? (2016-1차)(2019-1차)

① 8421 코드
② 바이퀴너리(Biquinary) 코드
③ 그레이(Gray) 코드
④ 링 카운터(Ring Couter) 코드

해설

③ 그레이 코드는 연속되는 코드들 간에 하나의 비트만 변화하여 새로운 코드가 생성되어 오차가 적으나 가중치가 없기 때문에 연산에는 부적합하다.

기출유형 06 ▶ 기타코드, ASCII 코드

다음 중 ASCII 코드에 대한 설명으로 틀린 것은? (2010-3차)(2016-2차)

① 미국표준협회에서 만든 미국 표준 코드임

② 7비트의 데이터 비트에 패리티 비트 1비트를 추가함

③ 7비트의 데이터 비트 중 앞의 7, 6, 5, 4비트는 존 비트로 사용됨

④ 데이터 통신용 문자 코드로 많이 사용되고 128문자를 표시함

해설

ASCII Code는 7bit의 조합으로 문자를 표현하도록 만든 것으로 총 27개의 문자를 표현할 수 있다. 내부적으로는 3개의 Zone Bit와 4개의 수치 bit로 구성된다. 순수 ASCII Code는 7bit이나 데이터 통신 시에 추가적인 Parity Bit를 사용하여 8개의 bit로 ASCII Code를 사용한다.

| 정답 | ③

족집게 과외

컴퓨터에서 음수의 표현을 위해 부호 비트와 절댓값 방법, 1의 보수법, 2의 보수법이 있으나 현재 2의 보수법을 사용 중이다.

자기 보수 코드(Self Complement Code)	Excess−3 Code
가중치 코드(Weighted Code)	8421 코드, 2421 코드, 5421 코드

[7 Segment 이용한 숫자 표시]

숫자	표시	A	B	C	D	E	F	G
0	0	ON	ON	ON	ON	ON	ON	OFF
1	1	OFF	ON	ON	OFF	OFF	OFF	OFF
2	2	ON	ON	OFF	ON	ON	OFF	ON
3	3	ON	ON	ON	ON	OFF	OFF	ON
4	4	OFF	ON	ON	OFF	OFF	ON	ON
5	5	ON	OFF	ON	ON	OFF	ON	ON
6	6	ON	OFF	ON	ON	ON	ON	ON
7	7	ON	ON	ON	OFF	OFF	OFF	OFF
8	8	ON	ON	ON	ON	ON	ON	ON
9	9	ON	ON	ON	ON	OFF	ON	ON

7 Segment 표시 장치 구성

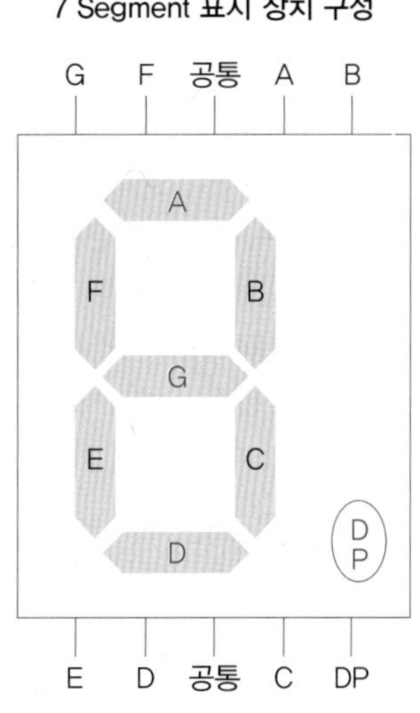

더 알아보기

- 7 세그먼트 디스플레이는 십진수(0–9)와 일부 영숫자를 표시할 수 있는 전자 디스플레이 장치로서 특정 패턴으로 배열되어 개별적으로 제어할 수 있는 7개의 세그먼트로 구성되며 각 세그먼트는 숫자의 한 부분을 나타낸다. 세그먼트는 'a'에서 'g'까지 레이블이 지정되며 다른 숫자나 문자를 만들기 위해 켜거나 끌 수 있다.
- 7 세그먼트는 위와 같이 10개의 단자로 구성된다. 숫자를 표시하기 위해 A, B, C, D, E, F, G, DP에 대해서 LED를 제어하기 위한 7개의 단자와 점을 표시하기 위한 DP 단자, 공통 애노드 또는 공통 캐소드 역할을 하는 2개의 단자로 이루어진다. 예로 B와 C를 켜면 1을 표시하고 A, B, C, D, G를 켜면 3을 표시한다.
- 7 세그먼트 디스플레이를 사용하여 특정 숫자를 표시하려면 각 숫자에 해당하는 세그먼트를 켜거나 끈다. 예를 들어 숫자 "5"를 표시하려면 세그먼트 'A', 'B', 'C', 'F' 및 'G'를 켜고 세그먼트 'D' 및 'E'를 끈다.

❶ 정수의 표현

컴퓨터에서 정수를 표현하는 방법은 크게 부호 없는 정수와 부호 있는 정수로 나누어진다. 부호 없는 정수를 표현할 때는 단지 해당 정수 크기의 절댓값을 2진수로 변환하여 표현하면 된다. 그러나 문제는 부호 있는 정수에서 음수를 표현하는 방법에 있다.

❷ BCD – 7 세그먼트 디코더

7개의 LED를 두어 각 입력에 해당되는 디지털 신호가 들어오면 불을 켜줘 우리가 눈으로 확인하게 만들어 주는 장치이다. 여기서 캐소드 형과 애노드 형이 나뉘는데 캐소드 형은 기준이 전부 그라운드에 있고 애노드 형은 기준이 전부 5V에 있다. 둘은 기준점이 다르며 이는 입력이 서로 반대가 되면 불이 켜진다는 것을 의미한다. 이 경우 애노드 형이 캐소드 형에 비해 전력소모가 작다.

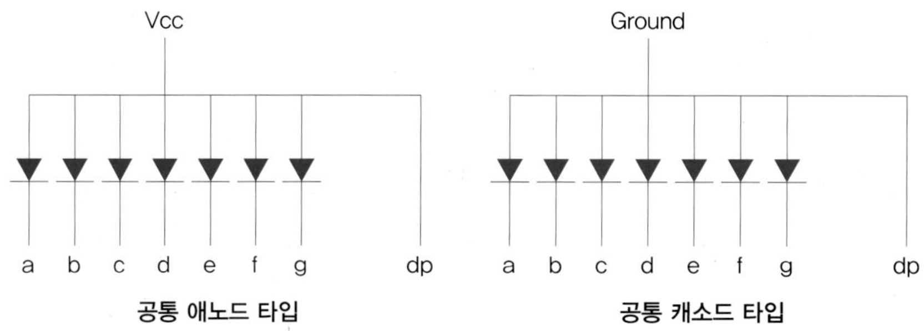

공통 애노드 타입　　　공통 캐소드 타입

7 세그먼트는 동작하는 방식에 따라 위와 같이 애노드 형과 캐소드 형으로 나누어진다. 애노드 형은 –V(Off) 신호로 LED가 켜지며, 캐소드 형은 +V(On) 신호로 LED가 켜진다. 7 세그먼트는 총 10개의 단자가 있으며, 상/하단 가운데 단자는 타입에 따라 전원의 +V(On) 또는 –V(Off)가 연결되고 나머지 단자는 디지털 핀에 연결한다. 7 세그먼트도 LED를 사용하므로 과전류 방지용 저항과 함께 사용해야 된다. 일반적으로 애노드 타입(Common-anode Type)을 주로 사용한다. 따라서 전류를 보내지 않도록 설정(–V)한 LED만 켜지게 된다.

정답 01 ① 02 ② 03 ② 04 ④

01 다음 중 자기 보수 코드(Self Complement Code)인 것은? (2019-1차)(2020-1차)

① 3초과 코드
② BCD 코드
③ 그레이 코드
④ 해밍 코드

해설

① 3초과 코드: BCD 코드(8421 코드)로 표현된 값에 3을 더해 준 값으로 나타내는 코드이다. 10진값 = 각 2진수+0011(3의 이진수)

자기 보수 코드(Self Complement Code)

자기 보수 코드는 1을 0으로, 0을 1로 바꾸었을 때(보수를 취했을 때), 10진수의 9의 보수를 얻을 수 있는 코드로서 스스로 보수를 만드는 코드를 의미한다.

10진수	BCD 코드	3-초과 코드
0	0000 +3(0011) →	0011
1	0001	0100
2	0010	0101
3	0011	0110
4	0100	0111
5	0101	1000
6	0110	1001
7	0111	1010
8	1000	1011
9	1001	1100

보수 관계

② BCD(Binary Coded Decimal, 8421) 코드: 일반적으로 BCD 코드는 8421 코드를 의미하며, 각 비트의 자리값은 MSB에서부터 8, 4, 2, 1로 되기 때문에 가중(Weight) 코드라 한다. BCD는 10진수 0(0000)부터 9(1001)까지를 2진화한 코드로서 표기는 2진수이지만 의미는 10진수이다. 그러나 1010부터 1111까지 6개는 사용하지 않는다.
③ Gray 코드: 각 자리에 일정한 값을 부여하는 가중치 값이 없는 비가중치 코드이다. 한 비트의 변환만으로 다음 값을 만들 수 있기 때문에 변화가 적은 것이 장점이다.
④ 해밍코드(Hamming Code): 데이터 비트에 여러 개의 체크비트(패리티 비트)가 추가된 코드로서 오류의 검출은 물론 스스로 수정까지 가능, 자기 정정 부호라고도 지칭한다.

02 1분 동안 전송된 총 비트수가 100[bit]이고 이에 부가로 전송된 전송비트가 20[bit]이다. 이때 이 회선의 코드(부호)효율은 약 얼마인가? (2022-1차)

① 80[%] ② 83[%]
③ 86[%] ④ 89[%]

해설

부호화율

부호화하는 과정에서 총 전송된 비트에서 부가비트를 뺀 실제로 정보가 얼마나 전송되었는지 나타낸다. 전송비트가 100[bit] 이고 부가 비트가 20[bit]이므로 총 전송비트는 120[bit]이다.

$$부호화율 = \frac{정보비트수}{전송된\ 총비트수}$$

부호화율 = 100[bit]/120[bit]×100% = 83%

03 다음 중 Self Complement 코드에 해당하는 것은? (2010-1차)

① 8421 코드 ② Excess-3 코드
③ Gray 코드 ④ 5421 코드

해설

자기 보수 코드(Self Complement Code)

자기 보수 코드는 1을 0으로, 0을 1로 바꾸었을 때(보수를 취했을 때), 10진수의 9의 보수를 얻을 수 있는 코드로서 스스로 보수를 만드는 코드를 의미한다.

04 다음 중 가중치 코드(Weighted Code)가 아닌 것은? (2011-2차)

① 8421 코드 ② 2421 코드
③ 5421 코드 ④ Excess-3 코드

해설

3초과 코드

비가중치 코드면서 자기 보수 코드로 8421 코드를 3초과시켜서 만든 코드이다. 3초과 코드 연산 시 캐리 발생 여부만 판별해서 3을 더해주거나 3을 빼주면 되기 때문에 8421에 비해 편리하게 연산이 된다.

정답 05 ③ 06 ④ 07 ③ 08 ①

05 십진 BCD 코드를 LED 출력으로 표시하려면 어떤 디코더 드라이브가 필요한가? (2012-2차)(2014-3차)

① BCD-10 세그먼트
② Octal-10 세그먼트
③ BCD-7 세그먼트
④ Octal-7 세그먼트

해설
7 Segment는 7개의 LED로 구성되어 숫자와 문자를 표시하기 위한 디스플레이용이다.

06 TEST라는 문자를 아스키(ASCII) 코드 형태로 변환하여 비동기 방식으로 전송할 때 스타트 비트, 스톱 비트를 각각 1비트로 할 경우 전송되는 총 비트수는?(2012-1차)(2014-1차)(2015-3차)(2018-2차)

① 6[bit] ② 28[bit]
③ 32[bit] ④ 40[bit]

해설
ASCII 코드의 구성

Parity	Zone(존)			Digit(디지트)			
B_7	B_6	B_5	B_4	B_3	B_2	B_1	B_0

ASCII 코드는 7비트로 되어 있고 별도 Parity Bit가 1bit 있어서 총 8bit가 필요하다. 문자를 전송하기 위해 처음인 Start와 마지막인 Stop 비트를 각각 1bit씩 할당하여 10bit가 필요하므로 TEST는 문자는 4개의 문자가 있어 문자 하나당 10bit가 소요되므로 총 40bit가 필요하다.

Parity	Zone Bit			Digit Bit			
7	6	5	4	3	2	1	0
C	1	0	0	영문자 A~O(0001~1111)			
	1	0	1	영문자 P~Z(0000~1010)			
	0	1	1	영문자 0~9(0000~1001)			

07 ASCII 코드의 존(Zone) 비트와 디지트(Digit) 비트의 구성으로 올바른 것은? (2011-3차)(2021-1차)

① 존 비트: 2, 디지트 비트: 3
② 존 비트: 3, 디지트 비트: 3
③ 존 비트: 3, 디지트 비트: 4
④ 존 비트: 4, 디지트 비트: 4

해설
일반적으로 컴퓨터는 데이터를 8개의 비트 단위로 묶어 한 번에 처리한다. 비트 8개를 모아 놓은 것을 바이트(byte)라 하며 1바이트로 표시할 수 있는 최대 문자의 수는 256개가 되는 것이다. 그러나 이 숫자로는 전 세계 국가의 숫자나 언어·기호 등을 표현하는데 한계가 있다. 만약 9비트 이상일 경우에는 512가지나 되어 추가적으로 표현할 폭이 넓어지게 된다. 이를 위해 256가지의 영역마다 어떠한 원칙에 의해 표현 가능한 모든 숫자·문자·특수문자를 하나씩 정해 놓은 것이 곧 아스키코드이다.

Parity	Zone(존)			Digit(디지트)			
B_7	B_6	B_5	B_4	B_3	B_2	B_1	B_0

총 128가지의 문자를 표현가능하다.

08 그림과 같은 디코더는 BCD 입력이 1001(ABCD)인 때만 출력이 1을 나타낸다고 할 경우, 다음 중 출력 Y를 불대수식으로 표현하면? (2010-2차)

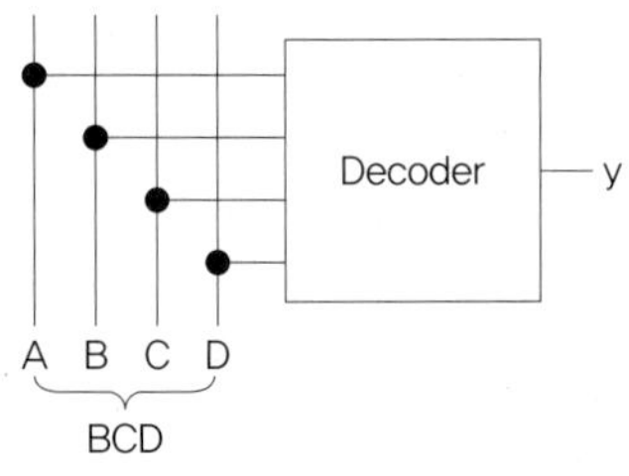

① AD ② AB
③ AC ④ BCD

해설

디코더는 n개 입력의 2진 정보를 최대 2^n개의 출력으로 변환할 수 있는 조합회로로 출력의 개수는 2^n개 보다 적을 수도 있다. 즉 디코더는 n개의 입력 변수에 대한 2^n개의 최소항을 생성하는 것이다. 위 논리회로에서 4개의 BCD 코드는 4개의 AND와 NAND 회로에 연결하여 출력이 1이나 0이 출력된다. BCD 입력이 1001(ABCD)인 때만 출력이 1을 나타낸다는 것은 A와 D가 1일 때 이므로 Y=AD가 된다.

09 **십진 BCD 계수가 출력으로 그림과 같은 표시를 이용하려면 어떤 디코더 드라이버가 필요한가?** (2014-2차)

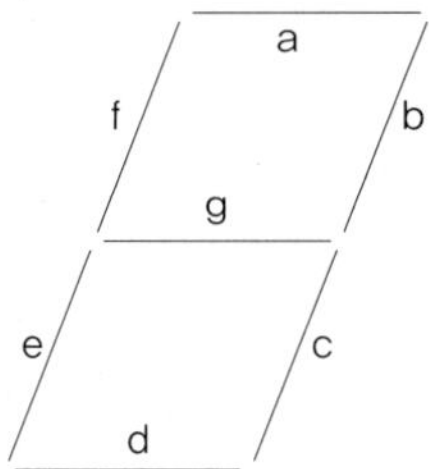

① BCD－10 세그먼트
② Octal－10 세그먼트
③ BCD－7 세그먼트
④ Octal－7 세그먼트

해설

7 Segment는 7개의 LED로 구성되어 숫자와 문자를 표시하기 위한 디스플레이용이다.

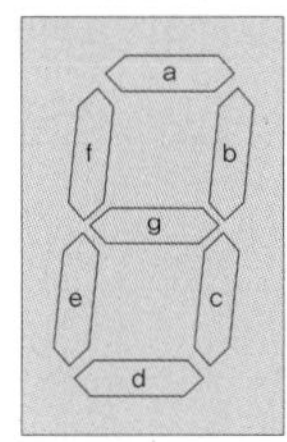

7 Segment의 타입에는 Common Anode 타입과 Common Cathode 타입이 있다. Common Anode 타입은 전원을 공통으로 하고 LOW 레벨의 접지를 연결하여 각각의 LED를 제어한다. 반면에 Common Cathode 타입은 GND를 공통으로 하고 HIGH 레벨의 전압을 통해 각각의 LED를 제어한다.

10 **500가지의 색상을 나타낼 정보를 저장하고자 할 경우, 최소 몇 비트가 필요한가?** (2015-2차)

① 6비트
② 7비트
③ 8비트
④ 9비트

해설

1비트가 표현할 수 있는 정보는 0과 1이다.
2비트가 표현할 수 있는 정보는 000, 01, 10, 11로 4개이다(2^2).
3비트는 8개(2^3)를 표현하므로 500을 만족하기 위해서는 2^8=256가지, 2^9는 512이므로 최소 9bit가 필요한 것이다.

02 논리회로 방정식

기출유형 01 ▶ 논리방정식, 드모르간(De Morgan)

다음 중 드모르간(De Morgan)의 정리를 옳게 나타낸 것은? (2017-1차)

① $A+B=\overline{A}+B$　　② $A+B=A \cdot B$

③ $\overline{A+B}=\overline{A} \cdot \overline{B}$　　④ $A+B=\overline{A}+\overline{B}$

해설

- 정리 1: 곱의보수는 보수의 합과 같다. $(\overline{AB})=\overline{A}+\overline{B}$
- 정리 2: 합의보수는 보수의 곱과 같다. $(\overline{A+B})=\overline{A} \cdot \overline{B}$

| 정답 | ③

족집게 과외

불 대수

$A \cdot 1=A,\ A \cdot 0=0,\ A+1=1,\ A+0=A,\ A+A=A,\ A \cdot A=A,\ A \cdot \overline{A}=0,\ A+\overline{A}=1$

① $\overline{A+B} = \overline{A} \cdot \overline{B}$	② $\overline{A \cdot B} = \overline{A}+\overline{B}$
③ $\overline{\overline{A}+\overline{B}} = A \cdot B$	④ $\overline{\overline{A} \cdot \overline{B}} = A+B$

더 알아보기

드모르간 법칙		논리학과 수학의 법칙 중 하나이다. 논리 연산에서 논리합은 논리곱과 부정기호로, 논리곱은 논리합과 부정기호로 표현할 수 있음을 가리키는 법칙이다.
		• 정리 1: 곱의 보수는 보수의 합과 같다. $(\overline{AB}) = \overline{A}+\overline{B}$ • 정리 2: 합의 보수는 보수의 곱과 같다. $(\overline{A+B}) = \overline{A} \cdot \overline{B}$
논리 대수 연산 법칙	교환법칙	$A+B=B+A,\ A \cdot B=B \cdot A$
	결합법칙	$(A+B)+C=A+(B+C),\ (A \cdot B) \cdot C=A \cdot (B \cdot C)$
	분배법칙	$A+(B \cdot C)=(A+B) \cdot (A+C),\ A \cdot (B+C)=(A \cdot B)+(A \cdot C)$
	흡수법칙	$A+A \cdot B=A \cdot (1+B)=A,\ A \cdot (A+B)=A \cdot A+A \cdot B=A \cdot (1+B)=A,$ $A \cdot (1+B+C+D+ \cdot \cdot \cdot)=A$
불 대수		$A \cdot 1=A,\ A \cdot 0=0,\ A+1=1,\ A+0=A,\ A+A=A,\ A \cdot A=A,\ A \cdot \overline{A}=0,\ A+\overline{A}=1$

아래 공식에서 •는 AND 연산자를, +는 OR 연산자를 의미한다.

❶ 드모르간 법칙

De Morgan의 법칙은 부정(NOT), 접속사(AND) 및 분리(OR)의 논리 연산자 사이의 관계를 설명하는 불 대수학의 기본 규칙으로 이 법칙은 수학자 아우구스투스 드모르간(Augustus De Morgan)의 이름을 따서 명명되었다. 다음과 같은 두 가지 De Morgan의 법칙이다.

$\overline{(AB)} = \overline{A}+\overline{B}$	A와 B의 전체 부정은 A 부정과 B 부정의 합이다.
$\overline{(A+B)} = \overline{A}\cdot\overline{B}$	A 또는 B의 전체 부정은 A 부정과 B 부정이다.

이러한 법칙을 통해 복잡한 논리 진술의 부정을 더 간단한 연산으로 표현할 수 있으며 논리식을 변환하고 불 방정식을 단순화하며 디지털 논리 회로를 최적화할 수 있다. De Morgan의 법칙은 컴퓨터 과학, 논리 설계 및 프로그래밍의 다양한 영역에서 널리 사용되며 불 함수의 동작에 대한 논리적 표현과 이유를 조작하는 방법을 제공한다.

❷ 논리기호화 진리표

게이트	논리회로	논리식	진리표
AND	A, B → AND → F	F = A • B = AB	A B | F 0 0 | 0 0 1 | 0 1 0 | 0 1 1 | 1
OR	A, B → OR → F	F = A + B	A B | F 0 0 | 0 0 1 | 1 1 0 | 1 1 1 | 1
NOT(Converter) 또는 (Inverter)	A → NOT → F	$F = \overline{A}$	A | F 0 | 1 1 | 0
NAND (Not AND)	A, B → NAND → F	$F = \overline{AB}$	A B | F 0 0 | 1 0 1 | 1 1 0 | 1 1 1 | 0
NOR	A, B → NOR → F	$F = \overline{A + B}$	A B | F 0 0 | 1 0 1 | 0 1 0 | 0 1 1 | 0

XOR (eXclusive OR)	A, B → F	$F = A \oplus B$ $= \bar{A}B + A\bar{B}$	A B | F 0 0 | 0 0 1 | 1 1 0 | 1 1 1 | 0
XNOR (eXclusive NOR)	A, B → F	$F = A \odot B$ $= \bar{A}\bar{B} + AB$	A B | F 0 0 | 1 0 1 | 0 1 0 | 0 1 1 | 1
Buffer	A, B → F	$F = A$	A | F 0 | 0 1 | 1

기출유형 완성하기

정답 01 ① 02 ① 03 ① 04 ③ 05 ③ 06 ② 07 ④

01 다음 중 드모르간 법칙에 해당하는 것은? (2012-3차)

① $\overline{AB}=\overline{A}+\overline{B}$
② $AB=BA$
③ $A(B+C)=AB+AC$
④ $A(A+B)=A$

해설

> 드모르간 법칙
> - 정리 1: 곱의 보수는 보수의 합과 같다.
> $(\overline{AB})=\overline{A}+\overline{B}$
> - 정리 2: 합의 보수는 보수의 곱과 같다.
> $(\overline{A+B})=\overline{A}\cdot\overline{B}$

02 다음 중 논리방정식이 잘못된 것은? (2014-2차)(2020-1차)

① $A+1=A$
② $A\cdot 0=0$
③ $A+A\cdot B=A$
④ $A\cdot(A+B)=A$

해설

> 불 대수
> $A\cdot 1=A,\ A\cdot 0=0,\ A+1=1,\ A+0=A,$
> $A+A=A,\ A\cdot A=A,\ A\cdot\overline{A}=0,\ A+\overline{A}=1$

$A+A\cdot B=A\cdot(1+B)=A$
$A\cdot(A+B)=A+A\cdot B=A\cdot(1+B)=A$

03 논리식 A(A+B+C)를 간단히 하면? (2012-2차)(2016-1차)

① A ② 1
③ 0 ④ A+B+C

해설
$A(A+B+C)=A\cdot A+A\cdot B+A\cdot C=A+A\cdot B+A\cdot C=A\cdot(1+B+C)=A$

04 불 대수식 $A(\overline{A}+B)$를 간단히 하면? (2017-3차)

① A ② B
③ AB ④ $A+B$

해설
$A(\overline{A}+B)=A\cdot\overline{A}+A\cdot B$이고 $A\cdot\overline{A}=0$이므로 $A\cdot B$가 된다.

05 논리식 $(A+B)\cdot(\overline{A}+B)$를 간단히 하면? (2016-2차)

① $\overline{A}B$ ② $A\overline{B}$
③ B ④ A

해설
$(A+B)\cdot(\overline{A}+B)=A\cdot\overline{A}+A\cdot B+\overline{A}\cdot B+B\cdot B$ $=0+A\cdot B+\overline{A}\cdot B+B\cdot B(=B)$이므로 $B\cdot(A+\overline{A}+1)=B$

06 다음 중 논리식 (A+B)(A+C)+AC를 간략화하면? (2010-2차)

① $A+B$
② $A+BC$
③ $A+B+C$
④ $AB+AC$

해설
$(A+B)(A+C)+AC=A\cdot A+A\cdot C+A\cdot B+B\cdot C+A\cdot C=A+A\cdot C+A\cdot B+B\cdot C+A\cdot C=A\cdot(1+C+B)+B\cdot C=A+B\cdot C$

07 다음 중 배타적 OR(Exclusive OR) 회로의 논리식으로 틀린 것은? (2011-2차)

① $Y=\overline{A}B+A\overline{B}$
② $Y=(A+B)(\overline{A\cdot B})$
③ $Y=A\oplus B$
④ $Y=(A+B)(\overline{A+B})$

해설

배타적 OR회로는 두입력이 다른 경우에는 1이며 그렇지 않은 경우는 0을 출력한다.

$Y=\overline{A}B+A\overline{B}=(A+B)\cdot(\overline{AB})=(A+B)\cdot(\overline{A}+\overline{B})$
$=A\cdot\overline{A}+A\cdot\overline{B}+B\cdot\overline{A}+B\cdot\overline{B}=A\oplus B$

08 그림과 같은 논리 회로는? (2013-1차)

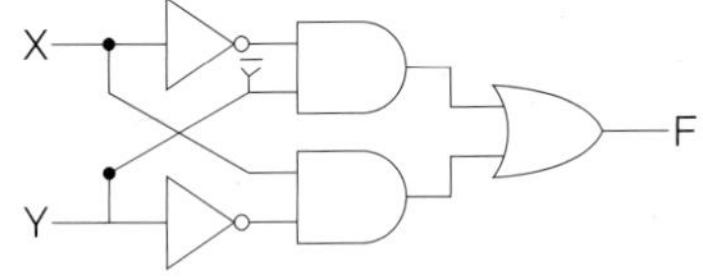

① XOR ② XNOR
③ AND ④ OR

해설

$F=\overline{X}\cdot Y$ or $X\cdot\overline{Y}$이므로 $F=\overline{X}\cdot Y+X\cdot\overline{Y}$이 된다. 이것은 XOR인 Exclusive OR Gate가 된다.

09 다음 논리회로와 같은 게이트(Gate) 회로에 해당되는 것은? (단, A, B는 입력단자이며 X는 출력단자이다) (2010-3차)(2011-3차)

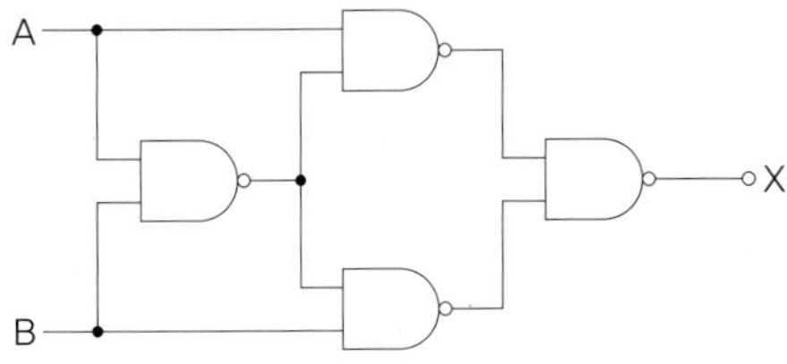

① AND
② NOR
③ OR
④ Exclusive OR

해설

$X=[((\overline{AB})\cdot A)'\cdot((\overline{AB})\cdot B)']'=[(\overline{AB}\cdot A)]''+[(\overline{AB}\cdot B)]''=\overline{AB}\cdot A+\overline{AB}\cdot B=(\overline{A}+\overline{B})\cdot A+(\overline{A}+\overline{B})\cdot B$
$=\overline{A}\cdot A+A\cdot\overline{B}+\overline{A}\cdot B+B\cdot\overline{B}=A\cdot\overline{B}+\overline{A}\cdot B=$ *Exclusive OR*이 된다.

10 다음 논리회로의 출력(Y)은? (2011-3차)

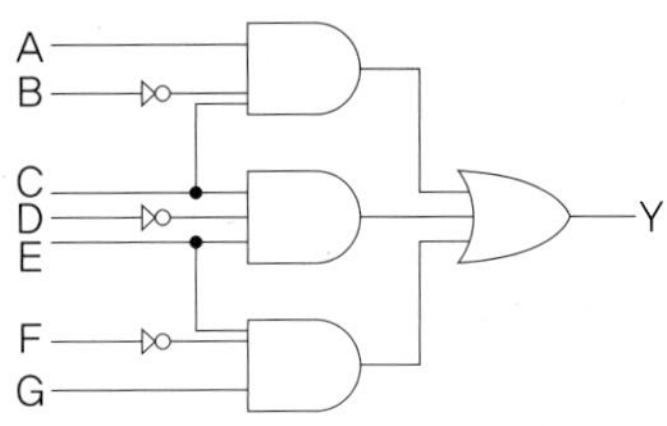

① $Y=A\overline{B}C+C\overline{D}E+E\overline{F}G$
② $Y=A\overline{B}C+AB\overline{C}+\overline{A}\overline{B}\overline{C}$
③ $Y=A+B+C+D+E+F+G$
④ $Y=ABCDEFG$

해설

첫 번째 게이트는 $A\overline{B}C$, 두 번째 게이트는 $C\overline{D}E$, 세 번째 게이트는 $E\overline{F}G$이다. 이것을 모두 *or*로 묶어서 $Y=A\overline{B}C+C\overline{D}E+E\overline{F}G$가 된다.

11 다음 논리회로에 의해 계산된 결과 X는? (2016-1차)(2017-2차)

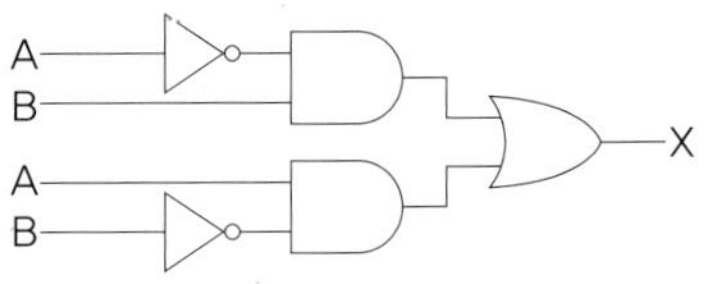

① $\overline{A}+\overline{B}$ ② $\overline{A\oplus B}$
③ $A\oplus B$ ④ $A\cdot B$

해설

위 논리회로를 논리식으로 풀면 $\overline{A}$ and B or A and $\overline{B}$이므로 $\overline{A}B+A\overline{B}=A\oplus B$이다(00이나 11일 때 출력이 1이고 01이나 10에서는 출력이 0이다).

정답 12 ② 13 ④ 14 ② 15 ④

12 아래 스위칭 회로의 논리식으로 옳은 것은? (2015-1차)(2016-2차)(2022-3차)

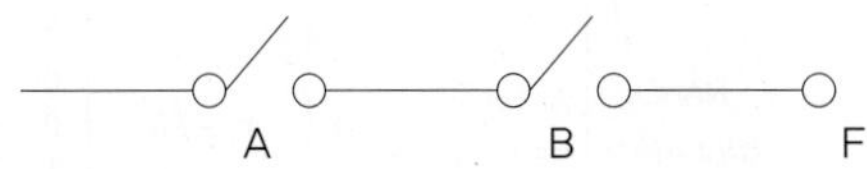

① $F = A+B$
② $F = A \cdot B$
③ $F = A-B$
④ $F = A/(B+A)$

해설
스위치를 이용한 논리회로이다. 둘 다 연결되어야 출력이 되는 AND Gate이다.

13 그림과 같은 회로의 출력은? (2021-2차)

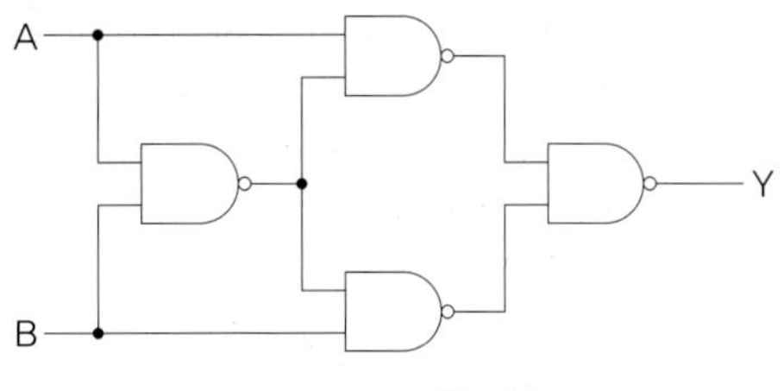

① AB ② $\overline{A}+\overline{B}$
③ $AB+\overline{AB}$ ④ $A\overline{B}+\overline{A}B$

해설
$[((\overline{AB}) \cdot A)' \cdot ((\overline{AB}) \cdot B)']' = ((\overline{AB}) \cdot A)' + ((\overline{AB}) \cdot B)' = (\overline{AB}) \cdot A + (\overline{AB}) \cdot B$
$= (\overline{A}+\overline{B}) \cdot A + (\overline{A}+\overline{B}) \cdot B = \overline{A}A + A\overline{B} + \overline{A}B + B\overline{B} = A\overline{B} + \overline{A}B$
즉, 위 식은 Exclusive OR와 등가이다.

14 다음 그림의 논리 회로에 대한 논리식은? (2013-2차)(2018-1차)(2020-2차)

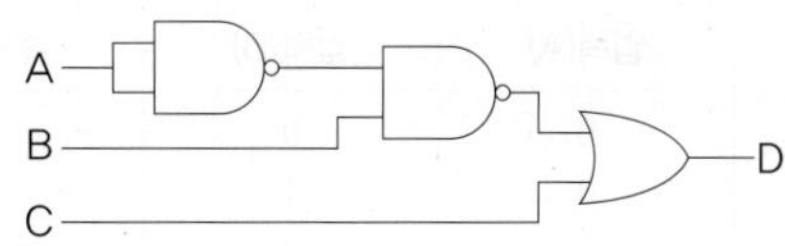

① $D=(\overline{A}+B) \cdot C$
② $D=(A+\overline{B}) \cdot C$
③ $D=(\overline{A}+\overline{B}) \cdot C$
④ $D=(A+B) \cdot \overline{C}$

해설
$D=(\overline{A}B)'+C$이므로 $D=A+\overline{B}+C$가 된다.

15 다음 중 특정 비트의 값을 무조건 0으로 바꾸는 연산은? (2015-3차)(2018-1차)

① XOR 연산
② 선택적-세트(Selective-Set) 연산
③ 선택적-보수(Selective-Complement) 연산
④ 마스크(Mask) 연산

해설

마스크 오프

마스크온

16 다음의 진리표에 해당하는 논리회로도는?

(2020-1차)

입력(A)	입력(B)	출력(F)
0	0	1
0	1	1
1	0	1
1	1	0

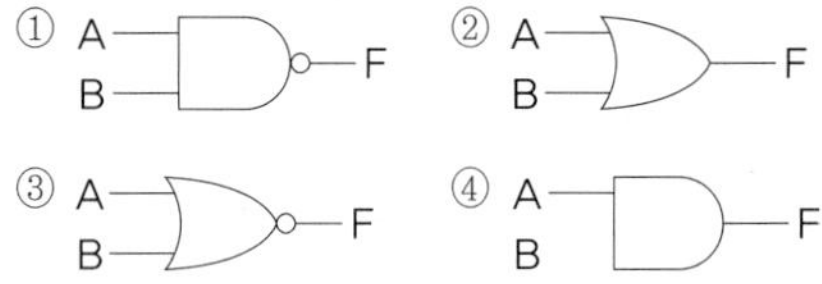

해설

게이트	논리회로	논리식	진리표
NAND (Not AND)	A, B — F	$F = \overline{AB}$	A B F / 0 0 1 / 0 1 1 / 1 0 1 / 1 1 0
NOR	A, B — F	$F = \overline{A+B}$	A B F / 0 0 1 / 0 1 0 / 1 0 0 / 1 1 0

17 두 이진수 01101101과 11100110을 연산하여 결과가 10011011이 나왔다. 다음의 어떤 연산을 한 것인가?

(2017-1차)

① AND 연산
② OR 연산
③ XOR 연산
④ NAND 연산

해설

게이트	논리회로	논리식	진리표
NAND (Not AND)	A, B — F	$F = \overline{AB}$	A B F / 0 0 1 / 0 1 1 / 1 0 1 / 1 1 0

0	1	1	0	1	1	0	1
1	1	1	0	0	1	1	0
1	0	0	1	1	0	1	1

문제의 연산을 유추해보면 00, 01, 10일 때 1로 되고 11일 때만 0이 되므로 NAND 연산이다.

18 다음 중 불 대수의 정리가 성립되지 않는 것은?

(2023-3차)

① $A+B=B+A$
② $A \cdot B=A(A+B)$
③ $A(B+C)=AB+AC$
④ $A+(B \cdot C)=(A+B)(A+C)$

해설

② $A(A+B)=A \cdot A+A \cdot B=A+A \cdot B$
$=A(1+B)=A$

> **불 대수**
> $A \cdot 1=A,\ A \cdot 0=0,\ A+1=1,\ A+0=A,$
> $A+A=A,\ A \cdot A=A,\ A \cdot \overline{A}=0,\ A+\overline{A}=1$

기출유형 02 ▶ 논리회로

다음 그림과 같은 회로의 명칭은? (2015-3차)(2019-1차)

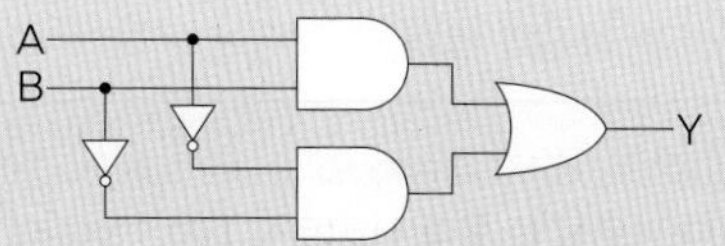

① 일치 회로 ② 시프트 회로
③ 카운터 회로 ④ 다수결 회로

해설

일치 회로는 두 입력이 모두 같은 상태인 On 또는 Off일 때만 출력이 1이 되는 회로이다. 즉, 두 개의 입력 중 하나라도 다르면 출력이 발생하지 않는 회로로서 배타적 NOR 회로라 한다.

Inputs		Outputs
A	B	Y
0	0	1
0	1	0
1	0	0
1	1	1

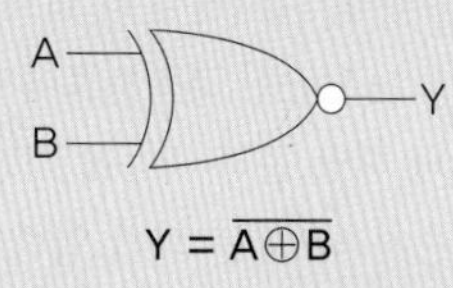

| 정답 | ①

족집게 과외

컴퓨터에서 음수의 표현을 위해 부호 비트와 절댓값 방법, 1의 보수법, 2의 보수법이 있으나 현재 2의 보수법을 사용 중이다.

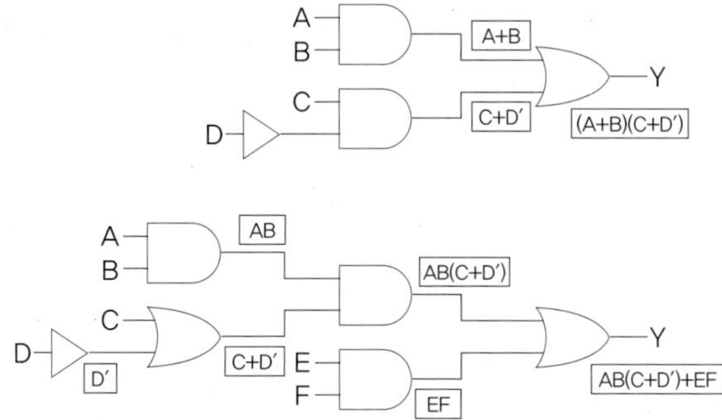

더 알아보기

AND는 둥글게 보이며 Y=AB 와 같은 논리식으로 표현, OR는 뾰족해서 $Y=A+B$의 논리식을 표현하며 NOT은 삼각형으로 $Y=\overline{A}$로 부정을 의미한다.

❶ 디지털 논리 회로

㉠ 논리 게이트를 사용하여 디지털 신호(이진 값을 나타냄)에 대해 논리 연산을 수행하는 회로로서 이러한 회로는 디지털 시스템의 블록이며 데이터 처리, 산술 연산, 제어 기능 및 메모리 저장을 비롯한 다양한 용도로 사용된다. 논리 게이트는 디지털 논리 회로의 기본 구성 요소로서 하나 이상의 입력 신호를 취하고 논리연산에 따라 출력 신호를 생성한다. 일반적인 논리게이트는 다음과 같다.

구분	내용
AND Gate	모든 입력 신호가 높을 때만(로직 1) 출력 신호(로직 1)를 생성하며 그렇지 않으면 출력이 낮다(논리 0). 두 개의 입력 A와 B가 있는 AND 게이트의 부울 표현식은 Y=A AND B 즉, A • B이다.
OR Gate	입력 신호 중 하나라도 높으면(로직 1) 출력 신호(로직 1)를 생성하는 것으로 모든 입력 신호가 낮을 때만 출력이 낮다(논리 0). 두 개의 입력 A와 B가 있는 OR 게이트의 부울 표현식은 Y=A OR B 즉, A+B이다.
NOT Gate	인버터라고도 하는 NOT 게이트는 입력 신호의 논리적 보완(반대)인 출력 신호를 생성한다. 입력이 높으면(논리 1) 출력은 낮고(논리 0) 그 반대도 마찬가지이다. 입력 A가 있는 NOT 게이트의 불 표현식은 Y= NOT A 즉, $\overline{A}$이다.

다른 일반적인 논리 게이트로는 기본 게이트의 조합에서 파생된 XOR(배타적 OR), NAND(NOT AND) 및 NOR(NOT OR) 게이트가 있다. 디지털 논리 회로는 원하는 기능과 동작을 형성하기 위해 논리 게이트를 서로 연결하여 구성되며 이러한 회로는 단순한 조합회로에서 메모리 요소가 있는 복잡한 순차회로에 이르기까지 다양하다.

㉡ 조합회로는 현재 입력값과 해당 논리 기능에 기반하여 작업을 수행하며 메모리 요소가 없으며 현재 입력에 따라 출력을 생성한다. 반면 순차회로에는 과거 입력에 대한 정보를 저장하는 메모리 요소(예 플립플롭 또는 레지스터)가 있으며 순차회로의 출력은 현재 입력뿐만 아니라 이전 입력과 회로의 내부 상태에 따라 달라진다.

㉢ 디지털 논리 회로는 논리 다이어그램, 진리표, 불 식 등 다양한 표기법을 사용하여 나타낼 수 있으며 소규모 집적 회로(IC)에서 복잡한 마이크로프로세서 및 컴퓨터 시스템에 이르기까지 디지털 시스템을 설계하고 구현하기 위한 기반을 제공하며 이진 데이터의 조작 및 처리를 가능하게 하여 최신 디지털 기술을 가능하게 한다.

❷ 전자회로에서의 응용

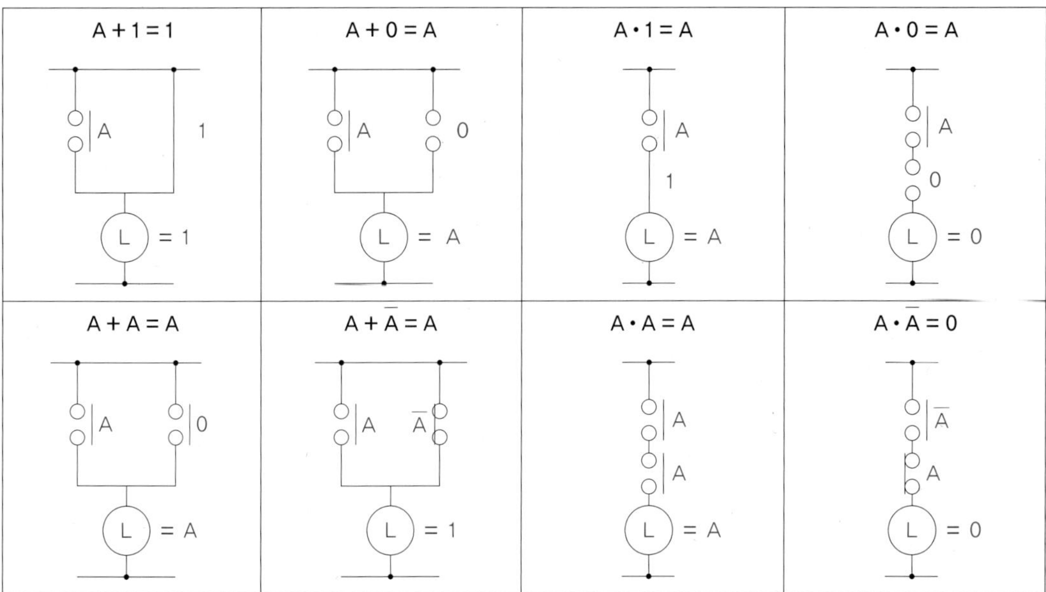

정답 01 ③ 02 ① 03 ③

01 다음 그림과 같은 논리회로 출력값과 기능으로 옳은 것은? (2014-1차)(2018-2차)

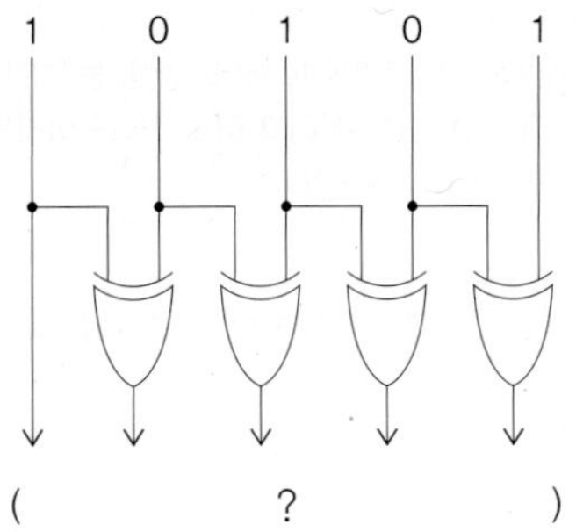

(?)

① 11011, 패리티 점검
② 11000, 양수, 음수 점검
③ 11111, 코드 변환
④ 10000, 패리티 변환

해설

그레이 코드(Gray Code)는 2진 비가중치 코드의 하나로, 연속된 수들의 코드가 한 비트씩만 차이가 나는 특징이 있다. 주어진 순서로 따라가면

1(첫 입력)
1 XOR 0 = 1(11)
0 XOR 1 = 1(111)
1 XOR 0 = 1(1111)
0 XOR 1 = 1(11111)
0 XOR 1 = 1(11111)

2진 그레이코드 변환기로서 XOR의 진리표에 의해서 11111이 출력되는 것을 알 수 있다.

02 출력되는 불 함수의 값이 입력값에 의해서만 정해지고 내부에 기억능력이 없는 논리회로는? (2010-1차)

① 조합회로 ② 순차회로
③ 집적회로 ④ 혼합회로

해설

순차 논리회로와 조합 논리회로의 차이는 기억장치를 가지고 있는지 여부에 따른다.

조합 논리회로 (Combination logic Circuit)	임의의 시점에서의 출력값이 그 시점의 입력값에 의해서만 결정되는 논리회로로 내부 기억능력 인 메모리를 갖지 않는 것으로서 NOT, AND, OR, XOR, NOR, NAND, 반가산기, 전가산기, 디코더, 인코더, 멀티플렉서, 디멀티플렉서 등이 있다.
순차 논리회로 (Sequential Logic Circuit)	입력값에 따라 출력값이 결정되는 조합논리회로와는 다르게 현재의 입력값뿐만 아니라 기억소자인 플립플롭(Flip−flop)에 저장되어있는 정보에 의해 결정되는 논리회로이다.

03 다음 중 조합 논리회로에 속하지 않는 것은? (2010-1차)

① 인코더
② 디코더
③ 비안정 멀티바이브레이터
④ PLD(Programmable Logic Device)

해설

③ 멀티바이브레이터는 발진회로이다.
①, ② NOT, AND, OR, XOR, NOR, NAND, 반가산기, 전가산기, 디코더, 인코더, 멀티플렉서, 디멀티플렉서 등은 조합논리회로(Combination logic Circuit)이다.
④ PLD(Programmable Logic Device): 프로그램 가능 논리 소자로서 논리 함수 동작을 직접 프로그램화 할 수 있는 집적회로화 기술 중 하나로서 논리회로 실현을 위해 내부 회로를 구조화시키고, 내부 배선을 전자적으로 연결하여 프로그램 가능한 배선을 구현한다.

04 다음 회로에서 VCC=5[V]일 때 출력 전압은? (단, A=5[V], B=0[V], 다이오드의 VT=0[V]이다) (2018-1차)

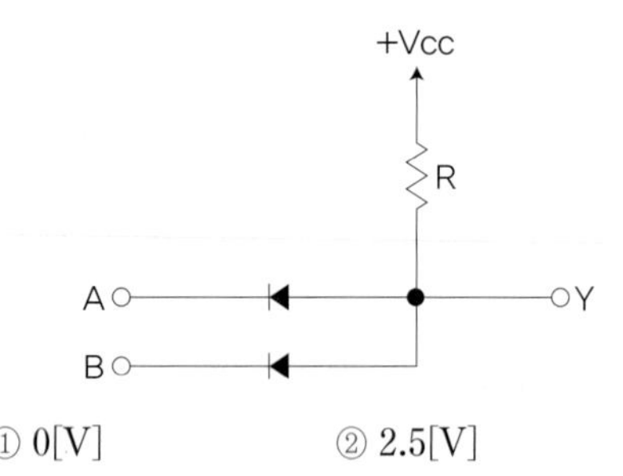

① 0[V] ② 2.5[V]
③ 5[V] ④ 7.5[V]

해설
위 회로는 다이오드를 이용한 AND Gate로서 두 개의 입력을 갖는 AND Gate이다. 두 입력 중 하나만이라도 Low 레벨이 되면 다이오드는 도통이 출력되고 Y는 Low가 된다. 입력이 모두 High이면 두 개의 다이오드가 Open(개방회로) 회로로 동작하여 전원의 전압과 같은 전압 5[V]가 출력된다.

A	B	F
0	0	0
0	5[V]	0
5[V]	0	0
5[V]	5[V]	5[V]

05 다음 회로에서 A, B, C를 입력, X를 출력이라고 하면 회로는 어떤 논리 게이트인가? (단, 정논리 회로이다) (2020-3차)

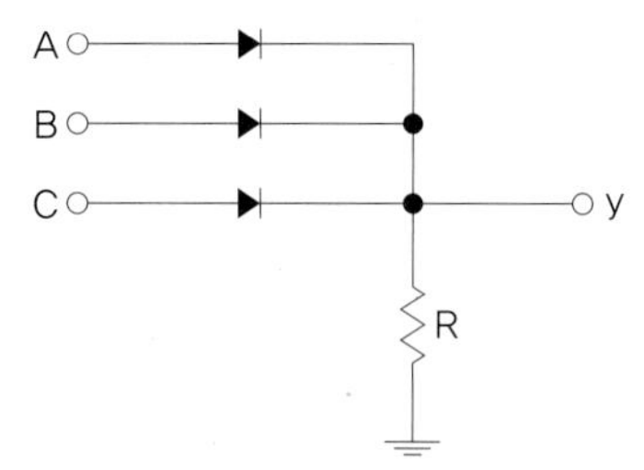

① NAND 게이트 ② OR 게이트
③ AND 게이트 ④ NOR 게이트

해설
입력A와 B와 C가 모두 0인 0[V]가 되면 Diode인 D1, D2 D3는 모두 도통(Open)이 되어 출력 Y는 0이 된다. 입력 A, B, C 중 어느 하나라도 5[V]가 되면 출력이 나타난다. 그러므로 OR 게이트처럼 동작한다.
즉, Y=A+B+C이고 어느 하나만이라도 5[V]이면 출력에 5[V]가 나타난다.

06 다음 그림의 회로는 어떤 동작을 하는가? (2013-2차)

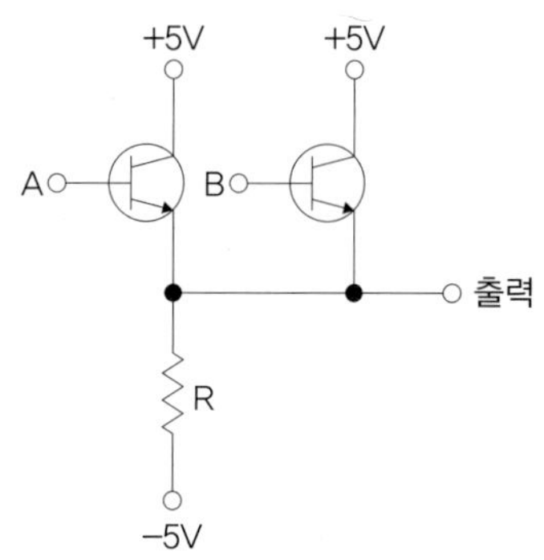

① OR ② NOR
③ AND ④ NAND

해설
위 그림은 OR Gate 논리회로이다. 회로에서 입력 A 또는 입력 B가 하나만이라도 있는 경우 출력에 +5[V]가 나타난다. 이를 통해 A or B의 논리식에 의해 A+B=Y인 회로임을 알 수 있다.

07 다음 논리 회로는 어떤 논리 게이트(Logic Gate)로 동작하는가? (2016-1차)

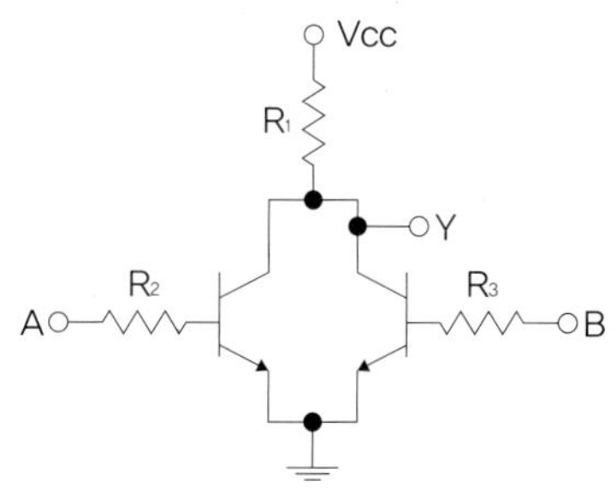

① OR ② NOR
③ NAND ④ AND

해설

위 그림은 트랜지스터를 이용한 논리회로이다.

A	B	F
0	0	1
0	1	0
1	0	0
1	1	0

NOR 논리회로임을 알 수 있다.

08 **다음 회로가 수행할 수 있는 논리 기능은?** (2012-3차)(2021-3차)

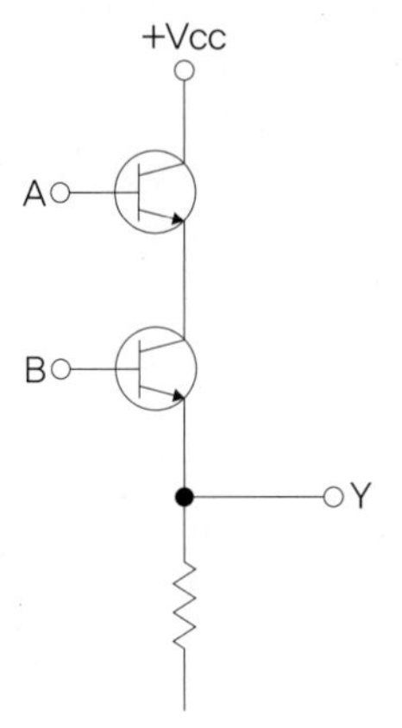

① NOT ② OR
③ AND ④ XOR

해설

위 그림은 트랜지스터를 이용한 AND 논리회로이다.

A	B	F
0[V]	0[V]	0[V]
0[V]	5[V]	0[V]
5[V]	0[V]	0[V]
5[V]	5[V]	5[V]

두 개의 입력이 모두 1인 5[V]가 되어야 만 출력이 1인 상태를 만들 수 있다. 두 입력이 모두 5[V]이면 Y는 ON이 되어 각 트랜지스터의 컬렉터와 이미터 사이는 단락회로로 볼 수 있다. 그런 경우 Vcc의 전원과 출력 사이에 직접적인 경로가 생성되며 출력이 HIGH 상태가 된다. 즉, 두 개의 A와 B가 모두 연결이 되어야만 출력이 가능한 AND 구조이다.

09 **논리회로를 구성하고자 할 때, IC에 내장되어 있는 AND, OR, NAND, NOR, NOT 등의 논리소자 중에서 선택적으로 퓨즈를 절단하는 방법으로 사용자가 직접 기록할 수 있는 PAL 또는 PLA와 같은 IC는 다음 중 어디에 속하는가?** (2010-1차)

① PLC ② PLD
③ PLL ④ RAM

해설

PLD(Programmable Logic Device)

프로그램 가능 논리 소자로서 논리 함수 동작을 직접 프로그램화할 수 있는 집적회로화 기술 중 하나로서 논리회로 실현을 위해 내부 회로를 구조화시키고, 내부 배선을 전자적으로 연결하여 프로그램 가능한 배선을 구현한다. 일반적으로 PAL(Programmable Array Logic), GAL(Generic Array Logic)의 총칭으로 쓰이는 말이지만 CPLD와 FPGA까지 포함한 총칭으로 쓰이기도 한다.

10 **그림과 같은 MOS 게이트의 기능을 나타내는 논리식은? (단, 부논리인 경우이다)** (2011-3차)

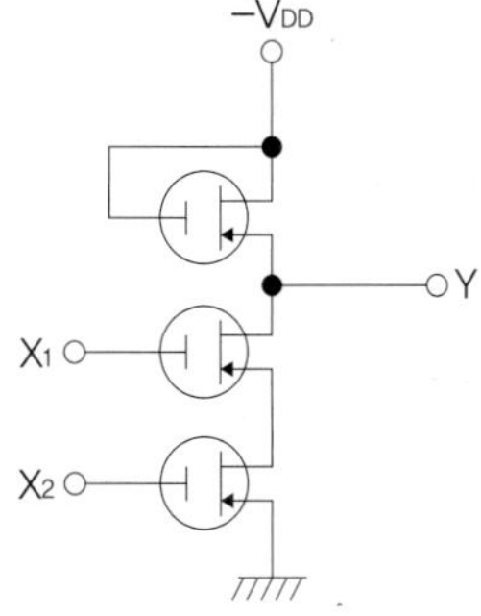

① $Y = X_1 + X_2$
② $Y = X_1 \cdot X_2$
③ $Y = \overline{X_1 + X_2}$
④ $Y = \overline{X_1 \cdot X_2}$

해설

위 식은 P－MOS를 이용한 논리회로로서 NAND Gate에 해당한다. 입력 X_1과 X_2 중 하나만 있어도 Y가 출력되어 $-V_{DD}$가 된다. $Y=\overline{X_1X_2}=\overline{X_1}+\overline{X_2}$가 된다. 이는 X_1과 X_2가 직렬로 연결되어있는 것으로 AND 논리 연산이며 출력 Y가 반전이 된다.

$Y=\overline{X_1X_2}=\overline{X_1}+\overline{X_2}$

11 TTL과 비교하여 MOS 논리회로의 특징이 아닌 것은? (2010-1차)

① 입력 임피던스가 높다.

② 소비전력이 적다.

③ 잡음여유도가 크다.

④ TTL과의 혼용이 매우 용이하다.

해설

TTL (Transistor-Transistor Logic)	MSO (Metal-Oxide Semiconductor)
트랜지스터－트랜지스터 논리회로	금속 산화막 반도체
• IC형으로 가장 많이 사용되며 가격이 서렴 • 출력 임피던스도 낮아 널리 사용 • 동작속도가 빠름 • 멀티 미터 회로 구성이므로 집적도가 높음 • DTL화 혼용할 수 있음 • 잡음여유도가 작아서 온도의 영향을 많이 받음 • 소비 전력이 작음	• 높은 직접도 • 소비전력이 적음 • 잡음의 여유도가 큼 • 응답속도가 저속도 • NMOS가 PMOS보다 동작 속도가 빠름

TTL과 MOS는 동작 소비 전력과 전압에 차이가 있어서 상호 호환 사용되지 않는다.

12 다음 그림의 회로의 명칭은 무엇인가? (2014-2차)

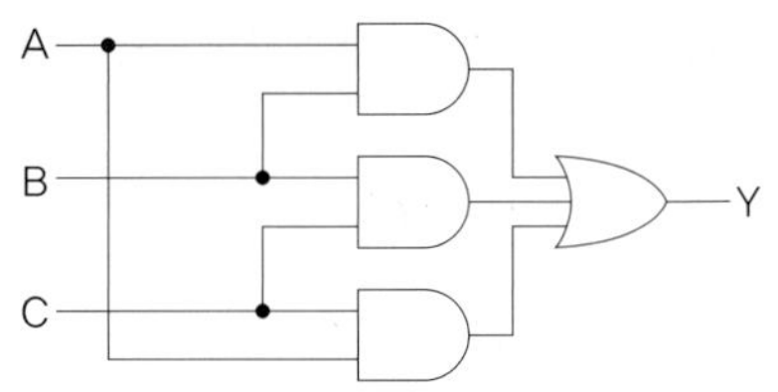

① 일치 회로

② 반일치 회로

③ 다수결 회로

④ 비교 회로

해설

다수결 함수(Majority function): 입력 수가 반드시 홀수이고, 반수 이상의 입력이 1일 때 출력이 1이 되는 논리 함수이다. Y＝AB＋BC＋AC가 된다.

A	B	C	Y
0	0	0	0
0	0	1	0
0	1	0	0
0	1	1	1
1	0	0	0
1	0	1	1
1	1	0	1
1	1	1	1

정답 13 ①

13 다음 회로의 명칭은 무엇인가? (2023-3차)

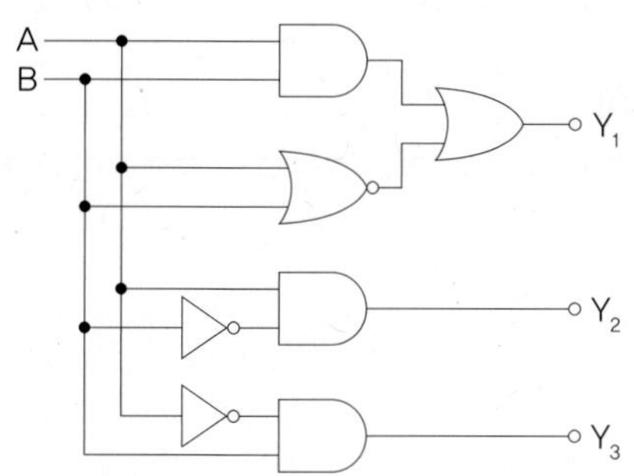

① 비교회로
② 다수결회로
③ 일치회로
④ 반일치회로

해설

2진 비교기(Comparator)
두 개의 2진수의 크기를 비교하는 회로이다.

입력		출력		
X	Y	Y_1	Y_2	Y_3
0	0	1	0	0
0	1	0	0	1
1	0	0	1	0
1	1	1	0	0

다른 구현

1bit 비교기

입력		출력			
X	Y	X=Y F_1	X≠Y F_2	X>Y F_3	X<Y F_4
0	0	1	0	0	0
0	1	0	1	0	1
1	0	0	1	1	0
1	1	1	0	0	0

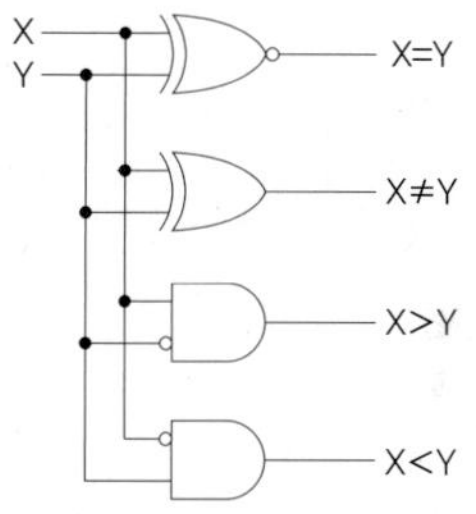

$F_1 = \overline{X \oplus Y}$, $F_2 = X \oplus Y$, $F_3 = X\overline{Y}$, $F_4 = \overline{X}Y$

1bit 비교기 구현

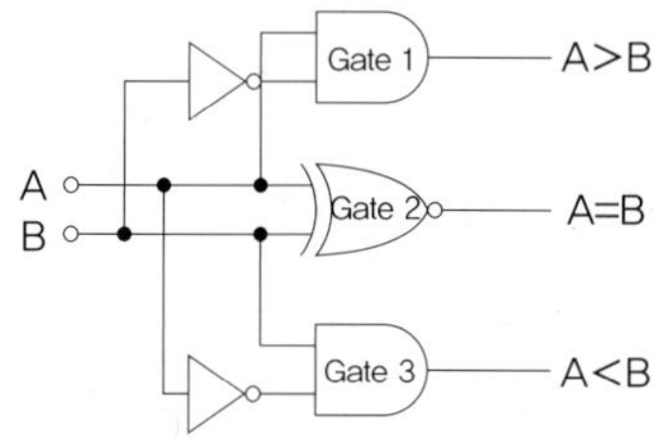

$A > B : Y = A\overline{B}$
$A = B : Y = A$ xnor B
$A < B : Y = \overline{A}B$
모든 다중 bit 비교기(Comparator)는 1bit 규모의 비교기(Comparator)로 규현 가능하다.

기출유형 03 ▶ 카르노맵(Karnaugh Map)

다음 논리식을 간단히 하면? (2019-3차)

$$AB + AC + B\overline{C}$$

① $AB+C$ ② $AC+B$

③ $AC+B\overline{C}$ ④ A

해설

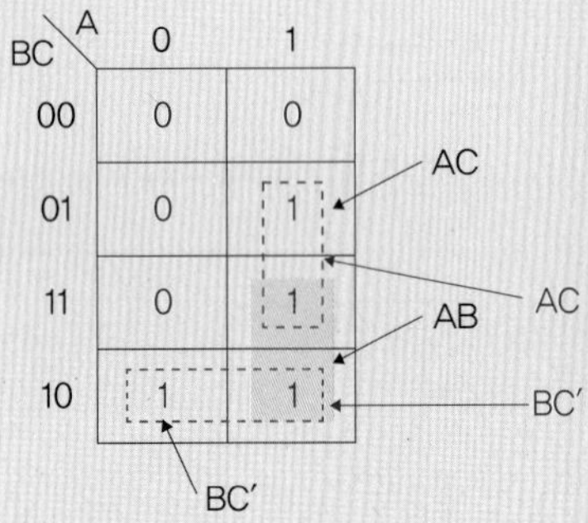

BC \ A	0	1
00	0	0
01	0	1
11	0	1
10	1	1

논리방정식을 쉽게 풀기 위해서 카르노맵을 이용한다. 문제의 $AB + AC + BC'$를 각각의 자리에 입력한다.

- AB는 A가 1이고 B가 1인 자리가 겹치는 것
- AC는 A가 1이고 C가 1인 자리가 겹치는 것
- $B\overline{C}$는 B가 1이고 C가 0인 자리가 겹치는 것

왼쪽 표를 간단히 요약하면 AC와 $B\overline{C}$가 됨을 직관적으로 파악할 수 있다.

| 정답 | ③

족집게 과외

$A+0=A$, $A+1=1$, $A+A=A$, $A+\overline{A}=1$

$A+(AB)=A(1+B)$가 되어 $1+B$는 참인 1이므로 A가 된다.

BC \ CD	00	01	11	10
00	$\overline{A}\overline{B}\overline{C}\overline{D}$	$\overline{A}\overline{B}\overline{C}D$	$\overline{A}\overline{B}CD$	$\overline{A}\overline{B}C\overline{D}$
01	$\overline{A}B\overline{C}\overline{D}$	$\overline{A}B\overline{C}D$	$\overline{A}BCD$	$\overline{A}BC\overline{D}$
11	$AB\overline{C}\overline{D}$	$AB\overline{C}D$	$ABCD$	$ABC\overline{D}$
10	$A\overline{B}\overline{C}\overline{D}$	$A\overline{B}\overline{C}D$	$A\overline{B}CD$	$A\overline{B}C\overline{D}$

더 알아보기

카르노맵

불 대수 표현을 단순화하는 강력한 도구로 논리 회로의 복잡한 논리식을 좀 더 편리하게 간소화시키는 방법으로 1이 나오는 경우(최소항)만 추려서 그때의 입력값을 식으로 표현한 것이다. 다른 방법으로는 불 대수가 있으나 불 대수는 카르노맵보다 빠르고 정확하게 정리하기가 다소 어려울 수 있다.

- 1, 2, 4, 8....개로 그룹을 지어 묶는다.
- 바로 이웃해 있는 항끼리 묶는다.
- 직사각형, 정사각형의 형태로 묶는다.
- 중복하여 묶어도 되며, 끝항끼리 연결이 가능하다.

❶ 카르노맵(Karnaugh Map)

㉠ 카르노맵은 불 대수 표현식을 단순화하는 데 사용되는 그래픽 방법으로 논리 회로를 설계하고 최적화하기 위해 디지털 전자공학에서 일반적으로 사용되는 방법이다.

㉡ 카르노맵은 2차원 테이블로, 각 셀은 표현식에서 불 변수의 가능한 입력 조합을 나타내며 셀은 정사각형으로 그룹화되고, 각 정사각형에는 2(1, 2, 4, 8 등)개의 셀의 거듭제곱이 포함된다. 그룹화는 인접한 셀 사이에 하나의 변수만 변경되는 방식으로 수행되어 쉽게 식별할 수 있게 된다.

㉢ 카르노맵을 사용하기 위해, 불식은 먼저 분절 또는 최대 항으로 작성된다. 그런 다음 각 분절이 카르노맵의 해당 셀에 배치되어 매핑되며 1이 있는 인접 셀은 더 큰 블록을 형성하기 위해 함께 그룹화된다. 이 그룹화는 결과적으로 단순화된 표현으로 카르노맵에서 읽을 수 있다. 즉, 카르노맵을 사용해서 복잡한 논리식을 최소의 논리회로로 구성하기 위해 간단한 불 함수로 표현하는 진리표이다.

❷ 카르노맵 표현 순서

구분	내용
1 단계	변수의 개수를 파악한 후, 2^n개의 테이블을 생성한다.
2 단계	변수의 조합이 0인지 1인지 값을 채워준다.
3 단계	묶을 수 있는 규칙에 따라 묶어준다.
4 단계	묶어진 값을 간소하게 표현한다.

❸ 실전 연습: 변수가 2개일 때

테이블을 그린다. 그 후, 변수의 조합에 따라 값을 채워줄 것이다.

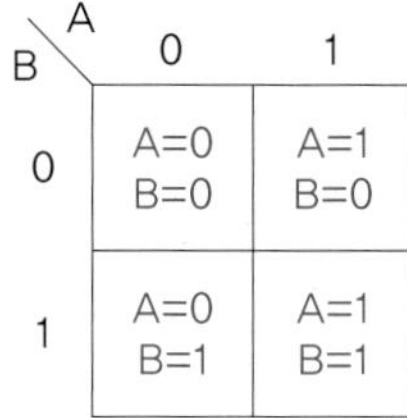

A와 B를 한 번에 표시에 보자.

A=0과 A=1, B=0과 B=1을 하나의 그림으로 왼쪽에 보는 것과 같이 단순화해서 표시할 수 있다. A나 $\overline{A}$, B나 $\overline{B}$에 따라 요구되면 사항을 1로 명시하여 문제를 풀 준비를 한다.

❹ 이진 진리표의 단순화

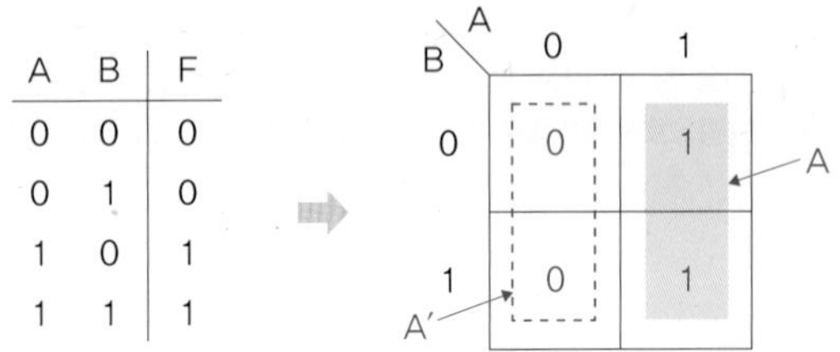

A	B	F
0	0	0
0	1	0
1	0	1
1	1	1

진리표에 대한 테이블을 만들어 보면 진리표가 가독성 있는 맵으로 정리되는 것을 볼 수 있다.
왼쪽 표에서 참인 1을 중심으로 정리하면 $A\overline{B}+AB=A(B+\overline{B})=A$가 된다.

이렇게 간단하게 표현된 식을 정리할 때는 불 대수 공식을 사용하면 된다.

불 대수

$A \cdot 1=A$, $A \cdot 0=0$, $A+1=1$, $A+0=A$, $A+A=A$, $A \cdot A=A$, $A \cdot \overline{A}=0$, $A+\overline{A}=1$

$A+(\mathrm{AB})=A(1+B)$가 되어 $1+B$는 참인 1이므로 A가 된다.

❺ 3변수 카르노맵의 단순화

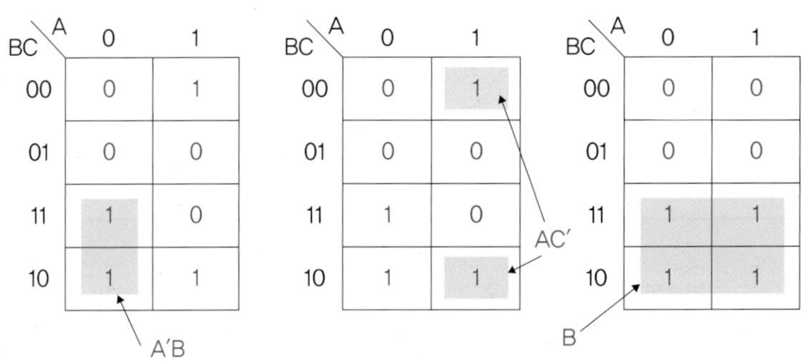

위와 같이 1(참)을 중심으로 묶어야 하며 특히 중간에 1이 떨어져 있어도 $A\overline{C}$로 함께 묶일 수 있도록 처리해야 한다.

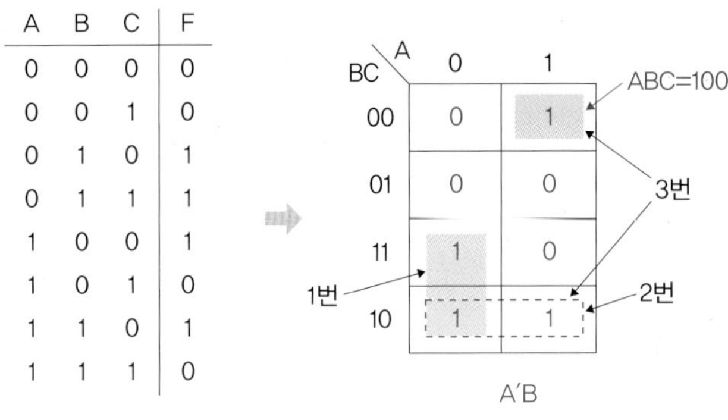

A	B	C	F
0	0	0	0
0	0	1	0
0	1	0	1
0	1	1	1
1	0	0	1
1	0	1	0
1	1	0	1
1	1	1	0

변수가 3개일 때에도 변수가 2개인 경우와 같이 테이블을 형성해서 만들어 주면 된다. 주의할 점은 2의 제곱으로 묶어야 한다. 즉, 2개, 4개, 8개씩 묶어야 한다. 위 맵을 하나씩 풀어 보면 1번은 $\overline{A}BC+\overline{A}B\overline{C}$, 2번은 AC, 3번은 $\overline{A}\overline{B}\overline{C}$(위 1)$+AB\overline{C}$(아래 1) 모두 더하면 $\overline{A}BC+\overline{A}B\overline{C}+A\overline{C}+A\overline{C}+A\overline{B}\overline{C}+AB\overline{C}$ $\overline{A}B(C+\overline{C})+A\overline{C}+A\overline{C}(\overline{B}+B)$이므로 $\overline{A}B+A\overline{C}$가 된다.

기출유형 완성하기

정답 01 ④ 02 ① 03 ② 04 ②

01 다음 진리표를 불 대수식으로 표시하면?

(2015-2차)(2019-3차)

A	B	Y
0	0	1
0	1	0
1	0	1
1	1	1

① $Y=\overline{A}+\overline{B}$
② $Y=\overline{A}+B$
③ $Y=A \cdot B$
④ $Y=A+\overline{B}$

해설

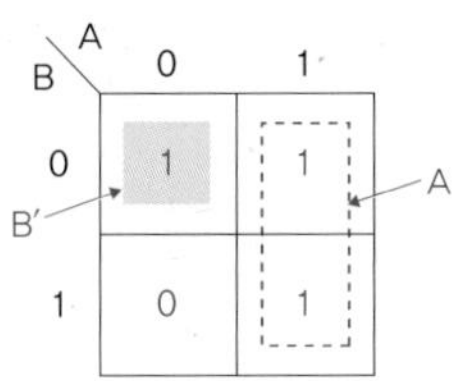

카르노맵을 이용한다. Y가 1인 자리에 해당 값을 명기해 준다. 이후 최대한 요약해서 나올 값을 도식화해서 풀어 준다.

02 다음 논리 함수 $y=AB+A\overline{B}+\overline{A}B$를 간소화 한 것으로 옳은 것은?

(2012-1차)(2015-1차)(2019-2차)

① $A+B$
② $\overline{A}+\overline{B}$
③ $(A+\overline{A})+(B+\overline{B})$
④ $(AB+A\overline{B}) \cdot (AB+\overline{A}B)$

해설

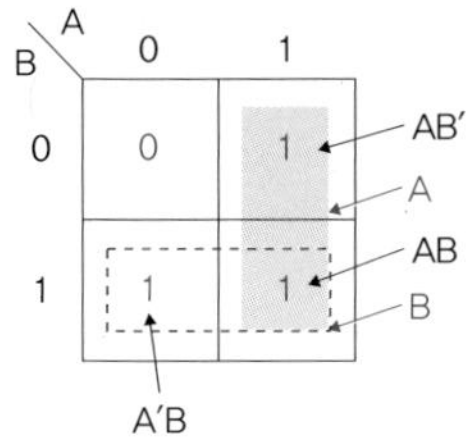

AB와 AB', $A'B$를 각각의 논리표에 명기하고 1로 적어준다. 이후 겹치는 구간을 확인하여 간략히 명기한다. 맵이 큰 경우 2개 4개 8개 등의 배수로 늘려나간다.

03 다음 3변수 카르노도를 간략화한 것은?

(2010-3차)

AB \ C	0	1
00	0	0
01	0	0
11	1	1
10	1	0

① $A\overline{B}C$
② $AB+A\overline{C}$
③ $AB+A\overline{C}+C$
④ $\overline{A}+A\overline{B}C$

해설

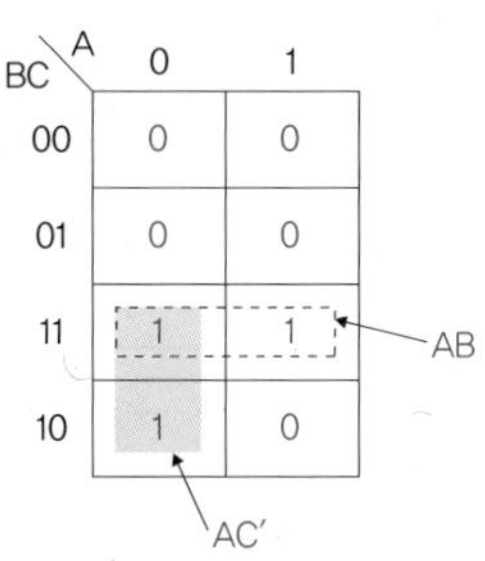

$AB\overline{C}+A\overline{B}\overline{C}+ABC$로 1인 것만 지정한 후 정리하면

$=A\overline{C}(B+\overline{B})+ABC$

$=A\overline{C}+ABC$

04 논리식 $y=ABC+\overline{A}BC+A\overline{B}C+B\overline{C}$를 간단히 하면?

(2015-2차)

① $AB+C$
② $AC+B$
③ ABC
④ $A+BC$

해설

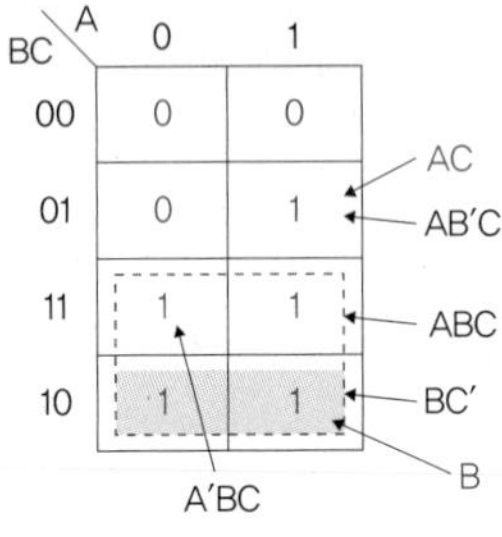

$(A+A')BC+AB'C+BC'=AB'C+B(C+C')$
$=AB'C+B$

$B(AC+B)+C(A'B+AB')$..계산이 안된다. 그러므로 위 그림과 같이 카르노맵으로 문제를 풀어야 한다.

05 다음의 진리표에 해당하는 논리회로도는?

(2013-1차)(2020-1차)

입력(A)	입력(B)	출력(F)
0	0	1
0	1	1
1	0	1
1	1	0

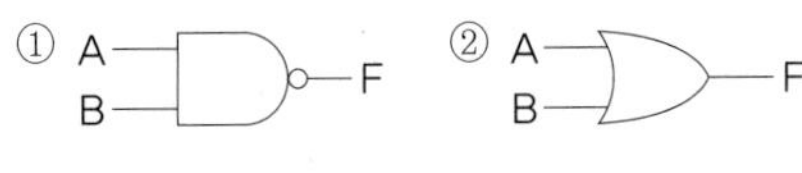

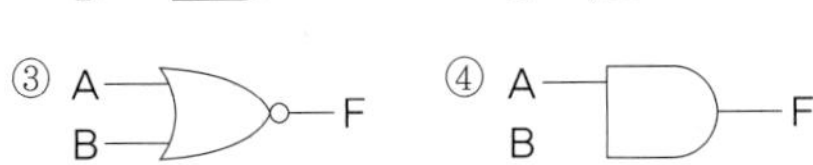

해설

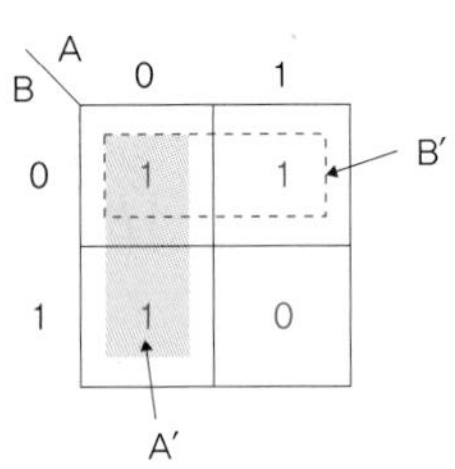

출력은 A'와 B'의 합으로 볼 수 있다. 즉, $Y=A'+B'=(AB)'$ 이것은 A와 B은 AND Gate에 대한 부정을 표현한 1번이 정답이 된다.

06 다음 논리식 중 등식이 성립되지 않는 것은?

(2011-1차)

① $A+\overline{A}BC=A+BC$

② $AB+A\overline{B}=A$

③ $AB+\overline{A}C+BC=AB+\overline{A}C$

④ $A\overline{B}+\overline{A}B=(A+B)(\overline{A}\overline{B})$

해설

④ $A\cdot\overline{B}+\overline{A}\cdot B=(A+B)\cdot(\overline{A}+\overline{B})$
$=(A+B)\cdot(\overline{AB})$ 또는 $(A+B)\cdot(\overline{AB})$
$=A\cdot\overline{A}\cdot\overline{B}+\overline{A}\cdot\overline{B}\cdot B$
$A\cdot\overline{A}=0,\ B\cdot\overline{B}=0$, 그러므로
$A\cdot\overline{A}\cdot\overline{B}+\overline{A}\cdot\overline{B}\cdot B=0$이다.

① 쉽게 안풀린다. 카르노맵을 써야 한다.

② $A\cdot B+A\cdot\overline{B}=A(B+\overline{B})=A$

③ 쉽게 안풀린다. 카르노맵을 써야 한다.

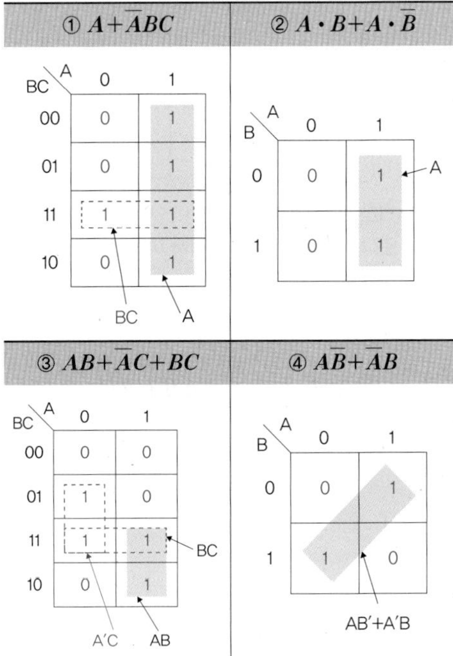

정답 07 ② 08 ② 09 ①

07 다음 카르노(Karnaugh)도의 논리식은?

(2011-1차)(2011-3차)

AB \ CD	00	01	11	10
00	0	1	1	1
01	0	0	0	1
11	1	1	0	1
10	1	1	0	1

① $\overline{A}\overline{B}\overline{D}+A\overline{C}+C\overline{D}$
② $\overline{A}\overline{B}D+A\overline{C}+C\overline{D}$
③ $\overline{A}\overline{B}D+\overline{A}C+CD$
④ $A\overline{B}\overline{D}+A\overline{C}+CD$

해설

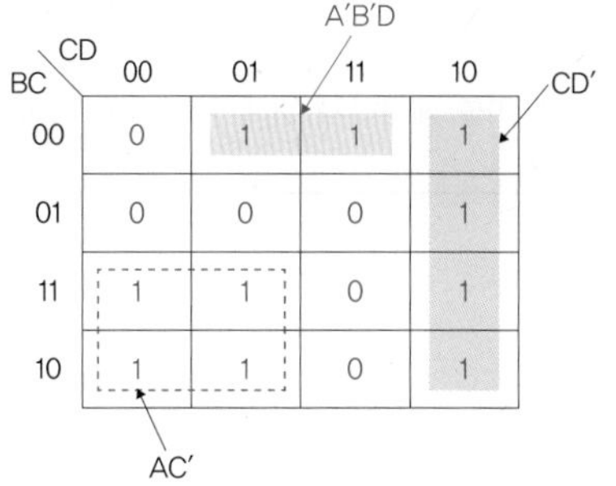

AB와 CD가 어디에 위치하는지 확인한다. 출력이 1이 되는 경우를 2, 4, 8 순서로 크게 크게 묶어 나간다. 각각의 그룹은 AND로 모으고 모은 그룹은 OR(+)로 더해 준다. A′B′D와 CD′와 AC′로 구성됨을 알 수 있다.

08 다음 카르노맵을 논리식으로 간략화한 것은?

(2011-2차)

AB \ CD	00	01	11	10
00	1	1		1
01		1	1	
11		1	1	
10	1	1		1

① $\overline{A}B+BC+\overline{B}\overline{C}$ ② $\overline{A}B+BD+\overline{B}\overline{D}$
③ $\overline{A}B+AC+\overline{B}\overline{D}$ ④ $A\overline{B}+\overline{B}\overline{D}+\overline{A}\overline{C}$

해설

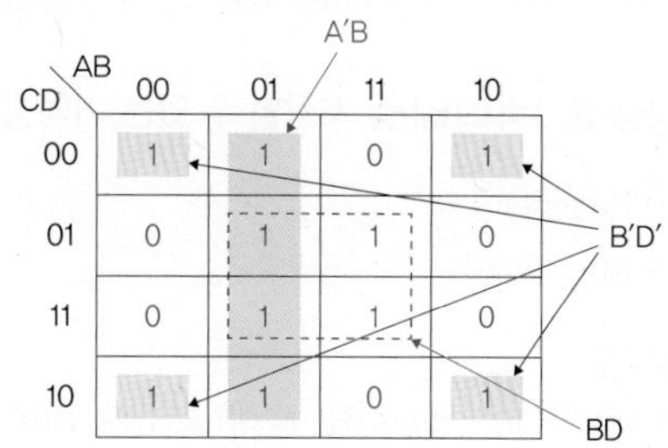

카르노맵을 이용한다. 출력이 1이 되는 경우를 2, 4, 8 순서로 크게 크게 묶어 나간다. 각각의 그룹은 AND로 모으고 모은 그룹은 OR(+)로 더해 준다.

09 불 대수식 $A+\overline{B}C+C\overline{D}+\overline{A}$를 간략화한 것은?

(2011-3차)

① 1
② A
③ B
④ C

해설

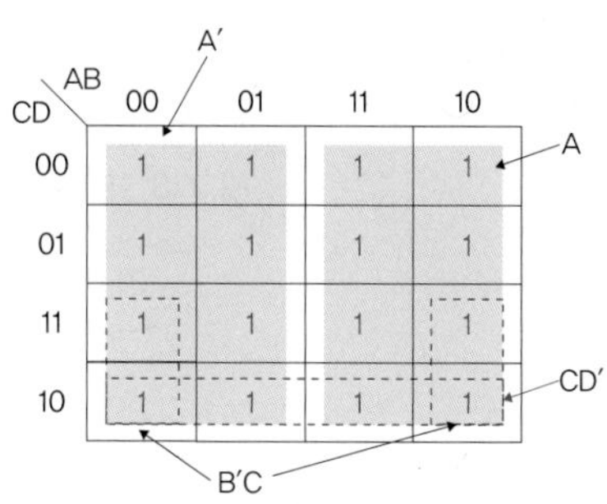

카르노맵을 이용한다. Y가 1인 자리에 해당 값을 명기해 준다. 이후 최대한 요약해서 나올 값을 도식화해서 풀어 준다. 불 대수를 이용해서 풀면 불 대수 $A+1=1$과 $A'+1=1$을 이용해서 풀면 $A+B'C+CD'+A'$ $=1+(B'C+CD')=1$

03 기억장치

기출유형 01 ▶ RS Flip Flop

다음 중 1비트(Bit)를 저장할 수 있는 기억장치는? (2015-1차)

① Register　② Accumulator
③ Filp-Flop　④ Delay

해설

플립플롭(Flip-flop) 또는 래치(Latch)은 1비트의 정보를 보관, 유지할 수 있는 회로이며 순차 회로의 기본요소로서 어떤 신호가 들어오기 전까지 현재의 상태를 유지하기 위한 논리회로로서 레지스터를 구성하는 기본 소자이며, 2개의 NAND 혹은 NOR 게이트를 이용해서 구성하게 된다.

| 정답 | ③

족집게 과외

D Flip Flop	데이터 전송을 1 Clock Pulse 동안 지연시킬 수 있는 Flip Flop이다.
RS Flip Flop	R=S=1인 경우 동작하지 않는다(Invalid인 금지 상태). 이를 해결하기 위해 JK Flip Flop이 나와서 R=S=1인 상태에도 동작한다.

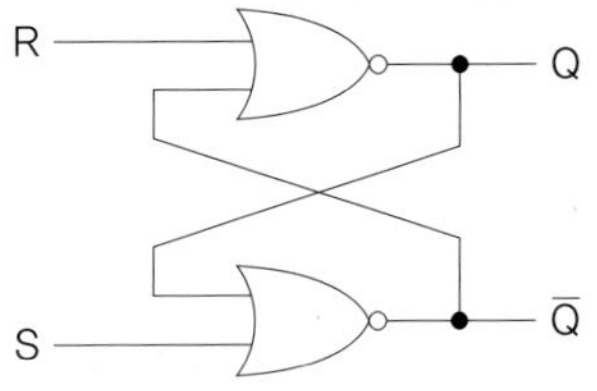

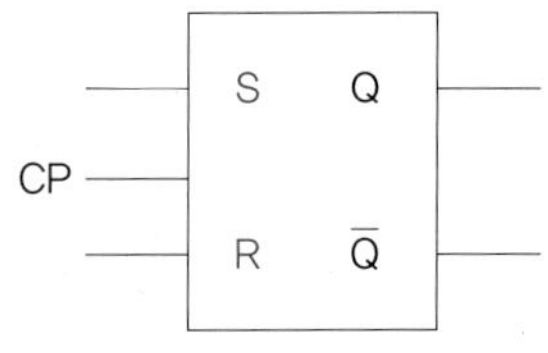

S-R 플립플롭은 S-R 래치와 비슷하며 단지 클럭 신호를 포함한다고 할 수 있다.

[S-R 플립플롭의 상태도]

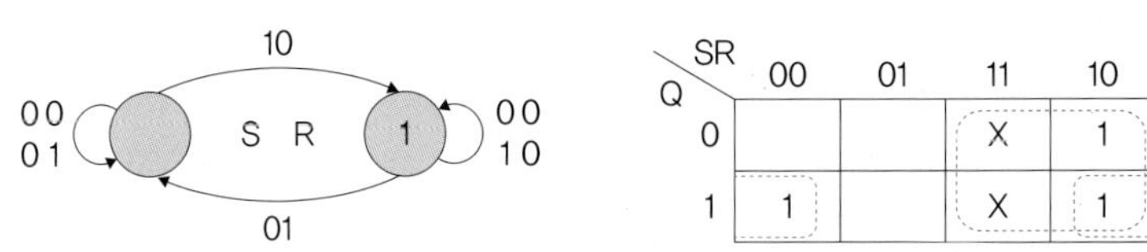

F/F 특성 방정식 (Characteristic Equation)　$Q(t+1)=S+\bar{R}Q$, $SR=0$

기존의 R-S 래치에서 CP의 신호가 S와 R에 각각 AND 게이트로 결합해서 들어간다. CP인 Clock Pulse의 신호가 이 회로에 중요한 요소이다. 클럭이 0이면 동작하지 않는다. 클럭이 1이면 동작을 하는 레벨 트리거로 동작한다. 즉, CP=0이면 출력은 불변(유지), CP=1이면 SR 래치로 동작한다.

더 알아보기

논리게이트는 트랜지스터에 의해서 활성화가 되며 논리게이트는 플립플롭을 활성화하여 디지털 연산에서 메모리 기능을 할 수 있다. 그러므로 플립플롭은 가장 작은 단위의 메모리라고 볼 수 있다. 이러한 플립플롭은 카운터, 시프트 레지스터 등에서 유용하게 사용하고 있다. 플립플롭의 종류로는 SR Flip-Flop, D Flip-Flop, JK Flip-Flop, 그리고 T Flip-Flop이 있다.

❶ Filp-Flop

플립플롭은 디지털 전자장치의 기본 구성 요소로서 일종의 순차 논리 회로이다. "비트"로 알려진 이진 값(0 또는 1)의 상태를 저장하고 제어하는 데 사용되며 일반적으로 레지스터, 카운터 및 메모리 요소의 설계에 사용된다. 플립플롭에는 다음과 같은 여러 유형이 있다.

구분	개념도		내용
SR 플립플롭	R, S, Q, $\overline{Q}$	CP, S, Q, R, $\overline{Q}$	Set-Reset Flip-Flop, SR 플립플롭에는 S(Set) 및 R(Reset)의 두 입력과 Q 및 Q'의 두 출력이 있다. 출력 Q는 저장된 값을 나타내고 Q'는 Q의 보수이다. 입력 S와 R은 플립플롭을 원하는 상태로 설정하거나 재설정하는 데 사용된다.
D(Data) 플립플롭	D, CLK, Q, $\overline{Q}$	D, J, SET, Q, K, CLR, $\overline{Q}$, Q	D 플립플롭에는 단일 데이터 입력(D), 클록 입력(CLK) 및 두 개의 출력 Q 및 Q'가 있다. 클록 신호의 상승 또는 하강 에지가 발생할 때 D 입력의 상태가 출력 Q로 전송된다.
JK 플립플롭	J, CLK, K, Q, $\overline{Q}$	Set Pin, Reset Pin, J, Q, K, Q', Output, Inverted Output, Clock	JK 플립플롭에는 J(Jack) 및 K(Kill)의 두 입력이며, 클록 입력(CLK) 및 두 개의 출력 Q 및 Q'가 있다. 출력이 각 클록 펄스로 상태를 변경하는 토글 모드와 입력 J 및 K가 플립플롭의 동작을 제어하는 설정/재설정 모드를 포함하여 여러 모드에서 작동할 수 있다.
T 플립플롭 (토글 플립플롭)	T, CLK, Q, Q'	INPUT, CLK, T, Q, Q'	T 플립플롭에는 단일 입력(T), 클록 입력(CLK) 및 두 개의 출력 Q 및 Q'가 있다. 출력은 T 입력의 현재 상태에 따라 클록 신호의 상승 또는 하강 에지가 발생할 때마다 상태를 토글한다(플립).

이들은 각각 고유한 특성과 응용 프로그램이 있는 가장 일반적인 유형의 플립플롭으로 복잡한 순차 논리 회로를 구축하기 위한 기초를 형성하며 디지털 시스템의 필수 구성 요소이다.

❷ SR Flip-Flop

Set-Reset 플립플롭이라고도 하는 SR 플립플롭은 1비트의 정보를 저장할 수 있는 일종의 플립플롭 회로로서. S(Set) 및 R(Reset)의 두 입력과 Q 및 Q'(Q의 보수) 두 출력이 있다. SR 플립플롭의 동작은 진리표에 의해 정의되며 그 진리표는 다음과 같다.

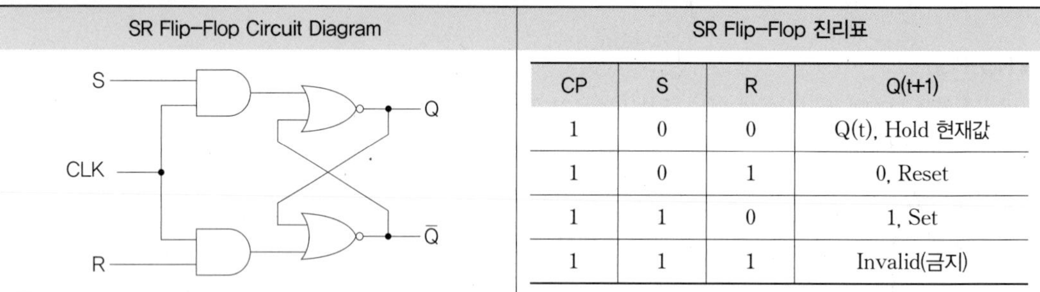

CP	S	R	Q(t+1)
1	0	0	Q(t), Hold 현재값
1	0	1	0, Reset
1	1	0	1, Set
1	1	1	Invalid(금지)

진리표에서 "X"는 입력 S와 R이 동시에 1로 설정될 때 발생하는 무효 또는 불확실한 상태를 나타내며 정의되지 않은 동작을 방지하기 위해 실제 설계에서는 이 상태를 피해야 한다.

S	R	Q_t(입력 전의 값)	Q_{t+1}(입력 후의 값)
0	0	0	0, Reset
0	1	0	0, Reset
1	0	0	1,Q(t), Hold 현재값
1	1	0	Invalid(금지)
0	0	1	1,Q(t), Hold 현재값
0	1	1	0, Reset
1	0	1	1,Q(t), Hold 현재값
1	1	1	Invalid(금지)

SR 플립플롭의 동작은 다음과 같이 요약할 수 있다.

조건	내용
S 및 R 입력이 모두 0이면	• 플립플롭은 현재 상태를 유지한다(Q 및 Q'는 변경되지 않는다). • Q_t가 0이면 Q_{t+1}도 0이 되고 Q_t가 1이면 Q_{t+1}도 1이 된다.
S가 0이고 R이 1이면	플립플롭이 재설정되어 Q가 0이 되고 Q'가 1이 된다.
S가 1이고 R이 0이면	플립플롭이 설정되어 Q가 1이 되고 Q'가 0이 된다.
S 및 R 입력이 모두 1이면	동작이 정의되지 않으며 플립플롭이 잘못된 상태로 들어갈 수 있다.

SR 플립플롭은 일반적으로 메모리 요소, 레지스터 및 순차 논리 설계를 비롯한 다양한 응용 분야의 디지털 회로에 사용된다.

정답 01 ① 02 ③ 03 ④

01 다음 중 정보를 유지하기 위한 래치(Latch)회로나 시프트 레지스터(Shift Register)에 주로 사용되는 플립플롭은? (2022-3차)

① D Flip－Flop
② T Flip－Flop
③ RS Flip－Flop
④ K Flip－Flop

해설

Delay Flip Flop

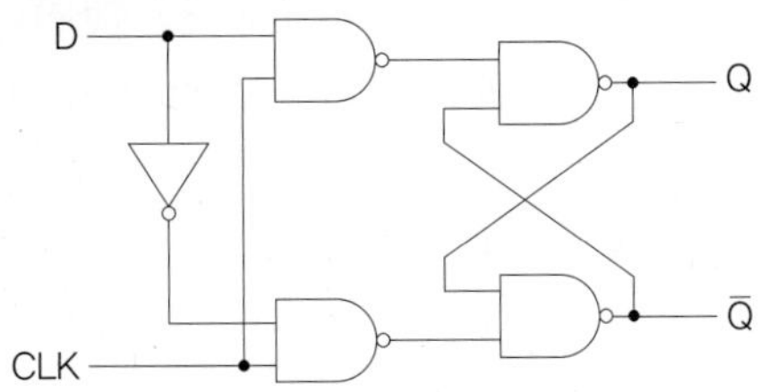

- D Flip Flop은 데이터 전송을 1 Clock Pulse 동안 지연시킬 수 있는 것이다.
- JK Flip Flop을 이용해서 J와 K 입력사이를 Not Gate로 연결시키면 Delay Flip Flop이 된다.
- D Flip Flop을 이용해서 RS Flip Flop의 문제점인 입력 S와 R에 각각 1을 들어가지 못하게 만든 회로이다.
- 즉, D Flip Flop의 구조에 Invertor인 Not Gate를 두어서 Delay를 추가시킨 것이다.

02 RS 플립플롭 회로의 출력 Q 및 $\overline{Q}$는 리셋(Reset) 상태에서 어떠한 논리값을 가지는가? (2016-3차)(2017-2차)(2021-3차)

① $Q=0,\ \overline{Q}=0$
② $Q=1,\ \overline{Q}=1$
③ $Q=0,\ \overline{Q}=1$
④ $Q=1,\ \overline{Q}=0$

해설

RS 플립

- 2개의 NOR 와 2개의 NAND 회로의 조합으로 구성이 된다.
- R=S=0인 경우 현재 상태를 유지한다.
- R=0, S=1인 경우 출력 Q는 1이 된다.
- R=1, S=0인 경우 출력 Q는 0이 된다.
- R=S=1인 경우 동작하지 않는다(Invalid인 금지 상태).
- RS Flip Flop 문제를 해결하기 위해 JK Flip Flop이 나와서 R=S=1인 상태에도 동작한다.

RS 플립플롭의 상태도

R	S	Q(t)	Q′(t)	Q(t+1)
0	0	Q(t)	Q′(t)	Q(t), Hold
0	1	1	0	1, Set
1	0	0	1	1, Reset
1	1	Invalid (금지)	Invalid (금지)	Invalid (금지)

03 다음 그림과 같이 RS 플립플롭에서 R 입력과 S 입력 사이에 NOT 게이트를 추가하면 어떤 기능을 갖는 플립플롭인가? (2017-2차)

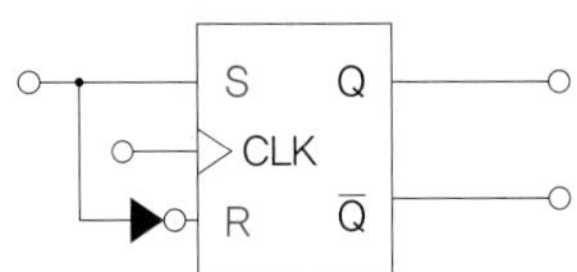

① T형 플립플롭
② N형 플립플롭
③ JK형 플립플롭
④ D형 플립플롭

해설

Delay Flip Flop

- D Flip Flop은 데이터 전송을 1 Clock Pulse 동안 지연시킬 수 있는 것이다.
- JK Flip Flop을 이용해서 J와 K 입력 사이를 Not Gate로 연결시키면 Delay Flip Flop이 된다.
- D Flip Flop을 이용해서 RS Flip Flop의 문제점인 입력 S와 R에 각각 1을 들어가지 못하게 만든 회로이다.
- 즉, 위 그림은 D Flip Flop의 구조에 Invertor인 Not Gate를 두어서 Delay를 추가시킨 것이다.

04 다음 회로와 등가인 회로는 어느 것인가? (2021-1차)

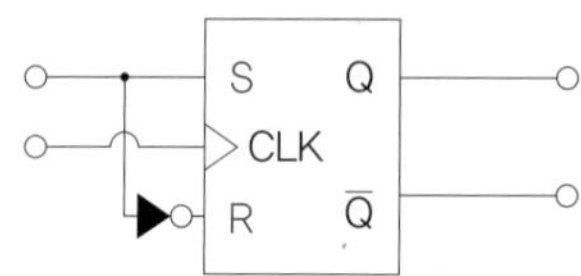

① RS 플립플롭 ② JK 플립플롭
③ D 플립플롭 ④ T 플립플롭

해설

Delay Flip Flop

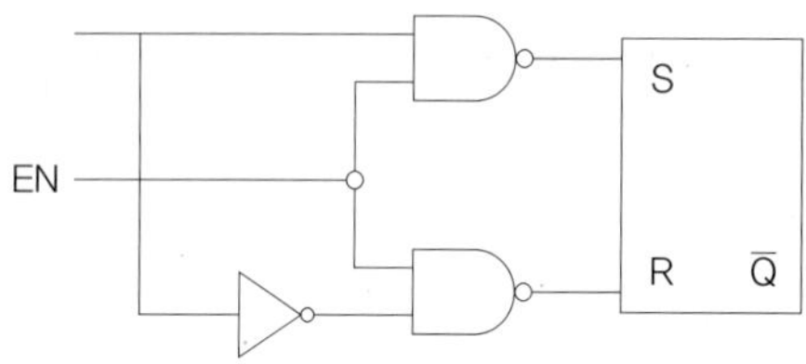

- D Flip Flop은 데이터 전송을 1 Clock Pulse 동안 지연시킬 수 있는 것이다.
- JK Flip Flop을 이용해서 J와 K 입력 사이를 Not Gate로 연결시키면 Delay Flip Flop이 된다.
- D Flip Flop을 이용해서 RS Flip Flop의 문제점인 입력 S와 R에 각각 1을 들어가지 못하게 만든 회로이다.
- 즉, 위 그림은 Invertor인 Not Gate를 두어서 Delay를 추가시킨 것이다.

05 다음 진리표는 어떤 논리회로에 대한 진리표인가? (2014-2차)

A	B	Q(t+1)
0	0	Q(t), 불변
1	0	1
0	1	0
1	1	부정

① 전가산기 ② 반가산기
③ JK 플립플롭 ④ RS 플립플롭

해설

SR Flip-Flop Circuit Diagram

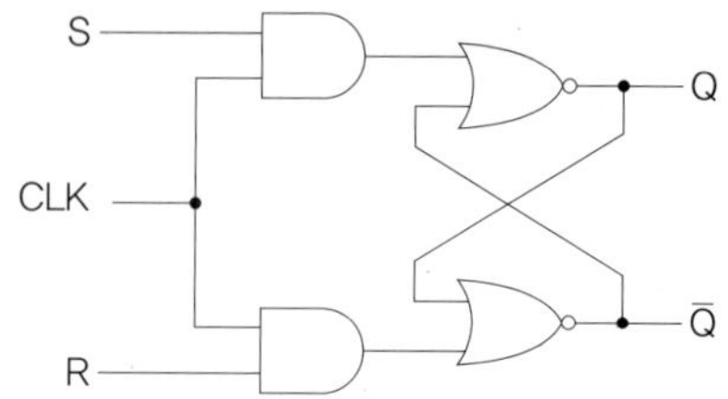

SR Flip-Flop 진리표

CP	S	R	Q(t+1)
1	0	0	Q(t), Hold 현재값
1	0	1	0, Reset
1	1	0	1, Set
1	1	1	Invalid(금지)

RS 플립

- 2개의 NOR 와 2개의 NAND 회로의 조합으로 구성이 된다.
- R=S=0인 경우 현재 상태를 유지한다.
- R=0, S=1인 경우 출력 Q는 1이 된다.
- R=1, S=0인 경우 출력 Q는 0이 된다.
- R=S=1인 경우 동작하지 않는다(Invalid인 금지 상태).
- RS Flip Flop 문제를 해결하기 위해 JK Flip Flop이 나와서 R=S=1인 상태에도 동작한다.

06 6개의 플립플롭으로 구성된 상향 계수기(Up Counter)의 모듈러스와 이 계수기로 계수할 수 있는 최대계수는? (2010-3차)

① 모듈러스: 5, 최대계수: 63
② 모듈러스: 6, 최대계수: 64
③ 모듈러스: 63, 최대계수: 64
④ 모듈러스: 64, 최대계수: 63

해설

6개의 계수기가 구성되면 2^6 즉, 64가지로 000000~111111을 가지며 64진 계수기라 한다(MOD−64, Modulus 64 Counter). 즉, 0부터 최대 63까지 최대 계수가 되며 이를 64 Modulus Counter라 한다.

정답 07 ② 08 ③ 09 ② 10 ② 11 ②

07 다음 중 4개의 Flip-Flop으로 구성된 업카운터의 모듈러스(Modulus)와 이 카운터로 계수할 수 있는 최대계수는? (2010-1차)

① 모듈러스: 32, 최대계수: 16
② 모듈러스: 16, 최대계수: 15
③ 모듈러스: 16, 최대계수: 16
④ 모듈러스: 32, 최대계수: 15

해설
4개의 계수기가 구성되면 2^4 즉, 16가지로 0000~1111을 가지며 16진 계수기라 한다(MOD−16, Modulus 16 Counter). 즉, 0부터 최대 15까지 최대 계수가 되며 이를 16 Modulus Counter라 한다.

08 입력 주파수 512[kHz]를 T형 플립플롭 7개 종속 접속한 회로에 인가했을 때 출력주파수는 얼마인가? (2020-3차)

① 256[kHz]
② 8[kHz]
③ 4[kHz]
④ 2[kHz]

해설
T형 플립플롭 한 개는 이진 Counter 역할을 한다. 플립플롭 7개 종속되어 있으므로 $2^7=128$개로 분주한 회로이다.

$$\text{출력주파수}=\frac{\text{입력주파수}}{2^7}=\frac{512[kHz]}{2^7}=\frac{512[kHz]}{128}=4[\text{kHz}]$$

이진 카운터는 일련의 플립플롭으로 만들어진 하드웨어 회로로서 한 플립플롭의 출력은 다음 플립플롭의 입력으로 전송된다. 플립플롭의 연결 방법에 따라 이진 카운터는 비동기식 또는 동기식일 수 있다.

09 비동기식 5진 카운터(Counter) 회로는 최소 몇 개의 플립플롭(Flip-Flop)이 필요한가? (2016-1차)(2020-3차)

① 4 ② 3
③ 2 ④ 1

해설
5진 계수회로는 $2^3 \geq 5 \geq 2^2$이므로 최소 3개의 플립플롭이 필요하다.
리플 카운터라고도 하는 비동기 카운터는 플립플롭을 사용하여 순차 출력 상태를 카운트하고 생성하는 디지털 카운터 회로로서 모든 플립플롭이 공통 클록 신호를 기반으로 동시에 상태를 변경하는 동기식 카운터와 달리 비동기식 카운터에는 체인의 이전 플립플롭 출력을 기반으로 상태를 변경하는 플립플롭이 있다. $2^3=8$진 카운트이다. 즉, 0~7까지 계수할 수 있다.

10 지연 시간 50[ns]의 플립플롭을 사용한 5단 리플 카운터의 동작 최고 주파수는? (2016-3차)

① 1[MHz] ② 4[MHz]
③ 10[MHz] ④ 20[MHz]

해설
지연 시간 50[ns]의 플립플롭이고 5단 리플 카운터를 사용하므로 50[ns]×5 = 250[ns]의 시간이 소요된다.
시간은 주파수와 반비례하므로

$$\text{최대 주파수}=\frac{1}{\text{최대지연시간}}=\frac{1}{250\times10^{-9}}=4[\text{MHz}]$$

이므로 카운터가 정상적으로 동작할 수 있는 최대 주파수는 4[MHz]가 된다.

11 플립플롭은 몇 개의 안정 상태를 갖는가? (2013-3차)

① 1 ② 2
③ 4 ④ ∞

해설
플립플롭(Flip−flop)은 1bit(0 또는 1)의 정보를 기억할 수 있는 최소의 기억장치이다. 전원이 공급된다면 신호를 받을 때까지 현재의 상태를 유지하는 논리회로이다.

12 **플립플롭 4개로 구성된 계수기가 가질 수 있는 최대의 2진 상태는 몇 가지인가?** (2013-3차)

① 8가지 ② 12가지
③ 16가지 ④ 20가지

해설

플립플롭 또는 래치(Flip-flop 또는 Latch)는 1비트의 정보를 보관, 유지할 수 있는 회로이며 순차 회로의 기본 요소이다. 조합논리회로에 비해 플립플롭은 이전상태를 계속 유지하여 저장한다. 플립플롭 4개는 $2^4=16$으로 16가지의 상태를 가지며 4bit의 기억장치 용량을 갖는다.

13 **다음 중 Master-Slave 플립플롭은 어떠한 현상을 해결하기 위한 플립플롭인가?** (2015-3차)(2017-1차)(2018-3차)

① 지연 현상
② Race 현상
③ Set 현상
④ Toggle 현상

해설

Master-Slave 플립플롭으로 JK 플립플롭의 경우 클록 펄스가 1일 때 출력 상태가 변화되면 입력측에 변화를 일으켜 오동작이 발생되는데 이를 Race 현상이라 한다. JK나 T 플립플롭의 경우처럼 클럭펄스가 1일 때 출력상태가 변화되어 입력에 변화를 일으켜서 오동작을 발생시킬 수 있다. 이 현상을 해결하는 하나의 회로가 Master/Slave 플립플롭이다. 데이터 입력이 직접 출력에 연결되지 않고 입출력이 완전히 분리되어 동작하는 특성을 갖는다.

14 **플립플롭 6개로 구성된 계수기가 가질 수 있는 최대 2진 상태수는?** (2018-1차)

① 16개 ② 32개
③ 64개 ④ 85개

해설

계수기(Counter)란 클럭 펄스를 세어서 수치를 처리하기 위한 논리회로(디지털 회로)이다. 계수기가 계수한 이진수나 이진화 십진수가 디코더를 통해서 7 세그먼트 발광 다이오드에 표시되는 숫자로 변환하여 사람이 알아볼 수 있는 정보가 된다. 또한 인코더가 정보를 이진수로 변환한 것을 계수기를 통해 계수 처리를 할 수 있다. 카운터에는 동기식과 비동기식이 있다.
6개의 계수기가 구성되면 2^6 즉, 64가지로 000000~111111을 가지며 64진 계수기라 한다.

15 **다음 중 전자계산기의 기억 요소(Memory Element)로 사용하는 장치가 아닌 것은?** (2022-3차)

① Disk
② Register
③ Flip Flop
④ Inverter

해설

레지스터는 이진 데이터 비트 그룹을 저장하고 보유하는 순차 논리 구성 요소로서 다중 비트 저장 장치를 위해 상호 연결된 플립플롭 세트로 구성된다. 레지스터는 처리 중에 데이터를 임시로 저장하거나, 디지털 시스템의 다른 부분 간에 데이터 전송을 용이하게 하거나, 컴퓨터 아키텍처에서 메모리 요소로 사용된다. Inverter는 NOT 게이트라고도 하는 부정의 논리 연산을 수행하는 기본 논리 게이트로서 단일 입력 신호를 받아 출력에서 해당 입력 신호의 논리적 보수(반대)를 생성한다.

16 **100[MHz] 발진기를 사용해서 25[MHz]를 만들려면 최소한 몇 개의 플립플롭이 필요한가?** (2010-3차)

① 1개 ② 2개
③ 3개 ④ 4개

해설

T(Toggle) 플립플롭은 JK 플립플롭의 J와 K 단자를 연결한 것으로 입력단자가 T 하나이며 입력이 있을 때마다 플립플롭의 값이 반전된다. 이러한 기능은 주로 계수기(Counter) 회로에 사용된다. T 플립플롭은 펄스가 입력되면 현재와 반대의 상태로 바뀌게 하는 Toggle 회로로서 T 플립플롭 한 개는 2진 카운터의 역할을 한다.
$\frac{100[MHz]}{4}=25[\text{MHz}]$이므로 $4=2^2$으로 2개의 플립플롭이 필요하다.

기출유형 02 ▶ JK Flip Flop

JK-Flip Flop에서 J 입력과 K 입력이 모두 1이고 CP=1일 때 출력은? (2015-1차)(2016-2차)

① 출력은 반전한다.
② Set 출력은 1, Reset 출력은 0이다.
③ Set 출력은 0, Reset 출력은 1이다.
④ 출력은 1이다.

해설

JK-Flip Flop은 J=K=1일 때 Clock Pulse가 1이면 현재 상태에서 반전이 되므로 J=K=1을 유지하면서 Clock Pulse가 계속 들어오면 출력은 0과 1을 반복하게 되는데 이것을 Toggle(반전)이라 한다.

| 정답 | ①

족집게 과외

JK FF의 J는 S(Set)에, K는 R(Reset)에 대응하는 입력이다. J=1, K=1인 경우 F/F의 출력은 이전 출력의 반전인 Toggle이 된다.

J-K Flip-Flop

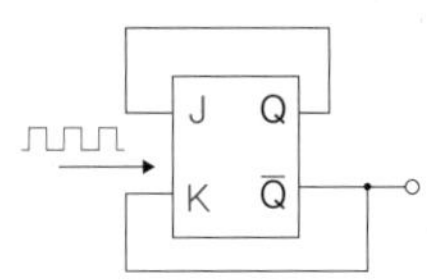

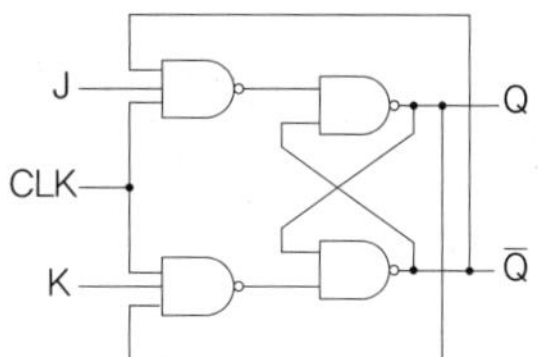

더 알아보기

J-K Flip-Flop 블록은 네거티브 에지 트리거 J-K 플립플롭을 모델링한다. J-K Flip-Flop 블록에는 J, K, CLK, 세 개의 입력값이 있다. 클럭 신호(CLK)의 네거티브(하강) 에지에서 J-K Flip-Flop 블록은 진리표에 따라 Q와 Q의 보수 $\overline{Q}$를 출력한다. 이 진리표에서 Qn-1은 이전 시간 스텝의 출력이다.

[JK-Flip Flop의 동작]

CP	J	K	Q(t+1)
1	0	0	Q(t), Hold
1	0	1	0, Reset
1	1	0	1 Set
1	1	1	$\overline{Q}$(t), Toggle

조건	내용
J와 K 입력이 모두 0이면	플립플롭은 현재 상태를 유지한다(Q와 $\overline{Q}$는 변경되지 않음).
J가 0이고 K가 1이면	플립플롭이 재설정되어 Q가 0이 되고 $\overline{Q}$가 1이 된다.
J가 1이고 K가 0이면	플립플롭이 설정되어 Q가 1이 되고 $\overline{Q}$가 0이 된다.
J와 K 입력이 모두 1이면	플립플롭이 상태를 토글한다. Q가 0이면 1이 되고 Q가 1이면 0이 된다.

❶ JK Flip Flop

JK 플립플롭은 1비트의 정보를 저장할 수 있는 일종의 플립플롭 회로로서 J(Jack) 및 K(Kill)의 2개 입력, 클럭 입력(CLK) 및 2개의 출력 Q 및 $\overline{Q}$(Q의 보수)가 있다. JK 플립플롭의 동작은 아래 진리표에 의해 정의되며 다음과 같다.

CP	J	K	Q(t+1)
1	0	0	Q(t), Hold, No Change
1	0	1	0, Reset
1	1	0	1 Set
1	1	1	$\overline{Q}$(t), toggle

JK 플립플롭의 토글 동작은 주파수 분배기, 카운터 및 기타 순차 논리 회로를 생성하는 데 특히 유용하다. 클럭 신호의 상승 에지(↑)는 종종 JK 플립플롭에서 상태 변경을 트리거하는데 사용된다는 점에 유의해야 한다. 이렇게 하면 전환 중에 입력이 안정적이고 적절하게 동기화된다. JK 플립플롭은 디지털 시스템에서 널리 사용되며 결합하여 더 복잡한 회로와 메모리 요소를 만들 수 있다.

❷ JK F/F 활용

JK 플립플롭은 디지털 회로의 다양한 애플리케이션에 사용할 수 있다. 다음은 JK 플립플롭을 활용하는 몇 가지 예다.

구분	내용
주파수 분할 /카운팅	JK 플립플롭의 J 및 K 입력을 적절하게 연결하여 주파수 분배기 또는 카운터 회로를 만들 수 있다. 플립플롭이 클럭 신호에 의해 트리거 되면 상태를 토글하여 토글할 때마다 입력 신호의 주파수를 2로 나누어주며 여러 JK 플립플롭을 계단식으로 연결하면 주파수를 더 큰 2의 거듭제곱으로 나누는 카운터를 만들 수 있다.
상태 메모리	JK 플립플롭은 회로의 상태를 저장하고 호출하는 메모리 요소로 사용할 수 있다. J 및 K 입력을 특정 값에 연결하고 클럭 신호를 제어함으로써 특정 상태를 저장하도록 플립플롭을 설정하거나 재설정할 수 있다. 출력 Q는 회로의 다른 부분을 제어하는 데 사용할 수 있는 저장된 상태를 나타낸다.
시프트 레지스터	여러 JK 플립플롭을 직렬로 연결하면 시프트 레지스터를 만들 수 있다. 시프트 레지스터에서 한 플립플롭의 출력은 다음 플립플롭의 입력에 연결된다. 클럭 신호를 펄싱(Pulsing)하면 저장된 비트를 하나의 플립플롭에서 다음 플립플롭으로 이동하여 데이터를 순차적으로 전송하거나 수신할 수 있다.
제어 및 동기화	JK 플립플롭은 디지털 시스템의 작동을 제어하고 동기화하는 데 사용할 수 있다. J 및 K 입력을 적절하게 구성하고 클럭 신호를 사용하여 회로에서 이벤트의 타이밍과 시퀀스를 제어할 수 있다.

위 내용은 JK 플립플롭의 응용 사례 중 일부로서 상태 전환 기능은 디지털 논리 설계에서 중요한 구성 요소가 된다. 회로의 특정 요구 사항에 따라 JK 플립플롭을 창의적으로 사용하여 다양한 기능과 동작을 구현할 수 있다.

01 J-K 플립플롭을 그림과 같이 결선하였을 때 클록 펄스가 인가될 때마다 출력 Q의 동작 상태는? (2019-2차)

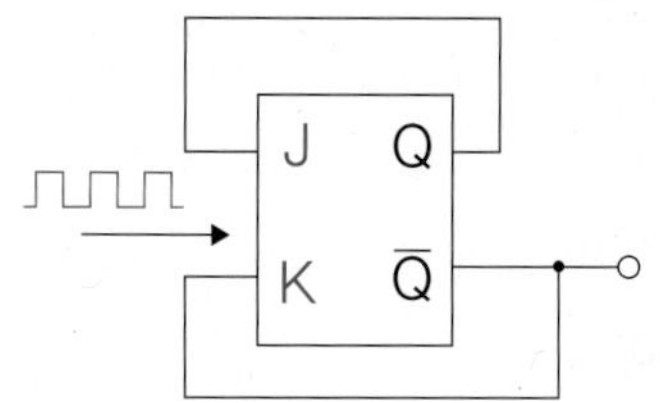

① Reset ② Toggle
③ Set ④ ∞

해설

JK FF의 J는 S(Set)에, K는 R(Reset)에 대응하는 입력이다. J=1, K=1인 경우 F/F의 출력은 이전 출력의 반전인 Toggle이 된다.

CP	J	K	Q(t+1)
1	0	0	Q(t), Hold
1	0	1	0, Reset
1	1	0	1 Set
1	1	1	$\overline{Q}$(t), toggle

JK FF는 J=K=1일 때 Clock Pulse가 1이면 현재 상태에서 반전이 되므로 J=K=1을 유지하면서 Clock Pulse가 계속 들어오면 출력은 0과 1을 반복하게 되는데 이것을 Toggle(반전)이라 한다.

02 JK Flip Flop을 그림과 같이 결선하였을 경우 클럭 펄스가 인가될 때마다 Q의 출력상태는 어떻게 동작하는가? (2014-3차)

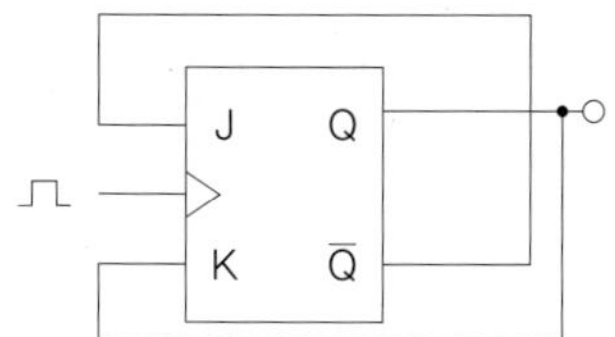

① Toggle ② Reset
③ Set ④ Race 현상

해설

JK FF는 J=K=1일 때 Clock Pulse가 1이면 현재 상태에서 반전이 되므로 J=K=1을 유지하면서 Clock Pulse가 계속 들어오면 출력은 0과 1을 반복하게 되는데 이것을 Toggle(반전)이라 한다.

03 J-K 플립플롭을 사용하여 D형 플립플롭을 만들기 위한 외부 결선방법으로 맞는 것은? (2020-2차)

①
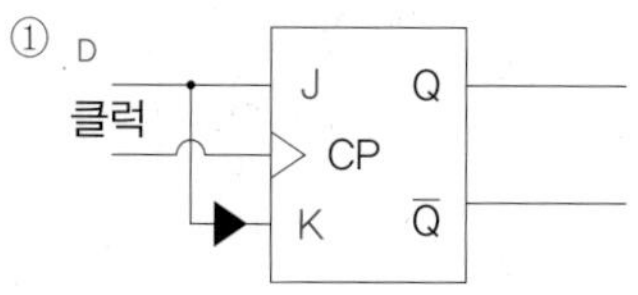

②
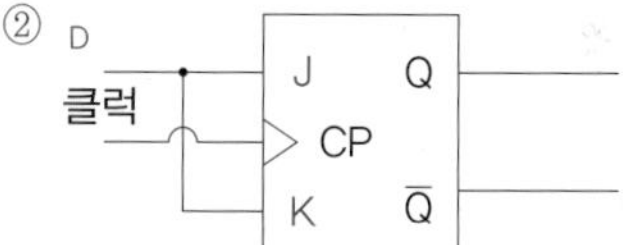

③
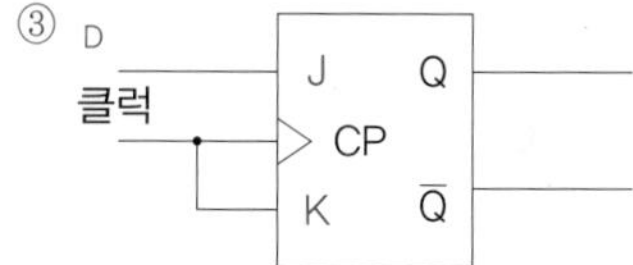

④
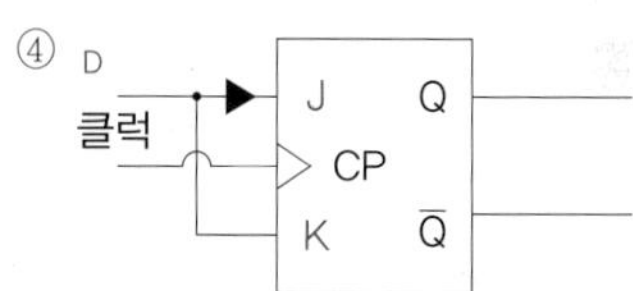

해설

Delay Flip Flop

D Flip Flop은 데이터 전송을 1 Clock Pulse 동안 지연시킬수 있는 것이다. JK Flip Flop을 이용해서 J와 K 입력 사이를 Not Gate로 연결시키면 Delay Flip Flop이 된다.

T Flip Flop

위 2번과 같이 연결된 것이 전형적인 Toggle(반전) 되어 0과 1이 번갈아 나오는 T형 Flip Flop이 되는 것이다. 여기에는 "토글" 또는 "T" 입력이라고 하는 단일 입력과 현재 상태(Q) 및 해당 보완($\overline{Q}$)의 두 출력이 있는 것이다. T 플립플롭은 일반적으로 주파수 분할, 카운터 및 상태 기계를 비롯한 다양한 응용 분야의 디지털 회로에 사용되며 더 복잡한 순차 회로를 만들기 위해 함께 계단식으로 배열될 수 있다.

정답 04 ③ 05 ③ 06 ② 07 ④ 08 ①

04 J-K 플립플롭에서 $J_n=0$, $K_n=1$일 때 클럭 펄스가 1이면 Q_{n+1}의 출력상태는? (2018-2차)

① 반전 ② 1
③ 0 ④ 부정

해설

JK FF의 J는 S(Set)에, K는 R(Reset)에 대응하는 입력이다. $J=0$, $K=1$인 경우 F/F의 출력은 0인 *Reset* 상태가 된다.

CP	J	K	Q(t+1)
1	0	0	Q(t), Hold
1	0	1	0, Reset
1	1	0	1 Set
1	1	1	$\overline{Q}$(t), toggle

05 현재의 출력(Q) 상태가 1일 때, JK 플립플롭의 설명으로 틀린 것은? (2011-1차)

① $J=1$이고, $K=0$이면 1을 출력한다.
② $J=1$이고, $K=1$이면 0을 출력한다.
③ $J=0$이고, $K=1$이면 1을 출력한다.
④ $J=0$이고, $K=0$이면 1을 출력한다.

해설

③ $J=0$이고, $K=1$이면 0(Reset) 된다.
① $J=1$이고, $K=0$이면 1을 출력한다(Set).
② $J=1$이고, $K=1$이면 $\overline{Q}$(t)가 되어 출력 1이 0으로 반전된다.
④ $J=0$이고, $K=0$이면 Q(t)가 되어 기존 1을 그대로 출력한다.

JK FF의 J는 S(Set)에, K는 R(Reset)에 대응하는 입력이다. 현재의 출력상태가 1이므로 $Q(t)=1$, $J=0$이고, $K=1$이면 0을 출력한다.

06 J-K 플립플롭은 두 개의 입력 데이터(Data)에 의하여 출력에서 몇 개의 조합(Combination)을 얻을 수 있는가? (2017-2차)

① 2
② 4
③ 8
④ 16

해설

JK Fliop Flop은 SR Flip Flop에서 S=1, R=1인 경우 출력이 불안정한 상태가 되어 이러한 문제점을 개선해서 나온 것이다. 즉, S=1과 R=1인 상태에서도 동작이 가능하도록 개선되었다. JK Flop Flop은 두 개의 입력 데이터에 의해 4개의 조합이 가능한 출력을 얻을 수 있다.

07 마스터 슬레이브 JK-FF에서 클럭 펄스가 들어올 때마다 출력상태가 반전되는 것은? (2018-3차)

① $J=0$, $K=0$
② $J=1$, $K=0$
③ $J=0$, $K=1$
④ $J=1$, $K=1$

해설

JK FF의 J는 S(set)에, K는 R(reset)에 대응하는 입력이다. J=1, K=1인 경우 F/F의 출력은 이전 출력의 반전인 Toggle이 된다.
JK FF는 J=K=1일 때 Clock Pulse가 1이면 현재 상태에서 반전이 되므로 J=K=1을 유지하면서 Clock Pulse가 계속 들어오면 출력은 0과 1을 반복하게 되는데 이것을 Toggle(반전)이라 한다.

08 다음 회로 중 Flip-Flop 회로를 쓰지 않는 것은? (2019-2차)(2021-1차)

① 리미터 회로
② 분주 회로
③ 기억 회로
④ 2진 계수 회로

해설

리미터는 신호의 진폭을 미리 정한 레벨로 제한하기 위해 사용하는 회로이다. 다이오드를 이용하여 간단하게 만들 수 있으며 다이오드만을 이용하면 양의 방향 또는 음의 방향으로 다이오드의 순방향 전압만큼 리미트를 걸 수 있다. 원리는 다이오드가 순방향일 경우 다이오드의 순방향 전압까지는 전류가 흐르지 않아 전압만큼 출력에 나타나고 순방향 턴온이 되는 순간 전류가 흐르게 되어 전압이 턴온 전압만큼 유지되게 된다.

09 JK 플립플롭(Flip-Flop)을 다음 그림과 같이 연결했을 때 결과치가 같은 플립플롭은? (2018-3차)

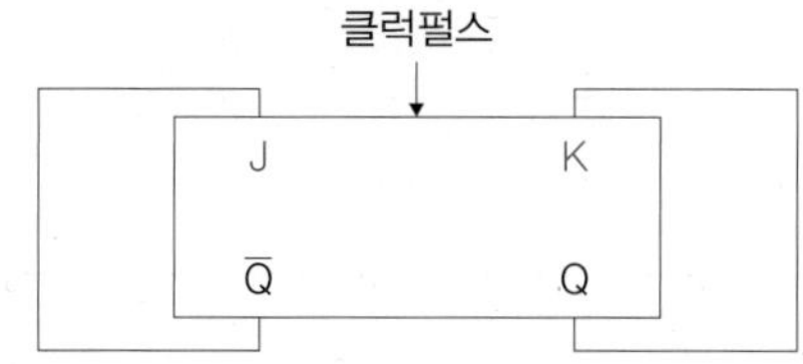

① D 플립플롭
② RS 플립플롭
③ T 플립플롭
④ MS 플립플롭

해설

토글 플립플롭이라고도 하는 T 플립플롭은 입력 및 클록 신호의 상태에 따라 출력을 저장하고 토글하는 일종의 디지털 회로 요소이다. 여기에는 "토글" 또는 "T" 입력이라고 하는 단일 입력과 현재 상태(Q) 및 해당 보완($\overline{Q}$)의 두 출력이 있다. T 플립플롭은 일반적으로 주파수 분할, 카운터 및 상태 기계를 비롯한 다양한 응용 분야의 디지털 회로에 사용되며 더 복잡한 순차 회로를 만들기 위해 함께 계단식으로 배열될 수 있다.

10 다음 중 JK Flip-Flop에서 Jn=1, Kn=0일 때 클럭이 인가되면 Qn+1의 출력상태는? (2010-2차)

① 부정
② 0
③ 1
④ 반전

해설

JK FF의 J는 S(Set)에, K는 R(Reset)에 대응하는 입력이다. J=1, K=0인 경우 F/F의 출력은 Set (1)이 된다.

CP	J	K	Q(t+1)
1	0	0	Q(t), Hold
1	0	1	0, Reset
1	1	0	1 Set
1	1	1	$\overline{Q}$(t), toggle

11 JK Flip-Flop에서 현재 상태의 출력 Qn을 1로 하고, J 입력과 K 입력이 1일 때 출력 펄스 CP에 신호기 인가되면 다음 상태의 출력 Qn+1은? (단, 플립플롭의 Setup Time과 Holding Time은 만족하다고 가정함) (2013-1차)

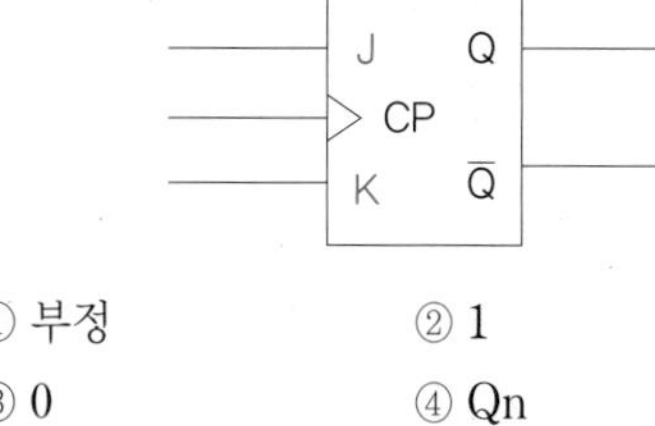

① 부정 ② 1
③ 0 ④ Qn

해설

JK Flip-Flop

- JK FF의 J는 S(Set)에, K는 R(Reset)에 대응하는 입력이다.
- $J=0$, $K=0$인 경우 $CP=1$이면 $Q(t+1)=Q$(t), Hold로 불변이다.
- $J=0$, $K=1$인 경우 $CP=1$이면 $Q(t+1)=0$, Reset이다.
- $J=1$, $K=0$인 경우 $CP=1$이면 $Q(t+1)=1$, Set이다.
- $J=1$, $K=1$인 경우 $CP=1$이면 $Q(t+1)=\overline{Q}$(t), Toggle이다.
- 즉, Clock Pulse가 계속 들어오는 동안 Q(t+1)는 0과 1을 반복하는 Toggle 상태를 유지한다.

현재 상태의 출력 Qn을 1이므로 Toggle된 0이 답이 된다.

기출유형 03 ▸ Decoder, Encoder

조합 논리 회로 중 0과 1의 조합으로 부호화를 행하는 회로로 2^n개의 입력선과 n개의 출력 선으로 구성된 것은? (2020-3차)

① 디코더(Decoder)

② DEMUX

③ MUX

④ 인코더(Encoder)

해설

인코더는 디코더의 반대 기능을 수행하는 조합논리회로, 신호 2^n개를 입력받아 출력신호 n개를 만든다.

| 정답 | ④

족집게 과외

인코더(Encoder)	2^n개를 입력받아 출력신호 n개를 만든다.
디코더(Decoder)	n비트 2진 코드를 받아 최대 2^n가지 출력을 만든다.

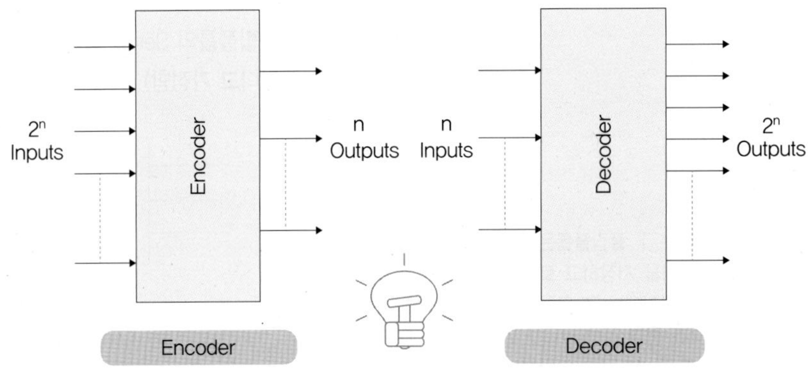

더 알아보기

구분	인코더(Encoder)	디코더(Decoder)
목적	압축 또는 효율성을 염두에 두고 데이터를 한 형식에서 다른 형식으로 변환	인코딩되거나 압축된 데이터를 원래 형식이나 표현으로 다시 변환
운영	데이터 압축	데이터 압축 해제
예	JPEG, H.264 비디오 압축	JPEG, H.264 비디오 압축 해제
사용 사례	데이터 압축, 멀티미디어 처리, 통신 시스템, 텍스트 인코딩(예 UTF-8)	데이터 압축 해제, 멀티미디어 처리, 통신 시스템, 텍스트 디코딩(예 UTF-8)
목표	크기 축소, 저장 또는 전송을 위한 데이터 준비	압축, 인코딩된 형식에서 원본 데이터 복원
동작	신호 2^n개를 입력받아 출력신호 n개	입력 n비트 2진 코드를 최대 출력 2^n
예제	y_0~y_7 → 8-to-3 Priority Encoder → a, b, c, d	a, b, c → 3-to-8 Line Decoder → $y_0 = a'b'c'$, $y_1 = a'b'c$, $y_2 = a'bc'$, $y_3 = a'bc$, $y_4 = ab'c'$, $y_5 = ab'c$, $y_6 = abc'$, $y_7 = abc$

입력								출력			
y_0	y_1	y_2	y_3	y_4	y_5	y_6	y_7	a	b	c	d
0	0	0	0	0	0	0	0	0	0	0	0
1	0	0	0	0	0	0	0	0	0	0	1
X	1	0	0	0	0	0	0	0	0	1	1
X	X	1	0	0	0	0	0	0	1	0	1
X	X	X	1	0	0	0	0	0	1	1	1
X	X	X	X	1	0	0	0	1	0	0	1
X	X	X	X	X	1	0	0	1	0	1	1
X	X	X	X	X	X	1	0	1	1	0	1

입력			출력							
a	b	c	y_0	y_1	y_2	y_3	y_4	y_5	y_6	y_7
0	0	0	1	0	0	0	0	0	0	0
0	0	1	0	1	0	0	0	0	0	0
0	1	0	0	0	1	0	0	0	0	0
0	1	1	0	0	0	1	0	0	0	0
1	0	0	0	0	0	0	1	0	0	0
1	0	1	0	0	0	0	0	1	0	0
1	1	0	0	0	0	0	0	0	1	0
1	1	1	0	0	0	0	0	0	0	1

❶ Encoder와 Decoder

정보 처리 및 데이터 변환에서 "인코더" 및 "디코더"는 컴퓨터 과학, 통신 시스템 및 기계 학습과 같은 다양한 분야에서 사용되는 기본 구성 요소이다. 이것의 주요 목적은 다르며 서로 다른 표현 또는 형식 간에 데이터를 변환하는 데 중요한 역할을 한다.

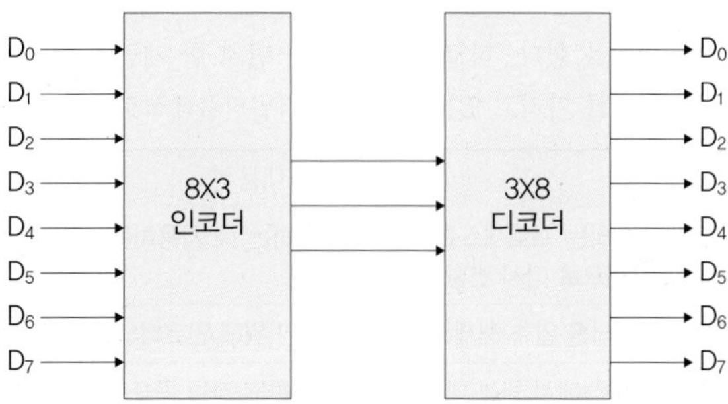

❷ Encoder

인코더는 디코더의 반대 기능을 수행하는 조합논리회로, 신호 2^n개를 입력받아 출력신호 n개를 만든다. 인코더도 인에이블을 가지면 멀티플렉서의 기능으로 사용할 수 있으며 0과 1의 조합에 의하여 어떠한 기호라도 표현할 수 있도록 부호화하는 역할을 하며, OR 게이트로 이루어져있다.

구분	내용
목적	인코더는 데이터 크기를 줄이거나 전송 또는 저장을 위해 데이터를 형식 또는 표현에서 다른 형식으로 변환하는 데 사용된다.
기능	인코더는 원시 데이터를 입력으로 가져오고 특정 알고리즘 또는 방법을 사용하여 처리하여 압축하거나 보다 압축되거나 효율적인 형식으로 변환한다.
압축	인코더는 종종 더 적은 비트 또는 바이트를 사용하여 원본 데이터를 표현하는 것을 목표로 하는 데이터 압축 기술과 관련된다.
회로도	D_3 D_2 D_1 D_0 → B_0, B_1
진리표	(아래 표 참조)

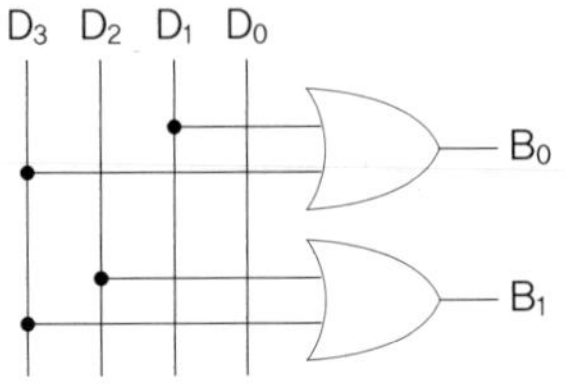

입력				출력	
D_3	D_2	D_1	D_0	B_1	B_0
0	0	0	1	0	0
0	0	1	0	0	1
0	1	0	0	1	0
1	0	0	0	1	1

$B_1 = D_2 + D_3$(위 연결선 참조) $B_0 = D_1 + D_3$(위 연결선 참조)

❸ Decoder

디코더는 입력선에 나타나는 n비트 2진 코드를 최대 2n가지 정보로 바꿔주는 조합논리 회로로서 부호화된 데이터를 해독하여 정보를 찾아내는 역할을 한다. 디코더는 출력 중 단지 한 개만이 논리적으로 1이 되고 나머지 출력은 모두 0이 된다. 특히 인에이블 단자를 가지고 있는 디코더는 디멀티플레서로도 사용된다.

구분	내용
목적	디코더는 인코더가 수행하는 프로세스를 역으로 수행하는 데 사용하는 것으로 인코딩되거나 압축된 데이터를 가져와 원래 형식이나 표현으로 다시 변환한다.
기능	디코더는 인코딩된 데이터를 압축 해제하거나 해석하기 위해 인코더의 보완 알고리즘 또는 방법을 사용한다.
압축 해제	디코더는 종종 압축된 형식에서 원래 데이터를 재구성하는 것을 목표로 하는 데이터 압축 해제 기술과 관련된다.

Decoder는 입력 2개로 4개 명령어를 줄 수 있다. 디코더가 없다면 입력이 4개 필요할 것이다. 경우의 수로 보면 입력이 2개면 2^2, 총 4개를 사용할 수 있고 입력이 3개면 2^3, 총 8개를 명령을 사용할 수 있고 입력이 4개면 2^4, 총 16개를 명령을 사용할 수 있다. 즉, Decoder를 사용해서 적은 수의 입력단자로 많은 표현을 할 수 있는 것이다.

정답 01 ① 02 ① 03 ④ 04 ② 05 ②

01 다음 중 디코더(Decoder)에 대한 설명으로 틀린 것은? (2015-2차)(2015-3차)(2017-1차)

① 출력보다 많은 입력을 갖고있다.
② 한 번에 하나의 출력만을 동작한다.
③ n비트의 2진 코드 입력에 의해 최대 2^n개의 출력이 나온다.
④ 인코더(Encoder)의 역기능을 수행한다.

해설
디코더는 입력선에 나타나는 n비트 2진 코드를 최대 2^n 가지 정보로 바꿔주는 조합논리 회로로서 부호화된 데이터를 해독하여 정보를 찾아내는 역할을 한다. 즉, 입력보다 많은 출력을 가지고 있는 것이다.

02 다음 디코더의 설명 중 옳은 것은? (2020-2차)

① 2진수로 표시된 입력 조합에 따라 출력이 하나만 동작하도록 하는 회로
② 특정한 입력을 몇 개의 코드화된 신호의 조합으로 바꾸는 장치
③ 연산회로의 일종으로 보수 합산을 행한다.
④ N개의 입력데이터에서 1개의 입력씩만 선택하여 송신하는 회로

해설
디코더는 입력선에 나타나는 n비트 2진 코드를 최대 2^n 가지 정보로 바꿔주는 조합논리 회로로서 부호화된 데이터를 해독하여 정보를 찾아내는 역할을 한다. 경우의 수로 보면 입력이 2개면 2^2, 총 4개를 사용할 수 있고 입력이 3개면 2^3, 총 8개를 명령을 사용할 수 있고 입력이 4개면 2^4, 총 16개를 명령을 사용할 수 있다. 즉, Decoder를 사용해서 적은 수의 입력단자로 많은 표현을 할 수 있는 것이다.

03 다음의 디지털 장치에서 디코더(Decoder)의 반대 동작을 하는 장치는? (2012-1차)

① 멀티플렉서(Multiplexer)
② 전가산기(Full Adder)
③ 디멀티플렉서(Demultiplexer)
④ 인코더(Encoder)

해설
인코더는 디코더의 반대 기능을 수행하는 조합논리회로, 신호 2^n개를 입력받아 출력신호 n개를 만든다.

04 n개의 입력으로부터 2진 정보를 2^n개의 독자적인 출력으로 변환이 가능한 것은? (2012-3차)

① 멀티플렉서
② 디코더
③ 계수기
④ 비교기

해설
디코더는 입력선에 나타나는 n비트 2진 코드를 최대 2^n 가지 정보로 바꿔주는 조합논리 회로로서 부호화된 데이터를 해독하여 정보를 찾아내는 역할을 한다. 즉, 입력보다 많은 출력을 갖고 있는 것이다.

05 다음은 어떤 논리회로인가? (2018-2차)(2018-3차)

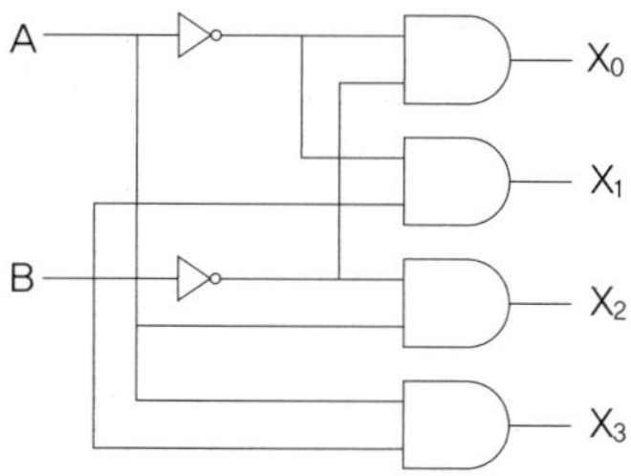

① 인코더
② 디코더
③ RS 플립플롭
④ JK 플립플롭

해설

입력은 A와 B로 두 개인데 출력은 4개인 회로이다. 이것으로 볼 때 2×4의 복호기 임을 알 수 있다.

복호기(Decoder)

- n개의 입력으로 들어오는 데이터를 받아 그것을 숫자로 보고 2^n제곱 개의 출력 회선 중 그 숫자에 해당되는 번호에만 1을 내보내고 나머지는 모두 0을 내보내는 논리회로이다.
- 어떤 규칙에 따라 부호화된 신호를 받아 그것을 대응하는 다른 부호로 된 신호로 바꾸는 장치이다.

A	B	X_3	X_2	X_1	X_0
0	0	0	0	0	1
0	1	0	0	1	1
1	0	0	1	0	0
1	1	1	0	0	0

06 다음 그림과 같이 2^n개(0~7)의 십진수 입력을 넣었을 때 출력이 2진수(000~111)로 나오는 회로의 명칭은? (2013-2차)(2015-2차)

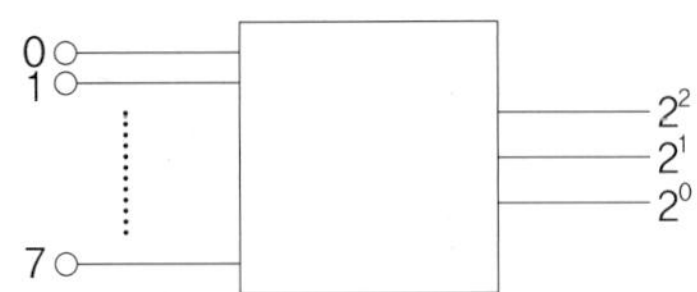

① 디코더 회로
② A－D 변환회로
③ D－A 변환회로
④ 인코더 회로

해설

인코더는 디코더의 반대 기능을 수행하는 조합논리회로, 신호 2^n개를 입력 받아 출력신호 n개를 만든다.

07 다음 그림과 같이 2^n개(0~7)의 입력을 넣었을 때 출력이 2진수(000~111)로 나오는 회로의 명칭은? (2020-2차)

① 디코더(Decoder) 회로
② A－D 변환회로
③ D－A 변환회로
④ 인코더(Encoder) 회로

해설

인코더는 디코더의 반대 기능을 수행하는 조합논리회로, 신호 2^n개를 입력받아 출력신호 n개를 만든다.

08 조합 논리 회로 중 0과 1의 조합으로 부호화를 행하는 회로로 2^n개의 입력선과 n개의 출력 선으로 구성된 것은? (2013-3차)(2016-3차)(2020-3차)

① 디코더(Decoder)
② DEMUX
③ MUX
④ 인코더(Encoder)

해설

인코더는 디코더의 반대로, 2^n개의 입력을 받아 그에 대응하는 이진 출력을 만드는 회로이다. 대표적인 인코더로 8진수 → 2진수 변환기가 있다.

기출유형 04 ▶ 반가산기, 전가산기

반가산기(Half Adder)에서 A=1, B=1일 경우 S(Sum)의 값은? (2015-1차)(2017-2차)

① −1 ② 1
③ 0 ④ 2

해설

반가산기

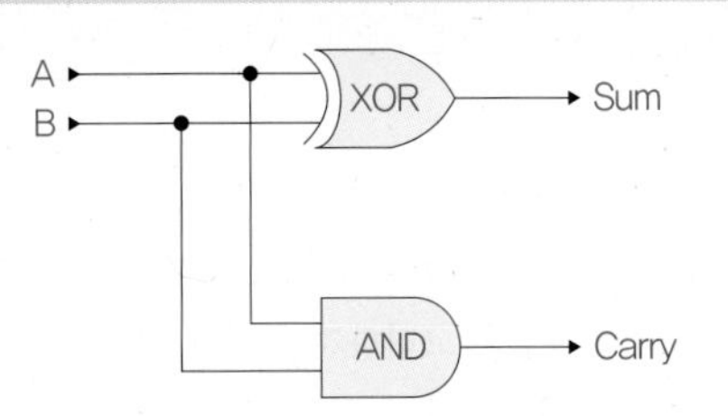

A	B	Carry	Sum
0	0	0	0
0	1	0	1
1	0	0	1
1	1	1	0

1비트의 두 입력과 출력으로 합과 자리올림을 계산하는 논리회로이다.	$S=A\oplus B,\ C_{out}=A\cdot B$

| 정답 | ④

족집게 과외

가산기	$S = A\oplus B$	$C_{out} = A\cdot B$
감산기	S(또는 B, 빌림) $= \overline{A}\cdot B$	$D = A\oplus B$

[반감산기 동작원리]

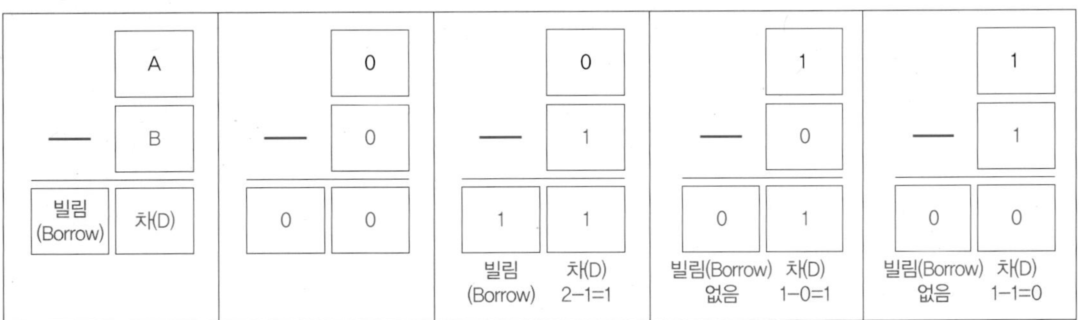

감산기(Subtractor)

두 개 이상의 입력에서 하나 입력으로부터 나머지 입력들을 뺄셈해서 그 차를 출력하는 조합 논리회로로서 가산기를 응용한 것이다.

더 알아보기

입력		출력	
X	Y	B	D
0	0	0	0
0	1	1	1
1	0	0	1
1	1	0	0

→ 2−1=1, 2, 10_2

D=X⊕Y
B=X′Y

가산기에서 합(Sum)은 감산기에서 차(Difference)가 되며 가산기에서 올림수(Carry)는 감산기에서 빌림수(Borrow)가 된다.

❶ 반가산기(Half Adder)

반가산기는 A와 B의 두 입력 비트를 더하는 기본 조합 논리 회로이다. 최하위 비트 위치에 대한 합계 출력(S)과 캐리 출력(C_{out})을 생성한다. 그러나 반가산기는 이전 비트 위치로부터의 반입을 고려하지 않는다. 반가산기의 진리표는 다음과 같다.

반가산기

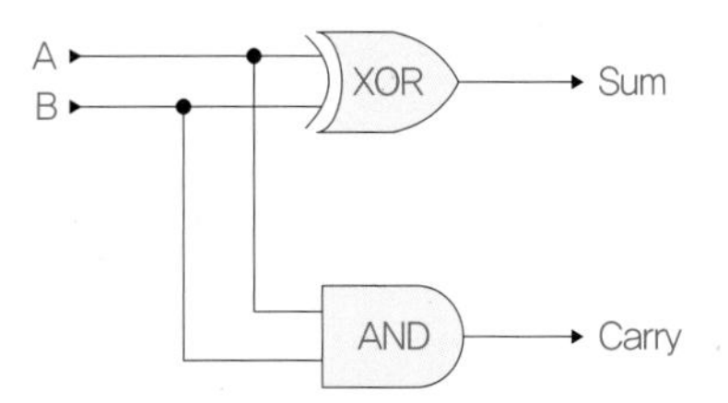

A	B	Carry	Sum
0	0	0	0
0	1	0	1
1	0	0	1
1	1	1	0

1비트의 두 입력과 출력으로 합과 자리올림을 계산하는 논리 회로이다.	$S=A \oplus B,\ C_{out}=A \cdot B$

합계 출력(S)은 가산 결과의 최하위 비트를 나타내고 캐리 출력(C_{out})은 최하위 비트에서 캐리 아웃을 나타낸다. 반가산기의 회로도는 일반적으로 XOR 게이트와 AND 게이트로 구성된다. 합계(S) 및 캐리 아웃(C_{out}) 출력에 대한 논리 방정식은 다음과 같다.

$S=A \oplus B$	$C_{out}=A \cdot B$

회로에서 XOR 게이트는 개별 비트 추가(A XOR B)를 계산하는 반면 AND 게이트는 두 입력 비트(A 및 B)가 논리 1로 설정될 때 생성되는 캐리 출력(C_{out})이 계산되며 반가산기는 이전 비트 위치의 캐리 입력을 처리할 수 없다는 점에 유의해야 한다. 다중 비트 숫자를 더하기 위해 캐리 입력(C_{in})이 필요한 경우 전체 가산기 또는 계단식 가산기 회로가 대신 사용된다. 반가산기는 디지털 산술 회로의 기본 구성요소이며 간단한 추가 작업에 사용된다. 이들은 일반적으로 전체 가산기와 다중 비트 가산기를 생성하기 위해 추가 논리 게이트와 결합된다.

❷ 전가산기(Full Adder)

전가산기는 이진수의 한 자릿수를 연산하고, 하위의 자리올림수 입력을 포함하여 출력한다. 하위의 자리올림수 출력을 상위의 자리올림수 입력에 연결함으로써 임의의 자리수의 이진수 덧셈이 가능해진다. 하나의 전가산기는 두 개의 반가산기와 하나의 OR로 구성된다.

전가산기는 A, B 및 캐리 입력(C_{in})의 세 입력 비트를 더하는 조합 논리 회로로서 합계 출력(S)과 캐리 출력(C_{out})을 생성한다. 전가산기는 디지털 산술 회로의 기본 구성요소이며 이진수를 추가하는 데 사용된다. 전가산기의 진리표는 다음과 같다.

전가산기

A	B	C_{in}	C_{out}	S
0	0	0	0	0
0	0	1	0	1
0	1	0	0	1
0	1	1	1	0
1	0	0	0	1
1	0	1	1	0
1	1	0	1	0
1	1	1	1	1

2진수 A와 B 그리고 하위비트의 자리올림을 포함해서 2진수 입력 4개를 덧셈 연산하는 논리회로이다.	• $S=A\oplus B\oplus C_{in}$ • $C_{out}=(A\cdot B)+(C_{in}\cdot(A\oplus B))$

합계 출력(S)은 가산 결과의 최하위 비트를 나타내고 캐리 출력(C_{out})은 최하위 비트에서 캐리 아웃을 나타낸다. 전가산기의 회로도는 일반적으로 두 개의 XOR 게이트, 두 개의 AND 게이트 및 하나의 OR 게이트로 구성되며 합계(S) 및 캐리 아웃(C_{out}) 출력에 대한 논리 방정식은 다음과 같다.

$$S=\overline{A}\overline{B}C_{in}+\overline{A}B\overline{C}_{in}+A\overline{B}\overline{C}_{in}+ABC_{in}=(AB+\overline{A}\overline{B})C_{in}+(\overline{A}B+A\overline{B})\overline{C}_{in}$$
$$=(\overline{A\oplus B})C_{in}+(A\oplus B\oplus)\overline{C}_{in}=A\oplus B\oplus C_{in}$$

$$C_0=AB+A\overline{B}C_{in}+\overline{A}BC_{in}=AB+(A\oplus B)C_{in}$$

$S=A\oplus B\oplus C_{in}$	$C_{out}=(A\cdot B)+(C_{in}\cdot(A\oplus B))$

회로에서 XOR 게이트는 개별 비트 추가(A XOR B)와 캐리 입력(C_{in})이 있는 XOR을 계산한다. AND 게이트는 쌍(A AND B) 및 (C_{in} AND (A XOR B))에 의해 생성된 캐리를 계산한다. OR 게이트는 이 두 캐리 신호를 결합하여 최종 캐리 아웃(C_{out})을 생성한다. 전체 가산기는 더 큰 수에 대한 가산기를 구축하기 위해 함께 계단식으로 배열될 수 있다. 예를 들어, 여러 개의 전가산기를 체인으로 연결하여 리플 캐리 가산기를 만들 수 있으며, 이 가산기는 모든 길이의 이진수를 더할 수 있다. 전가산기는 프로세서, 계산기 및 덧셈 연산이 필요한 기타 디지털 시스템을 포함하여 산술 및 논리회로의 필수 구성요소이다.

❸ 전감산기

전감산기는 바로 전 낮은 단 위치의 디지트에 빌려 준 1을 고려하면서 두 비트들의 뺄셈을 수행하는 조합회로이다. 이 회로는 3개의 입력과 2개의 출력을 가진다. x, y, z는 각각 피감수, 감수, 그리고 전 자릿수로부터의 빌림(Borrow)을 표시하는데 사용되는 출력기호이다.

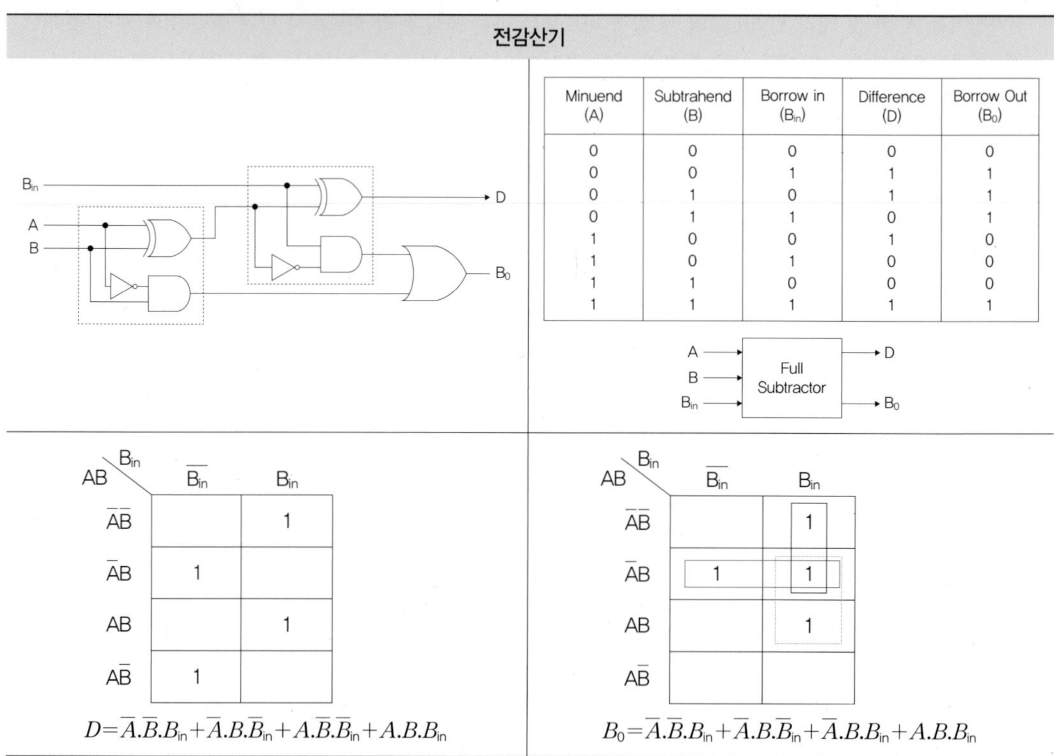

Minuend (A)	Subtrahend (B)	Borrow in (B_{in})	Difference (D)	Borrow Out (B_0)
0	0	0	0	0
0	0	1	1	1
0	1	0	1	1
0	1	1	0	1
1	0	0	1	0
1	0	1	0	0
1	1	0	0	0
1	1	1	1	1

AB \ B_{in}	$\overline{B_{in}}$	B_{in}
$\overline{A}\overline{B}$		1
$\overline{A}B$	1	
AB		1
$A\overline{B}$	1	

$$D=\overline{A}.\overline{B}.B_{in}+\overline{A}.B.\overline{B}_{in}+A.\overline{B}.\overline{B}_{in}+A.B.B_{in}$$

AB \ B_{in}	$\overline{B_{in}}$	B_{in}
$\overline{A}\overline{B}$		1
$\overline{A}B$	1	1
AB		1
$A\overline{B}$		

$$B_0=\overline{A}.\overline{B}.B_{in}+\overline{A}.B.\overline{B}_{in}+\overline{A}.B.B_{in}+A.B.B_{in}$$

기출유형 완성하기

정답 01 ① 02 ①

01 다음 중 반가산기의 구성요소로 알맞은 것은? (2012-3차)

① 배타적 OR(XOR) 게이트와 AND 게이트
② JK 플립플롭
③ 2개의 OR 게이트
④ RS 플립플롭과 D 플립플롭

해설

반가산기

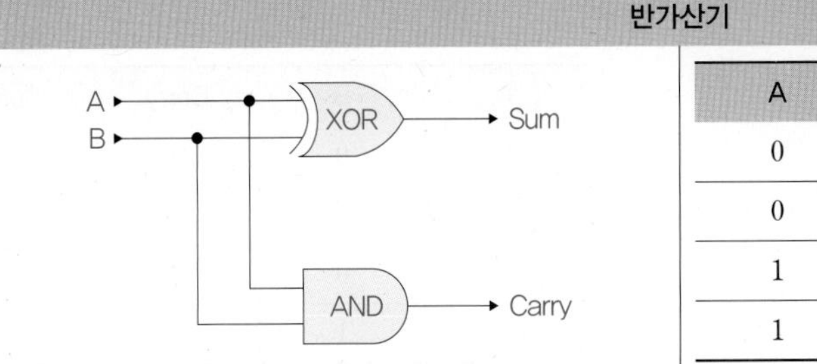

A	B	Carry	Sum
0	0	0	0
0	1	0	1
1	0	0	1
1	1	1	0

1비트의 두 입력과 출력으로 합과 자리올림을 계산하는 논리회로이다.	• $S=A$ XOR $B(S=A \oplus B)$ • $C_{out}=A$ AND $B(C_{out}=A \cdot B)$

02 다음 그림의 회로명칭은 무엇인가? (2014-3차)

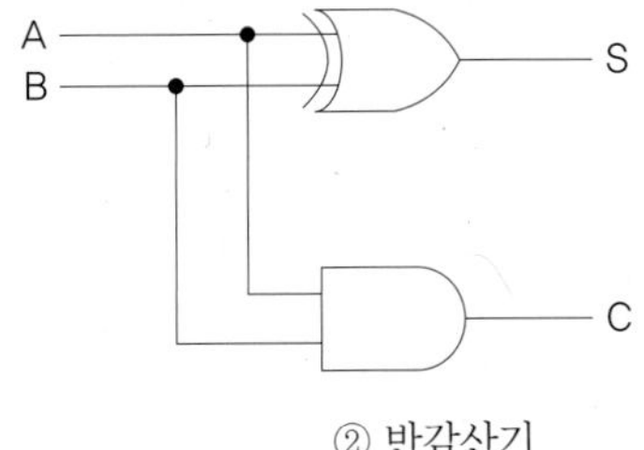

① 반가산기
② 반감산기
③ 전가산기
④ 전감산기

해설

반가산기

1비트의 두 입력과 출력으로 합과 자리올림을 계산하는 논리회로이다.

정답 03 ① 04 ①

03 반가산기에서 입력이 A, B일 경우, 반가산기의 합(S)에 대한 출력 논리식으로 옳은 것은? (2015-3차)

① $A \oplus B$
② $(\overline{AB}) \cdot (AB)$
③ $(\overline{A}+\overline{B})+(A+B)$
④ $\overline{AB}+AB$

해설

반가산기

A	B	Carry	Sum
0	0	0	0
0	1	0	1
1	0	0	1
1	1	1	0

반가산기(Half Adder)는 이진수의 한 자리수를 연산하고, 자리올림수는 자리올림수 출력(Carry Out)에 따라 출력한다. AND, OR, NOT의 세 가지 종류의 논리회로만으로 구성할 수 있다.

04 반감산기에서 차를 얻기 위하여 사용되는 게이트는? (2021-2차)

① 배타적 OR 게이트
② AND 게이트
③ NOR 게이트
④ OR 게이트

해설

반감산기(Half Subtracter)는 2진수 1자리의 두 개 비트를 빼서 그 차를 산출하는 회로이다.

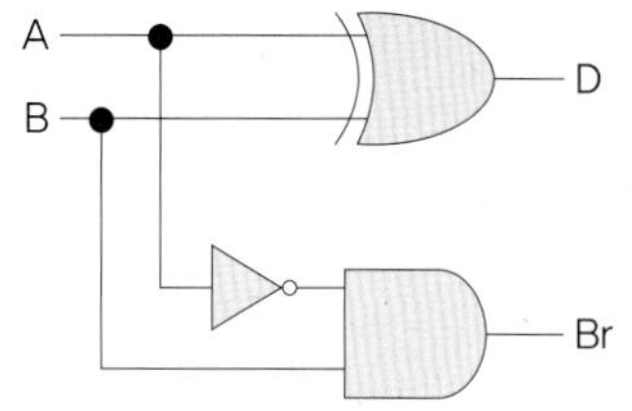

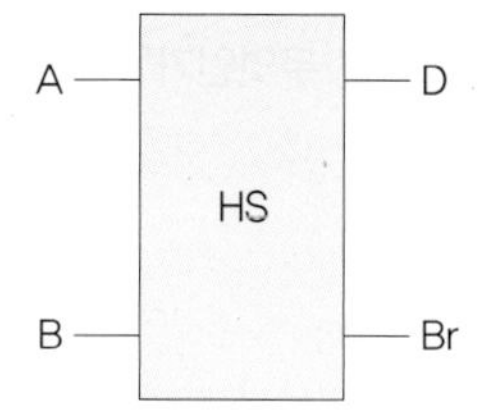

A	B	빌림수(Br)	차(D)
0	0	0	0
0	1	1	1
1	0	0	1
1	1	0	0

1비트 길이를 갖는 두 개의 입력과 1비트 길이를 갖는 두 개의 출력의 차(D)와 빌림수(B)가 존재한다. 두 입력 간에 뺄셈의 결과는 출력에서 차(D)가 되고 이 차가 음의 값을 갖는 경우 출력에서 빌림수가 발생한다.

정답 05 ① 06 ①

05 다음 중 전가산기(Full Adder)에 대한 설명으로 옳은 것은? (2015-2차)(2018-1차)(2019-1차)

① 아랫자리의 자리올림을 더하여 그 자리 2진수의 덧셈을 완전하게 하는 회로이다.
② 아랫자리의 자리올림을 더하여 홀수의 덧셈을 하는 회로이다.
③ 아랫자리의 자리올림을 더하여 짝수의 덧셈을 하는 회로이다.
④ 자리올림을 무시하고 일반계산과 같이 덧셈을 하는 회로이다.

해설

전가산기(Full Adder)는 이진수의 한 자릿수를 연산하고, 하위의 자리올림수 입력을 포함하여 출력한다. 하위의 자리올림수 출력을 상위의 자리올림수 입력에 연결함으로써 임의의 자리수의 이진수 덧셈이 가능해진다. 하나의 전가산기는 두 개의 반가산기와 하나의 OR로 구성된다.

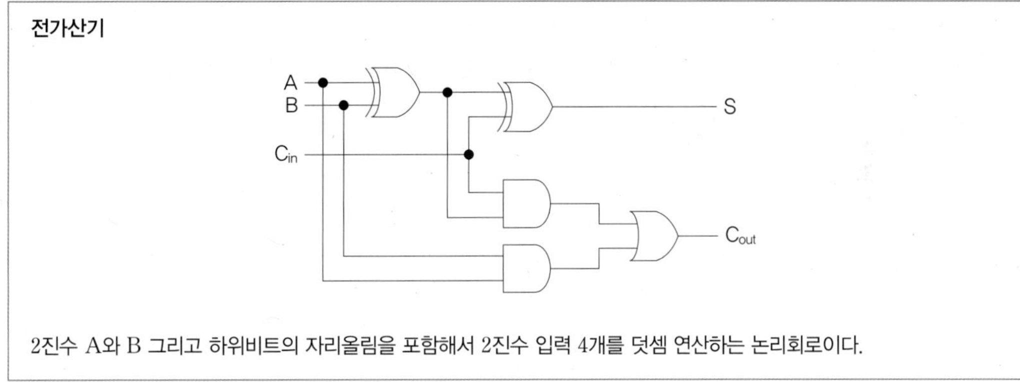

즉, 전가산기는 아래 자릿수에서 발생한 캐리까지 포함하여 세 비트를 더하는 논리회로이다.

06 다음 회로는 어떤 회로인가? (2013-3차)

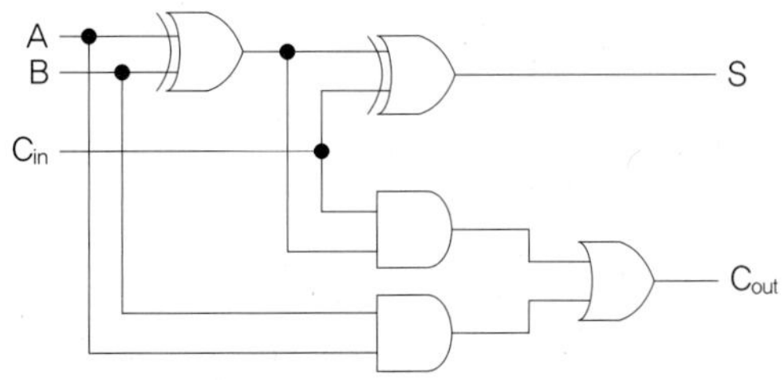

① 반가산기 2개와 OR 게이트를 이용한 전가산기 회로
② 반가산기 3개와 OR 게이트를 이용한 전가산기 회로
③ 반가산기 2개와 NOR 게이트를 이용한 전가산기 회로
④ 반가산기 3개와 NOR 게이트를 이용한 전가산기 회로

정답 07 ③

해설

반가산기

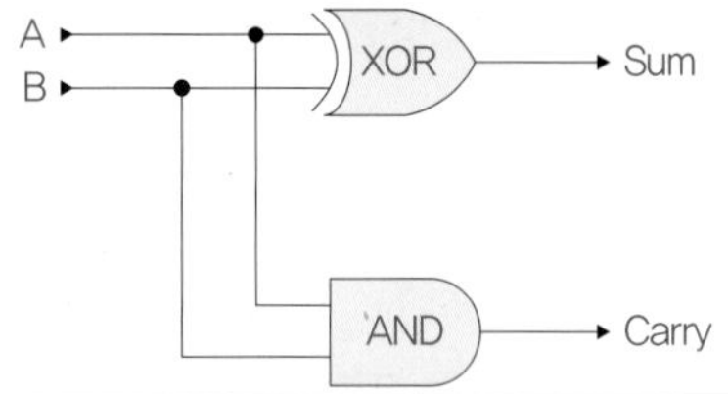

반가산기 구조로 전가산기는 반가산기 두 개에 OR 게이트가 추가된 구조이다.

2진수 A와 B 그리고 하위비트의 자리올림을 포함해서 2진수 입력 4개를 덧셈 연산하는 논리회로이다.

07 다음 중 전가산기(Full Adder)의 구성으로 옳은 것은? (2017-1차)

① 1개의 반가산기와 1개의 OR 게이트
② 1개의 반가산기와 1개의 AND 게이트
③ 2개의 반가산기와 1개의 OR 게이트
④ 2개의 반가산기와 1개의 AND 게이트

해설

전가산기

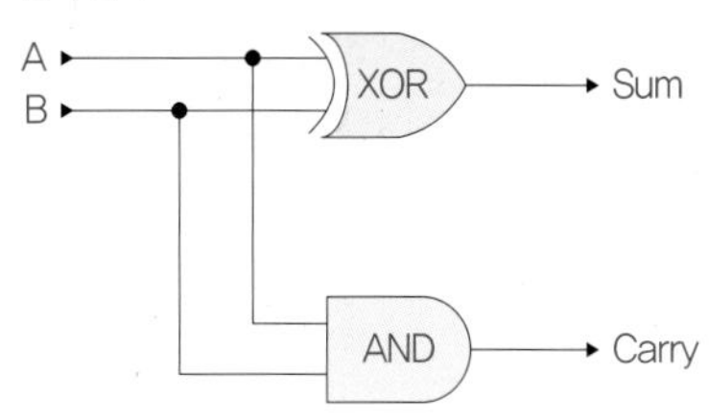

옆 회로는 반가산기로 전가산기는 반가산기 두 개와 OR 게이트가 추가된 구조이다.

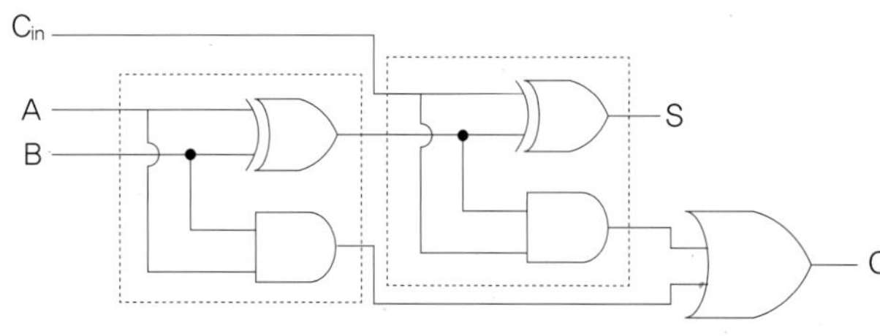

2진수 A와 B 그리고 하위비트의 자리올림을 포함해서 2진수 입력 4개를 덧셈 연산하는 논리회로이다.

08 다음 중 자리올림이 있는 덧셈에 사용하기 위한 전가산기(FA)의 회로구성은? (2010-3차)

① 2개의 EX-OR, 3개의 AND
② 2개의 EX-OR, 2개의 AND, 1개의 OR
③ 2개의 EX-OR, 2개의 OR, 1개의 AND
④ 1개의 EX-OR, 2개의 AND, 2개의 OR

해설

전가산기

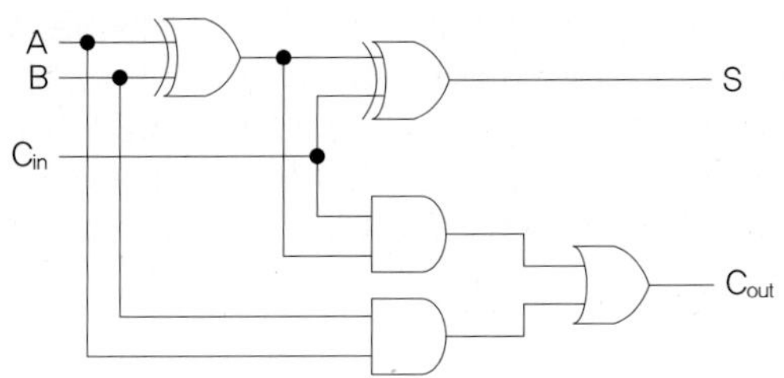

2진수 A와 B 그리고 하위비트의 자리올림을 포함해서 2진수 입력 4개를 덧셈 연산하는 논리회로이다.

09 35Bit의 두 2진수를 병렬가산하기 위해서는 최소한 몇 개의 반가산기와 전가산기가 필요한가? (2011-1차)

① 반가산기: 1개, 전가산기: 34개
② 반가산기: 2개, 전가산기: 33개
③ 반가산기: 1개, 전가산기: 34개
④ 반가산기: 2개, 전가산기: 33개

해설

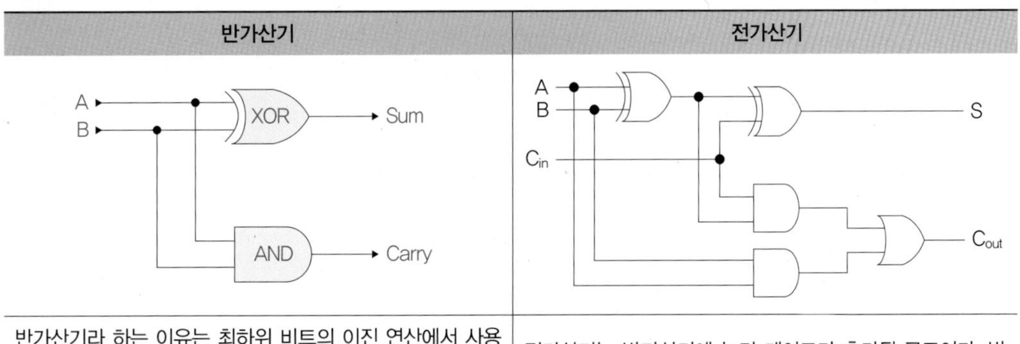

반가산기	전가산기
반가산기라 하는 이유는 최하위 비트의 이진 연산에서 사용할 수 있지만 상위비트에서는 사용할 수 없다. 즉, 덧셈에서 올림수가 발생하고 그 올림수를 상위비트로 올려서 수행할 수 없어 반가산기라 한다.	전가산기는 반가산기에 논리 게이트가 추가된 구조이다. 반가산기에 반가산기를 추가해서 더한 것으로 완벽하게 올림수 연산까지 가능해서 전가산기(Full Adder)라 한다.

위 예에서 보듯이 N개의 전가산기 또는 전감산기를 병렬로 연결하면 N비트의 2진 연산이 가능하다.

정답 10 ④

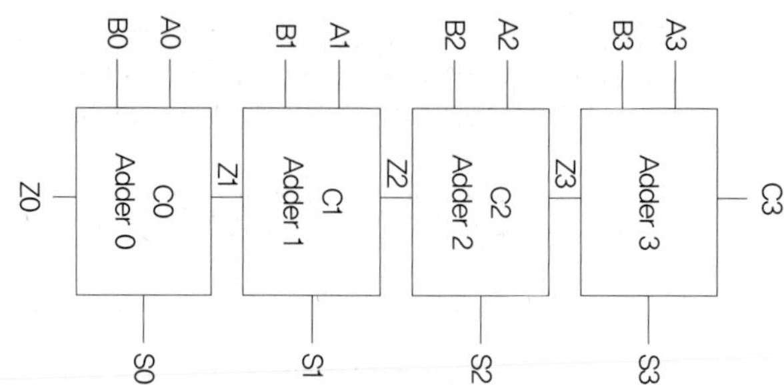

위 그림에서 보는 것과 같이 4비트 이진수의 덧셈을 할 수 있는 4비트 이진 가산기이다. 최하위 비트의 덧셈을 하는 Adder 0은 가산이나 감산 둘 중 하나만을 하며 Z0은 항상 0으로 고정값을 가지기 때문에 전가산기를 사용하지 않고 반가산기를 사용해도 된다. 덧셈의 결과는 총 5비트가 되는데 S0부터 S3까지의 값과 Adder 3으로부터 나온 올림수 C3이 최상위 비트가 된다. 가산기와 마찬가지로 N개의 감산기를 병렬로 연결하면 N 비트의 감사 결과를 출력하는 이진 감산기가 된다. 즉, N 비트 2진수의 덧셈을 하는 2진 병렬 가산기는 1개의 반가산기와 N－1개의 전가산기로 구성되는 것이다. 위 문제에서 35비트이므로 반가산기: 1개, 전가산기: 34개가 필요하다.

10 다음 중 전감산기의 입력과 관계가 없는 것은? (2018-3차)

① 감수
② 상위에서 자리 빌림
③ 피감수
④ 하위에서 자리 빌림

해설

전감산기는 바로 전 낮은 단 위치의 디지트에 빌려 준 1을 고려하면서 두 비트들의 뺄셈을 수행하는 조합회로이다. 이 회로는 3개의 입력과 2개의 출력을 가진다. x, y, z는 각각 피감수, 감수, 그리고 전 자릿수로부터 빌림(Borrow)을 표시하는데 사용되는 출력기호이다.

정답 11 ③

11 다음 그림의 회로 명칭은? (2013-1차)(2023-2차)

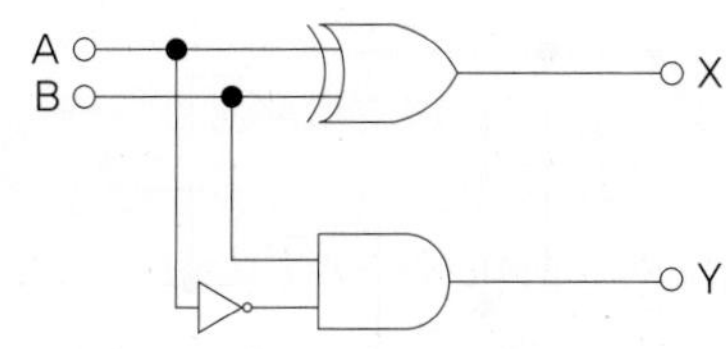

① 가산기 ② 감산기
③ 반감산기 ④ 비교기

해설

$X=\overline{A}B+A\overline{B}=A\oplus B,\ Y=\overline{A}B$

반감산기(Half Subtracter)는 2진수 1자리의 두 개 비트를 빼서 그 차를 산출하는 회로이다.

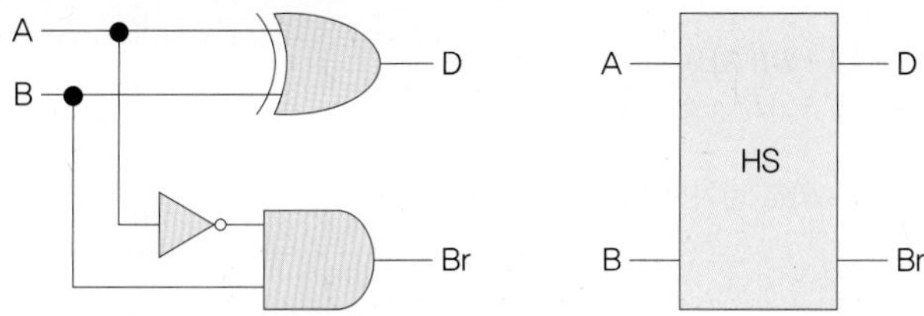

A	B	빌림수(Br)	차(D)
0	0	0	0
0	1	1	1
1	0	0	1
1	1	0	0

1비트 길이를 갖는 두 개의 입력과 1비트 길이를 갖는 두 개의 출력의 차(D)와 빌림수(B)가 존재한다. 두 입력 간에 뺄셈의 결과는 출력에서 차(D)가 되고 이 차가 음의 값을 갖는 경우 출력에서 빌림수가 발생한다.

정답 12 ①

12 다음 그림과 같은 회로의 명칭은? (2017-3차)

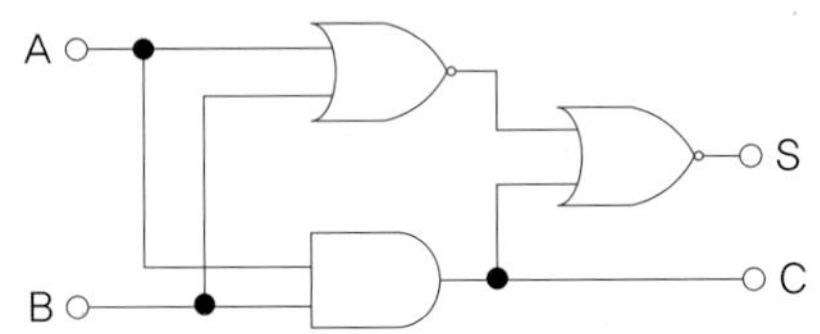

① 동시회로 ② 반동시회로
③ Full Adder ④ Half Adder

해설

<table>
<tr><th colspan="2">반가산기</th></tr>
<tr><td>$S=[(A+B)'+(AB)]'=(A+B)(AB)'$
$=(A+B)(A'+B')=AA'+AB'+BB'+A'B$
$=AB'+A'B=(A\oplus B)$
$C_{out}=A$ AND $B(C_{out}=A\cdot B)$로 반가산기임을 알 수 있다.</td><td>

A	B	Carry	Sum
0	0	0	0
0	1	0	1
1	0	0	1
1	1	1	0

</td></tr>
<tr><td>1비트의 두 입력과 출력으로 합과 자리올림을 계산하는 논리회로이다.</td><td>• $S=A$ XOR $B(S=A\oplus B)$
• $C_{out}=A$ AND $B(C_{out}=A\cdot B)$</td></tr>
</table>

기출유형 05 ▶ 동기 카운터 vs 리플 카운터(비동기식)

30:1의 리플 카운터(Ripple Counter) 설계 시 최소로 필요한 플립플롭의 수는? (2011-1차)(2012-1차)

① 3 ② 4
③ 5 ④ 9

해설

리플 카운터를 이용한 Flip Flop의 수는 $2^{n-1} \le n \le 2^n$인 관계가 있다.
$2^4 = 16 \le 25 \le 2^5 = 32$이므로 최소 5개의 F/F이 필요하다.

| 정답 | ③

족집게 과외

리플 카운터를 이용한 Flip Flop의 수는 $2^{n-1} \le n \le 2^n$

동기식이 아닌 것을 다 비동기식이라고 한다. 클럭이 LSB에서 MSB 쪽으로 물결처럼 이동하면서 각 비트의 상태를 순차적으로 변화시킨다고 하여 리플 카운터라고도 한다.

[동기식]
모든 Flip Flop들이 하나의 공통 클럭에 연결되어 있어서 모든 Filp Flop이 동시에 Trigger 된다.

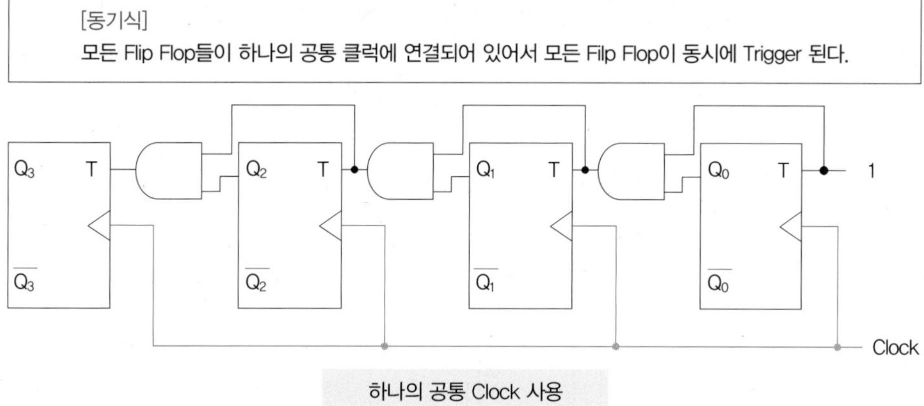

하나의 공통 Clock 사용

[비동기식]
아랫단에 있는 Flip Flop이 출력이 윗단에 있는 Filp Flop의 Clock으로 사용된다.

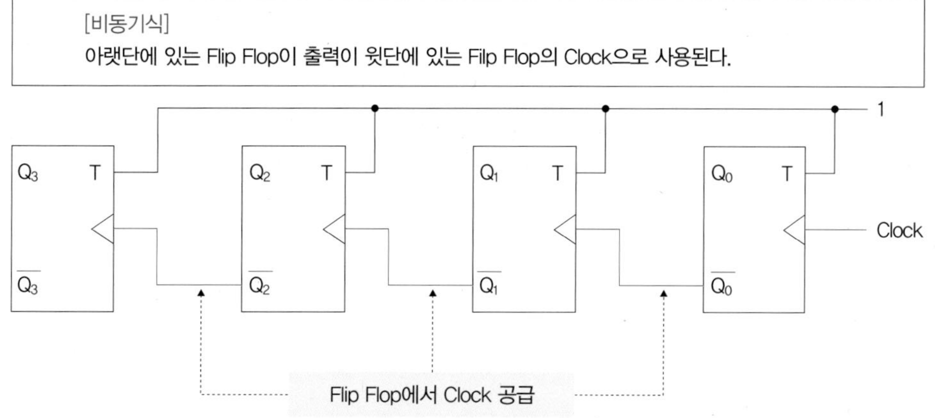

Flip Flop에서 Clock 공급

더 알아보기

구분	동기 카운터(병렬식)	비동기 카운터(리플카운터, 직렬식)
클럭	모든 플립플롭은 동일한 공통 클럭 신호에 의해 트리거 된다.	전단의 출력이 다음 단의 트리거 입력이 된다(파급효과).
전파 지연	출력 사이의 지연 없음, 동기식 작동이다.	플립플롭 간의 전파 지연은 글리치 및 타이밍 문제를 일으킬 수 있다.
속도	높은 클럭 주파수에서 작동할 수 있다.	카운트 속도가 동기식 카운터에 비해 느리다.
복잡성	동기식 작동으로 인해 더 복잡한 설계이다.	회로구성이 간단하고 구현하기 쉽다.
Glitches (결함)	동기식 동작으로 인한 글리치 없이 동작한다.	피드백 루프 또는 디코딩 논리를 사용하여 계산하는 동안 결함이 발생할 수 있다.
애플리케이션	정확한 타이밍과 빠른 카운팅에 적합하다(시간지연 없음).	속도가 중요하지 않고 단순성이 중요한 애플리케이션에 사용한다.

❶ 동기식 카운터(Synchronous Counter)

카운터는 클럭의 펄스 엣지에 따라 플립플롭들에 의해 2진수의 숫자가 하나씩 증가하는 회로이다. 카운터는 크게 동기식 카운터(Synchronous Counter)와 비동기식 카운터(Asynchronous Counter)로 구분되며 동기식 카운터는 클럭이 모든 플립플롭에 동시에 가해지는 카운터이며, 비동기식 카운터는 플립플롭의 출력에 의해 전달되는 방식의 카운터이다. Counter의 종류는 Application에 맞게 사용할 수 있도록 기능에 따라 다양한 종류가 있으며 동기/비동기, Up/Down 카운터를 선택할 수 있는 기능, 4bit/2bit/Decade 등을 선택할 수 있는 기능 등을 가진 카운터가 있다. 글리치 현상을 방지하기 위해서는 아래와 같이 클럭을 동시에 모든 플립플롭에 인가하는 동기식 카운터가 필요하다. 실제 제품에 사용되는 동기식 카운터의 내부는 부가적인 기능 때문에 훨씬 복잡하지만 전체적인 개념은 플립플롭에 동시에 클럭을 인가하는 것에 기반하고 있다.

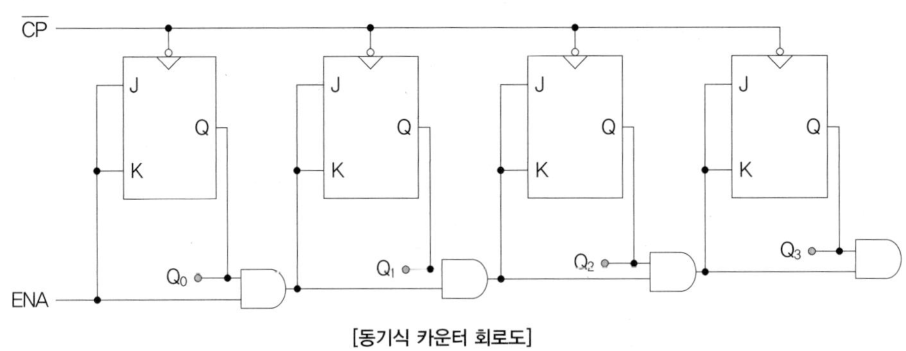

[동기식 카운터 회로도]

❷ 비동기식 카운터(Asynchronous Counter), 리플 카운터(Ripple Counter)

비동기 카운터라고도 하는 리플 카운터는 전자 및 디지털 시스템에서 이벤트 또는 클럭 펄스 수를 계산하는 데 사용되는 디지털 카운터로서 일련의 플립플롭(일반적으로 D 플립플롭)을 사용하여 구성되며, 체인으로 연결되어 하나의 플립플롭의 출력이 다음 플립플롭의 클럭 입력으로 공급된다.

리플 카운터의 "Ripple"이라는 용어는 카운트가 플립플롭을 통해 물결치는 방식에서 비롯된 것으로 클럭 펄스가 도착하면 체인의 첫 번째 플립플롭이 출력을 토글하고 이 출력의 변화는 후속 플립플롭을 통해 하나씩 전파되어 파급효과를 생성한다. 그 결과 최하위 비트(LSB) 플립플롭이 먼저 상태를 변경한 다음 두 번째 최하위 비트(다음 플립플롭)가 차례로 상태를 변경하는 식으로 최상위 비트(MSB) 플립플롭이 마지막으로 상태를 변경할 때까지 계속되는 것이다.

아래 그림과 같이 JK 플립플롭을 일렬로 연결하거나 T 플립플롭을 일렬로 연결하여 Toggle 기능을 활용한다. 그림 1에서 Falling Edge일 때를 검출하여 출력을 Toggle 시키는 회로이며 이를 시간 차트로 나타내면 그림 2와 같다. 리플 카운터는 모든 플립플롭에서 동시에 출력이 발생하는 것이 아니라 이전의 플립플롭의 출력에 의해 다음 플립플롭이 동작하기 때문에 전달 지연시간(Propagation Delay Time)이 발생한다.

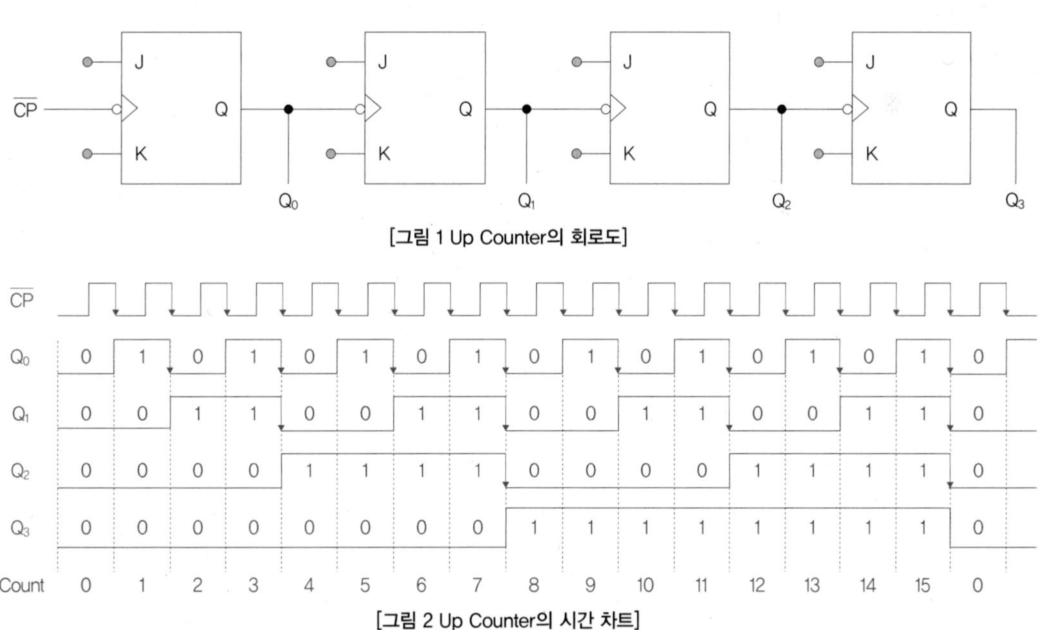

[그림 1 Up Counter의 회로도]

[그림 2 Up Counter의 시간 차트]

리플 카운터는 간단하고 구현하기 쉽지만 다음과 같은 몇 가지 제한 사항이 있다.

구분	내용
비동기 동작	각 플립플롭의 출력이 다음 플립플롭을 트리거하는데 사용되기 때문에 카운트 전파는 동기적이지 않으며 이로 인해 특히 더 높은 클럭 주파수에서 Glitches(결함)이나 타이밍 문제가 발생할 수 있다.
전파 지연	MSB 플립플롭의 출력은 상태를 변경하는 데 가장 오랜 시간이 걸리므로 카운터가 올바른 카운트 값으로 정착하는 데 총 전파 지연이 길어진다.
제한된 속도	리플 효과는 리플 카운터가 안정적으로 작동할 수 있는 최대 클럭 주파수를 제한한다.

이러한 제한으로 인해 리플 카운터는 간단한 카운터나, 타이머 및 정확한 타이밍이 필수적이지 않은 다양한 디지털 애플리케이션과 같이 속도와 정밀도가 중요하지 않은 애플리케이션에서 사용된다. 더 빠른 동작이 필요한 경우 동기식 카운터로 설계하는 것이 적합할 것이다.

Count	Outputs			
	Q_3	Q_2	Q_1	Q_0
0	L	L	L	L
1	L	L	L	H
2	L	L	H	L
3	L	L	H	H
4	L	H	L	L
5	L	H	L	H
6	L	H	H	L
7	L	H	H	H
8	H	L	L	L
9	H	L	L	H
10	H	L	H	L
11	H	L	H	H
12	H	H	L	L
13	H	H	L	H
14	H	H	H	L
15	H	H	H	H

[UP Counter 진리표]

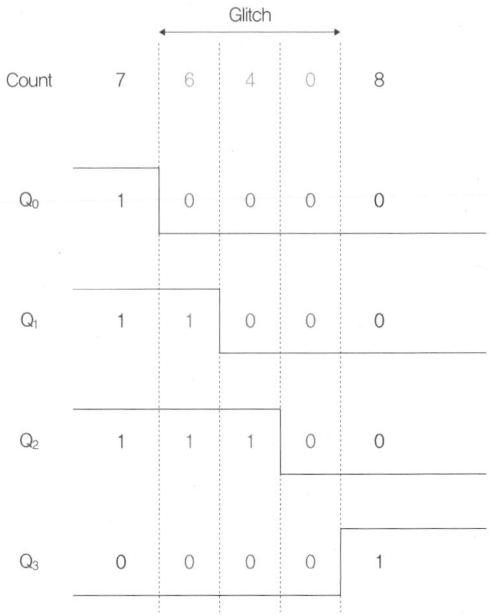

		Glitch			
Count	7	6	4	0	8
Q_0	1	0	0	0	0
Q_1	1	1	0	0	0
Q_2	1	1	1	0	0
Q_3	0	0	0	0	1

[Counter Glitch 현상 예]

카운터에서 숫자가 변환될 때 글리치(Glitch) 또는 리플 현상이 발생하는 경우가 있다. 예를 들어, 7에서 8로 넘어가는 순간 출력 4개가 완벽하게 동시에 변환되는 것이 아니기 때문에 위 그림과 같이 중간 과정의 다른 출력값들이 생성된다. 이러한 글리치(Glitch) 현상은 아주 짧은 순간이라 정밀하지 않은 회로에서는 사용에 지장이 없지만 정밀한 시간 단위로 작동하는 회로에는 영향을 줄 수 있으므로 글리치(Glitch)가 발생할 기간을 예측하여 Delay를 주어 글리치를 방지할 수 있다.

정답 01 ③ 02 ② 03 ③ 04 ①

01 카운터(Counter)를 이용하여 컨베이어 벨트를 통과하는 생산품의 개수를 파악하려고 한다. 최대 500개의 생산품을 카운트하기 위한 카운트를 플립플롭을 이용 제작할 때 최소한 몇 개의 플립플롭이 필요한가? (2014-1차)(2017-3차)

① 5
② 7
③ 9
④ 11

해설

> **계수기(Counter)**
> 클럭펄스를 세어서 수치를 처리하기 위한 논리회로(디지털 회로)로서 클럭의 펄스 엣지에 따라 플립플롭들에 의해 2진수의 숫자가 하나씩 증가하는 회로이다. 크게 동기식 카운터(Synchronous Counter)와 비동기식 카운터(Asynchronous Counter)로 구분되며 동기식 카운터는 클럭이 모든 플립플롭에 동시에 가해지는 카운터이며, 비동기식 카운터는 플립플롭의 출력에 의해 전달되는 방식의 카운터이다.

리플 카운터를 이용한 Flip Flop의 수는 $2^{n-1} \le n \le 2^n$인 관계가 있다.
$2^8 = 256 \le 500 \le 2^9 = 512$이므로 최소 9개의 F/F이 필요하다.

02 25진 리플 카운터를 설계할 경우 최소한 몇 개의 플립플롭이 필요한가?
(2015-1차)(2016-2차)(2017-2차)(2018-3차)(2021-1차)

① 4개
② 5개
③ 6개
④ 7개

해설

리플 카운터를 이용한 Flip Flop의 수는 $2^{n-1} \le n \le 2^n$인 관계가 있다.
$2^4 = 16 \le 25 \le 2^5 = 32$이므로 최소 5개의 F/F이 필요하다.

03 다음 중 리플 카운터(Ripple Counter)에 대한 설명으로 틀린 것은? (2015-1차)(2019-3차)

① 비동기 카운터이다.
② 카운트 속도가 동기식 카운터에 비해 느리다.
③ 최대 동작 주파수에 제한을 받지 않는다.
④ 회로 구성이 간단하다.

해설

구분	동기 카운터 (병렬식)	비동기 카운터 (리플카운터, 직렬식)
클럭	모든 플립플롭은 동일한 공통 클럭 신호에 의해 트리거된다.	전단의 출력이 다음 단의 트리거 입력이 된다(파급 효과).
전파 지연	출력 사이의 지연 없음, 동기식 작동이다.	플립플롭 간의 전파 지연은 글리치 및 타이밍 문제를 일으킬 수 있다.
속도	높은 클럭 주파수에서 작동할 수 있다.	카운트 속도가 동기식 카운터에 비해 느리다.
복잡성	동기식 작동으로 인해 더 복잡한 설계이다.	회로구성이 간단하고 구현하기 쉽다.

04 다음 중 동기식 카운터에 대한 설명으로 옳은 것은? (2016-3차)(2018-2차)

① 플립플롭의 단수는 동작 속도와 무관하다.
② 논리식이 단순하고 설계가 쉽다.
③ 전단의 출력이 다음 단의 트리거 입력이 된다.
④ 동영상 회로에 많이 사용된다.

해설

구분	동기 카운터	비동기 카운터
클럭	모든 플립플롭은 동일한 공통 클럭 신호에 의해 트리거된다.	전단의 출력이 다음 단의 트리거 입력이 된다(파급 효과).

속도	높은 클럭 주파수에서 작동할 수 있다.	카운트 속도가 동기식 카운터에 비해 느리다.
복잡성	동기식 작동으로 인해 더 복잡한 설계이다.	회로구성이 간단하고 구현하기 쉽다.
애플리케이션	정확한 타이밍과 빠른 카운팅에 적합하다(시간지연 없음).	속도가 중요하지 않고 단순성이 중요한 애플리케이션에 사용한다.

05 다음 중 동기식 카운터와 비동기식 카운터를 설명한 것으로 옳은 것은? (2017-1차)

① 동기식 카운터를 직렬형, 비동기식 카운터를 병렬형 카운터라고도 한다.

② 같은 수의 플립플롭을 갖는 비동기식 카운터보다 동기식 카운터가 더 높은 입력 주파수를 사용하는 곳에 이용된다.

③ 비동기식 카운터는 동기식 카운터와는 달리 시간지연이 누적되지 않는다.

④ 비동기식 카운터는 동기식 카운터보다 더 많은 회로 소자가 필요하다.

해설

① 동기식 카운터를 병렬형, 비동기식 카운터를 직렬형 카운터라고도 한다.

③ 동기식 카운터는 비동기식 카운터와는 달리 시간 지연이 누적되지 않는다.

④ 동기식 카운터는 비동기식 카운터보다 더 많은 회로 소자가 필요하다.

06 다음 그림은 T F/F을 이용한 비동기 10진 상향 계수기이다. 계수값이 10이 되었을 때 계수기를 0으로 하기 위해서는 전체 F/F을 Clear시켜야 하는데 이렇게 하기 위해 (가)에 알맞은 게이트는? (2021-1차)

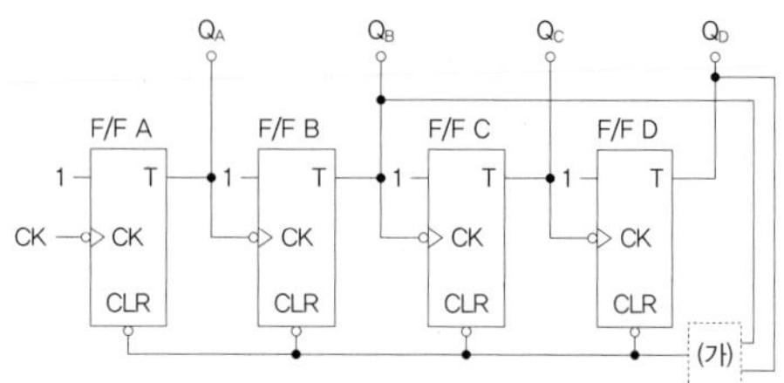

① OR

② AND

③ NOR

④ NAND

해설

MOD수 < 2^n 카운터

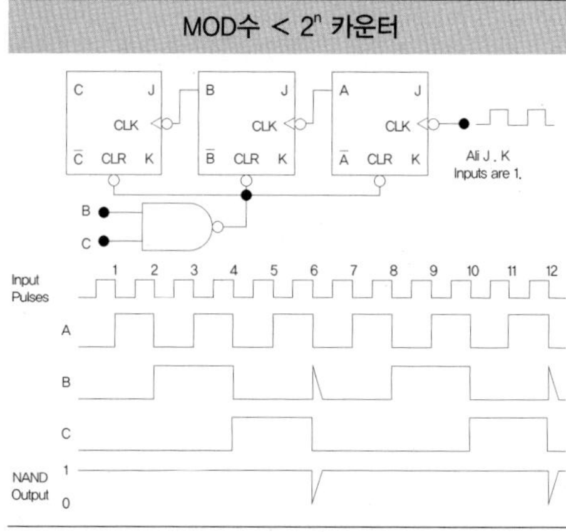

2^n보다 작은 MOD 수로 동작하는 카운터이다. 0부터 2^n까지 MOD 수까지 연속적인 값으로 계수하는 회로로서 모든 F/F은 리플 카운터로 연결하고 NAND 게이트의 출력을 모든 F/F의 클리어로 입력 연결하여 NAND 입력에 위 B 및 C의 F/F에 연결해서 Spike나 Glitch 현상을 제거해 준다.

CBA = 000 → 001 → 010 → 011 → 100 → 101 → 110 → 000

↑ 카운터를 클리어시키기 위한 임시상태

기출유형 06 ▶ Multiplexer와 Demultiplexer

여러 개의 회로가 단일 회선을 공동으로 이용하여 신호를 전송하는데 필요한 장치는? (2012-2차)(2015-1차)

① 멀티플렉서　　② 디멀티플렉서
③ 인코더　　④ 디코더

해설
Multiplexer는 Data Selector 개념이고 Demultiplexer는 Distributors(분배기) 개념으로 접근한다.

| 정답 | ①

족집게 과외

Multiplexer	• 서로 다른 2개 이상의 신호를 하나의 통신 채널로 전송한다. • N개의 입력데이터에서 1개의 입력만 선택하여 단일 통로로 송신하는 장치이다. • 스위치의 기능을 가지며 데이터 선택기라고도 한다.
2:1 Multiplexer	• 2개의 입력 중 하나만 선택하여 출력한다. • S=1이면 A를 출력하고, S=0이면 B를 출력한다.

논리도 회로

Input			Output
S	A	B	Y
0	0	0	0
0	0	1	1
0	1	0	0
0	1	1	1
1	0	0	0
1	0	1	0
1	1	0	1
1	1	1	1

입력이 2개인 멀티플렉서의 진리표

Input	Output
S	Y
0	B
1	A

A → 1, B → 0, S, → Y

더 알아보기

카르노맵 정리　　**2×1 멀티플렉서 논리기호**

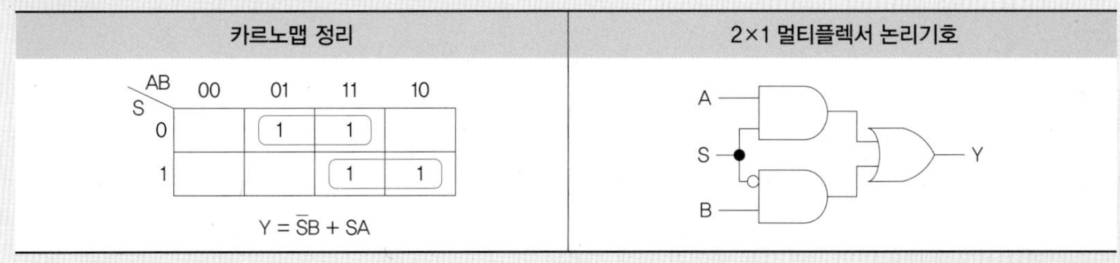

위 논리회로를 기반으로 카르노맵을 이용해서 정리하면 위와 같은 진리표를 얻을 수 있으며 이것을 논리기호로 풀면 오른쪽 논리기호와 같이 AND와 OR Gate로 구성가능하다. 여기서 Selector가 0 또는 1이냐에 따라서 A나 B의 출력을 결정하게 되는 것이다.

❶ Multiplexer

일반적으로 "MUX"로 알려진 멀티플렉서는 여러 입력 신호 중 하나를 선택하여 단일 출력 라인으로 전달하는 조합 회로로서 여기에는 여러 입력 라인, 하나 이상의 선택 라인(제어 라인이라고도 함) 및 단일 출력 라인이 있다. 선택 라인은 출력 라인으로 전송되는 입력 신호를 결정하며 선택 라인의 수는 MUX에 연결할 수 있는 입력 라인의 총수를 결정한다.

멀티플렉서의 기호와 개념도

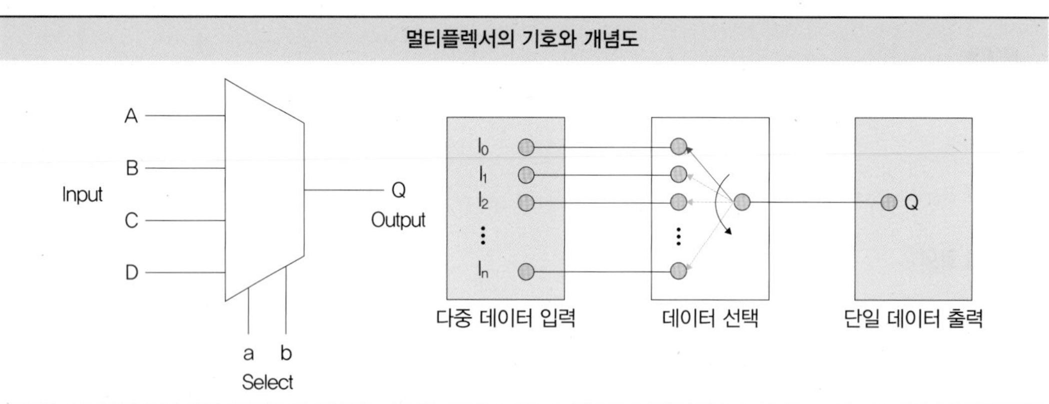

기본적인 예는 두 개의 입력 라인(A 및 B), 하나의 선택 라인(S) 및 하나의 출력 라인(Y)이 있는 2:1 멀티플렉서가 되며 선택 라인(S)의 값에 따라 MUX는 입력 A 또는 입력 B를 출력 Y로 전달한다.

4×1 멀티플렉서 논리도 회로

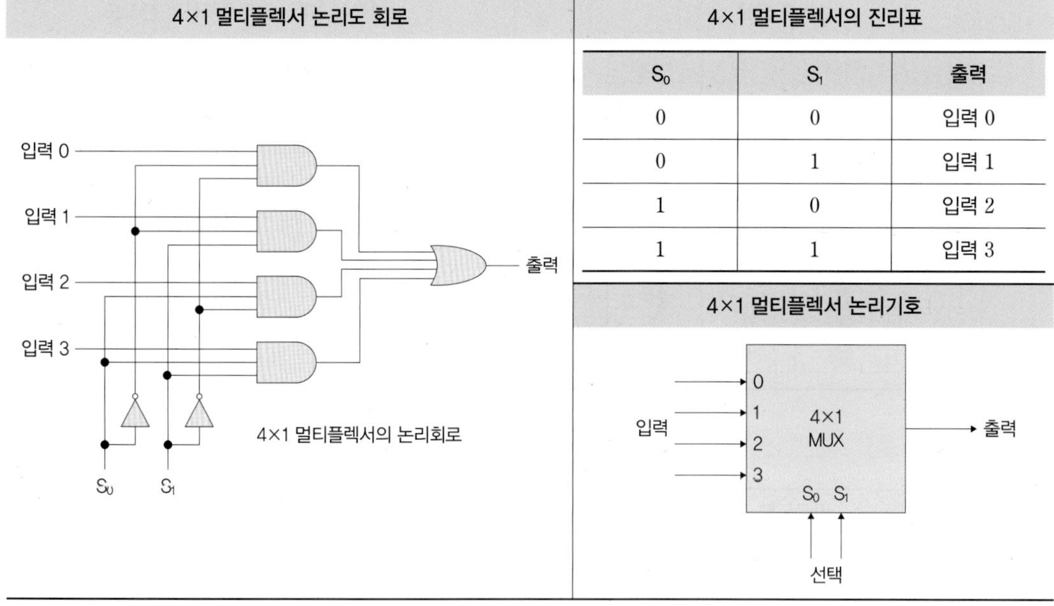

4×1 멀티플렉서의 진리표

S_0	S_1	출력
0	0	입력 0
0	1	입력 1
1	0	입력 2
1	1	입력 3

일반적으로 2^n개의 입력선과 n개의 선택선으로 구성되며 n 선택선 들의 비트 조합에 따라서 입력 중 하나가 선택된다. 멀티플렉서는 일반적으로 통신 시스템, 메모리 액세스 및 여러 신호를 효율적으로 관리해야 하는 다양한 애플리케이션에서 필요한 데이터 라인의 수를 줄이기 위해 사용된다.

❷ Demultiplexer

디멀티플렉서 또는 "DEMUX"라고 하는 디멀티플렉서는 멀티플렉서의 반대 개념으로 단일 입력 라인, 하나 이상의 선택 라인 및 다중 출력 라인이 있다. 예로 하나의 입력 라인(X), 두 개의 선택 라인(S_0 및 S_1) 및 네 개의 출력 라인(Y_0, Y_1, Y_2, Y_3)이 있는 1-to-4 디멀티플렉서인 경우 선택 라인(S_0 및 S_1)의 값에 따라 DEMUX는 입력 신호 X를 4개의 출력 라인 중 하나로 보내는 것이다.

디멀티플렉서의 기호와 개념도

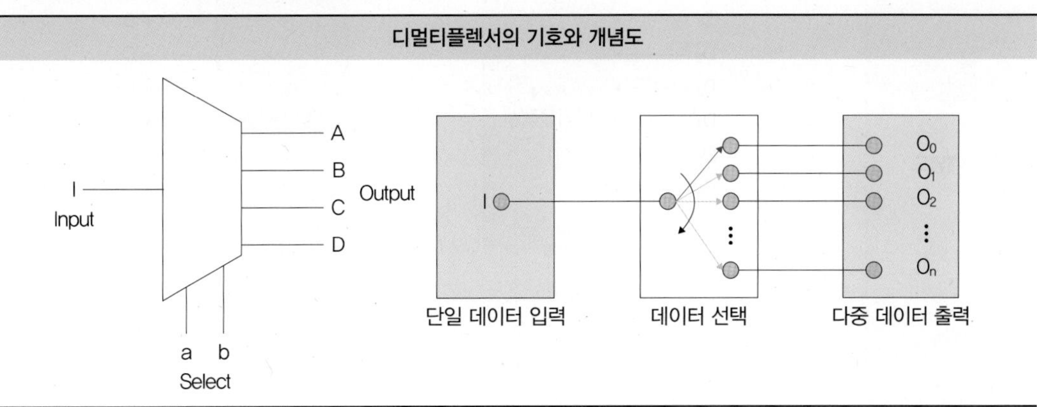

디멀티플렉서는 메모리 주소 디코딩, 데이터 분배, 하나의 소스에서 여러 목적지로 신호를 보내는 다양한 애플리케이션에 사용된다.

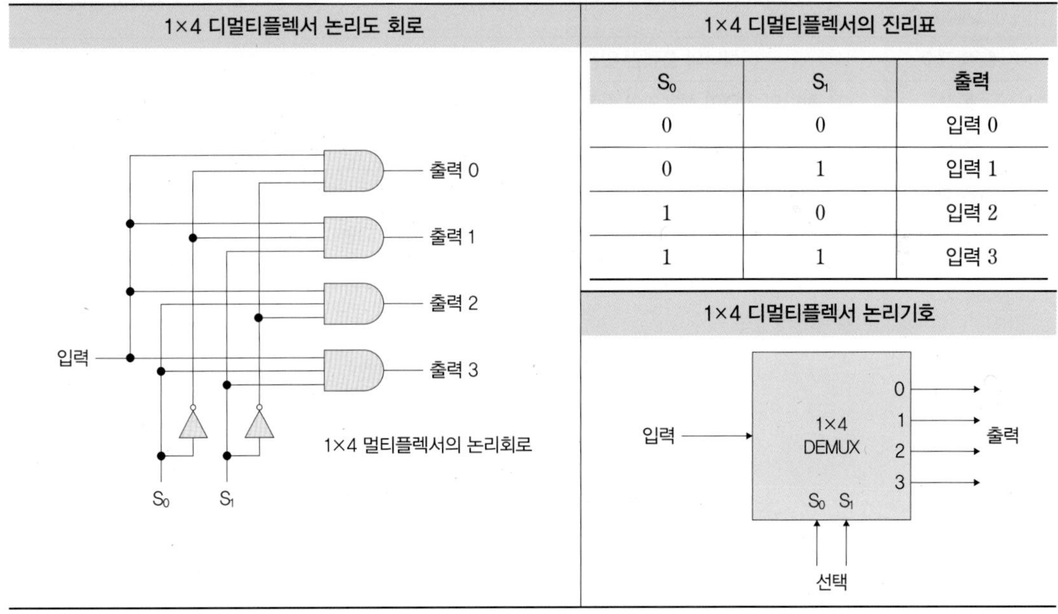

1×4 디멀티플렉서의 진리표

S_0	S_1	출력
0	0	입력 0
0	1	입력 1
1	0	입력 2
1	1	입력 3

❸ Multiplexer와 Demultiplexer 비교

구분	멀티플렉서(MUX)	디멀티플렉서(DEMUX)
목적	여러 입력 신호 중 하나를 선택하여 출력으로 전달	단일 입력 신호를 여러 출력으로 전달
개념도	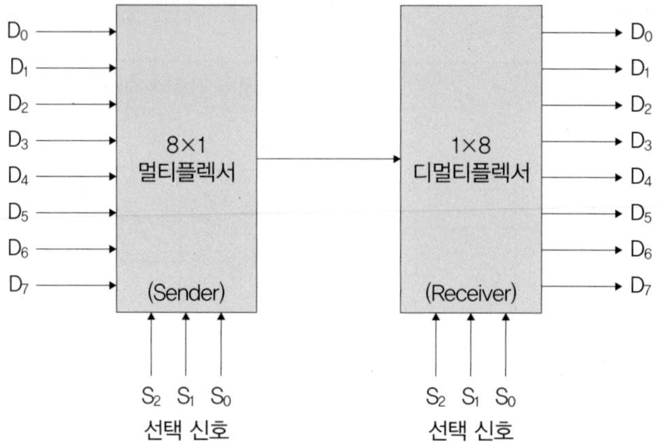 D_0 D_1 D_2 D_3 D_4 D_5 D_6 D_7 → 8×1 멀티플렉서 (Sender) S_2 S_1 S_0 선택 신호	1×8 디멀티플렉서 (Receiver) → D_0 D_1 D_2 D_3 D_4 D_5 D_6 D_7 S_2 S_1 S_0 선택 신호
입력 라인	여러 개의 입력 라인	단일 입력 라인
출력 라인	단일 출력 라인	여러 개의 출력 라인
선택 라인 (제어)	하나 이상의 선택 라인을 사용하여 입력 선택	하나 이상의 선택 라인을 사용하여 출력 선택
출력 개수	하나의 출력만 있음	라인 수에 따라 다수의 출력 존재
동작	하나의 입력이 선택되어 출력으로 전달	하나의 입력이 특정 출력으로 동작
기능	데이터 선택기 또는 결합기	데이터 분배기
응용 분야	데이터 전송, 메모리 접근, 신호 다중화	메모리 주소 디코딩, 신호 라우팅
예시	2대1 멀티플렉서: 2개 입력(A, B), 1개 선택 라인(S), 1개 출력(Y)	1대4 디멀티플렉서: 1개 입력(X), 2개 선택 라인(S_0, S_1), 4개 출력(Y_0, Y_1, Y_2, Y_3)

정답 01 ① 02 ① 03 ③ 04 ②

01 서로 다른 2개 이상의 신호를 하나의 통신 채널로 전송하는데 필요한 장치는? (2017-2차)

① 멀티플렉서
② 비교기
③ 인코더
④ 디코더

해설

Multiplexer

- 서로 다른 2개 이상의 신호를 하나의 통신 채널로 전송한다.
- N개의 입력데이터에서 1개의 입력만 선택하여 단일 통로로 송신하는 장치이다.
- 스위치의 기능을 가지며 데이터 선택기라고도 한다.

02 멀티플렉서의 설명이 아닌 것은? (2021-1차)

① 특정한 입력을 몇 개의 코드화된 신호의 조합으로 바꾼다.
② N개의 입력데이터에서 1개의 입력만 선택하여 단일 통로로 송신하는 장치이다.
③ 멀티플렉서는 전환스위치의 기능을 갖는다.
④ 데이터 선택기라고도 한다.

해설

특정한 입력을 몇 개의 코드화된 신호의 조합으로 바꾸는 것은 인코더(부호화)이다. 즉, 2진수를 10진수로 변환(디코더), 10진수를 2진수로 변환(인코더)로 동작한다.

03 다음 중 멀티플렉서(Multiplexer)의 설명으로 잘못된 것은? (2012-3차)

① 멀티플렉서는 전환스위치(Selector SW)의 기능을 갖는다.
② N개의 입력데이터에서 1개 입력씩만 선택하여 단일 통로로 송신하는 것이다.
③ 특정한 입력을 몇 개의 코드화된 신호의 조합으로 바꾼다.
④ 4×1 멀티플렉서의 경우에는 2개의 선택신호가 필요하다.

해설

멀티플렉서는 2^n개의 입력선과 n개의 선택선으로 구성되며 n선택선 들의 비트 조합에 따라서 입력 중 하나가 선택된다.

04 다음 그림과 같은 회로의 명칭은?

(2013-2차)(2016-1차)(2020-1차)

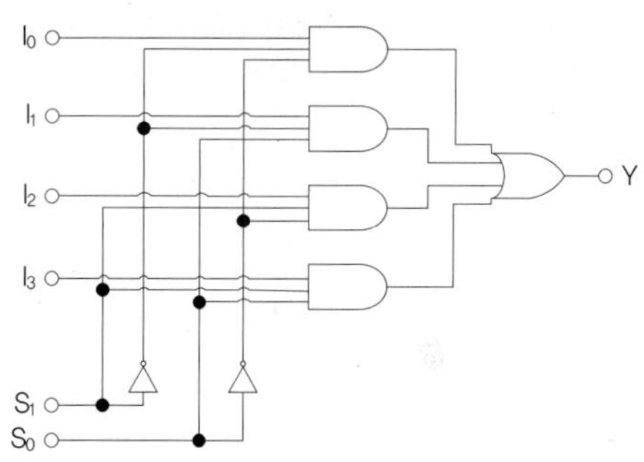

① 병렬 가산기
② 멀티플렉서
③ 디멀티플렉서
④ 디코더

해설

4×1 멀티플렉서 논리도 회로

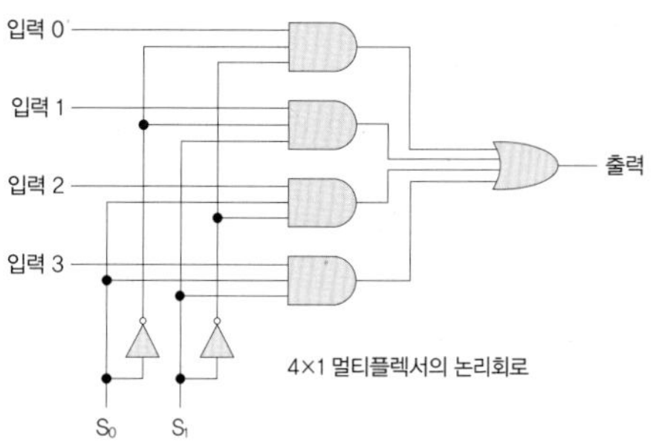

4×1 멀티플렉서의 논리회로

05 다음은 디멀티플렉서 회로의 일부분이다. 점선 안에 공통으로 들어갈 게이트는? (단, S_0, S_1은 선택신호이고 I는 데이터 입력이다) (2012-3차)

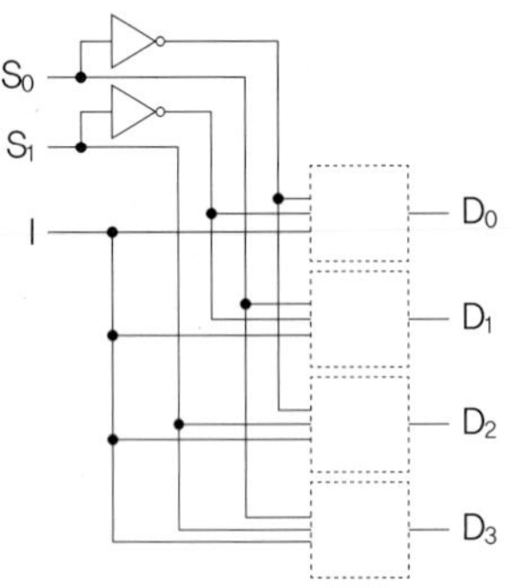

① OR 게이트 ② AND 게이트
③ XOR 게이트 ④ NOT 게이트

해설

Demultiplexer은 아래와 같이 NAND Gate로 구성이 된다. NAND는 AND와 Not Gate로 구성되므로 위 정답은 AND가 된다.

논리도 회로

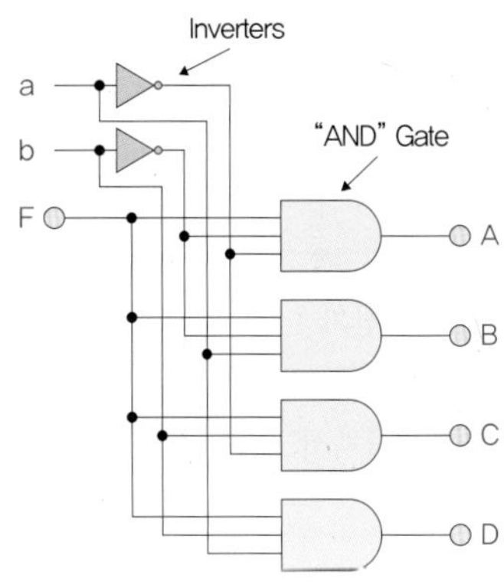

06 일반적인 모뎀의 기능에 멀티플렉서(Multiplexer)가 혼합된 형태로서 대체로 4개 이하의 채널을 다중화하고자 할 때 사용되는 모뎀으로 가장 적절한 것은? (2022-1차)

① 광대역 모뎀
② 단거리 모뎀
③ 멀티포트 모뎀
④ 멀티포인트 모뎀

해설

멀티포트 모뎀	2, 4, 6개의 포트를 내장한 모뎀으로 고속 동기식모뎀과 시분할 다중화기가 한 개의 장비로 만들어진 모뎀이다.
멀티포인트 모뎀	멀티포인트 시스템에서 발생하는 전송 지연을 줄이기 위해서 고속 폴링을 할 수 있도록 만든 모뎀이다.

07 다음 소자 중에서 n개의 입력을 받아서 제어 신호에 의해 그중 1개만을 선택하여 출력하는 것은? (2017-3차)

① Multiplexer
② Demultiplexer
③ Encoder
④ Decoder

해설

Multiplexer
서로 다른 2개 이상의 신호를 하나의 통신 채널로 전송한다.

기출유형 07 ▶ 레지스터(Register)

다음 중 환형 계수기(Ring Counter)와 같은 기능을 갖는 것은? (2014-1차)

① BCD 계수기
② 가역 계수기
③ 시프트 레지스터
④ 순환 시프트 레지스터

해설

Ring Counter
전자적 펄스 계수장치로 환형계수기라고도 한다. N개의 계수 요소가 환형으로 접속되고 그중 1개만이 동작상태에 있으며 계수 펄스가 1개 가해질 때마다 동작상태가 이웃 요소에 수행되도록 회로를 구성한다.

| 정답 | ④

족집게 과외

쉬프트 레지스터(Shift Register): 자료의 병렬전송을 직렬전송으로 변경하는 레지스터이다. 왼쪽으로 한번 Shift하면 2를 곱한 것이고 오른쪽으로 한번 Shift하면 2로 나눈 결과가 된다.

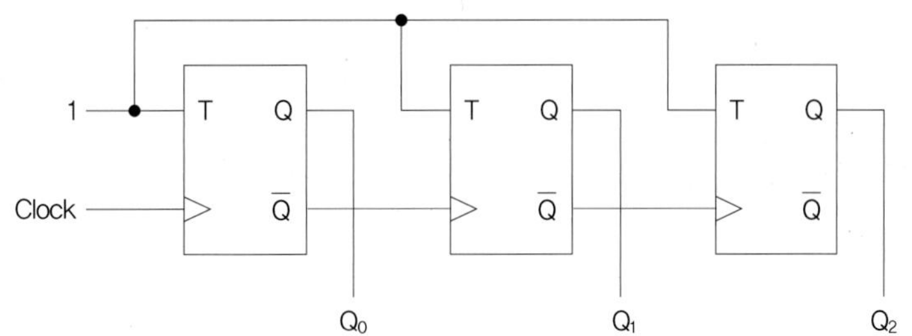

[T Flip Flop로 구성된 3bit Up Counter]

비동기식 카운터(Asynchronous Counter)는 클럭 펄스에 모든 Flip Flop이 동기화되지 않으면서 동작하는 카운터로 Ripple Counter라고도 한다.

더 알아보기

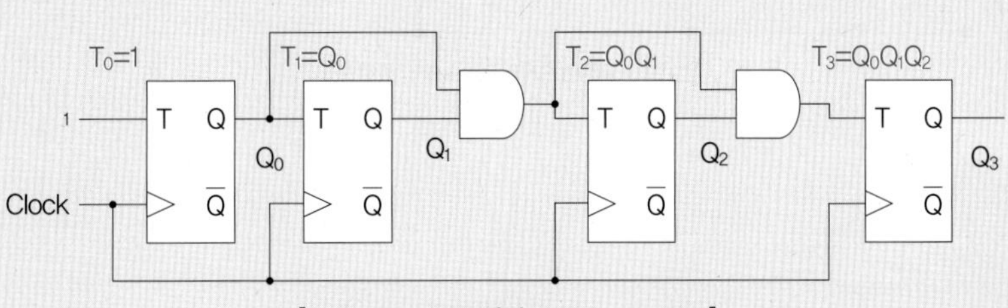

[T Flip Flop로 구성된 4bit Up Counter]

동기식 카운터(Synchronous Counter)는 클럭 펄스에 모든 Flip Flop이 동시에 병렬도 동기화되어 동작하는 카운터로 병렬 카운터라고도 한다.

❶ 시프트 레지스터(Shift Register)

데이터를 저장하거나 데이터를 옆으로 이동할 때 사용되는 회로로서 디지털 시스템에서 시프트 레지스터와 같이 데이터 및 정보를 저장하고 이동하는 기능을 발전시켜 메모리로 개발되었고 주로 프로세서와 CPU 등에 사용되고 있다.

❷ 설명(Explanation)

㉠ Serial-in to Parallel-out(SIPO)

SIPO 시프트 레지스터는 단일의 데이터가 시프트 레지스터를 거쳐 다수의 출력으로 나타나는 구조이다. 데이터가 입력으로 들어오면 클럭이 Rising이 되기 전까지 대기하고 있다가 Rising Edge가 검출되면 Q_0으로 데이터를 출력한다. 두 번째 클럭이 들어오면 DATA에 들어오는 새로운 입력이 Q_0으로 출력되고 Q_0에 저장되어있던 데이터는 Q_1으로 출력된다.

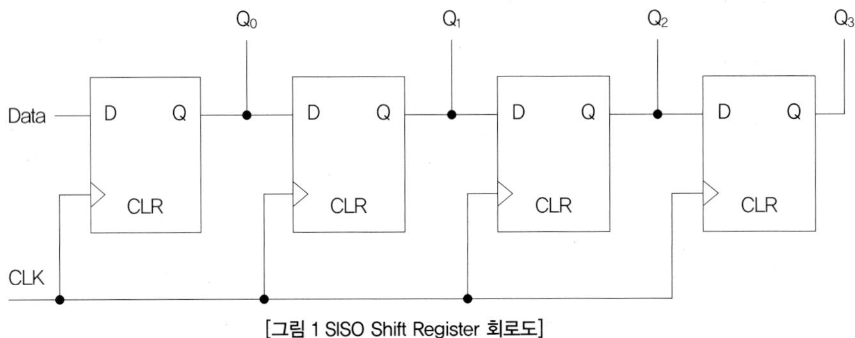

[그림 1 SISO Shift Register 회로도]

㉡ Parallel-in to Parallel-out(PIPO)

PIPO 시프트 레지스터는 SISO 시프트 레지스터와 마찬가지로 입력 데이터를 그대로 저장하고 있다가 CLK에 따라 플립플롭을 거치면서 시간 Delay를 거쳐 출력되는 회로이다. 하지만 다수 입력 대다수 출력이라는 특징에서 SISO 시프트 레지스터와 차이점이 있다.

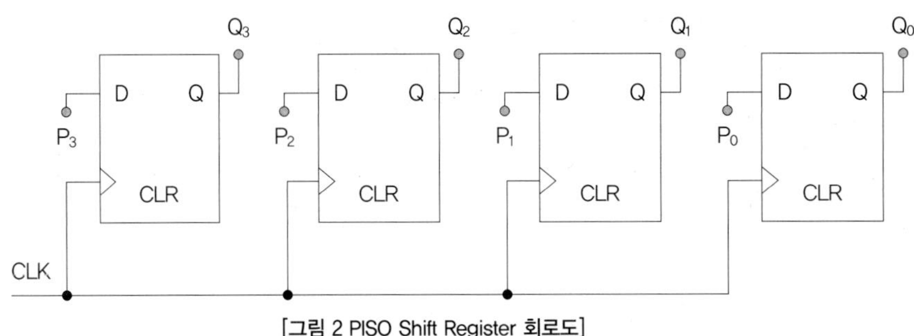

[그림 2 PISO Shift Register 회로도]

정답 01 ③ 02 ③

01 16비트 명령어 형식에서 연산코드 5비트, 오퍼랜드 1은 3비트, 오퍼랜드 2는 8비트일 경우, ⓐ 연산종류와 사용할 수 있는 ⓑ 레지스터의 수를 바르게 나열한 것은? (2012-3차)(2016-1차)(2018-3차)

① ⓐ 32가지, ⓑ 512　　② ⓐ 31가지, ⓑ 8
③ ⓐ 32가지, ⓑ 8　　④ ⓐ 8가지, ⓑ 511

해설

Assembly Code는 기계어 형식으로 바꾸어 써야 하며 MIPS에서 기계어 형식은 3가지 Type이 있다.

R-type	가장 기본적인 Instruction Format－Arithmetic Instruction Format
I-type	상수를 이용하기 위해 더 긴 길이의 Field가 필요해서 만들어진 Instruction Format
J-type	Jump 명령어로 다른 Address를 접근할 때 이용하며 메모리에 접근하기에 16bit가 부족해서 고안되었다.

위 문제에서 연산코드 5비트, 오퍼랜드 1은 3비트, 오퍼랜드 2는 8비트로 구성된 16비트 명령어이다. 연산코드가 5bit이므로 2^5인 32개의 연산 종류를 사용할 수 있다. Operand1은 레지스터 번호를 지정하고, Operand2는 기억장치의 주소를 지정한다. Operand1은 3bit이므로 $2^3=8$개 즉, 8개의 레지스터를 사용하고 Operand2는 8bit이므로 $2^8=256$개의 주소범위로 0~255를 사용한다.

02 5단 귀환 시프트 레지스터(Shift Register)로 구성된 PN 부호 발생기의 출력 데이터 계열의 주기는? (2015-3차)(2018-3차)(2022-3차)

① 5　　② 16
③ 31　　④ 32

해설

Clock Pulse No	Q_A	Q_B	Q_C	Q_D
0	0	0	0	0
1	1	0	0	0
2	0	1	0	0
3	0	0	1	0
4	0	0	0	1
5	0	0	0	0

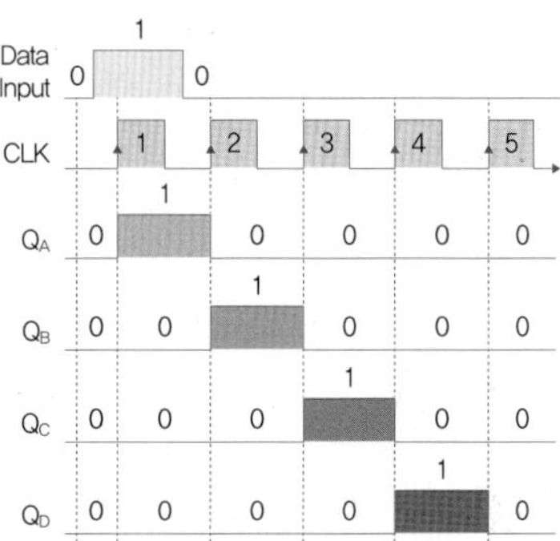

시프트 레지스터(Shift Register)

레지스터의 각 비트들을 한 방향으로 이동할 때, 한쪽 끝에서 밀려 나온 비트를 다른 쪽 끝으로 옮기는 자리 이동하는 것이다. 위 그림에서 4번째 클럭 펄스가 종료된 후 4비트의 데이터(0－0－0－1)가 레지스터에 저장되고 레지스터의 클럭이 정지된 경우에도 그대로 유지된다. 위 문제는 5단 Shift Register이므로 $2^5=32$이므로 0~31번까지 사용할 수 있다.

정답 03 ④ 04 ③

03 시프트 레지스터(Shift Register)의 내용을 오른쪽으로 2비트 이동시키면 원래 저장되었던 값은 어떻게 변화되는가? (2015-3차)

① 원래 값의 2배 ② 원래 값의 4배
③ 원래 값의 1/2배 ④ 원래 값의 1/4배

해설

0	0	0	0	0	0	0	1
0	0	0	0	0	0	1	0
0	0	0	0	0	1	0	0
0	0	0	0	1	0	0	0
0	0	0	1	0	0	0	0

시프트 레지스터(Shift Register)
데이터를 저장하거나 데이터를 옆으로 이동할 때 사용되는 회로이다. 디지털 시스템에서 시프트 레지스터와 같이 데이터 및 정보를 저장하고 이동하는 기능을 발전시켜 메모리와 같은 중요 부품이 개발되었다. 왼쪽으로 한번 Shift 하면 2를 곱한 것과 같은 결과가 나오고 오른쪽으로 한번 쉬프트 하면 2로 나눈 결과가 된다. 이를 통해 Shift Register를 이용해서 곱셈이나 나눗셈을 할 수 있다.

04 다음 중 레지스터에 대한 설명으로 틀린 것은? (2016-2차)(2018-1차)

① 레지스터는 프로세서 내부에 위치한 저장소(Storage)이다.
② 어커뮬레이터(Accumulators)는 레지스터의 일종이다.
③ 특정한 주소를 지정하기 위한 레지스터를 스테터스(Status) 레지스터라 부른다.
④ 레지스터는 실행과정에서 연산결과를 일시적으로 기억하는 회로이다.

해설

클럭펄스(CP)	직렬 입력	레지스터 상태(병렬 출력)				직렬 출력
		A	B	C	D	
처음	1	1	0	1	0	0
1	1	1	1	0	1	1
2	0	1	1	1	0	0
3	1	0	1	1	1	1
4	0	1	0	1	1	1

[4bit 우측 Shift Register의 상태표]

레지스터는 CPU(Central Processing Unit)가 요청을 처리하는 데 필요한 데이터를 일시적으로 저장하는 기억장치이다. CPU 안에 있는 레지스터는 엄밀히 말하면 메모리가 아니다. 단지 휘발성으로 데이터를 저장하는 공간이다.

Status 레지스터
상태 레지스터 또는 플래그 레지스터는 마이크로프로세서에서 다양한 산술 연산 결과의 상태를 알려주는 플래그 비트들이 모인 레지스터이다. 이는 단지 연산결과의 상태를 저장하는 일을 하며 연산결과가 양수, 0, 음수 인지 자리 올림이나 오류발생 등을 표시한다.

정답 05 ① 06 ①

05 **다음 중 누산기(Accumulator)에 대한 설명으로 옳은 것은?** (2017-1차)(2022-2차)

① 연산장치에 있는 레지스터의 하나로서 연산 결과를 기억하는 장치이다.

② 기억장치 주변에 있는 회로인데 가감승제 계산 논리 연산을 행하는 장치이다.

③ 일정한 입력 숫자들을 더하여 그 누계를 항상 보존하는 장치이다.

④ 정밀 계산을 위해 특별히 만들어 두어 유효 숫자 개수를 늘리기 위한 것이다.

해설

누산기 또는 어큐뮬레이터(Accumulator)

컴퓨터의 중앙 처리 장치(CPU)에서 중간 산술 논리 장치 결과가 저장되는 레지스터이다. 누산기는 기억장치의 일부로서 계산 속도가 빨라질 수 있도록 도와주는 역할을 하며 CPU 내에서 계산의 중간 결과를 저장하는 레지스터를 가리킨다. 만약 누산기가 없다면, 덧셈이나 곱셈 및 자리이동 등과 같은 각 계산의 결과를 주기억장치에 기록할 수밖에 없으며, 필요한 경우 그것들을 다시 읽어 와야 한다.

누산기는 ALU로 직접 통하는 통로를 가지고 있기 때문에, 주기억장치에 읽고 쓰는 것보다 훨씬 빠르며 연산장치에 있는 레지스터의 하나로서 연산 결과를 기억하는 장치로서 누산기에 있는 데이터와 주기억 장치에 있는 데이터가 연산회로에서 처리한 다음 그 결과를 다시 누산기에 저장한다. 누산기는 처음에는 0으로 설정되며, 각 숫자는 차례로 누산기 내에 있는 값에 더해진다. 그리고 모든 숫자들이 다 더해졌을 때만, 그 결과가 주기억장치에 기록된다.

06 **다음 중 시프트 레지스터 출력을 입력에 되먹임 시킴으로써 클럭 펄스가 가해지면, 같은 2진수가 레지스터 내부에서 순환하도록 만든 카운터는?** (2017-2차)

① 링 카운터

② 2진 리플 카운터

③ 필드코드 카운터

④ BCD 카운터

해설

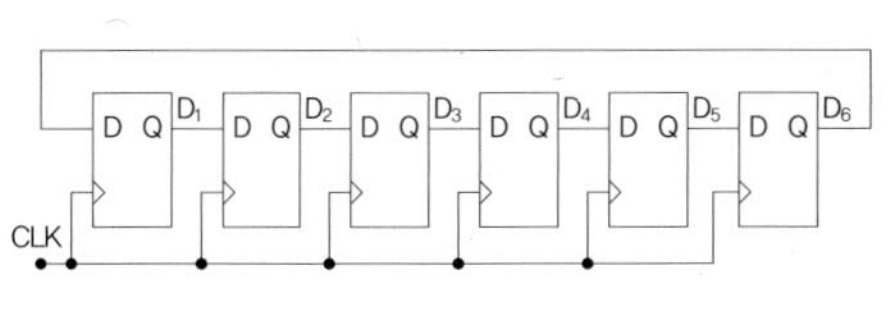

CLK	D_1	D_2	D_3	D_4	D_5	D_6
1	1	0	0	0	0	0
2	0	1	0	0	0	0
3	0	0	1	0	0	0
4	0	0	0	1	0	0
5	0	0	0	0	1	0
6	0	0	0	0	0	1

100000 → 010000 → 001000 → 000100 → 000010 → 000001 → 100000

시프트 레지스터(Shift Register)

데이터를 저장하거나 데이터를 옆으로 이동할 때 사용되는 회로이다. 디지털 시스템에서 시프트 레지스터와 같이 데이터 및 정보를 저장하고 이동하는 기능을 발전시켜 메모리와 같은 부품이 개발되었다. 링 카운터는 전체적으로 데이터가 회전하는 시프트 레지스터를 말하며, 맨 마지막 플립플롭의 출력이 첫 번째 플립플롭의 입력에 연결되어 있다. 입력된 데이터는 클럭의 펄스마다 한 칸씩 이동하게 된다.

정답 07 ④ 08 ③

07 **다음 중 자료의 병렬전송을 직렬 전송으로 변경하는 레지스터는?** (2018-3차)(2021-1차)

① 명령 레지스터(IR)
② 메모리 주소 레지스터(MAR)
③ 메모리 버퍼 레지스터(MBR)
④ 시프트 레지스터(Shift Register)

해설
시프트 레지스터(Shift Register)는 데이터를 저장하거나 데이터를 옆으로 이동할 때 사용되는 회로이다.

08 **명령문 수행 파이프라인에서 데이터 종속성(Data Dependency)은 성능을 저해한다. 이를 해결하기 위해 레지스터 재명명(Register_Renaming) 방법을 사용하는 종속성끼리 올바르게 나열된 것은?** (2023-3차)

① 쓰기 후 읽기(RAW) 종속성과 읽기 후 쓰기(WAR) 종속성
② 쓰기 후 읽기(RAW) 종속성과 쓰기 후 쓰기(WAW) 종속성
③ 읽기 후 쓰기(WAR) 종속성과 쓰기 후 쓰기(WAW) 종속성
④ 읽기 후 쓰기(WAR) 종속성과 읽기 후 읽기(RAR) 종속성

해설
데이터 종속성(Data Dependency)은 성능을 저해를 해결하기 위해 읽기 후 쓰기(WAR) 종속성과 쓰기 후 쓰기(WAW) 종속성을 사용한다.

비순차적 실행 방법

명령어들이 처리되지 못하고 대기하게 되면 효율성이 떨어져서 이를 해결하기 위해 컴파일러 수준에서 파이프라인 중단을 최소화하도록 명령어를 배치해서 최적화하는 것이 비순차적 실행 기법이다.

Tomasulo 알고리즘

- RAW(Read After Write): 순차적 파이프라인에서는 레지스터에 쓰는 단계(Write Back)가 레지스터에서 계산에 필요한 값을 가져오는 명령어 해석 단계(Decode)보다 나중에 나오므로, 명령어들을 서로 '겹쳐서' 실행할 때 어떤 명령어의 실행에 필요한 값이 이전 명령어에서 계산되고 그것이 아직 레지스터에 쓰이지 않았다면 문제가 발생한다.
- WAR(Write After Read): 같은 대상에 대해 읽는 명령어와 쓰는 명령어가 순서대로 있는 경우 순차적 파이프라인에서는 명령어가 겹쳐서 실행되어도 어차피 쓰기 단계가 읽기 단계보다 나중에 실행되므로 문제가 되지 않는다. 하지만 비순차적 파이프라인에서는 두 명령어의 순서가 바뀔 수 있고, 만약 쓰는 명령어가 이전에 수행되었다면 쓰기 전의 값을 읽어와야 하는 읽는 명령어 입장에서는 문제가 생긴다.
- WAW(Write After Write): 만약 같은 대상에 대한 두 개의 쓰기 명령어가 있는데 순서가 바뀌면, 레지스터에 남아 있어야 하는 값이 달라진다.

정답 09 ②

09 **다음 지문과 같이 가정할 경우, 무한히 명령문을 수행하여 몇 배의 성능향상을 얻을 수 있는가?** (2023-1차)

> 5단계(Stage) 파이프라인을 사용하는 파이프라인 기법(Pipelining)에서 성능향상(Speedup)을 제한하는 요인(Conflict)들이 발생하지 않는다고 가정한다.

① 2.5배 수렴
② 5배 수렴
③ 7.5배 수렴
④ 10배 수렴

해설

세탁기 파이프라인 구조

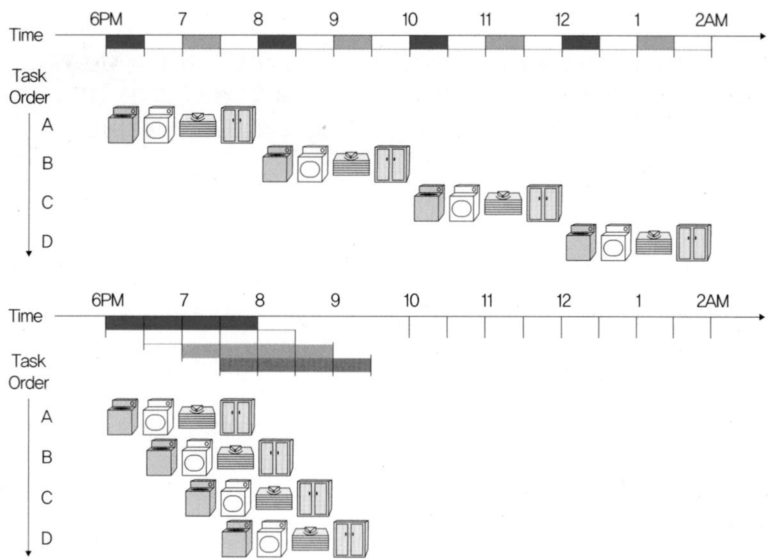

파이프라이닝

여러 명령어가 중첩되어 실행하는 것으로 파이프라인은 병렬 처리 방식이라 한다. MIPS(Microprocessor Without Interlocked Pipeline Stage)는 파이프라인 실행을 위해 설계되었다.

단계	내용
IF	Instruction Fetc, 메모리에서 명령어를 가져옴
ID	Instruction Decode, 명령어를 읽고/해독, 레지스터를 읽음. MIPS 명령어는 형식이 규칙적이어서 읽기/해독이 동시에 일어남
EX	Execute, 연산 수행 or 주소 계산
MEM	Memory Access, 데이터 메모리에 있는 피연산자의 접근
WB	Writeback, 결과값을 레지스터에 씀

세차에서 입고, 검사, 물청소, 말리기, 종료의 5단계를 한 사이클이라 할 경우 단일 사이클의 경우 한 사이클이 끝나야 다음 세차를 할 수 있다. 그러나 파이프라인을 사용한다면, 입고가 끝나고 대기하고 있는 차량을 바로 진행함으로서 여러 행동을 중첩해서 실행할 수 있게 된다. 즉, 5단 Stage는 5배속으로 수렴하는 것이다.

04 Hardware & Software

기출유형 01 ▶ 기억장치

기억장치를 동일한 크기의 페이지 단위로 나누고, 페이지 단위로 주소 변환 및 대체를 하는 가상 기억장치 구현방식은 무엇인가? (2013-2차)(2014-3차)

① 논리 메모리 분할 기법
② 페이징 기법
③ 스케줄링 기법
④ 세그먼테이션 기법

해설
컴퓨터가 메인 메모리에서 사용하기 위해 2차 기억 장치로부터 데이터를 저장하고 검색하는 메모리 관리 기법이다. 즉, 가상기억장치를 모두 같은 크기의 블록으로 편성하여 운용하는 기법이다. 이때의 일정한 크기를 가진 블록을 페이지(Page)라고 한다. 주소공간을 페이지 단위로 나누고 실제 기억공간은 페이지 크기와 같은 프레임으로 나누어 사용한다.

| 정답 | ②

족집게 과외

가상기억장치: 이상적으로 추상화하여 사용자들에게 매우 큰 메모리로 보이게 만드는 것이다.

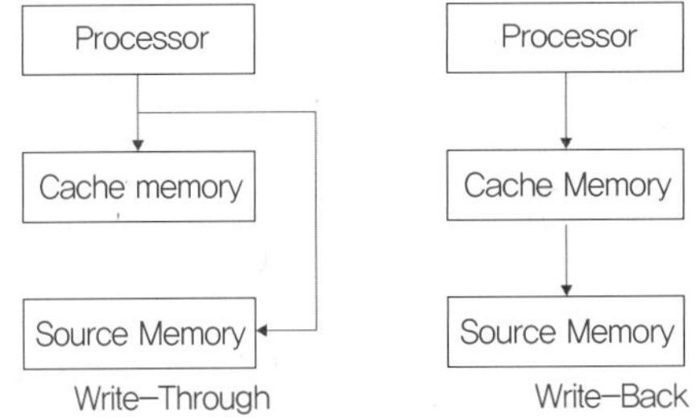

더 알아보기

	구분	내용
Write Through	개념	CPU가 데이터를 사용하면 캐시에 저장되게 되는데, 데이터가 캐시에 저장되는 것과 동시에 주기억장치 또는 디스크로 기입되는 방식을 지원하는 구조이다. 즉, 캐시와 메모리 둘 다에 업데이트하는 방식이다.
	장점	캐시와 메모리에 업데이트를 같이하여, 데이터 일관성을 유지할 수 있어서 안정적이다.
	단점	속도가 느린 주기억장치 또는 보조기억장치에 데이터를 기록할 때, CPU가 대기하는 시간이 필요하기 때문에 성능이 떨어진다.
	결론	주로 데이터 분실이 발생하면 안 되는 상황에서는 사용하는 것이 좋다.
Write Back	개념	CPU 데이터를 사용할 때 데이터는 먼저 캐시로 기록된다. 캐시 내에 일시적으로 저장된 후에 블록 단위에 캐시로부터 해제될 때나 캐시 안에 있는 내용을 버릴(삭제될) 때 주기억장치 또는 보조기억장치에 기록되는 방식이다. 즉, 데이터를 쓸 때 메모리에는 쓰지 않고 캐시만 업데이트하다가 필요할 때만 주기억장치나 보조기억장치에 기록하는 방법이다.
	장점	Write Through보다 훨씬 빠르다.
	단점	속도가 빠르지만 캐시 업데이트를 하고 메모리에는 바로 업데이트를 하지 않기 때문에, 캐시와 메모리가 서로 값이 다른 경우가 발생할 수 있다.
	결론	빠른 서비스를 요하는 상황에서는 Write Back을 사용하는 것이 좋다.

❶ 기억장치 페이징(Paging 기법)

메모리 페이징은 메모리를 보다 효율적인 방식으로 관리하고 구성하기 위해 컴퓨터 운영 체제에서 사용되는 기술로서 이를 통해 메모리는 일반적으로 동일한 크기의 페이지라고 하는 고정 크기 블록으로 나눌 수 있다. 이 페이지는 주 메모리(RAM)와 보조 저장소(예 하드 디스크) 간의 할당 및 스와핑 단위로 사용된다.

❷ 메모리 페이징Memory Paging)

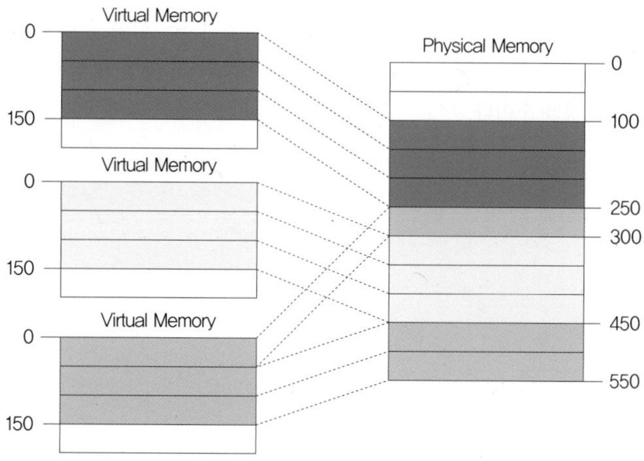

페이징은 가상 메모리와 물리 메모리 공간을 작은 고정 크기 블록으로 나누는 메모리 관리 기법이다. 가상 메모리 공간의 블록은 페이지(Page)라고 하며, 물리 주소 공간의 블록은 프레임(Frame)이라고 한다. 각 페이지는 개별적으로 프레임에 매핑될 수 있어, 연속하지 않은 물리 프레임에 연속적인 가상 메모리 영역을 매핑할 수 있게 되는 것이다.

페이징을 사용하면, 세 번째 프로그램 인스턴스를 많은 작은 물리적 영역으로 분할할 수 있다. 이 예에서, 페이지 크기를 50바이트로 가정하고, 각각의 메모리 영역이 세 개의 페이지로 분할되었다고 가정할 경우 각 페이지는 개별적으로 프레임에 매핑되므로 연속적인 가상 메모리 영역을 비연속적인 물리 프레임에 매핑할 수 있는 것이다. 이를 통해 어떠한 조각모음 작업도 수행하지 않고도 세 번째 프로그램 인스턴스를 실행할 수 있게 된다. 아래는 페이징 작동방식에 대한 주요 내용이다.

구분	내용
페이지 크기	메모리는 고정 크기 페이지로 나뉘며 페이지 크기는 일반적으로 4KB 또는 8KB와 같이 2의 거듭제곱으로 페이지 크기의 선택은 시스템 성능에 영향을 미친다. 페이지 크기가 작을수록 내부 조각화가 줄어들지만 더 많은 수의 페이지를 관리하는 오버헤드가 증가한다.
가상 및 물리적 메모리	프로그램에서 사용하는 메모리 주소는 가상 주소로서 운영 체제는 이러한 가상 주소를 실제 메모리의 물리적 주소에 매핑한다. 가상 메모리 공간은 물리적 메모리와 동일한 크기의 페이지로 나뉜다.
페이지 테이블	운영 체제는 가상 페이지와 물리적 페이지 간의 매핑을 추적하기 위해 페이지 테이블이라는 데이터 구조를 유지 관리한다. 페이지 테이블의 각 항목에는 가상 페이지 번호와 해당 물리적 페이지 번호가 포함된다.
페이지 오류	프로그램이 가상 메모리 주소에 액세스하려고 하면 하드웨어가 페이지 테이블을 확인한다. 해당 물리적 페이지가 현재 주 메모리에 없으면(페이지 결함) 운영 체제는 필요한 페이지를 메모리로 가져와야 한다.
페이지 교체	메인 메모리에 사용 가능한 물리적 페이지가 없는 경우 운영 체제는 대체할 희생 페이지를 선택하여 공간을 확보해야 한다. 페이지 교체 알고리즘은 LRU(최소 사용), FIFO(선입선출) 또는 최적의 페이지 교체와 같은 정책을 기반으로 제거할 페이지를 결정한다.
페이지 스와핑	필요한 페이지가 현재 보조 스토리지에 저장되어있는 경우 운영 체제는 이를 사용 가능한 물리적 페이지로 스와핑하며 여기에는 디스크에서 메모리로 페이지를 읽고 그에 따라 페이지 테이블을 업데이트하는 작업이 포함된다.
보호 및 공유	메모리 페이징은 메모리 보호 및 프로세스 간 공유를 위한 메커니즘도 제공한다. 각 페이지에는 액세스 권한(읽기 전용, 읽기-쓰기, 실행 등)을 할당할 수 있으며 여러 프로세스가 해당 페이지를 각각의 가상 주소 공간에 매핑하여 동일한 페이지를 공유할 수 있다.

메모리 페이징은 전체 프로그램이나 데이터 세트를 로드하는 대신 필요한 페이지만 RAM에 로드하여 메모리를 효율적으로 사용할 수 있도록 한다. 수요에 따라 덜 사용되는 페이지를 메모리 안팎으로 교체하여 더 큰 프로그램을 실행할 수 있으며 각 프로세스에 대해 별도의 페이지 테이블을 유지 관리하여 프로세스 간 격리 및 보호를 제공한다. 전반적으로 메모리 페이징은 효율적인 메모리 관리, 가상 메모리 지원 및 향상된 시스템 성능을 가능하게 하는 최신 운영 체제의 중요한 구성 요소이다.

정답 01 ② 02 ② 03 ④

01 기억된 내용의 일부를 이용하여 기억되어있는 데이터에 직접 접근하여 정보를 읽어내는 장치는? (2017-2차)(2019-2차)(2020-1차)(2022-1차)

① 가상기억장치(Virtual Memory)
② 연관 기억장치(Associative Memory)
③ 캐시 메모리(Cache Memory)
④ 보조기억장치(Auxiliary Memory)

해설

② 연관(Associative) 기억장치: 기억된 정보의 일부분을 이용하여 원하는 정보가 기억된 위치를 알아낸 후 나머지 정보에 접근하는 방법으로 주소에 의해서만 접근이 가능한 기억장치 보다 정보 검색이 신속하고, 병렬 판독 회로가 있어야 하며 주소에 의한 접근이 아닌 기억된 내용의 일부를 이용 전체 위치를 찾는 것으로 효율적이고 용이한 반면 값이 비싸고 동작이 복잡하다.

① 가상기억장치(Virtual Memory): RAM을 관리하는 방법으로 각 프로그램에 실제 메모리 주소가 아닌 가상의 메모리 주소를 주는 방식이다. 주기억장치보다 큰 용량의 프로그램을 실행할 수 있는 기억장치로 주기억장치 공간의 확대가 주목적이며 주기억장치의 비연속 할당방식(페이징, 세그먼테이션)을 사용하여, 연속할당 방식의 단편화 문제를 해결한다.

③ 캐시 메모리(Cache Memory): 속도가 빠른 장치와 느린 장치에서 속도 차이에 따른 병목 현상을 줄이기 위한 메모리를 의미한다.

④ 보조기억장치(Auxiliary Memory): 주기억장치의 단점을 보완한 기억장치로서 주기억장치보다 속도는 느리지만 저장용량이 크고 전원이 없어도 데이터를 유지할 수 있다.

02 사용자가 실제 기억장치보다 큰 기억장치를 사용할 수 있는 메모리 이용 기법은? (2010-1차)

① 직접 메모리 액세스
② 가상 기억장치
③ 캐시 기억장치
④ 연관 기억장치

해설

가상 메모리 또는 가상 기억 장치(Virtual Memory 또는 Virtual Storage)는 메모리 관리 기법의 하나로, 기계에 실제로 이용 가능한 기억 자원을 이상적으로 추상화하여 사용자들에게 매우 큰 메모리로 보이게 만드는 것이다. 즉, 가상기억장치는 보조기억장치의 일부분을 주기억장치인 것처럼 사용하는 방법으로 아래와 같은 특징이 있다.

03 다음 중 디지털 컴퓨터(Digital Computer)의 보조기억장치가 아닌 것은? (2013-3차)(2014-3차)

① 자기 드럼(Magnetic Drum)
② 자기 테이프(Magnetic Tape)
③ 자기 디스크(Magnetic Disk)
④ 자기 코어(Magnetic Core)

해설

보조기억장치는 주기억장치를 확장한 것으로, 속도가 느리지만 보통 용량이 상대적으로 크다. 하드 디스크, 디스켓(플로피 디스크), CD-ROM 계열, DVD 계열, 블루레이 디스크(BD), 플래시 메모리, 낸드 플래시, NOR 플래시 등이 해당된다.

④ 자기 코어(Magnetic Core): 자기 코어 메모리(Magnetic-core Memory)는 초기 형태의 임의 접근 컴퓨터 메모리이다.

① 자기 드럼(Magnetic Drum): 마그네틱 드럼은 최신 컴퓨터에서 RAM(Random Access Memory) 카드를 사용하는 방법과 유사하게 초기 작업 메모리로 많은 초기 컴퓨터에서 사용되는 마그네틱 저장 장치이다.

② 자기 테이프(Magnetic Tape): 플라스틱 테이프 겉에 산화철 등의 자성 재료를 바른 테이프이다. 자기 테이프는 대부분 컴퓨터 기억, 오디오, 비디오를 기록하는 데에 쓰인다.

③ 자기 디스크(Magnetic Disk): 대용량 보조기억장치로 레코드판과 유사한 원판에 자성체를 입히고 원판의 정해진 궤도를 따라 자기 헤드가 이동하면서 자료를 기록하거나 판독하는 컴퓨터 보조기억장치이다. 자성을 이용한 것으로 자기디스크라하며 하드디스크는 자기디스크의 일종이다.

04 가상기억장치 구현방법의 한 가지로, 기억장치를 동일한 크기의 페이지 단위로 나누고 페이지 단위로 주소 변환 및 대체를 하는 방식은? (2013-2차)

① 논리 메모리 분할 기법
② 페이징 기법
③ 스케줄링 기법
④ 세그먼테이션 기법

해설
컴퓨터가 메인 메모리에서 사용하기 위해 2차 기억 장치로부터 데이터를 저장하고 검색하는 메모리 관리 기법이다. 즉, 가상기억장치를 모두 같은 크기의 블록으로 편성하여 운용하는 기법이다. 이때의 일정한 크기를 가진 블록을 페이지(Page)라고 한다. 주소공간을 페이지 단위로 나누고 실제 기억공간은 페이지 크기와 같은 프레임으로 나누어 사용한다.

05 다음 중 페이징(Paging) 기법에 대한 설명으로 틀린 것은? (2019-2차)

① 가상기억장치 관리 기법의 하나이다.
② 기억장소를 일정한 블록크기의 단위로 분할하여 사용하는 방법이다.
③ 페이지의 크기가 클수록 기억공간의 낭비가 적어진다.
④ 페이지의 크기가 작을수록 페이지 관리테이블의 공간이 더 많이 필요하다.

해설
페이지의 크기가 작을수록 기억공간의 낭비가 적어진다.

페이징 기법 특징
- 페이징 기법을 사용해서 기억장치 등의 효율성이 높아진다.
- 페이지는 블록크기가 작을수록 페이지의 단편화를 감소시킨다.
- 페이징 크기가 작아지면 페이지 정보를 기억할 페이지의 사상 테이블이 상대적으로 커진다.
- 페이징 기업은 Block 단위로 고정된다.

06 캐시 메모리의 쓰기(Write) 정책 가운데 쓰기 동작이 이루어질 때마다 캐시 메모리와 주기억장치의 내용을 동시에 갱신하는 방식은? (2022-2차)

① Write-through ② Write-back
③ Write-once ④ Write-all

해설
쓰기 정책
캐시에 저장되어있는 데이터에 수정이 발생했을 때 그 수정된 내용을 주기억장치에 갱신하기 위해 시기와 방법을 결정하는 것이다.
- Write-through: 캐시에 쓰기 동작이 이루어질 때마다 캐시 메모리와 주기억장치의 내용을 동시에 갱신하는 방식으로, 쓰기 동작에 걸리는 시간이 길다.
- Write-back: 캐시에 쓰기 동작이 이루어지는 동안은 캐시의 내용만이 갱신되고, 캐시의 내용이 캐시로부터 제거될 때 주기억장치에 복사된다.
- Write-once: 캐시에 쓰기 동작이 이루어질 때 한 번만 기록하고 이후의 기록은 모두 무시한다.

기출유형 02 ▶ 디스크(Disk)

자기디스크에서 사용하는 CAV 방식의 단점으로 옳은 것은? (2010-1차)(2011-2차)

① 접근 속도의 저하 ② 구동장치의 복잡화
③ 디스크의 무게 증가 ④ 저장 공간의 낭비

해설

CAV(Constant Angular Velocity, 등각속도)

CAV는 하드 디스크, 플로피 디스크 및 레이저디스크 등에 사용되는 읽기 및 쓰기 모드이다. CAV를 사용하면, 디스크의 어느 부위를 액세스하고 있던지 관계없이 디스크는 일정한 속도로 회전한다. 이것이 안쪽 트랙을 액세스할 때 더 빨리 회전하는 CLV(Constant Linear Velocity)와 다른 점이다. CD-ROM 드라이브는 CAV와 CLV의 배합하여 사용하기는 하고, 일반적으로 CD-ROM은 CLV를 사용하는데 반해, 디스크 드라이브는 CAV를 사용한다. CAV의 장점은 모터의 회전속도를 변경할 필요가 없으므로, 설계와 생산이 더 간단하다. CAV는 CLV에 비해 디스크 용량을 낭비하지만, 데이터 검색을 빠르게 할 수 있으므로, 고화질 사진이나 비디오를 저장하는데 좋은 방법이다. 그러므로 CAV 방식은 CD 레코더, 플로피 디스크, 하드 드라이브 등에 널리 사용되는 방법이다.

| 정답 | ④

족집게 과외

보조기억장치는 주기억장치를 확장한 것으로, 속도가 느리지만 보통 용량이 상대적으로 크다. 하드 디스크, 디스켓(플로피 디스크), CD-ROM 계열, DVD 계열, 블루레이 디스크(BD), 플래시 메모리, 낸드 플래시 등이 해당된다.

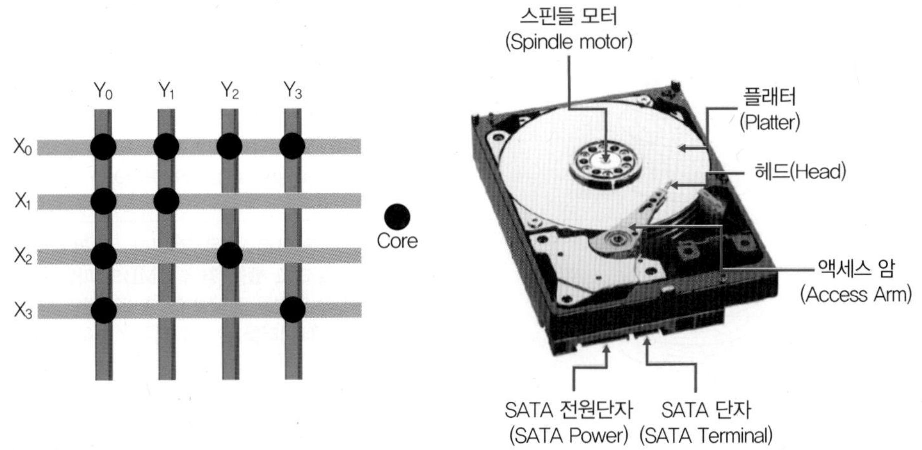

더 알아보기

X축의 전선 중 하나와 Y축의 전선 중 하나에 동시에 전류가 흐르면 X와 Y가 만나는 지점의 코어에서는 X와 Y 전선 2곳에서 전류가 흐르지만 X와 Y가 만나지 않는 코어에서는 전류가 전혀 흐르지 않거나 절반의 전류만 흐른다. 2곳의 전선에서 전류가 흐를 때 코어가 자화되도록 코어를 선정해야 한다. 코어 메모리는 전원을 꺼도 데이터를 유지하는 비휘발성 특성을 가진다. 코어 메모리는 노이즈에 강하기 때문에 과거에는 산업용 제품이나 우주선 또는 군용 비행기 등에 많이 사용되었다. 코어의 자화 특성은 온도에 민감하다. 현재 사용하는 플래시 메모리에서는 캐패시터에 데이터를 저장하고 캐패시터가 전기장을 이용한다면 코어 메모리는 자기장을 이용한 메모리이다.

❶ 자기 디스크(Magnetic Disk)

디스크란 시스템에 장착되어있는 저장장치로서 하드 디스크 드라이브, 플래시 메모리 드라이브, 램 디스크가 해당하며 CD-ROM 계열의 CD/DVD/BD는 디스크에 포함되지 않는다. 자기 디스크는 디지털 데이터를 저장하기 위해 자화를 사용하는 보조저장장치의 한 종류로서 자성 재료로 코팅된 하나 이상의 원형 디스크로 구성되며 일반적으로 파일, 문서 및 미디어 파일과 같은 대용량 데이터를 장기간 저장하는 데 사용된다. 그러므로 시스템에 장착되어 파티션(볼륨)을 나누어 사용하는 저장장치가 디스크이며 이를 주기억장치라 하며 보조기억장치는 주기억장치를 확장한 것으로, 속도가 느리지만 용량은 상대적으로 크다.

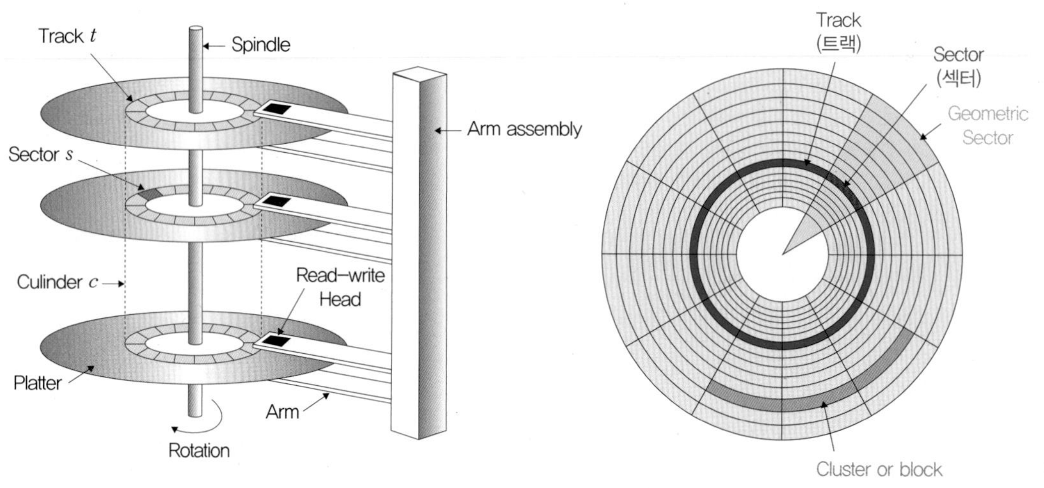

구분	개념도	내용
Sector	Sector Platters	트랙을 구성하는 최소 단위로서 가장 작은 저장 단위이다. 하나의 섹터에 하나의 레코드만 저장하면 속도가 향상되고 하나의 섹터에 여러 데이터를 꽉 채워서 넣으면 메모리가 절약되는 것이다. Sector는 하드 드라이브의 최소 기억 단위이다.
Cluster	Cluster	섹터 여러 개를 하나로 묶은 것이다. 클러스터의 크기가 4KB(4,096바이트)라고 했을 경우, 1MB의 파일을 기록하고자 BIOS을 통해 I/O 명령을 전달할 때 총 256번의 처리가 필요하지만, 섹터 단위로 데이터를 관리할 경우 2,048번의 처리가 필요할 것이다.
Track	Track	데이터가 저장되는 길이라 할 수 있다. 트랙은 섹터로 구성되며 섹터에 데이터가 저장되고, 그 섹터가 쭉 나열되어있는 것이 트랙이다.
Cylinder	Cylinder	Sector와 Track은 물리적으로 실존하는 존재이지만 Cylinder는 논리적인 단위이다. 트랙 안쪽부터 1번, 2번 ... 번호를 매긴다고 하면 각 Platter의 n번 Track의 집합을 Cylinder라 한다.

❷ 동작 원리

디스크(Disk)는 자기 디스크로(Magnetic Disk) 둥근 원반에 자성을 가진 물체를 입히고 그 표면에 자력을 이용하여 데이터를 기록하고 자기장의 변화를 통해 데이터를 읽는 방식으로 자기 기록 매체이다. Disc는 광디스크로(Optical Disc) 둥근 원반에 얇은 반사체를 입힌 후 레이저를 이용하여 홈을 파서 데이터를 기록하고 레이저 반사의 변화를 통해 데이터를 읽는 방식의 광학 기록 매체이다.

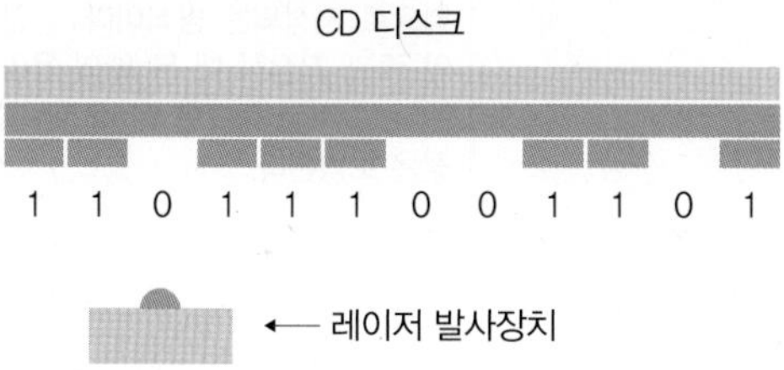

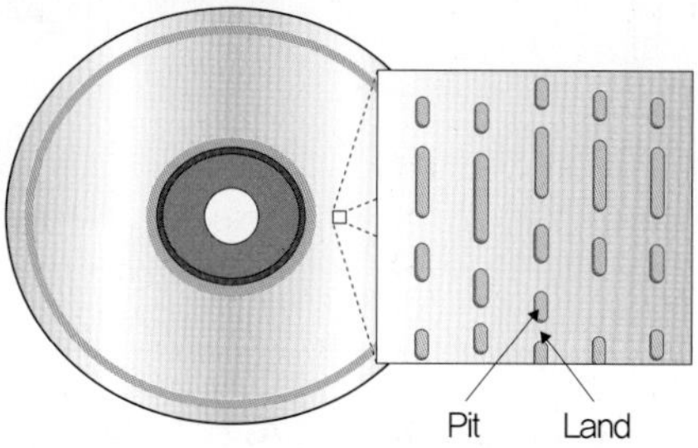

❸ RAID(Redundant Array of Independent Disks) 구성

RAID는 Redundant Array of Independent Disk(독립된 디스크의 복수 배열) 또는 Redundant Array of Inexpensive Disk(저렴한 디스크의 복수 배열) 의 약자로서 독립된 디스크를 중복으로 배열함으로서 저장 시스템이 데이터를 분산하는 방식을 결정함으로써 데이터 보호, 시스템 성능 및 저장 공간의 균형을 조정하는 것이다.

RAID 기대 효과

- 대용량의 단일 볼륨을 사용하는 효과
- 디스크 I/O 병렬화로 인한 성능 향상(RAID 0, RAID 5, RAID 6 등)
- 데이터 복제로 인한 안정성 향상(RAID 1 등)

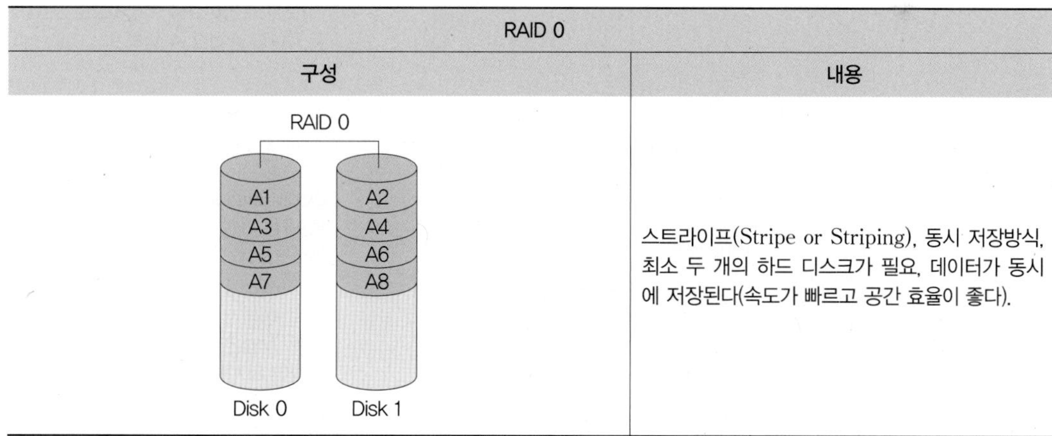

RAID 0	
구성	내용
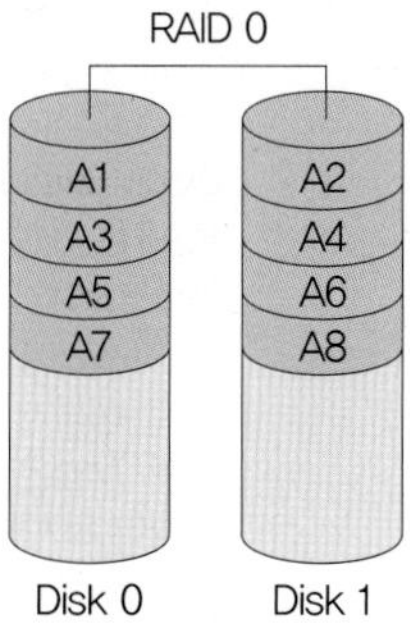 	스트라이프(Stripe or Striping), 동시 저장방식, 최소 두 개의 하드 디스크가 필요, 데이터가 동시에 저장된다(속도가 빠르고 공간 효율이 좋다).

RAID를 구성하는 모든 디스크에 데이터를 분할하여 저장하는 것으로 전체 디스크를 모두 동시에 사용하기 때문에 성능은 단일 디스크의 성능의 N배이고 용량도 단일 디스크의 용량의 N배가 된다. 그러나 하나의 디스크라도 문제가 발생할 경우 전체 RAID가 깨지질 수 있어 안정성은 1/N으로 줄어든다. 즉, 실제 서버 환경에서는 거의 사용하지 않는다.

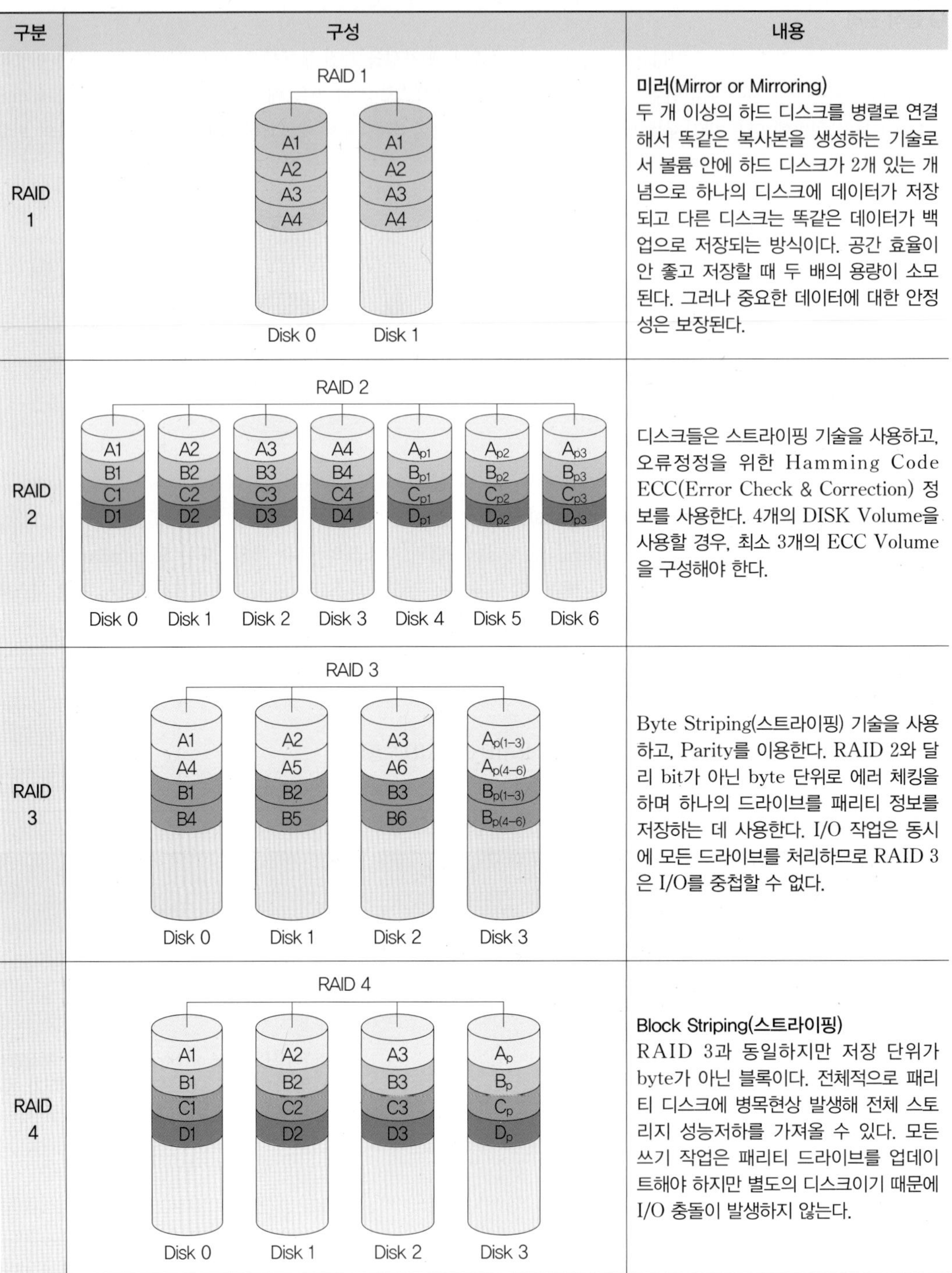

구분	구성	내용
RAID 1	RAID 1 Disk 0: A1, A2, A3, A4 Disk 1: A1, A2, A3, A4	**미러(Mirror or Mirroring)** 두 개 이상의 하드 디스크를 병렬로 연결해서 똑같은 복사본을 생성하는 기술로서 볼륨 안에 하드 디스크가 2개 있는 개념으로 하나의 디스크에 데이터가 저장되고 다른 디스크는 똑같은 데이터가 백업으로 저장되는 방식이다. 공간 효율이 안 좋고 저장할 때 두 배의 용량이 소모된다. 그러나 중요한 데이터에 대한 안정성은 보장된다.
RAID 2	RAID 2 Disk 0: A1, B1, C1, D1 Disk 1: A2, B2, C2, D2 Disk 2: A3, B3, C3, D3 Disk 3: A4, B4, C4, D4 Disk 4: A_{p1}, B_{p1}, C_{p1}, D_{p1} Disk 5: A_{p2}, B_{p2}, C_{p2}, D_{p2} Disk 6: A_{p3}, B_{p3}, C_{p3}, D_{p3}	디스크들은 스트라이핑 기술을 사용하고, 오류정정을 위한 Hamming Code ECC(Error Check & Correction) 정보를 사용한다. 4개의 DISK Volume을 사용할 경우, 최소 3개의 ECC Volume을 구성해야 한다.
RAID 3	RAID 3 Disk 0: A1, A4, B1, B4 Disk 1: A2, A5, B2, B5 Disk 2: A3, A6, B3, B6 Disk 3: $A_{p(1-3)}$, $A_{p(4-6)}$, $B_{p(1-3)}$, $B_{p(4-6)}$	Byte Striping(스트라이핑) 기술을 사용하고, Parity를 이용한다. RAID 2와 달리 bit가 아닌 byte 단위로 에러 체킹을 하며 하나의 드라이브를 패리티 정보를 저장하는 데 사용한다. I/O 작업은 동시에 모든 드라이브를 처리하므로 RAID 3은 I/O를 중첩할 수 없다.
RAID 4	RAID 4 Disk 0: A1, B1, C1, D1 Disk 1: A2, B2, C2, D2 Disk 2: A3, B3, C3, D3 Disk 3: A_p, B_p, C_p, D_p	**Block Striping(스트라이핑)** RAID 3과 동일하지만 저장 단위가 byte가 아닌 블록이다. 전체적으로 패리티 디스크에 병목현상 발생해 전체 스토리지 성능저하를 가져올 수 있다. 모든 쓰기 작업은 패리티 드라이브를 업데이트해야 하지만 별도의 디스크이기 때문에 I/O 충돌이 발생하지 않는다.

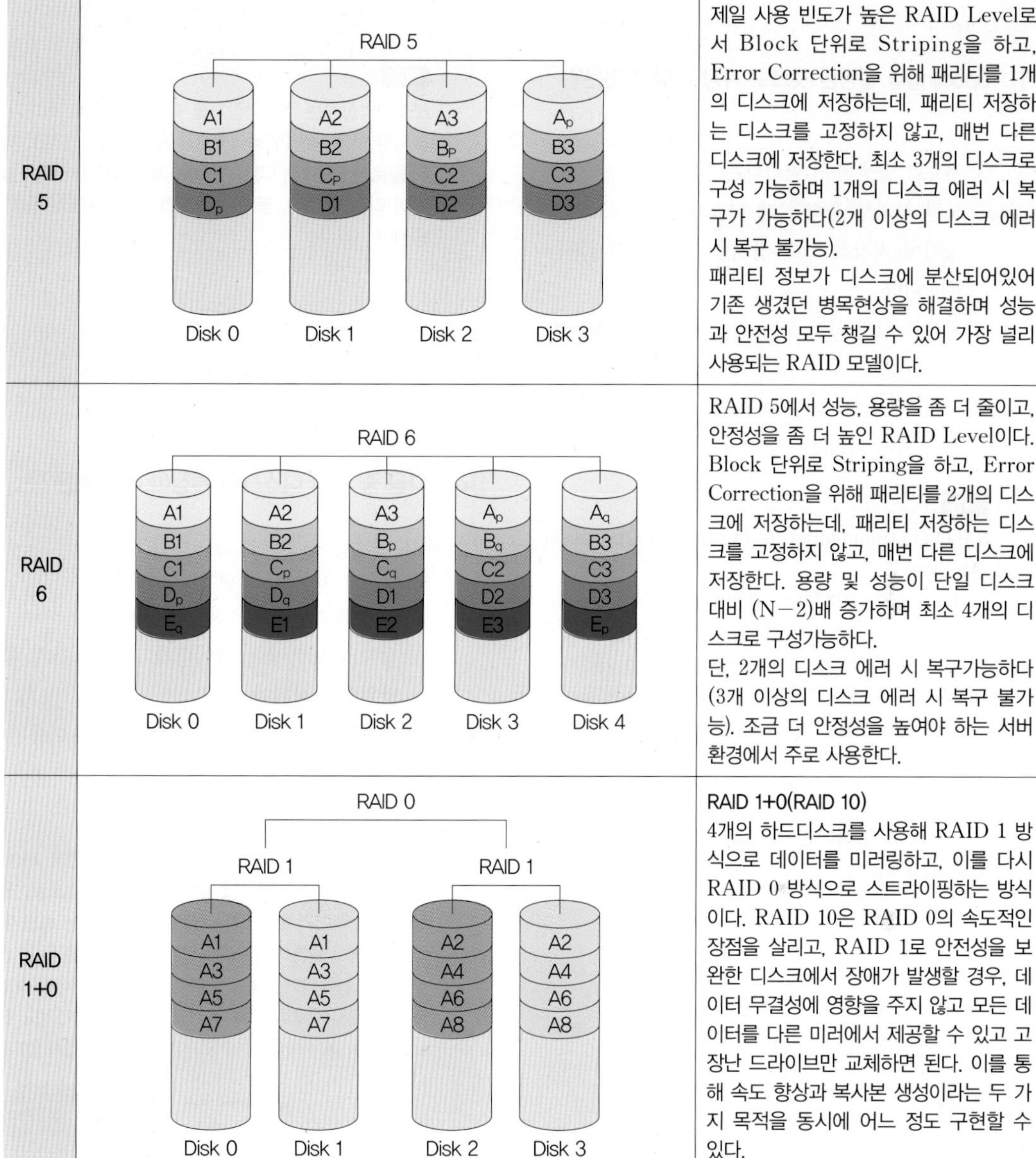

RAID 5	제일 사용 빈도가 높은 RAID Level로서 Block 단위로 Striping을 하고, Error Correction을 위해 패리티를 1개의 디스크에 저장하는데, 패리티 저장하는 디스크를 고정하지 않고, 매번 다른 디스크에 저장한다. 최소 3개의 디스크로 구성 가능하며 1개의 디스크 에러 시 복구가 가능하다(2개 이상의 디스크 에러 시 복구 불가능). 패리티 정보가 디스크에 분산되어있어 기존 생겼던 병목현상을 해결하며 성능과 안전성 모두 챙길 수 있어 가장 널리 사용되는 RAID 모델이다.
RAID 6	RAID 5에서 성능, 용량을 좀 더 줄이고, 안정성을 좀 더 높인 RAID Level이다. Block 단위로 Striping을 하고, Error Correction을 위해 패리티를 2개의 디스크에 저장하는데, 패리티 저장하는 디스크를 고정하지 않고, 매번 다른 디스크에 저장한다. 용량 및 성능이 단일 디스크 대비 (N−2)배 증가하며 최소 4개의 디스크로 구성가능하다. 단, 2개의 디스크 에러 시 복구가능하다(3개 이상의 디스크 에러 시 복구 불가능). 조금 더 안정성을 높여야 하는 서버 환경에서 주로 사용한다.
RAID 1+0	RAID 1+0(RAID 10) 4개의 하드디스크를 사용해 RAID 1 방식으로 데이터를 미러링하고, 이를 다시 RAID 0 방식으로 스트라이핑하는 방식이다. RAID 10은 RAID 0의 속도적인 장점을 살리고, RAID 1로 안전성을 보완한 디스크에서 장애가 발생할 경우, 데이터 무결성에 영향을 주지 않고 모든 데이터를 다른 미러에서 제공할 수 있고 고장난 드라이브만 교체하면 된다. 이를 통해 속도 향상과 복사본 생성이라는 두 가지 목적을 동시에 어느 정도 구현할 수 있다.

정답 01 ② 02 ② 03 ② 04 ①

01 Spooling을 설명한 것으로 가장 타당한 것은? (2011-2차)

① 자료를 발생 즉시 처리하는 방식이다.
② 느린 장치로 출력할 때 디스크 등의 보조기억 장치에 저장하고 그 장치를 출력에 연결하는 방식이다.
③ 자료를 일정 기간 모아서 한 번에 처리하는 방식이다.
④ 여러 개의 처리기를 이용하여 여러 가지 작업을 동시에 처리하는 방식이다.

해설

S.P.O.O.L(Simultaneous Peripheral Operation On-Line)
버퍼링의 일종. 주변장치와 중앙처리장치의 처리 속도 차이에 의한 대기시간을 줄이기 위해 사용하는 기법이다. 대개 스풀링이라고 하면 프린터 스풀링을 가리키기 때문에 MS-DOS 시절부터 프린터를 자주 사용하는 사람들은 익숙한 용어다.

02 디스크를 사용하려면 최초에 반드시 해야 할 사항은 무엇인가? (2012-1차)(2013-3차)

① 내용을 지우고 잠근다.
② 파티션을 만들고 포맷한다.
③ 폴더와 파일들로 채운다.
④ 시분할(Time Slice)한다.

해설

디스크를 사용 시 파티션을 만들고 포맷하는 것이 기본이며 최근 운용체제인 C와 데이터 저장인 D에 대한 용량 배분이 선행되어야 한다.

03 다음의 기억장치 중 보조기억장치가 아닌 것은? (2012-2차)

① 자기 디스크
② RAM
③ 자기 드럼
④ 자기 테이프

해설

보조기억장치는 주기억장치를 확장한 것으로, 속도가 느리지만 보통 용량이 상대적으로 크다. 하드 디스크, 디스켓(플로피 디스크), CD-ROM 계열, DVD 계열, 블루레이 디스크(BD), 플래시 메모리, 낸드 플래시 등이 해당된다.

04 다음 중 자기 디스크의 특징이 아닌 것은? (2013-3차)

① 자기 드럼보다 Access Time이 빠르다.
② 자기 드럼보다 기억용량이 매우 크다.
③ 각각의 트랙에는 데이터가 고정 크기의 블록 단위로 저장된다.
④ 고속, 대용량의 보조기억장치로 널리 이용된다.

해설

자기 드럼(Drum)
구형의 자기 기억장치로서 둥그런 원형 표면에 자성 물질을 발라 놓아 자화시킬 수 있도록 만든 것으로, 원통 둘레를 트랙이라 하며, 각 트랙마다 읽고 쓰는 헤드가 하나씩 있어서 원통이 한 바퀴 도는 동안 자료를 읽거나 쓸 수 있다. 컴퓨터가 처음 개발되었을 때에는 처리 속도가 빠르기 때문에 컴퓨터의 주기억장치로 사용되기도 했으나, 기억용량이 매우 작아 지금은 사용되고 있지 않다.

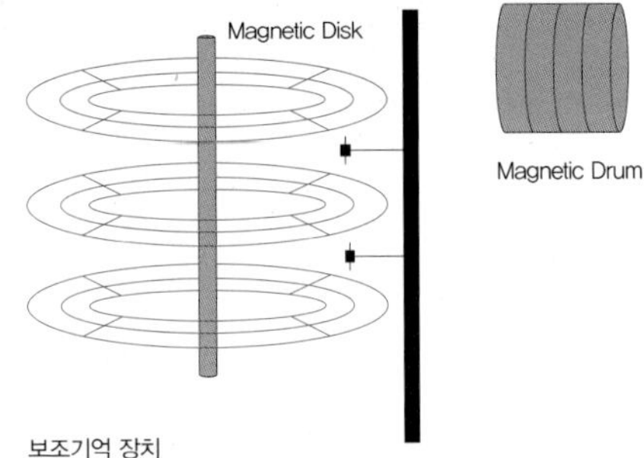

보조기억 장치

자기 드럼(Magnetic Disk)은 드럼 표면에 트랙과 섹터를 구성하며 순차적 접근과 랜덤 액세스가 모두 가능하다. 자기 디스크는 디스크 내부에 있는 자기 드럼보다 Access Time이 느린 것이다(자기 드럼이 더 빠르게 움직인다).

05 다음 중 선택된 트랙에서 데이터를 Read 또는 Write 하는 데 걸리는 시간은?

(2019-1차)(2021-1차)

① Seek Time
② Search Time
③ Transfer Time
④ Latency Time

해설

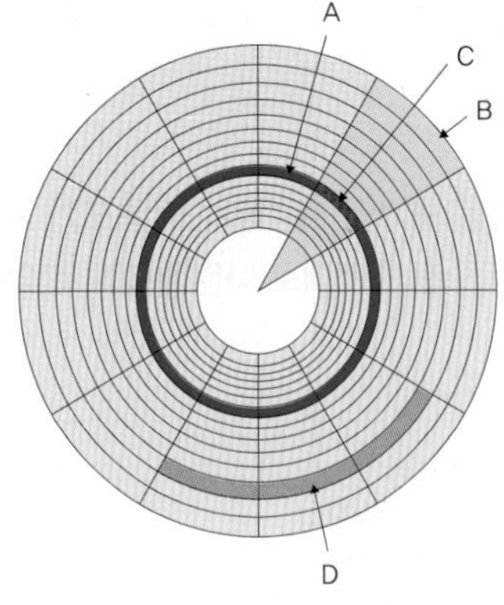

A: 트랙, B: 섹터, C: 트랙 A의 섹터, D: 클러스터(섹터의 집합)

- 탐색 시간(Seek Time): 디스크 실린더에 헤드를 놓는 시간
- 회전 지연 시간(Rotation Time, Latency): 헤드가 트랙 내에서 원하는 섹터까지 가는 시간
- 블록 전송 시간(Block Transfer Time): 원하는 섹터를 읽는 데 걸린 시간
- 전송 시간(tr) $= \dfrac{\text{트랙의 크기}}{\text{한 번 회전에 걸리는 시간}}$

06 동심원을 이루는 저장장치에 데이터를 기록하는 방식으로 등각속도(CAV: Constant Angular Velocity)와 등신속도(CLV: Constant Linear Velocity)가 있다. 자기 디스크(Magnetic Disk)와 컴팩트 디스크(CD)의 기록 방식이 올바르게 나열된 것은?

(2023-2차)

① 자기 디스크: CAV, 컴팩트 디스크: CAV
② 자기 디스크: CLV, 컴팩트 디스크: CAV
③ 자기 디스크: CAV, 컴팩트 디스크: CLV
④ 자기 디스크: CLV, 컴팩트 디스크: CLV

해설

CAV(Constant Angular Velocity, 등각속도)

CAV는 하드 디스크, 플로피 디스크 및 레이저디스크 등에 사용되는 읽기 및 쓰기 모드이다. CAV를 사용하면, 디스크의 어느 부위를 액세스하고 있든 관계없이 디스크는 일정한 속도로 회전한다. 이것이 안쪽 트랙을 액세스할 때 더 빨리 회전하는 CLV(Constant Linear Velocity)와 다른 점이다. CD-ROM 드라이브는 CAV와 CLV의 배합하여 사용하기는 하고, 일반적으로 CD-ROM은 CLV를 사용하는 데 반해, 디스크드라이브는 CAV를 사용한다.

CAV의 장점은 모터의 회전속도를 변경할 필요가 없으므로, 설계와 생산이 더 간단하다. CAV는 CLV에 비해 디스크 용량을 낭비하지만, 데이터 검색을 빠르게 할 수 있으므로, 고화질 사진이나 비디오를 저장하는데 좋은 방법이다. 그러므로 CAV 방식은 CD 레코더, 플로피 디스크, 하드 드라이브 등에 널리 사용되는 방법이다.

07 디스크 오류가 발생하였을 때, 디스크를 재구성하지 않고 복사된 것을 대체함으로써 데이터를 복구할 수 있는 RAID 레벨(Level)은? (2018-3차)

① RAID 0
② RAID 1
③ RAID 3
④ RAID 5

해설

RAID(Redundant Array of Independent Disks)

구분	내용
RAID 1	미러(Mirror or Mirroring) 두 개 이상의 하드 디스크를 병렬로 연결해서 똑같은 복사본을 생성하는 기술이다. 볼륨 안에 하드 디스크가 2개 있는 개념으로 하나의 디스크에 데이터가 저장되고 다른 디스크는 똑같은 데이터가 백업으로 저장되는 방식이다. 공간 효율이 안 좋고 저장할 때 두 배의 용량이 소모된다. 그러나 주요한 데이터에 대한 안정성은 보장된다.

08 **일반 범용컴퓨터의 하드 디스크 오류가 발생하였을 때, 하드 디스크를 재구성하지 않고 복사된 것을 대체함으로써 데이터를 복구할 수 있는 RAID(Redundant Array of Independent Disks) 레벨(Level)은?** (2023-2차)

① RAID 0　　② RAID 1
③ RAID 3　　④ RAID 5

해설

RAID(Redundant Array of Independent Disks)는 하드디스크를 병렬로 배열해 사용하는 기법이다.

구분	내용
RAID 0	스트라이프(Stripe or Striping), 동시 저장방식, 최소 두 개의 하드디스크가 필요, 데이터가 동시에 저장된다(속도가 빠르고 공간 효율이 좋다).
RAID 1	미러(Mirror or Mirroring) 두 개 이상의 하드 디스크를 병렬로 연결해서 똑같은 복사본을 생성하는 기술이다.
RAID 3	Bit Striping(스트라이핑) 스트라이핑 기술을 사용하고, Parity를 이용한다. RAID 2와 달리 bit가 아닌 byte 단위로 에러 체킹을 하며 하나의 드라이브를 패리티 정보를 저장하는 데 사용한다. I/O 작업은 동시에 모든 드라이브를 처리하므로 RAID 3은 I/O를 중첩할 수 없다.
RAID 5	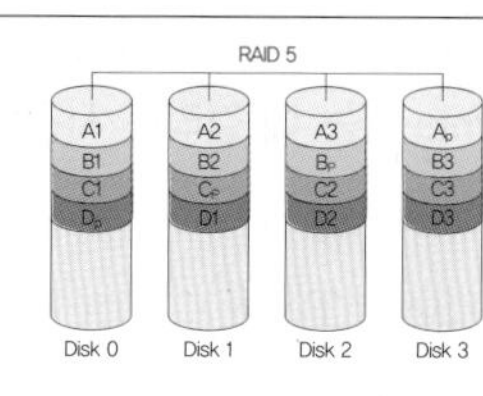 패리티 정보가 디스크에 분산되어있어 기존 생겼던 병목현상을 해결하였다. 성능과 안전성 모두 챙길 수 있어 가장 널리 사용되는 RAID 모델이다. RAID를 구성하면서 가져가는 신뢰도와 높은 처리량의 장점이 있기에, 널리 보급되어 사용된다.

09 **다음 보기의 기억장치 중 속도가 가장 빠른 것에서 느린 순서대로 나열한 것으로 맞는 것은?** (2014-2차)(2019-1차)(2020-3차)

(1) 캐쉬	(2) 보조기억장치
(3) 주기억장치	(4) 레지스터
(5) 디스크 캐쉬	

① (4)－(3)－(1)－(5)－(2)
② (4)－(5)－(3)－(1)－(2)
③ (4)－(1)－(3)－(5)－(2)
④ (4)－(5)－(1)－(3)－(2)

해설

기억장치 접근 속도

레지스터(CPU) > 캐쉬 > 주기억장치 > 디스크 캐쉬 > 보조기억장치

기억장치 저장용량

보조기억장치(자기 디스크) > 주기억장치 > 캐쉬 > 레지스터(CPU)

10 **다음 보조기억장치 중 처리 속도가 빠른 것부터 순서대로 가장 올바르게 나타낸 것은?** (2023-3차)

① 자기 드럼 > 자기 디스크 > 자기 테이프
② 자기 디스크 > 자기 드럼 > 자기 테이프
③ 자기 드럼 > 자기 테이프 > 자기 디스크
④ 자기 테이프 > 자기 디스크 > 자기 드럼

해설

처리 속도는 자기 드럼 > 자기 디스크 > 자기 테이프가 된다.

- 자기 드럼(Magnetic Drum): 마그네틱 드럼은 최신 컴퓨터에서 RAM(Random Access Memory) 카드를 사용하는 방법과 유사하게 초기 작업 메모리로 많은 초기 컴퓨터에서 사용되는 마그네틱 저장장치이다.
- 자기 디스크(Magnetic Disk): 자성을 이용한 것으로 자기 디스크라 하며 하드 디스크는 자기 디스크의 일종이다.
- 자기 테이프(Magnetic Tape): 플라스틱 테이프 겉에 산화철 등의 자성 재료를 바른 테이프이다.

11 **접근시간(Access Time)과 사이클시간(Cycle Time)에 관한 설명으로 틀린 것은?** (2018-3차)

① 사이클시간이 접근시간보다 대개 시간이 더 걸린다.

② 접근시간은 메모리로부터 정보를 거쳐오는 데 걸리는 시간이다.

③ 접근시간은 주기억장치에만 관계되며 보조기억장치와는 상관이 없다.

④ 접근시간은 메모리로부터 정보를 가지고 나와서 다시 재기억시키는 데 걸리는 시간이다.

해설

접근시간(Access Time)	사이클시간(Cycle Time)
정보를 기억장치에 기억시키거나 읽는 명령을 한 후부터 실제로 기억되거나 읽기까지의 소요 시간으로 메모리에 읽기나 쓰기 요청이 있은 후 실제로 읽기나 쓰기가 동작이 완료될 때까지의 시간이다.	기억장치 접근을 위해 판독 신호를 내고 다음 판독 신호를 낼 수 있을 때까지의 시간으로 한번 액세스를 시작한 시간부터 다음 액세스가 시작될 때까지의 시간이다. 즉, 메모리 접근시간과 다음 접근을 위해 준비하는 시간의 총 합친 시간이다.

12 **다음 중 하드 디스크 섹터의 위치를 지정하기 위한 주소 지정 방식 중 '하드 디스크의 구조적인 정보인 실린더 번호, 헤드 번호, 섹터 번호를 사용하여 주소를 지정하는 방식'으로 옳은 것은?** (2023-3차)

① CHS(Cylinder Head Sector) 주소 지정 방식

② LBA(Logical Block Addressing) 주소 지정 방식

③ MZR(Multiple Zone Recording) 주소 지정 방식

④ 섹터 주소 지정 방식

해설

CHS(Cylinder Head Sector) 주소 지정 방식

이 방식은 물리적으로 주소를 할당하는 방식이고, 각각 실린더, 헤드, 섹터에 번호를 할당해 그 주소를 이용하여 데이터를 찾아 읽고 쓰는 방식이다. 예를 들어 CHS(1, 2, 3)이면 2번째 헤드를 1번째 실린더, 3번째 섹터에 위치시킨다.

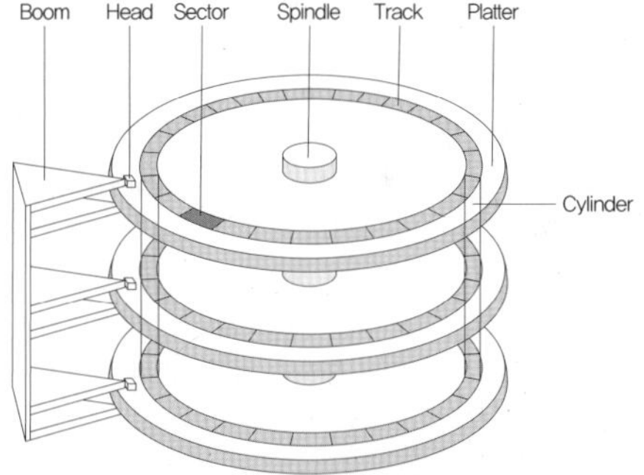

위 그림에서 살펴보면 플래터는 3개로 구성되어 있다. 헤드가 6개인 것으로 보아 플래터는 양면 모두 사용되도록 만들어졌다. 만약 어떤 파일의 시작 섹터 위치가 CHS(21, 3, 20)이라고 하자. 운영체제에 의해서 해당 파일의 읽기 명령이 내려지면 커널은 INT 13h 인터럽트를 이용해 하드 디스크 컨트롤러에 명령을 내린다. 각각의 C, H, S에 대해 명령을 받은 컨트롤러는 하드 디스크의 3번째 헤드를 21번째 실린더, 20번째 섹터에 위치시킨다. 이후 읽기 명령이 발생하면 해당 위치부터 지정한 만큼 데이터를 읽게 된다.

LBA(Logical Block Addressing) 주소 지정 방식

LBA는 CHS 주소 지정 방식의 한계로 인해 대체된 방식이다. LBA가 CHS와 전혀 별개로 생겨난 것은 아니다. 다만, CHS가 먼저 사용되었고, 이후 한계점으로 인

정답 13 ③ 14 ③ 15 ③

해 LBA가 주목받기 시작한 것이다. LBA 방식은 하드 디스크의 구조적인 정보를 이용하지 않고 단순히 0부터 시작되는 숫자로 이루어져 있다. 하드 디스크 내부에 존재하는 모든 섹터들을 일렬로 늘어뜨린 후 번호를 매겼다고 생각하면 이해가 쉬울 것이다. 따라서 이러한 번호들은 물리적인 번호가 아니라 논리적인 번호가 될 것이다. 그렇다면 특정 파일을 읽기 위해 해당 파일의 논리적인 섹터 번호를 얻었다면, 이 논리적인 번호를 물리적인 위치값으로 변환해야 할 것이다. 하지만, 이것에 대해서는 해당 디스크 컨트롤러가 알아서 해주기 때문에 신경 쓸 필요가 없다.

13 **다음 중 하나의 프린터를 여러 프로그램이 동시에 사용할 수 없으므로 논리 장치에 저장하였다가 프로그램이 완료 시 개별 출력할 수 있도록 하는 방식은?** (2020-1차)(2023-3차)

① Channel
② DMA(Direct Memory Access)
③ Spooling
④ Virtual Machine

해설
스풀이란 Simultaneous Peripheral Operation On-Line의 줄임말로서 컴퓨터 시스템에서 중앙처리장치와 입출력장치가 독립적으로 동작하도록 함으로써 중앙처리장치에 비해 주변장치의 처리 속도가 느려서 발생하는 대기시간을 줄이기 위해 고안된 기법이다.

14 **효율적인 입 · 출력을 위하여 고속의 CPU와 저속의 입 · 출력장치가 동시에 독립적으로 동작하게 하여 높은 효율로 여러 작업을 병행 수행할 수 있도록 해줌으로써 다중 프로그래밍 시스템의 성능 향상을 가져올 수 있게 하는 방법은?** (2017-2차)

① 페이징(Paging) ② 버퍼링(Buffering)
③ 스풀링(Spooling) ④ 인터럽트(Interrupt)

해설
스풀이란 중앙처리장치에 비해 주변장치의 처리 속도가 느려서 발생하는 대기시간을 줄이기 위해 고안된 기법이다.

15 **다음 중 하드 디스크의 데이터 접근시간에 포함되지 않는 것은?** (2023-3차)

① 탐색시간 ② 회전지연시간
③ 읽기시간 ④ 전송시간

해설

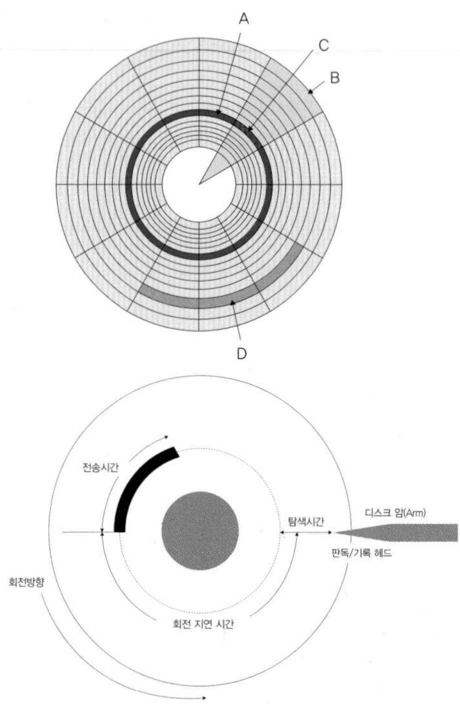

A: 트랙, B: 섹터, C: 트랙 A의 섹터, D: 클러스터(섹터의 집합)

- 탐색시간(Seek Time): 디스크 헤드가 원하는 실린더(트랙)에 위치하는데 소요되는 시간이다. 다른 시간에 비해 압도적으로 오래 걸린다(지연 시간과 전송시간을 합쳐도 탐색시간에 못 미친다).
- 회전 지연 시간(Latency Time/Rotational Delay): 플래터가 회전하면서 처리할 데이터가 헤드까지 오는 시간이다. 즉, 헤드가 트랙 내에서 원하는 섹터까지 가는 시간이다.
- 전송시간(Transmission Time): 헤드가 읽은 데이터를 메인 메모리에 전송하는 시간이다.
- 전송 시간(tr) $= \dfrac{\text{트랙의 크기}}{\text{한 번 회전에 걸리는 시간}}$

기출유형 03 ▶ CPU(Central Processing Unit)

CPU 레지스터, 캐시기억장치, 주기억장치, 보조기억장치로 기억장치의 계층구조 요소를 구성하고 있다. 이들 중에서 처리 속도가 가장 빠른 것과 가장 느린 것을 순서대로 옳게 나열한 것은? (2011-2차)

① 캐시기억장치, 주기억장치
② CPU 레지스터, 캐시기억장치
③ 주기억장치, 보조기억장치
④ CPU 레지스터, 보조기억장치

해설

레지스터	중앙처리장치 내부에 존재하는 기억장치로서 접근시간은 중앙처리장치와 비슷하다.
캐시 메모리	중앙처리장치와 주기억장치에 접근할 때 속도 차이를 줄이기 위해 사용하는 것으로 기억용량은 작지만 주기억장치보다 5~10배 정도 빠르다.
주기억장치	중앙처리장치가 직접 데이터를 읽고 쓸 수 있는 장치로서 레지스터나 캐시 메모리보다 기억용량이 크다.
보조기억장치	주기억장치보다 접근시간이 느리지만 기용용량이 크며 접근시간은 주기억장치보다 약 1천배 정도 느리다.

| 정답 | ④

족집게 과외

CPU(Central Processing Unit) 기본 구성

프로세서 레지스터, 산술논리연산장치(ALU), 명령어의 해석과 올바른 실행을 위하여 CPU를 내부적으로 제어하는 제어부(Control Unit)와 내부 버스 등이 있다.

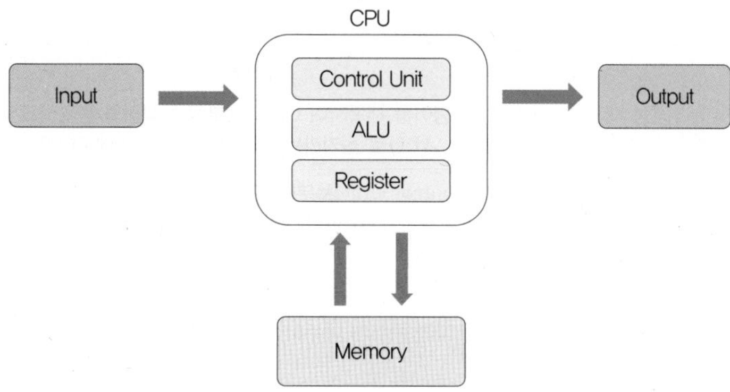

더 알아보기

CPU(중앙처리장치)를 기준으로 입력(마우스, 키보드 등)이 들어오고 출력(모니터, 스피커 등)이 나가며 메모리 영역의 도움을 받는 구조이다. 컴퓨터 메모리에 담겨있는 프로그램을 실행하라는 입력이 들어와서 프로그램이 실행되는 순서로 프로그램이 실행된다.

> 입력 → CU(컨트롤유닛)가 메모리에 프로그램 데이터를 호출 → 메모리에서 레지스터로 자료가 이동 → ALU(산술연산장치)에서 프로그램을 계산 또는 해독 → 출력

❶ CPU(Central Processing Unit)

CPU는 제어 장치(CU), 산술 논리 장치(ALU) 및 레지스터의 세 가지 주요 구성 요소로 구성되며, 제어부는 CPU의 다른 구성 요소와 메모리 사이의 데이터 및 명령의 흐름을 제어하여 메모리에서 명령을 가져와 디코딩하고 실행하는 역할을 한다. ALU는 메모리 또는 레지스터로부터 수신한 데이터에 대해 산술 및 논리연산을 수행하며 레지스터는 CPU에서 처리 중인 데이터를 저장하는 데 사용되는 작은 임시 저장 위치이다.

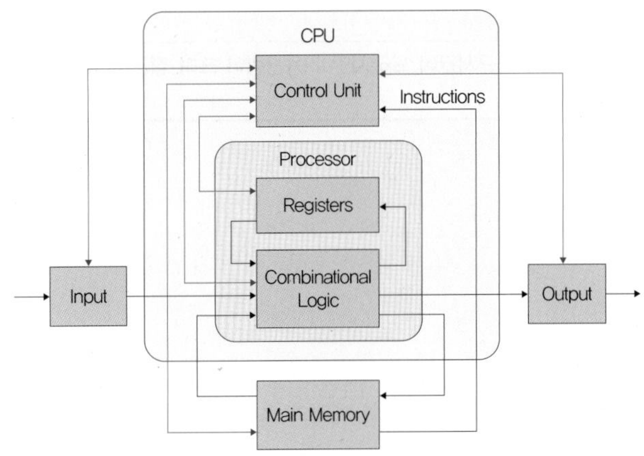

❷ 주요 기능

구분	내용
CU (Control Unit)	명령 제어장치, 입력된 명령어를 해독하여 CPU 내부의 움직임을 총괄하고 각 과정을 통제한다. 주로 데이터를 메모리로부터 ALU로 옮기라는 명령과 그 후 다시 메모리로 옮기는 명령을 내린다.
ALU (Arithmetic Logic Unit)	산술연산장치로서 CU(Control Unit)로부터 멍령을 받아 CPU로 들어온 모든 데이터들을 산술연산, 논리연산 한다. ALU에는 연산을 담당하는 가산기, 보수기와 같은 요소들이 있다. ※ 산술연산: 덧셈과 같은 숫자 계산, 논리연산: 대수 비교, 저장 등
레지스터 (Register)	CPU 내부에 있는 저장장치로 주기억장치인 램보다 빠른 속도로 CPU에 정보를 제공하는 역할을 한다. 레지스터는 용도에 따라 종류가 나누어진다.
PC (Program Counter)	메모리에서 인출될 명령어 주소를 가지고 있는 레지스터이다.
AC (Accumulator)	누산기, ALU에서 연산된 결과를 임시적으로 저장한다.
IR (Instruction Register)	명령어 레지스터, 현재 실행되고 있는 명령어를 기억하고 있다. 각 레지스터들은 래치와 플립플롭과 같은 1비트 저장 소자 n개로 연결되어 있고, 32비트 컴퓨터의 경우 32개가 연결되어 있다.

정답 01 ② 02 ③ 03 ③ 04 ④

01 CPU가 어떤 프로그램을 순차적으로 수행하는 도중에 외부로부터 인터럽트 요구가 들어오면, 원래의 프로그램을 중단하고, 인터럽트를 위한 프로그램을 먼저 수행하게 되는데 이와 같은 프로그램을 무엇이라 하는가? (2013-1차)(2015-3차)

① 명령 실행 사이클
② 인터럽트 서비스 루틴
③ 인터럽트 사이클
④ 인터럽트 플래그

해설

인터럽트 서비스 루틴(Interrupt Service Routine)
인터럽트 핸들러라고도 하며 실제 인터럽트를 처리하는 루틴으로 실행 중이던 레지스터와 PC를 저장하여 실행 중이던 CPU의 상태를 보존하고 인터럽트 처리가 끝나면 원래 상태로 복귀한다. 운영체제 코드 부분에는 각종 인터럽트별로 처리해야 할 내용이 이미 프로그램이 되어 있다.

02 다음 중 중앙처리장치(CPU)에 대한 설명으로 옳지 않은 것은? (2022-1차)

① 인간의 두뇌에 해당하는 역할을 수행하는 장치이다.
② 각종 프로그램을 해독한 내용에 따라 실제 연산을 수행한다.
③ 연산장치와 기억장치로 구성된다.
④ 컴퓨터 내의 각 장치들을 제어, 지시, 감독하는 기능을 수행한다.

해설

중앙처리장치(CPU: Central Processing Unit)는 명령어의 해석과 자료의 연산, 비교 등의 처리를 제어하는 컴퓨터 시스템의 핵심장치이다.

03 다음 중 일반 범용 컴퓨터의 운영체제에서 컴퓨터 시스템 내의 물리적인 장치인 CPU, 메모리, 입출력장치 등과 논리적 지연이 파일들이 효율적으로 고유의 기능을 수행하도록 관리하고 제어하는 부문은 무엇인가? (2013-1차)(2023-2차)

① 메모리
② GUI(Graphical User Interface)
③ 커널
④ I/O(Input/Output)

해설

커널
운영체제의 심장이자 이를 규정짓는 매우 중요한 소프트웨어. 하드웨어의 자원을 자원이 필요한 프로세스에 나눠주고, 프로세스 제어(작업 관리), 메모리 제어, 프로그램이 운영체제에 요구하는 시스템 콜 등을 수행하는 부분으로 운영체제의 맨 하부에서 돌아간다. 컴퓨터 과학에서 커널은 컴퓨터 운영체제의 핵심이 되는 컴퓨터 프로그램으로, 시스템의 모든 것을 완전히 통제하는 것으로 운영체제의 다른 부분 및 응용 프로그램 수행에 필요한 여러 가지 서비스를 제공하는 핵심이라고도 한다.

04 컴퓨터의 중앙처리장치 구성 요소가 아닌 것은? (2020-3차)

① 내부기억장치 ② 연산장치
③ 제어 장치 ④ 출력장치

해설

출력장치는 중앙처리장치와 별개의 요소이다.

중앙처리장치의 구성 요소
- 산술 논리 연산 장치(ALU: Arithmetic and Logic Unit)
- 제어 장치(Control Unit)
- 기억장치인 레지스터(Register)

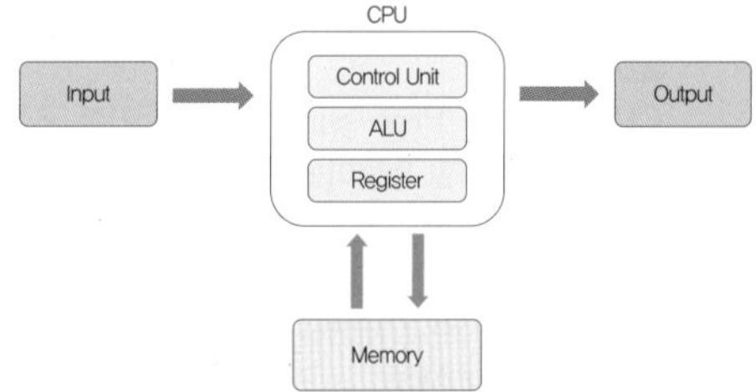

05 다음 중 CPU의 하드웨어(Hardware) 요소들을 기능별로 분류할 경우 포함되지 않는 것은?

(2016-1차)

① 연산기능
② 제어 기능
③ 입출력 기능
④ 전달기능

해설

CPU(Central Processing Unit)의 기본 구성으로는 CPU에서 처리할 명령어를 저장하는 역할을 하는 프로세서 레지스터, 비교, 판단, 연산을 담당하는 산술논리연산장치(ALU), 명령어의 해석과 올바른 실행을 위하여 CPU를 내부적으로 제어하는 제어부(Control Unit)와 내부 버스 등이 있다.

- CPU의 주요 기능: 제어, 연산, 기억, 전달기능
- CPU의 주요 구성: 제어 장치, 연산장치로 구성

그리고 이들을 연결하고 데이터를 주고받기 위한 데이터 버스로 구성되어 있다. 입출력은 별도의 기능이다.

06 다음 중 CPU(Central Processing Unit)의 내부 구성 요소로 올바르게 짝지어진 것은? (2019-2차)

① ALU, Address Unit, Control Unit
② Instruction, Register, Control Unit
③ ALU, Register, Control Unit
④ Instruction, Address Unit, Control Unit

해설

CPU(Central Processing Unit)의 기본 구성으로는 CPU에서 처리할 명령어를 저장하는 역할을 하는 프로세서 레지스터, 비교, 판단, 연산을 담당하는 산술논리연산장치(ALU), 명령어의 해석과 올바른 실행을 위하여 CPU를 내부적으로 제어하는 제어부(Control Unit)와 내부 버스 등이 있다.

07 연산장치(ALU)를 크게 2부분으로 분류하면?

(2010-1차)

① 산술연산장치와 기억장치
② 제어장치와 산술연산장치
③ 산술연산장치와 논리연산장치
④ 논리연산장치와 기억장치

해설

ALU(Arithmetic Logic Unit)
산술연산장치, CU(Control Unit)로부터 명령을 받아 CPU로 들어온 모든 데이터들을 산술연산, 논리연산 한다(산술연산: 덧셈과 같은 숫자 계산, 논리연산: 대수 비교, 저장 등). ALU에는 연산을 담당하는 가산기, 보수기와 같은 요소들이 있다.

- 산술연산은 가산, 감산, 승산, 제산 등을 다룬다.
- 논리연산은 비교판단 및 논리판단을 수행한다.

08 다음 중 중앙처리장치(CPU)의 스케줄링 기법을 비교하는 성능 기준으로 옳지 않은 것은?

(2020-2차)(2023-2차)

① CPU 활용률: CPU가 작동한 총시간 대비 프로세스들이 실제 사용시간
② 처리율(Throughput): 단위 시간당 처리 중인 프로세스의 수
③ 대기시간(Waiting Time): 프로세스가 준비 큐(Ready Queue)에서 스케줄링될 때까지 기다리는 시간
④ 응답시간: 대화형 시스템에서 입력한 명령의 처리결과가 나올 때까지 소요되는 시간

해설

처리율은 단위시간에 완료되는 프로세스 수이다. 즉, 단위 시간당 처리할 수 있는 CPU의 작업량을 의미한다.

CPU	Utilization (이용률, %)	CPU가 수행되는 비율로 CPU가 얼마나 놀지 않고 부지런히 일하는가?를 수치로 표현한 것이다.
	Throughput (처리율, jobs/sec)	단위 시간당 처리하는 작업의 수(처리량)로서 시간당 몇 개의 작업을 처리하는가?를 수치로 표현한 것이다.

최적의 운용을 위해 스케줄러는 프로세스의 이용율, 처리율을 향상시키고 대기시간과 반응시간은 최소화가 되도록 운용되어야 한다.

09 **다음 중 스케줄링에 대한 설명으로 틀린 것은?** (2016-2차)

① 스케줄링이란 프로세스들의 자원 사용 순서를 결정하는 것을 말한다.
② 선점 기법은 프로세스가 점유하고 있는 자원을 다른 프로세스가 빼앗을 수 있는 기법을 말한다.
③ 선점 기법은 우선순위가 높은 프로세스가 급히 수행되어야 할 경우 사용된다.
④ 비선점 기법은 실시간 대화식 시스템에서 주로 사용된다.

해설

스케줄링

프로세스가 작업을 수행하려면 스케줄러로부터 CPU를 할당받아야 한다. 할당을 받는 것은 순서에 의해 받을 수 있고, 처리하게 되는 시간을 배정을 받는다. 할당 작업은 운영체제에서 구현이 되며 프로세스에게 효율적으로 자원을 할당하기 위한 정책이 스케줄링이다.

선점 스케줄링 (Preemptive Scheduling)	비선점 스케줄링 (Non-preemptive Scheduling)
한 프로세스가 CPU를 할당받아서 실행하고 있을 때 다른 프로세스가 CPU를 사용하고 있는 프로세스를 중지시키고 CPU를 차지할 수 있는 스케줄링 기법을 선점 스케줄링 기법이라 한다. 우선순위가 높은 프로세스를 먼저 수행할 때 유리하고 빠른 응답 시간을 요구하는 대화식 시분할 시스템에 유용하다.	이미 사용되는 CPU 자원을 빼았지는 못하고 사용이 끝날 때까지 기다리는 스케줄링 기법이다. 할당받은 CPU는 끝날 때까지 사용하므로 응답 시간을 예측할 수 있고 일괄 처리 방식에 적합하다. 모든 프로세스에 요구에 대해 공정하고 중요도가 높은 작업이 낮은 작업을 기다리는 경우가 발생할 수 있다.
예 Round Robin, SRT, 선점 우선순위 등	예 FCFS(First Come First Service), SJF(Shortest Job First), 우선순위, HRN(Heighest Response Next) 등

10 **다음 중 '5단계 명령어 파이프라'에 인가된 클럭의 주파수가 1[GHz]이고, 이에 명령어 200개를 실행시키고자 한다. 이때 클럭 주기는 얼마인가?** (2022-2차)

① 0.1[ns] ② 1[ns]
③ 10[ns] ④ 100[ns]

해설

클럭 주파수는 컴퓨팅 시스템에서 클럭 신호가 진동하거나 순환하는 속도를 나타내며 일반적으로 헤르츠(Hz) 단위로 측정되며 초당 주기 또는 진동수를 나타낸다. 컴퓨터의 중앙 처리 장치(CPU)와 관련하여 클럭 속도라고도 하는 클럭 주파수는 CPU가 초당 실행할 수 있는 명령 수를 결정하며 CPU의 전반적인 성능과 속도에 영향을 미친다. 모든 조건이 동일할 때 높은 클럭 주파수는 더 빠른 처리와 더 나은 성능을 제공한다. CPU에서 클럭 속도는 주로 GHz 단위로 측정한다. 주파수와 시간은 반비례하므로 1초에 한 번 반복한 클럭을 1Hz라 한다.

그러므로 클럭 시간 $= \dfrac{1}{\text{클럭 주파수}} = 1[\text{ns}]$

'5단계 명령어 파이프라'에 인가되었다는 것은 문제의 함정으로 풀이와는 무관하다.

11 **클럭의 주파수가 1[GHz]이고, 명령어 200개를 실행시키고자 한다. 이때 클럭 주기는 얼마인가?** (2021-1차)

① 0.1[ns] ② 1[ns]
③ 10[ns] ④ 100[ns]

해설

CPU에서 클럭속도는 주로 GHz 단위로 측정한다. 주파수와 시간은 반비례하므로 1초에 한 번 반복한 클럭을 1Hz라 한다.

그러므로 클럭 시간 $= \dfrac{1}{\text{클럭 주파수}} = 1[\text{ns}]$

12 기억장치에서 CPU로 제공될 수 있는 데이터의 전송량을 기억장치 대역폭이라고 한다. 버스 폭이 32비트이고, 클럭 주파수가 1,000[MHz]일 때 기억장치 대역폭은 얼마인가? (2023-1차)

① 40[MBytes/sec]
② 400[MBytes/sec]
③ 4,000[MBytes/sec]
④ 40,000[MBytes/sec]

해설
클럭 주파수가 1,000[MHz]를 시간으로 변경하면 1,000x 10^6이므로 10^9[Hz]이므로 시간으로는 10^{-9}이다.
버스 대역폭 = $\frac{32bit = 4byte}{10^{-9}}$ = 4,000[MBytes/sec]가 된다.

13 CPU가 명령문을 수행하는 순서는? (2017-3차)

㉠ 인터럽트 조사	㉡ 명령문 해독
㉢ 명령문 인출	㉣ 피연산자 인출
㉤ 실행	

① ㉢-㉠-㉡-㉣-㉤
② ㉢-㉡-㉣-㉤-㉠
③ ㉡-㉢-㉣-㉤-㉠
④ ㉣-㉢-㉡-㉤-㉠

해설
CPU의 상태 변화 사이클을 기계 사이클(Machine Cycle)이라고도 한다.

구분	내용
Fetching과 저장	지정된 명령어를 프로그램 메모리에서 가져와서(Fetching), 해석하고(Decoding), 실행(Executing)한 후 메모리에 저장(Saving)한다.
IR에서 처리	Fetch Cycle 명령어를 주기억장치에서 CPU의 IR(Instruction Register)로 가져와서 해석한다.
해석	명령어를 주기억장치에서 CPU의 IR(Instruction Register)로 가져와 해석하는 단계로 제일 먼저 진행한다.
MAR에 전송	MAR ← PC 프로그램 카운터(PC)에 있는 명령어를 메모리 주소 레지스터(MAR)에 전송한다.
MBR로 전송	MBR ← M[MAR], PC ← PC+1 메모리의 MAR 위치의 값을 MBR(Memory Buffer Register)로 전송하고 PC 1 증가한다.
IR 처리	IR ← MBR[OP], I ← MBR[I] 명령어의 OP 코드를 IR(Instruction Register)에 전송, 명령어의 모든 비트를 IR 플립플럽에 전송한다.

위 문제를 기준으로 명령문 인출(명령문을 가져온다) → 명령문 해독(인출기반 해독) → 피연산자 인출 → 실행 → 인터럽트 조사

14 다음 중 중앙처리장치에서 사용하고 있는 버스(BUS)의 형태에 속하지 않는 것은? (2015-1차)

① Address Bus ② Control Bus
③ Data Bus ④ System Bus

해설
중앙처리장치(Central Processing Unit)는 메모리의 프로그램과 자료를 이용하여 실질적으로 작업을 처리하는 장치이다. 연산장치(ALU), 제어장치, 레지스터로 구성되어 있다. 중앙처리장치는 주소버스, 데이터버스, 제어버스로 연결되어 있다.

구분	내용
주소버스 (Address Bus)	일정한 메모리 번지를 찾는 데 사용되는 신호를 운반하는 컴퓨터 내의 버스로 물리 주소를 지정하는 데 사용된다.
데이터버스 (Data Bus)	연산장치와 레지스터 사이클 전달하는 연결통로 제어버스이다. 레지스터 연산장치에 읽기, 쓰기 또는 여러 종류의 명령 제어 신호를 전달하는 통로로 데이터를 양방향으로 전달 할 수 있어 쌍방향 버스라고 한다.
제어버스 (Control Bus)	중앙처리장치가 기억장치나 입출력장치와 데이터전송을 할 때 자신의 상태를 다른 장치들에게 알리기 위해 사용하는 신호를 전달한다.

정답 15 ② 16 ①

15 정보처리시스템으로 분류되지 않는 것은? (2021-2차)

① 중앙처리장치
② 통신회선
③ 기억장치
④ 입출력장치

해설

정보처리시스템(Information Processing System)
컴퓨터를 이용하여 정보를 수집, 유용한 정보로 변환하고 저장하는 등 일련의 작업을 처리하는 시스템이다. 정보처리시스템은 정보전송시스템(데이터전송)과 정보처리시스템(데이터처리계)로 구성된다. 데이터처리계는 CPU, 기억장치와 입출력 장치가 해당된다.

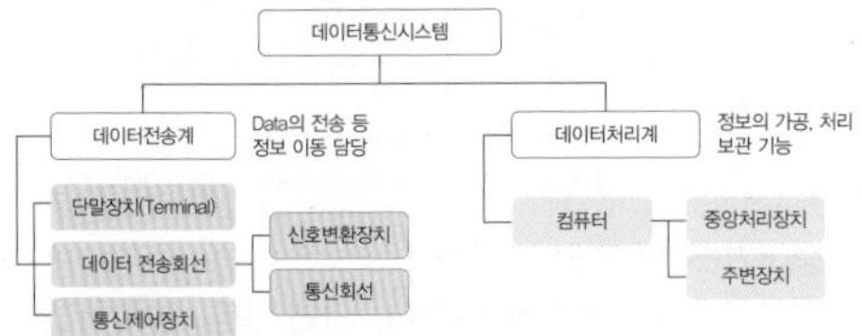

데이터전송계는 단말장치, 통신회선, 통신제어 장치, 신호변환장치 등이 해당된다.

16 다음 중 오퍼레이팅 시스템에서 제어 프로그램에 속하는 것은? (2019-2차)

① 데이터 관리프로그램
② 어셈블러
③ 컴파일러
④ 서브루틴

해설

데이터 관리프로그램은 ERP와 같이 재고, 유통, 생산, 회계, 급여, 그룹웨어, 메신저 등 기업에 필요한 모든 기능을 제공 데이터 관리 소프트웨어(Data Management Software)는 정보 및 데이터를 저장하는 데이터베이스이지만 데이터 저장에 국한되지 않고 다양한 자원에서 얻은 데이터를 통합 및 관리하고 OS의 제어를 받는다.

기출유형 04 ▶ 마이크로프로세스, CISC, RISC

다음 중 마이크로프로세서에 대한 설명으로 틀린 것은? (2016-1차)

① 마이크로프로세서는 데이터를 시스템 메모리에 쓰거나 시스템 메모리로부터 읽어 들일 수 있다.
② 마이크로프로세서는 데이터를 입출력장치에 쓰거나 입출력 장치로부터 읽어 들일 수 있다.
③ 마이크로프로세서는 시스템 메모리로부터 명령어를 읽어 들일 수 없다.
④ 마이크로프로세서는 데이터를 가공할 수 있다.

해설

마이크로프로세서는 컴퓨터 CPU의 기능을 한 개 또는 몇 개 이내의 집적회로에 집약한다. 마이크로프로세서는 디지털 데이터를 입력받고, 메모리에 저장된 지시에 따라 그것을 처리하고, 결과를 출력으로 내놓는 다목적의 프로그램 가능한 기기이다.

| 정답 | ③

족집게 과외

중 · 대형 컴퓨터의 구성: 중앙처리장치, 연산장치, 입력장치, 제어장치, 출력장치, 주기억장치, 보조기억장치

RISC(Reduced Instruction Set Computer)	CISC(Complex Instruction Set Computer)
• 명령어가 H/W 적인 방식이다. • CPU 명령어의 개수를 줄여 명령어 해석 시간을 줄임으로써 개별 명령어의 실행속도를 빠르게 한 컴퓨터이다. • 간단하고 적은 종류의 명령어, 고정 길이 명령어 형식으로 CISC에 비해 명령어 수가 적다.	• 명령어가 S/W 적인 방식이다. • 복잡하고 많은 종류의 명령어, 가변 길이 명령어 형식으로 100~250개 정도의 많은 명령어를 가진다. • 명령어가 복잡하기때문에 명령어를 해석하는 데 시간이 오래 걸리며, 회로도 복잡하다.

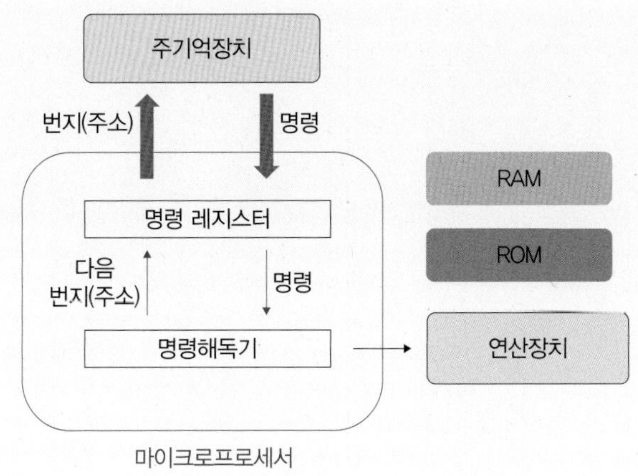

마이크로 컨트롤러

더 알아보기

마이크로프로세서	CPU(Central Processing Unit)의 여러 형태 중 하나로 컴퓨터의 중앙처리장치를 단일의 IC칩에 집적한 반도체소자(Semiconductor Device)이다.
마이크로 컨트롤러	마이크로프로세서를 이용한 CPU의 기능과 일정한 용량의 기억장치(RAM, ROM), 입출력제어회로 등을 단일의 칩에 모두 내장한 것을 의미한다.

❶ 마이크로프로세서(Microprocessor, μP)

마이크로프로세서는 중앙처리장치(CPU)의 모든 기능을 하나의 집적회로(IC)에 집적하는 컴퓨터 프로세서로서 개인용 컴퓨터에서 휴대폰, 임베디드시스템 등 다양한 전자 장치에 사용된다. 마이크로프로세서는 일반적으로 산술 논리 유닛(ALU), 제어 유닛(CU) 및 레지스터로 구성되며, 이들은 모두 단일 칩에 통합된다. ALU는 데이터에 대한 산술 및 논리 연산을 수행하는 반면, CU는 메모리에서 명령을 가져와 프로세서 내의 데이터 흐름을 제어하며 레지스터는 데이터와 명령어의 임시 저장에 사용되는 작고 빠른 메모리 위치이다. 마이크로프로세서는 프로그래밍 되도록 설계되었으며 운영 체제에서 특수 애플리케이션에 이르기까지 광범위한 소프트웨어를 실행할 수 있어서 종종 자동차, 가전제품, 산업용 제어 시스템과 같은 다른 장치에 통합된 컴퓨터 시스템인 임베디드시스템의 두뇌로 사용된다.

구분	내용
정의	컴퓨터의 중앙처리장치(CPU)를 단일 IC칩에 집적시킨 반도체 소자
마이크로컴퓨터	마이크로프로세서를 사용하여 만든 소형 컴퓨터
장점	소형경량화 가능, 저소비전력, 저가격, 신뢰성 향상

미니컴퓨터, 중형 · 대형 컴퓨터에서 CPU를 많은 소자를 사용하여 전용으로 설계하여 만들고 있다.

❷ 마이크로컴퓨터의 구성

구분	내용
중앙 처리 장치(CPU)	CPU는 마이크로컴퓨터의 두뇌이며 대부분의 처리 및 계산을 수행한다. 명령을 해석 및 실행하고, 데이터를 조작하고, 서로 다른 하드웨어 구성 요소 간의 작업을 조정한다.
마더보드	마이크로컴퓨터의 주 회로 기판으로 전기 연결을 제공하고 다양한 구성 요소를 지원한다. 여기에는 CPU, RAM, 스토리지 드라이브 및 기타 필수 구성 요소가 들어 있다.
Random Access Memory(RAM)	RAM은 CPU가 현재 사용 중인 데이터와 명령을 저장하는 데 사용하는 임시 메모리로서 CPU는 데이터에 빠르게 액세스할 수 있으므로 시스템 성능이 향상된다.
스토리지 드라이브	마이크로컴퓨터에는 데이터 저장을 위한 하나 이상의 스토리지 드라이브가 있으며 일반적인 두 가지 유형은 다음과 같다. • 하드 디스크(HDD): 회전 디스크에 데이터를 저장하는 기존의 기계식 드라이브이다. • 솔리드 스테이트 드라이브(SSD): 데이터 저장을 위해 플래시 메모리를 사용하는 더 빠르고 안정적인 드라이브이다.
그래픽 처리 장치(GPU)	GPU는 컴퓨터 디스플레이의 그래픽 및 이미지 렌더링을 담당하며 비디오 재생, 게임 및 기타 그래픽 프로세스와 관련된 작업을 처리한다.
입력 장치	마이크로컴퓨터와 상호 작용하는 데 사용되는 장치로서 입력 장치에는 다음이 포함된다. • 키보드: 텍스트를 입력하고 명령을 입력한다. • 마우스: 그래픽 사용자 인터페이스를 탐색하고 선택한다. • 터치스크린: 입력 및 출력 장치 역할을 하는 터치스크린이 있다.

출력 장치	마이크로컴퓨터의 처리 결과를 표시하며 다음이 포함된다. • 모니터: 텍스트, 이미지, 동영상을 포함한 시각적 출력을 표시한다. • 스피커: 시스템 사운드, 음악 및 기타 오디오를 포함한 오디오 출력용이다.
네트워킹 인터페이스	마이크로컴퓨터에는 일반적으로 네트워킹 기능이 내장되어 있어 이더넷 포트 또는 무선 연결(Wi-Fi)을 통해 인터넷 또는 기타 장치에 연결할 수 있다.
전원 공급 장치	전원 공급 장치(PSU)는 마이크로컴퓨터와 구성 요소에 필요한 전력을 공급한다.
운영 체제	운영 체제(예 Windows, macOS, Linux)는 컴퓨터 리소스를 관리하고 응용 프로그램을 실행하며 사용자에게 친숙한 인터페이스를 제공하는 소프트웨어이다.

❸ 마이크로프로세서의 구조

마이크로프로세서의 내부구조는 연산부(ALU: Arithmetic and Logic Unit), 제어부(Control Unit), 산술연산, 논리연산 등의 연산기능을 수행한다.

구분	내용
제어부 (Control Unit)	마이크로프로세서 내부와 외부의 제어기능을 수행하며 명령 레지스터, 명령해독기, 타이밍 및 제어 신호 발생회로 등으로 구성된다.
레지스터부 (Registers)	마이크로프로세서 내부에서 메모리 기능을 수행하며 범용 레지스터, 시스템 레지스터, 상태 레지스터 등으로 구성된다.

주요 구조는 아래와 같이 크게 RISC와 CISC 구조가 대표적이며 이외에도 하바드 구조와 폰노이만 구조가 있다.

구분	내용
RISC 구조	Reduced Instruction Set Code Architecture, 복합 명령어는 배제하고, 간단한 명령어만 사용해서 명령어 수 및 주소 지정 방식도 최소한으로 한 방식이다.
CISC 구조	Complex Instruction Set Code Architecture, RISC 구조에 반대되는 개념의 구조이다.
하바드 구조	Harvard Architecture, 프로그램 메모리와 데이터 메모리가 구분되어 있다. 분기명령을 제외한 모든 명령어를 하나의 워드에 넣어 실행속도 빠르고, 구조 간단, 프로그램 메모리가 절약된다.
폰노이만 구조	Von Neumann Architecture, 프로그램과 데이터가 같은 메모리에 혼재되어 있다.

❹ CISC/RISC 분류

CPU(중앙처리장치)를 설계하는 방식으로 명령어가 H/W 적인 방식을 RISC라 하고 명령어가 S/W 적인 방식을 CISC라고 한다.

1) CISC(Complex Instruction Set Computer)

- 단일 명령에서 여러 작업을 수행할 수 있는 많은 수의 복잡한 명령을 사용하는 시스템으로 CISC 프로세서에는 데이터 이동, 산술 및 논리 연산, 메모리 액세스와 같은 작업을 수행할 수 있는 명령어가 포함된 보다 광범위하고 강력한 명령어 집합이 있다.
- CISC 프로세서는 특정 작업을 수행하는 데 필요한 명령의 수를 최소화하도록 설계되어 실행 시간이 단축되고 전반적인 성능이 향상될 수 있다. 그러나 이러한 접근 방식은 특정 유형의 명령에 대해 복잡성을 증가시키고 실행 시간을 연장시킬 수도 있다.
- CISC 아키텍처의 일부 예로는 DEC VAX 및 IBM System/360 아키텍처뿐만 아니라 대부분의 개인용 컴퓨터에 사용되는 ×86 아키텍처가 있다. 과거에는 CISC 프로세서가 우세했지만, 현대의 프로세서는 성능과 복잡성의 균형을 맞추기 위해 CISC와 RISC 명령 집합을 함께 사용하는 경우가 많다.

2) RISC(Reduced Instruction Set Computer)

- RISC는 이중 연산 속도를 높이기 위해 처리할 수 있는 명령어 수를 줄였으며, 단순화된 명령구조로 속도를 최대한 높일 수 있도록 한 것으로 신속하게 실행할 수 있는 간단한 명령을 강조하는 컴퓨터 아키텍처의 한 유형이다. RISC 아키텍처는 여러 클럭 사이클을 실행하는 복잡한 명령어를 제거하여 명령어 집합의 복잡성을 줄이고 대신 단일 클럭 사이클에서 실행할 수 있는 더 많은 단순한 명령어에 의존한다.
- RISC 프로세서는 일반적으로 CISC(Complex Instruction Set Computer) 프로세서보다 작은 명령 집합을 가지고 있으며, 이는 단일 명령에서 여러 작업을 수행할 수 있는 많은 수의 복잡한 명령을 특징으로 한다. RISC는 단순한 명령 집합이 더 빠른 실행과 더 나은 성능으로 이어진다는 생각에 기초한다.
- RISC 프로세서는 종종 휴대 전화 및 태블릿과 같은 임베디드시스템뿐만 아니라 서버 및 슈퍼컴퓨터와 같은 고성능 컴퓨팅 애플리케이션에도 사용된다. 잘 알려진 RISC 아키텍처로는 ARM, MIPS, PowerPC 및 SPARC가 있다.

3) 비교

CISC(Complex Instruction Set Computer)	RISC(Reduced Instruction Set Computer)
• 복잡하고 많은 종류의 명령어와 주소 지정 모드를 사용한다. • 가변 길이 명령어 형식이다. • 100~250개 정도의 많은 명령어를 가지고 있어 설계가 어렵다. • 마이크로 프로그래밍(S/W) 제어 방식이다. • 명령어가 S/W적이므로 호환성이 좋다. • 명령어를 해석한 후에 명령어를 실행한다. • 컴파일 과정이 쉽고, 호환성이 좋다는 장점이 있지만 속도가 느리다. • Intel 사의 CPU에 주로 사용되었다. • RISC보다 적은 양의 레지스터를 필요로 한다.	• 간단하고 적은 종류의 명령어와 주소 지정 모드 사용한다. • 명령어의 길이가 일정하다. • CISC에 비해 명령어 수가 적다. • 대부분의 명령어들은 한 개의 클럭 사이클로 처리된다. • 논리회로를 이용한 하드웨어적 제어 방식이다. • 소수의 주소 기법(Addressing Mode)을 사용한다. • 명령어가 하드웨어적이므로 호환성이 낮다. • 명령어 길이가 미리 정해져 있어 해석 속도가 빠르다. • 빠른 명령어 위해 많은 레지스터가 사용되며, 처리속도가 빠르고 하드웨어 구조가 간단하다. • 효율성이 떨어지고 전력 소모가 작다. • 프로세서 구조가 조금만 바뀌어도 하위 프로세서와의 호환성이 떨어진다. • 고성능의 워크스테이션이나 그래픽용 컴퓨터에서 주로 사용된다. • CISC보다 많은 양의 레지스터를 필요로 한다.

정답 01 ④ 02 ①

01 마이크로프로세서로 구성된 중앙처리장치는 명령어의 구성방식에 따라 2가지로 나눌 수 있다. 이중 연산 속도를 높이기 위해 처리할 수 있는 명령어 수를 줄였으며, 단순화된 명령구조로 속도를 최대한 높일 수 있도록 한 것은?

(2017-2차)(2021-2차)

① SCSI(Small Computer System Interface)
② MISC(Micro Instruction Set Computer)
③ CISC(Complex Instruction Set Computer)
④ RISC(Reduced Instruction Set Computer)

해설

④ RISC: CPU 명령어의 개수를 줄여 명령어 해석시간을 줄임으로써 개별 명령어의 실행속도를 빠르게 한다.
① SCSI: 컴퓨터에 주변기기를 연결할 때 직렬 방식으로 연결하기 위한 표준이다.
② MISC: 컴퓨터에서 연속적 처리 방법을 의미한다.
③ CISC: 복잡한 명령어 집합을 갖는 CPU 아키텍처로 명령어가 복잡하기 때문에 명령어를 해석하는 데 시간이 오래 걸리며, 명령어 해석에 필요한 회로도 복잡하다.

구분	CISC	RISC
처리 속도	느림	빠름
명령어 수	많음	적음
전력 소모	많음	적음
프로그래밍 용이성	간단	복잡
설계 용이성	복잡	간단

02 다음 중 RISC(Reduced Instruction Set Computer)에 대한 설명으로 틀린 것은?

(2016-3차)

① CISC(Complex Instruction Set Computer)는 RISC보다 많은 양의 레지스터를 필요로 한다.
② 명령어의 길이가 일정하다.
③ 대부분의 명령어들은 한 개의 클럭 사이클로 처리된다.
④ 소수의 주소 기법(Addressing Mode)을 사용한다.

해설

구분	CISC	RISC
레지스터	적음	많음
특징	• 복잡하다. • 많은 종류의 명령어와 주소 지정 모드를 사용한다. • 가변 길이 명령어 형식이다. • 100~250개 정도의 많은 명령어를 가지고 있어 설계가 어렵다.	• 고정 길이 명령어 형식이다. • 대부분의 명령어들은 한 개의 클럭 사이클로 처리된다. • 소수의 주소 기법을 사용한다. • CISC에 비해 명령어 수가 적으나 많은 레지스터가 요구된다.

03 병렬 프로세서의 한 종류로 여러 개의 프로세서들이 서로 다른 명령어와 데이터를 처리하는 진정한 의미의 병렬 프로세서로 대부분의 다중프로세서 시스템과 다중 컴퓨터 시스템이 이 분류에 속하는 구조는? (2020-1차)(2021-3차)

① SISD(Single Instruction Stream Single Data Stream)
② SIMD(Single Instruction Stream Multiple Data Stream)
③ MISD(Multiple Instruction Stream Single Data Stream)
④ MIMD(Multiple Instruction Stream Multiple Data Stream)

해설

MIMD(Multiple Instruction Stream Multiple Data Stream)
전산에서 병렬화의 한 기법이다. MIMD를 사용하는 기계는 비동기적이면서 독립적으로 동작하는 여러 개의 프로세서가 있다. 언제든지 각각의 다른 프로세서들은 각기 다른 데이터를 이용하는 각기 다른 여러 명령어들이 실행할 수 있다.

04 마이크프로세서를 구성하는 요소장치로 데이터 처리 과정에서 필수적으로 요구되는 것들로 올바르게 짝지어진 것은? (2014-1차)(2016-2차)(2021-3차)

① 제어장치, 저장장치
② 연산장치, 제어장치
③ 저장장치, 산술장치
④ 논리장치, 산술장치

해설

CPU(Central Processing Unit)
중앙처리 장치로서 컴퓨터 프로그램을 구성하는 명령어를 수행하는 전자회로이다.

CPU의 주요 구성

제어장치(CU)	Control Unit, 입출력 저장, 연산장치들에 대한 지시 또는 감독 기능
연산장치(ALU)	산술적/논리적 연산을 수행하는 기능
주기억장치	Register, 입력된 자료들을 주기억장치나 보조기억장치에 기억하거나 저장하는 기능

05 다음 프로세스 간 통신에 있어서 직접통신과 관련이 없는 사항은? (2014-1차)

① 각 쌍의 프로세스에 대해서 정확히 하나의 통로만 존재한다.
② 한 통로는 두 개 이상의 프로세스와 연관될 수 있다.
③ 프로세스들이 서로 통신을 하기 위해서는 상대방의 이름만 알면 된다.
④ 통로는 보통 단일 방향이거나 양쪽 방향일 수 있다.

해설

프로세스 간 통신(Interprocess Communication, IPC)
컴퓨터 시스템에서 프로그램은 혼자 독자적으로 수행할 수도 있지만 프로그램들 사이에 정보를 교환함으로서 계산 속도를 증가시키거나 편의성을 향상시킬 수 있다. 프로세스가 동시에 실행될 때 두 가지 유형으로 나눌 수 있다.

독립적 프로세스(Independent Process)	다른 프로세스에게 영향을 주거나 받을 수 없는 프로세스이다. 독립적 프로세스는 데이터를 공유하지 않는다.
협력 프로세스(Cooperating Process)	다른 프로세스에게 영향을 주거나 받을 수 있는 프로세스로서 데이터를 공유한다.

06 선점 스케줄링에 대한 설명으로 옳은 것은? (2011-1차)

① 한 프로세스가 실행되면 완료될 때까지 프로세서를 차지한다.
② 작업시간이 짧은 작업이 긴 작업을 기다리는 경우가 발생할 수도 있다.
③ 프로세스의 종류시간에 대해 예측이 가능하다.
④ 빠른 응답시간을 요구하는 시분할 시스템, 실시간 시스템에 적합하다.

해설

선점 스케줄링 (Preemptive Scheduling)	한 프로세스가 CPU를 할당받아서 실행하고 있을 때 다른 프로세스가 CPU를 사용하고 있는 프로세스를 중지시키고 CPU를 차지할 수 있는 스케줄링 기법을 선점 스케줄링 기법이라고 한다. 우선순위가 높은 프로세스를 먼저 수행할 때 유리하고 빠른 응답 시간을 요구하는 대화식 시분할 시스템에 유용하다.
비선점 스케줄링 (Non-preemptive Scheduling)	이미 사용되는 CPU를 빼앗지는 못하고 사용이 끝날 때까지 기다리는 스케줄링 기법이다. 할당받은 CPU는 끝날 때까지 사용하며 응답 시간을 예측할 수 있고 일괄처리 방식이 적합하다. 모든 프로세스에 요구에 대해 공정하다.

07 대기 중인 프로세서가 요청한 자원들이 다른 대기 중인 프로세스에 의해서 점유되어 다시 프로세스 상태를 변경시킬 수 없는 경우가 발생하게 되는데 이러한 상황을 무엇이라 하는가? (2013-2차)(2015-1차)

① 한계 버퍼 문제
② 교착상태
③ 페이지 부재상태
④ 스레싱(Thrashing)

해설

② 교착상태: 둘 이상의 프로세스가 서로 남이 가진 자원을 요구하면서 양쪽 모두 작업 수행을 할 수 없이 대기 상태로 놓이는 상태이다.
③ 페이지 부재상태: CPU가 접근하려는 페이지가 메모리에 없는 상황이다. 즉, 페이지 테이블의 유효-무효 비트가 0인 상태이다. 페이지 부재 발생 시 페이지를 디스크에서 읽어봐야 하는데 이 과정에서 막대한 오버헤드가 발생한다.
④ 스레싱(Thrashing): 하드 디스크의 입출력이 너무 많아져서 잦은 페이지 부재로 마치 작업이 멈춘 것 같은 상태를 의미한다. 즉, 한 번에 여러 개의 프로그램을 실행하게 되면 물리 메모리에서는 프로세스들이 필요로 하는 데이터를 올리기 위한 공간이 충분하지 않다면 열심히 Swap In, Swap Out을 하게 될 것이다. 이러한 과정이 반복되면서 정상적으로 동작하지 않는 것처럼 보이게 될 수 있는데 이를 스레싱이라 한다.

08 다음 중 교착상태 예방 방법의 4가지 필터 조건에 해당하지 않는 것은? (2018-2차)

① 상호배제 ② 점유와 대기
③ 자원할당 ④ 비선점

해설

구분	내용
상호 배제	Mutual Exclusion, 한 번에 한 개의 프로세스만이 공유자원을 사용할 수 있음
점유 대기	Hold and Wait, 프로세스가 할당된 자원을 가진 상태에서 다른 자원을 기다림
비선점	No Preemption, 프로세스가 작업을 마친 후 자원을 반환할 때까지 기다림(이미 할당된 자원을 강제적으로 빼앗을 수 없음)
순환 대기	Circular Wait, 프로세스의 자원 점유 및 점유된 자원의 요구 관계가 원형을 이루면서 대기하는 조건으로 각 프로세스는 순환적으로 다음 프로세스가 요구하는 자원을 가지고 있음

정답 09 ① 10 ④ 11 ② 12 ④

09 **대등-대-대등(Pear-to-Pear) 프로세스를 설명한것 중 가장 적절한 것은?** (2012-2차)(2014-2차)(2016-1차)(2018-1차)

① 통신장치 간에 통신할 때 해당 계층에서 통신하는 각 장치의 프로세스
② 하나의 장치에서 각 계층이 바로 아래 계층의 서비스를 이용하는 프로세스
③ 인접한 계층 사이의 인터페이스를 통해 전달되는 프로세스
④ 임의의 두 통신장치 간에 자신의 구조에 상관없이 서로 통신할 수 있도록 해주는 프로세스

해설
P2P(Peer-to-Peer Network) 혹은 동등 계층 간 통신망은 비교적 소수의 서버에 집중하기보다는 망 구성에 참여하는 기계들의 계산과 대역폭 성능에 의존하여 구성되는 통신망이다. 대등-대-대등(Pear-to-Pear) 프로세스는 해당 계층에서 통신하는 각각의 계층 간의 프로세스를 의미한다.

10 **다음 중 설명이 옳지 않은 것은?** (2021-2차)

① 마이크로프로세서는 디지털 데이터를 입력받고, 메모리에 저장된 지시에 따라 처리하며, 결과를 출력으로 내놓는 다목적의 프로그램 실행이 가능한 기기이다.
② 마이크로프로세서는 프로그램이라는 형태로 용도에 따라 메모리에 축적하는 방식을 택한 것이 마이크로컴퓨터의 모태가 되고 있다.
③ 인텔은 1971년 최초의 4비트 마이크로프로세서 4004를 선보였다.
④ 최초의 마이크로프로세서는 일반 컴퓨터의 중앙처리장치에서 주기억장치와 연산장치, 제어장치 및 각종 레지스터들을 단지 1개의 IC 소자에 집적시킨 것이다.

해설
마이크로프로세서는 CPU(Central Processing Unit)의 여러 형태 중 하나로 컴퓨터의 중앙처리장치를 단일의 IC 칩에 집적한 반도체소자(Semiconductor Device)이다.

11 **다음 중 마이크로컴퓨터에서 주소(Address) 설계 시 고려사항이 아닌 것은?** (2017-1차)

① 주소와 기억공간을 독립한다.
② 가상기억방식만 채택한다.
③ 번지는 효율적으로 표현한다.
④ 사용하기 편해야 한다.

해설
② 가상기억방식만 채택하는 것이 아닌 실제 기억공간과 보조기억장치를 함께 사용하는 것이다.

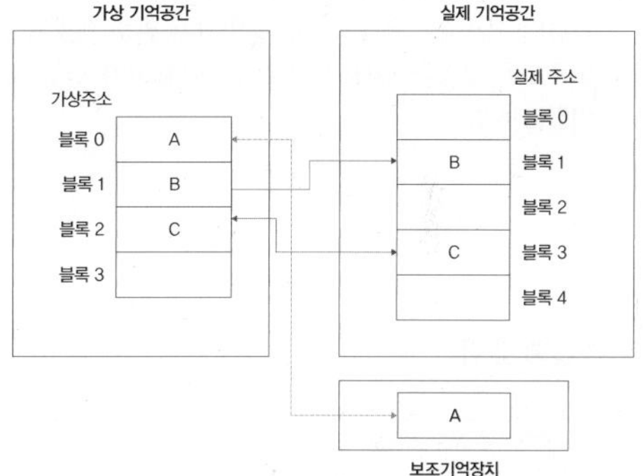

12 **다음 중 마이크로프로세서에 대한 설명으로 옳지 않은 것은?** (2022-1차)

① 마이크로프로세서는 CPU의 여러 형태 중 하나로 중앙제어장치를 단일 IC에 집적한 반도체 소자이다.
② 마이크로프로세서는 연산부와 제어부, 레지스터부로 구성되어 있다.
③ 마이크로프로세서는 MPU(Micro Processing Unit)라 부르기도 한다.
④ 마이크로프로세서는 CPU의 기능과 일정한 용량의 캐쉬 및 메인 메모리 등의 기억장치, 입출력 제어회로 등을 단일의 칩에 모두 내장한 것을 말한다.

해설
마이크로컴퓨터(Microcomputer)는 마이크로프로세서를 중앙 처리 장치로 사용하는 컴퓨터로서 CPU, 기억장치, 입출력장치 모두를 포함하고 CPU는 마이크로프로세스만을 의미한다. 이를 설계하기 위해 주소와 기억공간을 독립, 번지는 효율적으로 표현하고 사용하기가 편리해야 한다.

기출유형 05 ▶ 마이크로 오퍼레이션(Micro Operation)

마이크로컴퓨터의 기본 정보는 '0'과 '1'로만 표현되며, 이러한 부호의 조합을 명령(Instruction)이라고 한다. 그리고 명령들은 어떤 목적과 규칙에 따라 나열되고, 메모리에 저장되는데 이것을 무엇이라 하는가?

(2012-1차)(2013-1차)

① 데이터(DATA)
② 소프트웨어(Software)
③ 신호(Signal)
④ 2진 코드

해설

소프트웨어(Software)

컴퓨터 시스템을 효율적으로 운영하기 위해 개발된 프로그램의 총칭으로 컴퓨터를 관리하는 시스템 소프트웨어와 문제 해결에 이용되는 다양한 형태의 응용 소프트웨어가 있다. 소프트웨어는 명령어(Instruction)의 집합이 되어서 하드웨어를 제어하는 역할을 한다.

| 정답 | ②

족집게 과외

Micro Operation

- Instruction을 수행하기 위해 CPU 내의 레지스터와 플래그가 의미 있는 상태 변환하도록 하는 동작 명령이다.
- 하나의 Clock Pulse 단위로 실행되는 기본 동작이다.
- Instruction 실행과정에서 한 단계씩 이루어지는 동작으로, 한 개의 Instruction은 여러 개의 마이크로 오퍼레이션이 동작되어 실행된다.
- 마이크로 오퍼레이션은 레지스터에 저장된 데이터에 의해 이뤄지는 동작이다.
- OP 코드와 오퍼랜드로 구분한다.
- 오퍼랜드에는 주소, 데이터 등이 저장된다.
- 컴퓨터의 기계어 명령을 실행하기 위해서 수행되는 낮은 수준의 명령어이다.

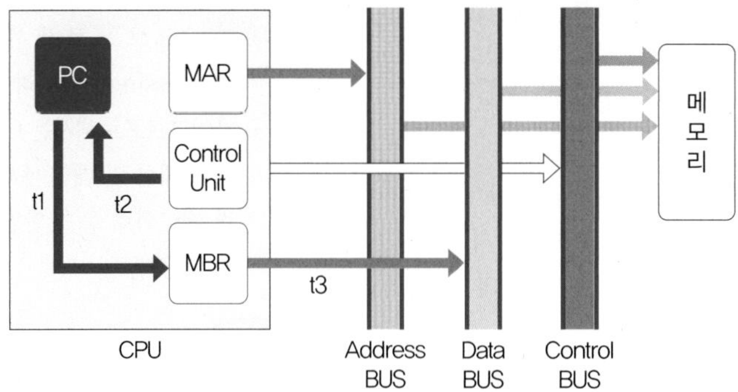

더 알아보기

CPU 내에 PC(Program Counter) MAR 및 MBR은 주소, 데이터, 제어 Bus를 통해 아래와 같이 동작한다.

구분	내용
1단계	PC(Program Counter)의 내용이 MBR로 보내져서 인터럽트 수행이 끝난 후에 복귀할 때 사용할 수 있게 한다.
2단계	MAR에는 PC(Program Counter)의 내용이 저장될 위치의 주소가 적재되며 PC에는 인터럽트 처리 루틴의 시작 주소가 적재된다.
3단계	PC의 이전 값을 가지고 있는 MBR의 내용을 기억장치에 저장한다.

❶ Micro Operation(마이크로 연산)

마이크로 오퍼레이션은 컴퓨터 CPU의 제어장치에 의해 수행되는 기본적인 오퍼레이션으로 제어부가 수행할 수 있는 최소 단위의 연산이며 명령을 실행하고 산술 및 논리 연산을 수행하는 데 사용된다. 마이크로 연산은 레지스터 또는 메모리에 저장된 데이터에 대해 수행되며 메모리에서 데이터로드, 데이터 저장, 산술 연산(예 덧셈, 뺄셈, 곱셈 및 나눗셈), 논리 연산(예 AND, OR, NOT 및 XOR)과 같은 연산을 포함한다. CPU의 제어장치는 메모리에 저장된 명령을 실행하기 위해 마이크로 연산을 사용하며 각 명령은 원하는 작업을 수행하기 위해 특정 순서로 실행되는 일련의 미세 작업으로 나누어진다.

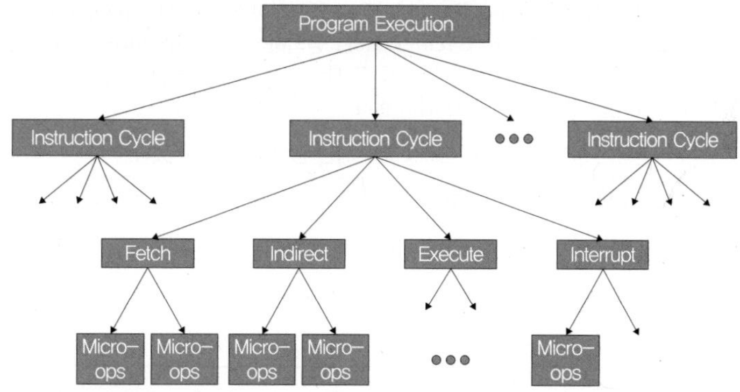

마이크로 연산은 복잡한 기계 명령을 구현하기 위해 일부 설계에서 사용되는 저수준 명령으로 하나 이상의 레지스터에 저장된 데이터에 작업을 수행한다. 레지스터 간이나 CPU의 외부 버스 간에 데이터를 전송하며, 레지스터에서 산술 및 논리 연산을 수행한다. 프로그램을 실행할 때, 컴퓨터의 동작은 명령 주기의 순서로 구성되며, 각 주기에는 한 개의 기계 명령어가 포함되며 각 명령 주기는 Fetch, Indirect, Execute 및 Interrupt 주기라는 몇 가지 작은 단위로 구성되며 이러한 단계를 마이크로 연산이라고 한다.

❷ Micro Operation 특징

구분	내용
Clock에 맞춤	모든 마이크로 오퍼레이션은 CPU의 Clock 펄스에 맞춰 실행한다.
제어 신호	다양한 종류가 있는 마이크로 오퍼레이션들의 순서를 결정하기 위하여 제어장치가 발생하는 신호 따른다.

제어워드	레지스터의 선택과 산술 논리 연산 장치의 역할을 결정하고, 어떤 마이크로 연산을 할 것인가를 결정하는 비트의 모임을 제어워드라고 한다. 제어워드는 마이크로 명령이라고도 하며 주요 사항은 아래와 같다. • 레지스터의 선택과 산술 논리 연산장치의 역할을 결정한다. • 어떤 마이크로 연산을 할 것인가를 결정하는 비트의 모임이다. • 마이크로 명령어라고도 한다.
마이크로프로그램	어떤 명령을 수행할 수 있도록 구성된 일련의 제어워드가 특수한 기억장치 속에 저장된 프로그램이다.

요약하자면, 마이크로 오퍼레이션은 컴퓨터 CPU의 제어 장치에 의해 수행되는 기본적인 오퍼레이션으로 명령을 실행하고, 산술 및 논리 연산을 수행하며, 레지스터 또는 메모리에 저장된 데이터를 조작하는 데 사용되는 최소 단위의 연산이다.

❸ Micro Operation 동작 방식

	구분	내용
동기 고정식	개념	동기 고정식(Synchronous Fixed)은 모든 마이크로 오퍼레이션의 동작 시간이 같다고 가정하여 CPU Clock의 주기를 Micro Cycle Time과 같도록 정의하는 방식으로 동기 고정식은 모든 마이크로 오퍼레이션 중에서 동작 시간이 가장 긴 동작 시간을 Micro Cycle Time으로 정한다. 동기 고정식은 모든 마이크로 오퍼레이션의 동작 시간이 비슷할 때 유리한 방식이다.
	장점	제어기의 구현이 단순하다(동작 시간이 비슷한 경우 유리한 방식).
	단점	CPU의 시간 낭비가 심하다.
동기 가변식	개념	동기 가변식(Synchronous Variable)은 수행시간이 유사한 Micro Operation끼리 그룹을 만들어, 각 그룹별로 서로 다른 Micro Cycle Time을 정의하는 방식으로 마이크로 오퍼레이션의 동작 시간이 정수배로 차이가 날 때 유리하다. 각 그룹 간 서로 다른 사이클 타임의 동기를 맞추기 위해 각 그룹 간의 마이크로 사이클 타임을 정수배가 되게 한다.
	장점	동기 가변식은 동기 고정식에 비해 CPU 시간 낭비를 줄일 수 있다.
	단점	제어기의 구현은 조금 복잡하다.
비동	개념	모든 Micro Operation에 대하여 서로 다른 Micro Cycle Time을 설정한다.
	장점	CPU의 시간 낭비가 전혀 없다.
	단점	제어기가 매우 복잡하다(거의 사용되지 않음).

❹ Micro Instruction 형식

Micro Operation	Condition	Branch	Address

수평 마이크로 명령	마이크로 명령의 한 비트가 한 개의 마이크로 동작을 관할하는 명령
Micro Operation	"m 비트일 때, m개의 마이크로 동작을 표현 가능"
Condition	"분기에 사용될 조건 플래그를 지정"
Branch	"분기의 종류와 다음에 실행할 마이크로 명령의 주소를 결정"
Address	"다음 마이크로 명령의 주소를 결정"

1) 수평(Horizontal) 마이크로 명령: 한 개의 비트가 하나의 Micro Operation 관할한다.
   마이크로 명령의 Micro Operation 부의 비트수 = 표현 가능한 마이크로 동작의 개수이다.
2) 수직 마이크로 명령: 한 개의 마이크로 동작이 하나의 Micro Operation 관할한다.

기출유형 완성하기

정답 01 ② 02 ② 03 ④ 04 ④ 05 ③

01 마이크로 오퍼레이션 중 가장 긴 것의 시간을 해당 마이크로 사이클 타임으로 정의하는 방식은? (2010-2차)

① Fetch Status
② 동기 고정식
③ 동기 가변식
④ Interrupt Status

해설

	구분	내용
동기 고정식	개념	모든 마이크로 오퍼레이션의 동작시간이 같다고 가정하여 CPU Clock의 주기를 Micro Cycle Time과 같도록 정의하는 방식으로 동기 고정식은 모든 마이크로 오퍼레이션 중에서 동작시간이 가장 긴 동작 시간을 Micro Cycle Time으로 정한다. 동기 고정식은 모든 마이크로 오퍼레이션의 동작시간이 비슷할 때 유리한 방식이다.
	장점	제어기의 구현이 단순하다.
	단점	CPU의 시간 낭비가 심하다.

02 어떤 명령(Instruction)을 수행하기 위해 가장 우선적으로 이루어져야 하는 마이크로 오퍼레이션은? (2011-2차)

① PC → MBR ② PC → MAR
③ PC+1 → PC ④ MBR → IR

해설

명령어 인출의 마이크로 연산 절차

간접 사이클의 마이크로 연산 절차		
t1	MAR ← (PC)	
t2	MBR ← Memory PC ← (PC) + I	※ I: 명령어의 길이
t3	IR ← (MBR)	

03 다음 중 마이크로프로그램에 의한 마이크로 오퍼레이션 동작으로 틀린 것은? (2017-3차)

① 주기억 장치에서 명령어 인출하는 동작
② 오퍼랜드의 유효 주소를 계산하는 동작
③ 지정된 연산을 수행하는 동작
④ 다음 단계의 주소를 결정하는 동작

해설

마이크로 오퍼레이션은 명령(Instruction)을 수행하기 위해 CPU 내의 레지스터와 플래그가 의미 있는 상태 변환을 하도록 하는 동작이다. 마이크로 오퍼레이션은 레지스터에 저장된 데이터에 의해 이뤄지는 동작이다.

04 마이크로프로그램에 의한 각 기계어 명령들은 제어 메모리에 있는 일련의 마이크로 오퍼레이션의 동작을 시작하는데 다음 중 맞지 않는 동작은? (2012-2차)

① 주기억 장치에서 명령어 인출하는 동작
② 오퍼랜드의 유효 주소를 계산하는 동작
③ 지정된 연산을 수행하는 동작
④ 다음 단계의 주소를 결정하는 동작

해설

마이크로 오퍼레이션은 명령(Instruction)을 수행하기 위해 CPU 내의 레지스터와 플래그가 의미 있는 상태 변환을 하도록 하는 동작이다. 마이크로 오퍼레이션은 레지스터에 저장된 데이터에 의해 이뤄지는 동작이다.

05 마이크로프로세서의 명령어 실행과정 중, 데이터가 기억장치에 저장되어 있다면, 명령어는 데이터가 저장된 기억장치 주소를 포함한다. 그러나 명령어에 포함되는 주소가 데이터의 주소를 저장하고 있는 기억장치 주소라고 한다면, 실행되기 전에 주소를 기억장치로부터 읽어와야 한다. 이러한 과정을 무엇이라고 하는가? (2012-2차)

① 인출 사이클 ② 실행 사이클
③ 간접 사이클 ④ 직접 사이클

해설

마이크로 연산: 간접 사이클

- 명령어가 인출되면, 제어 유닛은 간접 주소 지정 방식을 사용한 오퍼랜드가 있는지 확인한다.
- 명령어가 간접 주소 지정 방식을 사용할 때 간접 사이클이 실행 사이클보다 먼저 수행되어야 한다.

간접 사이클의 마이크로 연산 절차		
t1	MAR ← (IR(Address))	Address: 유효 주소가 담긴 곳의 주소
t2	MBR ← Memory	Memory에서 유효 주소값을 가져옴
t3	IR(Address) ← (MBR(Address))	Address: 유효 주소값

06 다음 중 16비트 마이크로프로세서에 속하지 않은 것은? (2012-3차)

① 인텔(Intel) 8088
② Zilog Z−8000
③ Motorola 68020
④ 인텔(Intel) 80286

해설

모토로라 68020은 1984년에 출시했으며 68000과 다르게 완전한 32비트 마이크로프로세서이다.

07 다음 중 마이크로 명령어에 대한 설명으로 틀린 것은? (2021-2차)

① OP 코드와 오퍼랜드로 구분한다.
② 오퍼랜드에는 주소, 데이터 등이 저장된다.
③ 오퍼랜드는 오직 한 개의 주소만 존재한다.
④ 컴퓨터의 기계어 명령을 실행하기 위해서 수행되는 낮은 수준의 명령어이다.

해설

Micro Operation

- 하나의 Clock Pulse 단위로 실행되는 기본 동작이다.
- Instruction 실행과정에서 한 단계씩 이루어지는 동작으로, 한 개의 Instruction은 여러 개의 마이크로 오퍼레이션이 동작되어 실행된다.

08 다음의 내용은 마이크로프로세서의 동작을 나타낸 것이다. 동작 순서를 바르게 표기한 것은? (2021-1차)

(1) 명령레지스터
(2) 해독 및 실행
(3) 프로그램 카운터 증가
(4) 명령어 인출

① (3) − (4) − (1) − (2)
② (4) − (1) − (2) − (3)
③ (3) − (1) − (4) − (2)
④ (4) − (2) − (3) − (1)

해설

마이크로프로세서는 (기계)명령어를 하나 하나 처리하므로 명령어 집합 프로세서(Instruction Set Processor)라 한다. 프로세서가 하는 일은 프로그램에 있는 명령어의 흐름을 지시대로 처리해 컴퓨터 구조적 상태(Architectural State = 레지스터 값)만 약속대로 반영하는 것이다.

명령어 처리 과정

명령어 인출 (IF)	Instruction Fetch, 처리할 명령어를 메모리에서 읽음
명령어 해독 (ID)	Instruction Decoding, 어떤 연산을 할 것인지 알아냄
피연산자 인출 (OF)	Operand(s) Fetch, 연산에 필요한 피연산자를 레지스터 파일이나 메모리에서 읽음
명령어실행 (EX)	Instruction Execution, 실제 계산 수행
결과 저장 (OS/ WB)	Operand Store 또는 Write Back, 최종 결과를 저장

그러므로 명령어 인출 → 명령레지스터 → 해독 및 실행 → 프로그램 카운터 증가로 동작한다.

기출유형 06 ▶ 최초 적합(First-Fit), 최적적합(Best-Fit), 최악적합(Worst-Fit)

주기억장치 관리에서 배치전략(Placement Strat-egy)인 최초 적합(First-Fit), 최적적합(Best-Fit), 최악적합(Worst-Fit)에 대한 설명으로 옳지 않은 것은? (2021-3차)

① 최초적합은 가용공간을 찾는 시간이 적어 배치결정이 빠르다.
② 최적적합은 선택 후 남는 공간을 이후에 활용할 가능성이 높다.
③ 최악적합은 가용공간 크기를 정렬한 후 가장 큰 공간에 배치한다.
④ 최악적합은 가용공간 크기를 정렬해야 하는 것이 단점이다.

해설

최적적합	Best−Fit은 들어가야 할 프로세스의 사이즈와 가장 밀접한 Hole에 집어넣는 방법
최초적합	메모리를 순차적으로 검사 후 들어갈 수 있는 빈자리 그대로 넣어버리는 방법
최악적합	들어갈 수 있는 Hole이 있지만 프로세스 크기 맞지 않는 Hole에 넣어버리는 방법

| 정답 | ②

족집게 과외

최적적합(Best-Fit)

메모리 관리에서 빈 공간을 관리하는 Free 리스트를 끝까지 탐색하여 요구되는 크기보다 더 크되 그 차이가 제일 작은 노드를 찾아 할당해주는 방법이다.

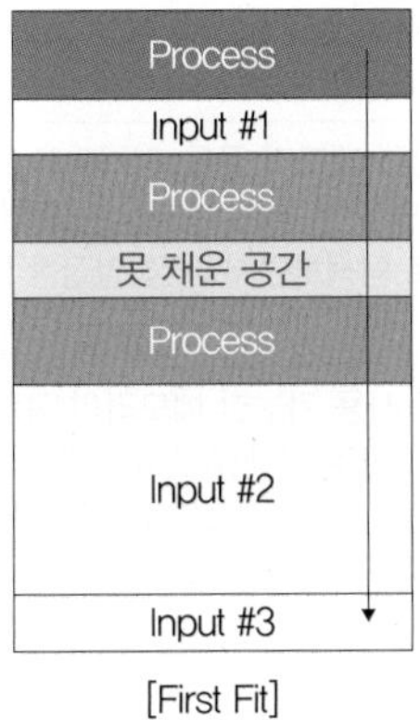

[First Fit]

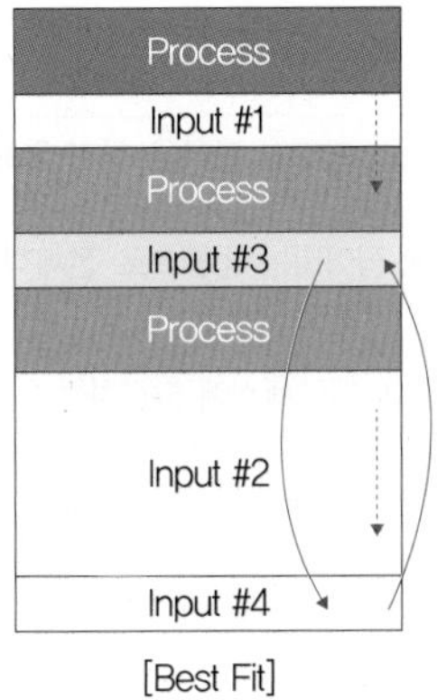

[Best Fit]

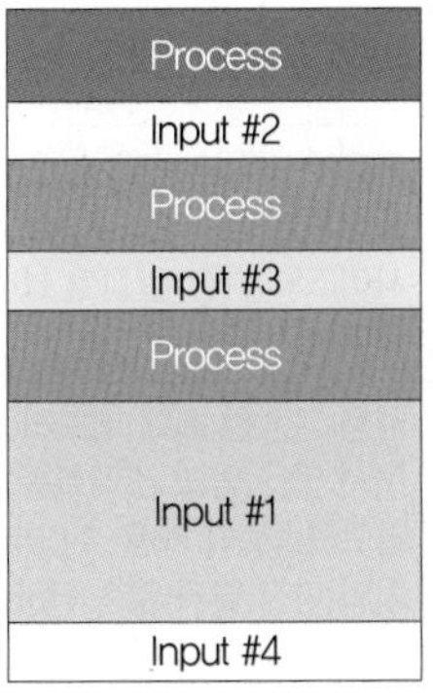

[Worst Fit]

더 알아보기

일반적으로 가장 적합한 알고리즘은 조각화를 줄이는 데 가장 효과적이지만, First-Fit(최초 적합) 및 Worst-Fit(최악의 적합) 알고리즘에 비해 성능이 약간 느릴 수 있다. 그러므로 알고리즘의 선택은 시스템의 특정 요구 사항과 성능과 단편화 간의 균형에 따라 달라진다. 이외에 다른 방식으로는 OS가 메모리를 보고 있다가 hole이 많아지면 그 Hole들을 합쳐주면 자원을 효율적으로 사용할 것이다. 그래서 나온 것이 "Compaction"이라는 최적 알고리즘이다. 결국 Fragment가 발생한 이유는 연속 메모리 할당(Contiguous Memory Allocation) 때문인데, 이를 위해 프로세스를 자르고 마치 단일 프로세스가 붙어있는 것처럼 보이게 CPU를 속이는 것이다. 이 방식을 통해, 외부 메모리 단편화(External Fragmentation) 문제를 해결했는데, 이렇게 프로세스를 잘라버리며 메모리를 관리하는 기법을 "페이징(Paging)"이라 한다.

❶ 메모리 단편화(External Fragmentation)

운영체제를 제외하고는 비어는 있는 공간을 "Big Single Hole"이라고 하며 이처럼 프로세스가 차지하고 있는 공간을 제외하고는 빈 공간을 "Hole"이라고 부른다. 운용 중에 수많은 프로세스들이 실행되었다가 사라짐을 반복하다 보면 여유 공간이 비어있어 규칙적으로 중간에 비워있는 Hole들이 생길 것이다. 듬성듬성 있는 경우 하나로 모으지 못한다면 일부 프로세스를 실행하려 해도 할 수가 없는 상황이 될 수 있다.

이러한 상황을 "Fragment 상태가 되어버렸다"고 하는데, 이게 바로 메모리 단편화 메모리 단편화(External Fragmentation)라고 볼 수 있다. 이런 상황에서 새로운 프로세스를 실행하고 연속 메모리 할당방식에 대한 고려가 필요하다.

❷ 설명

First-Fit, Best-Fit 및 Worst-Fit은 프로세스에 할당할 가장 적절한 메모리 블록을 결정하기 위해 메모리 할당에 사용되는 세 가지 알고리즘이다.

구분	내용
First-Fit (최초적합)	최초적합 알고리즘은 프로세스를 수용할 수 있을 정도로 큰 첫 번째 사용 가능한 메모리 블록을 할당한다. 할당된 블록 사이에 사용 가능한 메모리의 작은 공백이 남을 수 있으므로 단편화로 이어질 수 있다. 즉, First-Fit는 그냥 메모리를 순차적으로 쭉 훑다가 맨 처음 만나는 자리에(들어갈 수 있는 자리) 그대로 넣어버리는 방법이다. 위에서부터 찾기 시작할 수도 있고, 아래에서부터 찾기 시작할 수 있는데, 그냥 순차적이기만 하면 문제가 없다.
Best-Fit (최적적합)	프로세스를 수용할 수 있는 최소 메모리 블록을 찾기 위해 전체 메모리 풀을 검색해서 효율적이고 단편화를 줄이지만 전체 메모리 풀을 검색해야 하므로 속도가 느릴 수 있다. 즉, Best-Fit는 들어가야 할 프로세스의 사이즈와 가장 밀접한 Hole에 집어넣는 방법으로 전체적으로 탐색하면서 가장 밀접한 Hole에 집어넣는 방법이다.
Worst-Fit (최악적합)	사용 가능한 최대 메모리 블록을 프로세스에 할당하는 것으로 사용 가능한 메모리의 작은 공백이 남을 수 있어서 많은 양의 조각화를 초래할 수 있다. 그러나 전체 메모리 풀을 검색할 필요가 없기 때문에 가장 적합한 알고리즘보다 빠를 수 있다. 즉, Worst-Fit는 들어갈 수 있는 Hole이긴 하지만 들어가야 할 프로세스의 크기와 가장 맞지 않는 Hole에 넣어버리는 방식으로 전체적으로 쭉 다 탐색해보고 들어갈 수 있는 Hole 중 가장 크기 차이가 큰 Hole에 집어넣는 방법이라고 보면 된다.

기출유형 완성하기

정답 01 ② 02 ①

01 **메모리 관리에서 빈 공간을 관리하는 Free 리스트를 끝까지 탐색하여 요구되는 크기보다 더 크되, 그 차이가 제일 작은 노드를 찾아 할당해주는 방법은?**

(2012-1차)(2016-3차)(2018-1차)(2021-2차)

① 최초적합(First−Fit)
② 최적적합(Best−Fit)
③ 최악적합(Worst−Fit)
④ 최후적합(Last−Fit)

해설

Best−Fit는 들어가야 할 프로세스의 사이즈와 가장 밀접한 Hole에 집어넣는 방법이다. 쭉 다 탐색해보고 가장 밀접한 Hole에 집어넣는 방식이라고 보면 된다.

02 **길이가 5인 2진 트리로 가족관계를 표현하려고 한다. 최대 몇 명을 표현할 수 있는가?** (2021-3차)

① 31명
② 32명
③ 63명
④ 64명

해설

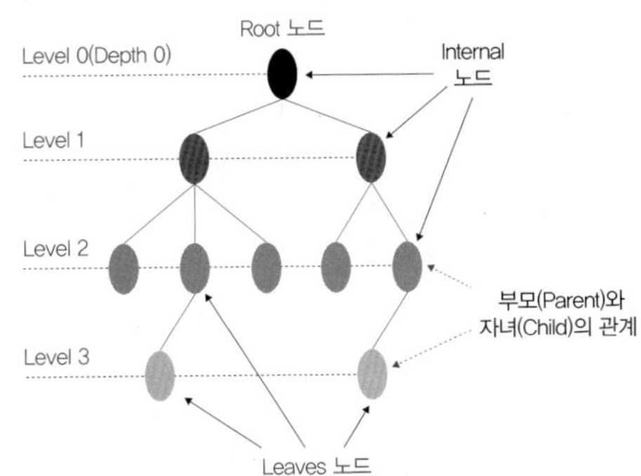

검정색 동그라미를 노드(Node)라고 하며 데이터가 여기에 놓인다. 노드와 노드 사이를 이어주는 선을 엣지(Edge)라고 하고 노드와의 관계를 표시한다. 경로(Path)란 엣지로 연결된, 즉 인접 노드와의 연결이며 경로의 길이(Length)는 경로에 속한 엣지의 수를 나타낸다. 트리의 높이(Height)는 루트노드에서 말단노드에 이르는 가장 긴 경로의 엣지 수를 가리킨다.

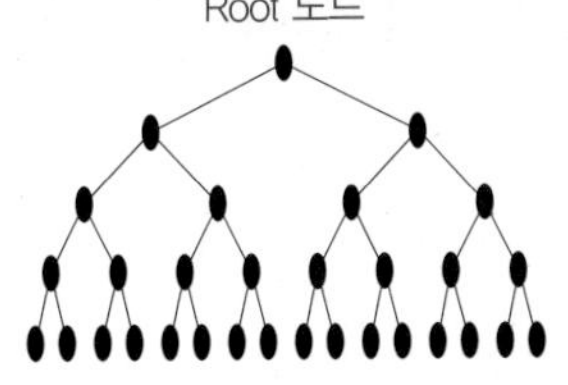

레벨	노드수
0	2^0
1	2^1
2	2^2
…	…
k	2^k
Total	$2^{k+1}-1$

깊이가 n개일 때 전체 노드의 수는 $2^{n+1}-1$개가 된다. 그러므로 $2^{5+1}-1=31$

정이진트리의 노드수가 n개 라면 잎새노드의 수는 $\frac{n}{2}$을 올림한 숫자가 된다. 위 그림 예시를 기준으로 하면 총 31개의 노드가 있는데 이 가운데 잎새노드는 $\frac{31}{2}$을 올림한 16개이다.

03 SJF(Shortest-Job-First) 정책으로 관리하는 시스템에 프로세스 p1, p2, p3, p4, p5가 동시에 도착했다. 다음 표와 같이 프로세스가 정의되었을 때 p3의 반환시간(Turn-Around Time)은 얼마인가? (2018-2차)

프로세스	CPU 사용시간	우선순위
p1	2[ms]	3
p2	1[ms]	1
p3	8[ms]	3
p4	5[ms]	2
p5	1[ms]	4

① 11[ms] ② 14[ms]
③ 16[ms] ④ 17[ms]

해설

SJF(Shortest-Job-First)는 CPU의 점유 시간이 가장 짧은 프로세스에 CPU를 먼저 할당하는 방식이다.

Process 시간

Process	Burst Time
p1	21
p2	3
p3	6
p4	2

SJF(Shortest-Job-First) 정책 적용

p4	p2	p3	p1
0–2	2–5	5–11	11–32

0 2 5 11 32

$$평균시간 = \frac{0+2+5+11}{4} = 4.5ms$$

프로세스	CPU 사용시간	우선순위
p1	2[ms]	3
p2	1[ms]	1
p3	8[ms]	3
p4	5[ms]	2
p5	1[ms]	4

p1	p4	p1	p3	p5
1ms	5ms	2ms	8ms	1ms
6ms				
8ms				
16ms				

$$평균시간 = \frac{0+1+6+8+15}{5} = 6ms$$

p3의 반환시간(Turn-Around Time)은 위 표에서 16ms임을 알 수 있다.

정답 04 ③ 05 ④

04 대기하고 있는 프로세스 p1, p2, p3, p4의 처리시간은 24[ms], 9[ms], 15[ms], 10[ms] 일 때, 최단 작업 우선(SJF, Shortest-Job-First) 스케쥴링으로 처리했을 때 평균 대기 시간은 얼마인가? (2019-2차)

① 8.5[ms] ② 14.5[ms]
③ 15.5[ms] ④ 25.25[ms]

해설

SJF(Shortest−Job−First)는 CPU의 점유 시간이 가장 짧은 프로세스에 CPU를 먼저 할당하는 방식이다.

Process 시간

Process	Burst Time
p1	21
p2	3
p3	6
p4	2

SJF(Shortest-Job-First) 정책 적용

p4	p2	p3	p1
0	2	5	11 (끝 32)

$$평균시간 = \frac{0+2+5+11}{4} = 4.5ms$$

p1, p2, p3, p4의 처리시간은 24[ms], 9[ms], 15[ms], 10[ms]이므로

p2	p4	p3	p1
9ms	10ms	15ms	24ms
19ms			
34ms			

$$평균시간 = \frac{0+9+19+34}{4} = 15.5ms$$

05 다음 중 연결 리스트(Linked List)에 대한 설명으로 틀린 것은? (2021-3차)

① 연결 리스트는 데이터 부분과 포인터 부분을 가지고 있다.
② 포인터는 다음 자료가 저장된 주소를 기억한다.
③ 삽입, 삭제가 쉽고 빠르며 연속적 기억 장소가 없어도 노드의 연결이 가능하다.
④ 포인터 때문에 탐색 시간이 빠르고 링크 부분만큼 추가 기억 공간이 필요하다.

해설

자료구조는 크게 선형과 비선형으로 구성되어 있다.

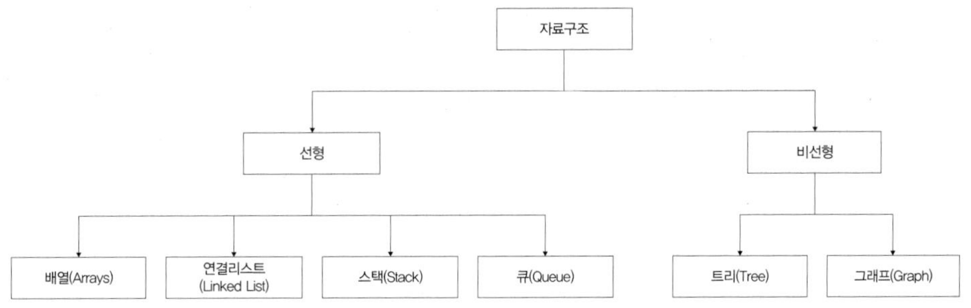

정답 06 ②

구분	배열(Array)	연결 리스트(Linked List)
장점	배열 내 요소의 주소를 나타내는 '인덱스(Index)'를 통해 원하는 요소에 접근하는 것으로 빠른 검색이 가능하다.	데이터 입력 시 주소가 순차적이지 않으며 크기도 유동적이다. 인덱스 대신 현재 위치의 이전 및 다음 위치를 기억하는 형태로, 요소 중간에 삽입, 삭제 시 논리적 주소만 바꿔주면 되기 때문에 데이터 삽입, 삭제가 용이하다.
단점	선언할 때 크기가 고정되어 메모리가 모자랄 경우 모든 요소를 새로운 메모리로 이동해야 한다. 즉, 중간에 삽입하거나 삭제 시 위치를 이동시켜야 하므로 비효율적이다.	원하는 데이터 요소에 바로 접근이 가능하지 않고 연결되어있는 링크를 따라 가야만 접근이 가능하기 때문에 접근속도가 느리다.

결과적으로 모든 원소의 값을 한 번에 읽어야 한다면 연결 리스트, 특정한 원소만 알고 싶으면 배열방식이 좋다.

06 다음 중 운영체제의 프로세스 관리기능에 속하지 않는 것은? (2015-3차)

① 사용자 및 시스템 프로세스의 생성과 제거
② 프로그램 내 명령어 형식의 변경
③ 프로세스 동기화를 위한 기법의 제공
④ 교착상태 방지를 위한 기법 제공

해설

프로세스(Process)는 메인 메모리에 할당되어 실행 중인 상태인 프로그램을 말한다. 프로그램은 일반적으로 하드디스크(보조기억장치)에 저장되어 아무 일도 하지 않는 상태이다. 프로세스는 실행하면서 Stack Pointer, Data, Text, Register 등이 끊임없이 변한다. 프로세스는 Job, Task 등으로 불리기도 한다. 아래는 프로세스 상태 흐름이다.

구분	내용
New	프로그램이 메인 메모리에 할당된다.
Ready	할당된 프로그램이 초기화와 같은 작업을 통해 실행되기 위한 모든 준비를 마친다.
Running	CPU가 해당 프로세스를 실행한다.
Waiting	프로세스가 끝나지 않은 시점에서 I/O로 인해 CPU를 사용하지 않고 다른 작업을 한다. 해당 작업이 끝나면 다시 CPU에 의해 실행되기 위해 Ready 상태로 돌아가야 한다.
Terminated	프로세스가 완전히 종료된다.

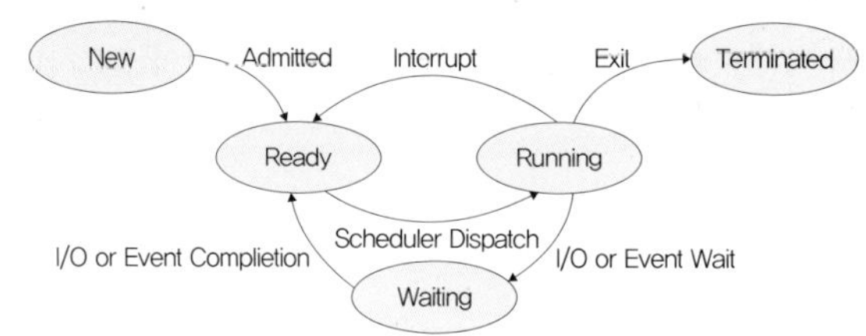

이를 통해 프로세스는

- 프로세스의 생성과 제거
- 프로세스 동기화
- 교착상태(Dead Lock)
- 프로세스 스케쥴링이 발생
- 프로세스 중지와 재수행
- 프로세스 간 통신
- 프로세스 간 자원의 공유

프로그램 내 명령어 형식의 변경은 프로세스와는 무관하다.

기출유형 07 ▶ 인터럽트(Interrupt)

인터럽트의 발생 요인이 아닌 것은? (2022-1차)

① 오류(Error) ② 서브루틴 호출
③ 입출력 처리 요구 ④ 정전

해설

인터럽트의 우선순위
전원 이상 → 기계착오 → 외부 신호 → 입 · 출력 → 명령의 잘못 사용 → 슈퍼바이저 호출(SVC)

| 정답 | ②

족집게 과외

인터럽트 동작 순서	인터럽트 요청 → 프로그램 실행 중단 → 현재의 프로그램 상태 보존 → 인터럽트 처리루틴 실행 → 인터럽트 서비스 루틴 실행 → 상태복구 → 중단된 프로그램 실행 재개
인터럽트 우선순위	전원 공급의 이상 > CPU의 기계적인 오류 > 외부 신호에 의한 인터럽트 > 입출력 전송 요청 및 전송 완료, 전송 오류 > 프로그램 검사 인터럽트 > 슈퍼바이저 호출(SVC 인터럽트)

주 프로그램 순서

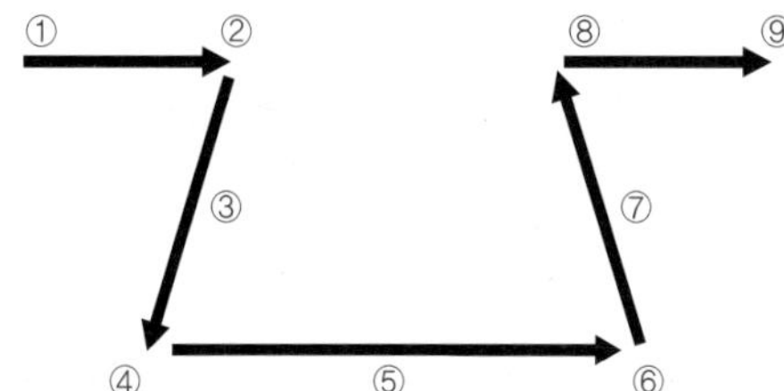

① 주 프로그램 실행
② 인터럽트 발생
③ 복귀주소 저장
④ 인터럽트 벡터로 점프
⑤ 인터럽트 처리
⑥ 인터럽트 처리 완료
⑦ 복귀주소 로드
⑧ 마지막에 실행되던 주소로 점프
⑨ 주 프로그램 실행

더 알아보기

인터럽트는 프로그램을 실행하는 도중에 예기치 않은 상황이 발생할 경우 현재 실행 중인 작업을 즉시 중단하고, 발생된 상황에 대한 우선 처리가 필요함을 CPU에게 알리는 것으로 현재 수행 중인 일보다 더 중요한 일(예 입출력, 우선순위 연산 등)을 먼저 처리하고 나서 하던 일을 계속해야 한다. 외부/내부 인터럽트는 CPU의 하드웨어 신호에 의해 발생하며 소프트웨어 인터럽트는 명령어의 수행에 의해 발생한다.

순서	내용
인터럽트 요청	내부든 외부든 장애나 요청에 의해 기존 하던 일을 중단 한다.
프로그램 실행 중단	현재 실행 중이던 Micro Operation까지 수행한다.
현재의 프로그램 상태 보존	PCB(Process Control Block), PC(Program Counter) 등의 상태를 보존한다.
인터럽트 처리루틴 실행	인터럽트를 요청한 장치를 식별한다.
인터럽트 서비스 루틴 실행	인터럽트 원인을 파악하고 실질적인 작업을 수행한다. 처리기 레지스터 상태를 보존하고 서비스 루틴 수행 중 우선순위가 더 높은 인터럽트가 발생하면 또 재귀적으로 1~5를 수행한다.
상태복구	인터럽트 발생 시 저장해둔 PC(Program Counter)를 다시 복구한다.
중단된 프로그램 실행	PC의 값을 이용하여 이전에 수행 중이던 프로그램을 재개한다.

❶ 인터럽트(Interrupt)

컴퓨팅에서 인터럽트(Interrupt)는 주의를 요하는 이벤트를 나타내기 위해 컴퓨터의 프로세서로 전송되는 신호로서 사용자 입력, 네트워크 활동, 디스크 또는 메모리 액세스와 같은 하드웨어 이벤트와 같은 프로세서 외부 이벤트를 처리하는 데 사용된다. 인터럽트가 발생하면 프로세서는 현재 작업을 일시 중단하고 인터럽트 핸들러라는 루틴을 실행하고 인터럽트 핸들러는 이벤트를 처리하고 인터럽트된 프로그램에 제어 권한을 반환한다. 인터럽트는 실시간 및 멀티태스킹 운영 체제에서 중요하며 인터럽트를 사용하면 프로세서가 이벤트를 지속적으로 확인할 필요 없이 이벤트에 신속하게 응답할 수 있다.

인터럽트는 하드웨어 또는 소프트웨어 인터럽트로 분류되며 하드웨어 인터럽트는 외부장치에 의해 생성되는 반면 소프트웨어 인터럽트는 프로세서에서 실행되는 소프트웨어에 의해 생성된다. 인터럽트는 인터럽트를 트리거하는 신호 유형에 따라 레벨 트리거 또는 에지 트리거로 분류할 수도 있다.

1) 외부 인터럽트

구분		내용
개념		입출력 장치, 타이밍 장치, 전원 등 외부적인 요인으로 발생하며 예로 전원 이상, 기계 착오, 외부 신호, 입출력에 발생
전원 이상 인터럽트		Power Fail Interrupt, 정전, 파워 이상 등에 의한 인터럽트
기계 착오 인터럽트		Machine Check Interrupt, CPU의 기능적인 오류
외부 신호 인터럽트 (External Interrupt)	타이머에 의한 인터럽트	자원이 할당된 시간이 다 끝난 경우
	키보드 인터럽트	대표적으로 Control + Alt + Delete(Rebooting)
	외부장치로부터 인터럽트 요청	I/O 인터럽트가 아닌 별도 장치에 의한 경우
입출력 인터럽트(I/O Interrupt)		입출력 장치가 데이터 전송을 요구하거나 전송이 끝나 다음 동작이 수행되어야 할 경우로서 입출력 데이터에 이상이 있는 경우

2) 내부 인터럽트

구분	내용
개념	Trap이라고 부르며, 잘못된 명령이나 데이터를 사용할 때 발생한다. 예로 0으로 나누기가 발생, 오버플로우, 명령어를 잘못 사용한 경우(Exception) 발생
프로그램 검사 인터럽트 (Program Check Interrupt)	Division by Zero, Overflow/Underflow, 기타 Exception

3) 소프트웨어 인터럽트(SVC: SuperVisor Call)

구분	내용
개념	프로그램 처리 중 명령의 요청에 의해 발생하는 것으로 SVC 인터럽트는 주로 사용자가 프로그램을 실행시킬 때 발생한다. 소프트웨어 이용 중에 다른 프로세스를 실행시키면 시분할 처리를 위해 자원 할당 동작이 수행된다.
동작	사용자가 프로그램을 실행시키거나 감시프로그램(Supervisor)을 호출하는 동작을 수행하는 경우 이거나 소프트웨어 이용 중 다른 프로세스를 실행시키면 시분할 처리를 위해 자원 할당 등의 동작이 수행된다.

컴퓨터는 Interrupt 요청 신호가 입력되면 프로그램 실행 중에 있는 CPU가 정상적인 처리를 멈추고, Interrupt에 대한 처리를 마친 후, 정산적인 처리를 다시 수행하게 된다.

❷ 인터럽트 발생처리 과정

주 프로그램이 실행되다가 인터럽트가 발생하면 현재 수행 중인 프로그램을 멈추고, 상태 레지스터와 PC 등을 스택에 잠시 저장한 뒤에 인터럽트 서비스 루틴으로 간다. 여기서 잠시 저장하는 이유는 인터럽트 서비스 루틴이 끝난 뒤 다시 원래 작업으로 돌아와야 하기 때문이다. 만약 인터럽트 기능이 없었다면, 컨트롤러는 특정한 어떤 일을 할 시기를 알기 위해 계속 체크를 해야 하며 이것을 폴링(Polling)이라고 한다. 폴링을 하는 시간에는 원래 하던 일에 집중할 수가 없게 되어 많은 기능을 제대로 수행하지 못하는 단점이 있다.

❸ 컨트롤러가 입력을 받아들이는 방법(우선순위 판별방법)

구분	폴링 방식	인터럽트 방식
내용	사용자가 명령어를 사용해 입력 핀의 값을 계속 읽어 변화를 알아내는 방식이다. 인터럽트 요청 플래그를 차례로 비교하여 우선순위가 가장 높은 인터럽트 자원을 찾아 이에 맞는 인터럽트 서비스 루틴을 수행한다.	하드웨어적으로 변화를 체크하여 변화가 있는 경우에만 일정한 동작을 하는 방식으로 Daisy Chain, 병렬 우선순위 부여 등이 있다. 실시간 대응이 필요할 때는 필수적인 기능이다.
장점	전통적인 순차 방식이다.	폴링에 비해 신속하게 대응이 가능하다.
단점	하드웨어에 비해 속도가 느리다.	하드웨어로 지원을 받아야 하는 제약이 있다.

❹ 인터럽트 단계

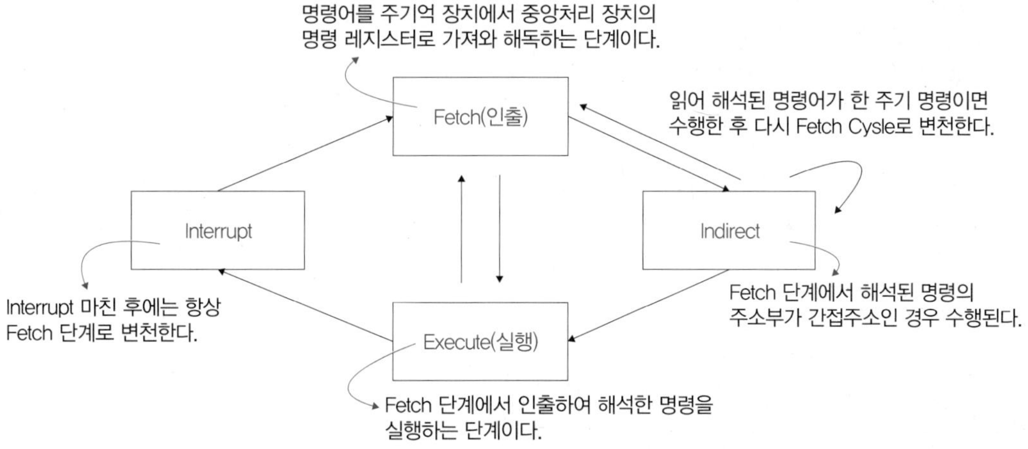

인출 단계(Fetch Cycle)	간접 단계(Indirect Cycle)
읽어와 해석된 명령어가 1 Cycle 명령이면 이를 수행한 후 다시 Fetch Cycle로 변천한다. 1 Cycle 명령이 아니면, 해석된 명령어의 모드 비트에 따라 직접주소와 간접주소를 판단한다. • 모드 비트가 0이면 직접주소이므로 Execute 단계로 이동한다. • 모드 비트가 1이면 간접주소이므로 Indirect 단계로 이동한다.	이 사이클에서는 Fetch 단계에서 해석한 주소를 읽어온 후 그 주소가 간접주소이면 유효주소를 계산하기 위해 다시 Indirect 단계를 수행한다. 간접주소가 아닌 경우에는 명령어에 따라서 Execute 단계 또는 Fetch 단계로 이동할지를 판단한다. • 분기 같은 1 Cycle 명령이면 Fetch Cycle로 한다. • 실행 명령이면 Execute Cycle로 한다.
실행 단계(Execute Cycle)	**인터럽트 단계(Interrupt Cycle)**
Execute 단계에서는 플래그 레지스터의 상태 변화를 검사하여 Interrupt 단계로 변천할 것인지를 판단한다.	인터럽트 발생 시 복귀주소(PC)를 저장시키고, 제어 순서를 인터럽트 처리 프로그램의 첫 번째 명령으로 옮기는 단계이다.

정답 01 ② 02 ③ 03 ④ 04 ④

01 다음 지문은 인터럽트 처리 과정을 나타낸 것이다. 처리 과정의 순서를 올바르게 나열한 것은?
(2015-1차)(2021-2차)(2022-3차)

ⓐ 주변장치로부터 인터럽트 요구가 들어옴
ⓑ PC 내용을 스택에서 꺼냄
ⓒ 본 프로그램으로 복귀
ⓓ 인터럽트 서비스 루틴의 시작 번지로 점프해서 프로그램 수행
ⓔ PC 내용을 스택에 저장
ⓕ 중단했던 원해의 프로그램 번지로부터 수행

① ⓐ → ⓓ → ⓑ → ⓒ → ⓕ → ⓔ
② ⓐ → ⓔ → ⓓ → ⓑ → ⓒ → ⓕ
③ ⓔ → ⓐ → ⓓ → ⓑ → ⓒ → ⓕ
④ ⓔ → ⓐ → ⓑ → ⓓ → ⓒ → ⓕ

해설

인터럽트 동작 순서

순서	내용
인터럽트 요청	내부든 외부든 장애나 요청에 의해 기존 하던 일을 중단한다.
프로그램 실행 중단	현재 실행 중이던 Micro Operation까지 수행한다.
현재의 프로그램 상태 보존	PCB(Process Control Block), PC(Program Counter) 등의 상태를 보존한다.
인터럽트 처리 루틴 실행	인터럽트를 요청한 장치를 식별한다.
인터럽트 서비스 루틴 실행	인터럽트 원인을 파악하고 실질적인 작업을 수행한다. 처리기 레지스터 상태를 보존하고 서비스 루틴 수행 중 우선순위가 더 높은 인터럽트가 발생하면 또 재귀적으로 1~5를 수행한다.
상태복구	인터럽트 발생 시 저장해둔 PC(Program Counter)를 다시 복구한다.
중단된 프로그램 실행 재개	PC의 값을 이용하여 이전에 수행 중이던 프로그램을 재개한다.

02 다음 중 인터럽트의 발생 원인에 대한 설명으로 틀린 것은? (2014-2차)

① 컴퓨터 구성품의 물리적 결함
② 주변 장치들의 동작에 따른 중앙처리장치에 대한 기능 요청
③ 프로그램 내 A 루틴에서 B 루틴으로의 연결
④ 긴급 정전사태 발생으로 인한 컴퓨터 전원 OFF

해설

인터럽트는 컴퓨터가 프로그램을 수행하는 도중에 컴퓨터 내부나 주변에서 발생할 수 있는 긴급 상황으로 발생한다. 프로그램 내 A 루틴에서 B 루틴으로의 연결은 인터럽트가 아닌 사전에 정의한 프로그램이다.

03 다음 지문의 괄호 안에 들어갈 용어는?
(2012-2차)(2013-3차)

컴퓨터는 (   ) 요청신호가 입력되면 프로그램 실행 중에 있는 CPU가 정상적인 처리를 멈추고, (   )에 대한 처리를 마친 후, 정상적인 처리를 다시 수행하게 된다.

① Recursive
② DUMP
③ DMA
④ Interrupt

해설

인터럽트(Interrupt)는 프로그램을 실행하는 도중에 예기치 않은 상황이 발생할 경우 현재 실행 중인 작업을 즉시 중단하고, 발생된 상황에 대한 우선 처리가 필요함을 CPU에게 알리는 것이다. 인터럽트(Interrupt) 발생 시 복귀주소를 기억시키기 위해 Stack을 사용한다.

04 다음 중 인터럽트의 우선순위가 가장 높은 것은? (2014-3차)(2016-3차)

① 기계착오
② 외부신호
③ SVC
④ 전원 이상

해설

전원 이상 → 기계착오 → 외부 신호 → 입·출력 → 명령의 잘못 사용 → 슈퍼바이저 호출(SVC)

정답 05 ① 06 ② 07 ① 08 ④

05 **인터럽트의 처리 과정에서 인터럽트 처리 프로그램(Interrupt Handling Program)으로 이전하기 전에 시스템 제어 스택(System Control Stack)에 저장해야 할 정보는 무엇인가?**

(2012-2차)(2018-2차)

① 현재의 프로그램 계수기(Program Counter)의 값
② 이전에 수행하던 프로그램의 명칭
③ 인터럽트를 발생시킨 장치의 명칭
④ 인터럽트 처리 프로그램의 시작 주소

해설

인터럽트가 발생하면 현재의 명령을 우선 완료하고 PSW(Program Status Word)/PC(Program Counter)값을 제어 스택에 저장한다. 그러므로 시스템 제어 스택에 저장하는 것은 현재의 프로그램 계수기(Program Counter)의 값이다.

06 **CPU가 어떤 프로그램을 순차적으로 수행하는 도중에 외부로부터 인터럽트 요구가 들어오면, 원래의 프로그램을 중단하고, 인터럽트를 위한 프로그램을 먼저 수행하게 되는데 이와 같은 프로그램을 무엇이라 하는가?**

(2013-1차)

① 명령 실행 사이클
② 인터럽트 서비스 루틴
③ 인터럽트 사이클
④ 인터럽트 플래그

해설

인터럽트 핸들러(Interrupt Handler) 또는 인터럽트 서비스 루틴(Interrupt Service Routine, ISR)은 인터럽트 접수에 의해 발생 되는 인터럽트에 대응하여 특정 기능을 처리하는 기계어 코드 루틴이다. 운영 시스템이나 임베디드에서 장치 드라이버에서 요구하는 일을 처리하는 기능적 코드 집합으로 콜백 루틴 방식으로 처리된다.

07 **인터럽트의 우선순위를 바르게 나열한 것은?**

(2016-3차)

① 전원 이상 → 기계착오 → 외부 신호 → 입·출력 → 명령의 잘못 사용 → 슈퍼바이저 호출(SVC)
② 슈퍼바이저 호출(SVC) → 전원 이상 → 기계착오 → 외부 신호 → 입·출력 → 명령의 잘못 사용
③ 슈퍼바이저 호출(SVC) → 입·출력 → 외부 신호 → 기계착오 → 전원 이상 → 명령의 잘못 사용
④ 기계착오 → 외부 신호 → 입·출력 → 명령의 잘못 사용 → 전원 이상 → 슈퍼바이저 호출(SVC)

해설

인터럽트 동작 순서	인터럽트 요청 → 프로그램 실행 중단 → 현재의 프로그램 상태 보존 → 인터럽트 처리루틴 실행 → 인터럽트 서비스 루틴 실행 → 상태복구 → 중단된 프로그램 실행 재개
인터럽트 우선순위	전원 공급의 이상 > CPU의 기계적인 오류 > 외부 신호에 의한 인터럽트 > 입출력 전송 요청 및 전송 완료, 전송 오류 > 프로그램 검사 인터럽트 > 수퍼바이저 호출(SVC 인터럽트)

08 **CPU 내부에 있는 특수 목적용 레지스터 중 하나로, 인터럽트 수행과정에서 원래의 프로세스가 수행될 수 있도록 프로그램 카운터의 주소를 임시로 저장하는 레지스터를 무엇이라 하는가?**

(2014-3차)

① 명령 레지스터
② 상태 레지스터
③ 기억장치 버퍼 레지스터
④ 스택 포인터

해설

스택 포인터

- 중앙처리 장치 안에는 스택에 데이터가 채워진 위치를 가리키는 레지스터인 스택 포인터(SP)를 갖고 있다.
- 스택 포인터가 가리키는 곳까지가 데이터가 채워진 영역이고, 그 이후부터 스택 끝까지는 비어있는 영역이다.
- 스택에 새로운 항목이 추가되거나 스택에서 데이터가 제거되면, 스택 포인터의 값이 증가하거나 감소한다.
- 스택은 PUSH와 POP 두 가지 동작에 의하여 액세스 된다(PUSH: 스택에 데이터 추가, POP: 스택에서 데이터 제거).

09 산술 결과값이 오버플로(Overflow)가 일어났을 때 제어의 흐름이 계속되지 않고 고정된 기억위치로 스위치되어 오버플로(Overflow)에 대한 적절한 처리를 하도록 하는 경우를 무엇이라고 하는가? (2015-2차)

① 서브루틴 ② 분기
③ 인터럽트 ④ 트랩

해설

트랩(Trap)

관리 주체(관리자, 운영체제 등)가 요청하지 않더라도, 특정 개체가, 자신이 처한 상황(특별한 조건)에 따라, 자의적으로 생성하여 이를 알리는 수단이다(SNMP Trap이 대표적이다).

10 다음 중 여러 I/O 모듈들이 인터럽트를 발생시켰을 때 CPU가 확인하는 시간이 가장 긴 것은? (2015-2차)

① 다수 인터럽트 선(Multiple Interrupt Lines)
② 소프트웨어 폴(Software Poll)
③ 데이터 체인(Daisy Chain)
④ 버스 중재(Bus Arbitration)

해설

② 소프트웨어 폴(Software Poll): CPU가 모든 입출력 제어기들에 접속된 TEST I/O선을 이용하여 인터럽트를 요구한 장치를 검사하는 것으로 우선순위의 변경 용이하고 별도의 하드웨어가 필요 없으나 처리 시간이 오래 걸린다.

① 다수 인터럽트선(Multiple Interrupt Lines): 인터럽트 요구선과 확인선을 접속하는 방식으로 인터럽트를 요구한 장치를 쉽게 찾을 수 있으나 하드웨어가 복잡하고 입출력 장치의 수가 CPU의 인터럽트 요구 입력핀의 수에 의해 제한된다.

③ 데이터 체인(Daisy Chain): 모든 입출력 모듈이 하나의 인터럽트 요구선을 공유하는 방식으로 프로세서와 가장 가까운 모듈이 우선순위가 높다.

④ 버스 중재(Bus Arbitration): 인터럽트를 요구하기 전에 먼저 버스에 대한 사용권을 획득하는 것으로 매 순간 하나의 모듈만이 인터럽트 전송이 가능하며 프로세서는 다수의 인터럽트 신호를 인지 가능해야 인터럽트 확인신호를 활성화함으로써 응답한다.

11 다음 중 컴퓨터 프로그램의 명령에서 연산자의 기능이 아닌 것은? (2017-2차)

① 함수연산 기능
② 전달 기능
③ 제어 기능
④ 인터럽트 기능

해설

명령어(Instruction)은 명령코드(Operation)과 오퍼랜드(Operand)의 두 개 부분으로 구성된다. 인터럽트(Interrupt)는 프로그램을 실행하는 도중에 예기치 않은 상황이 발생할 경우 현재 실행 중인 작업을 즉시 중단하고, 발생된 상황에 대한 우선 처리가 필요함을 CPU에게 알리는 것이다.

12 다음은 명령어의 형식에 대한 설명이다. 괄호 안에 들어갈 용어로 옳은 것은? (2018-2차)

> 명령어 형식에서 (가)은/는 입력과 출력, 가산 등의 기능부를 나타내며, (나)은/는 데이터의 소재를 나타내는 주소부로 나뉜다.

① 가: Operation Code 1, 나: Operation Code 2
② 가: Operand, 나: Operation Code 1
③ 가: Operation Code, 나: Operand
④ 가: Operand, 나: Instruction Code

정답 13 ① 14 ③ 15 ③

해설

명령어(Instruction)는 명령코드(Operation)와 오퍼랜드(Operand)의 두 개 부분으로 구성된다.

연산 (Operation)	연산코드(OP Code) 부분으로서 컴퓨터의 메모리에 저장된 명령어의 일부이고, 컴퓨터에게 특수한 명령을 수행하도록 명령하는 이진코드로 구성되어있고 제어장치는 메모리로부터 이러한 명령을 읽어서 연산코드 비트부분을 해석하여 레지스터에 마이크로 연산을 실행하는 일련의 제어함수를 발생시킨다.
주소 필드 (Operand)	컴퓨터 명령어의 피연산자는 주소 필드이다. 처리할 데이터가 저장되어있는 레지스터나 메모리 워드주소, 또한 연산결과가 저장될 장소의 주소를 나타낸다. 주소 필드의 크기가 n비트면 2^n의 메모리 용량을 사용할 수 있다.

13 **다음 중 인터럽트에 대한 설명으로 틀린 것은?** (2020-2차)

① 인터럽트 수행 중에는 다른 인터럽트가 발생하지 못한다.

② 인터럽트 발생 후에는 복귀하기 위해서는 스택(Stack)이 필요하다.

③ 인터럽트 발생은 인터럽트 플래그에 의해 결정된다.

④ 인터럽트 발생하면 주프로그램은 중단이 되고 인터럽트 서비스 루틴으로 이동한다.

해설

① 인터럽트 수행 중에는 다른 인터럽트가 발생할 수 있다. 즉, 하나의 인터럽트가 발생하는 동안 다른 인터럽트 요청이 있는 경우 인터럽트 우선순위에 따라 추가 인터럽트가 발생 될 수 있다.

14 **다중프로그래밍(Multi-Programming)을 위하여 시스템이 갖추어야 할 것 중 관계가 가장 적은 것은?** (2012-1차)(2015-3차)

① 인터럽트(Interrupt)

② 가상메모리(Virtual Memory)

③ 시분할(Time Slicing)

④ 스풀링(Spooling)

해설

① 인터럽트(Interrupt): 요청 신호가 입력되면 프로그램 실행 중에 있는 CPU가 정상적인 처리를 멈추고 우선처리를 하는 것이다.

② 가상메모리(Virtual Memory): 메모리 관리 기법의 하나로, 기계에 실제로 이용 가능한 기억 자원을 이상적으로 추상화하여 사용자들에게 매우 큰 메모리로 보이게 만드는 것을 말한다. 각 프로그램에 실제 메모리 주소가 아닌 가상의 메모리 주소를 주는 방식이다.

③ 시분할(Time Slicing): CPU 등이 시간을 분할하여 사용자에게 공평하게 자원을 할당하여 주기 위한 방식이다.

④ 스풀링(Spooling): Simultaneous Peripheral Operation On-Line의 줄임말로서 컴퓨터 시스템에서 중앙처리장치와 입출력 장치가 독립적으로 동작하도록 함으로써 중앙처리장치에 비해 주변장치의 처리 속도가 느려서 발생하는 대기시간을 줄이기 위해 고안된 기법이다.

15 **다음은 인터럽트 서비스 루틴에 해당하는 연산을 나타낸 것이다. 괄호 안에 들어갈 연산 과정은?** (2018-2차)

t0: MBR ← PC
t1: MAR ← SP, (   )
t2: M[MAR] ← MBR, SP ← SP−1

① AC ← ISR의 시작주소

② SP ← ISR의 시작주소

③ PC ← ISR의 시작주소

④ MBR ← ISR의 시작주소

정답 16 ② 17 ③ 18 ②

해설

간접 사이클의 마이크로 연산 절차		
t0	MBR ← PC	프로그램 카운터의 내용이 MBR로 보내진다.
t1	MAR ← SP, PC ← ISR	• 스택포인터(SP)의 내용이 MBR로 전달된다. • PC의 내용은 ISR(Interrupt Service Routine)의 시작 주소로 변경된다.
t2	M[MAR] ← MBR	MBR에 저장되어 있던 원래 Program Counter의 내용이 Stack에 저장된다.

16 다음 중앙처리장치의 명령어 싸이클 중 (가)에 알맞은 것은? (2023-1차)

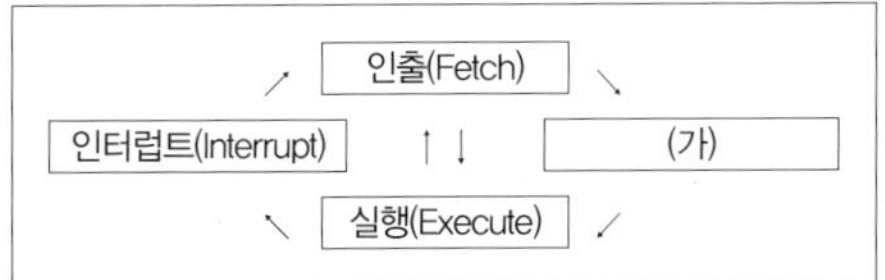

① Instruction ② Indirect
③ Counter ④ Control

해설

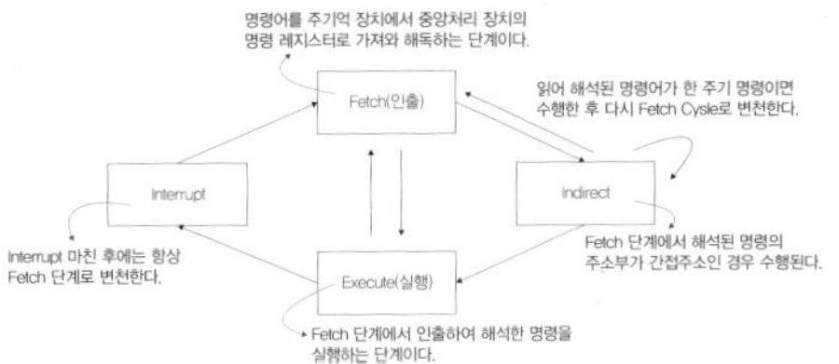

17 CPU가 무엇인가를 하고 있는가를 나타내는 상태를 메이저 상태라고 하는데 다음 중 메이저 상태의 종류에 해당되지 않는 것은? (2012-2차)

① Fetch 상태
② Indirect 상태
③ Timing 상태
④ Interrupt 상태

해설

주요 상태에 관한 세부 내용

구분	내용
Fetch(인출) Cycle	명령을 CPU로 가져오는 주기
Indirect(간접) Cycle	Operand가 간접주소일때 수행하는 주기
Execute(실행) Cycle	실질적인 연산을 수행하는 주기
Interrupt(중단) Cycle	현재 수행 중인 명령어를 중단하는 상태

Timing 상태는 시간에 관한 정보로서 CPU의 주요 기능과는 무관하다.
명령문 인출(명령문을 가져온다) → 명령문 해독(인출기반 해독) → 피연산자 인출 → 실행 → 인터럽트 조사

18 Job Scheduling에서 우선순위에 밀려서 작업처리가 지연될 경우, 지연되는 정도에 따라서 우선순위를 높여주는 것을 무엇이라 하는가? (2019-2차)

① Changing
② Aging
③ Controlling
④ Deleting

해설

선점형 스케줄링 기법

준비 상태(=Ready Queue)에 있는 프로세스들 중에서 우선순위가 가장 높은 프로세스에게 먼저 CPU를 할당하는 기법이다. 우선순위에 따라서 실행 중인 프로세스가 실행을 멈추고 다른 프로세스에게 CPU를 빼앗길 수 있는 기법이다.

구분	내용
RR (Round-Robin)	비선점 기법인 FIFO(FCFS)를 선점형 기법으로 변환한 스케줄링 기법

정답 19 ①

SRT	Shortest Remaining Time, 비선점 기법인 SJF 스케쥴링 기법을 선점형 기법으로 변환한 스케줄링 기법
MLQ	Multi Level Queue(다단계 큐 스케줄링), 프로세스들을 특정 그룹으로 분리하여, 각 그룹마다 독자적인 Queue를 이용해서 스케줄링 하는 기법
MLFQ	Multi Level Feedback Queue (다단계 피드백 큐 스케줄링), 특정 그룹의 Queue에 들어간 프로세스가 다른 Queue로 이동하거나 변경이 불가능한 MLQ 기법을, 서로 다른 Queue로도 이동할 수 있도록 개선한 기법
우선순위 (Priority)	비선점형 우선순위 기법에서는, 대기상태에 있는 프로세스들 간의 우선순위를 비교하였지만, 선점형 우선순위 기법에서는 현재 실행 중인 프로세스까지 함께 비교하여서, 만약 현재 실행 중인 프로세스보다 우선순위가 더 높은 프로세스가 대기열에 들어오게 된다면, 실행 중인 프로세스를 멈추고 더 높은 우선순위인 프로세스를 진행
Aging(에이징) 기법	특정 프로세스의 우선순위가 낮아서 무한정 기다리는 경우를 방지하기 위해서 기다린 시간에 비례해서 일정 시간이 지나면 우선순위를 한 단계씩 높여주는 방법

19 다음 중 선점형 스케줄링(Preemptive Process Scheduling)에 해당하지 않는 것은? (2017-2차)

① SJF(Shortest Job First) 스케줄링
② RR(Round Robin) 스케줄링
③ SRT(Shortest Remaining Time) 스케줄링
④ MFQ(Multi-level Feedback Queue) 스케줄링

해설

스케줄링은 크게 2가지 기법인 비선점형 스케줄링 기법과 선점형 스케줄링 기법이 있다.

비선점형 스케줄링

구분	내용
FIFO	First In First Out
SJF	Shortest Job First
HRN/HRRN	Highest Response Ratio Next, "우선순위"를 계산해서 프로세스들에게 순서를 부여
우선순위 (Priority)	더 높은 우선순위를 가지는 프로세스를 대기상태의 가장 첫 번째에 넣는 방식
기한부 (Deadline)	CPU의 시간을 정해주고, 그 시간 안에 프로세스를 완료하도록 하는 기법

선점형 스케줄링 기법

구분	내용
RR (Round-Robin)	비선점 기법인 FIFO(FCFS)를 선점형 기법으로 변환한 스케줄링 기법
SRT	Shortest Remaining Time
MLQ	Multi Level Queue(다단계 큐 스케줄링)
MLFQ	Multi Level Feedback Queue (다단계 피드백 큐 스케줄링)
우선순위 (Priority)	실행 중인 프로세스를 멈추고 더 높은 우선순위인 프로세스를 진행
Aging(에이징) 기법	무한정 기다리는 경우를 방지하기 위해서 기다린 시간에 비례해서 일정 시간이 지나면 우선순위를 한 단계씩 높여주는 방법

기출유형 08 ▶ MAR(Memory Address Register), MBR(Memory Buffer Register)

바이트(8bit) 단위로 주소지정을 하는 컴퓨터에서 MAR(Memory Address Register)과 MDR(Memory Data Register)의 크기가 각각 32비트이다. 512Mb(Mega bit) 용량의 반도체 메모리 칩으로 이 컴퓨터의 최대 용량으로 주기억장치의 메모리 배열을 구성하고자 한다. 필요한 칩의 개수는? (2020-2차)(2022-3차)

① 8개
② 16개
③ 32개
④ 64개

해설

각 기억장치는 고유주소가 할당되는데 바이트 주소로 지정할 수도 있고 단어(Word)로도 지정할 수 있다. 주기억장치용 램은 주로 바이트 단위로 표시하고 MAR은 주소를 기억하는 레지스터이고 MDR(Memory Date Register)는 데이터를 임시로 기억하는 레지스터이다.

MAR이 32bit이므로 $2^{MAR} \times MBR = 2^{32} \times 8 = 2^{35}$

하나의 칩의 크기가 512Mbit이므로 $(= 2^{29})$이므로 $\frac{2^{35}}{2^{29}} = 2^{6} = 64$가 된다.

즉, 64개의 Chip이 필요하다.

| 정답 | ④

족집게 과외

2^{MAR} x MBR

- MAR(Memory Address Register): 메모리 Access 시 특정 워드의 주소가 MAR에 전송된다.
- MBR(Memory Buffer Register): Register와 외부 장치 사이에서 전송되는 데이터의 통로이다.

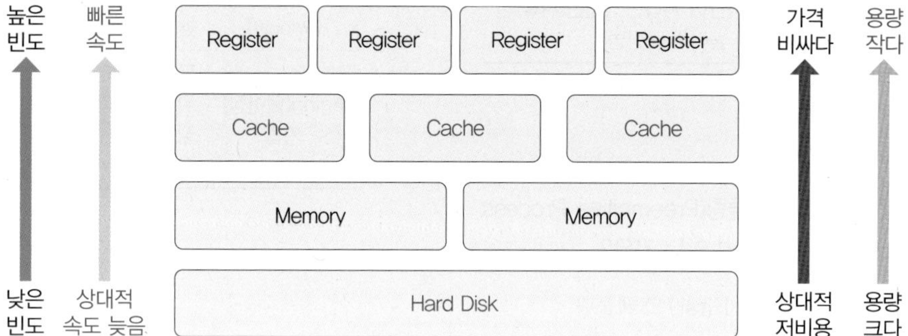

더 알아보기

명칭	위치	접근 속도
레지스터	CPU 내부	빠름
캐시	CPU 내부	빠름
메모리	CPU 외부	레지스터와 캐시보다 느림
하드디스크	CPU 직접 접근 불가	데이터를 메모리로 이동시켜 접근 가능

주기억장치는 캐시(Cache)와 연동하며 캐시의 주요 기능은 데이터나 값을 미리 복사해 놓는 임시 장소로서 시스템의 효율성을 위해 사용한다. 캐시의 접근 시간에 비해 원래 데이터를 접근하는 시간이 오래 걸리는 경우나 값을 다시 계산하는 시간을 절약하고 싶은 경우에는 속도가 빠른 장치와 느린 장치 사이에서 속도차에 따른 병목 현상을 완화하기 위한 범용 메모리가 캐시이다. 우리가 주로 사용하는 캐싱(Caching)은 캐시(Cache)라고 하는 좀 더 빠른 메모리 영역으로 데이터를 가져와서 접근하는 방식이다.

❶ 메모리 계층 구조(Memory Hierarchy)

메모리 주소 레지스터(MAR)와 메모리 버퍼 레지스터(MBR)는 컴퓨터의 중앙 처리 장치(CPU)에서 CPU와 메모리 간에 데이터에 액세스하고 데이터를 전송하는 데 사용되는 두 개의 레지스터이다.

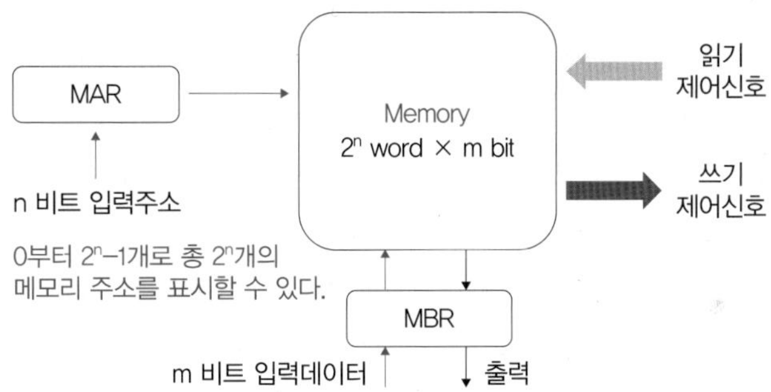

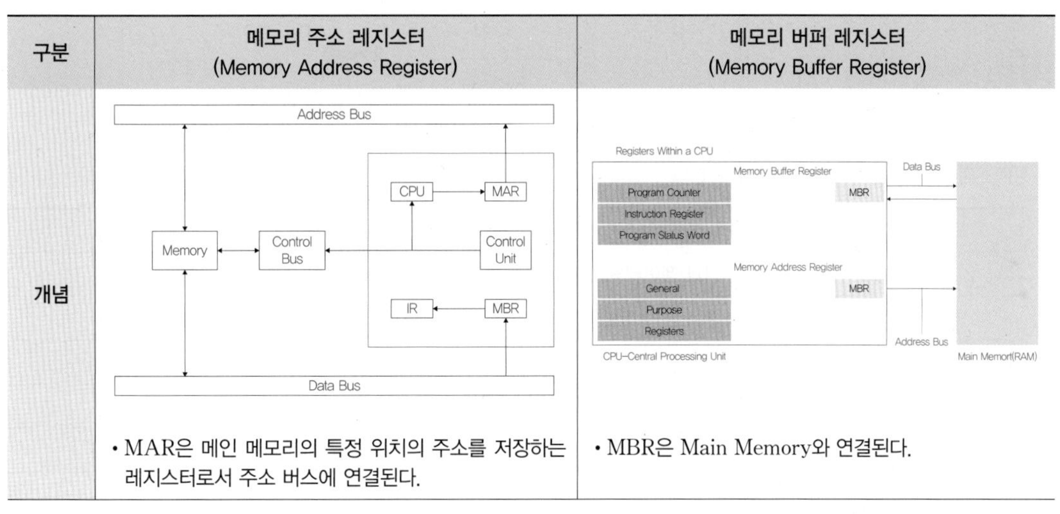

구분	메모리 주소 레지스터 (Memory Address Register)	메모리 버퍼 레지스터 (Memory Buffer Register)
개념	• MAR은 메인 메모리의 특정 위치의 주소를 저장하는 레지스터로서 주소 버스에 연결된다.	• MBR은 Main Memory와 연결된다.

내용	• CPU가 메모리에서 데이터에 액세스하려는 경우 데이터의 메모리 주소를 MAR에 저장하고 MAR은 데이터를 검색할 위치를 메모리에 알려주고며 메모리 컨트롤러가 MAR을 사용하여 메모리에서 데이터를 가져와 CPU로 전송한다. • 메모리에 액세스하거나 기록해야 하는 데이터의 메모리 주소를 저장하는 CPU의 레지스터로서 CPU가 메모리에서 데이터에 액세스하려는 경우 데이터의 메모리 주소를 MAR에 저장하고 MAR은 데이터를 검색할 위치를 메모리에 알려준다. 그런 다음 메모리 컨트롤러가 MAR을 사용하여 메모리에서 데이터를 가져와 CPU로 전송한다.	• CPU와 메모리 간에 전송되는 데이터를 임시로 저장하는 레지스터로서 CPU는 메모리에서 데이터를 읽거나 쓰려고 할 때 메모리 주소를 MAR에 배치하고 데이터가 MBR로 전송될 때까지 기다린다. 데이터가 MBR에 저장되면 CPU에서 처리하거나 메모리에 다시 기록할 수 있다. • MBR은 CPU의 다른 부분 간에 데이터를 전송하는 데도 사용된다. 예를 들어 CPU는 산술 또는 논리 연산을 수행할 때 결과를 메모리에 다시 쓰기 전에 MBR에 저장한다.
동작	메모리에 Access할 경우 특정 워드의 주소가 MAR에 전송된다.	레지스터와 외부 장치 사이에서 전송되는 데이터의 통로이다.

❷ 레지스터(Register)

CPU가 요청을 처리하는 데 필요한 데이터를 일시적으로 저장하는 기억장치로서 중앙처리장치인 CPU(Central Processing Unit)는 컴퓨터에서 4대 주요 기능(기억, 해석, 연산, 제어)을 관할하는 장치이다. CPU는 자체적으로 데이터를 저장할 방법이 없으므로 메모리로 직접 데이터를 전송할 수 없으며 연산을 위해서 반드시 레지스터를 거쳐야 하며, 이를 위해 레지스터는 특정 주소를 가리키거나 값을 읽어올 수 있다. 레지스터는 프로세서에 위치한 고속 메모리로, 프로세스가 바로 사용할 수 있는 소량의 데이터를 처리하며 중간에 결과 등을 담고 있는 영역이다.

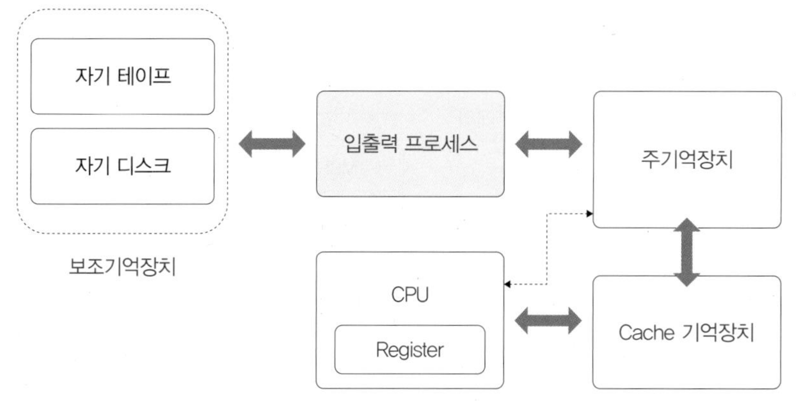

CPU 내부 레지스터 종류는 아래와 같다.

프로그램 계수기	다음에 실행할 명령어(Instruction)의 주소를 가지고 있는 레지스터
누산기	연산 결과 데이터를 일시적으로 저장하는 레지스터
명령어 레지스터	현재 수행 중인 명령어를 가지고 있는 레지스터
상태 레지스터	현재 CPU의 상태를 가지고 있는 레지스터
메모리 주소 레지스터	메모리로부터 읽어오거나 메모리에 쓰기 위한 주소를 가지고 있는 레지스터
메모리 버퍼 레지스터	메모리로부터 읽어온 데이터 또는 메모리에 써야할 데이터를 가지고 있는 레지스터
입출력 주소 레지스터	입출력 장치에 따른 입출력 모듈의 주소를 가지고 있는 레지스터
입출력 버퍼 레지스터	입출력 모듈과 프로세서 간의 데이터 교환을 위해 사용되는 레지스터

정답 01 ① 02 ④ 03 ③ 04 ②

01 주소영역(Address Space)이 1[GB]인 컴퓨터가 있다. 이 컴퓨터의 MAR(Memory Address Register)의 크기는 얼마인가? (2012-2차)(2017-3차)(2020-2차)

① 30비트
② 30바이트
③ 32비트
④ 32바이트

해설

MAR(Memory Address Register)

MAR이 n 비트인 경우 2^n 개의 기억장소 지정이 가능하다. 이러한 경우 0번지부터 2^{n-1}번지까지 총 2^n개의 주소에 데이터를 지정한다. 주소공간이 1[GB]이므로 2^n으로 변경하면 2^{30}이 되어 MAR의 크기는 30[bit]가 된다.

- KB(Kilo Byte) = 2^{10}[Byte]
- MB(Mega Byte) = 2^{20}[Byte]
- GB(Giga Byte) = 2^{30}[Byte]

02 다음 중 CPU의 개입 없이 메모리와 주변장치 간에 데이터를 전달할 수 있는 것은? (2018-1차)

① 인터럽트(Interrupt)
② 스풀링(Spooling)
③ 버퍼링(Buffering)
④ DMA(Direct Memory Access)

해설

직접 메모리 접근은 특정 하드웨어 하위 시스템이 CPU와 독립적으로 메인 시스템 메모리에 접근할 수 있게 해주는 컴퓨터 시스템의 기능이다. 한편, PIO(Programmed I/O)는 DMA(Direct Memory Access)의 반대개념으로써, 장치들 사이에 전송되는 모든 데이터가 중앙처리장치를 거쳐가는 방식이다. CPU는 입출력에 필요한 정보를 DMA 제어기에 알려서 I/O를 동작을 개시한 후 I/O 동작에는 더이상 관련하지 않는다.

03 입력장치에서 대량의 데이터를 전송하기 위해, 중앙처리장치(CPU)가 직접 기억장치 액세스(DMA, Direct Memory Access) 장치에 전달하는 정보로 틀린 것은? (2020-3차)

① 전송할 워드(Word) 수
② 입력장치의 주소
③ 작동할 연산(Operation) 수
④ 데이터를 저장할 주기억장치의 시작 주소

해설

직접 메모리 접근

특정 하드웨어 하위 시스템이 CPU와 독립적으로 메인 시스템 메모리에 접근할 수 있게 해주는 컴퓨터 시스템의 기능이다. CPU에서 DMA로 보내는 주요 자료는 I/O 장치의 수, 데이터가 있는 주기억장치의 시작주소, 입출력하고자 하는 자료의 양, DMA를 시작시키는 명령, 입출력을 결정하는 명령 등이 해당된다. 작동할 연산(Operation) 수는 CPU와 DMA 전달과는 무관하다.

04 다음 중 DMA(Direct Memory Access)에 대한 설명으로 틀린 것은? (2021-1차)

① 주변 장치와 기억장치 등의 대용량 데이터 전송에 적합하다.
② 프로그램 방식보다 데이터의 전송속도가 느리다.
③ CPU의 개입 없이 메모리와 주변장치 사이에서 데이터 전송을 수행한다.
④ DMA 전송이 수행되는 동안 CPU는 메모리 버스를 제어하지 못한다.

해설

직접 메모리 접근

특정 하드웨어 하위 시스템이 CPU와 독립적으로 메인 시스템 메모리에 접근할 수 있게 해주는 컴퓨터 시스템의 기능이다. 일반적으로 입출력 프로그램에 의한 전송과 다른 점은 CPU의 레지스터를 경유하지 않는다는 특징이 있다. 그러므로 DMA 제어방식은 프로그램 I/O 제어방식이나 인터럽트 I/O 제어방식보다 전송속도가 빠르다. DMA에 의한 입출력이 시작되면 중앙처리장치는 입출력을 관여할 필요가 없으므로 별도의 동작을 수행할 수 있다. DMA는 속도가 빠른 장치들과의 입출력할 때 주로 사용하는 방식이다.

기출유형 09 ▶ 프로그램 계수기(PC, Program Counter)

상대 주소지정(Relative Addressing)에서 사용하는 레지스터는 무엇인가? (2012-3차)

① 일반 레지스터(General Register)
② 색인 레지스터(Index Register)
③ 프로그램 계수기(Program Counter)
④ 메모리 주소 레지스터(Memory Address Register)

해설

마이크로프로세서(중앙 처리 장치) 내부에 있는 레지스터 중의 하나로서, 다음에 실행될 명령어의 주소를 가지고 있어 실행할 기계어 코드의 위치를 지정하기 때문에 명령어 포인터라고도 한다. 인텔의 ×86 계열의 CPU에서는 IP(Instruction Pointer)라고 한다.

| 정답 | ③

족집게 과외

Program Counter

인출할 명령어의 주소를 가지고 있는 레지스터로, 명령어가 인출된 후, 내용이 자동적으로 1 또는 명령어 길이만큼 증가하며, 분기 명령어가 실행될 경우, 목적지 주소로 갱신한다.

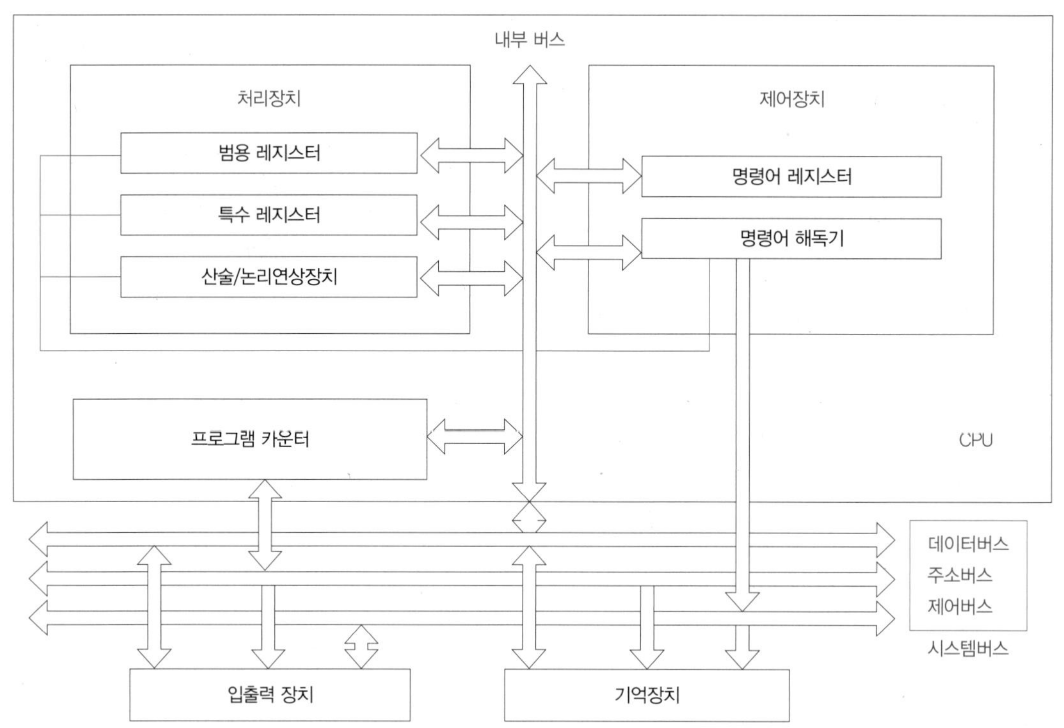

[중앙처리장치 도식화]

더 알아보기

산술논리유닛(ALU, Arithmetic and Logic Unit)
산술과 논리 연산을 하는 장치로서 연산장치라고도 한다. 가산기, 누산기, 보수기, 오버플로우 검출기, 쉬프트 레지스터, 데이터 레지스터로 구성된다.

제어장치(CU, Control Unit)
장치들에게 동작을 명령하고 제어하는 장치로서 명령어를 해독하여 처리할 수 있게 제어신호를 전송하여 수행하게 명령하는 역할을 담당하며 명령어 레지스터, 제어 주소 레지스터, 제어 버퍼 레지스터, 명령 해독기, 제어신호 발생기, 제어 기억장치, 순서 제어 모듈, 순차 카운터로 구성된다.

구분	내용
명령어 레지스터	현재 수행하는 명령어를 기억하는 레지스터
명령 해독기	명령어를 해독하는 회로로 디코더(Decoder)라 부름
제어신호 발생기	해독한 명령어에 따라 제어 신호를 생성하는 회로로 인코더(Encoder)라 부름
제어 주소 레지스터	다음 실행할 마이크로 명령어의 주소를 저장하는 레지스터
제어 버퍼 레지스터	읽어온 마이크로 명령어를 일시적으로 저장하는 레지스터
순서 제어 모듈	마이크로 명령어의 수행 순서를 결정하는 모듈
순차 카운터	해독한 명령에 따라 선택한 번호의 타이밍 신호를 생성

❶ CPU(Central Processing Unit)

CPU는 "중앙처리장치"를 의미하며 대부분의 처리 및 계산을 수행하는 컴퓨터의 기본 구성 요소이다. CPU는 명령 및 데이터 처리를 처리하고 다양한 하드웨어 구성 요소와 소프트웨어 응용 프로그램 간의 작업을 조정하기 때문에 종종 컴퓨터의 "두뇌"라고 하며 컴퓨터 시스템의 두뇌 역할을 하는 중앙처리장치로서 레지스터, 산술논리유닛(ALU), 제어장치(CU), 버스로 구성된다.

❷ 레지스터(Register)

CPU 내에서 데이터를 기억하는 메모리 장치로서 CPU 내에서 처리할 명령어나 연산에 사용할 값이나 연산 결과를 일시적으로 기억하는 장치이다. 메모리 장치 중에 가장 빠르며 플리플롭과 래치(Latch)를 병렬로 구성한다.

구분	내용
PC(Program Counter)	다음번에 실행할 명령어 주소를 기억하는 레지스터
IR(Instruction Register)	현재 실행 중인 명령을 기억하는 레지스터
AC(Accumulator)	연산 결과를 임시로 저장하는 레지스터로 누산기라 부름
Flag Register	상태를 기억하는 레지스터(오버플로우, 언더플로, 캐리, 인터럽트 등을 기억함)

또한 PSW(Program Status Word)는 시스템 내부의 순간순간의 상태를 기록하고 있는 정보를 의미한다.

구분	내용
MAR	Memory Address Register, 데이터의 주소를 기억하는 레지스터
MBR	Memory Buffer Register, 데이터를 임시로 기억하는 레지스터로 데이터를 처리하기 위해 반드시 거쳐 감
BR	Base Register, 명령의 시작 주소를 기억하는 레지스터

MSR	Major Status Register, CPU의 주 상태를 저장하는 레지스터
Index Register	프로그래머가 내용을 변경할 수 있으며 주소의 변경, 서브루틴 연결 및 반복 연산의 횟수에 사용
Data Register	연산에 사용할 데이터를 기억
Shift Register	자리 이동 레지스터

❸ 프로그램 카운터(Program Counter)

컴퓨터 프로그램에서 실행될 다음 명령의 메모리 주소를 저장하는 레지스터로서 명령 포인터라고도 한다. 프로그램 카운터는 대부분의 현대 프로세서의 기본 동작 원리인 Fetch-decode-execute 사이클의 기본 구성 요소로서 가져오기 단계에서 PC는 메모리의 다음 명령을 가리키도록 증분 된다. 그런 다음 명령어를 메모리에서 가져와 임시 레지스터에 저장하고 디코딩 단계 동안 명령은 디코딩되어 수행할 작업을 결정한다. 마지막으로, 실행 단계 동안, 명령어가 실행되고 PC가 다음 명령어를 가리키도록 증가한다.

PC는 각 명령어가 실행된 후 프로세서에 의해 자동으로 업데이트되므로 프로그램 카운터는 항상 메모리의 다음 명령어를 가리키며 이러한 방식으로, PC는 프로그램의 실행 흐름을 제어하고, 명령이 실행되는 순서를 결정한다. 일부 아키텍처에서 프로그램 카운터는 프로그램의 다른 부분으로 분기하거나 점프하는 것과 같이 다른 목적으로도 사용될 수 있다. 이 경우 프로그램 카운터의 값은 명시적으로 다른 메모리 주소로 설정되어 프로세서가 메모리의 해당 지점에서 명령을 실행하기 시작하도록 한다.

❹ 버스(Bus)

장치와 장치 사이에 정보를 주고받기 위한 전송선으로 주소, 자료, 제어 정보를 보내는 버스가 있다. CPU와 메모리 내에 구성하는 버스를 내부 버스라 부르고 주변 입출력 장치에 구성하는 버스를 외부버스라 한다.

01 다음 중 다음에 실행할 명령의 주소를 기억하여 제어장치가 올바른 순서로 프로그램을 수행하도록 하는 정보를 제공하는 레지스터는? (2022-3차)

① 명령 레지스터(IR)
② 프로그램 계수기(PC)
③ 기억장치 주소 레지스터(MAR)
④ 기억장치 버퍼 레지스터(MBR)

해설

② 프로그램 계수기(PC: Program Counter): 다음에 실행할 명령어의 주소를 기억하고 있는 중앙처리장치(CPU)의 레지스터 중 하나이다. 메모리에 있는 명령어들을 주기에 따라 순차적으로 실행될 수 있게 한다.
① 명령 레지스터(IR: Instruction Register): 명령 계수기가 지정하는 번지에 기억되어있는 명령어를 호출해서 해독하기 위해 명령어를 잠시 보관해 두는 특수목적 레지스터이다.
③ 메모리 주소 레지스터(MAR: Memory Address Register): CPU가 데이터를 읽거나 쓰려는 메모리 주소를 일시적으로 저장한다.
④ 기억장치 버퍼 레지스터(MBR: Memory Buffer Register): 즉시 액세스 스토리지에서 전송되는 데이터를 저장하는 컴퓨터 CPU의 레지스터이다. 메모리 주소 레지스터에 의해 지정된 메모리 위치에 있는 값의 복사본을 포함한다.

02 다음 지문이 설명하고 있는 것은? (2012-2차)(2017-3차)

> 인출할 명령어의 주소를 가지고 있는 레지스터로, 명령어가 인출된 후, 내용이 자동적으로 1 또는 명령어 길이만큼 증가하며, 분기 명령어가 실행될 경우, 목적지 주소로 갱신한다.

① 기억장치 버퍼 레지스터
② 누산기
③ 프로그램 카운터
④ 명령 레지스터

해설

프로그램 카운터는 컴퓨터 아키텍처에서 프로그램에서 실행될 다음 명령의 메모리 주소를 저장하는 레지스터로서 명령 포인터라고도 한다. 프로그램 카운터는 대부분의 현대 프로세서의 기본 동작 원리인 Fetch-decode-execute 사이클의 기본 구성 요소로서 가져오기 단계에서 PC는 메모리의 다음 명령을 가리키도록 증분된다.

03 중앙 연산 처리 장치에서 마이크로 동작(Micro-Operation)이 순서적으로 일어나게 하려면 무엇이 필요한가? (2020-3차)(2023-1차)

① 스위치(Switch)
② 레지스터(Register)
③ 누산기(Accumulator)
④ 제어신호(Control Signal)

해설

마이크로 오퍼레이션은 Instruction을 수행하기 위해 CPU 내의 레지스터와 플래그가 의미 있는 상태 변환하도록 하는 동작이다. 마이크로 오퍼레이션은 레지스터에 저장된 데이터에 의해 이루어지는 동작으로 마이크로 오퍼레이션은 한 개의 Clock 펄스동안 실행되는 기본 동작이며 마이크로 오퍼레이션의 순서를 결정하기 위해서는 제어장치가 발생하는 신호를 제어 신호라고 한다. 한 개의 Instruction은 여러 개의 Micro Operation이 동작되어 실행되는 것이다.

04 다음 명령의 수행 결과값은? (2018-2차)(2022-1차)

```
mov cx, 4
mov dx, 7
sub dx, cx
```

① 1.75
② 3
③ 11
④ 28

해설

어셈블리언어

mem imm

ADD [EBP0×04] , 0×01

명령어 Opcode　피연산자 Operand

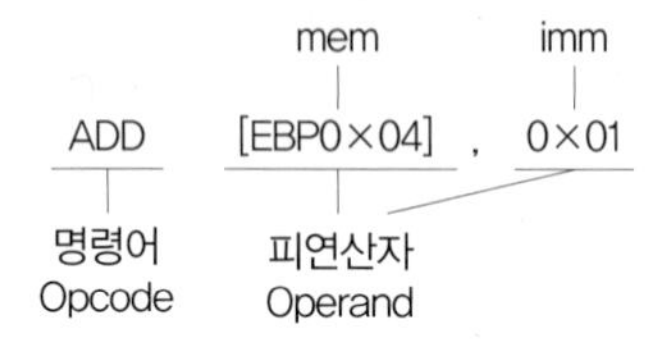

어셈블리언어는 콤마(",") 표시로 피연산자를 구분한다. 피연산자의 개수는 Opcode(명령어)에 따라 정해진다.

구분	내용	Operand 개수
INC	Operand의 값을 1씩 증가하는 함수이다.	1개
DEC	Operand의 값을 1씩 감소하는 함수이다.	1개
ADD	두 개의 Operand의 값을 덧셈 후 값을 첫 번째 Operand에 넣어둔다.	2개
SUB	두 개의 Operand의 값을 뺄셈 후 값을 첫 번째 Operand에 넣어둔다.	2개
MOV	두 번째 Operand의 값을 첫 번째 Operand에 복사하거나 대입한다.	2개

그러므로

구분	내용
MOV cx, 4	두 번째 Operand의 값을 첫 번째 Operand에 복사하므로 cx 레지스터에 4를 복사한다.
MOV dx, 7	두 번째 Operand의 값을 첫 번째 Operand에 복사하므로 dx 레지스터에 7은 복사한다.
SUB dx, cx	두 개의 Operand의 값을 뺄셈 후 값을 첫 번째 Operand에 넣어야 하므로 7－4＝3을 dx에 넣어둔다.

05 다음 중 지문에 있는 명령어와 종류가 다른 것은? (2017-1차)

> 마이크로프로세서를 구동하는 명령어에는 데이터 전송 명령어, 처리 명령어 및 제어 명령어로 나누어 볼 수 있다.

① MOVE
② STORE
③ PUSH
④ ADD

해설

위 문제에서 ADD는 산술연산 명령어이고 나머지는 데이터 전송 명령어이다.

마이크로프로세서 명령어

- 논리 연산 명령어: AND, OR, XOR, NOT 등
- 산술연산 명령어: ADD, SUB, MUL, DIV, INC 등
- 데이터 전송 명령어: LOAD, STORE, MOVE, PUSH, POP, INPUT, OUTPUT
- 데이터 제언 명령어: SKIP, JUMP 등

기출유형 10 ▶ 기계어(Machine Language)

프로그램을 작성할 때 프로그램의 내용과 과정을 이해하기 위하여 삽입하는 것으로 기계어로 번역되지 않는 부분은? (2010-2차)

① 변수
② 함수
③ 예약어
④ 주석문

해설

주석문

'주석'은 어려운 낱말이나 문장을 쉽게 풀이한 것으로 프로그래밍에서도 주석문은 비슷한 용도로 쓰인다. 프로그래밍에서 주석문은 코딩에 필요한 설명을 적어놓는 것으로 실제 프로그램에 영향을 주지 않으며 소스 코드의 동작이나 기능을 설명한다. 즉, 개발자가 주석을 보고 소스 코드의 내용을 파악고 이해할 수 있게 도와주는 기능을 한다.

| 정답 | ④

족집게 과외

- **Compile(컴파일)**: 사람이 작성한 소스 코드(프로그래밍 언어)를 컴퓨터가 이해할 수 있게 기계어로 해석하는 과정 (프로그래밍 언어 → 기계어)
- **Compiler(컴파일러)**: 언어 번역 프로그램

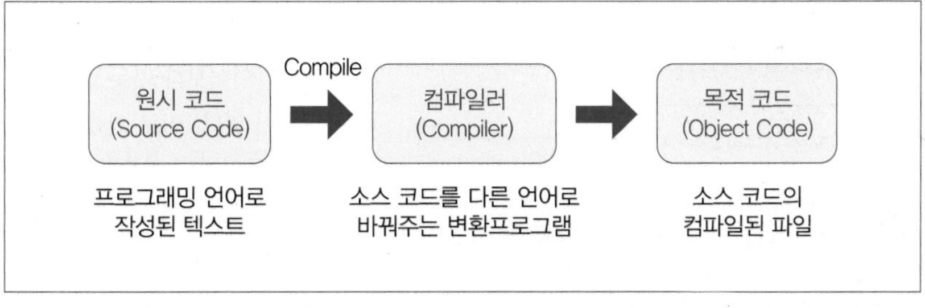

더 알아보기

구분	소스(Source) 코드	목적(Object) 코드
개념	소스 코드는 사람이 읽을 수 있는 컴퓨터 프로그램의 상위 수준 표현으로 Python, Java, C++ 또는 프로그래머가 소프트웨어를 만드는 데 사용하는 다른 언어와 같은 프로그래밍 언어로 작성된다. 이를 통해 사람이 쉽게 이해할 수 있는 구문과 의미를 사용하여 작성된다.	• 기계 코드 또는 이진 코드라고하는 소스 코드에 적용된 컴파일 프로세스의 결과이다. 즉, 소스 코드를 작성할 때 CPU가 이해하고 실행할 수 있는 언어로 번역해야 하며 이 변환은 컴파일러라는 프로그램에 의해 수행된다. • 컴파일러는 소스 코드를 입력으로 받아 CPU가 직접 실행할 수 있는 명령으로 변환하며 이 결과 기계 코드는 0과 1의 시퀀스로 표시되며 사람이 읽을 수 없으며 특정 도구 없이는 이해할 수 없다.
예제	예를 들어 간단한 "Hello, Great!" Python의 프로그램은 소스 코드에서 다음과 같이 보인다. `print("Hello,Great")` 프로그래머는 특정 작업이나 논리를 구현하기 위해 소스 코드를 작성하고 수정한다. 소스 코드는 개발자가 프로그램을 공동 작업, 검토, 유지 관리 및 디버깅하는 데 필수적이다.	목적(Object) 코드는 대상 아키텍처와 프로그램이 컴파일되는 플랫폼에 따라 다른 형식이다. 예를 들어 Windows 컴퓨터용 C++ 프로그램을 컴파일하면 Linux 컴퓨터용으로 동일한 프로그램을 컴파일할 때 생성되는 개체 코드와 목적 코드가 달라진다.

❶ 고급언어

기계어와 사람이 쓰는 언어 간 변환이 필요해서 프로그래밍 언어로 쓰여진 텍스트파일을 소스 코드라고 한다. 소스 코드를 변환하는 방식에 따라 컴파일러를 사용하는 방식과 인터프리터를 사용하는 방식으로 나눌 수 있다.

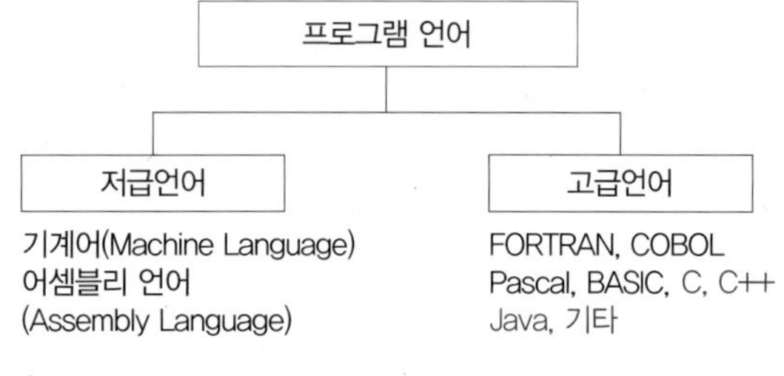

고급언어란 사람이 이해하고 작성하기 쉽게 고안된 언어로 저급언어보다 가독성이 좋고 다루기 간단하다는 장점이 있다. 이로 인해 생산성 증가에 발전이 있었다. 고급언어도 컴퓨터가 인식할 수 있는 기계어로 변환해야 사용할 수 있고, 변환프로그램의 작동방식에 따라 크게 컴파일러를 이용하는 방식과 인터프리터를 이용하는 방식으로 나눌 수 있다.

❷ 다른 언어와 연계를 위한 컴파일러 사용

컴파일러와 인터프리터는 고급 프로그래밍 언어로 작성된 코드를 컴퓨터의 CPU로 실행할 수 있는 기계 코드로 변환하는 데 사용되는 다른 유형의 소프트웨어이다.

구분	Compiler(컴파일러)	Interprinter(인터프린터)
개념	고급 프로그래밍 언어로 작성된 전체 소스 코드를 가져와 기계 코드로 변환하는 소프트웨어의 일종이다. 컴파일러의 출력은 대상 플랫폼에서 실행할 수 있는 실행 파일이다.	인터프리터는 고급 프로그래밍 언어로 작성된 소스 코드를 한 줄씩 읽고 실행하는 소프트웨어의 일종이다. 인터프리터는 각 코드 라인을 기계 코드로 변환하여 즉시 실행한다.
동작	컴파일 프로세스는 어휘 분석, 구문 분석, 의미 분석, 코드 생성 및 최적화를 포함한 여러 단계를 포함한다.	컴파일러와 달리 인터프리터는 실행 파일을 생성하지 않고 프로그램을 즉시 실행한다.

특징	컴파일러는 전체 소스 코드를 한 번에 기계 코드로 변환하기 때문에 인터프리터보다 빠르다.	인터프리터는 각 코드 행을 즉시 변환하므로 컴파일러보다 더 자세한 오류 메시지를 제공할 수 있고 프로그램을 다시 컴파일할 필요 없이 다른 플랫폼에서 실행할 수 있다.
의미	좁은 의미의 컴파일은 고급언어를 저급언어로 바꿔주는 것을 의미한다. 즉, 소스 코드를 이진숫자 형식의 Object Code로 출력함을 의미한다.	소스코드의 각 행을 연속적으로 분석하며 실행하는 것으로 수정이 비교적 자주 발생하는 용도의 프로그래밍에서 사용된다.
장점	컴파일 단계와 실행 단계가 분리되어 있어, 실행 시 컴파일을 하지 않고 실행만 하면 되므로 코드 실행 속도가 빠르다.	• 각 행마다 분석하기 때문에 변환시간이 빠르다. • 오류발생 시 알림이 전송되고 멈추기 때문에 수정이 쉽다. • 변환 후 바로 실행하기 때문에 용량이 적다.
단점	• 소스코드 전체를 변환하기 때문에 변환속도가 느리다. • 변환이 끝난 뒤 오류보고서를 생성하기 때문에 오류발생 시 다시 컴파일 해야 한다. • 하나 이상의 Object Code들을 링크 편집기를 통해 묶어서 파일을 만들기 때문에 더 많은 메모리가 필요하다.	컴파일러와 다르게 한 번에 한 문장씩 읽고 번역하여 실행시키는 과정을 반복하므로 프로그램 실행속도가 느리다.

컴파일러와 인터프리터는 고급 프로그래밍 언어로 작성된 코드를 기계 코드로 변환하는 데 사용되는 두 가지 다른 유형의 소프트웨어로서 컴파일러는 전체 소스 코드를 한 번에 기계 코드로 변환하는 반면, 인터프리터는 각 코드 행을 즉시 변환하고 실행한다.

❸ 기계어와 어셈블리어

기계어	어셈블리어
트랜지스터는 컴퓨터의 기본 요소이고 전기적 신호를 통해 0과 1을 표현할 수 있다. 즉, 컴퓨터는 이진수 데이터만 인식할 수 있으며 컴퓨터를 제어하기 위해서는 이진수로 구성된 기계어를 써야 한다. 기계어는 컴퓨터가 별다른 해석 없이 읽을 수 있는 유일한 저급언어 중 하나지만 기계어는 사용하기에 불편한 점이 많이 있다. 예로 기계어는 이진수로만 이루어져 인간이 해석하고 사용하기에 어렵고 코드길이가 너무 길다.	어셈블리어는 0과 1 대신에 사람이 읽을 수 있는 의미가 담긴 약어를 사용했고, 이 약어는 기계어와 1:1로 대응되는 언어다. 약어를 컴퓨터가 인식할 수 없기 때문에 어셈블러라는 프로그램을 통해 기계어로 변환을 해야 사용이 가능하다. 기계어에 비해 사용성이 조금 좋아졌긴 하지만 그래도 저급언어는 배우기 어렵고 사용이 까다로우며 유지보수가 힘들다는 단점이 있었다. 이러한 단점을 보완하기 위해 고급언어가 나오게 됐다.

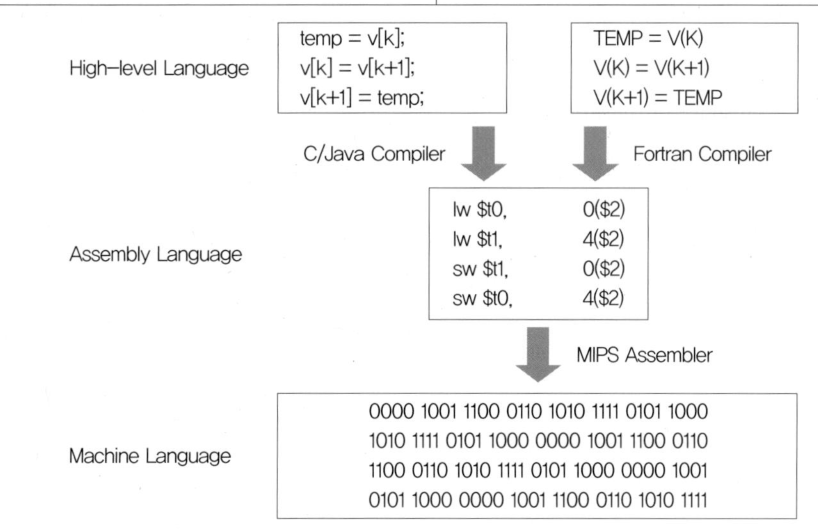

정답 01 ② 02 ① 03 ① 04 ④

01 기계어에 대한 설명으로 틀린 것은? (2010-2차)

① 숙달된 사용자가 아니면 프로그램하기가 어렵다.
② 명령이나 수식에 연산하기 쉬운 기호를 사용하므로 기호 언어라고도 한다.
③ 기종마다 서로 다른 고유의 명령 코드를 사용한다.
④ 프로그램의 추가, 변경, 수정이 불편하다.

해설

② Assembly 언어는 기계어에 1:1로 매핑되어 심볼화된 언어로 코드 대신 기호를 사용하기 때문에 기호언어라 한다.

기계어

컴퓨터가 직접 읽을 수 있는 2진 숫자(Binary Digit, 0과 1)로 이루어진 언어로서 프로그래밍 언어의 기본이 된다. 프로그래머가 만들어낸 프로그램은 어셈블러(Assembler)와 컴파일러(Compiler)를 통하여 기계어로 번역되어야만 컴퓨터가 그 내용을 이해할 수 있다.

- 기계어를 목적 코드(Object Code)라고 하며 기계가 실제 수행할 수 있는 이진 프로그램이다.
- 기계어는 이진수로 되어 있어 직접 실행이 가능한 언어로 Hardware에 의존적이며 매우 성능이 빠른 특징이 있다.

02 다음 중 기계어로 번역된 프로그램은? (2013-3차)(2015-2차)(2018-1차)

① 목적 프로그램(Object Program)
② 원시 프로그램(Source Program)
③ 컴파일러(Compiler)
④ 로더(Loader)

해설

① 목적 프로그램(Object Program): 원시 프로그램을 언어번역 프로그램을 사용하여 기계어로 번역한 프로그램이다.
② 원시 프로그램(Source Program): 프로그래밍 언어로 기술된 프로그램, 소스 코드라고 하며 일반적으로 사람이 이해하기 쉬운 고급 프로그래밍 언어이다.
③ 컴파일(Compile): 사람이 작성한 소스 코드(프로그래밍 언어)를 컴퓨터가 이해할 수 있게 기계어로 해석하는 과정으로 프로그래밍 언어 → 기계어로의 변환으로 언어 번역 프로그램이다.
④ 로더(Loader): 저장된 목적 프로그램을 읽어서 주기억 장치에 올린 다음 동작시키는 프로그램이다.

03 다음 중 컴파일러(Compiler)에 대한 설명으로 옳은 것은? (2016-3차)

① 고급(High Level)언어를 기계어로 번역하는 언어번역 프로그램이다.
② 일정한 기호형태를 기계어와 일대일로 대응시키는 언어번역 프로그램이다.
③ 시스템이 취급하는 여러 가지의 데이터를 표준적인 방법으로 총괄하는 프로그램이다.
④ 프로그램과 프로그램 간에 주어진 요소(Factor)들을 서로 연계시켜 하나로 결합하는 기능을 수행하는 프로그램이다.

해설

컴파일러

- 언어 번역 프로그램으로 사람이 작성한 고급 프로그램을 기계어로 번역한다.
- 한 번에 번역하여 처리하므로 실행속도가 빠르다.

04 다음 중 프로그램 언어에 대한 설명으로 틀린 것은? (2021-1차)

① 하드웨어가 이해할 수 있는 언어를 기계어라고 부른다.
② 고급언어로 작성된 프로그램은 기계어로 변환해야 실행이 가능하다.
③ C, PASCAL, FORTRAN 등은 고급언어이다.
④ 어셈블리어는 기계어라고 부른다.

해설

어셈블리어(Assembly Language) 또는 어셈블러 언어(Assembler Language)

기계어와 일대일 대응되는 컴퓨터 프로그래밍의 저급언어로서 프로그래밍 언어의 하나이며 기계어에서 한 단계 위의 언어이며 기계어와 함께 단 둘뿐인 저급(Low Level)언어에 속한다. 기계어는 컴퓨터 관점에서 바로 읽을 수 있다는 것 빼고는 인간의 관점에서는 사용이 불편한 언어이기 때문에 이를 보완하기 위해 나온 것이 어셈블리어다. 따라서 어셈블리어의 특징은 기계어 1라인당 어셈블리 명령어가 대부분 1라인씩 대응되어 있고 이를 비교적 간단하게 짤 수 있는 어셈블러를 통해 기계어로 변환되도록 한 것이다.

05 원시 프로그램(Source Program)을 컴파일하여 얻어지는 프로그램은? (2022-1차)

① 실행 프로그램
② 목적 프로그램
③ 유틸리티 프로그램
④ 시스템 프로그램

해설

컴파일러에 의해 기계어로 변환된 프로그램을 목적 코드(Object Code) 또는 목적 프로그램(Object Program)이라 한다.

원시 프로그램(Source Program)

C언어, JAVA 등 프로그래밍 언어로 작성된 파일이다. 번역(Compile)이라는 과정을 거쳐 기계어(Binary Code) 기반인 목적 프로그램(Object Program)이 작성되며 이와 같은 번역을 수행하는 프로그램들이 바로 컴파일러(Compiler)와 어셈블러(Assembler)이다.

06 다음 중 컴파일러(Compiler) 언어에 대한 설명으로 틀린 것은? (2015-1차)

① 문제 중심의 고급언어
② 프로그램 작성과 수정이 용이
③ 기계 중심의 언어
④ 컴퓨터 기종에 관계없이 공통사용

해설

Compiler와 Interpreter

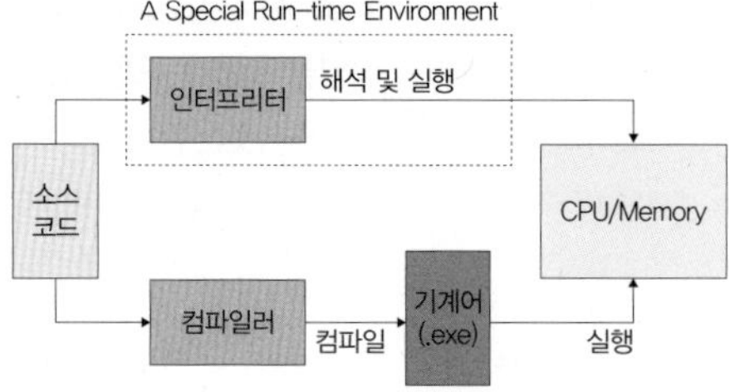

- Compiler: 고급언어(소스 코드, 원시 코드)를 기계어(목적 코드)로 번역해주는 프로그램
- Interpreter: 고급언어로 작성된 소스 코드 명령어들을 한 번에 한 줄씩 읽어 들여서 실행하는 프로그램

구분	Compiler	Interpreter
번역 단위	전체	문장
프로그램 실행 속도	빠름	느림
실행 파일 생성	O(번역된 결과물)	×
메모리 할당 여부	O(실행 파일 생성하므로)	×
언어	C, C++, JAVA	Python, JavaScript

컴파일러(Compiler)는 고급언어로 작성된 소스 코드를 저급언어로 번역하는 프로그램으로 고급언어는 사람이 이해하기 쉽게 작성된 프로그래밍 언어인 C, C++, JAVA 등이 이에 속한다.

07 다음 프로그램 언어 중 구조적 프로그래밍(Structured Programming)에 적합한 기능과 구조를 갖는 것은? (2023-3차)

① BASIC ② FORTRAN
③ C ④ RPG

해설

구조적 프로그래밍은 구조화 프로그래밍으로도 불리며 프로그래밍 패러다임의 일종인 절차적 프로그래밍의 하위 개념으로 볼 수 있다. GoTo문을 없애거나 GoTo문에 대한 의존성을 줄여주는 것이다.

절차적 프로그래밍	호출을 기반으로 하고있는 프로그래밍 • 하향식(Top-Down) • 사전 정의된 함수 • 지역 변수: 내부에서만 사용 • 전역 변수: 모든 함수에서 사용 • 프로그래밍 라이브러리 • 모듈화 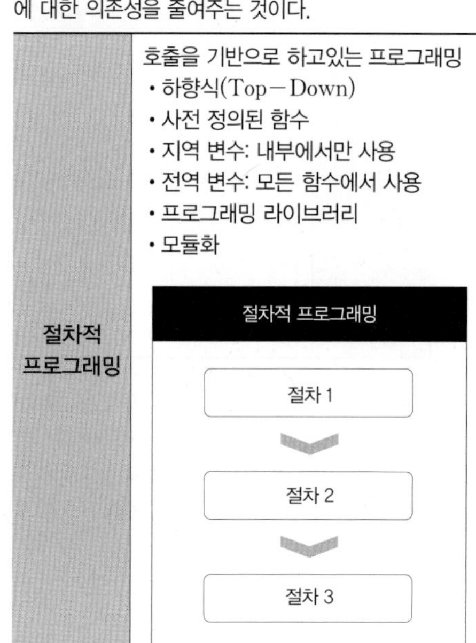

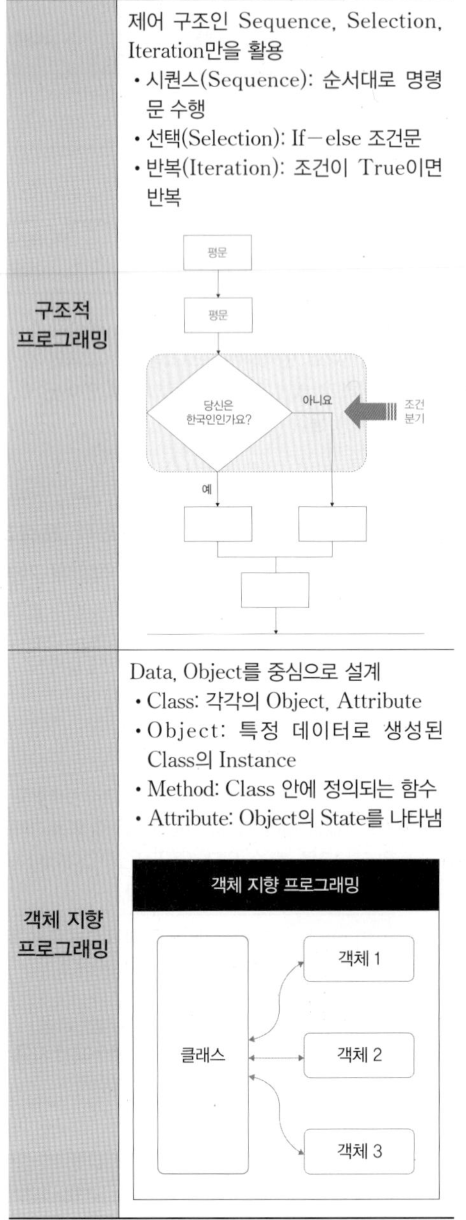

구분	내용
구조적 프로그래밍	제어 구조인 Sequence, Selection, Iteration만을 활용 • 시퀀스(Sequence): 순서대로 명령문 수행 • 선택(Selection): If−else 조건문 • 반복(Iteration): 조건이 True이면 반복
객체 지향 프로그래밍	Data, Object를 중심으로 설계 • Class: 각각의 Object, Attribute • Object: 특정 데이터로 생성된 Class의 Instance • Method: Class 안에 정의되는 함수 • Attribute: Object의 State를 나타냄

C 언어는 구조적 프로그래밍의 대표적인 언어이다. 주요 특징으로 프로그래밍의 흐름이 순차적이어야 한다. 여기서 '순차적'이란 프로그래밍 진행 순서가 위에서 아래로 흘러가면서 순서대로 실행된다는 것을 의미한다.

08 **다음 중 프로그램 구현 시 목적파일(Object File)을 실행 파일(Execute File)로 변환해 주는 프로그램으로 옳은 것은?** (2015-3차)(2023-3차)

① 링커(Linker)
② 프리프로세서(Preprocessor)
③ 인터프리터(Interpreter)
④ 컴파일러(Compiler)

해설

① 링커(Linker): 주프로그램과 부프로그램을 연결해 주는 컴퓨터 시스템의 프로그램으로 따로 작성되나 컴파일되거나 어셈블리 루틴을 모아 실행 가능한 하나의 단위로 만들어진 프로그램으로 연결해 준다.
② 프리프로세서(Preprocessor): 입력 데이터를 처리하여 다른 프로그램에 대한 입력으로서 사용되는 출력물을 만들어내는 프로그램이다. 여기서 출력물이란 전처리 된 형태의 입력 데이터를 말하며 컴파일러와 같은 차후 프로그램들에 쓰인다.
③ 인터프리터(Interpreter): 고급 프로그래밍 언어로 작성된 소스 코드를 한 줄씩 읽고 실행하는 소프트웨어의 일종이다. 인터프리터는 각 코드 라인을 기계 코드로 변환하여 즉시 실행한다.
④ 컴파일러(Compiler): 고급 프로그래밍 언어로 작성된 전체 소스 코드를 가져와 기계 코드로 변환하는 소프트웨어의 일종이다. 컴파일러의 출력은 대상 플랫폼에서 실행할 수 있는 실행 파일이다.

09 **컴퓨터의 운영체제에서 로더(Loader)란 실행 프로그램 혹은 데이터를 주기억장치 내의 일정한 번지에 저장하는 작업을 말하는 것으로, 다음 중 로더의 주요 기능이 아닌 것은?**
(2010-2차)(2013-2차)(2016-3차)(2018-3차)(2020-2차)

① 프로그램과 프로그램 간의 연결(Linking)을 수행한다.
② 출력 데이터에 대해 일시 저장(Spooling) 기능을 수행한다.
③ 프로그램이 실행될 수 있도록 번지수를 재배치(Relocation)한다.
④ 프로그램 또는 데이터가 저장될 번지수를 계산하고 할당(Allocation)한다.

해설

로더(Loader)

외부기억장치로부터 정보들을 주기억장치로 옮기기 위하여 메모리 할당 및 연결, 재배치, 적재를 담당하는 서비스 프로그램으로 저장된 목적 프로그램을 읽어서 주기억 장치에 올린 다음 수행키는 프로그램이다.

로더의 기능 및 순서	Allocation (할당)	주기억장치 할당으로 목적 프로그램이 적재될 주기억 장소 내의 공간을 확보한다.
	Linking (연결)	목적 프로그램들 또는 라이브러리 루틴과의 링크. 외부기호를 참조할 때, 이 주소값들을 연결한다.
	Relocation (재배치)	목적 프로그램을 실제 주기억 장소에 맞추어 재배치하는 것으로 상대주소들을 수정하여 절대주소로 변경하는 것이다.
	Loading (적재)	실제 프로그램과 데이터를 주기억 장소에 적재. 적재할 모듈을 주기억장치로 읽어 들이는 것이다.

10 **최근 운영체제들은 다양한 기능과 사용자의 편의성을 개선한 GUI가 개발되고 있으며 컴퓨터 시스템의 운영에 필요한 자원관리기능을 향상시키기 위한 연구도 진행되고 있다. 이와 같은 운영체제의 자원관리기능에 속하지 않는 것은?**

(2014-1차)

① 메모리
② 컴파일러
③ 주변장치
④ 데이터

해설

- Compile(컴파일): 사람이 작성한 소스코드(프로그래밍 언어)를 컴퓨터가 이해할 수 있게 기계어로 해석하는 과정(프로그래밍 언어 → 기계어)
- Compiler(컴파일러): 언어 번역 프로그램

11 **다음 중 언어번역 프로그램에 속하지 않는 것은?**

(2015-2차)

① Assembler
② Compiler
③ Generator
④ Supervisor

해설

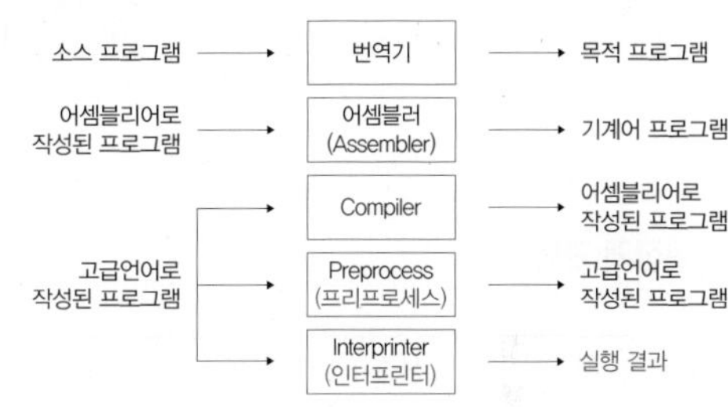

- 어셈블러: 어셈블리어를 기계어로 번역
- 컴파일러: 소스 코드를 목적프로그램으로 번역
- 인터프리터: 고급언어로 작성된 명령문을 한줄씩 번역하여 실행

컴파일러 번역 절차

1. 스캐너(Scanner): 일련의 문자들을 입력받아 토큰을 골라내어 어휘분석을 한다.
2. 파서(Parser): 스캐너로부터 토큰으로 나누어진 원시 프로그램을 받아 구문 분석을 수행한다.
3. 의미분석기(Semantic Analyzer): 정적의미로 어떤 작업을 하는지 결정하고 동적 의미는 실행을 통해서만 알 수 있는 것으로 컴파일러에 의해 처리는 불가능하다. 의미 분석기가 계산하는 추가적인 정보를 속성이라 하고 트리에 장식으로 추가된다.
4. 코드 생성기(Code Generator): 중간코드나 IR (Intermediate Representation: 중간표현)을 받아 목적 컴퓨터용 코드를 생성한다.
5. 목적 코드 성능 향상기(Target Code Optimizer): 컴파일러는 코드 생성기가 생성한 목적 코드의 성능 향상을 시도한다.

기출유형 11 ▸ Stack과 Queue

다음 중 후입선출(LIFO) 처리제어 방식은? (2015-3차)

① 스택 ② 선형 리스트
③ 큐 ④ 원형 연결 리스트

해설

Stack은 제한적으로 접근할 수 있는 나열 구조로서 접근 방법은 언제나 목록의 끝에서만 일어난다. 이를 통해 Stack은 한쪽 끝에서만 자료를 넣거나 뺄 수 있는 선형 구조로 되어 있다. 0－주소 명령어(Zero－address Instruction)에서 사용하는 특정한 기억장치 조직을 Stack이라 하며 프로그램에서 함수들을 호출하였을 때 복귀주소(Return Address)를 보관하는 데 사용한다.

| 정답 | ①

족집게 과외

Stack 구조	후입선출(LIFO, Last－In－First－Out)
큐 구조	선입선출(FIFO, First In First Out)

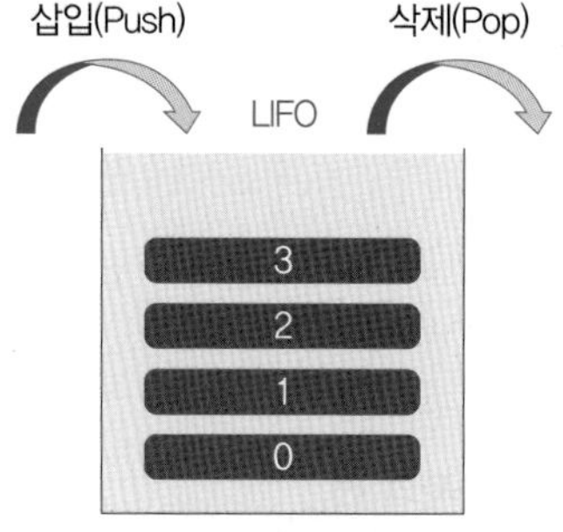

더 알아보기

Stack과 Queue는 모두 자원을 구성하고 조작할 수 있는 추상적인 데이터 유형이다.

Stack, LIFO(Last-In-First-Out)	Queue, FIFO(First-In-First-Out)
Stack에 마지막으로 추가된 요소가 가장 먼저 제거되는 요소로서 "푸시" 작업을 사용하여 Stack에 추가되고 "팝" 작업을 사용하여 Stack에서 제거된다. 또한 Stack은 맨 위 요소를 제거하지 않고 볼 수 있는 "Peek" 작업을 지원한다.	대기열에 추가된 첫 번째 요소가 가장 먼저 제거되는 요소로서 "인큐" 작업을 사용하여 대기열에 추가되고 "디큐" 작업을 사용하여 대기열에서 제거된다. 또한 대기열은 전면 요소를 제거하지 않고 볼 수 있는 "Peek" 작업을 지원한다.

Stack과 Queue는 모두 컴퓨터 과학과 소프트웨어 엔지니어링에서 사용 중이며 특히 Stack은 일반적으로 프로그래밍 언어에서 함수 호출을 처리하고 메모리를 관리하는 데 사용되는 반면, Queue는 웹 서버에서 작업을 예약하거나 요청을 처리하는 데 사용되는 경우가 많다.

※ Stack Pointer: CPU 내부에 있는 특수 목적용 레지스터 중 하나로, 인터럽트 수행과정에서 원래의 프로세스가 수행될 수 있도록 프로그램 카운터의 주소를 임시로 저장하는 레지스터이다.

❶ 스택(Stack)

쌓아 올린다는 것을 의미하는 Stack은 같은 구조와 크기의 자료를 정해진 방향으로만 쌓을 수 있고, Top으로 정한 곳을 통해서만 접근할 수 있다. Top에는 가장 위에 있는 자료는 가장 최근에 들어온 자료를 가리키고 있으며, 삽입되는 새 자료는 Top이 가리키는 자료의 위에 쌓이게 된다. Stack에서 자료를 삭제할 때도 Top을 통해서만 가능하다. Stack에서 Top을 통해 삽입하는 연산을 'Push', Top을 통한 삭제하는 연산을 'Pop'이라고 한다. 따라서 Stack은 시간 순서에 따라 자료가 쌓여서 가장 마지막에 삽입된 자료가 가장 먼저 삭제되는 구조적 특징을 가지게 된다. 그러므로 Stack의 구조를 후입선출(LIFO, Last-In-First-Out) 구조이라고 한다.

주요 특징

- 특정 프로그램에서 Subprogram을 호출하고 되돌아오는 주소(Return Address)를 기억하기 위해 사용한다.
- Stack은 정보를 일시적으로 저장하기 위한 컴퓨터의 주기억 장치나 레지스터의 일부이다.
- Stack은 데이터를 저장하는 장소이다.
- Stack의 명령은 주로 POP나 PUSH를 함수로 사용한다.

❷ 큐(Queue)

Queue의 사전적 의미는 줄을 서서 기다리는 것으로서 일상생활에서 줄을 서서 기다리는 것으로, 은행이나 우체국에서 먼저 온 사람의 업무를 창구에서 처리하는 것과 같이 선입선출(FIFO, First In First Out) 방식의 자료구조를 의미한다. 정해진 한 곳(Top)을 통해서 삽입, 삭제가 이루어지는 Stack과는 달리 큐는 한쪽 끝에서 삽입 작업이, 다른 쪽 끝에서 삭제 작업이 양쪽으로 이루어진다. 이때 삭제 연산만 수행되는 곳을 프론트(Front), 삽입연산만 이루어지는 곳을 리어(Rear)로 정하여 각각의 연산 작업만 수행된다. 이때, 큐의 리어에서 이루어지는 삽입연산을 인큐(enQueue), 프론트에서 이루어지는 삭제연산을 디큐(dnQueue)라 한다.

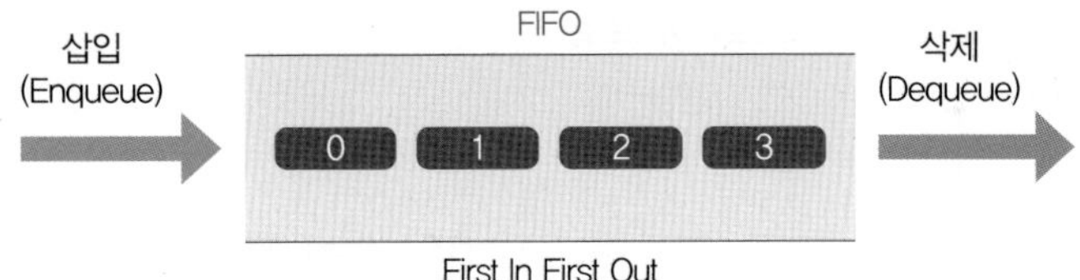

주요 특징

- 큐의 가장 첫 원소를 Front 가장 끝 원소를 Rear라 한다.
- 큐는 들어올 때 Rear로 들어오지만 나올 때는 Front부터 빠지는 특성이 있다.
- 접근 방법은 가장 첫 원소와 끝 원소로만 가능하며, 가장 먼저 들어온 프론트 원소가 가장 먼저 삭제된다.
- 큐에서 프론트 원소는 가장 먼저 큐에 들어왔던 첫 번째 원소가 되는 것이고 가장 늦게 큐에 들어온 것이 마지막 원소가 되는 것이다.

정답 01 ① 02 ① 03 ① 04 ④

01 운영체제에서 폴더와 파일들은 어떤 구조로 구성되어 있는가? (2013-3차)

① 트리(Tree)
② 큐(Queue)
③ 스택(Stack)
④ 배열(Array)

해설
운영체제에서 주로 트리 형태로 구성된다. 트리구조는 계층적 구조로서 데이터베이스의 인덱스나 윈도의 폴더, Directory 등에서 주로 트리구조를 사용한다.

02 다음 중 운영체제가 제공하는 소프트웨어 프로그램이 아닌 것은? (2016-2차)

① 스택(Stack)
② 컴파일러(Compiler)
③ 로더(Loader)
④ 응용 패키지(Application Package)

해설
① 스택(Stack): 제한적으로 접근할 수 있는 나열 구조이다. 그 접근 방법은 언제나 목록의 끝에서만 일어난다. 0－주소 명령어(Zero－address instruction)에서 사용하는 특정한 기억장치 조직을 Stack이라 한다.
② 컴파일러(Compiler): 특정 프로그래밍 언어로 쓰여 있는 문서를 다른 프로그래밍 언어로 옮기는 언어 번역 프로그램을 의미한다.
③ 로더(Loader): 외부기억장치로부터 정보들을 주기억 장치로 옮기기 위하여 메모리 할당 및 연결, 재배치, 적재를 담당하는 서비스 프로그램이다.
④ 응용 패키지: 이용자가 개별적으로 개발하지 않아도 되도록 프로그램 개발사 따위에서 미리 작성해 두는 컴퓨터 응용 업무 프로그램의 모음이다.

03 프로그램에서 함수들을 호출하였을 때 복귀주소(Return Address)를 보관하는 데 사용하는 자료구조는 어느 것인가? (2013-1차)(2015-1차)

① 스택(Stack)
② 큐(Queue)
③ 트리(Tree)
④ 그래프(Graph)

해설
Stack은 제한적으로 접근할 수 있는 나열 구조로서 접근 방법은 언제나 목록의 끝에서만 일어난다. 이를 통해 Stack은 한쪽 끝에서만 자료를 넣거나 뺄 수 있는 선형 구조로 되어 있다.

04 CPU 내부에 있는 특수 목적용 레지스터 중 하나로, 인터럽트 수행과정에서 원래의 프로세스가 수행될 수 있도록 프로그램 카운터의 주소를 임시로 저장하는 레지스터를 무엇이라 하는가? (2014-3차)

① 명령 레지스터
② 상태 레지스터
③ 기억장치 버퍼 레지스터
④ 스택 포인터

해설
Stack 포인터는 선입 후출이나 이와 비슷한 방법을 사용하는 Stack(파일 또는 중첩)의 데이터 처리를 중앙 처리 장치(CPU)가 할 수 있도록 하는 특수 레지스터. Stack 포인터 레지스터는 Stack의 현 '최상위' 위치를 가리키는데, 이는 이 위치의 주소를 가지고 있음을 나타낸다.

정답 05 ② 06 ②

05 0-주소 명령어(Zero-address Instruction)에서 사용하는 특정한 기억장치 조직은 무엇인가? (2012-1차)(2014-2차)

① 그래프(Graph) ② 스택(Stack)
③ 큐(Queue) ④ 트리(Tree)

해설

Stack은 제한적으로 접근할 수 있는 나열 구조로서 접근 방법은 언제나 목록의 끝에서만 일어난다. 이를 통해 Stack은 한쪽 끝에서만 자료를 넣거나 뺄 수 있는 선형 구조로 되어 있다. 0-주소 명령어(Zero-address Instruction)에서 사용하는 특정한 기억장치 조직을 Stack이라 하며 프로그램에서 함수들을 호출하였을 때 복귀주소(Return Address)를 보관하는데 사용한다.

06 다음 중 제일 먼저 삽입된 데이터가 제일 먼저 출력되는 파일구조는? (2018-1차)(2020-3차)

① 스택(Stack)
② 큐(Queue)
③ 리스트(List)
④ 트리(Tree)

해설

큐는 선입선출(FIFO, First In First Out) 방식의 자료구조로서 정해진 한 곳(Top)을 통해서 삽입, 삭제가 이루어지는 Stack과는 달리 큐는 한쪽 끝에서 삽입 작업이, 다른 쪽 끝에서 삭제 작업이 양쪽으로 이루어진다.

기출유형 12 ▶ RAM(Random Access Memory)

다음의 기억장치 중 보조기억장치가 아닌 것은? (2012-2차)

① 자기 디스크 ② RAM
③ 자기 드럼 ④ 자기 테이프

해설

Random Access Memory
자유롭게 내용을 쓰고 읽고 지울 수 있는 기억장치로 전원이 꺼지면 데이터가 사라지는 휘발성으로 컴퓨터를 종료하고 다시 전원을 공급하면 아무것도 없는 빈 상태가 된다. 램은 컴퓨터의 주 기억장치인 하드디스크에서 자주 사용하는 데이터를 불러와서 CPU가 빠르게 처리할 수 있는 중간 역할을 한다. 즉, RAM은 보조기억장치가 아닌 주기억장치이다.

| 정답 | ②

족집게 과외

Random Access Memory

사용자가 자유롭게 내용을 읽고 쓰고 지울 수 있는 기억장치로 컴퓨터가 켜지는 순간부터 CPU는 연산하고 동작에 필요한 모든 내용이 전원이 유지되는 내내 이 기억장치에 저장된다. '주기억장치'로 분류되며 보통 램이 많으면 한 번에 많은 일을 할 수 있다.

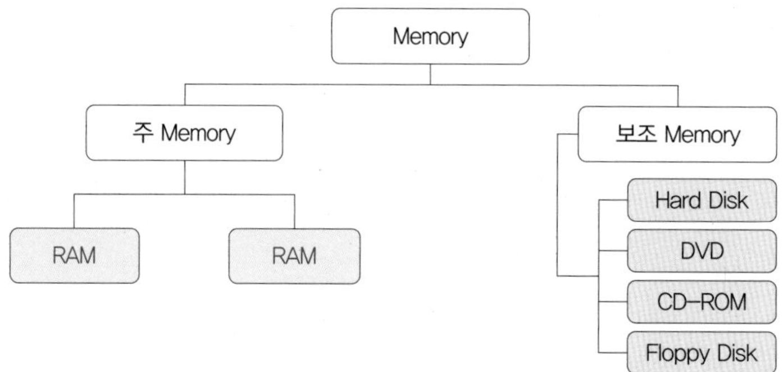

더 알아보기

램은 컴퓨터의 핵심 부품으로 CPU(중앙처리장치)는 연산 작업, 보조기억장치는 각종 데이터를 보관하는 작업을 수행한다. 자유롭게 읽고 쓸 수 있는 기억장치로 RWM(Read Write Memory)라고 부르기도 한다. 또한 RAM에는 현재 사용 중인 프로그램이나 데이터가 저장되어 있어서 시스템의 전원이 꺼지면 기억된 내용이 모두 사라지는 휘발성 메모리의 특징을 가진다. 일반적으로 주기억장치 또는 메모리라고 부르는 게 RAM이다.

구분	내용
RAM	메인 메모리에 주로 사용하며 휘발성 기억 장치이다.
SRAM	전원이 차단되자마자 즉시 데이터가 지워진다.
DRAM	전원이 차단되자마자 그 즉시 데이터가 지워지지 않고 5분 유지한다. DRAM은 내부에 전류를 일시적으로 저장하는 역할을 하는 축전기가 있기 때문으로 액체 질소 등으로 냉각시킬 경우 1주일 정도 데이터 저장 가능하다.

❶ RAM(Random Access Memory)

램(RAM)은 컴퓨터의 운영 체제 및 응용 프로그램에서 현재 사용 중인 데이터와 프로그램을 임시로 저장하는 데 사용되는 컴퓨터 메모리의 한 유형으로 휘발성이어서 컴퓨터의 전원을 끄거나 데이터를 하드드라이브와 같은 비휘발성 저장 장치에 저장하지 않으면 RAM의 내용이 손실된다. 랜덤 액세스라는 의미는 컴퓨터의 CPU가 메모리를 순차적으로 검색할 필요 없이 RAM의 어떤 부분에도 직접 액세스할 수 있다는 것으로 특정 순서로 데이터에 액세스해야 하는 하드드라이브나 다른 유형의 스토리지 장치보다 훨씬 접근 속도가 빠르다.

RAM은 운영 체제, 응용 프로그램 및 현재 처리 중인 데이터와 같이 컴퓨터의 CPU에 필요한 데이터를 실시간으로 저장하는 데 사용되며 RAM이 많을수록 컴퓨터가 더 많은 프로그램을 동시에 실행하고 더 많은 양의 데이터를 더 빠른 속도로 처리할 수 있기 때문에 컴퓨터의 RAM 크기가 성능에 영향을 미친다.

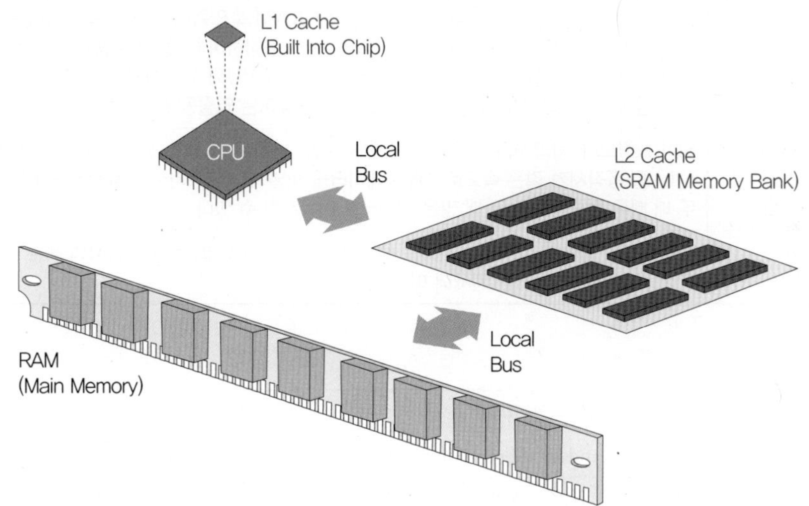

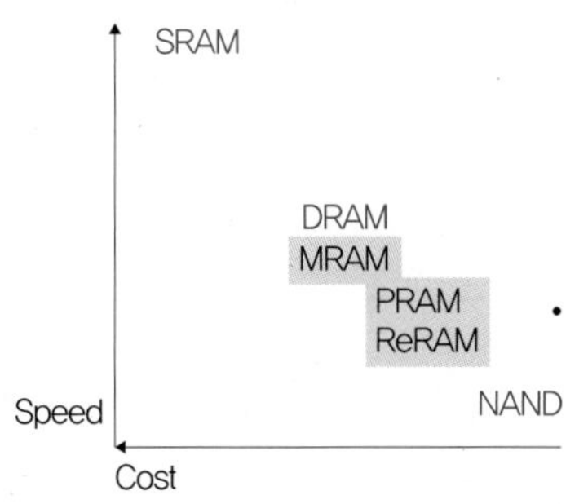

RAM에는 개인용 컴퓨터에서 가장 일반적으로 사용되는 DRAM(Dynamic Random Access Memory)과 SRAM(Static Random Access Memory) 등 다양한 유형이 있으며 DRAM은 속도는 빠르지만 가격은 비싸며 서버 및 네트워크 스위치와 같은 고성능 애플리케이션에 사용된다.

요약하면 RAM(Random Access Memory)은 컴퓨터의 운영 체제 및 응용 프로그램에서 현재 사용 중인 데이터 및 프로그램을 임시로 저장하는 데 사용되는 휘발성 컴퓨터 메모리의 한 유형으로 Random Access 기능을 통해 CPU가 RAM의 모든 부분에 직접 액세스할 수 있으므로 다른 스토리지 장치보다 빠르게 액세스할 수 있다. 컴퓨터의 RAM 크기는 성능에 영향을 미치며, 다양한 특성과 용도를 가진 다양한 유형의 RAM이 있다.

❷ RAM 종류

구분	내용
SRAM (Static RAM)	정적램이라 표현되며, DRAM에 비해 용량은 적으나 속도가 빠르고 가격이 비싸다. DRAM의 100배 이상의 속도로 캐시 메모리에 주로 사용되며 공간을 많이 차지하고 가격이 비싸다.
DRAM (Dynamic RAM)	동적램이라 하며 전원이 공급되어도 일정 시간이 지나면 전하가 방전되므로 주기적인 충전이 필요하다. 전력 소모가 적고 IC 집적도가 SRAM에 비해 높아서 용량은 크지만 속도가 느리며 가격이 저렴하다. SRAM에 비해서 속도는 느리지만 구조가 간단하기 때문에 가격이 저렴하고 전력 소비가 적고 용량이 높아서 CPU 주 기억장치로 가장 많이 사용한다.
PSRAM (Pseudo SRAM)	내부에 전하 충전회로를 내장하여 DRAM의 단점을 보완한 RAM으로써 주기적으로 전하를 충전하기 때문에 데이터 유실을 막고 SRAM처럼 사용이 가능하다.
SDRAM (Synchronous DRAM)	100MHz 이상의 버스 속도를 유지하는 내장 DRAM의 일종이다. 시스템의 클럭 속도와 동기화하여 동작함으로 CPU가 동작할 때 DRAM도 함께 동작하여 CPU가 수행할 수 있는 명령어의 양을 증가시킴으로써 효율적으로 동작한다. 클럭 속도가 CPU와 동기화되어 있기 때문에 CPU가 작동하면 함께 움직이며 작업량을 증가시키고 속도를 높이는 역할을 한다.
DDR SDRAM (Double Data Rate SDRAM)	SDRAM보다 처리 속도가 2배 빠른 RAM으로써 시스템 버스 클럭의 Rising Edge와 Falling Edge를 동작시켜 같은 속도로 2배의 데이터를 보낼 수 있다. 기존에 출시한 SDRAM과 비교해서 두 배 빠른 전송속도로 두 배 많은 데이터를 이동시킬 수 있다.
PRAM	전원이 차단되어도 정보가 유지되는 플래시 메모리의 비휘발성으로 RAM의 빠른 속도를 유지하는 장점을 모두 가지고 있는 차세대 메모리 반도체다.

❸ ROM과 RAM 비교

비교	RAM	ROM
약어	Random Access Memory	Read Only Memory
메모리	휘발성	비휘발성
특징	전원 차단 시 데이터 사라짐	전원 차단되어도 데이터 유지
저장	읽기, 쓰기 자유롭다	읽기 전용
기타	사용 중인 프로그램이나 데이터 저장	입출력 시스템, 글자 폰트, POST(자가 진단 프로그램) 저장
메모리 부족 시	추가설치	Firmware에 저장

- ROM: 비휘발성으로 메모리에서 극히 일부를 차지한다(수 KB).
- RAM: 휘발성으로 메모리의 대부분을 차지하며 실제 프로그램이 할당되는 곳이다(수 MB~수 GB).

정답 01 ① 02 ④ 03 ② 04 ②

01 다음 그림은 마이크로컴퓨터의 동작 원리를 나타내는 것이다. 빈칸에 들어갈 알맞은 용어는? (2014-2차)

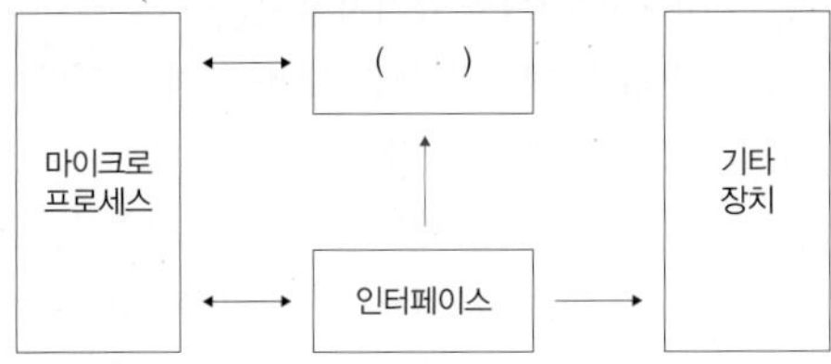

① RAM
② 중앙처리장치
③ 플로피 디스크 드라이버
④ 하드디스크

해설
램은 컴퓨터의 핵심 부품으로 CPU(중앙처리장치)와 기타 장치 간에 중계 역할을 한다. RWM(Read Write Memory) 특성이 있어서 자유롭게 읽고 쓸 수 있는 기억장치로 시스템의 전원이 꺼지면 기억된 내용이 모두 사라지는 휘발성 메모리의 특징을 가진다.

02 다음 중 동적 RAM(Dynamic RAM)의 특징에 대한 설명으로 틀린 것은? (2017-2차)

① 전하의 양을 측정하여 저장 논리값을 판단한다.
② 전하의 방전 때문에 주기적으로 재충전(Refresh)해야 한다.
③ 1비트를 구성하는 소자가 적어서 단위 면적에 많은 저장장소를 만들 수 있다.
④ 1비트를 구성하는 소자가 적어서 메모리 액서스 속도가 정적 RAM(Static RAM)보다 빠르다.

해설
동적 RAM(Dynamic RAM): SRAM에 비해서 속도는 느리고, 구조가 간단, 가격이 저렴, 전력 소비가 적고 용량이 높아서 CPU 주 기억장치로 가장 많이 사용한다.

비교	DRAM	SRAM
약어	Dynamic RAM	Static RAM
메모리	휘발성	휘발성
특징	직접도 높다	집적도 낮다
제조	간단	상대적 어렵다
가격	싸다	비싸다
기타	Refresh 회로 필요	Refresh 회로 불필요 (각 비트 내용을 Flip Flop에 보존)

03 다음 중 플립플롭(Flip-Flop) 회로를 사용하여 만들어진 메모리는? (2018-1차)

① DRAM(Dynamic Random Access Memory)
② SRAM(Static Random Access Memory)
③ ROM(Read Only Memory)
④ BIOS(Basic Input Output System)

해설
정적 램(SRAM)은 플립플롭(Flip-Flop)이라는 쌍안정 논리 회로로 구성된 셀에 비트 데이터를 저장한다. 즉, 주기적으로 내용을 갱신해 주어야 하는 디램과는 달리 기억 장치에 전원이 공급되는 한 그 내용이 계속 보존된다. SRAM은 임의 접근 기억 장치이므로 데이터의 쓰고 읽기가 이루어지는 주소와 관계없이 입출력에 걸리는 시간이 일정하다. SRAM은 DRAM의 일종인 SDRAM과는 전혀 다른 기억 소자이므로 서로 구별되어야 한다.

04 다음 중 Flip-Flop과 관계가 없는 것은? (2022-1차)

① RAM
② Decoder
③ Counter
④ Register

해설
Decoder
입력 이진수를 하나의 출력으로 연결하는 것으로, 컴퓨터가 어떠한 명령을 처리하는 데 사용한다. 즉, 입력 신호에 따라 여러 출력선 중 하나를 선택하게끔 만드는 장치이다.

정답 05 ③ 06 ①

05 다음 중 램(RAM)에 대한 설명으로 틀린 것은? (2023-1차)

① 롬(ROM)과 달리 기억 내용을 자유자재로 읽거나 변경할 수 있다.
② SRAM과 DRAM은 전원공급이 끊기면 기억된 내용이 모두 지워진다.
③ SRAM은 DRAM에 비해 속도가 느린 편이고 소비 전력이 적으며, 가격이 저렴하다.
④ DRAM은 전하량으로 정보를 나타내며, 대용량 기억 장치 구성에 적합하다.

해설

③ DRAM은 SRAM에 비해 속도가 느린 편이고 소비전력이 적으며, 가격이 저렴하다.

구분	내용
SRAM (Static RAM)	정적램이라 표현되며, DRAM에 비해 용량은 적으나 속도가 빠르고 가격이 비싸다. DRAM의 100배 이상의 속도로 캐시 메모리에 주로 사용되며 공간을 많이 차지하고 가격이 비싸다.
DRAM (Dynamic RAM)	동적램이라 하며 전원이 공급되어도 일정 시간이 지나면 전하가 방전되므로 주기적인 충전이 필요하다. 전력 소모가 적고 IC 집적도가 SRAM에 비해 높아서 용량은 크지만 속도가 느리며 가격이 저렴하다. SRAM에 비해서 속도는 느리지만 구조가 간단하기 때문에 가격이 저렴하고 전력 소비가 적고 용량이 높아서 CPU 주 기억장치로 가장 많이 사용한다.

06 일반적인 범용 컴퓨터의 메모리에 대한 설명 중 틀린 것은? (2023-3차)

① RAM은 영구적인 데이터를 저장하며 휘발성(Volatile)을 가지지 않는다.
② Flash 메모리 칩은 내용을 지우고 다시 프로그램을 할 수 있다.
③ CMOS 칩은 배터리에 의해 전원이 공급되어 전원이 나가더라도 내용을 잃어버리지 않는다.
④ ROM은 특별한 장비 없이는 컴퓨터 사용자가 데이터를 쓰거나 지울 수 없다.

해설

① 영구적인 데이터를 저장하며 휘발성(Volatile)을 가지지 않는 것은 ROM이다.

구분	내용
RAM	메인 메모리에 주로 사용하며 휘발성 기억장치이다.
SRAM	전원이 차단되자마자 즉시 데이터가 지워진다.
DRAM	전원이 차단되자마자 그 즉시 데이터가 지워지지 않고 5분 유지한다. DRAM은 내부에 전류를 일시적으로 저장하는 역할을 하는 축전기가 있기 때문으로 액체 질소 등으로 냉각시킬 경우 1주일 정도 데이터 저장이 가능하다.

기출유형 13 ▶ ROM(Read Only Memory)

기억된 내용을 자외선을 비추어 소거시키는 ROM은? (2014-1차)

① EPROM　　② EAROM
③ MASK ROM　　④ EEPROM

해설

EPROM
전원이 꺼진 후에도 데이터를 유지하는 비휘발성 메모리로서 컴퓨터를 부팅하는 동안 사용된 컴퓨터 BIOS가 들어 있다. EPROM 칩을 자외선에 노출시킴으로써 내용을 지울 수 있는 읽기 전용 메모리이다. EPROM은이 칩의 상단에 투명한 수정 창 덮개 가 있기 때문에 쉽게 인식할 수 있다.

| 정답 | ①

족집게 과외

Mask ROM	제조 과정에서 프로그램화하여 생산한 ROM으로, 사용자가 내용을 변경시킬 수 없다.
PROM	ROM에 사용자가 한 번만 내용을 기록할 수 있으며 이것은 전기적 신호에 의해 기록된다.
EPROM	자외선을 이용하여 지울 수 있는 메모리로 비휘발성 메모리로써 사용자가 여러 번 반복해서 지우거나 기록할 수 있으며 자외선 신호에 의해 기록된다.

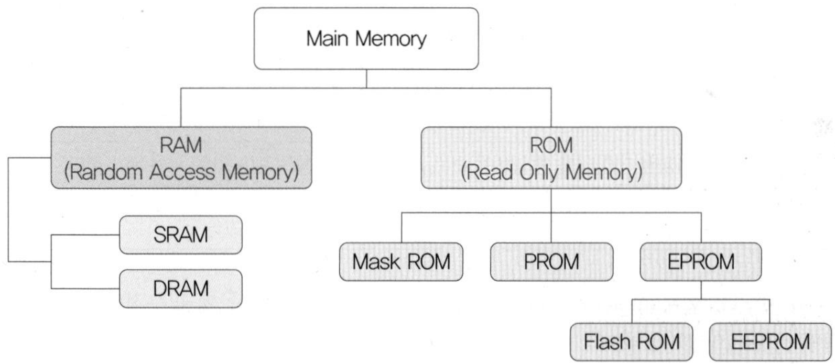

더 알아보기

롬(ROM)은 기억된 내용을 읽을 수만 있는 기억장치로써 일반적으로 쓰기가 불가능하다. 또한 시스템의 전원이 꺼져도 기억된 내용이 지워지지 않는 비휘발성 메모리로서 실제로 롬(ROM)은 주기억장치로 사용되기보다 주로 기본 입출력 시스템, 자가 진단 프로그램 같은 변경 가능성이 없는 시스템 소프트웨어를 기억시키는 데 이용된다.

RAM과 ROM 동작

- OS가 컴퓨터 부팅 시에 보조 기억장치로부터 읽혀져 RAM에 저장된다.
- 컴퓨터를 운용하는 데 쓰이는 기본 프로그램 BIOS는 ROM에 기억되어 있다.
- 중앙처리장치 속도가 RAM보다 빠르므로 캐시 메모리가 필요하다.
- RAM은 각 비트의 내용을 플립플롭에 저장한다.

❶ ROM(Read Only Memory)

ROM은 컴퓨터 및 기타 전자 장치에서 작동에 필수적인 데이터를 저장하는 데 사용되는 비휘발성 메모리의 한 유형으로 RAM(Random Access Memory)과 달리 프로그래밍 된 후에는 쓸 수 없기 때문에 "읽기 전용"이라고 한다. ROM에 저장된 데이터는 부팅 프로세스 중에 시스템을 초기화하고 운영 체제를 로드 하기 위해 컴퓨터 또는 전자 장치에 의해 사용되며 장치 작동에 필요한 펌웨어 및 기타 유형의 시스템 레벨 소프트웨어를 저장하는 데 사용된다.

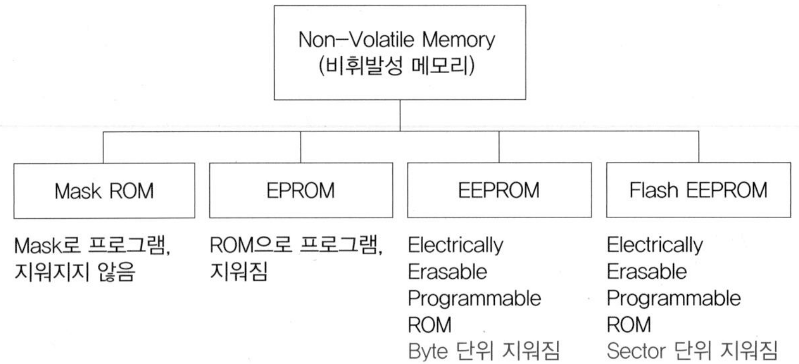

ROM에는 Programmable Read-Only Memory(PROM), Erasable Programmable Read-Only Memory(EPROM), EEPROM(Electrically Erasable Programmable Read-Only Memory) 등 여러 가지 유형이 있으며 PROM은 공장에서 프로그래밍 되며, 한 번 프로그래밍하면 내용을 변경할 수 없다. EPROM은 자외선을 사용하여 지우고 다시 프로그래밍할 수 있으며, EEPROM은 전자적으로 지우고 다시 프로그래밍할 수 있다. 아래는 ROM의 장점과 단점에 대한 요약이다.

ROM 장점	• 비휘발성이다. 즉, 전원을 끈 상태에서도 ROM의 내용이 유지된다. • 이를 통해 ROM은 시스템 레벨 소프트웨어 및 펌웨어와 같이 보존해야 하는 데이터를 저장하는 데 이상적이다. • ROM은 생산 비용이 상대적으로 저렴하며 작동하는 데 전력이 거의 필요하지 않는다.
ROM 단점	• ROM에 저장된 데이터를 변경해야 하는 경우 다른 유형의 메모리를 사용해야 한다. • 기술이 발전하고 새로운 소프트웨어와 펌웨어가 개발됨에 따라 ROM은 구식이 되어 교체가 필요할 수 있다.

요약하면 ROM(Read-Only Memory)은 컴퓨터 및 기타 전자 장치에서 작동에 필수적인 데이터를 저장하는 데 사용되는 비휘발성 메모리의 한 유형으로 일단 프로그래밍 된 후에는 쓸 수 없기 때문에 "읽기 전용"이라고 불린다. ROM에는 PROM, EPROM, EEPROM 등 여러 가지 유형이 있으며 각각 고유한 특성과 용도가 다르게 사용한다. ROM에는 여러 가지 장점이 있지만, ROM에 쓸 수 없는 것도 특정 상황에서는 단점이 될 수 있다.

❷ ROM의 종류

구분	내용
Mask ROM	제조 과정에서 프로그램화하여 생산한 ROM으로, 사용자가 내용을 변경시킬 수 없다.
PROM	Program－mable ROM, ROM에 사용자가 한 번만 내용을 기록할 수 있으며 이것은 전기적 신호에 의해 기록된다.
EPROM	Erasable PROM, 자외선을 이용하여 지울 수 있는 메모리로 비휘발성 메모리로써 사용자가 여러 번 반복해서 지우거나 기록할 수 있으며 자외선 신호에 의해 기록된다.
EEPROM	Electronic EPROM, EPROM의 개량으로 자외선이나 특수 PROM 쓰기 장치 없이도, 수정 가능하며 사용자가 여러 번 반복해서 지우거나 기록할 수 있다. 전기적 신호에 의해 기록되고 재수정 된다. 비휘발성 메모리이지만 프로그램 수행 중에도 읽고 변경 쓰기(전원 종료 후에도 보존)가 비교적 쉽다. 다만, 속도가 다소 느린 단점 있어서 읽기 용도로 많이 쓰인다.
EAROM	Erasable Alterable ROM, 전기적 특성을 이용하여 기록된 정보의 일부를 바꿀 수 있음. 접속 설정 및 해제 기능이다.

❸ 비교

비교	EPROM	EEPROM
개념	자외선은 EPROM의 내용을 지우는 데 사용된다.	EEPROM 내용은 전자 신호를 사용하여 지워진다.
외관	EPROM은 상단에 투명한 수정 창을 가지고 있다.	EEPROM은 완전히 불투명한 플라스틱 케이스에 넣어진다.
내용	컴퓨터 BIOS를 지우고 다시 프로그램하기 위해 EPROM 칩을 컴퓨터 회로에서 제거해야 한다.	EEPROM 칩은 컴퓨터 회로에서 지우고 다시 프로그래밍하여 컴퓨터 BIOS의 내용을 지우고 다시 프로그램 할 수 있다.
동향	EPROM은 EEPROM 대비 과거 기술이다.	EEPROM은 EPROM에 이후 버전이다.

EPROM + EEPROM = Flash

01 자외선을 이용하여 지울 수 있는 메모리는 어느 것인가? (2012-1차)(2014-3차)(2016-3차)

① PROM
② EPROM
③ EEPROM
④ 플래시 메모리(Flash Memory)

해설

② EPROM: Erasable PROM, 자외선을 이용하여 지울 수 있는 메모리로 비휘발성 메모리로써 사용자가 여러 번 반복해서 지우거나 기록할 수 있으며 자외선 신호에 의해 기록된다.
① PROM: Program-mable ROM, ROM에 사용자가 한 번만 내용을 기록할 수 있으며 이것은 전기적 신호에 의해 기록된다.
③ EEPROM: Electronic EPROM, EPROM의 개량으로 자외선이나 특수 PROM 쓰기 장치 없이도, 수정 가능하며 사용자가 여러 번 반복해서 지우거나 기록할 수 있다. 전기적 신호에 의해 기록되고 재수정된다. 비휘발성 메모리이지만 프로그램 수행 중에도 읽고 변경 쓰기(전원 종료 후에도 보존)가 비교적 쉽다. 다만, 속도가 다소 느린 단점 있어서 읽기 용도로 많이 쓰인다.
④ 플래시 메모리(Flash Memory): 비휘발성 반도체 저장장치다. 전기적으로 자유롭게 재기록이 가능하다. ROM의 일종인 EEPROM으로부터 발전하여 현재의 모습으로 정착했다. 예전에는 한 번만 기록이 가능했던 PROM(Programmable ROM)과 삭제가 가능했던 EPROM(Erasable PROM) 2가지의 메모리 방식들이 있었다. PROM은 내용을 기록할 때 하드웨어적으로 내부의 배선을 끊기 때문에 재기록이 불가능하다. EPROM은 삭제 방식에 따라 자외선을 쬐어야 하는 UV-EPROM과 전기적으로 가능한 EEPROM 등으로 나뉜다. EEPROM은 앞서 언급한 것과 같이 플래시 메모리로 발전했고, UV-EPROM은 매우 번거롭기 때문에 현재는 거의 안 쓰고 있다.

02 다음 중 컴퓨터 주기억장치(RAM, ROM)에 대한 설명으로 틀린 것은? (2014-2차)

① OS가 컴퓨터 부팅 시에 보조 기억장치로부터 읽혀져 RAM에 저장된다.
② 컴퓨터를 운용하는 데 쓰이는 기본 프로그램 BIOS는 ROM에 기억되어 있다.
③ DRAM은 플립플롭을 집적화한 것이며, SRAM은 콘덴서를 집적화한 것이다.
④ 중앙처리장치 속도가 RAM보다 빠르므로 캐시 메모리가 필요하다.

해설

SRAM은 각 비트의 내용을 플립플롭에 저장한다.

03 다음 중 ROM(Read-Only Memory)에 저장하기 가장 적합한 것은? (2015-3차)

① 사용자 프로그램
② BIOS(Basic Input Output System)
③ 인터럽트 벡터
④ 사용자 데이터

해설

EPROM은 전원이 꺼진 후에도 데이터를 유지하는 비휘발성 메모리로서 컴퓨터를 부팅하는 동안 사용된 컴퓨터 BIOS에 들어 있다. EPROM 칩을 자외선에 노출시킴으로써 내용을 지울 수 있는 읽기 전용 메모리이다.

04 다음 중 1회에 한해 사용자가 내용을 기록할 수 있는 롬(ROM)은? (2021-3차)

① 마스크(Mask) ROM
② PROM
③ EPROM
④ EEPROM

해설

PROM(Programmable Read-Only Memory)
ROM에 사용자가 한 번만 내용을 기록할 수 있으며 전기적 신호에 의해 기록된다. 단, 용자가 PROM 라이터를 이용하여 내용을 기록할 수 있지만 한 번 들어간 내용은 바꾸거나 지울 수 없다.

기출유형 14 ▶ I/O Channel(I/O Processor)

다음 중 입출력 프로세서(I/O Processor)의 기능으로 틀린 것은? (2020-3차)(2023-2차)

① 컴퓨터 내부에 설치된 입출력 시스템은 중앙처리장치의 제어에 의하여 동작이 수행된다.
② 중앙처리장치의 입출력에 대한 접속 업무를 대신 전달하는 장치이다.
③ 중앙처리장치와 인터페이스 사이에 전용 입출력 프로세서(IOP; I/O Processor)를 설치하여 많은 입출력장치를 관리한다.
④ 중앙처리장치와 버스(Bus)를 통하여 접속되므로 속도가 매우 느리다.

해설

입출력 채널(I/O Channel 또는 I/O Processor)

입출력이 일어나는 동안 프로세서가 다른 일을 하지 못하는 문제를 극복하기 위해 개발된 것으로 시스템의 프로세서와는 독립적으로 입출력만을 제어하기 위한 시스템 구성요소라고 할 수 있다.

채널의 종류	Selector Channel	고속 입출력장치(자기 디스크, 자기 테이프, 자기 드럼) 1개와 입출력하기 위해 사용
	Multiplexer Channel	저속 입출력장치(카드리더, 프린터) 여러 개를 동시에 제어하는 채널
	Block Multiplexer Channel	동시에 여러 개의 고속 입출력장치 제어

입출력의 연산속도는 I/O Processor로 인해 CPU의 영향을 받지 않기 때문에 입출력의 연산속도는 빨라지는 것이다.

| 정답 | ④

족집게 과외

입출력 채널(I/O Channel 또는 I/O Processor)의 종류

Selector Channel	고속 입출력장치(자기 디스크, 자기 테이프, 자기 드럼) 1개와 입출력하기 위해 사용
Multiplexer Channel	저속 입출력장치(카드리더, 프린터) 여러 개를 동시에 제어하는 채널
Block Multiplexer Channel	동시에 여러 개의 고속 입출력장치 제어

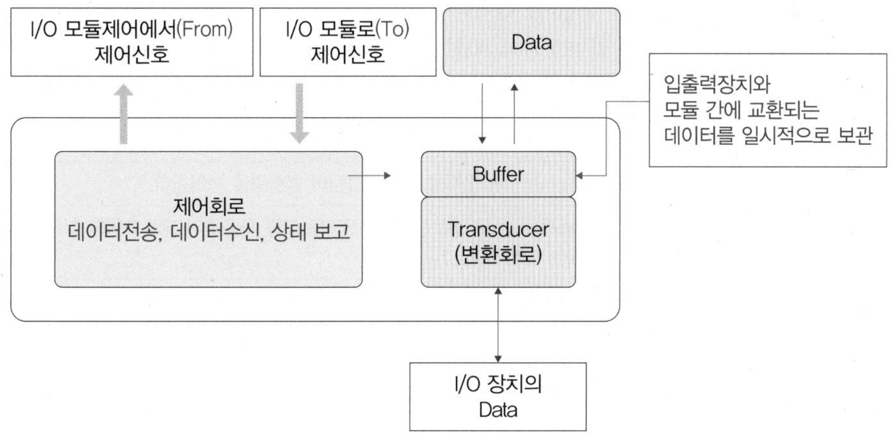

더 알아보기

I/O 모듈제어신호는 제어회로를 통해 데이터의 전송과 수신 및 상태 보고를 위 그림과 같이 동작하며 상세 내용은 아래와 같다.

제어신호	입출력장치가 수행할 기능을 결정, 제어회로는 장치의 동작을 제어한다.
데이터	입출력장치와 입출력 모듈 간에 교환되는 비트로 구성된다.
상태신호	장치의 상태 정보(READY/NOT−READY)를 제어하는 신호이다.
변환기(Transducer)	수신한 데이터를 장치에 맞게는 형태로 변환한다.

❶ 입출력(Input/Output)

I/O 채널은 주변 장치와 컴퓨터 시스템의 기본 메모리 간에 데이터를 전송할 수 있는 전용 통신 경로로서 CPU와 주변장치 사이에서 중재자 역할을 하므로 주변 장치와 메모리 간에 데이터가 전송되는 동안 CPU가 다른 작업을 수행할 수 있다.

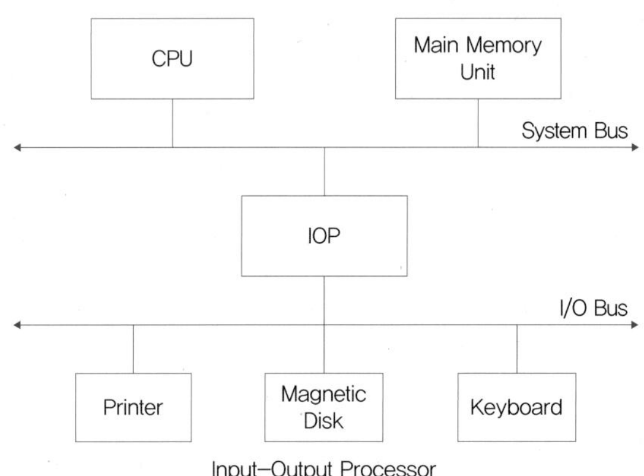

Input–Output Processor

I/O 채널에는 일반적으로 제어 정보, 상태 정보 및 CPU와 주변 장치 간에 전송되는 데이터를 저장하는 데 사용되는 여러 레지스터가 포함되며 채널 자체는 데이터 전송을 관리하는 역할을 하며 일반적으로 직접 메모리 액세스(DMA)를 사용하여 CPU 개입 없이 주변 장치와 메모리 간에 데이터를 이동한다.

I/O 채널을 사용하면 CPU에서 주변 장치와 메모리 간에 데이터를 전송하는 작업을 하므로 다른 작업에 필요한 처리시간을 확보할 수 있다. 이는 대량의 데이터를 신속하게 전송해야 하는 하드드라이브나 네트워크 카드와 같은 고속 주변 장치에 특히 중요하다. 동기식 및 비동기식 채널을 포함하여 다양한 유형의 I/O 채널이 있다.

동기 /비동기	동기 I/O 채널	클럭 신호에서 작동하는 장치와 함께 작동하도록 구성된다.
	비동기 채널	클럭 신호에서 작동하지 않는 장치에 사용된다.
방식 기준 분류	프로그램 방식	Programmed I/O로서 프로그램이 입출력을 제어한다.
	인터럽트 구동 방식	Interrupt−driven I/O로서 인터럽트를 사용하여 프로그램의 실행과 입출력을 병행하는 방식이다.
	직접 기억장치 접근 방식	Direct Memory Access로서 I/O 처리를 위한 별도의 하드웨어를 사용한다.

일부 I/O 채널은 인터럽트 처리를 지원하므로 특정 작업이 완료되면 CPU에 이를 알릴 수 있다. 전반적으로 I/O 채널은 주변 장치가 다른 작업을 중단하지 않고 CPU와 통신할 수 있도록 해주기 때문에 컴퓨터 시스템에서 중요한 구성요소로서 I/O 채널을 사용하면 컴퓨터 시스템의 전반적인 성능과 효율성을 크게 향상시킬 수 있다.

❷ I/O 장치의 주소 지정 방식

방식	구분	내용
기억장치 사상 방식 (Memory-mapped I/O)	개념	주기억장치와 입출력장치는 모두 같은 단일 주소 공간을 사용하는 것으로 프로세서는 입출력 모듈의 상태와 데이터 레지스터를 주기억장치의 위치와 동일하게 취급한다. 주기억장치와 입출력 모듈에 접근하기 위해 같은 명령어를 사용하는 것이 가능하다.
	장점	주기억장치 명령과 입출력 명령을 구분하기 위한 제어선이 필요 없으며 다양한 주기억장치 명령을 입출력에 활용한다.
	단점	가능한 주기억장치 주소 범위를 일부 사용할 수 없다.
고립형 (분리형) 방식 (Isolated I/O)	개념	주기억장치와 입출력 모듈이 다른 주소 공간을 사용하는 것으로 보통 주소버스는 공유하지만 별도의 제어 버스를 사용한다.
	장점	가능한 주기억장치 주소 범위를 모두 사용 가능하며 보다 간편한 입출력 명령을 사용할 수 있다.
	단점	회로가 상대적으로 복잡하다.

정답 01 ③ 02 ④ 03 ④

01 다음은 입출력 포트 중 고립형 I/O(isolated I/O)에 대한 설명이다. 옳지 않은 것은? (2010-3차)

① 고립형 I/O는 I/O Mapped I/O라고도 불린다.
② 고립형 I/O는 기억장치의 주소 공간과 전혀 다른 입출력 포트를 갖는 형태이다.
③ 하나의 읽기/쓰기 신호만 필요하다.
④ 각 명령은 인터페이스 레지스터의 주소를 가지고 있으며 뚜렷한 입출력 명령을 가지고 있다.

해설

고립형 I/O(isolated I/O)는 메모에 대한 데이터 Access와 I/O에 대한 데이터의 입출력이 서로 다르게 동작한다. 메모리 Access는 Load나 Store 명령에 수행되고 I/O 입출력은 Input이나 Output 명령에 수행되어 각각은 별개가 된다. 그러므로 ③ 하나의 읽기/쓰기 신호만 필요한 것이 아니라 각각 별개로 동작하기 때문에 ③번이 틀린 것이다.

02 기억장치 사상 I/O(Memory-mapped I/O) 방식에 대한 설명으로 적합하지 않은 것은? (2011-1차)

① I/O 제어기 내의 레지스터들을 기억장치 내의 기억장소들과 동일하게 취급한다.
② 레지스터들의 주소도 기억장치 주소 영역의 일부분을 할당한다.
③ 기억장치와 I/O 레지스터들을 액세스할 때 동일한 기계 명령어들을 사용할 수 있다.
④ 이 방식을 사용하여도 기억장치 주소 공간은 줄어들지 않는다.

해설

입출력장치를 주기억장치의 하나의 영역으로 간주해서 CPU가 입출력 연산을 주기억장치에서 자료를 전송하는 것과 같은 명령으로 사용할 수 있다. 이를 통해 주기억장치의 일부를 입출력장치를 위한 메모리 공간으로 사용함으로서 기억장치의 주소 공간이 감소하게 된다.

03 I/O 채널(Channel)의 설명 중 맞지 않는 것은? (2012-1차)

① CPU는 일련의 I/O 동작을 지시하고 그 동작 전체가 완료된 시점에서만 인터럽트를 받는다.
② 입출력 동작을 위한 명령문 세트를 가진 프로세서를 포함하고 있다.
③ 선택기 채널(Selector Channel)은 여러 개의 고속 장치들을 제어한다.
④ 멀티플렉서 채널(Multiplexer Channel)에는 보통 하드디스크 장치들을 연결한다.

해설

입출력 채널(I/O Channel)은 입출력이 일어나는 동안 프로세서가 다른 일을 하지 못하는 문제를 극복하기 위해 개발된 것으로, 시스템의 프로세서와는 독립적으로 입출력만을 제어하기 위한 시스템 구성요소라고 할 수 있다.

채널 종류		
	Selector Channel	고속 입출력장치(자기 디스크, 자기 테이프, 자기 드럼) 접속하여 대량의 자료를 고속으로 전송한다. 고속 입출력장치에 자기 디스크, 자기 테이프, 자기 드럼 등이 해당된다.
	Multiplexer Channel	Byte Multiplexer Channel로서 채널과 기억장치 사이의 전송속도는 입출력장치의 속도에 비해 매우 빠르므로 한 대의 채널이 여러 개의 입출력장치를 제어할 수 있다(Card Reader, Printer). 주로 저속의 입출력 장치(카드리더, 프린터) 여러 개를 동시에 제어하는 채널이다.
	Block Multiplexer Channel	동시에 여러 개의 고속 입출력장치 제어 채널이다. 저속 입출력장치와 고속 입출력장치를 공용시켜 동시에 동작한다. 주로 여러 대의 고속 입출력장치들을 Block 단위로 처리하는 것을 담당한다.

정답 04 ④ 05 ④ 06 ② 07 ③

04 **다음 중 I/O 채널(Channel)에 대한 설명으로 틀린 것은?** (2014-1차)(2023-1차)

① CPU는 일련의 I/O 동작을 지시하고 그 동작 전체가 완료된 시점에서만 인터럽트를 받는다.
② 입출력 동작을 위한 명령문 세트를 가진 프로세서를 포함하고 있다.
③ 선택기 채널(Selector Channel)은 여러 개의 고속 장치들을 제어한다.
④ 멀티플렉서 채널(Multiplexer Channel)은 복수 개의 입·출력 장치를 동시에 제어할 수 없다.

해설

입출력 채널(I/O Channel)은 입출력이 일어나는 동안 프로세서가 다른 일을 하지 못하는 문제를 극복하기 위해 개발된 것으로, 시스템의 프로세서와는 독립적으로 입출력만을 제어하기 위한 시스템 구성요소라고 할 수 있다.

채널 종류		
	Selector Channel	고속 입출력장치(자기 디스크, 자기 테이프, 자기 드럼) 1개와 입출력을 하기 위해 사용하는 채널이다.
	Multiplexer Channel	저속 입출력장치(카드리더, 프린터) 여러 개를 동시에 제어하는 채널이다.
	Block Multiplexer Channel	동시에 여러 개의 고속 입출력 장치 제어 채널이다.

05 **프로세서, 주기억장치, I/O 모듈이 한 개의 버스를 공유할 때 사용하는 주소 지정 방식 중 격리형 또는 분리형 I/O(Isolated I/O) 방식에 관한 사항은 어느 것인가?** (2020-2차)

① 많은 종류의 I/O 명령어들을 사용할 수 있다.
② 귀주한 주기억자이 주소영역이 I/O 장치들을 위하여 사용된다.
③ 프로그래밍을 더 효율적으로 할 수 있다.
④ 특정 I/O 명령들에 의해서만 I/O 포트들을 엑세스할 수 있다.

해설

고립형 I/O는 기억장치의 주소 공간과 전혀 다른 입출력 포트를 갖는 형태이고 각 명령은 인터페이스 레지스터의 주소를 가지고 있으며 뚜렷한 입출력 명령을 가지고 있다.

06 **다음 중 여러 I/O 모듈들이 인터럽트를 발생시켰을 때 CPU가 확인하는 시간이 가장 긴 것은?** (2015-2차)

① 다수 인터럽트 선(Multiple Interrupt Lines)
② 소프트웨어 폴(Software Poll)
③ 데이지 체인(Daisy Chain)
④ 버스 중재(Bus Arbitration)

해설

② 소프트웨어 폴(Software Poll): CPU가 모든 입출력 제어기들에 접속된 TEST I/O선을 이용하여 인터럽트를 요구한 장치를 검사해서 우선순위의 변경이 용이하고 별도의 하드웨어가 필요 없으나 처리시간이 오래 걸리는 단점이 있다.
① 다수 인터럽트선(Multiple Interrupt Lines): 인터럽트 요구선과 확인선을 접속하는 방식으로 인터럽트를 요구한 장치를 쉽게 찾을 수 있으나 하드웨어가 복잡하고 입출력장치의 수가 CPU의 인터럽트 요구 입력핀의 수에 의해 제한된다.
③ 데이지 체인(Daisy Chain): 모든 입출력 모듈이 하나의 인터럽트 요구선을 공유하는 방식으로 프로세서와 가장 가까운 모듈이 우선순위가 가장 높다.

07 **다음 중 입력장치와 출력장치가 순서대로 짝지어진 것은?** (2019-3차)

① 마우스－트랙볼
② 디지털 카메라－스캐너
③ 트랙볼－LCD
④ CRT－PDP

해설

트랙볼

커서 조작을 위해 사용되는 입력장치 마우스 중 하나. 볼마우스와 원리는 완벽하게 같지만, 볼을 굴리는 방법이 다르다.

- 입력장치: 마우스, 트랙볼, 디지털카메라, 스캐너
- 출력장치: LCD, CRT, PDP

08 **액정 디스플레이(LCD)에 대한 설명 중 틀린 것은?** (2019-3차)

① 네온 전구와 아르곤 가스를 이용한 플라즈마 현상에 의해 정보를 표시한다.
② 디지털 계산기나 노트북, 컴퓨터 등의 표시장치에 사용된다.
③ 발광체이기 때문에 CRT보다 눈의 피로가 적고 전력소모가 적다.
④ 보는 각도에 따라 선명도가 달라진다.

해설

PDP PLASMA(플라즈마 디스플레이)
PDP라고 하는 장치로, 네온 전구와 아르곤 가스를 이용한 플라즈마 현상에 의해 정보를 표시하는 장치이다.

09 **2개의 전극(Anode와 Cathode) 사이 삽입된 유기물층에 가해지는 전기장을 가해 발광하게 되는 것은?** (2015-1차)(2015-2차)(2017-3차)(2021-2차)

① CRT ② OLED
③ PDP ④ TFT-LCD

해설

② OLED(Organic light-emitting Diode): 유기 발광 다이오드로서 유기 화합물층으로 이루어진 LED 반도체 소자 중 하나로서 LCD를 대체할 차세대 디스플레이이다.

① CRT(Cathode Ray Tube): 브라운관, 또는 음극선관은 하나 이상의 전자총과 인광 화면을 포함하는 진공관으로, 영상을 표시하는 데 사용된다. 전자를 쏘아 마스크에 충돌시켜 화면을 보여주는 장치로, 가장 역사 깊은 화면 장치이다.
③ PDP PLASMA(플라즈마 디스플레이): PDP라고 하는 장치로, 네온전구와 아르곤 가스를 이용한 플라즈마 현상에 의해 정보를 표시하는 장치이다. PDP는 Subfield라는 단위 단계의 조합을 통해 색의 명도를 조절한다. 각 단계 사이마다 초기화를 한 번씩 해줘야 하는데, 이 초기화라는게 강제로 방전을 일으키는 방법이기 때문에 방전에 따른 색이 미량으로나마 방출된다.
④ TFT-LCD(Thin Film Transistor Liquid Crystal Display): 박막 트랜지스터 액정 디스플레이는 박막 트랜지스터(TFT) 기술을 이용하여 화질을 향상시킨 액정 디스플레이(LCD)의 변종이다.

10 **그림, 차트, 도표, 설계 도면을 읽어 이를 디지털화하여 컴퓨터에 입력시키는 기기는?** (2019-2차)(2021-2차)

① 디지타이저
② 플로터
③ 그래픽 단말기
④ 문자 판독기

해설

① 디지타이저: 스마트폰, 태블릿 PC 등 IT 장치에서 펜 등 도구의 움직임을 디지털 신호로 변환하여 주는 입력장치를 의미한다. 디지타이저는 갤럭시 노트 시리즈에 적용된 펜이 실제 펜을 사용하는 것과 같은 섬세한 표현이 가능해지면서 사람들에게 많이 알려지게 되었다.
② 플로터: 플로터는 출력 결과를 종이나 필름, 시트지 등의 평면에 그래프나 차트 등으로 출력하기 위한 대형 출력장치이다. 대형이기 때문에 A0 이상까지 출력할 수 있으며 C, M, Y, K의 잉크로 인쇄하기도 한다.
③ 그래픽 단말기: 단말기 또는 터미널은 컴퓨터나 컴퓨팅 시스템에 데이터를 입력하거나 표시하는 데 쓰이는 전자 하드웨어 기기이다.
④ 문자 판독기: 문서에 새겨진 문자를 빛을 이용하여 판독하는 장치이다.

정답 11 ② 12 ② 13 ③

11 출력된 문서나 그림 등을 이미지 형태로 컴퓨터에 입력을 가능하게 하는 장치는? (2019-1차)

① 플로터
② 스캐너
③ 디지타이저
④ 마우스

해설

② 스캐너: 그림이나 사진, 문자 등을 읽어서 디지털 파일로 변환하고 저장하는 컴퓨터 입력장치를 말한다. 개인용으로는 플랫베드 스캐너를 쓰거나 복합 사무기의 스캐너를 사용한다. 하지만, 도록이나 백과사전 제작처럼 선명한 그림이나 사진이 필요한 작업에는 세심한 드럼스캐너를 사용한다.

12 특수한 연필이나 수성펜 등으로 사람이 지정된 위치에 직접 표시한 것을 광학적으로 읽어내는 장치는? (2021-1차)

① 디지타이저(Digitizer)
② 광학 표시 판독기(OMR)
③ 광학 문자 판독기(OCR)
④ 자기 잉크 문자 판독기(MICR)

해설

② 광학 표시 판독기(OMR): Optical Mark Recognition(OMR, 광학마크인식), 종이에서 컴퓨터로 데이터를 입력하는 방법이다.
① 디지타이저(Digitizer): 스마트폰, 태블릿 PC 등 IT 장치에서 펜 등 도구의 움직임을 디지털 신호로 변환하여 주는 입력장치이다.
③ 광학 문자 판독기(OCR): 사람이 쓰거나 기계로 인쇄한 문자의 영상을 이미지 스캐너로 획득하여 기계가 읽을 수 있는 문자로 변환하는 것이다.
④ 자기 잉크 문자 판독기(MICR): Magnetic Ink Character Recognition, 자기 잉크로 인쇄된 글자를 자화시켜 어떻게 자화되었는지를 알아내어 읽어내는 것으로 자기 잉크 문자 판독기는 광학 문자 판독기보다 성능이 좋다.

13 다음 중 프린터의 인쇄 이미지 해상도나 선명도를 표시하는 방식은? (2023-2차)

① Pixel
② Lux
③ DPI
④ Lumen

해설

① Pixel: 픽셀(Pixel)은 픽처(Picture)와 엘리먼트(Element)의 합성어로서 "화소"라 하며 컬러를 구성하는 최소 단위이다. 주로 영상에서 많이 사용한다.
② Lux: 조명도의 단위로서 1럭스는 1칸델라의 광원으로부터 1m 떨어진 곳에 광원과 직각으로 놓인 면의 밝기이다. 기호는 lx로 빛의 양이라 할 수 있다.
③ DPI(Dots per Inch): 인쇄, 비디오, 이미지 스캐너에서 얼마나 많은 점이 찍히는지를 나타내는 단위로, 특히 1인치의 줄 안에 있는 점의 수이다. 근래에 도입된 도트 퍼 센티미터는 1센티미터의 줄 안에 배치할 수 있는 개개의 점의 수를 의미한다.
④ Lumen: 가시광선의 총량을 나타내는 광선속의 SI 단위다. 여기서 광선속은 "광원이 내보내는 빛의 양" 정도라 할 수 있다.

정답 14 ②

14 다음 중 메모리 맵 입출력(Memory-mapped IO) 방식의 설명으로 틀린 것은? (2023-3차)

① 입출력을 위한 제어 상태 레지스터와 데이터 레지스터를 메모리 주소 공간에 포함하는 방식이다.
② 입출력 전용(Dedicated IO) 또는 고립형 입출력(Isolated IO)주소 지경이라고도 한다.
③ 장치 레지스터의 주소를 지정하기 위해 메모리 공간의 주소 일부를 할당한다.
④ 메모리와 입출력장치가 동일한 주소버스 구조를 사용한다.

해설
② 입출력 전용(Dedicated IO) 또는 고립형 입출력(Isolated IO)주소 지경이라고도 한다는 것은 I/O Mapped I/O이다.

[운영체제] Memory Mapped I/O와 I/O Mapped I/O

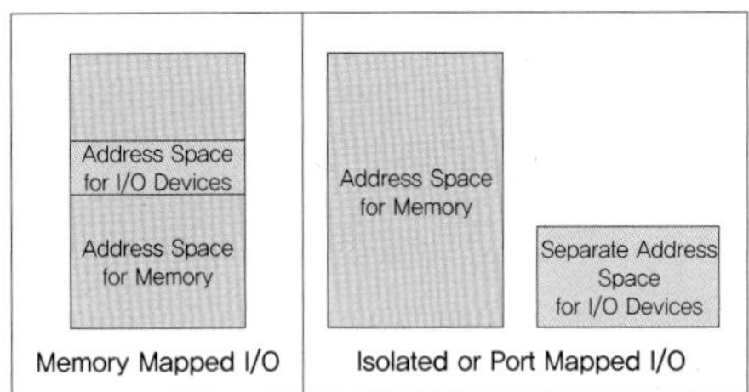

Memory Mapped I/O
마이크로프로세서(CPU)가 입출력장치를 접근할 때, 출력과 메모리의 주소 공간을 분리하지 않고 하나의 메모리 공간에 취급하여 배치하는 방식이다.

Memory Mapped I/O의 특징
- 메모리의 일부 공간을 I/O 포트에 할당한다.
- 많은 프로세스가 하나의 파일을 메모리에서 공유하는 것이 가능해진다.
- RISC, 임베디드시스템에서 주로 사용한다(예 ARM, MIPS, PowerPC).
- LOAD 나 STORE 명령을 통해 접근가능하다.
- 컴파일러의 최적화를 방지하기 위해 I/O 영역 변수는 Volatile로 선언해야 한다.
- 메인 메모리에 접근하는 것보다 매핑한 장치에 접근하는 것이 느리다.
- CPU 내부 로직이 덜 필요하고 더 저렴하고 빠르고 쉬운 CPU 설계가 가능하다(RISC가 추구하는 바).
- 별도의 하드웨어 신호 핀을 두지 않고 Address Line에 따라 분기하여 접근한다.
- 하드웨어 구성이 간단하지만 주소나 데이터 버스를 많이 사용하게 된다.

I/O Mapped I/O
메모리와 입출력의 주소 공간을 분리하여 접근하는 방식이다.

I/O Mapped I/O의 특징
- 입출력장치에 접근하기 위한 명령어가 따로 필요하다.
- 메모리에 대한 접근과 I/O에 대한 접근이 다른 것으로 간주된다.
- 주로 Intel 계열에서 사용된다.
- Addressing 능력이 제한된 CPU에서 메모리 주소 영역 전체를 사용할 수 있기 때문에 효과적이다.
- 범용성이 넓어 입출력장치 추가/삭제가 자유로운 PC 환경에서 주로 사용한다.
- 프로세서의 칩셋에 별도의 신호 핀을 두어 I/O 명령을 전달한다.
- 별도의 회로 설계가 필요하여 하드웨어 구성이 복잡하다.

기출유형 15 ▶ 소프트웨어

정보통신시스템 소프트웨어에서 운영체제의 기능이 아닌 것은? (2013-1차)(2014-2차)(2015-2차)

① 메모리관리 ② 잡(Job) 관리
③ 범용라이브러리 ④ 통신제어

해설

라이브러리는 다른 프로그램들과 링크되기 위하여 존재하는 하나 이상의 서브루틴이나 함수(Function)들의 집합 파일로서 링크될 수 있도록 컴파일된 형태인 목적코드(Object Code) 형태로 존재한다.

| 정답 | ③

족집게 과외

- **알파버전**: 개발 초기에 있어 성능이나 사용성 등을 평가하기 위한 테스터나 개발자를 위한 버전이다.
- **베타버전**: 시험판은 알파의 뒤를 잇는 소프트웨어 개발 단계이다. 소프트웨어가 기능을 완성할 때 일반적으로 이 단계가 시작된다. 베타 단계의 소프트웨어는 일반적으로 많은 버그가 존재한다.
- **프리웨어**: 대가를 바라지 않거나 무료로 쓰도록 제작한 소프트웨어이다.

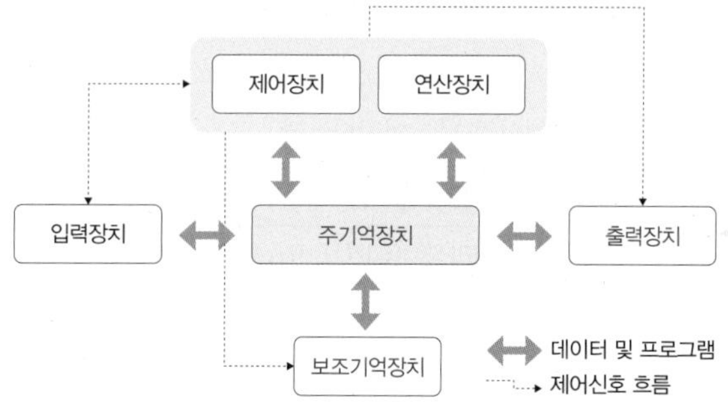

더 알아보기

드웨어는 중앙처리장치(CPU), 기억장치, 입출력장치로 구성되어 있으며 이들은 시스템 버스로 연결되어서 시스템 버스는 데이터와 명령 제어 신호를 각 장치로 실어나르는 역할을 한다.

메인 메모리	개념	RAM(Random Access Memory)등 메인 메모리는 CPU에서 직접 액세스할 수 있는 휘발성 메모리로서 프로그램 실행 중에 CPU가 빠르게 액세스해야 하는 데이터 및 명령을 저장하는 데 사용된다. RAM은 빠른 읽기 및 쓰기 작업을 허용하므로 컴퓨터가 실행되는 동안 임시 데이터를 처리한다.
	특징	휘발성, 빠른 엑세스, 직접 엑세스 한다.
보조 메모리	개념	저장 장치 또는 비휘발성 메모리로서 보조 메모리는 컴퓨터 전원이 꺼진 경우에도 데이터를 장기간 저장하는 데 사용되며 주 메모리(RAM)와 달리 보조 메모리는 저장 용량이 훨씬 크지만 액세스 시간이 느리다. 보조 메모리는 비휘발성이므로 전원 공급이 중단되더라도 데이터를 유지한다.
	구성	하드 디스크(HDD), 솔리드 스테이트(SSD), USB 플래시 드라이브, 클라우드 등이다.
입력 장치	개념	사용자가 입력을 제공하여 컴퓨터 시스템과 상호 작용할 수 있도록 하는 하드웨어 구성 요소 또는 주변 장치이다.
	구성	키보드, 마우스, 터치패드, 트랙볼, 조이스틱, 터치스크린 등이다.

❶ 컴퓨터의 구성

하드웨어와 소프트웨어는 컴퓨터 시스템의 두 가지 필수 구성 요소이다.

> **하드웨어**
>
> 컴퓨터 시스템의 물리적 구성 요소를 가리키며 사용자가 터치하여 볼 수 있다. CPU(중앙 처리 장치), 마더보드, RAM(랜덤 액세스 메모리), 하드 디스크 드라이브, 키보드, 마우스, 모니터 및 기타 입력/출력 장치를 포함한다. 하드웨어 구성 요소는 데이터의 물리적 처리와 명령 실행을 담당한다.

반면 소프트웨어는 컴퓨터 시스템에서 실행되는 비물리적 프로그램, 응용 프로그램 및 운영 체제를 의미한다. 소프트웨어는 하드웨어에 특정 작업을 수행하는 지침을 제공하는 책임이 있으며 소프트웨어에는 시스템 소프트웨어와 응용 프로그램 소프트웨어의 두 가지 주요 유형이 있다.

> **소프트웨어**
>
> - 시스템 소프트웨어: 컴퓨터 하드웨어를 제어하고 관리하는 기본 소프트웨어이며 운영 체제, 장치 드라이버 및 유틸리티 프로그램을 포함한다.
> - 응용 소프트웨어: 워드 프로세싱, 게임 또는 사진 편집과 같은 특정 작업을 위해 설계되었다.

하드웨어와 소프트웨어가 함께 동작하여 컴퓨터 시스템이 작동할 수 있도록 한다. 하드웨어는 소프트웨어가 실행할 물리적 처리 능력과 저장 공간을 제공하는 반면 소프트웨어는 하드웨어가 특정 작업을 수행하는 데 필요한 지침을 제공한다. 컴퓨터 시스템은 하드웨어와 소프트웨어 없이는 작동할 수 없다.

❷ 설명

컴퓨터 시스템은 크게 하드웨어와 소프트웨어로 나누어진다.

<table>
<tr><td rowspan="3">하드웨어</td><td colspan="2">개념</td><td>컴퓨터를 구성하는 기계적 장치</td></tr>
<tr><td colspan="2">기억장치</td><td>중앙처리장치(CPU), RAM, HDD</td></tr>
<tr><td colspan="2">입출력장치</td><td>마우스, 프린터</td></tr>
<tr><td rowspan="3">소프트웨어</td><td colspan="2">개념</td><td>하드웨어의 동작을 지시하고 제어하는 명령어 집합</td></tr>
<tr><td rowspan="2">분류</td><td>시스템 S/W</td><td>운영체제, 컴파일러</td></tr>
<tr><td>응용 S/W</td><td>워드프로세서, 스프레드시트</td></tr>
<tr><td>시스템 버스</td><td colspan="2">개념</td><td>하드웨어 구성 요소를 물리적으로 연결하는 선으로 각 구성 요소가 다른 구성 요소로 데이터를 보낼 수 있도록 통로가 되어준다. 용도에 따라 데이터 버스, 주소 버스, 제어 버스로 나누어짐</td></tr>
</table>

정답 01 ① 02 ④ 03 ④

01 다음 중 운영체제가 제공하는 소프트웨어 프로그램이 아닌 것은? (2016-2차)(2016-3차)

① 스택(Stack)
② 컴파일러(Compiler)
③ 로더(Loader)
④ 응용 패키지(Application Package)

해설

① 스택(Stack): 자료 구조의 하나로서 자료의 삽입과 삭제가 한쪽 끝에서만 일어나며 자료의 삽입, 삭제가 일어나는 곳을 스택의 톱(top)이라 하며 자료를 스택에 넣는 것을 푸시(Push), 스택에서 자료를 꺼내는 것을 팝(Pop)이라 한다.
② 컴파일러(Compiler): 특정 프로그래밍 언어로 쓰여 있는 문서를 다른 프로그래밍 언어로 옮기는 언어 번역 프로그램으로 특히 고급 언어를 기계어로 번역하는 것을 지칭하는 경우가 많다. 원시 코드에서 목적코드로 옮기는 과정을 컴파일(Compile)이라고 한다.
③ 로더(Loader): 외부기억장치로부터 정보들을 주기억장치로 옮기기 위하여 메모리 할당 및 연결, 재배치, 적재를 담당하는 서비스 프로그램이다.
④ 응용 패키지(Application Package): 사무 처리, 계획 관리, 과학 기술 계산, 경영 과학 계산 등에 관한 응용 프로그램 패키지이며 대표적인 예로 한컴오피스, MS 오피스가 있다.

02 다음 문장이 의미하는 소프트웨어는 무엇인가? (2014-3차)(2016-1차)

> 상하 관계나 동종 관계로 구분할 수 있는 프로그램들 사이에서 매개 역할을 하거나 프레임워크 역할을 하는 일련의 중간 계층 프로그램을 말하며, 일반적으로 응용 프로그램과 운영체제의 중간에 위치하여 사용자에게 시스템 하부에 존재하는 하드웨어, 운영체제, 네트워크에 상관없이 서비스를 제공한다.

① 유틸리티 ② 디바이스 드라이버
③ 응용 소프트웨어 ④ 미들웨어

해설

미들웨어는 서로 다른 애플리케이션이 서로 통신하는 데 사용되는 소프트웨어로서 미들웨어는 더욱 빠르게 혁신할 수 있도록 애플리케이션을 지능적이고 효율적으로 연결하는 기능을 제공한다.

03 다음 중 소프트웨어의 유형과 특징이 올바른 것은? (2014-3차)(2016-2차)

① 베타버전: 개발 중인 하드웨어/소프트웨어에 붙는 제품 버전으로 개발 초기 단계에서 개발 기업 내 또는 일반의 사용자에게 배포하여 시험하는 초기 버전
② 알파버전: 소프트웨어를 정식으로 발표하기 전에 발견하지 못한 오류를 찾아내기 위해 회사가 특정 사용자들에게 배포하는 시험용 소프트웨어
③ 프리웨어: 별도로 판매되는 제품들을 묶어 하나의 패키지로 만들어 판매하는 형태로, 컴퓨터 시스템을 구입할 때 컴퓨터 시스템을 구성하는 하드웨어 장치와 프로그램 등을 모두 하나로 묶어 구입하는 방법
④ 공개소프트웨어: 누구나 자유롭게 사용하고 수정하거나 재배포할 수 있도록 공개하는 소프트웨어로, 누구에게나 이용과 복제, 배포가 자유롭다는 뜻의 소프트웨어

해설

알파버전	개발 초기에 있어 성능이나 사용성 등을 평가하기 위한 테스터나 개발자를 위한 버전이다.
베타버전	베타(Beta) 또는 시험판은 알파의 뒤를 잇는 소프트웨어 개발 단계이다. 소프트웨어가 기능을 완성할 때 일반적으로 이 단계가 시작된다. 베타 단계의 소프트웨어는 일반적으로 속도/성능 문제와 더불어 온전히 완성된 소프트웨어보다 더 많은 버그가 존재한다.
프리웨어	만든이가 대가를 바라지 않거나 어떤 이유에서든 무료로 쓰도록 제작한 소프트웨어이다. 처음에는 누구나 쓸 수 있지만 기능 제한을 풀거나 일정한 기간 이후에 사용하려면 대가를 지불해야 하는 셰어웨어와 구별된다.

04 다음 중 프로그램의 종류에 대한 설명으로 틀린 것은? (2015-1차)(2020-3차)

① 베타버전이란 개발자가 상용화하기 전에 테스트용으로 배포하는 것을 말한다.
② 쉐어웨어란 기간이나 기능 제한 없이 무료로 사용하는 것을 말한다.
③ 데모버전이란 기간이나 기능의 제한을 두고 무료로 사용하는 것을 말한다.
④ 테스트버전이란 데모버전이전에 오류를 찾기 위해 배포하는 것을 말한다.

해설

프리웨어 (Freeware)	저작권이 있는 컴퓨터 소프트웨어로 무료로 사용할 수 있도록 대중에 공개된 것이다.
쉐어웨어 (Shareware)	프리웨어와 유사하지만 프리웨어처럼 무료 소프트웨어가 아니다. 사용자는 일정 기간동안 제한된 기능을 사용해볼 수 있고 완전한 소프트웨어를 사용하기 위해서는 라이센스를 구매해야 한다. 쉐어웨어는 데모웨어, 평가 소프트웨어라고도 하며 보통 인터넷에서 내려받거나 잡지에 포함된 디스크를 통해 무료로 제공된다. 사용자는 그 프로그램을 시험 삼아 써 볼 수 있다.

05 다음 지문에서 설명하고 있는 소프트웨어의 종류는? (2017-3차)

> 컴퓨터의 작업처리 과정 동안에 동적으로 변경이 불가능한 기억장치에 적재된 프로그램 또는 자료를 말하며, 이를 사용자가 변경할 수 없다. 이러한 프로그램 또는 자료를 소프트웨어로 분류하고, 프로그램 또는 자료가 들어 있는 전기 회로를 하드웨어로 분류한다

① 펌웨어
② 시스템 소프트웨어
③ 응용 소프트웨어
④ 디바이스 드라이버

해설

펌웨어(Firmware)
컴퓨팅과 공학 분야에서 특정 하드웨어 장치에 포함된 소프트웨어로, 소프트웨어를 읽어 실행하거나, 수정하는 것도 가능한 장치로서 하드웨어의 제어(Low-level Control)와 구동을 담당하는 일종의 운영체제이다.

06 저작자(개발자)에 의해 무상으로 배포되는 컴퓨터 프로그램으로 개인이나 열광자(Enthusiast)가. 자기의 작품에 대해 동호인들의 평가를 받기 위해서 또는 개인적 만족감을 얻기 위해서 사용자 집단(User Group), PC 통신망의 전자 게시판이나 공개 자료실, 인터넷의 유즈넷(USENET) 등을 통해 배포하는 소프트웨어는? (2019-3차)

① 프리웨어
② 소셜 소프트웨어
③ 멀웨어
④ 번들

해설

프리웨어(Freeware)
무상으로 자유롭게 사용할 수 있도록 배포하는 소프트웨어를 말한다. 프리웨어는 이용기간이나 기능의 제약은 없지만 이용목적이나 사용자를 구분 짓는 경우가 종종 있기 때문에 구체적인 이용 허락의 범위를 확인하여야 한다.

07 다음 괄호에 들어갈 내용으로 맞게 나열된 것은? (2021-2차)

> 마이크로컴퓨터는 연산 및 처리 기능을 갖는 (㉮) 부분과 연산처리의 대상이 되며, 목적 기능을 갖는 (㉯) 부분으로 나누어 볼 수 있다. (㉮)의 운용을 위해서는 반드시 (㉯)의 지원이 필요하다.

① ㉮ 하드웨어, ㉯ 소프트웨어
② ㉮ CPU, ㉯ Memory
③ ㉮ ALU, ㉯ DATA
④ ㉮ CPU, ㉯ 소프트웨어

해설

컴퓨터 시스템은 크게 하드웨어와 소프트웨어로 나누어 진다.

하드웨어	컴퓨터를 구성하는 기계적 장치로 중앙처리장치(CPU), 기억장치(RAM, HDD), 입출력장치(마우스, 프린터) 등이 있다.
소프트웨어	하드웨어의 동작을 지시하고 제어하는 명령어 집합으로 시스템 소프트웨어(운영체제, 컴파일러)와 응용 소프트웨어(워드프로세서, 스프레드시트)로 구성된다.

08 다음 중 소프트웨어의 정의에 해당하지 않는 것은? (2017-2차)

① 하드웨어를 동작하도록 하는 기능과 기술
② 컴퓨터 활용에 필요한 모든 프로그래밍 시스템
③ 운영체제(OS: Operating System)와 응용 프로그램
④ 제어와 연산기능만을 수행하는 모듈

해설

④ 제어와 연산기능만을 수행하는 모듈은 CPU(Central Processing Unit)에 해당된다.

CPU 기능	제어 장치	CU(Control Unit), 메모리에서 명령을 받아 해독과(Decode) 실행을 지시하는 핵심 요소이다.
	연산 장치	ALU(Arithmetic Logic Unit), 제어 장치의 지시에 따라 산술, 논리, 비트 연산 등의 실제 연산을 수행하는 장치이다.
	기억 장치	Register, 제어, 연산 등에 사용하는 임시 기억 장치로 논리회로(플립플롭, 래치 등)를 통해서 구성된다.

09 다음 중 공개 소프트웨어에 대한 설명으로 옳지 않은 것은? (2014-2차)(2023-3차)

① 무료의 의미보다는 개방의 의미가 있다.
② 라이센스(License) 정책을 만들어 유지하도록 한다.
③ 상업적 목적으로 사용이 불가하다.
④ 공개 소스 소프트웨어와 같은 의미로 사용한다.

해설

공개 소프트웨어

원저작자가 금전적인 권리를 보류하여 누구나 무료로 사용하는 것을 허가하는 소프트웨어이다. Open Source Software라 하며 소프트웨어의 설계도에 해당하는 소스코드를 인터넷 등을 통하여 무상으로 공개하여, 그 소프트웨어를 누구나 개량하고, 다시 배포할 수 있는 소프트웨어이다.

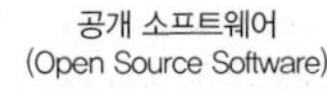

비공개 소프트웨어
(Close Source Software)

공개 소프트웨어로 분류되려면 다음과 같은 10개 조건을 충족해야만 한다.

1. 자유로운 재배포
2. 소스코드 공개
3. 2차적 저작물 재배포
4. 소스코드 보전
5. 사용 대상 차별 금지
6. 사용 분야 제한 금지
7. 라이선스의 배포
8. 라이선스 적용상의 동일성 유지
9. 다른 라이선스의 포괄적 수용
10. 라이선스의 기술적 중립성

자유 소프트웨어(Free Software)와 공개 소프트웨어(Open Source Software)의 개념상의 차이가 있다. 자유 소프트웨어 운동이라는 용어에서 "자유(Free)"라는 용어에 대한 오해의 소지로 인하여, 1998년 공개 소프트웨어(Open Source Software)라는 용어를 사용한 것이 공개 소프트웨어의 시작이다. 즉, 자유 소프트웨어는 사용자에게 소프트웨어가 금전적으로 공짜(Free)라는 인식을 줄 수 있어, 보다 명확하게 의미를 나타내기 위하여 공개 소프트웨어라는 용어가 탄생하였다. 그러므로 ③ 상업적 목적으로 사용이 가능하다.

기출유형 16 ▶ 시스템 소프트웨어, 응용 소프트웨어

전자계산기 소프트웨어는 시스템 소프트웨어와 응용 소프트웨어의 두 가지 종류로 구분될 수 있다. 다음 중 시스템 소프트웨어가 아닌 것은? (2018-3차)

① 과학용 프로그램
② 운영 시스템
③ 데이터베이스 관리 시스템
④ 통신 제어 프로그램

해설

시스템 소프트웨어

응용 프로그램과 하드웨어 장치 사이에 존재하는 소프트웨어를 통칭하는 용어로, 보통 운영체제를 중심으로 컴파일러 등의 개발도구, 각종 라이브러리나 미들웨어, 소프트웨어 플랫폼, 런타임 시스템 등을 의미한다. 즉, 시스템 소프트웨어에는 운영체제(Operating System), 링커(Linker)나 로더(Loader), 컴파일러(Compiler), 어셈블러(Assembler)와 같은 언어 처리 프로그램, 유틸리티(utility) 등이 있다.

| 정답 | ①

족집게 과외

- **데이터 전송계**: 단말장치, 데이터 전송회선, 통신 제어장치
- **데이터 처리계**: 컴퓨터(중앙처리장치와 주변장치)

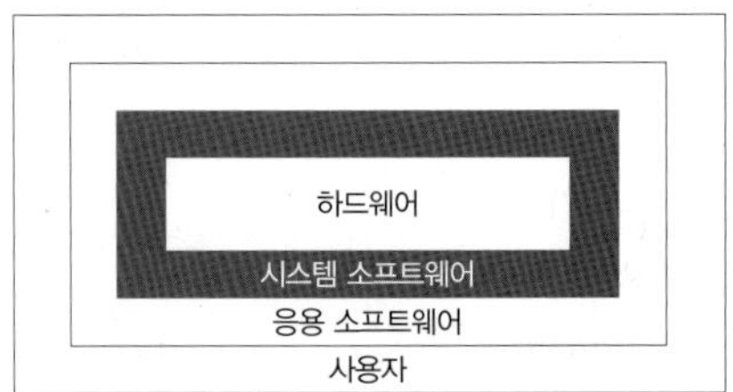

더 알아보기

시스템 소프트웨어	개념	어셈블리 언어와 같은 저급 언어로 작성된 소프트웨어이다. 기계어는 프로세서에 따라 호환성이 없으므로 좀 쉽게 다룰 수 있어야 해서 탄생한 것이 시스템 소프트웨이다.
	목적	시스템의 자원을 관리하고 제어한다.
	구성	시스템의 메모리 관리, 프로세스 관리, 보호 및 보안을 담당하며 응용 프로그램 소프트웨어와 같은 다른 소프트웨어에 컴퓨팅 환경을 제공한다.
	사용	OS 운영체제(Window, Unix, Linux, MAC 등)
응용 소프트웨어	개념	응용 프로그램 소프트웨어는 시스템 소프트웨어에 의해 생성된 플랫폼에서 실행되며 응용 프로그램 소프트웨어는 최종 사용자와 시스템 소프트웨어 간의 중개자이다.
	목적	특정 작업을 위해 개발한 것으로 상업적으로 만들어진 패키지 또는 유틸리티이다.
	구성	시스템 소프트웨어에 여러 응용 프로그램 소프트웨어를 설치할 수 있다. Java, VB, .net 등과 같은 고급 언어로 작성된 소프트웨어이다.
	사용	한글, 훈민정음, 엑셀, 포토샵, 게임

❶ 컴퓨터시스템 구성

소프트웨어는 시스템 소프트웨어와 응용 소프트웨어로 구분되며 시스템 소프트웨어와 관리, 지원, 개발 등으로 분류할 수 있다. 운영체제가 대표적인 시스템 소프트웨어이다.

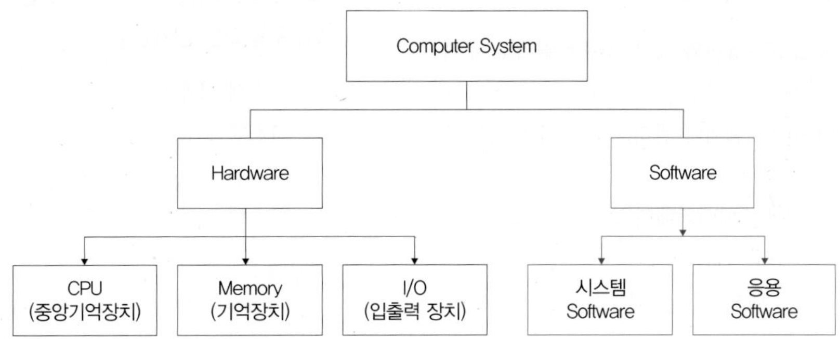

❷ 시스템 소프트웨어

시스템 소프트웨어는 다른 소프트웨어인 응용 프로그램을 실행하고 컴퓨터 하드웨어를 관리하기 위한 플랫폼을 제공하는 소프트웨어로서 컴퓨터시스템의 하드웨어 리소스를 제어 및 관리하고 사용자 인터페이스를 제공하며 다른 소프트웨어 프로그램을 실행하도록 설계되었다. 시스템 소프트웨어의 예로는 운영체제, 장치 드라이버, 펌웨어 및 유틸리티 프로그램이 있다. 운영체제는 컴퓨터에서 실행되는 가장 중요한 시스템 소프트웨어로서 메모리, CPU 및 저장 장치를 포함한 컴퓨터시스템의 하드웨어 리소스를 관리하는 역할을 한다. 일반적인 운영체제의 예로는 Windows, macOS 및 Linux가 있다.

장치 드라이버는 운영체제가 하드웨어 장치와 상호 작용할 수 있도록 하는 또 다른 유형의 시스템 소프트웨어로서 운영체제와 프린터, 스캐너 또는 사운드 카드와 같은 특정 하드웨어 장치 간의 인터페이스를 제공하는 프로그램이다. 펌웨어는 컴퓨터 하드웨어의 비휘발성 메모리에 저장되는 시스템 소프트웨어의 한 유형으로 마더보드의 BIOS(Basic Input/Output System)와 같은 컴퓨터의 하드웨어 구성 요소를 제어하는 역할을 한다.

❸ 응용 소프트웨어

응용 프로그램 소프트웨어는 워드 프로세싱, 스프레드시트 관리, 사진 편집 또는 게임과 같은 특정 작업을 위해 설계된 소프트웨어 유형으로 다른 응용 프로그램을 실행하고 컴퓨터 하드웨어를 관리하기 위한 플랫폼을 제공하는 시스템 소프트웨어와 달리 응용 프로그램 소프트웨어는 특정 태스크 또는 일련의 태스크를 수행하도록 설계되었다.

구분	내용
생산성 소프트웨어 (Productivity Software)	사용자가 문서, 스프레드시트 및 프리젠테이션을 만들고 편집 및 관리하는 데 도움이 되는 응용 프로그램이 포함되어 있으며 예로는 Microsoft Office, Google Docs 및 HWP(한글) 등이 있다.
멀티미디어 소프트웨어	사용자가 이미지, 오디오 및 비디오 파일을 만들고 편집할 수 있는 응용 프로그램이 포함되어 있으며 예로는 Adobe Photoshop, Audacity 및 Windows Movie Maker 등이 있다.
통신 소프트웨어	전자 메일 클라이언트, 인스턴트 메시징 프로그램 및 화상 회의 소프트웨어와 같이 사용자가 다른 사용자와 통신할 수 있도록 하는 것으로 Microsoft Outlook, Skype 및 Zoom 등이 있다.
교육용 소프트웨어	사용자가 새로운 기술을 배우거나 기존 기술을 개선하는 데 도움이 되는 응용 프로그램이 포함되어 있는 것으로 언어 학습 소프트웨어, 타이핑 연습 등 온라인 학습 플랫폼이 있다.

요약하면, 응용 프로그램 소프트웨어는 워드 프로세싱, 스프레드시트 관리, 사진 편집 또는 게임과 같은 특정 작업을 위해 설계된 소프트웨어이다.

정답 01 ③ 02 ② 03 ②

01 다음 중 시스템 소프트웨어에 대한 설명으로 틀린 것은? (2017-1차)(2022-1차)

① 시스템 소프트웨어와 응용 소프트웨어로 구별할 수 있다.
② 시스템 소프트웨어와 관리, 지원, 개발 등으로 분류할 수 있다.
③ 스프레드시트, 데이터베이스 등은 대표적인 시스템 소프트웨어이다.
④ 운영체제는 대표적인 시스템 소프트웨어이다.

해설

시스템 소프트웨어(System Software)

응용 소프트웨어를 실행하기 위한 플랫폼을 제공하고 컴퓨터 하드웨어를 동작, 접근할 수 있도록 설계된 컴퓨터 소프트웨어이다. 컴퓨터시스템의 운영을 위한 모든 컴퓨터 소프트웨어에 대한 일반 용어로 스프레드시트, 데이터베이스 등이 대표적인 응용프로그램(Application)이다.

구분	시스템 소프트웨어	응용 소프트웨어
내용	시스템 리소스를 관리하고 응용 프로그램 소프트웨어를 실행할 수 있는 플랫폼을 제공한다.	실행될 때 특정 작업을 수행하기 위해 설계되었다.
언어	시스템 소프트웨어는 저수준 언어, 즉 어셈블리 언어로 작성한다.	응용 소프트웨어는 Java, C++, .net, VB 등의 고급 언어로 작성된다.
운영	시스템 소프트웨어는 시스템이 켜지면 실행을 시작하고 시스템이 종료될 때까지 실행된다.	응용 프로그램 소프트웨어는 사용자가 요청할 때 실행된다.
요구사항	시스템 소프트웨어 없이는 시스템을 실행할 수 없다.	시스템을 실행하는 데 필요하지 않으며, 사용자별로 다르다.
목적	시스템 소프트웨어는 범용이다.	특수 용도이다.
예제	운영체제(OS)	Microsoft Office, Photoshop, 애니메이션 소프트웨어 등

02 정보통신시스템의 개발 과정 단계 중 소프트웨어 프로그래밍, 하드웨어 구입, 시스템 설치 등이 포함되는 단계는? (2020-3차)

① 시스템 설계 단계
② 시스템 구현 단계
③ 시스템 시험 단계
④ 시스템 유지보수 단계

해설

소프트웨어 프로그래밍, 하드웨어 구입, 시스템 설치는 시스템 구현 단계에서 주로 이루어진다.

03 다음 지문의 괄호 안에 들어갈 용어를 올바르게 나열할 것은? (2017-3차)

> 소프트웨어는 (㉠)와/과 (㉡)으로 나누어 볼 수 있으며, (㉠)에는 (㉢)와/과 운영체제가 있고, (㉡)에는 (㉣)와/과 주문형 소프트웨어가 있다.

① ㉠ 응용 소프트웨어, ㉡ 시스템 소프트웨어, ㉢ 유틸리티, ㉣ 패키지
② ㉠ 시스템 소프트웨어, ㉡ 응용 소프트웨어, ㉢ 유틸리티, ㉣ 패키지
③ ㉠ 시스템 소프트웨어, ㉡ 유틸리티, ㉢ 응용 소프트웨어, ㉣ 패키지
④ ㉠ 응용 소프트웨어, ㉡ 시스템 소프트웨어, ㉢ 패키지, ㉣ 유틸리티

해설

소프트웨어는 기본적으로 시스템 소프트웨어와 응용 소프트웨어라는 두 가지 범주로 분류된다. 시스템 소프트웨어는 응용 소프트웨어와 컴퓨터의 하드웨어 사이의 인터페이스 역할을 한다. 응용 프로그램 소프트웨어는 사용자와 시스템 소프트웨어 간의 인터페이스 역할을 하며 목적에 따라 시스템 소프트웨어와 응용 소프트웨어를 구별할 수 있다.

04 다음의 소프트웨어에 대한 설명으로 틀린 것은? (2020-2차)(2022-1차)

① 명령어의 집합을 의미한다.
② 소프트웨어는 크게 시스템 소프트웨어와 응용 소프트웨어로 나뉜다.
③ 응용 소프트웨어에는 백신, 워드프로세서 등의 응용 프로그램이 있다.
④ 시스템 소프트웨어에는 운영체제가 있다.

해설

소프트웨어는 기본적으로 시스템 소프트웨어와 응용 소프트웨어라는 두 가지 범주로 분류된다.

- 시스템 소프트웨어: 응용 소프트웨어와 컴퓨터의 하드웨어 사이의 인터페이스 역할을 한다.
- 응용 프로그램 소프트웨어: 사용자와 시스템 소프트웨어 간의 인터페이스 역할을 한다.

즉, 목적에 따라 시스템 소프트웨어와 응용 소프트웨어로 구분한다.

05 다음 중 C언어의 특징으로 틀린 것은? (2017-1차)

① C언어 자체는 입 · 출력 기능이 없다.
② C언어는 포인터의 주소를 계산할 수 있다.
③ C언어는 연산자가 풍부하지 못하다.
④ 데이터에는 반드시 형(Type) 선언을 해야 한다.

해설

C언어의 특징

- 다양한 하드웨어로의 이식성이 좋다.
- 절차 지향 프로그래밍 언어로, 코드가 복잡하지 않아 상대적으로 유지보수가 쉽다.
- 저급 언어의 특징을 가지고 있어서 어셈블리어 수준으로 하드웨어를 제어할 수 있다.
- 표준 입출력은 Printf(), Scanf() 함수 등을 사용해서 자체는 입 · 출력 기능이 없다.
- 산술, 관계, 논리 연산자 등을 제공한다.
- 데이터 타입에는 정수, 문자, 부동소수점(실수), 문자열 등 형(Type) 선언을 한다.

06 객체 지향 언어의 세 가지 언어적 주요 특징이 아닌 것은? (2015-3차)

① 추상 데이터 타입
② 상속
③ 동적 바인딩
④ 로더(Loader)

해설

④ 로더(Loader): 외부기억장치로부터 정보들을 주기억 장치로 옮기기 위하여 메모리 할당 및 연결, 재비치, 적재를 담당하는 서비스 프로그램이다.

객체 지향 프로그래밍의 특징

구분	내용
추상화 (Abstration)	사전적 의미는 "사물이나 표상을 어떤 성질, 공통성, 본질에 착안하여 그것을 추출하여 파악하는 것"으로 핵심이 되는 개념은 "공통성과 본질을 모아 추출"한다는 것이다.
상속 (Inheritance)	상속이란 기존의 클래스를 재활용하여 새로운 클래스를 작성하는 자바의 문법 요소를 의미한다. 상속은 클래스 간 공유될 수 있는 속성과 기능들을 상위 클래스로 추상화시켜 해당 상위 클래스로부터 확장된 여러 개의 하위 클래스들이 모두 상위 클래스의 속성과 기능들을 간편하게 사용할 수 있도록 한다.
다형성	어떤 객체의 속성이나 기능이 상황에 따라 여러 가지 형태를 가질 수 있는 성질을 의미한다.
캡슐화 (Encapsulation)	클래스 안에 서로 연관 있는 속성과 기능들을 하나의 캡슐(Capsule)로 만들어 데이터를 외부로부터 보호하는 것이다.
동적 바인딩	런타임에 호출될 함수가 결정되는 것으로, Virtual 키워드를 통해 동적 바인딩하는 함수를 가상함수라고 한다. 함수가 가상 함수로 선언이 되면, 포인터 변수가 실제로 가리키는 객체에 따라 호출의 대상이 결정되는 것이다.

07 다음 중 인터넷 응용에 적합한 객체 지향 언어는? (2014-1차)

① Fortran ② Ada
③ Java ④ Lisp

해설
Java는 웹 애플리케이션 코딩에 널리 사용되는 프로그래밍 언어이다. Java는 그 자체로 플랫폼으로 사용할 수 있는 다중 플랫폼, 객체 지향 및 네트워크 중심 언어이다. 모바일 앱 및 엔터프라이즈 소프트웨어에서 빅데이터 애플리케이션 및 서버 측 기술에 이르기까지 모든 것을 코딩하기 위한 빠르고 안전하며 안정적인 프로그래밍 언어이다.

08 다음 중 자료의 논리적 구성에 대한 설명으로 틀린 것은? (2016-2차)

① 필드(Field): 자료처리의 최소단위이다.
② 파일(File): 동일한 성질이나 유형을 지닌 레코드들의 집합이다.
③ 레코드(Record): 하나 이상의 필드가 모여 구성된다.
④ 데이터베이스(Database): 조직 내의 응용프로그램들이 공동으로 사용하기 위한 공동의 파일 집합이다.

해설
자료의 구성단위의 크기를 정리하면 Bit(비트) < Nibble(니블) < Byte(바이트) < 워드(Word) < 필드(Field) < 레코드(Record) < 파일(File) 순서이다.

구분	내용
Bit (비트)	자료 표현의 최소단위로써 0 또는 1이다.
Nibble (니블)	네 개의 비트가 모이면 니블이라 부른다(4bit).
Byte (바이트)	문자 표현의 최소단위로써 8bit=1byte이다.
Word (워드)	컴퓨터가 한 번에 처리할 수 있는 명령 단위로, 운영체제에 따라 1 Word가 달라진다.
Field (필드)	파일 구성의 최소단위이다.
Record (레코드)	하나 이상의 필드가 모여 구성된다. 즉, Record는 논리적으로 연관된 필드의 집합이다.
File (파일)	하나 이상의 레코드가 모여 구성된다. 즉, 서로 연관된 레코드의 집합을 테이블 또는 파일이라고 한다.
엔티티 (Entity)	현실 세계에 존재하는 것을 데이터베이스 상에서 표현하기 위해 사용하는 추상적인 개념이다.
스키마 (Schema)	전체적인 데이터베이스의 골격 구조를 나타내는 일종의 도면이다.
데이터베이스 (Database)	다수의 사용자가 공유하여 사용할 목적으로 구조화하여 통합, 관리하는 데이터의 집합이다. 여러 Data의 통합된 정보들을 저장하고 운영할 수 있는 공용 데이터들의 집합이다.

09 정보표현의 단위가 작은 것부터 큰 순으로 올바르게 나열된 것은? (2019-3차)(2021-2차)

> ㉠ 바이트 ㉣ 비트
> ㉡ 레코드 ㉤ 데이터베이스
> ㉢ 파일

① ㉠, ㉡, ㉢, ㉣, ㉤ ② ㉣, ㉠, ㉡, ㉢, ㉤
③ ㉣, ㉢, ㉠, ㉤, ㉡ ④ ㉠, ㉣, ㉢, ㉡, ㉤

해설
[참조: 물리적 단위]

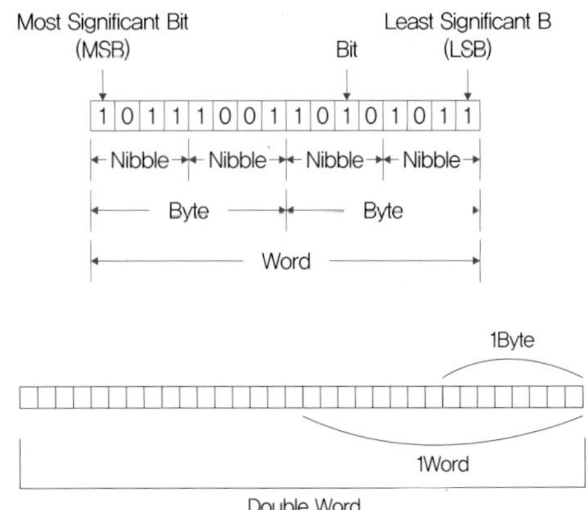

1byte는 8bit이고, 16bits는 Word이므로 Double Word는 32bits가 된다.

정답 10 ④ 11 ② 12 ② 13 ②

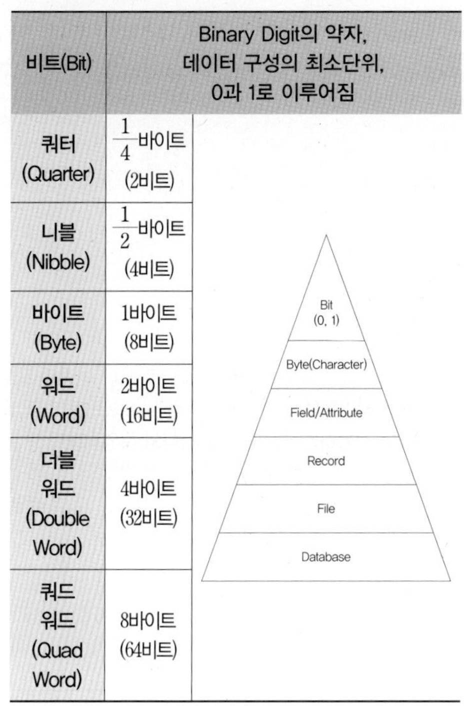

비트(Bit)	Binary Digit의 약자, 데이터 구성의 최소단위, 0과 1로 이루어짐
쿼터(Quarter)	$\frac{1}{4}$바이트 (2비트)
니블(Nibble)	$\frac{1}{2}$바이트 (4비트)
바이트(Byte)	1바이트 (8비트)
워드(Word)	2바이트 (16비트)
더블 워드(Double Word)	4바이트 (32비트)
쿼드 워드(Quad Word)	8바이트 (64비트)

10 다음 중 파일(File)의 개념을 바르게 표현한 것은? (2017-2차)

① Code의 집합을 말한다.
② Character의 수를 말한다.
③ Database의 수를 말한다.
④ Record의 집합을 말한다.

해설

	학번	소속	성명	본적	전화번호
파일 레코드 1	1001	전산	홍길동	서울	531-2351
파일 레코드 2	1002	전산	이순신	대구	652-3323
	⋮	⋮	⋮	⋮	⋮
파일 레코드 n	XXXX	전산	곽재우	대전	471-8203
	필드	필드	필드	필드	필드

각각의 값들은 필드에 속하고, 필드의 집합이 레코드이고, 이러한 레코드들의 집합이 파일이 되고, 파일의 집합이 데이터베이스가 된다.

11 몇 개의 관련 있는 데이터 파일을 조직적으로 작성하여 중복된 데이터 항목을 제거한 구조를 무엇이라 하는가? (2016-3차)

① Data File ② Data Base
③ Data Program ④ Data Link

해설
데이터베이스(Database, DB)는 여러 사람이 공유하여 사용할 목적으로 체계화해 통합, 관리하는 데이터의 집합으로 구조화된 정보 또는 데이터의 조직화된 모음으로서 일반적으로 컴퓨터 시스템에 저장된다.

12 다음 중 Java 언어의 특징이 아닌 것은? (2020-3차)

① 범용 프로그램
② 비독립적 플랫폼
③ 분산자원에 접근 용이
④ 객체 지향적 언어

해설
자바의 주요 특징
- 객체 지향 언어
- 인터프리터 언어
- 독립적인 플랫폼
- 자동 메모리 관리
- 멀티 쓰레딩 지원
- 동적임
- 안전하고 강력함
- 캡슐화(Encapsulation)

13 다음 중 자바(Java) 언어의 특징으로 옳지 않은 것은? (2013-1차)

① 객체 지향 언어의 장점을 가지고 있다.
② 컴파일러 언어이다.
③ 분산 환경에 알맞은 네트워크 언어이다.
④ 플랫폼에 무관한 이식이 가능한 언어이다.

해설
자바(Java)는 객체 지향 언어이자 인터프리터 언어이다.

기출유형 17 ▶ 운영체제 처리 방법

4개의 중앙처리장치(CPU)를 두고 하나의 주기억장치(Main Memory)로 구성된 컴퓨터 시스템이 있다. 이 컴퓨터에서 하나의 작업을 4개의 중앙처리장치에서 동시에 수행하기 위하여 가장 적합한 운영체제 시스템은?

(2019-3차)

① 분산 처리(Distributed Processing) 시스템
② 다중 처리(Multi Processing) 시스템
③ 다중 프로그래밍(Multi Programming) 시스템
④ 실시간 처리(Realtime Processing) 시스템

해설

다중 처리는 컴퓨터 시스템 한 대에 둘 이상의 중앙 처리 장치(CPU)를 이용하여 병렬로 처리하는 것으로 하나 이상의 프로세서를 지원하는 시스템이나 이들 사이의 태스크를 할당하는 것이다. 다중 처리 시스템(Multiprocessing System)은 다중 처리가 적용된 시스템을 뜻하며 여러 개의 프로세서가 하나의 메모리를 공유하여 사용하는 시스템으로 하나의 운영체제가 모든 프로세서들을 제어하는 것이다.

| 정답 | ②

족집게 과외

구분	설명
일괄처리	Batch Processing, 컴퓨터 프로그램 흐름에 따라 순차적으로 자료를 처리하는 방식
대화형 처리	Interactive Processing, 응답이 대화식으로 처하는 방식, 반대는 일괄처리(Batch Processing)
다중 처리	Multi−Processing, 컴퓨터 시스템 한 대에 둘 이상의 CPU를 이용하여 병렬로 처리하는 것

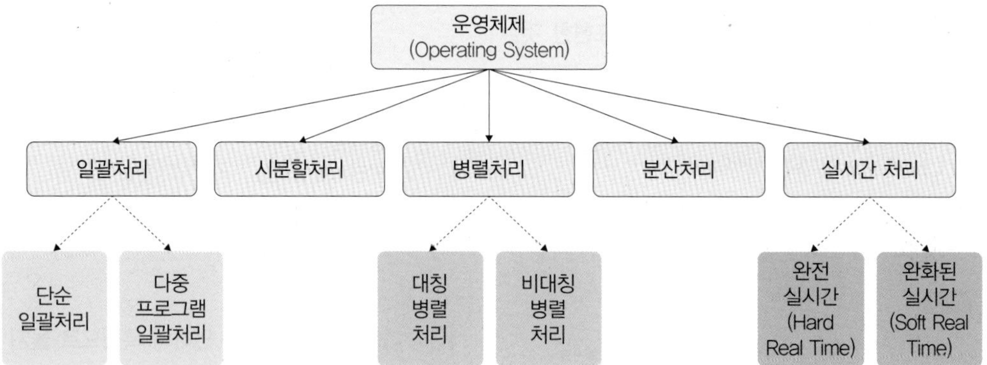

더 알아보기

실시간 처리 시스템은 처리할 데이터의 입력과 동시에 실시간으로 처리하여 즉시 응답해 주는 처리방식이다.

분산처리 시스템
네트워크의 여러 노드에 걸쳐 분산처리하는 컴퓨터 시스템의 한 유형으로 각 노드가 고유한 처리 기능을 가지면서 다른 노드가 함께 작동하여 작업을 수행하거나 계산을 완료하는 것이다. 분산처리 시스템은 일반적으로 대규모 데이터 처리, 과학적 컴퓨팅 및 상당한 양의 계산 능력을 필요로 하는 기타 애플리케이션에 사용되며 처리 작업 부하를 여러 노드에 분산시킴으로써 단일 컴퓨터 또는 서버보다 뛰어난 처리 능력과 확장성을 가지고 있다. 분산처리 시스템의 현장 사용은 Hadoop, Apache Spark, Apache Flink 등이 있으며 빅데이터 처리 및 분석에 사용된다.

❶ 운영체제의 세대별 발전

세대	구분	주요 내용 및 특징
1 세대	일괄처리 시스템 (Batch-processing System)	입력되는 데이터를 일정 기간 또는 일정량을 모아 두었다가 한꺼번에 처리하는 방식으로 CPU 유휴시간이 줄어들며 컴퓨터 시스템을 효율적으로 사용할 수 있다. 예로 급여계산, 지불계산, 연말 결산 등의 업무에 사용되었으며 리얼타임 처리 방식과 반대되는 기법이다.
2 세대	다중 프로그래밍 시스템 (Multi-programming System)	하나의 처리 장치(CPU, 주기억장치)로 복수의 프로그램을 동시에 처리할 수 있는 시스템으로 하나의 주기억장치에 2개 이상의 프로그램을 기억시켜놓고 하나의 CPU와 Interworking 하면서 동시에 처리하는 방식이다. 프로그램이 CPU를 사용하다가 입출력 등 CPU를 필요로 하지 않는 동안 다른 프로그램이 그 시간에 CPU를 사용하여 효율을 극대화하는 방법으로 CPU의 비는 시간을 번갈아 가면서 사용한다.
	실시간 처리 시스템 (Real-time System)	입력과 동시에 실시간으로 즉시 처리하는 응답 시스템으로 데이터 처리 시간 및 비용이 단축되며 좌석의 예약이나 App 결재, 항공, 좌석예약시스템, 은행의 온라인 업무 등 실시간으로 수행되어야 하는 작업에 사용한다. • Hard Real−time System: 시간 내에 완료됨을 보장함 • Soft Real−time System: 정해진 시간 내에 완료됨을 보장하지는 않음
	시분할 시스템 (Time-sharing System)	각 사용자에게 CPU에 대한 일정 시간을 할당하여 주어진 시간 동안 컴퓨터와 대화형식으로 프로그램을 처리할 수 있는 시스템이다. 여러 명의 사용자가 시스템에서 프로그램이나 자원을 시간으로 분할하여 함께 처리하는 방식으로 각 사용자에게 독립된 컴퓨터를 사용하는 것과 같은 효과가 있다. Round Robin 방식이 대표적이다.
3 세대	다중모드처리 시스템 (Multi-mode Processing System)	여러 개의 CPU와 하나의 주기억장치를 이용하여 여러 개의 프로그램을 동시에 처리하는 방식이다. 하나의 CPU가 장애가 발생해도 다른 CPU를 통해 업무처리의 연속성을 확보하여 안정성과 신뢰성을 향상시킬 수 있다. 일괄처리, 시분할, 다중 처리, 실시간 처리 시스템 모두를 한 시스템에서 모두 제공하는 방식이다.
4 세대	분산처리 시스템 (Distributed Processing System)	여러 개의 컴퓨터 자원이나 Processor를 통신회선으로 연결하여 마치 하나의 작업을 처리하는 시스템으로 각 단말장치나 컴퓨터 시스템은 고유의 운영체제와 CPU, Memory 등을 가지고 있다. 다른 지역의 프로세스를 사용하는 사용자들도 프로그램이나 자료 등의 지원을 사용할 수 있으며 작업을 병렬로 처리하므로 전체적인 처리율을 향상시키고 시분할 시스템보다 신뢰성과 가용성이 높다.
현재	클라우드 컴퓨팅 (Cloud Computing)	컴퓨팅 소프트웨어, 스토리지와 같은 IT 자원들을 네트워크를 통해 필요한 만큼 쓰고, 사용한 만큼 비용을 지불하는 서비스이다. 한 회사가 스토리지, 서버, 소프트웨어를 사용할 수 있게 서비스를 지원한다면 사용자들이 스마트폰이나 데스크탑, 노트북 등으로 할당받아 이용한다.

정답 01 ① 02 ① 03 ② 04 ④

01 운영체제 분류상 처리 프로그램에 해당되지 않는 것은? (2010-2차)

① 파일관리 프로그램
② 언어번역 프로그램
③ 응용 프로그램
④ 서비스 프로그램

해설

운영체제는 제어 프로그램과 처리 프로그램으로 구분된다.

1) 제어 프로그램: 감시 프로그램, 작업 제어프로그램, 자료관리(데이터 관리) 프로그램으로 시스템의 작동 감시, 순서 지정, 데이터 관리 등의 역할을 수행하는 프로그램이다.

감시 프로그램 (Superviosr Program)	시스템의 상태를 감시하고 시스템의 전반적인 상태 및 동작을 제어한다.
작업 제어 프로그램 (Job Control Program)	연속 처리를 위한 스케줄 및 시스템 자원을 할당한다.
데이터 관리 프로그램 (Data Management Program)	주기억장치와 보조기억장치 사이의 자료전송, 파일의 조작을 관리하고 입출력 자료와 프로그램 간의 논리적 연결 등을 처리할 수 있도록 관리한다.

2) 처리 프로그램: 언어번역 프로그램, 서비스 프로그램, 문제(응용) 프로그램으로 제어 프로그램의 지시를 받아 사용자가 요구한 문제를 해결하기 위한 프로그램이다.

서비스 프로그램 (Service Program)	효율성을 위해 사용 빈도가 높은 프로그램으로 사전에 작성된 것이다.
문제(응용) 프로그램 (Problem Program)	특정 업무 해결을 위해 사용자가 작성한 프로그램으로 사용자의 필요에 의해 작성된 것이다.
언어 번역 프로그램 (Language Translator Program)	어셈블러, 컴파일러, 인터프리터와 같은 고급언어로 작성한 원시프로그램을 기계가 이해할 수 있는 기계어로 번역하기 위한 프로그램이다.

02 다음 중 오퍼레이팅 시스템에서 제어 프로그램에 속하는 것은? (2018-1차)

① 데이터 관리프로그램
② 어셈블러
③ 컴파일러
④ 서브루틴

해설

제어 프로그램

감시 프로그램, 작업 제어 프로그램, 자료관리(데이터 관리) 프로그램으로 시스템 작동감시, 순서 지정, 데이터 관리 등의 역할을 수행하는 프로그램이다.

03 다음 중 운영체제에 대한 설명으로 틀린 것은? (2014-1차)

① 시스템을 관리하고 제어하는 기능을 가진다.
② 윈도우나 유닉스는 명령어 실행과 수행 방법이 같다.
③ 대표적인 운영체제는 윈도우 XP, 윈도우 7, 리눅스 등이 있다.
④ 컴퓨터와 사용자 간에 중재적인 역할은 한다.

해설

운영체제(Operating System)는 컴퓨터 시스템의 하드웨어, 소프트웨어적인 자원들을 효율적으로 운영 및 관리함으로써 사용자가 컴퓨터를 편리하고, 효과적으로 사용할 수 있도록 하는 시스템 소프트웨어이다. 윈도우나 유닉스는 서로 다른 운영체제이므로 관련 명령어 실행 환경이나 수행방법이 다르다.

04 다음 중 운영체제(Operating System)의 성능을 극대화하기 위한 조건이 아닌 것은? (2016-1차)

① 사용 가능도(Availability) 증대
② 신뢰도(Reliability) 향상
③ 처리능력(Throughput) 증대
④ 응답시간(Turn Around Time) 연장

해설

운영체제(Operating System)의 성능을 극대화하기 위해서는 응답시간(Turn Around Time)을 최소화해야 할 것이다.

정답 05 ① 06 ① 07 ① 08 ②

05 다음 통신방식 중 요금과 급여계산 및 경영자료 작성 등에 주로 사용되는 방식은? (2016-2차)

① 오프라인 방식
② 온라인 방식
③ 직렬전송 방식
④ 병렬전송 방식

해설
요금과 급여계산 및 경영자료 작성은 중요한 사항이며 오차가 없어야 하므로 외부로부터 자유로운 오프라인 방식을 사용한다. CPU와 보조기억장치는 오프라인으로 연결되어 내부에 중요 업무를 처리하는 것이다.

06 다음 운영체제의 방식 중 가장 먼저 사용된 방식은? (2019-1차)(2022-2차)

① Batch Processing
② Time Slicing
③ Multi-Threading
④ Multi-Tasking

해설
일괄처리(Batch Processing) 특징
- 대량건의 데이터를 처리한다.
- 특정 시간에 실행된다.
- 일괄적으로 처리한다.

07 운영체제의 발달 순서를 올바르게 표시한 것은? (2022-2차)

① 일괄처리 ⇒ 다중 프로그램 ⇒ 대화식처리 ⇒ 분산처리
② 다중 프로그램 ⇒ 분산처리 ⇒ 일괄처리 ⇒ 대화식처리
③ 일괄처리 ⇒ 다중 프로그램 ⇒ 분산처리 ⇒ 대화식처리
④ 다중 프로그램 ⇒ 분산처리 ⇒ 대화식처리 ⇒ 일괄처리

해설

일괄처리	컴퓨터 프로그램 흐름에 따라 순차적으로 자료를 처리하는 방식. 일괄처리는 1950년대 전자 컴퓨팅 초기 시절 이후 메인프레임 컴퓨터와 함께하고 있다.
다중 처리	한 대에 둘 CPU를 이용하여 병렬로 처리하는 것이다.
대화형 처리	컴퓨터 시스템에서 서로 교환되는 입력과 그에 대한 응답이 대화식으로 수행되는 처리방법이다.

08 일정시간 모여진 변동 자료를 어느 시기에 일괄적으로 처리하는 방법은? (2018-2차)

① 리얼 타임 프로세싱(Real Time Processing) 방식
② 배치 프로세싱(Batch Processing) 방식
③ 타임 셰어링 시스템(Time Sharing System) 방식
④ 멀티 프로그래밍(Multi Programming) 방식

해설
일괄처리
Batch Processing, 컴퓨터 프로그램 흐름에 따라 순차적으로 자료를 처리하는 방식

09 다음 지문에서 설명하는 운영체제의 유형은? (2017-1차)

> 여러 사용자들이 직접 컴퓨터를 사용하면서 처리하는 방식으로 사용자 위주의 처리방식이다. 중앙의 대형 컴퓨터에 여러 개의 단말기를 연결하여 여러 사용자들의 요구를 처리한다. 예를 들면 은행의 현금 자동 출납기로서 통상 실시간(온라인) 처리 시스템이 있다.

① 시분할 시스템(Time-Sharing System)
② 다중 처리(Multi-Processing)
③ 대화 처리(Interactiive Processing)
④ 분산 시스템(Distributed System)

해설

대화형 처리(Interactive Processing)

컴퓨터시스템에서 서로 교환되는 입력과 그에 대한 응답이 대화식으로 수행되는 처리 방법으로 이와 대비되는 방법은 일괄처리(Batch Processing)이다. 대화형 처리의 예로서는 은행의 현금출납기로서 통상 실시간(온라인) 처리 시스템이다.

10 다음 중 예약 또는 증권 서비스 등에 적합한 처리 시스템 방식은? (2020-1차)

① 시분할 처리 시스템
② 실시간 처리 시스템
③ 그레이 코드
④ 해밍 코드

해설

실시간 처리 시스템(Real-time System)

데이터를 입력과 동시에 실시간으로 즉시 처리하는 응답 시스템으로 데이터의 요청이나 작업의 요구가 있는 경우 즉시 처리하여 관련 결과를 산출하는 방식이다. 데이터 처리 시간 및 비용이 단축되며 좌석의 예약이나 App 결재, 항공, 좌석 예약 시스템, 은행의 온라인 업무 등 실시간으로 수행되어야 하는 작업에 사용한다.

11 다음 중 분산 처리 시스템에 대한 설명으로 틀린 것은? (2020-3차)

① 사용자들이 여러 지역의 자원과 정보를 마치 자신의 시스템 내부 자원처럼 편리하게 사용한다.
② 지역적으로 분산된 여러 대의 컴퓨터가 프로세서 사이의 특별한 데이터 링크를 통하여 교신하면서 동일한 업무를 수행한다.
③ 접속된 모든 단말장치에 CPU의 사용 시간을 일정한 간격으로 차례로 할당한다.
④ 자원의 공유, 신뢰성 향상, 계산속도 증가 등의 특징을 가진다.

해설

③ 접속된 모든 단말장치에 CPU의 사용 시간을 일정한 간격으로 차례로 할당하는 것은 시분할 처리 시스템이다.

12 다음 중 분산 처리 시스템에 대한 설명으로 틀린 것은? (2018-1차)

① 중앙집중형 시스템 개념과는 반대되는 시스템이다.
② 한 업무를 여러 컴퓨터로 작업을 분담시킴으로써 처리량을 높일 수 있다.
③ 보안성이 매우 높다.
④ 업무량 증가에 따른 점진적인 확장이 용이하다.

해설

업무를 분산해서 처리하는 경우 중앙 집중식 대비 보안성이 떨어질 수 있는 단점이 있다. '분산 처리 시스템'은 하나의 컴퓨터 또는 서버에서 처리하는 방식을 넘어 네트워크에서 원격 컴퓨터와 통신하면서 하나의 목적을 위해 여러 서버에서 연산을 처리하도록 만든 시스템이다.

정답 13 ② 14 ③ 15 ④ 16 ③

13 다음 중 자료가 발생할 때마다 즉시 처리하여 응답하는 방식은? (2020-2차)

① 일괄처리 시스템
② 실시간 처리 시스템
③ 시분할 시스템
④ 병렬처리 시스템

해설
실시간 처리(Realtime Processing)
데이터의 발생과 동시에 즉시 처리하는 방식으로 보통 실시간 처리는 지역적으로 거리가 있는 장소에서 발생하는 데이터를 통신회선으로 받아서 처리해 주는 온라인 실시간 시스템을 의미한다.

14 특정한 짧은 시간 내에 이벤트나 데이터의 처리를 보증하고, 정해진 기간 안에 수행이 끝나야 하는 응용 프로그램을 위하여 만들어진 운영체제는? (2022-3차)

① 임베디드 운영체제
② 분산 운영체제
③ 실시간 운영체제
④ 라이브러리 운영체제

해설
실시간 운영체제 또는 RTOS(Real-time Operating System)는 실시간 응용 프로그램을 위해 개발된 운영체제이다. 운영체제의 기능 중 CPU 시간 관리 부분에 초점을 맞추어 설계되었다. 실시간 운영체제는 프로그래머가 프로세스 우선순위에 더 많은 제어를 할 수 있게 한다.

15 여러 개의 CPU로 구성된 시스템에서 동시에 여러 프로그램을 처리하는 것은? (2021-3차)

① 일괄처리(Batch Processing)
② 다중 프로그래밍(Multi Programming)
③ 다중 태스킹(Multitasking)
④ 다중 처리(Multi Processing)

해설
④ 다중 처리(Multi Processing): 컴퓨터 시스템 한 대에 둘 이상의 중앙 처리 장치를 이용하여 병렬로 처리하는 것을 가리킨다. 또, 이 용어는 하나 이상의 프로세서를 지원하는 시스템의 능력, 또는 이들 사이의 태스크를 할당하는 능력을 가리키기도 한다.
① 일괄처리(Batch Processing): 최종 사용자의 개입 없이 또는 (자원이 허가한다면)실행을 스케줄링할 수 있는 작업(job)의 실행을 의미한다. 컴퓨터 프로그램 흐름에 따라 순차적으로 자료를 처리하는 방식이다.
② 다중 프로그래밍(Multi Programming): 멀티프로그래밍은 CPU idle 상태일 때 CPU 연산을 다른 프로그램에게 넘겨주는 것을 의미한다.
③ 다중 태스킹(Multitasking): 멀티태스킹 또는 다중작업은 다수의 작업이 중앙 처리 장치와 같은 공용자원을 나누어 사용하는 것을 말한다. 엄밀히 말해 한 개의 CPU를 가진 개인용 컴퓨터가 특정 순간에 수행할 수 있는 태스크의 개수는 하나뿐이다.

16 분산컴퓨팅에 관한 설명으로 틀린 것은? (2023-2차)

① 분산컴퓨팅의 목적은 성능 확대와 가용성에 있다.
② 성능 확대를 위해서는 컴퓨터 클러스터의 활용으로 수직적 성능 확대와 수평적 성능 확대가 있다.
③ 수평적 성능 확대는 동신 연결을 높은 대역의 통신회선으로 업그레이드하여 성능 향상시키는 것이다.
④ 수직적 성능 확대는 컴퓨터 자체의 성능을 업그레이드하는 것을 말한다. CPU, 기억장치 등의 증설로 성능향상을 시킨다.

해설
③ 수평적 성능 확대는 서버의 수를 늘리는 것으로 통신회선과는 무관하다.

정답 17 ① 18 ② 19 ④

17 다음 통신방식 중 요금과 급여계산 및 경영자료 작성 등에 주로 사용되는 방식은? (2018-3차)

① 일괄처리 방식
② 온라인 방식
③ 직렬 전송 방식
④ 병렬 전송 방식

해설

일괄처리(Batch Processing)
최종 사용자의 개입 없이 또는 (자원이 허가한다면)실행을 스케줄링할 수 있는 작업(job)의 실행을 의미한다. 컴퓨터 프로그램 흐름에 따라 순차적으로 자료를 처리하는 방식이다.

18 일정시간 모여진 변동 자료를 어느 시기에 일괄해서 처리하는 방법은? (2016-2차)

① 리얼 타임 프로세싱(Real Time Processing) 방식
② 배치 프로세싱(Batch Processing) 방식
③ 타임 세어링 시스템(Time Sharing System) 방식
④ 멀티 프로그래밍(Multi Programming) 방식

해설

세대	1세대
구분	일괄처리 시스템 (Batch−processing System)
주요 내용 및 특징	입력되는 데이터를 일정 기간 또는 일정량을 모아 두었다가 한꺼번에 처리하는 방식으로 반환시간이 늦지만 하나의 자원이 모든 자원을 사용하여 CPU 유휴시간이 줄어드며 컴퓨터 시스템을 효율적으로 사용할 수 있다.

19 다음 중 사용자가 단말기에서 여러 프로그램을 동시에 실행시키는 기법은? (2017-3차)

① 스풀링(Spooling)
② 다중 프로그래밍(Multi−programming)
③ 다중 처리기(Multi−processor)
④ 다중 태스킹(Multi−tasking)

해설

④ 다중 태스킹(Multi−tasking): 다수의 작업(Task)을 운영체제의 스케줄링에 의해 번갈아 가며 수행되도록 해주는 것을 의미한다.

PART 4 정보설비 기준

PART

04 정보설비기준

01 정보통신공사

기출유형 01 ▶ 정보통신공사 용어

정보통신공사업법에서 발주자로부터 공사를 도급받은 공사업자를 말하는 것은? (2011-2차)

① 수급인 ② 도급인

③ 용역업자 ④ 하도급인

해설

정보통신공사업법 제2조(정의)

11. "발주자"란 공사(용역을 포함한다. 이하 이 조에서 같다)를 공사업자(용역업자를 포함한다. 이하 이 조에서 같다)에게 도급하는 자를 말한다. 다만, 수급인(受給人)으로서 도급받은 공사를 하도급 하는 자는 제외한다.
12. "도급"이란 원도급, 하도급, 위탁, 그 밖에 명칭이 무엇이든 공사를 완공할 것을 약정하고, 발주자가 그 일의 결과에 대하여 대가를 지급할 것을 약정하는 계약을 말한다.
13. "하도급"이란 도급받은 공사의 일부에 대하여 수급인이 제3자와 체결하는 계약을 말한다.
14. "수급인"이란 발주자로부터 공사를 도급받은 공사업자를 말한다.

| 정답 | ①

족집게 과외

'정보통신설비'란	유선, 무선, 광선, 그 밖의 전자적 방식으로 정보를 저장 · 제어 · 처리하거나 송수신하기 위한 설비를 말한다.
'감리'란	설계도서 및 관련 규정의 내용대로 시공되는지를 감독하고, 품질관리 · 시공관리 및 안전관리에 대한 지도 등에 관한 발주자의 권한을 대행하는 것을 말한다.

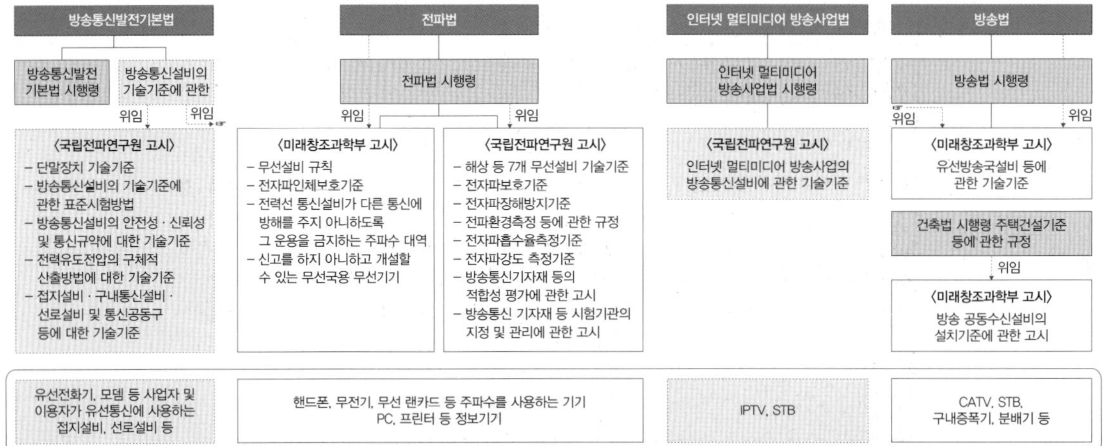

더 알아보기

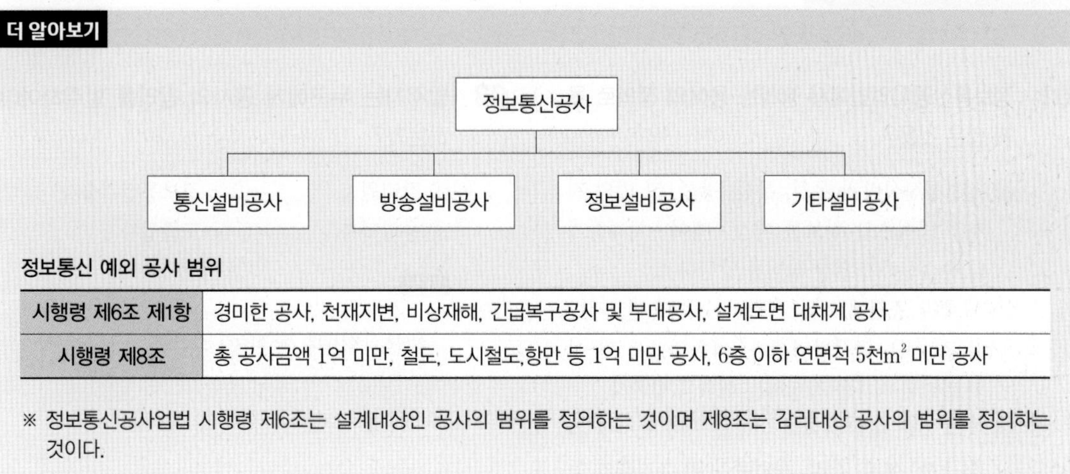

정보통신 예외 공사 범위

시행령 제6조 제1항	경미한 공사, 천재지변, 비상재해, 긴급복구공사 및 부대공사, 설계도면 대채게 공사
시행령 제8조	총 공사금액 1억 미만, 철도, 도시철도,항만 등 1억 미만 공사, 6층 이하 연면적 5천m^2 미만 공사

※ 정보통신공사업법 시행령 제6조는 설계대상인 공사의 범위를 정의하는 것이며 제8조는 감리대상 공사의 범위를 정의하는 것이다.

◎ 정보통신공사업법

제2조(정의)

1. "정보통신설비"란 유선, 무선, 광선, 그 밖의 전자적 방식으로 부호 · 문자 · 음향 또는 영상 등의 정보를 저장 · 제어 · 처리하거나 송수신하기 위한 기계 · 기구(器具) · 선로(線路) 및 그 밖에 필요한 설비를 말한다.
2. "정보통신공사"란 정보통신설비의 설치 및 유지 · 보수에 관한 공사와 이에 따르는 부대공사로서 대통령령으로 정하는 공사를 말한다.
3. "정보통신공사업"이란 도급이나 그 밖에 명칭이 무엇이든 이 법을 적용받는 정보통신공사(이하 "공사"라 한다)를 업(業)으로 하는 것을 말한다.
4. "정보통신공사업자"란 이 법에 따른 정보통신공사업(이하 "공사업"이라 한다)의 등록을 하고 공사업을 경영하는 자를 말한다.
5. "용역"이란 다른 사람의 위탁을 받아 공사에 관한 조사, 설계, 감리, 사업관리 및 유지관리 등의 역무를 하는 것을 말한다.
6. "용역업"이란 용역을 영업으로 하는 것을 말한다.
7. "용역업자"란 「기술사법」 제6조에 따라 기술사사무소의 개설자로 등록한 자로서 통신 · 전자 · 정보처리 등 대통령령으로 정하는 정보통신 관련 분야의 자격을 보유하고 용역업을 경영하는 자를 말한다.
8. "설계"란 공사에 관한 계획서, 설계도면, 설계설명서, 공사비명세서, 기술계산서 및 이와 관련된 서류(이하 "설계도서"라 한다)를 작성하는 행위를 말한다.
9. "감리"란 공사에 대하여 발주자의 위탁을 받은 용역업자가 설계도서 및 관련 규정의 내용대로 시공되는지를 감독하고, 품질관리 · 시공관리 및 안전관리에 대한 지도 등에 관한 발주자의 권한을 대행하는 것을 말한다.
10. "감리원(監理員)"이란 공사의 감리에 관한 기술 또는 기능을 가진 사람으로서 제8조에 따라 과학기술정보통신부장관의 인정을 받은 사람을 말한다.
11. "발주자"란 공사를 공사업자에게 도급하는 자를 말한다. 다만, 수급인(受給人)으로서 도급받은 공사를 하도급(下都給)하는 자는 제외한다.
12. "도급"이란 원도급(原都給), 하도급, 위탁, 그 밖에 명칭이 무엇이든 공사를 완공할 것을 약정하고, 발주자가 그 일의 결과에 대하여 대가를 지급할 것을 약정하는 계약을 말한다.
13. "하도급"이란 도급받은 공사의 일부에 대하여 수급인이 제3자와 체결하는 계약을 말한다.
14. "수급인"이란 발주자로부터 공사를 도급받은 공사업자를 말한다.
15. "하수급인"이란 수급인으로부터 공사를 하도급받은 공사업자를 말한다.

정답 01 ④ 02 ④ 03 ③ 04 ② 05 ③

01 정보통신공사업법에서 정하는 용어의 정의로 옳지 않은 것은? (2014-1차)(2018-1차)

① '정보통신설비'란 유선, 무선, 광선, 그 밖의 전자적 방식으로 정보를 저장 · 제어 · 처리하거나 송수신하기 위한 설비를 말한다.
② '설계'란 공사에 관한 계획서, 설계도면, 시방서(示方書), 공사비명세서, 기술계산서 및 이와 관련된 서류를 작성하는 행위를 말한다.
③ '용역'이란 다른 사람의 위탁을 받아 공사에 관한 조사, 설계, 감리, 사업관리 및 유지관리 등의 역무를 하는 것을 말한다.
④ '감리'란 품질관리 · 시공관리에 대한 지도 등에 관한 시공자의 권한을 대행하는 것을 말한다.

해설

정보통신공사업법 제2조(정의)
9. "감리"란 공사에 대하여 발주자의 위탁을 받은 용역업자가 설계도서 및 관련 규정의 내용대로 시공되는지를 감독하고, 품질관리 · 시공관리 및 안전관리에 대한 지도 등에 관한 발주자의 권한을 대행하는 것을 말한다.

02 수급인의 정의로 가장 적합한 것은? (2012-3차)(2019-1차)

① 도급인으로부터 공사를 하도급받은 공사업자를 말한다.
② 하청인으로부터 공사를 도급받은 공사업자를 말한다.
③ 발주자로부터 공사를 하도급받은 공사업자를 말한다.
④ 발주자로부터 공사를 도급받은 공사업자를 말한다.

해설

정보통신공사업법 제2조(정의)
14. "수급인"이란 발주자로부터 공사를 도급받은 공사업자를 말한다.

03 발주자는 누구에게 공사의 감리를 발주하여야 하는가? (2012-3차)(2013-1차)(2015-1차)(2021-1차)

① 감리원 ② 정보통신기술자
③ 용역업자 ④ 도급업자

해설

정보통신공사업법 제8조(감리 등)
① 발주자는 용역업자에게 공사의 감리를 발주하여야 한다.

04 원도급, 하도급, 위탁 그 밖에 명칭이 무엇이든 공사를 완공할 것을 약정하고, 발주자가 그 일의 결과에 대하여 대가를 지급할 것을 약정하는 계약을 무엇이라 하는가? (2013-2차)

① 수급 ② 도급
③ 용역 ④ 감리

해설

정보통신공사업법 제2조(정의)
12. "도급"이란 원도급, 하도급, 위탁, 그 밖에 명칭이 무엇이든 공사를 완공할 것을 약정하고, 발주자가 그 일의 결과에 대하여 대가를 지급할 것을 약정하는 계약을 말한다.

05 다른 사람의 위탁을 받아 공사에 관한 조사 · 설계 · 감리 · 사업관리 및 유지관리 등의 역무를 하는 것을 무엇이라 하는가? (2010-1차)(2015-1차)(2021-3차)

① 도급 ② 수급
③ 용역 ④ 감리

해설

정보통신공사업법 제2조(정의)
5. "용역"이란 다른 사람의 위탁을 받아 공사에 관한 조사, 설계, 감리, 사업관리 및 유지관리 등의 역무를 하는 것을 말한다.

06 다음 (   ) 안에 들어갈 내용으로 가장 적합한 것은? (2010-2차)

> "강전류전선이란 전기도체, 절연물로 싼 것의 위를 보호피막으로 보호한 전기도체 등으로서 (   ) 볼트 이상의 전력을 송전하거나 배전하는 전선을 말한다."

① 110 ② 220
③ 300 ④ 600

해설

전기통신설비의 기술기준에 관한 규정 제3조(정의)
7. "강전류전선"이란 전기도체, 절연물로 싼 전기도체 또는 절연물로 싼 것의 위를 보호피막으로 보호한 전기도체 등으로서 300볼트 이상의 전력을 송전하거나 배전하는 전선을 말한다.

07 다음 (   ) 안에 들어갈 내용으로 가장 적합한 것은? (2010-2차)

> "단말장치의 전자파장해 방지기준 및 전자파방해로부터의 보호기준 등은 (   ) 에 관한 법령이 정하는 바에 따른다."

① 전파 ② 전기통신
③ 정보통신 ④ 전기통신설비

해설

단말장치의 전자파장해 방지기준 및 전자파방해로부터의 보호기준 등은 전파에 관한 법령이 정하는 바에 따른다.

전파법 제2조(정의)
1. "전파"란 인공적인 유도(誘導) 없이 공간에 퍼져 나가는 전자파로서 국제전기통신연합이 정한 범위의 주파수를 가진 것을 말한다.

08 전기통신사업자의 전기통신역무 제공 의무사항이 아닌 것은? (2010-3차)

① 전기통신사업자는 정당한 사유 없이 전기통신역무의 제공을 거부하여서는 아니 된다.
② 전기통신사업자는 그 업무 처리에 있어서 공평 · 신속 및 정확을 기하여야 한다.
③ 전기통신역무의 요금은 전기통신역무를 공평 · 저렴하게 제공받을 수 있도록 합리적으로 결정되어야 한다.
④ 전기통신사업자가 제공하는 전기통신 역무의 종류, 범위, 내용 등은 설치한 전기통신설비에 따라야 한다.

해설

전기통신사업법 제3조(역무의 제공 의무 등)
① 전기통신사업자는 정당한 사유 없이 전기통신역무의 제공을 거부하여서는 아니 된다.
② 전기통신사업자는 그 업무를 처리할 때 공평하고 신속하며 정확하게 하여야 한다.
③ 전기통신역무의 요금은 전기통신사업이 원활하게 발전할 수 있고 이용자가 편리하고 다양한 전기통신역무를 공평하고 저렴하게 제공받을 수 있도록 합리적으로 결정되어야 한다.

09 다음 중 전기통신사업에 제공하기 위한 전기통신설비를 말하는 것은? (2011-1차)

① 정보통신설비
② 전기통신회선설비
③ 사업용전기통신설비
④ 자가전기통신설비

해설

전기통신사업법 제2조(정의)

3. "전기통신회선설비"란 전기통신설비 중 전기통신을 행하기 위한 송신 · 수신 장소 간의 통신로 구성설비로서 전송설비 · 선로설비 및 이것과 일체로 설치되는 교환설비와 이들의 부속설비를 말한다.
4. "사업용전기통신설비"란 전기통신사업에 제공하기 위한 전기통신설비를 말한다.
5. "자가전기통신설비"란 사업용전기통신설비 외의 것으로서 특정인이 자신의 전기통신에 이용하기 위하여 설치한 전기통신설비를 말한다.

10 다음 중 '광대역통합정보통신기반'의 용어 정의로 알맞은 것은? (2017-3차)

① 통신 · 방송 · 인터넷이 융합된 멀티미디어 서비스를 언제 어디서나 고속 · 대용량으로 이용할 수 있는 정보통신망을 말한다.
② 실시간으로 동영상 정보를 주고받을 수 있는 고속 · 대용량의 종합정보통신망과 이와 관련된 기술 및 서비스 내용 들을 말한다.
③ 광대역통합정보통신망과 이에 접속되어 이용되는 정보통신기기 소프트웨어 및 데이터베이스 등을 말한다.
④ 모든 정보통신망을 이용하여 정보를 생산, 유통, 활용의 효율화를 도모하기 위한 모든 종류의 자료와 지식, 활동 등을 말한다.

해설

광대역 통합정보통신은 광대역 통합 정보 통신망과 이에 접속되어 이용되는 정보통신기기, 소프트웨어 및 데이터베이스 등을 의미한다.

11 다음의 설명에서 해당하는 것은? (2012-2차)(2021-3차)

> 유선, 무선, 광선이나 그 밖에 전자적 방식에 따라 부호, 문자, 음향 또는 영상 등의 정보를 저장 · 제어 · 처리하거나 송수신하기 위한 기계 · 기구 · 선로나 그밖에 필요한 설비

① 전기통신설비
② 자가통신설비
③ 전자통신설비
④ 정보통신설비

해설

정보통신공사업법 제2조(정의)

1. "정보통신설비"란 유선, 무선, 광선, 그 밖의 전자적 방식으로 부호 · 문자 · 음향 또는 영상 등의 정보를 저장 · 제어 · 처리하거나 송수신하기 위한 기계 · 기구(器具) · 선로(線路) 및 그 밖에 필요한 설비를 말한다.

기출유형 02 ▶ 정보통신공사업

정보통신공사업을 등록한 자는 등록기준에 관한 사항을 몇 년 이내의 범위에서 대통령령이 정하는 기간 경과 시 시 · 도지사에게 신고하여야 하는가? (2012-3차)

① 1년 ② 2년
③ 3년 ④ 5년

해설

정보통신공사업법 제16조(등록의 결격사유)
다음 각호의 어느 하나에 해당하는 자는 공사업의 등록을 할 수 없다.
1. 피성년후견인
2. 파산선고를 받고 복권되지 아니한 사람
3. 이 법을 위반하여 금고 이상의 실형을 선고받고 그 집행이 끝나거나(집행이 끝난 것으로 보는 경우를 포함한다) 집행이 면제된 날부터 3년이 지나지 아니한 사람 또는 그 형의 집행유예를 선고받고 그 유예기간 중에 있는 사람

| 정답 | ③

족집게 과외

설계도서의 보관의무

- 공사를 설계한 용역업자는 그가 작성 또는 제공한 실시설계도서를 해당 공사가 준공된 후 5년간 보관할 것
- 공사를 감리한 용역업자는 그가 감리한 공사의 준공설계도서를 하자담보책임기간이 종료될 때까지 보관할 것

정보통신공사업법 개정안 주요 내용

- 감리업무에 관한 정보관리시스템 구축 · 운영
- 공공사업 추진 시 기술능력, 경영능력 등 평가기준에 적합한 설계 · 감리업자 선정
- 설계 · 감리업자 선정 절차 등에 필요한 사항은 대통령령으로 규정

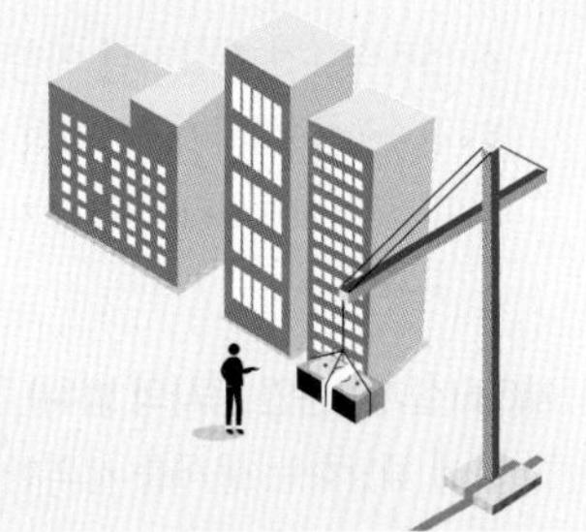

정보통신공사업	
정보통신 공사 예시	통신설비공사: 통신선로설비공사, 교환설비공사, 구내이동통신설비공사, 이동통신설비공사, 위성통신설비공사, 고정무선통신설비공사
	방송설비공사: 방송국 설비공사, 방송전송 선로설비공사 등
	정보설비공사: 정보제어보안설비공사, 정보망 설비공사, 정보매체설비공사, 항공항만통신설비공사, 철도통신신호설비공사, 선박의 통신, 항해, 어로설비공사 등
	기타설비공사: 정보통신전기공급설비, 전기부식방지설비, 무정전전원장치(UPS)설비, 전동발전기설비, 접지설비 등

더 알아보기

- 공사를 설계한 용역업자: 실시설계도서를 해당 공사가 준공된 후 5년간 보관
- 공사를 감리한 용역업자: 준공설계도서를 하자담보책임기간이 종료될 때까지 보관

◎ **정보통신공사업법**

제14조(공사업의 등록 등) ① 공사업을 경영하려는 자는 대통령령으로 정하는 바에 따라 시·도지사에게 등록하여야 한다.

제66조(영업정지와 등록취소 등) ① 시·도지사는 공사업자가 다음 각호의 어느 하나에 해당하게 되면 1년 이내의 기간을 정하여 영업정지를 명하거나 등록취소를 할 수 있다. 다만, 제1호·제5호·제7호·제13호 또는 제15호에 해당하는 경우에는 등록취소를 하여야 한다.

1. 부정한 방법으로 제14조 제1항에 따른 공사업의 등록을 한 경우
4. 제15조에 따른 등록기준에 미달하게 된 경우
5. 공사업자가 제16조 각호의 어느 하나에 해당하게 된 경우
6. 신고를 거짓으로 한 경우
7. 타인에게 등록증이나 등록수첩을 빌려 주거나 타인의 등록증이나 등록수첩을 빌려서 사용한 경우
8. 공사실적, 자본금, 그 밖에 대통령령으로 정하는 사항에 관한 서류를 거짓으로 제출한 경우
11. 제65조에 따른 시정명령 또는 지시를 위반한 경우

11의2. 제65조 제2호·제4호 또는 제5호 중 어느 하나에 해당하는 경우로서 해당 공사가 완료되어 같은 조에 따른 시정명령 또는 지시를 명할 수 없게 된 경우

13. 영업정지처분을 위반하거나 최근 5년간 3회 이상 영업정지처분을 받은 경우
14. 다른 법령에 따라 국가 또는 지방자치단체가 영업정지와 등록취소를 요구한 경우

◎ **정보통신공사업법 시행령**

제4조(공사제한의 예외) ① 정보통신공사업자 외의 자가 도급받거나 시공할 수 있는 경미한 공사의 범위는 다음 각호와 같다.

1. 간이무선국·아마추어국 및 실험국의 무선설비설치공사
2. 연면적 1천 제곱미터 이하의 건축물의 자가유선방송설비·구내방송설비 및 폐쇄회로텔레비전의 설비공사
3. 건축물에 설치되는 5회선 이하의 구내통신선로 설비공사
4. 라우터(네트워크 연결장치) 또는 허브의 증설을 수반하지 않는 5회선 이하의 근거리통신망(LAN) 선로의 증설공사

제6조(설계대상인 공사의 범위) ① 법 제7조에 따라 용역업자에게 설계를 발주해야 하는 공사는 다음 각호의 어느 하나에 해당하는 공사를 제외한 공사로 한다.

1. 제4조에 따른 경미한 공사
2. 천재·지변 또는 비상재해로 인한 긴급복구공사 및 그 부대공사
3. 별표 1에 따른 통신구설비공사
4. 기존 설비를 교체하는 공사로서 설계도면의 새로운 작성이 불필요한 공사

제7조(설계도서의 보관의무)

1. 공사의 목적물의 소유자는 공사에 대한 실시·준공설계도서를 공사의 목적물이 폐지될 때까지 보관할 것. 다만, 소유자가 보관하기 어려운 사유가 있을 때에는 관리주체가 보관하여야 하며, 시설교체 등으로 실시·준공설계도서가 변경된 경우에는 변경된 후의 실시·준공설계도서를 보관하여야 한다.
2. 공사를 설계한 용역업자는 그가 작성 또는 제공한 실시설계도서를 해당 공사가 준공된 후 5년간 보관할 것
3. 공사를 감리한 용역업자는 그가 감리한 공사의 준공설계도서를 하자담보책임기간이 종료될 때까지 보관할 것

정답 01 ④ 02 ④ 03 ④ 04 ④

01 다음 중 정보통신공사의 설계 및 시공에 관한 설명으로 틀린 것은? (2012-1차)(2014-1차)(2016-1차)(2017-3차)

① 공사를 설계하는 자는 기술기준에 적합하도록 설계하여야 한다.
② 설계도서를 작성하는 자는 그 설계도서에 서명 또는 기명날인 하여야 한다.
③ 감리원은 설계도서 및 관련규정에 적합하도록 공사를 감리하여야 한다.
④ 감리업체는 그가 감리한 공사를 준공설계도서를 준공 후 5년간 보관하여야 한다.

해설

정보통신공사업법 시행령 제7조(설계도서의 보관의무)
2. **공사를** 설계한 용역업자는 그가 작성 또는 제공한 실시설계도서를 해당 공사가 준공된 후 5년간 보관할 것
3. **공사를** 감리한 용역업자는 그가 감리한 공사의 준공설계도서를 하자담보책임기간이 종료될 때까지 보관할 것

02 다음 중 정보통신공사업의 영업정지 사유에 해당되지 않는 것은? (2012-2차)

① 공사업의 등록기준에 미달할 때
② 공사업자의 신고의무를 위반하거나 거짓으로 신고한 경우
③ 수급공사의 범위를 초과하여 공사를 도급받을 때
④ 타인에게 등록증이나 등록수첩을 대여했을 때

해설

타인에게 등록증이나 등록수첩을 대여했을 때는 제66조 7항에 의거 등록취소 사유이다. 제1호 · 제5호 · 제7호 · 제13호 또는 제15호에 해당하는 경우에는 등록취소를 하며 그 외에는 영업정지 항목이다.

03 다음 중 정보통신공사를 발주하는 자가 용역업자에게 설계를 발주하지 않고 시행할 수 있는 경우에 해당하지 않는 것은? (2018-2차)(2022-3차)

① 기존설비를 교체하는 공사로서 설계도면의 새로운 작성이 불필요한 공사
② 통신구설비공사
③ 비상재해로 인한 긴급 복구공사
④ 50회선 이상의 구내통신선로설비공사

해설

정보통신공사업법 제6조(설계대상인 공사의 범위)
1. 제4조에 따른 경미한 공사
2. 천재 · 지변 또는 비상재해로 인한 긴급복구공사 및 그 부대공사
3. **별표** 1에 따른 통신구설비공사
4. 기존 설비를 교체하는 공사로서 설계도면의 새로운 작성이 불필요한 공사

04 다음 중 정보통신공사업을 경영하려는 자는 누구에게 등록을 하여야 하는가? (2017-3차)

① 한국정보통신공사협회장
② 국립전파연구원장
③ 과학기술정보통신부장관
④ 시 · 도지사

해설

정보통신공사업법 제14조(공사업의 등록 등)
① 공사업을 경영하려는 자는 대통령령으로 정하는 바에 따라 시 · 도지사에게 등록하여야 한다.
③ 시 · 도지사는 제1항에 따른 등록을 받았을 때에는 등록증과 등록수첩을 발급한다.

05 정보통신공사업을 경영하려는 자는 누구에게 공사업 등록을 신청하여야 하는가? (2021-2차)

① 도지사
② 방송통신위원장
③ 과학기술정보통신부장관
④ 정보통신공사협회장

해설

정보통신공사업법 제14조(공사업의 등록 등)
① 공사업을 경영하려는 자는 대통령령으로 정하는 바에 따라 시 · 도지사에게 등록하여야 한다.
③ 시 · 도지사는 제1항에 따른 등록을 받았을 때에는 등록증과 등록수첩을 발급한다.

06 다음 중 정보통신공사업의 영업정지가 아닌 등록이 취소되는 경우는? (2012-2차)(2013-1차)

① 정보통신기술자를 공사현장에 배치하지 아니한 경우
② 상호, 명칭을 변경한 경우에 거짓으로 신고한 경우
③ 부정한 방법으로 정보통신공사업을 등록을 한 경우
④ 하도급항 수 있는 공사 범위를 넘어 하도급한 경우

해설

정보통신공사업법 제66조(영업정지와 등록취소 등)
① 시 · 도지사는 공사업자가 다음 각호의 어느 하나에 해당하게 되면 1년 이내의 기간을 정하여 영업정지를 명하거나 등록취소를 할 수 있다. 다만, 제1호 · 제5호 · 제7호 · 제13호 또는 제15호에 해당하는 경우에는 등록취소를 하여야 한다.
1. 부정한 방법으로 제14조 제1항에 따른 공사의 등록을 한 경우
4. 제15조에 따른 등록기준에 미달하게 된 경우
5. 공사업자가 제16조 각호의 어느 하나에 해당하게 된 경우
6. 신고를 거짓으로 한 경우
7. 타인에게 등록증이나 등록수첩을 빌려주거나 타인의 등록증이나 등록수첩을 빌려서 사용한 경우
8. 공사실적, 자본금, 그 밖에 대통령령으로 정하는 사항에 관한 서류를 거짓으로 제출한 경우
11. 제65조에 따른 시정명령 또는 지시를 위반한 경우
11의2. 제65조 제2호 · 제4호 또는 제5호 중 어느 하나에 해당하는 경우로서 해당 공사가 완료되어 같은 조에 따른 시정명령 또는 지시를 명할 수 없게 된 경우
13. 영업정지처분을 위반하거나 최근 5년간 3회 이상 영업정지처분을 받은 경우

등록취소
1. 부정한 방법으로 제14조 제1항에 따른 공사업의 등록을 한 경우
5. 공사업자가 제16조 각호의 어느 하나에 해당하게 된 경우.
7. 타인에게 등록증이나 등록수첩을 빌려주거나 타인의 등록증이나 등록수첩을 빌려서 사용한 경우
13. 영업정지처분을 위반하거나 최근 5년간 3회 이상 영업정지처분을 받은 경우

07 정보통신공사업법에 따른 정보통신 관련 분야에 해당되지 않는 것은? (2020-3차)

① 정보통신
② 정보관리
③ 정보처리
④ 산업계측제어

해설

정보통신공사업법 시행령 제3조(용역업자의 범위)
"대통령령으로 정하는 정보통신 관련 분야"란 정보통신 · 정보관리 · 산업계측제어 · 전자계산기 · 전자계산조직응용 · 전자응용 및 철도신호를 말한다.

정답 08 ④ 09 ③ 10 ③ 11 ④

08 정보통신공사업자가 아니라도 시공할 수 있는 것은? (2010-2차)

① 통신선로설비공사
② 교환설비공사
③ 정보매체설비공사
④ 아마추어국 무선설비설치공사

해설

정보통신공사업법 시행령 제4조(공사제한의 예외)
① 정보통신공사업자 외의 자가 도급받거나 시공할 수 있는 경미한 공사의 범위는 다음 각호와 같다.
1. 간이무선국 · 아마추어국 및 실험국의 무선설비설치공사
2. 연면적 1천 제곱미터 이하의 건축물의 자가유선방송설비 · 구내방송설비 및 폐쇄회로텔레비전의 설비공사
3. 건축물에 설치되는 5회선 이하의 구내통신선로 설비공사
4. 라우터(네트워크 연결장치) 또는 허브의 증설을 수반하지 않는 5회선 이하의 근거리통신망(LAN) 선로의 증설공사

09 정보통신공사업의 등록기준에 속하지 않는 것은? (2010-2차)

① 자본금
② 사무실
③ 공사실적
④ 기술능력

해설

정보통신공사업법 제15조(등록기준)
등록의 신청을 받은 시 · 도지사는 다음 각호의 어느 하나에 해당하는 경우를 제외하고는 등록을 해주어야 한다.
1. 대통령령으로 정하는 기술능력 · 자본금(개인인 경우에는 자산평가액을 말한다. 이하 같다) · 사무실을 갖추지 아니한 경우

10 정보통신공사를 설계한 용역업자는 설계도서를 언제까지 보관하여야 하는가? (2023-2차)

① 공사의 목적물이 폐지될 때까지
② 공사가 준공된 후 2년간 보관
③ 공사가 준공된 후 5년간 보관
④ 하자담보 책임기간이 종료될 때까지

해설

정보통신공사업법 시행령 제7조(설계도서의 보관의무)
공사의 설계도서는 다음 각호의 기준에 따라 보관하여야 한다.
1. 공사의 목적물의 소유자는 공사에 대한 실시 · 준공설계도서를 공사의 목적물이 폐지될 때까지 보관할 것
2. 공사를 설계한 용역업자는 그가 작성 또는 제공한 실시설계도서를 해당 공사가 준공된 후 5년간 보관할 것
3. 공사를 감리한 용역업자는 그가 감리한 공사의 준공설계도서를 하자담보책임기간이 종료될 때까지 보관할 것

11 다음 중 정보통신공사업의 운영에 대한 설명으로 옳지 않은 것은? (2022-1차)

① 공사업을 양도할 수 있다.
② 공사업자인 법인 간에 합병할 수 있다.
③ 공사업자인 법인을 분할하여 설립할 수 있다.
④ 합병에 의하여 설립된 법인은 소멸되는 법인의 지위를 승계하지 못한다.

해설

정보통신공사업법 제17조(공사업의 양도 등)
① 다음 각호의 어느 하나에 해당하면 시 · 도지사에게 신고를 하여야 한다.
1. 공사업을 양도하려는 경우
2. 공사업자인 법인 간에 합병하려는 경우 또는 공사업자인 법인과 공사업자가 아닌 법인이 합병하려는 경우
3. 공사업자의 사망으로 공사업을 상속받는 경우
② 제1항에 따른 공사업 양도의 신고가 수리된 경우에는 공사업을 양수한 자는 공사업을 양도한 자의 공사업자로서의 지위를 승계하며, 법인의 합병신고가 수리된 경우에는 합병으로 설립되거나 존속하는 법인이 합병으로 소멸되는 법인의 공사업자로서의 지위를 승계하고, 상속 신고가 수리된 경우에는 그 상속인이 사망한 사람의 공사업자로서의 지위를 승계한다.

기출유형 03 〉 정보통신공사업법

다음 중 정보통신망과 관련된 기술 및 기기의 개발을 효율적으로 추진하기 위하여 관련 연구기관이 할 수 있는 것이 아닌 것은? (2020-3차)

① 연구개발
② 기술협력
③ 기술이전
④ 기술판매

해설

정보통신망 이용촉진 및 정보보호 등에 관한 법률 제6조(기술개발의 추진 등)

① 과학기술정보통신부장관은 정보통신망과 관련된 기술 및 기기의 개발을 효율적으로 추진하기 위하여 대통령령으로 정하는 바에 따라 관련 연구기관으로 하여금 연구개발 · 기술협력 · 기술이전 또는 기술지도 등의 사업을 하게 할 수 있다.

| 정답 | ④

족집게 과외

경미한 공사 범위

1. 간이무선국 · 아마추어국 및 실험국의 무선설비설치공사
2. 연면적 1천 제곱미터 이하의 건축물의 자가유선방송설비 · 구내방송설비 및 폐쇄회로텔레비젼의 설비공사
3. 건축물에 설치되는 5회선 이하의 구내통신선로 설비공사

정보통신공사업 등록

정보통신공사를 도급 · 시공하거나 정보통신설비를 유지보수하기 위해서는 등록기준을 갖추어 시 · 도지사에게 정보통신공사업을 등록하여야 한다.

※ 공사업을 등록하지 않고 도급/시공/유지보수할 경우 정보통신공사업법 제74조의2 제2호에 의거하여 3년 이하의 징역 또는 2천만원 이하의 벌금에 처함

자본금		영업정지	사무실
법인	1억 5천만원 이상	• 기술계 정보통신 기술자 3인 이상(3인 중 1인은 통신 · 전자 · 정보처리기술분야의 중급 기술자 이상이여야 한다) • 기능계 정보통신기술자 1인 이상(기능계 정보통신 기술자는 기술계 정보통신기술자로 대체 할 수 있다)	$15m^2$ 이상
개인	2억원 이상		

더 알아보기

등록취소	영업정지
• 부정한 방법으로 공사업의 등록을 한 경우 • 타인에게 등록증이나 등록수첩을 빌려주거나 타인의 등록증이나 등록수첩을 빌려서 사용한 경우 • 영업정지처분을 위반하거나 최근 5년간 3회 이상 영업정지처분을 받은 경우 • 공사업자가 관할 세무서장에게 폐업신고를 하거나 관할 세무서장이 사업자등록을 말소한 경우	• 등록기준에 미달하게 된 경우 • 신고를 거짓으로 한 경우 • 공사실적, 자본금, 그 밖에 대통령령으로 정하는 사항에 관한 서류를 거짓으로 제출한 경우 • 시정명령 또는 지시를 위반한 경우 • 해당 공사가 완료되어 같은 조에 따른 시정명령 또는 지시를 명할 수 없게 된 경우 • 다른 법령에 따라 국가 또는 지방자치단체가 영업정지와 등록취소를 요구한 경우

◎ **전기통신기본법**

제5조(전기통신기본계획의 수립) ② 기본계획에는 다음 각호의 사항이 포함되어야 한다.

1. 전기통신의 이용효율화에 관한 사항
2. 전기통신의 질서유지에 관한 사항
3. 전기통신사업에 관한 사항
4. 전기통신설비에 관한 사항
5. 전기통신기술의 진흥에 관한 사항
6. 기타 전기통신에 관한 기본적인 사항

◎ **정보통신공사업법**

제27조(공사업에 관한 정보관리 등) ① 과학기술정보통신부장관은 공사에 필요한 자재 · 인력의 수급 상황 등 공사업에 관한 정보와 공사업자의 공사 종류별 실적, 자본금, 기술력 등에 관한 정보를 종합관리하여야 한다.

② 과학기술정보통신부장관은 공사업자의 신청을 받으면 대통령령으로 정하는 바에 따라 그 공사업자의 공사실적 · 자본금 · 기술력 및 공사품질의 신뢰도와 품질관리수준 등에 따라 시공능력을 평가하여 공시(公示)하여야 한다.

정답 01 ② 02 ② 03 ④

01 다음 중 정보통신공사업법에 따른 정보설비공사의 종류에 해당하지 않는 것은? (2013-1차)(2014-3차)

① 정보망설비공사
② 전송설비공사
③ 철도통신 · 신호설비공사
④ 정보매체설비공사

해설

정보통신공사의 종류

구분	내용
통신설비공사	통신선로설비공사, 교환설비공사, 전송설비공사, 구내통신설비공사, 이동통신 설비공사, 위서통신설비공사, 고정무선통신설비공사
방송설비공사	방송국 설비공사, 방송전송, 선로설비공사
정보설비공사	정보제어보안설비공사, 정보망설공사, 정보매체설비공사, 항공, 항만 통신설비공사, 선박의 통신항해어로설비공사, 철도통신신호설비공사
기타설비공사	정보통신전용전기시설설비공사

02 정보통신망과 관련된 기술 및 기기의 개발을 효율적으로 추진하기 위하여 연구개발, 기술협력, 기술이전 또는 기술지도 등의 사업을 할 수 있게 하는 자는 누구인가? (2012-1차)

① 방송통신위원장
② 과학기술정보통신부장관
③ 행정안전부장관
④ 교육관련기술부장관

해설

정보통신망 이용촉진 및 정보보호 등에 관한 법률 제6조(기술개발의 추진 등)
① 과학기술정보통신부장관은 정보통신망과 관련된 기술 및 기기의 개발을 효율적으로 추진하기 위하여 대통령령으로 정하는 바에 따라 관련 연구기관으로 하여금 연구개발 · 기술협력 · 기술이전 또는 기술지도 등의 사업을 하게 할 수 있다.

03 다음 중 과학기술정보통신부장관이 정보통신망의 이용촉진을 위하여 행하는 사항으로 옳지 않은 것은? (2015-2차)

① 정보통신망에 관한 표준을 정하여 고시한다.
② 정보통신망과 관련된 기술 및 기기에 관한 정보를 체계적이고 종합적으로 관리한다.
③ 정보통신망과 관련된 기술 및 기기의 개발을 효율적으로 추진하기 위하여 연구기관으로 하여금 기술지도 등을 한다.
④ 정보통신망을 이용하는 이용자의 개인정보를 수집하여 관리한다.

해설

정보통신망 이용촉진 및 정보보호 등에 관한 법률
제6조(기술개발의 추진 등) ① 과학기술정보통신부장관은 정보통신망과 관련된 기술 및 기기의 개발을 효율적으로 추진하기 위하여 대통령령으로 정하는 바에 따라 관련 연구기관으로 하여금 연구개발 · 기술협력 · 기술이전 또는 기술지도 등의 사업을 하게 할 수 있다.
제7조(기술관련 정보의 관리 및 보급) ① 과학기술정보통신부장관은 정보통신망과 관련된 기술 및 기기에 관한 정보를 체계적이고 종합적으로 관리하여야 한다.
제8조(정보통신망의 표준화 및 인증) ① 과학기술정보통신부장관은 정보통신망의 이용을 촉진하기 위하여 정보통신망에 관한 표준을 정하여 고시하고, 정보통신서비스 제공자 또는 정보통신망과 관련된 제품을 제조하거나 공급하는 자에게 그 표준을 사용하도록 권고할 수 있다.

04 과학기술정보통신부장관이 전기통신의 원활한 발전과 정보사회의 촉진을 위하여 수립해야 하는 전기통신기본계획에 포함되지 않는 것은? (2013-2차)

① 전기통신의 이용효율화에 관한 사항
② 전기통신역무에 관한 사항
③ 전기통신의 질서유지에 관한 사항
④ 전기통신설비에 관한 사항

해설

전기통신기본법 제5조(전기통신기본계획의 수립)
② 기본계획에는 다음 각호의 사항이 포함되어야 한다.
1. 전기통신의 이용효율화에 관한 사항
2. 전기통신의 질서유지에 관한 사항
3. 전기통신사업에 관한 사항
4. 전기통신설비에 관한 사항
5. 전기통신기술의 진흥에 관한 사항
6. 기타 전기통신에 관한 기본적인 사항

05 과학기술정보통신부장관은 전기통신의 원활한 발전과 정보사회의 촉진을 위하여 전기통신기본계획을 수립하여 공고하여야 한다. 이 기본계획에 포함되지 않는 사항은? (2013-3차)

① 정보통신공사업의 발전에 관한 사항
② 전기통신의 질서유지에 관한 사항
③ 전기통신의 이용효율화에 관한 사항
④ 전기통신사업에 관한 사항

해설

전기통신기본법 제5조(전기통신기본계획의 수립)
② 제1항의 기본계획에는 다음 각호의 사항이 포함되어야 한다.
1. 전기통신의 이용효율화에 관한 사항
2. 전기통신의 질서유지에 관한 사항
3. 전기통신사업에 관한 사항
4. 전기통신설비에 관한 사항
5. 전기통신기술의 진흥에 관한 사항
6. 기타 전기통신에 관한 기본적인 사항

06 정보통신공사업자의 품위 유지, 기술 향상, 공사 시공방법 개량, 기타 공사업의 건전한 발전을 위하여 과학기술정보통신부장관의 인가를 받아 설립된 기관은? (2015-2차)

① 정보통신진흥협회 ② 정보통신기술협회
③ 정보통신공사협회 ④ 정보통신공제조합

해설

한국정통신공사협회(Korea Information & Communication Contractors Association)
정보통신공사업의 건전한 발전과 회원의 권익증진을 위하여 관련법령 및 제도의 개선, 수급영역 확대, 신기술 및 신공법의 전파, 표준품셈 및 시중노임의 현실화, 정보통신기술자 및 감리원의 경력관리, 각종 정보통신공사업 신고업무와 공사업에 관한 경영정보제공, 정보통신공사 및 전기공사 현장의 재해예방 기술지도 등 제반업무의 처리를 위하여 1971년 설립된 대한민국 과학기술정보통신부 산하 비영리 법정법인이다.

07 정보통신공사에서 실시설계의 과업내용이 아닌 것은? (2016-2차)

① 설계설명서
② 설비계산서
③ 회사소개서
④ 설계도면

해설

정보통신공사 설계기준
실시설계단계에서는 기본설계 추정공사비를 기초로 설정된 예산 범위에서 설계를 진행함과 동시에 관련 법령과 기술기준 충족여부를 확인하고 기본설계 내용 중 변경이 되어야 할 사항에 대하여는 발주자와 협의하여 결정한다.

실시설계 성과물
(1) 실시설계도서: 가) 설계설명서, 나) 설계도면, 다) 공사시방

정답 08 ① 09 ④

08 다음 중 정보통신공사업자의 시공능력평가에 포함되지 않는 사항은? (2017-3차)(2023-2차)

① 경영진평가
② 자본금평가
③ 기술력평가
④ 경력평가

해설

정보통신공사업법 제27조(공사업에 관한 정보관리 등)

① 과학기술정보통신부장관은 공사에 필요한 자재·인력의 수급 상황 등 공사업에 관한 정보와 공사업자의 공사 종류별 실적, 자본금, 기술력 등에 관한 정보를 종합관리하여야 한다.

② 과학기술정보통신부장관은 공사업자의 신청을 받으면 대통령령으로 정하는 바에 따라 그 공사업자의 공사실적·자본금·기술력 및 공사품질의 신뢰도와 품질관리수준 등에 따라 시공능력을 평가하여 공시(公示)하여야 한다.

③ 제2항에 따른 시공능력평가를 신청하는 공사업자는 대통령령으로 정하는 바에 따라 공사실적, 자본금, 그 밖에 대통령령으로 정하는 사항에 관한 서류를 과학기술정보통신부장관에게 제출하여야 한다.

09 시·도지사가 정보통신공사업의 등록을 반드시 취소하여야 하는 것은? (2010-1차)

① 시정명령 또는 지시를 위반한 경우
② 하도급의 제한 규정에 위반하여 하도급한 경우
③ 정보통신기술자를 공사현장에 배치하지 아니한 경우
④ 타인의 등록증이나 등록수첩을 빌려서 사용한 경우

해설

정보통신공사업법 제66조(영업정지와 등록취소 등)

① 시·도지사는 공사업자가 다음 각호의 어느 하나에 해당하게 되면 1년 이내의 기간을 정하여 영업정지를 명하거나 등록취소를 할 수 있다.

1. 부정한 방법으로 공사업의 등록을 한 경우
4. 등록기준에 미달하게 된 경우
5. 공사업자가 제16조 각호의 어느 하나에 해당하게 된 경우. 다만, 같은 조 제7호에 해당하는 법인의 경우에는 그 사유가 있음을 안 날부터 3개월 이내에 그 임원을 바꾸어 선임한 경우와 피상속인인 공사업자가 사망한 날부터 3개월 이내에 상속인이 해당 공사업을 타인에게 양도한 경우에는 그러하지 아니하다.
6. 신고를 거짓으로 한 경우
7. 타인에게 등록증이나 등록수첩을 빌려 주거나 타인의 등록증이나 등록수첩을 빌려서 사용한 경우
8. 공사실적, 자본금, 그 밖에 대통령령으로 정하는 사항에 관한 서류를 거짓으로 제출한 경우
11. 시정명령 또는 지시를 위반한 경우

정답 10 ④ 11 ① 12 ②

10 다음 중 정보통신공사업의 영업정지 사유에 해당되지 않는 것은? (2012-2차)

① 공사업의 등록기준에 미달할 때
② 공사업자의 신고의무를 위반하거나 거짓으로 신고한 경우
③ 수급공사의 범위를 초과하여 공사를 도급받을 때
④ 타인에게 등록증이나 등록수첩을 대여했을 때

해설

④ 타인에게 등록증이나 등록수첩을 대여했을 때는 제66조 7항에 의거 등록취소 사유이다.

정보통신공사업법 제66조(영업정지와 등록취소 등)

① 시·도지사는 공사업자가 다음 각호의 어느 하나에 해당하게 되면 1년 이내의 기간을 정하여 영업정지를 명하거나 등록취소를 할 수 있다. 다만, 제1호·제5호·제7호·제13호 또는 제15호에 해당하는 경우에는 등록취소를 하여야 한다.
1. 부정한 방법으로 제14조 제1항에 따른 공사업의 등록을 한 경우
5. 공사업자가 제16조 각호의 어느 하나에 해당하게 된 경우
7. 타인에게 등록증이나 등록수첩을 빌려주거나 타인의 등록증이나 등록수첩을 빌려서 사용한 경우

11 정보통신공사업법의 목적으로 적합하지 않은 것은? (2010-1차)

① 공공복리의 증진에 이바지
② 정보통신공사의 적절한 시공
③ 정보통신공사업의 건전한 발전을 도모
④ 정보통신공사의 도급 등에 관하여 필요한 사항을 규정

해설

정보통신공사업법 제1조(목적)

이 법은 정보통신공사의 조사·설계·시공·감리(監理)·유지관리·기술관리 등에 관한 기본적인 사항과 정보통신공사업의 등록 및 정보통신공사의 도급(都給) 등에 필요한 사항을 규정함으로써 정보통신공사의 적절한 시공과 공사업의 건전한 발전을 도모함을 목적으로 한다.

12 다음 중 정보통신공사업법령에 의한 '용역'의 역무에 해당하지 않는 것은? (2017-2차)(2019-1차)

① 설계업무
② 시공업무
③ 감리업무
④ 유지관리업무

해설

정보통신공사업법 제2조(정의)

5. "용역"이란 다른 사람의 위탁을 받아 공사에 관한 조사, 설계, 감리, 사업관리 및 유지관리 등의 역무를 하는 것을 말한다.
6. "용역업"이란 용역을 영업으로 하는 것을 말한다.

기출유형 04 ▶ 부가통신, 별정통신 사업자

다음 중 별정통신사업의 등록요건이 아닌 것은? (2018-1차)(2021-1차)

① 납입자본금 등 재정적 능력
② 기술방식 및 기술인력 등 기술적 능력
③ 이용자 보호계획
④ 정보통신자원 관리계획

해설

별정통신사업의 등록요건
1. 재정적 능력
2. 기술적능력
3. 이용자 보호계획

| 정답 | ④

족집게 과외

• 별정통신사업은 기간통신사업자의 전기통신회선설비 등을 이용하여 기간통신역무를 제공하는 사업이다.
• 부가통신사업은 부가통신역무를 제공하는 사업으로 한다.

전기통신사업법 제정 및 개정 연혁

시점	제개정	주요 내용
1983년	• 전기통신기본법 • 공중전기통신사업법 제정	전기통신의 정책기능과 사업기능을 분리
1991년 7월	• 전기통신기본법 • 전기통신사업법 전부 개정	• 독점 체제이던 전기통신사업에 경쟁 원리 도입 • 기간통신사업자와 부가통신사업자 구분
2010년	• 방송통신발전기본법 제정 • 전기통신사업법 전부 개정	• '방송통신' 개념 도입 • 기간통신사업자 규제 개편

더 알아보기

서비스 분류	내용	서비스 분야
별정 제1호 서비스	기간통신사업자의 전기통신 회선을 이용(임차)하고 교환설비를 설치·운용하며 각종 기간통신서비스를 특정 소비자(집단)에게 직접 제공하는 서비스	• 공전공(公專公) 형태의 음성회선 재판매 • 인터넷 전화 • 국제 콜백 서비스
별정 제2호 서비스	기간통신사업자의 전기통신 회선을 이용(임차)하고 통신 서비스 수요자를 모집 관리하여 각종 기간통신서비스를 대량 구매하여 재분배(재판매)하는 서비스	• 호 집중 서비스 • 재과금 서비스
별정 제3호 서비스	하나의 부지 내의 건물 또는 500미터 이내의 1인 소유 부지 내의 복구 건물 및 부지에 전기통신설비를 설치·운영하여 구내에서 제공하는 전기통신서비스	• 구내 자동 교환(PABX) • 종합유선방송(CATV) • 위성방송 • 구내정보통신(LAN) • 구내 무선 정보통신(Wireless LAN)

전기통신사업의 구분

전기통신사업은 기간통신사업, 별정통신사업 및 부가통신사업으로 구분한다.

• 기간통신사업은 전기통신회선설비를 설치하고, 그 전기통신회선설비를 이용하여 기간통신역무를 제공하는 사업
• 별정통신사업은 기간통신사업의 허가를 받은 자의 전기통신회선설비 등을 이용하여 기간통신역무를 제공하는 사업

◎ 전기통신사업법

제5조(전기통신사업의 구분 등) ① 전기통신사업은 기간통신사업, 별정통신사업 및 부가통신사업으로 구분한다.

② 기간통신사업은 전기통신회선설비를 설치하고, 그 전기통신회선설비를 이용하여 기간통신역무를 제공하는 사업으로 한다.

③ 별정통신사업은 다음 각호의 어느 하나에 해당하는 사업으로 한다.

1. 제6조에 따른 기간통신사업의 허가를 받은 자(이하 "기간통신사업자"라 한다)의 전기통신회선설비 등을 이용하여 기간통신역무를 제공하는 사업
2. 대통령령으로 정하는 구내(構內)에 전기통신설비를 설치하거나 그 전기통신설비를 이용하여 그 구내에서 전기통신역무를 제공하는 사업

④ 부가통신사업은 부가통신역무를 제공하는 사업으로 한다.

제6조(기간통신사업의 허가 등) ① 기간통신사업을 경영하려는 자는 방송통신위원회의 허가를 받아야 한다.

② 방송통신위원회는 제1항에 따른 허가를 할 때에는 다음 각호의 사항을 종합적으로 심사하여야 한다.

1. 기간통신역무 제공계획의 이행에 필요한 재정적 능력
2. 기간통신역무 제공계획의 이행에 필요한 기술적 능력
3. 이용자 보호계획의 적정성

◎ 전기통신사업법 시행규칙

제15조(등록 또는 신고사항) ① "정보통신부령이 정하는 사항"이라 함은 다음 각호의 사항을 말한다.

1. 상호·명칭·주소
2. 대표자
3. 제공역무의 종류
4. 자본금(별정통신사업자인 경우에 한한다)
5. 선납비용(별정통신사업자인 경우에 한한다)

정답 01 ① 02 ④ 03 ② 04 ③

01 다음 중 부가통신사업의 신고사항을 변경하고자 할 때 신고하여야 할 사항이 아닌 것은? (2013-3차)

① 자본금
② 제공역무의 종류
③ 대표자
④ 상호 · 명칭 · 주소

해설

전기통신사업법 시행규칙 13조(부가통신사업의 신고절차 등)
① "정보통신부령이 정하는 사항"이라 함은 다음 각호의 사항을 말한다.
1. 상호 · 명칭 · 주소
2. 대표자
3. 제공역무의 종류
4. 자본금(별정통신사업자인 경우에 한한다)
5. 선납비용(별정통신사업자인 경우에 한한다)

02 다음 중 전기통신사업의 구분으로 틀린 것은? (2012-2차)(2016-3차)

① 기간통신사업
② 별정통신사업
③ 부가통신사업
④ 정보통신사업

해설

전기통신사업법 제5조(전기통신사업의 구분 등)
① 전기통신사업은 기간통신사업, 별정통신사업 및 부가통신사업으로 구분한다.
② 기간통신사업은 전기통신회선설비를 설치하고, 그 전기통신회선설비를 이용하여 기간통신역무를 제공하는 사업으로 한다.

03 다음 중 전기통신사업령이 정하는 사항을 갖추어 과학기술정보통신부장관에게 등록하면 경영할 수 있는 전기통신사업은? (2016-1차)

① 기간통신사업
② 별정통신사업
③ 통합통신사업
④ 부가통신사업

해설

전기통신사업법 제23조(등록 또는 신고사항의 변경)
별정통신사업자, 제22조 제1항 전단에 따라 부가통신사업을 신고한 자 또는 같은 조 제2항에 따라 부가통신사업을 등록한 자는 그 등록 또는 신고한 사항 중 대통령령으로 정하는 사항을 변경하려면 대통령령으로 정하는 바에 따라 방송통신위원회에 변경등록 또는 변경신고(정보통신망에 의한 변경등록 또는 변경신고를 포함한다)를 하여야 한다.

04 다음 중 별정통신사업에 해당하는 것은? (2017-2차)

① 전기통신회선설비를 설치하고 이를 이용하여 특별통신 역무를 제공하는 사업
② 기간통신사업자로부터 전기통신회선설비를 임차하여 기간통신역무 외의 전기통신역무를 제공하는 사업
③ 기간통신사업자의 전기통신회선설비 등을 이용하여 기간통신역무를 제공하는 사업
④ 특별히 정한 전기통신설비를 설치하고 이를 이용하여 기간통신역무 외의 특정 전기통신역무를 제공하는 사업

해설

전기통신사업법 제5조(전기통신사업의 구분 등)
③ 별정통신사업은 다음 각호의 어느 하나에 해당하는 사업으로 한다.
1. 기간통신사업의 허가를 받은 자의 전기통신회선설비 등을 이용하여 기간통신역무를 제공하는 사업

정답 05 ③ 06 ①

05 전기통신설비를 이용하거나 전기통신설비와 컴퓨터 및 컴퓨터의 이용기술을 활용하여 정보를 수집, 가공, 저장, 검색, 송신 또는 수신하는 정보통신체제는 무엇인가? (2014-3차)(2017-2차)

① 부가통신망
② 전기통신망
③ 정보통신망
④ 전자통신망

해설

정보통신망이용촉진 등에 관한 법률 제2조(정의)

1. "정보통신망"이라 함은 전기통신설비를 활용하거나 전기통신설비와 컴퓨터 및 컴퓨터의 이용기술을 활용하여 정보를 수집·가공·저장·검색·송신 또는 수신하는 정보통신체제를 말한다.

06 기간통신업무 외의 전기통신역무로서 부가통신역무를 제공하는 사업을 무엇이라 하는가? (2013-2차)

① 부가통신사업
② 대여통신사업
③ 특정통신사업
④ 임차통신사업

해설

전기통신사업법 제5조(전기통신사업의 구분 등)

③ 별정통신사업은 다음 각호의 어느 하나에 해당하는 사업으로 한다.
 1. 기간통신사업의 허가를 받은 자의 전기통신회선설비 등을 이용하여 기간통신역무를 제공하는 사업
 2. 대통령령으로 정하는 구내(構內)에 전기통신설비를 설치하거나 그 전기통신설비를 이용하여 그 구내에서 전기통신역무를 제공하는 사업

④ 부가통신사업은 부가통신역무를 제공하는 사업으로 한다.

기출유형 05 ▶ 정보통신서비스, 방송통신재난관리

다음 중 정보통신서비스 제공자 및 이용자의 책무가 아닌 것은? (2020-1차)

① 정보통신서비스 제공자는 이용자의 개인정보를 보호하고 건전하고 안전한 정보통신서비스를 제공하여 이용자의 권익보호와 정보이용능력의 향상에 이바지하여야 한다.

② 이용자는 건전한 정보사회가 정착되도록 노력하여야 한다.

③ 정보통신서비스 제공자 및 이용자는 합리적인 통신과금서비스를 이용할 수 있도록 상호 협조하여야 한다.

④ 정부는 정보통신서비스 제공자단체 또는 이용자단체의 개인정보보호 및 정보통신망에서의 청소년 보호 등을 위한 활동을 지원할 수 있다.

해설

정보통신망 이용촉진 및 정보보호 등에 관한 법률 제3조(정보통신서비스 제공자 및 이용자의 책무)

① 정보통신서비스 제공자는 이용자를 보호하고 건전하고 안전한 정보통신서비스를 제공하여 이용자의 권익보호와 정보이용능력의 향상에 이바지하여야 한다.

② 이용자는 건전한 정보사회가 정착되도록 노력하여야 한다.

③ 정부는 정보통신서비스 제공자단체 또는 이용자단체의 정보보호 및 정보통신망에서의 청소년 보호 등을 위한 활동을 지원할 수 있다.

| 정답 | ③

족집게 과외

방송통신발전 기본법: 방송통신재난관리기본계획의 수립

1. 방송통신재난이 발생할 위험이 높거나 방송통신재난의 예방을 위하여 계속적으로 관리할 필요에 관한 사항
2. 국민의 생명과 재산 보호를 위한 신속한 재난방송 실시에 관한 사항
3. 방송통신재난에 대비하기 위하여 필요한 다음 각목에 관한 사항
   가. 우회 방송통신 경로의 확보
   나. 방송통신설비의 연계 운용을 위한 정보체계의 구성
   다. 피해복구 물자의 확보

[재난관리 대상사업자(안)]

기간통신(기존)		데이터센터(신규)	부가통신서비스(신규)
가입자 수 10만명 또는 회선 수 50만 이상	+	• 바닥면적 22,500m^2 이상 또는 수전용량 40MW 이상 • 매출액 100억원 이상	• 이용자수 1,000만명 또는 트래픽양 비중 2% 이상 • 대규모 장애발생 사업자 – 재난관리자심의위원회 심의
• 네트워크 장애 예방, 대응 • 중요 통신시설 안전관리 등		• 화재예방, 전력 생존성 확보 • 보호조치 기준 강화 등	핵심기능 다중화, 주요 서비스 분산 등

[과학기술정보통신부가 추진 중인 "디지털서비스 안정성 강화 방안"] 2023.3

더 알아보기

과기정통부는 부가통신사업자를 "일평균 이용자 수 1,000만명 이상 또는 트래픽 양 비중 2% 이상인 부가통신사업자"를 기준으로 제시했다. 또한 일평균 서비스 이용자 수 100만명 이상 또는 트래픽 양 비중 1% 이상인 부가통신사업자가 포함된다(한시적 적용대상으로 사고 발생 시 심의 후 의무대상여부 확인 후 처리 예정). IDC 사업자는 매출액이 100억원 이상인 사업자 중 최대 운영 가능한 ① 전산실 바닥면적이 2만 2500㎡ 이상이거나 ② 수전용량(전력공급량)이 40MW 이상인 대규모 센터를 운영하는 사업자가 대상이다.

◎ 정보통신망 이용촉진 및 정보보호 등에 관한 법률

제3조(정보통신서비스 제공자 및 이용자의 책무) ① 정보통신서비스 제공자는 이용자를 보호하고 건전하고 안전한 정보통신서비스를 제공하여 이용자의 권익보호와 정보이용능력의 향상에 이바지하여야 한다.

② 이용자는 건전한 정보사회가 정착되도록 노력하여야 한다.

③ 정부는 정보통신서비스 제공자단체 또는 이용자단체의 정보보호 및 정보통신망에서의 청소년 보호 등을 위한 활동을 지원할 수 있다.

제45조(정보통신망의 안정성 확보 등) ① 다음 각호의 어느 하나에 해당하는 자는 정보통신서비스의 제공에 사용되는 정보통신망의 안정성 및 정보의 신뢰성을 확보하기 위한 보호조치를 하여야 한다.

1. 정보통신서비스 제공자
2. 정보통신망에 연결되어 정보를 송 · 수신할 수 있는 기기 · 설비 · 장비 중 대통령령으로 정하는 기기 · 설비 · 장비를 제조하거나 수입하는 자

② 과학기술정보통신부장관은 제1항에 따른 보호조치의 구체적 내용을 정한 정보보호조치에 관한 지침(이하 "정보보호지침"이라 한다)을 정하여 고시하고 제1항 각호의 어느 하나에 해당하는 자에게 이를 지키도록 권고할 수 있다.

③ 정보보호지침에는 다음 각호의 사항이 포함되어야 한다.

1. 정당한 권한이 없는 자가 정보통신망에 접근 · 침입하는 것을 방지하거나 대응하기 위한 정보보호시스템의 설치 · 운영 등 기술적 · 물리적 보호조치
2. 정보의 불법 유출 · 위조 · 변조 · 삭제 등을 방지하기 위한 기술적 보호조치
3. 정보통신망의 지속적인 이용이 가능한 상태를 확보하기 위한 기술적 · 물리적 보호조치
4. 정보통신망의 안정 및 정보보호를 위한 인력 · 조직 · 경비의 확보 및 관련 계획수립 등 관리적 보호조치
5. 정보통신망연결기기 등의 정보보호를 위한 기술적 보호조치

④ 과학기술정보통신부장관은 관계 중앙행정기관의 장에게 소관 분야의 정보통신망연결기기 등과 관련된 시험 · 검사 · 인증 등의 기준에 정보보호지침의 내용을 반영할 것을 요청할 수 있다

제50조의4(정보 전송 역무 제공 등의 제한) ① 정보통신서비스 제공자는 다음 각호의 어느 하나에 해당하는 경우에 해당 역무의 제공을 거부하는 조치를 할 수 있다.

1. 광고성 정보의 전송 또는 수신으로 역무의 제공에 장애가 일어나거나 일어날 우려가 있는 경우
2. 이용자가 광고성 정보의 수신을 원하지 아니하는 경우

② 정보통신서비스 제공자는 제1항 또는 제4항에 따른 거부조치를 하려면 해당 역무 제공의 거부에 관한 사항을 그 역무의 이용자와 체결하는 정보통신서비스 이용계약의 내용에 포함하여야 한다.

③ 정보통신서비스 제공자는 제1항 또는 제4항에 따른 거부조치 사실을 그 역무를 제공받는 이용자 등 이해관계인에게 알려야 한다. 다만, 미리 알리는 것이 곤란한 경우에는 거부조치를 한 후 지체 없이 알려야 한다.

④ 정보통신서비스 제공자는 이용계약을 통하여 해당 정보통신서비스 제공자가 이용자에게 제공하는 서비스가 제50조 또는 제50조의8을 위반하여 영리목적의 광고성 정보전송에 이용되고 있는 경우 해당 역무의 제공을 거부하거나 정보통신망이나 서비스의 취약점을 개선하는 등 필요한 조치를 강구하여야 한다.

◎ **방송통신발전 기본법(약칭: 방송통신발전법)**

제35조(방송통신재난관리기본계획의 수립) ① 과학기술정보통신부장관과 방송통신위원회는 다음 각호의 방송통신사업자(이하 "주요 방송통신사업자"라 한다)의 방송통신서비스에 관하여 「재난 및 안전관리기본법」에 따른 재난이나 「자연재해대책법」에 따른 재해 및 그 밖에 물리적 · 기능적 결함 등(이하 "방송통신재난"이라 한다)의 발생을 예방하고, 방송통신재난을 신속히 수습 · 복구하기 위한 방송통신재난관리기본계획을 수립 · 시행하여야 한다.

② 방송통신재난관리기본계획에는 다음 각호의 사항이 포함되어야 한다.

1. 방송통신재난이 발생할 위험이 높거나 방송통신재난의 예방을 위하여 계속적으로 관리할 필요가 있는 방송통신설비와 그 설치 지역 등의 지정 및 관리에 관한 사항
2. 국민의 생명과 재산 보호를 위한 신속한 재난방송 실시에 관한 사항
3. 방송통신재난에 대비하기 위하여 필요한 다음 각목에 관한 사항
   가. 우회 방송통신 경로의 확보
   나. 방송통신설비의 연계 운용을 위한 정보체계의 구성
   다. 피해복구 물자의 확보
4. 그 밖에 방송통신재난의 관리에 필요하다고 인정되는 사항

정답 01 ② 02 ① 03 ④

01 정보통신서비스 제공자가 역무의 제공을 거부하는 조치를 할 수 있는 경우가 아닌 것은? (2012-2차)

① 광고성 정보전송으로 역무의 제공에 장애가 일어날 우려가 있는 경우
② 위탁받은 광고성 정보전송이 영리목적이라고 보는 경우
③ 제공하는 서비스가 불법 광고성 정보전송에 이용되고 있는 경우
④ 정보통신서비스 이용자가 광고성 정보의 수신을 원하지 않는 경우

해설

단순 영리목적이 아닌 제50조 또는 제50조의8을 위반하여 영리목적의 광고성 정보전송에 이용되고 있는 경우이므로 정답이 ②번이 된다.

정보통신망 이용촉진 및 정보보호 등에 관한 법률 제50조의4(정보 전송 역무 제공 등의 제한)
1. 광고성 정보의 전송 또는 수신으로 역무의 제공에 장애가 일어나거나 일어날 우려가 있는 경우
2. 이용자가 광고성 정보의 수신을 원하지 아니하는 경우

④ 정보통신서비스 제공자는 이용계약을 통하여 해당 정보통신서비스 제공자가 이용자에게 제공하는 서비스가 제50조 또는 제50조의8을 위반하여 영리목적의 광고성 정보전송에 이용되고 있는 경우 해당 역무의 제공을 거부하거나 정보통신망이나 서비스의 취약점을 개선하는 등 필요한 조치를 강구하여야 한다.

02 과학기술정보통신부장관이 정보통신서비스 제공자에게 정보통신서비스 제공에 사용되는 정보통신망의 안전성 및 정보의 신뢰성을 확보하기 위한 보호조치의 구체적인 내용을 정하여 고시하는 것을 무엇이라 하는가? (2018-1차)

① 정보보호지침
② 정보의 신뢰성 기준
③ 정보통신망 안정기준
④ 정보통신서비스준칙

해설

정보통신망 이용촉진 및 정보보호 등에 관한 법률 제45조(정보통신망의 안정성 확보 등)

① 다음 각호의 어느 하나에 해당하는 자는 정보통신서비스의 제공에 사용되는 정보통신망의 안정성 및 정보의 신뢰성을 확보하기 위한 보호조치를 하여야 한다.
1. 정보통신서비스 제공자
2. 정보통신망에 연결되어 정보를 송 · 수신할 수 있는 기기 · 설비 · 장비 중 대통령령으로 정하는 기기 · 설비 · 장비를 제조하거나 수입하는 자

② 과학기술정보통신부장관은 제1항에 따른 보호조치의 구체적 내용을 정한 정보보호조치에 관한 지침을 정하여 고시하고 제1항 각호의 어느 하나에 해당하는 자에게 이를 지키도록 권고할 수 있다.

03 방송통신재난에 대비하기 위하여 수립하여야 하는 방송통신재난관리 기본계획에 포함되어야 하는 사항이 아닌 것은? (2012-3차)(2014-3차)(2015-3차)

① 우회 방송통신 경로의 확보
② 방송통신회선설비의 연계 운용을 위한 정보체계의 구성
③ 피해복구 물자의 확보
④ 통신재난을 입은 전기통신설비의 매수

해설

방송통신발전 기본법 제35조(방송통신재난관리기본계획의 수립)
3. 방송통신재난에 대비하기 위하여 필요한 다음 각목에 관한 사항
가. 우회 방송통신 경로의 확보
나. 방송통신설비의 연계 운용을 위한 정보체계의 구성
다. 피해복구 물자의 확보

정답 04 ④ 05 ② 06 ④

04 다음 중 방송통신재난관리기본계획에 포함되는 사항이 아닌 것은? (2016-2차)

① 방송통신재난의 예방을 위하여 계속적으로 관리할 필요가 있는 방송통신설비와 그 설치 지역 등의 지정 및 관리에 관한 사항
② 국민의 생명과 재산 보호를 위한 신속한 재난방송 실시에 관한 사항
③ 방송통신재난에 대비하기 위하여 방송통신설비의 연계 운용을 위한 정보체계의 구성에 관한 사항
④ 재난관리에 관한 기본약관 승인에 관한 사항

해설

방송통신발전 기본법 제35조(방송통신재난관리기본계획의 수립)
② 방송통신재난관리기본계획에는 다음 각호의 사항이 포함되어야 한다.
1. 방송통신재난이 발생할 위험이 높거나 방송통신재난의 예방을 위하여 계속적으로 관리할 필요가 있는 방송통신설비와 그 설치 지역 등의 지정 및 관리에 관한 사항
2. 국민의 생명과 재산 보호를 위한 신속한 재난방송 실시에 관한 사항
3. 방송통신재난에 대비하기 위하여 필요한 다음 각목에 관한 사항
가. 우회 방송통신 경로의 확보
나. 방송통신설비의 연계 운용을 위한 정보체계의 구성
다. 피해복구 물자의 확보
4. 그 밖에 방송통신재난의 관리에 필요하다고 인정되는 사항

05 방송통신재난을 신속히 수습 · 복구하기 위한 방송통신재난관리기본 계획을 수립하는 곳은? (2012-3차)(2018-3차)

① 한국통신(KT) ② 방송통신위원회
③ 소방청 ④ 행정안전부

해설

방송통신발전 기본법 제35조(방송통신재난관리기본계획의 수립)
① 과학기술정보통신부장관과 방송통신위원회는 다음 각 호의 방송통신사업자(이하 "주요방송통신사업자"라 한다)의 방송통신서비스에 관하여 「재난 및 안전관리기본법」에 따른 재난이나 「자연재해대책법」에 따른 재해 및 그 밖에 물리적 · 기능적 결함 등(이하 "방송통신재난"이라 한다)의 발생을 예방하고, 방송통신재난을 신속히 수습 · 복구하기 위한 방송통신재난관리기본계획을 수립 · 시행하여야 한다.

06 정보통신 서비스의 각 기능 설명으로 알맞지 않은 것은? (2020-1차)

① 전송 기능: 통신 회선을 이용하여 정보를 전달하는 기능이다.
② 교환 기능: 정보를 상호 교환하는데 필요한 회선 점유 방법 및 전송 방식을 결정하는 기능이다.
③ 통신처리 기능: 통신 신호의 형태 및 전달 방법 등을 변환하여 서로 다른 단말기간의 통신을 가능하게 하거나 서로 다른 시간대를 이용하여 정보를 교신할 수 있도록 하는 기능이다.
④ 정보처리 기능: 컴퓨터의 데이터처리 기능을 이용하여 정보의 생성, 가공, 저장, 변환 등은 물론 정보를 관리하나, 데이터베이스를 구축하지는 못하는 기능이다.

해설

④ 정보처리 기능: 컴퓨터의 데이터처리 기능을 이용하여 정보의 생성, 가공, 저장, 변환 등은 물론 정보를 관리하며, 데이터베이스를 구축하는 기능이다.

기출유형 06 ❯ 정보통신기술자 및 사용 전 검사

다음 중 정보통신공사업법에서 규정한 정보통신설비의 설치 및 유지 · 보수에 관한 공사와 이에 따른 부대공사가 아닌 것은? (2018-2차)(2021-2차)

① 수전설비를 포함한 정보통신전용 전기시설설비공사 등 그 밖의 설비공사
② 전기통신관계법령 및 전파관계법령에 의한 통신설비공사
③ 정보통신관계법령에 의하여 정보통신설비를 이용하여 정보를 제어 · 저장 및 처리하는 정보설비공사
④ 방송법 등 방송관계법령에 의한 방송설비공사

해설

정보통신공사의 범위

1. 전기통신관계법령 및 전파관계법령에 따른 통신설비공사
2. 「방송법」 등 방송관계법령에 따른 방송설비공사
3. 정보통신관계법령에 따라 정보통신설비를 이용하여 정보를 제어 · 저장 및 처리하는 정보설비공사
4. 수전설비를 제외한 정보통신전용 전기시설설비공사 등 그 밖의 설비공사
5. 부대공사
6. 유지 · 보수공사

| 정답 | ①

족집게 과외

- **예비기기 설치 기준**: 설비의 중요도, 고장발생률, 복구소요시간 등을 고려하여 예비기기를 설치한다.
- **사용 전 검사 대상**: 구내통신선로 설비, 이동통신 구내선로 설비, 방송 공동수신 설비
- 공사업자는 발주자의 승낙을 얻어 1명의 정보통신기술자에게 2개의 공사를 관리하게 할 수 있다.
  1. 도급금액이 1억원 미만의 공사로서 동일한 시 · 군에서 행하여지는 동일한 종류의 공사
  2. 이미 시공 중에 있는 공사의 현장에서 새로이 행하여지는 동일한 종류의 공사

정보통신설비

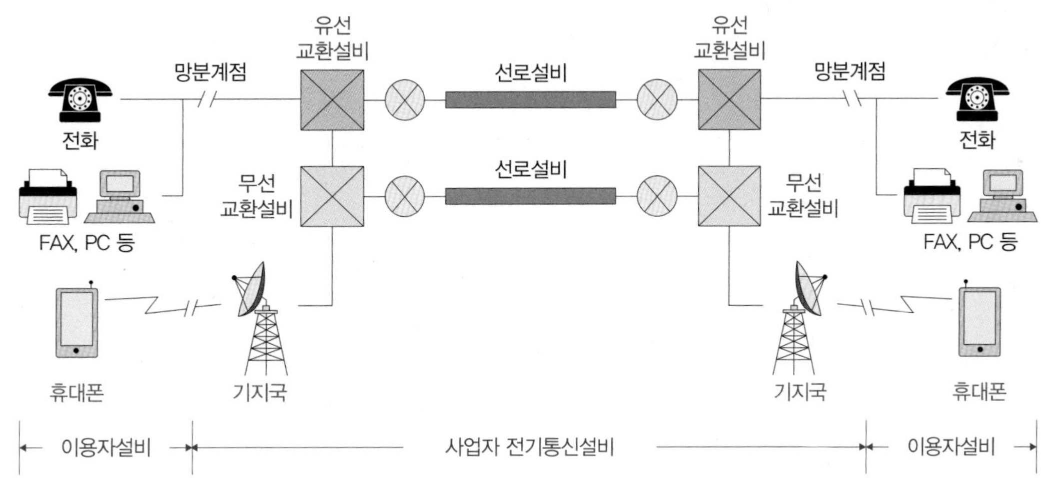

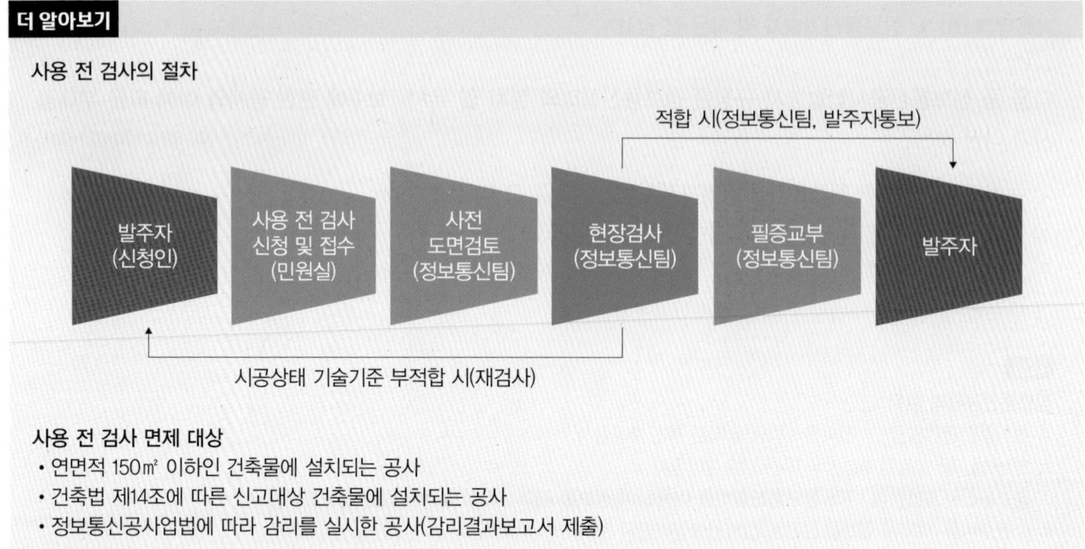

◎ 정보통신공사업법

제2조(정의)

1. "정보통신설비"란 유선, 무선, 광선, 그 밖의 전자적 방식으로 부호 · 문자 · 음향 또는 영상 등의 정보를 저장 · 제어 · 처리하거나 송수신하기 위한 기계 · 기구(器具) · 선로(線路) 및 그 밖에 필요한 설비를 말한다.

◎ 정보통신공사업법 시행령

제34조(정보통신기술자의 현장배치기준 등) ② 공사업자는 공사가 시공 중인 때에는 다음 각호의 구분에 따라 정보통신기술자를 현장에 상주하게 하여 공사관리를 하여야 한다. 다만, 공사가 중단된 기간은 그러하지 아니하다.

1. 도급금액이 5억원 이상의 공사: 중급기술자 이상인 정보통신기술자
2. 도급금액이 5천만원 이상 5억원 미만인 공사: 초급기술자 이상인 정보통신기술자

③ 공사현장에 배치된 정보통신기술자는 공사에 따른 위험 및 장해가 발생하지 아니하도록 모든 안전조치를 강구하여야 하며, 관계법령에 따라 그 업무를 성실히 수행하여야 한다.

④ 공사업자는 다음 각호의 어느 하나에 해당하는 경우에는 발주자의 승낙을 얻어 1명의 정보통신기술자에게 2개의 공사를 관리하게 할 수 있다.

1. 도급금액이 1억원 미만의 공사로서 동일한 시(특별시 · 광역시 및 특별자치시를 포함한다) · 군에서 행하여지는 동일한 종류의 공사
2. 이미 시공 중에 있는 공사의 현장에서 새로이 행하여지는 동일한 종류의 공사

◎ **방송통신설비의 기술기준에 관한 규정**

제4조(분계점) ① 방송통신설비가 다른 사람의 방송통신설비와 접속되는 경우에는 그 건설과 보전에 관한 책임 등의 한계를 명확하게 하기 위하여 분계점이 설정되어야 한다.

② 각 설비 간의 분계점은 다음 각호와 같다.

1. 사업용방송통신설비의 분계점은 사업자 상호 간의 합의에 따른다. 다만, 과학기술정보통신부장관이 분계점을 고시한 경우에는 이에 따른다.
2. 사업용방송통신설비와 이용자방송통신설비의 분계점은 도로와 택지 또는 공동주택단지의 각 단지와의 경계점으로 한다. 다만, 국선과 구내선의 분계점은 사업용방송통신설비의 국선접속설비와 이용자방송통신설비가 최초로 접속되는 점으로 한다.

제7조(보호기 및 접지) ① 벼락 또는 강전류전선과의 접촉 등으로 이상전류 또는 이상전압이 유입될 우려가 있는 방송통신설비에는 과전류 또는 과전압을 방전시키거나 이를 제한 또는 차단하는 보호기가 설치되어야 한다.

◎ **사용 전 검사**

① **정보통신공사 사용 전 검사**

정보통신공사 사용 전 검사는 신축 · 증축 · 개축 건축물 내에 설치되는 구내통신선로설비, 방송공동수신(종합유선방송, 지상파 TV, 위성방송, FM 라디오방송)설비, 이동통신구내선로설비 등의 시공품질을 확보하기 위하여 도입된 제도로서, 건축물 준공 전에 기술기준에 적합하게 시공되었는지를 확인하는 제도

※ 관련법: 정보통신공사업법 제36조 및 같은법 시행령 제35조, 제36조

② **사용 전 검사 신청접수**

㉠ 접수대상: 연면적 150㎡ 이상되는 신축 · 증축 · 개축 건축물

※ 제외대상공사: 감리를 실시한 공사, 연면적 150㎡ 이하인 건축물 또는 건축법 제14조의 규정에 의한 신고대상 건축물에 설치되는 공사

㉡ 처리기한: 14일 이내

㉢ 구비서류: 신청서 1부 서식 다운로드, 통신 부분 준공설계도서 사본 1부, 대리인이 오는 경우 위임장 1부

㉣ 사용 전 검사 대상

사용 전 검사 대상공사	연면적 150㎡ 이상 건축물	구내통신 선로 설비	국선접속 설비를 제외한 구내 상호 간 및 구내 · 외간의 통신을 위하여 구내에 설치하는 케이블, 선조, 이상전압전류 에 대한 보호장치 및 전주와 이를 수용하는 관로, 통신터널, 배관, 배선반, 단자 등과 그 부대설비
		이동통신 구내선로 설비	전기통신사업자로부터 이동전화 역무 및 무선호출 역무 등을 제공받기 위하여 지하 건축물에 건축주가 설치 · 운영 또는 관리하는 설비로서 관로 · 전원단자 · 케이블 · 안테나 · 통신용접지 설비와 그 부대시설
		방송 공동 수신 설비	방송 공동수신 안테나 시설(지상파 텔레비전방송, 위성방송 및 에프엠(FM) 라디오방송을 공동으로 수신하기 위하여 설치하는 수신안테나 · 선로 · 관로 · 증폭기 및 분배기 등과 그 부속설비)과 종합유선방송 구내전송설비(종합유선방송을 수신하기 위하여 수신자가 구내에 설치하는 선로 · 관로 · 증폭기 및 분배기 등과 그 부속설비)
제외되는 공사	감리를 실시한 공사(증명서 제출): 연면적 150㎡ 미만인 건축물 건축법 제14조의 규정에 의한 신고대상 건축물에 설치되는 공사 ※ 정보통신설비가 설치되지 아니하는 지하층, 축사, 차고 등은 건축물의 층수 및 연면적의 계산에 포함하지 아니한다.		

정답 01 ③ 02 ② 03 ① 04 ③

01 다음 중 정보통신설비의 사용 전 검사에 관한 설명으로 옳지 않은 것은? (2014-1차)

① 사용 전 검사를 받으려는 자는 신청서를 제출하여야 한다.
② 사용 전 검사 신청을 받은 지자체의 장은 검사를 실시하여야 한다.
③ 검사 결과가 부적합하다고 판정받으면 즉시 시설물을 해체하여야 한다.
④ 검사 결과가 적합하면 지자체의 장은 사용전검사필증을 발급한다.

해설

부적절하다고 판단되는 경우 시설물을 바로 해체하는 것이 아닌 수정 보완토록 조치를 요청하는 것이다.

02 다음 중 사용 전 검사의 대상공사가 아닌 것은? (2020-3차)

① 구내통신선로공사
② 구내전송선로설비공사
③ 이동통신구내선로공사
④ 방송공동수신설비공사

해설

정보통신공사 사용 전 검사대상
정보통신공사업법 시행령 제36조의 규정에 의해 구내통신선로설비공사, 방송공동 수신설비공사, 이동통신구내선로설비공사

03 다음 통신설비의 비상사태 대응에 대한 설명 중 틀린 것은? (2019-3차)

① 중요한 통신설비의 장애 발생 시 통신설비 패쇄방안 강구
② 이동통신 기지국 장해 발생 시 이동형 기지국 등 임시적인 응급복구
③ 연락체계, 권한의 범위 등 비상사태 시의 체제를 명확히 설정
④ 복구대책의 실시방법 및 순서를 정하여 시행

해설

전기통신설비의 안전성 및 신뢰성에 대한 기술기준 제3절 비상사태의 대응
1. 응급복구대책의 수립
   - 중요한 통신설비에 고장 등이 발생할 경우 임시 통신설비 배치 및 임시 통신회선 설정 등에 의한 응급복구대책을 강구한다.
   - 복구대책의 실시방법 및 순서를 정하여 시행한다.

04 다음 중 정보통신기술자의 배치에 대한 설명으로 옳지 않은 것은? (2015-2차)(2018-2차)

① 공사업자는 공사의 시공관리와 그 밖의 기술상의 관리를 하기 위해 공사현장에 정보통신기술자를 1명 이상 배치해야 한다.
② 공사현장에 배치된 정보통신기술자는 공사 발주자의 승낙을 받지 아니하고는 정당한 사유 없이 그 공사현장을 이탈할 수 없다.
③ 공사업자는 공사가 중단된 기간이라도 정보통신기술자를 공사현장에 상주하게 하여 공사관리를 해야 한다.
④ 공사 발주자는 배치된 정보통신기술자가 업무수행능력이 현저히 부족하다고 인정되는 경우에는 교체를 요청할 수 있다.

해설

정보통신공사업법 제33조(정보통신기술자의 배치)
① 공사업자는 공사의 시공관리와 그 밖의 기술상의 관리를 하기 위하여 대통령령으로 정하는 바에 따라 공사현장에 정보통신기술자 1명 이상을 배치하고, 이를 그 공사의 발주자에게 알려야 한다.
② 배치된 정보통신기술자는 해당 공사의 발주자의 승낙을 받지 아니하고는 정당한 사유 없이 그 공사 현장을 이탈하여서는 아니 된다.
③ 발주자는 배치된 정보통신기술자가 업무수행의 능력이 현저히 부족하다고 인정되는 경우에는 수급인에게 정보통신기술자의 교체를 요청할 수 있다. 이 경우 수급인은 정당한 사유가 없으면 이에 따라야 한다.

정답 05 ③ 06 ② 07 ③ 08 ③

05 다음 중 정보통신설비 보전을 위한 예비기기 설치 시 고려대상과 가장 관계가 적은 것은? (2012-2차)(2015-2차)(2017-1차)

① 설비의 중요도
② 고장발생률
③ 설비의 설치비용
④ 복구소요시간

해설

방송통신설비의 안정성 · 신뢰성 및 통신규약에 대한 기술기준 [별표 1] 안전성 및 신뢰성 기준(제4조 관련) 제1절 일반기준

- 중요한 통신설비가 자체만으로 신뢰도를 충분히 유지할 수 없을 경우에는 설비의 중요도, 고장발생률, 복구소요시간 등을 고려하여 예비기기를 설치한다. 다만, 이에 준하는 조치를 강구하는 경우에는 그러하지 아니하다.
- 예비기기를 설치한 경우에는 운용중인 설비에 장애가 발생했을 때 이를 예비기기로 신속히 전환되도록 한다.

06 다음 중 정보통신공사업에 종사하는 정보통신기술자에 관한 설명으로 옳지 않은 것은? (2018-3차)(2019-3차)

① 정보통신기술자는 동시에 두 곳 이상의 공사업체에 종사할 수 없다.
② 동일한 종류의 공사인 경우 1명의 정보통신기술자가 다수의 공사를 관리할 수 있다.
③ 정보통신기술자는 자기의 경력수첩이나 기술자격증을 대여하여서는 아니 된다.
④ 정보통신기술자는 타인에게 자기의 성명을 사용하여 용역 또는 공사를 하게 하여서는 아니 된다.

해설

정보통신공사업법 시행령 제34조(정보통신기술자의 현장배치기준 등)

④ 공사업자는 다음 각호의 어느 하나에 해당하는 경우에는 발주자의 승낙을 얻어 1명의 정보통신기술자에게 2개의 공사를 관리하게 할 수 있다.

07 유선 · 무선 · 광선이나 그 밖에 전자적 방식에 따라 부호 · 문자 · 음향 또는 영상 등의 정보를 저장 · 제어 · 처리하거나 송수신하기 위한 기계 · 기구 · 선로나 그 밖에 필요한 설비를 무엇이라 하는가? (2023-1차)

① 국선접속설비
② 전송설비
③ 정보통신설비
④ 이용자방송통신설비

해설

정보통신공사업법 제2조(정의)

1. "정보통신설비"란 유선, 무선, 광선, 그 밖의 전자적 방식으로 부호 · 문자 · 음향 또는 영상 등의 정보를 저장 · 제어 · 처리하거나 송수신하기 위한 기계 · 기구(器具) · 선로(線路) 및 그 밖에 필요한 설비를 말한다.

08 다음 중 정보통신공사업법령에서 규정한 정보통신기술자의 인정을 취소할 수 있는 경우는? (2016-1차)

① 동시에 두 곳 이상의 공사업체에 종사한 경우
② 타인에게 자기의 성명을 사용하여 공사를 수행하게 한 경우
③ 해당 국가기술자격이 취소된 경우
④ 다른 사람에게 자기의 경력수첩을 대여해준 경우

해설

정보통신공사업법 제64조의2(감리원의 인정취소)

과학기술정보통신부장관은 다음 각호의 어느 하나에 해당하는 사람에 대하여는 감리원의 인정을 취소하여야 한다.

1. 거짓이나 그 밖의 부정한 방법으로 감리원자격을 인정받은 사람
2. 「국가기술자격법」 따라 해당 국가기술자격이 취소된 사람

기출유형 07 ▶ 감리원 배치기준

감리원의 배치기준 중에서 특급감리원의 배치기준은? (2010-1차)(2015-3차)

① 총 공사금액 100억원 이상인 공사
② 총 공사금액 70억원 이상 100억원 미만인 공사
③ 총 공사금액 30억원 이상 70억원 미만인 공사
④ 총 공사금액 5억원 이상 30억원 미만인 공사

해설

감리원의 배치기준 등

1. 총 공사금액 100억원 이상 공사: 특급감리원(기술사 한정)
2. 총 공사금액 70억원 이상 100억원 미만인 공사: 특급감리원
3. 총 공사금액 30억원 이상 70억원 미만인 공사: 고급감리원 이상의 감리원
4. 총 공사금액 5억원 이상 30억원 미만인 공사: 중급감리원 이상의 감리원
5. 총 공사금액 5억원 미만의 공사: 초급감리원 이상의 감리원

| 정답 | ②

족집게 과외

감리원의 업무범위

1. 공사계획 및 공정표의 검토
2. 공사업자가 작성한 시공상세도면의 검토 · 확인
3. 설계도서와 시공도면의 내용이 현장조건에 적합한지 여부와 시공가능성 등에 관한 사전검토
4. 공사가 설계도서 및 관련규정에 적합하게 행해지고 있는지에 대한 확인
5. 공사 진척부분에 대한 조사 및 검사
6. 사용자재의 규격 및 적합성에 관한 검토 · 확인
7. 재해예방대책 및 안전관리의 확인
8. 설계변경에 관한 사항의 검토 · 확인
9. 하도급에 대한 타당성 검토

[총 공사금액별 감리원 배치기준]

총 공사금액	배치감리원
100억원 이상 공사	기술사 자격을 보유한 특급감리원
70억원 이상 100억원 미만	특급감리원
30억원 이상 70억원 미만	고급감리원 이상
5억원 이상 30억원 미만	중급감리원 이상
5억원 미만	초급감리원 이상

더 알아보기

감리 예외 공사

1. 총 공사금액이 1억원 미만인 공사
2. 철도, 도시철도, 도로, 방송, 항만, 항공, 송유관, 가스관, 상 · 하수도 설비의 정보제어 등 안전 · 재해예방 및 운용 · 관리를 위한 공사로서 총 공사금액이 1억원 미만인 공사
3. 6층 미만으로서 연면적 5천 제곱미터 미만의 건축물에 설치되는 정보통신설비의 설치공사. 다만, 철도 · 도시철도 · 도로 · 방송 · 항만 · 항공 · 송유관 · 가스관 · 상하수도 설비의 정보제어 등 안전 · 재해예방 및 운용 · 관리를 위한 공사로서 총공사금액이 1억원 이상인 공사는 제외한다.
5. 그 밖에 공중의 통신에 영향을 미치지 아니하는 정보통신설비의 설치공사로서 과학기술정보통신부장관이 정하여 고시하는 공사

◎ 정보통신공사업법

제2조(정의)

1. "정보통신설비"란 유선, 무선, 광선, 그 밖의 전자적 방식으로 부호 · 문자 · 음향 또는 영상 등의 정보를 저장 · 제어 · 처리하거나 송수신하기 위한 기계 · 기구 · 선로 및 그 밖에 필요한 설비를 말한다.
8. "설계"란 공사(「건축사법」 제4조에 따른 건축물의 건축 등은 제외한다)에 관한 계획서, 설계도면, 설계설명서, 공사비명세서, 기술계산서 및 이와 관련된 서류(이하 "설계도서"라 한다)를 작성하는 행위를 말한다.
9. "감리"란 공사(「건축사법」 제4조에 따른 건축물의 건축 등은 제외한다)에 대하여 발주자의 위탁을 받은 용역업자가 설계도서 및 관련 규정의 내용대로 시공되는지를 감독하고, 품질관리 · 시공관리 및 안전관리에 대한 지도 등에 관한 발주자의 권한을 대행하는 것을 말한다.
10. "감리원"이란 공사(「건축사법」 제4조에 따른 건축물의 건축 등은 제외한다)의 감리에 관한 기술 또는 기능을 가진 사람으로서 제8조에 따라 과학기술정보통신부장관의 인정을 받은 사람을 말한다.
11. "발주자"란 공사(용역을 포함한다. 이하 이 조에서 같다)를 공사업자(용역업자를 포함한다. 이하 이 조에서 같다)에게 도급하는 자를 말한다. 다만, 수급인으로서 도급받은 공사를 하도급하는 자는 제외한다.
12. "도급"이란 원도급, 하도급, 위탁, 그 밖에 명칭이 무엇이든 공사를 완공할 것을 약정하고, 발주자가 그 일의 결과에 대하여 대가를 지급할 것을 약정하는 계약을 말한다.
13. "하도급"이란 도급받은 공사의 일부에 대하여 수급인이 제3자와 체결하는 계약을 말한다.
14. "수급인"이란 발주자로부터 공사를 도급받은 공사업자를 말한다.
15. "하수급인"이란 수급인으로부터 공사를 하도급받은 공사업자를 말한다.

제8조(감리 등) ① 발주자는 용역업자에게 공사의 감리를 발주하여야 한다.

⑤ 과학기술정보통신부장관은 제4항에 따른 신청인이 대통령령으로 정하는 감리원의 자격에 해당하면 감리원으로 인정하여야 한다.

제9조(감리원의 공사중지명령 등) ① 감리원은 공사업자가 설계도서 및 관련 규정의 내용에 적합하지 아니하게 해당 공사를 시공하는 경우에는 발주자의 동의를 받아 재시공 또는 공사중지명령이나 그 밖에 필요한 조치를 할 수 있다.

② 제1항에 따라 감리원으로부터 재시공 또는 공사중지명령이나 그 밖에 필요한 조치에 관한 지시를 받은 공사업자는 특별한 사유가 없으면 이에 따라야 한다.

제10조(감리원에 대한 시정조치) 발주자는 감리원이 업무를 성실하게 수행하지 아니하여 공사가 부실하게 될 우려가 있을 때에는 대통령령으로 정하는 바에 따라 그 감리원에 대하여 시정지시 등 필요한 조치를 할 수 있다.

제11조(감리 결과의 통보) 제8조 제1항에 따라 공사의 감리를 발주받은 용역업자는 공사에 대한 감리를 끝냈을 때에는 대통령령으로 정하는 바에 따라 그 감리 결과를 발주자에게 서면으로 알려야 한다.

제12조(공사업자의 감리 제한) 공사업자와 용역업자가 동일인이거나 다음 각호의 어느 하나의 관계에 해당되면 해당 공사에 관하여 공사와 감리를 함께 할 수 없다.

1. 대통령령으로 정하는 모회사(母會社)와 자회사(子會社)의 관계인 경우
2. 법인과 그 법인의 임직원의 관계인 경우
3. 「민법」 제777조에 따른 친족관계인 경우

◎ 정보통신공사업법 시행령

제14조(감리결과의 통보) 용역업자는 법 제11조에 따라 공사에 대한 감리를 완료한 때에는 공사가 완료된 날부터 7일 이내에 다음 각호의 사항이 포함된 감리결과를 발주자에게 통보하여야 한다.

1. 착공일 및 완공일
2. 공사업자의 성명
3. 시공 상태의 평가결과
4. 사용자재의 규격 및 적합성 평가결과
5. 정보통신기술자배치의 적정성 평가결과

제34조(정보통신기술자의 현장배치기준 등) ① 법 제33조 제1항에 따라 공사의 현장에 배치하여야 하는 정보통신기술자는 해당 공사의 종류에 상응하는 정보통신기술자이어야 한다.

② 공사업자는 공사가 시공 중인 때에는 다음 각호의 구분에 따라 정보통신기술자를 현장에 상주하게 하여 공사관리를 하여야 한다. 다만, 공사가 중단된 기간은 그러하지 아니하다.

1. 도급금액이 5억원 이상의 공사: 중급기술자 이상인 정보통신기술자
2. 도급금액이 5천만원 이상 5억원 미만인 공사: 초급기술자 이상인 정보통신기술자

③ 공사현장에 배치된 정보통신기술자는 공사에 따른 위험 및 장해가 발생하지 아니하도록 모든 안전조치를 강구하여야 하며, 관계법령에 따라 그 업무를 성실히 수행하여야 한다.

④ 공사업자는 다음 각호의 어느 하나에 해당하는 경우에는 발주자의 승낙을 얻어 1명의 정보통신기술자에게 2개의 공사를 관리하게 할 수 있다.

1. 도급금액이 1억원 미만의 공사로서 동일한 시(특별시 · 광역시 및 특별자치시를 포함한다) · 군에서 행하여지는 동일한 종류의 공사

정답 01 ② 02 ② 03 ③ 04 ④

01 다음 중 정보통신공사의 감리원의 업무 범위에 대한 것이 아닌 것은? (2013-1차)

① 하도급에 대한 타당성 검토
② 공사 자재의 조달에 대한 감사
③ 준공도서의 검토 및 준공확인
④ 공사계획 및 공정표의 검토

해설

정보통신공사업법 시행령 제8조의2(감리원의 업무범위)
1. 공사계획 및 공정표의 검토
2. 공사업자가 작성한 시공상세도면의 검토 · 확인
3. 설계도서와 시공도면의 내용이 현장조건에 적합한지 여부와 시공가능성 등에 관한 사전검토
4. 공사가 설계도서 및 관련규정에 적합하게 행해지고 있는지에 대한 확인
5. 공사 진척부분에 대한 조사 및 검사
6. 사용자재의 규격 및 적합성에 관한 검토 · 확인
7. 재해예방대책 및 안전관리의 확인
8. 설계변경에 관한 사항의 검토 · 확인
9. 하도급에 대한 타당성 검토
10. 준공도서의 검토 및 준공확인

02 다음 중 정보통신공사 감리원의 업무 범위가 아닌 것은? (2010-3차)

① 하도급에 대한 타당성 검토
② 공사계획 및 공정표의 작성
③ 공사업자가 작성한 시공 상세도면의 검토 · 확인
④ 사용자재의 규격 및 적합성에 관한 검토 · 확인

해설

정보통신공사업법 시행령 제8조의2(감리원의 업무범위)
2. 공사업자가 작성한 시공상세도면의 검토 · 확인
3. 설계도서와 시공도면의 내용이 현장조건에 적합한지 여부와 시공가능성 등에 관한 사전검토

03 다음 중 용역업자가 발주자에게 통보해야 하는 감리결과에 포함되지 않는 것은? (2019-2차)(2021-2차)

① 착공일 및 완공일
② 공사업자의 성명
③ 사용자재의 제조원가
④ 정보통신기술자배치의 적정성 평가결과

해설

정보통신공사업법 시행령 제14조(감리결과의 통보)
용역업자는 공사에 대한 감리를 완료한 때에는 공사가 완료된 날부터 7일 이내에 다음 각호의 사항이 포함된 감리결과를 발주자에게 통보하여야 한다.
1. 착공일 및 완공일
2. 공사업자의 성명
3. 시공 상태의 평가결과
4. 사용자재의 규격 및 적합성 평가결과
5. 정보통신기술자배치의 적정성 평가결과

04 다음 중 정보통신공사에 대한 감리결과에 포함되지 않는 것은? (2015-3차)

① 착공일 및 완공일
② 사용자재의 적합성 평가결과
③ 시공상태의 평가결과
④ 감리비용 사용명세서

해설

정보통신공사업법 시행령 제14조(감리결과의 통보)
용역업자는 법 제11조에 따라 공사에 대한 감리를 완료한 때에는 공사가 완료된 날부터 7일 이내에 다음 각호의 사항이 포함된 감리결과를 발주자에게 통보하여야 한다.
1. 착공일 및 완공일
2. 공사업자의 성명
3. 시공 상태의 평가결과
4. 사용자재의 규격 및 적합성 평가결과
5. 정보통신기술자배치의 적정성 평가결과

05 정보통신공사의 감리를 발주받은 용역업자는 공사에 대한 감리를 끝냈을 때 감리결과를 발주자에게 통보해야 한다. 다음 중 감리결과에 포함되지 않는 사항은 무엇인가? (2013-2차)

① 공사업자의 성명
② 착공일과 완공일
③ 사용자재의 규격 및 적합성 평가결과
④ 공사의 진행과정

해설

정보통신공사업법 시행령 제14조(감리결과의 통보)
용역업자는 법 제11조에 따라 공사에 대한 감리를 완료한 때에는 공사가 완료된 날부터 7일 이내에 다음 각호의 사항이 포함된 감리결과를 발주자에게 통보하여야 한다.
1. 착공일 및 완공일
2. 공사업자의 성명
3. 시공 상태의 평가결과
4. 사용자재의 규격 및 적합성 평가결과
5. 정보통신기술자배치의 적정성 평가결과

06 다음 중 정보통신공사의 설계 및 감리에 관한 설명으로 옳지 않은 것은? (2013-3차)(2015-2차)(2016-3차)(2022-2차)

① 감리원은 설계도서 및 관련 규정에 적합하게 공사를 감리하여야 한다.
② 설계도서를 작성한 자는 그 설계도서에 서명 또는 기명날인하여야 한다.
③ 발주자는 용역업자에게 공사의 설계를 발주하고 소속 기술자만으로 감리업무를 수행하게 하여야 한다.
④ 공사를 설계하는 자는 기술기준에 적합하게 설계하여야 한다.

해설

별도 감리를 두고 필요시 감리 업체를 추가 선정한다.

07 다음 중 정보통신 감리에 대한 설명으로 옳지 않은 것은? (2015-3차)(2017-2차)

① 발주자는 용역업자에게 공사의 감리를 발주하여야 한다.
② 감리는 품질관리, 시공관리 및 안전관리 지도 등에 관한 발주자의 권한을 대행한다.
③ 감리원은 고용노동부장관의 인정을 받은 사람을 말한다.
④ 감리원은 설계도서 및 관련 규정의 내용대로 시공되는지를 감독한다.

해설

감리원은 과학기술정보통신부장관의 인정을 받아야 한다.

정보통신공사업법 시행령 제8조(감리대상인 공사의 범위)
예외 공사
1. 총 공사금액이 1억원 미만인 공사
2. 철도, 도시철도, 도로, 방송, 항만, 항공, 송유관, 가스관, 상·하수도 설비의 정보제어 등 안전·재해예방 및 운용·관리를 위한 공사로서 총 공사금액이 1억원 미만인 공사
3. 6층 미만으로서 연면적 5천 제곱미터 미만의 건축물에 설치되는 정보통신설비의 설치공사
5. 그 밖에 공중의 통신에 영향을 미치지 아니하는 정보통신설비의 설치공사로서 과학기술정보통신부장관이 정하여 고시하는 공사

08 정보통신공사업법에서 정하는 용어의 정의로 옳지 않은 것은? (2014-1차)(2018-1차)

① '정보통신설비'란 유선, 무선, 광선, 그 밖의 전자적 방식으로 정보를 저장 · 제어 · 처리하거나 송수신하기 위한 설비를 말한다.
② '설계'란 공사에 관한 계획서, 설계도면, 시방서(示方書), 공사비명세서, 기술계산서 및 이와 관련된 서류를 작성하는 행위를 말한다.
③ '용역'이란 다른 사람의 위탁을 받아 공사에 관한 조사, 설계, 감리, 사업관리 및 유지관리 등의 역무를 하는 것을 말한다.
④ '감리'란 품질관리 · 시공관리에 대한 지도 등에 관한 시공자의 권한을 대행하는 것을 말한다.

해설

정보통신공사업법 제2조(정의)

1. "정보통신설비"란 유선, 무선, 광선, 그 밖의 전자적 방식으로 부호 · 문자 · 음향 또는 영상 등의 정보를 저장 · 제어 · 처리하거나 송수신하기 위한 기계 · 기구(器具) · 선로(線路) 및 그 밖에 필요한 설비를 말한다.
5. "용역"이란 다른 사람의 위탁을 받아 공사에 관한 조사, 설계, 감리, 사업관리 및 유지관리 등의 역무를 하는 것
8. "설계"란 공사에 관한 계획서, 설계도면, 설계설명서, 공사비명세서, 기술계산서 및 이와 관련된 서류(이하 "설계도서"라 한다)를 작성하는 행위를 말한다.
9. "감리"란 공사에 대하여 발주자의 위탁을 받은 용역업자가 설계도서 및 관련 규정의 내용대로 시공되는지를 감독하고, 품질관리 · 시공관리 및 안전관리에 대한 지도 등에 관한 발주자의 권한을 대행하는 것을 말한다.

09 정보통신공사에 대한 감리원의 업무범위가 아닌 것은? (2011-2차)(2021-2차)

① 공사계획 및 공정표의 검토
② 공사 관련 인원의 지휘 및 통솔
③ 설계변경에 관한 사항의 검토 · 확인
④ 공사업자가 작성한 시공상세도면의 검토 · 확인

해설

정보통신공사업법 시행령 제8조의2(감리원의 업무범위)

1. 공사계획 및 공정표의 검토
2. 공사업자가 작성한 시공상세도면의 검토 · 확인
3. 설계도서와 시공도면의 내용이 현장조건에 적합한지 여부와 시공가능성 등에 관한 사전검토
4. 공사가 설계도서 및 관련규정에 적합하게 행해지고 있는지에 대한 확인
5. 공사 진척부분에 대한 조사 및 검사
6. 사용자재의 규격 및 적합성에 관한 검토 · 확인
7. 재해예방대책 및 안전관리의 확인
8. 설계변경에 관한 사항의 검토 · 확인
9. 하도급에 대한 타당성 검토

10 다음 중 감리원의 업무범위에 해당하지 않는 것은? (2012-1차)

① 시공상세도면의 검토 및 확인
② 사용자재의 규격 및 적합성에 대한 확인
③ 재해예방대책 수립 및 안전관리자의 지정
④ 설계변경에 관한 사항의 검토 및 확인

해설

정보통신공사업법 시행령 제8조의2(감리원의 업무범위)

1. 공사계획 및 공정표의 검토
2. 공사업자가 작성한 시공상세도면의 검토 · 확인
3. 설계도서와 시공도면의 내용이 현장조건에 적합한지 여부와 시공가능성 등에 관한 사전검토
4. 공사가 설계도서 및 관련규정에 적합하게 행해지고 있는지에 대한 확인
5. 공사 진척부분에 대한 조사 및 검사
6. 사용자재의 규격 및 적합성에 관한 검토 · 확인
7. 재해예방대책 및 안전관리의 확인
8. 설계변경에 관한 사항의 검토 · 확인
9. 하도급에 대한 타당성 검토

정답 11 ④ 12 ③ 13 ③

11 정보통신공사에서 공사와 감리를 함께 할 수 없도록 되어 있는 경우가 아닌 것은? (2012-2차)(2018-2차)

① 공사업자와 감리용역업자가 동일인 경우
② 공사업자와 감리용역업자가 모회사와 자회사의 관계에 있는 경우
③ 공사업자와 감리용역업자가 서로 해당 법인의 임직원의 관계인 경우
④ 공사업자와 감리용역업자가 모두 한국정보통신공사협회에 가입되어있는 경우

해설

정보통신공사업법 제12조(공사업자의 감리 제한)
공사업자와 용역업자가 동일인이거나 다음 각호의 어느 하나의 관계에 해당되면 해당 공사에 관하여 공사와 감리를 함께 할 수 없다.
1. 대통령령으로 정하는 모회사(母會社)와 자회사(子會社)의 관계인 경우
2. 법인과 그 법인의 임직원의 관계인 경우
3. 「민법」 제777조에 따른 친족관계인 경우

12 정보통신공사의 설계 · 감리에 대한 설명으로 적합하지 않은 것은? (2010-1차)

① 감리원은 설계도서 및 관련 규정에 적합하도록 공사를 감리하여야 한다.
② 발주자는 용역업자에게 공사의 설계를 발주하여야 한다.
③ 발주자는 감리업협회에 공사의 감리를 발주하여야 한다.
④ 공사업자와 용역업자가 친족관계에 있는 경우에는 당해 공사에 관하여 공사와 감리를 함께 할 없다.

해설

정보통신공사업법
제2조(정의)
8. "설계"란 공사(「건축사법」 제4조에 따른 건축물의 건축 등은 제외한다)에 관한 계획서, 설계도면, 설계설명서, 공사비명세서, 기술계산서 및 이와 관련된 서류(이하 "설계도서"라 한다)를 작성하는 행위를 말한다.
제7조(설계 등) ① 발주자는 용역업자에게 공사의 설계를 발주하여야 한다.
제8조(감리 등) ① 발주자는 용역업자에게 공사의 감리를 발주하여야 한다.

13 정보통신공사업법에서 사용하는 용어 중 감리에 대한 설명이다. 괄호에 들어갈 내용으로 맞게 나열된 것은? (2020-1차)(2022-2차)

> "감리"란 공사에 대해 발주자의 위탁을 받은 용역업자가 (　　) 및 관련 규정의 내용대로 시공되는지를 감독하고, 품질관리 · 시공관리 및 (　　)에 대한 지도 등에 관한 발주자의 권한을 대행하는 것을 말한다.

① 계획서, 비용절감
② 계획서, 안전관리
③ 설계도서, 안전관리
④ 설계도서, 비용절감

해설

정보통신공사업법 제2조(정의)
9. "감리"란 공사(「건축사법」 제4조에 따른 건축물의 건축 등은 제외한다)에 대하여 발주자의 위탁을 받은 용역업자가 설계도서 및 관련 규정의 내용대로 시공되는지를 감독하고, 품질관리 · 시공관리 및 안전관리에 대한 지도 등에 관한 발주자의 권한을 대행하는 것을 말한다.

정답 14 ③ 15 ② 16 ① 17 ④

14 다음 문장의 괄호 안에 들어갈 내용으로 옳지 않은 것은? (2016-1차)(2020-3차)

> "감리"란 공사에 대해 발주자의 위탁을 받은 용역업자가 설계도서 및 관련 규정의 내용대로 시공되는지를 감독하고, ( )·( ) 및 ( )에 대한 지도 등에 관한 발주자의 권한을 대행하는 것을 말한다.

① 품질관리
② 시공관리
③ 사후관리
④ 안전관리

해설

정보통신공사업법 제2조(정의)

9. "감리"란 공사(「건축사법」 제4조에 따른 건축물의 건축 등은 제외한다)에 대하여 발주자의 위탁을 받은 용역업자가 설계도서 및 관련 규정의 내용대로 시공되는지를 감독하고, 품질관리 · 시공관리 및 안전관리에 대한 지도 등에 관한 발주자의 권한을 대행하는 것을 말한다.

15 다음 중 감리원이 감리결과를 보고하는 방법으로 옳은 것은? (2016-2차)

① 발주자에게 이동전화로 구두 보고
② 서면으로 작성하여 우편으로 제출
③ 발주자와 대면하여 구두로 보고
④ 발주자에게 이메일로 제출

해설

정보통신공사업법 제11조(감리 결과의 통보)

제8조 제1항에 따라 공사의 감리를 발주받은 용역업자는 공사에 대한 감리를 끝냈을 때에는 대통령령으로 정하는 바에 따라 그 감리 결과를 발주자에게 서면으로 알려야 한다.

16 공사 발주자가 감리원에 대해 취할 수 있는 필요한 조치에 해당하는 것은? (2016-1차)(2020-3차)

① 시정지시
② 감리원의 업무정지
③ 감리원의 감봉조치
④ 감리원의 철수요구

해설

정보통신공사업법 제10조(감리원에 대한 시정조치)

발주자는 감리원이 업무를 성실하게 수행하지 아니하여 공사가 부실하게 될 우려가 있을 때에는 대통령령으로 정하는 바에 따라 그 감리원에 대하여 시정지시 등 필요한 조치를 할 수 있다.

17 다음 중 감리원의 공사중지 명령과 관련된 설명으로 맞는 것은? (2022-2차)

① 공사업자가 관련 규정의 내용에 적합하지 아니하게 해당 공사를 시공하는 경우에는 발주자의 동의 없이 공사중지명령을 내릴 수 있다.
② 공사업자는 감리원으로부터 재시공 등 필요한 조치에 관한 지시를 받으면 무조건 지시를 따라야 한다.
③ 공사업자가 자신의 명령을 따르지 않는 경우에는 공사업자를 바꾸는 등의 필요한 조치를 할 수 있다.
④ 감리원으로부터 필요한 조치에 관한 지시를 받은 공사업자는 특별한 사유가 없으면 이에 따라야 한다.

해설

정보통신공사업법 제9조(감리원의 공사중지명령 등)

① 감리원은 공사업자가 설계도서 및 관련 규정의 내용에 적합하지 아니하게 해당 공사를 시공하는 경우에는 발주자의 동의를 받아 재시공 또는 공사중지명령이나 그 밖에 필요한 조치를 할 수 있다.
② 제1항에 따라 감리원으로부터 재시공 또는 공사중지명령이나 그 밖에 필요한 조치에 관한 지시를 받은 공사업자는 특별한 사유가 없으면 이에 따라야 한다.

18 다음에서 ( )에 들어갈 적합한 용어는? (2022-2차)

> 공사의 감리를 발주받은 ( )가(는) 감리원을 배치하는 경우에는 발주자의 확인을 받아 그 배치현황을 특별시장 · 광역시장 · 특별자치시장 · 도지사 또는 특별자치도지사에게 신고하여야 한다.

① 공사업자 ② 용역업자
③ 시공업자 ④ 설계업자

해설

정보통신공사업법 제8조(감리 등)
③ 공사의 감리를 발주받은 용역업자가 감리원을 배치(배치된 감리원을 교체하는 경우를 포함한다. 이하 이 조에서 같다)하는 경우에는 발주자의 확인을 받아 그 배치현황을 특별시장 · 광역시장 · 특별자치시장 · 도지사 또는 특별자치도지사(이하 "시 · 도지사"라 한다)에게 신고하여야 한다.

19 다음 중 정보통신공사업법에 따른 총 공사금액과 감리원 배치기준의 기준이 잘못된 것은? (2019-3차)

① 총 공사금액 150억원: 특급감리원(기술사 자격을 가진 자로 인정)
② 총 공사금액 120억원: 특급 감리원
③ 공사금액 60억원: 고급감리원 이상이 감리원
④ 공사금액 20억원: 중급감리원 이상이 감리원

해설

정보통신공사업법 시행령 제8조의3(감리원의 배치기준 등)
1. 총 공사금액 100억원 이상 공사: 특급감리원(기술사 자격을 가진 자로 한정한다)
2. 총 공사금액 70억원 이상 100억원 미만인 공사: 특급감리원
3. 총 공사금액 30억원 이상 70억원 미만인 공사: 고급감리원 이상의 감리원
4. 총 공사금액 5억원 이상 30억원 미만인 공사: 중급감리원 이상의 감리원
5. 총 공사금액 5억원 미만의 공사: 초급감리원 이상의 감리원

20 다음 중 총 공사금액에 따른 감리원 배치기준으로 옳지 않은 것은? (2016-3차)

① 30억원 이상 70억원: 고급감리원 이상의 감리원
② 70억원 이상 100억원: 특급감리원
③ 5억원 미만: 중급감리원 이상의 감리원
④ 100억원 이상: 기술사

해설

정보통신공사업법 시행령 제8조의3(감리원의 배치기준 등)
1. 총 공사금액 100억원 이상 공사: 특급감리원(기술사 자격을 가진 자로 한정한다)
3. 총 공사금액 30억원 이상 70억원 미만인 공사: 고급감리원 이상의 감리원
5. 총 공사금액 5억원 미만의 공사: 초급감리원 이상의 감리원

21 공사 발주자가 감리원에 대해 취할 수 있는 시정조치에 해당하는 것은? (2013-3차)(2016-1차)

① 시정지시
② 감리원의 업무정지
③ 감리원의 감봉조치
④ 감리원의 철수요구

해설

정보통신공사업법 제10조(감리원에 대한 시정조치)
발주자는 감리원이 업무를 성실하게 수행하지 아니하여 공사가 부실하게 될 우려가 있을 때에는 대통령령으로 정하는 바에 따라 그 감리원에 대하여 시정지시 등 필요한 조치를 할 수 있다.

22 총 공사금액 70억원 이상 100억원 미만인 정보통신공사의 감리원 배치기준으로 옳은 것은? (2023-1차)

① 특급감리원 ② 고급감리원
③ 중급감리원 ④ 초급감리원

해설

총 공사금액별 감리원 배치기준

총 공사금액	배치감리원
100억원 이상 공사	기술사 자격을 보유한 특급감리원
70억원 이상 100억원 미만	특급감리원
30억원 이상 70억원 미만	고급감리원 이상
5억원 이상 30억원 미만	중급감리원 이상
5억원 미만	초급감리원 이상

23 다음 감리원 배치기준 중 용역업자가 발주자의 승낙을 얻어 1명의 감리원에게 둘 이상의 공사를 감리할 수 있게 하는 경우에 해당되지 않는 것은? (2023-3차)

① 총 공사비가 2억원 미만의 공사로 동일한 시·군에서 행해지는 동일한 종류의 공사
② 총 공사비가 2억원 미만의 공사로 공사 현장 간의 직선거리가 20킬로미터 이내인 지역에서 행해지는 동일한 종류의 공사
③ 이미 시공 중에 있는 공사의 현장에서 새로이 행해지는 동일한 종류의 공사
④ 6층 미만으로서 연면적 5천 제곱미터 미만의 건축물에 설치되는 정보통신설비의 설치공사

해설

감리 예외 공사

1. 총 공사금액이 1억원 미만인 공사
2. 철도, 도시철도, 도로, 방송, 항만, 항공, 송유관, 가스관, 상·하수도 설비의 정보제어 등 안전·재해예방 및 운용·관리를 위한 공사로서 총 공사금액이 1억원 미만인 공사
3. 6층 미만으로서 연면적 5천 제곱미터 미만의 건축물에 설치되는 정보통신설비의 설치공사. 다만, 철도·도시철도·도로·방송·항만·항공·송유관·가스관·상하수도 설비의 정보제어 등 안전·재해예방 및 운용·관리를 위한 공사로서 총 공사금액이 1억원 이상인 공사는 제외한다.

정답 24 ③ 25 ②

24 다음 중 정보통신공사업법 시행령에서 규정하고 있는 초급감리원의 자격등급으로 적정하지 않은 것은? (2022-3차)

① 기능사자격을 취득한 후 6년 이상 공사업무를 수행한 사람
② 고등학교를 졸업한 후 6년 이상 공사업무를 수행한 사람
③ 2년제 전문대학을 졸업한 후 4년 이상 공사업무를 수행한 사람
④ 학사학위 이상의 학위를 취득한 후 3년 이상 공사업무를 수행한 사람

해설

정보통신공사업법 시행령

등급	기술자격자	학력 · 경력자	경력자
초급감리원	1. 산업기사 이상의 자격을 취득한 사람 2. 기능사자격을 취득한 후 6년 이상 공사업무를 수행한 사람	1. 학사학위 이상의 학위를 취득한 후 1년 이상 공사업무를 수행한 사람 2. 전문대학을 졸업한 후 3년(3년제 전문대학의 경우에는 2년) 이상 공사업무를 수행한 사람 3. 고등학교를 졸업한 후 6년 이상 공사업무를 수행한 사람 4. 「근로자직업능력 개발 법」에 따른 직업능력개발 훈련시설에서 1년 이상 관련 분야의 과정을 이수하고 6년 이상 공사업무를 수행한 사람 또는 2년 이상 관련분야의 과정을 이수하고 3년 이상 공사업무를 수행한 사람	1. 학사학위 이상의 학위를 취득한 후 3년 이상 공사업무를 수행한 사람 2. 전문대학을 졸업한 후 5년(3년제 전문대학의 경우에는 4년) 이상 공사업무를 수행한 사람 3. 고등학교를 졸업한 후 7년 이상 공사업무를 수행한 사람 4. 공사업무를 10년 이상 수행한 사람

25 발주자는 감리원으로부터 승인 요청이 있을 경우 특별한 사유가 없는 한 다음 기한 내에 처리될 수 있도록 협조해야 한다. 다음 보기의 괄호 안에 각각의 일정으로 옳은 것은? (2023-3차)

> [보기]
> 실정보고, 설계변경 방침 변경: 요청일로부터 단순한 경우 ( )일 이내
> 시설물 인계 · 인수: 준공검사 시점 완료일로부터 ( )일 이내
> 현장문서 및 유지관리지침서: 공사준공 후 ( )일 이내

① 7, 7, 14
② 7, 14, 14
③ 14, 14, 21
④ 14, 21, 30

해설

정보통신공사 감리업무 수행지침

5. 각종 보고서의 처리상태

⑧ 발주자는 감리원으로부터 보고 및 승인 요청이 있을 경우 특별한 사유가 없는 한 다음 각호에 정해진 기한 내에 처리될 수 있도록 협조하여야 한다.

1. 실정보고, 설계변경 방침변경: 요청일로부터 단순한 경우 7일 이내
2. 시설물 인계 · 인수: 준공검사 시점 완료일로부터 14일 이내
3. 현장문서 및 유지관리지침서: 공사준공 후 14일 이내

[준공검사 절차]

기출유형 08 ▶ 정보통신공사 하도급 및 하자담보책임

정보통신공사업자는 도급받은 공사의 얼마를 초과하여 다른 공사업자에게 하도급해서는 안되는가? (2015-1차)

① 100분의 10
② 100분의 30
③ 100분의 50
④ 100분의 70

해설

정보통신공사업법 제31조(하도급의 제한 등)

① 공사업자는 도급받은 공사의 100분의 50을 초과하여 다른 공사업자에게 하도급을 하여서는 아니 된다.

| 정답 | ③

족집게 과외

하도급의 제한: 공사업자는 도급받은 공사의 100분의 50을 초과하여 다른 공사업자에게 하도급 금지. 다만, 예외로

1. 발주자가 공사의 품질이나 시공상의 능력을 높이기 위하여 필요하다고 인정하는 경우
2. 공사에 사용되는 자재를 납품하는 공사업자가 그 납품한 자재를 설치하기 위하여 공사하는 경우

하수급인은 하도급받은 공사를 다른 공사업자에게 다시 하도급을 하여서는 아니 된다.

하자담보책임

- 5년: 터널식 통신구공사의 하자담보책임
- 3년: 위성통신설비공사, 전송설비공사, 관로공사, 전송설비공사의 하자담보책임

[단독수급 vs 공동수급 하도급 가능 비율 비교]

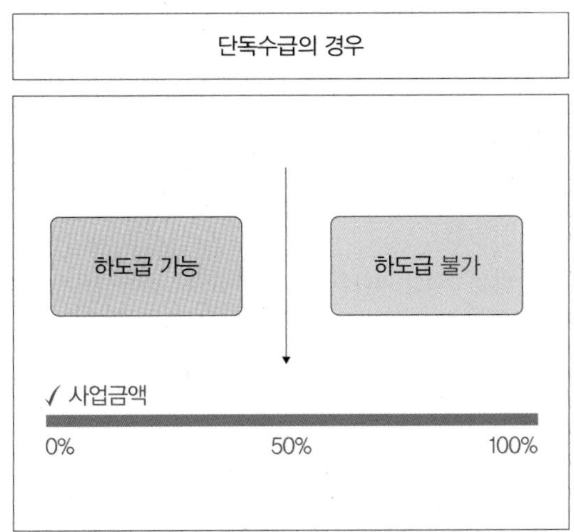

※ 단독수급인 경우 (재)하도급은 단독 수급체 대표

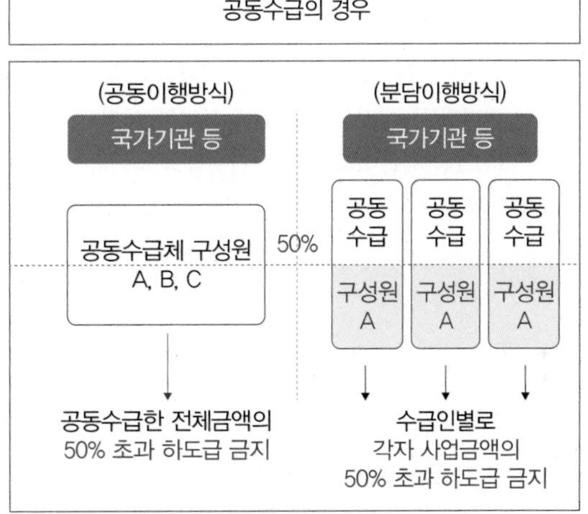

※ 공동계약의 경우 (재)하도급계약의 승인 신청의 주체는 공동이행방식의 경우 공동수급체 대표이며, 분담이행방식의 경우 개별 공동수급체 구성원

더 알아보기

SW 하도급 비율 제한(소프트웨어진흥법 제51조, 소프트웨어진흥법 시행령 제47조)
국가기관 등과 SW 사업 계약을 체결하는 SW 사업자는 사업금액의 50%를 초과하여 하도급 불가

※ 예외
- 단순물품의 구매, 설치 용역 등(하드웨어 · 설비 및 상용소프트웨어의 구매 · 설치 · 유지보수)
- 신기술 또는 전문기술이 필요한 경우 등(같은 법 시행규칙 제7조의2 참조)

◎ 정보통신공사업법

제2조(정의)

11. "발주자"란 공사를 공사업자에게 도급하는 자를 말한다. 다만, 수급인으로서 도급받은 공사를 하도급하는 자는 제외한다.
12. "도급"이란 원도급(原都給), 하도급, 위탁, 그 밖에 명칭이 무엇이든 공사를 완공할 것을 약정하고, 발주자가 그 일의 결과에 대하여 대가를 지급할 것을 약정하는 계약을 말한다.
13. "하도급"이란 도급받은 공사의 일부에 대하여 수급인이 제3자와 체결하는 계약을 말한다.
14. "수급인"이란 발주자로부터 공사를 도급받은 공사업자를 말한다.
15. "하수급인"이란 수급인으로부터 공사를 하도급받은 공사업자를 말한다.

제31조(하도급의 제한 등) ① 공사업자는 도급받은 공사의 100분의 50을 초과하여 다른 공사업자에게 하도급을 하여서는 아니 된다. 다만, 다음 각호의 어느 하나에 해당하는 경우에는 공사의 전부를 하도급 하지 아니하는 범위에서 100분의 50을 초과하여 하도급할 수 있다.

1. 발주자가 공사의 품질이나 시공상의 능력을 높이기 위하여 필요하다고 인정하는 경우
2. 공사에 사용되는 자재를 납품하는 공사업자가 그 납품한 자재를 설치하기 위하여 공사하는 경우

② 하수급인은 하도급받은 공사를 다른 공사업자에게 다시 하도급을 하여서는 아니 된다.

◎ 정보통신공사업법 시행령

제4조(공사제한의 예외) ① 정보통신공사업자 외의 자가 도급받거나 시공할 수 있는 경미한 공사의 범위는 다음 각 호와 같다.

1. 간이무선국 · 아마추어국 및 실험국의 무선설비설치공사
2. 연면적(둘 이상의 건축물에 설비를 연결하여 설치하는 경우에는 각 건축물의 연면적 합계를 말한다. 이하 같다) 1천 제곱미터 이하의 건축물의 자가유선방송설비 · 구내방송설비 및 폐쇄회로텔레비젼의 설비공사
3. 건축물에 설치되는 5회선 이하의 구내통신선로 설비공사
4. 라우터(네트워크 연결장치) 또는 허브의 증설을 수반하지 않는 5회선 이하의 근거리통신망(LAN) 선로의 증설공사

제23조(공사업자의 변경신고사항)

1. 영업소의 소재지, 2. 대표자, 3. 자본금의 변동, 4. 정보통신기술자

제30조(하도급의 범위 등) ① 법 제31조에 따라 공사업자가 하도급할 수 있는 공사는 도급받은 공사 중 기술상 분리하여 시공할 수 있는 독립된 공사로 하되, 그 범위는 공정 또는 구간 등을 기준으로 산정한다.

② 하수급인이 다시 하도급할 수 있는 공사의 범위는 하도급을 받은 공사 중 기술상 분리하여 시공할 수 있는 독립된 공사에 한한다.

제37조(공사의 하자담보책임) "공사의 종류별로 대통령령으로 정하는 기간"이란 다음 각호의 기간을 말한다.

1. 터널식 또는 개착식(땅을 뚫거나 파는 방식을 말한다) 등의 통신구공사: 5년
2. 사업용전기통신설비에 관한 공사로서 다음 각 목의 공사: 3년
   가. 케이블 설치공사(구내에서 시공되는 공사는 제외한다)
   나. 관로공사
   다. 철탑공사
   라. 교환기 설치공사
   마. 전송설비공사
   바. 위성통신설비공사
3. 제1호 및 제2호의 공사 외의 공사: 1년

※ 「국가를 당사자로하는 계약에 관한 법률 시행규칙」 제72조 제1항

① 각 중앙관서의 장 또는 계약담당공무원은 공사계약을 체결할 때에 다음 각호의 공종(각 공종 간의 하자책임을 구분할 수 없는 복합공사인 경우에는 주된 공종을 말한다)구분에 의하여 계약금액에 대한 하자보수보증금률을 정하여야 한다.

1. 철도 · 댐 · 터널 · 철강교설치 · 발전설비 · 교량 · 상하수도구조물 등 중요구조물 공사 및 조경 공사: 100 분의 5
2. 공항 · 항만 · 삭도설치 · 방파제 · 사방 · 간척 등 공사: 100분의 4
3. 관개수로 · 도로(포장공사를 포함한다) · 매립 · 상하수도관로 · 하천 · 일반건축 등 공사: 100분의 3
4. 제1호 내지 제3호 외의 공사: 100분의 2

◎ 통신망 종합관리 지침

제12조(종합관리시스템의 구축) 기간통신사업자는 주요통신회선의 자동 절체시스템, 집중운용보전시스템 등을 종합적으로 관리하는 시스템을 구축하여 운용하여야 한다.

제19조(타통신망 활용계획 수립) ① 기간통신사업자는 통신망 장애 시 자체 통신망 이용이 불가능할 경우에 대비하여 다른 기간통신사업자의 통신망을 활용할 수 있는 계획을 수립하여야 한다.

② 통신망의 상호접속 및 연동기능 확보 등에 관하여 기간통신사업자 상호 간 협의를 거친 후 필요한 시설을 설치하여야 한다.

③ 기간통신사업자는 다른 기간통신사업자의 통신망 활용에 관한 상호협의가 이루어지지 않을 경우 통신망종합관리협의회에 이를 조정해 주도록 요구할 수 있다.

기출유형 완성하기

정답 01 ③ 02 ③ 03 ③ 04 ③

01 다음 중 정보통신공사업법에서 규정하는 '하도급'에 대한 설명으로 옳은 것은? (2015-3차)(2017-3차)(2023-3차)

① 도급받은 공사의 전부에 대하여 수급인이 제3자와 체결하는 계약을 말한다.
② 도급받은 공사의 일부에 대하여 하도급인이 제3자와 체결하는 계약을 말한다.
③ 도급받은 공사의 일부에 대하여 수급인이 제3자와 체결하는 계약을 말한다.
④ 도급받은 공사의 전부에 대하여 하급인이 제3자와 체결하는 계약을 말한다.

해설

정보통신공사업법 제2조(정의)
13. "하도급"이란 도급받은 공사의 일부에 대하여 수급인이 제3자와 체결하는 계약을 말한다.

02 다음 문장의 괄호 안에 들어갈 알맞은 것은? (2011-2차)(2013-3차)(2016-1차)(2020-1차)

> "정보통신공사업자는 도급받은 공사의 100분의 (　　)을 초과하여 다른 공사업자에게 하도급을 하여서는 아니된다."

① 20　　② 30
③ 50　　④ 60

해설

정보통신공사업법 제31조(하도급의 제한 등)
① 공사업자는 도급받은 공사의 100분의 50을 초과하여 다른 공사업자에게 하도급을 하여서는 아니 된다. 다만, 다음 각호의 어느 하나에 해당하는 경우에는 공사의 전부를 하도급하지 아니하는 범위에서 100분의 50을 초과하여 하도급할 수 있다.

03 다음 중 정보통신공사의 하도급의 범위는 어떤 기준으로 산정하는가? (2015-1차)

① 공사금액
② 공사기간
③ 공정 또는 구간
④ 공사 종사자

해설

정보통신공사업법 시행령 제30조(하도급의 범위 등)
① 법 제31조에 따라 공사업자가 하도급할 수 있는 공사는 도급받은 공사 중 기술상 분리하여 시공할 수 있는 독립된 공사로 하되, 그 범위는 공정 또는 구간 등을 기준으로 산정한다.

04 다음 정보통신공사 중 하자담보책임기간이 다른 하나는? (2016-2차)(2019-1차)(2020-2차)

① 철탑공사
② 교환기설치공사
③ 개착식 통신구공사
④ 위성통신설비공사

해설

정보통신공사업법 시행령 제37조(공사의 하자담보책임)
1. 터널식 또는 개착식(땅을 뚫거나 파는 방식을 말한다) 등의 통신구공사: 5년
2. 「전기통신기본법」 제2조 제4호에 따른 사업용전기통신설비에 관한 공사로서 다음 각 목의 공사: 3년
   가. 케이블 설치공사(구내에서 시공되는 공사는 제외한다)
   나. 관로공사
   다. 철탑공사
   라. 교환기 설치공사
   마. 전송설비공사
   바. 위성통신설비공사
3. 제1호 및 제2호의 공사 외의 공사: 1년

정답 05 ③ 06 ② 07 ④ 08 ①

05 다음 중 정보통신공사의 하자담보책임기간으로 옳은 것은? (2020-1차)(2020-2차)

① 터널식 통신구공사: 10년
② 위성통신설비공사: 5년
③ 관로공사: 3년
④ 전송설비공사: 1년

해설

① 터널식 통신구공사: 5년
② 위성통신설비공사: 3년
④ 전송설비공사: 3년

06 전송설비공사의 하자담보책임 기간은? (2010-2차)

① 1년
② 3년
③ 5년
④ 7년

해설

정보통신공사업법 시행령 제37조(공사의 하자담보책임)

2. 「전기통신기본법」 제2조 제4호에 따른 사업용전기통신설비에 관한 공사로서 다음 각 목의 공사: 3년
 가. 케이블 설치공사(구내에서 시공되는 공사는 제외한다)
 나. 관로공사
 다. 철탑공사
 라. 교환기 설치공사
 마. 전송설비공사
 바. 위성통신설비공사

07 다음 중 정보통신공사업의 변경신고사항이 아닌 것은? (2015-3차)(2019-3차)

① 대표자
② 자본금의 변동
③ 영업소의 소재지
④ 정보통신기술자의 경력사항

해설

정보통신공사업법 시행령 제23조(공사업자의 변경신고사항)

1. 영업소의 소재지, 2. 대표자, 3. 자본금의 변동, 4. 정보통신기술자

08 다음 중 정보통신공사업자가 아닌 자가 시공할 수 있는 경미한 공사는? (2011-1차)

① 건축물에 설치되는 5회선 이하의 구내통신선로 설비공사
② 전기통신 시설물의 전력유도방지 설비공사
③ 종합유선방송 시설의 설비공사
④ 전기통신용 지하관로의 설비공사

해설

정보통신공사업법 시행령 제4조(공사제한의 예외)

① 정보통신공사업자 외의 자가 도급받거나 시공할 수 있는 경미한 공사의 범위는 다음 각호와 같다.
 1. 간이무선국 · 아마추어국 및 실험국의 무선설비설치공사
 2. 연면적 1천 제곱미터 이하의 건축물의 자가유선방송설비 · 구내방송설비 및 폐쇄회로텔레비젼의 설비공사
 3. 건축물에 설치되는 5회선 이하의 구내통신선로 설비공사

기출유형 09 ▸ 정보통신공사 설계도서

공사를 설계한 용역업자는 그가 작성한 실시설계도서를 해당 공사가 준공된 후 몇 년간 보관하여야 하는가?

(2011-3차)

① 1년 ② 3년

③ 5년 ④ 7년

해설

정보통신공사업법 시행령 제7조(설계도서의 보관의무)

공사의 설계도서는 다음 각호의 기준에 따라 보관하여야 한다.

2. 용역업자는 그가 작성 또는 제공한 실시설계도서를 해당 공사가 준공된 후 5년간 보관할 것
3. 감리한 용역업자는 그가 감리한 공사의 준공설계도서를 하자담보책임기간이 종료될 때까지 보관할 것

| 정답 | ③

족집게 과외

"감리"란 공사에 대하여 발주자의 위탁을 받은 용역업자가 설계도서 및 관련 규정의 내용대로 시공되는지를 감독하고, 품질관리 · 시공관리 및 안전관리에 대한 지도 등에 관한 발주자의 권한을 대행하는 것을 말한다.

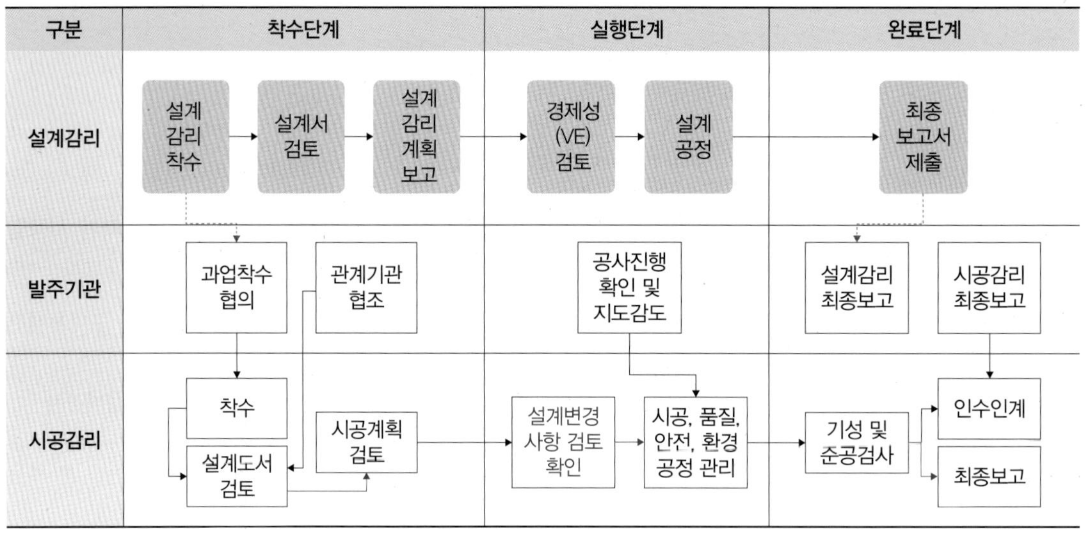

더 알아보기

감리원의 업무범위

1. 공사계획 및 공정표의 검토
2. 공사업자가 작성한 시공상세도면의 검토 · 확인
3. 설계도서와 시공도면의 내용이 현장조건에 적합한지 여부와 시공가능성 등에 관한 사전검토
4. 공사가 설계도서 및 관련규정에 적합하게 행해지고 있는지에 대한 확인
5. 공사 진척부분에 대한 조사 및 검사
6. 사용자재의 규격 및 적합성에 관한 검토 · 확인
7. 재해예방대책 및 안전관리의 확인
8. 설계변경에 관한 사항의 검토 · 확인
9. 하도급에 대한 타당성 검토

◎ 정보통신공사업법

제2조(정의)

8. "설계"란 공사에 관한 계획서, 설계도면, 설계설명서, 공사비명세서, 기술계산서 및 이와 관련된 서류(이하 "설계도서"라 한다)를 작성하는 행위를 말한다.
9. "감리"란 공사에 대하여 발주자의 위탁을 받은 용역업자가 설계도서 및 관련 규정의 내용대로 시공되는지를 감독하고, 품질관리 · 시공관리 및 안전관리에 대한 지도 등에 관한 발주자의 권한을 대행하는 것을 말한다.
12. "도급"이란 원도급(原都給), 하도급, 위탁, 그 밖에 명칭이 무엇이든 공사를 완공할 것을 약정하고, 발주자가 그 일의 결과에 대하여 대가를 지급할 것을 약정하는 계약을 말한다.
13. "하도급"이란 도급받은 공사의 일부에 대하여 수급인이 제3자와 체결하는 계약을 말한다.
14. "수급인"이란 발주자로부터 공사를 도급받은 공사업자를 말한다.
15. "하수급인"이란 수급인으로부터 공사를 하도급받은 공사업자를 말한다.

제6조(기술기준의 준수 등) ① 공사를 설계하는 자는 대통령령으로 정하는 기술기준에 적합하게 설계하여야 한다.

② 감리원은 설계도서 및 관련 규정에 적합하게 공사를 감리하여야 한다.

③ 과학기술정보통신부장관은 다음 각호의 구분에 따라 공사의 설계 · 시공 기준과 감리업무 수행기준을 마련하여 발주자, 용역업자 및 공사업자가 이용하도록 할 수 있다.

1. 설계 · 시공 기준: 공사의 품질 확보와 적정한 공사 관리를 위한 기준으로서 설계기준, 표준공법 및 표준설계설명서 등을 포함한다.
2. 감리업무 수행기준: 감리업무의 효율적인 수행을 위한 기준으로서 공사별 감리 소요인력, 감리비용 산정 기준 등을 포함한다.

제7조(설계 등) ① 발주자는 용역업자에게 공사의 설계를 발주하여야 한다.

② 제1항에 따라 설계도서를 작성한 자는 그 설계도서에 서명 또는 기명날인하여야 한다.

③ 제1항 및 제2항에 따른 설계 대상인 공사의 범위, 설계도서의 보관, 그 밖에 필요한 사항은 대통령령으로 정한다.

제8조(감리 등) ① 발주자는 용역업자에게 공사의 감리를 발주하여야 한다.

② 제1항에 따라 공사의 감리를 발주받은 용역업자는 감리원에게 그 공사에 대하여 감리를 하게 하여야 한다. 이 경우 감리원의 업무범위와 공사의 규모 및 종류 등을 고려한 배치 기준은 대통령령으로 정한다.

③ 제1항에 따라 공사의 감리를 발주받은 용역업자가 감리원을 배치(배치된 감리원을 교체하는 경우를 포함한다. 이하 이 조에서 같다)하는 경우에는 발주자의 확인을 받아 그 배치현황을 특별시장 · 광역시장 · 특별자치시장 · 도지사 또는 특별자치도지사(이하 "시 · 도지사"라 한다)에게 신고하여야 한다.

④ 감리원으로 인정받으려는 사람은 대통령령으로 정하는 바에 따라 과학기술정보통신부장관에게 자격을 신청하여야 한다.

제9조(감리원의 공사중지명령 등) ① 감리원은 공사업자가 설계도서 및 관련 규정의 내용에 적합하지 아니하게 해당 공사를 시공하는 경우에는 발주자의 동의를 받아 재시공 또는 공사중지명령이나 그 밖에 필요한 조치를 할 수 있다.

제10조(감리원에 대한 시정조치) 발주자는 감리원이 업무를 성실하게 수행하지 아니하여 공사가 부실하게 될 우려가 있을 때에는 대통령령으로 정하는 바에 따라 그 감리원에 대하여 시정지시 등 필요한 조치를 할 수 있다.

제11조(감리 결과의 통보) 제8조 제1항에 따라 공사의 감리를 발주받은 용역업자는 공사에 대한 감리를 끝냈을 때에는 대통령령으로 정하는 바에 따라 그 감리 결과를 발주자에게 서면으로 알려야 한다.

제12조(공사업자의 감리 제한) 공사업자와 용역업자가 동일인이거나 다음 각호의 어느 하나의 관계에 해당되면 해당 공사에 관하여 공사와 감리를 함께 할 수 없다.

1. 대통령령으로 정하는 모회사(母會社)와 자회사(子會社)의 관계인 경우
2. 법인과 그 법인의 임직원의 관계인 경우
3. 「민법」 제777조에 따른 친족관계인 경우

◎ 정보통신공사업법 시행령

제6조(설계대상인 공사의 범위) ① 법 제7조에 따라 용역업자에게 설계를 발주해야 하는 공사는 다음 각호의 어느 하나에 해당하는 공사를 제외한 공사로 한다.

1. 제4조에 따른 경미한 공사
2. 천재 · 지변 또는 비상재해로 인한 긴급복구공사 및 그 부대공사
3. 별표 1에 따른 통신구설비공사
4. 기존 설비를 교체하는 공사로서 설계도면의 새로운 작성이 불필요한 공사

제7조(설계도서의 보관의무) 공사의 설계도서는 다음 각호의 기준에 따라 보관하여야 한다.

1. 공사의 목적물의 소유자는 공사에 대한 실시 · 준공설계도서를 공사의 목적물이 폐지될 때까지 보관할 것. 다만, 소유자가 보관하기 어려운 사유가 있을 때에는 관리주체가 보관하여야 하며, 시설교체 등으로 실시 · 준공설계도서가 변경된 경우에는 변경된 후의 실시 · 준공설계도서를 보관하여야 한다.
2. 공사를 설계한 용역업자는 그가 작성 또는 제공한 실시설계도서를 해당 공사가 준공된 후 5년간 보관할 것
3. 공사를 감리한 용역업자는 그가 감리한 공사의 준공설계도서를 하자담보책임기간이 종료될 때까지 보관할 것

정답 01 ② 02 ④ 03 ③

01 다음 중 정보통신공사의 설계도서 대한 보관기준을 설명한 것으로 잘못된 것은?

(2019-3차)(2022-3차)

① 공사에 대한 실시 · 준공설계도서는 공사의 목적물이 폐지될 때까지 보관
② 실시 · 준공설계도서가 변경된 경우에는 변경 전후 실시 · 준공설계도서 모두 보관
③ 공사를 설계한 용역업자는 그가 작성 또는 제공한 실시설계도서를 해당 공사 준공 후 5년간 보관
④ 공사를 감리한 용역업자는 그가 감리한 공사의 준공설계도서를 하자담보책임기간 종료 시까지 보관

해설

정보통신공사업법 시행령 제7조(설계도서의 보관의무)

1. 공사의 목적물의 소유자는 공사에 대한 실시 · 준공설계도서를 공사의 목적물이 폐지될 때까지 보관할 것. 다만, 소유자가 보관하기 어려운 사유가 있을 때에는 관리주체가 보관하여야 하며, 시설교체 등으로 실시 · 준공설계도서가 변경된 경우에는 변경된 후의 실시 · 준공설계도서를 보관하여야 한다.
2. 공사를 설계한 용역업자는 그가 작성 또는 제공한 실시설계도서를 해당 공사가 준공된 후 5년간 보관할 것
3. 공사를 감리한 용역업자는 그가 감리한 공사의 준공설계도서를 하자담보책임기간이 종료될 때까지 보관할 것

02 다음 중 정보통신공사의 설계 및 시공에 관한 설명으로 틀린 것은?

(2012-1차)(2014-1차)(2016-1차)(2017-3차)

① 공사를 설계하는 자는 기술기준에 적합하도록 설계하여야 한다.
② 설계도서를 작성하는 자는 그 설계도서에 서명 또는 기명날인 하여야 한다.
③ 감리원은 설계도서 및 관련 규정에 적합하도록 공사를 감리하여야 한다.
④ 공사를 감리한 용역업자는 그가 감리한 공사의 준공설계도서를 준공 후 5년간 보관하여야 한다.

해설

정보통신공사업법 시행령 제7조(설계도서의 보관의무)

3. 공사를 감리한 용역업자는 그가 감리한 공사의 준공설계도서를 하자담보책임기간이 종료될 때까지 보관할 것

03 정보통신공사를 설계한 용역업자는 설계도서를 언제까지 보관하여야 하는가? (2023-2차)

① 공사의 목적물이 폐지될 때까지
② 공사가 준공된 후 2년간 보관
③ 공사가 준공된 후 5년간 보관
④ 하자담보 책임기간이 종료될 때까지

해설

정보통신공사업법 시행령 제7조(설계도서의 보관의무)

2. 공사를 설계한 용역업자는 그가 작성 또는 제공한 실시설계도서를 해당 공사가 준공된 후 5년간 보관할 것

04 정보통신공사의 설계 · 감리에 대한 설명으로 적합하지 않은 것은? (2010-1차)

① 감리원은 설계도서 및 관련규정에 적합하도록 공사를 감리하여야 한다.
② 발주자는 용역업자에게 공사의 설계를 발주하여야 한다.
③ 발주자는 감리업협회에 공사의 감리를 발주하여야 한다.
④ 공사업자와 용역업자가 친족관계에 있는 경우에는 당해 공사에 관하여 공사와 감리를 함께 할 없다.

해설

③ 발주자는 용역업자에게 공사의 설계를 발주하여야 한다.

> **정보통신공사업법 제8조(감리 등)**
> ① 발주자는 용역업자에게 공사의 감리를 발주하여야 한다.
> ② 공사의 감리를 발주 받은 용역업자는 감리원에게 그 공사에 대하여 감리를 하게 하여야 한다.

05 다음 중 정보통신공사업법 관련 (　　) 안에 들어갈 내용으로 옳은 것은? (2011-1차)

"감리원은 (　　) 및 관련 규정에 적합하도록 공사를 김리하어하 한다."

① 도면
② 설계도서
③ 기술기준
④ 사내규격

해설

> **정보통신공사업법 제6조(기술기준의 준수 등)**
> ② 감리원은 설계도서 및 관련 규정에 적합하게 공사를 감리하여야 한다.

06 다음 중 공사 도급의 정의를 가장 바르게 설명한 것은? (2012-1차)(2017-2차)(2018-2차)(2021-3차)

① 발주자가 의뢰한 공사의 설계도서를 작성하고 이에 따라 공사의 공정을 기획 작성
② 공사업자가 공사를 완공할 것을 약정하고, 발주자가 이의 대가를 지급할 것을 약정하는 계약
③ 용역업자가 공사의 시방서를 작성하고 이에 따라 공사기자재를 준비
④ 공사업자가 용역업자의 설계도서와 공사시방서에 따라 공사를 시공

해설

> **정보통신공사업법 제2조(정의)**
> 12. "도급"이란 원도급(原都給), 하도급, 위탁, 그 밖에 명칭이 무엇이든 공사를 완공할 것을 약정하고, 발주자가 그 일의 결과에 대하여 대가를 지급할 것을 약정하는 계약을 말한다.
> 13. "하도급"이란 도급받은 공사의 일부에 대하여 수급인이 제3자와 체결하는 계약을 말한다.

07 다음 중 정보통신공사의 '설계도서'에 포함되지 않는 것은? (2019-3차)

① 공사비명세서
② 시험성적서
③ 시방서
④ 설계도면

해설

> **정보통신공사업법 제2조(정의)**
> 8. "설계"란 공사에 관한 계획서, 설계도면, 설계설명서, 공사비명세서, 기술계산서 및 이와 관련된 서류(이하 "설계도서"라 한다)를 작성하는 행위를 말한다.

정답 08 ① 09 ② 10 ③ 11 ④

08 방송통신설비의 설치 및 보전은 무엇에 따라 하여야 하는가? (2013-1차)(2018-1차)(2021-2차)

① 설계도서
② 프로토콜
③ 전기통신기술기준
④ 정보통신공사업법

해설

정보통신공사업법 시행령 제7조(설계도서의 보관의무)
1. 공사의 목적물의 소유자는 공사에 대한 실시 · 준공설계도서를 공사의 목적물이 폐지될 때까지 보관할 것
2. 공사를 설계한 용역업자는 그가 작성 또는 제공한 실시설계도서를 해당 공사가 준공된 후 5년간 보관할 것
3. 공사를 감리한 용역업자는 그가 감리한 공사의 준공설계도서를 하자담보책임기간이 종료될 때까지 보관할 것

09 다음 중 감리원이 공사업자가 설계도서 및 관련 규정의 내용에 적합하지 아니하게 공사를 시공하는 경우 취할 수 있는 조치는 무엇인가? (2022-1차)(2023-1차)

① 하도급인과 협의하여 설계변경 명령을 할 수 있다.
② 발주자의 동의를 얻어 공사중지 명령을 할 수 있다.
③ 수급인에게 보고하고 공사업자를 교체할 수 있다.
④ 한국정보통신공사협회에 신고하고 공사업자에 과태료를 부과한다.

해설

정보통신공사업법 제9조(감리원의 공사중지명령 등)
① 감리원은 공사업자가 설계도서 및 관련 규정의 내용에 적합하지 아니하게 해당 공사를 시공하는 경우에는 발주자의 동의를 받아 재시공 또는 공사중지명령이나 그 밖에 필요한 조치를 할 수 있다.

10 다음 중 정보통신공사업법에 따른 감리원의 업무범위가 아닌 것은? (2021-2차)

① 공사계획 및 공정표의 검토
② 공사업자가 작성한 시공상세도면의 검토 · 확인
③ 설계도서 변경 및 시공일정의 조정
④ 공사가 설계도서 및 관련규정에 적합하게 행하여지고 있는 지에 대한 확인

해설

정보통신공사업법 제9조(감리원의 공사중지명령 등)
① 감리원은 공사업자가 설계도서 및 관련 규정의 내용에 적합하지 아니하게 해당 공사를 시공하는 경우에는 발주자의 동의를 받아 재시공 또는 공사중지명령이나 그 밖에 필요한 조치를 할 수 있다.

11 다음 중 정보통신공사의 설계도서 보관의무 기간에 해당되지 않는 것은? (2011-2차)

① 공사의 목적물 소유자 – 공사의 목적물이 폐지될 때까지 보관
② 공사를 설계한 용역업자 – 해당 공사가 준공된 후 5년간 보관
③ 공사를 감리한 용역업자 – 하자담보책임기간이 종료될 때까지 보관
④ 공사를 시공한 시공업자 – 당해 공사가 준공된 후 7년간 보관

해설

정보통신공사업법 시행령 제7조(설계도서의 보관의무)
공사의 설계도서는 다음 각호의 기준에 따라 보관하여야 한다.
1. 공사의 목적물의 소유자는 공사에 대한 실시 · 준공설계도서를 공사의 목적물이 폐지될 때까지 보관할 것
2. 공사를 설계한 용역업자는 그가 작성 또는 제공한 실시설계도서를 해당 공사가 준공된 후 5년간 보관할 것
3. 공사를 감리한 용역업자는 그가 감리한 공사의 준공설계도서를 하자담보책임기간이 종료될 때까지 보관할 것

02 방송통신공사

기출유형 01 ▶ 방송통신 관련 법규

다음 중 방송통신을 통한 국민의 복리 향상과 방송통신의 원활한 발전을 위하여 수립하고 공고하는 방송통신 기본계획에 포함되는 사항이 아닌 것은? (2015-1차)

① 방송통신서비스에 관한 사항
② 방송정보통신공사업의 연구에 관한 사항
③ 방송통신콘텐츠에 관한 사항
④ 방송통신기술의 진흥에 관한 사항

해설

방송통신발전 기본법 제8조(방송통신기본계획의 수립)

각호의 사항이 포함되어야 한다.

1. 방송통신서비스에 관한 사항
2. 방송통신콘텐츠에 관한 사항
3. 방송통신설비 및 방송통신에 이용되는 유 · 무선 망에 관한 사항
4. 방송통신광고에 관한 사항
5. 방송통신기술의 진흥에 관한 사항
6. 방송통신의 보편적 서비스 제공 및 공공성 확보에 관한 사항
7. 방송통신의 남북협력 및 국제협력에 관한 사항
8. 그 밖에 방송통신에 관한 기본적인 사항

| 정답 | ②

족집게 과외

전기통신기본계획의 수립에 포함되어야 하는 사항

1. 전기통신의 이용효율화에 관한 사항
2. 전기통신의 질서유지에 관한 사항
3. 전기통신사업에 관한 사항
4. 전기통신설비에 관한 사항
5. 전기통신기술의 진흥에 관한 사항

더 알아보기

- **인터넷멀티미디어방송사업법 목적**
  이 법은 방송과 통신이 융합되어 가는 환경에서 인터넷 멀티미디어 등을 이용한 방송사업의 운영을 적정하게 함으로써 이용자의 권익보호, 관련 기술과 산업의 발전, 방송의 공익성 보호 및 국민문화의 향상을 도모하고 나아가 국가경제의 발전과 공공복리의 증진에 이바지하는 것이다.
- **인터넷 멀티미디어 방송사업법 시행령 목적**
  「인터넷 멀티미디어 방송사업법」에서 위임된 사항과 그 시행에 필요한 사항을 규정함을 목적으로 한다.

◎ 방송통신설비의 기술기준에 관한 규정

제22조(안전성 및 신뢰성 등)

1. 방송통신설비를 수용하기 위한 건축물 또는 구조물의 안전 및 화재대책 등에 관한 사항
2. 방송통신설비를 이용 또는 운용하는 자의 안전 확보에 필요한 사항
3. 방송통신설비의 운용에 필요한 시험 · 감시 및 통제를 할 수 있는 기능에 관한 사항
4. 그 밖에 방송통신설비의 안전성 및 신뢰성 확보를 위하여 필요한 사항

◎ 방송통신발전 기본법

제3조(방송통신의 공익성 · 공공성 등) 국가와 지방자치단체는 방송통신의 공익성 · 공공성에 기반한 공적 책임을 완수하기 위하여 다음 각호의 사항을 달성하도록 노력하여야 한다.

1. 방송통신을 통한 공공복리의 증진과 지역 간 또는 계층 간의 균등한 발전 및 건전한 사회공동체의 형성
2. 건전한 방송통신문화 창달 및 올바른 방송통신 이용환경 조성
3. 방송통신기술과 서비스의 발전 장려 및 공정한 경쟁 환경의 조성
4. 사회적 소수 또는 약자계층 등의 방송통신 소외 방지
5. 방송통신을 이용한 미디어 환경의 다원성과 다양성의 활성화
6. 투명하고 개방적인 의사결정을 통한 방송통신 정책의 수립 및 추진

제7조(방송통신의 발전을 위한 시책 수립) ① 과학기술정보통신부장관 또는 방송통신위원회는 공공복리의 증진과 방송통신의 발전을 위하여 필요한 기본적이고 종합적인 국가의 시책을 마련하여야 한다.
② 과학기술정보통신부장관 또는 방송통신위원회는 경제적, 지리적, 신체적 차이 등에 따른 소수자 또는 사회적 약자가 방송통신에서 불이익을 받거나 소외되지 아니하도록 구체적인 지원 방안을 수립 · 시행하여야 한다.

제8조(방송통신기본계획의 수립) ② 기본계획에는 다음 각호의 사항이 포함되어야 한다.

1. 방송통신서비스에 관한 사항
2. 방송통신콘텐츠에 관한 사항
3. 방송통신설비 및 방송통신에 이용되는 유 · 무선 망에 관한 사항
4. 방송통신광고에 관한 사항
5. 방송통신기술의 진흥에 관한 사항
6. 방송통신의 보편적 서비스 제공 및 공공성 확보에 관한 사항
7. 방송통신의 남북협력 및 국제협력에 관한 사항

제16조(방송통신기술의 진흥 등) 과학기술정보통신부장관은 방송통신기술의 진흥을 통한 방송통신서비스 발전을 위하여 다음 각호의 시책을 수립 · 시행하여야 한다.

1. 방송통신과 관련된 기술수준의 조사, 기술의 연구개발, 개발기술의 평가 및 활용에 관한 사항
2. 방송통신 기술협력, 기술지도 및 기술이전에 관한 사항
3. 방송통신기술의 표준화 및 새로운 방송통신기술의 도입 등에 관한 사항
4. 방송통신 기술정보의 원활한 유통을 위한 사항
5. 방송통신기술의 국제협력에 관한 사항
6. 그 밖에 방송통신기술의 진흥에 관한 사항

제28조(기술기준) ① 방송통신설비를 설치 · 운영하는 자는 그 설비를 대통령령으로 정하는 기술기준에 적합하게 하여야 한다.

③ 방송통신설비의 설치 및 보전은 설계도서에 따라 하여야 한다.

⑤ 과학기술정보통신부장관은 방송통신설비가 기술기준에 적합하게 설치 · 운영되는지를 확인하기 위하여 다음 각호의 어느 하나에 해당하는 경우에는 소속 공무원으로 하여금 방송통신설비를 설치 · 운영하는 자의 설비를 조사하거나 시험하게 할 수 있다.

1. 방송통신설비 관련 시책을 수립하기 위한 경우
2. 국가비상사태에 대비하기 위한 경우
3. 재해 · 재난 예방을 위한 경우 및 재해 · 재난이 발생한 경우
4. 방송통신설비의 이상으로 광범위한 방송통신 장애가 발생할 우려가 있는 경우

◎ 전기통신기본법

제5조(전기통신기본계획의 수립) ② 제1항의 기본계획에는 다음 각호의 사항이 포함되어야 한다.

1. 전기통신의 이용효율화에 관한 사항
2. 전기통신의 질서유지에 관한 사항
3. 전기통신사업에 관한 사항
4. 전기통신설비에 관한 사항
5. 전기통신기술(전기통신공사에 관한 기술을 포함한다. 이하 같다)의 진흥에 관한 사항
6. 기타 전기통신에 관한 기본적인 사항

◎ 전기통신기본법 시행령

제7조(자가전기통신설비의 허가) ① 법 제15조 제1항 본문의 규정에 의하여 자가전기통신설비(이하 "자가통신설비"라 한다)를 설치하고자 하는 자는 다음 각호의 사항을 기재한 허가신청서를 설치공사의 착공예정일 1월 전까지 체신부장관에게 제출하여야 한다. 다만, 자가통신설비의 주된장치와 단말장치를 동일한 구내에 설치하고자 하는 때에는 그러하지 아니하다.

1. 사업의 종별
2. 사용의 목적
3. 전기통신방식
4. 설비의 설치장소

정답 01 ④ 02 ① 03 ④ 04 ④

01 방송통신위원회가 전기통신기본계획을 수립하고자 할 때 미리 관계행정기관의 장과 협의하여야 할 사항은? (2010-1차)(2011-3차)

① 전기통신의 이용효율화에 관한 사항
② 전기통신의 질서유지에 관한 사항
③ 전기통신사업에 관한 사항
④ 전기통신기술의 진흥에 관한 사항

해설

전기통신기본법 제5조(전기통신기본계획의 수립)
② 제1항의 기본계획에는 다음 각호의 사항이 포함되어야 한다.
1. 전기통신의 이용효율화에 관한 사항
2. 전기통신의 질서유지에 관한 사항
3. 전기통신사업에 관한 사항
4. 전기통신설비에 관한 사항
5. 전기통신기술(전기통신공사에 관한 기술을 포함한다. 이하 같다)의 진흥에 관한 사항
6. 기타 전기통신에 관한 기본적인 사항

02 다음 중 과학기술정보통신부장관이 소속 공무원으로 하여금 방송통신 설비를 설치 · 운영하는 자의 설비를 조사하거나 시험하게 할 수 있는 경우가 아닌 것은? (2018-3차)(2020-1차)

① 유지 · 보수중인 방송통신설비인 경우
② 국가비상사태에 대비하기 위한 경우
③ 재해 · 재난 예방을 위한 경우 및 재해 · 재난 발생한 경우
④ 방송통신설비 관련 시책을 수립하기 위한 경우

해설

방송통신발전 기본법 제28조(기술기준)
⑤ 과학기술정보통신부장관은 방송통신설비가 기술기준에 적합하게 설치 · 운영되는지를 확인하기 위하여 다음 각호의 어느 하나에 해당하는 경우에는 소속 공무원으로 하여금 방송통신설비를 설치 · 운영하는 자의 설비를 조사하거나 시험하게 할 수 있다.
1. 방송통신설비 관련 시책을 수립하기 위한 경우
2. 국가비상사태에 대비하기 위한 경우
3. 재해 · 재난 예방을 위한 경우 및 재해 · 재난이 발생한 경우
4. 방송통신설비의 이상으로 광범위한 방송통신 장애가 발생할 우려가 있는 경우

03 다음 과학기술정보통신부장관이 소속 공무원으로 하여금 방송통신설비를 설치 · 운영하는 자의 설비를 조사하거나 시험하게 할 수 없는 경우가 아닌 것은? (2016-1차)(2019-3차)

① 방송통신설비 관련 시책을 수립하기 위한 경우
② 국가비상사태에 대비하기 위한 경우
③ 재난 재해 예방을 위한 경우
④ 설치한 목적에 반하여 운용한 경우

해설

방송통신발전 기본법 제28조(기술기준)
⑤ 과학기술정보통신부장관은 방송통신설비가 기술기준에 적합하게 설치 · 운영되는지를 확인하기 위하여 다음 각호의 어느 하나에 해당하는 경우에는 소속 공무원으로 하여금 방송통신설비를 설치 · 운영하는 자의 설비를 조사하거나 시험하게 할 수 있다.
1. 방송통신설비 관련 시책을 수립하기 위한 경우
2. 국가비상사태에 대비하기 위한 경우
3. 재해 · 재난 예방을 위한 경우 및 재해 · 재난이 발생한 경우
4. 방송통신설비의 이상으로 광범위한 방송통신 장애가 발생할 우려가 있는 경우

04 방송통신위원회가 기간통신사업자를 허가함에 있어 심사 사항에 속하지 않는 것은? (2011-2차)

① 기간통신역무 제공계획의 이행에 필요한 재정적 능력
② 기간통신역무 제공계획의 이행에 필요한 기술적 능력
③ 이용자 보호계획의 적정성
④ 전기통신기술의 발전계획의 타당성

해설

전기통신사업법 시행령 제9조 별표 1(기간통신사업 등록요건) 관련
1. 재정적 능력
2. 기술적 능력
3. 이용자 보호계획
4. 그 밖에 기간통신 역무의 안정적 제공

정답 05 ③ 06 ② 07 ④ 08 ④

05 방송통신설비 기술조건 적합조사를 실시하는 경우가 아닌 것은? (2019-1차)

① 방송통신설비 관련 시책을 수립하기 위한 경우
② 국가비상사태를 대비하기 위한 경우
③ 신기술 및 신통신방식 도입을 위한 경우
④ 방송통신설비의 이상으로 광범위한 통신장애가 발생할 우려가 있는 경우

해설

방송통신발전 기본법 제28조(기술기준)
⑤ 과학기술정보통신부장관은 방송통신설비가 기술기준에 적합하게 설치·운영되는지를 확인하기 위하여 다음 각호의 어느 하나에 해당하는 경우에는 소속 공무원으로 하여금 방송통신설비를 설치·운영하는 자의 설비를 조사하거나 시험하게 할 수 있다.
1. 방송통신설비 관련 시책을 수립하기 위한 경우
2. 국가비상사태에 대비하기 위한 경우
3. 재해·재난 예방을 위한 경우 및 재해·재난이 발생한 경우
4. 방송통신설비의 이상으로 광범위한 방송통신 장애가 발생할 우려가 있는 경우

06 방송통신위원회가 전기통신의 발전을 위하여 필요한 경우 전기통신사업자에게 명할 수 있는 사항으로 볼 수 없는 것은? (2012-1차)

① 금지행위의 중지
② 전기통신사업의 양수 및 법인의 합병
③ 전기통신역무에 관한 업무 처리절차의 개선
④ 전기통신역무에 관한 정보의 공개

해설

전기통신사업법 제52조(금지행위에 대한 조치)
1. 전기통신역무 제공조직의 분리
2. 전기통신역무에 대한 내부 회계규정 등의 변경
3. 전기통신역무에 관한 정보의 공개
4. 전기통신사업자 간 협정의 체결·이행 또는 내용의 변경
5. 전기통신사업자의 이용약관 및 정관의 변경
6. 금지행위의 중지
7. 금지행위로 인하여 시정조치를 명령받은 사실의 공표
8. 금지행위의 원인이 된 전기통신설비의 수거 등 금지행위로 인한 위법 사항의 원상회복에 필요한 조치
9. 전기통신역무에 관한 업무 처리절차의 개선

07 다음 중 방송통신서비스를 제공하는 사업자가 구비하여야 할 안정성과 신뢰성에 해당하는 것으로 관계가 적은 것은? (2017-1차)

① 방송통신설비 이용자의 안전 확보에 필요한 사항
② 방송통신설비의 안전성 및 신뢰성 확보를 위하여 필요한 사항
③ 방송통신설비의 운용에 필요한 시험·감시 기능에 관한 사항
④ 방송통신설비를 판매하기 위한 건축물의 화재대책 등에 관한 사항

해설

방송통신설비의 기술기준에 관한 규정 제22조(안전성 및 신뢰성 등)
1. 방송통신설비를 수용하기 위한 건축물 또는 구조물의 안전 및 화재대책 등에 관한 사항
2. 방송통신설비를 이용 또는 운용하는 자의 안전 확보에 필요한 사항
3. 방송통신설비의 운용에 필요한 시험·감시 및 통제를 할 수 있는 기능에 관한 사항
4. 그 밖에 방송통신설비의 안전성 및 신뢰성 확보를 위하여 필요한 사항

08 방송통신을 행하기 위하여 계통적 유기적으로 연결·구성된 방송통신 설비의 집합체는? (2013-3차)(2018-3차)

① 전화망
② 전송설비
③ 전원설비
④ 방송통신망

해설

방송통신설비의 기술기준에 관한 규정 제3조(정의)
5. "방송통신망"이란 방송통신을 행하기 위하여 계통적·유기적으로 연결·구성된 방송통신설비의 집합체를 말한다.

정답 09 ③ 10 ① 11 ② 12 ②

09 다음 중 방송통신의 원활한 발전을 위하여 새로운 방송통신 방식을 채택하는 기관은? (2016-3차)(2018-2차)(2019-2차)

① 한국정보통신기술협회
② 국립전파연구원
③ 과학기술정보통신부
④ 한국정보화진흥원

해설

방송통신발전 기본법 제16조(방송통신기술의 진흥 등)
과학기술정보통신부장관은 방송통신기술의 진흥을 통한 방송통신서비스 발전을 위하여 다음 각호의 시책을 수립 · 시행하여야 한다.
1. 방송통신과 관련된 기술수준의 조사, 기술의 연구개발, 개발기술의 평가 및 활용에 관한 사항
2. 방송통신 기술협력, 기술지도 및 기술이전에 관한 사항
3. 방송통신기술의 표준화 및 새로운 방송통신기술의 도입 등에 관한 사항

10 방송통신설비의 기술기준에 관한 규정에서 정의하고 있는 '선로설비'가 아닌 것은? (2021-2차)

① 분배장치
② 전주
③ 관로
④ 배선반

해설

방송통신설비의 기술기준에 관한 규정 제3조(정의)
10. "선로설비"란 일정한 형태의 방송통신콘텐츠를 전송하기 위하여 사용하는 동선 · 광섬유 등의 전송매체로 제작된 선조 · 케이블 등과 이를 수용 또는 접속하기 위하여 제작된 전주 · 관로 · 통신터널 · 배관 · 맨홀(Manhole) · 핸드홀(손이 들어갈 수 있는 구멍을 말한다. 이하 같다) · 배선반 등과 그 부대설비를 말한다.

11 정보통신공사업자가 품위의 유지, 기술의 향상, 공사 시공방법의 개량 기타 정보통신공사업의 건전한 발전을 위하여 방송통신위원회의 인가를 받아 설립한 것은? (2010-1차)

① 정보통신공제조합
② 정보통신공사협회
③ 정보통신기술협회
④ 한국정보화진흥원

해설

정보통신공사업법 제41조(정보통신공사협회의 설립)
① 공사업자는 품위 유지, 기술 향상, 공사시공방법 개량, 그 밖에 공사업의 건전한 발전을 위하여 과학기술정보통신부장관의 인가를 받아 정보통신공사협회(이하 "협회"라 한다)를 설립할 수 있다.

12 다음 보기의 괄호 안에 들어갈 문구로 옳은 것은? (2023-3차)

[보기]
(　　)은 국민이 원하는 다양한 방송통신서비스가 차질 없이 안정적으로 제공될 수 있도록 방송통신에 이용되는 유 · 무선망의 고도화(化)를 위하여 노력하여야 하며, 이를 위하여 필요한 시책을 수립 · 시행하여야 한다.

① 행정안전부장관
② 과학기술정보통신부장관
③ 문화체육관광부장관
④ 방송통신위원장

해설

방송통신발전 기본법 제13조(방송통신에 이용되는 유 · 무선망의 고도화)
과학기술정보통신부장관은 국민이 원하는 다양한 방송통신서비스가 차질 없이 안정적으로 제공될 수 있도록 방송통신에 이용되는 유 · 무선망의 고도화를 위하여 노력하여야 하며, 이를 위하여 필요한 시책을 수립 · 시행하여야 한다.

기출유형 02 ▶ 방송통신설비

방송통신설비의 제거명령을 위반한 자에 대한 벌금규정은? (2016-3차)(2017-3차)(2019-1차)

① 1년 이하의 징역 또는 1천만원 이하의 벌금에 처한다.
② 2년 이하의 징역 또는 2천만원 이하의 벌금에 처한다.
③ 3년 이하의 징역 또는 3천만원 이하의 벌금에 처한다.
④ 5년 이하의 징역 또는 5천만원 이하의 벌금에 처한다.

해설

방송통신발전 기본법 제46조(벌칙)

제43조 제2항에 따른 방송통신설비의 제거명령을 위반한 자는 1년 이하의 징역 또는 1천만원 이하의 벌금에 처한다.

| 정답 | ①

족집게 과외

- **분계점**: 방송통신설비가 다른 사람의 방송통신설비와 접속되는 경우에는 그 건설과 보전에 관한 책임 등의 한계를 명확하게 하기 위하여 분계점이 설정되어야 한다.
- **단말장치**: 방송통신망에 접속되는 단말기기 및 그 부속설비를 말한다.

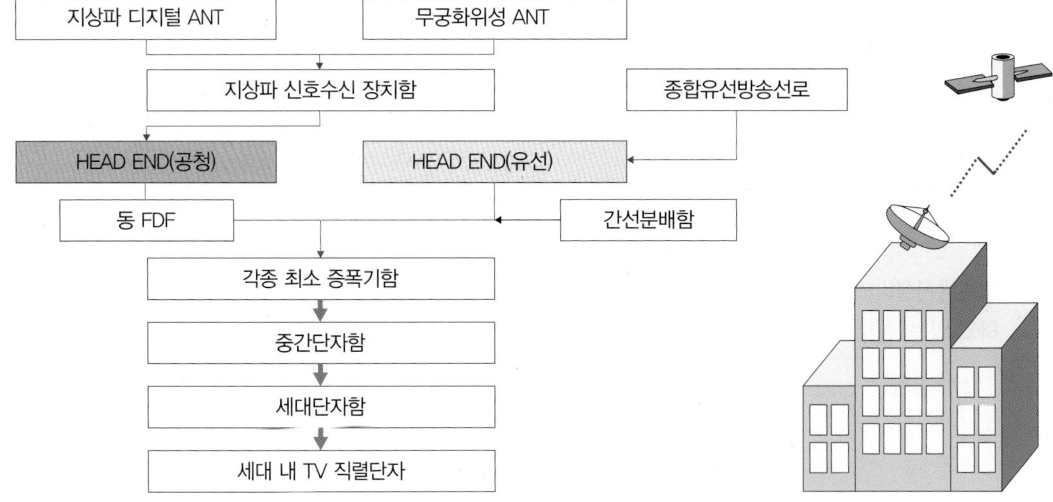

더 알아보기

"방송공동수신설비"란 방송 공동수신 안테나 시설과 종합유선방송 구내전송선로설비를 말한다. 방송공동수신설비는 건축물에서 지상파 텔레비전방송, 위성방송, 종합유선방송 및 FM 라디오 방송을 공통으로 수신하기 위하여 설치하는 수신안테나, 선로, 관로, 증폭기 등 그 부속설비이다.

◎ **방송통신발전 기본법(약칭: 방송통신발전법)**

제28조(기술기준) ⑤ 과학기술정보통신부장관은 방송통신설비가 기술기준에 적합하게 설치 · 운영되는지를 확인하기 위하여 다음 각호의 어느 하나에 해당하는 경우에는 소속 공무원으로 하여금 방송통신설비를 설치 · 운영하는 자의 설비를 조사하거나 시험하게 할 수 있다.

1. 방송통신설비 관련 시책을 수립하기 위한 경우
2. 국가비상사태에 대비하기 위한 경우
3. 재해 · 재난 예방을 위한 경우 및 재해 · 재난이 발생한 경우
4. 방송통신설비의 이상으로 광범위한 방송통신 장애가 발생할 우려가 있는 경우

◎ **방송통신설비의 기술기준에 관한 규정**

제3조(정의)

1. "사업용방송통신설비"란 방송통신서비스를 제공하기 위한 방송통신설비로서 다음 각목의 설비를 말한다.
   가. 기간통신사업자 및 부가통신사업자가 설치 · 운용 또는 관리하는 방송통신설비
   나. 「방송법」 제2조 제14호에 따른 전송망사업자가 설치 · 운용 또는 관리하는 방송통신설비
   다. 「인터넷 멀티미디어 방송사업법」에 따른 인터넷 멀티미디어 방송 제공사업자가 설치 · 운용 또는 관리하는 방송통신설비
2. "이용자방송통신설비"란 방송통신서비스를 제공받기 위하여 이용자가 관리 · 사용하는 구내통신선로설비, 이동통신구내선로설비, 방송공동수신설비, 단말장치 및 전송설비 등을 말한다.
3. "국선"이란 사업자의 교환설비로부터 이용자방송통신설비의 최초 단자에 이르기까지의 사이에 구성되는 회선
4. "국선접속설비"란 사업자가 이용자에게 제공하는 국선을 수용하기 위하여 설치하는 국선수용단자반 및 이상전압전류에 대한 보호장치 등을 말한다.
5. "방송통신망"이란 방송통신을 행하기 위하여 계통적 · 유기적으로 연결 · 구성된 방송통신설비의 집합체를 말한다.
6. "전력선통신"이란 전력공급선을 매체로 이용하여 행하는 통신을 말한다.
7. "강전류전선"이란 전기도체, 절연물로 싼 전기도체 또는 절연물로 싼 것의 위를 보호피막으로 보호한 전기도체 등으로서 300볼트 이상의 전력을 송전하거나 배전하는 전선을 말한다.
8. "교환설비"란 다수의 전기통신회선(이하 "회선"이라 한다)을 제어 · 접속하여 회선 상호 간의 방송통신을 가능하게 하는 교환기와 그 부대설비를 말한다.
9. "전송설비"란 교환설비 · 단말장치 등으로부터 수신된 방송통신콘텐츠를 변환 · 재생 또는 증폭하여 유선 또는 무선으로 송신하거나 수신하는 설비로서 전송단국장치 · 중계장치 · 다중화장치 · 분배장치 등과 그 부대설비
10. "선로설비"란 일정한 형태의 방송통신콘텐츠를 전송하기 위하여 사용하는 동선 · 광섬유 등의 전송매체로 제작된 선조 · 케이블 등과 이를 수용 또는 접속하기 위하여 제작된 전주 · 관로 · 통신터널 · 배관 · 맨홀(Manhole) · 핸드홀(손이 들어갈 수 있는 구멍을 말한다. 이하 같다) · 배선반 등과 그 부대설비를 말한다.
11. "전력유도"란 「철도의 건설 및 철도시설 유지관리에 관한 법률」에 따른 고속철도나 「도시철도법」에 따른 도시철도 등 전기를 이용하는 철도시설(이하 "전철시설"이라 한다) 또는 전기공작물 등이 그 주위에 있는 방송통신설비에 정전유도나 전자유도 등으로 인한 전압이 발생되도록 하는 현상을 말한다.
12. "전원설비"란 수변전장치, 정류기, 축전지, 전원반, 예비용 발전기 및 배선 등 방송통신용 전원을 공급하기 위한 설비를 말한다.
13. "단말장치"란 방송통신망에 접속되는 단말기기 및 그 부속설비를 말한다.

22. "국선단자함"이란 국선과 구내간선케이블 또는 구내케이블을 종단하여 상호 연결하는 통신용 분배함을 말한다.

◎ **방송통신설비의 기술기준에 관한 규정**

제4조(분계점) ① 방송통신설비가 다른 사람의 방송통신설비와 접속되는 경우에는 그 건설과 보전에 관한 책임 등의 한계를 명확하게 하기 위하여 분계점이 설정되어야 한다.

② 각 설비 간의 분계점은 다음 각호와 같다.

1. 사업용방송통신설비의 분계점은 사업자 상호 간의 합의에 따른다. 다만, 과학기술정보통신부장관이 분계점을 고시한 경우에는 이에 따른다.
2. 사업용방송통신설비와 이용자방송통신설비의 분계점은 도로와 택지 또는 공동주택단지의 각 단지와의 경계점으로 한다. 다만, 국선과 구내선의 분계점은 사업용방송통신설비의 국선접속설비와 이용자방송통신설비가 최초로 접속되는 점으로 한다.

제6조(위해 등의 방지) ① 방송통신설비는 이에 접속되는 다른 방송통신설비를 손상시키거나 손상시킬 우려가 있는 전압 또는 전류가 송출되는 것이어서는 아니 된다.

② 방송통신설비는 이에 접속되는 다른 방송통신설비의 기능에 지장을 주거나 지장을 줄 우려가 있는 방송통신콘텐츠가 송출되는 것이어서는 아니 된다.

제7조(보호기 및 접지) ① 벼락 또는 강전류전선과의 접촉 등으로 이상전류 또는 이상전압이 유입될 우려가 있는 방송통신설비에는 과전류 또는 과전압을 방전시키거나 이를 제한 또는 차단하는 보호기가 설치되어야 한다.

② 제1항에 따른 보호기와 금속으로 된 주배선반 · 지지물 · 단자함 등이 사람 또는 방송통신설비에 피해를 줄 우려가 있을 경우에는 접지되어야 한다.

제8조(전송설비 및 선로설비의 보호) ① 전송설비 및 선로설비는 다른 사람이 설치한 설비나 사람 · 차량 또는 선박 등의 통행에 피해를 주거나 이로부터 피해를 받지 아니하도록 하여야 하며, 시공상 불가피한 경우에는 그 주위에 설비에 관한 안전표지를 설치하는 등의 보호대책을 마련하여야 한다.

② 전송설비 및 선로설비 설치방법에 대한 세부기술기준은 과학기술정보통신부장관이 정하여 고시한다.

제14조(단말장치의 기술기준) ① 과학기술정보통신부장관은 방송통신설비의 운용자와 이용자의 안전 및 방송통신서비스의 품질향상을 위하여 다음 각호의 사항에 관한 단말장치의 기술기준을 정할 수 있다.

1. 방송통신망 및 방송통신망 운용자에 대한 위해방지에 관한 사항
2. 방송통신망의 오용 및 요금산정기기의 고장방지에 관한 사항
3. 방송통신망 또는 방송통신서비스에 대한 장애인의 용이한 접근에 관한 사항
4. 비상방송통신서비스를 위한 방송통신망의 접속에 관한 사항
5. 방송통신망과 단말장치 간 또는 단말장치와 단말장치 간의 상호작동에 관한 사항
6. 진송품질의 유시에 관한 사항
7. 전화역무 간의 상호운용에 관한 사항

정답 01 ③ 02 ② 03 ② 04 ①

01 방송통신발전기본법에서 규정한 "방송통신설비의 관리규정"에 포함되지 않는 것은? (2013-2차)(2023-2차)

① 방송통신설비의 유지 · 보수에 관한 사항
② 방송통신설비 관리조직의 구성 · 직무 및 책임에 관한 사항
③ 방송통신서비스 이용자의 통신 감청에 관한 사항
④ 방송통신설비 장애 시의 조치 및 대책에 관한 사항

해설

방송통신발전 기본법 시행령 제21조(관리규정)
관리규정에는 다음 각호의 사항이 포함되어야 한다.
1. 방송통신설비 관리조직의 구성 · 직무 및 책임에 관한 사항
2. 방송통신설비의 설치 · 검사 · 운용 · 점검과 유지 · 보수에 관한 사항
3. 방송통신설비 장애 시의 조치 및 대책에 관한 사항
4. 방송통신서비스 이용자의 통신비밀보호대책에 관한 사항

02 다음 중 방송통신설비의 옥외설비가 갖추어야 할 신뢰성 및 안정성에 대한 대책이 아닌 것은? (2013-2차)(2014-3차)

① 동결 대책
② 다자접근 용이성 대책
③ 다습도 대책
④ 진동대책

해설

[별표 1] 안전성 및 신뢰성 기준(제4조 관련) 제2절 옥외설비 방송통신설비의 안정성 · 신뢰성 및 통신규약에 대한 기술 수준
1. 풍해 대책, 2. 낙뢰 대책, 3. 진동대책, 4. 지진대책, 5. 화재 대책, 6. 내수 등의 대책, 7. 수해 대책, 8. 동결 대책, 9. 염해 등 대책, 10. 고온 · 저온 대책, 11. 다습도 대책, 12. 고신뢰도, 13. 제3자의 접촉 방지

03 다음 중 방송통신설비가 다른 사람의 방송통신설비와 접속되는 경우에 그 건설과 보전에 관한 책임 등의 한계를 명확하게 하기 위하여 설정하여야 하는 것은? (2013-2차)(2017-2차)

① 분기점 ② 분계점
③ 국선분계 ④ 국선분기점

해설

방송통신설비의 기술기준에 관한 규정 제4조(분계점)
① 방송통신설비가 다른 사람의 방송통신설비와 접속되는 경우에는 그 건설과 보전에 관한 책임 등의 한계를 명확하게 하기 위하여 분계점이 설정되어야 한다.

04 방송통신설비가 이에 접속되는 다른 방송통신설비의 위해 등을 방지하기 위한 대책으로 적합하지 않은 것은? (2012-1차)(2018-1차)(2021-1차)

① 전력선통신을 행하는 방송통신설비는 이상전압이나 이상전류에 대한 방지대책에 요구되지 않는다.
② 다른 방송통신설비를 손상시킬 우려가 있는 전류가 송출되는 것이어서는 아니 된다.
③ 다른 방송통신설비의 기능에 지장을 주는 방송통신콘텐츠가 송출되어서는 아니 된다.
④ 다른 방송통신설비를 손상시킬 우려가 있는 전압이 송출되는 것이어서는 아니 된다.

해설

방송통신설비의 기술기준에 관한 규정 제6조(위해 등의 방지)
① 방송통신설비는 이에 접속되는 다른 방송통신설비를 손상시키거나 손상시킬 우려가 있는 전압 또는 전류가 송출되는 것이어서는 아니 된다.
② 방송통신설비는 이에 접속되는 다른 방송통신설비의 기능에 지장을 주거나 지장을 줄 우려가 있는 방송통신콘텐츠가 송출되는 것이어서는 아니 된다.

05 다음 중 적합성평가를 받은 기자재가 적합성평가 기준대로 제조 · 수입 또는 판매되고 있는지 조사 또는 시험하는 것을 무엇이라고 하는가? (2014-3차)(2015-3차)

① 품질관리
② 규격관리
③ 사후관리
④ 시험관리

해설

방송통신기자재 등의 적합성평가에 관한 고시 제2조(정의)
2. "사후관리"라 함은 적합성평가를 받은 기자재가 적합성평가 기준대로 제조 · 수입 또는 판매되고 있는지 법 제71조의2에 따라 조사 또는 시험하는 것을 말한다.

06 방송통신설비의 기술기준에 관한 규정에서 정의하고 있는 '선로설비'가 아닌 것은? (2013-3차)(2015-2차)(2021-2차)

① 분배장치
② 전주
③ 관로
④ 배선반

해설

방송통신설비의 기술기준에 관한 규정 제3조(정의)
10. "선로설비"란 일정한 형태의 방송통신콘텐츠를 전송하기 위하여 사용하는 동선 · 광섬유 등의 전송매체로 제작된 선조 · 케이블 등과 이를 수용 또는 접속하기 위하여 제작된 전주 · 관로 · 통신터널 · 배관 · 맨홀(Manhole) · 핸드홀(손이 들어갈 수 있는 구멍을 말한다. 이하 같다) · 배선반 등과 그 부대설비를 말한다.

07 방송통신설비 기술기준 적합조사를 실시하는 경우가 아닌 것은? (2021-3차)(2023-2차)

① 방송통신설비 관련 시책을 수립하기 위한 경우
② 국가비상상태를 대비하기 위한 경우
③ 신기술 및 신통신방식 도입을 위한 경우
④ 방송통신설비의 이상으로 광범위한 통신장애가 발생할 우려가 있는 경우

해설

방송통신발전 기본법 제28조(기술기준)
⑤ 과학기술정보통신부장관은 방송통신설비가 기술기준에 적합하게 설치 · 운영되는지를 확인하기 위하여 다음 각호의 어느 하나에 해당하는 경우에는 소속 공무원으로 하여금 방송통신설비를 설치 · 운영하는 자의 설비를 조사하거나 시험하게 할 수 있다.
1. 방송통신설비 관련 시책을 수립하기 위한 경우
2. 국가비상사태에 대비하기 위한 경우
3. 재해 · 재난 예방을 위한 경우 및 재해 · 재난이 발생한 경우
4. 방송통신설비의 이상으로 광범위한 방송통신 장애가 발생할 우려가 있는 경우

08 방송통신설비의 기술기준에 관한 규정에 포함되어있는 기술기준이 아닌 것은? (2022-2차)

① 전자파설비의 기술기준
② 구내통신선로설비의 기술기준
③ 구내용 이동통신설비의 기술기준
④ 방송통신기자재의 기술기준

해설

방송통신설비의 기술기준에 관한 규정 제1조(목적)
이 영은 방송통신설비, 관로, 구내통신선로설비 및 구내용 이동통신설비 및 방송통신기자재등의 기술기준을 규정함을 목적으로 한다.

09 **다음 중 방송통신설비의 운용자와 이용자의 안전 및 방송통신서비스의 품질향상을 위하여 규정한 단말장치의 기술기준이 아닌 것은?** (2022-3차)

① 방송통신망 또는 방송통신서비스에 대한 장애인의 용이한 접근에 관한 사항
② 전송품질의 유지에 관한 사항
③ 전화역무 간의 상호운용에 관한 사항
④ 전기통신망 유지 및 보수자의 안전에 관한 사항

해설

방송통신설비의 기술기준에 관한 규정 제14조(단말장치의 기술기준)
1. 방송통신망 및 방송통신망 운용자에 대한 위해방지에 관한 사항
2. 방송통신망의 오용 및 요금산정기기의 고장방지에 관한 사항
3. 방송통신망 또는 방송통신서비스에 대한 장애인의 용이한 접근에 관한 사항
4. 비상방송통신서비스를 위한 방송통신망의 접속에 관한 사항
5. 방송통신망과 단말장치 간 또는 단말장치와 단말장치 간의 상호작동에 관한 사항
6. 전송품질의 유지에 관한 사항
7. 전화역무 간의 상호운용에 관한 사항
8. 그 밖에 방송통신망의 보호를 위하여 필요한 사항

10 **다음 중 기술기준에 의한 "단말장치"의 정의로 적합한 것은?** (2011-3차)

① 통신회선에 접속하는 전화교환기, 변복조기 등을 말한다.
② 방송통신설비와 접속하기 위하여 이용자가 설치하는 잭, 플러그, 버튼 등을 말한다.
③ 정보통신에 이용되는 정보통신기기 본체와 이에 부속되는 입출력장치 등 기타의 기기를 말한다.
④ 방송통신망에 접속되는 단말기기 및 그 부속설비를 말한다.

해설

방송통신설비의 기술기준에 관한 규정 제3조(정의)
13. "단말장치"란 방송통신망에 접속되는 단말기기 및 그 부속설비를 말한다.

11 **다음 중 전송설비 및 선로설비의 보호대책과 관계가 없는 것은?** (2012-3차)(2016-3차)(2018-2차)

① 전송설비와 선로설비 간의 분계점을 명확히 한다.
② 다른 사람이 설치한 설비에 피해를 받지 않도록 한다.
③ 설비 주위에 설비에 관한 안전표지를 한다.
④ 강전류전선에 대한 보호망이나 보호선을 설치한다.

해설

분계점은 방송통신설비의 보전과 책임의 한계를 명확하게 하기 위한 것이다.

방송통신설비의 기술기준에 관한 규정 제4조(분계점)
① 방송통신설비가 다른 사람의 방송통신설비와 접속되는 경우에는 그 건설과 보전에 관한 책임 등의 한계를 명확하게 하기 위하여 분계점이 설정되어야 한다.
② 각 설비 간의 분계점은 다음 각호와 같다.
  1. 사업용방송통신설비의 분계점은 사업자 상호 간의 합의에 따른다. 다만, 과학기술정보통신부장관이 분계점을 고시한 경우에는 이에 따른다.
  2. 사업용방송통신설비와 이용자방송통신설비의 분계점은 도로와 택지 또는 공동주택단지의 각 단지와의 경계점으로 한다. 다만, 국선과 구내선의 분계점은 사업용방송통신설비의 국선접속설비와 이용자방송통신설비가 최초로 접속되는 점으로 한다.

12 국선과 국내간선케이블 또는 구내케이블을 종단하여 상호 연결하는 통신용 분배함은 무엇인가? (2021-2차)

① 분계점
② 국선접속설비
③ 국선단자함
④ 국선배선반

해설

방송통신설비의 기술기준에 관한 규정 제3조(정의)
22. "국선단자함"이란 국선과 구내간선케이블 또는 구내케이블을 종단하여 상호 연결하는 통신용 분배함

13 다음 중 방송통신설비 기술기준 적합조사를 실시하는 경우가 아닌 것은? (2023-2차)

① 방송통신설비 관련 시책을 수립하기 위한 경우
② 국가비상사태를 대비하기 위한 경우
③ 신기술 및 신통신방식 도입을 위한 경우
④ 방송통신설비의 이상으로 광범위한 방송통신 장애가 발생할 우려가 있는 경우

해설

방송통신발전 기본법 제28조(기술기준)
⑤ 과학기술정보통신부장관은 방송통신설비가 기술기준에 적합하게 설치·운영되는지를 확인하기 위하여 다음 각호의 어느 하나에 해당하는 경우에는 소속 공무원으로 하여금 방송통신설비를 설치·운영하는 자의 설비를 조사하거나 시험하게 할 수 있다.
1. 방송통신설비 관련 시책을 수립하기 위한 경우
2. 국가비상사태에 대비하기 위한 경우
3. 재해·재난 예방을 위한 경우 및 재해·재난이 발생한 경우
4. 방송통신설비의 이상으로 광범위한 방송통신 장애가 발생할 우려가 있는 경우

14 다음 중 방송 공동수신설비의 수신안테나 설치기준으로 옳은 것은? (2023-3차)

① 수신안테나는 모든 채널의 지상파방송, 종합유선방송 신호를 수신할 수 있도록 안테나를 구성하여 설치하여야 한다.
② 수신안테나는 벼락으로부터 보호될 수 있도록 설치하되, 피뢰침과 1.5미터 이상의 거리를 두어야 한다.
③ 수신안테나를 지지하는 구조물은 풍하중을 견딜 수 있도록 견고하게 설치하여야 한다.
④ 둘 이상의 건축물이 하나의 단지를 구성하고 있는 경우에는 한조의 수신안테나를 설치하여 이를 독립적으로 사용할 수 있다.

해설

방송 공동수신설비의 설치기준에 관한 규칙 제6조(수신안테나의 설치방법)
① 수신안테나는 모든 채널의 지상파 텔레비전방송, 위성방송 및 에프엠 라디오 방송의 신호를 수신할 수 있도록 안테나를 조합하여 설치하여야 한다.
② 둘 이상의 건축물이 하나의 단지를 구성하고 있는 경우에는 한 조의 수신안테나를 설치하여 이를 공동으로 사용할 수 있다.
③ 수신안테나는 벼락으로부터 보호될 수 있도록 설치하되, 피뢰시설과 1미터 이상의 거리를 두어야 한다.
④ 수신안테나를 지지하는 구조물은 풍하중(풍하중)을 견딜 수 있도록 견고하게 설치하여야 한다. 이 경우 풍하중의 산정에 관하여는 「건축물의 구조기준 등에 관한 규칙」 제13조를 준용한다.

기출유형 03 ▶ 방송통신설비 전기

방송통신설비의 기술기준에 관한 규정에서 정의한 '특고압'은? (2017-2차)(2019-1차)

① 7,000볼트를 초과하는 전압
② 5,000볼트를 초과하는 전압
③ 2,500볼트를 초과하는 전압
④ 직류는 750볼트, 교류는 600볼트를 초과하는 전압

해설

전기통신설비의 기술기준에 관한 규정 제3조(정의)

19. "저압"이란 직류는 750볼트 이하, 교류는 600볼트 이하인 전압을 말한다.
20. "고압"이란 직류는 750볼트, 교류는 600볼트를 초과하고 각각 7,000볼트 이하인 전압을 말한다.
21. "특별고압"이란 7,000볼트를 초과하는 전압을 말한다.

| 정답 | ①

족집게 과외

- "저압"이란 직류는 750볼트 이하, 교류는 600볼트 이하인 전압
- "고압"이란 직류는 750볼트, 교류는 600볼트를 초과하고 각각 7,000볼트 이하인 전압
- "특별고압"이란 7,000볼트를 초과하는 전압

전기설비기술기준의 판단기준  한국전기설비규정(KEC)

2021년 1월 1일

구분	현행	개정
저압	DC 750V 이하	DC 1500V 이하
	AC 600V 이하	AC 1000V 이하
고압	DC 750V 초과 7000V 이하	DC 1500V 초과 7000V 이하
	AC 600V 초과 7000V 이하	AC 1000V 초과 7000V 이하
특고압	7000V 초과	7000V 초과

더 알아보기

개정 사유

국내 · 외 저압 범위 구분의 차이로 인한 전기산업계의 혼란이 발생하고 있으며 해외기술의 영향이 크게 작용하는 풍력산업 등 신 · 재생에너지 분야의 경우 해외에서는 저압으로 분류되는 외산제품이 국내에서는 고압기기로 분류되어 별도의 시험이 요구되는 문제점 등이 발생하는 실정이다.

◎ **방송통신설비의 기술기준에 관한 규정**

제3조(정의)

2. "이용자방송통신설비"란 방송통신서비스를 제공받기 위하여 이용자가 관리 · 사용하는 구내통신선로설비, 이동통신구내선로설비, 방송공동수신설비, 단말장치 및 전송설비 등을 말한다.
3. "국선"이란 사업자의 교환설비로부터 이용자방송통신설비의 최초 단자에 이르기까지의 사이에 구성되는 회선을 말한다.
4. "국선접속설비"란 사업자가 이용자에게 제공하는 국선을 수용하기 위하여 설치하는 국선수용단자반 및 이상전압전류에 대한 보호장치 등을 말한다.
5. "방송통신망"이란 방송통신을 행하기 위하여 계통적 · 유기적으로 연결 · 구성된 방송통신설비의 집합체를 말한다.
6. "전력선통신"이란 전력공급선을 매체로 이용하여 행하는 통신을 말한다.
7. "강전류전선"이란 전기도체, 절연물로 싼 전기도체 또는 절연물로 싼 것의 위를 보호피막으로 보호한 전기도체 등으로서 300볼트 이상의 전력을 송전하거나 배전하는 전선을 말한다.
18. "정보통신설비"란 유선 · 무선 · 광선이나 그 밖에 전자적 방식에 따라 부호 · 문자 · 음향 또는 영상 등의 정보를 저장 · 제어 · 처리하거나 송수신하기 위한 기계 · 기구 · 선로나 그 밖에 필요한 설비를 말한다.
19. "저압"이란 직류는 750볼트 이하, 교류는 600볼트 이하인 전압을 말한다.
20. "고압"이란 직류는 750볼트, 교류는 600볼트를 초과하고 각각 7,000볼트 이하인 전압을 말한다.
21. "특고압"이란 7,000볼트를 초과하는 전압을 말한다.

제6조(위해 등의 방지) ③ 전력선통신을 행하기 위한 방송통신설비는 다음 각호의 기능을 갖추어야 한다.

1. 전력선과의 접속부분을 안전하게 분리하고 이를 연결할 수 있는 기능
2. 전력선으로부터 이상전압이 유입된 경우 인명 · 재산 및 설비자체를 보호할 수 있는 기능

④ 제3항에 따른 전력선통신을 행하기 위한 방송통신설비의 위해방지 등에 대한 세부기술기준은 과학기술정보통신부장관이 정하여 고시한다.

제9조(전력유도의 방지) ② 전력유도의 전압이 다음 각호의 제한치를 초과하거나 초과할 우려가 있는 경우에는 전력유도 방지조치를 하여야 한다.

1. 이상 시 유도위험전압: 650볼트
2. 상시 유도위험종전압: 60볼트
3. 기기 오동작 유도종전압: 15볼트
4. 잡음전압: 0.5밀리볼트

제10조(전원설비) ① 전기통신설비에 사용되는 전원설비는 그 전기통신설비가 최대로 사용되는 때의 전력을 안정적으로 공급할 수 있는 용량으로서 동작전압과 전류의 변동률을 정격전압 및 정격전류의 ±10퍼센트 이내로 유지할 수 있는 것이어야 한다.

정답 01 ① 02 ④ 03 ① 04 ①

01 다음 중 전력선통신을 행하기 위한 방송통신설비가 갖추어야 할 기능으로 옳은 것은? (2016-2차)(2021-1차)

① 전력선과의 접속부분을 안전하게 분리하고 이를 연결할 수 있는 기능
② 전력선으로부터 이상전류가 유입된 경우 접지될 수 있는 기능
③ 단말기의 전력분배 기능
④ 주장치의 이상 현상으로부터 보호할 수 있는 기능

해설

방송통신설비의 기술기준에 관한 규정 제6조(위해 등의 방지)
③ 전력선통신을 행하기 위한 방송통신설비는 다음 각호의 기능을 갖추어야 한다.
1. 전력선과의 접속부분을 안전하게 분리하고 이를 연결할 수 있는 기능
2. 전력선으로부터 이상전압이 유입된 경우 인명 · 재산 및 설비자체를 보호할 수 있는 기능

02 전기공작물 또는 전철시설 등이 그 주위에 있는 방송통신설비에 정전유도나 전자유도 등으로 인한 전압이 발생되도록 하는 현상을 무엇이라 하는가? (2020-3차)

① 전기유도 ② 전압유도
③ 저가유도 ④ 전력유도

해설

전기통신설비의 기술기준에 관한 규정 제3조(정의)
11. "전력유도"란 「철도건설법」에 따른 고속철도나 「도시철도법」에 따른 도시철도 등 전기를 이용하는 철도시설 또는 전기공작물 등이 그 주위에 있는 전기통신설비에 정전유도나 전자유도 등으로 인한 전압이 발생되도록 하는 현상을 말한다.

03 직류는 750볼트, 교류는 600볼트를 초과하고 각각 7,000볼트 이하인 전압은 무엇인가? (2014-3차)

① 고압 ② 저압
③ 특별고압 ④ 중고압

해설

전기통신설비의 기술기준에 관한 규정 제3조(정의)
19. "저압"이란 직류는 750볼트 이하, 교류는 600볼트 이하인 전압을 말한다.
20. "고압"이란 직류는 750볼트, 교류는 600볼트를 초과하고 각각 7,000볼트 이하인 전압을 말한다.

04 '저압'에 대한 용어의 정의로 알맞은 것은? (2011-1차)(2014-3차)(2019-2차)

① 직류 750볼트 이하, 교류는 600볼트 이하
② 직류 600볼트 이하, 교류는 750볼트 이하
③ 직류 700볼트 이하, 교류는 650볼트 이하
④ 직류 700볼트 이하, 교류는 600볼트 이하

해설

전기통신설비의 기술기준에 관한 규정 제3조(정의)
19. "저압"이란 직류는 750볼트 이하, 교류는 600볼트 이하인 전압을 말한다.

05 방송통신설비의 기술기준에 관한 규정에서 고압에 대한 정의는? (2011-2차)(2014-1차)

① 직류는 750볼트 이하, 교류는 600볼트 이하인 전압
② 직류는 750볼트, 교류는 600볼트를 초과하고 각각 7000볼트 이하인 전압
③ 직류는 750볼트, 교류는 600볼트를 초과하고 각각 3300볼트 이하인 전압
④ 교류 7000볼트를 초과하는 전압

해설

방송통신설비의 기술기준에 관한 규정 제3조(정의)
20. "고압"이란 직류는 750볼트, 교류는 600볼트를 초과하고 각각 7,000볼트 이하인 전압을 말한다.
21. "특고압"이란 7,000볼트를 초과하는 전압을 말한다.

06 방송통신설비에 사용되는 전원설비는 동작전압과 전류의 변동률을 정격전압 및 정격전류의 얼마 이내로 유지할 수 있어야 하는가? (2017-3차)

① ±10[%]
② ±15[%]
③ ±20[%]
④ ±25[%]

해설

방송통신설비의 기술기준에 관한 규정 제10조(전원설비)
① 방송통신설비에 사용되는 전원설비는 그 방송통신설비가 최대로 사용되는 때의 전력을 안정적으로 공급할 수 있는 용량으로서 동작전압과 전류의 변동률을 정격전압 및 정격전류의 ±10퍼센트 이내로 유지할 수 있는 것이어야 한다.

07 다음 중 전력유도 방지를 위한 기기 오동작 유도종전압의 제한치는? (2011-1차)

① 10볼트
② 15볼트
③ 20볼트
④ 30볼트

해설

방송통신설비의 기술기준에 관한 규정 제9조(전력유도의 방지)
② 전력유도의 전압이 다음 각호의 제한치를 초과하거나 초과할 우려가 있는 경우에는 전력유도 방지조치를 하여야 한다.
1. 이상시 유도위험전압: 650볼트
2. 상시 유도위험종전압: 60볼트
3. 기기 오동작 유도종전압: 15볼트
4. 잡음전압: 0.5밀리볼트

08 다음 중 전력유도 방지조치를 해야 하는 기준으로 잘못된 것은? (2015-2차)

① 기기 오동작 유도종전압: 15볼트 초과
② 잡음전압: 0.5밀리볼트 초과
③ 상시 유도위험종전압: 50볼트 초과
④ 이상 시 유도위험전압: 650볼트 초과

해설

방송통신설비의 기술기준에 관한 규정 제9조(전력유도의 방지)
② 전력유도의 전압이 다음 각호의 제한치를 초과하거나 초과할 우려가 있는 경우에는 전력유도 방지조치를 하여야 한다.
1. 이상 시 유도위험전압: 650볼트. 다만, 고장 시 전류제거시간이 0.1초 이상인 경우에는 430볼트로 한다.
2. 상시 유도위험종전압: 60볼트
3. 기기 오동작 유도종전압: 15볼트. 다만, 해당 방송통신설비의 통신선로가 왕복 2개의 선으로 구성되어있는 경우에는 적용하지 아니하되, 통신선로의 2개의 선 중 1개의 선이 대지를 통하도록 구성되어 있는 경우(대지귀로방식)에는 적용한다.

기출유형 04 ▶ 영상정보처리기기

영상정보처리기기의 설치 · 운영 제한규정에 맞지 않는 것은? (2022-3차)

① 영상정보처리기기운영자는 영상정보 이외에 녹음기능을 사용할 수 있다.
② 영상정보처리기기운영자는 개인정보가 분실 · 도난 · 유출 · 위조 · 변조 또는 훼손되지 아니하도록 안전성 확보에 필요한 조치를 하여야 한다.
③ 영상정보처리기기운영자는 대통령령으로 정하는 바에 따라 영상정보처리기기 운영 · 관리 방침을 마련하여야 한다.
④ 영상정보처리기기운영자는 영상정보처리기기의 설치 · 운영에 관한 사무를 위탁할 수 있다.

해설

개인정보 보호법 제25조(영상정보처리기기의 설치 · 운영 제한)

⑤ 영상정보처리기기운영자는 영상정보처리기기의 설치 목적과 다른 목적으로 영상정보처리기기를 임의로 조작하거나 다른 곳을 비춰서는 아니 되며, 녹음기능은 사용할 수 없다.

| 정답 | ①

족집게 과외

개인정보 보호법 시행령 제25조(영상정보처리기기 운영 · 관리 방침)

1. 영상정보처리기기의 설치 근거 및 설치 목적
2. 영상정보처리기기의 설치 대수, 설치 위치 및 촬영 범위
3. 관리책임자, 담당 부서 및 영상정보에 대한 접근 권한이 있는 사람
4. 영상정보의 촬영시간, 보관기간, 보관장소 및 처리방법

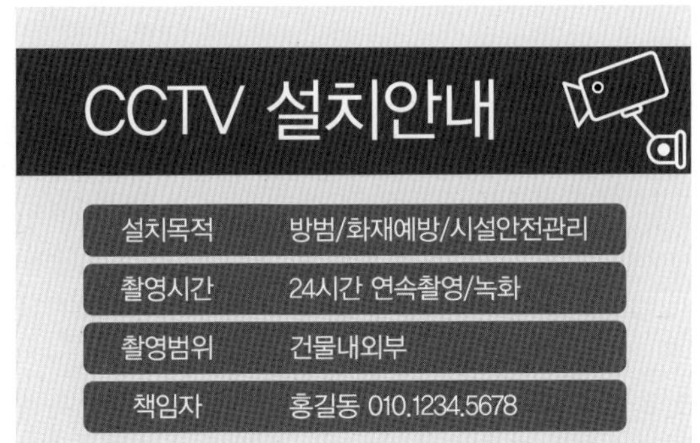

CCTV 설치 안내

○ ○이용 고객님의 안전과 범죄예방을 위하여
○ ○는 CCTV를 설치하여 운영 중입니다.

- 설치목적: 범죄예방 및 도난방지
- 설치장소: ○ ○ 내부
- 촬영시간: 24시간 작동
- 담 당 자: ○ ○ ○(○ ○–○ ○)

○ ○주식회사

더 알아보기

통계청 영상정보처리기기 설치 · 운영에 관한 지침 제9조(안내판 설치)

CCTV 설치 · 운영 안내판은 촬영범위 내에서 정보주체가 알아보기 쉬운 장소에 설치하며, 안내판의 내용은 아래와 같다. 단, 소속기관은 총괄책임자의 판단하에 안내판 설치 위치와 내용을 정하여 부착한다.

◎ **개인정보 보호법**

제18조(개인정보의 이용 · 제공 제한) ② 제1항에도 불구하고 개인정보처리자는 다음 각호의 어느 하나에 해당하는 경우에는 정보주체 또는 제3자의 이익을 부당하게 침해할 우려가 있을 때를 제외하고는 개인정보를 목적 외의 용도로 이용하거나 이를 제3자에게 제공할 수 있다.

1. 정보주체로부터 별도의 동의를 받은 경우
2. 다른 법률에 특별한 규정이 있는 경우
3. 정보주체 또는 그 법정대리인이 의사표시를 할 수 없는 상태에 있거나 주소불명 등으로 사전 동의를 받을 수 없는 경우로서 명백히 정보주체 또는 제3자의 급박한 생명, 신체, 재산의 이익을 위하여 필요하다고 인정되는 경우
4. 통계작성 및 학술연구 등의 목적을 위하여 필요한 경우로서 특정 개인을 알아볼 수 없는 형태로 개인정보를 제공하는 경우
5. 개인정보를 목적 외의 용도로 이용하거나 이를 제3자에게 제공하지 아니하면 다른 법률에서 정하는 소관업무를 수행할 수 없는 경우로서 보호위원회의 심의 · 의결을 거친 경우
6. 조약, 그 밖의 국제협정의 이행을 위하여 외국정부 또는 국제기구에 제공하기 위하여 필요한 경우
7. 범죄의 수사와 공소의 제기 및 유지를 위하여 필요한 경우
8. 법원의 재판업무 수행을 위하여 필요한 경우
9. 형(刑) 및 감호, 보호처분의 집행을 위하여 필요한 경우

제25조(영상정보처리기기의 설치 · 운영 제한) ① 누구든지 다음 각호의 경우를 제외하고는 공개된 장소에 영상정보처리기기를 설치 · 운영하여서는 아니 된다.

1. 법령에서 구체적으로 허용하고 있는 경우
2. 범죄의 예방 및 수사를 위하여 필요한 경우
3. 시설안전 및 화재 예방을 위하여 필요한 경우
4. 교통단속을 위하여 필요한 경우
5. 교통정보의 수집 · 분석 및 제공을 위하여 필요한 경우

② 누구든지 불특정 다수가 이용하는 목욕실, 화장실, 발한실(발한실), 탈의실 등 개인의 사생활을 현저히 침해할 우려가 있는 장소의 내부를 볼 수 있도록 영상정보처리기기를 설치 · 운영하여서는 아니 된다. 다만, 교도소, 정신보건 시설 등 법령에 근거하여 사람을 구금하거나 보호하는 시설로서 대통령령으로 정하는 시설에 대하여는 그러하지 아니하다.

◎ **개인정보 보호법 시행령**

제3조(영상정보처리기기의 범위)

1. 폐쇄회로 텔레비전: 다음 각목의 어느 하나에 해당하는 장치
   가. 일정한 공간에 지속적으로 설치된 카메라를 통하여 영상 등을 촬영하거나 촬영한 영상정보를 유무선 폐쇄회로 등의 전송로를 통하여 특정 장소에 전송하는 장치
   나. 가목에 따라 촬영되거나 전송된 영상정보를 녹화 · 기록할 수 있도록 하는 장치
2. 네트워크 카메라: 일정한 공간에 지속적으로 설치된 기기로 촬영한 영상정보를 그 기기를 설치 · 관리하는 자가 유무선 인터넷을 통하여 어느 곳에서나 수집 · 저장 등의 처리를 할 수 있도록 하는 장치

정답 01 ① 02 ③ 03 ①

01 **정보보호법 시행령에 따르면 공공기관이 영상정보처리기기의 설치 · 운영에 관한 사무를 위탁하는 경우에는 문서로 하여야 한다. 다음 중 해당 문서에 포함될 내용으로 잘못된 것은?**

(2020-1차)(2022-2차)

① 위탁 처리비용
② 위탁하는 사무의 목적 및 범위
③ 재위탁 제한에 관한 사항
④ 영상정보에 대한 접근 제한 등 안전성 확보 조치에 관한 사항

해설

개인정보 보호법 시행령 제26조(공공기관의 영상정보처리기기 설치 · 운영 사무의 위탁)

① 법 제25조 제8항 단서에 따라 공공기관이 영상정보처리기기의 설치 · 운영에 관한 사무를 위탁하는 경우에는 다음 각호의 내용이 포함된 문서로 하여야 한다.
1. 위탁하는 사무의 목적 및 범위
2. 재위탁 제한에 관한 사항
3. 영상정보에 대한 접근 제한 등 안전성 확보 조치에 관한 사항
4. 영상정보의 관리 현황 점검에 관한 사항

02 **정보처리기기 운영자가 개인영상정보를 제3자에게 제공할 수 있는 경우가 아닌 것은?**

(2020-3차)

① 정보주체에게 동의를 얻은 경우
② 범죄의 수사와 공소의 제기 및 유지를 위하여 필요한 경우
③ 개인정보처리자의 동의를 얻은 경우
④ 통계작성 및 학술연구 등의 목적을 위하여 필요한 경우로서 특정 개인을 알아볼 수 없는 형태로 개인영상정보를 제공하는 경우

해설

개인정보 보호법 제18조(개인정보의 이용 · 제공 제한)

② 제1항에도 불구하고 개인정보처리자는 다음 각호의 어느 하나에 해당하는 경우에는 정보주체 또는 제3자의 이익을 부당하게 침해할 우려가 있을 때를 제외하고는 개인정보를 목적 외의 용도로 이용하거나 이를 제3자에게 제공할 수 있다.
1. 정보주체로부터 별도의 동의를 받은 경우
2. 다른 법률에 특별한 규정이 있는 경우
3. 정보주체 또는 그 법정대리인이 의사표시를 할 수 없는 상태에 있거나 주소불명 등으로 사전 동의를 받을 수 없는 경우로서 명백히 정보주체 또는 제3자의 급박한 생명, 신체, 재산의 이익을 위하여 필요하다고 인정되는 경우
4. 통계작성 및 학술연구 등의 목적을 위하여 필요한 경우로서 특정 개인을 알아볼 수 없는 형태로 개인정보를 제공하는 경우
5. 개인정보를 목적 외의 용도로 이용하거나 이를 제3자에게 제공하지 아니하면 다른 법률에서 정하는 소관 업무를 수행할 수 없는 경우로서 보호위원회의 심의 · 의결을 거친 경우
6. 조약, 그 밖의 국제협정의 이행을 위하여 외국정부 또는 국제기구에 제공하기 위하여 필요한 경우
7. 범죄의 수사와 공소의 제기 및 유지를 위하여 필요한 경우
8. 법원의 재판업무 수행을 위하여 필요한 경우
9. 형(刑) 및 감호, 보호처분의 집행을 위하여 필요한 경우

03 **정보처리기기를 설치 · 운영하는 자는 영상정보처리기기가 설치 · 운영되고 있음을 알려주는 안내판을 설치하는 등 필요한 조치를 하여야 한다. 이때 안내판에 포함되는 사항이 아닌 것은?**

(2021-2차)

① 녹음기능 및 보관기간
② 촬영 범위 및 시간
③ 설치 목적 및 장소
④ 관리책임자 성명 및 연락처

해설

개인정보 보호법 시행령 제25조(영상정보처리기기 운영·관리 방침)

1. 영상정보처리기기의 설치 근거 및 설치 목적
2. 영상정보처리기기의 설치 대수, 설치 위치 및 촬영 범위
3. 관리책임자, 담당 부서 및 영상정보에 대한 접근 권한이 있는 사람
4. 영상정보의 촬영시간, 보관기간, 보관장소 및 처리방법
5. 영상정보처리기기운영자의 영상정보 확인 방법 및 장소
6. 정보주체의 영상정보 열람 등 요구에 대한 조치
7. 영상정보 보호를 위한 기술적·관리적 및 물리적 조치
8. 그 밖에 영상정보처리기기의 설치·운영 및 관리에 필요한 사항

영유아보육법 제15조의4(폐쇄회로 텔레비전의 설치 등)

② 제1항에 따라 폐쇄회로 텔레비전을 설치·관리하는 자는 영유아 및 보육교직원 등 정보주체의 권리가 침해되지 아니하도록 다음 각호의 사항을 준수하여야 한다.

1. 아동학대 방지 등 영유아의 안전과 어린이집의 보안을 위하여 최소한의 영상정보만을 적법하고 정당하게 수집하고, 목적 외의 용도로 활용하지 아니하도록 할 것

04 공개된 장소에서 영상정보처리기기의 설치·운영할 수 있는 경우가 아닌 것은? (2022-1차)

① 유동인구 및 시장조사를 위하여 필요한 경우
② 영유아의 안전과 어린이집의 보안을 위하여 설치하는 경우
③ 범죄의 예방 및 수사를 위하여 필요한 경우
④ 시설안전 및 화재 예방을 위하여 필요한 경우

해설

개인정보 보호법 제25조(영상정보처리기기의 설치·운영 제한)

① 누구든지 다음 각호의 경우를 제외하고는 공개된 장소에 영상정보처리기기를 설치·운영하여서는 아니 된다.

1. 법령에서 구체적으로 허용하고 있는 경우
2. 범죄의 예방 및 수사를 위하여 필요한 경우
3. 시설안전 및 화재 예방을 위하여 필요한 경우
4. 교통단속을 위하여 필요한 경우
5. 교통정보의 수집·분석 및 제공을 위하여 필요한 경우

② 누구든지 불특정 다수가 이용하는 목욕실, 화장실, 발한실(發汗室), 탈의실 등 개인의 사생활을 현저히 침해할 우려가 있는 장소의 내부를 볼 수 있도록 영상정보처리기기를 설치·운영하여서는 아니 된다. 다만, 교도소, 정신보건 시설 등 법령에 근거하여 사람을 구금하거나 보호하는 시설로서 대통령령으로 정하는 시설에 대하여는 그러하지 아니하다.

05 어린이집을 설치·운영하는 자는 폐쇄회로 텔레비전에 기록된 영상정보를 며칠 이상 보관하여야 하는가? (2019-2차)

① 30일
② 60일
③ 90일
④ 180일

해설

영유아보육법 제15조의4(폐쇄회로 텔레비전의 설치 등)

② 제1항에 따라 폐쇄회로 텔레비전을 설치·관리하는 자는 영유아 및 보육교직원 등 정보주체의 권리가 침해되지 아니하도록 다음 각호의 사항을 준수하여야 한다.

3. 영유아 및 보육교직원 등 정보주체의 사생활 침해를 최소화하는 방법으로 영상정보를 처리할 것

③ 어린이집을 설치·운영하는 자는 폐쇄회로 텔레비전에 기록된 영상정보를 60일 이상 보관하여야 한다.

03 기타 설비기준

기출유형 01 ▶ 정보통신망 표준화, 활성화

방송통신발전기본법에서 규정한 '방송통신 표준화'의 목적이 아닌 것은? (2016-1차)

① 방송통신의 건전한 발전을 위하여
② 방송통신기자재 생산업자의 편의를 도모하기 위하여
③ 방송시청자의 편의를 도모하기 위하여
④ 방송이용자의 편의를 도모하기 위하여

해설

방송통신발전기본법 제33조(표준화의 추진)

① 과학기술정보통신부장관은 방송통신의 건전한 발전과 시청자 및 이용자의 편의를 도모하기 위하여 방송통신의 표준화를 추진하고 방송통신사업자 또는 방송통신기자재 생산업자에게 그에 따를 것을 권고할 수 있다. 다만, 「산업표준화법」에 따른 한국산업표준이 제정되어 있는 사항에 대하여는 그 표준에 따른다.

| 정답 | ②

족집게 과외

전기통신기본법 제5조(전기통신기본계획의 수립)

1. 전기통신의 이용효율화에 관한 사항
2. 전기통신의 질서유지에 관한 사항
3. 전기통신사업에 관한 사항
4. 전기통신설비에 관한 사항
5. 전기통신기술의 진흥에 관한 사항
6. 기타 전기통신에 관한 기본적인 사항

방송서비스란?

지상파
전파를 통하여 송출되는 공중파 방송
※ 기초생활수급자, 시 · 청각 장애인, 일부 국가유공자, 난시청 지역 등의 경우, KBS 수신료 면제 (KBS 수신료 콜센터 1588-1801)

위성방송
지상파 방송의 한계를 극복하기 위해 방송위성을 이용한 방송으로 도서산간지역이나 이동환경에서 무선으로 시청 가능

케이블 TV
동축케이블로 방송프로그램을 전달하여 각 가정에 제공되는 유선방송

IPTV(Internet Protocol TV)
초고속인터넷망을 이용하여 제공되는 양방향 TV로 인터넷이 제공하는 다양한 콘텐츠, 부가서비스 등을 제공

통신서비스란?

이동전화
일반폰(피처폰), 스마트폰, 알뜰폰 등의 휴대전화

초고속 인터넷
1Mbps 이상의 속도를 내는 인터넷 서비스

인터넷전화
인터넷을 이용해 음성을 주고받는 전화

유선전화
일반 시내 · 외 전화

더 알아보기

방송통신발전 기본법 제34조(한국정보통신기술협회)
① 정보통신의 표준 제정, 보급 및 정보통신 기술 지원 등 표준화에 관한 업무를 효율적으로 추진하기 위하여 과학기술정보통신부장관의 인가를 받아 한국정보통신기술협회(이하 "기술협회"라 한다)를 설립할 수 있다.

◎ 정보통신망 이용촉진 및 정보보호 등에 관한 법률(약칭: 정보통신망법)

제4조(정보통신망 이용촉진 및 정보보호 등에 관한 시책의 마련) ① 과학기술정보통신부장관 또는 방송통신위원회는 정보통신망의 이용촉진 및 안정적 관리 · 운영과 이용자 보호 등을 통하여 정보사회의 기반을 조성하기 위한 시책을 마련하여야 한다.

② 제1항에 따른 시책에는 다음 각호의 사항이 포함되어야 한다.

1. 정보통신망에 관련된 기술의 개발 · 보급
2. 정보통신망의 표준화
3. 정보내용물 및 제11조에 따른 정보통신망 응용서비스의 개발 등 정보통신망의 이용 활성화
4. 정보통신망을 이용한 정보의 공동활용 촉진
5. 인터넷 이용의 활성화

제10조(정보의 공동활용체제 구축) ① 정부는 정보통신망의 효율적인 이용을 위하여 정보통신망 상호 간의 연계운영 및 표준화 등 정보의 공동활용체제 구축을 권장할 수 있다.

◎ 전기통신기본법

제5조(전기통신기본계획의 수립) ① 과학기술정보통신부장관은 전기통신의 원활한 발전과 정보사회의 촉진을 위하여 전기통신기본계획을 수립하여 이를 공고하여야 한다.

② 제1항의 기본계획에는 다음 각호의 사항이 포함되어야 한다.

1. 전기통신의 이용효율화에 관한 사항
2. 전기통신의 질서유지에 관한 사항
3. 전기통신사업에 관한 사항
4. 전기통신설비에 관한 사항
5. 전기통신기술의 진흥에 관한 사항
6. 기타 전기통신에 관한 기본적인 사항

01 다음 중 정부에서 정보통신망을 효율적으로 활용하기 위해 권장하는 사항이 아닌 것은? (2013-1차)(2014-2차)

① 정보통신망 상호 간의 연계 운영
② 정보통신망의 경영 관리
③ 정보통신망의 표준화
④ 정보의 공동 활용 체제 구축

해설

정보통신망 이용촉진 및 정보보호 등에 관한 법률(약칭: 정보통신망법) 제10조(정보의 공동활용체제 구축)
① 정부는 정보통신망의 효율적인 이용을 위하여 정보통신망 상호 간의 연계운영 및 표준화등 정보의 공동활용 체제 구축을 권장할 수 있다.

02 정보통신의 표준화에 관한 업무를 효율적으로 추진하기 위하여 과학기술정보통신부장관의 인가를 받아 설립된 기관은? (2010-2차)(2014-1차)(2021-1차)

① 한국정보통신기술협회
② 한국정보화진흥원
③ 국립전파연구원
④ 한국방송통신전파진흥원

해설

방송통신발전 기본법 제34조(한국정보통신기술협회)
① 정보통신의 표준 제정, 보급 및 정보통신 기술 지원 등 표준화에 관한 업무를 효율적으로 추진하기 위하여 과학기술정보통신부장관의 인가를 받아 한국정보통신기술협회(이하 "기술협회"라 한다)를 설립할 수 있다.
② 기술협회는 법인으로 한다.

03 방송통신서비스를 제공받기 위하여 이용자가 관리 · 사용하는 구내통신선로설비, 이동통신구내선로설비, 방송공동수신설비, 단말장치 및 전송설비 등을 무엇이라고 하는가? (2018-1차)

① 국선접속설비
② 사업용 전기통신설비
③ 이용자방송통신설비
④ 자가전기통신설비

해설

방송통신설비의 기술기준에 관한 규정 제3조(정의)
1. "사업용방송통신설비"란 방송통신서비스를 제공하기 위한 방송통신설비로서 다음 각목의 설비를 말한다.
2. "이용자방송통신설비"란 방송통신서비스를 제공받기 위하여 이용자가 관리 · 사용하는 구내통신선로설비, 이동통신구내선로설비, 방송공동수신설비, 단말장치 및 전송설비 등을 말한다.

04 방송통신위원회가 전기통신의 표준화를 추진하는 목적으로 가장 적합한 것은? (2010-1차)

① 전기통신기술 개발의 촉진
② 효과적인 통신서비스 제공
③ 통신시장의 건전한 발전 도모
④ 전기통신의 건전한 발전과 이용자의 편의 도모

해설

방송통신발전 기본법 제33조(표준화의 추진)
① 과학기술정보통신부장관은 방송통신의 건전한 발전과 시청자 및 이용자의 편의를 도모하기 위하여 방송통신의 표준화를 추진하고 방송통신사업자 또는 방송통신기자재 생산업자에게 그에 따르를 것을 권고할 수 있다.

05 다음 중 전기통신의 표준화에 관한 업무를 효율적으로 추진하기 위하여 설립한 것은? (2010-3차)

① 한국정보통신산업협회
② 한국정보통신기술협회
③ KT(한국통신)
④ 한국정보통신공사협회

해설

방송통신발전 기본법 제34조(한국정보통신기술협회)
① 정보통신의 표준 제정, 보급 및 정보통신 기술 지원 등 표준화에 관한 업무를 효율적으로 추진하기 위하여 과학기술정보통신부장관의 인가를 받아 한국정보통신기술협회를 설립할 수 있다.

06 컴퓨터 등 정보처리능력을 가진 장치에 의하여 전자적인 형태로 작성되어 송수신되거나 저장된 문서형식의 자료로서 표준화된 것을 무엇이라 하는가? (2021-3차)

① 행정문서
② 전자문서
③ 통신문서
④ 인증문서

해설

전자문서
컴퓨터 등 정보처리능력을 가진 장치에 의하여 전자적인 형태로 송 · 수신 또는 저장되는 정보를 말한다.

07 방송통신위원회가 수립하는 전기통신기본계획에 포함되지 않아도 되는 것은? (2011-1차)

① 전기통신사업에 관한 사항
② 전기통신기술의 진흥에 관한 사항
③ 정보화 사회 인력양성에 관한 사항
④ 전기통신의 질서유지에 관한 사항

해설

전기통신기본법 제5조(전기통신기본계획의 수립)
② 제1항의 기본계획에는 다음 각호의 사항이 포함되어야 한다.
1. 전기통신의 이용효율화에 관한 사항
2. 전기통신의 질서유지에 관한 사항
3. 전기통신사업에 관한 사항
4. 전기통신설비에 관한 사항
5. 전기통신기술의 진흥에 관한 사항
6. 기타 전기통신에 관한 기본적인 사항

08 방송통신위원회가 수립하여 공고하는 전기통신기본계획에 포함되는 사항이 아닌 것은? (2011-2차)

① 전기통신의 표준화에 관한 사항
② 전기통신의 이용효율화에 관한 사항
③ 전기통신의 질서유지에 관한 사항
④ 전기통신사업에 관한 사항

해설

전기통신기본법 제5조(전기통신기본계획의 수립)
② 제1항의 기본계획에는 다음 각호의 사항이 포함되어야 한다.
1. 전기통신의 이용효율화에 관한 사항
2. 전기통신의 질서유지에 관한 사항
3. 전기통신사업에 관한 사항
4. 전기통신설비에 관한 사항
5. 전기통신기술의 진흥에 관한 사항
6. 기타 전기통신에 관한 기본적인 사항

기출유형 02 ▶ 전기통신사업법

다음 중 전기통신사업법에서 정하는 용어의 정의로 옳지 않은 것은? (2013-1차)(2019-2차)

① "자가전기통신설비"란 사업용전기통신설비 외의 것으로서 특정인인 타인의 전기통신에 이용하기 위하여 설치한 전기통신설비를 말한다.
② "전기통신사업자"란 허가를 받거나 등록 또는 신고를 하고 전기통신 역무를 제공하는 자를 말한다.
③ "사업용 전기통신설비"란 전기통신사업에 제공하기 위한 전기통신설비를 말한다.
④ "전기통신설비"란 전기통신을 하기 위한 기계 · 기구 · 선로 또는 그 밖에 전기통신에 필요한 설비를 말한다.

해설

"자가전기통신설비"란 사업용 전기통신설비 외의 것으로서 특정인이 자신의 전기통신에 이용하기 위하여 설치한 전기통신설비를 말한다.

| 정답 | ①

족집게 과외

전기통신사업법 제2조(정의)

1. "전기통신"이란 유선 · 무선 · 광선 또는 그 밖의 전자적 방식으로 부호 · 문언 · 음향 또는 영상을 송신하거나 수신하는 것을 말한다.
2. "전기통신설비"란 전기통신을 하기 위한 기계 · 기구 · 선로 또는 그 밖에 전기통신에 필요한 설비를 말한다.
4. "사업용전기통신설비"란 전기통신사업에 제공하기 위한 전기통신설비를 말한다.
5. "자가전기통신설비"란 사업용전기통신설비 외의 것으로서 특정인이 자신의 전기통신에 이용하기 위하여 설치한 전기통신설비를 말한다.
8. "전기통신사업자"란 이 법에 따라 등록 또는 신고(신고가 면제된 경우를 포함한다)를 하고 전기통신역무를 제공하는 자를 말한다.

통신장애로 인한 역무제공 중단관련 이용자 고지사항

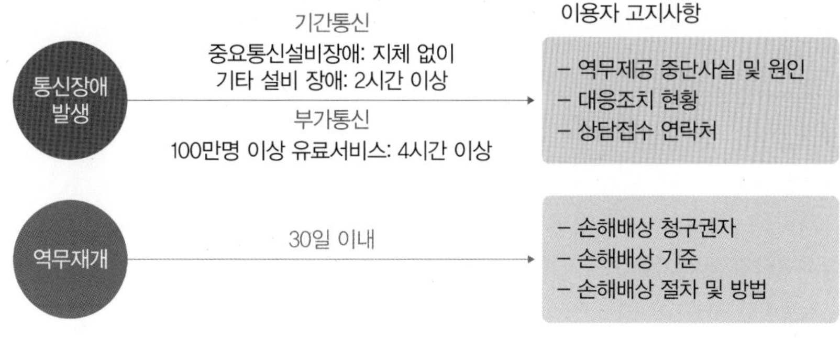

더 알아보기

2019년 아현사태 이후 개정된 전기통신사업법과 시행령에 따라 기간통신사업자는 통신국사 등 중요통신설비 장애로 역무제공이 중단된 경우 지체 없이 ▲역무제공이 중단된 사실 및 그 원인 ▲대응조치 현황 ▲상담접수 연락처 등을 이용자에게 알려야 한다. 중요통신설비 이외의 기타 설비 장애 및 오류 또는 트래픽 초과 등으로 역무제공이 2시간 이상 중단된 경우에도 위 사항을 고지해야 한다.
부가통신사업자의 경우 기간통신사업자의 회선설비 장애가 아닌 자체적인 설비의 장애 · 오류로 인해 역무제공이 4시간 이상 중단된 경우 이용자에게 관련 사실을 고지하여야 한다. 다만, 연간 전기통신역무 매출액이 100억원 미만이거나 일평균 100만 명 미만이 이용하는 부가통신역무와 매월 또는 일정시기에 결제하는 이용요금 없이 이용자에게 제공하는 전기통신역무가 중단된 경우는 예외로 했다.

◎ **전기통신사업법**

제3조(역무의 제공 의무 등) ① 전기통신사업자는 정당한 사유 없이 전기통신역무의 제공을 거부하여서는 아니 된다.
② 전기통신사업자는 그 업무를 처리할 때 공평하고 신속하며 정확하게 하여야 한다.
③ 전기통신역무의 요금은 전기통신사업이 원활하게 발전할 수 있고 이용자가 편리하고 다양한 전기통신역무를 공평하고 저렴하게 제공받을 수 있도록 합리적으로 결정되어야 한다.

제4조(보편적 역무의 제공 등) ③ 보편적 역무의 구체적 내용은 다음 각호의 사항을 고려하여 대통령령으로 정한다.

1. 정보통신기술의 발전 정도
2. 전기통신역무의 보급 정도
3. 공공의 이익과 안전
4. 사회복지 증진
5. 정보화 촉진

④ 과학기술정보통신부장관은 보편적 역무를 효율적이고 안정적으로 제공하기 위하여 보편적 역무의 사업규모 · 품질 및 요금수준과 전기통신사업자의 기술적 능력 등을 고려하여 대통령령으로 정하는 기준과 절차에 따라 보편적 역무를 제공하는 전기통신사업자를 지정할 수 있다.

제83조(통신비밀의 보호) ① 누구든지 전기통신사업자가 취급 중에 있는 통신의 비밀을 침해하거나 누설하여서는 아니 된다.
③ 전기통신사업자는 형의 집행 또는 국가안전보장에 대한 위해를 방지하기 위한 정보수집을 위하여 다음 각호의 자료의 열람이나 제출(이하 "통신자료제공"이라 한다)을 요청하면 그 요청에 따를 수 있다.

1. 이용자의 성명
2. 이용자의 주민등록번호
3. 이용자의 주소
4. 이용자의 전화번호
5. 이용자의 아이디(컴퓨터시스템이나 통신망의 정당한 이용자임을 알아보기 위한 이용자 식별부호를 말한다)
6. 이용자의 가입일 또는 해지일

기출유형 완성하기

정답 01 ② 02 ④ 03 ④

01 다음 중 전기통신사업의 정의에 대한 설명으로 가장 적합한 것은? (2012-3차)

① 전기통신설비를 공사하는 사업
② 전기통신역무를 제공하는 사업
③ 전기통신기자재를 생산하는 사업
④ 전기통신기술을 교육하는 사업

해설

전기통신사업법 제2조(정의)
6. "전기통신역무"란 전기통신설비를 이용하여 타인의 통신을 매개하거나 전기통신설비를 타인의 통신용으로 제공하는 것을 말한다.

02 다음 중 전기통신기본법의 목적이 아닌 것은? (2014-3차)(2018-2차)

① 전기통신을 효율적으로 관리
② 전기통신의 발전을 촉진
③ 공공복리의 증진에 이바지
④ 전기통신기술의 표준 개정

해설

전기통신사업법 제1조(목적)
이 법은 전기통신사업의 적절한 운영과 전기통신의 효율적 관리를 통하여 전기통신사업의 건전한 발전과 이용자의 편의를 도모함으로써 공공복리의 증진에 이바지함을 목적으로 한다.

03 전기통신사업자가 법원 · 검사 · 수사관서의 장, 정보수사기관의 장으로부터 재판, 수사, 형의집행 또는 국가안정보장에 대한 위해를 방지하기 위한 정보수집을 위하여 자료의 열람이나 제출을 요청받을 때에 응할 수 있는 대상이 아닌 것은? (2012-2차)(2015-1차)(2017-1차)(2018-2차)(2021-3차)

① 이용자의 성명과 주민등록번호
② 이용자의 주소와 전화번호
③ 이용자의 아이디
④ 이용자의 동산 및 부동산

해설

전기통신사업법 제83조(통신비밀의 보호)
① 누구든지 전기통신사업자가 취급 중에 있는 통신의 비밀을 침해하거나 누설하여서는 아니 된다.
③ 전기통신사업자는 법원, 검사 또는 수사관서의 장, 정보수사기관의 장이 재판, 수사 형의 집행 또는 국가안전보장에 대한 위해를 방지하기 위한 정보수집을 위하여 다음 각호의 자료의 열람이나 제출을 요청하면 그 요청에 따를 수 있다.
1. 이용자의 성명
2. 이용자의 주민등록번호
3. 이용자의 주소
4. 이용자의 전화번호
5. 이용자의 아이디
6. 이용자의 가입일 또는 해지일

정답 04 ④ 05 ④ 06 ④ 07 ③

04 다음 중 전기통신사업자의 전기통신역무 제공 의무사항이 아닌 것은? (2014-2차)

① 전기통신사업자는 정당한 사유 없이 전기통신역무의 제공을 거부하여서는 아니 된다.
② 전기통신사업자는 그 업무 처리에 있어서 공평하고 신속하며 정확하게 하여야 한다.
③ 전기통신역무의 요금은 전기통신역무를 공평하고 저렴하게 제공받을 수 있도록 합리적으로 결정되어야 한다.
④ 기간통신사업자는 전기통신설비 등을 통합 운영하여서는 아니 된다.

해설

전기통신사업법 제3조(역무의 제공 의무 등)
① 전기통신사업자는 정당한 사유 없이 전기통신역무의 제공을 거부하여서는 아니 된다.
② 전기통신사업자는 그 업무를 처리할 때 공평하고 신속하며 정확하게 하여야 한다.
③ 전기통신역무의 요금은 전기통신사업이 원활하게 발전할 수 있고 이용자가 편리하고 다양한 전기통신역무를 공평하고 저렴하게 제공받을 수 있도록 합리적으로 결정되어야 한다.

05 보편적 역무를 제공하는 전기통신사업자를 지정할 때 과학기술정보통신장관이 고려하는 사항이 아닌 것은? (2013-2차)(2015-2차)(2016-3차)

① 전기통신사업자의 기술 능력
② 보편적 역무의 사업 규모
③ 보편적 역무의 요금 수준
④ 보편적 역무의 가입자 수

해설

전기통신사업법 제4조(보편적 역무의 제공 등)
④ 과학기술정보통신부장관은 보편적 역무를 효율적이고 안정적으로 제공하기 위하여 보편적 역무의 사업규모 · 품질 및 요금수준과 전기통신사업자의 기술적 능력 등을 고려하여 대통령령으로 정하는 기준과 절차에 따라 보편적 역무를 제공하는 전기통신사업자를 지정할 수 있다.

06 다음 중 전기통신사업자가 제공하는 보편적 역무의 구체적인 내용을 정할 때 고려할 사항이 아닌 것은? (2019-3차)(2021-3차)

① 사회복지 증진
② 정보통신기술의 발전 정도
③ 공공의 이익과 안전
④ 기간통신사업자의 사업 규모

해설

전기통신사업법 제4조(보편적 역무의 제공 등)
③ 보편적 역무의 구체적 내용은 다음 각호의 사항을 고려하여 대통령령으로 정한다.
1. 정보통신기술의 발전 정도
2. 전기통신역무의 보급 정도
3. 공공의 이익과 안전
4. 사회복지 증진
5. 정보화 촉진

07 다음 중 전기통신사업자의 보편적 역무 내용을 정할 때 고려사항이 아닌 것은? (2020-2차)

① 정보통신기술의 발전 정도
② 사회복지의 증진
③ 최신기술 및 미래기술의 적용
④ 정보화 촉진

해설

전기통신사업법 제4조(보편적 역무의 제공 등)
③ 보편적 역무의 구체적 내용은 다음 각호의 사항을 고려하여 대통령령으로 정한다.
1. 정보통신기술의 발전 정도
2. 전기통신역무의 보급 정도
3. 공공의 이익과 안전
4. 사회복지 증진
5. 정보화 촉진
④ 과학기술정보통신부장관은 보편적 역무를 효율적이고 안정적으로 제공하기 위하여 보편적 역무의 사업규모 · 품질 및 요금수준과 전기통신사업자의 기술적 능력 등을 고려하여 대통령령으로 정하는 기준과 절차에 따라 보편적 역무를 제공하는 전기통신사업자를 지정할 수 있다.

08 다음 중 보편적 역무를 제공하는 전기통신사업자를 지정할 때 고려사항이 아닌 것은? (2013-3차)(2018-1차)

① 정보통신기술의 발전 정도
② 전기통신사업자의 기술적 능력
③ 제공할 보편적 역무의 요금수준
④ 제공할 보편적 역무의 사업규모 및 품질

해설

전기통신사업법 제4조(보편적 역무의 제공 등)
④ 과학기술정보통신부장관은 보편적 역무를 효율적이고 안정적으로 제공하기 위하여 보편적 역무의 사업규모 · 품질 및 요금수준과 전기통신사업자의 기술적 능력 등을 고려하여 대통령령으로 정하는 기준과 절차에 따라 보편적 역무를 제공하는 전기통신사업자를 지정할 수 있다.

09 전기통신사업자는 법의 절차에 따라 통신자료제공을 한 경우에는 그 사실을 기재한 통신자료제공대장을 몇 년간 보존하여야 하는가? (2017-2차)

① 10년
② 5년
③ 2년
④ 1년

해설

전기통신사업법 시행령 제53조(통신비밀의 보호)
① 전기통신사업자는 통신자료제공대장을 1년간 보존하여야 한다.
② 통신자료제공 현황 보고 및 통신자료제공 현황 통보는 매 반기(半期) 종료 후 30일 이내에 하여야 한다.

10 다음 중 과학기술정보통신장관이 전기통신번호관리계획을 수립 · 시행하는 목적이 아닌 것은? (2016-2차)

① 전기통신사업자 간의 공정한 경쟁환경 조성
② 통신기술인력의 양성사업을 지원
③ 이용자의 편익 제공
④ 전기통신역무의 효율적인 제공

해설

전기통신번호관리세칙 제1조(목적)
이 세칙은 「전기통신사업법」(이하 "법"이라 한다) 제48조에 따라 전기통신역무의 효율적 제공, 이용자의 편익과 전기통신사업자(이하 "사업자"라 한다) 간 공정한 경쟁환경 조성 및 유한한 국가자원인 전기통신번호(이하 "번호"라 한다)의 효율적 관리를 위하여 전기통신번호관리계획에 관한 기본 사항을 규정함을 목적으로 한다.

11 전기통신사업자가 제공하는 보편적 역무의 내용이 아닌 것은? (2020-3차)

① 이동전화 서비스
② 유선전화 서비스
③ 긴급통신용 전화 서비스
④ 장애인 · 저소득층 등에 대한 요금감면 서비스

해설

전기통신사업법 시행령 제2조(보편적 역무의 내용)
① 「전기통신사업법」(이하 "법"이라 한다) 제4조 제3항에 따른 보편적 역무의 내용은 다음 각호와 같다.
1. 유선전화 서비스
2. 긴급통신용 전화 서비스
3. 장애인 · 저소득층 등에 대한 요금감면 서비스

정답 12 ④ 13 ① 14 ② 15 ② 16 ①

12 다음 전기통신업무의 제한 및 정지에 관한 설명 중 적합하지 않은 것은? (2012-1차)

① 천재, 지변 등 국가비상사태 시 중요통신을 확보하기 위하여 전기통신사업자의 전기통신업무를 제한, 정지할 수 있다.
② 전기통신업무의 제한, 정지 시 정도에 따라 업무를 수행하기 위하여 통화의 순으로 소통하게 할 수 있다.
③ 제한 또는 정지되는 전기통신업무는 중요 통신을 확보하기 위하여 최소한의 것이어야 한다.
④ 전기통신사업자는 전기통신 업무의 제한 또는 정지한 때에는 지체 없이 그 내용을 대통령에게 보고하여야 한다.

해설

전기통신사업법 제85조(업무의 제한 및 정지)
과학기술정보통신부장관은 전시 · 사변 · 천재지변 또는 이에 준하는 국가비상사태가 발생하거나 발생할 우려가 있는 경우와 그 밖의 부득이한 사유가 있는 경우에 중요 통신을 확보하기 위하여 필요하면 대통령령으로 정하는 바에 따라 전기통신사업자에게 전기통신업무의 전부 또는 일부를 제한하거나 정지할 것을 명할 수 있다.

13 다음 중 전기통신기본법의 목적을 달성하기 위하여 전기통신에 관한 기본적이고 종합적인 정보의 시책을 강구하는 기관은? (2021-3차)

① 과학기술정보통신부
② 한국방송통신전파진흥원
③ 중앙전파관리소
④ 한국정보통신공사협회

해설

전기통신기본법 제4조(정부의 시책)
과학기술정보통신부장관은 이 법의 목적을 달성하기 위하여 전기통신에 관한 기본적이고 종합적인 정부의 시책을 강구하여야 한다.

14 우리나라 전기통신에 관한 사항은 누가 관장하는가? (2020-1차)

① 방송통신위원장
② 과학기술정보통신부장관
③ 대통령
④ 국무총리

해설

전기통신기본법 제3조(전기통신의 관장)
전기통신에 관한 사항은 이 법 또는 다른 법률에 특별히 규정한 것을 제외하고는 과학기술정보통신부장관이 이를 관장한다.

15 유선, 무선, 광선 또는 그 밖의 전자적 방식으로 부호, 문언, 음향 또는 영상을 송신하거나 수신하는 것을 무엇이라 하는가? (2012-3차)(2015-3차)(2020-2차)

① 정보통신 ② 전기통신
③ 전자통신 ④ 무선통신

해설

전기통신기본법 제2조(정의)
1. "전기통신"이라 함은 유선 · 무선 · 광선 및 기타의 전자적 방식에 의하여 부호 · 문언 · 음향 또는 영상을 송신하거나 수신하는 것을 말한다.

16 전기통신기본법에 따라 전기통신설비에 사용하는 장치 · 기기 · 부품 또는 선조 등을 무엇이라고 하는가? (2013-1차)(2019-1차)

① 전기통신기자재 ② 전기통신회선설비
③ 전기통신선로설비 ④ 전기통신설비재료

해설

전기통신기본법 제2조(정의)
6. "전기통신기자재"라 함은 전기통신설비에 사용하는 장치 · 기기 · 부품 또는 선조 등을 말한다.

정답 17 ③ 18 ① 19 ③ 20 ②

17 전기통신설비를 이용하여 타인의 통신을 매개하거나 전기통신설비를 타인의 통신용으로 제공하는 것을 무엇이라 하는가? (2014-3차)(2016-2차)(2018-1차)

① 정보통신서비스
② 전기통신서비스
③ 전기통신역무
④ 정보통신역무

해설

전기통신기본법 제2조(정의)
7. "전기통신역무"라 함은 전기통신설비를 이용하여 타인의 통신을 매개하거나 전기통신설비를 타인의 통신용으로 제공하는 것을 말한다.

18 다음 중 자가전기통신설비를 설치한 목적 외에 사용할 수 있는 경우가 아닌 것은? (2014-3차)

① 공공기관에서 비영리를 목적으로 사용하는 경우
② 경찰업무에 종사하는 자가 치안유지를 위하여 사용하는 경우
③ 재해구조업무에 종사하는 자가 긴급한 재해구조를 위하여 사용하는 경우
④ 설치자와 업무상 특수한 관계에 있는 사람 간에 사용하는 경우로서 과학기술정보통신장관이 고시하는 경우

해설

전기통신기본법 제21조(목적 외의 사용의 제한)
① 자가전기통신설비를 설치한 자는 그 설비를 이용하여 타인의 통신을 매개하거나 설치한 목적에 반하여 이를 운용하여서는 아니 된다. 다만, 다른 법률에 특별한 규정에 있거나 그 설치 목적에 반하지 아니하는 범위 안에서 다음 각호의 1에 해당하는 용도에 사용하는 경우에는 그러하지 아니하다.
1. 경찰 또는 재해구조업무에 종사하는 자로 하여금 치안유지 또는 긴급한 재해구조를 위하여 사용하게 하는 경우
2. 자가전기통신설비의 설치자와 업무상 특수한 관계에 있는 자 간에 사용하는 경우로서 방송통신위원회가 고시하는 경우

19 모든 이용자가 언제 어디서나 적절한 요금으로 제공받을 수 있는 기본적인 전기통신역무를 무엇이라 하는가? (2011-3차)(2015-1차)

① 정보통신 역무
② 전기통신 역무
③ 보편적 역무
④ 특수통신 역무

해설

전기통신사업법 제2조(정의)
10. "보편적 역무"란 모든 이용자가 언제 어디서나 적절한 요금으로 제공받을 수 있는 기본적인 전기통신역무를 말한다.

20 다음 중 과학기술정보통신부장관이 전기통신번호 자원 관리계획을 수립 · 시행하는 목적으로 볼 수 없는 것은? (2022-3차)

① 전기통신역무의 효율적인 제공을 위하여
② 통신기술인력의 양성사업을 지원하기 위하여
③ 이용자의 편익을 위하여
④ 전기통신사업자 간의 공정한 경쟁환경의 조성을 위하여

해설

전기통신사업법 제48조(전기통신번호자원 관리계획)
① 과학기술정보통신부장관은 전기통신역무의 효율적인 제공 및 이용자의 편익과 전기통신사업자 간의 공정한 경쟁환경 조성, 유한한 국가자원인 전기통신번호의 효율적 활용 등을 위하여 전기통신번호체계 및 전기통신번호의 부여 · 회수 · 통합 등에 관한 사항을 포함한 전기통신번호자원 관리계획을 수립 · 시행하여야 한다.

정답 21 ① 22 ④

21 다음 중 가장 무거운 벌칙을 처벌받는 대상은? (2021-1차)

① 전기통신업무 종사자가 재직 중에 통신에 관하여 알게 된 타인의 비밀을 누설한 자
② 전기통신사업자가 취급 중에 있는 통신의 비밀을 침해한 자
③ 전기통신사업자가 전기통신설비의 제공으로 취득한 이용자의 정보를 제3자에게 제공한 자
④ 전기통신사업자가 제공하는 전기통신역무를 이용하여 타인의 통신을 매개한 자

해설

전기통신사업법

제94조(벌칙) 다음 각호의 어느 하나에 해당하는 자는 5년 이하의 징역 또는 2억원 이하의 벌금에 처한다.
1. 전기통신설비를 파손하거나 전기통신설비에 물건을 접촉하거나 그 밖의 방법으로 그 기능에 장해를 주어 전기통신의 소통을 방해한 자
2. 재직 중에 통신에 관하여 알게 된 타인의 비밀을 누설한 자
3. 통신자료제공을 한 자 및 그 제공을 받은 자

제95조(벌칙) 다음 각호의 어느 하나에 해당하는 자는 3년 이하의 징역 또는 1억 5천만원 이하의 벌금에 처한다.
1. 정당한 사유 없이 전기통신역무의 제공을 거부한 자
6. 선로 등의 측량, 전기통신설비의 설치공사 또는 보전공사를 방해한 자
7. 전기통신사업자가 취급 중에 있는 통신의 비밀을 침해하거나 누설한 자

제95조의2(벌칙) 다음 각호의 어느 하나에 해당하는 자는 3년 이하의 징역 또는 1억원 이하의 벌금에 처한다.
1. 재직 중에 알게 된 타인의 비밀을 누설한 사람

제96조(벌칙) 다음 각호의 어느 하나에 해당하는 자는 2년 이하의 징역 또는 1억원 이하의 벌금에 처한다.
1. 승인을 받지 아니한 자
11. 업무의 제한 또는 정지 명령을 이행하지 아니한 자
12. 승인 · 변경승인 또는 폐지승인을 받지 아니한 자

22 다음 중 전기통신사업법에서 규정하는 "전기통신"에 대한 정의로 틀린 것은? (2017-2차)(2019-2차)

① 유선 방식으로 부호 · 문언 · 음향 또는 영상을 송신하거나 수신하는 것
② 무선 방식으로 부호 · 문언 · 음향 또는 영상을 송신하거나 수신하는 것
③ 광선 방식으로 부호 · 문언 · 음향 또는 영상을 송신하거나 수신하는 것
④ 전기적 방식으로 부호 · 문언 · 음향 또는 영상을 송신하거나 수신하는 것

해설

전기통신사업법 제2조(정의)
1. "전기통신"이란 유선 · 무선 · 광선 또는 그 밖의 전자적 방식으로 부호 · 문언 · 음향 또는 영상을 송신하거나 수신하는 것을 말한다.

기출유형 03 ▸ 기간통신사업자

다음 중 전기통신설비를 공동 구축할 수 있는 대상은? (2016-3차)(2022-3차)

① 국가 또는 지방자치단체와 국민 사이
② 전기통신사업자와 전기통신이용자 사이
③ 기간통신사업자와 자가통신사업자 사이
④ 기간통신사업자와 다른 기간통신사업자 사이

해설

전기통신사업법 제36조(가입자선로의 공동활용)

① 기간통신사업자는 이용자와 직접 연결되어있는 교환설비에서부터 이용자까지의 구간에 설치한 선로(이하 이 조에서 "가입자선로"라 한다)에 대하여 과학기술정보통신부장관이 정하여 고시하는 다른 전기통신사업자가 공동활용에 관한 요청을 하면 이를 허용하여야 한다.

| 정답 | ④

족집게 과외

정보보호지침

1. 정당한 권한없는 자의 정보통신망에의 접근과 침입을 방지하거나 대응하기 위한 정보보호시스템의 설치 · 운영 등 기술적 · 물리적 보호조치
2. 정보의 불법 유출 · 변조 · 삭제 등을 방지하기 위한 기술적 보호조치
3. 정보통신망의 지속적인 이용이 가능한 상태를 확보하기 위한 기술적 · 물리적 보호조치
4. 정보통신망의 안정 및 정보보호를 위한 인력 · 조직 · 경비의 확보 및 관련 계획수립 등 관리적 보호조치

구분	이전(2019년 4월 이전)	이후(2019년 4월 이후)
통신사업역무	기간통신사업(설비보유)과 별정통신사업(설비 미보유)로 구분	기간통신사업으로 통합
이동통신사	주파수 할당심사와 기간통신사업 허가심사 병행 진행 후 면허 발급	주파수 할당심사 통과 후 "회선설비 보유 무선통신사"로 등록
유선통신사	기간통신사업 허가심사 후 면허 발급	"회선설비 보유 유선통신사"로 등록
알뜰폰(소규모)	별정 4호 통신사업자 등록	"설비 미보유 재판매 사업" 등록
공통	재정능력, 이용자보호계획, 기술인력보유가 통신사업 진입요건	

더 알아보기

기간통신사업을 경영하려는 자는 대통령령으로 정하는 바에 따라 다음 각호의 사항을 갖추어 과학기술정보통신부장관에게 등록해야 한다.

◎ **전기통신사업법**

제2조(정의)

11. "기간통신역무"란 전화 · 인터넷접속 등과 같이 음성 · 데이터 · 영상 등을 그 내용이나 형태의 변경 없이 송신 또는 수신하게 하는 전기통신역무 및 음성 · 데이터 · 영상 등의 송신 또는 수신이 가능하도록 전기통신회선 설비를 임대하는 전기통신역무를 말한다. 다만, 과학기술정보통신부장관이 정하여 고시하는 전기통신서비스는 제외한다.
12. "부가통신역무"란 기간통신역무 외의 전기통신역무를 말한다.

제73조(토지등의 일시 사용) ① 기간통신사업자는 선로 등에 관한 측량, 전기통신설비의 설치공사 또는 보전공사를 하기 위하여 필요한 경우에는 현재의 사용을 뚜렷하게 방해하지 아니하는 범위에서 사유 또는 국유 · 공유의 전기통신설비 및 토지 등을 일시 사용할 수 있다.

④ 제1항에 따른 토지 등의 일시 사용기간은 6개월을 초과할 수 없다.

◎ **전기통신사업법 시행령**

제2조(보편적 역무의 내용) ① 「전기통신사업법」(이하 "법"이라 한다) 제4조 제3항에 따른 보편적 역무의 내용은 다음 각호와 같다.

1. 유선전화 서비스

1의2. 인터넷 가입자접속 서비스

2. 긴급통신용 전화 서비스
3. 장애인 · 저소득층 등에 대한 요금감면 서비스

제3조(보편적 역무를 제공하는 전기통신사업자의 지정) ① 과학기술정보통신부장관은 보편적 역무를 제공하는 전기통신사업자(이하 "보편적 역무제공사업자"라 한다)를 지정하려는 경우에는 해당 전기통신사업자의 의견을 들은 후 지정할 수 있다.

② 과학기술정보통신부장관은 보편적 역무의 제공 현황을 확인하기 위하여 제1항에 따라 보편적 역무제공사업자로 지정된 전기통신사업자에게 보편적 역무제공의 실적과 그 제공에 따른 비용 등에 관한 자료의 제출을 요청할 수 있다. 이 경우 요청을 받은 보편적 역무제공사업자는 정당한 사유가 없으면 그 요청에 따라야 한다.

제10조(요금의 감면대상) 요금을 감면할 수 있는 전기통신역무는 다음 각호와 같다.

1. 인명 · 재산의 위험 및 재해의 구조에 관한 통신 또는 재해를 입은 자의 통신을 위한 전기통신역무
2. 군사 · 치안 또는 국가안전보장에 관한 업무를 전담하는 기관의 전용회선통신과 국가 · 지방자치단체 또는 정부투자기관의 자가통신망의 일부를 기간통신사업자의 전기통신망에 통합하는 경우 그 기관이 사용하는 전부 또는 일부의 전용회선의 통신을 위한 전기통신역무
3. 전시에 있어서 군작전에 필요한 통신을 위한 전기통신역무
4. 정기간행물의등록 등에 관한 법률에 의한 신문 · 통신과 방송법에 의한 방송국의 보도용 통신을 위한 전기통신역무
5. 정보통신의 이용촉진과 보급확산을 위하여 필요로 하는 통신을 위한 전기통신역무
6. 사회복지증진을 위하여 보호를 필요로 하는 자의 통신을 위한 전기통신역무
7. 남 · 북교류 및 협력의 촉진을 위하여 필요로 하는 통신을 위한 전기통신역무
8. 체신사업경영상 특히 필요로 하는 통신을 위한 전기통신역무

제16조(공익성심사위원회의 구성 등) ① "대통령령으로 정하는 관계 중앙행정기관"이란 다음 각호의 기관을 말한다.

1. 기획재정부, 2. 외교부 3. 법무부, 4. 국방부, 5. 행정안전부, 6. 산업통상자원부, 7. 공정거래위원회, 8. 경찰청

② 위원의 임기는 2년으로 하며, 연임할 수 있다. 다만, 공무원인 위원의 임기는 그 직위의 재직기간으로 한다.

제35조(이용약관의 인가신청 등) 전기통신서비스에 관한 이용약관의 신고를 하거나 인가를 받으려는 자는 다음 각호의 사항이 포함된 이용약관에 요금 산정의 근거 자료를 첨부하여 과학기술정보통신부장관에게 제출하여야 한다.

1. 전기통신서비스의 종류 및 내용
2. 전기통신서비스를 제공하는 지역
3. 수수료 · 실비(實費)를 포함한 전기통신서비스의 요금
4. 전기통신사업자 및 그 이용자의 책임에 관한 사항
5. 그 밖에 해당 전기통신서비스의 제공 또는 이용에 필요한 사항

◎ 정보통신망 이용촉진 및 정보보호 등에 관한 법률

제45조(정보통신망의 안정성 확보 등) ③ 정보보호지침에는 다음 각호의 사항이 포함되어야 한다.

1. 정당한 권한없는 자의 정보통신망에의 접근과 침입을 방지하거나 대응하기 위한 정보보호시스템의 설치 · 운영 등 기술적 · 물리적 보호조치
2. 정보의 불법 유출변조 · 삭제 등을 방지하기 위한 기술적 보호조치
3. 정보통신망의 지속적인 이용이 가능한 상태를 확보하기 위한 기술적 · 물리적 보호조치
4. 정보통신망의 안정 및 정보보호를 위한 인력 · 조직 · 경비의 확보 및 관련 계획수립 등 관리적 보호조치

◎ 전기통신설비의 상호접속기준

제42조(인터넷접속조건의 공개) ① 인터넷접속역무 제공사업자는 이용사업자에게 적용할 합리적인 인터넷접속조건을 공개하여야 하며, 그 조건에 따른 자신의 인터넷망 운영현황도 공개하여야 한다.

② 제1항에서 규정한 인터넷접속조건은 다음 각호를 포함하여야 한다.

1. 통신망 규모, 2. 가입자 수, 3. 트래픽 교환비율, 4. 기타(연동점, 라우팅 원칙 등)

◎ 안전성 및 신뢰성 기준

(주1) 실시기준 ★: 의무사항, ○: 권고사항, –: 해당없음

항목	실시기준					
	기간통신설비		별정 통신 설비	전송망 설비	부가 통신 설비	자가 통신 설비
	전화역무 · 회선임대 역무설비	주파수를 할당받아 제공하는 역무설비				
제1장 설비기준 제1절 일반기준						
1. 대체접속계통의 설정	★	★	○	–	○	○
2. 우회전송로의 구성	★	○	○	○	○	○
3. 회선의 분산 수용	○	○	○	○	○	○
4. 전송로설비의 동작 감시	★	★	–	★	–	○
5. 이상폭주 등의 감시 및 통지	★	★	○	–	★	○
6. 통신의 접속 규제	★	★	○	–	○	○
7. 방송통신설비의 종합적 관리	○	○	–	○	–	○
8. 통신망의 비밀보호 및 신뢰성 제고 등	★	★	★	–	★	–

정답 01 ③ 02 ① 03 ④ 04 ②

01 기간통신사업자가 전기통신설비의 설치 등을 위하여 타인의 토지를 일시 사용하고자 하는 경우에 그 사용기간은 얼마를 초과할 수 없는가? (2020-3차)

① 1월 ② 3월
③ 6월 ④ 1년

해설

전기통신사업법 제73조(토지 등의 일시 사용)
② 누구든지 선로 등의 측량, 전기통신설비의 설치공사 또는 보전공사와 이를 위한 전기통신설비 및 토지 등의 일시 사용을 정당한 사유 없이 방해하여서는 아니 된다.
④ 토지 등의 일시 사용기간은 6개월을 초과할 수 없다.

02 기간통신사업자가 전기통신설비의 설치공사를 하기 위하여 필요한 경우 타인의 토지 등을 일시 사용할 수 있는 기간은? (2010-3차)(2011-3차)

① 6개월을 초과할 수 없다.
② 3개월을 초과할 수 없다.
③ 2개월을 초과할 수 없다.
④ 1개월을 초과할 수 없다.

해설

전기통신사업법 제73조(토지 등의 일시 사용)
① 기간통신사업자는 선로 등에 관한 측량, 전기통신설비의 설치공사 또는 보전공사를 하기 위하여 필요한 경우에는 현재의 사용을 뚜렷하게 방해하지 아니하는 범위에서 사유 또는 국유·공유의 전기통신설비 및 토지 등을 일시 사용할 수 있다.
④ 토지 등의 일시 사용기간은 6개월을 초과할 수 없다.

03 다음 중 전기통신사업법에서 정하는 "기간통신역무"에 대한 사항으로 옳지 않은 것은? (2021-1차)

① "기간통신역무"와의 전기통신역무는 "부가통신역무"라 말한다.
② 전화·인터넷접속 등과 같이 음성·데이터·영상 등을 그 내용이나 형태의 변경 없이 송신 또는 수신하게 하는 전기통신역무를 말한다.
③ 음성·데이터·영상 등의 송신 또는 수신이 가능하도록 전기통신회선설비를 임대하는 전기통신역무를 말한다.
④ 전화·인터넷접속 등과 같이 음성·데이터·영상 등의 내용이나 형태를 적합한 형태로 변경하여 송신 또는 수신하게 하는 전기통신역무를 말한다.

해설

전기통신사업법 제2조(정의)
11. "기간통신역무"란 전화·인터넷접속 등과 같이 음성·데이터·영상 등을 그 내용이나 형태의 변경 없이 송신 또는 수신하게 하는 전기통신역무 및 음성·데이터·영상 등의 송신 또는 수신이 가능하도록 전기통신회선설비를 임대하는 전기통신역무를 말한다.

04 기간통신사업자로부터 전기통신회선설비를 임차하여 기간통신역무외의 전기통신역무를 제공하는 사업은? (2010-3차)

① 임차통신사업 ② 부가통신사업
③ 특정통신사업 ④ 대여통신사업

해설

전기통신사업법 제2조(정의)
12. "부가통신역무"란 기간통신역무 외의 전기통신역무를 말한다.
12의2. "온라인 동영상 서비스"란 정보통신망을 통하여 「영화 및 비디오물의 진흥에 관한 법률」 제2조 제12호에 따른 비디오물 등 동영상 콘텐츠를 제공하는 부가통신역무를 말한다.

정답 05 ③ 06 ① 07 ② 08 ①

05 기간통신사업자가 전기통신설비의 설치 · 보전을 위한 측량 · 조사 등을 위하여 타인의 주거용 건물에 출입하고자 할 때, 적합한 절차는? (2011-1차)

① 임의로 출입한다.
② 거주자에게 미리 통보하고 출입한다.
③ 거주자의 승낙을 얻은 후 출입한다.
④ 신분을 증명하는 증표를 제시하고 출입한다.

해설

전기통신사업법 제74조(토지 등에의 출입)
① 기간통신사업자의 전기통신설비를 설치 · 보전하기 위한 측량 · 조사 등을 위하여 필요하면 타인의 토지 등에 출입할 수 있다. 다만, 출입하려는 곳이 주거용 건물인 경우에는 거주자의 승낙을 받아야 한다.
② 누구든지 전기통신설비의 설치와 보전을 위한 측량 · 조사 등과 이를 위하여 토지 등에 출입하는 것을 정당한 사유 없이 방해하여서는 아니 된다.

06 다음 중 기간통신사업을 경영하고자 할 경우 과학기술정보통신부장관에게 행하는 절차로 옳은 것은? (2020-2차)

① 등록을 하여야 한다.
② 허가를 받아야 한다.
③ 자격을 받아야 한다.
④ 인가를 받아야 한다.

해설

전기통신사업법 제6조(기간통신사업의 등록 등)
① 기간통신사업을 경영하려는 자는 대통령령으로 정하는 바에 따라 다음 각호의 사항을 갖추어 과학기술정보통신부장관에게 등록하여야 한다. 다만, 자신의 상품 또는 용역을 제공하면서 대통령령으로 정하는 바에 따라 부수적으로 기간통신역무를 이용하고 그 요금을 청구하는 자는 기간통신사업을 신고하여야 하며, 신고한 자가 다른 기간통신역무를 제공하고자 하는 경우에는 본문에 따라 등록하여야 한다.

07 기간통신사업자는 국선을 몇 회선 이상으로 인입하는 경우에 케이블로 국선수용단자반에 접속 · 수용하여야 하는가? (2014-3차)

① 3회선
② 5회선
③ 7회선
④ 9회선

해설

방송통신설비의 기술기준에 관한 규정 제24조(국선접속설비 및 옥외회선 등의 설치 및 철거)
② 기간통신사업자는 국선을 5회선 이상으로 인입하는 경우에는 케이블로 국선수용단자반에 접속 · 수용하여야 한다.
③ 기간통신사업자는 국선 등 옥외회선을 지하로 인입하여야 한다. 다만, 같은 구내에 5회선 미만의 국선을 인입하는 경우에는 그러하지 아니하다.

08 다음 중 기간통신사업자가 제공하려는 전기통신서비스에 관하여 정하는 이용약관에 포함되지 않는 것은? (2016-2차)

① 전기통신역무를 제공하는데 필요한 설비
② 전기통신사업자 및 이용자의 책임에 관한 사항
③ 수수료 · 실비를 포함한 전기통신서비스의 요금
④ 전기통신서비스의 종류 및 내용

해설

전기통신사업법 시행령 제35조(이용약관의 인가신청 등)
1. 전기통신서비스의 종류 및 내용
2. 전기통신서비스를 제공하는 지역
3. 수수료 · 실비(實費)를 포함한 전기통신서비스의 요금
4. 전기통신사업자 및 그 이용자의 책임에 관한 사항
5. 그 밖에 해당 전기통신서비스의 제공 또는 이용에 필요한 사항

09 기간통신사업자가 언론매체, 인터넷 또는 홍보매체 등을 활용하여 공개하여야 할 통신규약의 종류와 범위는 누가 정하여 고시하는가? (2020-1차)

① 방송통신위원장
② 과학기술정보통신부장관
③ 한국정보통신기술협회장
④ 한국산업표준원장

해설

방송통신설비의 기술기준에 관한 규정 제27조(통신규약)
① 사업자는 정보통신설비와 이에 연결되는 다른 정보통신설비 또는 이용자설비와의 사이에 정보의 상호전달을 위하여 사용하는 통신규약을 인터넷, 언론매체 또는 그 밖의 홍보매체를 활용하여 공개하여야 한다.
② 사업자가 공개하여야 할 통신규약의 종류와 범위에 대한 세부 기술기준은 과학기술정보통신부장관이 정하여 고시한다.

10 다음 보기의 괄호( ) 안에 들어갈 내용으로 옳은 것은? (2023-1차)

> 기간통신사업자는 정보통신설비와 이에 연결되는 다른 정보통신설비 또는 이용자설비와의 사이에 정보의 상호전달을 위하며 사용하는 ( )을 인터넷, 언론매체 또는 그 밖의 홍보매체를 활용하며 공개하여야 한다.

① 기술기준
② 전용회선
③ 통신규약
④ 설비기준

해설

방송통신설비의 기술기준에 관한 규정 제27조(통신규약)
① 사업자는 정보통신설비와 이에 연결되는 다른 정보통신설비 또는 이용자설비와의 사이에 정보의 상호전달을 위하여 사용하는 통신규약을 인터넷, 언론매체 또는 그 밖의 홍보매체를 활용하여 공개하여야 한다.

11 기간통신사업을 경영하려는 자는 누구의 허가를 받아야 하는가? (2022-1차)

① 과학기술정보통신부장관
② 방송통신위원장
③ 기간통신사업자연합회
④ 과학기술정보통신부 공익성심사위원회

해설

전기통신사업법 제6조(기간통신사업의 등록 등)
① 기간통신사업을 경영하려는 자는 대통령령으로 정하는 바에 따라 다음 각호의 사항을 갖추어 과학기술정보통신부장관에게 등록하여야 한다.
1. 재정 및 기술적 능력
2. 이용자 보호계획
3. 그 밖에 사업계획서 등 대통령령으로 정하는 사항

12 다음 중 기간통신사업자의 주식 취득 등에 관한 공익성심사를 위한 위원회로 구성되는 관계 중앙행정기관이 아닌 것은? (2020-2차)

① 기획재정부
② 국방부
③ 산업통상자원부
④ 국토교통부

해설

전기통신사업법 시행령 제16조(공익성심사위원회의 구성 등)
① "대통령령으로 정하는 관계 중앙행정기관"이란 다음 각 호의 기관을 말한다.
1. 기획재정부
2. 외교부
3. 법무부
4. 국방부
5. 행정안전부
6. 산업통상자원부
7. 공정거래위원회
8. 경찰청

정답 13 ④ 14 ②

13 기간통신사업자가 전기통신서비스의 요금을 감면할 수 있는 대상이 아닌 것은? (2021-2차)

① 인명 · 재산의 위험 및 재해의 구조에 관한 통신 또는 재해를 입은 자의 통신을 위한 전기통신서비스
② 전시(戰時)에 군 작전상 필요한 통신을 위한 전기통신서비스
③ 남북 교류 및 협력의 촉진을 위하여 필요로 하는 통신을 위한 전기통신서비스
④ 기간통신사업자의 고객유치를 위한 전기통신서비스

해설

전기통신사업법 시행령 제36조(요금의 감면 대상)

1. 인명 · 재산의 위험 및 재해의 구조에 관한 통신 또는 재해를 입은 자의 통신을 위한 전기통신서비스
2. 군사 · 치안 또는 국가안전보장에 관한 업무를 전담하는 기관의 전용회선통신과 국가, 지방자치단체 또는 「공공기관의 운영에 관한 법률」에 따른 공공기관의 자가통신망 일부를 기간통신사업자의 전기통신망에 통합하는 경우에 그 기관이 사용하는 전용회선통신의 전부 또는 일부를 위한 전기통신서비스
3. 전시(戰時)에 군 작전상 필요한 통신을 위한 전기통신서비스
4. 「신문 등의 진흥에 관한 법률」에 따른 신문, 「뉴스통신 진흥에 관한 법률」에 따른 뉴스통신 및 「방송법」에 따른 방송국의 보도용 통신을 위한 전기통신서비스
5. 정보통신의 이용 촉진과 보급 확산을 위하여 필요로 하는 통신을 위한 전기통신서비스
6. 사회복지 증진을 위하여 보호를 필요로 하는 자의 통신을 위한 전기통신서비스
7. 남북 교류 및 협력의 촉진을 위하여 필요로 하는 통신을 위한 전기통신서비스
8. 우정사업(郵政事業) 경영상 특히 필요로 하는 통신을 위한 전기통신서비스

14 다음 중 기간통신설비에 대한 안전성 및 신뢰성 기준의 의무사항이 아닌 것은? (2015-3차)

① 전송로설비의 동작 감시
② 회선의 분산 수용
③ 시험기기의 확보
④ 이상폭주 등의 감시 및 통지

해설

방송통신설비의 안전성 · 신뢰성 및 통신규약에 대한 기술기준 [별표 1] 안전성 및 신뢰성 기준(제4조 관련)

- 기간통신설비 의무사항: 대체접속계통의 설정, 우회전송로의 구성, 전송로설비의 동작 감시, 이상폭주 등의 감시 및 통지, 통신의 접속 규제, 통신망의 비밀보호 및 신뢰성 제고 등
- 기간통신설비 권고사항: 회선의 분산 수용, 방송통신설비의 종합적 관리

15 다음 중 정보통신망의 안정성 및 정보의 신뢰성을 확보하기 위한 정보보호지침에 포함되지 않는 것은? (2020-1차)

① 정당한 권한이 없는 자가 정보통신망에 접근 · 침입하는 것을 방지하거나 대응하기 위한 정보보호시스템의 설치 · 운영 등 기술적 · 물리적 보호조치

② 정보의 불법 유출 · 위조 · 변조 · 삭제 등을 방지하기 위한 기술적 보호조치

③ 정보통신망의 지속적인 이용이 가능한 상태를 확보하기 위한 기술적 · 물리적 보호조치

④ 정보통신망의 안정 및 신뢰성 확보를 위한 절차적 보호조치

해설

정보통신망 이용촉진 및 정보보호 등에 관한 법률 제45조 (정보통신망의 안정성 확보 등)

③ 정보보호지침에는 다음 각호의 사항이 포함되어야 한다.

1. 정당한 권한 없는 자의 정보통신망에의 접근과 침입을 방지하거나 대응하기 위한 정보보호시스템의 설치 · 운영 등 기술적 · 물리적 보호조치
2. 정보의 불법 유출 · 변조 · 삭제 등을 방지하기 위한 기술적 보호조치
3. 정보통신망의 지속적인 이용이 가능한 상태를 확보하기 위한 기술적 · 물리적 보호조치
4. **정보통신망의 안정 및 정보보호를 위한 인력 · 조직 · 경비의 확보 및 관련 계획수립 등 관리적 보호조치**

16 정보통신망의 안정성 및 정보의 신뢰성을 확보하기 위한 정보보호지침에 포함되지 않는 사항은? (2014-3차)(2022-1차)(2022-2차)

① 정보보호시스템의 설치 · 운영 등 기술적 · 물리적 보호조치

② 정보의 불법 유출 · 변조 · 삭제 등의 방지하기 위한 기술적 보호조치

③ 정보통신망의 지속적인 이용 가능 상태 확보하기 위한 기술적 · 물리적 보호조치

④ 전문보안업체를 통한 위탁관리 등 관리적 보호조치

해설

정보통신망 이용촉진 및 정보보호 등에 관한 법률 제45조 (정보통신망의 안정성 확보 등)

③ 정보보호지침에는 다음 각호의 사항이 포함되어야 한다.

1. 정당한 권한 없는 자의 정보통신망에의 접근과 침입을 방지하거나 대응하기 위한 정보보호시스템의 설치 · 운영 등 기술적 · 물리적 보호조치
2. 정보의 불법 유출 · 변조 · 삭제 등을 방지하기 위한 기술적 보호조치
3. 정보통신망의 지속적인 이용이 가능한 상태를 확보하기 위한 기술적 · 물리적 보호조치
4. **정보통신망의 안정 및 정보보호를 위한 인력 · 조직 · 경비의 확보 및 관련 계획수립 등 관리적 보호조치**

17 다음 중 통신요금의 감면대상과 거리가 먼 것은? (2012-1차)

① 재해를 입은 자의 통신을 위한 전기통신서비스
② 정보통신의 이용촉진과 보급확산을 위한 전기통신서비스
③ 평상시 군 작전에 필요한 전기통신서비스
④ 사회복지증진을 위하여 보호를 필요로 하는 전기통신서비스

해설

③ 평상시 군 작전에 필요한 전기통신서비스 보다 비상시 군 작전은 해당된다.

18 다음 중 인터넷접속역무 제공사업자가 이용사업자에게 공개해야 하는 인터넷접속조건에 해당하지 않는 것은? (2019-1차)(2021-1차)

① 상호접속료
② 통신망 규모
③ 가입자 수
④ 라우팅 원칙

해설

전기통신설비의 상호접속기준 제42조(인터넷 접속조건의 공개)
② 제1항에서 규정한 인터넷 접속조건은 다음 각호를 포함하여야 한다.
1. 통신망 규모
2. 가입자 수
3. 트래픽 교환비율
4. 기타(연동점, 라우팅 원칙 등)

19 다음 중 기간통신사업자가 제공하려는 전기통신서비스에 관하여 정하는 이용약관에 포함되지 않는 것은? (2023-3차)

① 전기통신역무를 제공하는데 필요한 설비
② 전기통신사업자 및 이용자의 책임에 관한 사항
③ 수수료실비를 포함한 전기통신서비스의 요금
④ 전기통신서비스의 종류 및 내용

해설

전기통신사업법시행규칙 제20조(이용약관의 인가신청 등)
① 법 제29조 제1항의 규정에 의하여 전기통신역무에관한 이용약관의 신고(변경신고를 포함한다)를 하거나 인가(변경인가를 포함한다)를 받고자 하는 자는 다음 각호의 사항이 포함된 이용약관에 요금산정의 근거자료를 첨부하여 정보통신부장관에게 제출하여야 한다.
1. 전기통신역무의 종류 및 내용
2. 전기통신역무를 제공하는 지역
3. 수수료 · 실비를 포함한 전기통신역무의 요금
4. 전기통신사업자 및 그 이용자의 책임에 관한 사항
5. 기타 당해 전기통신역무의 제공 또는 이용에 관하여 필요한 사항

기출유형 04 ▶ 홈네트워크설비 설치 및 기술기준

다음 중 "지능형 홈네트워크설비 설치 및 기술기준"에 관한 사무를 관장하는 기관이 아닌 곳은? (2017-1차)

① 과학기술정보통신부
② 산업통상자원부
③ 국토교통부
④ 교육부

해설

지능형 홈네트워크 설비 설치 및 기술기준: 기기인증

① 홈네트워크 사용기기는 산업통상자원부와 과학기술정보통신부의 인증규정에 따른 기기인증을 받은 제품이거나 이와 동등한 성능의 적합성 평가 또는 시험성적서를 받은 제품을 설치하여야 한다.

| 정답 | ④

족집게 과외

지능형 홈네트워크 설비의 공용부분 설치기준

① 단지서버는 상시 운용 및 조작을 위하여 별도의 잠금장치를 설치해야 한다.
② 원격검침시스템은 각 세대별 원격검침장치가 정전 등 운용시스템의 동작 불능 시에도 계량이 가능하여야 한다.
③ 집중구내통신실은 독립적인 출입구를 설치하여야 한다.
④ 단지네트워크장비는 집중구내통신실 또는 통신배관실에 설치하여야 한다.

홈네트워크 의무 설비		
기존	홈네트워크망	단지망, 세대망
	홈네트워크장비	홈게이트웨이, 월패드, 단지네트워크장비, 단지서버, 폐쇄회로텔레비전장비, 예비전원장치
	원격제어기기	가스밸브제어기, 조명제어가, 난방제어기
	감지기	가스감지기, 개폐감지기
	단지공용시스템	주동출입시스템, 원격검침시스템
	홈네트워크설비 설치공간	세대단자함 또는 세대통합관리반, 통신배관실(TPS실), 집중구내통신실(MDF실), 단지서버실, 방재실
개정	홈네트워크망	단지망, 세대망
	홈네트워크장비	홈게이트웨이, 세대단말기, 단지네트워크장비, 단지서버

더 알아보기

홈네트워크설비 중 단지네트워크장비를 설치할 때 고려할 사항

- 함체나 랙에는 잠금장치를 하여야 한다.
- 누구나 조작이 불가능하도록 폐쇄되어 있어야 한다.
- 집중구내통신실에 설치하여야 한다.
- 별도의 함체나 랙(Rack)으로 설치하여야 한다.

홈네트워크 필수설비

홈네트워크망	단지망, 세대망
홈네트워크장비	홈게이트웨이, 세대단말기, 단지네트워크장비, 단지서버

◎ 홈네트워크 구성(출처: 정보통신신문)

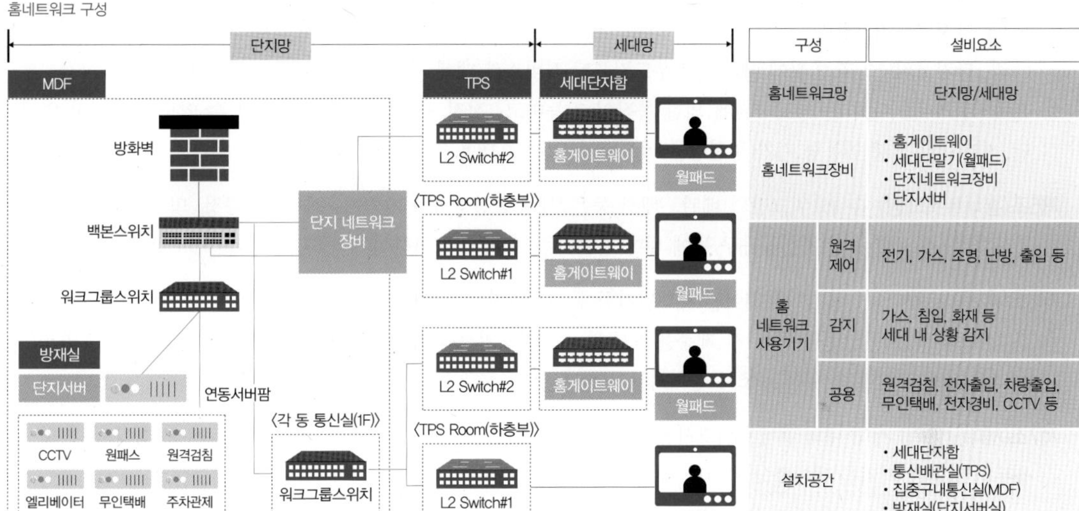

홈네트워크 구성 및 용어 정리 자료[자료: 경기도]

◎ 지능형 홈네트워크 설비 설치 및 기술기준(국토교통부)

제3조(용어정의)

1. "홈네트워크 설비"란 주택의 성능과 주거의 질 향상을 위하여 세대 또는 주택단지 내 지능형 정보통신 및 가전기기 등의 상호 연계를 통하여 통합된 주거서비스를 제공하는 설비로 홈네트워크망, 홈네트워크장비, 홈네트워크사용기기로 구분한다.
2. "홈네트워크망"이란 홈네트워크장비 및 홈네트워크사용기기를 연결하는 것을 말하며 다음 각 목으로 구분한다.
   가. 단지망: 집중구내통신실에서 세대까지를 연결하는 망
   나. 세대망: 전유부분(각 세대 내)을 연결하는 망
3. "홈네트워크장비"란 홈네트워크망을 통해 접속하는 장치를 말하며 다음 각목으로 구분한다.
   가. 홈게이트웨이: 전유부분에 설치되어 세대 내에서 사용되는 홈네트워크사용기기들을 유무선 네트워크로 연결하고 세대망과 단지망 혹은 통신사의 기간망을 상호 접속하는 장치
   나. 세대단말기: 세대 및 공용부의 다양한 설비의 기능 및 성능을 제어하고 확인할 수 있는 기기로 사용자인터페이스를 제공하는 장치

다. 단지네트워크장비: 세대 내 홈게이트웨이와 단지서버 간의 통신 및 보안을 수행하는 장비로서, 백본(Back-bone), 방화벽(Fire Wall), 워크그룹스위치 등 단지망을 구성하는 장비

라. 단지서버: 홈네트워크 설비를 총괄적으로 관리하며, 이로부터 발생하는 각종 데이터의 저장 · 관리 · 서비스를 제공하는 장비

제4조(홈네트워크 필수설비) ① 공동주택이 다음 각호의 설비를 모두 갖추는 경우에는 홈네트워크 설비를 갖춘 것으로 본다.

1. 홈네트워크망
   가. 단지망
   나. 세대망
2. 홈네트워크장비
   가. 홈게이트웨이(단, 세대단말기가 홈게이트웨이 기능을 포함하는 경우는 세대단말기로 대체 가능)
   나. 세대단말기
   다. 단지네트워크장비
   라. 단지서버(제9조 ④항에 따른 클라우드컴퓨팅 서비스로 대체 가능)

② 홈네트워크 필수설비는 상시전원에 의한 동작이 가능하고, 정전 시 예비전원이 공급될 수 있도록 하여야 한다. 단, 세대단말기 중 이동형 기기(무선망을 이용할 수 있는 휴대용 기기)는 제외한다.

제5조(홈네트워크망) 홈네트워크망의 배관 · 배선 등은 「방송통신설비의 기술기준에 관한 규정」 및 「접지설비 · 구내통신설비 · 선로설비 및 통신공동구 등에 대한 기술기준」에 따라 설치하여야 한다.

제6조(홈게이트웨이) ① 홈게이트웨이는 세대단자함에 설치하거나 세대단말기에 포함하여 설치할 수 있다.

② 홈게이트웨이는 이상전원 발생 시 제품을 보호할 수 있는 기능을 내장하여야 하며, 동작 상태와 케이블의 연결 상태를 쉽게 확인할 수 있는 구조로 설치하여야 한다.

제7조(세대단말기) 세대 내의 홈네트워크사용기기들과 단지서버 간의 상호 연동이 가능한 기능을 갖추어 세대 및 공용부의 다양한 기기를 제어하고 확인할 수 있어야 한다.

제8조(단지네트워크장비) ① 단지네트워크장비는 집중구내통신실 또는 통신배관실에 설치하여야 한다.

② 단지네트워크장비는 홈게이트웨이와 단지서버 간 통신 및 보안을 수행할 수 있도록 설치하여야 한다.

③ 단지네트워크장비는 외부인으로부터 직접적인 접촉이 되지 않도록 별도의 함체나 랙(Rack)으로 설치하며, 함체나 랙에는 외부인의 조작을 막기 위한 잠금장치를 하여야 한다.

[별표 1] 초고속정보통신건물인증 심사기준

공동주택(아파트), 준주택오피스텔 – 특등급(2023.06.07. 기준)

심사항목				요건	심사방법
배선설비	배선방식(세대 내)			성형배선	설계도서 대조심사
배선설비	케이블	구내간선계		광케이블(SMF) 12코어 이상 + 세대당 Cat3 4페어 이상	배선설비 성능등급 대조심사 (구내간선/건물간선/수평 배선의 구분방법은 별표 5 참조)
배선설비	케이블	건물간선계		세대당 광케이블(SMF) 4코어 이상 + 세대당 Cat5e 4페어 이상	
배선설비	케이블	수평 배선계	세대인입	세대당 광케이블(SMF) 4코어 이상 + 세대당 Cat5e 4페어 이상	
배선설비	케이블	수평 배선계	댁내배선	실별 인출구 2구당 Cat6 4페어 + Cat5e 4페어 이상, 거실 인출구 광1구(SMF 1코어 이상)	
배선설비	접속자재			배선케이블 성능등급과 동등이상으로 설치	
배선설비	세대 단자함			광선로종단장치(FDF), 디지털방송용 광수신기, 접지형 전원시설이 있는 세대단자함 설치, 무선 AP 수용 시 전원콘센트 4구 이상 설치	설계도서 대조심사 및 현장 확인
배선설비	인출구	설치대상		침실, 거실, 주방(식당)	
배선설비	인출구	설치개수	침실 및 거실	실별 4구 이상 [2구(Cat6 1구, Cat5e 1구)씩 2개소로 분리 설치], 거실 광인출구 1구 이상 단, 무선 AP 수용 시 거실을 제외한 실별 2구(Cat6 1구, Cat5e 1구) 이상	
배선설비	인출구	설치개수	주방(식당)	2구(Cat6 1구, Cat5e 1구) 이상	
배선설비	인출구	형태 및 성능		케이블 성능등급과 동등 이상의 8핀 모듈러잭(RJ45) 또는 광케이블용 커넥터	
배선설비	무선 AP	단지공용부(필수)		단지 내(주민공동시설, 놀이터 등) 1개소 이상, 무선 AP까지 광케이블 또는 Cat6 4페어 이상	
배선설비	무선 AP	세대 내(선택)		1개소 이상, 세대단자함에서 무선 AP까지 Cat6 4페어 이상	

심사항목			요건	심사방법
배관설비	구조		성형배선 가능 구조	설계도서 대조심사 (배관설비 설치 요건은 별표 5 참조)
배관설비	건물간선계		• 단면적 1.12m^2(깊이 80cm 이상) 이상의 TPS 또는 5.4m^2 이상의 동별 통신실 확보 • 출입문에는 관계자 외 출입통제 표시 부착	
배관설비	예비배관	설치구간	구내간선계, 건물간선계	
배관설비	예비배관	수량	1공 이상	
배관설비	예비배관	형태 및 규격	최대 배관 굵기 이상	

<table>
<tr><td rowspan="10">집중 구내 통신실</td><td colspan="2">위치</td><td>지상</td><td rowspan="10">현장실측으로 유효면적 확인 (집중구내통신실의 한쪽 벽면이 지표보다 높고 침수의 우려가 없으면 "지상 설치"로 인정)</td></tr>
<tr><td rowspan="6">면적</td><td>~300세대</td><td>12m² 이상</td></tr>
<tr><td>~500세대</td><td>18m² 이상</td></tr>
<tr><td>~1,000세대</td><td>22m² 이상</td></tr>
<tr><td>~1,500세대</td><td>28m² 이상</td></tr>
<tr><td>1,501세대~</td><td>34m² 이상</td></tr>
<tr><td>디지털방송 설비설치 시</td><td>3m² 추가
(단, 방재실에 설치할 경우 제외)</td></tr>
<tr><td colspan="2">출입문</td><td>유효너비 0.9m, 유효높이 2m 이상의 잠금장치가 있는 방화문 설치 및 관계자 외 출입통제 표시 부착</td></tr>
<tr><td colspan="2">환경 · 관리</td><td>• 통신장비 및 상온/상습 장치 설치
• 전용의 전원설비 설치</td></tr>
<tr><td colspan="3"></td></tr>
<tr><td rowspan="4">구내 배선 성능</td><td colspan="2">구내간선계</td><td>광선로 채널성능 이상</td><td rowspan="4">측정 장비에 의한 실측확인 (세부측정방법 및 측정기준은 별표 5 참조)</td></tr>
<tr><td colspan="2">건물간선계</td><td>광선로 채널성능 이상</td></tr>
<tr><td rowspan="2">수평 배선계</td><td>세대인입</td><td>광선로 채널성능 이상</td></tr>
<tr><td>댁내배선</td><td>광선로 채널성능 이상
+ 동선로 채널성능 이상</td></tr>
</table>

<table>
<tr><th colspan="2">심사항목</th><th>요건</th><th>심사방법</th></tr>
<tr><td colspan="2">도면관리</td><td>배선, 배관, 통신실 등 도면 및 선번장</td><td>보유여부 확인</td></tr>
<tr><td>디지털 방송</td><td>배선</td><td>헤드엔드에서 세대단자함까지 광케이블 1코어 이상 설치
(SMF 설치 권장)</td><td>현장 실측</td></tr>
</table>

주 1) 구내간선계 광케이블(SMF) 12코어 이상 중 최소 SMF 8코어 이상은 초고속 인터넷사업자가 사용할 수 있도록 확보하여야 한다.

주 2) 디지털방송을 위한 전송선로는 구내간선계, 건물간선계, 수평배선계(세대인입)의 통신용 광케이블을 사용할 수 있다(기존의 특등급 공동주택 및 오피스텔에서 예비 광케이블을 활용하여 디지털방송 수신환경 설비를 추가로 설치할 경우 재인증 가능).

주 3) 세대단자함 내에 네트워크 기능을 갖는 세대용 스위치를 설치하는 경우에는 1G/10Gbps 이상 스위칭 허브 및 IGMP Snooping 기능을 지원하여야 하며, TTA 시험성적서를 제출하여야 한다.

주 4) 무선 AP는 TTA로부터 IEEE 802.11ax 이상의 성능과 WPA3 보안 규격을 만족하는 시험성적서를 제출하여야 한다. 또한, PoE 방식일 경우에는 IEEE 802.3af 이상의 시험성적서를 제출하여야 한다.

주 5) 세대전용면적이 60m² 미만인 경우 디지털방송용 광케이블(광수신기)을 장치함에 설치할 수 있다.

〈홈네트워크장비 보안요구사항에 연관된 정보통신망연결기기 인증기준〉

보안요구사항	세부 항목	정보통신망연결기기 인증기준	
데이터 기밀성	전송 데이터 암호화	2.1 전송 데이터 보호	필수
	저장 데이터 암호화	2.2 저장 데이터 보호	필수
	암호정책 설정	3.1 안전한 암호알고리즘 사용	필수
		3.2 안전한 암호키 생성	필수
		3.3 안전한 암호키 관리	선택
		3.4 안전한 난수 생성	선택
데이터 무결성	전송 데이터 무결성	2.1 전송 데이터 보호	필수
	중요 정보 저장 영역 보호 강화	2.3 중요 정보 저장 영역 보호 강화	선택
	중요 정보 완전 삭제	2.5 중요 정보 완전 삭제	필수
	취약점 조치	4.1 시큐어 코딩	필수
		4.2 소스코드 난독화	필수
		4.3 SW 보안기능 시험	선택
		4.4 알려진 취약점 조치	필수
		4.5 불필요한 기능 및 코드 제거	필수
		4.6 안전한 소프트웨어 적용	필수
	패치관리 (펌웨어, 무결성, 업데이트 등)	5.1 모델명 및 제품정보 확인	필수
		5.2 안전한 업데이트 수행	필수
		5.3 업데이트 파일의 안전성 보장	필수
		5.4 업데이트 실패 시 복구	선택
		5.5 업데이트 기술 지원	선택
		5.6 업데이트 정보 제공	필수
		5.7 자동 업데이트 기능 제공	선택
인증	비밀번호 및 인증정보 관리	1.1 안전한 인증정보 사용	필수
	사용자 인증(관리자 인증 포함)	1.2 사용자 인증 및 권한 관리	필수
		1.4 반복된 인증시도 제한	필수
		1.5 정보 노출 방지	필수
	세션 관리	1.6 안전한 세션 관리	필수

접근통제	사용자 식별 및 접근권한 관리	1.2 사용자 인증 및 권한 관리	필수
	개인정보 법적 준거성	2.4 개인정보 법적 준거성	필수
	디바이스 접근	6.6 장애 시 시스템 복원	선택
		6.7 서비스 거부 공격 대응	선택
		6.8 운영체제 기능 보호	선택
		7.1 안전한 부팅 및 자체시험	선택
		7.2 자체시험 실패 시 대응	선택
		7.3 하드웨어 장애 대응	선택
		7.4 무단 훼손 방어	선택
		7.5 메모리 공격 대응	선택
		7.6 비휘발성 메모리 보호	필수
		7.6 외부 인터페이스 보호	필수
		7.9 내부 인터페이스 보호	필수
	정보시스템 접근	6.1 안전한 운영체제 적용	필수
		6.2 불필요한 계정 통제	필수
		6.3 불필요한 서비스 및 포트 통제	필수
		6.4 불필요한 네트워크 인터페이스 비활성화	필수
		6.5 실행코드 및 설정파일 무결성 검증	선택
		6.9 접근권한 최소화	선택
		6.11 원격접속 통제	필수
	응용프로그램 접근	1.3 비인가 상호인증 제한	필수
		6.10 비안가 소프트웨어 설치 실행 차단	선택
		6.9 접근권한 최소화	선택
	무선네트워크 접근	6.12 네트워크 트래픽 통제	필수
	로그 관리	4.7 감사기록	선택

정답 01 ② 02 ② 03 ③

01 홈네트워크설비 중 단지네트워크장비를 설치할 때 고려할 사항이 아닌 것은? (2013-3차)

① 함체나 랙에는 잠금장치를 하여야 한다.
② 누구나 조작이 가능하도록 개방되어 있어야 한다.
③ 집중구내통신실에 설치하여야 한다.
④ 별도의 함체나 랙(Rack)으로 설치하여야 한다.

해설

누구나 조작이 가능하면 보안문제가 있을 수 있어 관리자 기반하에 조작이 가능해야 한다.

02 홈네트워크 설비 중 정전에 대비하여 예비전원이 공급되는 설비가 아닌 것은? (2022-2차)

① 홈게이트웨이
② 감지기
③ 세대단말기
④ 단지서버

해설

예비전원장치는 진동 및 발열로 인한 성능 저하 등을 고려하여 설치하여야 한다. 개정에 보면 홈네트워크 장비는 홈게이트웨이, 세대단말기, 단지네트워크장비, 단지서버이며 이곳에는 예비전원이 공급되어야 한다.

(국토교통부) 지능형 홈네트워크 설비 설치 및 기술기준 제3조(용어정의)

6. "예비 전원장치"란 전원 공급이 중단될 경우 무정전 전원장치 또는 발전기 등에 의한 비상전원을 공급하는 홈네트워크 설비 등을 보호하기 위한 장치를 말한다.

제15조(예비전원장치) ① 집중구내통신실, 통신배관실, 단지서버실 및 방재실, 주동출입시스템, 전자경비시스템 등에 설치하는 공용부분 홈네트워크설비에는 정전 시 예비전원이 공급될 수 있도록 하여야 한다.

홈네트워크 의무 설비		
기존	홈네트워크망	단지망, 세대망
	홈네트워크장비	홈게이트웨비, 월패드, 단지네트워크장비, 단지서버, 폐쇄회로텔레비전장비, 예비전원장치
	원격제어기기	가스밸브제어기, 조명제어가, 난방제어기
	감지기	가스감지기, 개폐감지기
	단지공용시스템	주동출입시스템, 원격검침시스템
	홈네트워크설비 설치공간	세대단자함 또는 세대통합관리반, 통신배관실(TPS실), 집중구내통신실(MDF실), 단지버서실, 방재실
개정	홈네트워크망	단지망, 세대망
	홈네트워크장비	홈게이트웨비, 세대단말기, 단지네트워크장비, 단지서버

03 다음 중 건물의 통신설비인 중간단자함(IDF)에 관한 설명으로 틀린 것은? (2023-2차)

① 층단자함에서 각 입출구까지는 정형배선 방식으로 한다.
② 국선단자함과 층단자함은 용도가 상이하다.
③ 구내교환기를 설치하는 경우에는 층단자함에 수용하여야 한다.
④ 선로의 분기 및 접속을 위하여 필요한 곳에 설치한다.

해설

IDF는 MDF와 TPS에서 올라온 중간단자함이다. 주통신배선반에서 세대단자함 사이에 구성되며 주로 아파트 공용복도에 위치한다. 구내교환기는 국선과 임의의 내선을 상호 접속하는 것으로 주로 MDF(Main Distribution Frame)에 설치되어야 한다.

정답 04 ② 05 ① 06 ①

04 다음 중 세대 내에서 사용되는 홈네트워크 기기들을 유 · 무선 네트워크 기반으로 연결하고 홈네트워크 서비스를 제공하는 기기를 무엇이라 하는가? (2020-2차)

① 홈네트워크 중계장치
② 홈네트워크 주장치
③ 홈네트워크 단자함
④ 홈네트워크 단말기

해설

홈네트워크 주장치(홈게이트웨이, 월패드, 홈서버 등을 포함)라 함은 세대 내에서 사용되는 홈네트워크 기기들을 유무선 네트워크 기반으로 연결하고 홈네트워크 서비스를 제공하는 기기를 말한다.

05 각 세대 내에 설치되어 사용되는 홈네트워크사용기기들을 유무선 네트워크로 연결하고 세대망과 단지망 혹은 통신사의 기간망을 상호 접속하는 장치는? (2022-3차)

① 홈게이트웨이
② 감지기
③ 전자출입시스템
④ 단지서버

해설

(국토교통부) 지능형 홈네트워크 설비 설치 및 기술기준 제3조(용어정의)

2. "홈게이트웨이(홈서버를 포함한다. 이하 같다)"란 세대망과 단지망을 상호 접속하는 장치로서, 세대 내에서 사용되는 홈네트워크 기기들을 유무선 네트워크 기반으로 연결하고 홈네트워크 서비스를 제공하는 기기를 말한다.

06 지능형 홈네트워크 설비 설치 및 기술기준에서 공용부분 홈네트워크 설비의 설치기준에 맞지 않는 것은? (2020-2차)(2022-1차)

① 단지서버는 상시 운용 및 조작을 위하여 별도의 잠금장치를 설치하지 아니한다.
② 원격검침시스템은 각 세대별 원격검침장치가 정전 등 운용시스템의 동작 불능 시에도 계량이 가능하여야 한다.
③ 집중구내통신실은 독립적인 출입구를 설치하여야 한다.
④ 단지네트워크장비는 집중구내통신실 또는 통신배관실에 설치하여야 한다.

해설

(국토교통부) 지능형 홈네트워크 설비 설치 및 기술기준 제3조(용어정의)

5. "단지서버"란 단지 내 설치되어 홈네트워크 설비를 총괄적으로 관리하며, 각종 데이터 저장, 단지 공용시스템 및 세대 내 홈게이트웨이와 연동하여 단지 정보 및 서비스를 제공해주는 기기를 말한다.

정답 07 ④ 08 ③ 09 ①

07 홈네트워크건물 인증 심사기준에 따른 등급의 종류가 아닌 것은? (2022-2차)

① 홈 IoT
② AA등급
③ A등급
④ B등급

해설

홈네트워크건물인증 등급 및 주요 내용 [2018년 1월 개정]

등급	내용
AAA (홈 IoT)	• AA등급 충족 • 외부에서도 아파트 내 각종 기기를 제어할 수 있는 모바일앱 • 소비자가 개별 구매하는 가전제품과의 기기 확장성(5개 이상 제조사 제품과 연동) • KISA 보안 점검 통과(무선 연결 홈네트워크 기기, 모바일앱, 단지 내 서버/방화벽에 최신 보안패치 적용)
AA	• 준 A등급 충족 • 추가 홈네트워크 기기 9개 이상 제어
A	• 준 A등급 충족 • 추가 홈네트워크 기기 6개 이상 제어
준 A	통신배관실 + 가스, 조명, 난방제어기 등

08 상업용 건축물에 빌딩자동화(Building Automation)를 구성하는 주요 시스템으로 가장 거리가 먼 것은? (2022-3차)

① 빌딩안내 시스템
② 주차관제 시스템
③ 홈네트워크 시스템
④ 전력제어 시스템

해설

상업용 건축물에 빌딩자동화(Building Automation)를 구성하는 것과 홈네트워크 의무 설비와는 별개이다.

09 아래 보기의 홈네트워크 장비 보안요구사항 중 정보통신망 연결기기 인증기준 항목의 "인증"에 관련된 내용으로 구성된 것은? (2023-2차)

〈보기〉
ㄱ. 비밀번호 및 인증정보관리
ㄴ. 사용자 인증(관리자 인증 포함)
ㄷ. 세션관리
ㄹ. 디바이스 접근
ㅁ. 개인정보 법칙 준기성

① ㄱ, ㄴ, ㄷ　② ㄱ, ㄴ, ㄹ
③ ㄴ, ㄷ, ㄹ　④ ㄷ, ㄹ, ㅁ

해설

기밀성, 인증, 접근통제 등 보안 요구사항을 요구한다.

지능형 홈네트워크 설비 설치 및 기술기준

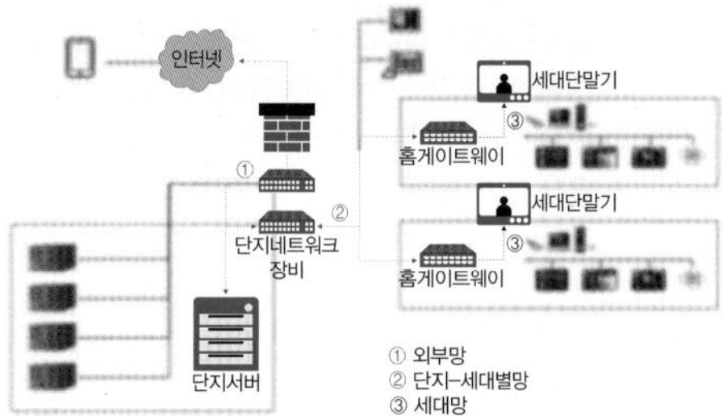

제14조의2(홈네트워크 보안) ① 단지서버와 세대별 홈게이트웨이 사이의 망은 전송되는 데이터의 노출, 탈취 등을 방지하기 위하여 물리적 방법으로 분리하거나, 소프트웨어를 이용한 가상사설통신망, 가상근거리통신망, 암호화기술 등을 활용하여 논리적 방법으로 분리하여 구성하여야 한다.

보안 요구 사항	세부항목	정보통신망연결기기 인증기준	
인증	비밀번호 및 인증 정보 관리	1.1 안전한 인증정보 사용	필수
	사용자 인증 (관리자 인증 포함)	1.2 사용자 인증 및 권한 관리	필수
		1.4 반복된 인증시도 제한	필수
		1.5 정보 노출 방지	필수
	세션 관리	1.6 안전한 세션 관리	필수

10 다음 중 공동주택에 홈네트워크를 설치하는 경우 갖추어야 할 홈네트워크장비에 해당하지 않는 것은?

(2017-1차)(2018-3차)

① 집중구내통신실
② 단지네트워크장비
③ 폐쇄회로텔레비전장비
④ 홈게이트웨이

해설

- 홈게이트웨이: 세대 내에서 사용되는 홈네트워크사용기기들을 유무선 네트워크로 연결하고 세대망과 단지망 혹은 통신사의 기간망을 상호 접속하는 장치
- 단지네트워크장비: 세대 내 홈게이트웨이와 단지서버 간의 통신 및 보안을 수행하는 장비로서, 백본(Back−bone), 방화벽(Fire Wall), 워크그룹스위치 등 단지망을 구성하는 장비
- 집중구내통신실(MDF실): 국선 · 국선단자함 또는 국선배선반과 초고속통신망장비, 이동통신망장비 등 각종 구내통신선로설비 및 구내용 이동통신설비를 설치하기 위한 공간

11 다음 중 공동주택에 홈네트워크를 설치하는 경우 갖추어야 하는 홈네트워크 장비가 아닌 것은?

(2019-2차)

① 홈게이트웨이
② 단지네트워크장비
③ 세대 내 무선네트워크장비
④ 폐쇄회로텔레비전장비

해설

세대 내 무선네트워크장비는 세대별 무선인터넷을 위한 장비이다.

(국토교통부) 지능형 홈네트워크 설비 설치 및 기술기준 제3조(용어정의)

3. "홈네트워크장비"란 홈네트워크망을 통해 접속하는 장치를 말하며 다음 각목으로 구분한다.
   가. 홈게이트웨이: 전유부분에 설치되어 세대 내에서 사용되는 홈네트워크사용기기들을 유무선 네트워크로 연결하고 세대망과 단지망 혹은 통신사의 기간망을 상호 접속하는 장치
   나. 세대단말기: 세대 및 공용부의 다양한 설비의 기능 및 성능을 제어하고 확인할 수 있는 기기로 사용자 인터페이스를 제공하는 장치
   다. 단지네트워크장비: 세대 내 홈게이트웨이와 단지서버 간의 통신 및 보안을 수행하는 장비로서, 백본(Back-bone), 방화벽(Fire Wall), 워크그룹스위치 등 단지망을 구성하는 장비
   라. 단지서버: 홈네트워크 설비를 총괄적으로 관리하며, 이로부터 발생하는 각종 데이터의 저장 · 관리 · 서비스를 제공하는 장비

정답 12 ① 13 ④

12 「초고속정보통신건물 인증업무처리지침」 중 홈네트워크 인증심사기준에서 AA 등급 요건으로 적합하지 않은 것은? (2023-3차)

① 배선방식은 트리(Tree)구조이어야 한다.
② 세대단자함과 홈네트워크 월패드 배선은 Cat5e 4페어 이상으로 한다.
③ 세대단자함과 홈네트워크 월패드 간 예비배관은 16C 이상으로 한다.
④ 전력선통신방식을 적용하는 경우에는 블로킹필터 설치공간을 확보한다.

해설

① 배선방식은 성형(Star) 구조이어야 한다.

[별표 2] 홈네트워크건물인증 심사기준

<table>
<tr><th colspan="3" rowspan="2">심사항목</th><th colspan="3">요건</th><th rowspan="2">심사
방법</th></tr>
<tr><th>AAA등급(홈 IoT)</th><th>AA등급</th><th>A등급</th></tr>
<tr><td colspan="3">등급 구분 기준</td><td>심사항목(1)+
심사항목(2)
중 16개 이상+
심사항목(3)</td><td>심사항목(1)+
심사항목(2) 중
16개 이상</td><td>심사항목(1)+
심사항목(2) 중
13개 이상</td><td rowspan="5">설계
도면
대조
심사
및
육안
검사</td></tr>
<tr><td colspan="3">배선방식</td><td colspan="3">성형배선</td></tr>
<tr><td rowspan="4">심
사
항
목
(1)</td><td>배선</td><td>세대단자함과
세대단말기 간</td><td colspan="3">Cat5e 4페어 이상</td></tr>
<tr><td>예비
배관</td><td>세대단자함과
세대단말기 간</td><td colspan="3">16C 이상(세대단자함과 세대단말기와의
배선 공유 시 22C 이상</td></tr>
<tr><td>설치
공간</td><td>블로킹필터</td><td colspan="3">• 3상 4선식: 150mm×200mm×60mm
• 단상2선식: 70mm×160mm×60mm</td></tr>
<tr><td>면적</td><td>집중구내
통신실 면적</td><td colspan="3">$2m^2$</td><td>현장실
측으로
유효면
적 확인</td></tr>
</table>

13 다음 중 지능형 홈네트워크 설비 중 감지기에 대한 설치기준이 아닌 것은? (2023-3차)

① 가스감지기는 LNG인 경우에는 천장 쪽에, LPG인 경우에는 바닥쪽에 설치하여야 한다.
② 동체감지기는 유효감지반경을 고려하여 설치하여야 한다.
③ 감지기에서 수집된 상황정보는 단지서버에 전송하여야 한다.
④ 동체감지기는 지상의 주동 현관 및 지하주차장과 주동을 연결하는 출입구에 설치하여야 한다.

해설

(국토교통부) 지능형 홈네트워크 설비 설치 및 기술기준 제10조(홈네트워크사용기기)

홈네트워크사용기기를 설치할 경우, 다음 각호의 기준에 따라 설치하여야 한다.

1. 원격제어기기는 전원공급, 통신 등 이상상황에 대비하여 수동으로 조작할 수 있어야 한다.
2. 원격검침시스템은 각 세대별 원격검침장치가 정전 등 운용시스템의 동작 불능 시에도 계량이 가능해야 하며 데이터값을 보존할 수 있도록 구성하여야 한다.
3. 감지기
   가. 가스감지기는 LNG인 경우에는 천장 쪽에, LPG인 경우에는 바닥 쪽에 설치하여야 한다.
   나. 동체감지기는 유효감지반경을 고려하여 설치하여야 한다.
   다. 감지기에서 수집된 상황정보는 단지서버에 전송하여야 한다.
4. 전자출입시스템
   가. 지상의 주동 현관 및 지하주차장과 주동을 연결하는 출입구에 설치하여야 한다.

기출유형 05 ▸ 기타, 기자재 적합성 등

선로설비의 회선 상호 간, 회선과 대지 간 및 회선의 심선 상호 간의 절연저항은 직류 500볼트 절연저항계로 측정하여 몇 옴 이상이어야 하는가? (2010-3차)(2011-3차)(2012-2차)(2013-2차)(2015-2차)(2016-1차)

① 1메가옴
② 10메가옴
③ 50메가옴
④ 100메가옴

해설

전기통신설비의 기술기준에 관한 규칙 제12조(절연저항)
선로설비의 회선 상호 간, 회선과 대지 간 및 회선의 심선 상호 간의 절연저항은 직류 500볼트 절연저항계로 측정하여 10메가옴 이상이어야 한다.

| 정답 | ②

족집게 과외

강전류절연전선이라 함은 절연물만으로 피복되어 있는 강전류전선을 말한다. "급전선"이라 함은 전파에너지를 전송하기 위하여 송신장치나 수신장치와 안테나 사이를 연결하는 선을 말한다. 통신공동구를 설치하는 때에는 조명 · 배수 · 소방 · 환기 및 접지시설 등 통신케이블의 유지 · 관리에 필요한 부대설비를 설치하여야 한다.

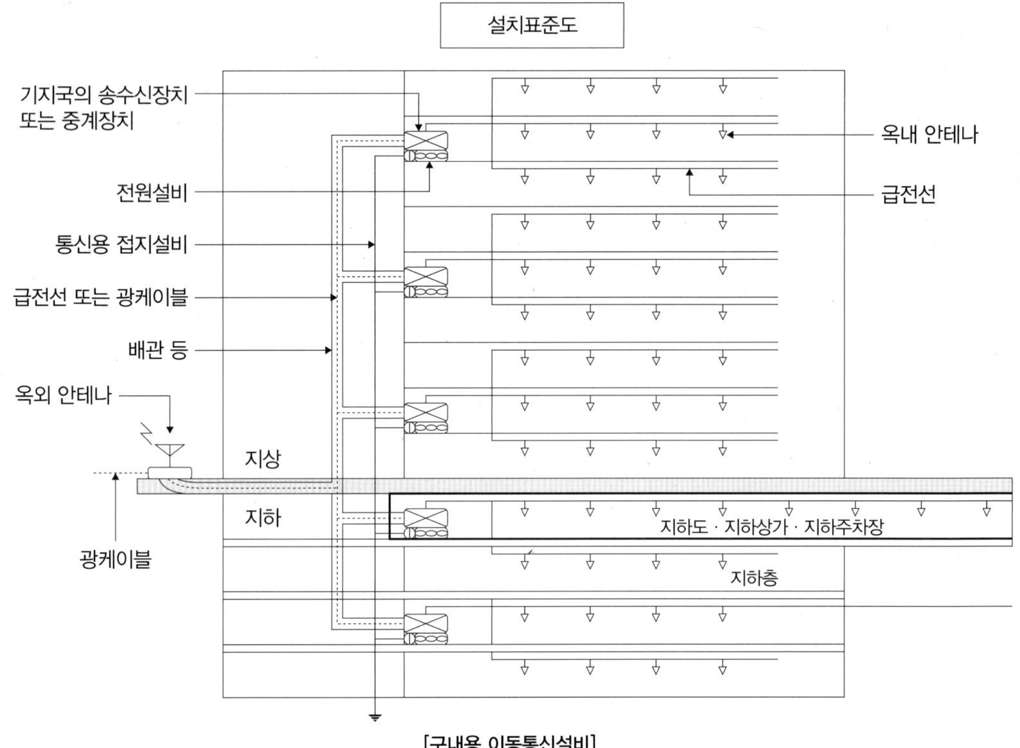

[구내용 이동통신설비]

더 알아보기

접지 시설

접지단자는 중계장치 등이 설치되는 각 층에 중계장치 등으로부터 최단거리에 설치하여야 한다. 기간통신사업자는 접지단자로부터 중계장치 등까지 접지선을 설치하여야 한다.

◎ 전기통신설비의기술기준에관한 규칙

제12조(절연저항) 선로설비의 회선 상호 간, 회선과 대지 간 및 회선의 심선 상호 간의 절연저항은 직류 500볼트 절연저항계로 측정하여 10메가옴 이상이어야 한다.

◎ 접지설비 · 구내통신설비 · 선로설비 및 통신공동구 등에 대한 기술기준

제3조(용어의 정의)

2. "통신선"이라 함은 절연물로 피복한 전기도체 또는 절연물로 피복한 위를 보호피복으로 보호한 전기도체 및 광섬유 등으로써 통신용으로 사용하는 선을 말한다.
3. "이격거리"라 함은 통신선과 타물체(통신선을 포함한다)가 기상조건에 의한 위치의 변화에 의하여 가장 접근한 경우의 거리를 말한다.
4. "강전류절연전선"이라 함은 절연물만으로 피복되어 있는 강전류전선을 말한다.
5. "강전류케이블"이라 함은 절연물 및 보호물로 피복되어 있는 강전류전선을 말한다.
6. "강풍지역"이라 함은 벌판, 도서 또는 해안에 인접한 지역 등으로서 바람의 영향을 많이 받는 곳을 말한다.
7. "회선"이라 함은 전기통신의 전송이 이루어지는 유형 또는 무형의 계통적 전기통신로를 말하며, 그 용도에 따라 국선 및 구내선 등으로 구분한다.
19. "급전선"이라 함은 전파에너지를 전송하기 위하여 송신장치나 수신장치와 안테나 사이를 연결하는 선을 말한다.
20. "중계장치"라 함은 선로의 도달이 어려운 지역을 해소하기 위해 사용하는 증폭장치 등을 말한다.

제4조(분계점)

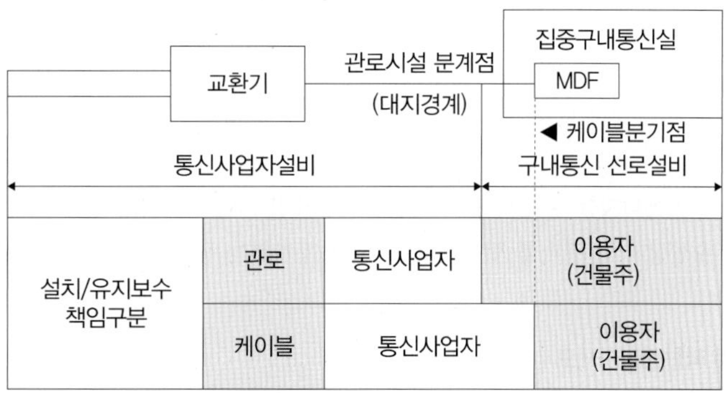

① 전기통신설비가 다른 사람의 전기통신설비와 접속되는 경우에는 그 건설과 보전에 관한 책임 등의 한계를 명확하게 하기 위하여 분계점이 설정되어야 한다.

② 각 설비 간의 분계점은 다음 각호와 같다.

1. 사업용전기통신설비의 분계점은 사업자 상호 간의 합의에 의한다. 이 경우 정보통신부장관의 승인을 얻어야 한다. 다만, 공정성을 확보하기 위하여 정보통신부장관이 분계점을 고시한 경우에는 이에 의한다.

2. 사업용전기통신설비와 이용자전기통신설비의 분계점은 도로와 택지 또는 공동주택단지의 각 단지와의 경계점으로 한다. 다만, 국선과 구내선의 분계점은 사업용전기통신설비의 국선접속설비와 이용자전기통신설비가 최초로 접속되는 점으로 한다.

제46조(통신공동구의 설치기준) ① 통신공동구는 통신케이블의 수용에 필요한 공간과 통신케이블의 설치 및 유지·보수 등의 작업 시 필요한 공간을 충분히 확보할 수 있는 구조로 설계하여야 한다.

② 통신공동구를 설치하는 때에는 조명·배수·소방·환기 및 접지시설 등 통신케이블의 유지·관리에 필요한 부대설비를 설치하여야 한다.

◎ 인터넷 멀티미디어 방송사업법

제14조(전기통신설비의 동등제공) ① 인터넷 멀티미디어 방송 제공사업자는 인터넷 멀티미디어 방송 제공사업을 하고자 하는 자로부터 해당 서비스의 제공에 필수적인 전기통신설비에의 접근 및 이용에 관한 요청이 있는 경우 자기 보유설비의 부족, 영업비밀의 보호 등 합리적이고 정당한 사유 없이 이를 거절하지 못한다.

◎ 인터넷 멀티미디어 방송사업법 시행령

제12조(전기통신설비의 동등제공) ④ 법 제14조 제2항에 따라 전기통신설비의 제공을 중단하거나 제한할 수 있는 정당한 사유란 다음 각호의 어느 하나에 해당하는 경우를 말한다.

1. 제3항 제1호부터 제3호까지의 경우
2. 해킹, 컴퓨터 바이러스 등으로 인한 기술적 장애
3. 사업의 휴지 또는 폐지
4. 천재지변으로 정상적인 운영이 어려운 경우

◎ 무선설비규칙

제2조(정의)

10. "불요발사"란 대역외발사 및 스퓨리어스 발사를 말한다.
11. "대역외영역"이란 필요주파수대역폭 바로 바깥쪽의 주파수 범위로서 대역외발사가 우세한 영역을 말한다.
12. "스퓨리어스 영역"이란 대역외영역 바깥의 주파수 범위로서 스퓨리어스 발사가 우세한 영역을 말한다.
13. "규격전력"이란 송신장치 종단증폭기의 정격출력을 말한다.
14. "라디오 부표"란 부표 등에 탑재되어 위치 또는 기상 관련 자료 등의 데이터를 자동으로 송신하는 무선설비를 말한다.
15. "급전선"이란 전파에너지를 전송하기 위하여 송신장치 또는 수신장치와 안테나 사이를 연결하는 선을 말한다. 이 경우 "수신장치"란 전파를 받는 장치와 이에 부가하는 장치로서 수신안테나와 급전선을 제외한 장치를 말한다.

◎ 방송통신기자재 등의 적합성평가제도

방송통신기자재 등의 적합성평가제도는 전파법 제58조의2에 근거하여 시행하고 있으며, 적합인증, 적합등록, 잠정인증 세가지로 구분합니다. 방송통신기자재를 제조 또는 판매하거나 수입하려는 자는 적합인증, 적합등록 또는 잠정인증 중 해당하는 사항의 적합성평가를 받아야 한다.

기출유형 완성하기

정답 01 ① 02 ③ 03 ④ 04 ④

01 **다른 인터넷 멀티미디어 방송 제공사업자가 사용 중인 자기보유 설비의 제공을 중단하거나 제한할 수 있는 정당한 사유가 아닌 것은?** (2012-1차)(2016-2차)

① 손실 또는 장애는 없으나 기술적 방식의 차이가 있는 경우
② 해킹, 컴퓨터 바이러스 등으로 인한 기술적 장애가 있는 경우
③ 사업의 휴지 또는 폐지
④ 천재지변으로 정상적인 운영이 어려운 경우

해설

인터넷 멀티미디어 방송사업법 시행령 제12조(전기통신설비의 동등제공)
④ 전기통신설비의 제공을 중단하거나 제한할 수 있는 정당한 사유
2. 해킹, 컴퓨터 바이러스 등으로 인한 기술적 장애
3. 사업의 휴지 또는 폐지
4. 천재지변으로 정상적인 운영이 어려운 경우

02 **해킹, 컴퓨터 바이러스, 논리폭탄, 메일폭탄, 서비스 거부 또는 고출력 전자기파 등의 방법으로 정보통신망 또는 이와 관련된 정보시스템을 공격하는 행위를 하여 발생한 사태를 무엇이라 하는가?** (2014-1차)(2019-3차)

① 인터넷 사태
② 정보통신 사태
③ 침해사고
④ 통신사고

해설

침해사고(Security Incident)
모든 사이버 공격 행위나 그 결과에 따라 생긴 여러 가지 피해. 해킹, 컴퓨터 바이러스, 논리폭탄, 메일폭탄, 서비스 거부 또는 고출력 전자기파 같은 방법으로 정보통신망 또는 이와 관련한 정보시스템이 공격을 당하여 생긴 문제를 말한다. 종류는 바이러스, 트로이잔, 웜, 백도어, 악성 코드 같은 공격, 인가되지 않은 네트워크 정보 접근, 시스템 접근, 서비스 방해 따위가 있다.

03 **전기도체, 절연물로 싼 전기도체 또는 절연물로 싼 것의 위를 보호피막으로 보호한 전기도체 등으로서 300볼트 이상의 전력을 송전하거나 배전하는 전선을 무엇이라 하는가?** (2013-1차)(2016-3차)

① 전력선
② 통신선
③ 통신케이블
④ 강전류전선

해설

접지설비 · 구내통신설비 · 선로설비 및 통신공동구 등에 대한 기술기준 제3조(용어의 정의)
4. "강전류절연전선"이라 함은 절연물만으로 피복되어 있는 강전류전선을 말한다.

04 **다음 중 보호기와 금속으로 된 주배선반, 지지물, 단자함 등이 사람 또는 방송통신설비에 피해를 줄 우려가 있을 때에 하는 시설은?** (2016-2차)(2021-1차)

① 보안시설
② 통전시설
③ 절연시설
④ 접지시설

해설

접지시설이라 함은 접지에 소요되는 일체의 구성 요소들을 말한다(보호설비로부터 대지에 연결된 것까지의 모든 구성물들을 말하며 보호설비 자체는 포함되지 않는다).

정답 05 ② 06 ② 07 ③

05 다음 중 용어의 정의가 맞지 않는 것은?

(2021-1차)

① "강전류절연전선"이라 함은 절연물만으로 피복되어 있는 강전류 전선을 말한다.
② "전자파공급선"이라 함은 전파에너지를 전송하기 위하여 송신장치나 수신장치와 안테나 사이를 연결하는 선을 말한다.
③ "회선"이라 함은 전기통신의 전송이 이루어지는 유형 또는 무형의 계통적 전기통신로를 말하며, 그 용도에 따라 국선 및 구내선 등으로 구분한다.
④ "중계장치"라 함은 선로의 도달이 어려운 지역을 해소하기 위해 사용하는 증폭장치 등을 말한다.

해설

접지설비 · 구내통신설비 · 선로설비 및 통신공동구 등에 대한 기술기준 제3조(용어의 정의)

4. "강전류절연전선"이라 함은 절연물만으로 피복되어 있는 강전류전선을 말한다.
7. "회선"이라 함은 전기통신의 전송이 이루어지는 유형 또는 무형의 계통적 전기통신로를 말하며, 그 용도에 따라 국선 및 구내선 등으로 구분한다.
19. "급전선"이라 함은 전파에너지를 전송하기 위하여 송신장치나 수신장치와 안테나 사이를 연결하는 선을 말한다.
20. "중계장치"라 함은 선로의 도달이 어려운 지역을 해소하기 위해 사용하는 증폭장치 등을 말한다.

무선설비규칙 제2조(정의)

15. "급전선"이란 전파에너지를 전송하기 위하여 송신장치 또는 수신장치와 안테나 사이를 연결하는 선을 말한다.

06 교환설비 등으로부터 수신된 방송통신콘텐츠를 변환 · 재생 또는 증폭하여 유선 또는 무선으로 송신하거나 수신하는 설비로서 전송단국장치 · 중계장치 · 다중화장치 · 분배장치 등과 그 부대설비를 총괄하여 무엇이라 하는가?

(2012-1차)(2017-1차)

① 선로설비
② 전송설비
③ 정보통신망
④ 전기통신망

해설

방송통신설비의 기술기준에 관한 규정 제3조(정의)

9. "전송설비"란 교환설비 · 단말장치 등으로부터 수신된 방송통신콘텐츠를 변환 · 재생 또는 증폭하여 유선 또는 무선으로 송신하거나 수신하는 설비로서 전송단국장치 · 중계장치 · 다중화장치 · 분배장치 등과 그 부대설비를 말한다.

07 다음 중 통신공동구의 유지 · 관리에 필요한 부대설비가 아닌 것은?

(2015-2차)(2019-3차)(2021-2차)

① 조명시설
② 환기시설
③ 집수시설
④ 접지시설

해설

접지설비 · 구내통신설비 · 선로설비 및 통신공동구 등에 대한 기술기준 제46조(통신공동구의 설치기준)

② 통신공동구를 설치하는 때에는 조명 · 배수 · 소방 · 환기 및 접지시설 등 통신케이블의 유지 · 관리에 필요한 부대설비를 설치하여야 한다.

08 일정한 형태의 방송통신콘텐츠를 전송하기 위하여 사용하는 동선 · 광섬유 등의 전송매체로 제작된 선조 · 케이블 등과 이를 수용 또는 접속하기 위하여 제작된 전주 · 관로 · 통신터널 · 배관 · 맨홀 · 핸드홀 · 배선반 등과 그 부대설비를 무엇이라 하는가? (2018-1차)

① 교환설비
② 구내설비
③ 선로설비
④ 전송설비

해설

방송통신설비의 기술기준에 관한 규정 제3조(정의)
10. "선로설비"란 일정한 형태의 방송통신콘텐츠를 전송하기 위하여 사용하는 동선 · 광섬유 등의 전송매체로 제작된 선조 · 케이블 등과 이를 수용 또는 접속하기 위하여 제작된 전주 · 관로 · 통신터널 · 배관 · 맨홀(Manhole) · 핸드홀(손이 들어갈 수 있는 구멍을 말한다. 이하 같다) · 배선반 등과 그 부대설비를 말한다.

① 교환설비: 다수의 통신회선을 제어 · 접속하여 회선 상호 간의 방송통신을 가능하게 하는 교환기와 그 부대설비이다.
② 구내통신선로설비: 국선접속 설비를 제외한 구내 상호 간 및 구내 · 외간의 통신을 위하여 구내에 설치하는 케이블, 선조, 이상전압전류에 대한 보호장치 및 전주와 이를 수용하는 관로, 통신터널, 배관, 배선반, 단자 등과 그 부대설비이다.
④ 전송 설비(Transmission Facilities): 교환 설비 · 단말 장치 따위로부터 수신된 방송 통신 콘텐츠를 변환, 재생 또는 증폭하여 유선이나 무선으로 송신하거나 수신하는 설비. 전송단의 송출장치, 중계 장치, 다중화 장치, 분배 장치 들과 그 부대설비이다.

09 다음 중 적합성평가를 받은 기자재가 적합성평가 기준대로 제조 · 수입 또는 판매되고 있는지 조사 또는 시험하는 것을 무엇이라고 하는가? (2014-3차)(2015-3차)

① 품질관리
② 규격관리
③ 사후관리
④ 시험관리

해설

방송통신기자재 등의 적합성평가제도는 전파법 제58조의2에 근거하여 시행하고 있으며, 적합인증, 적합등록, 잠정인증 세가지로 구분한다.

방송통신기자재 등의 적합성평가에 관한 고시 제2조(정의)
2. "사후관리"라 함은 적합성평가를 받은 기자재가 적합성평가 기준대로 제조 · 수입 또는 판매되고 있는지 법 제71조의2에 따라 조사 또는 시험하는 것을 말한다.

기출유형 06 ▶ 접지설비, 구내통신설비, 선로설비 및 통신공동구 접지 기준

다음 중 일반적인 통신관련시설의 접지저항 허용 기준은 얼마인가? (2014-3차)(2020-3차)

① 10[Ω] 이하　　② 20[Ω] 이하

③ 25[Ω] 이하　　④ 30[Ω] 이하

해설

접지설비 · 구내통신설비 · 선로설비 및 통신공동구 등에 대한 기술기준 제5조(접지저항 등)

② 통신관련시설의 접지저항은 10Ω 이하를 기준으로 한다. 다만, 다음 각호의 경우는 100Ω 이하로 할 수 있다.

1. 선로설비 중 선조 · 케이블에 대하여 일정 간격으로 시설하는 접지(단, 차폐케이블은 제외)
2. 국선 수용 회선이 100회선 이하인 주배선반
3. 보호기를 설치하지 않는 구내통신단자함
4. 구내통신선로설비에 있어서 전송 또는 제어신호용 케이블의 쉴드 접지
5. 철탑이외 전주 등에 시설하는 이동통신용 중계기
6. 암반 지역 또는 산악지역에서의 암반 지층을 포함하는 경우 등 특수 지형에의 시설이 불가피한 경우로서 기준 저항값 10Ω을 얻기 곤란한 경우

| 정답 | ①

족집게 과외

통신관련시설의 접지저항은 10Ω 이하를 기준. 다만, 국선 수용 회선이 100회선 이하는 100Ω 이하로 할 수 있다.

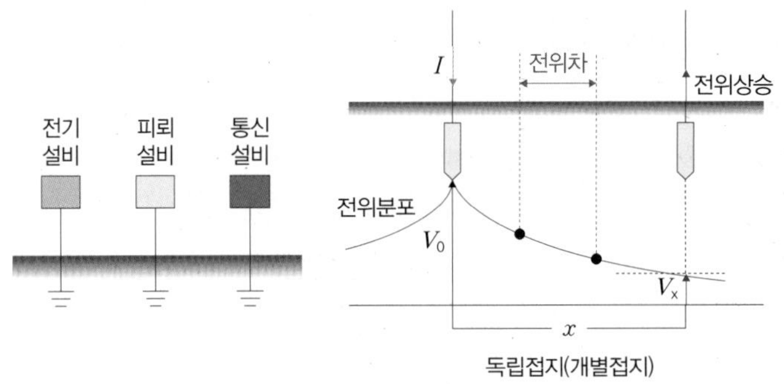

종류	접지저항	적용	접지선의 굵기
제1종 접지공사	10Ω 이하	고압 및 특고압의 전기기기의 철대 및 외함	공칭단면적 $6mm^2$ 이상
제2종 접지공사	변압기의 고압측 또는 특고압측 전로의 1선 지락전류의 암페어 수로 150을 나눈 값과 같은 Ω 이하수	고압 및 특고압전로와 저압전로를 결합하는 변압기의 중성점 또는 단자	공칭단면적 $16mm^2$ 이상
제3종 접지공사	100Ω 이하	고압계기용 변압기 2차 400V 미만의 저압용 기계기구의 철대 및 금속제 외함	공칭단면적 $2.5mm^2$ 이상
특별 제3종 접지공사	10Ω 이하	400V 이상의 저압용 기계기구의 철대 및 금속제 외함	공칭단면적 $2.5mm^2$ 이상

더 알아보기

이상적인 독립접지는 한쪽의 접지극에 접지전류가 흐르더라도 다른 쪽 접지극에 전위 상승을 일으키지 말아야 한다. 독립접지는 일반적으로 20m 이상 이격하고 전위 상승이 일정 범위 이내로 되었을 경우 독립 접지가 되었다고 간주한다.

◎ 방송통신설비의 기술기준에 관한 규정

제7조(보호기 및 접지) ① 벼락 또는 강전류전선과의 접촉 등으로 이상전류 또는 이상전압이 유입될 우려가 있는 방송통신설비에는 과전류 또는 과전압을 방전시키거나 이를 제한 또는 차단하는 보호기가 설치되어야 한다.

② 제1항에 따른 보호기와 금속으로 된 주배선반 · 지지물 · 단자함 등이 사람 또는 방송통신설비에 피해를 줄 우려가 있을 경우에는 접지되어야 한다.

◎ 접지설비 · 구내통신설비 · 선로설비 및 통신공동구 등에 대한 기술기준

제5조(접지저항 등) ① 교환설비 · 전송설비 및 통신케이블과 금속으로 된 단자함

② 통신관련시설의 접지저항은 10Ω 이하를 기준으로 한다. 다만, 다음 각호의 경우는 100Ω 이하로 할 수 있다.

1. 선로설비중 선조 · 케이블에 대하여 일정 간격으로 시설하는 접지(단, 차폐케이블은 제외)
2. 국선 수용 회선이 100회선 이하인 주배선반
3. 보호기를 설치하지 않는 구내통신단자함
4. 구내통신선로설비에 있어서 전송 또는 제어신호용 케이블의 쉴드 접지
5. 철탑이외 전주 등에 시설하는 이동통신용 중계기
6. 암반 지역 또는 산악지역에서의 암반 지층을 포함하는 경우 등 특수 지형에의 시설이 불가피한 경우로서 기준 저항값 10Ω을 얻기 곤란한 경우

④ 접지선은 접지 저항값이 10Ω 이하인 경우에는 2.6㎜ 이상, 접지 저항값이 100Ω 이하인 경우에는 직경 1.6㎜ 이상의 피 · 브이 · 씨 피복 동선 또는 그 이상의 절연효과가 있는 전선을 사용하고 접지극은 부식이나 토양오염 방지를 고려한 도전성 재료를 사용한다. 단, 외부에 노출되지 않는 접지선의 경우에는 피복을 아니할 수 있다.

⑤ 접지체는 가스, 산 등에 의한 부식의 우려가 없는 곳에 매설하여야 하며, 접지체 상단이 지표로부터 수직 깊이 75cm 이상 되도록 매설하되 동결심도보다 깊도록 하여야 한다.

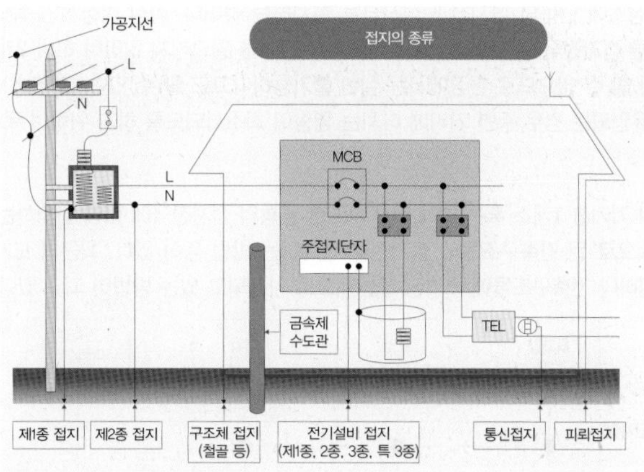

※ 2021년 1월 1일부터 한국전기설비규정(KEC) 변경 고시로 접지 종별 및 접지저항 기준은 폐지되었고 이에 대해 접지시스템의 구분으로 계통접지, 보호접지, 피뢰시스템접지, 변압기 중선점 접지로 구분하며 함 또한 시설 종류에는 단독접지, 공통접지, 통합접지가 있다.

정답 01 ③ 02 ②

01 다음의 방송통신관련 설비 중 접지를 하지 않아도 되는 것은? (2013-1차)(2015-1차)

① 전도성이 있는 인장선을 사용하는 전력선 반송케이블
② 금속성 함체로 내부에 전기적 접속을 하는 경우
③ 광섬유케이블로 전도성이 없는 인장선을 사용하는 경우
④ 중계기에 전원 공급을 병행하는 케이블 방송용 동축케이블

해설

광케이블은 전기 신호가 아니어서 접지가 필요하지 않다. 그러나 광통신 장비는 전기 신호가 흐르므로 접지를 해야 한다.

02 정보통신공사에서 접지를 개별적으로 시공하여 다른 접지로부터 영향을 받지 않고 장비나 시설을 보호하는 접지방식은? (2022-2차)

① 공통접지
② 독립접지
③ 보링접지
④ 다중접지

해설

독립접지

접지가 필요한 기기나 장소에 단독의 접지선과 접지극을 설치하는 것이다. 가장 이상적인 독립접지는 한쪽 전극에 접지전류가 아무리 많이 흘러도 다른 접지전극에 전위상승이나 전자기적 간섭을 일으키지 않아야 하나 2개의 전극이 무한대로 떨어지지 않으면 완전한 독립접지라 할 수 없으므로 현장에서는 실현 불가능하다고도 할 수 있다. 그러나 낙뢰전류의 방류와 같이 접지점을 통하여 막대한 전류가 유입되는 경우 주변 기기에 미치는 영향이 최소화되도록 하기 위하여 독립접지를 실시한다.

통합접지

공용접지는 여러 가지의 기기를 1개소 혹은 수개소에 시공한 공통의 접지전극에 함께 접지하는 방법으로 접지선을 공동으로 사용하여 연접하거나 금속으로 된 건축구조물에 접지선을 접속하는 방법 등이 있다. 최근의 도시환경은 시설면적의 제약으로 본 공용접지방식이 각종 설비나 건축구조물에서 가장 일반적으로 사용되고 있는 방법이 되고 있다.

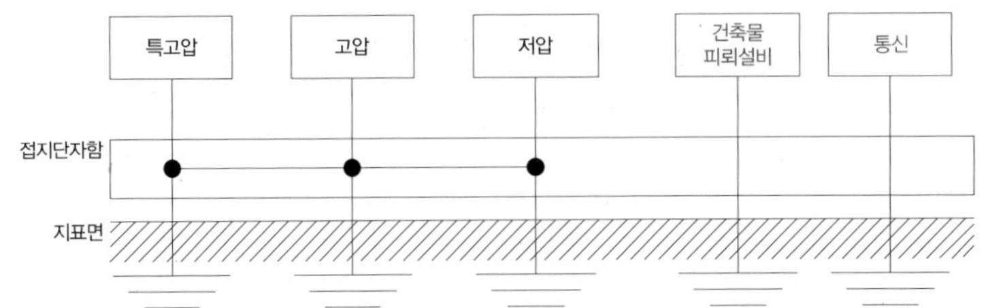

통합접지의 목적은 등전위로하여 인체의 감전으로부터 보호하기 위함이며 정보통신설비의 기준전위의 확보로 손상 및 오동작을 방지하기 위함이다.

03 국선 수용 회선이 100회선 이하인 주배선반선의 접지저항 허용범위는 얼마인가?

(2014-1차)(2020-1차)(2022-1차)

① 1,000[Ω] 이하 ② 100[Ω] 이하
③ 10[Ω] 이하 ④ 1[Ω] 이하

해설

접지설비 · 구내통신설비 · 선로설비 및 통신공동구 등에 대한 기술기준 제5조(접지저항 등)
② 통신관련시설의 접지저항은 10Ω 이하를 기준으로 한다. 다만, 다음 각호의 경우는 100Ω 이하로 할 수 있다.
1. 선로설비 중 선조 · 케이블에 대하여 일정 간격으로 시설하는 접지(단, 차폐케이블은 제외)
2. 국선 수용 회선이 100회선 이하인 주배선반

04 다음 중 일반적인 통신관련시설의 접지저항 허용 기준은 얼마인가? (2012-2차)(2014-2차)(2020-3차)

① 10[Ω] 이하 ② 20[Ω] 이하
③ 25[Ω] 이하 ④ 30[Ω] 이하

해설

접지설비 · 구내통신설비 · 선로설비 및 통신공동구 등에 대한 기술기준 제5조(접지저항 등)
② 통신관련시설의 접지저항은 10Ω 이하를 기준으로 한다. 다만, 다음 각호의 경우는 100Ω 이하로 할 수 있다.
1. 선로설비중 선조 · 케이블에 대하여 일정 간격으로 시설하는 접지(단, 차폐케이블은 제외)
2. 국선 수용 회선이 100회선 이하인 주배선반

05 다음 중 통신관련 시설의 접지저항을 100[Ω] 이하로 할 수 있는 사항이 아닌 것은? (2014-3차)

① 국선 수용 회선이 200회선 이하인 주배선반
② 보호기를 설치하지 않는 구내통신 단자함
③ 철탑 이외 전주 등에 시설하는 이동통신용 중계기
④ 선로설비 중 선조 · 케이블에 대하여 일정 간격으로 시설하는 접지(단, 차폐케이블은 제외한다)

해설

접지설비 · 구내통신설비 · 선로설비 및 통신공동구 등에 대한 기술기준 제5조(접지저항 등)
② 통신관련시설의 접지저항은 10Ω 이하를 기준으로 한다. 다만, 다음 각호의 경우는 100Ω 이하로 할 수 있다.
1. 선로설비 중 선조 · 케이블에 대하여 일정 간격으로 시설하는 접지(단, 차폐케이블은 제외)
2. 국선 수용 회선이 100회선 이하인 주배선반

정답 06 ①

06 다음 중 접지설비의 접지저항에 대한 설명으로 틀린 것은? (2023-2차)

① 접지선은 접지 저항값이 10[Ω] 이하인 경우에는 1.6[m] 이상, 접지 저항값이 100[Ω] 이하인 경우에는 직경 3.6[m] 이상의 PVC(Poly Vinyl Chloride) 피복 동선 또는 그 이상의 절연 효과가 있는 전선을 사용한다.
② 금속성 함체이나 광섬유 접속 등과 같이 내부에 전기적 접속이 없는 경우 접지를 아니할 수 있다.
③ 접지체는 가스, 산 등에 의한 부식의 우려가 없는 곳에 매설하여야 하며, 접지체 상단이 지표로부터 수직 깊이 [75cm] 이상 되도록 매설하되 동결심도보다 깊게 하여야 한다.
④ 전도성이 없는 인장선을 사용하는 광섬유케이블의 경우 접지를 아니할 수 있다.

해설

접지설비 · 구내통신설비 · 선로설비 및 통신공동구 등에 대한 기술기준 제5조(접지저항 등)
② 통신관련시설의 접지저항은 10Ω 이하를 기준으로 한다. 다만, 다음 각호의 경우는 100Ω 이하로 할 수 있다.
6. 암반 지역 또는 산악지역에서의 암반 지층을 포함하는 경우 등 특수 지형에의 시설이 불가피한 경우로서 기준 저항값 10Ω을 얻기 곤란한 경우
7. 기타 설비 및 장치의 특성에 따라 시설 및 인명 안전에 영향을 미치지 않는 경우
④ 접지선은 접지 저항값이 10Ω 이하인 경우에는 2.6㎜ 이상, 접지 저항값이 100Ω 이하인 경우에는 직경 1.6㎜ 이상의 피 · 브이 · 씨 피복 동선 또는 그 이상의 절연효과가 있는 전선을 사용하고 접지극은 부식이나 토양오염 방지를 고려한 도전성 재료를 사용한다. 단, 외부에 노출되지 않는 접지선의 경우에는 피복을 아니할 수 있다.
⑤ 접지체는 가스, 산 등에 의한 부식의 우려가 없는 곳에 매설하여야 하며, 접지체 상단이 지표로부터 수직 깊이 75cm 이상되도록 매설하되 동결심도보다 깊도록 하여야 한다.

정답 07 ③

07 서지보호기(Surge Protector)의 서지 피해 보호 종류 중 전원 계통에 인입된 써지의 억제와 관련된 것을 모두 고른 것은? (2022-3차)

> ㉠ 직격뢰의 피해 억제
> ㉡ 데이터 및 전화교환기의 보호 통신용
> ㉢ 접지시스템의 개선
> ㉣ 무선안테나 경로로 인입된 써지의 억제

① ㉠, ㉡

② ㉠, ㉡, ㉢

③ ㉡, ㉢, ㉣

④ ㉠, ㉡, ㉣

해설

- 서지(Surge): 전기/전자 회로, 전기기기 또는 계통의 운전 중에 제어, 개폐조작 또는 뇌 방전에 의해서 과도적으로 발생하여 진행하는 과전압 또는 과전류
- 서지(Surge) KS 규격 정의: 뇌전자계 임펄스에 의해 발생한 과전압 또는 과전류로서 나타나는 일시적인 파동

KS C IEC 62305-4

직격뢰(Direct Lightning)-Class Ⅰ SPD

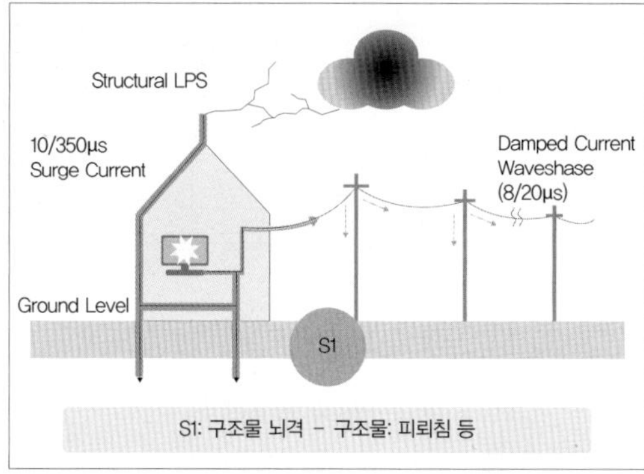

S1: 구조물 뇌격 - 구조물: 피뢰침 등

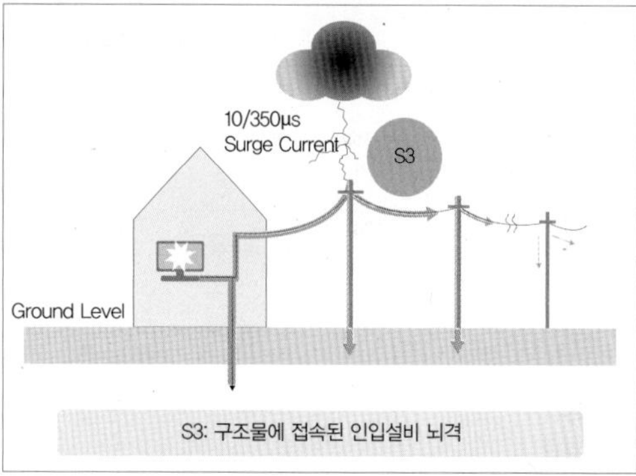

S3: 구조물에 접속된 인입설비 뇌격

간접뢰(Indirect Lightning), 유도뢰(Induced Lightning)-Class Ⅱ SPD

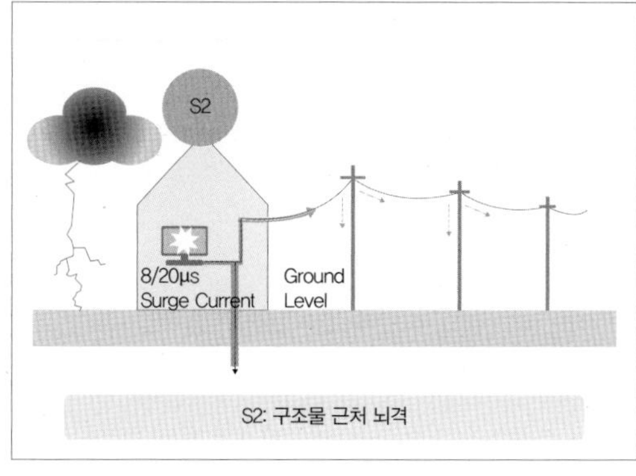

S2: 구조물 근처 뇌격

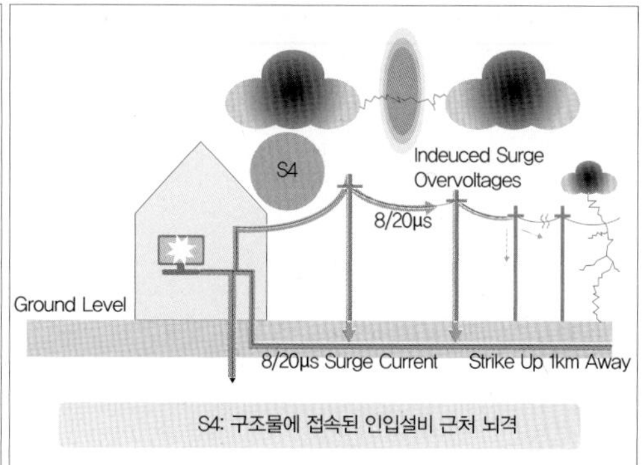

S4: 구조물에 접속된 인입설비 근처 뇌격

㉡, ㉢, ㉣은 간접뢰에 해당한다.

08 다음 중 1개소 또는 여러 개소에 시공한 공통의 접지극에 개개의 설비를 모아 접속해 접지를 공용화하는 접지 방식은? (2023-3차)

① 독립접지
② 다중접지
③ 보링접지
④ 공통접지

해설

공용(통)접지

여러 가지의 기기를 1개소 혹은 수개소에 시공한 공통의 접지전극에 함께 접지하는 방법으로 접지선을 공동으로 사용하여 연접하거나 금속으로 된 건축구조물에 접지선을 접속하는 방법 등이 있다. 최근의 도시환경은 시설면적의 제약으로 본 공용접지방식이 각종 설비나 건축구조물에서 가장 일반적으로 사용되고 있는 방법이 되고 있다.

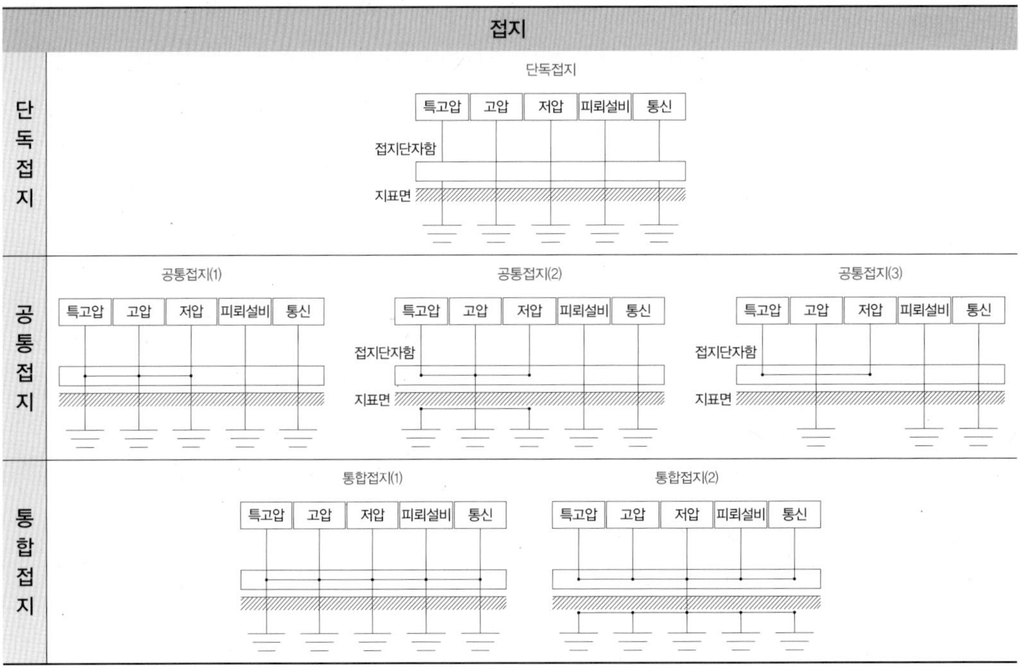

기출유형 07 ▸ 통신공동구 등에 대한 기술기준

다음 중 옥내에 설치하는 닥트의 요건으로 옳지 않은 것은? (2016-3차)

① 유지보수를 위한 충분한 공간 확보
② 선로 받침대를 60[cm] 내지 150[cm]의 간격으로 설치
③ 닥트 내부에는 누전위험이 있으므로 전기콘센트 미설치
④ 수직으로 설치된 닥트는 작업을 용이하게 할 수 있는 디딤대 설치

해설

접지설비 · 구내통신설비 · 선로설비 및 통신공동구 등에 대한 기술기준 제28조(구내배관 등)

⑥ 옥내에 설치하는 덕트의 요건은 다음 각호와 같다.

1. 덕트는 선로를 용이하게 수용할 수 있는 구조와 유지 · 보수를 위한 충분한 공간을 갖추어야 하며, 수직으로 설치된 덕트의 주변에는 선로의 포설, 유지 및 보수의 작업을 용이하게 할 수 있는 디딤대 등을 설치한다.
2. 덕트의 내부에는 선로의 포설에 필요한 선로 받침대를 60㎝ 내지 150㎝의 간격으로 설치하여야 한다.
3. 덕트의 내부에는 유지 · 보수 작업용 조명 또는 전기콘센트가 설치되어야 한다.

| 정답 | ③

족집게 과외

구내통신선로설비 제26조(국선의 인입) 예외조항

1. 인입선로의 길이가 246m 미만이고 인입선로상에서 분기되지 않는 경우
2. 5회선 미만의 국선을 인입하는 경우

③ 건축주가 5회선 미만의 국선을 지하로 인입시키기 위해 사업자가 이용하는 인입맨홀 · 핸드홀 또는 인입주

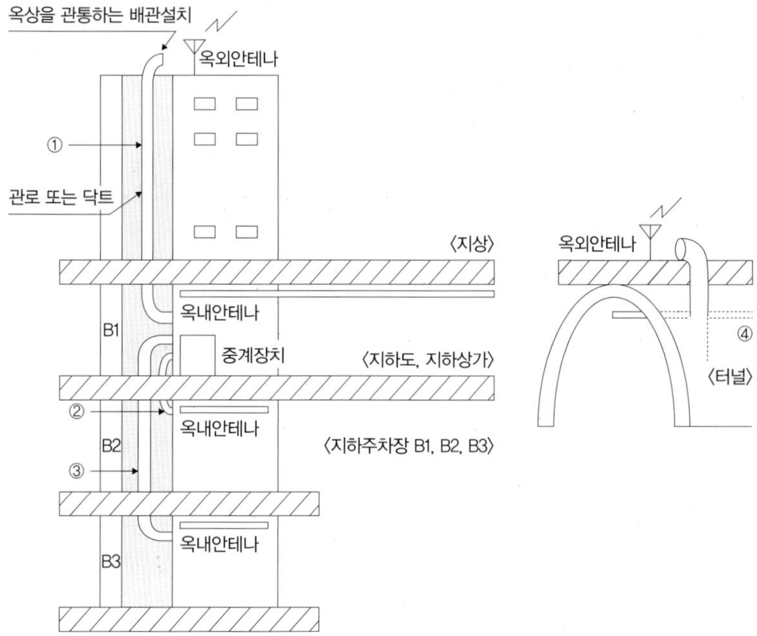

구내 통신선로설비 등의 설치방법 - 정보통신부고시: 급전선 인입표준도

더 알아보기

"구내통신선로설비"라 함은 국선접속설비를 제외한 구내 상호 간 및 구내 · 외간의 통신을 위하여 구내에 설치하는 케이블, 선조, 이상전압전류에 대한 보호장치 및 전주와 이를 수용하는 관로, 통신터널, 배관, 배선반, 단자 등과 그 부대설비를 말한다. 접지선은 접지 저항값이 10Ω 이하인 경우에는 2.6㎜ 이상, 접지 저항값이 100Ω 이하인 경우에는 직경 1.6㎜ 이상의 피 · 브이 · 씨로 한다.

◎ **접지설비 · 구내통신설비 · 선로설비 및 통신공동구 등에 대한 기술기준**

제7조(가공통신선의 지지물과 가공강전류전선간의 이격거리) 가공강전류전선의 사용전압이 저압 또는 고압일 경우의 이격거리는 다음 표와 같다.

가공강전류전선의 사용전압 및 종별		이격거리
저압		30cm 이상
고압	강전류케이블	30cm 이상
	기타 강전류전선	60cm 이상

제11조(가공통신선의 높이) ① 설치장소 여건에 따른 가공통신선의 높이는 다음 각호와 같다.

1. 도로상에 설치되는 경우에는 노면으로부터 4.5m 이상으로 한다. 다만, 교통에 지장을 줄 우려가 없고 시공상 불가피할 경우 보도와 차도의 구별이 있는 도로의 보도상에서는 3m 이상으로 한다.
2. 철도 또는 궤도를 횡단하는 경우에는 그 철도 또는 궤조면으로 부터 6.5m 이상으로 한다. 다만, 차량의 통행에 지장을 줄 우려가 없는 경우에는 그러하지 아니하다.
3. 7,000V를 초과하는 전압의 가공강전류전선용 전주에 가설되는 경우에는 노면으로부터 5m 이상으로 한다.
4. 제1호 내지 제3호 및 제2항 이외의 기타지역은 지표상으로부터 4.5m 이상으로 한다. 다만, 교통에 지장을 줄 염려가 없고 시공상 불가피한 경우에는 지표상으로부터 3m 이상으로 할 수 있다.

제23조(옥내통신선 이격거리) ① 옥내통신선은 300V 초과 전선과의 이격거리는 15cm 이상, 300V 이하 전선과의 이격거리는 6cm 이상(애자사용 전기공사 시 전선과 이격거리는 10cm 이상)으로 하고 도시가스배관과는 혼촉되지 않도록 한다.

② 제1항의 규정에도 불구하고 다음 각호의 경우에는 그러하지 아니할 수 있다.

1. 옥내통신선이 절연선 또는 케이블이거나 광섬유케이블(전도성 인장선이 없는 것)일 경우(전선 또는 전선관과 접촉이 되지 아니하여야 함)
2. 전선이 케이블(캡타이어 케이블을 포함한다)일 경우(옥내통신선과 접촉되지 아니하여야 함)
3. 57V(30W) 이하의 직류 전원을 공급하는 경우
4. 전선(300V 이하로서 케이블이 아닌 경우)과 옥내통신선 간에 절연성의 격벽을 설치할 때 또는 전선을 전선관(절연성 · 난연성 및 내수성을 갖춘 것)에 수용하여 설치한 경우

제26조(국선의 인입) ① 국선인입을 위한 관로, 맨홀, 핸드홀 및 전주 등 구내통신선로설비는 사업자의 맨홀, 핸드홀 또는 인입주로부터 건축물의 최초 접속점까지의 인입거리가 가능한 최단거리가 되도록 설치하여야 한다.

② 국선을 지하로 인입하는 경우에는 배관, 맨홀 및 핸드홀 등을 별표 2 제1호에 준하여 설치하여야 한다. 다만, 다음 각호의 하나에 해당하는 경우에는 구내의 맨홀 또는 핸드홀을 설치하지 아니하고 별표 2 제2호에 준하여 설치할 수 있다.

1. 인입선로의 길이가 246m 미만이고 인입선로상에서 분기되지 않는 경우

2. 5회선 미만의 국선을 인입하는 경우

③ 건축주가 5회선 미만의 국선을 지하로 인입시키기 위해 사업자가 이용하는 인입맨홀 · 핸드홀 또는 인입주까지 지하배관을 설치하는 경우에는 별표 2의1 표준도에 준하여 설치하여야 한다.

제28조(구내배관 등) ⑥ 옥내에 설치하는 덕트의 요건은 다음 각호와 같다.

1. 덕트는 선로를 용이하게 수용할 수 있는 구조와 유지 · 보수를 위한 충분한 공간을 갖추어야 하며, 수직으로 설치된 덕트의 주변에는 선로의 포설, 유지 및 보수의 작업을 용이하게 할 수 있는 디딤대 등을 설치하여야 한다.
2. 덕트의 내부에는 선로의 포설에 필요한 선로 받침대를 60㎝ 내지 150㎝의 간격으로 설치하여야 한다. 다만, 선로용 배관을 따로 설치하는 경우에는 그러하지 아니하다.
3. 덕트의 내부에는 유지 · 보수 작업용 조명 또는 전기콘센트가 설치되어야 한다. 다만, 바닥 덕트의 경우에는 그러하지 아니하다.

제47조(관로 등의 매설기준) ① 관로에 사용하는 관은 외부하중과 토압에 견딜수 있는 충분한 강도와 내구성을 가져야 한다.

② 지면에서 관로상단까지의 거리는 다음 각호의 기준에 의한다. 다만, 시설관리기관과 협의하여 관로보호조치를 하는 경우에는 다음 각호의 기준에 의하지 아니할 수 있다.

1. 차도: 1.0m 이상
2. 보도 및 자전거도로: 0.6m 이상
3. 철도 · 고속도로 횡단구간 등 특수한 구간: 1.5m 이상

③ 관로 상단부와 지면사이에는 관로보호용 경고테이프를 관로 매설경로에 따라 매설하여야 한다.

④ 관로는 가스등 다른 매설물과 50㎝ 이상 떨어져 매설하여야 한다. 다만, 부득이한 사유로 인하여 50㎝ 이상의 간격을 유지할 수 없는 경우에는 보호벽의 설치 등 관로를 보호하기 위한 조치를 하여야 한다.

⑤ 맨홀 또는 핸드홀 간에 매설하는 관로는 케이블 견인에 지장을 주지 아니하는 곡률을 유지하는 등 직선성을 유지하여야 한다.

◎ 방송통신설비의 기술기준에 관한 규정

제20조(회선 수) ① 구내통신선로설비에는 다음 각호의 사항에 지장이 없도록 충분한 회선을 확보하여야 한다.

1. 구내로 인입되는 국선의 수용
2. 구내회선의 구성
3. 단말장치 등의 증설

기출유형 완성하기

정답 01 ④ 02 ① 03 ②

01 다음 중 구내통신선로설비의 설치 및 철거방법으로 잘못된 것은? (2014-3차)(2016-1차)(2017-3차)(2023-1차)

① 구내에 5회선 이상의 국선을 인입하는 경우 옥외 회선은 지하로 인입한다.
② 사업자는 이용약관에 따라 체결된 서비스 이용계약이 해지된 경우에는 설치된 옥외회선을 철거하여야 한다.
③ 배관시설은 설치된 후 배선의 교체 및 증설시공이 쉽게 이루어질 수 있는 구조로 설치하여야 한다.
④ 인입맨홀 · 핸드홀 또는 인입주까지 지하인입배관을 설치한 경우에는 지하로 인입하지 않아도 된다.

해설

접지설비 · 구내통신설비 · 선로설비 및 통신공동구 등에 대한 기술기준 제26조(국선의 인입)
② 국선을 지하로 인입하는 경우에는 배관, 맨홀 및 핸드홀 등을 별표 2 제1호에 준하여 설치하여야 한다. 다만, 다음 각호의 하나에 해당하는 경우에는 구내의 맨홀 또는 핸드홀을 설치하지 아니하고 별표 2 제2호에 준하여 설치할 수 있다.
1. 인입선로의 길이가 246m 미만이고 인입선로상에서 분기되지 않는 경우
2. 5회선 미만의 국선을 인입하는 경우
③ 건축주가 5회선 미만의 국선을 지하로 인입시키기 위해 사업자가 이용하는 인입맨홀 · 핸드홀 또는 인입주까지 지하배관을 설치하는 경우에는 별표 2의1 표준도 첨부에 준하여 설치하여야 한다.

02 구내통신선로설비에서 충분한 회선을 확보하여야 하는 경우와 관계없는 것은? (2012-2차)(2014-1차)

① 옥외로 인입되는 국선의 구성
② 구내로 인입되는 국선의 수용
③ 구내회선의 구성
④ 단말장치 등의 증설

해설

방송통신설비의 기술기준에 관한 규정 제20조(회선 수)
① 구내통신선로설비에는 다음 각호의 사항에 지장이 없도록 충분한 회선을 확보하여야 한다.
1. 구내로 인입되는 국선의 수용
2. 구내회선의 구성
3. 단말장치 등의 증설

03 사업용방송통신설비와 이용자방송통신설비의 분계점을 설정하는데 국선과 구내선의 분계점은 어떻게 설정하는가? (2017-1차)

① 사업용방송통신설비의 국선수용단자반과 이용자방송통신설비의 단말장치와의 접속되는 점으로 한다.
② 사업용방송통신설비의 국선접속설비와 이용자방송통신설비가 최초로 접속되는 점으로 한다.
③ 사업용방송통신설비의 전송설비와 이용자방송통신설비의 구내통신선로설비가 최초로 접속되는 점으로 한다.
④ 사업용방송통신설비의 교환설비와 이용자방송통신설비의 최초단자사이에 구성되는 회선으로 한다.

정답 04 ③ 05 ③

해설

방송통신설비의 기술기준에 관한 규정 제4조(분계점)

2. 사업용방송통신설비와 이용자방송통신설비의 분계점은 도로와 택지 또는 공동주택단지의 각 단지와의 경계점으로 한다. 다만, 국선과 구내선의 분계점은 사업용방송통신설비의 국선접속설비와 이용자방송통신설비가 최초로 접속되는 점으로 한다.

04 전기통신역무를 제공받기 위하여 이용자가 관리 · 사용하는 구내통신선로설비, 단말장치 및 전송설비 등을 말하는 것은? (2010-1차)

① 국선접속설비
② 사업용 전기통신설비
③ 이용자 전기통신설비
④ 자가 전기통신설비

해설

방송통신설비의 기술기준에 관한 규정 제3조(정의)

1. "사업용방송통신설비"란 방송통신서비스를 제공하기 위한 방송통신설비로서 다음 각목의 설비를 말한다.
2. "이용자방송통신설비"란 방송통신서비스를 제공받기 위하여 이용자가 관리 · 사용하는 구내통신선로설비, 이동통신구내선로설비, 방송공동수신설비, 단말장치 및 전송설비 등을 말한다.

05 다음 중 맨홀 또는 핸드홀의 설치기준으로 맞지 않는 것은? (2022-1차)(2022-2차)

① 맨홀 또는 핸드홀은 케이블의 설치 및 유지 · 보수 등의 작업 시 필요한 공간을 확보할 수 있는 구조로 설계하여야 한다.
② 맨홀 또는 핸드홀은 케이블의 설치 및 유지 · 보수 등을 위한 차량출입과 작업이 용이한 위치에 설치하여야 한다.
③ 맨홀 또는 핸드홀 간의 거리는 350[m] 이내로 하여야 한다.
④ 맨홀 또는 핸드홀에는 주변 실수요자용 통신케이블을 분기할 수 있는 인입 관로 및 접지시설 등을 설치하여야 한다.

해설

접지설비 · 구내통신설비 · 선로설비 및 통신공동구 등에 대한 기술기준 제48조(맨홀 또는 핸드홀의 설치기준)

① 맨홀 또는 핸드홀은 케이블의 설치 및 유지 · 보수 등의 작업 시 필요한 공간을 확보할 수 있는 구조로 설계하여야 한다.
② 맨홀 또는 핸드홀은 케이블의 설치 및 유지 · 보수 등을 위한 차량출입과 작업이 용이한 위치에 설치하여야 한다.
③ 맨홀 또는 핸드홀에는 주변 실수요자용 통신케이블을 분기할 수 있는 인입 관로 및 접지시설 등을 설치하여야 한다.
④ 맨홀 또는 핸드홀 간의 거리는 246m 이내로 하여야 한다. 다만, 교량 · 터널 등 특수구간의 경우와 광케이블 등 특수한 통신케이블만 수용하는 경우에는 그러하지 아니할 수 있다.

정답 06 ① 07 ③

06 가공강전류전선의 사용전압이 저압일 경우 가공통신선의 지지물과 가공강전류전선 간의 이격거리는 얼마 이상이어야 하는가? (2013-2차)(2019-2차)

① 30[cm]
② 60[cm]
③ 90[cm]
④ 1[m]

해설

접지설비 · 구내통신설비 · 선로설비 및 통신공동구 등에 대한 기술기준 제7조(가공통신선의 지지물과 가공강전류전선간의 이격거리)
가공강전류전선의 사용전압이 저압 또는 고압일 경우의 이격거리는 다음 표화 같다.

가공강전류전선의 사용전압 및 종별		이격거리
저압		30cm 이상
고압	강전류케이블	30cm 이상
	기타 강전류전선	60cm 이상

07 설치장소의 여건에 따른 가공통신선의 설치 높이에 대한 설명으로 옳지 않은 것은? (2021-3차)

① 22,900[V]를 수용하는 전압의 가공강전류전선용 전주에 가설되는 경우에는 노면으로부터 5[m] 이상으로 하여야 한다.
② 도로상 설치되는 경우 노면으로부터 4.5[m] 이상으로 한다.
③ 철도 또는 궤도를 횡단하는 경우 차량의 통행에 지장을 줄 우려가 없더라도 열차의 높이 때문에 5[m] 이상으로 하여야 한다.
④ 도로상에서 교통에 지장을 줄 염려가 없고 시공상 불가피한 경우 보도와 차도의 구별이 있으면 보도상에서 3[m] 이상으로 한다.

해설

접지설비 · 구내통신설비 · 선로설비 및 통신공동구 등에 대한 기술기준 제11조(가공통신선의 높이)
① 설치장소 여건에 따른 가공통신선의 높이는 다음 각호와 같다.
1. 도로상에 설치되는 경우에는 노면으로부터 4.5m 이상으로 한다. 다만, 교통에 지장을 줄 우려가 없고 시공상 불가피할 경우 보도와 차도의 구별이 있는 도로의 보도상에서는 3m 이상으로 한다.
2. 철도 또는 궤도를 횡단하는 경우에는 그 철도 또는 궤조면으로부터 6.5m 이상으로 한다. 다만, 차량의 통행에 지장을 줄 우려가 없는 경우에는 그러하지 아니하다.

정답 08 ② 09 ③ 10 ②

08 관로가 보도 및 자전거도로에 매설될 때 지면에서 관로 상단까지의 거리 기준은? (2020-3차)

① 0.5[m] 이상 ② 0.6[m] 이상
③ 1.0[m] 이상 ④ 1.5[m] 이상

해설

접지설비 · 구내통신설비 · 선로설비 및 통신공동구 등에 대한 기술기준 제47조(관로 등의 매설기준)
② 지면에서 관로상단까지의 거리는 다음 각호의 기준에 의한다. 다만, 시설관리기관과 협의하여 관로보호조치를 하는 경우에는 다음 각호의 기준에 의하지 아니할 수 있다.
1. 차도: 1.0m 이상
2. 보도 및 자전거도로: 0.6m 이상
3. 철도 · 고속도로 횡단구간 등 특수한 구간: 1.5m 이상

09 일반적으로 도로상에 설치되는 가공통신선의 높이는 노면으로부터 얼마 이상으로 설치하는가? (2014-2차)(2017-1차)

① 2[m] ② 3[m]
③ 4.5[m] ④ 6.5[m]

해설

접지설비 · 구내통신설비 · 선로설비 및 통신공동구 등에 대한 기술기준 제11조(가공통신선의 높이)
1. 도로상에 설치되는 경우에는 노면으로부터 4.5m 이상으로 한다. 다만, 교통에 지장을 줄 우려가 없고 시공상 불가피할 경우 보도와 차도의 구별이 있는 도로의 보도상에서는 3m 이상으로 한다.
2. 철도 또는 궤도를 횡단하는 경우에는 그 철도 또는 궤조면으로부터 6.5m 이상으로 한다. 다만, 차량의 통행에 지장을 줄 우려가 없는 경우에는 그러하지 아니하다.
3. 7,000V를 초과하는 전압의 가공강전류전선용 전주에 가설되는 경우에는 노면으로부터 5m 이상으로 한다.
4. 제1호 내지 제3호 및 제2항 이외의 기타지역은 지표상으로부터 4.5m 이상으로 한다. 다만, 교통에 지장을 줄 염려가 없고 시공상 불가피한 경우에는 지표상으로부터 3m 이상으로 할 수 있다.

10 접지체 상단은 지표로부터 수직 깊이가 어느 정도 이상 되도록 매설해야 하는가? (2019-1차)

① 35[cm] ② 75[cm]
③ 100[cm] ④ 150[cm]

해설

접지설비 · 구내통신설비 · 선로설비 및 통신공동구 등에 대한 기술기준 제5조(접지저항 등)
④ 접지선은 접지 저항값이 10Ω 이하인 경우에는 2.6㎜ 이상, 접지 저항값이 100Ω 이하인 경우에는 직경 1.6㎜ 이상의 피 · 브이 · 씨 피복 동선 또는 그 이상의 절연효과가 있는 전선을 사용하고 접지극은 부식이나 토양오염 방지를 고려한 도전성 재료를 사용한다. 단, 외부에 노출되지 않는 접지선의 경우에는 피복을 아니할 수 있다.
⑤ 접지체는 가스, 산 등에 의한 부식의 우려가 없는 곳에 매설하여야 하며, 접지체 상단이 지표로부터 수직 깊이 75cm 이상 되도록 매설하되 동결심도보다 깊도록 하여야 한다.

11 옥내통신선은 '300[V] 초과 전선과의 이격 거리'를 얼마 이상으로 하여야 하는가? (2013-3차)

① 6[cm]
② 9[cm]
③ 12[cm]
④ 15[cm]

해설

접지설비 · 구내통신설비 · 선로설비 및 통신공동구 등에 대한 기술기준 제23조(옥내통신선 이격거리)
① 옥내통신선은 300V 초과 전선과의 이격거리는 15cm 이상, 300V 이하 전선과의 이격거리는 6cm 이상(애자사용 전기공사 시 전선과 이격거리는 10cm 이상)으로 하고 도시가스배관과는 혼촉되지 않도록 한다.

12 구내통신선로설비란 통신가업자설비와 건물 내의 가입자 단말기 간을 접속하여 통신서비스가 가능케 하는 건물 내 정보통신 기반시설을 말한다. 다음 중 이러한 구내통신선로 기술기준에 대한 국제표준은 어느 것인가? (2017-1차)(2022-3차)

① ISO/IEC 96000
② ISO/IEC 29103
③ ISO/IEC 11801
④ ISO 20022

해설

- ISO/IEC 11801: 구내 케이블/케이블링/커넥터 등에 대한 국제 표준, ANSI/TIA 568 관련 표준 및 자체 표준을 모두 포함한다. 아날로그 및 ISDN 통신, 다양한 데이터 통신 표준, 컨트롤 시스템 개발, 공장 자동화 등 범용 목적의 전기통신 케이블링 시스템(통합 배선)을 규정한다. 균형잡힌 구리 케이블링과 광섬유 케이블링에 모두 적용된다.
- ISO/IEC 96000: 별도의 정의가 없다.
- ISO/IEC 29103: 국제 표준으로 사진 인쇄 시 소모품 수율 측정을 위한 색상 테스트 페이지를 정의한다.
- ISO 20022: 금융 기관 간의 전자 데이터 교환을 위한 ISO 표준이다. 메시지 및 비즈니스 프로세스에 대한 설명이 포함된 메타데이터 저장소와 저장소 콘텐츠에 대한 유지 관리 프로세스를 설명한다.

정답 13 ①

13 통신용 케이블의 보호를 위하여 만들어진 고정된 구조물로서 다량의 케이블 다발을 수용할 수 있도록, 벽이나 바닥 천정 등에 고정되는 케이블의 이동통로는? (2023-1차)

① 케이블 트레이(Cable Tray)
② 크림프(Crimp)
③ 브리지 탭(Bridged Tap)
④ 풀박스(Pull Box)

해설

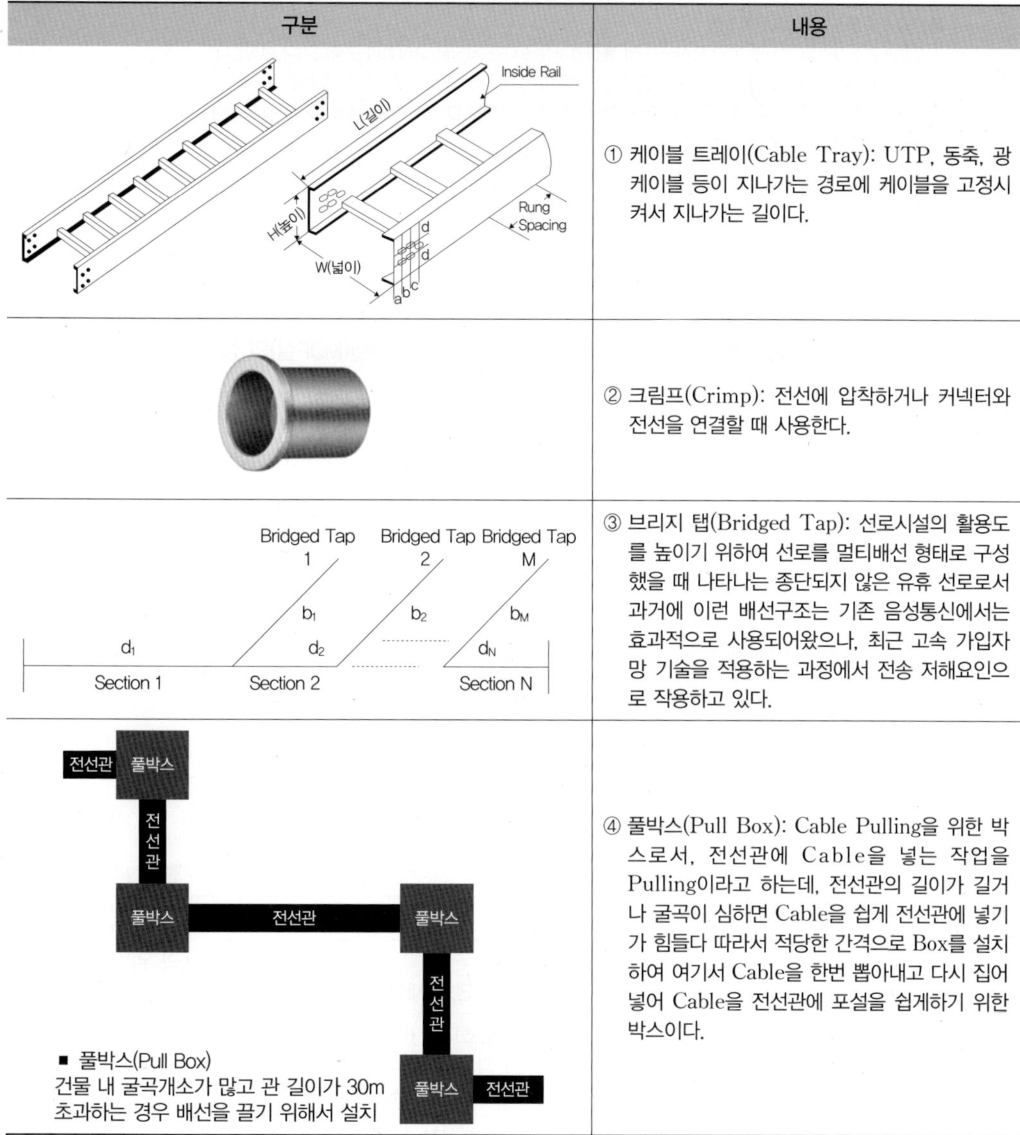

구분	내용
	① 케이블 트레이(Cable Tray): UTP, 동축, 광 케이블 등이 지나가는 경로에 케이블을 고정시켜서 지나가는 길이다.
	② 크림프(Crimp): 전선에 압착하거나 커넥터와 전선을 연결할 때 사용한다.
	③ 브리지 탭(Bridged Tap): 선로시설의 활용도를 높이기 위하여 선로를 멀티배선 형태로 구성했을 때 나타나는 종단되지 않은 유휴 선로로서 과거에 이런 배선구조는 기존 음성통신에서는 효과적으로 사용되어왔으나, 최근 고속 가입자망 기술을 적용하는 과정에서 전송 저해요인으로 작용하고 있다.
■ 풀박스(Pull Box) 건물 내 굴곡개소가 많고 관 길이가 30m 초과하는 경우 배선을 끌기 위해서 설치	④ 풀박스(Pull Box): Cable Pulling을 위한 박스로서, 전선관에 Cable을 넣는 작업을 Pulling이라고 하는데, 전선관의 길이가 길거나 굴곡이 심하면 Cable을 쉽게 전선관에 넣기가 힘들다 따라서 적당한 간격으로 Box를 설치하여 여기서 Cable을 한번 뽑아내고 다시 집어넣어 Cable을 전선관에 포설을 쉽게하기 위한 박스이다.

정답 14 ① 15 ③

14 **다음 중 중요한 통신설비의 설치를 위한 통신국사 및 통신기계실 입지조건이 아닌 것은?** (2021-3차)

① 인적이 많고 지대가 높은 곳
② 풍수해로부터 영향을 많이 받지 않는 곳
③ 강력한 전자파장해의 우려가 없는 곳
④ 주변지역의 영향으로 인한 진동발생이 적은 곳

해설

통신국사는 인적이 적은 곳에 설치 해야한다.

통신국사 및 통신기계실의 입지조건

- 중요한 통신설비의 설치를 위한 통신국사 및 통신기계실은 다음 사항을 고려하여 구축하거나 선정한다.
  - 풍수해로부터 영향을 많이 받지 않는 곳. 다만, 부득이한 경우로서 방풍, 방수 등의 조치를 강구하는 경우에는 그러하지 아니하다.
  - 강력한 전자파장해의 우려가 없는 곳. 다만, 전자차폐 등의 조치를 강구하는 경우에는 그러하지 아니하다.
  - 주변지역의 영향으로 인한 진동발생이 적은 장소가 좋다.

15 **다음 중 초고속정보통신건물 인증제도에서 말하는 집중구내통신실(MDF실)의 설명으로 틀린 것은?** (2022-3차)

① 관계자외 출입통제 표시 부착
② 유효면적은 실측
③ 유효높이 1.8M 이상 잠금장치가 있는 방화문 설치
④ 침수 우려가 없는 지상에 설치

해설

③ 유효너비 0.9m, 유효높이 2m 이상 잠금장치가 있는 방화문 설치

#공동주택 아파트 구내통신실(특등급 기준)

	위치		지상	
집중구내통신실	면적	~300세대	12m^2 이상	현장실측으로 유효면적 확인(집중구내통신실의 한 쪽 벽면이 지표보다 높고 침수의 우려가 없으면 "지상 설치"로 인정)
		~500세대	18m^2 이상	
		~1,000세대	22m^2 이상	
		~1,500세대	28m^2 이상	
		1,501세대~	34m^2 이상	
		디지털방송설비설치 시	3m^2 추가 (단, 방재실에 설치할 경우 제외)	
	출입문		유효너비 0.9m, 유효높이 2m 이상의 잠금장치가 있는 방화문 설치 및 관계자 외 출입통제 표시 부착	
	환경 · 관리		• 통신장비 및 상온/상습 장치 설치 • 전용의 전원설비 설치	

정답 16 ②

16 다음 업무용 건축물의 구내통신설비 구성도에서 (가)의 명칭은? (2023-2차)

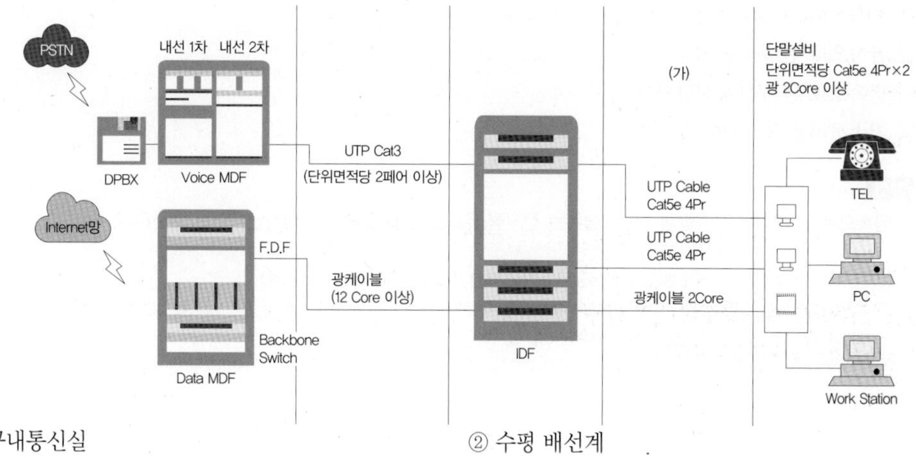

① 구내통신실　　② 수평 배선계
③ 중간 단자함　　④ 건물 간선계

해설

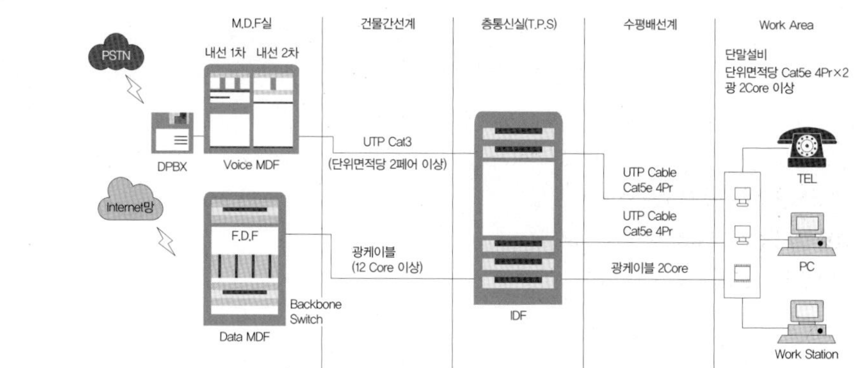

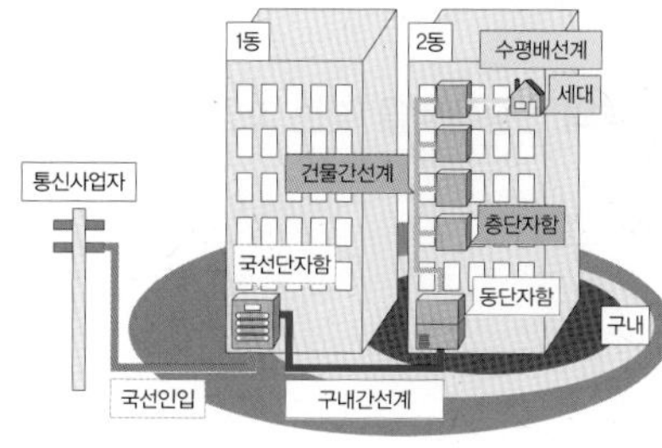

1) 간선 배선계: MDF~IDF
2) 건물간선 배선계: IDF~층단자함
3) 수평 배선계 1: 층 단자함~세대단자함
4) 수평 배선계 2: 세대단자함~인출구
5) 수평 배선계: 층단자함에서 통신인출구까지의 건물 내 수평 구간을 연결하는 배선체계를 말한다.
6) 세대단자함은 중간배선반 등(또는 건물배선반 등)에 대하여 동등 접속조건을 유지하여야 한다.

정답 17 ① 18 ③

17 다음 중 구내통신설비 및 통신선로에 접지단자를 설치하지 않아도 되는 것은? (2023-3차)

① 금속으로 된 광섬유 접속함체
② 금속으로 된 옥외분배함
③ 금속으로 된 구내통신단자함
④ 전송설비용 통신케이블

해설

① 금속으로 된 광섬유 접속함체에서 광섬유는 전기적 유도를 받지 않으므로 접지단자와는 무관하다.

접지설비 · 구내통신설비 · 선로설비 및 통신공동구 등에 대한 기술기준 제5조(접지저항 등)
① 교환설비 · 전송설비 및 통신케이블과 금속으로 된 단자함(구내통신단자함, 옥외분배함 등) · 장치함 및 지지물 등이 사람이나 방송통신설비에 피해를 줄 우려가 있을 때에는 접지단자를 설치하여 접지하여야 한다.

18 구내통신선 중 건물간선케이블 및 수평배선케이블은 몇 [MHz] 이상의 전송대역을 갖는 꼬임케이블, 광섬유케이블 또는 동축케이블을 사용하여야 하는가? (2023-3차)

① 1[MHz]
② 10[MHz]
③ 100[MHz]
④ 300[MHz]

해설

접지설비 · 구내통신설비 · 선로설비 및 통신공동구 등에 대한 기술기준 제32조(구내통신선의 배선)
구내통신선은 다음 각 호와 같은 선로로 설치하여야 한다.
1. 건물간선케이블 및 수평배선케이블은 100MHz 이상의 전송대역을 갖는 꼬임케이블, 광섬유케이블 또는 동축케이블을 사용하여야 한다.

기출유형 08 ▶ 엔지니어링 댓가기준

아래 표를 보고 (가)와 (나)를 구하고 (다) 총 공사원가를 구하시오. (2023-3차, 실기)

구분	금액	비교
재료비	(가)	
노무비	53,000,000원	
경비	12,000,000원	
일반관리비	(나)	6% 적용
이윤	7,058,000원	10% 적용

해설

1) 이윤 = (노무비 + 경비 + 일반관리비) × 이윤율
   7,058,000 = (53,000,000 + 12,000,000 + (나)) × 10%이므로
   (나) 일반관리비 = 70,580,000 - 65,000,000 = 5,580,000원
2) 일반관리비 = 순공사원가 × 일반관리 비율
   5,580,000 = 순공사원가 × 6%, 순공사원가 = 93,000,000원
   순공사원가 = 재료비 + 노무비 + 경비 = 재료비 + 53,000,000 + 12,000,000 = 93,000,000원
   (가) 재료비 = 28,000,000원
   (다) 총공사원가 = 순공사원가 + 일반관리비 + 이윤
   = 93,000,000 + 5,580,000 + 7,058,000 = 105,638,000원

| 정답 | (가) 28,000,000원, (나) 105,638,000원

족집게 과외

- 총원가 = 순공사원가 + 일반관리비 + 이윤
- 일반관리비 = 순공사원가 × 일반관리비율
- 이윤 = (노무비+경비+일반관리비) × 이윤율

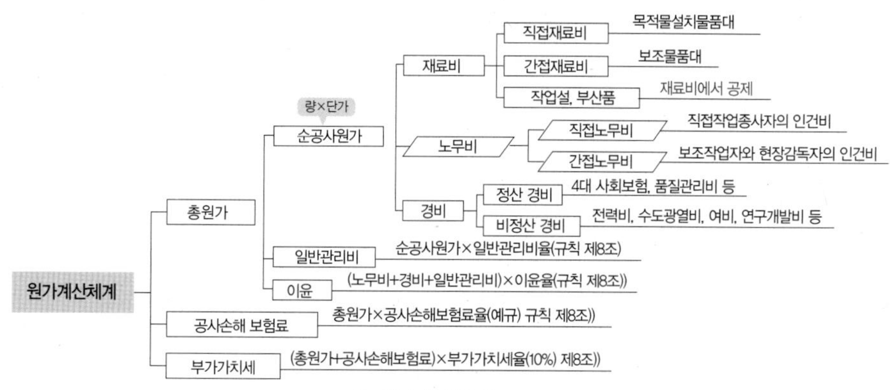

규칙: 지방계약법 시행규칙
예규: 지방자치단체입찰 및 계약집행기준 제1장 제5절 정산 경비 비정산 경비

더 알아보기

- 총공사비 = 총원가 + 손해보험료 + 부가가치세액
- 총원가 = 순공사원가 + 일반관리비 + 이윤
- 순공사원가 = 재료비 + 노무비 + 경비

◎ 공사비요율방식

추정공사비에 일정 요율을 곱해 대가를 산출하는 방식으로 주요 장점은 대가 산정이 쉽고 계획된 예산 내에서 발주자의 요구사항을 간편하게 반영할 수 있다. 그러나 공사의 특성과 난이도 등을 반영하기 어렵고 추정공사비에 오차가 생겼을 때 과다 · 과소 비용 산정을 놓고 발주처와 업체 사이에 다툼이 생길 여지가 있다.

◎ 공사비요율방식 구성

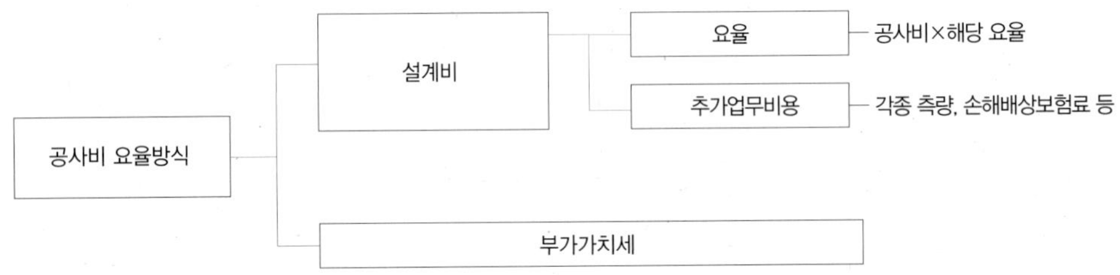

◎ 공사비요율방식과 실비정액가산방식 비교

구분	공사비요율방식	실비정액가산방식
정의	공사비에 일정 요율을 곱하여 대가를 산출하는 방식(추정공사비×요율)	직접인건비, 직접경비, 제경비 등을 합산하여 대가를 산출하는 방식
장점	• 설계대가의 산정이 쉬움 • 계획된 예산 내에서 발주자의 요구사항 반영 가능 • 설계대가를 포괄적으로 제시하여 설계변경 최소화	• 설계업무량을 고려한 실제 투입비용 반영 가능 • 공사의 특성, 난이도를 반영한 합리적 대가 산정 가능 • 예산편성의 합리성 제고 • 설계변경 시 정확한 산출근거 제시
단점	• 공사의 특성, 난이도 등의 반영이 어려움 • 추정공사비 오차 시 과다, 과소 용역비 분쟁 • 업무범위에 대한 발주청과 업체 간의 충돌 • 공사비 절감 노력 저해	• 설계대가 산정이 어려움(다양한 설계기초자료 필요) • 세부항목별 변동에 대한 잦은 설계변경 요구 우려

PART 5
최신기출 문제

2023

제 1 회 정보통신기사 기출문제

1과목 정보전송일반

01 다음 중 전송부호 형식의 조건으로 틀린 것은?

① 대역폭이 작아야 한다.
② 부호가 복잡하고 일관성이 있어야 한다.
③ 충분한 타이밍 정보가 포함되어야 한다.
④ 에러의 검출과 정정이 쉬워야 한다.

02 다음 중 회선 부호화(Line Coding)에 대한 설명으로 틀린 것은?

① 기저대역 신호가 전송채널로 전송되기 적합하도록 아날로그 신호 형태로 변환하는 방식이다.
② 디지털 데이터를 디지털 신호로 변환하는 방식이다.
③ 단극형, 극형, 양극형(쌍극형) 등의 범주가 있다.
④ 디지털 신호의 기저대역 전송을 위해 신호를 만드는 과정이다.

03 전송매체의 대역폭이 12,000[Hz]이고, 두 반송파 주파수 사이의 간격이 최소한 2,000[Hz]가 되어야 할 때 2진 FSK 신호의 보오율[baud]과 비트율[bps]은? (단, 전송은 전이중방식으로 이루어지며 대역폭은 각 방향에 동일하게 할당된다)

① 4,000[baud], 4,000[bps]
② 4,000[baud], 8,000[bps]
③ 10,000[baud], 10,000[bps]
④ 10,000[baud], 16,000[bps]

04 궤환에 의한 발진회로에서 증폭기의 이득을 A, 궤환회로의 궤환율을 β라고 할 때, 발진이 지속되기 위한 조건은?

① $\beta A = 1$
② $\beta A < 1$
③ $\beta A < 0$
④ $\beta A = 0$

05 다음 논리도는 무슨 회로인가?

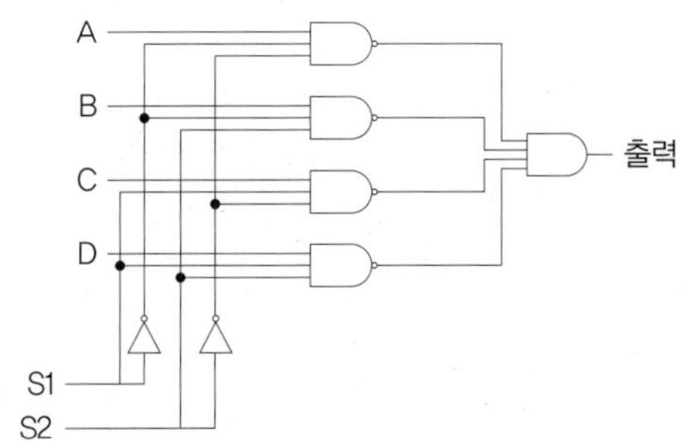

① 멀티플렉서(Multiplexer)
② 디멀티플렉서(Demultiplexer)
③ 인코더(Encoder)
④ 디코더(Decoder)

06 다음 중 UTP(Unshielded Twisted-Pair) 케이블에 대한 설명으로 옳은 것은?

① CAT.6 케이블 규격은 100BASE−TX이다.
② CAT.5e 케이블의 대역폭은 500[MHz]이다.
③ CAT.3 케이블은 최대 1[Gbps] 전송속도를 지원한다.
④ CAT.7 케이블은 최대 10[Gbps] 전송속도를 지원한다.

07 다음 중 선로의 전송특성 열화요인에서 정상열화요인이 아닌 것은?

① 펄스성 잡음
② 위상 지터
③ 반향
④ 누화

08 다음 중 다중모드 광섬유(Multimode Fiber)에 대한 설명으로 틀린 것은?

① 코어 내를 전파하는 모드가 여러 개 존재한다.
② 모든 간 간섭이 있어 전송대역이 제한된다.
③ 고속, 대용량 장거리 전송에 사용된다.
④ 단일모드 광섬유보다 제조 및 접속이 용이하다.

09 30[m] 높이의 빌딩 옥상에 설치된 안테나로부터 주파수가 2[GHz]인 전파를 송출하려고 한다. 이 전파의 파장은 얼마인가?

① 5[cm]
② 10[cm]
③ 15[cm]
④ 20[cm]

10 다음 중 밀리미터파의 특징으로 틀린 것은?

① 저전력 사용
② 우수한 지향성
③ 낮은 강우 감쇠
④ 송수신 장치의 소형화

11 신호전압과 잡음전압을 측정하였더니 각각 25[V]와 0.0025[V]이었다. 신호대잡음비(SNR)는 몇 [dB]인가?

① 40[dB]
② 60[dB]
③ 80[dB]
④ 100[dB]

12 정보 전송률 R과 채널용량 C 간의 관계가 옳은 것은?

① R<C이면, 채널부호를 이용해 에러율을 임의로 작게 할 수 있다.
② R<C이면, 모뎀을 이용해 에러율을 임의로 작게 할 수 있다.
③ R>C이면, 채널부호를 이용해 에러율을 임의로 작게 할 수 있다.
④ R>C이면, 모뎀을 이용해 에러율을 임의로 작게 할 수 있다.

13 동일한 데이터를 2회 송출하여 수신 측에서 이 2개의 데이터를 비교 체크함으로 에러를 검출하는 에러 제어 방식은?

① 반송제어 방식
② 연속송출 방식
③ 캐릭터 패리티 검사 방식
④ 사이클릭 부호 방식

14 **다음 중 동기식 전송방식에 대한 설명으로 옳은 것은?**

① 각 글자는 시작 비트와 정지 비트를 갖는다.
② 데이터의 앞쪽에 반드시 비동기문자가 온다.
③ 한 묶음으로 구성하는 글자들 사이에는 휴지기간이 있을 수 있다.
④ 회선의 효율을 증가시키기 위해 블록 단위로 송수신한다.

15 **다음 중 TDM(Time Division Multiplexing) 수신기에 대한 설명으로 틀린 것은?**

① 수신기에서 표본기(Decommulator)는 수신되는 신호와 비동기식으로 동작한다.
② 저역통과필터(LPF)는 PAM(Pulse Amplitude Modulation) 샘플로부터 아날로그 신호를 재구성하는데 사용된다.
③ LPF가 불량하면 심볼 간 간섭이 발생할 수 있다.
④ 한 신호가 다른 채널에 나타나는 Crosstalk 현상이 발생할 수 있다.

16 **다음 중 PDH 및 SDH/SONET의 공통점이 아닌 것은?**

① 디지털 다중화에 의한 계위 신호 체계
② 시분할 다중화(TDM) 방식
③ 프레임 반복 주기는 125us
④ 북미 표준의 동기식 다중화 방식 디지털 계위 신호 체계

17 **다음 중 광대역종합정보통신망(B-ISDN)에 대한 설명으로 틀린 것은?**

① ATM 방식
② 회선교환방식
③ 광전송 기술
④ 양방향 통신

18 **다음 중 주파수도약 대역확산(FHSS: Frequency Hopping Spread Spectrum) 방식의 특징이 아닌 것은?**

① 직접확산방식에 비해 가입자 수용 용량이 작다.
② 동기화가 필요하다.
③ 여러 개의 반송파를 사용한다.
④ 전파방해나 잡음, 간섭에 강하다.

19 **다중 경로로 인해 페이딩이 발생했을 때 동일 정보를 일정 시간 간격을 두어 반복적으로 보내어 방지하는 방식은?**

① 공간 다이버시티(Space Diversity)
② 주파수 다이버시티(Frequency Diversity)
③ 시간 다이버시티(Time Diversity)
④ 편파 다이버시티(Polarization Diversity)

20 **다수의 안테나를 일정한 간격으로 배열하고 각 안테나로 공급되는 신호의 진폭과 위상을 변화시켜 특정한 방향으로 안테나 빔을 만들어 그 방향으로 신호를 강하게 송수신하는 기술은?**

① 핸드오버(Handover)
② 다이버시티(Diversity)
③ 빔포밍(Beamforming)
④ 전력제어(Power Control)

2과목 정보통신기기

21 정보단말기의 전송제어장치에서 단말기와 데이터 전송회선을 물리적으로 연결해 주는 부분은?

① 회선접속부
② 회선제어부
③ 입출력제어부
④ 변복조부

22 다중화 방식의 FDM 방식에서 서브 채널 간의 상호 간섭을 방지하기 위한 완충 역할을 하는 것은?

① Buffer
② Guard Band
③ Channel
④ Terminal

23 다음은 PON(Passive Optical Network)의 구성도로 괄호( ) 안에 들어갈 장치명은?

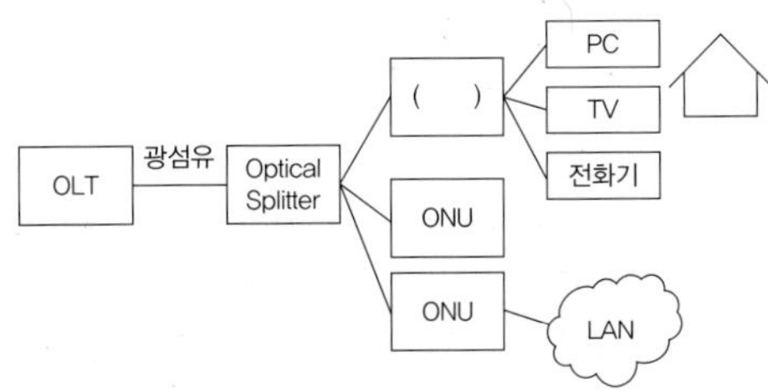

① OLT(Optical Line Terminal)
② Optical Splitter
③ ONU(Optical Network Unit)
④ ONT(Optical Network Terminal)

24 다음 중 CSU(Channel Service Unit)의 기능으로 옳은 것은?

① 광역통신망으로부터 신호를 받거나 전송하며, 장치 양측으로부터의 전기적인 간섭을 막는 장벽을 제공한다.
② CSU는 오직 독립적인 제품으로 만들어져야 한다.
③ CSU는 디지털 데이터 프레임들을 보낼 수 있도록 적절한 프레임으로 변환하는 소프트웨어 장치이다.
④ CSU는 아날로그 신호를 전송로에 적합하도록 변환한다.

25 유선전화망에서 노드가 10개일 때 그물형(Mesh)으로 교환회선을 구성할 경우, 링크 수를 몇 개로 설계해야 하는가?

① 30개
② 35개
③ 40개
④ 45개

26 다음 중 이동전화 단말기(Mobile Station) 구성요소의 설명으로 틀린 것은?

① 제어장치: 전화기의 기능을 제어하고 전기적인 신호를 음성신호로 변경해 준다.
② 통화로부: 통화회선의 수용과 상호접속에 의한 교환기능을 수행한다.
③ 무선 송 · 수신기: 전파된 신호를 무선통식방식으로 가능하게 송신기와 수신기를 사용한다.
④ 안테나: 전파를 송 · 수신하는 기능을 수행한다.

27 다음 중 이동통신 시스템의 구성 중 기지국의 주요 기능으로 틀린 것은?

① 통화채널 지정, 전환, 감시 기능
② 이동통신 단말기의 위치확인 기능
③ 통화의 절체 및 통화로 관리 기능
④ 이동통신 단말기로부터의 수신신호 세기 측정

28 다음 중 FM 수신기의 특징으로 틀린 것은?

① 디엠퍼시스 회로가 있다.
② 수신주파수 대역폭이 AM 수신기에 비해 좁다.
③ 주파수 변별기로서 검파한다.
④ 수신 전계의 변동이 심한 이동 무선에 적합하다.

29 다음 중 가입자망 기술로 망의 접속계 구조 형태인 PON(Passive Opitcal Network)기술에 대한 특징으로 틀린 것은?

① 네트워크 양끝 단말을 제외하고는 능동소자를 전혀 사용하지 않는다.
② 광섬유의 효율적인 사용을 통하여 광전송로의 비용을 절감한다.
③ 유지보수 비용이 타 방식에 비해 저렴하다.
④ 보안성이 우수하다.

30 다음 중 멀티미디어 통신 서비스에 해당하지 않는 것은?

① VOD(Video On Demand)
② AM 방송
③ IPTV
④ 인터넷 방송

31 다음 중 IPTV의 특징으로 틀린 것은?

① 입력장치로 주로 키보드를 사용한다.
② 네트워크로 방송 폐쇄형 IP망이다.
③ 전송방식은 멀티캐스트 다채널 방송형태이다.
④ 쌍방향 통신형 서비스를 제공한다.

32 다음 중 대한민국에서 사용하는 디지털 공중파 TV 송수신 기술이 개념으로 틀린 것은?

① 수신 안테나를 통하여 영상, 음성신호를 수신한다.
② 영상신호와 음성신호를 전기적인 신호로 변환한다.
③ 영상증폭기와 음성증폭기를 이용하여 신호를 증폭한다.
④ 우리나라는 SECAM 방식으로 송수신한다.

33 다른 장소에서 회의를 하면서 TV 화면을 통해 음성과 화상을 동시에 전송받아 한 사무실에서 회의를 하는 것처럼 효과를 내는 장치는?

① VCS(Video Conference System)
② VOD(Video On Demand)
③ VDT(Video DialTone)
④ VR(Video Reality)

34 다음 중 IPTV 서비스를 위한 네트워크 엔지니어링과 품질 최적화를 위한 기능으로 틀린 것은?

① 트래픽 관리
② 망용량 관리
③ 네트워크 플래닝
④ 영상자원 관리

35 욕실(TV)폰, 안방(TV)폰 및 주방(TV)폰 등의 홈네트워크 기기 중 월패드의 기능 일부 또는 전부가 적용된 제품은?

① 주기능폰(Main－phone)
② 서브폰(Sub－phone)
③ 휴대폰(Mobile－phone)
④ 태블릿(Tablet)

36 다음 중 홈네트워크장비의 보안성 확보를 위한 보안요구사항이 아닌 것은?

① 데이터의 무결성
② 접근통제
③ 전송데이터 보안
④ 개인정보보호 인증

37 스마트미디어 기기를 구성하는 센서의 종류 중 검출대상이 다른 것은?

① 포토트랜지스터
② 포토다이오드
③ Hall 소자
④ Cds 소자

38 IoT 센서를 더욱 스마트하게 활용하기 위해, 센서와 관련된 응용서비스(Application) 처리 시 필요한 핵심적인 기능이 아닌 것은?

① 저전력 소모
② 저지연
③ 고속데이터 처리
④ 전용플랫폼 사용

39 다음 보기에서 설명하는 스마트 기기는 무엇인가?

- 인터넷 및 네트워크 기반의 양방향 서비스 및 맞춤형 서비스가 가능한 미디어로, 특정 시간, 장소 또는 청중의 행동에 따라 전자 장치에 정보 광고 및 기타 메시지를 보내는 시스템
- 콘텐츠 및 디스플레이 일정과 같은 관련 정보를 네트워크를 통해 제공하며, 실내, 실외, 이동기기(엘리베이터 차량, 선박 철도 항공기 등)에 설치 운영

① Smart Signage
② UHDTV(Ultra High Definition TV)
③ HMD(Head Mounted Display)
④ OTT(Over The Top)

40 다음에서 설명하는 홈네트워크시스템 구성 요소는 무엇인가?

- 방식, 주파수, 재질 등은 설계도서 또는 공사시방서에 따르며 내부에 IC 회로가 내장된 무전지 타입이어야 함
- 기능: 공동현관기의 연동, 디지털 도머록 및 주동출입시스템과 연동

① 동작감지기
② 공동현관기
③ RF 카드
④ 자석감지기

3과목 정보통신 네트워크

41 OSI 참조모델에서 컴퓨터, 단말기, 통신 제어장치, 단말기 제어장치 등과 같은 응용 프로세서 간에 데이터통신 기능을 제공하는 요소는?

① 개방형 시스템
② 응용개체
③ 연결
④ 전송미디어

42 다음 그림은 16진수 열두 자리로 표기된 MAC 주소를 나타낸다. 모든 필드가 FFFF, FFFF, FFFF로 채워져 있을 때 이에 해당되는 MAC 주소는?

① 유니캐스트 주소
② 멀티캐스트 주소
③ 브로드캐스트 주소
④ 멀티브로드캐스트 주소

43 IEEE 802.2 표준으로 정의되어 있고, 다양한 MAC 부계층과 양계층 간의 접속을 담당하는 계층은?

① PHY 계층
② DLL 계층
③ LLC 계층
④ IP 계층

44 다음 중 포트(Port) 주소에 대한 설명으로 틀린 것은?

① TCP와 UDP가 상위 계층에 제공하는 주소 표현이다.
② TCP 헤더에서 각각의 포트주소는 32bit로 표현한다.
③ 0~1023까지의 포트번호를 Well-Known Port라고 한다.
④ Source Port Address와 Destibation Port Address로 구분한다.

45 DHCP 프로토콜에서 IP를 일정시간 동안만 부여하고 시간 종료 후 회수 시 설정하는 항목은?

① 임대 시간
② 여유 시간
③ 고정 시간
④ 동적 시간

46 주소체계에서, IP 헤더에는 2바이트의 '프로토콜 필드'가 6. IP 정의되어 있다. 프로토콜 필드에 '6'이 표시되어있는 경우에 해당되는 프로토콜은?

① ICMP(Internet Control Message Protocol)
② IGMP(Internet Group Message Protocol)
③ TCP(Transmisssion Control Protocol)
④ UDP(User Datagram Protocol)

47 네트워크의 호스트를 감시하고 유지 관리하는데 사용되는 TCP/IP 상의 프로토콜은?

① SNMP
② FTP
③ VT
④ SMTP

48 다음 중 정적(Static) VLAN(Virtual Local Area Network)에 대한 설명으로 틀린 것은?

① 네트워크에서 사용자가 이동하는 경우에도 동작 가능하다.
② MAC 주소별로 주소가 자동 할당된다.
③ VLAN 구성이 쉽고 모니터링 하기도 쉽다.
④ 스위치 포트별로 VLAN을 할당한다.

49 근거리통신망(LAN) 방식표기 중 10Base-T의 전송속도와 전송매체를 표현한 것으로 알맞은 것은?

① 전송속도: 10[Kbps], 전송매체: 광케이블
② 전송속도: 10[Mbps], 전송매체: 광케이블
③ 전송속도: 10[Mbps], 전송매체: 꼬임 쌍선 케이블(Twisted Pair Cable)
④ 전송속도: 10[Kbps], 전송매체: 꼬임 쌍선 케이블(Twisted Pair Cable)

50 다음 중 라우팅(Routing)에 대한 설명으로 틀린 것은?

① 라우팅 알고리즘에는 거리 벡터 알고리즘과 링크 상태 알고리즘이 있다.
② 거리 벡터 알고리즘을 사용하는 라우팅 프로토콜에는 RIP, IGRP가 있다.
③ 링크 상태 알고리즘을 사용하는 대표적인 라우팅 프로토콜로는 OSPF 프로토콜이 있다.
④ BGP는 플러딩을 위해서 D Class의 IP 주소를 사용하여 멀티캐스팅을 수행한다.

51 다음 중 LAN에서 사용되는 리피터의 기능으로 맞는 것은?

① 네트워크 계층에서 활용되는 장비이다.
② 두 개의 서로 다른 LAN을 연결한다.
③ 모든 프레임을 내보내며, 필터링 능력을 갖고 있다.
④ 같은 LAN의 두 세그먼트를 연결한다.

52 다음 중 LAN의 구성요소로 틀린 것은?

① 전송매체
② 패킷교환기
③ 스위치
④ 네트워크 인터페이스 카드

53 다음 중 라우터의 내부 물리적 구조에 포함되지 않는 것은?

① GPU
② CPU
③ DRAM
④ ROM

54 동기식 다중화에 있어서 사용되는 오버헤드는 계층화된 개념을 반영하여 구간오버헤드(SOH)와 경로오버헤드(POH)로 구분된다. 다음 중 구간 오버헤드를 해당하지 않는 것은?

① 재생기구간 오버헤드
② 다중화기구간 오버헤드
③ STM-n 신호가 구성될 마지막 단계에 삽입된다.
④ VC(Virtual Container) 신호가 구성될 때마다 삽입된다.

55 ITU-T에서 제정한 표준안으로서 패킷 교환망에서 패킷형 단말과 패킷교환기 간의 인터페이스를 규정하는 프로토콜은 무엇인가?

① X.25
② X.28
③ X.30
④ X.75

56 다음 중 DSB(Double Side Band) 통신방식과 비교하여 SSB(Single Side Band) 통신방식의 특징으로 틀린 것은?

① S/N 비가 개선된다.
② 적은 전력으로 양질의 통신 가능하다.
③ 회로 구성이 간단하다.
④ 점유 주파수 대역이 반이다.

57 2.4[Gbyte]의 영화를 다운로드하려고 한다. 전송회선은 초당 100[Mbps]의 속도를 지원하는데 회선 에러율이 10[%]라고 가정한다면 얼마의 시간이 소요되는가? (단, 에러에 대한 재전송 및 FEC 코드는 없다고 가정한다)

① 약 1.5분
② 약 3.5분
③ 약 5.5분
④ 약 7.5분

58 다음 중 정지궤도 위성에 대한 설명으로 틀린 것은?

① 정지궤도란 적도상공 약 36,000[km]를 말한다.
② 궤도가 높을수록 위성이 지구를 한 바퀴 도는 시간이 길어진다.
③ 극지방 관측이 불가능하다.
④ 정지궤도에 있는 통신위성에서는 지구면적의 약 20[%]가 내려다보인다.

59 통신, 방송, 인터넷 같은 각종 서비스를 통합하여, 다양한 응용서비스를 쉽게 개발할 수 있는 개방형 플랫폼(Open API)에 기반을 둔 차세대 통합 네트워크인 BcN에 대한 설명 중 옳은 것은?

① 광대역 통합 네트워크(Broadband Convergence Network)
② 광대역 통신망(Broadband Communication Network)
③ 방송통신 융합망(Broadband and Communication Network)
④ 기업 간 통신망(Business Company Network)

60 다음은 ITS(Intelligent Transportation System) 서비스 중 무엇에 대한 설명인가?

> 도로상에 차량 특성, 속도 등의 교통 정보를 감지할 수 있는 시스템을 설치하여 교통 상황을 실시간으로 분석하고 이를 토대로 도로 교통의 관리와 최적 신호 체계의 구현을 꾀하는 동시에 여행시간 측정과 교통사고 과학 및 과적 단속 등의 업무 자동화를 구현한다. 예로 요금 자동 징수 시스템과 자동단속시스템이 있다.

① ATMS(Advanced Traffic Management System)
② ATIS(Advanced Traveler Information System)
③ AVHS(Advanced Vehicle and Highway System)
④ APTS(Advanced Public Transportation System)

4과목 정보시스템 운용

61 다음에서 설명하는 장치의 이름으로 옳은 것은?

> - OSI 모델의 물리 계층, 데이터 링크 계층, 네트워크 계층의 기능을 지원하는 장치
> - 자신과 연결된 네트워크 및 호스트 정보를 유지하고 관리하며 어떤 경로를 이용해야 빠르게 전송할 수 있는지를 판단하는 장치

① Gateway
② Repeater
③ Router
④ Bridge

62 다음 중 효과적인 양호 관리를 위해 필요한 일반적인 규칙과 관계없는 것은?

① 암호는 가능하면 하나 이상의 숫자 또는 특수문자가 들어가도록 하여 여덟 글자 이상으로 하는 것이 좋다.
② 암호는 가능하면 단순한 암호를 사용하는 것이 좋다.
③ 암호에 유효기간을 두어 일정 기간이 지나면 새 암호를 바꾸라는 메시지를 보여준다.
④ 암호 입력 횟수를 제한하여 암호의 입력이 지정된 횟수만큼 틀렸을 때에는 접속을 차단한다.

63 리눅스 서버는 데몬 방식으로 네트워크 서비스 제공 프로그램을 실행한다. 리눅스 서버의 데몬들에 대한 설명 중 틀린 것은?

① lpd: 프린트 서비스를 위한 데몬
② nscd: rpc.lockd를 실행하기 위한 데몬
③ gpm: 웹서버 아파치의 데몬
④ kfushd: 메모리와 파일 시스템을 관리하기 위한 데몬

64 다음 보기와 그림에서 (가)에 해당하는 서버의 명칭은?

> 〈보기〉
> - 웹브라우저로부터 요청을 받아 정적인 콘텐츠를 처리하는 시스템이다.
> - 정적인 콘텐츠는 html, css, jpeg 등이 있다.

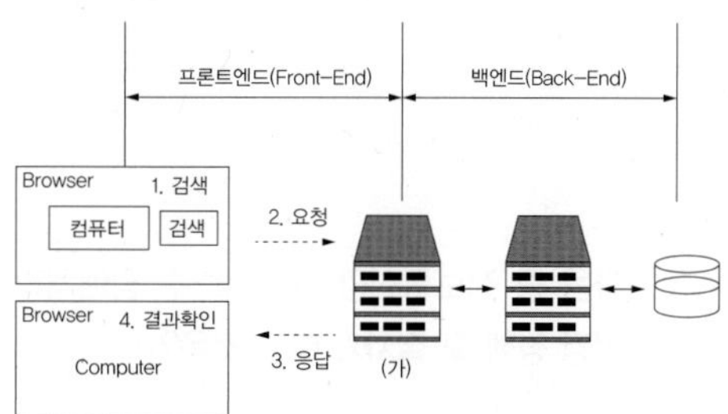

① Web Server
② WAS(Web Application Server)
③ DB Server
④ 보안 서버

65 전파에너지를 전송하기 위하여 송신장치 또는 수신장치와 안테나 사이를 연결하는 선을 무엇이라 하는가?

① 통신선
② 급전선
③ 회선
④ 강전류절연전선

66 데이터베이스의 상태를 변화시키는 하나의 논리적 기능을 수행하기 위한 작업의 단위 또는 한꺼번에 모두 수행되어야 할 일련의 연신들을 의미하는 것은?

① 트랜잭션(Transaction)
② 릴레이션(Relation)
③ 튜플(Tuple)
④ 카디널리티(Cardinality)

67 다음 중 통합관제센터 백업 설정요소로 고려사항이 아닌 것은?

① 백업 데이터에 대한 무결성
② 백업대상 데이터와 자원 현황
③ 백업 및 복구 목표시간
④ 백업 주기 및 보관기간

68 다음 중 정보통신망의 유지보수 장애처리, 긴급변경 정책 및 절차가 아닌 것은?

① 장애대응 조치 절차
② 장애 감시체계 및 감시방법
③ 주요 부품 및 인력 지원
④ 장애 원인 분석 및 향후 대응 방안 마련

69 통신용 케이블의 보호를 위하여 만들어진 고정된 구조물로서 다량의 케이블 다발을 수용할 수 있도록, 벽이나 바닥 천정 등에 고정되는 케이블의 이동통로는?

① 케이블 트레이(Cable Tray)
② 크림프(Crimp)
③ 브리지 탭(Bridged Tap)
④ 풀박스(Pull Box)

70 IEEE에서 제정한 무선 LAN의 표준은?

① IEEE 802.3
② IEEE 802.4
③ IEEE 802.9
④ IEEE 802.11

71 다음 중 정보통신시스템 구축 시 네트워크에 관한 고려사항이 아닌 것은?

① 파일 데이터의 종류 및 측정방법
② 백업회선의 필요성 여부
③ 단독 및 다중화 등 조사
④ 분기회선 구성 필요성

72 다음 중 이중바닥재의 성능시험 항목이 아닌 것은?

① 충격시험
② 누설저항시험
③ 국부인장시험
④ 연소성능시험

73 IPv4 주소체계는 Class A, B, C, D, E로 구분하여 사용하고 있으며 Class C는 가장 소규모의 호스트를 수용할 수 있다. Class C가 수용할 수 있는 호스트 개수로 가장 적합한 것은?

① 1개
② 254개
③ 1,024개
④ 65,536개

74 다음 시스템의 가동현황표에서 장비의 MTBF (Mean Time Between Failure)는? (단, TG*=가동시간(분), TF*=고장시간(분))

가동	고장	가동	고장	가동	고장
T_{G1}	T_{F1}	T_{G2}	T_{F2}	T_{G3}	T_{F3}
100	20	150	18	80	25

① 89분
② 95분
③ 267분
④ 330분

75 Smurf 공격과 Fraggle 공격의 주요한 차이점은 무엇인가?

① Smurf 공격은 ICMP 기반이고, Fraggle 공격은 UDP 기반이다.
② Smurf 공격은 TCP 기반이고, Fraggle 공격은 IP 기반이다.
③ Smurf 공격은 IP 기반이고, Fraggle 공격은 ICMP 기반이다.
④ Smurf 공격은 UDP 기반이고, Fraggle 공격은 TCP 기반이다.

76 정보보호 및 개인정보보호 관리체계 인증기준에서 네트워크 접근통제와 관련된 설명이 아닌 것은?

① 네트워크 접근통제 관리절차를 수립 · 이행하여야 한다.
② 네트워크 영역을 물리적 또는 논리적으로 분리하고, 각 영역 간 접근통제를 적용하여야 한다.
③ 일정 시간 동안 입력이 없는 세션은 자동 차단하고, 동일 사용자의 동시 세션 수를 제한하여야 한다.
④ 중요 시스템이 외부와의 연결을 필요로 하지 않은 경우 사설 IP로 할당하여 외부에서 직접 접근이 불가능하도록 설정하여야 한다.

77 감시카메라 상단덮개가 튀어나와 있어서 눈과 비로부터 카메라를 보호해주며, 눈과 비에 노출이 쉬운 실외 설치 시 CCTV에 물이 침투해 생기는 고장이나 렌즈에 물이 묻으면 깨끗한 화면 촬영이 힘든 단점을 보완하기 위해 장착하는 함체를 무엇이라 하는가?

① NVR
② DVR
③ 하우징
④ 리십

78 다음 중 데이터베이스 접근통제 보안정책에 대한 설명으로 틀린 것은?

① 비인가자의 데이터베이스 접근을 제한한다.
② 일정 시간 이상 업무를 수행하지 않는 경우 수동 접속 차단한다.
③ 사용하지 않는 계정, 테스트용 계정, 기본 계정 등은 삭제한다.
④ 계정별 사용 가능 명령어를 제한한다.

79 다음 중 상태 비저장(Stateless Inspection) 방화벽의 특징은?

① 보안성이 강하다.
② 방화벽을 통과하는 트래픽 흐름상태를 추적하지 않는다.
③ 패킷의 전체 페이로드(Payload) 내용을 검사한다.
④ 인증서 기반의 방화벽이다.

80 침입탐지시스템(IDS)과 방화벽(Firewall)의 기능을 조합한 솔루션은?

① SSO(Single Sign On)
② IPS(Intrusion Prevention System)
③ DRM(Digital Rights Management)
④ IP 관리시스템

5과목 컴퓨터일반 및 정보설비기준

81 다음 지문과 같이 가정할 경우, 무한히 명령문을 수행하여 몇 배의 성능향상을 얻을 수 있는가?

> 5단계(Stage) 파이프라인을 사용하는 파이프라인 기법(Pipelining)에서 성능향상(Speedup)을 제한하는 요인(Conflict)들이 발생하지 않는다고 가정한다.

① 2.5배 수렴
② 5배 수렴
③ 7.5배 수렴
④ 10배 수렴

82 다음 중 램(RAM)에 대한 설명으로 틀린 것은?

① 롬(ROM)과 달리 기억 내용을 자유자재로 읽거나 변경할 수 있다.
② SRAM과 DRAM은 전원공급이 끊기면 기억된 내용이 모두 지워진다.
③ SRAM은 DRAM에 비해 속도가 느린 편이고 소비 전력이 적으며, 가격이 저렴하다.
④ DRAM은 전하량으로 정보를 나타내며, 대용량 기억 장치 구성에 적합하다.

83 다음 중 I/O 채널(Channel)에 대한 설명으로 틀린 것은?

① CPU는 일련의 I/O 동작을 지시하고 그 동작 전체가 완료된 시점에서만 인터럽트를 받는다.
② 입출력 동작을 위한 명령문 세트를 가진 프로세서를 포함하고 있다.
③ 선택기 채널(Selector Channel)은 여러 개의 고속 장치들을 제어한다.
④ 멀티플렉서 채널(Multiplexer Channel)은 복수 개의 입·출력 장치를 동시에 제어할 수 없다.

84 중앙 연산 처리 장치에서 마이크로 동작(Micro-Operation)이 순서적으로 일어나게 하려면 무엇이 필요한가?

① 스위치(Switch)
② 레지스터(Register)
③ 누산기(Accumulator)
④ 제어신호(Control Signal)

85 기억장치에서 CPU로 제공될 수 있는 데이터의 전송량을 기억장치 대역폭이라고 한다. 버스 폭이 32비트이고, 클럭 주파수가 1,000[MHz]일 때 기억장치 대역폭은 얼마인가?

① 40[MBytes/sec]
② 400[MBytes/sec]
③ 4,000[MBytes/sec]
④ 40,000[MBytes/sec]

86 다음 중앙처리장치의 명령어 싸이클 중 (가)에 알맞은 것은?

	인출(Fetch)	
인터럽트(Interrupt)	↑ ↓	(가)
	실행(Execute)	

① Instruction
② Indirect
③ Counter
④ Control

87 다음 지문의 괄호 안에 들어갈 용어를 올바르게 나열한 것은?

> 소프트웨어는 (㉠)와/과 (㉡)으로 나누어 볼 수 있으며, (㉠)에는 (㉢)와/과 운영체제가 있고, (㉡)에는 (㉣)와/과 주문형 소프트웨어가 있다.

① ㉠ 응용소프트웨어, ㉡ 시스템소프트웨어, ㉢ 유틸리티, ㉣ 패키지
② ㉠ 시스템소프트웨어, ㉡ 응용소프트웨어, ㉢ 유틸리티, ㉣ 패키지
③ ㉠ 시스템소프트웨어, ㉡ 유틸리티, ㉢ 응용소프트웨어, ㉣ 패키지
④ ㉠ 응용소프트웨어, ㉡ 시스템소프트웨어, ㉢ 패키지, ㉣ 유틸리티

88 '255.255.255.224'인 서브넷에 최대 할당 가능한 호스트 수는?

① 2개
② 6개
③ 14개
④ 30개

89 IPv4와 IPv6 주소체계는 몇 비트인가?

① 8/16[bit]
② 16/32[bit]
③ 16/64[bit]
④ 32/128[bit]

90 다음 중 네트워크에 연결이 안 됐을 때 원인을 조사하기 위해서 사용하는 확인 명령어가 아닌 것은?

① ipconfig
② ping
③ tracert
④ get

91 다음 보기의 IP 주소와 서브넷 마스크를 참조할 때 다음 중 가능한 네트워크 주소는?

> IP 주소: 192.156.100.68
> 서브넷 마스크: 255.255.255.224

① 192.156.100.0
② 192.156.100.64
③ 192.156.100.128
④ 192.156.100.255

92 다음 중 빅데이터처리시스템에서 실시간 데이터 처리를 위해 필요한 핵심 기술요소가 아닌 것은?

① 메시지큐
② 시계열 저장소
③ 메모리 기반 저장소
④ 가상머신

93 다음 중 네트워크 가상화 기술 중 소프트웨어 프로그래밍을 통해 네트워크를 제어하는 차세대 네트워킹 기술은?

① 가상머신(VM: Virtual Machine)
② 네트워크 기능 가상화(NFV: Network Function Virtualization)
③ 하이퍼바이저(Hypervisor)
④ 소프트웨어 정의 네트워크(SDN: Software Defined Network)

94 다음 보기의 괄호(　) 안에 들어갈 내용으로 옳은 것은?

> 기간통신사업자는 정보통신설비와 이에 연결되는 다른 정보통신설비 또는 이용자설비와의 사이에 정보의 상호전달을 위하며 사용하는 (　)을 인터넷, 언론매체 또는 그 밖의 홍보매체를 활용하며 공개하여야 한다.

① 기술기준
② 전용회선
③ 통신규약
④ 설비기준

95 유선 · 무선 · 광선이나 그 밖에 전자적 방식에 따라 부호 · 문자 · 음향 또는 영상 등의 정보를 저장 · 제어 · 처리하거나 송수신하기 위한 기계 · 기구 · 선로나 그 밖에 필요한 설비를 무엇이라 하는가?

① 국선접속설비
② 전송설비
③ 정보통신설비
④ 이용자방송통신설비

96 다음 중 구내통신선로설비의 설치 및 철거 방법으로 틀린 것은?

① 구내에 5회선 이상의 국선을 인입하는 경우 옥외회선은 지하로 인입한다.
② 사업자는 이용약관에 따라 체결된 서비스 이용계약이 해지된 경우에는 설치된 옥외회선을 철거하여야 한다.
③ 배관시설은 설치된 후 배선의 교체 및 증설시공이 쉽게 이루어질 수 있는 구조로 설치하여야 한다.
④ 인입맨홀 · 핸드홀 또는 인입주까지 지하인입 배관을 설치한 경우에는 지하로 인입하지 않아도 된다.

97 어린이집 영상정보처리기기의 촬영영상을 의무적으로 보관하는 기간은?

① 30일 이상
② 40일 이상
③ 60일 이상
④ 보관 규정 없음

98 다음 중 감리원이 공사업자가 설계도서 및 관련 규정의 내용에 적합하지 아니하게 공사를 시공하는 경우 취할 수 있는 조치는 무엇인가?

① 하도급인과 협의하여 설계변경 명령을 할 수 있다.
② 발주자의 동의를 얻어 공사 중지 명령을 할 수 있다.
③ 수급인에게 보고하고 공사업자를 교체할 수 있다.
④ 한국정보통신공사협회에 신고하여 공사업자에 과태료를 부과한다.

99 정보통신공사의 품질 확보와 적정한 공사 관리를 위한 설계 · 시공 기준이 아닌 것은?

① 설계기준
② 감리비용 산정 기준
③ 표준공법
④ 표준설계설명서

100 총 공사금액 70억원 이상 100억원 미만인 정보통신공사의 감리원 배치기준으로 옳은 것은?

① 특급감리원
② 고급감리원
③ 중급감리원
④ 초급감리원

2023

제2회 정보통신기사 기출문제

1과목 정보전송일반

01 어떤 신호가 4개의 데이터 준위를 가지며 펄스 시간은 1[ms]일 때 비트 전송률은 얼마인가?

① 1,000[bps]
② 2,000[bps]
③ 4,000[bps]
④ 8,000[bps]

02 다음 중 데이터의 신호처리 과정에서 나타나는 엘리어싱(Aliasing) 현상에 대한 설명으로 틀린 것은?

① 표본화율이 나이키스트 표본화율보다 낮으면 발생한다.
② 엘리어싱이 발생하면 원래의 신호를 정확히 재생하기 어렵다.
③ 표본화 전에 HPF(High Pass Filter)를 사용하여 엘리어싱을 방지할 수 있다.
④ 주파수스펙트럼 분포에서 서로 이웃하는 부분이 겹쳐서 발생한다.

03 2비트 데이터 크기를 4준위 신호 중 하나에 속하는 2비트 패턴의 1개 신호 요소로 부호화하는 회선 부호화(Line Coding) 방식은?

① RZ(Return to Zero)
② NRZ-I(Non Return to Zero-Inverted)
③ 2B/IQ
④ Differential Manchester

04 다음 회로에서 출력 X에 대한 부울식은?

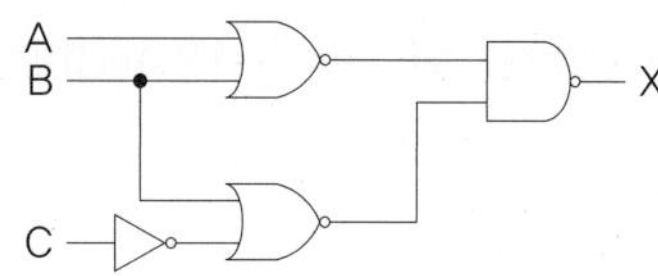

① $X=\overline{A}+B+C$
② $X=B+\overline{A}C$
③ $X=A+\overline{B}C$
④ $X=A+B+\overline{C}$

05 다음 그림의 회로 명칭은?

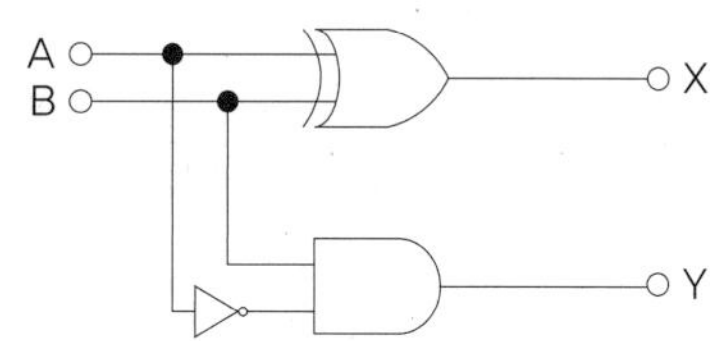

① 가산기
② 감산기
③ 반감산기
④ 비교기

06 통신용 중계케이블의 통화전압이 55[V]이고 잡음전압이 0.055[V]이면 잡음레벨[dB]은?

① 44[dB]
② 50[dB]
③ 55[dB]
④ 60[dB]

07 통신용 케이블 중 UTP(Unshielded Twisted-Pair) 케이블 규격에 대한 설명으로 틀린 것은?

① CAT.5 케이블의 규격은 10BASE-T이다.
② CAT.5E 케이블의 규격은 1000BASE-T 이다.
③ CAT.6 케이블의 규격은 1000BASE-TX 이다.
④ CAT.7 케이블의 규격은 10GBASE이다.

08 광섬유 케이블에서 빛을 집광하는 능력 즉, 최대 수광각 범위 내로 입사시키기 위한 광학 렌즈의 척도를 무엇이라 하는가?

① 개구수(Numerical Aperture, NA)
② 조리개값(F-number)
③ 분해거리(Resolved Distance)
④ 초점심도(Depth of Focus)

09 인공위성이나 우주 비행체와 같이 매우 빠른 속도로 운동하는 경우 전파발진원의 이동에 따라서 수신주파수가 변하는 현상은?

① 페이저 현상
② 플라즈마 현상
③ 도플러 현상
④ 전파지연 현상

10 무선통신시스템에서 송신출력이 10[W], 송수신 안테나 이득이 각각 25[dBi], 수신 전력이 -20 [dBm]이라고 할 때 자유공간 손실은 몇 [dB] 인가? (단, 전송선로 손실 및 기타 손실은 무시한다)

① 100[dB]
② 105[dB]
③ 110[dB]
④ 115[dB]

11 통신시스템에서 데이터 전송 시 비트율이 고정되어 있을 때 다원 베이스 밴드전송(Multilevel Baseband Transmission)을 사용하여 심볼당 비트 수를 증가시켜 전송한다면 어떠한 효과가 있는가?

① 전송 대역폭을 줄일 수 있다.
② 전송 전력을 줄일 수 있다.
③ 비트 에러율이 줄어든다.
④ 얻어지는 효과가 없다.

12 데이터 전송 시 서로 다른 전송 선로상의 신호가 정전 결합, 전자 결합 등 전기적 결합에 의하여 다른 회선에 영향을 주는 현상은?

① 왜곡(Distortion)
② 누화(Crosstalk)
③ 잡음(Noise)
④ 지터(Jitter)

13 데이터 통신 다중화 기법 중 시분할 다중화(TDM)에 대한 설명으로 틀린 것은?

① 망동기가 필요하다.
② 수신 시 비트 및 프레임 동기가 필요하다.
③ 인접채널 간 간섭을 줄이기 위해 보호대역이 필요하다.
④ 데이터 프레임 구성 시 필요한 오버헤드가 커서 데이터 전송 효율이 떨어진다.

14 이동통신시스템의 주파수 변조방식인 OFDM(Orthogonal Frequency Division Multiplexing)과 FDM(Frequency Division Multiplexing)을 비교한 설명으로 적합하지 않은 것은?

① OFDM과 FDM은 정보 전송을 위하여 주파수 대역을 나눈다는 공통점이 있다.
② OFDM 방식에서는 직교성을 사용하여 FDM 방식보다 대역폭 효율이 좋지 않다.
③ FDM 방식은 OFDM 방식과 동일하게 다중 부반송파를 사용한다.
④ FDM 방식은 많은 수의 변복조기가 필요하다.

15 다음 보기의 설명으로 적합한 것은?

> 신호레벨이 변하는 속도로 매초에 전송할 수 있는 부호의 수를 의미하며 하나의 부호(심볼)를 전송할 때 필요한 시간에 대한 심볼의 폭으로 나타낼 수 있으며 단위는 "Baud"이다.

① 변조속도
② 데이터 신호속도
③ 데이터 전송속도
④ 베어러(Bearer) 속도

16 이동통신시스템의 스펙트럼확산 방식 중 하나인 FH(Frequency Hopping) 방식에 대한 설명으로 틀린 것은?

① 미리 정해진 순서(의사랜덤수열)에 따라 서로 다른 호평용 채널에 할당시킨다.
② 수신측은 송신 시 사용한 호핑 코드와 동일한 코드를 이용하여 특정 시간에 특정 주파수로 튜닝하여야 한다.
③ 같은 주파수를 사용하더라도 호핑 코드만 다르면 여러 확산대역시스템을 동일 장소에 사용 가능하다.
④ 동일 지역에서 서로 다른 도약 시퀀스(Hopping Sequence)에 의해 네트워크를 분리할 수 없다.

17 이동통신에서 다중 경로의 반사파에 의해 발생되는 페이딩(Fading)으로 페이딩 주기가 짧고, 도심지역에서 주로 발생하는 페이딩은?

① Long Term Fading
② 흡수성 Fading
③ Rician Fading
④ Short Term Fading

18 주기 신호가 300[Hz], 400[Hz], 500[Hz]의 주파수를 갖는 3개의 정현파로 분해될 경우 대역폭은?

① 200[Hz]
② 300[Hz]
③ 400[Hz]
④ 500[Hz]

19 입력측 신호대잡음비가 15[dB]이고 시스템의 잡음지수(Noise Factor)가 10일 때, 출력측 신호대잡음비는 몇 [dB]인가?

① 5
② 10
③ 15
④ 25

20 전파의 경로별로 도래각이 다른 점을 이용해서, 빔의 각도가 다른 복수 개의 안테나 수신 전력을 합성하여 페이딩을 보상하는 방법은?

① Angle Diversity
② Path Diversity
③ Site Diversity
④ Antenna Diversity

2과목 정보통신기기

21 유비쿼터스 센서 네트워크(USN) 구성에서 기본적인 기술 구성요소가 아닌 것은?

① 버스부(BUS)
② 제어부(MCU)
③ 센서부(Sensor)
④ 통신부(Radio)

22 가입자선에 위치하고 단말기와 디지털 네트워크 사이의 인터페이스를 제공하며, 유니폴라 신호를 바이폴라 신호로 변환시키는 것은?

① DSU(Digital Service Unit)
② 변복조기(MODEM)
③ CSU(Channel Service Unit)
④ 다중화기

23 다음 중 아날로그 신호를 디지털 신호로 변환하여 전송매체로 전송하기 위한 과정으로 옳은 것은?

① 표본화 – 부호화 – 양자화 – 펄스발생기 – 통신채널
② 펄스발생기 – 부호화 – 표본화 – 양자화 – 통신채널
③ 표본화 – 양자화 – 부호화 – 통신채널 – 펄스발생기
④ 표본화 – 양자화 – 부호화 – 펄스발생기 – 통신채널

24 1,200[bps] 속도를 갖는 4채널을 다중화한다면 다중화 설비 출력 속도는 최소 얼마인가?

① 1,200[bps]
② 2,400[bps]
③ 4,800[bps]
④ 9,600[bps]

25 20개의 중계선으로 5[Erl]의 호량을 운반하였다면 이 중계선의 효율은 몇 [%]인가?

① 20[%]
② 25[%]
③ 30[%]
④ 35[%]

26 다음 중 재난안전통신망 단말기에서 지원하는 음성 코덱이 아닌 것은?

① EVS(Enhanced Voice Service)
② WB–AMR(Wideband–Adaptive Multi Rate)
③ NB–AMR(Narrowband–Adaptive Multi Rate)
④ VP9

27 각종 사물에 컴퓨터 칩과 통신 기능에 내장하여 인터넷에 연결하는 기술은?

① IoT(Internet of Things)
② Cloud Computing
③ Blockchain
④ Big Data

28 멀티미디어기기 중 비디오텍스의 특성으로 틀린 것은?

① 대용량의 축적 정보를 제공한다.
② 쌍방향 통신 기능을 갖는 검색·회화형 화상 정보 서비스이다.
③ 정보 제공자와 운용 주체가 같다.
④ 시간적인 제한은 없으나 화면의 전송이 느리고 Interface가 필요하다.

29 다음 중 SIP(Session Initiation Protocol) 서버의 기능이 아닌 것은?

① SIP 장비의 등록
② SIP 장비 간 호 처리
③ SIP 호 연결 Proxy 기능
④ 멀티미디어 정보관리 및 제공

30 웹 브라우저 간에 플러그인의 도움 없이 서로 통신을 할 수 있도록 설계되어 음성통화, 영상통화 등 영상회의 시스템에 사용되는 API(Application Program Interface)는?

① UAS(User Agent Server)
② H.323
③ WebRTC(Web Real−Time Communication)
④ H.264

31 IPTV의 보안기술 중 CAS(Conditional Access System)와 DRM(Digital Right Management)에 대한 설명으로 틀린 것은?

① CAS는 인증된 사용자만이 프로그램을 수신한다.
② DRM은 콘텐츠 복제와 유통방지를 목적으로 한다.
③ CAS는 다단계 암호화 키를 사용한다.
④ DRM은 단방향 통신망에서 사용한다.

32 다음 보기에서 우리나라 디지털 지상파 HDTV 방송의 전송방식 표준 기술로 바르게 나열한 것은?

〈보기〉
- 변조방식: ㉠ 8−VSB, ㉡ COFDM
- 반송파 방식: ㉢ 단일 캐리어, ㉣ 복수캐리어
- 음성 부호화: ㉤ MPEG−2 오디오 AAC, ㉥ Dolby AC−3

① ㉠, ㉣, ㉥
② ㉡, ㉢, ㉤
③ ㉠, ㉢, ㉥
④ ㉡, ㉣, ㉤

33 아래 보기의 홈네트워크 장비 보안요구사항 중 정보통신망 연결기기 인증기준 항목의 "인증"에 관련된 내용으로 구성된 것은?

〈보기〉
ㄱ. 비밀번호 및 인증정보관리
ㄴ. 사용자 인증(관리자 인증 포함)
ㄷ. 세션관리
ㄹ. 디바이스 접근
ㅁ. 개인정보 법칙 준기성

① ㄱ, ㄴ, ㄷ
② ㄱ, ㄴ, ㄹ
③ ㄴ, ㄷ, ㄹ
④ ㄷ, ㄹ, ㅁ

34 다음 중 RFID(Radio Frequency Identification)의 구성요소에 대한 설명으로 틀린 것은?

① 태그는 배터리 내장유무에 따라 능동형과 수동형으로 구분된다.
② 리더기는 주파수 발신 제어 및 수신 데이터의 해독을 실시한다.
③ 리더기는 용도에 따라 고정형, 이동형, 휴대형으로 구분된다.
④ 태그는 데이터가 입력되는 IC칩과 배터리로 구성된다.

35 다음 중 단말형(On-Device) 인공지능(AI) 기술에 대한 설명으로 틀린 것은?

① 중앙 서버를 거치지 않고 사용자 단말에서 인공지능 알고리즘을 실행하고 결과를 획득하는 기술이다.
② 단말기 자체적으로 사용자의 음성데이터를 학습하고 오프라인 환경에서는 사용자의 데이터를 학습할 수 없다.
③ 효율적 처리를 위해 신경망 처리장치와 같은 하드웨어와 경량화된 소프트웨어 최적화 솔루션 등이 이용된다.
④ 단말형 인공지능의 가장 큰 장점은 보안성과 실시간성이다.

36 다음 중 긴급구조용 위치정보를 제공하는 웨어러블 기기의 구성요소가 아닌 것은?

① 무선(이동)통신모듈
② SNS(Social Networking Service) 처리모듈
③ A-GNSS(Assisted Global Navigation Satellite Systems) 모듈
④ WiFi 모듈

37 다음 보기에서 설명하고 있는 기술 용어는?

〈보기〉
가상의 정보(객체)를 현실세계에 덧입혀 제공하는 기술에서 더 나아가, 현실과 가상이 자연스럽게 결합되어 두 환경이 공존하는 기술

① 가상현실(VR, Virtual Reality)
② 증강현실(AR, Augmented Reality)
③ 혼합현실(MR, Mixed Reality)
④ 홀로그램(Hologram)

38 다음 중 HMD(Head Mounted Display) 기반의 가상현실 핵심기술 요소가 아닌 것은?

① 영상 추적(Image Tracking) 기술
② 머리 움직임 추적(Head Tracking) 기술
③ 넓은 시야각(Wide Field of View) 구현 기술
④ 입체 3D(Stereoscopic 3D) 구현 기술

39 다음 중 프린터의 인쇄 이미지 해상도나 선명도를 표시하는 방식은?

① Pixel
② Lux
③ DPI
④ Lumen

40 다음 보기의 내용에서 설명하는 전력제어 기술은?

〈보기〉
통화 중 이동국의 출력을 기지국이 수신 가능한 최소 전력이 되도록 최소화함으로써 기지국 역방향 통화용량을 최대화하며, 단말기 배터리 수명을 연장시킨다.

① 폐루프 전력제어
② 순방향 전력제어
③ 개방루프 전력제어
④ 외부루프 전력제어

3과목 정보통신 네트워크

41 클래스 B 주소를 가지고 서브넷 마스크 255.255.255.240으로 서브넷을 만들었을 때 나오는 서브넷의 수와 호스트의 수가 맞게 짝지어진 것은?

① 서브넷 2,048, 호스트 14
② 서브넷 14, 호스트 2,048
③ 서브넷 4,094, 호스트 14
④ 서브넷 14, 호스트 4,094

42 OSI 7계층 중 시스템 간의 전송로 상에서 순서제어, 오류제어, 회복처리, 흐름제어 등의 기능을 실행하는 계층은?

① 물리계층
② 트랜스포트계층
③ 데이터링크계층
④ 세션계층

43 다음 중 네트워크 호스트 간 패킷 전송에서 슬라이딩 윈도우 흐름제어 기법에 대한 설명으로 틀린 것은?

① 송신측에서 ACK(확인응답) 프레임을 수신하면 윈도우 크기가 늘어난다.
② 윈도우는 전송 및 수신측에서 만들어진 버퍼의 크기를 말한다.
③ ACK(확인응답) 수신없이 여러 개의 프레임을 연속적으로 전송할 수 있다.
④ 네트워크에 혼잡현상이 발생하면 윈도우 크기를 1로 감소시킨다.

44 인터넷사의 IP 주소 할당 방식인 CIDR(Classless Inter Domain Routing) 형태로 192.168.128.0/20으로 표기된 네트워크가 가질 수 있는 IP 주소의 수는?

① 512
② 1,024
③ 2,048
④ 4,096

45 다음 중 210.200.220.78/26 네트워크의 호스트로 할당할 수 있는 첫 번째 IP와 마지막 IP 주소는 무엇인가?

① 210.200.220.65, 210.200.220.126
② 210.200.220.64, 210.200.220.125
③ 210.200.220.64, 210.200.220.127
④ 210.200.220.65, 210.200.220.127

46 데이터 통신 프로토콜인 UDP(User Datagram Protocol)와 비교할 때 TCP(Transmisson Control Protocol)의 장점이 아닌 것은?

① 전송 전 연결설정
② 흐름제어
③ 혼잡제어
④ 멀티캐스팅 가능

47 IP 기반 네트워크상의 관리 프로토콜인 SNMP(Simple Network Management Procotol)의 데이터수집 방식에 대한 설명으로 틀린 것은?

① 관리자는 에이전트에게 Request 메시지를 보낸다.
② 에이전트는 관리자에게 Response 메시지를 보낸다.
③ 이벤트가 발생하면 에이전트는 관리자에게 Trap 메시지를 보낸다.
④ 이벤트가 발생하면 관리자나 에이전트 중 먼저 인지한 곳에서 Trap 메시지를 보낸다.

48 다음 중 근거리 정보통신망을 구성하기 위한 네트워크 접속장치가 아닌 것은?

① 허브
② 라우터
③ 브릿지
④ 모뎀

49 이더넷에서 장치가 매체에 접속하는 것을 관리하는 방법으로 데이터 충돌을 감지하고 이를 해소하는 방식을 무엇이라 하는가?

① CRC(Cyclic Resundancy Check)
② CSMA/CD(Carrier Sense Multiple Access/Collision Detection)
③ FCS(Frame Check Sequency)
④ ZRM(Zmanda Recovery Manager)

50 VLAN(Virtual Local Area Network)으로 네트워크를 분리하는 일이 이루어지는 네트워크 장치는 무엇인가?

① L2 스위치
② 라우터
③ DHCP(Dynamic Host Configuration Protocol) 서버
④ DNS(Domain Name System) 서버

51 다음 보기의 문장 괄호(　　) 안에 들어갈 적합한 용어는?

> 라우터를 구성한 후 사용하는 명령인 트레이스(Trace)는 목적지까지의 경로를 하나하나 분석해 주는 기능으로 (　　)값을 하나씩 증가시키면서 목적지로 보내서 돌아오는 에러 메시지를 가지고 경로를 추적 및 확인해 준다.

① TTL(Time To Live)
② Metric
③ Hold time
④ Hop

52 IP 기반 네트워크의 OSPF(Open Shortest Path First)에서 갱신정보를 인접 라우터에 전송하고 인접 라우터는 다시 자신의 인접 라우터에 갱신정보를 즉시 전달하여 갱신정보가 네트워크 전역으로 신속하게 전달되도록 하는 과정은?

① 플러딩(Flooding)
② 갱로 태크(Route Tag)
③ 헬로우(Hello)
④ 데이터베이스 교환(Database Exchange)

53 평균고장발생 간격이 23시간이고, 평균복구시간이 1시간인 정보통신시스템의 1일 가동률은 약 몇 [%]인가?

① 104.34[%]
② 100.00[%]
③ 95.83[%]
④ 91.67[%]

54 다음 중 교환기의 과금처리 방식 중 하나인 중앙집중처리방식(CAMA)에 대한 설명으로 틀린 것은?

① 다수의 교환국망일 때 유리하다.
② 신뢰성이 좋은 전용선이 필요하다.
③ 유지보수에 많은 시간이 소요된다.
④ 과금센터 구축에 큰 경비가 들어간다.

55 다음 중 네트워크 통신의 패킷교환방식과 관련된 내용으로 틀린 것은?

① 축적전달(Stroe and Forward) 방식
② 지연이 적게 요구되는 서비스에 적합
③ 패킷을 큐에 저장하였다가 전송하는 방식
④ X.25 교환망에 적용

56 다음 보기의 괄호(　) 안에 내용으로 적합한 것은?

> ATM 셀의 전체 크기는 (㉠)바이트로, B-ISDN에서 전송의 기본단위이다. 크기가 (㉡)바이트인 헤더와 (㉢)바이트인 사용자 데이터로 구성된다.

① ㉠ 53, ㉡ 5, ㉢ 48
② ㉠ 53, ㉡ 48, ㉢ 5
③ ㉠ 48, ㉡ 5, ㉢ 43
④ ㉠ 48, ㉡ 43, ㉢ 5

57 디지털 이동통신 시스템에서 이동국(단말기)이 자신의 위치와 상태를 교환기에 수시로 알려줌으로써 전체 시스템의 부하를 줄여주고 이동국 착신호의 신뢰성을 증가시키는 것은?

① 위치등록
② 전력제어
③ 핸드오프
④ 다이버시티

58 다음 중 정지위성에 대한 설명으로 틀린 것은?

① 지구 전체 커버 위성 수는 90도 간격으로 최소 4개이다.
② 지구 표면으로부터 정지 궤도의 고도는 약 36,000[km]이다.
③ 지구의 자전주기와 같은 주기로 지구를 공전하는 인공위성이다.
④ 지구의 인력과 위성의 원심력이 일치하는 공간에 위치한다.

59 다음 중 네트워크 통신에서 기존 일반적인 네트워킹과 비교하여 SDN(Software Defined Network)의 장점이 아닌 것은?

① 확장성
② 유연성
③ 비용절감
④ 넓은 대역폭

60 서비스 회사가 자신의 네트워크망을 통해 영상을 스트리밍해 주는 서비스를 무엇이라 하는가?

① STB(Set Top Box)
② IPTV(Internet Protocol Television)
③ VoIP(Voice Over Internet Protocol)
④ VPN(Virual Private Network)

4과목 정보시스템 운용

61 리눅스 시스템에서 지정된 여러 개의 파일을 아카이브라고 부르는 하나의 파일로 만들거나, 하나의 아카이브 파일에 집적된 여러 개의 파일을 원래의 형태대로 추출하는 리눅스 쉘 명령어는?

① tar(Tape Archive)
② gzip
③ bzip
④ bunzip

62 리눅스 커널에서 보안과 관련된 패치 등의 집합체이며 해킹 공격의 방어에 효과적인 방법은?

① 긴급 복구 디스켓 만들기
② /boot 파티션 점검
③ 커널 튜닝 적용
④ Openwall 커널 패치 적용

63 다음 중 클라우딩 컴퓨팅 가상화의 주요 이점이 아닌 것은?

① 비용 절감
② 정합성 향상
③ 효율성 및 생산성 향상
④ 재해 복구 상황에서 다운타임 감소 및 탄력성 향상

64 다음 중 서버부하분산 방식 중 정적부하방식이 아닌 것은?

① 라운드로빈
② 가중치
③ 액티브－스탠바이
④ 최소응답시간

65 다음 보기에서 분산 데이터베이스의 투명성은 무엇인가?

> 여러 사용자나 응용프로그램이 동시에 분산 데이터베이스에 대한 트랜잭션을 수행하는 경우에도 그 결과에 이상이 발생하지 않는다.

① 위치투명성
② 복제투명성
③ 병행투명성
④ 분할투명성

66 다음 중 통합관제센터 구축 이후 진행되는 성능시험 단계별 시험 내역으로 틀린 것은?

① 단위 기능시험: 시스템별 요구사항 명세서에 명시된 기능들의 수행여부를 판단하기 위한 시험
② 통합시험: 시스템 간 서비스 레벨의 연동 및 End－to－End 연동시험
③ 실환경 시험: 최종단계의 시험으로 실제 운영환경과 동일한 시험
④ BMT(Bench Mark Test) 성능시험: 장비 도입을 위한 장비 간 성능 비교시험

67 다음 중 접지설비의 접지저항에 대한 설명으로 틀린 것은?

① 접지선은 접지 저항값이 10[Ω] 이하인 경우에는 1.6[mm] 이상, 접지 저항값이 100[Ω] 이하인 경우에는 직경 3.6[mm] 이상의 PVC(Poly Vinyl Chloride) 피복 동선 또는 그 이상의 절연 효과가 있는 전선을 사용한다.
② 금속성 함체이나 광섬유 접속 등과 같이 내부에 전기적 접속이 없는 경우 접지를 아니할 수 있다.
③ 접지체는 가스, 산 등에 의한 부식의 우려가 없는 곳에 매설하여야 하며, 접지체 상단이 지표로부터 수직 깊이 75[cm] 이상 되도록 매설하되 동결심도보다 깊게 하여야 한다.
④ 전도성이 없는 인장선을 사용하는 광섬유케이블의 경우 접지를 아니할 수 있다.

68 다음 중 건물의 통신설비인 중간단자함(IDF)에 관한 설명으로 틀린 것은?

① 층단자함에서 각 인출구까지는 성형배선 방식으로 한다.
② 국선단자함과 층단자함은 용도가 상이하다.
③ 구내교환기를 설치하는 경우네는 층단자함에 수용하여야 한다.
④ 선로의 분기 및 접속을 위하여 필요한 곳에 설치한다.

69 다음 중 건물의 화재감지 방식 중 연기가 빛을 차단하거나 반사하는 원리를 이용한 연기감지 센서는?

① 광전식
② 이온화식
③ 정온식
④ 자외선 불꽃

70 다음 보기에서 설명하는 통신회선 장비의 명칭은?

> 하나의 시스템에서 광전송 기능(SDH)뿐 아니라 다양한 형태의 서비스를 통합 수용할 수 있는 전용회선 장비, 이더넷 기반(10[Mbps] 100[Mpbs] 1[Gbps] 등), TDM 기반(T1, E1, DS3 등) 및 SDH 기반(STM1/16/64 등) 들을 포함한 다양한 서비스 인터페이스를 수용한다.

① WDM(Wavelength Division Multiplexing)
② MSPP(Multi Service Provisioning Platform)
③ ROADM(Re－configurable Opical Add－Drop Multiplexer)
④ 캐리어 이더넷

71 네트워크 통신에서 '전용회선 서비스에 주로 사용되는 기간망'의 안정성을 고려하여 구성하는 망 형태가 아닌 것은?

① Ring형
② Mesh형
③ 8자형
④ Star형

72 다음 보기와 같은 특징을 갖는 서버기반 논리적 망분리 방식은?

> – 가상화된 인터넷 환경제공으로 인한 악성코드 감염을 최소화
> – 인터넷 환경이 악성코드에 감염되거나 해킹을 당해도 업무 환경은 안정적으로 유지 가능
> – 가상화 서버 환경에 사용자 통제 및 관리정책 일괄적 적용 가능

① 인터넷망 가상화
② 업무망 가상화
③ 컴퓨터 기반 가상화
④ 네트워크 기반 가상화

73 다음 중 정보보호 관리체계의 인증 의무대상자가 아닌 것은?

① 정보통신서비스 부문 전년도 매출액이 100억 원 이상인 자
② 연간 매출액 또는 세입 등이 150억 원 이상인 자
③ 집적 정보통신시설 사업자
④ 정보통신서비스 부문 3개월간의 일일 평균 이용자 수 100만명 이상인 자

74 다음 보기는 정보보호 관리체계에 대한 "정보통신망 이용촉진 및 정보보호 등에 관한 법률" 일부 조항이다. 괄호( ) 안에 들어갈 단어로 적합하지 않은 것은?

> 과학기술정보통신부장관은 정보통신망의 안정성 · 신뢰성 확보를 위하여 ( ) · ( ) · ( )보호조치를 포함한 종합적 관리체계를 수립 · 운영하고 있는 자에 대하여 제4항에 따른 기준에 적합한지에 관하여 인증을 할 수 있다(제4항은 정보보호 및 개인정보보호 관리체계 인증 등에 관한 고시임).

① 물리적
② 관리적
③ 기술적
④ 정책적

75 데이터의 비대칭암호화 방식에서 수신자의 공개키로 암호화하여 이메일을 전송할 때 얻을 수 있는 기능은?

① 무결성(Integrity)
② 기밀성(Confidentiality)
③ 부인방지(Non Repudiation)
④ 가용성(Availability)

76 다음 암호화 방식 중 암호화 · 복호화 종류가 다른 것은?

① RSA(ron Rivest, adi Shamir, leonard Adleman)
② IDEA(International Data Encrption Algorithm)
③ DES(Data Encryption Standard)
④ AES(Advanced Encryption Standard)

77 다음 중 네트워크를 관리하는 통신망인 TMN (Telecommunication Management Network)에서 정의되고 있는 5가지 관리 기능이 아닌 것은?

① 성능관리
② 보안관리
③ 조직관리
④ 구성관리

78 다음 중 네트워크 자원들의 상태를 모니터링하고 이들에 대한 제어를 통해서 안정적인 네트워크 서비스를 제공하는 것은?

① 게이트웨이 관리
② 서버 관리
③ 네트워크 관리
④ 시스템 관리

79 다음 중 WPAN(Wireless Personal Area Network) 방식이 아닌 것은?

① Zigbee
② Bluetooth
③ UMB(Ultra Wide Band)
④ BWA(Broadband Wireless Access)

80 공격자가 두 객체 사이의 세션을 통제하고, 객체 중 하나인 것처럼 가장하여 객체를 속이는 해킹 기법은?

① 스푸핑(Spoofing)
② 하이재킹(Hijacking)
③ 피싱(Phishing)
④ 파밍(Pharming)

5과목 컴퓨터일반 및 정보설비기준

81 일반 범용컴퓨터의 하드디스크 오류가 발생하였을 때, 하드디스크를 재구성하지 않고 복사된 것을 대체함으로써 데이터를 복구할 수 있는 RAID (Redundant Array of Independent Disks) 레벨(Level)은?

① RAID 0
② RAID 1
③ RAID 3
④ RAID 5

82 32비트의 데이터에서 단일 비트 오류를 정정하려고 한다. 해밍 오류 정정 코드(Hamming Error Correction Code)를 사용한다면 몇 개의 검사 비트들이 필요한가?

① 4비트
② 5비트
③ 6비트
④ 7비트

83 다음 중 범용컴퓨터의 입출력 프로세서(I/O Processor) 기능에 대한 설명으로 틀린 것은?

① 컴퓨터 내부에 설치된 입출력 시스템은 중앙처리장치의 제어에 의하여 동작이 수행된다.
② 중앙처리장치의 입출력에 대한 접속 업무를 대신 전담하는 장치이다.
③ 중앙처리장치와 인터페이스 사이에 전용 입출력 프로세서(IOP: I/O Processor)를 설치하여 많은 입출력장치를 관리한다.
④ 중앙처리장치와 버스(Bus)를 통하여 접속되므로 속도가 매우 느리다.

84 동심원을 이루는 저장장치에 데이터를 기록하는 방식으로 등각속도(CAV: Constant Angular Velocity)와 등선속도(CLV: Constant Linear Velocity)가 있다. 자기디스크(Magnetic Disk)와 컴팩트 디스크(CD)의 기록 방식이 올바르게 나열된 것은?

① 자기디스크: CAV, 컴팩트 디스크: CAV
② 자기디스크: CLV, 컴팩트 디스크: CAV
③ 자기디스크: CAV, 컴팩트 디스크: CLV
④ 자기디스크: CLV, 컴팩트 디스크: CLV

85 다음 중 일반 범용컴퓨터의 운영체제에서 컴퓨터 내의 물리적인 장치인 CPU, 메모리, 입출력 장치 등과 논리적 자원인 파일들이 효율적으로 고유의 기능을 수행하도록 관리하고 제어하는 부분은 무엇인가?

① 메모리
② GUI(Graphical User Interface)
③ 커널
④ I/O(Input/Output)

86 다음 중 일반 범용컴퓨터의 중앙처리장치(CPU)의 스케줄링 기법을 비교하는 성능 기준으로 틀린 것은?

① CPU 활용법: CPU가 작동한 총시간 대비 프로세스들이 실제 사용시간
② 처리율(Throughput): 단위 시간당 처리 중인 프로세스의 수
③ 대기시간(Waiting Time): 프로세스가 준비 큐(Ready Queue)에서 스케쥴링될 때까지 기다리는 시간
④ 응답시간: 대화형 시스템에서 입력한 명령의 처리결과가 나올 때까지 소요되는 시간

87 일반 범용컴퓨터에서 메모리에 접근하지 않아 실행 사이클이 짧아지고, 명령어에 사용될 데이터가 오퍼랜드(Operand) 자체로 연산 대상이 되는 주소지정방식은?

① 베이스 레지스터 주소지정 방식(Base Register Addressing Mode)
② 인덱스 주소지정 방식(Index Addressing Mode)
③ 즉시 주소지정 방식(Immediate Addressing Mode)
④ 묵시적 주소지정 방식(Implied Addressing Mode)

88 네트워크에서 IP 주소의 네트워크 주소와 호스트 주소를 구분해 주는 것은?

① Subnet Mask
② ARP(Address Resolution Protocol)
③ DNS(Domain Name System)
④ RARP(Reverse Address Resolution Protocol)

89 다음 보기에서 실행하는 프로토콜로 적합한 것은?

– 헤더 정보는 단순하고 속도가 빠르지만 신뢰성이 보장되지 않는다. – 데이터 전송 중 일부 데이터가 손상되더라도 큰 영향을 받지 않는 서비스에 활용된다. – 실시간 인터넷 방송 또는 인터넷 전화 등에 사용된다.

① IP(Internet Protocol)
② TCP(Transmission Control Protocol)
③ UDP(User Datatram Protocol)
④ ICMP(Internet Control Message Protocol)

90 다음 보기에서 설명하는 것은 무엇인가?

외부 침입자가 시스템의 자원을 정당한 권한 없이 불법적으로 사용하려는 시도나 내부 사용자가 자신의 권한을 오 · 남용하려는 시도를 탐지하여 방지하는 것을 목적으로 하는 하드웨어 및 소프트웨어를 총칭한다.

① 침입탐지시스템(IDS)
② 프록시(Proxy)
③ 침입차단시스(Firewall)
④ DNS(Domain Name System) 서버

91 다음 중 디지털 서명 알고리즘이 아닌 것은?

① 서명 알고리즘
② 해싱 알고리즘
③ 증명 알고리즘
④ 키생성 알고리즘

92 2진수(100110.100101)를 8진수로 변환한 값은?

① 26.91
② 26.45
③ 46.91
④ 46.45

93 다음 중 클라우드 컴퓨팅 서비스 유형으로 틀린 것은?

① BPaaS: 비즈니스 프로세스 클라우드 서비스
② IaaS: 인프라 클라우드 서비스
③ PaaS: 플랫폼 클라우드 서비스
④ SaaS: 공용 클라우드 서비스

94 **분산컴퓨팅에 관한 설명으로 틀린 것은?**

① 분산컴퓨팅의 목적은 성능 확대와 가용성에 있다.
② 성능 확대를 위해서는 컴퓨터 클러스터의 활용으로 수직적 성능 확대와 수평적 성능 확대가 있다.
③ 수평적 성능 확대는 통신연결을 높은 대역의 통신회선으로 업그레이드하여 성능 향상시키는 것이다.
④ 수직적 성능 확대는 컴퓨터 자체의 성능을 업그레이드하는 것을 말한다. CPU, 기억장치 등의 증설로 성능향상을 시킨다.

95 **다음 중 정보통신공사업자의 시공능력평가에 포함되지 않는 사항은?**

① 경영진평가
② 자본금평가
③ 기술력평가
④ 경력평가

96 **다음 중 방송통신설비 기술기준 적합조사를 실시하는 경우가 아닌 것은?**

① 방송통신설비 관련 시책을 수립하기 위한 경우
② 국가비상사태를 대비하기 위한 경우
③ 신기술 및 신통신방식 도입을 위한 경우
④ 방송통신설비의 이상으로 광범위한 방송통신 장애가 발생할 우려가 있는 경우

97 **방송통신발전기본 법령에서 규정한 "방송통신설비의 관리규정"에 포함되지 않는 것은?**

① 방송통신설비의 유지 · 보수에 관한 사항
② 방송통신설비 관리조직의 구성 · 직무 및 책임에 관한 사항
③ 방송통신서비스 이용자의 통신 감청에 관한 사항
④ 방송통신설비 장애 시의 조치 및 대책에 관한 사항

98 **다음 중 정보통신공사업법에서 규정하는 '하도급'에 대한 설명으로 옳은 것은?**

① 도급받은 공사의 전부에 대하여 수급인이 제3자와 체결하는 계약을 말한다.
② 도급받은 공사의 일부에 대하여 하도급인이 제3자와 체결하는 계약을 말한다.
③ 도급받은 공사의 일부에 대하여 수급인이 제3자와 체결하는 계약을 말한다.
④ 도급받은 공사의 전부에 대하여 하도급인이 제3자와 체결하는 계약을 말한다.

99 **다음 업무용 건축물의 구내통신설비 구성도에서 (가)의 명칭은?**

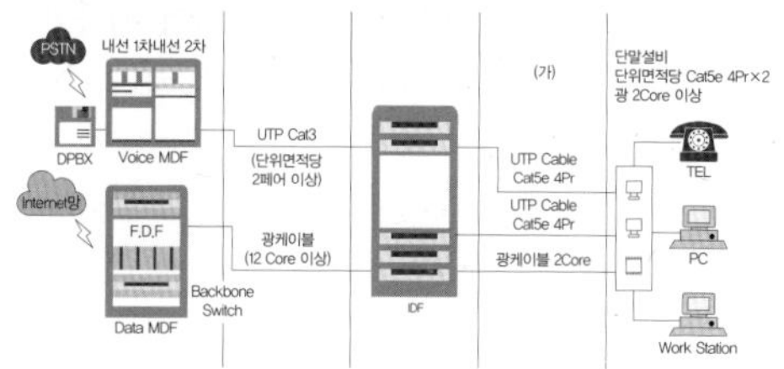

① 구내통신실
② 수평 배선계
③ 중간 단자함
④ 건물 간선계

100 **정보통신공사를 설계한 용역업자는 설계도서를 언제까지 보관하여야 하는가?**

① 공사의 목적물이 폐지될 때까지
② 공사가 준공된 후 2년간 보관
③ 공사가 준공된 후 5년간 보관
④ 하자담보 책임기간이 종료될 때까지

2023

제3회 정보통신기사 기출문제

1과목 정보전송일반

01 다음 중 OTDR(Optical Time Domain Reflectometer) 특징으로 틀린 것은?

① 광선로의 특성, 접점 손실과 고장점을 찾는 광선로 측정 장비이다.
② 광선로 특성을 측정하기 위해 광커플러를 이용하여 광선로에 연결한다.
③ 레일리 산란(Rayleigh Scattering)에 의한 후방산란광을 이용하여 광섬유 손실 특성을 측정한다.
④ 광선로에 광펄스들을 입사시켜 되돌아온 파형에 대해 주파수 영역에서 측정한다.

02 다음 중 PAM(Pulse Amplitude Modulation) 변조방식에 대한 설명으로 틀린 것은?

① PAM 신호를 장거리로 송신하는 경우에 아날로그 광대역증폭기가 필요하다.
② 잡음에 매우 강하여 PAM 신호가 잡음에 영향을 받지 않는다.
③ PAM 변조기로 on−off 스위치를 이용하여 비교적 간단하게 구성할 수 있다.
④ PAM 복조기는 저역통과필터를 사용하여 회로를 구성할 수 있다.

03 다음 중 통신 신호의 부호화 방식이 다른 것은?

① DPCM(Differential Pulse Code Modulation)
② APCM(Adaptive Pulse Code Modulation)
③ APC(Adaptive Predictive Coding)
④ ADM(Add Drop Multiplexer)

04 다음 중 정궤환(Positive Feedback)을 사용하는 발진회로에서 발진을 위한 궤환루프(Feedback Loop)의 조건으로 옳은 것은?

① 궤환루프의 이득은 없고, 위상천이가 180[°]이다.
② 궤환루프의 이득은 1보다 작고, 위상천이가 90[°]이다.
③ 궤환루프의 이득은 1이고, 위상천이는 0[°]이다.
④ 궤환루프의 이득은 1보다 크고, 위상천이는 180[°]이다.

05 다음 중 전자파 간섭에 노출된 컴퓨터 네트워크에서 데이터를 전달하는데 가장 적합한 전송 매체로 옳은 것은?

① 광섬유(Optical Fiber)
② 동축케이블(Coaxial Cable)
③ 마이크로웨이브(Microwave)
④ UTP(Unshielded Twisted Pair)

06 주기전압신호(Periodic Voltage Signal)의 푸리에 급수(Fourier Serices) 계수(C_n) 스펙트럼이 그림과 같이 주어졌을 때 Parseval 정리를 이용하여 평균 전력 [kW]을 구하면?

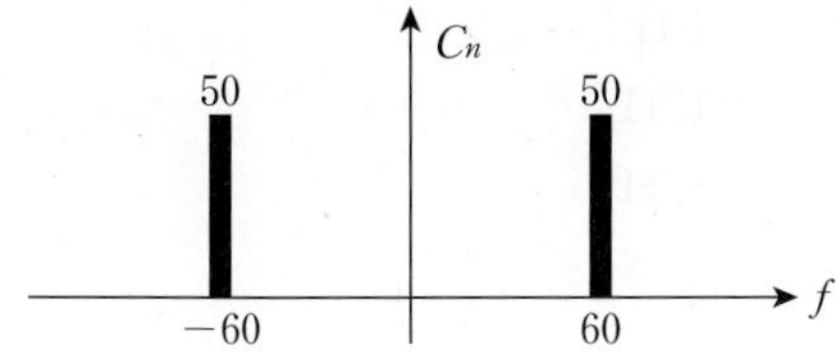

① 5[kW]
② 10[kW]
③ 50[kW]
④ 100[kW]

07 다음 중 대역 제한 채널(Band Limited Channel)의 대역폭이 입력신호의 대역폭에 비해 작은 경우 발생하는 것은?

① 왜곡(Distortion)
② 누화(Crosstalk)
③ 잡음(Noise)
④ 심볼 간 간섭(Inter Symbol Interference)

08 다음 중 통신시스템에서 동기식 전송의 특징으로 옳지 않은 것은?

① 2[kbps] 이상의 전송 속도에서 사용
② Block과 Block 사이에는 휴지 간격이 없음
③ Timing 신호를 이용하여 송수신측이 동기 유지
④ 전송 성능이 좋으며 전송 대역이 넓어짐

09 OFDM(Orthogonal Frequency Division Multiplexing) 변조 방식에서 PAPR(Peak-to-Average Power Ratio)이 증가하는 직접적인 이유는 무엇인가?

① 기지국 내 차량통신 사용자 수가 증가하는 경우 PAPR이 증가한다.
② 많은 부반송파 신호들이 동위상으로 더해지는 경우 PAPR이 증가한다.
③ 이웃한 기지국에서 사용자 수가 많아지는 경우 PAPR이 증가한다.
④ 채널 부호화가 다중화되는 경우 PAPR이 증가한다.

10 전송신호가 $s(t)=2\cos(2\pi 100t)+6\cos(2\pi 150t)$이고 다음과 같은 전력 스펙트럼 밀도(PSD) $G_n(f)$를 갖는 잡음 $n(t)$이 인가될 때 신호대 잡음비(SNR)로 옳은 것은?

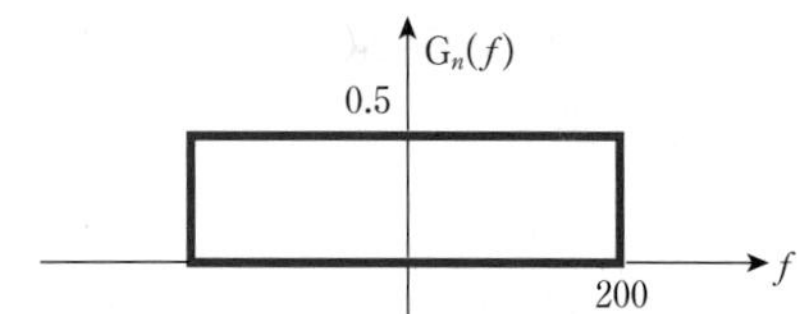

① −20[dB]
② −10[dB]
③ 0[dB]
④ 10[dB]

11 다음 중 부울대수의 정리가 성립되지 않는 것은?

① $A+B=B+A$
② $A \cdot B=A(A+B)$
③ $A(B+C)=AB+AC$
④ $A+(B \cdot C)=(A+B)(A+C)$

12 50/125[um] 광케이블에서 코어의 굴절률이 1.49이고 비굴절률(△)이 1.5[%]일 때 개구수는 약 얼마인가?

① 0.156
② 0.158
③ 0.258
④ 2.28

13 다음 중 동선의 트위스트 페어(Twisted-pair) 케이블의 특징으로 맞지 않는 것은?

① 가격이 저렴하고 설치가 간편하다.
② 하나의 케이블에 여러 쌍의 꼬임선들을 절연체로 피복하여 구성한다.
③ 다른 전송매체에 비해 거리, 대역폭 및 데이터 전송률 면에서 제한적이지 않다.
④ 유도 및 간섭현상을 줄이기 위해서 균일하게 서로 꼬여 있는 형태의 케이블이다.

14 다음 중 전자파(Electromagnetic Wave)로 분류되는 것은?

① 알파선(Alpha Rays)
② 초음파(Ultrasonic Waves)
③ 감마선(Gamma Rays)
④ 베타선(Beta Rays)

15 다음 중 FDM(Frequency Division Multiplexing)에 관한 설명으로 옳지 않은 것은?

① 다중의 메시지 신호를 넓은 대역에서 동시에 전송할 수 있다.
② 각 메시지 신호는 부반송파로 우선 변조된다.
③ 여러 부반송파가 합쳐진 후 주반송파로 변조된다.
④ 주반송파 변조 방식은 FM 방식으로만 전송된다.

16 전계 E[V/m] 및 자계 H[ATm] 전자파가 자유 공간 중을 빛의 속도로 전파(Propagation)될 때 단위 시간에 단위 면적을 지나는 에너지는[W/m^2]?

① EH
② EH^2
③ E^2H
④ E^2H^2

17 디지털 통신시스템에서 E_b/N_o[dB]을 증가시켰을 때 발생되는 효과로 옳은 것은? (E_b: 비트당 에너지, N_o: 잡음 전력스펙트럼밀도)

① 비트에러율 증가
② 비트에러율 감소
③ 대역폭 증가
④ 에너지폭 감소

18 다음 중 TDM(Time Division Multiplexing) 수신기에 대한 설명으로 옳지 않은 것은?

① 수신측에서의 표본화기인 Decommutator는 수신되는 신호와 동기 되어야 한다.
② 저역통과필터는 PAM 샘플로부터 아날로그 신호를 재구성하는데 사용된다.
③ 채널 필터링이 양호하지 않은 경우 심볼 간 간섭(ISI)이 발생할 수 있다.
④ 비트 동기와 프레임 동기를 완벽하게 유지하면 심볼 간 간섭(ISI)을 방지할 수 있다.

19 다음 중 FDMA(주파수 분할 다중화)에 대한 설명으로 옳지 않은 것은?

① 인접 채널 간에 간섭이 발생할 수 있다.
② 여러 사용자가 시간과 주파수를 공유한다.
③ 전송신호 매체의 유효 대역폭이 클 때 가능하다.
④ 진폭 변조, 주파수 변조, 위상 변조 방식이 사용될 수 있다.

20 다음 회로의 명칭은 무엇인가?

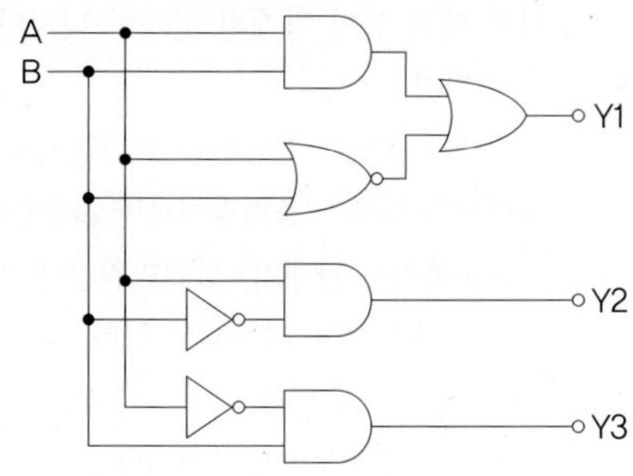

① 비교회로
② 다수결회로
③ 일치회로
④ 반일치회로

2과목 정보통신기기

21 다음 중 AM 방송에서 응용하는 다중화 방식으로 옳은 것은?

① 주파수 분할 다중화
② 시분할 다중화
③ 코드분할 다중화
④ 위상분할 다중화

22 다음 중 광대역 다중화기(Group Band Multiplexer)의 설명으로 적합하지 않은 것은?

① 광대역 데이터 회로를 위해 설계된 시분할 다중화기로 문자 삽입식 시분할 다중화기이다.
② 여러 가지 다른 속도의 동기식 데이터를 한데 묶어서 전송할 수 있다.
③ 고속 링크 측 속도는 19.2[kbps]에서부터 1.544[Mbps]까지 사용할 수 있다.
④ 정확한 동기를 유지하기 위하여 별도의 동기용 채널이 필요하다.

23 다음 중 LTE 이동통신에서 사용하는 다중접속방식으로 옳은 것은?

① OFDMA(Orthogonal Frequency Division Multiple Access)
② TDMA(Time Division Multiple Access)
③ FDMA(Frequency Division Multiple Access)
④ CDMA(Code Division Multiple Access)

24 TV 서비스 중 가정마다 공급되는 초고속 인터넷 망을 통해 다양한 VOD(주문형비디오) 서비스를 즐길 수 있는 멀티미디어 서비스로 전용 셋탑박스(중계기)를 설치하면 서비스 업체가 제공하는 미디어 콘텐츠를 언제든 시청할 수 있는 것은?

① 케이블 TV
② IPTV
③ 스마트 TV
④ 유선 TV

25 '가상세계와 가상세계' 그리고 '가상세계와 현실세계'에 대한 인터페이스 규격을 정의한 표준으로 옳은 것은?

① MPEG-U
② MPEG-V
③ MPEG-E
④ MPEG-M

26 다음 중 구내에 설치하는 무인택배시스템에서 보유해야 하는 기능으로 적절하지 않은 것은?

① 별도의 등기우편 전용함을 통한 등기우편물을 수령 할 수 있는 기능이 있어야 한다.
② 모든 보관함에는 유사시 탈출할 수 있는 비상 탈출버튼을 내장하여야 한다.
③ 홈네트워크 연동을 통해 각 세대의 월패드에 택배 도착 알림 기능이 있어야 한다.
④ 사용자가 원격 무인택배 관제센터와 24시간 상담을 할 수 있도록 착신전용 전화를 내장하여야 한다.

27 다음 키오스크(Kiosk)에 관한 설명 중 틀린 것은?

① 터치 패널 등이 탑재된 설치형 디지털 단말기를 말한다.
② 예전에는 정보를 전달하는 입력장치로 주로 사용했으나 현재는 출력장치로만 사용한다.
③ 무인교통카드 판매기, 무인민원발급기, ATM 기기 등에서 주로 사용되고 있다.
④ 무인주문시스템으로 사용자가 메뉴를 고르고 결제하는 상호작용 단말기이다.

28 다음 중 주차관제시스템의 구성요소 중 단지 입·출구에 설치되지 않은 장비는?

① 차량번호인식 장치
② 차량 자동 차단기
③ 주차권 발권기
④ 주차관리 서버

29 다음 전자교환기 중앙제어장치의 보호방식 중 최소의 서비스 유지를 목표로 하는 컴퓨터 용량의 45[%] 정도의 부하가 걸리는 방식은?

① 축적 프로그램 제어방식
② 포선논리 제어방식
③ 대기 방식
④ 부하분담 방식

30 일반적인 범용 컴퓨터의 메모리에 대한 설명 중 틀린 것은?

① RAM은 영구적인 데이터를 저장하며 휘발성(Volatile)을 가지지 않는다.
② Flash 메모리 칩은 내용을 지우고 다시 프로그램을 할 수 있다.
③ CMOS 칩은 배터리에 의해 전원이 공급되어 전원이 나가더라도 내용을 잃어버리지 않는다.
④ ROM은 특별한 장비 없이는 컴퓨터 사용자가 데이터를 쓰거나 지울 수 없다.

31 모뎀 수신기의 구성요소 중 다양한 영향으로 인한 진폭변화의 영향을 줄이기 위하여 적절한 신호크기 레벨을 유지할 수 있도록 하는 구성요소로 옳은 것은?

① 대역제한필터(Band Limiting Filter)
② 부호화기(Encoder)
③ 복호화기(Decoder)
④ 자동이득조절기(Automatic Gain Controller)

32 실제로 데이터를 전송해야 하는 단말에게만 시간 폭을 할당하여 소프트웨어적으로 시간 폭 배정이 가능한 지능형 다중화 장치는 무엇인가?

① 동기식 TDM(Synchronous TDM)
② 비동기식 TDM(Asynchronous TDM)
③ 동기식 FDM(Synchronous FDM)
④ 비동기식 FDM(Asynchronous FDM)

33 PON(Passive Optical Network)에서 ONU(Optical Network Unit)에 관한 설명 중 틀린 것은?

① ONU는 통상적으로 국사 내에 설치되어 백본망과 가입자망을 서로 연결하는 광가입자망 구성장치를 말하며, 광신호를 종단하는 기능을 수행한다.
② ONU는 전기신호를 광신호로 광신호를 전기신호로 변환하는 기능을 수행한다.
③ ONU는 Optical Splitter를 통해 전송된 광신호를 수신하여 분리하고 이를 해당하는 각 단말기로 전송한다.
④ ONU는 각 단말기에서 전송한 신호를 다중화하여 OLT(Optical Line Terminal)로 송출한다.

34 다음 중 지상파 디지털 TV 표준방식인 ATSC(Advanced Television Systems Committee)를 다른 방식의 지상파 표준방식과 비교한 특징이 아닌 것은?

① 낮은 출력으로 넓은 커버리지 서비스 제공
② 높은 대역폭 효율로 고화질 서비스 제공
③ 잡음 간섭에 대해 강인함
④ 이동수신에 용이함

35 다음 중 공동주택에서 CCTV 카메라 의무설치 장소가 아닌 곳은?

① 지하주차장
② 옥상 출입구
③ 피난층 계단실
④ 각 동의 출입구

36 다음 중 통신신호의 전송방법에서 집중화 방식을 다중화방식과 비교한 특징으로 틀린 것은?

① 통신회선의 유지보수가 편리하다.
② 채널을 효율적으로 사용할 수 있다.
③ 데이터가 있는 단말기에만 타이밍 슬롯을 할당한다.
④ 패킷교환 집중화 방식과 회선교환 집중화 방식이 있다.

37 통신시스템에서 멀티미디어 데이터 압축 기법 중 혼성압축기법으로 틀린 것은?

① MPEG(Moving Picture Experts Group)
② JPEG(Joint Photographic Experts Group)
③ GIF(Graphics Interchange Format)
④ FFT(Fast Fourier Transform)

38 디지털 화상회의 시스템에서 QCIF(Quarter Common Intermediate Format)을 흑백화면으로 25프레임, 8비트로 샘플링을 한다면 데이터 전송률은 약 얼마인가?

① 5[Mbps]
② 10[Mbps]
③ 20[Mbps]
④ 40[Mbps]

39 홈네트워크에서 L2 워크그룹 스위치가 스위칭을 수행하는 기반으로 옳은 것은?

① IP 주소
② MAC 주소
③ TCP/UDP 포트 번호
④ 패킷 내용

40 다음 중 영상통신기기의 '보안' 사항으로 관련이 없는 것은?

① 무결성(Integrity)
② 인증(Authenticity)
③ 암호화(Encryption)
④ 품질(Quality)

3과목 정보통신 네트워크

41 다음 중 OSI 7계층에서 컴퓨터와 네트워크 종단 장치 간의 논리적, 전기적, 기계적 성질과 관련된 계층으로 옳은 것은?

① 물리계층
② 데이터링크계층
③ 네트워크계층
④ 전송계층

42 다음 중 통신망에서 전송 시 프레임 수신측에서 에러 검출을 돕기 위해 삽입된 필드로 옳은 것은?

① Preamble
② Type
③ FCS(Frame Check Sequence)
④ Padding

43 다음 중 네트워크 장비의 관리를 위한 SNMP (Simple Network Management Protocol)에 대한 설명으로 틀린 것은?

① 프로토콜 스택 내 이더넷 또는 라우팅 등, 하위 계층에서 발생하는 일을 알 수 없다.
② 모니터와 에이전트가 통신하기 위해 TCP를 이용하여 메시지를 전송한다.
③ SNMP가 사용하는 쿼리(Query)/응답 메커니즘으로 네트워크 트래픽이 발생한다.
④ SNMP로 수집된 정보로부터 네트워크 장비 전산 자원사용량, 에러량, 처리속도 등을 알 수 있다.

44 다음 중 링크 상태 기반 라우팅 알고리즘이 수행하는 동작 설명으로 틀린 것은?

① 주변 라우터에 측정된 링크 상태 분배
② 주변 라우터에 자신의 호스트 리스트 분배
③ 주변 라우터 각각에 대한 지연시간 측정
④ 주변 라우터를 인지하고 그들의 네트워크 주소 숙지

45 다음 보기에 대한 설명 중 괄호(　) 안에 들어갈 용어로 옳은 것은?

〈보기〉
X.25 인터페이스 프로토콜에서 (　) 계층은 LAPB(Link Access Procedure Balanced)로 전송제어절차를 규정하고 순서, 오류, 흐름제어 기능을 한다.

① 네트워크
② 데이터링크
③ 물리
④ 표현

46 다음 중 파장분할 다중화 기술(WDM)에서 채널 수가 적은 것부터 많은 순서대로 나열한 것으로 옳은 것은?

① CWDM → DWDM → UDWDM
② CWDM → UDWDM → DWDM
③ DWDM → CWDM → UDWDM
④ DWDM → UDWDM → CWDM

47 주파수 대역 분류 중 ISM(Industrial Science Medical) Band에 대한 설명으로 틀린 것은?

① Bluetooth, ZigBee, WLAN 등 근거리 통신망에서 많이 활용된다.
② 같은 ISM 주파수 대역을 사용하는 무선장치 간 상호간섭에 대한 문제 해결을 위해 주파수 간섭 회피기술을 사용한다.
③ ITU－T에서 통신 용도가 아닌 산업, 과학, 의료 분야를 위해 사건 허가 없이 사용 가능한 공용 주파수 대역이다.
④ ISM 밴드는 주파수를 사전에 분배하여 사용하고 신뢰성 있는 통신을 위해 단말기는 고출력, 고전력 송신기를 사용한다.

48 위성 DMB와 지상파 DMB의 전송방식이 올바르게 짝지어진 것은?

① 8VSB : OFDM
② OFDM : CDM
③ OFDM : 8VSB
④ CDM : OFDM

49 다음 중 IPv6 IP 주소 표기 설명으로 옳은 것은?

① 8비트씩 8개 부분으로 10진수 표시
② 8비트씩 8개 부분으로 16진수 표시
③ 16비트씩 8개 부분으로 10진수 표시
④ 16비트씩 8개 부분으로 16진수 표시

50 「초고속정보통신건물 인증업무처리지침」 중 홈네트워크 인증심사기준에서 AA 등급 요건으로 적합하지 않은 것은?

① 배선방식은 트리(Tree)구조이어야 한다.
② 세대단자함과 홈네트워크 월패드 배선은 Cat 5e 4페어 이상으로 한다.
③ 세대단자함과 홈네트워크 월패드 간 예비배관은 16C 이상으로 한다.
④ 전력선통신방식을 적용하는 경우에는 블로킹 필터 설치공간을 확보한다.

51 다음 중 수신측에서 설정한 크기만큼 세크먼트를 전송할 수 있게 하여 데이터 흐름을 동적으로 조절하는 흐름제어 기법으로 옳은 것은?

① Karn 알고리즘
② 슬로우 스타트(Slow Start)
③ 슬라이딩 윈도우(Sliding Window)
④ 스톱 앤 포워드(Stop and Forward)

52 다음 중 IP(Internet Protocol) 데이터그램 구조에 포함되지 않는 항목은?

① Version
② Protocol
③ IP Address
④ Sequence Number

53 다음 중 구내 정보 통신망(LAN) 전송로 규격의 하나인 1000BASE-T 규격에 대한 설명으로 틀린 것은?

① 최대 전송속도는 1000[kbps]이다.
② 베이스밴드 전송방식을 사용한다.
③ 전송 매체는 UTP(꼬임쌍선)다.
④ 주로 이더넷(Ethernet)에서 사용된다.

54 다음 중 ICMP(Internet Control Message Protocol) 중에 하나인 Ping을 PC에서 동작했을 때 송신 버퍼 크기를 지정하는 Ping 옵션으로 옳은 것은?

① －a
② －n
③ －l
④ －t

55 다음 중 광섬유 통신 기술 중 하나인 WDM (Wavelength Division Multiplexing)의 특징으로 틀린 것은?

① 복수의 전달 정보를 동일한 파장에 할당하여 여러 개의 광섬유에 나누어 전송하는 기술이다.
② 중장거리 전송을 위해 EDFA, 라만증폭기를 사용하여 전송손실을 보상한다.
③ 전송되는 파장 간격 및 파장 수 따라 CWDM, DWDM 등으로 구분한다.
④ IP, ATM, SONET/SDH, 기가비트 이더넷의 등 서로 다른 전송속도와 프로토콜을 가진 채널의 전송이 가능하다.

56 다음 중 무선 LAN의 MAC 알고리즘으로 옳은 것은?

① CSMA/CA
② CSMA/CD
③ CDMA
④ TDMA

57 다음 중 CDMA 이동통신에서 사용하는 레이크 수신기에 대한 설명으로 틀린 것은?

① 다중경로 페이딩에 의한 전송에러를 최소화하기 위한 기술
② 시간차(지연)이 있는 두 개 이상의 신호를 분리해 낼수 있는 수신기
③ 신호환경에 맞춰 안테나의 빔방사 패턴을 자동으로 변화시켜 수신 감도를 향상시킴
④ 여러 개의 상관검출기로 다중경로 신호를 분리하고 상관검출기를 통해 최적신호를 검출

58 전송 채널 대역의 이용 효율을 높이기 위해 수신단에서 수신된 데이터에 대한 '확인 응답(ACK, NAK)'을 따로 보내지 않고, 상대편으로 향하는 데이터 프레임에 '확인 응답 필드'를 함께 실어 보내는 전송 오류 제어 기법은?

① Piggyback Acknowledgement(피기백 확인 응답)
② Synchronization Acknowledgement(동기 확인 응답)
③ Timeout Acknowledgement(타임아웃 확인 응답)
④ Daisy Chain Acknowledgement(데이지 체인 확인 응답)

59 다음 중 네트워크 가상화 기술로 옳지 않은 것은?

① VPN(Virtual Private Network)
② SDN(Software Defined Network)
③ NFV(Network Function Virtualization)
④ VOD(Video On Demand)

60 다음 중 RFID(Radio Frequency IDentification) 시스템의 구성요소로 적당하지 않은 것은?

① 정보를 제공하는 전자태그(Tag)
② 수동형 태그용 전원공급장치(Power Supply)
③ 데이터를 처리하는 호스트 컴퓨터(Host Computer)
④ 판독기능을 하는 리더(Reader)

4과목 정보시스템 운용

61 다음 중 IIS(Internet Information Services) Server에 대한 설명으로 틀린 것은?

① 마이크로소프트의 윈도즈용 인터넷 서버군의 이름이다.
② Web, HTTP, FTP, Gopher 등이 포함되어 있다.
③ 데이터베이스를 이용한 웹 기반의 응용프로그램 작성을 지원하는 일련의 프로그램들을 포함한다.
④ 아파치 서버와는 다르게 ActiveX 콘트롤을 지원하지 못한다.

62 127대 단말의 사내 네트워크를 보유한 회사에서 NAT(Network Address Translation)를 이용하여 IPv4 사설 IP를 설정하여 운용하고자 한다. 다음 중 사설 IP 대역으로 설정하기에 적합한 IP 대역은?

① 1.10.0.0~1.10.0.255
② 172.32.1.0~172.32.1.255
③ 192.168.2.0~192.168.2.255
④ 192.168.3.0~192.168.3.127

63 다음 중 OSI 기본 참조 모델에서 서로 다른 프로토콜을 사용하는 통신망 간의 상호 접속을 위해 프로토콜 변환 기능을 제공하는 장치는?

① 게이트웨이
② 브릿지
③ 허브
④ 리피터

64 다음 중 지능형 홈네트워크 설비 중 감지기에 대한 설치기준이 아닌 것은?

① 가스감지기는 LNG인 경우에는 천장 쪽에, LPG인 경우에는 바닥 쪽에 설치하여야 한다.
② 동체감지기는 유효감지반경을 고려하여 설치하여야 한다.
③ 감지기에서 수집된 상황정보는 단지서버에 전송하여야 한다.
④ 동체감지기는 지상의 주동 현관 및 지하주차장과 주동을 연결하는 출입구에 설치하여야 한다.

65 다음 중 스마트빌딩 종합방재실 기기 배치도에 포함되는 CCTV 설비의 구성품이 아닌 것은?

① 네트워크 영상녹화장치(NVR)
② 모니터
③ 스위칭허브
④ 출입통제시스템

66 다음 중 HTTPS의 특징으로 옳지 않은 것은?

① HTTP에 Secure Socket이 추가된 형태이다.
② HTTP 통신에 SSL 혹은 TLS 프로토콜을 조합한다.
③ HTTP SSL → TCP의 순서로 통신한다.
④ HTTPS는 디폴트로 8080포트를 사용한다.

67 다음 중 Zero-Day Attack을 방지할 수 있는 가장 효율적인 기술은?

① IDS
② Honeypot
③ IPS
④ Firewall

68 다음 중 1개소 또는 여러 개소에 시공한 공통의 접지극에 개개의 설비를 모아 접속해 접지를 공용화하는 접지방식은?

① 독립접지
② 다중접지
③ 보링접지
④ 공통접지

69 다음 중 SNMP(Simple Network Management Protocol)에서 사용되는 PDU(Protocol Data Unit)가 아닌 것은?

① GetRequest PDU
② Local PDU
③ Trap PDU
④ GetResponse PDU

70 다음 중 항온항습기의 유지관리 시 주요 점검 항목의 내용으로 거리가 먼 것은?

① 가습기의 전극봉의 상태를 주기적으로 확인해야 한다.
② 팬 모터 장애 상태는 필터 재질에 따라 사전에 감지한다.
③ 수시로 압축기 냉매의 압력을 확인해야 한다.
④ 응축수 배출 배관의 연결 부위의 누수 상태를 확인한다.

71 다음 중 물리적 · 환경적 보안, 접근통제, 정보시스템 획득 및 개발 · 유지 등의 통제항목에 대한 기준을 제시한 정보보안경영시스템(ISMS: Information Security Management System)에 대한 국제표준으로 옳은 것은?

① ISO/IEC 27001
② ISO/IEC 50001
③ ITU−T G.984.2
④ ITU−T G.984.1

72 다음 중 클라우드 서비스에서 서버의 부하 분산을 위한 기술에 해당하지 않는 것은?

① DNS 라운드로빈
② OS 타입
③ 얼로케이션(Allocation) 방식
④ 어플라이언스 타입

73 다음 중 물리적 보안 장비인 CCTV 시스템에 대한 설명으로 틀린 것은?

① 실시간 감시 및 영상정보를 녹화한다.
② 인식 및 영상정보를 전송하는 기능을 수행한다.
③ 카메라, 렌즈, 영상저장장치를 포함한다.
④ 케이블 및 네트워크를 포함하지 않는다.

74 다음 중 물리적 보안을 위한 계획 수립과정에서 가장 우선하여 고려하여야 하는 사항은?

① 통제구역을 설정하고 관리
② 보호해야 할 장비나 구역을 정의
③ 제한구역을 설정하고 관리
④ 외부자 출입사항 관리대장 작성

75 다음에서 설명하는 데이터베이스 스키마(Schema)는?

> "개체 간의 관계(Relationship)와 제약 조건을 나타내고 데이터베이스의 접근 권한, 보안 및 무결성 규칙에 관한 명세를 정의한다."

① 내부 스키마
② 외부 스키마
③ 개념 스키마
④ 관계 스키마

76 다음 중 유선랜에서 제공하는 것과 유사한 수준의 보안 및 기밀 보호를 무선랜에서 제공하기 위한 Wi-Fi 표준에 정의되어있는 보안 프로토콜은?

① WEP(Wired Equivalent Privacy)
② WIPS(Wireless Intrusion Prevention System)
③ WTLS(Wireless Transport Layer Security)
④ WAP(Wireless Application Protocol)

77 다음 보기의 특징을 가지는 영상신호의 전송 방식은?

> 〈보기〉
> ■ 카메라 추가가 용이
> ■ 보안 위협이 높음
> ■ 구축 비용이 저렴
> ■ 별도 전원 필요
> ■ 전파환경에 따른 통신 끊김 현상 발생

① 광케이블
② 무선방식
③ 동축케이블
④ UTP 케이블

78 다음 중 WDM(Wavelength Division Multiplexing) 기술에서 사용하는 C 밴드 대역 파장은?

① 1260~1360[nm]
② 1360~1460[nm]
③ 1460~1530[nm]
④ 1530~1565[nm]

79 다음 중 방송 공동수신설비의 수신안테나 설치 기준으로 옳은 것은?

① 수신안테나는 모든 채널의 지상파방송, 종합유선방송 신호를 수신할 수 있도록 안테나를 구성하여 설치하여야 한다.
② 수신안테나는 벼락으로부터 보호될 수 있도록 설치하되, 피뢰침과 1.5미터 이상의 거리를 두어야 한다.
③ 수신안테나를 지지하는 구조물은 풍하중을 견딜 수 있도록 견고하게 설치하여야 한다.
④ 둘 이상의 건축물이 하나의 단지를 구성하고 있는 경우에는 한조의 수신안테나를 설치하여 이를 독립적으로 사용할 수 있다.

80 광통신망 유지보수를 위한 계측기가 아닌 것은?

① OTDR
② Optical Power Meter
③ 융착접속기
④ 선로분석기

5과목 컴퓨터일반 및 정보설비기준

81 다음 중 주소 범위가 192.0.0.0에서 223.255.255.255까지인 주소 클래스는?

① A Class
② B Class
③ C Class
④ D Class

82 다음 DDoS(Distributed Denial of Service) 공격 중 대역폭 공격에 대한 설명으로 틀린 것은?

① 다량의 TCP 패킷을 서버 및 네트워크 장비에 공격하여 정상적인 운영 불가
② 대용량 트래픽 전송으로 인한 네트워크 회선 대역폭 고갈
③ 주로 위조된 큰 크기의 패킷과 위조된 출발지 IP 사용
④ 회선 대역폭 고갈로 인한 정상 사용자 접속 불가

83 다음 보기의 설명 중 괄호 안에 들어갈 숫자로 옳은 것은?

> 〈보기〉
> 클라우드컴퓨팅 서비스의 보안인증 유효기간은 인증 서비스 등을 고려하여 대통령령으로 정하는 ( ) 내의 범위로 하고, 보안인증의 유효기간을 연장받으려는 자는 대통령령으로 정하는 바에 따라 유효기간의 갱신을 신청하여야 한다.

① 1
② 3
③ 5
④ 10

84 다음 중 구내통신설비 및 통신선로에 접지단자를 설치하지 않아도 되는 것은?

① 금속으로 된 광섬유 접속함체
② 금속으로 된 옥외분배함
③ 금속으로 된 구내통신단자함
④ 전송설비용 통신케이블

85 구내통신선 중 건물 간 선케이블 및 수평 배선케이블은 몇 [㎒] 이상의 전송대역을 갖는 꼬임케이블, 광섬유케이블 또는 동축케이블을 사용하여야 하는가?

① 1[㎒]
② 10[㎒]
③ 100[㎒]
④ 300[㎒]

86 다음 감리원 배치기준 중 용역업자가 발주자의 승낙을 얻어 1명의 감리원에게 둘 이상의 공사를 감리할 수 있게 하는 경우에 해당되지 않는 것은?

① 총공사비가 2억원 미만의 공사로 동일한 시 · 군에서 행해지는 동일한 종류의 공사
② 총공사비가 2억원 미만의 공사로 공사 현장 간의 직선거리가 20킬로미터 이내인 지역에서 행해지는 동일한 종류의 공사
③ 이미 시공 중에 있는 공사의 현장에서 새로이 행해지는 동일한 종류의 공사
④ 6층 미만으로서 연면적 5천 제곱미터 미만의 건축물에 설치되는 정보통신설비의 설치공사

87 다음 보기의 괄호 안에 들어갈 문구로 옳은 것은?

> 〈보기〉
> (　　)은 국민이 원하는 다양한 방송통신서비스가 차질 없이 안정적으로 제공될 수 있도록 방송통신에 이용되는 유 · 무선망의 고도화(化)를 위하여 노력하여야 하며, 이를 위하여 필요한 시책을 수립 · 시행하여야 한다.

① 행정안전부장관
② 과학기술정보통신부장관
③ 문화체육관광부장관
④ 방송통신위원장

88 다음 중 OSI 7계층의 5계층 이상에서 사용하는 VPN(Virtual Private Network) 종류는?

① IPsec(Internet Protocol Security) VPN
② PPTP(Point to Point Tunneling Protocol) VPN
③ SSL(Secure Sockets Layer) VPN
④ MPLS(Multiprotocol Label Switching) VPN

89 발주자는 감리원으로부터 승인 요청이 있을 경우 특별한 사유가 없는 한 다음 기한 내에 처리될 수 있도록 협조해야 한다. 다음 보기의 괄호 안에 각각의 일정으로 옳은 것은?

> 〈보기〉
> 실정보고, 설계변경 방침 변경: 요청일로부터 단순한 경우
> (　　)일 이내 시설물 인계 · 인수: 준공검사 시점 완료일로부터 (　　)일 이내 현장문서 및 유지관리 지침서: 공사준공 후 (　　)일 이내

① 7, 7, 14
② 7, 14, 14
③ 14, 14, 21
④ 14, 21, 30

90 다음 프로그램 언어 중 구조적 프로그래밍(Structured Programming)에 적합한 기능과 구조를 갖는 것은?

① BASIC
② FORTRAN
③ C
④ RPG

91 다음 중 프로그램 구현 시 목적파일(Object File)을 실행 파일(Execute File)로 변환해 주는 프로그램으로 옳은 것은?

① 링커(Linker)
② 프리프로세서(Preprocessor)
③ 인터프리터(Interpreter)
④ 컴파일러 (Compiler)

92 다음 보조기억장치 중 처리 속도가 빠른 것부터 순서대로 가장 올바르게 나타낸 것은?

① 자기드럼 > 자기디스크 > 자기테이프
② 자기디스크 > 자기드럼 > 자기테이프
③ 자기드럼 > 자기테이프 > 자기디스크
④ 자기테이프 > 자기디스크 > 자기드럼

93 다음 중 기간통신사업자가 제공하려는 전기통신 서비스에 관하여 정하는 이용약관에 포함되지 않는 것은?

① 전기통신역무를 제공하는데 필요한 설비
② 전기통신사업자 및 이용자의 책임에 관한 사항
③ 수수료실비를 포함한 전기통신서비스의 요금
④ 전기통신서비스의 종류 및 내용

94 다음 중 하드디스크의 데이터 접근시간에 포함되지 않는 것은?

① 탐색시간
② 회전지연시간
③ 읽기시간
④ 전송시간

95 다음 중 메모리 맵 입출력(Memory-mapped IO) 방식의 설명으로 틀린 것은?

① 입출력을 위한 제어 · 상태 레지스터와 데이터 레지스터를 메모리주소 공간에 포함하는 방식이다.
② 입출력 전용(Dedicated IO) 또는 고립형 입출력(Isolated IO)주소 지경이라고도 한다.
③ 장치 레지스터의 주소를 지정하기 위해 메모리 공간의 주소 일부를 할당한다.
④ 메모리와 입출력장치가 동일한 주소버스 구조를 사용한다.

96 명령문 수행 파이프라인에서 데이터 종속성(Data Dependency)은 성능을 저해한다. 이를 해결하기 위해 레지스터 재명명(Register_Renaming) 방법을 사용하는 종속성끼리 올바르게 나열된 것은?

① 쓰기 후 읽기(RAW) 종속성과 읽기 후 쓰기(WAR) 종속성
② 쓰기 후 읽기(RAW) 종속성과 쓰기 후 쓰기(WAW) 종속성
③ 읽기 후 쓰기(WAR) 종속성과 쓰기 후 쓰기(WAW) 종속성
④ 읽기 후 쓰기(WAR) 종속성과 읽기 후 읽기(RAR) 종속성

97 다음 중 하드디스크 섹터의 위치를 지정하기 위한 주소지정방식 중 '하드디스크의 구조적인 정보인 실린더번호, 헤드번호, 섹터번호'를 사용하여 주소를 지정하는 방식'으로 옳은 것은?

① CHS(Cylinder Head Sector) 주소지정방식
② LBA(Logical Block Addressing) 주소지정방식
③ MZR(Multiple Zone Recording) 주소지정방식
④ 섹터 주소지정방식

98 다음 중 하나의 프린터를 여러 프로그램이 동시에 사용할 수 없으므로 논리 장치에 저장하였다가 프로그램이 완료 시 개별 출력할 수 있도록 하는 방식은?

① Channel
② DMA(Direct Memory Access)
③ Spooling
④ Virtual Machine

99 **다음 중 데이터웨어하우스와 사용자 사이에서 특정 사용자가 관심을 갖고 있는 데이터를 담은 비교적 작은 규모의 데이터웨어하우스를 무엇이라 하는가?**

① 데이터마트
② 데이터마이닝
③ 빅데이터
④ 웨어하우스

100 **다음 중 공개 소프트웨어에 대한 설명으로 옳지 않은 것은?**

① 무료의 의미보다는 개방의 의미가 있다.
② 라이센스(License) 정책을 만들어 유지하도록 한다.
③ 상업적 목적으로 사용이 불가하다.
④ 공개 소스 소프트웨어와 같은 의미로 사용한다.

2023

제1회 정보통신기사 기출문제해설

1과목 정보전송일반

01	02	03	04	05	06	07	08	09	10
②	①	①	①	①	④	①	③	③	③
11	**12**	**13**	**14**	**15**	**16**	**17**	**18**	**19**	**20**
③	①	②	④	①	④	②	②	③	③

01 정답 ②

전송 부호 조건

- 직류(DC) 성분이 없고 동기 정보가 충분히 포함되어 있어야 한다.
- 전송대역폭이 작고 만들기 쉬워야 한다.
- 전송과정에서의 에러의 검출과 정정이 가능해야 한다.
- 코딩 효율이 양호해야 한다.
- 아주 높은 주파수 성분과 아주 낮은 주파수 성분을 포함하지 않아야 한다.
- 부호가 단순하고 일관성이 있어야 한다.
- 충분한 타이밍 정보가 포함되어야 한다.
- 에러의 검출과 정정이 쉬워야 한다.

02 정답 ①

회선 코딩(Line Coding)

- 디지털 데이터 → 디지털 신호
- 한 비트 한 비트의 코딩
- 전송 시 인코딩(Encoding: 암호화)하고, 수신 시 디코딩(Decoding: 복호화)함
- Polar NRZ−L(Level): 전압 준위가 비트의 값을 결정(예 0: 양 전압, 1: 음 전압)
- Polar NRZ−I(Inversion): 전압의 변화로 비트 값 결정(예 0: 전압 변화가 없음, 1: 전압 변화가 있음)
- 비트 1을 만날 때 마다 신호가 변하기 때문에 동기화 제공
- Polar−RZ(Return to Zero): 동기화 보장을 위해 각 신호마다 동기화 정보를 포함, 양(+), 음(−), 영(0) 전압 사용으로 양 전압은 1, 음 전압은 0으로 표시한다. 한 비트를 부호화하기 위해 두 번의 신호 변화가 이루어짐

03 정답 ①

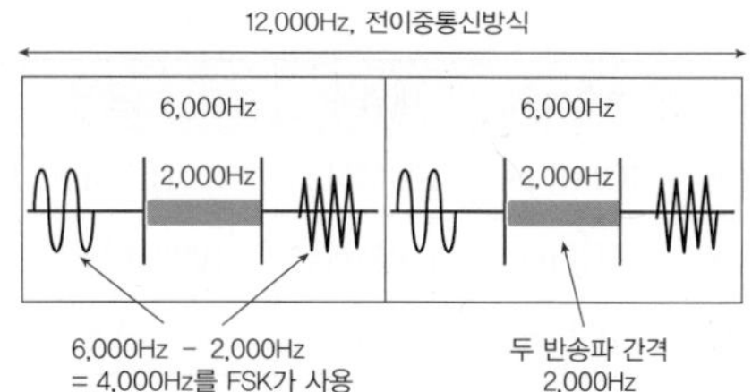

대역폭이 12,000[Hz]이고 FSK 방식이므로 f_1과 f_2는 각각 6,000[Hz]이다. 두 주파수 사이 간격이 최소 2,000[Hz]이므로 대역폭=보오율+(f_2-f_1)이므로 대역폭=6,000−2,000=4000[bps]이다. 2진 FSK는 M=2이므로 $\log_2 2=1$이다. 즉, FSK는 보오율인 변조속도와 비트율인 데이터 신호속도가 같다.

$$\text{변조속도(baud)}=\frac{\text{신호속도}(bps)}{\text{변조 시 상태 변화수}(\log_2 M)}$$

M=2이므로 변조속도=신호속도(bps)이다.

그러므로 4,000[baud], 4,000[bps]가 된다.

04 정답 ①

발진회로는 Feed back 증폭회로에서 외부의 입력 없이 증폭작용이 계속되는데 이와 같은 증폭작용을 이용하여 전기 진동을 발생시키는 회로이다.

발진조건

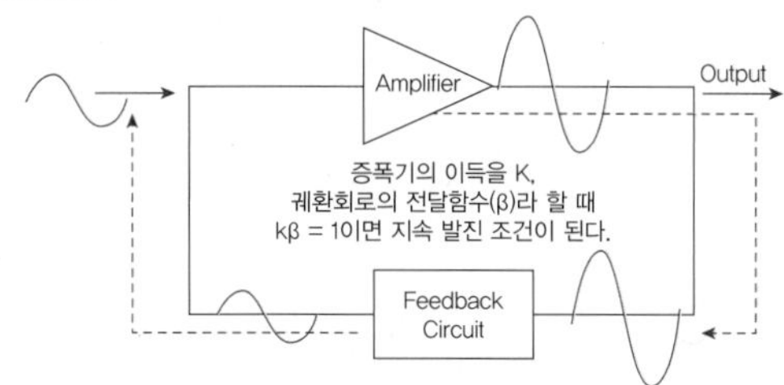

1) 위상 조건: 입력 Vi와 출력 Vf가 동위상
2) 이득 조건
   - 증폭도 : $Af=A/(1-\beta A)$
   - 바크하우젠(Barkhausen)의 발진 조건(발진 안정): $|A\beta|=1$
   - 발진의 성장 조건: $|A\beta|\geq1$
   - 발진의 소멸 조건: $|A\beta|\leq1$

05 정답 ①

멀티플렉서(Multiplexer)

멀티플렉싱이란 많은 수의 정보 장치를 적은 수의 채널이나 선들을 통하여 전송하는 것으로 디지털 멀티플렉서는 많은 입력선들 중에서 하나를 선택하여 출력선에 연결하는 조합회로이다. 선택 선들의 값에 따라서 특별한 입력선이 선택된다.

06 정답 ④

구분	전송속도	대역폭	규격
CAT.5	100Mbps	100MHz	100BASE-TX
CAT.5e	1Gbps	100MHz	1000BASE-T
CAT.6	1Gbps	250MHz	1000BASE-TX
CAT.6e	10Gbps	500MHz	10G BASE-T
CAT.7	10Gbps	600MHz	10G BASE-T

07 정답 ①

펄스성 잡음은 비정상열화요인에 의한 잡음이다.

08 정답 ③

싱글모드 광섬유가 다중모드 광섬유 대비 고속, 대용량 전송에 사용된다.

09 정답 ③

$1GHz=10^9Hz$이다.

$$v=f\lambda,\ \lambda=\frac{v}{f}=\frac{3\times10^8}{2\times10^9}=\frac{3}{20}=0.15[m]=15[cm]$$

10 정답 ③

③ 낮은 강우 감쇠가 아닌 강우감쇠에 영향이 많아서 높은 강우 감쇠가 특성이다.

밀리미터파

주파수의 파장이 30~300GHz(기가헤르츠, 메가헤르츠의 1,000배)에 해당하는 주파수를 말한다. 눈에 보이지는 않지만 파장 크기가 대략 1~10mm(밀리미터) 정도여서 흔히 밀리미터파라고 하며 '밀리파' 또는 'EHF'라 부르기도 한다. 3G나 4G 이동통신이 대략 1~2GHz 정도를 사용하는 것과 비하면 수십~수백 배가량 차이가 난다.

11 정답 ③

$$SNR\ [dB]=10\log_{10}\frac{S(\text{평균신호전력})}{N(\text{평균잡음전력})}$$

전력과 전압은 제곱에 비례하므로

$$10\log_{10}\frac{P_{output}}{P_{input}}=20\log_{10}\frac{V_s(\text{신호전압})}{V_n(\text{잡음전압})}$$이다.

$$SNR=20\log_{10}\left(\frac{25}{0.0025}\right)=80[dB]$$

12 정답 ①

샤론의 정보화 이론 제 2정리: 채널 코딩 이론

구분	내용
수식	R<C, R은 정보전송율(bps), C는 채널 용량(bps)
의미	어떤 조건에서 오류 확률을 임의로 줄일 수 있는 부호화 및 변조 기법이 반드시 존재한다. • R>C: 보내고자 하는 정보량이 채널용량보다 크다면 에러가 발생한다. • R<C: 전송정보량이 채널용량보다 작을때는 신뢰할 수 있는 통신이 가능한 채널코딩방식이 존재한다.

13 정답 ②

동일한 데이터를 2회 송출하여 수신측에서 이 2개의 데이터를 비교 체크함으로써 에러를 검출하는 에러 제어 방식을 연속송출 방식이라 한다.

14 정답 ④

구분	동기식 전송	비동기식 전송
전송 효율	높음	Start/Stop 비트 사용으로 낮음
전송 단위	블록(Block) 또는 프레임	비트(5~8) 한 번에 1바이트 또는 문자 전송
변조 방식	위상편이(PSK)	주파수 편이(FSK)
전송 속도	2,400bps 이상 고속 전송	2,000bps 이하의 저속 전송
의미	전송은 일련의 비트를 보유하는 블록 헤더로 시작	문자 앞뒤에 각각 시작 비트와 중지 비트를 사용
동기화	동일한 클럭 펄스로 존재	안 함

15 정답 ①

TDM(Time Division Multiplexing)

시분할 다중화로서 전송로를 점유하는 시간을 분할하여 한 개의 전송로에 여러 개의 가상 경로를 구성하는 통신방식이다. 각 사용자 채널(타임슬롯)에서 데이터가 있건 없건 간에 프레임 내 해당 사용자 채널이 항상 점유되며 프레임 동기 필요하고 순서에 따라 목적지 구분이 용이하다는 특징이 있다. 수신기에서 표본기(Decommulator)는 수신되는 신호와 동기식으로 동작한다.

16 정답 ④

SDH는 유럽규격이고, SONET는 북미 표준화 규격이다. PDH(Plesiochronous Digital Hierarchy)는 비동기식 디지털계위로서 디지털 다중화장치들이 자체 발진기 클럭을 사용하여, DS−n급 신호들을 만들어가는 유사동기식 다중화 전송기반 신호체계이다.

17 정답 ②

ATM은 Cell 단위로 움직이는 패킷교환방식이다. 광대역 ISDN(B−ISDN)을 구현키 위하여 ITU−T에서 선택한 전송기술은 ATM이고, 이 기술의 실제 근간을 이루는 물리적 전송망은 SONET/SDH이다.

18 정답 ②

시간 동기화가 필요한 것은 THSS(Time−Hopping Spread Spectrum) 방식이다.

19 정답 ③

다이버시티

구분	내용
공간 다이버시티	수신점에 따라 페이딩의 정도가 다르므로 적당한 거리를 두고 2개 이상의 안테나를 설치하여 각 안테나의 수신 출력을 합성하는 방법이다.
주파수 다이버시티	한 개의 신호를 송신측에서 2개 이상의 다른 주파수를 사용하여 동시에 송신하고 수신측에서는 각 주파수별로 받아서 합성 수신하는 방법이다.
편파 다이버시티	전리층 반사파는 일반적으로 타원편파로 변화되므로 그 전계는 수평분력과 수직분력을 갖고 있다. 수신용에 수평편파 공중선과 수직편파 공중선을 따로 설치하여 각 분력을 분리 수신 합성, 페이딩의 영향을 경감시킨다.
시간 다이버시티	동일정보를 약간의 시간 간격을 두고 중복 송출하고 수신측에서는 이를 일정 시간의 지연 후에 비교하여 사용하는 방법이다.

20 정답 ③

무선통신에서 빔포밍은 스마트 안테나의 한 방식으로 안테나의 빔을 특정한 단말기에 집중시키는 기술이다. 스마트 안테나는 효율성을 높이기 위해 다수의 안테나를 이용해 구현될 수 있다. 다수의 안테나를 송신기와 수신기 모두에 구현한 경우를 MIMO라고 한다.

2과목 정보통신기기

21	22	23	24	25	26	27	28	29	30
①	②	④	①	④	②	③	②	④	②
31	**32**	**33**	**34**	**35**	**36**	**37**	**38**	**39**	**40**
①	④	②	④	②	④	③	④	①	④

21 정답 ①

전송제어장치는 회선제어부, 입출력제어부, 회선접속부로 구성된다. 전송제어 장치는 데이터 전송 시에 발생하는 오류 검출 및 정정하는 장치로서 주요 구성은 회선접속부, 회선제어부, 입출력제어부로 구성된다.

구분	내용
회선접속부	터미널과 데이터 전송회선을 연결
회선제어부	데이터 직병렬 변환, 에러 제어 등의 전송 제어 역할
입출력제어부	입출력 장치들을 직접 제어 감시

22 정답 ②

Guard Band는 두 주파수 대역 간 간섭을 방지하기 위해 사용하지 않고 남겨 두는 주파수 대역이다.

23 정답 ④

④ ONT(Optical Network Terminal): 전화국사로부터 광케이블이 가입자 댁내까지 확장 포설되어 최종적으로 종단되는 장치이다.

① OLT(Optical Line Terminal): 국사 내에 설치되어 백본망과 가입자망을 서로 연결하는 광가입자망 구성장치이다.

② Optical Splitter: 광신호를 받아서 분기(나누어)해 주는 장치이다.

③ ONU(Optical Network Unit): 주거용 가입자 밀집 지역의 중심부에 설치하는 소규모의 옥외/옥내용 광통신 장치이다.

24 정답 ①

최근 DSU와 CSU가 통합된 장비로 운용되고 있다. CSU는 64kbp를 기본으로 T1은 24ch, E1은 최대 30ch(동기 채널 제외)을 보내는 하드웨어 장치이다. 아날로그 신호를 전송로에 적합하게 만든 것은 모뎀이다.

25 정답 ④

Mesh망 회선경로 $= \frac{n(n-1)}{2} = \frac{10(10-1)}{2} = 45$

26 정답 ②

이동전화 단말기(Mobile Station) 구성 요소

이동통신을 위한 휴대용 단말(핸드셋 등)에 해당되는 무선장비로서 일반적으로 무선 송수신기, 안테나, 제어장치로 일체화된 구성을 가진다. 통화로부는 유선전화망에서 상호 교환을 위한 기능이다.

27 정답 ③

이동통신 기지국의 주요 기술에는 신호 산란에 의한 간섭을 제어하는 다중 경로 제어, 특정 지역에 대해보다 많은 정보를 송수신할 수 있도록 하는 셀 분할, 하나의 셀을 둘 또는 셋으로 나누어 관리하는 섹터 등이 있다.

기지국의 주요 기능은 이동통신망에서는 무선 채널의 효과적인 이용을 위해,

1) 지역을 셀(이동통신 셀)로 나누고,
2) 이곳에 기지국(Cell Site)을 두어,
3) 고정 유선망과 무선 이동국 사이 간에, 중계/연계/연결 기능을 담당하게 하고 이를 통해 기저대역 신호처리, 유무선 변환, 무선 신호의 송수신을 담당한다.

28 정답 ②

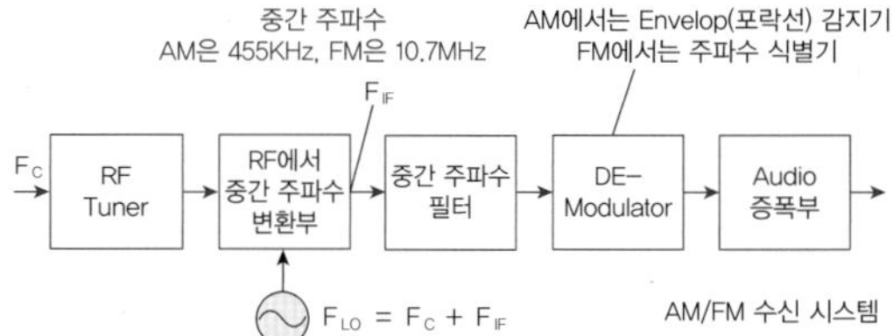

FM 수신기 특징

- 수신 주파수 대역폭이 AM 수신기보다 넓다.
- 진폭제한기, 주파수 변별기, 스켈치 회로가 사용된다.
- De-emphasis 회로가 사용된다.
- S/N비가 좋다.
- 주파수 변별기로서 검파한다.
- 수신 전계의 변동이 심한 이동 무선에 적합하다.

29 정답 ④

TDM－PON 방식

수동 광가입자망 구현방식 중, 가입자별로 시분할에 의해 각각 할당된 시간 동안, 데이터의 송수신을 수행하는 방식이다.

장점	• CO(Central Office)에서 하나의 광원으로 여러 가입자를 수용할 수 있다. • 기존 전달망에서 많은 성숙된 표준 및 기술, 비용 우위를 가지고 있다.
단점	• 시간 분할에 의해 가능한 대역폭을 최대로 활용할 수 없다. • 중앙집중국에서 모든 가입자에게 정보가 분산되므로 보안성이 약하다.

30 정답 ②

② AM 방송은 단방향성으로 Analog Radio 방송이다.

멀티미디어의 특성

정보를 제공해주는 텍스트, 사운드, 이미지 및 그래픽, 애니메이션, 비디오 등과 같은 미디어를 동시에 처리하며 쌍방향성, 디지털화, 비선형성의 특성이 있다.

31 정답 ①

IPTV는 광대역 연결 상에서 인터넷 프로토콜을 사용하여 가입자에게 디지털 TV 서비스를 제공하는 시스템이다. IPTV의 주요 입력장치는 리모콘 및 셋탑장치이다.

32 정답 ④

• SECAM 방식: 프랑스에서 개발된 컬러 TV의 전송방식으로 2개의 색차신호 성분을 주사선마다 바꾸어 송출하는 선 순차 방식을 의미한다. 색채가 정확하고 화상이 안정된 장점이 있으나, 해상력이 떨어지고 송신장치나 수상기의 회로가 복잡하고 시청 범위가 좁다.
• NTSC(National Television System Committee) 방식: 미국, 캐나다, 한국, 일본이 사용하는 방식으로 1개의 영상화면이 총 525개의 주사선으로 이루어져 있다(525라인/60Hz/초당 24, 30프레임).

33 정답 ②

② VOD(Video on Demand): IPTV 망에서 주로 사용하는 방식으로 가입자의 서비스 요구가 있을 때 원하는 내용을 다운받아서 사용할 수 있는 맞춤형 서비스이다.
① VCS(Video Conference System): 화면을 통해 원격으로 회의를 하는 시스템이다.
③ VDT(Video DialTone): 지역 전화 회사에 의한 영상전송서비스이다. 미연방통신위원회(FCC)가 1992년 7월 16일 지역전화 회사에 대해 인정했다. 기존 케이블 TV 사업자에 대한 경쟁상대를 등장시킴으로써 케이블 TV 이용요금을 억제한다.
④ VR(Virtual Reality): 가상 세계는 컴퓨터 기반 시뮬레이션 환경의 하나로서 개인 아바타를 만들 수 있는 수많은 사용자들에 의해 채워지며 가상 세계를 동시에, 또는 독립적으로 탐험할 수 있고 활동에 참여하며 다른 사람들과 대화할 수 있다.

34 정답 ④

• IPTV가 원활하고 끊김 없는 서비스 제공을 위해 Traffic에 대한 관리를 QoS를 통해서 제어해야 한다.
• Traffic이 몰리는 것을 대비하기 위한 전체적인 망용량을 관리하고 필요시 회선의 대역폭을 증가하는 네트워크 플래닝이 요구된다.
• 영상자원의 관리는 VOD 서버에서 Database를 관리하는 것으로 네트워크 엔지니어링의 품질 최적화와는 거리가 멀다.

35 정답 ②

월패드(Wall Pad)는 주로 아파트에 설치된 홈 네트워크 기기로서 집 내에서 방문객 출입 통제, 가전제품 제어 등의 역할을 한다. 월패드는 대부분 거실에 설치되어 외부와 통신한다. 이러한 월패드를 추가로 보완하는 것이 서브폰(Sub－phone)이며 이를 통해 욕실(TV)폰, 안방(TV)폰 및 주방(TV)폰 등의 홈네트워크 기기 중 월패드의 기능 일부 또는 전부가 적용된 것이다.

36 정답 ④

개인정보인증은 홈네트워크장비의 보안성과는 무관하다. 홈네트워크장비의 보안성 확보를 위해 아래 사항이 요구된다.

구분	내용
기술적 보호대책	접근통제, 암호화, 백업시스템 등이 포함된다.
관리적 보호대책	보안계획, 결재 · 승인 절차, 관리대장 작성, 절차적 보안 등이 있다.
물리적 보호대책	재해대비 · 대책, 출입통제 등이 해당된다.

37 정답 ③

③ Hall 소자: 홀센서란 전류가 흐르는 도체에 자기장을 걸어 주면 전류와 자기장에 수직 방향으로 전압이 발생하는 홀 효과가 나타난다. 이를 통해 자기장의 방향과 크기를 알 수 있다.

① 포토트랜지스터

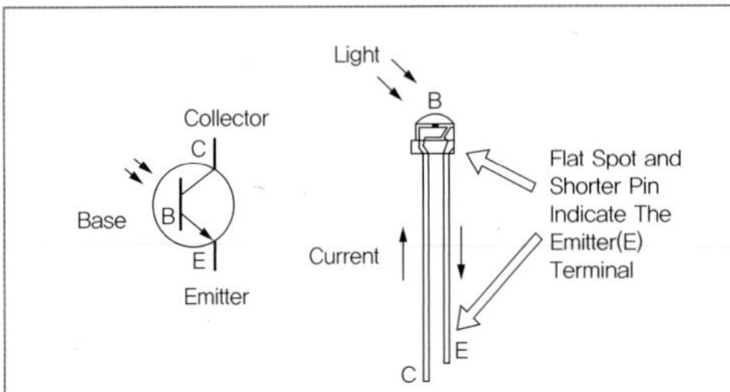

포토트랜지스터는 3개의 단자를 가지는 트랜지스터 부품이어서, 광신호를 부품 단위에서 증폭하는 역할을 수행한다.

② 포토다이오드

다이오드는 P형 반도체와 N형 반도체를 연결한 것으로 포토 다이오드는 이러한 PN 접합에 광기전력 효과를 이용해서 빛을 검출하는 소자이다. 광기전력 효과는 PN 접합에 빛을 조사할 때 기전력 발생하는 현상으로 포토다이오드는 빛의 세기 검출 및 동시에 두 방향 감지 제어가 가능한 조도센서이다.

④ Cds 소자

CDS 소자로는 CDS(황화 카드뮴), CDSe(셀렌화 카드뮴), CDSSe(황화 셀렌화 카드뮴) 등이 있으며 수광소자인 CDS는 빛에 의해 저항값이 변화하는 부품으로 카드뮴을 사용한 것으로, 빛이 닿으면 저항값이 작아진다.

38 정답 ④

IoT 플랫폼

각종 센서와 단말기 등을 연결하여 다양한 서비스를 개발하고 운영할 수 있도록 지원하는 기술이다. 몇몇 가정에서 AI 스피커를 중심으로 활용되는 '애플 홈킷(HomeKit)', '구글 홈(Home)' 등이 대표적인 IoT 플랫폼이다. IoT 오픈소스 플랫폼에는 1. 아두이노, 2. 디바이스허브넷, 3. IoT 툴킷, 4. 오픈 WSN, 5. 입자, 6. 사이트웨어, 7. 씽스피크, 8. 웨비노 등이 있어 다양한 연동이 요구된다.

39 정답 ①

스마트 사이니지(Smart Signage)

전자 광고판은 디지털 기술을 활용하여 평면 디스플레이나 프로젝터 등에 의해 영상이나 정보를 표시하는 광고 매체이다.

Analog Signage	Digital Signage	Smart Signage
고정 콘텐츠	동적 콘텐츠	지능형 추천콘텐츠
정보전달	(좌동)+엔터테인먼트	(좌동)+관심 주제
일방향 소통	양방향 소통	Zero UI 기반 소통

40 정답 ④

RF CARD는 13.56[MHz], 125[KHz]의 주파수를 사용하는 것으로 주파수를 이용해 정보를 주고받는 통신방식을 적용한 카드이다. 카드에 들어 있는 데이터를 읽어내는 리더기에 카드를 가까이 가져가기만 하면 직접 접촉하지 않고도 인식할 수 있다.

3과목 정보통신 네트워크

41	42	43	44	45	46	47	48	49	50
①	③	③	②	①	③	①	②	③	④
51	**52**	**53**	**54**	**55**	**56**	**57**	**58**	**59**	**60**
②, ④	②	①	④	①	③	②	④	①	①

41 정답 ①

OSI(Open Systems Interconnection) 모델

네트워크 통신 시스템을 이해하고 설계하기 위한 개념적 모델이다. 이것은 7개의 계층으로 구성되며, 각각의 계층은 네트워크 통신 과정에서 특정한 역할을 한다. OSI는 개방형 시스템 간 상호접속을 위한 참조모델로서 전체적으로 7개의 계층으로 이루어져 있고 각 계층별 역할이 구분되어 있다. OSI는 국제 표준화 기구인 ISO(International Organization for Standardization)에서 발표한 것으로 인터넷 연결을 할 때 방법과 규칙으로 통신하면 정상적으로 작동될 것에 대한 권고안이다. 기존에 Close(폐쇄망) 네트워크에서 Open System으로 발전한 것이다.

42 정답 ③

FFFF, FFFF, FFFF는 1111~1111로 Broadcast 주소를 의미한다.

43 정답 ③

EEE 802.2 LLC(Logical Link Control)

LLC 계층은 두 장비 간의 링크를 설정하고, 프레임을 송수신하는 방식과 상위 레이어 프로토콜의 종류를 알리는 역할을 한다.

44 정답 ②

② TCP 헤더에서 전체 주소가 32bit이고 송신지 포트 16bit, 목적지 Port 16bit로 구성된다.

TCP 세그먼트 형식

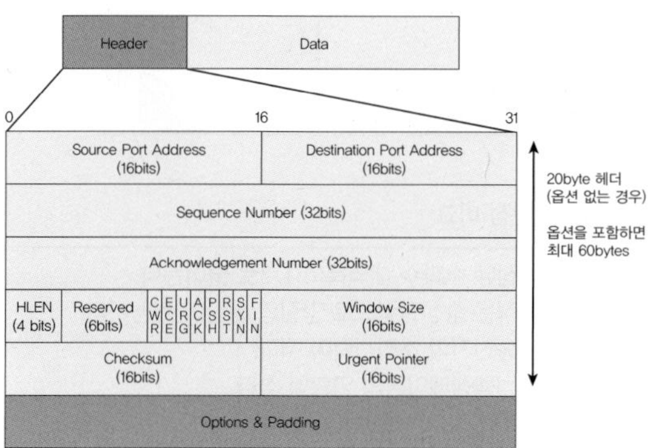

45 정답 ①

DHCP 서버의 임대 시간은 장치가 서버에서 할당된 IP 주소를 보유하는 기간이다. 기본 임대 시간은 일반적으로 24시간이고 이 시간을 더 짧게 또는 더 길게 구성할 수 있다.

46 정답 ③

Protocol(8Bits)

Network 계층에서 Datagram을 재조합할 때, 어떤 상위 프로토콜인지 알려주는 것으로 UDP 또는 TCP를 알려주며 주요 타입은 ICMP, IGMP, TCP, UDP이다. IP Protocol ID는 아래와 같다

1 ICMP, 2 IGMP, 6 TCP, 9 IGRP, 17 UDP, 47 GRE, 50 ESP, 51 AH, 57 SKIP, 88 EIGAP, 89 OSPF, 115 L2TP

47 정답 ①

SNMP는 네트워크 장치에 대한 데이터를 표준화된 방식으로 수집하고 구성하여 작동한다. MIB(Management Information Bases)의 계층 구조를 사용하여 수집하는 데이터를 구성하고 설명한다. MIB은 SNMP를 통해 관리할 수 있는 장치의 다양한 측면을 나타내는 계층적 트리와 같은 구조이다.

48 정답 ②

- Static(정적) VLAN: 관리자가 포트를 직접 원하는 VLAN에 할당하는 방식, 구성 및 관리가 쉽다.
- Dynamic(동적) VLAN: MAC 주소를 기준으로 관리 서버를 통해 자동으로 VLAN을 할당하는 것으로 MAC 주소와 VLAN ID 간의 별도 매핑이 되는 테이블과 관리 서버가 필요하다.

49 정답 ③

구분	전송속도	대역폭	규격
CAT.5	100Mbps	100MHz	100BASE－TX
CAT.5e	1Gbps	100MHz	1000BASE－T
CAT.6	1Gbps	250MHz	1000BASE－TX
CAT.6e	10Gbps	500MHz	10G BASE－T
CAT.7	10Gbps	600MHz	10G BASE－T

50 정답 ④

거리 벡터 알고리즘	링크 상태 알고리즘
Cost 정보 전달, 거리 벡터 라우팅, 인접 라우터와 정보 공유하여 목적지까지의 거리와 방향을 결정하는 라우팅 프로토콜 알고리즘	링크 상태 정보를 모든 라우터에 전달하여 최단 경로 트리를 구성하는 라우팅 프로토콜 알고리즘
RIP, IGRP	OSPF

라우팅 알고리즘의 목표는 송신자로부터 수신자까지 라우터의 네트워크를 통과하는 좋은 경로를 결정하는 것이다. 여기서 좋은 '경로'란 최소 비용 경로를 의미한다. 그러나 현실적으로는 네트워크 정책은 각 기관이나 사용자 그룹별 별도 구성이 요구된다. BGP는 EGP(External Gateway Protocol)의 대표적인 예이다.

51 정답 ②, ④

Repeater는 1계층에서 신호 증폭을 위해 사용하며 같은 LAN에서 두 개의 세그먼트를 연결하며 주로 신호 증폭용으로 사용한다.

※ 문제 오류로 확정답안 발표 시 ②, ④번이 정답처리 되었음

52 정답 ②

교환방식은 패킷교환부터 회선교환 등 다양한 방식이 있다. LAN은 Layer 1이나 Layer 2에서 동작하는 것이고 패킷교환기는 보내고자 하는 데이터를 패킷단위 분리하여 장거리 전송을 위한 것으로 WAN에 대한 접근이다.

53 정답 ①

GPU는 Graphic Processing Unit(그래픽 처리 장치)으로 더 작고 보다 전문화된 코어로 구성된 프로세서이다. 여러 개의 코어가 함께 작동하므로, 여러 코어로 나누어 처리할 수 있는 작업의 경우 GPU가 우수한 성능을 제공하며 주로 서버에서 CPU 대신 빠른 그래픽 처리를 위해 사용하는 장치이다.

54 정답 ④

④ VC(Virtual Container)는 Payload와 관련되어 있어서 문제의 오버헤드와는 무관하다.

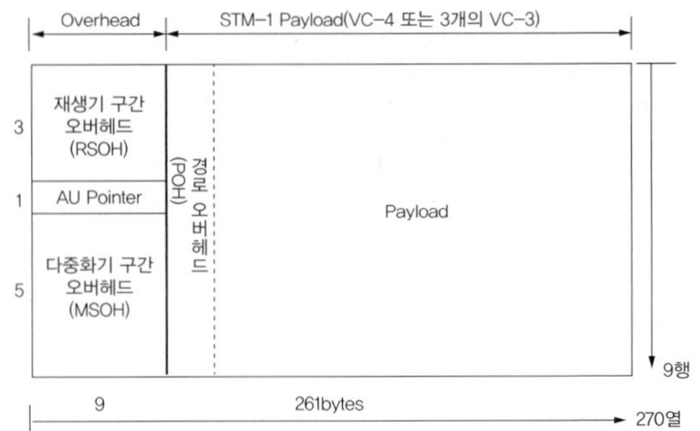

55 정답 ①

구분	내용
X.3	PAD가 문자형 비단말기를 제어하기 위해 사용되는 변수들에 대한 규정이다.
X.21	동기식 디지털 라인을 통한 시리얼 통신에 대한 ITU-T 표준으로써 X.21 프로토콜은 유럽과 일본에서 주로 사용된다.
X.25	패킷망에서 패킷형 단말기를 위한 DTE와 DCE 사이의 접속 규정이다.

56 정답 ③

SSB(Single Side Band) 통신방식

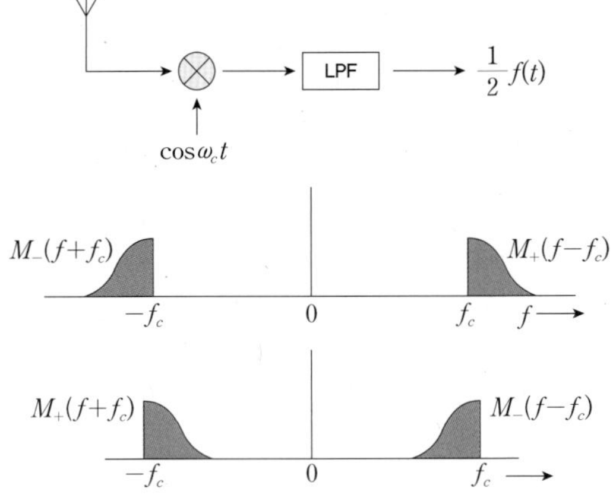

SSB의 장단점 비교

장점	• 점유 주파수 대역폭이 1/2로 줄어든다. • 적은 송신전력으로 양질의 통신이 가능하다. • 송신기의 소비전력이 적다. • 선택성페이딩의 영향이 적다. • S/N 비가 개선된다.

단점	• 송수신기 회로 구성이 복잡하며 가격이 비싸다. • 높은 주파수 안정도를 필요로 한다. • 수신부에 국부발진기가 필요하며 동기장치가 있어야 한다. • 반송파가 없어 AGC(AVC) 회로 부가가 어렵다.

57 정답 ②

오류율 또는 오류확률(BER)은 전체 전송된 총 비트수에 대한 오류 비트수를 나눈 값이다.

$$\text{BER(Bit Error Rate)}: \frac{\text{오류비트수}}{\text{총 전송비트수}} \times 100[\%]$$

2.4[Gbyte]에 대한 에러율이 10%이므로

2.4Gbyte×10[%]=0.24Gbyte의 오류가 발생한다.

파일 전송 시간은 총 전송된 비트를 전송속도로 나누어야 하므로

$$\text{전송시간} = \frac{(2.4+0.24)\,Gbyte \times 8bit}{(100 \times 10^6)\,bps} = 211.2\text{sec}$$이므로

60으로 나누면(1분=60초) 3분 52초가 된다.

58 정답 ④

하나의 정지위성은 지구 표면적의 42%를 커버하며, 정지위성 3개를 120도 간격으로 위치시켜 극지방을 제외한 전 세계 통신망을 커버한다.

59 정답 ①

광대역통합망(Broadband Convergence Network)

BcN은 다양한 통신 네트워크, 서비스 및 기술을 하나의 광대역 네트워크 인프라로 통합하는 것을 말한다. 이러한 통합을 통해 공통 네트워크 플랫폼을 통해 음성, 데이터 및 멀티미디어 서비스를 제공할 수 있으므로 서로 다른 서비스를 위해 여러 네트워크를 사용할 필요가 없다.

60 정답 ①

ATMS(Advanced Traffic Management System)

첨단 기술을 활용하여 도로 및 고속도로의 교통 흐름을 관리하고 최적화하는 지능형 교통 시스템(ITS)로서 안전을 개선하고 혼잡을 줄이며 전반적인 교통 효율성을 향상시키도록 설계되었다. ATMS는 실시간 교통 데이터를 수집 및 처리하고 교통 관제사에게 중요한 정보를 제공하며 교통 신호 및 제어장치를 조정한다. 주로 교통 데이터 수집, 중앙 집중식 제어 센터, 교통 신호 제어, 사고 감지, 가변 메시지 표지판(VMS) 관리, 교통감시, 데이터분석 및 예측, 사건 대응 등의 역할을 한다.

4과목 정보시스템 운용

61	62	63	64	65	66	67	68	69	70
③	②	③	①	②	①	①	④	①	④
71	**72**	**73**	**74**	**75**	**76**	**77**	**78**	**79**	**80**
①	③	②	①	①	③	③	②	②	②

61 정답 ③

Router 역할

인터넷 사용, 서로 다른 네트워크 간 통신 및 브로드캐스트 영역을 나눠주기 위해서 꼭 필요한 것이 Router이다. 라우터는 자신이 가야 할 경로를 자동으로 찾아가는 역할을 하며 외부의 인터넷 사이트를 찾아가는 데이터가 있는 경우 라우터가 이러한 데이터를 목적지까지 가장 빠르고 효율적인 길을 찾아 주는 역할을 한다.

62 정답 ②

보안은 몇 가지 이유로 중요하다. 첫째, 데이터 침해 또는 기타 보안 사고로 인해 발생할 수 있는 재정적 손실, 평판 손상 및 법적 책임으로부터 조직과 개인을 보호하는 데 도움이 된다. 둘째, 중요한 정보의 기밀성, 무결성 및 가용성을 보장하는 데 도움이 되며, 이는 고객, 파트너 및 이해관계자와의 신뢰와 신뢰성을 유지하는 데 중요하다.

기술이 계속 발전하고 디지털 정보가 점점 더 가치 있게 됨에 따라 정보 보안은 비즈니스 및 개인 운영에서 점점 더 중요한 측면이 되고 있다. 조직과 개인은 광범위한 사이버 위협으로부터 보호하기 위해 효과적인 정보 보안 관행과 기술을 구현하고 유지하는 데 있어 경계심과 사전 예방을 유지해야 한다. 특히 단순한 암호화는 컴퓨팅 기술의 발달로 보안에 위험성이 증가할 수 있다.

63 정답 ③

③ gpm : 텍스트기반의 리눅스 어플리케이션에 마우스를 서포트하는 데몬이다.

64 정답 ①

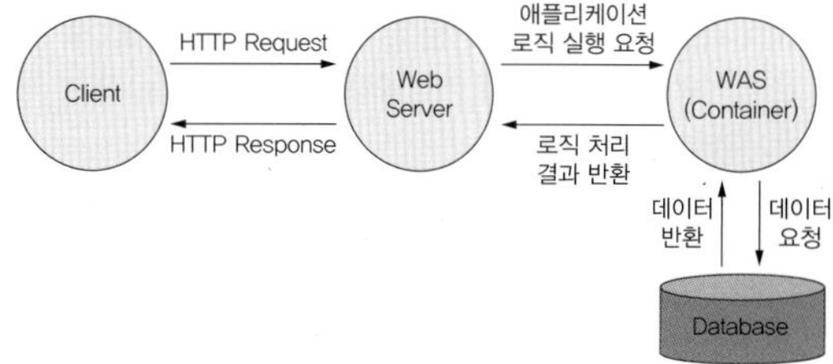

웹 서버 (Web Server)	HTTP 또는 HTTPS를 통해 웹 브라우저에서 요청하는 HTML 문서나 오브젝트(이미지 파일 등)을 전송해주는 서비스 프로그램으로 웹 서버 소프트웨어를 구동하는 하드웨어도 웹 서버라고 해서 혼동하는 경우가 간혹 있다.
WAS (Web Application Server)	웹 브라우저와 같은 클라이언트로부터 웹 서버가 요청을 받으면 애플리케이션에 대한 로직을 실행하여 웹 서버로 다시 반환해 주는 소프트웨어이다. 웹 서버와 DBMS 사이에서 동작하는 미들웨어로서 컨테이너 기반으로 동작한다.

65 정답 ②

급전선은 송신기의 출력단자 또는 수신기의 입력단자와 공중선을 접속하여 고조파전력을 전송하기 위하여 사용되는 선로이다. 즉, 무선 주파수 에너지를 전송하기 위하여 무선 송신기나 무선 수신기와 안테나 사이를 잇는 도선. 단선, 평형 2선, 동축선 등이 있다. 장파인 경우는 단선(單線)으로도 좋으나 단파에서는 급전선상에 정재파가 실리므로 방사 손실을 일으키게 된다. 이러한 손실을 방지하기 위해 급전선을 공진 회로로 하는 것을 공진 급전선이라고 한다.

66 정답 ①

데이터베이스의 릴레이션 구조

① 트랜잭션: 데이터베이스의 상태를 변환시키는 하나의 논리적 기능을 수행하기 위한 작업의 단위 또는 한꺼번에 수행되어야 할 일련의 연산들을 의미한다.
② 릴레이션(Relation): 데이터들의 표(Table)의 형태로 표현한 것으로, 구조를 나타내는 릴레이션 스키마와 실제 값들인 릴레이션 인스턴스로 구성된다.
③ 튜플(Tuple): 튜플은 릴레이션을 구성하는 각각의 행을 말하며 속성의 모임으로 구성된다. 파일 구조에서 레코드와 같은 의미이다. 튜플의 수를 카디널리티(Cardinality) 또는 기수, 대응수라고 한다.
④ 카디널리티(Cardinality): 한 테이블이 다른 테이블과 가질 수 있는 관계를 나타냅니다. 다대다, 다대일/일대다 또는 일대일의 테이블 간의 관계를 카디널리티라고 한다. SQL에서 사용할 때는 해당 열에 대한 테이블에 나타나는 고유한 값의 수를 나타낸다.

67 정답 ①

통합관제센터 백업관리 고려사항

구분	내용
백업 설정 요소	• 백업대상 데이터와 자원 현황, 백업 및 복구 목표 시간 설정, 백업 주기 및 보관기간 등을 결정한다. • 백업 설정 요소의 변경은 충분한 검토 및 승인을 거쳐 반영한다.
백업 무결성 확인	백업 데이터에 대한 무결성 확인을 위해 리스토어 작업을 통하여 백업된 데이터의 정상적 가동 여부를 정기적으로 점검한다.

68 정답 ④

정보통신시스템 운용 중 장애 발생 시 대응절차는 (가) 장애발생 신고접수 → (나) 장애처리 → (다) 결과보고 → (라) 장애이력 관리이다. 장애 원인 분석 및 향후 대응 방안 마련은 장애발생 이후 개선 방안이다.

69 정답 ①

① 케이블 트레이(Cable Tray): UTP, 동축, 광케이블 등이 지나가는 경로에 케이블을 고정시켜서 지나가는 길이다.

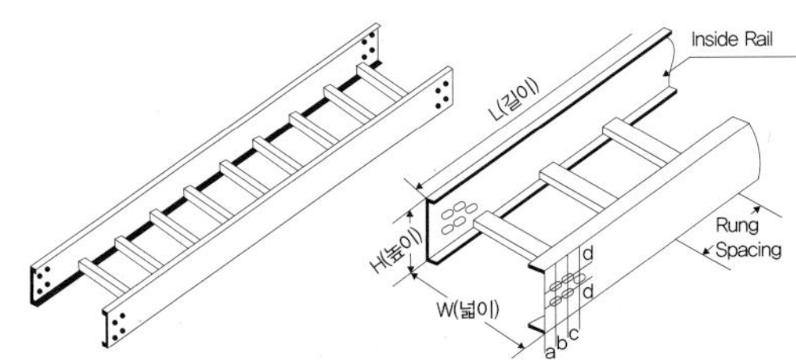

② 크림프(Crimp): 전선에 압착하거나 커넥터와 전선을 연결할 때 사용한다.

③ 브리지 탭(Bridged Tap): 선로시설의 활용도를 높이기 위하여 선로를 멀티배선 형태로 구성했을 때 나타나는 종단되지 않은 유휴 선로로서 과거에 이런 배선구조는 기존 음성통신에서는 효과적으로 사용되어왔으나, 최근 고속 가입자망 기술을 적용하는 과정에서 전송 저해요인으로 작용하고 있다.

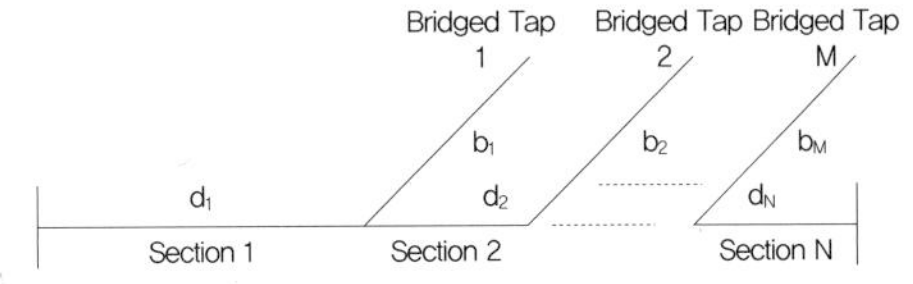

④ 풀박스(Pull Box): Cable Pulling을 위한 박스로서, 전선관에 Cable을 넣는 작업을 Pulling이라고 하는데, 전선관의 길이가 길거나 굴곡이 심하면 Cable을 쉽게 전선관에 넣기가 힘들다 따라서 적당한 간격으로 Box를 설치하여 여기서 Cable을 한번 뽑아내고 다시 집어넣어 Cable을 전선관에 포설을 쉽게하기 위한 박스이다.

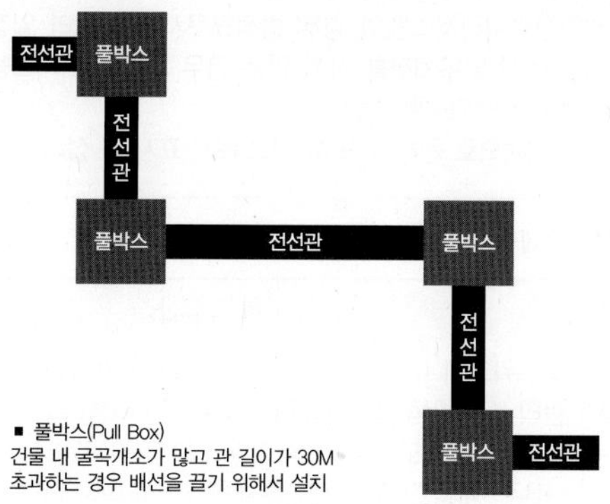

70 정답 ④

802.11b/g/a/n/ac/ax 순으로 발전하고 있으며 무선 LAN은 802.11을 기준으로 정의한다. IEEE 802.11은 현재 주로 쓰이는 유선 LAN 형태인 이더넷의 단점을 보완하기 위해 고안된 기술로, 이더넷 네트워크의 말단에 위치해 필요 없는 배선 작업과 유지관리 비용을 최소화하기 위해 널리 쓰이고 있다.

71 정답 ①

파일 데이터의 종류는 정보통신시스템 구축 시 무관하다. 정보통신 시스템은 건물과 같은 개념으로 그 안에 어떤 종류의 물건이나 사람이 들어오는 것인 것처럼 "데이터의 종류는 무관한 것"이 되는 것과 같은 개념이다.

72 정답 ③

이중바닥재(엑세스플러어, Access floor) KS 인증 시험 방법 (KS F 4760)

구분	내용
치수 시험	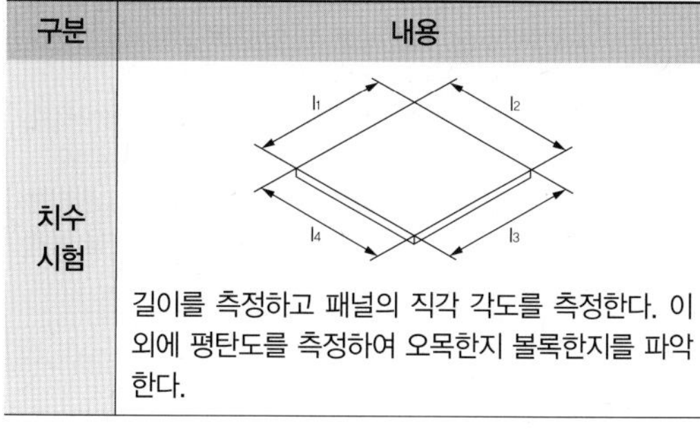 길이를 측정하고 패널의 직각 각도를 측정한다. 이외에 평탄도를 측정하여 오목한지 볼록한지를 파악한다.

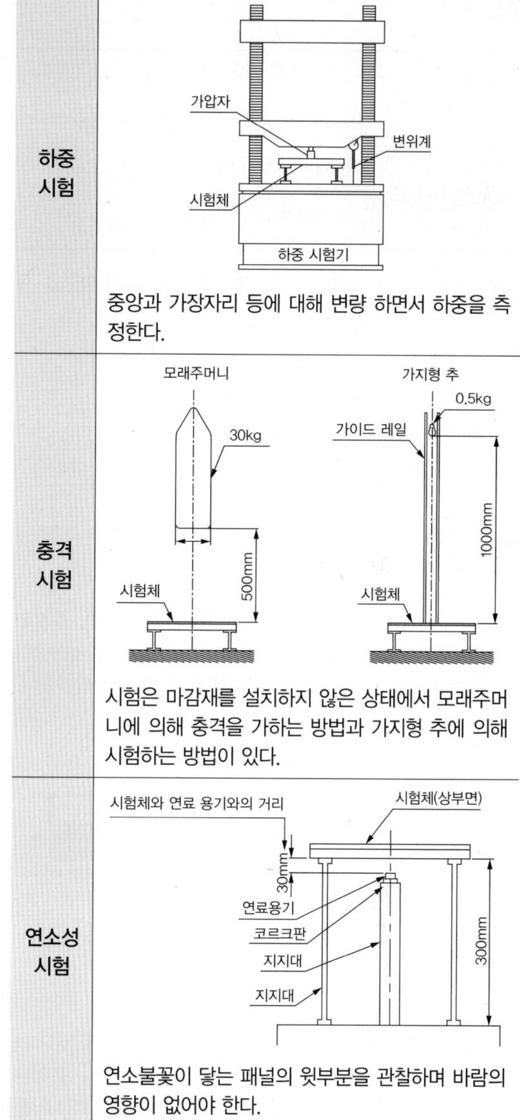

구분	내용
하중 시험	중앙과 가장자리 등에 대해 변량 하면서 하중을 측정한다.
충격 시험	시험은 마감재를 설치하지 않은 상태에서 모래주머니에 의해 충격을 가하는 방법과 가지형 추에 의해 시험하는 방법이 있다.
연소성 시험	연소불꽃이 닿는 패널의 윗부분을 관찰하며 바람의 영향이 없어야 한다.

이외에 정전기성능시험, 대전 성능시험, 누설 저항 시험, 방식 성능시험, 도막의 밀착성 시험 등을 한다.

73 정답 ②

Class C는 255.255.255.0을 Subnet Mask로 사용하므로 0번부터 255번 중 0번은 네트워크 주소, 255번은 브로드캐스트 주소로 사용해서 총 254개를 IP로 사용할 수 있다.

74 정답 ①

정보통신기사	MTBF=MTTF−MTTR, 가용성(A)=$\frac{MTBF}{MTBF+MTTR}$
정보시스템감리사	MTBF=MTTF+MTTR, 가용성(A)=$\frac{MTTF}{MTTF+MTTR}$

전체적으로 가동과 고장이 반복하고 있어 이에 대한 평균을 구해야 하므로

평균 가동시간=$\frac{100+150+80}{3}$=110,

평균 고장시간=$\frac{20+18+25}{3}$=21이므로

평균 운용시간인 MTBF=110−21=89분이 된다.

75 정답 ①

Smurf 공격

Ping of Death처럼 ICMP 패킷을 이용한 공격으로, 출발지 주소가 공격 대상으로 바뀐 ICMP Request 패킷을 시스템이 매우 많은 네트워크로 브로드캐스트해서 서비스 거부를 유발한다.

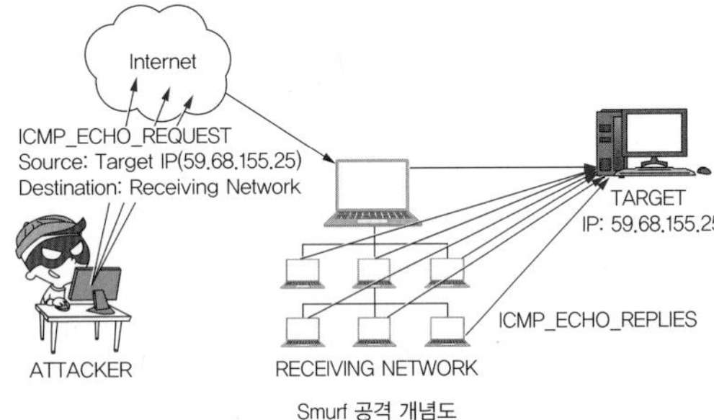

Smurf 공격 개념도

Fraggle 공격은 방식은 Smurf 공격과 비슷하지만 ICMP 대신 UDP를 사용한다는 것이 다른 점이다. Fraggle 공격은 UDP (7) Echo 메시지를 사용한다는 점을 제외하곤 ICMP를 사용해 공격하는 Smurf 공격과 유사하다.

76 정답 ③

③ 일정 시간 동안 입력이 없는 세션은 자동 차단하고, 동일 사용자의 동시 세션 수를 제한하여야 한다. → 네트워크 접근이 아닌 응용프로그램 접근에 관한 사항이다.

정보보호 및 개인정보보호 관리체계 인증제도 안내서
(ISMS-P, Page 107)
일정 시간 동안 입력이 없는 세션은 자동 차단하고, 동일 사용자의 동시 세션 수를 제한하여야 한다.

- 응용프로그램 및 업무별 특성, 위험의 크기 등을 고려하여 접속유지 시간 결정 및 적용
- 개인정보처리시스템의 경우 법적요구사항에 따라 일정 시간 이상 업무처리를 하지 않는 경우 자동으로 시스템 접속이 차단되도록 조치
- 동일 계정으로 동시 접속 시 경고 문자 표시 및 접속 제한

2.6 접근통제

항목	2.6.1 네트워크 접근
인증 기준	네트워크에 대한 비인가 접근을 통제하기 위하여 IP 관리, 단말인증 등 관리절차를 수립·이행하고, 업무목적 및 중요도에 따라 네트워크 분리(DMZ, 서버팜, DB존, 개발존 등)와 접근통제를 적용하여야 한다.
주요 확인 사항	• 조직의 네트워크에 접근할 수 있는 모든 경로를 식별하고 접근통제 정책에 따라 내부 네트워크는 인가된 사용자만이 접근할 수 있도록 통제하고 있는가? • 서비스, 사용자 그룹, 정보자산의 중요도, 법적 요구사항에 따라 네트워크 영역을 물리적 또는 논리적으로 분리하고 각 영역 간 접근통제를 적용하고 있는가? • 네트워크 대역별 IP 주소 부여 기준을 마련하고 DB 서버 등 외부 연결이 필요하지 않은 경우 사설 IP로 할당하는 등의 대책을 적용하고 있는가? • 물리적으로 떨어진 IDC, 지사, 대리점 등과의 네트워크 연결 시 전송구간 보호대책을 마련하고 있는가?

항목	2.6.3 응용프로그램 접근
인증 기준	사용자별 업무 및 접근 정보의 중요도 등에 따라 응용프로그램 접근권한을 제한하고, 불필요한 정보 또는 중요정보 노출을 최소화할 수 있도록 기준을 수립하여 적용하여야 한다.
주요 확인 사항	• 중요정보 접근을 통제하기 위하여 사용자의 업무에 따라 응용프로그램 접근권한을 차등 부여하고 있는가? • 중요정보의 불필요한 노출(조회, 하면표시, 인쇄, 다운로드 등)을 최소화할 수 있도록 응용프로그램을 구현하여 운영하고 있는가? • 일정 시간동안 입력이 없는 세션은 자동 차단하고, 동일 사용자의 동시 세션 수를 제한하고 있는가? • 관리자 전용 응용프로그램(관리자 웹페이지 관리콘솔 등)은 비인가자가 접근할 수 없도록 접근을 통제하고 있는가?

77 정답 ③

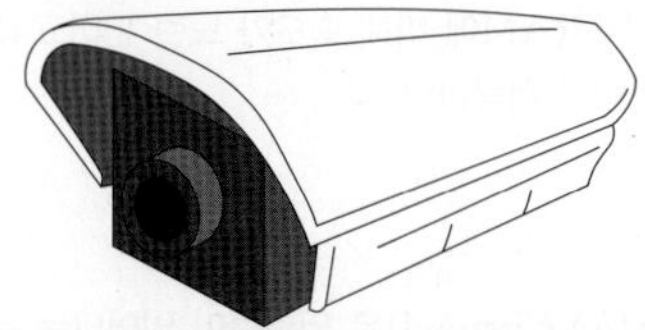

외부와의 어떠한 형식으로든 접촉 시 문제가 발생할 가능성이 높은 민감한 부품이나 부위를 보호하기 위해 단순한 틀로 덮어 씌워서 보호하는 부분들이 있는데, 이때 이 보호용으로 씌운 틀이 바로 하우징이다.

78 정답 ②

② '일정 시간 이상 업무를 수행하지 않는 경우 수동 접속 차단한다.'는 계정 도용 및 불법적인 인증시도 통제방안에 대한 예시이다.

정보보호 및 개인정보보호 관리체계 인증제도 안내서

항목	2.6.4 데이터베이스 접근
인증 기준	테이블 목록 등 데이터베이스 내에서 저장·관리되고 있는 정보를 식별하고, 정보의 중요도와 응용프로그램 및 사용자 유형 등에 따른 접근통제 정책을 수립 이행하여야 한다.

- 응용프로그램에서 사용하는 계정과 사용자 계정의 공용 사용 제한
- 계정별 사용 가능 명령어 제한
- 사용하지 않는 계정, 테스트용 계정, 기본 계정 등 삭제
- 일정시간 이상 업무를 수행하지 않는 경우 자동 접속차단
- 비인가자의 데이터베이스 접근 제한
- 개인정보를 저장하고 있는 데이터베이스는 DMZ 등 공개된 네트워크에 위치하지 않도록 제한
- 다른 네트워크 영역 및 타 서버에서의 비인가된 접근 차단
- 데이터베이스 접근을 허용하는 IP 주소, 포트, 응용프로그램 제한
- 일반 사용자는 원칙적으로 응용프로그램을 통해서만 데이터베이스에 접근 가능하도록 조치 등

계정 도용 및 불법적인 인증시도 통제방안 예시

구분	내용
로그인 실패 횟수 제한	계정정보 또는 비밀번호를 일정횟수 이상 잘못 입력한 경우 접근 제한
접속 유지시간	접속 후, 일정 시간 이상 업무처리를 하지 않은 경우 자동으로 시스템 접속차단(Session Timeout 등)
동시 접속 제한	동일 계정으로 동시 접속 시 접속차단 조치 또는 알림 기능 등

79 정답 ②

구분	상태 저장 방화벽 (Stateful Inspection)	상태 비저장 방화벽 (Stateless Inspection)
개념	데이터 패킷 내부의 모든 것인 전체적인 Traffic 흐름을 추적	사전에 설정된 ACL, Port, IP 기반 Rule Set으로 동작
Rule 기반 Forward/ Discard	지원	지원
연결기반 Forward/ Discard	지원 (흐름상태 추적함)	미지원 (흐름상태 추적 안 함)
Spoofing 공격 방어	높음	낮음
Traffic 추적기능	있음	없음
성능	대용량 Traffic이 있는 망에서도 병목현상이 거의 없음	대용량 Traffic이 있는 망에서 병목이 발생할 수 있음
가격	Stateless보다 고가임	Stateful보다 저렴함

80 정답 ②

IPS(Intrusion Prevention System)

침입 방지 시스템으로 IDS와 방화벽의 조합인 개념이다. 패킷들의 패턴을 분석한 뒤, 정상적인 패킷이 아니면 방화벽 기능을 가진 모듈로 패킷을 차단한다.

5과목 컴퓨터일반 및 정보설비기준

81	82	83	84	85	86	87	88	89	90
②	③	④	④	③	②	②	④	④	④
91	**92**	**93**	**94**	**95**	**96**	**97**	**98**	**99**	**100**
②	④	④	③	③	④	③	②	②	①

81 정답 ②

세탁기 파이프라인 구조

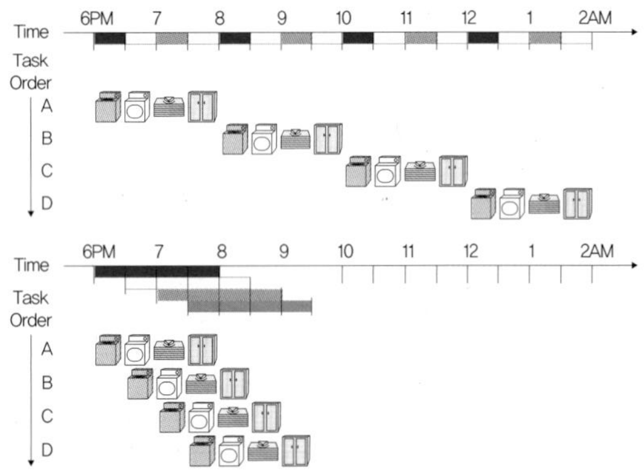

파이프라이닝

여러 명령어가 중첩되어 실행하는 것으로 파이프라인은 병렬 처리 방식이라 한다. MIPS(Microprocessor Without Interlocked Pipeline Stage)는 파이프라인 실행을 위해 설계되었다.

단계	내용
IF	Instruction Fetc, 메모리에서 명령어를 가져온다.
ID	Instruction Decode, 명령어를 읽고/해독, 레지스터를 읽음. MIPS 명령어는 형식이 규칙적이어서 읽기/해독이 동시에 일어난다.
EX	Execute, 연산 수행 or 주소 계산이다.
MEM	Memory Access, 데이터 메모리에 있는 피연산자의 접근이다.
WB	Writeback, 결과값을 레지스터에 쓴다.

세차에서 입고, 검사, 물청소, 말리기, 종료의 5단계를 한 사이클이라 할 경우 단일 사이클의 경우 한 사이클이 끝나야 다음 세차를 할 수 있다. 그러나 파이프라인을 사용한다면, 입고가 끝나고 대기하고 있는 차량을 바로 진행함으로서 여러 행동을 중첩해서 실행할 수 있게 된다. 즉, 5단 Stage는 5배속으로 수렴하는 것이다.

82 정답 ③

③ DRAM은 SRAM에 비해 속도가 느린 편이고 소비 전력이 적으며, 가격이 저렴하다.

83 정답 ④

입출력 채널(I/O Channel)은 입출력이 일어나는 동안 프로세서가 다른 일을 하지 못하는 문제를 극복하기 위해 개발된 것으로, 시스템의 프로세서와는 독립적으로 입출력만을 제어하기 위한 시스템 구성 요소라고 할 수 있다.

채널 종류

Selector Channel	고속 입출력장치(자기디스크, 자기테이프, 자기드럼) 1개와 입출력을 하기 위해 사용하는 채널이다.
Multiplexer Channel	저속 입출력장치(카드리더, 프린터) 여러 개를 동시에 제어하는 채널이다.
Block Multiplexer Channel	동시에 여러 개의 고속 입출력 장치 제어 채널이다.

84 정답 ④

마이크로 오퍼레이션

Instruction을 수행하기 위해 CPU 내의 레지스터와 플래그가 의미 있는 상태 변환을 하도록 하는 동작이다. 마이크로 오퍼레이션은 레지스터에 저장된 데이터에 의해 이루어지는 동작으로 한 개의 Clock 펄스 동안 실행되는 기본 동작이며 마이크로 오퍼레이션의 순서를 결정하기 위해서는 제어장치가 발생하는 신호를 제어신호라고 한다. 한 개의 Instruction은 여러 개의 Micro Operation이 동작되어 실행되는 것이다.

85 정답 ③

클럭 주파수가 1,000[MHz]를 시간으로 변경하면 $1{,}000\times10^6$이므로 10^9[Hz]이므로 시간으로는 10^{-9}이다.

버스 대역폭$=\dfrac{32bit=4byte}{10^{-9}}=4{,}000$[MBytes/sec]가 된다.

86 정답 ②

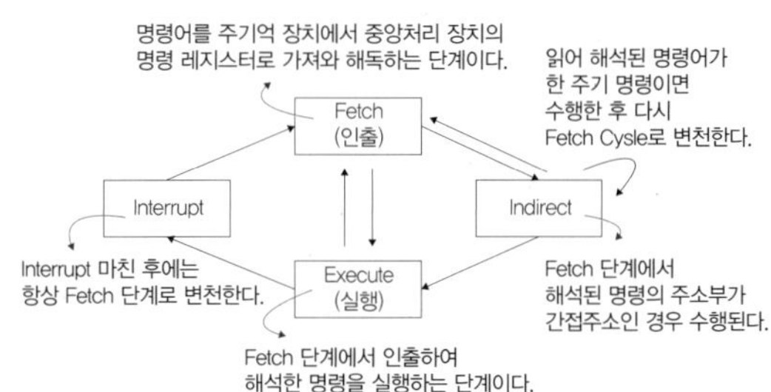

87 정답 ②

소프트웨어는 기본적으로 시스템소프트웨어와 응용소프트웨어라는 두 가지 범주로 분류된다. 시스템소프트웨어는 응용소프트웨어와 컴퓨터의 하드웨어 사이의 인터페이스 역할을 한다. 응용프로그램 소프트웨어는 사용자와 시스템소프트웨어 간의 인터페이스 역할을 하며 목적에 따라 시스템소프트웨어와 응용소프트웨어를 구별할 수 있다.

88 정답 ④

서브넷 마스크가 255.255.255.224이므로 255를 기준 총 32개의 IP가 설정가능하다. 이 중에서 네트워크주소와 Broadcast 주소를 빼면 할당 가능한 IP는 총 30개가 된다.

89 정답 ④

IPv4는 Byte로 총 32bit로 구성되며 IPv6는 16bit가 8개 묶음이 있어서 총 128bit로 구성된다.

90 정답 ④

④ get: 지정된 파일 하나를 가져온다. 파일전송 도중에 " · "표시를 하여 전송 중임을 나타낸다. mput 또는 mget은 여러 개의 화일을 올리고 내릴 때 사용한다.

91 정답 ②

서브넷 마스크가 255.255.255.224이므로 255를 기준 총 32개의 IP가 설정가능하다. 192.156.100.0~192.156.100.31, 192.156.100.32~192.156.100.63, 192.156.100.64~192.156.100.95이므로 192.156.100.68은 192.156.100.64~192.156.100.95 사이에 있어서 네트워크 주소는 192.156.100.64가 된다.

92 정답 ④

④ 가상머신: 컴퓨팅 환경을 소프트웨어로 구현한 것으로 컴퓨터 시스템을 에뮬레이션하는 소프트웨어다. 가상머신 상에서 운영 체제나 응용프로그램을 설치 및 실행할 수 있다.
① 메시지큐: 빅데이터와 관련된 각종 메시지이다.
② 시계열 데이터베이스(Time Series Database, TSDB): '하나 이상의 시간'과 '하나 이상의 값' 쌍을 통해 시계열을 저장하고 서비스하는데 최적화된 소프트웨어 시스템이다.
③ 메모리 기반 저장소: 고가용성과 확장성을 제공하는 분산 메모리 시스템이다.

93 정답 ④

소프트웨어 정의 네트워킹은 개방형 API를 통해 네트워크의 트래픽 전달 동작을 소프트웨어 기반 컨트롤러에서 제어/관리하는 접근방식이다. 트래픽 경로를 지정하는 컨트롤 플레인과 트래픽 전송을 수행하는 데이터 플레인이 분리되어 있다.

94 정답 ③

방송통신설비의 기술기준에 관한 규정 제27조(통신규약)
① 사업자는 정보통신설비와 이에 연결되는 다른 정보통신설비 또는 이용자설비와의 사이에 정보의 상호전달을 위하여 사용하는 통신규약을 인터넷, 언론매체 또는 그 밖의 홍보매체를 활용하여 공개하여야 한다.
② 제1항에 따라 사업자가 공개하여야 할 통신규약의 종류와 범위에 대한 세부 기술기준은 과학기술정보통신부장관이 정하여 고시한다.

95 정답 ③

정보통신공사업법 제2조(정의)
1. "정보통신설비"란 유선, 무선, 광선, 그 밖의 전자적 방식으로 부호 · 문자 · 음향 또는 영상 등의 정보를 저장 · 제어 · 처리하거나 송수신하기 위한 기계 · 기구(器具) · 선로(線路) 및 그 밖에 필요한 설비를 말한다.

96 정답 ④

접지설비 · 구내통신설비 · 선로설비 및 통신공동구 등에 대한 기술기준 제26조(국선의 인입)
② 국선을 지하로 인입하는 경우에는 배관, 맨홀 및 핸드홀 등을 별표 2 제1호에 준하여 설치하여야 한다. 다만, 다음 각호의 하나에 해당하는 경우에는 구내의 맨홀 또는 핸드홀을 설치하지 아니하고 별표 2 제2호에 준하여 설치할 수 있다.
   1. 인입선로의 길이가 246m 미만이고 인입선로상에서 분기되지 않는 경우
   2. 5회선 미만의 국선을 인입하는 경우
③ 건축주가 5회선 미만의 국선을 지하로 인입시키기 위해 사업자가 이용하는 인입맨홀 · 핸드홀 또는 인입주까지 지하배관을 설치하는 경우에는 별표 2의1 표준도에 준하여 설치하여야 한다.
④ 국선을 가공으로 인입하는 경우에는 별표 3의 표준도에 준하여 설치하며, 사업자는 국선을 인입배관으로 인입하고 이용자가 서비스 이용계약을 해지한 후 30일 이내에 인입선로를 철거하여야 한다.

97 정답 ③

어린이집 영상정보처리기기의 촬영영상을 의무적으로 보관은 60일이다.

98 정답 ②

정보통신공사업법 제9조(감리원의 공사중지명령 등)

① 감리원은 공사업자가 설계도서 및 관련 규정의 내용에 적합하지 아니하게 해당 공사를 시공하는 경우에는 발주자의 동의를 받아 재시공 또는 공사중지명령이나 그 밖에 필요한 조치를 할 수 있다.

99 정답 ②

정보통신공사업법 제6조(기술기준의 준수 등)

① 공사를 설계하는 자는 대통령령으로 정하는 기술기준에 적합하게 설계하여야 한다.

② 감리원은 설계도서 및 관련 규정에 적합하게 공사를 감리하여야 한다.

③ 과학기술정보통신부장관은 다음 각호의 구분에 따라 공사의 설계 · 시공 기준과 감리업무 수행기준을 마련하여 발주자, 용역업자 및 공사업자가 이용하도록 할 수 있다.

1. 설계 · 시공 기준: 공사의 품질 확보와 적정한 공사관리를 위한 기준으로서 설계기준, 표준공법 및 표준설계설명서 등을 포함한다.

100 정답 ①

총 공사금액	배치감리원
100억원 이상 공사	기술사 자격을 보유한 특급감리원
70억원 이상 100억원 미만	특급감리원
30억원 이상 70억원 미만	고급감리원 이상
5억원 이상 30억원 미만	중급감리원 이상
5억원 미만	초급감리원 이상

2023

제2회 정보통신기사 기출문제해설

1과목 정보전송일반

01	02	03	04	05	06	07	08	09	10
②	③	③	④	③	④	①	①	③	③
11	**12**	**13**	**14**	**15**	**16**	**17**	**18**	**19**	**20**
①	②	③	②	①	④	④	①	①	①

01 정답 ②

변조속도	$=\frac{\text{신호속도}[bps]}{\text{변조 시 상태 변화 수}}$, Baud$=\frac{1}{T}$(T는 신호의 시간), T$=\frac{1}{Baud}$
신호속도	=Baud×$\log_2$M, M=진수

baud$=\frac{1}{T}=\frac{1}{1[ms]}=1{,}000$[Baud],

비트 전송율=Baud×n이므로 n=$\log_2$M=$\log_2$4=2

그러므로 비트전송율(Data Rate)=Baud×n=1,000[Baud]×2=2,000[bps]

02 정답 ③

샤논(Claude Shannon)은 나이키스트의 이론을 확장하여 Sampling Rate가 Nyquist Sampling Rate 이상(fs≥2fm)일 때 에일리어싱(Aliasing)이 생기지 않는다는 것을 정리하였다. 표본화 전에 저역필터(LPF)를 사용하면 엘리어싱 효과를 줄일 수 있다.

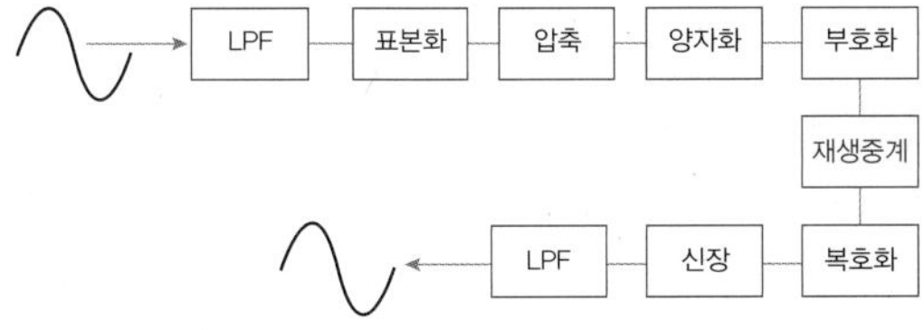

03 정답 ③

2B/1Q 변환표

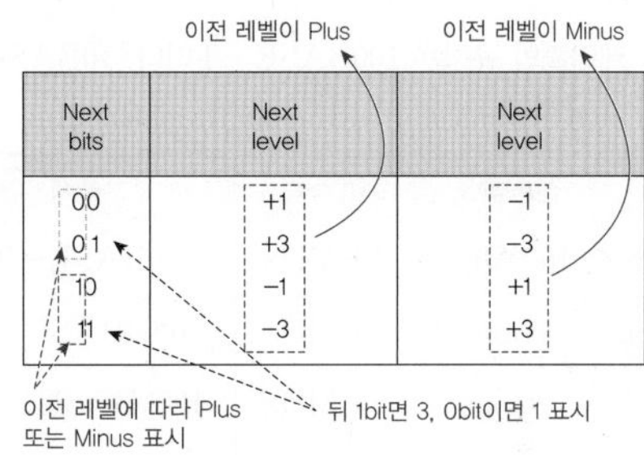

신호변환

2진 데이터 4개(00, 01, 11, 10)를 1개의 4진 심볼(−3, −1, +1, +3)로 변환하는 선로부호화 방식이다. 첫째 비트는 극성을, 둘째 비트는 심볼의 크기를 의미한다. 첫째 비트가 1이면 +(Plus), 0이면 −(Minus), 둘째 비트 진폭이 1이면 1, 0이면 0이다(왼쪽 표는 진폭이 3이면 1, 1이면 0이 된다).

04 정답 ④

$[(A+B)' \cdot (B+C')']' = (A+B)+(B+\overline{C}) = A+B+\overline{C}$

05 정답 ③

$X=\overline{X}Y+X\overline{Y}$, EX−OR, $Y=A\overline{B}$

반감산기(Half Subtracter)는 2진수 1자리의 두 개 비트를 빼서 그 차를 산출하는 회로이다.

A	B	빌림수(Br)	차(D)
0	0	0	0
0	1	1	1
1	0	0	1
1	1	0	0

1비트 길이를 갖는 두 개의 입력과 1비트 길이를 갖는 두 개의 출력의 차(D)와 빌림수(B)가 존재한다. 두 입력 간에 뺄셈의 결과는 출력에서 차(D)가 되고 이 차가 음의 값을 갖는 경우 출력에서 빌림수가 발생한다.

06 정답 ④

$$\text{SNR[dB]} = 10\log_{10}\frac{S(\text{평균신호전력})}{N(\text{평균잡음전력})}$$
$$= 10\log_{10}\frac{P_{output}}{P_{input}} = 20\log_{10}\frac{V_s(\text{신호전압})}{V_n(\text{잡음전압})}$$

$$20\log_{10}\frac{55}{0.055}[\text{dB}] = 20\log_{10}10^3[\text{dB}] = 60[\text{dB}]$$

07 정답 ①

CAT.5 케이블의 규격은 100BASE−T이다. 10BASE−T는 CAT.3 규격이다.

구분	전송속도	대역폭	규격
CAT.5	100Mbps	100MHz	100BASE−TX
CAT.5e	1Gbps	100MHz	1000BASE−T
CAT.6	1Gbps	250MHz	1000BASE−TX
CAT.6e	10Gbps	500MHz	10G BASE−T
CAT.7	10Gbps	600MHz	10G BASE−T

08 정답 ①

광학적 파라미터

수광각	코어에 빛을 전반사 시킬 수 있는 각
개구수	빛을 광섬유 내에 수광시킬 수 있는 능력
비굴절률 차	코어의 굴절률에 대한 클래드의 굴절률 차의 비
정규화 주파수	광섬유 내 빛의 개수를 정한 것으로 단일 모드/다중 모드 광파이버인지 구분함

09 정답 ③

③ 도플러 현상: 전파, 광, 음의 발생점과 이것을 관측하는 관측점의 어느 한 지점 또는 양쪽 지점이 이동함에 따라 전파 거리가 변화될 경우, 측정되는 주파수가 변화하는 현상으로 발생점과 관측점이 가까워질 때는 주파수가 높아지고, 멀어질 때는 주파수가 낮아진다.

① 페이지 현상: 이동통신에서 페이징(Paging)이란 이동통신 단말기에 착신호가 발생하였을 때 단말기가 있는 위치 구역의 기지국 제어장치를 통하여 단말기를 호출하는 것을 의미한다.

② 플라즈마 현상: 기체 등 절연체가 강한 전기장 하에서 절연성을 상실하고 전류가 그 속을 흐르는 현상을 방전이라 한다. 특히 절연체가 기체인 경우를 기체방전이라고 하며, 이 방전 과정을 통해 생성된 전자, 이온, 중성입자들의 혼합체를 플라즈마라 지칭한다.

④ 전파지연 현상: 신호가 발신지에서 수신지로 이동하기 시작하는 데 걸리는 시간으로 특정 매체에서 링크 길이와 전파 속도의 비율로 계산할 수 있다. 전파 지연은 $\frac{d}{v}$로 d는 거리, v는 전파 속도이다.

10 정답 ③

송신 $10[W] = 10\log_{10}\left(\frac{10W}{1mW}\right) = 10\log_{10}10^4 = 40[\text{dBm}]$

송수신 안테나 이득이 각각 25[dBi], 수신 전력이 −20[dBm]

송신ANT Power+송신ANT Gain+수신ANT GAIN−FSPL(자유공간손실)=수신ANT

$\text{FSPL(dB)} = 40[\text{dBm}] + 25[\text{dbi}] - (-20)[\text{dBm}] + 25[\text{dBi}]$
$= 110[\text{dBi}]$

11 정답 ①

데이터 비트율이 고정되므로 심볼당 처리 비트수를 늘리는 경우 영향을 묻는 문제이므로 QAM, 16QAM, 64QAM을 비교해 보면 QAM(2bit), 16QAM(4bit), 64QAM(6bit)로 한 번에 처리하는 용량이 증가한다고 할 수 있다. 즉, 심볼당 비트수가 증가하면서 전송용량이 증가하므로 상대적으로 전송 대역폭이 줄어들 수 있는 것이다. 또는 동일 대역폭에서 심볼당 비트수가 증가하는 경우에는 데이터 전송속도가 증가할 수 있다.

12 정답 ②

② 누화(Crosstalk): 한 회로 또는 통신 채널의 전기 또는 전자기 신호가 다른 회로 또는 채널과 간섭하여 원치 않는 노이즈 또는 왜곡을 유발할 때 발생하는 현상이다. 인접 회선의 영향으로 다른 신호와 상호 작용되는 것이다. 누화는 특히 전화선, 이더넷 케이블 및 인쇄 회로 기판과 같은 유선 통신시스템에서 발생할 수 있다.

① 왜곡(Distortion): 전송 매체 특성에 따라 형태나 파형이 바뀌는 것이다.

③ 잡음(Noise): 보내려는 신호 이외의 신호가 들어오는 것이다.

④ 지터(Jitter): 원신호 대비 도달 신호 간격이 벌어지는 현상이다.

13 정답 ③

③ 인접채널 간 간섭을 줄이기 위해 보호대역이 필요한 것은 FDM 방식이다.

14 정답 ②

OFDM 방식에서는 직교성을 사용하여 FDM 방식보다 대역폭 효율이 매우 좋은 방식이다. OFDM은 하나의 정보를 여러 개의 반송파(Subcarrier)로 분할하고, 분할된 반송파 간의 간격을 최소로 하기 위해 직교성을 부가하여 다중화시키는 변조기술로서 특히 이동통신 주파수 변조방식에서 사용하고 있다.

15 정답 ①

bps (bit per second) 데이터 신호속도	• 초당 전송되는 비트수, 1초에 전송하는 Bit 수 • 신호속도(bps) = 변조속도(Baud) × 변조 시 상태 변화 수
변조속도(Baud)	• 초당 전송되는 단위 신호의 수로서 $\frac{신호속도(bps)}{변조\ 시\ 상태\ 변화수}$이다. • 1초에 전송하는 신호(Symbol) 단위의 수 [Baud], 1초에 변하는 횟수 • $Baud = \frac{1}{T}$(T는 신호 요소의 시간), $T = \frac{1}{Baud}$이다.
데이터전송속도	단위 시간당 전송하는 비트수, 문자수, 패킷수
Bearer 속도	동기비트 + 데이터 + 상태신호비트의 합

16 정답 ④

④ 동일 지역에서 서로 다른 도약 시퀀스(Hopping Sequence)에 의해 네트워크를 분리할 수 있다.

17 정답 ④

구분	내용
빠른 페이딩	Fast Fading/Short−Term Fading, 다중경로 전파에 의한 것으로 주로 고층건물, 철탑등 인공구조물 등에 의해서 발생한다.
느린 페이딩	Slow Fading/Long−Term Fading, 거리에 따른 신호 감쇠, 산, 언덕 등 지형의 굴곡에 의해 발생한다.
혼합 페이딩	Rician Fading, 반사파와 직접파가 동시에 존재한다.

18 정답 ①

대역폭 = 최고 주파수 − 최저 주파수

= 500[Hz] − 300[Hz] 이므로 200[Hz]

19 정답 ①

잡음지수(NF)는 어떤 시스템이나 회로블럭을 신호가 지나면서, 얼마나 잡음이 추가되었느냐를 나타내는 지표이다. 이것은 출력 SNR 대 입력 SNR의 비로 간단하게 계산된다.

$SNR = \frac{Signal\ Power}{Noise\ Power}$, $NF = \frac{SNR_{input}}{SNR_{output}}$, SNR = 15[dB]이고

NF(Noise Factor) = 10이므로 이것을 dB로 변환하면

$10\log_{10}10 = 10[dB]$이다. $NF = \frac{SNR_{input}}{SNR_{output}}$을 dB계산하면

$10[dB] = 15[dB] - SNR_{out}$, $SNR_{out} = 15 - 10 = 5[dB]$

20 정답 ①

공간 다이버시티	수신점에 따라 페이딩의 정도가 다르므로 적당한 거리를 두고 2개 이상의 안테나를 설치하여 각 안테나의 수신 출력을 합성하는 방법이다. 간섭성 페이딩의 경우 효과적, 수신 안테나를 분리하여 설치하기 위한 넓은 공간이 필요하다.
편파 다이버시티	전리층 반사파는 일반적으로 타원편파로 변화되므로 그 전계는 수평분력과 수직분력을 갖고 있다. 수신용에 수평편파 공중선과 수직편파 공중선을 따로 설치하여 각 분력을 분리 수신 합성, 페이딩의 영향을 경감시킨다.
시간 다이버시티	동일정보를 약간의 시간 간격을 두고 중복 송출하고 수신측에서는 이를 일정 시간의 지연 후에 비교하여 사용하는 방법이다.
각 다이버시티	지향성 다이버시티라고도 하며 수신 안테나의 각도를 다양하게 구성하여 설치하는 방법이다.

2과목 정보통신기기

21	22	23	24	25	26	27	28	29	30
①	①	④	③	②	④	①	③	④	③
31	32	33	34	35	36	37	38	39	40
④	③	③	④	②	②	③	①	③	①

21 정답 ①

USN은 센서노드(Sensor Node), 싱크노드(Sink Node), 게이트웨이(Gateway) 등으로 구성된다. 유비쿼터스 센서 네트워크(USN) 구성을 위해 제어부(MCU), 센서부(Sensor), 통신부(Radio)가 필요하다.

22 정답 ①

변복조기(MODEM)은 Analog 신호를 Digital 신호 변환하는 장치이며 CSU는 T1이나 E1 신호를 기반으로 64kbps를 기본으로 Channel을 N배 해주며 다중화기는 저속부를 고속부로 통합해 주기 위한 장치이다.

23 정답 ④

펄스 코드 변조(PCM) 순서

송신 측(표본화 → (압축) → 양자화 → 부호화 → 수신측(복호화)이다. 펄스 발생기를 통해서 P32T PCM 단국장치의 아날로그-디지털 부호화 방식인 PCM(Pulse Code Modulaiton)의 송신 측 과정은 표본화(Sampling) → (압축) → 양자화(Quantizing) → 부호화(Encoding) 이다. PCM 32채널 단국장치를 통해 음성급 아날로그 데이터 신호를 PCM 방식으로 2,048kbps(E1급)로 시분할 다중화 또는 역다중화한 후 통신 채널을 통해 전송한다.

24 정답 ③

다중화기(Multiplexer)는 정적배분으로
공유회선$=A+B+C+D$로 $1,200\times 4=4,800$[bps]

25 정답 ②

트래픽

교환기/중계선 집단에 발생한 임의의 지속시간을 갖는 전화 호수 집합체이다.

$\frac{\text{트래픽량}}{\text{통화량}}$: 1회선이 점유되는 양을 나타낸다.

[시간 차원, 단위: 시간] (트래픽량)=(발생된 호수)×(평균 점유시간)이다.

효율은 전체 중계선이 점유하는 시간이 되므로 위 문제는 20개의 중계선을 5[Erl]가 발생한다는 것으로 효율은

$\frac{5}{20}\times 100\%=25\%$

26 정답 ④

④ VP9: 비디오 코덱으로 H.265처럼 동일한 대역폭에서 H.264 대비 PSNR 기준으로 35%의 화질 향상과 동일 해상도에서 H.264 대비 50%의 비트레이트를 절약할 수 있다.

① EVS(Enhanced Voice Service): VoLTE를 위해 개발된 초광대역 음성 코딩 표준으로 최대 20kHz의 오디오 대역폭을 제공하며 지연 지터 및 패킷 손실에 대한 높은 견고성을 가지고 있다.

② WB-AMR(Wideband-Adaptive Multi Rate): 적응 다중 속도 광대역은 ACELP와 비슷한 방법으로 사용한 AMR 인코딩에 기반해서 개발한 특허된 광대역 음성부호화 표준이다.

③ NB-AMR(Narrowband-Adaptive Multi Rate): 적응 다중 속도인 AMR(AMR, AMR-NB)은 음성 부호화에 최적화된 특허가 있는 오디오 데이터 압축이다. AMR 음성 코덱은 7.4kbps에서 시작하는 시외전화품질 음성으로 4.75에서 12.2kbps의 가변 비트레이트의 협대역 신호(200-3,400Hz)를 인코딩하는 다중속도 협대역 음성 코덱으로 이루어진 음성 코덱이다.

27 정답 ①

사물 인터넷은 각종 사물에 센서와 통신 기능을 내장하여 인터넷에 연결하는 기술. 즉, 무선 통신을 통해 각종 사물을 연결하는 기술을 의미한다. 사물이란 가전제품, 모바일 장비, 웨어러블 디바이스 등 다양한 임베디드 시스템이 된다.

28 정답 ③

비디오텍스는 정보센터, 통신망, 비디오텍스트 단말 장치로 구성되며 정보 제공자와 운용 주체가 다르다.

29 정답 ④

④ 멀티미디어 정보관리 및 제공이 아닌 시그널링 프로토콜관련 정보관리 및 제공을 한다.

30 정답 ③

③ WebRTC(Web Real-Time Communication): 웹 브라우저 간에 플러그인의 도움 없이 서로 통신할 수 있도록 설계된 API이다. W3C에서 제시된 초안이며, 음성통화, 영상통화, P2P 파일 공유 등으로 활용될 수 있다.

② H.323: 음성 및 영상 데이터를 TCP/IP, UDP 등의 패킷 교환 방식의 네트워크를 통해 전송하기 위해 1996년 ITU-T 권고안이다. H.323 표준은 호출 신호 처리 및 제어, 멀티미디어 전송 및 제어, P2P 및 멀티포인트 회의를 위한 대역 제어 등에 대해 기술되어 있다.

④ H.264: MPEG2 등 기존의 동영상 압축 표준에 비해 유연성과 압축 효율이 높지만 인코딩이나 디코딩을 구현할 때 복잡도가 증가한다.

31 정답 ④

수신 제한 시스템(Conditional Access System)

케이블 및 위성, IPTV 서비스 등 유료 방송에 가입한 뒤 가입자가 계약한 방송 상품과 요금 체계에 따라 채널 단위로 시청료를 지불하는 가입자에게 특정 방송 채널을 시청할 수 있는 권한을 부여받아 스크램블(암호화) 신호로 해독하여, 접근 제어하는 가입자용 암호화 보안 시스템이다.

디지털 권리 관리(Digital Rights Management)

출판자 또는 저작권자가 그들이 배포한 디지털 자료나 하드웨어의 사용을 제어하고 이를 의도한 용도로만 사용하도록 제한하는 데 사용되는 모든 기술들을 지칭하는 용어이다. DRM은 IPTV 망에서 양방향 통신에서 사용한다.

32 정답 ③

개발국		한국, 미국, 일본	유럽	일본
명칭		ATSC	DVB-T	ISDN-T
방송		HDTV/SDTV	SDTV	HDTV/SDTV
Carrier		Single	Multi	Multi
전송방식		8-VSB	COFDM	BST-OFDM
압축방식	영상	MPEG-2	MPEG-2	MPEG-2
	음성	Dolby AC-3	MPEG-2	MPEG-2

33 정답 ③

기밀성, 인증, 접근통제 등 보안 요구사항을 요구한다.

지능형 홈네트워크 설비 설치 및 기술기준

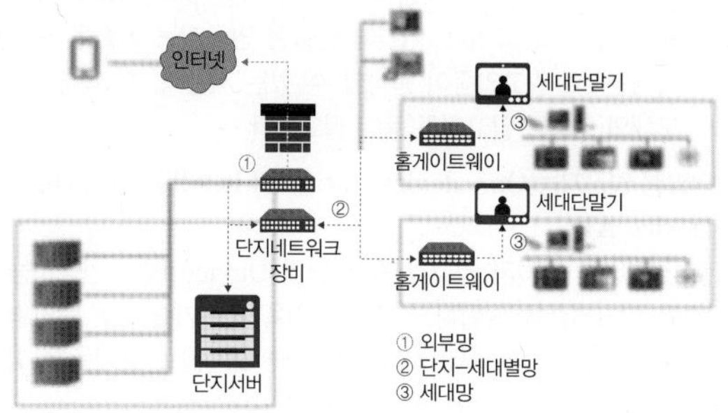

> **제14조의2(홈네트워크 보안)**
> ① 단지서버와 세대별 홈게이트웨이 사이의 망은 전송되는 데이터의 노출, 탈취 등을 방지하기 위하여 물리적 방법으로 분리하거나, 소프트웨어를 이용한 가상사설통신망, 가상근거리통신망, 암호화기술 등을 활용하여 논리적 방법으로 분리하여 구성하여야 한다.

보안요구사항	세부 항목	정보통신망연결기기 인증기준	
인증	비밀번호 및 인증정보 관리	1.1 안전한 인증정보 사용	필수
	사용자 인증 (관리자 인증 포함)	1.2 사용자 인증 및 권한 관리	필수
		1.4 반복된 인증시도 제한	필수
		1.5 정보노출 방지	필수
	세션 관리	1.6 안전한 세션관리	필수

34 정답 ④

Tag는 IC칩과 Reader에 데이터를 송신하는 안테나로 구성되어 있다.

35 정답 ②

② 단말기 자체적으로 사용자의 음성데이터를 학습하고 오프라인 환경에서는 사용자의 데이터를 학습할 수 있다. 사례로 스마트폰과 자율 주행 자동차가 있다. 사물 인터넷(IoT)에서 사용하는 소형의 IoT 기기에 단말형 인공지능 기술을 구현하려면 AI 알고리즘이 동작할 수 있는 저전력, 저비용인 반도체와 경량화 알고리즘 등이 필요하다.

단말형 인공지능(On-device Artificial Intelligence, On-Device AI)

중앙 서버를 거치지 않고 사용자 단말(Device)에서 인공지능(AI) 알고리즘을 실행하고 결과를 획득하는 기술이다. 단말형(On-Device) 인공지능(AI)은 휴대전화처럼 인공지능을 이동하면서 활용할 수 있는 솔루션이다.

36 정답 ②

SNS(Social Networking Service)

소셜 네트워크 서비스는 사용자 간의 자유로운 의사소통과 정보 공유, 그리고 인맥 확대 등을 통해 사회적 관계를 생성하고 강화해주는 온라인 플랫폼을 의미한다. SNS에서 사진으로 친구의 얼굴을 볼 수 있는 것으로 긴급구조용 위치정보와는 무관하다.

37 정답 ③

구분	내용
가상현실(VR)	Virtual Reality, 가상현실로서 우리가 살고있는 물리적인 공간이 아닌 컴퓨터로 구현한 가상 환경 또는 그 기술 자체를 의미한다.
증강현실(AR)	Augmented Reality, 증강현실로서 VR과 달리 위치, 지리정보를 송수신하는 GPS 장치 및 중력, 자이로스코프에 따른 위치정보 기반으로 실제 현실과 가상현실의 상호작용하는 공간으로 만들어 주는 기술이다.
혼합현실(MR)	Mixed Reality인 VR과 AR 기술의 장점만을 합친 기술이다. MR은 현실과 가상의 정보를 융합해 조금 더 진화된 가상세계를 구현하고 냄새 정보와 소리 정보를 융합해 사용자가 상호 작용할 수 있는 기술이다.

38 정답 ①

① 영상 추적(Image Tracking) 기술은 Object Tracking(객체 추적)으로 영상에서 움직이는 객체를 탐지하고, 그 객체의 움직임을 추적하는 기술이다.

39 정답 ③

③ DPI(Dots per Inch): 인쇄, 비디오, 이미지 스캐너에서 얼마나 많은 점이 찍히는지를 나타내는 단위로, 특히 1인치의 줄 안에 있는 점의 수를 말한다. 한편, 더 근래에 도입된 도트 퍼 센티미터는 1센티미터의 줄 안에 배치할 수 있는 개개의 점의 수를 의미한다.

① Pixel: 픽셀(Pixel)은 픽처(Picture)와 엘리먼트(Element)의 합성어로서 "화소"라 하며 컬러를 구성하는 최소 단위이다. 주로 영상에서 많이 사용한다.

② Lux: 조명도의 단위로서 1럭스는 1칸델라의 광원으로부터 1m 떨어진 곳에 광원과 직각으로 놓인 면의 밝기이다. 기호는 lx로 빛의 양이라 할 수 있다.

④ Lumen: 가시광선의 총량을 나타내는 광선속의 SI 단위다. 여기서 광선속은, "광원이 내보내는 빛의 양" 정도라 할 수 있다.

40 정답 ①

폐루프 전력제어(Closed Loop Power Control)

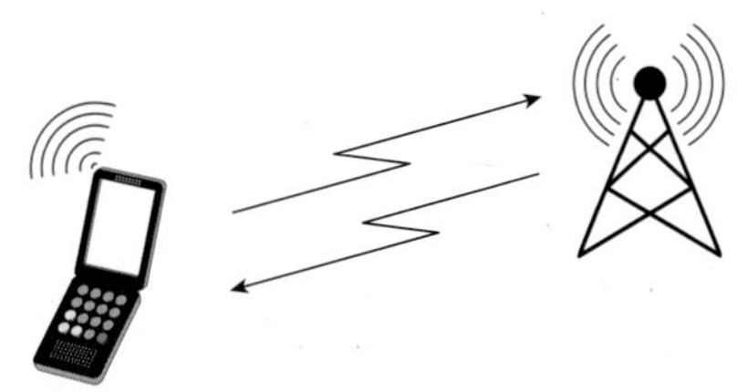

통화 중 이동통신 단말의 출력을 최소화하여 역방향 통화 용량을 최대화시키는 절차로서, 이동통신 단말이 수신 $\frac{E_b}{N_o}$값을 기지국에 보고하면, 기지국이 이를 기준값과 비교하여 1.25msec마다 전력제어 증감 명령을 발생시키고 이동통신 단말은 기지국으로부터의 전력제어 명령에 따라 자신의 송신전력을 조절하여 개루프 전력제어의 오차를 수정한다.

개루프 전력제어(Open Loop Power Control)

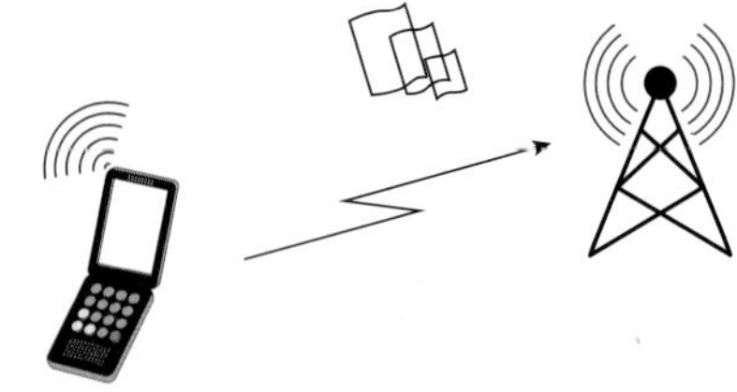

이동통신 단말의 최초 송신출력을 최소화하기 위하여 기지국과 이동통신 단말 간의 거리에 반비례하여 이동통신 단말의 출력을 증감시키는 절차로서, 이동통신 단말이 수신한 순방향 전력을 측정하고, 이를 근거로 역방향 송신전력을 결정함으로써, 이동통신 단말의 송신전력을 폐루프 전력제어에 의해 조절할 수 있는 범위로 좁히게 된다.

3과목 정보통신 네트워크

41	42	43	44	45	46	47	48	49	50
④	③	④	④	①	④	④	④	②	①
51	**52**	**53**	**54**	**55**	**56**	**57**	**58**	**59**	**60**
①	①	③	③	②	①	①	①	④	②

41 정답 ④

240은 이진수로 바꾸면 11110000이다. B Class: 255.255.0.0에서 0.0인 부분을 이진수로 바꾸면 아래와 같다.

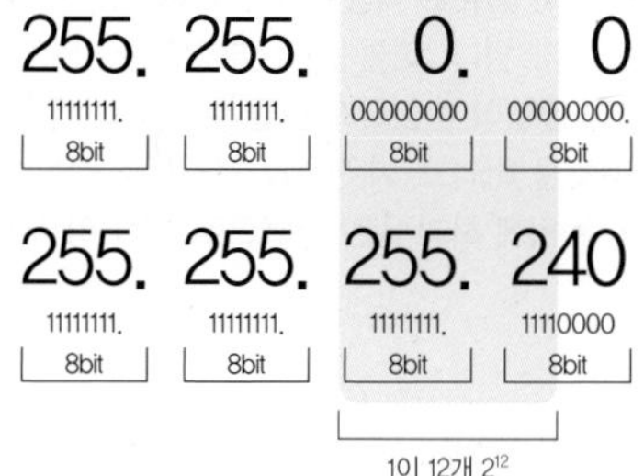

세 번째와 네 번째 그룹의 1이 네트워크이므로 총 1이 12개 있어서 $2^{12}-2=4{,}094$개의 네트워크를 사용하고 호스트는 2^4-2(네트워크와 브로드캐스트를 제외)로 사용할 수 있는 호스트 수는 총 14개가 된다.

42 정답 ③

순서제어, 오류제어, 회복처리, 동기화, 흐름제어 등을 데이터링크 계층에서 지원한다.

43 정답 ④

④ 네트워크에 혼잡현상이 발생하면 윈도우 크기를 1로 감소시키는 것은 합 증가/곱 감소에 해당한다.

흐름제어

송신측과 수신측의 데이터처리 속도 차이를 해결하기 위한 기법으로 송신측이 수신측보다 전송속도가 빠르게 되면 전송된 패킷은 수신측의 제한된 저장 용량을 초과하여 데이터가 손실될 수 있다. 이러한 위험을 줄이기 위해 송신측의 데이터 전송량을 수신측의 처리량에 따라 조절하는 것을 흐름제어라 한다. 이를 위해 Stop&Wait와 Sliding Window 방식이 있다.

혼잡제어방법

합 증가/곱 감소	AIME(Additive Increase/Multiplicative Decrease)는 처음 패킷을 하나씩 보내고 문제가 없으면 Window를 1씩 증가시킨다. 만일 패킷 전송을 실패하거나 일정 시간을 넘기면 보내는 속도를 절반으로 줄임
Slow start	ACK 패킷마다 Window 크기를 1씩 늘린다. 즉, 하나의 주기가 끝나면 Window의 크기가 2배가 되어 전송속도가 지수적으로 증가함
Congestion Avoidance	혼잡이 감지되면 지수적이 아닌 가산적인 증가 방식을 채택하는 방식
Fast Retransmit	누락된 세그먼트를 빠르게 재전송하는 방식
Fast Recovery	혼잡 상태가 되면 Window의 크기를 1로 줄이지 않고 반으로 줄이고 선형으로 증가시키는 방법

44 정답 ④

32bit−20bit=12bit이므로 $2^{12}=4{,}096$개가 된다.

45 정답 ①

32bit−26bit=6bit이므로 $2^6=64$개가 된다. 그러므로 0~63의 범위를 사용하므로 210.200.220.0~210.200.220.63, 210.200.220.64~210.200.220.127, 210.200.220.128~210.200.220.191, 210.200.220.192~210.200.220.255이므로 210.200.220.78/26은 210.200.220.64~210.200.220.127 범위에 있다. 210.200.220.64은 Network IP로 210.200.220.127은 Broadcast IP로 사용하므로 두 개를 제외하면 210.200.220.65가 첫 번째 IP이고 210.200.220.126을 마지막 IP로 사용할 수 있다.

46 정답 ④

TCP와 멀티캐스트 기능은 상관이 없다. 멀티캐스팅을 위해 IGMP(Internet Group Message Protocol) 프로토콜을 별도 사용한다.

구분	내용
흐름 제어	수신기가 과부하 되지 않도록 데이터 전송 속도를 조절하는 것이다.
혼잡 제어	네트워크가 혼잡할 때 전송속도를 늦춰 네트워크 혼잡을 방지하는 데 도움을 준다.
오류 감지 및 복구	체크섬과 확인 응답을 사용하여 데이터를 확인한다.

47 정답 ④

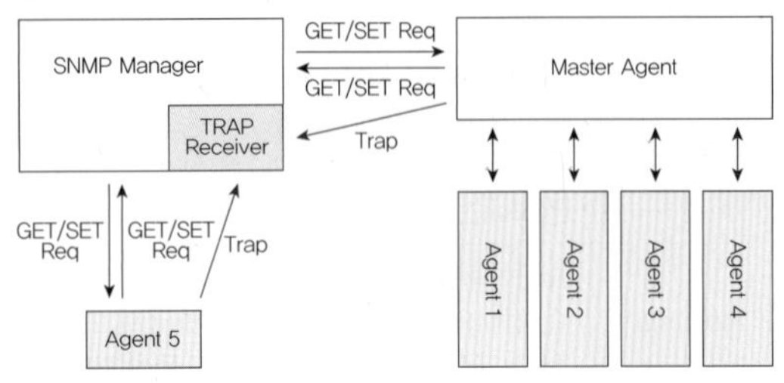

구분	내용
SNMP 관리자 (Manager)	관리자는 에이전트에게 Request 메시지를 보낸다.
SNMP 에이전트 (Agent)	에이전트는 관리자에게 Response 메시지를 보낸다. 이벤트가 발생하면 에이전트는 관리자에게 Trap 메시지를 보낸다.

48 정답 ④

근거리 통신망(LAN)

건물/대학/연구소 등의 제한된 지역 내에서 여러 건물들을 연결하여 기존의 문자 데이터뿐만 아니라 음성, 영상, 비디오 등의 종합적인 정보를 고속으로 전송할 수 있는 네트워크이다. 허브, 라우터, 브릿지는 근거리 통신망(LAN) 구성에 필수 요소이며 모뎀은 변복조를 통한 신호 전송에 사용된다. 여기서 변조란 송신신호를 전송로 특성에 적합하게 반송파에 실어 신호의 주파수를 고주파 대역으로 옮기는 것이다.

49 정답 ②

CSMA/CD 방식

- 충돌이 발생하면 데이터 전송을 중단하고 일정시간 대기후 재전송하는 방식이다.
- 랜덤 할당방식에 의한 전송매체 엑세스한다.
- 채널의 사용권한이 이용자들에게 균등하지 않고 우선 점유한 사용자가 지속적으로 시용한다.
- 여러 개의 노드가 하나의 통신회선에 접속되는 버스형에 주로 많이 사용된다.

50 정답 ①

VLAN은 Virtual LAN으로서 스위치 장비에서 네트워크를 분리한다.

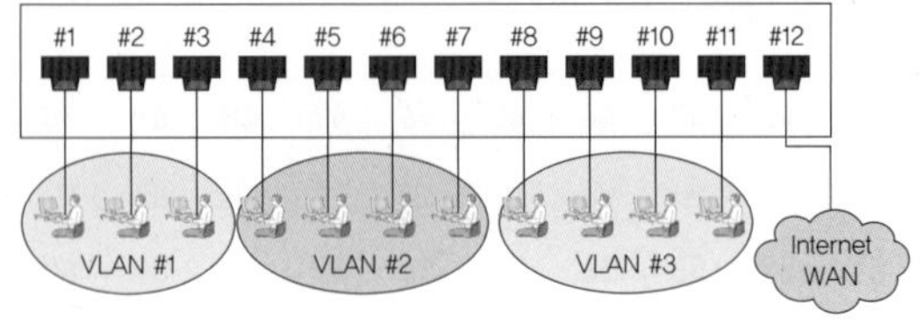

51 정답 ①

TTL(Time−to−live)

IP 패킷 내에 있는 값으로서, 그 패킷이 네트워크 내에 너무 오래 있어서 버려져야 하는지의 여부를 라우터에게 알려준다. 패킷들은, 여러 가지 이유로 적당한 시간 내에 지정한 장소에 배달되지 못하는 수가 있다. 예를 들어, 부정확한 라우팅 테이블의 결합은 패킷을 끝없이 순환하게 만들 수도 있다. 일정한 시간이 지나면 그 패킷을 버리고, 재전송할 것인지를 결정하도록 발신인에게 알릴 수 있게 하기 위한 방법으로 TTL이 사용된다.

52 정답 ①

어떤 노드에서 온 하나의 패킷(데이터 전송에 사용되는 데이터 묶음)을 라우터에 접속되어있는 다른 모든 노드로 전달하는 것으로, 네트워크에서 수정된 라우팅 정보를 모든 노드에 빠르게 배포하는 수단으로 사용되고 있다. 하지만 플러딩 공격(Flooding Attack)은 악의적으로 한꺼번에 많은 양의 데이터를 보내 상대방의 서비스를 운용할 수 없게 만드는 서비스 거부 공격을 뜻한다.

53 정답 ③

구분	내용
정보통신기사	MTBF=MTTF−MTTR, 가용성(A)=$\frac{MTBF}{MTBF+MTTR}$
정보시스템감리사	MTBF=MTTF+MTTR, 가용성(A)=$\frac{MTTF}{MTTF+MTTR}$

가용성(Availability)

$$=\frac{MTBF}{MTBF+MTTR}=\frac{23}{23+1}\times 100\%=95.83[\%]$$

54 정답 ③

CAMA(Centralized Automatic Message Account) 방식
전화국에서 발생하는 과금정보를 온라인 전용회선을 통하여 중앙의 집중국으로 전송하여 집중국에서 과금테이프상에 일괄 기록하는 방식이다.

장점	다수의 교환망이 있을 때 유리하고 소요인력 감축 효과가 있으며 유지보수가 편리하고 과금정보를 집중관리할 수 있다.
단점	신뢰성 높은 전용회선이 필요하고 기록 장치측에 장애가 발생하는 경우 과금정보 유실로 인한 손실이 크며 집중국 설치 시 경비가 많이 소요된다.

55 정답 ②

② 지연이 적게 요구되는 서비스에 적합한 것은 회선교환방식이다.

패킷교환방식의 장점

- 회선효율이 높아 경제적 망구성이 가능하다.
- 장애발생 등 회선상태에 따라 경로설정이 유동적이다.
- 프로토콜이 다른 이기종 망간 통신이 가능하다.
- 회선교환은 실시간 데이터 전송에 유리하고 패킷교환은 비실시간성에 유리하다.

56 정답 ①

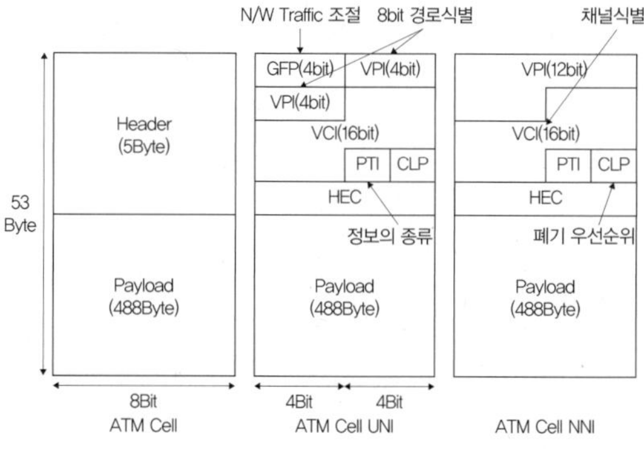

57 정답 ①

- 위치등록: 이동국 착신 시에 호출 지역을 알기 위하여, 또는 발·착신 시에 요금 지수를 구하기 위하여 필요하다. 이동국 위치정보를 지속적으로 (HLR, VLR)에 갱신해주는 일련의 과정으로 각 무선 단말의 정확한 위치 및 관련 정보를 계속 추적하기 위함이며 위치정보의 지속적인 갱신이 필요하다.
- 전력제어: 이동통신에서 근거리/원거리 문제를 극복하기 위해서는 기지국에서 수신되는 각각의 이동국의 수신전력이 일정하도록 이동국의 송신전력을 조정하여야 한다. 이를 위해 기지국에 가까이 있는 이동국은 낮은 송신출력으로, 먼 곳에 있는 이동국은 큰 전력으로 송신하도록 하여 기지국에서 수신 전력이 일정하도록 하는 것이다.

전력제어 목적

- 기지국 통화용량의 최대화
- 이동국 배터리 수명 연장
- 각 사용자 간 통신 품질의 공평성 보장
- 양호한 통화 품질 유지

58 정답 ①

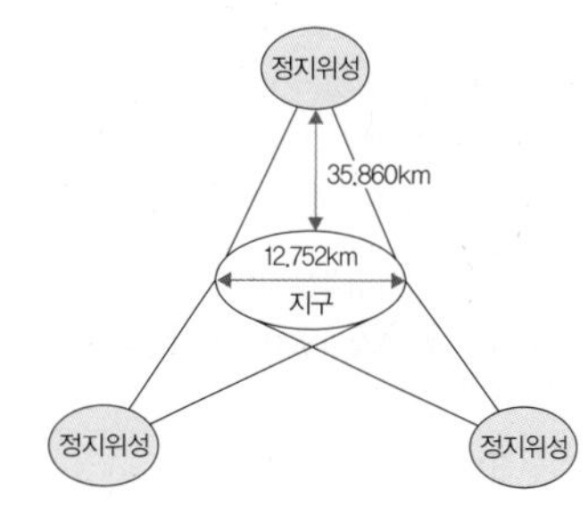

정지위성 장점

- 전파를 송수신하기 위하여 안테나를 움직일 필요가 없다.
- 하나의 위성으로 위성의 수명 동안 고정된 지역에 계속적으로 서비스를 제공할 수 있다.
- 고정 방송·통신 위성의 궤도로 사용된다.
- 통신위성은 이론상 지구를 중심으로 세 개를 설치하면 일부 극지방을 제외한 모든 지역에서 위성통신이 가능하다.

59 정답 ④

SDN 네트워크의 가장 큰 장점은 라우터와 루트 변화를 완벽하게 제어할 수 있다는 점이다. 장애 분석을 기반으로 대안적인 라우팅 토폴로지를 운영할 수 있고, 정책에 따라 결정하는 것도 가능하다(유연성, 확장성). 어떤 방식이든, 모든 기기가 중앙 컨트롤이 가능해서 비용이 절감될 것이다. 넓은 대역폭은 SDN과는 무관하다.

60 정답 ②

IPTV란 초고속 인터넷을 이용하여 다양한 디지털 영상 서비스, 개인맞춤형 서비스, 양방향 데이터 서비스 등을 제공하는 TV이다. 최근 OTT(Over The Top)는 기존 통신 및 방송사업자와 더불어 제3사업자들이 인터넷을 통해 드라마나 영화 등의 다양한 미디어 콘텐츠를 제공하고 있다.

4과목 정보시스템 운용

61	62	63	64	65	66	67	68	69	70
①	④	②	④	③	④	①	③	①	②
71	**72**	**73**	**74**	**75**	**76**	**77**	**78**	**79**	**80**
④	①	②	④	②	①	③	③	④	②

61 정답 ①

리눅스를 사용하다 보면, tar 혹은 tar.gz로 압축을 하거나 압축을 풀어야 할 경우가 자주 생긴다. 이를 처리하기 위해 리눅스에서는 tar라는 명령어를 사용하게 된다.

압축하기	tar －cvf[파일명.tar][폴더명] 예 great라는 폴더를 abc.tar로 압축하고자 한다면 tar －cvf abc.tar great
압축풀기	tar －xvf[파일명.tar] 예 abc.tar라는 tar파일 압축을 풀고자 한다면 tar －xvf abc.tar

62 정답 ④

Openwall은 오픈소스 소프트웨어의 보안 관련 주제들을 논의할 수 있는 사이트이다. 'http://www.openwall.com/linux/' 사이트에서 자신의 커널에 맞는 커널패치를 받을 수 있다. 이를 통해서 해킹공격을 방어한다.

63 정답 ②

② 정합성 향상과는 거리가 멀다. 데이터 정합성(Data Consistency)은 어떤 데이터들이 값이 서로 일치하는 상태를 의미하기 때문이다. 즉, 무결성(Integrity)은 데이터값이 정확한 상태이며, 정합성(Consistency)은 데이터값이 서로 일치하는 상태로서 클라우드 컴퓨팅 환경에서 지속적인 데이터 정합성이 필요하기 때문이다.

64 정답 ④

최소응답시간은 동적부하방식에 해당한다. 부하방식은 크게 정적 부하분산방식과 동적 부하분산방식이 있다.

동적 부하방식	클라이언트로부터 요청을 받으면 서버 상태에 따라 할당할 대상의 서버를 결정한다.
정적 부하방식	클라이언트로부터 요청을 받으면 서버 상태와 상관없이 서버가 가지고 있는 설정을 기준으로 할당하는 방식이다.

구분	부하분산방식	내용
정적 방식	Round Robin	순서대로 할당한다.
	Ratio(가중치)	가중치가 높은 서버에 우선 할당한다.
	Active－Standby (Priority Group Activation)	우선 Active 장치에 할당하고 장애 시 Standby로 절체한다.
동적 방식	Least Connection (최소 연결 수)	연결 수가 작은 서버에 할당한다.
	Fastest (최단 응답시간)	가장 빠르게 응답하는 서버에 할당한다.
	Least Loaded (최소 부하)	가장 부하가 적은 서버에 할당한다.

65 정답 ③

분산 데이터베이스에서 투명성의 종류

구분	내용
분할 투명성	하나의 논리적 릴레이션이 여러 단편으로 분할되어 각 단편의 사본이 여러 시스템에 저장되어 있음을, 고객은 인식할 필요가 없다.
위치 투명성	고객이 사용하려는 데이터의 저장 장소를 명시할 필요 없다. 데이터가 어느 위치에 있더라도 고객은 동일한 명령을 사용하여 데이터에 접근할 수 있어야 한다.
지역 사상 투명성	지역 DBMS와 물리적 데이터베이스 사이의 사상이 보장됨에 따라 각 지역 시스템 이름과 무관한 이름이 사용 가능하다.
중복 투명성	데이터베이스 객체가 여러 시스템에 중복되어 존재함에도 고객과는 무관하게 데이터의 일관성이 유지된다.
장애 투명성	데이터베이스가 분산되어있는 각 지역의 시스템이나 통신망에 이상이 발생해도, 데이터의 무결성은 보장된다.
병행 투명성	여러 고객의 응용프로그램이 동시에 분산 데이터베이스에 대한 트랜잭션을 수행하는 경우에도 결과에 이상이 없다.

66 정답 ④

BMT(Bench Mark Test) 성능시험의 목적은 서로 다른 시스템 또는 구성요소의 성능을 비교하는 데 사용할 수 있는 표준화된 측정을 제공하는 것이다. 위 문제에서 BMT 시기는 통합관제 구축 이전에 장비에 대한 성능을 파악하고 도입 여부를 결정해야 할 것이다.

67 정답 ①

접지설비 · 구내통신설비 · 선로설비 및 통신공동구 등에 대한 기술기준 제5조(접지저항 등)

① 교환설비 · 전송설비 및 통신케이블과 금속으로 된 단자함

② 통신관련시설의 접지저항은 10Ω 이하를 기준으로 한다. 다만, 다음 각호의 경우는 100Ω 이하로 할 수 있다.

6. 암반 지역 또는 산악지역에서의 암반 지층을 포함하는 경우 등 특수 지형에의 시설이 불가피한 경우로서 기준 저항값 10Ω을 얻기 곤란한 경우
7. 기타 설비 및 장치의 특성에 따라 시설 및 인명 안전에 영향을 미치지 않는 경우

③ 통신회선 이용자의 건축물, 전주 또는 맨홀 등의 시설에 설치된 통신설비로서 통신용 접지시공이 곤란한 경우에는 그 시설물의 접지를 이용할 수 있으며, 이 경우 접지저항은 해당 시설물의 접지기준에 따른다. 다만, 전파법 시행령 제25조의 규정에 의하여 신고하지 아니하고 시설할 수 있는 소출력중계기 또는 무선국의 경우, 설치된 시설물의 접지를 이용할 수 없을 시 접지하지 아니할 수 있다.

④ 접지선은 접지 저항값이 10Ω 이하인 경우에는 2.6mm 이상, 접지 저항값이 100Ω 이하인 경우에는 직경 1.6mm 이상의 피 · 브이 · 씨 피복 동선 또는 그 이상의 절연효과가 있는 전선을 사용하고 접지극은 부식이나 토양오염 방지를 고려한 도전성 재료를 사용한다. 단, 외부에 노출되지 않는 접지선의 경우에는 피복을 아니할 수 있다.

⑤ 접지체는 가스, 산 등에 의한 부식의 우려가 없는 곳에 매설하여야 하며, 접지체 상단이 지표로부터 수직 깊이 75cm 이상 되도록 매설하되 동결심도보다 깊도록 하여야 한다.

68 정답 ③

IDF는 MDF와 TPS에서 올라온 중간단자함이다. 주 통신배선반에서 세대단자함 사이에 구성되며 주로 아파트 공용복도에 위치한다. 구내교환기는 국선과 임의의 내선을 상호 접속하는 것으로 주로 MDF(Main Distribution Frame)에 설치되어야 한다.

69 정답 ①

광전식 감지기는 연기가 빛을 차단하거나 반사하는 원리를 이용한다. 빛을 발산하는 발광소자와 빛을 전기로 전환시키는 광전소자를 이용한다. 화재 시 연기가 유입되면 발광소자에서 발한 빛이 산란현상을 일으키고 수광 소자는 이를 감지해 신호를 증폭시킨 뒤 화재 발생 신호를 송출한다.

70 정답 ②

기존의 음성 서비스를 제공하는 TDM 인터페이스, 인터넷 서비스를 제공하기 위한 Ethernet 인터페이스, ATM 인터페이스 및 SAN(Storage Area Network) 인터페이스 등을 통합 수용하는 멀티서비스 장치이다. MSPP란 말 그대로 Multi Service가 가능한 전송 장비로서 아래와 같이 다양한 인터페이스를 지원한다.

- TDM(E1, T1, DS3)
- SDH(STM−1//4/16/64) 전송
- Ethernet(GE, FE)
- SAN(ESCON, FICON, FC)
- DWDM

71 정답 ④

Stat형은 중앙 노드가 장애가 발생하면 전체 시스템에 영향을 줄 수 있어서 전용회선 망에는 별도로 사용하지 않는다. 8자형의 경우 Ring을 두 개 연결하는 망으로 전국망 구성에 주로 사용하는 방식이다.

72 정답 ①

망분리는 외부인터넷망과 업무망을 분리하는 것이다.

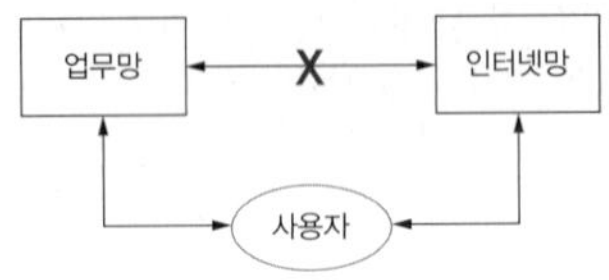

종류는 물리적 망분리와 논리적 망분리가 있으며 이를 통해 외부망과 내부 업무망을 분리하는 것이다.

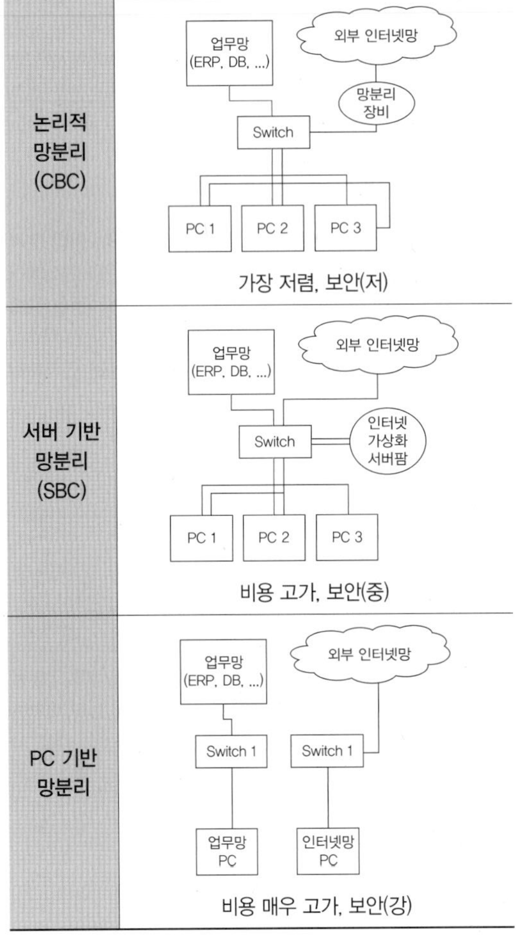

- 물리적 망분리는 업무용 PC와 인터넷용 PC를 따로 구분해서 사용함으로써 보안을 강화하는 방식이다.
- 서버 기반 망분리(SBC 방식: 서버 기반 가상화)는 망 자체가 물리적으로 분리하는게 아니라, 기존의 PC를 이용하면서 인터넷만 가상화가 구현된 서버로 이용하는 것이다.
- 논리적 망분리(CBC 방식: 클라이언트 기반 가상화)는 PC 단말기를 가상화하여 인터넷과 업무망을 분리하는 것이다.

인터넷망 가상화의 장점은 가상화 서버환경에 사용자 통제 및 관리정책을 일괄적으로 적용할 수 있고, 가상화된 인터넷 환경 제공으로 인해 악성코드 감염을 최소화시키고, 악성코드에 감염되거나 해킹을 당해도 업무 환경을 안전하게 유지할 수 있다는 점이다.

73 정답 ②

② 연간 매출액 또는 세입이 1,500억 원 이상인 자가 맞다.

ISMS 인증 의무대상자(정보통신망법 제47조 2항)

구분	의무대상자 기준
ISP	「전기통신사업법」 제6조 제1항에 따른 허가를 받은 자로서 서울특별시 및 모든 광역시에서 정보통신망서비스를 제공하는 자
IDC	정보통신망법 제46조에 따른 집적 정보통신시설 사업자
다음의 조건 중 하나라도 해당하는 자	연간 매출액 또는 세입이 1,500억 원 이상인 자 중에서 다음에 해당하는 경우 • 「의료법」 제3조의4에 따른 상급종합병원 • 직전 연도 12월 31일 기준으로 재학생 수가 1만명 이상인 「고등교육법」 제2조에 따른 학교
	정보통신서비스 부문 전년도(법인인 경우에는 전 사업연도를 말한다)매출액이 100억 원 이상인 자
	전년도 직전 3개월간 정보통신서비스 일일평균 이용자 수가 100만명 이상인 자

74 정답 ④

구분	내용
기술적 보호대책	접근통제, 암호화, 백업시스템 등이 포함된다.
관리적 보호대책	보안계획, 결재 · 승인 절차, 관리대장 작성, 절차적 보안 등이 있다.
물리적 보호대책	재해대비 · 대책, 출입통제 등이 해당된다.

75 정답 ②

- 수신자의 공개키로 암호화하여 송신한다. → 기밀성
- 발신자의 개인키로 암호화하여 송신한다. → 부인방지

76 정답 ①

RSA는 비대칭키 방식이고 나머지는 대칭키 방식이다.

구분	대칭키	비대칭키
장점	• 키 길이가 짧다. • 구현이 용이하다. • 암 · 복호화가 빠르다. • 암호화 전환 용이하다. • 암호화 기능 우수하다.	• 사용자가 증가해도 관리키 적다. • Key 전달 및 교환에 적합하다. • 인증과 전자서명에 이용한다. • 대칭키보다 확장성이 좋다.
단점	• 키 분배가 어렵다. • 암 · 복호화 키가 많다. N명 → $\frac{n(n-1)}{2}$ • 확장성이 낮다. • 전자서명(디지털 서명)이 불가능하다. • 부인방지 기능이 없다.	• 키 길이가 길다. • 복잡한 수학적 연산을 이용한다. • 암호화, 복호화 속도가 느리다.
예	SEED, DES, ARIA, AES, IDEA, 메시지 인증코드(MAC)	Diff−Hellman, RSA, ECC, DAS

77 정답 ③

NMS 주요 기능은 아래와 같이 FCAPS로 축약된다.

- 장애관리(Fault Management): 장비 또는 회선상에 발생한 문제를 검색 또는 추출한다.
- 구성관리(Configuration Management): 네트워크상의 장비와 물리적인 연결 구성관리 기능이다.
- 계정관리(Accounting Management): 사용자 등록, 삭제, 중지, 복원 관리이다.
- 성능관리(Performance Management): 가용성, 응답시간, 사용량, 처리속도 등 통계 데이터를 제공기능이다.
- 보안관리(Security Management): 암호, 인증 등을 이용한 정보흐름을 제어, 보호하는 기능이다.

78 정답 ③

망 관리 프로토콜인 SNMP는 IP 네트워크상의 장치로부터 정보를 수집 및 관리한다. SNMP를 지원하는 대표적인 장치에는 라우터, 스위치, 서버, 워크스테이션, 프린터, 모뎀 랙 등이 포함된다. 네트워크 자원들의 상태를 모니터링하고 이들에 대한 제어를 통해서 안정적인 네트워크 서비스를 제공하는 것을 네트워크 관리라 한다.

79 정답 ④

④ BWA(Broadband Wireless Access): 광대역 무선 가입자 기술로서 WPAN과는 무관하다.

① Zigbee: 소형, 저전력 디지털 라디오를 이용해 개인 통신망을 구성하여 통신하기 위한 표준 기술이다(802.15.4).

② Bluetooth: 1994년에 스웨덴의 에릭슨이 최초로 개발한 디지털 통신기기를 위한 개인 근거리 무선 통신 산업 표준이다(802.15.1).

③ UWB(Ultra Wide Band): 고주파수에서 전파를 통해 작동하는 단거리 무선 통신 프로토콜이다. 매우 정밀한 공간 인식과 방향성이 특징으로, 모바일 기기가 주변 환경을 잘 인지할 수 있도록 작동한다(802.15.3).

80 정답 ②

② 하이재킹(Hijacking): 다른 사람의 세션 상태를 훔치거나 도용하여 액세스하는 해킹기법으로 일반적으로 세션 ID 추측 및 세션 ID 쿠키 도용을 통해 공격이 이루어진다.

① 스푸핑(Spoofing): 스푸핑의 사전적 의미는 '속이다'이다. 네트워크에서 스푸핑 대상은 MAC 주소, IP주소, 포트 등 네트워크 통신과 관련된 모든 것이 될 수 있고, 스푸핑은 속임을 이용한 공격을 총칭한다.

③ 피싱(Phishing): 전자우편 또는 메신저를 사용해서 신뢰할 수 있는 사람 또는 기업이 보낸 메시지인 것처럼 가장함으로써, 비밀번호 및 신용카드 정보와 같이 기밀을 요하는 정보를 부정하게 얻으려는 소셜 엔지니어링의 한 종류이다.

④ 파밍(Pharming): 파밍은 사용자가 자신의 웹 브라우저에서 정확한 웹 페이지 주소를 입력해도 가짜 웹 페이지에 접속하게 하여 개인정보를 훔치는 것이다.

5과목 컴퓨터일반 및 정보설비기준

81	82	83	84	85	86	87	88	89	90
②	③	④	③	③	②	③	①	③	①
91	**92**	**93**	**94**	**95**	**96**	**97**	**98**	**99**	**100**
②	④	④	③	①	③	③	③	②	③

81 정답 ②

RAID(Redundant Array of Independent Disks)는 하드디스크를 병렬로 배열해 사용하는 기법이다.

구분	내용
RAID 0	**스트라이프(Stripe or Striping)** 동시 저장방식, 최소 두 개의 하드디스크가 필요, 데이터가 동시에 저장된다(속도가 빠르고 공간 효율이 좋다).
RAID 1	**미러(Mirror or Mirroring)** 두 개 이상의 하드디스크를 병렬로 연결, 하나의 디스크에 데이터가 저장되고 다른 디스크 백업으로 저장되는 방식이다. 공간 효율이 좋지 않고 저장할 때 두 배의 용량이 소모된다.
RAID 3	**Bit Striping(스트라이핑)** 스트라이핑 기술을 사용하고, Parity를 이용한다. RAID 2와 달리 bit가 아닌 byte단위로 에러 체킹을 하며 하나의 디스크 드라이브를 이용해서 패리티 정보를 저장하는데 사용한다.
RAID 5	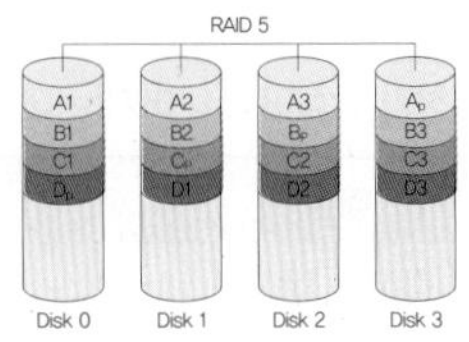 패리티 정보가 디스크에 분산되어있어 기존 생겼던 병목현상을 해결하였다. 성능과 안전성 모두 챙길 수 있어 가장 널리 사용되는 RAID 모델이다. RAID를 구성하면서 가져가는 신뢰도와 높은 처리량의 장점이 있기에, 널리 보급되어 사용된다.

82 정답 ③

$2^p \geq d+p+1$

d: data bit, p: check bit

데이터 비트가 32이므로 d=32를 만족시키기 위해 p의 값을 1부터 입력한다.

$2 \geq 32+p+1$

p=4인 경우 16≥32+4+1은 충족 안 된다.

p=5인 경우 32≥32+5+1도 안 된다.

p=6인 경우 64≥32+6+1이므로 만족한다.

그러므로 패리티 비트는 6비트가 된다.

83 정답 ④

④ 입출력의 연산속도는 I/O Processor로 인해 CPU의 영향을 받지 않기 때문에 입출력의 연산속도는 빨라지는 것이다.

84 정답 ③

CAV(Constant Angular Velocity; 등각속도)

CAV는 하드디스크, 플로피디스크 및 레이저디스크 등에 사용되는 읽기 및 쓰기 모드이다. CAV를 사용하면, 디스크의 어느 부위를 액세스하고 있든 관계없이 디스크는 일정한 속도로 회전한다. 이것이 안쪽 트랙을 액세스할 때 더 빨리 회전하는 CLV(Constant Linear Velocity)와 다른 점이다. CD-ROM 드라이브는 CAV와 CLV의 배합하여 사용하기는 하고, 일반적으로 CD-ROM은 CLV를 사용하는 데 반해, 디스크 드라이브는 CAV를 사용한다. CAV의 장점은 모터의 회전속도를 변경할 필요가 없으므로, 설계와 생산이 더 간단하다. CAV는 CLV에 비해 디스크 용량을 낭비하지만, 데이터 검색을 빠르게 할 수 있으므로, 고화질 사진이나 비디오를 저장하는 데 좋은 방법이다. 그러므로 CAV 방식은 CD 레코더, 플로피디스크, 하드드라이브 등에 널리 사용되는 방법이다.

85 정답 ③

커널

운영체제의 심장이자 이를 규정짓는 매우 중요한 소프트웨어. 하드웨어의 자원을 자원이 필요한 프로세스에 나눠주고, 프로세스 제어(작업 관리), 메모리 제어, 프로그램이 운영체제에 요구하는 시스템 콜 등을 수행하는 부분으로 운영체제 맨 하부에서 돌아간다. 컴퓨터 과학에서 커널은 컴퓨터 운영체제의 핵심이 되는 컴퓨터 프로그램으로, 시스템의 모든 것을 완전히 통제한다. 운영체제의 다른 부분 및 응용 프로그램 수행에 필요한 여러 가지 서비스를 제공하는 핵심이라고도 한다.

86 정답 ②

처리율은 단위시간에 완료되는 프로세스 수이다. 즉, 단위 시간당 처리할 수 있는 CPU의 작업량을 의미한다.

Utilization (이용률, %)	CPU가 수행되는 비율로 "CPU가 얼마나 쉬지 않고 부지런히 일하는가?"를 수치로 표현한 것이다.
Throughput (처리율, jobs/sec)	단위 시간당 처리하는 작업의 수(처리량)로서 "시간당 몇 개의 작업을 처리하는가?"를 수치로 표현한 것이다.

최적의 운용을 위해 스케줄러는 프로세스의 이용율, 처리율을 향상시키고 대기시간과 반응시간은 최소화가 되도록 운용되어야 한다.

87 정답 ③

즉시 주소 지정 방식

Immediate Addressing, Operand가 Instruction에 포함된다(예 ADD 5).

- 장점: 빠르다.
- 단점: 수의 크기에 제한이 있다.

88 정답 ①

서브넷 마스크(Subnet Mask)

IP 주소를 네트워크 주소와 호스트 주소의 두 부분으로 나누는 데 사용되는 32비트 숫자이다. 네트워크 주소는 디바이스가 속한 네트워크를 식별하는 반면, 호스트 주소는 네트워크 내의 특정 디바이스를 식별한다. 서브넷 마스크는 IP 주소와 마찬가지로 도트(점)가 있는 10진수 표기법으로 표시된다. 32비트 서브넷 마스크의 8비트를 나타내는 4개의 옥텟으로 구성된다.

89 정답 ③

구분		내용
데이터 전달 과정	정상 전달	UDP는 3 Way HandShaking 없이 데이터를 전달
	전달 중 손실	전달 중 손실이 발생 시 해당 데이터 폐기
	잘못된 포트 접속	UDP 프로토콜에는 에러처리 기능이 없기 때문에 ICMP 프로토콜이 대신 처리
헤더구조 단순		UDP의 목적은 애플리케이션 계층에 데이터그램을 노출하는 것이므로 헤더구조는 단순함(RFC 768)
재전송 없음		UDP는 사라지거나 회손된 데이터그램을 재전송하지 않음
중복 제거		UDP는 순서가 잘못된 데이터그램의 시퀀스하고 중복된 데이터그램을 제거
32bit(=8Byte)		UDP는 16비트 필드 4개로 구성되어 있음(4×16=64bit=8Byte)

90 정답 ①

오 · 남용하려는 시도를 탐지하여 방지하는 것을 목적으로 하기 위해서는 오용탐지, 이상탐지가 가능한 IDS나 IPS가 필요하다.

구분	Firewall	IDS	IPS
목적	접근통제, 인가	침입 여부 감지	침입 이전에 방지
특징	수동적 차단	로그, 시그니처 기반 패턴 매칭	비정상적 행위 탐지
Packet 차단	O	X	O
Packet 분석	X	O	O
오용탐지	X	O	O
오용차단	X	X	O
이상탐지	X	O	O
이상차단	X	X	O
장점	인가된 트래픽만 허용	실시간 탐지 가능	실시간 대응
단점	내부 공격에 취약	변형 Pattern 탐지 곤란	오탐 발생, 상대적 고가

91 정답 ②

② 해싱 알고리즘은 "데이터를 최종 사용자가 원문을 추정하기 힘든 더 작고, 뒤섞인 조각으로 나누는 것"으로 해시 함수는 특정 입력 데이터에서 고정 길이값 또는 해시값을 생성하는 알고리즘이다.

디지털 서명(Digital Signature)

네트워크에서 송신자의 신원을 증명하는 방법으로, 송신자가 자신의 비밀키로 암호화한 메시지를 수신자가 송신자의 공용 키로 해독하는 과정이다. 디지털 서명은 보통 3개의 알고리즘으로 구성된다. 하나는 공개키 쌍을 생성하는 키 생성 알고리즘, 두 번째는 이용자의 개인 키를 사용하여 서명(전자서명)을 생성하는 알고리즘, 그리고 그것과 이용자의 공개 키를 사용하여 서명을 검증하는 알고리즘이다.

92 정답 ④

최하위 자리수를 기준으로 2진수 3자리는 8진수 한자리이므로 $(100110.100101)_2$이므로 $(46.45)_8$이 된다.

93 정답 ④

④ SaaS: Software as a Service
① BPaas: Business Process as a Service
② Iaas: Infrastructure as a Service
③ PaaS: Platform as a Service

94 정답 ③

③ 수평적 성능확대는 서버의 수를 늘리는 것으로 통신회선과는 무관하다.

구분	수직적 성능 확대	수평적 성능 확대
개념	서버의 성능(CPU, RAM, 스토리지, 네트워크 등)을 높인다.	더 많은 서버를 도입하는 방법이다(트래픽이 많을 경우에는 수평 확장이 답).
장점	하나의 서버로 가능하면 수직 확장이 적절하다.	장애 대응에 유연하고 향후 확장성이 우수하다.
단점	가격, 성능의 한계가 있다. 장애 대응에 어려움이 있고 고성능의 하드웨어를 사용한다고 해도 하드웨어 고장 시 서비스가 중단되어 버린다.	비용이 상대적으로 증가한다.

95 정답 ①

정보통신공사업법 제27조(공사업에 관한 정보관리 등)

① 과학기술정보통신부장관은 공사에 필요한 자재 · 인력의 수급 상황 등 공사업에 관한 정보와 공사업자의 공사 종류별 실적, 자본금, 기술력 등에 관한 정보를 종합 관리하여야 한다.

② 과학기술정보통신부장관은 공사업자의 신청을 받으면 대통령령으로 정하는 바에 따라 그 공사업자의 공사실적 · 자본금 · 기술력 및 공사품질의 신뢰도와 품질관리 수준 등에 따라 시공능력을 평가하여 공시하여야 한다.

③ 제2항에 따른 시공능력평가를 신청하는 공사업자는 대통령령으로 정하는 바에 따라 공사실적, 자본금, 그 밖에 대통령령으로 정하는 사항에 관한 서류를 과학기술정보통신부장관에게 제출하여야 한다.

96 정답 ③

방송통신발전 기본법 제28조(기술기준)

⑤ 과학기술정보통신부장관은 방송통신설비가 기술기준에 적합하게 설치 · 운영되는지를 확인하기 위하여 다음 각호의 어느 하나에 해당하는 경우에는 소속 공무원으로 하여금 방송통신설비를 설치 · 운영하는 자의 설비를 조사하거나 시험하게 할 수 있다.

1. 방송통신설비 관련 시책을 수립하기 위한 경우
2. 국가비상사태에 대비하기 위한 경우
3. 재해 · 재난 예방을 위한 경우 및 재해 · 재난이 발생한 경우
4. 방송통신설비의 이상으로 광범위한 방송통신 장애가 발생할 우려가 있는 경우

97 정답 ③

방송통신발전 기본법 시행령 제21조(관리규정)

관리규정에는 다음 각호의 사항이 포함되어야 한다.

1. 방송통신설비 관리조직의 구성 · 직무 및 책임에 관한 사항
2. 방송통신설비의 설치 · 검사 · 운용 · 점검과 유지 · 보수에 관한 사항
3. 방송통신설비 장애 시의 조치 및 대책에 관한 사항
4. 방송통신서비스 이용자의 통신비밀보호대책에 관한 사항

98 정답 ③

정보통신공사업법 제2조(정의)

13. "하도급"이란 도급받은 공사의 일부에 대하여 수급인이 제3자와 체결하는 계약을 말한다.
14. "수급인"이란 발주자로부터 공사를 도급받은 공사업자를 말한다.

99 정답 ②

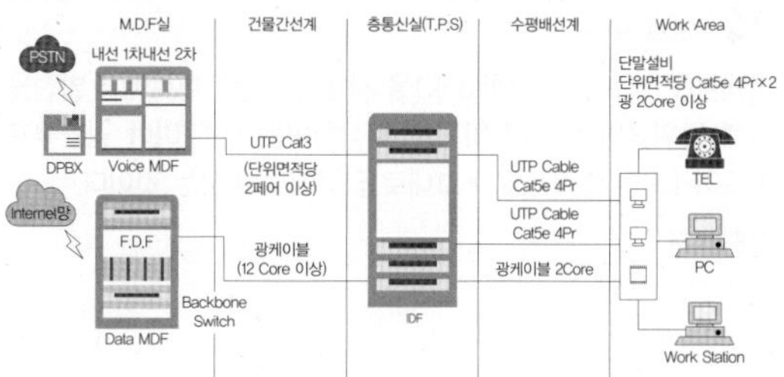

100 정답 ③

정보통신공사업법 시행령 제7조(설계도서의 보관의무)

공사의 설계도서는 다음 각호의 기준에 따라 보관하여야 한다.

1. 공사의 목적물의 소유자는 공사에 대한 실시 · 준공설계도서를 공사의 목적물이 폐지될 때까지 보관할 것
2. 공사를 설계한 용역업자는 그가 작성 또는 제공한 실시설계도서를 해당 공사가 준공된 후 5년간 보관할 것
3. 공사를 감리한 용역업자는 그가 감리한 공사의 준공설계도서를 하자담보책임기간이 종료될 때까지 보관할 것

제3회 정보통신기사 기출문제해설

1과목 정보전송일반

01	02	03	04	05	06	07	08	09	10
④	②	③, ④	③	①	①	①, ④	④	②	②
11	12	13	14	15	16	17	18	19	20
②	③	③	③	④	①	②	④	②	①

01 정답 ④

OTDR 기술의 원리는 광섬유 내에 존재하는 작은 결함들 및 불순물들에 의해 후방 산란되는 빛(레일라이 후방 산란(Rayleigh back－scattering)으로 알려진 현상)과 광섬유 내에서 반사되는 빛(커넥터, 접속부 상의 반사)을 시간의 함수로서 검출하고 분석하는 것이다.

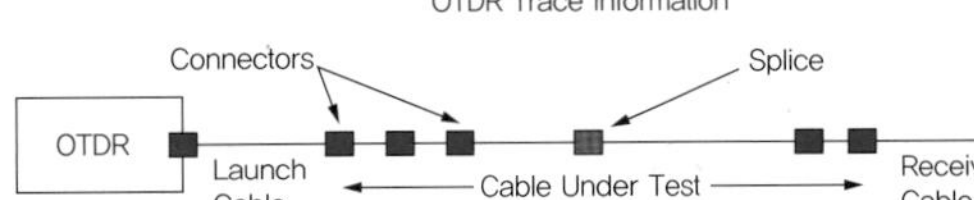

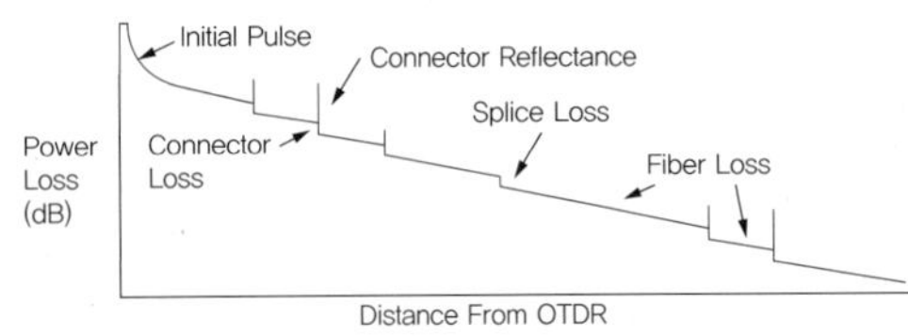

02 정답 ②

② 잡음에 매우 약해서 PCM 변환해서 보내야 한다. 즉, 잡음에 영향을 많아서 Nyquist 주파수 이상으로 변조해서 보내야 원신호를 재생할 수 있다.

03 정답 ③, ④

③ APC(Adaptive Predictive Coding): 적응 예측 부호화 방식으로 음성 신호 부호화의 한 방식이다. PCM에 의한 디지털과 신호의 비트 수(64kbps)를 줄이기 위해 연구되고 있는 것 중의 하나이다(연구되고 있고 확정적인 방식은 아님).

④ ADM(Add Drop Multiplexer): 디지털 전송망에서 회선 간에 서로 다른 계위신호들의 분기/결합을 제공하는 것으로 내부에 스위치 및 다중화 요소를 갖춘 디지털 다중화 전송장치이다.

※ 최종 ③, ④번이 정답 처리됨. ADM(Adaptive Delta Modulation)이면 정답을 ③으로 해야함

04 정답 ③

정궤환(Positive Feedback)을 사용하는 발진회로에서 발진을 위해 동위상이 되어야 하므로 위상천이는 0[°]이며 궤환루프 이득이 1이면 출력신호가 그대로 입력에 들어오는 것이다.

발진조건

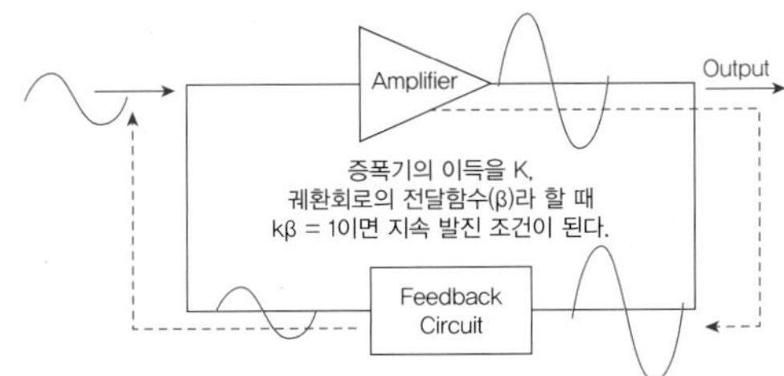

- 위상 조건: 입력 V_i와 출력 V_f가 동위상
- 이득 조건
  - 증폭도: $A_f = \frac{A}{1-\beta A}$
  - 바크하우젠(Barkhausen)의 발진 조건(발진 안정): $|A\beta|=1$
  - 발진의 성장 조건: $|A\beta| \geq 1$
  - 발진의 소멸 조건: $|A\beta| \leq 1$

05 정답 ①

광섬유(Optical Fiber) 특징

빛 신호를 전달하는 가느다란 유리 또는 플라스틱 섬유의 일종으로 광섬유의 원리는 광섬유 내부와 외부를 서로 다른 밀도와 굴절률을 가지는 유리섬유로 제작하여, 한번 들어간 빛이 전반사를 하며 진행하도록 만든 것이다. 구리선보다 더 많은 양의 데이터를 더 멀리까지 전달할 수 있다. 광섬유를 만드는 데 유리섬유가 금속 대신에 쓰이는 이유는 데이터 손실이 더 적고 전자기적 간섭도 더 적고 고온에도 더 잘 견디기 때문이다.

06 정답 ①

크기가 500이라는 것은 시간축에서는 100의 크기라는 의미이다. 100coswt가 원래 함수이므로 파스발(Parseval) 정리에 의해 신호 f(t)의 평균 전력은 $\frac{100^2}{2}=5{,}000=5[\text{kW}]$

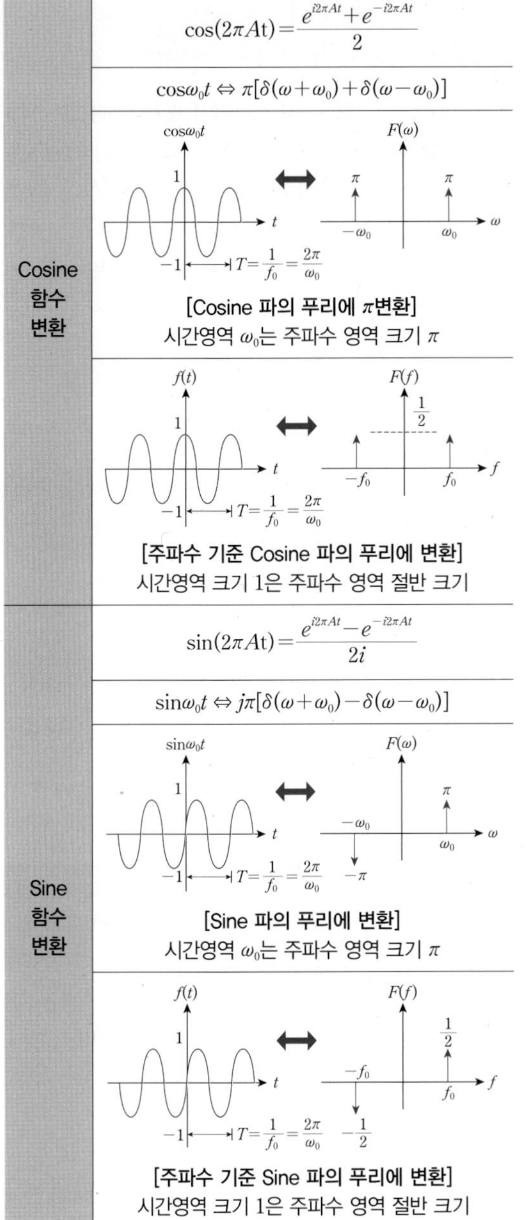

07 정답 ①, ④

① 왜곡(Distortion): 전송 매체 특성에 따라 형태나 파형이 바뀌는 것으로 대역폭에 영향을 받는다.

④ 심볼 간 간섭(Inter Symbol Interference): 간섭을 줄이기 위해 펄스 성형(Pulse Shaping)을 한다. 이는 전송되는 펄스의 파형을 변형하는 것으로 통신 채널에서 부호 간 간섭(ISI, Inter－Symbol Interference)을 최소화하고 점유 대역폭을 제한하기 위하여 사용된다. 펄스 성형 기법으로는 변조(Modulation) 후 각각의 부호(Symbol)에 펄스 성형 필터를 사용하는 기법을 사용한다.

② 누화(Crosstalk): 인접 전선(송신, 수신 간)의 영향으로 다른 신호와 상호 작용한다.

③ 잡음(Noise): 보내려는 신호 이외의 신호가 들어온다.

※ 정답을 ①, ④로 중복처리함

08 정답 ④

④ 고속의 데이터 전송으로 전송 성능이 좋으며 전송대역과는 무관하다.

구분	비동기 전송	동기 전송
단위	문자	비트/문자 블록
에러 검출	패리티 비트	CRC
오버헤드	문자당 고정된 크기	프레임당 고정된 크기
효율	비효율적	효율적
가격	저렴	고가
전송방식	한 문자 전송 시 동기화 전송	비동기 방식 비효율성 보완
전송단위	문자 단위의 비트 블록	여러 블록으로 전송
전송특징	동기화 위해 Start Bit와 Stop Bit 사용, Parity Bit 추가해서 전송	데이터 제어정보 포함 전송, Block 단위로 전송하며 휴지간격이 없고 동기화를 위해 시작과 끝을 나타내는 제어정보를 붙여서 프레임 구성
속도	1,800bps 이하의 저속 전송	2,000bps 이상의 고속 데이터 전송 (Clock/Timing으로 동기 맞춤)
단점	문자당 2~3비트 추가로 전송효율이 떨어짐	별도의 하드웨어 장치 필요

09 정답 ②

OFDM 단점

구분	내용
CP 사용	OFDM은 ISI를 피하기 위해 CP(Cyclic Prefix)를 사용해야 한다.
동기화 민감	주파수 동기화에 민감하다.
PAPR	PAPR(Peak−to−Average Power Ratio)이 높게 나올 수 있다.
민감도	반송파의 주파수 옵셋과 위상잡음에 민감하다. 그러므로 송수신단 간에 반송파 주파수의 Offset이 존재하는 경우 $\frac{S}{N}$의 비가 감소할 수 있다.

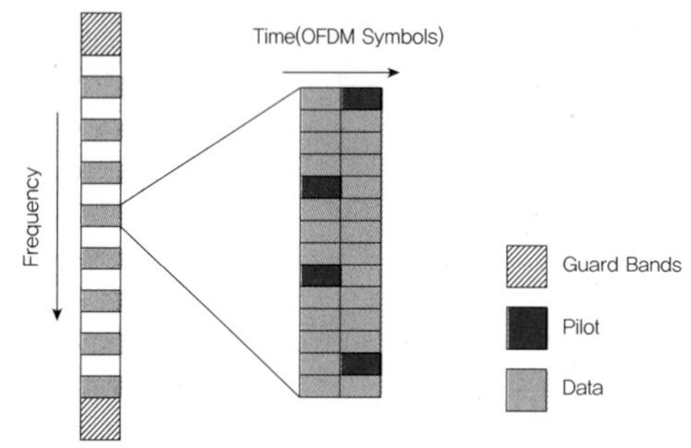

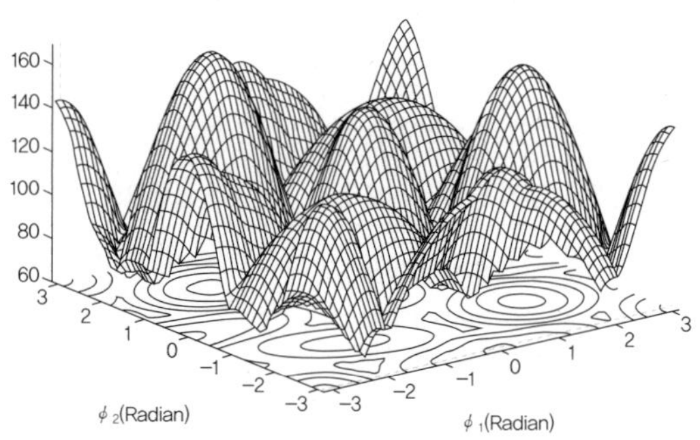

OFDM은 많은 부반송파 신호들이 동위상으로 더해지는 경우 PAPR이 증가한다. 이를 방지하기 위해 SC−FDMA를 사용한다.

10 정답 ②

신호의 PSD는 $\left(\frac{2^2}{2}\right)+\left(\frac{6^2}{2}\right)=2+18=20$

Fourier 변환

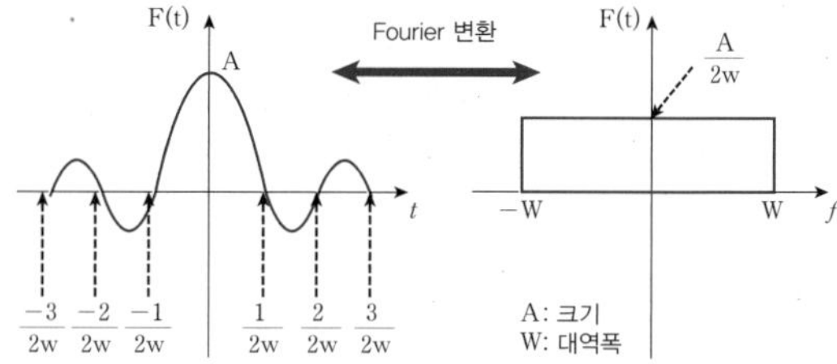

$\text{Asinc}(2Wt) \leftrightarrow \frac{A}{2W}\text{rect}\left(\frac{f}{2W}\right)$에서 W가 200이므로 A(크기)가 200이 된다. 잡음의 PSD=rect(함수)의 크기는 200이므로 그러므로 시간영역에서는 200sinc(2×200t)에서 Noise의 크기는 200이다.

신호대 잡음비(SNR)$=10\log\frac{S}{N}=10\log\frac{20}{200}=10\log10^{-1}$이어서 −10[dB]가 된다.

11 정답 ②

② $A\cdot B=A(A+B)=A\cdot A+A\cdot B=A+A\cdot B$
$=A(1+B)=A$

> **불대수**
> $A\cdot 1=A,\ A\cdot 0=0,\ A+1=1,\ A+0=A,$
> $A+A=A,\ A\cdot A=A,\ A\cdot\overline{A}=0,\ A+\overline{A}=1$

12 정답 ③

구분	내용
비굴절율차(△)	Core와 Clade 간의 상대적 굴절율차 $\triangle=\frac{n_1^2-n_2^2}{2n_1^2}\approx\frac{n_1-n_2}{n_1}$
개구수(NA)	Numerical Aperture, 입사광에 의해 받아들일 수 있는 최대 수광각이다. 보통 싱글(단일)모드 0.1, 멀티(다중)모드 0.2~0.3 정도이다.

$NA=n_1\sin\theta c=\sqrt{n_1^2-n_2^2}=n_1\sqrt{2\triangle}=1.49\sqrt{2\times0.015}$
$=1.49\times0.173=0.258$

13 정답 ③

③ 다른 전송매체에 비해 "거리, 대역폭 및 데이터 전송률 면에서 제한적이지 않다"는 것은 광케이블에 대한 설명이다.

14 정답 ③

전자기파, 전자파 또는 전자기복사(Electromagnetic Radiation, EMR)는 전자기장의 흐름에서 발생하는 일종의 전자기 에너지이다. 즉, 전기가 흐를 때 그 주위에 전기장과 자기장이 동시에 발생하는데, 이들이 주기적으로 바뀌면서 생기는 파동을 전자기파라고 한다. 가시광선도 전자기파에 속하며 전파, 적외선, 자외선, X선 같은 전자기파들은 우리 눈에 보이지 않는다.

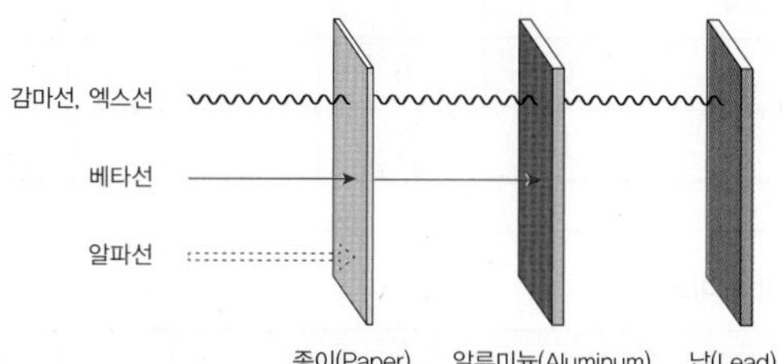

① 알파선(Alpha Rays): 알파선(Alpha ray, α−ray, α선) 혹은 알파 입자(Alpha Particle)는 방사선의 하나로 높은 이온화 특성을 지니는 입자 복사이며 핵(Nucleus)이 알파 붕괴(Alpha Decay) 할 때 방출한 에너지가 높은 헬륨−4 핵의 흐름이다.

③ 감마선(Gamma Rays): 전자기 복사의 강력한 형태로, 방사능 및 전자−양전자 소멸과 같은 핵 과정 등에 의해 생성된다.

④ 베타선(Beta Rays): 베타(β)입자라고도 말하며 e의 전하를 갖는 전자선이며 원자핵의 β붕괴 시에 방출된다.

② 초음파(Ultrasonic Waves): 가청주파수 한계인 20kHz보다 커서, 인간의 청각으로 들을 수 없는 음파 범위이다.

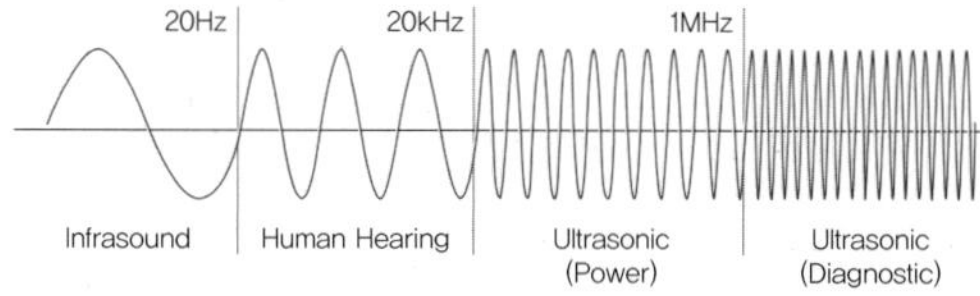

알파선은 헬륨 원자핵으로 생성되어 있으므로 종이 한 장으로 쉽게 막을 수 있다. 베타선은 전자로 구성되어 있으므로 알루미늄판으로 막을 수 있다. 고에너지 광자로 구성된 감마선은 조밀한 물질(물이나 철근 콘크리트)을 통과하며 점차 흡수된다.

15 정답 ④

FDM 특징

- 1,200보오(Baud) 이하의 비동기에서만 사용한다.
- 변복조 기능이 포함되어 있으며 FDM 자체가 모뎀 역할을 하므로 별도 모뎀이 필요 없다.
- 변복조기 구조가 간단하고 가격이 저렴하다.
- 채널 간 완충 지역으로 가드 밴드(Guard Band)가 있어 대역폭이 낭비된다.
- 동기의 정확성이 필요 없으므로 비동기 방식에 주로 사용된다.
- 인접 신호 간에 주파수 스펙트럼이 겹치는 경우 누화현상이 발생한다.
- 다중의 메시지 신호를 넓은 대역에서 동시에 전송할 수 있다.
- 각 메시지 신호는 부반송파로 우선 변조된다.
- 여러 부반송파가 합쳐진 후 주반송파로 변조된다.

16 정답 ①

포인팅 정리(Poynting's Theorem)는 전자기장을 포함한 계에서의 에너지 보존 법칙이다. 즉, 전자기장이 한 일의 양은 전자기장이 잃게 되는 에너지의 양과 같다는 정리이다.

평면 전자파(가장 기본적)

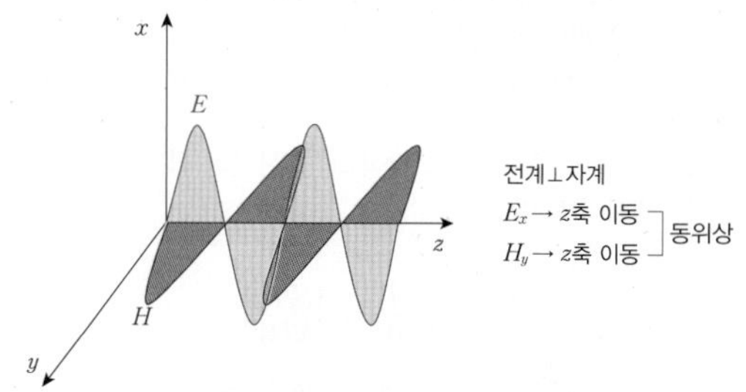

균일한 매질 내에 전계 E와 자계 H가 진행 방향인 z축 방향에 수직인 x 성분과 y 성분을 가진 것

⇒ x나 y의 미분 계수는 0이면서 z 성분의 미분 계수만 존재

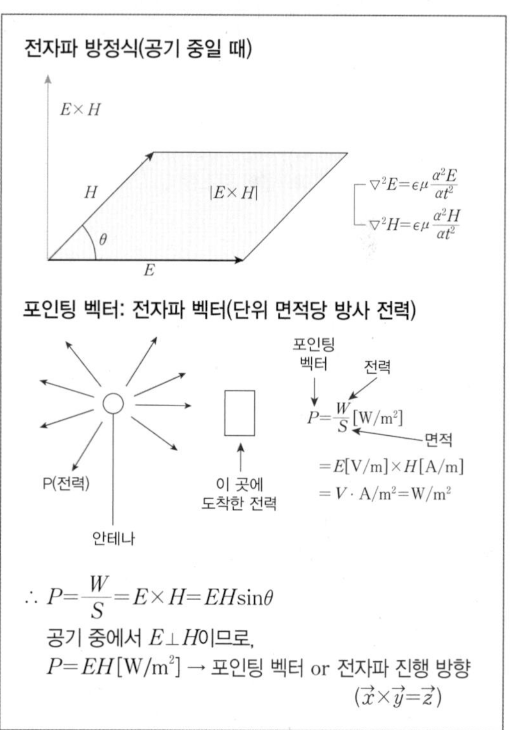

파의 진행 방향에 수직인 단위면적을 단위시간에 통과하는 에너지의 흐름인 포인팅 전력 P=EH [W/m³]가 된다. 평면 전자파에서 E와 H는 수직이므로 위식을 벡터로 표시한 것이다.

17 정답 ②

A, $s(t)$, 0, T

$$E_b=\int_0^T|s(t)|^2dt=\int_0^T A^2dt=A^2T$$

- E_b는 정보 비트당 신호에너지(Energy Per Bit)로서 비트 수준의 에너지이다. 신호의 제곱을 관측하려는 시간만큼 적분한 것이다.
- E_b=비트시간×신호전력=$T_b\times S$
  =(1/비트전송률)×S=S/R_b
- N_o: 잡음 전력 스펙트럼 밀도(Noise Power Spectral Density)이다.
- $N_o=N/W$ 주로, '검파 방식'과 '수신기의 잡음지수' 등에 의해 결정되는 값이다.

$$\frac{E_b}{N_0}=\frac{S\cdot T_b}{N/W}=\frac{(S/R_b)}{(N/W)}$$

- E_b는 신호전력(S)을 비트율(R_b)로 정규화한 것이다.
- N_o는 잡음전력(N)을 대역폭(W)으로 정규화한 것이다.

$$\frac{S}{N}=\frac{E_b\cdot R_b}{N_0\cdot W}=\frac{E_b\cdot R_b}{N_0\cdot\left(\frac{1}{T}\right)}=\frac{E_b\cdot R_b}{N_0\cdot R_b}=\frac{E_b}{N_0}$$

디지털 통신시스템 설계/운용 목표는 E_b/N_o의 최소화이다. 통신시스템 관점에서 E_b/N_o가 최소가 되도록 시스템을 설계하고 운용하는 것이 목적이며 요구되는 E_b/N_o가 작을수록 검출 과정 등이 더 효율적이며 비트에러율이 감소한다.

18 정답 ④

④ 비트 동기와 프레임 동기를 완벽하게 유지하더라고 내부 외부 환경에 의해서 심볼 간 간섭(ISI)이 발생할 수 있다.

PCM 과정

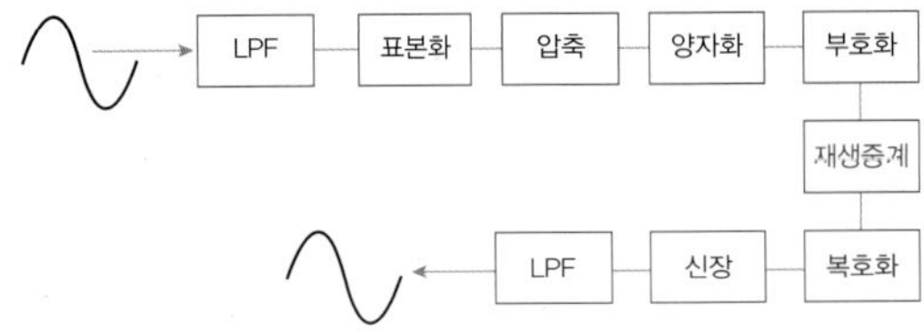

19 정답 ②

② 여러 사용자가 시간을 공유하고 주파수를 나누어 쓰는 방식이다. FDM에서 공유 전송 매체의 대역폭은 중복되지 않는 여러 주파수 대역으로 나뉘며, 각 주파수 대역은 별도의 신호를 전송하는 데 사용된다. 각각의 신호는 별도의 반송파 신호를 사용하여 서로 다른 주파수 대역으로 변조되고, 변조된 신호는 공유 매체를 통해 전송하기 위한 복합 신호로 결합된다.

20 정답 ①

2진 비교기(Comparator)는 두 개의 2진수의 크기를 비교하는 회로이다.

입력		출력		
X	Y	Y_1	Y_2	Y_3
0	0	1	0	0
0	1	0	0	1
1	0	0	1	0
1	1	1	0	0

1bit 비교기

입력	출력			
X Y	$X=Y$ F_1	$X\neq Y$ F_2	$X>Y$ F_3	$X<Y$ F_4
0 0	1	0	0	0
0 1	0	1	0	1
1 0	0	1	1	0
1 1	1	0	0	0

$F_1=\overline{X\oplus Y}$, $F_2=X\oplus Y$, $F_3=X\overline{Y}$, $F_4=\overline{X}Y$

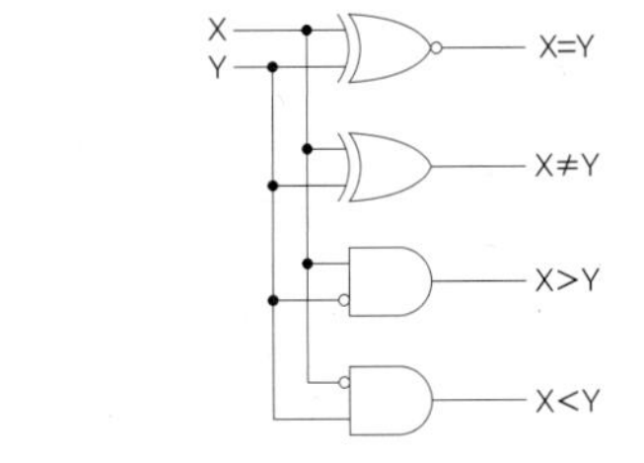

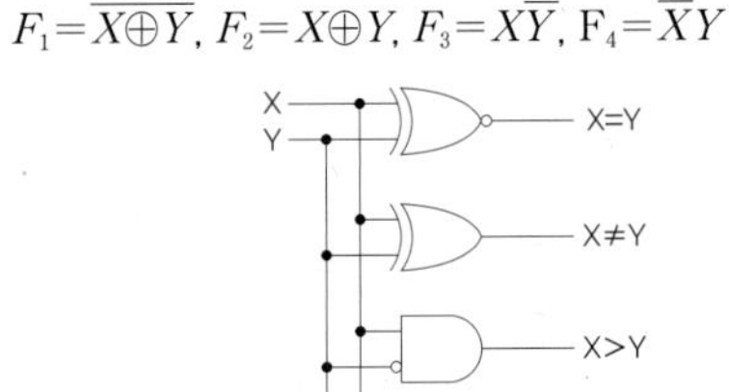

2과목 정보통신기기

21	22	23	24	25	26	27	28	29	30
①	①	①	②	②	②	②	④	④	①
31	**32**	**33**	**34**	**35**	**36**	**37**	**38**	**39**	**40**
④	②	①	④	모두 정답	①	④	②	②	④

21 정답 ①

주파수 분할 다중화(FDMA)는 '정해진 주파수 대역폭 안에서 잘게 나누어 사용하는 기술'로서 주로 음성 신호를 전송할 때 음질이 떨어질 수 있다. 그러므로 최소의 주파수 폭인 약 26~30kHz를 사용해서 변조하여 AM, FM 등을 이용한다.

22 정답 ①

① 광대역 데이터 회로를 위해 설계된 것으로 시분할 다중화기와 문자분할 다중화기가 있다.

다중화기(Multiplexer)

정의	• 하나의 통신회선을 여러 대의 단말기가 동시에 사용할 수 있도록 하는 장치 • 고속 통신회선의 주파수, 시간을 일정한 간격으로 나누어 각 단말기에 할당
특징	• 통신회선을 공유하여 전송효율을 높이고 비용 절감 • 여러 대의 단말기의 속도 합 ≤ 고속 통신회선 속도
방식	• 주파수 분할 다중화기(FDM) • 시분할 다중화기(TDM) 예 사무실에서 인터넷을 공유, 허브, 인터넷 공유기
종류	• 지능 다중화기(Intelligent Multiplexer) 데이터 통신에서 여러 채널의 데이터를 하나의 전송 매체로 보낼 수 있게 하는 다중화 장치로서 실제 보낼 데이터가 있는 회선에만 동적으로 전송을 허용하여 전송효율을 높인다. • 광대역 다중화기(Group Band Multiplexer) 광대역 데이터 통신을 위해 설계된 다중화기로서 여러 가지 다른 속도의 동기식 데이터들을 하나로 묶어 광대역 전송 매체를 통해 광대역 전송을 하는 동기방식의 시분할 다중화기로서 통신이 요구되는 두 지역의 컴퓨터 센터 간의 연결에 이용된다.

23 정답 ①

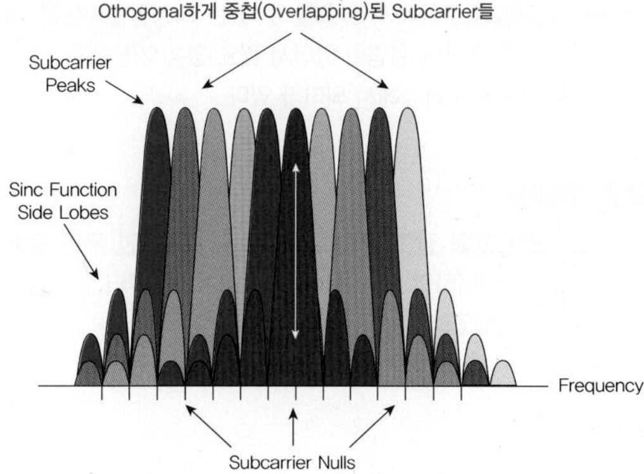

직교 주파수 분할 다중 액세스(OFDM)

직교 주파수 분할 다중화 디지털 변조 방식의 다중 사용자 버전이다. 다중 액세스는 OFDMA에서 개별 사용자에게 부반송파의 하위 집합을 할당하며 이를 통해 여러 사용자로부터 낮은 데이터 전송률을 동시에 전송할 수 있다.

OFDM과 OFDMA 모두 전송되는 데이터를 여러 개의 작은 패킷으로 분할하여 간단한 방법으로 작은 정보 비트를 이동시킨다. 또한, OFDMA는 채널을 부반송파라고 하는 더 작은 주파수 할당 대역으로 세분한다. 채널을 세분하면 작은 패킷을 동시에 여러 장치로 병렬 전송할 수 있다. 도착한 패킷은 전송되기 시작하며 다른 패킷을 기다릴 필요가 없다. 다운 링크 OFDMA에서 라우터는 서로 다른 부반송파 그룹을 사용하여 서로 다른 클라이언트에 패킷을 보낼 수 있다. 대기시간을 관리할 수 있으며 유연하고 분산된 통신 방법은 네트워크 속도와 효율성을 향상시킨다.

24 정답 ②

IPTV 서비스 특징

- 인터넷과 TV(Set−Top Box)를 결합하여 콘텐츠를 서비스한다.
- 인터넷망과 TV 단말기를 융합해 확장 가능성이 크다.
- TV 수준의 영상 품질을 유지하며 영상 QoS를 만족해야 한다.
- 이용자의 요청에 따라 실시간 방송 콘텐츠와 주문형 비디오 등 다양한 콘텐츠를 제공하는 양방향 서비스이다.

25 정답 ②

MPEG−V(Media Context and Control) 표준

멀티미디어 콘텐츠에 대한 대표적인 국제표준화 기구인 MPEG(Moving Picture Experts Group)은 MPEG−V 프로젝트(ISO/IEC 23005)를 통하여 가상세계와 가상세계 그리고 가상세계와 현실세계 간 소통을 위한 인터페이스 규격을 정의하고 있다.

26 정답 ②

② 모든 보관함에는 유사시 탈출할 수 있는 비상탈출버튼을 내장하는 경우 도난의 위험이 있어서 필요 없는 기능이다.

①, ③, ④ 정보통신 관점에서 의미가 있다.

27 정답 ②

② 키오스크는 표를 팔면 무인 발권기, 물건을 팔면 무인 판매기, 정보를 안내하면 무인 안내기와 같이 처음부터 입·출력 장치로 사용되었다.

28 정답 ④

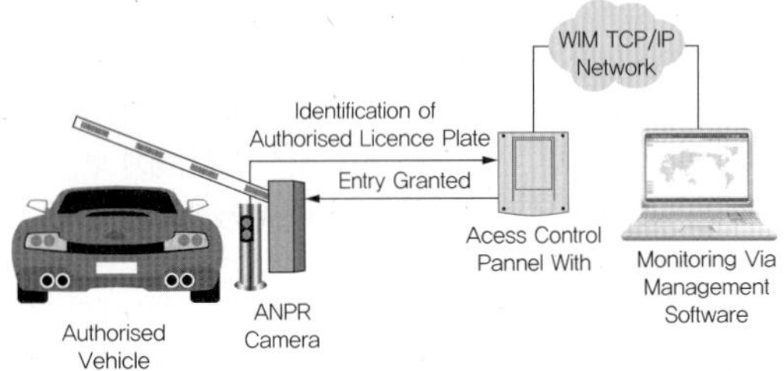

주차관제시스템

주차장의 입출차를 효율적으로 관리하기 위한 솔루션으로 LPR(License Plate Recognition)이라 한다. 주차관리 서버는 네트워크로 연결되어 원격에서 차량에 대한 전체 제어(Control)을 담당한다.

29 정답 ④

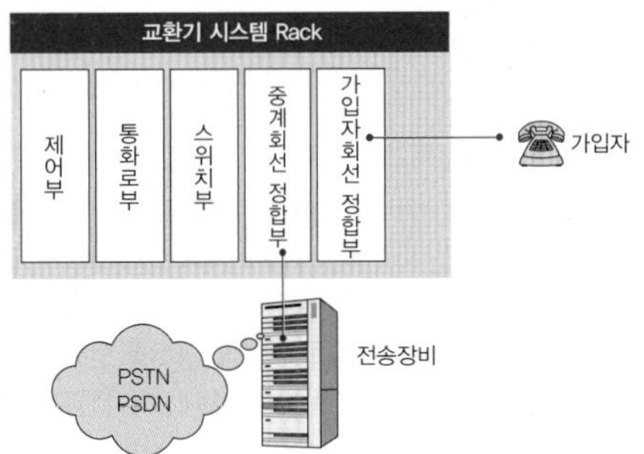

교환기의 구성은 크게 나누면 제어부와 스위치부로 나누어지는데 제어부는 프로세서가 탑재되어 있어 교환동작에 필요한 프로그램 등을 통하여 스위치부 제어, 각종 서비스 제어, 유지보수 등을 담당하게 된다. 통화로부는 실제 교환동작을 담당한다.

제어부 구성

교환기에 있어서 두뇌에 해당하는 제어부는 70년대까지는 중앙에 하나의 컴퓨터를 갖추고 교환기 내에서 발생하는 모든 이벤트를 시분할방식으로 처리하는 집중제어방식이 사용되었다. 그러나 이러한 집중제어방식은 중앙의 컴퓨터가 고장을 일으킬 경우 교환기 전체의 고장으로 진행되는 치명적 단점이 있어서 이를 보완하기 위해 80년대에는 분산제어방식이 채택되었다. 분산제어방식은 마이크로프로세서의 기술을 이용하는 것으로서 교환기 내에 프로세서를 여러 개로 분산시켰으며 분산된 프로세서들은 동일한 프로그램을 가지고 교환기 내부의 부하를 분담처리하고 또한 서로 다른 프로그램을 가지고 있기도 하여 상호 간 부하를 맡아 작업기도 한다. 이러한 분산제어방식은 대·소용량에 관계없이 증설이 용이하며 제어장치가 분산되어 있으므로 일부 제어장치가 고장을 일으켜도 교환기 전체의 고장으로 까지는 진행되지 않는 장점을 가지고 있다. 요즘의 교환기들은 대부분이 분산제어방식이 있다. 컴퓨터 용량의 45[%] 정도의 부하가 걸리는 것은 이중화된 교환기의 장애에 대비하기 위한 것으로 추가 10[%]는 호 폭주를 대비하기 위한 여유 대역이다.

30 정답 ①

① 영구적인 데이터를 저장하며 휘발성(Volatile)을 가지지 않는 것은 ROM이다.

구분	내용
RAM	메인 메모리에 주로 사용하며 휘발성 기억 장치이다.
SRAM	전원이 차단되자마자 즉시 데이터가 지워진다.
DRAM	전원이 차단되자마자 그 즉시 데이터가 지워지지 않고 5분 유지한다. DRAM은 내부에 전류를 일시적으로 저장하는 역할을 하는 축전기가 있기 때문으로 액체 질소 등으로 냉각시킬 경우 1주일 정도 데이터 저장이 가능하다.

31 정답 ④

모뎀 수신부의 구성

복조기	자동이득 조절기인 AGC(Automatic Gain Control)에서 적당한 신호 크기로 만들어진 다음 복조기로 들어간다.
자동이득 조절기 (AGC)	AGC(Automatic Gain Control)에서 적당한 신호 크기로 만들어진 다음 복조기로 들어간다. 다양한 영향으로 인한 진폭변화의 영향을 줄이기 위하여 적절한 신호크기 레벨을 유지할 수 있도록 한다.
등화기 (Equalizer)	수신된 신호는 심볼간 간섭, 다경로 확산, 첨가 잡음, 페이딩에 의한 왜곡이 생겨서 수신되므로 이러한 왜곡을 줄이기 위한 장치이다.
디스크램블러	수신측에서 스크램블러의 역기능을 하는 것으로 이것에 의해 원신호로 복귀된다.

32 정답 ②

매개 변수	Synchronous TDM	Statistical TDM
동작	각 입력 연결의 데이터 흐름을 단위로 분할하며 각 입력은 출력 시간 슬롯 하나를 차지한다.	슬롯은 동적으로 할당된다. 즉, 입력 라인이 데이터를 보낼 때만 출력 프레임에 슬롯이 제공된다.
슬롯 수	각 프레임의 슬롯 수는 입력 라인 수와 동일하다.	각 프레임의 슬롯 수는 입력 라인 수보다 적다.

33 정답 ①

- ONU(Optical Network Unit): 주거용 가입자 밀집 지역의 중심부에 설치하는 소규모의 옥외/옥내용 광통신 장치이다.
- OLT(Optical Line Terminal): 통상적으로 국사 내에 설치되어 백본망과 가입자망을 서로 연결하는 광가입자망 구성 장치를 말하며, 광신호를 종단하는 기능을 수행한다.

34 정답 ④

ATSC는 북미에서 개발한 방법으로 이동수신이 약한 것이 단점이 었다.

개발국		한국, 미국, 일본	유럽
명칭		ATSC	DVB−T
방송		HDTV/SDTV	SDTV
Carrier		Single	Multi
전송방식		8−VSB	COFDM
압축 방식	영상	MPEG−2	MPEG−2
	음성	Dolby AC−3	MPEG−2
이동수신		약함	가능
고스트영향		약함	강함
단일채널 망		불가능	가능
TV+R 방송		불가능	불가능
수상기 구조		다소 간편함	다소 복잡함
선택국가		한국, 미국, 대만, 캐나다	유럽연합

35 모두 정답

③ 피난층 계단실은 자주 사용하는 곳이 아니므로 제외한다.

〈참고: 공동주택 영상정보처리기기의 설치 기준*〉

* 「주택건설기준 등에 관한 규정」 제39조 및 「주택건설기준 등에 관한 규칙」 제9조

- 승강기, 어린이놀이터 및 각 동의 출입구마다 영상정보처리기기의 카메라를 설치할 것
- 영상정보처리기기의 카메라는 전체 또는 주요 부분이 조망되고 잘 식별될 수 있도록 설치하되, 카메라의 해상도는 130만 화소 이상일 것

> **범죄예방 건축기준 고시 제10조(100세대 이상 아파트에 대한 기준)**
>
> ① 대지의 출입구는 다음 각호의 사항을 고려하여 계획하여야 한다.
>
> ③ 부대시설 및 복리시설은 다음 각호와 같이 계획하여야 한다.
>
> 1. 부대시설 및 복리시설은 주민 활동을 고려하여 접근과 자연적 감시가 용이한 곳에 설치하여야 한다.
> 2. 어린이놀이터는 사람의 통행이 많은 곳이나 건축물의 출입구 주변 또는 각 세대에서 조망할 수 있는 곳에 배치하고, 주변에 경비실을 설치하거나 영상정보처리기기를 설치하여야 한다.
>
> ⑨ 승강기 · 복도 및 계단 등은 다음 각호와 같이 계획하여야 한다.
>
> 1. 지하층(주차장과 연결된 경우에 한한다) 및 1층 승강장, 옥상 출입구, 승강기 내부에는 영상정보처리기기를 설치하여야 한다.
> 2. 계단실에는 외부공간에서 자연적 감시가 가능하도록 창호를 설치하고, 계단실에 영상정보처리기기를 1개소 이상 설치하여야 한다.

※ 이 문제는 다툼의 여지가 있어서 최종적으로 모두 정답 처리함

36 정답 ①

집중화 방식은 다중화 방식 대비 기억용량이나 저장을 처리하므로 이에 따른 유지보수가 상대적으로 불편할 것이다.

37 정답 ④

압축은 대역폭의 제한을 받음으로 저장공간의 용량을 줄이는 것이다.

구분	내용
압축	• 반복길이 코드(Run−length) • 허프만 코드(Huffman) • 렘펠−지프(Lempel−Ziv) 코드
손실압축	• 변환기법(Transformaiton) 예 FFT, DCT • 예측기법(Prediction) 예 DPCM, ADPCM, (A)DM • 양자화(Quantization) • 웨이블렛 코드(Wavelet−based) • 보간법(Interpolation) • 프랙탈 압축(Fractal Compression)
혼성압축	JPEG, GIF, MPEG, H.261, H263 등

- 무손실 압축: 동일한 정보의 반복적인 출현에 중복성만 제거, 압축 이전의 데이터 정보를 손실 없이 복원이 가능하다.
- 손실 압축: 중요하지 않은 정보를 삭제하고, 복원 후에는 데이터 손실이 있으나 무손실보다는 압축효과가 크다.
- 혼성 압축: 무손실, 손실압축 두 가지를 함께 사용하는 방식이다.

38 정답 ②

프레임(Frame)

TV 화면은 수 많은 점들로 구성되어져 있다. 하나의 점을 화소(Pixel)라 하며 픽셀로 구성된 1장의 화면이 프레임이다. 동영상 재생하는데 필요한 단위로 영화 필름에서는 초당 24프레임을, TV 방송에서는 초당 30장의 프레임을 사용한다. 그러므로 QCIF 포맷을 흑백화면으로 25프레임, 8비트로 샘플링하면 QCIF[176(세로)*144(가로)]×25Frame×8bit×2(Nyquist 공식에 의거 fs≥2fm이므로)=176×144×25×8bit×2=10,137,600이 되어 약 10Mbps가 된다.

RFC−2190: RTP Payload Format for H.263 Video Streams

구분	내용
CIF	Common Intermediate Format(352*288 Pixels)
QCIF	Quarter CIF(176*144 pixels)
Sub-QCIF	128*96 Pixels
4CIF	704*576 Pixels
16CIF	1408*1152 Pixels

39 정답 ②

MAC 처리

데이터링크계층은 MAC(Media Access Control)이라는 고유주소를 처리한다. MAC은 48bit로 24bit는 Unique하게 제조사를, 나머지 24bit는 제조사에서의 발행한 번호로서 이를 통해 전 세계적으로 고유의 번호가 생성되는 것이다.

40 정답 ④

보안 강화를 위해 무결성(Integrity), 신빙성(Authenticity, 권한으로 해석 필요), 암호화(Encryption)가 요구된다. 품질과 보안은 별개 요소이다.

3과목 정보통신 네트워크

41	42	43	44	45	46	47	48	49	50
①	③	②	②	②	①	④	④	④	①
51	**52**	**53**	**54**	**55**	**56**	**57**	**58**	**59**	**60**
③	④	①	③	①	①	③	①	④	②

41 정답 ①

물리계층은 케이블이나 커넥터 형태, 핀 할당(핀 배열) 등 물리적인 사양에 관해 정의되어있는 계층이다. 물리계층에서 동작하는 대표적인 장비는 리피터로서 거리 제약을 극복할 수 있다.

42 정답 ③

③ FCS(Frame Check Sequence)

Ethernet Frame 구조

Header							Trailer
		Mac Frame 내용					
Preamble	SFD	Destination Address	Source Address	Type	Data		FCS
7byte	1byte	6byte	6byte	2byte	46~1500byte		4byte

프레임에 문제가 있는지 판별에 사용하는 것으로 프레임의 끝부분에 수신측의 에러검출을 돕기 위해 삽입하는 필드이다. CRC(Cyclic Redundancy Check)는 에러검출 방법 중의 하나로 송신측에서 데이터로부터 다항식에 의해 추출된 결과를 여분의 FCS(Frame Check Sequence)에 덧붙여 보내면, 수신측에서는 동일한 방법으로 추출한 결과와의 일치성으로 오류검사를 한다.

① Preamble: Frame Alignment로서 비트 동기 또는 프레임 동기 등을 위하여 프레임 단위별로 각 프레임의 맨 앞에 붙이는 영역이다.

② Type: IPv4에서 TOS는 Type Of Service(8Bits)로서 서비스 품질에 따라 패킷의 등급 구분하며 8비트로 앞의 3비트는 우선순위를 결정, 뒤의 5비트는 서비스 유형, 5비트 중 마지막 1비트는 사용하지 않는다. 높은 값을 우선처리순서는 음성>영상>Text 순서이다. Ethernet에서 type은 상위계층 프로토콜 종류를 표시한다. 0×600 이상이면 Type(DIX 2.0), 0×600 이하이면 Length(802.3)로 해석된다. 즉 Ethernet에서 Type은 다양한 Type을 가지고 있으며 대표적인 Type은 IP(Internet Protocol)라 할 수 있다.

④ Padding: IPv4에서 옵션을 사용하다 보면 헤더가 32비트의 정수배로 되지 않는 경우가 있어서 헤더 길이를 32비트 단위로 맞추기 위해서 사용된다. 패딩을 옵션과 함께 IP Header를 효율적으로 구성할 수 있게 한다.

43 정답 ②

② 모니터와 에이전트가 통신하기 위해 UDP를 이용하여 메시지를 전송한다.

44 정답 ②

② 주변 라우터에 자신의 호스트 리스트를 분배하는 것이 아닌 링크의 상태를 전파한다.

45 정답 ②

X.25는 OSI7 계층에서 네트워크 계층에 해당하는 프로토콜로 데이터링크 계층과 물리 계층까지 포함한다.
X.25 계층 구조는 물리계층, 프레임 계층, 패킷 계층(3계층)으로 구성되어 있다. X.25 인터페이스 프로토콜에서 데이터계층은 LAPB(Link Access Procedure Balanced)로 전송제어 절차를 규정하고 순서, 오류, 흐름제어 기능을 한다.

46 정답 ①

구분	CWDM (Coarse)	DWDM (Dense)	UDWDM (Ultra)
다중화	저밀도	고밀도	초고밀도
파장	20nm	0.1~수nm	0.1~1nm
파장 대역	1271~1611nm	1525~1630nm	1525~1564nm
채널 수	4~8개	16~80개	160여 개
전송량	1.25Gbps	200Gbps	수 Tbps 급
용도	액세스망 (50km 이하)	MAN 백본용	WAN 백본용
비용	저가	중가	고가

47 정답 ④

ISM 대역(ISM band)은 허가를 받지 않아도 되는 대역으로 산업 · 과학 · 의료(Industry · Science · Medical) 등에 쓰이는 주파수 대역이다.

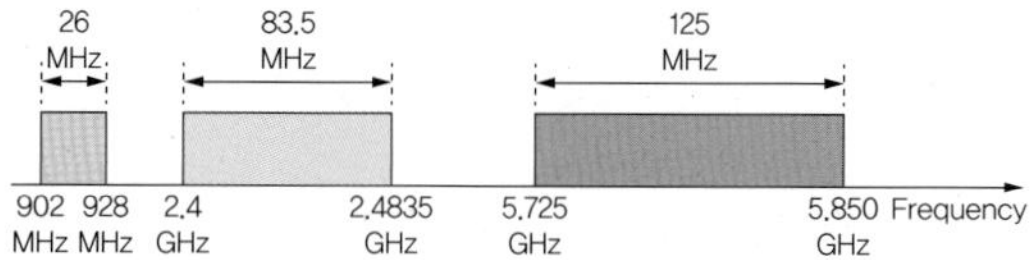

국제 전기 통신 연합(ITU)이 전파를 유일하게 무선 통신 이외의 산업, 과학, 의료에 고주파 에너지원으로 사용하기 위해 지정한 주파수 대역으로 이 주파수 대역에서는 상호 간섭을 용인하는 공동사용을 전제로 한다. 그러므로 간섭의 최소화를 위해 소출력을 기본으로 한다.

48 정답 ④

위성 DMB 서비스는 개인 휴대용 수신기나 차량용 수신기를 통하여 언제 어디서나 다채널 멀티미디어 방송을 시청할 수 있는 신개념의 위성방송 서비스이다. 이동성(Mobility)은 150km/h, 개인화(Personal)에 의한 Multimedia인 영상, 음성, 데이터 등 다양한 콘텐츠를 제공한다. 시스템을 구성하기 위해 Gap Filler를 사용해서 위성 커버리지 음영지역(Gap)을 채우는 지상 중계기가 있다. Gap Filler는 위성 TDM 신호를 CDM 신호로 변환 및 증폭하여 수신기로 송신하는 역할을 한다. 2012년 8월 31일을 끝으로 대한민국 위성 DMB가 완전히 종료되었다.

구분	위성 DMB	지상파 DMB	일반 TV (디지털)
화면 크기	7" 이하	7" 이하	대형
서비스 대상	휴대폰용, 차량용 TV	차량용 TV	건물 내 고정 TV
주파수	S−Band (2.6GHz 대역)	VHF (200MHz 대역)	VHF, UHF
전송 방식	CDM	OFDM	8VSB
수신 비트율	약 500Kbps/ch	약 500Kbps/ch	약 6Mbps/ch

49 정답 ④

16bit × 8 = 128bit

0123 : 4567 : 89AB : CDEF : 0123 : 4567 : 89AB : CDEF

16bit 16bit 16bit 16bit 16bit 16bit 16bit

0000 0001 0010 0011

50 정답 ①

① 배선방식은 성형(Star) 구조이어야 한다.

아파트 특등급(신축건물)의 세대단자함 구성 예시도

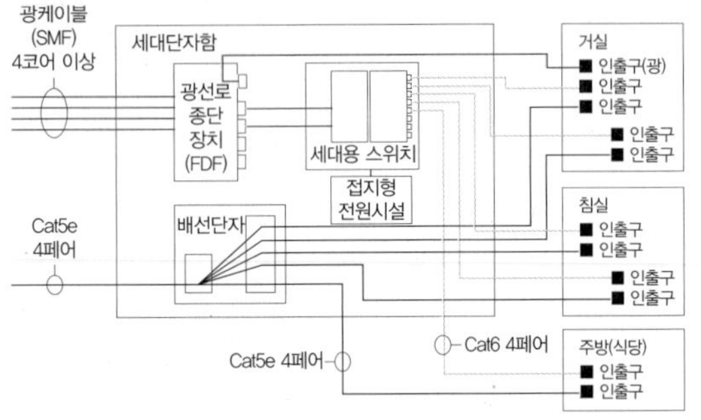

<table>
<tr><th colspan="3" rowspan="2">심사항목</th><th colspan="3">요건</th><th rowspan="2">심사방법</th></tr>
<tr><th>AAA 등급 (홈 IoT)</th><th>AA 등급</th><th>A 등급</th></tr>
<tr><td colspan="3">등급 구분 기준</td><td>심사항목(1) +심사항목(2) 중 16개 이상 +심사항목(3)</td><td>심사항목(1) +심사항목(2) 중 16개 이상</td><td>심사항목(1) +심사항목(2) 중 13개 이상</td><td rowspan="5">설계도면 대조심사 및 육안 검사</td></tr>
<tr><td colspan="3">배선방식</td><td colspan="3">성형배선</td></tr>
<tr><td rowspan="4">심사항목(1)</td><td>배선</td><td>세대단자함과 세대단말기 간</td><td colspan="3">Cat5e 4페어 이상</td></tr>
<tr><td>예비배관</td><td>세대단자함과 세대단말기 간</td><td colspan="3">16C 이상(세대단자함과 세대단말기와의 배선 공유 시 22C 이상)</td></tr>
<tr><td>설치공간</td><td>블로킹 필터</td><td colspan="3">• 3상 4선식: 150mm×200mm×60mm
• 단상 2선식: 70mm×160mm×60mm</td></tr>
<tr><td>면적</td><td>집중구내 통신실 면적</td><td colspan="3">2m²</td><td>현장실측으로 유효면적 확인</td></tr>
</table>

51 정답 ③

흐름제어기법

개념	확인응답(Ack)을 기다리기 전에 송신자가 송신할 수 있는 데이터양을 제한하는 절차이다. 송신측과 수신측의 데이터 처리 속도 차이를 해결하기 위한 기법으로 흐름제어(Flow Control)는 수신지(Receiver)가 Packet을 지나치게 많이 받지 않도록 조절하는 것으로 수신지(Receiver)가 송신지(Sender)에게 현재 자신의 상태를 Feedback 한다.
S&W	Stop and Wait ARQ 보내고 오류여부 기다렸다가 전송하는 방식이다.
Sliding Window	수신측에서 설정한 크기만큼 세크먼트를 전송할 수 있게 하여 데이터 흐름을 동적으로 조절하는 흐름제어 기법으로 동시에 여러 개의 프레임 전송 제어한다.

52 정답 ④

④ Sequence Number는 TCP 프로토콜에서 순서를 확인하기 위해 사용하는 것이다.

IPv4 Header

<table>
<tr><td colspan="3">16bits</td><td colspan="4">16bits</td></tr>
<tr><td>Version (4bits)</td><td>Header Length (4bits)</td><td>Type of Service (8bits)</td><td colspan="4">Total Length(16bits)</td></tr>
<tr><td colspan="3">Identification(16bits)</td><td>0</td><td>DF</td><td>MF</td><td>Fragment Offset (13bits)</td></tr>
<tr><td>Time to Live(8bits)</td><td colspan="2">Protocol(8bits)</td><td colspan="4">Header Checksum(16bits)</td></tr>
<tr><td colspan="7">Source IP Address(32bits)</td></tr>
<tr><td colspan="7">Destination IP Address(32bits)</td></tr>
<tr><td colspan="7">Options (0 ~ 40bytes)</td></tr>
<tr><td colspan="7">Data</td></tr>
</table>

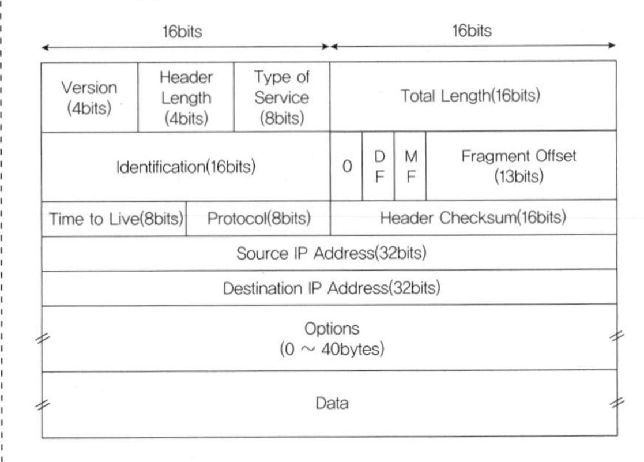

53 정답 ①

① 최대 전송 속도는 1000[Mbps]로 1[Gbps]를 지원한다.

구분	CAT.5e	CAT.6	CAT.6a
전송 속도	1Gbps	1Gbps	10Gbps
대역폭	100MHz	250MHz	500MHz
규격	1000BASE-T	1000BASE-TX	10G BASE-T

54 정답 ③

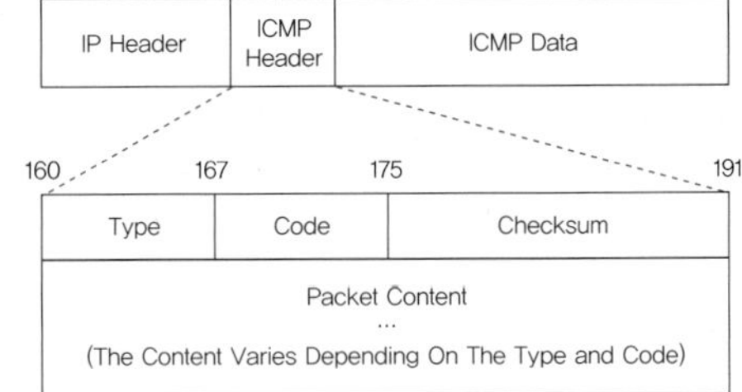

Ping 명령어 Option

구분	내용
-t	Ctrl+C로 중단시키기 전까지 계속 Ping 패킷을 보낸다.
-a	IP 주소에 대해 호스트 이름을 보여준다.
-n count	Ping 패킷을 몇 번 보낼지 패킷 수를 지정한다.
-l size	Ping 패킷 크기를 지정한다.
-I TTL	중간의 라우터 장비를 몇 번 경유할지를 지정한다.

55 정답 ①

① 복수의 전달 정보를 서로 다른 파장에 할당하여 하나의 광섬유로 전송하는 기술이다.

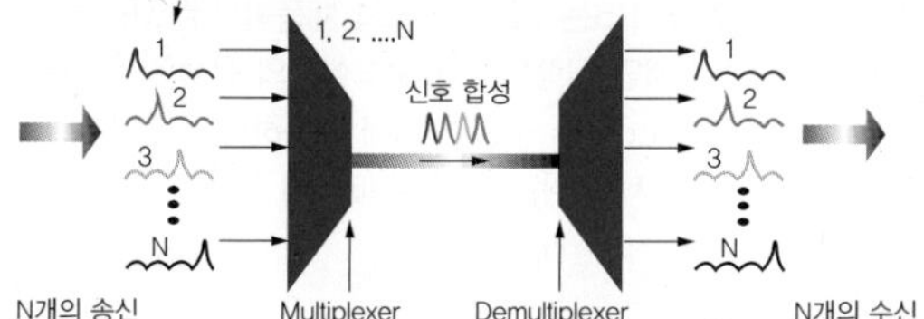

- WDM은 광통신에서 사용되는 다중화 방식으로 여러개의 신호를 파장을 분할하여 다중화한다.
- WDM의 분류는 파장의 길이에 따라 CWDM, DWDM, UDWDM으로 나누어진다. 위 그림은 8ch을 구성하는 CWDM에 대한 내부 구성이며 WDM은 이와 같은 구성이 CWDM 8ch 대비 40ch로 증가하여 파장 간의 간격이 매우 좁아지며, 이를 처리하기 위한 Processing이 고속, 고밀도 기술을 요구하고 있어 성능이 좋아 지지만 가격이 상승하는 단점이 있다.

56 정답 ①

CSMA/CA(Carrier Sense Multiple Access with Collision Avoidance)

CSMA/CA는 WiFi(IEEE 802.11)인 무선 LAN에서 사용되는 MAC 알고리즘으로, 이더넷의 CSMA/CD와는 다르게 데이터의 전송이 없어도 충돌을 대비해서 확인을 위한 신호를 전송하고, 확인되면 이어서 데이터를 전송한다.

57 정답 ③

③ 신호환경에 맞춰 안테나의 빔 방사 패턴을 자동으로 변화시켜 수신 감도를 향상시키는 것은 Smart Antenna(MIMO)이다.

레이크 수신기

서로 시간차(지연)가 있는 두 신호를 분리해 낼 수 있는 기능을 가진 수신기를 말하는 것으로 CDMA의 대역확산 원리에 의해서 얻을 수 있는 특성이다.

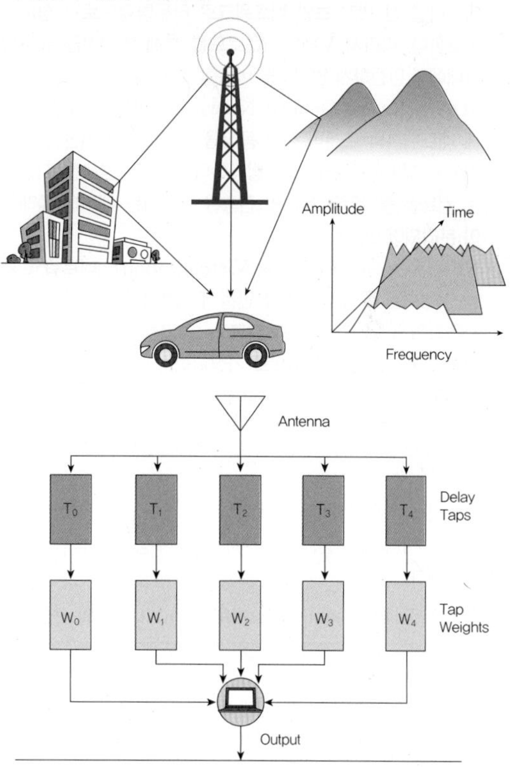

58 정답 ①

피기백 응답은 IP 네트워크를 통한 안정적인 데이터 전송에 사용되는 TCP(Transmission Control Protocol)와 같은 프로토콜에서 자주 사용된다. TCP에서 승인은 일반적으로 성공적인 통신에 필요한 왕복 횟수를 줄이기 위해 데이터 패킷과 결합된다. 전반적으로 Piggyback 승인은 승인 메시지를 기존 데이터 패킷에 통합하여 오버헤드를 줄이고 전체 네트워크 활용도를 향상시켜 데이터 전송의 효율성과 성능을 향상시키는 기술이다.

59 정답 ④

④ VOD(Video On Demand): 기존의 공중파 방송과는 다르게 인터넷 등의 통신 회선을 사용하여 원하는 시간에 원하는 매체를 볼 수 있도록 하는 서비스이다. VOD 시스템은 매체를 스트리밍 혹은 다운로드 방식으로 전송하여 보여 준다.

① VPN(Virtual Private Network): 인터넷을 통해 장치 간 사설 네트워크 연결을 생성하는 서비스로서 장치의 실제 IP 주소를 가상 IP 주소로 대체하고, 데이터를 암호화하고, 데이터를 전 세계 보안 네트워크로 라우팅함으로써 정보를 보호한다. 따라서 VPN 다운로드를 통해 익명성을 확보한 상태에서 안전하게 인터넷을 이용할 수 있다.

② SDN(Software Defined Network): 개방형 API를 통해 네트워크의 트래픽 전달 동작을 소프트웨어 기반 컨트롤러에서 제어/관리하는 접근방식이다. 트래픽 경로를 지정하는 컨트롤 플레인과 트래픽 전송을 수행하는 데이터 플레인이 분리되어 있다.

③ NFV(Network Function Virtualization): 네트워크 기능 가상화는 통신 서비스를 만들기 위해 IT 가상화 기술을 사용하여 모든 계열의 네트워크 노드 기능들을 함께 묶거나 연결이 가능한 빌딩 블록으로 가상화하는 네트워크 아키텍처 개념이다.

60 정답 ②

② 수동형 태그용 전원공급장치(Power Supply)는 기본적인 요소는 아니다. 전원공급 유무에 따라 수동형과 능동형으로 구분된다.

RFID(Radio Frequency IDentification) 시스템의 구성요소

구분	내용
RFID Tag	고유한 정보를 담고 있으며 정보를 기록하는 IC 칩과 Reader에 데이터를 송신하는 안테나를 내장한다.
Reader	RFID Tag의 정보를 읽는다.
Host	Controller의 역할로서 분산된 Reader 시스템을 관리한다.
안테나	RFID 관련 데이터를 송신하거나 수신하는 매개 역할을 한다.

4과목 정보시스템 운용

61	62	63	64	65	66	67	68	69	70
④	③	①	④	④	④	②	④	②	②
71	72	73	74	75	76	77	78	79	80
①	③	④	②	③	①	②	④	③	③, ④

61 정답 ④

마이크로소프트 인터넷 정보 서비스는 마이크로소프트 윈도우를 사용하는 서버들을 위한 인터넷 기반 서비스들의 모임이다. 이전 이름은 인터넷 정보 서버였다. 서버는 현재 FTP, SMTP, NNTP, HTTP/HTTPS를 포함하고 있다. Apache는 웹 서버를 실행하기 위한 오픈소스 소프트웨어를 개발하고 제공하는 소프트웨어 기반으로 주요 제품은 오늘날 가장 많이 사용되는 HTTP 서버이다. IIS는 Microsoft의 제품이므로 Microsoft Windows OS에서만 실행된다. IIS를 실행의 장점은 대부분의 사람들이 이미 Windows 운영 체제에 익숙하다는 것이며, IIS는 Windows 사용자를 위해 훨씬 더 배우기 쉽다는 것이다.

62 정답 ③

127대의 단말이 필요하므로 Network 주소와 Broadcast 주소를 포함하면 총 129개의 IP 대역이 필요하다.
② 172.16.1.0~172.16.1.255이거나 ④ 192.168.3.0~192.168.3.255이어야 한다.
192.168.3.0~192.168.3.127은 총 126개의 단말만 사용할 수 있어서 문제의 기준을 만족할 수는 없다.

63 정답 ①

게이트웨이는 서로 다른 네트워크에서 서로 다른 프로토콜을 연결하는 기능을 한다. 게이트웨이는 네트워크 내의 병목현상을 일으키거나 모아지는 지점으로 프로토콜 구조가 상이한 네트워크들을 연결하며 이를 통해 이기종 프로토콜의 변환 기능을 수행한다. 예로 BGP(Border Gateway Protocol)는 인터넷에서 복석지까지 경유하는 자율 시스템 중 라우딩 및 자율 시스템의 순서를 전송하기 위해 설계된 경로 지정 알고리즘으로, 표준화된 외부 게이트웨이 프로토콜 중 하나이다.

64 정답 ④

(국토교통부) 지능형 홈네트워크 설비 설치 및 기술기준

제3조(용어정의)

다. 감지기: 화재, 가스누설, 주거침입 등 세대 내의 상황을 감지하는데 필요한 기기

제10조(홈네트워크 사용기기)

홈네트워크사용기기를 설치할 경우, 다음 각호의 기준에 따라 설치하여야 한다.

3. 감지기
   가. 가스감지기는 LNG인 경우에는 천장 쪽에, LPG인 경우에는 바닥 쪽에 설치하여야 한다.
   나. 동체감지기는 유효감지반경을 고려하여 설치하여야 한다.
   다. 감지기에서 수집된 상황정보는 단지서버에 전송하여야 한다.
4. 전자출입시스템
   가. 지상의 주동 현관 및 지하주차장과 주동을 연결하는 출입구에 설치하여야 한다.
   나. 화재발생 등 비상시, 소방시스템과 연동되어 주동현관과 지하주차장의 출입문을 수동으로 여닫을 수 있게 하여야 한다.
   다. 강우를 고려하여 설계하거나 강우에 대비한 차단설비(날개벽, 차양 등)를 설치하여야 한다.
   라. 접지단자는 프레임 내부에 설치하여야 한다.

65 정답 ④

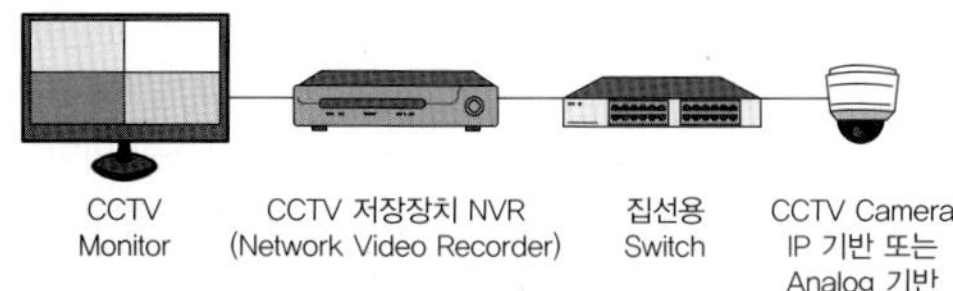

CCTV Monitor / CCTV 저장장치 NVR (Network Video Recorder) / 집선용 Switch / CCTV Camera IP 기반 또는 Analog 기반

구분	내용
Video Control Display	모니터로서 Encoder에서 전송된 영상을 모니터에 분할 표시한다.
NVR	CCTV에 전송된 영상을 IP망을 통해 실시간 저장한다.
DVR	영상신호를 디지털 처리하고 HDD에 저장 및 재생하는 장비이다.
카메라	고정, 회전(Pan, Tillting), Zoom 등을 지원한다.
스위칭 허브	집선용 스위치 또는 허브가 배치되어 여러 대의 PC나 단말을 연결해 주는 장비이다.

66 정답 ④

HTTP는 기본적으로 클라이언트와 서버 사이에서 데이터를 주고받는 통신 프로토콜이다. 그러나 HTTP에는 단점이 존재했는데 주고받는 데이터가 전송될 때 암호화되지 않기 때문에 보안에 취약하다는 것이었다. 이러한 문제를 해결하기 위해 중요한 정보를 주고받을 때 도난당하는 것을 막게 하는 프로토콜이 생성되었다. 이를 HTTPS라고 한다. 기존의 HTTP를 암호화한 버전이 HTTPS가 된 것이다. SSL(Secure Socket Layer)이라는 프로토콜을 사용해 주고받는 정보를 암호화한다. 이후 SSL은 TLS (Transport Layer Security)로 발전되어 현재는 SSL/TLS라는 단어를 혼용해서 사용하고 있다.

HTTPS는 암호화 프로토콜을 사용하여 통신을 암호화한다. 이 프로토콜은 이전에는 보안 소켓 계층(SSL)으로 알려졌지만, 전송 계층 보안(TLS)이라고 한다. 이 프로토콜은 비대칭 공개키 인프라로 알려진 것을 사용하여 통신을 보호한다. 이 유형의 보안시스템에서는 두 개의 서로 다른 키를 사용하여 두 당사자 간의 통신을 암호화한다. http의 기본 포트 80, https의 기본 포트가 443이다.

67 정답 ②

허니팟(Honeypot)

비정상적인 접근을 탐지하기 위해 의도적으로 설치해 둔 시스템이다. 예로 네트워크상에 특정 컴퓨터를 연결해 두고 해당 컴퓨터에 중요한 정보가 있는 것처럼 꾸며두면, 공격자가 해당 컴퓨터를 크래킹하기 위해 시도하는 것을 탐지할 수 있다.

68 정답 ④

공용(통)접지

여러 가지의 기기를 1개소 혹은 수개소에 시공한 공통의 접지전극에 함께 접지하는 방법으로 접지선을 공동으로 사용하여 연접하거나 금속으로된 건축구조물에 접지선을 접속하는 방법 등이 있다. 최근의 도시환경은 시설면적의 제약으로 본 공용접지방식이 각종 설비나 건축구조물에서 가장 일반적으로 사용되고 있는 방법이 되고 있다.

69 정답 ②

② Local PDU는 없다.

구분	내용
Get	관리정보를 검색하는 것으로 Agent가 가지고 있는 변수 읽어 들인다.
Get-Next	관리정보를 연속해서 검색한다.
Set	관리정보를 바꾸는데 사용하는 것으로 변수 써넣거나 Agent가 가지고 있는 변수를 바꿔 쓴다.
GetResponse	관리시스템 명령에 대한 응답이다.
Trap	예외 동작을 통지, 예상치 못한 사태 발생을 알린다.

이외에도 GET−REQUEST, GET−NEXT−REQUEST, GET−BULK−REQUEST, SET−REQUEST 등이 있다.

70 정답 ②

② 팬 모터 장애 상태는 필터 재질에 따라 사전에 감지가 안되어 주기적인 확인이 필요하다.

71 정답 ①

'ISO/IEC 27001는 국제표준화기구(ISO: International Organization for Standardization) 및 국제전기기술위원회(IEC: International Electrotechnical Commission)에서 제정한 정보보호 관리체계에 대한 국제표준이자 정보보호 분야에서 가장 권위 있는 국제 인증으로, 정보보호정책, 기술적 보안, 물리적 보안, 관리적 보안 정보접근 통제 등 정보보안 관련 11개 영역, 133개 항목에 대한 국제 심판원들의 엄격한 심사와 검증을 통과해야 인증된다. ISO/IEC 27001은 명시적 관리 통제하에서 정보보안을 유지하기 위한 ISMS(정보보안 관리시스템)을 공식적으로 규정하는 보안 표준이다.

72 정답 ③

③ 얼로케이션(Allocation) 방식은 주로 하드디스크가 데이터를 관리하는 파일할당 방식(Allocation of File)으로 Local에서 사용하는 파일 시스템 관리방식이다.

73 정답 ④

CCTV 시스템은 케이블 및 네트워크를 포함한다.

CCTV 구성요소	Camera, DVR/NVR, 전송장치
CATV 구성요소	헤드엔드, 중계전송망, 가입자설비

74 정답 ②

물리적 보안을 위해 보호해야 할 장비나 구역을 정의하고 → 통제구역을 설정하고 관리 → 제한구역을 설정하고 관리 → 외부자 출입사항 관리대장 작성 관리한다.

75 정답 ③

스키마의 종류

구분	내용
개념 스키마	전체적인 View로서 조직체 전체를 관장하는 입장에서 DB를 정의한 것으로 데이터베이스의 전체적인 논리적 구조이다.
내부 스키마	물리적인 저장장치 입장에서 DB가 저장되는 방법(구조)을 정의한 것이다. 개념 스키마를 디스크 기억장치에 물리적으로 구현하기 위한 방법을 기술한 것이다. 실제로 저장될 내부레코드 형식, 내부레코드의 물리적 순서, 인덱스의 유/무 등에 관한 것이다.
외부 스키마	=서브 스키마−사용자 뷰 • 실세계에 존재하는 데이터들을 어떤 형식, 구조, 배치 화면을 통해 사용자에게 보여 줄 것인가이다. • 전체 데이터베이스의 한 논리적 부분 → 서브 스키마이다. • 일반 사용자는 질의어를 이용 DB를 쉽게 사용한다.

76 정답 ①

① WEP(Wired Equivalent Privacy): 무선 랜 표준을 정의하는 IEEE 802.11 규약의 일부분으로 무선 LAN 운용 간의 보안을 위해 사용되는 알고리즘이다. 40bit의 비밀키와 24bit의 IV(Initialization Vector)의 조합된 총 64bit의 Key를 이용해서 RC4 알고리즘을 통해 암호화하는 것이다.

② WIPS(Wireless Intrusion Prevention System): 무선 랜 환경에서 외부의 침입으로부터 내부 시스템을 보호할 수 있도록 특정 패턴을 기반으로 공격자의 침입을 탐지하고 탐지된 공격에 대한 연결을 끊는 역할을 한다.

③ WTLS(Wireless Transport Layer Security): 무선 응용 통신 규약(WAP: Wireless Application Protocol)에서 전송 계층 보안을 위해 적용되는 전송 계층 보안(TLS) 기반의 보안 통신 규약이다. TLS를 기반으로 무선 통신망의 제한된 운용 전력, 메모리 용량, 제한된 대역폭의 문제를 고려하여 개발되었다.

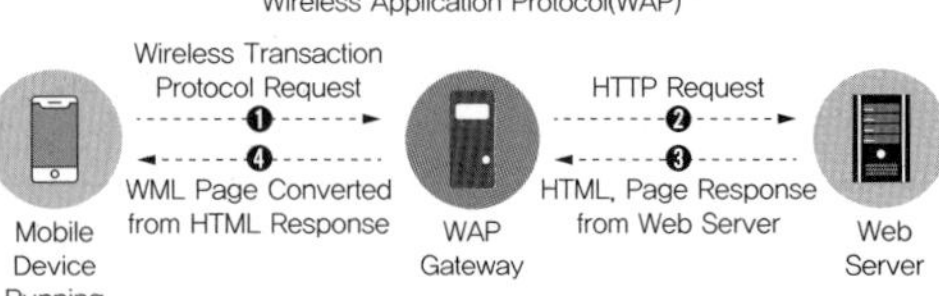

④ WAP(Wireless Application Protocol): 휴대전화 등의 장비에서 인터넷을 하는 것과 같은, 무선통신을 사용하는 응용프로그램의 국제표준이다. WAP은 매우 작은 이동장비에 웹 브라우저와 같은 서비스를 제공하기 위해 설계되었다.

77 정답 ②

- 카메라 추가가 용이: 무선방식
- 보안 위협이 높음: 무선방식, UTP 케이블
- 구축 비용이 저렴: 무선방식, UTP 케이블
- 별도 전원 필요: 무선방식, 동축케이블, UTP 케이블(광케이블은 PON 구성 시 필요 없음)
- 전파환경에 따른 통신 끊김 현상 발생: 무선방식

위 사항을 종합하면 정답은 ② 무선방식이 된다.

78 정답 ④

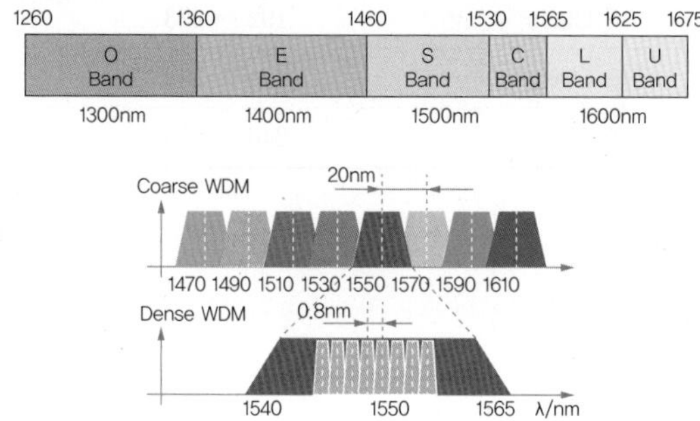

79 정답 ③

> **방송 공동수신설비의 설치기준에 관한 규칙**
>
> **제2조(정의)**
>
> 2. "수신안테나"란 지상파 텔레비전방송, 위성방송 및 에프엠 라디오방송의 신호를 수신하기 위하여 건축물의 옥상 또는 옥외에 설치하는 안테나를 말한다.
>
> **제6조(수신안테나의 설치방법)**
>
> ① 수신안테나는 모든 채널의 지상파 텔레비전방송, 위성방송 및 에프엠 라디오방송의 신호를 수신할 수 있도록 안테나를 조합하여 설치하여야 한다.
> ② 둘 이상의 건축물이 하나의 단지를 구성하고 있는 경우에는 한 조의 수신안테나를 설치하여 이를 공동으로 사용할 수 있다.
> ③ 수신안테나는 벼락으로부터 보호될 수 있도록 설치하되, 피뢰시설과 1미터 이상의 거리를 두어야 한다.
> ④ 수신안테나를 지지하는 구조물은 풍하중(풍하중)을 견딜 수 있도록 견고하게 설치하여야 한다. 이 경우 풍하중의 산정에 관하여는 「건축물의 구조기준 등에 관한 규칙」 제13조를 준용한다.

80 정답 ③, ④

③ 융착접속기: 광케이블 접속 후 정상 연결(접속)여부를 확인하는 점에서 계측기로 분류한 것 같으나 엄밀히 말하자면 계측기보다는 케이블 연결장비가 맞을 것이다.

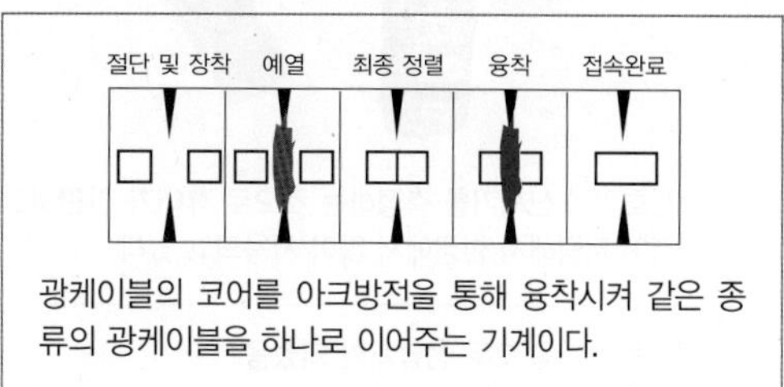

광케이블의 코어를 아크방전을 통해 융착시켜 같은 종류의 광케이블을 하나로 이어주는 기계이다.

④ 선로분석기: 광케이블이 아닌 구리동선 기반의 UTP 측정으로 문제 오류로 예상된다. 선로분석기 범위를 Spectrum Analyzer로 확대하면 ④는 유지보수 계측기에 포함될 수 있다.

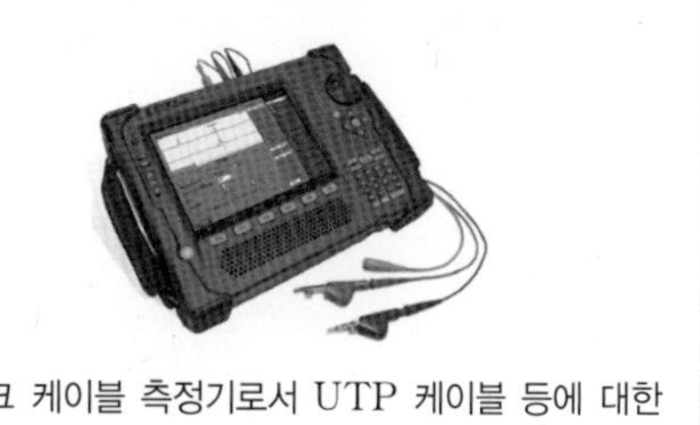

네트워크 케이블 측정기로서 UTP 케이블 등에 대한 정상 연결 여부를 시험하는 계측장비이다.

① OTDR(Optical Time Domain Reflectometer): 광 선로의 특성, 접점의 손실이나 손실이 발생한 지점 등을 측정하여 고장점의 위치(거리)를 알려주는 장비이다.

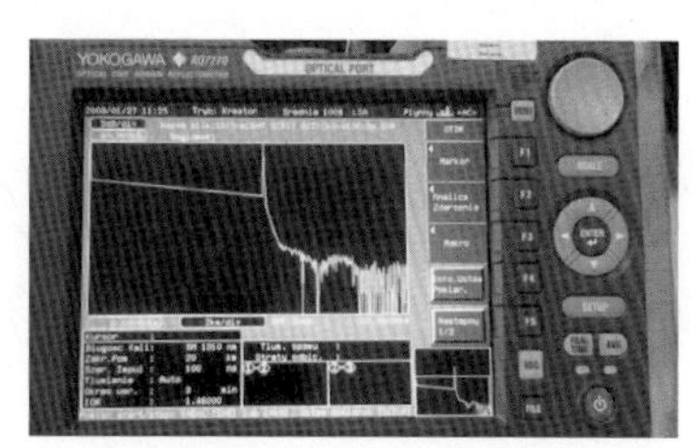

광선로에 광펄스(5㎱~10㎲)들을 입사시켜 되돌아온 파형에 대해 시간영역에서 측정하는 장비이다.

② Optical Power Meter

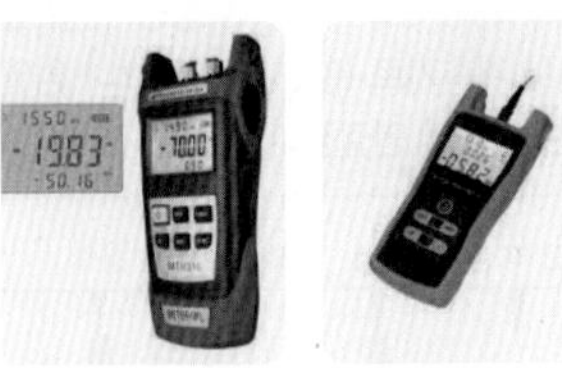

광신호의 수신세기를 측정하는 것으로 휴대가 간편하고 가격이 저렴해서 현장에서 많이 사용되고 있다.

※ 이 문제는 ③, ④ 모두 정답처리 되었음

5과목 컴퓨터일반 및 정보설비기준

81	82	83	84	85	86	87	88	89	90
③	①	③	①	③	④	②	③	②	③
91	**92**	**93**	**94**	**95**	**96**	**97**	**98**	**99**	**100**
①	①	①	③	②	③	①	③	①	③

81 정답 ③

Class별 범위

구분	첫 번째 Byte
A Class	0 ~ 127
B Class	128 ~ 191
C Class	192 ~ 223
D Class	224 ~ 239
E Class	240 ~ 255

82 정답 ①

DDoS 공격

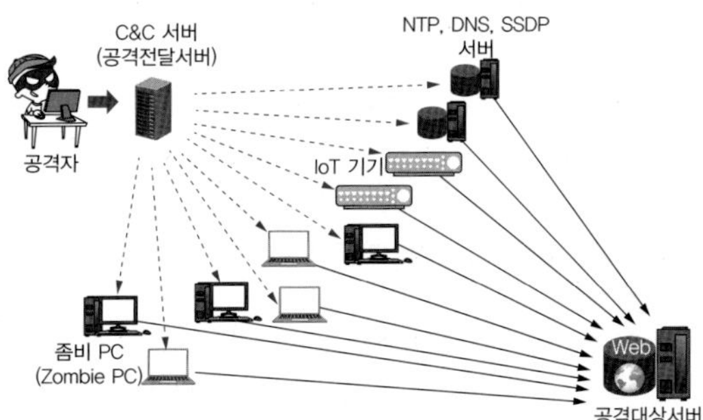

DDoS(Distributed Denial of Service)는 웹사이트 또는 네트워크 리소스 운영이 불가능하도록 악성 트래픽을 대량으로 보내는 공격이다. DDoS 공격을 시작하기 위해 공격자는 멀웨어를 사용하거나 보안 취약점을 악용해 악의적으로 컴퓨터와 디바이스를 감염시키고 제어할 수 있다. '봇' 또는 '좀비'라 불리는 컴퓨터 또는 감염된 디바이스는 멀웨어를 더욱 확산시키고 DDoS 공격에 참여한다. 대용량 Traffic 공격은 다량의 Packet을 전송하는 방법이다. Ping을 이용하는 경우 ICMP, IGMP, UDP 패킷을 이용해서 공격한다.

83 정답 ③

클라우드컴퓨팅 발전 및 이용자 보호에 관한 법률 제23조의2(클라우드컴퓨팅 서비스의 보안인증)

① 과학기술정보통신부장관은 정보보호 수준의 향상 및 보장을 위하여 보안인증기준에 적합한 클라우드컴퓨팅 서비스에 대하여 대통령령으로 정하는 바에 따라 인증(이하 "보안인증"이라 한다)을 할 수 있다.

② 보안인증의 유효기간은 인증 서비스 등을 고려하여 대통령령으로 정하는 5년 내의 범위로 하고, 보안인증의 유효기간을 연장받으려는 자는 대통령령으로 정하는 바에 따라 유효기간의 갱신을 신청하여야 한다.

84 정답 ①

① 금속으로 된 광섬유 접속함체에서 광섬유는 전기적 유도를 받지 않으므로 접지단자와는 무관하다.

85 정답 ③

접지설비 · 구내통신설비 · 선로설비 및 통신공동구 등에 대한 기술기준 제32조(구내 통신선의 배선)

구내 통신선은 다음 각호와 같은 선로로 설치하여야 한다.

1. 건물 간 선케이블 및 수평 배선케이블은 100㎒ 이상의 전송대역을 갖는 꼬임케이블, 광섬유케이블 또는 동축케이블을 사용하여야 한다.

86 정답 ④

감리 예외 공사

1. 총공사금액이 1억원 미만인 공사
2. 철도, 도시철도, 도로, 방송, 항만, 항공, 송유관, 가스관, 상 · 하수도 설비의 정보제어 등 안전 · 재해예방 및 운용 · 관리를 위한 공사로서 총공사금액이 1억원 미만인 공사
3. 6층 미만으로서 연면적 5천 제곱미터 미만의 건축물에 설치되는 정보통신설비의 설치공사. 다만, 철도 · 도시철도 · 도로 · 방송 · 항만 · 항공 · 송유관 · 가스관 · 상하수도 설비의 정보제어 등 안전 · 재해예방 및 운용 · 관리를 위한 공사로서 총공사금액이 1억 원 이상인 공사는 제외한다.

87 정답 ②

방송통신발전 기본법 제13조(방송통신에 이용되는 유 · 무선망의 고도화)

과학기술정보통신부장관은 국민이 원하는 다양한 방송통신 서비스가 차질 없이 안정적으로 제공될 수 있도록 방송통신에 이용되는 유 · 무선망의 고도화를 위하여 노력하여야 하며, 이를 위하여 필요한 시책을 수립 · 시행하여야 한다.

88 정답 ③

SSL(Secure Sockets Layer) VPN

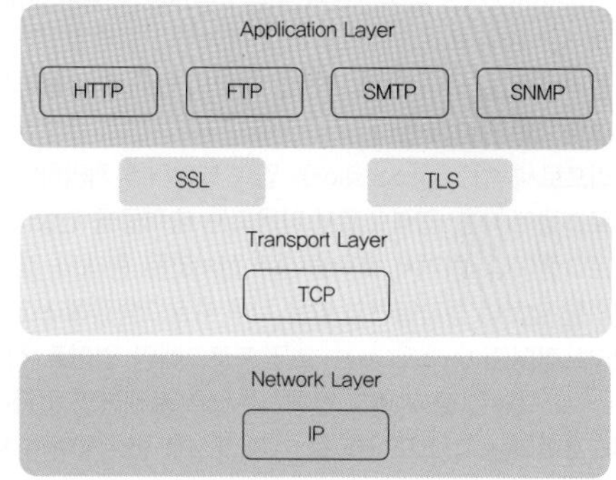

문제가 SSL이나 TLS를 묻는게 아니고 5계층에서 사용하는 VPN을 전제로 접근하기 바란다.

89 정답 ②

정보통신공사 감리업무 수행지침

5. 각종 보고서의 처리상태

⑧ 발주자는 감리원으로부터 보고 및 승인 요청이 있을 경우 특별한 사유가 없는 한 다음 각호에 정해진 기한 내에 처리될 수 있도록 협조하여야 한다.

1. 실정보고, 설계변경 방침변경: 요청일로부터 단순한 경우 7일 이내
2. 시설물 인계 · 인수: 준공검사 시정 완료일로부터 14일 이내
3. 현장문서 및 유지관리지침서: 공사준공 후 14일 이내

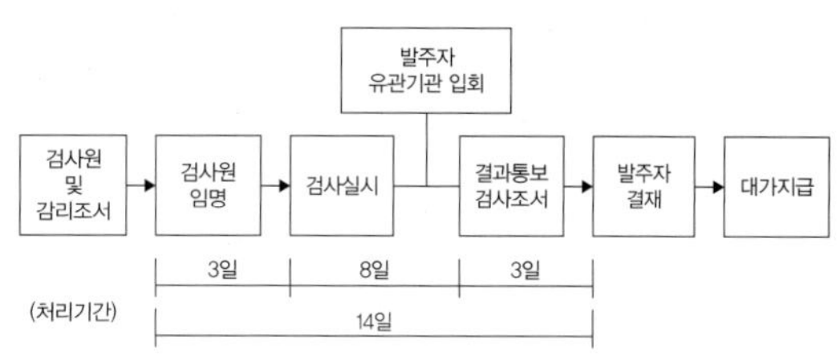

[그림] 준공검사 절차

90 정답 ③

구조적 프로그래밍은 구조화 프로그래밍으로도 불리며 프로그래밍 패러다임의 일종인 절차적 프로그래밍의 하위 개념으로 볼 수 있다. GoTo문을 없애거나 GoTo문에 대한 의존성을 줄여 주는 것이다.

C 언어는 구조적 프로그래밍의 대표적인 언어이다. 주요 특징으로 프로그래밍의 흐름이 순차적이어야 한다. 여기서 '순차적'이란 프로그래밍 진행 순서가 위에서 아래로 흘러가면서 순서대로 실행된다는 것을 의미한다.

91 정답 ①

① 링커(Linker): 주프로그램과 부프로그램을 연결해 주는 컴퓨터 시스템의 프로그램으로 따로 작성되나 컴파일되거나 어셈블리 루틴을 모아 실행 가능한 하나의 단위로 만들어진 프로그램으로 연결해 준다.

② 프리프로세서(Preprocessor): 입력 데이터를 처리하여 다른 프로그램에 대한 입력으로서 사용되는 출력물을 만들어내는 프로그램이다. 여기서 출력물이란 전처리된 형태의 입력 데이터를 말하며 컴파일러와 같은 차후 프로그램들에 쓰인다.

③ 인터프리터(Interpreter): 고급 프로그래밍 언어로 작성된 소스 코드를 한 줄씩 읽고 실행하는 소프트웨어의 일종이다. 인터프리터는 각 코드 라인을 기계 코드로 변환하여 즉시 실행한다.

④ 컴파일러(Compiler): 고급 프로그래밍 언어로 작성된 전체 소스 코드를 가져와 기계 코드로 변환하는 소프트웨어의 일종이다. 컴파일러의 출력은 대상 플랫폼에서 실행할 수 있는 실행 파일이다.

92 정답 ①

- 자기드럼(Magnetic Drum): 마그네틱 드럼은 최신 컴퓨터에서 RAM(Random Access Memory) 카드를 사용하는 방법과 유사하게 초기 작업 메모리로 많은 초기 컴퓨터에서 사용되는 마그네틱 저장장치이다.
- 자기디스크(Magnetic Disk): 자성을 이용한 것으로 자기디스크라 하며 하드디스크는 자기디스크의 일종이다.
- 자기테이프(Magnetic Tape): 플라스틱 테이프 겉에 산화철 등의 자성 재료를 바른 테이프이다. 처리 속도는 자기드럼 > 자기디스크 > 자기테이프가 된다.

93 정답 ①

전기통신사업법 시행규칙 제20조(이용약관의 인가신청 등)

① 법 제29조 제1항의 규정에 의하여 전기통신역무에 관한 이용약관의 신고(변경신고를 포함한다)를 하거나 인가(변경인가를 포함한다)를 받고자 하는 자는 다음 각 호의 사항이 포함된 이용약관에 요금산정의 근거자료를 첨부하여 정보통신부장관에게 제출하여야 한다.

1. 전기통신역무의 종류 및 내용
2. 전기통신역무를 제공하는 지역
3. 수수료 · 실비를 포함한 전기통신역무의 요금
4. 전기통신사업자 및 그 이용자의 책임에 관한 사항
5. 기타 당해 전기통신역무의 제공 또는 이용에 관하여 필요한 사항

94 정답 ③

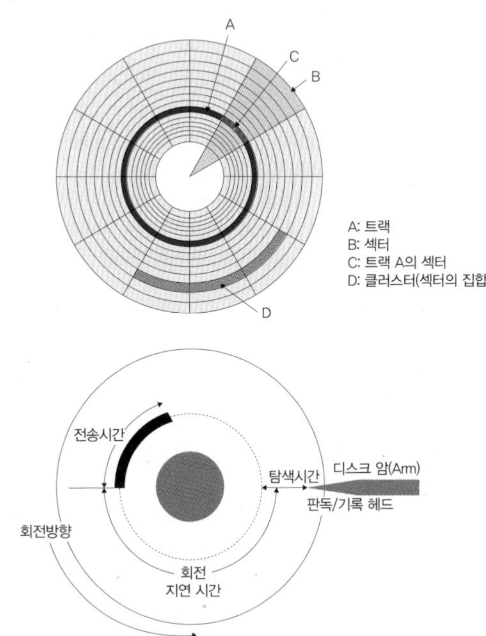

- 탐색시간(Seek Time): 디스크 헤드가 원하는 실린더(트랙)에 위치하는데 소요되는 시간이다. 다른 시간에 비해 압도적으로 오래 걸린다(지연시간과 전송시간을 합쳐도 탐색시간에 못 미친다).
- 회전 지연시간(Latency Time/Rotational Delay): 플래터가 회전하면서 처리할 데이터가 헤드까지 오는 시간이다. 즉, 헤드가 트랙 내에서 원하는 섹터까지 가는 시간이다.
- 전송시간(Transmission Time): 헤드가 읽은 데이터를 메인 메모리에 전송하는 시간이다.
- 전송시간(tr) $= \frac{\text{트랙의 크기}}{\text{한 번 회전에 걸리는 시간}}$

95 정답 ②

② 입출력 전용(Dedicated IO) 또는 고립형 입출력(Isolated IO)주소 지경은 I/O Mapped I/O에 대한 설명이다.

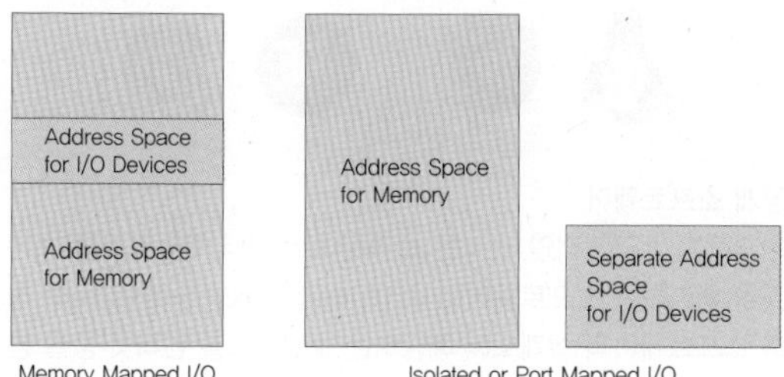

96 정답 ③

③ 데이터 종속성(Data Dependency)은 성능을 저해를 해결하기 위해 읽기 후 쓰기(WAR) 종속성과 쓰기 후 쓰기(WAW) 종속성을 사용한다.

비순차적 실행 방법

명령어들이 처리되지 못하고 대기하게 되면 효율성이 떨어져서 이를 해결하기 위해 컴파일러 수준에서 파이프라인 중단을 최소화하도록 명령어를 배치해서 최적화하는 것이 비순차적 실행 기법이다.

Tomasulo 알고리즘

- RAW(Read After Write): 순차적 파이프라인에서는 레지스터에 쓰는 단계(Write Back)가 레지스터에서 계산에 필요한 값을 가져오는 명령어 해석 단계(Decode)보다 나중에 나오므로, 명령어들을 서로 '겹쳐서' 실행할 때 어떤 명령어의 실행에 필요한 값이 이전 명령어에서 계산되고 그것이 아직 레지스터에 쓰이지 않았다면 문제가 발생한다.
- WAR(Write After Read): 같은 대상에 대해 읽는 명령어와 쓰는 명령어가 순서대로 있는 경우 순차적 파이프라인에서는 명령어가 겹쳐서 실행되어도 어차피 쓰기 단계가 읽기 단계보다 나중에 실행되므로 문제가 되지 않는다. 하지만 비순차적 파이프라인에서는 두 명령어의 순서가 바뀔 수 있고, 만약 쓰는 명령어가 이전에 수행되었다면 쓰기 전의 값을 읽어와야 하는 읽는 명령어 입장에서는 문제가 생긴다.
- WAW(Write After Write): 만약 같은 대상에 대한 두 가지 쓰기 명령어가 있는데 순서가 바뀌면, 레지스터에 남아 있어야 하는 값이 달라진다.

97 정답 ①

CHS 주소 지정 방식

이 방식은 물리적으로 주소를 할당하는 방식이고, 각각 실린더, 헤드, 섹터에 번호를 할당해 그 주소를 이용하여 데이터를 찾아 읽고 쓰는 방식이다. 예를 들어 CHS(1, 2, 3)이면 2번째 헤드를 1번째 실린더, 3번째 섹터에 위치시킨다.

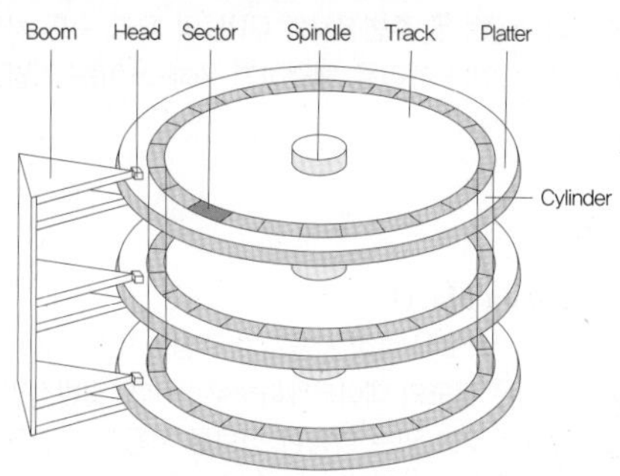

위 그림에서 살펴보면 플래터는 3개로 구성되어 있다. 헤드가 6개인 것으로 보아 플래터는 양면 모두 사용되도록 만들어졌다. 만약 어떤 파일의 시작 섹터 위치가 CHS(21, 3, 20)이라고 했을 때 운영체제에 의해서 해당 파일의 읽기 명령이 내려지면 커널은 INT 13h 인터럽트를 이용해 하드디스크 컨트롤러에 명령을 내린다. 각각의 C, H, S에 대해 명령을 받은 컨트롤러는 하드디스크의 3번째 헤드를 21번째 실린더, 20번째 섹터에 위치시킨다. 이후 읽기 명령이 발생하면 해당 위치부터 지정한 만큼 데이터를 읽게 된다.

LBA(Logical Block Addressing) 주소지정방식

LBA는 CHS 주소 지정 방식의 한계로 인해 대체된 방식이다. LBA가 CHS와 전혀 별개로 생겨난 것은 아니다. 다만, CHS가 먼저 사용되었고, 이후 한계점으로 인해 LBA가 주목받기 시작한 것이다. LBA 방식은 하드디스크의 구조적인 정보를 이용하지 않고 단순히 0부터 시작되는 숫자로 이루어져 있다. 하드디스크 내부에 존재하는 모든 섹터들을 일렬로 늘어뜨린 후 번호를 매겼다고 생각하면 이해가 쉬울 것이다. 따라서 이러한 번호들은 물리적인 번호가 아니라 논리적인 번호가 될 것이다. 그렇다면 특정 파일을 읽기 위해 해당 파일의 논리적인 섹터번호를 얻었다면, 이 논리적인 번호를 물리적인 위치값으로 변환해야 할 것이다. 하지만, 이것에 대해서는 해당 디스크 컨트롤러가 알아서 해주기 때문에 신경 쓸 필요가 없다.

98 정답 ③

스풀

Simultaneous Peripheral Operation On-Line의 줄임말로서 컴퓨터 시스템에서 중앙처리장치와 입출력장치가 독립적으로 동작하도록 함으로써 중앙처리장치에 비해 주변장치의 처리속도가 느려서 발생하는 대기시간을 줄이기 위해 고안된 기법이다. 프린터 스풀링은 주변장치와 CPU의 처리 속도 차이 때문에 발생할 수 있는 에러를 해결하기 위해 쓰이는 기법 중에 하나이다.

99 정답 ①

데이터마트(Data Mart)

데이터의 한 부분으로서 특정 사용자가 관심을 갖는 데이터들을 담은 비교적 작은 규모의 데이터웨어하우스이다. 일반적인 데이터베이스 형태로 갖고 있는 다양한 정보를 사용자의 요구 항목에 따라 체계적으로 분석하여 기업의 경영 활동을 돕기 위한 시스템을 말한다. 데이터웨어하우스는 정부 기관 혹은 정부 전체의 상세 데이터를 포함하는 데 비해 데이터마트는 전체적인 데이터웨어하우스에 있는 일부 데이터를 가지고 특정 사용자를 대상으로 한다. 데이터웨어하우스와 데이터마트의 구분은 사용자의 기능 및 제공 범위를 기준으로 한다.

데이터웨어하우스

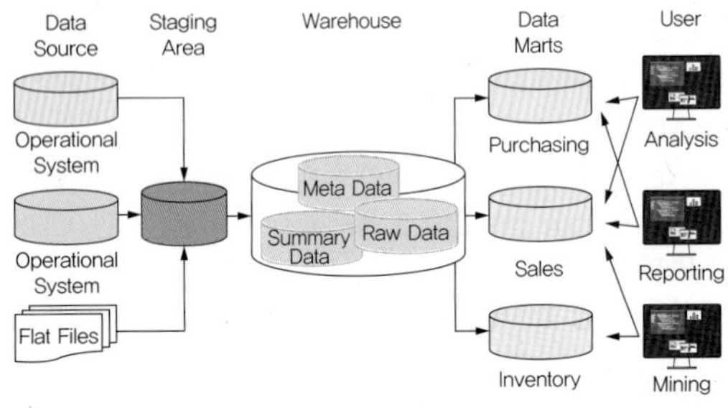

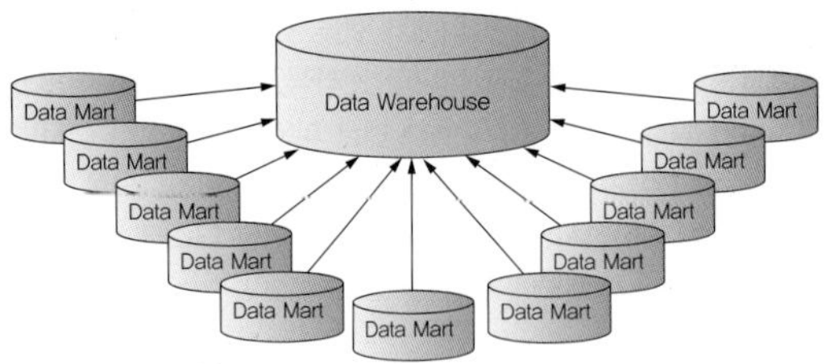

정보(Data)+창고(Warehouse)로서 의사결정에 도움을 주기 위해 분석가능한 형태로 변환한 데이터들이 저장되어있는 중앙 저장소이다.

100 정답 ③

공개 소프트웨어

원저작자가 금전적인 권리를 보류하여 누구나 무료로 사용하는 것을 허가하는 소프트웨어이다. Open Source Software라 하며 소프트웨어의 설계도에 해당하는 소스코드를 인터넷 등을 통하여 무상으로 공개하여, 그 소프트웨어를 누구나 개량하고, 다시 배포할 수 있는 소프트웨어이다. 공개 소프트웨어로 분류되려면 다음과 같은 10개 조건을 충족해야만 한다.

1. 자유로운 재배포
2. 소스코드 공개
3. 2차적 저작물 재배포
4. 소스코드 보전
5. 사용 대상 차별 금지
6. 사용 분야 제한 금지
7. 라이선스의 배포
8. 라이선스 적용상의 동일성 유지
9. 다른 라이선스의 포괄적 수용
10. 라이선스의 기술적 중립성

자유 소프트웨어(Free Software)와 공개 소프트웨어(Open Source Software)의 개념상의 차이가 있다.

자유 소프트웨어 운동이라는 용어에서 "자유(Free)"라는 용어에 대한 오해의 소지로 인하여, 1998년 공개 소프트웨어(Open Source Software)라는 용어를 사용한 것이 공개 소프트웨어의 시작이다. 즉, 자유 소프트웨어는 사용자에게 소프트웨어가 금전적으로 공짜(Free)라는 인식을 줄 수 있어, 보다 명확하게 의미를 나타내기 위하여 공개 소프트웨어라는 용어가 탄생하였다. 그러므로 ③ 상업적 목적으로 사용이 가능하다.

좋은 책을 만드는 길, 독자님과 함께 하겠습니다.

2024 SD에듀 유선배 정보통신기사 필기 과외노트

초판발행	2024년 06월 20일 (인쇄 2024년 04월 19일)
발행인	박영일
책임편집	이해욱
저자	수.재.비
편집진행	박종옥 · 한주승
표지디자인	김도연
편집디자인	양혜련 · 고현준
발행처	(주)시대교육
공급처	(주)시대고시기획
출판등록	제 10-1521호
주소	서울시 마포구 큰우물로 75 [도화동 538 성지 B/D] 9F
전화	1600-3600
팩스	02-701-8823
홈페이지	www.sdedu.co.kr
ISBN	979-11-383-6619-9 (13560)
정가	42,000원